Non-Stop High-Pass
소방시설 관리사

제1차

소방기술사/소방시설관리사/전기안전기술사

김상현 저

1권

Preface • 머리말

1. 저자 생각

건축물이 고층화, 대형화 및 복합화 되어감에 따라 화재발생 시 인명피해 및 재산피해가 증가하고 있습니다. 이러한 사유로 건축물의 화재안전성 및 피난안전성을 확보하기 위하여 설치된 소방시설에 대한 철저한 점검과 유지관리의 중요성이 절실히 요구되고 있습니다.

관련법에 따라 소방시설관리사가 종합정밀점검은 물론 작동기능점검에도 참여하여야 함에 따라서 관리사의 수요는 현재보다 더욱 증가될 것이며, 이론과 실무를 겸비한 능력 있는 관리사가 인정받는 시대가 올 것입니다.

이러한 시대의 흐름에 맞추어 본인에 맞는 미래를 체계적으로 설계해야 할 때입니다.

남과는 다른! 남보다 앞서가는! 눈부신 미래를 위한 첫걸음! 함께 하겠습니다.

2. 본서의 특징

1. 출제경향을 철저히 분석하여 집필한 소방시설관리사 Non-Stop High-Pass 시리즈
2. 핵심이론+예제문제+출제 예상문제+과년도 기출문제를 수록
3. **굵은 글씨체**와 별 표시(★★★, ★★, ★)로 중요사항 정리
4. 최근 개정된 법령 및 출제경향을 완벽히 분석하여 핵심이론 및 문제를 구성
5. 다년간의 집필경험과 강의경험(기사, 관리사, 기술사)을 바탕으로 최적화된 교재완성 핵심 요점정리 수록
6. 2차 실기와 관련된 내용을 충분히 수록하여 2차 시험에 대비
7. 3성(★★★) 위주로 학습 시 단기간 시험대비 가능
8. 최근 5회차(21회~25회) 과년도 기출문제 수록 + 기출문제 풀이 동영상

3. 소방시설관리사 공부 방법

① 쉬운 내용부터 어려운 내용으로 단계적으로 학습할 것
② 가장 취약한 과목부터 공부할 것

③ 자신감을 가질 것
④ 과락이 많은 과목을 먼저 공부할 것
⑤ 오답노트를 작성할 것
⑥ 반드시 공식을 암기할 것
⑦ 과목별 득점 전략을 세울 것
⑧ 계산문제를 철저히 하여 2차 시험에 대비할 것
⑨ 매일 공부하는 습관을 만들 것
⑩ 문제풀이보다 이론공부가 먼저임을 잊지 말 것

4. 소방시설관리사 합격을 위한 준비사항

① 주변을 정리(모임, 회식, 동호회 활동 등) 할 것
② 내가 공부하고 있음을 주변에 알리고 협조를 구할 것
③ 집안일, 경조사보다 공부를 우선시 할 것
④ 자투리 시간을 확보할 것
⑤ 시험준비, 취업 또는 창업 등 구체적인 목표를 세울 것
⑥ 포기하고 싶을 때 합격의 기쁨을 떠올릴 것
⑦ 이미 관리사라는 생각을 가지고 공부할 것
⑧ 응시자격이 됨을 감사하게 생각할 것
⑨ 운동을 통해 체력을 기를 것→체력이 떨어지면 집중력도 떨어집니다.
⑩ 공부할 공간(독서실, 도서관 등)을 확보할 것

5. 소방안전관리론 및 화재역학 공부전략

① **목표점수 : 80점 이상**
② 시간 투자 대비 고득점 가능
③ 연소, 연소생성물, 화재예방관리(폭발, 방폭, 화재이론, 위험물), 소화 : 16~18문항
④ 연소속도, 연기의 생성 및 이동, 피난계획 및 수용인원, 구획화재(화재성상), 화재
   역학 : 6~8문항
⑤ 소방안전관리기준(건축법규) : 3~4문항

6. 소방수리학·약제화학 및 소방전기 공부전략

① 목표점수 : 80점 이상
② 많은 시간 투자하여 고득점을 해야 한다.
③ 소방수리학 : 8~9문항
④ 약제화학 : 6~8문항
⑤ 소방전기 : 9~11문항
⑥ 소방수리학과 소방전기는 2차실기(설계 및 시공)에 출제되는 분야이므로 반드시 숙지하여야 합니다.

7. 위험물의 성질·상태 및 시설기준 공부전략

① 목표점수 : 80점 이상
② 시간 투자대비 고득점이 가능
③ 위험물 시설기준 : 11~14문항
④ 위험물의 성상 공통기준 : 7~9문항
⑤ 위험물의 개별 성상기준 : 5~7문항
⑥ 공부순서 : 위험물 시설기준→공통기준→개별기준

8. 소방시설의 구조원리 공부전략

① 목표점수 : 100점
② 시간 투자대비 고득점이 가능
③ 국가화재안전기준(NFSC) 암기 시 90점 이상 가능
④ NFSC : 22~23문항
⑤ 형식승인, 성능인증, 기타 : 2~3문항
⑥ 2차 실기(설계 및 시공, 점검실무행정)에도 중요한 과목이므로 최대한 공부시간을 많이 투자할 것
⑦ 설비별 주요수치, 계산공식, 항목 등을 정리할 것

9. 소방관련법령 공부전략

① 목표점수 : 80점 이상
② 시간 투자대비 고득점이 가능
③ 소방기본법 : 3~4문항
④ 소방시설법, 화재예방법 : 10~12문항
⑤ 소방시설공사업법 : 2~3문항
⑥ 다중이용업소법 : 3~4문항
⑦ 위험물안전관리법 : 3~4문항
⑧ 2차 실기와 관련된 법규(소방기본법, 소방시설법, 화재예방법, 다중이용업소법)을 중점적으로 학습할 것

10. 맺음말

본 교재에 대한 오타신고, 개선사항 및 질의사항은 아래 홈페이지에 올려주시면 감사하겠습니다. 교재 정오표 및 보충자료 또한 아래 홈페이지에 게시하겠습니다.

- 동일출판사 www.dongilbook.co.kr

본 교재에 대한 유료 동영상은 아래에서 보실 수 있습니다.

- 동영상 www.baeulhak.com

관리사 공부는 단거리가 아닌 지구력을 요하는 마라톤과 같습니다. 끝까지 페이스를 잃지 않고 꾸준히 하시는 분 만이 결승선을 통과할 수 있습니다. 앞만 보고 달리십시오. 힘들면 잠시 쉬었다가 가셔도 됩니다. 절대로 뒤를 돌아보시거나 앞으로 달리기를 주저하시면 안 됩니다.

본 수험서가 관리사 시험을 합격하는데 조금이나마 도움이 되었으면 하는 작은 바람을 가져 봅니다. 또한, 최적의 수험서가 될 수 있도록 최선의 노력을 다하겠습니다.

끝으로 본 교재가 출판되기까지 도움을 주신 동일출판사 관계자 분들과 물심양면(物心兩面)으로 도움을 준 사랑하는 아내와 두 아이에게 미안함과 고마움을 전합니다.

저자 김상현 드림

Information • 소방시설관리사 시험정보

1. 시험과목 및 시험방법

■ 시험과목

구 분	시 험 과 목
제1차 시 험	1. 소방안전관리론(연소 및 소화, 화재예방관리, 건축물소방안전기준, 인원수용 및 피난계획에 관한 부분으로 한정) 및 화재역학(화재의 성질·상태, 화재하중, 열전달, 화염확산, 연소속도, 구획화재, 연소생성물 및 연기의 생성·이동에 관한 부분으로 한정) 2. 소방수리학·약제화학 및 소방전기(소방관련 전기공사 재료 및 전기제어) 3. 소방관련 법령(①「소방기본법」, 같은 법 시행령 및 같은 법 시행규칙, ②「소방시설공사업법」, 같은 법 시행령 및 같은 법 시행규칙, ③「소방시설 설치 및 관리에 관한 법률」, 같은 법 시행령 및 같은 법 시행규칙, ④「화재의 예방 및 안전관리에 관한 법률」, 같은 법 시행령 및 같은 법 시행규칙, ⑤「위험물안전관리법」, 같은 법 시행령 및 같은 법 시행규칙, ⑥「다중이용업소의 안전관리에 관한 특별법」, 같은 법 시행령 및 같은 법 시행규칙 4. 위험물의 성질·상태 및 시설기준 5. 소방시설의 구조원리(고장진단 및 정비를 포함)
제2차 시 험	1. 소방시설의 점검실무행정(점검절차 및 점검기구 사용법 포함) 2. 소방시설의 설계 및 시공

■ 시험방법
- 제1차 시험 : 객관식 4지 선택형
- 제2차 시험 : 논문형을 원칙으로 기입형을 가미

※ 제1차 시험과 제2차 시험은 구분하여 시행하며 **1차 시험 문제지 및 가답안은 공개**. **2차 시험 문제지는 공개**하나 답안 및 채점기준은 공개하지 않음.

2. 시험시간

시험 구분	시험과목	교시	시험시간	문항수
제1차 시 험	5개 과목	1교시	09:30~11:35(125분) (09:00까지 입실)	과목별 25문항 (총 125문항)
	4개 과목 (일부면제자)		09:30~11:10(100분) (09:00까지 입실)	
제2차 시 험	소방시설의 점검 실무행정	1교시	09:30~11:00(90분) (09:00까지 입실)	과목별 3문항 (총 6문항)
	소방시설의 설계 및 시공	2교시	11:50~13:20(90분) (11:20까지 입실)	

3. 응시자격 및 결격사유

■ 응시자격

1) 소방기술사 · 위험물기능장 · 건축사 · 건축기계설비기술사 · 건축전기설비기술사 또는 공조냉동기계기술사
2) **소방설비기사 자격**을 취득한 후 **2년 이상** 소방실무경력이 있는 사람
3) **소방설비산업기사 자격**을 취득한 후 **3년 이상** 소방실무경력이 있는 사람
4) 이공계 분야를 전공한 사람으로 다음 각 목의 어느 하나에 해당하는 사람
   ① 이공계 분야의 박사학위를 취득한 사람
   ② 이공계 분야의 석사학위를 취득 후 2년 이상 실무경력
   ③ 이공계 분야의 학사학위를 취득 후 3년 이상 실무경력
5) 소방안전공학(소방방재공학, 안전공학을 포함) 분야를 전공한 후 ① 해당분야 석사학위 이상을 취득한 사람 ② 2년 이상 소방실무경력이 있는 사람
6) **위험물산업기사** 또는 **위험물기능사 자격**을 취득한 후 **3년 이상** 소방실무경력이 있는 사람
7) **소방공무원으로 5년 이상** 근무한 경력이 있는 사람
8) 소방안전 관련 학과의 학사 학위를 취득한 후 3년 이상 소방실무경력이 있는 사람
9) 산업안전기사 자격을 취득한 후 3년 이상 소방실무경력이 있는 사람
10) 다음 각 목의 어느 하나에 해당하는 사람
    ① 특급 소방안전관리자 + 2년이상 실무경력

② 1급 소방안전관리자 + 3년이상 실무경력
③ 2급 소방안전관리자 + 5년이상 실무경력
④ 3급 소방안전관리자 + 7년이상 실무경력
⑤ 10년 이상 실무경력

[응시자격관련 참고사항]

- 대학졸업자란?
☞ 고등교육법 제2조 1호부터 제6호의 학교[대학, 산업대학, 교육대학, 전문대학, 원격대학(방송대학, 통신대학, 방송통신대 및 사이버대학), 기술대학] 학위 및 평생교육법 제4조 제4항 및 「학점인정 등에 관한 법률」제7조와 제9조 등에 의거한 학위 인정
- 석사학위 이상의 소방안전공학 분야는 방재공학과, 방재안전관리학과, 그린 빌딩 시스템 학과, 소방도시방재학과 등이 있으며, 대학원에서 관련학과의 교과목 내용에 "소방시설의 점검·관리에 관한 사항"이 있을 경우 이를 입증할 수 있는 증명서류를 제출하면 응시자격을 부여함
- 소방관련학과 및 소방안전관련학과의 인정범위는[붙임1]을 참조하고, 소방 실무경력의 인정범위 및 경력기간 산정방법은 [붙임2]을 참조
※ 응시자격 경력산정 서류심사 기준일은 제1차 시험일

■ 결격사유

1) 피성년후견인
2) 「소방시설 설치 및 관리에 관한 법률」, 「소방기본법」, 「화재의 예방 및 안전관리에 관한 법률」, 「소방시설공사업법」 또는 「위험물안전관리법」을 위반하여 금고 이상의 실형을 선고받고 그 집행이 끝나거나(집행이 끝난 것으로 보는 경우를 포함한다) 집행이 면제된 날부터 2년이 지나지 아니한 사람
3) 「소방시설 설치 및 관리에 관한 법률」, 「소방기본법」, 「화재의 예방 및 안전관리에 관한 법률」, 「소방시설공사업법」 또는 「위험물안전관리법」을 위반하여 금고 이상의 형의 집행유예를 선고받고 그 유예기간 중에 있는 사람
4) 「소방시설 설치 및 관리에 관한 법률」 제28조에 따라 자격이 취소(이 조 제1호에 해당하여 자격이 취소된 경우는 제외한다)된 날부터 2년이 지나지 아니한 사람
※ 최종합격자 발표일('23.12.13.)을 기준으로 결격사유에 해당하는 사람은 소방시설관리사 시험에 응시할 수 없음(법 제25조 제3항)

4. 합격자의 결정

■ 제1차 시험

> 매과목 100점을 만점으로 하여 매과목 40점 이상, 전과목 평균 60점 이상 득점한 자

■ 제2차 시험

> 매과목 100점을 만점으로 하되, 시험위원의 채점점수 중 최고점수와 최저점수를 제외한 점수가 매과목 평균 40점 이상, 전과목 평균 60점 이상을 득점한 자

5. 시험의 일부[과목] 면제 사항

■ 제1차 시험과목의 일부면제

면제대상	면제과목
소방기술사 자격을 취득한 후 15년 이상 소방실무경력이 있는 자	소방수리학·약제화학 및 소방전기(소방관련 전기공사 재료 및 전기제어에 관한 부분에 한함)
소방공무원으로 15년 이상 근무한 경력이 있는 사람으로서 5년 이상 소방청장이 정하여 고시하는 소방시설 관련 업무 경력이 있는 자	소방관련법령

■ 제2차 시험과목의 일부면제

1. 면제대상자 및 과목

면제대상	면제과목
소방기술사·위험물기능장·건축사·건축기계설비기술사·건축전기설비기술사·공조냉동기계기술사	소방시설의 설계 및 시공
소방공무원으로 5년 이상 근무한 경력이 있는 사람	소방시설의 점검실무행정 (점검절차 및 점검기구 사용법 포함)

2. 면제과목 선택
   ○ 제1차 시험 과목면제자 중 2과목 면제에 해당하는 사람(소방기술사 자격을 취득한 후 15년 이상 소방실무경력이 있는 사람/소방공무원으로 15년 이상 근무한 경력이 있는 사람으로서 5년 이상 소방청장이 정하여 고시하는 소방 관련 업무 경력이 있는 사람)은 본인이 선택한 한 과목만 면제
   ○ 소방공무원으로 5년 이상 근무한 경력이 있는 자로서 소방기술사·위험물기능장·건축사·건축기계설비기술사·건축전기설비기술사 또는 공조냉동기계기술사 자격취득자는 제2차 시험과목 중 본인이 선택한 한 과목만 면제

3. 면제서류 제출
   ○ 면제대상별 제출서류

면제 대상	제출서류
• 소방기술사 자격을 취득한 후 15년 이상 소방실무경력이 있는 사람	– 서류심사 신청서(공단 소정양식) 1부 – 경력(재직)증명서 1부 – 4대 보험 가입증명서 중 선택하여 1부 – 소방실무경력관련 입증서류
• 소방공무원으로 15년 이상 근무한 경력이 있는 사람으로서 5년 이상 소방청장이 정하여 고시하는 소방관련 업무 경력이 있는 사람	– 서류심사 신청서(공단 소정양식) 1부 – 소방공무원 재직(경력)증명서 1부 – 5년 이상 소방관련 업무가 명기된 경력(재직)증명원 1부
• 소방기술사·위험물기능장·건축사·건축기계설비기술사·건축전기설비기술사 또는 공조냉동기계기술사	– 서류심사 신청서(공단 소정양식) 1부 – 건축사 자격증 사본(원본지참 제시) 1부 ※ 국가기술자격취득자는 자동조회(제출 불필요)
• 소방공무원으로 5년 이상 근무한 사람	– 서류심사 신청서(공단 소정양식) 1부 – 재직증명서 또는 경력증명서 원본 1부

> **일반응시자 및 시험일부(과목)면제자 공통사항**
>
> - 소방시설관리사 홈페이지(http://www.q-net.or.kr/site/sbsiseol) 에서 인터넷 접수
> - 인터넷 원서 접수시 최근 6개월 이내에 촬영한 탈모 상반신 사진만을 인정하며 반드시 규격 (3.5cm×4.5cm)의 사진을 그림파일 (JPG 파일)로 작성하여 첨부
> - 수험자는 수험원서에 반드시 본인의 사진을 첨부하여야 하며, 타인의 사진 첨부 등으로 인하여 신분확인 불가능할 경우에는 시험에 응시할 수 없음
> ※ 공단 센터(지사)에서는 인터넷 활용에 어려움이 있는 내방접수 수험자를 위해 원서접수 도우미 지원

6. 수험자 유의사항

가. 제1차 시험 수험자 유의사항

1) 답안카드에 기재된 '수험자 유의사항 및 답안카드 작성 시 유의 사항'을 준수하시기 바랍니다.
2) 수험자교육시간에 감독위원 안내 또는 방송(유의사항)에 따라 답안카드에 수험번호를 기재 마킹하고, 배부된 시험지의 인쇄상태 확인 후 답안 카드에 형별(A형 공통)을 마킹하여야 합니다.
3) 답안카드는 국가전문자격 공통 표준형으로 문제번호가 1번부터 125번까지 인쇄되어 있습니다. 답안 마킹 시에는 반드시 시험문제지의 문제번호와 동일한 번호에 마킹하여야 합니다.
4) 답안카드 기재·마킹 시에는 반드시 검은색 사인펜을 사용하여야 합니다.
   ※ 지워지는 펜 사용 금지
5) 채점은 전산 자동 판독 결과에 따르므로 유의사항을 지키지 않거나(검은색 사인펜 미사용) 수험자의 부주의(답안카드 기재·마킹착오, 불완전한 마킹·수정, 예비마킹 등)로 판독불능, 중복판독 등 불이익이 발생할 경우 수험자 책임으로 이의제기를 하더라도 받아들여지지 않습니다.
   ※ 답안을 잘못 작성했을 경우, 답안카드 교체 및 수정테이프 사용가능(단, 답안 이외 수험번호 등 인적사항은 수정불가)하며 재작성에 따른 시험시간은 별도로 부여하지 않음
   ※ 수정테이프 이외 수정액 및 스티커 등은 사용 불가

나. 제2차 시험 수험자 유의사항

1) 국가전문자격 주관식 답안지 표지에 기재된 '답안지 작성 시 유의사항'을 준수하시기 바랍니다.
2) 수험자 인적사항·답안지 등 작성은 반드시 검정색 필기구만 사용 하여야 합니다. (그 외 연필류, 유색필기구, 두가지 색 혼합 사용 등으로 작성한 답항은 채점하지 않으며 0점 처리)
   ※ 필기구는 본인 지참으로 별도 지급하지 않으며, 지워지는 펜 사용 금지함
3) 답안지의 인적사항 기재란 외의 부분에 특정인임을 암시하거나 답안과 관련 없는 특수한 표시를 하는 경우, 답안지 전체를 채점 하지 않으며 0점 처리합니다.
4) 답안 정정 시에는 반드시 정정부분을 두 줄(=)로 긋고 다시 기재하여야 하며, 수정테이프(액) 등을 사용했을 경우 채점상의 불이익을 받을 수 있으므로 사용하지 마시기 바랍니다.
5) 전자계산기는 필요 시 1개만 사용할 수 있고 공학용 및 재무용 등 데이터 저장기능이 있는 전자계산기는 수험자 본인이 반드시 메모리(SD카드 포함)를 제거, 삭제(리셋, 초기화)하고 시험위원이 초기화 여부를 확인 할 경우에는 협조하여야 합니다. 메모리(SD카드포함) 내용이 제거되지 않은 계산기는 사용 불가하며 사용 시 부정행위로 처리될 수 있습니다.
   ※ 시험일 이전에 리셋 점검하여 계산기 작동 여부 등 사전확인 및 재설정(초기화 이후 세팅) 방법 숙지

Contents • 목 차

제1편
소방안전관리론 및 화재역학

- 제1장 연소이론 ·· 1–2
  - ■ 출제예상문제 / 1–13
- 제2장 연소범위 ·· 1–25
  - ■ 출제예상문제 / 1–29
- 제3장 연소속도, 에너지방출속도 및 연소 시 이상현상 ··············· 1–34
  - ■ 출제예상문제 / 1–38
- 제4장 연소생성물과 특성, 열 및 연기 유동의 특성 ····················· 1–41
  - ■ 출제예상문제 / 1–52
- 제5장 폭발 및 방폭설비 ·· 1–66
  - ■ 출제예상문제 / 1–75
- 제6장 화재이론 ·· 1–81
  - ■ 출제예상문제 / 1–87
- 제7장 화재성장의 3요소 ·· 1–93
  - ■ 출제예상문제 / 1–96
- 제8장 건축물의 화재성상 ·· 1–99
  - ■ 출제예상문제 / 1–105
- 제9장 건축물의 화재역학 ·· 1–114
  - ■ 출제예상문제 / 1–119
- 제10장 건축방재 및 피난 ·· 1–125
  - ■ 출제예상문제 / 1–149
- 제11장 위험물의 종류 및 성상 ·· 1–169
  - ■ 출제예상문제 / 1–175
- 제12장 소화이론 및 소화약제 ·· 1–187
  - ■ 출제예상문제 / 1–197

제2편
소방수리학, 약제화학 및 소방전기

- 제1장 유체의 일반적 성질 ·· 2–2
  - ■ 출제예상문제 / 2–18
- 제2장 유체의 유동 및 계측 ·· 2–28
  - ■ 출제예상문제 / 2–45
- 제3장 유체의 운동과 법칙 ·· 2–55
  - ■ 출제예상문제 / 2–64
- 제4장 펌프의 현상 ·· 2–72
  - ■ 출제예상문제 / 2–87

제5장 열역학 ··· 2-96
　■ 출제예상문제 / 2-105
제6장 소화약제 및 소화이론 ··· 2-112
　■ 출제예상문제 / 2-129
제7장 직류회로 ··· 2-142
　■ 출제예상문제 / 2-161
제8장 교류회로 ··· 2-173
　■ 출제예상문제 / 2-199
제9장 정전용량과 자기회로 ··· 2-212
　■ 출제예상문제 / 2-227
제10장 전기계측 및 전기공사 ······································· 2-243
　■ 출제예상문제 / 2-251
제11장 자동제어의 기초 ··· 2-260
　■ 출제예상문제 / 2-266
제12장 시퀀스 제어회로 ··· 2-276
　■ 출제예상문제 / 2-281
제13장 전자회로 ··· 2-289
　■ 출제예상문제 / 2-297

제3편 위험물의 성질·상태 및 시설기준

제1장 위험물의 공통성상 ··· 3-2
　■ 출제예상문제 / 3-19
제2장 제1류 위험물의 개별성상 ··································· 3-41
　■ 출제예상문제 / 3-50
제3장 제2류 위험물의 개별성상 ··································· 3-60
　■ 출제예상문제 / 3-65
제4장 제3류 위험물의 개별성상 ··································· 3-71
　■ 출제예상문제 / 3-79
제5장 제4류 위험물의 개별성상 ··································· 3-85
　■ 출제예상문제 / 3-94
제6장 제5류 위험물의 개별성상 ··································· 3-104
　■ 출제예상문제 / 3-108
제7장 제6류 위험물의 개별성상 ··································· 3-114
　■ 출제예상문제 / 3-117
제8장 위험물 제조소의 위치·구조 및 설비의 기준 ········· 3-123
　■ 출제예상문제 / 3-137
제9장 옥내저장소의 위치·구조 및 설비의 기준 ············ 3-147
　■ 출제예상문제 / 3-154

제10장 옥외탱크저장소의 위치·구조 및 설비의 기준 ·············· 3-160
　■ 출제예상문제 / 3-169
제11장 옥내탱크저장소의 위치·구조 및 설비의 기준 ················ 3-174
　■ 출제예상문제 / 3-177
제12장 지하탱크저장소의 위치·구조 및 설비의 기준 ·············· 3-180
　■ 출제예상문제 / 3-183
제13장 간이탱크저장소의 위치·구조 및 설비의 기준 ·············· 3-186
　■ 출제예상문제 / 3-188
제14장 이동탱크저장소의 위치·구조 및 설비의 기준 ·············· 3-190
　■ 출제예상문제 / 3-195
제15장 옥외저장소의 위치·구조 및 설비의 기준 ····················· 3-200
　■ 출제예상문제 / 3-203
제16장 암반탱크저장소의 위치·구조 및 설비의 기준 ·············· 3-205
　■ 출제예상문제 / 3-207
제17장 주유취급소의 위치·구조 및 설비의 기준 ····················· 3-208
　■ 출제예상문제 / 3-215
제18장 판매취급소의 위치·구조 및 설비의 기준 ····················· 3-219
　■ 출제예상문제 / 3-222
제19장 이송취급소의 위치·구조 및 설비의 기준 ····················· 3-224
　■ 출제예상문제 / 3-232
제20장 소화설비, 경보설비 및 피난설비의 기준 ······················· 3-235
　■ 출제예상문제 / 3-243
제21장 위험물의 저장·취급 및 운반에 관한 기준 ···················· 3-249
　■ 출제예상문제 / 3-255
제22장 화학소방자동차에 갖추어야 하는 소화능력 및 설비의 기준
　·· 3-259
　■ 출제예상문제 / 3-260

제 1 편
소방안전관리론 및 화재역학

Fire
Facilities
Manager

제1장 연소이론
제2장 연소범위
제3장 연소속도, 에너지방출속도 및 연소 시 이상현상
제4장 연소생성물과 특성, 열 및 연기 유동의 특성
제5장 폭발 및 방폭설비
제6장 화재이론
제7장 화재성장의 3요소
제8장 건축물의 화재성상
제9장 건축물의 화재역학
제10장 건축방재 및 피난
제11장 위험물의 종류 및 성상
제12장 소화이론 및 소화약제

제1장 연소이론

1 연소의 정의

1) 산소와 반응하여 빛과 열을 내는 급격한 산화반응
2) 연소현상 : **발열반응, 발광반응, 산화반응**
3) 연소의 3요소 : 가연물, 산소공급원, 점화원

2 시간에 따른 에너지의 변화

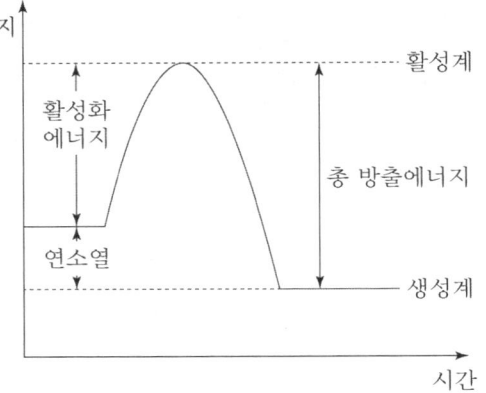

3 연소의 4요소

구분	연소의 4요소	소화효과
①	가연물	제거효과
②	산소공급원	질식효과
③	점화원	냉각효과
④	연쇄반응	부촉매효과

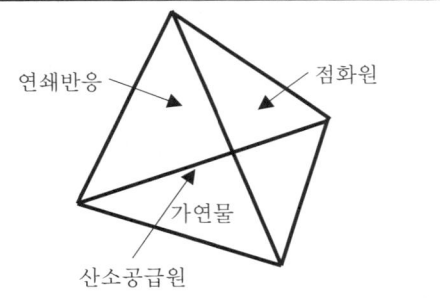

1) 가연물 ★★

(1) 가연물의 조건

① 산소, 염소 등과의 친화력(결합력)이 클 것
② **산화되기 쉽고 반응열이 클 것**(연소열이 클 것)
③ **열전도율이 낮을 것**(열전도율 크기 : 기체 < 액체 < 고체)
④ **표면적이 클 것**(표면적의 크기 : 기체 > 액체 > 고체)

(2) 가연물질이 될 수 없는 조건
① 흡열반응 물질 : 질소, 질소 산화물 등

$$N_2 + \frac{1}{2}O_2 \rightarrow N_2O - Q[kcal] \quad , \quad N_2 + O_2 \rightarrow 2NO - Q[kcal]$$

② 불활성 기체 : 헬륨(He), 네온(Ne), 아르곤(Ar), 크립톤(Kr), 크세논(Xe), 라돈(Rn)
③ 산화반응 완결물질 : 이산화탄소(CO_2), 물(H_2O), 오산화인(P_2O_5) 등

2) 산소공급원 ★

(1) 공기의 조성

구분	질소	산소	Ar	CO_2
체적(V)%	78.03	20.99	0.95	0.03

(2) 지연성 가스(조연성 가스)
산소, 오존, 할로겐 원소인 F_2(불소), Cl_2(염소) 등

(3) 산화제
제1류 위험물(산화성고체), 제6류 위험물(산화성액체) 등

(4) 자기반응성(연소성) 물질
폭발성물질로 연소에 필요한 산소를 함유하고 있는 물질, 제5류 위험물

(5) 공기 중 **산소농도가 증가할수록** 나타나는 주요특성 ★★★
① 연소속도가 빨라진다.
② 발화온도는 낮아진다.
③ 연소범위가 넓어진다.
④ 점화에너지는 감소하고 화염의 길이가 길어진다.

3) 점화원(발화원, 활성화에너지)

(1) 기계적 점화원 ★★
① 나화   ② 고온표면   ③ 단열압축   ④ 충격마찰

(2) 전기적 점화원
① 과전류에 의한 발화   ② 낙뢰에 의한 발화

③ 단락에 의한 발열　　　　④ 지락에 의한 발화
⑤ 열적경과에 의한 발화　　⑥ 접속부의 불량에 의한 발화
⑦ 누전에 의한 발화　　　　⑧ 스파크에 의한 발화
⑨ 절연불량에 의한 발화　　⑩ 정전기에 의한 발화

(3) 화학적 점화원 ★
① 연소열　　② 분해열　　③ 중합열　　④ 자연발열

4) 연쇄반응

가연성의 분자 또는 분해된 이온들이 결합하여 생성된 활성 라디칼(O^*, H^*, OH^*)에 의하여 연쇄적으로 연소가 지속되는 현상

4 연소물질에 따른 연소의 분류 ★★★

연소물질	연소의 분류
고체	표면연소, 분해연소, 증발연소, 자기연소
액체	증발연소, 분해연소
기체	예혼합연소, 확산연소

5 기체의 연소형태

1) 예혼합연소

(1) 기체가 공기와 미리 혼합하여 가연성 혼합기를 형성하고 점화원에 의해 착화되어 연소하는 형태. 확산연소에 비하여 연소속도가 빠르다.
(2) 연소메커니즘 : 흡열-연소-배출

2) 확산연소

(1) 가연성의 기체와 공기가 각각 높은 농도에서 낮은 농도로 이동(Fick's Law)하면서 생성된 가연성혼합기가 연소하는 것으로 발염연소 또는 불꽃연소라고도 한다.
(2) 연소메커니즘 : 흡열-혼합-연소-배출

6 액체의 연소형태

1) 증발연소

(1) 휘발성이 큰 에테르, 석유류, 알코올 등의 인화성 액체에서 발생한 가연성의 증기가 공기와 혼합되어 연소
(2) 연소메커니즘 : 흡열-증발-혼합-연소-배출

2) 분해연소 ★

(1) 중유 등 휘발성이 작은 액체가연물이 열 분해되어 생성된 가연성 가스가 공기와 혼합되어 연소하는 형태
(2) 연소메커니즘 : 흡열-분해-혼합-연소-배출

액체온도가 인화점보다 높은 경우	① 예혼합형 전파 ② 안정적인 연소확대
액체온도가 인화점보다 낮은 경우	① 예열형 전파 ② 맥동적인 연소확대

7 고체의 연소형태

1) 표면연소 ★★★

(1) 고체의 표면에서 산소와 직접 반응하여 연소하는 형태
(2) 불꽃이 없다. 휘발성분이 없다.
(3) **목탄(숯), 코크스, 금속분**의 연소 형태가 대표적

2) 분해연소

(1) 가열 시 열분해에 의하여 생성된 가연성의 가스가 공기와 혼합하여 연소하는 형태
(2) 종이, **목재**, 석탄, 플라스틱 등의 연소 형태가 대표적

3) 증발연소 ★

(1) 가열시 고체 상태에서 곧바로 증발하거나, 액체로 용융된 이후 증발하여 연소하는 형태
(2) **황, 나프탈렌, 파라핀** 등의 연소형태가 대표적

4) 자기연소(5류 위험물)

(1) 자체적으로 산소를 가지고 있어 공기 중의 산소가 부족하여도 가열 또는 충격에 의해 연소하는 형태
(2) 나이트로글리세린, 트라이나이트로톨루엔(TNT) 등의 제 5류 위험물의 연소형태가 대표적

8 불꽃연소와 작열연소

1) 열가소성 합성수지류와 열경화성 합성수지류 ★★

구분	열가소성 합성수지류	열경화성 합성수지류
개념	열을 가하면 용융하고, 냉각시키면 경화되는 것으로 재성형이 가능하다.	열을 가하면 경화되며, 재성형이 불가능하다.
종류	메틸펜텐 폴리머 나일론(포리아미드) 폴리카보네이트 폴리에틸렌, 폴리이미드 폴리페닐렌 옥시드 폴리프로필렌, 폴리스티렌 폴리술폰, 염화비닐리덴 수지 폴리염화비닐 수지(PVC)	우레아 수지 멜라민 수지 에폭시 수지 페놀 수지 **불포화 폴리에스텔 수지** 실리콘 수지 **폴리우레탄**

2) 불꽃연소와 작열연소의 비교 ★★★

구분	불꽃연소(표면화재)	작열연소(표면연소, 심부화재)
불꽃발생 여부	연료의 표면에서 불꽃을 발생하며 연소	연료의 표면에서 불꽃을 발생하지 않고 작열하면서 연소
화재구분	표면화재	심부화재
연소속도	연소속도가 매우 빠르다.	연소속도가 느리다.
방출열량	시간당 방출열량이 많다.	시간당 방출열량이 적다.
연쇄반응	연쇄반응이 일어난다.	연쇄반응이 일어나지 않는다.
적응화재	B, C급 화재 적응성	A급 화재 적응성
에너지	고에너지(고강도) 화재	저에너지(저강도) 화재
연소물질	① 열가소성 합성수지류 ② 가솔린, 석유류의 인화성 액체 ③ 메탄, 프로판, 수소, 아세틸렌 등의 가연성 가스	① 열경화성 합성수지류 ② 종이, 목재, 코크스, 목탄(숯), 금속분
소화대책	냉각, 질식, 제거, 부촉매(억제)	냉각, 질식, 제거

9 훈소화재(Smoldering)

1) 훈소화재의 특징 ★

① 연소속도가 느리다. (훈소의 진행속도 0.001~0.01cm/s)
② 저강도 화재
③ CO(일산화탄소) 발생량 증가
④ 반응속도가 느리다.
⑤ 독성물질이 발생
⑥ 발연량(연기 발생량)이 크다.
⑦ 연기의 단층화 발생
⑧ 연기입자가 크다.

2) 훈소와 연소의 비교

구분	연소	훈소
고온의 장	통과함	통과하지 않음
반응속도	빠르다	느리다
발연량	적다	많다
연기입자	작다	크다
독성물질 발생량	적다	많다
냄새	약하다	심하다
연기의 단층화	발생하지 않음	발생함

10 발화점

1) 발화점의 정의

점화원의 존재 없이 연소를 시작하는 최소온도.

2) 발화점이 낮아지는 조건 ★★★

① **열전도율이 낮을 것.**(열전도율이 낮을수록 열의 축적이 쉽다.)
② 화학적 반응열이 클 것.(발열량이 클 것)
③ 분자구조가 복잡할수록 열의 축적이 쉽다.

④ 산소와 친화력이 클 것.(친화력이 클수록 쉽게 산화 반응)
⑤ 화학적인 활성도가 클 것.(활성화에너지가 작을 것)

3) 주요물질의 발화점 ★★★

물질	발화점(℃)	물질	발화점(℃)
황린	34	목탄	320~400
황화린, 이황화탄소	100	**프로판**	423
셀룰로이드	180	산화에틸렌	429
헥산	223	목재	400~450
적린	260	고무	400~450
휘발유	300	**메탄**	537
암모니아	351	일산화탄소	609
에틸알코올	363	견사	650
부탄	365	탄소	800

4) 최소 발화에너지(MIE)

① 가연성의 혼합기를 연소시킬 수 있는 최소의 에너지
② **온도가 높을수록, 압력이 높을수록, 발열량이 클수록** 최소 발화에너지는 감소

5) 자연발화의 개념 ★

① 물질이 공기 중에서 내부에서 발생한 열이 장기간 축적되어 발화점에 도달한 후 연소에 이르는 현상으로 발화점이 낮을수록 위험하다.
② 자연발화를 일으키는 원인 : 산화열, 분해열, 흡착열, 중합열 등

6) 자연발화의 조건

① 축열(열의 축적) > 방열(열의 방출)
② 발열 > 방열

7) 자연발화성 물질 ★★★

① 분해열 : 니트로셀룰로오스, 셀룰로이드류(니트로셀룰로오스와 장뇌를 혼합하여 만든 플라스틱), 니트로글리세린 등

② 산화열 : 건성유 및 반건성유, 원면, 석탄, 금속분, 고무조각 등
③ 발효열(미생물열) : 퇴비, 먼지, 건초 등
④ 흡착열 : 목탄, 활성탄(흡착성이 강한 탄소질 물질), 유연탄 등
   ※ 흡착열 : 수증기가 고체 표면에 달라붙어 안정화되는 과정에서 발생되는 열로 흡착이 일어날 때 발생하는 열량
⑤ 중합열 : **시안화수소, 아크릴로니트릴**, 스티렌, 초산비닐, 산화에틸렌 등

8) 자연발화 예방대책

① 열의 축적방지
② 주위 온도를 낮게 유지
③ 습도 조절
④ 자연발화가 용이한 물질의 보관 ★★★
   - **칼륨, 나트륨, 리튬 : 석유류 속**에 저장한다.
   - 니트로셀룰로오스 : 알코올 속에 저장한다.
   - **황린, 이황화탄소 : 물속**에 저장한다.
   - 아세틸렌 : 아세톤 속에 저장한다.
   - 알킬알루미늄 : 공기와의 접촉을 차단하기 위하여 밀폐용기에 저장한다.

11 인화점(Flash Point)

1) 인화점의 정의 ★★

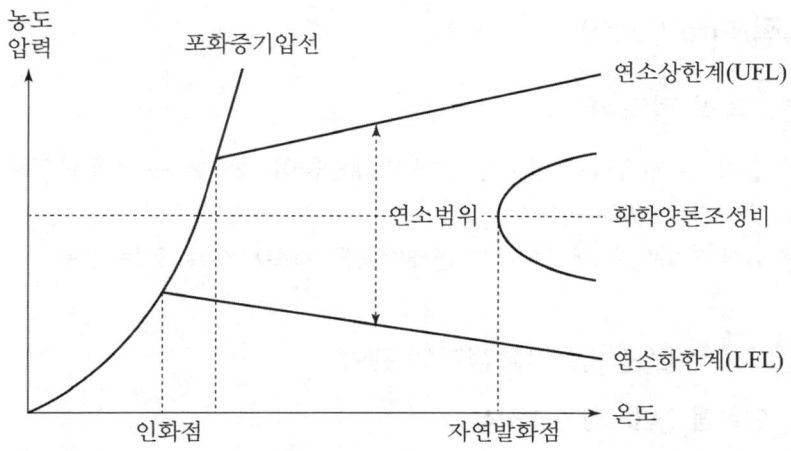

① 점화원의 존재 하에 연소가 시작되는 최저온도
② 가연성혼합기를 형성할 수 있는 최저의 온도

2) 인화점과 위험도와의 상관성 ★★★

① 위험도의 산정 :
$$H = \frac{UFL - LFL}{LFL}$$ (UFL : 연소상한계, LFL : 연소하한계)

② 연소하한계가 낮을수록 인화점이 낮아지고, 연소범위가 넓을수록 더 위험.

3) 주요물질(액체 가연물)의 인화점 ★★★

물질	인화점(℃)	물질	인화점(℃)
디에틸에테르	-45	메틸알코올	11
휘발유	-43~-20	에틸알코올	13
아세트알데하이드	-38	등유	30~60
산화프로필렌	-37	중유	60~150
이황화탄소	-30	클레오소트유	74
아세톤, 시안화수소	-18	니트로벤젠	87.8
초산에틸	-4	글리세린	160
톨루엔	4.5	방청유	200

12 연소점(Fire Point)

1) 연소점의 정의 ★

① 발화 후 지속적인 연소를 위해 **연쇄반응이 계속될 수 있도록** 충분한 증기를 발생시킬 수 있는 온도
② 외부 점화원을 제거하여도 **연쇄반응을 지속시킬 수 있는 온도**

2) 발화점, 연소점 및 인화점과의 관계

① **인화점 〈 연소점 〈 발화점**
② 일반적으로 **인화점보다 5 ~ 10℃ 높은 온도**

13 열 에너지원 ★

기계적	마찰열, 마찰스파크, 압축열
전기적	저항가열 : 백열전구의 발열 **유도가열 : 도체 주위 자장(자계)에 의해 발생** **유전가열 : 누설전류에 의해 발생** 아크가열, 정전기가열 등
화학적	연소열 : 가연물이 산화되는 과정에서 발생 분해열 : 가연물이 열 분해될 때 발생 **용해열 : 농황산을 물에 넣었을 때 열이 발생** 중합열 : 시안화수소나 산화에틸렌 등이 중합반응 시 발생 자연발열 : 외부 점화원의 공급 없이 축적된 열에 의해 발열

14 건성유

1) 건성유 ★★★

① 공기 중의 산소와 결합하여 건조되는 기름(**요오드 값 130 이상**)
② 종류 : **아마인유, 송진유, 들기름, 오동유, 정어리유, 삼씨유, 해바라기유**

2) 반건성유

① 공기 중에 방치하면 서서히 산화하여 점성도가 증가하나, 건조 상태까지는 되지 않는 종류(**요오드값 100~130**)
② 종류 : 면실유, 쌀겨유, 목화씨유, 콩유, 채종유, 청어유, **참기름, 옥수수유**

3) 불건성유

① 공기 중에서 증발하지 않고 피막을 만들지 않는 안정화된 기름(**요오드값 : 100 이하**)
② 종류 : **올리브유, 동백유,** 아주까리유, 돼지기름, 쇠기름, 피마자유, 야자유, 땅콩유

4) 요오드값이 클수록 자연발화가 용이하다.

(요오드 값 : 유지 100g에 포함되어 있는 요오드의 g 수)

15 공기비

1) 공기비의 개념 ★
실제 공기량을 이론 공기량으로 나눈 값(이론공기량 = 실제공기량 − 과잉공기량)

2) 이론 공기량
산소의 몰수를 0.21로 나눈 값

3) 가연물에 따른 적정 공기비

구분	고체	액체	기체
공기비	1.4~2.0	1.2~1.4	1.1~1.3

16 증기-공기밀도

1) 증기-공기밀도의 개념
어떤 온도에서 액체와 평형상태에 있는 공기와 혼합기체의 증기밀도

2) 증기-공기밀도의 산출 ★

$$증기-공기밀도 = \frac{P_2 d}{P_1} + \frac{P_1 - P_2}{P_1}$$

P_1 : 대기압, P_2 : 주변온도에서의 증기압, d : 증기밀도

제1장 출제예상문제

01 다음 중 연소의 3요소에 해당되지 않는 것은?
① 가연물
② 연쇄반응
③ 조연성 물질
④ 점화원

해설 연소의 3요소는 가연물, 산소공급원(조연성 물질), 점화원이다.

02 연소 시 가연물이 구비하여야 할 조건으로 옳은 것은?
① 산소와 결합할 때 발열량이 작아야 한다.
② 열전도도가 커야 한다.
③ 연소반응의 활성화에너지가 작아야 한다.
④ 산소와의 결합력이 약한 물질이어야 한다.

해설 가연물의 조건
① 산소, 염소 등과의 친화력(결합력)이 클 것
② 산화되기 쉽고 반응열이 클 것(연소열이 클 것)
③ 열전도율이 낮을 것(열전도율 크기 : 기체 < 액체 < 고체)
④ 표면적이 클 것(표면적의 크기 : 기체 > 액체 > 고체)

03 가연물에 대한 개념을 옳게 설명한 것은?
① 산화반응이지만 발열반응이 아닌 것은 가연물이 될 수 없다.
② 구성원소가 산소로 된 유기물은 가연물이 될 수 없다.
③ 활성화에너지가 작을수록 가연물이 되기가 어렵다.
④ 산소와의 친화력이 작을수록 가연물이 되기 쉽다.

해설 산소와 반응하는 산화반응을 하지만 흡열반응인 경우에는 가연물이 될 수 없다.

04 다음 중 불활성 가스에 해당하는 것은?
① 수증기
② 일산화탄소
③ 아르곤
④ 아세틸렌

해설 헬륨(He), 네온(Ne), 아르곤(Ar), 크립톤(Kr), 제논(Xe), 라돈(Rn)

정답 01. ② 02. ③ 03. ① 04. ③

05 조연성(지연성) 가스인 것은?

① 수소　　　② 일산화탄소　　　③ 산소　　　④ 천연가스

해설 조연성 가스 : 가연물의 연소를 도와주는 산소나 할로겐 가스 등을 말한다.

06 연소에 대한 다음 설명 중 옳지 않은 것은?

① 가연물질의 연소 시 충분한 공기의 공급이 이루어지고 연소시의 기상조건이 양호할 때 정상연소가 일어난다.
② 가연물질의 연소 시 공기의 공급이 불충분하거나 기상조건이 좋지 않을 때는 비정상연소가 일어난다.
③ 공기 중의 산소공급이 충분하면 완전연소반응이 일어나고 주로 일산화탄소가 발생하며, 산소공급이 불충분하면 불완전연소반응이 일어나고 주로 이산화탄소가 발생한다.
④ 가연물질이 연소하면 가연물질을 구성하는 주성분인 탄소, 수소 및 산소에 의해 일산화탄소, 이산화탄소 및 수증기가 발생한다.

해설 공기 중의 산소공급이 충분하면 완전연소반응이 일어나고 주로 이산화탄소가 발생하며, 산소공급이 불충분하면 불완전연소반응이 일어나고 주로 일산화탄소가 발생한다.

07 산화제에 대한 설명으로 옳지 않은 것은?

① 대체로 자신은 타지 않기 때문에 연소 위험은 없다.
② 화재 조건하에서 화재를 매우 조장한다.
③ 자기반응성 물질로 분류된다.
④ 대부분의 산화제는 열을 가하거나 다른 화학제품과 반응하면 용이하게 반응하여 산소를 방출한다.

해설 자기반응성 물질은 제5류 위험물에 해당하며, 가연물과 산소공급원을 동시에 가지고 있는 물질이므로 산화제이며 환원제이다.

08 화재를 발생시키는 열원으로 기계적 원인으로 볼 수 있는 것은?

① 저항열　　　　　　　　② 분해열
③ 자연발열　　　　　　　④ 압축열

해설 저항열-전기적, 분해열, 자연발열-화학적, 압축열-기계적

정답 5. ③　6. ③　7. ③　8. ④

09 연쇄반응과 관계가 없는 것은?
① 불꽃연소
② 작열연소
③ 분해연소
④ 증발연소

해설 작열연소는 연쇄반응이 없어 불꽃이 발생하지 않는다.
① 불꽃연소 : 예혼합연소, 확산연소, 분해연소, 증발연소, 자연발화
② 작열연소 : 훈소, 표면연소

10 기체연료의 연소형태로서 연료와 공기를 인접한 2개의 분출구에서 각각 분출시켜 계면에서 연소를 일으키는 연소방식으로 옳은 것은?
① 자기연소
② 확산연소
③ 증발연소
④ 분해연소

해설 확산연소 : 공기 중에서 아세틸렌, 수소, 프로판, 메탄 등의 가연성가스가 확산하여 생성된 혼합가스가 연소하는 것으로 발염연소 또는 불꽃연소

11 다음 중 표면연소에 대한 설명으로 옳은 것은?
① 목재가 산소와 결합하여 일어나는 불꽃연소 현상
② 종이가 정상적으로 화염을 내면서 연소하는 현상
③ 오일이 기화하여 일어나는 연소 현상
④ 코크스나 숯의 표면에서 산소와 접촉하여 일어나는 연소 현상

해설 표면연소
① 고체의 표면에서 산소와 직접 반응하여 연소하는 형태
② 불꽃이 없다. 휘발성분이 없다.
③ 목탄(숯), 코크스, 금속분의 연소 형태가 대표적

12 가연물의 주된 연소형태를 틀리게 나타낸 것은?
① 목재 : 표면연소
② 섬유 : 분해연소
③ 유황 : 증발연소
④ 피크린산 : 자기연소

해설 분해연소
① 가열 시 열분해에 의하여 생성된 가연성의 가스가 공기와 혼합하여 연소하는 형태
② 종이, 목재, 석탄, 플라스틱 등의 연소 형태가 대표적

정답 9. ② 10. ② 11. ④ 12. ①

13 유황의 주된 연소 형태는?

① 확산연소　② 증발연소　③ 분해연소　④ 자기연소

해설 증발연소
① 가열시 고체 상태에서 곧바로 증발하거나, 액체로 용융된 이후 증발하여 연소하는 형태
② 황, 나프탈렌, 파라핀 등의 연소형태가 대표적

14 고체연료의 연소형태를 구분할 때 해당되지 않는 것은?

① 분해연소　② 증발연소　③ 예혼합연소　④ 표면연소

해설 고체의 연소 : 증발연소, 분해연소, 표면연소, 자기연소

15 재료와 그 특성의 연결이 옳은 것은?

① PVC 수지-열가소성
② 페놀 수지-열가소성
③ 폴리에틸렌 수지-열경화성
④ 멜라민 수지-열가소성

해설 열가소성 수지 : 열을 가하면 용융하고, 냉각시키면 경화되는 것으로 재성형이 가능하다.
폴리에틸렌, PVC, 폴리스틸렌, 폴리프로필렌 등이 있다.

16 다음 중 열경화성 플라스틱에 해당하지 않는 것은?

① 폴리프로필렌수지
② 멜라민수지
③ 불포화폴리에스터수지
④ 페놀수지

해설 폴리프로필렌은 열가소성 수지이다.

17 훈소에 대한 설명으로 옳지 않은 것은?

① 불꽃이 없는 연소과정으로 실내 온도상승이 느리다.
② 훈소에서 연료면으로의 공기유입이 많아지면 불꽃연소로 전환된다.
③ 훈소에서는 이산화탄소의 발생량이 많아 인체에 치명적이다.
④ 진행과정이 매우 느리고 불꽃이 없으며 액체미립자계 연기를 발생시킨다.

해설 훈소화재의 특징
① 연소속도가 느리다.　② 저강도 화재
③ CO(일산화탄소) 발생량 증가　④ 반응속도가 느리다.
⑤ 독성물질이 발생　⑥ 발연량(연기 발생량)이 크다.
⑦ 연기의 단층화 발생　⑧ 연기입자가 크다.

정답 13. ②　14. ③　15. ①　16. ①　17. ③

18 불꽃연소와 작열연소에 대한 설명으로 옳은 것은?
① 불꽃연소는 작열연소보다 단위 시간당 발열량이 크다.
② 작열연소에는 연쇄반응이 동반된다.
③ 작열연소의 한 형태로 분해연소가 있다.
④ 작열연소는 불완전연소의 경우에, 불꽃연소는 완전연소의 경우에 나타난다.

해설 불꽃연소는 작열연소보다 단위 시간당 발열량이 크다.

구분	불꽃연소(표면화재)	작열연소(표면연소, 심부화재)
불꽃발생 여부	연료의 표면에서 불꽃을 발생하며 연소	연료의 표면에서 불꽃을 발생하지 않고 작열하면서 연소
화재구분	표면화재	심부화재
연소속도	연소속도가 매우 빠르다.	연소속도가 느리다.
방출열량	시간당 방출열량이 많다.	시간당 방출열량이 적다.
연쇄반응	연쇄반응이 일어난다.	연쇄반응이 일어나지 않는다.
적응화재	B, C급 화재 적응성	A급 화재 적응성
에너지	고에너지(고강도) 화재	저에너지(저강도) 화재
연소물질	① 열가소성 합성수지류 ② 가솔린, 석유류의 인화성 액체 ③ 메탄, 프로판, 수소, 아세틸렌 등의 가연성 가스	① 열경화성 합성수지류 ② 종이, 목재, 코크스, 목탄(숯), 금속분
소화대책	냉각, 질식, 제거, 부촉매(억제)	냉각, 질식, 제거

19 발화점이 낮아지는 이유 중 적합하지 않은 것은?
① 증기압 및 습도가 높을 때
② 분자구조가 복잡할 때
③ 압력, 화학적 활성도가 클 때
④ 산소와의 친화력이 좋을 때

해설 발화점이 낮아지는 조건
① 열전도율이 낮을 것.(열전도율이 낮을수록 열의 축적이 쉽다.)
② 화학적 반응열이 클 것.(발열량이 클 것)
③ 분자구조가 복잡할수록 열의 축적이 쉽다.
④ 산소와 친화력이 클 것.(친화력이 클수록 쉽게 산화 반응)
⑤ 화학적인 활성도가 클 것.(활성화에너지가 작을 것)

정답 18. ① 19. ①

20 화재 발생 위험에 대한 설명으로 옳지 않은 것은?

① 발화점이 높을수록 위험하다.
② 인화점이 낮을수록 위험하다.
③ 연소 하한계는 낮을수록 위험하다.
④ 산소농도는 높을수록 위험하다.

해설 발화점이 낮을수록 위험하다.

21 발화점이 달라지는 요인으로 거리가 먼 것은?

① 가연성가스와 공기의 조성비
② 발화를 일으키는 공간의 형태와 크기
③ 가열속도와 가열시간
④ 발열량, 화학적인 활성도

해설 발화점이 달라지는 요인
① 가연성가스와 공기의 조성비
② 발화를 일으키는 공간의 형태와 크기
③ 가열속도와 가열시간
④ 발화원의 종류와 가열방식

22 발화점이 낮아지는 조건으로 옳지 않은 것은?

① 열전도율이 높고, 화학적인 활성도가 클 것.
② 화학적 반응열이 클 것.
③ 분자구조가 복잡할수록 열의 축적이 쉽다.
④ 가연성 가스가 산소와 친화력이 클 것.

해설 발화점이 낮아지는 조건
① 열전도율이 낮을 것.(열전도율이 낮을수록 열의 축적이 쉽다.)
② 화학적 반응열이 클 것.(발열량이 클 것)
③ 분자구조가 복잡할수록 열의 축적이 쉽다.
④ 산소와 친화력이 클 것.(친화력이 클수록 쉽게 산화 반응)
⑤ 화학적인 활성도가 클 것.(활성화에너지가 작을 것)

23 다음 중 연소반응이 일어날 수 있는 가능성이 가장 큰 물질은?

① 산소와 친화력이 작고, 활성화 에너지가 작은 물질
② 산소와 친화력이 크고, 활성화 에너지가 큰 물질
③ 산소와 친화력이 작고, 활성화 에너지가 큰 물질
④ 산소와 친화력이 크고, 활성화 에너지가 작은 물질

해설 산소와 친화력이 크고, 활성화 에너지가 작은 물질일수록 연소반응이 잘 일어난다.

정답 20. ① 21. ④ 22. ① 23. ④

24 다음 중 착화온도가 가장 높은 물질은?

① 황린
② 아세트알데하이드
③ 메탄
④ 이황화탄소

해설 착화온도

종 류	황린	아세트알데하이드	메탄	이황화탄소
착화온도	34℃	185℃	537℃	100℃

25 자연발화에 대한 설명 중 틀린 것은?

① 외부로부터의 열의 공급을 받지 않고 온도가 상승하는 현상
② 물질의 온도가 발화점 이상이면 자연발화 한다.
③ 기름걸레를 빨래 줄에 걸어 놓으면 자연발화 한다.
④ 유기물질이 대기와 접하면 산화하여 열을 낸다.

해설 열의 축적이 용이한 상태에서 발생하므로 빨래 줄에 걸어놓으면 열의 축적보다 방열이 커지기 때문에 자연발화는 일어나지 않는다.

26 다음 중 자연발화에 영향을 미치는 열과 관계가 없는 것은?

① 산화열
② 분해열
③ 흡착열
④ 기화열

해설 기화열 : 물질이 증발할 때 필요한 열

27 다음 중 자연발화가 용이한 물질의 보관 방법으로 옳지 않은 것은?

① 칼륨, 나트륨, 리튬 : 석유류 속에 저장한다.
② 황린, 이황화탄소 : 물속에 저장한다.
③ 아세틸렌 : 알코올 속에 저장한다.
④ 알킬알루미늄 : 공기와의 접촉을 차단하기 위하여 밀폐용기에 저장한다.

해설 자연발화가 용이한 물질의 보관
① 칼륨, 나트륨, 리튬 : 석유류 속에 저장한다.
② 니트로셀룰로오스 : 알코올 속에 저장한다.
③ 황린, 이황화탄소 : 물속에 저장한다.
④ 아세틸렌 : 아세톤 속에 저장한다.
⑤ 알킬알루미늄 : 공기와의 접촉을 차단하기 위하여 밀폐용기에 저장한다.

정답 24. ③ 25. ③ 26. ④ 27. ③

28 위험물질의 자연발화를 방지하는 방법이 아닌 것은?
① 촉매 역할을 하는 물질과 접촉을 피할 것
② 습도를 높일 것
③ 열의 축적을 방지할 것
④ 저장실의 온도를 저온으로 유지할 것

해설 습도를 낮게 할 것

29 다음 중 인화점이 가장 낮은 것은?
① 경유
② 메탈알코올
③ 이황화탄소
④ 등유

해설 인화점
① 경유 : 50~70℃
② 메탈알코올 : 11℃
③ 이황화탄소 : −30℃
④ 등유 : 40~70℃

30 다음 중 인화점이 가장 낮은 물질은?
① 산화프로필렌
② 이황화탄소
③ 메틸알코올
④ 등유

해설 인화점
① 산화프로필렌 : −37℃
② 이황화탄소 : −30℃
③ 메틸알코올 : 11℃
④ 등유 : 40~70℃

31 인화점이 낮은 것부터 높은 순서로 옳게 나열된 것은?
① 아세톤 < 이황화탄소 < 에틸알코올
② 이황화탄소 < 에틸알코올 < 아세톤
③ 에틸알코올 < 아세톤 < 이황화탄소
④ 이황화탄소 < 아세톤 < 에틸알코올

해설 인화점

종류	이황화탄소	아세톤	에틸알코올
인화점(℃)	−30	−18	13

정답 28. ② 29. ③ 30. ① 31. ④

32 휘발유의 인화점은 약 몇 [℃] 정도 되는가?

① -43~-20[℃]　　　　　　　② 30~50[℃]
③ 50~70[℃]　　　　　　　　④ 80~100[℃]

해설 휘발유의 인화점 : -43~-20℃

33 제4류 위험물 중 제1석유류, 제2석유류, 제4석유류를 구분하는 기준은?

① 인화점　　　　　　　　　② 증기비중
③ 착화점　　　　　　　　　④ 비등점

해설 제4류 위험물의 분류
① 제1석유류 : 인화점이 21℃ 미만
② 제2석유류 : 인화점이 21℃ 이상 70℃ 미만
③ 제3석유류 : 인화점이 70℃ 이상 200℃ 미만
④ 제4석유류 : 인화점이 200℃ 이상 250℃ 미만

34 인화점(Flash point)을 가장 옳게 설명한 것은?

① 가연성 액체가 증기를 계속 발생하여 연소가 지속될 수 있는 최저온도
② 가연성 증기발생시 연소범위의 하한계에 이르는 최저온도
③ 고체와 액체가 평행을 유지하며 공존할 수 있는 온도
④ 가연성 액체의 포화증기압이 대기압과 같아지는 온도

해설 인화점
① 휘발성 물질에 불꽃을 접하여 발화될 수 있는 최저의 온도
② 가연성 증기발생시 연소범위의 하한계에 이르는 최저의 온도

35 연소점에 관한 설명으로 옳은 것은?

① 점화원 없이 스스로 불이 붙는 최저온도
② 산화면서 발생된 열이 축적되어 불이 붙는 최저온도
③ 점화원에 의한 불이 붙는 최저온도
④ 인화 후 일정시간 이상 연소상태를 계속 유지할 수 있는 온도

해설 인화점, 연소점, 발화점
① 인화점 : 점화원에 의해 불이 붙는 최저의 온도
② 연소점 : 인화 후 일정시간 이상 연소상태를 계속 유지할 수 있는 온도
③ 발화점 : 점화원 없이 스스로 불이 붙는 최저온도

정답 32. ①　33. ①　34. ②　35. ④

36 다음 설명 중 틀린 것은?

① 인화점은 착화의 용이성을 나타내는 지표가 될 수 있다.
② 발화점은 착화원이 없는 상태에서 가연성 혼합기가 발화하는데 필요한 최저온도이다.
③ 인화점은 화염에 의해 연소 가능한 혼합기가 형성되는 최저온도이다.
④ 인화점이 높을수록 발화점도 높다.

해설 인화점이란 착화원(불꽃)에 의하여 연소현상을 일으킬 수 있는 최저온도로 착화원 제거 시 연소는 지속될 수 없으며, 인화점과 발화점은 비례하지 않는다.

37 다음 용어의 설명 중 적합하지 않은 것은?

① 자연발열이라 함은 어떤 물질이 외부로부터 열의 공급을 받지 아니하고 온도가 상승하는 현상이다.
② 분해열이라 함은 화합물이 분해할 때 발생하는 열을 말한다.
③ 용해열이란 어떤 물질이 분해될 때 발생하는 열을 말한다.
④ 연소열은 어떤 물질이 완전히 산화되는 과정에서 발생하는 열을 말한다.

해설 용해열이란 용질이 용매에서 용해할 때 열을 흡수하거나 방출되는 열을 말한다.

38 동식물유류에서 "요오드값이 크다"라는 의미를 옳게 설명한 것은?

① 불포화도가 높다.
② 불건성유이다.
③ 자연발화성이 낮다.
④ 산소와의 결합이 어렵다.

해설 요오드값이 클수록 자연발화가 용이하다.(불포화도가 높다.)

39 아래의 조건을 이용하여 공기비를 산출하시오.

[보기]
이론 공기량 : 28.84g, 실제 공기량 : 40g

① 0.72 ② 1.39 ③ 1.49 ④ 3.58

해설 공기비 $= \dfrac{\text{실제공기량}}{\text{이론공기량}} = \dfrac{40}{28.84} = 1.39$

정답 36. ④ 37. ③ 38. ① 39. ②

40 공기비에 대한 다음 설명 중 옳지 않은 것은?
① 실제공기량이란 가연물질을 실제로 연소시키기 위해서 사용되는 공기량으로 이론 공기량 보다 큰 값이다.
② 이론공기량이란 가연물질을 연소시키기 위해서 이론적으로 산출한 공기량을 말한다.
③ 공기비란 실제공기량을 이론공기량으로 나눈 값이다.
④ 공기비의 크기는 기체 가연물 > 액체 가연물 > 고체 가연물의 순이다.

해설 공기비의 크기는 고체 가연물 > 액체 가연물 > 기체 가연물의 순이다.

41 공기의 평균 분자량이 29일 때 이산화탄소의 기체비중은 얼마인가?
① 1.44   ② 1.52   ③ 2.88   ④ 3.24

해설 기체비중 = $\dfrac{\text{분자량}}{29} = \dfrac{44}{29} = 1.52$

42 23[℃]에서 증기압이 76[mmHg]이고 증기밀도가 2인 액체가 있다. 23[℃]에서의 증기-공기밀도는? (단, 대기압은 표준대기압으로 한다.)
① 0.9   ② 1.0   ③ 1.1   ④ 1.2

해설 증기-공기밀도 $= \dfrac{P_2 d}{P_1} + \dfrac{P_1 - P_2}{P_1} = \dfrac{76 \times 2}{760} + \dfrac{760 - 76}{760} = 1.1$

43 연소에 관한 설명으로 옳지 않은 것은?
① 화학적 활성도가 큰 가연물일수록 연소가 용이하다.
② 조연성 가스는 가연물이 탈 수 있도록 도와주는 기체이다.
③ 열전도율이 작은 가연물일수록 연소가 용이하다.
④ 흡착열은 가연물의 산화반응으로 발열 축적된 것이다.

해설 흡착열 : 가연물에 고온의 물질에서 발생하는 열이 흡수되는 것으로 목탄, 활성탄, 유연탄 등의 물질이 있다.

정답 40. ④ 41. ② 42. ③ 43. ④

44 인화점과 발화점에 관한 설명으로 옳지 않은 것은?

① 인화점은 가연성 액체의 위험성 기준이 된다.
② 발화점은 발열량과 열전도율이 클 때 낮아진다.
③ 인화점은 점화원에 의하여 연소를 시작할 수 있는 최저온도이다.
④ 고체 가연물의 발화점은 가열된 공기의 유량, 가열속도에 따라 달라질 수 있다.

해설 발화점은 발열량이 클수록, 열전도율이 작을수록 낮아진다.

45 연소의 개념과 형태에 관한 설명으로 옳은 것은?

① 폭굉 발생 시 화염전파 속도는 음속보다 느리다.
② 목탄(숯), 코크스, 금속분 등은 분해연소를 한다.
③ 기체연료의 연소형태는 확산연소, 예혼합연소, 증발연소가 있다.
④ 열가소성 수지는 연소되면서 용융 액면이 넓어져 화재의 확산이 빨라진다.

해설 ① 폭굉 발생 시 화염전파 속도는 음속보다 빠르다.
② 목탄(숯), 코크스, 금속분 등은 표면연소를 한다.
③ 기체연료의 연소형태는 확산연소, 예혼합연소가 있다.

46 연소용어에 관한 설명으로 옳지 않은 것은?

① 인화점은 액면에서 증발된 증기의 농도가 그 증기의 연소하한계에 도달한 때의 온도이다.
② 위험도는 연소하한계가 낮고 연소범위가 넓을수록 증가한다.
③ 연소점은 연소상태에서 점화원을 제거하여도 자발적으로 연소가 지속되는 온도이다.
④ 발화점은 파라핀계 탄화수소 화합물의 경우 탄소수가 적을수록 낮아진다.

해설 발화점은 파라핀계 탄화수소 화합물의 경우 탄소수가 적을수록 높아진다.

정답 44. ② 45. ④ 46. ④

제2장 연소범위

1 연소범위(폭발범위) ★★★

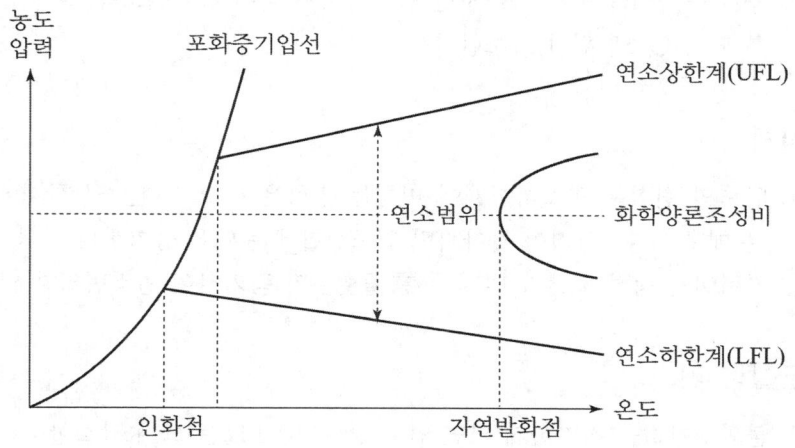

1) 연소범위 : 연소상한계와 연소하한계의 차
2) 연소하한계 : 공기 중 가장 작은 농도에서 연소할 수 있는 부피%
3) 연소상한계 : 공기 중 가장 큰 농도에서 연소할 수 있는 부피%

2 연소범위 영향인자 ★

1) 온도

① 아레니우스의 식 : **온도가 10℃ 상승하면 반응속도가 2배가 증가**, 연소범위도 넓어진다.

반응속도 $V = C \cdot e^{-\frac{E}{RT}}$

C : 빈도계수, E : 활성화에너지[J/mol],
R : 기체상수[atm·L/mol·K], T : 절대온도[K]
온도가 높을수록 활성화에너지가 작을수록 반응속도는 빨라진다.

② 온도상승에 대한 연소범위
연소상한계는 온도 100℃ 증가시마다 약 8% 증가하고,
연소하한계는 온도 100℃ 증가시마다 약 8% 감소한다.

2) 산소의 농도
① 산소의 농도가 증가 시 연소 상한계는 크게 증가한다.
② 공기 중 산소농도가 높아지면 연소범위가 넓어지고 산소농도가 감소하면 불활성화 되어 연소범위가 감소한다.

3) 압력
① 압력의 변화는 연소하한계에 미치는 영향은 작으나, 연소상한계에 미치는 영향은 매우 크다. 압력이 높아지면 연소상한계는 매우 증가한다.
② **압력이 상승**하면 분자 내 유효 **충돌횟수가 증가**하여 연소범위가 넓어진다.

4) 불활성 가스
① 불활성가스를 첨가하게 되면 연소 상한계(UFL)는 크게 감소한다.
② 연소하한계(LFL)는 거의 일정하나 연소범위는 낮아지게 된다.

3 연소상한계 및 연소하한계의 산출

1) 단일성분(jones 이론) ★★
① 연소하한계(LFL) : $LFL = 0.55 C_{st}$
② 연소상한계(UFL) : $UFL = 3.5 C_{st}$
③ 화학양론조성 : $C_{st} = \dfrac{연료몰수}{연료몰수 + 공기몰수} \times 100$
④ 공기몰수 : 공기몰수 $= \dfrac{산소몰수}{0.21}$
⑤ 메테인(**메탄**)의 완소연소 반응식 : $CH_4 + 2O_2 \rightarrow CO_2 + 2H_2O$
⑥ 프로페인(**프로판**)의 완전연소 반응식 : $C_3H_8 + 5O_2 \rightarrow 3CO_2 + 4H_2O$
⑦ 뷰테인(부탄) : $C_4H_{10} + 6.5O_2 \rightarrow 4CO_2 + 5H_2O$

※ 탄화수소의 완전연소반응식(미정계수법)

$$C_mH_n + (m+\frac{n}{4})O_2 \rightarrow mCO_2 + \frac{n}{2}H_2O$$

2) 혼합가스의 연소범위(르샤틀리에 공식) ★★

$$\frac{100}{L} = \frac{V_1}{L_1} + \frac{V_2}{L_2} + \frac{V_3}{L_3} + \cdots \quad (단, V_1 + V_2 + V_3 + \cdots + V_n = 100)$$

① L : 혼합가스의 연소하한계(%)
② $L_1, L_2, L_3, \cdots$: 각 성분의 연소하한계(%)
③ $V_1, V_2, V_3, \cdots$: 각 성분의 체적(%)

4 주요가스의 연소범위 ★★★

명 칭	분자식	연소범위(%) 하한계	연소범위(%) 상한계	암기법
아세틸렌	C_2H_2	2.5	81	이오팔일 아
산화에틸렌	C_2H_4O	3	80	산화 삼팔공
수소	H_2	4	75	사칠오 수
일산화탄소	CO	12.5	74	십이오칠사 일
아세트알데하이드	CH_3CHO	4	57	아세 사오칠
에테르	$R-O-R'$	1.9	48	에 일구사팔
이황화탄소	CS_2	1.2	44	이황 일이사사
황화수소	H_2S	4.3	45	황수 사삼사오
시안화수소	HCN	6	41	육사일 시
에틸렌	C_2H_4	3.1	32	삼일삼이 에
메탄	CH_4	5	15	메 오십오
에탄	C_2H_6	3	12.5	에삼 십이오
프로판	C_3H_8	2.2	9.5	프 둘이구오
부탄	C_4H_{10}	1.9	8.5	부 일구팔오
헥산	C_6H_{14}	1.2	7.4	일이칠사 헥
휘발유	$C_5 \sim C_9$	1.4	7.6	휘 일사칠육
암모니아	NH_3	15	28	암 십오이팔
디에틸에테르	$C_2H_5OC_2H_5$	1.7	48	에테 일칠사팔

명 칭	분자식	연소범위(%) 하한계	연소범위(%) 상한계	암기법
메틸알코올	CH_3OH	7	37	메알 칠삼칠
에틸알코올	C_2H_5OH	3.5	20	에알 삼오이십
아세톤	CH_3COCH_3	2	13	아세 이십삼

5 위험도 ★★

1) 폭발범위를 폭발하한계로 나눈 값으로, 위험도의 값이 클수록 위험성이 크다.
2) 위험도 $H = \dfrac{UFL - LFL}{LFL}$ (UFL : 연소상한계, LFL : 연소하한계)
3) 연소범위가 넓을수록 위험도는 증가
4) 연소하한계가 낮을수록 위험도는 증가
5) 연소상한계가 높을수록 위험도는 증가, 불활성가스를 첨가할수록 위험도는 감소

6 파라핀계 탄화수소의 규칙성

1) Burgess - Wheeler이론 : 연소하한계와 연소열과의 곱은 거의 일정하다.
2) 산출식

$LFL \times \Delta H_c ≒ 1,050$ (LFL : 연소하한계, ΔH_c : 연소열)

제2장 출제예상문제

01 연소범위(폭발범위)와 관계가 먼 것은?
① 연소에 필요한 혼합가스의 농도를 말한다.
② 연소범위의 하한치는 그 물질의 인화점에 해당한다.
③ 연소범위가 좁을수록 위험하다.
④ 상한치와 하한치를 갖는다.

해설 연소범위가 넓을수록(연소 하한계는 낮고 연소 상한계는 높을수록) 연소가 용이하다.

02 다음은 연소한계에 대한 설명이다. 옳지 않은 것은?
① 가연성 혼합기체라도 적당한 혼합 비율의 범위 내에 연료와 산소가 혼합 되지 않으면 점화원과 만나도 발화하지 않는다.
② 연소한계에는 하한계와 상한계가 있다.
③ 연소한계를 일명 폭발한계라고도 한다.
④ 가연성기체라면 점화원의 존재 아래에서 그 농도와 관계없이 발화한다.

해설 가연성증기 또는 가연성기체는 연소범위 내에서 점화원에 의해 착화될 수 있다.

03 연소반응속도에 관한 설명으로 옳지 않은 것은?
① 분자간의 충돌빈도수가 증가할수록 증가한다.
② 활성화 에너지가 클수록 증가한다.
③ 온도가 높을수록 증가한다.
④ 시간 변화량에 대한 농도 변화량이 클수록 증가한다.

해설 온도가 높을수록 활성화에너지가 작을수록 반응속도는 빨라진다.

04 메탄 1[mol]이 완전연소 하는 데 필요한 산소는 몇 [mol]인가?
① 1 ② 2 ③ 3 ④ 4

해설 메탄의 완전 연소반응식 :
$CH_4 + 2O_2 \rightarrow CO_2 + 2H_2O$

정답 1. ③ 2. ④ 3. ② 4. ②

05 가연성가스를 공기 중에서 연소시킬 때 공기 중의 산소농도가 증가되면 나타나는 특성으로 옳지 않은 것은?

① 연소속도가 빨라진다.
② 발화온도는 높아진다.
③ 폭발한계가 넓어진다.
④ 점화에너지는 감소한다.

해설 산소농도 증가 시 특성
① 연소속도는 빨라지고, 화염의 온도는 높아진다.
② 발화온도는 낮아지고, 폭발한계는 넓어진다.
③ 점화에너지는 감소한다.

06 체적비로 메탄이 80%, 에탄이 15%, 프로판이 4%, 부탄이 1%인 혼합기체가 있다. 이 기체의 공기 중에서의 폭발 하한계는 약 몇 %인가? (단, 공기 중 단일가스의 폭발 하한계는 각각 5%, 2%, 2%, 1.8%이다)

① 2.9 ② 3.8 ③ 4.2 ④ 4.9

해설 혼합가스의 연소하한계

$$\frac{100}{L} = \frac{80}{5} + \frac{15}{2} + \frac{4}{2} + \frac{1}{1.8} \quad , \quad L = \frac{100}{\frac{80}{5} + \frac{15}{2} + \frac{4}{2} + \frac{1}{1.8}} = 3.8\%$$

07 메탄 80vol%, 에탄 15vol%, 프로판 5vol%인 혼합가스의 공기 중 폭발 하한계는 약 몇 vol% 인가?(단, 메탄, 에탄, 프로판의 공기 중 폭발 하한계는 5.0%, 3.0%, 2.1%이다.)

① 3.23 ② 3.61 ③ 4.02 ④ 4.28

해설 연소 하한계

$$LFL = \frac{100}{\frac{V_1}{L_1} + \frac{V_2}{L_2} + \frac{V_3}{L_3}} = \frac{100}{\frac{80}{5} + \frac{15}{3} + \frac{5}{2.1}} = 4.28\%$$

08 다음 물질 중 연소범위가 가장 넓은 것은?

① 수소 ② 일산화탄소 ③ 아세틸렌 ④ 에테르

해설 보기설명
① 수소 : 4~75%
② 일산화탄소 : 12.5~74%
③ 아세틸렌 : 2.5~81%
④ 에테르 : 1.9~48%

정답 5. ② 6. ② 7. ④ 8. ③

09 수소의 공기 중 폭발범위에 가장 가까운 것은?
① 12.5~54vol% ② 4~75vol%
③ 5~15vol% ④ 1.05~6.7vol%

해설 수소의 폭발범위 : 4~75vol%

10 가연성 기체 또는 액체의 연소범위에 대한 설명 중 틀린 것은?
① 연소하한과 연소상한의 범위를 나타낸다.
② 연소하한이 낮을수록 발화위험이 높다.
③ 연소범위가 넓을수록 발화위험이 낮다.
④ 연소범위는 주위온도와 관계가 있다.

해설 연소범위가 넓을수록 발화위험이 높다.

11 연료로 사용하는 가스에 관한 설명 중 틀린 것은?
① 도시가스, LPG는 모두 공기보다 무겁다.
② $1Nm^3$의 CH_4를 완전 연소시키는 데 필요한 공기량은 약 $9.52Nm^3$이다.
③ 메탄의 공기 중 폭발범위는 약 5~15% 정도이다.
④ 부탄의 공기 중 폭발범위는 약 1.9~8.5% 정도이다.

해설 도시가스와 LPG
 ① 도시가스의 주성분은 메탄(CH_4)이므로 증기비중 = 16/29 = 0.550 므로 공기보다 가볍다.
 ② LPG의 주성분은 프로판(C_3H_8), 부탄(C_4H_{10})이므로
   프로판의 증기비중 = 44/29 = 1.517, 부탄의 증기비중 = 58/29 = 2.0

12 프로판가스의 특성에 대한 설명으로 옳은 것은?
① 가스비중은 약 0.5이다.
② 연소범위는 약 2.2~9.5vol%이다.
③ 누출된 프로판가스는 공기보다 가벼워 천장에 모인다.
④ 프로판 가스는 LNG의 주성분이다.

해설 프로판(C_3H_8)
 ① 프로판의 분자량 : 44
 ② 프로판 가스의 비중 : 44/29 = 1.52
 ③ 프로판 가스는 LPG의 주성분

정답 9. ② 10. ③ 11. ① 12. ②

13 가연성 가스 또는 증기가 공기와 혼합기를 형성하였을 때 위험도가 큰 물질의 순서로 옳은 것은?

㉠ 메탄 　　㉡ 에테르 　　㉢ 프로판 　　㉣ 가솔린

① ㉠ > ㉡ > ㉢ > ㉣ 　② ㉠ > ㉡ > ㉣ > ㉢
③ ㉡ > ㉣ > ㉢ > ㉠ 　④ ㉡ > ㉠ > ㉣ > ㉢

해설 위험도가 큰 순서 : 에테르 > 가솔린 > 프로판 > 메탄
① 메탄 = $\frac{15-5}{5} = 2$ 　② 에테르 = $\frac{48-1.9}{1.9} = 24.26$
③ 프로판 = $\frac{9.5-2.2}{2.2} = 3.32$ 　④ 가솔린 = $\frac{7.6-1.4}{1.4} = 4.43$

14 폭발범위(연소범위)에 관한 설명으로 옳지 않은 것은?
① 불활성 가스를 첨가할수록 연소범위는 넓어진다.
② 온도가 높아질수록 폭발범위는 넓어진다.
③ 혼합기를 이루는 공기의 산소농도가 높을수록 연소범위는 넓어진다.
④ 가연물의 양과 유동상태 및 방출속도 등에 따라 영향을 받는다.

해설 불활성 가스를 첨가할수록 연소범위는 좁아진다.

15 탄화수소계 가연물의 완전연소식으로 옳은 것은?
① 에탄 : $C_2H_6 + 3O_2 \rightarrow 2CO_2 + 3H_2O$
② 프로판 : $C_3H_8 + 5O_2 \rightarrow 3CO_2 + 4H_2O$
③ 부탄 : $C_4H_{10} + 6O_2 \rightarrow 4CO_2 + 5H_2O$
④ 메탄 : $CH_4 + O_2 \rightarrow CO_2 + 2H_2O$

해설 완전연소 반응식
① 에탄 : $2C_2H_6 + 7O_2 \rightarrow 4CO_2 + 6H_2O$
② 부탄 : $2C_4H_{10} + 13O_2 \rightarrow 8CO_2 + 10H_2O$
③ 메탄 : $CH_4 + 5O_2 \rightarrow 4CO_2 + 2H_2O$

정답 13. ③　14. ①　15. ②

16 공기 50 vol%, 프로판 35 vol%, 부탄 12 vol%, 메탄 3 vol%인 혼합기체의 공기 중 폭발하한계는 몇 vol% 인가? (단, 공기 중 각 가스의 폭발 하한계는 메탄 5 vol%, 프로판 2 vol%, 부탄 1.8 vol% 이다.)
① 2.02　　② 3.41　　③ 4.04　　④ 6.82

해설 폭발 하한계

① 메탄 환산체적 $V_1 = \dfrac{3}{3+35+12} \times 100 = 6\%$

② 프로판 환산체적 $V_2 = \dfrac{35}{3+35+12} \times 100 = 70\%$

③ 부탄 환산체적 $V_1 = \dfrac{12}{3+35+12} \times 100 = 24\%$

④ 폭발 하한계 $L = \dfrac{100}{\dfrac{V_1}{L_1}+\dfrac{V_2}{L_2}+\dfrac{V_3}{L_3}} = \dfrac{100}{\dfrac{6}{5}+\dfrac{70}{2}+\dfrac{24}{1.8}} = 2.018 = 2.02\%$

17 Methane 20 vol%, Butane 30 vol%, Propane 50 vol%인 혼합기체의 공기 중 폭발하한계는 약 몇 vol%인가?(단, 공기 중 각 가스의 폭발하한계는 Methane 5.0 vol%, Butane 1.8 vol%, Propane 2.1 vol%임)
① 1.86　　　　　　　② 2.25
③ 2.86　　　　　　　④ 3.29

해설 폭발하한계

$LFL = \dfrac{100}{\dfrac{V_1}{L_1}+\dfrac{V_2}{L_2}+\dfrac{V_3}{L_3}} = \dfrac{100}{\dfrac{20}{5}+\dfrac{30}{1.8}+\dfrac{50}{2.1}} = 2.248 = 2.25\%$

18 아레니우스(Arrhenius)의 반응속도식에 관한 설명으로 옳지 않은 것은?
① 온도가 높을수록 반응속도는 증가한다.
② 압력이 높을수록 반응속도는 감소한다.
③ 활성화에너지가 클수록 반응속도는 감소한다.
④ 분자의 충돌 횟수가 많을수록 반응속도는 증가한다.

해설

반응속도 $V = C \cdot e^{-\frac{E}{RT}}$
C : 빈도계수, E : 활성화에너지[J/mol],
R : 기체상수[atm·L/mol·K], T : 절대온도[K]
온도가 높을수록 활성화에너지가 작을수록 반응속도는 빨라진다.
압력이 상승하면 분자 내 유효 충돌횟수가 증가하여 반응속도는 증가한다.

정답 16. ①　17. ②　18. ②

제3장 연소속도, 에너지방출속도 및 연소 시 이상현상

1 연소속도

1) 고체가연물의 연소속도 ★★★

① 단위시간당 소비되는 고체 가연물의 질량이 감소되는 속도

② **질량감소 유속** $m = \dfrac{q''}{L} = \dfrac{순수\ 열유속}{기화열}$ [g/s·m^2] (보통 5~50 g/s, m^2)

③ **기화열이 작고 순수 열유속이 클수록 연소속도는 빨라진다.**

④ 기화열 : 액체 또는 고체가 기체로 될 때 외부에서 흡수하는 열

2) 액체가연물의 연소속도

① 액면 강하속도

$$V = A\dfrac{H_c}{H_v} \fallingdotseq 0.076\dfrac{H_c}{H_v}$$

V : 액면 강하속도[mm/min], A : 액표면적[m^2], H_c : 연소열,

H_v : 연료의 증발잠열

② 중질유 저장탱크 화재 시 하부의 물에 의해 보일오버(Boil Over)가 발생하므로 액면 강하속도를 산출하여 Boil Over 발생시간을 예측할 수 있다.

3) 기체가연물의 연소속도 ★★★

① **연소속도 = 화염전파속도 – 미연소가스의 이동속도**

② 가연성혼합기가 이동하는 속도 또는 화염이 미연소가스에 대하여 수직으로 이동하는 속도

③ 화염전파속도 = 연소속도 + 미연소가스의 이동속도

④ **폭연** : 화염전파속도가 음속 미만

⑤ **폭굉** : 화염전파속도가 음속 이상

※ 음속 : 340m/s

4) 구획화재의 연소속도(환기 지배형 화재) ★★

연소속도 $R = 0.5A\sqrt{H}$ [kg/s]

A : 개구부 면적[m²], $A\sqrt{H}$: 환기계수(환기파라미터), H : 개구부 높이[m]

① 개구부의 면적에 비례
② 개구부 높이의 제곱근에 비례
③ 환기계수에 비례

2 에너지방출속도(열방출속도, 열방출율)

1) 에너지방출속도의 산출식 ★★★

에너지방출속도 $Q = mA\triangle H_c = \dfrac{q''}{L}A\triangle H_c$ [kW][kJ/s]

m : 질량 감소유속(연소속도), A : 면적, L : 기화열, q'' : 순수 열유속
$\triangle H_c$: 유효연소열

2) 에너지방출속도의 특징 ★★

① 연소속도는 기화열이 클수록 감소한다.
② 연소속도가 감소하면 열방출속도도 감소한다.
③ 에너지방출속도는 연소속도, 면적, 순수 열유속 및 유효연소열에 비례
④ 에너지방출속도는 기화열에 반비례

3) 산소소비열량계(콘 칼로리미터) ★

① 단위 질량의 산소 소모에 따른 **연소열은 거의 일정(약 13MJ/kg)**
② 연소생성물을 배기덕트로부터 채집하여 산소농도를 측정함으로써 에너지 방출속도를 결정
③ 콘 칼로리미터 : 열방출률, 연기발생률, 발화시간, 산소소비량, 일산화탄소 및 이산화탄소의 생성량, 질량감소율 등을 측정하는 장비

3 연소 시 이상현상

1) 역화(Back Fire, Flash Back) ★

(1) 정의
연료의 분출속도가 연소속도보다 낮을 경우 발생한다.

(2) 발생원인
① 가스의 분출속도가 연소속도보다 작을 경우
② 가연성가스의 양이 적을 경우
③ 노즐 구멍의 확대 또는 노즐의 부식
④ 버너의 과열로 인하여 가스의 온도상승으로 인한 연소속도의 증가
⑤ 이물질이 가스 내에 함유되었을 때

2) 리프트(Lift) 또는 선화(Lifting) ★

(1) 정의
불꽃이 노즐에서 떨어져 연소하는 현상

(2) 발생원인
① 연소속도보다 가스의 분출속도가 빠를 경우
② 노즐면적의 축소
③ 방출되는 가스량이 과다할 때
④ 1차 공기량이 많을 경우

3) 블로우 오프(Blow Off)

(1) 가스의 방출속도가 빨라지거나 공기의 유동이 너무 강하여 불꽃이 노즐에서 정착하지 못하고 꺼져 버리는 현상
(2) 리프트 현상을 계속 유지하다 혼합가스의 방출속도가 빨라지거나 공기유동이 너무 강하면 불꽃이 노즐에서 정착하지 못하고 떨어져서 꺼지는 현상

4) Yellow Tip(황염)

(1) 1차 공기 부족 시 발생하며 불꽃의 끝이 적황색이 되어 연소한다.
(2) 탄화수소의 열 분해된 탄소가 미연소 상태로 빨갛게 달구어진 상태로 배출된다.
(3) 불꽃의 온도가 낮다.

5) 불완전 연소

(1) 가스 공급량보다 공기의 공급량이 부족할 경우에 발생
(2) 연소가스의 배출이 불량할 때 유입공기의 부족으로 발생
(3) 불꽃(화염)이 낮은 온도의 가연물에 접촉 시 발생
(4) 가스와 공기의 혼합이 불균일할 때 발생
(5) 연소 초기에 일시적으로 발생
(6) 가스량이 과다하게 공급되는 경우
(7) 주위의 온도가 너무 낮은 경우
(8) 연소 배기가스의 분출이 불량한 경우

4 그레이엄의 확산속도 법칙 ★★★

1) 확산속도는 분자량의 제곱근에 반비례
2) 확산속도

$$\frac{V_2}{V_1} = \sqrt{\frac{M_1}{M_2}}$$ (V_1, V_2 : 확산속도[m/s], M_1, M_2 : 분자량)

제3장 출제예상문제

01 다음 중 연소속도와 가장 관계가 깊은 것은?
① 증발속도
② 환원속도
③ 산화속도
④ 혼합속도

해설 산화반응이 빠를수록 연소속도는 빨라진다.

02 에너지방출속도에 대한 다음의 설명 중 옳지 않은 것은?
① 기화면적에 비례
② 열유속에 비례
③ 유효연소열에 비례
④ 기화열에 비례

해설 에너지방출속도의 특징
① 연소속도는 기화열이 클수록 감소한다.
② 연소속도가 감소하면 열방출속도도 감소한다.
③ 에너지방출속도는 연소속도, 면적, 순수 열유속 및 유효연소열에 비례
④ 에너지방출속도는 기화열에 반비례

03 열방출속도(Heat Release Rate ; HRR)의 크기에 영향을 주는 주요 인자가 아닌 것은?
① 연소열
② 연소속도
③ 연소효율
④ 열전도율

해설 열방출속도 영향인자 :
① 연소열
② 연소속도
③ 연소효율

04 대부분의 가연성물질이 연소 시 산소 1[kg]이 소비될 경우에 에너지방출량은 [kg]당 몇 [MJ]인가?
① 10.1[MJ]
② 11.1[MJ]
③ 12.1[MJ]
④ 13.1[MJ]

해설 산소 1[kg]당 에너지방출량은 13.1[MJ/kg] 이다.

정답 1. ③ 2. ④ 3. ④ 4. ④

05 버너 내압이 높아져서 분출속도가 연소속도보다 빠른 현상을 가져오게 된다. 이런 경우 나타날 수 있는 연소상의 문제점은 무엇인가?
① 역화
② 리프트
③ 황염
④ 블로우 오프

해설 연소 시 이상 현상
① 리프트(선화) : 분출속도 〉 연소속도
② 역화(back fire) : 분출속도 〈 연소속도
③ 블로우 오프(blow off) : 분출속도 〉〉 연소속도

06 연소 시 발생하는 이상 현상 중 리프트(Lift)의 발생 원인으로 옳지 않은 것은?
① 1차 공기량이 너무 많아 혼합 가스량이 많아지는 경우
② 가스량의 과다로 가스가 지나치게 많이 나오는 경우
③ 연소기의 노즐이 부식으로 인하여 노즐이 막혀 분출구멍의 면적이 커지는 경우
④ 버너 내부의 압력이 증가하여 분출속도가 빨라지는 경우

해설 연소기의 노즐이 부식으로 인하여 노즐이 막혀 분출구멍의 면적이 작아지는 경우

07 버너의 화염에서 혼합기의 유출속도가 연소속도를 초과하여 불꽃이 노즐에 부착되지 못하고 꺼져 버리는 현상은?
① Boil-over현상
② Blow-off현상
③ Flash-over현상
④ Back-fire현상

해설 블로우 오프(Blow Off)
① 가스의 방출속도가 빨라지거나 공기의 유동이 너무 강하여 불꽃이 노즐에서 정착하지 못하고 꺼져 버리는 현상
② 리프트 현상을 계속 유지하다 혼합가스의 방출속도가 빨라지거나 공기유동이 너무 강하면 불꽃이 노즐에서 정착하지 못하고 떨어져서 꺼지는 현상

08 불완전연소에 대한 설명으로 틀린 것은?
① 공기의 공급이 부족할 경우에 발생한다.
② 연소 후 폐가스의 배출이 불량할 경우이다.
③ 가스량이 과다하게 공급될 경우이다.
④ 가연물질에 산소가 과다하게 함유된 경우이다.

해설 산소공급원이 부족한 상태에서 연소가 일어나면 불완전 연소하게 된다.

정답 5. ② 6. ③ 7. ② 8. ④

09 다음 중 불완전연소의 원인 중 옳지 않은 것은?
① 공기 공급량이 부족할 때
② 주위의 온도가 너무 낮을 때
③ 가스의 조성이 균일하지 못할 때
④ 환기 또는 배기가 충분히 될 때

해설 불완전 연소
① 가스 공급량보다 공기의 공급량이 부족할 경우에 발생
② 연소가스의 배출이 불량할 때 유입공기의 부족으로 발생
③ 불꽃(화염)이 낮은 온도의 가연물에 접촉 시 발생
④ 가스와 공기의 혼합이 불균일할 때 발생
⑤ 연소 초기에 일시적으로 발생
⑥ 가스량이 과다하게 공급되는 경우
⑦ 주위의 온도가 너무 낮은 경우
⑧ 연소 배기가스의 분출이 불량한 경우

10 자연물의 연소 시 에너지 방출속도를 측정하는 콘 칼로리미터에 관한 설명으로 옳지 않은 것은?
① 기기의 측정요소 중 가연물의 질량 감소를 측정한다.
② 가연물의 연소열에 따라 에너지 방출속도가 다를 수 있다.
③ 동일한 가연물일지라도 점화방법, 점화위치에 따라 연소속도가 다를 수 있다.
④ 가연물의 연소생성물 중 일산화탄소 농도를 측정하여 에너지 방출속도를 산출한다.

해설 ① 가연물의 연소생성물 중 산소의 농도를 측정하여 에너지 방출속도를 산출한다.
② 콘 칼로리미터 : 열방출율, 연기발생률, 발화시간, 산소소비량, 일산화탄소 및 이산화탄소의 생성량, 질량감소율 등을 측정하는 장비

11 면적 0.8[m²]의 목재표면에서 연소가 일어날 때 에너지 방출속도($\dot{Q}$)는 몇 [kW]인가? (단, 목재의 최대 질량연소유속($\dot{m}''$)=11[g/m²·s], 기화열(L)=4[kJ/g], 유효 연소열($\triangle H_c$)=15[kJ/g] 이다.)
① 35.2   ② 96.8   ③ 132.0   ④ 167.2

해설 에너지 방출속도
$Q = m \times A \times \triangle H_c = 11\text{g/m}^2 \cdot \text{s} \times 0.8\text{m}^2 \times 15\text{kJ/g} = 132\text{kJ/s} = 132\text{kW}$

정답 9. ④ 10. ④ 11. ③

제4장 연소생성물과 특성, 열 및 연기 유동의 특성

1 연소가스의 종류 및 특성

1) 독성가스 ★★★

① 정의 : 허용농도가 200ppm 이하인 것
② 주요 독성가스의 특징 및 연소물질

가스	주요특징	물질
아크로레인 (CH_2CHCHO)	① 허용농도 0.1ppm ② 맹독성 가스로 인체에 치명적	석유제품, 유지류(기름성분)
포스겐 ($COCl_2$)	① 허용농도 0.1ppm ② CO와 염소가 반응하여 생성된다. ③ 염소화합물, 사염화탄소와 화염접촉 시 생성된다.	PVC, 수지류, 염소계화합물
불화수소 (HF)	① 허용농도 3ppm ② 무색으로 유독성이 강한 자극성 기체	불소계 수지
염화수소 (HCl)	① 허용농도 5ppm ② 금속에 대한 부식성 ③ 기도와 눈에 자극, 무색의 자극성	PVC, 수지류, 절연재료
염소 (Cl_2)	① 허용농도 1ppm ② 1000ppm에서 약간 호흡 시 사망 ③ 황록색, 부식성이 강한 산성기체	-
시안화수소 (HCN)	① 허용농도 10ppm ② 맹독성 가스로 0.3%의 농도에서 즉사	질소 함유물질
황화수소 (H_2S)	① 허용농도 10ppm ② 달걀 썩은 냄새, 신경계통에 영향	황 함유물질
암모니아 (NH_3)	① 허용농도 10ppm ② 혈액 중에 흡수되어 순환계통 장애 ③ 피부나 점막에 자극성 및 부식성	질소 함유물질
아황산가스 (SO_2)	① 허용농도 5ppm ② 공기보다 무겁고 무색의 자극성 냄새	유황 함유물질
일산화탄소 (CO)	① 허용농도 50ppm ② 무색, 무미, 무취의 환원성 기체 ③ 헤모글로빈과 결합하여 산소운반기능 저하 ④ 염소와 반응하여 포스겐 생성	탄소성분 함유물질
이산화탄소 (CO_2)	① 무색, 무취, 무미의 불연성 기체 ② 다량 존재 시 호흡속도 증가	탄소성분 함유물질

2) 일산화탄소(CO) ★

① 혈액 중의 헤모글로빈과 결합하여 카복시헤모글로빈(COHb) 생성.
② 농도와 인체의 반응

공기 중의 농도		경과시간 (분)	중독증상
ppm	%		
200	0.02	120~180	가벼운 두통 증상
400	0.04	60~120	통증·구토증세가 나타남
800	0.08	40	구토·현기증·경련이 일어나고 24시간이면 실신
1600	**0.16**	20	두통·현기증·구토 등이 일어나고 **1시간이면 사망** (위험상태)
3200	0.32	5~10	두통·현기증이 일어나고 30분이면 사망
6400	0.64	1~2	두통·현기증이 심하게 일어나고 15~30분이면 사망
12800	1.28	1~3	1~3분내 사망

3) 이산화탄소(CO_2)

CO_2(%)	인 체 반 응
5	30분 만에 두통, 귀울림, 혈압상승, 구토
6	**호흡수의 현저한 증가**
8	호흡곤란, 혼수상태 또는 인사불성
9	명백한 호흡곤란, 4시간 후에 사망
10	시력장애, 2~3분 동안 흡입 시 의식 상실
20	**치사 농도(중추신경 마비로 인한 사망)**

4) 산소농도에 따른 증상

산소농도	증상
18% 이상	**안전한계**
16% 이상	호흡증가, 맥박증가, 두통, 매스꺼움
12% 이상	어지러움, 구토, 근력저하, 추락
10% 이상	안면창백, **의식불명**, 기도폐쇄
8% 이상	실신, 혼절
6% 이상	순간 실신, 호흡정지, 경련

2 불꽃(화염)의 특성

1) 색상과 온도 ★★★

색상	암적색	적 색	휘적색	황적색	백적색	휘백색
온도	700℃	850℃	950℃	1100℃	1300℃	1500℃

2) 화염의 높이(L_f) ★★★

$$L_f = 0.23 Q^{\frac{2}{5}} - 1.02D$$

Q : 열방출률(에너지 방출속도)[kW], D : 직경[m]

3 열 및 열전달

1) 화상 ★★

① 화상의 분류

분류	손상 부위	비고
1도 화상	표피	통증, 홍반, 부종
2도 표재성 화상	표피 및 진피	통증, 홍반, 부종, 수포
2도 심부성 화상	표피 및 진피 (땀샘, 모낭 손상 포함)	통증, 홍반, 부종, 수포
3도 화상	피부 및 피하조직	무통, 회백색 피부, 가피(eschar)
4도 화상	표피, 피하조직, 근육, 골 조직	무통, 회백색 피부, 가피, 운동장애

② 화상의 중증도 분류

분류	비고
경증	50% 미만의 1도 화상, 15% 미만의 2도 화상, 2% 미만의 3도 화상
중등도	50% 이상의 1도 화상, 15~30%의 2도 화상, 2~10%의 3도 화상
중증	30% 이상의 2도 화상, 10% 이상의 3도 화상

2) 전도 ★★★

① 하나의 물체가 다른 물체와 접촉하여 열이 이동하는 현상을 말한다.
② 가연성 고체의 **발화, 화염확산, 화재저항** 등과 밀접한 관계가 있다.
③ 열전달률 $q = \dfrac{kA \triangle T}{\ell} = \dfrac{kA(T_2 - T_1)}{\ell}$

   q : 열전달률[W], k : 열전도율[W/m·℃], $\triangle T$: 온도차[℃],
   ℓ : 벽체의 두께[m], A : 단면적[m^2]
④ 관련법칙 : **푸리에의 열전도 법칙**

3) 대류 ★★★

① 액체 또는 기체의 흐름에 의하여 열이 이동하는 현상을 말한다.
② RTI(반응시간지수), Fire Plume과 관계가 있다.
③ 대류열류
   $q = hA \triangle T = hA(T_2 - T_1)$
   q : 대류열류[W], A : 단면적[m^2], h : 대류전열계수[W/m^2·℃],
   $\triangle T$: 온도차[℃]
④ 관련법칙 : **뉴턴의 냉각법칙**
⑤ 내화건축물의 구획실내에서 가연물의 연소시 성장기의 지배적 열전달 형태

4) 복사 ★★★

① **전자파의 형태로서 열이 전달**
② 복사열
   $q = \phi \varepsilon A \sigma T^4$
   q : 복사열[W], A : 단면적[m^2], ϕ : 배치계수(형태계수), ε : 복사능
   T : 절대온도[K] = ℃ + 273,
   σ : 스테판-볼츠만 상수($\sigma = 5.67 \times 10^{-8}$W/m^2·K^4)
③ 관련법칙 : **스테판-볼츠만의 법칙**
④ 복사열류의 계산(화염직경의 2배 이상 떨어진 경우에 적용)
   $q = \dfrac{X_r Q}{4\pi r^2}$ [kW/m^2]
   X_r : 복사에너지 분율 r : 화재중심과 목표물과의 거리[m]
   Q : 화재의 크기[kW]

5) 열파가 벽을 통과하는 데 필요한 시간(t) ★★

$$t = \frac{\ell^2}{16\alpha}[s] \quad (\alpha = \frac{k}{\rho c})$$

ℓ : 벽의 두께[m], α : 열확산도(열확산율), k : 열전도도, ρ : 밀도, c : 비열
ρc : 열용량

6) 손상 지표로서의 열유속 값(화재 시 열에 의해 손상을 받을 수 있는 최소값) ★

① **노출 피부에 대한 통증** : $1.0[kW/m^2]$
② **노출 피부에 대한 화상** : $4.0[kW/m^2]$
③ 물체의 발화(점화) : $10 \sim 20[kW/m^2]$

4 연기

1) 연기의 주요특징 ★★

① **연기($0.1 \sim 10\mu m$ 정도)는 매우 작은 액체 미립자(유독성) 또는 고체입자로 구성**
② 연기를 눈으로 볼 수 있는 것은 **탄소 및 타르입자**들 때문이다.
③ 연기의 가장 큰 위험성은 시계(視界)를 제한하여 피난에 지장을 초래한다.
④ **탄소를 많이 함유한 가연물일수록 검은 연기**가 발생한다.
⑤ 화재 발생 초기의 발연량(연기발생량)은 최성기 때보다 많다.

2) 연기의 농도표시방법 ★

① 중량농도법 : 체적 당 연기입자의 중량(mg/m^3)
② 입자농도법 : 체적 당 연기입자의 개수(개/cm^3)
③ 감광계수법(투과율법) : 연기가 있을 때 투과되는 빛의 세기와 연기가 없을 때 투과되는 빛의 세기의 비로서 연기 속을 투과한 빛의 양으로 표현할 수 있다.(m^{-1})

3) 감광계수 ★★★

① Lambert Beer의 법칙

$$\text{감광계수 } C_s = \frac{1}{L}\ln\frac{I_0}{I}[m^{-1}] \quad (I = I_0 e^{-C_s L})$$

L : 가시거리[m]

I_0 : 연기가 없을 때의 빛의 세기[lx]

I : 연기가 있을 때의 빛의 세기[lx]

② 감광계수와 가시거리의 관계

감광계수	가시거리	상황
0.1	20~30	연기감지기의 작동농도 건물 내 **미숙지자**의 피난 한계농도
0.3	5	건물 내 **숙지자**의 피난한계농도
0.5	3	어두침침함을 느낄 정도의 농도
1	1~2	거의 앞이 보이지 않을 정도의 농도
10	0.2~0.5	**화재 최성기** 때의 연기농도
30	–	출화실에서 연기가 분출할 때의 연기농도

③ 한계가시거리(D)와 감광계수(C_s)와의 관계

반사형 표지 및 문짝	발광형 표지 및 주간창
$D \cdot C_s$ = 2~4 m	$D \cdot C_s$ = 5~10 m

4) 건물 내의 연기유동 ★★★

(1) 수평방향의 전파

① **연기 전파속도 0.5~1[m/s]**

② 연기층의 두께는 연기의 온도가 내려가도 거의 일정하다.

③ **연기는 천장면을 따라서, 공기는 바닥면을 따라서** 반대로 움직인다.

(2) 수직방향의 전파

① **연기 전파속도 2~3[m/s]**

② **계단실 또는 엘리베이터 승강로의 전파속도는 4~5[m/s]**

③ 최상층이 아래층보다 빨리 연기로 가득 찬다.

(3) 연기의 유동

① 화재 초기의 연기 발생량이 최성기 때의 연기발생량보다 많다.

② 연기유동은 건물 내·외부의 온도차에 따라서 다르다.

(4) 연기 발생량의 증가 요인

① 탄소 함유량이 많을수록, 연소속도가 느릴수록 증가한다.

② 주위온도가 낮을수록, 공기 공급량이 적을수록 증가한다.

4) 열역학 제3법칙

(1) 절대온도 0K(-273℃)에는 도달할 수 없다.

7 아보가드로의 법칙

1) 개념

(1) 일정한 온도와 일정한 압력에서 부피가 같은 모든 기체는 같은 수의 분자를 포함한다.
(2) 모든 기체는 STP(표준상태[0℃, 1atm의 상태])에서 22.4[L]의 부피를 갖는다.

2) 아보가드로 수

(1) 1[mol] 속에 포함된 분자 수를 말하며, 6.02×10^{23} 개다.
(2) 기체 1[mol]은 STP(0℃, 1atm)에서 22.4L의 부피를 갖는다.
(3) **기체 1[g/mol]의 부피는 22.4[L]**이다.
(4) 기체 1[kg/mol]의 부피는 22.4[m^3]이다.

8 보일의 법칙

1) 개념

온도가 일정할 때 기체의 부피는 절대압력에 반비례

2) 계산식 ★★

$P_1 V_1 = P_2 V_2 =$ 일정

P_1, P_2 : 절대압력[atm], V_1, V_2 : 체적[m^3]

---

(5) 연기가 인간에 미치는 유해성
① 시각적 유해성
② 심리적 유해성
③ 생리적 유해성

5) 연기 유동의 주요원인 ★

① 화재 시 온도 상승으로 인한 **가스의 팽창**
② **연돌효과**(굴뚝효과, Stack Effect)
③ **HVAC(공기조화설비)**에 의한 영향
④ **외부바람**에 의한 압력차
⑤ **피스톤 효과**
※ HVAC : Heating, Ventilating, Air Conditioning

5 열량(Quantity of heat)

1) 단위

(1) kcal(Kilogram Calorie)
표준대기압 하에서 순수한 물 1kg의 온도를 1℃ 상승시키는 데 필요한 열량
(2) BTU(British Thermal Unit)
표준대기압 하에서 순수한 물 1[lb]의 온도를 1℉ 상승시키는 데 필요한 열량

2) 단위의 상호관계

(1) 1[kcal] = 3.968[BTU] = 427[kgf · m] = 4185.5[J]
(2) 1[BTU] = 1055[J] = 0.252[kcal]

3) 감열(현열 : Sensible Heat) ★★

(1) 개념
① **물질의 상태 변화 없이 온도 변화에만 필요한 열**
② 비열이 클수록 열용량이 크고, 열용량이 커지면 감열이 증가한다.

2) 계산식 ★★

$$\frac{V_1}{T_1} = \frac{V_2}{T_2} = 일정$$

T_1, T_2 : 절대온도[K], V_1, V_2 : 체적[m^3]

10 보일-샤를의 법칙

1) 개념
기체의 부피는 압력에 반비례하며, 절대온도에는 비례

2) 계산식

$$\frac{P_1 V_1}{T_1} = \frac{P_2 V_2}{T_2} = 일정$$

P_1, P_2 : 절대압력[atm]
T_1, T_2 : 절대온도[K]
V_1, V_2 : 체적[m^3]

11 이상기체 상태방정식 ★★

$$PV = nRT = \frac{W}{M}RT$$

P : 절대압력[atm]
V : 체적[m^3]
n : 몰[mol]수 = $\frac{질량}{분자량}$
R : 기체상수(0.082atm·m^3/kmol·K)
M : 분자량[kg/kmol]
W : 질량[kg]
T : 절대온도[K = 273 + ℃]

4) 잠열(Latent Heat) ★★

(1) 개념
 ① 물질의 온도 변화 없이 상태변화에만 필요한 열
 ② 주수 시에 화열에 의해 증발되는 증발잠열을 이용하여 소화 작용

(2) 잠열의 계산

$Q = m\gamma$
Q : 열량[kcal], m : 질량[kg], γ : 잠열[kcal/kg]

(3) 얼음의 융해잠열(80kcal/kg), 물의 증발잠열(539kcal/kg)

6 열역학 법칙

1) 열역학 제0법칙 ★★
(1) 열평형 상태에 있는 물체의 온도는 같다.
(2) **고온의 물체와 저온의 물체가 접하면 언젠가는 열평형**을 이룬다.

2) 열역학 제1법칙 ★★
(1) 열과 일은 본질적으로 같으며 **열은 일로 변화시킬 수 있고, 일은 열로 변화시킬 수 있다.**
(2) 에너지 보존의 법칙

3) 열역학 제2법칙 ★★
(1) 열은 그 **자신만으로는 저온물체에서 고온물체로 이동할 수 없다.**
(2) 제2종 영구기관은 불가능하다.(열효율이 100%인 열기관은 불가능하다.)
(3) 사이클(cycle) 과정에서 열이 모두 일로 변화할 수는 없다.(비가역과정)

12 가스농도의 계산

1) CO_2 농도의 계산 ★★

$$CO_2[\%] = \frac{21 - O_2}{21} \times 100[\%]$$

21 : 이산화탄소 방출 전 산소농도[%]
O_2 : 이산화탄소 방출 후 산소농도[%]

2) 설계 가스농도 ★

$$설계가스농도(\%) = \frac{방출가스체적(m^3)}{방호구역\ 체적(m^3) + 방출가스체적(m^3)} \times 100$$

3) 방출가스량 ★

$$CO_2[m^3] = \frac{21 - O_2}{O_2} \times V$$

CO_2 : 이산화탄소의 체적[m^3]
21 : 이산화탄소 방출 전 산소농도[%]
O_2 : 이산화탄소 방출 후 산소농도[%]
V : 방호구역의 체적[m^3]

제4장 출제예상문제

01 다음 물질 중 독성이 가장 강한 것은?
① 질소
② 일산화탄소
③ 시안화수소
④ 암모늄

해설 시안화수소(HCN)는 허용농도가 10ppm이며 공기 중에 0.3%만 노출되어도 사망하게 되는 맹독성 가스이다.

02 연소가스 중 가장 많은 양을 차지하며 가스 자체의 독성은 미비하나 다량 존재 시 사람의 호흡을 빠르게 하고 화재 시 발생한 유해가스들을 혼입시키게 함으로써 위험을 초래하는 가스는?
① CO
② SO_2
③ CO_2
④ NH_3

해설 완전연소 시 생성되는 CO_2가스는 그 자체의 독성은 거의 없으나 다량 발생 시 산소농도를 낮춰주어 호흡을 가쁘게 한다. 그 결과 다른 유독가스도 급히 흡입하여 질식 등의 위험을 가져온다.

03 다음은 아황산가스(이산화황)의 특성에 대한 설명이다. 옳지 않은 것은?
① 산소와 더 이상 반응하지 않는 불연성 물질이다.
② 유황이 연소할 경우에도 발생되며, 공기보다 2.2배 정도 무겁다.
③ 중질유, 동물의 털, 고무 등이 연소할 때 발생된다.
④ 무색의 자극성 냄새를 가진 유독성 기체이다.

해설 아황산가스는 유독성 기체로서 공기보다 2.2배 무거우며, 산소와 반응하여 삼산화유황을 발생시킨다.

04 화재 시 흡입된 일산화탄소의 화학적 작용에 의하여 사람이 질식 사망하게 되는데 다음 중 인체의 어떤 물질과 작용하는가?
① 적혈구
② 백혈구
③ 혈소판
④ 헤모글로빈

해설 일산화탄소는 산소보다 210배 헤모글로빈과의 결합력이 강하여 카복시헤모글로빈을 생성하여 혈중 산소농도를 떨어지게 하여 질식 및 독성을 나타낸다.

정답 1. ③ 2. ③ 3. ① 4. ④

05 다음 연소생성물 중 인체에 가장 독성이 높은 것은?
① 이산화탄소 ② 일산화탄소
③ 황화수소 ④ 포스겐

해설 독성이 높은 순서
포스겐(0.1ppm) > 황화수소(10ppm) > 일산화탄소(50ppm) > 이산화탄소

06 PVC가 공기 중에서 연소할 때 발생되는 자극성의 유독성 가스는?
① 염화수소 ② 아황산가스
③ 질소가스 ④ 암모니아

해설 PVC(폴리염화비닐, Poly Vinyl Chloride)는 공기 중에서 연소할 때 자극성의 유독성 가스인 염화수소(HCl)를 발생시킨다.

07 PVC와 같이 염소가 함유된 수지류가 탈 때 주로 생성되며, 허용농도는 5ppm, 자극성이 아주 강해 눈과 호흡기에 영향을 주는 연소생성물로 향료, 염료, 의약품, 농약 등의 제조에 이용되는 이 물질은 어느 것인가?
① 황화수소 ② 염화수소
③ 시안화수소 ④ 불화수소

해설 보기설명
① 황화수소 : 황을 포함하고 있는 유기화합물이 불완전 연소 시 발생
② 시안화수소 : 질소성분을 가지고 있는 합성수지, 인조견, 동물의 털 등이 불완전 연소 시 발생, 0.3%의 농도에서 즉시 사망
③ 불화수소 : 불소수지가 연소할 때 발생, 허용농도 3ppm

08 목재 연소 시 일반적으로 발생할 수 있는 연소가스로 가장 관계가 먼 것은?
① 포스겐 ② 수증기
③ CO_2 ④ CO

해설 포스겐은 PVC 연소 시에 발생한다.

가스	주요특징	연소물질
포스겐 ($COCl_2$)	① 허용농도 0.1ppm ② CO와 염소가 반응하여 생성된다. ③ 염소화합물, 사염화탄소와 화염접촉 시 생성된다.	PVC

정답 5. ④ 6. ① 7. ② 8. ①

09 다음의 설명에 적당한 생성물은 어느 것인가?

[보기]
① 열가소성수지인 폴리염화비닐, 수지류 등이 연소할 때 발생
② 허용농도는 0.1[ppm]
③ 일산화탄소와 염소가 반응하여 생성

① 황화수소 ② 포스겐
③ 아크로레인 ④ 염화수소

해설 포스겐($COCl_2$)
① 맹독성가스로서 허용농도 0.1ppm
② 일산화탄소와 염소가 반응하여 생성

10 허용농도가 가장 낮은 독성가스는?

① 암모니아 ② 황화수소
③ 염화수소 ④ 염소

해설 허용농도
아크로레인, 포스겐(0.1ppm) < 염소(1ppm) < 불화수소(3ppm) < 염화수소(5ppm) < 암모니아, 시안화수소, 황화수소(10ppm)

11 일산화탄소가 생명에 위험을 주는 치사농도(%)는?

① 0.02 ② 0.03 ③ 0.2 ④ 0.4

해설 일산화탄소(CO)의 치사농도 : 0.4%

12 불꽃의 색깔에 의한 온도의 측정에서 낮은 온도에서부터 높은 온도의 순서대로 나열한 것은?

① 암적색, 백적색, 황적색, 휘백색
② 암적색, 휘백색, 적색, 황적색
③ 암적색, 황적색, 백적색, 휘백색
④ 암적색, 휘적색, 황적색, 적색

해설 불꽃의 색깔에 따른 온도

색상	암적색	적 색	휘적색	황적색	백적색	휘백색
온도	700℃	850℃	950℃	1100℃	1300℃	1500℃

정답 9. ② 10. ④ 11. ④ 12. ③

13 열전도율(열전도계수)의 단위로 맞는 것은?

① kcal/m² · h · ℃
② kcal · m²/h · ℃
③ kW/m · ℃
④ J/m² · ℃

해설 [kW/m · ℃] = [kJ/h · ℃ · m] = [kcal/h · ℃ · m]

14 열전도율 1.4[kcal/m · h · ℃], 두께 10[cm], 면적 30[m²]인 콘크리트 벽체가 있다. 벽체의 내측온도는 30[℃], 외측온도는 -5[℃]일 때, 벽체를 통한 손실열량[kcal/h]은? (단, 푸리에(Fourier)법칙을 이용하여 구한다.)

① 14,700   ② 15,400   ③ 16,200   ④ 17,500

해설 손실열량 $q = \dfrac{kA(T_2 - T_1)}{\ell} = \dfrac{1.4 \text{kcal/m} \cdot \text{h} \cdot ℃ \times 30\text{m}^2 \times [30-(-5)]℃}{0.1\text{m}} = 14,700$

15 표면온도가 350℃에서 전기히터를 가열하여 750℃가 되었다. 복사열은 몇 배로 증가하였는가?

① 1.64배   ② 2배   ③ 4배   ④ 7.27배

해설 복사열은 절대온도의 4승에 비례, $q = \dfrac{(750+273)^4}{(350+273)^4} = 7.27$

16 열전달에 대한 설명으로 틀린 것은?

① 대류는 밀도차이에 의해서 열이 전달된다.
② 진공 속에서도 복사에 의한 열전달이 가능하다.
③ 전도에 의한 열전달은 물질 표면을 보온하여 완전히 막을 수 있다.
④ 화재시의 열전달은 전도, 대류, 복사가 모두 관여된다.

해설 전도 : 하나의 물체가 다른 물체와 직접 접촉하여 전달되는 현상

17 어떤 입자에 의해서 연기가 눈에 보이는가?

① 아황산가스 및 타르입자
② 페놀 및 멜라민수지 입자
③ 탄소 및 타르입자
④ 황화수소 및 수증기입자

해설 연기가 눈에 보이는 것은 탄소 및 타르입자들의 빛 반사에 의한 것

정답 13. ③ 14. ① 15. ④ 16. ③ 17. ③

18 다음 중 열의 전달형태를 나타내는 법칙으로 옳지 않은 것은?
① 푸리에의 법칙
② 뉴턴의 법칙
③ 그레함의 법칙
④ 스테판-볼쯔만의 법칙

해설 열의 전달형태
① 전도 : 푸리에의 법칙
② 대류 : 뉴턴의 냉각법칙
③ 복사 : 스테판-볼쯔만의 법칙

19 화재 시 연기의 특성 중 올바른 것은?
① 연료지배형 화재 초기의 발연량은 화재 성숙기의 발연량보다 많다.
② 연소면적에 비하여 환기구 면적이 작으면 연기는 농도가 낮아진다.
③ 화재 시 연기가 이동하는 것은 열의 전도현상에 기인한다.
④ 연기는 공기보다 고온이기는 하나 여러 물질의 혼합체이므로 무거워 복도 밑바닥을 따라 낮게 흐른다.

해설 화재 시 연기특성
① 환기구 면적이 작으면 산소 공급이 적어 매연은 짙고 연기 농도는 높아진다.
② 연기의 이동은 고온으로 인한 부력과 대류현상에 의해 이뤄진다.
③ 연기는 실내 상층부를 따라 유동, 수직통로의 경우 맨 윗부분으로 상승

20 다음 중 화재 시 발생하는 연기의 색상이 검은 것은?
① 휘발성 알코올류
② 수분이 많은 물질
③ 건조된 가연물이나 종이류
④ 탄소를 많이 함유한 석유류

해설 탄소를 많이 함유한 가연물은 검은 연기가 발생한다.

21 화재 발생 시 발생하는 연기에 대한 설명이다. 잘못된 것은?
① 유기물이 완전히 연소되면 연기는 발생하지 않는다.
② 유기물이 불완전 연소 상태에서는 연기를 발생한다.
③ 연기는 대개 $10 \sim 15 \mu m$ 정도의 크기를 갖는 탄소 미립자와 공기와의 혼합물
④ 연기는 기체 가운데에서 불완전 연소된 고체 미립자가 떠돌아다니는 것

해설 연기미립자의 크기는 $0.1 \sim 10 \mu m$

22 화재 시 검은색 연기가 발생하는 요인은 무엇인가?

① 아세틸렌, 벤젠 등의 석유류 및 유도체의 연소
② 수분을 포함한 가연물의 연소
③ 표면연소가 가능한 활성탄의 연소
④ 알코올의 연소

해설 연기의 색상
① 아세틸렌 및 벤젠은 탄소 수에 비해서 수소의 수가 적으므로 연소 시 검은 연기를 낸다.
② 수분을 포함한 가연물 : 백색연기를 발생한다.

23 연기에 대한 일반적 성질에 대한 설명 중 거리가 먼 것은?

① 연기란 가연물의 열분해생성물로서 유독성 물질을 포함하는 경우가 많다.
② 연기 중의 연소 가스는 생명에 위험을 줄 수 있다.
③ 가연물에 합성유지계통의 방염처리를 하면 연소 및 발연을 억제할 수 있어 화재의 위험요소는 사라진다.
④ 연기 입자는 눈으로 볼 수 있는 가시거리를 저하시켜 피난 및 소화활동에 큰 지장을 준다.

해설 방염처리를 할 경우 연소를 지연시킬 수는 있으나 발화하는 경우에는 맹독성가스가 발생되어 위험해진다.

24 건물에 익숙한 사람이 피난의 어려움을 겪기 시작하는 연기농도의 표현인 감광계수와 가시거리의 연결이 옳은 것은?

① 감광계수 : 0.1, 가시거리 : 30m
② 감광계수 : 0.3, 가시거리 : 5m
③ 감광계수 : 0.5, 가시거리 : 3m
④ 감광계수 : 1, 가시거리 : 2m

해설

감광계수	가시거리	상황
0.1	20~30	연기감지기의 작동농도 건물 내 미숙지자의 피난 한계농도
0.3	5	건물 내 숙지자의 피난한계농도
0.5	3	어두침침함을 느낄 정도의 농도
1	1~2	거의 앞이 보이지 않을 정도의 농도
10	0.2~0.5	화재 최성기 때의 연기농도
30	-	출화실에서 연기가 분출할 때의 연기농도

정답 22. ① 23. ③ 24. ②

25 다음 설명 중 옳은 것은?

① 화재 시 연기는 발화층의 직상층부터 차례로 위층으로 퍼져 나간다.
② 연기농도를 나타내는 감광계수는 재료의 단위 중량당의 발연량이다.
③ 연기의 발생속도는 연소속도 × 감광계수로 나타낸다.
④ 건물 내 연기의 수평방향 유동속도는 0.8~1.0[m/s] 정도이다.

해설 보기설명
① 화재 시 연기는 발화 층부터 차례로 그 직상 층으로 퍼져 나간다.
② 감광계수 $C_s = \dfrac{1}{L}\ln\dfrac{I_0}{I}$ (가시거리의 역수)
③ 연기의 발생속도 = (감광계수/연소속도)
④ 수평방향 연기 전파속도 : 0.5~1[m/s]

26 화재 시 계단실 내 수직방향의 연기 상승 속도범위는 일반적으로 몇 m/s의 범위에 있는가?

① 0.5~1
② 0.8~1.0
③ 3~5
④ 10~20

해설 연기의 이동속도
① 수평방향 : 0.5~1m/s
② 수직방향 : 2~3m/s
③ 계단실 내 : 3~5m/s

27 화재 시 연기의 유동에 관한 현상으로 옳게 설명한 것은?

① 연기는 수직방향보다 수평방향의 전파 속도가 더 빠르다.
② 연기는 공기보다 고온이기 때문에 기류를 교반하지 않는다면 천장의 하면을 따라 이동한다.
③ 연소에 필요한 신선한 공기는 연기의 유동방향과 같은 방향으로 유동한다.
④ 화재실로부터 분출한 연기는 공기보다 무거우므로 통로의 밑으로 뻗어 이동한다.

해설 보기설명
① 연기 전파속도 : 수직방향이 수평방향보다 빠르다.
② 공기는 연기의 유동방향과 반대이다.
③ 연기는 천장 면을 따라, 공기는 바닥면을 따라 반대로 움직인다.

정답 25. ④ 26. ③ 27. ②

28. 고층건축물에서 연기의 유동에 영향을 미치는 요소가 아닌 것은?
① 건물 내·외부 온도차
② 연돌효과
③ 외부에서의 풍력
④ 내·외부 습도차

해설 영향을 주는 요소
① 건물의 높이
② 건축물 내외부의 기밀성
③ 층간 구획의 기밀성
④ 건축물 내외의 온도차
⑤ 공기조화(Air Handling) system의 영향

29. 고층건축물에서 연기의 제어 및 차단은 중요한 문제이다. 연기제어의 기본방법이 아닌 것은?
① 희석
② 차단
③ 배기
④ 복사

해설 ① 연기의 제어방식 : 차단, 배출(배기), 희석
② 열전달 방식 : 전도, 대류, 복사

30. 건물 내 연기유동 원인 중 하나인 바람에 의한 압력차는 풍속과 어떤 관계가 있는가?
① 풍속에 비례
② 풍속의 제곱에 비례
③ 풍속에 반비례
④ 풍속의 제곱에 반비례

해설 바람에 의한 압력차

압력차 $\triangle P = \dfrac{V^2}{20.16 T_o}$ [N/m²]

V : 풍속[m/min]
T_o : 대기온도[K]

31. 물질의 상태 변화 없이 온도의 변화에만 필요한 열을 무엇이라 하는가?
① 잠열
② 감열
③ 복사열
④ 기화열

해설 감열(현열) : 온도의 변화에만 필요한 열

32. "고온의 물체와 저온의 물체를 접촉하면 이 두 물체의 온도는 언젠가는 평형을 이루게 된다."는 것은 열역학 제 몇 법칙에 해당하는가?
① 0법칙
② 1법칙
③ 2법칙
④ 3법칙

해설 열역학 제0법칙
① 열평형 상태에 있는 물체의 온도는 같다.
② 고온의 물체와 저온의 물체가 접하면 언젠가는 열평형을 이룬다.

정답 28. ④ 29. ④ 30. ② 31. ② 32. ①

33. "열은 일로 변환할 수 있고 일은 열로 변환할 수 있다."는 것은 열역학 제 몇 법칙에 해당하는가?

① 0법칙　　② 1법칙　　③ 2법칙　　④ 3법칙

해설 열역학 제1법칙
① 열과 일은 본질적으로 같으며 열은 일로 변화시킬 수 있고, 일은 열로 변화시킬 수 있다.
② 에너지 보존의 법칙
$W = JQ$　Q : 열량[kcal], W : 일[kgf·m], J : 열의 일당량[427kgf·m/kcal]

34. 실내온도 15[℃]에서 화재가 발생하여 900[℃]가 되었다면 기체의 부피는 약 몇 배로 팽창되었는가?(단, 압력은 1기압으로 일정하다.)

① 2.23　　② 4.07　　③ 6.45　　④ 8.05

해설 기체의 부피계산　$\frac{V_1}{T_1} = \frac{V_2}{T_2}$, $V_2 = \frac{T_2}{T_1} \times V_1 = \frac{(273+900)}{(273+15)} \times V_1 = 4.07 V_1$

35. 건물 내부에서 화재가 발생하여 실내온도가 27[℃]에서 1227[℃]로 상승한다면 이 온도상승으로 인하여 실내공기는 처음의 몇 배로 팽창 하겠는가? (단, 화재에 의한 압력변화 등 기타 주어지지 않은 조건은 무시한다.)

① 3배　　② 5배　　③ 7배　　④ 9배

해설 보일-샤를의 법칙

$$\frac{P_1 V_1}{T_1} = \frac{P_2 V_2}{T_2} \text{에서 } V_2 = V_1 \times \frac{P_1}{P_2} \times \frac{T_2}{T_1} = V_1 \times \frac{(273+1227)K}{(273+27)K} = 5 V_1$$

36. 이산화탄소를 방사하여 실내 산소의 농도가 15[%]로 감소하였다면 이산화탄소의 농도는 몇 [%]인가?

① 18.57　　② 28.57　　③ 38.57　　④ 40

해설 이산화탄소의 농도　$CO_2[\%] = \frac{21-15}{21} \times 100[\%] = 28.57\%$

37. 실의 체적이 300[m³], 실에 방사한 이산화탄소의 체적이 50[m³]일 경우에 이 실의 이산화탄소의 농도는 약 몇 [%]인가?

① 14.3　　② 15.3　　③ 16.3　　④ 17.3

해설 이산화탄소의 농도

$$농도(\%) = \frac{방출가스체적(m^3)}{방호구역\ 체적(m^3) + 방출가스체적(m^3)} \times 100 = \frac{50}{300+50} \times 100 = 14.28\%$$

정답 33. ②　34. ②　35. ②　36. ②　37. ①

38 화재 시 노출피부에 대한 화상을 입힐 수 있는 최소 열유속으로 옳은 것은?

① 1 kW/m^2 ② 4 kW/m^2 ③ 10 kW/m^2 ④ 15 kW/m^2

해설 손상 지표로서의 열유속 값(화재 시 열에 의해 손상을 받을 수 있는 최솟값)
① 노출 피부에 대한 통증 : 1.0 [kW/m²]
② 노출 피부에 대한 화상 : 4.0 [kW/m²]
③ 물체의 발화(점화) : 10 ~ 20 [kW/m²]

39 가솔린 액면화재에서 직경 5m, 화재크기 10MW일 때 화염 중심에서 15m 떨어진 점에서의 복사열류는 몇 kW/m²인가? (단, 가솔린의 경우 복사에너지 분율은 50%인 것으로 한다. π=3.14, 소수점 셋째자리에서 반올림함)

① 0.76   ② 1.35   ③ 1.77   ④ 3.19

해설 복사열류
$$q = \frac{X_r Q}{4\pi r^2} = \frac{0.5 \times 10 \times 10^6}{4\pi \times 15^2} = 1{,}769.3 \text{W/m}^2 = 1.77 \text{kW/m}^2 \text{ (10MW} = 10 \times 10^6 \text{ W)}$$

40 화상의 정의와 응급 처치(치료)에 관한 설명으로 옳지 않은 것은?

① 2도 화상은 표재성 화상과 심재성 화상으로 분류된다.
② 3도 화상은 흑색 화상으로 근육, 뼈까지 손상을 입는 탄호·열상이다.
③ 1도 화상은 표피손상이며 시원한 물 또는 찬 수건으로 화상 부위를 식힌다.
④ 체표면적 10% 이상의 3도 화상은 중증화상에 속한다.

해설 4도 화상은 흑색 화상으로 근육, 뼈까지 손상을 입는 탄화 열상이다.

41 연기 속을 투과하는 빛의 양을 측정하는 농도측정법으로 옳은 것은?

① 중량농도법   ② 입자농도법
③ 한계도달법   ④ 감광계수법

해설 감광계수법(투과율법) :
연기가 있을 때 투과되는 빛의 세기와 연기가 없을 때 투과되는 빛의 세기의 비로서 연기 속을 투과한 빛의 양으로 표현할 수 있다.

정답 38. ② 39. ③ 40. ② 41. ④

42 연소생성물 중 발생하는 연소가스에 관한 설명으로 옳지 않은 것은?

① 일산화탄소는 가연물이 불완전 연소할 때 발생하는 것으로 유독성기체이며 연소가 가능한 물질이다.
② 시안화수소는 모직, 견직물 등의 불완전연소 시 발생하며 독성이 커서 인체에 치명적이다.
③ 염화수소는 폴리염화비닐 등과 같이 염소가 함유된 수지류가 탈 때 주로 생성되며 금속에 대한 강한 부식성이 있다.
④ 황화수소는 무색·무취의 기체이며 인화성과 독성이 강하여 살충제의 원료로 사용된다.

해설 황화수소
① 허용농도 10ppm
② **달걀 썩은 냄새**, 신경계통에 영향

43 건축물 내의 연기유동에 관한 설명으로 옳지 않은 것은?

① 화재실의 내부온도가 상승하면 중성대의 위치는 높아지며 외부로부터의 공기유입이 많아져서 연기의 이동이 활발하게 진행된다.
② 고층 건축물에서 연기유동을 일으키는 주요한 요인으로는 온도에 의한 기체 팽창, 외부 풍압의 영향 등이 있다.
③ 연기층 두께 증가속도는 연소속도에 좌우되며 연기 유동속도는 수평방향일 경우 0.5~1 m/s, 계단실등 수직방향일 경우 3~5 m/s 이다.
④ 연기는 부력에 의해 수직 상승하면서 확산되며 천장에서 꺾인 후 천장면을 따라 흐르다 벽과 같은 수직 장애물을 만날 경우 흐름이 정지되어 연기층을 형성한다.

해설 화재실의 내부온도가 상승하면 중성대의 위치는 **낮아진다**.

44 화재 시 연소생성물인 이산화질소(NO_2)에 관한 설명으로 옳지 않은 것은?

① 질산셀룰로이즈가 연소될 때 생성된다.
② 푸른색의 기체로 낮은 온도에서는 붉은 갈색의 액체로 변한다.
③ 이산화질소를 흡입하면 인후의 감각신경이 마비된다.
④ 공기 중에 노출된 이산화질소 농도가 200~700ppm이면 인체에 치명적이다.

해설 이산화질소는 **붉은 갈색의 기체**로 저온에서 푸른색의 액체로 변한다.

정답 42. ④ 43. ① 44. ②

45 연기의 제연방식에 관한 설명으로 옳지 않은 것은?

① 밀폐제연방식은 연기를 일정구획에 한정시키는 방법으로 비교적 소규모 공간의 연기제어에 적합하다.
② 자연제연방식은 연기의 부력을 이용하여 천장, 벽에 설치된 개구부를 통해 연기를 배출하는 방식이다.
③ 기계제연방식은 기계력으로 연기를 제어하는 방식으로 제3종 기계제연방식은 급기 송풍기로 가압하고 자연배출을 유도하는 방식이다.
④ 스모크타워 제연방식은 세로방향 샤프트(Shaft)내의 부력과 지붕 위에 설치된 루프모니터의 흡인력을 이용하여 제연하는 방식이다.

해설 제3종 기계제연방식 : **자연급기**(급기구), **강제배출**(배출기)
① 제1종 기계 제연방식 : 배출기와 송풍기 사용
② 제2종 기계 제연방식 : 송풍기만 사용
③ 제3종 기계 제연방식 : 배출기만 사용

46 열전달 형태에 관한 설명으로 옳지 않은 것은?

① 전자기파의 형태로 열이 전달되는 것을 복사라 한다.
② 유체의 흐름에 의하여 열이 전달되는 것을 대류라 한다.
③ 전도열량은 면적, 온도차, 열전도율에 비례하고 두께에 반비례한다.
④ 전도는 뉴턴의 냉각법칙을 따른다.

해설 열의 전달형태
① 전도 : 푸리에의 법칙
② 대류 : 뉴턴의 냉각법칙
③ 복사 : 스테판-볼쯔만의 법칙

47 PVC가 연소될 때 생성되며, 건물의 철골을 부식시키는 물질은?

① NH_3 ② HCl   ③ HCN   ④ CO

해설 염화수소(HCl)
① 허용농도 5ppm
② 금속에 대한 부식성
③ 기도와 눈에 자극, 무색의 자극성

정답 45. ③ 46. ④ 47. ②

48 허용농도(TLV)가 가장 낮은 가스들로 조합된 것은?

① CO, CO$_2$
② HCN, H$_2$S
③ COCl$_2$, CH$_2$CHCHO
④ C$_6$H$_6$, NH$_3$

해설 허용농도가 낮은 가스

가스	주요특징	연소물질
아크로레인 (CH$_2$CHCHO)	① 허용농도 0.1ppm ② 맹독성 가스로 인체에 치명적	석유제품, 유지류, 나무, 종이 등
포스겐 (COCl$_2$)	① 허용농도 0.1ppm ② CO와 염소가 반응하여 생성된다. ③ 염소화합물, 사염화탄소와 화염접촉 시 생성	PVC
시안화수소 (HCN)	① 허용농도 10ppm ② 맹독성 가스로 0.3%의 농도에서 즉사	질소 함유물질
암모니아 (NH$_3$)	① 허용농도 10ppm ② 혈액 중에 흡수되어 순환계통 장애 ③ 피부나 점막에 자극성 및 부식성	질소 함유물질
일산화탄소 (CO)	① 허용농도 50ppm ② 무색, 무미, 무취의 환원성 기체 ③ 헤모글로빈과 결합하여 산소운반기능 저하 ④ 염소와 반응하여 포스겐 생성	탄소성분 함유물질

49 화재 시 발생하는 연기량과 발연속도에 관한 설명으로 옳지 않은 것은?

① 발연량은 고분자 재료의 종류와는 무관하다.
② 재료의 향상, 산소농도 등에 따라 발연속도는 크게 변한다.
③ 목질계보다 플라스틱계 재료의 발연량이 대체적으로 많다.
④ 재료의 발연량은 온도나 산소량 등에 크게 영향을 받는다.

해설 발연량은 고분자 재료의 종류에 따라 다르다.

50 배연전용 수직 샤프트를 설치하여 공기의 온도차 등에 의한 부력과 루프모니터의 흡인력으로 제연하는 방식은?

① 밀폐 제연
② 스모크타워 제연
③ 자연 제연
④ 기계 제연

해설 스모크타워 제연방식 :
배연전용 수직 샤프트를 설치하여 공기의 온도차 등에 의한 부력과 루프모니터의 흡인력으로 제연하는 방식

정답 48. ③ 49. ① 50. ②

51 화재실 내부에 발생한 난류화염에 벽체가 노출되었다. 화염으로부터 벽체에 전달 되는 대류 열유속(W/m^2)은 얼마인가? (단, 대류열전달계수는 7W/m^2·℃, 난류 화염의 온도는 900℃, 벽체의 온도는 30 ℃, 벽체면적은 2 m^2임)

① 6,090   ② 6,510
③ 12,180   ④ 13,020

해설

대류 열유속 $q = h \times \triangle T = 7\,W/m^2 \cdot ℃ \times (900-30)℃ = 6,090\,W/m^2$

정답 51. ①

제5장 폭발 및 방폭설비

1 폭발의 분류

1) 폭발의 정의

급격한 온도상승 또는 압력의 상승으로 인해 폭음, 파열 및 충격파를 발생하는 현상

2) 폭발재해의 형태에 의한 분류

폭발재해의 형태	분류
발화원을 필요로 하는 폭발	① 착화파괴형 폭발 ② 누설착화형 폭발
반응열의 축적에 의한 폭발	① 자연발화형 폭발 ② 반응 폭주형 폭발
과열액체의 증기폭발	① 열이동형 증기폭발 ② 평형파탄형 폭발

3) 원인물질의 상태에 의한 분류 ★

① 기상폭발 : 가스폭발, 분무폭발, 분진폭발, 산화폭발, 분해폭발
② 응상폭발 : 수증기폭발, 증기폭발, 고상 간 전이에 의한 폭발, 전선폭발

2 폭발의 성립조건 ★

1) 밀폐된 공간
2) 에너지조건(점화에너지)
3) 농도조건(폭발범위)

3 원인물질에 따른 폭발

1) 기상폭발

(1) 가스폭발

수소, 일산화탄소, 메탄, 프로판, 아세틸렌 등 가연성 가스와 지연성 가스의 혼합기체에 점화원이 존재 시 발생한다.

(2) 분무폭발(mist 폭발)

① 가연성 액체의 미세액적이 무상으로 공기 중에 부유 시 발생한다.
② 가스폭발로의 발전 가능성이 높다.

(3) 분진폭발 ★★★

① **분진폭발 가능성이 없다 : 시멘트**, 생석회(CaO), [탄산칼슘($CaCO_3$)=석회석], 소석회[$Ca(OH)_2$]
② 분진폭발 가능성 : 밀가루, 담뱃가루, 먼지, 전분, 석탄가루, 금속분 등
③ 분진폭발의 조건 : 가연성일 것, 미분상태일 것, 점화원이 존재할 것, 공기 중에서 교반할 것

(4) 분해폭발

산화에틸렌, 아세틸렌, 제5류 위험물 등

(5) 가스폭발과 분진폭발의 비교 ★★

구분	가스폭발	분진폭발
발생에너지	작다	크다
일산화탄소 발생	적다	많다
2차, 3차 연쇄폭발	없다	있다
최초폭발압력	크다	작다

2) 응상폭발

(1) 수증기 폭발

용융금속이나 슬러지(Slug) 같은 고온의 물질이 물속에 투입되었을 때 급격하게 기화되어 폭발하는 현상

(2) 증기폭발

액상에서 기상으로의 급격한 상변화에 의한 폭발현상

3) 고상 간(고체상태)의 전이에 의한 폭발

고체인 무정형 안티몬이 동일한 고체상의 결정형 안티몬으로 전이할 때에 발열할 때 주변의 공기가 팽창하여 폭발하는 현상을 말한다.

4) 전선폭발

알루미늄 전선에 허용전류 이상의 큰 전류가 흘러 전선이 가열되고 용융과 기화가 급속하게 진행되어 폭발

5) 중합폭발 ★★

① 중합물질인 **모노머(monomer)가 폭발적으로 중합이 발생하여 압력상승** 및 용기가 파괴되어 증기가 분출되면서 폭발하는 현상
② **시안화수소, 염화비닐** 등

4 폭연 및 폭굉

1) 폭연 및 폭굉의 개념 ★★★

① 폭연 : 화염의 전파속도가 음속(340m/s) 미만
② **폭굉 : 화염의 전파속도가 음속(340m/s) 이상**

2) 폭굉 유도거리(DID)가 짧아지는 요인 ★★

① 압력이 높을수록
② 점화에너지가 클수록
③ 연소속도가 빠를수록
④ 관경이 작을수록, 관 벽이 거칠수록(이물질이 들어 있는 경우 포함)

3) 폭연과 폭굉의 비교 ★★

구 분	폭연(Deflagration)	폭굉(Detonation)
발생속도	① 음속 미만(아음속) ② 0.1~10m/s	① 음속 이상(초음속) ② 1,000~3,500m/s
온도상승	**열전달(전도, 대류, 복사)**	**충격파**
폭발압력	초기압력의 10배 이하, 정압	10배 이상(충격파 발생), 동압
화재파급효과	크다	작다
충격파급효과	없다.	발생
굉음, 파괴 작용	없다.	발생
화염면	화염면의 전파가 분자량 또는 난류확산에 영향	화염면에서 온도, 압력, 밀도가 불연속

5 BLEVE(블레비, Boiling Liquid Expanding Vapour Explosion)

1) 정의 ★★★

가연성 액체 저장탱크의 액체 온도상승 → 연성파괴(탱크의 약한 부분이 파괴) → 액격현상(압력감소에 따른 급격한 증발로 탱크 내벽에 강한 충격) → 취성파괴(탱크 용기 완전파열)

2) BLEVE가 일어나기 위한 조건

① 가연성 액체 또는 가스가 **밀폐계 내**에 존재하여야 한다.
② 화재 등의 원인으로 인하여 **가연물이 비점 이상으로 가열**되어야 한다.
③ 저장탱크 기계적 강도 이상의 **압력이 형성**되어야 한다.
④ 파열이나 균열 등에 의하여 **내용물이 대기 중으로 방출**되어야 한다.

6 최소점화전류

1) 개요

① 가연성혼합기에 전류를 인가하는 경우 가연성혼합기가 연소 또는 폭발이 일어나는 최소의 전류를 말한다.

② 최소점화전류비는 메탄의 최소점화전류에 대한 다른 물질의 최소점화전류의 비를 말한다.
③ 최소점화전류는 **본질안전방폭구조** 폭발등급 분류의 기준이 된다.

2) 폭발등급에 따른 최소점화전류 ★

폭발등급	A	B	C
본질안전방폭구조의 전기기기 분류	IIA	IIB	IIC
최소점화전류비	0.8 초과	0.45 이상 0.8 이하	0.45 미만

3) 최소점화에너지 ★

구분	수소, 이황화탄소, 아세톤	메탄, 에탄, 프로판, 부탄
최소점화에너지[mJ]	0.019	약 0.3

7 화염일주한계(최대안전틈새)

1) 개요 ★

내부폭발에 의해 발생된 화염이 외부로 전파되는 것을 방지할 수 있는 안전틈새를 말한다. 내압방폭구조에 적용한다.

2) 폭발성가스의 분류

폭발성 가스의 분류	A	B	C
최대안전틈새(내압)	0.9mm 이상	0.5mm 초과 0.9mm 미만	0.5mm 이하
대표가스	암모니아, 일산화탄소, 아세톤, 벤젠, 메탄올, 프로판	에틸렌, 디에틸에테르, 도시가스	아세틸렌, 수소

8 전기 방폭구조의 표준환경 ★★

조 건	범 위
압 력	80 ~ 110kPa
온 도	-20 ~ 40℃
상대습도	45 ~ 85%
표 고	1000m 이하
공해, 부식성 가스, 진동 등이 존재하지 않는 환경	

9 방폭구조의 종류

1) 내압 방폭구조(d, 耐壓) ★★

점화원이 될 우려가 있는 부분을 **전폐구조**에 넣어 내부에서 폭발이 발생하여도 외부로 화염이 방출되지 않도록 한 구조

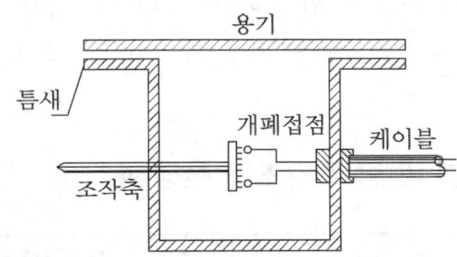

2) 압력 방폭구조(p) ★

점화원이 될 우려가 있는 부분을 용기 안에 넣고 **공기** 또는 **불활성 가스**를 주입하여 외부의 폭발성 가스가 용기 내로 침입하지 못하도록 한 구조

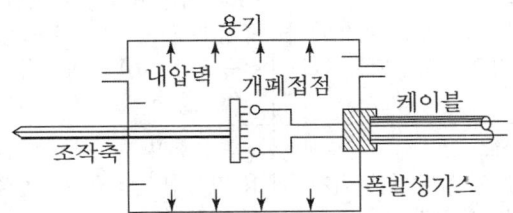

3) 유입 방폭구조(o) ★

점화원이 될 우려가 있는 부분을 **절연유** 속에 넣어 폭발성가스와 접촉하지 않도록 한 구조

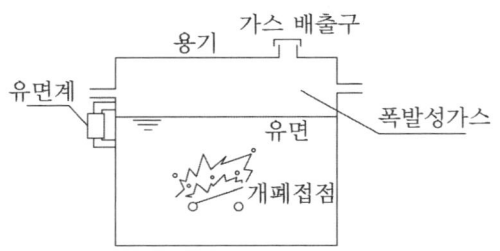

4) 안전증방폭구조(e)

정상운전 시 불꽃, 아크, 열 등이 발생하지 않도록 안전도를 증가시킨 구조

5) 본질안전방폭구조(ia, ib) ★★

폭발성 가스를 착화시킬 수 있는 에너지보다 **작은 전류**를 사용하여 본질적으로 폭발성 가스를 착화시키지 않도록 한 구조

6) 위험장소의 구분 및 방폭 구조의 선정 ★

폭발 위험장소의 분류		방폭 구조 전기기계, 기구의 선정	비고
가스 · 증기 폭발위험 장소	0종 장소 (평상시 폭발성 분위기가 지속적으로 생성되는 장소)	본질안전구조(ia)	1000시간 이상/년 확률 10% 이상
	1종 장소 (평상시 폭발성 분위기가 일시적으로 생성되는 장소)	내압 방폭구조, 압력 방폭구조, 유입 방폭구조, 안전증방폭구조, 본질안전 방폭구조(ia, ib), 몰드방폭구조, 충전 방폭구조	10~1000시간 이내/년 확률 0.1~10% 이상
	2종 장소 (이상 시 폭발성 분위기가 생성될 우려가 있는 장소)	0종 장소 및 1종 장소에 사용 가능한 방폭구조, **비점화 방폭구조**	0.1~10시간/년 확률 0.01~0.1% 이상

10 소염거리(quenching distance)

1) 개요 ★

① 전극간의 간격이 좁으면 아무리 큰 에너지를 가하더라도 점화가 일어나지 않는다. 이때 전극간의 최대거리를 소염거리라 한다.
② 화염전파방지기 및 내압방폭구조의 설계에 적용
③ 소염이 되는 원리 : 전극사이에서 **방출하는 열이 발생하는 열보다 훨씬 크기 때문**이다.

2) 최소발화에너지와 소염거리

최소발화에너지는 **소염거리의 제곱에 비례**한다.

11 폭발 피해예측

1) TNT당량 ★★★

어떤 물질이 폭발할 때 발생하는 에너지를 동일한 에너지를 나타내는 TNT의 중량으로 나타낸 것

$$TNT\ 당량(kg) = \frac{\eta \times \Delta H \times W}{1,120}$$

η : 폭발효율
W : 폭발한 물질의 양(kg)
ΔH : 폭발성물질의 발열량(kcal/kg)
1,120 : TNT가 폭발 시 내는 당량에너지(kcal/kg)

2) Hopkinson 삼승근 법칙

폭약의 영향범위 산정 및 폭풍파의 특성을 결정하는 데 사용

$$환산거리(Z) = \frac{R}{W^{\frac{1}{3}}}$$ (R : 폭심으로부터의 거리, W : 폭발한 물질의 양)

3) 산소평형(OB ; Oxygen Balance) ★★

물질 100g이 완소 연소할 때 필요한 산소의 과부족량을 g으로 표시한 것

OB	폭발위력
0(완전연소)	가장 크다.
0~45	크다
45~90	중간
90~135	작다

산소평형 계산의 예시

① 질산암모늄의 완전연소 반응식

$$NH_4NO_3 \rightarrow N_2 + 2H_2O + \frac{1}{2}O_2$$

② 산소평형 $OB = \dfrac{\text{산소의 분자량}}{\text{질산암모늄의 분자량}} \times 100 = \dfrac{16g}{80g} \times 100 = +20$ 이므로 폭발위력이 크다.

4) 가스 폭발 시 압력의 상승 ★

$$\frac{P-P_o}{P_o} = A \times S_u^3 \times t^3$$

P : 상승압력, P_o : 초기압력, A : 실의 면적, S_u : 연소속도, t : 경과시간

① 상승압력은 연소속도의 3승에 비례
② 상승압력은 경과시간의 3승에 비례

12 최소산소농도

$$MOC = LFL \times \frac{O_2(mol)}{Fuel(mol)}$$

여기에서, LFL : 폭발하한계(연소하한계)
　　　　　$O_2(mol)$: 산소의 몰수
　　　　　$Fuel(mol)$: 연료의 몰수

제5장 출제예상문제

01 가연성고체의 미분이 일정 농도이상 공기와 같은 조연성 가스 등에 분산되어 있을 때 발화원에 의하여 착화함으로써 일어나는 현상을 무엇이라 하는가?

① 분해폭발 ② 분무폭발 ③ 분진폭발 ④ 가스폭발

해설 분진폭발 : 가연성고체의 미분이 일정 농도이상 공기와 같은 조연성 가스 등에 분산되어 있을 때 발화원에 의하여 착화함으로써 일어난다.

02 다음 중 분진폭발을 일으킬 가능성이 가장 낮은 것은 어느 것인가?

① 마그네슘 분말 ② 알루미늄 분말
③ 종이 분말 ④ 석회석 분말

해설 분진폭발 발생 물질
① 분진폭발 발생 물질 : 밀가루, 담뱃가루, 먼지, 전분, 석탄가루, 금속분 등
② 분진폭발 가능성이 없다 : 시멘트, 생석회, 탄산칼슘, 석회석 등

03 분진폭발에 대한 설명으로 옳지 않은 것은?

① 분진의 발열량이 클수록 폭발성이 크며 휘발성분의 함유량이 많을수록 폭발이 용이하다.
② 탄진에서는 휘발분이 11% 이상이면 폭발이 쉽고, 폭발의 전파가 용이하다.
③ 마그네슘, 알루미늄 등의 분진 속에 수분이 존재하면 대전성을 감소시켜 폭발성을 둔감하게 한다.
④ 최초의 부분적인 폭발에 의해 폭풍이 주위의 분진을 날리게 하여 2차, 3차의 폭발로 파급됨에 따라 피해가 커진다.

해설 마그네슘, 알루미늄 등은 물과 반응하여 수소를 발생하고 위험성이 높아진다.

04 분해폭발을 일으키며 연소하는 가연성가스는?

① 아세틸렌 ② 시안화수소 ③ 포스겐 ④ 염화비닐

해설 분해폭발 : 아세틸렌, 과산화물 등
① 분진폭발 : 밀가루, 담뱃가루, 석탄가루, 먼지, 금속분류
② 중합폭발 : 시안화수소, 염화비닐
③ 분해, 중합폭발 : 산화에틸렌
④ 산화폭발 : 액화가스

정답 1. ③ 2. ④ 3. ③ 4. ①

05 가스폭발 시 압력의 상승은 연소속도의 몇 승에 비례하는가?

① 2승에 비례
② 3승에 비례
③ 4승에 비례
④ 6승에 비례

해설 가스 폭발 시 압력의 상승

$$\frac{P - P_o}{P_o} = A \times S_u^3 \times t^3$$

P : 상승압력, P_o : 초기압력, A : 실의 면적, S_u : 연소속도, t : 경과시간
① 상승압력은 연소속도의 3승에 비례
② 상승압력은 경과시간의 3승에 비례

06 폭발이 일어나기 이전의 물질상태에 따른 폭발의 종류에 대한 설명 중 틀린 것은?

① 물, 유기액체 또는 액화가스 등이 과열상태가 되어 순간적으로 증기화하여 일어나는 폭발은 기체상 폭발로 분류된다.
② 분진폭발, 분무폭발은 기체상에 분산되어 있으므로 기체상 폭발로 분류된다.
③ 금속성의 폭발, 고체상의 전이폭발은 응상폭발로 분류된다.
④ 크게 기상폭발과 응상폭발로 나눌 수 있다.

해설 물, 액화가스 등을 저장하는 용기가 과압에 의하여 폭발하는 것은 응상 폭발에 해당되며 응상폭발은 물리적 폭발로 대분류 할 수 있다.

07 폭발원인에 따른 폭발의 분류 중 옳지 않은 것은?

① 급격한 중합반응에 의해 발생된 중합열에 의하여 일어나는 폭발을 중합폭발이라 한다.
② 폭발원인을 크게 물리적 및 화학적 원인으로 볼 수 있으므로 물리적 폭발과 화학적 폭발로 대별할 수 있다.
③ 물리적 폭발에는 증기폭발, 금속성폭발, 고체상전이폭발, 압력폭발 등이 있다.
④ 수소와 염소의 혼합기체는 일광의 촉매작용에 의해 격렬하게 반응하여 폭발하므로 촉매폭발에 해당된다.

해설 수소와 염소는 촉매작용에 의해 격렬하게 반응을 하나 수소는 가연성기체, 염소는 산화제로서 산화반응을 하므로 분류상 산화폭발에 속한다.

08 가연성가스, 증기, 분진, 미스트 등이 공기와의 혼합물, 산화성, 환원성 고체 및 액체혼합물 혹은 화합물의 반응에 의해 발생하는 폭발은?

① 분해폭발
② 산화폭발
③ 중합폭발
④ 촉매폭발

정답 5. ② 6. ① 7. ④ 8. ②

해설 보기설명
① 분해폭발 : 산화에틸렌, 아세틸렌, 히드라진, 디아조화합물
② 중합폭발 : 초산비닐, 염화비닐 등의 원료인 모노머가 폭발적으로 중합

09 폭연(Deflagration)의 설명으로 옳은 것은?
① 연소속도가 음속을 넘을 때
② 연소속도가 음속과 같아질 때
③ 연소속도가 음속보다 느릴 때
④ 연소반응에서 압력이 상승할 때

해설 폭연 : 연소속도가 음속보다 느릴 때

10 폭굉(Detonation)에 대한 설명으로 옳지 않은 것은?
① 충격파의 전파속도가 음속보다 빠르며 속도는 1,000~3,500[m/s] 정도이다.
② 온도의 상승은 열에 의한 전파보다 충격파의 압력에 기인한다.
③ 반응 또는 화염면의 전파가 분자량이나 난류확산에 영향을 받는다.
④ 파면에서 온도, 압력, 밀도가 불연속으로 나타난다.

해설 반응 또는 화염면의 전파가 분자량이나 난류확산에 영향을 받는 것은 폭연에 대한 설명이다.

11 다음 중 BLEVE(비등액체팽창증기폭발)현상을 설명한 것은 어느 것인가?
① 물이 점성의 뜨거운 기름 표면 밑에서 끓을 때 화재를 수반하지 않고 Over Flow되는 현상
② 과열상태의 탱크 내부에 있던 액화가스가 분출하여 기화되면서 착화되었을때 폭발하는 현상
③ 탱크바닥에 물과 기름의 에멀젼(emulsion)이 섞여있을 때 물의 비등으로 인하여 급격하게 Over Flow되는 현상
④ 물이 연소유의 뜨거운 표면에 들어갈 때 발생하는 Over Flow되는 현상

해설 보기 ① : Froth over, ③ : Boil over, ④ : Slop over에 대한 설명이다.

12 저장탱크에서 유출된 가스가 대기 중의 공기와 혼합하여 구름을 형성하고 떠다니다가 점화원을 만나 발생하는 격렬한 폭발현상을 무엇이라 하는가?
① BLEVE
② Froth Over
③ Boil Over
④ UVCE

해설 UVCE(개방계 증기운폭발)
가연성가스 또는 가연성의 증기가 공기와 혼합해서 가연성 혼합기체를 형성하고 발화원에 의하여 발생하는 폭발

13 다음 중 최소점화에너지의 크기가 다른 하나는?
① 아세톤 ② 수소
③ 이황화탄소 ④ 메탄

해설 최소점화에너지

구분	수소, 이황화탄소, 아세톤	메탄, 에탄, 프로판, 부탄
최소점화에너지[mJ]	0.019	약 0.3

14 다음의 물질 중 최대안전틈새(화염일주한계)가 가장 작은 것은?
① 암모니아 ② 에틸렌
③ 아세틸렌 ④ 일산화탄소

해설 폭발성가스의 분류

폭발성 가스의 분류	A	B	C
최대안전틈새(내압)	0.9mm 이상	0.5mm 초과 0.9mm 미만	0.5mm 이하
대표가스	암모니아, 일산화탄소, 아세톤, 벤젠, 메탄올, 프로판	에틸렌, 디에틸에테르, 도시가스	아세틸렌, 수소

15 폭발성가스의 최소발화에너지 미만 범위 내에서 사용하도록 설계된 전기기기에서 단락, 단선 시 전기불꽃이 발생해도 폭발성가스가 점화되지 않게 하는 원리의 방폭구조는 무엇인가?
① 본질안전 ② 압력
③ 내압 ④ 유입

해설 본질안전 방폭구조 : 폭발성 가스를 점화시킬 수 있는 에너지 미만을 사용하여 단락, 단선 시 전기불꽃이 발생하여도 폭발성 가스를 점화시키지 않도록 한 구조이다.

16 점화원이 될 우려가 있는 부분을 용기 내에 넣고 신선한 공기 또는 불활성가스를 주입하여 용기내부를 정압을 유지하여 외부의 폭발성 가스가 용기내로 침입하지 못하도록 함으로써 용기내의 점화원과 용기 밖의 폭발성가스를 실질적으로 격리시킨 방폭구조는?

① 본질안전방폭구조
② 내압방폭구조
③ 유입방폭구조
④ 압력방폭구조

해설 압력방폭구조 : 용기내부의 압력을 외부보다 높게 하여 폭발성가스를 격리시킨 구조

17 전기방폭구조의 표준 환경조건으로 옳지 않은 것은?

① 압력 : 80 ~ 110kPa
② 온도 : -20 ~ 40℃
③ 상대습도 : 60~85%
④ 표고 : 1000미터 이하

해설 전기 방폭구조의 표준환경

조 건	범 위
압 력	80 ~ 110kPa
온 도	-20 ~ 40℃
상대습도	45 ~ 85%
표 고	1000m 이하

18 소염거리(quenching distance)에 대한 설명으로 옳지 않은 것은?

① 전극간의 간격이 좁은 경우 아무리 큰 에너지를 가하더라도 점화가 일어나지 않는 전극간의 최대거리를 소염거리라 한다.
② 소염거리는 화염전파방지기 및 내압방폭구조의 설계에 적용하는 이론이다.
③ 소염이 되는 원리는 전극사이에서 발열이 방열보다 훨씬 크기 때문이다.
④ 최소발화에너지는 소염거리의 제곱에 비례한다.

해설 소염이 되는 원리는 전극사이에서 방열이 발열보다 훨씬 크기 때문이다.

19 메탄(연소하한계 5%) 1[mol]이 완전연소 하였을 때 최소산소농도(%)를 계산하시오.

① 5% ② 10% ③ 15% ④ 20%

해설 최소산소농도
① 메탄의 완소연소반응식 : $CH_4 + 2O_2 \rightarrow CO_2 + 2H_2O$
② 최소산소농도 : $MOC = LFL \times \dfrac{O_2\,mol}{Fuel\,mol} = 5 \times \dfrac{2}{1} = 10\%$

정답 16. ④ 17. ③ 18. ③ 19. ②

20 한계산소지수(Limited Oxygen Index)에 대한 다음의 설명 중 옳지 않은 것은?

① 가연물을 수직으로 하여 가장 윗부분에 착화하여 연소를 계속 유지할 수 있는 산소의 최저비(vol%)를 말한다.
② 한계산소지수가 높을수록 안전도가 높다.
③ 연소도료의 한계산소지수는 30 이상이다.
④ 난연테이프의 한계산소지수는 60 이상이다.

해설 난연테이프의 한계산소지수는 28 이상이다.

21 폭굉 유도거리가 짧아질 수 있는 조건으로 옳은 것은?

① 관경이 클수록 짧아진다.
② 점화에너지가 클수록 짧아진다.
③ 압력이 낮을수록 짧아진다.
④ 연소속도가 늦을수록 짧아진다.

해설 폭굉유도거리가 짧아지는 요인
① 압력이 높을수록
② **점화에너지가 클수록**
③ 연소속도가 빠를수록
④ 관경이 작을수록, 관 벽이 거칠수록(이물질이 들어 있는 경우 포함)

22 폭발의 분류에서 기상폭발이 아닌 것은?

① 가스폭발
② 분해폭발
③ 수증기폭발
④ 분진폭발

해설 원인물질의 상태에 의한 분류
① 기상폭발 : 가스폭발, 분무폭발, 분진폭발, 산화폭발, 분해폭발
② 응상폭발 : 수증기폭발, 증기폭발, 고상 간 전이에 의한 폭발, 전선폭발

23 폭발의 종류와 해당 폭발이 일어날 수 있는 물질의 연결이 옳은 것은?

① 산화폭발 - 가연성가스
② 분진폭발 - 시안화수소
③ 중합폭발 - 아세틸렌
④ 분해폭발 - 염화비닐

해설
① 산화폭발 - 가연성가스
② 분진폭발 - 밀가루, 분진, 먼지, 전분, 금속분 등
③ 중합폭발 - 시안화수소, 염화비닐
④ 분해폭발 - 산화에틸렌, 아세틸렌 등

정답 20. ④ 21. ② 22. ③ 23. ①

제6장 화재이론

1 화재의 정의 및 화재조사

1) 화재의 정의 ★
① 사람의 의도와는 반대로 발생하여 확대되거나 방화(放火)에 의해 발생하는 소화(消化)의 필요가 있는 연소(燃燒)현상
② 화재의 특성 : **우발성, 확대성, 비정형성, 불안정성**

2) 소손정도에 의한 화재의 분류 ★★★

> 암기법 : 전7/반37/부13
> ① 전소(全燒) : 전체 중 70% 이상 소손된 것
> ② 반소(半燒) : 전체 중 30% 이상, 70% 미만이 소손된 것
> ③ 부분(部分)소 : 전체의 10% 이상 30% 미만이 소손된 것
> ④ 극소(極小) : 전체의 10% 미만이 소손된 것

3) 대형화재의 구분
① 인명피해 ★★
   5명 이상 사망하거나 사상자가 10명 이상 발생된 화재
② 재산피해
   50억 원 이상의 손해가 발생한 화재

2 화재와 기상과의 관계

1) 기온
① 기온이 낮은 겨울철이 기온이 높은 여름철보다 화재 발생빈도가 높다.
② 겨울철에 불의 사용량이 많고 습도가 낮기 때문에 화재 발생빈도가 높다.

2) 습도
① 습도가 낮을수록 가연물이 건조하여 발화되기 쉽다.

3) 바람
① 바람이 강할수록 연소속도가 빠르고 연소면이 확대된다.

3 화재조사

1) 화재조사의 종류 및 조사의 범위

(1) 화재조사의 목적
① 화재예방을 위한 대책의 수립
② 발화원인에 대한 책임 규명
③ 화재원인에 따른 각종 기술개발 및 연구

(2) 화재원인조사
발화원인, 통보 및 초기소화상황, 연소상황, 피난상황, 소방시설 등을 조사

(3) 화재피해조사
① 직접피해 : 화재진압 과정에서 발생하는 인명 및 재산상의 피해
② 간접피해 : 화재로 인한 재실자의 업무중단 등의 피해

2) 발화부 추정 원칙 ★★

① **도괴 방향법**
발화부를 향하여 도괴되는 경향이 있다.
② **탄화 심도법**
탄화심도는 발화부에 가까울수록 깊어지는 경향이 있다.
③ **연소의 상승성**
화염은 수직의 가연물을 따라 상승하여 역삼각형으로 연소한다.
④ **박리흔 감식**
목재 표면의 연소흔은 발화부에 가까울수록 작고 가늘어지는 경향이 있다.
⑤ **주연흔 감식**
발열체 이면의 목재표면에는 연소흔이 남는다.

4 가연물에 따른 화재의 분류 ★★★

암기법 : 일유 전금가/백황 청무황

구 분	명 칭	가연물의 종류	표시
A급 화재	일반화재	종이, 목재, 섬유류 등의 일반 가연물	백색
B급 화재	유류화재	유류(가연성 액체 포함)	황색
C급 화재	전기화재	통전중인 전기설비	청색
D급 화재	금속화재	칼륨, 나트륨 등의 가연성금속	무색
E급 화재	가스화재	가연성가스	황색
K(F)급 화재	주방(식용유)화재	동식물유류	-

5 유류화재의 연소특성

1) 보일오버(Boil over)

(1) 정의 ★

유류 저장탱크의 화재 시 유면에서 발생한 열이 서서히 탱크 아래쪽으로 전파하여 탱크 하부의 물이 급격히 증발함으로써 상층의 유류를 밀어 올려 거대한 화염을 불러일으키며 다량의 기름을 탱크 밖으로 불이 붙은 채로 방출하는 현상을 말한다.

(2) 보일오버의 방지대책
① 탱크 하부면의 수층 방지 : 탱크 하부에 배수관 설치
② 물의 과열 방지 : 적당한 시기에 모래나 팽창질석을 넣는다.
③ 탱크 내용물의 기계적 교반
④ 방유제 설치 : 연소면을 한정시킨다.

2) 슬롭 오버(Slop over) ★

중질유 저장탱크의 화재 시 화재진압을 위하여 물 또는 포(foam) 등을 주입하면 화재 면에서 수분의 급격한 증발로 인하여 유면을 밀어 올려 불이 붙은 채 비산하여 분출하는 현상.

3) 프로스 오버(Froth over) ★

화재 이외의 경우로 물이 있는 저장탱크에 뜨거운 기름을 넣는 경우 탱크 밖으로 물과 기름이 거품과 같은 상태로 넘치는 현상을 말한다.

4) 오일오버(Oil over)

유류 저장탱크에 유류 저장량을 50% 이하로 저장하고 있을 때 화재가 발생하면 탱크 내의 공기가 팽창하면서 폭발하여 화재가 확산되는 현상을 말한다.

5) 윤화(링 파이어) ★

유류저장탱크에서 화재발생 시 유류표면에 포소화약제를 방사하면 탱크 상부 유류면의 중앙부분은 화염이 제거되나 탱크의 벽면은 열전도에 의하여 화염이 지속되는 현상

6 위험물 화재의 위험성

1) 출화 위험성

(1) 자연발화 위험성
① 공기 중에서 산화하여 자연발화
② 수분과 반응하여 자연발화
③ 혼합하여 발열하고 자연발화
④ 분해하여 발열하고 자연발화

(2) 인화의 위험성
① 저온 및 최소점화에너지가 작은 경우에도 인화
② 수분과 반응하여 인화성 가스를 발생
③ 혼합, 접촉하여 발열하고 발화
④ 장거리에서도 인화

2) 연소 확대의 위험성

(1) 속연성(速燃性) ★
① 가연성 가스의 생성

② 미분자, 고농도 산소의 방출
③ 혼합 또는 접촉하여 발열하고 발화
④ 분자 내 연소가 일어난다.

(2) 이연성(易燃性) ★
① 발화에너지가 작아도 연소가 용이
② 연소열이 크고 연소속도가 빠르다.
③ 연소온도가 높다.
④ 연소점이 낮고 연소가 지속되기 쉬우며 낮은 농도의 산소에서도 연소
⑤ 저산소 상태에서도 연소가능

3) 소화 시 위험성

(1) 주수에 의한 위험성
① 위험물이 물과 반응하여 발열, 발화 및 폭발의 위험성
② 가연성 가스발생, 유독가스 또는 유해물질을 발생
③ 부식성이 강한 강산 또는 강알칼리성, 산화력이 강한 수용액 생성
④ 주수에 의해 비산우려, 부유하고 화면을 확대시킬 위험성

(2) 고온의 위험성 : 고온에 의하여 열상, 화상 및 용융이 일어나기 쉽다.

(3) 연소 지속의 위험성 : 저산소 상태에서도 연소가능, 물속에서도 연소 가능성

7 화재의 통계 ★★

1) 계절별 : 겨울 〉 봄 〉 가을 〉 여름

2) 발화 요인별

부주의 〉 전기적 요인 〉 기계적 요인 〉 방화 〉 교통사고 〉 화학적 요인 〉 가스누출

3) 장소별

비주거 〉 주거 〉 차량 〉 임야 〉 철도, 선박, 항공기 등 〉 기타

4) 발화 열원별

전기적 요인 〉 담뱃불 〉 방화 〉 불꽃, 불티 〉 기타

5) 전기적 요인별

단락 〉 과부하, 과전류 〉 트래킹 〉 누전, 지락 〉 기타

8 산림화재 ★

1) **지중화** : 나무가 썩어서 그 유기물이 타는 것(산림 지중에 있는 유기질층이 타는 것)
2) **지표화** : 나무 주위에 떨어져 있는 낙엽 등이 타는 것(산림 지면에 떨어져 있는 낙엽, 마른풀 등이 타는 것)
3) **수간화** : 나무 기둥부터 타는 것
4) **수관화** : 나뭇가지부터 타는 것

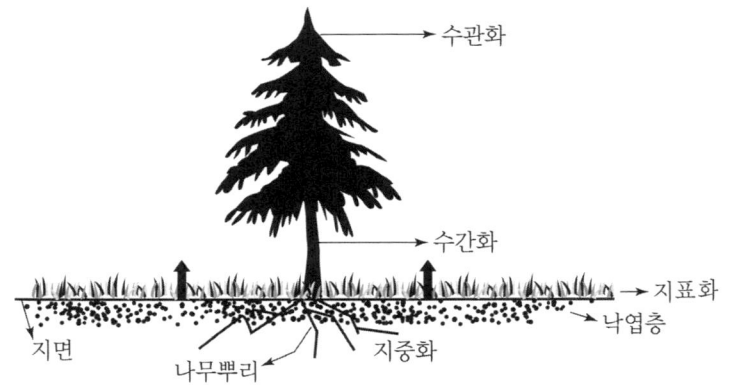

제6장 출제예상문제

01 화재의 일반적 특성이 아닌 것은?
① 확대성 ② 불안전성 ③ 우발성 ④ 정형성

> 해설 화재는 시간의 추이에 따라 확산되며 언제 어떻게 어디서 발생할지 예측하기가 어렵다. 또한 불안정한 특성을 갖으나, 정형성을 갖지는 않는다.

02 화재의 정의로 옳지 않은 것은?
① 불을 사용하는 사람의 부주의에 의해 불이 확대되는 연소현상이다.
② 사람의 의도에 반하여 출화되고 확대되는 연소현상이다.
③ 인명 및 경제적인 손실을 방지하기 위하여 소화할 필요성이 있는 연소현상이다.
④ 대기 중에 방치한 못이 공기 중의 산소와 반응하여 녹이 스는 연소현상이다.

> 해설 대기 중에 방치한 못이 공기 중의 산소와 반응하여 녹이 스는 연소현상은 산화반응이다.

03 화재에 대한 설명으로 옳지 않은 것은?
① 인간이 제어하여 인류의 문화, 문명의 발달을 가져오게 한 근본적인 존재를 말한다.
② 불을 사용하는 사람의 부주의와 불안정한 상태에서 발생되는 것을 말한다.
③ 불로 인하여 사람의 신체, 생명 및 재산상의 손실을 가져다주는 재앙을 말한다.
④ 실화, 방화로 발생하는 연소현상을 말하며 사람에게 유익하지 못한 해로운 불을 말한다.

> 해설 화재란 사람에게 유익하지 않은 것으로 사람의 생명, 신체 및 재산상의 손실을 가져오는 해로운 불을 말한다.

04 화재에 대한 다음의 설명 중 옳지 않은 것은?
① 대형화재란 50억 원 이상의 손해가 발생한 화재를 말한다.
② 5명 이상 사망하거나 10명 이상의 인명피해가 발생한 화재를 대형화재라 한다.
③ 전체 중 30% 이상 70% 미만이 소손된 것을 반소(半燒)라 한다.
④ 전체 중 20% 이상 30% 미만이 소손된 것을 부분소(部分燒)라 한다.

> 해설 부분(部分)소 : 전체의 10% 이상 30% 미만이 소손된 것

정답 1. ④ 2. ④ 3. ① 4. ④

05 건물화재에서의 사망원인 중 가장 큰 비중을 차지하는 것은?
① 연소가스에 의한 질식
② 기계적 상해
③ 화상
④ 열 충격

해설 건물화재 시 일산화탄소, 이산화탄소 등 연소가스에 의한 질식이 사망 원인 중 가장 큰 비중을 차지한다.

06 화재로 인한 인명피해는 직접피해와 간접피해로 분류된다. 다음 중 간접피해에 속하는 것은?
① 소화수에 의한 설비 피해
② 인명 피해
③ 업무 중지로 인한 사무적 피해
④ 내장 재료의 소손

해설 간접피해 : 화재로 인한 재실자의 업무중단 등의 피해

07 출화부 추정의 원칙 중 탄화심도에 대한 설명으로 옳은 것은?
① 탄화심도는 발화부와 상환 관계가 없다.
② 탄화심도는 발화부에서 멀리 있을수록 깊어지는 경향이 있다.
③ 탄화심도는 황인을 발화부에 근접시켜 측정한다.
④ 탄화심도는 발화부에 가까울수록 깊어지는 경향이 있다.

해설 탄화심도는 발화부에 가까울수록 깊어지는 경향이 있다.

08 금속화재에 대한 설명으로 틀린 것은?
① 마그네슘과 같은 가연성 금속의 화재를 말한다.
② 주수소화 시 물과 반응하여 가연성 가스를 발생하는 경우가 있다.
③ 화재 시 금속화재용 분말소화약제를 사용할 수 있다.
④ D급 화재라고 하며 표시하는 색상은 청색이다.

해설 금속화재의 색상은 무색이다.

09 다음 화재의 구분과 표시색이 틀린 것은?
① 일반화재 – 무색
② 유류화재 – 황색
③ 전기화재 – 청색
④ 금속화재 – 무색

해설 일반화재는 백색이다.

정답 5. ① 6. ③ 7. ④ 8. ④ 9. ①

10 D급 화재란 다음 중 어느 것을 의미하는가?

① B급 화재 또는 A, C급 화재 등의 복합화재
② 모든 화재 중 인명손실이 있는 화재
③ 선박화재 또는 임야화재 등의 특수화
④ 가연성 금속화재

해설 가연물에 따른 화재의 분류

구 분	명 칭	가연물의 종류	표시
A급 화재	일반화재	종이, 목재, 섬유류 등의 일반 가연물	백색
B급 화재	유류화재	유류(가연성 액체 포함)	황색
C급 화재	전기화재	통전중인 전기설비	청색
D급 화재	금속화재	칼륨, 나트륨 등의 가연성금속	무색
E급 화재	가스화재	가연성가스	황색

11 화재의 분류에 관한 설명으로 옳지 않은 것은?

① A급 화재는 액체탄화수소의 화재로, 발생되는 연기의 색은 흑색이다.
② B급 화재는 유류의 화재로, 이를 예방하기 위해서는 유증기의 체류를 방지해야 한다.
③ C급 화재는 전기화재로, 화재발생의 주요인으로는 과전류에 의한 열과 단락에 의한 스파크가 있다.
④ D급 화재는 금속화재로, 수계 소화약제로 소화할 경우 가연성 가스를 발생할 위험성이 있다.

해설 액체탄화수소의 화재는 B급(유류) 화재이다.

구 분	명 칭	가연물의 종류	표시
B급화재	유류화재	유류(가연성 액체 포함)	황색

12 유류를 저장한 상부개방 탱크의 화재에서 일어날 수 있는 특수한 현상들에 속하지 않는 것은?

① 플래시오버   ② 보일오버
③ 슬롭오버   ④ 프로스오버

해설 유류탱크에서 발생할 수 있는 현상 : 보일오버, 슬롭오버, 프로스오버, 오일오버, 윤화

정답 10. ④ 11. ① 12. ①

13 보일오버(Boil over) 현상에 대한 설명으로 옳은 것은?

① 아래층에서 발생한 화재가 위층으로 급격히 옮겨 가는 현상
② 연소유의 표면이 급격히 증발하는 현상
③ 탱크 저부의 물이 급격히 증발하여 기름이 탱크 밖으로 화재를 동반하여 방출하는 현상
④ 기름이 뜨거운 물표면 아래에서 끓는 현상

해설 보일오버(Boil over) : 유류 저장탱크의 화재 시 유면에서 발생한 열이 서서히 탱크 아래쪽으로 전파하여 탱크 하부의 물이 급격히 증발함으로써 상층의 유류를 밀어 올려 거대한 화염을 불러일으키며 다량의 기름을 탱크 밖으로 불이 붙은 채로 방출하는 현상

14 유류 저장탱크에 화재 발생 시 열류층에 의해 탱크 하부에 고인 물 또는 에멀젼(emulsion)이 비점 이상으로 가열되어 부피가 팽창되면서 유류를 탱크 외부로 분출시켜 화재를 확대시키는 현상은?

① 보일오버 ② 롤오버
③ 백드래프트 ④ 플래시오버

해설 보일오버(Boil over) : 유류 저장탱크의 화재 시 유면에서 발생한 열이 서서히 탱크 아래쪽으로 전파하여 탱크 하부의 물이 급격히 증발함으로써 상층의 유류를 밀어 올려 거대한 화염을 불러일으키며 다량의 기름을 탱크 밖으로 불이 붙은 채로 방출하는 현상

15 다음 중 위험물의 속연성(速燃性)에 대한 설명으로 옳지 않은 것은?

① 분자 내 연소가 일어난다. ② 가연성 가스의 생성
③ 고농도 산소의 방출 ④ 연소점이 낮고 연소속도가 빠르다.

해설 속연성(速燃性)
① 가연성 가스의 생성
② 미분자, 고농도 산소의 방출
③ 혼합 또는 접촉하여 발열하고 발화
④ 분자 내 연소가 일어난다.

16 다음 중 발화 요인별 화재 발생이 가장 많은 것은?

① 전기적 요인 ② 기계적 요인
③ 부주의 ④ 방화

해설 발화 요인별 : 부주의 〉 전기적 요인 〉 기계적 요인 〉 방화 〉 교통사고 〉 화학적 요인 〉 가스누출

정답 13. ③ 14. ① 15. ④ 16. ③

17 화재 원인 중 가장 큰 비중을 차지하는 순서가 옳은 것은?

① 난로 > 담배 > 전기 > 성냥불
② 담배 > 전기 > 난로 > 성냥불
③ 전기 > 담배 > 방화 > 불꽃
④ 방화 > 담배 > 전기 > 불꽃

해설 전기적 요인 > 담뱃불, 라이터불 > 방화 > 불꽃, 불티 > 기타

18 다음 중 전기화재 요인별 발생상황 분석 시 가장 발생 비율이 높은 것은?

① 누전 ② 정전기 ③ 단락 ④ 과전류

해설 전기화재 요인 : 단락 > 과부하, 과전류 > 트래킹 > 누전, 지락 > 기타

19 산림화재의 형태가 아닌 것은?

① 지중화 ② 지면화 ③ 수관화 ④ 수간화

해설 산림화재
① 지중화 : 나무가 썩어서 그 유기물이 타는 것
② 지표화 : 나무 주위에 떨어져 있는 낙엽 등이 타는 것
③ 수간화 : 나무 기둥부터 타는 것
④ 수관화 : 나뭇가지부터 타는 것

20 화재의 종류에 관한 설명으로 옳지 않은 것은?

① 산소와 친화력이 강한 물질의 화재로 연기가 발생하고, 연소 후 재를 남기면 A급 화재이다.
② 유류에서 발생한 증기가 공기와 혼합하여 점화되면 B급 화재이다.
③ 통전 중인 전기다리미에서 발생되는 화재는 C급 화재이다.
④ 칼륨이나 나트륨 등 금속류에 의한 화재는 K급 화재이다.

해설 가연물에 따른 화재의 분류

구 분	명 칭	가연물의 종류	표시
A급화재	일반화재	종이, 목재, 섬유류 등의 일반 가연물	백색
B급화재	유류화재	유류(가연성 액체 포함)	황색
C급화재	전기화재	통전중인 전기설비	청색
D급화재	금속화재	칼륨, 나트륨 등의 가연성금속	무색
E급화재	가스화재	가연성가스	황색
K(F)급화재	주방(식용유)화재	주방화재 : 동식물유를 취급하는 조리기구에서 일어나는 화재 식용유 화재 : 식용유	-

정답 17. ③ 18. ③ 19. ② 20. ④

21 화재의 분류와 표시색의 연결이 옳은 것은?

① 일반화재(A급) – 무색
② 유류화재(B급) – 황색
③ 전기화재(C급) – 백색
④ 금속화재(D급) – 청색

해설 화재의 분류와 표시색
① 일반화재(A급) – 백색
② 유류화재(B급) – 황색
③ 전기화재(C급) – 청색
④ 금속화재(D급) – 무색

22 소실정도에 따른 화재분류에 관한 설명이다. ( )에 들어갈 내용으로 옳은 것은?

( )란 건물의 30% 이상 70% 미만이 소실된 것이다.

① 즉소
② 전소
③ 부분소
④ 반소

해설 소손정도에 의한 화재의 분류
① 전소(全燒) : 전체 중 70% 이상 소손된 것
② 반소(半燒) : 전체 중 30% 이상, 70% 미만이 소손된 것
③ 부분(部分)소 : 전체의 10% 이상 30% 미만이 소손된 것
④ 극소(極小) : 전체의 10% 미만이 소손된 것

정답 21. ② 22. ④

제7장 화재성장의 3요소

1 화재성장의 3요소

1) 발화 ★★★

(1) 화재의 성장이 시작되는 지점

(2) 고체연료의 발화시간

① 얇은 재료(두께 2mm 미만) : $t = \rho c \ell [\dfrac{T_{ig} - T_\infty}{q}]$

② 두꺼운 재료(두께 2mm 이상) : $t = C(k\rho c)[\dfrac{T_{ig} - T_\infty}{q}]^2$

C : 상수(열손실이 없는 경우 $\dfrac{\pi}{4}$)

ρc : 열용량, ℓ : 두께, T_{ig} : 발화온도, T_∞ : 기상의 온도

q : 열방출 속도(열유속)

③ **열용량(ρc)이 작을수록, 열관성($k\rho c$)이 작을수록, 열유속이 클수록** 발화시간은 짧아진다.

2) 연소속도 ★★★

구분	연소속도	비고
고체	질량감소유속	$m = \dfrac{q''}{L} = \dfrac{\text{순수 열유속}}{\text{기화열}}$ [g/s·m²] (보통 5~50 g/s·m²)
액체	액면강하속도	$V = A\dfrac{H_c}{H_v} ≒ 0.076 \dfrac{H_c}{H_v}$
기체	화염전파속도	화염전파속도 = 연소속도 + m'연소가스의 이동속도

3) 화염확산 : 중력 또는 바람의 영향

(1) 개념
① 화염의 경계면이 이동하는 과정으로서 화재경계면의 확장을 말한다.
② **화염확산속도** $V = \dfrac{\text{가열되는 길이}(\delta_f)}{\text{발화시간}(t_{ig})}$
③ 화재성장, 화재영역 확대의 원인
④ **상부확산, 풍조(바람)확산 : 약 0.01~1m/s의 속도**로 확산속도가 매우 빠르다.
⑤ 하부확산, 측면확산 : 확산속도가 느리다.

(2) 화염확산 영향인자
① 물질인자 : 표면 방위와 전파 방향, 연료의 두께, 밀도, 열용량, 열전도도, 기하학적 형상(폭, 모서리 등)
② **환경인자 : 연료온도, 투입복사열류, 대기압, 산소농도, 바람**(공기의 이동)

(3) 확산양상에 따른 확산속도

확산양상	확산속도(cm/s)
훈소	0.001~0.01
측향 또는 하향 확산(두꺼운 고체)	0.1
상향 확산(두꺼운 고체)	1.0~100
수평확산(액체)	10~100
예혼합화염(폭굉의 경우)	10^5

2 화재성장속도

1) 열방출률 ★★★

$$Q = \alpha t^2 = \left(\dfrac{t}{k}\right)^2$$

Q : 열방출률[MW], α : 화재강도계수[MW/s^2], k : 화재성장시간[s/$\sqrt{\text{MW}}$]
t : 1[MW]에 도달하는 데 걸리는 시간[s]

2) 화재성장속도의 분류 ★★★

약 1[MW](1,055kW)에 도달하는 데 걸리는 시간을 4단계로 분류

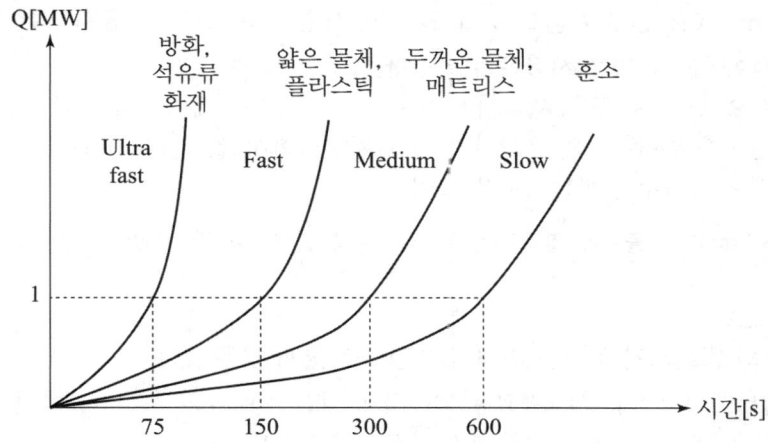

화재성장속도	Ultra fast	Fast	Medium	Slow
시간	75	150	300	600

3) 화재성장속도의 의미

① 화재성장속도는 시간의 제곱에 비례한다.
② 거주자의 실내 체류가능시간을 결정짓는 주요 요소이다.
③ 화재감지기 및 스프링클러 작동시간 등을 예측하는 주요 변수
④ 전실화재(플래시오버) 발생여부와 시간을 예측하는 주요 요인이다.

제7장 출제예상문제

01 두께가 2mm 이상인 고체물질의 발화시간에 대한 다음 설명 중 옳지 않은 것은?
① 열관성이 클수록 발화시간은 길어진다.
② 연료면으로의 순열류[kW/m^2]이 클수록 발화시간은 짧아진다.
③ 발화온도와 주변온도의 온도차가 작을수록 발화시간은 짧아진다.
④ 열용량이 작을수록 발화시간은 길어진다.

해설 열용량(ρc)이 작을수록, 열관성(kρc)이 작을수록, 열유속이 클수록 발화시간은 짧아진다.

02 고체연료의 발화시간에 대한 다음의 설명으로 옳지 않은 것은?
① 두께 2mm 미만의 얇은 재료는 열용량이 작을수록 발화시간이 짧아진다.
② 가연물의 열방출률이 클수록 발화시간이 짧아진다.
③ 두께 2mm 이상의 두꺼운 재료는 열관성이 클수록 발화시간이 짧아진다.
④ 발화시간이 짧을수록 화재의 성장이 빨라진다.

해설 열용량(ρc)이 작을수록, 열관성(kρc)이 작을수록, 열유속이 클수록 발화시간은 짧아진다.

03 고체표면에서 화염확산의 영향인자 중 물질인자에 해당하지 않는 것은?
① 표면방위와 전파 방향
② 연료의 두께, 열용량
③ 산소농도 및 바람
④ 열전도 및 기하학적 형상

해설 화염확산 영향인자
① 물질인자 : 표면 방위와 전파 방향, 연료의 두께, 밀도, 열용량, 열전도도, 기하학적 형상
② 환경인자 : 연료온도, 투입복사열류, 대기압, 산소농도, 바람

04 화염확산속도에 대한 설명으로 옳지 않은 것은?
① 화염의 경계면이 이동하는 과정으로서 화재경계면의 확장을 말한다.
② 화염확산속도 $V = \dfrac{\text{가열되는 길이}(\delta_f)}{\text{발화시간}(t_{ig})}$
③ 발화시간은 열용량이 작을수록, 열전도도가 작을수록 길어진다.
④ 가열되는 길이는 중력 또는 바람의 영향을 받는다.

해설 발화시간은 열용량이 클수록, 열전도도가 클수록 길어진다.

정답 1. ④ 2. ③ 3. ③ 4. ③

05 고체표면의 화염확산으로 옳지 않은 것은?

① 화염확산방향이 수평으로 전파할 때 확산속도가 빠르다.
② 화염확산에서 중력과 바람의 영향은 중요변수가 된다.
③ 화염확산속도는 화재위험성평가에서 중요한 역할을 한다.
④ 바람과 같은 방향으로의 화염확산은 순풍에서의 화염확산이라 한다.

해설 화염확산은 일반적으로 수평 확산, 하향 확산보다 수직 확산, 상향으로의 확산이 빠르다.

06 다음 중 화재성장의 3요소가 아닌 것은?

① 발화 ② 화염확산 ③ 연소속도 ④ 인화

해설 화재성장의 3요소 : 발화, 연소속도, 화염확산

07 화재의 성장속도가 빠름(fast)이라고 가정할 때 열방출률 $Q = \alpha t^2$ 에서 화재강도계수 α (kW/s²)는 약 얼마인가?(단, t 는 열 방출률이 1,055kW까지 도달하는 데 걸리는 시간이다.)

① 0.00293 ② 0.01172 ③ 0.04689 ④ 0.18757

해설 화재강도계수의 계산
① 열방출률이 1,055kW까지 도달하는 데 걸리는 시간

화재성장속도	Ultra fast	Fast	Medium	Slow
시간	75	150	300	600

② 화재강도계수 $\alpha = \dfrac{Q}{t^2} = \dfrac{1,055\text{kW}}{150^2} = 0.04689$

08 고체가연물의 한 쪽 면이 가열되고 있는 조건에서 점화시간에 관한 설명으로 옳지 않은 것은?

① 얇은 가연물이 두꺼운 가연물보다 빨리 점화된다.
② 밀도가 높을수록 점화하기까지의 시간이 짧아진다.
③ 가연물의 발화점이 낮을수록 점화하기까지의 시간이 짧아진다.
④ 비열이 클수록 점화하기까지의 시간이 길어진다.

정답 5. ① 6. ④ 7. ③ 8. ②

해설 고체연료의 발화시간

① 얇은 재료(두께 2mm 미만) : $t = \rho c \ell \left[\dfrac{T_{ig} - T_\infty}{q}\right]$

② 두꺼운 재료(두께 2mm 이상) : $t = C(k\rho c)\left[\dfrac{T_{ig} - T_\infty}{q}\right]^2$

  C : 상수(열손실이 없는 경우 $\dfrac{\pi}{4}$)

  ρc : 열용량, ℓ : 두께, T_{ig} : 발화온도, T_∞ : 기상의 온도, q : 열방출 속도(열유속)

③ **열용량(ρc)이 작을수록, 열관성($k\rho c$)이 작을수록, 밀도(ρ)가 낮을수록, 열유속이 클수록** 발화시간은 짧아진다.

제8장 건축물의 화재성상

1 건축물의 화재 성상

1) 건축물 화재의 진행

(1) 무염착화
가연물이 불꽃 없이 착화하는 현상으로, 바람 또는 공기에 따라서 불꽃발생이 가능하다.

(2) 발염착화
무염착화 단계에서 바람 또는 인입공기에 의해 산소공급이 충분해져 불꽃을 발생하며 착화하는 현상을 말한다.

(3) 플래시오버(Flash over) ★★★
① 순간적 또는 폭발적인 연소 확대현상으로 고온의 복사열에 의해 바닥의 가연물이 동시에 열 분해되어 동시에 실내 전체가 화염에 휩싸이는 현상
② **성장기와 최성기** 사이에 발생
③ **플래시오버 도달 시 실내온도 : 800~900℃**
④ 플래시오버 발생조건
   실내온도 **500~600℃**, 산소농도 10%, **복사열 20~40[kW/m²]**

(4) 목조건축물이 내화건축물보다 플래시오버 및 최성기에 도달하는 시간이 빠르다.

(5) 일반적인 화재시간
① 목조건축물의 화재시간 : 보통 30~40분
② 내화건축물의 화재시간 : 보통 2~3시간

(6) 플래시오버(flash over)와 백 드래프트(back draft)의 비교 ★★★

구분	플래시오버	백드래프트
발생 시기	성장기~최성기	최성기~감쇠기
발생요인	복사열	산소
영향	충격파를 수반하지 않는다.	충격파를 수반한다.
방지대책	① 개구부의 제한 ② 천장의 불연화 ③ 화원의 억제 ④ 가연물 양의 제한	① 폭발력의 억제 ② 격리 ③ 소화 ④ 환기

(7) 플래시오버 지연방안 ★
   ① **공기차단 지연** : 인입공기를 차단시켜 연소속도를 감소시킨다.
   ② **냉각 지연** : 소화수를 방수하여 냉각시킨다.
   ③ **배연 지연** : 열을 외부로 배출시켜 열 축적을 감소시킨다.

(8) 플래시오버 발생시간의 예측 ★★
   ① McCaffrey(맥 카프레이)의 식 : 플래시오버가 발생하기 위해 필요한 열량(열 발생속도 [kW])을 산출

$$Q_{fo} = 610(h_k A_T A_0 \sqrt{H_0})^{\frac{1}{2}}$$

h_k : 대류전열계수
A_0 : 환기 개구부의 면적[m^2]
H_0 : 환기 개구부의 높이[m]
A_T : 개구부를 제외한 전표면적(m^2)

   ② 토마스(Thomas)의 식

$$Q_{fo} = 7.8A_T + 378A\sqrt{H}\,[\text{kW}]$$

A_T : 개구부를 제외한 구획내부 표면적(m^2)
A : 개구부의 면적(m^2)
H : 개구부의 높이(m)

2) 화재성상 영향요인

(1) 화원의 위치와 화원의 크기
(2) 실에 존재하는 가연물의 배치형태
(3) 실 내부의 가연물량과 그 성질
(4) 실의 개구부 존재 유무와 개구부의 위치 및 크기
(5) 실의 넓이와 모양

2 목조건축물의 화재 성상

1) 목재의 열분해 단계

목재 가열온도	성상
약 200℃	수증기, 초산, 개미산 등의 가연성 가스 발생
약 200~280℃	1차 흡열반응 발생, 이산화탄소 발생량이 증가
약 280~500℃	발열반응 발생
약 500℃	목탄생성

2) 목재의 연소단계 ★

목재 가열온도	성상
약 100~160℃	목재 가열, 색상은 갈색
약 220~260℃	**수분 증발 시작**, 갈색에서 흑갈색으로 변화
약 300~350℃	목재의 급격한 변화, **수소, 일산화탄소, 탄화수소 등** 발생
약 420~470℃	**탄화종료 및 발화**

3) 목조건축물의 화재 진행

(1) 화재 진행과정 ★★★

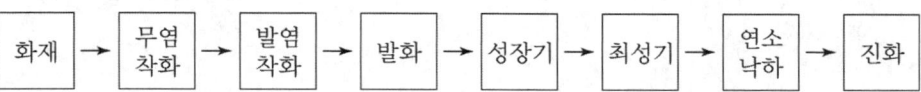

화재 → 무염착화 → 발염착화 → 발화 → 성장기 → 최성기 → 연소낙하 → 진화

(2) **최성기 온도** : 1,100~1,300℃
(3) **고온단기형** 화재 양상

(4) 발화에서 최성기까지의 소요시간 : 4~14분
(5) 최성기에서 연소낙하까지의 소요시간 : 6~19분
(6) 발화에서 연소낙하까지의 소요시간 : 13~24분

4) 목재의 상태에 따른 연소특성 ★

구분	빠르다	늦다
형상	각이 진 것	둥근 것
두께, 굵기	얇고 가는 것	두껍고 굵은 것
표면	거친 것	매끈한 것
수분함량	적은 것	많은 것
색상	검은색	흰색
페인트	칠한 것	칠하지 않은 것
내화성 및 방화성	없는 것	있는 것

5) 목조건축물의 화재원인 : 접염, 비화, 복사열

(1) 접염

목조건축물에 화염이 직접 접촉하는 경우에 발생한다.

(2) 비화

불꽃 등이 먼 거리까지 날아가서 발화하는 현상으로 바람이 강하고 습도가 낮을수록 비화에 의한 발화가능성이 크다.

(3) 복사열

목조건축물 주변에서 화재가 발생하여 생긴 복사열에 의해 화재가 발생한다. 복사열은 온도가 높을수록, 화염의 크기가 클수록 커진다. 복사열은 절대온도의 4승에 비례한다.

3 온도인자와 계속시간인자 ★★

구분	온도인자(개구인자)	계속시간인자
공식	$T_o = \dfrac{A_B\sqrt{H}}{A_T}$ A_B : 개구부 면적[m²] H : 개구부 높이[m] A_T : 실내의 전표면적(m²)	$T = \dfrac{A_F}{A_B\sqrt{H}}$ A_F : 바닥면적[m²] A_B : 개구부 면적[m²] H : 개구부 높이[m]
개념	① 온도인자가 같으면 개구부면적에 관계 없이 동일한 온도상승곡선을 나타낸다. ② 개구부 높이가 같다면 개구부면적이 클수록 온도는 상승한다.	① 개구부 높이가 같은 경우 개구부면적이 클수록 계속시간은 감소한다. ② 개구부면적이 클수록 실의 최고온도는 상승하나 지속시간은 감소한다.

4 내화건축물의 화재 특성

1) 내화건축물의 화재진행 ★

초 기 → 성장기 → 최성기 → 종 기

(1) 내화건축물 화재 시 실내 최고온도는 약 1,000℃
(2) 저온장기형 화재 양상

2) 환기지배형 화재와 연료지배형 화재 ★★★

구분	환기지배형 화재	연료지배형 화재
지배조건	① **환기량에 의해 지배**	① **연료량에 의해 지배**
발생장소	① 지하공간, 무창층 ② 밀폐된 건축물 ③ **내화건축물**	① 개방된 공간 ② 큰 개방형 창문이 있는 건축물 ③ **목조건축물**
연소속도	① **연소속도가 느리다.**	① **연소속도가 빠르다.**
화재가혹도	① 크다	① 작다
발생 시기	① 플래시오버 이후, 최성기	① 플래시오버 이전, 성장기

환기요소
($A\sqrt{H}$)
	① 영향을 받는다.
	  A : 개구부의 면적
	  H : 개구부의 높이
		① 영향을 받지 않는다.
		  A : 개구부의 면적
		  H : 개구부의 높이

5 내화건축물의 화재온도-시간표준곡선

1) 개념 ★

① 건물재료의 화재에 대한 내력을 알기 위하여 가열시험용으로 표준화한 것

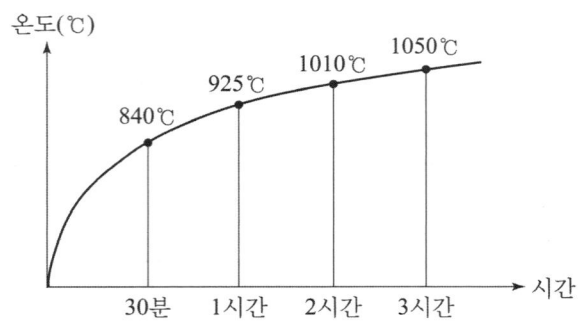

② $T - T_0 = 345\log(8t + 1)$ (여기서, $T - T_0$는 온도변화, t는 시간[min])

2) 내화시간 ★

시간	30분	1시간	2시간	3시간
온도(℃)	840	925	1,010	1,050

제8장 출제예상문제

01 건축물에 화재가 발생하여 일정 시간이 경과하게 되면 일정 공간 안에 열과 가연성가스가 축적되고 한순간에 폭발적으로 화재가 확산되는 현상을 무엇이라 하는가?

① 보일오버현상　　　　　　　② 플래시오버현상
③ 패닉현상　　　　　　　　　④ 리프팅현상

해설 플래시오버(Flash over)
① 순간적 또는 폭발적인 연소 확대현상으로 고온의 복사열에 의해 바닥의 가연물이 동시에 열 분해되어 동시에 실내 전체가 화염에 휩싸이는 현상
② 성장기와 최성기 사이에 발생
③ 플래시오버 도달 시 실내온도 : 800~900℃
④ 플래시오버 발생조건
　실내온도 500~600℃, 산소농도 10%, 복사열 20~40[kW/m²]

02 플래시오버(Flash over)란 무엇인가?

① 건물화재에서 소방활동 진압이 끝난 단계
② 건물 화재에서 가연물이 착화하여 연소하기 시작하는 단계
③ 건물화재에서 발생한 가연성 가스가 축적되다가 일순간에 화염이 크게 되는 현상
④ 건물 화재에서 다 타고 더 이상 탈 것이 없어 자연 진화된 상태

해설 플래시오버(Flash over)
① 순간적 또는 폭발적인 연소 확대현상으로 고온의 복사열에 의해 바닥의 가연물이 동시에 열 분해되어 동시에 실내 전체가 화염에 휩싸이는 현상
② 성장기와 최성기 사이에 발생
③ 플래시오버 도달 시 실내온도 : 800~900℃
④ 플래시오버 발생조건
　실내온도 500~600℃, 산소농도 10%, 복사열 20~40[kW/m²]

03 일반적으로 실내화재에서 백 드래프트(Back draft)는 어느 단계에서 발생하는가?

① 초기에서 성장기　　　　　　② 성장기에서 최성기
③ 최성기에서 감쇠기　　　　　④ 감쇠기에서 소멸단계

해설 백 드래프트 발생 시기 : 최성기에서 감쇠기 사이

정답 1. ②　2. ③　3. ③

04 Flash over에 영향을 미치는 요인으로 옳지 않은 것은?

① 건축물 내장재료
② 화원의 크기
③ 개구부의 비율
④ 방화구획의 설정

해설 flash over에 영향을 미치는 요인
① 화원의 크기
② 내장재료
③ 내장 재료의 부위
④ 개구부의 비율

05 일반적으로 화재의 진행과정 중 플래시오버는 어느 시기에 발생하는가?

① 화재발생 초기
② 성장기에서 최성기로 넘어가는 분기점
③ 최성기에서 감쇠기로 넘어가는 분기점
④ 감쇠기 이후

해설 플래시 오버(flash over) : 성장기에서 최성기 사이(성장기)

구분	플래시오버	백드래프트
발생 시기	성장기~최성기	최성기~감쇠기
발생요인	복사열	산소
영향	충격파를 수반하지 않는다.	충격파를 수반한다.
방지대책	① 개구부의 제한 ② 천장의 불연화 ③ 화원의 억제 ④ 가연물 양의 제한	① 폭발력의 억제 ② 격리 ③ 소화 ④ 환기

06 플래시오버의 지연대책으로 옳지 않은 것은?

① 두께가 얇은 내장재료를 사용한다.
② 열전도율이 큰 내장재료를 사용한다.
③ 실내가연물은 소량씩 분산 저장한다.
④ 주요구조부를 내화구조로 하고 개구부를 적게 설치한다.

해설 두께가 얇은 내장재를 사용할수록 플래시오버는 빨라진다.

정답 4. ④ 5. ② 6. ①

07 플래시오버(flashover)가 발생되기 위해 필요한 열량에 관한 설명으로 틀린 것은?
① 열량은 환기구의 높이의 4제곱근에 비례한다.
② 열량은 단면적의 제곱근에 비례한다.
③ 열량은 열손실계수의 제곱근에 비례한다.
④ 열량은 접촉면의 표면적에 비례한다.

해설 플래시오버 발생시간의 예측
① McCaffrey(맥 카프레이)의 식 : 플래시오버가 발생하기 위해 필요한 열량을 산출
② 열량은 환기구 높이의 4제곱근에 비례, 개구부 면적과 표면적의 제곱근에 비례, 열손실계수의 제곱근에 비례한다.

08 플래시오버 발생시간과 내장재의 관계에 대한 설명 중 틀린 것은?
① 벽보다 천장재가 크게 영향을 받는다.
② 난연재료는 가연재료보다 빨리 발생한다.
③ 열전도율이 적은 내장재가 빨리 발생한다.
④ 내장재의 두께가 얇은 쪽이 빨리 발생한다.

해설 난연재료를 사용할 경우 가연재료보다 착화지연이 발생하여 플래시오버에 도달하는 시간이 늦춰질 수 있다.

09 목재가 고온에 장기간 접촉해도 착화하기 어려운 최저 수분 함유량은 몇 [%] 이상인가?
① 10   ② 15   ③ 20   ④ 25

해설 목재의 수분함량이 15% 이상이면 착화하기 어렵다.

10 토마스의 식을 이용하여 바닥면적(6m×4m), 높이 3m인 실에서 플레시오버가 발생하기 위해 필요한 열발생속도(kW)를 계산하시오.(단, 창문은 높이 2m, 폭 3m 이다)
① 1003.04   ② 2003.04   ③ 3003.04   ④ 4003.04

해설 $A_T = 6 \times 4 \times 2 + 6 \times 3 \times 2 + 4 \times 3 \times 2 - 2 \times 3 = 102 m^2$
$A = 2 \times 3 = 6 m^2$
$Q_{fo} = 7.8 \times A_T + 378 A \sqrt{H} = 7.8 \times 102 + 378 \times 6 \times \sqrt{2} = 4003.04 kW$

정답 7. ④ 8. ② 9. ② 10. ④

11 목재의 연소과정에 대한 설명 중 틀린 것은?

① 목재는 가열하면 함유 했던 수분을 내놓으며(증발되어 기화) 260℃ 정도가 되면 분해하기 시작한다.
② 분해를 시작한 목재는 420~470℃ 정도에서 탄화를 종료한다.
③ 목재는 자연 건조한 상태에서도 10% 정도의 수분을 지닌다.
④ 탄화가 종료된 목재는 1,000℃ 정도에서 발화한다.

해설 목재의 연소단계

목재 가열온도	성상
약 100~160℃	목재 가열, 색상은 갈색
약 220~260℃	수분 증발 시작, 갈색에서 흑갈색으로 변화
약 300~350℃	목재의 급격한 변화, 수소, 일산화탄소, 탄화수소 등 발생
약 420~470℃	탄화종료 및 발화

12 목재건축물의 화재 시 화재 시작에서 진화까지 과정을 설명한 것이다. 가장 알맞은 것은?

① 발염착화 – 무염착화 – 발화 – 진화
② 발화 – 무염착화 – 연소낙하 – 진화
③ 무염착화 – 발염착화 – 최성기 – 연소낙하 – 진화
④ 무염착화 – 발화 – 발염착화 – 진화

해설 화재원인-무염착화-발염착화-발화-성장기-최성기-연소낙하-진화

13 목조건축물에서 화재가 최성기에 이르면 천장, 대들보 등이 무너지고 강한 복사열을 발생한다. 이 때 나타낼 수 있는 최고 온도는 약 몇 ℃인가?

① 300 ② 600 ③ 900 ④ 1300

해설 온도가 1,300℃가 되면 목조건축물에서 화재가 최성기에 이르면 천장, 대들보 등이 무너지고 강한 복사열을 발생한다.

14 일반적으로 목조건축물의 화재 시 발화에서 최성기까지의 소요시간은 어느 정도인가? (단, 풍속이 거의 없을 경우로 가정한다.)

① 1분 미만 ② 4~14분 ③ 30~60분 ④ 90분 이상

해설 발화에서 최성기까지의 소요시간 : 4~14분

정답 11. ④ 12. ③ 13. ④ 14. ②

15 다음 중 목재의 상태에 따른 연소상태를 틀리게 표현한 것은?
① 목재의 두께가 얇고 굵기가 가는 것이 더 빨리 연소한다.
② 수분함량이 적고 둥근 것이 더 빨리 연소한다.
③ 목재의 표면이 거칠수록 더 빨리 연소한다.
④ 목재의 색상이 검을수록 더 빨리 연소한다.

해설 수분함량이 적고 각진 것이 더 빨리 연소한다.

16 불티가 바람에 날리거나 또는 화재 현장에서 상승하는 열기류 중심에 휩쓸려 원거리 가연물에 착화하는 현상을 무엇이라 하는가?
① 전도   ② 대류   ③ 복사   ④ 비화

해설 비화 : 불티가 바람에 날리거나 또는 화재 현장에서 상승하는 열기류 중심에 휩쓸려 원거리 가연물에 착화하는 현상

17 실내의 온도가 20[℃]인 건축물에서 화재가 발생하여 실내의 온도가 600[℃]까지 상승하였다면 복사열은 몇 배로 증가하겠는가?
① 48.81   ② 58.81   ③ 68.81   ④ 78.81

해설 복사열은 절대온도의 4승에 비례 $(\frac{273+600}{273+20})^4 = 78.81$

18 가로 1[m] × 세로 1[m]인 개구부가 존재하는 구획실에 환기지배형 화재가 발생하여 플래시오버 이전에 개구부 높이가 2배 증가했다면 이 구획실의 환기인자는 약 몇 배 증가했나?
① 1.4   ② 2.8   ③ 4.2   ④ 5.6

해설 구획실의 환기계수(환기 파라미터) = A$\sqrt{H}$ A : 개구부의 면적[m²], H : 개구부의 높이[m]
개구부 높이가 2배 증가하였으므로 $\sqrt{2} = 1.414$배로 증가한다.

19 구획화재에서 화재온도 상승곡선을 정하는 온도인자에 관한 설명으로 옳은 것은?
① 개구부 크기, 개구부 높이의 제곱근 및 실내의 전체 표면적어 비례
② 개구부 크기에 비례하고 개구부 높이의 제곱근에 반비례
③ 개구부 크기, 개구부 높이의 제곱근에 비례하고 실내의 전체 표면적에 반비례
④ 개구부 크기에 반비례하고 개구부 높이의 제곱근에 비례

해설 온도인자는 개구부의 면적과 높이의 제곱근에 비례, 실내의 전표면적에 반비례한다.

정답 15. ② 16. ④ 17. ④ 18. ① 19. ③

20 건축물의 구조형태에 따른 화재 특징을 나타낸 것이다. 내화구조의 화재 특징에 해당되는 것은?

① 저온장기형 ② 고온단기형
③ 고온장기형 ④ 저온단기형

해설 화재특징
① 목조건축물 : 고온단기형화재로 최고온도는 1,300℃
② 내화건축물 : 저온장기형화재로 최고온도는 900~1,000℃

21 목조건축물과 내화건축물의 화재성상에 대한 설명 중 틀린 것은?

① 내화구조건축물의 화재 진행상황은 초기 → 성장기 → 종기의 순으로 진행된다.
② 목조건축물은 공기의 유통이 좋아 순식간에 플래시오버에 도달하고 온도는 약 1,000℃ 이상에 달한다.
③ 내화구조 건축물은 견고하여 공기의 유통조건이 거의 일정하고 최고온도는 목조의 경우보다 낮다.
④ 목조건축물은 최성기를 지나면 급속히 타버리고 그 온도는 공기의 유통이 좋으므로 장시간 고온을 유지한다.

해설 목조건축물은 고온단기형화재로 최고온도는 1,300℃에 달한다.

22 내화건축물의 표준 온도-시간 곡선에서 2시간 후의 온도는 몇 [℃] 정도인가?

① 840 ② 925 ③ 1,010 ④ 1,050

해설 내화시간

시간	30분	1시간	2시간	3시간
온도(℃)	840	925	1,010	1,050

23 구획실화재의 현상에 대한 설명 중 옳지 않은 것은?

① 중성대가 개구부에 형성될 때 중성대 아래쪽은 공기가 유입되고 위쪽에서는 연기가 유출된다.
② 연기와 공기흐름은 주로 온도상승에 의한 부력 때문이다.
③ 백 드래프트(back draft)는 연료지배형 화재에서 발생한다.
④ 벽면코너의 화염이 단일 벽면화염보다 화염전파속도가 빠르다.

해설 백 드래프트 : 환기지배형 화재에서 발생

정답 20. ① 21. ④ 22. ③ 23. ③

24 화재온도곡선에 따른 화재성상 중 (ㄴ)단계에서 나타나는 현상으로 옳지 않은 것은?

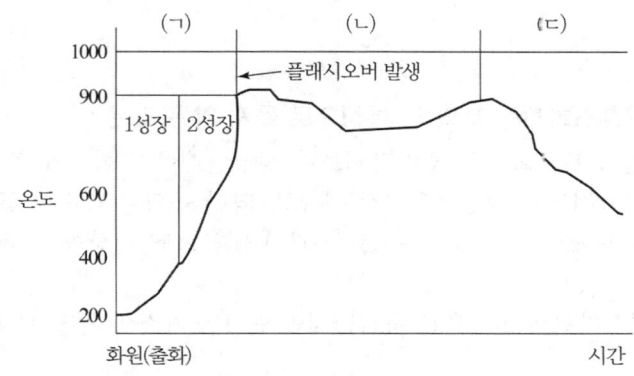

① 환기지배형 보다는 연료지배형의 화재특성을 보인다.
② 창문 등 건축물의 개구부로 화염이 뿜어져 나오는 시기이다.
③ 강렬한 복사열로 인하여 인접 건물로 연소가 확산될 수 있다.
④ 실내 전체에 화염이 충만되고 연소가 최고조에 이른다.

해설 (ㄴ)단계는 최성기로서 연료지배형 화재보다는 **환기지배형** 화재의 특성을 보인다.

25 건축물의 화재특성에서 플래시오버(flash over)와 롤오버(roll over)에 관한 설명으로 옳지 않은 것은?
① 플래시오버는 공간 내 전체 가연물을 발화시킨다.
② 롤오버에서는 화염이 주변공간으로 확대되어 간다.
③ 롤오버 현상에서 플래시오버 현상과는 달리 감쇠기 단계에서 발생한다.
④ 내장재에 따른 플래시오버 발생기간을 보면, 난연성 재료보다는 가연성 재료의 소요시간이 짧다.

해설 롤오버 현상은 화재 **성장기**에서 발생한 뜨거운 가연성의 가스가 천장 부근에 머물러 있다가 공기압의 차이로 미연소된 방향으로 빠르게 화염이 구르듯이 이동하는 현상을 말한다.

26 건축물 화재에 관한 설명으로 옳지 않은 것은?
① 플래시오버 현상은 폭풍이나 충격파를 수반하지 않는다.
② 수분함유량이 최소 15% 이상인 경우에는 목재가 고온에 접촉해도 착화되기 어렵다.
③ 내화건축물의 온도-시간 표준곡선에서 화재발생 후 30분이 경과되면 온도는 약 1,000℃ 정도에 달한다.
④ 내화건축물은 목조건축물에 비해 연소온도는 낮지만 연소 지속시간은 길다.

정답 24. ① 25. ③ 26. ③

해설 화재발생 후 30분이 경과되면 온도는 약 **840℃ 정도**에 달한다.

27 구획실 화재(훈소화재는 제외)의 특징으로 옳지 않은 것은?
① 천장의 연기층은 화재의 초기단계보다 성장단계에서 빠르게 축적된다.
② 연기층이 축적되어 개방문의 상부에 도달되면 구획실 밖으로 흘러나가기 시작한다.
③ 연기 생성속도가 연기 배출속도를 초과하지 않으면 천장 연기층은 더 이상 하강하지 않는다.
④ 화재가 성장하면서 연기층은 축적되지만 연기와 가스의 온도는 더 이상 상승하지 않는다.

해설 화재가 성장하면서 연기층은 축적되고 연기와 가스의 온도는 **지속적으로 상승**한다.

28 내화건축물과 비교한 목조건축물의 화재 특성에 관한 설명으로 옳은 것을 모두 고른 것은?

ㄱ. 최성기에 도달하는 시간이 빠르다.
ㄴ. 저온장기형의 특성을 갖는다.
ㄷ. 화염의 분출면적이 크고, 복사열이 커서 접근하기 어렵다.
ㄹ. 횡방향보다 종방향의 화재성장이 빠르다.

① ㄴ, ㄷ ② ㄷ, ㄹ
③ ㄱ, ㄴ, ㄹ ④ ㄱ, ㄷ, ㄹ

해설 1) 저온장기형의 특성을 갖는 것은 내화건축물이다.
2) 목조건축물은 고온단기형의 특성을 갖는다.

29 구획실 화재 시 화재실의 중성대에 관한 설명으로 옳은 것은?
① 중성대는 화재실 내부의 실온이 낮아질수록 낮아지고, 실온이 높아질수록 높아진다.
② 화재실의 중성대 상부 압력은 실외압력보다 낮고 하부의 압력은 실외압력보다 높다.
③ 중성대에서 연기의 흐름이 가장 활발하다.
④ 화재실의 상부에 큰 개구부가 있다면 중성대는 높아진다.

정답 27. ④ 28. ④ 29. ④

해설 1) 건축물 내부의 압력(실내정압)과 외부의 압력(실외정압)이 일치하는 수직적인 위치를 중성대라 한다.
2) 개구부의 위치에 따른 중성대의 위치
   ① 개구부가 균일한 경우 : 중앙에 위치
   ② 큰 개구부가 건축물 상부에 있는 경우 : 상부에 위치
   ③ **큰 개구부가 건축물 하부에 있는 경우 : 하부에 위치**

제9장 건축물의 화재역학

1 화재하중과 화재가혹도

1) 화재하중의 개념

(1) 단위면적에 대한 가연물의 양으로서 화재 시 발열량 및 화재가혹도를 추정할 수 있다.
(2) 단위 : [kg/m^2]
(3) 주요 재료의 단위 발열량 ★
   ① 폴리에틸렌 : 약 10,400[kcal/kg]
   ② 고무 : 9,000[kcal/kg]
   ③ 목재 : 4,500[kcal/kg]
   ④ 염화비닐 : 4,100[kcal/kg]
(4) 화재하중의 크기
   물류창고 〉 점포 〉 사무실 〉 공동주택

2) 화재하중의 계산 ★★★

$$q = \frac{\sum(G_t \times H_t)}{H_0 \times A} = \frac{\sum Q_t}{4,500 \times A}$$

q : 화재하중[kg/m^2]
A : 구획실의 면적[m^2]
G_t : 가연물량[kg]
H_t : 가연물 단위 발열량[kcal/kg]
H_0 : 목재단위발열량[4,500kcal/kg]
Q_t : 구획 내 가연물 전체 발열량[kcal]

3) 화재가혹도 ★★

(1) 화재발생으로 인한 건축물 내 수용재산 및 건축물 자체에 손상을 입히는 정도

(2) **화재가혹도 = 화재강도 × 화재하중**
(3) **화재강도 : 최고온도**를 뜻하며, 주수율을 결정하는 인자
(4) **화재하중** : 최고온도의 **지속시간**을 뜻하며, 주수시간을 결정하는 인자
(5) 화재강도와 화재하중이 높으면 화재가혹도가 크다.
(6) 화재강도의 주요소
가연물의 연소열, 가연물의 비표면적, 화재실의 벽·천장 및 바닥 등의 단열성, 개구부의 크기·높이(산소의 공급)

2 청결층에 도달하는 시간및 연기생성율 ★★★

1) 힌 클레이(Hinkley) 공식

$$t = \frac{20A}{P\sqrt{g}}\left(\frac{1}{\sqrt{y}} - \frac{1}{\sqrt{h}}\right)$$

t : 청결층 깊이 y가 될 때까지의 시간[s]
A : 실의 바닥면적[m^2]
P : 불의 둘레[m](대형화재 12m, 중형화재 6m, 소형화재 4m)
y : 청결층 깊이[m]
h : 실의 높이[m]

2) 연기생성율

$M = 0.188 P y^{\frac{3}{2}}$(kg/s), P : 불의 둘레, y : 청결층 깊이

3 독성의 표현 ★

1) 허용한계농도 : TLV(Threshold Limit Values)

독성물질의 섭취량에 따른 인간의 반응 정도를 나타내는 관계에서 손상을 입히지 않는 농도 중 가장 큰 값

① **시간 가중 평균농도** : TLV-TWA
근로자가 하루 8시간씩 근무할 경우 근로자에게 노출되어도 아무런 영향을 주지 않는 최고 평균농도를 말한다.

$$\frac{C_1 T_1 + C_2 T_2 + \cdots}{8}$$

$C_1 C_2$: 유해요인 측정농도, $T_1 T_2$: 유해요인의 발생시간(h)

② 단시간 노출허용농도 : TLV-STEL

단시간 노출되어도 유해한 증상이 나타나지 않는 최고 허용농도
- 참을 수 없는 자극
- 만성적 또는 비가역적인 조직의 변화
- 사고를 유발할 정도의 혼수상태

③ 최고 허용한계농도 : TLV-C

단 한순간이라도 초과하면 안 되는 농도

2) LD_{50}과 CL_{50}

(1) LD_{50} : 경구 투입시 실험용 쥐의 50%를 사망시킬 수 있는 **물질의 양**
(2) LC_{50} : 흡입 시험시 실험용 쥐의 50%를 사망시킬 수 있는 **물질의 농도**

3) NOAEL과 LOAEL

(1) **NOAEL** : 농도증가 시 인간의 심장에 **악영향을 주지 않는 최대농도**
(2) **LOAEL** : 농도감소 시 인간의 심장에 **악영향을 주는 최소농도**

4 중성대

1) 중성대의 개념 ★★

(1) 건축물 내부의 압력(실내정압)과 외부의 압력(실외정압)이 일치하는 수직적인 위치를 중성대라 한다.
(2) 개구부의 위치에 따른 중성대의 위치
① 개구부가 균일한 경우 : 중앙에 위치
② 큰 개구부가 건축물 상부에 있는 경우 : 상부에 위치
③ **큰 개구부가 건축물 하부에 있는 경우 : 하부에 위치**

5 연돌효과(연돌현상)

1) 정의 ★★★

건축물 내·외부의 온도차에 의한 **압력차**가 발생하여 **기류가 이동**하는 현상

> **영향요소**
> ① 건축물 높이
> ② 외벽의 기밀성
> ③ 건축물 내·외부 온도차의 함수
> ④ 건축물 층간 공기누설

2) 연돌현상의 종류

(1) 정상연돌현상

건축물 내의 온도가 외부의 온도보다 높을 경우 발생하며, 기류가 하부에서 상부로 이동하는 현상

(2) 역 연돌현상

외부의 온도가 내부의 온도보다 높을 경우 발생하며, 기류가 상부에서 하부로 이동하는 현상

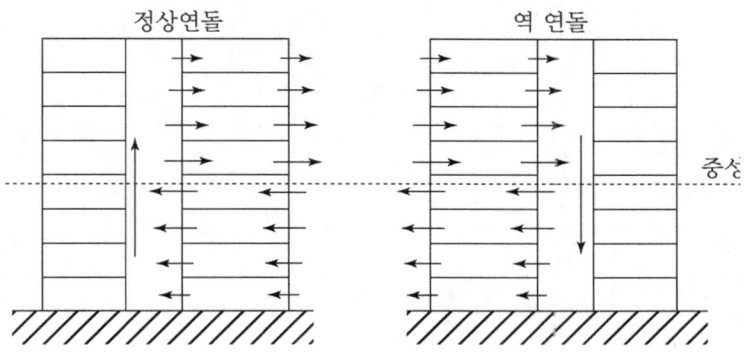

3) 연돌효과에 의한 압력차 ★★★

$$\triangle P = 3{,}460 \left(\frac{1}{T_o} - \frac{1}{T_i} \right) H$$

$\triangle P$: 압력차[Pa], T_o : 실외온도[K], T_i : 실내온도[K]
H : 중성대에서 상단부까지의 높이[m]

6 출입문 개방에 필요한 힘

$$F = F_{dc} + \frac{k_d \cdot \triangle P \cdot A \cdot W}{2(W-d)}[N]$$

F_{dc} : 도어체크 등의 저항력[N]
K_d : 출입문 상수(1.0)
$\triangle P$: 차압(압력차)
A : 출입문의 면적[m^2]
W : 출입문의 폭[m]
d : 출입문 손잡이로부터 문 가장자리까지의 거리[m]

제9장 출제예상문제

01 다음 중 실내에 존재하는 가연물량이 일반적으로 가장 많은 곳은?

① 사무실 ② 창고 ③ 주택 ④ 점포

해설 실내의 가연물량
① 주택, 아파트 : $30 \sim 60 kg/m^2$
② 사무실 : $20 \sim 110 kg/m^2$
③ 점포 : $100 \sim 200 kg/m^2$
④ 창고 : $200 \sim 1000 kg/m^2$

02 다음 중 단위 발열량이 가장 큰 것은?

① 고무 ② 폴리에틸렌 ③ 목재 ④ 염화비닐

해설 단위 발열량 : 폴리에틸렌 〉 고무 〉 목재 〉 염화비닐

03 다음 중 화재하중에 영향을 주는 주된 요인으로 옳은 것은?

① 가연물의 색상   ② 가연물의 온도
③ 가연물의 양   ④ 가연물의 융점

해설 화재하중
① 화재구역 또는 화재실의 단위 면적당 가연물의 양
② 화재하중 $q = \dfrac{Q_t}{4,500A} [kg/m^2]$ (Q_t : 발열량[kcal], A : 실의 바닥면적[m^2])

04 실내공간이 가로 × 세로 × 높이가 8[m] × 5[m] × 3[m]인 건물 실내에 탄소물질 5[kmol]이 적재되어 있을 때, 3[kg/m²]의 fire load를 가진다고 한다면, 이 탄소 물질이 완전 연소하여 발생되는 총 열량[kcal]을 계산하시오.

① 340,000 ② 440,000 ③ 540,000 ④ 640,000

해설 총 열량의 계산
$q = \dfrac{\Sigma Q_t}{4,500A}$ 에서 총열량 $\Sigma Q_t = q \times 4,500 \times A$ 이므로
$\Sigma Q_t = 3[kg/m^2] \times 4500 \times (8 \times 5)[m^2] = 540,000[kcal]$

정답 1. ② 2. ② 3. ③ 4. ③

05 가로 10[m], 세로 10[m], 높이 3[m]의 공간에 발열량이 9,000[kcal/kg]인 가연물 3,000[kg]과 발열량이 4,500[kcal/kg]인 가연물 2,000[kg]이 저장된 실의 화재하중[kg/m²]은?(단, 목재의 단위발열량은 4,500[kcal/kg]이다.)

① 60 ② 80 ③ 100 ④ 120

해설 화재하중

$$q = \frac{\sum Q_t}{4,500 \times A} = \frac{9,000\text{kcal/kg} \times 3,000\text{kg} + 4,500\text{kcal/kg} \times 2,000\text{kg}}{4,500\text{kcal/kg} \times 10\text{m} \times 10\text{m}} = 80[\text{kg/m}^2]$$

06 건축물의 화재하중을 감소시키는 방법으로 알맞은 것은?
① 방화구획의 세분화   ② 내장재의 불연화
③ 건물 높이의 제한   ④ 소화시설의 증대

해설 화재하중을 감소시키려면 내장재를 불연재로 사용하여야 한다.

07 화재가혹도에 대한 다음의 설명 중 옳지 않은 것은?
① 화재가혹도란 화재가 해당 건물과 내부의 수용재산 등을 파괴하거나 손상을 입히는 능력의 정도를 말한다.
② 화재가혹도는 화재강도와 화재하중으로 표현할 수 있다.
③ 화재강도는 화재실에서 형성할 수 있는 최고온도, 화재하중은 그 최고온도의 지속시간을 뜻한다.
④ 화재강도는 주수시간을 결정하고, 화재하중은 주수율을 결정한다.

해설 화재가혹도
① 화재가혹도 = 화재강도 × 화재하중
② 화재강도 : 주수율을 결정, 최고온도
③ 화재하중 : 주수시간을 결정, 최고온도의 지속시간

08 화재가혹도에 대한 설명으로 옳지 않은 것은?
① 화재하중이 작으면 화재가혹도가 작다.
② 화재실내 단위시간당 축적되는 열이 크면 화재가혹도가 크다.
③ 화재규모의 판단척도로서 주수시간을 결정하는 인자이다.
④ 화재발생으로 건물 내 수용재산 및 건물자체 손상 입히는 정도이다.

해설 화재강도 : 최고온도를 뜻하며, 주수율을 결정하는 인자

정답 5. ② 6. ② 7. ④ 8. ③

09 방호대상공간의 바닥면적이 1,000[m²]인 내부공간에 둘레가 5[m]인 가연물을 연소시켜 일정시간 후에 바닥으로부터 2[m] 높이까지 연기층이 하강하였다. 이 때 연기층이 청결층까지 도달하는 데 걸린 시간은 몇 초인가?(단, 방호공간의 천장높이는 4[m]이고, 불의 둘레(화원의 둘레)는 가연물 둘레와 동일하며 Hinkley공식을 사용하고 중력가속도는 9.8 [m/s²], 기타 조건은 무시한다.)

① 132.31초　　　　　　② 264.63초
③ 164.63초　　　　　　④ 364.63초

해설 청결층에 도달하는 시간

$$t = \frac{20A}{P\sqrt{g}}\left(\frac{1}{\sqrt{y}} - \frac{1}{\sqrt{h}}\right) = \frac{20 \times 1{,}000}{5\sqrt{9.8}}\left(\frac{1}{\sqrt{2}} - \frac{1}{\sqrt{4}}\right) = 264.63[s]$$

10 실험용 쥐의 50[%]를 사망시킬 수 있는 물질의 양을 무엇이라고 하는가?

① TLV − TWA　　　　② LD_{50}
③ LC_{50}　　　　　　　④ NOAEL

해설 LD_{50} : 실험용 쥐의 50%를 사망시킬 수 있는 물질의 양

11 농도를 증가시킬 때 인간의 심장에 악영향을 주지 않는 최대의 설계농도를 무엇이라 하는가?

① LOAEL　　　　　　② LD_{50}
③ LC_{50}　　　　　　　④ NOAEL

해설 NOAEL과 LOAEL
① NOAEL : 농도증가 시 인간의 심장에 악영향을 주지 않는 최대농도
② LOAEL : 농도감소 시 인간의 심장에 악영향을 주는 최소농도

12 인간의 심장에 영향을 주지 않는 최대농도의 의미를 가지고 있는 것은?

① NOAEL　　　　　　② LOAEL
③ TLV　　　　　　　　④ LC

해설 NOAEL과 LOAEL
① NOAEL : 농도증가 시 인간의 심장에 악영향을 주지 않는 최대농도
② LOAEL : 농도감소 시 인간의 심장에 악영향을 주는 최소농도

정답 9. ②　10. ②　11. ④　12. ①

13 화재강도(Fire Intensity)와 관계가 없는 것은?

① 가연물의 비표면적
② 발화원의 온도
③ 화재실의 구조
④ 가연물의 발열량

해설
① 화재가혹도 : 화재발생으로 인한 건축물 내 수용재산 및 건축물 자체에 손상을 입히는 정도
② 화재가혹도=화재강도×화재하중
③ 화재강도(Fire Intensity) : 최고온도를 뜻하며, 주수율을 결정하는 인자로 가연물의 비표면적, 화재실의 구조, 가연물의 발열량, 개구부의 위치 및 크기등이 영향을 준다.
④ 화재하중 : 최고온도의 지속시간을 뜻하며, 주수시간을 결정하는 인자

14 굴뚝효과(Stack Effect)에서 나타나는 중성대에 관계되는 설명으로 틀린 것은?

① 건물 내의 기류는 항상 중성대의 하부에서 상부로 이동한다.
② 중성대는 상하의 기압이 일치하는 위치에 있다.
③ 중성대의 위치는 건물 내외부의 온도차에 따라 변할 수 있다.
④ 중성대의 위치는 건물 내의 공조상태에 따라 달라질 수 있다.

해설 중성대 : 중성대의 위치(높이)는 개구부 면적과 실내외의 온도차와 연관이 있으며, 기상조건(바람과 온도)이나 공기조화 등의 공기조절장치의 유무에도 영향을 받는다.

15 실내 상단부와 하단부의 누설면적이 동일하다고 가정하는 경우 중성대에서 상단부까지의 높이가 1.5[m]인 문의 상단부와 하단부의 압력차[Pa]는 얼마인가?(단, 화재실의 온도는 600[℃], 외부온도는 20[℃]이다.)

① 9.77
② 10.77
③ 11.77
④ 13.77

해설 압력차
① 실외온도 $T_o = 273 + 20 = 293K$
② 실내온도 $T_i = 273 + 600 = 873K$
③ 중성대에서 상단부까지의 높이 H = 1.5m
④ 압력차 계산
$$\triangle P = 3460\left(\frac{1}{T_o} - \frac{1}{T_i}\right)H = 3460\left(\frac{1}{293} - \frac{1}{873}\right) \times 1.5 = 11.77$$

정답 13. ② 14. ① 15. ③

16 배출기의 배출용량이 너무 커 연기층에 존재하는 연기와 함께 그 하부에 있는 청결층의 공기까지 빠져나가 연기층의 깊이가 증대되어 연기가 확산되는 현상을 무엇이라 하는가?

① 연기의 단층화 현상　　② 플러그-홀링 현상
③ 연돌효과 현상　　　　 ④ 코안다 현상

해설 플러그-홀링 현상 : 배출되는 연기의 양이 감소, 연기층의 깊이가 증대

17 건축물 내외부의 온도차에 의한 압력의 차이로 기류가 이동하는 현상을 무엇이라 하는가?

① 연돌효과　　② 코안다 효과
③ 펠티에 효과　 ④ 제어백 효과

해설 ① 연돌효과 : 온도차에 의한 압력차이로 기류가 이동하는 현상
② 코안다효과 : 화재시 발생한 열기류가 벽면이나 천장면에 부착하여 흐르려는 현상
③ 제어백효과 : 두 종류의 금속에 온도의 차이를 주면 열기전력이 발생
④ 펠티에효과 : 두 종류의 금속에 전류의 차이를 주면 열의 흡수・발생

18 출입문의 크기(높이 2m, 폭 1m), 부속실 제연으로 제연설비 동작시 차압이 60 Pa이었다면 출입문 개방에 필요한 힘은 몇 [N]인가?
(단, 도어체크 등의 저항력은 45N, 문의 손잡이는 문 가장자리에서 10cm 떨어져 있다. 소수점 이하 절상한다.)

① 100　　② 110N　　③ 112N　　④ 133N

해설 $F = F_{dc} + \dfrac{k_d \cdot \triangle P \cdot A \cdot W}{2(W-d)}$
$= 45 + \dfrac{1 \times 60 \times (2 \times 1) \times 1}{2(1-0.1)} = 111.67 = 112 N$

19 목재 500 kg과 종이 박스 300 kg이 쌓여 있는 컨테이너(폭 : 2.4 m, 길이 : 6 m, 높이 : 2.4 m) 내부의 화재하중(kg/m²)은?(단, 목재의 단위발열량은 18,855 kJ/kg이며, 종이의 단위발열량은 16,760 kJ/kg 이다.)

① 22.18　　② 53.24　　③ 133.10　　④ 223.08

해설 화재하중
$q = \dfrac{\sum Q_t}{4500A} = \dfrac{(500\text{kg} \times 18{,}855\text{kJ/kg} + 300\text{kg} \times 16{,}760\text{kJ/kg}) \times 0.2389\text{kcal/kJ}}{4500 \times 2.4\text{m} \times 6\text{m}}$
$= 53.29 \text{kg/m}^2$

정답 16. ②　17. ①　18. ③　19. ②

20 가로 10m, 세로 5m, 높이 10m인 실내공간에 저장되어 있는 발열량 10,500 kcal/kg인 가연물 1,000kg과 발열량 7,500kcal/kg인 가연물 2,000kg이 완전연소 하였을 때 화재하중(kg/m^2)은 약 얼마인가? (단, 목재의 단위 발열량은 4,500 kcal/kg 임)

① 56.67
② 70.35
③ 113.33
④ 120.56

해설 $q = \dfrac{\sum Q_t}{4,500 A} = \dfrac{10,500\text{kcal/kg} \times 1,000\text{kg} + 7,500\text{kcal/kg} \times 2,000\text{kg}}{4,500 \times 10\text{m} \times 5\text{m}} = 113.33 \text{kg/m}^2$

정답 20. ③

제10장 건축방재 및 피난

1 건축물의 방화계획

1) 공간적 대응(수동적 방화) ★★★

(1) 대항성
건축물의 내화성능, 방화구획 성능, 화재방어 대응성, 방연성능, 배연성능, 초기 소화 대응력

(2) 회피성
난연화, 불연화, 내장재 제한, 방화훈련 등 화재예방 방안

(3) 도피성
피난, 부지 및 도로 등

2) 설비적 대응(능동적 방화)

(1) 대항성
자동소화설비, 제연설비, 자동화재탐지설비, 방화문, 방화셔터 등

(2) 회피성
마감재료에 대한 방염처리 등

(3) 도피성
피난설비, 피난기구 등을 활용한 피난성능의 확보

2 건축물의 방재계획

1) 건축물의 기본 방재계획 ★

(1) 부지선정 및 배치계획
소화활동이나 구조 활동에 대한 충분한 부지내의 통로 및 공간 확보

(2) 평면계획

수평적 화재확대방지를 위한 면적별 방화구획, 조닝(zoning), 안전구획 등

(3) 단면계획 ★★★

건물 내 계단 등 수직통로를 통한 상층부로의 화재확대 방지를 위한 수직방화구획, 피난안전구역

(4) 입면계획 ★★★

건물 외벽을 통한 상층부로의 화재확대 방지를 위한 계획

(5) 재료계획

내장재, 외장재, 내부 마감재 등은 화재예방 및 연소확대 방지를 위하여 불연성능과 내화성능을 확보

2) 창을 통한 상층으로의 연소확대 방지 대책

(1) 스팬드럴(spandrel) 높이의 증대 : 90cm 이상
(2) 캔틸레버(cantilever) 설치 : 50cm 이상 돌출
(3) 망입유리 사용(방화유리 사용)
(4) 수막설비 사용(드렌처설비)
(5) 실내의 가연물량의 감소 또는 창 크기의 최소화

3) 건축물 화재의 예방 및 피해 방지대책

(1) 화재의 예방 : 방화관리체계 구성 및 초기소화 대책 강구
(2) **연소의 확대방지를 위한 방화계획(방화구획)** ★★★
  ① **수평계획** : 방화구획을 통한 화재규모 최소화
  ② **수직구획** : 발코니, 스팬드럴 등을 설치
  ③ **용도구획** : 용도가 다른 각 실마다 구획

4) 제연계획

(1) 자연제연방식

학교 등 개구부가 충분히 확보된 건축물에 적용

(2) 스모크타워(Smoke tower)제연방식 ★★

실내·외의 온도차에 의한 부력을 이용하여 제연하는 것으로 고층빌딩에 적합

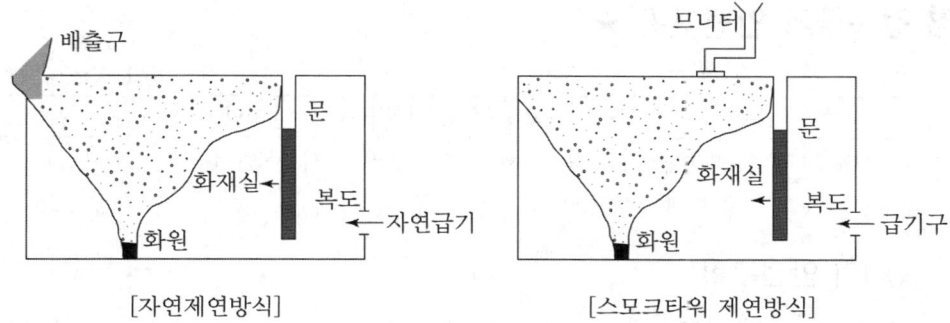

[자연제연방식]   [스모크타워 제연방식]

(3) 기계 제연방식 ★★★

　① **제1종 기계 제연방식 : 배출기와 송풍기** 사용

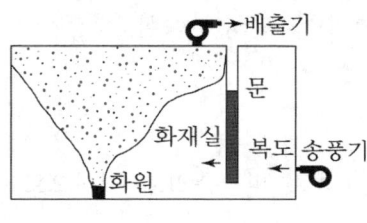

[제1종 기계제연]

　② **제2종 기계 제연방식 : 송풍기**만 사용

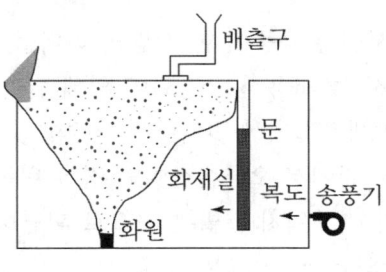

[제2종 기계제연]

　③ **제3종 기계 제연방식 : 배출기**만 사용

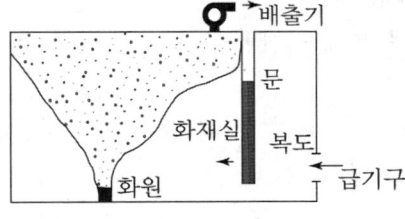

[제3종 기계제연]

3 건축물의 안전구획 ★

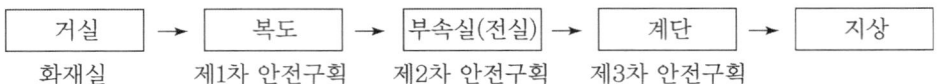

1) 1차 안전구획
거실에서 발화할 경우 거실과 구획된 복도 또는 통로

2) 2차 안전구획
피난계단 또는 특별피난계단의 부속실, 승강기의 승강장

3) 3차 안전구획
당해 층의 최종 피난경로, 피난층 또는 지상으로 통하는 계단실

4 피난계획 시 고려해야 할 인간의 본능 ★★★

1) **추종본능** : 피난 시에는 군중이 한 사람의 리더를 추종하려는 경향
2) **귀소본능** : 피난 시 늘 사용하는 경로에 의해 탈출을 도모
3) **퇴피본능** : 화재발생장소에서 벗어나려는 경향
4) **좌회본능** : 막다른 길에서 오른손잡이인 경우 왼쪽으로 가려는 경향
5) **지광본능** : 주위가 어두워지면 밝은 곳으로 피난하려는 경향
6) 패닉(panic) 집단의 특징
   (1) 암시에 걸리기 쉬운 집단
   (2) 감정적인 분위기의 집단
   (3) 우연적으로 발생
   (4) 각 개인은 임무가 없는 집단

5 피난시설 계획 시 고려해야 할 원칙 ★★

항 목	대 책	예 시
피난경로	간단, 명료	core형태의 피난경로 회피
피난수단	원시적 방법	문자보다는 모양, 색상 활용
피난로	피난 방향 표시	유도등을 이용
피난대책	Fool proof, Fail Safe	유도등의 색, 피난방향으로의 문 열림, 소화설비 및 경보설비의 자동 및 수동 겸용
피난구	잠금장치 해제	화재 시 자동으로 문 열림
피난설비	고정설비	완강기, 피난사다리 등의 고정

6 피난시설계획

1) 페일 세이프(Fail safe) 원칙 및 풀 프루프(Fool proof) 원칙에 따른 피난계획

페일 세이프	풀 프루프
① 양방향 피난, 다중경로 확보 ② 안전구획 설정 ③ 구획관통부의 확실한 방연처리 ④ 용도별, 면적별 방화구획 설정	① 단순, 명쾌한 피난경로 ② 충분한 피난경르의 폭 확보 ③ 유도등 및 유도표지 설치 ④ 문의 열림방향은 피난방향 ⑤ 막다른 복도 끝에 피난계단 설치

2) 피난시간 계산 시 유의사항 ★★★

① 피난 대상자는 피난 직전 **실내에 균등하게 분포**해 있는 것으로 간주한다.
② **피난은 일제히 이루어지며, 피난자는 지정 통로를 거쳐 피난**한다.
③ 다수의 출입구인 경우 가장 가까운 출입구로부터 대피가 이루어지는 것으로 본다.
④ **보행속도는 일정하며, 추월 또는 역행은 없다.**
⑤ 피난 집단은 출입구 등의 폭에 의해 규제된다.

3) 피난방법을 고려한 시설계획 ★★★

① **가장 확실한 피난방향** : X형, Y형
② **패닉 발생우려** : H형, CO형

구분		피난방향의 종류	피난로의 방향
피난 방향 명확	X형	↔↕	가장 확실한 피난보장
	Y형	∨	
	T형	⊥	피난로를 찾기가 쉽다.
	I형	↔	
ZZ형		Z자형	양호하다.
ZZ형		ㅁ자형	
H형		H자형	Panic 현상 발생 우려
CO형		→□←	

7 피난안전성의 평가

1) RSET

(1) 총 피난시간 또는 **피난요구시간**

(2) 화재 시 내부 거주자들이 피난을 완료하는 시간으로서, 피난시뮬레이션을 통해서 예측 가능하다.

2) ASET

(1) 거주가능시간 또는 **허용가능피난시간**

(2) 화재 시 내부 거주자들이 화재로 인하여 위험에 도달하게 되는 시간으로서, 화재시뮬레이션을 통해서 예측 가능하다.

3) 피난 안전성 판정기준 ★

RSET(required safe egress time) < ASET(available safe egress time)

4) 피난허용시간 ★★

(1) 거실 피난허용시간

① 거실 피난 개시에서 거실 피난종료까지 허용되는 시간

② 층고가 6m 미만 : $T = 2\sqrt{A}$ (A : 각 거실의 면적)

③ 층고가 6m 이상 : $T = 3\sqrt{A}$ (A : 각 거실의 면적)

(2) 복도 피난허용시간

① 복도 피난 개시에서 복도 피난종료까지 허용되는 시간

② $T_2 = 4\sqrt{A_{1+2}}$ (A_{1+2} : 층의 거실면적의 합 + 층의 복도면적의 합)

(3) 각 층 피난허용시간

① 거실에서 복도 피난종료까지 허용되는 시간

② $T_2 = 8\sqrt{A_{1+2}}$ (A_{1+2} : 층의 거실면적의 합 + 층의 복도면적의 합)

8 건축물의 구조

1) 건축법상 주요구조부(건축법 제2조) ★

(1) 주요구조부 : **내력벽, 기둥, 바닥, 보, 지붕틀 및 주계단**

(2) 제외되는 것 : 사이 기둥, 최하층바닥, 작은 보, 차양, 옥외 계단, 그 밖에 이와 유사한 것

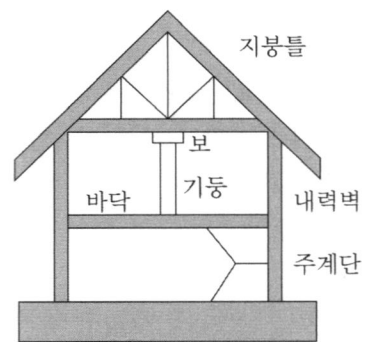

2) 내화구조에 요구되는 기능

① 연소열과 화염의 차단
② 장기적인 설계하중의 유지(Life Cycle 유지)
③ 열에 의한 충격 및 소화수를 방수했을 때 강도 유지
④ 부재 상호 접합부 등의 성능 유지
⑤ 재사용 가능

3) 내화구조와 방화구조의 차이점

(1) 내화구조
① 화재를 한정, 일정시간 동안 건축물의 강도성능을 유지할 수 있도록 한 것
② 재사용 가능

(2) 방화구조
① 일정시간 동안 화재를 한정시키는 기능만을 갖는 구조
② 재사용 불가

4) 지하층의 정의(건축법 제2조) ★

건축물의 바닥이 지표면 아래에 있는 층으로서 바닥에서 지표면까지 평균높이가 해당 층 높이의 2분의 1 이상인 것

9 내화구조 기준(건축물의 피난·방화구조 등의 기준에 관한 규칙)

1) 벽 ★★★

① **철근**콘크리트조 또는 **철골철근**콘크리트조로서 두께가 **10센티미터 이상**인 것
② 골구를 철골조로 하고 그 양면을 두께 **4센티미터 이상**의 철망모르타르(그 바름바탕을 불연재료로 한 것에 한한다) 또는 두께 **5센티미터 이상**의 콘크리트블록·벽돌 또는 석재로 덮은 것
③ 철재로 보강된 콘크리트블록조·벽돌조 또는 석조로서 철재에 덮은 콘크리트블록등의 두께가 5센티미터 이상인 것
④ **벽돌조**로서 두께가 **19센티미터 이상**인 것
⑤ 고온·고압의 증기로 양생된 **경량기포 콘크리트패널** 또는 **경량기포 콘크리트블록조**로서 두께가 **10센티미터 이상**인 것

2) 외벽중 비내력벽

① **철근**콘크리트조 또는 **철골철근**콘크리트조로 두께가 **7cm 이상**인 것.
② 골구를 철골조로 하고 그 양면을 두께 3센티미터 이상의 철망모르타르 또는 두께 4센티미터 이상의 콘크리트블록·벽돌 또는 석재로 덮은 것
③ 철재로 보강된 콘크리트블록조·벽돌조, 또는 석조로서 철재에 덮은 콘크리트블록 등의 두께가 4cm 이상인 것.
④ 무근콘크리트조·콘크리트블록조·벽돌조 또는 석조로서 그 두께가 7센티미터 이상인 것

3) 기둥 ★

작은 지름이 25cm 이상인 것으로 다음 각목의 1에 해당하는 것. 다만, 고강도 콘크리트(설계기준강도가 50MPa 이상인 콘크리트를 말한다. 이하 이 조에서 같다)를 사용하는 경우에는 국토교통부장관이 정하여 고시하는 고강도 콘크리트 내화성능 관리기준에 적합하여야 한다.

① 철근콘크리트조 또는 철골철근콘크리트조
② 철골을 **두께 6센티미터(경량골재를 사용하는 경우에는 5센티미터)이상**의 철망모르타르 또는 두께 7센티미터 이상의 콘크리트블록·벽돌 또는 석재로 덮은 것
③ 철골을 두께 **5센티미터 이상**의 콘크리트로 덮은 것

4) 바닥 ★

① 철근콘크리트조 또는 철골철근콘크리트조로서 두께가 **10센티미터 이상**인 것
② 철재로 보강된 콘크리트블록조·벽돌조 또는 석조로서 철재에 덮은 콘크리트블록 등의 두께가 5센티미터 이상인 것
③ 철재의 양면을 두께 5센티미터 이상의 철망모르타르 또는 콘크리트로 덮은 것

5) 보(지붕틀을 포함한다)

다만, 고강도콘크리트를 사용하는 경우에는 국토교통부장관이 정하여 고시하는 고강도콘크리트내화성능 관리기준에 적합하여야 한다.
① 철근콘크리트조 또는 철골철근콘크리트조
② 철골을 두께 6센티미터(경량골재를 사용하는 경우에는 5센티미터) 이상의 철망모르타르 또는 두께 5센티미터 이상의 콘크리트로 덮은 것
③ 철골조의 지붕틀(바닥으로부터 그 아랫부분까지의 높이가 4미터 이상인 것에 한한다)로서 바로 아래에 반자가 없거나 불연 재료로 된 반자가 있는 것

6) 지붕 ★

① 철근콘크리트조 또는 철골철근콘크리트조
② 철재로 보강된 콘크리트블록조·벽돌조 또는 석조
③ 철재로 보강된 **유리블록 또는 망입유리**로 된 것

7) 계단

① 철근콘크리트조 또는 철골철근콘크리트조
② 무근콘크리트조·콘크리트블록조·벽돌조 또는 석조
③ 철재로 보강된 콘크리트블록조·벽돌조 또는 석조
④ 철골조

10 방화구조

1) 건축법상 방화구조의 정의

방화구조란 화염의 확산을 막을 수 있는 성능을 가진 구조로서 국토교통부령으로

정하는 기준에 적합한 구조를 말한다.

2) 방화구조의 기준(건축물의 피난·방화구조 등의 기준에 관한 규칙 제4조) ★★★
① 철망모르타르로서 그 바름 두께가 **2센티미터 이상**인 것
② **석고판위에 시멘트모르타르 또는 회반죽**을 바른 것으로서 그 두께의 합계가 **2.5센티미터 이상**인 것
③ **시멘트모르타르위에 타일을 붙인 것**으로서 그 두께의 합계가 **2.5센티미터 이상**인 것
④ 심벽에 흙으로 맞벽치기한 것
⑤ 산업표준화법에 따른 한국산업표준이 정하는 바에 따라 시험한 결과 방화 2급 이상에 해당하는 것

3) 방화구조 대상건축물
연면적이 $1,000m^2$ **이상**인 목조의 건축물은 그 외벽 및 처마 밑의 연소할 우려가 있는 부분을 방화구조로 하되, 그 지붕은 불연재료로 하여야 한다.
※ **연소할 우려가 있는 부분** : 인접대지경계선, 도로중심선 또는 동일한 대지 안에 있는 2동 이상의 건축물 상호의 외벽간의 중심선으로부터 **1층에 있어서는 3미터 이내, 2층 이상에 있어서는 5미터 이내**의 거리에 있는 건축물의 각 부분

11 소방관 진입창의 기준(건피방 제18조의2)

1) 설치대상
건축물의 11층 이하의 층에는 소방관이 진입할 수 있는 창을 설치하고, 외부에서 주야간에 식별할 수 있는 표시를 해야 한다. 다만, 다음 각 호의 어느 하나에 해당하는 아파트는 제외한다.
1. 대피공간 등을 설치한 아파트
2. 비상용승강기를 설치한 아파트

2) 기준
1. **2층 이상 11층 이하인 층**(직접 지상으로 통하는 출입구에 있는 층은 제외)에 각각 1개소 이상 설치할 것. 이 경우 소방관이 진입할 수 있는 창의 가운데에서 벽

면 끝까지의 수평거리가 40미터 이상인 경우에는 **40미터 이내**마다 소방관이 진입할 수 있는 창을 추가로 설치해야 한다.
2. 소방차 진입로 또는 소방차 진입이 가능한 공터에 면할 것
3. 창문의 가운데에 **지름 20센티미터 이상**의 역삼각형을 야간에도 알아볼 수 있도록 빛 반사 등으로 붉은색으로 표시할 것
4. 창문의 한쪽 모서리에 타격지점을 **지름 3센티미터 이상**의 원형으로 표시할 것
5. 창문의 크기는 **폭 90센티미터 이상, 높이 1미터 이상**으로 하고, 실내 바닥면으로부터 창의 아랫부분까지의 높이는 80센티미터[난간이 설치된 노대 등에 불가피하게 소방관 진입창을 설치하는 경우에는 120센티미터] 이내로 할 것
6. 다음 각 목의 어느 하나에 해당하는 유리를 사용할 것
   가. 플로트판유리로서 그 두께가 **6밀리미터 이하**인 것
   나. 강화유리 또는 배강도유리로서 그 두께가 5밀리미터 이하인 것
   다. 가목 또는 나목에 해당하는 유리로 구성된 이중 유리
   라. 가목 또는 나목에 해당하는 유리로 구성된 삼중 유리. 이 경우 각각의 유리에 비산방지필름을 부착하는 경우에는 그 필름 두께를 50마이크로 미터 이하로 해야 한다.

12 방화벽의 구조(건축물의 피난·방화구조 등의 기준에 관한 규칙 제21조) ★★

① 내화구조로서 홀로 설 수 있는 구조일 것.
② 방화벽의 양쪽 끝과 윗쪽 끝을 건축물의 외벽면 및 지붕면으로부터 **0.5m 이상** 튀어나오게 할 것.
③ 방화벽에 설치하는 출입문의 너비 및 높이는 각각 **2.5m 이하**로 하고, 해당 출입문에는 **60+방화문 또는 60분방화문**을 설치할 것.

13 방화구획 설치기준(건축물의 피난·방화구조 등의 기준에 관한 규칙 제14조)

1) 방화구획 적합기준 ★★★

(1) 10층 이하의 층
바닥면적 **1천제곱미터(스프링클러** 기타 이와 유사한 자동식 소화설비를 설치한 경우에는 바닥면적 **3천제곱미터)** 이내마다 구획

(2) **매 층마다** 구획할 것. 다만, 지하 1층에서 지상으로 직접 연결하는 경사로 부위

는 제외
(3) **11층 이상의 층**

바닥면적 **200제곱미터**(스프링클러 기타 이와 유사한 자동식 소화설비를 설치한 경우에는 **600제곱미터**) 이내마다 구획할 것. 다만, 벽 및 반자의 실내에 접하는 부분의 마감을 **불연재료**로 한 경우에는 바닥면적 **500제곱미터**(스프링클러 기타 이와 유사한 자동식 소화설비를 설치한 경우에는 **1천500제곱미터**) 이내마다 구획

(4) 필로티나 그 밖에 이와 비슷한 구조(벽면적의 2분의 1 이상이 그 층의 바닥면에서 위층 바닥 아래면까지 공간으로 된 것만 해당한다)의 부분을 주차장으로 사용하는 경우 그 부분은 건축물의 다른 부분과 구획할 것

2) 방화구획 적합 설치기준 ★

(1) 방화구획으로 사용하는 **60+방화문 또는 60분방화문**은 언제나 닫힌 상태를 유지하거나 화재로 인한 **연기** 또는 **불꽃**을 감지하여 자동적으로 닫히는 구조로 할 것. 다만, 연기 또는 불꽃을 감지하여 자동적으로 닫히는 구조로 할 수 없는 경우에는 온도를 감지하여 자동적으로 닫히는 구조로 할 수 있다.

(2) 내화시간(내화채움성능이 인정된 구조로 메워지는 구성 부재에 적용되는 내화시간을 말한다) 이상 견딜 수 있는 내화채움성능이 인정된 구조로 메울 것

① 급수관·배전관 또는 그 밖의 관이나 전선 등이 방화구획을 관통하여 관통부가 생기는 경우

② 방화구획의 벽과 벽, 벽과 바닥, 바닥과 바닥 사이에 접합부가 생기는 경우

③ 방화구획과 외벽 사이에 접합부가 생기는 경우

④ 방화구획에 그 밖의 틈이 생기는 경우

(3) 환기·난방 또는 냉방시설의 풍도가 방화구획을 관통하는 경우에는 그 관통부분 또는 이에 근접한 부분에 다음 각 목의 기준에 적합한 댐퍼를 설치할 것. 다만, 반도체공장건축물로서 방화구획을 관통하는 풍도의 주위에 스프링클러헤드를 설치하는 경우에는 그렇지 않다.

가. 화재로 인한 **연기 또는 불꽃**을 감지하여 자동적으로 닫히는 구조로 할 것. 다만, 주방 등 연기가 항상 발생하는 부분에는 온도를 감지하여 자동적으로 닫히는 구조로 할 수 있다.

나. 국토교통부장관이 정하여 고시하는 비차열(非遮熱) 성능 및 방연성능 등의 기준에 적합할 것

3) 하향식 피난구(덮개, 사다리, 경보시스템을 포함한다)의 구조 ★★

1. 피난구의 덮개는 **비차열 1시간 이상**의 내화성능을 가져야 하며, 피난구의 유효 개구부 규격은 직경 **60센티미터 이상**일 것
2. 상층·하층간 피난구의 설치위치는 수직방향 간격을 **15센티미터 이상** 띄어서 설치할 것
3. 아래층에서는 바로 위층의 피난구를 열 수 없는 구조일 것
4. 사다리는 바로 아래층의 바닥면으로부터 **50센터미터 이하**까지 내려오는 길이로 할 것
5. 덮개가 개방될 경우에는 건축물관리시스템 등을 통하여 경보음이 울리는 구조일 것
6. 피난구가 있는 곳에는 예비전원에 의한 조명설비를 설치할 것

14 아파트의 대피공간(건축법 시행령 제46조)

1) 대피공간 설치대상 및 대피공간의 구조 ★★★

공동주택 중 아파트로서 **4층 이상인 층의 각 세대가 2개 이상의 직통계단**을 사용할 수 없는 경우에는 발코니에 인접 세대와 공동으로 또는 각 세대별로 다음 각 호의 요건을 모두 갖춘 대피공간을 하나 이상 설치해야 한다. 이 경우 인접 세대와 공동으로 설치하는 대피공간은 인접 세대를 통하여 2개 이상의 직통계단을 쓸 수 있는 위치에 우선 설치되어야 한다.
1. 대피공간은 바깥의 공기와 접할 것
2. 대피공간은 실내의 다른 부분과 **방화구획**으로 구획될 것
3. 대피공간의 바닥면적은 인접 세대와 **공동으로 설치하는 경우에는 3제곱미터 이상, 각 세대별로 설치하는 경우에는 2제곱미터 이상**일 것
4. 대피공간으로 통하는 출입문에는 **60분+방화문**을 설치할 것

2) 대피공간의 면제 조건 ★

(1) 인접 세대와의 경계벽이 파괴하기 쉬운 **경량구조** 등인 경우
(2) **경계벽에 피난구**를 설치한 경우
(3) 발코니의 바닥에 **하향식 피난구**를 설치한 경우
(4) 국토교통부장관이 제4항에 따른 대피공간과 동일하거나 그 이상의 성능이 있다

고 인정하여 고시하는 구조 또는 시설(이하 이 호에서 "대체시설"이라 한다)을 갖춘 경우

15 경계벽의 구조(건축물의 피난·방화구조 등의 기준에 관한 규칙 제19조)

(1) **건축물에 설치하는 경계벽은 내화구조**로 하고, 지붕밑 또는 바로 위층의 바닥판까지 닿게 하여야 한다.
(2) 경계벽의 구조
① **철근콘크리트조·철골철근콘크리트조로서 두께가 10센티미터 이상**인 것
② 무근콘크리트조 또는 석조로서 **두께가 10센티미터**(시멘트모르타르·회반죽 또는 석고플라스터의 바름두께를 포함한다)이상인 것
③ 콘크리트블록조 또는 벽돌조로서 두께가 19센티미터 이상인 것
④ 국토교통부장관이 정하여 고시하는 기준에 따라 국토교통부장관이 지정하는 자 또는 한국건설기술연구원장이 실시하는 품질시험에서 그 성능이 확인된 것
⑤ 한국건설기술연구원장이 정한 인정기준에 따라 인정하는 것
(3) 가구·세대 등 간 소음방지를 위한 바닥은 경량충격음과 중량충격음을 차단할 수 있는 구조로 하여야 한다.
(4) 가구·세대 등 간 소음방지를 위한 바닥의 세부 기준은 국토교통부장관이 정하여 고시한다.

16 방화문 및 자동방화셔터의 인정 및 관리기준

1) 제4조(성능기준 및 구성) ★★

① 방화문은 항상 닫혀있는 구조 또는 화재발생시 **불꽃, 연기 및 열**에 의하여 자동으로 닫힐 수 있는 구조여야 한다.
② 셔터는 **전동 및 수동**에 의해서 개폐할 수 있는 장치와 호재발생시 **불꽃, 연기 및 열**에 의하여 자동 폐쇄되는 장치 일체로서 화재발생시 **불꽃 또는 연기감지기에 의한 일부폐쇄**와 **열감지기에 의한 완전폐쇄**가 이루어 질 수 있는 구조를 가진 것이어야 한다. 다만, 수직방향으로 폐쇄되는 구조가 아닌 경우는 불꽃, 연기 및 열감지에 의해 완전폐쇄가 될 수 있는 구조여야 한다.
③ 셔터의 상부는 상층 바닥에 직접 닿도록 하여야 하며, 그렇지 않은 경우 방화구획 처리를 하여 연기와 화염의 이동통로가 되지 않도록 하여야 한다.

※ 자동방화셔터는 피난이 가능한 60+방화문 또는 60분방화문으로부터 3미터 이내에 별도로 설치할 것(건축물방화구조규칙)

17 방화문의 구분(건축법 시행령 제64조)

1. **60분+방화문** : 연기 및 불꽃을 차단할 수 있는 시간이 60분 이상이고, 열을 차단할 수 있는 시간이 30분 이상인 방화문
2. **60분 방화문** : 연기 및 불꽃을 차단할 수 있는 시간이 60분 이상인 방화문
3. **30분 방화문** : 연기 및 불꽃을 차단할 수 있는 시간이 30분 이상 60분 미만인 방화문

18 직통계단(건축법 시행령 제34조)

1) 직통계단의 설치 ★

건축물의 **피난층**(직접 지상으로 통하는 출입구가 있는 층 및 피난안전구역을 말한다) 외의 층에서는 피난층 또는 지상으로 통하는 직통계단(경사로를 포함)을 거실의 각 부분으로부터 계단(거실로부터 가장 가까운 거리에 있는 계단을 말한다)에 이르는 **보행거리가 30미터 이하**. 다만, 건축물(지하층에 설치하는 것으로서 바닥면적의 합계가 300제곱미터 이상인 공연장·집회장·관람장 및 전시장은 제외한다)의 주요구조부가 **내화구조 또는 불연재료로 된 건축물**은 그 **보행거리가 50미터(층수가 16층 이상인 공동주택은 40미터) 이하**가 되도록 설치할 수 있으며, 자동화 생산시설에 **스프링클러** 등 자동식 소화설비를 설치한 공장인 경우에는 그 **보행거리가 75미터(무인화 공장인 경우에는 100미터) 이하**

2) 초고층 건축물 ★

피난층 또는 지상으로 통하는 직통계단과 직접 연결되는 **피난안전구역**(건축물의 피난·안전을 위하여 건축물 중간층에 설치하는 대피공간을 말한다. 이하 같다)을 지상층으로부터 **최대 30개 층마다 1개소 이상** 설치하여야 한다.

3) 준초고층 건축물 ★

피난층 또는 지상으로 통하는 직통계단과 직접 연결되는 피난안전구역을 해당 건축물 전체 층수의 2분의 1에 해당하는 층으로부터 상하 **5개층 이내**에 1개소 이상 설치하여야 한다.

19 피난계단의 설치(건축법 시행령 제35조)

1) 피난계단의 설치 대상 ★★★

층	계단구조	설치제외
5층 이상의 층, 지하2층 이하	피난계단 또는 특별피난계단	다만, 건축물의 주요구조부가 내화구조 또는 불연재료로 되어 있는 경우로서 다음 각 호의 어느 하나에 해당하는 경우에는 그러하지 아니하다. 1. 5층 이상인 층의 바닥면적의 합계가 200제곱미터 이하인 경우 2. 5층 이상인 층의 바닥면적 200제곱미터 이내마다 방화구획이 되어있는 경우
	판매시설 용도로 사용하는 층으로부터의 직통계단은 1개소 이상을 특별피난계단으로 설치	
건축물(갓복도식 공동주택은 제외한다)의 **11층 (공동주택의 경우에는 16층) 이상인 층**(바닥면적이 400제곱미터 미만인 층은 제외한다) 또는 지하 3층 이하인 층(바닥면적이 400제곱미터미만인 층은 제외한다)	특별피난계단	1. 갓복도식 공동주택은 제외한다. 2. 바닥면적이 **400제곱미터 미만인 층**은 제외한다.

2) 피난계단의 구조 ★★

(1) 건축물의 내부에 설치하는 피난계단의 구조

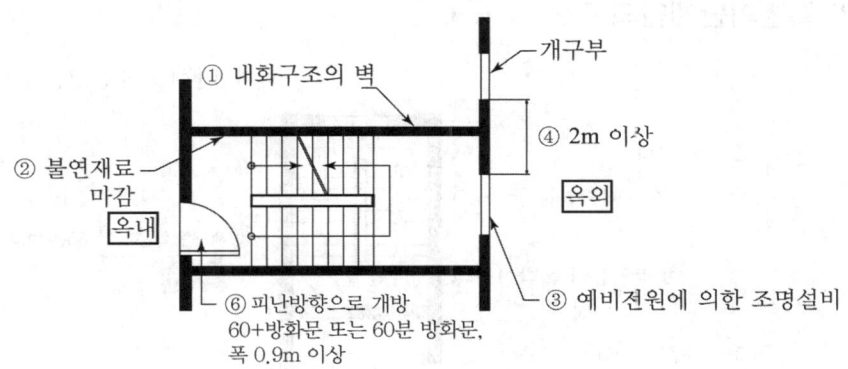

① 계단실은 창문·출입구 기타 개구부를 제외한 당해 건축물의 다른 부분과 내화구조의 벽으로 구획할 것
② 계단실의 실내에 접하는 부분의 마감은 **불연재료**로 할 것

③ 계단실에는 예비전원에 의한 **조명설비**를 할 것
④ 계단실의 바깥쪽과 접하는 창문 등(망이 들어 있는 유리의 붙박이창으로서 그 면적이 각각 1제곱미터 이하인 것을 제외한다)은 당해 건축물의 다른 부분에 설치하는 창문 등으로부터 **2미터 이상**의 거리를 두고 설치할 것
⑤ 건축물의 내부와 접하는 계단실의 창문 등(출입구를 제외한다)은 망이 들어 있는 유리의 붙박이창으로서 그 면적을 각각 **1제곱미터 이하**로 할 것
⑥ 건축물의 내부에서 계단실로 통하는 **출입구의 유효너비는 0.9미터 이상**으로 하고, 그 출입구에는 피난의 방향으로 열 수 있는 것으로서 언제나 닫힌 상태를 유지하거나 화재로 인한 **연기, 불꽃**을 감지하여 자동적으로 닫히는 구조로 된 60+방화문 또는 60분방화문을 설치할 것. 다만, 연기 또는 불꽃을 감지하여 자동적으로 닫히는 구조로 할 수 없는 경우에는 온도를 감지하여 자동적으로 닫히는 구조로 할 수 있다.
⑦ 계단은 내화구조로 하고 피난층 또는 지상까지 직접 연결되도록 할 것

(2) 건축물의 바깥쪽에 설치하는 피난계단의 구조
① 계단은 그 계단으로 통하는 출입구외의 창문 등(망이 들어 있는 유리의 붙박이창으로서 그 면적이 각각 1제곱미터 이하인 것을 제외한다)으로부터 **2미터 이상**의 거리를 두고 설치할 것
② 건축물의 내부에서 계단으로 통하는 출입구에는 **60+방화문 또는 60분방화문**을 설치할 것
③ 계단의 유효너비는 **0.9미터 이상**으로 할 것
④ 계단은 내화구조로 하고 **지상까지 직접 연결**되도록 할 것

3) 특별피난계단의 구조 ★★★

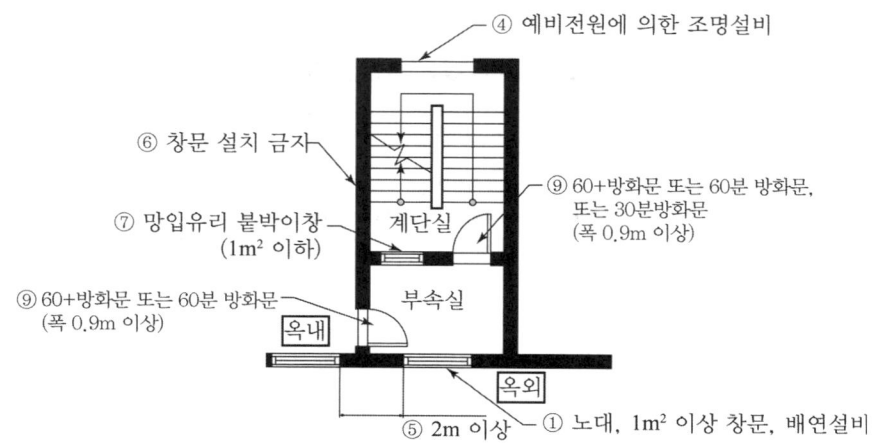

① 건축물의 내부와 계단실은 **노대**를 통하여 연결하거나 외부를 향하여 열 수 있는 **면적 1제곱미터 이상**인 **창문**(바닥으로부터 1미터 이상의 높이에 설치한 것에 한한다) 또는 **배연설비**가 있는 **면적 3제곱미터 이상**인 부속실을 통하여 연결할 것
② 계단실·노대 및 부속실(비상용승강기의 승강장을 겸용하는 부속실을 포함)은 창문 등을 제외하고는 내화구조의 벽으로 각각 구획할 것
③ 계단실 및 부속실의 실내에 접하는 부분의 마감은 **불연재료**로 할 것
④ 계단실에는 **예비전원에 의한 조명설비**를 할 것
⑤ 계단실·노대 또는 부속실에 설치하는 건축물의 바깥쪽에 접하는 창문 등(망이 들어 있는 유리의 붙박이창으로서 그 면적이 각각 1제곱미터 이하인 것을 제외한다)은 계단실·노대 또는 부속실외의 당해 건축물의 다른 부분에 설치하는 창문 등으로부터 **2미터 이상**의 거리를 두고 설치할 것
⑥ 계단실에는 노대 또는 부속실에 접하는 부분 외에는 건축물의 내부와 접하는 창문 등을 설치하지 아니할 것
⑦ 계단실의 노대 또는 부속실에 접하는 창문 등(출입구를 제외한다)은 망이 들어 있는 유리의 붙박이창으로서 그 **면적을 각각 1제곱미터 이하**로 할 것
⑧ 노대 및 부속실에는 계단실외의 건축물의 내부와 접하는 창문 등(출입구를 제외한다)을 설치하지 아니할 것
⑨ 건축물의 내부에서 노대 또는 부속실로 통하는 출입구에는 **60+방화문 또는 60분 방화문**을 설치하고, 노대 또는 부속실로부터 계단실로 통하는 출입구에는 **60+방화문, 60분 방화문 또는 30분 방화문**을 설치할 것. 이 경우 방화문은 언제나 닫힌 상태를 유지하거나 화재로 인한 연기 또는 불꽃을 감지하여 자동적으로 닫히는 구조로 해야 하고, 연기 또는 불꽃으로 감지하여 자동적으로 닫히는 구조로 할 수 없는 경우에는 **온도**를 감지하여 자동적으로 닫히는 구조로 할 수 있다.
⑩ 계단은 **내화구조로 하되, 피난층 또는 지상까지 직접 연결**되도록 할 것
⑪ 출입구의 **유효너비는 0.9미터 이상**으로 하고 피난의 방향으로 열 수 있을 것

4) 피난계단 또는 특별피난계단

돌음 계단으로 해서는 안 되며, 옥상광장을 설치해야 하는 건축물의 피난계단 또는 특별피난계단은 해당 건축물의 옥상으로 통하도록 설치해야 한다. 이 경우 옥상으로 통하는 출입문은 피난방향으로 열리는 구조로서 피난 시 이용에 장애가 없어야 한다.

20 초고층 건축물의 피난안전구역(건축물의 피난·방화구조 등의 기준에 관한 규칙 제8조의2)

1) 초고층 건축물의 정의 ★★★

층수가 **50층 이상**이거나 높이가 **200미터 이상**인 건축물

2) 피난안전구역 ★★★

해당 건축물의 **1개 층을 대피공간**으로 하며, 대피에 장애가 되지 아니하는 범위에서 기계실, 보일러실, 전기실 등 건축설비를 설치하기 위한 공간과 같은 층에 설치할 수 있다. 이 경우 피난안전구역은 건축설비가 설치되는 공간과 내화구조로 구획하여야 한다.

> **피난안전구역의 수량**
> 초고층 건축물에는 피난층 또는 지상으로 통하는 직통계단과 직접 연결되는 피난안전구역(건축물의 피난·안전을 위하여 건축물 중간층에 설치하는 대피공간을 말한다.)을 지상층으로부터 **최대 30개 층마다 1개소 이상** 설치하여야 한다.

3) 피난안전구역 특별피난계단의 구조

피난안전구역에 연결되는 **특별피난계단은 피난안전구역을 거쳐서 상·하층으로 갈 수 있는 구조**로 설치하여야 한다.

4) 피난안전구역의 구조 및 설비 ★★★

① 피난안전구역의 바로 아래층 및 위층은 건축물의 설비기준 등에 관한 규칙에 적합한 **단열재**를 설치할 것. 이 경우 아래층은 최상층에 있는 거실의 반자 또는 지붕 기준을 준용하고, 위층은 최하층에 있는 거실의 바닥 기준을 준용할 것
② 피난안전구역의 내부마감재료는 **불연재료**로 설치할 것
③ 건축물의 내부에서 피난안전구역으로 통하는 계단은 **특별피난계단**의 구조로 설치할 것
④ 비상용 승강기는 피난안전구역에서 승하차 할 수 있는 구조로 설치할 것
⑤ 피난안전구역에는 식수공급을 위한 **급수전을 1개소 이상** 설치하고 **예비전원에 의한 조명설비**를 설치할 것

⑥ 관리사무소 또는 방재센터 등과 긴급연락이 가능한 경보 및 통신시설을 설치할 것
⑦ 별표 1의2에서 정하는 기준에 따라 산정한 면적 이상일 것
　　(피난안전구역 위층의 재실자 수 × 0.5) × 0.28 m²
⑧ 피난안전구역의 높이는 **2.1미터 이상**일 것
⑨ 배연설비를 설치할 것
⑩ 그 밖에 소방청장이 정하는 소방 등 재난관리를 위한 설비를 갖출 것

21 초고층 및 지하연계 복합건축물

1) 종합방재실 ★★★

① 종합방재실의 개수 : **1개**
② 종합방재실의 위치 : **1층 또는 피난층**(단, 특별피난계단이 설치되어 있고, 특별피난계단 출입구로부터 **5미터 이내**에 종합방재실을 설치하려는 경우에는 2층 또는 지하 1층에 설치할 수 있으며, 공동주택의 경우에는 관리사무소 내에 설치할 수 있다.)
③ 종합방재실의 면적 : **20m²**
④ 종합방재실 : **3명 이상** 인력을 상주시켜야 한다.
⑤ 다른 부분과 방화구획으로 설치할 것. 다만, 다른 제어실 등의 감시를 위하여 두께 **7mm 이상**의 망입유리로 된 **4m² 미만**의 붙박이창을 설치

22 비상용승강기

1) 설치대상 ★

건축물의 높이가 **31m를 초과**하는 건축물

2) 비상용승강기를 설치하지 아니할 수 있는 건축물(건축물의 설비 기준 등에 관한 규칙 제9조) ★★★

① 높이 **31미터**를 넘는 각층을 거실 외의 용도로 쓰는 건축물
② 높이 **31미터**를 넘는 각층의 바닥면적의 합계가 **500제곱미터** 이하인 건축물

③ 높이 **31미터**를 넘는 충수가 **4개층 이하**로서 당해 각층의 바닥면적의 합계 **200제곱미터**(벽 및 반자가 실내에 접하는 부분의 마감을 **불연재료**로 한 경우에는 **500제곱미터**) 이내마다 **방화구획**으로 구획한 건축물

3) 비상용승강기의 승강장 및 승강로의 구조(건축물의 설비 기준 등에 관한 규칙 제10조) ★

(1) 비상용승강기 승강장의 구조
① 승강장의 창문·출입구 기타 개구부를 제외한 부분은 당해 건축물의 다른 부분과 **내화구조의 바닥 및 벽으로 구획**할 것. 다만, 공동주택의 경우에는 승강장과 특별피난계단(「건축물의 피난·방화구조 등의 기준에 관한 규칙」제9조의 규정에 의한 특별피난계단을 말한다. 이하 같다)의 부속실과의 겸용부분을 특별피난계단의 계단실과 별도로 구획하는 때에는 승강장을 특별피난계단의 부속실과 겸용할 수 있다.
② 승강장은 각층의 내부와 연결될 수 있도록 하되, 그 출입구(승강로의 출입구를 제외한다)에는 **갑종방화문**을 설치할 것. 다만, 피난층에는 갑종방화문을 설치하지 아니할 수 있다.
③ 노대 또는 외부를 향하여 열 수 있는 **창문**이나 제14조제2항의 규정에 의한 **배연설비**를 설치할 것
④ 벽 및 반자가 실내에 접하는 부분의 **마감재료**(마감을 위한 바탕을 포함한다)는 **불연재료**로 할 것
⑤ 채광이 되는 창문이 있거나 **예비전원에 의한 조명설비**를 할 것
⑥ 승강장의 바닥면적은 **비상용승강기 1대에 대하여 6제곱미터 이상**으로 할 것. 다만, 옥외에 승강장을 설치하는 경우에는 그러하지 아니하다.
⑦ 피난층이 있는 승강장의 출입구(승강장이 없는 경우에는 승강로의 출입구)로부터 도로 또는 공지(공원·광장 기타 이와 유사한 것으로서 피난 및 소화를 위한 당해 대지에의 출입에 지장이 없는 것을 말한다)에 이르는 거리가 **30미터 이하**일 것
⑧ 승강장 출입구 부근의 잘 보이는 곳에 당해 승강기가 비상용승강기임을 알 수 있는 표지를 할 것

(2) 비상용승강기의 승강로의 구조
① 승강로는 당해 건축물의 다른 부분과 내화구조로 구획할 것
② 각층으로부터 피난층까지 이르는 승강로를 단일구조로 연결하여 설치할 것

4) 비상용승강기 설치(건축법시행령 제90조)

① 높이 31 m를 넘는 각 층의 바닥면적 중 최대 바닥면적이 1천500제곱미터 이하인 건축물 : 1대 이상
② 높이 31 m를 넘는 각 층의 바닥면적 중 최대 바닥면적이 1천500제곱미터 초과인 건축물 : 1대에 1천500제곱미터를 넘는 3천 제곱미터 이내마다 1대씩 더한 대수 이상

23 피난용승강기의 설치기준
(건축물의 피난·방화구조 등의 기준에 관한 규칙 제30조) ★★★

피난용승강기의 구조와 설비는 다음 각 호의 기준에 적합하여야 한다.

(1) 피난용승강기 승강장의 구조
　① 승강장의 출입구를 제외한 부분은 해당 건축물의 다른 부분과 **내화구조의 바닥 및 벽**으로 구획할 것
　② 승강장은 각 층의 내부와 연결될 수 있도록 하되, 그 출입구에는 **60+방화문 또는 60분방화문**을 설치할 것. 이 경우 방화문은 언제나 닫힌 상태를 유지할 수 있는 구조이어야 한다.
　③ 실내에 접하는 부분(바닥 및 반자 등 실내에 면한 모든 부분을 말한다)의 마감(마감을 위한 바탕을 포함한다)은 **불연재료**로 할 것
　④ **배연설비**를 설치할 것. 다만, 제연설비를 설치한 경우에는 배연설비를 설치하지 아니할 수 있다.

(2) 피난용승강기 승강로의 구조
　① 승강로는 해당 건축물의 다른 부분과 **내화구조**로 구획할 것
　② 승강로 상부에 **배연설비**를 설치할 것

(3) 피난용승강기 기계실의 구조
　① 출입구를 제외한 부분은 해당 건축물의 다른 부분과 내화구조의 바닥 및 벽으로 구획할 것
　② 출입구에는 **60+방화문 또는 60분방화문**을 설치할 것

(4) 피난용승강기 전용 예비전원
　① 정전 시 피난용승강기, 기계실, 승강장 및 폐쇄회로 텔레비전 등의 설비를 작동할 수 있는 별도의 예비전원 설비를 설치할 것
　② ①목에 따른 예비전원은 **초고층** 건축물의 경우에는 **2시간** 이상, **준초고층** 건축물의 경우에는 **1시간** 이상 작동이 가능한 용량일 것

③ 상용전원과 예비전원의 공급을 자동 또는 수동으로 전환이 가능한 설비를 갖출 것
④ 전선관 및 배선은 고온에 견딜 수 있는 내열성 자재를 사용하고, 방수조치를 할 것

24 지하층의 구조(건축물의 피난·방화구조 등의 기준에 관한 규칙 제25조)

1) 지하층의 구조 및 설비 적합 기준 ★

거실의 바닥면적이 **50제곱미터 이상**인 층에는 직통계단외에 피난층 또는 지상으로 통하는 **비상탈출구 및 환기통**을 설치할 것. 다만, 직통계단이 2개소 이상 설치되어 있는 경우에는 그러하지 아니하다.

2) 지하층의 비상탈출구 적합기준 ★★

① 비상탈출구의 **유효너비는 0.75미터 이상**으로 하고, **유효높이는 1.5미터 이상**으로 할 것
② 비상탈출구의 문은 **피난방향으로 열리도록** 하고, 실내에서 항상 열 수 있는 구조로 하여야 하며, **내부 및 외부에는 비상탈출구의 표시**를 할 것
③ 비상탈출구는 출입구로부터 **3미터 이상** 떨어진 곳에 설치할 것
④ 지하층의 바닥으로부터 비상탈출구의 아랫부분까지의 높이가 **1.2미터 이상**이 되는 경우에는 벽체에 발판의 **너비가 20센티미터 이상**인 사다리를 설치할 것
⑤ 비상탈출구는 피난층 또는 지상으로 통하는 복도나 직통계단에 직접 접하거나 통로 등으로 연결될 수 있도록 설치하여야 하며, 피난층 또는 지상으로 통하는 복도나 직통계단까지 이르는 피난통로의 유효너비는 **0.75미터 이상**으로 하고, 피난통로의 실내에 접하는 부분의 마감과 그 바탕은 **불연재료**로 할 것
⑥ 비상탈출구의 진입부분 및 피난통로에는 통행에 지장이 있는 물건을 방치하거나 시설물을 설치하지 아니할 것

25 피난용승강기의 설치(건축법 시행령 제91조)

1. 승강장의 바닥면적 : 1대당 **6제곱미터** 이상
2. 각 층으로부터 피난층까지 이르는 승강로를 단일구조로 연결
3. **예비전원**으로 작동하는 조명설비 설치
4. 승강장의 출입구 부근의 잘 보이는 곳에 해당 승강기가 피난용승강기임을 알리는 표지 설치

제10장 출제예상문제

01 건축물의 내화 성상에서 건축물의 화재발생시 설계하여야할 기본적인 사항이 아닌 것은?
① 도피성　　　　　　　　　② 회피성
③ 대항성　　　　　　　　　④ 유도성

해설 건축물의 방화계획 : 대항성, 회피성, 도피성

02 건축물의 방화계획 중 공간적 대응에는 대항성, 회피성, 도피성이 있다. 이 중 대항성에 해당하는 것을 옳게 나열한 것은?

[보기]
㉠ 내화성능　　　　　　　㉡ 불연화 및 내장재의 제한
㉢ 용도별 구획　　　　　　㉣ 방배연 성능

① ㉠㉡　　② ㉠㉢　　③ ㉠㉣　　④ ㉠㉢㉣

해설 대항성 : 내화성능, 방화구획 성능, 방배연 성능, 화재방어 대응성

03 화염이 다른 층으로 확대되지 못하도록 구획하는 건축물의 방저계획으로 옳은 것은?
① 단면계획　　　　　　　　② 재료계획
③ 평면계획　　　　　　　　④ 입면계획

해설 단면계획 : 건물 내 계단 등 수직통로를 통한 상층부로의 화재확대 방지를 위한 수직방화구획, 피난 안전구역이 대표적이다.

04 건물 외벽의 마감재에 따라 상층부로 연소확대가 급격히 전개될 수 있다. 이러한 건물 외벽을 통한 상층부로의 화재확대 방지를 위한 계획인 것은?
① 평면계획　　　　　　　　② 입면계획
③ 재료계획　　　　　　　　④ 단면계획

해설 입면계획 : 건물 외벽을 통한 상층부로의 화재확대 방지를 위한 계획

정답 1. ④　2. ③　3. ①　4. ②

05 건축물의 연소 확대 방지를 위하여 하는 구획의 종류가 아닌 것은?

① 수평구획　　② 수직구획　　③ 용도구획　　④ 방호구획

해설 연소 확대 방지 : 수평구획, 수직구획, 용도구획

06 제연방식 중 화재 시 피난로가 되는 계단, 부속실 등에 외부공기를 급기하여 가압하는 방식은?

① smoke tower 제연방식　　② 제1종 기계제연방식
③ 제2종 기계제연방식　　　　④ 제3종 기계제연방식

해설 기계제연방식
① 제1종 기계제연방식 : 배출기와 송풍기 사용
② 제2종 기계제연방식 : 송풍기만 사용(급기가압방식)
③ 제3종 기계제연방식 : 배출기만 사용

07 피난시설의 안전구획에 해당되지 않는 것은?

① 복도　　② 거실　　③ 계단　　④ 계단전실

해설 안전구획

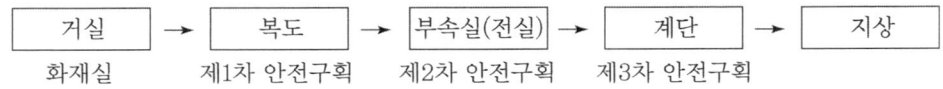

거실(화재실) → 복도(제1차 안전구획) → 부속실(전실)(제2차 안전구획) → 계단(제3차 안전구획) → 지상

08 화재의 현장에 있는 불특정 다수인으로 이루어진 집단은 패닉(panic)상태가 되기 쉬운데, 이 집단의 일반적 특징으로 옳지 않은 것은?

① 우연적으로 발생하는 집단이다.　　② 각 개인에게 임무가 부여되는 집단이다.
③ 감정적인 분위기의 집단이다.　　　④ 암시에 걸리기 쉬운 집단이다.

해설 피난계획 시 고려해야 할 인간의 본능
① 추종본능 : 피난 시에는 군중이 한 사람의 리더를 추종하려는 경향
② 귀소본능 : 피난 시 늘 사용하는 경로에 의해 탈출을 도모
③ 퇴피본능 : 화재발생장소에서 벗어나려는 경향
④ 좌회본능 : 막다른 길에서 오른손잡이인 경우 왼쪽으로 가려는 경향
⑤ 지광본능 : 주위가 어두워지면 밝은 곳으로 피난하려는 경향
⑥ 패닉(panic) 집단의 특징
　(1) 암시에 걸리기 쉬운 집단　　(2) 감정적인 분위기의 집단
　(3) 우연적으로 발생　　　　　　(4) 각 개인은 임무가 없는 집단

정답 5. ④　6. ③　7. ②　8. ②

09 건축물 화재 시 패닉의 발생원인과 직접적인 관계가 없는 것은?
① 연기에 의한 시계 제한
② 유독가스에 의한 호흡장애
③ 외부와 단절되어 고립
④ 건축물의 가연 내장재

해설 건축물의 가연 내장재는 패닉현상과 직접적인 관련이 없다.

10 피난대책의 일반적인 원칙으로 옳지 않은 것은?
① 피난경로는 간단명료하게 한다.
② 피난설비는 고정식 설비보다 이동식 설비를 위주로 설치한다.
③ 피난수단은 원시적 방법에 의한 것을 원칙으로 한다.
④ 2방향 이상의 피난통로를 확보한다.

해설 피난설비는 이동식 설비보다 고정식 설비를 설치하여야 한다.

11 피난계획의 일반원칙 중 Fool proof 원칙에 해당하는 것은?
① 저지능인 상태에서도 쉽게 식별이 가능하도록 그림이나 색채를 이용하는 원칙
② 피난설비를 반드시 이동식으로 하는 원칙
③ 한 가지 피난기구가 고장이 나도 다른 수단을 이용할 수 있도록 고려하는 원칙
④ 피난설비를 첨단화된 전자식으로 하는 원칙

해설 저지능인 상태에서도 쉽게 식별이 가능하도록 그림이나 색채를 이용하는 것을 말한다.

12 피난시간계산에 대한 설명 중 틀린 것은?
① 화재 시 출화실이나 비출화실에서 계단실까지 전원이 피난을 완료하는 데 걸리는 시간을 예측하기 위해 행한다.
② 거실 피난, 복도 피난, 층 피난으로 나누어 실시한다.
③ 실내 인원의 이동시 추월의 경우를 고려한다.
④ 피난은 전원이 일제히 행하는 것으로 본다.

해설 보행속도는 전원이 동일하다고 간주하며 추월 또는 역행은 없는 것으로 하여 피난계산을 실시한다.

정답 9. ④ 10. ② 11. ① 12. ③

13 건축물의 화재 시 피난에 대한 설명으로 옳지 않은 것은?
① 정전시에도 피난 방향을 알 수 있는 표시를 한다.
② 피난동선이라 함은 엘리베이터로 피난을 하기 위한 경로를 말한다.
③ 피난동선은 가급적 단순한 형태가 좋다.
④ 2방향의 피난통로를 확보한다.

해설 피난동선은 실내에서 지상으로 가기 위한 것으로 어느 곳에서도 2개 이상의 방향으로 피난할 수 있도록 경로를 설정하여야 한다.

14 다음 중 확실한 피난로가 보장되는 피난형태는 어느 것인가?
① Z형 ② X형 ③ H형 ④ T형

해설 X, Y형의 피난형태가 가장 확실하게 보장된다.

15 다음 중 층 피난허용시간의 산출식으로 옳은 것은?
(단, A_{1+2}는 층의 거실면적의 합과 층의 복도면적의 합을 더한 값이다.)
① $T = 2\sqrt{A_{1+2}}$
② $T = 4\sqrt{A_{1+2}}$
③ $T = 6\sqrt{A_{1+2}}$
④ $T = 8\sqrt{A_{1+2}}$

해설 층 피난허용시간
① 출화에서 복도 피난종료까지 허용되는 시간
② $T_2 = 8\sqrt{A_{1+2}}$ (A_{1+2} : 층의 거실면적의 합 + 층의 복도면적의 합)

16 다음 중 건물의 방화상 주요구조부가 아닌 것은?
① 최하층 바닥 ② 지붕 ③ 주계단 ④ 보

해설 주요 구조부 : 벽, 기둥, 바닥, 보, 지붕, 주계단

17 지하층이라 함은 건축물의 바닥이 지표면 아래에 있는 층으로서 바닥에서 지표면까지의 평균높이가 해당 층 높이의 얼마 이상인 것을 말하는가?
① 1/2 ② 1/3 ③ 1/4 ④ 1/5

해설 지하층(건축법) : 건축물의 바닥이 지표면 아래에 있는 층으로서 바닥에서 지표면까지 평균높이가 해당 층 높이의 2분의 1 이상인 것을 말한다.

정답 13. ② 14. ② 15. ④ 16. ① 17. ①

18 내화구조의 내력벽에 대한 기준 중 틀린 것은?
① 철근 또는 철골철근콘크리트조로서 두께 7cm 이상인 것
② 철골조로 두께 5cm 이상의 콘크리트블록, 벽돌 또는 석재로 양면을 덮은 것
③ 벽돌조로서 두께 19cm 이상인 것
④ 경량기포 콘크리트블록조로서 두께 10cm 이상인 것.

해설 내력벽 기준
① 철근콘크리트조 또는 철골철근콘크리트조로서 두께가 10센티미터 이상인 것
② 골구를 철골조로 하고 그 양면을 두께 4센티미터 이상의 철망모르타르(그 바름바탕을 불연재료로 한 것에 한한다) 또는 두께 5센티미터 이상의 콘크리트블록·벽돌 또는 석재로 덮은 것
③ 철재로 보강된 콘크리트블록조·벽돌조 또는 석조로서 철재에 덮은 콘크리트블록 등의 두께가 5센티미터 이상인 것
④ 벽돌조로서 두께가 19센티미터 이상인 것
⑤ 고온·고압의 증기로 양생된 경량기포 콘크리트패널 또는 경량기포 콘크리트블록조로서 두께가 10센티미터 이상인 것

19 내화구조의 지붕에 대한 구조로 옳지 않은 것은?
① 철근콘크리트조
② 철골철근콘크리트조
③ 무근콘크리트조
④ 철재로 보강된 유리블록

해설 지붕
① 철근콘크리트조 또는 철골철근콘크리트조
② 철재로 보강된 콘크리트블록조·벽돌조 또는 석조
③ 철재로 보강된 유리블록 또는 망입유리로 된 것

20 화재에 대한 내력이 없더라도 화재 시 건축물의 인접부분으로 연소를 차단할 수 있는 정도의 구조는?
① 내화구조 ② 방화구조 ③ 절연구조 ④ 피난구조

해설 방화구조 : 초기의 발화에서 건축물에 대한 인접부분으로 연소를 차단할 수 있는 정도의 구조

21 방화구조에 대한 기준으로 틀린 것은?
① 철망모르타르로서 그 바름 두께가 2cm 이상인 것
② 시멘트모르타르 위에 타일을 붙인 것으로서 그 두께의 합계가 2.0cm 이상인 것
③ 석고판 위에 시멘트모르타르 또는 회반죽을 바른 것으로서 그 두께의 합계가 2.5cm 이상인 것
④ 심벽에 흙으로 맞벽치기 한 것

정답 18. ① 19. ③ 20. ② 21. ②

해설 방화구조의 기준(건축물의 피난·방화구조 등의 기준에 관한 규칙 제4조)
① 철망모르타르로서 그 바름 두께가 2센티미터 이상
② 석고판 위에 시멘트모르타르 또는 회반죽을 바른 것으로서 그 두께의 합계가 2.5센티미터 이상
③ 시멘트모르타르 위에 타일을 붙인 것으로서 그 두께의 합계가 2.5센티미터 이상
④ 심벽에 흙으로 맞벽치기한 것
⑤ 산업표준화법에 따른 한국산업표준이 정하는 바에 따라 시험한 결과 방화 2급 이상

22 건축법에서 정한 연소할 우려가 있는 부분이라 함은 인접대지경계선, 도로중심선 또는 동일한 대지 안에 있는 2동 이상의 건축물 상호의 외벽간의 중심선으로부터 1층에 있어서는 몇 미터, 2층 이상에 있어서는 몇 미터의 거리에 있는 건축물의 각 부분을 의미하는가?
① 1층에 있어서는 3미터 이상, 2층 이상에 있어서는 5미터 이상
② 1층에 있어서는 3미터 이내, 2층 이상에 있어서는 5미터 이내
③ 1층에 있어서는 6미터 이상, 2층 이상에 있어서는 10미터 이상
④ 1층에 있어서는 6미터 이내, 2층 이상에 있어서는 10미터 이내

해설 연소할 우려가 있는 부분 : 인접대지경계선, 도로중심선 또는 동일한 대지 안에 있는 2동 이상의 건축물 상호의 외벽간의 중심선으로부터 1층에 있어서는 3미터 이내, 2층 이상에 있어서는 5미터 이내의 거리에 있는 건축물의 각 부분

23 다음 중 불연재료에 해당하지 않는 것은?
① 콘크리트, 벽돌
② 유리, 몰탈
③ 석고보드, 철강
④ 회반죽, 석면

해설 석고보드는 준불연재료이다.
① 불연재료 : 콘크리트, 벽돌, 석면, 슬레이트, 철강, 알루미늄, 유리, 몰탈, 회반죽
② 준불연재료 : 목모(木毛)시멘트판, 석고보드 등
③ 난연재료 : 난연합판, 난연섬유판, 난연플라스틱판 등

24 다음에 열거한 건축재료 중 화재에 대한 내화성능이 가장 우수한 것은 어떤 재료로 시공한 건축물인가?
① 내화재료
② 준불연재료
③ 난연재료
④ 불연재료

해설 내화성능 : 내화재료 〉 불연재료 〉 준불연재료 〉 난연재료

정답 22. ② 23. ③ 24. ①

25 건축물의 피난·방화구조 등의 기준에 관한 규칙에서 정하고 있는 방화벽의 구조 기준 중 방화벽에 설치하는 출입문의 너비 및 높이는 각각 몇 미터 이하로 하여야 하는가?

① 0.9미터   ② 1.5미터   ③ 2.0미터   ④ 2.5미터

해설 방화벽에 설치하는 출입문의 너비 및 높이는 각각 2.5m 이하로 하고, 당해 출입문에는 60+방화문 또는 60분방화문을 설치할 것.

26 층수가 20층인 건축물의 주요구조부가 내화구조이고 벽 및 반자의 실내에 접하는 부분의 마감을 불연재료로 한 경우 11층 이상의 층에는 바닥면적 몇 m^2 이내마다 구획하여야 하는가?(단, 이 건축물에는 스프링클러설비가 설치되어 있다.)

① $200m^2$ ② $500m^2$ ③ $600m^2$ ④ $1,500m^2$

해설 마감을 불연재료로 한 경우에는 바닥면적 500제곱미터(스프링클러 기타 이와 유사한 자동식 소화설비를 설치한 경우에는 1천500제곱미터)이내마다 구획하여야 한다.

27 괄호 안에 들어갈 내용이 옳게 나열된 것은?

> 방화구획으로 사용하는 60+방화문 또는 60분방화문은 언제나 닫힌 상태를 유지하거나 화재로 인한 (㉠) 또는 (㉡)을 감지하여 자동적으로 닫히는 구조로 할 것.

① ㉠ 연기, ㉡ 불꽃
② ㉠ 연기, ㉡ 온도
③ ㉠ 온도, ㉡ 불꽃
④ ㉠ 연기, ㉡ 열

해설 방화구획으로 사용하는 60+방화문 또는 60분방화문은 언제나 닫힌 상태를 유지하거나 화재로 인한 연기 또는 불꽃을 감지하여 자동적으로 닫히는 구조로 할 것. 다만, 연기 또는 불꽃을 감지하여 자동적으로 닫히는 구조로 할 수 없는 경우에는 온도를 감지하여 자동적으로 닫히는 구조로 할 수 있다.

28 소방관 진입창은 어느 층에 각각 1개소 이상 설치해야 하는가?

① 2층 이상 10층 이하
② 2층 이상 11층 이하
③ 3층 이상 10층 이하
④ 3층 이상 11층 이하

해설 2층 이상 11층 이하인 층에 각각 1개소 이상 설치할 것. 이 경우 소방관이 진입할 수 있는 창의 가운데에서 벽면 끝까지의 수평거리가 40미터 이상인 경우에는 40미터 이내마다 소방관이 진입할 수 있는 창을 추가로 설치해야 한다.

정답 25. ④ 26. ④ 27. ① 28. ②

29 괄호 안에 들어갈 내용으로 옳은 것은?

> 공동주택 중 아파트로서 (㉠) 이상인 층의 각 세대가 2개 이상의 직통계단을 사용할 수 없는 경우에는 발코니에 인접세대와 공동으로 또는 각 세대별로 대피공간을 하나 이상 설치하여야 한다. 대피공간의 면적은 공동의 경우 (㉡)이상, 각 세대의 경우 (㉢)이상

① ㉠ 4층 ㉡ 3m² ㉢ 2m²
② ㉠ 3층 ㉡ 2m² ㉢ 3m²
③ ㉠ 4층 ㉡ 2m² ㉢ 3m²
④ ㉠ 3층 ㉡ 3m² ㉢ 2m²

해설 공동주택 중 아파트로서 4층 이상인 층의 각 세대가 2개 이상의 직통계단을 사용할 수 없는 경우에는 발코니에 인접세대와 공동으로 또는 각 세대별로 대피공간을 하나 이상 설치하여야 한다. 대피공간의 면적은 공동의 경우 3 m² 이상, 각 세대의 경우 2 m² 이상

30 4층 이상의 층의 아파트에 대피공간을 두지 않아도 되는 사항이 아닌 것은?

① 인접 세대와의 경계벽이 파괴하기 쉬운 경량구조인 경우
② 인접 세대와의 경계벽에 피난구를 설치한 경우
③ 발코니에 완강기를 설치한 경우
④ 발코니 바닥에 하향식 피난구를 설치한 경우

해설 대피공간의 면제 조건
① 인접 세대와의 경계벽이 파괴하기 쉬운 경량구조 등인 경우
② 경계벽에 피난구를 설치한 경우
③ 발코니의 바닥에 국토교통부령으로 정하는 하향식 피난구를 설치한 경우
④ 국토교통부장관이 제4항에 따른 대피공간과 동일하거나 그 이상의 성능이 있다고 인정하여 고시하는 구조 또는 시설(이하 이 호에서 "대체시설"이라 한다)을 갖춘 경우

31 다음은 하향식 피난구의 구조에 대한 기준을 설명한 것이다. 옳지 않은 것은?

① 피난구의 덮개는 제26조에 따른 비차열 30분 이상의 내화성능을 가져야 하며, 피난구의 유효 개구부 규격은 직경 75센티미터 이상일 것
② 상층·하층간 피난구의 설치위치는 수직방향 간격을 15센티미터 이상 띄어서 설치할 것
③ 피난구가 있는 곳에는 예비전원에 의한 조명설비를 설치할 것
④ 사다리는 바로 아래층의 바닥면으로부터 50센티미터 이하까지 내려오는 길이로 할 것

해설 피난구의 덮개는 비차열 30분 이상의 내화성능을 가져야 하며, 피난구의 유효 개구부 규격은 직경 60센티미터 이상일 것

정답 29. ① 30. ③ 31. ①

32 자동방화셔터는 피난이 가능한 60+방화문 또는 60분방화문으로부터 몇 미터 이내에 별도로 설치해야 하는가?

① 2미터 이상
② 2미터 이내
③ 3미터 이내
④ 3미터 이상

해설 자동자동방화셔터는 피난이 가능한 60+방화문 또는 60분방화문으로부터 3m 이내에 별도로 설치할 것

33 아파트의 대피공간으로 통하는 출입문에 설치하는 방화문은?

① 갑종방화문
② 60분 방화문
③ 60분+방화문
④ 30분 방화문

해설
1. 대피공간은 바깥의 공기와 접할 것
2. 대피공간은 실내의 다른 부분과 **방화구획**으로 구획될 것
3. 대피공간의 바닥면적은 인접 세대와 공동으로 설치하는 경우에는 3제곱미터 이상, 각 세대별로 설치하는 경우에는 2제곱미터 이상일 것
4. 대피공간으로 통하는 출입문에는 **60분+방화문**을 설치할 것

34 괄호 안의 번호에 들어갈 내용으로 옳은 것은?

> "자동방화셔터는 전동 및 수동에 의해서 개폐할 수 있는 장치와 화재발생시 불꽃, 연기 및 열에 의하여 자동 폐쇄되는 장치 일체로서 화재발생시 (㉠)에 의한 일부폐쇄와 (㉡)에 의한 완전폐쇄가 이루어 질 수 있는 구조를 가진 것이어야 한다.

① ㉠ 불꽃 또는 연기감지기, ㉡ 열감지기
② ㉠ 열감지기, ㉡ 불꽃 또는 연기감지기
③ ㉠ 연기감지기, ㉡ 열감지기
④ ㉠ 열감지기, ㉡ 연기감지기

해설 자동방화셔터는 **전동 및 수동**에 의해서 개폐할 수 있는 장치와 화재발생시 **불꽃, 연기 및 열**에 의하여 자동 폐쇄되는 장치 일체로서 화재발생시 **불꽃 또는 연기감지기**에 의한 일부폐쇄와 **열감지기**에 의한 **완전폐쇄**가 이루어 질 수 있는 구조를 가진 것이어야 한다.

정답 32. ③ 33. ③ 34. ①

35 방화문의 구분에서 60분+방화문이란?

① 연기 및 불꽃을 차단할 수 있는 시간이 60분 이상이고, 열을 차단할 수 있는 시간이 30분 이상인 방화문
② 연기 및 불꽃을 차단할 수 있는 시간이 60분 이상이고, 열을 차단할 수 있는 시간이 60분 이상인 방화문
③ 연기 및 불꽃을 차단할 수 있는 시간이 30분 이상이고, 열을 차단할 수 있는 시간이 30분 이상인 방화문
④ 연기 및 불꽃을 차단할 수 있는 시간이 30분 이상이고, 열을 차단할 수 있는 시간이 60분 이상인 방화문

해설 방화문의 구분
1. **60분+ 방화문** : 연기 및 불꽃을 차단할 수 있는 시간이 60분 이상이고, 열을 차단할 수 있는 시간이 30분 이상인 방화문
2. **60분 방화문** : 연기 및 불꽃을 차단할 수 있는 시간이 60분 이상인 방화문
3. **30분 방화문** : 연기 및 불꽃을 차단할 수 있는 시간이 30분 이상 60분 미만인 방화문

36 주요구조부가 내화구조로 된 건축물의 직통계단은 피난층을 제외하고 거실의 각 부분으로부터 계단에 이르는 보행거리는 몇 m 이하여야 하는가?

① 20m
② 30m
③ 50m
④ 75m

해설 주요구조부가 내화구조 또는 불연재료로 된 건축물의 직통계단 보행거리는 50m 이하

37 다음은 건축법 시행령상 피난안전구역에 관한 기준이다. ( )안에 알맞은 것은?

[보기]
초고층 건축물에는 피난층 또는 지상으로 통하는 직통계단과 직접 연결되는 피난안전구역(건축물의 피난·안전을 위하여 건축물 중간층에 설치하는 대피공간을 말한다.)을 지상층으로부터 최대 ( )개 층마다 1개소 이상 설치하여야 한다.

① 30
② 40
③ 50
④ 60

해설 지상층으로부터 최대 30개 층마다 1개소 이상 설치하여야 한다.

정답 35. ① 36. ③ 37. ①

38 건축물의 내부에 설치하는 피난계단의 구조기준 중 계단실의 바깥쪽과 접하는 창문 등(망이 들어 있는 유리의 붙박이창으로서 그 면적이 각각 1제곱미터 이하인 것을 제외한다)은 당해 건축물의 다른 부분에 설치하는 창문 등으로부터 몇 미터 이상의 거리를 두고 설치하여야 하는가?

① 1.0 ② 1.5 ③ 2.0 ④ 2.5

[해설] 당해 건축물의 다른 부분에 설치하는 창문 등으로부터 2미터 이상의 거리를 두고 설치할 것

39 건축물의 바깥쪽에 설치하는 피난계단의 구조로 기준에 적합하지 않은 것은?
① 건축물의 내부에서 계단으로 통하는 출입구는 갑종방화문으로 할 것
② 계단의 유효너비를 0.9m 이상으로 할 것
③ 계단은 내화구조로 하고 지상까지 직접 연결할 것
④ 계단은 그 계단으로 통하는 출입구 외의 창문 등으로부터 1m 이상의 거리에 두고 설치할 것

[해설] 계단은 그 계단으로 통하는 출입구외의 창문등(망이 들어 있는 유리의 붙박이창으로서 그 면적이 각각 1제곱미터 이하인 것을 제외한다)으로부터 2미터 이상의 거리를 두고 설치할 것

40 괄호안의 번호에 들어갈 내용으로 옳게 연결된 것은?

> "건축물의 내부에 설치하는 피난계단의 구조기준 건축물의 내부에서 계단실로 통하는 출입구의 유효너비는 (㉠) 이상으로 하고, 그 출입구에는 피난의 방향으로 열 수 있는 것으로서 언제나 닫힌 상태를 유지하거나 화재로 인한 연기, 불꽃을 감지하여 자동적으로 닫히는 구조로 된 (㉡)을 설치할 것."

① ㉠ 0.9미터, ㉡ 60+방화문 또는 60분방화문
② ㉠ 0.8미터, ㉡ 60+방화문 또는 60분방화문
③ ㉠ 1.0미터, ㉡ 60+방화문 또는 60분방화문
④ ㉠ 1.2미터, ㉡ 60+방화문 또는 60분방화문

[해설] 건축물의 내부에서 계단실로 통하는 출입구의 유효너비는 (0.9m) 이상으로 하고, 그 출입구에는 피난의 방향으로 열 수 있는 것으로서 언제나 닫힌 상태를 유지하거나 화재로 인한 연기, 불꽃을 감지하여 자동적으로 닫히는 구조로 된 (60+방화문 또는 60분방화문)을 설치할 것. 다만, 연기 또는 불꽃을 감지하여 자동적으로 닫히는 구조로 할 수 없는 경우에는 온도를 감지하여 자동적으로 닫히는 구조로 할 수 있다.

정답 38. ③ 39. ④ 40. ①

41 건축물의 피난·방화구조 등의 기준에 관한 규칙에서 건축물의 바깥쪽에 설치하는 피난계단의 유효너비는 몇 m 이상으로 하여야 하는가?

① 0.6 ② 0.7 ③ 0.9 ④ 1.2

해설 피난계단의 유효너비는 0.9m 이상으로 할 것

42 건축물의 피난·방화구조 등의 기준에 관한 규칙에서 특별피난계단의 구조 기준 중 건축물의 내부와 계단실은 배연설비가 있는 면적 몇 제곱미터 이상인 부속실을 통하여 연결하여야 하는가?

① 1 ② 2 ③ 3 ④ 4

해설 건축물의 내부와 계단실은 노대를 통하여 연결하거나 외부를 향하여 열 수 있는 면적 1제곱미터 이상인 창문(바닥으로부터 1미터 이상의 높이에 설치한 것에 한한다) 또는 배연설비가 있는 면적 3제곱미터 이상인 부속실을 통하여 연결할 것

43 건축물의 피난·방화구조 등의 기준에 관한 규칙에서 특별피난계단의 구조 기준 건축물의 내부에서 노대 또는 부속실로 통하는 출입구에는 무엇을 설치하여야 하는가?

① 60+방화문 또는 60분방화문
② 30+방화문 또는 30분방화문
③ 60+방화문 또는 30분방화문
④ 60분방화문 또는 30분방화문

해설 건축물의 내부에서 노대 또는 부속실로 통하는 출입구에는 **60+방화문 또는 60분방화문**을 설치하고, 노대 또는 부속실로부터 계단실로 통하는 출입구에는 **60+방화문, 60분방화문 또는 30분 방화문**을 설치할 것. 이 경우 방화문은 언제나 닫힌 상태를 유지하거나 화재로 인한 연기 또는 불꽃을 감지하여 자동적으로 닫히는 구조로 해야 하고, 연기 또는 불꽃으로 감지하여 자동적으로 닫히는 구조로 할 수 없는 경우에는 **온도**를 감지하여 자동적으로 닫히는 구조로 할 수 있다.

44 초고층건축물이라 함은 몇 층 이상, 몇 미터 이상인 경우를 말하는가?

① 11층 이상, 31미터 이상
② 11층 이상, 50미터 이상
③ 50층 이상, 200미터 이상
④ 50층 이상, 100미터 이상

해설 초고층건축물 : 50층 이상 또는 건축물의 높이가 200m 이상

정답 41. ③ 42. ③ 43. ① 44. ③

45 고층건축물이란 층수가 몇 층 이상, 높이가 몇 m 이상의 건축물을 말하는가?
① 층수가 11층 이상, 높이가 31m 이상인 건축물
② 층수가 20층 이상, 높이가 100m 이상인 건축물
③ 층수가 30층 이상, 높이가 120m 이상인 건축물
④ 층수가 50층 이상, 높이가 200m 이상인 건축물

해설 고층건축물 : 층수가 30층 이상, 높이가 120m 이상인 건축물

46 초고층 건축물에는 피난층 또는 지상으로 통하는 직통계단과 직접 연결되는 피난안전구역(건축물의 피난·안전을 위하여 건축물 중간층에 설치하는 대피공간을 말한다.)을 지상층으로부터 최대 몇 개 층마다 1개소 이상 설치하여야 하는가?
① 20개층   ② 30개층   ③ 40개층   ④ 50개층

해설 지상층으로부터 최대 30개 층마다 1개소 이상 설치

47 초고층건축물에 설치하는 피난안전구역의 높이는 몇 [m] 이상인가?
① 2.0m   ② 2.1m   ③ 2.3m   ④ 2.5m

해설 피난안전구역의 높이는 2.1미터 이상일 것

48 피난안전구역 위층의 재실자 수가 10,000명인 경우 피난안전구역의 면적은 얼마 이상이어야 하는가?
① 280m²   ② 1,000m²   ③ 1,400m²   ④ 2,800m²

해설 피난안전구역의 면적
10,000명 × 0.5 × 0.28m² = 1,400m²

49 초고층 및 지하연계 복합건축물에 설치하여야 하는 종합방재실의 구조에 대한 다음 설명에 대하여 ( )에 들어갈 내용으로 옳게 연결된 것은?

[보기]
다른 부분과 방화구획으로 설치할 것. 다만, 다른 제어실 등의 감시를 위하여 주께 (㉠) 이상의 망입유리로 된 (㉡) 미만의 붙박이창을 설치할 수 있다.

정답 45. ③   46. ②   47. ②   48. ③   49. ③

① ㉠ 7mm, ㉡ 1m² ② ㉠ 7mm, ㉡ 2m²
③ ㉠ 7mm, ㉡ 4m² ④ ㉠ 7mm, ㉡ 6m²

해설 다른 부분과 방화구획으로 설치할 것. 다만, 다른 제어실 등의 감시를 위하여 두께 7mm 이상의 망입유리로 된 4m² 미만의 붙박이창을 설치

50 초고층 및 지하연계 복합건축물에 설치하여야 하는 종합방재실의 면적은 얼마 이상이어야 하는가?

① 10m² 이상 ② 20m² 이상
③ 30m² 이상 ④ 50m² 이상

해설 종합방재실
① 종합방재실의 개수 : 1개
② 종합방재실의 위치 : 1층 또는 피난층(단, 특별피난계단이 설치되어 있고, 특별피난계단 출입구로부터 5미터 이내에 종합방재실을 설치하려는 경우에는 2층 또는 지하 1층에 설치할 수 있으며, 공동주택의 경우에는 관리사무소 내에 설치할 수 있다.)
③ 종합방재실의 면적 : 20m²
④ 종합방재실 : 3명 이상 인력을 상주시켜야 한다.
⑤ 다른 부분과 방화구획으로 설치할 것. 다만, 다른 제어실 등의 감시를 위하여 두께 7mm 이상의 망입유리로 된 4m² 미만의 붙박이창을 설치

51 비상용승강기를 설치하여야 하는 건축물의 높이는?

① 높이 31m 이상 ② 높이 31m 초과
③ 높이 41m 이상 ④ 높이 41m 초과

해설 비상용 승강기
① 설치대상 : 높이 31m 초과하는 건축물
② 비상용승강기를 설치하지 아니할 수 있는 건축물
  • 높이 31미터를 넘는 각층을 거실외의 용도로 쓰는 건축물
  • 높이 31미터를 넘는 각층의 바닥면적의 합계가 500제곱미터 이하인 건축물
  • 높이 31미터를 넘는 층수가 4개층 이하로서 당해 각층의 바닥면적의 합계 200제곱미터(벽 및 반자가 실내에 접하는 부분의 마감을 불연재료로 한 경우에는 500제곱미터) 이내마다 방화구획으로 구획한 건축물

52 비상용승강기의 승강장의 구조기준에서 승강장의 바닥면적은 비상용승강기 1대에 대하여 몇 제곱미터 이상으로 하여야 하는가?(단, 옥외에 승강장을 설치하는 경우가 아님)

① 3제곱미터 이상 ② 4제곱미터 이상
③ 5제곱미터 이상 ④ 6제곱미터 이상

정답 50. ② 51. ② 52. ④

해설 승강장의 바닥면적은 비상용승강기 1대에 대하여 6제곱미터 이상으로 할 것. 다만, 옥외에 승강장을 설치하는 경우에는 그러하지 아니하다.

53 다음 피난용승강기 승강장의 구조 기준에 대한 설명으로 옳지 않은 것은?

① 승강장은 각 층의 내부와 연결될 수 있도록 하되, 그 출입구에는 60+방화문 또는 60분 방화문을 설치할 것. 이 경우 방화문은 언제나 닫힌 상태를 유지하거나 화재감지기에 의하여 자동으로 폐쇄되는 구조로 할 것
② 실내에 접하는 부분(바닥 및 반자 등 실내에 면한 모든 부분을 말한다)의 마감(마감을 위한 바탕을 포함한다)은 불연재료로 할 것
③ 승강장의 출입구를 제외한 부분은 해당 건축물의 다른 부분과 내화구조의 바닥 및 벽으로 구획할 것
④ 배연설비를 설치할 것. 다만, 제연설비를 설치한 경우에는 배연설비를 설치하지 아니할 수 있다.

해설 피난용승강기 승강장의 구조
가. 승강장의 출입구를 제외한 부분은 해당 건축물의 다른 부분과 내화구조의 바닥 및 벽으로 구획할 것
나. 승강장은 각 층의 내부와 연결될 수 있도록 하되, 그 출입구에는 60+방화문 또는 60분 방화문을 설치할 것. 이 경우 방화문은 언제나 닫힌 상태를 유지할 수 있는 구조이어야 한다.
다. 실내에 접하는 부분(바닥 및 반자 등 실내에 면한 모든 부분을 말한다)의 마감(마감을 위한 바탕을 포함한다)은 불연재료로 할 것
라. 배연설비를 설치할 것. 다만, 제연설비를 설치한 경우에는 배연설비를 설치하지 아니할 수 있다.

54 다음은 피난용승강기 전용 예비전원 기준에 대한 설명이다. 괄호 안에 들어갈 용어가 순서대로 나열된 것은?

[보기]
가. 정전 시 피난용승강기, 기계실, 승강장 및 폐쇄회로 텔레비전 등의 설비를 작동할 수 있는 별도의 예비전원 설비를 설치할 것
나. 가목에 따른 예비전원은 초고층 건축물의 경우에는 (㉠), 준초고층 건축물의 경우에는 (㉡) 작동이 가능한 용량일 것
다. 상용전원과 (㉢)의 공급을 자동 또는 수동으로 전환이 가능한 설비를 갖출 것
라. 전선관 및 배선은 고온에 견딜 수 있는 내열성 자재를 사용하고, 방수조치를 할 것

정답 53. ① 54. ②

① ㉠ 1시간 이상, ㉡ 2시간 이상, ㉢ 예비전원
② ㉠ 2시간 이상, ㉡ 1시간 이상, ㉢ 예비전원
③ ㉠ 2시간 이상, ㉡ 1시간 이상, ㉢ 비상전원
④ ㉠ 1시간 이상, ㉡ 2시간 이상, ㉢ 비상전원

해설 피난용승강기 전용 예비전원
1. 정전 시 피난용승강기, 기계실, 승강장 및 폐쇄회로 텔레비전 등의 설비를 작동할 수 있는 별도의 예비전원 설비를 설치할 것
2. 예비전원은 초고층 건축물의 경우에는 2시간 이상, 준초고층 건축물의 경우에는 1시간 이상 작동이 가능한 용량일 것
3. 상용전원과 예비전원의 공급을 자동 또는 수동으로 전환이 가능한 설비를 갖출 것
4. 전선관 및 배선은 고온에 견딜 수 있는 내열성 자재를 사용하고, 방수조치를 할 것

55 지하층에 설치하는 비상탈출구의 유효너비와 유효높이는?

① 유효너비 1.5미터 이상, 유효높이 0.75미터 이상
② 유효너비 0.75미터 이상, 유효높이 1.5미터 이상
③ 유효너비 1.8미터 이상, 유효높이 2.0미터 이상
④ 유효너비 2.0미터 이상, 유효높이 1.8미터 이상

해설 지하층의 비상탈출구 적합기준
1. 비상탈출구의 유효너비는 0.75미터 이상으로 하고, 유효높이는 1.5미터 이상
2. 비상탈출구의 문은 피난방향으로 열리도록 하고, 실내에서 항상 열 수 있는 구조로 하여야 하며, 내부 및 외부에는 비상탈출구의 표시를 할 것
3. 비상탈출구는 출입구로부터 3미터 이상 떨어진 곳에 설치할 것
4. 지하층의 바닥으로부터 비상탈출구의 아랫부분까지의 높이가 1.2미터 이상이 되는 경우에는 벽체에 발판의 너비가 20센티미터 이상인 사다리를 설치할 것

56 거실의 바닥면적이 몇 제곱미터 이상인 층에는 직통계단 외에 피난층 또는 지상으로 통하는 비상탈출구 및 환기통을 설치하여야 하는가?

① 30제곱미터 이상
② 40제곱미터 이상
③ 50제곱미터 이상
④ 60제곱미터 이상

해설 거실의 바닥면적이 50제곱미터 이상인 층에는 직통계단외에 피난층 또는 지상으로 통하는 비상탈출구 및 환기통을 설치할 것. 다만, 직통계단이 2개소 이상 설치되어 있는 경우에는 그러하지 아니하다.

정답 55. ② 56. ③

57 비상탈출구는 피난층 또는 지상으로 통하는 복도나 직통계단에 직접 접하거나 통로 등으로 연결될 수 있도록 설치하여야 하며, 피난층 또는 지상으로 통하는 복도나 직통계단까지 이르는 피난통로의 유효너비는 몇 미터 이상으로 하고, 피난통로의 실내에 접하는 부분의 마감과 그 바탕은 어떤 재료로 하여야 하는가?

① 유효너비 0.75미터 이상, 마감과 바탕은 불연재료
② 유효너비 0.75미터 이상, 마감과 바탕은 준불연재료
③ 유효너비 1.5미터 이상, 마감과 바탕은 불연재료
④ 유효너비 1.5미터 이상, 마감과 바탕은 준불연재료

해설 비상탈출구는 피난층 또는 지상으로 통하는 복도나 직통계단에 직접 접하거나 통로 등으로 연결될 수 있도록 설치하여야 하며, 피난층 또는 지상으로 통하는 복도나 직통계단까지 이르는 피난통로의 유효너비는 0.75미터 이상으로 하고, 피난통로의 실내에 접하는 부분의 마감과 그 바탕은 불연재료로 할 것

58 건축물의 방화계획에 대한 공간적 대응의 요구성능으로 옳은 것은?

① 대항성, 회피성, 일시성
② 설비성, 회피성, 도피성
③ 대항성, 도피성, 회피성
④ 영구성, 도피성, 설비성

해설 공간적 대응(수동적 방화)
(1) 대항성 : 건축물의 내화성능, 방화구획 성능, 화재방어 대응성, 방연성능, 배연성능, 초기소화 대응력
(2) 회피성 : 난연화, 불연화, 내장재 제한, 방화훈련 등 화재예방 방안
(3) 도피성 : 피난, 부지 및 도로 등

59 수직 및 수평방향의 피난시설계획에 관한 설명으로 옳지 않은 것은?

① 계단실은 내화성능을 가지도록 방화구획하여야 한다.
② 계단실은 연기가 침입하지 않도록 타실보다 높은 압력을 가하는 것이 좋다.
③ 피난복도의 천정은 불연재료를 사용하고 피난시설계획을 고려하여 낮게 설치한다.
④ 계단실의 실내에 접하는 부분의 마감은 불연재료로 한다.

해설 피난시설계획
① 피난복도의 폭 : 피난인원이 단시간 내에 피난할 수 있도록 한다.
② 피난복도의 천장 : 복도에 연기가 체류하는 것을 막기 위해 가능한 높게, 불연재료 사용
③ 피난복도 : 피난에 방해가 되는 시설의 설치 금지
④ 피난표식 : 피난방향 및 계단의 위치를 알 수 있도록 표시(유도표지, 유도등)

정답 57. ① 58. ③ 59. ③

60 건축물 화재에 대응한 피난계획의 일반적 원칙으로 옳지 않은 것은?

① 2개 방향의 피난동선을 상시 확보한다.
② 피난수단은 전자기기나 기계장치로 조작하여 작동하는 것을 우선한다.
③ 피난경로에 따라서 일정한 구획을 한정하여 피난구역을 설정한다.
④ 'fool proof'와 'fail safe'의 원칙을 중시한다.

해설 피난수단은 원시적 방법으로 문자보다는 모양, 색상을 이용한다.

61 건축법령상 지하층에 설치하는 비상탈출구의 설치기준에 관한 설명으로 옳은 것을 모두 고른 것은?

> ㄱ. 위치 : 출입구로부터 3m 이상 떨어진 곳에 설치할 것
> ㄴ. 크기 : 유효너비는 0.75m 이상, 유효높이는 1.0m 이상
> ㄷ. 높이 : 바닥으로부터 비상탈출구의 아랫부분까지의 높이가 1.2m 이상인 경우에는 벽체에 발판의 너비가 20cm 이상인 사다리를 설치할 것
> ㄹ. 구조 및 표시 : 문은 실내에서 열 수 있는 구조로 하고 내부 또는 외부에 비상탈출구 표시를 할 것

① ㄱ, ㄴ ② ㄱ, ㄷ ③ ㄱ, ㄴ, ㄹ ④ ㄴ, ㄷ, ㄹ

해설 지하층의 비상탈출구 적합기준 중 일부
1. 비상탈출구의 유효너비는 0.75미터 이상으로 하고, **유효높이는 1.5미터 이상**으로 할 것
2. 비상탈출구의 문은 피난방향으로 열리도록 하고, 실내에서 항상 열 수 있는 구조로 하여야 하며, **내부 및 외부에는 비상탈출구의 표시를** 할 것

62 건축물의 방화구조 기준으로 옳은 것을 모두 고른 것은?

> ㄱ. 시멘트모르타르 위에 타일을 붙인 것으로 그 두께의 합계가 2cm 이상인 것
> ㄴ. 철망모르타르의 바름 두께가 2cm 이상인 것.
> ㄷ. 작은 지름이 25cm 이상인 기둥으로서 철골을 두께 5cm 이상의 콘크리트로 덮은 것
> ㄹ. 회반죽을 바른 것으로서 그 두께의 합계가 2.5cm 이상인 것

① ㄱ, ㄷ ② ㄴ, ㄹ
③ ㄱ, ㄴ, ㄹ ④ ㄱ, ㄴ, ㄷ, ㄹ

정답 60. ② 61. ② 62. ②

[해설] 방화구조 기준
① 철망모르타르로서 그 바름 두께가 2cm 이상인 것
② 석고판위에 시멘트모르타르 또는 회반죽을 바른 것으로서 그 두께의 합계가 2.5cm 이상인 것
③ 시멘트모르타르위에 타일을 붙인 것으로서 그 두께의 합계가 2.5cm 이상인 것
④ 심벽에 흙으로 맞벽치기한 것
⑤ 한국산업표준이 정하는바에 따라 시험한 결과 방화2급 이상에 해당하는 것

63. 건축물에 설치하는 방화구획의 기준에 관한 설명으로 옳지 않은 것은?

① 스프링클러 소화설비가 설치된 10층 이하의 층은 바닥면적 3,000m² 이내마다 구획한다.
② 매층마다 구획한다.
③ 11층 이상의 층은 바닥면적 600m² 이내마다 구획한다.
④ 벽 및 반자의 실내에 접하는 부분의 마감이 불연재료이고 스프링클러 소화설비가 설치된 11층 이상의 층은 1,500m² 이내마다 구획한다.

[해설] 방화구획의 설치기준
1. 10층 이하의 층은 바닥면적 1천제곱미터(스프링클러 기타 이와 유사한 자동식 소화설비를 설치한 경우에는 바닥면적 3천제곱미터)이내마다 구획할 것
2. 매층마다 구획할 것. 다만, 지하 1층에서 지상으로 직접 연결하는 경사로 부위는 제외한다.
3. 11층 이상의 층은 바닥면적 200제곱미터(스프링클러 기타 이와 유사한 자동식 소화설비를 설치한 경우에는 600제곱미터)이내마다 구획할 것. 다만, 벽 및 반자의 실내에 접하는 부분의 마감을 불연재료로 한 경우에는 바닥면적 500제곱미터(스프링클러 기타 이와 유사한 자동식 소화설비를 설치한 경우에는 1천500제곱미터)이내마다 구획하여야 한다.
4. 필로티나 그 밖에 이와 비슷한 구조(벽면적의 2분의 1 이상이 그 층의 바닥면에서 위층 바닥 아래면까지 공간으로 된 것만 해당한다)의 부분을 주차장으로 사용하는 경우 그 부분은 건축물의 다른 부분과 구획할 것

64. 건축물의 내부에 설치하는 피난계단의 구조에 관한 기준으로 옳지 않은 것은?

① 계단실에는 상용전원에 의한 비상조명설비를 할 것
② 계단실의 실내에 접하는 부분의 마감은 불연재료로 할 것
③ 계단실의 바깥쪽과 접하는 창문 등은 당해 건축물의 다른 부분에 설치하는 창문 등으로부터 2m 이상 거리를 두고 설치할 것
④ 건축물의 내부에서 계단실로 통하는 출입구의 유효너비는 0.9m 이상으로 할 것

[해설] 계단실에는 예비전원에 의한 조명설비를 할 것

정답 63. ③ 64. ①

65 다음은 화재 시 인간의 피난특성에 관한 설명이다. ( )안에 들어갈 내용을 순서대로 나열한 것은?

> ( )은 화재 시 본능적으로 원래 왔던 길 또는 늘 사용하는 경로로 탈출하려고 하는 것이며,
> ( )은 화염, 연기 등에 대한 공포감으로 인하여 위험요소로부터 멀어지려는 특성을 말한다.

① 귀소본능, 지광본능
② 지광본능, 추종본능
③ 귀소본능, 퇴피본능
④ 추종본능, 퇴피본능

해설 귀소본능은 화재 시 본능적으로 원래 왔던 길 또는 늘 사용하는 경로로 탈출하려고 하는 것이며, 퇴피본능은 화염, 연기 등에 대한 공포감으로 인하여 위험요소로부터 멀어지려는 특성

66 초고층 및 지하연계 복합건축물 재난관리에 관한 특별법 시행령상 피난안전구역 면적산정 기준에 관한 설명으로 ( )에 들어갈 내용으로 옳은 것은?

> 지하층이 하나의 용도로 사용되는 경우
> 피난안전구역 면적 = (수용인원 × 0.1) × ( )m²

① 0.28   ② 0.50   ③ 0.70   ④ 1.80

해설 지하층이 하나의 용도로 사용되는 경우
피난안전구역 면적 = (수용인원 × 0.1) × (0.28) m²

67 다음에서 설명하는 화재 시 인간의 피난행동 특성으로 옳은 것은?

> 피난 시 인간은 평소에 사용하는 문·통로를 사용하거나, 자신이 왔던 길로 되돌아가려는 본능이 있다.

① 귀소본능
② 지광본능
③ 추정본능
④ 회피본능

해설 피난계획 시 고려해야 할 인간의 본능
1) **추종본능** : 피난 시에는 군중이 한 사람의 리더를 추종하려는 경향
2) **귀소본능** : 피난 시 늘 사용하는 경로에 의해 탈출을 도모
3) **퇴피본능** : 화재발생장소에서 벗어나려는 경향
4) **좌회본능** : 막다른 길에서 오른손잡이인 경우 왼쪽으로 가려는 경향
5) **지광본능** : 주위가 어두워지면 밝은 곳으로 피난하려는 경향

정답 65. ③ 66. ① 67. ①

제11장 위험물의 종류 및 성상

1 위험물의 정의 및 위험물의 분류

1) 위험물의 정의

(1) 위험물
   인화성 또는 발화성 등의 성질을 가지는 것으로 **대통령령**이 정하는 물품
(2) 지정수량
   위험물의 종류별로 위험성을 고려하여 대통령령이 정하는 수량으로서 제조소 등의 설치허가 등에 있어서 최저의 기준이 되는 수량
(3) 제조소 등 ★★★
   제조소 · 저장소 및 취급소

2) 위험물의 분류

(1) 가연성고체
   고체로서 화염에 의한 발화의 위험성 또는 인화의 위험성을 판단하기 위하여 고시로 정하는 시험에서 고시로 정하는 성질과 상태를 나타내는 것
(2) 유황 ★★★
   순도가 **60중량퍼센트** 이상인 것
(3) 철분 ★★
   철의 분말로서 53마이크로미터의 표준체를 통과하는 것이 50중량퍼센트 미만인 것은 제외
(4) 금속분 ★★★
   알칼리금속·알칼리토류금속·철 및 마그네슘외의 금속의 분말을 말하고, 구리분·니켈분 및 150마이크로미터의 체를 통과하는 것이 50중량퍼센트 미만인 것은 제외

알칼리금속	리튬, 나트륨, 칼륨, 루비듐, 세슘, 프랑슘
알칼리토류금속	베릴륨, 칼슘, 마그네슘, 스트론튬, 바륨, 라듐

(5) 마그네슘

다음 각목의 어느 하나에 해당하는 것은 제외한다.

① 2밀리미터의 체를 통과하지 아니하는 덩어리 상태의 것

② **직경 2밀리미터 이상**의 막대 모양의 것

(6) 인화성고체 ★

고형알코올 그 밖에 1기압에서 인화점이 섭씨 40도 미만인 고체

(7) 특수인화물 ★★★

이황화탄소, 디에틸에테르 그 밖에 1기압에서 **발화점이 섭씨 100도 이하** 또는 **인화점이 섭씨 영하 20도 이하**이고 **비점이 섭씨 40도 이하**

(8) 제1석유류 ★★

아세톤, 휘발유 그 밖에 1기압에서 **인화점이 섭씨 21도 미만**

(9) 제2석유류 ★★

등유, 경유 그 밖에 1기압에서 **인화점이 섭씨 21도 이상 70도 미만**

(10) 제3석유류

중유, 크레오소트유 그 밖에 1기압에서 **인화점이 섭씨 70도 이상 섭씨 200도 미만**

(11) 제4석유류

기어유, 실린더유 그 밖에 1기압에서 **인화점이 섭씨 200도 이상 섭씨 250도 미만**

※ 표의 굵은 글씨로 표현된 물질은 수용성 ★★★

구분	종류
특수인화물	디에틸에테르($C_2H_5OC_2H_5$), **산화프로필렌**(CH_3CHOCH_2), **아세트알데하이드**(CH_3CHO), 이황화탄소(CS_2)
제1석유류	**아세톤**(CH_3COCH_3), 휘발유($C_5H_{12} \sim C_9H_{20}$), 벤젠(C_6H_6), 톨루엔($C_6H_5CH_3$), 메틸에틸케톤($CH_3COC_2H_5$), **피리딘**(C_5H_5N), **시안화수소**(HCN), 초산메틸, 초산에틸, 시클로헥산(C_6H_{12}), 아크릴로니트릴
제2석유류	**초산**(아세트산, 빙초산 ; CH_3COOH), 등유, **의산**(HCOOH), n-부탄올, 경유, 스틸렌($C_6H_5CH=CH_2$), 이소아밀알코올, 클로로벤젠(C_6H_5Cl), **히드라진**(N_2H_4), 크실렌(Xylene ; $C_6H_4(CH_3)_2$)
제3석유류	크레오소트유(타르유), **글리세린**($C_3H_5(OH)_3$), **에틸렌글리콜**($C_2H_4(OH)_2$), 니트로벤젠($C_6H_5NO_2$), 아닐린($C_6H_5NH_2$), 중유
제4석유류	기어유, 실린더유, 윤활유

※ 의산 = 포름산, 크실렌 = 자일렌

(12) 알코올류

1분자를 구성하는 탄소원자의 수가 1개부터 3개까지인 **포화1가 알코올**(변성알코올을 포함한다)을 말한다.

(13) 동식물유류

동물의 지육 등 또는 식물의 종자나 과육으로부터 추출한 것으로서 1기압에서 **인화점이 섭씨 250도 미만**인 것을 말한다.

(14) 과산화수소 ★★★

농도가 **36중량퍼센트 이상**인 것

(15) 질산 ★★★

비중이 **1.49 이상**인 것

2 위험물의 유별성질 및 소화방법

1) 유별성질 ★★★

(1) 제1류 위험물 : 산화성고체 (산소공급원)
(2) 제2류 위험물 : 가연성고체 (가연물)
(3) 제3류 위험물 : 자연발화성 및 금수성 물질 (가연물)
(4) 제4류 위험물 : 인화성액체 (가연물)
(5) 제5류 위험물 : 자기반응성물질 (가연물 + 산소공급원)
(6) 제6류 위험물 : 산화성액체 (산소공급원)

2) 유별을 달리하는 위험물의 혼재기준(대각선과 2,4,5) ★★★

위험물의 구분	제1류	제2류	제3류	제4류	제5류	제6류
제1류		×	×	×	×	○
제2류	×		×	○	○	×
제3류	×	×		○	×	×
제4류	×	○	○		○	×
제5류	×	○	×	○		×
제6류	○	×	×	×	×	

(1) 이 표는 지정수량의 1/10 이하의 위험물에 대하여는 적용하지 아니한다.
(2) "×"표시는 혼재할 수 없음을 표시한다.
(3) "○"표시는 혼재할 수 있음을 표시한다.

3) 위험물에 따른 소화방법 및 소화효과 ★★★

구분	종류	적용약제	소화
제1류	무기과산화물	팽창질석, 팽창진주암, 건조사	질식소화
	기타	주수소화	냉각소화
제2류	금속분, 철분, 마그네슘	건조사, 금속화재용 소화약제	질식소화
	기타	주수소화	냉각소화
제3류	전체	팽창질석, 건조사, 팽창진주암 등	질식소화
제4류	수용성	내알코올포	질식소화
	비수용성	포(foam), 분말 등	
제5류	전체	다량의 물에 의한 주수소화 (자체적으로 산소를 함유하고 있으므로 질식소화는 적응성이 없다)	냉각소화
제6류	전체	건조사, 팽창질석 등에 의한 질식소화 다량의 물에 의한 희석소화	질식소화

3 위험물의 품명 및 지정수량

1) 제1류 위험물 ★★★

암기법 : 염무 5/브질아 3/과다 1,000

성질	위험등급	품 명	지정수량
산화성 고체	I	1. 아염소산염류 2. 염소산염류 3. 과염소산염류 4. 무기과산화물	50kg
	II	5. 브로민산염류 6. 질산염류 7. 아이오딘산염류	300kg
	III	8. 과망가니즈산염류 9. 다이크로뮴산염류	1,000kg
	-	10. 행정안전부령이 정하는 것	-

2) 제2류 위험물 ★★

암기법 : 황적유 100/철금마 5/인 1,000

성질	위험등급	품 명	지정수량
가연성 고체	II	1.황화인 2.적린 3.황	100kg
	III	4.철분 5.금속분 6.마그네슘	500kg
	III	7. 인화성고체	1,000kg

3) 제3류 위험물 ★★★

암기법 : 칼나알리 10/황린 2/알유 5/수인칼탄 300

성질	위험등급	품명	지정수량
자연발화성 및 금수성물질	I	1. **칼륨** 2. **나트륨** 3. 알킬**알루미늄** 4. 알킬**리튬**	10kg
		5. **황린**	20kg
	II	6. **알칼리금속**(칼륨 및 나트륨 제외) 및 알칼리토금속 7. **유기금속화합물**(알킬알루미늄 및 알킬리튬 제외)	50kg
	III	8. 금속의 **수소화물** 9. 금속의 **인화물** 10. **칼슘** 또는 알루미늄의 **탄화물**	300kg

4) 제4류 위험물 ★

암기법 : 특/1비수/알/2/3/4/동/5/24/4/12/24/6/10,000

성질	위험등급	품 명		지정수량
인화성 액체	I	1.특수인화물		50리터
	II	2.제1석유류	비수용성액체	200리터
			수용성액체	400리터
		3.알코올류		400리터
	III	4.제2석유류	비수용성액체	1,000리터
			수용성액체	2,000리터
		5.제3석유류	비수용성액체	2,000리터
			수용성액체	4,000리터
		6.제4석유류		6,000리터
		7.동식물유류		10,000리터

5) 제5류 위험물 ★★

암기법 : 유질 10/나소아다하 200/록실 100

성질	위험등급	품명	지정수량
자기반응성 물질	I	1. **유**기과산화물　　2. **질**산에스터류	제1종 : 10kg 제2종 : 100kg
	II	3. **나**이트로화합물　　4. 나이트로**소**화합물 5. **아**조화합물　　6. **다**이아조화합물 7. **하**이드라진 유도체 8. 하이드**록실**아민 9. 하이드**록실**아민염류	

6) 제6류 위험물 ★

암기법 : 과/과/질 300

성질	위험등급	품명	지정수량
산화성 액체	I	1. **과**염소산	300kg
		2. **과**산화수소	
		3. **질**산	

제11장 출제예상문제

01 위험물안전관리법상 특수인화물의 정의에 대하여 옳게 나타낸 것은?
① 1기압에서 발화점이 100℃ 이하인 것
② 1기압에서 발화점이 40℃ 이하인 것
③ 1기압에서 발화점이 -20℃ 이하인 것
④ 1기압에서 발화점이 21℃ 이하인 것

해설 특수인화물
① 이황화탄소, 디에틸에테르 그 밖에 1기압에서 발화점이 섭씨 100도 이하인 것
② 인화점이 섭씨 영하 20도 이하이고 비점이 섭씨 40도 이하인 것

02 특수인화물에 속하지 않는 것은?
① 이황화탄소
② 산화프로필렌
③ 아세트알데하이드
④ 에틸렌글리콜

해설 특수인화물 : 에틸에테르, 이황화탄소, 아세트알더 하이드, 산화프로필렌 등

03 위험물안전관리법령상 과산화수소는 그 농도가 몇 중량 퍼센트 이상인 경우 위험물에 해당하는 것은?
① 1.49
② 30
③ 36
④ 60

해설 과산화수소 : 농도가 36 중량퍼센트(wt%) 이상

04 위험물안전관리법령상 질산의 비중이 얼마 이상인 경우 위험물에 해당하는가?
① 1.49
② 1.59
③ 1.69
④ 1.79

해설 질산 : 비중이 1.49 이상인 것

05 다음 중 혼재하여 저장할 수 없는 것은?
① 적린과 황화인을 같은 곳에 저장하는 경우
② 마그네슘과 유황을 같은 곳에 저장하는 경우
③ 철분과 알루미늄분을 같은 곳에 저장하는 경우
④ 황린과 과염소산나트륨을 같은 곳에 저장하는 경우

해설 황린은 제3류 위험물, 과염소산나트륨은 제1류 위험물이며 제1류와 제3류는 혼재하여 저장할 수 없다.

정답 1. ① 2. ④ 3. ③ 4. ① 5. ④

06 다음 위험물 중 혼재가 가능한 것으로 옳게 연결된 것은?(단, 지정수량의 1/10 이상인 경우이다.)

① 제2류와 제5류 ② 제2류와 제6류
③ 제2류와 제3류 ④ 제2류와 제1류

해설 유별을 달리하는 위험물의 혼재기준(대각선과 2,4,5)

위험물의 구분	제1류	제2류	제3류	제4류	제5류	제6류
제1류		×	×	×	×	○
제2류	×		×	○	○	×
제3류	×	×		○	×	×
제4류	×	○	○		○	×
제5류	×	○	×	○		×
제6류	○	×	×	×	×	

07 위험물의 적응 소화방법으로 옳지 않은 것은?

① 산화성 고체 : 질식소화 ② 가연성 고체 : 냉각소화
③ 인화성 액체 : 질식소화 ④ 자기반응성 물질 : 냉각소화

해설 제1류 위험물 : 산화성고체(냉각소화)

구분	종류	적용약제	소화
제1류	무기과산화물	팽창질석, 팽창진주암, 건조사	질식소화
	기타	주수소화	냉각소화
제2류	금속분, 철분, 마그네슘	건조사, 금속화재용 소화약제	질식소화
	기타	주수소화	냉각소화
제3류	전체	팽창질석, 건조사, 팽창진주암 등	질식소화
제4류	수용성	내알코올포	질식소화
	비수용성	포(foam), 분말 등	
제5류	전체	다량의 물에 의한 주수소화 (자체적으로 산소를 함유하고 있으므로 질식소화는 적응성이 없다)	냉각소화
제6류	전체	건조사, 팽창질석 등에 의한 질식소화 다량의 물에 의한 희석소화	질식소화

정답 6. ① 7. ①

08 위험물의 류별 일반적 특성에 대한 설명으로 옳은 것은?

① 제1류 위험물은 불연성 물질로 산소를 많이 가지며, 가연물과의 접촉을 피하여야 한다.
② 제2류 위험물은 불연성 물질이고 냉각소화가 적합하다.
③ 제3류 위험물은 자기 연소성이 있으며, 물로 소화한다.
④ 제4류 위험물은 대개 불연성 물질이고, 주수소화가 적합하다.

해설 제1류 위험물은 산화성 고체로 불연성이나 산소를 많이 함유하고 있으며, 가연물과의 접촉을 피하여야 한다.

09 자연발화성 물질 및 금수성물질의 위험물 화재 시 가장 적당한 소화 방법은?

① 포말소화기
② 분무소화기
③ 할론소화기
④ 마른 모래

해설 제3류 위험물의 소화방법
① 화재 시 주수소화를 금지하며, CO_2 또는 할론 계열의 소화약제와 반응하므로 사용을 금지한다.
② 마른모래, 팽창진주암 또는 팽창질석으로 소화가능하나 연소확대가 빠르므로 적당한 소화방법이 없으며 위험물을 분산·저장하는 것이 좋다.

10 제5류 위험물의 화재 시 가장 적당한 소화 방법은?

① 질소가스를 쓴다.
② 사염화탄소를 쓴다.
③ 탄산가스를 쓴다.
④ 주수소화 한다.

해설 제5류 위험물은 산소를 함유한 물질이므로 다량의 물로 주수소화 한다.

11 제5류 위험물이 소화하기 어려운 이유로 가장 옳은 것은?

① 연소할 때 연소물이 튀어 넓게 퍼진다.
② 발화점이 높다.
③ 물과 발열반응을 일으킨다.
④ 자기연소를 일으키며 연소속도가 매우 빠르다.

해설 연소속도가 빠르며, 폭발적으로 연소한다. 산소를 함유한 물질로 자기연소를 일으킨다.

정답 8. ① 9. ④ 10. ④ 11. ④

12 자기반응성 물질이 질식소화 효과가 없는 가장 큰 이유는?

① 산소를 함유한 물질이기 때문에
② 연소가 폭발적이기 때문에
③ 산화반응이 일어나기 때문에
④ 인화성 액체이기 때문에

해설 자기반응성 물질로 산소를 함유하고 있기 때문에 질식소화는 효과가 없으며 대량의 주수에 의한 주수소화(냉각소화)가 효과적이다.

13 제5류 위험물의 저장소로서 옳지 않은 곳은?

① 통풍이 잘되는 곳에 저장
② 온도가 낮은 곳에 저장
③ 대용량 용기에 저장
④ 습도가 낮은 곳에 저장

해설 가능한 소분하여 저장한다.

14 제6류 위험물과 제3류 위험물의 공통점은?

① 물에 잘 녹는 액체이다.
② 점성이 강한 액체이다.
③ 물과 반응하여 발열한다.
④ 자체는 불연성이지만 연소를 돕는다.

해설 제3류 위험물(금수성 물질)과 제6류 위험물은 물과 반응하여 발열반응 하며 특히, 제3류 위험물의 금수성 물질 등은 발화의 위험성이 있다.

15 다음 중 제1류 위험물에 속하지 않는 것은?

① 과산화칼륨
② 염소산칼륨
③ 과염소산암모늄
④ 질산

해설 질산은 제6류 위험물이다.

16 다음 중 제1류 위험물인 산화성 고체는 어느 것인가?

① 칼륨과 나트륨
② 유황과 적린
③ 니트로화합물
④ 염소산염류

해설 보기설명
① 칼륨과 나트륨 : 제3류 위험물(자연발화성 및 금수성 물질)
② 유황과 적린 : 제2류 위험물(가연성 고체)
③ 니트로화합물 : 제5류 위험물(자기반응성 물질)
④ 염소산염류 : 제1류 위험물(산화성 고체)

정답 12. ① 13. ③ 14. ③ 15. ④ 16. ④

17 다음 위험물 중에서 지정수량이 다른 것은?

① KNO_3　　　　　　　　② $KClO_3$
③ $KClO_4$　　　　　　　　④ MgO_2

해설 질산칼륨(KNO_3)은 질산염류로서 지정수량이 300kg이다.
$KClO_3$, $KClO_4$, MgO_2은 지정수량이 50kg이다.

18 다음 중 제1류 위험물의 지정수량이 옳지 않은 것은?

① 아염소산나트륨 : 50kg　　　　② 염소산칼륨 : 50kg
③ 과산화나트륨 : 100kg　　　　④ 브롬산칼륨 : 300kg

해설 과산화나트륨(알칼리금속의 과산화물)의 지정수량은 50kg이다.

19 제1류 위험물의 공통성질로 옳지 않은 것은?

① 조해성이 있다.
② 강산화성 물질이며 가연성이다.
③ 분해 시 산소를 방출한다.
④ 비중이 1보다 크고 수용성인 것이 많다.

해설 제1류 위험물의 공통성질
① 조해성이 있으며, 분해 시 산소를 방출한다.
② 산화성 고체, 강산화성물질이며 조연성 물질이다.
③ 비중이 1보다 크고 수용성인 것이 많다.

20 제1류 위험물의 저장 및 취급 시 가장 주의해야 할 사항은 무엇인가?

① 환기에 주의할 것
② 공기와의 접촉을 피할 것
③ 증발되지 않게 할 것
④ 가열, 충격, 마찰을 피할 것

해설 제1류 위험물의 저장 및 취급방법
① 가연물과의 접촉, 혼합 및 강산과의 접촉을 금지한다.
② 알칼리금속의 과산화물은 수분과의 접촉을 피한다.
③ 점화원인 가열, 충격, 마찰을 피한다.

정답 17. ①　18. ③　19. ②　20. ④

21 제1류 위험물의 공통성질이 아닌 것은?
① 상온에서 고체 상태로 존재한다.
② 비중이 1보다 작으며 지용성인 것이 많다.
③ 분해 시 산소를 방출하며 다른 가연물의 연소를 돕는다.
④ 일반적으로 자체는 불연성이며 강산화제이다.

해설 비중이 1보다 크며, 수용성인 것이 많다.

22 과산화칼륨(K_2O_2)이 물과 접촉 시 발생하는 물질이 아닌 것은?
① KOH   ② H_2 ③ O_2 ④ H_2O

해설 과산화칼륨의 반응식 : $2K_2O_2 + 4H_2O \rightarrow 4KOH + 2H_2O + O_2$

23 금속분의 화재 시에 물을 방사하여서는 안 되는 이유는?
① 수소가 발생하기 때문이다.
② 산소가 발생하기 때문이다.
③ 유독가스가 발생하기 때문이다.
④ 질소가 발생하기 때문이다.

해설 금속분은 물과 반응하여 수소가스를 발생한다.

24 금속분의 연소 시 주수소화하면 위험한 원인으로 옳은 것은?
① 물에 녹아 산이 된다.
② 물과 작용하여 유독가스를 발생시킨다.
③ 물과 작용하여 수소가스를 발생시킨다.
④ 물과 작용하여 산소를 발생시킨다.

해설 철분, 마그네슘, 금속분은 물과 반응하여 수소가스를 발생시킨다.

25 다음 위험물 중에서 화재 시 물을 뿌려 소화하면 위험성이 커지는 것은?
① 황화인   ② 알루미늄분   ③ 이황화탄소   ④ 황린

해설 알루미늄분의 화재 시 물을 방사하면 수소가스가 발생한다.

정답 21. ② 22. ② 23. ① 24. ③ 25. ②

26 위험물안전관리법상 가연성 고체인 제2류 위험물에 해당하지 않는 것은?

① 황린   ② 적린   ③ 유황   ④ 금속분

해설 황린은 제3류 위험물이다.

27 황의 지정수량은?

① 20kg   ② 50kg   ③ 100kg   ④ 300kg

해설 황의 지정수량은 100kg이다.

28 다음 중 제2류 위험물의 공통적인 취급 및 저장에 관한 사항을 기술한 것이다. 옳지 않은 것은?

① 산화제와의 접촉을 피한다.
② 열원 및 가열을 피한다.
③ 금속분은 석유 속에 저장한다.
④ 용기의 파손 및 누출에 유의한다.

해설 금속분은 저장용기를 밀봉하여 냉암소에 보관하여야 한다.

29 다음 중 물과 반응하여 수소가 발생하지 않는 것은?

① Na   ② K   ③ S   ④ Li

해설 물과의 반응
① 나트륨 : $2Na + 2H_2O \rightarrow 2NaOH + H_2 \uparrow$
② 칼 륨 : $2K + 2H_2O \rightarrow 2KOH + H_2 \uparrow$
③ 리 튬 : $2Li + 2H_2O \rightarrow 2LiOH + H_2 \uparrow$
④ 황은 고무 상황을 제외하고는 이황화탄소(CS_2)에 잘 녹는다.

30 위험물과 이의 화재 시 소화방법을 열거하였다. 다음 중 옳지 않은 것은?

① 황-물분무   ② 마그네슘 분말-건조사
③ 적린-대량의 물   ④ 아연분-대량의 물

해설 금속분(아연분 등), 철분, 마그네슘은 주수소화 시 수소가스를 발생하므로 건조사(마른모래), 금속화재용 소화약제 등을 이용하여 질식소화

정답 26. ①   27. ③   28. ③   29. ③   30. ④

31 제3류 위험물 중 일부의 위험물을 보호액에 저장하는 이유는 무엇인가?
　① 공기와의 접촉을 막기 위해　　② 화기를 피하기 위하여
　③ 산소 발생을 피하기 위하여　　④ 승화를 막기 위하여

　해설 공기와의 접촉을 막기 위하여 금속나트륨과 금속칼륨은 석유 속에, 황린은 물속에 저장한다.

32 제3류 위험물의 일반적 성질로 옳은 것은?
　① 황린을 제외하고 물에 대하여 위험한 반응을 초래하는 물질이다.
　② 가연성고체로서 비교적 낮은 온도에서 착화하기 쉬운 이연성(易燃性), 속연성(速燃性) 물질이다.
　③ 모두 무기화합물이며 대부분 무색의 결정이나, 백색 분말상태의 고체이다.
　④ 물에 대한 비중은 1보다 크며 조해성(潮解性)이 있다.

　해설 황린을 제외한 제3류 위험물은 물과 반응하여 발열하고 가연성가스를 발생하며, 폭발적으로 연소한다.

33 제3류 위험물인 알킬알루미늄의 화재 시 가장 적당한 소화제는?
　① 마른모래　　　　　　　　　　② 팽창진주암
　③ 분무상의 물　　　　　　　　　④ 사염화탄소

　해설 알킬알루미늄은 자연발화성 물질로서 팽창진주암 또는 팽창질석으로 소화 가능하다.

34 탄화칼슘의 화재 시 물을 주수하였을 때 발생하는 가스는?
　① C_2H_2　　　　② H_2　　　　③ O_2　　　　④ C_2H_6

　해설 탄화칼슘(카바이트)의 반응식 : $CaC_2 + 2H_2O \rightarrow Ca(OH)_2 + C_2H_2$

35 다음 중 위험물에 대한 보호액으로 옳은 것은?
　① 황린 – 물, 나트륨 – 물
　② 황린 – 석유, 나트륨 – 석유
　③ 황린 – 물, 이황화탄소 – 물
　④ 이황화탄소 – 석유, 메틸리튬 – 물

　해설 황린, 이황화탄소는 물속에, 칼륨, 나트륨, 리튬 등은 석유류 속에 저장

정답 31. ①　32. ①　33. ②　34. ①　35. ③

36 황린에 대한 설명으로 옳지 않은 것은?
① 발화점이 매우 낮아 자연발화의 위험이 높다.
② 자연발화 방지를 위해 강알칼리수용액에 저장한다.
③ 독성이 강하고 지정수량이 20kg이다.
④ 연소 시 오산화인의 흰 연기를 낸다.

해설 황린은 제3류 위험물로 자연발화성 물질이기 때문에 물속에 저장한다.

37 제4류 위험물에 대한 공통성질 중 잘못된 것은?
① 증기가 공기와 약간 혼합되어 있어도 연소한다.
② 증기는 공기보다 무겁다.
③ 매우 인화하기 쉽다.
④ 일반적으로 물보다 무겁고, 물에 잘 녹는다.

해설 제4류 위험물은 일반적으로 물보다 가볍고, 물에 녹지 않는다.

38 다음 중 제4류 위험물의 저장 및 취급상 주의사항으로 옳지 않은 것은?
① 불꽃이나 화기를 피하여 저장한다.
② 저장 중 밀전·밀봉하여 증기를 누출시키지 않도록 한다.
③ 빈 용기 안에도 증기가 체류할 수 있으므로 주의한다.
④ 인화점 이상의 온도로 유지되도록 한다.

해설 제4류 위험물의 저장 및 취급 시 인화점이하로 유지하는 것이 좋다.

39 제4류 위험물의 물에 대한 성질, 화재위험성과 직접 관계가 있는 것은?
① 수용성과 인화점
② 비중과 인화점
③ 비중과 착화점
④ 비중과 화재 확대성

해설 기름은 물보다 비중과 표면장력이 작아 물위에 널리 퍼져서 화재 시 연소면을 확대한다.

40 제4류 위험물의 위험성에 대한 설명으로 옳은 것은?
① 수용성 위험물은 난용성 위험물보다 소화가 곤란하다.
② 증기비중이 큰 것일수록 작은 것보다 인화의 위험성이 높다.
③ 인화점이 높을수록 인화점이 낮은 것보다 위험하다.
④ 비휘발성 석유류가 휘발성 석유류보다 위험하다.

해설 제4류 위험물의 위험성
① 수용성보다 난용성 위험물이 소화가 곤란하다.
② 인화점이 낮을수록 위험하다. 휘발성석유류가 비휘발성보다 위험하다.

41 특수인화물의 일반적인 성질로 옳지 않은 것은?
① 인화점이 낮다.
② 비점이 높다.
③ 증기압이 높다.
④ 발화점이 낮다.

해설 특수인화물은 비점이 40℃ 이하로 휘발하기 쉽다.

42 다음 중 질산에스터류에 속하지 않는 물질은?
① 질산에틸
② 나이트로셀룰로스
③ 나이트로글리세린
④ 트라이나이트로톨루엔

해설 트라이나이트로톨루엔은 나이트로화합물이다.

43 제5류 위험물의 화재예방상 주의사항으로 옳은 것은?
① 무기질 화합물로 가열, 충격, 마찰에는 위험성이 없다.
② 자기반응성 유기질 화합물로 연소가 잘 일어나지 않는다.
③ 자기반응성 유기질 화합물로 자연발화의 위험성을 갖는다.
④ 무기질 화합물로 직사일광에는 자연발화가 일어나지 않는다.

해설 자기반응성 물질이며, 모두 유기질 화합물이다.

정답 40. ② 41. ② 42. ④ 43. ③

44 다음 위험물의 성질을 잘못 연결한 것은?
① 제2류 위험물 : 가연성고체
② 제3류 위험물 : 금수성 또는 자연발화성
③ 제4류 위험물 : 가연성액체
④ 제5류 위험물 : 자기반응성 물질

해설 제4류 위험물 : 인화성액체

45 다음 유별 위험물 중 그 성질이 다른 것은?
① 제1류 위험물　　　　　　② 제2류 위험물
③ 제3류 위험물　　　　　　④ 제4류 위험물

해설 제1류 위험물은 산화성, 제2류~제4류 위험물은 가연성 물질이다.

46 제6류 위험물에 대한 설명이다. 옳지 않은 것은?
① 물보다 무겁고, 물에 녹기 쉽다.
② 불연성 물질이다.
③ 과산화수소는 농도가 36wt% 이상인 것이다.
④ 질산은 비중 1.82 이상인 것이다.

해설 질산은 비중이 1.49 이상

47 제1류 위험물과 제6류 위험물의 공통성질로 옳은 것은?
① 금수성　　　② 가연성　　　③ 환원성　　　④ 산화성

해설 제1류 위험물은 산화성 고체, 제6류 위험물은 산화성 액체이다.

48 산화성 액체 위험물의 화재에 대하여 적응성 있는 소화방법으로 옳지 않은 것은?
① 팽창질석을 사용한다.　　　　② 이산화탄소 소화기를 사용한다.
③ 마른 모래를 사용한다.　　　　④ 인산염류 소화기를 사용한다.

해설 제6류 위험물은 산화성 액체로서 건조사, 팽창질석, 인산염류 분말 등을 이용한 질식소화가 효과적이다.

정답 44. ③　45. ①　46. ④　47. ④　48. ②

49 탄화칼슘(CaC_2) 화재 시 가장 적합한 소화방법은?

① 물을 주수하여 냉각 소화한다.
② 이산화탄소를 방사하여 질식 소화한다.
③ 마른모래로 질식 소화한다.
④ 할로겐화합물 약제를 사용하여 부촉매 소화한다.

해설 제3류 위험물로서 마른모래, 팽창질석, 팽창진주암등을 이용하여 질식 소화하여야 한다.

정답 49. ③

제12장 소화이론 및 소화약제

1 소화원리

1) 연소의 4요소와 소화원리 ★

구분	연소의 4요소	소화효과	물리적/화학적 소화
①	가연물	제거효과	물리적 소화
②	산소공급원	질식효과	
③	점화원	냉각효과	
④	연쇄반응	부촉매효과	화학적 소화

2) 제거소화 ★

① 전기화재시 전원을 차단시키는 방법
② 산불화재시 화재 진행방향의 나무를 제거하는 방법
③ 가스화재시 밸브를 차단시켜 가스공급을 중단
④ 유전화재시 질소폭탄을 이용하여 순간적으로 폭풍을 일으켜 증기를 제거
⑤ 수용성 가연물의 경우 물을 혼합하여 농도를 희석

3) 질식소화

① 연소의 4요소 중 **산소공급원을 차단시켜 연소반응을 억제**시키는 방법
② 공기 중의 산소농도를 15% 이하로 감소시켜 연소를 억제
③ 보통 산소농도가 액체는 15% 이하, 고체는 6% 이하, 아세틸렌은 4% 이하가 되면 소화가 가능하다.
④ 탄화수소의 기체는 산소 15% 이하에서는 연소하기 어렵다.

4) 냉각소화

① 연소의 4요소 중 **점화원을 제어**하여 소화시키는 방법
② 고체 또는 액체의 소화약제를 이용하여 가연물의 냉각

③ 비열, 기화열을 이용하여 점화원을 인화점 및 발화점 이하로 낮추어 소화
④ 물은 비열 및 잠열이 커서 냉각능력이 우수

5) 부촉매소화(억제소화) ★★

① 연소의 4요소 중 **연쇄반응을 억제**하여 소화시키는 방법
② 활성라디칼(H^*, OH^*)을 이용하여 수소원자가 산소분자와 결합하는 연쇄 반응을 억제·차단시키는 소화작용이다.
③ 할로겐화합물, 분말소화약제, 할로겐화합물소화약제 등이 대표적이다.

2 물 소화약제

1) 소화약제의 특성 ★★

① 다른 약제에 비하여 **비열이 크다.**
② 다른 약제에 비하여 **증발잠열이 크다.**
　　(증발잠열 539kcal/kg, 융해잠열 80kcal/kg)
③ 물이 증기로 변할 때의 팽창비는 약 1600배이다.
④ 소화작용 : 냉각작용, 질식작용, 희석작용, 타격작용
⑤ 구하기가 쉽고 가격이 싸다.
⑥ 비압축성 유체이다.(펌프를 이용한 이송이 쉽다)

2) 약제 방사방법

① 무상주수
　화재 시 물분무헤드 등에서 방사되는 형태로서 물이 안개나 구름 모양을 형성하면서 방사
② 봉상주수
　화재 시 옥내소화전 및 옥외소화전에서 방사되는 형태로서, 물이 가늘고 긴 물줄기의 형태
③ 적상주수
　화재 시 스프링클러헤드 등에서 방사되는 형태로서, 물방울의 모양을 형성하면서 방사

3) 적응화재 및 소화효과

방사방법	소화효과	적응화재
봉상주수	냉각	A
적상주수	냉각	A
무상주수	질식, 냉각	A, B, C

3 포(Foam) 소화약제

1) 발포배율 ★★★

(1) **팽창비** : 최종 발생한 포 체적을 원래 포 수용액 체적으로 나눈 값

$$팽창비 = \frac{최종\ 발생한\ 포체적}{원래\ 포수용액의\ 체적}$$

(2) **고발포** : 팽창비 80~1,000배 미만
 ① 제 1종 기계포 : 80~250배 미만
 ② 제 2종 기계포 : 250~500배 미만
 ③ 제 3종 기계포 : 500~1,000배 미만

(3) **저발포** : 팽창비가 20배 이하인 포

(4) **소화약제의 구비조건**
 ① 독성이 적고 유동성이 좋아야 한다.
 ② 포의 안정성이 좋아야 한다.
 ③ 유류와 잘 접착하여야 한다.
 ④ 사용이 간편하며, 저렴하여야 한다.
 ⑤ 포소화약제의 용액은 균질하여야 한다.

2) 포 혼합장치의 종류 ★★★

(1) **라인프로포셔너 방식(관로혼합방식)**
 펌프와 발포기 중간에 설치한 **벤추리관의 벤추리작용**에 의해 포소화약제를 흡입 혼합하는 방식이다.

(2) **펌프프로포셔너 방식(펌프혼합방식)**
 펌프의 흡입관과 토출관 사이 **배관 도중에 설치한 흡입기**에 토출된 소화수의 일부를 보내고 **농도조절밸브**에서 조정된 포소화약제 필요량을 펌프흡입 측으

로 보내어 소화약제를 혼합하는 방식이다.

(3) **프레셔사이드 프로포셔너방식(압입혼합방식)**
  펌프의 토출측에 **압입기**를 설치하여 포소화약제 **압입용펌프**로 포소화약제를 압입 혼합하는 방식이다.

(4) **프레셔프로포셔너방식(차압혼합방식)**
  펌프와 발포기 중간에 설치한 **벤추리관의 벤추리작용**과 펌프 가압수의 포소화약제 **저장탱크의 압력**에 의해 포 소화약제를 흡입 혼합하는 방식이다.

3) 포소화약제의 소화원리 ★

(1) **질식작용** : 공기중의 산소의 공급을 포에 의해 차단하여 화재를 소화
(2) **냉각작용** : 포소화약제가 일부 증발할 때, 화재장소로부터 열을 흡수함으로써 주위의 온도를 연소점 이하로 낮추어 화재를 소화한다.
(3) **유화작용** : 포소화약제를 4류 위험물에 방사하면, 유류표면에 엷은 막을 형성하여 화재를 소화한다.
(4) **희석작용** : 알코올, 에테르 등의 수용성액체 화재 시 다량의 포를 일시에 방사하여 수용성액체의 농도를 연소하한계 이하로 묽게 하여 화재를 소화한다.

4 이산화탄소 소화약제

1) 이산화탄소의 물성 ★★

① 무색, 무취의 기체이며 불연성이다.
② 상온에서 가압하면 쉽게 액화하여 액체 상태로 저장, 운반할 수 있다.
③ 액화이산화탄소를 냉각시키거나 급격히 기화시키면 드라이아이스를 얻을 수 있다.

구분	비고
분자량	44
증기비중	1.53
삼중점	−56.7℃
임계온도	31.3℃
임계압력	72.9atm
승화점	−78.5℃

2) 이산화탄소 소화약제의 특징

(1) 장점
① 심부화재에 적응성이 있다.
② 화재 진화 후 깨끗하다.
③ 비전도성이므로 전기화재에 사용된다.
④ 증거보존이 용이하다.

(2) 단점
① 방사 시 기화열에 의해 동상의 우려가 있다.
② 방사 시 질식의 우려가 있다.
③ 방사 시 소음이 크다.
④ 설비가 고압이므로 특별한 주의가 요구된다.

3) 소화작용

(1) 질식작용
산소의 농도를 15% 이하로 낮추어 화재를 소화한다.

(2) 냉각작용
이산화탄소 방출시 기화열에 의한 냉각으로 화재를 소화한다.

(3) 피복작용
비중이 공기보다 크기 때문에 가연물을 이산화탄소가 덮어서 화재를 소화한다.

4) 이상기체 상태방정식 ★★★

$$PV = nRT = \frac{W}{M}RT$$

P : 절대압력[atm], V : 체적[m^3]
R : 기체상수(0.082 atm·m^3/kmol·K), n : 몰수
M : 분자량[kg/kmol], W : 질량[kg]
T : 절대온도[K = 273 + ℃]

5 할론 소화약제

1) 할론 소화약제의 종류 ★★★

종 류	분 자 식	상온·상압에서 상태
하론 1301	CF_3Br	기체상태
하론 1211	CF_2ClBr	
하론 2402	$C_2F_4Br_2$	액체상태
하론 1011	CH_2ClBr	

2) 소화약제의 특징 ★

(1) 장점
 ① 화재 진화 후 깨끗하다.
 ② 금속에 대한 부식성이 작다.
 ③ 변질 및 분해가 없다.
 ④ 비전도성이므로 전기화재에 적응된다.

(2) 단점
 ① 오존층을 파괴한다.
 ② 가격이 비싸다.

(3) 부촉매효과(소화능력) : I(요오드) > Br(브롬) > Cl(염소) > F(플루오르)

(4) 전기음성도(친화력) : I < Br < Cl < F

3) 소화원리

(1) **질식작용** : 자체비중이 높아 공기 중의 산소 농도를 저하시킨다.
(2) **냉각작용** : 기체 및 액체의 열 흡수, 기화 등에 의한 냉각효과가 있다.
(3) **부촉매효과** : 연소의 4요소 중 하나인 순조로운 연쇄반응을 일으키는 활성화된 수산기 및 수소기의 산소 결합을 억제 및 차단하여 더 이상의 연쇄반응이 일어나지 않도록 하여 화재를 소화한다.

6 분말 소화약제

1) 분말소화약제의 성상 ★★

종 별	주성분	화학식	착색	적응화재
제1종	탄산수소나트륨(중탄산나트륨)	$NaHCO_3$	백색	BC급
제2종	탄산수소칼륨(중탄산칼륨)	$KHCO_3$	담회색	BC급
제3종	인산염(제일인산암모늄)	$NH_4H_2PO_4$	담홍색 (또는 황색)	ABC급
제4종	탄산수소칼륨 + 요소	$KHCO_3 + (NH_2)_2CO$	회색	BC급

2) 분말소화약제의 소화원리

(1) 입도

분말소화약제의 입도가 너무 작거나 너무 커도 소화효과는 나빠지며, 적당한 입도는 **20~25μm**이다.

(2) 제1종, 2종, 4종 분말

질식, 냉각, 부촉매효과에 의하여 소화작용을 한다.

(3) 제3종 분말

질식, 냉각, 방진, 탈수작용, 부촉매효과에 의하여 소화작용을 한다.

3) 분말소화약제의 특징

① 인체에 무해하며, 변질의 위험이 없으므로 반영구적이다.
② 소화능력이 우수하며 소화시간이 짧다.
③ 가격이 저렴하다. 소화기용으로 가장 많이 사용한다.
④ 약제방사 후 분말의 청소가 필요하다.

4) 열분해반응식 ★★★

(1) 제1종 분말 소화약제

① 1차 열분해반응식(270℃) : $2NaHCO_3 \rightarrow Na_2CO_3 + CO_2 + H_2O$
② 2차 열분해반응식(850℃) : $2NaHCO_3 \rightarrow Na_2O + 2CO_2 + H_2O$

(2) 제2종 분말 소화약제

① 1차 열분해반응식(190℃) : $2KHCO_3 \rightarrow K_2CO_3 + CO_2 - H_2O$

② 2차 열분해반응식(890℃) : $2KHCO_3 \rightarrow K_2O + 2CO_2 + H_2O$

(3) 제3종 분말 소화약제
① 1차 열분해반응식(190℃) : $NH_4H_2PO_4 \rightarrow H_3PO_4 + NH_3$
② 2차 열분해반응식(300℃) : $NH_4H_2PO_4 \rightarrow HPO_3 + NH_3 + H_2O$
※ H_3PO_4(올소(ortho)인산), HPO_3(메타인산)

7 할로겐화합물 및 불활성기체 소화약제

1) 할로겐화합물 소화약제

(1) 정의

할로겐화합물 소화약제라 함은 **불소, 염소, 브롬 또는 요오드** 중 하나 이상의 원소를 포함하고 있는 유기화합물을 기본성분

(2) 할로겐화합물 소화약제의 소화효과

질식작용, 냉각작용, 부촉매작용에 의하여 소화를 행하며, 주된 소화작용은 부촉매작용이다.

(3) 할로겐화합물 소화약제의 종류, 설계농도, 화학식 ★★★

소화약제	설계농도(%)	화학식
퍼플루오로 부탄(FC-3-1-10)	40	C_4F_{10}
하이드로클로로 플루오로카본혼화제 (HCFC BLEND A)	10	HCFC-123($CHCl_2CF_3$) : 4.75% HCFC-22($CHClF_2$) : 82% HCFC-124($CHClFCF_3$) : 9.5% $C_{10}H_{16}$: 3.75%
클로로테트라플루오르에탄 (HCFC-124)	1	$CHClFCF_3$
펜타플루오로에탄 (HFC-125)	11.5	CHF_2CF_3
헵타플루오로프로판(HFC-227ea)	10.5	CF_3CHFCF_3
트리플루오로메탄(HFC-23)	30	CHF_3
헥사플루오로프로판(HFC-236fa)	12.5	$CF_3CH_2CF_3$
트리플루오로이오다이드(FIC-13I1)	0.3	CF_3I
도데카플루오로-2-메틸 펜탄-3-원(FK-5-1-12)	10	$CF_3CF_2C(O)CF(CF_3)_2$

2) 불활성기체 소화약제

(1) 정의
불활성기체 소화약제라 함은 **헬륨, 네온, 아르곤 또는 질소가스** 중 하나 이상의 원소를 기본성분으로 하는 소화약제를 말한다.

(2) 불활성기체 소화약제의 소화효과
질식, 냉각작용에 의하여 소화를 행하며, 주된 소화작용은 질식작용이다.

(3) 불활성기체 소화약제의 종류, 품명, 화학식 ★★

소화약제	품명	화학식
(IG-01)	Argon	Ar
(IG-100)	Nitrogen	N_2
(IG-541)	Inergen	$N_2 : 52\%$, $Ar : 40\%$, $CO_2 : 8\%$
(IG-55)	Argonite	$N_2 : 50\%$, $Ar : 50\%$

3) 할로겐화합물 및 불활성기체 소화약제의 구비조건 ★

① ODP(오존파괴지수)가 0일 것
② 소화능력이 우수할 것
③ 독성이 낮을 것
④ GWP(지구온난화지수)가 낮을 것
⑤ 적정한 가격일 것
⑥ 장기간 입수 가능할 것

4) Soaking Time(설계농도유지시간) ★

할로겐화합물 및 불활성기체 소화약제는 초기에 소화가 가능한 표면화재에 주로 사용하나, 심부화재에 적용할 경우에는 소화가 가능한 고농도(설계농도)로 일정시간 유지시켜 주어야 하는데, 이때 필요한 시간을 말한다.

5) 충전밀도의 정의 ★

용기의 단위용적당 소화약제의 중량의 비율을 말한다.

6) 방출시간의 정의 ★

최소설계농도에 도달하는데 필요한 약제량의 **95%**를 노즐로부터 방출하는데 필요한 시간이다. 약제에 따른 제한시간이 방출시간이다.
① 불활성기체 소화약제 : A, C급 화재 2분, B급 화재 1분
② 할로겐화합물 소화약제 : 10초

제12장 출제예상문제

01 물리적 방법에 의한 소화라고 볼 수 없는 것은?
① 부촉매의 연쇄반응 억제작용에 의한 방법
② 냉각에 의한 방법
③ 공기와의 접촉 차단에 의한 방법
④ 가연물 제거에 의한 방법

해설 ① 물리적인 소화 : 질식소화, 냉각소화, 제거소화
② 화학적인 소화 : 부촉매소화(억제소화)

02 화재의 소화원리에 따른 소화방법의 적용이 잘못된 것은?
① 냉각소화 : 스프링클러설비
② 질식소화 : 이산화탄소소화설비
③ 제거소화 : 포 소화설비
④ 억제소화 : 할론소화설비

해설 소화방법

스프링클러설비	냉각소화
이산화탄소소화설비	질식소화, 냉각소화, 피복소화
포 소화설비	질식소화, 냉각소화, 유화소화, 희석소화
할론소화설비	질식소화, 냉각소화, 부촉매(억제)소화

03 가연성액체의 농도를 저하시키는 방법을 이용하여 소화를 하는 경우 이는 어느 소화원리를 이용한 것인가?
① 가연물제거 ② 산소제거 ③ 냉각소화 ④ 부촉매효과

해설 제거소화
농도를 저하시키면 가연성액체가 희석되어 연소가 불가능하므로 가연물을 제거하는 효과가 있다.

04 불연성 기체나 고체 등으로 연소물을 감싸서 산소 공급을 차단하는 소화의 원리는?
① 제거소화 ② 희석소화 ③ 냉각소화 ④ 질식소화

해설 질식소화 : 불연성 기체나 고체 등으로 연소물을 감싸서 산소의 농도를 15% 이하로 낮추어 소화하는 방법

정답 1. ① 2. ③ 3. ① 4. ④

05 소화방법 중 제거소화에 해당되지 않는 것은?
① 산불이 발생하면 화재의 진행방향을 앞질러 벌목한다.
② 방 안에서 화재가 발생하면 이불이나 담요로 덮는다.
③ 가스화재 시 밸브를 폐쇄시켜 가스흐름을 차단한다.
④ 불타는 장작더미 속에서 타지 않은 가연물을 안전한 곳으로 이동시킨다.

해설 방안에서 화재가 발생하면 이불이나 담요로 덮는다. : 질식소화

06 불연성기체나 고체 등으로 연소물을 감싸 산소공급을 차단하는 소화 방법은?
① 질식소화
② 냉각소화
③ 연쇄반응차단소화
④ 제거소화

해설 질식소화 : 연소의 4요소 중 산소공급원을 차단시켜 연소반응을 억제시키는 방법

07 질식소화방법에 대한 예를 설명한 것으로 옳은 것은?
① 열을 흡수할 수 있는 매체를 화염 속에 투입한다.
② 중질유 화재 시 물을 무상으로 분무한다.
③ 열용량이 큰 고체물질을 이용하여 소화한다.
④ 가연성기체의 분출 화재 시 주 밸브를 닫아서 연료공급을 차단한다.

해설 중질유 화재 시 물을 무상으로 분무하면 질식효과와 유화효과가 있다.

08 공기 중 산소농도를 몇 [%] 정도까지 감소시키면 연소상태의 중지 및 질식소화가 가능한가?
① 10~15
② 15~20
③ 20~25
④ 25~30

해설 질식소화 : 산소농도를 15% 이하로 낮추어 소화하는 방법

09 다음 중 주수에 의한 냉각소화가 불가능한 물질은?
① 알코올
② 알루미늄분말
③ 황린
④ 황

해설 알루미늄분말은 물과 반응하여 수소가스가 발생하여 화재를 확대시킨다.

정답 5. ② 6. ① 7. ② 8. ① 9. ②

10 조리를 하던 중 식용유화재가 발생하면 신선한 야채를 넣어 소화할 수 있다. 이때의 소화방법에 해당하는 것은?
① 희석소화
② 냉각소화
③ 부촉매소화
④ 질식소화

해설 냉각소화 : 조리를 하던 중 식용유화재에 신선한 야채를 넣어 소화하는 방법

11 소화의 원리에 해당하지 않는 것은?
① 산화제의 농도를 낮추어 연소가 지속될 수 없도록 한다.
② 가연성 물질을 발화점 이하로 냉각시킨다.
③ 가열원을 계속 공급한다.
④ 화학적인 방법으로 화재를 억제시킨다.

해설 소화원리
① 제거소화 : 가연물을 제거하여 소화
② 질식소화 : 산소공급원(조연성 물질, 산화제)의 농도를 낮추어 소화
③ 냉각소화 : 점화원(가열원)을 발화점 이하로 유지하도록 냉각시켜 소화
④ 화학소화 : 부촉매효과라고도 하며 발염연소 시 소화약제의 화학적인 부촉매작용을 통하여 소화

12 물의 증발잠열은 약 몇 [cal/g]인가?
① 79
② 539
③ 750
④ 810

해설 물의 증발잠열 : 539cal/g = 539kcal/kg

13 물의 기화열이 539[cal]인 것은 어떤 의미인가?
① 0℃의 물 1[g]이 얼음으로 변화하는 데 539[cal]의 열량이 필요하다.
② 0℃의 얼음 1[g]이 물로 변화하는 데 539[cal]의 열량이 필요하다.
③ 0℃의 물 1[g]이 100[℃]의 물로 변화하는 데 539[cal]의 열량이 필요하다.
④ 100℃의 물 1[g]이 수증기로 변화하는 데 539[cal]의 열량이 필요하다.

해설 100[℃]의 물 1[g]이 수증기로 변화하는 데 필요한 열량이 539[cal]

14 소화약제로 사용되는 물에 대한 설명 중 틀린 것은?
　① 아세톤, 구리보다 비열이 매우 작다.
　② 아세톤, 벤젠보다 증발잠열이 크다.
　③ 극성분자이다.
　④ 수소결합을 하고 있다.

　해설 물의 비열은 1cal/g · ℃로서 다른 물질보다 크다.

15 15[℃]의 물 1[g]을 1[℃] 상승시키는 데 필요한 열량은?
　① 1[cal]　　　　　　　　　② 15[cal]
　③ 1[kcal]　　　　　　　　　④ 15[kcal]

　해설 물 1g을 1℃ 올리는 데 필요한 열량을 1cal라 한다.

16 20[℃]의 물 400[g]을 사용하여 화재를 소화하였다. 물 400[g]이 모두 100[℃]로 기화하였다면 물이 흡수한 열량은 얼마인가?(단, 물의 비열은 1[cal/g · ℃]이고, 증발잠열은 539[cal/g]이다.)
　① 215.6kcal　　　　　　　② 223.6kcal
　③ 247.6kcal　　　　　　　④ 255.6kcal

　해설 열량
　$Q = mC\Delta T + m\gamma = 400g \times 1cal/g \cdot ℃ \times (100-20)℃ + 400g \times 539cal/g$
　$= 247,600cal = 247.6kcal$

17 22[℃]의 물 1톤을 소화약제로 사용하여 모두 증발시켰을 때 얻을 수 있는 냉각효과는 몇 [kcal]인가?
　① 539　　　　　　　　　　② 617
　③ 539,000　　　　　　　　④ 617,000

　해설 열량
　$Q = mC\Delta T + m\gamma$
　$= 1,000kg \times 1kcal/kg \cdot ℃ \times (100-22)℃ + 1,000kg \times 539kcal/kg$
　$= 617,000kcal$

정답 14. ①　15. ①　16. ③　17. ④

18 100[℃]를 기준으로 액체상태의 물이 기화할 경우 체적이 약 1,700배 정도 늘어난다. 이러한 체적 팽창으로 인하여 기대할 수 있는 가장 큰 소화효과는?
① 질식효과　　　　　　　　　② 촉매효과
③ 억제효과　　　　　　　　　④ 제거효과

해설 액체상태의 물이 기화할 경우 체적이 약 1700배 정도 늘어나는데 이러한 체적팽창으로 인하여 질식효과를 기대 할 수 있다.

19 상태의 변화 없이 물질의 온도를 변화시키기 위해서 가해진 열을 무엇이라 하는가?
① 현열　　　　　　　　　　　② 잠열
③ 기화열　　　　　　　　　　④ 융해열

해설 현열 : 물질의 상태 변화 없이 물질의 온도변화에 필요한 열

20 포 소화약제의 팽창비에 대한 설명으로 옳지 않은 것은?
① 팽창비란 발포된 포의 체적을 발포 전 포수용액의 체적으로 나눈 값이다.
② 저발포란 팽창비가 20배 이하인 포를 말한다.
③ 제1종 기계포란 팽창비가 80배 이상 250배 미만의 포를 말한다.
④ 제4종 기계포란 팽창비가 500배 이상 1000배 미만의 포를 말한다.

해설 발포배율
① 팽창비 : 최종 발생한 포 체적을 원래 포 수용액 체적으로 나눈 값

$$팽창비 = \frac{최종\ 발생한\ 포체적}{원래\ 포수용액의\ 체적}$$

② 고발포 : 팽창비 80~1,000배 미만
　① 제1종 기계포 : 80~250배 미만
　② 제2종 기계포 : 250~500배 미만
　③ 제3종 기계포 : 500~1,000배 미만
③ 저발포 : 팽창비가 20배 이하인 포

21 포소화설비의 국가화재안전기준에서 정한 포의 종류 중 저발포라 함은?
① 팽창비가 20 이하인 것　　　② 팽창비가 120 이하인 것
③ 팽창비가 250 이하인 것　　 ④ 팽창비가 1000 이하인 것

해설 저발포 : 팽창비가 20 이하인 것

정답 18. ①　19. ①　20. ④　21. ①

22 다음 중 프레셔프로포셔너(차압혼합)방식에 대한 설명으로 옳은 것은?

① 펌프와 발포기 중간에 설치한 벤추리관의 벤추리작용과 펌프 가압수의 포소화약제 저장탱크의 압력에 의해 포 소화약제를 흡입 혼합하는 방식이다.
② 펌프와 발포기 중간에 설치한 벤추리관의 벤추리작용에 의해 포소화약제를 흡입 혼합하는 방식이다.
③ 펌프의 흡입관과 토출관 사이 배관 도중에 설치한 흡입기에 토출된 소화수의 일부를 보내고 농도조절밸브에서 조정된 포소화약제 필요량을 펌프흡입측으로 보내어 소화약제를 혼합하는 방식이다.
④ 펌프의 토출측에 압입기를 설치하여 포소화약제 압입용펌프로 포소화약제를 압입 혼합하는 방식이다.

해설 보기 설명
② : 라인프로포셔너 방식
③ : 펌프프로포셔너 방식
④ : 프레셔사이드프로포셔너 방식

23 다음 중 포소화약제의 소화작용으로 거리가 먼 것은?

① 냉각작용
② 질식작용
③ 탈수작용
④ 유화작용

해설 탈수작용은 제3종 분말의 소화 작용이며, 포 소화약제는 질식작용, 냉각작용, 유화작용, 희석작용을 한다.

24 합성계면활성제의 발포배율과 25% 환원시간이 옳게 표현된 것은?

① 발포배율 : 6배 이상, 25% 환원시간 : 1분 이상
② 발포배율 : 5배 이상, 25% 환원시간 : 1분 이상
③ 발포배율 : 500배 이상, 25% 환원시간 : 1분 이상
④ 발포배율 : 500배 이상, 25% 환원시간 : 3분 이상

해설 발포배율과 25% 환원시간
① 단백포 : 발포배율 6배 이상, 25% 환원시간 : 1분 이상
② 수성막포 : 발포배율 5배 이상, 25% 환원시간 : 1분 이상
③ 합성계면활성제포 : 발포배율 500배 이상, 25% 환원시간 : 3분 이상

정답 22. ① 23. ③ 24. ④

25 이산화탄소에 대한 설명으로 옳지 않은 것은?

① 불연성 가스로서 공기보다 무겁다.
② 임계온도는 97.5℃이다.
③ 고체의 형태로 존재할 수 있다.
④ 상온, 상압에서 기체 상태로 존재한다.

해설 임계온도는 31.35℃이다.

26 이산화탄소에 대한 설명으로 옳지 않은 것은?

① 무색, 무취의 기체이다.
② 비전도성이다.
③ 공기보다 가볍다.
④ 분자식은 CO_2이다.

해설 이산화탄소의 주요특성
① 무색, 무취의 기체이며, 액화가 용이한 불연성가스이다.
② 상온에서 가압하면 쉽게 액화하므로 액체 상태로 저장 및 운반가능
③ 자체 증기압(20℃ 기준 6MPa)이 높다.
④ 순도 99.5% 이상, 수분 함유율 0.05% 이하의 것을 사용한다.

27 소방설비에 사용되는 CO_2에 대한 설명으로 틀린 것은?

① 용기 내에 기상으로 저장되어 있다.
② 상온, 상압에서는 기체 상태로 존재한다.
③ 공기보다 무겁다.
④ 무색, 무취이며 전기적으로 비전도성이다.

해설 이산화탄소는 액상으로 저장되어 있고 화재발생시 작동하면 기화되어 기체로 방출된다.

28 이산화탄소에 대한 일반적인 설명으로 옳은 것은?

① 산소와 반응 시 흡열반응을 일으킨다.
② 산소와 반응하여 불연성 물질을 발생시킨다.
③ 산화하지 않으나 산소와는 반응한다.
④ 산소와 반응하지 않는다.

해설 이산화탄소(탄산가스)는 완전연소 생성물로 산소와 반응하지 않는다.

정답 25. ② 26. ③ 27. ① 28. ④

29 소화약제로 사용하는 CO_2에 대한 설명으로 옳은 것은?
  ① 화염과 접촉하여 유독물질을 쉽게 생성시킨다.
  ② 부촉매 효과가 가장 주된 소화작용이다.
  ③ 전기전도성 물질이지만 소화효과는 좋다.
  ④ 상온, 상압에서 무색, 무취의 기체 상태이다.

  해설 주된 소화작용은 질식작용, 비전도성 물질, 불연성의 기체

30 전기 부도체이며 소화 후 장비의 오손 우려가 낮기 때문에 전기실이나 통신실 등의 소화설비로 적합한 것은?
  ① 옥내소화전설비   ② 포소화설비
  ③ 스프링클러설비   ④ 이산화탄소소화설비

  해설 전기실이나 통신실 등의 소화설비
  이산화탄소소화설비, 할론소화설비, 할로겐화합물 및 불활성기체 소화설비, 고체에어로졸화합물

31 마그네슘의 화재 시 이산화탄소 소화약제를 사용하면 안 되는 이유는?
  ① 마그네슘과 이산화탄소가 반응하여 흡열반응을 일으키기 때문이다.
  ② 마그네슘과 이산화탄소가 반응하여 가연성의 탄소가 생성되기 때문이다.
  ③ 마그네슘이 이산화탄소에 녹기 때문이다.
  ④ 이산화탄소에 의한 질식의 우려가 있기 때문이다.

  해설 물과의 반응식 : $Mg + 2H_2O \rightarrow Mg(OH)_2 + H_2$
  CO_2와의 반응식 : $2Mg + CO_2 \rightarrow 2MgO + C$

32 나트륨의 화재 시 이산화탄소 소화약제를 사용할 수 없는 이유로 가장 옳은 것은?
  ① 이산화탄소로 인한 질식의 우려가 있기 때문에
  ② 이산화탄소의 소화성능이 약해지기 때문에
  ③ 이산화탄소와 반응하여 연소・폭발 위험이 있기 때문에
  ④ 이산화탄소가 금속재료를 부식시키기 때문에

  해설 나트륨은 이산화탄소와 반응하면 폭발한다.
  $4Na + 3CO_2 \rightarrow 2Na_2CO_3 + C$(연소폭발)

정답 29. ④ 30. ④ 31. ② 32. ③

33 0[℃], 1기압에서 44.8[m³]의 용적을 가진 이산화탄소가스를 액화하여 얻을 수 있는 액화탄소가스의 무게는 몇 [kg]인가?

① 88　　　　　　　　　② 44
③ 22　　　　　　　　　④ 11

해설 무게 $W = \dfrac{PVM}{RT} = \dfrac{1 \times 44.8 \times 44}{0.082 \times (273+0)} = 88\text{kg}$

34 액체이산화탄소 20[kg]이 30[℃]의 대기 중으로 방출되었다. 대기 중에서 기체상태의 이산화탄소 체적[L]은 약 얼마인가?
(단, 대기압은 1[atm], 기체상수는 0.082[L · atm/mol · K], 이산화탄소는 이상기체 거동을 한다고 가정한다.)

① 1,118.2　　　　　　② 11,293.6
③ 17,145.5　　　　　　④ 18,263.6

해설 체적계산

$$V = \dfrac{WRT}{PM} = \dfrac{20\text{kg} \times \dfrac{10^3 \text{g}}{1\text{kg}} \times 0.082 \text{atm} \cdot \text{L/mol} \cdot \text{K} \times (273+30)\text{K}}{1\text{atm} \times 44\text{g/mol}} = 11{,}293.64 \text{ L}$$

35 화재 시 이산화탄소를 사용하는 화재를 진압하려고 할 때 산소의 농도를 13[vol%]로 낮추어 화재를 진압하려면 공기 중 이산화탄소의 농도는 약 몇 [vol%]가 되어야 하는가?

① 18.1　　　　　　　　② 28.1
③ 38.1　　　　　　　　④ 48.1

해설 $CO_2(\%) = \dfrac{21 - O_2}{21} \times 100 = \dfrac{21-13}{21} \times 100 = 38.09\%$

36 이산화탄소 소화약제 고압식 저장용기의 충전비를 옳게 나타낸 것은?

① 1.5 이상, 1.9 이하　　　② 1.1 이상, 1.9 이하
③ 1.1 이상, 1.4 이하　　　④ 1.4 이상, 1.5 이하

해설 이산화탄소 저장용기의 충전비

구분	저압식	고압식
충전비	1.1 이상 1.4 이하	1.5 이상 1.9 이하

정답 33. ①　34. ②　35. ③　36. ①

37 할론 소화약제의 종류에 따른 상온·상압에서 상태로 옳은 것은?

① 하론 1301 : 액체
② 하론 1211 : 액체
③ 하론 1011 : 기체
④ 하론 2402 : 액체

해설 할론 소화약제의 종류

종 류	분자식	상온·상압에서 상태
하론 1301	CF_3Br	기체상태
하론 1211	CF_2ClBr	기체상태
하론 2402	$C_2F_4Br_2$	액체상태
하론 1011	CH_2ClBr	액체상태

38 분자식이 CF_2BrCl인 할론 소화약제는?

① Halon 1301
② Halon 1211
③ Halon 2402
④ Halon 1011

해설 할론 소화약제의 종류

종 류	할론1301	할론1211	할론2402	할론104
분자식	CF_3Br	CF_2ClBr	$C_2F_4Br_2$	CCl_4
분자량	148.9	165.4	259.8	154

39 다음 중 증기 비중이 가장 큰 것은?

① Halon 1301
② Halon 2402
③ Halon 1211
④ Halon 1011

해설 증기 비중

구분	분자식	분자량	증기 비중
Halon 1301	CF_3Br	148.95	$=\frac{148.95}{29}=5.14$
Halon 2402	$C_2F_4Br_2$	259.8	$=\frac{259.8}{29}=8.96$
Halon 1211	CF_2ClBr	165.4	$=\frac{165.4}{29}=5.7$
Halon 1011	CF_2ClBr	129.4	$=\frac{129.4}{29}=4.46$

정답 37. ④ 38. ② 39. ②

40 열분해 시 독성가스인 포스겐(phosgene)가스나 염화수소가스를 발생시킬 위험이 있어서 사용이 금지된 할로겐화합물 소화약제는?

① Halon 2402　　　　　　　　② Halon 1211
③ Halon 1301　　　　　　　　④ Halon 104

해설 독성이 심하여 사용 금지된 소화약제 : 할론 104, 할론1011

41 할론 45kg과 함께 기동가스로 질소 2kg을 충전하였다. 이 때 질소가스의 몰분율은 약 얼마인가?(단, 할론가스의 분자량은 149이다.)

① 0.19　　　② 0.24　　　③ 0.31　　　④ 0.39

해설 몰분율
① 할론가스의 몰수 = 질량/분자량 = 45kg/(149g/mol) = 302.01mol
② 질소가스의 몰수 = 질량/분자량 = 2kg/(28g/mol) = 71.43mol
③ 질소가스의 몰분율 = $\dfrac{질소}{할론+질소} = \dfrac{71.43}{302.01+71.43} = 0.19$

42 다음 중 오존파괴지수(ODP)가 가장 큰 것은?

① Halon 104　　② Halon 1301　　③ CFC-11　　④ CFC-113

해설 할론 1301은 ODP가 14.1로 가장 크다.

43 할론 1301 소화약제와 이산화탄소 소화약제는 소화기에 충전되어 있을 때 어떤 상태로 보존되고 있는가?

① 할론 1301 : 기체, 이산화탄소 : 고체
② 할론 1301 : 기체, 이산화탄소 : 기체
③ 할론 1301 : 액체, 이산화탄소 : 기체
④ 할론 1301 : 액체, 이산화탄소 : 액체

해설 할론 1301 : 액체, 이산화탄소 : 액체

44 탄산수소나트륨이 주성분인 분말소화약제는 제 몇 종 분말인가?

① 제1종　　　② 제2종　　　③ 제3종　　　④ 제4종

해설 제1종 분말 : 탄산수소나트륨(중탄산나트륨)이 주성분

정답 40. ④　41. ①　42. ②　43. ④　44. ①

45 분말소화약제의 종류에 따른 주성분 및 착색의 연결이 옳은 것은?

① 제1종분말 : 중탄산나트륨, 회색
② 제2종분말 : 중탄산칼륨, 담홍색
③ 제3종분말 : 제1제일인산암모늄, 담홍색
④ 제3종분말 : 제1제일인산암모늄, 백색

해설 분말소화약제의 종류

종 별	주성분	화학식	착색	적응화재
제1종	중탄산나트륨	$NaHCO_3$	백색	BC급
제2종	중탄산칼륨	$KHCO_3$	담회색	BC급
제3종	제일인산암모늄	$NH_4H_2PO_4$	담홍색 (또는 황색)	ABC급
제4종	중탄산칼륨 + 요소	$KHCO_3 + (NH_2)_2CO$	회색	BC급

46 제1종 분말소화약제의 색상으로 옳은 것은?

① 백색 ② 담자색 ③ 담홍색 ④ 청색

해설 분말소화약제의 색상

종 별	주성분	화학식	착색	적응화재
제1종	중탄산나트륨	$NaHCO_3$	백색	BC급
제2종	중탄산칼륨	$KHCO_3$	담회색	BC급
제3종	제일인산암모늄	$NH_4H_2PO_4$	담홍색 (또는 황색)	ABC급
제4종	중탄산칼륨 + 요소	$KHCO_3 + (NH_2)_2CO$	회색	BC급

47 제1종 분말소화약제가 요리용 기름이나 지방질 기름의 화재 시 소화효과가 탁월한 이유에 대한 설명으로 가장 옳은 것은?

① 비누화 반응을 일으키기 때문이다.
② 요오드화 반응을 일으키기 때문이다.
③ 브롬화 반응을 일으키기 때문이다.
④ 질화 반응을 일으키기 때문이다.

해설 비누화 반응(현상) : 제1종 분말소화약제(탄산수소나트륨 $NaHCO_3$)를 지방이나 식용유 화재에 사용하면 탄산수소나트륨의 Na^+ 이온과 기름(지방이나 식용유)의 지방산이 결합하여 비누거품을 형성하게 된다. 이 비누거품이 가연물을 덮어 산소와의 결합을 차단시켜 소화 작용을 한다.

정답 45. ③ 46. ① 47. ①

48 분말소화약제의 입도의 크기로 적당한 것은?

① 10~15μm ② 15~20μm
③ 20~25μm ④ 30~35μm

해설 분말소화약제의 입도가 너무 적거나 너무 커도 소화효과는 좋지 않으며, 적당한 입도는 20~25μm 이다.

49 분말소화기의 소화약제로 사용하는 탄산수소나트륨이 열분해하여 발생하는 가스는?

① 일산화탄소 ② 이산화탄소
③ 사염화탄소 ④ 산소

해설 탄산수소나트륨의 열분해 반응식
① 1차 열분해반응식(270℃) : $2NaHCO_3 \rightarrow Na_2CO_3 + CO_2 + H_2O$
② 2차 열분해반응식(850℃) : $2NaHCO_3 \rightarrow Na_2O + 2CO_2 + H_2O$

50 제1종 분말소화약제의 열분해 반응식으로 옳은 것은?

① $2NaHCO_3 \rightarrow Na_2CO_3 + CO_2 + H_2O$
② $2KHCO_3 \rightarrow K_2CO_3 + CO_2 + H_2O$
③ $2NaHCO_3 \rightarrow Na_2CO_3 + 2CO_2 + H_2O$
④ $2KHCO_3 \rightarrow K_2CO_3 + 2CO_2 + H_2O$

해설 제1종 분말의 열분해 반응식
① 1차 열분해반응식(270℃) : $2NaHCO_3 \rightarrow Na_2CO_3 + CO_2 + H_2O$
② 2차 열분해반응식(850℃) : $2NaHCO_3 \rightarrow Na_2O + 2CO_2 + H_2O$

51 가연성 액체탄화수소가 유출되어 화재가 발생한 경우 소화에 적합한 Twin Agent System의 약제성분은?

① 단백포 + 제1종 분말 ② 불화단백포 + 제2종 분말
③ 수성막포 + 제3종 분말 ④ 합성계면활성제포 + 제4종 분말

해설 Twin Agent System
① CDC(Compatible Dry Chemical) 분말소화약제를 이용하여 소화하는 시스템으로서 항공기 화재에 적용
② 구성
 (1) TWIN 20/20 : ABC 분말약제 20kg + 수성막포 20L
 (2) TWIN 40/40 : ABC 분말약제 40kg + 수성막포 40L

정답 48. ③ 49. ② 50. ① 51. ③

52 할로겐화합물 소화약제의 종류에 따른 최대허용설계농도의 값이 옳지 않은 것은?

① HCFC BLEND A : 10%
② HFC-23 : 30%
③ HFC-227ea : 11.5%
④ FIC-13I1 : 0.3%

해설 HFC-227ea : 10.5%

53 할로겐족 원소로만 나열된 것은?

① F, B, Cl, Si
② Si, Br, I, Al
③ F, Br, Cl, I
④ He, N, F, Br

해설 할로겐족(7족) : 불소(F), 브롬(Br), 염소(Cl), 옥소 또는 요오드(I)

54 할로겐화합물 및 불활성기체 소화약제 중 HCFC-22가 82%인 것은?

① HCFC BLEND A
② IG-541
③ HCFC-227ea
④ IG-55

해설 하이드로클로로 플루오로카본혼화제(HCFC BLEND A)
HCFC-123($CHCl_2CF_3$) : 4.75%, HCFC-22($CHClF_2$) : 82%
HCFC-124($CHClFCF_3$) : 9.5%, $C_{10}H_{16}$: 3.75%

55 할로겐화합물 소화약제의 ODP를 현저히 낮추기 위해 배제하는 원소는?

① F
② Cl
③ Br
④ I

해설 오존파괴지수(ODP ; Ozone Depletion Potential)
$$ODP = \frac{해당물질 1kg이\ 파괴하는\ 오존량}{CFC-11\ 1kg이\ 파괴하는\ 오존량}$$

56 할로겐화합물 및 불활성기체 소화설비에 사용하는 소화약제 중 성분비가 다음과 같은 비율로 구성된 소화약제는?(성분비 : N_2 : 52%, Ar : 40%, CO_2 : 8%)

① IG-541
② FC-3-1-10
③ HCFC BLEND A
④ HFC-227ea

해설 IG-541의 구성 성분비 : N_2 : 52%, Ar : 40%, CO_2 : 8%

정답 52. ③ 53. ③ 54. ① 55. ③ 56. ①

57 가스계 소화약제는 주로 표면화재에 적용하도록 개발되었으나 이를 심부화재에 적용하는 경우에는 소화가 가능하도록 설계농도로 일정시간 동안 유지시켜야 하는데 이 시간을 무엇이라 하는가?

① 설계농도 방사시간　　　　② 설계농도 유지시간
③ 소화농도 유지시간　　　　④ 소화농도 방사시간

해설　설계농도 유지시간(쇼킹타임) : 소화가 가능한 설계농도로 일정시간 동안 유지

58 용기의 단위용적이 80리터, 소화약제의 중량이 1[kg]일 때, 충전밀도는?

① 0.08　　② 12.5　　③ 125　　④ 1,250

해설　충전밀도 = 중량/내용적 = 1kg/80 L = 1,000g/L = 12.5g/L

59 할로겐화합물 및 불활성기체 소화설비에서 방출시간이란 최소설계농도에 도달하는 데 필요한 약제량의 몇 [%] 이상을 노즐로부터 방출하는 데 필요한 시간을 말하는가?

① 80%　　② 80%　　③ 90%　　④ 95%

해설　최소설계농도에 도달하는 데 필요한 약제량의 95% 이상

60 다음 소화약제 중에서 유화(Emulsion)작용이 없는 것은?

① 물분무소화약제　　　　② 포소화약제
③ 강화액소화약제　　　　④ 분말소화약제

해설　유화작용
① 물분무소화설비 : 유류화재
② 포 소화약제 : 모든 유류화재
③ 강화액 소화약제(무상 방사시) : 모든 유류화재
④ 내알콜포 소화약제 : 수용성가연물(알코올류, 에테르류, 케톤류 등)

61 소화효과를 고려하였을 경우 화재 시 사용할 수 있는 물질이 아닌 것은?

① 이산화탄소　　　　② 아세틸렌
③ Halon 1211　　　　④ Halon 1301

해설　아세틸렌은 연소범위가 2.5~81%인 가연성가스이다.

정답　57. ② 58. ② 59. ④ 60. ④ 61. ②

62 다음 중 전기설비에 대한 적응성이 낮은 것은?

① 할론에 의한 소화
② 이산화탄소에 의한 소화
③ 물분무에 의한 소화
④ 건조사에 의한 소화

해설 전기설비에 적응성이 있는 소화
① 할론에 의한 소화, 할로겐화합물 및 불활성기체 소화약제에 의한 소화
② 이산화탄소에 의한 소화, 분말에 의한 소화
③ 물분무에 의한 소화, 강화액에 의한 소화

63 다음 물질 중 증발잠열[kJ/kg]이 가장 큰 것은?

① 질소
② 할론 1301
③ 이산화탄소
④ 물

해설 증발잠열[kJ/kg]
① 질소 : 48
② 할론 1301 : 119
③ 이산화탄소 : 576.6
④ 물 : 2255

64 다음 중 제4류 위험물에 적응성이 있는 것은?

① 옥내소화전설비
② 옥외소화전설비
③ 봉상주수소화기
④ 물분무소화설비

해설 4류 위험물에 적응성이 있는 소화설비
물분무소화설비, 포소화설비, 불활성가스소화설비, 할로겐화합물소화설비, 분말소화설비(인산염류등, 탄산수소염류등)

65 강화액에 대한 설명으로 옳은 것은?

① 침투제가 첨가된 물을 말한다.
② 물에 첨가하는 계면 활성제의 총칭이다.
③ 물이 고온에서 쉽게 증발하게 하기 위해 첨가한다.
④ 알칼리 금속염을 사용한 것이다.

해설 강화액은 알칼리 금속염의 수용액에 황산을 반응시킨 약제이다.
$H_2SO_4 + K_2CO_3 \rightarrow K_2SO_4 + H_2O + CO_2$
강화액은 −20℃에서도 동결하지 않으므로 한랭지에서도 보온할 필요가 없고 탈수, 탄화작용으로 목재, 종이 등을 불연화하고 재연소방지의 효과도 있다.

정답 62. ④ 63. ④ 64. ④ 65. ④

66 소화방법에 관한 설명으로 옳지 않은 것은?
① 부촉매소화 : 이산화탄소를 화원에 뿌렸다.
② 냉각소화 : 가연물질에 물을 뿌려 연소온도를 낮추었다.
③ 제거소화 : 산불화재 시 주위 산림을 벌채하였다.
④ 질식소화 : 불연성 기체를 투입하여 산소농도를 떨어뜨렸다.

해설 질식소화 : 이산화탄소를 화원에 뿌렸다.

67 이산화탄소 1.2 kg을 18℃ 대기 중(1atm)에 방출하면 몇 [L]의 가스체로 변하는가? (기체상수가 0.082 [L·atm/mol·K]인 이상기체이다. 단, 소수점 이하는 둘째자리에서 반올림함)
① 0.6   ② 40.3   ③ 610.5   ④ 650.8

해설 $V = \dfrac{WRT}{PM} = \dfrac{1{,}200\text{g} \times 0.082\,\text{atm}\cdot\text{L/mol}\cdot\text{K} \times (273+18)\text{K}}{1\text{atm} \times 44\text{g/mol}} = 650.78\,\text{L}$

68 포소화약제의 주된 소화원리와 동일한 것은?
① 식용유 화재 시 용기의 뚜껑을 덮어서 소화
② 촛불을 입으로 불어서 소화
③ 산불의 진행방향 쪽을 벌목하여 소화
④ 전기실 화재에 할로겐화합물 소화약제를 방사하여 소화

해설 식용유 화재 시 용기의 뚜껑을 덮어서 소화 : 질식소화로 포소화약제의 주된 소화원리와 동일하다.
② 촛불을 입으로 불어서 소화 : 제거소화
③ 산불의 진행방향 쪽을 벌목하여 소화 : 제거소화
④ 전기실 화재에 할로겐화합물 소화약제를 방사하여 소화 : 부촉매소화

69 다음 ( )에 들어갈 내용으로 옳은 것은?

가. GWP = $\dfrac{\text{비교물질 1 kg이 기여하는 지구온난화 정도}}{(\ \text{ㄱ}\ )\ 1\,\text{kg이 기여하는 지구온난화 정도}}$

나. ODP = $\dfrac{\text{비교물질 1 kg이 파괴하는 오존량}}{(\ \text{ㄴ}\ )\ 1\,\text{kg이 파괴하는 오존량}}$

① ㄱ : CO, ㄴ : CFC-11
② ㄱ : CFC-12, ㄴ : CO
③ ㄱ : CO_2, ㄴ : CFC-11
④ ㄱ : CFC-12, ㄴ : CO_2

정답 66. ① 67. ④ 68. ① 69. ③

해설 $\text{GWP} = \dfrac{\text{비교물질 1 kg이 기여하는 지구온난화 정도}}{(\quad CO_2 \quad)\ 1\ \text{kg이 기여하는 지구온난화 정도}}$

$\text{ODP} = \dfrac{\text{비교물질 1 kg이 파괴하는 오존량}}{(\quad \text{CFC-11} \quad)\ 1\ \text{kg이 파괴하는 오존량}}$

제 2 편

소방수리학, 약제화학 및 소방전기

Fire Facilities Manager

제1장 유체의 일반적 성질
제2장 유체의 유동 및 계측
제3장 유체의 운동과 법칙
제4장 펌프의 현상
제5장 열역학
제6장 소화약제 및 소화이론
제7장 직류회로
제8장 교류회로
제9장 정전용량과 자기회로
제10장 전기계측 및 전기공사
제11장 자동제어의 기초
제12장 시퀀스 제어회로
제13장 전자회로

제1장 유체의 일반적 성질

1 유체의 정의 및 성질

1) 압축성 유체와 비압축성 유체

(1) 압축성 유체

압력을 받으면 체적 또는 밀도의 변화를 일으키는 유체
① 기체
② 관내에 수격현상을 일으키는 물질
③ 음속보다 빠른 비행체 둘레의 공기흐름

(2) 비압축성 유체

압력을 받아도 체적 또는 밀도의 변화를 일으키지 아니하는 것으로 유체의 속도나 압력에 관계없이 밀도가 일정하다.
① 상온의 액체
② 물체의 둘레를 흐르는 기류
③ 건물 둘레의 기류

2) 점성유체와 비점성 유체

(1) 점성유체

유체유동 시 속도에 비례하는 전단응력이 생겨 유동에 역행하려는 저항력이 존재하는데 이를 점성이라 한다.

(2) 비점성 유체

유체유동 시 마찰저항이 발생되지 않는 이상적인 유체를 말한다.

3) 이상유체와 실제유체 ★★★

(1) 이상유체

마찰이 없으며(비점성), 비압축성인 유체를 말한다.

(2) 실제유체

마찰이 있으며(점성), 압축성인 유체를 말한다.

4) 이상기체

(1) 아보가드로의 법칙을 만족하는 유체이다.
(2) 분자 상호간의 인력과 기체 자체의 체적을 무시한다.
(3) 점성이 없는 비압축성 유체이다.
(4) 내부에너지는 체적에 무관하며 온도에 의하여 변화한다.
(5) 이상기체 상태방정식을 만족한다.

2 유체의 단위

1) SI 기본단위

양	기호	명명
길이	m	meter(미터)
질량	kg	kilogram(킬로그램)
시간	s	second(세컨드)
전류	A	Ampere(암페어)
온도	K	Kelvin(켈빈)
광도	cd	Candela(칸델라)
물질의 양	mol	mole(몰)

2) SI 보조단위

양	기호	명명
평면각	rad	Radian(라디안)
입체각	sr	Steradian(스테라디안)

3) 고유 명칭을 갖는 유도단위 ★

물리량	명칭	기호	기본단위 조합
힘	newton(뉴턴)	N	$kg \cdot m/s^2$
압력	pascal(파스칼)	Pa	N/m^2
에너지, 일, 열량	joule(주울)	J	$N \cdot m$
동력, 전력	watt(와트)	W	J/s
전하	coulomb(쿨롱)	C	$A \cdot s$
전압	volt(볼트)	V	J/C
광속	lumen(루멘)	lm	$cd \cdot sr$
조도	lux(룩스)	lx	lm/m^2

4) SI 단위 접두어 및 배수

접두어	배수	접두어	배수
T(테라)	10^{12}	d(데시)	10^{-1}
G(기가)	10^{9}	c(센티)	10^{-2}
M(메가)	10^{6}	m(밀리)	10^{-3}
k(킬로)	10^{3}	μ(마이크로)	10^{-6}
h(헥토)	10^{2}	n(나노)	10^{-9}
da(데카)	10^{1}	p(피코)	10^{-12}

5) 주요 단위 환산 ★★★

물리량	주요 단위환산
길이	1[ft ; 피트] = 0.3048[m], 1[inch ; 인치] = 25.4[mm] 1[mile ; 마일] = 1,609.344[m]
질량	1[lb ; 파운드] = 0.4536[kg]
부피	1[gal ; 갤런] = 3.785[L], 1[m³ ; 세제곱미터] = 1,000[L]
열량	1[BTU] = 0.252[kcal], 1[kcal ; 킬로칼로리] = 427[kgf · m] 1[kcal] = 427 × 9.8 = 4,184[J]
힘	1[kgf ; 킬로그램 중] = 9.8[N] = 9.8 × 10⁵dyne 1[N ; 뉴턴] = $\frac{1}{9.8}$ [kgf] 1[N] = 1[kg · m/s²], 1[N] = 10⁵dyne = 10⁵g · cm/s²
점성계수	1p[poise ; 푸아즈] = 1[g/cm · s] = 1[dyne · s/cm²] = 0.1[kg/m · s]
동점성계수	stokes(스토크스)[cm²/s]
일	1[J ; 줄] = 1[N · m] 1[kgf · m] = 9.8[N · m] = 9.8[J]
동력	1[kW] = 102[kgf · m/s] = 1.36[PS], 1[PS] = 75[kgf · m/s] = 735[W]
물의 밀도	1[g/cm³] = 1[kg/L] = 1,000[kg/m³] = 1,000[N · s²/m⁴] = 102[kgf · s²/m⁴]
물의 비중량	1[gf/cm³] = 1[kgf/L] = 1,000[kgf/m³] = 9,800[N/m³] = 9.8[kN/m³]

예제 1. [kgf · s/m²]은 몇 [poise]인가?

① 9.8 ② 98 ③ 980 ④ 9,800

해설 점성계수의 단위
① [CGS]단위 : g/cm · g
② 단위환산
  kgf · s/m² = 9.8N · s/m² = 9.8×[kg · m/s²] · s/m²
  = 9.8kg/m · s = 9,800g/100cm · s
  = 98g/cm · s = 98poise

정답 ②

6) 그리스 문자표

기호	명명	기호	명명
α	alpha(알파)	ν	nu(뉴)
β	beta(베타)	ξ	xi(크사이)
γ	gamma(감마)	o	omicron(오미크론)
δ	delta(델타)	π	pi(파이)
ε	epsilon(입실론)	ρ	rho(로우)
ζ	zeta(제타)	σ	sigma(시그마)
η	eta(에타)	τ	tau(타우)
θ	theta(세타)	υ	upsilon(웁실론)
ι	iota(이오타)	ϕ	phi(프아이)
κ	kappa(카파)	χ	chi(카이)
λ	lambda(람다)	ψ	psi(프사이)
μ	mu(뮤)	ω	omega(오메가)

3 유체의 차원(Dimension) ★★★

물리량	절대단위	중력단위	절대단위차원 [MLT]	중력단위차원 [FLT]
길이	m	m	L	L
시간	s	s	T	T
질량	kg	$kgf \cdot s^2/m$	M	$FL^{-1}T^2$
힘	$kg \cdot m/s^2$	kgf	MLT^{-2}	F
면적	m^2	m^2	L^2	L^2
부피	m^3	m^3	L^3	L^3
속도	m/s	m/s	LT^{-1}	LT^{-1}
가속도	m/s^2	m/s^2	LT^{-2}	LT^{-2}
밀도	kg/m^3	$kgf \cdot s^2/m^4$	ML^{-3}	$FL^{-4}T^2$
비중량	$kg/m^2 \cdot s^2$	kgf/m^3	$ML^{-2}T^{-2}$	FL^{-3}
일, 에너지	$kg \cdot m^2/s^2$	$kgf \cdot m$	ML^2T^{-2}	FL
운동량	$kg \cdot m/s$	$kgf \cdot s$	MLT^{-1}	FT
동력	$kg \cdot m^2/s^3$	$kgf \cdot m/s$	ML^2T^{-3}	FLT^{-1}
압력	$kg/m \cdot s^2$	kgf/m^2	$ML^{-1}T^{-2}$	FL^{-2}
점도	$kg/m \cdot s$	$kgf \cdot s/m^2$	$ML^{-1}T^{-1}$	$FL^{-2}T$
동점도	m^2/s	m^2/s	L^2T^{-1}	L^2T^{-1}

예제 2. 질량을 M, 길이 L, 시간 T로 표시할 때 힘의 절대단위 차원은?

① MLT   ② $ML^{-1}T$ ③ MLT^{-2} ④ MLT^{-1}

해설 힘의 단위 및 차원

절대단위	중력단위	절대단위차원 [MLT]	중력단위차원 [FLT]
$kg \cdot m/s^2$	kgf	MLT^{-2}	F

정답 ③

예제 3. 질량을 M, 길이 L, 시간 T로 표시할 때 압력의 절대단위 차원은?

① $ML^{-1}T^{-2}$ ② $ML^{-1}T$ ③ MLT^{-2} ④ MLT^{-1}

해설 압력의 단위 및 차원

절대단위	중력단위	절대단위차원 [MLT]	중력단위차원 [FLT]
$kg \cdot m/s^2$	kgf/m^2	$ML^{-1}T^{-2}$	FL^{-2}

정답 ①

4 밀도 및 비체적

1) 밀도(비질량) ★★★

(1) 정의 : **단위체적 당 유체의 질량**

(2) 밀도의 계산

$$\rho = \frac{m}{V} = \frac{1}{V_s}$$ (m : 질량[kg], V : 체적[m³], V_s : 비체적[m³/kg])

2) 물의 밀도

$$\rho = 1g/cm^3 = 1kg/L = 1,000kg/m^3 = 1,000 N \cdot s^2/m^4 = 102 kgf \cdot s^2/m^4$$

3) 비체적 ★

(1) 정의 : 단위질량당의 체적(밀도의 역수)

(2) 단위 : [cm³/g], [m³/kg]

(3) 계산식

$$V_s = \frac{1}{\rho} = \frac{RT}{P}$$

P : 압력[Pa], R : 기체상수[J/kg·K], T : 절대온도[K], ρ : 밀도[kg/m³]

예제 4. 온도 20[℃], 압력 500[kPa]에서 비체적이 0.2[m³/kg]인 이상기체가 있다. 이 기체의 기체 상수[kJ/kg · K]는 얼마인가?

① 0.341　　② 3.41　　③ 34.1　　④ 341

해설 비체적 $V_s = \dfrac{1}{\rho} = \dfrac{RT}{P}$ 에서

기체상수 $R = \dfrac{V_s \times P}{T} = \dfrac{0.2[\text{m}^3/\text{kg}] \times 500[\text{kN/m}^2]}{(273+20)\text{K}}$

$= 0.341[\text{kN} \cdot \text{m/kg} \cdot \text{K}] = 0.341[\text{kJ/kg} \cdot \text{K}]$

정답 ①

5 비중량 및 비중

1) 비중량

$$\gamma = \dfrac{W}{V} = \rho \times g \ [\text{N/m}^3]$$

ρ : 밀도[kg/m³], W : 중량[N], V : 부피[m³], g : 중력가속도

예제 5. 어느 물질의 밀도가 1,000[kg/m³], 중력가속도가 9.8[m/s²]일 때 비중량[kN/m³]는?

① 0.98　　② 9.8　　③ 980　　④ 9,800

해설 비중량 $\gamma = \rho \times g = 1{,}000\text{kg/m}^3 \times 9.8\text{m/s}^2 = 9{,}800\text{N/m}^3 = 9.8\text{kN/m}^3$

정답 ②

2) 비중(Specific gravity)

$$S = \dfrac{\rho}{\rho_w} = \dfrac{\gamma}{\gamma_w}$$

ρ : t℃ 물질의 밀도[kg/m³], ρ_w : 4℃ 물의 밀도[kg/m³]

γ : t℃ 물질의 비중량[N/m³], γ_w : 4℃ 물의 비중량[N//m³]

6 동력(Motive power)

1) 단위

(1) [kgf · m/s], [J/s], [W]
(2) 1[kW] = 1000[N · m/s] = 102[kgf · m/s]
(3) 1[HP] = 76[kgf · m/s], 1[PS] = 75[kgf · m/s]

2) 계산식 ★★★

(1) 수동력 $P = \gamma QH$
(2) 공기동력(팬동력) $P = P_t \cdot Q$

　　P : 동력[N · m/s], γ : 비중량[N/m³], Q : 유량 또는 풍량[m³/s]
　　H : 전양정[m], P_t : 전압[mmAq] 또는 [N/m²]

예제 6. 물의 비중량 1,000[kgf/m³], 토출량 0.2[m³/s], 전양정이 10[m]인 펌프의 수동력 [N · m/s]은?

① 980　　　② 2,000　　　③ 10,000　　　④ 19,600

해설 $P = \gamma QH = 1,000[\text{kgf/m}^3] \times 0.2[\text{m}^3/\text{s}] \times 10[\text{m}] = 2,000[\text{kgf} \cdot \text{m/s}]$
　　　　　$= 2,000 \times 9.8[\text{N} \cdot \text{m/s}] = 19,600[\text{N} \cdot \text{m/s}]$

정답 ④

7 압력(pressure)

1) 정의 ★

(1) 단위면적(A)에 대하여 직각으로 작용하는 유체의 압축력(F)
(2) 압력 $P = \dfrac{F}{A}[\text{N/m}^2]$

2) 정압의 성질 ★★

(1) 유체의 압력은 작용면에 대하여 **수직**으로 작용한다.
(2) 유체의 어느 한 점에 작용하는 압력은 **모든 방향에서 동일**한 크기로 작용한다.

(3) 밀폐된 용기에 작용하는 압력은 모든 방향에서 동일한 크기로 작용한다.
(4) 개방된 용기에 작용하는 유체의 압력은 유체의 깊이(높이)에 비례한다.
$P = \gamma h$ [N/m²](γ : 비중량[N/m³], h : 높이(깊이)[m])
(5) 개방된 용기에 작용하는 유체의 압력은 밀도에 비례한다.

3) 절대압력 ★★★

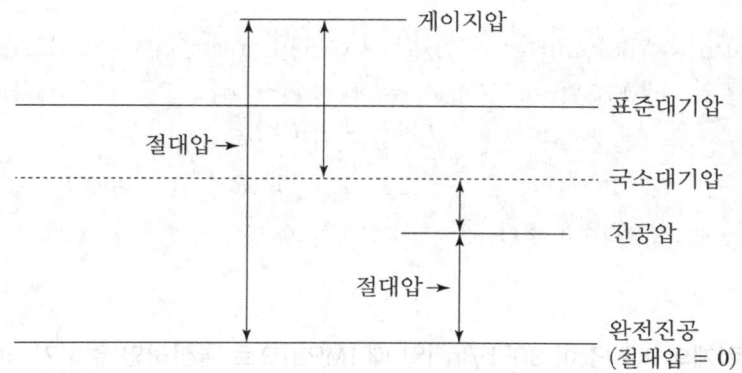

(1) 절대압력 = 국소대기압 + 게이지압(계기압력)
(2) 절대압력 = 국소대기압 − 진공압력

예제 7. 국소대기압이 98.6[kPa]인 곳에서 펌프에 의하여 흡입되는 물의 압력을 진공계로 측정하였다. 진공계가 7.3[kPa]을 가리켰을 때 절대 압력은 몇 [kPa]인가?
① 0.93　　　　② 9.3　　　　③ 91.3　　　　④ 105.9

해설 절대압력 = 대기압 − 진공계 압력 = 98.6 − 7.3 = 91.3kPa

정답 ③

예제 8. 표준대기압 상태인 대기 중에 노출된 큰 저수조의 수면보다 4[m] 높은 위치에 설치된 펌프에서 물을 송출할 때 펌프 입구에서의 정체압을 절대압력으로 나타내면 약 몇 [kPa]이겠는가?
① 62.1　　　　② 101.3　　　　③ 140.5　　　　④ 150.9

해설 정체압력 계산
① 유효흡입수두 = 대기압 환산수두 − 흡입수두 − 마찰손실 = 10.332m − 4m = 6.332m
② 단위변환 : $6.332\text{m} \times \dfrac{101.325\text{kPa}}{10.332\text{m}} = 62.097 \fallingdotseq 62.1\text{kPa}$

정답 ①

2) 압력의 계산

$$P = \gamma h = \frac{F}{A} \quad [\text{N/m}^2]$$

(γ : 비중량[N/m³], h : 높이[m], A : 단면적[m²], F : 힘[N])

3) 압력의 단위변환 ★★★

$$
\begin{aligned}
1[\text{atm}] &= 760[\text{mmHg}] &&= 1.0332[\text{kgf/cm}^2] &&= 10.332[\text{kgf/m}^2] \\
&= 10.332[\text{mmH}_2\text{O}] &&= 10.332[\text{mAq}] &&= 10.332[\text{mmH}_2\text{O}] \\
&= 14.7[\text{psi}] &&= 14.7[\text{lb/in}^2] \\
&= 101325[\text{Pa}] &&= 101.325[\text{kPa}] &&= 0.101325[\text{MPa}] \\
&= 1.013[\text{mbar}] &&= 1.013[\text{bar}]
\end{aligned}
$$

예제 9. 압력계의 지시값이 30[lb/in²]일 때 [MPa]으로 환산하면 얼마가 되겠는가?

① 0.21 ② 0.31 ③ 0.41 ④ 0.51

해설 $30[\text{lb/in}^2] \times \dfrac{0.101325[\text{MPa}]}{14.7[\text{lb/in}^2]} = 0.21[\text{MPa}]$

정답 ①

예제 10. 30[mmAq]는 몇 파스칼인가?(단, 중력가속도 9.8[m/s²]이고 물의 비중량 9.8[kN/m³]이다.)

① 294Pa ② 306Pa ③ 314Pa ④ 322Pa

해설 $30\,\text{mmAq} \times \dfrac{101,325\,\text{Pa}}{10,332\,\text{mmAq}} = 294\,\text{Pa}$

정답 ①

예제 11. 기압계에 나타난 압력이 740[mmHg]인 곳에서 어떤 용기의 계기압력이 600[kPa]이었다면 절대압력으로는 몇 [kPa]인가?

① 501 ② 526 ③ 674 ④ 699

해설 절대압력 = 대기압력 + 계기압력

$= \dfrac{740[\text{mmHg}]}{760[\text{mmHg}]} \times 101.325[\text{kPa}] + 600[\text{kPa}] = 698.66[\text{kPa}]$

정답 ④

8 체적탄성계수 및 압축률

1) 체적탄성계수의 계산 ★★★

$$K = -\frac{\Delta P}{\frac{\Delta V}{V}}$$ (K : 체적탄성계수, ΔP : 작용하는 압력[Pa], $\frac{\Delta V}{V}$: 체적의 감소율)

2) 압축률 ★★

(1) 정의
① **체적탄성계수의 역수**로서 단위압력 변화에 대한 체적 변형의 정도를 나타낸다.
② **압축률이 작을수록 압축하기가 어렵다.**

(2) 압축률의 계산

$$압축률 = \frac{1}{체적탄성계수}$$

예제 12. 체적탄성계수가 2.1475×10^9 [Pa]인 물의 체적을 0.25[%] 압축시키려면 몇 [Pa]의 압력이 필요한가?

① 4.93×10^5 ② 6.75×10^5 ③ 4.23×10^6 ④ 5.37×10^6

해설 체적탄성계수 $K = -\frac{\Delta P}{\frac{\Delta V}{V}}$ 에서

압력 $\Delta P = -K \times \frac{\Delta V}{V} = -2.1475 \times 10^9 \times \frac{0.25}{100} = 5,368,750 [Pa] ≒ 5.37 \times 10^6 [Pa]$

 ④

9 표면장력

1) 정의

액체의 표면에 나타나는 현상으로 액체의 자유표면은 외부에서의 인력을 받지 않기 때문에 **분자력에 의하여 액면을 축소하려는 장력**을 표면장력[N/m]이라 한다.

2) 특성 ★

(1) 표면장력의 크기 : 수은 > 물 > 알코올

(2) 표면장력 감소 시 특성
  ① **침투, 확산, 유화능력의 증가, 바람·기류의 영향이 크다.**
  ② 소화효율 증가(물의 냉각효과 증대), 흡수속도 및 흡착성이 증가
  ③ 응집력 < 부착력

(3) 표면장력 증가 시 특성
  ① **착상도 증가, 화면 도착률 증가, 주수율 향상**
  ② 증점제, 물의 냉각효과 감소, 바람·기류의 영향이 작다.
  ③ 응집력 > 부착력

(4) 표면장력의 응용
  ① 미분무수 설비 : 표면장력을 감소시켜 물의 냉각성능 증대
  ② 포소화설비의 합성계면활성제포 : 표면장력을 감소시켜 침투효과 증대
  ③ 산림화재 wetting agent : 표면장력을 감소시켜 침투효과 증대

3) 물방울의 표면장력

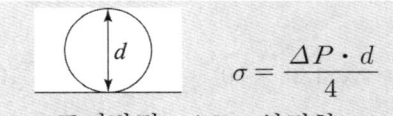

$$\sigma = \frac{\Delta P \cdot d}{4}$$

σ : 표면장력, ΔP : 압력차, d : 내경

4) 비눗방울의 표면장력

$$\sigma = \frac{\Delta P \cdot d}{8}$$

σ : 표면장력, ΔP : 압력차, d : 내경

10 모세관 현상

1) 정의 ★

(1) **부착력과 응집력의 차이**에 의하여 액체와 고체가 접촉 시에 상호 부착하려는

성질
(2) 직경이 가는 관을 액체 속에 넣으면 수면이 관의 벽면을 따라 상승하거나 하강하는 현상
(3) 모세관현상은 표면장력(表面張力)에 의하여 발생한다.

> 상승높이 $h = \dfrac{4\sigma cos\theta}{\gamma d}$ ★★★
> (σ : 표면장력[N/m], θ : 각도, γ : 비중량[9.8kN/m³], d : 직경[m])

상승높이는 표면장력에 비례, 관의 직경에 반비례, 물의 비중량에 반비례한다.

2) 매질에 따른 모세관현상

(1) 물 : 부착력 〉 응집력 : 유체상승
(2) 수은 : 부착력 〈 응집력 : 유체하강

11 부력(buoyancy)

1) 정의

(1) 물이나 기체 중에 있는 물체를 위로 뜨게 하는 힘
(2) 부력은 그 물체에 의하여 배재된 액체의 무게와 같다.
(3) 표면에 작용하는 유체의 압력에 의하여 중력과 반대방향으로 작용하는 힘

2) 부력의 계산

> $B = \gamma V$
> (B : 부력[N], γ : 비중량 [N/m³], V : 잠긴 물체의 체적[m³])

12 점도(점성계수)

1) 정의 ★

(1) **유체가 가지는 고유의 성질로서 끈끈한 정도**(유체가 흐를 때 발생하는 마찰저항)
(2) 유동하고 있는 유체에 서로 인접하고 있는 층 사이에서 발생하는 마찰손실
(3) 단위 : poise[g/cm·s]

2) 유체의 점도

(1) 기체의 점도
온도가 증가하면 에너지가 증가하여 점도는 증가한다.

(2) 액체의 점도
온도가 증가하면 응집력이 감소하여 점도는 감소한다.

3) 동점도(동점성계수) ★★★

(1) 정의 : **유체의 유동성을 판단하는 지표**이다.
(2) 단위 : stokes[cm^2/s]
(3) 계산식

$\nu = \dfrac{\mu}{\rho}$ (ν : 동점도[cm^2/s], μ : 점도[g/cm·s], ρ : 밀도[g/cm^3])

예제 13. 점성계수가 0.08[kg/m·s] 이고 밀도가 800[kg/m³]인 유체의 동점성계수는 몇 [cm²/s] 인가?

① 0.0001 ② 0.08 ③ 1.0 ④ 8.0

해설 동점성계수 $\nu = \dfrac{\mu}{\rho} = \dfrac{0.08[kg/m \cdot s]}{800[kg/m^3]} = 1 \times 10^{-4}[m^2/s] = 1[cm^2/s]$

정답 ③

13 뉴턴(Newton)의 점성법칙

1) 난류 ★★★

전단응력은 점성계수와 속도구배에 비례한다.

전단응력 $\tau = \mu \dfrac{du}{dy}[N/m^2]$

μ : 점도[N·s/m²], du : 두 층간의 속도 차[m/s]

dy : 거리[m], $\dfrac{du}{dy}$: 속도구배(속도 변화율)

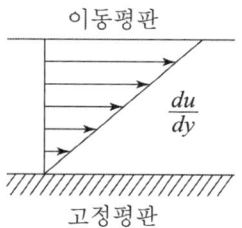

예제 14. 다음 중 Newton의 점성법칙과 관계없는 항은?
① 전단응력   ② 속도구배   ③ 점성계수   ④ 압력

해설 뉴턴의 점성법칙
$\tau = \mu \dfrac{du}{dy}$, τ : 전단응력, μ : 점성계수 $\dfrac{du}{dy}$: 속도구배

정답 ④

2) 층류 ★★

(1) 원통형 관내 유체가 흐를 때 **전단응력은 흐름의 중심에서는 0이고, 반지름에 비례하여 관 벽면까지 직선적으로 상승**한다.

(2) 전단응력

$$\tau = \dfrac{P_A - P_B}{\ell} \times \dfrac{r}{2}$$

($P_A - P_B$: 압력강하[Pa], ℓ : 관의 길이[m], r : 반지름[m])

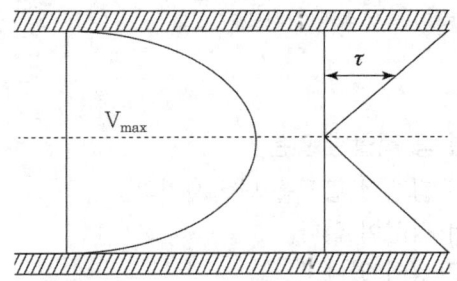

3) 뉴턴 유체와 비뉴턴 유체

(1) 뉴턴 유체
  ① 뉴턴의 점성법칙을 만족하는 유체
  ② 속도구배(속도변형률)에 관계없이 점성계수가 일정
  ③ 점성계수가 온도의 영향을 많이 받지만 압력의 영향은 무시 가능
  ④ 모든 기체와 분자량이 작은 대부분의 액체가 뉴턴유체에 해당

(2) 비뉴턴 유체
  ① 뉴턴의 점성법칙을 만족하지 않는 유체
  ② 속도구배에 따라서 점성계수가 변화한다.

제1장 출제예상문제

01 다음 중 비압축성 유체란 어느 것을 말하는가?
  ① 관내에 흐르는 가스이다.
  ② 관내에 수격작용을 일으키는 물질이다.
  ③ 압력을 받으면 체적변화를 일으키는 유체이다.
  ④ 압력을 받아도 체적변화를 일으키지 아니하는 유체이다.

  해설 비압축성유체 : 압력을 받아도 체적변화(또는 밀도변화)를 일으키지 않는 유체이다.

02 기체가 액화되기 쉬운 조건은 어떤 상태일 때인가?
  ① 고온, 고압의 상태   ② 고온, 저압의 상태
  ③ 저온, 고압의 상태   ④ 저온, 저압의 상태

  해설 상태변화
  ① 온도가 낮고 압력이 높을수록 액화되기 쉽다.
  ② 온도가 높고 압력이 낮을수록 기화되기 쉽다.

03 이상유체에 대한 설명 중 적합한 것은?
  ① 비압축성 유체로서 점성의 법칙을 만족시킨다.
  ② 비압축성 유체로서 점성이 없다.
  ③ 압축성 유체로서 점성이 있다.
  ④ 점성의 유체로서 비압축성이다.

  해설 이상유체 : 비압축성·비점성 유체, 실제유체 : 압축성·점성유체

04 점성계수의 단위로는 푸아즈(Poise)를 사용하는데 다음 중 푸아즈는 어느 것인가?
  ① cm^2/s ② $N \cdot s/m^2$
  ③ $dyne \cdot s^2/cm^2$ ④ $dyne \cdot s/cm^2$

  해설 점성계수의 단위
  ① [CGS]단위 : $g/cm \cdot s$(pois) = $dyne \cdot s/cm^2$
  ② [MKS]단위 : $kg/m \cdot s$

정답 1. ④ 2. ③ 3. ② 4. ④

05 1[kgf·s/m²]은 몇 [poise]인가?

① 9.8 ② 98 ③ 980 ④ 9,800

해설 점성계수의 단위
① [CGS]단위 : g/cm·s
② 단위환산
$kgf·s/m^2 = 9.8N·s/m^2 = 9.8 \times [kg·m/s^2]·s/m^2 = 9.8 kg/m·s$
$= 9,800g/100cm·s = 98g/cm·s = 98 poise$

06 질량을 M, 길이 L, 시간 T로 표시할 때 힘의 절대단위 차원은?

① MLT ② $ML^{-1}T$ ③ MLT^{-2} ④ MLT^{-1}

해설 힘의 단위 및 차원

절대단위	중력단위	절대단위차원 [MLT]	중력단위차원 [FLT]
kg·m/s²	kgf	MLT^{-2}	F

07 질량을 M, 길이 L, 시간 T로 표시할 때 압력의 절대단위 차원은?

① $ML^{-1}T^{-2}$ ② $ML^{-1}T$ ③ MLT^{-2} ④ MLT^{-1}

해설 압력의 단위 및 차원

절대단위	중력단위	절대단위차원 [MLT]	중력단위차원 [FLT]
kg·m/s²	kgf/m²	$ML^{-1}T^{-2}$	FL^{-2}

08 질량을 M, 길이 L, 시간 T로 표시할 때 운동량의 차원은 어느 것인가?

① MLT ② $ML^{-1}T$ ③ MLT^{-2} ④ MLT^{-1}

해설 운동량의 단위 및 차원

절대단위	중력단위	절대단위차원 [MLT]	중력단위차원 [FLT]
kg·m/s	kgf/s	MLT^{-1}	FT

정답 5. ② 6. ③ 7. ① 8. ④

09 질량을 M, 길이 L, 시간 T로 표시할 때 동력의 절대단위 차원은?

① $ML^{-1}T^{-2}$ ② $ML^{-1}T$ ③ MLT^{-2} ④ ML^2T^{-3}

해설 동력의 단위 및 차원

절대단위	중력단위	절대단위차원 [MLT]	중력단위차원 [FLT]
$kg \cdot m^2/s^3$	$kgf \cdot s/m^2$	ML^2T^{-3}	FLT^{-1}

10 질량을 M, 길이 L, 시간 T로 표시할 때 점도의 절대단위 차원은?

① $ML^{-1}T^{-1}$ ② $ML^{-1}T$ ③ MLT^{-2} ④ ML^2T^{-3}

해설 점도의 단위 및 차원

절대단위	중력단위	절대단위차원 [MLT]	중력단위차원 [FLT]
$kg/m \cdot s$	$kgf \cdot s/m^2$	$ML^{-1}T^{-1}$	$FL^{-2}T$

11 비체적이 0.001[m³/kg]이면 밀도[kg/m³]는?

① 1   ② 10   ③ 100   ④ 1,000

해설 밀도의 계산 $\rho = \dfrac{W}{V} = \dfrac{1}{V_s} = \dfrac{1}{0.001 \mathrm{m^3/kg}} = 1,000 \mathrm{kg/m^3}$

12 어느 물질의 밀도가 1,000[kg/m³], 중력가속도가 9.8[m/s²]일 때 비중량[kN/m³]는?

① 0.98   ② 9.8   ③ 980   ④ 9,800

해설 비중량 $\gamma = \rho \times g = 1,000 \mathrm{kg/m^3} \times 9.8 \mathrm{m/s^2} = 9,800 \mathrm{N/m^3} = 9.8 \mathrm{kN/m^3}$

13 유체의 비중량 γ, 밀도 ρ 및 중력가속도 g와의 관계는?

① $\gamma = \dfrac{\rho}{g}$ ② $\gamma = \rho g$ ③ $\gamma = \dfrac{g}{\rho}$ ④ $\gamma = \dfrac{\rho}{g^2}$

해설 비중량 $\gamma = \rho g$ (밀도 × 중력가속도)

정답 9. ④ 10. ① 11. ④ 12. ② 13. ②

14 어떤 물질의 비중이 0.8일 때 이 물질의 밀도[kg/m³]는 얼마인가?

① 80　　　② 800　　　③ 1,000　　　④ 9,800

해설 물질의 밀도 ρ = 비중 × 물의 밀도 = 0.8 × 1,000[kg/m³] = 800[kg/m³]

15 물의 비중량 1,000[kgf/m³], 토출량 0.2[m³/s], 전양정이 10[m]인 펌프의 수동력[N·m/s]은?

① 980　　　② 2,000　　　③ 10,000　　　④ 19,600

해설 $P = \gamma Q H = 1,000[\text{kgf/m}^3] \times 0.2[\text{m}^3/\text{s}] \times 10[\text{m}] = 2,000[\text{kgf} \cdot \text{m/s}]$
$= 2,000 \times 9.8[\text{N} \cdot \text{m/s}] = 19,600[\text{N} \cdot \text{m/s}]$

16 진공압력과 절대압력과의 관계로 옳은 것은?

① 진공압력 − 대기압 = 절대압력
② 대기압력 + 진공압력 = 절대압력
③ 국소대기압력 − 진공압력 = 절대압력
④ 표준대기압력 − 진공압력 = 절대압력

해설 절대압력 = 대기압력 + 게이지압(계기압) = 대기압력 − 진공압력

17 대기압의 크기는 760mmHg이고, 수은의 비중은 13.6일 때 240mmHg의 절대압력은 계기압력으로 약 몇 kPa인가?

① −32.0　　　② 32.0　　　③ −69.3　　　④ 69.3

해설 계기압력 = 절대압력 − 대기압 = 240mmHg − 760mmHg = −520mmHg
$-\dfrac{520\text{mmHg}}{760\text{mmHg}} \times 101.3\text{kPa} = -69.3\text{kPa}$

18 국소대기압이 98.6kPa인 곳에서 펌프에 의하여 흡입되는 물의 압력을 진공계로 측정하였다. 진공계가 7.3kPa을 가리켰을 때 절대 압력은 몇 kPa인가?

① 0.93　　　② 9.3　　　③ 91.3　　　④ 105.9

해설 절대압력 = 대기압 − 진공계 압력 = 98.6 − 7.3 = 91.3kPa

정답 14. ②　15. ④　16. ③　17. ③　18. ③

19 소방펌프차로 물을 송수하는데 진공계의 압력이 400[mmHg]을 나타내었다. 펌프에서 수면까지의 높이는 몇 [m]인가?

① 4.32m ② 5.44m ③ 6.32m ④ 10.33m

해설 높이 : $\dfrac{400\text{mmHg}}{760\text{mmHg}} \times 10.332\text{m} = 5.44\text{m}$

20 정지유체 속에 잠겨 있는 수평 평면에 대하여, 액체의 자유표면으로부터 평면까지의 깊이를 h, 평면의 면적을 A, 비중량 γ라고 할 때 평면에 작용하는 힘의 크기 F는?

① $F = \dfrac{hA}{\gamma}$ ② $F = \dfrac{\gamma A}{h}$ ③ $F = \dfrac{\gamma h}{A}$ ④ $F = \gamma hA$

해설 힘의 크기 $F = PA = \gamma hA$

21 그림과 같이 비중이 1.2인 액체가 대기 중에 상부가 개방된 탱크에 들어 있을 때, A점의 계기압력은 수은주로 약 몇 [mmHg]인가?(단, 수은의 비중은 13.6, 물의 밀도는 1,000[kg/m³]이다.)

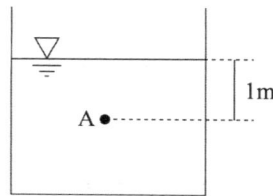

① 0.9 ② 16.3 ③ 88.2 ④ 163.2

해설 A점의 계기압력
① 액체의 비중량 γ = 비중 × 물의 비중량 = 1.2 × 1,000[kgf/m³] = 1,200[kgf/m³]
② A점의 계기압력 $P_A = \gamma H$ = 1,200[kgf/m³] × 1[m] = 1,200[kgf/m²]
③ 단위 변환 $1,200 \text{kgf/m}^2 \times \dfrac{760\text{mmHg}}{10,332\text{kgf/m}^2} = 88.27\text{mmHg}$

22 30mmAq는 몇 파스칼인가?(단, 중력가속도 9.8m/s²이고 물의 비중량 9.8kN/m³)

① 294Pa ② 306Pa ③ 314Pa ④ 322Pa

해설 $30\text{mmAq} \times \dfrac{101,325\text{Pa}}{10,332\text{mmAq}} = 294\text{Pa}$

정답 19. ② 20. ④ 21. ③ 22. ①

23 압력계의 지시값이 30[lb/in²]일 때 [kgf/cm²]으로 환산하면 얼마가 되겠는가?
① 2.1
② 3.1
③ 4.1
④ 5.1

해설 $30\,[\text{lb/in}^2] \times \dfrac{1.0332\,[\text{kgf/cm}^2]}{14.7\,[\text{lb/in}^2]} = 2.108\,[\text{kgf/cm}^2]$

24 진공계의 지침이 410[mmHg]를 가리키고 있다면 그것은 얼마의 절대압력을 뜻하고 있는가? (단, 대기압은 1[kgf/cm²]이라고 한다.)
① 약 $0.55\,\text{kgf/cm}^2$
② 약 $0.51\,\text{kgf/cm}^2$
③ 약 $0.44\,\text{kgf/cm}^2$
④ 약 $0.41\,\text{kgf/cm}^2$

해설 절대압력 = 대기압력 − 진공압력 = $1\,\text{kgf/cm}^2 - 410\,\text{mmHg} \times \dfrac{1.0332\,\text{kgf/cm}^2}{760\,\text{mmHg}}$
= $0.44\,\text{kgf/cm}^2$

25 압축률에 대한 설명으로 옳지 않은 것은?
① 압축률은 체적탄성계수의 역수이다.
② 유체의 체적감소는 밀도의 감소와 같은 뜻을 가진다.
③ 압축률은 단위압력 변화에 대한 체적의 변화율을 의미한다.
④ 압축률이 작은 것은 압축하기 어렵다.

해설 체적탄성계수의 역수로서 단위압력변화에 대한 체적 변형의 정도를 나타낸다.

26 유체의 압축률에 대한 기술로서 옳은 것은?
① 체적탄성계수에 비례한다.
② 유체의 압축률이 클수록 압축하기 힘들다.
③ 압축률은 체적에 대한 단위압력변화의 변형률을 말한다.
④ 체적탄성계수가 클수록 압축하기 힘들다.

해설 체적탄성계수가 클수록 압축률이 작을수록 압축하기 힘들다.

정답 23. ① 24. ③ 25. ② 26. ④

27 체적탄성계수가 1.2일 때 압축률은 약 얼마인가?

① 0.6　　　② 0.8　　　③ 1.0　　　④ 1.2

해설 압축률 = $\dfrac{1}{체적탄성계수} = \dfrac{1}{1.2} = 0.83$

28 액체의 표면에 나타나는 현상으로 액체의 자유표면은 외부에서의 인력을 받지 않기 때문에 분자력에 의하여 액면을 축소하려는 장력이 발생하는데 이를 무엇이라 하는가?

① 허용장력
② 표면장력
③ 모세관 장력
④ 심부장력

해설 표면장력 : 액체의 표면에 나타나는 현상으로 액체의 자유표면은 외부에서의 인력을 받지 않기 때문에 분자력에 의하여 액면을 축소하려는 장력

29 표면장력이 감소하였을 때 특성으로 옳지 않은 것은?

① 침투능력, 확산능력 및 유화능력이 증가
② 흡수속도 및 흡착성이 증가
③ 응집력 > 부착력
④ 바람·기류의 영향이 크다.

해설 표면장력 감소 시 특성
① 침투, 확산, 유화능력의 증가, 바람·기류의 영향이 크다.
② 소화효율 증가(물의 냉각효과 증대), 흡수속도 및 흡착성이 증가
③ 응집력 < 부착력

30 액체와 고체가 접촉하면 상호 부착하려는 성질을 갖는데 이 부착력과 액체의 응집력의 상대적 크기에 의해 일어나는 현상은 무엇인가?

① 표면장력
② 모세관현상
③ 점성법칙
④ 수격현상

해설 모세관 현상 : 부착력과 응집력의 차이에 의하여 액체와 고체가 접촉 시에 상호 부착하려는 성질

정답 27. ②　28. ②　29. ③　30. ②

31 모세관 현상에서 액면이 상승하는 경우는?
① 응집력보다 부착력이 클 때 ② 부착력보다 응집력이 클 때
③ 비중이 클 때 ④ 증기압이 클 때

해설 모세관 현상
① 액면상승 : 응집력 < 부착력
② 액면하강 : 부착력 > 응집력

32 지름 0.2[cm]인 모세관에서 표면장력에 의한 물의 상승높이는 몇 [m]인가? (단, 표면장력 계수는 $7.4×10^{-2}$[N/m]이고 접촉각은 30°이다.)
① 0.013 ② 0.0012 ③ 0.0027 ④ 0.031

해설 상승높이 $h = \dfrac{4 \times 7.4 \times 10^{-2} \text{N/m} \times \cos 30°}{9,800 \text{N/m}^3 \times 0.2 \times 10^{-2} \text{m}} = 0.013 \text{m}$

33 지름의 비가 1 : 2 : 3이 되는 3개의 모세관을 물속에 수직으로 세웠을 때 모세관 현상으로 물이 관속으로 올라가는 높이의 비는?
① 3 : 2 : 1 ② 9 : 4 : 1 ③ 1 : 2 : 3 ④ 6 : 3 : 2

해설 모세관의 상승높이는 관의 직경에 반비례하므로
$\dfrac{1}{1} : \dfrac{1}{2} : \dfrac{1}{3} = 6 : 3 : 2$

34 다음 중 Newton의 점성법칙과 관계없는 항은?
① 전단응력 ② 속도구배 ③ 점성계수 ④ 압력

해설 뉴턴의 점성법칙
$\tau = \mu \dfrac{du}{dy}$, τ : 전단응력, μ : 점성계수, $\dfrac{du}{dy}$: 속도구배

35 두 개의 평행한 고정평판 사이에 점성유체가 층류로 흐르고 있다고 가정할 때 속도에 대한 다음 설명 중 올바른 것은?
① 전단면에 걸쳐 일정하다. ② 벽면에서 최대가 된다.
③ 중심에서 최대가 된다. ④ 중심에서 0이 된다.

해설 속도는 중심에서 최대, 벽면에서 0이 된다. 전단응력은 반대이다.

정답 31. ① 32. ① 33. ④ 34. ④ 35. ③

36 직경 300[mm]인 수평 원관 속을 물이 흐르고 있다. 관의 길이 50[m]에 대해 압력강하가 100[kPa]이라면 관 벽에서 평균 전단응력은 몇 Pa인가?

① 100　　　② 150　　　③ 200　　　④ 250

해설 관 벽에서 전단응력

$$\tau = \frac{dP \cdot r}{2d\ell} = \frac{100,000 \text{N/m}^2 \times 0.15\text{m}}{2 \times 50\text{m}} = 150 \text{Pa}(\text{N/m}^2)$$

37 뉴턴유체에 대한 설명으로 옳은 것은?

① 유체유동 시 속도구배와 전단응력의 변화가 직선적인 관계를 갖지 않는 유체이다.
② 유체유동 시 속도구배와 전단응력과는 아무런 관계도 없는 유체이다.
③ 유체유동 시 속도구배와 전단응력의 변화가 원점을 통하지 않으나 직선적인 관계를 갖는 유체이다.
④ 유체유동 시 속도구배와 전단응력의 변화가 원점을 통하는 직선적인 관계를 갖는 유체이다.

해설 뉴턴유체
① 뉴턴의 점성법칙을 만족하는 유체
② 속도구배에 관계없이 점성계수가 일정하다.
③ 점성계수가 온도의 영향을 많이 받으나 압력의 영향은 무시할 수 있다.

38 유체에 대한 일반적인 설명으로 틀린 것은?

① 유체 유동 시 비 점성유체는 마찰 저항이 존재하지 않는다.
② 실제 유체에서는 마찰저항이 존재한다.
③ 뉴턴의 점성법칙은 전단응력, 압력, 유체의 변형률에 관한 함수 관계를 나타내는 법칙이다.
④ 전단응력이 가해지면 정지 상태로 있을 수 없는 물질을 유체라 한다.

해설 Newton의 점성법칙
① 난류일 때 : 전단응력은 점성계수와 속도구배에 비례한다.

$$\tau = \frac{F}{A} = \mu \frac{du}{dy} [\text{dyne/cm}^2] (\mu : \text{점성계수}[\text{dyne} \cdot \text{s/cm}^2], \frac{du}{dy} : \text{속도구배})$$

② 층류일 때 : 수평 원통형 관내에 유체가 흐를 때 전단응력은 중심선에서 0이고 반지름에 비례하면서 관 벽까지 직선적으로 증가한다.

정답　36. ②　37. ④　38. ③

39 모세관 현상으로 인한 액체의 상승높이를 구하는 공식에 포함되지 않는 요소만을 고른 것은?

| ㄱ. 관의 길이 | ㄴ. 관의 지름 | ㄷ. 밀도 |
| ㄹ. 표면 장력 | ㅁ. 전단 응력 | |

① ㄱ, ㄷ   ② ㄱ, ㅁ   ③ ㄴ, ㄷ, ㄹ   ④ ㄷ, ㄹ, ㅁ

해설 상승높이 $h = \dfrac{4\sigma cos\theta}{\gamma d}$ [m]
(σ : 표면장력, γ : 비중량(밀도×중력가속도), d : 관의 지름, θ : 각도)

40 어떤 액체의 동점성계수가 0.002 m²/s, 비중이 1.1 일 때 이 액체의 점성계수(N·s/m²)는 얼마인가? (단, 중력가속도는 9.8 m/s², 물의 단위중량은 9.8 kN/m³ 이다.)

① 2.2   ② 6.8
③ 10.1   ④ 15.7

해설 점성계수 계산

액체의 비중 $s = \dfrac{\rho}{\rho_w}$, $\rho = s \times \rho_w = 1.1 \times 1000 \, kg/m^3$

점성계수 $\mu = \rho \times \nu = 1.1 \times 1000 \, kg/m^3 \times 0.002 \, m^2/s = 2.2 \, kg/m \cdot s = 2.2 \, N \cdot s/m^2$

(여기에서, $N = kg \times m/s^2$, $kg = N \times s^2/m$, $kg/m \cdot s = N \cdot s/m^2$)

정답 39. ②   40. ①

제2장 유체의 유동 및 계측

1 정상류와 비정상류

1) 정상류 ★★

(1) 관내에 흐르는 물이 임의의 점에서 **시간이 경과함에 따라 그 흐르는 상태가 변하지 않는 흐름** 즉, 임의의 한 점에서 **속도·밀도·압력·온도 등의 평균값이 시간에 따라 변하지 않는 흐름**을 말한다.

$$\frac{d\rho}{dt}=0, \ \frac{dP}{dt}=0, \ \frac{dT}{dt}=0$$

(2) 시간에 따라서 유체의 속도변화가 없는 것을 의미한다.

2) 비정상류

(1) 임의의 점에서 **유체흐름의 특성이 시간에 따라 변하는 흐름**을 말한다.

$$\frac{d\rho}{dt}\neq 0, \ \frac{dP}{dt}\neq 0, \ \frac{dT}{dt}\neq 0$$

(2) 시간에 따라서 유체의 속도변화가 있는 것을 의미한다.

2 유선, 유맥선 및 유적선

1) 유선(stream line) ★★

(1) 어느 순간 유체의 각 위치에서 **속도벡터에 접하는 연속적인 곡선**으로 이 곡선 위의 임의의 점에서의 접선은 그 점에서 유체의 방향을 나타낸다.

(2) 유선방정식 : $\dfrac{dx}{u}=\dfrac{dy}{v}=\dfrac{dz}{w}$

(3) 유선은 서로 교차하지 않는다.

2) 유맥선(streak line) ★★

(1) 어떤 특정한 점을 지나간 유체입자들을 이은 선

3) 유적선(path line) ★★

(1) 한 유체입자가 일정시간 동안 움직인 경로
(2) 유적선은 서로 교차할 수 있다.
(3) 정상류일 때 유적선은 유선과 일치한다.

3 연속방정식

1) 연속방정식의 개념 ★

(1) 유체의 흐름이 정상류일 때 임의의 한 점에서 속도, 온도, 압력, 밀도 등의 평균값이 시간에 따라 변하지 않는다.
(2) 관내를 흐르는 유체는 단면이 변하더라도 흐르는 양은 변하지 않고 일정하다. 즉, **질량보존의 법칙을 만족**한다.

2) 체적유량(Volumetric flow rate) ★★★

$Q = A_1 V_1 = A_2 V_2 \ [\text{m}^3/\text{s}]$
(A_1, A_2 : 단면적[m^2], V_1, V_2 : 유속[m/s])

예제 1. 내경 20[cm]인 배관에 매분 5,400[L]의 물이 정상으로 흐르고 있을 때 물의 유속 [m/s]은 얼마인가? (단, π의 값은 3이다.)

① 2m/s ② 3m/s ③ 4m/s ④ 5m/s

해설 $Q = AV$에서 $V = \dfrac{Q}{A} = \dfrac{5{,}400\,\text{L/min}}{\dfrac{3}{4} \times (0.2\text{m})^2} \times \dfrac{1\text{m}^3}{1{,}000\text{L}} \times \dfrac{1\min}{60\text{s}} = 3\,\text{m/s}$

 ②

3) 질량유량(Mass flow rate) ★★★

$$m = \rho_1 A_1 V_1 = \rho_2 A_2 V_2 \text{ [kg/s]}$$

A_1, A_2 : 단면적[m²], V_1, V_2 : 유속[m/s], ρ_1, ρ_2 : 밀도[kg/m³]

(1) $\rho A V = \text{constant}$

(2) $d(\rho A V) = 0$

(3) $\dfrac{d\rho}{\rho} + \dfrac{dA}{A} + \dfrac{dV}{V} = 0$

예제 2. 질량유량 130[kg/s]의 물이 관로 내를 흐르고 있다. 지름이 300[mm]인 관에서 200[mm]의 관으로 물이 흐를 때 200[mm]인 관에서의 평균속도는 약 몇 [m/s]인가?

① 3.84m/s ② 4.14m/s ③ 6.24m/s ④ 18.4m/s

해설 질량유량 $m = AV\rho$

유속 $V = \dfrac{m}{A\rho} = \dfrac{130 \text{kg/s}}{\dfrac{\pi}{4} \times (0.2\text{m})^2 \times 1{,}000\text{kg/m}^3} = 4.138 = 4.14 \text{ m/s}$

정답 ②

4) 중량유량(Weight flow rate) ★★★

$$G = \gamma_1 A_1 V_1 = \gamma_2 A_2 V_2 \text{ [N/s]}$$

(A_1, A_2 : 단면적[m²], V_1, V_2 : 유속[m/s], γ_1, γ_2 : 비중량[N/m³])

5) 압력에 따른 유량계산 ★★★

(1) $Q = K\sqrt{10P}$

　Q : 유량[L/min], K : 상수, P : 압력[MPa]

(2) 옥내소화전, 옥외소화전

　$Q = 0.653 \times CD^2 \sqrt{10P}$

　Q : 유량[L/min], C : 유량계수, D : 내경[mm], P : 압력[MPa]

예제 3 직경이 18[mm]인 노즐을 사용하여 노즐 압력 147[kPa]로 옥내소화전을 방수하면 방수속도는 약 몇 [m/s]인가?

① 10.3 ② 14.7 ③ 16.3 ④ 16.8

해설 방수속도

① 유량 $Q = 0.653 \times CD^2 \sqrt{10P} = 0.653 \times 18^2 \times \sqrt{10 \times 0.147 MPa}$
$= 256.52 [\text{L/min}]$

② 방수속도 $V = \dfrac{Q}{A} = \dfrac{4Q}{\pi D^2} = \dfrac{4 \times 256.52 \times 10^{-3} \text{m}^3/60\text{s}}{\pi \times (0.018\text{m})^2} = 16.8 [\text{m/s}]$

정답 ④

4 오일러(Euler)의 운동방정식

1) 개념

유체의 입자가 유선 또는 유관을 따라 움직일 때 **뉴턴의 운동 제2법칙을 적용하여 얻은 미분방정식**을 오일러의 운동방정식이라고 한다.

2) 오일러 방정식의 기본 가정 ★★★

(1) 유체입자는 **유선을 따라 움직인다.**
(2) 유체의 점성력은 없다.(비점성 유체)
(3) **정상유동**이다.
(4) **압축성 및 비압축성 유체에 관계없이 적용**

5 베르누이(Bernoulli) 방정식

1) 개념 ★★

(1) 이상유체의 흐름에서 압력수두, 위치수두, 속도수두의 합은 언제나 일정하고, 그 값은 항상 보존된다.

전 수두 $H = \text{압력수두} + \text{속도수두} + \text{위치수두} = \dfrac{P}{\gamma} + \dfrac{V^2}{2g} + Z$

(2) 에너지의 총합은 일정하다.

전 에너지 = 압력에너지 + 운동에너지 + 위치에너지 = 일정

(3) 전압은 일정하다.

$$P(정압) + \frac{\gamma V^2}{2g}(동압) + \gamma Z(포텐셜압) = 일정$$

(4) 소방에서의 적용 : 벤투리(venturi)관, 포 혼합장치(프로포셔너), 차압식 유량계
(5) 에너지선(EL)은 수력구배선(HGL)보다 속도수두만큼 위에 있다.

예제 4. 에너지선(E.L)에 대한 설명으로 옳은 것은?
① 수력구배선보다 아래에 있다.
② 속도수두와 위치수두의 합이다.
③ 압력수두와 속도수두의 합이다.
④ 수력구배선보다 속도수두만큼 위에 있다.

해설 수력구배선과 에너지선
① 수력구배선 : 위치수두 + 압력수두를 연결한 선
② 에너지선(전수두선) : 위치수두 + 압력수두 + 속도수두를 연결한 선

 ④

2) 성립조건 ★★★

(1) Bernoulli Equation이 적용되는 임의의 2점은 **같은 유선상에 있다.**
(2) **정상상태의 유동**이다.
(3) **마찰이 없는 비점성 유체**이다.
(4) **비압축성 유체**이다.

3) 이상유체에서의 베르누이 방정식 ★★★

$$\frac{P_1}{\gamma_1} + \frac{V_1^2}{2g} + Z_1 = \frac{P_2}{\gamma_2} + \frac{V_2^2}{2g} + Z_2$$

V_1, V_2 : 유속[m/s], P_1, P_2 : 압력[Pa] 또는 [N/m²], Z_1, Z_2 : 위치수두[m]
γ_1, γ_2 : 비중량[N/m³]

예제 5. 기준면보다 10[m] 높은 곳에서 물의 속도가 2[m/s] 이다. 이곳의 압력이 900[Pa]이라면 전수두는 약 몇 [m]인가?
① 18.3   ② 15.3   ③ 10.3   ④ 8.6

해설 전수두 = 압력수두 + 위치수두 + 속도수두

$$= \frac{P}{\gamma} + \frac{V^2}{2g} + Z = \frac{900\text{N/m}^2}{9{,}800\text{N/m}^3} + \frac{(2\text{m/s})^2}{2 \times 9.8\text{m/s}^2} + 10\text{m} = 10.295 = 10.3\text{m}$$

정답 ③

예제 6. 수평으로 놓인 관로에서 입구의 관 지름이 65[mm], 유속이 2.5[m/s]이며 출구의 관 지름이 40[mm]라고 한다. 입구에서의 압력이 350[kPa]이라면 출구에서의 압력은 약 몇 [kPa]인가?(단, 마찰손실은 무시하고 유체의 밀도는 1,000[kg/m³]로 한다.)

① 311 ② 321 ③ 331 ④ 341

해설 베르누이방정식을 이용한 압력계산

① 출구 유속의 계산

$$V_2 = V_1 \times \frac{A_1}{A_2} = V_1 \times (\frac{D_1}{D_2})^2 = 2.5[\text{m/s}] \times (\frac{0.065\text{m}}{0.04\text{m}})^2 = 6.6[\text{m/s}]$$

② 압력계산

$$\frac{P_1}{\gamma_1} + \frac{V_1^2}{2g} + Z_1 = \frac{P_2}{\gamma_2} + \frac{V_2^2}{2g} + Z_2$$

$$\frac{350\text{kPa}}{9.8\text{kN/m}^3} + \frac{(2.5\text{m/s})^2}{2 \times 9.8\text{m/s}^2} + 0\text{m} = \frac{P_2}{9.8\text{kN/m}^3} + \frac{(6.6\text{m/s})^2}{2 \times 9.8\text{m/s}^2} + 0\text{m}$$

$$P_2 = [\frac{350\text{kPa}}{9.8\text{kN/m}^3} + \frac{(2.5\text{m/s})^2}{2 \times 9.8\text{m/s}^2} - \frac{(6.6\text{m/s})^2}{2 \times 9.8\text{m/s}^2}] \times 9.8\text{kN/m}^3 = 331.35[\text{kPa}]$$

정답 ③

4) 실제유체에서의 베르누이 방정식 ★★★

$$\frac{P_1}{\gamma_1} + \frac{V_1^2}{2g} + Z_1 = \frac{P_2}{\gamma_2} + \frac{V_2^2}{2g} + Z_2 + \triangle H$$

$\triangle H$: 손실수두[m], V_1, V_2 : 유속[m/s]

P_1, P_2 : 압력[Pa] 또는 [N/m²]

Z_1, Z_2 : 위치수두[m]

γ_1, γ_2 : 비중량[N/m³]

5) 펌프의 일과 손실을 고려한 베르누이 수정방정식 ★★★

$$\frac{P_1}{\gamma_1}+\frac{V_1^2}{2g}+Z_1+H_P=\frac{P_2}{\gamma_2}+\frac{V_2^2}{2g}+Z_2+H_L$$

V_1, V_2 : 유속[m/s], P_1, P_2 : 압력[Pa] 또는 [N/m²]

Z_1, Z_2 : 위치수두[m], γ_1, γ_2 : 비중량[N/m³]

H_P : 펌프의 수두[m]

H_L : 손실수두[m]

예제 7. 펌프의 일과 손실을 고려할 때 베르누이 수정방정식을 옳게 나타낸 것은?(단, H_P와 H_L은 펌프의 수두와 손실수두를 나타내며, 아래첨자 1, 2는 각각 펌프의 전후 위치를 나타냄)

① $\dfrac{P_1}{\gamma_1}+\dfrac{V_1^2}{2g}+Z_1=\dfrac{P_2}{\gamma_2}+\dfrac{V_2^2}{2g}+H_L$

② $\dfrac{P_1}{\gamma_1}+\dfrac{V_1^2}{2g}+H_P=\dfrac{P_2}{\gamma_2}+\dfrac{V_2^2}{2g}+H_L$

③ $\dfrac{P_1}{\gamma_1}+\dfrac{V_1^2}{2g}+H_P=\dfrac{P_2}{\gamma_2}+\dfrac{V_2^2}{2g}+Z_2+H_L$

④ $\dfrac{P_1}{\gamma_1}+\dfrac{V_1^2}{2g}+Z_1+H_P=\dfrac{P_2}{\gamma_2}+\dfrac{V_2^2}{2g}+Z_2+H_L$

해설 펌프의 일과 손실을 고려한 베르누이 수정방정식

$$\frac{P_1}{\gamma_1}+\frac{V_1^2}{2g}+Z_1+H_P=\frac{P_2}{\gamma_2}+\frac{V_2^2}{2g}+Z_2+H_L$$

정답 ④

6 파스칼의 원리

1) 정의

(1) 정지하고 있는 유체 속의 한 점에 작용하는 압력의 세기는 모든 방향에서 같다.
(2) 밀폐된 용기 중에 정지유체 일부에 가해진 압력은 유체중의 모든 부분에 일정하다.
(3) 수압기의 기본원리이다.

2) 적용원리 ★

$$P_1 = P_2, \quad \frac{F_1}{A_1} = \frac{F_2}{A_2}$$

P_1, P_2 : 압력[Pa], F_1, F_2 : 힘[N], A_1, A_2 : 단면적[m²]

7 토리첼리(Torricelli)의 식 ★★★

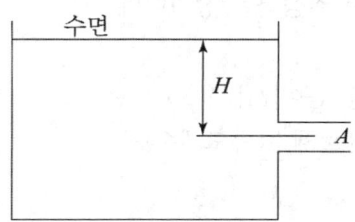

$V = C\sqrt{2gH}$

V : A점에서의 유속[m/s], C : 속도계수(또는 유출계수), g : 중력가속도(9.8m/s²)
H : 높이[m]

예제 8. 노즐 선단에서의 방사압력을 측정하였더니 200[kPa](계기압력)이었다면 이때 물의 순간 유출속도[m/s]는?

① 10　　　　② 14.1　　　　③ 20　　　　④ 28.3

해설 유속 $V = \sqrt{2gH} = \sqrt{2 \times 9.8\text{m/s}^2 \times \frac{200\text{kPa}}{101.325\text{kPa}} \times 10.332\text{m}} = 19.99\text{m/s}$

정답 ③

예제 9. 물탱크에 담긴 물의 수면의 높이가 10[m]인데 물탱크 바닥에 원형 구멍이 생겨서 10[ℓ/s] 만큼 물이 유출되고 있다. 원형 구멍의 지름은 약 몇 [cm]인가?(단, 구멍의 유량 보전계수는 0.6이다)

① 2.7　　　　② 3.1　　　　③ 3.5　　　　④ 3.9

해설 원형 구멍의 지름 계산
① 유량 Q = 10[ℓ/s] = 0.01[m³/s]
② 유속 $V = C\sqrt{2gH} = 0.6 \times \sqrt{2 \times 9.8\text{m/s}^2 \times 10\text{m}} = 8.4$[m/s]

③ 지름 $D = \sqrt{\dfrac{4Q}{\pi V}} = \sqrt{\dfrac{4 \times 0.01 \mathrm{m^3/s}}{\pi \times 8.4 \mathrm{m/s}}} = 0.03893\mathrm{m} = 3.89\mathrm{cm}$

 ④

8 유속의 측정

1) 피토우관(pitot tube) ★★★

유체의 **국부적인 속도를 측정**하는 장치이다.

$V = C\sqrt{2gH} \, [\mathrm{m/s}]$

H : 피토관의 유체 상승 높이[m]

g : 중력가속도, C : 유출계수(속도계수)

2) 피토우-정압관(pitot static tube) ★★

구멍이 뚫린 선단과 측면이 있으며, **전압과 정압의 차인 동압을 이용**하여 유속을 측정

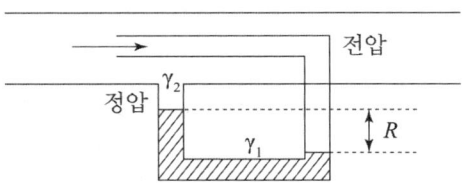

$V = \sqrt{2g \times \dfrac{\Delta P}{\gamma_2}} = \sqrt{2g \dfrac{\gamma_1 - \gamma_2}{\gamma_2} R}$

γ_2 : 물의 비중량[N/m³], γ_1 : 마노미터 내 물질의 비중량[N/m³]

ΔP : 전압과 정압의 차(동압)[N/m²], R : 마노미터의 높이차[m]

3) 열선속도계

난류유동처럼 빠른 유속을 측정할 때 사용한다.

4) 시차액주계

피에조미터와 피토관을 연결하여 유속 및 동압을 측정하는 장치

9 압력의 측정

1) 피에조미터 ★

유동하고 있는 유체에서 교란되지 않는 유체의 정압을 측정

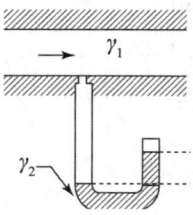

$P = (\gamma_2 - \gamma_1)R$
(P : 정압, γ_2 : 수은의 비중량(N/m³), γ_1 : 물의 비중량(N/m³))

2) 정압관(Static tube)

흐르는 유체 내부의 정압을 측정

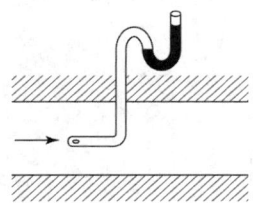

3) 마노미터 ★★

유체의 두 지점사이의 압력차를 측정하는 장치

(1) U자관 마노미터

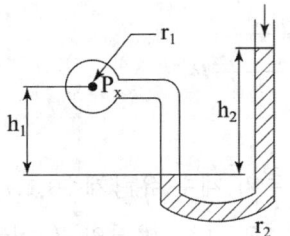

$P_x + \gamma_1 h_1 = \gamma_2 h$

(2) U자관 차압계

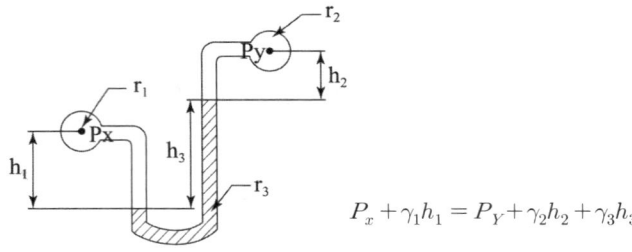

$$P_x + \gamma_1 h_1 = P_Y + \gamma_2 h_2 + \gamma_3 h_3$$

(3) 역U자관 차압계

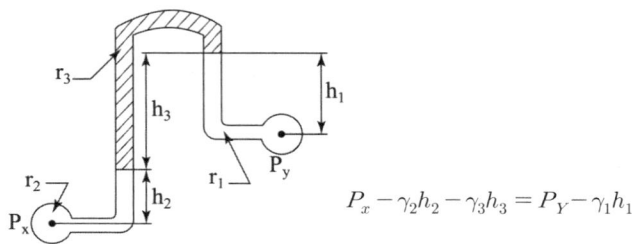

$$P_x - \gamma_2 h_2 - \gamma_3 h_3 = P_Y - \gamma_1 h_1$$

10 유량의 측정

1) 벤투리(venturi) 유량계

(1) 특징

① 압력손실이 작고 유량측정이 비교적 정확하다.
② 구조가 복잡하고, 설치 시 파이프를 절단해야 한다.
③ 값이 비싸다.

(2) 유량의 계산

$$Q = \frac{C_V A_2}{\sqrt{1 - \left(\frac{A_2}{A_1}\right)^2}} \sqrt{2g \frac{\gamma_1 - \gamma_2}{\gamma_2} R}$$

Q : 유량[m³/s], C_v : 벤투리 계수(유량계수), A_1, A_2 : 단면적[m²]
γ_1, γ_2 : 비중량[kgf/m³], R : 마노미터의 높이[m]

2) 오리피스 유량계

(1) 특징
① 배관 도중에 오리피스를 설치하여 오리피스 전후의 압력차를 이용하여 유량을 측정한다.
② 가격이 저렴하며, 압력손실이 크다.
③ 구조가 간단, 제작이 용이하여 광범위하게 사용

(2) 유량의 계산

$$Q = \frac{C_v A_2}{\sqrt{1-\left(\frac{A_2}{A_1}\right)^2}} \sqrt{2g \frac{\gamma_1 - \gamma_2}{\gamma_2} R} = K\sqrt{P_1 - P_2}$$

Q : 유량[m³/s], C_v : 오리피스 계수(유량계수), A_1, A_2 : 단면적[m²]
γ_1 : 수은의 비중량[kgf/m³], γ_2 : 물의 비중량[kgf/m³]
R : 마노미터의 높이[m], K : 상수

3) 로터미터(rotameter)

유량을 플로트(float)를 이용하여 눈으로 직접 읽을 수 있는 장치이다.

4) 위어(weir)

(1) **개수로의 유량측정에 사용**하는 장치로서 다량의 유량을 측정할 수 있다.
(2) 종류 : 3각 위어, 4각 위어, 전폭 위어, 사다리꼴 위어, 원형 위어 등

① 3각 위어　　　　　　② 4각 위어

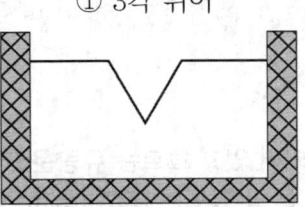
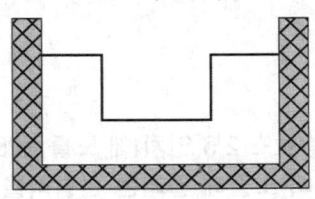

11 점성계수의 측정 ★★★

적용이론	점도계의 종류
뉴턴의 점성법칙	맥마이클(mac michael) 점도계 스토머(stomer) 점도계
하겐-포아젤 (Hagen-Poiseuille)법칙	오스왈트(ostwald) 점도계 세이볼트(saybolt) 점도계 레드우드 점도계 앵글러 점도계 바베이 점도계
스토크스 법칙	낙구식 점도계

12 유체의 반발력

1) 운동량에 의한 반발력(운동량에 의해 생기는 반발력) ★★

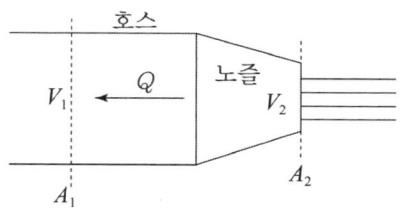

$F = \rho Q(V_2 - V_1)$
F : 반발력[N], ρ : 밀도[kg/m³], Q : 유량[m³/s], V_1, V_2 : 유속[m/s]

예제 10. 소방호스 2.5[인치]에 노즐 1.25[인치]가 연결되어 있고 흐르는 유량은 0.0117[m³/s]일 때 노즐에 걸리는 반발력을 구하시오.(단, 물의 밀도는 997[kg/m³]이다.)
① 43N ② 129.5N ③ 152.7N ④ 172.5N

해설 반발력 계산

① 호스 유속 $V_1 = \dfrac{Q}{A_1} = \dfrac{0.0117 \mathrm{m^3/s}}{\dfrac{\pi}{4} \times (2.5 \times 0.0254 \mathrm{m})^2} = 3.69 \mathrm{m/s}$

② 노즐 유속 $V_2 = \dfrac{Q}{A_2} = \dfrac{0.0117\text{m}^3/\text{s}}{\dfrac{\pi}{4}\times(1.25\times0.0254\text{m})^2} = 14.79\text{m/s}$

③ 노즐의 반발력
$F = \rho Q(V_2 - V_1) = 997[\text{kg/m}^3]\times 0.0117[\text{m}^3/\text{s}]\times(14.79[\text{m/s}] - 3.69[\text{m/s}])$
$= 129.48[\text{N}]$

 ②

예제 11. 지름이 5[cm]인 소방 노즐에서 물 제트가 40[m/s]의 속도로 건물 벽에 수직으로 충돌하고 있다. 벽이 받는 힘은 약 몇 [N]인가?(단, 물의 밀도는 1,000[kg/m³]이다.)

① 320N ② 2,450N ③ 2,570N ④ 3,120N

해설 힘

① 유량 $Q = AV = \dfrac{\pi}{4}\times(0.05\text{m})^2\times 40[\text{m/s}] = 0.078[\text{m}^3/\text{s}]$

② 힘 $F = \rho QV = 1,000[\text{kg/m}^3]\times 0.078[\text{m}^3/\text{s}]\times 40[\text{m/s}] = 3,120[\text{N}]$
  $(\text{N} = \text{kg}\cdot\text{m/s}^2)$

 ④

2) 플랜지 볼트에 작용하는 힘 ★★

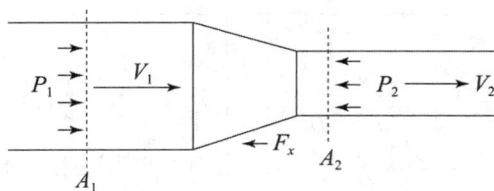

$$F = \dfrac{\gamma Q^2 A_1}{2g}\left(\dfrac{A_1 - A_2}{A_1 A_2}\right)^2$$

F : 플랜지볼트에 걸리는 힘[N], γ : 비중량[N/m³], Q : 유량[m³/s]
A_1 : 소방호스의 단면적[m²], A_2 : 노즐의 단면적[m²]

13 수력반경, 수력지름 ★★★

1) 정의

(1) 단면적을 물과 접촉하는 접수 길이로 나눈 값
(2) 수력반경(hydraulic radius)

$R_h = \dfrac{A}{\ell}$, 여기서 A : 단면적[m²], ℓ : 접수길이[m]

2) 수력반경의 계산

(1) 원관의 경우

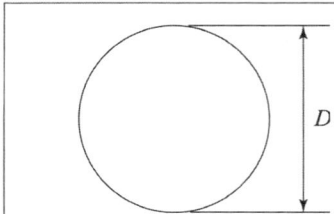

$R_h = \dfrac{A}{\ell} = \dfrac{\pi D^2/4}{\pi D} = \dfrac{D}{4}$

D : 직경[m]

(2) 이중배관의 경우

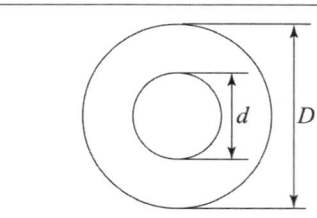

$R_h = \dfrac{A}{\ell} = \dfrac{1}{4}(D-d)$

D : 외경[m], d : 내경[m]

3) 수력지름(4각형 유로)

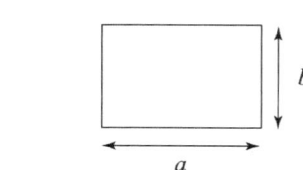

$D_h = \dfrac{4A}{\ell} = \dfrac{4ab}{2(a+b)} = \dfrac{2ab}{(a+b)}$

a : 폭[m], b : 높이[m]

예제 12. 한 변의 길이가 L인 정사각형 단면의 수력직경(D_h)은?(단, P는 유체의 젖은 단면 둘레의 길이, A는 관의 단면적이며, $D_h = \dfrac{4A}{P}$로 정의한다.)

① $\dfrac{L}{4}$ ② $\dfrac{L}{2}$ ③ L ④ $2L$

해설 수력직경 $D_h = \dfrac{4A}{P} = \dfrac{4L \times L}{2(L+L)} = \dfrac{4L^2}{4L} = L$

정답 ③

4) 수력도약(hydraulic jump)
(1) 개수로에 흐르는 **액체의 운동에너지가 위치에너지로 급변 시 발생**
(2) 개수로 흐름에서 중간에 하류에서 상류로 갑자기 변화하는 현상

14 정지유체에서의 압력에 관한 성질

1) 유체의 압력은 임의의 면에 수직으로 작용

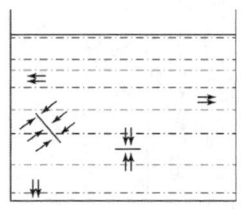

2) 유체 내부의 임의의 한 점에 작용하는 압력의 세기는 방향에 관계없이 일정

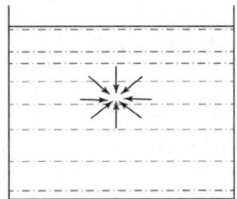

3) 개방된 용기에 담긴 액체의 압력은 액체의 깊이와 밀도에 비례한다.
4) **파스칼의 원리** : 밀폐된 저장용기에서 정지유체의 일부에 가해진 압력은 유체중의 모든 부분에서 일정하다.

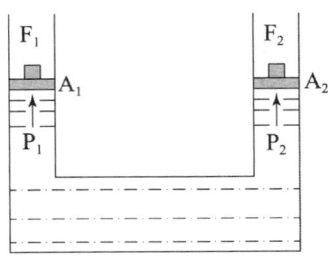

$$P_1 = P_2, \quad \frac{F_1}{A_1} = \frac{F_2}{A_2}$$

제2장 출제예상문제

01 임의의 한 점에서 속도·밀도·압력·온도 등의 평균값이 시간에 따라 변하지 않는 흐름을 무엇이라 하는가?

① 점성유체　　② 비점성유체　　③ 정상류　　④ 비정상류

해설　정상류 : 관내에 흐르는 물이 임의의 점에서 시간이 경과함에 따라 그 흐르는 상태가 변하지 않는 흐름 즉, 임의의 한 점에서 속도·밀도·압력·온도 등의 평균값이 시간에 따라 변하지 않는 흐름

02 유체의 흐름에서 유선이란 무엇인가?

① 한 유체 입자가 일정한 기간에 움직인 경로
② 유체 유동 시 유동 단면의 중심을 연결한 선이다.
③ 공간 내의 한 점을 지나는 모든 유체입자들의 순간궤적을 말한다.
④ 유동장 내에서 속도벡터의 방향과 일치하도록 그려진 연속적인 선을 말한다.

해설　유선 : 유동장 내에서 속도벡터의 방향과 일치하도록 그려진 가상곡선

03 그림과 같은 수평원형배관에 물이 충만하여 흐르는 정상유동에서 ㉮와 ㉯지점의 유속비 $\dfrac{V_1}{V_2}$ 은?(단, 물은 이상유체로 가정하고, ㉮지점에서 배관내경은 D_1, 물의 유속은 V_1이며, ㉯지점에서 배관내경은 D_2, 물의 유속은 V_2라 한다.)

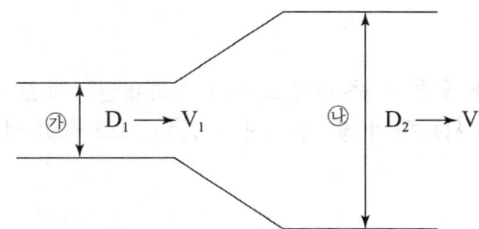

① $(\dfrac{D_2}{D_1})^2$　　② $\dfrac{D_2}{D_1}$　　③ $\dfrac{D_1}{D_2}$　　④ $(\dfrac{D_1}{D_2})^2$

해설　연속의 법칙

유량 $Q = A_1V_1 = A_2V_2$, $\dfrac{V_1}{V_2} = \dfrac{A_2}{A_1} = \dfrac{\frac{\pi}{4} \times D_2^2}{\frac{\pi}{4} \times D_1^2} = \dfrac{D_2^2}{D_1^2} = (\dfrac{D_2}{D_1})^2$

정답　1. ③　2. ④　3. ①

04 내경 20[cm]인 배관에 매분 5,400[L]의 물이 정상으로 흐르고 있을 때 물의 유속[m/s]은 얼마인가? (단, π의 값은 3이다.)

① 2m/s ② 3m/s ③ 4m/s ④ 5m/s

해설 $Q = AV$에서 $V = \dfrac{Q}{A} = \dfrac{5,400 L/\min}{\dfrac{3}{4} \times (0.2m)^2} \times \dfrac{1m^3}{1,000L} \times \dfrac{1\min}{60s} = 3\ m/s$

05 질량유량 300[kg/s]의 물이 관로 내를 흐르고 있다. 내경이 350[mm]인 관에서 320[mm]의 관으로 물이 흐를 때 320[mm]인 관의 평균 유속은 얼마인가?

① 3.120m/s ② 37.32m/s ③ 3.732m/s ④ 31.20m/s

해설 질량유량 $m = AV\rho$

유속 $V = \dfrac{m}{A\rho} = \dfrac{300 kg/s}{\dfrac{\pi}{4} \times (0.32m)^2 \times 1000 kg/m^3} = 3.732\ m/s$

06 지름 75[mm]인 원관 속을 평균속도 2[m/s]로 물이 흐르고 있을 때 질량유량은 약 몇 [kg/s]인가?

① 10.2 ② 9.6 ③ 9.2 ④ 8.8

해설 질량 유량

$m = AV\rho = \dfrac{\pi}{4} \times (0.075m)^2 \times 2m/s \times 1000 kg/m^3 = 8.83 kg/s$

07 용량 2[ton]인 탱크에 물을 가득 채운 소방차가 화재현장에 출동하여 노즐압력 0.4[MPa], 노즐구경 2.5[cm]를 사용하여 방수한다면 소방차 내의 물이 전부 방수되는 데 걸리는 시간은?

① 2분 30초 ② 3분 30초
③ 4분 30초 ④ 5분 30초

해설 방수시간의 계산
① 방수량 $Q = 0.653 \times 25^2 \times \sqrt{10 \times 0.4} = 816.25\ [lpm]$
② 방수시간

$t = \dfrac{2ton}{816.25 lpm} = \dfrac{2m^3}{816.25 lpm} = \dfrac{2 \times 1000 L}{816.25 L/\min} = 2.45\min = 2분\ 27초$

정답 4. ② 5. ③ 6. ④ 7. ①

08 압력이 0.2[MPa]일 때 유량은 200[L/min]인 옥내소화전설비를 했을 때 0.4[MPa]의 압력에서 유량은?

① 128.5 ② 188.5
③ 212.9 ④ 282.8

해설 유량
① 유량 $Q = K\sqrt{10P}$ 에서 $\sqrt{10P}$ 에 비례하므로 $Q : \sqrt{10P} = Q' : \sqrt{10P'}$
② 조건을 대입하면 $200\,L/min : \sqrt{10 \times 0.2\,MPa} = Q' : \sqrt{10 \times 0.4\,MPa}$
③ 유량 $Q' = 200\,L/min \times \sqrt{\dfrac{10 \times 0.4}{10 \times 0.2}} = 282.84\,L/min$

09 노즐 구경이 같은 소방차로 방수압력이 2배가 되도록 방수하려면 방수량을 몇 배로 늘려야 하는가?

① 1.4배 ② 2배 ③ 4배 ④ 8배

해설 유량
① 유량 $Q = K\sqrt{10P}$ 에서 $\sqrt{P}$ 에 비례하므로 $Q : \sqrt{P} = Q' : \sqrt{P'}$
② 방수압력을 2배로 늘렸으므로 $P' = 2P$
③ $Q' = \sqrt{\dfrac{P'}{P}} \times Q = \sqrt{\dfrac{2P}{P}} \times Q = \sqrt{2}\,Q = 1.414Q$

10 오일러 방정식을 유도하는 데 관계가 없는 가정은?

① 정상유동 할 때 ② 유선을 따라 입자가 운동할 때
③ 유체의 마찰이 없을 때 ④ 비압축성 유체일 때

해설 오일러 방정식 적용 조건
① 정상유동 할 때 ② 유선을 따라 입자가 운동할 때
③ 유체의 마찰이 없을 때 ④ 압축성 및 비압축성 유체에 관계없이 적용

11 물이 수평 원형배관 내을 충만하여 흐를 때 배관 내 어느 한 지점에서 물의 속도가 10[m/s], 물의 정압력이 0.25[MPa]일 경우, 물의 속도수두[m]는 약 얼마인가?(단, 중력가속도는 9.8[m/s²]이다.)

① 1.1 ② 3.1 ③ 5.1 ④ 7.1

해설 속도수두 $H = \dfrac{V^2}{2g} = \dfrac{(10\,m/s)^2}{2 \times 9.8\,m/s^2} = 5.1\,m$

정답 8. ④ 9. ① 10. ④ 11. ③

12 내경 27[mm]의 배관 속을 정상류의 물이 매분 150[L] 흐를 때 속도수두는 약 몇 [m]인가?

① 1.11　　② 0.97　　③ 0.77　　④ 0.56

해설 속도수두

① 유속 $V = \dfrac{Q}{A} = \dfrac{Q}{\dfrac{\pi}{4} \times D^2} = \dfrac{0.15 m^3/60s}{\dfrac{\pi}{4} \times (0.027m)^2} = 4.37 m/s$

② 손실수두 $H = \dfrac{(4.37 m/s)^2}{2 \times 9.8 m/s^2} = 0.97 m$

13 파이프 내 물의 속도가 9.8[m/s], 압력이 98[kPa]이다. 이 파이프가 기준면으로부터 3[m] 위에 있다면 전 수두는 몇 [m]인가?

① 13.5　　② 16　　③ 16.7　　④ 17.9

해설 전수두의 계산

① 전수두 $H = \dfrac{P}{\gamma} + \dfrac{V^2}{2g} + Z$ 이고, $1[Pa] = 1[N/m^2]$의 관계에 있으므로

② $H = \dfrac{98 \times 10^3 N/m^2}{1,000 kgf/m^3} + \dfrac{(9.8 m/s)^2}{2 \times 9.8 m/s^2} + 3m$

$= \dfrac{98 \times 10^3 N/m^2}{1,000 \times 9.8 N/m^3} + \dfrac{(9.8 m/s)^2}{2 \times 9.8 m/s^2} + 3m = 17.9 m$

14 기준면보다 10[m] 높은 곳에서 물의 속도가 2[m/s] 이다. 이곳의 압력이 900[Pa]이라면 전수두는 약 몇 [m] 인가?

① 18.3　　② 15.3　　③ 10.3　　④ 8.6

해설 전수두 = 압력수두 + 위치수두 + 속도수두

$= \dfrac{P}{\gamma} + \dfrac{V^2}{2g} + Z = \dfrac{900 N/m^2}{9,800 N/m^3} + \dfrac{(2 m/s)^2}{2 \times 9.8 m/s^2} + 10m = 10.295 = 10.3 m$

15 베르누이방정식 $\dfrac{P}{\gamma} + \dfrac{V^2}{2g} + Z = C$를 유도하기 위한 가정으로 옳지 못한 것은?

① 압축성 유체의 흐름이다.　　② 정상 상태의 흐름이다.
③ 유체의 마찰이 없다.　　④ 유체입자가 유선에 따라 움직인다.

해설 비압축성 유체이다.

정답 12. ②　13. ④　14. ③　15. ①

16 다음 중 베르누이방정식과 관계가 없는 것은?

① $\dfrac{P_1}{\gamma} + \dfrac{V_1^2}{2g} + Z_1 = \dfrac{P_2}{\gamma} + \dfrac{V_2^2}{2g} + Z_2$ ② $\dfrac{dA}{A} + \dfrac{d\rho}{\rho} + \dfrac{dV}{V} = 0$

③ $\dfrac{P}{\gamma} + \dfrac{V^2}{2g} + Z = \text{const}$ ④ $\dfrac{dP}{\gamma} + d\left(\dfrac{V^2}{2g}\right) + dZ = 0$

해설 ① 정상유동, 비압축성유체, 비점성 유체, 동일 유선상에 존재하여야 한다.
② $\dfrac{dA}{A} + \dfrac{d\rho}{\rho} + \dfrac{dV}{V} = 0$은 연속방정식을 나타낸 것이다.

17 수력구배선(H.G.L)에 대한 설명으로 옳은 것은?
① 임의의 위치에서의 압력수두와 속도수두의 합
② 임의의 위치에서의 압력수두에 속도수두와 위치수두의 합
③ 임의의 위치에서의 위치수두와 속도수두의 합
④ 임의의 위치에서의 위치수두와 압력수두의 합

해설 수력구배선과 에너지선
① 수력구배선 : 위치수두 + 압력수두
② 에너지선 : 위치수두 + 압력수두 + 속도수두

18 그림에서 피스톤 A_2의 반지름이 A_1의 반지름의 2배일 때 힘 F_1, F_2 사이의 관계로 옳은 것은?

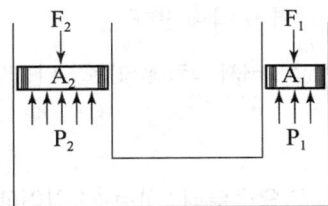

① $F_1 = F_2$ ② $F_2 = 2F_1$
③ $F_1 = 4F_2$ ④ $F_2 = 4F_1$

해설 파스칼의 원리
① 밀폐공간 내 각 부분에 전해지는 압력의 크기는 같으므로 $P_1 = P_2$
② A_1의 반지름을 R이라 하면 문제에서 A_2의 반지름은 2R이 되므로
③ $\dfrac{F_1}{A_1} = \dfrac{F_2}{A_2}$, $\dfrac{F_1}{\pi R^2} = \dfrac{F_2}{\pi (2R)^2}$, $\dfrac{F_1}{1} = \dfrac{F_2}{4} \Rightarrow F_2 = 4F_1$

19 피스톤의 직경이 각각 60[cm]와 15[cm]인 수압기가 있다. 작은 피스톤에 14.7[N]의 힘을 가하면 큰 피스톤에는 몇 [N]의 힘이 걸리겠는가?

① 98.5　　　② 168.2　　　③ 235.2　　　④ 298.3

해설 $\dfrac{F_1}{A_1} = \dfrac{F_2}{A_2}$, $\dfrac{14.7N}{\dfrac{\pi}{4} \times (15)^2} = \dfrac{F_2}{\dfrac{\pi}{4} \times (60)^2}$, $F_2 = 235.2N$

20 흐르는 물속에 피토관을 삽입하고 압력을 측정하였을 때 전압이 200[kPa], 정압이 100[kPa]이었다. 이 위치에서의 유속[m/s]은 얼마인가?(단, 물의 밀도는 1,000[kg/m³], 중력가속도는 9.8[m/s²])

① 1.02　　　② 3.15　　　③ 10.5　　　④ 14.1

해설 유속

$$V = \sqrt{2gH} = \sqrt{2g\dfrac{\Delta P}{\gamma}} = \sqrt{\dfrac{2 \times 9.8 \text{m/s}^2 \times (200-100) \times 10^3 \text{N/m}^2}{1,000 \text{kg/m}^3 \times 9.8 \text{m/s}^2}}$$
$= 14.14 \text{m/s}$ (비중량 $\gamma = \rho g$)

21 유체의 속도와 압력(정압)에 대한 설명 중 옳은 것은?

① 유체의 속도는 압력에 비례한다.
② 유체의 속도가 빠르면 압력이 커진다.
③ 유체의 속도는 압력과 관계가 없다.
④ 유체의 속도가 빠르면 압력이 작아진다.

해설 유체의 속도가 빠르면 동압이 커져 압력(정압)은 작아진다.

22 물이 들어 있는 물탱크의 수면으로부터 10[m]의 깊이에 직경 0.15[m]의 노즐이 부착되어 있다. 이 노즐의 유량계수를 0.9라 하면 유량[m³/min]은 얼마가 흐르겠는가?

① 4.2　　　② 6.2　　　③ 8.2　　　④ 13.2

해설 유량의 계산
① 유속　$V = C\sqrt{2gH} = 0.9 \times \sqrt{2 \times 9.8 \text{m/s}^2 \times 10\text{m}} = 12.6 \text{m/s}$
② 유량　$Q = AV = \dfrac{\pi}{4}D^2 \times V = \dfrac{\pi}{4} \times (0.15\text{m})^2 \times 12.6\text{m/s} = 0.22\text{m}^3/\text{s} \times 60$
　　　　　$= 13.2 \text{m}^3/\text{min}$

정답 19. ③　20. ④　21. ④　22. ④

23 관 속에 물이 흐르고 있다. 피토-정압관을 수은이 든 U자관에 연결하여 전압과 정압을 측정하였더니 20[mm]의 액면차가 생겼다. 피토-정압관의 위치에서의 유속은 약 몇 [m/s]인가?(단, 속도계수는 0.95이다.)

① 2.11 ② 3.65 ③ 11.11 ④ 12.35

해설 피토-정압관

유속 $V = C\sqrt{2gR(\frac{\gamma_1 - \gamma_2}{\gamma_2})} = 0.95\sqrt{2 \times 9.8 \text{m/s}^2 \times 0.02\text{m}(\frac{13.6-1}{1})}$
$= 2.11 \text{ m/s}$

24 물이 흐르는 관로 상에 피토관을 설치하고 수은이 든 U자관과 연결하였더니 전압과 정압단자에서 수은의 높이차가 85[mm]이었다. 이 위치에서의 유속은 약 몇 [m/s]인가?(단, 수은의 비중은 13.6이다)

① 4.58 ② 4.35 ③ 3.87 ④ 3.76

해설 유속계산

$V = \sqrt{2g(\frac{\gamma_1 - \gamma_2}{\gamma_2})R} = \sqrt{2 \times 9.8 \times (\frac{13.6-1}{1}) \times 0.085} = 4.58 \text{m/s}$

25 정압관은 다음 중 어떤 것을 측정하기 위해 사용하는가?
① 유동하고 있는 유체의 속도
② 유동하고 있는 유체의 정압
③ 정지하고 있는 유체의 정압
④ 전압력

해설 정압관 : 흐르는 유체 내부의 정압을 측정하는 장치이다.

26 다음 계측기 중 측정하고자 하는 것이 다른 것은?
① Bourdon 압력계   ② U자관 마노미터
③ 피에조미터   ④ 열선풍속계

해설 유속 및 압력의 측정

유속의 측정	피토우관, 피토우-정압관, 열선속도계, 시차액주계
압력의 측정	피에조미터, 정압관, 수은압력계, Bourdon 압력계, 마노미터

정답 23. ① 24. ① 25. ② 26. ④

27 배관에 설치하는 유량, 유속 측정기구와 관련이 적은 것은?
① 벤투리미터(Venturi meter)　② 피토관(Pitot tube)
③ 마노미터(Manometer)　④ 로터미터(Rotameter)

해설 유속 및 유량의 측정

유속의 측정	피토우관, 피토우-정압관, 열선속도계, 시차액주계
유량의 측정	벤투리미터, 오리피스, 로터미터, 위어

28 다음 중 배관 내의 유량을 측정하기 위한 장치가 아닌 것은?
① 마노미터　② 벤투리미터　③ 오리피스미터　④ 로터미터

해설 마노미터는 액주계의 일종으로 정압 또는 압력차를 측정하는 압력 계측기이다.

29 배관 내에 유체가 흐를 때 유량을 측정하기 위한 것으로 관련이 없는 것은?
① 오리피스미터　② 벤투리미터　③ 위어　④ 로터미터

해설 위어는 개수로의 유량측정에 사용한다.

30 Newton의 점성법칙을 기초로 한 점도계는?
① 낙구식 점도계　② Ostwald 점도계
③ Saybolt 점도계　④ Stomer 점도계

해설 점도계
① 맥마이클(Macmichael) 점도계, Stomer 점도계 : 뉴턴의 점성법칙
② Ostwald 점도계, 세이볼트 점도계 : 하겐-포아젤의 법칙
③ 낙구식 점도계 : 스토크스 법칙

31 비중이 1인 물이 20[m/s]의 속도로 고정된 평판에 수직으로 작용하고 있다. 이 때 평판에 작용하는 힘[N]은 얼마인가? (단, 관의 지름은 10[cm])
① 314　② 1,256　③ 3,142　④ 12,567

해설 평판에 작용하는 힘

$$F = \rho QV = \rho \times (AV) \times V = \rho \times (\frac{\pi}{4} \times D^2 \times V) \times V$$

$$= 1{,}000\,\text{kg/m}^3 \times (\frac{\pi}{4} \times 0.1^2 \times 20\,\text{m/s}) \times 20\,\text{m/s} = 3{,}141.6\,\text{N}$$

정답 27. ③　28. ①　29. ③　30. ④　31. ③

32 비원형관인 관내의 수두손실을 계산할 때, 원형관의 직경으로 환산하기 위해 비원형관의 수력직경을 $D_h = \dfrac{4A}{P}$ (A : 단면적, P : 접수길이)로 정의하여 사용한다. 가로, 세로의 길이가 각각 W와 H인 직사각형 덕트의 수력직경을 구하는 식으로 옳은 것은?

① $\dfrac{WH}{W+H}$
② $\dfrac{2WH}{W+H}$
③ $\dfrac{W+H}{WH}$
④ $\dfrac{W+H}{2WH}$

해설 수력직경 $D_h = \dfrac{4A}{\ell} = \dfrac{4ab}{2(a+b)} = \dfrac{2ab}{(a+b)}$ (a : 폭[m], b : 높이[m])

33 측정되는 압력에 의하여 생기는 금속의 탄성변형을 기계적으로 확대 지시하여 유체의 압력을 재는 계기는?

① 마노미터
② 시차액주계
③ 부르돈관 압력계
④ 기압계

해설 부르돈관 압력계 : 측정되는 압력에 의하여 생기는 금속의 탄성변형을 기계적으로 확대 지시하여 유체의 압력을 측정하는 계기

34 기체의 온도가 상승할 때 점성계수를 가장 올바르게 표현한 것은?

① 분자운동량의 증가로 증가한다.
② 분자운동량의 감소로 감소한다.
③ 분자응집력의 증가로 증가한다.
④ 분자응집력의 감소로 감소한다.

해설 기체의 온도가 상승할 때 점성계수는 분자운동량의 증가로 증가한다.

35 원형관 속의 유량이 1,800[L/min]이고 평균유속이 3[m/s]일 때, 관의 지름(mm)은 약 얼마인가?

① 102.4 ② 112.9 ③ 124.6 ④ 132.8

해설 유량 $Q = AV = \dfrac{\pi}{4} \times D^2 \times V$ 에서 관의 지름에 대하여 정리하면

지름 $D = \sqrt{\dfrac{4Q}{\pi V}} = \sqrt{\dfrac{4 \times 1.8 \text{m}^3/60\text{s}}{\pi \times 3\text{m/s}}} = 0.11284\text{m} \times (1,000\text{mm}/1\text{m}) = 112.84\text{mm}$

정답 32. ② 33. ③ 34. ① 35. ②

36 단면(5cm×5cm)이 정사각형 관에 유체가 가득 차 흐를 때의 수력지름(m)은?

① 0.0125　　② 0.025　　③ 0.05　　④ 0.2

해설 수력지름 $D_h = \dfrac{4A}{\ell} = \dfrac{4ab}{2(a+b)} = \dfrac{2ab}{(a+b)}$

(A : 접수면적[m²], ℓ : 접수길이[m], a, b : 가로, 세로의 길이[m])

$D_h = \dfrac{4A}{\ell} = \dfrac{4ab}{2(a+b)} = \dfrac{2ab}{(a+b)} = \dfrac{2 \times 0.05\text{m} \times 0.05\text{m}}{(0.05\text{m} + 0.05\text{m})} = 0.05\text{m}$

37 동일한 고도에서 베르누이 방정식을 만족하는 유동이 유선을 따라 흐를 때, 유선 내에서 일정한 값을 갖는 것은?

① 전압과 정체압　　② 정압과 국소압력
③ 동압과 속도압력　　④ 내부에너지

해설 베르누이 방정식
① 방정식을 적용하기 위한 가정 : 비점성, 비압축성, 정상상태, 유선을 따라서 적용한다.
② 베르누이 방정식

전양정 $H = \dfrac{P}{\gamma} + \dfrac{V^2}{2g} + Z$ = 일정 (에너지 불변의 법칙, 전압은 일정)

③ 정체압 : 관 속의 흐름이 0인 상태에서 어느 한 점에서의 전압력 즉, 유속이 0인 상태에서의 전압을 말한다.

정답　36. ③　37. ①

제3장 유체의 운동과 법칙

1 층류와 난류

1) 정의 ★★

(1) 층류(Laminar flow)
① 유체입자가 질서 정연하게 층과 층 사이를 미끄러져 흐르는 흐름이다.
② **레이놀즈수가 2,100 이하**

(2) 난류(Turbulent flow)
① 유체입자들이 불규칙하게 운동하면서 흐르는 흐름이다.
② **레이놀즈수가 4,000 이상**

2) 층류와 난류의 비교 ★★★

구분	층류	난류
유동	정상류	비정상류
레이놀즈수	2,100 이하	4,000 이상
전단응력	$\tau = \dfrac{P_A - P_B}{\ell} \times \dfrac{r}{2}$	$\tau = \mu \dfrac{du}{dy}$
평균속도	$V = 0.5 V_{\max}$	$V = 0.8 V_{\max}$
손실수두	Hagen-poiseuille 법칙 $H = \dfrac{128 \mu \ell Q}{\gamma \pi D^4}$	Fanning 법칙 $H = \dfrac{2 f \ell V^2}{gD}$

예제 1. 지름이 40[cm]인 수평 원관 속을 유체가 유속 8[m/s], 1,000[m]의 거리를 층류 유동으로 이동 시 발생한 압력손실[kPa]은 얼마겠는가?(단, 유체의 점성계수는 0.1[Pa·s]임)

① 100 ② 122 ③ 160 ④ 460

해설 압력손실 $P = \dfrac{128\mu\ell Q}{\pi D^4} = \dfrac{128 \times 0.1 \times 1,000[\text{m}] \times [\frac{\pi}{4} \times (0.4\text{m})^2 \times 8[\text{m/s}]]}{\pi \times (0.4\text{m})^4}$
$= 160[\text{kPa}]$

점성계수 $0.1[\text{Pa} \cdot \text{s}] = 0.1[\text{N/m}^2 \times \text{s}] = 0.1[\dfrac{\text{kg} \cdot \text{m/s}^2}{\text{m}^2} \times \text{s}] = 0.1[\text{kg/m} \cdot \text{s}]$

 ③

2 레이놀즈수(Reynolds Number)

1) 정의 ★★★

(1) 층류와 난류를 구분하기 위한 계수
(2) 무차원수로서 **점성력에 대한 관성력**의 비

2) 레이놀즈수(Re)에 의한 분류 ★★★

(1) **층류** : Re ≤ 2,100
(2) **전이(임계 또는 천이)영역** : 2,100 < Re < 4,000
(3) **난류** : Re ≥ 4,000
(4) 임계유속 : 레이놀즈수가 2,100(임계레이놀즈수)일 때의 유속

3) 임계 레이놀즈수

(1) 상임계 레이놀즈수
  ① **층류에서 난류로 변할 때의 레이놀즈수**
  ② 레이놀즈수 4,000

(2) 하임계 레이놀즈수
  ① **난류에서 층류로 변할 때의 레이놀즈수**
  ② 레이놀즈수 2,100

4) 레이놀즈수의 계산 ★★★

$$R_e = \frac{관성력}{점성력} = \frac{dV\rho}{\mu} = \frac{dV}{\nu}$$

μ : 점성계수[g/cm·s], 또는 [kg/m·s], ρ : 밀도[g/cm³], 또는 [kg/m³]
ν : 동 점성계수[cm²/s], 또는 [m²/s], V : 유속[cm/s], 또는 [m/s]
d : 내경[cm], 또는 [m]

예제 2. 지름이 65[mm]인 배관 내로 물이 2.8[m/s]의 속도로 흐를 때의 유동형태는?(단, 물의 밀도는 998[kg/m³], 점성계수는 0.01139[kg/m·s]이다.)
① 천이유동   ② 층류   ③ 난류   ④ 와류

해설 유동형태
① 레이놀즈수 $R_e = \dfrac{DV\rho}{\mu} = \dfrac{0.065\text{m} \times 2.8[\text{m/s}] \times 998[\text{kg/m}^3]}{0.01139[\text{kg/m}\cdot\text{s}]} = 15,946.97$
② 유체의 흐름

층류	2,100 이하
임계(천이)	2,100 초과 4,000 미만
난류	4,000 이상

정답 ③

예제 3. 지름 4[cm]의 파이프로 기름(점성계수 0.38[Pa·s])이 분당 200[kg]씩 흐를 때 레이놀즈(Renolds)수는 다음 중 어느 값의 범위에 속하는가?
① 100 미만   ② 100 이상 500 미만
③ 500 이상 1,500 미만   ④ 1,500 이상

해설 레이놀즈수의 계산
① 질량유량 $m = \rho AV = 200[\text{kg/min}] = 200[\text{kg}/60\text{s}] = 3.333[\text{kg/s}]$
② 레이놀즈수

$$R_e = \frac{DV\rho}{\mu} = \frac{DV \times \frac{m}{AV}}{\mu} = \frac{D \times m}{\mu \times A} = \frac{0.04[\text{m}] \times 3.333[\text{kg/s}]}{0.38[\text{kg/m}\cdot\text{s}] \times \frac{\pi}{4} \times (0.04\text{m})^2} = 279.19$$

③ 단위변환 $[\text{Pa}\cdot\text{s}] = [\text{N/m}^2 \times \text{s}] = [\frac{\text{kg}\cdot\text{m/s}^2}{\text{m}^2} \times \text{s}] = [\text{kg/m}\cdot\text{s}]$

정답 ②

3 무차원 수 ★★★

구분	정의	물리적 의미
레이놀즈 수	$R_e = \dfrac{dV\rho}{\mu} = \dfrac{dV}{\nu}$	$R_e = \dfrac{관성력}{점성력}$
마하(Mach) 수	$M_a = \dfrac{V}{a_0}$	$M_a = \left(\dfrac{관성력}{탄성력}\right)^{\frac{1}{2}}$
오일러(Euler) 수	$E_u = \dfrac{\Delta P}{\rho V^2}$	$E_u = \dfrac{압축력}{관성력}$
웨버(Weber) 수	$W_e = \dfrac{\rho V^2 L}{\sigma}$	$W_e = \dfrac{관성력}{표면장력}$
코시(Cauchy) 수	$C_a = \dfrac{\rho V^2}{K}$	$C_a = \dfrac{관성력}{탄성력}$
프루드(Froude) 수	$F_r = \dfrac{V^2}{Lg}$	$F_r = \dfrac{관성력}{중력}$
누셀(Nusselt) 수	$N_u = \dfrac{hL}{\lambda}$	$N_u = \dfrac{대류열 \ 이동속도}{전도열 \ 이동속도}$
그라쇼프(Grashof) 수	$G_r = \dfrac{L^3 \rho^2 g \beta \Delta T}{\mu^2}$	$G_r = \dfrac{부력}{확산하는 \ 점성력}$
프란틀(Prandtl) 수	$P_r = \dfrac{c_p u}{\lambda}$	$P_r = \dfrac{운동량의 \ 확산속도}{온도의 \ 확산속도}$

a_0 : 음속, c_p : 정압비열, h : 열전달율, L : 길이, K : 체적탄성계수

4 직관에서의 마찰손실

1) 층류(laminar flow) : Hagen-Poiseuille 법칙 ★★★

(1) **수평원관 내를 층류로 흐를 때의 마찰손실**을 계산
(2) 수평원관 내 층류흐름에서 유량, 관경, 점성계수, 압력강하, 길이 등의 관계
(3) 마찰 손실수두 계산

$$H = \dfrac{\Delta P}{\gamma} = \dfrac{128 \mu \ell Q}{\gamma \pi D^4}$$

H : 마찰손실수두[m], ΔP : 압력손실[N/m²], μ : 점성계수[kg/m·s]
ℓ : 배관의 길이[m], Q : 유량[m³/s], V : 유속[m/s]
γ : 비중량[N/m³], D : 배관의 내경[m]

예제 4. 하겐-포아젤(Hagen-Poiseuille) 식에 관한 설명으로 옳은 것은?

① 수평 원관 속의 난류 흐름에 대한 유량을 구하는 식이다.
② 수평 원관 속의 층류 흐름에서 레이놀즈수와 유량과의 관계식이다.
③ 수평 원관 속의 층류 및 난류 흐름에서 마찰손실을 구하는 식이다.
④ 수평 원관 속의 층류 흐름에서 유량, 관경, 점성계수, 길이, 압력강하 등의 관계식이다.

해설 Hagen-Poiseuille 법칙
① 수평원관 내를 층류로 흐를 때의 마찰손실을 계산
② 수평원관 내 층류흐름에서 유량, 관경, 점성계수, 압력강하, 길이 등의 관계
③ 마찰 손실수두 계산

$$H = \frac{\Delta P}{\gamma} = \frac{128\mu \ell Q}{\gamma \pi D^4}$$

정답 ④

2) 난류(turbulent flow) : Fanning 법칙

(1) 유체의 흐름이 불규칙하게 흐르는 난류에 적용하는 법칙이다.
(2) 마찰 손실수두 계산

$$H = \frac{\Delta P}{\gamma} = \frac{2f\ell V^2}{gD}$$

H : 마찰손실수두[m], ΔP : 압력손실[N/m²], f : 관 마찰계수
ℓ : 배관의 길이[m], V : 유속[m/s], γ : 비중량[N/m³]
D : 배관의 내경[m], g : 중력가속도

3) 관 마찰계수 ★

(1) **층류** : 관 마찰계수는 레이놀즈수만의 함수이며, 상대조도와는 무관하다.
(2) **난류** : 관 마찰계수는 상대조도와 무관하다.
(3) **임계영역** : 관 마찰계수는 상대조도와 레이놀즈수의 함수이다.

5 배관의 마찰손실

1) 배관의 마찰손실의 종류 ★★★

(1) 주 손실 : 직관의 마찰에 의한 손실
(2) 부차적 손실

① 관 부속품에 의한 손실
② 관의 급격한 축소에 의한 손실(돌연축소관의 손실)
③ 관의 급격한 확대에 의한 손실(돌연확대관의 손실)

(3) 부차적 손실수두의 계산 ★★★

$$H = K\frac{V^2}{2g}$$ (K : 부차적 손실계수, V : 유속[m/s], g : 중력가속도 = 9.8[m/s²])

예제 5. 오리피스의 구경이 6[cm], 물의 유출속도가 9.8[m/s]일 때 손실수두는 몇 [m]인가? (단, 손실계수는 0.25이다.)

① 0.65[m] ② 1.23[m]
③ 1.52[m] ④ 4.9[m]

해설 손실수두 $H = K\frac{V^2}{2g} = 0.25 \times \frac{(9.8\text{m/s})^2}{2 \times 9.8\text{m/s}^2} = 1.23\text{m}$

 ②

2) 달시-바이스바흐(Darcy-Weisbach)식 ★★★

$$H = \frac{f\ell V^2}{2gD}$$

H : 마찰손실수두[m], f : 관 마찰계수(층류 : $f = \frac{64}{R_e}$)
ℓ : 직관길이[m], D : 배관직경[m], V : 유속[m/s], g : 중력가속도 = 9.8[m/s²]

마찰손실수두는 관의 길이에 비례, 관의 직경에 반비례, 유속의 제곱에 비례, 마찰손실계수(관 마찰계수)에 비례한다.

예제 6. 안지름이 300[mm], 길이가 301[m]인 주철관을 통하여 물이 유속 3[m/s]로 흐를 때 손실수두는 몇 [m]인가?(단, 관 마찰계수는 0.05이다.)

① 20.1 ② 23.0
③ 25.8 ④ 28.9

해설 손실수두 $H = \frac{f\ell V^2}{2gD} = \frac{0.05 \times 301\text{m} \times (3\text{m/s})^2}{2 \times 9.8\text{m/s}^2 \times 0.3\text{m}} = 23.03\text{m}$

 ②

예제 7. 직경이 150[mm]인 옥내소화전 배관으로 소화용수가 유량 3[m³/min]로 흐를 때 소화배관의 길이 30[m]에서 발생하는 관 마찰손실수두는 약 몇 [m]인가?(단, 관 마찰 계수는 0.01이다.)

① 0.51   ② 0.82   ③ 3.1   ④ 30.1

해설 마찰손실수두의 계산

① 유속 $V = \dfrac{Q}{A} = \dfrac{3\text{m}^3/60\text{s}}{\dfrac{\pi}{4} \times (0.15\text{m})^2} = 2.83\text{m/s}$

② 관 마찰손실수두 $H = \dfrac{f\ell V^2}{2gD} = \dfrac{0.01 \times 30\text{m} \times (2.83\text{m/s})^2}{2 \times 9.8\text{m/s}^2 \times 0.15\text{m}} = 0.817\text{m}$

 ②

예제 8. 동점성계수가 0.1×10^{-5} [m²/s]인 유체가 안지름 10[cm]인 원관 내에 1[m/s]로 흐르고 있다. 관의 마찰계수가 $f = 0.022$이며 등가길이가 200[m]일 때의 손실수두는 몇 [m]인가?(단, 비중량은 9,800[N/m³]이다.)

① 2.24   ② 6.58   ③ 11.0   ④ 22.0

해설 $H = \dfrac{f\ell V^2}{2gD} = \dfrac{0.022 \times 200\text{m} \times (1\text{m/s})^2}{2 \times 9.8\text{m/s}^2 \times 0.1\text{m}} = 2.24[\text{m}]$

 ①

3) 돌연 확대관의 손실 ★★★

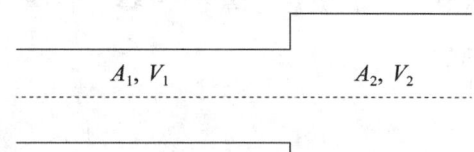

$$\Delta H = \dfrac{(V_1 - V_2)^2}{2g} = K\dfrac{V_1^2}{2g}$$

$$K = \left(1 - \dfrac{A_1}{A_2}\right)^2$$

ΔH : 마찰손실[m]
V_1, V_2 : 각 지점에서의 유속[m/s]
A_1, A_2 : 각 지점에서의 단면적[m²]
K : 손실계수

4) 돌연 축소관의 손실 ★★★

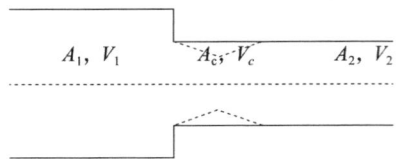

$$\triangle H = \frac{(V_c - V_2)^2}{2g} = K \frac{V_2^2}{2g}$$

$$K = \left(\frac{1}{C_c} - 1\right)^2$$

$\triangle H$: 마찰손실[m]
V_c, V_2 : 각 지점에서의 유속[m/s]
A_c, A_2 : 각 지점에서의 단면적[m²]
$C_c = \dfrac{A_c}{A_2}$: 베나 축소계수
K : 손실계수

5) 관 부속품에 의한 손실 ★★★

(1) 등가길이(상당길이)

배관 부속품을 통하여 물이 흐를 때 발생하는 마찰손실수두와 동일한 크기의 마찰손실을 발생시킬 수 있는 동일한 구경의 직관의 길이를 말한다.

(2) 등가길이의 계산

$$L_e = \frac{KD}{f}$$

K : 손실계수, D : 배관내경[m], f : 관 마찰계수($f = \dfrac{64}{R_e}$)

예제 9. 직경 10[cm]이고 관 마찰계수가 0.04인 원관에 부차적 손실계수가 4인 밸브가 설치되어 있을 때 이 밸브의 등가길이(상당길이)는 몇 [m]인가?

① 0.1　　　② 1.6　　　③ 10　　　④ 16

해설 등가길이 $L = \dfrac{KD}{f} = \dfrac{4 \times 0.1\text{m}}{0.04} = 10\text{m}$

정답 ③

6) 하젠-윌리암(Hazen-Williams)의 식 ★★★

$$\Delta P_m = 6.174 \times 10^4 \times \frac{Q^{1.85}}{C^{1.85} \times D^{4.87}} \quad \rightarrow \quad \text{①식}$$

※ 1[kgf/cm²]=0.1[MPa]의 관계를 고려하여 식을 정리하였음.
ΔP_m : 마찰손실에 따른 압력강하[MPa/m]
Q : 유량[ℓ/min], D : 배관 내경[mm], C : 조도계수

[보충설명] 표준대기압을 이용하여 단위 환산하는 경우 하젠-윌리암(Hazen-Williams)의 식

$$\Delta P_m = 6.174 \times 10^5 \times \frac{Q^{1.85}}{C^{1.85} \times D^{4.87}} [\text{kgf/cm}^2/\text{m}] \text{ 의 관계에서}$$

[kgf/cm²] 을 [MPa] 로 환산하면

$$\Delta P_m = 6.174 \times 10^5 \times \frac{Q^{1.85}}{C^{1.85} \times D^{4.87}} [\text{kgf/cm}^2/\text{m}] \times \frac{0.101325 \text{MPa}}{1.0332 \text{kgf/cm}^2}$$

$$\Delta P_m = 6.05 \times 10^4 \times \frac{Q^{1.85}}{C^{1.85} \times D^{4.87}} [\text{MPa/m}] \quad \rightarrow \quad \text{②식}$$

ΔP_m : 마찰손실에 따른 압력강하[MPa/m]
Q : 유량[ℓ/min], D : 배관 내경[mm], C : 조도계수

[저자의견] ①식과 ②식 모두 단위환산의 개념적 차이로 인하여 수치상의 차이가 나는 것이므로 문제에서 명확하게 공식을 주어지지 않으면 어느 식을 써도 무방할 것으로 사료된다.

개념적 차이(1[kgf/cm²] = 0.1[MPa] 과
1.0332[kgf/cm²] = 0.101325[MPa])

제3장 출제예상문제

01 지름이 40[cm]인 수평 원관 속을 유체가 유속 8[m/s], 1000[m]의 거리를 층류 유동으로 이동 시 발생한 압력손실[kPa]은 얼마겠는가?(단, 유체의 점성계수는 0.1[Pa·s]임)
① 100 ② 122
③ 160 ④ 460

해설 압력손실 $P = \dfrac{128\mu \ell Q}{\pi D^4} = \dfrac{128 \times 0.1 \times 1{,}000[\text{m}] \times [\frac{\pi}{4} \times (0.4\text{m})^2 \times 8[\text{m/s}]]}{\pi \times (0.4\text{m})^4} = 160[\text{kPa}]$

(점성계수 $0.1[\text{Pa}\cdot\text{s}] = 0.1[\text{N/m}^2 \times \text{s}] = 0.1[\dfrac{\text{kg}\cdot\text{m/s}^2}{\text{m}^2} \times \text{s}] = 0.1[\text{kg/m}\cdot\text{s}]$)

02 레이놀즈수가 얼마일 때를 통상 층류라고 하는가?
① 2,100 이하 ② 2,100~4,000
③ 3,000 이상 ④ 4,000 이상

해설 층류 : $Re \leq 2{,}100$

03 프루드(Froude) 수의 물리적인 의미는 무엇인가?
① 관성력/탄성력 ② 관성력/중력
③ 관성력/압력 ④ 관성력/점성력

해설 프루드 수 : 관성력/중력

04 관성력과 표면장력의 비를 나타내는 무차원수로 옳은 것은?
① 그라쇼프(Grashof) 수 ② 프루드(Froude) 수
③ 오일러(Euler) 수 ④ 웨버(Weber) 수

해설 웨버 수 $W_e = \dfrac{\text{관성력}}{\text{표면장력}}$

정답 1. ③ 2. ① 3. ② 4. ④

05 오리피스의 구경이 6[cm], 물의 유출속도가 9.8[m/s]일 때 손실수두는 몇 [m]인가?
(단, 손실계수는 0.25이다)

① 0.65[m]   ② 1.23[m]   ③ 1.52[m]   ④ 4.9[m]

해설 손실수두 $H = K\dfrac{V^2}{2g} = 0.25 \times \dfrac{(9.8\text{m/s})^2}{2 \times 9.8\text{m/s}^2} = 1.23\text{m}$

06 소방호스의 마찰손실에 대한 설명으로 가장 옳은 것은?
① 마찰손실은 호스길이에 반비례한다.
② 호스지름이 클수록 마찰손실이 크다.
③ 속도가 빠를수록 마찰손실이 크다.
④ 마찰손실은 호스의 거칠기(조도)와 무관하다.

해설 마찰손실
① 마찰손실은 호스길이에 비례한다.
② 마찰손실은 호스지름이 클수록 작다.
③ 마찰손실은 속도가 빠를수록 크다.
④ 마찰손실은 호스의 거칠기(조도)와 관계가 있다.

07 관로(소화배관)의 다음과 같은 변화 중 부차적 손실에 해당되지 않는 것은?
① 관 벽의 마찰   ② 급격한 확대
③ 급격한 축소   ④ 부속품의 설치

해설 배관의 손실
(1) 주 손실 : 직관의 마찰에 의한 손실
(2) 부차적 손실
① 관 부속품에 의한 손실
② 관의 급격한 축소에 의한 손실(돌연축소관의 손실)
③ 관의 급격한 확대에 의한 손실(돌연확대관의 손실)

08 길이 300[m], 지름 10[cm]인 관에 1.2[m/s]의 평균속도로 물이 흐르고 있다면 손실수두는 몇 [m]인가? (단, 관 마찰계수는 0.02이다.)

① 2.1m   ② 4.4m   ③ 6.7m   ④ 8.3m

해설 손실수두 $\Delta H = f\dfrac{\ell V^2}{2gD} = 0.02 \times \dfrac{300\text{m} \times (1.2\text{m/s})^2}{2 \times 9.8\text{m/s}^2 \times 0.1\text{m}} = 4.4\text{m}$

정답 5. ② 6. ③ 7. ① 8. ②

09 안지름이 300[mm], 길이가 301[m]인 주철관을 통하여 물이 유속 3[m/s]로 흐를 때 손실수두는 몇 [m]인가?(단, 관 마찰계수는 0.05이다.)

① 20.1 ② 23.0 ③ 25.8 ④ 28.9

해설 손실수두 $H = \dfrac{f\ell V^2}{2gD} = \dfrac{0.05 \times 301\text{m} \times (3\text{m/s})^2}{2 \times 9.8\text{m/s}^2 \times 0.3\text{m}} = 23.03\text{m}$

10 직경이 150[mm]인 옥내소화전 배관으로 소화용수가 유량 3[m³/min]로 흐를 때 소화배관의 길이 30[m]에서 발생하는 관 마찰손실수두는 약 몇 [m]인가?(단, 관 마찰 계수는 0.01이다.)

① 0.51 ② 0.82 ③ 3.1 ④ 30.1

해설 마찰손실수두의 계산

① 유속 $V = \dfrac{Q}{A} = \dfrac{3\text{m}^3/60\text{s}}{\dfrac{\pi}{4} \times (0.15\text{m})^2} = 2.83\text{m/s}$

② 관 마찰손실수두 $H = \dfrac{f\ell V^2}{2gD} = \dfrac{0.01 \times 30 \times (2.83)^2}{2 \times 9.8 \times 0.15} = 0.817\text{m}$

11 원관의 직경이 7.5[cm], 3[m/s]의 유속으로 소화수를 흘린다면 압력강하는 몇 [kgf/cm²]가 되겠는가?(단, 관의 길이는 200[m], 마찰계수는 0.03이다)

① 1.22 ② 1.35 ③ 3.67 ④ 7.34

해설 압력강하

$\triangle P = \gamma H = \gamma \dfrac{f\ell V^2}{2gD} = 1000[\text{kgf/m}^3] \times \dfrac{0.03 \times 200[\text{m}] \times (3[\text{m/s}])^2}{2 \times 9.8[\text{m/s}^2] \times 0.075[\text{m}]}$
$= 36,734.69[\text{kgf/m}^2] = 3.67[\text{kgf/cm}^2]$

12 배관 내를 흐르는 유체의 마찰손실에 대한 설명 중 옳은 것은?

① 유속과 관 길이에 비례하고 지름에 반비례한다.
② 유속의 2승과 관 길이에 비례하고 지름에 반비례한다.
③ 유속의 평방근과 관 길이에 비례하고 지름에 반비례한다.
④ 유속의 2승과 관 길이에 비례하고 지름의 평방근에 반비례한다.

해설 Darcy-Weisbach 식 : $H = f \dfrac{\ell}{D} \times \dfrac{V^2}{2g}$

마찰손실은 유속의 제곱과 관 길이에 비례하고 관의 지름에 반비례한다.

정답 9. ② 10. ② 11. ③ 12. ②

13 관로에서 레이놀즈수가 1,850일 때 마찰계수 f의 값은?

① 0.1851　　② 0.0346　　③ 0.0214　　④ 0.0185

해설 관 마찰계수 $f = \dfrac{64}{R_e} = \dfrac{64}{1,850} = 0.0346$

14 안지름 50[mm]의 관에 기름이 2.5[m/s]의 속도로 흐를 때 관 마찰계수는 얼마인가? (단, 기름의 동 점성계수는 1.31×10^{-4}[m²/s]이다.)

① 0.0013　　② 0.067　　③ 0.125　　④ 0.954

해설 관 마찰계수의 계산

① 레이놀드 수 $Re = \dfrac{DV}{\nu} = \dfrac{0.05 \times 2.5}{1.31 \times 10^{-4}} = 954.19$

② 관 마찰계수 $f = \dfrac{64}{Re} = \dfrac{64}{954.19} = 0.0671$

15 지름이 150[mm]인 원관에 비중이 0.85, 동점성계수가 1.33[cm²/s]인 기름이 0.5[m/s]의 유속으로 흐르고 있을 때 관 마찰계수는 얼마인가?

① 0.11　　② 0.15　　③ 0.17　　④ 0.19

해설 관 마찰계수

① 레이놀즈 수 $R_e = \dfrac{DV}{\nu} = \dfrac{0.15[\text{m}] \times 0.5[\text{m/s}]}{1.33 \times 10^{-4}[\text{m}^2/\text{s}]} = 563.91$

② 관 마찰계수 $f = \dfrac{64}{R_e} = \dfrac{64}{563.91} = 0.11$

16 지름이 0.3[m]인 원관과 지름 0.45[m]인 원관이 직접 연결되어 있을 때 작은 관에서 큰 관으로 매초 230[L]의 물을 보냈을 때 손실수두는 몇 [m]인가?

① 0.31　　② 0.13　　③ 0.14　　④ 0.17

해설 돌연 확대관의 손실

① 유속 $V_1 = \dfrac{Q}{A_1} = \dfrac{Q}{\dfrac{\pi}{4} \times D_1^2} = \dfrac{0.23 \text{m}^3/\text{s}}{\dfrac{\pi}{4} \times (0.3\text{m})^2} = 3.26 \text{m/s}$

② 유속 $V_2 = \dfrac{Q}{A_2} = \dfrac{Q}{\dfrac{\pi}{4} \times D_2^2} = \dfrac{0.23 \text{m}^3/\text{s}}{\dfrac{\pi}{4} \times (0.45\text{m})^2} = 1.45 \text{m/s}$

정답 13. ②　14. ②　15. ①　16. ④

③ 손실 $H = \dfrac{(V_1 - V_2)^2}{2g} = \dfrac{(3.26\text{m/s} - 1.45\text{m/s})^2}{2 \times 9.8\text{m/s}^2} = 0.17\text{m}$

17 수조에서 지름 80[mm]인 배관으로 20[℃], 물이 0.95[m³/min]의 유량으로 유입될 때 5[m]의 부차손실이 발생하였다. 이때의 부차적 손실계수는?(단, g = 9.8[m/s²]이다.)

① 9.0 ② 9.4 ③ 9.9 ④ 10.2

해설 부차적 손실계수의 계산

① 유속 $V = \dfrac{Q}{A} = \dfrac{0.95\text{m}^3/60\text{s}}{\dfrac{\pi}{4} \times (0.08\text{m})^2} = 3.15[\text{m/s}]$

② 부차적 손실계수 $K = \dfrac{\Delta H \times 2g}{V^2} = \dfrac{5 \times 2 \times 9.8}{(3.15)^2} = 9.88$

18 관의 등가길이로 옳은 것은?(단, K = 손실계수, D = 내경, f = 마찰손실계수)

① $L = \dfrac{KD}{f}$
② $L = \dfrac{fD}{K}$
③ $L = \dfrac{Kf}{D}$
④ $L = KfD$

해설 등가길이 : $f\dfrac{L}{D} \times \dfrac{V^2}{2g} = K\dfrac{V^2}{2g}$, $L = \dfrac{KD}{f}$

19 직경 6[cm]이고 관 마찰계수가 0.02인 원 관에 부차적 손실계수가 5인 밸브가 장치되어 있을 때 이 밸브의 등가길이(상당길이)는 몇 m인가?

① 3 ② 6 ③ 10 ④ 15

해설 등가길이 $L = \dfrac{KD}{f} = \dfrac{5 \times 0.06\text{m}}{0.02} = 15$

20 관 마찰계수가 0.022인 지름 50[mm] 관에 물이 흐르고 있다. 이 관에 부차적 손실계수가 각각 10, 1.8인 밸브와 티(Tee)가 결합되어 있을 경우 관의 상당길이[m]는?

① 24.5 ② 24.8 ③ 25.5 ④ 26.8

해설 등가길이 $L = \dfrac{KD}{f} = \dfrac{(10+1.8) \times 0.05m}{0.022} = 26.82$

정답 17. ③ 18. ① 19. ④ 20. ④

21 내경이 D[mm], 길이가 L[m]인 직관으로 이루어진 소화배관에서 흐르는 물의 양이 200[L/min]일 때 마찰손실압력은 0.02[MPa]이다. 이 소화배관에서 흐르는 물의 양이 400[L/min]로 증가한다면 마찰손실압력[MPa]은 약 얼마인가? (단, 마찰손실 계산은 Hazen-Williams의 식을 따르고, 소화배관의 조도계수는 일정하다.)

① 0.062 ② 0.072 ③ 0.082 ④ 0.092

해설 Hazen-Williams의 식

① 마찰손실압력 $\triangle P_m = 6.174 \times 10^4 \times \dfrac{Q^{1.85}}{C^{1.85} \times D^{4.87}} \times L$ [MPa]

② 조도계수(C)와 내경(D)가 일정하므로 마찰손실압력은 유량(Q)의 1.85승에 비례한다.

③ $0.02\text{MPa} : (200L/min)^{1.85} = \triangle P : (400L/min)^{1.85}$

$\triangle P = \dfrac{400^{1.85}}{200^{1.85}} \times 0.02 = 0.072 \text{MPa}$

22 다시-바이스바하(Darcy-Weisbach) 공식에서 수두손실에 관한 설명으로 옳지 않은 것은?

① 관 길이에 비례한다. ② 마찰손실계수에 비례한다.
③ 유속의 제곱에 비례한다. ④ 중력가속도에 비례한다.

해설 다시-바이스바하 공식 : 손실수두 $\triangle H = \dfrac{f \ell V^2}{2gD}$

① 비례 : 관마찰계수(f), 배관의 길이(ℓ), 유속(V)의 제곱
② 반비례 : 중력가속도(g), 배관의 직경(D)

23 원형관 속에 유체가 층류 상태로 흐르고 있다. 이 때 관의 지름을 2배로 할 경우 손실수두는 처음의 몇 배가 되는가? (단, 유량은 일정하다.)

① $\dfrac{1}{16}$ ② $\dfrac{1}{8}$ ③ 8 ④ 16

해설 원형관에서의 손실수두(Hagen-poiseuille 법칙)

손실수두 $H = \dfrac{128\mu \ell Q}{\gamma \pi D^4}$ 에서 직경의 4승에 반비례하므로 $= \dfrac{1}{D^4} = \dfrac{1}{2^4} = \dfrac{1}{16}$

24 소화배관에 연결된 노즐의 방수량은 150 L/min, 방수압력은 0.25 MPa이다. 이 노즐의 방수량을 200 L/min로 증가시킬 경우 방수압력은 약 몇 MPa인가?

① 0.24 ② 0.44 ③ 4.44 ④ 5.44

정답 21. ② 22. ④ 23. ① 24. ②

해설 방수량은 압력의 제곱근에 비례

$$150\ L/min : \sqrt{0.25\text{MPa}} = 200\ L/min : \sqrt{P}$$

$$P = \left(\frac{200}{150}\right)^2 \times 0.25 = 0.44\,\text{MPa}$$

25 레이놀즈수에 관한 설명으로 옳은 것은?
① 등속류와 비등속류를 구분하는 기준이 된다.
② 레이놀즈수의 물리적 의미는 관성력과 점성력의 관계를 나타낸다.
③ 정상류와 비정상류를 구분하는 기준이 된다.
④ 하임계 레이놀즈수는 층류에서 난류로 변할 때의 레이놀즈수이다.

해설 레이놀즈수
① 레이놀즈수=관성력/점성력

$$R_e = \frac{dV\rho}{\mu} = \frac{dV}{\nu}\quad (d:\text{직경},\ V:\text{유속},\ \rho:\text{밀도},\ \mu:\text{점성계수},\ \nu:\text{동점성계수})$$

② 판정기준

층류	$R_e \leq 2100$
천이(임계)영역	$2100 < R_e < 4000$
난류	$R_e \geq 4000$

26 소화설비 배관 직경이 300mm에서 450mm로 급격하게 확대되었을 때 작은 배관에서 큰 배관 쪽으로 분당 13.8 m³의 소화수를 보내면 연결부에서 발생하는 손실수두는 약 몇 m 인가?(단, 중력가속도는 9.8 m/s² 이다.)

① 0.17 ② 0.87 ③ 1.67 ④ 2.17

해설 손실수두

① $V_1 = \dfrac{Q}{A_1} = \dfrac{Q}{\frac{\pi}{4} \times D^2} = \dfrac{13.8\text{m}^3/60\text{s}}{\frac{\pi}{4} \times (0.3\text{m})^2} = 3.25\text{m/s}$

② $V_2 = \dfrac{Q}{A_2} = \dfrac{Q}{\frac{\pi}{4} \times D^2} = \dfrac{13.8\text{m}^3/60\text{s}}{\frac{\pi}{4} \times (0.45\text{m})^2} = 1.45\text{m/s}$

③ 손실수두 $\Delta H = \dfrac{(V_1 - V_2)^2}{2g} = \dfrac{(3.25\text{m/s} - 1.45\text{m/s})^2}{2 \times 9.8\text{m/s}^2} = 0.17\text{m}$

정답 25. ② 26. ①

27 레이놀즈(Reynolds) 수로 알 수 있는 유체의 흐름은?

① 층류, 난류, 천이류
② 사류, 상류, 한계류
③ 층류, 난류, 한계류
④ 사류, 상류, 천이류

해설 레이놀즈수(Re)에 의한 분류
1) **층류** : Re ≤ 2,100
2) 전이(임계 또는 천이)영역 : 2,100 < Re < 4,000
3) **난류** : Re ≥ 4,000

28 Darcy-Weisbach의 마찰손실공식에 관한 설명 중 옳지 않은 것은?

① 마찰손실수두는 관경에 반비례한다.
② 마찰손실수두는 마찰손실계수에 비례한다.
③ 마찰손실수두는 관의 길이에 비례한다.
④ 마찰손실수두는 유속의 제곱에 반비례한다

해설 마찰손실공식

$$H = \frac{f\ell V^2}{2gD}$$

H : 마찰손실수두[m], f : 관 마찰계수(층류 : $f = \frac{64}{R_e}$), ℓ : 직관길이[m]
D : 배관직경[m], V : 유속[m/s], g : 중력가속도 = 9.8[m/s^2]

마찰손실수두는 관의 길이에 비례, 관의 직경에 반비례, 유속의 제곱에 비례, 마찰손실계수(관 마찰계수)에 비례한다.

정답 27. ① 28. ④

제4장 펌프의 현상

1 펌프의 종류 및 특징

1) 펌프의 종류

(1) 터보펌프

고속회전이 가능, 소형 경량구조, 구조 간단, 취급이 용이, 효율이 높다.
① 원심펌프 : 볼류트(volute) 펌프와 터빈(turbin)펌프가 있으며 소화펌프용으로 많이 사용
② 사류펌프
③ 축류펌프

2) 원심펌프의 특성 ★★

구분	볼류트 펌프	터빈 펌프
양정	저양정	고양정
토출량	대유량	소유량
안내날개(guide vane)	없다	있다
형상	소형	대형
공동현상	발생이 쉽다	발생이 어렵다

2 펌프의 전양정

1) 실양정 = 흡입양정 + 토출양정

(1) 흡입양정

흡입측 흡입수면(후드밸브 또는 흡수구)에서 펌프 중심까지의 수직거리

(2) 토출양정

펌프 중심에서 최상층 방수구 또는 헤드까지의 수직거리

2) 전양정 ★★★

(1) 최상층 방수구 또는 헤드에서 규정 방수량 및 방수압력을 유지하기 위한 압력을 수두로 환산한 값
(2) 전양정
   ① 전양정 = 실양정 + 마찰손실수두 + 설계압력 환산수두
   ② 전양정 = 진공계 압력 + 압력계 압력 + 진공계와 압력계의 높이차
   ③ 양정(수두) : 10m = 0.1MPa = 1kgf/cm^2

3 흡입양정

1) 유효흡입양정(Available Net Positive Suction Head) ★★★

(1) 개념
   ① **펌프 흡입측 절대압력에서 그 수온의 포화증기압을 감한 것**
   ② 펌프를 운전할 때 캐비테이션(cavitation)의 발생 없이 안전하게 운전할 수 있는 흡입에 필요한 수두를 말한다.
(2) 유효흡입양정의 계산
   ① 압입 NPSH(수조가 펌프보다 위쪽에 있는 경우)

$NPSHav = H_a + H_h - H_f - H_v$	H_a : 대기압수두[m] H_h : 압입수두[m] H_f : 마찰손실수두[m] H_v : 유체 포화증기압 환산수두[m]

   ② 흡입 NPSH(수조가 펌프보다 아래쪽에 있는 경우)

$NPSHav = H_a - H_h - H_f - H_v$	H_a : 대기압수두[m] H_h : 흡입수두[m] H_f : 마찰손실수두[m] H_v : 유체 포화증기압 환산수두[m]

2) 필요흡입양정(Required Net Positive Suction Head)

(1) 개념
① 임펠러에서 가압되기 전 입구에서 발생하는 압력강하를 수두로 환산한 값
② 펌프의 특성에 따라서 펌프가 가지고 있는 고유한 값으로 펌프를 제작할 때 결정되는 값으로 펌프를 설치하는 위치 및 현장조건과는 무관

3) NPSH와 Cavitation의 관계

관계 그래프	NPSHav와 NPSHre의 관계
(양정-토출량 그래프: 사용가능 / 사용불가능, NPSHre, NPSHav)	① $NPSHav = NPSHre$: 공동현상 발생한계 ② $NPSHav \geq NPSHre$: 사용 가능 ③ $NPSHav < NPSHre$: 사용 불가능 ④ $NPSHav \geq NPSHre \times 1.3$: 설계 시 　(1.3 : 마찰손실증가를 감안한 여유)

4 비속도

1) 비속도의 개념

(1) 최고효율인 지점에서 펌프의 특성 및 형식을 결정하는 데 이용된다.
(2) 송풍기 또는 펌프에 있어서 임펠러(impeller)의 형상과 운전 상태를 상사하게 유지하면서 크기를 바꾸어 $1[m^3/min]$에서 $1[m]$을 발생시키기 위해 필요한 임펠러(impeller)의 회전수[rpm]를 원래 임펠러(impeller)의 비속도라 하며, 펌프들의 특성을 수치로 정량화하여 표현한 것
(3) **비속도가 같은 펌프는 같은 고유의 특성**을 갖는다.
(4) **펌프 비속도의 값(터빈 〈 볼류트 〈 사류 〈 축류)**
① 터빈펌프 : 80~120, 볼류트 펌프 : 250~450
② 사류펌프 : 700~1000, 축류펌프 : 800~2000

2) 비속도(비교회전도)의 계산 ★★★

$$N_s = \frac{NQ^{\frac{1}{2}}}{\left(\frac{H}{n}\right)^{\frac{3}{4}}}$$

N_s : 비속도[rpm · m³/min · m]
N : 펌프의 회전수[rpm]
Q : 펌프의 토출량[m³/min](양흡입의 경우 $Q \div 2$)
H : 전양정[m]
n : 단수

예제 1. 유량이 2[m³/min]인 5단의 다단펌프가 2,000[rpm]의 회전으로 50[m]의 양정이 필요하다면 비속도는 얼마인가?

① 403　　　② 503　　　③ 425　　　④ 525

해설 비속도

$$N_s = \frac{NQ^{\frac{1}{2}}}{\left(\frac{H}{n}\right)^{\frac{3}{4}}} = \frac{2000 \times 2^{\frac{1}{2}}}{\left(\frac{50}{5}\right)^{\frac{3}{4}}} = 503[\text{rpm} \cdot \text{m}^3/\text{min} \cdot \text{m}]$$

정답 ②

3) 비속도와 전양정, 토출량, 회전수와의 관계

구 분	전양정, 토출량, 회전수	비속도
양정과 토출량이 같을 경우	회전수가 높을수록	크다.
양정과 토출량이 다를 경우	고양정, 소유량	낮다.
	저양정, 대유량	높다.

5 펌프의 동력

1) 전동력, 축동력, 수동력의 관계

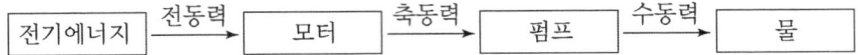

2) 동력의 상호변환

(1) 1[kW] = 102[kgf·m/s]
(2) 1[PS] = 75[kgf·m/s] = 0.735[kW]

3) 수동력, 축동력 및 전동력(전동기 용량) ★★★

구분	kW	PS	비고
수동력	$P = 9.8QH$ [kW]	$P = \dfrac{9.8QH}{0.735}$ [PS]	Q : 토출량[m³/s]
축동력	$P = \dfrac{9.8QH}{\eta}$ [kW]	$P = \dfrac{9.8QH}{0.735\eta}$ [PS]	H : 전양정[m] η : 전효율[%]
전동력	$P = \dfrac{9.8QH}{\eta} \times K$ [kW]	$P = \dfrac{9.8QH}{0.735\eta} \times K$ [PS]	K : 전달계수

(1) 토출량이 (m³/s)인 경우

$$P = \frac{9.8QHK}{\eta}[\text{kW}]$$

Q : **토출량[m³/s]**, H : 전양정[m], η : 전효율[%], K : 전달계수

(2) 토출량이 (m³/min)인 경우

$$P = \frac{0.163QHK}{\eta}[\text{kW}]$$

Q : **토출량[m³/min]**, H : 전양정[m], η : 전효율[%], K : 전달계수

예제 2. 펌프로서 지하 5[m]에 있는 물을 지상 50[m]의 물탱크까지 1분간에 1.8[m³]을 올리려면 몇 마력(PS)이 필요한가? (단, 펌프의 효율 η=0.6, 관로의 전손실 수두를 10[m], 동력 전달계수를 1.1이라 한다.)

① 47.7　　　② 53.3　　　③ 63.3　　　④ 73.3

해설 동력의 계산

$$P = \frac{9.8 \times \frac{1.8\text{m}^3}{60\text{s}} \times 65\text{m}}{0.735 \times 0.6} \times 1.1 = 47.67$$

(양정 H = 5m + 50m + 10m = 65m)

정답 ①

예제 3. 유량이 0.6[m³/min]일 때 손실수두가 7[m]인 관로를 통하여 10[m] 높이 위에 있는 저수조로 물을 이송하고자 한다. 펌프의 효율이 90[%]라고 할 때 펌프에 공급해야 하는 전력은 몇 [kW]인가?

① 0.45   ② 1.85   ③ 2.27   ④ 136

해설 동력계산
① 전양정 H = 7[m] + 10[m] = 17[m]
② 전력 $P = \dfrac{9.8QHK}{\eta} = \dfrac{9.8 \times 0.6[\text{m}^3/60\text{s}] \times 17[\text{m}]}{0.9} = 1.85[\text{kW}]$

정답 ②

예제 4. 소화펌프의 토출량이 48[m³/h], 양정 50[m], 펌프효율 67[%]일 때 필요한 축동력은 약 몇 [kW]인가?

① 6.24   ② 9.75   ③ 10.7   ④ 12.1

해설 축동력

$$P = \frac{9.8QH}{\eta} = \frac{9.8 \times 48\text{m}^3/3{,}600\text{s} \times 50\text{m}}{0.67} = 9.75\text{kW}$$

정답 ②

예제 5. 펌프 양수량 0.6[m³/min], 관로의 전 손실수두 5[m]인 펌프가 펌프 중심으로부터 1.5[m] 아래에 있는 물을 19.5[m]의 송출액면에 양수할 때 펌프에 공급해야 할 동력은 몇 [kW]인가?

① 1.513   ② 1.974   ③ 2.513   ④ 2.548

해설 동력계산
① 전양정 H = 5m + 1.5m + 19.5m = 26m
② 동력 $P = \dfrac{9.8QH}{\eta} \times K = \dfrac{9.8 \times 0.6\text{m}^3/60\text{s} \times 26\text{m}}{1} \times 1 = 2.548\text{kW}$

정답 ④

예제 6. 판매시설(10층규모)에 스프링클러설비를 설치할 때 흡입양정 5[m], 토출양정 80[m], 배관 내 마찰손실이 10[m], 여유율은 10[%], 펌프의 효율을 70[%]로 하면 필요한 전동기의 용량[kW]은?

① 45.2　　② 58.3　　③ 64.7　　④ 73.8

해설 전동기의 용량
① 전양정 H = h₁ + h₂ + 10 = (5m + 80m) + 10m + 10m = 105m
② 토출량 Q = N × 80 L/min = 30 × 80 L/min = 2400 L/min(판매시설이므로 30개)
③ 전동기의 용량
$$P = \frac{9.8QH}{\eta} = \frac{9.8 \times 2.4[\text{m}^3/60\text{s}] \times (1+0.1) \times 105[\text{m}]}{0.7} = 64.68[\text{kW}]$$

 정답 ③

4) 공기동력(팬동력) ★★★

구분	kW	PS	비고
공기동력	$P = \dfrac{P_t Q}{102}[\text{kW}]$	$P = \dfrac{P_t Q}{75}[\text{PS}]$	① P_t : 전압[mmAq]
축동력	$P = \dfrac{P_t Q}{102\eta}[\text{kW}]$	$P = \dfrac{P_t Q}{75\eta}[\text{PS}]$	② Q : 풍량[m³/s] ③ K : 전달계수
전동력	$P = \dfrac{P_t Q}{102\eta} \times K[\text{kW}]$	$P = \dfrac{P_t Q}{75\eta} \times K[\text{PS}]$	④ η : 전효율[%]

예제 7. 송풍기의 입구압력 −36mmHg, 출구압력 110[kPa], 송출풍량은 8[m³/min]일 때 공기동력은 몇 [kW]인가?(단, 흡입관과 토출관의 구경은 동일)

① 7.5　　② 15.3　　③ 150　　④ 204

해설 공기동력
① $P_t = 36\text{mmHg} \times \dfrac{10{,}332\text{mmAq}}{760\text{mmHg}} + 110\text{kPa} \times \dfrac{10{,}332\text{mmAq}}{101.325\text{kPa}} = 11{,}705.99\text{mmAq}$
(입구압력에서 "−"은 흡입을 의미하므로 합으로 계산할 것)
② 공기동력
$$P = \frac{P_t Q}{102} = \frac{11{,}705.99\text{mmAq} \times 8\text{m}^3/60\text{s}}{102} = 15.3 \text{ kW}$$

 정답 ②

5) 전달계수

① 모터에 의하여 발생된 동력이 펌프에 전달될 때 발생하는 손실을 보정한 여유계수이다.
② 전동기 직결의 경우 : 1.1, 그 밖의 경우 : 1.15~1.2를 적용한다.

6 펌프의 효율

1) 수력효율(hydraulic efficiency)

(1) 펌프의 이론양정과 실 양정의 비를 말한다.
(2) 펌프내의 유체의 마찰, 충돌, 와류손실 등에 의해 발생한다.
(3) 약 0.8~0.96

2) 체적효율(volumetric efficiency)

(1) 펌프의 흡입유량과 실 토출유량의 비를 말한다.
(2) 펌프의 누설, 역류되는 유량 손실을 말한다.
(3) 약 0.9~0.95

3) 기계효율(mechanical efficiency)

(1) 펌프에서 공급되는 동력과 실제 일로 변환되는 동력의 비를 말한다.
(2) 펌프의 베어링, 축에 의한 기계적인 마찰손실을 말한다.
(3) 약 0.9~0.97

4) 전효율의 산정 ★★★

전효율 = 수력효율 × 체적효율 × 기계효율

7 상사법칙(Law of affinity)

1) 상사법칙의 개념

펌프의 크기가 달라도 비속도가 같으면 이를 상사라고 한다. 회전수(N)나 임펠러의 지름(D)에 따라 토출량(Q), 양정(H), 축동력(P)을 산출할 수 있다.

2) 상사법칙 ★★★

구 분	관 계 식
유 량	$\dfrac{Q_2}{Q_1} = \left(\dfrac{N_2}{N_1}\right)^1 \times \left(\dfrac{D_2}{D_1}\right)^3$
양 정	$\dfrac{H_2}{H_1} = \left(\dfrac{N_2}{N_1}\right)^2 \times \left(\dfrac{D_2}{D_1}\right)^2$
축동력	$\dfrac{P_2}{P_1} = \left(\dfrac{N_2}{N_1}\right)^3 \times \left(\dfrac{D_2}{D_1}\right)^5$

Q_1, Q_2 : 유량[m³/min]
H_1, H_2 : 양정[m]
N_1, N_2 : 회전수[rpm]
D_1, D_2 : 임펠러의 직경[m]
P_1, P_2 : 축동력[kW]

예제 8. 어떤 펌프가 1,000[rpm]으로 회전하여 전양정 10[m]에서 0.5[m³/min]의 유량을 방출한다. 이 펌프가 2,000[rpm]으로 운전된다면 유량은 몇 [m³/min]이 되겠는가?

① 1.0 ② 0.75 ③ 0.5 ④ 1.25

해설 유량 $Q_2 = Q_1 \times \dfrac{N_2}{N_1} = 0.5\,\mathrm{m^3/min} \times \dfrac{2000}{1000} = 1.0\,\mathrm{m^3/min}$

 ①

예제 9. 2단식 터보팬을 6,000[rpm]으로 회전시킬 경우 풍량은 0.5[m³/min], 축동력은 0.049[kW] 이었다. 만약에 터보팬의 회전수를 8,000[rpm]으로 바꾸어 회전시킬 경우 축동력은 몇 [kW]인가?

① 0.0207 ② 0.207 ③ 0.116 ④ 1.161

해설 축동력 $P_2 = P_1 \times \left(\dfrac{N_2}{N_1}\right)^3 = 0.049[\mathrm{kW}] \times \left(\dfrac{8{,}000\mathrm{rpm}}{6{,}000\mathrm{rpm}}\right)^3 = 0.116[\mathrm{kW}]$

 ③

3) 상사법칙의 활용방안

동일 직경을 갖는 펌프의 경우 회전수를 2배로 증가시키면, 유량은 2배, 양정은 4배, 동력은 8배를 증가시킬 수 있다.

8 펌프의 연합운전 ★★

1) 직렬연결
이론상 토출유량은 변하지 않으나 토출압력은 2배가 된다.

2) 병렬연결
이론상 토출유량은 2배가 되고 토출압력은 변하지 않는다.

구분	직렬연결	병렬연결
토출유량	1Q	2Q
토출압력	2H	1H

9 펌프의 압축비 및 가압송수능력

1) 압축비 ★★★

$k = (\frac{P_2}{P_1})^{\frac{1}{\varepsilon}}$ k : 압축비, ε : 단수, P_1 : 흡입측 압력[Pa], P_2 : 토출측 압력[Pa]

예제) 10. 최초압력 0.3[MPa]인 2단 펌프를 사용하여 최종압력이 2.7[MPa]이 되도록 하려면 펌프의 압축비는 얼마로 하여야 하는가?

① 1 ② 2 ③ 3 ④ 4

해설 압축비 $k = (\frac{P_2}{P_1})^{\frac{1}{\varepsilon}} = (\frac{2.7}{0.3})^{\frac{1}{2}} = 3$

정답 ③

예제) 11. 압축비 3인 2단 펌프의 토출압력이 2.7[MPa]이다. 이 펌프의 흡입압력은 몇 [kPa]인가?

① 90 ② 150 ③ 300 ④ 900

해설 압축비 $k = (\frac{P_2}{P_1})^{\frac{1}{\varepsilon}}$, $3 = (\frac{2.7}{P_1})^{\frac{1}{2}}$, $P_1 = \frac{2.7[\text{MPa}]}{3^2} = 0.3[\text{MPa}] = 300[\text{kPa}]$

정답 ③

2) 가압송수능력 ★

$$c = \frac{P_2 - P_1}{\varepsilon}$$

c : 가압송수능력, ε : 단수, P_1 : 흡입측 압력[Pa], P_2 : 토출측 압력[Pa]

🔟 공동현상(Cavitation)

1) 개념

펌프의 흡입측 배관에서 발생하는 현상으로 유수 중에서 그 수온의 증기압력보다 낮은 부분이 생겼을 때 물이 증발하거나 물속에 녹아 있는 공기가 석출하여 기포가 다수 생성되는 현상

2) 발생현상

(1) 소음과 진동이 발생한다.
(2) 깃에 대한 침식이 생긴다.
(3) 토출량·양정·효율이 점차 감소한다.

3) 발생원인 ★

(1) 펌프의 흡입측 수두가 클 경우
(2) 펌프의 흡입측 마찰손실이 클 경우
(3) 펌프의 임펠러 속도가 클 경우
(4) 펌프의 흡입관경이 작을 경우
(5) 유체가 고온일 경우

4) 방지대책 ★

(1) 펌프의 설치위치를 수원보다 낮게 한다.
(2) 펌프의 흡입양정을 작게 한다.
(3) 펌프의 흡입관경을 크게 한다.
(4) 수직회전축펌프를 사용하고 회전차를 수중에 완전히 잠기게 한다.
(5) 펌프의 회전수를 낮추고, 비속도를 작게 한다.

(6) 양 흡입펌프를 사용한다.
(7) 펌프를 2대 이상 설치한다.

11 수격현상(Water hammering)

1) 개념 ★★

배관 속을 흐르고 있는 액체의 속도를 급격하게 변화시켰을 때 액체에는 심한 압력 변화가 생겨 물에 의한 충격이 가해지는데 이 현상을 수격현상이라 한다.(**운동에너지가 압력에너지로 변환**)

2) 발생원인

(1) 정전 등으로 급히 펌프가 멈춘 경우
(2) 유량조절밸브를 급히 개폐한 경우

3) 방지대책 ★

(1) 관내의 유속을 작게 한다.
(2) 관의 직경을 크게 한다.
(3) 펌프에 플라이휠(Fly wheel)을 설치한다.
(4) 조압수조(Surge tank)를 관선에 설치한다.
(5) 수격방지기(Water hammering cution : WHC)를 설치한다.
(6) 밸브는 송출구 가까이에 설치하고 밸브를 적당히 제어한다.

4) 충격파의 압력상승 ★

$$\triangle P = \frac{9.81aV}{g} \, [\text{kPa}]$$

여기에서, g : 중력가속도(9.8 m/s^2)
  a : 압축파의 전달속도(m/s)
  V : 평균유속(m/s)

12 맥동현상(Surging)

1) 개념 ★

양정(H), 유량(Q) 등이 규칙적으로 변하는 현상으로 서징현상이라고도 하며, 펌프 및 송풍기에서 발생한다.

2) 발생원인

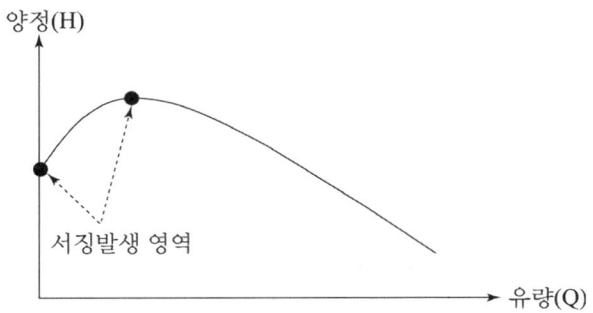

(1) 펌프의 H-Q곡선에서 곡선의 상승부에서 운전하는 경우
(2) 배관 중에 수조가 존재하는 경우 또는 공기고임 부분이 있는 경우
(3) 유량조절밸브가 수조의 후단에 있을 때

3) 방지대책

(1) 펌프의 H-Q 곡선이 우 하향 특성을 가진 펌프를 선정한다.
(2) 유량조절 밸브는 펌프의 토출측 직후에 설치
(3) 배관 도중에 불필요한 수조를 제거한다.
(4) 배관 내 기체를 제거한다.

4) System에 미치는 영향

(1) 압력계의 눈금이 어떤 주기를 가지고 큰 진폭으로 흔들린다.
(2) 토출량은 일정한 주기를 가지고 변동한다.
(3) 흡입 및 토출배관에 주기적인 진동과 소음이 발생한다.

13 송풍기

1) 풍압에 의한 송풍기 분류 ★

종류	압력기준
팬(fan)	1,000mmAq 미만(0.01MPa 미만)
블로어(blower)	1,000~10,000mmAq 미만(0.01~0.1MPa 미만)
압축기(compressor)	10,000mmAq 이상(0.1MPa 이상)

2) 송풍기의 분류 ★

(1) 터보형

구분	종류
원심식 (centrifugal type)	① 다익(multiblade) 팬(시로코(sirocco) 팬) ② 반경류(radial) 팬 ③ 터보(turbo)팬 ④ 한계부하(limit loaded) 팬 ⑤ 익형(airfoil) 팬
축류식(propeller type)	① 프로펠러(propeller)팬 ② 축류(axial) 팬

(2) 용적형

구분	종류
회전식	루쯔(roots) 송풍기 나사 압축기 가동익 압축기 등
왕복식	압축기로 가장 널리 사용

14 신축이음과 배관시험

1) 신축이음(Expansion joint)

(1) 설치목적

배관 내를 흐르는 유체의 온도나 배관에 접촉하는 외기의 변화에 따라 배관은 팽창 또는 수축을 하게 된다. 이 **신축에 따른 배관 및 기기의 손상을 방지**하기 위해서 설치한다.

(2) 종류 ★★
① 루프(loop)형
② 슬리브(sleeve)형
③ 벨로우즈(bellows)형
④ 스위블(swivel)형
⑤ 볼 조인트(ball joint)형

(3) 신축 흡수량 및 강도 순서 : 루프형 > 슬리브형 > 벨로우즈형 > 스위블형

2) 배관시험

(1) 수압시험
(2) 기압시험(공기시험)
(3) 만수시험
(4) 연기시험
(5) 통수시험

제4장 출제예상문제

01 다음 중 소화펌프 특성에 가장 적합하여 소화펌프로 가장 많이 사용되는 것은?
① 원심펌프　　　　　　　　② 수격펌프
③ 분사펌프　　　　　　　　④ 왕복펌프

해설 복류펌프라고도 하며 임펠러에 흡입된 물은 축과 직각의 복류방향으로 토출되는 고양정용으로써 소방펌프로 널리 사용된다.

02 다음 중 왕복식 펌프에 속하는 것은?
① 플런저펌프　　　　　　　② 볼류트펌프
③ 기어펌프　　　　　　　　④ 베인펌프

해설 왕복펌프 : 다이어프램펌프, 피스톤펌프, 플런저펌프

03 볼류트펌프와 터빈펌프에 대한 설명 중 틀린 것은?
① 두개 모두 원심펌프이고 가장 많이 사용되고 있다.
② 터빈펌프는 임펠러의 주위에 고정된 물의 안내날개가 있다.
③ 터빈펌프는 원심펌프이고 볼류트펌프는 왕복펌프에 해당된다.
④ 볼류트펌프는 흡입구가 양쪽에 2개 달린 것도 있다.

해설 볼류트펌프와 터빈펌프는 원심펌프이다.

04 펌프의 양정 가운데 실양정을 가장 적합하게 설명한 것은?
① 펌프의 중심선으로부터 흡입 액면까지의 수직 높이
② 흡입 액면에서 송출 액면까지의 수직 높이
③ 펌프의 중심선으로부터 송출 액면까지의 수직 높이
④ 흡입 액면에서 송출 액면까지의 마찰 손실수두

해설 실양정 : 펌프를 중심으로 하여 흡입수면에서 최상위 방수구 또는 헤드까지의 수직 높이

정답 1. ①　2. ①　3. ③　4. ②

05 운전하고 있는 펌프의 압력계는 출구에서 350kPa이고 흡입구에서는 −20kPa이다. 펌프의 전양정은?

① 37   ② 35   ③ 33   ④ 31

해설 전양정 = 흡입양정 + 토출양정 = 20kPa + 350kPa = 370kPa × $\dfrac{10.332\text{m}}{101.325\text{kPa}}$ = 37.73m

06 물올림 중인 어느 수평회전축 원심펌프에서 흡입구 측에 설치된 연성계가 460[mmHg]를 지시하였다면, 이 펌프의 이론 흡입양정은 얼마인가?

① 약 6.3m   ② 약 5.8m
③ 약 4.6m   ④ 약 4.1m

해설 이론흡입양정 $460\,\text{mmHg} \times \dfrac{10.332\,\text{m}}{760\,\text{mmHg}} = 6.25\,\text{m}$

07 NPSH가 3.5[m]인 펌프가 수조위에 설치되어 있을 때 펌프흡입구와 후드밸브 상단까지 흡입 가능한 높이는 최대 몇 [m]인가? (단, 수증기압은 1.8[kPa]이고, 대기압수두는 10[m]이다.)

① 7.85   ② 6.88   ③ 6.32   ④ 5.94

해설 유효흡입양정

① $NPSHav = H_a - H_h - H_f - H_v$, $3.5\text{m} = 10\text{m} - H_h - 0 - 1.8\text{kPa} \times \dfrac{10.332\text{m}}{101.325\text{kPa}}$

② 흡입 가능한 높이 $H_h = 10\text{m} - 3.5\text{m} - 0.184\text{m} = 6.316\text{m} = 6.32\text{m}$

08 유효 NPSH가 6.2[m]일 때 설치 가능한 펌프의 최대 높이(실양정)는 얼마인가? (단, 대기압은 10.34[m]이다.)

① 5.82   ② 5.13   ③ 4.68   ④ 4.14

해설 유효흡입양정
$NPSH_{av} = H_a - H_h - H_f - H_v$
$6.2\text{m} = 10.34\text{m} - H_h - 0 - 0$
흡입 가능한 높이 $H_h = 10.34\text{m} - 6.2\text{m} = 4.14\text{m}$

정답 5. ① 6. ① 7. ③ 8. ④

09 펌프의 비속도 값의 크기 배열이 가장 적합한 것은?

① 터빈펌프 〉 볼류트펌프 〉 사류펌프 〉 축류펌프
② 터빈펌프 〉 볼류트펌프 〉 축류펌프
③ 축류펌프 〉 볼류트펌프 〉 터빈펌프
④ 사류펌프 〉 터빈펌프 〉 축류펌프

해설 비속도의 크기 : 터빈펌프 〈 볼류트 펌프 〈 사류펌프 〈 축류펌프

10 유량이 2[m³/min]인 5단의 다단펌프가 2,000[rpm]의 회전으로 50[m]의 양정이 필요하다면 비속도는 얼마인가?

① 403　　② 503　　③ 425　　④ 525

해설 비속도

$$N_s = \frac{NQ^{\frac{1}{2}}}{\left(\frac{H}{n}\right)^{\frac{3}{4}}} = \frac{2000 \times 2^{\frac{1}{2}}}{\left(\frac{50}{5}\right)^{\frac{3}{4}}} = 503 [rpm \cdot m^3/min \cdot m]$$

11 어떤 수평관 속에 물이 2.8[m/s]의 속도와 50[kPa]의 압력으로 흐르고 있다. 이 물의 유량이 0.95[m³/s]일 때 수동력은 얼마인가?

① 25.5PS　　② 32.5PS　　③ 53.4PS　　④ 64.6PS

해설 수동력의 계산

① 양정 $H = 50kPa \times \frac{10.332m}{101.325kPa} = 5.098m$

② 수동력 $P = \frac{9.8QH}{0.735} = \frac{9.8 \times 0.95 m^3/s \times 5.098m}{0.735} = 64.57 [PS]$

12 펌프로서 지하 5[m]에 있는 물을 지상 50[m]의 물탱크까지 1분간에 1.8[m³]을 올리려면 전동기의 용량[kW]은? (단, 펌프의 효율 $\eta = 0.6$, 관로의 전손 실 수두를 10[m], 동력 전달 계수를 1.10이라 한다.)

① 35.04　　② 47.7　　③ 53.3　　④ 63.3

해설 동력의 계산

$$P = \frac{9.8 \times \frac{1.8 m^3}{60s} \times 65m}{0.6} \times 1.1 = 35.04 [kW]$$

(양정 H = 5m + 50m + 10m = 65m)

정답 9. ③　10. ②　11. ④　12. ①

13 관 속을 흐르는 물의 압력손실이 40[kPa]이고 유량이 3[m³/s]일 때 이것을 동력손실로 환산하면 몇 [kW]인가?(단, 효율은 1로 한다.)

① 88　　　② 120　　　③ 157　　　④ 214

해설 동력계산

$$P = \frac{9.8QH}{\eta} = \frac{9.8 \times 3\text{m}^3/\text{s} \times (\frac{40\text{kPa}}{101.325\text{kPa}} \times 10.332\text{m})}{1} = 119.92\text{kW}$$

14 소화펌프의 토출량이 48[m³/h], 양정 50[m], 펌프효율 67[%]일 때 필요한 축동력은 약 몇 [kW]인가?

① 6.24　　　② 9.75　　　③ 10.7　　　④ 12.1

해설 축동력

$$P = \frac{9.8QH}{\eta} = \frac{9.8 \times 48\text{m}^3/3{,}600\text{s} \times 50\text{m}}{0.67} = 9.75\text{kW}$$

15 펌프 양수량 0.6[m³/min], 관로의 전 손실수두 5[m]인 펌프가 펌프 중심으로부터 1.5[m] 아래에 있는 물을 19.5[m]의 송출액면에 양수할 때 펌프에 공급해야 할 동력은 몇 [kW]인가?(단, 전달계수 K = 1)

① 1.513　　　② 1.974　　　③ 2.513　　　④ 2.549

해설 동력계산
① 전양정 H = 5m + 1.5m + 19.5m = 26m
② 동력 $P = \frac{9.8QH}{\eta} \times K = \frac{9.8 \times 0.6\text{m}^3/60\text{s} \times 26\text{m}}{1} \times 1 = 2.549\text{kW}$

16 유량이 0.5[m³/min]일 때 손실수두가 5[m]인 관로를 통하여 20[m] 높이 위에 있는 저수조로 물을 이송하고자 한다. 펌프의 효율이 90[%]라고 할 때 펌프에 공급해야 하는 전력은 약 몇 [kW]인가?(단, 전달계수 K = 1)

① 0.45　　　② 1.84　　　③ 2.27　　　④ 136

해설 전동기 용량
① 전양정 H = 5m + 20m = 25m
② 전동기 용량 $P = \frac{9.8QH}{\eta} \times K = \frac{9.8 \times 0.5\text{m}^3/60\text{s} \times 25\text{m}}{0.9} \times 1 = 2.27\text{kW}$

정답 13. ②　14. ②　15. ④　16. ③

17 옥내소화전설비에 사용하는 소화펌프의 토출량이 1,000[L/min], 전양정이 100[m], 펌프 전효율이 65[%]일 때 전동기의 출력[kW]은 약 얼마인가?(단, 소화펌프와 전동기의 동력 전달계수(K)는 1.1로 가정한다.)

① 22.6   ② 25.6   ③ 27.6   ④ 30.6

해설 전동기의 출력 $P = \dfrac{9.8QH}{\eta} \times K = \dfrac{9.8 \times 1\text{m}^3/60\text{s} \times 100\text{m}}{0.65} \times 1.1 = 27.65\text{kW}$

18 판매시설(10층 규모)에 스프링클러설비를 설치할 때 흡입양정 5[m], 토출양정 80[m], 배관 내 마찰손실이 10[m], 여유율은 10[%], 펌프의 효율을 70[%]로 하면 필요한 전동기의 용량[kW]은?

① 45.2   ② 58.3   ③ 64.7   ④ 73.8

해설 전동기의 용량
① 전양정 H = h1 + h2 + 10 = (5m + 80m) + 10m + 10m = 105m
② 토출량 Q = N × 80L/min = 30 × 80L/min = 2400L/min(판매시설이므로 30개)
③ 전동기의 용량 $P = \dfrac{9.8QH}{\eta} = \dfrac{9.8 \times 2.4[\text{m}^3/60\text{s}] \times (1+0.1) \times 105[\text{m}]}{0.7} = 64.68[\text{kW}]$

19 송풍기의 입구압력 −36mmHg, 출구압력 110[kPa], 송출풍량은 8[m³/min]일 때 공기동력은 몇 [kW]인가?(단, 흡입관과 토출관의 구경은 동일)

① 7.5   ② 15.3   ③ 150   ④ 204

해설 공기동력
① $P_t = 36\text{mmHg} \times \dfrac{10,332\text{mmAq}}{760\text{mmHg}} + 110\text{kPa} \times \dfrac{10,332\text{mmAq}}{101.325\text{kPa}} = 11,705.99\text{mmAq}$
   (입구압력에서 "−"은 흡입을 의미하므로 합으로 계산할 것)
② 공기동력 $P = \dfrac{P_t Q}{102} = \dfrac{11,705.99\text{mmAq} \times 8\text{m}^3/60\text{s}}{102} = 15.3[\text{kW}]$

20 어떤 펌프가 1,000[rpm]으로 회전하여 전양정 10[m]에서 0.5[m³/min]의 유량을 방출한다. 이 펌프가 2,000[rpm]으로 운전된다면 유량은 몇 [m³/min]이 되겠는가?

① 1.0   ② 0.75   ③ 0.5   ④ 1.25

해설 유량 $Q_2 = Q_1 \times \dfrac{N_2}{N_1} = 0.5\text{m}^3/\text{min} \times \dfrac{2000}{1000} = 1.0\text{m}^3/\text{min}$

정답 17. ③ 18. ③ 19. ② 20. ①

21 회전속도가 1000[rpm]일 때 송출량 Q[m³/min], 전양정 H[m]인 원심펌프가 상사한 조건에서 송출량이 1.1Q[m³/min]가 되도록 회전속도를 증가시킬 때, 전양정은?

① 0.91H ② H ③ 1.1H ④ 1.21H

해설 ① 회전속도의 계산 $N_2 = N_1 \times \dfrac{Q_2}{Q_1} = 1{,}000 \times \dfrac{1.1Q}{1Q} = 1{,}100\,\text{rpm}$

② 양정의 계산 $H_2 = H_1 \times \left(\dfrac{N_2}{N_1}\right)^2 = H \times \left(\dfrac{1{,}100}{1{,}000}\right)^2 = 1.21\,H$

22 동일한 사양의 소방펌프를 1대로 운전하다가 2대로 병렬 연결하여 동시에 운전할 경우 나타나는 유체특성 현상 중 옳게 설명된 것은? (단, 펌프형식은 원심 펌프이고, 배관 마찰손실 및 낙차 등은 고려하지 않는다.)

① 체절 운전시의 최고양정은 1대 운전시의 최고 양정보다 높다.
② 동일한 양정에서 유량은 1대 용량의 2배로 송출된다.
③ 동일한 유량에서 양정은 1대 운전시의 양정보다 항상 2배로 높게 나타난다.
④ 유량과 양정이 모두 2배로 크게 나타난다.

해설 펌프의 2대 연결

2대 연결 방법		직렬연결	병렬연결
성능	유량(Q)	1Q	2Q
	양정(H)	2H	1H

23 최초압력 0.3[MPa]인 2단 펌프를 사용하여 최종압력이 2.7[MPa]이 되도록 하려면 펌프의 압축비는 얼마로 하여야 하는가?

① 1 ② 2 ③ 3 ④ 4

해설 압축비 $k = \left(\dfrac{P_2}{P_1}\right)^{\frac{1}{\varepsilon}} = \left(\dfrac{2.7}{0.3}\right)^{\frac{1}{2}} = 3$

24 펌프의 흡입수두가 클 때 발생될 수 있는 현상은?

① 서징 현상 ② 공회전 상태 ③ 공동 현상 ④ 수격 현상

해설 흡입수두가 클 때에는 공동현상이 발생될 수 있다.

정답 21. ④ 22. ② 23. ③ 24. ③

25 다음 중 원심펌프의 공동현상 방지대책과 거리가 먼 것은?
① 펌프의 설치 위치를 낮춘다.
② 펌프의 회전수를 높인다.
③ 흡입관의 구경을 크게 한다.
④ 단 흡입펌프는 양 흡입으로 바꾼다.

해설 펌프의 회전수를 낮추고, 비속도를 작게 한다.

26 배관 속의 물 흐름을 급히 차단하였을 때 동압이 정압으로 전환되면서 일어나는 쇼크현상을 무엇이라고 부르는가?
① 공동현상 ② 수격현상
③ 와류현상 ④ 맥동현상

해설 수격현상 : 흐르는 물을 갑자기 정지시킬 때 수압이 급격히 변화하는 현상

27 다음 중 수격현상의 방지법이 아닌 것은?
① 관의 유속은 낮게
② 조압수조를 관선에 설치
③ 밸브는 펌프의 송출구 가까이 설치
④ 관의 직경을 작게

해설 수격현상의 방지대책
① 관내의 유속을 작게 한다.
② 관의 직경을 크게 한다.
③ 펌프에 플라이휘일(Fly wheel)을 설치한다.
④ 조압수조(Surge tank)를 관선에 설치한다.
⑤ 수격방지기(Water hammering cution : WHC)를 설치한다.
⑥ 밸브는 송출구 가까이에 설치하고 밸브를 적당히 제어한다.

28 펌프 입구의 진공계 및 출구의 압력계 지침이 흔들리고 토출유량도 주기적으로 변화하는 이상 현상은?
① 공동현상(cavitation) ② 수격작용(water hammering)
③ 맥동현상(surging) ④ 언밸런스(unbalance)

해설 맥동현상 : 양정(H), 유량(Q) 등이 규칙적으로 변하는 현상

정답 25. ② 26. ② 27. ④

29 서징(surging)(맥동현상)의 발생조건으로 적당치 않은 것은?

① 유량조절밸브가 배관 중 수조의 위치 후방에 있을 때
② 배관 중에 수조가 있을 때
③ 배관 중에 기체 상태의 부분이 있을 때
④ 펌프의 입상곡선이 우하특성일 때

해설 펌프의 유량-양정곡선에서 펌프가 곡선의 상승부에서 운전하는 경우(펌프의 성능곡선이 우상향인 경우에 발생)

30 풍압에 의한 송풍기의 분류 중 팬의 압력범위는?

① 0~0.01MPa 미만
② 0.01~0.1MPa 미만
③ 0.1MPa 이상
④ 0.2MPa 이상

해설 풍압에 의한 송풍기 분류

종류	압력기준
팬(fan)	1,000mmAq 미만(0.01MPa 미만)
블로어(blower)	1,000~10,000mmAq 미만(0.01~0.1MPa 미만)
압축기(compressor)	10,000mmAq 이상(0.1MPa 이상)

31 다음 송풍기의 분류 중 원심식 팬에 해당하지 않는 것은?

① 다익(multiblade) 팬
② 축류(axial) 팬
③ 터보(turbo)팬
④ 한계부하(limit loaded) 팬

해설 터보형 송풍기의 분류

구분	종류
원심식 (centrifugal type)	① 다익(multiblade) 팬(시로코(sirocco) 팬) ② 반경류(radial) 팬 ③ 터보(turbo)팬 ④ 한계부하(limit loaded) 팬 ⑤ 익형(airfoil) 팬
축류식(propeller type)	① 프로펠러(propeller)팬 ② 축류(axial) 팬

정답 28. ③ 29. ④ 30. ① 31. ②

32 저수조가 소화펌프보다 아래에 있으며, 펌프의 토출유량 520 [L/min], 전양정 64 [m], 효율 55[%], 전달계수 1.2인 경우의 펌프의 축동력(kW)은?

① 5.4   ② 9.9   ③ 11.8   ④ 18.4

해설 축동력 $P = \dfrac{0.163 QH}{\eta} = \dfrac{9.8 \times 0.52 \text{m}^3/\text{min} \times 64 \text{m}}{0.55} = 9.86 [\text{kW}]$

33 성능이 동일한 펌프 2대를 직렬로 연결하여 작동시킬 때 병렬연결에 비하여 그 양이 약 2배로 증가하는 것은?

① 유량   ② 효율   ③ 동력   ④ 양정

해설 ① 직렬연결 : 양정이 2배, 유량은 1배
② 병렬연결 : 유량이 2배, 양정은 1배

34 4단 소화펌프가 정격유량 2 m³/min, 회전수 2,000 rpm, 양정 60 m일 경우 비속도는?

① 351   ② 361   ③ 371   ④ 381

해설 비속도

$N_s = \dfrac{NQ^{\frac{1}{2}}}{\left(\dfrac{H}{n}\right)^{\frac{3}{4}}} = \dfrac{2{,}000 \text{rpm} \times (2\, \text{m}^3/\text{min})^{\frac{1}{2}}}{\left(\dfrac{60\text{m}}{4}\right)^{\frac{3}{4}}} = 371.08 \text{rpm} \cdot \text{m}^3/\text{min} \cdot \text{m}$

35 다음에서 설명하는 것은?

> 펌프의 내부에서 유속이 급변하거나 와류 발생, 유로 장애 등에 의하여 유체의 압력이 저하되어 포화수증기압에 가까워지면, 물 속에 용존되어 있는 기체가 액체 중에서 분리되어 기포로 되며 더욱이 포화수증기압 이하로 되면 물이 기화 되어 흐름 중에 공동이 생기는 현상이다.

① 모세관 현상   ② 사이폰
③ 도수현상(hydraulic jump)   ④ 캐비테이션

해설 공동현상(Cavitation, 캐비테이션)
펌프의 흡입측 배관에서 발생하는 현상으로 유수 중에서 그 수온의 증기압력보다 낮은 부분이 생겼을 때 물이 증발하거나 물속에 녹아 있는 공기가 석출하여 기포가 다수 생성되는 현상

정답 32. ② 33. ④ 34. ③ 35. ④

제5장 열역학

1 온도

1) 섭씨온도(Celsius Temperature) : ℃

(1) 표준대기압 하에서 순수한 물의 어는점을 0℃, 끓는점을 100℃(100 등분 하여 표시)

(2) $℃ = \dfrac{5}{9} \times (℉ - 32)$

(3) 섭씨절대온도(Kelvin Temperature) : K
물의 삼중점을 273.15(약 273)K로 정한 온도, K = 273 + ℃

2) 화씨온도(Fahrenheit Temperature) : ℉

(1) 표준대기압 하에서 순수한 물의 어는점을 32℉, 끓는점을 212℉(180 등분 하여 표시)

(2) $℉ = \dfrac{9}{5}℃ + 32 = 1.8℃ + 32$

(3) 화씨절대온도(Rankin Temperature) : °R
물의 삼중점을 459.69(약 460)R로 정한 온도, °R = 460 + ℉

2 열량(Quantity of heat)의 개념

1) 단위

(1) kcal(Kilogram Calorie)
순수한 물 1kg의 온도를 1℃ 상승시키는 데 필요한 열량

(2) BTU(British Thermal Unit)
순수한 물 1[lb]의 온도를 1℉ 상승시키는 데 필요한 열량

2) 단위의 상호관계 ★★

(1) 1[kcal] = 3.968[BTU] = 427[kgf·m] = 4185.5[J] = 4.186[kJ]

(2) 1[BTU] = 1055[J] = 0.252[kcal]

3) 비열(Specific heat)

(1) 단위

① kcal/kg·℃ : 어떤 물질 1[kg]을 1[℃] 높이는 데 필요한 열량[kcal]

② BTU/lb·℉ : 어떤 물질 1[lb]를 1[℉] 높이는 데 필요한 열량[BTU]

(2) 비열 값

① 공기 정압비열(C_p) : 약 0.24kcal/kg·℃

② 공기 정적비열(C_v) : 약 0.17kcal/kg·℃

③ 물의 비열 : 1kcal/kg·℃

(3) 정적비열(C_v) : 체적이 일정할 때의 비열

(4) 정압비열(C_p) : 압력이 일정할 때의 비열

(5) 비열비 : $\dfrac{정압비열}{정적비열} > 1$

3 열량의 계산 ★★★

1) 감열(= 현열 : Sensible Heat)

(1) 개념

① 물질의 상태 변화 없이 온도 변화에만 필요한 열

② 비열이 클수록 열용량이 크고, 열용량이 커지면 감열이 증가한다.

③ 냉각작용이 주된 소화효과인 스프링클러설비 등에 이용된다.

(2) 감열의 계산

$Q = mC\Delta T$

Q : 열량[kcal], m : 질량[kg], C : 비열[kcal/kg·℃], ΔT : 온도차[℃]

2) 잠열(Latent Heat)

(1) 개념
① 물질의 온도 변화 없이 상태 변화에만 필요한 열
② 주수 시에 화열에 의해 증발되는 증발잠열을 이용하여 소화

(2) 잠열의 계산

$Q = m\gamma$

Q : 열량[kcal], m : 질량[kg], γ : 잠열[kcal/kg]

(3) 얼음의 융해잠열(80kcal/kg), 물의 증발잠열(539kcal/kg)

4 열역학 법칙

1) 열역학 제0법칙 ★★★

(1) 열평형 상태에 있는 물체의 온도는 같다.
(2) 고온의 물체와 저온의 물체가 접하면 언젠가는 열평형

2) 열역학 제1법칙 ★★★

(1) 열은 일로 변화시킬 수 있고, 일은 열로 변화시킬 수 있다.
(2) 에너지 보존의 법칙

3) 열역학 제2법칙 ★★★

(1) 열은 그 자신만으로는 저온물체에서 고온물체로 이동할 수 없다.
(2) 제2종 영구기관은 불가능하다.(열효율이 100%인 열기관은 불가능하다.)
(3) 사이클(cycle) 과정에서 **열이 모두 일로 변화할 수는 없다.**(비가역과정)

4) 열역학 제3법칙

(1) 절대온도 0K에는 도달할 수 없다.

5 아보가드로의 법칙

1) 개념 ★★

(1) 일정한 온도와 일정한 압력에서 부피가 같은 모든 기체는 같은 수의 분자를 포함한다.
(2) 모든 기체는 STP(표준상태)에서 22.4[L]의 부피를 갖는다.
(3) 이상기체의 부피변화와 관련 있다.

2) 아보가드로 수 ★★

(1) 1[mol] 속에 포함된 분자 수를 말하며, 6.02×10^{23}개다.
(2) 기체 1[mol]은 STP(0℃, 1atm)에서 22.4[L]의 부피를 갖는다.
(3) 기체 1[g/mol]의 부피는 **22.4[L]**이다.
(4) 기체 1[kg/kmol]의 부피는 22.4[m^3]이다.

6 엔탈피와 엔트로피

1) 엔탈피(Enthalpy) ★

(1) 계의 내부 에너지와 외부에 한 일에 해당하는 에너지의 합
(2) 엔탈피 : $H = E + PV$
   H : 계의 엔탈피, E : 계의 내부에너지, P : 계의 압력, V : 계의 부피

2) 엔트로피(Entropy) ★★★

(1) **물질계가 흡수하는 열량을 절대온도로 나눈 값**
$$dS = \frac{dQ}{T}$$
   dS : 물질계가 열을 흡수하는 동안 엔트로피의 변화량
   dQ : 물질계가 흡수하는 열량, T : 절대온도
(2) **가역과정(평형상태를 유지하며 변화하는 과정)에서 엔트로피는 0이다.**
(3) 비가역과정 : 엔트로피는 증가한다.
(4) 등엔트로피 과정 : 단열가역 과정

7 이상기체의 성질

1) 이상기체의 개념

(1) 실제로 존재할 수 없으며, 분자의 부피나 분자 상호간의 인력도 무시되는 완전 탄성체로 가정할 수 있는 기체
(2) 실제기체도 압력이 낮고 온도가 높은 상태에서는 이상기체에 가까워진다.

2) 이상기체의 성질 ★

(1) **보일-샤를의 법칙을 만족**한다.
(2) **아보가드로의 법칙**을 따른다.
(3) 주울(joule)의 법칙을 만족한다.
(4) 비열비는 온도에 관계없이 일정하다.
(5) 기체의 분자력과 크기도 무시되며, 분자간의 충돌은 **완전탄성체**이다.

8 보일의 법칙 ★★★

1) 개념

온도가 일정할 때 기체의 부피는 절대압력에 반비례

2) 계산식

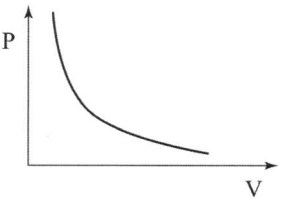

$P_1 V_1 = P_2 V_2 = $ 일정   (P_1, P_2 : 절대압력[atm], V_1, V_2 : 체적[m^3])

9 샤를의 법칙 ★★★

1) 개념

압력이 일정할 때 기체의 부피는 절대온도에 비례

2) 계산식

$$\frac{V_1}{T_1} = \frac{V_2}{T_2} = 일정$$

T_1, T_2 : 절대온도[K]

V_1, V_2 : 체적[m³]

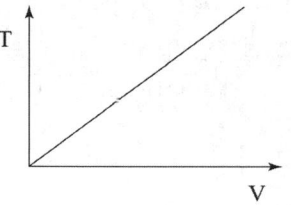

10 보일-샤를의 법칙 ★★

1) 개념

기체의 부피는 압력에 반비례하며, 절대온도에는 비례

2) 계산식

$$\frac{P_1 V_1}{T_1} = \frac{P_2 V_2}{T_2} = 일정$$

P_1, P_2 : 절대압력[atm]

T_1, T_2 : 절대온도[K]

V_1, V_2 : 체적[m³])

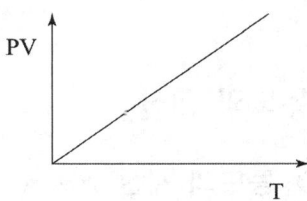

11 이상기체 상태방정식

1) 기체상수가 없는 경우 ★★★

$$PV = nRT = \frac{W}{M}RT$$

P : 절대압력[atm], V : 체적[m³], n : 몰[mol]수

R : 기체상수(0.082 atm·m³/kmol·K), M : 분자량[kg/kmol], W : 질량[kg]

T : 절대온도[K = 273 + ℃]

2) 기체상수가 주어진 경우 ★★★

$PV = WRT$
P : 절대압력[N/m²], V : 체적[m³], R : 기체상수[J/kg·K], W : 질량[kg]
T : 절대온도[K = 273 + ℃]

예제 1. 온도가 20[℃]인 이산화탄소 6[kg]이 체적 0.3[m³]인 용기에 가득 차 있다. 가스의 압력은 몇 [kPa]인가?(단, 이산화탄소는 기체상수가 189[J/kg·K]인 이상기체로 가정한다.)

① 75.6 ② 189 ③ 553.8 ④ 1,108

해설 가스의 압력

$$P = \frac{WRT}{V} = \frac{6\text{kg} \times 189\text{J/kg·K} \times (273+20)\text{K}}{0.3\text{m}^3}$$

$$= \frac{6\text{kg} \times 189\text{N·m/kg·K} \times (273+20)\text{K}}{0.3\text{m}^3}$$

$$= 1{,}107{,}540\text{N/m}^2 = 1{,}107{,}540\text{Pa} = 1{,}107.54\text{kPa}$$

정답 ④

12 가스농도의 계산

1) CO_2 농도의 계산 ★★★

$$CO_2[\%] = \frac{21 - O_2}{21} \times 100[\%]$$

CO_2 : 이산화탄소 방출 후 농도[%]
21 : 이산화탄소 방출 전 산소농도[%]
O_2 : 이산화탄소 방출 후 산소농도[%]

2) 설계 가스농도 ★

$$\text{설계가스농도}(\%) = \frac{\text{방출가스체적}(\text{m}^3)}{\text{방호구역 체적}(\text{m}^3) + \text{방출가스체적}(\text{m}^3)} \times 100$$

3) 방출 가스량 ★

$$CO_2[m^3] = \frac{21 - O_2}{O_2} \times V$$

21 : 이산화탄소 방출 전 산소농도[%]
O_2 : 이산화탄소 방출 후 산소농도[%]
V : 방호구역의 체적[m^3]

13 열전달

1) 열의 전달 형태 : 전도, 대류, 복사

2) 전도 열전달률 ★★★

$$q = \frac{\lambda}{\ell} \times A \times \Delta T [W]$$

q : 열전달률[W], λ : 열전달계수, ℓ : 두께[m], A : 면적[m^2], ΔT : 온도차[℃]

3) 대류 열전달률 ★★★

$$q = h \times A \times \Delta T [W]$$

q : 열전달률[W], h : 대류 열전달계수, A : 면적[m^2], ΔT : 온도차[℃]

예제 2. 외부표면의 온도가 24[℃], 내부표면의 온도가 24.5[℃]일 때 가로 및 세로 1.5[m], 두께 0.5[cm]인 유리창을 통한 열전달률[W]은?(단, 유리창의 열전도율은 0.8[W/m·K]이다.)

① 180[W] ② 200[W]
③ 1,800[W] ④ 18,000[W]

해설 열전달률

$$q = \frac{\lambda}{\ell} A \Delta T = \frac{0.8 W/m \cdot K}{0.005 m} \times (1.5m \times 1.5m) \times (297.5 - 297)K = 180[W]$$

(273 + 24 = 297, 273 + 24.5 = 297.5)

정답 ①

예제 3. 지름 5[cm]인 구가 대류에 의해 열을 외부공기로 방출한다. 이 구는 50[W]의 전기히터에 의해 내부에서 가열되고 있을 때 구 표면과 공기 사이의 온도차가 30[℃]가 난다면 공기와 구 사이의 대류 열전달계수는 약 몇 [W/m²·℃]가 되겠는가?

① 111　　　② 212　　　③ 313　　　④ 414

해설 대류 열전달계수 $h = \dfrac{q}{A \triangle T} = \dfrac{50[\text{W}]}{4\pi \times (0.025\text{m})^2 \times 30℃} = 212.21[\text{W/m}^2 \cdot ℃]$

 ②

제5장 출제예상문제

01 탄산가스 5[kg]을 일정한 압력 하에 10[℃]에서 50[℃]까지 가열하는 데 필요한 열량은? (이때 정압비열은 0.19[kcal/kg·℃]이다.)

① 9.5　　　② 38　　　③ 47.4　　　④ 58

해설 열량계산
① 열량 $Q = mC\Delta T$
　m : 질량[kg], C : 비열[kcal/kg·℃], ΔT : 온도변화[℃]
② 열량계산 $Q = 5\text{kg} \times 0.19\text{kcal/kg·℃} \times (50-10)\text{℃} = 38\text{kcal}$

02 이산화탄소 5[kg]을 일정한 압력 하에서 20[℃]에서 60[℃]로 높이는 데 필요한 열량[kJ]은?(단, 정압비열은 0.84[kJ/kg·℃])

① 105　　　② 168　　　③ 250　　　④ 355

해설 열량 $Q = mC\Delta T = 5[\text{kg}] \times 0.84[\text{kJ/kg·℃}] \times (60-20)[\text{℃}] = 168\text{kJ}$

03 대기압 하에서 15[℃]의 물 1[kg]이 전부 증발하여 100[℃]의 수증기로 되는데 흡수되는 열량은 약 몇 [kcal]인가?

① 704　　　② 672　　　③ 654　　　④ 624

해설 열량 $Q = 1\text{kg} \times 1\text{kcal/kg·℃} \times (100-15)\text{℃} + 1\text{kg} \times 539\text{kcal/kg} = 624\text{kcal}$

04 15[℃]의 물 10[kg]이 100[℃]의 수증기로 될 때 발생한 열량[kcal]은?(단, 물의 비열 1[kcal/kg·℃], 수증기의 비열 0.6[kcal/kg·℃], 증발잠열은 539[kcal/kg]임)

① 6,240　　　② 7,240
③ 8,240　　　④ 9,240

해설 열량
$Q = mC\Delta T + m\gamma$
　$= 10[\text{kg}] \times 1[\text{kcal/kg·℃}] \times (100-15)[\text{℃}] + 10[\text{kg}] \times 539[\text{kcal/kg}]$
　$= 6,240[\text{kcal}]$

정답 1. ②　2. ②　3. ④　4. ①

05 다음에서 설명하고 있는 열역학 법칙은 무엇인가?

[보기]
어떤 두 물체 A와 B가 제3의 물체 C와 각각 열평형 상태에 있을 때, 두 물체 A와 B도 서로 열평형 상태이다.

① 열역학 제0법칙
② 열역학 제1법칙
③ 열역한 제2법칙
④ 열역학 제3법칙

해설 열역학 제0법칙
① 열평형 상태에 있는 물체의 온도는 같다.
② 고온의 물체와 저온의 물체가 접하면 언젠가는 열평형을 이룬다.

06 두 물체를 접촉시켰더니 잠시 후 두 물체가 열평형 상태에 도달하였다. 이 열평형 상태는 무엇을 의미하는가?

① 두 물체의 온도가 서로 같으며 더 이상 변화하지 않는 상태
② 한 물체에서 잃은 열량이 다른 물체에서 얻은 열량과 같은 상태
③ 두 물체의 비열은 다르나 열용량이 서로 같아진 상태
④ 두 물체의 열용량은 다르나 비열이 서로 같아진 상태

해설 열역학 제0법칙
① 열평형 상태에 있는 물체의 온도는 같다.
② 고온의 물체와 저온의 물체가 접하면 언젠가는 열평형을 이룬다.

07 열역학 제2법칙에 해당되는 것은 다음 중 어느 것인가?

① 절대 영도에 있어서는 모든 순수한 고체 또는 액체의 엔트로피 등압비열의 증가량은 0이 된다.
② 열은 스스로 저온에서 고온으로 절대로 흐르지 않는다.
③ 열과 일은 본질상 에너지의 일종이며 열과 일은 서로 전환이 가능하다.
④ 두 물체가 제3의 물체와 각각 열평형 상태에 있을 때 이 물체는 서로 열평형 상태이다.

해설 열역학 제2법칙
① 열은 그 자신만으로는 저온물체에서 고온물체로 이동할 수 없다.
② 제2종 영구기관은 불가능하다.(열효율이 100%인 열기관은 불가능하다.)
③ 사이클(cycle) 과정에서 열이 모두 일로 변화할 수는 없다.(비가역과정)

정답 5. ① 6. ① 7. ②

08 다음은 어떤 열역학 법칙을 설명한 것인가?

"열은 그 스스로 저열원체에서 고열원체로 이동할 수 없다."

① 제0법칙　　② 제1법칙　　③ 제2법칙　　④ 제3법칙

해설 열역학 제2법칙
① 열은 그 자신만으로는 저온물체에서 고온물체로 이동할 수 없다.
② 제2종 영구기관은 불가능하다.(열효율이 100%인 열기관은 불가능하다.)
③ 사이클(cycle) 과정에서 열이 모두 일로 변화할 수는 없다.(비가역과정)

09 어떤 기체를 20[℃]에서 등온 압축하여 압력이 0.2[MPa]에서 1[MPa]으로 변할 때 처음과 나중의 체적비는 얼마인가?

① 8 : 1　　② 5 : 1　　③ 3 : 1　　④ 1 : 1

해설 등온압축 시 체적비

$P_1 V_1 = P_2 V_2$ 의 관계에서 $\dfrac{V_2}{V_1} = \dfrac{P_1}{P_2} = \dfrac{0.2\text{MPa}}{1\text{MPa}} = \dfrac{1}{5}$, $V_1 : V_2 = 5 : 1$

10 내용적 1[m³]인 어느 용기 내의 기체압력을 압력계로 측정해보니 200[kPa]이었다. 이 기체를 모두 내용적 3[m³]의 용기로 옮겼다면 기체의 압력은 압력계로 얼마를 지시할 것인가? (단, 주위온도는 일정하며, 대기압은 100[kPa]이고, 기체는 이상기체이다.)

① 100kPa　　② 0kPa　　③ $\dfrac{1}{3}$kPa　　④ $\dfrac{5}{3}$kPa

해설 보일의 법칙 $P_1 V_1 = P_2 V_2$

① $P_2 = \dfrac{P_1 V_1}{V_2} = \dfrac{(200+100)\text{kPa} \times 1\text{m}^3}{3\text{m}^3} = 100\text{kPa}(절대압력)$

② 게이지(계기)압력 = 절대압력 - 대기압력 = 100kPa - 100kPa = 0kPa

11 온도가 4.5[℃]인 CO_2 가스 2.3[kg]의 체적이 0.283[m³]인 용기에 가득 차 있다. 가스의 압력은 얼마인가?

① 797kPa　　② 635kPa　　③ 536kPa　　④ 426kPa

해설 압력 $P = \dfrac{WRT}{MV} = \dfrac{2.3\text{kg} \times 0.082\text{atm} \cdot \text{m}^3/\text{kmol} \cdot \text{K} \times (4.5+273)\text{K}}{44\text{kg/kmol} \times 0.283\text{m}^3}$

$= 4.2\,\text{atm} \times \dfrac{101.325\text{kPa}}{1\text{atm}} = 426\,\text{kPa}$

정답 8. ③　9. ②　10. ②　11. ④

12 그림과 같이 밀폐계 속에 들어 있는 공기의 압력(1기압)을 일정하게 유지하면서 공기의 온도를 0[℃]에서 546[℃]로 증가시켰다. 546[℃], 1기압 상태일 때의 공기체적(V)은 0[℃], 1기압 상태일 때 공기체적(V_0)의 약 몇 배인가?(단, 공기는 이상기체로 가정한다.)

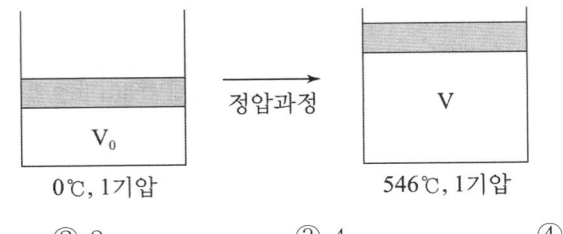

① 2 ② 3 ③ 4 ④ 5

해설 샤를의 법칙 : 압력이 일정한 상태에서 체적(V)와 절대온도(T)와의 비

$$\frac{V_1}{T_1}=\frac{V_2}{T_2}, \quad \frac{V}{(273+546)}=\frac{V_0}{(273+0)}, \quad V=\frac{(273+546)}{(273+0)}\times V_0=3V_0$$

13 압력이 8[kgf/cm²], 온도 20[℃]의 CO₂기체 8[kg]을 수용한 용기의 체적은 얼마인가? (단, CO₂의 기체상수 R=19.26[kgf·m/kg·K]이다.)

① 0.34m³   ② 0.56m³
③ 2.4m³   ④ 19.3m³

해설 이상기체상태방정식 $PV=WRT$에서

$$V=\frac{WRT}{P}=\frac{8\text{kg}\times 19.26\text{kgf}\cdot\text{m/kg}\cdot\text{K}\times(20+273)\text{K}}{8\text{kgf/cm}^2\times\frac{10^4\text{kgf/m}^2}{1\text{kgf/cm}^2}}=0.56\text{ m}^3$$

14 온도가 20[℃]인 이산화탄소 3[kg]이 체적 0.3[m³]인 용기에 가득 차 있다. 가스의 압력은 몇 [kPa]인가?(단, 이산화탄소는 기체상수가 189[J/kg·K]인 이상기체로 가정한다.)

① 23.4   ② 113.3
③ 519.3   ④ 553.8

해설 가스의 압력

$$P=\frac{WRT}{V}=\frac{3\text{kg}\times 189\text{N}\cdot\text{m/kg}\cdot\text{K}\times(273+20)\text{K}}{0.3\text{m}^3}$$
$$=553{,}770\text{N/m}^2(\text{Pa})=553.77\text{kPa}$$

정답 12. ② 13. ② 14. ④

15 표준상태(0[℃], 1기압)에서 50[m³]의 체적을 가진 이산화탄소를 액화하여 얻을 수 있는 이산화탄소의 무게는 몇 [kg]이 되겠는가?

① 56.3
② 68.2
③ 98.2
④ 118.4

해설 이산화탄소의 무게

44kg : 22.4m³ = W : 50m³, $W = \dfrac{50m^3 \times 44kg}{22.4m^3} = 98.21kg$

16 50[kg]의 액화 할론 1301이 21[℃]에서 대기 중으로 방출할 경우에 부피는 몇 [m³]가 되는가?(단, 대기압은 101[kPa], 일반 기체상수는 8,314[J/kmol·K], 할론 1301의 분자량은 149이다.)

① 7.51
② 8.12
③ 0.16
④ 8.98

해설 체적의 계산

① 압력 P = 101kPa = 101 × 1,000N/m²

② 무게 W = 50kg

③ 분자량 M = 149kg/kmol

④ 기체상수 R = 8,314J/kmol·K = 8,314N·m/kmol·K

⑤ 절대온도 T = 273 + ℃ = 273 + 21 = 294K

⑥ 체적 $V = \dfrac{WRT}{PM} = \dfrac{50 \times 8,314 \times 294}{(101 \times 1,000) \times 149} = 8.12m^3$

17 이산화탄소는 산소의 농도를 저하시키는 질식효과를 보여줌으로써 소화작용을 한다. 이산화탄소를 방사하여 산소의 체적농도를 14[%] 되게 하려면 상대적으로 이산화탄소의 농도는 얼마가 되어야 하는가?

① 38.35%
② 33.33%
③ 28.7%
④ 25.46%

해설 이산화탄소의 농도 $CO_2(\%) = \dfrac{21-O_2}{21} \times 100 = \dfrac{21-14}{21} \times 100 = 33.33\%$

정답 15. ③ 16. ② 17. ②

18 질식소화를 위한 연소한계농도가 14.7vol%인 가연물질의 소화에 필요한 CO_2 가스의 최소 소화농도(vol%)는?(단, 무유출(No efflux)방식을 전제로 한다.)

① 28 ② 30 ③ 34 ④ 36

해설 $CO_2 = \dfrac{21-O_2}{21} \times 100 = \dfrac{21-14.7}{21} \times 100 = 30\%$

19 벽의 두께가 15[cm]인 아주 넓은 평면의 표면 온도가 각각 200[℃], 100[℃]로 일정하게 유지되고 있을 경우 벽을 통한 단위 면적당의 열 전달률[W/m²]은?(단, 벽의 열전도계수는 0.9[W/m·K]이고, 전도에 의한 1차원 열전달이라고 가정한다.)

① 450
② 600
③ 750
④ 900

해설 열전달률 $q = \dfrac{\lambda}{\ell}\Delta T = \dfrac{0.9 \text{W/m} \cdot \text{K}}{0.15\text{m}}(473-373)\text{K} = 600\text{W/m}^2$

20 두께가 5[mm]인 장 유리의 내부 온도가 15[℃], 외부 온도가 5[℃]이다. 창의 크기가 1[m]×3[m]이고 유리의 열전도율이 1.4[W/m·℃]이라면 창을 통한 열전달률은 몇 [kW]인가?

① 1.4 ② 5.0
③ 5.7 ④ 8.4

해설 열전달률 $q = \dfrac{k}{\ell}A(T_2-T_1) = \dfrac{1.4\text{W/m}\cdot\text{℃}}{0.005\text{m}} \times (1\text{m}\times 3\text{m}) \times (15-5)\text{℃} = 8400\text{W}$

21 멀리 떨어진 화염으로부터 직접 열기를 느끼게 되는 열전달의 원리는?

① 복사 ② 대류
③ 전도 ④ 비등

해설 복사 : 열이 전자파로서 전달되는 형태

22 완전 흑체로 가정한 흑연의 표면온도가 450[℃]이다. 단위면적당 방출되는 복사에너지는 몇 [kW/m²]인가?(단, Stefan Boltzman 상수 $\sigma = 5.67 \times 10^{-8}$ W/m²·K⁴ 이다.)

① 2.325 ② 15.5 ③ 21.4 ④ 2325

해설 복사에너지 $W = \sigma T^4 = 5.67 \times 10^{-8} \times (273+450)^4 \times 10^{-3} = 15.49 \text{kW/m}^2$

정답 18. ② 19. ② 20. ④ 21. ① 22. ②

23 엔트로피(Entropy)에 관한 설명으로 옳지 않은 것은?
① 등엔트로피 과정은 정압 가역과정이다.
② 가역과정에서 엔트로피는 0이다.
③ 비가역과정에서 엔트로피는 증가한다.
④ 계가 가역적으로 흡수한 열량을 그 때의 절대온도로 나눈 값이다.

해설 엔트로피(Entropy)
① 물질계가 흡수하는 열량을 절대온도로 나눈 값

$$dS = \frac{dQ}{T}$$

dS : 물질계가 열을 흡수하는 동안 엔트로피의 변화량
dQ : 물질계가 흡수하는 열량
T : 절대온도

② 가역과정(평형상태를 유지하며 변화하는 과정)에서 엔트로피는 0이다.
③ **등엔트로피 과정 : 단열가역 과정**

24 압축공기용 탱크 내부의 온도는 20[℃]이고, 계기압력은 345[kPa]이다. 이때 이상기체의 가정 하에 탱크 내에 공기의 밀도는 약 몇 [kg/m³] 인가? (단, 대기압은 101.3[kPa], 공기의 기체상수는 286.9 [J/kg·K] 이다.)

① 0.08   ② 4.10   ③ 5.31   ④ 77.78

해설 공기의 밀도

$$\rho = \frac{W}{V} = \frac{P}{RT} = \frac{(345\text{kPa} + 101.3\text{kPa})}{286.9\text{J/kg}\cdot\text{K} \times (273+20)\text{K}} = \frac{446.3 \times 10^3 \text{N/m}^2}{286.9\text{N}\cdot\text{m/kg}\cdot\text{K} \times 293\text{K}}$$
$$= 5.31\text{kg/m}^3$$

정답 23. ① 24. ③

제6장 소화약제 및 소화이론

1 물 소화약제의 물리·화학적 특성

1) 물의 화학적 특성 ★★

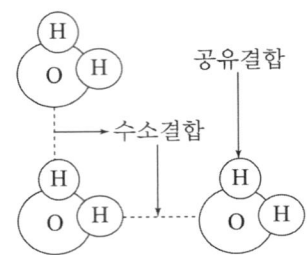

(1) 수소와 산소의 화합물이다.
(2) **극성 공유결합이며, 수소결합**이다.
(3) 화학적으로 매우 안정적이다. 공유결합으로서 결합력이 대단히 크다.

2) 물의 물리적 특성 ★

(1) 무색, 무취, 무독성, 비가연성의 액체이다.
(2) 비중 = 1, 밀도 = 1이다.
(3) 비중량 = 1, 비체적 = 1이다.
(4) 응고점 0℃, 비등점 100℃
(5) **응고열(융해열) : 80kcal/kg**
(6) **증발열 : 539kcal/kg**

3) 물 소화약제의 물성 ★

구분	물성
비등점(끓는점)	100℃
융해잠열	80kcal/kg
동결점(어는점)	0℃
증발잠열(기화잠열)	539kcal/kg
표면장력	72.7dyne/cm
비 열	1kcal/kg·℃
밀 도	1000kg/m^3
임계온도	74.2℃
임계압력	218atm

4) 소화수로서의 물의 특성

(1) **비열이 크고 증발잠열이 크므로 냉각효과가 매우 크다.**
(2) 봉상, 적상, 무상 등 방사형태가 다양하다.
(3) 화학적으로 매우 안정된 유체이므로 부동액, 침투제, 증점제, 밀도개질제, 강화액, 유화제 등 다양한 첨가제 사용이 가능하다.
(4) **비압축성 유체이므로 펌프 이송이 쉽다.**
(5) 경제성이 좋다(쉽게 구할 수 있고 가격이 저렴하다.)
(6) 증발 시 **질식효과가 매우 크다.**
(7) 동절기 결빙으로 인한 2차 피해의 우려
(8) 금수성 및 C급화재(전기화재)에는 적응성이 없다.
(9) 수손피해가 크다.

2 물 소화약제의 방사특성

1) 적응화재 및 소화효과

주수방법	소화효과	적응화재	설비
봉상	냉각	A	옥내·외소화전설비
적상	냉각	A	스프링클러설비
무상	질식, 냉각	A, B, C	미분무소화설비, 물분무소화설비

2) 물의 동결방지대책

(1) 건물 내 난방법
(2) 보온법
(3) 전열선(히팅코일)
(4) 물의 유동
(5) 냉풍차단
(6) 부동액 사용 등

3 물의 소화능력 향상을 위한 첨가제의 특성

1) 부동액(Anti freeze Agent)

(1) 첨가목적
  ① 물은 동결 시 약 9%의 체적 팽창과 17~25MPa의 압력이 발생하여 배관 등을 손상시킨다.
  ② 부동액을 첨가하여 동결되지 않도록 한다.

(2) 종류
  ① 유기물 계통 : 에틸렌글리콜, 프로필렌글리콜, 디에틸렌글리콜, 글리세린
  ② 무기물 계통 : $CaCl$(염화칼슘)

2) Wetting Agent(침투제, 침윤제, 습윤제) ★

(1) 첨가목적

   표면장력 및 점성을 감소시킴, 화면에 침투성을 증가

(2) 특징

   ① 소화효율의 향상 : 사용시간, 사용량의 단축
   ② 표면장력의 약화 : 침투능력, 확산능력, 유화능력이 향상
   ③ A급 화재, B급 화재에 적용 시 질식효과가 증가한다.
   ④ 흡수속도가 빨라지고, 고체에 흡착성이 높아진다.

3) 증점제(Thicking Agent 또는 Viscosity Agent) ★★

(1) 첨가목적

   ① 가연물에 물의 착상도를 높인다.
   ② 화재 면에 물방울의 도착률을 높인다.(주수율 향상)

(2) 특징

   ① 점도를 높이는 첨가제 사용하여, 가연물의 표면에 상당기간 착상시킨다.
   ② 주로 산림화재에 적용한다. 바람, 기류 등에 의한 영향을 적게 받는다.
   ③ 가연물의 표면에 붙어 밀착되는 능력이 커진다.

4) 밀도개질제

(1) 첨가목적

   ① 유류는 물보다 가벼워 물을 방사하여도 연소면만 확대된다.
   ② 유류화재를 진압하기 위해서는 유류보다 밀도가 작은 소화 약제를 표면에 방사하여, 가연성가스의 발생을 억제하여야 한다.

(2) 특징

   ① 밀도가 작은 소화약제를 만들기 우하여 첨가하는 첨가제
   ② 포 소화약제가 대표적이다.

4 주요 소화기의 특성

1) 산·알칼리 소화기 ★★★

(1) 주요성분
   ① **탄산수소나트륨**($NaHCO_3$)과 진한 황산(H_2SO_4)을 이용하여 발생하는 이산화탄소를 가압원으로 사용한 소화기

(2) 소화효과
   ① 일반(A급)화재 : 봉상주수(질식, 냉각작용)
   ② 일반(A급)화재, 유류(B급)화재, 전기(C급)화재 : 무상주수(질식, 냉각, 유화작용)
   ③ **반응식** : $H_2SO_4 + 2NaHCO_3 \rightarrow Na_2SO_4 + 2H_2O + 2CO_2$

2) 강화액(Loaded Stream) 소화기 ★★★

(1) 주요성분
   ① **탄산칼륨**(K_2CO_3), 인산암모늄(($NH_4)_2PO_4$), 황산암모늄 및 침투제 등을 첨가하여 제조
   ② 수소이온지수(pH) : 11~12
   ③ 무색 또는 황색으로 알칼리금속염류의 수용액

(2) 소화효과
   ① 일반(A급)화재 : 봉상주수
   ② 일반(A급)화재, 유류(B급)화재 및 전기(C급)화재 : 무상주수
   ③ 탄산칼륨 등에 의한 부촉매 작용

(3) 강화액 소화약제의 특징
   ① 비중 1.3~1.4(진한 K_2CO_3 로서 비중이 크다.)
   ② 사용가능한 주위 온도 : -20~40℃
   ③ 응고점 : -20℃ 이하
   ④ 한랭지나 겨울철에도 사용 가능하다.
   ⑤ 화재발생 시 낮은 표면장력으로 침투력을 극대화시킨다.
   ⑥ **반응식** : $H_2SO_4 + K_2CO_3 \rightarrow K_2SO_4 + CO_2 + H_2O$

5 포 소화약제

1) 발포배율 ★★★

(1) 팽창비 = $\dfrac{\text{발포 후 팽창된 포의 체적}}{\text{발포 전 포수용액의 체적}}$

(2) **저발포** : 팽창비가 20배 이하
(3) **고발포 : 팽창비 80배 이상~1,000배 미만**
　① 1종 기계포 : 80배 이상~250배 미만
　② 2종 기계포 : 250배 이상~500배 미만
　③ 3종 기계포 : 500배 이상~1,000배 미만

2) 포소화약제의 소화원리

(1) 질식작용
(2) 냉각작용
(3) 유화작용
(4) 희석작용

3) 포의 주요성질 ★

(1) 내열성
　① 화염 및 화열에 대한 내력이 강해야 화재 시 포가 파괴되지 않는다. 내열성이 좋지 않으면 윤화(Ring Fire)가 발생하므로 탱크화재에 부적합하다.
　② **발포배율이 낮을수록, 환원시간이 길수록 내열성이 우수**하다.

(2) 내유성
　① 내유성이 없으면 약제가 오염되어 표면하주입식으로의 사용이 불가능하다.
　② **불화단백포는 내유성 및 내열성이 강하여 탱크화재에 주로 적용**한다.

(3) 유동성
　① 포의 유동성이 나쁘면 소화속도가 느려진다.
　② 환원시간이 길수록 내열성과 안전성은 증가하나 유동성은 감소한다.

(4) 점착성
　① 점착성이 클수록 포가 표면에 잘 부착되어 질식효과를 극대화
　② 고팽창포의 경우 저팽창포에 비해 수분이 적어 점착성이 약해진다.

(5) 환원시간
① 발포상태에서 포가 파괴되어 원래의 포 수용액으로 환원되는 시간
② **25% 환원시간 : 합성계면활성제포 180초 이상, 단백포 및 수성막포 60초 이상**

4) 불화 단백포(Fluoro Protein Foam)

(1) 특징
① 단백포에 불소계의 계면활성제를 첨가한 소화약제
② 내열성 및 유동성이 우수하다.
③ 내유성이 강하다.
④ 파포(破泡)현상이 발생되지 않아 대형 유류탱크에 가장 적합하다.

(2) 장점
① 유동성이 우수하여 소화속도가 빠르다.
② 수성막포에 비하여 내열성이 우수하다.
③ 단백포에 비하여 내열성 및 유동성이 우수하다.

(3) 단점
① 단백포에 비해 가격이 비싸다.
② 고발포로 사용이 불가능하다.

5) 합성계면활성제포(Synthetic Carbon Surfactant Foam)

(1) 특징
① 계면활성제(표면장력을 감소시킨다.)에 기포안정제를 첨가한 소화약제
② 저발포로 사용 시 내열성 및 내유성이 불량하여 사용하지 않는다.
③ 고발포용으로 주로 사용한다.

(2) 장점
① 단백포에 비해 장기 보존이 가능하다.
② 고팽창포의 경우 유동성이 좋아 단백포보다 소화성능이 우수하다.
③ 사용범위가 넓다.

(3) 단점
① 고팽창포로 사용 시 방출거리가 짧아진다.
② 저팽창포로 사용 시 유류화재 적응성이 떨어진다.
③ 재발화 위험성이 있는 대규모 석유탱크 화재에 부적합

6) 수성막포(Aqueous Film Foaming Foam) ★★

(1) 특징
① 불소계 계면활성제를 주성분으로 안정제 등을 첨가하여 제조한 소화약제
② 유류표면에서 수성막을 형성한다. **라이트 워터(Light Water)**라고도 한다.
③ 수성막은 유동성이 우수하여 유류표면에 신속하게 피막을 형성한다.
④ 유동성이 우수하여 유출유의 화재에 적합하다.
⑤ **ABC 분말소화약제와 Twin Agent System이 가능**하다.
(분말소화약제 : 속소성, 수성막포 : 재 발화 방지)

(2) 장점
① 유동성이 우수하여 소화효과가 빠르므로 항공기 화재에 적합하다.
② 화학적으로 안정되어 장기보존이 가능하다.
③ 포의 유동성이 우수하다.(저온의 영향을 받지 않는다.)
④ 내유성이 커서 표면하주입식, 고정포방출방식에 불화단백포와 함께 사용 가능하다.

(3) 단점
① 고발포로 사용 불가능
② 내열성이 낮아 윤화현상이 발생한다.
③ 단백포에 비하여 고가이다.

7) 주요 소화약제의 특성 비교 ★

구분	단백포	합성계면활성제포	불화단백포	수성막포
주성분	동식물성 단백질의 가수분해 생성물 + 안정제 첨가	계면활성제 + 기포안정제	단백포 + 불소계 계면활성제	불소계습윤제 + 안정제
내유성	작다	작다	**크다**	**크다**
사용농도	3%, 6%	1%, 1.5%, 2%	3%, 6%	3%, 6%
내열성	크다	작다	크다	작다
유동성	작다	크다	크다	크다
안정성	크다	크다	크다	크다
부패, 변질	쉽다	어렵다	어렵다	어렵다

구분	단백포	합성계면활성제포	불화단백포	수성막포
고발포	사용불가	**사용가능**	사용불가	사용불가
친수성	○	○	○	○
친유성	○	○	×	×
표면하주입방식	불가	불가	**가능**	**가능**

6 이산화탄소소화약제

1) 이산화탄소 소화약제의 특성 ★★★

(1) 무색, 무취의 기체이며, 액화가 용이한 불연성의 가스이다.
(2) 상온에서 가압 시 쉽게 액화하므로 **액체 상태로 저장 및 운반가능**
(3) 자체 증기압(20℃ 기준 6MPa)이 높다.
(4) 이산화탄소는 공기 중에 체적비가 약 0.03vol%로 존재한다.
(5) 순도 99.5% 이상, 수분 함유율 0.05% 이하의 것을 사용한다.(이유 : 줄톰슨 효과에 의한 수분 결빙으로 노즐의 구멍을 폐쇄)
(6) 주요특성

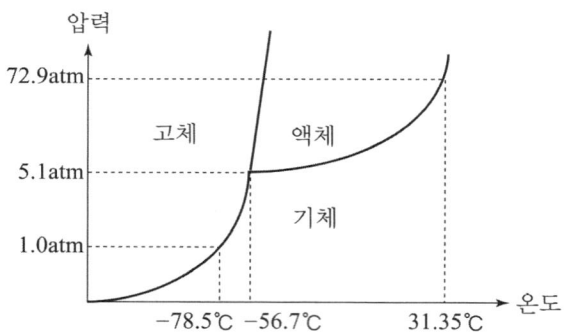

구분	내용
화학식	CO_2
분자량	44
증기비중	1.53
삼중점	−56.7℃
임계온도	31.35℃
임계압력	72.9atm
승화점	−78.5℃

2) 이산화탄소 소화약제의 장단점

(1) 장점
① 심부화재에 적응성 있다.
② 화재 진화 후 깨끗하다.
③ 비전도성이므로 전기화재에 사용된다.
④ 증거 보존이 양호하여 화재원인 조사가 쉽다.
⑤ 기화잠열이 커서 냉각작용이 크다.
⑥ 상온 상압에서 무색, 무취, 부식성이 없으며 **공기보다 1.53배 무겁다.**

(2) 단점
① 방사 시 동상의 우려가 있다.
② 방사 시 질식의 우려가 있다.
③ 방사 시 소음이 크다.
④ 제3류 및 제5류 위험물에 적응성이 없다.

3) 이산화탄소소화약제의 소화원리
(1) 질식효과 : 산소의 농도를 15% 이하로 낮추어 소화
(2) 냉각효과
(3) 피복효과

4) 화재안전기준상 분사헤드 설치제외 장소
(1) 방재실, 제어실 등 사람이 상시 근무하는 장소
(2) 니트로셀룰로오스, 셀룰로이드제품 등 자기연소성물질을 저장·취급 장소
(3) 나트륨, 칼륨, 칼슘 등 활성 금속물질을 저장·취급하는 장소
(4) 전시장 등의 관람을 위하여 다수인이 출입·통행하는 통로 및 전시실

7 할론 소화약제의 특성

1) 소화원리
(1) 질식작용   (2) 냉각작용   (3) 부촉매효과

2) 소화약제의 장단점

(1) 장점
① 화재 진화 후 깨끗하다.
② 금속에 대한 부식성이 작다.
③ 부촉매효과에 의한 소화효과가 뛰어나다.
④ 비전도성이므로 전기화재(C급 화재)에 효과적이다.

(2) 단점
① CFC계열의 물질로써 오존층을 파괴한다.
② 가격이 비싸다.

3) 종류 ★★★

종류	분자식	상온상태
1301	CF_3Br	기체
1211	CF_2ClBr	기체
2402	$C_2F_4Br_2$	액체

4) 소화약제의 명명법

번호순서	1	2	3	4
기호	C	F	Cl	Br

(1) 할론 1301 : C 1개, F 3개, Cl 0개, Br 1개 → CF_3Br
(2) 할론 1211 : C 1개, F 2개, Cl 1개, Br 1개 → CF_2ClBr
(3) 할론 2402 : C 2개, F 4개, Cl 0개, Br 2개 → $C_2F_4Br_2$
(4) C : 탄소, F : 불소(플루오르), Cl : 염소, Br : 브로민(브롬)

5) 소화약제의 물성

(1) 소화약제의 물성

종 류	할론1301	할론1211	할론2402	할론104
분자식	CF_3Br	CF_2ClBr	$C_2F_4Br_2$	CCl_4
분자량	148.9	165.4	259.8	154
기체비중	5.1	5.7	9.0	5.32
상태(20℃)	기체	기체	액체	액체
ODP	14	3	6	–
부촉매효과	대	↔		소
독성	소	↔		대

(2) F < Cl < Br < I에 따른 특성 ★★
① 분자량이 커진다.
② **부촉매효과가 커진다.(소화능력이 증가한다.)**
③ 독성이 증가한다. **친화력 및 반응력이 감소한다.**
④ **전기음성도가 작아진다.**(F(4)<Cl(3)<Br(2.8)<I(2.5), 안정성이 감소한다.)
⑤ Cl, Br : 오존층 파괴
⑥ F : 결합력을 높이고 분자의 안정성을 높여준다.
⑦ 비점이 높아진다.

8 할로겐화합물 및 불활성기체 소화약제의 주요 특성

1) 정의 ★

(1) 할로겐화합물 및 불활성기체 소화약제
할로겐화합물(할론1301, 할론 2402, 할론 1211제외) 및 불활성기체로서 전기적으로 비전도성이며 휘발성이 있거나 증발 후 잔여물을 남기지 않는 소화약제

(2) 할로겐화합물 소화약제
불소, 염소, 브롬, 요오드 중 하나 이상의 원소를 포함하고 있는 유기화합물을 기본성분으로 하는 소화약제

(3) 불활성기체 소화약제

헬륨, 네온, 아르곤 또는 질소가스 중 하나이상의 원소를 기본성분으로 하는 소화약제

2) 할로겐화합물 및 불활성기체 소화약제의 장단점

(1) 장점
① ODP(오존파괴지수), GWP(지구온난화지수)가 낮아 환경 친화적인 소화약제이다.
② 방사 후 약제의 잔여물이 없으며 물질 내부까지 침투가 가능하다.
③ A급, B급, C급 화재 적응성

(2) 단점
① 약제별 설계프로그램이 달라 설계가 복잡하다.
② 할로겐화합물 소화약제는 열분해 시 독성물질을 발생한다.

3) Soaking Time : 심부화재에 적용할 경우에는 소화가 가능하도록 고농도(설계농도)를 유지하여야 하는 시간

4) 충전밀도[kg/m³] : 용기의 단위용적 당 소화약제의 중량의 비율을 말한다.

5) 방출시간

최소설계농도에 도달하는데 필요한 약제량의 95%를 노즐로부터 방출하는데 필요한 시간이다. 약제에 따른 제한시간이 방출시간이다.
(1) 불활성기체 소화약제 : A, C급 화재 2분, B급 화재 1분
(2) 할로겐화합물 소화약제 : 10초

6) 환경지수

(1) 오존파괴지수(ODP ; Ozone Depletion Potential)
① $ODP = \dfrac{\text{해당물질 1kg이 파괴하는 오존량}}{\text{CFC}-11\ 1\text{kg이 파괴하는 오존량}}$
② CFC-11 : $CFCl_3$로서 오존층파괴지수가 1.0인 물질

(2) 지구온난화지수(GWP : Global Warming Potential)

① $GWP = \dfrac{\text{해당물질 1kg이 기여하는 온난화 정도}}{CO_2\ 1kg\text{이 기여하는 온난화 정도}}$

② $HGWP = \dfrac{\text{해당물질 1kg이 기여하는 온난화 정도}}{CFC-11\ 1kg\text{이 기여하는 온난화 정도}}$

7) 할로겐화합물 소화약제 ★★★

(1) 할로겐화합물 소화약제의 소화효과 : 질식, 냉각, 주된 소화효과는 부촉매 효과
(2) 할로겐화합물 소화약제의 종류, 품명, 화학식

소화약제	설계농도	화학식
퍼플루오로부탄 (FC-3-1-10)	40%	C_4F_{10}
하이드로클로로 플루오로카본혼화제 (HCFC BLEND A)	10%	HCFC-123($CHCl_2CF_3$) : 4.75% HCFC-22($CHClF_2$) : 82% HCFC-124($CHClFCF_3$) : 9.5% $C_{10}H_{16}$: 3.75%
클로로테트라플루오르에탄 (HCFC-124)	1.0%	$CHClFCF_3$
펜타플루오로에탄 (HFC-125)	11.5%	CHF_2CF_3
헵타플루오로프로판 (HFC-227ea)	10.5%	CF_3CHFCF_3
트리플루오로메탄 (HFC-23)	30%	CHF_3
헥사플루오로프로판 (HFC-236fa)	12.5%	$CF_3CH_2CF_3$
트리플루오로이오다이드 (FIC-13I1)	0.3%	CF_3I
도데카플루오로-2-메틸 펜탄-3-원 (FK-5-1-12)	10%	$CF_3CF_2C(O)CF(CF_3)_2$

8) 불활성기체 소화약제 ★★

(1) 불활성기체 소화약제의 소화효과 : 냉각, 주된 소화효과는 **질식효과**
(2) 불활성기체 소화약제의 종류, 품명, 화학식

소화약제	품명	설계농도	화학식
IG-01	Argon	43%	Ar
IG-100	Nitrogen	43%	N_2
IG-541	Inergen	43%	N_2 : 52%, Ar : 40%, CO_2 : 8%
IG-55	Argonite	43%	N_2 : 50%, Ar : 50%

9 분말소화약제의 주요특성

1) 소화원리

(1) 질식작용
(2) 냉각작용
(3) 부촉매작용

2) 분말소화약제의 장단점

(1) 장점
① 소화능력이 우수, 인체에 무해하다.
② 비전도성으로 전기화재에 적응성
③ 약제의 수명이 반영구적으로 경제성이 높다.
④ 수성막포 등 타 소화약제와 병용하여 사용가능
⑤ 화재를 빠르게 진압할 수 있다.(속소성)
⑥ 제3종 분말은 질식, 냉각, 부촉매작용 외에 방진작용과 탈수작용을 하여 A급 화재에 적응성이 뛰어나다.

(2) 단점
① 심부화재 적응성이 낮다.
② 별도의 가압원이 필요하다.
③ 약제의 잔존물로 인한 2차 피해가 발생한다.

④ 약제 방사 후 30초 이내 소화(knockdown 효과)되지 않으면 화재진압이 불가능하다.

3) 분말소화약제의 구비조건

(1) 미세도
① 분말이 미세할수록 표면적이 크고, 화염과 접촉 시 반응이 빨라져 소화효과가 우수하다.
② 미세도가 너무 작을 경우 상승하는 열기류에 의하여 비산될 우려가 있다.
③ 최대효율 시의 **입도 : 20~25μm**

(2) 내습성
① 방습이 불완전한 경우 수분을 흡수하여 유동성 및 소화효과가 감소한다.
② 내습성은 침강시험을 통하여 확인한다.

(3) 겉보기 비중
① 입자가 미세할수록 겉보기 비중은 감소
② 겉보기 비중 : 0.82g/mL 이상

4) 분말소화약제의 종류 ★★★

구 분	제1종분말	제2종분말	제3종분말	제4종분말
주 성 분	탄산수소나트륨	탄산수소칼륨	인산암모늄	탄산수소칼륨 + 요소
분 자 식	$NaHCO_3$	$KHCO_3$	$NH_4H_2PO_4$	$KHCO_3 + (NH_2)_2CO$
착 색	백색	담회색	담홍색(또는 황색)	회색
충 전 비	0.8	1	1	1.25
적응화재	B급, C급, F급	B급, C급	A급, B급, C급	B급, C급
함유수분	0.05% 이하	0.05%	0.05% 이하	-
소화작용	질식, 냉각, 부촉매	질식, 냉각, 부촉매	질식, 냉각, 부촉매, 방진, 탈수	질식, 냉각, 부촉매

5) 분말소화약제의 열분해 반응식 ★★★

(1) 제1종분말 소화약제
  ① 1차 열분해반응식(270℃) : $2NaHCO_3 \rightarrow Na_2CO_3 + CO_2 + H_2O$
  ② 2차 열분해반응식(850℃) : $2NaHCO_3 \rightarrow Na_2O + 2CO_2 + H_2O$

(2) 제2종분말 소화약제
  ① 1차 열분해반응식(190℃) : $2KHCO_3 \rightarrow K_2CO_3 + CO_2 + H_2O$
  ② 2차 열분해반응식(890℃) : $2KHCO_3 \rightarrow K_2O + 2CO_2 + H_2O$

(3) 제3종분말 소화약제
  ① 1차 열분해반응식(190℃) : $NH_4H_2PO_4 \rightarrow H_3PO_4 + NH_3$
   (올토인산)
  ② 2차 열분해반응식(300℃) : $NH_4H_2PO_4 \rightarrow HPO_3 + NH_3 + H_2O$
   (메타인산)

위험물에서 제3종 분말 반응식

① 1차 열분해반응식(190℃) : $NH_4H_2PO_4 \rightarrow H_3PO_4$(올토인산) $+ NH_3$
② 2차 열분해반응식(215℃) : $2H_3PO_4 \rightarrow H_4P_2O_7$(피로인산) $+ H_2O$
③ 3차 열분해반응식(300℃ 이상) : $H_4P_2O_7 \rightarrow 2HPO_3$(메타인산) $+ H_2O$

---

(4) 제4종분말 소화약제
  ① $2KHCO_3 + (NH_2)_2CO \rightarrow K_2CO_3 + 2CO_2 + 2NH_3$

제6장 출제예상문제

01 물이 다른 액상의 소화약제에 비해 비등점이 높은 이유는 어느 것인가?
① 물은 배위결합을 하고 있다.
② 물은 이온결합을 하고 있다.
③ 물은 극성공유결합을 하고 있다.
④ 물은 비극성공유결합을 하고 있다.

[해설] 물의 화학적 특성
① 수소와 산소의 화합물이다.
② 극성 공유결합이며, 수소결합이다.
③ 화학적으로 매우 안정적이다. 공유결합으로서 결합력이 대단히 크다.

02 물의 기화잠열은 얼마인가?
① 80cal/g
② 539cal/g
③ 100cal/g
④ 639cal/g

[해설] 물의 기화잠열 : 539cal/g , 융해잠열 : 80cal/g

03 소화약제의 소화 작용은 방사 형태에 따라 조금씩 달라지는데 물을 무상으로 방사할 때는 주로 어떤 소화 작용에 의하여 소화 되는가?
① 냉각작용
② 질식작용
③ 억제작용
④ 부촉매작용

[해설] 물을 무상으로 주수하는 경우 소화효과 : 주로 질식작용

04 물분무소화설비를 소화목적으로 채택하는 경우 가장 적합하지 않은 것은?
① 변압기
② 윤활유 배관
③ 엔진실
④ 마그네슘 저장실

[해설] 물과 반응하는 물질 또는 반응하여 위험물질을 생성하는 물질(마그네슘은 물과 반응하여 수소가스를 발생시킨다.)

정답 1. ③ 2. ② 3. ② 4. ④

05 물의 소화성능을 향상시키기 위하여 첨가하는 첨가제 중에서 산림화재에 적합한 것은 어느 것인가?

① 내유제　　② 침투제　　③ 증점제　　④ 유화제

해설 증점제 : 물의 점성을 증가시킨 것으로 산림화재에 적합

06 포노즐을 통하여 포수용액 80[L]를 포팽창비 5.0으로 방출시킬 경우 방출된 포의 체적 [L]은?

① 0.0625　　② 16　　③ 80　　④ 400

해설 포의 체적

① 팽창비 = $\dfrac{\text{발포 후 팽창된 포의 체적}}{\text{발포 전 포수용액의 체적}}$

② 포의 체적 = 포수용액의 체적 × 팽창비 = 80L × 5.0 = 400L

07 소화약제 중 저발포라 함은 다음 중 어느 것을 말하는가?

① 팽창비가 20 이하의 포　　② 팽창비가 120 이하의 포
③ 팽창비가 250 이하의 포　　④ 팽창비가 500 이하의 포

해설 저발포 : 팽창비 20배 이하

08 포소화약제가 유류화재를 소화시킬 수 있는 능력과 관계가 없는 것은?

① 유류표면으로부터 기름의 증발을 억제 또는 차단한다.
② 포가 유류표면을 덮어 기름과 공기와의 접촉을 차단한다.
③ 수분의 증발잠열을 이용한다.
④ 포의 연쇄반응 차단효과를 이용한다.

해설 포소화약제의 소화작용 : 질식작용, 냉각작용, 유화작용, 희석작용

09 다음 포소화약제 중 발포노즐에서 저발포와 고발포를 임의로 발포할 수 있는 포소화약제는?

① 단백포　　② 불화단백포
③ 합성계면활성제포　　④ 수성막포

해설 합성계면활성제포는 저발포와 고발포로 사용할 수 있다.

정답 5. ③　6. ④　7. ①　8. ④　9. ③

10 발명된 기름화재용 포원액 중 가장 뛰어난 소화력을 가진 소화액으로서 장기보존성이 좋고 무독하여 드라이케미컬 등과 병용이 가능한 소화약제는?
① 불화단백포   ② 수성막포
③ 단백포   ④ 알콜형포

해설 수성막포는 포소화약제 중에 가장 뛰어난 성능을 가지며 분말소화약제 와 병용하여 사용할 수 있는 장점이 있다.

11 계면활성제가 첨가된 약제로서 일명 light water라고도 불리는 약제는?
① 단백포   ② 수성막포
③ 합성계면활성제포   ④ 알콜형포

해설 수성막포는 AFFF, Light water란 이름으로 불리기도 한다.

12 내유성이 우수하여 특형 고정포방출방식을 적용할 수 있는 포소화약제는 어느 것인가?
① 단백포   ② 내알코올포
③ 수성막포   ④ 합성계면활성제포

해설 내유성이 우수, 표면하주입방식에 적용 : 불화단백포, 수성막포

13 단백포소화약제의 설명 중 틀린 것은?
① 약제는 주로 저발포형으로 사용한다.
② 한랭지역 등에서는 유동성이 감소한다.
③ 침전물을 발생시킨다.
④ 다른 포약제에 비해 부식성이 적다.

해설 단백포 소화약제는 부식성과 저장성이 좋지 않다.

14 합성계면활성제포의 고발포형으로 사용할 수 없는 합성계면활성제포 소화약제는?
① 1%형   ② 1.5%형   ③ 2%형   ④ 2.5%형

해설 합성계면활성제포
① 고발포용 합성계면활성제포 : 1%, 1.5%, 2%
② 저발포용 합성계면활성제포 : 3%, 6%

정답 10. ② 11. ② 12. ③ 13. ④ 14. ④

15 다음의 포소화약제 중 표면하주입방식에 사용할 수 있는 것은?

① 단백포 ② 불화단백포
③ 합성계면활성제포 ④ 알콜형포

해설 포 소화약제의 적응성

종류	단백포	불화단백포	수성막포	합성 계면활성제포
유출화재	있다	있다	있다	있다
표면하주입식	—	있다	있다	—

16 수용성유류화재에 사용하는 포소화약제에 관련된 설명 중 옳지 않은 것은?

① 수용성 유류라 함은 알코올류, 케톤류 등을 말한다.
② 수용성 유류는 극성이 있는 약제라고 할 수 있다.
③ 석유류화재에 적합한 것은 수용성 유류에도 일반적으로 적합하다.
④ 수용성 유류에는 알코올형 포소화약제가 적합하다.

해설 석유류화재에 쓰이는 포소화약제를 수용성유류에 사용할 경우 포가 깨져버리는 파포현상이 발생한다.

17 포소화설비의 포혼합장치를 설치한 목적으로서 옳은 것은?

① 일정한 압력을 구하기 위해서 ② 일정한 분사를 이루기 위해서
③ 일정한 혼합비를 유지하기 위해서 ④ 일정한 양을 가지기 위해서

해설 포혼합장치
① 설치목적 : 물과 원액을 일정한 농도로 혼합하기 위한 장치이다.
② 혼합방식 : 펌프혼합, 라인혼합, 차압(프레져)혼합, 압입(프레져사이드) 혼합 방식

18 CO_2의 소화작용으로 옳지 않은 것은?

① 냉각작용 ② 피복작용
③ 부촉매작용 ④ 질식작용

해설 이산화탄소의 소화작용 :
① 질식효과 ② 냉각효과 ③ 피복효과

정답 15. ② 16. ③ 17. ③ 18. ③

19 이산화탄소의 질식 및 냉각효과에 대한 설명 중 부적합한 것은?

① 이산화탄소의 비중은 산소보다 무거우므로 가연물과 산소의 접촉을 방해한다.
② 액체이산화탄소가 기화되어 기체 상태인 탄산가스로 변화하는 과정에서 많은 열을 흡수한다.
③ 이산화탄소는 불연성의 가스로서 가연물의 연소를 방해 또는 억제한다.
④ 이산화탄소는 산소와 반응하며, 이 때 가연물의 연소열을 흡수하므로 이산화탄소는 냉각효과를 나타낸다.

해설 CO_2는 반응완결물질로 산소와 더 이상 반응하지 않으며, 방사 시 액체에서 기체로 상변화를 하면서 주위의 열을 흡수하게 되어 냉각작용을 하게 된다.

20 할론 1301 및 CO_2 소화약제의 저장방법으로 옳은 것은?

① 할론1301 : 기체, CO_2 : 액체
② 할론1301 : 액체, CO_2 : 기체
③ 할론1301 : 기체, CO_2 : 기체
④ 할론1301 : 액체, CO_2 : 액체

해설 할론 1301과 CO_2의 저장방법
　① 할론 1301 : 액체　　② CO_2 : 액체

21 할론 1301에 있어 "0"의 수는 무엇을 나타내는가?

① 탄소　　② 취소　　③ 불소　　④ 염소

해설 할론1301의 명명법

숫자	1	3	0	1
기호	C	F	Cl	Br

22 할론 1301의 성질에 관한 설명 중 옳지 못한 것은?

① 상온에서 무색·무취의 기체이다.
② 공기보다 무거우나 탄산가스보다는 약간 가볍다.
③ 500℃에서 열분해 한다.
④ 독성은 거의 없으나 마취성이 있다.

해설 할론 1301의 분자량 : 148.9g, 이산화탄소(탄산가스)의 분자량 : 44g

정답 19. ④　20. ④　21. ④　22. ②

23 할론 소화약제 중 독성이 가장 약한 것은?

① 할론1211
② 할론1011
③ 할론1301
④ 할론2402

해설 소화약제의 물성

종 류	할론1301	할론1211	할론2402	할론104
분자식	CF_3Br	CF_2ClBr	$C_2F_4Br_2$	CCl_4
상태(20℃)	기체	기체	액체	액체
ODP	14	3	6	-
부촉매효과	대 →		소	
독 성	소 →		대	

24 기체 상태의 할론 1301은 공기보다 몇 배 무거운가?(단, 할론 1301의 분자량은 149이고, 공기는 79[%]의 질소, 21[%]의 산소로만 구성되어 있다고 한다.)

① 약 5.05배
② 약 5.10배
③ 약 5.17배
④ 약 5.25배

해설 기체(증기)비중의 계산
① 공기의 구성성분이 질소가 79%, 산소는 21%이므로 공기의 분자량을 산출하면 공기의 분자량 : $14 \times 2 \times 0.79 + 16 \times 2 \times 0.21 = 28.84g$
② 할론 1301의 분자량 : 149g
③ 기체비중 : $\dfrac{149}{28.84} = 5.166$

25 할로겐원소 중 화학적 반응력이 큰 순서로 옳게 나열된 것은?

① F > Cl > Br > I
② F > Br > Cl > I
③ I > Br > Cl > F
④ I > Cl > Br > F

해설 반응력이 큰 순서 : F > Cl > Br > I

26 할로겐화합물 소화약제는 최소설계농도에 도달하는데 필요한 약제량의 95[%]를 몇 시간 내에 방출하여야 하는가?

① 10초
② 30초
③ 1분
④ 3분

해설 방출시간 - 할로겐화합물 소화약제 : 10초, 불활성기체 소화약제 : A, C급 화재 2분, B급 화재 1분

정답 23. ③ 24. ③ 25. ① 26. ①

27 HFC-23의 분자식으로 옳은 것은?
① CHF_3
② CHF_2CF_3
③ CF_3I
④ C_4F_{10}

해설 트리플루오로메탄(HFC-23)
① 설계농도 : 30% ② 분자식 : CHF_3

28 HCFC BLEND A는 혼합물에 포함된 무슨 원소가 오존층을 파괴하는가?
① F ② Cl ③ Br ④ I

해설 HCFC계열은 순서대로 수소(H), 염소(Cl), 불소(F), 탄소(C)를 의미하며 염소가 오존층을 파괴한다.

29 IG-541 소화약제의 구성성분으로 옳지 않은 것은?
① N_2 ② Ne ③ Ar ④ CO_2

해설 IG-541 : 이너젠(Inergen)
N_2 : 52%, Ar : 40%, CO_2 : 8%

30 IG-541 소화약제의 기체비중은?
① 1.08 ② 1.18 ③ 1.28 ④ 1.38

해설 기체비중
① 분자량 : $14 \times 2 \times 0.52 + 40 \times 0.4 + 44 \times 0.08 = 34.08g$
② 기체비중 : $34.08/29 = 1.18$

31 할로겐화합물 소화약제와 불활성기체 소화약제의 주된 소화원리로 옳게 나열된 것은?
① 할로겐화합물 : 부촉매효과, 불활성기체 : 냉각효과
② 할로겐화합물 : 냉각효과, 불활성기체 : 질식효과
③ 할로겐화합물 : 부촉매효과, 불활성기체 : 질식효과
④ 할로겐화합물 : 부촉매효과, 불활성기체 : 피복효과

해설 소화원리
① 할로겐화합물 소화약제 : 주된 소화원리는 부촉매효과
② 불활성기체 소화약제 : 주된 소화원리는 질식작용

정답 27. ① 28. ② 29. ② 30. ② 31. ③

32 제3종 분말이 열분해 될 때 발생하는 인산의 종류가 아닌 것은?

① 메타인산 ② 구로인산 ③ 올토인산 ④ 피로인산

해설 제3종 분말이 열분해 시 메타인산, 올토인산 및 피로인산을 생성한다.

33 분말소화약제의 분말입도와 소화성능에 대하여 옳은 것은?

① 미세할수록 소화성능이 우수하다.
② 입도가 클수록 소화성능이 우수하다.
③ 입도와 소화성능과는 관련이 없다.
④ 입도가 너무 미세하거나 너무 커도 소화성능이 저하된다.

해설 분말입도와 소화성능
분말이 미세할수록 표면적이 크고, 화염과 접촉 시 반응이 빨라져 소화효과가 우수하다. 미세도가 너무 작으면 화재 시 상승 열기류에 의하여 비산될 우려가 있다.

34 분말소화약제 중 화재적응성이 가장 뛰어난 소화약제는?

① 제1종분말 ② 제2종분말
③ 제3종분말 ④ 제4종분말

해설 화재 적응성이 가장 뛰어난 소화약제 : 제3종분말(인산암모늄)

35 다음 중 알칼리금속이 포함되지 않은 분말소화약제는?

① 제1종 분말 ② 제2종 분말
③ 제3종 분말 ④ 제4종 분말

해설 알칼리금속 : 나트륨(Na), 칼륨(K), 루비듐(Rb), 세슘(Cs), 프랑슘(Fr)

종별	주성분
제1종	탄산수소나트륨
제2종	탄산수소칼륨
제3종	**인산암모늄**
제4종	탄산수소칼륨 + 요소

정답 32. ② 33. ④ 34. ③ 35. ③

36 중탄산나트륨이 열분해 되어 생기는 가스는?

① 일산화탄소 ② 수소
③ 이산화탄소 ④ 암모니아

해설 제1종 분말 열분해반응식
① 1차 열분해반응식(270℃) : 2NaHCO₃ → Na₂CO₃ + CO₂ + H₂O
② 2차 열분해반응식(850℃) : 2NaHCO₃ → Na₂O + 2CO₂ + H₂O

37 제1종 분말소화약제인 탄산수소나트륨이 850[℃]에서 열분해 되었을 때 반응식은 어느 것인가?

① $2NaHCO_3 \rightarrow 2NaCO + CO_2 + H_2O - Q[kcal]$
② $2NaHCO_3 \rightarrow Na_2O + 2CO_2 + H_2O - Q[kcal]$
③ $2NaHCO_3 \rightarrow Na_2O + CO_2 + H_2O - Q[kcal]$
④ $2NaHCO_3 \rightarrow Na_2CO_3 + CO_2 + 2H_2O - Q[kcal]$

해설 2차 열분해반응식(850℃) : 2NaHCO₃ → Na₂O + 2CO₂ + H₂O

38 드라이케미컬(dry chemical)로 100[kg]의 이산화탄소를 얻고자 할 때 표준상태에서 몇 [kg]의 중탄산나트륨을 사용하면 되겠는가?

① 282[kg] ② 312[kg] ③ 372[kg] ④ 382[kg]

해설 중탄산나트륨의 양 산출
① 중탄산나트륨의 열분해 반응식 2NaHCO₃ → Na₂CO₃ + CO₂ + H₂O
② 2NaHCO₃의 분자량 : 168kg, CO₂의 분자량 : 44kg
③ 중탄산나트륨의 양 168kg : 44kg = x : 100kg, $x = \dfrac{168}{44} \times 100 = 381.82kg$

39 제2종 분말소화약제의 방사 시 발생되는 물질과 관계가 없는 것은?

① CO_2 ② H_2O
③ HPO_3 ④ K_2CO_3

해설 제2종 분말 소화약제
① 1차 열분해반응식(190℃) : 2KHCO₃ → K₂CO₃ + CO₂ + H₂O
② 2차 열분해반응식(890℃) : 2KHCO₃ → K₂O + 2CO₂ + H₂O

정답 36. ③ 37. ② 38. ④ 39. ③

40 다음 분말소화약제의 열분해 반응식과 관계가 있는 것은?

[보기]
$$NH_4H_2PO_4 \rightarrow NH_3 + H_2O + HPO_3 - 76.95kcal$$

① 제1종 분말소화약제
② 제2종 분말소화약제
③ 제3종 분말소화약제
④ 제4종 분말소화약제

해설 제3종 분말 분말소화약제의 열분해 반응식
① 1차 열분해반응식(190℃) : $NH_4H_2PO_4 \rightarrow H_3PO_4 + NH_3$
② 2차 열분해반응식(300℃) : $NH_4H_2PO_4 \rightarrow HPO_3 + NH_3 + H_2O$

41 제3종 분말이 열 분해될 때 발생하는 물질이 아닌 것은?

① H_3PO_4
② $H_4P_2O_7$
③ HPO_3
④ P_2O_5

해설 제3종 분말(인산염)의 열분해 시 발생하는 물질
① H_3PO_4(오르토인산)
② $H_4P_2O_7$(피로인산)
③ HPO_3(메타인산)

42 할로겐화합물소화약제 HCFC BLEND A의 구성 성분이 아닌 것은?

① HCFC-22
② HCFC-23
③ HCFC-123
④ HCFC-124

해설 HCFC BLEND A

소화약제	설계농도	화학식
하이드로클로로 플루오로카본혼화제 (HCFC BLEND A)	10%	HCFC-123($CHCl_2CF_3$) : 4.75% HCFC-22($CHClF_2$) : 82% HCFC-124($CHClFCF_3$) : 9.5% $C_{10}H_{16}$: 3.75%

43 산·알칼리 소화기에 사용되는 소화약제의 주성분은?

① $NH_4H_2PO_4$ - 진한 H_2SO_4
② $KHCO_3$ - 진한 H_2SO_4
③ $Al_2(SO_4)_3$ - 진한 H_2SO_4
④ $NaHCO_3$ - 진한 H_2SO_4

정답 40. ③ 41. ④ 42. ② 43. ④

[해설] 산·알칼리 소화기
  (1) 주요성분
    ① 탄산수소나트륨($NaHCO_3$)과 진한 황산(H_2SO_4)을 이용하여 발생하는 이산화탄소를 가압원으로 사용한 소화기
  (2) 소화효과
    ① 일반(A급)화재 : 봉상주수(질식, 냉각작용)
    ② 일반(A급)화재, 유류(B급)화재, 전기(C급)화재 : 무상주수(질식, 냉각, 유화작용)
    ③ 반응식 : $H_2SO_4 + 2NaHCO_3 \rightarrow Na_2SO_4 + 2H_2O + 2CO_2$

44 강화액 소화약제에 관한 설명으로 옳지 않은 것은?

① 수소이온지수(pH)는 5.5~7.5이고, 응고점은 영하 16℃~20℃ 이다.
② 물에 탄산칼륨, 황산암모늄, 인산암모늄 및 침투제 등을 첨가한 것이다.
③ 용기 내부를 크롬 도금 또는 내식성 도료로 처리하여 저장한다.
④ 사람의 피부에 닿으면 피부염, 피부모공 손상 등을 야기할 수 있다.

[해설] 강화액소화약제
  ① 수소이온지수(pH) : 11~12, 응고점 : 영하 20℃ 이하
  ② 반응식 : $H_2SO_4 + K_2CO_3 \rightarrow K_2SO_4 + CO_2 + H_2O$
  ③ 탄산칼륨(K_2CO_3), 인산암모늄($(NH_4)_2PO_4$), 황산암모늄 및 침투제 등을 첨가하여 제조
  ④ 무색 또는 황색으로 알칼리금속염류의 수용액

45 화재안전기준상 가연성 액체 또는 가연성 가스의 소화에 필요한 이산화탄소 소화약제의 설계농도에 관한 기준으로 옳지 않은 것은?

① 아세틸렌 : 66%   ② 에틸렌 : 49%
③ 일산화탄소 : 64%   ④ 석탄가스, 천연가스 : 75%

[해설] 가연성 액체 또는 가연성 가스의 소화에 필요한 설계농도

방호대상물	설계농도(%)
수소(Hydrogen)	75
아세틸렌(Acetylene)	66
일산화탄소(Carbon Monoxide)	64
산화에틸렌(Ethylene Oxide)	53
에틸렌(Ethylene)	49
에탄(Ethane)	40
석탄가스, 천연가스(Coal, Natural gas)	37
사이크로 프로판(Cyclo Propane)	37
이소부탄(Iso Butane)	36
프로판(Propane)	36
부탄(Butane), 메탄(Methane)	34

[정답] 44. ① 45. ④

46 화재안전기준상 할로겐화합물소화약제별 최대허용설계농도(%)로 옳지 않은 것은?

① HFC-227ea : 10.5%
② HCFC BLEND A : 10%
③ FK-5-1-12 : 15%
④ IG-55 : 43%

해설 도데카플루오로-2-메틸펜탄-3-원(FK-5-1-12) : 10%

47 다음 중 부촉매효과가 없는 소화약제는?

① Halon 1301 소화약제
② 제1종 분말소화약제
③ HFC-125 소화약제
④ IG-100 소화약제

해설 IG-100 소화약제 : 불활성기체 소화약제로서 소화효과는 질식효과와 냉각효과이다.

48 일반화재, 유류화재, 전기화재에 모두 적응성이 있는 분말소화약제의 종류와 주성분의 연결로 옳은 것은?

① 제2종 분말소화약제 - $NaHCO_3$
② 제2종 분말소화약제 - $(NH_2)_2CO$
③ 제3종 분말소화약제 - $NH_4H_2PO_4$
④ 제3종 분말소화약제 - Na_2CO_3

해설 분말소화약제의 종류와 주성분

구 분	제1종분말	제2종분말	제3종분말	제4종분말
주 성 분	중탄산나트륨	중탄산칼륨	인산암모늄	중탄산칼륨 + 요소
분 자 식	$NaHCO_3$	$KHCO_3$	$NH_4H_2PO_4$	$KHCO_3 + (NH_2)_2CO$
착 색	백색	담회색	담홍(핑크)색	회색

49 다음 중 물 소화약제에 관한 설명으로 옳지 않은 것은?

① 침투제를 사용하여 물의 표면장력을 증가시키면 심부화재에 적용 가능하다.
② 다른 소화약제에 비해 비열 및 기화열이 크다.
③ 무상주수를 통해 질식, 냉각이 가능하다.
④ 희석소화를 통해 수용성 가연물질 화재에 적용 가능하다.

해설 물의 표면장력을 감소시키면 침투, 확산능력이 증가하여 심부화재에 적용 가능하다.

정답 46. ③ 47. ④ 48. ③ 49. ①

50 화재안전기준상 불활성기체 소화약제인 IG-541의 혼합가스 체적 성분비는?

① N_2 50[%], Ar 40[%], CO 10[%]
② N_2 52[%], Ar 40[%], CO_2 8[%]
③ CO_2 50[%], Ar 40[%], N_2 10[%]
④ CO_2 52[%], Ar 40[%], N_2 8[%]

해설 IG-541의 성분비 : N_2 52[%], Ar 40[%], CO_2 8[%]

51 할로겐화합물 및 불활성기체 소화설비의 화재안전성능기준상 할로겐화합물 및 불활성 기체소화약제의 저장용기에 관한 내용이다. ( )에 들어갈 내용으로 옳은 것은?

> 저장용기의 약제량 손실이 (ㄱ)퍼센트를 초과하거나 압력손실이 (ㄴ)퍼센트를 초과할 경우에는 재충전하거나 저장용기를 교체할 것. 다만, 불활성기체 소화약제 저장용기의 경우에는 압력손실이 (ㄷ)퍼센트를 초과할 경우 재충전하거나 저장용기를 교체해야 한다.

① ㄱ : 5, ㄴ : 5, ㄷ : 5
② ㄱ : 5, ㄴ : 10, ㄷ : 5
③ ㄱ : 10, ㄴ : 10, ㄷ : 15
④ ㄱ : 10, ㄴ : 15, ㄷ : 10

해설 저장용기의 약제량 손실이 (5)퍼센트를 초과하거나 압력손실이 (10)퍼센트를 초과할 경우에는 재충전하거나 저장용기를 교체할 것. 다만, 불활성기체 소화약제 저장용기의 경우에는 압력손실이 (5)퍼센트를 초과할 경우 재충전하거나 저장용기를 교체해야 한다.

52 이산화탄소소화설비의 화재안전기술기준상 이산화탄소소화약제 소요량의 방출기준에 관한 내용이다. ( )에 들어갈 내용으로 옳은 것은?

> 전역방출방식에 있어서 종이, 목재, 석탄, 섬유류, 합성수지류 등 심부화재 방호대상물의 경우에는 (ㄱ)분, 이 경우 설계농도가 2분 이내에 (ㄴ)%에 도달하여야 한다.

① ㄱ : 5, ㄴ : 30
② ㄱ : 5, ㄴ : 50
③ ㄱ : 7, ㄴ : 30
④ ㄱ : 7, ㄴ : 50

해설 전역방출방식에 있어서 종이, 목재, 석탄, 섬유류, 합성수지류 등 심부화재 방호대상물의 경우에는 (7)분, 이 경우 설계농도가 2분 이내에 (30)%에 도달하여야 한다.

정답 50. ② 51. ② 52. ③

제7장 직류회로

1 약호 정리

약호	명칭	약호	명칭
A	단면적[m^2]	N	① 회전수[rpm] ② 권선수[회]
B	① 자속밀도[Wb/m^2] ② 서셉턴스(Susceptance)[℧]	O	
C	정전용량, 커패시턴스[F]	P	① 전력[W], [J/S] ② 분극의 세기[C/m^2]
D	① 전속밀도[C/m^2] ② 지름(직경)[m]	Q	전하, 전속, 전기량[C]
E	① 전계의 세기[V/m] ② 유도기전력[V]	R	저항(resistance)[Ω]
F	① 전자력[N] ② 쿨롱의 힘[N] ③ 기자력[AT]	S	① 단면적[m^2] ② 지멘스[S]
G	컨덕턴스[℧]	T	토크(회전력)[N·m]
H	자계의 세기[AT/m]	U	자위[AT]
I	전류[A]	V	전압, 전위[V]
J	자화의 세기[Wb/m^2]	W	전력량[W·s], 에너지[J]
K		X	리액턴스[Ω]
L	인덕턴스 또는 자기인덕턴스[H]	Y	어드미턴스[℧]
M	상호인덕턴스[H]	Z	임피던스[Ω]

2 단위정리

약호	명칭	약호	명칭
A	암페어(ampere)	S	지멘스(siemens)
AT	암페어 턴(ampere turn)	T	턴(turn)
C	쿨롱(coulomb)	V	볼트(volt)
F	패럿(farad)	VA	볼트암페어(volt ampere)
H	헨리(henry)	Var	volt ampere reactive
Hz	헤르츠(hertz)	W	와트(watt)
J	줄(joule)	Wb	웨버(weber)
K	켈빈(kelvin)	W·s	와트세크(watt sec)
N	뉴턴(newton)	W·h	와트아우어(watt hour)
N·m	뉴턴 미터(newton meter)		

3 전기수학 정리

1) 그리스 문자표

기호	명명	기호	명명
α	alpha(알파)	ν	nu(뉴)
β	beta(베타)	ξ	xi(크사이)
γ	gamma(감마)	o	omicron(오미크론)
δ	delta(델타)	π	pi(파이)
ε	epsilon(입실론)	ρ	rho(로우)
ζ	zeta(제타)	σ	sigma(시그마)
η	eta(에타)	τ	tau(타우)
θ	theta(세타)	υ	upsilon(웁실론)
ι	iota(이오타)	ϕ	phi(프아이)
κ	kappa(카파)	χ	chi(카이)
λ	lambda(람다)	Ψ	psi(프사이)
μ	mu(뮤)	ω	omega(오메가)

2) SI 단위 접두어 및 배수

접두어	배수	접두어	배수
T(테라)	10^{12}	d(데시)	10^{-1}
G(기가)	10^{9}	c(센티)	10^{-2}
M(메가)	10^{6}	m(밀리)	10^{-3}
k(킬로)	10^{3}	μ(마이크로)	10^{-6}
h(헥토)	10^{2}	n(나노)	10^{-9}
da(데카)	10^{1}	p(피코)	10^{-12}

3) 단위환산 ★★

길이	1m = 100cm = 10^2cm 1m = 1,000mm = 10^3mm 1cm = 10mm
질량	1kg = 1,000g
시간	1h = 60min, 1min = 60s 1h = 3,600s
면적	$1m^2 = 10^4 cm^2 = 10^6 mm^2$
체적	$1m^3 = 1,000\ell$

4) MKS와 CGS 단위계 ★★

구분	MKS	CGS
길이	m(미터)	cm(센티미터)
무게	kg(킬로그램)	g(그램)
시간	s(세크)	s
힘	N(뉴턴)	dyn(dyne)
일	J(줄)	erg
전기량	C(쿨롱)	esu(electrostatic units)
전력	W(와트)	erg/s

5) 삼각함수

(1) 호도법과 육십분법

육십분법	30°	45°	60°	90°	120°	135°	150°	180°	270°	360°
호도법	$\frac{\pi}{6}$	$\frac{\pi}{4}$	$\frac{\pi}{3}$	$\frac{\pi}{2}$	$\frac{2\pi}{3}$	$\frac{3\pi}{4}$	$\frac{5\pi}{6}$	π	$\frac{3\pi}{2}$	2π

(2) 피타고라스의 정리

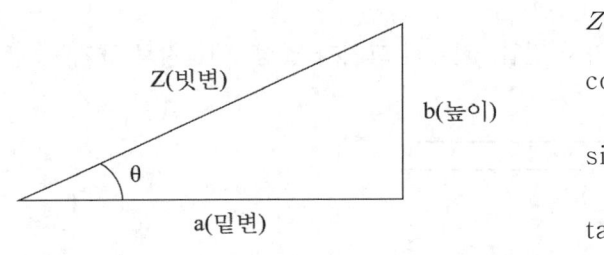

$$Z = \sqrt{a^2 + b^2}$$
$$\cos\theta = \frac{a}{Z}$$
$$\sin\theta = \frac{b}{Z}$$
$$\tan\theta = \frac{b}{a}$$

(3) 삼각함수의 기본성질

① $\cos\theta = \sin(\theta + \frac{\pi}{2})$

② $\sin\theta = -\cos(\theta + \frac{\pi}{2})$

③ $\cos^2\theta + \sin^2\theta = 1$

④ $\tan\theta = \frac{\sin\theta}{\cos\theta}$

⑤ $\cot\theta = \frac{1}{\tan\theta}$

4 전기의 본질

1) 전자의 전하량(전기량) ★

(1) 전자의 전하량 $e = 1.602 \times 10^{-19}$ [C]

(2) 전자의 질량 $m = 9.10955 \times 10^{-31}$ [kg]

(3) 양자의 질량 $m_p = 1.67261 \times 10^{-27}$ [kg]

2) 전하량의 계산 ★★★

$Q = C \times V = I \times t = n \times e$
Q : 전하량[C], V : 전압[V], I : 전류[A], t : 시간[s]
n : 전자 수, e : 전자 1개의 전기량[C], C : 정전용량 또는 Capacitance[F]

3) 직류와 교류

(1) 직류(DC) : 시간에 따라서 전압, 전류의 크기가 일정, 대문자로 표기

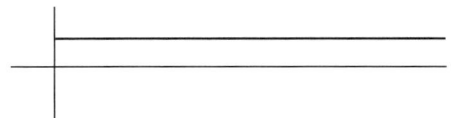

(2) 교류(AC) : 시간에 따라서 전압, 전류의 크기가 변화, 소문자로 표기

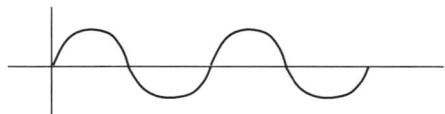

5 옴의 법칙

1) 정의 ★★★

(1) 정의

도체에 흐르는 전류는 전압에 비례하고 회로의 전기저항에 반비례한다.

(2) 상호관계

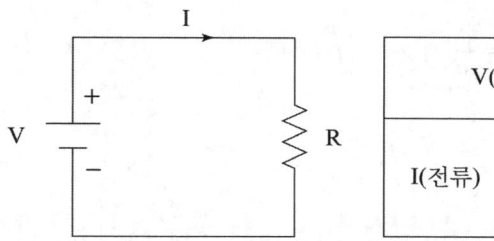

① 전류 $I = \dfrac{V}{R}$ [A]
② 전압 $V = IR$ [V]
③ 저항 $R = \dfrac{V}{I}$ [Ω]

2) 전류 ★★

(1) 정의
① 전자의 흐름이다.
② 단위시간당 이동한 전기의 양
③ 단위 : Ampere(암페어)[A]
④ 직류식 표현 $I = \dfrac{Q}{t}$ [A]
⑤ 교류식 표현 $i = \dfrac{dq}{dt}$ [A], $q = \int i\,dt$ [C]

(2) 산출식

> 전류 $I = \dfrac{Q}{t} = \dfrac{V}{R}$ [A][C/s]
> Q : 전기량[C], t : 시간[s], V : 전압[V], R : 저항[Ω]

3) 전압(voltage) ★★

(1) 정의
① 도체의 양단에 일정한 전류를 계속 흐르게 하는 전기적 힘
② Q[C]의 전기량이 이동하여 W[J ; joule]만큼 행한 일의 양
③ 단위 : Volt(볼트)[V]

④ 직류식 표현 $V = \dfrac{W}{Q}$ [J/C], $W = QV$ [J]

⑤ 교류식 표현 $v = \dfrac{dw}{dq}$, $w = \int v\,dq$ [J]

⑥ 심벌 : —|⊢—

(2) 산출식

> 전압 $V = \dfrac{W}{Q} = IR$ [V][J/C]
>
> W : 일 또는 전력량[J], Q : 전기량[C], I : 전류[A], R : 저항[Ω]

4) 저항(Resistance) ★★

(1) 정의
  ① 전류의 흐름을 방해하는 물리량으로서 저항이 클수록 전류는 작아지며, 저항이 작을수록 전류는 증가한다.
  ② 일반적으로 도체의 전기저항은 재질의 종류 및 온도에 따라 다르다.
  ③ 단위 : ohm(옴)[Ω]
  ④ 심벌 : —／\／\—
  ⑤ 컨덕턴스의 역수 : $R = \dfrac{1}{G}$, G : 컨덕턴스[℧]

(2) 산출식

> $R = \dfrac{V}{I} = \rho \dfrac{\ell}{A} = \rho \dfrac{\ell}{\frac{\pi}{4} \times D^2} = \dfrac{\ell}{kA}$ [Ω]
>
> ρ : 고유저항[Ω·m], ℓ : 도체의 길이[m], A : 도체의 단면적[m²]
> k : 도전율[℧/m], D : 도체의 직경[m]

5) 컨덕턴스(conductance) ★

(1) 정의
  ① 전류의 흐름을 도와주는 물리량으로서 저항의 역수를 말한다.
  ② 단위 : mho(모)[℧], 또는 지멘스(siemens)[S]

(2) 산출식

$$G = \frac{1}{R} = \frac{I}{V}$$

R : 저항[Ω], V : 전압[V], I : 전류[A]

6) 온도변화에 따른 저항 값 산출 ★★★

$R_T = R_t \times [1 + \alpha_t (T - t)]$

R_T : T[℃]일 때 저항 값[Ω], R_t : t[℃]일 때 저항 값[Ω]

α_t : 저항온도계수($\alpha_t = 1/(234.5 + t)$), T : 변환 후 온도[℃]

t : 변환 전 온도[℃]

6 저항회로의 연결

1) 저항의 직렬연결 ★★★

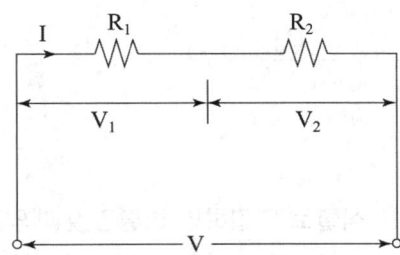

(1) 합성전압(전전압) : $V = IR_T = V_1 + V_2$

(2) 합성전류(전전류) : $I = \dfrac{V}{R_T} = \dfrac{V}{R_1 + R_2}$

(3) 합성저항 : $R_T = R_1 + R_2$

(4) 분압법칙

① $V_1 = \dfrac{R_1}{R_1 + R_2} \times V$

② $V_2 = \dfrac{R_2}{R_1 + R_2} \times V$

2) 저항의 병렬연결 ★★★

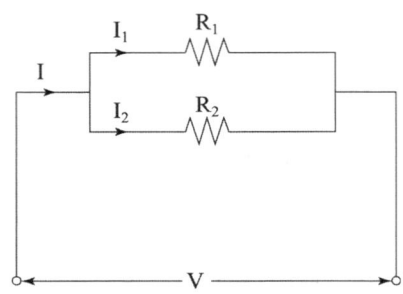

(1) 합성전압(전전압) : $V = IR_T = V_1 = V_2$

(2) 합성전류(전전류) : $I = \dfrac{V}{R_T} = I_1 + I_2$

(3) 합성저항 : $R_T = \dfrac{1}{\dfrac{1}{R_1}+\dfrac{1}{R_2}} = \dfrac{R_1 \times R_2}{R_1 + R_2}$

(4) 분류법칙 : ① $I_1 = \dfrac{R_2}{R_1 + R_2} \times I$

② $I_2 = \dfrac{R_1}{R_1 + R_2} \times I$

예제 1. 2[Ω]의 저항 5개를 직렬로 연결하면 병렬연결 때의 몇 배가 되는가?

① 2배 ② 5배 ③ 10배 ④ 25배

해설 배수 계산
① 직렬연결 시 합성저항 : 2[Ω] × 5개 = 10[Ω]
② 병렬연결 시 합성저항 : 2[Ω]/5개 = 0.4[Ω]
③ 직렬/병렬 = 10[Ω]/0.4[Ω] = 25배

정답 ④

7 컨덕턴스의 연결

1) 직렬연결

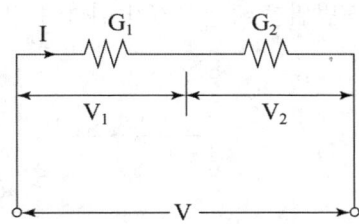

① 합성 컨덕턴스 $G_T = \dfrac{1}{R_T} = \dfrac{G_1 \times G_2}{G_1 + G_2}$

② 전 전류 $I = \dfrac{V}{R_T} = G_T V$

2) 병렬연결

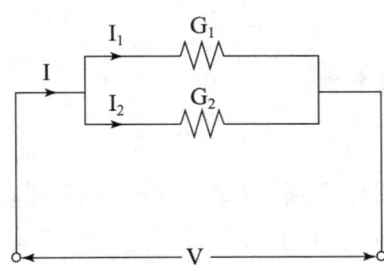

① 합성 컨덕턴스 $G_T = \dfrac{1}{R_T} = G_1 + G_2$

② 전 전류 $I = \dfrac{V}{R_T} = G_T V = I_1 + I_2$

예제 2. 3[℧]와 6[℧]의 두 컨덕턴스를 병렬로 접속하였을 때 합성 콘덕턴스는?

① 2[℧] ② 2[℧] ③ 6[℧] ④ 9[℧]

해설 컨덕턴스의 합성
① 직렬연결 시 합성 컨덕턴스 : $\dfrac{3 \times 6}{3 + 6} = 2[℧]$
② 병렬연결 시 합성 컨덕턴스 : $3 + 6 = 9[℧]$

정답 ④

8 배율기와 분류기

1) 배율기(Multiplier) ★★★

(1) 정의 : 전압의 측정범위를 확대시키기 위하여 전압계와 직렬로 접속한 저항

(2) 배율기 저항 : R_m

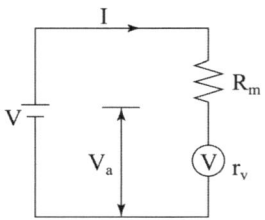

$R_m = (m-1) \times r_v \ [\Omega]$

m : 배율($m = \dfrac{V}{V_a}$), r_v : 전압계 내부저항[Ω]

V : 확대하고자 하는 전압[V], V_a : 전압계 지시값[V]

2) 분류기(Shunt) ★★★

(1) 정의

전류의 측정범위를 확대시키기 위하여 전류계와 병렬로 접속한 저항

(2) 분류기 저항 : R_s

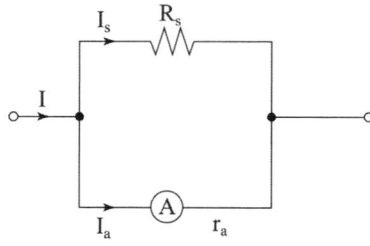

$R_s = \dfrac{1}{(m-1)} \times r_a \ [\Omega]$

m : 배율($m = \dfrac{I}{I_a} = 1 + \dfrac{r_a}{R_s}$), r_a : 전류계 내부저항[Ω]

I : 확대하고자 하는 전류[A], I_a : 전류계 지시값[A]

예제 3. 그림과 같은 회로에서 분류기의 배율은? (단, 전류계 A의 내부저항은 R_A이며 R_S는 분류기 저항이다.)

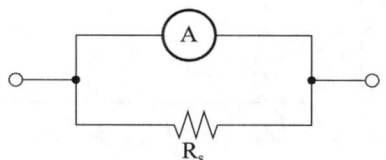

① $\dfrac{R_A}{R_A+R_s}$ ② $\dfrac{R_s}{R_A+R_s}$ ③ $\dfrac{R_A+R_s}{R_s}$ ④ $\dfrac{R_A+R_s}{R_A}$

해설 분류기의 배율 $m = \dfrac{I}{I_a} = 1 + \dfrac{r_a}{R_s} = 1 + \dfrac{R_A}{R_s} = \dfrac{R_s + R_A}{R_s}$

정답 ③

9 키르히호프의 법칙

1) 제1법칙(전류평형의 법칙) ★

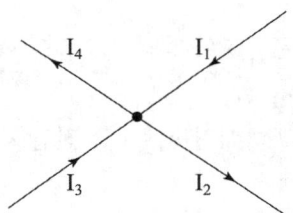

(1) 임의의 점에 들어오는 전류와 나가는 점의 전류의 합은 0이다.
(2) 계산식
   들어오는 전류의 합 = 나가는 전류의 합, 즉 $\sum I = 0 \rightarrow I_1 + I_3 - (I_2 + I_4) = 0$

2) 제2법칙(전압평형의 법칙)

(1) 임의의 폐회로망 내에서 각 지로에 유기되는 기전력의 총합은 그 지로 내에 발생한 전압강하의 총합과 같다.

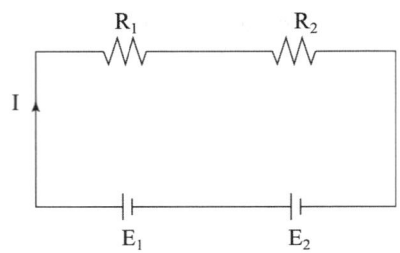

(2) 계산식

$$\sum E = \sum IR, \quad E_1 + E_2 = IR_1 + IR_2$$

10 전력, 전력량 및 열량

1) 전력 ★★★

(1) 정의
① 단위시간당 한 일의 양을 말한다.
② 단위 : Watt(와트)[W]

(2) 전력계산

$$P = \frac{W}{t} = VI = I^2R = \frac{V^2}{R}[\text{W}]$$

W : 전력량[W·s], t : 시간[s], V : 전압[V], I : 전류[A], R : 저항[Ω]

2) 전력량 ★

(1) 정의
① 전력에 사용시간을 곱한 값
② 단위 : Joule(줄)[J] 또는 [W·s]

(2) 전력량 계산

$$W = QV = Pt = VIt = I^2Rt = \frac{V^2}{R}t$$

Q : 전하[C], V : 전압[V], P : 전력[W], I : 전류[A], R : 저항[Ω]
t : 시간[s]

예제 4. 10 [V]의 기전력으로 50 [C]의 전기량이 이동할 때 한 일은 몇 [J]인가?

① 250   ② 400   ③ 500   ④ 600

해설 전하이동 시 한 일 $W = QV = 50 \times 10 = 500[J]$

정답 ③

3) 열량 ★★★

(1) 줄(Joule)의 법칙

일정시간 동안 저항 R에 전류 I가 흐를 때 저항 R에서 소비되는 에너지 W[J]는 열에너지 H[cal](칼로리)로 변환되는데 이것을 줄의 법칙이라 한다.

(2) 열량의 계산

$$H = 0.24 \times Pt = 0.24 \times VIt = 0.24 \times I^2Rt = 0.24 \times \frac{V^2}{R}t[cal]$$
$$= mc\Delta t = mc(t_2 - t_1)$$

P : 전력[W], t : 시간[s], m : 질량[g], c : 비열[cal/g·℃], Δt : 온도차[℃]

11 전지의 접속

1) 직렬접속

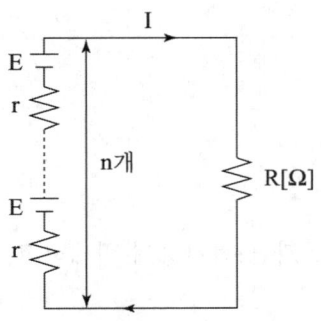

(1) 합성기전력 $E_T = nE[V]$
(2) 합성저항 $R_T = R + nr[\Omega]$
(3) 전 전류 $I = \dfrac{E_T}{R_T} = \dfrac{nE}{nr+R}[A]$

n : 전지의 직렬연결 수, R : 부하저항
r : 전지 내부저항
E : 전지 1개의 기전력[V]

2) 병렬접속

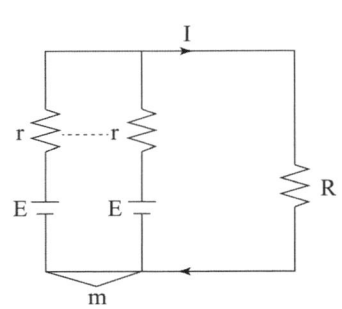

(1) 합성기전력 $E_T = E$ [V]

(2) 합성저항 $R_T = R + \dfrac{r}{m}$ [Ω]

(3) 전 전류 $I = \dfrac{E_T}{R_T} = \dfrac{E}{\dfrac{r}{m} + R}$ [A]

m : 전지의 병렬연결 수, R : 부하저항
r : 전지 내부저항
E : 전지 1개의 기전력[V]

3) 직병렬접속 ★★

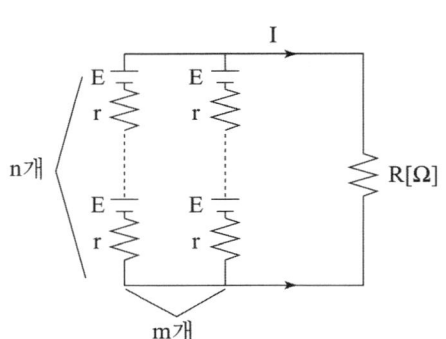

(1) 합성기전력 $E_T = nE$ [V]

(2) 합성저항 $R_T = R + \dfrac{nr}{m}$ [Ω]

(3) 전 전류 $I = \dfrac{E_T}{R_T} = \dfrac{nE}{\dfrac{nr}{m} + R}$ [A]

m : 전지의 병렬연결 수
n : 전지의 직렬연결 수
R : 부하저항, r : 전지 내부저항
E : 전지 1개의 기전력[V]

12 전기화학

1) 패러데이의 법칙 ★

(1) 정의

전기분해로 석출되는 물질의 양은 전해액을 통과한 전기량에 비례하고, 그 물질의 전기화학당량에 비례한다.

(2) 석출되는 물질의 양

$W = KQ = K \times It$ [g]

K : 전기화학당량[g/C], Q : 전기량 [C], I : 전류[A], t : 시간[s]

2) 국부작용 ★

(1) 전극사이 불순물로 인하여 전지의 기전력이 점차 감소하는 현상
(2) 장기간 보관 시 기전력이 감소하는 현상

3) 분극(성극)작용 ★

(1) 전지에 부하를 걸었을 때 양극 표면에 수소(H_2)가스가 발생하여 전기의 흐름을 방해하는 현상.
(2) 전지를 사용하면서 기전력이 감소하는 현상

4) 연(납)축전지 ★★★

(1) 화학반응식

$$PbO_2 + 2H_2SO_4 + Pb \underset{충전}{\overset{방전}{\rightleftarrows}} PbSO_4 + 2H_2O + PbSO_4$$

(2) 연축전지의 특성
 ① 전해액 : 묽은 황산(H_2SO_4)
 ② 비중 : 1.2~1.3
 ③ 극판의 색상 : 충전 시(적갈색), 방전 시(회백색)

5) 알칼리 축전지(니켈카드뮴 축전지) ★

(1) 화학반응식

$$2NiOOH + 2H_2O + cd \underset{충전}{\overset{방전}{\rightleftarrows}} 2Ni(OH)_2 + cd(OH)_2$$

(2) 알칼리 축전지의 특성
 ① 양극 : 산화수산화니켈(NiOOH), 음극 : 카드뮴(cd)
 ② 종류 : 포켓식, 소결식

6) 알칼리축전지와 연축전지의 비교 ★★★

구 분	연 축전지	알칼리 축전지
공칭전압	2[V/cell]	1.2[V/cell]
공칭용량(방전시간율)	10[h]	5[h]
방전종지전압	1.6V	0.96V
기전력	2.05~2.08[V/cell]	1.32[V/cell]
기계적강도	약하다	강하다
과충방전	약하다	강하다
충전시간	길다	짧다
수명	5~15년	15~20년

13 충전방식

1) 충전방식

(1) 부동충전 ★★★

① 축전지의 자기 방전을 보충함과 동시에 상용부하에 대한 전력공급은 충전기가 부담하고 부담하기 어려운 일시적인 대전류 부하는 축전지가 부담하도록 하는 방식

② 부하와 충전기를 병렬로 접속하여 충전하는 방식

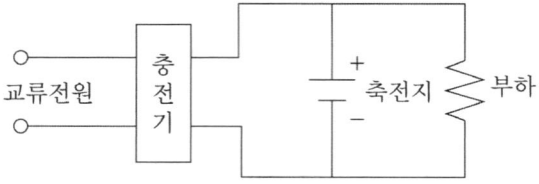

③ 2차 전류(I_2)

$$I_2 = \frac{축전지\ 정격용량}{축전지\ 공칭용량} + \frac{상시부하[W]}{표준전압[V]}$$

축전지의 공칭용량 : 연축전지 10[h], 알칼리축전지 5[h]

(2) 세류충전(트리클 충전)

자기방전량만 항상 충전하는 방식으로 부동충전방식의 일종이다.

(3) 보통충전

　　필요시마다 표준시간율로 충전하는 방식.

(4) 급속충전

　　단시간에 충전전류의 2~3배로 충전하는 방식.

(5) 균등충전

　　전지 간의 전압을 균등하게하기 위해 3주에 1회 정도 축전지 공칭전압의 120~125%의 정전압으로 10~12시간 충전하는 방식.

2) 축전지의 용량산출 ★★★

(1) 축전지의 접속

　① 직렬접속 : 전압은 2배, 축전지 용량은 1배
　② 병렬접속 : 전압은 1배, 축전지 용량은 2배

(2) 축전지의 용량

$$C = \frac{1}{L} KI \, [\text{Ah}]$$

L : 보수율(보통 0.8), K : 용량환산시간계수, I : 방전전류[A]

14 열전현상

1) 제어백(seebeck) 효과 ★★★

(1) 정의

　두 종류의 금속에 온도의 차이를 주면 열기전력이 발생하여 전류가 흐르는 현상

(2) 응용

　차동식스포트형 감지기(열기전력식), 차동식 분포형 감지기(열전대식), 열전온도계

2) 펠티에(peltier) 효과 ★

(1) 정의

　두 종류 금속에 전류의 차를 주면 열의 흡수 또는 발생이 나타나는 현상

(2) 응용 : 전자냉동기 등

3) 톰슨효과

(1) 동일한 금속에 온도차를 주고 전류의 차를 주면 열의 흡수·발생이 나타나는 현상
(2) 하나의 균질도체에 온도차가 생기면 이에 따른 열기전력이 발생하여 열전류가 흐르는 현상

15 휘스톤(Wheatstone) 브리지 평형

1) 개념

브리지 회로의 기본형으로 저항을 측정하는 장치로 가스센서, 측온저항체, 서미스터 및 열전대식 감지기에 활용

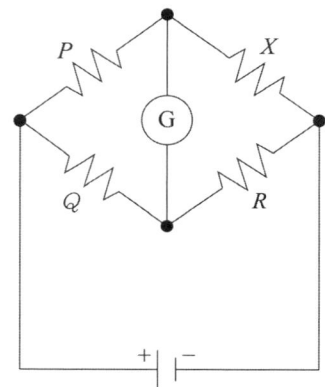

2) 브리지 평형조건 ★★★

(1) 검류계에 전류가 흐르지 않을 조건
(2) $PR = QX$

제7장 출제예상문제

01 다음 중 전류에 대한 설명으로 잘못된 것은?
① 전류의 크기는 회로의 단면을 단위시간에 통과하는 전하량으로 정의한다.
② 전류의 단위는 암페어이다.
③ 1A는 1분 동안에 1C의 전하가 통과할 때의 전류의 세기를 말한다.
④ 전하의 이동을 전류라 한다.

해설 전류
① 1초 동안에 1C의 전하가 통과할 때의 전류의 세기를 1A라 한다.
② 전류 $I = \dfrac{Q}{t} = \dfrac{V}{R}$ [A][C/s](Q : 전기량[C], t : 시간[s], V : 전압[V], R : 저항[Ω])

02 일정전압의 직류전원에 저항을 접속하고 전류를 흘릴 때, 이 전류의 값을 50% 증가시키려면 저항 값은 몇 배로 하여야 하는가?
① 0.5   ② 0.56
③ 0.67   ④ 1.5

해설 저항은 전류에 반비례하므로 $R = \dfrac{V}{I} \rightarrow R' = \dfrac{V}{(1+0.5)I} = 0.67R$

03 전압 24[V], 저항이 2[Ω]인 회로에 흐르는 전류는 몇 [A]인가?
① 2   ② 10   ③ 12   ④ 24

해설 전류 $I = \dfrac{V}{R} = \dfrac{24}{2} = 12$[A]

04 2[A]의 전류가 흘러 72,000[C]의 전기량이 이동하였다. 전류가 흐른 시간은 몇 분인가?
① 3,600   ② 36   ③ 60   ④ 600

해설 전기량 $Q = It$에서 $t = \dfrac{Q}{I} = \dfrac{72,000}{2} = 36,000s \times \dfrac{1\min}{60s} = 600\min$

정답 1. ③ 2. ③ 3. ③ 4. ④

05 절연저항 시험에서 대지전압이 150[V] 이하의 경우 0.1[MΩ] 이상이란 뜻은?

① 누설전류가 1.5mA 이하가 되어야 한다.
② 누설전류가 0.15mA 이하가 되어야 한다.
③ 누설전류가 15mA 이상 되어야 한다.
④ 누설전류가 0.15mA 이상 되어야 한다.

해설 누설전류 $(I_g) = \dfrac{V}{R}$, $I_g = \dfrac{150}{0.1 \times 10^6} \times 10^3 = 1.5 \, \text{mA}$

06 전선의 고유저항을 ρ, 길이 ℓ, 지름 D라 할 때 저항 R은 몇 [Ω]인가?

① $\dfrac{1}{\rho} \dfrac{\ell}{D}$ ② $\dfrac{\ell}{\rho D^2}$ ③ $\dfrac{4\rho\ell}{\pi D^2}$ ④ $\dfrac{\rho\ell}{\pi D^2}$

해설 $R = \rho \dfrac{\ell}{A} = \dfrac{\rho\ell}{\dfrac{\pi D^2}{4}} = \dfrac{4\rho\ell}{\pi D^2}$

07 지멘스는 무엇의 단위인가?

① 자기저항 ② 리액턴스
③ 컨덕턴스 ④ 도전율

해설 지멘스(siemens)는 컨덕턴스(conductance)의 단위이다.

08 그림과 같은 회로에서 R_2 양단의 전압 V_2의 표현은?

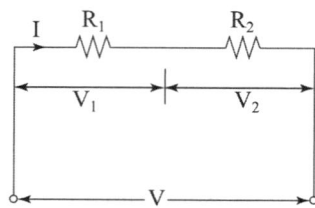

① $\dfrac{R_1}{R_1 + R_2} V$ ② $\dfrac{R_2}{R_1 + R_2} V$
③ $\dfrac{R_1 R_2}{R_1 + R_2} V$ ④ $\dfrac{R_1 + R_2}{R_1 R_2} V$

정답 5. ① 6. ③ 7. ③ 8. ②

해설 분압법칙

① $V_1 = \dfrac{R_1}{R_1+R_2} V$ ② $V_2 = \dfrac{R_2}{R_1+R_2} V$

09 150[Ω]인 저항 3개를 병렬로 연결 시에 합성저항은 얼마인가?

① 30   ② 50   ③ 150   ④ 450

해설 합성저항 $R = \dfrac{1}{\dfrac{1}{150}+\dfrac{1}{150}+\dfrac{1}{150}} = 50$

10 그림과 같은 회로에서 저항 20[Ω]에 흐르는 전류가 4[A]라면, 전류 I[A]는 얼마인가?

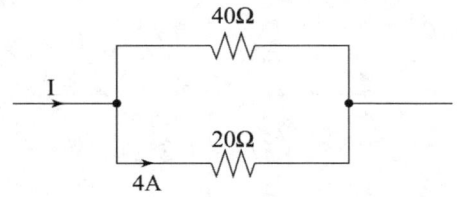

① 6   ② 8   ③ 10   ④ 12

해설 전류의 계산
① 20[Ω]에 걸리는 전압 $V_{20} = 4 \times 20 = 80V$
② 20[Ω]과 40[Ω]이 병렬연결이므로 40[Ω]에도 80[V]의 전압이 걸린다.
  40[Ω]에 흐르는 전류 $I = \dfrac{80V}{40\Omega} = 2A$
③ 합성전류 I = 2A + 4A = 6A

11 30[Ω]의 저항과 R[Ω]의 저항이 병렬로 접속되어 있고 30[Ω]에 흐르는 전류가 6[A]이고, R[Ω]에 흐르는 전류가 2[A]이라면 저항 R[Ω]은?

① 5   ② 15   ③ 90   ④ 180

해설 저항의 계산
① 병렬연결 시 전압은 일정하다.
② V = 6 × 30 = 2 × R에서 저항 R = 90[Ω]

12 다음 설명 중 잘못된 것은?

① 전기를 흐르게 하는 능력을 기전력이라 한다.
② 저항의 역수를 컨덕턴스라 하고 단위는 Ω으로 표시한다.
③ 기전력의 단위는 V이다.
④ 전자의 이동방향과 전류의 방향은 반대이다.

해설 컨덕턴스

① 컨덕턴스는 저항의 역수($G = \frac{1}{R}$)
② 단위 : 지멘스(S), 또는 모(mho ; ℧)

13 a-b간의 합성저항은 c-d간의 합성저항의 몇 배인가?

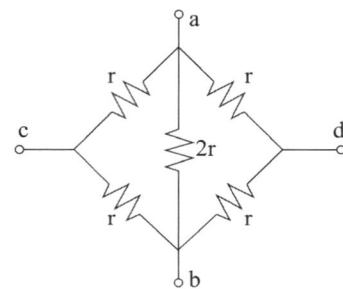

① $\frac{2}{3}$ 배   ② $\frac{1}{2}$ 배   ③ 1배   ④ 2배

해설 합성저항

a-b간의 합성저항 등가회로	c-d간의 합성저항 등가회로
a — 2r ∥ 2r ∥ 2r — b	c — (r-r) ∥ (r-r) — d

① a-b간의 합성저항 $R_{ab} = \frac{2r}{3}$, c-d간의 합성저항 $R_{cd} = \frac{2r}{2} = r$

② $\frac{R_{ab}}{R_{cd}} = \frac{\frac{2r}{3}}{r} = \frac{2}{3}$, ∴ $R_{ab} = \frac{2}{3} R_{cd}$

정답 12. ② 13. ①

14 전압계의 측정범위를 5배로 하려면 배율기 저항은 전압계 내부저항의 몇 배로 하면 되는가?

① 4　　　　② 6　　　　③ 8　　　　④ 10

해설 배율 $m = 1 + \dfrac{배율기저항}{내부저항} = 1 + \dfrac{R_s}{r_v}$, $5 = 1 + \dfrac{R_s}{r_v}$, $\dfrac{R_s}{r_v} = 5 - 1 = 4$

15 어떤 전압계의 측정범위를 20배로 하려면 배율기의 저항 R_m과 전압계의 저항 r_v의 관계로 옳은 것은?

① $R_m = \dfrac{1}{19}r_v$　　② $R_m = \dfrac{1}{21}r_v$　　③ $R_m = 19r_v$　　④ $R_m = 21r_v$

해설 배율기
① 전압의 측정범위를 확대하고자 전압계와 직렬로 설치
② 배율기 저항 $R_m = (m-1)r_v = (20-1)r_v = 19r_v$

16 최대눈금 1[V], 내부저항 20[Ω]의 직류전압계에 1[kΩ]의 배율기를 접속하면 몇 [V]까지 측정할 수 있는가?

① 50[V]　　② 51[V]　　③ 500[V]　　④ 510[V]

해설 측정전압
배율 $m = \dfrac{V}{V_a} = 1 + \dfrac{R_m}{r_v}$, $V = (1 + \dfrac{R_m}{r_v})V_a = (1 + \dfrac{1 \times 10^3}{20}) \times 1 = 51[V]$

17 내부저항이 200[Ω]이며, 직류 120[mA]인 전류계를 6[A]까지 측정할 수 있는 전류계로 사용하고자 한다. 어떻게 하면 되겠는가?

① 24Ω의 저항을 전류계와 직렬로 연결한다.
② 12Ω의 저항을 전류계와 병렬로 연결한다.
③ 약 4.08Ω의 저항을 전류계와 병렬로 연결한다.
④ 약 0.48Ω의 저항을 전류계와 직렬로 연결한다.

해설 분류기 저항 계산
① 배율 $m = \dfrac{I}{I_a} = \dfrac{6A}{120 \times 10^{-3}A} = 50$
② 분류기 저항 $R_s = \dfrac{1}{(m-1)} \times r_a = \dfrac{1}{(50-1)} \times 200 = 4.08[\Omega]$

정답 14. ①　15. ③　16. ②　17. ③

18 다음 그림에서 전류 I_2를 구하면?(단, I_1 = 20[A], I_3 = 30[A], I_4 = 15[A])

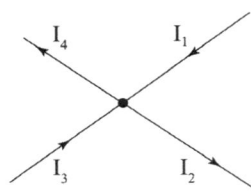

① 25[A] ② 35[A]
③ 65[A] ④ 5[A]

해설 $I_1 + I_3 = I_2 + I_4$에서 $I_2 = I_1 + I_3 - I_4 = 20 + 30 - 15 = 35[A]$

19 800[W]의 전력을 소비하는 회로가 있다. 이 회로에 정격전압의 60[%] 전압을 가한다면 전력은 몇 [W]가 되는가?

① 288 ② 368
③ 646 ④ 1,336

해설 전력 $P' = \dfrac{V'^2}{V^2} \times P = \dfrac{(0.6V)^2}{V^2} \times 800 = 288[W]$

20 3분 동안 876,000[J]의 일을 할 때, 전력은 약 몇 [kW]인가?

① 4.9[kW] ② 7.3[kW]
③ 73[kW] ④ 292[kW]

해설 전력의 계산
$P = \dfrac{W}{t} = \dfrac{876,000}{3 \times 60} = 4866.7[W] = 4.9[kW]$

21 50[V]를 가하여 30[C]의 전기량을 3초 동안 이동시켰다. 이때의 전력은 몇 [kW]인가?

① 0.5 ② 1 ③ 1.5 ④ 2

해설 전력계산
① 전류 $I = \dfrac{Q}{t} = \dfrac{30}{3} = 10$
② 전력 $P = VI = 50 \times 10 = 500W = 0.5kW$

정답 18. ② 19. ① 20. ① 21. ①

22 100[V]의 전위차로 5[A]의 전류가 2분 동안 흘렀을 때 한 일[J]의 양은?

① 100　　② 1,000　　③ 6,000　　④ 60,000

해설　일 $W = VIt = 100V \times 5A \times 2 \times 60s = 60,000J$

23 단상 220V, 32W 전등 2개를 매일 5시간씩 점등하고, 600W 전열기 1개를 매일 1시간씩 사용할 경우 1개월(30일)간 소비되는 전력량[kWh]은?

① 27.6　　② 55.2
③ 110.4　　④ 220.8

해설　전력량의 계산
$W = P \times t = (32W \times 2개 \times 5시간 + 600W \times 1개 \times 1시간) \times 30일$
$= 27,600Wh = 27.6kWh$

24 1[W · s]와 동일한 것은?

① 1[C]　　② 1[kg · m]
③ 1[J]　　④ 1[kcal]

해설　전력량 W = P × t(전력 × 시간)
단위 : 1[W · s] = 1[J]

25 어떤 회로에 100[V]의 전압을 가했더니 10[A]의 전류가 10[s]동안 흘렀다. 이때 발생한 열량[cal]을 계산하시오.

① 2.4　　② 24
③ 2400　　④ 4800

해설　열량 $H = 0.24VIt = 0.24 \times 100 \times 10 \times 10 = 2,400[cal]$

26 저항 10[Ω]인 도체에 10[A]의 전류를 10분간 흘릴 때 발열량은 몇 [kcal] 인가?

① 100　　② 122
③ 144　　④ 188

해설　발열량
$H = 0.24I^2Rt = 0.24 \times 10^2 \times 10 \times 10min \times 60s = 144,000[cal] = 144[kcal]$

정답　22. ④　23. ①　24. ③　25. ③　26. ③

27 회로에 100V의 전압을 인가하였더니 5A의 전류가 흘러 72kcal의 열량이 발생하였다. 이때 전류가 흐른 시간은 몇 초인가?

① 0.6
② 6
③ 60
④ 600

해설 전류의 계산
① 열량 $H = 0.24\,VIt$[cal](V: 전압[V], I: 전류[A], t: 시간[s])
② 시간 $t = \dfrac{H}{0.24\,VI} = \dfrac{72 \times 10^3}{0.24 \times 100 \times 5} = 600$초

28 회로에 100[V]의 전압을 가했더니 5[A]의 전류가 흘러서 2,400[cal]의 열이 발생하였다. 이 때 전류가 흐른 시간은 몇 초인가?

① 10
② 15
③ 20
④ 25

해설 전류가 흐른 시간
$t = \dfrac{H}{0.24\,VI} = \dfrac{2400}{0.24 \times 100 \times 5} = 20$

29 기전력 3[V], 내부저항 0.2[Ω]인 건전지 6개를 직렬로 접속하여 단락시키면 전류는?

① 10
② 15
③ 25
④ 30

해설 전류계산
$I = \dfrac{E_T}{R_T} = \dfrac{nE}{nr + R} = \dfrac{6 \times 3}{6 \times 0.2 + 0} = 15\,[\text{A}]$

30 기전력 1.5[V], 내부저항이 0.4[Ω]인 전지가 길이 20[m], 단면적 1.5[mm²]인 동선에 접속했을 때 1분 동안 발생하는 열량[cal]은?(단, 동선의 고유저항은 1.6×10^{-8} [Ω·m])

① 15.3
② 16.3
③ 17.3
④ 18.3

해설 열량의 계산
① 저항 $R = \rho\dfrac{\ell}{A} = 1.6 \times 10^{-8}[\Omega \cdot \text{m}] \times \dfrac{20\text{m}}{1.5 \times 10^{-6}[\text{m}^2]} = 0.21\,[\Omega]$
② 전류 $I = \dfrac{E}{R+r} = \dfrac{1.5}{0.21 + 0.4} = 2.46\,[\text{A}]$
③ 열량 $H = 0.24 I^2 R t = 0.24 \times 2.46^2 \times 0.21 \times 60 = 18.3\,[\text{cal}]$

정답 27. ④ 28. ③ 29. ② 30. ④

31 기전력 2[V], 내부저항 0.5[Ω]인 건전지 9개를 직렬로 3개씩 접속하여 3조로 병렬접속하면 부하전류는?(단, 부하저항은 1.5[Ω]이다.)

① 1.5　　　　　　　　　　　② 3
③ 4.5　　　　　　　　　　　④ 5

해설 전류계산
$$I = \frac{E_T}{R_T} = \frac{nE}{\frac{nr}{m} + R} = \frac{3 \times 2}{\frac{3 \times 0.5}{3} + 1.5} = 3 \text{ [A]}$$

32 전기분해를 통하여 음극에서 동(Cu) 1[kg]을 석출하기 위해서는 100[A]의 전류를 몇 시간 [h] 동안 흘려야 하겠는가?(단, 전기화학당량은 0.33×10^{-3} [g/C]이다.)

① 4.32h　　　　　　　　　　② 8.42h
③ 30.32h　　　　　　　　　 ④ 33.42h

해설 ① $W = KQ = KIt$ (K : 전기화학당량[g/C], I : 전류[A], t : 시간[s])
② $t = \frac{W}{KI} = \frac{1000[g]}{0.33 \times 10^{-3}[g/C] \times 100[A]} = 30,303.3[s] \div 3600 = 8.42[h]$

33 패러데이의 법칙을 설명한 것은?
① 전극에서 석출되는 물질의 양은 통과한 전기량에 비례한다.
② 전극에서 석출되는 물질의 양은 통과한 전기량에 반비례한다.
③ 전극에서 석출되는 물질의 양은 통과한 전기량의 제곱에 비례한다.
④ 전극에서 석출되는 물질의 양은 통과한 전기량의 제곱에 반비례한다.

해설 패러데이의 법칙 : 전기량 및 화학당량에 비례
석출되는 물질의 양 W = KQ = KIt[g]
K : 물질의 화학당량[g/C], Q : 전기량[C], I : 전류[A], t : 시간[s]

34 수신기에 내장하는 축전지를 쓰지 않고 오래 두면 못쓰게 되는 이유는 어떠한 작용 때문인가?
① 충전작용　　② 분극작용　　③ 국부작용　　④ 전해작용

해설 국부작용
① 전극사이 불순물로 인하여 전지의 기전력이 점차 감소하는 현상
② 장기간 보관 시 기전력이 감소하는 현상

정답 31. ②　32. ②　33. ①　34. ③

35 연축전지의 전해액으로 옳은 것은?

① 질산   ② 과염소산   ③ 묽은 황산   ④ 염산

해설 연축전지의 특성
① 전해액 : 묽은 황산(H_2SO_4) ② 비중 : 1.2~1.3
③ 극판의 색상 : 충전 시(적갈색), 방전 시(회백색)

36 연축전지의 화학 반응식으로 옳은 것은?

① $PbO_2 + 2H_2SO_4 + Pb \underset{충전}{\overset{방전}{\rightleftarrows}} PbSO_4 + H_2O + PbSO_4$

② $PbO_2 + H_2SO_4 + Pb \underset{충전}{\overset{방전}{\rightleftarrows}} PbSO_4 + H_2O + PbSO_4$

③ $PbO_2 + 2H_2SO_4 + Pb \underset{충전}{\overset{방전}{\rightleftarrows}} PbSO_4 + 2H_2O + PbSO_4$

④ $PbO_2 + 2H_2SO_4 + Pb \underset{충전}{\overset{방전}{\rightleftarrows}} PbSO_4 + 2H_2O + 2Pb$

해설 $PbO_2 + 2H_2SO_4 + Pb \underset{충전}{\overset{방전}{\rightleftarrows}} PbSO_4 + 2H_2O + PbSO_4$

37 알칼리축전지와 연축전지에 대한 설명으로 옳지 않은 것은?

① 공칭전압은 알칼리 축전지가 1.2[V], 연축전지가 2.0[V]이다.
② 공칭용량은 알칼리 축전지가 10[h], 연축전지가 5[h]이다.
③ 기전력은 알칼리 축전지가 1.32[V], 연축전지가 2.05~2.08[V]이다.
④ 연축전지가 알칼리축전지에 비해 수명이 짧다.

해설 알칼리축전지와 연축전지의 비교

구 분	연 축전지	알칼리 축전지
공칭전압	2[V/cell]	1.2[V/cell]
공칭용량(방전시간율)	10[h]	5[h]
방전종지전압	1.6V	0.96V
기전력	2.05~2.08[V/cell]	1.32[V/cell]
기계적강도	약하다	강하다
과충방전	약하다	강하다
충전시간	길다	짧다
수명	5~15년	15~20년

38 축전지의 자기 방전량을 보충하는 동시에 상용부하에 대한 전력 공급은 충전기가 부담하도록 하되 충전기가 부담하기 어려운 일시적 대전류 부하는 축전지로 부담하게 하는 충전방식은?

① 급속충전 ② 부동충전
③ 균등충전 ④ 트리클충전

해설 부동충전
① 축전지의 자기 방전을 보충함과 동시에 상용부하에 대한 전력공급은 충전기가 부담하고 부담하기 어려운 일시적인 대전류 부하는 축전지가 부담하도록 하는 방식
② 부하와 충전기를 병렬로 접속하여 충전하는 방식
③ 2차 전류(I_2)

$$I_2 = \frac{축전지\ 정격용량}{축전지\ 공칭용량} + \frac{상시부하[W]}{표준전압[V]}$$

(축전지의 공칭용량 : 연축전지 10[h], 알칼리축전지 5[h])

39 다음 조건을 참고하여 축전지의 용량[Ah]을 산출하시오.

[조건]
① 유도등 20[W] 40등, 40[W] 60등
② 유도등의 사용전압은 200[V]이다.
③ 용량환산시간계수는 1.2, 경년용량저하율은 0.8을 적용한다.

① 22 ② 23 ③ 24 ④ 25

해설 축전지의 용량
① 방전전류 $I = \dfrac{P}{V} = \dfrac{20\text{W} \times 40 + 40\text{W} \times 60}{200\text{V}} = 16[\text{A}]$
② 축전지의 용량 $C = \dfrac{1}{L}KI = \dfrac{1}{0.8} \times 1.2 \times 16 = 24[\text{Ah}]$

40 두 종류의 금속으로 폐회로를 만들어 전류를 흘리면 양 접속점에서 한쪽은 온도가 올라가고 한쪽은 내려가는 현상은?

① 톰슨 효과 ② 제어벡 효과
③ 펠티에 효과 ④ 펀치 효과

해설 펠티에(peltier) 효과
두 종류의 금속의 접속점에 전류를 흘리면 열의 흡수 또는 발생이 나타나는 현상

정답 38. ② 39. ③ 40. ③

41 다음 그림에서 ab간의 합성저항[Ω]은?

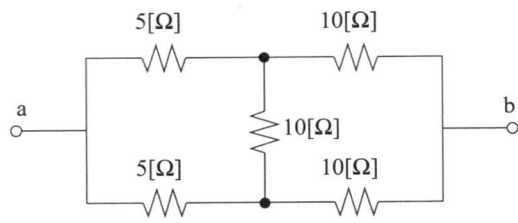

① 5   ② 7.5   ③ 15   ④ 30

해설 합성저항 $R_{ab} = \dfrac{(5+10) \times (5+10)}{(5+10)+(5+10)} = 7.5[\Omega]$

42 어떤 저항에 220V의 전압을 인가하여 2A의 전류가 3초 동안 흘렀다면, 이 때 저항에서 발생한 열량(cal)은 약 얼마인가?

① 106   ② 317   ③ 440   ④ 1,320

해설 열량 $H = 0.24\,VIt = 0.24 \times 220 \times 2 \times 3 = 316.8[cal]$

43 납축전지의 전해액으로 옳은 것은?

① $Cd(OH)_2$ ② H_2SO_4 ③ $PbSO_4$ ④ MnO_2

해설 납축전지
① 공칭전압 : 2[V/cell], 방전용량 : 10[Ah]
② 전해액 : 묽은 황산(H_2SO_4)
③ 반응식 : $PbO_2 + H_2SO_4 + Pb \underset{충전}{\overset{방전}{\rightleftarrows}} PbSO_4 + 2H_2O + PbSO_4$

44 다음 회로에서 전류 1(A)는 얼마인가?

① 3
② 4
③ 5
④ 6

해설 휘스톤 브리지 평형조건을 만족하므로
합성저항 $R_t = \dfrac{(3+1) \times (3+1)}{(3+1)+(3+1)} = 2\Omega$
전류 $I = \dfrac{V}{R_t} = \dfrac{10}{2} = 5A$

정답 41. ②   42. ②   43. ②   44. ③

제8장 교류회로

1 교류회로의 기초

1) 각속도(각주파수) ★★★

$$\omega = \frac{2\pi}{T} = 2\pi f$$

여기서, ω : 각속도[rad/s], π : 3.14, f : 주파수[Hz], T : 주기[s]

2) 위상의 표현

① 지상 : 시간적으로 느린 상태. 즉, θ만큼 느리다(뒤진다).
② 진상 : 시간적으로 빠른 상태. 즉, θ만큼 빠르다(앞선다).
③ 동상(동위상) : 시간적 차이가 없는 상태.

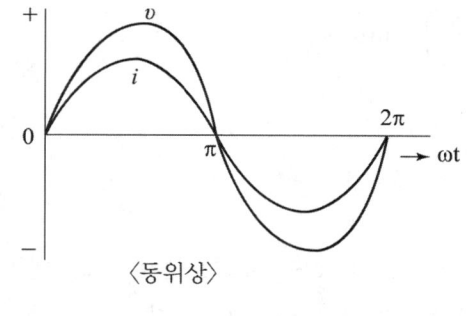

〈동위상〉

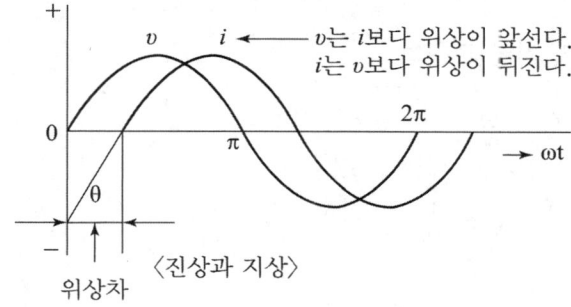

〈진상과 지상〉

④ 위상차 $\theta = wt = |\theta_1 - \theta_2|$ (두 각도차의 절대값으로 표현)

2 교류의 표현방법

1) 순시값

(1) 정의

순간순간 변하는 교류의 임의의 시간에 있어서 전압이나 전류의 값

(2) 순시값의 기본 표현법

순시값 = 최대값 × sin(ωt + θ)

① 전압 $v = V_m \sin(\omega t + \theta)$ [V]

② 전류 $i = I_m \sin(\omega t + \theta)$ [A]

2) 평균값

(1) 정의

어떤 함수의 1주기에 대한 곡선의 면적을 구하여 그것을 다시 주기로 나눈 값

(2) 평균값의 기본 표현법

① 전압 $V_a = \dfrac{1}{T} \displaystyle\int_0^T v\,dt$ [V]

② 전류 $I_a = \dfrac{1}{T} \displaystyle\int_0^T i\,dt$ [A]

3) 실효값

(1) 정의

직류의 크기와 같은 일을 하는 교류의 크기 값으로 순시치의 제곱에 대한 1사이클 간의 평균값의 제곱근으로 나타낸다.

(2) 실효값의 기본 표현법

① 전압 $V = \sqrt{\dfrac{1}{T} \displaystyle\int_0^T v^2\,dt}$ [V]

② 전류 $I = \sqrt{\dfrac{1}{T} \displaystyle\int_0^T i^2\,dt}$ [A]

4) 파형율과 파고율 ★★★

파형율	파고율
$\dfrac{실효값}{평균값}$	$\dfrac{최대값}{실효값}$

5) 파형에 따른 실효값, 평균값, 파고율 ★★★

구분	파형	실효값	평균값	파형율	파고율
정현파		$\dfrac{최대값}{\sqrt{2}}$	$\dfrac{2}{\pi} \times 최대값$	1.11	$\sqrt{2}$
반파정류		$\dfrac{최대값}{2}$	$\dfrac{1}{\pi} \times 최대값$	1.57	2
구형파		최대값	최대값	1	1
구형반파		$\dfrac{최대값}{\sqrt{2}}$	$\dfrac{최대값}{2}$	1.414	$\sqrt{2}$
삼각파		$\dfrac{최대값}{\sqrt{3}}$	$\dfrac{최대값}{2}$	1.155	$\sqrt{3}$

예제 1. 반파 정류 정현파의 최대값이 1일 때, 실효값과 평균값은?

① $\dfrac{1}{\sqrt{2}}, \dfrac{2}{\pi}$ ② $\dfrac{1}{2}, \dfrac{\pi}{2}$ ③ $\dfrac{1}{\sqrt{2}}, \dfrac{\pi}{2\sqrt{2}}$ ④ $\dfrac{1}{2}, \dfrac{1}{\pi}$

해설 평균값, 실효값

구분	파형	실효값	평균값	파형율	파고율
정현파		$\dfrac{최대값}{\sqrt{2}}$	$\dfrac{2}{\pi} \times 최대값$	1.11	$\sqrt{2}$
반파정류		$\dfrac{최대값}{2}$	$\dfrac{1}{\pi} \times 최대값$	1.57	2

정답 ④

3 R, L, C단일회로의 해석

1) 임피던스(Impedance) ★

(1) 정의

① 교류에서 전류의 흐름을 방해하는 것으로 저항과 리액턴스의 벡터 합으로 나타낸다.

② 임피던스

$$Z = \frac{1}{Y} = \frac{V}{I} = R \pm jX \, [\Omega]$$

R : 저항[Ω], X : 리액턴스[Ω], Y : 어드미턴스[℧], V : 전압[V], I : 전류[A]

③ 리액턴스(X) : L 또는 C에서 전류의 흐름을 방해하는 물리량

(2) 임피던스의 계산

① 크기 $Z = \sqrt{R^2 + X^2}$ ② 위상 $\theta = \pm tan^{-1}\frac{X}{R}$

③ 저항 $R = \sqrt{Z^2 - X^2}$ ④ 리액턴스 $X = \sqrt{Z^2 - R^2}$

⑤ 역률 $\cos\theta = \frac{R}{Z}$ ⑥ 무효율 $\sin\theta = \frac{X}{Z}$

예제 2. A, B 두개의 코일에 동일 주파수, 동일 전압을 가하면 두 코일의 전류는 같고, 코일 A는 역률이 0.96, 코일 B는 역률이 0.80인 경우 코일 A에 대한 코일 B의 저항비는 얼마인가?

① 0.833　　② 1.544　　③ 3.211　　④ 7.621

해설 저항비

$$\frac{\cos\theta_B}{\cos\theta_A} = \frac{R_B/Z}{R_A/Z} = \frac{R_B}{R_A} = \frac{0.80}{0.96} = 0.833$$

 ①

2) 어드미턴스(Admittance)

(1) 교류에서 전류의 흐름을 도와주는 것으로 컨덕턴스(conductance)와 서셉턴스(susceptance)의 벡터 합으로 표시한다.

(2) 임피던스의 역수이다.

(3) 어드미턴스

$$Y = \frac{1}{Z} = \frac{I}{V} = G \mp jB \ [\mho]$$

G : 컨덕턴스[℧], B : 서셉턴스[℧], Z : 임피던스[Ω], V : 전압[V],
I : 전류[A]

(4) 컨덕턴스(G) : 저항(R)의 역수
(5) 서셉턴스(B) : 리액턴스(X)의 역수

3) R(저항)만의 회로 ★

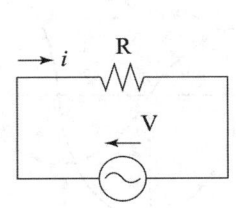
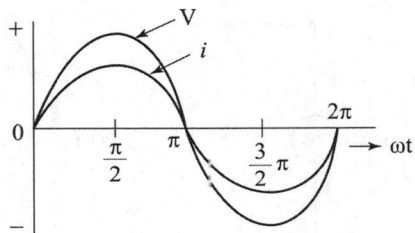

(1) 임피던스 Z = R[Ω]
(2) 위상관계 : 동상
(3) 전압 $V = IR$ [V], 전류 $I = \dfrac{V}{R}$ [A]

4) L(인덕턴스)만의 회로 ★★★

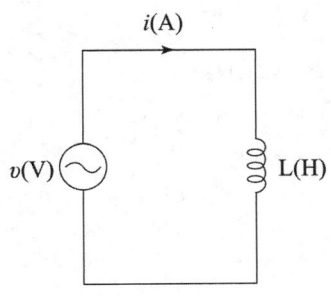
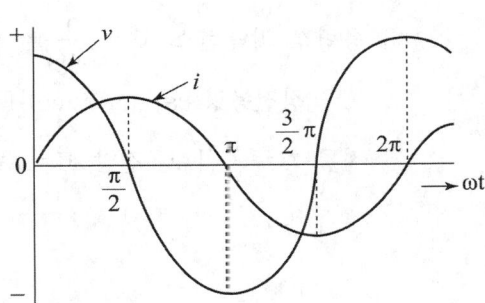

(1) 임피던스 $Z = jX_L$ [Ω]
(2) 유도성 리액턴스 $X_L = \omega L = 2\pi f L$ [Ω]
  (L : 인덕턴스(inductance)[H], f : 주파수[Hz])

예제 3. 주파수 60[Hz], 인덕턴스 50[mH]인 코일의 유도리액턴스는 몇 [Ω]인가?

① 14.14　　　　　　　　　② 18.85
③ 22.12　　　　　　　　　④ 26.86

해설 $X_L = \omega L = 2\pi f L = 2 \times \pi \times 60 \times 50 \times 10^{-3} = 18.849 = 18.85 [\Omega]$

정답 ②

5) C(정전용량) 회로 ★★★

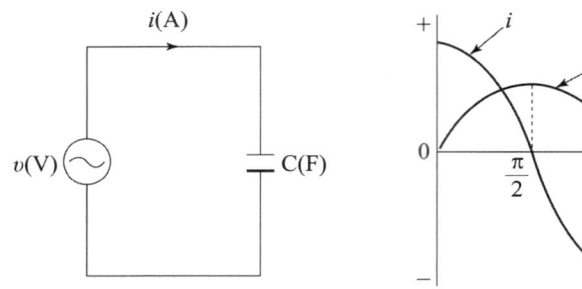

(1) 특징
　① 전류 i가 콘덴서 C에 흐를 때 전류가 전압보다 90°만큼 빠르다.
　② 전류가 빠른 진상전류이다.(용량성)

(2) 회로의 해석
　① 임피던스 $Z = -jX_c$ [Ω]
　② 용량성 리액턴스 $X_c = \dfrac{1}{\omega C} = \dfrac{1}{2\pi f C}$ [Ω]
　　(C : 정전용량(capacitance)[F], f : 주파수[Hz])
　③ 전류 $I = \dfrac{V}{X_c}$ [A], 전압 $V = IX_c$ [V]

4 RL 직렬회로

1) 임피던스회로의 해석 ★★★

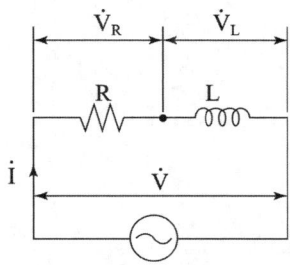

(1) 합성임피던스 $Z = R + jX_L = R + j\omega L$ [Ω]

(2) 위상 $\theta = \tan^{-1}\dfrac{X_L}{R}$, 크기 $Z = \sqrt{R^2 + X_L^2}$ [Ω]

(3) 역률 $\cos\theta = \dfrac{R}{Z} = \dfrac{R}{\sqrt{R^2 + X_L^2}}$, 무효율 $\sin\theta = \dfrac{X_L}{Z} = \dfrac{X_L}{\sqrt{R^2 + X_L^2}}$

2) 전압의 계산

(1) 전전압 $V = V_R + jV_L = \sqrt{V_R^2 + V_L^2}$

(2) R양단 전압 $V_R = IR$

(3) X_L양단 전압 $V_L = IX_L$

(4) 역률 $\cos\theta = \dfrac{V_R}{V}$, 무효율 $\sin\theta = \dfrac{V_L}{V}$

예제 4. 그림과 같은 회로의 전류는 몇 [A]인가?

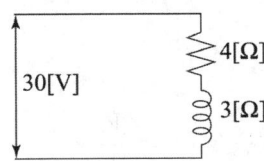

① 3　　　　② 4　　　　③ 5　　　　④ 6

해설 전류 계산
① 합성임피던스 $Z = \sqrt{R^2 + X_L^2} = \sqrt{4^2 + 3^2} = 5[\Omega]$
② 전류 $I = \dfrac{V}{Z} = \dfrac{30}{5} = 6[A]$

정답 ④

5 RC 직렬회로

1) 임피던스회로의 해석 ★

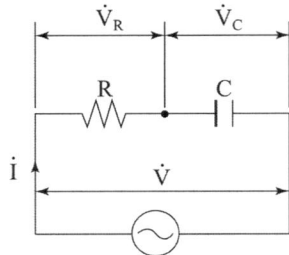

 (1) 합성임피던스 $Z = R - jX_c = R - j\dfrac{1}{\omega C}$ [Ω]

 (2) 위상 $\theta = -\tan^{-1}\dfrac{X_c}{R}$, 크기 $Z = \sqrt{R^2 + X_c^2}$ [Ω]

 (3) 역률 $\cos\theta = \dfrac{R}{Z} = \dfrac{R}{\sqrt{R^2 + X_c^2}}$, 무효율 $\sin\theta = \dfrac{X_c}{Z} = \dfrac{X_c}{\sqrt{R^2 + X_c^2}}$

2) 전압의 계산

 (1) 전전압 $V = V_R - jV_c = \sqrt{V_R^2 + V_c^2}$

 (2) R양단 전압 $V_R = IR$

 (3) X_c양단 전압 $V_c = IX_c$

 (4) 역률 $\cos\theta = \dfrac{V_R}{V}$, 무효율 $\sin\theta = \dfrac{V_c}{V}$

6 RLC 직렬회로

1) 임피던스회로의 해석 ★★★

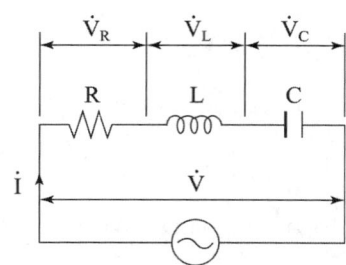

(1) 합성임피던스 $Z = R + j(X_L - X_c) = R + j(\omega L - \dfrac{1}{\omega C})[\Omega]$

(2) 위상 $\theta = \tan^{-1}\dfrac{X_L - X_c}{R}$, 크기 $Z = \sqrt{R^2 + (X_L - X_c)^2}\ [\Omega]$

예제 5. 그림과 같은 회로의 역률은? (단, $R = 12[\Omega]$, $X_L = 20[\Omega]$, $X_C = 4[\Omega]$이다.)

① 0.6　　② 0.7　　③ 0.8　　④ 0.9

해설 역률 $\cos\theta = \dfrac{R}{Z} = \dfrac{R}{\sqrt{R^2 + (X_L - X_C)^2}} = \dfrac{12}{\sqrt{12^2 + (20-4)^2}} = 0.6$

정답 ①

예제 6. 다음 그림과 같은 회로에서 전압계 Ⓥ의 지시값은 몇 [V]인가?

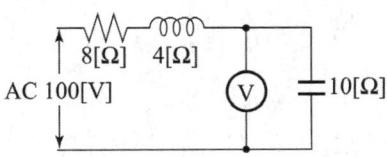

① 40　　② 50　　③ 80　　④ 100

해설 전압계의 지시값

① 전 전류 $I = \dfrac{V}{Z} = \dfrac{V}{\sqrt{R^2+(X_C-X_L)^2}} = \dfrac{100}{\sqrt{8^2+(10-4)^2}} = 10[A]$

② 전압계의 지시값 $V = IX_C = 10 \times 10 = 100[V]$

 ④

2) 위상의 해석

(1) $X_L > X_C$: 유도성 부하, 전류가 전압보다 지상(늦다)

(2) $X_L = X_C$: 직렬공진

(3) $X_L < X_C$: 용량성 부하, 전류가 전압보다 진상(빠르다)

3) 직렬공진 ★★★

(1) 직렬공진 발생조건

① 임피던스의 허수부가 0인 조건

② $Z = R + j(\omega L - \dfrac{1}{\omega C})$ 에서 $(\omega L - \dfrac{1}{\omega C}) = 0$

(2) 직렬공진의 특성

① 임피던스가 최소가 된다.

② **전류가 최대**가 된다.

③ **직렬공진 주파수** $f = \dfrac{1}{2\pi\sqrt{LC}}$ [Hz]

(L : 인덕턴스[H], C : 정전용량[F])

4) 선택도(전압확대율, 첨예도, 저항에 대한 리액턴스 비) ★★★

$$Q = \dfrac{f_r}{f_2 - f_1} = \dfrac{V_L}{V} = \dfrac{V_C}{V} = \dfrac{\omega L}{R} = \dfrac{1}{\omega CR} = \dfrac{1}{R}\sqrt{\dfrac{L}{C}}$$

f_r : 공진주파수[Hz], f_2 : 고주파수, f_1 : 저주파수
R : 저항[Ω], L : 인덕턴스[H], C : 정전용량[F]

예제 7. R-L-C 직렬공진회로에서 $R = 3[\Omega]$, $L = 15[mH]$, $C = 8[\mu F]$일 때 선택도 Q는 약 얼마인가?

① 14.4 ② 25.4 ③ 34.4 ④ 55.4

해설 선택도 $Q = \dfrac{1}{R}\sqrt{\dfrac{L}{C}} = \dfrac{1}{3}\sqrt{\dfrac{15 \times 10^{-3}}{8 \times 10^{-6}}} = 14.4$

정답 ①

7 RL 병렬회로

1) 어드미턴스회로의 해석 ★

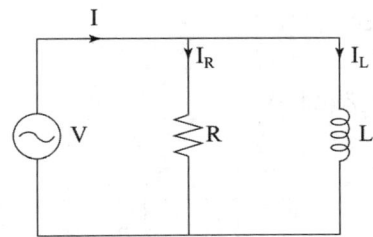

(1) 합성어드미턴스 $Y = \dfrac{1}{R} - j\dfrac{1}{X_L}$ [℧]

(2) 위상 $\theta = -\tan^{-1}\dfrac{R}{X_L}$, 크기 $Y = \sqrt{\dfrac{1}{R^2} + \dfrac{1}{X_L^2}}$ [℧]

(3) 위상관계 : 전류가 전압보다 θ만큼 뒤진다.(지상)

(4) 역률 $\cos\theta = \dfrac{G}{Y} = \dfrac{X_L}{\sqrt{R^2 + X_L^2}}$, 무효율 $\sin\theta = \dfrac{B}{Y} = \dfrac{R}{\sqrt{R^2 + X_L^2}}$

2) 전류의 계산 ★

(1) 전전류 $I = I_R - jI_L = \sqrt{I_R^2 + I_L^2}$

(2) R에 흐르는 전류 $I_R = \dfrac{V}{R}$

(3) X_L에 흐르는 전류 $I_L = \dfrac{V}{X_L}$

(4) 역률 $\cos\theta = \dfrac{I_R}{I}$, 무효율 $\sin\theta = \dfrac{I_L}{I}$

예제 8. 저항 20 [Ω]과 유도리액턴스 30 [Ω]을 병렬로 접속한 회로에 220 [V]의 교류전압을 가할 때의 전 전류는 몇 [A]인가?

① 7.8　　　　② 9.8　　　　③ 11.3　　　　④ 13.2

해설 전 전류

① 저항에 흐르는 전류 $I_R = \dfrac{V}{R} = \dfrac{220}{20} = 11 [A]$

② 코일에 흐르는 전류 $I_L = \dfrac{V}{X_L} = \dfrac{220}{30} = 7.33 [A]$

③ 전 전류 $I = I_R - jI_L = 11 - j7.33 = \sqrt{11^2 + 7.33^2} = 13.2 [A]$

정답 ④

8 RC 병렬회로

1) 어드미턴스회로의 해석 ★

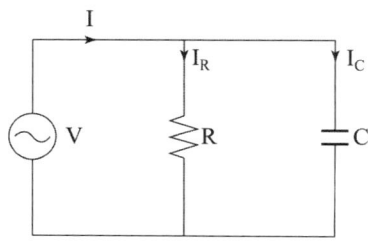

(1) 합성어드미턴스 $Y = \dfrac{1}{R} + j\dfrac{1}{X_c} = \dfrac{1}{R} + j\omega C$ [℧]

(2) 위상 $\theta = \tan^{-1}\dfrac{R}{X_c}$, 크기 $Y = \sqrt{\dfrac{1}{R^2} + \dfrac{1}{X_c^2}}$ [℧]

(3) 위상관계 : 전류가 전압보다 θ만큼 빠르다.(진상)

(4) 역률 $\cos\theta = \dfrac{G}{Y} = \dfrac{X_c}{\sqrt{R^2 + X_c^2}}$

(5) 무효율 $\sin\theta = \dfrac{B}{Y} = \dfrac{R}{\sqrt{R^2 + X_c^2}}$

2) 전류의 계산 ★

(1) 전전류 $I = I_R + jI_c = \sqrt{I_R^2 + I_c^2}$

(2) R에 흐르는 전류 $I_R = \dfrac{V}{R}$

(3) X_c에 흐르는 전류 $I_c = \dfrac{V}{X_c} = \omega CV$

9 RLC 병렬회로의 해석

1) 어드미턴스회로의 해석

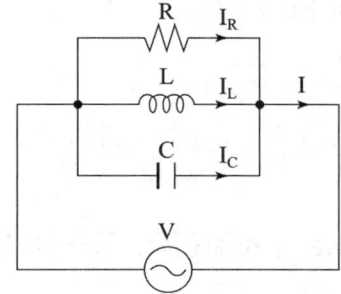

(1) 합성어드미턴스 $Y = \dfrac{1}{R} + j(\dfrac{1}{X_c} - \dfrac{1}{X_L}) = \dfrac{1}{R} + j(\omega C - \dfrac{1}{\omega L})\,[\mho]$

(2) 크기 $Y = \sqrt{(\dfrac{1}{R})^2 + (\dfrac{1}{X_c} - \dfrac{1}{X_L})^2}\,[\mho]$

2) 전류의 계산

(1) 전전류 $I = I_R + j(I_c - I_L) = \sqrt{I_R^2 + (I_c - I_L)^2}$

(2) $I = YV$

3) 병렬공진 ★★

(1) 병렬공진 발생조건

① 어드미턴스의 허수부가 0인 조건

② $Y = \dfrac{1}{R} + j(\dfrac{1}{X_c} - \dfrac{1}{X_L}) = \dfrac{1}{R} + j(\omega C - \dfrac{1}{\omega L})$ 에서 $(\omega C - \dfrac{1}{\omega L}) = 0$

(2) 병렬공진의 특성
① 임피던스가 최대가 된다.(어드미턴스가 최소가 된다.)
② **전류가 최소**가 된다.
③ **병렬공진 주파수** $f = \dfrac{1}{2\pi\sqrt{LC}}$ [Hz]

10 단상교류 전력

1) 피상전력(Apparent Power)

$$P_a = VI = I^2 Z = \dfrac{V^2}{Z} = \sqrt{P^2 + P_r^2}\,[\text{VA}]$$

V : 전압[V], I : 전류[A], Z : 임피던스[Ω]

2) 유효전력(Real Power ; 소비전력, 평균전력, 일률) ★★★

$$P = I^2 R = \dfrac{V^2}{R} = P_a \cos\theta = VI\cos\theta = \sqrt{P_a^2 - P_r^2}\,[\text{W}]$$

V : 전압[V], I : 전류[A], R : 저항[Ω], cosθ : 역률

3) 무효전력(Reactive Power) ★

$$P_r = I^2 X = \dfrac{V^2}{X} = P_a \sin\theta = VI\sin\theta = \sqrt{P_a^2 - P^2}\,[\text{Var}]$$

V : 전압[V], I : 전류[A], X : 리액턴스[Ω], sinθ : 무효율

4) 전력과 역률, 무효율과의 관계 ★★★

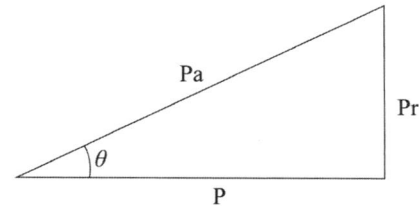

(1) 역률
① 개념 : 피상전력에 대한 유효전력의 비를 말한다.
② 역률의 계산 : $\cos\theta = \dfrac{P}{P_a} = \dfrac{P}{\sqrt{P^2 + P_r^2}} = \dfrac{P}{VI}$

11 복소 피상전력

$P_a = \overline{V}I = P \pm jP_r$

① $\overline{V}$: 전압의 공액 복소수, I : 전류, P : 유효전력[W] P_r : 무효전력[Var]
② $P_r > 0$: 용량성 부하, $P_r < 0$: 유도성 부하

12 최대전력 전송

1) 저항부하 ★★

(1) 최대전력 전송조건
① 부하저항(R_L)과 전원의 내부저항(r)이 같을 때 최대전력이 전송된다.
$R_L = r$
② 등가회로

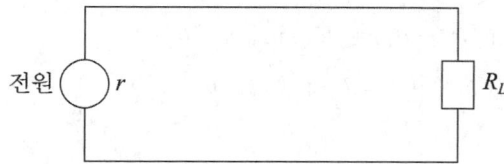

(2) 최대전력 $P_{\max} = \dfrac{V^2}{4R_L}$ (R_L : 부하저항, V : 전압)

2) 임피던스 부하

(1) 최대전력 전송조건

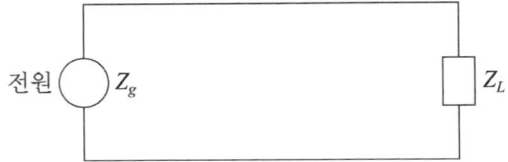

$Z_L = \overline{Z_g}$ (Z_L : 부하측 임피던스, Z_g : 전원측 임피던스)

(2) 최대전력 $P_{\max} = \dfrac{V^2}{4Z_L}$

3) L 또는 C 의 단독부하 ★

(1) L 부하 $P_{\max} = \dfrac{V^2}{2X_L}$

(2) C 부하 $P_{\max} = \dfrac{V^2}{2X_C} = \dfrac{1}{2}wCV^2$

13 전압, 전류가 순시값인 경우 전력계산

전압 $v(t) = \sqrt{2}\,V\sin(wt+\theta_1) = V_m\sin(wt+\theta_1)$
전류 $i(t) = \sqrt{2}\,I\sin(wt+\theta_2) = I_m\sin(wt+\theta_2)$

1) 피상전력

$P_a = VI = \dfrac{1}{2}V_m I_m\,[\text{VA}]$

2) 유효전력(평균전력, 소비전력) ★

① 전력 $P = VI\cos\theta = \dfrac{1}{2}V_m I_m\cos\theta\,[\text{W}]$
② 위상차 $\theta = |\theta_1 - \theta_2|$

3) 무효전력

① 전력 $P = VI\sin\theta = \dfrac{1}{2}V_m I_m \sin\theta\,[\text{Var}]$

② 위상차 $\theta = |\theta_1 - \theta_2|$

14 3상 교류

1) Y결선 (성형결선, 스타결선) ★★

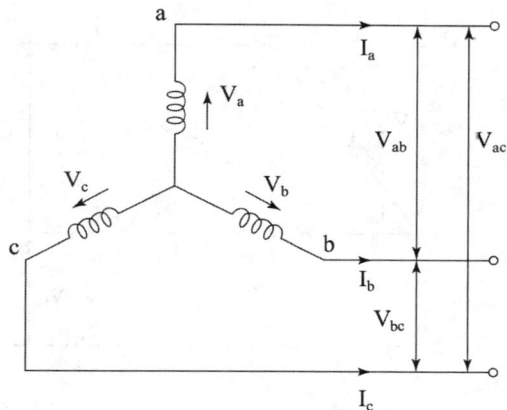

(1) 선간전압(단자전압, 정격전압)

① 선간전압은 상전압보다 30° 앞선다. ($V_\ell = \sqrt{3} \times V_p \angle 30°$)

② 선간전압의 계산

$$V_\ell = \sqrt{3} \times V_p = \sqrt{3} \times I_p \times Z\,[\text{V}]$$

(V_P : 상전압[V], I_P : 상전류[A], Z : 임피던스[Ω])

(2) 선전류(부하전류, 정격전류)

$$I_\ell = I_p = \dfrac{V_p}{Z} = \dfrac{V_\ell}{\sqrt{3} \times Z}\,[\text{A}]$$

예제 9. 임피던스 $Z = 8 + j6$ [Ω]인 평형 Y 부하에 선간 전압 200[V]인 대칭 3상 전압을 가할 때 선전류[A]는 얼마인가?

① 5.5   ② 7.5   ③ 10.5   ④ 11.5

해설 선전류 $I_\ell = I_p = \dfrac{V_p}{Z} = \dfrac{V_\ell}{\sqrt{3} \times Z} = \dfrac{200}{\sqrt{3} \times \sqrt{8^2 + 6^2}} = 11.5$[A]

 ④

2) △ 결선(델타 결선) ★

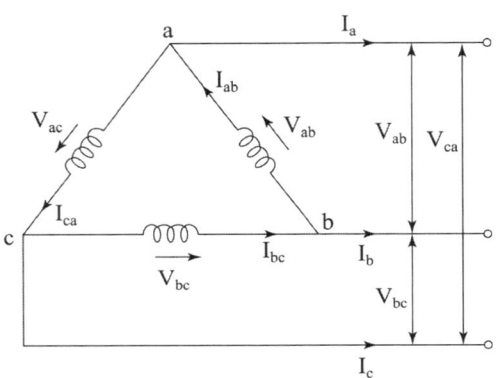

(1) 선간전압(단자전압, 정격전압)

$V_\ell = V_p = I_p \times Z$ [V] (V_P : 상전압[V], I_P : 상전류[A], Z : 임피던스[Ω])

(2) 선전류(부하전류, 정격전류)

① 선전류는 상전류보다 30° 뒤진다.(지상)

② $I_\ell = \sqrt{3}\,I_p = \sqrt{3} \times \dfrac{V_p}{Z} = \sqrt{3} \times \dfrac{V_\ell}{Z}$ [A]

예제 10. 전원과 부하가 다같이 △ 결선된 3상 평형회로가 있다. 전원전압이 200[V], 부하 임피던스가 $Z = 6 + j8$[Ω]인 경우 선전류[A]는 얼마인가?

① $10\sqrt{3}$ ② 20   ③ $20\sqrt{3}$ ④ $\dfrac{20}{\sqrt{3}}$

해설 선전류 $I_\ell = \sqrt{3}\,I_p = \sqrt{3} \times \dfrac{V_p}{Z} = \sqrt{3} \times \dfrac{V_\ell}{Z} = \sqrt{3} \times \dfrac{200}{\sqrt{8^2 + 6^2}} = 20\sqrt{3}$ [A]

 ③

3) V결선의 주요특성 ★★

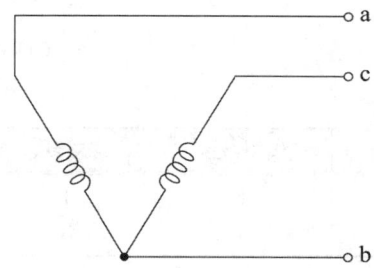

① V결선 시의 출력 $P_v = \sqrt{3} \times P = \sqrt{3}\,VI\,[\text{VA}]$

② V결선 시의 이용률 $\dfrac{\sqrt{3}\,P}{2P} = 0.866$

③ V결선 시 고장전의 출력비 $\dfrac{\sqrt{3}\,P}{3P} = 0.577 = \dfrac{1}{\sqrt{3}}$

예제 11. 10[kVA]의 변압기 2대로 공급할 수 있는 최대 3상 전력[kVA]은?

① 10 ② 14.1 ③ 17.3 ④ 20

해설 V결선 시의 출력 $P_v = \sqrt{3} \times P = \sqrt{3} \times 10 = 17.32\,[\text{kVA}]$

정답 ③

예제 12. 단상 변압기 3대(50[kVA] × 3)를 △결선으로 운전 중 한 대가 고장이 생겨 V결선으로 한 경우 출력은[kVA]은?

① $30\sqrt{3}$ ② $50\sqrt{3}$ ③ $100\sqrt{3}$ ④ $200\sqrt{3}$

해설 V결선 시의 출력 $P_v = \sqrt{3} \times P = \sqrt{3} \times 50 = 50\sqrt{3}\,[\text{kVA}]$

정답 ②

4) Y↔△등가변환 ★★★

구분	임피던스	저항	선전류	유효전력
Y→△	3	3	3	3
△→Y	$\dfrac{1}{3}$	$\dfrac{1}{3}$	$\dfrac{1}{3}$	$\dfrac{1}{3}$

예제 13. 선간전압이 일정한 경우 △결선된 부하를 Y결선으로 바꾸면 소비전력은 어떻게 되는가?

① $\frac{1}{3}$로 감소
② $\frac{1}{9}$로 감소
③ 3배로 증가
④ 9배로 증가

해설 Y↔△등가변환

구분	임피던스	저항	선전류	유효전력
△→Y	$\frac{1}{3}$	$\frac{1}{3}$	$\frac{1}{3}$	$\frac{1}{3}$

정답 ①

(1) △에서 Y로 등가변환

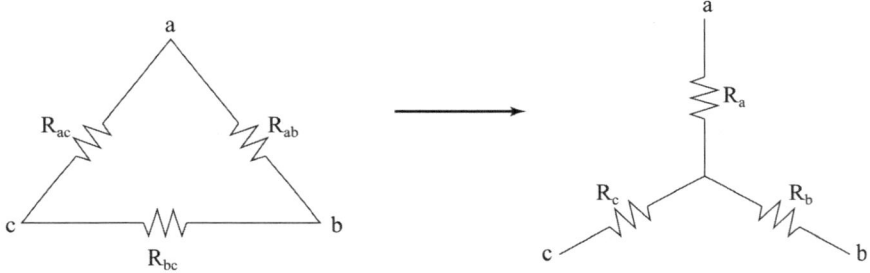

① $R_a = \dfrac{R_{ab} \times R_{ac}}{R_{ab} + R_{bc} + R_{ac}}$ ② $R_b = \dfrac{R_{bc} \times R_{ab}}{R_{ab} + R_{bc} + R_{ac}}$

③ $R_c = \dfrac{R_{bc} \times R_{ac}}{R_{ab} + R_{bc} + R_{ac}}$

(2) Y에서 △로 등가변환

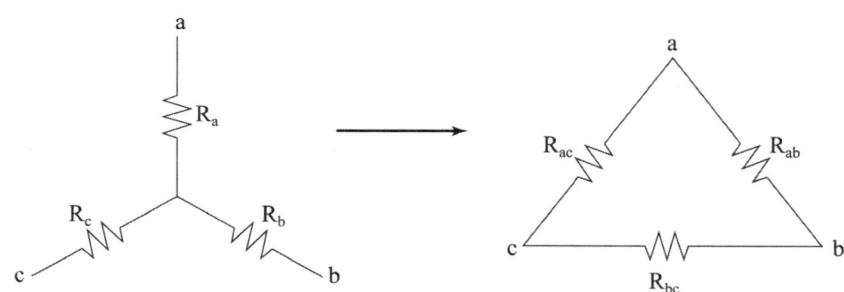

① $R_{ab} = \dfrac{R_a R_b + R_b R_c + R_a R_c}{R_c}$

② $R_{bc} = \dfrac{R_a R_b + R_b R_c + R_a R_c}{R_a}$

③ $R_{ac} = \dfrac{R_a R_b + R_b R_c + R_a R_c}{R_b}$

5) 권수비(권선비) ★★

$$a = n = \dfrac{N_1}{N_2} = \dfrac{V_1}{V_2} = \dfrac{I_2}{I_1} = \sqrt{\dfrac{Z_1}{Z_2}}$$

N_1, N_2 : 1차 · 2차 측 권선 수, V_1, V_2 : 1차 · 2차 측 전압
I_1, I_2 : 1차 · 2차 측 전류, Z_1, Z_2 : 1차 · 2차 측 임피던스

15 역률개선

1) 역률개선 원리

(1) 부하와 콘덴서를 병렬로 연결, 진상전류를 공급하여 두효전력을 감소시켜 역률을 개선시킨다.
(2) 역률개선 효과
    ① 전기설비의 여유도 증가
    ② 전기요금의 경감
    ③ 공급능력증대, 전압강하의 감소, 전력손실을 감소

2) 전력용 콘덴서(역률개선용 콘덴서) 용량

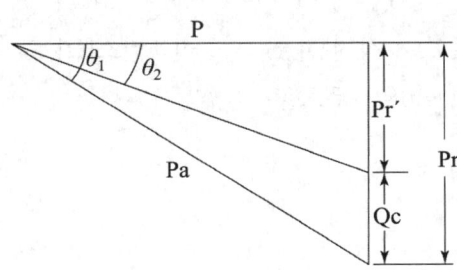

$$Q_c = P_r - P_r{'} = P(\tan\theta_1 - \tan\theta_2) = P\left(\frac{\sin\theta_1}{\cos\theta_1} - \frac{\sin\theta_2}{\cos\theta_2}\right)[kVA]$$

$$= P\left(\frac{\sqrt{(1-\cos^2\theta_1)}}{\cos\theta_1} - \frac{\sqrt{(1-\cos^2\theta_2)}}{\cos\theta_2}\right)[kVA], \ (P = P_a\cos\theta_1)$$

Q_c : 콘덴서 용량[kVA], P : 유효전력[kW], $\cos\theta_1$: 개선 전 역률,
$\cos\theta_2$: 개선 후 역률

16 3상 전력

1) 피상전력 P_a [VA]

$$P_a = 3 \times V_P I_P = 3 \times I_P^2 Z = 3 \times \frac{V_p^2}{Z} = \sqrt{3} \times V_\ell I_\ell = \sqrt{P^2 + P_r^2}\,[VA]$$

V_p : 상전압[V], I_p : 상전류[A], Z : 임피던스[Ω], V_ℓ : 선간전압[V],
I_ℓ : 선전류[A]

2) 유효전력(소비전력, 평균전력, 소모전력) P[W] ★★

$$P = 3 \times I_P^2 R = 3 \times \frac{V_p^2}{R} = \sqrt{3} \times V_\ell I_\ell \cos\theta = \sqrt{P_a^2 - P_r^2}\,[W]$$

V_p : 상전압[V], I_P : 상전류[A], R : 저항[Ω], V_ℓ : 선간전압[V],
I_ℓ : 선전류[A], $\cos\theta$: 역률

3) 무효전력 P_r [Var]

$$P_r = 3 \times I_P^2 X = 3 \times \frac{V_p^2}{X} = \sqrt{3} \times V_\ell I_\ell \sin\theta = \sqrt{P_a^2 - P^2}\,[Var]$$

V_p : 상전압[V], I_P : 상전류[A], X : 리액턴스[Ω], V_ℓ : 선간전압[V],
I_ℓ : 선전류[A], $\sin\theta$: 무효율

4) 역률 계산 ★★★

$$\cos\theta = \frac{P}{P_a} = \frac{P}{\sqrt{P^2+P_r^2}} = \frac{P}{\sqrt{3}\,V_\ell I_\ell}$$

5) 무효율 계산

$$\sin\theta = \frac{P_r}{P_a} = \frac{P_r}{\sqrt{P^2+P_r^2}} = \frac{P_r}{\sqrt{3}\,V_\ell I_\ell}$$

17 과도현상

1) 시정수(시상수) ★

(1) 의미
  ① 과도현상의 길고 짧음을 나타낸 값
  ② 전원인가 시 : 정상값의 63.2%에 도달하는 데 걸리는 시간을 1 시정수
  ③ 전원차단 시 : 정상값의 36.8%로 감소하는 데 걸리는 시간을 1 시정수
  ④ **단위 : 초[s]**

(2) 시정수가 크다는 표현 ★
  ① 정상값에 늦게 도달한다.
  ② 과도현상이 오랫동안 지속된다.
  ③ 과도전류가 천천히 사라진다.

(3) 주요회로의 시정수 ★★★

구분	RL	RC
시정수	$\tau = \dfrac{L}{R}$	$\tau = RC$

2) 과도현상의 해석

(1) R-L 직렬회로

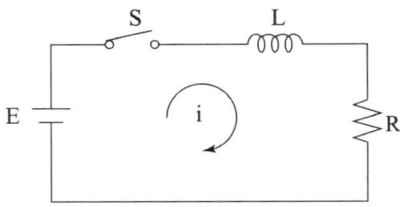

S/W ON(전원인가 시)	S/W OFF(전원제거 시)
① 전류 $i(t) = \dfrac{E}{R}\left(1 - e^{-\frac{R}{L}t}\right) = 0.632\dfrac{E}{R}$ ② R양단 전압 $V_R = E\left(1 - e^{-\frac{R}{L}t}\right)$ ③ L양단 전압 $V_L = Ee^{-\frac{R}{L}t}$	전류 $i(t) = \dfrac{E}{R}e^{-\frac{R}{L}t} = 0.368\dfrac{E}{R}$

(2) R-C 직렬회로

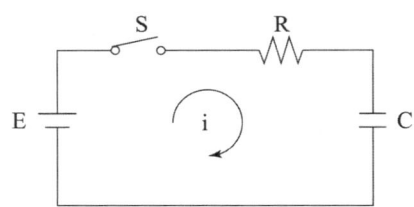

전원인가 시(충전 중)	전원제거 시(방전 중)
① 전류 $i(t) = \dfrac{E}{R}e^{-\frac{1}{RC}t} = 0.368\dfrac{E}{R}$ ② R양단 전압 $V_R = Ee^{-\frac{1}{RC}t}$ ③ C양단 전압 $V_c = E(1 - e^{-\frac{1}{RC}t})$	① 전류 $i(t) = \dfrac{E}{R}e^{-\frac{1}{RC}t} = 0.368\dfrac{E}{R}$ ② C양단 전압 $V_c = Ee^{-\frac{1}{RC}t}$

3) R-L-C 직렬합성회로 ★

(1) $R^2 > 4\dfrac{L}{C}$, $\delta > 1$ 의 경우 : 과제동, 과감쇠, 비진동적

(2) $R^2 = 4\dfrac{L}{C}$, $\delta = 1$ 의 경우 : 임계제동, 임계감쇠, 임계진동

(3) $R^2 < 4\dfrac{L}{C}$, $\delta < 1$ 의 경우 : 부족제동, 미흡감쇠, 진동

18 비정현파(왜형파) 교류

1) 푸리에급수 ★★

(1) 주기적인 비정현파는 일반적으로 푸리에 급수로 표현할 수 있으며, 수많은 주파수신호의 합성이다.

(2) **비정현파 = 직류분 + 기본파 + 고조파**

(3) 함수 $f(t) = a_0 + \sum\limits_{n=1}^{\infty} a_n \cos n\omega t + \sum\limits_{n=1}^{\infty} b_n \sin n\omega t$

(a_0 : 직류분, a_n : 우수항(짝수), b_n : 기수항(홀수))

2) 비정현파의 계산

(1) 비정현파의 실효값 ★★★

① 각 고조파의 실효값의 제곱의 합의 제곱근

② 전압 $V = \sqrt{V_0^2 + V_1^2 + V_2^2 + \cdots}$

(V_0 : 직류분, V_1 : 기본파 실효값, V_2 : 2고조파 실효값)

③ 전류 $I = \sqrt{I_0^2 + I_1^2 + I_2^2 + \cdots}$

(I_0 : 직류분, I_1 : 기본파 실효값, I_2 : 2고조파 실효값)

(2) 왜형률 ★★★

① 기본파 실효값에 대한 전고조파 실효값의 비로 파형의 일그러짐 정도

② **왜형률**

$= \dfrac{\text{전고조파의 실효값}}{\text{기본파 실효값}} = \dfrac{\sqrt{V_2^2 + V_3^2 + \cdots}}{V_1}$

예제 14. 다음 왜형파 전류의 왜형률을 구하면?

> [보기]
> $i = 30\sin wt + 10\cos 3wt + 5\sin 5wt [\text{A}]$

① 약 0.37   ② 약 0.53   ③ 약 0.26   ④ 약 0.46

해설 왜형률의 계산

$$\frac{\text{전고조파의 실효값}}{\text{기본파 실효값}} = \frac{\sqrt{(10/\sqrt{2})^2 + (5/\sqrt{2})^2}}{30/\sqrt{2}} = 0.37$$

정답 ①

제8장 출제예상문제

01 교류파형의 상용주파수가 60[Hz]라면 각속도[rad/s]는?
① 177
② 277
③ 377
④ 477

해설 각속도 $w = 2\pi f = 2 \times \pi \times 60 = 377 [\text{rad/s}]$

02 $i = 100\cos 377t$[A]인 교류전류의 주기는?
① 50
② 60
③ 0.02
④ 0.017

해설 주기의 계산
① 각속도 $w = 2\pi f$, $377 = 2\pi \times f$ ∴ $f = 60[\text{Hz}]$
② 주기는 주파수에 반비례하므로 $T = \dfrac{1}{60} = 0.017[\text{s}]$

03 전류 $i = I_m \sin\left(\omega t - \dfrac{\pi}{3}\right)$[A]와 전압 $v = V_m \sin\left(\omega t - \dfrac{\pi}{6}\right)$[V]의 위상차는?
① $\dfrac{\pi}{6}$
② $\dfrac{\pi}{4}$
③ $\dfrac{\pi}{3}$
④ $\dfrac{\pi}{2}$

해설 위상차 $\theta = |\theta_1 - \theta_2| = \left|-\dfrac{\pi}{3} - \left(-\dfrac{\pi}{6}\right) = -\dfrac{\pi}{6}\right| = \dfrac{\pi}{6}$

04 60[Hz] 교류의 위상차가 $\dfrac{\pi}{6}$[rad]이다. 이 위상차를 시간으로 표시하면 몇 [s]인가?
① 31.4[s]
② 62.8[s]
③ $\dfrac{1}{377}$[s]
④ $\dfrac{1}{720}$[s]

해설 위상차 $\theta = 2\pi ft = 2\pi \times 60 t = \dfrac{\pi}{6}$, 시간 $t = \dfrac{\pi}{2\pi \times 60 \times 6} = \dfrac{1}{720}[\text{s}]$

정답 1. ③ 2. ④ 3. ① 4. ④

05 정현파의 파형률이란?

① 정현파의 실효값을 정현파의 평균값으로 나눈 것이다.
② 정현파의 최대값을 정현파의 실효값으로 나눈 것이다.
③ 정현파의 평균값을 정현파의 실효값으로 나눈 것이다.
④ 정현파의 최대값을 정현파의 평균값으로 나눈 것이다.

해설 파형률 $= \dfrac{\text{실효값}}{\text{평균값}}$, 파고율 $= \dfrac{\text{최대값}}{\text{실효값}}$

06 실효값이 100[V]일 때 최대값[V]은?

① $\dfrac{100}{\sqrt{2}}$ ② 100 ③ $100\sqrt{2}$ ④ 200

해설 최대값의 계산

실효값 $V = \dfrac{V_m}{\sqrt{2}}$ 에서, 최대값 $V_m = \sqrt{2}\,V = 100\sqrt{2} = 141.4$

07 정현파 교류의 실효값은 최대값과 어떠한 관계가 있는가?

① $\dfrac{2}{\pi}$배 ② 2배 ③ $\sqrt{2}$배 ④ $\dfrac{\sqrt{2}}{2}$배

해설 정현파 교류의 실효값 : $\dfrac{\text{최대값}}{\sqrt{2}} = \dfrac{\sqrt{2}}{2} \times \text{최대값}$

08 삼각파의 최대값이 1일 때 실효값과 평균값을 순서대로 나열한 것은?

① $\dfrac{1}{\sqrt{2}},\ \dfrac{2}{\pi}$ ② $\dfrac{1}{2},\ \dfrac{2}{\pi}$

③ $\dfrac{1}{\sqrt{2}},\ \dfrac{1}{2\sqrt{2}}$ ④ $\dfrac{1}{\sqrt{3}},\ \dfrac{1}{2}$

해설 파형의 평균값, 실효값

구분	실효값	평균값	파형율	파고율
삼각파	$\dfrac{\text{최대값}}{\sqrt{3}}$	$\dfrac{\text{최대값}}{2}$	1.155	$\sqrt{3}$

정답 5. ① 6. ③ 7. ④ 8. ④

09 그림과 같은 파형의 파고율은 얼마인가?

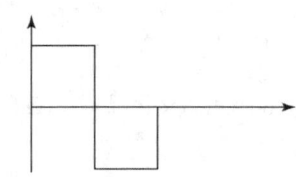

① 0.536　　② 1.0　　③ 1.414　　④ 1.732

해설 구형파

구분	실효값	평균값	파형율	파고율
구형파	최대값	최대값	1	1

10 $i=100\sin wt$ [A]의 평균값은?

① 63.7　　② 70.7　　③ 141.4　　④ 173.2

해설 평균값 $I_a = \dfrac{2}{\pi} \times I_m = \dfrac{2}{\pi} \times 100 = 63.66$

11 다음 연결 중 옳은 것은?

① 컨덕턴스-[Ω]　　② 리액턴스-[H]
③ 인덕턴스-[F]　　④ 서셉턴스-[℧]

해설 컨덕턴스 : G[℧], 리액턴스 : X[Ω], 인덕턴스 : L [H]

12 어떤 회로소자에 전압을 가했더니 흐르는 전류가 인가한 전압과 동일한 위상이었다. 이 회로소자는?

① 커패시턴스　　② 인덕턴스
③ 서셉턴스　　④ 저항

해설 위상
　① 저항(R) : 전압과 전류의 위상이 동위상
　② 인덕턴스(L) : 유도성(전류가 전압보다 90° 위상이 늦다.)
　③ 정전용량(C) : 용량성(전류가 전압보다 90° 위상이 빠르다.)

정답 9. ②　10. ①　11. ④　12. ④

13 42.5[mH]의 코일에 60[Hz], 100[V]의 교류를 가할 때 유도리액턴스[Ω]는?

① 16 ② 20 ③ 32 ④ 43

해설 유도리액턴스
$$X_L = \omega L = 2\pi f L = 2 \times 3.14 \times 60 \times 42.5 \times 10^{-3} = 16[\Omega]$$

14 30[mH]인 코일에 100[V], 60[Hz]의 교류 전압을 인가하였을 때 흐르는 전류[A]는 얼마인가?

① 5.85 ② 6.85 ③ 7.85 ④ 8.85

해설 전류의 계산
$$I = \frac{V}{X_L} = \frac{100}{2 \times \pi \times 60 \times 30 \times 10^{-3}} = 8.85$$

15 0.5[H]인 코일의 리액턴스가 753.6[Ω]일 때 주파수는 몇 [Hz]인가?

① 60 ② 120 ③ 240 ④ 360

해설 주파수 $f = \dfrac{X_L}{2\pi L} = \dfrac{753.6}{2 \times 3.14 \times 0.5} = 239.87$

16 콘덴서(C)만의 회로에서 전압과 전류 사이의 위상관계로 옳은 것은?

① 전압이 전류보다 90° 앞선다.
② 전압이 전류보다 90° 뒤진다.
③ 전압이 전류보다 180° 앞선다.
④ 전압이 전류보다 180° 뒤진다.

해설 위상관계
① 인덕턴스(L)만의 회로 : 전압이 전류보다 90° 앞선다.
② 커패시턴스(C)만의 회로 : 전압이 전류보다 90° 뒤진다.
③ 저항만(R)의 회로 : 전압과 전류가 동위상

17 5[μF] 콘덴서를 50[Hz] 전원에 사용할 때 용량리액턴스는 몇 [Ω]이 되겠는가?

① 525 ② 623 ③ 637 ④ 680

해설 용량리액턴스 $X_c = \dfrac{1}{2\pi f C} = \dfrac{1}{2\pi \times 50 \times 5 \times 10^{-6}} = 636.6$

정답 13. ① 14. ④ 15. ③ 16. ② 17. ③

18 60[Hz]에서 콘덴서가 10[Ω]의 용량 리액턴스를 가질 때 정전용량[μF]은 얼마가 되겠는가?

① 145　　　　　　　　　　② 165
③ 245　　　　　　　　　　④ 265

해설 정전용량 $C = \dfrac{1}{2\pi f X_c} = \dfrac{1}{2 \times 3.14 \times 60 \times 10} \times 10^6 = 265.4[\mu F]$

19 50[Hz], 100[V]의 교류에 콘덴서를 접속하면 10[A]가 흐른다. 이 콘덴서를 60[Hz], 100[V]에 접속하면 몇 [A]의 전류가 흐르는가?

① 8　　　　　　　　　　② 10
③ 12　　　　　　　　　　④ 14

해설 $I_c = \dfrac{V}{X_c} = wCV = 2\pi fCV$에서 주파수에 비례하므로

50[Hz] : 10 = 60[Hz] : I_c, $I_c = \dfrac{60}{50} \times 10 = 12[A]$

20 콘덴서와 코일에서 실제적으로 급격히 변화할 수 없는 것은?

① 코일에서 전압, 콘덴서에서 전류
② 코일에서 전류, 콘덴서에서 전압
③ 코일, 콘덴서 모두 전압
④ 코일, 콘덴서 모두 전류

해설 전압, 전류의 변화

구분	전압	전류
코일(인덕턴스)	급변가능	급변불가
콘덴서(커패시턴스)	급변불가	급변가능

21 저항 6[Ω]과 유도성리액턴스 8[Ω]을 직렬로 연결한 회로의 전체저항은 몇 [Ω]인가?

① 10　　　　② 12　　　　③ 14　　　　④ 20

해설 임피던스의 계산
① 합성임피던스 $Z = R + jX_L = 8 + j6$
② 임피던스의 크기 $Z = \sqrt{R^2 + X_L^2} = \sqrt{6^2 + 8^2} = 10$

정답 18. ④　19. ③　20. ②　21. ①

22 저항 3[Ω]과 유도리액턴스 4[Ω]이 직렬로 접속된 회로의 역률은?

① 0.6 ② 0.8 ③ 0.9 ④ 1.0

해설 역률 $\cos\theta = \dfrac{R}{\sqrt{R^2+X_L^2}} = \dfrac{3}{\sqrt{3^2+4^2}} = 0.6$

23 그림과 같이 저항 5[Ω], 유도성 리액턴스 8[Ω], 용량성 리액턴스 5[Ω]이 직렬로 접속된 회로의 역률은 약 얼마인가?

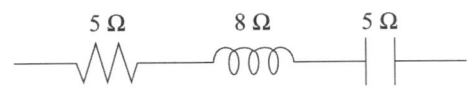

① 0.65 ② 0.75 ③ 0.86 ④ 0.94

해설 역률 $\cos\theta = \dfrac{R}{\sqrt{R^2+(X_L-X_C)^2}} = \dfrac{5}{\sqrt{5^2+(8-5)^2}} = 0.857 = 0.86$

24 LC회로에서 L 또는 C를 증가시키면 공진주파수는 어떻게 되는가?

① 증가한다. ② 감소한다.
③ L에 반비례한다. ④ 불변이다.

해설 공진주파수 $f = \dfrac{1}{2\pi\sqrt{LC}}$ 에서 L 또는 C를 증가시키면 공진주파수는 감소한다.

25 RLC 회로에서 직렬공진일 때 조건으로 옳지 않은 것은?

① 임피던스분이 0이다. ② 리액턴스분이 0이다.
③ 전압과 전류의 위상이 같다. ④ 임피던스에서 저항성분만 남는다.

해설 임피던스의 허수부가 0인 조건

26 RLC 직렬공진회로에서 R = 3[Ω], L = 15[mH], C = 8[μF]일 때 선택도 Q는 약 얼마인가?

① 14.4 ② 25.4 ③ 34.4 ④ 55.4

해설 선택도 $Q = \dfrac{1}{R}\sqrt{\dfrac{L}{C}} = \dfrac{1}{3}\sqrt{\dfrac{15\times 10^{-3}}{8\times 10^{-6}}} = 14.4$

정답 22. ① 23. ③ 24. ② 25. ① 26. ①

27 저항 30[Ω]과 유도성 리액턴스 40[Ω]을 병렬로 접속한 회로에 120[V]의 교류전압을 인가할 때의 전전류 I[A]는?

① 5　　　　　　　　　② 7
③ 8　　　　　　　　　④ 9

해설 전류의 계산

① 저항에 흐르는 전류 $I_R = \dfrac{V}{R} = \dfrac{120}{30} = 4\,[A]$

② 코일에 흐르는 전류 $I_L = \dfrac{V}{X_L} = \dfrac{120}{40} = 3\,[A]$

③ 전전류 $I = \sqrt{I_R^2 + I_L^2} = \sqrt{4^2 + 3^2} = 5\,[A]$

28 저항 $R = 10[\Omega]$, 유도성리액턴스 $X_L = 8[\Omega]$, 용량성리액턴스 $X_c = 20[\Omega]$을 병렬로 접속하여 80[V]의 교류전압을 가했을 때 전원에 흐르는 전류는 몇 [A]인가?

① 5　　　　　　　　　② 10
③ 15　　　　　　　　　④ 20

해설 전류

① 어드미턴스 $Y = \dfrac{1}{R} + j\left(\dfrac{1}{X_c} - \dfrac{1}{X_L}\right) = \dfrac{1}{10} + j\left(\dfrac{1}{20} - \dfrac{1}{8}\right)$
$= 0.1 - j0.075 = \sqrt{0.1^2 + 0.075^2} = 0.125\,[\mho]$

② 전류 $I = YV = 0.125 \times 80 = 10\,[A]$

29 직류전압 30[V]를 가했더니 300[W]가 소비되고, 교류전압 100[V]를 가했더니 1,200[W]가 소비되었다. 이 코일의 리액턴스는 몇 [Ω]인가?

① 2　　　　　　　　　② 4
③ 6　　　　　　　　　④ 8

해설 코일의 리액턴스 계산

① 직류전압을 가했을 때 저항 계산 $R = \dfrac{V^2}{P} = \dfrac{30^2}{300} = 3\,[\Omega]$

② $P = I^2 R$에서 전류 $I = \sqrt{\dfrac{P}{R}} = \sqrt{\dfrac{1200}{3}} = 20\,[A]$

③ 임피던스 $Z = \dfrac{V}{I} = \dfrac{100}{20} = 5\,[\Omega]$

④ 리액턴스 $X_L = \sqrt{Z^2 - R^2} = \sqrt{5^2 - 3^2} = 4\,[\Omega]$

정답 27. ①　28. ②　29. ②

30 어떤 전열기에 저항이 5[Ω]이고 흐르는 전류가 20[A]일 때 전열기에서 소비되는 전력은 몇 [W]인가?

① 100
② 200
③ 1,000
④ 2,000

해설 소비전력 $P = I^2 R = 20^2 \times 5 = 2,000 \, [W]$

31 어느 회로의 유효전력 P = 80[W]이고 무효전력 Pr = 60[Var]이라면 이때의 역률의 값은?

① 0.8
② 0.6
③ 0.5
④ 0.45

해설 역률 $\cos\theta = \dfrac{P}{\sqrt{P^2 + P_r^2}} = \dfrac{80}{\sqrt{80^2 + 60^2}} = 0.8$

32 역률(Power Factor)이란 무엇인가?

① 저항과 인덕턴스의 위상차
② 저항과 커패시턴스의 비
③ 임피던스와 저항의 비
④ 임피던스와 리액턴스의 비

해설 역률 $\cos\theta = \dfrac{P}{P_a} = \dfrac{R}{Z} = \dfrac{P}{VI}$

① 피상전력(P_a)에 대한 유효전력(P)의 비
② 임피던스(Z)에 대한 저항(R)의 비

33 V = 100∠60°[V], I = 20∠30°[A]일 때 유효전력은 얼마인가?

① $1,000\sqrt{2}$
② $1,000\sqrt{3}$
③ $\dfrac{1,000}{\sqrt{2}}$
④ $\dfrac{1,000}{\sqrt{3}}$

해설 유효전력의 계산
① 피상전력 $P_a = VI = 100 \times 20 = 2,000 \, [VA]$
② 유효전력 $P = VI\cos\theta = P_a \cos\theta = 2,000 \times \cos(60-30) = 1,000\sqrt{3} \, [W]$
③ 무효전력 $P_r = VI\sin\theta = P_a \sin\theta = 2,000 \times \sin(60-30) = 1,000 \, [Var]$
④ 유효전력 및 무효전력 계산 시 θ는 전압과 전류의 위상차이다.

정답 30. ④ 31. ① 32. ③ 33. ②

34 어떤 회로에 전압을 인가하였더니 $10\sqrt{2}\cos(\omega t + \frac{\pi}{3})$ 의 전류가 흘렀다면 이 회로에서 소비되는 전력은 몇 [W]인가?(단, 전압은 $100\sqrt{2}\cos(\omega t + \frac{\pi}{2})$ 이다.)

① 500　　② 866　　③ 1000　　④ 1732

해설　$P = \frac{V_m}{\sqrt{2}} \times \frac{I_m}{\sqrt{2}} \times \cos\theta = \frac{100\sqrt{2}}{\sqrt{2}} \times \frac{10\sqrt{2}}{\sqrt{2}} \times \cos(90° - 60°) = 866[W]$

35 대칭 3상 Y부하에서 각 상의 임피던스는 20[Ω]이고, 부하전류가 8[A]일 때 부하의 선간전압은 약 몇 [V]인가?

① 160　　② 226　　③ 277　　④ 480

해설　선간전압의 계산 $V_\ell = \sqrt{3} \times I_p Z = \sqrt{3} \times 8 \times 20 = 277.13[V]$

36 선간전압이 220[V]인 3상 전원에 임피던스가 $8 + j6[\Omega]$인 3상 Y 부하를 접속할 경우에 흐르는 상전류[A]의 크기는?

① 7.3　　② 12.7　　③ 18.5　　④ 22

해설　Y결선 시 상전류 $I_p = I_\ell = \frac{V_\ell}{\sqrt{3}Z} = \frac{220}{\sqrt{3} \times \sqrt{8^2 + 6^2}} = 12.7[A]$

37 다음 중 V 결선 시 변압기의 이용률은 몇 %인가?

① 57.7　　② 70.7　　③ 86.6　　④ 100

해설　V 결선시 변압기 1대의 이용률
$\frac{\sqrt{3}P}{2P} = \frac{\sqrt{3}}{2} = 0.866 \rightarrow 86.6\%$

38 단상변압기 3대를 △결선으로 운전하는 도중에 1대의 변압기가 고장이나 V 결선으로 운전하는 경우 고장 전에 비하여 출력은 어떻게 되는가?

① 3　　② 1.732　　③ 0.577　　④ 0.866

해설　V결선 시 고장전의 출력비 $\frac{\sqrt{3}P}{3P} = 0.577 = \frac{1}{\sqrt{3}}$

정답　34. ②　35. ③　36. ②　37. ③　38. ③

39 10[kVA]의 변압기 2대로 공급할 수 있는 최대의 3상 전력은 약 몇[kVA]인가?

① 14.1kVA   ② 17.3kVA   ③ 28.3kVA   ④ 34.6kVA

해설 단상변압기 2대로 V결선 시 3상전력
$P_V = \sqrt{3}P = \sqrt{3} \times 10 = 17.32[kVA]$

40 △결선된 부하를 Y결선으로 하면 소비전력은 어떻게 되는가?

① 3배   ② $\frac{1}{3}$배   ③ 9배   ④ $\frac{1}{9}$배

해설 등가변환

구분	임피던스	저항	선전류	유효전력
Y → △	3	3	3	3
△ → Y	$\frac{1}{3}$	$\frac{1}{3}$	$\frac{1}{3}$	$\frac{1}{3}$

41 권수비가 20 : 1인 변압기의 1차 전압이 220[V], 1차 전류가 10[A]이면 2차 전압과 2차 전류는 각각 얼마인가?

① 2차 전압 : 11[V], 2차 전류 : 200[A]
② 2차 전압 : 11[V], 2차 전류 : 100[A]
③ 2차 전압 : 4,400[V], 2차 전류 : 200[A]
④ 2차 전압 : 4,400[V], 2차 전류 : 100[A]

해설 권수비(권선비)
① $a = n = \frac{N_1}{N_2} = \frac{V_1}{V_2} = \frac{I_2}{I_1}$
② 2차 전압 $V_2 = \frac{V_1}{a} = \frac{220}{20} = 11[V]$
③ 2차 전류 $I_2 = aI_1 = 20 \times 10 = 200[A]$

42 3상 평형부하의 역률이 0.85, 전류가 60[A]이고, 유효전력은 20[kW]이다. 이때의 전압은 약 몇 [V]인가?

① 131   ② 200   ③ 226   ④ 240

해설 전압 $V = \frac{20 \times 10^3}{\sqrt{3} \times 60 \times 0.85} = 226[V]$

정답 39. ②   40. ②   41. ①   42. ③

43 3상유도전동기의 출력이 10[PS], 전압 200[V], 효율이 90[%], 역률이 85[%]일 때 이 전동기에 유입되는 선전류[A]는 얼마인가?

① 15.74　　　　　　　　② 17.74
③ 19.74　　　　　　　　④ 27.74

해설 선전류
$$I = \frac{P}{\sqrt{3}\,V\cos\theta\,\eta} = \frac{10 \times 735\text{W}}{\sqrt{3} \times 200\text{V} \times 0.85 \times 0.9} = 27.74[\text{A}]$$

44 저항 R과 인덕턴스 L의 직렬회로에서 시정수의 표현으로 옳은 것은?

① RL　　　　　　　　② $\frac{L}{R}$
③ $\frac{R}{L}$　　　　　　　　④ $\frac{L}{Z}$

해설 시정수
① 정의 : 과도현상의 길고 짧음을 결정짓는 상수, 단위[s]
② RC 직렬회로 : $\tau = RC$, RL 직렬회로 : $\tau = \frac{L}{R}$

45. R-L-C직렬회로에서 직류전압 인가시 $R^2 = \frac{4L}{C}$일 때의 상태는?

① 진동상태　　　　　　② 비진동상태
③ 임계상태　　　　　　④ 정상상태

해설 $R^2 = 4\frac{L}{C}$, $\delta = 1$의 경우 : 임계제동, 임계감쇠, 임계진동

46 $v = 50 + 20\sqrt{2}\sin(\omega t + 20°) + 10\sqrt{2}\sin(3\omega t - 40°)$[V]인 비정현파 교류전압의 실효값(V)은 약 얼마인가?

① 23.6　　　　　　　　② 37.4
③ 45.7　　　　　　　　④ 54.8

해설 실효값 $V = \sqrt{50^2 + (\frac{20\sqrt{2}}{\sqrt{2}})^2 + (\frac{10\sqrt{2}}{\sqrt{2}})^2} = 54.77$

정답 43. ④　44. ②　45. ③　46. ④

47 전류 $i = I_{m1}\sin wt + I_{m2}\sin(3wt+\theta)$의 실효값을 구하면?

① $\dfrac{I_{m1}+I_{m2}}{2}$　　② $\dfrac{(I_{m1})^2+(I_{m2})^2}{2}$

③ $\sqrt{\dfrac{(I_{m1})^2+(I_{m2})^2}{2}}$　　④ $\sqrt{\dfrac{I_{m1}+I_{m2}}{2}}$

해설 비정현파의 실효값 $I = \sqrt{\left(\dfrac{I_{m1}}{\sqrt{2}}\right)^2 + \left(\dfrac{I_{m2}}{\sqrt{2}}\right)^2} = \sqrt{\dfrac{(I_{m1})^2+(I_{m2})^2}{2}}$

48 왜형률이란 무엇인가?

① $\dfrac{\text{우수고조파의 실효값}}{\text{기수고조파의 실효값}}$　　② $\dfrac{\text{전 고조파의 평균값}}{\text{기본파의 평균값}}$

③ $\dfrac{\text{제3고조파의 실효값}}{\text{기본파의 실효값}}$　　④ $\dfrac{\text{전 고조파의 실효값}}{\text{기본파의 실효값}}$

해설 왜형률
① 파형의 일그러짐 정도를 나타낸다.
② 전 고조파의 실효값을 기본파의 실효값으로 나눈 값이다.

49 어떤 회로의 유효전력이 70[W], 무효전력이 50[Var]이면 역률은 약 얼마인가?

① 0.58　　② 0.71　　③ 0.81　　④ 0.98

해설 역률 $\cos\theta = \dfrac{P}{\sqrt{P^2+P_r^2}} = \dfrac{70}{\sqrt{70^2+50^2}} = 0.81$

50 역률이 0.8인 다음 회로에 220[V]의 실효전압을 인가하여 5[A]의 실효전류가 흐르고 있다. 이 부하가 2시간 동안 소비하는 전력량[kWh]은 약 얼마인가?

① 1.10　　② 1.76
③ 2.20　　④ 2.49

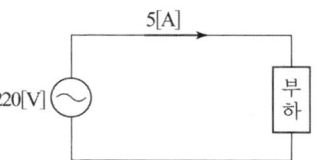

해설 전력량 $W = P \times t = VI\cos\theta \times t = 220 \times 5 \times 0.8 \times 2 = 1760\text{Wh} = 1.76\text{kWh}$

51 회로의 부하 R_L에서 소비될 수 있는 최대전력[W]은?

① 105
② 115
③ 125
④ 135

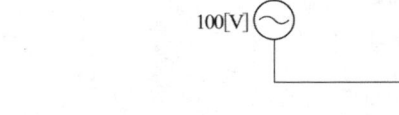

해설 최대전력 $P_{max} = \dfrac{V^2}{4R_L} = \dfrac{100^2}{4 \times 20} = 125[W]$

52 다음 왜형파 전압의 왜형률은 약 얼마인가?

$$v = 150\sqrt{2}\sin\omega t + 40\sqrt{2}\sin2\omega t + 70\sqrt{2}\sin3\omega t$$

① 0.45
② 0.54
③ 0.67
④ 0.85

해설
$$왜형률 = \dfrac{전고조파만의\ 실효값}{기본파의\ 실효값} = \dfrac{\sqrt{\left(\dfrac{40\sqrt{2}}{\sqrt{2}}\right)^2 + \left(\dfrac{70\sqrt{2}}{\sqrt{2}}\right)^2}}{\dfrac{150\sqrt{2}}{\sqrt{2}}} = 0.54$$

53 60[Hz]인 교류 전압을 인가할 때, 유도성 리액턴스가 3.77[Ω]이라면 인덕턴스는 약 몇 [mH]인가?

① 0.1
② 1
③ 10
④ 100

해설 인덕턴스 $L = \dfrac{X_L}{2\pi f} = \dfrac{3.77}{2\pi \times 60} = 0.01H = 10mH$

정답 51. ③ 52. ② 53. ③

제9장 정전용량과 자기회로

1 콘덴서와 정전용량

1) 정전용량 ★★★

① 콘덴서가 전하를 축적하는 능력
② 단위 [F ; farad]
③ 정전용량 $C = \dfrac{Q}{V}$ [F](Q : 전기량(전하)[C], V : 전압[V])

2) 콘덴서의 접속 ★★★

(1) 직렬접속

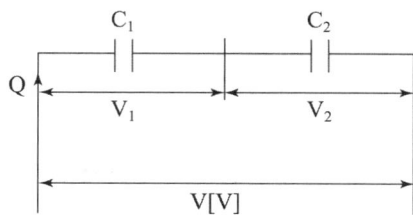

① 합성 정전용량 $C = \dfrac{1}{\dfrac{1}{C_1} + \dfrac{1}{C_2}} = \dfrac{C_1 C_2}{C_1 + C_2}$

② 분압법칙 $V_1 = \dfrac{C_2}{C_1 + C_2} \times V$, $V_2 = \dfrac{C_1}{C_1 + C_2} \times V$

(2) 병렬접속

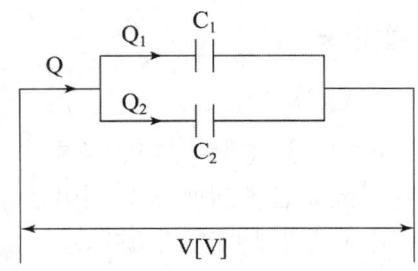

① 합성 정전용량 $C = C_1 + C_2$

② 전하량 분배법칙 $Q_1 = \dfrac{C_1}{C_1 + C_2} \times Q$, $Q_2 = \dfrac{C_2}{C_1 + C_2} \times Q$

3) 평행판 콘덴서의 정전용량 ★★★

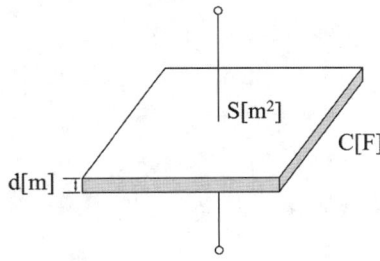

$$C = \dfrac{\varepsilon S}{d} = \dfrac{\varepsilon_0 \varepsilon_s \times S}{d} \ [F]$$

ε : 유전율[F/m], S : 면적[m²], d : 극판의 간격[m]

(1) 극판의 간격에 반비례
(2) 유전율과 극판의 면적에는 비례

4) 정전에너지(콘덴서 축적에너지) ★★★

$$W = \dfrac{1}{2} QV = \dfrac{1}{2} CV^2 = \dfrac{Q^2}{2C} \ [J]$$

(전하 Q[C], 전위 V[V], 정전용량 C[F])

2 전계

1) 쿨롱(coulomb)의 법칙 ★

(1) 적용이론
① 같은 종류의 전하 : 반발력(척력), 다른 종류의 전하 : 흡인력(인력)
② 힘의 크기는 두 전하의 곱에 비례하고, 떨어진 거리의 제곱에 반비례한다.
③ 힘의 크기는 주위의 매질에 따라 다르다.
④ 힘의 방향은 두 전하를 연결하는 직선상에 존재한다.

(2) 작용하는 힘
① 힘 $F = \dfrac{Q_1 Q_2}{4\pi\varepsilon_0 r^2} = 9 \times 10^9 \times \dfrac{Q_1 Q_2}{r^2} [N]$

(Q_1, Q_2 : 전하[C], r : 거리[m], ε_0 : 진공(공기) 중의 유전율)

② 유전율 $\varepsilon = \varepsilon_0 \times \varepsilon_s [F/m]$

ε_0 : 진공(공기) 중의 유전율($\varepsilon_0 = 8.855 \times 10^{-12} [F/m]$)

ε_s : 비유전율(공기 중 $\varepsilon_s = 1$)

2) 전계의 세기 ★

(1) 전기력선의 성질 ★★★

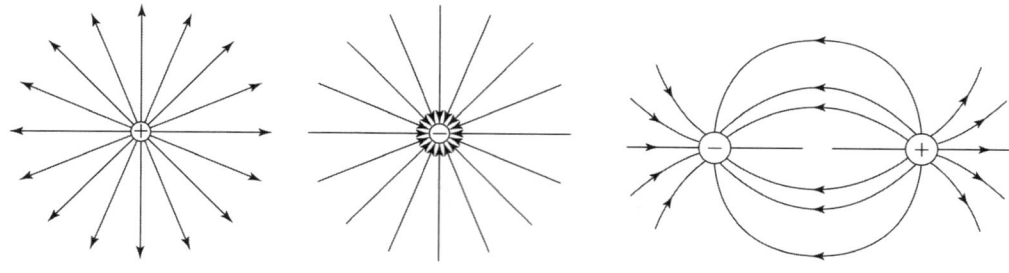

① 전기력선의 방향은 그 점의 전계의 방향과 같으며 전기력선 밀도는 그 점에서 전계의 세기와 같다.
② 전기력선은 **정전하(+)에서 시작하여 부전하(−)에서** 끝난다.
③ 전하가 없는 곳에서는 전기력선의 발생, 소멸이 없다. 즉, 연속적이다.
④ 단위 전하에서는 $\dfrac{1}{\varepsilon_0}$의 전기력선이 출입한다.

⑤ 전기력선은 전위가 낮아지는 방향으로 향한다.
⑥ 전기력선은 그 자신만으로 폐곡선을 만들지 않는다.
⑦ 2개의 전기력선은 서로 교차하지 않는다.
⑧ **도체 내부에는 전기력선이 존재하지 않는다.**

(2) 전계의 세기 ★

$$E = \frac{F}{Q} = \frac{Q}{4\pi\varepsilon_0 r^2} = 9 \times 10^9 \times \frac{Q}{r^2}[\text{V/m}]$$

(Q : 전하[C], r : 거리[m], ε_0 : 진공(공기) 중의 유전율)

3 자계

1) 쿨롱의 법칙

(1) 정의

m_1, m_2[Wb ; weber]의 두 자극이 진공 중에서 r[m] 거리에 있을 때 이들 사이에 작용하는 힘의 세기를 말한다.

(2) 산출식 $F = \dfrac{m_1 m_2}{4\pi\mu_0 r^2} = 6.33 \times 10^4 \times \dfrac{m_1 m_2}{r^2}[\text{N}]$

m_1, m_2 : 자극의 세기[Wb], μ_0 : 진공 중의 투자율[H/m], r : 거리[m]

(3) 투자율

① 자력선이 물질을 투과하는 정도를 나타낸다.
② 투자율 $\mu = \mu_0 \mu_s$[H/m]

μ_0 : 진공(또는 공기) 중의 투자율[H/m]($\mu_0 = 4\pi \times 10^{-7}$)
μ_s : 비투자율(공기 중 $\mu_s = 1$)

2) 자기력선의 성질

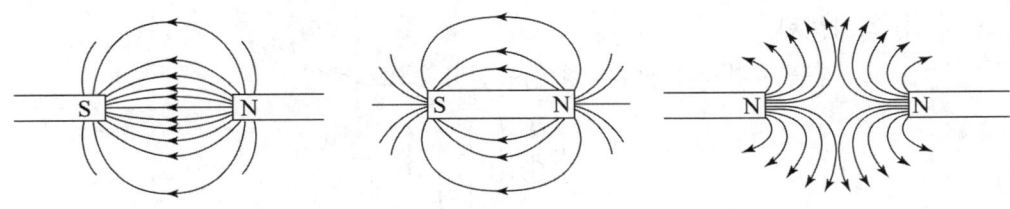

(1) N극에서 시작하여 S극에서 끝난다.
(2) 스스로 폐곡선을 만들 수 있다.(자계의 비발산성)
(3) 모든 재질을 관통할 수 있다.
(4) 폐곡면을 통과한 자기력선 수는 $\dfrac{m}{\mu_0}$ 이다.

3) 자계(자장)의 세기 H[N/Wb], [AT/m]

$$H = \frac{F}{m} = \frac{B}{\mu_0} = \frac{m}{4\pi\mu_0 r^2} = 6.33 \times 10^4 \times \frac{m}{r^2} \ [\text{AT/m}]$$

m : 자극의 세기[Wb], μ_0 : 진공 중의 투자율[H/m],
r : 거리[m], B : 자속밀도[Wb/m^2]

4 자석의 회전력 ★

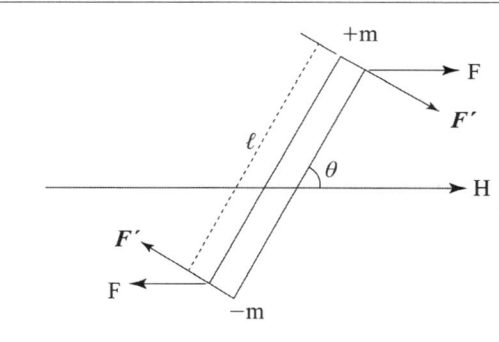

$T = M \times H = MH\sin\theta = m\ell H\sin\theta$
T : 회전력[N·m]
M : 자기모멘트[Wb·m]
H : 자계의 세기[AT/m]
ℓ : 자석의 길이[m]
θ : 자계와 이루는 각도

5 자성체

1) 자성체의 종류 ★

(1) 강자성체
① 영구 자기쌍극자의 방향이 동일방향으로 배열.

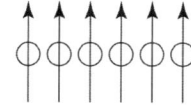

② 철(Fe), 니켈(Ni), 코발트(Co), 망간(Mn)
(2) 상자성체
① 영구 자기쌍극자의 방향이 규칙성이 없는 재질.

② 알루미늄(Al), 백금(Pt)
(3) 반자성체
① 영구 자기쌍극자가 없는 재질.
② 금(Au), 은(Ag), 구리(Cu), 아연(Zn), 탄소(C)

2) 자기이력곡선(히스테리시스 곡선) ★★

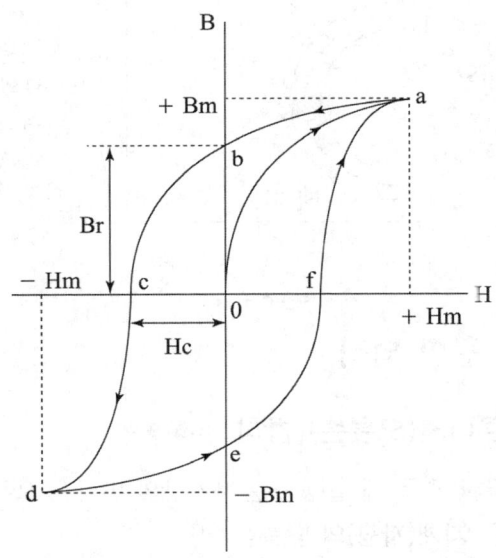

B : 자속밀도[Wb/m²], H : 자계의 세기[AT/m], Br : 잔류자기, Hc : 보자력

① 영구자석의 구비조건 : 잔류자기 및 보자력이 클 것. 히스테리면적이 클 것.
② 전자석의 구비조건 : **잔류자기가 클 것**. 보자력 및 히스테리면적이 작을 것.
③ 히스테리시스 손실

$$P_h = \sigma_h f B_m^{1.6} \ [W/m^3]$$

(σ_h : 히스테리시스 상수, f : 주파수[Hz], B_m : 최대 자속밀도[Wb/m²])

6 자기회로

1) 기자력(Magneto motive force)

(1) 정의

전기회로에 있어서의 기전력과 같이 자기회로에 있어서 자속을 발생하는 힘

(2) 기자력의 산출 ★★★

$$F = N \times I = H \times \ell = \phi \times R_m \text{ [AT]}$$

N : 권수, I : 전류[A], ϕ : 자속[Wb], R_m : 자기저항[AT/Wb]

2) 자기저항 ★

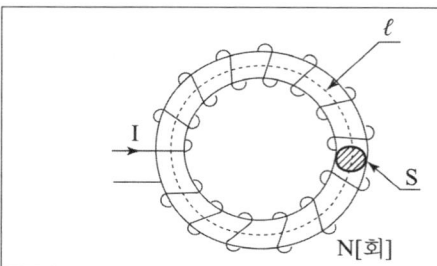

$R_m = \dfrac{\ell}{\mu S} = \dfrac{F}{\phi}$ [AT/Wb]

μ : 투자율[H/m]
ℓ : 자로의 길이[m]
S : 단면적[m^2]
ϕ : 자속[Wb]
F : 기자력[AT]

7 전류와 자기에 관한 법칙

1) 암페어의 오른나사(오른손) 법칙 ★★★

(1) 도체에 전류가 흐를 때 발생하는 자기장의 방향은 오른나사의 진행방향과 같다.
(2) **전류에 의한 자계(자장)의 방향**을 결정

2) 비오-사바르(Biot-Savart)의 법칙

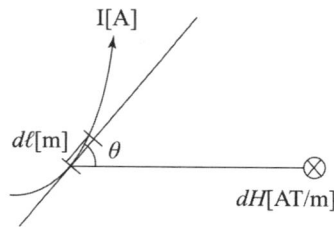

(1) 미소전류에 의한 **자계의 크기**를 결정(전류에 의한 자계의 크기)

(2) 미소자계의 크기 $\triangle H = \dfrac{I \triangle \ell \sin\theta}{4\pi r^2}$

8 플레밍의 법칙

1) 플레밍의 왼손법칙 ★★★

(1) 개념
① 도선에 전류가 흐를 때 도선에 작용하는 힘으로 전동기의 기본원리
② 검지(자기장의 방향), 중지(전류방향) 방향, 엄지(힘의 방향)

(2) 전자력(작용하는 힘)
$F = I\ell B \sin\theta$
I : 전류[A], ℓ : 도체의 길이[m], B : 자속밀도[Wb/m^2],
θ : 도체와 자장이 이루는 각

2) 플레밍의 오른손법칙 ★

(1) 개념
① 자기장 내에 있는 도체를 운동시키면 도체에는 유기기전력이 발생
② 엄지(도체 운동방향), 검지(자기장의 방향), 중지(유기기전력의 방향)

(2) 유기기전력
$e = v\ell B \sin\theta$ [V]
v : 도체의 운동속도[m/s], B : 자속밀도[Wb/m^2], θ : 도체와 자장이 이루는 각
ℓ : 도체의 길이[m]

9 평행 도선 사이에 작용하는 힘

1) 두 도선 사이에 작용하는 힘 ★★

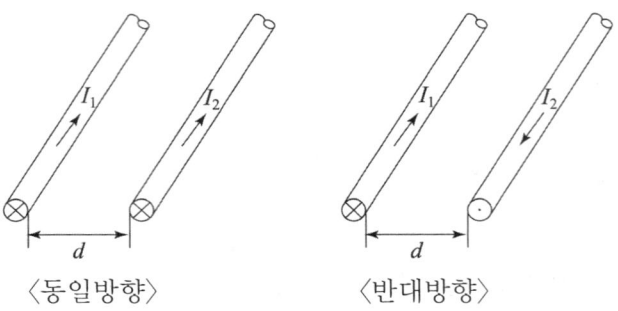

〈동일방향〉　〈반대방향〉

(1) 전류가 **동일방향**인 경우 : **흡인력**(인력)
(2) 전류가 반대방향(왕복도선)인 경우 : 반발력(척력)

2) 작용하는 힘 ★★★

$$F = \frac{\mu_0 I_1 I_2}{2\pi d} = \frac{4\pi \times 10^{-7} \times I_1 I_2}{2\pi d} = 2 \times 10^{-7} \times \frac{I_1 I_2}{d} [\text{N/m}]$$

μ_0 : 진공 중의 투자율[H/m], I_1, I_2 : 전류[A], d : 이격거리[m]

(1) 작용하는 힘 : **두 전류의 곱에 비례하고 이격거리에 반비례**한다.
(2) 이격거리가 클수록 작용하는 힘은 감소한다.

10 도체에 따른 자계의 세기

1) 무한장 직선전류 ★

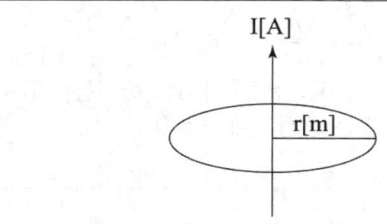

$H = \dfrac{NI}{\ell} = \dfrac{NI}{2\pi r}$ [AT/m]

ℓ : 둘레의 길이[m]
N : 권선수
I : 전류[A]

2) 원형코일 중심 ★★

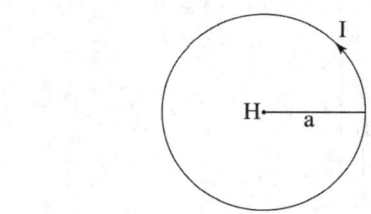

$H = \dfrac{NI}{\ell} = \dfrac{NI}{2a}$ [AT/m]

ℓ : 둘레의 길이[m]
N : 권선수
I : 전류[A]
a : 반지름[m]

3) 무한장 솔레노이드

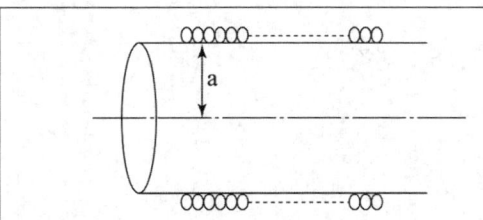

① 내부자계
  $H = \dfrac{NI}{\ell} = n_0 I$
  (n_0 : 단위길이당 권수)
② 외부자계 H = 0

4) 환상솔레노이드(환상철심) ★★

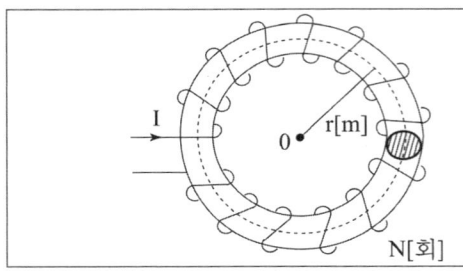

① 내부자계
$$H = \frac{NI}{\ell} = \frac{NI}{2\pi r}$$
(N : 권수, I : 전류[A], r : 반지름[m])
② 외부 또는 중심자계 H = 0

11 전자석의 흡인력

1) 양면

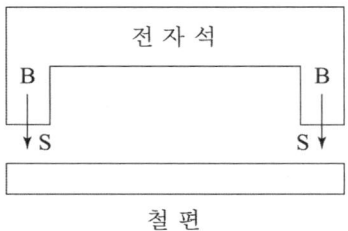

$$F = \frac{B^2}{2\mu_0} \times 2S = \frac{B^2}{\mu_0} \times S \, [\text{N}]$$

μ_0 : 진공(공기중)의 투자율, B : 자속밀도, S : 면적

2) 단면

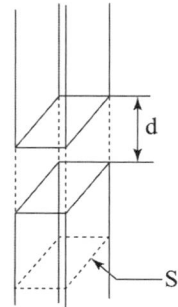

$$F = \frac{B^2}{2\mu_0} \times S \,[\text{N}]$$

μ_0 : 진공(공기중)의 투자율, B : 자속밀도, S : 면적

12 전자유도

1) 전자유도 관련법칙

(1) 패러데이(faraday) 법칙 ★★
① 정의 : 전자유도에 의해 발생되는 **기전력의 크기**는 쇄교자속의 시간변화 감쇄율에 비례한다.
② **유도기전력** $e = \frac{d\phi}{dt} \,[\text{V}]$

(여기서, $d\phi$: 자속의 변화, dt : 시간의 변화)
③ 자속변화에 따른 **기전력의 크기**를 결정한 법칙

(2) 렌츠(Lenz)의 법칙 ★
① 정의 : 전자유도에 의해 발생되는 기전력은 자속이 증가될 때는 자속을 감소시키는 방향으로, 감소될 때는 자속을 증가시키는 방향으로 발생한다.
② 유기기전력 $e = -\frac{d\phi}{dt} \,[\text{V}]$
③ 자속변화에 따른 **기전력의 방향(유도전류의 방향)**을 결정한 법칙

(3) 패러데이-렌츠 전자유도 법칙 ★★★

> 유도기전력 $e = -N\frac{d\phi}{dt} = -L\frac{di}{dt} \,[\text{V}]$
> N : 권선수, $d\phi$: 자속의 변화량[Wb], dt : 시간변화[s], L : 인덕턴스[H]
> di : 전류의 변화량[A]

예제 1. 한 코일의 전류가 매초 150A의 비율로 변화할 때 다른 코일에 10[V]의 기전력이 발생하였다면 두 코일의 상호 인덕턴스[H]는?

① $\frac{1}{3}$ ② $\frac{1}{5}$ ③ $\frac{1}{10}$ ④ $\frac{1}{15}$

해설 기전력 $e = L\frac{di}{dt}$ 에서 $L = \frac{edt}{di} = \frac{10[\text{V}] \times 1[\text{s}]}{150[\text{A}]} = \frac{1}{15}[\text{H}]$

정답 ④

2) 인덕턴스

(1) 자기인덕턴스
① 정의 : 코일의 권수와 형태, 재질 등에 따라 정해지는 상수
② 계산식

$$L = \frac{N\phi}{I} = \frac{\mu S N^2}{\ell} \ [H]$$

N : 권선수, ϕ : 자속 [Wb], I : 전류[A], S : 면적[m^2], ℓ : 자로의 길이[m]

(2) 상호인덕턴스 ★★★

$$M = k\sqrt{L_1 L_2}$$

(M : 상호인덕턴스[H], k : 결합계수, L_1, L_2 : 자기인덕턴스[H])

(3) 결합계수 ★★★

$$k = \frac{M}{\sqrt{L_1 L_2}}$$ (완전결합의 경우 = 누설이 없는 경우 k = 1)

M : 상호인덕턴스[H], k : 결합계수, L_1, L_2 : 자기인덕턴스[H]

3) 인덕턴스의 직렬접속

(1) 가동결합(가극성) ★★★

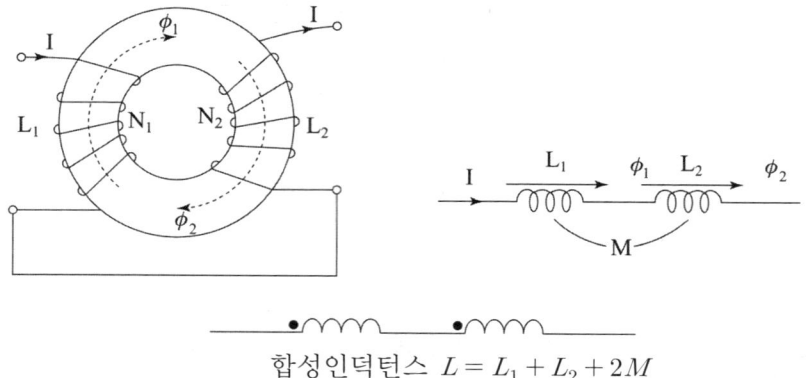

합성인덕턴스 $L = L_1 + L_2 + 2M$

(2) 차동결합(감극성) ★★★

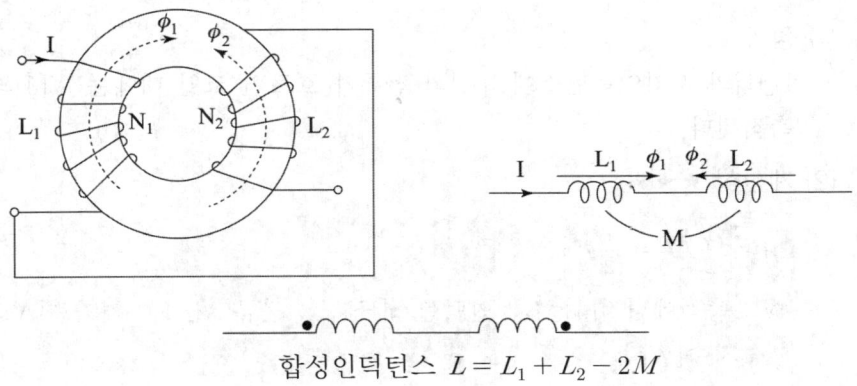

합성인덕턴스 $L = L_1 + L_2 - 2M$

4) 인덕턴스의 병렬접속

(1) 가동결합

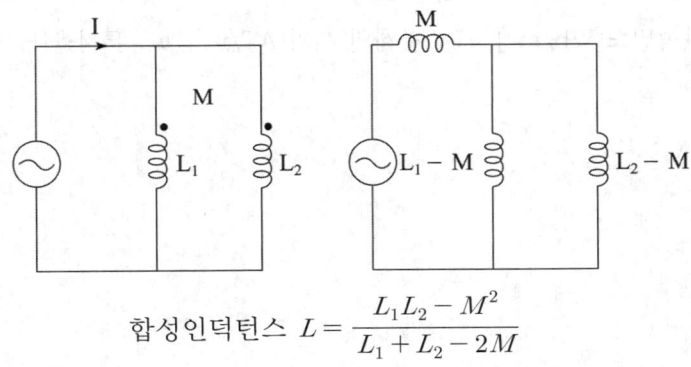

합성인덕턴스 $L = \dfrac{L_1 L_2 - M^2}{L_1 + L_2 - 2M}$

(2) 차동결합

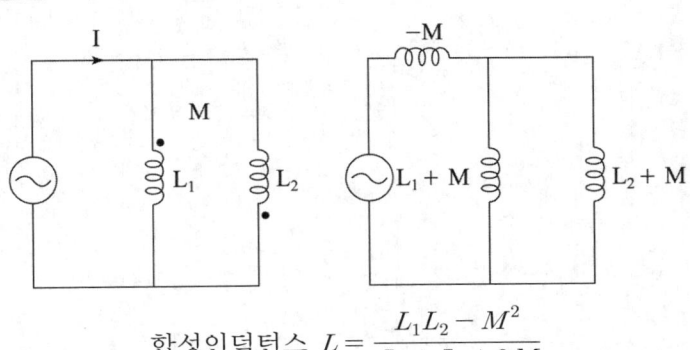

합성인덕턴스 $L = \dfrac{L_1 L_2 - M^2}{L_1 + L_2 + 2M}$

5) 자계 축적에너지

(1) 정의

L[H]의 자기인덕턴스에 I[A]의 전류가 흐르면 코일 내에는 W[J]의 에너지가 축적된다.

(2) 계산식 ★★★

$$W = \frac{1}{2}LI^2 = \frac{1}{2}F\phi$$

W : 축적에너지[J], L : 인덕턴스[H], I : 전류[A], F : 기자력[AT], ϕ : 자속[Wb]

6) 단위체적당 에너지(자계 에너지 밀도) ★★

$$W = \frac{1}{2}BH = \frac{1}{2}\mu H^2 = \frac{B^2}{2\mu} \ [J/m^3]$$

B : 자속밀도[Wb/m^2], H : 자계의 세기[AT/m], μ : 투자율[H/m]

제9장 출제예상문제

01 정전용량[F]과 단위가 같은 것은?

① $\dfrac{V}{m}$　　② $\dfrac{C}{A}$　　③ $\dfrac{V}{C}$　　④ $\dfrac{C}{V}$

해설　정전용량 $C=\dfrac{Q}{V}$ (Q : 전기량[C], V : 전압[V])

02 3×10^{-3}[F]의 콘덴서에 24[V]의 전압을 가할 때 충전되는 전하[C]는?

① 3.0×10^{-2}　　② 3.6×10^{-2}
③ 6.0×10^{-2}　　④ 7.2×10^{-2}

해설　전기량 $Q=CV=3\times10^{-3}\times24=7.2\times10^{-2}$[C]

03 2[μA]의 일정 전류가 20초 동안 커패시터에 흘렸다. 커패시터의 두 극판 사이의 전압을 측정하니 40[V] 이었다면 커패시터의 용량은 몇 [μF]인가?

① 1　　② 2　　③ 3　　④ 4

해설　전기량 $Q=It=2\mu A\times20s=40\mu C$, 정전용량 $C=\dfrac{Q}{V}=\dfrac{40\mu C}{40V}=1[\mu F]$

04 그림과 같이 콘덴서 3[F]와 2[F]가 직렬로 접속된 회로에 전압 100[V]를 가하였을 때 3[F] 콘덴서의 단자전압[V]은?

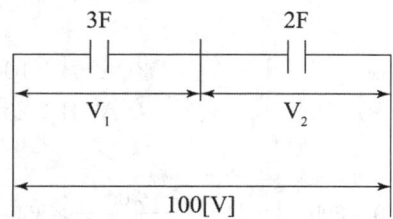

① 30[V]　　② 40[V]　　③ 50[V]　　④ 60[V]

정답　1. ④　2. ④　3. ①　4. ②

해설 전압계산 및 합성정전용량

① $V_1 = \dfrac{2}{3+2} \times 100 = 40[V]$ ② $V_2 = \dfrac{3}{3+2} \times 100 = 60[V]$

③ 합성정전용량 $C_T = \dfrac{3 \times 2}{3+2} = 1.2F$

05 0.1[μF], 0.2[μF], 0.3[μF]의 콘덴서 3개를 직렬로 접속하고, 그 양단에 강한 전압을 서서히 상승시키면 콘덴서는 어떻게 되는가?(단, 유전체의 재질 및 두께는 같다.)

① 0.1[μF]의 콘덴서가 제일 먼저 파괴된다.
② 0.2[μF]의 콘덴서가 제일 먼저 파괴된다.
③ 0.3[μF]의 콘덴서가 제일 먼저 파괴된다.
④ 모든 콘덴서가 동시에 파괴된다.

해설 전기량(전하) Q의 값이 작을수록 먼저 파괴된다.

$Q_1 = C_1 V = 0.1[\mu F] \times V$
$Q_2 = C_2 V = 0.2[\mu F] \times V$
$Q_3 = C_3 V = 0.3[\mu F] \times V$

06 회로에서 A-B, B-C간에 걸리는 전압은 몇 [V]인가?

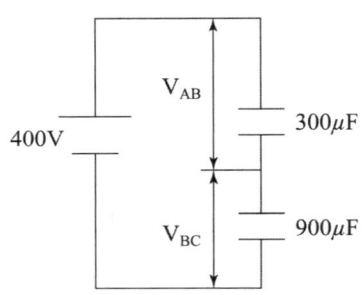

① A-B : 300, B-C : 100
② A-B : 100, B-C : 300
③ A-B : 150, B-C : 250
④ A-B : 250, B-C : 150

해설 전압의 산출

$V_{AB} = \dfrac{900}{300+900} \times 400 = 300[V]$, $V_{BC} = \dfrac{300}{300+900} \times 400 = 100[V]$

정답 5. ① 6. ①

07 정전용량이 같은 콘덴서 2개를 병렬로 접속했을 때의 합성전용량은 직렬로 접속했을 때의 합성 정전용량보다 어떻게 되는가?

① $\frac{1}{2}$로 된다. ② $\frac{1}{4}$로 된다.
③ 2배로 된다. ④ 4배로 된다.

[해설] 합성 정전용량
① 병렬접속 $C_T = C_1 + C_2 = C + C = 2C$
직렬접속 $C_T = \dfrac{1}{\dfrac{1}{C_1} + \dfrac{1}{C_2}} = \dfrac{C_1 \times C_2}{C_1 + C_2} = \dfrac{C \times C}{C + C} = \dfrac{C}{2}$
② 병렬과 직렬의 합성 정전용량 관계 $= \dfrac{병렬}{직렬} = \dfrac{2C}{\dfrac{C}{2}} = 4$

08 정전용량이 같은 콘덴서 2개를 직렬로 접속했을 때의 합성 정전용량은 병렬로 접속했을 때의 몇 배인가?

① $\frac{1}{2}$ ② $\frac{1}{4}$ ③ 2 ④ 4

[해설] 합성 정전용량
① 직렬 연결 시 $C_{직렬} = \dfrac{C \times C}{C + C} = \dfrac{C}{2}$, 병렬 연결 시 $C_{병렬} = C + C = 2C$
② 배수 $= \dfrac{C_{직렬}}{C_{병렬}} = \dfrac{\dfrac{C}{2}}{2C} = \dfrac{1}{4}$

09 A, B 단자 간 콘덴서의 합성 정전용량은? (단, $C_1 = 3\mu F$, $C_2 = 5\mu F$, $C_3 = 8\mu F$이다.)

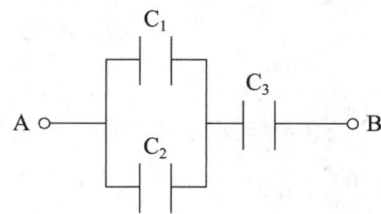

① $1\mu F$ ② $2\mu F$ ③ $3\mu F$ ④ $4\mu F$

[해설] 합성 정전용량 $C_T = \dfrac{(C_1 + C_2) \times C_3}{(C_1 + C_2) + C_3} = \dfrac{(3+5) \times 8}{(3+5) + 8} = 4\mu F$

정답 7. ④ 8. ② 9. ④

10 그림의 회로에서 합성정전용량은 몇 [F]인가?

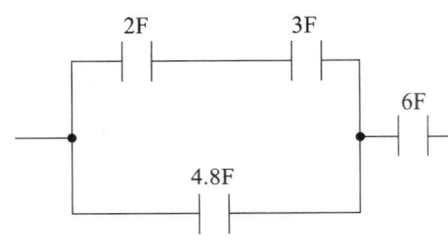

① 2
② 3
③ 6
④ 8

해설 합성정전용량

① 2F과 3F이 직렬연결이므로 $C = \dfrac{2 \times 3}{2+3} = 1.2F$

② 4.8F과는 병렬연결이므로 1.2F + 4.8F = 6F

③ 6F과 6F이 직렬연결이므로 $C = \dfrac{6 \times 6}{6+6} = 3F$

11 그림의 단자 A와 B 사이에 몇 [V]의 전압을 인가하면 축적되는 총 전하가 50[μC]이 되겠는가?

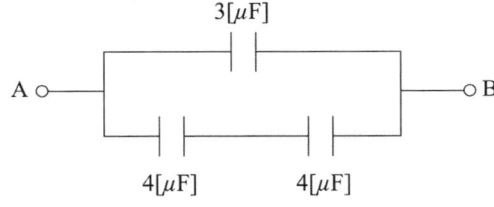

① 4.5[V]
② 10[V]
③ 11.5[V]
④ 22.9[V]

해설 전압의 계산

① 합성정전용량 $C_T = \dfrac{4 \times 4}{4+4} + 3 = 5[\mu F]$

② 전압 $V = \dfrac{Q}{C} = \dfrac{50 \times 10^{-6}}{5 \times 10^{-6}} = 10[V]$

정답 10. ② 11. ②

12 커패시터가 직병렬로 접속된 회로에 180[V]의 직류전압이 인가되었을 때, 커패시터에 분담되는 전압 V₁, V₂, V₃는?

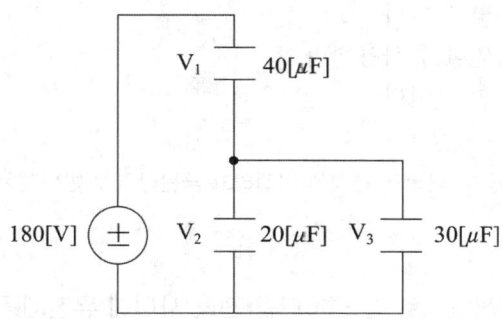

① $V_1 = 40V$, $V_2 = 80V$, $V_3 = 60V$
② $V_1 = 80V$, $V_2 = 40V$, $V_3 = 60V$
③ $V_1 = 80V$, $V_2 = 100V$, $V_3 = 100V$
④ $V_1 = 100V$, $V_2 = 80V$, $V_3 = 80V$

[해설] 전압의 계산
① 20μF과 30μF의 합성 정전용량 = 20 + 30 = 50μF
② $V_1 = \dfrac{50}{40+50} \times 180 = 100V$
③ $V_2 = V_3 = \dfrac{40}{40+50} \times 180 = 80V$

13 평행판 콘덴서의 양 극판의 간격을 2배로 하고 면적을 $\dfrac{1}{2}$로 하면 정전용량은 처음의 몇 배가 되는가?

① 2
② 4
③ $\dfrac{1}{2}$
④ $\dfrac{1}{4}$

[해설] 평행판 콘덴서의 정전용량 $C = \dfrac{\varepsilon S}{d} = \dfrac{\varepsilon \times \dfrac{1}{2} S}{2d} = \dfrac{1}{4} \times \dfrac{\varepsilon S}{d}$

[정답] 12. ④ 13. ④

14 평행판 콘덴서에서 콘덴서가 큰 정전용량을 얻기 위한 방법으로 옳지 않은 것은?
① 극판의 면적을 넓게 한다.
② 극판간의 간격을 넓게 한다.
③ 비유전율이 큰 절연물을 사용한다.
④ 극판간의 간격을 좁게 한다.

해설 평행판 콘덴서 정전용량
정전용량은 유전율 및 극판의 면적에 비례하고 극판간격에 반비례한다.

15 공기 콘덴서를 어느 전압으로 충전한 다음 전극 사이에 유전체를 넣어 정전용량을 2배로 하면 충전되는 에너지는 몇 배로 되는가?
① 2배
② $\frac{1}{2}$배
③ $\sqrt{2}$배
④ 4배

해설 정전에너지
① 정전에너지 $W = \frac{1}{2}CV^2[J]$(여기서, C : 정전용량[F], V : 전압[V])
② 정전에너지는 정전용량에 비례하므로 정전용량이 2배로 되면 에너지도 2배로 된다.

16 1[μF]의 콘덴서를 48[kV]로 연결하면 저항에서 소모되는 에너지[J]는 얼마인가?
① 0.048
② 480
③ 1,152
④ 2,400

해설 정전에너지
$$W = \frac{1}{2} \times 1 \times 10^{-6} \times (48 \times 10^3)^2 = 1,152[J]$$

17 10[V]의 기전력으로 50[C]의 전기량이 이동할 때 한 일은 몇 [J]인가?
① 240
② 400
③ 500
④ 600

해설 전하 이동 시 에너지(한 일) $W = QV = 50 \times 10 = 500[J]$

정답 14. ② 15. ① 16. ③ 17. ③

18 진공 중에서 전기량의 크기가 10^{-4}[C]인 두 개의 점전하가 서로 10[m] 떨어져 있다면 두 전하 사이에 작용하는 힘은 몇 [N]인가?

① 0.9N ② 1.0N ③ 1.2N ④ 1.5N

해설 두 전하사이에 작용하는 힘
$$F = 9 \times 10^9 \times \frac{Q_1 Q_2}{r^2} = 9 \times 10^9 \times \frac{10^{-4} \times 10^{-4}}{10^2} = 0.9[N]$$

19 Q[C]의 전하에서 나오는 전기력선의 총 수로 옳은 것은?(단, ε : 유전율, E : 전계의 세기이다.)

① Q ② QE ③ $\dfrac{Q}{\varepsilon}$ ④ $\dfrac{Q}{\varepsilon_0}$

해설 전기력선 수 $N = \dfrac{Q}{\varepsilon}$, 전속선 수 $N = Q$

20 공기 중에 1×10^{-7}[C]의 정전하 있을 때 이 전하로부터 0.15[m]의 거리에 있는 점에서의 전계의 세기[V/m]는 얼마인가?

① 1×10^4 ② 2×10^4 ③ 3×10^4 ④ 4×10^4

해설 전계의 세기 $E = 9 \times 10^9 \times \dfrac{Q}{r^2} = 9 \times 10^9 \times \dfrac{1 \times 10^{-7}}{0.15^2} = 4 \times 10^4 [V/m]$

21 다음 설명 중 옳지 않은 것은?
① 정전유도에 의하여 작용하는 힘은 반발력이다.
② 정전용량이란 콘덴서가 전하를 축적하는 능력이다.
③ 콘덴서에 전압을 가하는 순간 단락상태가 된다.
④ 같은 부호의 전하끼리는 반발력이 생긴다.

해설 정전유도에 의해 작용하는 힘은 흡인력

22 공기 중에 10[μC]과 20[μC]을 1[m] 간격으로 놓을 때 일어나는 정전력은 몇 [N]인가?

① 1.2 ② 1.8 ③ 2.4 ④ 3.2

해설 두 전하 사이에 작용하는 힘
$$F = 9 \times 10^9 \times \frac{Q_1 Q_2}{r^2} = 9 \times 10^9 \times \frac{10 \times 10^{-6} \times 20 \times 10^{-6}}{1^2} = 1.8[N]$$

정답 18. ① 19. ③ 20. ④ 21. ① 22. ②

23 자장의 세기에 대한 설명으로 옳지 않은 것은?

① 수직 단면적의 자력선 밀도와 같다.
② 단위길이당의 기자력과 같다.
③ 자속밀도에 투자율을 곱한 것과 같다.
④ 단위 자극에 작용하는 힘과 같다.

해설 자장의 세기는 자속밀도를 투자율로 나눈 것과 같다.

24 자기차폐와 가장 관계가 깊은 것은?

① 상자성체 ② 반자성체
③ 강자성체 ④ 비투자율이 1인 자성체

해설 자기차폐는 강자성체와 관련이 있다.

25 다음 전자석과 영구자석에 대한 설명으로 옳은 것은?

① 영구자석은 잔류자기가 작고 보자력이 커야 한다.
② 영구자석은 잔류자기가 크고 보자력이 작아야 한다.
③ 전자석은 잔류자기가 크고 보자력이 작아야 한다.
④ 전자석은 잔류자기가 작고 보자력이 커야 한다.

해설 영구자석과 전자석
① 영구자석의 구비조건 : 잔류자기 및 보자력이 클 것. 히스테리면적이 클 것.
② 전자석의 구비조건 : 잔류자기가 클 것. 보자력 및 히스테리면적이 작을 것.

26 코일에 전류가 흐를 때 생기는 자력의 세기를 설명한 것 중 옳은 것은?

① 자력의 세기와 전류는 반비례
② 자력의 세기는 전류에 비례
③ 자력의 세기는 전류의 2승에 비례
④ 자력의 세기와 전류는 무관

해설 기자력 $F = N \times I = H \times \ell = \phi \times R_m$ [AT]
(N : 권수, I : 전류[A], ϕ : 자속[Wb], R_m : 자기저항[AT/Wb])

정답 23. ③ 24. ③ 25. ③ 26. ②

27 자기저항에 대한 설명으로 옳은 것은?
① 전압의 제곱에 비례한다.
② 극판간격에 비례한다.
③ 가우스 정리에 의해 직접 계산된다.
④ 전기저항에 대응하는 것으로 자기회로의 길이에 비례하고, 단면적과 투자율에 반비례한다.

해설 자기저항 $R_m = \dfrac{\ell}{\mu S}$ (ℓ : 자기회로의 길이[m], μ : 투자율[H/m], S : 단면적[m²])
자기저항은 길이에 비례, 투자율 및 단면적에 반비례

28 전류의 자기작용에서 전류에 의한 자계의 방향을 결정하는 법칙은?
① 암페어의 오른나사 법칙
② 플레밍의 오른손 법칙
③ 플레밍의 왼손 법칙
④ 패러데이의 법칙

해설 법칙정리
① 암페어의 오른나사 법칙 : 전류에 의한 자계의 방향
② 플레밍의 오른손법칙 : 발전기의 기본원리(운동에 따른 기전력의 방향)
③ 플레밍의 왼손법칙 : 전동기의 기본원리
④ 패러데이의 법칙 : 자속변화에 따른 기전력의 크기
⑤ 비오-사바르의 법칙 : 전류에 의한 자계의 크기
⑥ 렌츠의 법칙 : 자속변화에 따른 기전력의 방향(유도전류의 방향)

29 공기 중에 100[A]의 전류가 흐르는 도체와 직선거리로 0.5[m] 떨어진 곳에서의 자기장의 세기는 약 몇 [AT/m]인가?
① 31.8[AT/m]
② 25[AT/m]
③ 50[AT/m]
④ 63.7[AT/m]

해설 비오사바르의 법칙 : 자계의 크기 $dH = \dfrac{100A}{4\pi \times (0.5m)^2} \times 1 = 31.83[AT/m]$

30 "전동기는 자장 중에서 도체에 전류를 흘리면 그 도체에 힘이 작용한다."는 누구의 법칙을 직접 응용한 것인가?
① 플레밍의 왼손법칙
② 가우스의 법칙
③ 스토크스의 법칙
④ 페러데이의 법칙

해설 전동기의 원리 : 플레밍의 왼손법칙, 발전기의 원리 : 플레밍의 오른손법칙

정답 27. ④ 28. ① 29. ① 30. ①

31 동일전류가 흐르는 두 평행 도선이 있다. 도선 사이의 거리를 2.5배로 하면 그 작용력은 몇 배가 되는가?

① 0.4배　　② 0.64배　　③ 2.5배　　④ 6.25배

해설 평행도선 사이에 작용하는 힘은 거리에 반비례하므로 $F \propto \dfrac{1}{2.5} = 0.4$

32 무한장 직선도체에 10[A]의 전류가 흐르고 있다. 이 도체로부터 20[cm] 떨어진 지점의 자계의 세기는 몇 [AT/m]인가?

① 5π　　② 25π　　③ $\dfrac{5}{\pi}$　　④ $\dfrac{25}{\pi}$

해설 자계의 세기 $H = \dfrac{I}{2\pi r} = \dfrac{10}{2 \times \pi \times 0.2} = \dfrac{25}{\pi}$

33 소화설비의 기동장치에 사용하는 전자 솔레노이드에서 발생하는 자계의 세기는?

① 코일의 권수에 비례한다.　　② 코일의 권수에 반비례한다.
③ 전류의 세기에 반비례한다.　　④ 전압에 비례한다.

해설 내부 자계의 세기 $H = \dfrac{NI}{\ell}$ 의 관계에서 코일의 권수(N)와 전류(I)의 곱에 비례한다.

34 반지름 5[cm], 권수 200회인 원형 코일에 2[A]의 전류를 흘릴 때 코일 중심의 자기장의 세기[AT/m]는?

① 200[AT/m]　　② 400[AT/m]
③ 2000[AT/m]　　④ 4000[AT/m]

해설 원형코일 중심 자계의 세기 $H = \dfrac{NI}{2a} = \dfrac{200 \times 2}{2 \times 5 \times 10^{-2}} = 4000[AT/m]$

35 전자유도현상에 의하여 생기는 유도기전력의 크기를 정의하는 법칙은?

① 렌츠의 법칙　　② 패러데이의 법칙
③ 앙페에르의 법칙　　④ 플레밍의 오른손법칙

해설 패러데이의 법칙 : 유도기전력의 크기
유도기전력의 크기는 쇄교 자속의 시간변화 감쇠율에 비례한다.

정답　31. ①　32. ④　33. ①　34. ④　35. ②

36 전자유도현상에서 코일에 생기는 유도기전력의 방향을 정의한 법칙은?
① 플레밍의 오른손법칙 ② 플레밍의 왼손법칙
③ 렌츠의 법칙 ④ 패러데이의 법칙

해설 렌츠의 법칙 : 유도기전력의 방향은 자속이 증가될 때는 자속을 감소시키는 방향으로, 감소될 때는 자속을 증가시키는 방향으로 유도기전력이 발생한다.

37 권선 수 10회의 코일에 자속이 10초 사이에 1C[Wb]에서 20[Wb]로 변화하였다면 이 때 코일에 유기되는 기전력은 몇 [V]인가?
① 0.1 ② 1.0 ③ 10 ④ 100

해설 기전력 $e = N\dfrac{d\phi}{dt}$ (N : 권수, $d\phi$: 자속의 변화[Wb], dt : 시간변화[s])

$e = N\dfrac{d\phi}{dt} = 10 \times \dfrac{(20-10)}{10} = 10\,[\text{V}]$

38 100회 감은 코일과 쇄교하는 자속이 0.2초 동안에 5[Wb]에서 2[Wb]로 감소할 경우, 코일에 유도되는 기전력[V]은?
① 300 ② 1,000 ③ 1,500 ④ 2,500

해설 기전력 $e = N\dfrac{d\phi}{dt} = 100 \times \dfrac{(5-2)}{0.2} = 1,500\,[\text{V}]$

39 저항 1[Ω], 자기인덕턴스 20[H]의 코일에 10[V]의 직류 전압을 인가하는 순간 전류 증가율은 몇 [A/s]인가?
① 0.5 ② 1.0 ③ 10 ④ 100

해설 전류 증가율 $\dfrac{di}{dt}[\text{A/s}] = \dfrac{e}{L} = \dfrac{10}{20} = 0.5$

40 코일의 자기인덕턴스는 어느 것에 따라 변하는가?
① 투자율 ② 저항률 ③ 도전율 ④ 유전율

해설 자기인덕턴스는 투자율에 비례하여 변화한다.

① $L = \dfrac{N\phi}{I} = \dfrac{NBS}{I} = \dfrac{N\mu HS}{I}\,[\text{H}]$ ② $L = \dfrac{\mu SN^2}{\ell}\,[\text{H}]$

정답 36. ③ 37. ③ 38. ③ 39. ① 40. ①

41 한 개의 철심코어에 두 코일이 감겨 있다. 코일 1의 자기인덕턴스가 160[mH], 코일 2의 자기인덕턴스가 250[mH]이고 두 코일의 상호인덕턴스가 150[mH]일 때 두 코일의 결합계수는 얼마인가?

① 0.33 ② 0.62 ③ 0.75 ④ 0.86

해설 결합계수 $k = \dfrac{M}{\sqrt{L_1 L_2}} = \dfrac{150 \times 10^{-3}}{\sqrt{160 \times 10^{-3} \times 250 \times 10^{-3}}} = 0.75$

42 다음 그림과 같은 회로의 합성 인덕턴스[H]는?

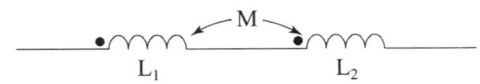

① $L_1 + L_2$
② $L_1 + L_2 + 2M$
③ $L_1 + L_2 - 2M$
④ $L_1 + L_2 - 4M$

해설 인덕턴스의 직렬연결
① 가동결합(가극성) : $L_1 + L_2 + 2M$
② 차동결합(감극성) : $L_1 + L_2 - 2M$

43 25[mH]와 75[mH]의 두 인덕턴스가 병렬로 연결되어 있다. 합성 인덕턴스의 값은 몇 [mH]인가?(단, 상호인덕턴스는 없는 것으로 한다.)

① 12.25 ② 18.75 ③ 20.25 ④ 25.75

해설 합성인덕턴스 $L_T = \dfrac{L_1 L_2}{L_1 + L_2} = \dfrac{25 \times 75}{25 + 75} = 18.75 [\text{mH}]$

44 인덕턴스가 20[mH]인 코일에 전류가 2[A]가 흘렀을 때 이 코일에 축적되는 에너지[J]는 얼마인가?

① 0.02 ② 0.04 ③ 0.06 ④ 0.08

해설 코일 축적 에너지
$W = \dfrac{1}{2} L I^2 = \dfrac{1}{2} \times 20 \times 10^{-3} \times 2^2 = 0.04 [\text{J}]$

정답 41. ③ 42. ② 43. ② 44. ②

45 자기인덕턴스 2[H]의 코일에 축적된 에너지가 25[J]이라면 코일에 흐르는 전류는 몇 [A]인가?

① 1   ② 3   ③ 5   ④ 7

해설 축적에너지 $W = \frac{1}{2}LI^2[J]$, 전류 $I = \sqrt{\frac{2W}{L}} = \sqrt{\frac{2 \times 25}{2}} = 5[A]$

46 그림과 같이 직렬로 접속된 2개의 코일에 5A의 전류를 흘릴 때 결합된 합성코일에 발생하는 자기 에너지(J)는?(단, 코일의 자기 인턱턴스 $L_1 = L_2 = 20mH$, 상호인덕턴스 $M = 10mH$이다.)

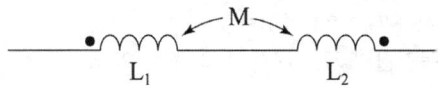

① 0.2   ② 0.25   ③ 0.3   ④ 0.4

해설 자기에너지의 계산
① 합성인턱턴스의 계산
$L = L_1 + L_2 - 2M = 20 + 20 - 2 \times 10 = 20mH$(차동결합이므로)
② 자기 에너지의 계산
$W = \frac{1}{2}LI^2 = \frac{1}{2} \times 20 \times 10^{-3} \times 5^2 = 0.25 J$

47 콘덴서의 정전용량에 관한 설명으로 옳지 않은 것은?

① 유전율의 크기에 비례한다.
② 전극이 전하를 축적할 수 있는 능력의 정도이다.
③ 단위는 테슬라(tesla)로서 (T)로 나타낸다.
④ 전극의 면적에 비례하고, 전극 사이의 간격에 반비례한다.

해설 평행판 콘덴서의 정전용량 : 단위는 패럿[farad]으로 [F]로 나타낸다.
$C = \frac{\varepsilon S}{d} = \frac{\varepsilon_0 \varepsilon_s \times S}{d}$ [F]
ε : 유전율 [F/m], S : 면적 [m²], d : 극판의 간격 [m]

48 평행판 콘덴서의 면적을 4배 증가시키고, 간격은 2배 감소시켰다면 콘덴서의 정전용량은 처음의 몇 배인가?

① 2   ② 3   ③ 4   ④ 8

정답 45. ③ 46. ② 47. ③ 48. ④

해설 평행판 콘덴서의 정전용량
$$C = \frac{\varepsilon A'}{d'} = \frac{\varepsilon \times 4A}{\frac{1}{2}d} = 8\frac{\varepsilon A}{d}$$

49 어떤 코일 2개의 극성을 달리하여 직렬 접속하였을 때 합성 인덕턴스가 200[mH]와 100[mH]로 각각 측정되었다. 이 경우 두 코일의 상호 인덕턴스[mH]는?

① 25　　　② 50　　　③ 75　　　④ 100

해설 인덕턴스의 접속
① 가동결합 $L = L_1 + L_2 + 2M = 200$
② 차동결합 $L = L_1 + L_2 - 2M = 100$
③ 가동결합과 차동결합의 차 : $4M = 100$, $M = 25\text{mH}$

50 인덕턴스가 각각 $L_1 = 5[H]$, $L_2 = 10[H]$인 두 코일을 그림과 같이 연결하고 합성인덕턴스를 측정하였더니 5[H]이었다. 두 코일간의 상호인덕턴스 $M(H)$은?

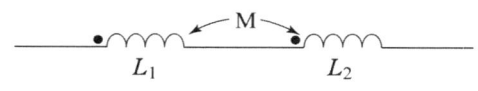

① 2　　　② 3　　　③ 4　　　④ 5

해설 상호인덕턴스의 계산
① 차동결합이므로 합성 인덕턴스 $L = L_1 + L_2 - 2M$
② $L = L_1 + L_2 - 2M$, $5 = 5 + 10 - 2M$, $2M = 15 - 5 = 10$, $M = 5$

51 자속변화에 의한 유도기전력의 크기를 결정하는 법칙은?
① 패러데이의 전자유도법칙
② 플레밍의 왼손법칙
③ 렌츠의 법칙
④ 플레밍의 오른손법칙

해설 법칙 설명
① 유도기전력의 크기 : 패러데이의 전자유도법칙
② 전동기의 원리 : 플레밍의 왼손법칙
③ 유도기전력의 방향 : 렌츠의 법칙
④ 발전기의 원리 : 플레밍의 오른손법칙

정답 49. ①　50. ④　51. ①

52 전류가 흐르는 도체 주위의 자계 방향을 결정하는 법칙은?

① 패러데이의 법칙 ② 렌츠의 법칙
③ 플레밍의 오른손 법칙 ④ 암페어의 오른나사 법칙

해설 보기설명
① 패러데이의 법칙 : 유기기전력의 크기는 쇄교자속의 시간변화 감쇄율에 비례한다.
② 렌츠의 법칙 : 유기기전력의 방향은 자속의 증감을 방해하는 반대방향으로 생성된다.
③ 플레밍의 오른손 법칙 : 발전기의 원리로 평등자장 내에 회전자를 넣고 일정한 속도로 회전시키면 유기기전력이 발생
④ 암페어의 오른나사 법칙 : 전류가 흐를 때 발생하는 자장은 오른나사의 회전방향과 동일하다.

53 2[μF] 콘덴서를 3[kV]로 충전하면 저장되는 에너지는 몇 [J]인가?

① 6   ② 9   ③ 12   ④ 15

해설 정전에너지
$$W = \frac{1}{2}CV^2 = \frac{1}{2} \times 2 \times 10^{-6} \times (3 \times 10^3)^2 = 9 \text{ [J]}$$

54 완전 도체에 관한 설명으로 옳지 않은 것은?

① 전하는 도체 내부에 균일하게 분포한다.
② 도체 내부의 전기장의 세기는 0이다.
③ 도체 표면은 등전위면이고 도체 내부의 전위는 표면 전위와 같다.
④ 도체 표면에서 전기장의 방향은 도체 표면에 항상 수직이다.

해설 완전도체에서 전하는 도체 내부에 존재하지 않는다. 따라서, 도체 내부의 전계(전기장)의 세기도 0이다.

55 인덕터의 자기 인덕턴스(self inductance)에 관한 설명으로 옳지 않은 것은?

① 코일 안에 삽입된 절연물의 투자율에 비례한다.
② 동일한 인덕턴스를 갖는 인덕터 2개를 직렬 연결하면 합성 인덕턴스는 2배가 된다.
③ 코일이 전하를 축적할 수 있는 능력의 정도를 나타내는 비례상수이다.
④ 인덕터에 흐르는 전류가 일정하다면 인덕터에 저장된 에너지는 인덕턴스에 비례한다.

해설 콘덴서가 전하를 축적할 수 있는 능력의 정도를 나타내는 비례상수는 정전용량(capacitance)이다.

정답 52. ④ 53. ② 54. ① 55. ③

56 진공 중에서 2 m 떨어져 평행하게 놓여 있는 무한히 긴 두 도체에 같은 방향으로 직류 전류가 각각 1 A 흐르고 있다. 이때 단위 길이 당 작용하는 힘의 방향과 크기 (N/m)는?
(단, μ_0는 진공에서의 투자율이다.)

① 인력, $\dfrac{\mu_0}{4\pi}$ ② 척력, $\dfrac{\mu_0}{4\pi}$

③ 인력, $\dfrac{\mu_0}{2\pi}$ ④ 척력, $\dfrac{\mu_0}{2\pi}$

해설 단위길이당 작용하는 힘
$$F = \frac{\mu_0 I_1 I_2}{2\pi r} = \frac{\mu_0 \times 1A \times 1A}{2\pi \times 2m} = \frac{\mu_0}{4\pi} \ [\text{N/m}]$$
(여기에서, 진공 중의 투자율 $\mu_0 = 4\pi \times 10^{-7}$)
같은 방향의 전류 : 흡인력(인력)
다른 방향의 전류 : 반발력(척력)

정답 56. ①

제10장 전기계측 및 전기공사

1 용어정의 및 지시계기

1) 용어정의

(1) 오차 ★
 ① 참값과 측정값과의 차
 ② 백분율 오차 $= \dfrac{M-T}{T} \times 100[\%]$ (M : 측정값, T : 참값)

(2) 보정 ★
 ① 측정값을 참값과 동일하게하기 위한 값
 ② 백분율 보정 $= \dfrac{T-M}{M} \times 100[\%]$ (M : 측정값, T : 참값)

(3) 확도 : 측정값이 참값에 가까운 정도를 크기로 나타낸 값

2) 지시계기의 3대 구성요소

(1) 구동장치 : 구동토크를 발생시키는 장치
(2) 제어장치 : 제어토크를 발생시키는 장치
(3) 제동장치 : 제동토크를 발생시켜 지침을 신속하게 정지

3) 지시계기의 동작원리에 의한 분류 ★★★

(1) **직류전용 : 가동코일형**
(2) **교류전용 : 가동철편형, 유도형, 정류형**
(3) 직류, 교류 겸용 : 전류력계형, 정전형, 열전형

2 계측기 동작원리에 따른 분류

구 분	회로	지시값	적용계기	비 고
가동코일형	직류	평균값	전압계 전류계	자계와 전류 사이의 전자력을 이용
가동철편형	교류	실효값	전압계 전류계	① 고정코일과 가동철편 사이의 전자력을 이용 ② 흡인형, 반발형, 반발흡인형
유도형	교류	실효값	전력량계	① 회전자계와 와류 사이 작용하는 전자력을 이용 ② **적산전력계 : 잠동현상** 발생
정류기형	교류	실효값	전압계 전류계	① 정류기와 가동코일을 조합 ② 파형의 영향을 받기 쉽다.
전류력계형	직류 교류	실효값	전압계 전류계	고정코일과 가동코일 사이의 전자력을 이용
정전형	직류 교류	실효값	**전압계**	충전된 대전체 사이 **정전력**을 이용
열전형	직류 교류	평균값	고주파전류계	열전대와 가동코일형을 조합

3 측정 계측기

1) 특수저항 측정법

(1) **접지저항의 측정 : 접지저항계**
(2) 검류계의 내부저항, 수천 옴의 가는 전선의 저항 : 휘스톤 브리지법
(3) 축전지의 내부저항, 전해액의 저항 : 코올라시 브리지법
(4) **선로의 절연저항 : 절연저항계(메거)**

2) 전압과 전류의 측정 ★★

(1) 전압계는 부하와 병렬로 접속
(2) 전류계는 부하와 직렬로 접속
(3) 배율기는 전압의 측정범위를 확대
(4) 분류기는 전류의 측정범위를 확대

3) 역률의 측정

역률 = $\dfrac{유효전력}{전압 \times 전류}$ 이므로 전력계, 전압계 및 전류계가 필요하다.

4 전력의 측정

1) 2전력계법 ★★★

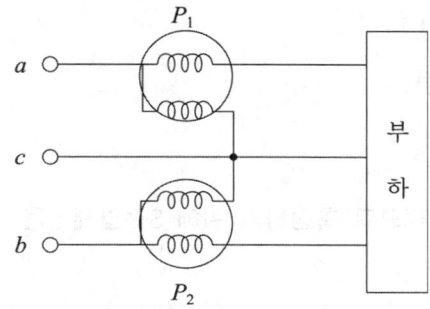

(1) 유효전력 $P = P_1 + P_2$ [W]

(2) 무효전력 $P_r = \sqrt{3}(P_1 - P_2)$ [Var]

(3) 역률

$$\cos\theta = \dfrac{P}{P_a} = \dfrac{P_1 + P_2}{2 \times \sqrt{P_1^2 + P_2^2 - P_1 P_2}}$$

① $P_1 = P$, $P_2 = 0$, $\cos\theta = 0.5$

② $P_1 = 2P_2$, $\cos\theta = 0.866$

③ $P_1 = 3P_2$, $\cos\theta = 0.76$

2) 3전압계법, 3전류계법 ★

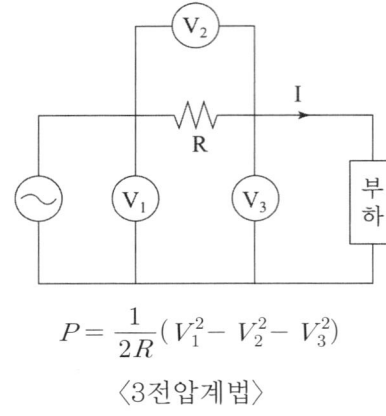

$$P = \frac{1}{2R}(V_1^2 - V_2^2 - V_3^2)$$

〈3전압계법〉

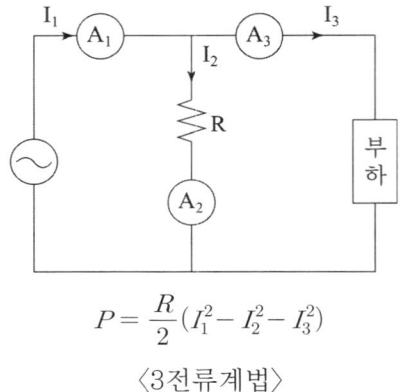

$$P = \frac{R}{2}(I_1^2 - I_2^2 - I_3^2)$$

〈3전류계법〉

예제 1. 단상전력을 간접적으로 측정하기 위해 3전압계법을 사용하는 경우 단상 교류전력 P[W]는?

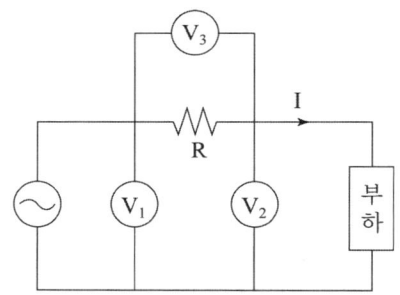

① $P = \dfrac{1}{2R}(V_1 - V_2 - V_3)^2$ ② $P = \dfrac{1}{R}(V_1^2 - V_2^2 - V_3^2)$

③ $P = \dfrac{1}{2R}(V_1^2 - V_2^2 - V_3^2)$ ④ $P = V_3 I \cos\theta$

해설 3전압계 전력 $P = \dfrac{1}{2R}(V_1^2 - V_2^2 - V_3^2)$

정답 ③

5 변환요소 ★★★

변환량	변환요소
압력 → 변위	다이어프램, 벨로우즈 등
변위 → 압력	**유압분사관**, 노즐 플래퍼 등
변위 → 전압	차동변압기, 포텐셔미터, 전위차계
온도 → 임피던스	**정온식감지선형 감지기**, 측온 저항(열선, 서미스터)
온도 → 전압	**열전대**

6 전기공사

1) 전선의 굵기 결정시 고려 사항 ★★

(1) 허용전류
  ① 전선의 단면적에 맞추어 안전하게 흘릴 수 있는 전류의 최대한도

(2) 전압강하
  ① 회로방식에 따른 전압강하 산출 ★★★

구분	전압강하	비고
단상 2선식, 직류2선식	$e = \dfrac{35.6LI}{1000A}$	L : 선로의 길이[m] A : 전선의 단면적[mm^2] I : 전류[A]
단상3선식, 3상 4선식	$e = \dfrac{17.8LI}{1000A}$	
3상 3선식	$e = \dfrac{30.8LI}{1000A}$	

② 전압 강하율 $\delta = \dfrac{V_S - V_R}{V_R} \times 100 [\%]$

(V_S : 송전단 전압[V], V_R : 수전단 전압[V])

(3) 기계적강도

(4) 전력손실

(5) 경제성

2) 전압의 구분 ★

(1) **저압** : 직류 1500[V] 이하, 교류 1000[V] 이하
(2) 고압 : 직류 1500[V] 초과, 교류 1000[V] 초과 7[kV] 이하
(3) 특고압 : 7[kV] 초과

3) 전선의 구비조건

(1) 도전율이 크고 기계적 강도가 클 것
(2) 비중이 작고, 가요성이 좋을 것
(3) 내구성이 있고, 경제성이 있을 것

7 배선공사

1) 금속관공사 ★★

(1) 금속관의 규격
  ① **금속관 1본의 길이 : 3.6m**
  ② 후강전선관
    ㉠ **근사내경(안지름에 가까운 짝수)**
    ㉡ 10종류(16, 22, 28, 36, 42, 54, 70, 82, 92, 104mm)
  ③ 박강전선관
    ㉠ 근사외경(바깥지름에 가까운 홀수)
    ㉡ 7종류(19, 25, 31, 39, 51, 63, 75mm)

(2) 금속관 공사재료 ★★
  ① **금속관의 두께 : 콘크리트 매입 시 1.2mm 이상**, 노출 시 1.0mm 이상
  ② **노멀밴드 : 매입**공사에서 관을 **직각**으로 굽히는 부분
  ③ **유니버셜 엘보 : 노출**공사에서 관을 **직각**으로 굽히는 부분
  ④ 새들(saddle) : 금속관을 일정거리마다 고정시킬 때 사용, 2m 이하
  ⑤ 커플링(coupling) : 금속관 상호 접속용으로 사용한다.
  ⑥ 로크너트 : 박스에 금속관을 고정할 때 사용하는 것
  ⑦ 링레듀셔(ring reducer) : 금속관을 아우트렛 박스 등의 녹아웃(knock out)에 설치할 때 녹아웃의 지름이 금속관지름보다 큰 관계로 로크너트만으로는 고정할 수 없을 때 보조적으로 사용한다.

2) 합성수지관 공사 ★

(1) 합성수지관의 규격
① **1본의 길이 : 4m**
② 배관의 두께 : 2.0mm 이상

(2) 합성수지관 공사방법
① 새들 등으로 고정하는 경우 지지점간의 거리는 1.5m 이하
② 합성수지관 상호 및 관과 박스와의 접촉 시 삽입하는 길이
  ㉠ **관 바깥지름의 1.2배 이상**
  ㉡ 접착제를 사용하는 경우 관 바깥지름의 0.8배 이상

3) 부하의 불평형률

(1) 단상 3선식
불평형률이 **40% 이하**일 것

(2) 3상 3선식
불평형률이 **30% 이하**일 것

4) 배선공사의 심벌 ★★★

천장은폐배선	노출배선
———————	··················
바닥은폐배선	지중매설배선
- - - - - - - - -	– – – – – – – –

8 자가발전기 용량 계산

1) 발전기 용량 산정 ★

$$GP \geq [\Sigma P + (\Sigma Pm - PL) \times a + (PL \times a \times c)] \times k$$
여기서, GP : 발전기 용량(kVA)

ΣP : 전동기 이외 부하의 입력용량 합계(kVA)

ΣPm : 전동기 부하용량 합계(kW)

PL : 전동기 부하 중 기동용량이 가장 큰 전동기 부하용량(kW), 다만, 동시에 기동될 경우에는 이들을 더한 용량으로 한다.

a : 전동기의 kW당 입력용량 계수

(※ a의 추천값은 고효율 1.38, 표준형 1.45이다. 다만, 전동기 입력용량은 각 전동기별 효율, 역률을 적용하여 입력용량을 환산할 수 있다)

c : 전동기의 기동계수

k : 발전기 허용전압강하 계수

제10장 출제예상문제

01 어떤 측정계기의 참값을 T, 지시값을 M이라 할 때 보정율과 오차률이 맞게 짝지어진 것은?

① 보정률 = $\dfrac{T-M}{T}$, 오차률 = $\dfrac{M-T}{M}$
② 보정률 = $\dfrac{M-T}{M}$, 오차률 = $\dfrac{T-M}{T}$
③ 보정률 = $\dfrac{M-T}{T}$, 오차률 = $\dfrac{T-M}{M}$
④ 보정률 = $\dfrac{T-M}{M}$, 오차률 = $\dfrac{M-T}{T}$

해설 보정률 = $\dfrac{T-M}{M}$, 오차률 = $\dfrac{M-T}{T}$

02 지시전기계기의 일반적인 구성요소로 옳지 않은 것은?

① 구동장치 ② 가열장치
③ 제어장치 ④ 제동장치

해설 구동장치, 제어장치, 제동장치, 가동부 지지 장치, 지침과 눈금으로 구성되어 있다.

03 가동철편형 계기의 구조 형태가 아닌 것은?

① 흡인형 ② 회전자장형
③ 반발형 ④ 반발 흡인형

해설 가동 철편형 : 흡인형, 반발형, 반발 흡인형

04 전류측정에 사용되지 않는 것은?

① 가동철편형 계기 ② 정전형 계기
③ 가동코일형 계기 ④ 열전대형 계기

해설 정전형 계기는 전압만 측정가능

05 다음 중 파형의 영향을 받기 쉬운 것은 어느 것인가?

① 열선형 전류계 ② 정류기형 전류계
③ 정전형 전압계 ④ 가동철편형 전류계

해설 정류기형 전류계는 교류를 직류로 변환하므로 파형의 영향을 받기 쉽다.

정답 1. ④ 2. ② 3. ② 4. ② 5. ②

06 다음 중 직류전압을 측정할 수 없는 계기는?

① 가동코일형　　　　　　② 정전형
③ 유도형　　　　　　　　④ 열전형

해설 계기별 측정 가능한 전압의 종류 및 지시값

구분	전압의 종류	지시값
가동코일형	직류	평균값
정전형, 열전형	직류, 교류	평균값, 실효값
유도형	교류	실효값

07 다음 중 잠동(creeping)현상이 발생하는 계기는?

① 전압계　　② 전류계　　③ 적산전력계　　④ 역률계

해설 잠동현상
① 적산전력계에서 발생한다.
② 무부하 상태에서 정격 주파수 및 정격 전압의 110%를 인가하여 계기의 원판이 1회전 이상 회전하는 현상

08 전기계측기와 지시 값의 연결이 옳지 않은 것은?

① 가동코일형 계기-평균값 지시
② 정전형 계기-평균값 및 실효값 지시
③ 열전형 계기-평균값 및 실효값 지시
④ 유도형 계기-평균값 지시

해설 지시계기의 동작원리에 의한 분류
① 직류전용 : 가동코일형(평균값 지시)
② 교류전용 : 가동철편형, 유도형, 정류형(실효값 지시)
③ 직류, 교류 겸용 : 전류력계형, 정전형, 열전형(평균값 및 실효값 지시)

09 회로시험기로 직접 측정이 불가능한 것은?

① 저항　　② 역률　　③ 전압　　④ 전류

해설 회로시험기(멀티 테스터)로 측정 가능한 것
① 직류전압, 직류전류, 교류전압, 교류전류
② 저항, 도통 상태

정답 6. ③　7. ③　8. ④　9. ②

10 메거(megger)로 측정하는 저항은 무엇인가?
   ① 절연저항
   ② 접지저항
   ③ 전지의 내부저항
   ④ 선로저항

   해설 저항의 측정
   ① 절연저항 : 메거
   ② 굵은 나전선의 저항 : 캘빈더블 브리지
   ③ 전해액의 저항(축전지의 내부저항) : 코올라시 브리지
   ④ 수천옴의 가는 전선의 저항 : 휘스톤 브리지

11 다음 설명 중 계측방법이 잘못된 것은?
   ① 회로시험기(multi tester)에 의한 저항 측정
   ② 훅온(hook on) 미터에 의한 전류 측정
   ③ 메거(megger)에 의한 접지저항 측정
   ④ 전류계, 전압계 및 전력계에 의한 역률 측정

   해설 메거(절연저항계)는 절연저항을 측정하는 장치이다. 접지저항의 측정은 어스테스터 또는 접지저항계로 측정한다.

12 부하전압과 전류를 측정하기 위한 연결방법이 옳은 것은?
   ① 전압계 : 부하와 병렬, 전류계 : 부하와 직렬
   ② 전압계 : 부하와 병렬, 전류계 : 부하와 병렬
   ③ 전압계 : 부하와 직렬, 전류계 : 부하와 직렬
   ④ 전압계 : 부하와 직렬, 전류계 : 부하와 병렬

   해설 전압계 : 부하와 병렬, 전류계 : 부하와 직렬

13 측정량과 별도로 크기를 조정할 수 없는 표준량을 준비하고 이것을 표준량과 평행시켜 표준량으로부터 측정량을 구하는 방법으로 감도가 좋고 정밀 측정에 적합한 측정방법은?
   ① 편의법
   ② 직편법
   ③ 영위법
   ④ 반경법

   해설 영위법 : 여러 가지 크기의 측정 기준량을 갖추고, 그 어느 것과 측정량의 크기가 일치하도록 기준의 크기를 조절하면서 양자가 일치하였을 때의 기준량으로부터 측정값을 알아내는 측정법

정답 10. ① 11. ③ 12. ① 13. ③

14 측정량과 표준량이 종류나 성질이 서로 다른 경우에 3개 기본량인 길이, 질량, 시간을 측정함으로써 구하고자 하는 측정량을 얻어내는 방법은?

① 직접측정 ② 간접측정
③ 비교측정 ④ 절대측정

해설 절대측정 : 물상의 양을 기본 단위(길이, 질량, 시간)로 측정하는 것. 비교 측정에 대하여 그 양을 구성하는 여러 개의 단위로 측정하는 것을 뜻한다. 전력량계를 교정하는 경우의 지시 계기법 등이 있다.

15 전류변환형 센서가 아닌 것은?

① 광전자 방출현상을 이용한 센서
② 전리현상에 의한 전리형 센서
③ 전기 화학형 센서
④ 광전형 센서

해설 광전형 센서는 광전자에 의한 전압변환형 센서이다.

16 제어신호가 펄스나 디지털 코드를 사용하는 제어는?

① 연속 제어 ② 불연속 제어
③ 개폐형 제어 ④ 정치 제어

해설 불연속제어 : 계통의 제어신호가 펄스열이나 디지털 코드인 제어로서 디지털 컴퓨터의 많은 이점을 이용할 수 있다.

17 2전력계법을 사용하여 3상 전력을 측정하였더니 각 전력계가 400[W], 300[W]를 지시한다면 역률은?

① 0.97 ② 0.86 ③ 0.76 ④ 0.71

해설 2전력계법
① 유효전력 $P = P_1 + P_2 = 400 + 300 = 700[W]$
② 무효전력 $P_r = \sqrt{3}(P_1 - P_2) = \sqrt{3}(400 - 300) = 100\sqrt{3}[Var]$
③ 역률 $\cos\theta = \dfrac{P}{\sqrt{P^2 + P_r^2}} = \dfrac{700}{\sqrt{700^2 + (100\sqrt{3})^2}} = 0.97$

정답 14. ④ 15. ④ 16. ② 17. ①

18 2전력계법을 사용하여 3상 전력을 측정하였더니 각 전력계가 400[W], 300[W]를 지시한다면 전 전력은 몇[W]인가?

① 300 ② 350 ③ 400 ④ 700

해설 2전력계법
① 유효전력(전 전력) $P = P_1 + P_2 [W] = 400 + 300 = 700 [W]$
② 무효전력 $P_r = \sqrt{3}(P_1 - P_2) = \sqrt{3}(400 - 300) = 100\sqrt{3} [Var]$
③ 피상전력 $P_a = \sqrt{P^2 + P_r^2} = \sqrt{700^2 + (100\sqrt{3})^2} = 721.11 [VA]$

19 온도를 전압으로 변환시키는 요소는?

① 광전지 ② 측온저항
③ 열전대 ④ 차동변압기

해설 변환요소

변환량	변환요소
압력→변위	다이어프램, 벨로우즈 등
변위→압력	유압분사관, 노즐 플래퍼 등
변위→전압	차동변압기, 포텐셔미터, 전위차계
온도→임피던스	정온식감지선형 감지기, 측온 저항(열선, 서미스터)
온도→전압	열전대

20 감지기 중 정온식 감지선형은 어느 변환요소에 해당하는가?

① 압력→변위 ② 온도→임피던스
③ 온도→전압 ④ 변위→임피던스

해설 변환요소

변환량	변환요소
압력→변위	다이어프램, 벨로우즈 등
변위→압력	유압분사관, 노즐 플래퍼 등
변위→전압	차동변압기, 포텐셔미터, 전위차계
온도→임피던스	정온식감지선형 감지기, 측온 저항(열선, 서미스터)
온도→전압	열전대

정답 18. ④ 19. ③ 20. ②

21 변위를 압력으로 변환시키는 장치는 무엇인가?

① 벨로우즈　　　　　　　　② 다이어프램
③ 가변저항기　　　　　　　④ 유압분사관

해설 변위 → 압력 : 유압분사관, 노즐 플래퍼, 스프링

22 전기식 증폭기로 옳지 않은 것은?

① 노즐 플래퍼　　　　　　② 앰플리다인
③ SCR　　　　　　　　　　④ 다이아트론

해설 증폭기의 종류
① 전기식 : SCR, 앰플리다인, 다이아트론, 자기증폭기, 트랜지스터
② 공기식 : 벨로우즈, 노즐 플래퍼 등

23 정속도 운전의 직류 발전기로 작은 전력의 변화를 큰 전력의 변화로 증폭하는 발전기는 어느 것인가?

① 앰플리다인　　　　　　② 로젠버그 발전기
③ 솔레노이드　　　　　　④ 서보전동기

해설 증폭특성 발전기 : 로토트롤, 앰플리다인, HT 다이너모

24 아래의 조건을 참고하여 전압강하를 계산하면?

[조건]
① 단상 2선식으로 전선의 단면적은 2.5[mm^2]
② 선로의 길이 100[m], 전류는 5[A]

① 3.56　　　　② 6.16　　　　③ 7.12　　　　④ 14.24

해설 전압강하
$$e = \frac{35.6LI}{1000A} = \frac{35.6 \times 100 \times 5}{1000 \times 2.5} = 7.12[V]$$

정답 21. ④　22. ①　23. ①　24. ③

25 전선의 굵기 선정 시 고려하여야 할 요소는?

① 허용전류, 전압강하, 절연저항
② 절연저항, 통전시간, 전압강하
③ 허용전류, 전압강하, 기계적 강도
④ 절연저항, 허용전류, 전압강하

해설 전선의 굵기 선정 시 고려사항 : 허용전류, 전압강하, 기계적강도, 전력손실, 경제성 등

26 전부하시 전압 220[V], 무부하시 전압 230[V]일 때 전압변동률은?

① 3.55%   ② 4.55%   ③ 5.55%   ④ 6.55%

해설 전압변동률

$$\varepsilon = \frac{무부하시\ 전압 - 전부하시\ 전압}{전부하시\ 전압} = \frac{230-220}{220} \times 100 = 4.55\%$$

27 변위를 전압으로 변환시키는 장치가 아닌 것은?

① 포텐셔미터
② 측온저항체
③ 차동변압기
④ 전위차계

해설 변환요소

변환량	변환요소
압력→변위	다이어프램, 벨로우즈 등
변위→압력	유압분사관, 노즐 플래퍼 등
변위→전압	차동변압기, 포텐셔미터, 전위차계
온도→임피던스	정온식감지선형 감지기, 측온 저항(열선, 서미스터)
온도→전압	열전대

28 금속관 부품의 종류와 그 용도를 연결한 것 중 옳지 않은 것은?

① 로크너트(Lock-nut) : 박스에 금속관을 고정 하거나 커플링으로 관 상호간을 접속할 때 사용
② 후강전선관 : 공장 등의 배관에서 특히 강도를 요하는 경우 또는 폭발성, 부식성가스가 누출할 우려가 있는 장소에 사용되며, 호칭경은 짝수로 표시한다.
③ 유니버설 엘보(C형 엘보) : 노출배관공사에서 관을 직각으로 굽히는 곳에 사용된다.
④ 새들(Saddle) : 노출배관 공사는 물론 은폐된 배관공사, 애자공사 등에 쓰인다.

해설 새들은 노출배관 공사에서 전선관을 조영재에 고정시킬 때 사용한다.

정답 25. ③   26. ②   27. ②   28. ④

29 합성수지관 1개의 표준 길이는 몇 [m]인가?

① 3.6　　② 4　　③ 4.6　　④ 5

해설 합성수지배관 : 4m , 금속관 : 3.6m

30 다음 전선의 배선 기호 중 천장은폐 배선인 것은?

① ─────　　② ─ ─ ─ ─ ─
③ ─ ･ ─ ･ ─　　④ ⋯⋯⋯⋯⋯

해설 배선공사

천장은폐배선	노출배선
───────	⋯⋯⋯⋯⋯⋯
바닥은폐배선	지중매설배선
─ ･ ─ ･ ─ ･ ─	─ ─ ─ ─ ─ ─

31 전선의 표시기호로서 노출배선은 어느 것인가?

① ─────　　② ⋯⋯⋯⋯⋯
③ ─ ─ ─ ─ ─　　④ ─ ･ ─ ･ ─

해설 배선공사

천장은폐배선	노출배선
───────	⋯⋯⋯⋯⋯⋯
바닥은폐배선	지중매설배선
─ ･ ─ ･ ─ ･ ─	─ ─ ─ ─ ─ ─

32 저압간선에는 그 전선을 보호하기 위해 전원측에 무엇을 시설하여야 하는가?

① 영상변류기　　② 절연저항계
③ 과전류차단기　　④ 열동계전기

해설 보기설명
① 영상변류기 : 영상전류를 검출
② 절연저항계 : 절연저항을 측정
③ 과전류차단기 : 과부하전류 및 단락전류를 차단
④ 열동계전기 : 전동기 과부하시 동작하여 전동기를 보호

정답 29. ②　30. ①　31. ②　32. ③

33 옥내 배선의 분기회로 보호용으로 쓰이는 것은?

① ACB ② OS ③ MCCB ④ DS

해설 용어
① ACB(Air Circuit Breaker) : 기중차단기
② OS(Oil Switch) : 유입개폐기
③ DS(Disconnect Switch) : 단로기
④ MCCB(Mold Cased Circuit Breaker) : 배선용차단기

34 굴곡 장소가 많은 경우에 적당한 옥내배선 공사 방법은?

① 금속관 공사 ② 가요전선관 공사
③ 금속덕트 공사 ④ 경질비닐관 공사

해설 가요전선관 공사
굴곡 또는 진동이 많은 장소나 승강기 배선 등에는 가요전선관을 사용한다.

35 다음 개폐기 중에서 옥내배선의 분기회로 보호용에 사용되는 배선용차단기의 약호는?

① DS ② MCCB ③ ACB ④ MBB

해설 약호명칭
① DS : 단로기
② MCCB : 배선용차단기
③ ACB : 기중차단기
④ MBB : 자기차단기

36 콘크리트 매입 금속관 공사에 이용하는 금속관의 두께는 최소 몇 [mm] 이상이어야 하는가?

① 1.0mm ② 1.2mm ③ 1.5mm ④ 2.0mm

해설 금속관의 두께 : 콘크리트에 매입 시 1.2mm, 기타 1.0mm

37 교류전압만을 측정할 수 있는 계기는?

① 유도형계기 ② 가동코일형계 ③ 정전형계기 ④ 열선형계기

해설 지시계기의 동작원리에 의한 분류
① 직류전용 : 가동코일형
② 교류전용 : 가동철편형, 유도형, 정류형
③ 직류, 교류 겸용 : 전류력계형, 정전형, 열전형

정답 33. ③ 34. ② 35. ② 36. ② 37. ①

제11장 자동제어의 기초

1 자동제어의 기초

1) 자동제어계의 기본구성

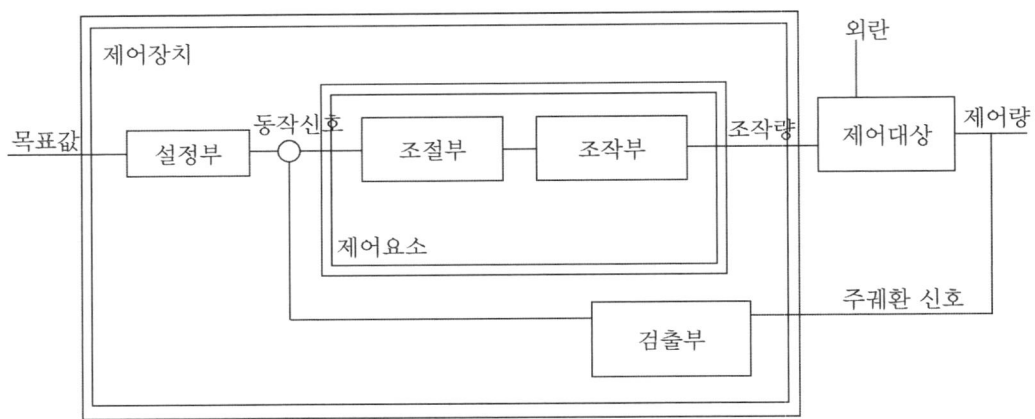

(1) 설정부
목표값을 제어할 수 있는 신호로 변환하는 장치

(2) 제어요소 ★★★
동작신호를 조작량으로 변환하는 장치로 조절부와 조작부로 구성
① 조절부 : 제어계가 작용을 하는데 필요한 신호를 만든다.
② 조작부 : 조절부로 받은 신호를 조작량으로 변환한다.

(3) 검출부 : 제어량과 설정값의 오차를 비교하는 장치

(4) 조작량 ★★★
① **제어요소가 제어대상에 주는 양**
② 제어요소의 출력인 동시에 제어대상의 입력이 된다.

(5) 기준입력신호 : 개루프 제어계를 동작시키는 기준으로 직접 제어계에 가해지는 신호

(6) 외란 : 외부에서 가해지는 신호로서 출력을 변화시킬 수 있다.

예제 1. 개루프 제어계를 동작시키는 기준으로 직접 제어계에 가해지는 신호는?

① 기준입력신호　　　　　② 피드백신호
③ 제어편차신호　　　　　④ 동작신호

해설 기준입력신호 : 개루프 제어계를 동작시키는 기준으로 직접 제어계에 가해지는 신호

 ①

2) 자동제어의 분류 ★★★

(1) 제어량에 의한 분류
　① 프로세스 제어 : 온도, 유량, 압력, 농도
　② **서보기구 : 위치, 방향, 자세, 각도**
　③ 자동조정 : 전압, 속도, 주파수, 장력 등(응답속도가 빠르다.)

(2) 목표값에 의한 분류
　① 정치제어 : 목표 값이 시간에 관계없이 일정. (프로세스제어, 자동조정)
　② 추종제어 : 목표 값이 임의의 시간변화를 하는 경우 그 값에 추종시켜 제어하는 방식
　③ **프로그램제어 : 목표 값이 미리 정해진 시간변화**
　④ 비율제어 : 목표 값이 일정한 비율을 가지고 변화한다.

예제 2. 온도, 유량, 압력 등의 공업프로세스 상태량을 제어량으로 하는 제어계로서 외란의 억제를 주된 목적으로 하는 제어방식은?

① 서보기구　　　　　② 자동제어
③ 정치제어　　　　　④ 프로세스제어

해설 제어량에 의한 분류
　① 프로세스 제어 : 온도, 유량, 압력, 농도
　② 서보기구 : 위치, 방향, 자세, 각도
　③ 자동조정 : 전압, 속도, 주파수, 장력 등(응답속도가 빠르다.)

 ④

3) 피드백 제어 ★★

(1) 입력과 출력을 비교하는 장치가 있다.
(2) 대역폭이 증가하고, 정확성이 증가한다.

(3) 비용이 증가한다. 구조가 복잡하다.
(4) 계의 특성변화에 대한 입력 대 출력비의 감도가 감소한다.

4) 시퀀스 제어 ★

(1) 정해진 순서에 따라 동작신호를 가했을 때 원하는 출력이 발생하는 회로
(2) 회로를 구성하는 성분이 일시에 동작할 수 없다.
(3) 미리 정해 놓은 순서에 따라서 각 단계가 순차적으로 진행되는 제어방식

2 블록선도

1) 블록선도의 구성 ★

(1) 전달요소 :
① 입력신호(R(s))를 받아 변환된 출력신호(C(s))를 만드는 요소
② 전달요소 G(s) = 출력/입력 = C(s)/R(s)

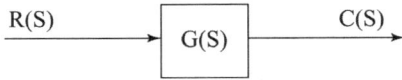

(2) 화살표 : 신호의 흐름을 표시

(3) 가산점(가합점)
① 두 가지 이상의 신호가 있을 때 신호의 합(+) 또는 차(−)를 표시하는 요소
② 출력 C(s) = R(s) ± B(s)

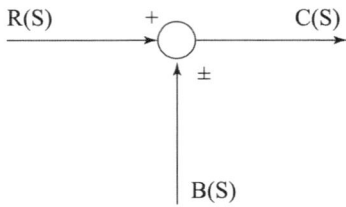

(4) 인출점 : 하나의 신호를 여러 부분으로 분기하는 요소

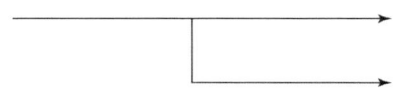

2) 블록선도의 직렬접속

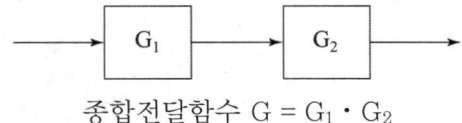

종합전달함수 $G = G_1 \cdot G_2$

3) 블록선도의 병렬접속

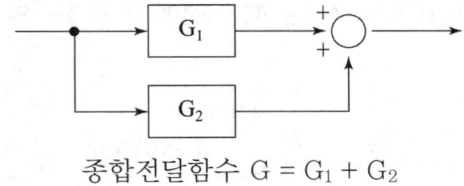

종합전달함수 $G = G_1 + G_2$

4) 피드백(feedback) 종합전달함수 1

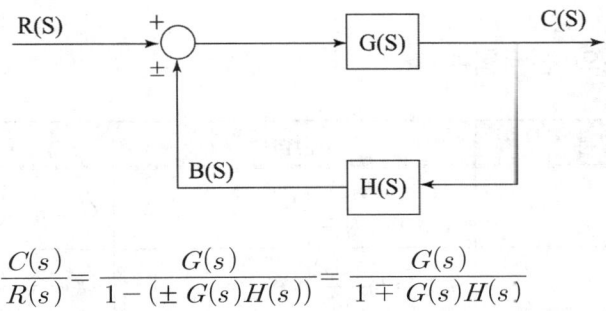

$$\frac{C(s)}{R(s)} = \frac{G(s)}{1-(\pm G(s)H(s))} = \frac{G(s)}{1 \mp G(s)H(s)}$$

5) 피드백(feedback) 종합전달함수 2

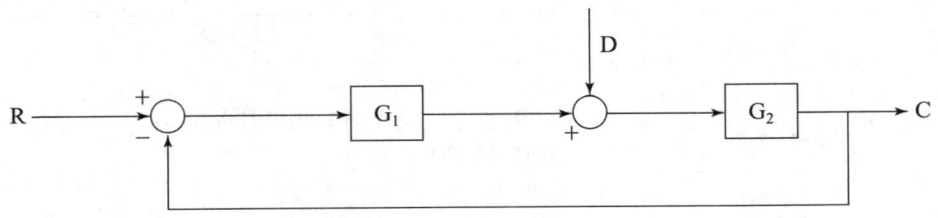

$C = RG_1G_2 + DG_2 + (-CG_1G_2)$

$C + CG_1G_2 = RG_1G_2 + DG_2$

$C(1 + G_1G_2) = RG_1G_2 + DG_2$

출력 $C(S) = \dfrac{RG_1G_2}{(1+G_1G_2)} + \dfrac{DG_2}{(1+G_1G_2)}$

3 전달함수

1) 정의 ★★★

(1) 모든 초기조건을 0으로 하였을 때 입력에 대한 출력의 비를 말한다.

(2) 전달함수

입력x(t) → [제어계 G(S)] → y(t)출력
X(S) 　　　　　　　　　　Y(S)

$$G(s) = \dfrac{출력}{입력} = \dfrac{Y(s)}{X(s)} = \dfrac{C(s)}{R(s)}$$

2) 제어요소의 전달함수 ★

구분	시간함수	전달함수
비례요소	$y(t) = Kx(t)$ K : 이득정수	$G(s) = \dfrac{Y(s)}{X(s)} = K$
미분요소	$y(t) = K\dfrac{dx(t)}{dt}$	$G(s) = \dfrac{Y(s)}{X(s)} = sK$
적분요소	$y(t) = K\int x(t)dt$	$G(s) = \dfrac{Y(s)}{X(s)} = \dfrac{K}{s}$
1차 지연요소	$a_1\dfrac{dy(t)}{dt} + a_0y(t) = b_0x(t)$	$G(s) = \dfrac{Y(s)}{X(s)} = \dfrac{K}{1+Ts}$
2차 지연요소	$G(s) = \dfrac{Y(s)}{X(s)} = \dfrac{Kw_n^2}{s^2 + 2w_n\delta s + w_n^2}$ w_n : 고유(각)주파수, δ : 제동비(감쇠계수) $\delta > 1$: 과제동(과감쇠), 비진동 $\delta = 1$: 임계제동(임계감쇠), 임계진동 $\delta < 1$: 부족제동(부족감쇠), 진동	
부동작 시간요소	$y(t) = Kx(t-L)$	$G(s) = \dfrac{Y(s)}{X(s)} = Ke^{-sL}$

예제 3. 2차 제어계의 감쇠율 δ가 얼마일 때 부족제동이 되겠는가?

① $\delta = 0$　　　② $\delta > 1$　　　③ $\delta = 1$　　　④ $0 < \delta < 1$

해설 제동비(감쇠계수)
① $\delta > 1$: 과제동(과감쇠), 비진동
② $\delta = 1$: 임계제동(임계감쇠), 임계진동
③ $\delta < 1$: 부족제동(부족감쇠), 진동
④ $\delta = 0$: 무제동

3) 조절부의 동작에 의한 분류 ★

구분	약호	특징
비례동작	P	잔류편차 발생, 응답 속도 지연
적분동작	I	잔류편차 제거, 정상 특성 개선
미분동작	D	오차가 커지는 것을 미리 방지
비례적분동작	PI	잔류편차 제거, 정상특성 개선, 지상요소
비례미분동작	PD	응답(속응)성의 개선
비례적분미분동작	PID	잔류편차 제거, 응답 속응성의 개선 응답의 오버슈트 감소, 최적제어

제11장 출제예상문제

01 궤환 제어계에서 제어요소에 대한 설명으로 옳은 것은?
① 조작부와 검출부로 구성되어 있다.
② 조절부와 검출부로 구성되어 있다.
③ 목표값에 비례하는 신호를 발생하는 제어이다.
④ 동작신호를 조작량으로 변환시키는 요소이다.

해설 제어요소 : 동작신호를 조작량으로 변환하는 장치로 조절부와 조작부로 구성
① 조절부 : 제어계가 작용을 하는 데 필요한 신호를 만든다.
② 조작부 : 조절부로 받은 신호를 조작량으로 변환한다.

02 동작신호를 증폭하여 충분한 에너지를 가진 신호로 만드는데 이 신호를 일반적으로 무엇이라 하는가?
① 조작량   ② 제어량   ③ 동작신호   ④ 피드백신호

해설 조작량
① 제어요소가 제어대상에 주는 양
② 제어요소의 출력인 동시에 제어대상의 입력이 된다.

03 동작신호를 조작하는 데 큰 힘을 얻기 위하여 보조동력을 요구하는 제어를 무엇이라고 하는가?
① 자력제어   ② 타력제어
③ 프로그램제어   ④ 정치제어

해설 자력제어와 타력제어
① 자력제어 : 보조동력을 필요로 하지 않고 조작부를 움직이는 데 필요한 에너지를 검출해서 얻는 제어장치
② 타력제어 : 보조동력을 이용하여 조작부를 움직이는 데 필요한 에너지를 얻는 제어장치로서 위치제어, 서보제어, 온도제어 등에 이용

04 피드백 제어장치에 속하지 않는 요소는?
① 설정부   ② 검출부   ③ 조절부   ④ 전달부

해설 피드백 제어장치 : 설정부, 제어요소(조절부와 조작부), 검출부

정답 1. ④ 2. ① 3. ② 4. ④

05 기준입력과 주 궤환 신호와의 편차인 신호로서 제어동작을 일으키는 신호는?
① 제어변수　　　　　　　　② 오차
③ 다변수　　　　　　　　　④ 외란

해설 용어설명
① 제어변수(제어요소) : 조절부와 조작부로 구성, 동작신호를 조작량을 변환시킨다.
② 오차 : 제어동작에 영향을 미치는 신호
③ 외란 : 외부에서 공급되는 바람직하지 않은 신호

06 목표값이 임의의 변화에 추종하도록 구성되어 있는 것을 무엇이라 하는가?
① 자동조정　　　　　　　　② 서보기구
③ 추치제어　　　　　　　　④ 비율제어

해설 서보기구
① 물체의 위치, 방위, 자세 등의 기계적 변위를 제어량으로 한다.
② 목표값이 임의의 변화에 추종하도록 구성

07 서보기구를 이용한 제어에 해당하는 것은?
① 추적용 레이더 장치　　　② 정전압 장치
③ 전기로 온도제어 장치　　④ 발전기의 조속기

해설 서보 기구 : 물체의 위치, 방위, 자세 등의 기계적 변위를 제어량으로 하는 제어방식

08 제어량이 변화하는 물체의 위치, 방향, 자세 등인 경우 제어방식은?
① 프로세스제어　　　　　　② 시퀀스제어
③ 서보제어　　　　　　　　④ 정치제어

해설 제어량에 의한 분류
① 프로세스 제어 : 온도, 유량, 압력, 농도 등
② 서보기구 : 위치, 방향, 자세, 각도 등
③ 자동조정 : 전압, 속도, 주파수, 장력 등(응답속도가 빠르다.)

09 제어량이 온도, 압력, 유량 및 액면 등과 같은 일반 공업량일 때의 제어는?
① 공정제어　　　　　　　　② 프로그램제어
③ 시퀀스제어　　　　　　　④ 추종제어

정답 5. ② 6. ② 7. ① 8. ③ 9. ①

해설 제어량에 의한 분류
① 프로세스(공정) 제어 : 온도, 유량, 압력, 농도 등
② 서보기구 : 위치, 방향, 자세, 각도 등
③ 자동조정 : 전압, 속도, 주파수, 장력 등(응답속도가 빠르다.)

10 목표값에 따른 자동제어가 아닌 것은 무엇인가?
① 정치제어
② 프로그램제어
③ 추종제어
④ 프로세스제어

해설 자동제어
① 제어량에 의한 분류 : 서보기구, 프로세스제어, 자동조정
② 목표값에 의한 분류 : 정치제어, 추종제어, 비율제어, 프로그래밍제어

11 다음 중에서 목표값이 다른 양과 일정한 비율관계를 가지고 변화하는 경우의 제어는 무슨 제어방식인가?
① 정치제어
② 추종제어
③ 프로그램제어
④ 비율제어

해설 비율제어 : 목표값이 일정한 비율을 가지고 변화한다.

12 피드백 제어에 대한 설명으로 옳지 않은 것은?
① 정확도가 증가한다.
② 대역폭이 증가
③ 계의 특성변화에 대한 입력 대 출력비의 감도가 감소한다.
④ 구조가 간단하고 설치비용이 저렴하다.

해설 피드백 제어는 구조가 복잡하며 설치비용이 증가한다.

13 피드백제어에서 반드시 필요한 장치는 무엇인가?
① 구동장치
② 응답속도를 빠르게 하는 장치
③ 안정도를 좋게 하는 장치
④ 입력과 출력을 비교하는 장치

해설 입력과 출력을 비교하는 장치가 필요하다.

정답 10. ④ 11. ④ 12. ④ 13. ④

14 다음과 같은 특성을 갖는 제어계는?

[보기]
- 정확성과 감대폭이 증가한다.
- 발진을 일으키고 불안정한 상태로 되어가는 경향성을 보인다.
- 계의 특성변화에 대한 입력 대 출력비의 감도가 감소한다.

① 프로세스제어   ② 피드백제어   ③ 프로그램제어   ④ 추종제어

해설 피드백제어 : 목표값과 제어량을 비교하여 일치하도록 하는 제어

15 다음 중 피드백 제어계의 일반적인 특성으로 옳은 것은?
① 계의 정확성이 떨어진다.
② 계의 특성변화에 대한 입력 대 출력비의 감도가 감소한다.
③ 비선형과 왜형에 대한 효과가 증대된다.
④ 대역폭이 감소한다.

해설 피드백 제어의 일반적 특성
① 정확도가 증가한다.
② 대역폭이 증가
③ 계의 특성변화에 대한 입력 대 출력비의 감도가 감소한다.
④ 구조가 간단하고 설치비용이 저렴하다.

16 자동제어에서 미리 정해 놓은 순서에 따라 각 단계가 순차적으로 진행되는 제어방식을 무엇이라 하는가?
① 프로세스 방식   ② 서보제어   ③ 프로그램제어   ④ 시퀀스제어

해설 시퀀스제어
① 회로를 구성하는 성분이 일시에 동작할 수 없다.
② 미리 정해 놓은 순서에 따라서 각 단계가 순차적으로 진행되는 제어방식
③ 정해진 순서에 따라 동작신호를 가했을 때 원하는 출력이 발생하는 회로

17 시퀀스제어에 관한 설명 중 옳지 않은 것은?
① 논리회로가 조합 사용된다.
② 기계적 계전기접점이 사용된다.
③ 전체시스템에 연결된 접점들이 일시에 동작할 수 있다.
④ 시간 지연요소가 사용된다.

정답 14. ② 15. ② 16. ④ 17. ③

해설 시퀀스 제어
① 정해진 순서에 따라서 동작신호를 가했을 때 원하는 출력이 발생
② 입력에 대한 결과를 미리 알 수 있다.
③ 회로를 구성하는 성분이 일시에 동작할 수 없다.

18 다음 중에서 디지털제어의 이점이 아닌 것은?

① 감도의 개선 ② 신뢰도의 향상
③ 잡음 및 외란의 영향의 감소 ④ 프로그램의 단일성

해설 디지털제어의 장점
① 감도의 개선
② 드리프트(drift)의 제거
③ 잡음 및 외란의 영향의 감소
④ 프로그램의 다중성
⑤ 고 신뢰성, 고속도기능

19 다음 회로의 종합전달함수는?

① $G_1 + G_2$ ② $G_1 \cdot G_2$ ③ $\dfrac{1}{G_1} + \dfrac{1}{G_2}$ ④ $\dfrac{1}{G_1} \cdot \dfrac{1}{G_2}$

해설 종합전달함수 : $G_1 \cdot G_2$

20 그림과 같은 피드백제어계의 종합 전달함수 $\dfrac{C}{R}$는?

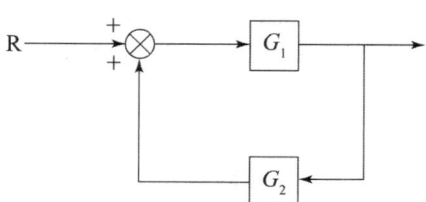

① $\dfrac{1}{G_1} + \dfrac{1}{G_2}$ ② $\dfrac{G_1}{1 - G_1 G_2}$ ③ $\dfrac{G_1}{1 + G_1 G_2}$ ④ $\dfrac{G_2}{1 - G_1 G_2}$

정답 18. ④ 19. ② 20. ②

해설 종합전달함수

$$G(S) = \frac{C(S)}{R(S)} = \frac{전향경로의\ 합}{1-(\pm 루프이득의\ 합)} = \frac{G_1}{1-(+G_1G_2)} = \frac{G_1}{1-G_1G_2}$$

21 그림의 블록선도에서 전달함수는?

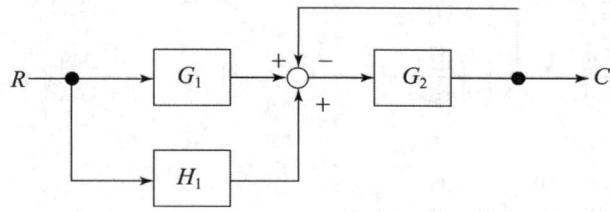

① $\dfrac{H_1}{1+G_1G_2}$ ② $\dfrac{G_2(G_1+H_1)}{1+G_2}$

③ $\dfrac{G_1G_2}{1+G_1G_2H_1}$ ④ $\dfrac{G_1G_2}{G_1+H_1}$

해설 종합전달함수 $= \dfrac{전향경로의\ 합}{1-루프이득의\ 합} = \dfrac{G_1G_2+H_1G_2}{1-(-G_2)} = \dfrac{G_2(G_1+H_1)}{1+G_2}$

22 그림과 같은 블록선도에서 C는?

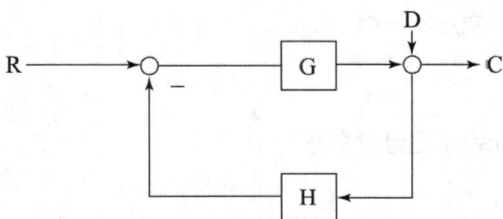

① $\dfrac{G}{1+GH}R + \dfrac{G}{1+GH}D$ ② $\dfrac{1}{1+GH}R + \dfrac{1}{1+GH}D$

③ $\dfrac{G}{1+GH}R + \dfrac{1}{1+GH}D$ ④ $\dfrac{1}{1+GH}R + \dfrac{G}{1+GH}D$

해설 출력 $C = D + RG - CGH$, $C(1+GH) = D + RG$

$C = \dfrac{D}{1+GH} + \dfrac{RG}{1+GH} = \dfrac{G}{1+GH}R + \dfrac{1}{1+GH}D$

23 그림과 같은 블록선도에서 C는?

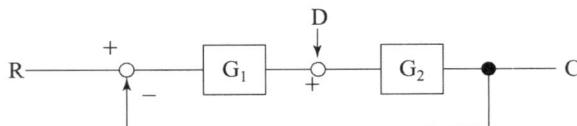

① $C = \dfrac{G_1G_2}{1+G_1G_2}R + \dfrac{G_1}{1+G_1G_2}D$
② $C = \dfrac{G_1G_2}{1+G_1G_2}R + \dfrac{G_1G_2}{1-G_1G_2}D$
③ $C = \dfrac{G_1G_2}{1+G_1G_2}R + \dfrac{G_1G_2}{1+G_1G_2}D$
④ $C = \dfrac{G_1G_2}{1+G_1G_2}R + \dfrac{G_2}{1+G_1G_2}D$

해설 출력 C
$C = RG_1G_2 + DG_2 - CG_1G_2$
$C + CG_1G_2 = C(1+G_1G_2) = RG_1G_2 + DG_2$
$C = \dfrac{RG_1G_2}{1+G_1G_2} + \dfrac{DG_2}{1+G_1G_2} = \dfrac{G_1G_2}{1+G_1G_2}R + \dfrac{G_2}{1+G_1G_2}D$

24 그림에서 전달함수 G(s)는?

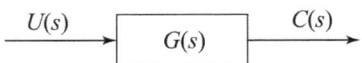

① $\dfrac{U(s)}{C(s)}$
② $\dfrac{C(s)}{U(s)}$
③ $U(s) \cdot C(s)$
④ $\dfrac{C^2(s)}{U^2(s)}$

해설 전달함수 G(s) = 출력/입력 = C(s)/U(s)

25 다음 그림과 같은 회로의 전달함수는?

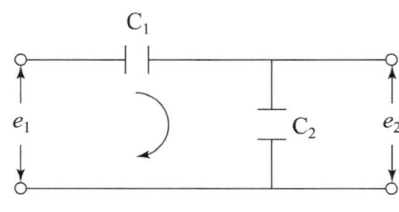

① $C_1 + C_2$
② C_2
③ $\dfrac{C_1}{C_1+C_2}$
④ $\dfrac{C_2}{C_1+C_2}$

정답 23. ④ 24. ② 25. ③

[해설] 전달함수 $= \dfrac{출력(e_2)}{입력(e_1)} = \dfrac{\dfrac{1}{SC_2}}{\dfrac{1}{SC_1}+\dfrac{1}{SC_2}} = \dfrac{C_1}{C_1+C_2}$

26 적분요소의 전달함수는?

① K ② $\dfrac{K}{1+Ts}$ ③ $\dfrac{1}{Ts}$ ④ Ts

[해설] 보기설명
① K : 비례요소
② $\dfrac{K}{1+Ts}$: 1차 지연요소
③ $\dfrac{1}{Ts}$: 적분요소
④ Ts : 미분요소

27 다음 중 부동작 시간(dead time) 요소의 전달함수는?

① sK ② $\dfrac{K}{1+Ts}$ ③ Ke^{-sL} ④ $1+Ks^{-1}$

[해설] 부동작 시간 요소의 전달함수 : Ke^{-sL}

28 어떤 제어계의 임펄스 응답이 $\cos\omega t$ 일 때 계의 전달함수는?

① $\dfrac{w^2}{s^2+w^2}$ ② $\dfrac{s}{s^2+w^2}$ ③ $\dfrac{sw}{s^2+w^2}$ ④ $\dfrac{2s}{s^2+w^2}$

[해설] 라플라스 변환값
① $\sin wt = \dfrac{w}{s^2+w^2}$
② $\cos wt = \dfrac{s}{s^2+w^2}$

29 함수 $f(t) = \sin wt$ 를 라플라스 변환하면?

① $\dfrac{w}{s^2+w^2}$ ② $\dfrac{s}{s^2+w^2}$ ③ $\dfrac{w^2}{s^2+w^2}$ ④ $\dfrac{s^2}{s^2+w^2}$

[해설] 라플라스 변환
① $\mathcal{L}[\sin wt] = \dfrac{w}{s^2+w^2}$
② $\mathcal{L}[\cos wt] = \dfrac{s}{s^2+w^2}$

[정답] 26. ③ 27. ③ 28. ② 29. ①

30 제어요소의 동작 중 연속동작이 아닌 것은?

① P 동작
② PD 동작
③ PI 동작
④ ON-OFF 동작

해설 조절부의 동작에 의한 분류

구분	약호	특징
비례동작	P	잔류편차 발생, 응답 속도 지연
적분동작	I	잔류편차 제거, 정상 특성 개선
미분동작	D	오차가 커지는 것을 미리 방지
비례적분동작	PI	잔류편차 제거, 정상특성 개선, 지상요소
비례미분동작	PD	응답 속응성의 개선
비례적분미분동작	PID	잔류편차 제거, 응답 속응성의 개선, 응답의 오버슈트 감소, 최적제어

31 정상특성과 응답의 속응성을 동시에 개선시키려면 어느 제어를 하는 것이 가장 좋은가?

① 비례 제어
② 미분 제어
③ 비례적분 제어
④ 비례적분미분 제어

해설 PID 동작은 비례적분미분제어로서 사이클링과 오프셋이 제거되고, 응답속도 빠르고 안정성이 있다.

32 PI제어동작은 정상특성 즉, 제어의 정도를 개선하는 지상요소인데 이것을 보상하는 지상보상의 특성으로 옳은 것은?

① 주어진 안정도에 대하여 속도편차상수가 감소한다.
② 시간응답이 비교적 빠르다.
③ 이득여유가 감소하고 공진값에 증가한다.
④ 이득교점 주파수가 낮아지며, 대역폭이 감소한다.

해설 PI제어동작의 지상보상 특성은 이득교정 주파수가 낮아지며, 대역폭이 감소한다.

33 불연속 제어에 속하는 것은?

① ON-OFF 제어
② 비례 제어
③ 미분 제어
④ 적분 제어

해설 ON-OFF 제어 : 신호에 따라 ON 또는 OFF의 조절신호를 발생하는 불연속 동작

정답 30. ④ 31. ④ 32. ④ 33. ①

34 다음 피드백제어계 블록선도의 전달 함수는?

① $\dfrac{G_2(G_1+H)}{1+G_2}$

② $\dfrac{G_1+H}{1+G_1G_2}$

③ $\dfrac{G_1G_2+H}{1+G_2}$

④ $\dfrac{G_1}{1+G_1G_2H}$

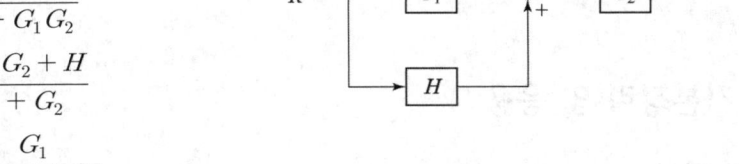

[해설] 전달함수 $= \dfrac{\text{전향경로의 합}}{1-\text{루프이득의 합}} = \dfrac{G_1G_2+G_2H}{1-(-G_2)} = \dfrac{G_2(G_1+H)}{1+G_2}$

정답 34. ①

제12장 시퀀스 제어회로

1 불대수의 기본정리 및 응용

1) 불대수의 정리 ★★★

(1) 드모르간 법칙
① $\overline{A \cdot B} = \overline{A} + \overline{B}$
② $\overline{A + B} = \overline{A} \cdot \overline{B}$

(2) 불 대수(Boolean algebra)의 정리

논리합	논리곱
$X + 0 = X$	$X \cdot 0 = 0$
$X + 1 = 1$	$X \cdot 1 = X$
$X + X = X$	$X \cdot X = X$
$X + \overline{X} = 1$	$X \cdot \overline{X} = 0$
$X + Y = Y + X$	$X \cdot Y = Y \cdot X$
$X + (Y + Z) = (X + Y) + Z$	$X(YZ) = (XY)Z$
$X(Y + Z) = XY + XZ$	$(X + Y)(Z + W) = XZ + XW + YZ + YW$
$X + XY = X(1 + Y) = X$	$\overline{X} + XY = \overline{X} + Y,\ X + \overline{X}Y = X + Y$

예제 1. 논리식 $\overline{(A \cdot A)}$ 를 간략화한 것은?

① $\overline{A}$ ② A ③ 0 ④ ϕ

해설 $\overline{(A \cdot A)} = \overline{A}$

정답 ①

2) 시퀀스 제어 심벌 ★

명 칭	a접점	b접점
수동접점(유지형)		
수동동작 자동복귀 접점		
기계적 접점(리미트 접점)		
순시동작순시복귀접점 (계전기접점)		
한시동작순시복귀접점		
순시동작한시복귀접점		
열동계전기 보조접점		
전자접촉기접점		

2 무접점 논리회로 및 유접점 회로

1) AND회로(논리곱 회로) ★★★

(1) 정의

입력단자 A, B 중 모두 ON되어야 출력이 ON되고 그 중 어느 한 단자라도 OFF되면 출력이 OFF되는 회로

(2) 회로의 해석

① **논리식(출력식)** $X = A \cdot B$

② 주요특성

Loggic 회로	무접점 회로	유접점 회로	진리표		
			A	B	X
			0	0	0
			0	1	0
			1	0	0
			1	1	1

2) OR회로(논리합 회로) ★★★

(1) 정의

입력단자 A, B 중 어느 하나라도 ON되면 출력이 ON되고 A, B 모든 단자가 OFF되어야 출력이 OFF되는 회로

(2) 회로의 해석
① **논리식(출력식)** $X = A + B$
② 주요특성

Loggic 회로	무접점 회로	유접점 회로	진리표
			A B X
			0 0 0
			0 1 1
			1 0 1
			1 1 1

3) NAND 회로(부정 논리곱) ★★

(1) 정의

입력단자 A, B 중 어느 하나라도 OFF되면 출력이 ON되고, 입력단자 A, B 모두가 ON되어야 출력이 OFF되는 회로

(2) 회로의 해석
① **논리식(출력식)** $X = \overline{A \cdot B} = \overline{A} + \overline{B}$
② 주요특성

Loggic 회로	무접점 회로	유접점 회로	진리표
			A B X
			0 0 1
			0 1 1
			1 0 1
			1 1 0

4) NOR 회로(부정 논리합)

(1) 정의

입력 A, B 중 모두 OFF 되어야 출력이 ON되고 그중 어느 입력단자 하나라도 ON되면 출력이 OFF 되는 회로

(2) 회로의 해석

① **논리식(출력식)** $X = \overline{A+B} = \overline{A} \cdot \overline{B}$

② 주요특성

Loggic 회로	무접점 회로	유접점 회로	진리표
			A B X
			0 0 1
			0 1 0
			1 0 0
			1 1 0

5) Exclusive OR(배타적 논리회로) ★

(1) 정의 : A, B 두 개의 입력 중 어느 하나만 입력할 때 출력이 ON 상태가 나오는 회로를 Exclusive OR회로라 한다.

(2) 회로의 해석

① **논리식(출력식)** $X = \overline{A} \cdot B + A \cdot \overline{B}$

② 주요특성

무접점 회로	유접점 회로	진리표
		A B X
		0 0 0
		0 1 1
		1 0 1
		1 1 0

6) 일치논리회로

(1) 정의

입력의 전부가 OFF 또는 ON일 때만 출력이 ON이 되는 논리회로

(2) 회로의 해석

① 논리식(출력식) $X = \overline{A} \cdot \overline{B} + A \cdot B$

② 주요특성

무접점 회로	유접점 회로	진리표
(A, B 입력 → $\overline{A}\cdot\overline{B}$, $A\cdot B$ → $\overline{A}\cdot\overline{B}+A\cdot B$)	(A, $\overline{A}$, B, $\overline{B}$ 접점회로, X)	A B X 0 0 1 0 1 0 1 0 0 1 1 1

7) 자기유지회로

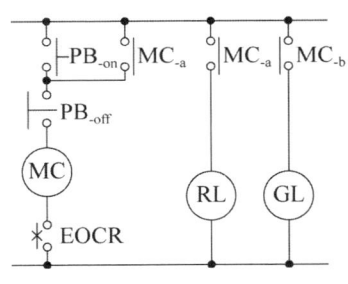

〈동작설명〉

푸시버튼 PB_{-on}을 누르면 전자접촉기 MC가 여자, MC_{-a} 접점은 폐로, MC_{-b} 접점은 개로 되며, 적색표시등 RL은 점등, 녹색표시등 GL은 소등된다. 이 상태에서 PB_{-off}를 누르거나 전자식 과전류계전기인 EOCR이 동작하면 MC는 소자되어 RL은 소등, GL은 점등된다.

8) 인터록 회로

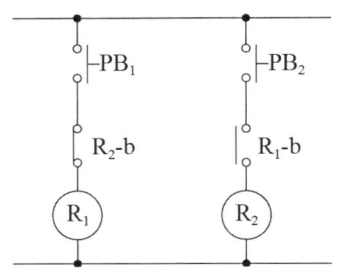

〈동작설명〉

PB_1을 누르면 릴레이 R_1이 여자, R_{1-b} 접점이 개로 되어 PB_2를 눌러도 릴레이 R_2는 여자되지 못한다. 반대로 PB_2를 먼저 누르면 R_2가 여자, R_{2-b} 접점이 개로 되어 PB_1을 눌러도 R_1은 여자되지 못한다.

제12장 출제예상문제

Fire Facilities Manager

01 논리식 $\overline{X}+XY$를 간단히 나타내면?

① $\overline{X}+Y$ ② $X+\overline{Y}$ ③ $\overline{X}Y$ ④ $X\overline{Y}$

[해설] $\overline{X}+XY = \overline{X}(Y+\overline{Y})+XY = \overline{X}Y+\overline{X}\overline{Y}+XY = \overline{X}(Y+\overline{Y})+Y(\overline{X}+X) = \overline{X}+Y$

02 논리식 $F = \overline{A \cdot B}$와 같은 것은?

① $F = \overline{A}+\overline{B}$ ② $F = A+B$
③ $F = \overline{A} \cdot \overline{B}$ ④ $F = A \cdot B$

[해설] 드모르간의 법칙
① $\overline{A \cdot B} = \overline{A}+\overline{B}$ ② $\overline{A+B} = \overline{A} \cdot \overline{B}$

03 논리식 $F = \overline{A+B}$와 같은 것은?

① $F = \overline{A}+\overline{B}$ ② $F = A+B$
③ $F = \overline{A} \cdot \overline{B}$ ④ $F = A \cdot B$

[해설] 드모르간의 법칙
① $\overline{A \cdot B} = \overline{A}+\overline{B}$ ② $\overline{A+B} = \overline{A} \cdot \overline{B}$

04 논리식 $A(A+B)$를 간단히 하면?

① A ② B ③ AB ④ A+B

[해설] 논리식 $A+AB = A(1+B) = A$

05 다음 중 옳지 않은 것은?

① $(A+B)(\overline{A}+B) = B$ ② $(A+B)(\overline{A}+C) = AC$
③ $\overline{AB}+A = 1$ ④ $(A+\overline{B})B = AB$

[해설] $(A+B)(\overline{A}+C) = A\overline{A}+AC+\overline{A}B+BC = AC+\overline{A}B+BC$
$= AC+\overline{A}B+BC(\overline{A}+A) = AC(1+B)+\overline{A}B(1+C) = AC+\overline{A}B$

정답 1. ① 2. ① 3. ③ 4. ① 5. ②

06 다음 중 논리식이 잘못된 것은?

① $X + 1 = 1$
② $X + \overline{X} = 0$
③ $(X + \overline{Y}) \cdot Y = X \cdot Y$
④ $X \cdot \overline{Y} + Y = X + Y$

해설 $X + \overline{X} = 1$

07 논리식 $Y = (A + B)(A + C)$와 등가인 것은?

① $B(A + C)$
② $C(A + B)$
③ $B + AC$
④ $A + BC$

해설 $(A + B) \cdot (A + C) = AA + AC + AB + BC = A(1 + C + B) + BC = A + BC$

08 다음 표기된 심벌( )의 명칭은?

① 수동 접점
② 수동조작 자동복귀 접점
③ 계전기 접점
④ 한시동작 접점

해설 한시동작 순시복귀 a 접점 : 타이머가 여자(통전)되고 설정시간이 지난 후에 접점이 폐로 된다.

09 다음 표기된 접점( )은 무슨 접점인가?

① 계전기 접점
② 푸시버튼 OFF접점
③ 열동계전기 접점
④ 한시계전기접점

해설 전자식 과전류계전기 또는 서멀릴레이(THR)의 수동복귀 b접점이다.

10 열동계전기(Thermal Relay)의 설치 목적은?

① 전동기의 과부하 보호
② 감전사고 예방
③ 자기유지
④ 인터록유지

해설 열동 계전기 : 유도 전동기의 과부하 보호용

정답 6. ② 7. ④ 8. ④ 9. ③ 10. ①

11 다음 중 전자접촉기 보조 b접점인 것은?

① —o⊥o—　② —o|o—　③ —o o—　④ —o o—

해설 접점

① —o⊥o— : 수동조작 자동복귀 a 접점(푸시버튼 스위치 a 접점)
② —o|o— : 수동조작 자동복귀 b 접점(푸시버튼 스위치 b 접점)
③ —o o— : 전자접촉기 a 접점
④ —o o— : 전자접촉기 b 접점

12 기계적인 변위의 한계부근에다 배치해 놓고 이 스위치를 누름으로써 기계를 정지하거나 명령신호를 내는 데 사용되는 스위치는?

① 단극스위치　② 리미트스위치
③ 캠스위치　④ 누름버튼스위치

해설 리미트(limit) 스위치 : 상한이나 하한을 감지하여 기계를 작동시키거나 정지시키는 스위치를 말하며 기계적 접점이라고도 한다.

명 칭	a접점	b접점
수동동작 자동복귀 접점	—o⊥o—	—o|o—
기계적 접점(리미트 접점)	—▭—	—▱—

13 그림과 같은 다이오드 논리회로의 명칭을 무엇이라 하는가?

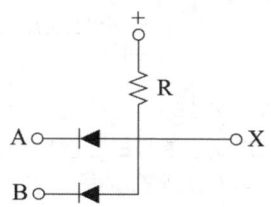

① NOT 회로　② AND 회로　③ OR 회로　④ NAND 회로

해설 AND 회로 : 입력신호 A, B 모두 ON이 되면 출력이 ON이 되는 회로
① 논리식(출력식) X = A · B
② Loggic 회로 :

14 그림과 같은 무접점 논리회로를 무엇이라 하는가?

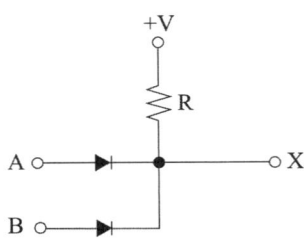

① NOT 회로　　　　　　　　② AND 회로
③ OR 회로　　　　　　　　　④ NAND 회로

해설 OR 회로 : 입력단자 A, B중 어느 하나라도 ON되면 출력이 ON되고 A, B 모든 단자가 OFF되어야 출력이 OFF되는 회로
① 논리식(출력식) X = A + B
② Loggic 회로 :

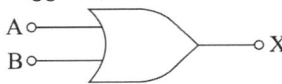

15 그림과 같은 게이트의 명칭을 무엇이라 하는가?

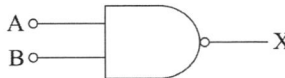

① NOT 회로　　　　　　　　② AND 회로
③ NAND 회로　　　　　　　 ④ OR 회로

해설 NAND 회로
① 논리식(출력식) $X = \overline{A \cdot B} = \overline{A} + \overline{B}$
② 주요특성 : 입력단자 A, B 중 어느 하나라도 OFF 되면 출력이 ON 되고, 입력단자 A, B 모두가 ON 이 되어야 출력이 OFF 되는 회로

정답 14. ③　15. ③

16 다음 진리표에 해당하는 gate는?

입력		출력
X	Y	Z
0	0	1
0	1	1
1	0	1
1	1	0

① AND　　　② OR　　　③ NAND　　　④ NOR

해설　NAND 회로
　　① 입력신호 중 어느 하나라도 0이면 출력이 1이 되는 회로
　　② AND 회로의 부정회로

17 입력이 1과 0일 때 출력이 0이 되는 것은?
① NAND회로　　　② NOT회로
③ OR회로　　　　④ NOR회로

해설　NOR회로
　　① 논리식(출력식) $X = \overline{A+B} = \overline{A} \cdot \overline{B}$
　　② 진리표(논리표) : 입력이 1과 0일 때 출력이 0이 된다.

A	B	X
0	0	1
0	1	0
1	0	0
1	1	0

18 다음 진리표의 논리회로는?

A	B	X
0	0	0
0	1	1
1	0	1
1	1	0

① AND　　　　　　　　② OR
③ EXCLUSIVE OR　　　④ EXCLUSIVE NOR

정답 16. ③　17. ④　18. ③

해설 EXCLUSIVE OR : 배타적 논리합 회로라고도 하며, 입력신호 A, B 중 반드시 하나의 신호가 ON이 되어야 출력이 X가 ON이 되는 회로이다.
논리식 $X = A \cdot \overline{B} + \overline{A} \cdot B$

19 그림과 같은 유접점회로의 논리식으로 옳은 것은?

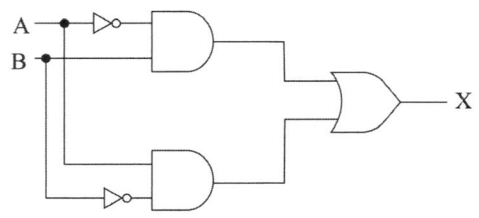

① $X = \overline{A} \cdot B + A \cdot \overline{B}$
② $X = \overline{A \cdot B} + A \cdot B$
③ $X = (\overline{A} + B)(A + \overline{B})$
④ $X = (\overline{A + B})A \cdot B$

해설 배타적 논리합회로
① 논리식 $X = \overline{A} \cdot B + A \cdot \overline{B}$
② 입력신호 A, B 중 어느 하나만 ON이 되어야 출력 X가 ON이 되는 회로

20 입력이 1과 0일 때 1의 출력이 나오지 않는 게이트는?
① OR 게이트
② NAND 게이트
③ NOR 게이트
④ EXCLUSIVE OR 게이트

해설 진리표(진가표) 정리

입력		AND	NAND	OR	NOR	배타적 논리합	일치 회로
X	Y						
0	0	0	1	0	1	0	1
0	1	0	1	1	0	1	0
1	0	0	1	1	0	1	0
1	1	1	0	1	0	0	1

정답 19. ① 20. ③

21 그림과 같은 릴레이 시퀀스 회로의 논리식을 나타내는 것은?

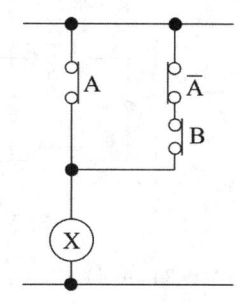

① $\overline{A}\,B$ ② $\overline{A+B}$ ③ $A\,B$ ④ $A+B$

해설 출력 $X = \overline{A}B + A = \overline{A}B + A(B+\overline{B}) = \overline{A}B + AB + A\overline{B} = A(B+\overline{B}) + B(A+\overline{A}) = A+B$

22 그림과 같은 유접점 회로의 논리식으로 옳은 것은?

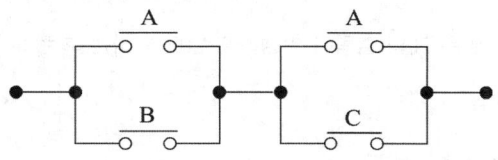

① $AB + BC$ ② $A + BC$
③ $AB + C$ ④ $B + AC$

해설 논리식 $(A+B)\cdot(A+C) = A + AC + AB + BC = A(1+C+B) + BC = A + BC$

23 그림과 같은 계전기 접점회로의 논리식은?

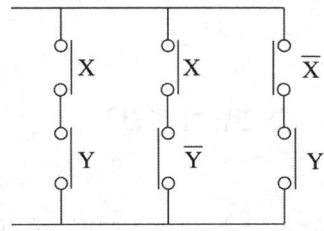

① $(X+Y)(X+\overline{Y})(\overline{X}+Y)$ ② $(X+Y)(X+\overline{Y})+(\overline{X}+Y)$
③ $(XY)+(X\overline{Y})+(\overline{X}Y)$ ④ $(XY)(X\overline{Y})(\overline{X}Y)$

해설 논리식 : $XY + X\overline{Y} + \overline{X}Y$

24. 다음 그림을 간단히 나타낸 논리식은?

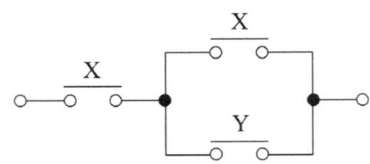

① X   ② Y   ③ X + XY   ④ XY

해설 논리식 $X \cdot (X+Y) = XX + XY = X(1+Y) = X \cdot 1 = X$

25. 두 개의 입력신호 중 먼저 동작한 쪽의 출력이 발생하는 동안 다른 쪽의 출력을 금지하는 회로를 무엇이라 하는가?

① 자기유지회로   ② Y-△기동회로
③ 정역전회로   ④ 인터록회로

해설 인터록회로 : 동시에 두 개의 출력이 발생하지 않도록 하는 회로

26. 그림과 같은 논리회로는?

① AND 회로
② OR 회로
③ NAND 회로
④ NOR 회로

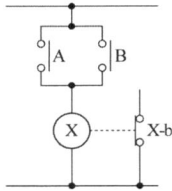

해설 NOR 회로 : 입력신호 A, B가 OFF일 때 출력신호 X가 ON이 되는 회로
논리식 $X = \overline{A+B} = \overline{A} \cdot \overline{B}$

27. 논리식 $[A\overline{B}(C+BD) + \overline{A}\,\overline{B}]C$를 간단히 하면?

① $\overline{A}B$ ② AB ③ $\overline{B}C$ ④ BC

해설 $[A\overline{B}(C+BD) + \overline{A}\,\overline{B}]C = A\overline{B}CC + A\overline{B}BCD + \overline{A}\,\overline{B}C = A\overline{B}C + \overline{A}\,\overline{B}C$
$\phantom{[A\overline{B}(C+BD) + \overline{A}\,\overline{B}]C} = \overline{B}C(A+\overline{A}) = \overline{B}C$

정답 24. ①   25. ④   26. ④   27. ③

제13장 전자회로

1 전력용 반도체

1) P형 반도체와 N형 반도체

(1) P형 반도체

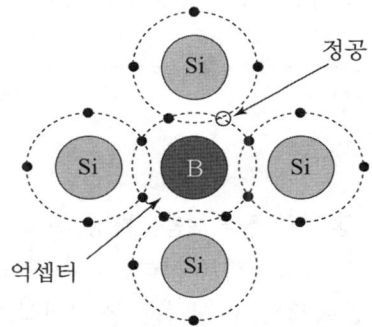

① 진성반도체인 4가 원소(실리콘(Si))에 불순물인 **3가 원소**(갈륨(Ga), 인듐(In), 붕소(B) 등)를 첨가
② P형 반도체를 만들기 위해서 사용되는 **불순물을 억셉터(acceptor)**
③ 불순물에 의해서 형성되는 준위를 억셉터 준위
④ 양의 전하를 가진 **정공**이 운반자로써 이동하여 전류가 흐른다.

(2) N형 반도체

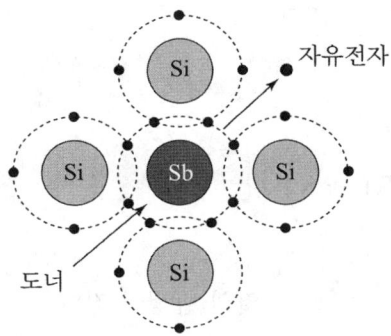

① 진성반도체인 4가 원소(실리콘(Si))에 불순물인 **5가 원소**(안티몬(Sb), 비소(As), 인(P) 등)를 첨가
② N형 반도체를 만들기 위해서 사용되는 **불순물을 도너(donor)**
③ 불순물에 의해서 형성되는 준위를 도너준위
④ 음의 전하를 가진 **자유전자**가 운반자로써 이동하여 전류가 흐른다.

2) 다이오드 ★★★

(1) 구성
  ① PN **접합구조**로 되어 있으며, 주된 기능은 **정류작용**이다.
  ② P형 반도체와 N형 반도체를 조합하여 구성

A:애노드   K:캐소드

(2) 다이오드의 종류
  ① **제너다이오드 : 정전압 정류작용**, 특정 전압에서 전류가 급격히 증가하고 그 후에는 전압을 일정하게 유지하는 다이오드
  ② **터널다이오드 : 증폭작용, 발진작용, 스위치작용**
  ③ 가변용량다이오드 : 바렉터다이오드
  ④ 발광다이오드(LED)

예제 1. 주로 정전압 회로용으로 사용되는 소자는?
  ① 터널다이오드   ② 포토다이오드
  ③ 제너다이오드   ④ 매트릭스다이오드

해설 제너다이오드 : 정전압 정류작용, 특정 전압에서 전류가 급격히 증가하고 그 후에는 전압을 일정하게 유지하는 다이오드

정답 ③

3) 실리콘 정류기(SCR) ★★

(1) 특징
  ① 아크가 생기지 않으므로 열의 발생이 적다.
  ② 과전압에 약하다. 소형으로 대 전력용이다.

③ 게이트 신호를 인가할 때부터 도통할 때까지의 **시간이 짧다.**
④ 전류가 흐르고 있을 때 양극의 전압강하가 작다.
⑤ **정류기능**을 갖는 **단방향성 3단자** 소자이다.
⑥ 브레이크오버 전압이 되면 애노드 전류가 갑자기 커진다.
⑦ 효율이 가장 우수하다.
⑧ 온도에 의한 영향이 작다.(최고 허용온도 **140~200℃**)
⑨ 유지전류 : 턴 온(Turn on)된 후 ON상태를 유지하기 위한 최소전류
⑩ 도통 상태에서 게이트 전류를 차단시켜도 도통 상태를 유지한다.
⑪ SCR의 소호 : 소자에 역전압이 걸려 흐르던 전류가 멈추면 소호된다. 일단 소호상태에서 순방향 전압을 가해도 도통되지 않는다.
⑫ 래칭전류 : SCR이 ON이 되기 위해 애노드에서 캐소드로 흘려야 할 최소의 전류
⑬ **PNPN 접합구조**

(2) 심벌

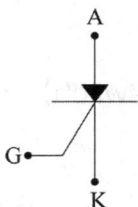

A : 애노드(+), K : 캐소드(-), G : 게이트(+)

예제 2. SCR을 사용할 경우 올바른 전압 공급 방법은?
① A : 애노드(+), K : 캐소드(-), G : 게이트(+)
② A : 애노드(-), K : 캐소드(+), G : 게이트(+)
③ A : 애노드(+), K : 캐소드(-), G : 게이트(-)
④ A : 애노드(-), K : 캐소드(+), G : 게이트(-)

해설 SCR 사용 시 A : 애노드(+), K : 캐소드(-), G : 게이트(+)

정답 ①

4) GTO(gate turn off thyristor) ★

① 단방향성 3단자 소자
② 초퍼 직류 스위치에 적용
③ **소호기능**(게이트에 흐르는 전류를 점호할 때의 전류와 반대방향의 전류를 흘려서 소호)

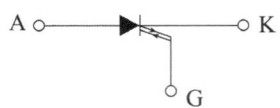

5) SCS(silicon controled switch) ★

① 단방향성 4단자 소자
② 제어 게이트 전극이 2개

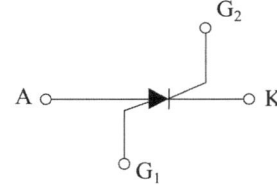

6) SSS(silicon symmetrical switch)

① 쌍방향성 2단자 소자
② 제어 게이트 전극이 없다.

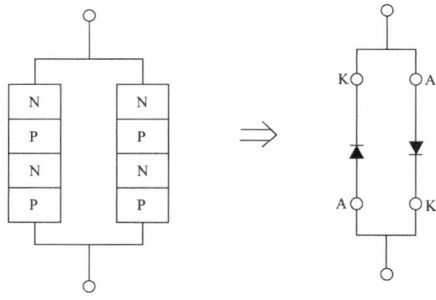

7) TRIAC(트라이액, triode AC switch) ★★

① 쌍방향성 3단자 소자
② 2개의 SCR을 역병렬 접속한 구조
③ 용도 : 조광장치, 교류 스위치
④ 심벌

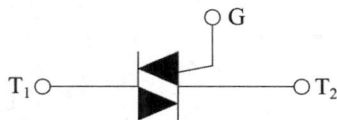

8) DIAC(다이액) ★
① 쌍방향성 2단자 소자
② 심벌

9) 기타 ★★★

(1) 바리스터(varistor)
① 전압에 따라 저항 값이 현저하게 비직선형으로 변화하는 2극 반도체
② 서지 전압을 흡수하여 전자 회로를 보호
③ 전기접점의 **불꽃을 소거**하거나 반도체 정류기 등을 **서지전압으로부터 보호**하는 데 사용

(2) 서미스터(thermistor)
① 온도에 의해 저항 값이 변화하는 반도체로 **온도보상용**, 온도 계측용으로 사용
② 아주 작은 온도의 변화로 전기 저항이 대폭으로 변하는 반도체의 성질을 이용한 소자

예제 3. 반도체를 사용한 화재감지기 중 서미스터(Thermistor)는 무엇을 측정, 제어하기 위한 반도체 소자인가?
① 온도 ② 연기 농도
③ 가스 농도 ④ 불꽃의 스펙트럼 강도

해설 서미스터(thermistor)
① 온도에 의해 저항 값이 변화하는 반도체로 온도보상용, 온도 계측용으로 사용
② 아주 작은 온도의 변화로 전기 저항이 대폭으로 변하는 반도체의 성질을 이용한 소자

정답 ①

2 단상 반파 정류 ★

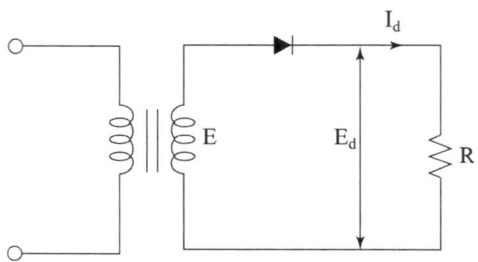

1) 직류 전압

$$E_d = \frac{\sqrt{2}}{\pi}E - e = 0.45E - e \quad (E : 교류전압[V],\ e : 전압강하[V])$$

2) 직류 전류

$$I_d = \frac{E_d}{R} = \frac{\frac{\sqrt{2}}{\pi}E - e}{R} \quad (E : 교류전압[V],\ R : 저항,\ e : 전압강하)$$

예제 4. 단상 반파정류로 직류전압 100[V]를 얻으려면 반파정류의 경우에 변압기의 2차권선 상전압(교류전압)을 얼마로 하여야 하는가?

① 약 80[V]
② 약 122[V]
③ 약 200[V]
④ 약 222[V]

해설 직류전압 $E_d = \frac{\sqrt{2}}{\pi}E = 0.45E$ 에서 교류전압 $E = \frac{E_d}{0.45} = \frac{100}{0.45} = 222.22[V]$

정답 ④

❸ 단상 전파 정류 ★

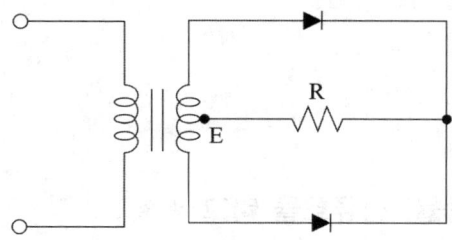

1) 직류 전압

$$E_d = \frac{2\sqrt{2}}{\pi}E - e = 0.9E - e \quad (E : 교류전압[V],\ e : 전압강하[V])$$

2) 직류 전류

$$I_d = \frac{E_d}{R} = \frac{\frac{2\sqrt{2}}{\pi}E - e}{R} \quad (E : 교류전압[V],\ R : 저항,\ e : 전압강하)$$

예제 5. 220[V]의 교류 전압을 전파 정류하여 순저항 부하에 직류 전압을 공급하고 있다. 정류기의 전압강하가 10[V]로 일정할 때 부하에 걸리는 직류 전압의 평균값은?
① 99[V]　　　　　　　　　② 188[V]
③ 198[V]　　　　　　　　　④ 220[V]

해설 직류전압 $E_d = \frac{2\sqrt{2}}{\pi}E - e = 0.9E - e = 0.9 \times 220 - 10 = 188[V]$

정답 ②

4 맥동주파수, 맥동률, 정류효율

1) 맥동률의 계산

$$맥동률 = \frac{교류분}{직류분} \times 100\,[\%]$$

2) 맥동주파수, 맥동률, 정류효율 비교 ★★

구분	단상 반파	단상 전파	3상 반파	3상 전파
맥동주파수	60(f)	120(2f)	180(3f)	360(6f)
맥동률(%)	121	48	17	4
정류효율(%)	40.6	81.2	96.7	99.8

5 전력변환

1) 인버터(Inverter) ★★★

직류를 교류로 변환

2) 콘버터(Converter)

교류를 직류로 변환

3) 초퍼제어

전류의 ON-OFF를 반복하는 것을 통해 직류 또는 교류의 전원으로부터 실효값으로 임의의 전압이나 전류를 만들어 내는 전원 회로의 제어 방식이다. 주로 전동차용 주전동기의 제어나 직류 안정화 전원(AC 어댑터) 등에 이용

4) 사이클로 콘버터

정지 사이리스터 회로에 의해 전원 주파수와 다른 주파수의 전력으로 변환

제13장 출제예상문제

01 반도체의 저항값과 온도와의 관계를 옳게 표현한 것은?
① 저항값은 온도에 비례한다.
② 저항값은 온도에 반비례한다.
③ 저항값은 온도의 제곱에 비례한다.
④ 저항값은 온도의 제곱에 반비례한다.

해설 반도체 : 부성저항 특성으로 온도가 증가하면 저항값이 감소한다.

02 반도체의 특징으로 옳지 않은 것은?
① 진성 반도체의 경우 온도가 올라갈수록 양(+)의 온도계수를 나타낸다.
② 열전현상, 광전현상, 홀 효과 등이 심하다.
③ 반도체와 금속의 접촉면이나 P형, N형 반도체의 접합면에서 정류작용을 한다.
④ 전류와 전압의 관계는 비직선형이다.

해설 반도체는 부(−)의 온도계수를 갖는다.

03 이산화동의 저항은 상온 부근에서 수십 [kΩ]이지만 온도가 상승하면 약 3[Ω] 정도로 급격히 감소하게 되는데 이때의 온도는 몇 [℃]인가?
① 900   ② 950   ③ 1,000   ④ 1,050

해설 이산화동의 저항온도 특성 : 상온부근에서는 수십 [kΩ]의 전기저항을 갖고 있으나 온도상승과 함께 급격히 저하되어 1,050[℃]부근에서 약 3[Ω]으로 가장 적게 되고 더욱 온도를 올리면 전기저항이 약간 증가한다.

04 주로 정전압 회로용으로 사용되는 소자는 무엇인가?
① 제너다이오드   ② 포토다이오드
③ 터널 다이오드   ④ 마트릭스 다이오드

해설 제너다이오드와 터널다이오드
① 제너다이오드 : 정전압 정류작용, 전원전압을 일정하게 유지
② 터널다이오드 : 증폭작용, 발진작용, 개폐(스위칭)작용

정답 1. ② 2. ① 3. ④ 4. ①

05 소방 설비 표시등에 사용되는 발광다이오드에 대한 설명으로 옳은 것은?

① 응답속도가 매우 빠르다.
② PNP 접합에 역방향 전류를 흘려서 발광시킨다.
③ 전구에 비해 수명이 길고 진동에 약하다.
④ 발광다이오드의 재료로는 Cu, Ag 등이 사용된다.

해설 발광다이오드(LED) : 응답속도가 빠르며, 수명이 길고 효율이 우수하다.

06 빛이 닿으면 전류가 흐르는 다이오드로 광량의 변화를 전류값으로 대치하므로 광센서에 주로 사용하는 다이오드는?

① 제너다이오드
② 터널다이오드
③ 발광다이오드
④ 포토다이오드

해설 다이오드
① 제너다이오드 : 정전압 정류작용
② 터널다이오드 : 증폭작용, 발진작용, 개폐(스위칭)작용
③ 발광다이오드 : PN접합에서 순방향 전압을 가하면 발광
④ 포토다이오드 : 광량의 변화에 따라 전류가 흐른다.

07 다이오드를 사용한 정류회로에서 과대한 부하전류에 의해 다이오드가 손상될 우려가 있는 경우의 대책으로 옳은 것은?

① 다이오드를 직렬로 추가한다.
② 다이오드를 병렬로 추가한다.
③ 다이오드의 양단에 적당한 값의 저항을 추가한다.
④ 다이오드의 양단에 적당한 값의 콘덴서를 추가한다.

해설 다이오드의 접속
① 직렬접속 : 과전압으로부터 보호
② 병렬접속 : 과전류로부터 보호
③ 다이오드의 기능 : 정류기능

08 다음 중 단방향성 3단자인 것은?

① SSS
② TRIAC
③ SCR
④ SCS

해설 보기설명
① SSS : 쌍방향성 2단자
② TRIAC : 쌍방향성 3단자
③ SCR : 단방향성 3단자
④ SCS : 단방향성 4단자

정답 5. ① 6. ④ 7. ② 8. ③

09 소형이면서 대전력용 정류기로 사용하는 것은?
① 게르마늄 정류기　　　　　② SCR
③ 수은정류기　　　　　　　④ 셀렌정류기

해설 실리콘 정류기(SCR) : 소형으로 대 전력용, 정류기능을 갖는 단방향성 3단자 소자, 아크가 생기지 않아 열 발생이 적다.

10 실리콘정류기의 최고 허용온도는 몇 ℃인가?
① 30~60℃　　　　　　　② 60~90℃
③ 90~130℃　　　　　　 ④ 140~200℃

해설 실리콘정류기의 최고 허용온도 : 140~200℃

11 완전 통전상태에 있는 SCR을 차단상태로 하기 위한 방법은?
① 게이트 전류를 차단한다.
② 게이트에 역방향 바이어스를 인가.
③ 양극전압을 (−)로 한다.
④ 양극전압을 (+)로 한다.

해설 SCR을 차단상태로 하려면 양극전압을 (−) 또는 (0)으로 해야 한다.

12 SCR의 양극에 전류가 10[A]일 때 게이트 전류를 반으로 줄이면 양극 전류는 몇 [A]가 되겠는가?
① 0　　　　　　　　　　② 5
③ 10　　　　　　　　　 ④ 20

해설 도통 상태가 되면 게이트 전류에 관계없이 일정한 전류가 흐르므로 양극전류는 변하지 않는다.

13 SCR의 애노드 전류가 5[A]일 때 게이트 전류를 2배로 증가시키면 애노드 전류는?
① 2.5A　　　　　　　　② 5A
③ 10A　　　　　　　　 ④ 20A

해설 SCR은 턴온(turn on) 상태에 이르면 게이트 전류에 관계없이 전류의 변화는 없다.

정답 9. ②　10. ④　11. ③　12. ③　13. ②

14 실리콘 정류 소자인 SCR의 특징을 잘못 나타낸 것은?
① 과전압에 비교적 약하다.
② 게이트에 신호를 인가한 때부터 도통 시까지의 시간이 짧다.
③ 순방향 전압강하는 크게 발생한다.
④ 열의 발생이 적은 편이다.

해설 이온소멸시간이 짧다. 역방향 전압강하가 크게 발생한다.

15 SCR을 사용할 경우 올바른 전압 공급 방법은 무엇인가?
① 애노드 ⊕전압, 캐소드 ⊖전압, 게이트 ⊕전압
② 애노드 ⊕전압, 캐소드 ⊖전압, 게이트 ⊖전압
③ 애노드 ⊖전압, 캐소드 ⊕전압, 게이트 ⊕전압
④ 애노드 ⊖전압, 캐소드 ⊕전압, 게이트 ⊖전압

해설 SCR 사용 시 : 애노드(A) ⊕전압, 캐소드(K) ⊖전압, 게이트(G) ⊕전압

16 다음 중 SCR의 심벌은?

① 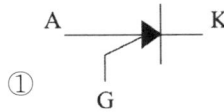 ②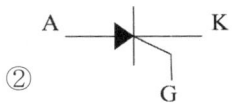

③  ④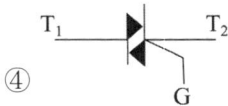

해설 보기 ② 실리콘 정류기(SCR)
보기 ③ 다이액(DIAC)
보기 ④ 트라이액(TRIAC)

정답 14. ③ 15. ① 16. ②

17 그림과 같은 1[kΩ]의 저항과 실리콘다이오드의 직렬회로에서 전압 V_0의 크기는 몇 [V]인가?

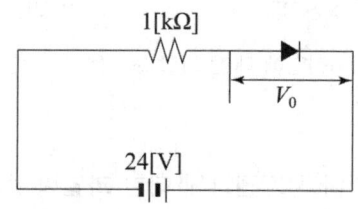

① 0   ② 0.1   ③ 0.024   ④ 24

해설 다이오드에 걸리는 전압

① 역방향 전압이 인가 : 24V의 전압

② 순방향 전압이 인가 : 0V의 전압

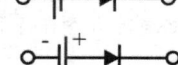

18 전력용 반도체 소자를 스위칭의 방향성에 따라 분류할 경우 양방향 전류소자가 아닌 것은?
① DIAC   ② TRIAC
③ RCT   ④ IGBT

해설 보기설명
① DIAC(다이액) : 쌍방향성 2단자
② TRIAC(트라이액) : 쌍방향성 3단자
③ IGBT(게이트 절연 트랜지스터) : 이미터, 콜렉터, 게이트가 있는 전압제어소자
④ RCT : 역도통 다이리스터, 고속스위칭 작용

19 다음 중 N형 반도체의 주반송자(캐리어)는?
① 자유전자   ② 정공
③ 억셉터   ④ 도우너

해설 P형과 N형 비교

구분	P형	N형
주반송자	정공	자유전자
첨가 불순물	억셉터	도우너

정답 17. ④   18. ④   19. ①

20 비 직선적인 전압-전류 특성을 갖는 2단자 반도체 소자로 주로 서지전압에 대한 보호용으로 사용되는 것은?

① 서미스터　　② SCR　　③ 바리스터　　④ 바렉터

해설 바리스터(varistor) : 서지전압에 대한 회로 보호용

21 계측기 접점의 불꽃 제거나 서지전압에 대한 과입력 보호용 반도체 소자로 옳은 것은?

① 바리스터(varistor)　　② 사이리스터(thyristor)
③ 서미스터(thermistor)　　④ 트랜지스터(transistor)

해설 용어 설명
① 바리스터 : 서지전압으로부터 회로의 보호
② 사이리스터 : 전력 시스템에서 전류나 전압의 제어에 사용
③ 서미스터 : 온도보상용
④ 트랜지스터 : PNP, NPN의 3층 구조용 반도체 소자

22 전자회로에서 온도보상용으로 많이 사용되고 있는 소자는?

① 리액터　　② 저항　　③ 서미스터　　④ 콘덴서

해설 서미스터(thermistor) : 온도에 의해 저항 값이 변화하는 반도체로 온도보상용, 온도계측용으로 사용.

23 부저항 특성을 갖는 서미스터의 저항값은 온도가 증가함에 따라 어떻게 변하는가?

① 감소
② 증가 → 감소
③ 증가
④ 감소 → 증가

해설 반도체소자인 서미스터는 일반반도체와 다르게 온도가 증가함에 따라 저항값이 감소한다.

24 반도체를 사용한 화재감지기 중 서미스터(Thermistor)는 무엇을 측정, 제어하기 위한 반도체 소자인가?

① 연기농도
② 온도
③ 스펙트럼강도
④ 가스농도

해설 서미스터
① 차동식스포트형 감지기의 감지원리(공기팽창, 열기전력, 서미스터) 중 하나.
② 온도보상용, 온도계측용 반도체 소자이다.

정답 20. ③　21. ①　22. ③　23. ①　24. ②

25 단상 반파정류회로에서 입력에 교류 실효값 100[V]를 정류하면 직류 평균전압은 몇 [V]인가?(단, 정류기의 전압강하는 무시)

① 45 ② 50
③ 57 ④ 68

해설 단상 반파정류

직류전압 $E_{d0} = \dfrac{\sqrt{2}}{\pi}E = 0.45E = 0.45 \times 100 = 45[V]$

26 그림과 같은 정류회로에서 부하 R에 흐르는 직류전류의 크기는 약 몇 [A]인가?
(단, V = 200[V], R = 20$\sqrt{2}$ [Ω]이다.)

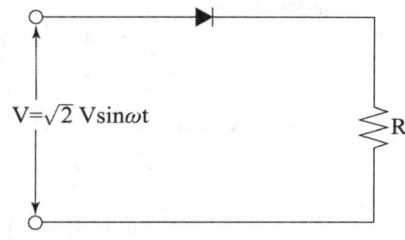

① 3.2 ② 3.8
③ 4.4 ④ 5.2

해설 단상반파 정류회로

직류전류 $I_d = 0.45I = 0.45 \times \dfrac{E}{R} = 0.45 \times \dfrac{200}{20\sqrt{2}} = 3.18$

27 3상 반파정류의 맥동률은?

① 1.21 ② 0.48
③ 0.17 ④ 0.9

해설 맥동률
① 단상반파 48% = 0.48
② 3상 반파 17% = 0.17

정답 25. ① 26. ① 27. ③

28 60[Hz]의 3상 전압을 전파 정류하면 맥동주파수는 얼마가 되겠는가?

① 60   ② 120   ③ 240   ④ 360

해설 맥동주파수

구분	단상 반파	단상 전파	3상 반파	3상 전파
맥동주파수	60	120	180	360

29 그림은 비상시에 대비한 예비전원의 공급회로이다. 직류전압을 일정하게 하기 위해서 콘덴서(C)를 설치한다면 그 위치로 적당한 곳은 어디인가?

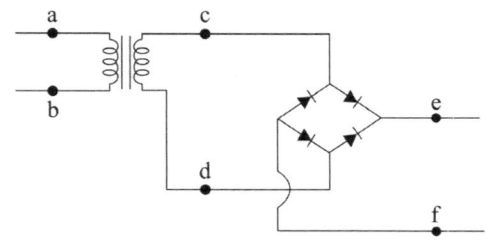

① a와 b 사이   ② c와 d 사이
③ e와 f 사이   ④ a와 c 사이

해설 콘덴서 설치 : 브리지 회로에서 직류전압을 일정하게 하기 위해 설치하며, 정류회로의 출력에 설치한다.

30 조작기기는 직접 제어대상에 작용하는 장치이고 응답이 빠른 것이 요구된다. 다음 중 전기식 조작기기가 아닌 것은?

① 전동 밸브   ② 서보 전동기
③ 전자 밸브   ④ 다이어프램 밸브

해설 조작용 기기
① 기계식 : 다이어프램 밸브, 밸브 포지셔너, 클러치 등
② 유압식 : 안내 밸브, 조작 실린더 및 피스톤, 분사관 등
③ 전기식 : 솔레노이드 밸브, 전동 밸브, 서보 전동기 등

31 광전자 방출현상에서 방출된 에너지는 무엇에 비례하는가?

① 빛의 세기   ② 빛의 파장
③ 빛의 속도   ④ 빛의 이온

해설 빛의 세기가 증가하면 방출되는 에너지도 증가한다.

정답 28. ④   29. ③   30. ④   31. ①

32 광기전력의 효과에 의해 태양의 빛에너지를 전기에너지로 변환하는 반도체소자는?
① 광전다이오드　　　　　　② LED
③ 태양전지　　　　　　　　④ SCR

해설 태양전지 : 태양에너지를 전기에너지로 변환할 목적으로 제작된 광전지로서 금속과 반도체의 접촉면 또는 반도체의 PN접합에 빛을 조사하면 광전효과에 의해 광기전력이 일어나는 것을 이용

33 콘덴서 회로를 전로로부터 분리하는 경우 잔류 전하를 쉽게 방전하기 위해서 사용하는 것은?
① 인터록 장치　　　　　　② 방전코일
③ 직렬리액터　　　　　　　④ 전격방지설비

해설 용어설명
① 인터록 장치 : 두 가지의 회로가 동시에 동작되는 것을 금지시키는 장치
② 방전코일 : 콘덴서 내부의 잔류전하 방전
③ 직렬리액터 : 제5고조파를 제거하여 파형을 개선
④ 전격방지설비 : 누전으로 인한 전격(전기적 충격)을 방지하는 설비

34 역방향 전압영역에서 동작하고 전원전압을 일정하게 유지하기 위하여 사용되는 다이오드는?
① 발광다이오드　　　　　　② 터널다이오드
③ 포토다이오드　　　　　　④ 제너다이오드

해설 제너다이오드 : 정전압 정류작용

정답 32. ③　33. ②　34. ④

제 3 편
위험물의 성질·상태 및 시설기준

Fire Facilities Manager

제1장 위험물의 공통성상
제2장 제1류 위험물의 개별성상
제3장 제2류 위험물의 개별성상
제4장 제3류 위험물의 개별성상
제5장 제4류 위험물의 개별성상
제6장 제5류 위험물의 개별성상
제7장 제6류 위험물의 개별성상
제8장 위험물 제조소의 위치·구조 및 설비 기준
제9장 옥내저장소의 위치·구조 및 설비의 기준
제10장 옥외탱크저장소의 위치·구조 및 설비의 기준
제11장 옥내탱크저장소의 위치·구조 및 설비의 기준
제12장 지하탱크저장소의 위치·구조 및 설비의 기준
제13장 간이탱크저장소의 위치·구조 및 설비의 기준
제14장 이동탱크저장소의 위치·구조 및 설비의 기준
제15장 옥외저장소의 위치·구조 및 설비의 기준
제16장 암반탱크저장소의 위치·구조 및 설비의 기준
제17장 주유취급소의 위치·구조 및 설비의 기준
제18장 판매취급소의 위치·구조 및 설비의 기준
제19장 이송취급소의 위치·구조 및 설비의 기준
제20장 소화설비, 경보설비 및 피난설비의 기준
제21장 위험물의 저장·취급 및 운반에 관한 기준
제22장 화학소방자동차에 갖추어야 하는 소화능력 및 설비의 기준

제1장 위험물의 공통성상

1 위험물의 정의 및 위험물의 분류

1) 위험물의 정의

(1) 위험물
인화성 또는 발화성 등의 성질을 가지는 것으로 대통령령이 정하는 물품

(2) 지정수량
위험물의 종류별로 위험성을 고려하여 대통령령이 정하는 수량으로서 제조소 등의 설치허가 등에 있어서 최저의 기준이 되는 수량

(3) 제조소 등 : 제조소 · 저장소 및 취급소 ★★★

저장소	옥내저장소, 옥외탱크저장소, 옥내탱크저장소, 지하탱크저장소, 간이탱크저장소, 이동탱크저장소, 옥외저장소, 암반탱크저장소
취급소	주유취급소, 판매취급소, 이송취급소, 일반취급소

2) 위험물의 분류

(1) 가연성고체
고체로서 화염에 의한 발화의 위험성 또는 인화의 위험성을 판단하기 위하여 고시로 정하는 시험에서 고시로 정하는 성질과 상태를 나타내는 것

(2) 황
순도가 **60중량퍼센트 이상**인 것, 순도측정을 하는 경우 불순물은 활석 등 불연성물질과 수분으로 한정한다.

(3) 철분
철의 분말로서 53마이크로미터의 표준체를 통과하는 것이 50중량퍼센트 미만인 것은 제외

(4) 금속분 ★★★
알칼리금속 · 알칼리토류금속 · 철 및 마그네슘외의 금속의 분말을 말하고, 구리분 · 니켈분 및 150마이크로미터의 체를 통과하는 것이 50중량퍼센트 미만인 것은 제외

알칼리금속	리튬, 나트륨, 칼륨, 루비듐, 세슘, 프랑슘
알칼리토류금속	베릴륨, 칼슘, 마그네슘, 스트론튬, 바륨, 라듐

(5) 마그네슘
다음 각목의 어느 하나에 해당하는 것은 제외한다.
① 2밀리미터의 체를 통과하지 아니하는 덩어리 상태의 것
② 직경 2밀리미터 이상의 막대 모양의 것

(6) 인화성고체
① 인화성고체의 종류 : 고형 알코올, 메타알데히드, 제3부틸알코올
② 고형알코올 그 밖에 **1기압에서 인화점이 섭씨 40도 미만**인 고체

(7) 특수인화물
이황화탄소, 다이에틸에테르 그 밖에 1기압에서 **발화점이 섭씨 100도 이하** 또는 **인화점**이 섭씨 영하 **20도 이하**이고 **비점**이 섭씨 **40도 이하**

(8) 제1석유류
아세톤, 휘발유 그 밖에 1기압에서 **인화점이 섭씨 21도 미만**

(9) 제2석유류
등유, 경유 그 밖에 1기압에서 **인화점이 섭씨 21도 이상 70도 미만**

(10) 제3석유류
중유, 크레오소트유 그 밖에 1기압에서 **인화점이 섭씨 70도 이상 섭씨 200도 미만**

(11) 제4석유류
기어유, 실린더유 그 밖에 1기압에서 인화점이 **섭씨 200도 이상 섭씨 250도 미만**

※ 표의 굵은 글씨로 표현된 물질은 수용성 ★★★

구분	종류
특수인화물	디에틸에테르($C_2H_5OC_2H_5$), **산화프로필렌**(CH_3CHOCH_2), **아세트알데하이드**(CH_3CHO), 이황화탄소(CS_2)
제1석유류	**아세톤**(CH_3COCH_3), 휘발유(C_5H_{12}~C_9H_{20}), 벤젠(C_6H_6), 톨루엔($C_6H_5CH_3$), 메틸에틸케톤($CH_3COC_2H_5$), **피리딘**(C_5H_5N), **시안화수소**(HCN), 초산메틸, 초산에틸, 시클로헥산(C_6H_{12}), 아크릴로니트릴
제2석유류	**초산**(아세트산, 빙초산 ; CH_3COOH), 등유, **의산**(HCOOH), n-부탄올, 경유, 스틸렌($C_6H_5CH=CH_2$), 이소아밀알코올, 클로로벤젠(C_6H_5Cl), **히드라진**(N_2H_4), 크실렌(Xylene ; $C_6H_4(CH_3)_2$)
제3석유류	크레오소트유(타르유), **글리세린**($C_3H_5(OH)_3$), **에틸렌글리콜**($C_2H_4(OH)_2$), 니트로벤젠($C_6H_5NO_2$), 아닐린($C_6H_5NH_2$), 중유
제4석유류	기어유, 실린더유, 윤활유

※ 의산 = 포름산, 크실렌=자일렌

(12) **알코올류**

1분자를 구성하는 탄소원자의 수가 1개부터 3개까지인 포화1가 알코올(변성알코올을 포함)을 말한다. 다만, 다음 각목의 어느 하나에 해당하는 것은 제외한다.

① 1분자를 구성하는 탄소원자의 수가 1개 내지 3개의 포화1가 알코올의 함유량이 60중량퍼센트 미만인 수용액

② 가연성액체량이 60중량퍼센트 미만이고 인화점 및 연소점(태그개방식 인화점측정기에 의한 연소점을 말한다.)이 에틸알코올 60중량퍼센트 수용액의 인화점 및 연소점을 초과하는 것

③ 알코올의 종류

구분	비고
메틸알코올(메탄올)	CH_3OH
에틸알코올(에탄올)	C_2H_5OH
프로필알코올(프로판올)	$CH_3(CH_2)_2OH$
이소프로필알코올	$(CH_3)_2CHOH$
변성알코올	에틸알코올에 메틸알코올, 가솔린, 피리딘을 소량 첨가하여 공업용으로 사용

(13) **동식물유류**

동물의 지육 등 또는 식물의 종자나 과육으로부터 추출한 것으로서 1기압에서

인화점이 섭씨 250도 미만인 것을 말한다.
(14) **과산화수소** : 농도가 36중량퍼센트 이상인 것
(15) **질산** : 비중이 1.49 이상인 것

2 탄소 화합물

1) 탄소 화합물의 특징

① 주로 C, H, O 원소로 구성, 그 외에 N, S, P, Cl 등이 포함되기도 한다.
② 공유 결합을 하며 녹는점, 끓는점이 낮고(이유 : 무극성이므로) 반응 속도가 느리다.
③ 대부분 물에 녹지 않으며 벤젠, 아세톤 등의 유기 용매에 잘 녹는다. (수용성 물질 : 극성용매에 잘 녹는다.)
④ 공기 중에서 연소하면 CO_2와 H_2O가 생성된다.
⑤ 유기화합물 : 탄소원자와 수소원자가 포함된 화합물

2) 포화탄화수소와 불포화탄화수소

(1) **포화탄화수소** : 단일결합, 고리모양, 사슬모양 → 치환작용이 쉽다.
① **알케인**(alkane)계(C_nH_{2n+2}), 탄소수가 증가할수록 비중·녹는점·끓는점이 높아진다.
② $C_1 \sim C_4$: 기체, $C_5 \sim C_{16}$: 액체, $C_{17} \sim$: 고체
③ 주요물질 ★

메탄(메테인)	에탄(에테인)	프로판(프로페인)	부탄(뷰테인)	펜탄(펜테인)
CH_4	C_2H_6	C_3H_8	C_4H_{10}	C_5H_{12}
헥산(헥세인)	헵탄(헵테인)	옥탄(옥테인)	노난(노네인)	데칸(데케인)
C_6H_{14}	C_7H_{16}	C_8H_{18}	C_9H_{20}	$C_{10}H_{22}$

④ 알칸보다 수소가 하나 적은기를 알킬기(C_nH_{2n+1})라 한다.

메틸기	에틸기	프로필기	부틸기	펜틸기
CH_3	C_2H_5	C_3H_7	C_4H_9	C_5H_{11}

(2) 불포화탄화수소 : 이중결합, 삼중결합

① 알켄(alkene)계(C_nH_{2n}) → 이중결합

에텐	프로펜	뷰텐	펜텐
C_2H_4	C_3H_6	C_4H_8	C_5H_{10}

[보충설명] 에텐 = 에틸렌, 프로펜 = 프로필렌, 뷰텐 = 부틸렌

② 알카인(alkyne)계(C_nH_{2n-2}) → 삼중결합

에타인(에틴)	프로파인(프로핀)	뷰타인(부틴)	펜타인(펜틴)
C_2H_2	C_3H_4	C_4H_6	C_5H_8

[보충설명] 에틴 = 아세틸렌 = 에타인

③ 반응성이 뛰어나 첨가반응 및 중합반응이 쉽다.

3) 수에 관한 접두어

수	접두어	수	접두어	수	접두어	수	접두어	수	접두어
1	모노(mono)	3	트라이(tri)	5	펜타(penta)	7	헵타(hepta)	9	노나(nona)
2	다이(di)	4	테트라(tetra)	6	헥사(hexa)	8	옥타(octa)	10	데카(deca)

4) 유기화학의 원자단

에테르기	$-O-$	히드록시기	$-OH$	아미노기	$-NH_2$
카보닐기	$-CO-$	포밀기	$-CHO$	니트로소기	$-NO$
에스터기	$-COO-$	아세틸기	$-COCH_3$	페닐기	$-C_6H_5$
카복실기	$-COOH$	니트로기	$-NO_2$	아조기	$-N=N-$

5) 탄소수가 증가할수록 변화하는 특성 ★

(1) 인화점이 높아진다.
(2) 발화점이 낮아진다.

(3) 연소범위가 좁아진다.
(4) 증기비중, 액체비중이 커진다.
(5) 비등점(끓는점), 융점(녹는점)이 높아진다.

3 원소의 주기율표 ★

주기 \ 족	1족	2족	3족	4족	5족	6족	7족	8족
1	H 수소 (1)							He 헬륨 (2)
2	Li 리튬 (3)	Be 베릴륨 (4)	B 붕소 (5)	C 탄소 (6)	N 질소 (7)	O 산소 (8)	F 플루오린 (9)	Ne 네온 (10)
3	Na 나트륨 (11)	Mg 마그네슘 (12)	Al 알루미늄 (13)	Si 규소 (14)	P 인 (15)	S 황 (16)	Cl 염소 (17)	Ar 아르곤 (18)
4	K 칼륨 (19)	Ca 칼슘 (20)	Ga 갈륨	Ge 게르마늄	As 비소	Se 셀렌	Br 브로민	Kr 크립톤
5	Rb 루비듐	Sr 스트론튬	In 인듐	Sn 주석	Sb 안티몬	Te 텔루르	I 아이오딘	Xe 제논
6	Cs 세슘	Br 바륨	Tl 탈륨	Pb 납	Bi 비스무트	Po 폴로늄	At 아스타틴	Rn 라돈
7	Fr 프랑슘	Ra 라듐						
전자가	+1	+2	+3	+4	-3	-2	-1	0
일반명	알칼리 금속	알칼리 토금속					할로겐족	불활성 가스

[보충설명] ① F : 플루오린(플루오르)
② Br : 브로민(브롬 또는 취소)
③ I : 아이오딘(요오드)

4 위험물의 유별성질 및 소화방법

1) 유별성질 ★★★

(1) 제1류 위험물 : **산화성고체** (산소공급원)
(2) 제2류 위험물 : **가연성고체** (가연물)
(3) 제3류 위험물 : **자연발화성 및 금수성 물질** (가연물)
(4) 제4류 위험물 : **인화성액체** (가연물)
(5) 제5류 위험물 : **자기반응성물질** (가연물 + 산소공급원)
(6) 제6류 위험물 : **산화성액체** (산소공급원)

2) 유별을 달리하는 위험물의 혼재기준(대각선과 2,4,5) ★

위험물의 구분	제1류	제2류	제3류	제4류	제5류	제6류
제1류		×	×	×	×	○
제2류	×		×	○	○	×
제3류	×	×		○	×	×
제4류	×	○	○		○	×
제5류	×	○	×	○		×
제6류	○	×	×	×	×	

(1) 이 표는 지정수량의 1/10 이하의 위험물에 대하여는 적용하지 아니한다.
(2) "×"표시는 혼재할 수 없음을 표시한다.
(3) "○"표시는 혼재할 수 있음을 표시한다.

3) 위험물에 따른 소화방법 및 소화효과 ★★★

구분	성질	종류	적용약제	소화
제1류	산화성 고체	무기과산화물	팽창질석, 팽창진주암, 마른모래(건조사)	질식소화
		기타	주수소화	냉각소화
제2류	가연성 고체	금속분, 철분, 마그네슘	마른모래(건조사), 금속화재용 소화약제	질식소화
		기타	주수소화	냉각소화
제3류	자연발화성 및 금수성 물질	전체	팽창질석, 건조사, 팽창진주암 등	질식소화
제4류	인화성 액체	수용성	내알코올형포	질식소화
		비수용성	포(foam)소화약제	
제5류	자기반응성 물질	전체	다량의 물에 의한 주수소화 (자체적으로 산소를 함유하고 있으므로 질식소화는 적응성이 없다)	냉각소화
제6류	산화성 액체	전체	건조사, 팽창질석 등에 의한 질식소화 과산화수소는 다량의 물에 의한 희석소화	질식소화

5 제1류 위험물의 품명 및 공통성상

1) 품명 및 지정수량 ★★★

성질	위험등급	품 명	지정수량
산화성 고체	I	1. 아염소산염류 2. 염소산염류 3. 과염소산염류 4. 무기과산화물	50kg
	II	5. 브로민산염류 6. 질산염류 7. 아이오딘산염류	300kg
	III	8. 과망가니즈산염류 9. 다이크로뮴산염류	1,000kg
	-	10. 행정안전부령이 정하는 것 ① 과아이오딘산염류 ② 과아이오딘산 ③ 크로뮴, 납 또는 아이오딘의 산화물 ④ 아질산염류 ⑤ 차아염소산염류 ⑥ 염소화아이소사이아누르산 ⑦ 퍼옥소이황산염류 ⑧ 퍼옥소붕산염류	50kg, 300kg, 또는 1,000kg

염소산기 : ClO_3^- 아염소산기 : ClO_2^- 과염소산기 : ClO_4^-
브로민산기 : BrO_3^- 질산기 : NO_3^- 아이오딘산기 : IO_3^-
과망가니즈산기 : MnO_4^- 다이크로뮴산기 : $Cr_2O_7^-$

2) 제1류 위험물의 공통성질 ★★★

(1) 강산화성 물질이며, 상온에서 거의 고체.
(2) 충격이나 가열에 의해 분해하여 산소를 방출.
(3) 대부분 무색결정이며, 백색분말.
(4) **대부분 수용성**
(5) 산화력이 크고 가연물의 연소를 돕는다.(조연성 물질인 동시에 **불연성 물질**)
(6) 유기물과의 혼합에 의해 폭발가능성이 있다.
(7) 조해성이 있으며 물과 작용하여 발열하고 산소를 발생.

3) 제1류 위험물의 저장 및 취급방법 ★

(1) 가연물과의 접촉, 혼합 및 강산과의 접촉을 금지한다.
(2) 알칼리금속의 과산화물은 수분과의 접촉을 피한다.
(3) 점화원인 가열, 충격, 마찰을 피한다.
(4) 조해성이 있으므로 습기에 주의, 용기는 밀폐하여 저장한다.
(5) 환기가 잘되는 서늘한 곳에 저장
(6) 화재시 알칼리금속의 과산화물을 제외하고 주수(냉각)하여 산소발생 억제
(7) 용기의 전락, 전도 등을 방지할 수 있도록 조치한다.

4) 제1류 위험물의 소화방법 ★

(1) 알칼리금속의 과산화물
 물과 접촉 시 발열, 산소를 발생하므로 건조사, 팽창질석 등으로 질식소화
(2) 기타 : 산화제의 분해방지 및 연소억제를 위해 다량의 물을 주수하여 소화

6 제2류 위험물의 품명 및 공통성상

1) 품명 및 지정수량 ★★

성질	위험등급	품 명	지정수량
가연성 고체	II	1. 황화인(P_4S_x) 2. 적린(P) 3. 황(S)	100kg
	III	4. 철분(Fe) 5. 금속분 6. 마그네슘(Mg)	500kg
	III	7. 인화성고체	1,000kg

2) 제2류 위험물의 공통성질 ★★

(1) 비교적 낮은 온도에서 연소하기 쉬운 가연성 물질
(2) 강 환원성, 연소열량이 크고 연소속도가 빠르다.
(3) 연소 시 발생되는 가스는 독성을 나타내는 것도 있다.
(4) 물에는 녹지 않으며 비중은 1보다 크다.
(5) 철분, 마그네슘, 금속분류는 물과 접촉 시 발열반응과 함께 수소가스를 발생
(6) 인화성고체를 제외하고 무기 화합물질이다.

3) 제2류 위험물의 저장 및 취급방법 ★★

(1) 점화원 및 산화제와의 접촉을 피하여 저장한다.
(2) 점화원으로부터 격리하고 냉암소에 보관하며 환기를 시킨다.
(3) 철분, 마그네슘, 금속분은 물이나 산과의 접촉을 피한다.
(4) 습기를 유의하고 용기는 밀폐한다.
(5) 용기의 파손 및 누출에 유의하여야 한다.

4) 제2류 위험물의 소화방법 ★★★

(1) 금속분, 철분, 마그네슘
   주수소화 시 수소가스를 발생하므로 건조사, 금속화재용 소화약제 등을 이용하여 질식소화를 한다.
(2) 기타 : 다량의 물에 의한 냉각소화
(3) 금속분 연소 시 주수소화를 하면 금속이 비산하여 화재확대의 위험성

7 제3류 위험물의 품명 및 공통성상

1) 품명 및 지정수량 ★★★

성질	위험등급	품명	지정수량
자연발화성 및 금수성물질	I	1. 칼륨(K) 2. 나트륨(Na) 3. 알킬알루미늄 4. 알킬리튬	10kg
		5. 황린(P_4)	20kg
	II	1. 알칼리금속(칼륨 및 나트륨 제외) 및 알칼리토금속 2. 유기금속화합물 (알킬알루미늄 및 알킬리튬 제외)	50kg
	III	8. 금속의 수소화물 9. 금속의 인화물 10. 칼슘 또는 알루미늄의 탄화물	300kg
	-	11. 그 밖에 행정안전부령으로 정하는 것 ① 염소화규소화합물	10kg, 20kg, 50kg, 300kg

2) 제3류 위험물의 공통성상 ★★

(1) 대부분 무기물이며 고체와 액체이다.
(2) 공기 중에서 자연발화 또는 물과 접촉 시 심한발열과 가연성가스를 발생
(3) **황린 : 자연발화온도가 34℃ 정도로 상온에서 쉽게 자연발화**
(4) 자연발화성 물질
　　물 또는 공기와 접촉하여 연소하거나 가연성가스를 발생, 폭발적으로 연소.
(5) 금수성 물질 ★★★
　　물과 반응하여 발열, 가연성가스 발생
　　① $2K + 2H_2O \rightarrow 2KOH + H_2 \uparrow$ (수소) + 92.8kcal (발열반응, 발화)
　　　칼륨
　　② $2Na + 2H_2O \rightarrow 2NaOH + H_2 \uparrow$ (수소) + 88.2kcal (발열반응, 발화)
　　　나트륨
　　③ $CaC_2 + 2H_2O \rightarrow Ca(OH)_2 + C_2H_2$ (아세틸렌) + 22.8kcal (발열반응)
　　　(탄화칼슘)
　　④ $4K + CCl_4 \rightarrow 4KCl + C$ (폭발반응)
　　　　(사염화탄소)
　　⑤ $4K + 3CO_2 \rightarrow 2K_2CO_3 + C$ (폭발반응)
　　⑥ $(C_2H_5)_3Al + 3H_2O \rightarrow Al(OH)_3 + 3C_2H_6 \uparrow$ (에탄) (폭발반응)
　　　(트라이에틸알루미늄)

3) 제3류 위험물의 저장 및 취급방법 ★★

(1) 공기, 수분 및 산과의 접촉을 피한다.
(2) **황린은 자연발화성 물질이므로 보호액인 물속**에 보관한다.
(3) **칼륨, 나트륨 및 알칼리금속**은 물과 반응시 수소가스를 발생하므로 보호액인 **석유류 속**에 저장한다.
(4) 용기의 파손, 부식을 방지한다.
(5) 소분하여 저장하고 보호액에 저장 시 위험물이 보호액 표면에 노출되지 않도록 한다.
(6) **자연발화성 물질 : 화기엄금 및 공기접촉엄금, 금수성 물질 : 물기엄금**
(7) 알킬알루미늄 또는 알킬리튬은 공기 중에서 급격히 산화, 물과 접촉하면 가연성 가스를 발생하여 급격히 발화

4) 제3류 위험물의 소화방법

(1) 화재 시 주수소화를 금지하며, CO_2 또는 할론 계열의 소화약제와 반응하므로 사용을 금지한다.(분말소화약제(제3종분말 제외) 사용도 가능함)
(2) 마른모래, 팽창진주암 또는 팽창질석으로 소화가능하나 연소 확대가 빠르므로 적당한 소화방법이 없으며 위험물을 분산·저장하는 것이 좋다.

8 제4류 위험물의 품명 및 공통성상

1) 품명 및 지정수량 ★

성질	위험등급	품 명		지 정 수 량
인화성 액체	I	1. **특수인화물**		50리터
	II	2. 제1석유류	**비수용성액체**	200리터
			수용성액체	400리터
		3. **알코올류**		400리터
	III	4. 제2석유류	비수용성액체	1,000리터
			수용성액체	2,000리터
		5. 제3석유류	비수용성액체	2,000리터
			수용성액체	4,000리터
		6. 제4석유류		6,000리터
		7. **동식물유류**		10,000리터

2) 제4류 위험물의 공통성상 ★★

(1) 상온에서 액체이며 대단히 인화하기 쉽다.
(2) 증기는 공기보다 무겁다.
(3) 냄새가 나며 증기가 공기와 약간만 혼합되어 있어도 쉽게 연소한다.
(4) 주수소화 시 연소면의 확대가 우려되므로 물의 사용을 금지한다.
(5) 착화(발화)온도가 낮을수록 위험하다.
(6) 전기 부도체로 정전기 발생에 주의하여야 한다.
(7) 일반적으로 물보다 가볍고 비수용성(물에 녹기 어렵다.)이 많다.

3) 제4류 위험물의 저장 및 취급방법 ★★★

(1) 통풍이 잘되는 냉암소에 보관하고 가열, 화기를 피한다.
(2) 발생한 증기는 연소범위 이하로 유지하며 증기가 체류하지 않도록 한다.
(3) 특수인화물인 **이황화탄소(CS_2)**는 물에 녹기 어렵고 물보다 비중이 크며, 증기압이 높아 용기나 탱크에 넣어둘 때에는 상부에 **물로 덮어서 보관**한다.
(4) 특수인화물인 **아세트알데하이드나 산화프로필렌**은 물에 잘 녹으며 **구리, 마그네슘, 수은, 은** 등과 반응성이 **촉진**되므로 이들 금속 또는 합금으로 만들어진 탱크나 용기를 피하여 저장 취급한다.
(5) 액체가 누출된 경우 확대되지 않도록 주의할 것
(6) 정전기 발생에 주의, 정전기를 예방할 수 있는 안전조치

4) 제4류 위험물의 소화방법 ★

(1) 가능하면 제거소화를 하고, 그 외 포 소화약제에 의한 질식소화가 적합
(2) 수용성의 가연성 액체화재 시에는 분무주수소화도 가능
(3) 알코올 화재 시 내알코올포 또는 분무주수를 통하여 소화
(4) **제4류 위험물에 주수소화 시 연소면이 확대되어 위험성이 증대되므로 질식소화**가 효과적
(5) 소화제로서는 포, 분말, 할로겐화합물, 이산화탄소 등이 있다.

5) 제4류 위험물의 위험성 ★

(1) 인화점이 낮을수록 위험하다.
(2) 휘발성이 비휘발성보다 위험하다.
(3) 비등점이 낮을수록 증기발생이 쉬워 인화가 용이하다.
(4) 수용성보다 비수용성 위험물이 소화가 어렵다.

9 제5류 위험물의 품명 및 공통성상

1) 품명 및 지정수량 ★★★

성질	위험등급	품명	지정수량
자기반응성 물질	I	1. **유기**과산화물 2. **질산**에스터류	제1종 : 10kg 제2종 : 100kg
	II	3. **나이트로**화합물 4. 나이트로**소**화합물 5. **아조**화합물 6. **다이**아조화합물 7. **하이**드라진 유도체	
		8. 하이드**록실**아민 9. 하이드**록실**아민염류	
		10. 행정안전부령으로 정하는 것 ① 금속의 아지화합물 ② 질산구아니딘	

2) 제5류 위험물의 공통성상 ★★

(1) 산소공급원과 가연성물질을 동시에 함유한 물질
(2) 자기반응성 물질이며, **모두 유기질 화합물**
(3) 상온에서 액체 또는 고체이며 비중이 1보다 크다.
(4) 가열, 충격, 마찰, 다른 약품과 접촉시 내부연소를 일으켜 폭발
(5) 시간의 경과에 따라 자연발화의 위험성
(6) 연소속도가 빠르며, 폭발적으로 연소
(7) 산소를 함유한 물질로 자기연소를 일으킨다.

3) 제5류 위험물의 저장 및 취급방법 ★

(1) 운반용기 및 포장 외부에 화기엄금, 충격주의 등을 표시한다.
(2) 가능한 소분하여 저장한다.
(3) 강산화제, 강산류 및 기타 물질의 혼입 방지
(4) 가열, 마찰, 충격, 습기 등을 피한다.
(5) 통풍이 잘되는 냉암소에 보관한다.
(6) 용기의 파손 및 균열에 주의하고 누설을 방지(용기는 밀전, 밀봉할 것)

4) 제5류 위험물의 소화방법

(1) 다량 주수에 의한 냉각소화가 가능하지만 연소속도가 빠르므로 화재 시에는 주변으로의 연소확대를 방지하여야 한다.
(2) 자기반응성 물질로 산소를 함유하고 있어 질식소화는 적응성이 없다.

🔟 제6류 위험물의 품명 및 공통성상

1) 품명 및 지정수량 ★★

성질	위험등급	품명	지정수량
산화성 액체	I	1. 과염소산 2. 과산화수소 3. 질산 4. 행정안전부령으로 정하는 것 ① 할로젠간화합물	300kg

2) 제6류 위험물의 공통성상 ★

(1) 비중은 1보다 크고, 물보다 무거우며, 물에 잘 녹고 강산화제
(2) 상온에서 무색의 액체 상태이며, **불연성**
(3) 증기는 독성이 강하며, 피부와 접촉 시 점막을 부식시킨다.
(4) 분해 시 인체에 유해한 가스 발생, **모두 무기화합물**
(5) 과산화수소를 제외한 강산성 물질
(6) 물과 접촉 시 발열하며 피부 접촉 시 위험하다.
(7) 가열하면 쉽게 분해하여 산소를 방출한다.
(8) 가연물, 유기물과의 접촉 시 발화위험성
(9) **과산화수소 : 농도가 36wt% 이상, 질산 : 비중 1.49 이상**

3) 제6류 위험물의 저장 및 취급방법 ★

(1) 가연물 또는 물, 염기 및 산화제와의 접촉을 피한다.
(2) 흡습성이 강하므로 내산성 용기에 저장, 밀전·밀봉할 것.
(3) 건조사로 위험물의 비산방지

(4) 취급 장소 근처에 샤워시설 또는 수도설비를 하여 위험물이 피부에 닿으면 즉시 세척할 수 있도록 하여야 한다.
(5) 분해를 촉진하는 약품과의 접촉을 방지

4) 제6류 위험물의 소화방법 ★

(1) 물과 반응하여 발열하므로 적당하지는 않으나 **과산화수소는 다량의 물로 희석하여 소화**
(2) 소량의 위험물 화재 시 다량의 물에 의한 주수소화, **건조사·팽창질석 등에 의한 질식소화**가 효과적이다.
(3) 화재진압 시 유독가스의 발생에 대비하여 보호장구를 착용

제1장 출제예상문제

01 위험물의 종류별로 위험성을 고려하여 대통령령이 정하는 수량으로서 제조소 등의 설치허가 등에 있어서 최저의 기준이 되는 수량을 무엇이라고 하는가?
① 지정수량
② 위험수량
③ 최저수량
④ 허가수량

해설 지정수량 : 위험물의 종류별로 위험성을 고려하여 대통령령이 정하는 수량으로서 제조소 등의 설치허가 등에 있어서 최저의 기준이 되는 수량

02 황은 순도가 몇 퍼센트 이상인 경우 위험물이 되는가?
① 30중량퍼센트
② 40중량퍼센트
③ 50중량퍼센트
④ 60중량퍼센트

해설 순도가 60중량퍼센트 이상인 것

03 다음 중 금속분에 해당하는 물질은?
① 마그네슘 분
② 칼륨 분
③ 나트륨 분
④ 알루미늄 분

해설 금속분 : 알칼리금속・알칼리토류금속・철 및 마그네슘 외의 금속의 분말을 말하고, 구리분・니켈분 및 150마이크로미터의 체를 통과하는 것이 50중량퍼센트 미만인 것은 제외

알칼리금속	리튬, 나트륨, 칼륨, 루비듐, 세슘, 프랑슘
알칼리토류금속	베릴륨, 칼슘, 마그네슘, 스트론튬, 바륨, 라듐

04 인화성고체란 고형알코올 그 밖에 1기압에서 인화점이 섭씨 몇 도 미만인 고체를 말하는가?
① 10도 미만
② 20도 미만
③ 30도 미만
④ 40도 미만

해설 인화성고체 : 고형알코올 그 밖에 1기압에서 인화점이 섭씨 40도 미만인 고체

정답 1. ① 2. ④ 3. ④ 4. ④

05 위험물안전관리법상 특수인화물의 정의에 대하여 옳게 나타낸 것은?

① 1기압에서 발화점이 100℃ 이하인 것
② 1기압에서 발화점이 40℃ 이하인 것
③ 1기압에서 발화점이 -20℃ 이하인 것
④ 1기압에서 발화점이 21℃ 이하인 것

해설 특수인화물 : 이황화탄소, 디에틸에테르 그 밖에 1기압에서 발화점이 섭씨 100도 이하 또는 인화점이 섭씨 영하 20도 이하이고 비점이 섭씨 40도 이하

06 제1석유류부터 제4석유류는 무엇으로 분류하는가?

① 연소점 ② 분해점 ③ 인화점 ④ 발화점

해설 제1석유류~제4석유류 위험물은 인화점으로 분류한다.

07 다음 중 제1석유류에 해당하지 않는 것은?

① 아세톤 ② 벤젠 ③ 자일렌 ④ 피리딘

해설

구분	종류
특수인화물	디에틸에테르($C_2H_5OC_2H_5$), 산화프로필렌(CH_3CHOCH_2), 아세트알데하이드(CH_3CHO), 이황화탄소(CS_2)
제1석유류	아세톤(CH_3COCH_3), 휘발유($C_5H_{12} \sim C_9H_{20}$), 벤젠(C_6H_6), 톨루엔($C_6H_5CH_3$), 메틸에틸케톤($CH_3COC_2H_5$), 피리딘(C_5H_5N), 시안화수소(HCN), 초산메틸, 초산에틸, 시클로헥산(C_6H_{12}), 아크릴로니트릴
제2석유류	초산(아세트산, 빙초산 ; CH_3COOH), 등유, 의산(HCOOH), n-부탄올, 경유, 스틸렌($C_6H_5CH=CH_2$), 이소아밀알코올, 클로로벤젠(C_6H_5Cl), 히드라진(N_2H_4), 크실렌(Xylene ; $C_6H_4(CH_3)_2$)
제3석유류	크레오소트유(타르유), 글리세린($C_3H_5(OH)_3$), 에틸렌글리콜($C_2H_4(OH)_2$), 니트로벤젠($C_6H_5NO_2$), 아닐린($C_6H_5NH_2$), 중유
제4석유류	기어유, 실린더유, 윤활유

08 다음 중 특수인화물에 해당하지 않는 것은?

① 아세트알데하이드 ② 산화프로필렌
③ 톨루엔 ④ 이황화탄소

해설 톨루엔은 제1석유류에 해당한다.

정답 5. ① 6. ③ 7. ③ 8. ③

09 탄소수가 증가할수록 변화하는 특성으로 옳지 않은 것은?
① 인화점이 낮아진다.
② 발화점이 낮아진다.
③ 연소범위가 좁아진다.
④ 비등점이 낮아진다.

해설 탄소수가 증가할수록 변화하는 특성
① 인화점이 높아진다.
② 발화점이 낮아진다.
③ 연소범위가 좁아진다.
④ 증기비중, 액체비중이 커진다.
⑤ 비등점(끓는점), 융점(녹는점)이 낮아진다.

10 다음 위험물 중 혼재가 가능한 것으로 옳게 연결된 것은?
① 제2류와 제5류
② 제2류와 제6류
③ 제2류와 제3류
④ 제2류와 제1류

해설 유별을 달리하는 위험물의 혼재기준(대각선과 2,4,5)

위험물의 구분	제1류	제2류	제3류	제4류	제5류	제6류
제1류		×	×	×	×	○
제2류	×		×	○	○	×
제3류	×	×		○	×	×
제4류	×	○	○		○	×
제5류	×	○	×	○		×
제6류	○	×	×	×	×	

11 다음 중 혼재하여 저장할 수 없는 것은?
① 적린과 황화인을 같은 곳에 저장하는 경우
② 마그네슘과 황을 같은 곳에 저장하는 경우
③ 철분과 알루미늄분을 같은 곳에 저장하는 경우
④ 황린과 과염소산나트륨을 같은 곳에 저장하는 경우

해설 황린(제3류), 과염소산나트륨(제1류)이며 제1류와 제3류는 혼재하여 저장할 수 없다.

정답 9. ① 10. ① 11. ④

12 제1류 위험물과 제2류 위험물을 혼합하면 위험한 이유는?
① 가연성 증기가 발생하고 자연스럽게 가열되기 때문
② 자연발화하기 때문
③ 제1류 위험물이 연소하기 쉬운 상태가 되기 때문
④ 가열, 충격 및 마찰에 의하여 착화 폭발하기 때문

해설 제2류 위험물은 환원제, 제1류 위험물은 산화제이므로 가열, 충격, 마찰 등의 점화원에 의하여 폭발한다.

13 과염소산칼륨과 가연성고체 위험물이 혼합되는 것은 대단히 위험하다. 그 주된 이유로 옳은 것은?
① 전기가 발생하고 자연 가열되기 때문이다.
② 중합반응을 하여 열이 발생되기 때문이다.
③ 혼합하면 과염소산칼륨이 연소하기 쉬운 액체로 변하기 때문이다.
④ 가열, 충격 및 마찰에 의하여 발화·폭발되기 때문이다.

해설 과염소산칼륨은 제1류 위험물(산화성 고체)로 제2류 위험물인 가연성 고체와 혼합 시 가열, 충격 및 마찰에 의하여 발화, 폭발의 우려가 있다.

14 다음 위험물의 성질을 잘못 연결한 것은?
① 제2류 위험물 : 가연성고체
② 제3류 위험물 : 금수성 또는 자연발화성
③ 제4류 위험물 : 가연성액체
④ 제5류 위험물 : 자기반응성물질

해설

구분	성질	종류	적용약제	소화
제1류	산화성 고체	무기과산화물	팽창질석, 팽창진주암, 마른모래(건조사)	질식소화
		기타	주수소화	냉각소화
제2류	가연성 고체	금속분, 철분, 마그네슘	마른모래(건조사), 금속화재용 소화약제	질식소화
		기타	주수소화	냉각소화
제3류	자연발화성 및 금수성 물질	전체	팽창질석, 건조사, 팽창진주암 등	질식소화
제4류	인화성 액체	수용성	내알코올형포	질식소화
		비수용성	포(foam)소화약제	
제5류	자기반응성 물질	전체	다량의 물에 의한 주수소화 (자체적으로 산소를 함유하고 있으므로 질식소화는 적응성이 없다)	냉각소화
제6류	산화성 액체	전체	건조사, 팽창질석 등에 의한 질식소화 과산화수소는 다량의 물에 의한 희석소화	질식소화

정답 12. ④ 13. ④ 14. ③

15 다음 중 제1류 위험물로만 옳게 짝지어 놓은 것은?

> [보기]
> ㉠ 염소산칼륨 ㉡ 과산화나트륨 ㉢ 질산나트륨 ㉣ 과망가니즈산칼륨

① ㉠㉡㉢ ② ㉠㉡㉣ ③ ㉡㉢㉣ ④ ㉠㉡㉢㉣

해설 보기설명
㉠ 염소산칼륨 : 염소산염류
㉡ 과산화나트륨 : 알칼리금속의 과산화물
㉢ 질산나트륨 : 질산염류
㉣ 과망가니즈산칼륨 : 과망가니즈산염류

16 제1류 위험물 중 Ⅰ등급 위험물이 아닌 것은?
① 염소산염류
② 과염소산염류
③ 무기과산화물류
④ 질산염류

해설 1류위험물의 위험등급

성질	위험등급	품 명	지정수량
산화성 고체	Ⅰ	1. 아염소산염류 2. 염소산염류 3. 과염소산염류 4. 무기과산화물	50kg
	Ⅱ	5. 브로민산염류 6. 질산염류 7. 아이오딘산염류	300kg
	Ⅲ	8. 과망가니즈산염류 9. 다이크로뮴산염류	1,000kg
	-	10. 행정안전부령이 정하는 것 ① 과아이오딘산염류 ② 과아이오딘산 ③ 크로뮴, 납 또는 아이오딘의 산화물 ④ 아질산염류 ⑤ 차아염소산염류 ⑥ 염소화아이소사이아누르산 ⑦ 퍼옥소이황산염류 ⑧ 퍼옥소붕산염류	50kg, 300kg, 또는 1,000kg

정답 15. ④ 16. ④

17 다음 중 제1류 위험물의 지정수량이 옳지 않은 것은?

① 아염소산나트륨 : 50kg
② 염소산칼륨 : 50kg
③ 과산화나트륨 : 100kg
④ 브롬산칼륨 : 300kg

해설 과산화나트륨(알칼리금속의 과산화물)은 무기과산화물로서 지정수량은 50kg이다.

위험등급	품 명	지정수량
I	1. 아염소산염류 2. 염소산염류 3. 과염소산염류 4. 무기과산화물	50kg

18 질산염류 150kg, 염소산염류 300kg, 과망가니즈산염류 3,000kg을 동일한 장소에 저장하고 있는 경우 지정수량의 몇 배인가?

① 4.3   ② 7   ③ 9.5   ④ 16.5

해설 지정수량의 배수 계산
① 지정수량
   염소산염류 : 50kg, 질산염류 : 300kg, 과망가니즈산염류 : 1,000kg
② 배수 계산
$$\frac{300\text{kg}}{50\text{kg}} + \frac{150\text{kg}}{300\text{kg}} + \frac{3000\text{kg}}{1000\text{kg}} = 9.5$$

19 제1류 위험물의 공통성질이 아닌 것은?

① 상온에서 고체 상태로 존재한다.
② 비중이 1보다 작으며 지용성인 것이 많다.
③ 분해 시 산소를 방출하며 다른 가연물의 연소를 돕는다.
④ 일반적으로 자체는 불연성이며 강산화제이다.

해설 제1류 위험물은 산화성고체로서 비중이 1보다 크며, 수용성인 것이 많다.

20 제1류 위험물의 공통성질로 옳지 않은 것은?

① 조해성이 있다.
② 강산화성 물질이며 가연성이다.
③ 분해 시 산소를 방출한다.
④ 비중이 1보다 크고 수용성인 것이 많다.

정답 17. ③   18. ③   19. ②   20. ②

해설 제1류 위험물의 공통성질
① 강산화성 물질이며, 상온에서 거의 고체
② 충격이나 가열에 의해 분해하여 산소를 방출
③ 대부분 무색결정이며, 백색분말
④ 대부분 수용성, 불연성 물질
⑤ 산화력이 크고 가연물의 연소를 돕는다.(조연성 물질)
⑥ 유기물과의 혼합에 의해 폭발가능성이 있다.
⑦ 조해성이 있으며 물과 작용하여 발열하고 산소를 발생

21 제1류 위험물의 취급 시 주의 사항으로서 틀린 것은?
① 가연물과의 접촉을 피할 것
② 환기가 잘 되는 냉소에 저장할 것
③ 용기를 옮길 때 개방용기를 사용할 것
④ 가열, 충격이나 마찰을 피할 것

해설 제1류 위험물의 저장 및 취급방법
① 가연물과의 접촉, 혼합 및 강산과의 접촉을 금지한다.
② 알칼리금속의 과산화물은 수분과의 접촉을 피한다.
③ 점화원인 가열, 충격, 마찰을 피한다.
④ 조해성이 있으므로 습기에 주의, 용기는 밀폐하여 저장한다.
⑤ 환기가 잘되는 서늘한 곳에 저장
⑥ 화재 시 알칼리금속의 과산화물을 제외하고 주수(냉각)하여 산소발생 억제
⑦ 용기의 전락, 전도 등을 방지할 수 있도록 조치한다.

22 제1류 위험물에 관한 설명으로 옳은 것은?
① 산화성 고체로서 모두 물보다 가벼운 고체물질이다.
② 브롬산염류, 과염소산, 과산화수소 등이 있다.
③ 무기과산화물의 화재시 주수소화 하여야 한다.
④ 가열·충격·마찰에 의하여 폭발의 위험성이 있다.

해설 보기설명
① 산화성 고체로서 모두 물보다 무거운 고체물질이다.
② 과염소산, 과산화수소는 제6류 위험물이다.
③ 무기과산화물은 물과 접촉 시 발열하고 산소를 방출하므로 마른모래, 팽창질석 등을 이용하여 질식소화

정답 21. ③ 22. ④

23 다음 제2류 위험물 중 지정수량이 다른 것은?

① 철분　　　　　　　　② 금속분
③ 황　　　　　　　　　④ 마그네슘

해설 품명 및 지정수량

성질	위험등급	품 명	지정수량
가연성 고체	II	1.황화인　2.적린　3.황	100kg
	III	4.철분　5.금속분　6.마그네슘	500kg
	III	7. 인화성고체	1,000kg

24 다음 제2류 위험물 중 위험등급이 다른 것은?

① 철분　　　② 금속분　　　③ 인화성고체　　　④ 적린

해설 적린은 위험등급이 II, 나머지는 위험등급 III

25 제2류 위험물인 가연성 고체의 일반적 성질에 관한 설명으로 옳은 것은?

① 비교적 낮은 온도에서 착화되기 때문에 연소 시 연소온도가 낮다.
② 강력한 산화성 물질이다.
③ 대부분 비중은 1보다 작고, 물에 녹지 않으며 모두 유기화합물로 구성되어 있다.
④ 가연성 물질이므로 무기과산화물과 혼합한 것은 소량의 수분에 의해 발화한다.

해설 제2류 위험물의 공통성질
　① 비교적 낮은 온도에서 연소하기 쉬운 가연성 물질
　② 강 환원성, 연소열량이 크고 연소속도가 빠르다.
　③ 연소 시 발생되는 가스는 독성을 나타내는 것도 있다.
　④ 물에는 녹지 않으며 비중은 1보다 크다.
　⑤ 철분, 마그네슘, 금속분류는 물과 접촉 시 발열반응과 함께 수소가스를 발생
　⑥ 인화성고체를 제외하고 무기 화합물질이다.

26 제2류 위험물이 공통으로 요구되는 안전관리 사항으로 옳지 않은 것은?

① 냉암소에 저장해서는 안 된다.
② 습기에 유의하고 용기는 밀봉해야 한다.
③ 화기를 가까이 하거나 가열해서는 안 된다.
④ 산화제와의 접촉을 피해야 한다.

정답 23. ③　24. ④　25. ④　26. ①

해설 제2류 위험물의 저장 및 취급방법
① 점화원 및 산화제와의 접촉을 피하여 저장한다.
② 점화원으로부터 격리하고 냉암소에 보관하며 환기를 시킨다.
③ 철분, 마그네슘, 금속분은 물이나 산과의 접촉을 피한다.
④ 습기를 유의하고 용기는 밀폐한다.
⑤ 용기의 파손 및 누출에 유의하여야 한다.

27 다음 중 제2류 위험물의 일반적인 취급 및 소화방법에 대한 설명으로 옳은 것은?
① 인화성액체와의 혼합을 피하고, 산화성물질과 혼합하여 저장한다.
② 비교적 낮은 온도에서 착화하기 쉬우므로 고온체와 접촉시킨다.
③ 금속분, 철분, 마그네슘은 물에 의한 냉각소화가 적당하다.
④ 저장용기를 밀봉하고 통풍이 잘되는 냉암소에 저장한다.

해설 저장용기를 밀봉하고 통풍이 잘되는 냉암소에 보관한다.

28 황이 산화제와의 혼합에 의해 폭발, 화재가 발생하였을 때 가장 적당한 소화방법은?
① 포의 방사에 의한 소화
② 다량의 물에 의한 소화
③ 할로겐화합물의 방사에 의한 소화
④ 분말 소화제에 의한 소화

해설 제2류 위험물의 소화방법
① 금속분, 철분, 마그네슘, 황화린 : 건조사, 금속화재용 소화약제 등을 이용하여 질식소화를 한다.
② 기타 : 주수에 의한 냉각소화

29 금속분의 화재 시에 물을 방사하여서는 안 되는 이유는?
① 수소가 발생하기 때문이다.
② 산소가 발생하기 때문이다.
③ 유독가스가 발생하기 때문이다.
④ 질소가 발생하기 때문이다.

해설 주수소화 시 수소가스를 발생하므로 건조사, 금속화재용 소화약제 등을 이용하여 질식소화를 한다.

30 금속분의 연소 시 주수소화하면 위험한 원인으로 옳은 것은?
① 물에 녹아 산이 된다.
② 물과 작용하여 유독가스를 발생시킨다.
③ 물과 작용하여 수소가스를 발생시킨다.
④ 물과 작용하여 산소를 발생시킨다.

정답 27. ④　28. ②　29. ①　30. ③

해설 철분, 마그네슘, 금속분은 물과 반응하여 수소가스를 발생시킨다.

31 다음 제3류 위험물 중 지정수량이 다른 것은?

① 칼륨
② 황린
③ 나트륨
④ 알킬리튬

해설

성질	위험등급	품명	지정수량
자연발화성 및 금수성물질	I	1. 칼륨 2. 나트륨 3. 알킬알루미늄 4. 알킬리튬	10kg
		5. 황린	20kg
	II	1. 알칼리금속(칼륨 및 나트륨 제외) 및 알칼리토금속 2. 유기금속화합물 (알킬알루미늄 및 알킬리튬 제외)	50kg
	III	8. 금속의 수소화물 9. 금속의 인화물 10. 칼슘 또는 알루미늄의 탄화물	300kg
	-	11. 그 밖에 행정안전부령으로 정하는 것 ① 염소화규소화합물	10kg, 20kg, 50kg, 300kg

32 탄화칼슘이 물과 반응하여 발생하는 가스는?

① 수소
② 메탄
③ 아세틸렌
④ 에탄

해설 탄화칼슘의 반응식 : 아세틸렌 생성
$CaC_2 + H_2O \rightarrow Ca(OH)_2 + C_2H_2 + 22.8kcal$

33 트라이에틸알루미늄이 물과 반응하여 발생하는 가스는?

① 수소
② 메탄
③ 아세틸렌
④ 에탄

해설 트라이에틸알루미늄의 반응식 : 에탄 생성
$(C_2H_5)_3Al + 3H_2O \rightarrow Al(OH)_3 + 3C_2H_6 \uparrow$

정답 31. ② 32. ③ 33. ④

34 칼륨이 물과 반응하여 발생하는 가스는?
① 수소
② 메탄
③ 아세틸렌
④ 에탄

해설 칼륨의 반응식 : 수소 생성
$2K + 2H_2O \rightarrow 2KOH + H_2\uparrow (수소) + 92.8kcal$

35 제3류 위험물의 일반성질에 대한 것 중 옳지 않은 것은?
① 물과 반응하여 가연성가스가 발생하는 것이 많다.
② 물과 접촉하여 발열한다.
③ 강한 산화성이 있다.
④ 건조된 공기 중에서는 상온에서 발화하지 않는다.

해설 제3류 위험물은 자연발화성 및 금수성 물질로서 강한 환원성을 갖는다.

36 다음은 자연발화성 및 금수성 위험물의 공통된 특성에 대한 설명이다. 옳은 것은?
① 가연성이며, 자기연소성 물질이다.
② 일반적으로 불연성 물질로서 강산화제이다.
③ 저온에서 발화하기 쉬운 가연성물질이며 산과 접촉하면 흡열한다.
④ 물과 반응하여 가연성 가스가 발생하는 것이 많고, 발열만하는 것도 있다.

해설 자연발화성 및 금수성 위험물의 공통된 특성
① 자연발화성 물질 : 공기 또는 물과 접촉 시 연소하거나 가연성 가스를 발생하며, 폭발적으로 연소
② 금수성 물질 : 물과 접촉 시 발열하고 가연성가스를 발생, 폭발적으로 연소

37 제3류 위험물의 일반적 성질로 옳은 것은?
① 황린을 제외하고 물에 대하여 위험한 반응을 초래하는 물질이다.
② 가연성고체로서 비교적 낮은 온도에서 착화하기 쉬운 이연성(易燃性), 속연성(速燃性) 물질이다.
③ 모두 무기화합물이며 대부분 무색의 결정이나, 백색 분말상태의 고체이다.
④ 물에 대한 비중은 1보다 크며 조해성(潮解性)이 있다.

해설 황린을 제외한 제3류 위험물은 물과 반응하여 발열하고 가연성가스를 발생하며, 폭발적으로 연소한다.

정답 34. ① 35. ③ 36. ④ 37. ①

38 다음은 제3류 위험물의 일반적 성질에 대한 설명이다. 옳은 것은?

① 무기화합물질로만 구성되어 있다.
② 대표적인 성질은 자기반응성 물질이다.
③ 칼륨, 나트륨, 알킬리튬은 물보다 무겁고 나머지 품목은 물보다 가볍다.
④ 황린을 제외하고 모두 물에 대하여 반응이 일어나는 물질이다.

[해설] 보기설명
① 무기 및 유기화합물질로 구성되어 있다.
② 자연발화성 및 금수성 물질이다.
③ 칼륨, 나트륨, 알킬리튬은 물보다 가볍다.

39 제3류 위험물 중 일부의 위험물을 보호액에 저장하는 이유는 무엇인가?

① 공기와의 접촉을 막기 위해
② 화기를 피하기 위하여
③ 산소 발생을 피하기 위하여
④ 승화를 막기 위하여

[해설] 공기와의 접촉을 막기 위하여 금속나트륨과 금속칼륨은 석유 속에 황린은 물속에 저장한다.

40 제3류 위험물의 화재 진압대책으로 옳지 않은 것은?

① K, Na 등은 특별한 소화수단이 없으므로 연소 확대 방지에 주력한다.
② 알킬알루미늄은 물과 반응하여 산소를 발생하므로 주수소화는 좋지 않다.
③ 인화칼슘은 물과 반응하여 포스핀가스가 발생하므로 마른 모래로 피복소화 한다.
④ 대부분 물에 의한 냉각소화는 불가능하다.

[해설] 알킬알루미늄은 물과 반응하여 메탄 또는 에탄을 발생하므로 팽창질석, 팽창진주암 등을 이용하여 소화하여야 한다.

41 다음 중 제4류 위험물의 저장 및 취급상 주의사항으로 옳지 않은 것은?

① 불꽃이나 화기를 피하여 저장한다.
② 저장 중 밀전·밀봉하여 증기를 누출시키지 않도록 한다.
③ 빈 용기 안에도 증기가 체류할 수 있으므로 주의한다.
④ 인화점 이상의 온도로 유지되도록 한다.

[해설] 제4류 위험물의 저장 및 취급 시 인화점이하로 유지하는 것이 좋다.

정답 38. ④ 39. ① 40. ② 41. ④

42 제4류 위험물 중 품명과 지정수량의 연결이 옳지 않은 것은?

① 특수인화물-50리터
② 제4석유류-6,000리터
③ 알코올류-300리터
④ 동식물유류-10,000리터

해설

성질	위험등급	품 명		지정수량
인화성 액체	I	1.특수인화물		50리터
	II	2.제1석유류	비수용성액체	200리터
			수용성액체	400리터
		3.알코올류		400리터
	III	4.제2석유류	비수용성액체	1,000리터
			수용성액체	2,000리터
		5.제3석유류	비수용성액체	2,000리터
			수용성액체	4,000리터
		6.제4석유류		6,000리터
		7.동식물유류		10,000리터

43 제4류 위험물에 대한 공통성질 중 잘못된 것은?

① 증기가 공기와 약간 혼합되어 있어도 연소한다.
② 증기는 공기보다 무겁다.
③ 매우 인화하기 쉽다.
④ 일반적으로 물보다 무겁고, 물에 잘 녹는다.

해설 제4류 위험물의 공통성상
① 상온에서 액체이며 대단히 인화하기 쉽다.
② 증기는 공기보다 무겁다.
③ 냄새가 나며 증기가 공기와 약간만 혼합되어 있어도 쉽게 연소한다.
④ 주수소화 시 연소면의 확대가 우려되므로 물의 사용을 금지한다.
⑤ 착화(발화)온도가 낮을수록 위험하다.
⑥ 전기 부도체로 정전기 발생에 주의하여야 한다.
⑦ 일반적으로 물보다 가볍고 비수용성(물에 녹기 어렵다.)이 많다.

44 제4류 위험물의 물에 대한 성질, 화재위험성과 직접 관계가 있는 것은?

① 수용성과 인화점
② 비중과 인화점
③ 비중과 착화점
④ 비중과 화재 확대성

해설 기름은 물보다 비중과 표면장력이 작으므로 물위에 널리 퍼져서 화재 시 연소면을 확대한다.

정답 42. ③ 43. ④ 44. ④

45 일반적으로 제4류 위험물 화재에 직접 물로 소화하는 것은 적당하지 않다. 그 이유에 대한 설명으로 가장 옳은 것은?
① 화재면의 확대 위험성이 있다. ② 인화점이 낮아진다.
③ 중화반응을 일으킨다. ④ 가연성 가스를 발생한다.

해설 제4류 위험물의 소화방법
① 가능하면 제거소화를 하고, 그 외 포 소화약제에 의한 질식소화가 적합
② 수용성의 가연성 액체화재 시에는 분무주수소화도 가능
③ 알코올 화재 시 내알코올포 또는 분무주수를 통하여 소화
④ 제4류 위험물에 주수소화 시 연소면이 확대되어 위험성이 증대되므로 질식소화가 효과적
⑤ 소화제로서는 포, 분말, 할로겐화합물, 이산화탄소 등이 있다.

46 제5류 위험물 중 질산에스터류에 해당하지 않는 것은?
① 트라이나이트로톨루엔 ② 나이트로글리세린
③ 나이트로글리콜 ④ 나이트로셀룰로오스

해설 트라이나이트로톨루엔은 나이트로화합물에 속한다.
질산에스터류의 종류 : 질산메틸, 질산에틸,
나이트로글리콜($C_2H_4(ONO_2)_2$),
나이트로글리세린($C_3H_5(ONO_2)_3$),
나이트로셀룰로오스($C_6H_7(NO_2)_3O_5$)

47 인화성액체 위험물의 화재예방으로 가장 적절하지 않은 것은?
① 정전기 불꽃의 발생을 방지한다.
② 산화제와의 접촉을 피한다.
③ 가연성 액체는 인화점 이하로 유지하여 저장한다.
④ 증기는 공기와 혼합 시 폭발하므로 환기한다.

해설 인화성액체 위험물의 화재예방
① 정전기 불꽃의 발생을 방지한다.
② 액체가 누출된 경우 확대되지 않도록 주의할 것
③ 가연성 액체는 인화점 이하로 유지하여 저장한다.
④ 증기는 공기와 혼합 시 폭발하므로 환기한다.

48 제5류 위험물 중 나이트로화합물에 해당하지 않는 것은?
① 트라이나이트로톨루엔 ② 트라이나이트로페놀
③ 다이나이트로나프탈렌 ④ 나이트로셀룰로오스

정답 45. ① 46. ① 47. ② 48. ④

해설 나이트로셀룰로오스는 질산에스터류에 속한다.
나이트로화합물의 종류 : 트라이나이트로톨루엔(TNT)
트라이나이트로페놀(TNP)
다이나이트로톨루엔(DNT)
다이나이트로나트탈렌(DNN)

49 제5류 위험물의 화재 시 가장 적당한 소화 방법은?
① 질소가스를 쓴다.
② 사염화탄소를 쓴다.
③ 탄산가스를 쓴다.
④ 주수소화 한다.

해설 제5류 위험물은 산소를 함유한 물질이므로 다량의 물로 주수소화 한다.

50 제5류 위험물이 소화하기 어려운 이유로 가장 옳은 것은?
① 연소할 때 연소물이 튀어 넓게 퍼진다.
② 발화점이 높다.
③ 물과 발열반응을 일으킨다.
④ 자기연소를 일으키며 연소속도가 매우 빠르다.

해설 제5류 위험물의 공통성상
① 산소공급원과 가연성물질을 동시에 함유한 물질
② 자기반응성 물질이며, 모두 유기질 화합물
③ 상온에서 액체 또는 고체이며 비중이 1보다 크다.
④ 가열, 충격, 마찰, 다른 약품과 접촉 시 내부연소를 일으켜 폭발
⑤ 시간의 경과에 따라 자연발화의 위험성
⑥ 연소속도가 빠르며, 폭발적으로 연소
⑦ 산소를 함유한 물질로 자기연소를 일으킨다.

51 제5류 위험물의 저장소로서 옳지 않은 곳은?
① 통풍이 잘되는 곳에 저장
② 온도가 낮은 곳에 저장
③ 대용량 저장용기에 저장
④ 습도가 낮은 곳에 저장

해설 제5류 위험물의 저장 및 취급방법
① 운반용기 및 포장 외부에 화기엄금, 충격주의 등을 표시한다.
② 가능한 소분하여 저장한다.
③ 강산화제, 강산류 및 기타 물질의 혼입 방지

정답 49. ④ 50. ④ 51. ③

④ 가열, 마찰, 충격, 습기 등을 피한다.
⑤ 통풍이 잘되는 냉암소에 보관한다.
⑥ 용기의 파손 및 균열에 주의하고 누설을 방지(용기는 밀전, 밀봉할 것)

52 제5류 위험물의 화재예방상 주의사항으로 옳은 것은?
① 무기질 화합물로 가열, 충격, 마찰에는 위험성이 없다.
② 자기반응성 유기질 화합물로 연소가 잘 일어나지 않는다.
③ 자기반응성 유기질 화합물로 자연발화의 위험성을 갖는다.
④ 무기질 화합물로 직사일광에는 자연발화가 일어나지 않는다.

해설 자기반응성 물질이며, 모두 유기질 화합물이다. 자연발화의 가능성 존재

53 제5류 위험물의 성질 및 소화에 관한 사항으로 옳지 않은 것은?
① 산소를 함유하고 있어 자기연소 또는 내부연소를 일으키기 쉽다.
② 연소속도가 빨라 폭발적이다.
③ 질식소화가 효과적이며, 냉각소화로는 불가능하다.
④ 유기질화합물이므로 가열, 충격, 마찰 또는 다른 약품과의 접촉에 의해 폭발하는 것이 많다.

해설 자기반응성 물질로 산소를 함유하고 있어 질식소화는 적응성이 없으며, 다량주수에 의한 냉각소화가 효과적이다.

54 다음 중 제6류 위험물에 해당하는 것은?
① $HClO_4$
② $NaClO_3$
③ $KClO_4$
④ $NaClO_4$

해설 제6류 위험물 : 과염소산($HClO_4$), 과산화수소(H_2O_2), 질산(HNO_3)

55 제6류 위험물에 대한 설명이다. 옳지 않은 것은?
① 물보다 무겁고, 물에 녹기 쉽다.
② 불연성 물질이다.
③ 과산화수소는 농도가 36wt% 이상인 것이다.
④ 질산은 비중 1.82 이상인 것이다.

해설 질산은 비중이 1.49 이상

정답 52. ③ 53. ③ 54. ① 55. ④

56 제6류 위험물의 취급방법이 아닌 것은?

① 습한 곳에서 취급해도 상관없다.
② 의류나 피부를 부식하므로 접촉하지 않도록 한다.
③ 가연성 유기물과는 멀리 저장한다.
④ 통풍이나 환기가 잘되는 찬 곳에 저장한다.

해설 수분과 접촉 시 발열하므로 습기가 적은 곳에서 취급하여야 한다

57 제6류 위험물의 공통성질에 대한 설명으로 옳지 않은 것은?

① 모두 무기화합물이며, 물에 녹기 쉽다.
② 자신들은 모두 불연성 물질이다.
③ 모두 강산성물질이며, 환원성 액체이다.
④ 모두 산소를 함유하고 있으며, 다른 물질을 산화시킨다.

해설 제6류 위험물의 공통성상
① 비중은 1보다 크고, 물보다 무거우며, 물에 잘 녹고 강산화제
② 상온에서 무색의 액체 상태이며, 불연성
③ 증기는 독성이 강하며, 피부와 접촉 시 점막을 부식시킨다.
④ 분해 시 인체에 유해한 가스 발생, 모두 무기화합물
⑤ 과산화수소를 제외한 강산성 물질
⑥ 물과 접촉 시 발열하며 피부 접촉 시 위험하다.
⑦ 가열하면 쉽게 분해하여 산소를 방출한다.
⑧ 가연물, 유기물과의 접촉 시 발화위험성
⑨ 과산화수소 : 농도가 36wt% 이상, 질산 : 비중 1.49 이상

58 제1류 위험물과 제6류 위험물의 공통성질로 옳은 것은?

① 금수성   ② 가연성   ③ 환원성   ④ 산화성

해설 제1류 위험물은 산화성 고체, 제6류 위험물은 산화성 액체이다.

59 위험물의 류별 일반적 특성에 대한 설명으로 옳은 것은?

① 제1류 위험물은 불연성 물질로 산소를 많이 가지며, 가연물과의 접촉을 피하여야 한다.
② 제2류 위험물은 불연성 물질이고 냉각소화가 적합하다.
③ 제3류 위험물은 자기 연소성이 있으며, 물로 소화한다.
④ 제4류 위험물은 대개 불연성 물질이고, 주수소화가 적합하다.

해설 제1류 위험물은 산화성 고체로 불연성이나 산소를 많이 함유하고 있으며, 가연물과의 접촉을 피하여야 한다.

정답 56. ①   57. ③   58. ④   59. ①

① 제2류 위험물 : 가연성고체(냉각소화)
② 제3류 위험물 : 자연발화성 및 금수성 물질(질식소화)
③ 제4류 위험물 : 인화성액체(질식소화)

60 산화성 액체 위험물의 화재에 대하여 적응성 있는 소화방법으로 옳지 않은 것은?
① 팽창질석을 사용한다.
② 이산화탄소 소화기를 사용한다.
③ 마른 모래를 사용한다.
④ 인산염류 소화기를 사용한다.

해설 제6류 위험물은 산화성 액체로서 건조사, 팽창질석, 인산염류 분말 등을 이용한 질식소화가 효과적이다.

61 제6류 위험물이 아닌 것은?
① 과염소산
② 아염소산칼륨
③ 질산(비중 1.49 이상)
④ 과산화수소(농도 36중량퍼센트 이상)

해설 아염소산칼륨은 아염소산염류로서 제1류 위험물에 해당

62 위험물안전관리법령상 품명(위험물)별 지정수량과 위험등급이 바르게 연결된 것은?
① 알킬리튬 – 10kg – I등급
② 황린 – 20kg – II등급
③ 유기금속화합물 – 30kg – III등급
④ 금속의 인화물 – 500kg – III등급

해설 보기설명
① 황린 - 20kg - I 등급
② 유기금속화합물 - 50kg - II등급
③ 금속의 인화물 - 300kg - III등급

63 제5류 위험물에 관한 설명으로 옳지 않은 것은?
① 외부의 산소 없이도 자기연소하고 연소속도가 빠르다.
② 니트로화합물은 니트로기가 많을수록 분해가 용이하다.
③ 지정수량 이상의 제5류 위험물 운반·적재 시 제2류, 제4류, 제6류 위험물과 혼재가 가능하다.
④ 일반적으로 다량의 물을 사용하여 냉각소화가 가능하다.

정답 60. ② 61. ② 62. ① 63. ③

해설 제5류 위험물은 제2류, 제4류 위험물과는 혼재 가능하나 제6류 위험물과는 혼재가 불가능하다.

위험물의 구분	제1류	제2류	제3류	제4류	제5류	제6류
제1류		×	×	×	×	○
제2류	×		×	○	○	×
제3류	×	×		○	×	×
제4류	×	○	○		○	×
제5류	×	○	×	○		×
제6류	○	×	×	×	×	

64 제2류 위험물의 특성에 관한 설명으로 옳은 것은?
① 철분은 절삭유와 같은 기름이 묻은 상태로 장기간 방치하면 자연발화하기 쉽다.
② 황은 물이나 알코올에 잘 녹으며 고온에서 탄소와 반응하면 이황화탄소가 발생한다.
③ 삼황화인은 찬 물에 잘 녹고 조해성이 있으며 연소 시 유독한 오산화인과 이산화황을 발생한다.
④ 적린은 상온에서 공기 중에 방치하면 자연발화를 일으키므로 이를 방지하기 위하여 물속에 보관하여야 한다.

해설 보기설명
① 황은 물에는 녹지 않고, 사방정계의 황 및 단사정계의 황은 이황화탄소(CS_2)에 잘 녹는다.
② 삼황화인은 물에 녹지 않으나 더운 물에는 분해되어 황화수소 발생
③ 적린은 착화온도는 260℃이나 공기 중에서 자연발화하지 않는다.

65 제6류 위험물에 관한 설명으로 옳지 않은 것은?
① 모두 무기화합물이며 불연성의 산화성액체이다.
② 지정수량은 300kg이며 위험등급은 Ⅰ등급에 해당한다.
③ 과산화수소의 저장용기는 완전히 밀전하여 저장한다.
④ 할로젠간화합물을 제외하고 산소를 함유하고 있으며 다른 물질을 산화시킨다.

해설 과산화수소의 저장용기는 밀전해서는 안 되고, 통풍을 위해 구멍이 뚫린 마개로 막는다.

66 옥내저장소에 아세톤 18 L 용기 100개와 초산 200 L 용기 10개를 저장하고 있다면 이 저장소에는 지정수량의 몇 배를 저장하고 있는가?(단, 용기는 가득 차 있다고 가정한다.)
① 5
② 5.5
③ 7
④ 9.5

정답 64. ① 65. ③ 66. ②

해설 | 지정수량의 계산
① 아세톤(지정수량 400 L), 초산(아세트산, 지정수량 2,000 L)
② 지정수량 $= \dfrac{18\,L \times 100개}{400\,L} + \dfrac{200\,L \times 10개}{2,000\,L} = 5.5$

67 물과 반응하여 가연성 가스를 발생하는 위험물만으로 나열된 것은?
① CaC_2, $LiAlH_4$, Al_4C_3
② K_2O_2, NaH, $Zn(ClO_3)_2$
③ $Ba(ClO_3)_2$, K_2O_2, CaC_2
④ $Zn(ClO_3)_2$, $Ba(ClO_3)_2$, Al_4C_3

해설 | 보기설명
① CaC_2 (탄화칼슘) : 아세틸렌 발생
② $LiAlH_4$ (수소화알루미늄리튬) : 수소가스 발생
③ Al_4C_3 (탄화알루미늄) : 메탄가스 발생

68 제2류 위험물에 관한 설명으로 옳지 않은 것은?
① 금속분, 마그네슘은 위험등급Ⅰ에 해당한다.
② 인화성고체인 고형알코올은 지정수량이 1,000kg 이다.
③ 철분, 알루미늄분은 염산과 반응하여 수소가스를 발생한다.
④ 적린, 황의 화재 시에는 물을 이용한 냉각소화가 가능하다.

해설 | 금속분, 마그네슘은 위험등급 Ⅱ에 해당한다.

69 제3류 위험물에 관한 설명으로 옳지 않은 것은?
① 황린은 공기와 접촉하면 자연발화할 수 있다.
② 칼륨, 나트륨은 등유, 경유 등에 넣어 보관한다.
③ 지정수량 1/10을 초과하여 운반하는 경우, 제4류 위험물과 혼재할 수 없다.
④ 알킬알루미늄은 운반용기 내용적의 90% 이하로 수납하여야 한다.

해설 | 위험물의 혼재기준(제3류 위험물은 제4류 위험물은 혼재 가능하다)

위험물의 구분	제1류	제2류	제3류	제4류	제5류	제6류
제1류		×	×	×	×	○
제2류	×		×	○	○	×
제3류	×	×		○	×	×
제4류	×	○	○		○	×
제5류	×	○	×	○		×
제6류	○	×	×	×	×	

정답 67. ① 68. ① 69. ③

70 위험물안전관리법령상 위험물에 해당하는 것은?
① 황가루와 활석가루가 각각 50kg씩 혼합된 물질
② 아연분말 100kg 중 150μm의 체를 통과한 것이 60kg인 것
③ 철분 500kg 중 53μm의 표준체를 통과한 것이 200kg인 것
④ 구리분말 300kg 중 150μm의 체를 통과한 것이 200kg인 것

해설 표준체를 통하는 것이 50중량 퍼센트 이상인 것을 위험물로 본다.
① 철분 : 철의 분말로서 53마이크로미터의 표준체를 통과하는 것이 50중량퍼센트 미만인 것은 제외한다.
② 금속분 : 알칼리금속 · 알칼리토류금속 · 철 및 마그네슘외의 금속의 분말을 말하고, 구리분 · 니켈분 및 150마이크로미터의 체를 통과하는 것이 50중량퍼센트 미만인 것은 제외한다.

71 위험물의 유별 분류 및 지정수량이 옳지 않은 것은?
① 염소화아이소사이아누르산 -제1류 - 300kg
② 염소화규소화합물 - 제3류 - 300kg
③ 금속의 아지화합물 - 제5류 - 300kg
④ 할로겐간화합물 - 제6류 - 300kg

해설 위험물의 유별 분류 및 지정수량(위험물안전관리법 시행령, 시행규칙)

분류	품명	지정수량
제1류	1. 과아이오딘산염류 2. 과아이오딘산 3. 크로뮴, 납 또는 아이오딘의 산화물 4. 아질산염류 5. 차아염소산염류 6. 염소화아이소사이아누르산 7. 퍼옥소이황산염류 8. 퍼옥소붕산염류	50킬로그램, 300킬로그램 또는 1,000킬로그램
제3류	염소화규소화합물	10킬로그램, 20킬로그램, 50킬로그램 또는 300킬로그램
제5류	1. 금속의 아지화합물 2. 질산구아니딘	10킬로그램, 100킬로그램 또는 200킬로그램
제6류	할로겐간화합물	300킬로그램

72 다음 위험물 중 물에 잘 녹는 것은?
① 벤젠
② 아세톤
③ 가솔린
④ 톨루엔

정답 70. ② 71. ③ 72. ②

해설 아세톤 : 수용성, 벤젠, 가솔린, 톨루엔 : 비수용성

구분	종류
특수인화물	디에틸에테르($C_2H_5OC_2H_5$), 산화프로필렌(CH_3CHOCH_2), 아세트알데하이드(CH_3CHO), 이황화탄소(CS_2)
제1석유류	아세톤(CH_3COCH_3), 휘발유($C_5H_{12}\sim C_9H_{20}$), 벤젠(C_6H_6), 톨루엔($C_6H_5CH_3$), 메틸에틸케톤($CH_3COC_2H_5$), 피리딘(C_5H_5N), 시안화수소(HCN), 초산메틸, 초산에틸, 시클로헥산(C_6H_{12}), 아크릴로니트릴
제2석유류	초산(아세트산, 빙초산 ; CH_3COOH), 등유, 의산(HCOOH), n-부탄올, 경유, 스틸렌($C_6H_5CH=CH_2$), 이소아밀알코올, 클로로벤젠(C_6H_5Cl), 히드라진(N_2H_4), 크실렌(Xylene ; $C_6H_4(CH_3)_2$)
제3석유류	크레오소트유(타르유), 글리세린($C_3H_5(OH)_3$), 에틸렌글리콜($C_2H_4(OH)_2$), 니트로벤젠($C_6H_5NO_2$), 아닐린($C_6H_5NH_2$), 중유
제4석유류	기어유, 실린더유, 윤활유

※ 의산 = 포름산, 크실렌 = 자일렌

제2장 제1류 위험물의 개별성상

제1류 위험물〈산화성 고체〉

고체[액체(1기압 및 섭씨 20도에서 액상인 것 또는 섭씨 20도 초과 섭씨 40도 이하에서 **액상인 것**을 말한다. 이하 같다)또는 기체(1기압 및 섭씨 20도에서 기상인 것을 말한다) 외의 것을 말한다. 이하 같다]로서 산화력의 잠재적인 위험성 또는 충격에 대한 민감성을 판단하기 위하여 소방청장이 정하여 고시하는 시험에서 고시로 정하는 성질과 상태를 나타내는 것을 말한다. 이 경우 "액상"이라 함은 수직으로 된 시험관(안지름 30밀리미터, 높이 120밀리미터의 원통형유리관을 말한다)에 시료를 55밀리미터까지 채운 다음 당해 시험관을 수평으로 하였을 때 시료액면의 선단이 30밀리미터를 이동하는 데 걸리는 시간이 **90초 이내**에 있는 것을 말한다.

1 과염소산염류

1) 과염소산칼륨($KClO_4$) ★★★

① 조해성이 없다, 물, 알코올, 에테르에 녹지 않는다.
② 무색, 무취의 백색 결정.
③ 화약제조, 폭약제조, 산화제 제조 등에 사용
④ **강력한 산화제로서 불연성물질**이다.
⑤ 염소산염류(K, Na 등)보다 안정하지만 가열하면 400℃ 부근에서 분해되기 시작하여 산소를 방출한다.
   $KClO_4 \rightarrow KCl + 2O_2 \uparrow$ (과염소산칼륨 → 염화칼륨 + 산소)
⑥ 과염소산칼륨에 인, 황, 탄소, 유기물 등이 섞여 있을 때 가열, 충격, 마찰에 의하여 폭발한다.
⑦ **진한 황산과 접촉하면 폭발**한다.
⑧ 충격에 주의, 강산과의 혼합을 피한다.
⑨ 가열, 충격, 마찰, 분해를 촉진시키는 물질과의 접촉을 방지한다.

2) 과염소산나트륨(NaClO₄) ★★

① **조해성이 있다.** 무색, 무취의 백색 결정.
② **물에 잘 녹는다.**
③ **에틸알코올, 아세톤에 녹고**, 에테르에 녹지 않는다.
④ 유기물, 가연물과 혼합되었을 때 마찰, 충격 또는 가열하면 폭발한다.
⑤ 400℃이상 가열하면 분해되어 산소를 방출한다.
⑥ 산화제 제조, 화약제조, 폭약제조 등에 사용된다.
⑦ 충격에 주의, 강산과의 혼합을 피한다.
⑧ 가열, 충격, 마찰, 분해를 촉진시키는 물질과의 접촉을 방지한다.

3) 과염소산암모늄(NH₄ClO₄) ★

① 무색결정
② **물, 에탄올, 아세톤에는 녹으나 에테르에는 녹지 않는다.**
③ 충격에 대해서는 비교적 안정하지만 130℃에서 분해되기 시작하여 산소를 방출한다.

반응식 : $NH_4ClO_4 \rightarrow NH_4Cl + 2O_2$

④ 300℃에서 분해가 급격히 일어난다.
⑤ 강한충격 또는 분해온도 이상으로 가열하면 폭발한다.
⑥ 가연성물질과 혼합하면 폭발의 위험성.
⑦ 용기는 밀전 및 밀봉하고 손상을 방지
⑧ 충격이나 마찰을 방지한다.

2 염소산염류

1) 염소산칼륨(KClO₃) ★★★

① 무색, 무취의 결정, 성냥, 제초제, 산화제, 염료 등의 원료로 사용
② **온수, 글리세린에 잘 녹고 냉수 및 알코올에는 녹기 힘들다.**
③ 강산화제로서 폭발위험성, 불연성 물질.
④ 400℃ 이상 가열 시 분해하여 산소를 방출
⑤ **가열, 충격에 의해 폭발, 분해하여 산소를 발생.**
⑥ **400℃ 부근에서 분해되기 시작**하여 540~560℃에서 과염소산으로 분해하여

염화칼륨과 **산소**를 방출한다.

분해반응식 : $2KClO_3 \rightarrow KCl + KClO_4 + O_2 \uparrow$

(염소산칼륨 → 염화칼륨 + 과염소산칼륨 + 산소)

⑦ **이산화망간 등의 촉매가 존재할 때 분해가 촉진되어 산소를 방출**
⑧ **농황산과 폭발적으로 반응하여 위험**
⑨ 다른 물질이 섞이지 않도록 하고 위험물이 새어나오지 않도록 한다.
⑩ 가열, 충격, 마찰 및 분해를 촉진시키는 약품류와의 접촉을 피한다.
⑪ 저장하는 장소는 열원이나 산화되기 쉬운 물질로부터 멀리하고 환기가 잘되는 찬 곳에 저장한다.
⑫ 용기의 파손을 막고 용기는 밀전하여야 한다.

2) 염소산나트륨($NaClO_3$)

① 무색, 무취의 결정
② **알코올, 에테르, 물에 잘 녹는다.**
③ 유기물, 탄소, 황, 인 등과 혼합 시 가열 또는 충격에 의하여 폭발
④ **300℃ 이상 가열시 산소를 방출**
⑤ 성냥, 제초제, 산화제 등의 원료로 사용
⑥ 철을 부식시키므로 방습 주의할 것.
⑦ 산과 반응하여 유독한 이산화염소(ClO_2)를 발생
⑧ 철제용기에 저장불가
⑨ 조해성이 크고 습기를 흡수하는 성질이 강하므로 그 장소의 습도에 주의할 것.
⑩ 용기의 밀전(마개를 꼭 막는다), 밀봉 등에 특히 주의를 요한다.
⑪ 가열, 충격, 마찰을 피하고 분해를 촉진하는 약품류와의 접촉을 피할 것.

3) 염소산암모늄(NH_4ClO_3)

① 무색결정, 조해성
② 화약류의 제조에 사용
③ 250℃에서 산소발생, 급격한 가열 또는 충격 시 폭발

4) 염소산칼슘($Ca(ClO_3)_2$)

① 무색, 무취의 결정으로 흡습성이 있다.
② **400℃ 이상 가열시 산소를 방출**

③ 황린, 황, 금속분, 가연성 유기물 등과 혼합 시 충격 또는 마찰에 의해 발화, 폭발 가능성

3 아염소산염류

1) 아염소산나트륨($NaClO_2$)

① 무색결정, 물에 잘 녹는다.
② 산을 가하면 분해되어 이산화염소(ClO_2)를 발생
③ 목탄, 황, 인, 금속물과 혼합 시 충격에 의하여 폭발
④ 매우 불안정하여 180℃ 이상 가열시 발열 분해하여 O_2 발생

2) 아염소산칼륨($KClO_2$)

① 백색의 침상결정(결정성 분말)
② 조해성, 부식성이 있다.
③ 열, 충격에 의한 폭발위험성
④ 고온에서 분해 시 이산화염소를 발생

3) 아염소산칼슘($Ca(ClO_2)_2$)

① 물에 용해
② 황산과 심하게 반응하는 물질
③ 백색고체

4 무기과산화물류

1) 알칼리금속과산화물의 공통성질 ★★★

① **물과 접촉 시 발열하며, 산소를 발생.**
② 비중은 1보다 크고, 불연성의 물질.
③ 직사광선을 피하여 보관
④ 피부와 접촉 시 피부를 부식
⑤ 가연물과 혼합 시 마찰에 의해 발화 가능성

2) 과산화나트륨(Na_2O_2) ★★★

① 조해성이 있으며 흡습성이 강하다.
② 연한 황색의 분말로 강력한 산화제
③ 표백제, 이산화탄소의 흡수제 등으로 사용
④ 알코올에는 녹지 않는다.
⑤ 염산(HCl)과 반응 시 과산화수소 생성
반응식 : $Na_2O_2 + 2HCl \rightarrow 2NaCl + H_2O_2$
(과산화나트륨 + 염산 → 염화나트륨 + 과산화수소)
⑥ 상온에서 **물과 반응 시 격렬히 발열**하고, **산소와 수산화나트륨** 생성
반응식 : $2Na_2O_2 + 4H_2O \rightarrow 4NaOH + 2H_2O + O_2$
(과산화나트륨 + 물 → 수산화나트륨 + 물 + 산소)
⑦ 공기 중에서 서서히 이산화탄소를 흡수하여 탄산염을 만들고 산소방출
⑧ **가연성 물질(유기물)과 접촉 시 발화 용이**, 가열 시 분해되어 산소생성
⑨ 수분과의 접촉을 방지하기 위해 저장용기를 밀봉한다.
⑩ 가열, 충격, 마찰, 가연물과의 접촉을 피한다.
⑪ 직사광선을 피하고 건조한 장소에 보관

3) 과산화마그네슘(MgO_2) ★

① 백색분말이며 물에 녹지 않는다.
② 가열하면 산소가 발생하고 산화마그네슘이 된다.
$2MgO_2 \rightarrow 2MgO + O_2$ (과산화마그네슘 → 산화마그네슘 + 산소)
③ 습기 또는 물의 존재 하에서 산소를 발생한다.
④ 가열 분해하면 산소를 발생한다.
⑤ **산에 녹아서 과산화수소를 발생**한다.
$MgO_2 + 2HCl \rightarrow MgCl_2 + H_2O_2$
(과산화마그네슘 + 염화수소 → 염화마그네슘 + 과산화수소)
⑥ 가연성 물질과 혼합하여 발화 시 격렬히 반응
⑦ 물과 반응하는 성질이 있으므로 용기는 밀봉, 밀전할 것
⑧ 산류와 멀리하고 가열, 충격을 피할 것

4) 과산화칼륨(K_2O_2) ★

① 오렌지색의 분말

② **물과 급격히 작용하여 발열**하고, 산소와 수산화칼륨을 발생
$$2K_2O_2 + 4H_2O \rightarrow 4KOH + 2H_2O + O_2 \text{ (수산화칼륨 + 물 + 산소)}$$
③ 가열 시 분해하여 산소와 산화칼륨이 발생
④ 에틸알코올에 용해된다.
⑤ 물과 반응하여 산소를 방출, 산과 폭발적으로 반응
⑥ 피부와 접촉 시 부식의 위험성
⑦ 가연물과 혼합 시 충격에 의하여 폭발 위험성

5) 과산화칼슘(CaO_2)

① 무정형 백색의 분말
② 물에는 녹기 힘들고, 에탄올, 에테르에 녹지 않는다.
③ 더운물에 분해되어 과산화수소 발생.
④ 가열 시 275℃에서 폭발적으로 산소방출

6) 과산화바륨(BaO_2)

① 무색의 결정
② 고온에서 분해하여 산소를 발생
③ 흡입 시 독성이 있고, 유기물과 접촉 시에 발화
④ 알칼리토 금속류의 과산화물 중 가장 안정하다.
⑤ 찬물에 약간 녹고, 더운물에 분해한다.

5 브로민산염류

1) 브로민산칼륨($KBrO_3$)

① 무색결정, 물에 녹는다.
② 알코올, 에테르에는 녹지 않는다.
③ 융점 이상으로 가열하면 분해되어 산소를 발생한다.
④ 강산에 의하여 분해

2) 브로민산나트륨($NaBrO_3$)

① 고온에서 분해하여 산소를 방출

② 무색 결정성 분말로서 광택이 있고 물에 잘 녹는다.
③ 알코올에는 녹지 않는다.

3) 브로민산 암모늄(NH_4BrO_3)

① 무색의 결정성 고체
② 강산화제, 불안정, 가열 시 폭발
③ 가연성물질과 혼합 시 폭발의 위험성

6 질산염류

강력한 산화제이며 염소산 염류보다 가열, 마찰에 대하여 안정적이다.

1) 질산칼륨(KNO_3) ★★

① 무색의 사방결정계 분말
② **물, 글리세린에는 잘 녹고, 알코올에는 잘 안 녹는다.**
③ 가열하면 분해하여 산소를 방출하고 아질산칼륨(KNO_2)을 생성한다.
$$2KNO_3 \rightarrow 2KNO_2 + O_2 \uparrow$$
④ 조해성이 있다. **약 400℃에서 분해**하여 산소를 방출
⑤ 저장 시 유기물과의 접촉을 피하고 건조한 장소에 저장한다.
⑥ 가열, 마찰, 충격을 피한다.
⑦ 황과 숯가루와 혼합하여 흑색화약을 제조한다.

2) 질산나트륨($NaNO_3$) ★

① 무색 또는 담황색의 결정으로 물에 쉽게 녹는다.
② 500℃ 부근에서 분해하여 폭발
③ **물, 글리세린에 잘 녹는다.**
④ **에탄올에는 잘 녹지 않는다.**
⑤ 가열하면 380℃에서 분해되어 산소를 방출한다.
$$2NaNO_3 \rightarrow 2NaNO_2 + O_2 \uparrow \quad (질산나트륨 \rightarrow 아질산나트륨 + 산소)$$
⑥ 강산화제, 조해성이 있다.
⑦ 가연물, 유기물과의 혼합은 위험하다.

3) 질산암모늄(NH_4NO_3) ★

① 무색, 무취의 백색결정
② **물, 알코올, 알칼리에 잘 녹는다.**
③ 조해성이 강하고, **물에 녹을 때에는 흡열반응을 나타낸다.**
④ 가열 시 220℃에서 분해하고, 아산화질소(N_2O)를 생성한다.
   $$NH_4NO_3 \rightarrow N_2O + 2H_2O$$
⑤ 유기화합물과 혼합 시 폭발 위험성
⑥ 단독으로 급격한 가열, 충격으로 분해, 폭발할 수 있다.
⑦ 조해성이 있으므로 습한 곳을 피하여야 한다.
⑧ 고온으로 가열 시 분해 폭발하여 산소발생
   $$2NH_4NO_3 \rightarrow 2N_2\uparrow + O_2\uparrow + 4H_2O$$
⑨ 질산암모늄과 경유를 혼합하여 ANFO(안포) 폭약을 제조한다.

7 과망가니즈산염류

1) 과망가니즈산칼륨($KMnO_4$) ★

① 적자색(붉은 보라색)의 결정
② **물 및 에탄올, 아세톤에 녹는다.**
③ 물에 녹아서 진한 보라색을 나타내고 강한 산화력과 살균력이 있다.
④ **염산과 반응하여 염소를 발생**한다.
⑤ 가열하면 240℃에서 분해하여 산소를 방출하고 이산화망간(MnO_2), 망간산칼륨(K_2MnO_4)을 생성한다.($2KMnO_4 \rightarrow K_2MnO_4 + MnO_2 + O_2\uparrow$)
⑥ 강한 알칼리와 접촉 시 산소를 방출
⑦ 환원성 물질과 접촉 시 충격에 의해 폭발 위험성
⑧ 가열 분해 시 산소를 방출
⑨ **진한 황산과 급격히 반응하여 산소를 방출**
⑩ 산, 가연물 및 알코올, 글리세린 등 유기물로부터 멀리하여 저장한다.
⑪ 가열, 충격, 마찰을 피할 것
⑫ 저장용기는 금속 또는 유리를 사용
⑬ 직사광선을 피하고 저장용기는 밀봉할 것

2) 과망가니즈산나트륨($NaMnO_4$)

① 가열 시 산소를 방출
② 적자색 결정, 물에 대단히 잘 녹는다.
③ 조해성이 강하다.
④ 살균소독제, 해독제, 산화제 등에 사용

8 아이오딘산염류

1) 아이오딘산칼륨(KIO_3)

① 무색결정 또는 광택이 나는 무색결정성 분말
② 물에 녹는다.
③ 유기물, 가연물과의 혼합물은 가열, 충격, 마찰에 의해 폭발 가능성

2) 아이오딘산암모늄(NH_4IO_3)

① 무색결정
② 금속과 접촉 시 심하게 반응한다.

3) 아이오딘산마그네슘($Mg(IO_3)_2$)

① 물에 약간 녹는다.
② 가열에 의해 분해하여 산소를 방출한다.

4) 아이오딘산나트륨($NaIO_3$)

① 백색결정 또는 결정성 분말
② 물에는 녹으나 알코올에는 녹지 않는다.

제2장 출제예상문제

01 과염소산염류의 공통된 성질로 옳은 것은?
① 산화되기 쉽다.
② 물을 가하면 격렬히 화학적으로 반응한다.
③ 특정물질과 혼합 시 마찰 또는 충격에 안전하지 못하다.
④ 흑색의 침상결정이다.

해설 과염소산염류는 산화성 고체로서 가연물질과 혼합 시 마찰 또는 충격에 의하여 폭발의 위험성이 있다.

02 과염소산나트륨($NaClO_4$)의 성질로서 거리가 먼 것은?
① 가열하면 분해되어 산소를 방출한다.
② 무색, 무취의 조해하기 쉬운 결정이다.
③ 황백색의 분말로 물과 반응하여 산소를 발생한다.
④ 융점 480℃로 물에 잘 녹는다.

해설 과염소산나트륨($NaClO_4$)
① 조해성이 있다. 무색, 무취의 백색 결정.
② 물에 잘 녹는다.
③ 에틸알코올, 아세톤에 녹고, 에테르에 녹지 않는다.
④ 유기물, 가연물과 혼합되었을 때 마찰, 충격 또는 가열하면 폭발한다.
⑤ 400℃ 이상 가열하면 분해되어 산소를 방출한다.
⑥ 산화제 제조, 화약제조, 폭약제조 등에 사용된다.
⑦ 충격에 주의, 강산과의 혼합을 피한다.
⑧ 가열, 충격, 마찰, 분해를 촉진시키는 물질과의 접촉을 방지한다.

03 과염소산암모늄의 저장 및 취급방법으로 옳지 않은 것은?
① 충격이나 마찰을 피한다.
② 용기는 밀전 및 밀봉한다.
③ 알코올류의 보호액을 사용하고 보호액의 유출을 막아야 한다.
④ 저장장소는 열원이나 산화되기 쉬운 물질로부터 떨어져야 한다.

해설 과염소산암모늄(제1류 위험물)과 알코올류(제4류 위험물)을 혼촉하는 경우 폭발의 위험성이 있다.

정답 1. ③ 2. ③ 3. ③

04 염소산칼륨의 성질에 있어서 옳은 것은?

① 수용액은 알칼리성을 나타낸다.
② 잘 타는 물질이다.
③ 가열, 마찰에 의해서 가연성 가스가 발생한다.
④ 산화성 물질로 온수에 잘 녹는다.

해설 염소산칼륨($KClO_3$)
① 무색, 무취의 결정. 성냥, 제초제, 산화제, 염료 등의 원료로 사용
② 온수, 글리세린에 잘 녹고 냉수 및 알코올에는 녹기 힘들다.
③ 강산화제로서 폭발위험성, 불연성 물질.
④ 400℃ 이상 가열 시 분해하여 산소를 방출
⑤ 가열, 충격에 의해 폭발, 분해하여 산소를 발생.
⑥ 400℃ 부근에서 분해되기 시작하여 540~560℃에서 과염소산으로 분해하여 염화칼륨과 산소를 방출한다.

$$분해반응식 : 2KClO_3 \rightarrow KCl + KClO_4 + O_2$$
(염소산칼륨 → 염화칼륨 + 과염소산칼륨 + 산소)

⑦ 이산화망간 등의 촉매가 존재할 때 분해가 촉진되어 산소를 방출.
⑧ 농황산과 폭발적으로 반응하여 위험
⑨ 다른 물질이 섞이지 않도록 하고 위험물이 새어나오지 않도록 한다.
⑩ 가열, 충격, 마찰 및 분해를 촉진시키는 약품류와의 접촉을 피한다.
⑪ 저장하는 장소는 열원이나 산화되기 쉬운 물질로부터 멀리하고 환기가 잘되는 찬 곳에 저장한다.
⑫ 용기의 파손을 막고 용기는 밀전하여야 한다.

05 염소산칼륨에 진한 황산을 가하면 위험한 이유로서 옳은 것은?

① 폭발성의 수소가스를 발생하기 때문이다.
② 폭발성의 이산화염소와 과염소산을 생성하기 때문이다.
③ 염소가스를 발생하기 때문이다.
④ 과염소산칼륨을 생성하기 때문이다.

해설 염소산칼륨에 진한 황산을 가하면 폭발성의 이산화염소와 과염소산을 생성하기 때문에 위험하다.

06 염소산나트륨의 저장 및 취급에 대한 설명으로 옳지 못한 것은?

① 분해를 촉진하는 약품류와의 접촉을 피한다.
② 가열, 충격, 마찰을 피한다.
③ 공기와의 접촉을 피하기 위하여 물속에 저장한다.
④ 조해성이 있으므로 용기의 밀폐, 밀봉하여 저장한다.

정답 4. ④ 5. ② 6. ③

해설 염소산나트륨(NaClO₃)
① 무색, 무취의 결정
② 알코올, 에테르, 물에 잘 녹는다.
③ 유기물, 탄소, 황, 인 등과 혼합 시 가열 또는 충격에 의하여 폭발
④ 300℃ 이상 가열시 산소를 방출
⑤ 성냥, 제초제, 산화제 등의 원료로 사용
⑥ 철을 부식시키므로 방습 주의할 것.
⑦ 산과 반응하여 유독한 이산화염소(ClO₂)를 발생
⑧ 철제용기에 저장불가
⑨ 조해성이 크고 습기를 흡수하는 성질이 강하므로 그 장소의 습도에 주의할 것.
⑩ 용기의 밀전(마개를 꼭 막는다), 밀봉 등에 특히 주의를 요한다.
⑪ 가열, 충격, 마찰을 피하고 분해를 촉진하는 약품류와의 접촉을 피할 것.

07 다음 중 염소산나트륨의 저장 및 취급에 대한 설명으로 옳지 않은 것은?
① 건조하고 환기가 잘되는 곳에 저장한다.
② 유리용기는 부식되므로 철제용기를 사용한다.
③ 방습에 유의하여 용기를 밀전한다.
④ 금속분류의 혼입을 방지한다.

해설 저장 시 철제용기의 사용은 피한다.

08 알칼리금속은 화재예방 상 다음 중 어떤 기(원자단)를 가지고 있는 물질과 접촉을 피하여야 하는가?
① $-OH$
② $-O-$
③ $-COO-$
④ $-NO_2$

해설 알칼리금속 과산화물은 화재예방 상 $-OH$ 원자단을 가지고 있는 물질과 접촉을 피하여야 한다.

09 제1류 위험물 중 알칼리금속의 과산화물과 물이 접촉하였을 때 주로 발생하는 것은?
① 수소가스
② 산소가스
③ 탄산가스
④ 질소가스

해설 물과 접촉 시 발열하며, 산소를 발생시킨다.

정답 7. ② 8. ① 9. ②

10 알칼리금속 과산화물의 성질로 옳은 것은?
① 단독으로 타지 않는다.
② 비중은 1보다 작다.
③ 물과 격렬하게 반응하여 산소를 방출하나 발열하지는 않는다.
④ 분해가 어렵고 산소를 쉽게 방출한다.

해설 알칼리금속 과산화물의 성질
① 물과 접촉 시 발열하며, 산소를 발생시킨다.
② 비중은 1보다 크고, 불연성물질이다.
③ 직사광선을 피하여 보관, 피부와 접촉 시 피부를 부식시킨다.
④ 가연물과 혼합 시 마찰에 의해 발화 가능성이 있다.

11 제1류 위험물인 알칼리금속의 과산화물에 대한 설명으로 옳지 않은 것은?
① 물과 발열 반응하여 수소를 방출한다.
② 피부와 접촉하여 피부를 부식시킨다.
③ 가연물과 혼합되어 있을 경우 마찰에 의해 발화한다.
④ 양이 많을 경우 주수에 의하여 폭발위험이 있다.

해설 물과 접촉 시 발열하며, 산소를 발생시킨다.

12 과산화나트륨의 성질에 대한 설명으로 옳은 것은?
① 산과 반응하여 과산화수소가 생성된다.
② 지연성 물질과 접촉하면 발화되기 쉽다.
③ 습기 있는 종이와는 접촉해도 연소위험이 없다.
④ 상온에서 물과 접촉 시 반응하여 수소가 발생한다.

해설 과산화나트륨
① 염산(HCl)과 반응 시 과산화수소 생성($Na_2O_2 + 2HCl \rightarrow 2NaCl + H_2O_2$)
② 상온에서 물과 반응 시 격렬히 발열하고, 산소와 수산화나트륨 생성
$2Na_2O_2 + 4H_2O \rightarrow 4NaOH + 2H_2O + O_2$

정답 10. ① 11. ① 12. ①

13 과산화나트륨의 특성에 관한 설명 중 옳지 않은 것은?

① 가연성 물질과 접촉하면 착화되기 쉽다.
② 불연성 물질이다.
③ 습기 있는 목탄과 접촉하여도 발화하지 않는다.
④ 공기 중 이산화탄소와 반응하여 탄산염이 생성된다.

해설 과산화나트륨(Na_2O_2)
 ① 조해성이 있으며 흡습성이 강하다.
 ② 황백색의 분말로 강력한 산화제
 ③ 표백제, 이산화탄소의 흡수제 등으로 사용
 ④ 알코올에는 녹지 않는다.
 ⑤ 염산(HCl)과 반응 시 과산화수소 생성
  반응식 : $Na_2O_2 + 2HCl \rightarrow 2NaCl + H_2O_2$
  (과산화나트륨 + 염산 → 염화나트륨 + 과산화수소)
 ⑥ 상온에서 물과 반응 시 격렬히 발열하고, 산소 수산화나트륨 생성
  반응식 : $2Na_2O_2 + 4H_2O \rightarrow 4NaOH + 2H_2O + O_2$
  (과산화나트륨 + 물 → 수산화나트륨 + 물 + 산소)
 ⑦ 공기 중에서 서서히 이산화탄소를 흡수하여 탄산염을 만들고 산소방출
 ⑧ 가연성 물질(유기물)과 접촉 시 발화용이, 가열 시 분해되어 산소생성
 ⑨ 수분과의 접촉을 방지하기 위해 저장용기를 밀봉한다.
 ⑩ 가열, 충격, 마찰, 가연물과의 접촉을 피한다.
 ⑪ 직사광선을 피하고 건조한 장소에 보관

14 과산화나트륨의 위험성을 설명한 것 중 옳지 않은 것은?

① 가연성 물질과 접촉하면 발화가 용이하다.
② 가열하면 분해되어 산소가 생성된다.
③ 물과 접촉하면 산소를 발생하여 위험하나 유기물과는 접촉하여도 무방하다.
④ 수분이 있는 피부에 닿으면 화상의 위험이 있다.

해설 가연성 물질(유기물)과 접촉 시 발화용이, 가열 시 분해되어 산소가 생성

15 과산화나트륨에 대한 설명으로 옳지 않은 것은?

① 상온에서 물과 격렬하게 반응하며 열을 발생한다.
② 알코올에 녹아 산소를 발생시킨다.
③ 강산화제로서 금, 니켈을 제외한 다른 금속을 침식하여 산화물을 만든다.
④ 순수한 것은 백색이지만 보통 황색의 분말 또는 과립상이다.

해설 과산화나트륨은 알코올에는 녹지 않는다.

정답 13. ③ 14. ③ 15. ②

16 다음 설명 중 옳지 않은 것은?

① 과산화마그네슘은 가열하면 MgO와 산소를 발생한다.
② 과산화나트륨은 상온에서 물과 반응하여 수소와 산소가 주로 생성된다.
③ 질산나트륨은 열분해 되어 산소를 방출한다.
④ 염소산칼륨은 고온에서 가열하면 분해하여 염화칼륨과 산소 등이 생성된다.

해설 과산화나트륨의 물과 반응식
$2Na_2O_2 + 4H_2O \rightarrow 4NaOH + 2H_2O + O_2$(수산화나트륨 + 물 + 산소)

17 과산화나트륨의 위험성에 대한 설명이다. 옳은 것은?

① 물과는 반응성이 약하다.
② 인화되기 쉬운 물질이다.
③ 공기 중에서 서서히 이산화탄소를 흡수하여 탄산염을 만들고 산소를 방출한다.
④ 상온에서 불안정하여 산소를 방출한다.

해설 반응식 : $2Na_2O_2 + 2CO_2 \rightarrow 2Na_2CO_3 + O_2$(탄산나트륨 + 산소)

18 다음은 과산화나트륨의 위험성을 설명한 것이다. 옳지 않은 것은?

① 가연성 물질과 접촉하면 발화하기 쉽다.
② 가열하면 분해되어 산소가 생긴다.
③ 수분이 있는 피부에 닿으면 화상의 위험이 있다.
④ 물과 접촉하면 산소를 발생하여 위험하나 유기물과는 접촉하여도 위험하지 않다.

해설 산화성고체로서 물 및 유기물과의 접촉은 위험하다.

19 다음은 과산화마그네슘에 대한 설명이다. 옳은 것은?

① 물에 녹지 않기 때문에 습기와 접촉해도 무방하다.
② 산에 녹아서 과산화수소를 발생한다.
③ 과산화마그네슘이 분해하면 금속 마그네슘이 된다.
④ 과산화마그네슘은 공기 중에서는 안전하기 때문에 보관 시 용기를 밀폐해 둘 필요가 없다.

해설 과산화마그네슘(MgO_2)
　① 백색분말이며 물에 녹지 않는다.
　② 가열하면 산소가 발생하고 산화마그네슘이 된다.

정답 16. ② 17. ③ 18. ④ 19. ②

$2MgO_2 \rightarrow 2MgO + O_2$ (과산화마그네슘 → 산화마그네슘 + 산소)
③ 습기 또는 물의 존재 하에서 산소를 발생한다.
④ 가열 분해하면 산소를 발생한다.
⑤ 산에 녹아서 과산화수소를 발생한다.
   $MgO_2 + 2HCl \rightarrow MgCl_2 + H_2O_2$ (과산화마그네슘 + 염화수소 → 염화마그네슘 + 과산화수소)
⑥ 가연성 물질과 혼합하여 발화 시 격렬히 반응
⑦ 물과 반응하는 성질이 있으므로 용기는 밀봉, 밀전할 것
⑧ 산류와 멀리하고 가열, 충격을 피할 것

20 과산화칼륨이 물과 반응하여 발생하는 물질로 옳은 것은?
① 과산화수소와 수산화칼륨
② 수소와 수산화칼륨
③ 산소와 수산화칼륨
④ 수소와 염화칼륨

해설 반응식 : $2K_2O_2 + 4H_2O \rightarrow 4KOH + 2H_2O + O_2$ (수산화칼륨 + 물 + 산소)

21 질산 염류의 취급방법으로 옳지 않은 것은?
① 통풍이 잘되는 찬 곳에 둘 것
② 가연 물질과의 접촉을 피할 것
③ 용기에 넣을 때는 개방용기를 사용할 것
④ 불에 가까이 하지 말 것

해설 질산염류는 조해성이 있어 습기에 주의하고, 용기는 밀폐하여 저장

22 질산칼륨에 대한 설명 중 옳은 것은?
① 열에 안정하며 1,000℃의 온도에서도 분해되지 않는다.
② 유기물 및 강산과의 접촉에서 매우 안정하다.
③ 알코올에는 잘 녹으나 물, 글리세린에는 잘 녹지 않는다.
④ 무색, 무취의 결정 또는 분말로서 흑색화약의 원료로 쓰인다.

해설 질산칼륨(KNO_3)
① 무색의 사방결정계 분말
② 물, 글리세린에는 잘 녹고, 알코올에는 잘 안 녹는다.
③ 가열하면 분해하여 산소를 방출하고 아질산칼륨(KNO_2)을 생성한다.
   $2KNO_3 \rightarrow 2KNO_2 + O_2 \uparrow$
④ 조해성이 있다. 약 400℃에서 분해하여 산소를 방출
⑤ 저장 시 유기물과의 접촉을 피하고 건조한 장소에 저장한다.
⑥ 가열, 마찰, 충격을 피한다.

정답 20. ③ 21. ③ 22. ④

23 다음 질산나트륨의 성질에 관한 설명으로 옳지 않은 것은?

① 에탄올에는 잘 녹으나 물에는 잘 녹지 않는다.
② 가열하면 약 380℃에서 열분해하여 산소를 방출한다.
③ 티오황산나트륨과 함께 가열하면 폭발한다.
④ 무색 결정 또는 백색분말로 조해성이 있다.

해설 질산나트륨($NaNO_3$)
① 무색 또는 담황색의 결정
② 500℃ 부근에서 분해하여 폭발
③ 물, 글리세린에 잘 녹는다.
④ 에탄올에는 잘 녹지 않는다.
⑤ 가열하면 380℃에서 분해되어 산소를 방출한다.
　　$2NaNO_3 \rightarrow 2NaNO_2 + O_2 \uparrow$ (질산나트륨 → 아질산나트륨 + 산소)
⑥ 강산화제, 조해성이 있다.
⑦ 가연물, 유기물과의 혼합은 위험하다.

24 다음 중 질산암모늄에 대한 성질로 옳은 것은?

① 물에 대한 용해도가 작다.
② 조해성이 있다.
③ 가열에 분해하여 수소를 방출한다.
④ 과일향이 나며, 백색의 결정이다.

해설 질산암모늄(NH_4NO_3)
① 무색, 무취의 백색결정
② 물, 알코올, 알칼리에 잘 녹는다.
③ 조해성이 강하고, 물에 녹을 때에는 흡열반응을 나타낸다.
④ 가열 시 220℃에서 분해하고, 아산화질소(N_2O)를 생성한다.
　　$NH_4NO_3 \rightarrow N_2O + 2H_2O$
⑤ 유기화합물과 혼합 시 폭발 위험성
⑥ 단독으로 급격한 가열, 충격으로 분해, 폭발할 수 있다.
⑦ 조해성이 있으므로 습한 곳을 피하여야 한다.
⑧ 고온으로 가열 시 분해 폭발하여 산소발생
　　$2NH_4NO_3 \rightarrow 2N_2 \uparrow + O_2 \uparrow + 4H_2O$

25 과망간산칼륨의 성질로 옳지 않은 것은?

① 가열하여 분해 시 이산화망간과 물이 생성된다.
② 물과 에탄올에 녹는다.
③ 강한 알칼리와 접촉시키면 산소를 방출한다.
④ 흑자색의 결정으로 강한 산화력과 살균력을 나타낸다.

정답 23. ① 24. ② 25. ①

해설 과망간산칼륨(KMnO₄)
가열하면 240℃에서 분해하여 산소를 방출하고 이산화망간(MnO₂), 망간산칼륨(K₂MnO₄)을 생성한다. (2KMnO₄ → K₂MnO₄ + MnO₂ + O₂↑)

26 과망간산칼륨이 염산과 반응하여 생성하는 물질은?

① 이산화망간 ② 염소
③ 수소화칼륨 ④ 과염소산칼륨

해설 ① 염산과 반응식 $2KMnO_4 + 16HCl \rightarrow 2KCl + 2MnCl_2 + 8H_2O + 5Cl_2\uparrow$
② 생성물질 : 염소(Cl), 염화칼륨(KCl), 염화망간($MnCl_2$)

27 제1류 위험물의 성상 및 위험성에 관한 설명으로 옳지 않은 것은?

① 질산칼륨은 무색결정 또는 백색분말이며 짠맛이 있다.
② 과염소산칼륨은 무색·무취의 결정으로 에탄올, 에테르에 잘 녹는다.
③ 질산나트륨은 무색결정으로 조해성이 있으며 칠레초석이라고도 불린다.
④ 과망간산나트륨은 적린, 황, 금속분과 혼합하면 가열, 충격에 의해 폭발한다.

해설 과염소산칼륨 : 물, 알코올, 에테르에 녹지 않는다.

28 제1류 위험물인 과산화나트륨(Na_2O_2) 1kg이 완전 열분해 되었을 경우 생성되는 산소는 표준상태(STP)에서 약 몇 L인가? (단, Na 원자량은 23, O 원자량은 16으로 한다.)

① 0.143 ② 0.283 ③ 143.59 ④ 283.18

해설 ① 과산화나트륨의 열분해 반응식 : $2Na_2O_2 \rightarrow 2Na_2O + O_2$
② 산소량 = $\dfrac{1,000g \times 32g/mol}{2 \times 78g/mol} = 205.13g$ (Na_2O_2의 분자량 = $23 \times 2 + 16 \times 2 = 78g/mol$)
③ 산소의 체적 $V = \dfrac{WRT}{PM} = \dfrac{205.13g \times 0.082 atm \cdot L/mol \cdot K \times (273+0)K}{1atm \times 32g/mol} = 143.5L$

29 염소산칼륨($KClO_3$)에 관한 설명으로 옳지 않은 것은?

① 냉수, 알코올에 잘 녹는다.
② 무색 결정으로 인체에 유독하다.
③ 황산과 접촉으로 격하게 반응하여 ClO_2를 발생한다.
④ 적린과 혼합하면 가열·충격·마찰에 의해 폭발할 수 있다.

정답 26. ② 27. ② 28. ③ 29. ①

해설 온수, 글리세린에 잘 녹고 냉수 및 알코올에는 녹기 힘들다.

30 ANFO 폭약의 원료로 사용되는 물질로 조해성이 있고 물에 녹을 때 흡열반응을 하는 것은?

① 질산칼륨　　　　　　　　　　② 질산칼슘
③ 질산나트륨　　　　　　　　　④ 질산암모늄

해설 질산암모늄의 성질
① 무색, 무취의 백색결정, 비료, 화약원료, 질산염제조, 폭약제조 등에 사용
② 물, 알코올, 알칼리에 잘 녹는다.
③ 조해성이 강하고, 물에 녹을 때에는 흡열반응을 나타낸다.
④ ANFO(Ammonium Nitrate Fuel Oil) 폭약 : 질산암모늄과 경질유를 조합하여 제조하며, 석탄탄광, 금속탄광, 민간의 건축공사 등에서 가장 널리 사용되는 폭발물이다.

정답 30. ④

제2류 위험물의 개별성상

제2류 위험물〈가연성 고체〉

고체로서 화염에 의한 발화의 위험성 또는 인화의 위험성을 판단하기 위하여 고시로 정하는 시험에서 고시로 정하는 성질과 상태를 나타내는 것을 말한다.

1 황화린(P_4S_x) 또는 황화인

1) 삼황화린(P_4S_3) ★★★

① 안정된 황색 사방결정계 결정
② 물에 녹지 않으나 더운 물에는 분해되어 황화수소 발생
③ 이황화탄소, 톨루엔 등에 녹는 성질
④ 삼황화린은 공기 중 100℃에서 발화
⑤ 연소반응 : 오산화인과 이산화황(아황산가스)가 발생
  P_4S_3(삼황화린) + $8O_2$ → $2P_2O_5$(오산화인) + $3SO_2$(아황산가스)

2) 오황화린(P_2S_5 또는 P_4S_{10}) ★★

① 오황화인은 물, 알칼리에 분해되어 **황화수소와 인산**(H_3PO_4)이 된다.
  $P_2S_5 + 8H_2O \rightarrow 5H_2S + 2H_3PO_4$ (오황화인 + 물 → 황화수소 + 인산)
② 고체에서는 황색
③ **이황화탄소(CS_2)에 잘 녹는다.**

3) 칠황화인(P_4S_7)

① 이황화탄소에 약간 녹으며 수분을 흡수
② 냉수에는 서서히, **온수에는 급속히 녹아 황화수소를 발생**한다.
③ 담황색의 결정으로 조해성이 있다.

2 적린(P) ★★★

① 붉은인, 자인, 홍린이라고도 하며 황린에 비해 안정하다.
② 암적색의 분말로 조해성이 있고, 독성이 없다.
③ **물, 이황화탄소(CS_2), 수산화나트륨(NaOH), 에테르, 강알칼리, 에틸알코올, 암모니아에 녹지 않는다.**
④ 착화온도는 260℃이나 공기 중에서 자연발화하지 않는다.
⑤ 강산화제와 혼합 시 마찰, 충격에 의해 낮은 온도에서도 쉽게 발화한다.
⑥ **연소 시 백색의 오산화인(P_2O_5)이 발생한다.**
  연소반응식 : $4P + 5O_2 \rightarrow 2P_2O_5 \uparrow$ (적린 + 산소 → 오산화인)
⑦ 가열, 마찰이나 충격은 피한다.
⑧ 냉암소에 저장하며 인화성, 발화성 물품과는 분리하여 저장한다.

3 황(S) ★

① 황색의 결정 또는 미황색의 분말이다.
② **순도가 60wt% 이상**인 것
③ 착화온도는 360℃, 연소 시 푸른 불꽃 생성, **이산화황(SO_2)이 발생**한다.
  연소반응식 : $S + O_2 \rightarrow SO_2$ (황 + 산소 → 이산화황)
④ 물에는 녹지 않고, 사방정계의 황 및 단사정계의 황은 이황화탄소(CS_2)에 잘 녹으나 고무상황은 녹지 않는다.
⑤ 전기 부도체로 백금, 금을 제외한 모든 금속과 결합
⑥ 종류 : 사방정계의 황, 단사정계의 황, 비정계의 황(고무상황)
⑦ 산화제와 접촉 시 가열, 충격, 마찰에 의해 폭발한다.
⑧ 상온에서는 안정하지만 공기 중에서 가열하면 발화한다.
⑨ 고온에서 탄소와 반응하며, 인화성이 큰 이황화탄소가 생성
⑩ 산화제와 격리, 정전기 축적에 주의
⑪ 가열 및 화기에 주의
⑫ 화재진압 시 유독가스가 발생하므로 보호장구를 착용, **다량의 물로 주수소화**
⑬ **분말상태의 황이 공기 중에 부유 시 분진폭발의 위험성**

4 철분(Fe)

① **철의 분말로서 53마이크로미터의 표준체를 통과하는 것이 50wt% 이상인 것**
② 연소하기 쉽다.
③ 산소와의 친화력이 강하고 발화의 가능성도 있다.
④ 열 및 전기의 양도체이다.
⑤ 온수 또는 수증기와 반응 시 **수소발생**
⑥ 상온에서 묽은 산과 반응하여 **수소발생**
⑦ 공기 중에서 천천히 산화되어 광택을 잃고 황갈색으로 된다.
⑧ 기름이 묻은 분말형태의 철분은 자연발화 위험성
⑨ 건조사에 의한 질식소화

5 금속분

1. 알칼리금속, 알칼리토류금속, 철 및 마그네슘외의 금속의 분말
2. 구리분, 니켈분 및 150마이크로미터의 체를 통과하는 것이 50wt% 미만인 것 제외
3. 종류 : 알루미늄분, 티탄분, 지르코늄분, 크롬분, 망간분, 코발트분, 은분, 아연분, 카드뮴분, 갈륨분, 탈륨분, 게르마늄분, 주석분, 납분, 안티몬분, 비스무스분

1) 알루미늄분(Al) ★

① 은백색의 광택이 있는 무른 금속
② 연소하기 쉽고 다량의 열을 발생
③ **산과 반응하여 수소가스 발생**
④ 알칼리수용액과 반응하여 수소가스 발생
⑤ 강산화제와 혼합한 것은 가열, 충격, 마찰에 의하여 발화 또는 폭발

2) 은분(Ag)

① 은백색의 광택을 가진 금속
② **과산화수소와 상온에서 접촉 시 폭발**
③ 산과 반응하여 수소가스 발생
④ 물, 공기에서는 안정하나 오존과 반응하여 흑색의 과산화은(Ag_2O_2)을 생성

6 마그네슘(Mg) ★★★

마그네슘 및 마그네슘을 함유한 것에 있어서는 다음 각목의 1에 해당하는 것은 제외한다.
1. 2밀리미터의 체를 통과하지 아니하는 덩어리 상태의 것
2. 직경 **2밀리미터 이상**의 막대 모양의 것

> ① 알칼리토금속류, **은백색의 광택이 있는 경금속**
> ② 공기 중 습기와 반응하여 열이 축적되는 경우 자연발화의 위험성
> ③ 화재 시 건조사, 금속화재용 분말소화약제 등으로 질식소화
> ④ 강산화제와 접촉 또는 혼합 시 가열, 충격 및 마찰에 의해 폭발 가능성
> ⑤ 미분상태의 경우 분진폭발 가능성
> ⑥ **산화제 및 할로겐원소와 접촉 시 자연발화의 위험성**
> ⑦ 연소반응
> $$2Mg + O_2 \rightarrow 2MgO(산화마그네슘) + 143.7kcal$$
> ⑧ **마그네슘 화재 시 이산화탄소를 방사하면 연소가 지속되므로 위험하다.**
> 반응식 : $2Mg + CO_2 \rightarrow 2MgO + C$ (마그네슘 + 이산화탄소 → 산화마그네슘 + 탄소)
> ⑨ 산과 반응하여 수소를 발생하고, 물속에서 끓이면 수소가 발생한다.
> • 산과 반응 : $Mg + 2HCl \rightarrow MgCl_2 + H_2$
>   (마그네슘 + 염산 → 염화마그네슘 + 수소)
> • 물과 반응 : $Mg + 2H_2O \rightarrow Mg(OH)_2 + H_2$
>   (마그네슘 + 물 → 수산화마그네슘 + 수소)

7 인화성고체

고형알코올 그 밖에 1기압에서 인화점이 섭씨 **40도 미만**인 고체

1) 고형알코올

① **합성수지에 메틸알코올(메탄올)을 혼합, 침투시켜 만든 것**
② 약 30℃ 미만에서 가연성증기가 발생하기 쉬우며 인화성이 크다.

2) 제3 부틸알코올($(CH_3)_3COH$)

① 무색의 고체, 물보다 가볍고 물에 잘 녹는다.

② 상온에서 가연성증기 발생이 용이, 증기는 낮은 곳에 체류하며 밀폐공간에서 폭발위험성이 크다.
③ **연소열량이 커서 소화가 어렵다.**

3) 메타알데히드($(CH_3CHO)_4$)

① 물에 녹지 않고, 에테르, 에틸알코올, 벤젠에 녹지 않는다.
② 증기는 공기보다 무거워 낮은 곳에 체류할 위험성이 존재
③ 약 80℃에서 분해, 아세트알데하이드로 변하여 위험이 증가한다.

제3장 출제예상문제

01 삼황화린이 연소 시 생성되는 물질로 옳은 것은?

① P_2O_5 와 SO_2 ② P_4O_3 와 SO_2
③ P_4O_7 와 SO_2 ④ P_2O_5 와 SO_3

해설 삼황화린의 연소반응식
$P_4S_3 + 8O_2 \rightarrow 2P_2O_5 + 3SO_2$ (삼황화인 + 산소 → 오산화인 + 이산화황)

02 오황화린이 물과 반응해서 발생하는 독성가스는?

① 포스겐 ② 황화수소 ③ 아황산가스 ④ 오산화인

해설 오황화인은 물, 알칼리에 분해되어 황화수소와 인산(H_3PO_4)이 된다.
$P_2S_5 + 8H_2O \rightarrow 5H_2S + 2H_3PO_4$ (오황화인 + 물 → 황화수소 + 인산)

03 오황화린이 공기 중의 습기를 흡수하여 분해하였을 때 생성되는 물질은?

① H_2 ② C_2H_2 ③ H_2S ④ PH_3

해설 오황화린과 물(습기)과의 반응식
$P_2S_5 + 8H_2O \rightarrow 5H_2S + 2H_3PO_4$ (황화수소 + 인산)

04 다음 중 황화린의 종류로 옳지 않은 것은?

① P_4S_3 ② P_2S_5 ③ P_4S_7 ④ P_2S_9

해설 황화린의 종류 : 삼황화린(P_4S_3), 오황화린(P_2S_5), 칠황화린(P_4S_7)

05 다음 각 물질에 대한 설명으로 옳지 않은 것은?

① 오황화린은 이황화탄소에 녹는다.
② 황은 물이나 산에 녹지 않는다.
③ 삼황화린은 가연성 물질이다.
④ 칠황화린은 더운 물에 분해하여 이산화황을 발생한다.

해설 칠황화린은 온수에서 급격히 분해하여 황화수소(H_2S)와 인산(H_3PO_4)을 발생한다.

정답 1. ① 2. ② 3. ③ 4. ④ 5. ④

06 적린의 성질에 관한 설명으로 옳지 않은 것은?

① 물, 암모니아에 불용이다.
② 착화온도는 약 260℃이다.
③ 산화제와 혼합 시 착화하기 쉽다.
④ 연소 시 인화수소가스가 발생한다.

해설 적린(P)
① 붉은인, 자인, 홍린이라고도 하며 황린에 비해 안정하다.
② 암적색의 분말로 조해성이 있고, 독성이 없다.
③ 물, 이황화탄소(CS_2), 수산화나트륨(NaOH), 에테르, 강알칼리, 에틸알코올, 암모니아에 녹지 않는다.
④ 착화온도는 260℃이나 공기 중에서 자연발화하지 않는다.
⑤ 강산화제와 혼합 시 마찰, 충격에 의해 낮은 온도에서도 쉽게 발화한다.
⑥ 연소 시 백색의 오산화인(P_2O_5)이 발생한다.
  연소반응식 : $4P + 5O_2 \rightarrow 2P_2O_5 \uparrow$ (적린 + 산소 → 오산화인)
⑦ 가열, 마찰이나 충격은 피한다.
⑧ 냉암소에 저장하며 인화성, 발화성 물품과는 분리하여 저장한다.

07 다음 중 적린의 성질로 옳지 않은 것은?

① 착화온도는 황린보다 낮다.
② 황린과 성분원소는 같다.
③ 황린에 비해 화학적 활성이 적다.
④ 물, 이황화탄소에 녹지 않는다.

해설 황린(P_4)의 착화온도는 50℃, 적린(P)의 착화온도는 260℃

08 다음 위험물 중 연소 시 오산화인(P_2O_5)이 발생하지 않는 위험물은?

① 적린(P) ② 황린(P_4)
③ 산화납(PbO) ④ 삼황화린(P_4S_3)

해설 연소반응식
① 적린 : $4P + 5O_2 \rightarrow 2P_2O_5$
② 황린 : $P_4 + 5O_2 \rightarrow 2P_2O_5$
③ 삼황화린 : $P_4S_3 + 8O_2 \rightarrow 2P_2O_5 + 3SO_2$

정답 6. ④ 7. ① 8. ③

09 적린의 연소 시 발생하는 흰 연기의 성분은 무엇인가?
① H_3PO_4
② SO_4
③ P_2O_5
④ H_2S

해설 연소반응식 : $4P + 5O_2 \rightarrow 2P_2O_5 \uparrow$ (적린 + 산소 → 오산화인)

10 황의 성질을 옳게 설명한 것은?
① 황색의 연한 금속이다.
② 물에 잘 녹는다.
③ 전기 절연체로 쓰이며 가연성 고체이다.
④ 황의 동소체인 사방황, 단사황, 고무상황은 이황화탄소에 잘 녹는다.

해설 황(S)
 ① 황색의 결정 또는 미황색의 분말이다.
 ② 순도가 60wt% 이상인 것
 ③ 착화온도는 360℃, 연소 시 푸른 불꽃 생성, 이산화황(SO_2)이 발생한다.
  연소반응식 : $S + O_2 \rightarrow SO_2$(황 + 산소 → 이산화황)
 ④ 물에는 녹지 않고, 사방정계의 황 및 단사정계의 황은 이황화탄소(CS_2)에 잘 녹으나 고무상황은 녹지 않는다.
 ⑤ 전기 부도체로 백금, 금을 제외한 모든 금속과 결합
 ⑥ 종류 : 사방정계의 황, 단사정계의 황, 비정계의 황(고무상황)
 ⑦ 산화제와 접촉 시 가열, 충격, 마찰에 의해 폭발한다.
 ⑧ 상온에서는 안정하지만 공기 중에서 가열하면 발화한다.
 ⑨ 고온에서 탄소와 반응하며, 인화성이 큰 이황화탄소가 생성
 ⑩ 산화제와 격리, 정전기 축적에 주의
 ⑪ 가열 및 화기에 주의
 ⑫ 화재진압 시 유독가스가 발생하므로 보호장구를 착용, 다량의 물로 주수소화
 ⑬ 분말상태의 황이 공기 중에 부유 시 분진폭발의 위험성

11 황의 저장, 취급방법에 대한 설명으로 옳지 않은 것은?
① 정전기 축적을 방지한다.
② 산화제와 격리하여 저장한다.
③ 분말의 황은 상온에서 안전하다.
④ 가열을 피하고 화기에 주의한다.

해설 분말상태의 황이 공기 중에 부유 시 분진폭발의 위험성

정답 9. ③ 10. ③ 11. ③

12 황의 화재예방 및 소화방법에 대한 설명으로 옳지 않은 것은?
① 정전기가 축적되는 것을 방지한다.
② 산화제와 혼합하여 저장한다.
③ 화재 시 유독가스가 발생하므로 보호장구를 착용하고 소화한다.
④ 화재 시 다량의 물을 분무 주수하여 소화한다.

해설 황은 가연성고체로 산화제와 혼합되는 경우 가열, 충격, 마찰에 의하여 착화, 폭발의 위험성

13 위험물의 특징에 관한 설명으로 옳은 것은?
① 삼황화린은 약 100℃에서 발화하며 이황화탄소에 녹는다.
② 적린은 황린에 비하여 화학적으로 활성이 크고 물에 잘 녹는다.
③ 황은 연소 시 유독성의 오산화인이 생성된다.
④ 마그네슘의 화재 시 물을 주수하면 산소가 발생하여 폭발적으로 연소한다.

해설 위험물의 특징
① 적린은 물, 이황화탄소, 수산화나트륨, 에틸알코올 등에 녹지 않는다.
② 황은 연소 시 이산화황(SO_2)을 생성한다.
③ 마그네슘의 화재 시 물을 주수하면 수소가 발생하여 폭발적으로 연소한다.

14 알루미늄분이 염산과 반응하였을 경우 주로 생성되는 가연성 가스는?
① 질소　　　　　　　　　② 산소
③ 염소　　　　　　　　　④ 수소

해설 염산과 반응시 반응식
$Al + 6HCl \rightarrow 2AlCl_3 + 3H_2 \uparrow$ (알루미늄 + 염산 → 염화알루미늄 + 수소)

15 가연성 고체 위험물인 금속분이 일반적으로 발화되기 쉽다. 그 이유로 옳은 것은?
① 수분과 작용해서 발열하고 다량의 산소를 발생하기 때문에
② 산화력이 강하기 때문에
③ 산과 반응해서 가연성의 수소가스를 발생하기 때문에
④ 열전도율이 작고 자기분해를 일으키기 쉽기 때문에

해설 금속분은 산과 반응하여 가연성의 수소가스를 발생한다.

정답 12. ②　13. ①　14. ④　15. ③

16 마그네슘분의 성질에 대한 설명으로 옳은 것은?

① 분말의 비중은 물보다 적으므로 물위에 뜬다.
② 강산과 반응하면 수소가스가 발생한다.
③ 알칼리수용액과 반응하여 수소가스가 발생한다.
④ 상온에서 수분과 반응하여 산화마그네슘이 생성된다.

해설 마그네슘분
① 알칼리토금속류, 은백색의 광택이 있는 경금속
② 공기 중 습기와 반응하여 열이 축적되는 경우 자연발화의 위험성
③ 화재 시 건조사, 금속화재용 분말소화약제 등으로 질식소화
④ 강산화제와 접촉 또는 혼합 시 가열, 충격 및 마찰에 의해 폭발 가능성
⑤ 미분상태의 경우 분진폭발 가능성
⑥ 산화제 및 할로겐원소와 접촉 시 자연발화의 위험성
⑦ 연소반응 : $2Mg + O_2 \rightarrow 2MgO$ (산화마그네슘) + 143.7kcal
⑧ 마그네슘 화재 시 이산화탄소를 방사하면 연소가 지속되므로 위험하다.
 – 반응식 : $2Mg + CO_2 \rightarrow 2MgO + C$ (마그네슘 + 이산화탄소 → 산화마그네슘 + 탄소)
⑨ 산과 반응하여 수소를 발생하고, 물속에서 끓이면 수소가 발생한다.
 – 산과 반응 : $Mg + 2HCl \rightarrow MgCl_2 + H_2$ (마그네슘 + 염산 → 염화마그네슘 + 수소)
 – 물과 반응 : $Mg + 2H_2O \rightarrow Mg(OH)_2 + H_2$ (마그네슘 + 물 → 수산화마그네슘 + 수소)

17 위험물안전관리법령상 금속분, 마그네슘을 저장하는 곳에 적응성이 있는 소화설비를 다음 보기에서 모두 고른 것은?

[보기]
㉠ 팽창질석   ㉢ 분말소화설비(탄산수소염류)
㉡ 이산화탄소소화설비   ㉣ 대형 무상 강화액소화기

① ㉠, ㉢
② ㉠, ㉣
③ ㉠, ㉡, ㉢
④ ㉡, ㉢, ㉣

해설 금속분, 마그네슘을 저장하는 곳에 적응성이 있는 소화설비 : 팽창질석, 분말소화설비(탄산수소염류), 팽창진주암, 마른모래 등

18 다음 중 위험물안전관리법에 따른 인화성고체의 정의를 옳게 표현한 것은?
① 고형알코올 그 밖에 섭씨 25도 이상 40도 이하에서 고체 상태인 것
② 1기압에서 발화점이 섭씨 50도 이상인 고체
③ 고형알코올 그 밖에 1기압에서 인화점이 섭씨 40도 미만인 고체
④ 고형알코올 그 밖에 1기압 및 섭씨 0도에서 고체 상태인 것

해설 고형알코올 그 밖에 1기압에서 인화점이 섭씨 40도 미만인 고체

19 다음 각 물질의 저장방법으로 옳지 않은 것은?
① 황린은 물속에 저장한다.
② 황은 정전기가 축적되지 않게 저장한다.
③ 적린은 인화성 물질과 격리시켜서 저장된다.
④ 마그네슘은 물로 습하게 하여 저장한다.

해설 마그네슘은 산 및 물과의 접촉 시 발열하며, 수소가스를 발생하므로 물과의 접촉을 피하여야 한다.

20 제2류 위험물 마그네슘(Mg)에 관한 설명으로 옳지 않은 것은?
① 공기 중 습기와 서서히 반응하여 열이 축적되면 자연발화의 위험성이 있다.
② 미세한 분말은 밀폐공간 내 부유하면 분진폭발의 위험이 있다.
③ 이산화탄소(CO_2) 중에서 연소한다.
④ 산이나 뜨거운 물에 반응하여 메탄(CH_4)가스를 발생시킨다.

해설 산이나 뜨거운 물에 반응하여 수소(H_2)가스를 발생시킨다.
① 물과의 반응식 : $Mg + 2H_2O \rightarrow Mg(OH)_2 + H_2$

정답 18. ③ 19. ④ 20. ④

제4장 제3류 위험물의 개별성상

제3류 위험물〈자연발화성 물질 및 금수성 물질〉

고체 또는 액체로서 공기 중에서 발화의 위험성이 있거나 물과 접촉하여 발화하거나 가연성가스를 발생하는 위험성이 있는 것

1 칼륨(K) ★★★

① 포타슘이라고 하며, **은백색 광택이 있는 무른 경금속**
② 흡습성, 조해성이 있고 금속재료를 부식
③ 공기 중 방치 시 자연발화의 위험성, 보라색의 불꽃을 내며 연소

금속	칼륨	나트륨	칼슘	리튬
색상	보라색	노란색	황적색	적색

④ **물과 격렬하게 반응하여 수소 및 수산화칼륨을 발생**
   반응식 : $2K + 2H_2O \rightarrow 2KOH + H_2 \uparrow + Q(kcal)$
   (칼륨 + 물 → 수산화칼륨 + 수소 + 발열)
⑤ 금속칼륨이 연소하여 산화칼륨을 생성
   반응식 : $4K + O_2 \rightarrow 2K_2O$ (칼륨 + 산소 → 산화칼륨)
⑥ **에탄올(C_2H_5OH)과 반응 시 수소를 발생**
   반응식 : $2K + 2C_2H_5OH \rightarrow 2C_2H_5OK + H_2$ (칼륨 + 에탄올 → 칼륨에틸라이드 + 수소)
⑦ 수분 또는 습기와 접촉되지 않도록 주의
⑧ **석유(등유, 경유, 유동파라핀)속에 저장**
⑨ 소분하여 저장, 용기파손 및 누출을 방지
⑩ **이산화탄소 및 사염화탄소(CCl_4)와 격렬히 반응**

2 나트륨(Na) ★★★

① 은백색의 광택이 있는 무른 경금속
② **물과 심하게 반응하여 수소가스를 발생**
반응식 : $2Na + 2H_2O \rightarrow 2NaOH + H_2 \uparrow + Q(kcal)$
③ **에탄올(에틸알코올)과 반응하여 수소를 발생**
④ 금속나트륨은 연소 시 산소와 반응하여 산화나트륨 생성
연소반응식 : $4Na + O_2 \rightarrow 2Na_2O$ (나트륨 + 산소 → 산화나트륨)
⑤ 물이나 습기에 주의, **석유(등유, 경유, 유동 파라핀) 속에 저장**
⑥ 건조사, 팽창질석, 팽창진주암, 금속화재용 분말소화약제(탄산수소염류) 등을 이용한 질식소화
⑦ 피부에 접촉 시 화상 또는 염증을 일으키므로 화재진압시 보호구 착용

3 알킬알루미늄((R)₃Al) ★★★

1) 개요

① 알킬기(C_nH_{2n+1})와 알루미늄의 유기금속화합물
② **자극적인 냄새와 독성**
③ 무색의 액체 또는 고체로서 산소 및 물과의 반응성이 크다.
④ **공기 또는 물과 접촉 시 자연발화**
⑤ 위험성을 감소시키기 위해 희석제로 벤젠 또는 헥산을 사용
⑥ 종류 : 트라이메틸알루미늄, 트라이에틸알루미늄, 트라이이소부틸알루미늄, 다이메틸알루미늄클로라이드, 다이에틸알루미늄클로라이드 등

2) 알킬알루미늄의 특성

① 공기나 물과의 접촉을 피할 것
② 피부에 접촉 시 심한 화상
③ 증기압이 낮다. **저장 시 밀봉하고 불활성 가스를 충전**할 것
④ 소화 시 : **물, 이산화탄소(CO_2), 사염화탄소(CCl_4)는 사용불가**, 팽창질석, 팽창진주암 등을 사용하여 질식소화

3) 트라이메틸알루미늄((CH_3)$_3$Al)

① 무색의 가연성 액체
② 물과 반응 시 메탄(CH_4)을 생성하여 폭발

$$(CH_3)_3Al + 3H_2O \rightarrow Al(OH)_3 + 3CH_4$$

(트라이메틸알루미늄 + 물 → 수산화알루미늄 + 메탄)

③ 공기 중에 노출되면 자연발화
④ 200℃ 이상으로 가열 시 열분해

4) 트라이에틸알루미늄((C_2H_5)$_3$Al)

① 무색으로 투명한 액체
② 물과 접촉하면 폭발적으로 반응하여 에탄(C_2H_6) 발생, 폭발

$$(C_2H_5)_3Al + 3H_2O \rightarrow Al(OH)_3 + 3C_2H_6 \uparrow$$

(트라이에틸알루미늄 + 물 → 수산화알루미늄 + 에탄)

③ 200℃ 정도에서 분해폭발

$$(C_2H_5)_3Al \rightarrow (C_2H_5)_2Al + C_2H_4 \uparrow$$

(트라이에틸알루미늄 → 다이에틸 수소알루미늄 + 에틸렌)

④ 염산과 반응하여 에탄 생성

$$(C_2H_5)_3Al + HCl \rightarrow (C_2H_5)_2AlCl + C_2H_6 \uparrow$$

(트라이에틸알루미늄 + 염화수소 → 다이에틸 알루미늄클로라이드 + 에탄)

⑤ 공기 중 자연발화의 위험성

5) 트라이이소부틸알루미늄((C_4H_9)$_3$Al)

① 무색투명한 가연성의 액체
② 물 또는 공기와 심하게 반응
③ 공기 중에 노출 시 자연발화

4 알킬리튬

1) 개요

① 알킬기(C_nH_{2n+1})와 리튬의 유기금속화합물
② 자연발화성 물질 및 금수성 물질

2) 메틸리튬((CH_3)Li)

① 무색의 가연성 액체
② 물 또는 수증기와 반응하여 수산화리튬을 생성
③ 공기 중에 노출 시 자연발화

3) 에틸리튬((C_2H_5)Li)

① 무색의 가연성 액체
② 물과 반응하고, 공기 중에 노출 시 자연발화

5 황린(P_4) ★★★

① 백색 또는 담황색의 가연성 고체
② 자극적인 냄새
③ 발화점 34℃
④ 공기 중에서 발화점이 낮고 화학적 활성이 크다.
⑤ 증기는 공기보다 무거우며 가연성이고 맹독성이다.
⑥ 물과 반응하지 않으며 벤젠, 이황화탄소에 녹는다.
⑦ 착화온도가 낮아 공기와 접촉 시 자연발화
⑧ 수산화칼륨 등 강알칼리 용액과 반응하여 포스핀 가스(PH_3)가 발생
$$P_4 + 3KOH + H_2O \rightarrow PH_3 + 3KH_2PO_2$$
⑨ 연소 시 산소와 반응하여 오산화인을 생성
연소반응 : $P_4 + 5O_2 \rightarrow 2P_2O_5$ (황린 + 산소 → 오산화인)
⑩ 착화온도가 낮아 약간의 마찰, 충격으로도 발화한다.
⑪ 피부에 닿으면 화상을 입으며, 근육 또는 뼈 속으로 흡수되는 성질
⑫ **황린을 물속에 저장하는 이유** : 인화수소(PH_3 ; 포스핀)의 발생을 억제
⑬ **보호액은 약알칼리성(pH9)로 유지**
⑭ 산화제 및 고온제와의 접촉을 피할 것
⑮ **맹독성(치사량 0.05g)이므로 피부에 닿지 않도록 주의할 것**
⑯ 저장용기는 금속 또는 유리용기를 사용하고 밀봉할 것
⑰ 공기와의 접촉을 피하기 위하여 물속에 저장할 것
※ PH(Potential of hydrogen) : 수소이온 농도지수

6 알칼리금속류(칼륨 및 나트륨 제외) 및 알칼리토금속류

1) 개요

① 알칼리금속류
주기율표상 제1족에 속하는 원소 중 성질이 비슷한 리튬(Li), 나트륨(Na), 칼륨(K), 루비듐(Rb), 세슘(Cs), 프랑슘(Fr) 6원소의 총칭을 말한다.

② 알칼리토금속류
주기율표상 제2족에 속하는 원소 중 칼슘(Ca), 스트론튬(Sr), 바륨(Ba), 라듐(Ra) 4원소의 총칭을 말한다.

2) 칼슘(Ca)

① 은백색의 연한 금속으로서 연성 및 전성이 좋다.
② 물과 반응하여 수소를 발생
반응식 : $2Ca + 2H_2O \rightarrow 2Ca(OH)_2 + H_2 \uparrow + 102kcal$
③ **보호액으로 석유류 속에 저장**

3) 리튬(Li) ★

① 은백색의 연한금속으로 금속 중 가장 가볍다.
② **물과 반응하여 수산화리튬과 수소를 발생한다.**
$2Li + 2H_2O \rightarrow 2LiOH + H_2 \uparrow + 105.4kcal$ (리튬 + 물 → 수산화리튬 + 수소)
③ 고온에서 산소와 반응하여 산화리튬 생성
④ 강산화제와 혼합 시 발열, 질산과 혼합 시 폭발

7 금속의 수소화물

1) 수소화칼륨(KH) ★

① 물과 반응하여 수소를 발생한다.
반응식 : $KH + H_2O \rightarrow KOH + H_2 \uparrow$ (수산화칼륨 + 수소)
② 에테르에 녹는다.

2) 수소화나트륨(NaH) ★

① 물과 반응 시 수소가스를 발생하며 폭발적으로 연소

반응식 : $NaH + H_2O \rightarrow NaOH + H_2 \uparrow$

(수소화나트륨 + 물 → 수산화나트륨 + 수소)

② 회백색의 분말
③ 유기용매에 녹지 않는다.

3) 수소화알루미늄(AlH$_3$)

① 백색 또는 회색의 분말
② 물, 산과 반응하여 수소를 발생한다.

4) 수소화리튬(LiH) ★★

① 물과 반응하여 수소를 발생한다.

반응식 : $LiH + H_2O \rightarrow LiOH + H_2 \uparrow$ (수소화리튬 + 물 → 수산화리튬 + 수소)

② 에테르에는 녹으나, 벤젠, 톨루엔, 알코올에는 녹지 않는다.
③ 알칼리금속의 수소화합물 중 가장 안정하다.
④ 대용량의 저장용기에는 불활성기체를 봉입하여 저장한다.

8 금속의 인화물

1) 인화칼슘(Ca$_3$P$_2$; 인화석회) ★★★

① 암적색의 결정성 분말
② 알코올, 에테르에는 녹지 않는다.
③ 물 또는 약산과 반응하여 포스핀(PH$_3$)가스를 발생
- 물과의 반응식 : $Ca_3P_2 + 6H_2O \rightarrow 2PH_3 + 3Ca(OH)_2$

    (인화칼슘 + 물 → 포스핀 + 수산화칼슘)
- 염산과의 반응식 : $Ca_3P_2 + 6HCl \rightarrow 2PH_3 + 3CaCl_2$

④ 물과 접촉되지 않도록 밀봉할 것
⑤ **물과 반응하여 맹독성의 포스핀(인화수소)가 발생**하므로 건조사, 팽창 질석, 팽창진주암, 금속화재용 분말소화약제를 이용하여 소화

2) 인화알루미늄(AlP) ★★

① 물과 반응하여 포스핀을 생성한다.

반응식 : $AlP + 3H_2O \rightarrow Al(OH)_3 + PH_3$

(인화알루미늄 + 물 → 수산화알루미늄 + 인화수소)

② **연소 시 오산화인 생성**
③ 산화성물질과 반응한다.
④ 물, 산, 알칼리와 반응하여 인화수소 발생

3) 인화아연(Zn_3P_2)

① 물에 분해, 알코올과 에테르에 녹지 않는다.
② 산화성 물질과 격렬하게 반응한다.
③ 물과 반응하여 포스핀가스 발생

9 칼슘 또는 알루미늄의 탄화물

1) 탄화칼슘(CaC_2) ★★★

① 탄화석회, 칼슘카바이드라 불린다.
② 물과 알코올에 분해, **에테르에는 녹지 않는다.**
③ **물, 습기와 반응하여 아세틸렌가스를 생성**한다.

반응식 : $CaC_2 + 2H_2O \rightarrow Ca(OH)_2 + C_2H_2 + 27.8kcal$

(탄화칼슘 + 물 → 소석회 + 아세틸렌)

④ 물, 습기와의 접촉을 피할 것, 밀폐용기에 저장할 것
⑤ 질소가스 등 불활성가스를 봉입하여 저장할 것

2) 탄화알루미늄(Al_4C_3)

① 무색 또는 황색의 결정
② 알코올과 에테르에 녹지 않는다.
③ 물과 반응하여 발열하고, 수산화알루미늄과 **메탄가스**를 발생한다.

반응식 : $Al_4C_3 + 12H_2O \rightarrow 4Al(OH)_3 + 3CH_4\uparrow + Q(kcal)$

10 염소화규소화합물(chlorosilane; 클로로실란)

1) 개요

실란(silane)의 수소가 염소로 치환된 유기규소화합물

2) 트라이클로로실란($SiHCl_3$)

① 수소화삼염화규소라고도 한다.
② 무색의 유동성 액체
③ 이황화탄소, 사염화탄소에 녹는다.

3) 클로로실란(SiH_4Cl)

① 무색의 휘발성 액체로 인화성, 부식성이 있다.
② 물에 녹지 않는다.
③ 산화성물질과 심하게 반응

제4장 출제예상문제

01 공기 속에서 노란색 불꽃을 내면서 연소하는 것은?
① Li ② Na ③ K ④ Cu

해설 연소 시 색상

구분	리튬	나트륨	칼륨	칼슘	구리
색상	진한 빨강	노란색	연보라색	황적색	청록색

02 금속칼륨이 물과 반응 시 생성되는 물질로 옳은 것은?
① 가성소오다와 산소
② 산화칼륨과 수소
③ 수산화칼륨과 산소
④ 수산화칼륨과 수소

해설 금속칼륨과 물과의 반응식
$2K + 2H_2O \rightarrow 2KOH + H_2 \uparrow + 92.8(kcal)$ (수산화칼륨과 수소를 발생한다.)

03 금속칼륨에 대한 설명으로 옳지 않은 것은?
① 은백색 광택이 있는 무른 경금속이다.
② 석유 속에 저장한다.
③ 물과 반응하여 수소를 발생한다.
④ 에탄올과 반응하면 주로 수산화칼륨이 생성된다.

해설 에탄올과 반응 시 수소와 칼륨에틸라이드를 발생한다.
반응식 : $2K + 2C_2H_5OH \rightarrow 2C_2H_5OK + H_2$

04 금속칼륨의 취급에 대한 설명으로 틀린 것은?
① 수분 또는 습기와 접촉되지 않도록 주의한다.
② 보호액 속에서 노출되지 않도록 저장한다.
③ 공기산화를 방지하기 위하여 아세톤에 저장한다.
④ 다량 연소하면 소화가 어려우므로 가급적 소량으로 나누어 저장한다.

해설 수분접촉 및 공기산화를 방지하기 위해 석유(등유, 경유, 유동파라핀)속에 저장한다.

정답 1. ② 2. ④ 3. ④ 4. ③

05 다음 중 화재의 위험성이 가장 적은 것은?
① 산소기체와 수소기체가 공존한다.
② 가연성 기체가 연소범위 내의 농도에 있다.
③ 등유에 금속 나트륨이 담겨져 있다.
④ 미분의 숯가루가 공기 중에 분산되어 있다.

해설 수분과의 접촉을 피하고 공기산화를 방지하기 위하여 석유 속에 저장

06 금속나트륨, 금속칼륨 등을 보호액 중에 저장하는 이유에 해당되는 것은?
① 승화하는 것을 막기 위하여
② 온도를 낮추기 위하여
③ 운반 시 충격을 작게 하기 위하여
④ 공기와의 접촉을 피하기 위하여

해설 수분접촉 및 공기와의 접촉을 피하기 위하여

07 다음 제3류 위험물 중 물과 반응할 때 반응열이 가장 큰 것은?
① 수소화나트륨
② 탄화칼슘
③ 수소화칼슘
④ 금속나트륨

해설 물과 반응할 때 반응열 :
금속리튬(105.4kcal) > 금속칼슘(102kcal) > 금속칼륨(92.8kcal) > 금속나트륨(88.2kcal)

08 다음 제3류 위험물 중 물과 반응할 때 반응열이 가장 큰 것은?
① 탄화칼슘
② 리튬
③ 금속나트륨
④ 금속칼륨

해설 물과의 반응
① 리튬 $2Li + 2H_2O \rightarrow 2LiOH + H_2 + 105.4kcal$
② 칼륨 $2K + 2H_2O \rightarrow 2KO + H_2 + 92.8kcal$
③ 나트륨 $2Na + 2H_2O \rightarrow 2NaOH + H_2 + 88.2kcal$
④ 탄화칼슘 $CaC_2 + 2H_2O \rightarrow Ca(OH)_2 + C_2H_2 + 27.8kcal$

정답 5. ③ 6. ④ 7. ④ 8. ②

09 알킬알루미늄에 대한 설명으로 옳은 것은?
① 자극적인 냄새와 독성이 있다.
② 모두 무색의 고체이다.
③ 저장 시 밀봉하고 아세틸렌가스를 충전한다.
④ 물과 접촉하면 폭발적으로 반응하여 산소와 수소를 발생한다.

해설 알킬알루미늄의 일반성질
① 무색의 액체 또는 고체로서 산소 및 물과의 반응성이 크다.
② 증기압이 낮다. 저장 시 밀봉하고 불연성 가스를 충전할 것

10 트라이에틸알루미늄(TEA)에 대한 설명으로 옳은 것은?
① 자연발화의 위험성이 있다.
② 상온에서 고체이다.
③ 저장 시 밀봉하고 아세틸렌가스를 충전한다.
④ 물과 접촉하면 폭발적으로 반응하여 산소와 수소를 발생한다.

해설 공기 중 자연발화의 위험성이 있다.

11 황린의 저장 보호액을 약알칼리성(pH9)로 유지하는 이유로 옳은 것은?
① 적린으로 변이하는 것을 방지하기 위하여
② 착화점을 낮추기 위하여
③ PH_3의 생성을 방지하기 위하여
④ P_2O_5의 생성을 방지하기 위하여

해설 황린은 포스핀(인화수소 ; PH_3)의 생성을 방지하기 위하여 보호액을 약알칼리성으로 유지하여야 한다.

12 황린의 저장 및 취급 시 주의사항으로 옳지 않은 것은?
① 물의 접촉을 피할 것
② 독성이 있으므로 취급에 주의할 것
③ 화기의 접근을 피할 것
④ 산화제와의 접촉을 피할 것

해설 황린은 물속에 저장한다.

정답 9. ① 10. ① 11. ③ 12. ①

13 수소화나트륨 화재 발생 시 주수소화가 부적당한 주된 이유는?

① 수화반응을 일으킨다.
② 발열반응을 일으킨다.
③ 중합반응을 일으킨다.
④ 중화반응을 일으킨다.

해설 수소화나트륨(NaH)
① 물과 반응 시 수소가스를 발생하며 폭발적으로 연소
반응식 : $NaH + H_2O \rightarrow NaOH + H_2\uparrow$ (수소화나트륨 + 물 → 수산화나트륨 + 수소)
② 회백색의 분말
③ 유기용매에 녹지 않는다.

14 다음 위험물 중에서 저장방법이 옳은 것은?

① 마그네슘 : 건조하면 분진폭발의 위험성이 있으므로 물로 습하게 하여 저장
② 황린 : 가열금지하고, 알코올 속에 저장하여 보관
③ 수소화리튬 : 대용량의 저장용기에는 아르곤과 같은 불활성기체를 봉입
④ 적린 : 제1류 위험물과 혼합하여 저장

해설 저장방법
① 황린 : 물속에 저장할 것
② 마그네슘 : 물과 접촉 시 수소를 발생하므로 밀봉할 것
③ 적린 : 가연성고체이므로 산화제와의 접촉을 피할 것

15 인화칼슘이 물 또는 약산과 반응하여 생성되는 가스는?

① 아세틸렌가스　　　　　　　　② 아황산가스
③ 포스핀가스　　　　　　　　　④ 수소가스

해설 인화칼슘(Ca_3P_2 ; 인화석회)
① 암적색의 결정성 분말
② 알코올, 에테르에는 녹지 않는다.
③ 물 또는 약산과 반응하여 포스핀(PH_3)가스를 발생
물과의 반응식 : $Ca_3P_2 + 6H_2O \rightarrow 2PH_3 + 3Ca(OH)_2$ (인화칼슘 + 물 → 포스핀 + 수산화칼슘)
염산과의 반응식 : $Ca_3P_2 + 6HCl \rightarrow 2PH_3 + 3CaCl_2$
④ 물과 접촉되지 않도록 밀봉할 것
⑤ 물과 반응하여 맹독성의 포스핀(인화수소)가 발생하므로 건조사, 팽창 질석, 팽창진주암, 금속화재용 분말소화약제를 이용하여 소화

16 다음 설명 중 인화석회(인화칼슘)의 성질로 옳은 것은?
① 백색 괴상의 고체이다.
② 물보다 약간 가볍다.
③ 물과 반응하여 포스핀을 발생한다.
④ 알코올에는 잘 녹는다.

해설 인화칼슘의 물과 약산의 반응식
① 물 또는 약산과 반응하여 포스핀가스(PH_3)를 발생한다.
② 반응식 : $Ca_3P_2 + 6H_2O \rightarrow 2PH_3 + 3Ca(OH)_2$
③ 반응식 : $Ca_3P_2 + 6HCl \rightarrow 2PH_3 + 3CaCl_2$

17 물과 작용하여 유독성 가스를 발생하는 위험물은?
① Mg ② Na ③ K ④ AlP

해설 인화알루미늄(AlP)은 물과 반응하여 포스핀을 생성한다.
반응식 : $AlP + 3H_2O \rightarrow Al(OH)_3 + PH_3$

18 탄화칼슘이 물과 반응했을 때 생성되는 것으로 옳은 것은?
① 생석회 + 인화수소
② 소석회 + 수소
③ 소석회 + 아세틸렌
④ 생석회 + 일산화탄소

해설 반응식 : $CaC_2 + 2H_2O \rightarrow Ca(OH)_2 + C_2H_2 + 27.8kcal$ (탄화칼슘 + 물 → 소석회 + 아세틸렌)

19 탄화칼슘(CaC_2)의 일반 성질에 대한 설명으로 옳지 않은 것은?
① 물과 반응하여 가연성 메탄가스를 발생시킨다.
② 건조한 공기 중에서는 안정하나 350℃ 이상으로 열을 가하면 산화된다.
③ 순수한 것은 무색투명하나 보통은 흑회색의 덩어리 상태이다.
④ 물과 심하게 반응하여 발열한다.

해설 탄화칼슘(CaC_2)
① 탄화석회, 칼슘카바이드라 불린다.
② 물과 알코올에 분해, 에테르에는 녹지 않는다.
③ 물, 습기와 반응하여 아세틸렌가스를 생성한다.
반응식 : $CaC_2 + 2H_2O \rightarrow Ca(OH)_2 + C_2H_2 + 27.8kcal$ (탄화칼슘 + 물 → 소석회 + 아세틸렌)
④ 물, 습기와의 접촉을 피할 것, 밀폐용기에 저장할 것
⑤ 질소가스 등 불활성가스를 봉입하여 저장할 것

정답 16. ③ 17. ④ 18. ③ 19. ①

20 제3류 위험물의 성질에 관한 설명으로 옳지 않은 것은?

① 인화칼슘은 물과 반응하여 PH_3가 발생한다.
② 나트륨 화재 시 주수소화를 하는 것이 안전하다.
③ 황린은 발화점이 매우 낮고 공기 중에서 자연발화하기 쉽다.
④ 칼륨은 물과 반응하여 발열하고 H_2가 발생한다.

해설 나트륨 화재 시 주수소화를 하면 물과 반응하여 수소를 발생시켜 폭발적으로 연소

21 물과 반응하여 메탄(CH_4)가스를 발생하는 위험물은?

① 인화칼슘   ② 탄화알루미늄   ③ 수소화리튬   ④ 탄화칼슘

해설 탄화알루미늄(Al_4C_3)
 (1) 1,400℃ 이상에서 분해한다.
 (2) 물과 반응하여 발열하고, 수산화알루미늄과 메탄가스를 발생한다.
  반응식 : $Al_4C_3 + 12H_2O \rightarrow 4Al(OH)_3 + 3CH_4\uparrow + 360\,kcal$

정답 20. ② 21. ②

제5장 제4류 위험물의 개별성상

1 특수인화물

이황화탄소, 디에틸에테르 그 밖에 1기압에서 **발화점이 섭씨 100도 이하인 것** 또는 **인화점이 섭씨 영하 20도 이하이고 비점이 섭씨 40도 이하인 것**

1) 디에틸에테르($C_2H_5OC_2H_5$) ★★★

① 에틸에테르라고도 하며, **무색투명한 액체로 휘발성이 높은 물질**.
② **인화점 −45℃, 착화점 약 180℃, 폭발범위 1.9~48%**
③ **알코올에는 잘 용해**되며 물에는 약간 용해한다.
④ 증기는 공기보다 무거우며 마취성이 있다.
⑤ 가연성 물질과 혼합 접촉하면 폭발한다.
⑥ **피부에 접촉하는 경우 화상을 입는다.**
⑦ 강산화제와 혼합 시 대단히 위험하다.
⑧ **공기 중에서 산화하여 알데히드 및 과산화물을 생성하여 폭발**
  - 과산화물 생성방지: 40[mesh]의 구리망을 넣어준다.
  - 과산화물 검출시약: 10[%] 옥화칼륨[KI] 용액을 이용한다.
  - 과산화물 제거시약: 황산제일철 또는 환원철
⑨ 저장용기는 갈색병을 사용하고 냉암소에 보관
⑩ 통풍 및 환기가 잘 되는 곳에 저장한다.
⑪ **대량 저장 시 불활성 가스를 봉입**

2) 이황화탄소(CS_2) ★★★

① **인화점 −30℃, 착화점 100℃, 폭발범위 1.25~44%**
② **착화온도가 제4류 위험물 중 가장 낮다.**
③ 무색투명한 액체로 불쾌한 냄새가 있다.
④ **물에는 녹지 않으나 에탄올, 에테르, 벤젠 등 많은 유기용제에 잘 녹는다.**
⑥ 유지, 수지, 생고무, 황, 황린 등을 녹인다.
⑦ 인화점 및 발화점이 낮아 위험하다.

⑧ 연소범위가 넓고, 하한이 낮으므로 대단히 위험도가 높다.
⑨ 증기는 유독하며 신경계통을 마비시킨다.
⑩ 연소 시에는 유독한 아황산가스(SO_2)가 발생한다.
   완전연소반응식 : $CS_2 + 3O_2 \rightarrow CO_2 + 2SO_2$ (이산화탄소 + 이산화황)
⑪ 저장 시 물속에 넣어 가연성 증기의 발생을 방지

3) 아세트알데하이드(CH_3CHO)

① 인화점 −37.7℃, 연소범위 4.1~57%
② 자극성 냄새를 가진 무색 액체이다.
③ 합성수지, 염료, 폭발물 등의 합성에 사용된다.
④ 물에는 잘 녹는다.
⑤ 에탄올, 고무, 에테르 등의 유기용매를 녹이는 성질이 있다.
⑥ 비점이 낮다. 착화온도가 낮고, 연소범위가 넓어서 폭발의 위험성도 크다.
⑦ 구리, 마그네슘, 수은, 은 등과 접촉 시 폭발성의 금속아세틸라이드를 생성
⑧ 산과 접촉 시 중합하여 발열하므로 산 또는 강산화제와의 접촉을 방지
⑨ 공기와의 접촉을 피하고 냉암소에 보관
⑩ 옥외저장탱크에 저장 시 불활성가스를 주입

4) 산화프로필렌(OCH_2CHCH_3) ★

① 물, 알코올, 에테르, 벤젠 등 유기용제에 잘 녹는다.
② 인화점 −37.2℃, 연소범위 약 2.1~38.5%
③ 무색의 휘발성 액체
④ 산, 구리, 마그네슘, 알칼리 등이 존재 시 발열하며 중합한다.
⑤ 비점이 낮아 휘발하기 쉽다.
⑥ 구리, 마그네슘, 수은, 은 또는 이들 합금과 접촉 시 **폭발성의 아세틸라이드를 생성**
⑦ 증기압이 높아 상온에서 연소범위에 도달하기 쉽다.

2 제1석유류

아세톤, 휘발유 그 밖에 1기압에서 인화점이 섭씨 21도 미만인 것

1) 아세톤(CH_3COCH_3 : 디메틸케톤)

① **인화점 -18℃, 폭발범위 2.6~12.8%**
② **물, 알코올, 에테르에 잘 녹는다.**
③ 햇빛에 의해 과산화물을 생성한다.
④ 박하향의 무색 액체
⑤ 비점이 낮으므로 휘발하기 쉽다.
⑥ 저장용기는 밀봉하여 냉암소에 보관한다.(과산화물 생성방지)

2) 휘발유 ★

① 무색투명한 액체
② 물에는 녹지 않지만 각종 유기용제에 잘 녹는다.
③ **인화점 -20 ~ -43℃, 착화점 300℃, 폭발범위 1.4 ~ 7.6%**
④ 인화성이 강한 휘발성액체로 물보다 가볍다.
⑤ **비전도성으로 정전기 발생이 용이하다.**
⑥ 용기파손 및 증기누출에 주의
⑦ **저장용기는 밀봉하여 통풍이 잘되는 냉암소에 보관**
⑧ 강산화제 또는 강산류와 혼합 시 혼촉발화의 위험성

3) 벤젠(C_6H_6) ★

① 인화점 -11.1℃, 발화점 538℃, 폭발범위 1.4~7.1%
② **무색투명한 유독성 액체, 증기는 마취성과 독성이 있다.**
③ 물에는 녹지 않는다.
④ 휘발성이 강하고 인화점이 상온보다 낮다.
⑤ 탄소 수에 비해 수소 수가 적어 **연소 시 그을음이 발생**한다.
⑥ 비전도성으로 취급 시 정전기 발생을 방지할 것
⑦ 응고된 상태에서도 인화의 위험성이 존재한다.

4) 톨루엔($C_6H_5CH_3$)

① 무색투명한 방향성 액체, 증기는 마취성이 있다.
② 물에는 녹지 않으나 알코올, 에테르, 벤젠 등 각종 유기용제에 잘 녹는다.
③ 연소범위는 1.4~6.7%, 인화점 약 4℃

5) 피리딘(C_5H_5N)

① 물에 잘 녹는다.
② 독성(허용농도 5ppm)이 있으며 약알칼리성이다.
③ 연소범위 1.8~12.4%, 인화점 20℃, 발화점 약 492℃
④ 수용성이므로 내알코올형 포를 이용하여 소화

6) 메틸에틸케톤($CH_3COC_2H_5$)

① 휘발성의 무색액체로 박하향 및 달콤한 냄새
② 물에 대한 용해도는 약 290g/L(20℃), 비수용성(지정수량 : 200L)으로 분류
③ 통풍이 잘되는 냉암소에 밀봉하여 저장한다.
④ 연소범위 1.8~10%, 인화점 -7℃, 발화점은 505℃
⑤ 산화성물질과의 혼합시 폭발우려
⑥ 화재시 이산화탄소, 내알코올형포, 물분무로 소화

3 알코올류

1분자를 구성하는 탄소원자의 수가 1개부터 3개까지인 포화1가 알코올(변성알코올을 포함한다)을 말한다. 다만, 다음 각목의 1에 해당하는 것은 제외한다.
1. 1분자를 구성하는 탄소원자의 수가 1개 내지 3개의 포화1가 알코올의 함유량이 60중량퍼센트 미만인 수용액
2. 가연성액체량이 60중량퍼센트 미만이고 인화점 및 연소점(태그개방식인화점측정기에 의한 연소점을 말한다. 이하 같다)이 에틸알코올 60중량퍼센트 수용액의 인화점 및 연소점을 초과하는 것

1) 메틸알코올(CH_3OH) ★★

① 인화점 11℃, 착화점 464℃, **폭발범위 7.3~36%**

② 무색투명한 방향성 액체로 휘발성이 강하다.
③ **독성이 있어 마셨을 때 시신경을 마비시켜 위험**(치사량 30~100mℓ)
④ **물, 에테르에 잘 녹는다.**
⑤ 산과 반응하여 공기 중에서 산화
⑥ **완전연소 시 물과 이산화탄소가 생성**된다.
  반응식 : $2CH_3OH + 3O_2 \rightarrow 2CO_2 + 4H_2O$
⑦ **알칼리금속과 반응하여 수소를 발생**
⑧ 저장용기에 밀봉하여 냉암소에 보관한다.
⑨ 소화약제로서 내알코올형포를 사용

2) 에틸알코올(C_2H_5OH) ★★

① 인화점 13℃, 착화점 423℃, 폭발범위 4.3~19%
② 무색투명한 액체, 술 냄새가 나며, **독성은 없다.**
③ 산과 반응하고, 공기 중에서 산화
④ 산화하면 아세트알데하이드를 거쳐 초산(아세트산)이 된다.
⑤ **수소에 비해 탄소함유량이 적어 연소 시 그을음이 적게 발생**
⑥ 완전연소 반응식 : $C_2H_5OH + 3O_2 \rightarrow 2CO_2 + 3H_2O$

3) 프로필알코올(C_3H_7OH)

① 무색의 액체, 물에 잘 녹는다.
② 인화점 15℃, 발화점 약 404℃

4) 변성알코올

① 에탄올을 주성분으로 하여 공업용으로 이용되는 알코올을 말한다.
② 메틸알코올 또는 아세톤 등을 섞어서 만든 알코올

4 제2석유류

등유, 경유 그 밖에 1기압에서 인화점이 섭씨 21도 이상 70도 미만인 것을 말한다. 다만, 도료류 그 밖의 물품에 있어서 가연성 액체량이 40중량퍼센트 이하이면서 인화점이 섭씨 40도 이상인 동시에 연소점이 섭씨 60도 이상인 것은 제외한다.

1) 등유(kerosene)

① 인화점 30~60℃, 착화점 254℃, 폭발범위 1.2~6%
② **지정수량 : 비수용성 1000리터**, 무색 또는 담황색 액체
③ 정전기 발생에 유의할 것
④ 원유 증류 시에 휘발유와 경유사이에서 나오는 포화·불포화탄화수소의 화합물
⑤ **비점이 높고 휘발유보다 휘발성은 낮다.**
⑥ 화기유의, 통풍이 잘 되는 냉암소에 보관

2) 경유(diesel oil)

① 인화점 50~70℃, 착화점 257℃, 폭발범위 1~6%
② **지정수량 : 비수용성 1000리터**, 담황색 또는 담갈색 액체
③ 원유의 증류 시에 등유보다 높은 온도에서 나오는 탄화수소 화합물

3) 의산(HCOOH)

① **지정수량 : 수용성 2000리터**, 개미산, 포름산이라고도 한다.
② 무색투명한 액체로 자극성의 악취가 난다.
③ **피부에 닿으면 수포상의 화상**을 입는다.
④ **물, 알코올에 잘 녹는다.**
⑤ 점화하면 푸른 불꽃을 내면서 연소한다.
⑥ 인화점 69℃, 착화점 539℃

4) 아세트산(CH_3COOH)

① **지정수량 : 수용성 2000리터**, 빙초산이라고도 한다.
② **무색투명한 액체로 식초냄새**가 난다.
③ 인화점 39℃, 발화점 464℃, 연소범위 5.4~16.0%
④ 진한증기는 점막을 자극시켜 염증을 일으킨다.

5) 자일렌($C_6H_4(CH_3)_2$) ★★

① 무색투명한 휘발성의 액체로서 달콤한 향을 갖는다.
② **오르토(ortho), 메타(meta), 파라(para)** 3가지의 이성질체가 존재한다.
③ 인화점 25℃, 발화점 약 464~529℃

④ 물에 녹지 않고 유기용제에 잘 녹는다.

〈o-자일렌〉　〈m-자일렌〉　〈p-자일렌〉

6) 클로로벤젠(C_6H_5Cl)

① **지정수량 : 비수용성 1000리터**
② 상온에서는 안정하나 가열시 인화의 위험성이 있다.
③ 증기는 약간의 독성이 있으며, 마취성이 있다.
④ 연소범위 1.3~7.1%, 인화점 32℃, 착화점 638℃

5 제3석유류

중유, 클레오소트유 그 밖에 1기압에서 인화점이 섭씨 70도 이상 섭씨 200도 미만인 것을 말한다. 다만, 도료류 그 밖의 물품은 가연성 액체량이 40중량퍼센트 이하인 것은 제외한다.

1) 중유(bunker oil) ★★

① C중유의 인화점은 72℃, 착화점은 약 400℃
② 갈색 또는 암갈색 액체, **지정수량 : 비수용성 2000리터**
③ **동점도에 따른 분류 : A중유, B중유, C중유**
④ 물에 녹지 않고 연소하는 경우 소화가 곤란하다.

2) 크레오소트유(creosote oil)

① 인화점 160℃, 착화점 약 390℃
② 황색 또는 암갈색 액체, **지정수량 : 비수용성 2000리터**
③ 독특한 냄새를 가지며, 유독한 증기를 발생한다.
④ **비수용성**
⑤ 금속에 대한 부식성

3) 에틸렌글리콜($C_2H_4(OH)_2$)

① 제2가 알코올로서, 무색, 무취의 끈끈한 단맛이 나는 액체이다.
② **지정수량 : 수용성 4000리터**
③ 물, 알코올, 아세톤, 글리세린 등에 잘 녹는다.
④ 독성이 있으므로 중독에 주의
⑤ 인화점 111℃, 발화점 약 413℃

4) 글리세린($C_3H_5(OH)_3$)

① 제3가 알코올로서 무색, 무취의 끈기 있는 액체로 단맛이 나며 흡습성이 있다.
② 인화점 160℃, 발화점 393℃
③ **지정수량 : 수용성 4000리터**
④ 물에 녹는다.

5) 니트로벤젠($C_6H_5NO_2$)

① 인화점 88℃, 발화점 482℃
② 물에 녹지 않고, 에테르, 벤젠에는 녹는다.
③ **지정수량 : 비수용성 2000리터**
④ 벤젠에 진한 황산 및 진한 질산을 반응시켜 생성된 물질

6 동식물유류

동물의 지육 등 또는 식물의 종자나 과육으로부터 추출한 것으로서 1기압에서 인화점이 섭씨 250도 미만인 것을 말한다.

1) 개요 ★★

① 요오드 값 : 유지 100g에 첨가되는 요오드의 g수로 나타낸 값
② "요오드값이 크다"의 의미
  ㉠ 자연발화의 위험성이 커진다.
  ㉡ 건조가 용이하고 반응성이 크다.
  ㉢ 불포화 결합을 많이 함유

2) 동식물유류의 일반성질

① 화재 시 액체의 온도 상승으로 인한 대형화재의 발전 가능성
② **요오드값이 클수록 불포화 지방산이 많아 자연발화의 위험성이 크다.**
③ 산화가 용이한 동식물유류는 자연발화 가능성이 높다.

3) 종류

① 건성유

- 요오드값이 130이상
- 종류 : 아마인유, 들기름, 정어리유, 해바라기유, 오동기름, 상어유 등
- 2중 결합을 하고 있어 불포화도가 크다.

② 반건성유

- 요오드값이 100이상 130미만
- 종류 : 옥수수유, 참기름, 청어유, 면실유, 채종유, 콩기름, 쌀겨기름

③ 불건성유

- 요오드값이 100이하
- 종류 : 올리브유, 피마자유, 쇠기름, 돼지기름, 고래기름, 팜유, 땅콩기름

제5장 출제예상문제

01 다음의 위험물 중 인화점이 가장 낮은 것은?
① 이황화탄소
② 아세톤
③ 클로로벤젠
④ 디에틸에테르

해설 위험물의 인화점
① 디에틸에테르 : -45℃, 아세트알데하이드 : -38℃, 산화프로필렌 : -37℃
② 이황화탄소 : -30℃, 아세톤 : -18℃, 메틸알코올 : -11℃, 클로로벤젠 : 32℃

02 디에틸에테르의 성질 중 옳은 것은?
① 공기와 장시간 접촉 시 과산화물이 생성된다.
② 착화점이 약 350℃이다.
③ 상온에서 고체이다.
④ 정전기에 대한 위험성은 없다.

해설 디에틸에테르($C_2H_5OC_2H_5$)
① 에틸에테르라고도 하며, 무색투명한 액체로 휘발성이 높은 물질.
② 인화점 -45℃, 착화점 약 180℃, 폭발범위 1.9~48%
③ 알코올에는 잘 용해되며 물에는 약간 용해한다.
④ 증기는 공기보다 무거우며 마취성이 있다.
⑤ 가연성 물질과 혼합 접촉하면 폭발한다.
⑥ 피부에 접촉하는 경우 화상을 입는다.
⑦ 강산화제와 혼합 시 대단히 위험하다.
⑧ 공기 중에서 산화하여 알데히드 및 과산화물을 생성하여 폭발
⑨ 저장용기는 갈색병을 사용하고 냉암소에 보관
⑩ 통풍 및 환기가 잘 되는 곳에 저장한다.
⑪ 대량 저장 시 불활성 가스를 봉입

03 에테르가 공기와 장시간 접촉 시 생성되는 물질은?
① 과산화물
② 수산화물
③ 질소화합물
④ 황 화합물

해설 공기와 장시간 접촉하거나 직사일광에 분해되어 과산화물을 생성한다.
(저장용기는 갈색병을 사용하고 냉암소에 보관하여야 한다.)

정답 1. ④ 2. ① 3. ①

04 다음 중 에테르의 일반성질에 대한 설명 중 틀린 것은?

① 인화점이 −45℃, 착화온도가 180℃이다.
② 증기에는 마취성이 있다.
③ 연소범위가 좁은 편이다.
④ 휘발성이 높은 물질이다.

해설 에틸에테르의 연소범위는 1.9~48%로서 넓은 편이다.

05 디에틸에테르에 대한 설명으로 옳지 않은 것은?

① 대량으로 저장 시 불활성가스를 봉입하여야 한다.
② 정전기 발생 방지를 위해 주의를 기울여야 한다.
③ 강산화제와 혼합 시 안전하게 사용할 수 있다.
④ 통풍, 환기가 잘 되는 곳에 저장한다.

해설 강산화제와 혼합 시 대단히 위험하다.

06 이황화탄소에 대한 설명으로 옳지 않은 것은?

① 순수한 것은 무색, 투명한 액체이다.
② 물, 메탄올, 아세트산에 임의로 잘 녹는다.
③ 특수인화물에 속하는 위험물이다.
④ 증기는 유독하며 증기비중은 2.6정도이다.

해설 이황화탄소(CS_2)
① 인화점 −30℃, 착화점 100℃, 폭발범위 1.25~44%
② 착화온도가 제4류 위험물 중 가장 낮다.
③ 무색투명한 액체로 불쾌한 냄새가 있다.
④ 물에는 녹지 않으나 에탄올, 에테르, 벤젠 등 많은 유기용제에 잘 녹는다.
⑥ 유지, 수지, 생고무, 황, 황린 등을 녹인다.
⑦ 인화점 및 발화점이 낮아 위험하다.
⑧ 연소범위가 넓고, 하한이 낮으므로 대단히 위험도가 높다.
⑨ 증기는 유독하며 신경계통을 마비시킨다.
⑩ 연소 시에는 유독한 아황산가스(SO_2)가 발생한다.
   완전연소반응식 : $CS_2 + 3O_2 \rightarrow CO_2 + 2SO_2$ (이산화탄소 + 이산화황)
⑪ 저장 시 물속에 넣어 가연성 증기의 발생을 방지

정답 4. ③ 5. ③ 6. ②

07 다음 물질 중 황을 녹일 수 있는 물질은?
① 석유
② 황산
③ 이황화탄소
④ 에틸알코올

해설 이황화탄소는 유지, 수지, 황, 황린, 생고무 등을 녹일 수 있다.

08 이황화탄소에 대한 설명으로 옳지 못한 것은?
① 증기는 유독하며 피부를 해치고 신경계통을 마비시킨다.
② 물에는 녹지 않으나 유지, 황, 고무 등을 녹인다.
③ 순수한 것은 황색을 띠고 불쾌한 냄새가 난다.
④ 인화되기 쉬우며 점화되면 연한 파란 불꽃을 낸다.

해설 순수한 것은 냄새가 없으며, 무색투명한 액체이다.

09 다음 위험물 중 물보다 무겁고, 증기의 누출을 막기 위해 물로 채워 두는 것은?
① 등유
② 벤젠
③ 에테르
④ 이황화탄소

해설 이황화탄소는 비중이 1.26으로 물보다 무거우며 물속에 저장하여 가연성 증기의 발생을 방지한다.

10 다음 물질 중 연소 시 유독한 아황산가스를 발생하는 것은?
① 아세톤
② 크실렌
③ 아세트알데하이드
④ 이황화탄소

해설 이황화탄소 연소반응식
$CS_2 + 3O_2 \rightarrow 2SO_2 + CO_2$ (이황화탄소 + 산소 → 아황산가스 + 이산화탄소)

11 이황화탄소를 물속에 저장하는 이유로 가장 옳은 것은?
① 불순물을 물에 용해시키기 위해
② 저장탱크의 온도 상승을 방지
③ 가연성 증기의 발생을 억제하기 위해
④ 공기와 접촉하여 산화물이 발생하므로

해설 저장 시 물속에 넣어 가연성 증기의 발생을 방지

12 아세트알데하이드와 접촉하여 폭발성의 금속아세틸라이드를 생성하지 않는 물질은?
① 구리
② 마그네슘
③ 아연
④ 은

해설 구리, 마그네슘, 수은, 은 등과 접촉 시 폭발성의 금속아세틸라이드를 생성

13 아세트알데하이드 취급 시 주의사항 중 옳은 것은?
① 구리, 마그네슘 및 그의 합금과 접촉을 피한다.
② 공기와 접촉시킨다.
③ 용기파손에 주의할 필요가 없다.
④ 직사광선에 노출시킨다.

해설 아세트알데하이드(CH_3CHO)
① 인화점 −37.7℃, 연소범위 4.1~57%
② 자극성 냄새를 가진 무색 액체이다.
③ 합성수지, 염료, 폭발물 등의 합성에 사용된다.
④ 물에는 잘 녹는다.
⑤ 에탄올, 고무, 에테르 등의 유기용매를 녹이는 성질이 있다.
⑥ 비점이 낮다. 착화온도가 낮고, 연소범위가 넓어서 폭발의 위험성도 크다.
⑦ 구리, 마그네슘, 수은, 은 등과 접촉 시 폭발성의 금속아세틸라이드를 생성
⑧ 산과 접촉 시 중합하여 발열하므로 산 또는 강산화제와의 접촉을 방지
⑨ 공기와의 접촉을 피하고 냉암소에 보관
⑩ 옥외저장탱크에 저장 시 불활성가스를 주입

14 산화프로필렌의 성질 및 위험성에 대하여 옳지 않은 것은?
① 연소범위는 휘발유(가솔린)보다 넓다.
② 인화점이 −37℃이므로 제1석유류에 속한다.
③ 증기압이 대단히 높으므로 상온에서 위험한 농도에 달하기 쉽다.
④ 산, 알칼리가 존재하면 발열하면서 중합한다.

해설 산화프로필렌(OCH_2CHCH_3)
① 물, 알코올, 에테르, 벤젠 등 유기용제에 잘 녹는다.
② 인화점 −37.2℃, 연소범위 약 2.1~38.5%
③ 무색의 휘발성 액체
④ 산, 구리, 마그네슘, 알칼리 등이 존재 시 발열하며 중합한다.
⑤ 비점이 낮아 휘발하기 쉽다.
⑥ 구리, 마그네슘, 수은, 은 또는 이들 합금과 접촉 시 폭발성의 아세틸라이드를 생성
⑦ 증기압이 높아 상온에서 연소범위에 도달하기 쉽다.

정답 12. ③ 13. ① 14. ②

15 특수인화물류에 속하지 않는 것은?

① 이황화탄소　　　　　　　　② 산화프로필렌
③ 아세트알데히드　　　　　　④ 에틸렌글리콜

해설 특수인화물 : 디에틸에테르, 이황화탄소, 아세트알데히드, 산화프로필렌, 이소프렌, 이소펜탄 등

16 다음 위험물을 보관하는 방법을 설명한 것 중 옳지 않은 것은?

① 산화프로필렌 : 저장 시 구리용기에 질소가스 등 불활성기체를 충전한다.
② 이황화탄소 : 용기나 탱크에 저장 시 물로 덮는다.
③ 아세트알데히드 : 냉암소에 저장한다.
④ 알킬알루미늄류 : 용기는 완전밀봉하고 질소 등 불활성기체를 충전한다.

해설 산화프로필렌은 구리, 마그네슘, 수은, 은 또는 이들의 합금과 접촉 시 폭발성 물질을 생성하므로 구리용기를 사용할 수 없다.

17 산화프로필렌의 증기나 액체가 구리, 은, 마그네슘과 접촉했을 때 생성되는 물질은 어느 것인가?

① 프로판　　　② 아세트산　　　③ 아세틸라이드　　　④ 부탄

해설 폭발성의 아세틸라이드를 생성한다.

18 휘발유의 저장 및 취급 시 주의사항으로 옳지 않은 것은?

① 통풍이 잘되는 냉암소에 저장해야 한다.
② 화기를 피해야 한다.
③ 실내에서 취급할 때는 발생된 증기를 배출할 수 있는 설비를 갖출 것
④ 마개가 없는 개방용기에 저장해야 한다.

해설 저장용기는 밀봉하여 통풍이 잘되는 냉암소에 보관

19 벤젠의 위험성에 대한 설명으로 옳지 않은 것은?

① 인화점이 낮은 액체이다.
② 휘발하기 쉽다.
③ 이황화탄소보다 착화온도가 낮다.
④ 증기는 유독하여 흡입하면 위험하다.

정답 15. ④　16. ①　17. ③　18. ④　19. ③

해설 벤젠의 착화온도는 이황화탄소의 착화온도(100℃)보다 높다.
① 인화점 -11.1℃, 발화점 538℃, 폭발범위 1.4~7.1%
② 무색투명한 유독성 액체, 증기는 마취성과 독성이 있다.
③ 물에는 녹지 않는다.
④ 휘발성이 강하고 인화점이 상온보다 낮다.
⑤ 탄소 수에 비해 수소 수가 적어 연소 시 그을음이 발생한다.
⑥ 비전도성으로 취급 시 정전기 발생을 방지할 것
⑦ 응고된 상태에서도 인화의 위험성이 존재한다.

20 피리딘의 일반성질로 옳지 않은 것은?
① 약알칼리성을 나타내고 독성이 있다.
② 순수한 것은 무색의 액체이다.
③ 악취가 심하며 흡습성이 없고 질산과 함께 가열하면 분해하여 폭발한다.
④ 수용액 상태에서도 인화의 위험성이 있으므로 화기에 주의하여야 한다.

해설 물, 탄화수소 용제에 잘 녹으며 산, 알칼리에 안정하다.(흡습성이 있다)

21 초산에스테르류의 분자량이 증가할수록 달라지는 성질 중 잘못된 것은?
① 이성질체수가 줄어드는 경향이 있다.   ② 수용성이 감소되는 경향이 있다.
③ 인화점이 높아지는 경향이 있다.   ④ 증기비중이 커지는 경향이 있다.

해설 분자량 증가 : 이성질체수가 많아지는 경향이 있다.

22 메틸알코올의 연소범위는 약 몇 vol%인가?
① 0.1~2%   ② 2.1~5%   ③ 6~36%   ④ 40.1~62%

해설 알코올의 연소범위 ① 메틸알코올 : 약 7.3~36%   ② 에틸알코올 : 약 4.3~19%

23 다음 알코올류 중 분자량이 약 32이고 취급 시 소량이라도 마시면 시신경을 마비시키는 물질은?
① 메틸알코올   ② 에틸알코올   ③ 아밀알코올   ④ 부틸알코올

해설 메틸알코올
① 독성이 있어 복용 시 시신경을 마비시켜 위험(치사량은 30~100mℓ)
② 무색투명한 방향성 액체로 수용성이며 휘발성이 강하다.
③ 비중이 물 보다 작고, 독성이 강하여 30~50g 정도 마시면 사망한다.

정답 20. ③   21. ①   22. ③   23. ①

24 메틸알코올의 성상에 관한 설명으로 옳지 않은 것은?

① 무색, 투명한 액체로서 물, 에테르에 잘 녹는다.
② K, Na 금속의 저장액으로 이용된다.
③ 비중이 물보다 작으며, 수용액의 농도가 높아질수록 인화점이 낮아진다.
④ 눈에 들어가면 시신경에 장애를 주어 실명하게 된다.

해설 칼륨, 나트륨 금속의 저장액으로 이용되는 것은 석유류(등유, 경유, 유동 파라핀)
메틸알코올(CH_3OH)
① 인화점 11℃, 착화점 464℃, 폭발범위 7.3~36%
② 무색투명한 방향성 액체로 휘발성이 강하다.
③ 독성이 있어 마셨을 때 시신경을 마비시켜 위험(치사량 30~100mℓ)
④ 물, 에테르에 잘 녹는다.
⑤ 산과 반응하여 공기 중에서 산화
⑥ 완전연소 시 물과 이산화탄소가 생성된다.
    반응식 : $2CH_3OH + 3O_2 \rightarrow 2CO_2 + 4H_2O$
⑦ 알칼리금속과 반응하여 수소를 발생
⑧ 저장용기에 밀봉하여 냉암소에 보관한다.
⑨ 소화약제로서 내알코올형포를 사용

25 메틸알코올과 에틸알코올의 공통점으로 옳지 않은 것은?

① 무색이며 투명하다.
② 복용 시 눈을 실명케 한다.
③ 휘발성이 있다.
④ 인화점이 낮다.

해설 에틸알코올은 독성이 없으나 메틸알코올은 독성이 있어 복용 시 실명 또는 치사의 위험성이 있다.

26 알코올 화재 시 포소화제가 쓰이지 못하는 가장 큰 이유는?

① 연소면을 확대한다.
② 포가 깨어져 소화효과가 없다.
③ 포와 반응하여 산소를 발생한다.
④ 유독가스가 발생한다.

해설 알코올은 수용성으로 파포현상(포가 깨지는 현상)이 일어나기 때문에 내알코올형 포를 사용하여 화재를 진압하여야 한다.

정답 24. ② 25. ② 26. ②

27 경유의 화재발생 시 주수소화가 부적당한 이유는?
   ① 주수하면 경유의 연소열 때문에 분해하여 산소를 발생하여 연소를 돕는다.
   ② 경유가 연소할 때 물과 반응하여 수소가스를 발생하여 연소를 돕는다.
   ③ 경유는 물보다 가볍고 또 물에 녹지 않기 때문에 화재가 널리 확대된다.
   ④ 경유는 물과 반응하여 유독가스를 발생한다.

   해설 경유는 물보다 가볍고 비수용성물질로서, 주수소화 시 화재면을 확대시키므로 주수소화는 위험하다.

28 다음 중 크실렌의 이성질체가 아닌 것은?
   ① o-크실렌
   ② m-크실렌
   ③ p-크실렌
   ④ q-크실렌

   해설 크실렌의 이성질체는 3가지(o-크실렌, m-크실렌, p-크실렌)이다.

29 다음 중 테레핀유($C_{10}H_6$)에 대한 설명으로 옳지 않은 것은?
   ① 순수한 것은 황색의 액체이고 요오드와 혼합된 것은 가열하여도 발화하지 않는다.
   ② 테레핀유가 묻은 엷은 천에 염소가스를 접촉시키면 폭발한다.
   ③ 물에 녹지 않으나 알코올, 에테르에 녹으며 유지 등을 잘 녹인다.
   ④ 화학적으로는 유지는 아니지만 건성유와 유사한 산화성이기 때문에 공기 중 산화한다.

   해설 테레핀유는 무색 또는 담황색의 액체로 요오드와 혼합된 것을 가열하면 발화하는 특성이 있다.

30 중유를 A중유, B중유, C중유로 분류하는 기준은?
   ① 인화점
   ② 융점
   ③ 착화점
   ④ 동점도

   해설 중유는 동점도에 따라서 A중유, B중유, C중유로 분류한다.

31 벤젠에 진한 황산과 진한 질산의 혼합물을 가해 반응시키면 생성되는 위험물은 어느 것인가?
   ① 니트로벤젠
   ② 클로로벤젠
   ③ 질화술폰산
   ④ 니트로셀룰로오스

   해설 니트로벤젠은 벤젠에 진한 황산과 진한 질산의 혼합물을 가해 반응시켜 생성한다.

정답 27. ③ 28. ④ 29. ① 30. ④ 31. ①

32 요오드값의 정의를 올바르게 설명한 것은?

① 유지 100g에 흡수되는 요오드의 g 수
② 유지 10kg에 흡수되는 요오드의 g 수
③ 유지 100kg에 흡수되는 요오드의 g 수
④ 유지 10g에 흡수되는 요오드의 g 수

해설 요오드 값이란 유지 100g에 첨가되는 요오드의 g수를 말한다.
① 건성유 : 130이상
② 반건성유 : 100이상 130미만
③ 불건성유 : 100이하

33 동식물류 중 넝마, 섬유류 등에 스며든 건성유가 자연발화를 일으키는 이유는?

① 인화점이 상온보다 낮기 때문에
② 공기 중의 수소와 반응하기 때문에
③ 공기 중의 수분과 만나서 분해되기 때문에
④ 공기 중의 산소와 산화 중합반응을 일으키기 때문에

해설 동식물류는 공기 중의 산소와 산화 중합반응을 일으키기 때문에 넝마, 섬유류 등에 스며들어 자연발화를 일으킨다.

34 다음 중 건성유에 해당하지 않는 것은?

① 옥수수유 ② 아마인유
③ 해바라기유 ④ 정어리유

해설 종류
1. 건성유
 ① 요오드값이 130이상
 ② 종류 : 아마인유, 들기름, 정어리유, 해바라기유, 오동기름, 상어유 등
 ③ 2중 결합을 하고 있어 불포화도가 크다.
2. 반건성유
 ① 요오드값이 100이상 130미만
 ② 종류 : 옥수수유, 참기름, 청어유, 면실유, 채종유, 콩기름, 쌀겨기름
3. 불건성유
 ① 요오드값이 100이하
 ② 종류 : 올리브유, 피마자유, 쇠기름, 돼지기름, 고래기름, 팜유, 땅콩기름

정답 32. ① 33. ④ 34. ①

35 디에틸에테르에 10%-요오드화칼륨(KI)용액을 첨가하였을 때 어떤 색상으로 변화하면 디에틸에테르 속에 과산화물이 생성되었다고 판정할 수 있는가?

① 황색   ② 청색   ③ 백색   ④ 흑색

해설 디에틸에테르 과산화물
① 과산화물 검출시약으로 10%-요오드화칼륨(KI)용액을 첨가하여 색상이 무색에서 황색으로 변화되면 과산화물이 생성되었다고 판정
② 과산화물 제거 시약 : 황산제일철, 환원철
③ 과산화물 생성방지법으로 40 mesh의 구리망을 넣는다.

정답 35. ①

제6장 제5류 위험물의 개별성상

제5류 위험물〈자기반응성 물질〉

고체 또는 액체로서 폭발의 위험성 또는 가열분해의 격렬함을 판단하기 위하여 고시로 정하는 시험에서 고시로 정하는 성질과 상태를 나타내는 것

1 유기과산화물

유기과산화물 : 과산화물(-O-O-)에 유기화합물이 양 끝에 결합된 것

1) 과산화벤조일($(C_6H_5CO)_2O_2$) ★★

① 벤조일퍼옥사이드, 무색투명한 고체로서, **물에 녹지 않는다.**
② 산화성이 강하여 유기물 또는 산류, 알코올, 금속산화물류 등의 물질과 접촉 시 화재 또는 폭발한다.
③ **건조한 것은 상온에서 충격 및 마찰에 의하여 폭발 가능성**
④ 저장용기를 밀봉, 화기 및 점화원으로부터 격리, 통풍이 잘되는 냉암소에 보관할 것
⑤ 수분을 함유한 것은 비교적 안정하나 가열하면 열분해

2) 과산화메틸에틸케톤($(CH_3COC_2H_5)_2O_2$)

① 무색, 독특한 냄새가 나는 유상(기름)의 액체
② **물에는 녹지 않고,** 알코올, 에테르에 잘 녹는다.
③ 가열, 충격, 마찰, 직사광선에 의해 폭발
④ 상온에서 천천히 분해하여 산소를 방출, **100℃ 이상이 되면 맹렬하게 반응하면서 흰 연기**를 낸다.

2 질산에스터류

$RONO_2$ (R은 알킬기를 나타낸다)를 갖는 화합물로 물에는 잘 녹지 않지만 유기용매에 잘 녹아 휘발성이 있으며 가열 시 격렬하게 폭발하는 특성이 있다.

1) 니트로셀룰로오스($[C_6H_7O_2(ONO_2)_3]n$) ★★★

① 물에 약간 녹고, 알코올에 잘 녹는다.
② 무색 또는 백색의 고체
③ 열, 직사광선, 습기에 의해 자연발화 우려
④ **천연셀룰로오스에 진한 황산과 진한 질산의 혼산으로 반응시켜 제조**한 것
⑤ 130℃ 정도에서 서서히 분해하고, 180℃에서 격렬히 연소한다.
⑥ **질화도(니트로셀룰로오스 중 질소의 함유율)가 클수록 폭발성이 강하다.**
⑦ **물(20%) 또는 알코올(30%)을 첨가 습윤시켜 냉암소에 저장**
⑧ 화재 시 다량의 물을 이용하여 주수소화

2) 니트로글리세린($C_3H_5(ONO_2)_3$) ★★

① 무색투명한 유(기름)상의 액체
② **상온에서 액체이지만 겨울에는 동결**한다.
③ **물에는 녹지 않고 알코올, 에테르에 녹는다.**
④ **가열, 마찰, 충격에 대단히 민감하므로 취급 시 주의(고체가 훨씬 위험)**
⑤ 니트로기를 3개 가지고 있으며, 다이너마이트의 원료로 사용
⑥ 산의 존재 하에서 분해가 촉진되고, 폭발하는 수도 있다.
⑦ 분해반응식 : $4C_3H_5(ONO_2)_3 \rightarrow 12CO_2 + 10H_2O + 6N_2 + O_2$

3) 질산에틸($C_2H_5ONO_2$)

① 무색, 투명한 액체, 단맛이 있다.
② 물에는 녹지 않으나 유기용제에는 잘 녹는다.
③ **인화점이 낮아 인화되기 쉽고, 연소성이 강하다.**
④ 직사광선을 피하고 냉암소에 보관, 통풍이 잘되는 장소에 보관
⑤ **에탄올을 진한 질산에 반응시켜 생성**

4) 질산메틸(CH_3ONO_2)

① 무색, 투명한 액체
② **물에는 안 녹고** 알코올에 녹는다.
③ 열, 직사광선, 습기에 의해 자연발화 가능성

5) 나이트로글리콜($(CH_2ONO_2)_2$)

① 무색 유(기름)상의 액체
② **물에는 안 녹고** 알코올, 에테르에 녹는다.
③ 마찰, 충격에 민감하다.
④ 가열 시 폭발의 우려

3 나이트로화합물류

나이트로화합물 : 유기화합물의 알킬기 또는 페닐기 등의 탄소원자에 $-NO_2$(니트로기)가 결합하고 있는 화합물

1) 트라이나이트로톨루엔(TNT ; $C_6H_2(NO_2)_3CH_3$) ★★

① 무색결정이나 햇빛에 의해 다갈색으로 변한다.
② **강력한 폭약이며, 충격을 가하면 폭발한다.**
③ **산화물과 공존 시 급격한 가열·충격 등에 의하여 폭발**
④ 물에는 녹지 않는다.
⑤ 아세톤, 알코올, 벤젠에는 잘 녹는다.
⑥ 발화점 300℃
⑦ 중성물질로 금속과 반응하지 않으며, 흡습성이 없고 공기 중 자연 분해되지 않는다.
⑧ 톨루엔에 질산과 황산을 반응시켜 모노니트로톨루엔을 만든 후 니트로화하여 제조
⑨ **분해 반응식**
$$2C_6H_2(NO_2)_3CH_3 \rightarrow 12CO + 2C + 3N_2 + 5H_2$$

2) 트라이나이트로페놀(피크린산 ; $C_6H_2OH(NO_2)_3$) ★

① 밝은 황색의 침상 결정으로 유독성이 있으며 강한 쓴맛이 있다.
② **찬물에는 극히 일부만 녹고 에테르, 알코올, 벤젠, 더운물에 잘 녹는다.**
③ 구리, 아연 등의 금속과 반응하여 피크린산염을 발생
④ 발화점 300℃
⑤ 페놀(C_6H_5OH)에 진한 황산을 녹이고 질산에 작용시켜 생성한 니트로화합물
⑥ **단독으로는 타격, 마찰, 충격 등에 대하여 둔감하므로 폭발하지 않는다.**
⑦ 연소 시 검은 연기를 내고 타지만, 폭발은 하지 않는다.
⑧ **건조될수록 위험성이 증가한다.**
⑨ 저장용기는 밀폐하여 냉암소에 보관한다.
⑩ 구리, 아연 등과 반응하여 피크린산염을 생성하므로 구리와의 접촉방지

4 나이트로소화합물류

나이트로소화합물 : **나이트로소기(-NO)를 갖는 화합물**로 파라다이나이트로소 벤젠, 다이에틸 파라나이트로소 아닐린, 다이나이트로소 레조르신, 파라나이트로소 메틸아닐린 등이 있다.

제6장 출제예상문제

01 자기반응성물질이 질식소화 효과가 없는 이유로 옳은 것은?
① 산소를 함유한 물질이기 때문
② 인화성 액체이기 때문
③ 산화반응이 일어나기 때문
④ 연소가 폭발적이기 때문

해설 제5류 위험물은 자기반응성 물질로서 산소를 함유한 물질이기에 질식소화 효과가 없으며, 다량의 물로 냉각 소화하여야 한다.

02 벤조일퍼옥사이드에 관한 설명으로 옳지 않은 것은?
① 물에는 녹지 않으며 무색의 입상결정 고체이다.
② 용기는 완전히 밀전 밀봉하고 환기가 잘되는 찬 곳에 저장한다.
③ 상온에서는 충격에 의해 폭발하지 않는다.
④ 진한 황산, 질산 등에 의해서 분해폭발의 위험이 있다.

해설 벤조일퍼옥사이드(과산화벤조일)
① 상온에서 충격 및 마찰에 의하여 폭발 가능성이 있다.
② 햇빛에 의해서도 분해가 촉진된다.
③ 단독으로 가열시 폭발가능

03 유기과산화물을 저장할 때 일반적인 주의사항으로 옳지 않은 것은?
① 다른 산화제와 격리하여 저장한다.
② 습기 방지를 위해 건조한 상태로 저장한다.
③ 인화성 액체류와 접촉을 피하여 저장한다.
④ 필요한 경우 물질의 특성에 맞는 적당한 희석제를 첨가하여 저장한다.

해설 통풍이 잘되는 냉암소에 보관, 건조한 것은 상온에서 충격 및 마찰에 의하여 폭발 가능성

04 다음 중 질산에스터류에 속하지 않는 것은?
① 질산에틸
② 나이트로셀룰로스
③ 나이트로글리세린
④ 트라이나이트로톨루엔

해설 질산에스터류 : 질산메틸, 질산에틸, 나이트로글리세린, 나이트로셀룰로스

정답 1. ① 2. ③ 3. ② 4. ④

05 나이트로셀룰로오스(질화면)의 성질로 옳은 것은?

① 질화도가 클수록 폭발성이 강하다.
② 질화도가 클수록 물에 잘 녹는다.
③ 수분을 많이 포함할수록 폭발성이 크다.
④ 외관상 솜과 같은 진한 회색의 물질이다.

해설 나이트로셀룰로오스([$C_6H_7O_2(ONO_2)_3$]n)
① 물에 약간 녹고, 알코올에 잘 녹는다.
② 무색 또는 백색의 고체
③ 열, 직사광선, 습기에 의해 자연발화 우려
④ 천연셀룰로오스에 진한 황산과 진한 질산의 혼산으로 반응시켜 제조한 것
⑤ 130℃ 정도에서 서서히 분해하고, 180℃에서 격렬히 연소한다.
⑥ 질화도(나이트로셀룰로오스 중 질소의 함유율)가 클수록 폭발성이 강하다.
⑦ 물(20%) 또는 알코올(30%)을 첨가 습윤 시켜 냉암소에 저장
⑧ 화재 시 다량의 물을 이용하여 주수소화

06 다음 중 함수 알코올로 습면하여 저장 및 취급하는 위험물은?

① 나이트로셀룰로오스
② 트라이나이트로톨루엔
③ 질산에틸
④ 나이트로글리세린

해설 나이트로셀룰로오스는 함수 알코올(물 20% 또는 알코올 30%)로 습면하여 저장한다.

07 나이트로셀룰로오스의 제조법으로 가장 적당한 것은?

① 글리세린에 진한 황산과 진한 질산의 혼산으로 에스테르화한다.
② 천연셀룰로오스에 진한 황산과 진한 질산의 혼산으로 반응시켜 만든다.
③ 글리세린에 진한 염산과 묽은 질산의 혼산으로 반응시켜 만든다.
④ 셀룰로이드에 묽은 염산과 진한 질산의 혼산으로 에스테르화한다.

해설 나이트로셀룰로오스는 천연셀룰로오스에 진한 황산과 진한 질산의 혼산으로 반응시켜 만든 것으로 질화면 또는 면화약이라고도 한다.

08 다음 중 나이트로셀룰로오스 화재 시 가장 적합한 소화방법은?

① 분말 소화기를 사용한다.
② 이산화탄소소화기를 사용한다.
③ 다량의 물을 사용한다.
④ 할로겐화합물 소화기를 사용한다.

해설 화재 시 다량의 물을 이용하여 주수소화

정답 5. ① 6. ① 7. ② 8. ③

09 나이트로글리세린에 대한 설명으로 옳은 것은?

① 시판공업용 제품은 물에 의해 분해된다.
② 대기 중에서 점화하면 연소하지만 폭발을 일으키는 일은 없다.
③ 상온에서는 액체이지만 겨울철에는 동결하며, 충격에 대해서 매우 예민하여 폭발을 일으키기 쉽다.
④ 니트로기 5개를 가지며 제5류 위험물의 니트로화합물에 속한다.

해설 나이트로글리세린($C_3H_5(ONO_2)_3$)
① 무색투명한 유(기름)상의 액체
② 상온에서 액체이지만 겨울에는 동결한다.
③ 물에는 녹지 않고 알코올, 에테르에 녹는다.
④ 가열, 마찰, 충격에 대단히 민감하므로 취급 시 주의(고체가 훨씬 위험)
⑤ 니트로기를 3개 가지고 있으며, 다이너마이트의 원료로 사용
⑥ 산의 존재 하에서 분해가 촉진되고, 폭발하는 수도 있다.
⑦ 분해반응식 : $C_3H_5(ONO_2)_3 \rightarrow 10H_2O + 6N_2 + O_2$

10 제5류 위험물 중에서 취급이 불편하기 때문에 다공질의 규조토에 흡수시켜 폭약으로 사용하고 있는 것이 있다. 그 상품명은?

① 다이너마이트　　② 고체규조토　　③ 니트로셀룰로오스　　④ 면화약

해설 다이너마이트는 니트로글리세린을 다공질의 규조토에 흡수시켜 폭약으로 사용하고 있다.

11 다음은 니트로글리세린에 대한 설명이다. 옳은 것은?

① 물, 알코올, 벤젠에 잘 녹는다.　　② 니트로 화합물이다.
③ 무색 또는 담황색 결정성 고체이다.　　④ 가열, 마찰, 충격에 민감하다.

해설 가열, 마찰, 충격에 민감하다.

12 질산에틸($C_2H_5ONO_2$)의 성질로 옳은 것은?

① 물이나 알코올에는 잘 녹는다.　　② 방향을 갖고 있는 고체이다.
③ 증기는 공기보다 무겁다.　　④ 인화점은 경유와 대체로 같다.

해설 질산에틸($C_2H_5ONO_2$)
① 무색, 투명한 액체, 단맛이 있다.
② 물에는 녹지 않으나 유기용제에는 잘 녹는다.
③ 인화점이 낮아 인화되기 쉽고, 연소성이 강하다.
④ 직사광선을 피하고 냉암소에 보관, 통풍이 잘되는 장소에 보관
⑤ 에탄올을 진한 질산에 반응시켜 생성

정답 9. ③　10. ①　11. ④　12. ③

13 질산에틸($C_2H_5ONO_2$)의 성상에 대한 설명으로 옳은 것은?
① 상온에서 액체이다.
② 물에는 잘 녹는다.
③ 알코올에는 녹지 않는다.
④ 황색이고 불쾌한 냄새가 난다.

해설 무색, 투명한 액체이며, 방향을 가지고 단맛이 있다.

14 질산메틸의 성질에 대한 설명으로 옳지 않은 것은?
① 증기는 공기보다 가볍다.
② 무색투명한 액체
③ 비점은 약 66℃이다.
④ 자기반응성 물질

해설 증기비중은 2.65로 공기보다 무겁다.

15 다음 물질 중 나이트로화합물류에 속하는 것은?
① 나이트로벤젠
② 셀룰로이드류
③ 트라이나이트로톨루엔
④ 나이트로셀룰로스

해설 나이트로화합물 : 트라이나이트로톨루엔, 피크린산(트라이나이트로페놀)

16 피크린산에 대한 설명이다. 옳지 않은 것은?
① 순수한 것은 무색이지만 보통 공업용은 광택이 있는 황색의 침상 결정이다.
② 냉수에는 거의 녹지 않는다.
③ 일명 트라이나이트로페놀이라고도 부른다.
④ 나이트로글리세린과 같이 단맛을 낸다.

해설 트라이나이트로페놀(피크린산 ; $C_6H_2OH(NO_2)_3$)
① 밝은 황색의 침상 결정으로 유독성이 있으며 강한 쓴맛이 있다.
② 찬물에는 극히 일부만 녹고 에테르, 알코올, 벤젠, 더운물에 잘 녹는다.
③ 구리, 아연 등의 금속과 반응하여 피크린산염을 발생
④ 발화점 300℃
⑤ 페놀(C_6H_5OH)에 진한 황산을 녹이고 질산에 작용시켜 생성한 나이트로화합물
⑥ 단독으로는 타격, 마찰, 충격 등에 대하여 둔감하므로 폭발하지 않는다.
⑦ 연소 시 검은 연기를 내고 타지만, 폭발은 하지 않는다.
⑧ 건조될수록 위험성이 증가한다.
⑨ 저장용기는 밀폐하여 냉암소에 보관한다.
⑩ 구리, 아연 등과 반응하여 피크린산염을 생성하므로 구리와의 접촉방지

정답 13. ① 14. ① 15. ③ 16. ④

17 나이트로화합물을 저장할 경우 가장 옳은 방법은?
 ① 담은 용기의 마개를 꼭 막아 통풍이 잘되는 곳에 놓아둔다.
 ② 담은 용기의 마개를 꼭 막아 밀폐된 장소에 놓아둔다.
 ③ 담은 용기의 마개를 조금 헐겁게 막아 통풍이 잘되는 곳에 놓아둔다.
 ④ 담은 용기의 마개를 꼭 막아 햇볕이 잘 드는 곳에 놓아둔다.

 해설 저장용기의 마개를 꼭 막아 통풍이 잘되는 곳에 놓아둔다.

18 셀룰로이드에 관한 설명으로 옳지 않은 것은?
 ① 가열하면 145℃ 부근에서 백연을 발생하고 발화한다.
 ② 공기와의 접촉 시 열분해가 진행되어 자연발화가 용이하다.
 ③ 질화도가 낮은 니트로셀룰로오스에 장뇌와 알코올을 녹여 교질 상태로 만든다.
 ④ 불에 닿으면 바로 착화되나 물에 쉽게 용해되므로 유독가스는 발생되지 않는다.

 해설 셀룰로이드
  ① 비수용성, 알코올이나 아세톤, 에스테르류에 녹는다.
  ② 공기와의 접촉시 열분해가 진행되어 자연발화가 용이하다.

19 셀룰로이드에 대한 설명 중 옳지 않은 것은?
 ① 통풍, 환기가 나쁜 장소, 온도가 높은 곳에서 자연발화 한다.
 ② 연소하면 산화질소, 시안화수소 등의 유독한 가스를 발생한다.
 ③ 여름보다 겨울에 자연발화가 많고 순도가 낮을수록 자연발화가 쉽다.
 ④ 일반적으로 착화온도가 180℃이지만 제품 저장하는 곳의 조건에 따라 낮은 온도에서도 착화할 위험이 있다.

 해설 셀룰로이드는 공기 중 습도가 높고, 온도가 높을 경우 자연발화의 위험이 크므로 겨울보다 습도가 높은 여름에 자연발화에 주의하여야 한다.

20 제5류 위험물의 종류와 성질 및 취급에 관한 설명으로 옳지 않은 것은?
 ① 유기과산화물의 지정수량은 10kg 이다.
 ② 질산에스테르류는 외부로부터 산소의 공급이 없어도 자기연소하며 연소속도가 빠르다.
 ③ 니트로글리세린, 알킬리튬, 알킬알루미늄 등이 있다.
 ④ 위험물제조소에는 적색바탕에 백색문자로 "화기엄금"이라는 주의사항을 표시한 게시판을 설치해야 한다.

 해설 알킬리튬, 알킬알루미늄은 제3류 위험물이다.

정답 17. ① 18. ④ 19. ③ 20. ③

21 트라이나이트로톨루엔 [$C_6H_2CH_3(NO_2)_3$] 열분해 반응 시 최종적으로 발생하는 물질이 아닌 것은?

① N_2　　　　② H_2　　　　③ CO　　　　④ NO_2

해설 트라이나이트로톨루엔 : 제5류 위험물
① 무색결정이나 햇빛에 의해 다갈색으로 변한다.
② 강력한 폭약이며, 충격을 가하면 폭발한다.
③ 산화물과 공존 시 급격한 가열·충격 등에 의하여 폭발
④ 물에는 녹지 않는다.
⑤ 아세톤, 알코올, 벤젠에는 잘 녹는다.
⑥ 발화점 300℃
⑦ 중성물질로 금속과 반응하지 않으며, 흡습성이 없고 공기 중 자연 분해되지 않는다.
⑧ 톨루엔에 질산과 황산을 반응시켜 모노나이트로톨루엔을 만든 후 나이트로화 하여 제조
⑨ 분해 반응식 : $2C_6H_2(NO_2)_3CH_3 \rightarrow 12CO + 2C + 3N_2 + 5H_2$

정답 21. ④

제7장 제6류 위험물의 개별성상

제6류 위험물〈산화성 액체〉

액체로서 산화력의 잠재적인 위험성을 판단하기 위하여 고시로 정하는 시험에서 고시로 정하는 성질과 상태를 나타내는 것

1 과염소산($HClO_4$) ★★

① 자극적인 냄새가 나는 무색의 발연성 액체
② 불안정하여 폭발하기 쉽다.
③ 물보다 무거우며, 염소산 중 가장 강한 강산이다.
④ 불연성 물질이나 산소를 함유한 강산화제
⑤ 피부를 침식한다. 물에 잘 녹고 알코올 및 에테르와 혼합 시 폭발위험
⑥ 금속산화물 또는 금속과 반응하여 과염소산염을 생성
⑦ 금이나 은을 급속히 산화하고, 유기물(종이, 나무 등)과는 폭발적으로 반응
⑧ 물과 접촉 시 심하게 발열반응
⑨ 공기 중에 방치할 경우 분해하여 연기를 발생
⑩ 가열 시 폭발하고 유독성 가스인 염화수소(HCl)를 발생
⑪ 습기 있는 곳을 피하고, 가연성 물질과 격리
⑫ 저장용기는 직사일광을 피하고 통풍이 잘되는 냉암소에 보관
⑬ 저장용기는 내산성으로 밀봉할 것
⑭ 피부에 접촉 시 깨끗한 물로 충분히 씻을 것

2 과산화수소(H_2O_2) ★★

① 그 농도가 36중량퍼센트 이상인 것
② 무색투명한 액체이나 고농도인 경우 유상(기름모양)의 액체이다.
③ 강산화제이지만 환원제로도 작용한다.
④ 가연성 및 인화성은 없다. 분해 시 산소를 방출하고 발열한다.

⑤ 진한 용액은 맹독성으로 강한 자극성이 있다.
⑥ **물, 알코올, 에테르에는 잘 녹으나** 석유, 벤젠에는 녹지 않는다.
⑦ 유기과산화물로서 상온에서 분해 시 산소를 발생
⑧ **안정제로 인산(H_3PO_4) 또는 요산($C_5H_4N_4O_3$)을 사용**
⑨ 농도가 높아질수록 불안정하여 분해되기 쉽다.
⑩ **농도 60% 이상인 것은 충격에 의하여 단독으로 폭발적으로 분해**
⑪ 직사광선을 피하고 되도록 냉암소에 저장한다.(갈색용기에 저장)
⑫ 과산화수소 누설 시 다량의 물로 씻어낼 것
⑬ 용기는 밀전해서는 안 되고, 통풍을 위해 구멍이 뚫린 마개로 막는다.
⑭ 과산화수소는 3% 농도의 수용액을 소독제로 사용, 표백작용과 살균작용을 한다.

3 질산(HNO_3) ★

① **비중이 1.49 이상인 것**
② 무색의 액체로 자극적인 냄새가 있다.
③ **물, 알코올, 에테르에 잘 녹는다.**
④ **금과 백금을 제외**한 모든 금속을 부식
⑤ **오산화인(P_2O_5)과 반응 시 오산화질소(N_2O_5)가 생성**
⑥ 강한 산화력을 가지고 있으며, 유기물 등과 접촉 시 자연발화 가능성
⑦ 질산, 질산증기 및 분해되어 발생하는 질소산화물(NO, NO_2)은 대단히 유독하며 부식성이 강하므로 주의
⑧ **부식성이 크며, 산화성이 강하다.**
⑨ 물과 반응하여 발열하므로 물과의 접촉을 피할 것
⑩ **피부에 접촉 시 화상의 위험**이 있으므로 주의할 것
⑪ **황화수소와 접촉 시 폭발**
⑫ 질산과 염산이 일정한 비율로 혼합되면 금과 백금을 녹일 수 있는 왕수가 된다.
   질산 1 : 염산 3의 혼합물(왕수)
   • $HNO_3 + 3HCl \rightarrow NOCl$(염화나이트로실)$+ Cl_2$(염소)$+ 2H_2O$
   • $Au + NOCl + Cl_2 \rightarrow AuCl_3$(염화금)$+ NO$(나이트로실)

4 할로겐간화합물

1) 삼불화브롬(BrF_3)

① 자극성 냄새를 갖는 무색의 액체
② 부식성이 있다.

2) 오불화브롬(BrF_5)

① 자극성의 냄새를 갖는 무색의 액체
② 물과 접촉 시 폭발의 위험성
③ 부식성이 있으며, 산과 반응하여 부식성 가스를 발생

3) 오불화요오드(IF_5)

① 물에 잘 녹고, 부식성이 있다.
② 녹는점 약 9.4℃, 끓는점 약 100℃

제7장 출제예상문제

01 과염소산의 성상 중 옳은 것은?
① 매우 불안정한 강산류이다.
② 흡습성이 강한 고체이다.
③ 공기 중 증기는 점화원에 의해 폭발한다.
④ 물과 반응하여 조연성 가스를 발생한다.

해설 과염소산($HClO_4$)
① 자극적인 냄새가 나는 무색의 발연성 액체
② 불안정하여 폭발하기 쉽다.
③ 물보다 무거우며, 염소산 중 가장 강한 강산이다.
④ 불연성 물질이나 산소를 함유한 강산화제
⑤ 피부를 침식한다. 물에 잘 녹고 알코올 및 에테르와 혼합 시 폭발위험
⑥ 금속산화물 또는 금속과 반응하여 과염소산염을 생성
⑦ 금이나 은을 급속히 산화하고, 유기물(종이, 나무 등)과는 폭발적으로 반응
⑧ 물과 접촉 시 심하게 발열반응
⑨ 공기 중에 방치할 경우 분해하여 연기를 발생
⑩ 가열 시 폭발하고 유독성 가스인 염화수소(HCl)를 발생
⑪ 습기 있는 곳을 피하고, 가연성 물질과 격리
⑫ 저장용기는 직사일광을 피하고 통풍이 잘되는 냉암소에 보관
⑬ 저장용기는 내산성으로 밀봉할 것
⑭ 피부에 접촉 시 깨끗한 물로 충분히 씻을 것

02 과염소산을 가열하면 발생하는 가스는?
① 과산화수소 ② 황화수소 ③ 염화수소 ④ 불화수소

해설 가열 시 폭발하고 유독성 가스인 염화수소(HCl)를 발생

03 과염소산의 위험성이 아닌 것은?
① 공기 중에 방치할 경우 분해하여 연기를 발생한다.
② 가열시 폭발하고 유독성의 가스인 염화수소를 발생한다.
③ 불안정하여 폭발하기 쉽다.
④ 가연성의 물질이며 산소를 함유한 강산화제이다.

해설 불연성의 물질로서 산소를 함유한 강산화제이다.

정답 1. ①　2. ③　3. ④

04 과염소산의 취급 시 주의사항으로 옳지 않은 것은?

① 가연성 물질과는 멀리 저장한다.
② 물과의 접촉을 피하고 밀봉, 밀전할 것
③ 용기는 직사광선을 피하고, 통풍이 잘되는 찬 곳에 저장한다.
④ 누설 시 톱밥에 흡수시킨다.

해설 과염소산은 산화성액체이므로 종이, 톱밥 등의 가연성물질과 접촉 시 폭발과 동시에 연소하는 특성이 있다.

05 과산화수소에 대한 설명으로 옳지 않은 것은?

① 물, 알코올에는 잘 녹는다.
② 안정하면 쉽게 분해되지 않는다.
③ 강한 산화성이 있다.
④ 일광의 직사에 의해서 분해된다.

해설 과산화수소의 위험성
① 농도가 높아질수록 불안정하여 분해되기 쉽다.
② 농도 60% 이상인 것은 충격에 의하여 단독으로 폭발적으로 분해
③ 열, 햇빛에 의하여 빠르게 분해한다.

06 과산화수소에 대한 설명으로 옳지 않은 것은?

① 저장은 직사일광을 피하여야 한다.
② 알칼리 용액에서는 안정하다.
③ 순수한 것은 무색액체이다.
④ 강한 산화제이지만 환원제로도 작용한다.

해설 과산화수소(H_2O_2)
① 그 농도가 36중량퍼센트 이상인 것
② 무색투명한 액체이나 고농도인 경우 유상(기름모양)의 액체이다.
③ 강산화제이지만 환원제로도 작용한다.
④ 가연성 및 인화성은 없다. 분해 시 산소를 방출하고 발열한다.
⑤ 진한 용액은 맹독성으로 강한 자극성이 있다.
⑥ 물, 알코올, 에테르에는 잘 녹으나 석유, 벤젠에는 녹지 않는다.
⑦ 유기과산화물로서 상온에서 분해 시 산소를 발생
⑧ 안정제로 인산(H_3PO_4) 또는 요산($C_5H_4N_4O_3$)을 사용
⑨ 농도가 높아질수록 불안정하여 분해되기 쉽다.
⑩ 농도 60% 이상인 것은 충격에 의하여 단독으로 폭발적으로 분해
⑪ 직사광선을 피하고 되도록 냉암소에 저장한다.(갈색용기에 저장)
⑫ 과산화수소 누설 시 다량의 물로 씻어낼 것
⑬ 용기는 밀전해서는 안 되고, 통풍을 위해 구멍이 뚫린 마개로 막는다.
⑭ 과산화수소는 3% 농도의 수용액을 소독제로 사용, 표백작용과 살균작용을 한다.

정답 4. ④ 5. ② 6. ②

07 과산화수소의 성질 및 취급 시 주의사항에 대한 설명으로 옳지 않은 것은?
① 저장할 때 용기는 꼭 막아둔다.
② 물, 알코올에 용해된다.
③ 냉암소에 저장한다.
④ 열, 햇빛에 의하여 분해한다.

해설 용기는 밀전해서는 안 되고, 통풍을 위해 구멍이 뚫린 마개로 막는다.

08 과산화수소가 분해하여 발생하는 기체의 위험성은?
① 산소이며 연소를 도와준다.　② 산소이며 가연성이다.
③ 수소이며 연소를 도와준다.　④ 수소이며 가연성이다.

해설 과산화수소의 분해반응식 : $2H_2O_2 \rightarrow 2H_2O + O_2$
이산화망간 촉매 하에 분해되면 물과 연소를 도와주는 산소를 발생한다.

09 다음 중 과산화수소의 성질을 잘못 설명한 것은?
① 분해하면 산소를 방출한다.　② 상온에서도 서서히 분해한다.
③ 밀봉된 용기에 넣어 보관한다.　④ 36%이상은 위험물에 속한다.

해설 용기는 밀전하지 말고 마개가 붙은 저장용기에 90% 이하로 넣어서 보관한다.

10 과산화수소의 특성으로 옳지 않은 것은?
① 벤젠에 잘 녹는다.　② 물보다 무겁다.
③ 에테르에 잘 녹는다.　④ 알코올에 잘 녹는다.

해설 물, 알코올, 에테르에는 용해되나 석유, 벤젠에는 용해되지 않는다.

11 과산화수소 분해방지 안정제로 사용할 수 있는 물질은?
① Ag
② HBr
③ MnO
④ $C_5H_4N_4O_3$

해설 과산화수소는 장기저장 시 분해하여 산소를 발생하므로 안정제인 인산(H_3PO_4), 요산($C_5H_4N_4O_3$) 등을 사용한다.

정답 7. ①　8. ①　9. ③　10. ①　11. ④

12 과산화수소의 저장방법에 대한 설명으로 옳은 것은?

① 투명유리병에 넣어 햇빛이 잘 드는 곳에 보관한다.
② 금속 보관 용기를 사용하여 밀전한다.
③ 분해 방지를 위해 되도록 고농도로 보관한다.
④ 인산, 요산 등의 분해 안정제를 사용한다.

해설 용기는 밀전하지 말고 마개가 붙은 저장용기에 90%이하로 넣어서 보관한다.

13 질산(HNO_3)의 성질로 옳은 것은?

① 충격에 의하여 자연발화 한다.
② 인화점이 낮아서 발화하기 쉽다.
③ 물과 반응하며, 강한 산성을 나타낸다.
④ 공기 중에서 자연발화 한다.

해설 질산(HNO_3)
① 비중이 1.49 이상인 것
② 무색의 액체로 자극적인 냄새가 있다.
③ 물, 알코올, 에테르에 잘 녹는다.
④ 금과 백금을 제외한 모든 금속을 부식
⑤ 오산화인(P_2H_5)과 반응 시 오산화질소(N_2O_5)가 생성
⑥ 강한 산화력을 가지고 있으며, 유기물 등과 접촉 시 자연발화 가능성
⑦ 질산, 질산증기 및 분해되어 발생하는 질소산화물(NO, NO_2)은 대단히 유독하며 부식성이 강하므로 주의
⑧ 부식성이 크며, 강산화제이다.
⑨ 물과 반응하여 발열하므로 물과의 접촉을 피할 것
⑩ 피부에 접촉 시 화상의 위험이 있으므로 주의할 것
⑪ 황화수소와 접촉 시 폭발

14 강산 중 질산의 성질에 관한 설명으로 옳은 것은?

① 환원제로 이용된다.
② 가연성액체이다.
③ 무색결정이며 가열하면 산소가 발생한다.
④ 물에 희석할 때 발열한다.

해설 질산(HNO_3)
① 강산화제
② 불연성의 산화성 액체
③ 물과 반응하여 발열한다.
④ 무색의 액체

정답 12. ④ 13. ③ 14. ④

15 질산의 성질에 대한 설명으로 옳지 않은 것은?
  ① 진한 질산을 가열하면 분해하여 수소를 발생한다.
  ② 물과 반응하여 발열한다.
  ③ 부식성이 강한 강산이지만 금, 백금, 이리듐, 로듐만은 부식시키지 못한다.
  ④ 햇빛에 의해 일부 분해되어 자극성의 이산화질소를 만든다.

  해설 가열 및 일광이나 공기와 접촉 시 자극성의 이산화질소를 생성하며 분해

16 질산의 성질에 대한 설명으로 옳은 것은?
  ① 질산은 비휘발성 물질이다.
  ② 위험물안전관리법상 질산의 비중이 1.49 이상인 것을 위험물로 간주하고 있다.
  ③ 자신은 불연성 물질로 강한 환원력을 가지고 있다.
  ④ $KClO_3$와 혼합시 안정한 질산염이 생성된다.

  해설 질산의 성질
   ① 질산은 휘발성 액체이다.
   ② $KClO_3$와 혼합 시 불안정한 질산염이 생성된다.
   ③ 불연성 물질로서 강한 산화력을 갖는다.

17 진한 질산의 위험성과 저장에 대한 설명 중 적당하지 않는 것은?
  ① 저장 보호액으로는 물이 안전하다.
  ② 부식성이 크고 산화성이 강하다.
  ③ 황화수소와 접촉하면 폭발을 한다.
  ④ 일광에 쪼이면 분해되어 산소를 발생한다.

  해설 물과 반응하여 발열하므로 물과의 접촉을 피할 것

18 제6류 위험물의 특징에 관한 설명으로 옳지 않은 것은?
  ① 위험물안전관리법령상 모두 위험등급 Ⅰ에 해당한다.
  ② 과염소산은 밀폐용기에 넣어 냉암소에 저장한다.
  ③ 과산화수소 분해 시 발생하는 발생기 산소는 표백과 살균효과가 있다.
  ④ 질산은 단백질과 크산토프로테인(xanthoprotein) 반응을 하여 붉은색으로 변한다.

  해설 질산은 산화 작용뿐만 아니라 강한 반응성을 가지고 있으며, 묽은 질산이라도 피부에 닿으면 피부를 황변(黃變)시키는 작용이 있다. 이것은 단백질(蛋白質)과 작용해서 크산토프로테 인산(酸)을 만들기 때문이다.

정답 15. ① 16. ② 17. ① 18. ④

19 제6류 위험물의 성상 및 위험성에 관한 설명으로 옳지 않은 것은?

① BrF_3는 자극적인 냄새가 나는 산화제이다.
② HNO_3는 유독성이 있는 부식성 액체이며 가열하면 적갈색의 NO_3를 발생한다.
③ $HClO_4$는 자극적인 냄새가 나는 무색 액체이며 물과 접촉하면 흡열반응을 한다.
④ BrF_5는 산과 반응하여 부식성 가스를 발생하고 물과 접촉하면 폭발 위험성이 있다.

해설 보기설명
① $HClO_4$ (**과염소산**)는 물과 심하게 반응하여 **발열반응**, 무색, 공기 중에 방치하는 경우 분해하고 가열시 폭발한다.
② BrF_3 (**삼플루오르화브롬**)는 **할로겐간화합물**의 일종으로 자극성의 냄새, 무색액체, 강산화제
③ BrF_5 (**오플루오르화브롬**)는 **할로겐간화합물**의 일종으로 산과 반응하여 부식성 가스를 발생하고 물과 접촉하면 폭발 위험성이 있다.
④ HNO_3 (**질산**)는 유독성이 있는 부식성 액체이며 가열하면 적갈색의 NO_3를 발생한다.

정답 19. ③

제8장 위험물 제조소의 위치 · 구조 및 설비의 기준

1 안전거리

1) 정의

건축물의 외벽 또는 이에 상당하는 공작물의 외측으로부터 당해 제조소의 외벽 또는 이에 상당하는 공작물의 외측까지의 수평거리

2) 세부기준 ★★★

구분	안전거리
주거용	10m 이상
학교 · 병원 · 극장	30m 이상
문화재	50m 이상
가스	20m 이상
7,000V 초과 35,000V 이하의 특고압가공전선	3m 이상
35,000V를 초과하는 특고압 가공전선	5m 이상

(1) **주거용**으로 사용되는 것(제조소가 설치된 부지내에 있는 것을 제외)에 있어서는 **10m 이상**
(2) **학교 · 병원 · 극장** 그 밖에 다수인을 수용하는 시설로서 다음의 1에 해당하는 것에 있어서는 **30m 이상**
  ① 학교
  ② 병원급 의료기관
  ③ **공연장, 영화상영관 및 그 밖에 이와 유사한 시설로서 3백명 이상**의 인원을 수용할 수 있는 것
  ④ 아동복지시설, 노인복지시설, 장애인복지시설, 한부모가족복지시설, 어린이집, 성매매피해자등을 위한 지원시설, 정신보건시설, 보호시설 및 그 밖에 이와 유사한 시설로서 20명 이상의 인원을 수용할 수 있는 것
(3) **유형문화재와 기념물 중 지정문화재에 있어서는 50m 이상**

(4) 고압가스, 액화석유가스 또는 도시가스를 저장 또는 취급하는 시설로서 다음의 1에 해당하는 것에 있어서는 **20m 이상**
  ① 고압가스제조시설(용기에 충전하는 것을 포함한다) 또는 고압가스 사용시설로서 1일 30m³ 이상의 용적을 취급하는 시설이 있는 것
  ② 고압가스저장시설
  ③ 액화산소를 소비하는 시설
  ④ 액화석유가스제조시설 및 액화석유가스저장시설
  ⑤ 가스공급시설
(5) **사용전압이 7,000V 초과 35,000V 이하의 특고압 가공전선 : 3m 이상**
(6) **사용전압이 35,000V를 초과하는 특고압 가공전선 : 5m 이상**

3) 안전거리를 단축할 수 있는 경우

불연재료로 된 방화 상 유효한 담 또는 벽을 설치하는 경우

2 보유공지

1) 정의

위험물을 취급하는 건축물 그 밖의 시설(위험물을 이송하기 위한 배관 그 밖에 이와 유사한 시설을 제외한다)의 주위에는 그 취급하는 위험물의 최대수량에 따라 보유하여야 하는 공지를 말한다.

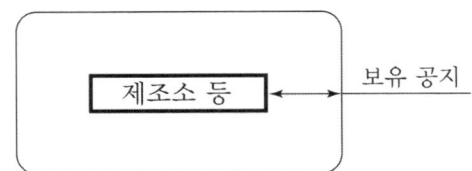

★★★

취급하는 위험물의 최대수량	공지의 너비
지정수량의 10배 이하	3m 이상
지정수량의 10배 초과	5m 이상

2) 보유공지 면제기준 ★★

다음 각 목에 해당하는 **방화 상 유효한 격벽**을 설치하는 경우
(1) **방화벽은 내화구조**로 할 것. 다만, 취급하는 위험물이 **제6류 위험물**인 경우에는 **불연재료**로 할 수 있다.
(2) 방화벽에 설치하는 출입구 및 창 등의 개구부는 가능한 한 최소로 하고, 출입구 및 창에는 자동폐쇄식의 **60분+방화문 또는 60분방화문**을 설치할 것
(3) 방화벽의 양단 및 상단이 외벽 또는 지붕으로부터 **50cm 이상** 돌출하도록 할 것

3 표지 및 게시판

1) 위험물 제조소 표지판 ★

(1) 표지는 **한 변의 길이가 0.3m 이상, 다른 한 변의 길이가 0.6m 이상인 직사각형**으로 할 것
(2) 표지의 **바탕은 백색**으로, **문자는 흑색**으로 할 것

2) 위험물 제조소의 게시판 ★★★

(1) 게시판은 한 변의 길이가 **0.3m 이상**, 다른 한 변의 길이가 **0.6m 이상**인 직사각형으로 할 것
(2) 게시판 기재사항
① 위험물의 **유별·품**명
② 저장**최대**수량 또는 취급최대수량, 지정수량의 **배**수
③ **안**전관리자의 **성**명 또는 직명
(3) 게시판의 **바탕은 백색**으로, **문자는 흑색**으로 할 것

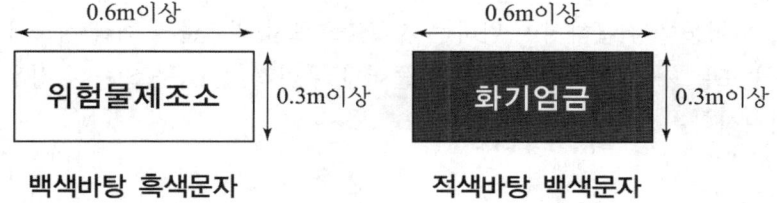

백색바탕 흑색문자   적색바탕 백색문자

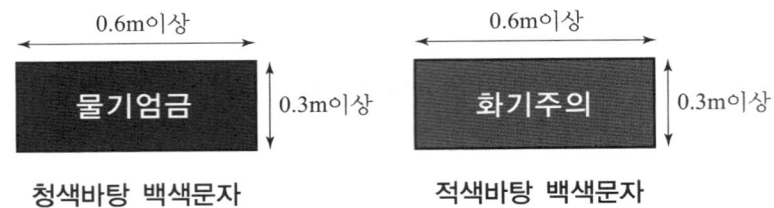

3) 게시판 주의사항을 표시 ★★★

    (1) 물기엄금
        ① 제1류 위험물 중 알칼리금속의 과산화물과 이를 함유한 것
        ② 제3류 위험물 중 금수성 물질
        ③ 표시색상 : 청색바탕에 백색문자
    (2) 화기주의
        ① 제2류 위험물(인화성고체는 제외)
        ② 표시색상 : 적색바탕에 백색문자
    (3) 화기엄금
        ① 제2류 위험물 중 인화성고체
        ② 제3류 위험물 중 자연발화성 물질
        ③ 제4류 위험물
        ④ 제5류 위험물
        ⑤ 표시색상 : 적색바탕에 백색문자

4 건축물의 구조

1) 지하층이 없는 구조

다만, 위험물을 취급하지 아니하는 지하층으로서 위험물의 취급 장소에서 새어나온 위험물 또는 가연성의 증기가 흘러 들어갈 우려가 없는 구조로 된 경우에는 그러하지 아니하다.

2) 연소의 우려가 있는 외벽 ★

    (1) 벽·기둥·바닥·보·서까래 및 계단을 불연재료로 할 것.
    (2) 연소(延燒)의 우려가 있는 외벽은 출입구 외의 개구부가 없는 내화구조의 벽으

로 할 것. 이 경우 제6류 위험물을 취급하는 건축물에 있어서 위험물이 스며들 우려가 있는 부분에 대하여는 아스팔트 그 밖에 부식되지 아니하는 재료로 피복하여야 한다.

3) 지붕 ★

폭발력이 위로 방출될 정도의 가벼운 불연재료로 덮어야 한다. 다만, 위험물을 취급하는 건축물이 다음 각목의 1에 해당하는 경우에는 그 **지붕을 내화구조로 할 수 있다.**

(1) **제2류 위험물**(분상의 것과 인화성고체를 제외한다), **제4류 위험물 중 제4석유류·동식물유류 또는 제6류 위험물**을 취급하는 건축물인 경우
(2) 다음의 기준에 적합한 밀폐형 구조의 건축물인 경우
  ① 발생할 수 있는 내부의 과압(過壓) 또는 부압(負壓)에 견딜 수 있는 철근콘크리트조일 것
  ② 외부화재에 90분 이상 견딜 수 있는 구조일 것

4) 출입구 및 비상구 ★

(1) 출입구와 비상구에는 **60분+방화문 또는 60분방화문 또는 30분방화문**을 설치할 것
(2) 연소의 우려가 있는 외벽에 설치하는 출입구에는 수시로 열 수 있는 자동 폐쇄식의 **60분+방화문 또는 60분방화문**을 설치할 것

5) 위험물을 취급하는 건축물의 창 및 출입구에 유리를 이용하는 경우에는 망입유리로 하여야 한다.

크로스 와이어	마름모 와이어

6) 액체의 위험물을 취급하는 건축물의 바닥

(1) 위험물이 스며들지 못하는 재료를 사용

(2) 적당한 경사를 두어 그 **최저부에 집유설비**를 하여야 한다.

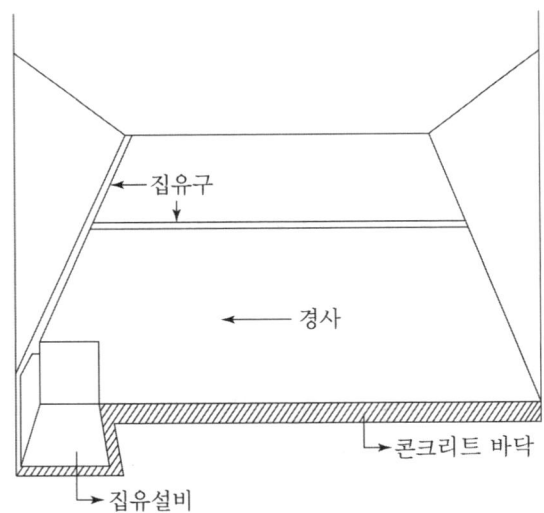

5 채광 · 조명 및 환기설비

1) 채광설비기준 ★★

불연재료로 하고, 연소의 우려가 없는 장소에 설치하되 채광면적을 **최소**로 할 것

2) 조명설비기준 ★

(1) 가연성가스 등이 체류할 우려가 있는 장소의 조명등은 **방폭등**으로 할 것
(2) 전선은 **내화 · 내열전선**으로 할 것
(3) **점멸스위치는 출입구 바깥부분**에 설치할 것.

3) 환기설비기준 ★★★

(1) 환기는 **자연배기방식**으로 할 것
(2) 배출설비가 설치되어 유효하게 환기가 되는 건축물에는 환기설비를 하지 아니할 수 있고, 조명설비가 설치되어 유효하게 조도가 확보되는 건축물에는 채광설비를 하지 아니할 수 있다.
(3) **급기구는 낮은 곳**에 설치하고 가는 눈의 구리망 등으로 **인화방지망**을 설치할 것
(4) 환기구는 **지붕위 또는 지상 2m 이상**의 높이에 회전식 고정벤티레이터 또는 루푸팬 방식으로 설치할 것

(5) 급기구는 당해 급기구가 설치된 실의 바닥면적 **150m²마다 1개 이상**으로 하되, **급기구의 크기는 800cm² 이상**으로 할 것. **바닥면적이 150m² 미만**인 경우에는 다음의 크기로 하여야 한다.

바닥면적	급기구의 면적
60m² 미만	150cm² 이상
60m² 이상 90m² 미만	300cm² 이상
90m² 이상 120m² 미만	450cm² 이상
120m² 이상 150m² 미만	600cm² 이상

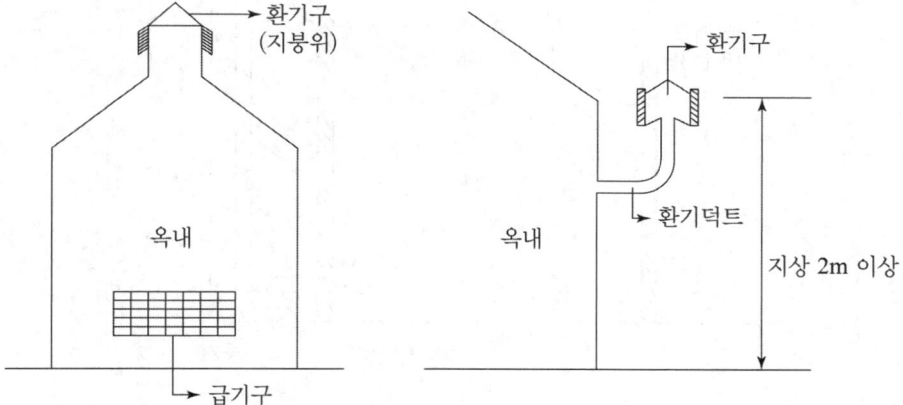

6 배출설비

1) 적용 장소

가연성의 증기 또는 미분이 체류할 우려가 있는 건축물에는 그 증기 또는 미분을 옥외의 높은 곳으로 배출하는 설비를 설치할 것

2) 배출설비 기준

(1) **배출설비는 국소방식**
(2) 전역방식으로 할 수 있는 경우
   ① 위험물취급설비가 배관이음 등으로만 된 경우
   ② 건축물의 구조·작업장소의 분포 등의 조건에 의하여 전역방식이 유효한 경우

(3) 배출설비는 배풍기 · 배출닥트 · 후드 등을 이용하여 강제적으로 배출할 것
(4) 배출능력 ★★★
   ① 국소방식 : 1시간당 배출장소 용적의 20배 이상
   ② 전역방식 : 바닥면적 1 m^2당 18 m^3 이상
(5) 배출설비의 급기구 및 배출구 기준 ★★

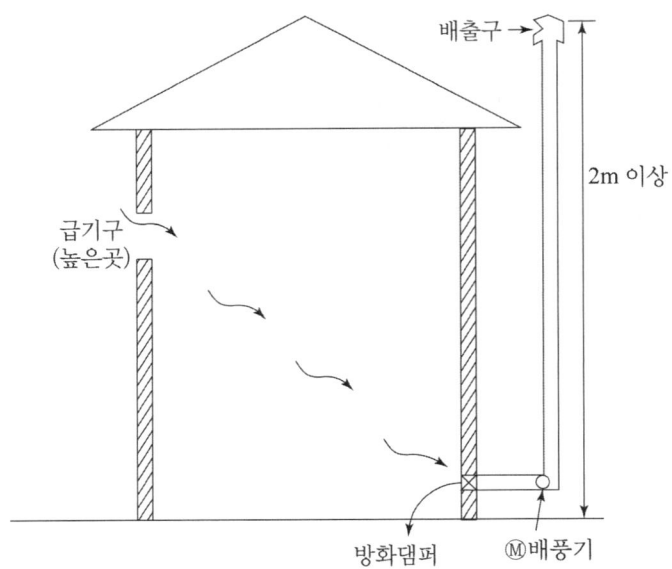

   ① **급기구는 높은 곳에 설치**하고, 가는 눈의 구리망 등으로 **인화방지망**을 설치할 것
   ② **배출구는 지상 2m 이상**으로서 연소의 우려가 없는 장소에 설치하고, 배출닥트가 관통하는 벽부분의 바로 가까이에 화재 시 자동으로 폐쇄되는 **방화댐퍼**를 설치할 것
(6) 배풍기는 **강제배기방식**으로 하고, 옥내덕트의 내압이 대기압 이상이 되지 아니하는 위치에 설치할 것

7 옥외설비의 바닥 기준

1) 턱 ★★

바닥의 둘레에 **높이 0.15m 이상의 턱**을 설치하는 등 위험물이 외부로 흘러 나가지 아니하도록 하여야 한다.

2) 경사

바닥은 콘크리트 등 위험물이 스며들지 아니하는 재료로 하고, 턱이 있는 쪽이 낮게 경사지게 하여야 한다.

3) 집유설비

바닥의 최저부에 집유설비 설치할 것

4) 유분리장치

위험물을 취급하는 설비에 있어서는 당해 위험물이 직접 배수구에 흘러들어가지 아니하도록 집유설비에 유분리장치를 설치할 것

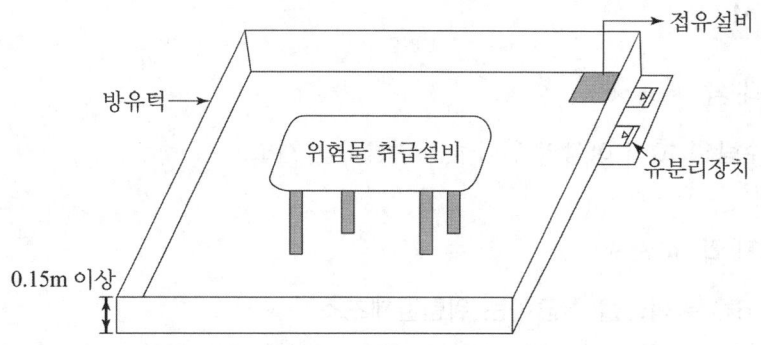

8 압력계 및 안전장치

1) 적용

위험물을 가압하는 설비 또는 그 취급하는 위험물의 압력이 상승할 우려가 있는 설비에는 압력계 및 안전장치를 설치

2) 안전장치 ★★

(1) 자동적으로 압력의 상승을 정지시키는 장치
(2) 감압측에 안전밸브를 부착한 **감압밸브**
(3) **안전밸브를 병용하는 경보장치**
(4) **파괴판**(위험물의 성질에 따라 **안전밸브 작동이 곤란한 가압설비**에 한함)

9 정전기 제거설비

1) 적용

위험물을 취급함에 있어서 정전기가 발생할 우려가 있는 설비

2) 정전기 제거방법 ★

(1) **접지**에 의한 방법
(2) 공기 중의 **상대습도를 70% 이상**으로 하는 방법
(3) 공기를 **이온화**하는 방법

10 피뢰설비

1) 설치대상 ★★★

지정수량의 10배 이상의 위험물을 취급하는 제조소

2) 설치제외 ★★★

(1) **제6류 위험물을 취급하는 위험물제조소**
(2) 제조소의 주위의 상황에 따라 **안전상 지장이 없는** 경우

11 위험물 취급탱크 방유제

1) 설치대상

옥외에 있는 위험물취급탱크로서 액체위험물(이황화탄소를 제외)

2) 방유제의 용량 ★★

(1) 하나의 탱크 : 당해 탱크용량의 50% 이상
(2) 2이상의 탱크 : (최대탱크용량) × 50% + (나머지 탱크 용량 합계) × 10% 이상
(3) 방유제의 용량

> **방유제의 용량**
> = 당해 방유제의 내용적-(용량이 최대인 탱크 외의 탱크의 방유제 높이 이하 부분의 용적
> + 당해 방유제 내에 있는 모든 탱크의 지반면 이상 부분의 기초의 체적 + 간막이 둑의 체
> 적 및 당해 방유제 내에 있는 배관 등의 체적)

3) 옥내에 설치된 탱크 저장시설의 방유턱 용량

위험물취급탱크의 주위에는 방유턱을 설치하는 등 위험물이 누설된 경우에 그 유출을 방지하기 위한 조치를 하여야한다. 이 경우 당해조치는 탱크에 수납하는 위험물의 양(하나의 방유턱안에 2 이상의 탱크가 있는 경우는 당해 탱크 중 실제로 수납하는 위험물의 양이 최대인 탱크의 양)을 전부 수용할 수 있도록 하여야 한다.

12 배관

1) 배관의 재질
강관 그 밖에 이와 유사한 금속성으로 하여야 한다.

2) 내압시험압력 ★★★
가. 불연성 액체를 이용하는 경우에는 최대상용압력의 1.5배 이상
나. 불연성 기체를 이용하는 경우에는 최대상용압력의 1.1배 이상

3) 배관의 외면

배관을 지상에 설치하는 경우에는 지진·풍압·지반침하 및 온도변화에 안전한 구조의 지지물에 설치하되, 지면에 닿지 아니하도록 하고 배관의 외면에 부식방지를 위한 도장을 하여야 한다. 다만, 불변강관 또는 부식의 우려가 없는 재질의 배관의 경우에는 부식방지를 위한 도장을 아니 할 수 있다.

4) 배관을 지하에 매설하는 경우

(1) 금속성 배관의 외면에는 부식방지를 위하여 도복장·코팅 또는 전기방식 등의 필요한 조치를 할 것
(2) 배관의 접합부분에는 위험물의 누설여부를 점검할 수 있는 점검구를 설치할 것

(3) 지면에 미치는 중량이 당해 배관에 미치지 아니하도록 보호할 것

13 위험물의 성질에 따른 제조소의 특례

1) 알킬알루미늄 등을 취급하는 제조소의 특례

(1) 알킬알루미늄 등을 취급하는 설비의 주위에는 누설범위를 국한하기 위한 설비와 누설된 알킬알루미늄 등을 안전한 장소에 설치된 저장실에 유입시킬 수 있는 설비를 갖출 것

(2) 알킬알루미늄 등을 취급하는 설비에 **불활성기체를 봉입하는 장치**를 갖출 것

2) 아세트알데하이드 등을 취급하는 제조소의 특례 ★★★

(1) **아세트알데하이드 등을 취급하는 설비는 은·수은·동·마그네슘** 또는 이들을 성분으로 하는 합금으로 만들지 아니할 것

(2) 아세트알데하이드 등을 취급하는 설비에는 연소성 혼합기체의 생성에 의한 폭발을 방지하기 위한 **불활성기체 또는 수증기를 봉입하는 장치**를 갖출 것

(3) 아세트알데하이드 등을 취급하는 탱크에는 **냉각장치** 또는 **보냉장치** 및 연소성 혼합기체의 생성에 의한 폭발을 방지하기 위한 **불활성기체를 봉입**하는 장치를 갖출 것.

(4) **냉각장치 또는 보냉장치는 2 이상 설치**하여 하나의 냉각장치 또는 보냉장치가 고장 난 때에도 일정 온도를 유지할 수 있도록 비상전원을 갖출 것

3) 하이드록실아민 등을 취급하는 제조소의 특례

(1) **안전거리** ★★★

$$D = 51.1\sqrt[3]{N}$$

D : 거리(m)

N : 당해 제조소에서 취급하는 하이드록실아민 등의 지정수량의 배수

(2) 제조소의 주위에는 다음에 정하는 기준에 적합한 담 또는 토제(土堤)를 설치할 것

① **담 또는 토제**는 당해 제조소의 외벽 또는 이에 상당하는 공작물의 외측으로부터 **2m 이상** 떨어진 장소에 설치할 것

② 담 또는 토제의 높이는 당해 제조소에 있어서 하이드록실아민 등을 취급하는 부분의 높이 이상으로 할 것

③ 담은 두께 **15cm 이상의 철근콘크리트조 · 철골철근콘크리트조** 또는 두께 **20cm 이상의 보강콘크리트블록조**로 할 것
　　암기법 : 15철 20보
④ 토제의 경사면의 경사도는 60도 미만으로 할 것

4) 방화 상 유효한 담의 높이 ★

(1) $H \leq pD^2 + a$ 인 경우, h = 2
(2) $H > pD^2 + a$ 인 경우 $h = H - p(D^2 - d^2)$

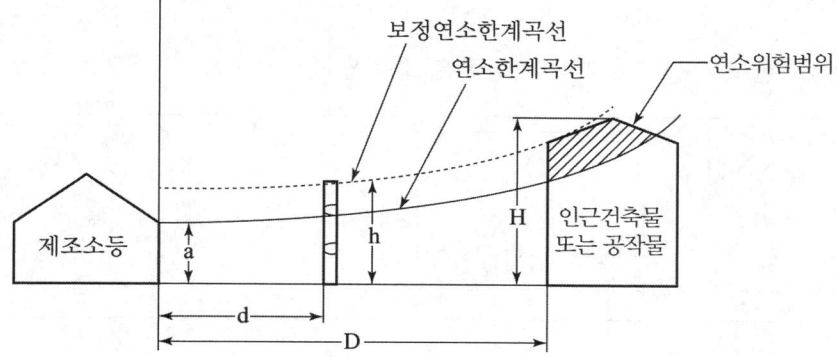

D : 제조소 등과 인근 건축물 또는 공작물과의 거리(m)
H : 인근 건축물 또는 공작물의 높이(m)
a : 제조소 등의 외벽의 높이(m)
d : 제조소 등과 방화상 유효한 담과의 거리(m)
h : 방화상 유효한 담의 높이(m)
p : 상수

14 위험물 저장탱크의 용량

1) 위험물 저장탱크의 용량

탱크의 용량 = 탱크의 내용적 - 탱크의 공간용적

2) 위험물 저장탱크의 공간용적

탱크 내용적의 5% 이상 10% 이하

3) 탱크의 내용적 계산방법 ★★★

(1) 타원형 탱크의 내용적

① 양쪽이 볼록한 것

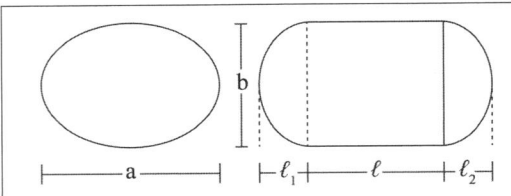

내용적 = $\dfrac{\pi ab}{4}(\ell + \dfrac{\ell_1 + \ell_2}{3})$

② 한쪽은 볼록하고 다른 한쪽은 오목한 것

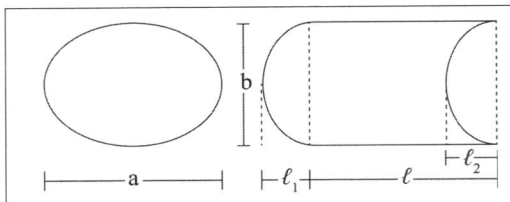

내용적 = $\dfrac{\pi ab}{4}(\ell + \dfrac{\ell_1 - \ell_2}{3})$

(2) 원통형 탱크의 내용적

① 횡으로 설치한 것

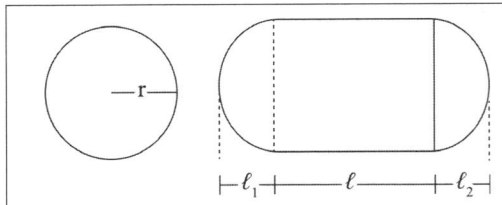

내용적 = $\pi r^2(\ell + \dfrac{\ell_1 + \ell_2}{3})$

② 종으로 설치한 것

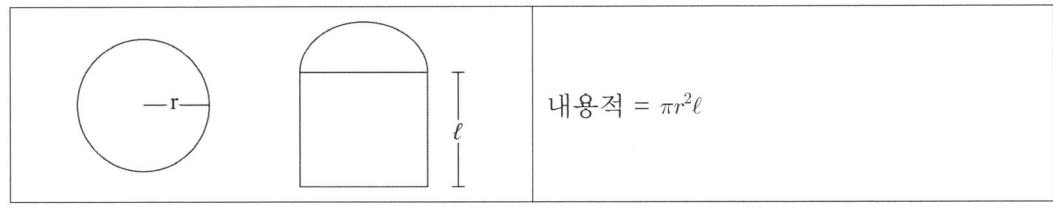

내용적 = $\pi r^2 \ell$

제8장 출제예상문제

Fire Facilities Manager

01 위험물 제조소의 위치·구조 및 설비 기준에서 정한 용도에 따른 안전거리의 연결이 옳지 않은 것은?

① 주거용-10m이상
② 문화재-50m이상
③ 고압가스 저장시설-30m이상
④ 병원-30m이상

해설 안전거리

구분	안전거리
주거용	10m 이상
학교·병원·극장	30m 이상
문화재	50m 이상
가스	20m 이상
7,000V 초과 35,000V 이하의 특고압가공전선	3m 이상
35,000V를 초과하는 특고압 가공전선	5m 이상

02 위험물을 취급하는 건축물 기타의 시설의 주위에는 그 취급하는 위험물의 최대수량에 따라 공지를 보유하여야 한다. 지정수량 10배 초과의 위험물 제조소의 보유공지로서 맞는 것은 다음 중 어느 것인가?

① 1m이상
② 3m이상
③ 5m이상
④ 10m이상

해설 지정수량의 10배 이하 : 3m 이상
지정수량의 10배 초과 : 5m 이상

03 방화 상 유효한 격벽을 설치한 경우에는 보유공지를 면제할 수 있다. 방화벽의 기준 중 방화벽의 양단 및 상단이 외벽 또는 지붕으로부터 얼마 이상 돌출되도록 하여야 하는가?

① 50cm 이상
② 60cm 이상
③ 80cm 이상
④ 100cm 이상

해설 보유공지 면제기준
다음 각 목에 해당하는 방화 상 유효한 격벽을 설치하는 경우
① 방화벽은 내화구조로 할 것. 다만, 취급하는 위험물이 제6류 위험물인 경우에는 불연재료로 할 수 있다.
② 방화벽에 설치하는 출입구 및 창 등의 개구부는 가능한 한 최소로 하고, 출입구 및 창에는 자동폐쇄식의 60분+방화문 또는 60분 방화문을 설치할 것
③ 방화벽의 양단 및 상단이 외벽 또는 지붕으로부터 50cm 이상 돌출하도록 할 것

정답 1. ③ 2. ③ 3. ①

04 위험물 제조소의 표지에 관한 사항 중 적합하지 않은 것은?
① 표지는 가로 1m 이상 세로 0.5m 이상의 것으로 할 것
② 위험물제조소라는 뜻을 표시할 것
③ 보기 쉬운 곳에 설치할 것
④ 바탕은 백색, 문자는 흑색으로 할 것

> **해설** 위험물 제조소 표지판
> ① 표지는 한 변의 길이가 0.3m 이상, 다른 한 변의 길이가 0.6m 이상인 직사각형으로 할 것
> ② 표지의 바탕은 백색으로, 문자는 흑색으로 할 것

05 위험물제조소의 보기 쉬운 곳에는 방화에 관하여 필요한 사항을 기재한 게시판을 설치하여야 한다. 게시판에 기재할 사항으로서 옳지 않은 것은?
① 취급하는 위험물의 유별, 품명
② 취급 최대수량
③ 안전관리자의 성명
④ 위험물별 주의사항

> **해설** 게시판 기재사항
> ① 위험물의 유별·품명
> ② 저장최대수량 또는 취급최대수량, 지정수량의 배수
> ③ 안전관리자의 성명 또는 직명

06 위험물 제조소 등에 설치하는 게시판에 관한 기술 중 옳지 않은 것은?
① 제2류 위험물에 있어서는 "화기주의"
② 제4류 위험물에 있어서는 "화기엄금"
③ 제5류 위험물에 있어서는 "화기엄금"
④ 제6류 위험물에 있어서는 "물기주의"

> **해설** 제6류 위험물 : 별도의 표시를 하지 않는다.

07 위험물제조소에 "화기주의"라는 게시판을 설치하여야 하는 위험물은?
① 니트로글리세린
② 적린
③ 휘발유
④ 과산화나트륨

> **해설** 화기주의
> ① 제2류 위험물(인화성고체는 제외)
> ② 표시색상 : 적색바탕에 백색문자

정답 4. ① 5. ④ 6. ④ 7. ②

08 위험물제조소에는 지정 위험물에 따라 화기엄금, 화기주의 게시판을 설치하여야 한다. 게시판의 바탕색 및 문자색이 바르게 짝지어진 것은?
① 백색바탕에 청색문자   ② 황색바탕에 적색문자
③ 백색바탕에 적색문자   ④ 적색바탕에 백색문자

해설 화기엄금 : 적색바탕에 백색문자, 물기엄금 : 청색바탕에 백색문자

09 위험물 제조소의 건축물의 구조에 관한 설명으로 적합하지 아니한 것은?
① 벽, 기둥, 바닥, 보, 서까래 및 계단은 내화재료로 할 것
② 연소의 우려가 있는 외벽은 내화구조로 할 것
③ 출입구에는 60분+방화문 또는 60분 방화문 또는 30분 방화문을 설치할 것
④ 액체 위험물을 취급하는 건축물의 바닥은 위험물이 스며들지 못하는 재료를 사용할 것

해설 벽·기둥·바닥·보·서까래 및 계단은 불연재료. 연소의 우려가 있는 외벽은 내화구조로 할 것.

10 제조소 중 위험물을 취급하는 건축물 외벽의 재료는?
① 준불연재료   ② 불연재료   ③ 내화구조   ④ 방화구조

해설 연소의 우려가 있는 외벽
① 벽·기둥·바닥·보·서까래 및 계단을 불연재료로 할 것.
② 연소(延燒)의 우려가 있는 외벽은 출입구 외의 개구부가 없는 내화구조의 벽으로 할 것. 이 경우 제6류 위험물을 취급하는 건축물에 있어서 위험물이 스며들 우려가 있는 부분에 대하여는 아스팔트 그 밖에 부식되지 아니하는 재료로 피복하여야 한다.

11 위험물제조소의 조명설비에 대한 설명 중 옳지 않은 것은?
① 가연성가스 등이 체류할 우려가 있는 장소의 조명등은 방폭등으로 할 것.
② 전선은 내화전선으로만 할 것.
③ 점멸스위치는 출입구 바깥부분에 설치할 것.
④ 점멸스위치의 스파크로 인한 화재·폭발 등의 우려가 없는 경우에는 출입구 바깥부분에 설치하지 않을 수 있다.

해설 조명설비기준
① 가연성가스 등이 체류할 우려가 있는 장소의 조명등은 방폭등으로 할 것
② 전선은 내화·내열전선으로 할 것
③ 점멸스위치는 출입구 바깥부분에 설치할 것.

정답 8. ④ 9. ① 10. ③ 11. ②

12 위험물 제조소의 채광설비의 재료로서 맞는 것은?

① 내화재료   ② 불연재료   ③ 준불연재료   ④ 난연재료

해설 채광설비기준
불연재료로 하고, 연소의 우려가 없는 장소에 설치하되 채광면적을 최소로 할 것

13 위험물 제조소의 환기설비에 필요한 급기구의 크기는 바닥 면적이 $100m^2$일 경우에 얼마인가?

① $150cm^2$ 이상   ② $300cm^2$ 이상   ③ $450cm^2$ 이상   ④ $600cm^2$ 이상

해설 급기구의 크기

바닥면적	급기구의 면적
$60m^2$ 미만	$150cm^2$ 이상
$60m^2$ 이상 $90m^2$ 미만	$300cm^2$ 이상
$90m^2$ 이상 $120m^2$ 미만	$450cm^2$ 이상
$120m^2$ 이상 $150m^2$ 미만	$600cm^2$ 이상

14 위험물 제조소의 환기설비의 환기구는 고정벤티레이터 또는 루푸팬방식으로 지붕위 또는 지상 몇 m 이상에 설치하는가?

① 0.3m 이하   ② 0.5m 이상   ③ 1m 이하   ④ 2m 이상

해설 환기설비기준
① 환기는 자연배기방식으로 할 것
② 배출설비가 설치되어 유효하게 환기가 되는 건축물에는 환기설비를 하지 아니할 수 있고, 조명설비가 설치되어 유효하게 조도가 확보되는 건축물에는 채광설비를 하지 아니할 수 있다.
③ 급기구는 낮은 곳에 설치하고 가는 눈의 구리망 등으로 인화방지망을 설치할 것
④ 환기구는 지붕위 또는 지상 2m 이상의 높이에 회전식 고정벤티레이터 또는 루푸팬 방식으로 설치할 것
⑤ 급기구는 당해 급기구가 설치된 실의 바닥면적 $150m^2$마다 1개 이상으로 하되, 급기구의 크기는 $800cm^2$ 이상으로 할 것. 바닥면적이 $150m^2$ 미만인 경우에는 다음의 크기로 하여야 한다.

15 옥외설비에는 바닥의 둘레에 높이 얼마 이상의 턱을 설치하여 위험물이 외부로 흘러나가는 것을 방지하여야 하는가?

① 0.1m   ② 0.15m   ③ 0.2m   ④ 0.3m

해설 턱 : 바닥의 둘레에 높이 0.15m 이상의 턱을 설치하는 등 위험물이 외부로 흘러나가지 아니하도록 하여야 한다.

정답 12. ② 13. ③ 14. ④ 15. ②

16 위험물안전관리법령상 위험물제조소의 기준으로 옳은 것은?
① 조명설비의 전선은 내화·내열전선으로 할 것
② 채광설비는 연소의 우려가 없는 장소에 설치하되 채광면적을 최대로 할 것
③ 환기설비의 급기구는 높은 곳에 설치하고 구리망 등으로 인화방지망을 설치할 것
④ 배출설비의 배풍기는 자연배기방식으로 할 것

해설 보기설명
① 채광설비는 연소의 우려가 없는 장소에 설치하되 채광면적을 최소로 할 것
② 환기설비의 급기구는 낮은 곳에 설치하고 구리망 등으로 인화방지망을 설치할 것
③ 배출설비의 배풍기는 강제배기방식으로 할 것

17 위험물 제조소의 옥외에서 액체의 위험물을 취급하는 설비의 바닥에 대한 설명 중 옳지 않은 것은?
① 바닥의 둘레에 높이 0.15m 이상의 턱을 설치하는 등 위험물이 외부로 흘러나가지 아니 하도록 할 것
② 바닥은 콘크리트 등 스며들지 아니하는 재료로 할 것
③ 바닥의 최저부에 집유설비를 할 것
④ 턱이 있는 쪽이 높게 경사지게 할 것

해설 바닥은 콘크리트 등 위험물이 스며들지 아니하는 재료로 하고, 턱이 있는 쪽이 낮게 경사지게 하여야 한다.

18 위험물을 가압하는 설비 또는 그 취급에 따라 위험물의 압력이 상승할 우려가 있는 설비에 는 압력계 및 안전장치를 설치하여야 한다. 설치할 수 있는 안전장치의 종류에 해당하지 않는 것은?
① 자동적으로 압력 상승을 정지시키는 장치
② 릴리프밸브
③ 안전밸브를 병용하는 경보장치
④ 파괴판

해설 안전장치
① 자동적으로 압력의 상승을 정지시키는 장치
② 감압측에 안전밸브를 부착한 감압밸브
③ 안전밸브를 병용하는 경보장치
④ 파괴판(위험물의 성질에 따라 안전밸브 작동이 곤란한 가압설비에 한함)

정답 16. ① 17. ④ 18. ②

19 제조소의 위치·구조 및 설비의 기준에서 규정한 정전기를 제거하기 위한 방법으로 옳지 않은 것은?

① 접지
② 공기를 이온화
③ 부도체를 사용
④ 공기 중의 상대습도를 70% 이상

해설 정전기 제거방법
① 접지에 의한 방법
② 공기 중의 상대습도를 70% 이상으로 하는 방법
③ 공기를 이온화하는 방법

20 위험물을 취급하는 제조소위험물을 취급하는 제조소에는 피뢰침을 설치하여야 한다. 지정수량 몇 배 이상의 위험물에 설치하여야 하는가?

① 5배　　　② 10배　　　③ 20배　　　④ 100배

해설 피뢰설비 설치대상 : 지정수량의 10배 이상의 위험물을 취급하는 제조소

21 다음 중 피뢰설비를 반드시 갖출 필요가 없는 곳은?

① 지정수량이 10배인 제4류 위험물 저장소
② 지정수량이 10배인 제2류 위험물 저장소
③ 지정수량이 30배인 제5류 위험물 저장소
④ 지정수량이 20배인 제6류 위험물 저장소

해설 설치제외
① 제6류 위험물을 취급하는 위험물제조소
② 제조소의 주위의 상황에 따라 안전상 지장이 없는 경우

22 위험물제조소의 옥외에 있는 위험물취급탱크로서 액체위험물(이황화탄소를 제외한다)을 취급하는 것의 주위에는 방유제를 설치하여야 한다. 하나의 취급탱크 주위에 설치하는 방유제의 용량은?

① 25%　　　② 50%　　　③ 75%　　　④ 100%

해설 방유제의 용량
① 하나의 탱크 : 당해 탱크용량의 50% 이상
② 2 이상의 탱크 : (최대탱크용량) × 50% + (나머지 탱크 용량 합계) × 10% 이상

정답 19. ③　20. ②　21. ④　22. ②

23 위험물제조소의 하나의 방유제 안에 톨루엔 200m³와 경유 100m³를 저장한 옥외취급탱크가 각 1기씩 있다. 위험물안전관리법령상 탱크 주위에 설치하여야 할 방유제 용량은 최소 몇 m³ 이상이 되어야 하는가?
① 100   ② 110   ③ 220   ④ 330

해설 방유제 용량 :
= (최대탱크용량) × 50% + (나머지 탱크 용량 합계) × 10% = 200m³ × 0.5 + 100m³ × 0.1 = 110m³

24 은·수은·동·마그네슘 성분을 함유한 합금을 사용하여서는 안 되는 것은?
① 아세트알데하이드
② 아세틸렌·산화프로필렌
③ 염소산염류·아세트알데하이드
④ 알코올·이황화탄소

해설 아세트알데하이드 등을 취급하는 설비는 은·수은·동·마그네슘 또는 이들을 성분으로 하는 합금으로 만들지 아니할 것

25 제조소에서 취급하는 하이드록실아민의 지정수량의 배수가 3배인 경우 안전거리는?
① 73.7m   ② 76.7m
③ 102.2m ④ 153.4m

해설 $D = 51.1\sqrt[3]{N} = 51.1 \times \sqrt[3]{3} = 73.7m$

26 하이드록실아민을 취급하는 제조소의 주위에 담을 설치하는 경우 철근콘크리트조로 한다면 두께 얼마 이상의 것을 사용하여야 하는가?
① 15cm 이상   ② 20cm 이상   ③ 30cm 이상   ④ 40cm 이상

해설 두께 15cm 이상의 철근콘크리트조·철골철근콘크리트조 또는 두께 20cm 이상의 보강콘크리트블록조

27 위험물을 저장 또는 취급하는 탱크의 용량은?
① 당해 탱크의 용적은 내용적으로 한다.
② 당해 탱크의 내용적에서 공간용적을 뺀 용적
③ 당해 탱크의 용적은 외형적으로 한다.
④ 당해 탱크의 용적은 외형적으로 공간 용적을 뺀 용적량으로 한다.

해설 탱크의 용량 = 내용적 − 공간용적

정답 23. ② 24. ① 25. ① 26. ① 27. ②

28 위험물을 저장 또는 취급하는 탱크 용량은 당해 탱크의 내용적에서 공간용적을 뺀 용적으로 한다. 여기에서 공간용적은?

① 탱크용적의 100분의 1 이상 100분의 5 이하
② 탱크용적의 100분의 1 이상 100분의 10 이하
③ 탱크용적의 100분의 5 이상 100분의 10 이하
④ 탱크용적의 100분의 10 이상 100분의 20 이하

해설 탱크의 공간용적은 탱크용적의 5% 이상 10% 이하

29 위험물안전관리법령상 위험물제조소의 안전거리 적용대상에서 제외되는 위험물은?

① 제3류 위험물 ② 제4류 위험물
③ 제5류 위험물 ④ 제6류 위험물

해설 제6류 위험물을 취급하는 제조소는 제외

30 위험물안전관리법령상 위험물제조소의 채광 및 조명설비에 관한 기준으로 옳지 않는 것은?

① 전선은 내화·내열전선으로 할 것
② 점멸스위치는 출입구 바깥부분에 설치할 것(다만, 스위치의 스파크로 인한 화재·폭발의 우려가 없을 경우에는 그러하지 아니한다.)
③ 가연성가스 등이 체류할 우려가 있는 장소의 조명등은 방폭등으로 할 것
④ 채광설비는 불연재료로 하고 연소의 우려가 없는 장소에 설치하되 채광 면적을 최대로 할 것

해설 채광설비는 불연재료로 하고 연소의 우려가 없는 장소에 설치하되 채광 면적을 **최소**로 할 것

31 위험물안전관리법령상 위험물제조소의 옥외에서 액체위험물을 취급하는 설비의 바닥의 둘레에 설치하는 턱의 높이 기준은?

① 0.1 m 이상 ② 0.15 m 이상
③ 0.3 m 이상 ④ 0.5m 이상

해설 바닥의 둘레에 높이 0.15 m 이상의 턱을 설치하는 등 위험물이 외부로 흘러나가지 아니하도록 하여야 한다.

정답 28. ③ 29. ④ 30. ④ 31. ②

32. 위험물안전관리법령상 위험물제조소의 압력계 및 안전장치설비 중 위험물을 가압하는 설비에 설치하는 안전장치가 아닌 것은?

① 밸브 없는 통기관
② 안전밸브를 병용하는 경보장치
③ 감압측에 안전밸브를 부착한 감압밸브
④ 자동적으로 압력의 상승을 정지시키는 장치

해설 안전장치
　① 자동적으로 압력의 상승을 정지시키는 장치
　② 감압측에 안전밸브를 부착한 감압밸브
　③ 안전밸브를 병용하는 경보장치
　④ 파괴판(안전밸브의 작동이 곤란한 가압설비에 한함)

33. 제5류 위험물에 관한 설명으로 옳지 않은 것은?

① 불티·불꽃·고온 체와의 접근이나 과열·충격 또는 마찰을 피해야 한다.
② 제조소의 게시판에 표시하는 "주의사항은 "충격주의"이며 적색바탕에 백색문자로 기재한다.
③ 운반용기의 외부에 표시하는 주의사항은 "화기엄금" 및 "충격주의"이다.
④ 유기과산화물, 니트로화합물과 같은 자기반응성 물질은 제5류 위험물에 해당된다.

해설 제조소의 게시판에 표시하는 "주의사항은 "화기엄금"이며 적색바탕에 백색문자로 기재한다.

34. 위험물안전관리법령상 제조소 옥외설비 바닥의 집유설비에 유분리장치를 설치해야하는 액체위험물의 용해도 기준으로 옳은 것은?

① 15℃의 물 100g에 용해되는 양이 0.1g 미만인 것
② 15℃의 물 100g에 용해되는 양이 1g 미만인 것
③ 20℃의 물 100g에 용해되는 양이 0.1g 미만인 것
④ 20℃의 물 100g에 용해되는 양이 1g 미만인 것

해설 제조소 옥외설비의 바닥기준
　① 바닥의 둘레에 높이 0.15m 이상의 턱을 설치하는 등 위험물이 외부로 흘러나가지 아니하도록 하여야 한다.
　② 바닥은 콘크리트 등 위험물이 스며들지 아니하는 재료로 하고, 제①호의 턱이 있는 쪽이 낮게 경사지게 하여야 한다.
　③ 바닥의 최저부에 집유설비를 하여야 한다.
　④ 위험물(온도 20℃의 물 100g에 용해되는 양이 1g 미만인 것에 한한다)을 취급하는 설비에 있어서는 당해 위험물이 직접 배수구에 흘러들어가지 아니하도록 집유설비에 유분리장치를 설치하여야 한다.

정답 32. ① 33. ② 34. ④

35 위험물안전관리법령상 제조소의 안전거리 규정에 관한 설명으로 옳지 않은 것은?

① 고등교육법에서 정하는 학교는 수용인원에 관계없이 30m 이상 이격하여야 한다.
② 영유아보육법에 의한 어린이집이 20명의 인원을 수용하는 경우는 30m 이상 이격하여야 한다.
③ 공연법에 의한 공연장이 300명의 인원을 수용하는 경우는 10m 이상 이격하여야 한다.
④ 노인복지법에 의한 노인복지시설이 20명의 인원을 수용하는 경우는 30m 이상 이격하여야 한다.

해설 안전거리 30m 이상 : 공연장, 영화상영관 및 그 밖에 이와 유사한 시설로서 3백명 이상의 인원을 수용할 수 있는 것

36 위험물안전관리법령상 제조소의 환기설비 시설기준에 관한 설명으로 옳지 않은 것은?

① 급기구는 해당 급기구가 설치된 실의 바닥면적 150m² 마다 1개 이상으로 하여야 한다.
② 환기구는 지붕 위 또는 지상 1m 이상의 높이에 설치하여야 한다.
③ 바닥면적이 120m²인 경우, 급기구의 크기를 600cm² 이상으로 하여야 한다.
④ 급기구는 낮은 곳에 설치하고 가는 눈의 구리망 등으로 인화방지망을 설치하여야 한다.

해설 환기구는 지붕위 또는 지상 2m 이상의 높이에 설치할 것

정답 35. ③ 36. ②

제9장 옥내저장소의 위치·구조 및 설비의 기준

옥내저장소 : 단층건물, 다층건물, 복합용도 건축물, 소규모

1 옥내저장소 안전거리 제외기준 ★★★

1) 제4석유류 또는 동식물유류의 위험물을 저장 또는 취급하는 옥내저장소로서 그 최대수량이 지정수량의 **20배** 미만인 것
2) 제6류 위험물을 저장 또는 취급하는 옥내저장소
3) 지정수량의 **20배**(하나의 저장창고의 바닥면적이 150m² 이하인 경우에는 50배) 이하의 위험물을 저장 또는 취급하는 옥내저장소로서 다음의 기준에 적합한 것
   (1) 저장창고의 **벽·기둥·바닥·보 및 지붕이 내화구조**인 것
   (2) 저장창고의 출입구에 수시로 열 수 있는 자동폐쇄방식의 **60분+방화문 또는 60분방화문**이 설치되어 있을 것
   (3) 저장창고에 **창을 설치하지 아니할 것**

2 옥내저장소의 주위 보유공지 ★★★

다만, **지정수량의 20배를 초과하는 옥내저장소**와 동일한 부지 내에 있는 다른 옥내저장소와의 사이에는 동표에 정하는 공지의 **너비의 3분의 1**(당해 수치가 3m 미만인 경우에는 3m)의 공지를 보유할 수 있다.

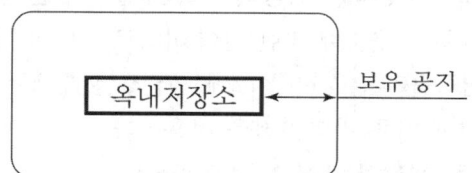

저장 또는 취급하는 위험물의 최대수량	공지의 너비	
	벽·기둥 및 바닥이 내화구조로 된 건축물	그 밖의 건축물
지정수량의 5배 이하		0.5m 이상
지정수량의 5배 초과 10배 이하	1m 이상	1.5m 이상
지정수량의 10배 초과 20배 이하	2m 이상	3m 이상
지정수량의 20배 초과 50배 이하	3m 이상	5m 이상
지정수량의 50배 초과 200배 이하	5m 이상	10m 이상
지정수량의 200배 초과	10m 이상	15m 이상

3 옥내저장소의 저장창고 기준 ★★★

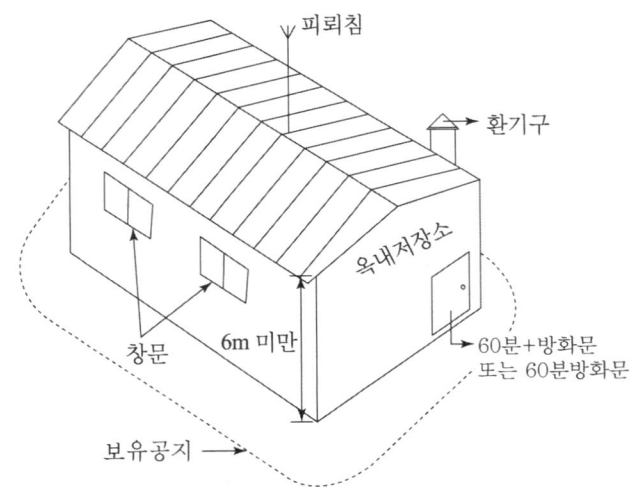

1) 저장창고는 위험물의 저장을 전용으로 하는 **독립된 건축물**
2) 저장창고는 **지면에서 처마까지의 높이가 6m 미만인 단층건물**로 하고 그 바닥을 지반면보다 높게 하여야 한다. 다만, **제2류 또는 제4류의 위험물만을 저장하는 창고**로서 다음 각목의 기준에 적합한 창고의 경우에는 **20m 이하**로 할 수 있다.
   (1) 벽·기둥·보 및 바닥을 내화구조로 할 것
   (2) 출입구에 **60분+방화문 또는 60분방화문**을 설치할 것
   (3) 피뢰침을 설치할 것. 다만, 주위상황에 의하여 안전상 지장이 없는 경우에는 그러하지 아니하다.
3) **하나의 저장창고의 바닥면적(2 이상의 구획된 실이 있는 경우에는 각 실의 바닥면적의 합계)**은 다음 각목의 구분에 의한 **면적 이하**로 하여야 한다. 이 경우 (1)목의 위험물과 (2)목의 위험물을 같은 저장창고에 저장하는 때에는 (1)목의 위험물을 저장하는 것으로 보아 그에 따른 바닥면적을 적용한다.
   (1) **다음의 위험물을 저장하는 창고 : 1,000m²**
      ① **제1류 위험물** 중 아염소산염류, 염소산염류, 과염소산염류, 무기과산화물 그 밖에 지정수량이 **50kg인 위험물**
      ② **제3류 위험물** 중 칼륨, 나트륨, 알킬알루미늄, 알킬리튬 그 밖에 지정수량이 **10kg인 위험물 및 황린**
      ③ **제4류 위험물** 중 특수인화물, 제1석유류 및 알코올류
      ④ **제5류 위험물** 중 유기과산화물, 질산에스터류 그 밖에 **지정수량이 10kg**인 위험물
      ⑤ **제6류 위험물**

(2) (1)목의 위험물 외의 위험물을 저장하는 창고 : 2,000m²

(3) (1)목의 위험물과 (2)목의 위험물을 내화구조의 격벽으로 완전히 구획된 실에 각각 저장하는 창고 : 1,500m²((1)목의 위험물을 저장하는 실의 면적은 500m²를 초과할 수 없다.)

4) **저장창고의 벽·기둥 및 바닥은 내화구조**로 하고, **보와 서까래는 불연재료**로 하여야 한다. 다만, **지정수량의 10배 이하의 위험물의 저장창고 또는 제2류 위험물(인화성 고체는 제외)과 제4류의 위험물(인화점이 70℃ 미만인 것을 제외**한다)만의 저장창고에 있어서는 연소의 우려가 없는 벽·기둥 및 바닥은 **불연재료**로 할 수 있다.

5) **저장창고는 지붕을 폭발력이 위로 방출될 정도의 가벼운 불연재료**로 하고, 천장을 만들지 아니하여야 한다. 다만, 제2류 위험물(분상의 것과 인화성고체를 제외한다)과 제6류 위험물만의 저장창고에 있어서는 지붕을 내화구조로 할 수 있고, 제5류 위험물만의 저장창고에 있어서는 당해 저장창고내의 온도를 저온으로 유지하기 위하여 난연재료 또는 불연재료로 된 천장을 설치할 수 있다.

6) 저장창고의 출입구에는 60분+방화문·60분방화문 또는 30분방화문을 설치하되, 연소의 우려가 있는 외벽에 있는 출입구에는 수시로 열 수 있는 자동폐쇄식의 **60분+방화문 또는 60분방화문**을 설치하여야 한다.

7) 저장창고의 창 또는 출입구에 유리를 이용하는 경우에는 망입유리를 설치

8) **제1류 위험물 중 알칼리금속의 과산화물** 또는 이를 함유하는 것, **제2류 위험물 중 철분·금속분·마그네슘** 또는 이중 어느 하나 이상을 함유하는 것, **제3류 위험물 중 금수성물질** 또는 **제4류 위험물의 저장창고의 바닥**은 물이 스며 나오거나 스며들지 아니하는 구조로 하여야 한다.

9) 액상의 위험물의 저장창고의 바닥은 위험물이 스며들지 아니하는 구조로 하고, 적당하게 경사지게 하여 그 **최저부에 집유설비**를 하여야 한다.

10) 저장창고에 선반 등의 수납장을 설치하는 경우에는 다음 각목의 기준에 적합하게 하여야 한다.

  (1) 수납장은 불연재료로 만들어 견고한 기초 위에 고정할 것
  (2) 수납장은 당해 수납장 및 그 부속설비의 자중, 저장하는 위험물의 중량 등의 하중에 의하여 생기는 응력에 대하여 안전한 것으로 할 것
  (3) 수납장에는 위험물을 수납한 용기가 쉽게 떨어지지 아니하게 하는 조치를 할 것

11) 저장창고에는 채광·조명 및 환기의 설비를 갖추어야 하고, **인화점이 70℃ 미만인 위험물의 저장창고**에 있어서는 내부에 체류한 **가연성의 증기를 지붕 위로 배출하는 설비**를 갖추어야 한다.

12) 지정수량의 **10배 이상의 저장창고**(제6류 위험물의 저장창고를 제외)에는 피뢰침을 **설치**하여야 한다. 다만, 저장창고의 주위의 상황에 따라 안전상 지장이 없는 경우에는 피뢰침을 설치하지 아니할 수 있다.
13) **제5류 위험물 중 셀룰로이드** 그 밖에 온도의 상승에 의하여 분해·발화할 우려가 있는 것의 저장창고는 당해 위험물이 발화하는 온도에 달하지 아니하는 온도를 유지하는 구조로 하거나 다음 각목의 기준에 적합한 비상전원을 갖춘 **통풍장치 또는 냉방장치 등의 설비를 2 이상 설치**하여야 한다.
   (1) 상용전력원이 고장인 경우에 자동으로 비상전원으로 전환되어 가동되도록 할 것
   (2) 비상전원의 용량은 통풍장치 또는 냉방장치 등의 설비를 유효하게 작동할 수 있는 정도일 것

4 다층건물의 옥내저장소의 기준 ★★★

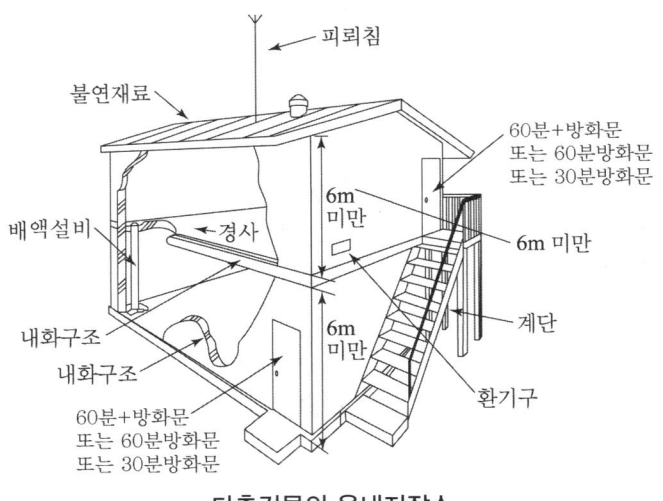

다층건물의 옥내저장소

1) 저장창고는 **각층의 바닥을 지면보다 높게** 하고, 바닥면으로부터 **상층의 바닥(상층이 없는 경우에는 처마)까지의 높이**(이하 "층고"라 한다)를 **6m 미만**으로 하여야 한다.
2) 하나의 저장창고의 **바닥면적 합계는 1,000m² 이하**
3) 저장창고의 **벽·기둥·바닥 및 보를 내화구조**로 하고, **계단을 불연재료**로 하며, 연소의 우려가 있는 외벽은 출입구외의 개구부를 갖지 아니하는 벽으로 하여야 한다.
4) **2층 이상의 층의 바닥에는 개구부를 두지 아니하여야 한다.** 다만, 내화구조의 벽과 60분+방화문·60분방화문 또는 30분방화문으로 구획된 계단실에 있어서는 그러하지 아니하다.

5 복합용도 건축물의 옥내저장소의 기준 ★

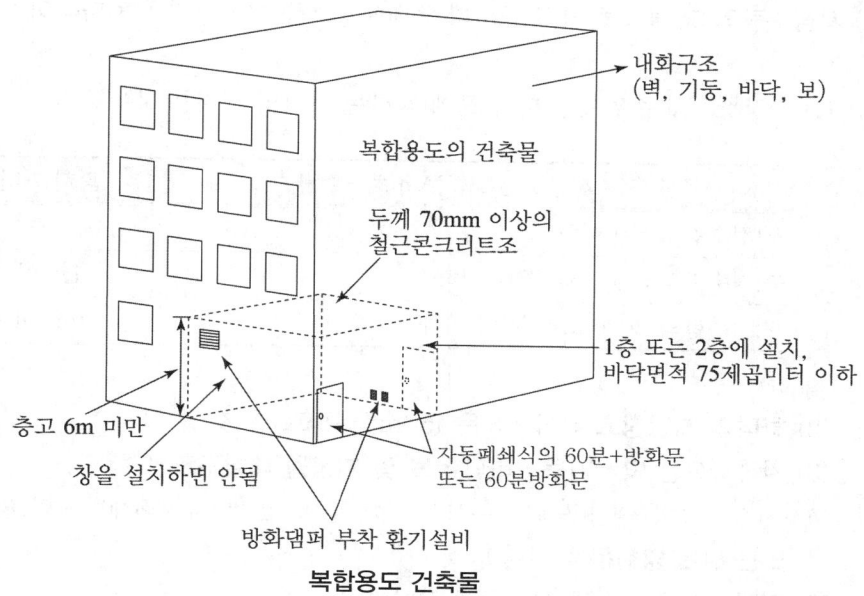

복합용도 건축물

옥내저장소 중 지정수량의 20배 이하의 것(옥내저장소외의 용도로 사용하는 부분이 있는 건축물에 설치하는 것에 한한다)의 위치·구조 및 설비의 기술기준

1) 옥내저장소는 벽·기둥·바닥 및 보가 내화구조인 건축물의 1층 또는 2층의 어느 하나의 층에 설치하여야 한다.
2) 옥내저장소의 용도에 사용되는 부분의 **바닥은 지면보다 높게** 설치하고 그 층고를 **6m 미만**으로 하여야 한다.
3) 옥내저장소의 용도에 사용되는 부분의 **바닥면적은 75m² 이하**
4) 옥내저장소의 용도에 사용되는 부분은 **벽·기둥·바닥·보 및 지붕을 내화구조**로 하고, 출입구외의 개구부가 없는 두께 **70mm 이상의 철근콘크리트조** 또는 이와 동등 이상의 강도가 있는 구조의 바닥 또는 벽으로 당해 건축물의 다른 부분과 구획되도록 하여야 한다.
5) 옥내저장소의 용도에 사용되는 부분의 출입구에는 수시로 열 수 있는 자동폐쇄방식의 **60분+방화문 또는 60분방화문**을 설치하여야 한다.
6) 옥내저장소의 용도에 사용되는 부분에는 **창을 설치하지 아니하여야 한다.**
7) 옥내저장소의 용도에 사용되는 부분의 **환기설비 및 배출설비에는 방화 상 유효한 댐퍼** 등을 설치하여야 한다.

6 소규모 옥내저장소의 특례

1) **지정수량의 50배 이하**인 소규모의 옥내저장소중 저장창고의 **처마높이가 6m 미만**인 것

   (1) 저장창고의 주위에는 다음 표에 정하는 너비의 공지를 보유할 것

저장 또는 취급하는 위험물의 최대수량	공지의 너비
지정수량의 5배 이하	-
지정수량의 5배 초과 20배 이하	1m 이상
지정수량의 20배 초과 50배 이하	2m 이상

   (2) 하나의 저장창고 바닥면적은 150m² 이하로 할 것
   (3) 저장창고는 **벽·기둥·바닥·보 및 지붕을 내화구조**로 할 것
   (4) 저장창고의 출입구에는 수시로 개방할 수 있는 자동폐쇄방식의 **60분+방화문** 또는 **60분방화문**을 설치할 것
   (5) **저장창고에는 창을 설치하지 아니할 것**

7 지정과산화물을 저장 또는 취급하는 옥내저장소의 저장창고의 기준 ★★★

1) 저장창고는 **150m² 이내마다 격벽으로 완전하게 구획**할 것. 이 경우 당해 **격벽**은 두께 **30cm 이상의 철근콘크리트조** 또는 철골철근콘크리트조로 하거나 두께 **40cm 이상의 보강콘크리트블록조**로 하고, 당해 저장창고의 양측의 **외벽으로부터 1m 이상**, 상부의 지붕으로부터 50cm 이상 돌출

   암기법 : 격 30철 40보

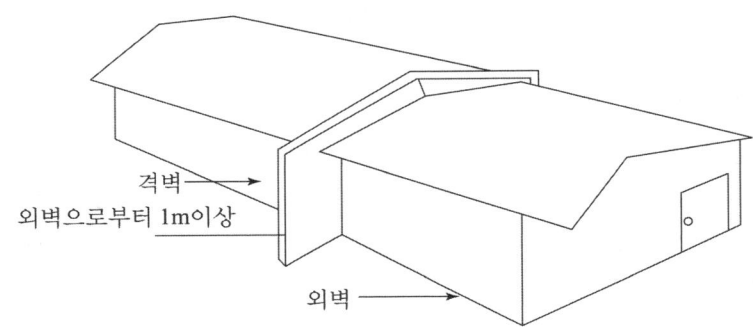

2) 저장창고의 **외벽은 두께 20cm 이상의 철근콘크리트조나 철골철근콘크리트조** 또는 **두께 30cm 이상의 보강콘크리트블록조**로 할 것
   암기법 : 외 20철 30보

3) 저장창고의 지붕 적합기준
   (1) **중도리 또는 서까래의 간격은 30cm 이하**
   (2) 지붕의 아래쪽 면에는 한 변의 길이가 45cm 이하의 환강(丸鋼)·경량형강(輕量形鋼) 등으로 된 강제(鋼製)의 격자를 설치할 것
   (3) 지붕의 아래쪽 면에 철망을 쳐서 불연재료의 도리·보 또는 서까래에 단단히 결합할 것
   (4) 두께 5cm 이상, 너비 30cm 이상의 목재로 만든 받침대를 설치할 것

4) 저장창고의 출입구에는 **60분+방화문 또는 60분방화문**을 설치할 것

5) 저장창고의 **창은 바닥면으로부터 2m 이상**의 높이에 두되, 하나의 벽면에 두는 창의 면적의 합계를 당해 벽면의 면적의 80분의 1 이내로 하고, **하나의 창의 면적을 0.4m² 이내**로 할 것

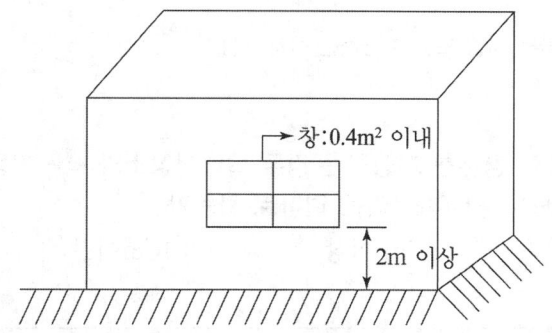

제9장 출제예상문제

01 제4석유류 또는 동식물유류의 위험물을 저장 또는 취급하는 옥내저장소로서 그 최대수량이 지정수량의 몇 배 미만인 것은 안전거리를 제외할 수 있는가?

① 10배 미만   ② 15배 미만   ③ 20배 미만   ④ 50배 미만

해설 옥내저장소 안전거리 제외기준
① 제4석유류 또는 동식물유류의 위험물을 저장 또는 취급하는 옥내저장소로서 그 최대수량이 지정수량의 20배 미만인 것
② 제6류 위험물을 저장 또는 취급하는 옥내저장소
③ 지정수량의 20배(하나의 저장창고의 바닥면적이 150m² 이하인 경우에는 50배) 이하의 위험물을 저장 또는 취급하는 옥내저장소로서 다음의 기준에 적합한 것
  • 저장창고의 벽·기둥·바닥·보 및 지붕이 내화구조인 것
  • 저장창고의 출입구에 수시로 열 수 있는 자동폐쇄방식의 60분+방화문 또는 60분방화문이 설치되어 있을 것
  • 저장창고에 창을 설치하지 아니할 것

02 옥내저장소에서 지정수량에 관계없이 안전거리를 제외할 수 있는 위험물은?

① 제1류 위험물   ② 제2류 위험물
③ 제4류 위험물   ④ 제6류 위험물

해설 제6류 위험물을 저장 또는 취급하는 옥내저장소

03 지정수량 200배의 경유를 저장하는 경우 옥내저장소와 벽·기둥 및 바닥이 내화구조로 된 건축물과의 보유공지의 너비는 얼마로 하는가?

① 3m이상   ② 5m이상   ③ 10m이상   ④ 15m이상

해설 보유공지

저장 또는 취급하는 위험물의 최대수량	공지의 너비	
	벽·기둥 및 바닥이 내화구조로 된 건축물	그 밖의 건축물
지정수량의 5배 이하		0.5m 이상
지정수량의 5배 초과 10배 이하	1m 이상	1.5m 이상
지정수량의 10배 초과 20배 이하	2m 이상	3m 이상
지정수량의 20배 초과 50배 이하	3m 이상	5m 이상
지정수량의 50배 초과 200배 이하	5m 이상	10m 이상
지정수량의 200배 초과	10m 이상	15m 이상

정답 1. ③   2. ④   3. ②

04 옥내저장소의 건축물의 구조 중 옳지 않은 것은?

① 저장창고의 벽·기둥 및 바닥은 내화구조로 하고, 보와 서까래는 불연재료로 하여야 한다.
② 저장창고의 지붕은 가벼운 불연재료로 하여야 한다.
③ 모든 위험물 저장창고에는 천장을 설치할 수 있다.
④ 저장창고의 출입구에는 60분+방화문 또는 60분방화문 또는 30분방화문을 설치하여야 한다.

해설 저장창고는 지붕을 폭발력이 위로 방출될 정도의 가벼운 불연재료로 하고, 천장을 만들지 아니하여야 한다. 다만, 제2류 위험물(분상의 것과 인화성고체를 제외한다)과 제6류 위험물만의 저장창고에 있어서는 지붕을 내화구조로 할 수 있고, 제5류 위험물만의 저장창고에 있어서는 당해 저장창고내의 온도를 저온으로 유지하기 위하여 난연재료 또는 불연재료로 된 천장을 설치할 수 있다.

05 옥내저장소의 건축물의 구조 중 저장창고의 바닥을 물이 침투하는 구조로 할 수 있는 위험물은?

① 알칼리금속의 과산화물
② 금수성 물질
③ 황린
④ 휘발유

해설 물이 스며 나오거나 스며들지 아니하는 구조로 해야 하는 위험물의 종류
① 제1류 위험물 : 알칼리금속의 과산화물
② 제2류 위험물 : 철분, 금속분, 마그네슘
③ 제3류 위험물 : 금수성 물질
④ 제4류 위험물

06 옥내 저장소 바닥에 물이 침투하지 못하도록 구조를 해야 할 위험물이 아닌 것은?

① 제4류 위험물
② 제5류 위험물
③ 철분, 금속분, 마그네슘
④ 트라이에틸알루미늄

해설 물의 침입을 금지해야 하는 위험물
① 제1류 위험물 중 알칼리금속의 과산화물
② 제2류 위험물 중 철분, 금속분, 마그네슘
③ 제3류 위험물 중 금수성 물질
④ 제4류 위험물

07 저장창고에는 통풍장치·냉방장치 등을 설치하여야 하는 위험물은?

① 특수인화물
② 과염소산염류
③ 셀룰로이드류
④ 황린

해설 제5류 위험물 중 셀룰로이드 등 온도의 상승에 의하여 분해, 발화할 우려가 있는 것은 통풍장치 또는 냉방장치 등의 설비를 2이상 설치하여야 한다.

정답 4. ③ 5. ③ 6. ② 7. ③

08 옥내저장소의 저장창고 설치기준으로 옳지 않은 것은?

① 창 또는 출입구에 유리를 이용하는 경우에는 망입유리를 사용할 것
② 처마높이가 6m 미만인 단층건물일 것
③ 위험물의 저장을 전용으로 하는 독립된 건축물로 할 것
④ 벽·기둥·바닥은 불연재료로 하고 보와 서까래는 내화구조로 할 것

해설 벽·기둥·바닥은 내화구조로 하고 보와 서까래는 불연재료로 할 것

09 다층건물의 옥내저장소의 기준으로 옳지 않은 것은?

① 저장창고의 각층의 바닥을 지면보다 높게 하고, 바닥면으로부터 상층의 바닥까지의 높이를 6m미만으로 하여야 한다.
② 하나의 저장창고의 바닥면적 합계는 1,500m² 이하로 하여야 한다.
③ 2층 이상의 층의 바닥에는 개구부를 두지 아니하여야 한다.
④ 연소의 우려가 있는 외벽은 출입구외의 개구부를 갖지 아니하는 벽으로 하여야 한다.

해설 다층건물의 옥내저장소의 기준
① 저장창고는 각층의 바닥을 지면보다 높게 하고, 바닥면으로부터 상층의 바닥(상층이 없는 경우에는 처마)까지의 높이(이하 "층고"라 한다)를 6m 미만으로 하여야 한다.
② 하나의 저장창고의 바닥면적 합계는 1,000m² 이하
③ 저장창고의 벽·기둥·바닥 및 보를 내화구조로 하고, 계단을 불연재료로 하며, 연소의 우려가 있는 외벽은 출입구외의 개구부를 갖지 아니하는 벽으로 하여야 한다.
④ 2층 이상의 층의 바닥에는 개구부를 두지 아니하여야 한다. 다만, 내화구조의 벽과 60분+방화문 또는 60분방화문 또는 30분방화문으로 구획된 계단실에 있어서는 그러하지 아니하다.

10 복합용도 건축물의 옥내저장소의 용도에 사용되는 부분의 바닥은 지면보다 높게 설치하고 그 층고를 얼마로 하여야 하는가?

① 6m 미만
② 6m 이상
③ 4m 미만
④ 4m 이상

해설 복합용도 건축물의 옥내저장소의 기준
옥내저장소 중 지정수량의 20배 이하의 것(옥내저장소외의 용도로 사용하는 부분이 있는 건축물에 설치하는 것에 한한다)의 위치·구조 및 설비의 기술기준
① 옥내저장소는 벽·기둥·바닥 및 보가 내화구조인 건축물의 1층 또는 2층의 어느 하나의 층에 설치하여야 한다.
② 옥내저장소의 용도에 사용되는 부분의 바닥은 지면보다 높게 설치하고 그 층고를 6m 미만으로 하여야 한다.
③ 옥내저장소의 용도에 사용되는 부분의 바닥면적은 75m² 이하

정답 8. ④ 9. ② 10. ①

④ 옥내저장소의 용도에 사용되는 부분은 벽·기둥·바닥·보 및 지붕을 내화구조로 하고, 출입구 외의 개구부가 없는 두께 70mm 이상의 철근콘크리트조 또는 이와 동등 이상의 강도가 있는 구조의 바닥 또는 벽으로 당해 건축물의 다른 부분과 구획되도록 하여야 한다.
⑤ 옥내저장소의 용도에 사용되는 부분의 출입구에는 수시로 열 수 있는 자동폐쇄방식의 60분+방화문 또는 60분방화문을 설치하여야 한다.
⑥ 옥내저장소의 용도에 사용되는 부분에는 창을 설치하지 아니하여야 한다.
⑦ 옥내저장소의 용도에 사용되는 부분의 환기설비 및 배출설비에는 방화 상 유효한 댐퍼 등을 설치하여야 한다.

11 복합용도 건축물에 있어서 옥내저장소의 용도에 사용되는 부분의 바닥면적은 몇 m^2 이하로 하여야 하는가?
① 75
② 150
③ 300
④ 450

해설 옥내저장소의 용도에 사용되는 부분의 바닥면적은 $75m^2$ 이하

12 지정과산화물을 저장 또는 취급하는 옥내저장소의 저장창고는 얼마 이내 마다 격벽으로 완전하게 구획하여야 하는가?
① $50m^2$
② $100m^2$
③ $150m^2$
④ $200m^2$

해설 지정과산화물을 저장 또는 취급하는 옥내저장소의 저장창고의 기준
① 저장창고는 $150m^2$ 이내마다 격벽으로 완전하게 구획할 것. 이 경우 당해 격벽은 두께 30cm 이상의 철근콘크리트조 또는 철골철근콘크리트조로 하거나 두께 40cm 이상의 보강콘크리트블록조로 하고, 당해 저장창고의 양측의 외벽으로부터 1m 이상, 상부의 지붕으로부터 50cm 이상 돌출
② 저장창고의 외벽은 두께 20cm 이상의 철근콘크리트조나 철골철근콘크리트조 또는 두께 30cm 이상의 보강콘크리트블록조로 할 것

13 위험물 저장소에서 격벽을 설치하는 이유로 가장 옳은 것은?
① 정전기 발생을 억제하기 위해서
② 도난 등 보안을 위해서
③ 건축물의 구조를 보강하기 위해서
④ 폭발 시 폭발의 전이를 막기 위해서

해설 폭발 시 폭발의 전이를 방지하기 위하여 격벽을 설치하여야 한다.

정답 11. ① 12. ③ 13. ④

14 지정유기과산화물의 옥내저장소 외벽의 기준으로 옳지 않은 것은?

① 두께 20cm이상의 철골철근콘크리트조
② 두께 20cm이상의 철근콘크리트조
③ 두께 40cm이상의 보강콘크리트조
④ 두께 30cm이상의 보강콘크리트블록조

해설 저장창고의 외벽은 두께 20cm 이상의 철근콘크리트조나 철골철근콘크리트조 또는 두께 30cm 이상의 보강콘크리트블록조로 할 것

15 지정유기과산화물을 저장하는 옥내저장소의 저장창고의 창은 바닥으로부터 몇 m 이상의 높이에 설치하여야 하는가?

① 1m ② 2m ③ 3m ④ 4m

해설 저장창고의 창은 바닥면으로부터 2m 이상의 높이에 두되, 하나의 벽면에 두는 창의 면적의 합계를 당해 벽면의 면적의 80분의 1 이내로 하고, 하나의 창의 면적을 $0.4m^2$ 이내로 할 것

16 옥내저장소에서 지정유기과산화물의 저장창고 창문 하나의 면적은 얼마 이내로 하여야 하는가?

① $0.2m^2$ ② $0.4m^2$ ③ $0.6m^2$ ④ $0.8m^2$

해설 저장창고의 하나의 창의 면적을 $0.4m^2$ 이내로 할 것

17 위험물안전관리법령상 옥내저장소의 시설기준에 관한 내용으로 옳지 않은 것은? (단, 다층 건물 및 복합용도 건축물의 옥내저장소는 제외)

① 저장창고는 위험물 저장을 전용으로 하는 독립된 건축물로 하여야 한다.
② 지붕은 내화구조로 하되 반자를 설치하여야 한다.
③ 제1류 위험물을 저장할 경우 지면에서 처마까지의 높이가 6m 미만의 단층 건물로 하여야 한다.
④ 내화구조로 된 옥내저장소에 적린 600kg을 저장할 경우 너비 1m 이상의 공지를 확보해야 한다.

해설 보기설명
① 지붕은 폭발력이 위로 방출될 정도의 가벼운 불연재료, 천장을 만들지 아니할 것
② 적린은 지정수량 100kg으로서 600kg을 저장하는 경우에는 지정수량의 5배 초과 10배 이하에 해당하므로 보유공지를 1m 이상 확보한다.

정답 14. ③ 15. ② 16. ② 17. ②

18 위험물안전관리법령상 옥내저장소의 지붕 또는 천장에 관한 설명으로 옳지 않은 것은?

① 황린만 저장하는 경우에는 지붕을 내화구조로 할 수 있다.
② 셀룰로이드만 저장하는 경우에는 불연재료로 된 천장을 설치할 수 있다.
③ 할로겐간화합물만 저장하는 경우에는 지붕을 내화구조로 할 수 있다.
④ 피크린산만 저장하는 경우에는 난연재료로 된 천장을 설치할 수 있다.

해설 황린은 제3류 위험물이므로 **지붕을 불연재료**로 하여야 한다.
저장창고는 지붕을 폭발력이 위로 방출될 정도의 가벼운 불연재료로 하고, 천장을 만들지 아니하여야 한다. 다만, **제2류 위험물**(분상의 것과 인화성고체를 제외한다)과 **제6류 위험물**만의 저장창고에 있어서는 지붕을 **내화구조**로 할 수 있고, 제5류 위험물만의 저장창고에 있어서는 당해 저장창고내의 온도를 저온으로 유지하기 위하여 난연재료 또는 불연재료로 된 천장을 설치할 수 있다.

정답 18. ①

옥외탱크저장소의 위치·구조 및 설비의 기준

1 보유공지

1) 보유공지 기준 ★★★

저장 또는 취급하는 위험물의 최대수량	공지의 너비
지정수량의 500배 이하	3m 이상
지정수량의 500배 초과 1,000배 이하	5m 이상
지정수량의 1,000배 초과 2,000배 이하	9m 이상
지정수량의 2,000배 초과 3,000배 이하	12m 이상
지정수량의 3,000배 초과 4,000배 이하	15m 이상
지정수량의 4,000배 초과	당해 탱크의 수평단면의 최대지름(횡형인 경우에는 긴 변)과 높이 중 큰 것과 같은 거리 이상. 다만, 30m 초과의 경우에는 30m 이상으로 할 수 있고, 15m 미만의 경우에는 15m 이상으로 하여야 한다.

2) **제6류 위험물 외의 위험물**을 저장 또는 취급하는 옥외저장탱크(지정수량의 4,000배를 초과하여 저장 또는 취급하는 옥외저장탱크를 제외한다)를 **동일한 방유제안에 2개 이상 인접하여 설치하는 경우** 그 인접하는 방향의 보유공지는 제1)호의 규정에 의한 **보유공지의 3분의 1 이상**의 너비로 할 수 있다. 이 경우 **보유공지의 너비는 3m 이상**

3) **제6류 위험물을 저장 또는 취급하는 옥외저장탱크**는 제1)호의 규정에 의한 보유공지의 3분의 1 이상의 너비로 할 수 있다. **이 경우 보유공지의 너비는 1.5m 이상**

4) 제6류 위험물을 저장 또는 취급하는 옥외저장탱크를 동일구내에 2개 이상 인접하여 설치하는 경우 그 인접하는 방향의 보유공지는 제3)호의 규정에 의하여 산출된 너비의 3분의 1 이상의 너비로 할 수 있다. 이 경우 보유공지의 너비는 1.5m 이상이 되어야 한다.

5) 공지단축 옥외저장탱크에 다음 각목의 기준에 적합한 물분무설비로 방호조치를 하는 경우에는 그 보유공지를 제1)호의 규정에 의한 **보유공지의 2분의 1 이상의 너비(최소 3m 이상)**로 할 수 있다. 이 경우 **공지단축 옥외저장탱크의 화재 시 1m²당 20 kW 이상의 복사열**에 노출되는 표면을 갖는 인접한 옥외저장탱크가 있으면 당해 표면에도 다음 각목의 기준에 적합한 물분무설비로 방호조치를 함께하여야 한다.
   (1) 탱크의 표면에 방사하는 물의 양은 **탱크의 원주길이 1m에 대하여 분당 37L 이상**으로 할 것
   　　토출량 = 탱크의 원주길이[m] × 37L/분 이상
   (2) 수원의 양은 (1)목의 규정에 의한 수량으로 **20분 이상** 방사할 수 있는 수량으로 할 것
   　　수원 = 탱크의 원주길이[m] × 37L/분 × 20분 이상
   (3) 탱크에 보강링이 설치된 경우에는 보강링의 아래에 분무헤드를 설치하되, 분무헤드는 탱크의 높이 및 구조를 고려하여 분무가 적정하게 이루어질 수 있도록 배치할 것
   (4) 물분무소화설비의 설치기준에 준할 것

2 특정옥외탱크저장소와 준특정옥외탱크저장소

1) 특정옥외탱크저장소

옥외탱크저장소 중 그 저장 또는 취급하는 액체위험물의 **최대수량이 100만 L 이상**의 것

2) 준특정옥외탱크저장소

옥외탱크저장소중 그 저장 또는 취급하는 액체위험물의 **최대수량이 50만 L 이상 100만 L 미만**의 것

3 옥외저장탱크의 외부구조 및 설비 ★

1) 옥외저장탱크는 특정옥외저장탱크 및 준특정옥외저장탱크 외에는 **두께 3.2mm 이상의 강철판** 또는 소방청장이 정하여 고시하는 규격에 적합한 재료로, 특정옥외저장탱크 및 준특정옥외저장탱크는 소방청장이 정하여 고시하는 규격에 적합한 강철판 또

는 이와 동등 이상의 기계적 성질 및 용접성이 있는 재료로 틈이 없도록 제작하여야 하고, **압력탱크(최대상용압력이 대기압을 초과하는 탱크를 말한다)외의 탱크는 충수시험, 압력탱크는 최대상용압력의 1.5배의 압력으로 10분간 실시하는 수압시험**에서 각각 새거나 변형되지 아니하여야 한다.

2) 옥외저장탱크는 위험물의 폭발 등에 의하여 탱크내의 압력이 비정상적으로 상승하는 경우에 내부의 가스 또는 증기를 상부로 방출할 수 있는 구조로 하여야 한다.

3) 옥외저장탱크의 외면에는 녹을 방지하기 위한 도장을 하여야 한다. 다만, 탱크의 재질이 부식의 우려가 없는 스테인레스 강판 등인 경우에는 그러하지 아니하다.

4) 옥외저장탱크 중 **압력탱크**(최대상용압력이 부압 또는 정압 5kPa을 초과하는 탱크를 말한다)**외의 탱크**(제4류 위험물의 옥외저장탱크에 한한다)에 있어서는 **밸브 없는 통기관 또는 대기밸브부착 통기관**을 다음 각목에 정하는 바에 의하여 설치하여야 하고, **압력탱크**에 있어서는 **안전장치를 설치**하여야 한다.
   (1) 밸브 없는 통기관

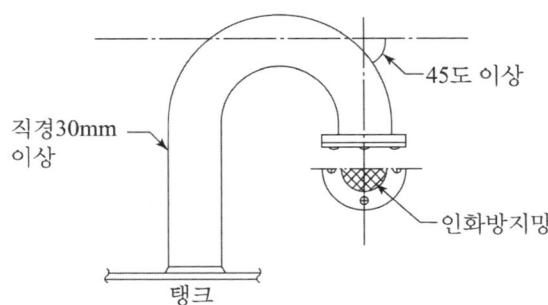

① **직경은 30mm 이상**일 것
② 선단은 수평면보다 **45도 이상** 구부려 빗물 등의 침투를 막는 구조로 할 것
③ 가는 눈의 구리망 등으로 인화방지장치를 할 것. 다만, 인화점 70℃ 이상의 위험물만을 해당 위험물의 인화점 미만의 온도로 저장 또는 취급하는 탱크에 설치하는 통기관에 있어서는 그러하지 아니하다.
④ 가연성의 증기를 회수하기 위한 밸브를 통기관에 설치하는 경우에 있어서는 당해 통기관의 밸브는 저장탱크에 위험물을 주입하는 경우를 제외하고는 항상 개방되어 있는 구조로 하는 한편, 폐쇄하였을 경우에 있어서는 **10kPa 이하의 압력에서 개방되는 구조**로 할 것. 이 경우 개방된 부분의 유효단면적은 777.15mm² 이상이어야 한다.

(2) 대기밸브 부착 통기관
① 5kPa 이하의 압력차이로 작동할 수 있을 것

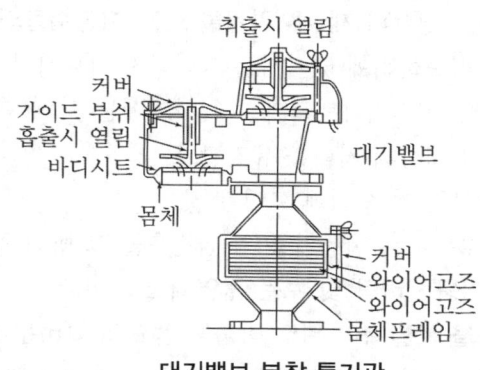

대기밸브 부착 통기관

5) 액체위험물의 옥외저장탱크의 주입구 기준

(1) 화재예방 상 지장이 없는 장소에 설치할 것
(2) 주입호스 또는 주입관과 결합할 수 있고, 결합하였을 때 위험물이 새지 아니할 것
(3) 주입구에는 밸브 또는 뚜껑을 설치할 것
(4) 휘발유, 벤젠 그 밖에 정전기에 의한 재해가 발생할 우려가 있는 액체위험물의 옥외저장탱크의 주입구 부근에는 정전기를 유효하게 제거하기 위한 접지전극을 설치할 것
(5) **인화점이 21℃ 미만인 위험물의 옥외저장탱크의 주입구**에는 보기 쉬운 곳에 다음의 기준에 의한 게시판을 설치할 것. 다만, 소방본부장 또는 소방서장이 화재예방 상당해 게시판을 설치할 필요가 없다고 인정하는 경우에는 그러하지 아니하다.
　① 게시판은 **한변이 0.3m 이상, 다른 한변이 0.6m 이상인 직사각형**으로 할 것
　② 게시판에는 "옥외저장탱크 주입구"라고 표시하는 것 외에 취급하는 위험물의 유별, 품명 및 주의사항을 표시할 것
　③ **게시판은 백색바탕에 흑색문자**로 할 것

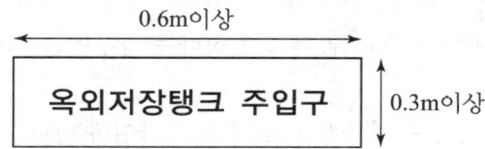

(6) 주입구 주위에는 새어나온 기름 등 액체가 외부로 유출되지 아니하도록 방유턱을 설치하거나 집유설비 등의 장치를 설치할 것

6) **옥외저장탱크의 펌프설비**는 다음 각목에 의하여야 한다.
   (1) **펌프설비의 주위에는 너비 3m 이상의 공지**를 보유할 것. 다만, 방화 상 유효한 격벽을 설치하는 경우와 **제6류 위험물 또는 지정수량의 10배 이하 위험물의 옥외저장탱크의 펌프설비**에 있어서는 그러하지 아니하다.
   (2) 펌프설비로부터 옥외저장탱크까지의 사이에는 당해 옥외저장탱크의 보유공지 너비의 3분의 1 이상의 거리를 유지할 것
   (3) 펌프설비는 견고한 기초 위에 고정할 것
   (4) 펌프 및 이에 부속하는 전동기를 위한 건축물 그 밖의 공작물(이하 "펌프실"이라 한다)의 **벽 · 기둥 · 바닥 및 보는 불연재료**로 할 것
   (5) 펌프실의 **지붕을 폭발력이 위로 방출될 정도의 가벼운 불연재료**로 할 것
   (6) 펌프실의 창 및 출입구에는 60분+방화문 또는 60분방화문 또는 30분방화문을 설치할 것
   (7) 펌프실의 창 및 출입구에 유리를 이용하는 경우에는 망입유리로 할 것
   (8) 펌프실의 **바닥의 주위에는** 높이 **0.2m 이상의 턱**을 만들고 바닥은 콘크리트 등 위험물이 스며들지 아니하는 재료로 적당히 경사지게 하여 그 최저부에는 **집유설비**를 설치할 것
   (9) 펌프실에는 위험물을 취급하는데 필요한 채광, 조명 및 환기의 설비를 설치할 것
   (10) 가연성 증기가 체류할 우려가 있는 펌프실에는 그 증기를 옥외의 높은 곳으로 배출하는 설비를 설치할 것
   (11) **펌프실외의 장소에 설치하는 펌프설비**에는 그 직하의 지반면의 주위에 높이 **0.15m 이상의 턱**을 만들고 당해 지반면은 콘크리트 등 위험물이 스며들지 아니하는 재료로 적당히 경사지게 하여 그 최저부에는 집유설비를 할 것. 이 경우 제4류 위험물(**온도 20℃의 물 100g에 용해되는 양이 1g 미만**인 것에 한한다)을 취급하는 펌프설비에 있어서는 당해 위험물이 직접 배수구에 유입하지 아니하도록 **집유설비에 유분리장치**를 설치하여야 한다.
   (12) 인화점이 21℃ 미만인 위험물을 취급하는 펌프설비에는 보기 쉬운 곳에 "옥외저장탱크 펌프설비"라는 표시를 한 게시판과 방화에 관하여 필요한 사항을 게시한 게시판을 설치할 것. 다만, 소방본부장 또는 소방서장이 화재예방상 당해 게시판을 설치할 필요가 없다고 인정하는 경우에는 그러하지 아니하다.

7) 옥외저장탱크의 배수관은 탱크의 옆판에 설치하여야 한다. 다만, 탱크와 배수관과의 결합부분이 지진 등에 의하여 손상을 받을 우려가 없는 방법으로 배수관을 설치하는 경우에는 탱크의 밑판에 설치할 수 있다.

8) **지정수량의 10배 이상인 옥외탱크저장소**(제6류 위험물의 옥외탱크저장소를 제외한다)에는 **피뢰침을 설치**하여야 한다. 다만, **탱크에 저항이 5Ω 이하인 접지시설을 설치**하거나 인근 피뢰설비의 보호범위 내에 들어가는 등 주위의 상황에 따라 안전상 지장이 없는 경우에는 피뢰침을 설치하지 아니할 수 있다.

9) **액체위험물의 옥외저장탱크의 주위**에는 위험물이 새었을 경우에 그 유출을 방지하기 위한 **방유제**를 설치하여야 한다.

10) **제3류 위험물 중 금수성물질**(고체에 한한다)의 옥외저장탱크에는 방수성의 불연재료로 만든 **피복설비**를 설치하여야 한다.

11) **이황화탄소의 옥외저장탱크**는 벽 및 바닥의 두께가 0.2m 이상이고 누수가 되지 아니하는 철근콘크리트의 수조에 넣어 보관하여야 한다. 이 경우 **보유공지·통기관 및 자동계량장치는 생략**할 수 있다.

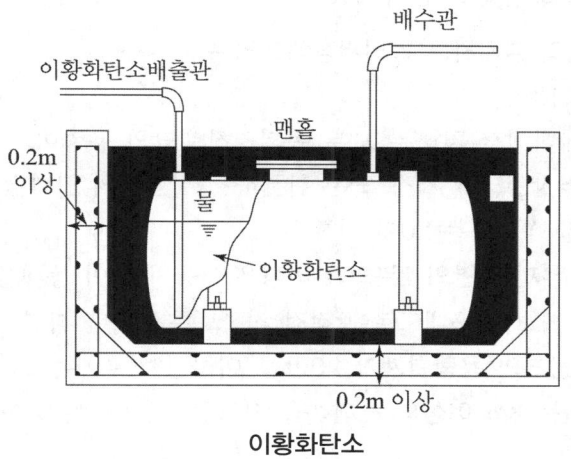

이황화탄소

4 방유제

1) 설치대상

인화성액체위험물(이황화탄소를 제외한다)의 옥외탱크저장소의 탱크 주위

2) 설치기준 ★★★

(1) 방유제의 용량
  ① 방유제안에 설치된 탱크가 하나인 때에는 그 **탱크 용량의 110% 이상**
  ② **2기 이상인 때에는 그 탱크 중 용량이 최대인 것의 용량의 110% 이상**
  ③ 방유제 용량 계산

> 방유제 내용적 = 최대탱크용량 × 110% + (A + B + C)
> ① 방유제의 내용적 = 방유제 면적 × 방유제 높이
> ② A : 용량이 최대인 탱크외의 탱크의 방유제 높이 이하 부분의 용적
> ③ B : 당해 방유제 내에 있는 모든 탱크의 지반면 이상 부분의 기초의 체적
> ④ C : 간막이 둑의 체적 및 당해 방유제 내에 있는 배관 등의 체적

(2) 방유제의 높이 : 0.5m 이상 3m 이하, 두께 0.2m 이상, 지하 매설깊이 1m 이상

(3) 방유제 내의 면적 : 8만m² 이하

(4) 방유제 내의 설치하는 옥외저장탱크의 수
  ① **10기 이하**
  ② 방유제내에 설치하는 모든 옥외저장탱크의 용량이 20만ℓ 이하이고, 당해 옥외저장탱크에 저장 또는 취급하는 위험물의 인화점이 70℃ 이상 200℃ 미만인 경우에는 20기 이하

(5) 도로 : **방유제 외면의 2분의 1 이상**은 자동차 등이 통행할 수 있는 **3m 이상**의 노면폭을 확보한 구내도로에 직접 접하도록 할 것. 다만, 방유제내에 설치하는 **옥외저장탱크의 용량합계가 20만 L 이하**인 경우에는 소화활동에 지장이 없다고 인정되는 **3m 이상**의 노면폭을 확보한 도로 또는 공지에 접하는 것으로 할 수 있다.

(6) 이격거리
  방유제는 옥외저장탱크의 지름에 따라 그 탱크의 옆판으로부터 다음에 정하는 거리를 유지할 것. 다만, 인화점이 **200℃ 이상**인 위험물을 저장 또는 취급하는 것에 있어서는 그러하지 아니하다.

탱크의 지름	방유제와 탱크측판과의 거리
15m 미만	탱크 높이의 1/3 이상
15m 이상	탱크 높이의 1/2 이상

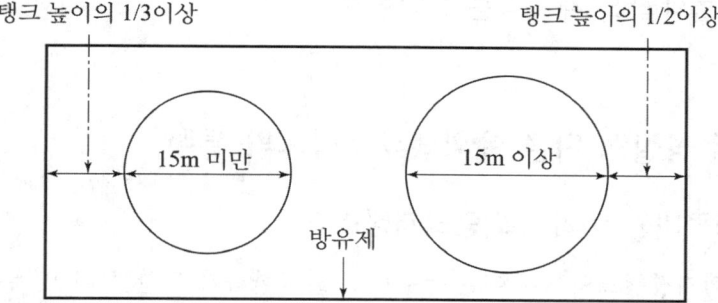

(7) **구조**

방유제는 철근콘크리트로 하고, 방유제와 옥외저장탱크 사이의 지표면은 불연성과 불침윤성이 있는 구조(철근콘크리트 등)로 할 것.

(8) **간막이 둑**

용량이 1,000만 L 이상인 옥외저장탱크의 주위에 설치하는 방유제에는 다음의 규정에 따라 당해 탱크마다 간막이 둑을 설치할 것

① **간막이 둑의 높이는 0.3m**(방유제내에 설치되는 옥외저장탱크의 용량의 합계가 **2억 L를 넘는 방유제에 있어서는 1m**) **이상**으로 하되, 방유제의 높이보다 **0.2m 이상 낮게** 할 것
② 간막이둑은 흙 또는 철근콘크리트로 할 것
③ 간막이둑의 용량은 간막이 둑안에 설치된 **탱크 용량의 10% 이상**일 것

(9) **기타**

① 방유제 또는 간막이 둑에는 해당 방유제를 관통하는 배관을 설치하지 아니할 것. 다만, 위험물을 이송하는 배관의 경우에는 배관이 관통하는 지점의 좌우방향으로 각 **1m 이상**까지의 방유제 또는 간막이 둑의 외면에 **두께 0.1m 이상, 지하매설깊이 0.1m 이상**의 구조물을 설치하여 방유제 또는 간막이 둑을 이중구조로 하고, 그 사이에 토사를 채운 후, 관통하는 부분을 완충재 등으로 마감하는 방식으로 설치할 수 있다.
② 용량이 100만 L 이상인 위험물을 저장하는 옥외저장탱크에 있어서는 밸브 등에 그 개폐상황을 쉽게 확인할 수 있는 장치를 설치할 것
③ **높이가 1m를 넘는 방유제 및 간막이 둑의 안팎**에는 방유제 내에 출입하기 위한 **계단 또는 경사로를 약 50m마다** 설치할 것
④ 용량이 **50만리터 이상**인 옥외탱크저장소가 해안 또는 강변에 설치되어 방유제 외부로 누출된 위험물이 바다 또는 강으로 유입될 우려가 있는 경우에는 해당 옥외탱크저장소가 설치된 부지 내에 전용유조(專用油槽) 등 누

출위험물 수용설비를 설치할 것

5 위험물의 성질에 따른 옥외탱크저장소의 특례

1) 알킬알루미늄 등의 옥외탱크저장소

(1) 옥외저장탱크의 주위에는 누설범위를 국한하기 위한 설비 및 누설된 알킬알루미늄 등을 안전한 장소에 설치된 조에 이끌어 들일 수 있는 설비를 설치할 것
(2) 옥외저장탱크에는 **불활성의 기체를 봉입**하는 장치를 설치할 것

2) 아세트알데하이드 등의 옥외탱크저장소 ★★★

(1) 옥외저장탱크의 설비는 **동 · 마그네슘 · 은 · 수은** 또는 이들을 성분으로 하는 합금으로 만들지 아니할 것
(2) 옥외저장탱크에는 **냉각장치** 또는 **보냉장치**, 그리고 연소성 혼합기체의 생성에 의한 폭발을 방지하기 위한 **불활성의 기체를 봉입하는 장치**를 설치

3) 하이드록실아민 등의 옥외탱크저장소

(1) 옥외탱크저장소에는 히드록실아민 등의 온도의 상승에 의한 위험한 반응을 방지하기 위한 조치를 강구할 것
(2) 옥외탱크저장소에는 철이온 등의 혼입에 의한 위험한 반응을 방지하기 위한 조치를 강구할 것

4) 옥외탱크 저장소 저장온도 기준 ★★

(1) **압력탱크**에 아세트알데하이드, 산화프로필렌 저장 시 저장온도 : **40℃ 이하**
(2) **압력탱크외**의 탱크
　① **에테르, 산화프로필렌** 저장온도 : **30℃ 이하**
　② **아세트알데하이드** 저장온도 : **15℃ 이하**

제10장 출제예상문제

01 옥외탱크 저장시설의 주위의 보유공지 너비 중 옳지 않은 것은?

① 지정수량의 500배 이하 : 3m이상
② 지정수량의 500배 초과 1,000배 이하 : 6m이상
③ 지정수량의 1,000배 초과 2,000배 이하 : 9m이상
④ 지정수량의 2,000배 초과 3,000배 이하 : 12m이상

해설

저장 또는 취급하는 위험물의 최대수량	공지의 너비
지정수량의 500배 이하	3m 이상
지정수량의 500배 초과 1,000배 이하	5m 이상
지정수량의 1,000배 초과 2,000배 이하	9m 이상
지정수량의 2,000배 초과 3,000배 이하	12m 이상
지정수량의 3,000배 초과 4,000배 이하	15m 이상
지정수량의 4,000배 초과	당해 탱크의 수평단면의 최대지름(횡형인 경우에는 긴 변)과 높이 중 큰 것과 같은 거리 이상. 다만, 30m 초과의 경우에는 30m 이상으로 할 수 있고, 15m 미만의 경우에는 15m 이상으로 하여야 한다.

02 위험물의 옥외탱크저장소를 동일한 방유제안에 2개 이상 인접하여 설치하는 경우 그 인접하는 방향의 보유 공지의 너비는 최소 얼마 이상으로 하여야 하는가?(단, 제6류 위험물은 제외한다.)

① 1.5m 이상   ② 2.5m 이상   ③ 3m 이상   ④ 4m 이상

해설 제6류 위험물 외의 위험물을 저장 또는 취급하는 옥외저장탱크(지정수량의 4,000배를 초과하여 저장 또는 취급하는 옥외저장탱크를 제외한다)를 동일한 방유제안에 2개 이상 인접하여 설치하는 경우 그 인접하는 방향의 보유공지는 제1)호의 규정에 의한 보유공지의 3분의 1 이상의 너비로 할 수 있다. 이 경우 보유공지의 너비는 3m 이상

03 밸브 없는 통기관의 선단은 수평보다 얼마 이상 구부려야 하는가?

① 15°이상   ② 30°이상   ③ 45°이상   ④ 90°이상

해설 선단은 수평면보다 45도 이상 구부려 빗물 등의 침투를 막는 구조로 할 것.

정답 1. ② 2. ③ 3. ③

04 특정옥외저장탱크 외의 탱크는 두께 몇 mm 이상의 강철판으로 하여야 하는가?

① 1.5mm ② 1.6mm ③ 3.2mm ④ 4mm

해설 옥외저장탱크는 특정옥외저장탱크 및 준특정옥외저장탱크 외에는 두께 3.2mm 이상의 강철판 또는 소방청장이 정하여 고시하는 규격에 적합한 재료로, 특정옥외저장탱크 및 준특정옥외저장탱크는 소방청장이 정하여 고시하는 규격에 적합한 강철판 또는 이와 동등 이상의 기계적 성질 및 용접성이 있는 재료로 틈이 없도록 제작하여야 하고, 압력탱크(최대상용압력이 대기압을 초과하는 탱크를 말한다)외의 탱크는 충수시험, 압력탱크는 최대상용압력의 1.5배의 압력으로 10분간 실시하는 수압시험에서 각각 새거나 변형되지 아니하여야 한다.

05 옥외탱크저장소의 위험물저장탱크로서 압력탱크의 수압시험의 방법으로서 옳은 것은?

① 최대 상용압력의 1.5배의 압력으로 10분간 수압을 가하는 시험을 말한다.
② 최대 상용압력의 2배의 압력으로 10분간 수압을 가하는 시험을 말한다.
③ 최대 상용압력의 1.5배의 압력으로 20분간 수압을 가하는 시험을 말한다.
④ 최대 상용압력의 2배의 압력으로 20분간 수압을 가하는 시험을 말한다.

해설 압력탱크는 최대상용압력의 1.5배의 압력으로 10분간 실시하는 수압 시험을 할 것

06 옥외탱크저장소의 압력탱크 외의 탱크에는 통기관을 설치하되, 제4류 위험물의 탱크에 설치하는 밸브 없는 통기관에 대한 설명 중 옳지 않은 것은?

① 통기관의 지름은 30mm 이상으로 할 것
② 통기관의 선단은 수평면에 대하여 45도 이상 구부려 빗물 등이 들어가지 아니하도록 할 것
③ 가는 눈의 구리망 등으로 인화방지망을 할 것
④ 폐쇄하였을 경우 20kPa 이하의 압력에서 개방되는 구조로 할 것

해설 폐쇄하였을 경우에 있어서는 10kPa 이하의 압력에서 개방되는 구조로 할 것

07 옥외탱크저장소의 펌프설비의 주위에는 몇 m 이상의 공지를 보유하여야 하는가?

① 1m 이상 ② 2m 이상 ③ 3m 이상 ④ 5m 이상

해설 펌프설비의 주위에는 너비 3m 이상의 공지를 보유할 것. 다만, 방화 상 유효한 격벽을 설치하는 경우와 제6류 위험물 또는 지정수량의 10배 이하 위험물의 옥외저장탱크의 펌프설비에 있어서는 그러하지 아니하다.

정답 4. ③ 5. ① 6. ④ 7. ③

08 옥외탱크저장소 중 액체위험물의 탱크주입구에 대한 설명 중 틀린 것은?

① 화재 예방에 편리한 위치에 설치할 것
② 주입호스 또는 주입관과 결합할 수 있고, 위험물이 새지 아니하도록 할 것
③ 주입구에는 밸브 또는 뚜껑을 설치할 것
④ 인화점이 섭씨 70도미만인 위험물의 탱크의 주입구에는 그 보기 쉬운 곳에 탱크의 주입구라는 뜻을 표시한 표지와 정전기제거설비를 설치하고, 방화에 관하여 필요한 사항을 기재한 게시판을 설치할 것

해설 인화점이 21℃ 미만인 위험물의 옥외저장탱크의 주입구에는 한 변이 0.3m 이상, 다른 한 변이 0.6m 이상인 "옥외저장탱크 주입구"라는 표지를 설치하고, 위험물의 유별, 품명 및 주의사항을 표시할 것.

09 다음 위험물 중 옥외탱크저장소에 저장하는 경우에 있어서 수조에 넣어 보관해야 하는 물질로 옳은 것은?

① 휘발유 ② 경유
③ 이황화탄소 ④ 디에틸에테르

해설 이황화탄소의 옥외저장탱크는 벽 및 바닥의 두께가 0.2m 이상이고 누수가 되지 아니하는 철근콘크리트의 수조에 넣어 보관하여야 한다. 이 경우 보유공지·통기관 및 자동계량장치는 생략할 수 있다.

10 옥외탱크저장소의 방유제안에 설치된 탱크가 2기 이상인 때에는 그 탱크 중 용량이 최대인 것의 용량의 몇 % 이상을 방유제의 용량으로 하여야 하는가?

① 50% 이상 ② 100% 이상 ③ 110% 이상 ④ 150% 이상

해설 방유제의 용량
① 방유제안에 설치된 탱크가 하나인 때에는 그 탱크 용량의 110% 이상
② 2기 이상인 때에는 그 탱크 중 용량이 최대인 것의 용량의 110% 이상

11 옥외탱크저장소의 방유제 높이는 얼마로 하여야 하는가?

① 0.7m 이상 1.4m 이하 ② 0.5m 이상 3m 이하
③ 0.3m 이상 1.5m 이하 ④ 1m 이상 3m 이하

해설 방유제의 높이 : 0.5m 이상 3m 이하, 두께 0.2m 이상, 지하매설깊이 1m 이상

정답 8. ④ 9. ③ 10. ③ 11. ②

12 옥외탱크저장소의 방유제 내의 면적은 얼마로 하여야 하는가?

① 6만m² 이하
② 8만m² 이하
③ 10만m² 이하
④ 12만m² 이하

[해설] 방유제 내의 면적 : 8만m² 이하로 할 것

13 옥외탱크저장소 방유제 내에 설치하는 모든 옥외저장탱크의 용량이 20만리터 이하이고, 당해 옥외저장탱크에 저장 또는 취급하는 위험물의 인화점이 70℃ 이상 200℃ 미만인 경우에는 옥외저장탱크의 수는 몇 개 이하로 하여야 하는가?

① 10기 이하
② 15기 이하
③ 20기 이하
④ 25기 이하

[해설] 방유제 내의 설치하는 옥외저장탱크의 수
  ① 10기 이하
  ② 방유제내에 설치하는 모든 옥외저장탱크의 용량이 20만 L 이하이고, 당해 옥외저장탱크에 저장 또는 취급하는 위험물의 인화점이 70℃ 이상 200℃ 미만인 경우에는 20기 이하

14 옥외탱크저장소의 방유제 외면의 2분의 1 이상은 자동차 등이 통행할 수 있는 몇 m 이상의 노면 폭을 확보한 구내도로에 직접 접하도록 하여야 하는가?

① 2m 이상
② 3m 이상
③ 4m 이상
④ 6m 이상

[해설] 도로 : 방유제 외면의 2분의 1 이상은 자동차 등이 통행할 수 있는 3m 이상의 노면폭을 확보한 구내도로에 직접 접하도록 할 것. 다만, 방유제내에 설치하는 옥외저장탱크의 용량합계가 20만 L 이하인 경우에는 소화활동에 지장이 없다고 인정되는 3m 이상의 노면폭을 확보한 도로 또는 공지에 접하는 것으로 할 수 있다.

15 방유제는 탱크의 지름이 15m 미만인 경우에는 탱크의 측면으로부터 탱크의 높이의 얼마 이상의 거리를 확보하여야 하는가?

① 탱크의 높이의 2분의 1 이상
② 탱크의 높이의 3분의 1 이상
③ 탱크의 높이의 5분의 1 이상
④ 탱크의 높이의 10분의 1 이상

[해설] 이격거리

탱크의 지름	방유제와 탱크측판과의 거리
15m 미만	탱크 높이의 1/3 이상
15m 이상	탱크 높이의 1/2 이상

정답 12. ② 13. ③ 14. ② 15. ②

16 높이가 1m를 넘는 방유제 및 간막이 둑의 안팎에는 방유제 내에 출입하기 위한 계단 또는 경사로를 약 몇 m 마다 설치하여야 하는가?
① 20m
② 30m
③ 40m
④ 50m

해설 높이가 1m를 넘는 방유제 및 간막이 둑의 안팎에는 방유제 내에 출입하기 위한 계단 또는 경사로를 약 50m 마다 설치할 것

17 옥외저장탱크에 불활성의 기체를 봉입하는 장치를 설치하여 저장하여야 하는 위험물은?
① 히드록실아민
② 에테르
③ 산화프로필렌
④ 알킬알루미늄

해설 알킬알루미늄 등의 옥외탱크저장소
① 옥외저장탱크의 주위에는 누설범위를 국한하기 위한 설비 및 누설된 알킬알루미늄 등을 안전한 장소에 설치된 조에 이끌어 들일 수 있는 설비를 설치할 것
② 옥외저장탱크에는 불활성의 기체를 봉입하는 장치를 설치할 것

18 옥외탱크저장소의 압력탱크에 아세트알데하이드, 산화프로필렌을 저장 시 저장온도는?
① 15℃ 이하
② 20℃ 이하
③ 30℃ 이하
④ 40℃ 이하

해설 옥외탱크 저장소 저장온도 기준
① 압력탱크에 아세트알데하이드, 산화프로필렌 저장 시 저장온도 : 40℃ 이하
② 압력탱크외의 탱크
- 에테르, 산화프로필렌 저장온도 : 30℃ 이하
- 아세트알데하이드 저장온도 : 15℃ 이하

정답 16. ④ 17. ④ 18. ④

제11장 옥내탱크저장소의 위치·구조 및 설비의 기준

1 옥내탱크저장소의 기준 ★★

1) 위험물을 저장 또는 취급하는 옥내탱크는 **단층건축물**에 설치된 탱크전용실에 설치할 것
2) 옥내저장탱크와 탱크전용실의 벽과의 사이 및 옥내저장탱크의 상호간에는 **0.5m 이상의 간격**을 유지할 것.

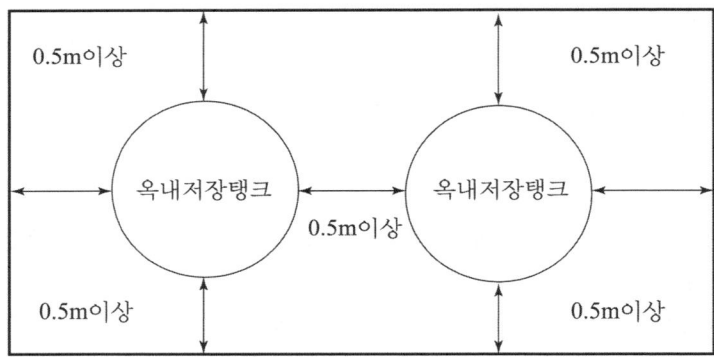

3) 옥내저장탱크의 용량(동일한 탱크전용실에 옥내저장탱크를 2 이상 설치하는 경우에는 각 탱크의 용량의 합계를 말한다)은 **지정수량의 40배**(제4석유류 및 동식물유류 외의 제4류 위험물에 있어서 당해 수량이 20,000L를 초과할 때에는 20,000L) 이하일 것
4) 옥내저장탱크의 외면에는 녹을 방지하기 위한 도장을 할 것. 다만, 탱크의 재질이 부식의 우려가 없는 스테인레스 강판 등인 경우에는 그러하지 아니하다.
5) 옥내저장탱크 중 **압력탱크**(최대상용압력이 부압 또는 정압 5kPa을 초과하는 탱크) 외의 탱크(제4류 위험물의 옥내저장탱크로 한정)에 있어서는 **밸브 없는 통기관 또는 대기밸브 부착 통기관**을 설치
    (1) 밸브 없는 통기관
        ① 통기관의 선단은 건축물의 창·출입구 등의 개구부로부터 **1m 이상** 떨어진 옥외의 장소에 지면으로부터 **4m 이상의 높이**로 설치하되, **인화점이 40℃ 미만**인 위험물의 탱크에 설치하는 통기관에 있어서는 **부지경계선으로부터 1.5m 이상** 이격할 것.

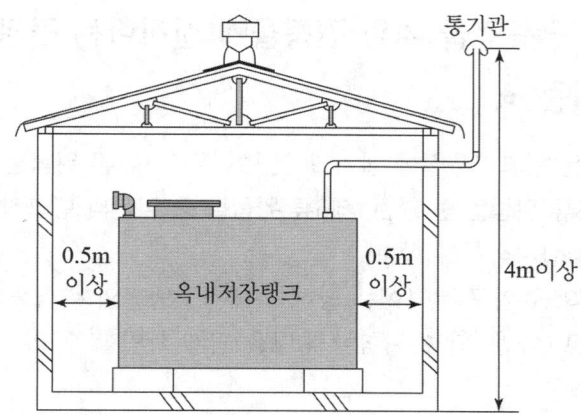

② 통기관은 가스 등이 체류할 우려가 있는 굴곡이 없도록 할 것
③ 직경은 **30mm 이상**일 것
④ 선단은 수평면보다 **45도 이상** 구부려 빗물 등의 침투를 막는 구조
⑤ 가는 눈의 구리망 등으로 **인화방지장치**를 할 것

(2) **대기밸브 부착 통기관**
 5kPa 이하의 압력차이로 작동할 수 있을 것

6) 액체위험물의 옥내저장탱크에는 위험물의 양을 자동적으로 표시하는 장치
7) 탱크전용실 기준
 (1) 탱크전용실은 **벽·기둥 및 바닥을 내화구조, 보를 불연재료**, 연소의 우려가 있는 외벽은 출입구외에는 개구부가 없도록 할 것. 다만, **인화점이 70℃ 이상인 제4류 위험물만의 옥내저장탱크를 설치하는 탱크전용실**에 있어서는 **연소의 우려가 없는 외벽·기둥 및 바닥을 불연재료**로 할 수 있다.
 (2) 탱크전용실은 **지붕을 불연재료**로 하고, **천장을 설치하지 아니**할 것
 (3) 탱크전용실의 창 및 출입구에는 60분+방화문 또는 60분방화문 또는 30분방화문을 설치하는 동시에, 연소의 우려가 있는 외벽에 두는 출입구에는 수시로 열 수 있는 자동폐쇄식의 60분+방화문 또는 60분방화문을 설치할 것
 (4) 탱크전용실의 창 또는 출입구에 유리를 이용하는 경우 망입유리로 할 것
 (5) 액상의 위험물의 옥내저장탱크를 설치하는 탱크전용실의 바닥은 위험물이 침투하지 아니하는 구조로 하고, 적당한 경사를 두는 한편, 집유설비를 설치할 것
 (6) 탱크전용실의 출입구의 턱의 높이를 당해 탱크전용실내의 옥내저장탱크(옥내저장탱크가 2 이상인 경우에는 최대용량의 탱크)의 용량을 수용할 수 있는 높이 이상으로 하거나 옥내저장탱크로부터 누설된 위험물이 탱크전용실외의 부분으로 유출하지 아니하는 구조로 할 것

2 탱크전용실을 단층건물 외의 건축물에 설치하는 것의 위치 · 구조 및 설비의 기술기준 ★

1) 옥내저장탱크는 탱크전용실에 설치할 것. 이 경우 **제2류 위험물 중 황화린 · 적린 및 덩어리 황, 제3류 위험물 중 황린, 제6류 위험물 중 질산**의 탱크전용실은 **건축물의 1층 또는 지하층**에 설치하여야 한다.
2) 옥내저장탱크의 주입구 부근에는 당해 옥내저장탱크의 위험물의 양을 표시하는 장치를 설치할 것. 다만, 당해 위험물의 양을 쉽게 확인할 수 있는 경우에는 그러하지 아니하다.
3) 탱크전용실이 있는 건축물에 설치하는 옥내저장탱크의 펌프설비
    (1) **탱크전용실 외의 장소에 설치하는 경우**
        ① 이 펌프실은 **벽 · 기둥 · 바닥 및 보를 내화구조**로 할 것
        ② 펌프실은 상층이 있는 경우에 있어서는 상층의 바닥을 내화구조로 하고, 상층이 없는 경우에 있어서는 지붕을 불연재료로 하며, 천장을 설치하지 아니할 것
        ③ 펌프실에는 창을 설치하지 아니할 것. 다만, 제6류 위험물의 탱크전용실에 있어서는 **60분+방화문 또는 60분방화문 또는 30분방화문**이 있는 창을 설치할 수 있다.
        ④ 펌프실의 출입구에는 **60분+방화문 또는 60분방화문**을 설치할 것. 다만, 제6류 위험물의 탱크전용실에 있어서는 **30분방화문**을 설치할 수 있다.
        ⑤ 펌프실의 환기 및 배출의 설비에는 방화상 유효한 댐퍼 등을 설치할 것
    (2) **탱크전용실에 펌프설비를 설치하는 경우**에는 견고한 기초 위에 고정한 다음 그 주위에는 불연재료로 된 **턱을 0.2m 이상의 높이**로 설치하는 등 누설된 위험물이 유출되거나 유입되지 아니하도록 하는 조치를 할 것
        ① 탱크전용실은 **벽 · 기둥 · 바닥 및 보를 내화구조**로 할 것
        ② 탱크전용실은 **상층이 있는 경우**에 있어서는 상층의 바닥을 **내화구조**로 하고, **상층이 없는 경우**에 있어서는 **지붕을 불연재료**로 하며, 천장을 설치하지 아니할 것
        ③ **탱크전용실에는 창을 설치하지 아니할 것**
        ④ 탱크전용실의 출입구에는 수시로 열 수 있는 자동폐쇄식의 **60분+방화문 또는 60분방화문**을 설치할 것
        ⑤ 탱크전용실의 환기 및 배출의 설비에는 **방화 상 유효한 댐퍼** 등을 설치

제11장 출제예상문제

01 옥내탱크저장소에서 탱크와 탱크 전용실의 벽 및 탱크 상호간에는 몇 m 이상의 간격을 두어야 하는가?
① 1m
② 0.3m
③ 0.5m
④ 1m

해설 옥내저장탱크와 탱크전용실의 벽과의 사이 및 옥내저장탱크의 상호간에는 0.5m 이상의 간격을 유지할 것

02 옥내탱크저장소의 탱크 중 압력탱크 외의 것에 있어서는 통기장치를 설치한다. 제4류 위험물의 탱크에 설치하는 밸브 없는 통기관에 대한 설명 중 옳지 않은 것은?
① 통기관의 지름은 30mm이상으로 할 것
② 통기관의 선단은 수평면에 대하여 아래로 45도 이상 구부려 빗물 등이 들어가지 아니하도록 할 것
③ 통기관의 선단은 건축물의 창 또는 출입구등의 개구부로부터 1m 이상 떨어진 곳의 옥외에 설치하되, 지면으로부터 1m이상의 높이로 할 것
④ 통기관은 가스등이 체류하지 아니하도록 굴곡이 없도록 할 것

해설 통기관의 선단은 건축물의 창·출입구 등의 개구부로부터 1m 이상 떨어진 옥외의 장소에 지면으로부터 4m 이상의 높이로 설치할 것

03 옥내탱크저장소의 탱크전용실에 대한 설명으로 옳지 않은 것은?
① 탱크전용실은 벽·기둥 및 바닥을 내화구조로 하고, 보를 불연재료로 하며, 연소의 우려가 있는 외벽은 출입구외에는 개구부가 없도록 할 것
② 탱크전용실은 지붕을 불연재료로 하고, 천장을 설치하지 아니할 것
③ 탱크전용실의 창 또는 출입구에 유리를 이용하는 경우 망입유리로 할 것
④ 탱크전용실의 창 및 출입구에는 60분+방화문 또는 60분방화문 또는 30분방화문을 설치하는 동시에, 연소의 우려가 있는 외벽에 두는 출입구에는 수시로 열 수 있는 자동폐쇄식의 30분방화문을 설치할 것

해설 탱크전용실의 창 및 출입구에는 60분+방화문 또는 60분방화문 또는 30분방화문을 설치하는 동시에, 연소의 우려가 있는 외벽에 두는 출입구에는 수시로 열 수 있는 자동폐쇄식의 60분+방화문 또는 60분방화문을 설치할 것

정답 1. ③ 2. ③ 3. ④

04 탱크전용실이 있는 건축물에 설치하는 옥내저장탱크의 펌프설비를 탱크 전용실 외의 장소에 설치하는 경우에 대한 설명으로 옳지 않은 것은?

① 이 펌프실은 벽·기둥·바닥 및 보를 내화구조로 할 것
② 펌프실은 상층이 있는 경우에 있어서는 상층의 바닥을 내화구조로 하고, 상층이 없는 경우에 있어서는 지붕을 불연재료로 하며, 천장을 설치하지 아니할 것
③ 제6류 위험물의 탱크전용실에 있어서는 60분+방화문 또는 60분방화문 또는 30분방화문이 있는 창을 설치할 수 있다.
④ 제6류 위험물의 탱크전용실에 있어서는 60분+방화문 또는 60분방화문을 설치하여야 한다.

해설 펌프실의 출입구에는 60분+방화문 또는 60분방화문을 설치할 것. 다만, 제6류 위험물의 탱크전용실에 있어서는 30분방화문을 설치할 수 있다.

05 옥내탱크저장소의 탱크전용실에 펌프설비를 설치하는 경우 위험물이 누설되더라도 유출되지 않도록 불연재료로 된 턱을 설치하여야 한다. 이때 턱의 높이는 얼마 이상이어야 하는가?

① 20cm
② 30cm
③ 40cm
④ 50cm

해설 탱크전용실에 펌프설비를 설치하는 경우에는 견고한 기초 위에 고정한 다음 그 주위에는 불연재료로 된 턱을 0.2m 이상의 높이로 설치하는 등 누설된 위험물이 유출되거나 유입되지 아니하도록 하는 조치를 할 것

06 하나의 탱크전용실에 설치하는 탱크의 용량은 1층 또는 지하층의 경우에는 지정수량 몇 배 이하가 되어야 하는가?

① 10
② 20
③ 30
④ 40

해설 옥내저장탱크의 용량
① 1층 이하의 층 : 지정수량 40배 이하
② 2층 이상의 층 : 지정수량 10배 이하

07 위험물안전관리법령상 옥내탱크저장소의 탱크전용실에 하나의 탱크를 설치하고 등유를 저장하려고 한다. 저장할 수 있는 최대용량과 그 지정수량 배수는?

① 20,000L − 20배
② 20,000L − 40배
③ 40,000L − 20배
④ 40,000L − 40배

정답 4. ④ 5. ① 6. ④ 7. ①

해설 옥내저장탱크의 용량(동일한 탱크전용실에 옥내저장탱크를 2 이상 설치하는 경우에는 각 탱크의 용량의 합계를 말한다)은 지정수량의 40배(제4석유류 및 동식물유류 외의 제4류 위험물에 있어서 당해 수량이 20,000L를 초과할 때에는 20,000L) 이하일 것
① 등유의 지정수량 : 1,000L
② 지정수량의 배수 : 20,000L / 1,000L = 20배

08 위험물안전관리법령상 옥내탱크저장소의 탱크전용실을 단층건물 외의 건축물에 설치할 수 없는 위험물은?

① 적린   ② 칼륨   ③ 경유   ④ 질산

해설 옥내탱크저장소 중 탱크전용실을 단층건물 외의 건축물에 설치하는 것제2류 위험물 중 황화린·적린 및 덩어리 황, 제3류 위험물 중 황린, 제6류 위험물 중 질산 및 제4류 위험물 중 인화점이 38℃ 이상인 위험물만을 저장 또는 취급하는 것에 한한다.

정답 8. ②

제12장 지하탱크저장소의 위치·구조 및 설비의 기준

1 지하탱크저장소의 기준

1) 탱크 전용실 설치대상 ★

(1) 위험물을 저장 또는 취급하는 지하탱크는 지면 하에 설치된 탱크전용실에 설치하여야 한다.
(2) **제4류 위험물의 지하저장탱크가 다음의 기준에 적합한 때에는 탱크전용실 설치 제외**
  ① 당해 탱크를 지하철·지하가 또는 지하터널로부터 **수평거리 10m 이내**의 장소 또는 지하건축물 내의 장소에 설치하지 아니할 것
  ② 당해 탱크를 그 수평투영의 세로 및 가로보다 각각 **0.6m 이상 크고 두께가 0.3m 이상**인 철근콘크리트조의 뚜껑으로 덮을 것
  ③ 뚜껑에 걸리는 중량이 직접 당해 탱크에 걸리지 아니하는 구조일 것
  ④ 당해 탱크를 견고한 기초 위에 고정할 것
  ⑤ 당해 탱크를 지하의 가장 가까운 벽·피트·가스관 등의 시설물 및 대지 경계선으로부터 **0.6m 이상** 떨어진 곳에 매설할 것

2) 지하탱크저장소 기준 ★★

(1) 탱크전용실
  지하의 가장 가까운 **벽·피트·가스관 등의 시설물 및 대지 경계선으로부터 0.1m 이상** 떨어진 곳에 설치하고, **지하저장탱크와 탱크 전용실의 안쪽과의 사이는 0.1m 이상의 간격을 유지**하도록 하며, 당해 탱크의 주위에 마른 모래 또는 습기 등에 의하여 응고되지 아니하는 입자지름 5mm 이하의 마른 자갈분을 채워야 한다.
(2) **지하저장탱크의 윗부분은 지면으로부터 0.6m 이상 아래**에 있어야 한다.

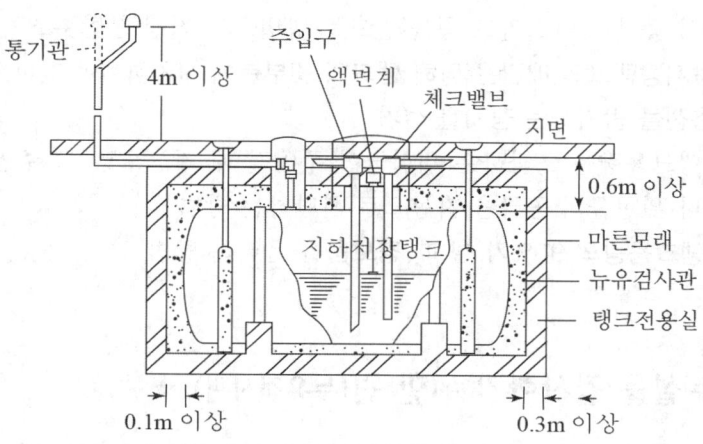

(3) 지하저장탱크를 2 이상 인접해 설치하는 경우에는 그 상호간에 **1m(당해 2 이상의 지하저장탱크의 용량의 합계가 지정수량의 100배 이하인 때에는 0.5m) 이상의 간격**을 유지하여야 한다.
(4) 지하저장탱크는 **압력탱크**(최대상용압력이 **46.7kPa 이상**인 탱크를 말한다) **외의 탱크에 있어서는 70kPa의 압력으로, 압력탱크에 있어서는 최대상용압력의 1.5배의 압력으로 각각 10분간 수압시험을 실시**하여 새거나 변형되지 아니하여야 한다. 이 경우 **수압시험**은 소방청장이 정하여 고시하는 기밀시험과 비파괴시험을 동시에 실시하는 방법으로 대신할 수 있다.

구분	수압시험
압력탱크외	70kPa의 압력으로 10분간 실시
압력탱크	최대상용압력의 1.5배의 압력으로 10분간 실시

(5) **액체위험물**의 지하저장탱크에는 위험물의 양을 자동적으로 표시하는 장치 또는 계량구를 설치하여야 한다. 이 경우 계량구를 설치하는 지하저장탱크에 있어서는 계량구의 직하에 있는 탱크의 밑판에 그 손상을 방지하기 위한 조치를 하여야 한다.
(6) **탱크전용실**은 벽·바닥 및 뚜껑을 다음 각 목에 정한 기준에 적합한 철근 콘크리트구조 또는 이와 동등 이상의 강도가 있는 구조로 설치하여야 한다.
① **벽·바닥 및 뚜껑의 두께는 0.3m 이상**일 것
② 벽·바닥 및 뚜껑의 내부에는 직경 9mm부터 13mm까지의 철근을 가로 및 세로로 5cm부터 20cm까지의 간격으로 배치할 것
③ 벽·바닥 및 뚜껑의 재료에 수밀콘크리트를 혼입하거나 벽·바닥 및 뚜껑

의 중간에 아스팔트 층을 만드는 방법으로 적정한 방수조치를 할 것
(7) **지하저장탱크의 배관은 당해 탱크의 윗부분**에 설치하여야 한다.
(8) **과충전을 방지하는 장치**를 설치
　① 탱크용량을 초과하는 위험물이 주입될 때 자동으로 그 주입구를 폐쇄하거나 위험물의 공급을 자동으로 차단하는 방법
　② **탱크용량의 90%가 찰 때 경보음**을 울리는 방법

2 액체의 누설을 검사하기 위한 관(누유검사관) ★

지하저장탱크의 주위에는 **당해 탱크로부터의 액체위험물의 누설을 검사하기 위한 관**을 다음의 각목의 기준에 따라 **4개소 이상** 적당한 위치에 설치하여야 한다.

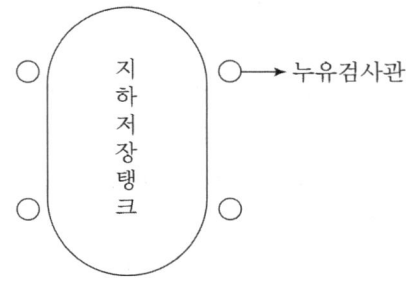

1) **이중관**으로 할 것. 다만, 소공이 없는 상부는 단관으로 할 수 있다.
2) 재료는 **금속관** 또는 **경질합성수지관**으로 할 것
3) 관은 탱크전용실의 바닥 또는 탱크의 기초까지 닿게 할 것
4) 관의 밑 부분으로부터 탱크의 중심 높이까지의 부분에는 소공이 뚫려 있을 것. 다만, 지하수위가 높은 장소에 있어서는 지하수위 높이까지의 부분에 소공이 뚫려 있어야 한다.
5) 상부는 물이 침투하지 아니하는 구조로 하고, 뚜껑은 검사 시에 쉽게 열 수 있도록 할 것

제12장 출제예상문제

01 위험물 지하탱크 저장소의 탱크 전용실은 지하의 가장 가까운 벽·피트·가스관 등의 시설물 및 대지 경계선으로부터 몇 m 이상 떨어진 곳에 설치하고, 지하 저장탱크와 탱크 전용실의 안쪽과의 사이는 몇 m 이상의 간격을 유지하도록 하여야 하는가?

① 0.1m, 0.1m
② 0.1m, 0.2m
③ 0.2m, 0.1m
④ 0.2m, 0.2m

해설 탱크전용실은 지하의 가장 가까운 벽·피트·가스관 등의 시설물 및 대지 경계선으로부터 0.1m 이상 떨어진 곳에 설치하고, 지하저장탱크와 탱크 전용실의 안쪽과의 사이는 0.1m 이상의 간격을 유지하도록 한다.

02 지하탱크저장소의 탱크의 본체 윗부분이 지면으로부터 얼마 이상의 깊이가 되도록 매설하여야 하는가?

① 0.3m 이상
② 0.6m 이상
③ 1m 이상
④ 3m 이상

해설 지하저장탱크의 윗부분은 지면으로부터 0.6m 이상 아래에 있어야 한다.

03 위험물 지하탱크 저장소 지하저장탱크의 윗부분은 지면으로부터 몇 m 이상 아래에 있어야 하는가?

① 0.3m 이상
② 0.4m 이상
③ 0.5m 이상
④ 0.6m 이상

해설 지하저장탱크의 윗부분은 지면으로부터 0.6m 이상 아래에 있어야 한다.

04 지하탱크 저장소의 지하저장탱크를 2 이상 인접해 설치하는 경우에는 그 상호간에 몇 m 이상의 간격을 유지하여야 하는가?

① 0.5m
② 1m
③ 1.5m
④ 2m

해설 지하저장탱크를 2 이상 인접해 설치하는 경우에는 그 상호간에 1m (당해 2 이상의 지하저장탱크의 용량의 합계가 지정수량의 100배 이하인 때 에는 0.5m) 이상의 간격을 유지하여야 한다.

정답 1. ① 2. ② 3. ④ 4. ②

05 지하탱크저장소 압력탱크의 수압시험압력으로 옳은 것은?

① 최대상용압력의 1.5배의 압력으로 10분간 수압시험을 실시
② 70kPa의 압력으로 10분간 수압시험을 실시
③ 최대상용압력의 1.1배의 압력으로 10분간 수압시험을 실시
④ 50kPa의 압력으로 10분간 수압시험을 실시

해설

구분	수압시험
압력탱크외	70kPa의 압력으로 10분간 실시
압력탱크	최대상용압력의 1.5배의 압력으로 10분간 실시

06 지하탱크저장소의 탱크에 위험물의 양이 자동적으로 측정될 수 있는 계량장치 또는 계량구를 설치하여야 하는 위험물은?

① 제1류위험물
② 제2류위험물
③ 제3류위험물
④ 제4류위험물

해설 액체위험물의 지하저장탱크에는 위험물의 양을 자동적으로 표시하는 장치 또는 계량구를 설치하여야 한다. 이 경우 계량구를 설치하는 지하저장탱크에 있어서는 계량구의 직하에 있는 탱크의 밑판에 그 손상을 방지하기 위한 조치를 하여야 한다.

07 지하탱크저장소의 탱크전용실에는 탱크용량의 몇 %가 찰 때 경보음을 울리는 과충전방지장치를 설치하여야 하는가?

① 70% ② 80% ③ 90% ④ 95%

해설 과충전을 방지하는 장치를 설치
① 탱크용량을 초과하는 위험물이 주입될 때 자동으로 그 주입구를 폐쇄하거나 위험물의 공급을 자동으로 차단하는 방법
② 탱크용량의 90%가 찰 때 경보음을 울리는 방법

08 지하저장탱크의 주위에는 당해 탱크로부터의 액체위험물의 누설을 검사하기 위한 관을 몇 개소 이상 적당한 위치에 설치하여야 하는가?

① 2개소 이상
② 3개소 이상
③ 4개소 이상
④ 5개소 이상

해설 지하저장탱크의 주위에는 당해 탱크로부터의 액체위험물의 누설을 검사하기 위한 관을 4개소 이상 적당한 위치에 설치하여야 한다.

정답 5. ① 6. ④ 7. ③ 8. ③

09 지하탱크 저장소의 탱크 주입배관의 선단은 탱크 바닥판으로부터 얼마 이하에 달하도록 설치하여야 하는가?

① 0.1m 이하
② 0.2m 이하
③ 0.3m 이하
④ 0.4m 이하

해설 주입배관의 선단은 탱크 밑바닥으로부터 0.1m 이하

10 위험물안전관리법령상 지하탱크저장소 하나의 전용실에 경유 20,000L와 휘발유 10,000L의 저장탱크를 인접해 설치하는 경우 탱크 상호간의 거리는 최소 몇 m를 유지하여야 하는가? (단, 지하저장탱크 사이에 탱크전용실의 벽이나 두께 20 cm 이상의 콘크리트 구조물이 있는 경우는 제외)

① 0.3m
② 0.5m
③ 0.6m
④ 1m

해설 지하저장탱크를 2 이상 인접해 설치하는 경우에는 그 상호간에 1m(당해 2 이상의 지하저장탱크의 용량의 합계가 지정수량의 100배 이하인 때에는 0.5m) 이상의 간격을 유지하여야 한다.
① 경유의 지정수량 배수 : 20,000L/1,000L = 20배
② 휘발유의 지정수량 배수 : 10,000/200L = 50배
③ 지정수량 배수의 합계 : 20배 + 50배 = 70배
④ 지정수량의 100배 이하이므로 0.5m 이상의 간격을 유지할 것

정답 9. ① 10. ②

제13장 간이탱크저장소의 위치·구조 및 설비의 기준

1 간이탱크 저장소 설치기준 ★

1) 하나의 간이탱크저장소에 설치하는 **간이저장탱크는 그 수를 3 이하**로 하고, 동일한 품질의 위험물의 간이저장탱크를 2 이상 설치하지 아니하여야 한다.
2) 간이저장탱크는 움직이거나 넘어지지 아니하도록 지면 또는 가설대에 고정시키되, **옥외에 설치하는 경우에는 그 탱크의 주위에 너비 1m 이상의 공지**를 두고, 전용실 안에 설치하는 경우에는 **탱크와 전용실의 벽과의 사이에 0.5m 이상**의 간격을 유지하여야 한다.

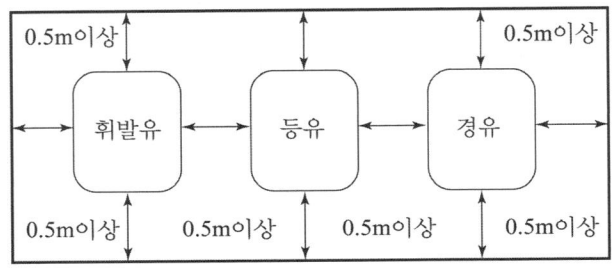

〈전용실 안에 설치하는 경우〉

3) **간이저장탱크의 용량은 600L 이하**
4) 간이저장탱크는 **두께 3.2mm 이상의 강판**으로 흠이 없도록 제작하여야 하며, **70kPa의 압력으로 10분간의 수압시험**을 실시하여 새거나 변형되지 아니하여야 한다.
5) 간이저장탱크의 외면에는 녹을 방지하기 위한 도장을 하여야 한다. 다만, 탱크의 재질이 부식의 우려가 없는 스테인레스 강판 등인 경우에는 그러하지 아니하다.

2 간이저장탱크 통기관

1) 밸브 없는 통기관 ★★

   (1) 통기관의 **지름은 25mm 이상**
   (2) 통기관은 **옥외에 설치**하되, 그 **선단의 높이는 지상 1.5m 이상**으로 할 것

(3) 통기관의 선단은 수평면에 대하여 아래로 **45° 이상** 구부려 빗물 등이 침투 하지 아니하도록 할 것
(4) 가는 눈의 구리망 등으로 인화방지장치를 할 것. 다만, 인화점 70℃ 이상의 위험물만을 해당 위험물의 인화점 미만의 온도로 저장 또는 취급하는 탱크에 설치하는 통기관에 있어서는 그러하지 아니하다.

2) 대기밸브 부착 통기관 ★

(1) 통기관은 **옥외에 설치**하되, 그 **선단의 높이는 지상 1.5m 이상**으로 할 것
(2) 가는 눈의 구리망 등으로 인화방지장치를 할 것. 다만, 인화점 70℃ 이상의 위험물만을 해당 위험물의 인화점 미만의 온도로 저장 또는 취급하는 탱크에 설치하는 통기관에 있어서는 그러하지 아니하다.

제13장 출제예상문제

01 하나의 간이탱크저장소에 설치하는 탱크는 몇 개 이하로 하여야 하는가?
① 1개
② 2개
③ 3개
④ 4개

해설 하나의 간이탱크저장소에 설치하는 간이저장탱크는 그 수를 3 이하

02 간이탱크저장소의 탱크의 수 및 용량에 대한 설명으로 옳지 않은 것은?
① 하나의 간이탱크저장소에 설치하는 탱크는 3개 이하로 할 것.
② 동일한 위험물의 탱크는 2개 이상 설치할 수 없다.
③ 간이탱크 저장소의 1개 탱크용량은 600L 이하로 하여야 한다.
④ 옥외에 설치하는 경우에는 탱크의 주위에 너비 3m이상의 공지를 두어야 한다.

해설 간이저장탱크는 움직이거나 넘어지지 아니하도록 지면 또는 가설대에 고정시키되, 옥외에 설치하는 경우에는 그 탱크의 주위에 너비 1m 이상의 공지를 두고, 전용실 안에 설치하는 경우에는 탱크와 전용실의 벽과의 사이에 0.5m 이상의 간격을 유지하여야 한다.

03 간이탱크저장소의 탱크는 두께 몇 mm이상의 강철판으로 틈이 없도록 제작하여야 하는가?
① 0.7mm 이상
② 1.5mm 이상
③ 2.5mm 이상
④ 3.2mm 이상

해설 간이저장탱크는 두께 3.2mm 이상의 강판으로 흠이 없도록 제작하여야 하며, 70kPa의 압력으로 10분간의 수압시험을 실시하여 새거나 변형되지 아니하여야 한다.

04 간이저장탱크를 옥외에 설치하는 경우에는 그 탱크의 주위에 너비 몇 m 이상의 공지를 두어야 하는가?
① 0.5m 이상
② 1.0m 이상
③ 1.5m 이상
④ 2.0m 이상

해설 간이저장탱크는 움직이거나 넘어지지 아니하도록 지면 또는 가설대에 고정시키되, 옥외에 설치하는 경우에는 그 탱크의 주위에 너비 1m 이상의 공지를 두고, 전용실 안에 설치하는 경우에는 탱크와 전용실의 벽과의 사이에 0.5m 이상의 간격을 유지하여야 한다.

정답 1. ③ 2. ④ 3. ④ 4. ②

05 간이저장소의 탱크에 설치하는 밸브 없는 통기관에 대한 설명 중 옳지 않은 것은?
① 통기관의 지름은 25mm 이상으로 할 것
② 통기관은 옥외에 설치하되, 그 선단의 높이는 지상 1m 이상으로 할 것
③ 통기관의 선단은 수평면에 대하여 아래로 45°이상 구부려 빗물 등이 들어가지 아니하도록 할 것
④ 가는 눈의 구리망 등으로 인화방지장치를 할 것

해설 밸브 없는 통기관
① 통기관의 지름은 25mm 이상
② 통기관은 옥외에 설치하되, 그 선단의 높이는 지상 1.5m 이상으로 할 것
③ 통기관의 선단은 수평면에 대하여 아래로 45°이상 구부려 빗물 등이 침투 하지 아니하도록 할 것
④ 가는 눈의 구리망 등으로 인화방지장치를 할 것. 다만, 인화점 70℃ 이상의 위험물만을 해당 위험물의 인화점 미만의 온도로 저장 또는 취급하는 탱크에 설치하는 통기관에 있어서는 그러하지 아니하다.

06 간이저장소의 탱크에 설치하는 밸브 없는 통기관은 옥외에 설치하되, 그 선단의 높이는 지상 몇 m 이상으로 하여야 하는가?
① 0.5m 이상
② 1.0m 이상
③ 1.5m 이상
④ 2.0m 이상

해설 밸브 없는 통기관
① 통기관의 지름은 25mm 이상
② 통기관은 옥외에 설치하되, 그 선단의 높이는 지상 1.5m 이상으로 할 것

07 위험물안전관리법령상 간이탱크저장소 설치 기준에 관한 내용으로 옳은 것은?
① 간이저장탱크의 용량은 1,000L 이하이어야 한다.
② 하나의 간이탱크저장소에 설치하는 간이저장탱크 수는 5이하로 한다.
③ 간이저장탱크는 70kPa의 압력으로 10분간의 수압시험을 실시하여 새거나 변형되지 아니하여야 한다.
④ 간이저장탱크를 옥외에 설치하는 경우 그 탱크 주위에 너비 0.5m 이상의 공지를 둔다.

해설 보기설명
① 간이저장탱크의 용량은 **600L 이하**
② 하나의 간이탱크저장소에 설치하는 간이저장탱크 수는 **3이하**
③ 간이저장탱크를 옥외에 설치하는 경우 그 탱크 주위에 너비 **1m 이상**의 공지를 두고, 전용실 안에 설치하는 경우에는 탱크와 전용실의 벽과의 사이에 **0.5m 이상**의 간격을 유지하여야 한다.

정답 5. ② 6. ③ 7. ③

제14장 이동탱크저장소의 위치·구조 및 설비의 기준

1 상치장소 적합기준 ★

> 상치장소 : 이동탱크저장소를 운행하지 않을 때 주차해 두는 장소이며, 위험물을 저장한 채로 주차해서는 안 된다.

1) **옥외에 있는 상치장소**는 화기를 취급하는 장소 또는 인근의 건축물로부터 **5m 이상** (**인근의 건축물이 1층인 경우에는 3m 이상**)의 거리를 확보하여야 한다. 다만, 하천의 공지나 수면, 내화구조 또는 불연재료의 담 또는 벽 그 밖에 이와 유사한 것에 접하는 경우를 제외한다.
2) **옥내에 있는 상치장소**는 벽·바닥·보·서까래 및 지붕이 **내화구조 또는 불연재료로 된 건축물의 1층**에 설치하여야 한다.

2 이동저장탱크의 구조 ★★★

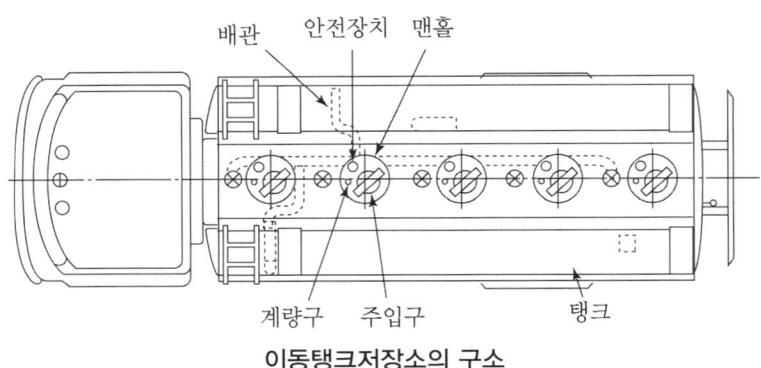

이동탱크저장소의 구소

1) **탱크**(맨홀 및 주입관의 뚜껑을 포함한다)**는 두께 3.2mm 이상의 강철판** 또는 이와 동등 이상의 강도·내식성 및 내열성
2) **압력탱크**(최대상용압력이 46.7kPa 이상인 탱크를 말한다) **외의 탱크는 70kPa의 압력으로, 압력탱크는 최대상용압력의 1.5배의 압력으로 각각 10분간의 수압시험을 실

시하여 새거나 변형되지 아니할 것. 이 경우 수압시험은 용접부에 대한 **비파괴시험과 기밀시험**으로 대신할 수 있다.

압력탱크	최대상용압력의 1.5배의 압력
압력탱크외의 탱크	70kPa의 압력

3) 이동저장탱크는 그 내부에 **4,000L 이하 마다 3.2mm 이상의 강철판** 또는 이와 동등 이상의 강도·내열성 및 내식성이 있는 금속성의 것으로 **칸막이를 설치**하여야 한다.
   칸막이를 설치하는 이유 : 위험물 운송 중 출렁임 현상으로 인한 사고 발생의 최소화

3 안전장치 및 방파판 기준

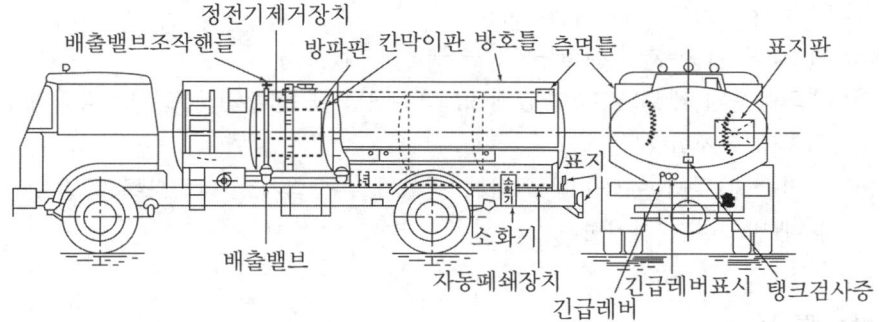

칸막이로 구획된 부분의 용량이 2,000L 미만인 부분에는 방파판을 설치하지 아니할 수 있다.

1) 안전장치의 작동압력 ★★★

상용압력이 20kPa 이하	20kPa 이상 24kPa 이하의 압력
상용압력이 20kPa를 초과	상용압력의 1.1배 이하의 압력

2) 방파판 ★

※ 방파판 설치이유 : 위험물 운송 중 출렁임 현상을 방지하여 사고발생 최소화
(1) **두께 1.6mm 이상의 강철판** 또는 이와 동등 이상의 강도·내열성 및 내식성이 있는 금속성의 것으로 할 것

(2) 하나의 구획부분에 **2개 이상의 방파판**을 이동탱크저장소의 진행방향과 평행으로 설치하되, 각 방파판은 그 높이 및 칸막이로부터의 거리를 다르게 할 것

4 측면틀 및 방호틀 기준

1) 측면틀

※ 측면틀 설치이유 : 전도에 의한 상부 부속장치의 손상 최소화

(1) 탱크 뒷부분의 입면도에 있어서 측면틀의 최외측과 탱크의 최외측을 연결하는 직선의 수평면에 대한 내각이 75도 이상이 되도록 하고, 최대수량의 위험물을 저장한 상태에 있을 때의 당해 탱크중량의 중심점과 측면틀의 최외측을 연결하는 직선과 그 중심점을 지나는 직선중 최외측선과 직각을 이루는 직선과의 내각이 35도 이상이 되도록 할 것
(2) 외부로부터 하중에 견딜 수 있는 구조로 할 것
(3) 탱크상부의 네 모퉁이에 당해 탱크의 전단 또는 후단으로부터 각각 1m 이내의 위치에 설치할 것
(4) 측면틀에 걸리는 하중에 의하여 탱크가 손상되지 아니하도록 측면틀의 부착부분에 받침판을 설치할 것

2) 방호틀 ★★

※ 방호틀 설치이유 : 차량 전복에 의한 상부 부속장치의 손상 최소화

(1) **두께 2.3mm 이상의 강철판** 또는 이와 동등 이상의 기계적 성질이 있는 재료로써 산모양의 형상으로 하거나 이와 동등 이상의 강도가 있는 형상으로 할 것
(2) **정상부분은 부속장치보다 50mm 이상 높게**하거나 이와 동등 이상의 성능이 있는 것으로 할 것

5 배출밸브 및 폐쇄장치

1) 배출밸브

이동저장탱크의 아랫부분에 배출구를 설치하는 경우에는 당해 탱크의 배출구에 밸브를 설치하고 **비상시에 직접 당해 배출밸브를 폐쇄**할 수 있는 수동폐쇄장치 또는

자동폐쇄장치를 설치하여야 한다.
① 수동폐쇄장치 : 위험물 유출 시 긴급레버를 당겨 배출밸브를 수동으로 폐쇄
② 자동폐쇄장치 : 이동탱크저장소 또는 부근에서 화재발생 시 열을 감지하여 자동으로 폐쇄

2) 수동식폐쇄장치(긴급레버) ★

다음 각목의 기준에 적합하게 레버를 설치할 것
(1) 손으로 잡아당겨 **수동폐쇄장치**를 작동시킬 수 있도록 할 것
(2) **길이는 15cm 이상**으로 할 것

6 결합 금속구 ★

1) 이동탱크저장소에 주입설비(주입호스의 선단에 개폐밸브를 설치한 것)를 설치하는 경우에는 다음 각목의 기준에 의하여야 한다.
   (1) 위험물이 샐 우려가 없고 화재예방상 안전한 구조로 할 것
   (2) **주입설비의 길이는 50m 이내**로 하고, 그 선단에 축적되는 정전기를 유효하게 제거할 수 있는 장치를 할 것
   (3) **분당 토출량은 200L 이하**로 할 것

7 표지 및 게시판 ★

1) 이동탱크저장소에는 차량의 전면 및 후면의 보기 쉬운 곳에 **사각형(한변의 길이가 0.6m 이상, 다른 한 변의 길이가 0.3m 이상)**의 흑색바탕에 황색의 반사도료 그 밖의 반사성이 있는 재료로 "위험물"이라고 표시한 표지를 설치하여야 한다.

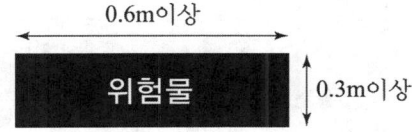

2) 이동저장탱크의 뒷면중 보기 쉬운 곳에는 당해 탱크에 저장 또는 취급하는 위험물의 **유별 · 품명 · 최대수량 및 적재중량을 게시한 게시판**을 설치하여야 한다.

8 접지도선 ★★

제4류 위험물중 특수인화물, 제1석유류 또는 제2석유류의 이동탱크저장소에는 다음의 각호의 기준에 의하여 접지도선을 설치하여야 한다.
1) 양도체(良導體)의 도선에 비닐 등의 절연재료로 피복하여 선단에 접지전극 등을 결착시킬 수 있는 클립(clip) 등을 부착할 것
2) 도선이 손상되지 아니하도록 도선을 수납할 수 있는 장치를 부착할 것

9 위험물의 성질에 따른 이동탱크저장소의 특례

1) 알킬알루미늄 등을 저장 또는 취급하는 이동탱크저장소 ★★★

(1) 이동저장탱크는 **두께 10mm 이상의 강판** 또는 이와 동등 이상의 기계적 성질이 있는 재료로 기밀하게 제작되고 **1MPa 이상의 압력으로 10분간 실시**하는 수압시험에서 새거나 변형하지 아니하는 것일 것
(2) **이동저장탱크의 용량은 1,900L 미만일 것**
(3) 안전장치는 이동저장탱크의 수압시험의 압력의 3분의 2를 초과하고 5분의 4를 넘지 아니하는 범위의 압력으로 작동할 것
(4) **이동저장탱크의 맨홀 및 주입구의 뚜껑은 두께 10mm 이상의 강판** 또는 이와 동등 이상의 기계적 성질이 있는 재료로 할 것
(5) 이동저장탱크의 **배관 및 밸브 등은 당해 탱크의 윗부분**에 설치할 것
(6) 이동저장탱크는 **불활성의 기체를 봉입**할 수 있는 구조로 할 것

2) 아세트알데하이드 등을 저장 또는 취급하는 이동탱크저장소 ★★

(1) 이동저장탱크는 **불활성의 기체를 봉입**할 수 있는 구조로 할 것
(2) 이동저장탱크 및 그 설비는 **은·수은·동·마그네슘** 또는 이들을 성분으로 하는 합금으로 만들지 아니할 것

제14장 출제예상문제

01 옥내에 있는 상치장소는 벽·바닥·보·서까래 및 지붕이 내화구조 또는 불연재료로 된 건축물의 어느 곳에 설치하여야 하는가?
① 지하층
② 1층
③ 2층
④ 3층

해설 상치장소 적합기준
① 옥외에 있는 상치장소는 화기를 취급하는 장소 또는 인근의 건축물로부터 5m 이상(인근의 건축물이 1층인 경우에는 3m 이상)의 거리를 확보하여야 한다. 다만, 하천의 공지나 수면, 내화구조 또는 불연재료의 담 또는 벽 그 밖에 이와 유사한 것에 접하는 경우를 제외한다.
② 옥내에 있는 상치장소는 벽·바닥·보·서까래 및 지붕이 내화구조 또는 불연재료로 된 건축물의 1층에 설치하여야 한다.

02 이동탱크저장소의 상치장소의 기준으로 옳지 않은 것은?
① 옥외에 있는 상치장소는 화기를 취급하는 장소 또는 인근의 건축물로부터 5m 이상의 거리를 확보하여야 한다.
② 옥외에 있는 상치장소는 화기를 취급하는 장소 또는 인근의 1층 규모의 건축물로 부터 1m 이상의 거리를 확보하여야 한다.
③ 내화구조의 벽으로 부터는 거리를 확보할 필요가 없다.
④ 옥내에 있는 상치장소는 벽·바닥·보·서까래 및 지붕이 내화구조 또는 불연재료로 된 건축물의 1층에 설치하여야 한다.

해설 옥외에 있는 상치장소는 화기를 취급하는 장소 또는 인근의 건축물로부터 5m 이상(인근의 건축물이 1층인 경우에는 3m 이상)의 거리를 확보하여야 한다.

03 이동탱크저장소의 탱크는 그 내부에 몇 L 이하 마다 3.2mm 이상의 강철판 또는 이와 동등 이상의 강도·내열성·내식성이 있는 금속성의 것으로 칸막이를 설치하여야 하는가?
① 2,000L 이하
② 4,000L 이하
③ 10,000L 이하
④ 30,000L 이하

해설 이동저장탱크는 그 내부에 4,000L 이하 마다 3.2mm 이상의 강철판 또는 이와 동등 이상의 강도·내열성 및 내식성이 있는 금속성의 것으로 칸막이를 설치하여야 한다.

정답 1. ② 2. ② 3. ②

04 이동탱크저장소의 탱크의 구조에 대한 설명 중 옳지 않은 것은?
① 탱크(맨홀 및 주입관의 뚜껑을 포함한다)는 두께 3.2mm 이상의 강철판으로 제작할 것
② 압력탱크 외의 탱크는 수압시험을 실시한다.
③ 압력탱크 외의 탱크는 70kPa의 압력으로 10분간의 수압시험을 실시하여 새거나 변형되지 아니할 것
④ 압력탱크는 최대상용압력의 1.5배의 압력으로 20분간의 수압시험을 실시하여 새거나 변형되지 아니할 것

해설 압력탱크외의 탱크는 70kPa의 압력으로, 압력탱크는 최대상용압력의 1.5배의 압력으로 각각 10분간의 수압시험을 실시

05 상용압력이 20kPa이하인 이동탱크에 설치하는 안전장치의 작동압력은?
① 20kPa 이상 24kPa 이하
② 20kPa 이상 30kPa 이하
③ 상용압력의 1.1배 이하의 압력
④ 상용압력의 1.5배 이하의 압력

해설 상용압력이 20kPa 이하인 탱크에 있어서는 20kPa 이상 24kPa 이하의 압력에서, 상용압력이 20kPa을 초과하는 탱크에 있어서는 상용압력의 1.1배 이하의 압력에서 작동하는 것으로 할 것

06 이동탱크저장소의 탱크 내부에 설치하는 방파판에 대한 설명으로 옳지 않은 것은?
① 두께 3.2mm이상의 강철판 또는 이와 동등 이상의 강도·내열성·내식성이 있는 금속성의 것으로 할 것
② 하나의 구획부분에 2개 이상의 방파판을 이동탱크저장소의 진행방향과 평행으로 설치 하되, 각 방파판은 그 높이 및 칸막이로부터의 거리를 다르게 할 것
③ 하나의 구획부분에 설치하는 각 방파판의 면적의 합계는 당해 구획부분의 최대 수직단면적의 50%이상으로 할 것.
④ 하나의 구획부분에 설치하는 각 방파판의 면적의 합계는 수직단면이 원형이거나 짧은 지름이 1m 이하의 타원형일 경우에는 40%이상으로 할 수 있다.

해설 방파판
방파판 설치이유 : 위험물 운송 중 출렁임 현상을 방지하여 사고발생 최소화
① 두께 1.6mm 이상의 강철판 또는 이와 동등 이상의 강도·내열성 및 내식성이 있는 금속성의 것으로 할 것
② 하나의 구획부분에 2개 이상의 방파판을 이동탱크저장소의 진행방향과 평행으로 설치하되, 각 방파판은 그 높이 및 칸막이로부터의 거리를 다르게 할 것

정답 4. ④ 5. ① 6. ①

07 이동탱크저장소의 방호틀의 두께는 몇 mm 이상의 강철판으로 산모양의 형상으로 하거나 이와 동등이상의 강도가 있는 형상으로 하여야 하는가?

① 1.6mm 이상 ② 2.3mm 이상
③ 3.2mm 이상 ④ 4.5mm 이상

해설 방호틀
① 두께 2.3mm 이상의 강철판 또는 이와 동등 이상의 기계적 성질이 있는 재료로써 산모양의 형상으로 하거나 이와 동등 이상의 강도가 있는 형상으로 할 것
② 정상부분은 부속장치보다 50mm 이상 높게 하거나 이와 동등 이상의 성능이 있는 것으로 할 것

08 이동탱크저장소의 방호틀의 정상부분은 부속장치보다 몇 mm 이상 높게 하거나 이와 동등 이상의 성능이 있는 것으로 하여야 하는가?

① 30mm 이상 ② 50mm 이상
③ 70mm 이상 ④ 100mm 이상

해설 정상부분은 부속장치보다 50mm 이상 높게 하거나 이와 동등이상의 성능이 있는 것으로 할 것

09 이동탱크에 있어 배출밸브를 수동의 것으로 하는 때에는 수동식폐쇄장치를 작동시킬 수 있는 길이 몇 cm 이상의 레버를 설치하여 앞으로 당김으로서 폐쇄장치가 작동될 수 있도록 하여야 하는가?

① 10cm 이상 ② 15cm 이상
③ 20cm 이상 ④ 25cm 이상

해설 수동식폐쇄장치(긴급레버)
다음 각목의 기준에 적합하게 레버를 설치할 것
① 손으로 잡아당겨 수동폐쇄장치를 작동시킬 수 있도록 할 것
② 길이는 15cm 이상으로 할 것

10 이동탱크저장소의 주입설비의 길이는 몇 m로 하여야 하는가?

① 30m 이내 ② 50m 이내
③ 30m 이상 ④ 50m 이상

해설 주입설비의 길이는 50m 이내로 하고, 그 선단에 축적되는 정전기를 유효하게 제거할 수 있는 장치를 할 것

정답 7. ② 8. ② 9. ② 10. ②

11 이동탱크저장소에 설치하는 "위험물" 표지의 색깔로 옳은 것은?

① 흑색바탕에 황색의 반사도료
② 적색바탕에 황색의 반사도료
③ 적색바탕에 백색의 반사도료
④ 흑색바탕에 백색의 반사도료

해설 이동탱크저장소에는 차량의 전면 및 후면의 보기 쉬운 곳에 사각형(한변의 길이가 0.6m 이상, 다른 한 변의 길이가 0.3m 이상)의 흑색바탕에 황색의 반사도료 그 밖의 반사성이 있는 재료로 "위험물"이라고 표시한 표지를 설치하여야 한다.

12 위험물안전관리법령상 이동탱크저장소의 시설기준에 관한 내용으로 옳은 것은?

① 옥외 상치장소로서 인근에 1층 건축물이 있는 경우에는 5m 이상 거리를 두어야 한다.
② 압력탱크 외의 탱크는 70kPa의 압력으로 30분간 수압시험을 실시하여 새거나 변형되지 않아야 한다.
③ 액체위험물의 탱크내부에는 4,000L 이하마다 3.2mm 이상의 강철판 등으로 칸막이를 설치해야 한다.
④ 차량의 전면 및 후면에는 사각형의 백색바탕에 적색의 반사도료로 "위험물"이라고 표시한 표지를 설치해야 한다.

해설 보기설명
① 옥외에 있는 상치장소는 화기를 취급하는 장소 또는 인근의 건축물로부터 5m 이상(인근의 건축물이 1층인 경우에는 3m 이상)의 거리를 확보하여야 한다.
② 압력탱크 외의 탱크는 70kPa의 압력으로 10분간 수압시험을 실시하여 새거나 변형되지 않아야 한다.
③ 위험물 표시 : 흑색바탕에 황색의 반사도료

13 이동저장탱크의 뒷면 중 보기 쉬운 곳에는 게시판을 설치할 경우 게시 사항으로 옳지않은 것은?

① 유별
② 최대수량
③ 지정수량
④ 적재중량

해설 위험물의 유별·품명·최대수량 및 적재중량을 게시한 게시판을 설치하여야 한다.

14 제4류 위험물중 이동탱크저장소에 저장 시 접지도선을 설치하여야 하는 것에 해당하지 않는 것은?

① 제1석유류
② 특수인화물
③ 제3석유류
④ 제2석유류

해설 접지도선 설치 : 특수인화물, 제1석유류 또는 제2석유류의 이동탱크저장소

정답 11. ① 12. ③ 13. ③ 14. ③

15 아세트알데하이드 등을 저장 또는 취급하는 이동탱크저장소의 이동저장탱크 및 그 설비가 접촉해서는 아니 되는 금속에 해당하지 않는 것은?
① 수은
② 동
③ 칼륨
④ 마그네슘

해설 이동저장탱크 및 그 설비는 은·수은·동·마그네슘 또는 이들을 성분으로 하는 합금으로 만들지 아니할 것

16 다음의 ( )에 들어갈 내용으로 옳은 것은?

[보기]
보냉 장치가 있는 이동 저장탱크에 저장하는 아세트알데하이드 또는 산화프로필렌의 온도는 당해 위험물의 ( )이하로 유지하여야 한다.

① 융해점
② 발화점
③ 비점
④ 인화점

해설 보냉 장치가 있는 이동 저장탱크에 저장하는 아세트알데하이드 또는 산화프로필렌의 온도는 당해 위험물의 비점이하로 유지하여야 한다.

17 위험물안전관리법령상 이동탱크저장소의 기준 중 이동저장탱크에 설치하는 강철판으로 된 칸막이, 방파판, 방호틀 각각의 최소 두께를 합한 값은?
① 4.8mm
② 6.9mm
③ 7.1mm
④ 9.6mm

해설 강철판으로 된 칸막이 3.2mm, 방파판 1.6mm, 방호틀 2.3mm 이므로 두께의 합은 7.1mm이다.

정답 15. ③ 16. ③ 17. ③

제15장 옥외저장소의 위치·구조 및 설비의 기준

1 옥외저장소의 기준

1) 옥외저장소는 습기가 없고 배수가 잘되는 장소에 설치할 것

2) 위험물을 저장 또는 취급하는 장소의 주위에는 경계표시(울타리의 기능이 있는 것에 한함)를 하여 명확하게 구분할 것

3) **보유공지** ★

   (1) 경계표시의 주위에는 그 저장 또는 취급하는 위험물의 최대수량에 따른 보유공지

저장 또는 취급하는 위험물의 최대수량	공지의 너비
지정수량의 10배 이하	3m 이상
지정수량의 10배 초과 20배 이하	5m 이상
지정수량의 20배 초과 50배 이하	9m 이상
지정수량의 50배 초과 200배 이하	12m 이상
지정수량의 200배 초과	15m 이상

   (2) **제4류 위험물 중 제4석유류와 제6류 위험물**을 저장 또는 취급하는 옥외저장소의 보유공지는 상기 표에 의한 **공지의 너비의 3분의 1 이상의 너비**로 할 수 있다.

4) 옥외저장소에 선반을 설치하는 경우에는 다음의 기준에 의할 것 ★★★

   (1) **선반은 불연재료**로 만들고 견고한 지반면에 고정할 것
   (2) 선반은 당해 선반 및 그 부속설비의 자중·저장하는 위험물의 중량·풍하중·지진의 영향등에 의하여 생기는 응력에 대하여 안전할 것
   (3) **선반의 높이는 6m를 초과하지 아니할 것**
   (4) 선반에는 위험물을 수납한 용기가 쉽게 낙하하지 않는 조치를 강구할 것
   (5) **과산화수소 또는 과염소산을 저장하는 옥외저장소**에는 불연성 또는 난연성의 천막등을 설치하여 **햇빛을 가릴 것**

(6) 눈·비 등을 피하거나 차광 등을 위하여 옥외저장소에 캐노피 또는 지붕을 설치하는 경우에는 환기 및 소화활동에 지장을 주지 아니하는 구조로 할 것. 이 경우 기둥은 내화구조로 하고, 캐노피 또는 지붕을 불연재료로 하며, 벽을 설치하지 아니하여야 한다.

2 덩어리 상태의 황 저장 또는 취급기준 ★★

옥외저장소 중 덩어리 상태의 황만을 지반면에 설치한 경계표시의 안쪽에서 저장 또는 취급하는 것의 위치·구조 및 설비의 기술기준은 다음과 같다.

1) **하나의 경계표시의 내부의 면적은 100m² 이하**
2) **2 이상의 경계표시를 설치하는 경우**에 있어서는 각각의 경계표시 내부의 면적을 **합산한 면적은 1,000m² 이하**, 인접하는 경계표시와 경계표시와의 간격을 보유공지의 너비의 2분의 1 이상으로 할 것. 다만, 저장 또는 취급하는 **위험물의 최대수량이 지정수량의 200배 이상인 경우에는 10m 이상**으로 하여야 한다.

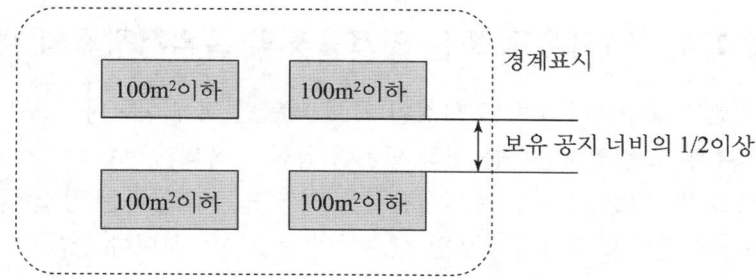

3) **경계표시는 불연재료**로 만드는 동시에 황이 새지 아니하는 구조로 할 것
4) **경계표시의 높이는 1.5m 이하**로 할 것

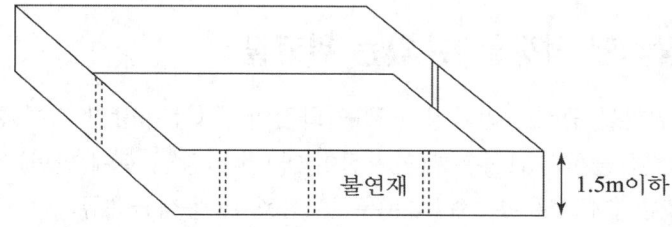

5) 경계표시에는 황이 넘치거나 비산하는 것을 방지하기 위한 천막 등을 고정하는 장치를 설치하되, 천막 등을 고정하는 장치는 **경계표시의 길이 2m마다 한 개 이상 설치**할 것
6) 황을 저장 또는 취급하는 장소의 주위에는 **배수구와 분리장치**를 설치할 것

3 고인화점 위험물의 옥외저장소의 특례

경계표시의 주위에는 다음 표에 정하는 너비의 공지를 보유할 것

저장 또는 취급하는 위험물의 최대수량	공지의 너비
지정수량의 50배 이하	3m 이상
지정수량의 50배 초과 200배 이하	6m 이상
지정수량의 200배 초과	10m 이상

4 인화성고체, 제1석유류 또는 알코올류의 옥외저장소의 특례 ★

제2류 위험물 중 인화성고체(인화점이 21℃ 미만인 것에 한한다.) 또는 제4류 위험물 중 제1석유류 또는 알코올류를 저장 또는 취급하는 옥외저장소

1) 인화성고체, 제1석유류 또는 알코올류를 저장 또는 취급하는 장소에는 당해 위험물을 적당한 온도로 유지하기 위한 살수설비 등을 설치하여야 한다.
2) 제1석유류 또는 알코올류를 저장 또는 취급하는 장소의 주위에는 배수구 및 집유설비를 설치하여야 한다. 이 경우 **제1석유류(온도 20℃의 물 100g에 용해되는 양이 1g 미만인 것**에 한한다)를 저장 또는 취급하는 장소에 있어서는 집유설비에 유분리장치를 설치하여야 한다.

5 옥외 저장소에 저장할 수 있는 위험물

1) 제2류 위험물 중 황, 인화성 고체(인화점이 0[℃] 이상인 것에 한함)
2) 제4류 위험물 중 제1석유류(인화점이 0[℃] 이상인 것에 한함)
   제2석유류, 제3석유류, 제4석유류, 알코올류, 동식물유류
3) 제6류 위험물

제15장 출제예상문제

01 지정수량의 20배 초과 50배 이하의 위험물을 저장하는 옥외저장소의 보유공지로 옳은 것은?

① 3m 이상 ② 5m 이상
③ 9m 이상 ④ 12m 이상

해설 보유공지

저장 또는 취급하는 위험물의 최대수량	공지의 너비
지정수량의 10배 이하	3m 이상
지정수량의 10배 초과 20배 이하	5m 이상
지정수량의 20배 초과 50배 이하	9m 이상
지정수량의 50배 초과 200배 이하	12m 이상
지정수량의 200배 초과	15m 이상

02 옥외저장소의 선반 등 구조물에 대한 설명 중 옳지 않은 것은?

① 선반은 불연재료로 하고 지반에 견고하게 고정하여야 한다.
② 선반은 저장하는 위험물의 하중·풍력·지진 등의 재해에 견딜 수 있는 안전한 구조로 하여야 한다.
③ 선반의 높이는 위험물을 적재한 상태에서 3m를 초과하여서는 아니 된다.
④ 과산화수소 또는 과염소산을 저장하는 옥외저장소에는 햇빛을 가려야 한다.

해설 옥외저장소에 선반을 설치하는 경우에는 다음의 기준에 의할 것
① 선반은 불연재료로 만들고 견고한 지반면에 고정할 것
② 선반은 당해 선반 및 그 부속설비의 자중·저장하는 위험물의 중량·풍하중·지진의 영향등에 의하여 생기는 응력에 대하여 안전할 것
③ 선반의 높이는 6m를 초과하지 아니할 것
④ 선반에는 위험물을 수납한 용기가 쉽게 낙하하지 않는 조치를 강구할 것
⑤ 과산화수소 또는 과염소산을 저장하는 옥외저장소에는 불연성 또는 난연성의 천막등을 설치하여 햇빛을 가릴 것
⑥ 눈·비 등을 피하거나 차광 등을 위하여 옥외저장소에 캐노피 또는 지붕을 설치하는 경우에는 환기 및 소화활동에 지장을 주지 아니하는 구조로 할 것. 이 경우 기둥은 내화구조로 하고, 캐노피 또는 지붕을 불연재료로 하며, 벽을 설치하지 아니하여야 한다.

정답 1. ③ 2. ③

03 옥외저장소 중 덩어리 상태의 황만을 지반면에 설치한 경계표시의 안쪽에서 저장 또는 취급하는 것의 기준으로 옳지 않은 것은?

① 하나의 경계표시의 내부의 면적은 100m² 이하일 것
② 2 이상의 경계표시를 설치하는 경우에 있어서는 각각의 경계표시 내부의 면을 합산한 면적은 1,500m² 이하로 할 것.
③ 경계표시는 불연재료로 만드는 동시에 황이 새지 아니하는 구조로 할 것
④ 경계표시의 높이는 1.5m 이하로 할 것

해설 옥외저장소 중 덩어리 상태의 황만을 지반면에 설치한 경계표시의 안쪽에서 저장 또는 취급하는 것의 위치·구조 및 설비의 기술기준
 ① 하나의 경계표시의 내부의 면적은 100m² 이하
 ② 2 이상의 경계표시를 설치하는 경우에 있어서는 각각의 경계표시 내부의 면적을 합산한 면적은 1,000m² 이하, 인접하는 경계표시와 경계표시와의 간격을 보유공지의 너비의 2분의 1 이상으로 할 것. 다만, 저장 또는 취급하는 위험물의 최대수량이 지정수량의 200배 이상인 경우에는 10m 이상으로 하여야 한다.

04 옥외저장소에서 덩어리 상태의 황 저장 또는 취급기준에서 하나의 경계 표시 내부의 면적은 몇 m² 이하이어야 하는가?

① 50m² 이하
② 100m² 이하
③ 150m² 이하
④ 200m² 이하

해설 하나의 경계표시의 내부의 면적은 100m² 이하일 것

05 옥외저장소 중 덩어리 상태의 황만을 지반면에 설치한 경계표시의 높이는 몇 m 이하인가?

① 1.0m 이하
② 1.5m 이하
③ 2.0m 이하
④ 3.0m 이하

해설 경계표시의 높이는 1.5m 이하로 할 것

06 옥외저장소에서 덩어리상태의 황을 저장 또는 취급하는 경우 경계표시에는 황이 넘치거나 비산하는 것을 방지하기 위한 천막 등을 고정하는 장치를 설치하되, 천막 등을 고정하는 장치는 경계표시의 길이 몇 m마다 한 개 이상 설치하여야 하는가?

① 1m
② 2m
③ 3m
④ 4m

해설 경계표시에는 황이 넘치거나 비산하는 것을 방지하기 위한 천막 등을 고정하는 장치를 설치하되, 천막 등을 고정하는 장치는 경계표시의 길이 2m마다 한 개 이상 설치할 것

정답 3. ② 4. ② 5. ② 6. ②

제16장 암반탱크저장소의 위치·구조 및 설비의 기준

1 암반탱크저장소의 암반탱크 기준

1) 암반탱크는 암반투수계수가 **1초당 10만분의 1m 이하**인 천연 암반 내에 설치할 것
2) 암반탱크는 저장할 위험물의 증기압을 억제할 수 있는 지하수면 하에 설치할 것
3) 암반탱크의 내벽은 암반균열에 의한 낙반을 방지할 수 있도록 볼트·콘크리트 등으로 보강할 것

2 암반탱크 수리조건

1) 암반탱크내로 유입되는 지하수의 양은 암반내의 지하수 충전량보다 적을 것
2) 암반탱크의 상부로 물을 주입하여 수압을 유지할 필요가 있는 경우에는 수벽공을 설치할 것
3) 암반탱크에 가해지는 지하수압은 저장소의 최대 운영압보다 항상 크게 유지

3 지하수위 관측공의 설치

암반탱크저장소 주위에는 지하수위 및 지하수의 흐름 등을 확인·통제할 수 있는 관측공을 설치하여야 한다.

4 계량장치

암반탱크저장소에는 위험물의 양과 내부로 유입되는 지하수의 양을 측정할 수 있는 계량구와 자동측정이 가능한 계량장치를 설치하여야 한다.

5 배수시설

암반탱크저장소에는 주변 암반으로부터 유입되는 침출수를 자동으로 배출할 수 있는 시설을 설치하고 침출수에 섞인 위험물이 직접 배수구로 흘러 들어가지 아니하도록 유분리장치를 설치하여야 한다.

6 펌프설비

암반탱크저장소의 펌프설비는 점검 및 보수를 위하여 사람의 출입이 용이한 구조의 전용공동에 설치하여야 한다.

제16장 출제예상문제

01 암반탱크저장소의 암반탱크는 암반투수계수가 얼마 이하인 천연암반 내에 설치하여야 하는가?

① 10^{-4}m/s   ② 10^{-5}m/s   ③ 10^{-6}m/s   ④ 10^{-7}m/s

해설 암반투수계수가 10^{-5}m/s 이하인 천연암반 내에 설치할 것.

02 암반탱크저장소의 기준에 대한 설명 중 옳지 않은 것은?
① 지하공동은 암반투수계수가 10^{-3}m/s 이하인 천연암반 내에 설치할 것.
② 지하공동은 저장할 위험물의 증기압을 억제할 수 있는 지하수면 하에 설치할 것.
③ 지하공동의 내벽은 암반균열에 의한 낙반을 방지할 수 있도록 볼트·콘크리트 등으로 보강할 것.
④ 지하암반저장소 내로 유입되는 지하수의 양은 암반내의 지하수 충전량보다 적을 것.

해설 지하공동은 암반투수계수가 10^{-5} m/s 이하인 천연암반 내에 설치할 것.

03 암반탱크저장소 주위에는 지하수위 및 지하수의 흐름 등을 확인·통제할 수 있도록 설치한 장치로 옳은 것은?
① 관측공   ② 계량장치
③ 배수시설   ④ 펌프설비

해설 지하수위 관측공의 설치
암반탱크저장소 주위에는 지하수위 및 지하수의 흐름 등을 확인·통제할 수 있는 관측공을 설치하여야 한다.

04 암반탱크저장소에는 위험물의 양과 내부로 유입되는 지하수의 양을 측정 할 수 있는 계량구와 자동측정이 가능하도록 설치하여야 하는 장치는?
① 관측공   ② 배수설비
③ 계량장치   ④ 통기관

해설 암반탱크저장소에는 위험물의 양과 내부로 유입되는 지하수의 양을 측정할 수 있는 계량구와 자동측정이 가능한 계량장치를 설치하여야 한다.

정답 1. ②   2. ①   3. ①   4. ③

제17장 주유취급소의 위치·구조 및 설비의 기준

1 주유공지 및 급유공지 ★★

1) 주유취급소의 고정주유설비(펌프기기 및 호스기기로 되어 위험물을 자동차등에 직접 주유하기 위한 설비로서 현수식의 것을 포함한다. 이하 같다)의 주위에는 주유를 받으려는 자동차 등이 출입할 수 있도록 **너비 15m 이상, 길이 6m 이상**의 콘크리트 등으로 포장한 공지(이하 "주유공지"라 한다)를 보유하여야 하고, 고정급유설비(펌프기기 및 호스기기로 되어 위험물을 용기에 옮겨 담거나 이동저장탱크에 주입하기 위한 설비로서 현수식의 것을 포함한다. 이하 같다)를 설치하는 경우에는 고정급유설비의 호스기기의 주위에 필요한 공지(이하 "급유공지"라 한다)를 보유하여야 한다.
2) 제1)호의 규정에 의한 공지의 바닥은 주위 지면보다 높게 하고, 그 표면을 적당하게 경사지게 하여 새어나온 기름 그 밖의 액체가 공지의 외부로 유출되지 아니하도록 **배수구·집유설비 및 유분리장치**를 하여야 한다.

2 표지 및 게시판 ★

1) 표지

주유취급소에는 보기 쉬운 곳에 **"위험물 주유취급소"**라는 표시를 한 표지를 할 것

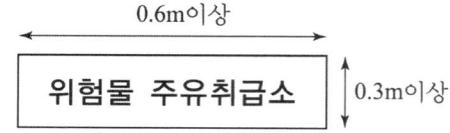

2) 게시판

황색바탕에 흑색문자로 "주유중엔진정지"라는 표시를 한 게시판을 설치

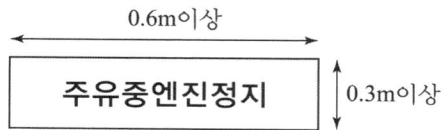

3 주유취급소에 설치가능 한 탱크기준 ★★★

1) 자동차 등에 주유하기 위한 **고정주유설비**에 직접 접속하는 전용탱크로 **50,000L 이하**의 것
2) **고정급유설비**에 직접 접속하는 전용탱크로서 **50,000L 이하**의 것
3) **보일러** 등에 직접 접속하는 전용탱크로서 **10,000L 이하**의 것
4) 자동차 등을 점검·정비하는 작업장 등(주유취급소안에 설치된 것에 한한다)에서 사용하는 폐유·윤활유 등의 위험물을 저장하는 탱크로서 용량이 **2,000L 이하**인 탱크(이하 "**폐유탱크 등**"이라 한다)
5) **고정주유설비 또는 고정급유설비에 직접 접속하는 3기 이하의 간이탱크**. 다만, 방화지구 안에 위치하는 주유취급소의 경우를 제외한다.

4 고정주유설비 등 ★

1) 주유취급소에는 자동차 등의 연료탱크에 직접 주유하기 위한 고정주유설비를 설치하여야 한다.
2) 주유취급소의 고정주유설비 또는 고정급유설비는 탱크중 하나의 탱크만으로부터 위험물을 공급받을 수 있도록 하고, 다음 각목의 기준에 적합한 구조로 하여야 한다.
   (1) 펌프기기는 주유관 선단에서의 최대토출량이 **제1석유류**의 경우에는 분당 **50L 이하**, **경유**의 경우에는 **분당 180L 이하**, **등유**의 경우에는 **분당 80L 이하**인 것으로 할 것. 다만, **이동저장탱크**에 주입하기 위한 고정급유설비의 펌프기기는 최대토출량이 **분당 300L 이하**인 것으로 할 수 있으며, 분당 **토출량이 200L 이상인 것의 경우**에는 주유설비에 관계된 모든 배관의 **안지름을 40mm 이상**으로 하여야 한다.
   (2) 이동저장탱크의 상부를 통하여 주입하는 고정급유설비의 주유관에는 당해 탱크의 밑부분에 달하는 주입관을 설치하고, 그 토출량이 **분당 80L**를 초과하는 것은 이동저장탱크에 주입하는 용도로만 사용할 것
   (3) 고정주유설비 또는 고정급유설비는 난연성 재료로 만들어진 외장을 설치할 것
3) 고정주유설비 또는 고정급유설비의 **주유관의 길이**(선단의 개폐밸브 포함)는 **5m**(현수식의 경우에는 지면 위 0.5m의 수평면에 수직으로 내려 만나는 점을 중심으로 반경 3m) 이내로 하고 그 선단에는 축적된 정전기를 유효하게 제거할 수 있는 장치를 설치하여야 한다.
4) 고정주유설비 또는 고정급유설비는 다음 각목의 기준에 적합한 위치에 설치하여야

한다.★★★
(1) 고정주유설비의 중심선을 기점으로 하여 **도로경계선까지 4m 이상, 부지경계선·담 및 건축물의 벽까지 2m(개구부가 없는 벽까지는 1m) 이상**의 거리를 유지하고, 고정급유설비의 중심선을 기점으로 하여 **도로경계선까지 4m 이상, 부지경계선 및 담까지 1m 이상, 건축물의 벽까지 2m(개구부가 없는 벽까지는 1m) 이상**의 거리를 유지할 것
(2) **고정주유설비와 고정급유설비의 사이에는 4m 이상**의 거리를 유지할 것

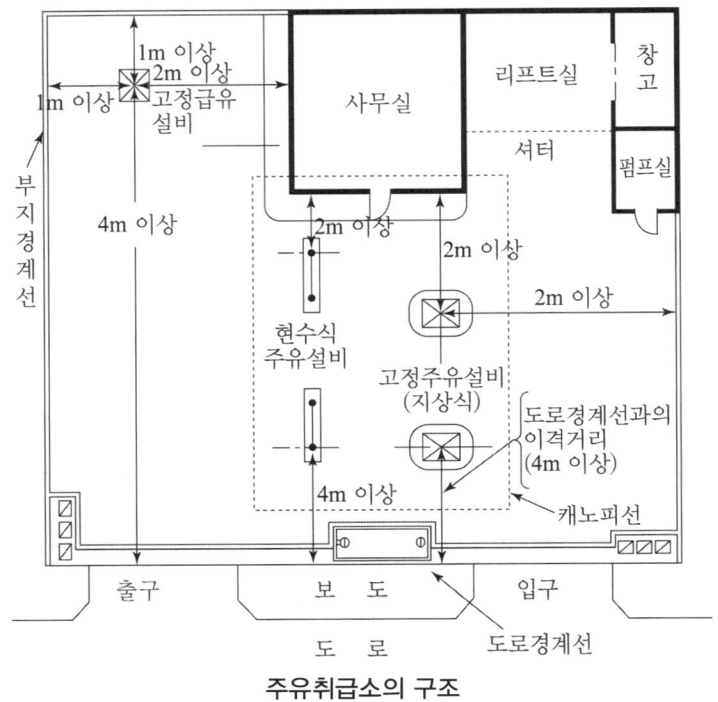

주유취급소의 구조

5 건축물 등의 제한 등

1) 주유취급소에는 주유 또는 그에 부대하는 업무를 위하여 사용되는 다음 각목의 건축물 또는 시설 외에는 다른 건축물 그 밖의 공작물을 설치할 수 없다.
   가. 주유 또는 등유·경유를 옮겨 담기 위한 작업장
   나. 주유취급소의 업무를 행하기 위한 사무소
   다. 자동차 등의 점검 및 간이정비를 위한 작업장
   라. 자동차 등의 세정을 위한 작업장
   마. 주유취급소에 출입하는 사람을 대상으로 한 점포·휴게음식점 또는 전시장

바. 주유취급소의 관계자가 거주하는 주거시설
사. 전기자동차용 충전설비(전기를 동력원으로 하는 자동차에 직접 전기를 공급하는 설비를 말한다. 이하 같다)
아. 그 밖의 소방청장이 정하여 고시하는 건축물 또는 시설

2) 제1)호 각목의 건축물 중 주유취급소의 직원 외의 자가 출입하는 나목·다목 및 마목의 용도에 제공하는 부분의 면적의 합은 **1,000m² 를 초과할 수 없다.**

3) 다음 각목의 1에 해당하는 주유취급소(이하 "옥내주유취급소"라 한다)는 소방청장이 정하여 고시하는 용도로 사용하는 부분이 없는 건축물(옥내주유취급소에서 발생한 화재를 옥내주유취급소의 용도로 사용하는 부분 외의 부분에 자동적으로 유효하게 알릴 수 있는 자동화재탐지설비 등을 설치한 건축물에 한한다)에 설치할 수 있다.
　가. 건축물 안에 설치하는 주유취급소
　나. 캐노피·처마·차양·부연·발코니 및 루버의 수평투영면적이 주유취급소의 공지면적(주유취급소의 부지면적에서 건축물 중 벽 및 바닥으로 구획된 부분의 수평투영면적을 뺀 면적을 말한다)의 3분의 1을 초과하는 주유취급소

6 건축물 등의 구조 ★

1) 건축물 중 사무실 그 밖의 화기를 사용하는 곳은 누설한 가연성의 증기가 그 내부에 유입되지 아니하도록 다음의 기준에 적합한 구조로 할 것
　① 출입구는 건축물의 안에서 밖으로 수시로 개방할 수 있는 자동폐쇄식의 것으로 할 것
　② 출입구 또는 사이통로의 문턱의 **높이를 15cm 이상**으로 할 것
　③ 높이 1m 이하의 부분에 있는 창 등은 밀폐시킬 것

2) 주유원 간이 대기실은 다음의 기준에 적합할 것
　① **불연재료**로 할 것
　② 바퀴가 부착되지 아니한 고정식일 것
　③ 차량의 출입 및 주유작업에 장애를 주지 아니하는 위치에 설치할 것
　④ 바닥면적이 **2.5m² 이하**일 것. 다만, 주유공지 및 급유공지 외의 장소에 설치하는 것은 그러하지 아니하다.

7 담 또는 벽 ★★★

1) 주유취급소의 주위에는 자동차 등이 출입하는 쪽외의 부분에 높이 **2m 이상**의 내화구조 또는 불연재료의 담 또는 벽을 설치하되, 주유취급소의 인근에 연소의 우려가 있는 건축물이 있는 경우에는 소방청장이 정하여 고시하는 바에 따라 방화상 유효한 높이로 하여야 한다.
2) 제1)호에도 불구하고 다음 각 목의 기준에 모두 적합한 경우에는 담 또는 벽의 일부분에 방화상 유효한 구조의 유리를 부착할 수 있다.
   (1) 유리를 부착하는 위치는 주입구, 고정주유설비 및 고정급유설비로부터 **4m 이상** 이격될 것
   (2) 유리를 부착하는 방법은 다음의 기준에 모두 적합할 것
      ① 주유취급소 내의 **지반면으로부터 70cm를 초과하는 부분**에 한하여 유리를 부착할 것
      ② 하나의 유리판의 가로의 길이는 **2m 이내**일 것
      ③ 유리판의 테두리를 금속제의 구조물에 견고하게 고정하고 해당 구조물을 담 또는 벽에 견고하게 부착할 것
      ④ 유리의 구조는 접합유리(두장의 유리를 두께 0.76mm 이상의 폴리비닐부티랄 필름으로 접합한 구조)로 하되, **비차열 30분 이상**의 방화성능이 인정될 것
   (3) 유리를 부착하는 범위는 전체의 담 또는 벽의 길이의 **10분의 2**를 초과하지 아니할 것

8 캐노피

1) 배관이 캐노피 내부를 통과할 경우에는 **1개 이상의 점검구**를 설치할 것
2) 캐노피 외부의 점검이 곤란한 장소에 배관을 설치하는 경우에는 **용접이음**으로 할 것
3) 캐노피 외부의 배관이 일광열의 영향을 받을 우려가 있는 경우에는 단열재로 피복할 것

9 펌프실 등의 구조

1) 바닥은 위험물이 침투하지 아니하는 구조로 하고 적당한 경사를 두어 집유설비를 설치할 것
2) 펌프실 등에는 위험물을 취급하는데 필요한 채광·조명 및 환기의 설비를 할 것
3) 가연성 증기가 체류할 우려가 있는 펌프실 등에는 그 증기를 옥외에 배출하는 설비를

설치할 것
4) 고정주유설비 또는 고정급유설비중 펌프기기를 호스기기와 분리하여 설치하는 경우에는 펌프실의 출입구를 주유공지 또는 급유공지에 접하도록 하고, 자동폐쇄식의 **60분+방화문 또는 60분방화문**을 설치할 것
5) 펌프실 등에는 보기 쉬운 곳에 "위험물 펌프실", "위험물 취급실" 등의 표시를 한 표지와 방화에 관하여 필요한 사항을 게시한 게시판을 설치하여야 한다.
6) **출입구에는 바닥으로부터 0.1m 이상의 턱을 설치할 것**

10 고속국도주유취급소의 특례 ★

고속국도의 도로변에 설치된 주유취급소에 있어서는 **탱크의 용량을 60,000L**까지 할 수 있다.

11 고객이 직접 주유하는 주유취급소의 특례

1) 셀프용 고정주유설비의 기준 ★★

(1) 주유호스의 선단부에 수동개폐장치를 부착한 주유노즐을 설치할 것. 다만, 수동개폐장치를 개방한 상태로 고정시키는 장치가 부착된 경우에는 다음의 기준에 적합하여야 한다.
  ① 주유작업을 개시함에 있어서 주유노즐의 수동개폐장치가 개방상태에 있는 때에는 당해 수동개폐장치를 일단 폐쇄시켜야만 다시 주유를 개시할 수 있는 구조로 할 것
  ② 주유노즐이 자동차 등의 주유구로부터 이탈된 경우 주유를 자동적으로 정지시키는 구조일 것
(2) 주유노즐은 자동차 등의 연료탱크가 가득 찬 경우 자동적으로 정지시키는 구조일 것
(3) **주유호스는 200kg중 이하의 하중**에 의하여 파단(破斷) 또는 이탈되어야 하고, 파단 또는 이탈된 부분으로부터의 위험물 누출을 방지할 수 있는 구조일 것
(4) 휘발유와 경유 상호간의 오인에 의한 주유를 방지할 수 있는 구조일 것
(5) 1회의 연속주유량 및 주유시간의 상한을 미리 설정할 수 있는 구조일 것. 이 경우 **주유량의 상한은 휘발유는 100L 이하, 경유는 200L 이하**로 하며, **주유시간의 상한은 4분 이하**

2) 셀프용 고정급유설비의 기준

(1) 급유호스의 선단부에 수동개폐장치를 부착한 급유노즐을 설치할 것
(2) 급유노즐은 용기가 가득 찬 경우에 자동적으로 정지시키는 구조일 것
(3) 1회의 연속 급유량 및 급유시간의 상한을 미리 설정할 수 있는 구조일 것. 이 경우 **급유량의 상한은 100L 이하, 급유시간의 상한은 6분 이하**

제17장 출제예상문제

01 주유취급소의 고정주유설비 중 자동차등에 직접 주유하기 위한 고정주유설비의 주위에는 주유를 받으려는 자동차등이 출입할 수 있도록 보유하여야 한다. 공지의 면적으로 옳은 것은?
① 너비 15m 이상, 길이 6m 이상
② 너비 15m 이상, 길이 8m 이상
③ 너비 10m 이상, 길이 6m 이상
④ 너비 10m 이상, 길이 8m 이상

해설 자동차 등이 출입할 수 있도록 너비 15m 이상, 길이 6m 이상의 콘크리트 등으로 포장한 주유공지를 보유하여야 한다.

02 주유취급소에 게시하는 "주유중엔진정지"라고 표시하는 표지판의 색깔로서 맞는 것은?
① 흑색 바탕에 황색 문자
② 황색 바탕에 흑색 문자
③ 적색 바탕에 백색 문자
④ 백색 바탕에 적색 문자

해설 황색바탕에 흑색문자로 "주유중엔진정지"라는 표시를 한 게시판을 설치

03 자동차 등에 직접 주유하기 위한 위험물 탱크의 최대 용량은?
① 10,000L ② 20,000L ③ 30,000L ④ 50,000L

해설 자동차 등에 주유하기 위한 고정주유설비에 직접 접속하는 전용탱크로서 50,000L 이하의 것

04 등유의 경우 주유취급소의 고정주입설비의 펌프기기는 주유관 선단에서의 최대 토출량은 분당 몇 L 이하인가?
① 40 ② 50 ③ 80 ④ 180

해설 펌프기기는 주유관 선단에서의 최대토출량이 제1석유류의 경우에는 분당 50L 이하, 경유의경우에는 분당 180L 이하, 등유의 경우에는 분당 80L 이하인 것으로 할 것.

05 고정주유설비의 주유관의 길이는 몇 m 이내로 하여야 하는가?
① 2m 이내 ② 5m 이내 ③ 7m 이내 ④ 10m 이내

해설 고정주유설비의 주유관의 길이는 5m(현수식의 경우에는 지면 위 0.5m 의 수평면에 수직으로 내려 만나는 점을 중심으로 반경 3m) 이내

정답 1. ① 2. ② 3. ④ 4. ③ 5. ②

06 고정주유설비에서 고정주유설비의 중심선과 도로경계선과는 몇 m이상의 거리를 두어야 하는가?

① 1m 이상
② 2m 이상
③ 3m 이상
④ 4m 이상

해설 고정주유설비의 중심선을 기점으로 하여 도로경계선까지 4m이상, 부지 경계선·담 및 건축물의 까지 2m(개구부가 없는 벽까지는 1m) 이상의 거리를 유지할 것.

07 주유취급소의 주위에는 자동차등이 출입하는 쪽 외의 부분에 높이 몇 m 이상의 내화구조 또는 불연재료의 담 또는 벽을 설치하여야 하는가?

① 1m 이상
② 2m 이상
③ 3m 이상
④ 4m 이상

해설 높이 2m 이상의 내화구조 또는 불연재료의 담 또는 벽을 설치

08 주유취급소의 고정급유설비는 고정급유설비의 중심선을 기점으로 하여 부지경계선 및 담까지는 몇 m 이상, 건축물의 벽까지는 몇 m이상의 거리를 유지하여야 하는가?

① 1m 이상, 2m 이상
② 2m 이상, 1m 이상
③ 2m 이상, 2m 이상
④ 4m 이상, 2m 이상

해설 고정급유설비의 중심선을 기점으로 하여 도로경계선까지 4m 이상, 부지경계선 및 담까지 1m 이상, 건축물의 벽까지 2m(개구부가 없는 벽까지는 1m) 이상의 거리를 유지할 것

09 주유취급소에서 주유원 간이대기실의 적합기준으로 옳지 않은 것은?

① 바퀴가 부착된 고정식일 것
② 불연재료로 할 것
③ 바닥면적이 $2.5m^2$ 이하일 것
④ 차량의 출입 및 주유작업에 장애를 주지 아니하는 위치에 설치할 것

해설 주유원 간이 대기실은 다음의 기준에 적합할 것
① 불연재료로 할 것
② 바퀴가 부착되지 아니한 고정식일 것
③ 차량의 출입 및 주유작업에 장애를 주지 아니하는 위치에 설치할 것
④ 바닥면적이 $2.5m^2$ 이하일 것. 다만, 주유공지 및 급유공지 외의 장소에 설치하는 것은 그러하지 아니하다.

정답 6. ④ 7. ② 8. ① 9. ①

10 고속도로를 통행하는 차량에 주유하는 주유취급소에 대하여는 전용탱크 용량을 얼마까지 할 수 있는가?
 ① 20,000L
 ② 40,000L
 ③ 50,000L
 ④ 60,000L

해설 고속국도의 도로변에 설치된 주유취급소 전용 탱크용량 : 60,000L

11 다음은 셀프용 고정주유설비의 설치기준이다. 옳지 않은 것은?
 ① 주유호스의 선단부에 수동개폐장치를 부착한 주유노즐을 설치할 것
 ② 주유노즐은 자동차 등의 연료탱크가 가득 찬 경우 자동적으로 정지시키는 구조일 것
 ③ 1회의 연속주유량 및 주유시간의 상한을 미리 설정할 수 있는 구조일 것. 이 경우 주유량의 상한은 휘발유는 200L 이하, 경유는 100L 이하로 하며, 주유시간의 상한은 4분 이하로 한다.
 ④ 휘발유와 경유 상호간의 오인에 의한 주유를 방지할 수 있는 구조일 것

해설 1회의 연속주유량 및 주유시간의 상한을 미리 설정할 수 있는 구조일 것. 이 경우 주유량의 상한은 휘발유는 100L 이하, 경유는 200L 이하 로 하며, 주유시간의 상한은 4분 이하로 한다.

12 주유취급소 내에 설치하는 건축물 등의 구조에 대한 설명 중 옳지 않은 것은?
 ① 주유취급소 내에 설치하는 건축물의 벽·기둥·바닥·보 및 지붕은 내화구조 또는 불연재료로 할 것
 ② 사무실 등의 창에 강화유리를 사용하는 경우 그 두께는 8mm 이상이어야 한다.
 ③ 출입구는 안에서 밖으로 열 수 있도록 하며 높이 1미터 이하의 부분에 있는 창 등은 밀폐시켜 주유취급 중 발생한 가연성 증기가 흘러 들어오지 아니하도록 할 것
 ④ 주유취급소 내에 설치된 자동차 정비소는 고정주유설비로부터 3미터 이상, 도로경계선으로부터 2미터 이상의 거리를 둘 것

해설 자동차 등의 점검·정비를 행하는 설비는 고정주유설비로부터 4m 이상, 도로경계선으로부터 2m 이상 떨어지게 할 것

13 위험물안전관리법령상 주유취급소 내에 설치하는 고정주유설비와 고정급유설비 사이에 유지하여야 하는 거리기준은?
 ① 1m 이상
 ② 3m 이상
 ③ 4m 이상
 ④ 5m 이상

정답 10. ④ 11. ③ 12. ④ 13. ③

해설 고정주유설비 또는 고정급유설비
(1) 고정주유설비의 중심선을 기점으로 하여 도로경계선까지 4m 이상, 부지경계선·담 및 건축물의 벽까지 2m(개구부가 없는 벽까지는 1m) 이상의 거리를 유지하고, 고정급유설비의 중심선을 기점으로 하여 도로경계선까지 4m 이상, 부지경계선 및 담까지 1m 이상, 건축물의 벽까지 2m(개구부가 없는 벽까지는 1m) 이상의 거리를 유지할 것
(2) 고정주유설비와 고정급유설비의 사이에는 **4m 이상**의 거리를 유지할 것

14 위험물 안전관리법령상 주유취급소의 담 또는 벽의 일부분에 부착할 수 있는 방화상 유효한 유리는 하나의 유리판의 가로 길이가 몇 m 이내 이어야 하는가?

① 0.5 ② 1.0 ③ 1.5 ④ 2.0

해설 하나의 유리판의 가로의 길이는 2m 이내일 것

정답 14. ④

제 18장 판매취급소의 위치·구조 및 설비의 기준

1 판매취급소의 기준

1) 제1종 판매취급소의 위치·구조 및 설비의 기준 ★★★

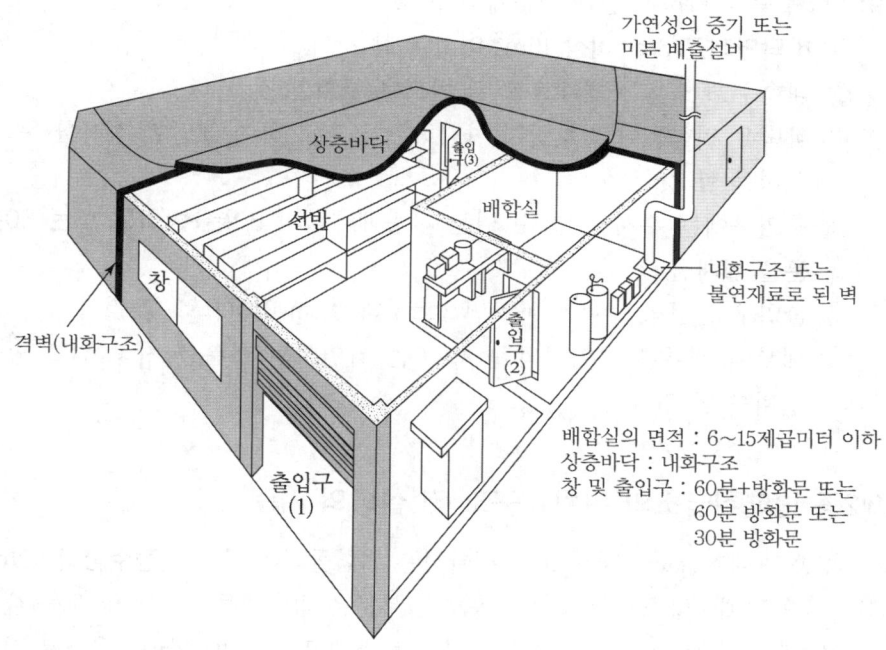

※ 제1종 판매취급소 : 저장 또는 취급하는 위험물의 수량이 **지정수량의 20배 이하**

(1) 제1종 판매취급소는 **건축물의 1층**에 설치할 것
(2) 제1종 판매취급소에는 보기 쉬운 곳에 "위험물 판매취급소(제1종)"라는 표시를 한 표지와 방화에 관하여 필요한 사항을 게시한 게시판을 설치하여야 한다.
(3) 제1종 판매취급소의 용도로 사용되는 건축물의 부분은 **내화구조 또는 불연재료**로 하고, 판매취급소로 사용되는 부분과 다른 부분과의 격벽은 내화구조로 할 것
(4) 제1종 판매취급소의 용도로 사용하는 건축물의 부분은 보를 불연재료로 하고, 천장을 설치하는 경우에는 **천장을 불연재료**로 할 것

(5) 제1종 판매취급소의 용도로 사용하는 부분에 상층이 있는 경우에 있어서는 그 상층의 바닥을 내화구조로 하고, 상층이 없는 경우에 있어서는 지붕을 내화구조 또는 불연재료로 할 것
(6) 제1종 판매취급소의 용도로 사용하는 부분의 창 및 출입구에는 **60분+방화문 또는 60분방화문** 또는 **30분방화문**을 설치할 것
(7) 제1종 판매취급소의 용도로 사용하는 부분의 창 또는 출입구에 유리를 이용하는 경우에는 **망입유리**로 할 것
(8) 제1종 판매취급소의 용도로 사용하는 건축물에 설치하는 전기설비는 전기사업법에 의한 전기설비기술기준에 의할 것
(9) 위험물을 배합하는 실은 다음에 의할 것
   ① **바닥면적은 6m² 이상 15m² 이하**로 할 것
   ② 내화구조 또는 불연재료로 된 벽으로 구획할 것
   ③ 바닥은 위험물이 침투하지 아니하는 구조로 하여 적당한 경사를 두고 집유설비를 할 것
   ④ 출입구에는 수시로 열 수 있는 자동폐쇄식의 **60분+방화문 또는 60분방화문**을 설치할 것
   ⑤ 출입구 문턱의 높이는 바닥면으로부터 **0.1m 이상**으로 할 것
   ⑥ 내부에 체류한 가연성의 증기 또는 가연성의 미분을 지붕 위로 방출하는 설비를 할 것

2) 제2종 판매취급소의 위치·구조 및 설비의 기준

※ 제2종 판매취급소 : 저장 또는 취급하는 위험물의 수량이 **지정수량의 40배 이하**

(1) 제2종 판매취급소의 용도로 사용하는 부분은 벽·기둥·바닥 및 보를 내화구조로 하고, 천장이 있는 경우에는 이를 **불연재료**로 하며, 판매취급소로 사용되는 부분과 다른 부분과의 격벽은 내화구조로 할 것
(2) 제2종 판매취급소의 용도로 사용하는 부분에 상층이 있는 경우에 있어서는 상층의 바닥을 내화구조로 하는 동시에 상층으로의 연소를 방지하기 위한 조치를 강구하고, **상층이 없는 경우**에는 **지붕을 내화구조**로 할 것
(3) 제2종 판매취급소의 용도로 사용하는 부분 중 연소의 우려가 없는 부분에 한하여 창을 두되, 당해 창에는 **60분+방화문 또는 60분방화문 또는 30분방화문**을 설치할 것
(4) 제2종 판매취급소의 용도로 사용하는 부분의 출입구에는 **60분+방화문 또는 60분방화문 또는 30분방화문**을 설치할 것. 다만, 해당 부분 중 연소의 우려가

있는 벽에 설치하는 출입구에는 수시로 열 수 있는 자동폐쇄식의 **60분+방화문 또는 60분방화문**을 설치하여야 한다.

제18장 출제예상문제

01 제1종 판매취급소는 지정수량의 몇 배 이하의 위험물을 저장 또는 취급할 수 있는가?
① 10배 이하   ② 20배 이하   ③ 30배 이하   ④ 40배 이하

해설 제1종 판매취급소 : 지정수량의 20배 이하

02 제1종 판매취급소는 건축물의 몇 층에 설치하여야 하는가?
① 지하 1층   ② 지상 1층   ③ 지상 2층   ④ 지상 3층

해설 제1종 판매취급소는 건축물의 1층에 설치할 것

03 제1종 판매취급소에 천장을 설치하는 경우에는 천장은 어떠한 것으로 하여야 하는가?
① 난연재료   ② 불연재료   ③ 준불연재료   ④ 방화재료

해설 천장을 설치하는 경우에는 천장을 불연재료로 할 것

04 제1종 판매취급소의 위험물을 배합하는 실의 바닥면적은?
① $6m^2$ 이하
② $6m^2$ 이상 $15m^2$ 이하
③ $15m^2$ 이하
④ $15m^2$ 이상

해설 바닥면적은 $6m^2$ 이상 $15m^2$ 이하로 할 것

05 제1종 판매취급소의 위험물 배합실의 출입구 문턱의 높이는 바닥면으로부터 몇 m 이상으로 하여야 하는가?
① 0.1m 이상   ② 0.15m 이상   ③ 0.2m 이상   ④ 0.3m 이상

해설 출입구 문턱의 높이는 바닥면으로부터 0.1m 이상으로 할 것

06 제2종 판매취급소는 지정수량의 몇 배 이하의 위험물을 저장 또는 취급할 수 있는가?
① 10배 이하   ② 20배 이하   ③ 30배 이하   ④ 40배 이하

해설 제2종 판매취급소 : 지정수량의 40배 이하

정답 1. ② 2. ② 3. ② 4. ② 5. ① 6. ④

07 위험물안전관리법령상 제1종 판매 취급소에 관한 설명으로 옳지 않은 것은?

① 제1종 판매취급소는 저장 또는 취급하는 위험물의 수량이 지정수량의 20배 이하인 판매취급소를 말한다.
② 제1종 판매취급소의 위험물을 배합하는 실의 바닥면적은 20m² 이하로 한다.
③ 제1종 판매취급소로 사용되는 부분과 다른 부분과의 격벽은 내화구조로 하여야 한다.
④ 제1종 판매취급소의 용도로 사용하는 부분의 창 및 출입구에는 60분+방화문 또는 60분방화문 또는 30분방화문을 설치하여야 한다.

해설 제1종 판매취급소의 위험물을 배합하는 실의 바닥면적은 6m² 이상 15m² 이하

정답 7. ②

제19장 이송취급소의 위치·구조 및 설비의 기준

1 설치장소

1) 이송취급소의 설치제외 장소 ★

(1) 철도 및 도로의 터널 안
(2) 고속국도 및 자동차전용도로의 차도·길 어깨 및 중앙분리대
(3) 호수·저수지 등으로서 수리의 수원이 되는 곳
(4) 급경사지역으로서 붕괴의 위험이 있는 지역

2) 이송취급소를 설치할 수 있는 경우

(1) 지형상황 등 부득이한 사유가 있고 안전에 필요한 조치를 하는 경우
(2) 고속국도 및 자동차전용도로의 차도·길 어깨 및 중앙분리대, 호수·저수지 등으로서 수리의 수원이 되는 장소를 횡단하여 설치하는 경우

2 배관 등의 재료 및 구조

1) 배관의 종류 ★★

(1) 고압배관용 탄소강관(KS D 3564)
(2) 압력배관용 탄소강관(KS D 3562)
(3) 고온배관용 탄소강관(KS D 3570)
(4) 배관용 스테인레스강관(KS D 3576)

2) 밸브 : 주강 플랜지형 밸브(KS B 2361)

3 배관설치의 기준

1) 지하매설

(1) 배관은 그 외면으로부터 건축물·지하가·터널 또는 수도시설까지 각각 다음의 규정에 의한 **안전거리**를 둘 것. 다만, ② 또는 ③의 공작물에 있어서는 적절한 누설확산방지조치를 하는 경우에 그 안전거리를 2분의 1의 범위 안에서 단축할 수 있다.
  ① **건축물(지하가내의 건축물을 제외한다) : 1.5m 이상**
  ② **지하가 및 터널 : 10m 이상**
  ③ **수도시설(위험물의 유입우려가 있는 것에 한한다) : 300m 이상**
(2) 배관은 그 **외면으로부터 다른 공작물에 대하여 0.3m 이상의 거리를 보유할 것**. 다만, 0.3m 이상의 거리를 보유하기 곤란한 경우로서 당해 공작물의 보전을 위하여 필요한 조치를 하는 경우에는 그러하지 아니하다.
(3) **배관의 외면과 지표면과의 거리는 산이나 들에 있어서는 0.9m 이상, 그 밖의 지역에 있어서는 1.2m 이상**으로 할 것. 다만, 당해 배관을 각각의 깊이로 매설하는 경우와 동등 이상의 안전성이 확보되는 견고하고 내구성이 있는 구조물(이하 "방호구조물"이라 한다)안에 설치하는 경우에는 그러하지 아니하다.

2) 도로 밑 매설

(1) 배관은 원칙적으로 자동차하중의 영향이 적은 장소에 매설할 것
(2) 배관은 그 **외면으로부터 도로의 경계에 대하여 1m 이상의 안전거리**를 둘 것
(3) 시가지(도시지역을 말한다. 다만, 공업지역을 제외한다. 이하 같다) 도로의 밑에 매설하는 경우에는 배관의 외경보다 10cm 이상 넓은 견고하고 내구성이 있는 재질의 판(이하 "보호판"이라 한다)을 배관의 상부로부터 30cm 이상 위에 설치할 것. 다만, 방호구조물 안에 설치하는 경우에는 그러하지 아니하다.
(4) 배관은 그 **외면으로부터 다른 공작물에 대하여 0.3m 이상의 거리**를 보유할 것. 다만, 배관의 외면에서 다른 공작물에 대하여 0.3m 이상의 거리를 보유하기 곤란한 경우로서 당해 공작물의 보전을 위하여 필요한 조치를 하는 경우에는 그러하지 아니하다.
(5) 시가지 도로의 노면 아래에 매설하는 경우에는 배관(방호구조물의 안에 설치된 것을 제외한다)의 외면과 노면과의 거리는 1.5m 이상, 보호판 또는 방호구조물의 외면과 노면과의 거리는 1.2m 이상으로 할 것
(6) 시가지 외의 도로의 노면 아래에 매설하는 경우에는 배관의 외면과 노면과의 거

리는 1.2m 이상으로 할 것
(7) 포장된 차도에 매설하는 경우에는 포장부분의 노반의 밑에 매설하고, 배관의 외면과 노반의 최하부와의 거리는 0.5m 이상으로 할 것
(8) 노면 밑 외의 도로 밑에 매설하는 경우에는 배관의 외면과 지표면과의 거리는 1.2m[보호판 또는 방호구조물에 의하여 보호된 배관에 있어서는 0.6m(시가지의 도로 밑에 매설하는 경우에는 0.9m)] 이상으로 할 것
(9) 전선·수도관·하수도관·가스관 또는 이와 유사한 것이 매설되어 있거나 매설할 계획이 있는 도로에 매설하는 경우에는 이들의 상부에 매설하지 아니할 것. 다만, 다른 매설물의 깊이가 2m 이상인 때에는 그러하지 아니하다.

3) 철도부지 밑 매설

(1) 배관은 그 외면으로부터 철도 중심선에 대하여는 4m 이상, 당해 철도부지(도로에 인접한 경우를 제외한다)의 용지경계에 대하여는 1m 이상의 거리를 유지할 것. 다만, 열차하중의 영향을 받지 아니하도록 매설하거나 배관의 구조가 열차하중에 견딜 수 있도록 된 경우에는 그러하지 아니하다.
(2) 배관의 외면과 지표면과의 거리는 1.2m 이상으로 할 것

4) 지상설치

(1) 배관이 지표면에 접하지 아니하도록 할 것
(2) 배관은 다음의 기준에 의한 안전거리를 둘 것
   ① 철도(화물수송용으로만 쓰이는 것을 제외한다) 또는 도로 (공업지역 또는 전용공업지역에 있는 것을 제외한다)의 경계선으로부터 25m 이상
   ② 아래 해당하는 시설로부터 **45m 이상**

1) 학교
2) 병원급 의료기관
3) 공연장, 영화상영관 및 그 밖에 이와 유사한 시설로서 3백명 이상의 인원을 수용 할 수 있는 것
4) 아동복지시설, 노인복지시설, 장애인복지시설, 한부모가족복지시설, 어린이집, 성매매피해자 등을 위한 지원시설, 정신보건시설, 「가정폭력방지 및 피해자보호 등에 관한 법률」에 따른 보호시설 및 그 밖에 이와 유사한 시설로서 20명 이상의 인원을 수용할 수 있는 것

   ③ **유형문화재와 기념물 중 지정문화재** 시설로부터 **65m 이상**
   ④ 고압가스, 액화석유가스 또는 도시가스를 저장 또는 취급하는 시설로부터 35m 이상

⑤ **공공공지 또는 도시공원**으로부터 **45m 이상**
⑥ 판매시설·숙박시설·위락시설 등 불특정다중을 수용하는 시설 중 연면적 1,000m² 이상인 것으로부터 45m 이상
⑦ 1일 평균 20,000명 이상 이용하는 기차역 또는 버스터미널로부터 45m 이상
⑧ 수도시설 중 위험물이 유입될 가능성이 있는 것으로부터 300m 이상
⑨ 주택 또는 ① 내지 ⑧과 유사한 시설 중 다수의 사람이 출입하거나 근무하는 것으로부터 25m 이상

(3) 배관(이송기지의 구내에 설치된 것을 제외한다)의 양측면으로부터 당해 배관의 최대상용압력에 따라 다음 표에 의한 너비(공업지역 또는 전용공업지역에 설치한 배관에 있어서는 그 너비의 3분의 1)의 공지를 보유할 것.

배관의 최대상용압력	공지의 너비
0.3MPa 미만	5m 이상
0.3MPa 이상 1MPa 미만	9m 이상
1MPa 이상	15m 이상

5) 도로횡단 설치

(1) 배관을 도로 아래에 매설할 것. 다만, 지형의 상황 그 밖에 특별한 사유에 의하여 도로 상공 외의 적당한 장소가 없는 경우에는 안전상 적절한 조치를 강구하여 도로상공을 횡단하여 설치할 수 있다.
(2) 배관을 매설하는 경우에는 배관을 금속관 또는 방호구조물 안에 설치할 것
(3) 배관을 도로상공을 횡단하여 설치하는 경우에는 배관 및 당해 배관에 관계된 부속설비는 그 **아래의 노면과 5m 이상의 수직거리를 유지**할 것

6) 하천 등 횡단설치

(1) 하천을 횡단하는 경우 : 4.0m
(2) 수로를 횡단하는 경우
   ① 하수도(상부가 개방되는 구조로 된 것에 한한다) 또는 운하 : 2.5m
   ② 좁은 수로(용수로 그 밖에 유사한 것을 제외한다) : 1.2m

4 기타 설비 등

1) 가연성증기의 체류방지조치

배관을 설치하기 위하여 설치하는 터널(높이 1.5m 이상인 것에 한한다)에는 가연성증기의 체류를 방지하는 조치를 하여야 한다.

2) 비파괴시험 ★★★

(1) 배관 등의 용접부는 비파괴시험을 실시하여 합격할 것. 이 경우 이송기지내의 지상에 설치된 배관 등은 **전체 용접부의 20% 이상을 발췌하여 시험**할 수 있다.

3) 내압시험 ★★

(1) 배관 등은 **최대상용압력의 1.25배 이상의 압력으로 4시간 이상 수압**을 가하여 누설 그 밖의 이상이 없을 것.

4) 압력안전장치 ★★★

(1) 배관계에는 배관내의 압력이 최대상용압력을 초과하거나 유격작용 등에 의하여 생긴 압력이 **최대상용압력의 1.1배를 초과하지 아니하도록 제어하는 장치**(이하 "압력안전장치"라 한다)를 설치할 것
(2) 압력안전장치는 배관계의 압력변동을 충분히 흡수할 수 있는 용량을 가질 것

5) 긴급차단밸브 ★★

(1) 배관에는 다음의 기준에 의하여 긴급차단밸브를 설치할 것.
  ① **시가지에 설치하는 경우에는 약 4km의 간격**
  ② 하천·호소 등을 횡단하여 설치하는 경우에는 횡단하는 부분의 양끝
  ③ 해상 또는 해저를 통과하여 설치하는 경우에는 통과하는 부분의 양끝
  ④ **산림지역에 설치하는 경우에는 약 10km의 간격**
  ⑤ 도로 또는 철도를 횡단하여 설치하는 경우에는 횡단하는 부분의 양끝
(2) 긴급차단밸브는 다음의 기능이 있을 것
  ① 원격조작 및 현지조작에 의하여 폐쇄되는 기능
  ② 누설검지장치에 의하여 이상이 검지된 경우에 자동으로 폐쇄되는 기능
(3) 긴급차단밸브는 당해 긴급차단밸브의 관리에 관계하는 자 외의 자가 수동으로

개폐할 수 없도록 할 것

6) 감진장치 등
배관의 경로에는 안전상 필요한 장소와 **25km의 거리마다 감진장치 및 강진계**를 설치

7) 경보설비
(1) 이송기지에는 **비상벨장치 및 확성장치**를 설치할 것
(2) 가연성증기를 발생하는 위험물을 취급하는 펌프실 등에는 가연성증기 경보설비를 설치할 것

8) 피뢰설비
이송취급소(위험물을 이송하는 배관 등의 부분을 제외한다)에는 피뢰설비를 설치하여야 한다. 다만, 주위의 상황에 의하여 안전상 지장이 없는 경우에는 그러하지 아니하다.

9) 펌프 등
(1) 펌프 등(펌프를 펌프실 내에 설치한 경우에는 당해 펌프실을 말한다.)은 그 주위에 다음 표에 의한 **공지를 보유**할 것. 다만, 벽·기둥 및 보를 내화구조로 하고 지붕을 폭발력이 위로 방출될 정도의 가벼운 불연재료로 한 펌프실에 펌프를 설치한 경우에는 다음 표에 의한 공지의 너비의 **3분의 1**로 할 수 있다.

펌프 등의 최대상용압력	공지의 너비
1MPa 미만	3m 이상
1MPa 이상 3MPa 미만	5m 이상
3MPa 이상	15m 이상

(2) 펌프를 설치하는 펌프실은 다음의 기준에 적합하게 할 것 ★★★
① **불연재료의 구조**로 할 것. 이 경우 **지붕은 폭발력이 위로 방출될 정도의 가벼운 불연재료**이어야 한다.
② 창 또는 출입구를 설치하는 경우에는 **60분+방화문 또는 60분방화문** 또는 **30분방화문**으로 할 것

③ 창 또는 출입구에 유리를 이용하는 경우에는 **망입유리**로 할 것
④ 바닥은 위험물이 침투하지 아니하는 구조로 하고 그 주변에 높이 **20cm 이상**의 턱을 설치할 것
⑤ 누설한 위험물이 외부로 유출되지 아니하도록 바닥은 적당한 경사를 두고 그 최저부에 집유설비를 할 것
⑥ 가연성증기가 체류할 우려가 있는 펌프실에는 배출설비를 할 것
⑦ 펌프실에는 위험물을 취급하는데 필요한 채광·조명 및 환기 설비를 할 것

(3) **펌프 등을 옥외에 설치하는 경우**에는 다음의 기준에 의할 것
① 펌프 등을 설치하는 부분의 지반은 위험물이 침투하지 아니하는 구조로 하고 그 **주위에는 높이 15cm 이상의 턱**을 설치할 것
② 누설한 위험물이 외부로 유출되지 아니하도록 배수구 및 집유설비를 설치할 것

10) 피그장치 ★

※ 피그(pig)장치 : 이송배관 내의 수분, 이물질, 먼지 등을 제거해주는 장치

(1) 피그장치는 배관의 강도와 동등 이상의 강도를 가질 것
(2) 피그장치는 당해 장치의 내부압력을 안전하게 방출할 수 있고 내부압력을 방출한 후가 아니면 피그를 삽입하거나 배출할 수 없는 구조로 할 것
(3) 피그장치는 배관 내에 이상응력이 발생하지 아니하도록 설치할 것
(4) 피그장치를 설치한 장소의 바닥은 위험물이 침투하지 아니하는 구조로 하고 누설한 위험물이 외부로 유출되지 아니하도록 배수구 및 집유설비를 설치할 것
(5) **피그장치의 주변에는 너비 3m 이상의 공지를 보유**할 것. 다만, 펌프실내에 설치하는 경우에는 그러하지 아니하다.

11) 이송기지의 안전조치 ★

(1) 이송기지의 구내에는 관계자 외의 자가 함부로 출입할 수 없도록 경계표시를 할 것. 다만, 주위의 상황에 의하여 관계자 외의 자가 출입할 우려가 없는 경우에는 그러하지 아니하다.
(2) 이송기지에는 다음의 기준에 의하여 당해 이송기지 밖으로 위험물이 유출되는 것을 방지할 수 있는 조치를 할 것
① 위험물을 취급하는 시설(지하에 설치된 것을 제외한다)은 이송기지의 부지 경계선으로부터 당해 배관의 최대상용압력에 따라 다음 표에 정한 거리(전

용공업지역 또는 공업지역에 설치하는 경우에는 당해 거리의 3분의 1의 거리)를 둘 것

배관의 최대상용압력	거리
0.3MPa 미만	5m 이상
0.3MPa 이상 1MPa 미만	9m 이상
1MPa 이상	15m 이상

② 제4류 위험물(온도 20℃의 물 100g에 용해되는 양이 1g 미만인 것에 한한다)을 취급하는 장소에는 누설한 위험물이 외부로 유출되지 아니하도록 유분리장치를 설치할 것
③ 이송기지의 부지경계선에 **높이 50cm 이상의 방유제**를 설치할 것

제19장 출제예상문제

01 이송취급소 배관의 재료로 옳지 않은 것은?
① 일반배관용 탄소강관 ② 고압배관용 탄소강관
③ 고온배관용 탄소강관 ④ 압력배관용 탄소강관

해설 배관의 종류
① 고압배관용 탄소강관(KS D 3564)
② 압력배관용 탄소강관(KS D 3562)
③ 고온배관용 탄소강관(KS D 3570)
④ 배관용 스테인레스강관(KS D 3576)

02 이송취급소의 철도부지 밑 매설 배관의 외면과 지표면과의 거리는 몇 m 이상으로 하여야 하는가?
① 0.6 ② 1.2 ③ 3 ④ 6

해설 철도부지 밑 매설
① 배관은 그 외면으로부터 철도 중심선에 대하여는 4m 이상, 당해 철도부지(도로에 인접한 경우를 제외한다)의 용지경계에 대하여는 1m 이상의 거리를 유지할 것. 다만, 열차하중의 영향을 받지 아니하도록 매설하거나 배관의 구조가 열차하중에 견딜 수 있도록 된 경우에는 그러하지 아니하다.
② 배관의 외면과 지표면과의 거리는 1.2m 이상으로 할 것

03 이송취급소의 배관을 도로상공을 횡단하여 설치하는 경우에는 배관 및 당해 배관에 관계된 부속설비는 그 아래의 노면과 몇 m 이상의 수직거리를 유지하여야 하는가?
① 2m 이상 ② 3m 이상 ③ 4m 이상 ④ 5m 이상

해설 배관을 도로상공을 횡단하여 설치하는 경우에는 배관 및 당해 배관에 관계된 부속설비는 그 아래의 노면과 5m 이상의 수직거리를 유지할 것

04 이송취급소에서 이송기지 내의 지상에 설치된 배관 등은 전체 용접부의 몇 % 이상을 발췌하여 비파괴시험을 실시하여야 하는가?
① 10% ② 20% ③ 30% ④ 40%

해설 비파괴시험 : 배관 등의 용접부는 비파괴시험을 실시하여 합격할 것. 이 경우 이송기지내의 지상에 설치된 배관 등은 전체 용접부의 20% 이상을 발췌하여 시험할 수 있다.

정답 1. ① 2. ② 3. ④ 4. ②

05 이송취급소의 하천 등 횡단설치 배관의 기준 중 하천을 횡단하는 경우 매설 깊이로 옳은 것은?

① 1.2   ② 2.5   ③ 4.0   ④ 6.0

해설 하천 등 횡단설치
① 하천을 횡단하는 경우 : 4.0m
② 수로를 횡단하는 경우
  • 하수도(상부가 개방되는 구조로 된 것에 한한다) 또는 운하 : 2.5m
  • 좁은 수로(용수로 그 밖에 유사한 것을 제외한다) : 1.2m

06 이송취급소의 내압시험기준으로 옳은 것은?
① 최대상용압력의 1.25배 이상의 압력으로 4시간 이상 실시
② 최대상용압력의 1.5배의 압력으로 10분간 실시
③ 70kPa이상의 압력으로 10분간 실시
④ 최대상용압력의 1.1배 이상의 압력으로 4시간 이상 실시

해설 배관 등은 최대상용압력의 1.25배 이상의 압력으로 4시간 이상 수압을 가하여 누설 그 밖의 이상이 없을 것.

07 이송취급소의 시가지에 설치하는 경우에는 얼마의 간격으로 긴급차단밸브를 설치하여야 하는가?

① 약 4km   ② 약 8km   ③ 약 10km   ④ 약 12km

해설 긴급차단밸브
배관에는 다음의 기준에 의하여 긴급차단밸브를 설치할 것.
① 시가지에 설치하는 경우에는 약 4km의 간격
② 하천·호소 등을 횡단하여 설치하는 경우에는 횡단하는 부분의 양끝
③ 해상 또는 해저를 통과하여 설치하는 경우에는 통과하는 부분의 양끝
④ 산림지역에 설치하는 경우에는 약 10km의 간격
⑤ 도로 또는 철도를 횡단하여 설치하는 경우에는 횡단하는 부분의 양끝

08 이송취급소 이송기지 부지경계선에 높이 몇 cm 이상의 방유제를 설치하여야 하는가?

① 10   ② 15   ③ 30   ④ 50

해설 이송기지의 부지경계선에 높이 50cm 이상의 방유제를 설치할 것.

정답 5. ③ 6. ① 7. ① 8. ④

09 이송취급소에서 펌프 등의 최대상용 압력이 2.5MPa 일 때 보유할 공지의 너비로 옳은 것은?

① 3m 이상　　② 5m 이상　　③ 9m 이상　　④ 15m 이상

해설

펌프 등의 최대상용압력	공지의 너비
1Mpa 미만	3m 이상
1Mpa 이상 3Mpa 미만	5m 이상
3Mpa 이상	15m 이상

10 이송취급소 이송기지의 안전조치 중 배관의 최대상용압력이 0.5MPa인 경우에 공지의 너비는 얼마 이상으로 하여야 하는가?

① 3m 이상　　② 5m 이상　　③ 9m 이상　　④ 12m 이상

해설

배관의 최대상용압력	거리
0.3Mpa 미만	5m 이상
0.3Mpa 이상 1Mpa 미만	9m 이상
1Mpa 이상	15m 이상

11 위험물안전관리법령상 이송취급소의 시설기준에 관한 내용으로 틀린 것은?

① 해상에 설치한 배관에는 외면부식을 방지하기 위한 도장을 실시하여야 한다.
② 도장을 한 배관은 지표면에 접하여 지상에 설치할 수 있다.
③ 지하매설 배관은 지하가 내의 건축물을 제외하고는 그 외면으로부터 건축물까지 1.5m 이상 안전거리를 두어야 한다.
④ 해저에 배관을 설치하는 경우에는 원칙적으로 이미 설치된 배관에 대하여 30m 이상의 안전거리를 두어야 한다.

해설 배관을 지상에 설치하는 경우에는 배관이 지표면에 접하지 않도록 설치하여야 한다.

정답 9. ② 10. ③ 11. ②

제20장 소화설비, 경보설비 및 피난설비의 기준

1 소화난이도등급에 따른 소화설비

1) 소화난이도 I등급 제조소 등 ★★★

종류	I등급 기준	소화설비
제조소 일반취급소	① 연면적 1,000m² 이상 ② 지정수량 100배 이상 ③ 6m 이상의 높이에 위험물 취급설비가 있는 것	옥내소화전설비, 옥외소화전설비, 스프링클러설비 또는 물분무등소화설비
주유취급소	별표13 V 제2호에 따른 면적의 합이 500m² 초과	스프링클러설비, 소형수동식소화기 등
옥내저장소	① 연면적 150m² 초과 ② 지정수량 150배 이상 ③ 처마높이 6m 이상인 단층건물	① 처마높이 6m 이상인 단층 건물 : 스프링클러설비 또는 이동식 외의 물분무등 소화설비 ② 그 밖의 것 : 옥외소화전설비, 스프링클러설비, 이동식 외의 물분무등소화설비 또는 이동식 포소화설비
옥외탱크 저장소	① 액표면적 40m² 이상 ② 탱크 옆판 높이 6m 이상 ③ 지중탱크 또는 해상탱크로 지정수량 100배 이상 ④ 고체위험물을 저장하는 것으로서 지정수량의 100배 이상	① **황만 취급 : 물분무소화설비** ② 인화점 70℃ 이상 제4류 위험물을 저장 취급 : 물분무 또는 고정식 포소화설비 ③ 그 밖의 것 : 고정식 포소화설비(또는 분말소화설비) ④ 지중탱크 : 고정식 포소화설비, 이동식 외 이산화탄소소화설비 및 할로젠화합물소화설비 ⑤ 해상탱크 : 고정식 포소화설비, 물분무 소화설비, 이동식외 이산화탄소소화설비 및 할로젠화합물소화설비
옥내탱크 저장소	① 액표면적 40m² 이상 ② 탱크 옆판 높이 6m 이상 ③ 탱크전용실이 단층건물 외에 있는 것으로 인화점 38℃ 이상 70℃ 미만 저장·취급하는 지정수량 5배 이상	① **황만 저장취급 : 물분무소화설비** ② 인화점 70℃ 이상 제4류 위험물 : 물분무소화설비, 고정식 포소화설비, 이동식 외의 CO_2 및 할로젠화합물 및 분말소화설비 ② 그 밖의 것 : 고정식포소화설비, 이동식외의 CO_2 및 할로젠화합물 및 분말소화설비

종 류	I 등급 기준	소화설비
옥외 저장소	① 덩어리 황으로 경계표시 내부 면적 100m² 이상 ② 인화성고체, 제1석유류 또는 알코올류 위험물을 저장하는 것으로 지정수량의 100배 이상	옥내소화전설비, 옥외소화전설비, 스프링클러설비 또는 물분무등소화설비
이송 취급소	모든 대상	
암반탱크 저장소	① 액표면적 40m² 이상 ② 고체위험물만 저장하는 것으로서 지정수량의 100배 이상	① 황만 저장취급 : 물분무소화설비 ② 인화점 70℃ 이상 제4류 위험물 : 물분무소화설비 또는 고정식 포소화설비 ③ 그 밖의 것 : 고정식 포소화설비

2) 소화난이도 II 등급 제조소 등 ★

종 류	II 등급 기준	소화설비
제조소, 일반취급소	① **연면적 600m² 이상** ② **지정수량 10배 이상**	대형수동식소화기와 당해 위험물의 소요단위의 1/5 이상에 해당되는능력단위의 소형수동식소화기 설치
옥내저장소	① 지정수량 10배 이상 ② 단층건물 이외의 것 ③ 연면적 150m² 초과	
옥외 저장소	① 덩어리 황으로 경계표시 내부면적 5m² 이상 100m² 미만 ② 인화성고체, 1석유류, 알코올류로 지정수량 10배 이상 100배 미만 ③ 지정수량 100배 이상	
주유취급소	옥내주유취급소로 소화난이도 I 의 제조소 등에 해당하지 않는 것	
판매취급소	**제2종 판매취급소**	
옥외탱크저장소, 옥내탱크저장소	I 등급외의 제조소 등	대형수동식소화기 및 소형수동식소화기 각각 1개 이상 설치

3) 소화난이도 III등급 제조소 등

종류	III 등급 기준	소화설비
제조소, 일반취급소, 옥내저장소	① 화약류의 위험물 취급하는 것 ② I, II등급외의 제조소 등	① 지하탱크저장소 　소형수동식소화기(능력단위 3 이상) 　2개 이상 ② 이동탱크저장소 　(1) 마른모래 150L 이상 　(2) 팽창질석 또는 팽창진주암 640L 　　이상 　(3) 자동차용소화기 2개 이상 ③ 기타 　각 능력단위에 맞게 설치
옥외저장소	① 덩어리상태 황으로 경계 표시 내부면적 5m² 미만 ② I, II등급외의 제조소 등	
주유취급소	옥내주유취급소외의 것으로 I에 해당하지 않는 것	
제1종 판매취급소	모든 대상	
지하탱크저장소, 간이탱크저장소, 이동탱크저장소	모든 대상	

※ 자동차용 소화기의 종류
　① 무상의 강화액 : 8L 이상
　② 이산화탄소 : 3.2킬로그램 이상
　③ 할론1211(브로모클로로다이플루오로메탄) : 2L 이상
　④ 할론1301(브로모트라이플루오로메탄) : 2L 이상
　⑤ 할론2402(다이브로모테트라플루오로에탄) : 1L 이상
　⑥ 소화분말 : 3.3킬로그램 이상

4) 소화설비의 적응성

소화설비의 구분		대상물 구분										
		건축물·그밖의공작물	전기설비	제1류 위험물		제2류 위험물			제3류 위험물		제4류 위험물	제5류 위험물	제6류 위험물
				알칼리금속과산화물등	그밖의것	철분·금속분·마그네슘등	인화성고체	그밖의것	금수성물품	그밖의것			
옥내소화전 또는 옥외소화전 설비		○			○		○	○		○		○	○
스프링클러설비		○			○		○	○		○	△	○	○
물분무	물분무소화설비	○	○		○		○	○		○	○	○	○
	포소화설비	○			○		○	○		○	○	○	○

소화설비의 구분			대상물 구분											
			건축물·그밖의공작물	전기설비	제1류 위험물		제2류 위험물			제3류 위험물		제4류 위험물	제5류 위험물	제6류 위험물
					알칼리금속과산화물등	그밖의것	철분·금속분·마그네슘등	인화성고체	그밖의것	금수성물품	그밖의것			
등소화설비	불활성가스소화설비			○				○				○		
	할로젠화합물소화설비			○				○				○		
	분말소화설비	인산염류등	○	○		○		○	○			○		○
		탄산수소염류등		○	○		○	○		○		○		
		그 밖의 것			○		○			○				
대형·소형수동식소화기	봉상수(棒狀水)소화기		○			○		○	○		○		○	○
	무상수(霧狀水)소화기		○	○		○		○	○		○		○	○
	봉상강화액소화기		○			○		○	○		○		○	○
	무상강화액소화기		○	○		○		○	○		○	○	○	○
	포소화기		○			○		○	○		○	○	○	○
	이산화탄소소화기			○				○				○		△
	할로젠화합물소화기			○				○				○		
	분말소화기	인산염류소화기	○	○		○		○	○			○		○
		탄산수소염류소화기		○	○		○	○		○		○		
		그 밖의 것			○		○			○				
기타	물통 또는 수조		○			○		○	○		○		○	○
	건조사				○	○	○	○	○	○	○	○	○	○
	팽창질석 또는 팽창진주암				○	○	○	○	○	○	○	○	○	○

2 소화설비 설치기준

1) 전기설비의 소화설비 ★★★

제조소등에 전기설비(전기배선, 조명기구 등은 제외한다)가 설치된 경우에는 당해 장소의 **면적 100m²마다 소형 수동식소화기를 1개 이상** 설치할 것

2) 소요단위 및 능력단위

(1) **소요단위**
   소화설비의 설치대상이 되는 건축물 그 밖의 공작물의 규모 또는 위험물의 양의 기준단위

(2) **능력단위**
   소요단위에 대응하는 소화설비의 소화능력의 기준단위

(3) **소요단위의 계산방법** ★★★

구분	분류	연면적
제조소 또는 취급소의 건축물	외벽이 내화 구조	100m²
	외벽이 비내화 구조	50m²
저장소의 건축물	외벽이 내화 구조	150m²
	외벽이 비내화 구조	75m²
위험물은 지정수량의 10배		

(4) **기타 소화설비의 능력단위** ★★★

소화설비	용량	능력단위
소화전용(轉用)물통	8 L	0.3
수조(소화전용물통 3개 포함)	80 L	1.5
수조(소화전용물통 6개 포함)	190 L	2.5
마른 모래(삽 1개 포함)	50 L	0.5
팽창질석 또는 팽창진주암(삽 1개 포함)	160 L	1.0

3) 옥내소화전설비의 설치기준 ★★

(1) 옥내소화전은 제조소등의 건축물의 층마다 당해 층의 각 부분에서 하나의 **호스접속구까지의 수평거리가 25m 이하**

(2) 수원의 수량은 옥내소화전이 **가장 많이 설치된 층의 옥내소화전 설치개수(설치개수가 5개 이상인 경우는 5개)에 7.8m³를 곱한 양 이상**

$$수원 = 설치개수(설치개수가\ 5개\ 이상인\ 경우는\ 5개) \times 7.8m^3$$

(3) 옥내소화전설비는 각층을 기준으로 하여 당해 층의 모든 옥내소화전(설치개수가 5개 이상인 경우는 5개의 옥내소화전)을 동시에 사용할 경우에 각 노즐선단

의 **방수압력이 350kPa 이상이고 방수량이 1분당 260L 이상**

(4) 옥내소화전설비에는 비상전원을 설치할 것

4) 옥외소화전설비의 설치기준 ★★

(1) 옥외소화전은 방호대상물의 각 부분(건축물의 경우에는 당해 건축물의 1층 및 2층의 부분에 한한다)에서 **하나의 호스접속구까지의 수평거리가 40m 이하**가 되도록 설치할 것. 이 경우 그 **설치개수가 1개일 때는 2개**
(2) 수원의 수량은 옥외소화전의 **설치개수(설치개수가 4개 이상인 경우는 4개의 옥외소화전)에 13.5m³를 곱한 양 이상**

$$수원 = 설치개수(설치개수가\ 4개\ 이상인\ 경우는\ 4개) \times 13.5m^3$$

(3) 옥외소화전설비는 모든 옥외소화전(설치개수가 4개 이상인 경우는 4개의 옥외소화전)을 동시에 사용할 경우에 각 노즐선단의 **방수압력이 350kPa 이상이고, 방수량이 1분당 450L 이상**의 성능이 되도록 할 것
(4) 옥외소화전설비에는 비상전원을 설치할 것

5) 스프링클러설비의 설치기준 ★

(1) 스프링클러헤드는 방호대상물의 천장 또는 건축물의 최상부 부근에 설치하되, 방호대상물의 각 부분에서 하나의 스프링클러헤드까지의 **수평거리가 1.7m(살수밀도의 기준을 충족하는 경우 2.6m) 이하**
(2) **개방형 스프링클러헤드**를 이용한 스프링클러설비의 **방사구역은 150m² 이상**(방호대상물의 바닥면적이 150m² 미만인 경우 당해 바닥면적)
(3) 수원의 수량은 **폐쇄형 스프링클러헤드**를 사용하는 것은 30(헤드의 설치개수가 30 미만인 방호대상물인 경우에는 당해 설치개수), **개방형 스프링클러헤드**를 사용하는 것은 스프링클러헤드가 가장 많이 설치된 방사구역의 스프링클러헤드 **설치개수에 2.4m³를 곱한 양** 이상
(4) 스프링클러설비는 스프링클러헤드를 동시에 사용할 경우에 각 선단의 **방사압력이 100kPa 이상이고, 방수량이 1분당 80L이상**
(5) 스프링클러설비에는 비상전원을 설치할 것

6) 물분무소화설비의 설치기준 ★

(1) 물분무소화설비의 **방사구역은 150m² 이상**(방호대상물의 표면적이 150m² 미만인 경우에는 당해 표면적)

(2) 수원의 수량은 분무헤드가 가장 많이 설치된 방사구역의 모든 분무헤드를 동시에 사용할 경우에 당해 방사구역의 **표면적 1m²당 1분당 20L의 비율로 계산한 양으로 30분간 방사할 수 있는 양 이상**

$$\text{수원} = \text{방사구역의 표면적}[m^2] \times 20[L/\text{분}] \times 30\text{분 이상}$$

(3) 물분무소화설비는 분무헤드를 동시에 사용할 경우에 각 선단의 **방사압력이 350 kPa 이상**으로 표준방사량을 방사할 수 있는 성능이 되도록 할 것

7) 대형수동식소화기의 설치기준

방호대상물의 각 부분으로부터 하나의 대형수동식소화기까지의 **보행거리가 30m 이하**가 되도록 설치할 것.

8) 소형수동식소화기 등의 설치기준

소형수동식소화기 또는 그 밖의 소화설비는 지하탱크저장소, 간이탱크저장소, 이동탱크저장소, 주유취급소 또는 판매취급소에서는 유효하게 소화할 수 있는 위치에 설치하여야 하며, 그 밖의 제조소등에서는 방호대상물의 각 부분으로 부터 하나의 소형수동식소화기까지의 **보행거리가 20m 이하**가 되도록 설치할 것.

3 경보설비

1) 자동화재탐지설비의 설치기준 ★★★

(1) 자동화재탐지설비의 경계구역은 건축물 그 밖의 공작물의 **2 이상의 층에 걸치지 아니하도록 할 것**. 다만, **하나의 경계구역의 면적이 500m² 이하**이면서 당해 경계구역이 두개의 층에 걸치는 경우이거나 계단·경사로·승강기의 승강로 그 밖에 이와 유사한 장소에 연기감지기를 설치하는 경우에는 그러하지 아니하다.

(2) 하나의 경계구역의 면적은 600m² 이하로 하고 그 **한변의 길이는 50m**(광전식 분리형 감지기를 설치할 경우에는 100m) 이하로 할 것. 다만, 당해 건축물 그 밖의 공작물의 주요한 출입구에서 그 내부의 전체를 볼 수 있는 경우에 있어서는 그 면적을 1,000m² 이하

2) 제조소등 별로 설치하여야 하는 경보설비의 종류 ★★★

제조소 등의 구분	제조소등의 규모, 저장 또는 취급하는 위험물의 종류 및 최대수량 등	경보설비
제조소 및 일반취급소	① **연면적 500m² 이상**인 것 ② 옥내에서 **지정수량의 100배 이상**을 취급하는 것 ③ 일반취급소로 사용되는 부분 외의 부분이 있는 건축물에 설치된 일반취급소	자동화재탐지설비
옥내저장소	① **지정수량의 100배 이상**을 저장 또는 취급하는 것 ② **저장창고의 연면적이 150m²를 초과**하는 것 ③ **처마높이가 6m 이상**인 단층건물의 것 ④ 옥내저장소로 사용되는 부분 외의 부분이 있는 건축물에 설치된 옥내저장소	
옥내탱크저장소	① 단층건물 외의 건축물에 설치된 옥내탱크저장소로서 **소화난이도등급 I 에 해당하는 것**	
주유취급소	옥내주유취급소	
자동화재탐지설비 설치 대상에 해당하지 아니하는 제조소등	**지정수량의 10배 이상**을 저장 또는 취급하는 것	자동화재 탐지설비, 비상경보설비, 확성장치 또는 비상방송설비 중 1종 이상

제20장 출제예상문제

01 제조소는 연면적 몇 m² 이상일 경우 소화난이도 I 등급에 속하는가?
① 500　　　② 600　　　③ 800　　　④ 1,000

해설 제조소
① 연면적 1,000m² 이상
② 지정수량 100배 이상
③ 6m 이상의 높이에 위험물

02 소화난이도 I 등급에 속하는 옥외탱크저장소의 액 표면적은 몇 m² 이상인가?
① 10　　　② 20　　　③ 30　　　④ 40

해설 옥외탱크저장소
① 액표면적 40m² 이상
② 탱크 옆판 높이 6m 이상
③ 지중탱크 또는 해상탱크로 지정수량 100배 이상
④ 고체위험물을 저장하는 것으로서 지정수량의 100배 이상

03 소화난이도 I 등급에 속하지 않는 제조소등은 무엇인가?
① 일반취급소로 지정수량 100배 이상을 취급하는 것
② 옥내저장소로서 처마높이가 5m인 단층건물
③ 옥내탱크저장소로서 액표면적이 40m² 이상인 것
④ 이송취급소

해설 처마높이 6m 이상인 단층 건물

04 소화난이도 I 등급의 옥내탱크저장소 및 암반탱크저장소에서 황만을 저장할 경우 설치 가능한 소화설비의 종류는?
① 스프링클러소화설비　　　② 이산화탄소소화설비
③ 할로젠화합물소화설비　　④ 물분무소화설비

해설 황을 저장하는 경우에는 물분무소화설비를 설치하여야 한다.

정답 1. ④　2. ④　3. ②　4. ④

05 제조소는 지정수량 몇 배 이상을 저장 또는 취급할 경우 소화난이도 Ⅱ등급에 속하는가?

① 10　　② 20　　③ 100　　④ 150

해설 제조소
① 연면적 600m² 이상
② 지정수량 10배 이상

06 제조소 등에 전기설비가 설치된 경우에는 당해 장소의 면적 몇 m²마다 소형 수동식소화기를 1개 이상 설치하여야 하는가?

① 50　　② 100　　③ 150　　④ 200

해설 제조소등에 전기설비(전기배선, 조명기구 등은 제외한다)가 설치된 경우에는 당해 장소의면적 100m²마다 소형수동식소화기를 1개 이상 설치

07 위험물은 지정수량의 몇 배를 1 소요단위로 하는가?

① 1　　② 10　　③ 50　　④ 100

해설 위험물은 지정수량의 10배를 1소요단위로 한다.

08 제조소 또는 취급소의 건축물은 외벽이 내화구조인 것은 연면적 몇 m²를 1 소요단위로 계산하는가?

① 50m²　　② 75m²　　③ 100m²　　④ 150m²

해설 제조소 또는 취급소의 건축물은 외벽이 내화구조인 것은 연면적 100m²를 1소요단위로 하며, 외벽이 내화구조가 아닌 것은 연면적 50m²를 1소요단위로 할 것

09 옥내소화전설비의 수원은 그 저수량이 옥내 소화전의 설치개수가 가장 많은 층의 설치 개수에 몇 m³를 곱한 양 이상이 되도록 하여야 하는가?

① 2.6m³　　② 4.2m³　　③ 5.4m³　　④ 7.8m³

해설 수원의 수량은 옥내소화전이 가장 많이 설치된 층의 옥내소화전 설치 개수(설치 개수가 5개 이상인 경우는 5개)에 7.8m³를 곱한 양 이상
수원 = 설치개수(설치개수가 5개 이상인 경우는 5개) × 7.8m³

정답 5. ①　6. ②　7. ②　8. ③　9. ④

10 제조소 등에 설치하는 소화설비 기준 중 옥내소화전의 방수압력으로 옳은 것은?
① 100kPa ② 170kPa
③ 270kPa ④ 350kPa

해설 소화설비 기준

설비명칭	토출량(L/min)	방수압력(kPa)	수평거리(m)
옥내소화전	N×260	350	25
옥외소화전	N×450	350	40
스프링클러	N×80	100	1.7

11 위험물안전관리법령상 위험물제조소에 설치하는 옥내소화전설비의 설치기준으로 옳지 않은 것은?
① 비상전원의 용량은 그 설비를 유효하게 20분 이상 작동시키는 것이 가능할 것
② 배선은 600V 2종 비닐전선 또는 이와 동등이상의 내열성을 갖는 전선을 사용할 것
③ 각 소화전의 노즐선단 방수량은 260L/min이상일 것
④ 주배관 중 입상관은 관의 직경이 50mm 이상인 것으로 할 것

해설 비상전원의 용량은 그 설비를 유효하게 30분 이상 작동시키는 것이 가능할 것

12 위험물을 저장 또는 취급하는 장소에 설치하는 옥외소화전설비 수원의 수량은 옥외소화전의 설치개수에 얼마를 곱한 양 이상이 되도록 하여야 하는가?
① $2.6m^3$ ② $7m^3$ ③ $7.8m^3$ ④ $13.5m^3$

해설 옥외소화전설비의 수원의 수량은 옥외소화전의 설치개수(설치개수가 4개 이상인 경우는 4개의 옥외소화전)에 $13.5m^3$를 곱한 양 이상이 되도록 설치할 것

13 위험물 취급 장소에 설치한 스프링클러설비가 개방형 스프링클러헤드를 사용하는 경우 수원은 스프링클러헤드가 가장 많이 설치된 방사구역의 스프링클러헤드 설치개수에 얼마를 곱한 양 이상이 되도록 설치하여야 하는가?
① $1.6m^3$ ② $2.4m^3$ ③ $2.6m^3$ ④ $3.2m^3$

해설 스프링클러설비의 수원의 수량은 폐쇄형 스프링클러헤드를 사용하는 것은 30(헤드의 설치개수가 30 미만인 방호대상물인 경우에는 당해 설치개수), 개방형스프링클러헤드를 사용하는 것은 스프링클러헤드가 가장 많이 설치된 방사구역의 스프링클러헤드 설치개수에 $2.4m^3$를 곱한 양 이상이 되도록 설치

정답 10. ④ 11. ① 12. ④ 13. ②

14 제조소등에 설치하는 물분무소화설비의 방사구역면적은 몇 m^2 이상이어야 하는가?

① 20 ② 150 ③ 200 ④ 3,000

해설 물분무소화설비의 방사구역은 150m^2 이상(방호대상물의 표면적이 150m^2 미만인 경우에는 당해 표면적)으로 할 것

15 자동화재탐지설비의 설치 대상이 아닌 것은?
① 제조소로서 연면적 500m^2 이상인 것
② 옥내저장소로서 저장창고의 연면적이 150m^2를 초과하는 경우
③ 옥내주유취급소
④ 옥내탱크저장소로서 단층 건물 외의 건물에 설치된 소화난이도 Ⅱ등급에 해당하는 것

해설 단층 건물 외의 건축물에 설치된 옥내탱크저장소로서 소화난이도등급 Ⅰ에 해당하는 것

16 위험물제조소에 광전식분리형감지기를 설치할 경우에 한 변의 길이는 몇 m 이하로 하여야 하는가?

① 50m ② 100m ③ 500m ④ 700m

해설 하나의 경계구역의 면적은 600m^2 이하로 하고 그 한변의 길이는 50m (광전식분리형 감지기를 설치할 경우에는 100m) 이하로 할 것.

17 제조소 및 일반취급소의 연면적이 얼마 이상일 때 자동화재탐지설비를 설치하는가?
① 100m^2 ② 150m^2
③ 500m^2 ④ 1,000m^2

해설 제조소 및 일반취급소
① 연면적 500m^2 이상인 것
② 옥내에서 지정수량의 100배 이상을 취급하는 것
③ 일반취급소로 사용되는 부분 외의 부분이 있는 건축물에 설치된 일반취급소

18 위험물안전관리법령상 과산화수소 5,000kg을 저장하는 옥외저장소에 설치하여야 할 경보설비의 종류에 해당되지 않는 것은?
① 자동화재탐지설비 ② 비상경보설비
③ 확성장치 ④ 자동화재속보설비

정답 14. ② 15. ④ 16. ② 17. ③

해설 지정수량의 10배 이상을 저장 또는 취급하는 제조소등의 경보설비 : 자동화재탐지설비, 비상경보설비, 확성장치 또는 비상방송설비

19 자동화재탐지설비를 설치하여야 하는 옥내저장소에 해당하지 않는 것은?
① 지정수량의 100배 이상을 저장 또는 취급하는 것
② 처마높이가 6m 이상인 단층건물의 것
③ 저장창고의 연면적이 100m²를 초과하는 것
④ 옥내저장소로 사용되는 부분 외의 부분이 있는 건축물에 설치된 옥내저장소

해설 옥내저장소
① 지정수량의 100배 이상을 저장 또는 취급하는 것
② 저장창고의 연면적이 150m²를 초과하는 것
③ 처마높이가 6m 이상인 단층건물의 것
④ 옥내저장소로 사용되는 부분 외의 부분이 있는 건축물에 설치된 옥내저장소

20 위험물안전관리법령상 제조소등의 소화난이도 Ⅰ등급 중 황만을 저장 취급하는 옥내탱크저장소에 설치하는 소화설비는?
① 물분무소화설비
② 강화액소화설비
③ 이산화탄소소화설비
④ 할로젠화합물 및 불활성기체 소화설비

해설 소화난이도 I등급 제조소등에 설치하여야 하는 소화설비
① **황만 저장취급 : 물분무소화설비**
② 인화점 70℃ 이상 제4류 위험물 : 물분무소화설비, 고정식 포소화설비, 이동식외의 CO_2 및 할로젠화합물 및 분말소화설비

21 위험물안전관리법령상 제조소등에 설치하는 옥외소화전설비 수원기준에 관한 것이다. ( )에 들어갈 숫자는?

> 수원의 수량은 옥외소화전의 설치개수(설치개수가 4개 이상인 경우는 4개의 옥외소화전)에 ( )m³를 곱한 양 이상이 되도록 설치할 것

① 2.6
② 7
③ 7.8
④ 13.5

해설 수원=설치개수(설치개수가 4개 이상인 경우는 4개의 옥외소화전)×13.5m³를 곱한 양 이상

정답 18. ④ 19. ③ 20. ① 21. ④

22 위험물안전관리법령상 경유 40,000L를 저장하고 있는 위험물에 관한 소화설비 소요단위는?

① 2단위 ② 4단위 ③ 6단위 ④ 8단위

해설 소요단위
① 지정수량의 배수 : 40,000L/1,000L = 40배
② 소요단위 : 40배/(10배/1단위) = 4단위

23 위험물안전관리법령상 제조소 건축물의 외벽이 내화구조인 경우 2 소요단위에 해당하는 연면적은?

① 100m² ② 150m² ③ 200m² ④ 300m²

해설 2소요단위는 100m² × 2 = 200m²
제조소 또는 취급소의 건축물은 외벽이 내화구조인 것은 연면적 100m²를 1소요단위로 하며, 외벽이 내화구조가 아닌 것은 연면적 50m²를 1소요단위로 할 것

정답 22. ② 23. ③

제21장 위험물의 저장·취급 및 운반에 관한 기준

1 위험물의 유별 저장 기준 ★★★

1) 저장소에는 위험물 외의 물품을 저장하지 아니하여야 한다. 다만, 옥내저장소 또는 옥외저장소에서 위험물과 위험물이 아닌 물품을 함께 저장하는 경우 위험물과 위험물이 아닌 물품은 각각 모아서 저장하고 **상호간에는 1m 이상**의 간격을 두어야 한다.

2) **유별을 달리하는 위험물은 동일한 저장소에 저장하지 아니하여야 한다.** 다만, 옥내저장소 또는 옥외저장소에 있어서 다음의 각목의 규정에 의한 위험물을 저장하는 경우로서 위험물을 유별로 정리하여 저장하는 한편, **서로 1m 이상의 간격을 두는 경우에는 그러하지 아니하다.**
   (1) 제1류 위험물(알칼리금속의 과산화물 제외)과 제5류 위험물을 저장
   (2) 제1류 위험물과 제6류 위험물을 저장하는 경우
   (3) **제1류 위험물과 제3류 위험물 중 자연발화성물질을 저장**하는 경우
   (4) 제2류 위험물 중 **인화성고체와 제4류 위험물**을 저장하는 경우
   (5) 제3류 위험물 중 **알킬알루미늄 등과 제4류 위험물**을 저장하는 경우
   (6) 제4류 위험물 중 유기과산화물 또는 이를 함유하는 것과 제5류 위험물 중 유기과산화물 또는 이를 함유한 것을 저장하는 경우

3) 옥내저장소에서 동일 품명의 위험물이더라도 자연발화 할 우려가 있는 위험물 또는 재해가 현저하게 증대할 우려가 있는 위험물을 다량 저장하는 경우에는 **지정수량의 10배 이하마다 구분하여 상호간 0.3m 이상의 간격**을 두어 저장하여야 한다.

4) 옥내저장소에서 위험물을 저장하는 경우에는 다음 각목의 규정에 의한 높이를 초과하여 **용기를 겹쳐 쌓지 아니하여야 한다.**
   (1) **기계에 의하여 하역하는 구조로 된 용기만을 겹쳐 쌓는 경우에 있어서는 6m**
   (2) 제4류 위험물 중 제3석유류, 제4석유류 및 동식물유류를 수납하는 용기만을 겹쳐 쌓는 경우에 있어서는 4m
   (3) 그 밖의 경우에 있어서는 3m

5) 옥내저장소에서는 용기에 수납하여 저장하는 위험물의 온도가 55℃를 넘지 아니하도록 필요한 조치를 강구하여야 한다.

6) 옥외저장소에서 위험물을 수납한 용기를 선반에 저장하는 경우에는 **6m를 초과하여 저장하지 아니하여야 한다.**

7) 알킬알루미늄 등, 아세트알데하이드 등 및 다이에틸에터 등의 저장기준
   (1) **이동저장탱크에 알킬알루미늄 등을 저장하는 경우**에는 **20kPa 이하의 압력으로 불활성의 기체를 봉입**하여 둘 것
   (2) 이동저장탱크에 **아세트알데하이드 등을 저장하는 경우**에는 항상 불활성의 기체를 봉입하여 둘 것
   (3) 옥외저장탱크·옥내저장탱크 또는 지하저장탱크 중 **압력탱크 외의 탱크**에 저장하는 다이에틸에터 등 또는 아세트알데하이드 등의 온도는 **산화프로필렌**과 이를 함유한 것 또는 **다이에틸에터** 등에 있어서는 **30℃ 이하**로, **아세트알데하이드 또는 이를 함유한 것에 있어서는 15℃ 이하**로 각각 유지할 것
   (4) 옥외저장탱크·옥내저장탱크 또는 지하저장탱크 중 **압력탱크에 저장**하는 아세트알데하이드 등 또는 다이에틸에터 등의 온도는 **40℃ 이하**로 유지할 것
   (5) **보냉장치가 없는 이동저장탱크**에 저장하는 **아세트알데하이드 등 또는 다이에틸에터** 등의 온도는 **40℃ 이하**로 유지할 것

2 위험물 취급의 기준 ★

1) 자동차 등에 **인화점 40℃ 미만**의 위험물을 주유할 때에는 자동차 등의 원동기를 정지시킬 것.

2) 이동저장탱크로부터 위험물을 저장 또는 취급하는 탱크에 **인화점이 40℃ 미만**인 위험물을 주입할 때에는 이동탱크저장소의 원동기를 정지시킬 것

3) 휘발유를 저장하던 이동저장탱크에 등유나 경유를 주입할 때 또는 등유나 경유를 저장하던 이동저장탱크에 휘발유를 주입할 때에는 다음의 기준에 따라 정전기 등에 의한 재해를 방지하기 위한 조치를 할 것

(1) 이동저장탱크의 상부로부터 위험물을 주입할 때에는 위험물의 액표면이 주입관의 선단을 넘는 높이가 될 때까지 그 **주입관내의 유속을 초당 1m 이하**로 할 것
(2) 이동저장탱크의 밑 부분으로부터 위험물을 주입할 때에는 위험물의 액표면이 주입관의 정상부분을 넘는 높이가 될 때까지 그 **주입배관내의 유속을 초당 1m 이하**로 할 것

4) 알킬알루미늄 등 및 아세트알데하이드 등의 취급기준 ★★★

(1) 알킬알루미늄 등의 제조소 또는 일반취급소에 있어서 알킬알루미늄 등을 취급하는 설비에는 불활성의 기체를 봉입할 것
(2) 알킬알루미늄 등의 이동탱크저장소에 있어서 이동저장탱크로부터 **알킬알루미늄 등을 꺼낼 때**에는 동시에 **200kPa 이하**의 압력으로 불활성의 기체를 봉입할 것
(3) 아세트알데하이드 등의 제조소 또는 일반취급소에 있어서 아세트알데하이드 등을 취급하는 설비에는 연소성 혼합기체의 생성에 의한 폭발의 위험이 생겼을 경우에 불활성의 기체 또는 수증기를 봉입할 것
(4) 아세트알데하이드 등의 이동탱크저장소에 있어서 이동저장탱크로부터 **아세트알데하이드 등을 꺼낼 때**에는 동시에 **100kPa 이하의 압력으로 불활성의 기체를 봉입**할 것

3 위험물의 적재방법 ★★★

1) 위험물은 운반용기에 담아 다음 기준에 따라 수납하여 적재하여야 한다.
   (1) **고체위험물**은 운반용기 **내용적의 95% 이하**의 수납율로 수납할 것.
   (2) **액체위험물**은 운반용기 **내용적의 98% 이하**의 수납율로 수납하되, **55도**의 온도에서 누설되지 아니하도록 충분한 공간용적을 유지하도록 할 것.
   (3) 하나의 외장용기에는 다른 종류의 위험물을 수납하지 아니할 것.

2) 제3류 위험물의 수납 ★
   (1) 자연발화성 물질 : 불활성 기체를 봉입하여 공기와 차단할 것.
   (2) **자연발화성 물질 외** : **파라핀·경유·등유 등의 보호액**으로 채워 밀봉하거나 불활성기체를 봉입하여 수분과 차단할 것.
   (3) **알킬알루미늄** 등은 운반용기의 **내용적의 90% 이하**의 수납율로 수납하되, **50℃의 온도**에서 **5% 이상의 공간용적**을 유지할 것.

3) 일광의 직사 또는 빗물의 침투를 방지 ★

(1) **자연발화성 물질, 특수인화물, 제5류 위험물, 6류 위험물은 차광성**이 있는 피복으로 가릴 것
(2) **알칼리금속의 과산화물, 철분·금속분·마그네슘, 금수성 물질은 방수성**이 있는 피복으로 덮을 것
(3) 제5류 위험물 중 55℃ 이하의 온도에서 분해될 우려가 있는 것은 보내어 컨테이너에 수납하는 등 적정한 온도관리를 할 것

4) 운반용기를 겹쳐 쌓는 경우에는 그 높이를 3m 이하로 할 것.

5) 운반용기의 외부에 위험물의 품명, 수량 등을 표시

(1) 위험물의 품명·위험등급·화학명 및 수용성
(2) 위험물의 수량
(3) 주의사항 ★★★

① 제1류 위험물

물질	주의사항
알칼리금속의 과산화물	"화기·충격주의", "물기엄금" 및 "가연물접촉주의"
그 밖의 것	"화기·충격주의" 및 "가연물접촉주의"

② 제2류 위험물

물질	주의사항
철분·금속분·마그네슘	"화기주의" 및 "물기엄금"
인화성고체	"화기엄금"
그 밖의 것	"화기주의"

③ 제3류 위험물

물질	주의사항
자연발화성물질	"화기엄금" 및 "공기접촉 엄금"
금수성물질	"물기엄금"

④ 제4류 위험물 : "화기엄금"
⑤ 제5류 위험물 : "화기엄금" 및 "충격주의"
⑥ 제6류 위험물 : "가연물접촉주의"

4 위험물의 운반방법 ★

지정수량 이상의 위험물을 차량으로 운반하는 경우 표지
(1) 한변의 길이가 0.3m 이상, 다른 한 변의 길이가 0.6m 이상
(2) 바탕은 흑색으로 하고, 황색의 반사도료로 "위험물"이라고 표시할 것

(3) 표지는 차량의 전면 및 후면의 보기 쉬운 곳에 내걸 것
(4) 지정수량 이상의 위험물을 차량으로 운반하는 경우 : 적응성이 있는 소형수동식소화기

5 위험물의 위험등급

위험물의 위험등급은 위험등급 I · 위험등급 II 및 위험등급 III으로 구분

1) 위험등급 I의 위험물 ★★

① 제1류 위험물 중 아염소산염류, 염소산염류, 과염소산염류, 무기과산화물 그 밖에 지정수량이 50kg인 위험물
② 제3류 위험물 중 칼륨, 나트륨, 알킬알루미늄, 알킬리튬, 황린 그 밖에 지정수량이 10kg 또는 20kg인 위험물
③ 제4류 위험물 중 특수인화물
④ 제5류 위험물 중 지정수량이 10kg인 위험물
⑤ 제6류 위험물

2) 위험등급Ⅱ의 위험물

① 제1류 위험물 중 브로민산염류, 질산염류, 아이오딘산염류 그 밖에 지정수량이 300 kg인 위험물
② 제2류 위험물 중 **황화인, 적린, 황** 그 밖에 지정수량이 100kg인 위험물
③ 제3류 위험물 중 알칼리금속(칼륨 및 나트륨을 제외한다) 및 알칼리토금속, 유기금속화합물(알킬알루미늄 및 알킬리튬을 제외한다) 그 밖에 지정수량이 50kg인 위험물
④ 제4류 위험물 중 제1석유류 및 알코올류
⑤ 제5류 위험물 중 위험등급Ⅰ 외의 것

제21장 출제예상문제

01 저장소에는 위험물 외의 물품을 저장하지 아니하여야 한다. 다만, 옥내저장소 또는 옥외저장소에서 위험물과 위험물이 아닌 물품을 함께 저장하는 경우 위험물과 위험물이 아닌 물품은 각각 모아서 저장하고 상호간에는 몇 m이상의 간격을 두어야 하는가?

① 0.5m ② 1.0m ③ 2.0m ④ 3.0m

해설 옥내저장소 또는 옥외저장소에서 위험물과 위험물이 아닌 물품을 함께 저장하는 경우 위험물과 위험물이 아닌 물품은 각각 모아서 저장하고 상호간에는 1m 이상의 간격을 두어야 한다.

02 옥내저장소에서 동일 품명의 위험물이더라도 자연발화 할 우려가 있는 위험물 또는 재해가 현저하게 증대할 우려가 있는 위험물을 다량 저장하는 경우에는 지정수량의 10배 이하마다 구분하여 상호간 몇 m 이상의 간격을 두어 저장하여야 하는가?

① 0.1m 이상 ② 0.3m 이상
③ 0.5m 이상 ④ 0.8m 이상

해설 옥내저장소에서 동일 품명의 위험물이더라도 자연발화 할 우려가 있는 위험물 또는 재해가 현저하게 증대할 우려가 있는 위험물을 다량 저장하는 경우에는 지정수량의 10배 이하마다 구분하여 상호간 0.3m 이상의 간격을 두어 저장하여야 한다.

03 옥내저장소에서 제3석유류, 제4석유류 및 동식물유류를 수납하는 경우 수납높이로 옳은 것은?

① 1m 이하 ② 2m 이하 ③ 3m 이하 ④ 4m 이하

해설 옥내저장소에서 위험물을 저장하는 경우 높이의 제한
① 기계에 의해 용기만을 겹쳐 쌓는 경우에 있어서는 6m 이하
② 제3석유류, 제4석유류 및 동식물유류를 수납하는 경우 4m 이하

04 이동저장탱크에 알킬알루미늄 등을 저장하는 경우에는 몇 kPa 이하의 압력으로 불활성의 기체를 봉입하여야 하는가?

① 10kPa ② 20kPa ③ 100kPa ④ 200kPa

해설 이동저장탱크에 알킬알루미늄 등을 저장하는 경우에는 20kPa 이하의 압력으로 불활성의 기체를 봉입하여 둘 것

정답 1. ② 2. ② 3. ④ 4. ②

05 옥외저장탱크・옥내저장탱크 또는 지하저장탱크 중 압력탱크에 저장하는 아세트알데하이드 등 또는 다이에틸에터 등의 온도는 몇 ℃ 이하로 유지하여야 하는가?

① 30　　② 40　　③ 50　　④ 55

해설 옥외저장탱크・옥내저장탱크 또는 지하저장탱크 중 압력탱크에 저장하는 아세트알데하이드 등 또는 다이에틸에터 등의 온도는 40℃ 이하로 유지할 것

06 이동저장탱크로부터 위험물을 저장 또는 취급하는 탱크에 인화점이 몇 ℃ 미만인 위험물을 주입할 때에는 이동탱크저장소의 원동기를 정지시켜야 하는가?

① 40℃ 미만　　② 50℃ 미만
③ 55℃ 미만　　④ 70℃ 미만

해설 이동저장탱크로부터 위험물을 저장 또는 취급하는 탱크에 인화점이 40℃ 미만인 위험물을 주입할 때에는 이동탱크저장소의 원동기를 정지시킬 것

07 휘발유를 저장하던 이동저장탱크에 등유나 경유를 주입할 때 또는 등유나 경유를 저장하던 이동저장탱크에 휘발유를 주입할 때의 유속은 얼마 이하로 하여야 하는가?

① 1m/s 이하　　② 2m/s 이하
③ 3m/s 이하　　④ 4m/s 이하

해설 휘발유를 저장하던 이동저장탱크에 등유나 경유를 주입할 때 또는 등유나 경유를 저장하던 이동저장탱크에 휘발유를 주입할 때에는 다음의 기준에 따라 정전기 등에 의한 재해를 방지하기 위한 조치를 할 것
① 이동저장탱크의 상부로부터 위험물을 주입할 때에는 위험물의 액표면이 주입관의 선단을 넘는 높이가 될 때까지 그 주입관내의 유속을 초당 1m 이하로 할 것
② 이동저장탱크의 밑 부분으로부터 위험물을 주입할 때에는 위험물의 액표면이 주입관의 정상부분을 넘는 높이가 될 때까지 그 주입배관내의 유속을 초당 1m 이하로 할 것

08 알킬알루미늄 등의 이동탱크저장소에 있어서 이동저장탱크로부터 알킬알루미늄 등을 꺼낼 때에는 동시에 몇 kPa 이하의 압력으로 불활성의 기체를 봉입하여야 하는가?

① 70kPa　　② 100kPa
③ 150kPa　　④ 200kPa

해설 알킬알루미늄 등의 이동탱크저장소에 있어서 이동저장탱크로부터 알킬알루미늄 등을 꺼낼 때에는 동시에 200kPa 이하의 압력으로 불활성의 기체를 봉입할 것

정답 5. ②　6. ①　7. ①　8. ④

09 아세트알데하이드 등의 이동탱크저장소에 있어서 이동저장탱크로부터 아세트알데하이드 등을 꺼낼 때에는 동시에 몇 kPa 이하의 압력으로 불활성의 기체를 봉입하여야 하는가?
① 70kPa ② 100kPa
③ 150kPa ④ 200kPa

해설 아세트알데하이드 등의 이동탱크저장소에 있어서 이동저장탱크로부터 아세트알데하이드 등을 꺼낼 때에는 동시에 100kPa 이하의 압력으로 불활성의 기체를 봉입할 것

10 위험물은 운반용기에 담아 수납하여 적재하는 경우 고체위험물의 운반용기 내용적으로 옳은 것은?
① 80% 이하 ② 85% 이하 ③ 90% 이하 ④ 95% 이하

해설 고체위험물은 운반용기 내용적의 95% 이하의 수납율로 수납할 것.
액체위험물은 운반용기 내용적의 98% 이하의 수납율로 수납할 것.

11 제3류 위험물의 수납 기준 중에서 알킬알루미늄 등은 운반용기의 내용적의 몇 % 이하의 수납율로 수납하되, 50℃의 온도에서 5% 이상의 공간용적을 유지하여야 하는가?
① 90% ② 95% ③ 96% ④ 98%

해설 알킬알루미늄등은 운반용기의 내용적의 90% 이하의 수납율로 수납하되, 50℃의 온도에서 5% 이상의 공간용적을 유지할 것.

12 방수성의 피복으로 덮어야 하는 위험물의 종류는?
① 이황화탄소 ② 철분
③ 니트로글리세린 ④ 과산화수소

해설 철분은 수분과 접촉 시 수소를 발생시킨다.

13 다음 중 차광성이 있는 피복으로 가려야 하는 위험물을 옳게 나열한 것은?
① 자연발화성 물질, 특수인화물, 제5류 위험물
② 자연발화성 물질, 제1석유류, 제5류 위험물
③ 2류 위험물, 제5류 위험물, 6류 위험물
④ 무기과산화물, 제5류 위험물, 6류 위험물

해설 자연발화성 물질, 특수인화물, 제5류 위험물, 6류 위험물은 차광성이 있는 피복으로 가릴 것

정답 9. ② 10. ④ 11. ① 12. ② 13. ①

14 위험물의 운반용기 외부의 표시사항 중 알칼리금속의 과산화물의 주의사항으로 틀린 것은?

① 화기·충격주의
② 물기엄금
③ 가연물 접촉주의
④ 공기접촉엄금

해설 제1류 위험물 중 알칼리금속의 과산화물 : 화기·충격주의, 물기엄금, 가연물접촉주의

15 다음의 위험물 중 위험등급이 다른 하나는?

① 칼륨
② 과산화나트륨
③ 과염소산
④ 황화린

해설 황화린은 위험등급 Ⅱ에 해당한다.

16 위험물안전관리법령상 제1류 위험물 중 알칼리금속의 과산화물 운반용기 외부에 표시해야 할 주의사항으로 옳지 않은 것은? (단, 국제해상위험물규칙(IMDG Code)에 정한 기준 또는 소방청장이 정하여 고시하는 기준에 적합한 표시를 한 경우는 제외한다.)

① 물기엄금
② 화기·충격주의
③ 공기접촉엄금
④ 가연물접촉주의

해설 알칼리금속의 과산화물 표시사항 : 화기·충격주의, 물기엄금, 가연물접촉주의

17 위험물안전관리법령상 위험물의 운송 및 운반에 관한 설명으로 옳지 않은 것은?

① 지정수량 이상을 운송하는 차량은 운행 전 관할소방서에 신고하여야 한다.
② 알킬리튬은 운송책임자의 감독 또는 지원을 받아 운송을 하여야 한다.
③ 제3류 위험물 중 금수성 물질은 적재 시 방수성이 있는 피복으로 덮어야 한다.
④ 위험물은 운반용기의 외부에 위험물의 품명, 수량, 주의사항 등을 표시하여 적재하여야 한다.

해설 대통령령이 정하는 위험물의 운송에 있어서는 운송책임자(위험물 운송의 감독 또는 지원을 하는 자를 말한다. 이하 같다)의 감독 또는 지원을 받아 이를 운송하여야 한다.

정답 14. ④ 15. ④ 16. ③ 17. ①

제22장 화학소방자동차에 갖추어야 하는 소화능력 및 설비의 기준

화학소방자동차의 구분	소화능력 및 설비의 기준
포수용액 방사차	포수용액의 방사능력이 **매분 2,000L 이상**일 것
	소화약액탱크 및 소화약액혼합장치를 비치할 것
	10만L 이상의 포수용액을 방사할 수 있는 양의 소화약제를 비치할 것
분말 방사차	분말의 방사능력이 **매초 35kg 이상**일 것
	분말탱크 및 가압용가스설비를 비치할 것
	1,400kg 이상의 분말을 비치할 것
할로젠화합물 방사차	할로젠화합물의 방사능력이 **매초 40kg 이상**일 것
	할로젠화합물탱크 및 가압용가스설비를 비치할 것
	1,000kg 이상의 할로젠화합물을 비치할 것
이산화탄소 방사차	이산화탄소의 방사능력이 **매초 40kg 이상**일 것
	이산화탄소저장용기를 비치할 것
	3,000kg 이상의 이산화탄소를 비치할 것
제독차	가성소오다 및 규조토를 각각 **50kg 이상** 비치할 것

제22장 출제예상문제

01 화학소방자동차에 해당하지 않는 것은?

① 이산화탄소 방사차
② 제독차
③ 포수용액 방사차
④ 살수차

해설

화학소방자동차의 구분	소화능력 및 설비의 기준
포수용액 방사차	포수용액의 방사능력이 매분 2,000L 이상일 것
	소화약액탱크 및 소화약액혼합장치를 비치할 것
	10만L 이상의 포수용액을 방사할 수 있는 양의 소화약제를 비치할 것
분말 방사차	분말의 방사능력이 매초 35kg 이상일 것
	분말탱크 및 가압용가스설비를 비치할 것
	1,400kg 이상의 분말을 비치할 것
할로젠화합물 방사차	할로젠화합물의 방사능력이 매초 40kg 이상일 것
	할로젠화합물탱크 및 가압용가스설비를 비치할 것
	1,000kg 이상의 할로젠화합물을 비치할 것
이산화탄소 방사차	이산화탄소의 방사능력이 매초 40kg 이상일 것
	이산화탄소저장용기를 비치할 것
	3,000kg 이상의 이산화탄소를 비치할 것
제독차	가성소오다 및 규조토를 각각 50kg 이상 비치할 것

02 분말 방사차는 분말의 방사능력이 매초 얼마 이상이어야 하는가?

① 30kg   ② 35kg   ③ 40kg   ④ 50kg

해설 분말의 방사능력이 매초 35kg 이상일 것

03 포수용액 방사차는 포수용액의 방사능력이 매분 얼마 이상이어야 하는가?

① 1,000L   ② 2,000L   ③ 3,000L   ④ 4,000L

해설 포수용액의 방사능력이 매분 2,000L 이상일 것

정답 1. ④ 2. ② 3. ②

Non-Stop High-Pass
소방시설 관리사
제1차

소방기술사/소방시설관리사/전기안전기술사

김상현 저

2권

동일출판사

Contents • 목 차

제4편
소방시설의 구조 원리

제1장 핵심 요점정리 ·· 4-2
제2장 소화기구 및 자동소화장치 ··· 4-22
　■ 출제예상문제 / 4-29
제3장 옥내소화전설비 ·· 4-36
　■ 출제예상문제 / 4-48
제4장 스프링클러설비 ·· 4-57
　■ 출제예상문제 / 4-76
제5장 간이스프링클러설비 ··· 4-86
　■ 출제예상문제 / 4-92
제6장 화재조기진압용 스프링클러설비 ····································· 4-95
　■ 출제예상문제 / 4-99
제7장 물분무소화설비 ·· 4-101
　■ 출제예상문제 / 4-105
제8장 미분무소화설비 ·· 4-110
　■ 출제예상문제 / 4-113
제9장 포소화설비 ··· 4-115
　■ 출제예상문제 / 4-125
제10장 이산화탄소소화설비 ·· 4-136
　■ 출제예상문제 / 4-146
제11장 할론소화설비 ·· 4-156
　■ 출제예상문제 / 4-160
제12장 할로겐화합물 및 불활성기체 소화설비 ························ 4-166
　■ 출제예상문제 / 4-173
제13장 분말소화설비 ·· 4-178
　■ 출제예상문제 / 4-184
제14장 옥외소화전설비 ·· 4-189
　■ 출제예상문제 / 4-192
제15장 비상경보설비 및 단독경보형감지기 ···························· 4-195
　■ 출제예상문제 / 4-198
제16장 비상방송설비 ·· 4-202
　■ 출제예상문제 / 4-205
제17장 자동화재탐지설비 및 시각경보기 ································ 4-209
　■ 출제예상문제 / 4-224
제18장 자동화재속보설비 ··· 4-241
　■ 출제예상문제 / 4-243

- 제19장 누전경보기 ··· 4-246
  - 출제예상문제 / 4-249
- 제20장 가스누설경보기 ··· 4-253
  - 출제예상문제 / 4-257
- 제21장 피난기구 ·· 4-259
  - 출제예상문제 / 4-263
- 제22장 인명구조기구 ··· 4-269
  - 출제예상문제 / 4-271
- 제23장 유도등 및 유도표지 ·· 4-272
  - 출제예상문제 / 4-280
- 제24장 비상조명등 ·· 4-288
  - 출제예상문제 / 4-290
- 제25장 상수도소화용수설비 ··· 4-295
  - 출제예상문제 / 4-296
- 제26장 소화수조 및 저수조 ·· 4-297
  - 출제예상문제 / 4-299
- 제27장 제연설비 ·· 4-303
  - 출제예상문제 / 4-309
- 제28장 특별피난계단의 계단실 및 부속실 제연설비 ················ 4-317
  - 출제예상문제 / 4-322
- 제29장 연결송수관설비 ··· 4-326
  - 출제예상문제 / 4-329
- 제30장 연결살수설비 ··· 4-335
  - 출제예상문제 / 4-338
- 제31장 비상콘센트설비 ··· 4-343
  - 출제예상문제 / 4-346
- 제32장 무선통신보조설비 ·· 4-352
  - 출제예상문제 / 4-354
- 제33장 지하구 ··· 4-359
  - 출제예상문제 / 4-362
- 제34장 소방시설용 비상전원수전설비 ···································· 4-365
  - 출제예상문제 / 4-367
- 제35장 도로터널설비 ··· 4-369
  - 출제예상문제 / 4-373
- 제36장 고층건축물설비 ··· 4-377
  - 출제예상문제 / 4-381

제37장 건설현장의 임시소방시설 ·············· 4-387
   ■ 출제예상문제 / 4-391
제38장 소방 전기설비 및 부대 전기설비 ·············· 4-394
   ■ 출제예상문제 / 4-398
제39장 고체에어로졸소화설비 ·············· 4-402
   ■ 출제예상문제 / 4-406

제5편 소방관련법령

제1장 소방기본법·시행령 및 시행규칙 ·············· 5-2
   ■ 출제예상문제 / 5-16
제2장 화재의 예방 및 안전관리에 관한 법률·시행령 및 시행규칙 5-34
   ■ 출제예상문제 / 5-55
제3장 소방시설 설치 및 관리에 관한 법률·시행령 및 시행규칙 · 5-67
   ■ 출제예상문제 / 5-107
제4장 소방시설공사업법·시행령 및 시행규칙 ·············· 5-134
   ■ 출제예상문제 / 5-148
제5장 다중이용업소의 안전관리에 관한 특별법·시행령 및 시행규칙 · 5-161
   ■ 출제예상문제 / 5-177
제6장 위험물안전관리법·시행령 및 시행규칙 ·············· 5-202
   ■ 출제예상문제 / 5-233

제6편 필기 기출문제

제25회 소방시설관리사 필기 ·············· 6-2
제24회 소방시설관리사 필기 ·············· 6-36
제23회 소방시설관리사 필기 ·············· 6-72
제22회 소방시설관리사 필기 ·············· 6-108
제21회 소방시설관리사 필기 ·············· 6-139

제 4 편

소방시설의 구조 원리

Fire Facilities Manager

제1장 핵심 요점정리
제2장 소화기구 및 자동소화장치
제3장 옥내소화전설비
제4장 스프링클러설비
제5장 간이스프링클러설비
제6장 화재조기진압용 스프링클러설비
제7장 물분무소화설비
제8장 미분무소화설비
제9장 포소화설비
제10장 이산화탄소소화설비
제11장 할론소화설비
제12장 할로겐화합물 및 불활성기체 소화설비
제13장 분말소화설비
제14장 옥외소화전설비
제15장 비상경보설비 및 단독경보형감지기
제16장 비상방송설비
제17장 자동화재탐지설비 및 시각경보기
제18장 자동화재속보설비
제19장 누전경보기
제20장 가스누설경보기

제21장 피난기구
제22장 인명구조기구
제23장 유도등 및 유도표지
제24장 비상조명등
제25장 상수도소화용수설비
제26장 소화수조 및 저수조
제27장 제연설비
제28장 특별피난계단의 계단실 및 부속실 제연설비
제29장 연결송수관설비
제30장 연결살수설비
제31장 비상콘센트설비
제32장 무선통신보조설비
제33장 지하구
제34장 소방시설용비상전원수전설비
제35장 도로터널설비
제36장 고층건축물 설비
제37장 건설현장의 임시소방시설
제38장 소방 전기설비 및 부대 전기설비
제39장 고체에어로졸소화설비

제1장 핵심 요점정리

1 방출시간

설비	구분	방출시간
이산화탄소소화설비	국소방출방식	30초 이내
	전역방출방식(표면화재)	1분 이내
	전역방출방식(심부화재)	7분 이내 (2분이내 30% 농도 도달)
할론소화설비	전역방출방식, 국소방출방식	10초 이내
할로겐화합물 및 불활성기체소화설비	할로겐화합물 소화약제	10초 이내
	불활성기체 소화약제	B급 화재 : 1분 이내 A, C급 화재 : 2분 이내
분말소화약제소화설비	전역방출방식, 국소방출방식	30초 이내

2 분사헤드의 방사압력

설비	구분	방사압력
이산화탄소 소화설비	저압식	1.05MPa 이상
	고압식	2.1MPa 이상
할론 소화설비	할론 1301	0.9MPa 이상
	할론 1211	0.2MPa 이상
	할론 2402	0.1MPa 이상

3 충전비 정리

설비	구분	방사압력
이산화탄소 소화설비	저압식	1.1 이상 1.4 이하
	고압식	1.5 이상 1.9 이하

설비	구분		방사압력
할론 소화설비	할론 1301		0.9 이상 1.6 이하
	할론 1211		0.7 이상 1.4 이하
	할론 2402	가압식	0.51 이상 0.67 이하
		축압식	0.67 이상 2.75 이하
분말소화약제 소화설비	제1종 분말		0.8[L/kg] 이상
	제2종, 제3종 분말		1.0[L/kg] 이상
	제4종 분말		1.25[L/kg] 이상

4 수계소화설비별 방수량 및 방수압력

설비	방수량(토출량)[L/min]		방수압력[MPa]
옥내소화전설비	130[L/min] 이상 (도로터널 190[L/min] 이상)		0.17[MPa] 이상~0.7[MPa] 이하 (도로터널 0.35[MPa] 이상~ 0.7[MPa] 이하)
스프링클러설비	80[L/min] 이상		0.1[MPa] 이상~1.2[MPa] 이하
간이 스프링클러설비	50[L/min] 이상 (주차장에 표준반응형 스프링클러헤드 사용시 80[L/min] 이상)		0.1[MPa] 이상
옥외소화전설비	350[L/min] 이상		0.25[MPa] 이상~0.7[MPa] 이하
물분무소화설비	특수가연물	10[L/min] 이상	–
	차고 또는 주차장	20[L/min] 이상	
	절연유 봉입 변압기	10[L/min] 이상	
	케이블트레이, 케이블 덕트	12[L/min] 이상	
	콘베이어 벨트	10[L/min] 이상	
미분무소화설비	–	저압	최고사용압력이 1.2[MPa] 이하
		중압	1.2[MPa] 초과~ 3.5[MPa] 이하
		고압	최저사용압력이 3.5[MPa] 초과
포소화설비	호스릴포소화설비 또는 포소화전	300[L/min] 이상 (1개층 바닥면적이 200m^2 이하인 경우	

설비		방수량(토출량)[L/min]	방수압력[MPa]
		230[L/min] 이상)	
	압축공기포소화설비의 설계방출밀도	① 일반가연물, 탄화수소류 : 1.63L/min·m² 이상 ② 특수가연물, 알코올류와 케톤류 : 2.3L/min·m² 이상	
	포워터스프링클러헤드	75[L/min] 이상	
소화수조 및 저수조	가압송수장치의 소요수량	20m³ 이상 40m³ 미만	1,100[L/min] 이상
		40m³ 이상 100m³ 미만	2,200[L/min] 이상
		100m³ 이상	3,300[L/min] 이상
연결송수관설비		2,400[L/min] 이상 (계단식 아파트의 경우 1,200[L/min] 이상)	0.35[MPa] 이상
건설현장의 간이소화장치		65[L/min] 이상	0.1[MPa] 이상

5 주요설비의 수원계산

설비	구분	계산
옥내소화전설비	30층 미만	$N \times 130L/min \times 20min$ N : 방수구의 수량(2개 이상은 2개)
	30층 이상 49층 이하	$N \times 130L/min \times 40min$ N : 방수구의 수량(5개 이상은 5개)
	50층 이상	$N \times 130L/min \times 60min$ N : 방수구의 수량(5개 이상은 5개)
	도로터널	$N \times 190L/min \times 40min$ N : 2개(4차로 이상의 터널인 경우 3개)

설비	구분	계산
스프링클러설비	30층 미만	$N \times 80L/min \times 20min$ N : 기준개수 또는 설치개수
	30층 이상 49층 이하	$N \times 80L/min \times 40min$ N : 기준개수 또는 설치개수
	50층 이상	$N \times 80L/min \times 60min$ N : 기준개수 또는 설치개수
포소화설비	포헤드, 포워터스프링클러헤드	$N \times 표준방사량 \times 10min$ N : 층의 바닥면적 $200m^2$ 내 설치된 수량
	호스릴포, 포소화전	$N \times 6m^3$ N : 설치개수(5개 이상은 5개)
옥외소화전설비		$N \times 350L/min \times 20min$ N : 설치개수(2개 이상은 2개)
소화수조 및 저수조		$N \times 20m^3$ N : 연면적을 아래의 기준면적으로 나누어 얻은 수 (소수점이하 절상)
건설현장	간이소화장치	$65 L/min \times 20 min$

소방대상물의 구분	면적
1층 및 2층의 바닥면적 합계가 15,000 m^2 이상인 소방대상물	$7,500m^2$
그 밖의 소방대상물	$12,500m^2$

6 기울기

기울기	해당기준
$\frac{2}{100}$	물분무소화설비 배수설비
$\frac{1}{250}$	스프링클러설비의 가지배관(습식, 부압식 제외)
$\frac{1}{500}$	스프링클러설비의 수평주행배관(습식, 부압식 제외)
$\frac{1}{100}$	연결살수설비
$\frac{1}{1,000}$	연소방지설비

7 유속(풍속)

유속	해당기준
0.5m/s 이상	① 계단실 및 그 부속실을 동시에 제연하는 것 또는 계단실만 단독으로 제연하는 것 ② 부속실이 면하는 옥내가 복도로서 그 구조가 방화구조(내화시간이 30분 이상인 구조를 포함한다)인 것
0.7m/s 이상	① 부속실이 면하는 옥내가 거실인 경우
4m/s 이하	① 옥내소화전설비 토출측 주배관
5m/s 이하	① 예상제연구역에 공기가 유입되는 순간의 풍속
6m/s 이하	① 스프링클러설비 가지배관
10m/s 이하	① 스프링클러설비 그 밖의 배관
15m/s 이하	① 배출기의 흡입측 풍도안의 풍속, 송풍기를 이용한 기계배출식의 경우 ② 급기풍도 내의 풍속
20m/s 이하	① 배출기의 배출측 풍속, 유입풍도안의 풍속

8 설치장소의 최고 주위온도에 따른 헤드의 표시온도

설치장소의 최고 주위온도	표시온도
39℃ 미만	79℃ 미만
39℃ 이상 64℃ 미만	79℃ 이상 121℃ 미만
64℃ 이상 106℃ 미만	121℃ 이상 162℃ 미만
106℃ 이상	162℃ 이상

9 연결살수설비(헤드수에 따른 배관의 구경)

배관구경(mm)	32	40	50	65	80
헤드수	1개	2개	3개	4개 또는 5개	6개이상 10개이하

10 연소방지설비(헤드수에 따른 배관의 구경)

배관구경(mm)	32	40	50	65	80
헤드수	1개	2개	3개	4개 또는 5개	6개이상

11 가스계 호스릴 방식 정리

설비	약제종류	저장량 (kg)	방사량 (kg/min)	수평거리
이산화탄소		90	60 이상	15m 이하
할론	할론 2402	50 이상	45 이상	20m 이하
할론	할론 1211	50 이상	40 이상	20m 이하
할론	할론 1301	45 이상	35 이상	20m 이하
분말	제1종	50 이상	45 이상	15m 이하
분말	제2종, 제3종	30 이상	27 이상	15m 이하
분말	제4종	20 이상	18 이상	15m 이하

12 압력조정장치 정리

할론소화설비	2.0 MPa 이하
분말소화설비	2.5 MPa 이하

13 옥내소화전과 호스릴옥내소화전의 비교

구 분	호스릴옥내소화전설비	옥내소화전설비
토출량 (30층 미만)	N×130[L/min]이상 (N : 2개 이상은 2개)	N×130[L/min]이상 (N : 2개 이상은 2개)
수평거리	25m 이하	25m 이하
호스구경	25mm 이상	40mm 이상
가지배관	25mm 이상	40mm 이상
수직배관	32mm 이상	50mm 이상

연결송수관설비의 배관과 겸용할 경우의 주배관은 구경 100mm 이상, 방수구로 연결되는 배관의 구경은 65mm 이상의 것으로 하여야 한다.

14 스프링클러설비 수원 및 기준개수

※ N : 개수(설치개수와 기준개수 중 작은 값으로 한다.)

<table>
<tr><td rowspan="7">수 원</td><td>30층 미만</td><td>$N \times 1.6m^3$ 이상 (N : 개수)</td></tr>
<tr><td>30층 이상 49층 이하</td><td>$N \times 3.2m^3$ 이상 (N : 개수)</td></tr>
<tr><td>50층 이상</td><td>$N \times 4.8m^3$ 이상 (N : 개수)</td></tr>
<tr><td colspan="2">[옥상수원]
① 층수가 30층 미만(면제기준 제외)
　옥상수원 Q = N × 1.6m³ × ⅓ 이상 (N : 개수)
② 층수가 30층 이상 49층 이하(의무설치)
　옥상수원 Q = N × 3.2m³ × ⅓ 이상 (N : 개수)
③ 층수가 50층 이상(의무설치)
　옥상수원 Q = N × 4.8m³ × ⅓ 이상 (N : 개수)</td></tr>
<tr><td>토출량</td><td>N × 80L/min이상 (N : 개수)</td></tr>
<tr><td colspan="2"></td></tr>
</table>

기준개수	10개	10층 이하로서 헤드 부착높이가 8m 미만
	20개	① 공장 ② 근린생활시설·운수시설 또는 복합건축물 ③ 10층 이하로서 헤드 부착높이가 8m 이상인 것
	30개	① 11층 이상(지하층 제외) ② 지하상가 또는 지하역사 ③ 특수가연물 저장·취급하는 공장 ④ 판매시설 또는 복합건축물(판매시설이 설치된 복합건축물을 말한다)

15 미분무소화설비의 수원

$$Q = N \times D \times T \times S + V$$

Q : 수원의 양(m^3)
N : 방호구역(방수구역)내 헤드의 개수
D : 설계유량(m^3/min)
T : 설계방수시간(min)
S : 안전율(1.2 이상)
V : 배관의 총체적(m^3)

16 팽창비율에 따른 포의 종류

팽창비율에 따른 포의 종류	포방출구의 종류
팽창비가 20 이하인 것(저발포)	포헤드, 압축공기포헤드
팽창비가 80 이상 1,000 미만인 것(고발포)	고발포용 고정포방출구

17 보와 가장 가까운 헤드설치

스프링클러헤드의 반사판 높이와 보의 하단 높이의 수직거리	스프링클러헤드의 반사판 중심과 보의 수평거리
보의 하단보다 낮을 것	0.75m 미만
0.1m 미만	0.75m 이상 1m 미만
0.1m 이상 0.15m 미만	1m 이상 1.5m 미만
0.15m 이상 0.30m 미만	1.5m 이상

18 이산화탄소소화설비 약제량 계산

1) 전역방출방식

(1) 표면화재 방호대상물

① 소화약제 저장량

$$W = V \times K_1 \times 보정계수 + A \times K_2$$

W : 약제저장량[kg]
V : 방호구역의 체적(불연재료나 내열성의 재료로 밀폐된 구조물이 있는 경우에는 그 체적을 감한 체적)[m³]
K_1 : 방호구역 체적당 소화약제량[kg/m³]
A : 개구부 면적[m²]
K_2 : 개구부 가산량[kg/m²]
(방호구역의 개구부에 자동폐쇄장치를 설치하지 아니한 경우)

② 방호구역 체적 1[m³]에 대한 소화약제의 양(K_1) 및 개구부 가산량(K_2)

방호구역 체적	방호구역 체적에 대한 소화약제의 양 [kg/m³]	최저 한도량 [kg]	개구부 가산량 [kg/m²] (자동폐쇄장치 미 설치시)
45m³ 미만	1.0[kg/m³]	45[kg]	5[kg/m²]
45m³ 이상 150m³ 미만	0.9[kg/m³]	45[kg]	5[kg/m²]
150m³ 이상 1,450m³ 미만	0.8[kg/m³]	135[kg]	5[kg/m²]
1,450m³ 이상	0.75[kg/m³]	1,125[kg]	5[kg/m²]

(2) 심부화재 방호대상물

① 소화약제 저장량

$W = V \times K_1 + A \times K_2$	W : 약제 저장량[kg] V : 방호구역의 체적(불연재료나 내열성의 재료로 밀폐된 구조물이 있는 경우에는 그 체적을 감한 체적)[m³] K_1 : 방호구역 체적당 소화약제량[kg/m³] A : 개구부 면적[m³] K_2 : 개구부 가산량[kg/m³] (방호구역의 개구부에 자동폐쇄장치를 설치하지 아니한 경우)

② 방호구역 체적 1[m³]에 대한 소화약제의 양(K_1) 및 개구부 가산량(K_2)

방호대상물	방호구역 체적에 대한 소화약제의 양[kg/m³]	개구부 가산량 [kg/m²] (자동폐쇄장치 미 설치시)
유압기기를 제외한 전기설비·케이블실	1.3[kg/m³]	10[kg/m²]
체적 55m³ 미만의 전기설비	1.6[kg/m³]	
서고, 전자제품창고, 목재가공품 창고, 박물관	2.0[kg/m³]	
고무류, 면화류창고, 모피창고, 석탄창고, 집진설비	2.7[kg/m³]	

2) 국소방출방식

(1) 면적식

구분	약제량	비고
① 저압식	$W = S \times 13[kg/m^2] \times 1.1$	W : 약제저장량[kg] S : 방호대상물 표면적[m²] ① 사각형 구조 : 가로[m]×세로[m] ② 원형 구조 : $\pi \times$(반지름[m])²
② 고압식	$W = S \times 13[kg/m^2] \times 1.4$	

(2) 용적식

구분	약제량	비고
저압식	$W = V \times Q \times 1.1$	$Q = 8 - 6\dfrac{a}{A}$
고압식	$W = V \times Q \times 1.4$	

W : 약제저장량[kg]
Q : 방호공간 $1[m^3]$에 대한 소화약제의 양$[kg/m^3]$
V : 방호공간의 체적$[m^3]$
A : 방호공간의 벽면적의 합계$[m^2]$
a : 방호대상물 주위에 설치된 벽 면적의 합계$[m^2]$

※방호공간(방호대상물의 각 부분으로부터 0.6m의 거리에 따라 둘러싸인 공간)

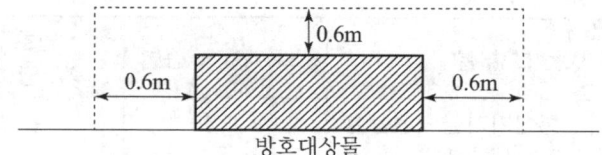

19 가연성 액체 또는 가연성 가스의 소화에 필요한 설계농도

방호대상물	설계농도(%)
수소(Hydrogen)	75
아세틸렌(Acetylene)	66
일산화탄소(Carbon Monoxide)	64
산화에틸렌(Ethylene Oxide)	53
에틸렌(Ethylene)	49
에탄(Ethane)	40
석탄가스, 천연가스(Coal, Natural gas)	37
사이크로 프로판(Cyclo Propane)	37
이소부탄(Iso Butane)	36
프로판(Propane)	36
부탄(Butane)	34
메탄(Methane)	34

20 할론 소화설비 약제량 계산

1) 전역방출방식

(1) 저장량

저장량 $W = V \times K_1 + A \times K_2$

W : 약제저장량[kg]
K_1 : 방호구역 체적당 소화약제량[kg/m³]
A : 개구부 면적[m²]
K_2 : 개구부 가산량[kg/m²]

(2) 방호구역 체적당 소화약제량

소방대상물 또는 그 부분	소화약제의 종별	방호구역의 체적 1m³ 당소화약제의 양
차고·주차장·전기실·통신기기실·전산실 기타 이와 유사한 전기설비가 설치되어 있는 부분, 가연성고체류·가연성액체류, 합성수지류를 저장·취급하는 것	할론 1301	0.32kg 이상 0.64kg 이하

(3) 개구부 가산량(자동폐쇄장치를 설치하지 않은 경우)

소방대상물 또는 그 부분	소화약제의 종별	가산량(개구부의 면적 1m²당 소화약제의 양)
차고·주차장·전기실·통신기기실·전산실 기타 이와 유사한 전기설비가 설치되어 있는 부분, 가연성고체류·가연성액체류, 합성수지류를 저장·취급하는 것	할론 1301	2.4kg

2) 국소방출방식

(1) 면적식

윗면이 개방된 용기에 저장하는 경우와 화재 시 연소면이 1면에 한정되고 가연물이 비산할 우려가 없는 경우

소화약제의 종별	약제량 계산방법
할론 2402	방호대상물의 표면적[m²] × 8.8[kg/m²] × 1.10
할론 1211	방호대상물의 표면적[m²] × 7.6[kg/m²] × 1.10
할론 1301	방호대상물의 표면적[m²] × 6.8[kg/m²] × 1.25

(2) 용적식

Q : 방호공간 1m³에 대한 할로겐화합물 소화약제의 양(kg/m³)
a : 방호대상물의 주위에 설치된 벽의 면적의 합계(m²)
A : 방호공간의 벽면적(벽이 없는 경우에는 벽이 있는 것으로 가정한 당해 부분의 면적)의 합계(m²)

소화약제의 종별	약제량 계산방법
할론 2402	$V[m^3] \times \left[5.2 - 3.9 \dfrac{a}{A}\right] [kg/m^3] \times 1.10$
할론 1211	$V[m^3] \times \left[4.4 - 3.3 \dfrac{a}{A}\right] [kg/m^3] \times 1.10$
할론 1301	$V[m^3] \times \left[4.0 - 3.0 \dfrac{a}{A}\right] [kg/m^3] \times 1.25$

21 할로겐화합물 및 불활성기체 소화약제의 종류

	소화약제	설계농도(%)	화 학 식
할로겐화합물	퍼플루오로 부탄 (FC-3-1-10)	40	C_4F_{10}
	도데카플루오로-2-메틸펜탄-3-원 (FK-5-1-12)	10	$CF_3CF_2C(O)CF(CF_3)_2$
	하이드로클로로 플루오로 카본 혼화제(HCFC BLEND A)	10	$C_{10}H_{16}$: 3.75% HCFC-22($CHClF_2$) : 82% HCFC-123($CHCl_2CF_3$) : 4.75% HCFC-124($CHClFCF_3$) : 9.5%
	클로로 테트라 플루오로에탄 (HCFC-124)	1	$CHClFCF_3$
	트리플루오로 메탄 (HFC-23)	30	CHF_3
	펜타플루오로 에탄 (HFC-125)	11.5	CHF_2CF_3
	헵타플루오로 프로판 (HFC-227ea)	10.5	CF_3CHFCF_3
	헥사플루오로 프로판 (HFC-236fa)	12.5	$CF_3CH_2CF_3$

소화약제		설계농도(%)	화 학 식
	트리플루오로 이오다이드 FIC-13I1	0.3	CF_3I
불활성기체	IG-01	43	Ar
	IG-100	43	N_2
	IG-541	43	N_2 : 52%, Ar : 40%, CO_2 : 8%
	IG-55	43	N_2 : 50%, Ar : 50%

22 할로겐화합물 및 불활성기체 약제량 계산

1) 할로겐화합물 소화약제

$$W = \frac{V}{S} \times \left[\frac{C}{(100-C)}\right]$$

W : 소화약제의 무게(kg)
V : 방호구역의 체적(m^3)
S : 소화약제별 선형상수($K_1 + K_2 \times t$)(m^3/kg)
C : 체적에 따른 소화약제의 설계농도(%)
t : 방호구역의 최소예상온도(℃)

2) 불활성기체 소화약제

$$X = 2.303\left(\frac{V_S}{S}\right) \times \text{Log}_{10}\left[\frac{100}{(100-C)}\right]$$

X : 공간체적 당 더해진 소화약제의 부피(m^3/m^3)
V_S : 20℃에서 소화약제의 비체적(m^3/kg) = $K_1 + K_2 \times 20$
S : 소화약제별 선형상수($K_1 + K_2 \times t$)(m^3/kg)
C : 체적에 따른 소화약제의 설계농도(%)
t : 방호구역의 최소예상온도(℃)

3) 설계농도의 산정

① A급 화재 : 설계농도 C=소화농도(%)×1.2
② B급 화재 : 설계농도 C=소화농도(%)×1.3
③ C급 화재 : 설계농도 C=소화농도(%)×1.35

23 분말소화설비의 약제량 계산

1) 전역방출방식

약제 저장량

W=방호구역의 체적$[m^3]$×$K_1[kg/m^3]$+개구부 면적$[m^2]$×$K_2[kg/m^2]$

소화약제의 종별	방호구역의 체적 1m³에 대한 소화약제의 양 (K_1)	개구부의 면적 1m²에 대한 소화약제의 가산 양 (K_2)
제1종 분말	0.6[kg/m³]	4.5[kg/m²]
제2종 분말 또는 제3종 분말	0.36[kg/m³]	2.7[kg/m²]
제4종 분말	0.24[kg/m³]	1.8[kg/m²]

※ 개구부 가산량 : 방호구역의 개구부에 자동폐쇄장치를 설치하지 아니한 경우에 적용

2) 국소방출방식

(1) 면적식

약제량 W[kg] = 방호공간의 체적 $V[m^3]$×$Q[kg/m^3]$×1.1

(2) 용적식

소화약제의 종별	약제량 계산방법
제1종 분말	$V[m^3] \times \left[5.2 - 3.9\dfrac{a}{A}\right][kg/m^3] \times 1.1$
제2종, 제3종 분말	$V[m^3] \times \left[3.2 - 2.4\dfrac{a}{A}\right][kg/m^3] \times 1.1$
제4종 분말	$V[m^3] \times \left[2.0 - 1.5\dfrac{a}{A}\right][kg/m^3] \times 1.1$

Q : 방호공간(방호대상물의 각 부분으로부터 0.6m의 거리에 따라 둘러싸인 공간) 1m³에 대한 분말소화약제의 양(kg/m³)
a : 방호대상물의 주변에 설치된 벽면적의 합계(m²)
A : 방호공간의 벽면적(벽이 없는 경우에는 벽이 있는 것으로 가정한 당해 부분의 면적)의 합계(m²)

24 열감지기의 수량계산(차동식, 정온식, 보상식)

(단위 m²)

부착높이 및 특정소방대상물의 구분		감지기의 종류						
		차동식 스포트형		보상식 스포트형		정온식 스포트형		
		1종	2종	1종	2종	특종	1종	2종
4m미만	주요구조부를 내화구조로 한 특정소방대상물 또는 그 부분	90	70	90	70	70	60	20
	기타 구조의 특정소방대상물 또는 그 부분	50	40	50	40	40	30	15
4m 이상 8m 미만	주요구조부를 내화구조로 한 특정소방대상물 또는 그 부분	45	35	45	35	35	30	
	기타 구조의 특정소방대상물 또는 그 부분	30	25	30	25	25	15	

25 연기감지기의 수량 계산

1) 감지기 부착높이·감지기의 종류에 따른 바닥면적(m²)당 1개 이상 설치

부착높이	감지기의 종류	
	1종 및 2종	3종
4m 미만	150m²	50m²
4m 이상 20m 미만	75m²	−

2) 복도, 통로, 계단 및 경사로

설치장소	복도, 통로		계단, 경사로	
종별	1, 2종	3종	1, 2종	3종
거리	보행거리 30m	보행거리 20m	수직거리 15m	수직거리 10m

26 피난기구의 수량 산출

구 분	면 적
숙박시설, 노유자시설 및 의료시설로 사용되는 층	층의 바닥면적 500m²마다 1개 이상
위락시설·문화 및 집회시설, 운동시설, 판매시설로 사용되는 층 또는 복합용도의 층	층의 바닥면적 800m²마다 1개 이상
계단실형 아파트	각 세대마다 1개 이상
그 밖의 용도의 층	층의 바닥면적 1,000m²마다 1개 이상

27 유도등 수량계산

※ 소수점 이하는 절상할 것

1) 복도 및 거실 통로유도등

$$설치개수 = \frac{구부러진 \; 곳이 \; 없는 \; 부분의 \; 보행거리(m)}{20} - 1$$

2) 객석유도등

$$설치개수 = \frac{객석의 \; 통로의 \; 직선부분의 \; 길이(m)}{4} - 1$$

3) 유도표지

$$설치개수 = \frac{보행거리(m)}{15} - 1$$

28 소화수조 및 저수조

1) 소화수조 또는 저수조의 저수량

소방대상물의 구분	면 적
1. 1층 및 2층의 바닥면적 합계가 15,000m² 이상인 소방대상물	7,500m²
2. 제1호에 해당되지 아니하는 그 밖의 소방대상물	12,500m²

$$저수량 = \frac{소방대상물\ 연면적}{기준면적}(소수점이하\ 절상) \times 20m^3\ 이상$$

2) 채수구의 수량

소요수량	20m³ 이상 40m³ 미만	40m³ 이상 100m³ 미만	100m³ 이상
채수구의 수	1 개	2 개	3 개

3) 가압송수장치 토출량

소요수량	20m³ 이상 40m³ 미만	40m³ 이상 100m³ 미만	100m³ 이상
가압송수장치의 1분당 양수량	1,100L 이상	2,200L 이상	3,300L 이상

29 제연설비의 배출량

1) 제연구역이 벽으로 구획되는 경우

(1) 제연구역이 거실인 경우

구 분	배출량
바닥면적이 400[m²]미만	① 배출량=바닥면적 1[m²]×1[m³/min]이상 (최저 배출량 5,000m³/hr)
바닥면적이 400[m²]이상	① 직경 40[m]이내 : 40,000[m³/hr]이상 ② 직경 40[m]초과 : 45,000[m³/hr]이상

(2) 제연구역이 통로인 경우 : 배출량 45,000[m³/hr] 이상

2) 제연구역이 제연경계로 구획된 경우

수직거리	배출량	
	거실의 직경 40m 이하	거실의 직경 40m 초과 또는 제연구역이 통로
2m 이하	40,000[m³/hr] 이상	45,000[m³/hr] 이상
2m 초과 2.5m 이하	45,000[m³/hr] 이상	50,000[m³/hr] 이상
2.5m 초과 3m 이하	50,000[m³/hr] 이상	55,000[m³/hr] 이상
3m 초과	60,000[m³/hr] 이상	65,000[m³/hr] 이상

3) 제연방식이 인접통로 배출방식인 경우

통로길이	수직거리	배출량	비고
40m 이하	2m 이하	25,000[m³/hr] 이상	벽으로 구획된 것 포함
	2m 초과 2.5m 이하	30,000[m³/hr] 이상	
	2.5m 초과 3m 이하	35,000[m³/hr] 이상	
	3m 초과	45,000[m³/hr] 이상	
40m 초과 60m 이하	2m 이하	30,000[m³/hr] 이상	벽으로 구획된 것 포함
	2m 초과 2.5m 이하	35,000[m³/hr] 이상	
	2.5m 초과 3m 이하	40,000[m³/hr] 이상	
	3m 초과	50,000[m³/hr] 이상	

30 풍도 단면의 긴변 또는 직경에 따른 강판의 두께

풍도단면의 긴변 또는 직경의 크기	450mm 이하	450mm 초과 750mm 이하	750mm 초과 1500 mm이하	1500mm 초과 2250mm 이하	2250mm 초과
강판두께	0.5mm 이상	0.6mm 이상	0.8mm 이상	1.0mm 이상	1.2mm 이상

31 틈새면적 계산

1) 출입문의 틈새면적

$$A = \frac{L}{l} \times A_d$$

A : 출입문의 틈새(m²)
L : 출입문 틈새의 길이(m)
　　다만, L의 수치가 l의 수치 이하인 경우에는 l의 수치로 할 것

출입문	l	A_d
외여닫이문(실내 쪽으로 열리도록 설치하는 경우)	5.6	0.01
외여닫이문(실외 쪽으로 열리도록 설치하는 경우)	5.6	0.02
쌍여닫이문	9.2	0.03
승강기의 출입문	8.0	0.06

2) 창문의 틈새면적

창문	틈새면적 (m²)
여닫이식 창문(방수팩킹이 없는 경우)	2.55 × 10⁻⁴ × 틈새의 길이(m)
여닫이식 창문(방수팩킹이 있는 경우)	3.61 × 10⁻⁵ × 틈새의 길이(m)
미닫이식 창문	1.00 × 10⁻⁴ × 틈새의 길이(m)

3) 직렬연결시 틈새면적

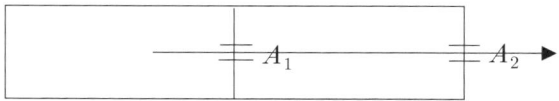

누설틈새면적 $A_t = \left(\dfrac{1}{A_1^N} + \dfrac{1}{A_2^N} \right)^{-\frac{1}{N}}$ (여기에서, N : 문의 경우 2, 창문의 경우 1.6)

4) 병렬연결시 틈새면적

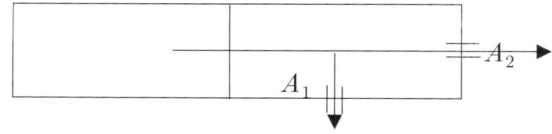

누설틈새면적 $A_t = A_1 + A_2$

32 연결송수관설비 펌프의 토출량

구분	일반	계단식 아파트
해당 층에 설치된 방수구가 3개 이하	2,400 L/min 이상	1,200 L/min 이상
해당 층에 설치된 방수구가 4개	3,200 L/min 이상	1,600 L/min 이상
해당 층에 설치된 방수구가 5개 이상	4,000 L/min 이상	2,000 L/min 이상

33 전기기기와 물분무헤드 사이 이격거리

전압(kV)	거리(cm)	전압(kV)	거리(cm)
66 이하	70 이상	154 초과 181 이하	180 이상
66 초과 77 이하	80 이상	181 초과 220 이하	210 이상
77 초과 110 이하	110 이상	220 초과 275 이하	260 이상
110 초과 154 이하	150 이상		

# 제2장 소화기구 및 자동소화장치

1 설치대상

1. 소화기구를 설치해야 하는 특정소방대상물

1) 연면적 33m² 이상인 것. 다만, 노유자 시설의 경우에는 투척용 소화용구 등을 화재안전기준에 따라 산정된 소화기 수량의 2분의 1 이상으로 설치할 수 있다.
2) 1)에 해당하지 않는 시설로서 가스시설, 발전시설 중 전기저장시설 및 국가유산
3) 터널
4) 지하구

2. 자동소화장치를 설치해야 하는 특정소방대상물

1) 주거용 주방자동소화장치를 설치해야 하는 것: **아파트등 및 오피스텔의 모든 층**
2) 상업용 주방자동소화장치를 설치해야 하는 것
    가) 판매시설 중 대규모점포에 입점해 있는 일반음식점
    나) 집단급식소
3) 캐비닛형 자동소화장치, 가스자동소화장치, 분말자동소화장치 또는 고체에어로졸자동소화장치를 설치해야 하는 것: 화재안전기준에서 정하는 장소

2 용어정의

용 어	정 의
소형소화기	능력단위가 1단위 이상이고 대형소화기의 능력단위 미만인 소화기
대형소화기 ★★★	화재 시 사람이 운반할 수 있도록 운반대와 바퀴가 설치되어 있고 **능력단위가 A급 10단위 이상, B급 20단위 이상**인 소화기
일반화재(A급 화재)	나무, 섬유, 종이, 고무, 플라스틱류와 같은 일반 가연물이 타고 나서 재가 남는 화재를 말한다. 일반화재에 대한 소화기의 적응 화재별 표시는 'A'로 표시한다.

용어	정의
유류화재(B급 화재)	인화성 액체, 가연성 액체, 석유 그리스, 타르, 오일, 유성도료, 솔벤트, 래커, 알코올 및 인화성 가스와 같은 유류가 타고 나서 재가 남지 않는 화재를 말한다. 유류화재에 대한 소화기의 적응 화재별 표시는 'B'로 표시한다.
전기화재(C급 화재)	전류가 흐르고 있는 전기기기, 배선과 관련된 화재를 말한다. 전기화재에 대한 소화기의 적응 화재별 표시는 'C'로 표시한다.
주방화재(K급 화재)	주방에서 동식물유를 취급하는 조리기구에서 일어나는 화재를 말한다. 주방화재에 대한 소화기의 적응 화재별 표시는 'K'로 표시한다.
금속화재(D급 화재)	마그네슘 합금 등 가연성 금속에서 일어나는 화재를 말한다. 금속화재에 대한 소화기의 적응 화재별 표시는 'D'로 표시한다.

3 설치기준

1. 소화기구의 소화약제별 적응성 ★★★

소화약제 구분 / 적응대상	가스			분말		액체				기타			
	이산화탄소 소화약제	할론 소화약제	할로겐화합물 및 불활성기체 소화약제	인산염류 소화약제	중탄산염류 소화약제	산알칼리 소화약제	강화액 소화약제	포 소화약제	물·침윤 소화약제	고체에어로졸 화합물	마른모래	팽창질석·팽창진주암	그 밖의 것
일반화재 (A급 화재)	–	○	○	○	–	○	○	○	○	○	○	○	–
유류화재 (B급 화재)	○	○	○	○	○	○	○	○	○	○	○	○	–
전기화재 (C급 화재)	○	○	○	○	○	*	*	*	*	○	–	–	–
주방화재 (K급 화재)	–	–	–	–	*	–	*	*	*	–	–	–	*
금속화재 (D급 화재)	–	–	–	–	*	–	–	–	–	○	○	○	*

[비고] "*"의 소화약제별 적응성은 「소방시설 설치 및 관리에 관한 법률」 제37조에 의한 형식승인 및 제품검사의 기술기준에 따라 화재 종류별 적응성에 적합한 것으로 인정되는 경우에 한한다.

* : 화재 종류별 적응성에 정확한 것으로 인정되는 경우

2. 소화약제 외의 것을 이용한 간이소화용구의 능력단위 ★

간 이 소 화 용 구		능력단위
1. 마른모래	삽을 상비한 50L 이상의 것 1포	0.5단위
2. 팽창질석 또는 팽창진주암	삽을 상비한 80L 이상의 것 1포	

3. 특정소방대상물별 소화기구의 능력단위기준 ★★★

특정소방대상물	소화기구의 능력단위
1. 위락시설	해당 용도의 **바닥면적 30m²** 마다 능력단위 1단위 이상
2. 공연장·집회장·관람장·문화재·장례식장 및 의료시설	해당 용도의 **바닥면적 50m²** 마다 능력단위 1단위 이상
3. **근린생활시설**·**판매시설**·운수시설·숙박시설·**노유자시설**·전시장·**공동주택**·**업무시설**·방송통신시설·공장·창고시설·항공기 및 자동차 관련 시설·및 관광휴게시설	해당 용도의 **바닥면적 100m²** 마다 능력단위 1단위 이상

[비고] 건축물의 **주요구조부가 내화구조**, 벽 및 반자의 실내에 면하는 부분이 **불연재료·준불연재료 또는 난연재료**로 된 특정소방대상물에 있어서는 위 표의 **기준면적의 2배**를 해당 특정소방대상물의 기준면적으로 한다.

4. 부속용도별로 추가하여야 할 소화기구 ★★★

용도별	소화기구의 능력단위
1. 다음 각목의 시설. 다만, 스프링클러설비·간이스프링클러설비·물분무등소화설비 또는 상업용 주방자동소화장치가 설치된 경우에는 자동확산소화기를 설치하지 않을 수 있다. 가. 보일러실(아파트의 경우 방화구획된 것을 제외한다)·건조실·세탁소·대량화기취급소 나. 음식점(지하가의 음식점을 포함한다)·다중이용업소·호텔·기숙사·노유자시설·의료시설·업무시설·공장·장례식장·교육연구시설·교정 및 군사시설의 주방 다만, 의료시설·업무시설 및 공장의 주방은 공동취사를 위한 것에 한한다. 다. 관리자의 출입이 곤란한 변전실·송전실·변압기실 및 배전반실(불연재료로된 상자 안에 장치된 것을 제외한다)	1. 해당 용도의 **바닥면적 25㎡마다 능력단위 1단위 이상**의 소화기로 할 것. 이 경우 나목의 주방에 설치하는 소화기 중 1개 이상은 주방화재용소화기(K급)로 설치 2. 자동확산소화기는 해당 용도의 바닥면적을 기준으로 10m² 이하는 1개, 10m² 초과는 2개 이상을 설치
2. 발전실·변전실·송전실·변압기실·배전반실·통신기기실·전산기기실·기타 이와 유사한 시설이 있는 장소. 다만, 제1호 다목의 장소를 제외한다.	해당 용도의 **바닥면적 50㎡마다 적응성이 있는 소화기 1개 이상** 또는 유효설치방호체적 이내의 가스·분말·고체에어로졸 자동소화장치, 캐비닛형자동소화장치 (다만, 통신기기실·전자기기실

용도별			소화기구의 능력단위
			을 제외한 장소에 있어서는 교류 600 V 또는 직류 750 V 이상의 것에 한한다)
3. 「위험물안전관리법 시행령」 별표 1에 따른 지정수량의 1/5 이상 지정수량 미만의 위험물을 저장 또는 취급하는 장소			능력단위 2단위 이상 또는 유효설치방호체적 이내의 가스·분말·고체에어로졸 자동소화장치, 캐비닛형자동소화장치
4. 「화재의 예방 및 안전관리에 관한 법률 시행령」 별표 2에 따른 특수가연물을 저장 또는 취급하는 장소	「화재의 예방 및 안전관리에 관한 법률 시행령」 별표 2에서 정하는 수량 이상		「화재의 예방 및 안전관리에 관한 법률 시행령」 별표 2에서 정하는 수량의 50배 이상마다 능력단위 1단위 이상
	「화재의 예방 및 안전관리에 관한 법률 시행령」 별표 2에서 정하는 수량의 500배 이상		대형소화기 1개 이상
5. 「고압가스안전관리법」·「액화석유가스의 안전관리 및 사업법」 및 「도시가스사업법」에서 규정하는 가연성가스를 연료로 사용하는 장소	액화석유가스 기타 가연성가스를 연료로 사용하는 연소기기가 있는 장소		각 연소기로부터 보행거리 10 m 이내에 능력단위 3단위 이상의 소화기 1개 이상. 다만, 상업용 주방자동소화장치가 설치된 장소는 제외한다.
	액화석유가스 기타 가연성가스를 연료로 사용하기 위하여 저장하는 저장실(저장량 300 kg 미만은 제외한다)		능력단위 5단위 이상의 소화기 2개 이상 및 대형소화기 1개 이상
6. 「고압가스안전관리법」·「액화석유가스의 안전관리 및 사업법」 또는 「도시가스사업법」에서 규정하는 가연성가스를 제조하거나 연료외의 용도로 저장·사용하는 장소	저장하고 있는 양 또는 1개월 동안 제조·사용하는 양	200 kg 미만 저장하는 장소	능력단위 3단위 이상의 소화기 2개 이상
		제조·사용하는 장소	능력단위 3단위 이상의 소화기 2개 이상
		200 kg이상 300 kg미만 저장하는 장소	능력단위 5단위 이상의 소화기 2개 이상
		제조·사용하는 장소	바닥면적 50 ㎡마다 능력단위 5단위 이상의 소화기 1개 이상
		300 kg 이상 저장하는 장소	대형소화기 2개 이상
		제조·사용하는 장소	바닥면적 50 ㎡ 마다 능력단위 5단위 이상의 소화기 1개 이상
7. 마그네슘 합금 칩을 저장 또는 취급하는 장소			금속화재용 소화기(D급) 1개 이상을 금속재료로부터 보행거리 20 m 이내로 설치할 것

[비고] 액화석유가스·기타 가연성가스를 제조하거나 연료 외의 용도로 사용하는 장소에 소화기를 설치하는 때에는 해당 장소 바닥면적 50 ㎡ 이하인 경우에도 해당 소화기를 2개 이상 비치해야 한다.

5. 소화기 설치기준 ★★

1) 특정소방대상물의 각 층마다 설치, **각층이 2 이상의 거실로 구획된 경우에는 각 층마다 설치하는 것 외에 바닥면적이 33 ㎡ 이상으로 구획된 각 거실에도 배치할 것**
2) 특정소방대상물의 각 부분으로부터 1개의 소화기까지의 **보행거리가 소형소화기의 경우에는 20 m 이내, 대형소화기의 경우에는 30 m 이내**가 되도록 배치할 것.

6.
소화기구(자동확산소화기를 제외한다)는 거주자 등이 손쉽게 사용할 수 있는 장소에 바닥으로부터 **높이 1.5 m 이하**의 곳에 비치, 주차장의 경우 표지를 **바닥으로부터 1.5 m 이상의 높이**에 설치

7. 주거용 주방자동소화장치 ★★★

1) 소화약제 방출구는 환기구의 청소부분과 분리
2) 감지부는 형식승인 받은 유효한 높이 및 위치에 설치
3) 차단장치(전기 또는 가스)는 상시 확인 및 점검이 가능하도록 설치
4) 가스용 주방자동소화장치를 사용하는 경우 탐지부는 수신부와 분리하여 설치하되, **공기보다 가벼운 가스**를 사용하는 경우에는 **천장 면으로부터 30 cm 이하**의 위치에 설치하고, 공기보다 무거운 가스를 사용하는 장소에는 바닥 면으로부터 30 cm 이하의 위치
5) 수신부는 주위의 열기류 또는 습기 등과 주위온도에 영향을 받지 않고 사용자가 상시 볼 수 있는 장소에 설치할 것

8. 캐비닛형자동소화장치 설치기준

1) 분사헤드(방출구)의 설치 높이는 방호구역의 바닥으로부터 형식승인을 받은 범위 내에서 유효하게 소화약제를 방출시킬 수 있는 높이에 설치할 것
2) 화재감지기는 방호구역내의 천장 또는 옥내에 면하는 부분에 설치할 것
3) 방호구역 내의 화재감지기의 감지에 따라 작동
4) 화재감지기의 회로는 **교차회로방식**으로 설치할 것.

9. 가스, 분말, 고체에어로졸 자동소화장치 설치기준

1) 감지부는 형식 승인된 유효설치 범위 내에 설치, 설치장소의 최고주위온도에 따른 표시온도

설치장소의 최고주위온도	표시온도
39℃ 미만	79℃ 미만
39℃ 이상 64℃ 미만	79℃ 이상 121℃ 미만
64℃ 이상 106℃ 미만	121℃ 이상 162℃ 미만
106℃ 이상	162℃ 이상

4 소화기 적용 제한 ★

이산화탄소 또는 **할로겐화합물**을 방사하는 소화기구(자동확산소화기를 제외한다)는 지하층이나 무창층 또는 밀폐된 거실로서 그 바닥면적이 **20 m² 미만**의 장소에는 설치할 수 없다. 다만, 배기를 위한 유효한 개구부가 있는 장소인 경우에는 그러하지 아니하다.

5 제5조(소화기의 감소)

1. 소형소화기 설치 특정소방대상물 또는 그 부분 ★

암기법 : 옥스물 외대

옥내소화전설비·스프링클러설비·물분무등소화설비·옥외소화전설비 또는 대형소화기를 설치한 경우에는 소화기의 **3분의 2**(대형소화기를 둔 경우에는 2분의 1)를 감소. 다만, 층수가 11층 이상인 부분, 근린생활시설, 위락시설, 문화 및 집회시설, 운동시설, 판매시설, 운수시설, 숙박시설, 노유자시설, 의료시설, 아파트, 업무시설(무인변전소를 제외한다), 방송통신시설, 교육연구시설, 항공기 및 자동차관련 시설, 관광휴게시설은 그렇지 않다.

2. 대형소화기를 설치하여야 할 특정소방대상물 또는 그 부분 ★

암기법 : 옥스물외

옥내소화전설비·스프링클러설비·물분무등소화설비 또는 옥외소화전설비를 설치한 경우에는 해당 설비의 유효범위안의 부분에 대하여는 대형소화기를 설치하지 아니할 수 있다.

6 공동주택(NFPC 608)

1. 능력단위 산출 : $\dfrac{\text{바닥면적}(m^2)}{100(m^2)}$ (소수점 이하 절상)
2. 배치 : 각 세대, 공동부(승강장, 복도 등)

제2장 출제예상문제

01 소화기구는 연면적 얼마 이상인 경우에 설치하여야 하는가?
① 30m² 이상　　② 33m² 이상　　③ 66m² 이상　　④ 99m² 이상

해설 소화기구의 설치대상
1) 연면적 33 m² 이상인 것. 다만, 노유자 시설의 경우에는 투척용 소화용구 등을 화재안전기준에 따라 산정된 소화기 수량의 2분의 1 이상으로 설치할 수 있다.
2) 1)에 해당하지 않는 시설로서 가스시설, 발전시설 중 전기저장시설 및 문화재
3) 터널
4) 지하구

02 특정소방대상물별 소화기구의 능력단위기준에 관한 설명으로 옳은 것은?(단, 주요구조부는 내화구조가 아님)
① 위락시설 : 바닥면적 50 m²마다 능력단위 1단위 이상
② 장례식장 : 바닥면적 100 m²마다 능력단위 1단위 이상
③ 관광휴게시설 : 바닥면적 100 m²마다 능력단위 1단위 이상
④ 창고시설 : 바닥면적 200 m²마다 능력단위 1단위 이상

해설 보기설명
① 위락시설 : 바닥면적 30 m²마다 능력단위 1단위 이상
② 장례식장 : 바닥면적 50 m²마다 능력단위 1단위 이상
③ 관광휴게시설 : 바닥면적 100 m²마다 능력단위 1단위 이상
④ 창고시설 : 바닥면적 100 m²마다 능력단위 1단위 이상

03 대형소화기의 능력단위 표현으로 옳은 것은?
① A급 3단위 이상, B급 5단위 이상
② A급 5단위 이상, B급 10단위 이상
③ A급 10단위 이상, B급 20단위 이상
④ A급 20단위 이상, B급 10단위 이상

해설 화재 시 사람이 운반할 수 있도록 운반대와 바퀴가 설치되어 있고 능력단위가 A급 10단위 이상, B급 20단위 이상인 소화기

정답 1. ②　2. ③　3. ③　4. ③

04 다음 중 소화기구의 소화약제별 적응성에서 일반화재(A급 화재)에 적응성이 없는 소화약제는?

① 강화액소화약제
② 할론소화약제
③ 이산화탄소소화약제
④ 할로겐화합물 및 불활성기체 소화약제

해설 일반화재(A급화재)에 적응성이 없는 소화약제 : 이산화탄소소화약제, 중탄산염류소화약제

05 소화기구에 적용되는 능력단위에 대한 설명이다. 맞지 않는 항목은?

① 소화기구의 소화능력을 나타내는 수치이다.
② 화재종류(A급, B급 등)별로 구분하여 표시된다.
③ 소화기구의 적용기준은 소방대상물의 소요 능력단위 이상의 수량을 적용하여야 한다.
④ 간이소화용구에는 적용되지 않는다.

해설 소화약제 외의 것을 이용한 간이소화용구의 능력단위

간 이 소 화 용 구		능력단위
1. 마른모래	삽을 상비한 50L 이상의 것 1포	0.5단위
2. 팽창질석 또는 팽창진주암	삽을 상비한 80L 이상의 것 1포	

06 주요구조부가 내화구조이고, 벽 및 반자의 실내에 면하는 부분이 불연재료로 된 근린생활시설의 바닥면적이 600m²인 경우에 소화기의 능력단위는 얼마 이상으로 하여야 하는가?

① 2단위 ② 3단위 ③ 4단위 ④ 6단위

해설 소화기구의 능력단위
① 근린생활시설의 경우 바닥면적 100m²마다 능력단위 1단위 이상이나 주요구조부가 내화구조이고, 불연재료로 되어 있으므로 2배를 적용하면 200m² 이다.
② 능력단위 = 600m²/(100m² × 2) = 3단위

07 바닥면적 200m²인 판매시설에 설치하여야 할 소화기구의 최소능력단위는 얼마인가? (단, 건축물의 주요구조부는 내화구조이고, 실내는 불연 재료로 마감되어 있다. 다른 조건은 무시한다.)

① 1단위 ② 2단위 ③ 3단위 ④ 4단위

해설 소방대상물별 소화기구의 능력단위기준
1. 해당 용도의 바닥면적 100m² 마다 능력단위 1단위 이상, 건축물의 주요구조부가 내화구조, 벽 및 반자의 실내에 면하는 부분이 불연재료·준불연재료 또는 난연재료로 된 특정소방대상물에

정답 5. ④ 6. ② 7. ①

있어서는 위 표의 기준면적의 2배를 해당 특정소방대상물의 기준면적으로 한다.

2. 능력단위 = $\dfrac{200\text{m}^2}{100\text{m}^2 \times 2\text{배}} = 1$단위

08 내화구조의 건축물에 바닥면적이 310 m²인 무도학원(실내마감재료는 불연재료)에 소화기구 설치 시 필요한 최소능력단위는?

① 3 ② 6 ③ 8 ④ 11

해설 최소능력단위
① 무도학원은 위락시설에 해당하므로 기준면적이 30m², 주요구조부가 내화구조이고 실내마감을 불연재료로 하였으므로 기준면적의 2배를 적용
② 능력단위의 산출 = $\dfrac{310\text{m}^2}{30\text{m}^2 \times 2} = 5.17 = 6$단위

09 자동소화설비가 설치되지 아니한 소방대상물의 보일러실에 자동확산소화기를 설치하려한다. 보일러실의 바닥면적이 100m²이면 자동확산소화기는 몇 개를 설치하여야 하나?

① 1개 ② 2개 ③ 3개 ④ 4개

해설 해당 용도의 바닥면적 25m²마다 능력단위 1단위 이상의 소화기로 하고, 그 외에 자동확산소화기를 바닥면적 10m² 이하는 1개, 10m² 초과는 2개 이상을 설치할 것.

10 자동소화설비가 설치되지 아니한 음식점의 바닥 면적이 170m²인 주방에 소화기를 설치하고, 그 외 추가적으로 자동확산소화기를 설치하려고 할 때 몇 개를 설치해야 하는가?

① 1개 ② 2개 ③ 3개 ④ 4개

해설 해당 용도의 바닥면적 25m²마다 능력단위 1단위 이상의 소화기로 하고, 그 외에 자동확산소화기를 바닥면적 10m² 이하는 1개, 10m² 초과는 2개 이상을 설치할 것.
① 소화기의 능력단위 : 170m²/25m² = 6.8 = 7단위
② 자동확산소화기 : 10m² 초과 시에는 2개를 설치

11 부속용도로 사용하고 있는 통신기기실의 경우 몇 m² 마다 적응성이 있는 소화기 1개 이상을 추가로 비치하여야 하는가?

① 30 ② 40 ③ 50 ④ 60

해설 부속용도의 소화기 추가 설치기준
① 발전실, 변전실, 송전실, 변압기실, 통신기기실 등 : 50m²마다 1개 이상
② 보일러실, 건조실, 세탁소, 대량화기취급소, 음식점의 주방 등 : 해당용도의 바닥면적 25m²마다 능력단위 1단위 이상

정답 8. ② 9. ② 10. ② 11. ③

12 대형소화기의 능력단위 기준 및 보행거리 배치 기준이 적절하게 표시된 것은?

① A급화재 : 10단위 이상, B급화재 : 20단위 이상, 보행거리 : 30m 이내
② A급화재 : 20단위 이상, B급화재 : 20단위 이상, 보행거리 : 30m 이내
③ A급화재 : 10단위 이상, B급화재 : 20단위 이상, 보행거리 : 40m 이내
④ A급화재 : 20단위 이상, B급화재 : 20단위 이상, 보행거리 : 40m 이내

해설 소화기의 기준

구분	능력단위 기준	보행거리 배치기준
대형소화기	A급 화재 : 10단위이상 B급 화재 : 20단위이상	보행거리 30m이내
소형소화기	대형소화기 미만	보행거리 20m이내

13 소화기 등을 설치할 때는 바닥으로부터 몇 m 이하의 높이에 설치하는 것이 가장 이상적인가?

① 1.5m 이하   ② 2.0m 이하   ③ 2.5m 이하   ④ 3.0m 이하

해설 소화기구(자동확산소화기를 제외한다)는 거주자 등이 손쉽게 사용할 수 있는 장소에 바닥으로부터 **높이 1.5 m 이하**의 곳에 비치

14 주거용 주방자동소화장치의 설치기준에 대한 설명으로 옳지 않은 것은?

① 아파트의 각 세대별 주방 및 오피스텔의 각 실별 주방에 설치한다.
② 차단장치(전기 또는 가스)는 상시 확인 및 점검이 가능하도록 설치할 것
③ 탐지부는 수신부와 분리하여 설치하되, 공기보다 무거운 가스를 사용하는 경우에는 천장 면으로부터 30cm 이하의 위치에 설치
④ 소화약제 방출구는 환기구의 청소부분과 분리되어 있어야 한다.

해설 가스용 주방자동소화장치를 사용하는 경우 탐지부는 수신부와 분리하여 설치하되, 공기보다 가벼운 가스를 사용하는 경우에는 천장 면으로부터 30 cm 이하의 위치에 설치하고, 공기보다 무거운 가스를 사용하는 장소에는 바닥 면으로부터 30 cm 이하의 위치

15 다음의 간이소화용구를 배치했을 때 능력단위의 합은?

[보기]
- 삽을 상비한 마른모래(50L, 4포)
- 삽을 상비한 팽창질석(80L, 4포)

① 2단위   ② 3단위   ③ 4단위   ④ 5단위

정답 12. ① 13. ① 14. ③ 15. ④

해설 소화약제 외의 것을 이용한 간이소화용구의 능력단위

간 이 소 화 용 구		능력단위
1. 마른모래	삽을 상비한 50L 이상의 것 1포	0.5단위
2. 팽창질석 또는 팽창진주암	삽을 상비한 80L 이상의 것 1포	

마른모래 0.5단위 × 4 + 팽창질석 0.5단위 × 4 = 2 + 2 = 4단위

16 가스, 분말, 고체에어로졸 자동소화장치 감지부 설치장소의 최고주위온도에 따른 표시온도의 연결이 옳지 않은 것은?
① 38℃ 미만-78℃ 미만
② 39℃ 이상 64℃ 미만-79℃ 이상 121℃ 미만
③ 64℃ 이상 106℃ 미만-121℃ 이상 162℃ 미만
④ 106℃ 이상-162℃ 이상

해설 최고주위온도와 표시온도

설치장소의 최고주위온도	표시온도
39℃ 미만	79℃ 미만
39℃ 이상 64℃ 미만	79℃ 이상 121℃ 미만
64℃ 이상 106℃ 미만	121℃ 이상 162℃ 미만
106℃ 이상	162℃ 이상

17 이산화탄소 또는 할로겐화합물을 방출하는 소화기구(자동확산소화기를 제외한다)는 지하층이나 무창층 또는 밀폐된 거실로서 그 바닥면적이 몇 m^2 미만의 장소에는 설치할 수 없는가?(단, 배기를 위한 유효한 개구부가 있는 장소인 경우가 아님)
① 20　　　② 30　　　③ 40　　　④ 50

해설 이산화탄소 또는 할로겐화합물을 방출하는 소화기구(자동확산소화기를 제외한다)는 지하층이나 무창층 또는 밀폐된 거실로서 그 바닥면적이 20 m^2 미만의 장소에는 설치할 수 없다. 다만, 배기를 위한 유효한 개구부가 있는 장소인 경우에는 그렇지 않다.

18 대형소화기를 설치하여야 할 특정소방대상물에 옥내소화전이 법적으로 유효하게 설치된 경우 당해 설비의 유효범위안의 부분에 대한 대형소화기 감소기준은?
① 1/3을 감소할 수 있다.　　② 1/2을 감소할 수 있다.
③ 2/3을 감소할 수 있다.　　④ 설치하지 않을 수 있다.

정답 16. ①　17. ①　18. ④

해설 대형소화기를 설치하여야 할 특정소방대상물 또는 그 부분에 옥내소화전설비·스프링클러설비·물분무등소화설비 또는 옥외소화전설비를 설치한 경우에는 해당 설비의 유효범위안의 부분에 대하여는 대형소화기를 설치하지 아니할 수 있다.

19 다음의 설명 중 괄호 안에 들어갈 설비로 옳지 않은 것은?

"대형소화기를 설치하여야 할 소방대상물 또는 그 부분에 ( ), ( ), ( ) 또는 옥외소화전설비를 설치한 경우에는 당해설비의 유효범위안의 부분에 대하여는 대형소화기를 설치하지 아니할 수 있다."

① 옥내소화전설비
② 물분무소화설비
③ 스프링클러설비
④ 간이스프링클러설비

해설 대형소화기를 설치하여야 할 소방대상물 또는 그 부분에 옥내소화전설비·스프링클러설비·물분무등소화설비 또는 옥외소화전설비를 설치한 경우에는 당해설비의 유효범위안의 부분에 대하여는 대형소화기를 설치하지 아니할 수 있다.

20 화재안전기술기준상 소화기구의 소화약제별 적응성에서 전기화재에 적응성이 없는 소화약제는?

① 고체에어로졸화합물
② 할론소화약제
③ 할로겐화합물 및 불활성기체 소화약제
④ 산알칼리소화약제

해설 소화기구의 소화약제별 적응성

소화약제 구분 / 적응대상	가스			분말		액체				기타			
	이산화탄소소화약제	할론소화약제	할로겐화합물 및 불활성기체소화약제	인산염류소화약제	중탄산염류소화약제	산알칼리소화약제	강화액소화약제	포소화약제	물·침윤소화약제	고체에어로졸화합물	마른모래	팽창질석·팽창진주암	그 밖의 것
일반화재 (A급 화재)	-	○	○	○	-	○	○	○	○	○	○	○	-
유류화재 (B급 화재)	○	○	○	○	○	○	○	○	○	○	○	○	-
전기화재 (C급 화재)	○	○	○	○	*	*	*	*		○	-	-	-
주방화재 (K급 화재)	-	-	-	-	*	-	*	*	*	-	-	-	*
금속화재 (D급 화재)	-	-	-	-	*	-	-	-	-	-	○	○	*

정답 19. ④ 20. ④

21
바닥면적 530m²의 특정소방대상물인 장례식장에 설치할 소화기구의 최소 능력단위는? (단, 주요구조부는 비내화구조임)

① 3 ② 6 ③ 8 ④ 11

해설 장례식장은 **바닥면적 30 m²** 마다 능력단위 1단위 이상
능력단위 = 530m²/50m² = 10.6 = 11단위

22
축압식 분말 소화기에 관한 설명으로 옳지 않은 것은?

① 충전압력은 0.7~0.98MPa이다.
② 지시압력계가 적색을 지시하면 과충전 상태이다.
③ 지시압력계가 황색을 지시하면 정상 상태이다.
④ 소화약제와 불활성 기체를 하나의 용기에 충전시켜 사용한다.

해설 지시압력계가 녹색을 지시하면 정상 상태이다.

23
소화기구 및 자동소화장치의 화재안전기술기준상 다음 조건에 따른 소화기의 최소 설치개수는?

| 특정소방대상물: 문화재(주요구조부는 비내화구조임) |
| 바닥면적: 1,000 m² |
| 소화기 1개의 능력단위: A급 5단위 |

① 4개 ② 5개 ③ 6개 ④ 7개

해설 문화재의 경우 해당 용도의 바닥면적 50 m² 마다 능력단위 1단위 이상

능력단위 산출 : $\dfrac{1000\,m^2}{50\,m^2} = 20단위$

소화기 수량 : 20단위/5단위 = 4개

정답 21. ④ 22. ③ 23. ①

제3장 옥내소화전설비

1 설치대상 ★★

다만, 위험물 저장 및 처리 시설 중 가스시설, 지하구 및 업무시설 중 무인변전소(방재실 등에서 스프링클러설비 또는 물분무등소화설비를 원격으로 조정할 수 있는 무인변전소로 한정한다)는 제외한다.

1) 다음의 어느 하나에 해당하는 경우에는 모든 층
   가) 연면적 3천 m^2 이상인 것(지하가 중 터널은 제외한다)
   나) 지하층·무창층(축사는 제외한다)으로서 바닥면적이 600 m^2 이상인 층이 있는 것
   다) 층수가 4층 이상인 것 중 바닥면적이 600 m^2 이상인 층이 있는 것
2) 1)에 해당하지 않는 근린생활시설, 판매시설, 운수시설, 의료시설, 노유자 시설, 업무시설, 숙박시설, 위락시설, 공장, 창고시설, 항공기 및 자동차 관련 시설, 교정 및 군사시설 중 국방·군사시설, 방송통신시설, 발전시설, 장례시설 또는 복합건축물로서 다음의 어느 하나에 해당하는 경우에는 모든 층
   가) 연면적 1천5백 m^2 이상인 것
   나) 지하층·무창층으로서 바닥면적이 300 m^2 이상인 층이 있는 것
   다) 층수가 4층 이상인 것 중 바닥면적이 300 m^2 이상인 층이 있는 것
3) 건축물의 옥상에 설치된 차고·주차장으로서 사용되는 면적이 200 m^2 이상인 경우 해당 부분
4) 지하가 중 터널로서 다음에 해당하는 터널
   가) 길이가 1천 m 이상인 터널
   나) 예상교통량, 경사도 등 터널의 특성을 고려하여 행정안전부령으로 정하는 터널
5) 1) 및 2)에 해당하지 않는 공장 또는 창고시설로서「화재의 예방 및 안전관리에 관한 법률 시행령」별표 2에서 정하는 수량의 750배 이상의 특수가연물을 저장·취급하는 것

2 용어정의 ★★★

용어	정의
고가수조	구조물 또는 지형지물 등에 설치하여 자연낙차의 압력으로 급수하는 수조
압력수조	소화용수와 공기를 채우고 일정압력 이상으로 가압하여 그 압력으로 급수하는 수조
충압펌프	배관내 압력손실에 따른 주펌프의 빈번한 기동을 방지하기 위하여 충압역할을 하는 펌프
진공계	대기압 이하의 압력을 측정하는 계측기
연성계	대기압 이상의 압력과 대기압 이하의 압력을 측정할 수 있는 계측기
체절운전	펌프의 성능시험을 목적으로 펌프토출측의 개폐밸브를 닫은 상태에서 펌프를 운전하는 것
기동용 수압개폐장치	소화설비의 배관내 압력변동을 검지하여 자동적으로 펌프를 기동 및 정지시키는 것으로서 압력챔버 또는 기동용압력스위치 등
급수배관	수원 및 옥외송수구로부터 옥내소화전방수구에 급수하는 배관
가압수조	가압원인 압축공기 또는 불연성 고압기체에 따라 소방용수를 가압시키는 수조

3 수원산정 기준

1. 수원 ★★★

규모	산정 기준
30층 미만	수원 Q = 층의 최대 설치수량(2개 이상은 2개) × $2.6m^3$ 이상
30층~49층 이하	수원 Q = 층의 최대 설치수량(5개 이상은 5개) × $5.2m^3$ 이상
50층 이상	수원 Q = 층의 최대 설치수량(5개 이상은 5개) × $7.8m^3$ 이상

예제 1. 옥내소화전설비의 층별 설치수량이 다음과 같을 때 저수조에 저장하여야 하는 최소 수원의 양[m^3]을 계산하시오.(단, 건축물은 20층 규모이다.)
층별 설치수량은 1층~10층 10개, 11층~15층 6개, 16층~20층 3개

① 5.2[m^3]　　② 7.8[m^3]　　③ 13[m^3]　　④ 26[m^3]

해설 수원 Q = 2개 × 2.6 m^3 = 5.2 m^3 이상

정답 ①

2. 옥상수원 ★

1) 수원의 양

   옥상수원의 양 = 주수원의 양 × ⅓ 이상

2) 옥상수원 면제기준
   ① 지하층만 있는 건축물
   ② 고가수조를 가압송수장치로 설치한 옥내소화전설비
   ③ 수원이 건축물의 최상층에 설치된 방수구보다 높은 위치에 설치된 경우
   ④ 건축물의 높이가 **지표면으로부터 10m 이하**인 경우
   ⑤ 주펌프와 동등 이상의 성능이 있는 별도의 펌프로서 내연기관의 기동과 연동하여 작동되거나 비상전원을 연결하여 설치한 경우
   ⑥ 가압수조를 가압송수장치로 설치한 옥내소화전설비

[예제] 2. 옥내소화전설비가 각 층에 5개씩 설치되어 있을 때 해당 건물에 보유하여야 하는 옥상수조의 수원을 포함한 최소 수원의 양은?(단, 건축물의 층수는 53층이다.)

① $13[m^3]$ ② $39[m^3]$ ③ $52[m^3]$ ④ $78[m^3]$

[해설] 수원 Q = 5개 × 7.8m³ + 5개 × 7.8m³ × ⅓ = 52m³ 이상

[정답] ③

4 가압송수장치

1. 전동기 또는 내연기관에 따른 펌프를 이용

다만, 가압송수장치의 주펌프는 전동기에 따른 펌프로 설치.

1) 방수압력, 방수량, 전양정 및 전동기용량의 계산 ★★★
   ① **방수압력** : 0.17MPa(호스릴옥내소화전설비를 포함)이상 **0.7MPa 이하**
   ② **방수량** : 130L/min(호스릴옥내소화전설비를 포함)이상
   ③ 전양정의 계산

   $H = h_1 + h_2 + h_3 + 17[m]$ (호스릴옥내소화전설비를 포함.)

   h_1 : 호스 마찰손실수두[m]
   h_2 : 배관의 마찰손실수두[m]
   h_3 : 낙차의 환산수두[m]

④ 전동기의 용량 계산

$$P = \frac{0.163QHK}{\eta}[\text{kW}]$$

Q : 토출량[m³/min], H : 전양정[m], K : 전달계수, η : 전효율

$$P = \frac{9.8QHK}{\eta}[\text{kW}]$$

Q : 토출량[m³/s], H : 전양정[m], K : 전달계수, η : 전효율

2) **펌프의 토출량** ★★★

    토출량 Q = N × 130L/min 이상

    N : 층의 최대 설치수량(2개 이상은 2개)

3) 펌프는 전용으로 할 것.
4) 기동용수압개폐장치(압력챔버)를 사용할 경우 그 용적은 **100L 이상**
5) 수원의 수위가 펌프보다 낮은 위치에 있는 가압송수장치에는 다음 각목의 기준에 따른 물올림장치를 설치할 것
    ① 물올림장치에는 전용의 탱크를 설치할 것
    ② 탱크의 유효수량은 **100L 이상**으로 하되, 구경 **15mm 이상**의 급수배관
6) **충압펌프 기준** ★★
    ① 펌프의 토출압력은 그 설비의 최고위 호스접결구의 자연압보다 적어도 **0.2 MPa**이 더 크도록 하거나 가압송수장치의 정격토출압력과 같게 할 것
    ② 펌프의 정격토출량은 정상적인 누설량보다 적어서는 아니 되며, 옥내소화전설비가 자동적으로 작동할 수 있도록 충분한 토출량을 유지할 것
7) 내연기관을 사용하는 경우
    ① 기동을 명시하는 **적색등**
    ② 자동기동 및 수동기동이 가능, 축전지설비를 갖출 것
    ③ 내연기관의 연료량은 펌프를 20분(층수가 30층 이상 49층 이하는 40분, 50층 이상은 60분)이상 운전할 수 있는 용량일 것
8) 가압송수장치가 기동이 된 경우에는 자동으로 정지되지 아니하도록 하여야 한다. 다만, 충압펌프의 경우에는 그러하지 아니하다.

2. 압력수조를 이용한 가압송수장치

1) 필요한 압력 ★

> $P = P_1 + P_2 + P_3 + 0.17$(호스릴옥내소화전설비를 포함)
> P : 필요한 압력(MPa)
> P_1 : 호스의 마찰손실수두압(MPa)
> P_2 : 배관의 마찰손실수두압(MPa)
> P_3 : 낙차의 환산수두압(MPa)

2) 압력수조 내 필요한 공기의 압력 ★★

> $P_0 = (P + P_a)\dfrac{V}{V_0} - P_a$
> P : 필요한 압력(MPa), P_a : 대기압(MPa)
> V : 수조의 체적(m^3), V_0 : 수조내 공기의 체적(m^3)

3) 압력수조의 구성 : 수위계·급수관·배수관·급기관·맨홀·압력계·안전장치, 자동식 공기압축기

3. 고가수조의 자연낙차를 이용한 가압송수장치 ★

1) 고가수조의 자연낙차수두(수조의 하단으로부터 최고층에 설치된 소화전 호스 접결구까지의 수직거리)

   $H = h_1 + h_2 + 17$(호스릴옥내소화전설비를 포함)
   H : 필요한 낙차(m)
   h_1 : 호스의 마찰손실수두(m)
   h_2 : 배관의 마찰손실수두(m)

2) 고가수조의 구성 : 수위계·배수관·급수관·오버플로우관 및 맨홀

4. 가압수조를 이용한 가압송수장치

1) 가압수조의 압력은 방수량 및 방수압이 **20분** 이상 유지되도록 할 것
2) 가압수조 및 가압원은 방화구획 된 장소에 설치할 것
3) 가압수조의 구성
   수위계·급수관·배수관·급기관·압력계·맨홀 및 안전장치 등

5 배관

1. 배관의 재질 ★

1) 배관 내 사용압력이 1.2MPa 미만일 경우
    ① 배관용 탄소 강관(KS D 3507)
    ② 이음매 없는 구리 및 구리합금관(KS D 5301). 다만, 습식의 배관에 한한다.
    ③ 배관용 스테인리스 강관(KS D 3576) 또는 일반배관용 스테인리스 강관(KS D 3595)
    ④ 덕타일 주철관(KS D 4311)
2) 배관 내 사용압력이 1.2MPa 이상일 경우
    ① 압력 배관용 탄소 강관(KS D 3562)
    ② 배관용 아크용접 탄소강 강관(KS D 3583)

2. 소방용 합성수지배관으로 설치 가능한 경우

1) 배관을 지하에 매설하는 경우
2) 다른 부분과 내화구조로 구획된 덕트 또는 피트의 내부에 설치하는 경우
3) 천장(상층이 있는 경우에는 상층바닥의 하단을 포함한다. 이하 같다)과 반자를 불연재료 또는 준불연 재료로 설치하고 소화배관 내부에 항상 소화수가 채워진 상태로 설치하는 경우

3. 급수배관

1) 급수배관은 **전용**. 다만, 옥내소화전의 기동장치의 조작과 동시에 다른 설비의 용도에 사용하는 배관의 송수를 차단할 수 있거나, 옥내소화전설비의 성능에 지장이 없는 경우에는 다른 설비와 겸용 가능

4. 펌프 흡입측 배관

1) **공기고임이 생기지 아니하는 구조**로 하고 여과장치를 설치
2) 수조가 펌프보다 낮게 설치된 경우에는 각 펌프(충압펌프를 포함)마다 수조로부터 별도로 설치할 것
3) 흡입측 편심레듀서를 사용하는 이유 : 공기고임(공동현상)을 방지하기 위해

5. 펌프 토출측 주배관 구경 ★★★

1) 펌프의 토출 측 주배관의 구경은 유속이 4m/s 이하가 될 수 있는 크기 이상

$$\text{배관의 구경산정 } Q = AV = \frac{\pi}{4}D^2 \times V \text{ 에서 } D = \sqrt{\frac{4Q}{\pi V}}$$

Q : 토출량[m³/s], D : 배관의 구경[m], V : 유속[m/s]

2) 호스릴옥내소화전과 옥내소화전의 비교 ★★★

구 분	호스릴옥내소화전설비	옥내소화전설비
수원 (30층 미만)	N × 2.6[m³] 이상 (N : 2개 이상은 2개)	N × 2.6[m³] 이상 (N : 2개 이상은 2개)
토출량	N × 130[L/min] 이상 (N : 2개 이상은 2개)	N × 130[L/min] 이상 (N : 2개 이상은 2개)
방수압력	0.17MPa ~ 0.7MPa	0.17MPa ~ 0.7MPa
방수량	130[L/min] 이상	130[L/min] 이상
수평거리	25m 이하	25m 이하
호스구경	25mm 이상	40mm 이상
가지배관	25mm 이상	40mm 이상
수직배관	32mm 이상	50mm 이상

6. 연결송수관설비의 배관과 겸용하는 경우 ★

주배관은 구경 100mm 이상, 방수구로 연결되는 배관의 구경은 65mm 이상

7. 성능시험배관 ★★

1) 판정기준

펌프의 성능은 체절운전 시 정격토출압력의 **140%**를 초과하지 아니하고, 정격토출량의 **150%**로 운전 시 정격토출압력의 **65% 이상**일 것

2) 성능시험배관 설치기준

① 성능시험배관은 펌프의 토출측에 설치된 개폐밸브 이전에서 분기하여 설치하고, 유량측정장치를 기준으로 전단 직관부에 **개폐밸브**를 후단 직관부에는 **유량조절밸브**를 설치할 것

② 유량측정장치는 성능시험배관의 직관부에 설치하되, 펌프의 정격토출량의

175% 이상 측정할 수 있는 성능이 있을 것

8. 순환배관 ★

가압송수장치의 **체절운전 시 수온의 상승을 방**지하기 위하여 체크밸브와 펌프사이에서 분기한 **구경 20mm 이상의 배관에 체절압력 미만에서 개방**되는 릴리프밸브를 설치

9. 송수구 기준 ★

1) 송수구로부터 주 배관에 이르는 연결배관에는 개폐밸브를 설치하지 아니할 것. 다만, 스프링클러설비·물분무소화설비·포소화설비 또는 연결송수관설비의 배관과 겸용하는 경우에는 그러하지 아니하다.
2) 지면으로부터 **높이가 0.5m 이상 1m 이하**
3) 구경 **65mm의 쌍구형 또는 단구형**으로 할 것
4) 송수구의 가까운 부분에 자동배수밸브(또는 직경 5mm의 배수공) 및 체크밸브를 설치할 것.
5) 송수구에는 이물질을 막기 위한 마개를 씌울 것

6 방수구

1. 옥내소화전방수구 설치기준 ★★★

1) 특정소방대상물의 층마다 설치하되, 해당 특정소방대상물의 각 부분으로부터 하나의 옥내소화전방수구까지의 **수평거리가 25m**(호스릴옥내소화전설비를 포함) 이하가 되도록 할 것. 다만, 복층형 구조의 공동주택의 경우에는 세대의 출입구가 설치된 층에만 설치할 수 있다.

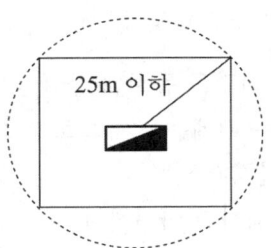

2) 바닥으로부터의 높이가 **1.5m 이하**가 되도록 할 것
3) 호스는 구경 **40mm(호스릴옥내소화전설비의 경우에는 25mm) 이상**

2. 방수구의 설치제외

불연재료로 된 특정소방대상물 또는 그 부분으로서 다음의 어느 하나에 해당하는 곳에는 옥내소화전 방수구를 설치하지 않을 수 있다.
1) 냉장창고 중 온도가 영하인 냉장실 또는 냉동창고의 냉동실
2) 고온의 노가 설치된 장소 또는 물과 격렬하게 반응하는 물품의 저장 또는 취급 장소
3) 발전소·변전소 등으로서 전기시설이 설치된 장소
4) 식물원·수족관·목욕실·수영장(관람석 부분을 제외한다) 또는 그 밖의 이와 비슷한 장소
5) 야외음악당·야외극장 또는 그 밖의 이와 비슷한 장소

7 전원

1. 수전방식

1) **저압수전인 경우**에는 **인입개폐기의 직후에서 분기**하여 전용배선으로 하여야 하며, 전용의 전선관에 보호되도록 할 것
2) **특별고압수전 또는 고압수전**일 경우에는 **전력용 변압기 2차측의 주차단기 1차측에서 분기**하여 전용배선으로 하되, 상용전원의 상시공급에 지장이 없을 경우에는 주차단기 2차측에서 분기하여 전용배선으로 할 것.

2. 비상전원 설치대상 ★★

1) 층수가 7층 이상으로서 연면적이 2,000 m² 이상
2) 지하층의 바닥면적의 합계가 3,000 m² 이상

3. 비상전원 면제기준

1) 2 이상의 변전소에서 전력을 동시에 공급받을 수 있거나 하나의 변전소로부터 전력의 공급이 중단되는 때에는 자동으로 다른 변전소로부터 전원을 공급받을 수 있도록 상용전원을 설치한 경우
2) 가압수조방식에는 그러하지 아니하다.

4. 비상전원 설치기준 ★

비상전원의 종류 : **자가발전설비, 축전지설비**(내연기관에 따른 펌프를 사용하는 경우에는 내연기관의 기동 및 제어용 축전지를 말한다) **또는 전기저장장치**(외부 전기에너지를 저장해 두었다가 필요한 때 전기를 공급하는 장치)로

1) 점검에 편리하고 화재 및 침수 등의 재해로 인한 피해를 받을 우려가 없는 곳에 설치할 것
2) 옥내소화전설비를 유효하게 **20분 이상** 작동할 수 있어야 할 것
3) 상용전원으로부터 전력의 공급이 중단된 때에는 자동으로 비상전원으로부터 전력을 공급받을 수 있도록 할 것
4) 비상전원(내연기관의 기동 및 제어용 축전기를 제외)의 설치장소는 다른 장소와 방화구획할 것.
5) 비상전원을 실내에 설치하는 때에는 그 실내에 **비상조명등**을 설치할 것

8 제9조(제어반)

1. 감시제어반의 기능 ★★

1) 각 펌프의 작동여부를 확인할 수 있는 표시등 및 음향경보기능이 있어야 할 것
2) 각 펌프를 자동 및 수동으로 작동시키거나 중단시킬 수 있어야 할 것
3) 비상전원을 설치한 경우에는 상용전원 및 비상전원의 공급여부를 확인할 수 있어야 할 것
4) 수조 또는 물올림수조가 저수위로 될 때 표시등 및 음향으로 경보할 것
5) 다음의 각 확인회로마다 도통시험 및 작동시험을 할 수 있도록 할 것
   ① 기동용수압개폐장치의 압력스위치회로
   ② 수조 또는 물올림수조의 저수위감시회로
   ③ 개폐밸브의 폐쇄상태 확인회로
   ④ 그 밖의 이와 비슷한 회로
6) 예비전원이 확보되고 예비전원의 적합여부를 시험할 수 있어야 할 것

2. 동력제어반 설치기준

1) 앞면은 적색으로 하고 "옥내소화전설비용 동력제어반"이라고 표시한 표지를 설치할 것
2) **외함은 두께 1.5mm 이상의 강판** 또는 이와 동등 이상의 강도 및 내열성능이 있는 것

9 배선등

1. 옥내소화전설비의 배선

1) 비상전원을 설치한 경우에는 비상전원으로부터 동력제어반 및 가압송수장치에 이르는 전원회로의 배선은 내화배선으로 할 것. 다만, 자가발전설비와 동력제어반이 동일한 실에 설치된 경우에는 자가발전기로부터 그 제어반에 이르는 전원회로의 배선은 그렇지 않다.
2) 상용전원으로부터 동력제어반에 이르는 배선, 그 밖의 옥내소화전설비의 감시·조작 또는 표시등회로의 배선은 내화배선 또는 내열배선으로 할 것. 다만, 감시제어반 또는 동력제어반 안의 감시·조작 또는 표시등회로의 배선은 그렇지 않다.

2. 내화배선 ★

사용전선의 종류	공 사 방 법
1. 450/750 V 저독성 난연 가교 폴리올레핀 절연 전선 2. 0.6/1 kV 가교 폴리에틸렌 절연 저독성 난연 폴리올레핀 시스 전력 케이블 3. 6/10 kV 가교 폴리에틸렌 절연 저독성 난연 폴리올레핀 시스 전력용 케이블 4. 가교 폴리에틸렌 절연 비닐시스 트레이용 난연 전력 케이블 5. 0.6/1 kV EP 고무절연 클로로프렌 시스 케이블 6. 300/500 V 내열성 실리콘 고무 절연전선 (180 ℃) 7. 내열성 에틸렌-비닐 아세테이트 고무절연 케이블 8. 버스덕트(Bus Duct)	**금속관·2종 금속제 가요전선관 또는 합성수지관**에 수납하여 내화구조로 된 벽 또는 바닥 등에 벽 또는 바닥의 표면으로부터 **25 mm 이상**의 깊이로 매설해야 한다. 다만, 다음의 기준에 적합하게 설치하는 경우에는 그렇지 않다. 가. 배선을 내화성능을 갖는 배선전용실 또는 배선용 샤프트·피트·덕트 등에 설치하는 경우 나. 배선전용실 또는 배선용 샤프트·피트·덕트 등에 다른 설비의 배선이 있는 경우에는 이로부터 **15 cm 이상** 떨어지게 하거나 소화설비의 배선과 이웃하는 다른 설비의 배선 사이에 배선지름(배선의 지름이 다른 경우에는 가장 큰 것을 기준으로 한다)의 **1.5배 이상의 높이의 불연성 격벽**을 설치하는 경우
내화전선	케이블공사의 방법에 따라 설치하여야 한다.

[비고] 내화전선의 내화성능은 KS C IEC 60331-1과 2(**온도 830 ℃ / 가열시간 120분**) 표준 이상을 충족하고 **난연성능** 확보를 위해 KS C IEC 60332-3-24 성능 이상을 충족할 것

3. 내열배선 ★

사용전선의 종류	공 사 방 법
1. 450/750 V 저독성 난연 가교 폴리올레핀 절연 전선 2. 0.6/1 kV 가교 폴리에틸렌 절연 저독성 난연 폴리올레핀 시스 전력 케이블 3. 6/10 kV 가교 폴리에틸렌 절연 저독성 난연 폴리올레핀 시스 전력용 케이블 4. 가교 폴리에틸렌 절연 비닐시스 트레이용 난연 전력 케이블 5. 0.6/1 kV EP 고무절연 클로로프렌 시스 케이블 6. 300/500 V 내열성 실리콘 고무 절연전선 (180 ℃) 7. 내열성 에틸렌-비닐 아세테이트 고무절연 케이블 8. 버스덕트(Bus Duct)	금속관 · 금속제 가요전선관 · 금속덕트 또는 케이블(불연성덕트에 설치하는 경우에 한한다) 공사방법에 따라야 한다. 다만, 다음의 기준에 적합하게 설치하는 경우에는 그렇지 않다. 가. 배선을 내화성능을 갖는 배선전용실 또는 배선용 샤프트 · 피트 · 덕트 등에 설치하는 경우 나. 배선전용실 또는 배선용 샤프트 · 피트 · 덕트 등에 다른 설비의 배선이 있는 경우에는 이로부터 **15 cm 이상** 떨어지게 하거나 소화설비의 배선과 이웃하는 다른 설비의 배선사이에 배선지름(배선의 지름이 다른 경우에는 가장 큰 것을 기준으로 한다)의 **1.5배 이상**의 높이의 불연성 격벽을 설치하는 경우
내화전선	케이블공사의 방법에 따라 설치하여야 한다.

10 창고시설(NFPC 609)

1. 수원(호스릴 옥내소화전설비 포함)

$$Q = N \times 5.2 [\text{m}^3] \text{ 이상}$$

N : 가장 많은 층의 설치개수(2개 이상은 2개)

2. 비상전원

1) 종류 : 자가발전설비, 축전지설비, 전기저장장치
2) 용량 : 40분 이상

제3장 출제예상문제

01 옥내소화전설비의 설치대상으로 옳지 않은 것은?
① 연면적 3천m² 이상(지하가 중 터널은 제외한다)이거나 지하층·무창층(축사는 제외한다) 또는 층수가 4층 이상인 것 중 바닥면적이 600m² 이상인 층이 있는 것은 모든 층
② 지하가 중 터널로서 길이가 1천m 이상인 터널
③ 근린생활시설, 판매시설, 운수시설, 의료시설, 노유자시설, 업무시설, 숙박시설, 위락시설로서 연면적 3,000m² 이상이거나 지하층·무창층 또는 층수가 4층 이상인 층 중 바닥면적이 300m² 이상인 층이 있는 것은 모든 층
④ 건축물의 옥상에 설치된 차고 또는 주차장으로서 차고 또는 주차의 용도로 사용되는 부분의 면적이 200m² 이상인 것

해설 근린생활시설, 판매시설, 운수시설, 의료시설, 노유자시설, 업무시설, 숙박시설, 위락시설, 공장, 창고시설, 항공기 및 자동차 관련 시설, 교정 및 군사시설 중 국방·군사시설, 방송통신시설, 발전시설, 장례식장 또는 복합건축물로서 연면적 **1천5백m² 이상**이거나 지하층·무창층 또는 층수가 4층 이상인 층 중 바닥면적이 300m² 이상인 층이 있는 것은 모든 층

02 대기압 이상의 압력과 대기압 이하의 압력을 측정할 수 있는 계측기는?
① 압력계   ② 진공계   ③ 연성계   ④ 기압계

해설 계측기
① 압력계 : 대기압 이상의 압력을 측정하는 계측기
② 진공계 : 대기압 이하의 압력을 측정하는 계측기
③ 연성계 : 대기압 이상의 압력과 대기압 이하의 압력을 측정할 수 있는 계측기

03 건물 내에 옥내소화전을 3층에 6개, 4층에 4개, 5층에 3개를 설치하였다. 건물에 필요한 수원의 저수량은 얼마인가?
① 5.2m³   ② 7.6m³   ③ 10.4m³   ④ 13m³

해설 수원 Q = N(2개 이상은 2개) × 2.6m³ = 2 × 2.6m³ = 5.2m³

층수	수원
30층 미만	Q = N(2개 이상은 2개) × 2.6m³
30층 이상 49층 이하	Q = N(5개 이상은 5개) × 5.2m³
50층 이상	Q = N(5개 이상은 5개) × 7.8m³

정답 1. ③ 2. ③ 3. ①

04 40층인 특정소방대상물에 옥내소화전을 5개 설치하는 경우에 필요한 수원의 저수량은 최소 얼마 이상이어야 하는가?

① $5.2 \ m^3$ ② $13.0 \ m^3$ ③ $26.0 \ m^3$ ④ $39.0 \ m^3$

해설 수원 Q = N(5개 이상은 5개) × $5.2m^3$ = 5개 × $5.2m^3$ = $26m^3$ 이상

층수	수원
30층 미만	Q = N(2개 이상은 2개) × $2.6m^3$
30층 이상 49층 이하	Q = N(5개 이상은 5개) × $5.2m^3$
50층 이상	Q = N(5개 이상은 5개) × $7.8m^3$

05 수원은 호스릴 옥내소화전이 가장 많이 설치된 층의 설치개수(설치개수가 2개 이상은 2개)에 몇 m^3을 곱한 양 이상이어야 하는가?

① $2.6 \ m^3$ ② $3.6 \ m^3$ ③ $4.6 \ m^3$ ④ $5.6 \ m^3$

해설 수원의 양 = N(2개 이상은 2개) × $2.6 \ m^3$

06 다음 중 옥내소화전 유효수량의 1/3을 옥상에 설치하여야 하는 것은?
① 지하층만 있는 특정소방대상물
② 지표면으로부터 당해 건축물 옥상 바닥까지 15m인 특정소방대상물
③ 수원이 건축물의 최상층에 설치된 방수구보다 높은 위치에 설치된 경우
④ 주펌프와 동등 이상의 성능이 있는 별도의 펌프로서 내연기관의 기동과 연동하여 작동되거나 비상전원을 연결하여 설치한 경우

해설 건축물의 높이가 지표면으로부터 10m 이하인 경우에 옥상수조 면제

07 옥내소화전설비에서 옥상수조의 설치가 제외되는 기준에 맞지 않은 것은?
① 지하층만 있는 건축물
② 고가수조를 가압송수장치로 설치한 옥내소화전 설비
③ 수원이 건축물의 최상층에 설치된 방수구보다 높은 위치에 설치된 경우
④ 건축물의 높이가 지표면으로부터 최상층 바닥까지 10 m 이하인 경우

해설 옥상수조 설치제외 기준 : 건축물의 높이가 지표면으로부터 10 m 이하인 경우

정답 4. ③ 5. ① 6. ② 7. ④

08 옥내소화전 설비에서 관창의 규격 방수압력과 규격 방수량으로 옳게 짝지어진 것은?

① 0.1MPa – 80L/min
② 0.1MPa – 20L/min
③ 0.17MPa – 130L/min
④ 0.25MPa – 350L/min

해설 방수압력 및 방수량
① 방수압력 : 0.17MPa 이상 0.7MPa 이하
② 방수량 : 130L/min 이상

09 수원의 수위가 펌프보다 낮은 경우에 설치하는 물올림장치의 탱크의 유효수량 및 급수배관의 최소구경으로 옳은 것은?

① 탱크 유효수량 : 100L 이상, 급수배관 구경 : 20mm 이상
② 탱크 유효수량 : 100L 이상, 급수배관 구경 : 15mm 이상
③ 탱크 유효수량 : 200L 이상, 급수배관 구경 : 15mm 이상
④ 탱크 유효수량 : 200L 이상, 급수배관 구경 : 20mm 이상

해설 탱크 유효수량 : 100 L 이상, 급수배관 구경 : 15mm 이상

10 내연기관에 따른 펌프를 이용하는 가압송수장치에서 내연기관의 연료량은 40층인 경우에 몇 분 이상 운전할 수 있는 용량을 확보하여야 하는가?

① 10분
② 20분
③ 40분
④ 60분

해설 내연기관의 연료량은 펌프를 20분(층수가 30층 이상 49층 이하는 40분, 50층 이상은 60분) 이상 운전할 수 있는 용량일 것

11 전양정이 50m이고 회전수가 2,000rpm인 원심펌프의 회전수를 2,400rpm으로 변경하여 운전하는 경우 펌프의 전양정(m)은?

① 34.7
② 60
③ 72
④ 86.4

해설 전양정의 계산(상사법칙의 적용)

$$H_2 = \left(\frac{N_2}{N_1}\right)^2 \times H_1 = \left(\frac{2,400\text{rpm}}{2,000\text{rpm}}\right)^2 \times 50\text{m} = 72\text{m}$$

정답 8. ③ 9. ② 10. ③ 11. ③

12 낙차압력 1 MPa, 소방용 호스 및 배관이 마찰손실압력 0.03 MPa, 체적이 300 m³인 압력수조에 물을 2/3 채우면 압력수조 내 필요한 공기의 압력[MPa]은?(단, 대기압은 0.1MPa)

① 1.2   ② 2.4
③ 3.8   ④ 5.2

해설 ① 필요한 압력 $P = P_1 + P_2 + P_3 + 0.17 = 0.03 + 1 + 0.17 = 1.2 \text{MPa}$
② 필요한 공기의 압력
$$P_0 = (P + P_a)\frac{V}{V_0} - P_a = (1.2 + 0.1) \times \frac{300}{300 \times \frac{1}{3}} - 0.1 = 3.8 \text{MPa}$$

13 배관 내 사용압력이 1.2MPa 미만인 경우에 사용하여야 하는 배관으로 틀린 것은?
① 배관용 탄소강관
② 배관용 스테인리스강관
③ 압력배관용 탄소강관
④ 이음매 없는 구리 및 구리합금관

해설 배관 내 사용압력이 1.2MPa 미만 : 배관용 탄소강관, 이음매 없는 구리 및 구리합금관, 배관용 스테인리스강관 또는 일반배관용 스테인리스강관, 덕타일 주철관

14 옥내소화전 펌프의 토출측 주배관의 구경은 유속이 얼마이하가 될 수 있는 크기 이상으로 하여야 하는가?

① 1m/s   ② 2m/s   ③ 3m/s   ④ 4m/s

해설 옥내소화전 펌프의 토출 측 주배관의 구경은 유속이 4m/s 이하

15 옥내소화전 주 펌프의 토출량이 650[L/min]일 때 토출측 주배관의 구경을 계산하면? (단, 유속은 화재안전기준에서 정한 최대값을 적용)

① 22.16 mm   ② 37.14 mm
③ 47.95 mm   ④ 58.72 mm

해설 배관의 구경
$$D = \sqrt{\frac{4Q}{\pi V}} = \sqrt{\frac{4 \times 0.65 \text{m}^3/60\text{s}}{\pi \times 4\text{m/s}}} \times 1{,}000 = 58.72 \text{mm}$$

정답 12. ③   13. ③   14. ④   15. ④

16 연결송수관과 옥내소화전의 배관을 겸용할 경우 주배관의 구경은?
① 50mm 이상
② 80mm 이상
③ 100mm 이상
④ 120mm 이상

해설 배관 겸용 시 펌프의 토출 측 주배관의 구경은 100mm 이상

17 옥내소화전설비에서 연결송수관설비의 배관과 겸용할 경우의 주배관은 구경 및 방수구로 연결되는 배관의 구경이 옳게 표현된 것은?
① 주배관 : 100mm 이상, 방수구 연결 배관 구경 : 65mm 이상
② 주배관 : 100mm 이상, 방수구 연결 배관 구경 : 50mm 이상
③ 주배관 : 100mm 이상, 방수구 연결 배관 구경 : 40mm 이상
④ 주배관 : 100mm 이상, 방수구 연결 배관 구경 : 32mm 이상

해설 옥내소화전설비에서 연결송수관설비의 배관과 겸용할 경우의 주배관은 구경 100mm 이상, 방수구로 연결되는 배관의 구경은 65mm 이상

18 옥내소화전설비의 배관에 관한 규정으로 옳지 않은 것은?
① 연결송수관설비의 배관과 겸용할 경우의 급수 주배관의 구경은 80mm 이상으로 한다.
② 옥내소화전 방수구와 연결되는 가지배관의 구경은 40mm 이상으로 한다.
③ 주배관 중 수직배관의 구경은 50mm 이상으로 한다.
④ 연결송수관설비의 배관과 겸용할 경우의 방수구로 연결되는 배관의 구경은 65mm 이상으로 한다.

해설 연결송수관설비의 배관과 겸용할 경우 : 주배관 : 구경 100mm 이상, 방수구로 연결되는 배관의 구경은 65mm 이상

19 성능시험배관은 펌프의 토출측에 설치된 개폐밸브 이전에서 분기하여 설치하고, 유량측정장치를 기준으로 전단 직관부에 ( )를 후단 직관부에는 ( )를 설치하여야 한다. 괄호 안에 들어갈 내용을 순서대로 나열한 것은?
① 유량조절밸브, 개폐밸브
② 체크밸브, 유량조절밸브
③ 개폐밸브, 유량조절밸브
④ 개폐밸브, 릴리프밸브

해설 성능시험배관에는 유량측정장치를 기준으로 전단 직관부에 개폐밸브를 후단 직관부에는 유량조절밸브를 설치하여야 한다.

정답 16. ③ 17. ① 18. ① 19. ③

20 옥내소화전설비에서 정격토출량이 300[lpm]인 펌프를 성능시험배관의 직관부에 설치하고자 할 때 유량계의 유량측정범위로 옳은 것은?

① 200[lpm]~300[lpm] ② 200[lpm]~400[lpm]
③ 200[lpm]~500[lpm] ④ 200[lpm]~600[lpm]

해설 유량측정범위는 정격토출량의 175%이상 측정할 수 있는 성능
300[lpm] × 1.75 = 525[lpm]

21 옥내소화전설비의 펌프 성능 시험배관에서 유량측정장치는 성능시험배관의 직관부에 설치하되, 펌프의 정격 토출량의 기준은 몇 % 이상 측정할 수 있는 성능으로 하여야 하는가?

① 65%   ② 140%   ③ 150%   ④ 175%

해설 유량측정장치는 성능시험배관의 직관부에 설치하되, 펌프의 정격토출량의 175% 이상 측정할 수 있는 성능이 있을 것

22 옥내소화전설비의 송수구는 지면으로부터 높이가 어떻게 되는가?

① 0.5m 이하   ② 0.5m 이상 1m 이하
③ 0.8m 이상 1.5m 이하   ④ 1.0m 이상 1.5m 이하

해설 송수구 기준
① 송수구로부터 주 배관에 이르는 연결배관에는 개폐밸브를 설치하지 아니할 것. 다만, 스프링클러설비·물분무소화설비·포소화설비 또는 연결송수관설비의 배관과 겸용하는 경우에는 그러하지 아니하다.
② 지면으로부터 높이가 0.5m 이상 1m 이하
③ 구경 65mm의 쌍구형 또는 단구형으로 할 것
송수구의 가까운 부분에 자동배수밸브(또는 직경 5mm의 배수공) 및 체크밸브를 설치할 것.
⑤ 송수구에는 이물질을 막기 위한 마개를 씌울 것

23 옥내소화전방수구는 특정소방대상물의 층마다 설치하되, 해당 특정소방대상물의 각 부분으로부터 하나의 옥내소화전 방수구까지의 수평거리가 몇 m이하가 되도록 하는가?

① 20m   ② 25m
③ 30m   ④ 40m

해설 방수구까지의 수평거리 : 옥내소화전 : 25m, 옥외소화전 : 40m

정답 20. ④ 21. ④ 22. ② 23. ②

24 소화전함 성능인증 및 제품검사의 기술기준에서 규정한 옥내소화전함의 일반구조에 대한 설명 중 옳지 않은 것은?

① 바닥 또는 그 부근에 배수구가 있어야 한다.
② 소화전함의 내부폭은 150mm 이상이어야 한다.
③ 문은 120° 이상 열리는 구조이어야 한다.
④ 소방호스(이하 "호스"라 한다)의 연장 및 수납조작이 원활한 구조이어야 한다.

해설 소화전함의 일반구조
① 소화전함의 내부폭은 180mm 이상이어야 한다.
② 문은 120°이상 열리는 구조이어야 한다.

25 다음의 설명 중에서 옥내소화전의 설치 방법으로 옳은 것은?

① 함의 재질은 강판 1.6mm 이상이어야 한다.
② 하나의 소화전함에서 다음 소화전함까지는 25m거리 이내이어야 한다.
③ 개폐밸브의 위치는 항상 왼쪽에 있어야 한다.
④ 개폐밸브의 위치는 바닥으로부터 1.5m 이하이어야 한다.

해설 옥내소화전 설치방법
① 함의 재질은 강판 1.5mm 이상, 합성수지 4.0mm 이상
② 특정소방대상물의 각 부분으로부터 하나의 옥내소화전 방수구까지의 수평거리가 25m(호스릴 옥내소화전설비를 포함) 이하
③ 개폐밸브의 위치는 방향에 관계가 없다.

26 다음은 옥내소화전설비의 화재안전기준에 관한 내용이다. ( )안에 들어갈 내용이 순서대로 옳은 것은?

[보기]
펌프의 성능은 체절운전 시 정격토출압력의 ( )%를 초과하지 아니하고, 정격토출량의 ( )%로 운전 시 정격토출압력의 ( )% 이상이 되어야 한다.

① 140, 65, 120
② 140, 150, 65
③ 150, 65, 140
④ 150, 140, 65

해설 펌프의 성능은 체절운전 시 정격토출압력의 140%를 초과하지 아니하고, 정격토출량의 150%로 운전 시 정격토출압력의 65% 이상

정답 24. ② 25. ④ 26. ②

27 옥내소화전설비의 화재안전기술기준상 펌프를 이용하는 가압송수장치의 설치기준에 관한 내용으로 옳지 않은 것은?

① 펌프는 전용으로 할 것(다만, 다른 소화설비와 겸용하는 경우 각각의 소화설비의 성능에 지장이 없을 때에는 그렇지 않음)
② 동결방지조치를 하거나 동결의 우려가 없는 장소에 설치할 것
③ 펌프의 토출 측에는 압력계를 체크밸브 이후에 설치하고, 흡입 측에는 연성계 또는 진공계를 설치할 것
④ 펌프축은 스테인리스 등 부식에 강한 재질을 사용할 것

해설 펌프의 토출 측에는 압력계를 체크밸브 이전에 펌프 토출 측 플랜지에서 가까운 곳에 설치하고, 흡입 측에는 연성계 또는 진공계를 설치할 것. 다만, 수원의 수위가 펌프의 위치보다 높거나 수직회전축펌프의 경우에는 연성계 또는 진공계를 설치하지 않을 수 있다.

28 옥내소화전설비의 화재안전기술기준상 배관 내 사용압력이 1.2 MPa 이상일 경우에 사용할 수 있는 배관으로 옳은 것은?

① 배관용 아크용접 탄소강 강관(KS D 3583)
② 배관용 스테인리스 강관(KS D 3576)
③ 덕타일 주철관(KS D 4311)
④ 일반배관용 스테인리스 강관(KS D 3595)

해설

배관 내 사용압력이 1.2 MPa 미만일 경우	배관 내 사용압력이 1.2 MPa 이상일 경우
(1) 배관용 탄소 강관(KS D 3507) (2) 이음매 없는 구리 및 구리합금관 (KS D 5301). 다만, 습식의 배관에 한한다. (3) 배관용 스테인리스 강관(KS D 3576) 또는 일반배관용 스테인리스 강관(KS D 3595) (4) 덕타일 주철관(KS D 4311)	(1) 압력 배관용 탄소 강관(KS D 3562) (2) 배관용 아크용접 탄소강 강관(KS D 3583)

29 10층 건물에 옥내소화전이 각 층에 3개씩 설치되었다. 펌프의 성능시험에서 정격 토출압력이 0.8 MPa일 때 ( )에 들어갈 것으로 옳은 것은?

구분	유량(L/min)	펌프토출압력(MPa)
체절운전 시	(ㄱ)	(ㄴ)
정격토출량의 150% 운전 시	(ㄷ)	(ㄹ)

① ㄱ : 0, ㄴ : 1.2 미만
② ㄱ : 0, ㄴ : 1.2 이상
③ ㄷ : 390, ㄹ : 0.52 미만
④ ㄷ : 390, ㄹ : 0.52 이상

정답 27. ③ 28. ① 29. ④

해설 정격 토출량 : 2개×130 = 260 L/min

구분	유량(L/min)	펌프토출압력(MPa)
체절운전 시	(0)	(0.8 MPa×1.4=1.2 이하)
정격토출량의 150% 운전 시	(260L/min×1.5=3900L/min)	(0.8 MPa×0.65 =0.52 이상)

30 지상 2층 규모의 창고시설에 옥내소화전설비를 설치하고자 한다. 필요한 최소 수원의 양 (m^3)은?(단, 소화전의 수량은 지상 1층에 10개, 지상 2층에는 6개가 설치됨)

① $2.6 \ m^3$
② $5.2 \ m^3$
③ $10.4 \ m^3$
④ $13 \ m^3$

해설 수원의 양 $Q = N \times 5.2 \ m^3 = 2 \times 5.2 = 10.4 \ m^3$
여기서, N : 가장 많은 층의 설치개수(2개 이상은 2개)

정답 30. ③

제4장 스프링클러설비

1 설치대상 ★

위험물 저장 및 처리 시설 중 가스시설 및 지하구는 제외한다.
1) **층수가 6층 이상**인 특정소방대상물의 경우에는 모든 층. 다만, 다음의 어느 하나에 해당하는 경우는 제외한다.
    가) 주택 관련 법령에 따라 기존의 아파트등을 리모델링하는 경우로서 건축물의 연면적 및 층의 높이가 변경되지 않는 경우. 이 경우 해당 아파트등의 사용검사 당시의 소방시설의 설치에 관한 대통령령 또는 화재안전기준을 적용한다.
    나) 스프링클러설비가 없는 기존의 특정소방대상물을 용도변경하는 경우. 다만, 2)부터 6)까지 및 9)부터 12)까지의 규정에 해당하는 특정소방대상물로 용도변경하는 경우에는 해당 규정에 따라 스프링클러설비를 설치한다.
2) 기숙사(교육연구시설·수련시설 내에 있는 학생 수용을 위한 것을 말한다) 또는 복합건축물로서 연면적 5천 m^2 이상인 경우에는 모든 층
3) 문화 및 집회시설(동·식물원은 제외한다), 종교시설(주요구조부가 목조인 것은 제외한다), 운동시설(물놀이형 시설 및 바닥이 불연재료이고 관람석이 없는 운동시설은 제외한다)로서 다음의 어느 하나에 해당하는 경우에는 모든 층
    가) 수용인원이 100명 이상인 것
    나) 영화상영관의 용도로 쓰는 층의 바닥면적이 지하층 또는 무창층인 경우에는 500 m^2 이상, 그 밖의 층의 경우에는 1천 m^2 이상인 것
    다) 무대부가 지하층·무창층 또는 4층 이상의 층에 있는 경우에는 무대부의 면적이 300 m^2 이상인 것
    라) 무대부가 다) 외의 층에 있는 경우에는 무대부의 면적이 500 m^2 이상인 것
4) **판매시설, 운수시설 및 창고시설**(물류터미널로 한정한다)로서 **바닥면적의 합계가 5천 m^2 이상이거나 수용인원이 500명 이상인 경우에는 모든 층**
5) 다음의 어느 하나에 해당하는 용도로 사용되는 시설의 바닥면적의 합계가 **600 m^2 이상인 것은 모든 층**
    가) 근린생활시설 중 조산원 및 산후조리원
    나) 의료시설 중 정신의료기관

다) 의료시설 중 종합병원, 병원, 치과병원, 한방병원 및 요양병원
라) 노유자 시설
마) 숙박이 가능한 수련시설
바) 숙박시설

6) 창고시설(물류터미널은 제외한다)로서 바닥면적 합계가 5천 m^2 이상인 경우에는 모든 층

7) 특정소방대상물의 지하층·무창층(축사는 제외한다) 또는 층수가 4층 이상인 층으로서 바닥면적이 1천 m^2 이상인 층이 있는 경우에는 해당 층

8) 랙식 창고(rack warehouse): 랙(물건을 수납할 수 있는 선반이나 이와 비슷한 것을 말한다. 이하 같다)을 갖춘 것으로서 천장 또는 반자(반자가 없는 경우에는 지붕의 옥내에 면하는 부분을 말한다)의 높이가 10 m를 초과하고, 랙이 설치된 층의 바닥면적의 합계가 1천5백 m^2 이상인 경우에는 모든 층

9) 공장 또는 창고시설로서 다음의 어느 하나에 해당하는 시설
    가) 「화재의 예방 및 안전관리에 관한 법률 시행령」 별표 2에서 정하는 수량의 1천 배 이상의 특수가연물을 저장·취급하는 시설
    나) 「원자력안전법 시행령」 제2조제1호에 따른 중·저준위방사성폐기물(이하 "중·저준위방사성폐기물"이라 한다)의 저장시설 중 소화수를 수집·처리하는 설비가 있는 저장시설

10) 지붕 또는 외벽이 불연재료가 아니거나 내화구조가 아닌 공장 또는 창고시설로서 다음의 어느 하나에 해당하는 것
    가) 창고시설(물류터미널로 한정한다) 중 4)에 해당하지 않는 것으로서 바닥면적의 합계가 2천5백 m^2 이상이거나 수용인원이 250명 이상인 경우에는 모든 층
    나) 창고시설(물류터미널은 제외한다) 중 6)에 해당하지 않는 것으로서 바닥면적의 합계가 2천5백 m^2 이상인 경우에는 모든 층
    다) 공장 또는 창고시설 중 7)에 해당하지 않는 것으로서 지하층·무창층 또는 층수가 4층 이상인 것 중 바닥면적이 500 m^2 이상인 경우에는 모든 층
    라) 랙식 창고 중 8)에 해당하지 않는 것으로서 바닥면적의 합계가 750 m^2 이상인 경우에는 모든 층
    마) 공장 또는 창고시설 중 9)가)에 해당하지 않는 것으로서 「화재의 예방 및 안전관리에 관한 법률 시행령」 별표 2에서 정하는 수량의 500배 이상의 특수가연물을 저장·취급하는 시설

11) 교정 및 군사시설 중 다음의 어느 하나에 해당하는 경우에는 해당 장소
    가) 보호감호소, 교도소, 구치소 및 그 지소, 보호관찰소, 갱생보호시설, 치료감호시설, 소년원 및 소년분류심사원의 수용거실

나) 「출입국관리법」 제52조제2항에 따른 보호시설(외국인보호소의 경우에는 보호대상자의 생활공간으로 한정한다. 이하 같다)로 사용하는 부분. 다만, 보호시설이 임차건물에 있는 경우는 제외한다.
다) 「경찰관 직무집행법」 제9조에 따른 유치장
12) 지하가(터널은 제외한다)로서 **연면적 1천 m² 이상**인 것
13) 발전시설 중 전기저장시설
14) 1)부터 13)까지의 특정소방대상물에 부속된 보일러실 또는 연결통로 등

2 스프링클러설비의 종류 ★★

구분	습식	건식	준비작동식	일제 살수식	부압식
주요설치 장소	일반건축물 등	습식과 동일, 주차장	습식과 동일, 주차장	연소 확대 우려가 있는 장소, 무대부	수손피해 우려가 큰 장소
작동	폐쇄형헤드	폐쇄형헤드	화재감지기 + 폐쇄형 헤드	화재감지기	화재감지기 + 폐쇄형 헤드
1차측	가압수	가압수	가압수	가압수	가압수
2차측	가압수	압축공기	대기압 또는 저압공기	대기압	부압수
밸브 종류	습식밸브 (Alarm valve)	건식밸브 (Dry valve)	준비작동식밸브 (Preaction valve)	일제개방밸브 (Deluge valve)	준비작동식밸브 (Preaction valve)
헤드종류	폐쇄형	폐쇄형	폐쇄형	개방형	폐쇄형
감지기	없음	없음	필요	필요	필요

3 용어정의 ★

용어	정의
개방형스프링클러헤드	감열체 없이 방수구가 항상 열려져 있는 헤드
폐쇄형스프링클러헤드	정상상태에서 방수구를 막고 있는 감열체가 일정온도에서 자동적으로 파괴·용융 또는 이탈됨으로써 방수구가 개방되는 헤드
측벽형스프링클러헤드	가압된 물이 분사될 때 헤드의 축심을 중심으로 한 반원상에 균일하게 분산시키는 헤드
건식스프링클러헤드	물과 오리피스가 분리되어 동파를 방지할 수 있는 스프링클러헤드
주배관	가압송수장치 또는 송수구 등과 직접 연결되어 소화수를 이송하는 주된 배관

용어	정의
신축배관	가지배관과 스프링클러헤드를 연결하는 구부림이 용이하고 유연성을 가진 배관
급수배관	수원 또는 송수구 등으로부터 소화설비에 급수하는 배관
유수검지장치	유수현상을 자동적으로 검지하여 신호 또는 경보를 발하는 장치
일제개방밸브	일제살수식스프링클러설비에 설치되는 유수검지장치
습식스프링클러설비	가압송수장치에서 폐쇄형스프링클러헤드까지 배관 내에 항상 물이 가압되어 있다가 화재로 인한 열로 폐쇄형스프링클러헤드가 개방되면 배관 내에 유수가 발생하여 습식유수검지장치가 작동하게 되는 스프링클러설비
부압식스프링클러설비	가압송수장치에서 준비작동식유수검지장치의 1차 측까지는 항상 정압의 물이 가압되고, 2차 측 폐쇄형 스프링클러헤드까지는 소화수가 부압으로 되어 있다가 화재 시 감지기의 작동에 의해 정압으로 변하여 유수가 발생하면 작동하는 스프링클러설비
준비작동식스프링클러설비	가압송수장치에서 준비작동식유수검지장치 1차 측까지 배관 내에 항상 물이 가압되어 있고, 2차 측에서 폐쇄형스프링클러헤드까지 대기압 또는 저압으로 있다가 화재발생시 감지기의 작동으로 준비작동식밸브가 개방되면 폐쇄형스프링클러헤드까지 소화수가 송수되고, 폐쇄형스프링클러헤드가 열에 의해 개방되면 방수가 되는 방식의 스프링클러설비
건식스프링클러설비	건식유수검지장치 2차 측에 압축공기 또는 질소 등의 기체로 충전된 배관에 폐쇄형스프링클러헤드가 부착된 스프링클러설비로서, 폐쇄형스프링클러헤드가 개방되어 배관 내의 압축공기 등이 방출되면 건식유수검지장치 1차 측의 수압에 의하여 건식유수검지장치가 작동하게 되는 스프링클러설비
일제살수식 스프링클러설비	가압송수장치에서 일제개방밸브 1차 측까지 배관 내에 항상 물이 가압되어 있고 2차 측에서 개방형스프링클러헤드까지 대기압으로 있다가 화재 시 자동감지장치 또는 수동식 기동장치의 작동으로 일제개방밸브가 개방되면 스프링클러헤드까지 소화수가 송수되는 방식의 스프링클러설비
연소할 우려가 있는 개구부	각 방화구획을 관통하는 컨베이어·에스컬레이터 또는 이와 유사한 시설의 주위로서 방화구획을 할 수 없는 부분
소방부하	소방시설 및 방화·피난·소화활동을 위한 시설의 전력부하
소방전원 보존형 발전기	소방부하 및 소방부하 이외의 부하(이하 비상부하라 한다)겸용의 비상발전기로서, 상용전원 중단 시에는 소방부하 및 비상부하에 비상전원이 동시에 공급되고, 화재 시 과부하에 접근될 경우 비상부하의 일부 또는 전부를 자동적으로 차단하는 제어장치를 구비하여, 소방부하에 비상전원을 연속 공급하는 자가발전설비
건식유수검지장치	건식스프링클러설비에 설치되는 유수검지장치
습식유수검지장치	습식스프링클러설비 또는 부압식스프링클러설비에 설치되는 유수검지장치

용어	정의
준비작동식 유수검지장치	준비작동식스프링클러설비에 설치되는 유수검지장치
패들형 유수검지장치	소화수의 흐름에 의하여 패들이 움직이고 접점이 형성되면 신호를 발하는 유수검지장치
주펌프	구동장치의 회전 또는 왕복운동으로 소화수를 가압하여 그 압력으로 급수하는 주된 펌프
예비펌프	주펌프와 동등 이상의 성능이 있는 별도의 펌프

4 수원

1. 수원의 저수량

1) 수원의 저수량 계산 ★★★

① **폐쇄형스프링클러헤드를 사용**하는 경우 설치장소별 스프링클러헤드의 기준개수[스프링클러헤드의 설치개수가 가장 많은 층에 설치된 스프링클러헤드의 개수가 기준개수보다 작은 경우에는 그 설치 개수]에 1.6 m³를 곱한 양 이상이 되도록 할 것

수원 Q = N × 1.6 m³ 이상(N : 기준개수와 설치개수 중 작은 값)

② **개방형스프링클러헤드를 사용**하는 스프링클러설비의 수원은 최대 방수구역에 설치된 스프링클러헤드의 개수가 30개 이하일 경우에는 설치헤드수에 1.6 m³를 곱한 양 이상으로 하고, 30개를 초과하는 경우에는 수리계산에 따를 것

2) 기준개수 ★★★

스프링클러설비 설치장소			기준개수
지하층을 제외한 층수가 10층 이하	공장	특수가연물을 저장·취급하는 것	30
		그 밖의 것	20
	근린생활시설 판매시설 운수시설 복합건축물	판매시설 또는 복합건축물(판매시설이 설치되는 복합건축물)	30
		그 밖의 것	20
	그 밖의 것	헤드의 부착높이가 8m 이상인 것	20
		헤드의 부착높이가 8m 미만인 것	10
지하층을 제외한 층수가 11층 이상인 특정소방대상물 지하가 또는 지하역사			30

2. 옥상수원 ★

1) Q = N × 1.6m³ × ⅓ 이상 (N : 기준개수와 설치개수 중 작은 값)
   (단, 면제기준 만족 시 제외)
2) 옥상수원 면제기준
   ① 가압수조를 가압송수장치로 설치한 경우
   ② 지하층만 있는 건축물
   ③ 고가수조를 가압송수장치로 설치한 스프링클러설비
   ④ 수원이 건축물의 최상층에 설치된 헤드보다 높은 위치에 설치된 경우
   ⑤ 건축물의 높이가 지표면으로부터 10m 이하인 경우
   ⑥ 주펌프와 동등 이상의 성능이 있는 별도의 펌프로서 내연기관의 기동과 연동하여 작동되거나 비상전원을 연결하여 설치한 경우

5 가압송수장치

1. 전동기 또는 내연기관에 따른 펌프를 이용하는 가압송수장치

1) 토출량 및 전양정의 계산 ★★★
   ① 토출량 Q = N × 80L/min 이상(N : 기준개수와 설치개수 중 작은 값)
   ② 전양정 H = h_1 + h_2 + 10[m]
      h_1 : 배관의 마찰손실수두[m]
      h_2 : 낙차의 환산수두[m]
2) 기동장치로는 기동용수압개폐장치 또는 이와 동등 이상의 성능이 있는 것으로 설치할 것. 다만, 기동용수압개폐장치 중 압력챔버를 사용할 경우 그 용적은 **100 L 이상**
3) 물올림장치 기준 ★
   ① 물올림장치에는 전용의 수조를 설치할 것
   ② 수조의 유효수량은 **100 L이상**으로 하되, 구경 **15 mm 이상**의 급수배관에 따라 해당 수조에 물이 계속 보급
4) 가압송수장치의 정격토출압력 : **0.1 MPa 이상 1.2 MPa 이하**
5) 가압송수장치의 송수량 : **0.1 MPa의 방수압력 기준으로 80 L/min 이상**
6) 기동용수압개폐장치를 기동장치로 사용하는 경우에는 다음의 각 목의 기준에 따른 충압펌프를 설치할 것 ★

① 펌프의 토출압력은 그 설비의 최고위 살수장치(일제 개방밸브의 경우는 그 밸브)의 자연압보다 적어도 **0.2 MPa**이 더 크도록 하거나 가압송수장치의 정격토출압력과 같게 할 것
② 펌프의 정격토출량은 정상적인 누설량보다 적어서는 아니되며 스프링클러설비가 자동적으로 작동할 수 있도록 충분한 토출량을 유지할 것

7) 내연기관을 사용하는 경우 적합 설치기준
① 제어반에 따라 내연기관의 자동기동 및 수동기동이 가능하고, 상시 충전되어 있는 **축전지설비**를 갖출 것
② 내연기관의 연료량은 펌프를 **20분 이상** 운전할 수 있는 용량일 것

8) 부식 등으로 인한 펌프의 고장을 방지하기 위한 기준(단, 충압펌프 제외)
① 임펠러는 청동 또는 스테인리스 등 부식에 강한 재질 사용
② 펌프축은 스테인리스 등 부식에 강한 재질 사용

2. 고가수조의 자연낙차를 이용한 가압송수장치

1) 고가수조의 자연낙차수두(수조의 하단으로부터 최고층에 설치된 헤드까지의 수직거리를 말한다)

$$H = h_1 + 10$$

H : 필요한 낙차(m)
h_1 : 배관의 마찰손실수두(m)

2) 고가수조의 구성요소 : 수위계·배수관·급수관·오버플로우관 및 맨홀

3. 압력수조를 이용한 가압송수장치

1) 압력수조의 압력

$$P = P_1 + P_2 + 0.1 \text{ 이상}$$

P : 필요한 압력(MPa)
P_1 : 낙차의 환산수두압(MPa)
P_2 : 배관의 마찰손실수두압(MPa)

2) 압력수조의 구성요소
수위계·급수관·배수관·급기관·맨홀·압력계·안전장치 및 자동식 공기압축기

6 폐쇄형스프링클러설비의 방호구역·유수검지장치 ★★★

1. 하나의 방호구역의 바닥면적은 3,000 m²를 초과하지 아니할 것.

   방호구역의 수 = 방호구역의 바닥면적[m²]/3,000m²

   다만, 폐쇄형스프링클러설비에 격자형배관방식(2 이상의 수평주행배관 사이를 가지배관으로 연결하는 방식을 말한다)을 채택하는 때에는 **3,700 m² 범위** 내에서 펌프용량, 배관의 구경 등을 수리학적으로 계산한 결과 헤드의 방수압 및 방수량이 방호구역 범위 내에서 소화목적을 달성하는데 충분하도록 해야 한다.
2. 하나의 방호구역에는 1개 이상의 유수검지장치를 설치
3. 하나의 방호구역은 2개 층에 미치지 아니하도록 할 것. 다만, **1개 층에 설치되는 스프링클러헤드의 수가 10개 이하인 경우와 복층형구조의 공동주택에는 3개 층 이내로 할 수 있다.
4. 유수검지장치를 실내에 설치하거나 보호용 철망 등으로 구획하여 바닥으로부터 **0.8 m 이상 1.5 m 이하**의 위치에 설치하되, 그 실 등에는 **가로 0.5 m 이상 세로 1 m 이상**의 개구부로서 그 개구부에는 출입문을 설치하고 그 출입문 상단에 "유수검지장치실"이라고 표시한 표지를 설치할 것.
5. 스프링클러헤드에 공급되는 물은 유수검지장치를 지나도록 할 것. 다만, 송수구를 통하여 공급되는 물은 그렇지 않다.
6. **조기반응형 스프링클러헤드**를 설치하는 경우에는 **습식유수검지장치 또는 부압식스프링클러설비**를 설치할 것

7 개방형스프링클러설비의 방수구역 및 일제개방밸브

1. 하나의 방수구역은 2개 층에 미치지 아니 할 것
2. **방수구역마다 일제개방밸브**를 설치할 것
3. 하나의 방수구역을 담당하는 헤드의 개수는 **50개 이하**로 할 것. 다만, 2개 이상의 방수구역으로 나눌 경우에는 하나의 방수구역을 담당하는 헤드의 개수는 25개 이상으로 할 것

8 배관

1. 배관 ★

   1) 배관 내 사용압력이 1.2 MPa 미만일 경우
      ① 배관용 탄소 강관(KS D 3507)

② 이음매 없는 구리 및 구리합금관(KS D 5301). 다만, 습식의 배관에 한한다.
③ 배관용 스테인리스 강관(KS D 3576) 또는 일반배관용 스테인리스 강관(KS D 3595)
④ 덕타일 주철관(KS D 4311)

2) 배관 내 사용압력이 1.2 MPa 이상일 경우
① 압력 배관용 탄소 강관(KS D 3562)
② 배관용 아크용접 탄소강 강관(KS D 3583)

2. 급수배관

1) 급수를 차단할 수 있는 개폐밸브는 개폐표시형으로 할 것. 이 경우 펌프의 흡입 측배관에는 버터플라이밸브외의 개폐표시형밸브를 설치하여야 한다.

> 〈흡입측에 버터플라이밸브 설치를 금지하는 이유〉
> ① 압력저하에 의한 캐비테이션 발생우려
> ② 급격한 개폐조작에 의한 수격현상 우려

2) 배관의 구경산정 ★★★

> $Q = AV = \dfrac{\pi}{4} D^2 \times V$ 에서 $D = \sqrt{\dfrac{4Q}{\pi V}}$
>
> Q : 토출량[m³/s], D : 배관의 구경[m], V : 유속[m/s]
> (가지배관의 유속은 6 m/s, 그 밖의 배관의 유속은 10 m/s)

3. 펌프의 흡입 측 배관

1) 공기 고임이 생기지 않는 구조로 하고 여과장치를 설치할 것
2) 수조가 펌프보다 낮게 설치된 경우에는 각 펌프(충압펌프를 포함한다)마다 수조로부터 별도로 설치할 것

4. 가지배관의 배열 ★

1) 토너먼트(tournament)방식이 아닐 것
2) 교차배관에서 분기되는 지점을 기점으로 한쪽 가지배관에 설치되는 헤드의 개수 (반자 아래와 반자속의 헤드를 하나의 가지배관상에 병설하는 경우에는 반자 아래에 설치하는 헤드의 개수)는 **8개 이하**

5. 교차배관의 위치·청소구 및 가지배관의 헤드설치

1) 교차배관은 가지배관과 수평으로 설치하거나 또는 가지배관 밑에 설치하고, 교차배관의 구경은 **최소구경이 40 mm 이상**이 되도록 할 것. 다만, 패들형유수검지장치를 사용하는 경우에는 교차배관의 구경과 동일하게 설치
2) 청소구는 교차배관 끝에 40 mm 이상 크기의 개폐밸브를 설치하고, 호스접결이 가능한 나사식 또는 고정배수 배관식으로 할 것
3) 하향식헤드를 설치하는 경우에 가지배관으로부터 헤드에 이르는 헤드접속배관은 가지관상부에서 분기할 것. 다만, 소화설비용 수원의 수질이 먹는 물의 수질기준에 적합하고 덮개가 있는 저수조로부터 물을 공급받는 경우에는 가지배관의 측면 또는 하부에서 분기할 수 있다.

6. 시험장치

1) 설치대상 ★★★

① 습식유수검지장치 사용 스프링클러설비
② 건식유수검지장치 사용 스프링클러설비
③ 부압식스프링클러설비

2) 시험장치 설치기준

① **습식스프링클러설비 및 부압식스프링클러설비** : 유수검지장치 2차측 배관에 연결하여 설치, **건식스프링클러설비** : 유수검지장치에서 **가장 먼 거리에 위치한 가지배관의 끝**으로부터 연결하여 설치할 것. 유수검지장치 2차측 설비의 내용적이 **2,840 L를 초과**하는 건식스프링클러설비의 경우 시험장치 개폐밸브를 완전 개방 후 **1분 이내**에 물이 방사
② 시험장치 배관의 **구경은 25 mm 이상**, 그 끝에 개폐밸브 및 개방형헤드 또는 스프링클러헤드와 동등한 방수성능을 가진 오리피스를 설치할 것. 이 경우 개방형헤드는 반사판 및 프레임을 제거한 오리피스만으로 설치
③ 시험배관의 끝에는 **물받이 통** 및 **배수관**을 설치하여 시험 중 방사된 물이 바닥에 흘러내리지 아니하도록 할 것

3) 시험장치의 설치목적

① 유수검지장치의 압력스위치 작동 및 수신반의 화재표시등 점등 확인
② 기동용 수압개폐장치의 작동과 가압송수장치의 기동 확인
③ 해당 방호구역의 음향경보 확인

7. 행가기준

1) **가지배관**에는 헤드의 설치지점 사이마다 1개 이상의 행가를 설치하되, 헤드간의 거리가 3.5 m를 초과하는 경우에는 **3.5 m 이내**마다 1개 이상 설치할 것. 이 경우 상향식헤드와 행가 사이에는 **8 cm 이상**의 간격
2) **교차배관**에는 가지배관과 가지배관 사이마다 1개 이상의 행가를 설치하되, 가지배관 사이의 거리가 4.5 m를 초과하는 경우에는 **4.5 m 이내**마다 1개 이상 설치할 것
3) 수평주행배관에는 4.5 m 이내마다 1개 이상

8. 수직배수배관

수직배수배관의 구경은 **50 mm 이상**. 다만, 수직배관의 구경이 50 mm 미만인 경우에는 수직배관과 동일한 구경으로 할 수 있다.

9. 급수개폐밸브 작동표시 스위치(탬퍼스위치)

급수배관에 설치되어 급수를 차단할 수 있는 개폐밸브에는 그 밸브의 개폐상태를 감시제어반에서 확인할 수 있도록 급수개폐밸브 작동표시 스위치를 다음의 기준에 따라 설치해야 한다.

1) 급수개폐밸브가 잠길 경우 탬퍼스위치의 동작으로 인하여 감시제어반 또는 수신기에 표시되어야 하며 경보음을 발할 것
2) 탬퍼스위치는 감시제어반 또는 수신기에서 동작의 유무 확인과 동작시험, 도통시험을 할 수 있을 것
3) 급수개폐밸브의 작동표시 스위치에 사용되는 전기배선은 내화전선 또는 내열전선으로 설치할 것

10. 배관의 기울기 ★

1) 습식스프링클러설비 또는 부압식 스프링클러설비의 배관을 수평으로 할 것. 다만, 배관의 구조상 소화수가 남아 있는 곳에는 배수밸브를 설치
2) 습식스프링클러설비 또는 부압식 스프링클러설비 외의 설비에는 헤드를 향하여 상향으로 수평주행배관의 기울기를 **500분의 1 이상**, 가지배관의 기울기를 **250분의 1 이상**으로 할 것

9 음향장치 및 기동장치 ★★★

1. 음향장치는 유수검지장치 및 일제개방밸브 등의 담당구역마다 설치하되 그 구역의 각 부분으로부터 하나의 음향장치까지의 **수평거리는 25m 이하**
2. 음향장치는 경종 또는 사이렌(전자식 사이렌을 포함한다)으로 하되, 주위의 소음 및 다른 용도의 경보와 구별이 가능한 음색으로 할 것. 이 경우 경종 또는 사이렌은 자동화재탐지설비·비상벨설비 또는 자동식사이렌설비의 음향장치와 겸용할 수 있다.
3. 주 음향장치는 수신기의 내부 또는 그 직근에 설치
4. 층수가 11층(공동주택의 경우 16층) 이상의 특정소방대상물→우선경보방식

발화층	경보층
2층 이상의 층에서 발화	발화층 및 그 직상4개층
1층에서 발화	발화층·그 직상4개층 및 지하층
지하층에서 발화	발화층·그 직상층 및 기타의 지하층

5. 음향장치 구조 및 성능 ★★

1) 정격전압의 **80 %** 전압에서 음향을 발할 수 있는 것으로 할 것
2) 음량은 부착된 음향장치의 중심으로부터 **1 m 떨어진 위치에서 90 dB 이상**

6. 발신기 설치기준 ★

1) 스위치는 바닥으로부터 **0.8 m 이상 1.5 m 이하**의 높이
2) 특정소방대상물의 층마다 설치, 해당 특정소방대상물의 각 부분으로부터 하나의 발신기까지의 **수평거리가 25 m 이하**. 다만, 복도 또는 별도로 구획된 실로서 보행거리가 40 m 이상일 경우에는 추가로 설치하여야 한다.
3) 발신기의 위치를 표시하는 표시등은 함의 상부에 설치하되, 그 불빛은 부착 면으로부터 **15° 이상**의 범위 안에서 부착지점으로부터 **10 m 이내**의 어느 곳에서도 쉽게 식별할 수 있는 **적색등**으로 할 것

10 헤드

1. 스프링클러헤드는 특정소방대상물의 천장·반자·천장과 반자 사이·덕트·선반 기타 이와 유사한 부분(폭이 1.2 m를 초과하는 것에 한한다)에 설치해야 한다. 다만, 폭이 9 m 이하인 실내에 있어서는 측벽에 설치할 수 있다.
2. 스프링클러헤드를 설치하는 천장·반자·천장과 반자사이·덕트·선반등의 각 부분으로부터 하나의 스프링클러헤드까지의 수평거리 ★★★

용도	수평거리
무대부, 특수가연물을 저장 또는 취급하는 장소	1.7m 이하
기타 특정소방대상물	2.1m 이하
내화구조	2.3m 이하

3. 무대부 또는 연소할 우려가 있는 개구부 : 개방형스프링클러헤드를 설치
4. **조기반응형 스프링클러헤드를 설치장소**

   1) 공동주택·노유자 시설의 거실
   2) 오피스텔·숙박시설의 침실
   3) 병원·의원의 입원실

5. **설치장소의 평상시 최고 주위온도에 따른 표시온도** ★★★

   다만, 높이가 4 m 이상인 공장에 설치하는 스프링클러헤드는 그 설치장소의 평상시 최고 주위온도에 관계없이 표시온도 121℃ 이상의 것으로 할 수 있다.

설치장소의 최고 주위온도	표 시 온 도
39℃ 미만	79℃ 미만
39℃ 이상 64℃ 미만	79℃ 이상 121℃ 미만
64℃ 이상 106℃ 미만	121℃ 이상 162℃ 미만
106℃ 이상	162℃ 이상

6. 스프링클러헤드 설치기준 ★★★

1) 살수가 방해되지 아니하도록 스프링클러헤드로부터 **반경 60 cm 이상**의 공간을 보유할 것. 다만, 벽과 스프링클러헤드간의 공간은 **10 cm 이상**
2) 스프링클러헤드와 그 **부착면과의 거리는 30 cm 이하**
3) 스프링클러헤드의 반사판은 그 부착 면과 평행하게 설치할 것.
4) 연소할 우려가 있는 개구부에는 그 **상하좌우에 2.5 m 간격**으로(개구부의 폭이 2.5 m 이하인 경우에는 그 중앙) 스프링클러헤드를 설치, 스프링클러헤드와 개구부의 내측 면으로부터 직선거리는 **15 cm 이하**. 이 경우 사람이 **상시 출입하는 개구부**로서 통행에 지장이 있는 때에는 개구부의 상부 또는 측면(개구부의 폭이 9 m 이하인 경우에 한함)에 설치, 헤드 상호간의 간격은 **1.2 m 이하**
5) **습식스프링클러설비** 및 **부압식스프링클러설비** 외의 설비에는 **상향식** 스프링클러헤드를 설치할 것. 다만, 다음 각 목의 어느 하나에 해당하는 경우에는 그러하지 아니하다.
   ① 드라이펜던트스프링클러헤드를 사용하는 경우
   ② 스프링클러헤드의 설치장소가 동파의 우려가 없는 곳인 경우
   ③ 개방형스프링클러헤드를 사용하는 경우
6) **측벽형스프링클러헤드**를 설치하는 경우
   긴 변의 한쪽 벽에 일렬로 설치(폭이 4.5 m 이상 9 m 이하인 실에 있어서는 긴 변의 양쪽에 각각 일렬로 설치하되 마주보는 스프링클러헤드가 나란히꼴이 되도록 설치)하고 **3.6 m 이내마다 설치**할 것
   ① 폭이 4.5m 미만 : 긴 변의 길이/3.6
   ② 폭이 4.5m 이상 9m 이하 : [긴 변의 길이/3.6(소수점 이하 절상)] × 2 + 1
7) 상부에 설치된 헤드의 방출수에 따라 감열부에 영향을 받을 우려가 있는 헤드에는 방출수를 차단할 수 있는 유효한 차폐판을 설치할 것

7. 특정소방대상물의 보와 가장 가까운 스프링클러 헤드 기준 ★★★

다만, 천장 면에서 보의 하단까지의 길이가 55 cm를 초과하고 보의 하단 측면 끝부분으로부터 스프링클러헤드까지의 거리가 스프링클러헤드 상호간 거리의 2분의 1 이하가 되는 경우에는 스프링클러헤드와 그 부착 면과의 거리를 55 cm 이하로 할 수 있다.

스프링클러헤드의 반사판 중심과 보의 수평거리	스프링클러헤드의 반사판 높이와 보의 하단 높이의 수직거리
0.75m 미만	보의 하단보다 낮을 것
0.75m 이상 1m 미만	0.1m 미만일 것
1m 이상 1.5m 미만	0.15m 미만일 것
1.5m 이상	0.3m 미만일 것

11 송수구

1. 구경 **65 mm의 쌍구형**
2. 송수구에는 그 가까운 곳의 보기 쉬운 곳에 송수압력범위를 표시한 표지를 할 것
3. **송수구의 수량**
   폐쇄형스프링클러헤드를 사용하는 스프링클러설비의 송수구는 하나의 층의 바닥면적이 3,000 m²를 넘을 때마다 1개 이상(5개를 넘을 경우에는 5개로 한다)을 설치할 것
   송수구의 수량 = 층의 바닥면적/3,000m² (5개 이상은 5개)
4. 지면으로부터 **높이 : 0.5m 이상 1m 이하**
5. 송수구의 가까운 부분에 자동배수밸브(또는 직경 5 mm의 배수공) 및 체크밸브를 설치할 것.

12 전원

1. 비상전원의 종류

1) **자가발전설비, 축전지설비 또는 전기저장장치**
2) **비상전원수전설비** : 차고·주차장으로서 스프링클러설비가 설치된 부분의 바닥면적의 합계가 1,000 m² 미만인 경우 설치할 수 있다.

2. 자가발전설비, 전기저장장치 또는 축전지설비 설치기준

1) 스프링클러설비를 유효하게 **20분 이상** 작동할 수 있어야 할 것
2) 비상전원을 실내에 설치하는 때에는 그 실내에 **비상조명등**을 설치할 것
3) 비상전원(내연기관의 기동 및 제어용 축전기를 제외한다)의 설치장소는 다른 장소와 방화구획

4) 비상전원을 실내에 설치하는 때에는 그 실내에 비상조명등을 설치할 것
5) 옥내에 설치하는 비상전원실에는 옥외로 직접 통하는 충분한 용량의 급배기설비를 설치할 것
6) 자가발전설비의 종류
   ① 소방전용 발전기 : 소방부하용량을 기준으로 정격출력용량을 산정하여 사용하는 발전기
   ② 소방부하 겸용 발전기 : 소방 및 비상부하 겸용으로서 소방부하와 비상부하의 전원용량을 합산하여 정격출력용량을 산정하여 사용하는 발전기
   ③ 소방전원 보존형 발전기 : 소방 및 비상부하 겸용으로서 소방부하의 전원용량을 기준으로 정격출력용량을 산정하여 사용하는 발전기

13 감시제어반의 기능

1. 각 펌프의 작동여부를 확인할 수 있는 **표시등 및 음향경보기능**이 있어야 할 것
2. 각 펌프를 **자동 및 수동으로 작동**시키거나 **중단**시킬 수 있어야 할 것
3. 비상전원을 설치한 경우에는 상용전원 및 비상전원의 공급여부를 확인할 수 있어야 할 것
4. 수조 또는 물올림수조가 저수위로 될 때 **표시등 및 음향**으로 경보할 것
5. 예비전원이 확보되고 **예비전원의 적합여부**를 시험할 수 있어야 할 것

14 헤드의 설치제외 등

1. 스프링클러헤드를 설치 제외 장소

   1) 천장과 반자 양쪽이 불연재료로 되어 있는 경우로서 그 사이의 거리 및 구조가 다음 각 목의 어느 하나에 해당하는 부분
      ① **천장과 반자사이의 거리가 2m 미만**인 부분
      ② 천장과 반자사이의 벽이 불연재료이고 천장과 반자사이의 거리가 **2m 이상**으로서 그 사이에 가연물이 존재하지 아니하는 부분
   2) 천장·반자 중 한쪽이 불연재료로 되어있고 천장과 반자사이의 거리가 **1m 미만**인 부분
   3) 천장 및 반자가 불연재료 외의 것으로 되어 있고 천장과 반자사이의 거리가 **0.5m 미만**인 부분

2. 드렌처설비 설치기준 ★★★

1) 드렌처헤드는 개구부 위 측에 **2.5m 이내마다 1개**를 설치할 것
2) 제어밸브(일제개방밸브·개폐표시형밸브 및 수동조작부를 합한 것)는 바닥 면으로부터 **0.8m 이상 1.5m 이하**의 위치
3) 수원의 수량은 드렌처헤드의 설치개수에 $1.6m^3$를 곱하여 얻은 수치 이상
4) 헤드선단에 **방수압력이 0.1MPa 이상, 방수량이 80L/min 이상**

3. 헤드의 최고 주위온도 계산 ★★

$T_A = 0.9 \times T_M - 27.3$

T_M : 헤드표시온도[℃], T_A : 최고주위온도[℃]

15 스프링클러헤드 수별 급수관의 구경 ★

(단위 : mm)

구분 \ 급수관의 구경	25	32	40	50	65	80	90	100	125	150
가	2	3	5	10	30	60	80	100	160	161 이상
나	2	4	7	15	30	60	65	100	160	161 이상
다	1	2	5	8	15	27	40	55	90	91 이상

[비고]
1. 폐쇄형스프링클러헤드를 사용하는 설비의 경우로서 1개 층에 하나의 급수배관(또는 밸브 등)이 담당하는 구역의 최대면적은 3,000 m^2를 초과하지 않을 것
2. 폐쇄형스프링클러헤드를 설치하는 경우에는 "가"란의 헤드수에 따를 것. 다만 100개 이상의 헤드를 담당하는 급수배관(또는 밸브)의 구경을 100 mm로 할 경우에는 수리계산을 통하여 규정한 배관의 유속에 적합하도록 할 것
3. 폐쇄형스프링클러헤드를 설치하고 반자 아래의 헤드와 반자속의 헤드를 동일 급수관의 가지관상에 병설하는 경우에는 "나"란의 헤드수에 따를 것
4. 2.7.3.1의 경우(무대부·「화재의 예방 및 안전관리에 관한 법률 시행령」 별표 2의 특수가연물을 저장 또는 취급하는 장소에 있어서는 1.7 m 이하)로서 폐쇄형스프링클러헤드를 설치하는 설비의 배관구경은 "다"란에 따를 것
5. 개방형스프링클러헤드를 설치하는 경우 하나의 방수구역이 담당하는 헤드의 개수가 30개 이하일 때는 "다"란의 헤드수에 의하고, 30개를 초과할 때는 수리계산 방법에 따를 것

16 헤드배치 방법

1. 정방형 배치 ★★★

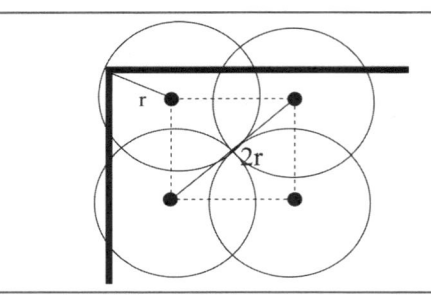

헤드간격 : S = 2rcos45°(r : 수평거리)
헤드와 벽과의 거리 : S/2
방호면적 : S^2

2. 직사각형 배치 ★★

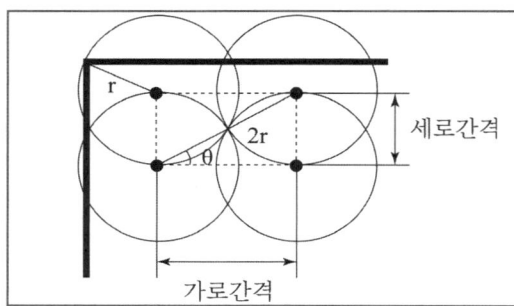

가로간격 : S = 2rcosθ(r : 수평거리)
세로간격 : S = 2rsinθ(r : 수평거리)
방호면적 : 가로간격 × 세로간격

17 공동주택(NFPC 608)

1. 기준개수

1) 아파트등 : 10개
2) 아파트등의 **각 동이 주차장으로 서로 연결된 구조**인 경우 해당 주차장 부분 : **30개**

2. 수평거리

아파트등의 세대 내 스프링클러헤드를 설치하는 경우 : **2.6 m 이하**

3. 수원

$Q = N \times 1.6 \text{ m}^3$ 이상

N : 기준개수와 설치개수 중 작은 값

18 창고시설

1. 랙식 창고

라지드롭형 스프링클러헤드를 랙 높이 **3 m 이하**마다 설치

2. 수원(라지드롭형 스프링클러헤드를 설치하는 경우)

1) 창고

$$Q = N \times 3.2 \text{ m}^3 \text{ 이상}$$

N : 가장 많은 방호구역의 설치개수(30개 이상은 30개)

2) 랙식 창고

$$Q = N \times 9.6 \text{ m}^3 \text{ 이상}$$

N : 가장 많은 방호구역의 설치개수(30개 이상은 30개)

3. 가압송수장치의 송수량

0.1 MPa의 방수압력기준으로 **160 L/min 이상**

4. 라지드롭형 스프링클러헤드를 설치하는 경우 수평거리

1) **특수가연물** 저장 또는 취급하는 창고 : **1.7 m 이하**
2) 그 외 창고 : **2.1 m 이하**
3) **내화구조**로 된 창고 : **2.3 m 이하**

제4장 출제예상문제

01 가압송수장치에서 준비작동식유수검지장치의 1차측까지는 항상 정압의 물이 가압되고, 2차측 폐쇄형 스프링클러헤드까지는 소화수가 부압으로 되어 있다가 화재 시 감지기의 작동에 의해 정압으로 변하여 유수가 발생하면 작동하는 스프링클러설비는?

① 습식 ② 건식
③ 부압식 ④ 준비작동식

해설 부압식스프링클러설비
1차측 : 가압수(정압의 물), 2차측 : 부압수

02 본체내의 유수현상을 자동적으로 검지하여 신호 또는 경보를 발하는 유수검지장치에 해당하지 않는 것은?

① 습식 ② 건식
③ 일제개방식 ④ 준비작동식

해설 유수검지장치 : 유수현상을 자동적으로 검지하여 신호 또는 경보를 발하는 장치
유수검지장치의 종류 : 습식, 건식, 준비작동식

03 표준형스프링클러헤드보다 기류온도 및 기류속도에 조기에 반응하는 헤드는?

① 측벽형헤드 ② 조기반응형헤드
③ 화재조기진압형헤드 ④ 간이스프링클러헤드

해설 조기반응형헤드라 함은 표준형스프링클러헤드 보다 기류온도 및 기류속도에 조기에 반응하는 것

04 16층의 아파트에 각 세대마다, 12개의 폐쇄형스프링클러헤드를 설치하였다. 이 때 소화펌프의 토출량은 몇 L/min 이상인가?

① 800 ② 960
③ 1600 ④ 2400

해설 토출량 계산
① 아파트의 경우 기준개수가 10개(설치수량이 기준수량을 초과하는 경우에는 기준개수 적용)
② 토출량 Q = 10개×80L/min = 800L/min

정답 1. ③ 2. ③ 3. ② 4. ①

05 폐쇄형 스프링클러헤드를 사용하는 경우 설치장소별 헤드의 기준개수로 옳지 않은 것은?

① 지하층을 제외한 층수가 10층 이하인 특정소방대상물로서 판매시설의 경우에는 20개
② 지하층을 제외한 층수가 11층 이상인 특정소방대상물의 경우에는 30개
③ 지하층을 제외한 층수가 10층 이하인 특정소방대상물로서 공장(특수가연물을 저장·취급하는 것)의 경우는 30개
④ 지하층을 제외한 층수가 10층 이하인 특정소방대상물로서 지하역사의 경우는 30개

해설 기준개수

스프링클러설비 설치장소			기준개수
지하층을 제외한 층수가 10층 이하	공장	특수가연물을 저장·취급하는 것	30
		그 밖의 것	20
	근린생활시설 판매시설 운수시설 복합건축물	판매시설 또는 복합건축물(판매시설이 설치되는 복합건축물)	30
		그 밖의 것	20
	그 밖의 것	헤드의 부착높이가 8m 이상인 것	20
		헤드의 부착높이가 8m 미만인 것	10
지하층을 제외한 층수가 11층 이상인 특정소방대상물 지하가 또는 지하역사			30

06 10층인 건축물(근린생활시설의 용도)에 스프링클러설비를 설치하는 경우에 보유하여야 하는 수원의 저수량은 얼마인가? (단, 옥상수조는 제외한다.)

① 16m³ 이상 ② 32m³ 이상 ③ 48m³ 이상 ④ 64m³ 이상

해설 수원의 양 Q = N × 1.6m³ = 20 × 1.6m³ = 32m³ 이상
(10층 이하로서 근린생활시설의 경우 기준개수 20개)

07 스프링클러설비의 가압송수장치의 정격토출 압력은 하나의 헤드 선단에서 얼마의 압력이 되어야 하는가?

① 0.7 MPa 이상 1.2 MPa 이하
② 0.1 MPa 이상 0.7 MPa 이하
③ 0.17 MPa 이상 1.2 MPa 이하
④ 0.1 MPa 이상 1.2 MPa 이하

해설 스프링클러설비의 가압 송수장치 정격토출 압력 : 0.1 MPa 이상 1.2 MPa 이하

정답 5. ① 6. ② 7. ④

08 폐쇄형 스프링클러헤드를 사용하는 설비에서 하나의 방호구역의 바닥면적의 기준은 몇 m² 이하인가?

① 3000   ② 2500
③ 2000   ④ 1500

해설 하나의 방호구역의 바닥면적은 3,000m²를 초과하지 아니할 것

09 개방형스프링클러설비의 방수구역 및 일제개방밸브에서 하나의 방수구역을 담당하는 헤드의 기준개수는 몇 개 이하인가?

① 30   ② 40   ③ 50   ④ 60

해설 하나의 방수구역을 담당하는 헤드의 개수는 50개 이하로 할 것.

10 스프링클러설비의 급수배관설계를 수리계산으로 할 경우, 가지배관의 유속은 ( )m/s, 그 밖의 배관의 유속은 ( )m/s를 초과할 수 없다. 빈 칸의 값을 순서대로 맞게 나타낸 것은?

① 3, 6   ② 3, 10   ③ 6, 10   ④ 10, 12

해설 가지배관의 유속은 6m/s, 그 밖의 배관의 유속은 10m/s를 초과할 수 없다.

11 스프링클러설비에서 하나의 가지배관에 설치되는 스프링클러 헤드의 수는 몇 개 이하이어야 하는가?

① 6   ② 8   ③ 10   ④ 12

해설 교차배관에서 분기되는 지점을 기점으로 한쪽 가지배관에 설치되는 헤드의 개수는 8개 이하로 할 것.

12 습식 스프링클러 설비에서 말단 시험밸브를 설치하는 이유로서 옳은 것은?

① 정기적인 배관의 통수소제(Water Flushing)를 위해
② 배관내 수압의 정상상태 여부를 수시 확인하기 위해
③ 실제로 헤드를 개방하지 않고도 방수압력을 측정하기 위해
④ 유수검지장치의 압력스위치 작동 및 수신반의 화재표시등 점등을 확인하기 위해

해설 시험배관의 설치목적
① 유수검지장치의 압력스위치 작동 및 수신반의 화재표시등 점등 확인
② 기동용 수압개폐장치의 작동과 가압송수장치의 기동 확인
③ 해당 방호구역의 음향경보 확인

정답 8. ①   9. ③   10. ③   11. ②   12. ④

13 스프링클러설비의 배관에 대한 내용 중 잘못된 것은?

① 습식 설비의 청소용으로 교차배관 끝에 설치하는 개폐밸브는 40mm 이상으로 설치한다.
② 급수배관 중 가지배관의 배열은 토너먼트방식이 아니어야 한다.
③ 수직배수배관의 구경은 65mm 이상으로 하여야 한다.
④ 습식 스프링클러설비 외의 설비에는 헤드를 향하여 상향으로 가지배관의 기울기를 250분의 1이상으로 한다.

해설   스프링클러설비의 배관
① 배관의 구경은 교차배관 40mm 이상, 수직배수배관은 50mm 이상
② 가지배관의 배열은 토너먼트방식이 아닐 것
③ 습식설비외의 가지배관의 기울기는 1/250 이상, 수평주행배관의 기울기는 1/500 이상(습식은 수평으로 유지)

14 스프링클러설비의 배관 중 수직배수배관의 구경은 얼마 이상으로 하여야하는가? (단, 수직배관의 구경이 50mm 미만일 경우에는 제외한다.)

① 40mm   ② 45mm   ③ 50mm   ④ 60mm

해설   수직 배수배관의 구경 : 50mm 이상

15 습식스프링클러설비외의 설비에는 헤드를 향하여 상향으로 수평주행 배관의 기울기를 (   )이상, 가지배관의 기울기를 (   ) 이상으로 하여야 한다. 괄호 안에 들어갈 내용이 순서대로 나열된 것은?

① 250분의 1, 500분의 1
② 500분의 1, 250분의 1
③ 500분의 1, 1000분의 1
④ 1000분의 1, 500분의 1

해설   배수를 위한 기울기
① 수평주행배관 : 500분의 1 이상
② 가지배관 : 250분의 1 이상

16 창고시설에 라지드롭형 스프링클러헤드를 설치하고자 한다. 가장 많은 방호구역의 설치개수가 100개인 경우 최소 수원의 양(m^3)은?

① 32 m^3 ② 96 m^3 ③ 64 m^3 ④ 192 m^3

해설   창고시설의 수원
$Q = N \times 3.2$ m^3 이상(30개 이상은 30개)
$Q = 30 \times 3.2$ $m^3 = 96$ m^3 이상

정답   13. ③   14. ③   15. ②   16. ②

17 창고시설의 화재안전기술기준에 따라 특수가연물을 저장 또는 취급하는 창고에 라지드롭형 스프링클러헤드를 설치하는 경우 방호대상물의 각 부분으로부터 하나의 헤드까지의 수평거리는 몇 m 이하인가?

① 1.7m　　　② 2.3m　　　③ 2.5m　　　④ 3.2m

해설 창고시설의 수평거리

용도	수평거리
특수가연물을 저장 또는 취급하는 창고	1.7m 이하
그 외의 창고	2.1m 이하
내화구조로 된 창고	2.3m 이하

18 스프링클러헤드 설치장소의 최고 주위온도가 105℃인 경우에 폐쇄형 스프링클러헤드는 표시온도가 섭씨 몇 도인 것을 사용하여야 하는가?

① 79℃ 이상 121℃ 미만　　　② 121℃ 이상 162℃ 미만
③ 162℃ 이상 200℃ 미만　　　④ 200℃ 이상

해설 최고주위온도와 표시온도

설치장소의 최고 주위온도	표시온도
39℃ 미만	79℃ 미만
39℃ 이상 64℃ 미만	79℃ 이상 121℃ 미만
64℃ 이상 106℃ 미만	121℃ 이상 162℃ 미만
106℃ 이상	162℃ 이상

19 스프링클러 헤드의 설치방법 중 틀린 것은?

① 헤드와 그 부착면과의 거리는 50cm 이하
② 헤드로부터 반경 60cm 이상의 공간을 보유할 것
③ 헤드 반사판은 그 부착면과 평행하게 설치
④ 배관, 조명기구 등 살수 방해 시 그로부터 아래에 설치

해설 스프링클러헤드 설치기준
　① 살수가 방해되지 아니하도록 스프링클러헤드로부터 반경 60cm 이상의 공간을 보유할 것. 다만, 벽과 스프링클러헤드간의 공간은 10cm 이상
　② 스프링클러헤드와 그 부착면과의 거리는 30cm 이하
　③ 스프링클러헤드의 반사판은 그 부착 면과 평행하게 설치할 것.

정답 17. ①　18. ②　19. ①

20 스프링클러설비를 설치하여야 하는 특정소방대상물에 측벽형헤드를 설치하고자 한다. 폭이 9m 이하인 실의 긴 변이 36m인 경우에는 몇 개를 설치하여야 하는가?

① 10개 ② 20개 ③ 11개 ④ 21개

해설 폭이 4.5m 이상 9m 이하 : [긴 변의 길이/3.6(소수점 이하 절상)] × 2 + 1

수량 = $\frac{36m}{3.6m}$ = 10개 × 2 + 1 = 21개

21 스프링클러헤드의 설치에 있어 층고가 낮은 사무실의 양측 벽면 상단에 측벽형스프링클러헤드를 설치하여 방호하려고 한다. 사무실의 폭이 몇 m 이하 일 때 헤드의 포용이 가능한가?

① 9m 이하 ② 10.8m 이하
③ 12.6m 이하 ④ 15.5m 이하

해설 측벽형스프링클러헤드를 설치하는 경우 긴 변의 한쪽 벽에 일렬로 설치 (폭이 4.5m 이상 9m 이하인 실에 있어서는 긴변의 양쪽에 각각 일렬로 설치하되 마주보는 스프링클러헤드가 나란히꼴이 되도록 설치)하고 3.6m 이내마다 설치할 것

22 소방대상물의 보와 가장 가까운 스프링클러헤드의 설치는 스프링클러헤드의 반사판 중심과 보의 수평거리가 1.3m일 때 스프링클러헤드의 반사판 높이와 보의 하단 높이의 수직거리의 기준으로 옳은 것은?

① 0.1m 미만 ② 0.15m 미만
③ 0.3m 미만 ④ 보의 하단보다 낮을 것

해설 스프링클러헤드와 보의 수평거리

스프링클러헤드의 반사판 중심과 보의 수평거리	스프링클러헤드의 반사판 높이와 보의 하단 높이의 수직거리
1m 이상 1.5m 미만	0.15m 미만일 것

23 드렌처 헤드를 설치한 개구부의 길이가 20m일 경우 설치해야 할 헤드 수는 몇 개인가?

① 3개 ② 5개 ③ 6개 ④ 8개

해설 수량 = $\frac{개구부\ 상부\ 길이(m)}{2.5m}$ = $\frac{20m}{2.5m}$ = 8개

정답 20. ④ 21. ① 22. ② 23. ④

24 설치장소의 헤드표시온도가 68℃라면 최고주위온도는 몇 ℃ 이겠는가?

① 27.1　　　　　　　　　　② 30.9
③ 33.9　　　　　　　　　　④ 40.7

해설 $T_A = 0.9 \times T_M - 27.3 = 0.9 \times 68 - 27.3 = 33.9℃$

25 폐쇄형 스프링클러 70개를 담당할 수 있는 급수관의 구경은 몇 mm인가?

① 65　　　　　　　　　　② 80
③ 90　　　　　　　　　　④ 100

해설 급수관의 구경

구분 \ 급수관의 구경	25	32	40	50	65	80	90	100	125	150
폐쇄형 스프링클러헤드를 사용하는 경우	2	3	5	10	30	60	**80**	100	160	161 이상
폐쇄형 스프링클러헤드를 설치하고 반자아래의 헤드와 반자속의 헤드를 동일급수관의 가지관상에 병설하는 경우	2	4	7	15	30	60	65	100	160	161 이상
개방형 스프링클러헤드를 설치하는 경우	1	2	5	8	15	27	40	55	90	91 이상

26 건축물이 내화구조인 경우 12m×15m의 소방대상물에 폐쇄형 스프링클러를 설치한다면 헤드는 몇 개 설치해야 하는가? (단, 헤드는 정방형으로 설치)

① 10　　　　　② 20　　　　　③ 30　　　　　④ 40

해설 헤드수량 산정
① 내화구조이므로 수평거리는 2.3m 이하
② 헤드간 거리 $S = 2r\cos 45° = 2 \times 2.3m \times \cos 45° = 3.25m$
③ 가로수량 $= \dfrac{12}{3.25} = 3.69 = 4$, 세로수량 $= \dfrac{15}{3.25} = 4.61 = 5$
④ 총 헤드수량 = 가로수량 × 세로수량 = 4개 × 5개 = 20개

정답 24. ③　25. ③　26. ②

27 스프링클러설비에 관한 설명으로 옳은 것을 모두 고른 것은?

[보기]
ㄱ. 유리벌브형 폐쇄형 헤드의 표시온도가 93℃인 경우 액체의 색은 초록색이어야 한다.
ㄴ. 반응시간지수(RTI)란 기류의 온도·압력 및 작동시간에 대하여 스프링클러헤드의 반응을 예상한 지수이다.
ㄷ. 준비작동식유수검지장치의 작동에서 화재감지회로는 교차회로방식으로 하여야 하나, 스프링클러설비의 배관에 압축공기가 채워지는 경우에는 그러하지 아니하다.
ㄹ. 상부에 설치된 헤드의 방출수에 따라 감열부에 영향을 받을 우려가 있는 헤드에는 방출수를 차단할 수 있는 유효한 반사판을 설치하여야 한다.

① ㄱ, ㄴ　　② ㄱ, ㄷ　　③ ㄴ, ㄹ　　④ ㄷ, ㄹ

해설 보기설명
① 반응시간지수(RTI)란 기류의 **온도 및 작동시간**에 대하여 스프링클러헤드의 반응을 예상한 지수이다.
② 상부에 설치된 헤드의 방출수에 따라 감열부에 영향을 받을 우려가 있는 헤드에는 방출수를 차단할 수 있는 유효한 **차폐판**을 설치하여야 한다.

28 스프링클러설비의 화재안전기술기준에 관한 내용으로 옳은 것은?

① 50층인 초고층건축물에 스프링클러설비를 설치할 때 본 설비의 유효수량과 옥상에 설치한 수원의 양을 합한 수원의 양은 100 m³이다.
② 소방펌프의 성능은 체절운전 시 정격토출압력의 150%를 초과하지 아니하고, 정격토출량 140%로 운전 시 정격토출압력의 65% 이상이 되어야 한다.
③ 성능시험배관은 펌프의 토출측에 설치된 개폐밸브 이후에서 분기하여 설치하고, 유량측정장치를 기준으로 전단 및 후단의 직관부에 개폐밸브를 설치한다.
④ 가압송수장치에는 체절운전 시 수온의 상승을 방지하기 위한 순환배관을 설치할 것. 다만, 충압펌프의 경우에는 그러하지 아니하다.

해설 스프링클러설비 기준
① 50층인 초고층건축물에 스프링클러설비를 설치할 때 본 설비의 유효수량과 옥상에 설치한 수원의 양을 합한 수원의 양은 192 m³ 이다.
(수원의 양 = 30개 × 4.8m³ + 30개 × 4.8m³ × 1/3 = 192m³)
② 펌프의 성능은 체절운전 시 정격토출압력의 140%를 초과하지 아니하고, 정격토출량의 150%로 운전 시 정격토출압력의 65% 이상일 것
③ 성능시험배관은 펌프의 토출측에 설치된 개폐밸브 이전에서 분기하여 설치하고, 유량측정장치를 기준으로 전단 직관부에 개폐밸브를 후단 직관부에는 유량조절밸브를 설치할 것
④ 가압송수장치에는 체절운전 시 수온의 상승을 방지하기 위한 순환배관을 설치할 것. 다만, 충압펌프의 경우에는 그러하지 아니하다.

정답 27. ② 28. ④

29 스프링클러설비의 화재안전기술기준상 설치장소의 최고주위온도가 79℃ 인 경우, 표시온도 몇 ℃ 의 폐쇄형스프링클러헤드를 설치해야 하는가?(단, 높이가 4m 이상인 공장은 제외한다.)

① 64℃ 이상 106℃ 미만
② 79℃ 이상 121℃ 미만
③ 121℃ 이상 162℃ 미만
④ 162℃ 이상

해설 설치장소의 평상시 최고 주위온도에 따른 표시온도

설치장소의 최고 주위온도	표 시 온 도
39℃ 미만	79℃ 미만
39℃ 이상 64℃ 미만	79℃ 이상 121℃ 미만
64℃ 이상 106℃ 미만	121℃ 이상 162℃ 미만
106℃ 이상	162℃ 이상

30 스프링클러설비의 화재안전기술기준상 스프링클러헤드 수별 급수관의 구경을 산정 하려고 한다. 다음 조건에 맞는 급수관의 최소 구경으로 옳은 것은?

반자 아래의 헤드와 반자속의 헤드를 동일 급수관의 가지관상에 병설하는 경우
폐쇄형스프링클러헤드 수 : 7개
수리계산방식은 고려하지 않음

① 32 mm ② 40 mm ③ 50 mm ④ 65 mm

해설 표 2.5.3.3 스프링클러헤드 수별 급수관의 구경

(단위 : mm)

급수관의 구경 구분	25	32	40	50	65	80	90	100	125	150
가	2	3	5	10	30	60	80	100	160	161 이상
나	2	4	7	15	30	60	65	100	160	161 이상
다	1	2	5	8	15	27	40	55	90	91 이상

[비고]
1. 폐쇄형스프링클러헤드를 사용하는 설비의 경우로서 1개 층에 하나의 급수배관(또는 밸브 등)이 담당하는 구역의 최대면적은 3,000 m²를 초과하지 않을 것
2. 폐쇄형스프링클러헤드를 설치하는 경우에는 "가"란의 헤드수에 따를 것. 다만 100개 이상의 헤드를 담당하는 급수배관(또는 밸브)의 구경을 100 mm로 할 경우에는 수리계산을 통하여 규정한 배관의 유속에 적합하도록 할 것
3. 폐쇄형스프링클러헤드를 설치하고 반자 아래의 헤드와 반자속의 헤드를 동일 급수관의 가지관상에 병설하는 경우에는 "나"란의 헤드수에 따를 것

정답 29. ③ 30. ②

4. 2.7.3.1의 경우(무대부·「화재의 예방 및 안전관리에 관한 법률 시행령」 별표 2의 특수가연물을 저장 또는 취급하는 장소에 있어서는 1.7 m 이하)로서 폐쇄형스프링클러헤드를 설치하는 설비의 배관구경은 "다"란에 따를 것
5. 개방형스프링클러헤드를 설치하는 경우 하나의 방수구역이 담당하는 헤드의 개수가 30개 이하일 때는 "다"란의 헤드수에 의하고, 30개를 초과할 때는 수리계산 방법에 따를 것

제5장 간이스프링클러설비

1 설치대상 ★★

1) 공동주택 중 연립주택 및 다세대주택(연립주택 및 다세대주택에 설치하는 간이스프링클러설비는 화재안전기준에 따른 주택전용 간이스프링클러설비를 설치한다)
2) 근린생활시설 중 다음의 어느 하나에 해당하는 것
   가) 근린생활시설로 사용하는 부분의 바닥면적 합계가 1천 m^2 이상인 것은 모든 층
   나) 의원, 치과의원 및 한의원으로서 입원실이 있는 시설
   다) 조산원 및 산후조리원으로서 연면적 600 m^2 미만인 시설
3) 의료시설 중 다음의 어느 하나에 해당하는 시설
   가) 종합병원, 병원, 치과병원, 한방병원 및 요양병원(의료재활시설은 제외한다)으로 사용되는 바닥면적의 합계가 600 m^2 미만인 시설
   나) 정신의료기관 또는 의료재활시설로 사용되는 바닥면적의 합계가 300 m^2 이상 600 m^2 미만인 시설
   다) 정신의료기관 또는 의료재활시설로 사용되는 바닥면적의 합계가 300 m^2 미만이고, 창살(철재·플라스틱 또는 목재 등으로 사람의 탈출 등을 막기 위하여 설치한 것을 말하며, 화재 시 자동으로 열리는 구조로 되어 있는 창살은 제외한다)이 설치된 시설
4) 교육연구시설 내에 합숙소로서 연면적 100 m^2 이상인 경우에는 모든 층
5) 노유자 시설로서 다음의 어느 하나에 해당하는 시설
   가) 제7조제1항제7호 각 목에 따른 시설[같은 호 가목2) 및 같은 호 나목부터 바목까지의 시설 중 단독주택 또는 공동주택에 설치되는 시설은 제외하며, 이하 "노유자 생활시설"이라 한다]
   나) 가)에 해당하지 않는 노유자 시설로 해당 시설로 사용하는 바닥면적의 합계가 300 m^2 이상 600 m^2 미만인 시설
   다) 가)에 해당하지 않는 노유자 시설로 해당 시설로 사용하는 바닥면적의 합계가 300 m^2 미만이고, 창살(철재·플라스틱 또는 목재 등으로 사람의 탈출 등을 막기 위하여 설치한 것을 말하며, 화재 시 자동으로 열리는 구조로 되어 있는 창살은 제외한다)이 설치된 시설

6) 숙박시설로 사용되는 바닥면적의 합계가 300 m² 이상 600 m² 미만인 시설
7) 건물을 임차하여 「출입국관리법」 제52조제2항에 따른 보호시설로 사용하는 부분
8) 복합건축물(별표 2 제30호나목의 복합건축물만 해당한다)로서 연면적 1천 m² 이상인 것은 모든 층

> [별표2 제30호나목]
> 하나의 건축물이 **근린생활시설, 판매시설, 업무시설, 숙박시설 또는 위락시설의 용도와 주택**의 용도로 함께 사용되는 것

2 용어정의 ★

용어	정의
간이헤드	폐쇄형스프링클러헤드의 일종으로 간이스프링클러설비를 설치해야 하는 특정소방대상물의 화재에 적합한 감도·방수량 및 살수분포를 갖는 헤드
진공계	대기압 이하의 압력을 측정하는 계측기
연성계	대기압 이상의 압력과 대기압 이하의 압력을 측정할 수 있는 계측기
습식유수검지장치	습식스프링클러설비 또는 부압식스프링클러설비에 설치되는 유수검지장치
준비작동식유수검지장치	준비작동식스프링클러설비에 설치되는 유수검지장치
캐비닛형 간이스프링클러설비	가압송수장치, 수조(「캐비닛형 간이스프링클러설비 성능인증 및 제품검사의 기술기준」에서 정하는 바에 따라 분리형으로 할 수 있다) 및 유수검지장치 등을 집적화하여 캐비닛 형태로 구성시킨 간이 형태의 스프링클러설비
상수도직결형 간이스프링클러설비	수조를 사용하지 않고 상수도에 직접 연결하여 항상 기준 방수압 및 방수량 이상을 확보할 수 있는 설비
정격토출량	펌프의 정격부하운전 시 토출량으로서 정격토출압력에서의 토출량
정격토출압력	펌프의 정격부하운전 시 토출압력으로서 정격토출량에서의 토출측 압력

3 수원

1. 수원계산 ★★★

1) 상수도직결형의 경우에는 수돗물
2) 수조(캐비닛형 포함)를 사용하고자 하는 경우
   ① 일반시설 : 2개 × 50L/min × 10분(min) 이상
   ② 근린생활시설(바닥면적 합계가 1000 m² 이상), 복합건축물, 숙박시설 : 5개 × 50L/min × 20분(min) 이상

4 가압송수장치 ★★

1. 방수압력(상수도직결형의 상수도압력)은 가장 먼 가지배관에서 2개[**근린생활시설, 복합건축물, 숙박시설**에 해당하는 경우에는 **5개**]의 간이헤드를 동시에 개방할 경우 각각의 간이헤드 선단 **방수압력은 0.1MPa 이상, 방수량은 50L/min 이상**이어야 한다. 다만, **주차장에 표준반응형스프링클러헤드를 사용**할 경우 헤드 1개의 **방수량은 80L/min 이상**

2. 가압수조를 이용한 가압송수장치

   1) 가압수조의 압력은 간이헤드 **2개를 동시에 개방**할 때 적정방수량 및 방수압이 **10분(근린생활시설, 복합건축물, 숙박시설의 경우에는 20분)이상** 유지되도록 할 것

5 간이스프링클러설비의 방호구역 · 유수검지장치 ★★★

1. 하나의 방호구역의 바닥면적 : 1,000m² 이하

   방호구역의 수 = 바닥면적/1,000m²

2. 하나의 방호구역에는 **1개 이상의 유수검지장치**를 설치하되, 화재발생시 접근이 쉽고 점검하기 편리한 장소에 설치
3. 하나의 방호구역은 2개층에 미치지 아니하도록 할 것. 다만, **1개층에 설치되는 간이헤드의 수가 10개 이하인 경우에는 3개층 이내**
4. 유수검지장치는 실내에 설치하거나 보호용 철망 등으로 구획하여 바닥으로부터 **0.8m 이상 1.5m 이하**의 위치에 설치, 그 실 등에는 **가로 0.5m 이상 세로 1m 이상의 출입**

문 설치하고 그 출입문 상단에 "유수검지장치실"이라고 표시한 표지
5. 간이헤드에 공급되는 물은 유수검지장치를 지나도록 할 것. 다만, 송수구를 통하여 공급되는 물은 그렇지 않다.

6 배관 및 밸브

1. 급수배관 기준 ★

1) 전용으로 할 것. 다만, 상수도직결형의 경우에는 **수도배관 호칭지름 32 mm 이상**의 배관
2) 배관의 구경(수리계산) : **가지배관의 유속은 6 m/s, 그 밖의 배관의 유속은 10 m/s 이하**

2. 연결송수관설비의 배관과 겸용할 경우의 **주배관은 구경 100 mm 이상, 방수구로 연결되는 배관의 구경은 65 mm 이상**의 것

3. 가압송수장치의 **체절운전 시 수온의 상승을 방지**하기 위하여 **체크밸브와 펌프사이**에서 분기한 **구경 20 mm 이상**의 배관에 **체절압력 미만에서 개방**되는 **릴리프밸브**를 설치

4. 간이스프링클러설비의 배관 및 밸브등의 순서

1) 상수도 직결형
   ① 수도용 계량기, 급수차단장치, 개폐표시형밸브, 체크밸브, 압력계, 유수검지장치(압력스위치 등 유수검지장치와 동등 이상의 기능과 성능이 있는 것을 포함), 2개의 시험밸브의 순
   ② 간이스프링클러설비 이외의 배관에 화재시 배관을 차단할 수 있는 급수차단장치를 설치
2) 펌프등의 가압송수장치 이용
   수원, 연성계 또는 진공계(수원이 펌프보다 높은 경우 제외), 펌프 또는 압력수조, 압력계, 체크밸브, 성능시험배관, 개폐표시형밸브, 유수검지장치, 시험밸브의 순
3) 가압수조를 가압송수장치로 이용
   수원, 가압수조, 압력계, 체크밸브, 성능시험배관, 개폐표시형 밸브, 유수검지장치, 2개의 시험밸브의 순
4) 캐비닛형의 가압송수장치
   수원, 연성계 또는 진공계(수원이 펌프보다 높은 경우 제외), 펌프 또는 압력

수조, 압력계, 체크밸브, 개폐표시형 밸브, 2개의 시험밸브의 순.
다만, 소화용수의 공급은 상수도와 직결된 바이패스관 또는 펌프에서 공급

7 간이헤드

1. **폐쇄형간이헤드**를 사용할 것
2. 간이헤드의 작동온도 ★★★

실내의 최대 주위천장온도	공칭작동온도
0℃ 이상 38℃ 이하	57℃에서 77℃
39℃ 이상 66℃ 이하	79℃에서 109℃

3. 간이헤드를 설치하는 각 부분으로부터 간이헤드까지의 **수평거리는 2.3m** 이하

   정방형배치인 경우 헤드간의 간격 : $S = 2r\cos 45°$
   여기서, r : 수평거리(m)

4. 간이헤드의 디플렉터에서 천장 또는 반자까지의 거리는 **25 mm에서 102 mm 이내**, 측벽형간이헤드의 경우에는 **102 mm에서 152 mm 사이**에 설치할 것 다만, 플러쉬 스프링클러헤드의 경우에는 천장 또는 반자까지의 거리를 102 mm 이하가 되도록 설치

8 송수구 ★

1. 구경 65 mm의 **단구형 또는 쌍구형**으로 하여야 하며, 송수배관의 **안지름은 40 mm** 이상으로 할 것
2. 지면으로부터 높이가 **0.5 m 이상 1 m 이하**의 위치에 설치할 것

9 비상전원

1. **비상전원 설치기준** ★

   1) 간이스프링클러설비를 유효하게 **10분(근린생활시설, 복합건축물, 숙박시설의 경우에는 20분) 이상** 작동할 수 있도록 할 것
   2) 상용전원으로부터 전력의 공급이 중단된 때에는 자동으로 비상전원으로부터 전원을 공급받을 수 있는 구조로 할 것

🔟 간이헤드 수별 급수관의 구경 ★★

(단위 : mm)

구분 \ 급수관의 구경	25	32	40	50	65	80	100	125	150
가	2	3	5	10	30	60	100	160	161이상
나	2	4	7	15	30	60	100	160	161이상

[비고]
1. 폐쇄형스프링클러헤드를 사용하는 설비의 경우로서 1개 층에 하나의 급수배관(또는 밸브등)이 담당하는 구역의 최대면적은 1,000 m²를 초과하지 않을 것
2. 폐쇄형간이헤드를 설치하는 경우에는 "가"란의 헤드수에 따를 것
3. 폐쇄형간이헤드를 설치하고 반자 아래의 헤드와 반자속의 헤드를 동일 급수관의 가지관상에 병설하는 경우에는 "나"의 헤드수에 따를 것
4. "캐비닛형" 및 "상수도직결형"을 사용하는 경우 **주배관은 32 mm, 수평주행배관은 32 mm, 가지배관은 25 mm 이상**으로 할 것. 이 경우 최장배관은 인정받은 길이로 하며 하나의 가지배관에는 간이헤드를 3개 이내로 설치해야 한다.

제5장 출제예상문제

01 간이스프링클러설비의 설치 대상으로 옳지 않은 것은?
① 근린생활시설로 사용하는 부분의 바닥면적합계가 1천m^2 이상인 것은 모든 층
② 교육연구시설 내에 합숙소로서 연면적 100m^2 이상인 것
③ 숙박시설로 사용되는 바닥면적의 합계가 1,000m^2 이상인 것
④ 복합건축물로서 연면적 1천m^2 이상인 것은 모든 층

해설 숙박시설로 사용되는 바닥면적의 합계가 300 m^2 이상 600 m^2 미만인 시설

02 근린생활시설(바닥면적 1,000 m^2)에 간이스프링클러설비를 할 경우에 수원은 최소 얼마 이상 이어야 하는가?
① 1 m^3 이상
② 2 m^3 이상
③ 5 m^3 이상
④ 6 m^3 이상

해설 간이스프링클러설비 수원
① 근린생활시설, 숙박시설, 복합건축물 :
   5개 × 50[lpm] × 20min = 5,000L = 5m^3 이상
② 일반시설 : 2개 × 50[lpm] × 10min = 1,000L = 1m^3 이상

03 간이스프링클러설비의 화재안전기준에 따라 펌프를 이용하는 가압송수장치를 설치하는 경우에 있어서의 정격토출압력은 가장 먼 가지배관에서 2개의 간이 헤드를 동시에 개방한 경우 간이헤드 선단의 방수압력은 몇 MPa 이상이어야 하는가?
① 0.1MPa
② 0.35MPa
③ 1.4MPa
④ 3.5MPa

해설 방수압력(상수도직결형의 상수도압력)은 가장 먼 가지배관에서 2개의 간이헤드를 동시에 개방할 경우 각각의 간이헤드 선단 방수압력은 0.1MPa 이상, 방수량은 50L/min 이상이어야 한다.

04 바닥면적이 3,000m^2인 근린생활시설에 간이스프링클러설비를 설치하는 경우 방호구역의 수는 최소 몇 개 이상이어야 하는가?
① 1개
② 2개
③ 3개
④ 4개

해설 방호구역의 수 = 바닥면적/1,000m^2 = 3,000m^2/1,000m^2 = 3개

정답 1. ③ 2. ③ 3. ① 4. ③

05 간이헤드의 작동온도는 실내의 최대 주위천장온도가 0℃ 이상 38℃ 이하인 경우 공칭작동온도가 몇 ℃의 것을 사용하여야 하는가?

① 57℃에서 77℃　　　　　　② 39℃에서 64℃
③ 79℃에서 109℃　　　　　　④ 79℃에서 121℃

해설 간이헤드의 작동온도는 실내의 최대 주위천장온도가 0℃ 이상 38℃ 이하인 경우 공칭작동온도가 57℃에서 77℃의 것을 사용하고, 39℃ 이상 66℃ 이하인 경우에는 공칭작동온도가 79℃에서 109℃의 것

06 간이헤드를 설치하는 경우에 헤드 1개당 방호면적은 얼마인가?(단, 정방형 배치)

① 10.58m² 이하　② 13.4m² 이하　③ 21m² 이하　④ 9.3m² 이하

해설 방호면적
① 간이헤드까지의 수평거리는 2.3m 이하
② 헤드 1개당 방호면적 $S^2=(2\times2.3\times\cos45°)^2=10.58m^2$

07 간이스프링클러설비의 송수구의 구경은 65mm의 단구형 또는 쌍구형으로 하되, 송수배관의 안지름은 얼마이상으로 하여야 하는가?

① 32mm 이상　② 40mm 이상　③ 50mm 이상　④ 65mm 이상

해설 송수구
① 구경 65mm의 단구형 또는 쌍구형, 송수배관의 안지름은 40mm 이상으로 할 것
② 지면으로부터 높이가 0.5m 이상 1m 이하의 위치에 설치할 것

08 간이스프링클러설비의 비상전원은 몇 분이상 작동할 수 있어야 하는가?(단, 생활형 숙박시설임)

① 10분 이상　② 20분 이상　③ 30분 이상　④ 40분 이상

해설 10분(근린생활시설, 복합건축물, 숙박시설의 경우에는 20분) 이상

09 캐비닛형 및 상수도직결형을 사용하는 경우 주배관과 가지배관의 구경이 순서대로 나열된 것은?

① 25mm, 15mm　　　　② 32mm, 25mm
③ 40mm, 32mm　　　　④ 50mm, 40mm

해설 캐비닛형 및 상수도직결형을 사용하는 경우 : 주배관은 32, 수평주행배관은 32, 가지배관은 25 이상으로 할 것.

정답 5. ①　6. ①　7. ②　8. ②　9. ②

10 폐쇄형간이헤드를 5개 설치하는 경우 급수관의 구경은 얼마 이상이어야 하는가?

① 25mm　　　② 32mm　　　③ 40mm　　　④ 50mm

해설 급수관의 구경

(단위 : mm)

구분 \ 급수관의 구경	25	32	40	50	65	80	100	125	150
가	2	3	5	10	30	60	100	160	161이상
나	2	4	7	15	30	60	100	160	161이상

1. 폐쇄형간이헤드를 사용하는 설비의 경우로서 1개층에 하나의 급수배관(또는 밸브 등)이 담당하는 구역의 최대면적은 1,000 m^2를 초과하지 아니할 것
2. 폐쇄형간이헤드를 설치하는 경우에는 "가"란의 헤드수에 따를 것
3. 폐쇄형간이헤드를 설치하고 반자 아래의 헤드와 반자속의 헤드를 동일 급수관의 가지관상에 병설하는 경우에는 "나"란의 헤드수에 따를 것
4. 캐비닛형 및 상수도직결형을 사용하는 경우 : 주배관은 32, 수평주행배관은 32, 가지배관은 25 이상으로 할 것. 하나의 가지배관에는 간이헤드를 3개 이내로 설치하여야 한다.

정답 10. ③

제6장 화재조기진압용 스프링클러설비

1 용어정의

용어	정의
화재조기진압용 스프링클러헤드	특정한 높은 장소의 화재위험에 대하여 조기에 진화할 수 있도록 설계된 헤드

2 설치장소의 구조 ★★★

1. 해당층의 **높이가 13.7m 이하**. 다만, 2층 이상일 경우에는 해당 층의 바닥을 내화구조로 하고 다른 부분과 방화구획 할 것
2. 천장의 **기울기가 1,000분의 168**을 초과하지 않아야 하고, 이를 초과하는 경우에는 반자를 지면과 수평으로 설치할 것
3. 천장은 평평, 철재나 목재의 돌출부분이 102mm를 초과하지 아니할 것
4. 보의 간격이 **0.9m 이상 2.3m 이하**일 것. 다만, 보의 간격이 2.3m 이상인 경우에는 보로 구획된 부분의 천장 및 반자의 넓이가 28m²를 초과하지 아니할 것
5. 창고내의 선반의 형태는 하부로 물이 침투되는 구조로 할 것

3 제5조(수원) ★★★

수리학적으로 가장 먼 가지배관 3개에 각각 4개의 스프링클러헤드가 동시에 개방되었을 때 60분간 방수할 수 있는 양 이상

$$Q = 12 \times 60 \times K\sqrt{10p}$$

여기서, Q : 수원의 양(L)
K : 상수(L/min · MPa 1/2)
p : 헤드선단의 압력(MPa)

화재조기진압용 스프링클러헤드의 최소방사압력(MPa)

최대층고	최대저장높이	화재조기진압용 스프링클러헤드				
		K = 360 하향식	K = 320 하향식	K = 240 하향식	K = 240 상향식	K = 200 하향식
13.7m	12.2m	0.28	0.28	–	–	–
13.7m	10.7m	0.28	0.28	–	–	–
12.2m	10.7m	0.17	0.28	0.36	0.36	0.52
10.7m	9.1m	0.14	0.24	0.36	0.36	0.52
9.1m	7.6m	0.10	0.17	0.24	0.24	0.34

4 가지배관의 배열 기준 ★

1. 토너먼트(tournament)방식이 아닐 것. 다만, 수리계산에 따라 헤드선단의 방수압 및 방수량에 적합한 경우에는 그렇지 않다.
2. 가지배관 사이의 거리는 2.4m 이상 3.7m 이하로 할 것. 다만, 천장의 높이가 9.1m 이상 13.7m 이하인 경우에는 2.4m 이상 3.1m 이하
3. 교차배관에서 분기되는 지점을 기점으로 한쪽 가지배관에 설치되는 헤드의 개수(반자 아래와 반자속의 헤드를 하나의 가지배관 상에 병설하는 경우에는 반자 아래에 설치하는 헤드의 개수)는 **8개 이하**로 할 것. 다만, 다음의 어느 하나에 해당하는 경우에는 그렇지 않다.
   1) 기존의 방호구역 안에서 칸막이 등으로 구획하여 **1개의 헤드를 증설**하는 경우
   2) 격자형 배관방식(2 이상의 수평주행배관 사이를 가지배관으로 연결하는 방식을 말한다)을 채택하는 때에는 펌프의 용량, 배관의 구경 등을 수리학적으로 계산한 결과 헤드의 방수압 및 방수량이 소화목적을 달성하는 데 충분하다고 인정되는 경우. 다만, 중앙소방기술심의위원회 또는 지방소방기술심의위원회의 심의를 거친 경우에 한정한다.

5 화재조기진압용 스프링클러설비의 헤드 ★★★★

1. 헤드 하나의 방호면적은 6.0m² 이상 9.3m² 이하

> **헤드의 수량 산출**
> ① 최소수량 = 바닥면적/9.3m²(소수점 이하 절상)
> ② 최대수량 = 바닥면적/6.0m²(소수점 이하 절상)

2. **가지배관의 헤드 사이의 거리**
   ① 천장의 높이가 9.1m 미만 : 2.4m 이상 3.7m 이하
   ② 9.1m 이상 13.7m 이하 : 3.1m 이하
3. 헤드의 반사판은 저장물의 최상부와 **914 mm 이상** 확보되도록 할 것
4. 하향식 헤드의 반사판의 위치는 천장이나 반자 아래 125 mm 이상 355 mm 이하일 것
5. 상향식 헤드의 감지부 중앙은 천장 또는 반자와 101 mm 이상 152 mm 이하이어야 하며, 반사판의 위치는 스프링클러배관의 윗부분에서 최소 178 mm 상부에 설치되도록 할 것
6. 헤드와 벽과의 거리는 헤드 상호간 거리의 2분의 1을 초과하지 않아야 하며 최소 102 mm 이상일 것
7. 헤드의 작동온도 : **74℃ 이하**일 것

예제 1. 랙(rack)식 창고의 바닥면적이 1,000m²일 때 설치할 수 있는 화재조기진압용 스프링클러헤드의 최소수량은?
   ① 108개   ② 125개   ③ 167개   ④ 180개

   해설 헤드의 수량
   ① 헤드 하나의 방호면적은 6.0m² 이상 9.3m² 이하
   ② 최소수량 = 바닥면적/9.3m² = 1,000m²/9.3m² = 107.52 = 108개
   ③ 최대수량 = 바닥면적/6.0m² = 1,000m²/6.0m² = 166.67 = 167개

   정답 ①

6 저장물의 간격

저장물품 사이의 간격은 모든 방향에서 **152mm 이상**의 간격을 유지

7 환기구

1. 공기의 유동으로 헤드의 작동온도에 영향이 없는 구조
2. 화재감지기와 연동하여 동작하는 자동식 환기장치 설치하지 않을 것. 다만, 자동식 환기장치를 설치한 경우 최소작동온도는 180℃ 이상

8 송수구 ★

1. 구경 **65mm의 쌍구형**으로 할 것
2.
   > 송수구의 수량(5개 이상은 5개) = 하나의 층 바닥면적/3,000m²

3. 지면으로부터 **높이가 0.5m 이상 1m 이하**의 위치에 설치할 것

예제 2. 하나의 층의 바닥면적이 10,000m²일 때 설치하여야 하는 송수구의 최소수량은?

① 3개　　　　② 4개　　　　③ 5개　　　　④ 6개

해설 송수구의 수량
① 송수구의 수량(5개 이상은 5개) = 하나의 층 바닥면적/3,000m²
② 수량 = 10,000m²/3,000m² = 3.33 = 4개

 정답 ②

9 설치제외 ★

1. **제4류 위험물**
2. 타이어, 두루마리 종이 및 섬유류, 섬유제품 등 연소 시 화염의 속도가 빠르고 방사된 물이 하부까지에 도달하지 못하는 것

제6장 출제예상문제

01 화재조기진압용 스프링클러설비의 설치장소의 구조 기준 중 천장의 기울기는 얼마를 초과하지 않아야 하는가?
① 1/250
② 1/500
③ 1/1,000
④ 168/1,000

해설 천장의 기울기가 1,000분의 168을 초과하지 말 것

02 화재조기진압용 스프링클러설비의 수원은 화재시 기준압력과 기준수량 및 천장높이 조건에서 몇 분간 방사할 수 있어야 하는가?
① 20
② 30
③ 40
④ 60

해설 수원은 수리적으로 가장 먼 가지배관 3개에서 각각 4개의 스프링클러헤드가 동시에 개방되었을 때 60분간 방사할 수 있는 양 이상

03 화재조기진압용스프링클러설비를 설치하는 경우에 수원의 양은 최소 얼마 이상이어야 하는가?(단, 헤드선단의 압력은 0.28MPa, K = 320을 적용한다.)
① $10.71m^3$
② $32.12m^3$
③ $107.1m^3$
④ $385.53m^3$

해설 $Q = 12 \times 60 \times K\sqrt{10P} = 12 \times 60 \times 320 \times \sqrt{10 \times 0.28} \times 10^{-3} = 385.53m^3$

04 화재조기진압용 스프링클러설비에서 헤드 하나의 방호면적은 얼마로 하여야 하는가?
① $6.0m^2$ 이상 $9.3m^2$ 이하
② $8.0m^2$ 이상 $9.3m^2$ 이하
③ $6.0m^2$ 이상 $10.3m^2$ 이하
④ $6.0m^2$ 이상 $13.4m^2$ 이하

해설 헤드하나의 방호면적은 6.0 m^2 이상 9.3 m^2 이하

정답 1. ④ 2. ④ 3. ④ 4. ①

05 화재조기진압용스프링클러에 적용하는 헤드의 작동온도는 몇 ℃ 이하인가?
① 39℃ 이하
② 64℃ 이하
③ 74℃ 이하
④ 121℃ 이하

해설 헤드의 작동온도는 74℃ 이하일 것

06 화재조기진압용 스프링클러설비에 자동식 환기장치를 설치하는 경우에는 최소작동온도가 몇 ℃ 이상이어야 하는가?
① 100℃
② 120℃
③ 180℃
④ 250℃

해설 환기구 기준
① 공기의 유동으로 인하여 헤드의 작동온도에 영향을 주지 않는 구조일 것
② 화재감지기와 연동하여 동작하는 자동식 환기장치를 설치하지 아니할 것. 다만, 자동식 환기장치를 설치할 경우에는 최소작동온도가 180℃ 이상일 것

07 화재조기진압용 스프링클러설비의 화재안전기술기준에 관한 설명으로 옳지 않은 것은?
① 헤드하나의 방호면적은 6.0 m² 이상 9.3 m² 이하로 한다.
② 교차배관은 가지배관 밑에 설치하고 그 구경은 최소 40 mm 이상으로 한다.
③ 하향식 헤드의 반사판의 위치는 천장이나 반자 아래 125 mm 이상 355 mm 이하로 한다.
④ 천장의 높이가 9.1m 이상 13.7m 이하인 경우 가지배관 사이의 거리는 2.4m 이상 3.7 m 이하로 한다.

해설 가지배관 사이의 거리는 2.4 m 이상 3.7 m 이하로 할 것. 다만, 천장의 높이가 9.1 m 이상 13.7 m 이하인 경우에는 2.4 m 이상 3.1 m 이하로 한다.

정답 5. ③ 6. ③ 7. ④

제7장 물분무소화설비

1 물분무등소화설비 설치대상 ★★★

위험물 저장 및 처리 시설 중 가스시설 및 지하구는 제외한다.
1) 항공기 및 자동차 관련 시설 중 항공기 격납고
2) 차고, 주차용 건축물 또는 철골 조립식 주차시설. 이 경우 연면적 800 m^2 이상인 것만 해당한다.
3) 건축물의 내부에 설치된 차고·주차장으로서 차고 또는 주차의 용도로 사용되는 면적이 200 m^2 이상인 경우 해당 부분(50세대 미만 연립주택 및 다세대주택은 제외한다)
4) 기계장치에 의한 주차시설을 이용하여 20대 이상의 차량을 주차할 수 있는 시설
5) 특정소방대상물에 설치된 전기실·발전실·변전실(가연성 절연유를 사용하지 않는 변압기·전류차단기 등의 전기기기와 가연성 피복을 사용하지 않은 전선 및 케이블만을 설치한 전기실·발전실 및 변전실은 제외한다)·축전지실·통신기기실 또는 전산실, 그 밖에 이와 비슷한 것으로서 바닥면적이 300 m^2 이상인 것[하나의 방화구획 내에 둘 이상의 실(室)이 설치되어 있는 경우에는 이를 하나의 실로 보아 바닥면적을 산정한다]. 다만, 내화구조로 된 공정제어실 내에 설치된 주조정실로서 양압시설(외부 오염 공기 침투를 차단하고 내부의 나쁜 공기가 자연스럽게 외부로 흐를 수 있도록 한 시설을 말한다)이 설치되고 전기기기에 220볼트 이하인 저전압이 사용되며 종업원이 24시간 상주하는 곳은 제외한다.
6) 소화수를 수집·처리하는 설비가 설치되어 있지 않은 중·저준위방사성폐기물의 저장시설. 이 시설에는 이산화탄소소화설비, 할론소화설비 또는 할로겐화합물 및 불활성기체 소화설비를 설치해야 한다.
7) 지하가 중 예상 교통량, 경사도 등 터널의 특성을 고려하여 행정안전부령으로 정하는 터널. 이 시설에는 물분무소화설비를 설치해야 한다.
8) 국가유산 중 「문화유산의 보존 및 활용에 관한 법률」에 따른 지정문화유산(문화유산자료를 제외한다) 또는 「자연유산의 보존 및 활용에 관한 법률」에 따른 천연기념물등(자연유산자료를 제외한다)으로서 소방청장이 국가유산청장과 협의하여 정하는 것

2 수원 ★★★

용도	수원의 저수량 산정
특수가연물 저장, 취급하는 소방대상물 또는 그 부분	최대방수구역의 바닥면적을 기준 바닥면적$[m^2]$ × 10$[L/min \cdot m^2]$ × 20$[min]$ (50$[m^2]$ 이하인 경우에는 50$[m^2]$)
차고, 주차장	최대방수구역의 바닥면적을 기준 바닥면적$[m^2]$ × 20$[L/min \cdot m^2]$ × 20$[min]$ (50$[m^2]$ 이하인 경우에는 50$[m^2]$)
절연유 봉입변압기 설치 부분	표면적$[m^2]$ × 10$[L/min \cdot m^2]$ × 20$[min]$ (표면적은 바닥면적을 제외)
케이블트레이, 케이블덕트 등 설치 부분	투영된 바닥면적$[m^2]$ × 12$[L/min \cdot m^2]$ × 20$[min]$
콘베이어 벨트 설치 부분	벨트부분 바닥면적$[m^2]$ × 10$[L/min \cdot m^2]$ × 20$[min]$

3 가압송수장치 ★★

1. 전동기 또는 내연기관에 따른 펌프를 이용하는 가압송수장치의 경우 토출량의 계산

용도	토출량 산정
특수가연물 저장, 취급	바닥면적$[m^2]$ × 10$[L/min \cdot m^2]$ (50$[m^2]$ 이하인 경우에는 50$[m^2]$)
차고, 주차장	바닥면적$[m^2]$ × 20$[L/min \cdot m^2]$ (50$[m^2]$ 이하인 경우에는 50$[m^2]$)
절연유 봉입변압기	표면적$[m^2]$ × 10$[L/min \cdot m^2]$ (표면적은 바닥면적을 제외시킨다.)
케이블트레이, 케이블덕트 등	투영된 바닥면적$[m^2]$ × 12$[L/min \cdot m^2]$
콘베이어 벨트	벨트부분 바닥면적$[m^2]$ × 10$[L/min \cdot m^2]$

2. 전양정의 계산 ★

구분	양정계산	비고
펌프 방식	$H = h_1 + h_2$	H : 펌프의 양정(m) h_1 : 물분무 헤드의 설계압력 환산수두(m) h_2 : 배관의 마찰손실 수두(m)
고가수조방식	$H = h_1 + h_2$	H : 필요한 낙차(m) h_1 : 물분무헤드의 설계압력 환산수두(m) h_2 : 배관의 마찰손실 수두(m)
압력수조방식	$P = p_1 + p_2 + p_3$	P : 필요한 압력(MPa) p_1 : 물분무헤드의 설계압력(MPa) p_2 : 배관의 마찰손실수두압(MPa) p_3 : 낙차의 환산수두압(MPa)

4 제어밸브 등

1. 제어밸브 기준 ★

1) 제어밸브는 바닥으로부터 **0.8m 이상 1.5m 이하**의 위치에 설치할 것
2) 제어밸브의 가까운 곳의 보기 쉬운 곳에 "제어밸브"라고 표시한 표지

2. 자동 개방밸브 및 수동식 개방밸브 기준

1) 자동개방밸브의 **기동조작부 및 수동식개방밸브**는 화재시 용이하게 접근할 수 있는 곳의 바닥으로부터 **0.8m 이상 1.5m 이하**의 위치에 설치할 것
2) 자동개방밸브 및 수동식개방밸브의 2차 측 배관 부분에는 해당 방수구역 외에 밸브의 작동을 시험할 수 있는 장치를 설치할 것. 다만, 방수구역에서 직접 방수시험을 할 수 있는 경우에는 그렇지 않다.

5 물분무헤드와 전기기기와의 이격거리 ★★★

전압[kV]	거리[cm]	전압[kV]	거리[cm]
66 이하	70 이상	154 초과 181 이하	180 이상
66 초과 77 이하	80 이상	181 초과 220 이하	210 이상
77 초과 110 이하	110 이상	220 초과 275 이하	260 이상
110 초과 154 이하	150 이상	–	–

6 배수설비 ★

1. 차량이 주차하는 장소의 적당한 곳에 **높이 10cm 이상의 경계턱**으로 배수구를 설치할 것
2. 배수구에는 새어 나온 기름을 모아 소화할 수 있도록 **길이 40m 이하**마다 집수관·소화핏트 등 기름분리장치를 설치할 것
3. 차량이 주차하는 바닥은 배수구를 향하여 **100분의 2 이상의 기울기**를 유지할 것
4. 배수설비는 가압송수장치의 최대송수능력의 수량을 유효하게 배수할 수 있는 크기 및 기울기로 할 것

7 물분무헤드의 설치제외 ★

1. 물에 심하게 반응하는 물질 또는 물과 반응하여 위험한 물질을 생성하는 물질을 저장 또는 취급하는 장소
2. 고온의 물질 및 증류범위가 넓어 끓어 넘치는 위험이 있는 물질을 저장 또는 취급하는 장소
3. 운전 시에 **표면의 온도가 260℃ 이상**으로 되는 등 직접 분무를 하는 경우 그 부분에 손상을 입힐 우려가 있는 기계장치 등이 있는 장소

8 물분무헤드의 종류

"물분무헤드"란 화재 시 직선류 또는 나선류의 물을 충돌·확산시켜 미립상태로 분무함으로써 소화하는 헤드

물분무헤드의 종류

1. "**충돌형**"이란 유수와 유수의 충돌에 의해 미세한 물방울을 만드는 물분무헤드를 말한다.
2. "**분사형**"이란 소구경의 오리피스로부터 고압으로 분사하여 미세한 물방울을 만드는 물분무헤드를 말한다.
3. "**선회류형**"이란 선회류에 의해 확산방출 하든가 선회류와 직선류의 충돌에 의해 확산 방출하여 미세한 물방울로 만드는 물분무헤드를 말한다.
4. "**디프렉타형**"이란 수류를 살수판에 충돌하여 미세한 물방울을 만드는 물분무헤드를 말한다.
5. "**슬리트형**"이란 수류를 슬리트에 의해 방출하여 수막상의 분무를 만드는 물분무헤드를 말한다.

제7장 출제예상문제

01 특수가연물을 저장하는 창고에 물분무소화설비를 설치하려고 한다. 바닥면적이 60[m²]인 경우 수원의 저수량은 몇 [m³] 이상이어야 하는가?

① 10[m³] ② 12[m³] ③ 20[m³] ④ 24[m³]

해설 수원의 저수량
① 특수가연물이므로 바닥면적당 10[L/min]이 20분 이상 지속되어야 한다.
② 수원 Q = 60[m²] × 10[L/min·m²] × 20min = 12,000[L] = 12[m³] 이상

02 건물 주차장 최대 방수구역 바닥 면적이 60[m²]인 곳에 물분무소화설비를 설치하고자 한다. 기준에 적합한 최소한의 저수량은?

① 12[m³] ② 16[m³] ③ 20[m³] ④ 24[m³]

해설 저수량(수원) = 60[m²] × 20L/min·m² × 20min = 24,000L = 24[m³]

03 케이블 트레이에 물분무소화설비를 설치할 때 저장하여야 할 수원의 양은 몇 [m³] 인가? (단, 케이블트레이의 투영된 바닥면적은 70m²이다.)

① 28 ② 12.4 ③ 14 ④ 16.8

해설 수원 = 투영된 바닥면적[m²] × 12[L/min·m²] × 20min
= 70[m²] × 12[L/min·m²] × 20min = 16,800L = 16.8m³

04 바닥면적이 80[m²]인 특수가연물저장소에 물분무소화설비를 설치하려고 한다. 펌프의 1분당 토출량의 기준은 1[m²]에 몇 L를 곱한 양 이상이 되어야 하는가?

① 10 ② 16 ③ 20 ④ 32

해설 물분무소화설비의 수원산정기준

소방대상물	토출량
절연유봉입변압기, 특수가연물, 콘베이어 벨트	10[L/min·m²]
차고, 주차장	20[L/min·m²]
케이블트레이, 케이블덕트	12[L/min·m²]

정답 1. ② 2. ④ 3. ④ 4. ①

05 바닥면적이 45[m²]인 차고에 물분무소화설비를 설치하고자 한다. 가압송수장치(펌프)의 1분당 토출량은 최소 몇 [L] 이상이 되어야 하는가?

① 900　　② 950　　③ 1,000　　④ 1,200

해설 차고 주차장의 토출량
바닥면적(50[m²] 이하는 50[m²]) × 20L/min·m² = 50[m²] × 20L/min·m² = 1,000L

06 바닥 면적이 450제곱미터인 지하주차장에 50제곱미터마다 구역을 나누어 물분무 소화설비를 설치하려고 한다. 물분무 헤드의 표준 방수량이 분당 80리터일 경우 1개 구역 당 설치해야 할 헤드 수는 얼마 이상이어야 하는가?

① 7개　　② 13개　　③ 4개　　④ 15개

해설 헤드수량 산출
① 1개 구역에 필요한 펌프의 토출량 Q = 50[m²] × 20[L/min·m²] = 1000[L/min]
② 표준 방수량이 80[L/min], 헤드 수량은 1000[L/min]/(80[L/min]) = 12.5 = 13개

07 물분무헤드의 설치에서 전압이 110[kV] 초과 154[kV] 이하일 때 전기기기와 물분무헤드 사이에 몇 [cm] 이상의 거리를 확보하여 설치하여야 하는가?

① 80cm　　② 110cm　　③ 150cm　　④ 180cm

해설 물분무 헤드와 전기기기와의 이격거리

전압[kV]	거리[cm]	전압[kV]	거리[cm]
66 이하	70 이상	154 초과 181 이하	180 이상
66 초과 77 이하	80 이상	181 초과 220 이하	210 이상
77 초과 110 이하	110 이상	220 초과 275 이하	260 이상
110 초과 154 이하	150 이상	—	—

08 물분무 소화설비의 배수설비를 차고 및 주차장에 설치하고자 할 때 설치 기준에 맞지 않는 것은?

① 차량이 주차하는 장소의 적당한 곳에 높이 10cm이상의 경계턱으로 배수구를 설치할 것
② 길이 40m 이하마다 집수관, 소화핏트 등 기름분리장치를 설치할 것
③ 차량이 주차하는 바닥은 배수구를 향하여 100분의 1 이상의 기울기를 유지할 것
④ 배수설비는 가압송수장치의 최대 송수능력의 수량을 유효하게 배수할 수 있는 크기 및 기울기로 할 것

해설 차량이 주차하는 바닥은 배수구를 향하여 100분의 2 이상의 기울기를 유지할 것

정답 5. ③　6. ②　7. ③　8. ③

09 물분무 소화설비의 설치제외 대상으로 옳지 않은 것은?
① 운전 시에 표면의 온도가 200℃ 이상으로 되는 등 직접 분무 시 손상 우려가 있는 기계장치 장소
② 고온의 물질 및 증류범위가 넓어 끓어 넘치는 위험이 있는 물질을 저장 또는 취급하는 장소
③ 물에 심하게 반응하는 물질을 저장 또는 취급하는 장소
④ 물과 반응하여 위험한 물질을 생성하는 물질을 저장 또는 취급하는 장소

해설 운전 시에 표면의 온도가 260℃ 이상으로 되는 등 직접 분무를 하는 경우 그 부분에 손상을 입힐 우려가 있는 기계장치 등이 있는 장소

10 분무상태를 만드는 방법에 따라 물분무헤드를 구분할 때 옳지 않은 것은?
① 충돌형
② 분사형
③ 선회류형
④ 리프트형

해설 물분무헤드 : 충돌형, 분사형, 선회류형, 디프렉타형, 슬리트형

11 물분무소화설비에서 압력수조를 이용한 가압송수장치의 압력수조에 설치하여야 되는 것이 아닌 것은?
① 수위계
② 급기관
③ 수동식 에어콤프레샤
④ 맨홀

해설 압력수조의 구성 : 수위계·급수관·배수관·급기관·맨홀·압력계·안전장치 및 압력저하방지를 위한 자동식 공기압축기

12 다음 중 물분무소화설비의 송수구 설치기준으로 옳지 않은 것은?
① 지면으로부터 높이가 0.8m 이상 1.5m 이하에 설치한다.
② 구경은 65mm 쌍구형으로 한다.
③ 송수구의 가까운 부분에 자동배수밸브 및 체크밸브를 설치한다.
④ 송수구는 하나의 층이 바닥면적이 3,000m²를 넘을 때마다 1개(5개 이상은 5개) 이상을 설치한다.

해설 지면으로부터 높이가 0.5m 이상 1m 이하의 위치에 설치할 것

정답 9. ① 10. ④ 11. ③ 12. ①

13 물분무소화설비의 가압송수장치의 토출측 배관에 설치할 필요성이 없는 것은?
① 펌프성능시험배관
② 연성계
③ 수온상승방지를 위한 순환배관
④ 체크밸브

해설 연성계 : 수조가 펌프보다 낮을 경우 펌프 흡입측 배관에 설치

14 물분무 소화설비의 배관재료로서 가장 부적합한 재료는?
① 연관
② 배관용 탄소강관(백관)
③ 배관용 탄소강관(흑관)
④ 압력배관용 탄소강관

해설 배관은 배관용탄소강관(KS D 3507) 또는 배관내 사용압력이 1.2MPa 이상일 경우에는 압력배관용 탄소강관(KS D 3562) 또는 이음매 없는 동 및 동합금(KS D 5301)의 배관용 동관

15 바닥면적이 30 m²인 변압기실에 물분무소화설비를 설치하려고 한다. 바닥부분을 제외한 절연유 봉입 변압기의 표면적을 합한 면적이 3 m²일 때, 수원의 최소 저수량(L)은?
① 450
② 600
③ 900
④ 1,200

해설 수원 = 바닥부분을 제외한 표면적[m²] × 10 L/min·m² × 20min
= 3m² × 10 L/min·m² × 20min = 600L

16 물분무소화설비의 화재안전기술기준에 관한 설명으로 옳지 않은 것은?
① 220kV 초과 274kV 이하인 전압의 전기기기가 있는 장소에 있어서는 전기기기와 물분무헤드 사이에 210cm 이상 거리를 두어야 한다.
② 물분무소화설비를 설치하는 차고 또는 주차장의 배수구에는 새어나온 기름을 모아 소화할 수 있도록 길이 40m 이하마다 집수관·소화핏트 등 기름분리장치를 설치하여야 한다.
③ 수원은 절연유 봉입 변압기에 있어서 바닥부분을 제외한 표면적을 합한 면적 1m²에 대하여 10L/min로 20분간 방수할 수 있는 양 이상으로 하여야 한다.
④ 운전 시에 표면의 온도가 260℃ 이상으로 되는 등 직접 분무를 하는 경우 그 부분에 손상을 입힐 우려가 있는 기계장치 등이 있는 장소에는 물분무헤드를 설치하지 아니할 수 있다.

해설 물분무헤드와 전기기기 사이의 이격거리

전압[kV]	거리[cm]	전압[kV]	거리[cm]
66이하	70이상	154초과 181이하	180이상
66초과 77이하	80이상	181초과 220이하	210이상
77초과 110이하	110이상	220초과 275이하	260이상
110초과 154이하	150이상	–	–

17 절연유 봉입변압기 설비에 물분무소화설비를 설치한 경우 필요한 저수량(m^3)은 얼마인가?(단, 바닥면적을 제외한 변압기의 표면적은 $24m^2$)

① 1.2 ② 2.4 ③ 3.6 ④ 4.8

해설 저수량
바닥을 제외한 표면적[m^2]×10[L/min·m^2] × 20[min] = 24×10×20 = 4,800[L] = 4.8[m^3]

18 물분무소화설비의 화재안전기술기준상 물분무헤드의 설치제외 장소로 옳지 않은 것은?

① 물에 심하게 반응하는 물질 또는 물과 반응하여 위험한 물질을 생성하는 물질을 저장 또는 취급하는 장소
② 고온의 물질 및 증류범위가 넓어 끓어 넘치는 위험이 있는 물질을 저장 또는 취급하는 장소
③ 운전시에 표면의 온도가 260 ℃ 이상으로 되는 등 직접 분무를 하는 경우 그 부분에 손상을 입힐 우려가 있는 기계장치 등이 있는 장소
④ 통신기기실 · 전자기기실 · 기타 이와 유사한 장소

해설 통신기기실 · 전자기기실 · 기타 이와 유사한 장소 : 스프링클러헤드 설치제외 장소이다.

제8장 미분무소화설비

1 용어 정의 ★★★

용어	정의
미분무소화설비	가압된 물이 헤드 통과 후 미세한 입자로 분무됨으로써 소화성능을 가지는 설비를 말하며, 소화력을 증가시키기 위해 강화액 등을 첨가할 수 있다.
미분무	물만을 사용하여 소화하는 방식으로 최소설계압력에서 헤드로부터 방출되는 물입자 중 99%의 누적체적분포가 400μm 이하로 분무되고 A, B, C급화재에 적응성을 갖는 것
저압 미분무 소화설비	최고사용압력이 1.2MPa 이하인 미분무소화설비
중압 미분무 소화설비	사용압력이 1.2MPa을 초과하고 3.5MPa 이하인 미분무소화설비
고압 미분무 소화설비	최저사용압력이 3.5MPa을 초과하는 미분무소화설비
호스릴방식	미분무건을 소화수 저장용기 등에 연결하여 사람이 직접 화점에 소화수를 방출하는 소화설비
교차회로방식	하나의 방호구역 내에 2 이상의 화재감지기회로를 설치하고 인접한 2 이상의 화재감지기에 화재가 감지되어 작동되는 때에 소화설비가 작동하는 방식

2 수원

1. 사용되는 필터 또는 스트레이너의 메쉬는 헤드 오리피스 지름의 **80% 이하**
2. **수원의 양 ★★★**

$$Q = N \times D \times T \times S + V$$

Q : 수원의 양(m^3)
N : 방호구역(방수구역)내 헤드의 개수
D : 설계유량(m^3/min)
T : 설계방수시간(min)
S : 안전율(1.2이상)
V : 배관의 총체적(m^3)

3 배관

1. 설비에 사용되는 구성요소는 STS 304 이상의 재료를 사용

2. 배관은 **배관용 스테인리스 강관**(KS D 3576)이나 이와 동등 이상의 강도·내식성 및 내열성을 가진 것으로 해야 하고, 용접할 경우 용접찌꺼기 등이 남아 있지 아니해야 하며, 부식의 우려가 없는 용접방식

3. **성능시험배관**

   1) 성능시험배관은 펌프의 토출 측에 설치된 개폐밸브 이전에서 분기하여 직선으로 설치하고, 유량측정장치를 기준으로 전단 직관부에는 개폐밸브를 후단 직관부에는 유량조절밸브를 설치할 것. 이 경우 개폐밸브와 유량측정장치 사이의 직관부 거리 및 유량측정장치와 유량조절밸브 사이의 직관부 거리는 해당 유량측정장치 제조사의 설치사양에 따르고, 성능시험배관의 호칭지름은 유량측정장치의 호칭지름에 따른다.

   2) 유량측정장치는 펌프의 **정격토출량의 175% 이상** 측정할 수 있는 성능이 있을 것

   3) 가압송수장치의 체절운전 시 수온의 상승을 방지하기 위하여 체크밸브와 펌프사이에서 분기한 구경 **20 mm 이상**의 배관에 체절압력 미만에서 개방되는 릴리프밸브를 설치할 것

4. **수직배수배관의 구경** : 50mm 이상

5. **미분무설비 배관의 배수를 위한 기울기** ★★

   1) 폐쇄형 미분무 소화설비 : 수평으로 할 것. 다만, 배관의 구조상 소화수가 남아 있는 곳에는 배수밸브를 설치할 것

   2) 개방형 미분무 소화설비 : 헤드를 향하여 상향으로 **수평주행배관의 기울기 500분의 1 이상, 가지배관의 기울기를 250분의 1 이상**

6. **호스릴방식 설치기준** ★★★

   1) 차고 또는 주차장 외의 장소에 설치하되 방호대상물의 각 부분으로부터 하나의 호스 접결구까지의 수평거리가 **25 m 이하**

   2) 소화약제 저장용기의 개방밸브는 호스의 설치 장소에서 수동으로 개폐할 수 있는 것으로 할 것

4 음향장치 및 기동장치 ★

1. 폐쇄형 미분무헤드가 개방되면 화재신호를 발신하고 그에 따라 음향장치가 경보되도록 할 것
2. 개방형미분무설비는 화재감지기의 감지에 따라 음향장치가 경보되도록 할 것
3. 음향장치는 방호구역 또는 방수구역마다 설치하되 그 구역의 각 부분으로부터 하나의 음향장치까지의 **수평거리는 25m 이하**
4. 주음향장치는 수신기의 내부 또는 그 직근에 설치할 것
5. **층수가 11층(공동주택의 경우 16층)이상**의 특정소방대상물 → 우선경보방식

발화층	경보층
2층 이상의 층에서 발화	발화층 및 그 직상 4개층
1층에서 발화	발화층과 그 직상 4개층 및 지하층
지하층에서 발화	발화층·그 직상층 및 기타의 지하층

6. **음향장치의 구조 및 성능 ★★**
   ① **정격전압의 80% 전압**에서 음향을 발할 수 있는 것으로 할 것
   ② 음향의 크기는 부착된 음향장치의 중심으로부터 **1m** 떨어진 위치에서 **90dB 이상**이 되는 것

5 헤드 ★★★

1. 미분무설비에 사용되는 헤드는 **조기반응형 헤드**를 설치
2. 폐쇄형 미분무헤드

$$T_a = 0.9\,T_m - 27.3$$

여기에서, T_a : 최고주위온도(℃)
T_m : 헤드의 표시온도(℃)

예제 1. 폐쇄형미분무헤드를 설치하는 경우에 헤드의 표시온도가 75[℃]일 때 설치장소의 최고주위온도는 몇 [℃]인가?

① 27.3[℃]　　② 37.3[℃]　　③ 40.2[℃]　　④ 47.7[℃]

해설 최고주위온도 $T_a = 0.9 \times T_m - 27.3[℃] = 0.9 \times 75 - 27.3 = 40.2[℃]$

정답 ③

제8장 출제예상문제

01 미분무소화설비의 화재안전기준에서 정의한 미분무로 옳은 것은?
① 헤드로부터 방출되는 물입자 중 99%의 누적체적분포가 200 ㎛ 이하
② 헤드로부터 방출되는 물입자 중 99%의 누적체적분포가 400 ㎛ 이하
③ 헤드로부터 방출되는 물입자 중 99%의 누적체적분포가 600 ㎛ 이하
④ 헤드로부터 방출되는 물입자 중 99%의 누적체적분포가 1000 ㎛ 이하

해설 미분무수의 정의 : 물만을 사용하여 소화하는 방식으로 최소설계압력에서 헤드로부터 방출되는 물입자 중 99%의 누적체적분포가 400 ㎛ 이하로 분무되고 A급, B급, C급 화재에 적응성을 갖는 것

02 미분무소화설비에서 정의하는 용어에 대한 설명으로 옳지 않은 것은?
① 폐쇄형미분무헤드라 함은 정상상태에서 방수구를 막고 있는 감열체가 일정 온도에서 자동적으로 파괴·용융 또는 이탈됨으로써 방수구가 개방되는 헤드
② 중압 미분무소화설비라 함은 사용압력이 1.2 MPa을 초과하고 3.5 MPa 이하인 미분무소화설비
③ 개방형미분무수설비라 함은 화재감지기의 신호를 받아 가압송수장치를 동작시켜 미분무수를 방출하는 방식의 미분무소화설비
④ 국소방출방식이라 함은 미분무건을 소화수 저장용기 등에 연결하여 사람이 직접 화점에 소화수를 방출하는 소화설비

해설 국소방출방식 : 고정식 미분무소화설비에 배관 및 헤드를 설치하여 직접 화점에 소화수를 방출하는 설비로서 화재발생 부분에 집중적으로 소화수를 방출하도록 설치하는 방식

03 설계유량 0.1[m³/min], 방호구역 내 헤드의 수량이 10개, 설계방수시간을 20분, 배관의 총체적을 2[m³], 안전율을 1.2로 하는 경우에 미분무소화설비의 수원의 양은 얼마 이상이어야 하는가?
① 16[m³]
② 26[m³]
③ 36[m³]
④ 46[m³]

해설 수원 Q = N × D × T × S + V = 10 × 0.1m³/min × 20min × 1.2 + 2m³ = 26[m³]

정답 1. ② 2. ④ 3. ②

04 미분무소화설비의 방수구역 내에 설치된 미분무헤드의 개수가 20개, 헤드 1개당 설계유량은 50 L/min, 방사시간 1시간, 배관의 총 체적 0.06 m³이며, 안전율은 1.2일 경우 본 소화설비에 필요한 최소 수원의 양(m³)은?

① 72.06   ② 74.06   ③ 76.06   ④ 78.06

해설 $Q = N \times D \times T \times S + V = 20 \times 0.05 \times 60 \times 1.2 + 0.06 = 72.06 [m^3]$

05 미분무소화설비 수직배수배관의 구경은 최소 얼마 이상이어야 하는가?

① 32 mm   ② 40 mm   ③ 50 mm   ④ 65 mm

해설 수직배수배관의 구경 : 50 mm 이상

06 호스릴방식의 미분무소화설비는 방호대상물의 각 부분으로부터 하나의 호스 접결구까지의 수평거리가 몇 m 이하가 되도록 하여야 하는가?

① 15m   ② 20m   ③ 25m   ④ 40m

해설 하나의 호스 접결구까지의 수평거리가 25m 이하

07 폐쇄형미분무헤드를 설치하는 경우에 설치장소의 평상시 최고주위온도가 50℃ 라고 하면 헤드의 표시온도는 얼마인가?

① 65.89℃   ② 75.89℃   ③ 85.89℃   ④ 95.89℃

해설 헤드의 표시온도
최고주위온도 $Ta = 0.9Tm - 27.3℃$ 에서 $50 = 0.9Tm - 27.3$, 표시온도 $Tm = 85.89℃$

08 미분무소화설비의 소화수조 기준으로 옳지 않은 것은?

① 동결방지조치를 하거나 동결의 우려가 없는 장소에 설치할 것
② 수조가 실내에 설치된 때에는 그 실내에 조명 설비를 설치할 것
③ 타 소화설비와 겸용설치가 가능하며 점검에 편리한 곳에 설치할 것
④ 수조의 외측에 수위계를 설치할 것.

해설 미분무 소화설비용 수조 기준
① 전용으로 하며 점검에 편리한 곳에 설치할 것
② 수조의 상단이 바닥보다 높은 때에는 수조의 외측에 고정식 사다리를 설치할 것
③ 수조의 밑 부분에는 청소용 배수밸브 또는 배수관을 설치할 것

정답 4. ① 5. ③ 6. ③ 7. ③ 8. ③

제9장 포소화설비

1 용어정의 ★★★

용어	정의
팽창비	최종 발생한 포 체적을 원래 포 수용액 체적으로 나눈 값
포워터스프링클러설비	포워터스프링클러헤드를 사용하는 포소화설비
포헤드설비	포헤드를 사용하는 포소화설비
송액관	수원으로부터 포헤드·고정포방출구 또는 이동식포노즐 등에 급수하는 배관
펌프 프로포셔너방식	펌프의 토출관과 흡입관 사이의 배관 도중에 설치한 흡입기에 펌프에서 **토출된 물의 일부**를 보내고, **농도 조정밸브**에서 조정된 포 소화약제의 필요량을 포 소화약제 탱크에서 펌프 흡입측으로 보내어 이를 혼합하는 방식
프레셔 프로포셔너방식	펌프와 발포기의 중간에 설치된 **벤추리관의 벤추리작용**과 펌프 가압수의 포 소화약제 **저장탱크에 대한 압력**에 따라 포 소화약제를 흡입·혼합하는 방식
라인 프로포셔너방식	펌프와 발포기의 중간에 설치된 **벤추리관의 벤추리작용**에 따라 포 소화약제를 흡입·혼합하는 방식
프레셔사이드 프로포셔너방식	펌프의 토출관에 **압입기**를 설치하여 포 소화약제 압입용펌프로 포 소화약제를 압입시켜 혼합하는 방식
압축공기포소화설비	압축공기 또는 압축질소를 일정비율로 포수용액에 강제 주입 혼합하는 방식
압축공기포 믹싱챔버방식	물, 포 소화약제 및 공기를 믹싱챔버로 강제주입시켜 챔버 내에서 포수용액을 생성한 후 포를 방사하는 방식

2 종류 및 적응성

특정소방대상물의 종류	적응하는 포소화설비
특수가연물을 저장·취급하는 공장 또는 창고	포워터스프링클러설비·포헤드설비 또는 고정포방출설비, 압축공기포소화설비
차고 또는 주차장	포워터스프링클러설비·포헤드설비 또는 고정포방출설비, 압축공기포소화설비. 다만, 다음의 어느 하나에 해당하는 차고·주차장의 부분에는 호스릴포소화설비 또는 포소화전설비를 설치할 수 있다. ① 완전 개방된 옥상주차장 또는 고가 밑의 주차장으로서 주된 벽이 없고 기둥뿐이거나 주위가 위해방지용 철주 등으로 둘러쌓인 부분 ② 지상 1층으로서 지붕이 없는 부분
항공기격납고	포워터스프링클러설비·포헤드설비 또는 고정포방출설비, 압축공기포소화설비. 다만, 바닥면적의 합계가 1,000 m^2 이상이고 항공기의 격납위치가 한정되어 있는 경우에는 그 한정된 장소 외의 부분에 대하여는 호스릴포소화설비를 설치할 수 있다.
발전기실, 엔진펌프실, 변압기, 전기케이블실, 유압설비	바닥면적의 합계가 300 m^2 미만의 장소에는 고정식 압축공기포소화설비를 설치 할 수 있다.

3 수원 ★★★

1. 특수가연물을 저장·취급하는 공장 또는 창고

1) 포워터스프링클러설비 또는 포헤드설비

> 수원 Q = N × 표준방사량 × 10분 이상
> N : 가장 많이 설치된 층의 포헤드(바닥면적이 200 m^2를 초과한 층은 바닥면적 200 m^2 이내 설치된 포헤드)수

2) 고정포방출설비

> 수원 Q = N × 표준방사량 × 10분 이상
> N : 방호구역 안에 가장 많이 설치된 고정포방출구의 수량

3) 이 경우 하나의 공장 또는 창고에 포워터스프링클러설비·포헤드설비 또는 고정포방출설비가 함께 설치된 때에는 각 설비별로 산출된 저수량 중 최대의 것을 그 특정소방대상물에 설치해야 할 수원의 양

2. 차고 또는 주차장 : 호스릴포소화설비 또는 포소화전설비의 경우

> 수원 Q = N × 6m³ 이상
> N : 가장 많이 설치된 층의 방수구(5개 이상은 5개) 수

이 경우 하나의 차고 또는 주차장에 호스릴포소화설비·포소화전설비·포워터스프링클러설비·포헤드설비 또는 고정포방출설비가 함께 설치된 때에는 각 설비별로 산출된 저수량 중 최대의 것을 그 차고 또는 주차장에 설치해야 할 수원의 양으로 한다.

예제 1. 주차장에 방수구가 6개 설치된 경우 보유하여야 하는 최소 수원의 양[m³]은?

① 18m³   ② 24m³   ③ 30m³   ④ 36m³

해설 수원 Q = N × 6m³ 이상 = 5 × 6m³ 이상 = 30m³ 이상

정답 ③

3. 항공기격납고

1) 포워터스프링클러설비 또는 포헤드설비 또는 고정포방출설비

> 수원 Q = N × 표준방사량 × 10분 이상
> N : 가장 많이 설치된 항공기격납고의 포헤드 또는 고정포방출구수

2) 호스릴포소화설비

> 수원 Q = N × 6m³ 이상
> N : 가장 많이 설치된 격납고의 호스릴방수구 수(5개 이상은 5개)

3) 수원 = 1) + 2)

4. 압축공기포소화설비

> 수원=방호구역의 면적[m²]×설계방출밀도[L/min·m²]×10분[min] 이상
> ① 일반가연물, 탄화수소류 :
>   방호구역의 면적[m²]×1.63[L/min·m²]×10분[min] 이상
> ② 특수가연물, 알코올류와 케톤류 :
>   방호구역의 면적[m²]×2.3[L/min·m²]×10분[min] 이상

4 가압송수장치

1. 가압송수장치의 표준방사량

구분	표준 방사량
포워터스프링클러헤드	75L/min 이상 (수원 : N × 75L/min × 10min 이상)
포헤드, 고정포방출구, 이동식포노즐, **압축공기포헤드**	각 포헤드 또는 고정포방출구 또는 이동식포노즐의 설계압력에 따라 방출되는 소화약제의 양

2. 양정계산

구분	양정계산	비고
펌프 방식	$H = h_1 + h_2 + h_3 + h_4$	H : 펌프의 양정(m) h_1 : 방출구의 설계압력 환산수두 또는 노즐선단의 방사압력 환산수두(m) h_2 : 배관의 마찰손실수두(m) h_3 : 낙차(m) h_4 : 호스의 마찰손실수두(m)
고가수조 방식	$H = h_1 + h_2 + h_3$	H : 필요한 낙차[m] h_1 : 방출구의 설계압력 환산수두 또는 노즐선단의 방사압력 환산수두 h_2 : 배관의 마찰손실수두 h_3 : 호스의 마찰손실수두
압력수조 방식	$P = p_1 + p_2 + p_3 + p_4$	P : 필요한 압력(MPa) p_1 : 방출구의 설계압력 환산수두 또는 노즐선단의 방사압력(MPa) p_2 : 배관의 마찰손실수두압(MPa) p_3 : 낙차의 환산수두압(MPa) p_4 : 호스의 마찰손실수두압(MPa)
압축공기포소화설비에 설치되는 펌프의 양정	0.4 MPa 이상	

3. 가압송수장치의 구성요소

구분	구성요소
고가수조	수위계, 배수관, 급수관, 오버플로우관, 맨홀
압력수조	수위계, 급수관, 배수관, 급기관, 맨홀, 압력계, 안전장치, 자동식 공기압축기

5 배관 등 ★★★

1. 송액관

포의 방출 종류후 배관안의 액을 배출하기 위하여 적당한 기울기를 유지하도록 하고 그 낮은 부분에 배액밸브를 설치

2. 연결송수관설비의 배관과 겸용할 경우의 주배관은 구경 100 mm 이상, 방수구로 연결되는 배관의 구경은 65 mm 이상

3. 압축공기포소화설비의 배관은 토너먼트방식, 소화약제가 균일하게 방출되는 등거리 배관구조로 설치

6 포 소화약제의 저장량

1. 고정포방출구 방식 ★★★

1) 고정포방출구에서 방출하기 위하여 필요한 양

> $Q = A \times Q_1 \times T \times S$
> Q : 포 소화약제의 양(L)
> A : 저장탱크의 액표면적(m^2)
> Q_1 : 단위 포소화수용액의 양($L/m^2 \cdot min$)
> T : 방출시간(min)
> S : 포 소화약제의 사용농도(%)

2) 보조 소화전에서 방출하기 위하여 필요한 양

> $Q = N \times S \times 8,000L$
> Q : 포 소화약제의 양(L)
> N : 호스 접결구 개수(3개 이상인 경우는 3)
> S : 포 소화약제의 사용농도(%)

3) 가장 먼 탱크까지의 송액관(내경 75mm 이하의 송액관을 제외한다)에 충전하기 위하여 필요한 양

> $Q = V \times S \times 1,000 \, L/m^3$
> Q : 포 소화약제의 양(L)
> V : 송액관 내부의 체적(m^3)
> S : 포 소화약제의 사용농도(%)

4) 저장량 = 1) + 2) + 3) 이상

2. 옥내포소화전방식 또는 호스릴방식 ★★★

1) 저장량

> $Q = N \times S \times 6,000L$ 이상
> Q : 포 소화약제의 양(L)
> N : 호스 접결구 개수(5개 이상인 경우는 5)
> S : 포 소화약제의 사용농도(%)

2) 바닥면적이 200 m² 미만인 건축물

$Q = N \times S \times 6,000 \times 0.75L$ 이상
Q : 포 소화약제의 양(L)
N : 호스 접결구 개수(5개 이상인 경우는 5)
S : 포 소화약제의 사용농도(%)

3. 포헤드방식 및 압축공기포소화설비

Q = 방사구역내 설치된 포헤드 수량×표준방사량×10분×약제농도

7 혼합장치

> 1. 펌프 프로포셔너방식
> 2. 프레셔 프로포셔너방식
> 3. 라인 프로포셔너방식
> 4. 프레셔 사이드 프로포셔너방식
> 5. 압축공기포 믹싱챔버방식

8 기동장치

1. 포소화설비의 수동식 기동장치 기준

1) 기동장치의 조작부 : 바닥으로부터 **0.8m 이상 1.5m 이하**
2) **차고** 또는 **주차장**에 설치하는 포소화설비의 수동식 기동장치는 방사구역마다 **1개 이상** 설치

3) **항공기격납고**에 설치하는 포소화설비의 수동식 기동장치는 각 방사구역마다 2개 이상을 설치, 그중 1개는 각 방사구역으로부터 가장 가까운 곳 또는 조작에 편리한 장소에 설치하고, 1개는 화재감지기의 수신기를 설치한 감시실 등에 설치

2. 포소화설비의 자동식 기동장치 ★★

1) 폐쇄형스프링클러헤드를 사용하는 경우
   ① 표시온도가 **79℃** 미만, 1개의 스프링클러헤드의 경계면적은 **20 m² 이하**
   ② 부착면의 높이 : **바닥으로부터 5m 이하**
   ③ 하나의 감지장치 경계구역은 하나의 층이 되도록 할 것

2) 화재감지기를 사용하는 경우 발신기 설치기준
   ① 조작이 쉬운 장소, 스위치는 바닥으로부터 **0.8m 이상 1.5m 이하**
   ② 층마다 설치, 해당 특정소방대상물의 각 부분으로부터 **수평거리 25m 이하**. 다만, 복도 또는 별도로 구획된 실로서 보행거리가 40m 이상일 경우에는 추가로 설치
   ③ 발신기 위치표시등 : 함의 상부에 설치, 불빛은 부착면으로부터 **15° 이상**, **10m 이내**의 어느 곳에서도 쉽게 식별할 수 있는 **적색등**으로 할 것

9 팽창비 및 고정포방출구

1. 팽창비 ★★★

1) 팽창비율

팽창비율에 따른 포의 종류	포방출구의 종류
팽창비가 20 이하(저발포)	포헤드, 압축공기포헤드
팽창비가 80 이상 1,000 미만(고발포)	고발포용 고정포방출구

2) 기계포의 분류
   ① 제1종 기계포 : 팽창비가 80배 이상 250배 미만
   ② 제2종 기계포 : 팽창비가 250배 이상 500배 미만
   ③ 제3종 기계포 : 팽창비가 500배 이상 1000배 미만

3) 팽창비

$$\text{팽창비} = \frac{\text{팽창된 포의 체적}}{\text{포 수용액의 체적}}$$

2. 포헤드 기준 ★★★

1) 포워터스프링클러헤드 및 포헤드의 수량 계산

> ① **포워터스프링클러헤드 수량** : 바닥면적/ $8 \ m^2$
>
> ② **포헤드 수량** : 바닥면적/ $9 \ m^2$

2) 포헤드의 포 소화약제에 따른 1분당 방사량($L/\min \cdot m^2$)

소 방 대 상 물	포 소화약제의 종류	바닥면적 1m²당 방사량
차고·주차장 및 항공기격납고	단백포 소화약제	6.5L 이상
	합성계면활성제포 소화약제	8.0L 이상
	수성막포 소화약제	3.7L 이상
특수가연물을 저장·취급하는 소방대상물	단백포 소화약제	6.5L 이상
	합성계면활성제포 소화약제	
	수성막포 소화약제	

3) 특정소방대상물의 보가 있는 부분의 포헤드 설치기준

포헤드와 보의 하단의 수직거리	포헤드와 보의 수평거리
0	0.75m 미만
0.1m 미만	0.75m 이상 1m 미만
0.1m 이상 0.15m 미만	1m 이상 1.5m 미만
0.15m 이상 0.30m 미만	1.5m 이상

4) 포헤드 상호간 이격거리

　① **정방형**으로 배치한 경우에는 다음의 식에 따라 산정한 수치 이하

> $S = 2 \times r \times \cos 45°$
> 　S : 포헤드 상호간의 거리(m), r : 유효반경(2.1m)

　② 장방형으로 배치한 경우에는 그 대각선의 길이 이하

> 　pt = 2r (pt : 대각선의 길이(m), r : 유효반경(2.1m))

5) 포헤드와 벽 방호구역의 경계선과는 $\frac{1}{2}S$ 이하의 거리를 둘 것

6) 압축공기포소화설비의 분사헤드

① 분사헤드의 수량 계산 ★★★

> 유류탱크 주위 : 바닥면적[m²] / 13.9[m²]
> 특수가연물저장소 : 바닥면적[m²] / 9.3[m²]

② 분당 방출량

방호대상물	방호면적 1m²에 대한 1분당 방출량
특수가연물	2.3L
기타의 것	1.63L

3. 호스릴포소화설비 또는 포소화전설비 기준 ★★★

1) 특정소방대상물의 어느 층에 있어서도 그 층에 설치된 호스릴포방수구 또는 포소화전방수구(호스릴포방수구 또는 포소화전방수구가 **5개 이상** 설치된 경우에는 5개)를 동시에 사용할 경우 각 이동식 포노즐 선단의 포수용액 **방사압력이 0.35 MPa 이상**이고 300 L/min 이상(1개층의 바닥면적이 200 m² 이하인 경우에는 230 L/min 이상)의 포수용액을 수평거리 15 m 이상으로 방사할 수 있도록 할 것
2) **저발포**의 포소화약제를 사용할 수 있는 것으로 할 것
3) 호스릴 또는 호스를 호스릴포방수구 또는 포소화전방수구로 분리하여 비치하는 때에는 그로부터 **3m 이내**의 거리에 호스릴함 또는 호스함을 설치할 것
4) 호스릴함 또는 호스함은 바닥으로부터 **높이 1.5m 이하**의 위치에 설치
5) 방호대상물의 각 부분으로부터 하나의 호스릴포방수구까지의 **수평거리는 15m 이하**(포소화전방수구의 경우에는 25m 이하)

4. 고발포용포방출구 기준 ★★★

1) 전역방출방식의 고발포용고정포방출구

> ① **수원 = 관포체적[m³] × 포수용액 방출량[L/min · m³] × 10min**
> 　관포체적(해당 바닥 면으로부터 방호대상물의 **높이보다 0.5m 높은 위치**까지의 체적)
> ② 고정포방출구의 수량 : 바닥면적 **500m²마다 1개 이상**
> ③ 고정포방출구는 방호대상물의 최고부분보다 **높은 위치**에 설치
> ④ 소방대상물 및 포의 팽창비에 따른 고정포방출구의 방출량(L/min · m³)

소방대상물	포의 팽창비	1 m³에 대한 분당 포수용액 방출량 (L/min · m³)
항공기격납고	팽창비 80이상 250미만	2.00L
	팽창비 250이상 500미만	0.50L
	팽창비 500이상 1,000미만	0.29L
차고 또는 주차장	팽창비 80이상 250미만	1.11L
	팽창비 250이상 500미만	0.28L
	팽창비 500이상 1,000미만	0.16L
특수가연물을 저장 또는 취급하는 소방대상물	팽창비 80이상 250미만	1.25L
	팽창비 250이상 500미만	0.31L
	팽창비 500이상 1,000미만	0.18L

2) 국소방출방식의 고발포용고정포방출구

① 수원[L] = 방호면적[m²] × 방출량[L/min/m²] × 10min

② 방호면적 : 방호대상물의 높이의 **3배**(1m 미만의 경우에는 1m)의 거리를 수평으로 연장한 선으로 둘러 쌓인 부분의 면적

③ 방출량($L/min \cdot m^2$)

방호대상물	방호면적 1m²에 대한 1분당 방출량
특수가연물	3L
기타의 것	2L

제9장 출제예상문제

01 포소화약제의 혼합장치로서 펌프와 발포기의 중간에 벤추리관을 설치하여 벤추리 작용에 따라 소화약제를 흡입·혼합하는 방식으로 옳은 것은?
① 프레셔 프로포셔너 방식
② 펌프 프로포셔너 방식
③ 라인 프로포셔너 방식
④ 프레셔사이드 프로포셔너 방식

해설 프로포셔너 방식

프레셔 프로포셔너 방식	벤추리 작용 + 저장탱크에 대한 압력
펌프 프로포셔너 방식	토출된 물의 일부 + 농도조정 밸브
라인 프로포셔너 방식	벤추리작용
프레셔사이드 프로포셔너 방식	압입기

02 팽창비를 나타내는 식은?
① 원래 포수용액 체적/최종 발생한 포 체적
② 원래 포수용액 체적 – 최종 발생한 포 체적
③ 최종 발생한 포 체적/원래 포수용액 체적
④ 원래 포수용액 체적 + 최종 발생한 포 체적

해설 최종 발생한 포 체적을 원래 포 수용액 체적으로 나눈 값

03 포 소화설비에서 특수가연물을 저장·취급하는 공장 또는 창고에 설치할 수 없는 포 소화설비는?
① 포헤드설비
② 고정포방출설비
③ 포소화전설비
④ 포워터스프링클러설비

해설 특수가연물을 저장·취급하는 공장 또는 창고, 차고 또는 주차장, 항공기 격납고에 적응성 : 포워터스프링클러설비·포헤드설비 또는 고정포방출설비, 압축공기포 소화설비

정답 1. ③ 2. ③ 3. ③

04 포소화설비에서 포워터스프링클러헤드가 5개 설치된 경우 수원의 양[m³]은?

① $1.75 m^3$ ② $2.75 m^3$ ③ $3.75 m^3$ ④ $4.75 m^3$

해설 수원 Q = N × 표준방사량 × 10분 이상
N : 가장 많이 설치된 층의 포헤드(200 m² 이내 설치된 포헤드)수
Q = N × 75[L/min] × 10[min] = 5 × 75[L/min] × 10[min] = 3,750[L] = 3.75[m³]

05 주차장(바닥면적 200 m²)에 포소화전설비를 설치하였다. 수원의 양은 얼마 이상이어야 하는가?(단, 포소화전은 층마다 3개가 설치되어 있다.)

① $7.8\ m^3$ ② $13.5\ m^3$ ③ $18\ m^3$ ④ $36\ m^3$

해설 수원 Q = N × 6m³ 이상
N : 가장 많이 설치된 층의 방수구(5개 이상은 5개)수
Q = N × 6m³ 이상 = 3 × 6m³ = 18 이상

06 직경이 30 m인 위험물탱크에 고정포 방출구를 1개 설치하였다. 소화에 필요한 약제량은 약 얼마인가?(단, 포면적당 방출량 4L/m²·분, 3% 원액, 방출시간 20분)

① 1,700L 이상   ② 2,546L 이상
③ 2,950L 이상   ④ 3,280L 이상

해설 Q = A × Q₁ × T × S
Q : 포 소화약제의 양(L), A : 탱크의 액표면적(m²)
Q₁ : 단위 포소화수용액의 양(L/m² · min)
T : 방출시간(min), S : 포 소화약제의 사용농도(%)
$Q = \frac{\pi}{4} \times 30^2 [m^2] \times 4\ [L/m^2 \cdot min] \times 20[min] \times 0.03 = 1696.46L ≒ 1,700L$

07 이 탱크 벽면으로부터 내부로 0.5m 떨어져서 설치된 직경 20m의 플로팅루프 탱크에 고정포 방출구가 설치되어 있다. 고정포 방출구로부터 포방출량은 약 몇 L/min 이상이어야 하는가? (단, 포 방출량은 탱크벽면과 굽도리판 사이의 환상면적 m²당 4L/min 이상을 기준으로 한다.)

① 1134.5   ② 1256.5
③ 91.5   ④ 122.5

해설 방출량
① 탱크의 액 표면적
D = 20m, d = (D−2 × 굽도리판 간격) = (20m−2 × 0.5m) = 19m

정답 4. ③   5. ③   6. ①   7. ④

$$A = \frac{\pi}{4} \times (20^2 - 19^2) = 30.63 \text{m}^2$$

② 포 방출량 $Q = A \times Q_2 = 30.63 \text{m}^2 \times 4\ell/\text{min} \cdot \text{m}^2 = 122.52\ell/\text{min}$

08 위험물 저장탱크에 고정포방출구 포소화설비를 설치하고 탱크 주위에 보조소화전을 2개소 설치하였다. 보조소화전에서 방출하기 위하여 필요한 소화약제의 양은?(단, 소화약제는 6[%] 단백포이다.)

① 240L 이상　　　　　　　　② 480L 이상
③ 720L 이상　　　　　　　　④ 960L 이상

해설 Q = N×S×8,000L
　　　Q : 포 소화약제의 양(L)
　　　N : 호스 접결구수(3개 이상인 경우는 3)
　　　S : 포 소화약제의 사용농도(%)
　　　약제량 Q = N×S×8,000L = 2×0.06×8000 = 960L

09 바닥면적 200제곱미터인 호스릴 방식의 포소화설비를 설치한 건축물 내부에 호스접결구가 2개이고, 약제농도 3[%]형을 사용할 때 포소화약제의 최소 필요량은 몇 [L]인가?

① 270　　　　② 320　　　　③ 360　　　　④ 540

해설 Q = N×S×6,000L 이상
　　　Q : 포 소화약제의 양(L)
　　　N : 호스 접결구 수(5개 이상인 경우는 5)
　　　S : 포 소화약제의 사용농도(%)
　　　약제량 = N×S×6,000 = 2×0.03×6,000 = 360L

10 바닥면적이 150[m²]인 주차장에 호스릴방식으로 포소화설비를 하였다. 이곳에 설치한 포 방출구는 5개이고 포소화약제의 농도는 6[%]이다. 이때 필요한 포소화약제의 양(L)은 얼마인가?

① 810L　　　　② 1,080L　　　　③ 1,350L　　　　④ 1,800L

해설 바닥면적이 200m² 미만인 건축물
　　　Q = N×S×6,000×0.75L 이상
　　　Q : 포 소화약제의 양(L)
　　　N : 호스 접결구 수(5개 이상인 경우는 5)
　　　S : 포 소화약제의 사용농도(%)
　　　약제량 Q = N×S×6,000×0.75 = 5개×0.06×6,000×0.75 = 1,350L
　　　(바닥면적이 200m² 미만은 산출량의 75%를 적용한다)

정답 8. ④　9. ③　10. ③

11 항공기격납고에 설치하는 포소화설비의 수동식 기동장치는 각 방사구역마다 몇 개 이상 설치하여야 하는가?

① 1개　　　　　　　　　　　　② 2개
③ 3개　　　　　　　　　　　　④ 4개

해설 항공기 격납고에 설치하는 포소화설비의 수동식 기동장치는 각 방사구역마다 2개 이상을 설치하여야 한다.

12 포소화설비의 자동식 기동장치로 폐쇄형스프링클러헤드를 사용하는 경우에는 표시온도가 몇 [℃] 미만, 1개의 스프링클러헤드의 경계면적은 몇 [m^2] 이하로 하여야 하는가?

① 74℃ 미만, 20m^2 이하
② 79℃ 미만, 20m^2 이하
③ 74℃ 미만, 40m^2 이하
④ 79℃ 미만, 40m^2 이하

해설 폐쇄형스프링클러헤드 사용하는 경우
　　　표시온도가 79℃ 미만인 것을 사용하고, 1개의 스프링클러헤드의 경계면적은 20m^2 이하로 할 것

13 폐쇄형스프링클러 헤드를 사용하는 포소화설비 자동기동장치에 대한 설명으로 잘못된 것은?

① 하나의 감지장치 경계구역은 하나의 층이 되도록 할 것
② 표시 온도가 79℃ 미만인 것을 사용할 것
③ 1개의 스프링클러헤드의 경계 면적은 20m^2 이하로 할 것
④ 부착면의 높이는 바닥으로부터 3m 이하로 할 것

해설 부착면의 높이는 바닥으로부터 5m 이하, 화재를 유효하게 감지할 수 있도록 할 것

14 포소화설비의 자동식 기동장치로 폐쇄형스프링클러헤드를 사용하는 경우 설치기준으로 옳지 않은 것은?

① 표시온도가 103℃ 이상인 것을 사용할 것
② 부착면의 높이는 바닥으로부터 5m 이하로 할 것
③ 1개의 스프링클러헤드의 경계면적은 20m^2 이하로 할 것
④ 하나의 감지장치의 경계구역은 하나의 층이 되도록 할 것

해설 표시온도가 79℃ 미만인 것을 사용하고, 1개의 스프링클러헤드의 경계면적은 20m^2 이하로 할 것

정답 11. ②　12. ②　13. ④　14. ①

15 포소화설비의 자동식 기동장치로 폐쇄형스프링클러헤드를 사용하고자 하는 경우, ㉠ 부착면의 높이(m)와 ㉡ 1개의 스프링클러헤드의 경계면적(m²) 기준은?

① ㉠ 바닥으로부터 높이 5m 이하, ㉡ 18m² 이하
② ㉠ 바닥으로부터 높이 5m 이하, ㉡ 20m² 이하
③ ㉠ 바닥으로부터 높이 4m 이하, ㉡ 18m² 이하
④ ㉠ 바닥으로부터 높이 4m 이하, ㉡ 20m² 이하

해설 ① 표시온도가 79℃ 미만인 것을 사용, 1개의 스프링클러헤드의 경계면적은 20m² 이하
② 부착면의 높이는 바닥으로부터 5m 이하

16 포의 팽창비율에 따른 고발포인 제 2종 기계포의 팽창비율로 옳은 것은?

① 80배 이상 250배 미만
② 250배 이상 500배 미만
③ 500배 이상 1000배 미만
④ 1000배 이상

해설 기계포의 분류
① 제1종 기계포 : 팽창비가 80배 이상 250배 미만
② 제2종 기계포 : 팽창비가 250배 이상 500배 미만
③ 제3종 기계포 : 팽창비가 500배 이상 1000배 미만

17 팽창비가 50인 포 소화설비에서 혼합비율 3%, 원액저장량이 210L일 때 포를 방출한 후의 포의 체적은 얼마가 되겠는가?

① 200m³
② 250m³
③ 300m³
④ 350m³

해설 포의 체적 계산
① 팽창비 = $\dfrac{팽창된\ 포의\ 체적}{포\ 수용액의\ 체적}$
② 포수용액 = 포 원액/약제의 농도 = 210/0.03 = 7,000L
③ 포의 체적 = 포수용액의 체적 × 팽창비 = 7,000L × 50 = 350,000L = 350m³

18 포헤드는 소방대상물의 천장 또는 반자에 설치하되, 바닥면적 몇 [m²]마다 1개 이상을 설치하여야 하는가?

① 8m²
② 9m²
③ 10m²
④ 11m²

해설 포헤드는 9m²마다 1개 이상, 포워터스프링클러헤드는 8m²마다 1개 이상

정답 15. ② 16. ② 17. ④ 18. ②

19 포소화설비의 포헤드를 설치하고자 한다. 방호대상 바닥면적이 40[m²]일 때 필요한 최소 포헤드 수는?

① 4개　　　　② 5개　　　　③ 6개　　　　④ 8개

해설　① 포헤드 수량 = (40m²/9m²) = 4.44 = 5개
　　　② 포워터스프링클러헤드 수량 = (40m²/8m²) = 5개

20 위험물 시설에 대한 포소화설비의 포 헤드는 특정소방대상물의 천장 또는 바닥에 설치하되 그 설치기준으로서 가장 적합한 것은?

① 반경 25m 원의 면적에 1개 설치한다.
② 반경 30m 원의 면적에 1개 설치한다.
③ 바닥면적 8m²마다 1개 이상을 설치한다.
④ 바닥면적 9m²마다 1개 이상을 설치한다.

해설　포헤드의 설치기준
　　　① 포워터스프링클러헤드 : 바닥면적 8m²마다 1개 이상 설치
　　　② 포헤드 : 바닥면적 9m²마다 1개 이상 설치

21 차고 및 주차장에 단백포 소화약제를 사용하는 포소화설비를 하려고 한다. 바닥면적 1[m²]에 대한 포소화약제의 1분당 방사량의 기준은?

① 5.0L 이상　　② 6.5L 이상　　③ 8.0L 이상　　④ 3.7L 이상

해설　기준 방사량

소 방 대 상 물	포 소화약제의 종류	바닥면적 1m²당 방사량
차고·주차장 및 항공기격납고	단백포 소화약제	6.5L 이상
	합성계면활성제포 소화약제	8.0L 이상
	수성막포 소화약제	3.7L 이상

22 포소화설비의 화재안전기준에 따라 포헤드를 정방형으로 배치한 경우에 포헤드 상호간의 거리 산정식으로 옳은 것은?(단, r은 유효반경이다.)

① $S = 2r\sin 30°$　　　　② $S = 2r\cos 30°$
③ $S = 2r\sin 45°$　　　　④ $S = 2r\cos 45°$

해설　정방형으로 배치한 경우　$S = 2r\cos 45°$
　　　(S : 포헤드 상호간의 거리(m), r : 유효반경(2.1m))

정답　19. ②　20. ④　21. ②　22. ④

23 고발포용포방출구를 설치하는 경우에 고정포방출구는 바닥면적 몇 m²마다 1개 이상을 설치하여야 하는가?

① 500m²　　② 600m²　　③ 1,000m²　　④ 3,000m²

해설 전역방출방식의 고발포용고정포방출구
① 수원 = 관포체적[m³] × 포수용액 방출량[lpm/m³] × 10min
　 관포체적(해당 바닥 면으로부터 방호대상물의 높이보다 0.5m 높은 위치까지의 체적)
② 고정포방출구의 수량 : 바닥면적 500m²마다 1개 이상
③ 고정포방출구는 방호대상물의 최고부분보다 높은 위치에 설치

24 국소방출방식의 고발포용고정포방출구를 설치하는 경우 수원의 양[m³]은?(단, 특수가연물을 저장·취급, 방호면적은 100[m²]임)

① 3m³　　② 6m³　　③ 9m³　　④ 12m³

해설 수원[L] = 방호면적[m²] × 방출량[L/min/m²] × 10min
　　　　　= 100m² × 3[L/min/m²] × 10min = 3,000L = 3m³

25 포 소화설비에 대한 설명으로 틀린 것은?

① 전역방출방식의 고발포용 고정포방출구는 바닥면적 500m² 이내마다 1개 이상을 설치하여야 한다.
② 포헤드를 정방형으로 배치하든 장방형으로 배치하든 간에 그 유효반경은 2.1m이다.
③ 포헤드는 소방대상물의 천장 또는 반자에 설치하되, 바닥면적 7m²마다 1개 이상으로 한다.
④ 포워터스프링클러헤드는 바닥면적 8m²마다 1개 이상으로 설치하여야 한다.

해설 포헤드는 특정소방대상물의 천장 또는 반자에 설치하되, 바닥면적 9m²마다 1개 이상

26 포소화설비의 화재안전기준에서 전역방출방식의 고발포용고정포방출구의 설치기준으로 옳지 않은 것은?

① 차고 또는 주차장의 대상물에 포의 팽창비가 300인 고정포방출구는 당해 방호구역의 관포체적 1m³에 대하여 1분당 방출량이 0.28L 이상의 양이 되도록 할 것
② 항공기 격납고의 대상물에 포의 팽창비가 300인 고정포방출구는 당해 방호구역의 관포체적 1m³에 대하여 1분당 방출량이 0.5L 이상의 양이 되도록 할 것
③ 고정포방출구는 바닥면적 500m²마다 1개 이상으로 할 것
④ 고정포방출구는 방호대상물의 최고부분보다 낮은 위치에 설치할 것

해설 고정포방출구는 방호대상물의 최고부분보다 높은 위치에 설치할 것.

정답 23. ①　24. ①　25. ③　26. ④

27 포소화설비의 화재안전기준에서 압축공기 또는 압축질소를 일정비율로 포수용액에 강제 주입 혼합하는 방식을 무엇이라 하는가?

① 압축질소포 소화설비 ② 압축공기포 소화설비
③ 가압수조포 소화설비 ④ 압력수조포 소화설비

해설 압축공기포 소화설비 : 압축공기 또는 압축질소를 일정비율로 포수용액에 강제 주입 혼합하는 방식

28 포소화설비의 화재안전기준에서 발전기실, 엔진펌프실, 변압기, 전기케이블실, 유압설비가 있는 실의 바닥면적 합계가 얼마 미만인 장소에 고정식 압축공기포 소화설비를 설치할 수 있는가?

① $50m^2$ 미만   ② $100m^2$ 미만   ③ $200m^2$ 미만   ④ $300m^2$ 미만

해설 발전기실, 엔진펌프실, 변압기, 전기케이블실, 유압설비가 있는 실의 바닥면적 합계가 $300m^2$ 미만인 장소에 고정식 압축공기포 소화설비를 설치할 수 있다.

29 포소화설비의 화재안전기준에서 압축공기포소화설비의 설계방출밀도[L/min·m^2]는 특수가연물인 경우에 얼마 이상이어야 하는가?

① 1L/min·m^2 ② 1.63L/min·m^2
③ 2.3L/min·m^2 ④ 3L/min·m^2

해설 압축공기포소화설비의 설계방출밀도(L/min·m^2)는 설계사양에 따라 정하여야 하며 일반가연물, 탄화수소류는 1.63L/min·m^2 이상, 특수가연물, 알코올류와 케톤류는 2.3L/min·m^2 이상으로 하여야 한다.

30 포소화설비의 화재안전기준에서 정한 압축공기포소화설비를 설치할 수 있는 장소로 거리가 먼 것은?

① 특수가연물을 저장·취급하는 공장   ② 항공기격납고
③ 위험물제조소   ④ 특수가연물을 저장·취급하는 창고

해설 압축공기포소화설비의 설치장소
특수가연물을 저장·취급하는 공장 또는 창고, 차고 또는 주차장, 항공기격납고

31 방호구역의 면적이 300[m^2]인 특수가연물을 저장하는 창고에 압축공기포소화설비를 설치하는 경우 필요한 최소 수원의 양[L]은?

① 3,600(L)   ② 4,890(L)   ③ 6,900(L)   ④ 9,000(L)

정답 27. ② 28. ④ 29. ③ 30. ③ 31. ③

해설 특수가연물, 알코올류와 케톤류
수원 = 방호구역의 면적[m²] × 2.3[L/min·m²] × 10분[min] 이상
= 300[m²] × 2.3[L/min·m²] × 10분[min] 이상 = 6,900[L]

32 방호구역의 면적이 500[m²]인 탄화수소류를 저장하는 창고에 압축공기포소화설비를 설치하는 경우 필요한 최소 수원의 양[L]은?
① 6,500(L) ② 8,150(L)
③ 10,500(L) ④ 11,500(L)

해설 일반가연물, 탄화수소류 :
수원 = 방호구역의 면적[m²] × 1.63[L/min·m²] × 10분[min] 이상
= 500[m²] × 1.63[L/min·m²] × 10분[min] 이상 = 8,150[L]

33 포소화설비의 화재안전기준에서 정한 압축공기포소화설비의 배관은 무슨 방식으로 하여야 하는가?
① 루프방식 ② 그리드방식
③ 토너먼트방식 ④ 가지방식

해설 압축공기포소화설비의 배관은 토너먼트방식으로 하여야 하고 소화약제가 균일하게 방출되는 등거리 배관구조로 설치하여야 한다.

34 포소화설비의 화재안전기준에서 정한 포소화설비의 배관에 보온재를 사용할 경우에는 어떤 재료 성능 이상의 것으로 하여야 하는가?
① 내화재료 ② 난연재료
③ 준불연재료 ④ 불연재료

해설 포소화설비의 화재안전기준에서 정한 포소화설비의 배관은 동결방지조치를 하거나 동결의 우려가 없는 장소에 설치하여야 한다. 다만, 보온재를 사용할 경우에는 난연재료 성능 이상의 것으로 하여야 한다.

35 포소화설비의 화재안전기준에서 정한 압축공기포소화설비에 설치되는 펌프의 양정은 얼마 이상이어야 하는가?
① 0.1MPa 이상 ② 0.25MPa 이상
③ 0.35MPa 이상 ④ 0.4MPa 이상

해설 압축공기포소화설비에 설치되는 펌프의 양정 : 0.4MPa 이상

정답 32. ② 33. ③ 34. ② 35. ④

36 유류탱크주위에 압축공기포소화설비를 설치하는 경우 분사헤드의 수량은 최소 몇 개를 설치하여야 하는가? (단, 유류탱크의 바닥면적은 300[m²]임)

① 22개　　② 33개　　③ 44개　　④ 55개

해설 유류탱크주위 분사헤드의 수량

$$수량 = \frac{바닥면적[m^2]}{13.9[m^2]} = \frac{300m^2}{13.9m^2} = 21.58 ≒ 22개$$

37 특수가연물저장소에 압축공기포소화설비를 설치하는 경우 분사헤드의 수량은 최소 몇 개를 설치하여야 하는가? (단, 특수가연물저장소의 바닥면적은 1,000[m²]임)

① 56개　　② 62개　　③ 88개　　④ 108개

해설 특수가연물저장소 분사헤드의 수량

$$수량 = \frac{바닥면적[m^2]}{9.3[m^2]} = \frac{1,000m^2}{9.3m^2} = 107.52 ≒ 108개$$

38 바닥면적 300 m²인 주차장에 호스릴포소화설비를 설치하는 경우 화재안전기준상 포소화약제의 최소저장량(L)은?(단, 호스 접결구는 8개, 약제의 사용농도는 3%이다.)

① 800　　② 900　　③ 1,000　　④ 1,100

해설 $N(5개이상은\ 5개) \times S \times 6,000 = 5 \times 0.03 \times 6,000 = 900L$

39 경유를 저장한 직경 40m인 플로팅루프 탱크에 고정포방출구를 설치하고 소화약제는 수성막포농도 3%, 분당 방출량 10L/m², 방사시간 20분으로 설계할 경우 본 포소화설비의 고정포방출구에 필요한 소화약제량(L)은 약 얼마인가?(단, 탱크내면과 굽도리판의 간격은 1.4m, 원주율 3.14, 기타 제시되지 않은 것은 고려하지 않음)

① 1,018.11　　② 1,108.11　　③ 1,058.11　　④ 1,208.11

해설 고정포방출구에 필요한 소화약제량

① 탱크의 액 표면적 d = 탱크직경 − 2 × 굽도리판 간격 = 40m − 2 × 1.4m = 37.2m

$$A = \frac{\pi}{4} \times (40^2 - 37.2^2) = 169.6856\,m^2$$

② 소화약제량 Q = AQ₁TS = 169.6856 m² × 10[L/m² · min] × 20[min] × 0.03 = 1018.11L

※ 소화약제량 산출 Q = A × Q_1 × T × S
　　Q : 포 소화약제의 양(L)
　　A : 탱크의 액표면적(m²)
　　Q_1 : 단위 포소화수용액의 양(L/m² · min)
　　T : 방출시간(min)
　　S : 포 소화약제의 사용농도(%)

정답 36. ①　37. ④　38. ②　39. ①

40 포소화설비의 화재안전기술기준상 차고에 전역방출방식의 고발포용 고정포방출구를 설치하려고 한다. 팽창비가 500인 경우 관포체적 1 m³에 대하여 1분당 최소 포수용액 방출량은?

① 0.16 L　　　② 0.18 L　　　③ 0.29 L　　　④ 0.31 L

해설 표 2.9.4.1.2 소방대상물 및 포의 팽창비에 따른 고정포방출구의 방출량(L/min · m³)

소방대상물	포의 팽창비	1 m³에 대한 분당 포수용액 방출량
항공기격납고	팽창비 80 이상 250 미만의 것	2.00 L
	팽창비 250 이상 500 미만의 것	0.50 L
	팽창비 500 이상 1,000 미만의 것	0.29 L
차고 또는 주차장	팽창비 80 이상 250 미만의 것	1.11 L
	팽창비 250 이상 500미만의 것	0.28 L
	팽창비 500 이상 1,000 미만의 것	0.16 L
특수가연물을 저장 또는 취급하는 소방대상물	팽창비 80 이상 250 미만의 것	1.25 L
	팽창비 250 이상 500 미만의 것	0.31 L
	팽창비 500 이상 1,000 미만의 것	0.18 L

정답　40. ①

이산화탄소소화설비

1 용어정의 ★

용어	정의
전역방출방식	소화약제 공급장치에 배관 및 분사헤드 등을 설치하여 밀폐 방호구역 전체에 소화약제를 방출하는 방식
국소방출방식	소화약제 공급장치에 배관 및 분사헤드를 등을 설치하여 직접 화점에 소화약제를 방출하는 방식
호스릴방식	소화수 또는 소화약제 저장용기 등에 연결된 호스릴을 이용하여 사람이 직접 화점에 소화수 또는 소화약제를 방출하는 방식
충전비	소화약제 저장용기의 내부 용적과 소화약제의 중량과의 비(용적/중량)
심부화재	목재 또는 섬유류와 같은 고체가연물에서 발생하는 화재형태로서 가연물 내부에서 연소하는 화재
표면화재	가연성물질의 표면에서 연소하는 화재
교차회로방식	하나의 방호구역 내에 2 이상의 화재감지기회로를 설치하고 인접한 2 이상의 화재감지기에 화재가 감지되는 때에 소화설비가 작동하는 방식
방호구역	소화설비의 소화범위 내에 포함된 영역
선택밸브	2 이상의 방호구역 또는 방호대상물이 있어 소화수 또는 소화약제를 해당하는 방호구역 또는 방호대상물에 선택적으로 방출되도록 제어하는 밸브
설계농도	방호대상물 또는 방호구역의 소화약제 저장량을 산출하기 위한 농도로서 소화농도에 안전율을 고려하여 설정한 농도
소화농도	규정된 실험 조건의 화재를 소화하는데 필요한 소화약제의 농도(형식승인대상의 소화약제는 형식승인된 소화농도)

2 소화약제의 저장용기등

1. 이산화탄소 소화약제 저장용기의 적합한 장소 기준 ★★★

1) 방호구역 외의 장소에 설치할 것. 다만, 방호구역 내에 설치할 경우에는 피난 및 조작이 용이하도록 피난구 부근에 설치
2) 온도가 40 ℃ 이하, 온도변화가 작은 곳
3) 직사광선 및 빗물이 침투할 우려가 없는 곳에 설치할 것
4) 방화문으로 구획된 실에 설치할 것

5) 용기간의 간격은 점검에 지장이 없도록 **3cm 이상**의 간격을 유지할 것
6) 저장용기와 집합관을 연결하는 연결배관에는 **체크밸브**를 설치할 것. 다만, 저장용기가 하나의 방호구역만을 담당하는 경우에는 그러하지 아니하다.

2. 이산화탄소 소화약제의 저장용기 설치기준 ★★

1) 저장용기의 충전비
   ① **고압식** : 1.5 이상 1.9 이하
   ② **저압식** : 1.1 이상 1.4 이하

2) 저압식 저장용기 기준
   ① 내압시험압력의 **0.64배~0.8배**까지의 압력에서 작동하는 안전밸브
   ② 내압시험압력의 **0.8배~내압시험압력**에서 작동하는 봉판
   ③ 액면계 및 압력계와 2.3MPa 이상 1.9MPa 이하의 압력에서 작동하는 **압력경보장치**를 설치할 것
   ④ 용기내부의 온도가 섭씨 **영하 18℃ 이하**에서 2.1MPa의 압력을 유지할 수 있는 자동냉동장치를 설치할 것

3) 저장용기의 내압시험압력: **고압식은 25MPa 이상**, **저압식은 3.5MPa 이상**의 내압시험압력에 합격한 것으로 할 것

3. 기타

1) 이산화탄소 소화약제 저장용기의 개방밸브 개방방식
   ① **전기식**
   ② **가스압력식**
   ③ **기계식**

2) 이산화탄소 소화약제 저장용기와 선택밸브 또는 개폐밸브 사이에는 배관의 **최소사용설계압력과 최대허용압력 사이**의 압력에서 작동하는 안전장치를 설치해야 하며, 안전장치를 통하여 나온 소화가스는 전용의 배관등을 통하여 **건축물 외부로 배출**될 수 있도록 해야 한다. 이 경우 안전장치로 **용전식**을 사용해서는 안 된다.

3 소화약제

1. 전역방출방식(표면화재 방호대상물) ★★★

1) K : 방호구역 체적에 따른 소화약제 및 최저한도의 양

방호구역 체적	방호구역의 체적 1m³에 대한 소화약제의 양	소화약제 저장량의 최저한도의 양
45m³ 미만	1.00kg	45kg
45m³ 이상 150m³ 미만	0.90kg	
150m³ 이상 1,450m³ 미만	0.80kg	135kg
1,450m³ 이상	0.75kg	1,125kg

2) 약제 저장량 W

설계농도가 34 % 이상인 방호대상물의 소화약제량

$$\text{소화약제량 } W = \text{방호구역 체적}[m^3] \times K[kg/m^3] \times \text{보정계수} + \text{개구부 면적}[m^2] \times 5[kg/m^2]$$

자동폐쇄장치가 설치되어 있는 경우 개구부 가산량($5[kg/m^2]$)은 적용하지 않는다. 이 경우 **개구부의 면적은 방호구역 전체 표면적의 3 % 이하**

[표] 가연성액체 또는 가연성가스의 소화에 필요한 설계농도

방호대상물	설계농도(%)
수소(Hydrogen)	75
아세틸렌(Acetylene)	66
일산화탄소(Carbon Monoxide)	64
산화에틸렌(Ethylene Oxide)	53
에틸렌(Ethylene)	49
에탄(Ethane)	40
석탄가스, 천연가스(Coal, Natural gas)	37
사이크로 프로판(Cyclo Propane)	37
이소부탄(Iso Butane)	36
프로판(Propane)	36
부탄(Butane)	34
메탄(Methane)	34

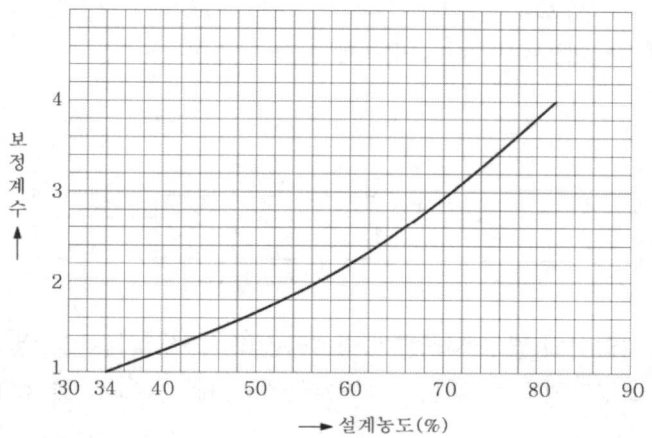

[그림] 설계농도에 따른 보정계수

2. 전역방출방식(심부화재 방호대상물) ★★★

1) K : 방호대상물 및 방호구역 체적에 따른 소화약제의 양과 설계농도

방 호 대 상 물	방호구역의 체적 $1m^3$에 대한 소화약제의 양	설계농도 (%)
유압기기를 제외한 전기설비, 케이블실	1.3kg	50
체적 55 m^3 미만의 전기설비	1.6kg	50
서고, 전자제품창고, 목재가공품창고, 박물관	2.0kg	65
고무류, 면화류 창고, 모피창고, 석탄창고, 집진설비	2.7kg	75

2) 약제 저장량 W

W = 방호구역 체적[m^3] × K[kg/m^3] + 개구부 면적[m^2] × 10[kg/m^2]

자동폐쇄장치가 설치되어 있는 경우 개구부 가산량(10[kg/m^2])은 적용하지 않는다. 이 경우 개구부의 면적은 방호구역 전체 표면적의 3 % 이하

3. 국소방출방식 ★★

1) 윗면이 개방된 용기에 저장하는 경우와 화재 시 연소면이 한정되고 가연물이 비산할 우려가 없는 경우

① 저압식의 경우 저장량 : 방호대상물의 표면적[m^2] × 13[kg/m^2] × 1.1
② 고압식의 경우 저장량 : 방호대상물의 표면적[m^2] × 13[kg/m^2] × 1.4

2) 방호공간(방호대상물의 각 부분으로부터 **0.6m**의 거리에 따라 둘러싸인 공간)의 체적 1m³에 대하여 다음의 식에 따라 산출한 양

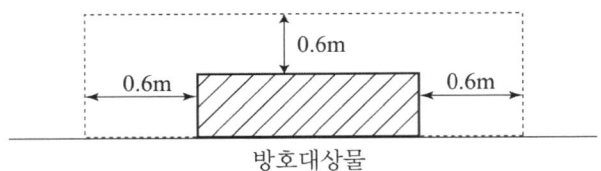

① 저압식의 경우 저장량 = 방호공간의 체적[m³] × Q[kg/m³] × 1.1
② 고압식의 경우 저장량 = 방호공간의 체적[m³] × Q[kg/m³] × 1.4

$$Q = 8 - 6\frac{a}{A}$$

Q : 방호공간 1 m³에 대한 이산화탄소 소화약제의 양(kg/m³)
a : 방호대상물 주위에 설치된 벽면적의 합계(m²)
A : 방호공간의 벽면적(벽이 없는 경우에는 벽이 있는 것으로 가정한 당해 부분의 면적)의 합계(m²)

4. **호스릴이산화탄소소화설비** : 하나의 노즐에 대하여 **90kg** 이상

4 수동식 기동장치

1. 이산화탄소소화설비의 수동식 기동장치 기준 ★★★

수동식 기동장치의 부근에는 **소화약제의 방출을 지연시킬 수 있는 방출지연스위치**(자동복귀형 스위치로서 수동식 기동장치의 타이머를 순간 정지시키는 기능의 스위치를 말한다)를 설치

1) 전역방출방식은 방호구역마다, 국소방출방식은 방호대상물마다 설치
2) 기동장치의 조작부 : 바닥으로부터 **높이 0.8m 이상 1.5m 이하**
3) 전기를 사용하는 기동장치에는 **전원표시등**을 설치할 것
4) 기동장치의 방출용 스위치는 **음향경보장치와 연동**하여 조작될 수 있는 것

2. 자동식 기동장치 설치기준 ★★

1) 전기식 기동장치로서 **7병** 이상의 저장용기를 동시에 개방하는 설비는 **2병** 이상의 저장용기에 전자 개방밸브를 부착

2) 가스압력식 기동장치 기준
① 기동용가스용기 및 해당 용기에 사용하는 밸브는 **25MPa 이상**의 압력에 견딜 수 있는 것으로 할 것
② 기동용가스용기에는 내압시험압력의 **0.8배**부터 내압시험압력 이하에서 작동하는 안전장치를 설치할 것
③ 기동용가스용기의 용적은 **5L 이상**으로 하고, 해당 용기에 저장하는 질소 등의 비활성기체는 **6.0MPa 이상**(21℃ 기준)의 압력으로 충전할 것
④ 질소 등의 비활성기체 기동용가스용기에는 충전 여부를 확인할 수 있는 **압력게이지**를 설치할 것

3. 이산화탄소소화설비가 설치된 부분의 출입구 등의 보기 쉬운 곳

소화약제의 방출을 표시하는 표시등 → 방출표시등

5 배관 등

1. 이산화탄소소화설비의 배관 기준 ★

1) 배관은 전용으로 할 것
2) 강관을 사용하는 경우의 배관은 압력배관용탄소강관 중 **스케줄 80(저압식은 스케줄 40) 이상**의 것. 다만, 배관의 **호칭구경이 20mm 이하**인 경우에는 **스케줄 40 이상**인 것
3) 동관을 사용하는 경우의 배관은 이음이 없는 동 및 동합금관으로서 **고압식은 16.5MPa 이상, 저압식은 3.75MPa 이상**의 압력에 견딜 수 있는 것
4) 고압식의 1차측(개폐밸브 또는 선택밸브 이전) 배관부속의 최소사용설계압력은 9.5 MPa로 하고, 고압식의2차측과 저압식의 배관부속의 최소사용설계압력은 4.5 MPa로 할 것

2. 배관의 구경 ★★★

이산화탄소의 소요량이 다음 각 호의 기준에 따른 시간 내에 방사될 수 있는 것
1) 전역방출방식
① 전역방출방식에 있어서 가연성액체 또는 가연성가스 등 표면화재 방호대상물의 경우에는 **1분**
② 전역방출방식에 있어서 종이, 목재, 석탄, 섬유류, 합성수지류 등 심부화

재 방호대상물의 경우에는 **7분**. 이경우 설계농도가 **2분 이내**에 30 %에 도달해야 한다.

2) 국소방출방식의 경우에는 **30초**

3. 수동잠금밸브

소화약제의 저장용기와 **선택밸브** 사이의 **집합배관**에는 수동잠금밸브를 설치하되 선택밸브 직전에 설치할 것. 다만, 선택밸브가 없는 설비의 경우에는 저장용기실 내에 설치하되 조작 및 점검이 쉬운 위치에 설치해야 한다.

6 분사헤드

1. 전역방출방식의 이산화탄소소화설비의 분사헤드 ★

1) 방출된 소화약제가 방호구역의 전역에 균일하고 신속하게 확산할 수 있도록 할 것
2) 분사헤드의 방출압력이 **2.1 MPa(저압식은 1.05 MPa) 이상**

2. 국소방출방식의 이산화탄소소화설비의 분사헤드

1) 소화약제의 방출에 따라 가연물이 비산하지 않는 장소에 설치할 것
2) 이산화탄소소화약제 저장량은 **30초** 이내에 방사할 수 있는 것으로 할 것

3. 호스릴이산화탄소소화설비 설치장소 ★

화재 시 현저하게 연기가 찰 우려가 없는 장소(차고 또는 주차의 용도로 사용되는 부분 제외)로서 다음의 어느 하나에 해당하는 장소에는 호스릴이산화탄소소화설비를 설치할 수 있다.
1) **지상 1층 및 피난층**에 있는 부분으로서 지상에서 수동 또는 원격조작에 따라 개방할 수 있는 개구부의 유효면적의 합계가 바닥면적의 **15% 이상**이 되는 부분
2) 전기설비가 설치되어 있는 부분 또는 다량의 화기를 사용하는 부분(해당 설비의 주위 5m 이내의 부분을 포함한다)의 바닥면적이 해당 설비가 설치되어 있는 구획의 바닥면적의 5분의 1 미만이 되는 부분

4. 호스릴이산화탄소소화설비 설치기준 ★

1) 방호대상물의 각 부분으로부터 하나의 호스접결구까지의 **수평거리가 15 m 이하**가 되도록 할 것
2) 노즐은 20℃에서 하나의 노즐마다 **60 kg/min 이상**의 소화약제를 방사할 수 있는 것으로 할 것

7 분사헤드 설치제외

1. 방재실·제어실등 사람이 상시 근무하는 장소
2. 니트로셀룰로스·셀룰로이드제품 등 자기연소성물질을 저장·취급하는 장소
3. 나트륨·칼륨·칼슘 등 활성금속물질을 저장·취급하는 장소
4. 전시장 등의 관람을 위하여 다수인이 출입·통행하는 통로 및 전시실 등

8 자동식 기동장치의 화재감지기

1. 각 방호구역내의 화재감지기의 감지에 따라 작동되도록 할 것
2. 화재감지기의 회로는 **교차회로방식**으로 설치할 것.

9 음향경보장치

1. 이산화탄소소화설비의 음향경보장치 기준

1) 수동식 기동장치를 설치한 것은 그 기동장치의 조작과정에서, 자동식기동장치를 설치한 것은 화재감지기와 연동하여 자동으로 경보를 발하는 것
2) 소화약제의 방사개시 후 **1분 이상** 경보를 계속할 수 있는 것
3) 방호구역 또는 방호대상물이 있는 구획 안에 있는 자에게 유효하게 경보할 수 있는 것으로 할 것

2. 방송에 따른 경보장치를 설치할 경우

1) 증폭기 재생장치는 화재시 연소의 우려가 없고, 유지관리가 쉬운 장소에 설치할 것
2) 방호구역 또는 방호대상물이 있는 구획의 각 부분으로부터 하나의 확성기까지의 **수평거리는 25 m 이하**가 되도록 할 것
3) 제어반의 복구스위치를 조작하여도 경보를 계속 발할 수 있는 것

🔟 자동폐쇄장치

1. 환기장치 등을 설치한 것은 소화약제가 방출되기 전에 해당 환기장치 등이 정지될 수 있도록 할 것
2. 개구부가 있거나 천장으로부터 **1m 이상**의 아래 부분 또는 바닥으로부터 해당층의 높이의 **3분의 2 이내**의 부분에 통기구가 있어 이산화탄소의 유출에 따라 소화효과를 감소시킬 우려가 있는 것은 소화약제가 방출되기 전에 해당 개구부 및 통기구를 폐쇄할 수 있도록 할 것
3. 자동폐쇄장치는 방호구역 또는 방호대상물이 있는 구획의 밖에서 복구할 수 있는 구조로 하고, 그 위치를 표시하는 표지를 할 것

1️⃣1️⃣ 비상전원

1. 비상전원의 종류

1) 자가발전설비
2) 축전지설비(제어반에 내장하는 경우 포함)
3) 전기저장장치(외부 전기에너지를 저장해 두었다가 필요한 때 전기를 공급하는 장치)

2. 비상전원 설치기준 ★

1) 이산화탄소소화설비를 유효하게 **20분 이상** 작동할 수 있어야 할 것
2) 상용전원으로부터 전력의 공급이 중단된 때에는 자동으로 비상전원으로부터 전력을 공급받을 수 있도록 할 것
3) 비상전원의 설치장소는 다른 장소와 **방화구획** 할 것.
4) 비상전원을 실내에 설치하는 때에는 그 실내에 **비상조명등**을 설치할 것

1️⃣2️⃣ 배출설비

지하층, 무창층 및 밀폐된 거실 등에 이산화탄소소화설비를 설치한 경우에는 방출된 소화약제를 배출하기 위한 배출설비

1️⃣3️⃣ 과압배출구

이산화탄소소화설비의 방호구역에는 소화약제 방출시 발생하는 과(부)압으로 인한 구조물 등의 손상을 방지하기 위해 아래의 내용을 검토하여 과압배출구를 설치해야 한다.

다만, 과(부)압이 발생해도 구조물 등에 손상이 생길 우려가 없음을 시험 또는 공학적인 자료로 입증하는 경우 설치하지 않을 수 있다.
1) 방호구역 **누설면적**
2) 방호구역의 **최대허용압력**
3) 소화약제 방출시의 **최고압력**
4) **소화농도 유지시간**

14 안전시설 등

1) 이산화탄소소화설비가 설치된 장소에 안전시설을 설치

① 소화약제 방출 시 방호구역 내와 부근에 가스 방출 시 영향을 미칠 수 있는 장소에 **시각경보장치**를 설치하여 소화약제가 방출되었음을 알도록 할 것
② 방호구역의 출입구 부근 잘 보이는 장소에 약제방출에 따른 **위험경고표지**를 부착할 것

2) 방호구역 내에 이산화탄소 소화약제가 방출되는 경우 후각을 통해 이를 인지할 수 있도록 부취발생기를 다음의 어느 하나에 해당하는 방식으로 설치

① 부취발생기를 **소화약제 저장용기실 내의 소화배관에 설치**하여 소화약제의 방출에 따라 부취제가 혼합되도록 하는 방식
  ㉮ 소화약제 저장용기실 내의 소화배관에 설치할 것 점검 및 관리가 쉬운 위치에 설치할 것
  ㉯ 방호구역별로 **선택밸브 직후 2차측** 배관에 설치할 것. 다만, 선택밸브가 없는 경우에는 집합배관에 설치할 수 있다.
② **방호구역 내에 부취발생기를 설치**하여 이산화탄소소화설비의 기동에 따라 소화약제 방출 전에 부취제가 방출되도록 하는 방식

제10장 출제예상문제

01 저장용기의 충전비로 옳은 것은?
① 저압식 : 1.1 이상 1.4 이하, 고압식 : 1.5 이상 1.9 이하
② 저압식 : 1.5 이상 1.9 이하, 고압식 : 1.1 이상 1.4 이하
③ 저압식 : 1.1 이상 1.4 이하, 고압식 : 1.9 이상 2.1 이하
④ 저압식 : 1.5 이상 1.9 이하, 고압식 : 1.9 이상 2.1 이하

해설 충전비
① 저압식 : 1.1 이상 1.4 이하
② 고압식 : 1.5 이상 1.9 이하

02 저압식 저장용기에 설치하는 안전밸브의 작동 압력은 얼마인가?
① 내압시험압력의 0.64배 이하
② 내압시험압력의 0.64배~0.8배
③ 내압시험압력의 0.8배 이하
④ 내압시험압력의 0.8배 이상

해설 저압식 저장용기 기준
① 내압시험압력의 0.64배부터 0.8배까지의 압력에서 작동하는 안전밸브
② 내압시험압력의 0.8배부터 내압시험압력에서 작동하는 봉판
③ 액면계 및 압력계와 2.3MPa 이상 1.9MPa 이하의 압력에서 작동하는 압력경보장치를 설치할 것
④ 용기내부의 온도가 섭씨 영하 18℃ 이하에서 2.1MPa의 압력을 유지할 수 있는 자동냉동장치를 설치할 것

03 이산화탄소소화설비의 저장용기 설치기준으로 옳지 않은 것은?
① 고압식 저장용기에는 액면계 및 압력계와 2.3MPa 이상 1.9MPa 이하의 압력에서 작동하는 압력경보장치를 설치할 것
② 저장용기는 고압식은 25MPa 이상, 저압식은 3.5MPa 이상의 내압시험압력에 합격한 것으로 할 것
③ 저압식 저장용기에는 내압시험압력의 0.64배 내지 0.8배의 압력에서 작동하는 안전밸브와 내압시험압력의 0.8배 내지 내압시험압력에서 작동하는 봉판을 설치할 것
④ 저압식 저장용기에는 용기내부의 온도가 섭씨 영하 18℃ 이하에서 2.1MPa의 압력을 유지할 수 있는 자동냉동장치를 설치할 것

해설 저압식 저장용기에는 액면계 및 압력계와 2.3MPa 이상 1.9MPa 이하의 압력에서 작동하는 압력경보장치를 설치할 것

정답 1. ① 2. ② 3. ①

04 저압식 저장용기에 설치하는 압력경보장치의 작동 압력은 얼마인가?
① 2.1MPa 이상 1.9MPa 이하
② 2.3MPa 이상 1.9MPa 이하
③ 2.1MPa 이상 1.4MPa 이하
④ 2.3MPa 이상 1.4MPa 이하

해설 저압식 저장용기에는 액면계 및 압력계와 2.3MPa 이상 1.9MPa 이하의 압력에서 작동하는 압력경보장치를 설치할 것

05 다음 설명에서 ( )안에 적합한 수치는 어느 것인가?

[보기]
소화용 이산화탄소의 저압식 저장용기는 용기내부에 냉각시설을 갖추어 섭씨 영하(㉮)℃ 이하의 온도에서 (㉯)MPa의 압력을 유지할 수 있는 자동냉각장치를 설치한다.

① ㉮ 18, ㉯ 2.1
② ㉮ 25, ㉯ 1.8
③ ㉮ 28, ㉯ 1.5
④ ㉮ 30, ㉯ 1.2

해설 저압식 저장용기에는 용기내부의 온도가 섭씨 영하 18℃ 이하에서 2.1MPa의 압력을 유지할 수 있는 자동냉동장치를 설치할 것

06 이산화탄소 소화약제 저장용기의 개방밸브 방식에 속하지 않는 것은?
① 전기식
② 이동식
③ 기계식
④ 가스압력식

해설 저장용기의 개방밸브 방식 : 전기식, 기계식, 가스압력식

07 메탄을 저장하는 창고에 CO_2 설비는 전역방출방식으로 하려고 한다. 이때 방호체적은 500[m³]이고 개구부면적은 4[m²]이다. 이 때 CO_2 저장량은? (단, CO_2의 설계농도는 50%이고, 보정계수는 1.64이다. 자동폐쇄장치는 미설치)
① 420kg
② 520kg
③ 676kg
④ 750kg

해설 저장량 = 방호구역 체적[m³] × K[kg/m³] × 보정계수 + 개구부 면적[m²] × 5[kg/m²]
= 500[m³] × 0.8[kg/m³] × 1.64 + 4[m²] × 5[kg/m²] = 676kg

정답 4. ② 5. ① 6. ② 7. ③

08 전기케이블 실에 CO_2 소화설비를 전역방출 방식으로 설치할 경우 방호구역의 용적이 600[m³]이라면 약제의 저장량은 몇 kg인가?(단, 개구부 면적은 무시한다.)

① 780   ② 960   ③ 1200   ④ 1620

해설 저장량
= 방호구역 체적[m³] × K[kg/m³] + 개구부 면적[m²] × 10[kg/m²]
= 600[m³] × 1.3[kg/m³] + 0[m²] × 10[kg/m²] = 780kg

09 다음과 같은 조건에서 이산화탄소소화설비의 최소약제량(kg)은?

> [보기]
> ① 전역방출방식의 표면화재 방호대상물
> ② 방호구역 체적 : 200m³
> ③ 설계농도 : 33%
> ④ 자동폐쇄장치를 설치하지 아니한 개구부 면적 : 4m²

① 180   ② 200   ③ 220   ④ 240

해설 최소약제량
= 방호구역 체적[m³] × K[kg/m³] × 보정계수 + 개구부 면적[m²] × 5[kg/m²]
= 200[m³] × 0.8[kg/m³] × 1 + 4[m²] × 5[kg/m²] = 180kg

10 유압기기를 제외한 전기설비, 케이블실에 이산화탄소소화설비를 전역방출방식으로 설치할 경우 방호구역의 체적이 600m³라면 이산화탄소 소화약제 저장량은 몇 kg인가? (단, 이때 설계농도는 50%이고, 개구부 면적은 10m²이다.)

① 880   ② 960   ③ 1200   ④ 1620

해설 저장량 W = 600m³ × 1.3kg/m³ + 10m² × 10kg/m² = 880kg

11 2개의 호스릴을 가진 이산화탄소 소화설비에서 소화약제의 저장량은 몇 kg 이상으로 해야 하는가?

① 100   ② 140   ③ 180   ④ 200

해설 호스릴 이산화탄소 소화설비
① 개당 약제저장량 : 90kg 이상
② 저장량 = 2개 × 90kg = 180kg 이상

정답 8. ①   9. ①   10. ①   11. ③

12 이산화탄소소화설비의 수동식 기동장치는 전역방출방식의 경우에는 어떻게 설치하여야 하는가?

① 방호대상물마다
② 방호구역마다
③ 출입문마다
④ 방수구역마다

해설 전역방출방식은 방호구역마다, 국소방출방식은 방호대상물마다 설치할 것

13 이산화탄소 소화설비의 수동식 기동장치에 대한 설명으로 틀린 것은?

① 전역방출방식은 방호구역마다, 국소방출방식은 방호대상물마다 설치한다.
② 전기를 사용하는 기동장치에는 전원표시등을 설치한다.
③ 기동장치의 조작부는 바닥으로부터 높이 0.5m 이상 1.0m 이하의 위치에 설치한다.
④ 해당 방호구역의 출입구부분 등 조작을 하는 자가 쉽게 피난할 수 있는 장소에 설치한다.

해설 이산화탄소소화설비의 수동식 기동장치 기준
    수동식 기동장치의 부근에는 소화약제의 방출을 지연시킬 수 있는 방출지연스위치를 설치할 것
    ① 전역방출방식은 방호구역마다, 국소방출방식은 방호대상물마다 설치
    ② 기동장치의 조작부 : 바닥으로부터 높이 0.8m 이상 1.5m 이하
    ③ 전기를 사용하는 기동장치에는 전원표시등을 설치할 것
    ④ 기동장치의 방출용 스위치는 음향경보장치와 연동하여 조작될 수 있는 것

14 이산화탄소 소화설비를 사람이 많이 출입하는 박물관에 설치하고자 한다. 수동식기동장치의 설치기준으로 옳지 않은 것은?

① 전역방출방식은 방호구역마다, 국소방출방식은 방호대상물마다 설치한다.
② 기동장치의 조작부는 보호판 등에 따른 보호장치를 설치하여야 한다.
③ 기동장치의 복구스위치는 음향경보장치와 연동하여 조작될 수 있는 것이어야 한다.
④ 기동장치의 조작부는 바닥으로부터 0.8m 이상 1.5m 이하의 위치에 설치한다.

해설 기동장치의 방출용 스위치는 음향경보장치와 연동하여 조작될 수 있는 것으로 할 것

15 기동용 가스용기의 용적은 얼마 이상으로 하여야 하는가?

① 1L 이상
② 3L 이상
③ 5L 이상
④ 8L 이상

해설 기동용가스용기의 용적은 5L 이상으로 하고, 해당 용기에 저장하는 질소 등의 비활성기체는 6.0 MPa 이상(21℃ 기준)의 압력으로 충전

정답 12. ②   13. ③   14. ③   15. ③

16 이산화탄소 소화설비의 자동식 기동장치 종류로 보편적인 종류가 아닌 것은?
① 전기식 기동장치
② 유압식 기동장치
③ 기계식 기동장치
④ 가스압력식 기동장치

해설 자동식 기동장치의 종류 : 전기식, 기계식, 가스압력식

17 이산화탄소소화설비의 배관을 강관으로 하는 경우에 고압식은 스케줄 얼마 이상의 압력배관용 탄소강관을 사용하여야 하는가?
① 스케줄 40 이상
② 스케줄 80 이상
③ 스케줄 60 이상
④ 스케줄 100 이상

해설 강관을 사용하는 경우 고압식 : 스케줄 80 이상, 저압식 : 스케줄 40 이상

18 이산화탄소소화설비의 배관을 동관으로 하는 경우 고압식은?
① 3.75MPa 이상
② 16.5MPa 이상
③ 40MPa 이상
④ 80MPa 이상

해설 동관을 사용하는 경우의 배관은 이음이 없는 동 및 동합금관(KSD 5301)으로서 고압식은 16.5MPa 이상, 저압식은 3.75MPa 이상

19 이산화탄소 소화설비의 배관에 관한 사항으로 옳지 않은 것은?
① 강관을 사용하는 경우 고압저장 방식에서는 압력배관용 탄소강관 스케줄 중 80이상의 것을 사용한다.
② 강관을 사용하는 경우 저압저장 방식에서는 압력배관용 탄소강관 스케줄 중 40이상의 것을 사용한다.
③ 동관을 사용하는 경우 이음이 없는 것으로서 고압저장방식에서는 내압 15MPa 이상의 압력에 견딜 수 있는 것을 사용한다.
④ 동관을 사용하는 경우 이음매 없는 것으로서 저압저장방식에서는 내압 3.75MPa 이상의 압력에 견딜 수 있는 것을 사용한다.

해설 동관을 사용하는 경우의 배관은 이음이 없는 동 및 동합금관(KSD5301)으로서 고압식은 16.5MPa 이상, 저압식은 3.75MPa 이상의 압력에 견딜 수 있는 것을 사용할 것

정답 16. ② 17. ② 18. ② 19. ③

20 국소방출방식의 이산화탄소 소화설비의 분사헤드는 해당 설비의 소화약제의 저장량을 얼마 이내에 방사할 수 있는 것으로 설치하여야 하는가?
① 10초 이내   ② 30초 이내
③ 1분 이내   ④ 2분 이내

해설 분사헤드 방사시간
① 표면화재 : 1분, 심부화재 : 7분(2분 이내 30% 농도 도달)
② 국소방출방식 : 30초 이내

21 호스릴이산화탄소소화설비를 설치하는 경우에 방호대상물의 각 부분으로부터 하나의 호스접결구까지의 수평거리가 몇 m 이하이어야 하는가?
① 15m 이하   ② 20m 이하   ③ 25m 이하   ④ 30m 이하

해설 방호대상물의 각 부분으로부터 하나의 호스접결구까지의 수평거리가 15m 이하

22 호스릴 이산화탄소소화설비는 20℃에서 하나의 노즐마다 분당 몇 kg 이상의 소화약제를 방사할 수 있어야 하는가?
① 40   ② 50   ③ 60   ④ 80

해설 노즐은 20℃에서 하나의 노즐마다 60kg/min 이상의 소화약제를 방사할 수 있는 것

23 이산화탄소소화설비의 음향경보장치는 소화약제의 방사개시 후 몇 분 이상 경보를 계속할 수 있도록 하여야 하는가?
① 1분   ② 2분   ③ 3분   ④ 5분

해설 이산화탄소소화설비의 음향경보장치 기준
① 수동식 기동장치를 설치한 것은 그 기동장치의 조작과정에서, 자동식기동장치를 설치한 것은 화재감지기와 연동하여 자동으로 경보를 발하는 것
② 소화약제의 방사개시 후 1분 이상 경보를 계속할 수 있는 것

24 이산화탄소 소화설비의 구성요소가 아닌 것은?
① 수동기동장치   ② 정압작동장치
③ 음향경보장치   ④ 선택밸브

해설 정압작동장치는 분말소화설비의 구성요소이다.

정답 20. ② 21. ① 22. ③ 23. ① 24. ②

25 이산화탄소 소화설비의 제어반 설치장소로 적합하지 않은 곳은?
① 화재에 의한 영향이 없는 곳
② 진동 및 충격에 의한 영향이 없는 곳
③ 부식성 가스가 발생하는 곳
④ 점검에 편리한 장소

해설 제어반 및 화재표시반의 설치장소는 화재에 따른 영향, 진동 및 충격에 따른 영향 및 부식의 우려가 없으며 점검에 편리한 장소에 설치할 것

26 이산화탄소 소화설비에서 다음의 방호대상물 중 가연성 액체 또는 가연성가스의 소화에 필요한 설계농도가 가장 높은 것은?
① 에탄
② 부탄
③ 프로판
④ 메탄

해설 가연성 액체 또는 가연성 가스의 소화에 필요한 설계농도

방호대상물	설계농도(%)
수소(Hydrogen)	75
아세틸렌(Acetylene)	66
일산화탄소(Carbon Monoxide)	64
산화에틸렌(Ethylene Oxide)	53
에틸렌(Ethylene)	49
에탄(Ethane)	**40**
석탄가스, 천연가스(Coal, Natural gas)	37
사이크로 프로판(Cyclo Propane)	37
이소부탄(Iso Butane)	36
프로판(Propane)	36
부탄(Butane)	34
메탄(Methane)	34

27 이산화탄소 소화설비의 음향경보장치는 소화약제의 방사개시 후 몇 분 이상 경보를 계속할 수 있어야 하는가?
① 1분
② 2분
③ 3분
④ 4분

해설 소화약제 방사 개시 후 1분 이상 경보를 계속할 수 있을 것

정답 25. ③ 26. ① 27. ①

28 이산화탄소 소화설비의 제어반이 갖추어야 할 기능에 해당하지 않는 것은?
① 전원표시등
② 음향경보장치의 작동기능
③ 소화약제의 방출기능
④ 제어반의 위치표시

해설 1. 제어반의 기능
① 전원표시등
② 수동기동장치 또는 감지기의 신호를 수신하여 음향경보장치의 작동
③ 소화약제의 방출 또는 지연기능
④ 기타의 제어기능
2. 제어반 및 화재표시반 설치장소
① 화재에 따른 영향이 없는 장소
② 진동 및 충격에 따른 영향이 없는 장소
③ 부식의 우려가 없고 점검에 편리한 장소
3. 제어반 및 화재표시반에 비치
① 해당 회로도
② 취급설명서

29 이산화탄소소화설비의 자동식 기동장치 중 가스압력식 기동장치의 설치기준으로 틀린 것은?
① 기동용가스용기 및 해당 용기에 사용하는 밸브는 25MPa 이상의 압력에 견딜 수 있는 것으로 할 것
② 기동용가스용기에는 내압시험압력의 0.8배부터 내압시험압력 이하에서 작동하는 안전장치를 설치할 것
③ 기동용가스용기의 용적은 5L 이상으로 하고, 해당 용기에 저장하는 비활성기체는 5.0 MPa 이상 (21℃ 기준)의 압력으로 충전할 것
④ 기동용가스용기에는 충전여부를 확인할 수 있는 압력게이지를 설치할 것

해설 기동용가스용기의 용적은 5L 이상으로 하고, 해당 용기에 저장하는 비활성기체는 6.0MPa 이상 (21℃ 기준)의 압력으로 충전할 것

30 이산화탄소소화설비의 화재안전기준에 관한 설명으로 옳은 것은?
① 저압식 저장용기의 충전비는 1.5 이상 1.9 이하로 한다.
② 소화약제의 저장용기는 온도가 50℃ 이하인 곳에 설치한다.
③ 셀룰로이드제품 등 자기연소성 물질을 저장·취급하는 장소에는 분사헤드를 설치하여야 한다.
④ 음향경보장치는 소화약제의 방사개시 후 1분 이상 경보를 계속할 수 있는 것으로 설치하여야 한다.

정답 28. ④ 29. ③ 30. ④

해설 보기설명
① 저압식 저장용기의 충전비는 1.1 이상 1.4 이하로 한다.
② 소화약제의 저장용기는 온도가 40℃ 이하인 곳에 설치한다.
③ 셀룰로이드제품 등 자기연소성 물질을 저장·취급하는 장소에는 분사헤드를 설치해서는 아니 된다.

31 다음 조건에서 이산화탄소소화설비를 설치할 경우 감지기의 최소설치 개수는?

[보기]
- 내화구조의 공장 건축물로 바닥면적 800 m²
- 차동식스포트형 2종 감지기 설치
- 감지기 부착높이 7.5 m

① 23 ② 32 ③ 46 ④ 64

해설 감지기의 수량

차동식스포트형 2종 감지기 개수 : $\dfrac{800\text{m}^2}{35\text{m}^2} = 22.86 ≒ 23$개

교차회로방식 23개 × 2회로 = 46개

부착높이 및 특정소방대상물의 구분		감지기의 종류						
		차동식 스포트형		보상식 스포트형		정온식 스포트형		
		1종	2종	1종	2종	특종	1종	2종
4m미만	주요구조부를 내화구조	90	70	90	70	70	60	20
	기타 구조	50	40	50	40	40	30	15
4m 이상 8m 미만	주요구조부를 **내화구조**	45	**35**	45	35	35	30	−
	기타 구조	30	25	30	25	25	15	−

32 이산화탄소소화설비의 화재안전성능기준에 관한 내용으로 옳은 것은?
① 설계농도란 규정된 실험 조건의 화재를 소화하는데 필요한 소화약제의 농도(형식승인 대상의 소화약제는 형식승인된 소화농도)를 말한다.
② 방호구역에는 소화약제 방출 시 과압으로 인한 구조물 등의 손상을 방지하기 위하여 급기구를 설치해야 한다.
③ 분사헤드는 사람이 상시 근무하거나 다수인이 출입·통행하는 곳과 자기연소성물질 또는 활성금속물질 등을 저장하는 장소에는 설치해서는 안 된다.
④ 지하층, 무창층 및 밀폐된 거실 등에 방출된 소화약제를 배출하기 위한 자동폐쇄장치를 갖추어야 한다.

정답 31. ③ 32. ③

해설 보기설명
① 설계농도란 방호대상물 또는 방호구역의 소화약제 저장량을 산출하기 위한 농도로서 소화농도에 안전율을 고려하여 설정한 농도를 말한다.
② 이산화탄소소화설비의가 설치된 방호구역에는 소화약제가 방출 시 과압으로 인한 구조물 등의 손상을 방지하기 위하여 과압배출구를 설치해야 한다.
④ 지하층, 무창층 및 밀폐된 거실 등에 이산화탄소소화설비를 설치한 경우에는 방출된 소화약제를 배출하기 위한 배출설비를 갖추어야 한다.

제11장 할론소화설비

1 소화약제의 저장용기등

1. 할론 소화약제 저장용기 적합한 장소기준

1) 온도가 40℃ 이하
2) 용기간의 간격 : 3cm 이상

2. 할론 소화약제 저장용기 설치기준 ★★★

1) 축압식 저장용기의 압력은 온도 20℃에서 할론 1211을 저장하는 것은 1.1 MPa 또는 2.5 MPa, 할론 1301을 저장하는 것은 2.5 MPa 또는 4.2 MPa이 되도록 질소가스로 축압할 것

2) 저장용기의 충전비

할론 2402	가압식	0.51 이상 0.67 미만
	축압식	0.67 이상 2.75 이하
할론 1211		0.7 이상 1.4 이하
할론 1301		0.9 이상 1.6 이하

3. 가압용 가스용기 ★

1) **질소**가스가 충전
2) 압력 : 21℃에서 **2.5MPa 또는 4.2MPa**

4. 할론 소화약제 저장용기의 개방밸브 개방방식

1) 전기식
2) 가스압력식
3) 기계식

5. 압력조정장치 ★

가압식 저장용기에는 **2.0MPa 이하**의 압력으로 조정

2 소화약제

1. 전역방출방식 ★★★

약제 저장량 = 방호구역체적[m³] × K[kg/m³] + 개구부 면적[m²] × 가산량[kg/m²]

1) 방호구역의 체적 1 m³에 대하여 다음 표에 따른 양(K)

소방대상물 또는 그 부분		소화약제의 종별	방호구역의 체적 1m³ 당 소화약제의 양
차고·주차장·전기실·통신기기실·전산실		할론 1301	0.32 kg 이상 0.64 kg 이하
특수가연물을 저장· 취급하는 소방대상물 또는 그 부분	가연성고체류· 가연성액체류	할론 2402 할론 1211 **할론 1301**	0.40 kg 이상 1.1 kg 이하 0.36 kg 이상 0.71 kg 이하 **0.32 kg 이상 0.64 kg 이하**
	면화류·나무껍질 및 대팻밥·넝마 및 종이부스러기·사류·볏짚류·목재가공품 및 나무부스러기를 저장·취급하는 것	할론 1211 할론 1301	0.60 kg 이상 0.71 kg 이하 0.52 kg 이상 0.64 kg 이하
	합성수지류를 저장·취급하는 것	할론 1211 할론 1301	0.36 kg 이상 0.71 kg 이하 0.32 kg 이상 0.64 kg 이하

2) 방호구역의 개구부에 자동폐쇄장치를 설치하지 아니한 경우 개구부 가산량

소방대상물 또는 그 부분		소화약제의 종별	가산량(개구부의 면적 1 m²당 소화약제의 양)
차고·주차장·전기실·통신기기실·전산실· 기타 이와 유사한 전기설비가 설치되어 있는 부분		할론 1301	2.4kg
특수가연물을 저장·취급하는 소방대상물 또는 그 부분	가연성고체류· 가연성액체류	할론 2402 할론 1211 할론 1301	3.0 kg 2.7 kg 2.4 kg
	면화류·나무껍질 및 대팻밥·넝마 및 종이부스러기·사류·볏짚류·목재가공품 및 나무부스러기를 저장·취급하는 것	할론 1211 할론 1301	4.5 kg 3.9 kg
	합성수지류를 저장·취급하는 것	할론 1211 할론 1301	2.7 kg 2.4 kg

2. 국소방출방식

1) 윗면이 개방된 용기에 저장하는 경우와 화재 시 연소면이 1면에 한정되고 가연물이 비산할 우려가 없는 경우

소화약제의 종별	약제량 계산방법
할론 2402	방호대상물의 표면적[m^2] × 8.8[kg/m^2] × 1.10
할론 1211	방호대상물의 표면적[m^2] × 7.6[kg/m^2] × 1.10
할론 1301	방호대상물의 표면적[m^2] × 6.8[kg/m^2] × 1.25

2) 방호공간(방호대상물의 각 부분으로부터 0.6m의 거리에 따라 둘러싸인 공간을 말한다)의 체적 $1m^3$에 대하여 다음의 식에 따라 산출한 양

$$Q = X - Y\frac{a}{A}$$

a : 방호대상물의 주위에 설치된 벽 면적의 합계(m^2)
A : 방호공간의 벽면적(벽이 없는 경우에는 벽이 있는 것으로 가정한 당해 부분의 면적)의 합계(m^2)
V : 방호공간의 체적(m^3)
X 및 Y : 다음 표의 수치

소화약제의 종류	X의 수치	Y의 수치
할론 2402	5.2	3.9
할론 1211	4.4	3.3
할론 1301	4.0	3.0

소화약제의 종별	약제량 계산방법
할론 2402	$V[m^3] \times \left[5.2 - 3.9\frac{a}{A}\right][kg/m^3] \times 1.10$
할론 1211	$V[m^3] \times \left[4.4 - 3.3\frac{a}{A}\right][kg/m^3] \times 1.10$
할론 1301	$V[m^3] \times \left[4.0 - 3.0\frac{a}{A}\right][kg/m^3] \times 1.25$

3. 호스릴 할론 소화설비 ★

소화약제의 종별	소화약제의 양
할론 2402 또는 1211	50kg
할론 1301	45kg

3 배관

1. 배관은 **전용**
2. **강관**을 사용하는 경우 : 압력배관용탄소강관 중 **스케줄 40 이상**
3. **동관**을 사용하는 경우 : 이음이 없는 동 및 동합금관(KS D 5301)의 것, 고압식은 16.5MPa 이상, 저압식은 3.75MPa 이상의 압력

4 분사헤드

1. 전역방출방식 및 국소방출방식의 방사압력 ★★★

소화약제	방사압력
할론 2402	0.1MPa 이상
할론 1211	0.2MPa 이상
할론 1301	0.9MPa 이상

2. 기준저장량의 소화약제를 **10초 이내**에 방사할 수 있는 것으로 할 것

3. 호스릴할론소화설비 설치기준 ★

1) 방호대상물의 각 부분으로부터 하나의 호스접결구까지의 **수평거리가 20m이하**
2) 노즐은 20℃에서 하나의 노즐마다 1분당 다음 표에 따른 소화약제를 방사할 수 있는 것

소화약제의 종별	1분당 방사하는 소화약제의 양
할론 2402	45kg
할론 1211	40kg
할론 1301	35kg

5 비상전원

1. 비상전원의 종류

1) 자가발전설비
2) 축전지설비(제어반에 내장하는 경우 포함)
3) 전기저장장치(외부 전기에너지를 저장해 두었다가 필요한 때 전기를 공급하는 장치)

제11장 출제예상문제

01 할론 소화약제 저장용기간의 간격은 몇 cm 이상이어야 하는가?
① 3cm 이상
② 5cm 이상
③ 10cm 이상
④ 15cm 이상

해설 용기간의 간격 : 3cm 이상

02 축압식 저장용기의 압력은 온도 20℃에서 질소가스로 축압시 할론 1301을 저장하는 경우 압력은?
① 1.1MPa 또는 2.5MPa
② 2.5MPa 또는 4.2MPa
③ 1.1MPa 또는 4.2MPa
④ 1.2MPa 또는 4.2MPa

해설 축압식 저장용기의 압력
① 할론 1211 저장 : 1.1MPa 또는 2.5MPa
② 할론 1301 저장 : 2.5MPa 또는 4.2MPa

03 할론 소화설비의 축압식 저장용기에는 질소가스를 가압하여 충전 한다. 20℃를 기준으로 했을 때, 이 저장용기 내 질소가스 축압의 기준은?
① 할론 1211은 2.2MPa 또는 5MPa
② 할론 1301은 2.5MPa 또는 4.2MPa
③ 할론 1211은 0.7MPa 이상 1.4MPa 이하
④ 할론 1301은 0.9MPa 이상 1.6MPa 이하

해설 할론 1301을 저장하는 것은 2.5MPa 또는 4.2MPa이 되도록 질소가스로 축압할 것

04 저장용기의 충전비는 할론 1301의 경우 얼마로 하여야 하는가?
① 0.51 이상 0.67 미만
② 0.67 이상 2.75 이하
③ 0.7 이상 1.4 이하
④ 0.9 이상 1.6 이하

해설 저장용기의 충전비
① 할론 1301 : 0.9 이상 1.6 이하
② 할론 1211 : 0.7 이상 1.4 이하
③ 할론 2402 : 가압식(0.51 이상 0.67 미만), 축압식(0.67 이상 2.75 이하)

정답 1. ① 2. ② 3. ② 4. ④

05 할론 소화설비의 화재안전기준에서 할론 1211 축압식 저장용기의 충전비로서 옳은 것은?
① 0.51 이상 0.67 미만
② 0.67 이상 2.75 이하
③ 0.7 이상 1.4 이하
④ 0.9 이상 1.6 이하

해설 할론 1211의 충전비 : 0.7 이상 1.4 이하

06 할론 소화약제의 저장용기에서 가압용 가스용기는 질소가스가 충전된 것으로 하고, 그 압력은 21℃에서 최대 얼마의 압력으로 축압되어야 하는가?
① 2.2MPa
② 3.2MPa
③ 4.2MPa
④ 5.2MPa

해설 압력 : 21℃에서 2.5MPa 또는 4.2MPa

07 자동차 차고나 주차장에 할론 1301 소화약제로 전역 방출 방식의 소화설비를 한 경우 방호구역의 체적 1m³당 얼마의 소화약제가 필요한가?
① 0.40kg 이상 1.10kg 이하
② 0.32kg 이상 0.64kg 이하
③ 0.36kg 이상 0.71kg 이하
④ 0.60kg 이상 0.71kg 이하

해설 할론 1301 단위체적당 소화약제량

소방대상물 또는 그 부분	소화약제의 종별		방호구역의 체적 1m³당 소화약제의 양
차고·주차장·전기실·통신기기실·전산실	할론 1301		0.32kg 이상 0.64kg 이하
특수가연물을저장·취급하는 소방대상물 또는 그 부분	가연성고체류·가연성액체류	할론 2402	0.40kg 이상 1.1kg 이하
		할론 1211	0.36kg 이상 0.71kg 이하
		할론 1301	0.32kg 이상 0.64kg 이하

08 전기설비가 되어 있는 곳에 할론1301 소화설비를 설치할 경우에 필요한 최소 소화약제량은? (단, 전기실의 체적은 800m³, 자동폐쇄장치를 설치하지 않은 개구부의 면적은 30m²)
① 320kg
② 288kg
③ 328kg
④ 318kg

해설 저장량
= 방호구역체적[m³] × K[kg/m³] + 개구부면적[m²] × 가산량[kg/m²]
= 800[m³] × 0.32[kg/m³] + 30[m²] × 2.4[kg/m²] = 328kg

정답 5. ③ 6. ③ 7. ② 8. ③

09 방호체적 550 m³인 전기실에 할론 1301설비를 할 때 필요한 소화약제의 양(kg)은 최소 얼마 이상으로 하여야 하는가? (단, 가로 2 m, 세로 0.8 m인 유리창 2개소와 가로 1 m, 세로 2 m의 자동폐쇄장치가 설치된 방화문이 있다.)

① 176.0
② 188.48
③ 183.68
④ 330.0

해설 저장량 = 550m³ × 0.32kg/m³ + (2 × 0.8m × 2개) × 2.4kg/m² = 183.68kg

10 특수가연물(제1종 가연물 또는 제2종 가연물에 한한다)을 윗면이 개방 된 용기에 저장하는 경우 외의 경우에 사용하는 아래의 할로겐 소화약제 산출식에서 A는 무엇을 의미하는가?

$$Q = X - Y\frac{a}{A}$$

① 방호공간 1m³에 대한 할로겐 소화약제의 양
② 방호대상물 주위에 설치된 벽면적의 합계
③ 방호공간의 벽면적의 합계
④ 개구부 면적의 합계

해설 국소방출방식 소화약제 저장량 계산
① Q : 방호공간 1m³에 대한 할로겐화합물 소화약제의 양(kg/m³)
② a : 방호대상물의 주위에 설치된 벽의 면적의 합계(m²)
③ A : 방호공간의 벽 면적(벽이 없는 경우에는 벽이 있는 것으로 가정한 해당부분의 면적)의 합계(m²)

11 할론소화설비에 배관설치에 대한 내용으로 틀린 것은?

① 배관은 전용으로 할 것
② 강관을 사용하는 경우에 아연도금 등에 따라 방식처리된 것을 사용할 것
③ 강관을 사용할 때에는 압력배관용탄소강관(KS D 3562) 중 스케줄 40 이상의 것을 사용할 것
④ 동관을 사용하는 경우 저압식 16.5MPa 이상의 압력에 견딜 수 있는 것으로 할 것

해설 할론소화설비의 배관
① 배관은 전용으로 할 것
② 동관을 사용하는 경우에는 이음이 없는 동 및 동합금관(KS D 5301)의 것으로서 고압식은 16.5 MPa 이상, 저압식은 3.75MPa 이상의 압력에 견딜 수 있는 것을 사용할 것

정답 9. ③ 10. ③ 11. ④

12 할론 소화설비의 배관으로 동관을 사용하는 경우 고압식은 얼마 이상의 압력에 견딜 수 있어야 하는가?

① 3.75MPa 이상 ② 5.75MPa 이상 ③ 16.5MPa 이상 ④ 21MPa 이상

해설 배관
① 강관 : 스케줄 40 이상
② 동관 : 고압식은 16.5MPa 이상, 저압식은 3.75MPa 이상

13 어느 소방대상물에 할론 1301 소화설비를 하려고 한다. 적합한 배관은?

① KS D 3562 중 이음매 없는 스케줄 40 이상의 것
② KS D 3562 중 이음매 있는 스케줄 40 이상의 것
③ KS D 3507 중 이음매 없는 스케줄 80 이상의 것
④ KS D 3507 중 이음매 있는 스케줄 80 이상의 것

해설 강관을 사용하는 경우의 배관은 압력배관용탄소강관(KS D 3562)중 스케줄40 이상의 것 또는 이와 동등 이상의 강도를 가진 것

14 할론 1301을 사용하는 경우 분사헤드의 방사압력은?

① 0.1MPa 이상 ② 0.2MPa 이상 ③ 0.3MPa 이상 ④ 0.9MPa 이상

해설 분사헤드의 방사압력

약제	방사압력
할론 2402	0.1MPa 이상
할론 1211	0.2MPa 이상
할론 1301	0.9MPa 이상

15 전역방출방식인 할론 소화설비에서 할론 1211 소화약제를 분사하는 분사헤드의 방사압력은 얼마 이상으로 하는가?

① 0.1MPa ② 0.2MPa ③ 0.9MPa ④ 1.0MPa

해설 분사헤드의 방사압력

약제	방사압력
할론 2402	0.1MPa 이상
할론 1211	0.2MPa 이상
할론 1301	0.9MPa 이상

정답 12. ③ 13. ① 14. ④ 15. ②

16 전역방출방식의 할론 소화설비의 분사헤드 설치기준에 관한 설명 중 틀린 것은?

① 할론 2402를 방사하는 분사헤드의 방사 압력은 0.1MPa 이상으로 할 것
② 할론 1211을 방사하는 분사헤드의 방사 압력은 0.2MPa 이상으로 할 것
③ 할론 1301을 방사하는 분사헤드의 방사 압력은 0.3MPa 이상으로 할 것
④ 할론 2402를 방출하는 분사헤드는 당해 소화약제가 무상으로 분무되는 것으로 할 것

해설 할론 1301 분사헤드의 방사압력 : 0.9MPa 이상

17 전역방출방식 및 국소방출방식의 분사헤드는 기준저장량의 소화약제를 얼마의 시간 내에 방사할 수 있어야 하는가?

① 10초　　　② 30초
③ 1분　　　 ④ 7분

해설 기준저장량의 소화약제를 10초 이내에 방사할 수 있는 것

18 호스릴할론소화설비를 설치하는 경우 방호대상물의 각 부분으로부터 하나의 호스접결구까지의 수평거리는 몇 m 이하가 되도록 하여야 하는가?

① 10m　　　② 20m
③ 25m　　　④ 40m

해설 방호대상물의 각 부분으로부터 하나의 호스접결구까지의 수평거리가 20m 이하

19 할론소화설비의 화재안전기술기준상 분사헤드의 방사압력의 최소기준으로 옳은 것은?

	할론 1301	할론 1211	할론 2402
①	0.9MPa 이상	0.2MPa 이상	0.1MPa 이상
②	0.8MPa 이상	0.1MPa 이상	0.3MPa 이상
③	0.7MPa 이상	0.3MPa 이상	0.4MPa 이상
④	1.0MPa 이상	0.2MPa 이상	0.2MPa 이상

해설 분사헤드의 방사압력
① 할론 1301 : 0.9MPa 이상
② 할론 1211 : 0.2MPa 이상
③ 할론 2402 : 0.1MPa 이상

정답　16. ③　17. ①　18. ②　19. ①

20 화재 시 연소면이 1면에 한정되고 가연물이 비산할 우려가 없는 표면적 100m²인 방호대상물에 국소방출방식 할론 소화약제를 적용할 경우, 할론 1301의 최소저장량(kg)은?

① 748 ② 850 ③ 950 ④ 968

해설 국소방출방식일 때 할론 1301의 최소저장량
$W = 1.25 \times 6.8 [kg/m^2] \times$ 표면적$[m^2] = 1.25 \times 6.8 [kg/m^2] \times 100 [m^2] = 850 [kg]$

정답 20. ②

제12장 할로겐화합물 및 불활성기체 소화설비

1 용어정의 ★

용어	정의
할로겐화합물 및 불활성기체 소화약제	할로겐화합물(할론 1301, 할론 2402, 할론 1211 제외) 및 불활성기체로서 전기적으로 비전도성이며 휘발성이 있거나 증발 후 잔여물을 남기지 않는 소화약제
할로겐화합물 소화약제	**불소, 염소, 브롬 또는 요오드** 중 하나 이상의 원소를 포함하고 있는 유기화합물을 기본성분으로 하는 소화약제
불활성기체 소화약제	**헬륨, 네온, 아르곤 또는 질소가스** 중 하나 이상의 원소를 기본성분으로 하는 소화약제
충전밀도	소화약제의 중량과 소화약제 저장용기의 내부 용적과의 비(중량/용적)
방호구역	소화설비의 소화범위 내에 포함된 영역
별도 독립방식	소화약제 저장용기와 배관을 방호구역별로 독립적으로 설치하는 방식
설계농도	방호대상물 또는 방호구역의 소화약제 저장량을 산출하기 위한 농도로서 소화농도에 안전율을 고려하여 설정한 농도
소화농도	규정된 실험 조건의 화재를 소화하는데 필요한 소화약제의 농도(형식승인대상의 소화약제는 형식승인된 소화농도)
최대허용 설계농도	사람이 상주하는 곳에 적용하는 소화약제의 설계농도로서, 인체의 안전에 영향을 미치지 않는 농도

2 할로겐화합물 및 불활성기체 소화약제의 종류 ★★★

소화약제		설계농도(%)	화학식
할로겐 화합물	FC-3-1-10	40	C_4F_{10}
	FK-5-1-12	10	$CF_3CF_2C(O)CF(CF_3)_2$
	HCFC BLEND A	10	$C_{10}H_{16}$: 3.75% HCFC-22($CHClF_2$) : 82% HCFC-123($CHCl_2CF_3$) : 4.75% HCFC-124($CHClFCF_3$) : 9.5%

소화약제		설계농도(%)	화 학 식
	HCFC-124	1	$CHClCF_3$
	HFC-23	30	CHF_3
	HFC-125	11.5	CHF_2CF_3
	HFC-227ea	10.5	CF_3CHFCF_3
	HFC-236fa	12.5	$CF_3CH_2CF_3$
	FIC-13I1	0.3	CF_3I
불활성기체	IG-01	43	Ar
	IG-100	43	N_2
	IG-541	43	$N_2 : 52\%, Ar : 40\%, CO_2 : 8\%$
	IG-55	43	$N_2 : 50\%, Ar : 50\%$

3 할로겐화합물 및 불활성기체 소화약제 설치제외 장소 ★

1. 사람이 상주하는 곳으로써 최대허용설계농도를 초과하는 장소
2. **제3류 위험물** 및 **제5류 위험물**을 사용하는 장소. 다만, 소화성능이 인정되는 위험물은 제외한다.

4 저장용기

1. 할로겐화합물 및 불활성기체 소화약제의 저장용기 적합한 장소 기준 ★

1) 온도 : **55℃** 이하, 온도 변화가 작은 곳에 설치할 것
2) 용기간의 간격 : **3cm** 이상
3) 저장용기와 집합관을 연결하는 연결배관에는 **체크밸브**를 설치할 것. 다만, 저장용기가 하나의 방호구역만을 담당하는 경우에는 그러하지 아니하다.

2. 할로겐화합물 및 불활성기체 소화약제의 저장용기 기준

1) 표시사항

① 약제명　　　　② 저장용기의 자체중량과 총중량
③ 충전일시　　　④ 충전압력
⑤ 약제의 체적

2) 저장용기의 재충전 또는 교체 ★★★
① 할로겐화합물 소화약제 : 저장용기의 약제량 손실이 **5%**를 초과하거나 압력손실이 **10%**를 초과할 경우
② 불활성기체 소화약제 : 압력손실이 **5%**를 초과할 경우

5 소화약제량의 산정

1. 할로겐화합물 소화약제 저장량 ★★★

$$W = \frac{V}{S} \times \left[\frac{C}{(100-C)}\right]$$

W : 소화약제의 무게(kg),   V : 방호구역의 체적(m^3)
S : 소화약제별 선형상수($K_1 + K_2 \times t$)(m^3/kg)
C : 체적에 따른 소화약제의 설계농도(%)
t : 방호구역의 최소예상온도(℃)

2. 불활성기체 소화약제 저장량 ★★★

$$X = 2.303 \left(\frac{V_S}{S}\right) \times \log_{10}\left[\frac{100}{(100-C)}\right]$$

X : 공간체적 당 더해진 소화약제의 부피(m^3/m^3)
Vs : 20℃에서 소화약제의 비체적(m^3/kg) = $K_1 + K_2 \times 20$
S : 소화약제별 선형상수($K_1 + K_2 \times t$)(m^3/kg)
C : 체적에 따른 소화약제의 설계농도(%)
t : 방호구역의 최소예상온도(℃)

3. 설계농도

① A급 화재 : 설계농도 C = 소화농도(%) × 1.2
② B급 화재 : 설계농도 C = 소화농도(%) × 1.3
③ C급 화재 : 설계농도 C = 소화농도(%) × 1.35

설계농도	소화농도	안전계수
A급	A급	1.2
B급	B급	1.3
C급	A급	1.35

6 기동장치

1. 수동식 기동장치 설치기준 ★★

수동식 기동장치의 부근에는 소화약제의 방출을 지연시킬 수 있는 방출지연스위치(자동복귀형 스위치로서 수동식 기동장치의 타이머를 순간 정지시키는 기능의 스위치를 말한다)를 설치
1) 방호구역마다 설치
2) 해당 방호구역의 출입구 부근 등 조작을 하는 자가 쉽게 피난할 수 있는 장소에 설치할 것
3) 기동장치의 조작부 : 바닥으로부터 **0.8m 이상 1.5m 이하**
4) 전기를 사용하는 기동장치에는 전원표시등
5) 50 N 이하의 힘을 가하여 기동할 수 있는 구조로 할 것

2. 자동식 기동장치 설치기준 ★★★

1) 자동식 기동장치에는 수동으로도 기동할 수 있는 구조로 할 것
2) 전기식 기동장치로서 **7병 이상**의 저장용기를 동시에 개방하는 설비는 **2병 이상**의 저장용기에 전자 개방밸브를 부착할 것
3) 가스압력식 기동장치는 다음의 기준에 따를 것
   ① 기동용가스용기 및 해당 용기에 사용하는 밸브는 **25 MPa 이상**의 압력에 견딜 수 있는 것으로 할 것
   ② 기동용가스용기에는 **내압시험압력의 0.8배부터 내압시험압력 이하**에서 작동하는 안전장치를 설치할 것
   ③ 기동용가스용기의 체적은 **5 L 이상**으로 하고, 해당 용기에 저장하는 질소 등의 비활성기체는 **6.0 MPa 이상(21 ℃ 기준)**의 압력으로 충전할 것
   ④ 질소 등의 비활성기체 기동용가스용기에는 충전 여부를 확인할 수 있는 압력게이지를 설치할 것
4) 기계식 기동장치는 저장용기를 쉽게 개방할 수 있는 구조로 할 것

7 제어반 등

1. 제어반 및 화재표시반 설치장소

1) 화재에 따른 영향이 없는 장소

2) 진동 및 충격에 따른 영향이 없는 장소
3) 부식의 우려가 없고 점검에 편리한 장소

2. 제어반 및 화재표시반에 비치하여야 하는 것

1) 해당 회로도
2) 취급설명서

8 배관

1. 할로겐화합물 및 불활성기체 소화설비의 배관 기준 ★★

1) 배관은 전용으로 할 것
2) 배관의 두께

$$t = \frac{PD}{2SE} + A \text{ [mm]}$$

t : 배관의 두께[mm], P : 최대허용압력[kPa], D : 배관의 바깥지름[mm]
SE : 최대허용응력[kPa](배관재질인장강도의 1/4값과 항복점의 2/3중 작은 값 × 배관이음효율 × 1.2)
A : 나사이음·홈이음 등의 허용값[mm]

① 배관이음효율

배관이음효율	이음매 없는 배관	1.0
	전기저항 용접배관	0.85
	가열맞대기 용접배관	0.60

② 나사이음, 홈이음 등의 허용 값(mm)(헤드 설치부분은 제외)

나사이음, 홈이음 등의 허용 값(mm)	나사이음	나사의 높이
	절단홈이음	홈의 깊이
	용접이음	0

2. 배관과 배관, 배관과 배관부속 및 밸브류의 접속방법 ★★★

1) 나사접합
2) 용접접합
3) 압축접합
4) 플랜지접합

3. 배관의 구경 ★★

배관의 구경은 해당 방호구역에 **할로겐화합물소화약제는 10초 이내**에, **불활성기체 소화약제는 A·C급 화재 2분, B급 화재 1분 이내**에 방호구역 각 부분에 **최소설계 농도의 95 % 이상**에 해당하는 약제량이 방출되도록 해야 한다.

구분	기준방사시간	배관 유량의 계산
할로겐 화합물	10초	① 유량 $Q[kg/s] = \dfrac{약제량(kg)}{기준방사시간(10s)}$ ② 약제량 $W = \dfrac{V}{S} \times \dfrac{C \times 0.95}{100 - C \times 0.95}$
불활성 기체	B급 : 1분 A, C급 : 2분	① 유량 $Q[m^3/min] = \dfrac{약제량(m^3)}{기준방사시간(min)}$ ② 약제량 $W = 2.303 \left(\dfrac{V_S}{S} \right) \times \log_{10} \dfrac{100}{100 - C \times 0.95} \times V[m^3]$

9 분사헤드

1. 분사헤드 기준 ★

1) 설치 높이
   방호구역의 바닥으로부터 **최소 0.2m 이상 최대 3.7m 이하**, 천장높이가 3.7m를 초과할 경우 추가로 다른 열의 분사헤드를 설치할 것
2) 분사헤드에는 부식방지조치를 하여야 하며 오리피스의 크기, 제조일자, 제조업체가 표시

2. 분사헤드의 오리피스의 면적

: 분사헤드가 연결되는 배관 구경 면적의 **70%**를 초과하지 말 것

10 자동식기동장치의 화재감지기

1. 각 방호구역 내의 화재감지기의 감지에 따라 작동되도록 할 것
2. 화재감지기회로는 **교차회로방식**으로 설치할 것. ★★★

> **교차회로방식으로 하지 않을 수 있는 경우**
>
> (1) 불꽃감지기 (2) 정온식감지선형감지기
> (3) 분포형감지기 (4) 복합형감지기
> (5) 광전식분리형감지기 (6) 아날로그방식의 감지기
> (7) 다신호방식의 감지기 (8) 축적방식의 감지기

11 음향경보장치

1. 음향경보장치 기준 ★★★

1) 소화약제의 **방사 개시 후 1분 이상** 경보를 계속할 것
2) 방호구역 또는 방호대상물이 있는 **구획 안**에 있는 자에게 유효하게 경보할 수 있는 것

2. 방송에 따른 경보장치를 설치한 경우

1) 방호구역 또는 방호대상물이 있는 구획의 각 부분으로부터 하나의 확성기까지의 **수평거리는 25m 이하**
2) 제어반의 복구스위치를 조작하여도 경보를 계속 발할 수 있는 것으로 할 것

12 비상전원

1. 비상전원의 종류 : **자가발전설비, 축전지설비, 전기저장장치**
2. 할로겐화합물 및 불활성기체 소화설비를 유효하게 **20분** 이상 작동할 수 있어야 할 것
3. 실내에 설치하는 때에는 그 실내에 비상조명등을 설치

13 과압배출구

할로겐화합물 및 불활성기체소화설비의 방호구역에는 소화약제 방출시 발생하는 **과(부)압으로 인한 구조물 등의 손상을 방지**하기 위해 아래의 내용을 검토하여 과압배출구를 설치해야 한다. 다만, 과(부)압이 발생해도 구조물 등에 손상이 생길 우려가 없음을 시험 또는 공학적인 자료로 입증하는 경우 설치하지 않을 수 있다.

1) 방호구역 **누설면적**
2) 방호구역의 **최대허용압력**
3) 소화약제 방출시의 **최고압력**
4) **소화농도 유지시간**

제12장 출제예상문제

01 사람이 상주하는 곳에 할로겐화합물 및 불활성기체 소화약제를 설치하려 할 때 최대 허용설계농도가 옳지 않은 것은?
① HCFC BLEND A : 10%
② HFC-227ea : 7.5%
③ IG-541 : 43%
④ HFC-23 : 30%

해설 HFC-227ea : 10.5%

02 할로겐화합물 및 불활성기체 소화약제 중에서 IG-541의 혼합가스 성분비는?
① $Ar : 52\%, N_2 : 40\%, CO_2 : 8\%$
② $N_2 : 52\%, Ar : 40\%, CO_2 : 8\%$
③ $CO_2 : 52\%, Ar : 40\%, N_2 : 8\%$
④ $N_2 : 10\%, Ar : 40\%, CO_2 : 50\%$

해설 $N_2 : 52\%, Ar : 40\%, CO_2 : 8\%$

03 다음의 위험물에서 할로겐화합물 및 불활성기체 소화설비를 적용할 수 없는 대상물은 어느 것인가?
① 제1류위험물
② 제2류위험물
③ 제3류위험물
④ 제4류위험물

해설 할로겐화합물 및 불활성기체 소화약제 설치제외
① 사람이 상주하는 곳으로써 최대허용설계농도를 초과하는 장소
② 제3류위험물 및 제5류위험물을 사용하는 장소.

04 할로겐화합물 및 불활성기체 소화약제의 저장용기 설치장소의 기준으로 옳지 않은 것은?
① 방호구역 내에 설치할 경우에는 피난 및 조작이 용이하도록 피난구 부근에 설치하여야 한다.
② 저장용기를 방호구역 외에 설치한 경우에는 방화문으로 구획된 실에 설치할 것
③ 저장용기가 하나의 방호구역만을 담당하는 경우에는 체크밸브를 설치하여야 한다.
④ 용기간의 간격은 점검에 지장이 없도록 3cm 이상의 간격을 유지할 것

해설 방호구역외의 장소에 설치할 것. 다만, 방호구역 내에 설치할 경우에는 피난 및 조작이 용이하도록 피난구 부근에 설치하여야 한다.

05 할로겐화합물 및 불활성기체 소화약제의 저장용기에 표시사항이 아닌 것은?

① 약제명
② 저장용기의 자체중량과 총중량
③ 약제의 색상
④ 충전압력

해설 표시사항 : 약제명, 자체중량, 총중량, 충전일시, 충전압력, 약제의 체적

06 할로겐화합물 소화약제는 저장용기의 약제량 손실이 몇 %의 경우에 저장용기를 재충전하거나 교체하여야 하는가?

① 5%초과
② 10%초과
③ 15%초과
④ 20%초과

해설 저장용기의 약제량 손실이 5%를 초과하거나 압력손실이 10%를 초과할 경우에는 재충전하거나 저장용기를 교체할 것.

07 바닥면적 300m², 전기실(층고 5m)에 할로겐화합물 소화약제 소화설비를 설치하고자 한다. 설계농도가 11.5%, 방호구역의 최소 예상온도는 20℃, K_1 = 0.1269, K_2 = 0.0005라면 소화약제량[kg]은?

① 711.89kg
② 1,423.78kg
③ 1732.42kg
④ 1893.61kg

해설 소화 약제량
① 선형상수 $S = K_1 + K_2 \times t = 0.1269 + 0.0005 \times 20 = 0.1369$
② 소화약제량
$$W = \frac{V}{S} \times \frac{C}{100-C} = \frac{300m^2 \times 5m}{0.1369} \times \frac{11.5}{100-11.5} = 1,423.78kg$$

08 분사헤드의 설치높이는 방호구역의 바닥으로부터 몇 m 이하로 하여야 하는가? (단, 천장의 높이는 3.7m 이하의 경우이다.)

① 최소 0.1m 이상 최대 3.7m 이하
② 최소 0.2m 이상 최대 3.7m 이하
③ 최소 0.3m 이상 최대 3.7m 이하
④ 최소 0.4m 이상 최대 3.7m 이하

해설 분사헤드의 설치 높이는 방호구역의 바닥으로부터 최소 0.2m 이상 최대 3.7m 이하로 하여야 하며, 천장높이가 3.7m를 초과할 경우에는 추가로 다른 열의 분사헤드를 설치할 것.

정답 5. ③ 6. ① 7. ② 8. ②

09 바닥면적이 400m²인 발전기실(층고 3m)에 소화농도 7%로 HFC-227ea를 설치 시 소요되는 최저의 소화약제량(kg)은 약 얼마인가?

[보기]
① 약제방사 시 방호구역은 20℃로 한다.
② 소화약제별 선형상수를 구하기 위한 K1 = 0.1269, K2 = 0.0005이다.
③ 발전기실은 유류화재로 가정한다.
④ 기타 조건은 할로겐화합물 및 불활성기체 소화설비의 화재안전기준에 의한다.

① 330   ② 402   ③ 804   ④ 877

해설 소화약제량
① 선형상수 $S = K_1 + K_2 + t = 0.1269 + 0.0005 \times 20 = 0.1369$
② 설계농도 $C = 7\% \times 1.3$
발전기실은 유류화재이므로 소화농도에 안전율을 1.3 적용한다.
③ 소화약제량
$$W = \frac{V}{S} \times \frac{C}{100-C} = \frac{400m^2 \times 3m}{0.1369} \times \frac{7\% \times 1.3}{100 - 7\% \times 1.3} = 877.52kg$$

10 할로겐화합물 소화약제 소화설비에 적용하는 배관의 구경은 당해 방호구역에 소화약제가 얼마 이내에 방호구역 각 부분에 최소설계농도의 95% 이상 해당하는 약제량이 방출되도록 하여야 하는가?

① 10초   ② 30초   ③ 1분   ④ 7분

해설 할로겐화합물 소화약제 : 10초 이내
불활성기체 소화약제 : B급 화재 1분 이내, A, C급 화재 2분 이내

11 할로겐화합물 및 불활성기체 소화설비의 분사헤드에 표시하여야 할 사항으로 옳지 않은 것은?

① 제조업체   ② 제조일자   ③ 오리피스의 크기   ④ 방출율

해설 분사헤드에는 부식방지조치를 하여야 하며 오리피스의 크기, 제조일자, 제조업체가 표시되도록 할 것

12 할로겐화합물 및 불활성기체 소화설비의 음향장치는 소화약제의 방사 개시 후 몇 분 이상 경보를 계속 발하여야 하는가?

① 1분 이상   ② 2분 이상   ③ 3분 이상   ④ 4분 이상

해설 소화약제의 방사 개시 후 1분 이상 경보를 계속할 수 있는 것

정답 9. ④ 10. ① 11. ④ 12. ①

13 할로겐화합물 및 불활성기체소화설비의 화재안전기준상 사람이 상주하는 곳에 설치하는 할로겐화합물소화약제의 최대허용설계농도로 옳은 것은?

① HCFC BLEND A : 11%
② IG-100 : 45%
③ HFC-23 : 55%
④ HFC-227ea : 10.5%

해설 보기설명
① HCFC BLEND A : 10%
② IG-100 : 43%
③ HFC-23 : 30%

14 할로겐화합물 및 불활성기체 소화설비의 화재안전기준상 A급 화재 소화농도가 30%일 경우 사람이 상주하는 곳에 사용이 가능한 소화약제는?

① FC-3-1-10
② HCFC-124
③ HFC-125
④ HFC-236fa

해설 설계농도 = 소화농도×안전계수 = 30%×1.2 = 36%
FC-3-1-10은 최대허용설계농도가 40%이므로 사용이 가능하다.
① FC-3-1-10 : 40%
② HCFC-124 : 1%
③ HFC-125 : 11.5%
④ HFC-236fa : 12.5%

15 할로겐화합물 및 불활성기체소화설비의 화재안전기술기준상 음향경보장치의 설치기준으로 옳은 것은?

① 수동식 기동장치 및 자동식 기동장치를 설치한 것은 화재감지기와 연동하여 자동으로 경보를 발하는 것으로 할 것
② 방호구역 또는 방호대상물이 있는 구획 외부에 있는 자에게 유효하게 경보할 수 있는 것으로 할 것
③ 방호구역 또는 방호대상물이 있는 구획의 각 부분으로부터 하나의 확성기까지의 수평거리는 25m 이하가 되도록 할 것
④ 제어반의 복구스위치를 조작할 경우 경보를 정지할 수 있는 것으로 할 것

해설 보기설명
① 수동식 기동장치를 설치한 것은 그 기동장치의 조작과정에서, 자동식 기동장치를 설치한 것은 화재감지기와 연동하여 자동으로 경보를 발하는 것으로 할 것
② 방호구역 또는 방호대상물이 있는 구획 안에 있는 자에게 유효하게 경보할 수 있는 것으로 할 것
④ 제어반의 복구스위치를 조작하여도 경보를 계속 발할 수 있는 것으로 할 것

정답 13. ④ 14. ① 15. ③

16 다음 조건의 전기실에 불활성기체소화설비를 설치하려고 한다. 화재안전기술기준상 필요한 화재감지기의 최소 설치개수는?

- 주요구조부 : 내화구조
- 전기실 바닥면적 : 500 m²
- 감지기 부착높이 : 4.5 m
- 적용 감지기 : 차동식 스포트형(2종)

① 8개　　　　　　　　② 15개
③ 24개　　　　　　　　④ 30개

해설　1회로당 감지기의 최소수량 : $\dfrac{500\mathrm{m}^2}{35\mathrm{m}^2} = 14.29 = 15$개

교차회로 방식을 적용해야 하므로 15개×2회로 = 30개

17 다음 조건의 방호구역에 할로겐화합물소화설비를 설치하려고 한다. 화재안전기술기준상 필요한 소화약제의 최소 저장용기 수(병)는?

- 방호구역 체적: 650 m³
- 소화약제: HFC-227ea
- 선형상수: K_1 = 0.1269, K_2 = 0.0005
- 방호구역 최소예상온도: 25℃
- 설계농도 : 최대허용 설계농도 적용
- 저장용기 : 68 L 내용적에 50 kg 저장

① 9　　　　　　　　② 11
③ 13　　　　　　　　④ 40

해설　비체적 $S = K_1 + K_2 t = 0.1269 + 0.0005 \times 25 = 0.1394$

설계농도 $C = 10.5\%$

$W = \dfrac{V}{S} \times \dfrac{C}{100-C} = \dfrac{650}{0.1394} \times \dfrac{10.5}{100-10.5} = 547.0371 = 547.04 \mathrm{kg}$

최소 저장용기 수 $\dfrac{547.04\mathrm{kg}}{50\mathrm{kg}} = 10.94 = 11$병

정답　16. ④　17. ②

제13장 분말소화설비

1 저장용기

1. 분말소화약제의 저장용기 적합한 장소기준

1) 방호구역 외의 장소에 설치할 것. 다만, 방호구역 내에 설치할 경우에는 피난 및 조작이 용이하도록 피난구 부근에 설치해야 한다.
2) 온도가 40℃ 이하이고, 온도 변화가 작은 곳에 설치할 것
3) 용기 간의 간격 : 점검에 지장이 없도록 **3 cm 이상**

2. 분말소화약제의 저장용기 설치기준

1) 소화약제 종류에 따른 저장용기의 내용적 ★★★

소화약제의 종별	소화약제 1kg당 저장용기의 내용적
제1종 분말(탄산수소나트륨을 주성분으로 한 분말)	0.8L
제2종 분말(탄산수소칼륨을 주성분으로 한 분말)	1.0L
제3종 분말(인산염을 주성분으로 한 분말)	1.0L
제4종 분말(탄산수소칼륨과 요소가 화합된 분말)	1.25L

2) 안전밸브의 작동압력 ★★

가압식	최고사용압력의 1.8배 이하
축압식	용기의 내압시험압력의 0.8배 이하

3) 정압작동장치 ★
   ① 저장용기의 내부압력이 설정압력으로 되었을 때 주밸브를 개방
   ② 정압작동장치의 종류
      (1) 가스압력식(압력스위치방식)
      (2) 기계식(스프링방식)
      (3) 전기식(시한릴레이, 타이머방식)

4) 저장용기의 충전비 : 0.8 이상

5) 저장용기 및 배관에는 잔류 소화약제를 처리할 수 있는 청소장치를 설치

6) 축압식 저장용기에는 사용압력 범위를 표시한 지시압력계를 설치할 것

2 가압용가스용기

1. 분말소화약제의 가압용가스 용기를 3병 이상 설치한 경우에는 2개 이상의 용기에 전자개방밸브를 부착
2. 분말소화약제의 **가압용가스 용기에는 2.5MPa 이하의 압력**에서 조정이 가능한 **압력조정기**를 설치
3. 가압용가스 또는 축압용가스 설치기준
    1) 가압용가스 또는 축압용가스 : 질소가스 또는 이산화탄소
    2) 가압용가스 ★★★

구분	필요한 가압용 가스의 양
질소가스	소화 약제량[kg] × 40[L/kg] (35 ℃에서 1기압의 압력상태로 환산한 것)
이산화탄소	소화 약제량[kg] × 20[g/kg] + 배관의 청소에 필요한 양

    3) 축압용가스 ★★

구분	필요한 축압용 가스의 양
질소가스	소화 약제량[kg] × 10[L/kg] (35 ℃에서 1기압의 압력상태로 환산한 것)
이산화탄소	소화 약제량[kg] × 20[g/kg] + 배관청소에 필요한 양

    4) 저장용기 및 배관의 청소에 필요한 양의 가스는 별도의 용기에 저장할 것

3 소화약제

1. 소화약제의 종류 ★★★

: 제1종분말 · 제2종분말 · 제3종분말 또는 제4종분말(**차고 또는 주차장 : 제3종분말**)

2. 분말소화약제의 저장량 ★★★

1) 전역방출방식

약제 저장량 W
= 방호구역체적[m³] × K[kg/m³] + 개구부면적[m²] × 가산량[kg/m²]

① 방호구역의 체적 1 m³에 대하여 다음 표에 따른 양

소화약제의 종별	방호구역의 체적 1m³에 대한 소화약제의 양
제1종 분말	0.60kg
제2종 분말 또는 제3종 분말	0.36kg
제4종 분말	0.24kg

② 개구부 가산량(자동폐쇄장치를 설치하지 않은 경우에 한함)

소화약제의 종별	가산량 (개구부의 면적 1m²에 대한 소화약제의 양)
제1종 분말	4.5kg
제2종 분말 또는 제3종 분말	2.7kg
제4종 분말	1.8kg

2) 국소방출방식 ★

$$Q = X - Y\frac{a}{A}$$

a : 방호대상물의 주위에 설치된 벽 면적의 합계(m²)

A : 방호공간의 벽면적(벽이 없는 경우에는 벽이 있는 것으로 가정한 당해 부분의 면적)의 합계(m²)

V : 방호공간(방호대상물의 각 부분으로부터 0.6 m의 거리에 따라 둘러싸인 공간)의 체적(m³)

X 및 Y : 다음 표의 수치

소화약제의 종류	X의 수치	Y의 수치
제1종 분말	5.2	3.9
제2종 분말 또는 제3종 분말	3.2	2.4
제4종 분말	2.0	1.5

소화약제의 종별	약제량 계산방법
제1종 분말	$V[m^3] \times \left[5.2 - 3.9\dfrac{a}{A}\right][kg/m^3] \times 1.1$
제2종, 제3종 분말	$V[m^3] \times \left[3.2 - 2.4\dfrac{a}{A}\right][kg/m^3] \times 1.1$
제4종 분말	$V[m^3] \times \left[2.0 - 1.5\dfrac{a}{A}\right][kg/m^3] \times 1.1$

3) 호스릴분말소화설비

소화약제의 종별	소화약제의 양
제1종 분말	50kg
제2종 분말 또는 제3종 분말	30kg
제4종 분말	20kg

4 기동장치

1. 분말소화설비의 수동식 기동장치 ★★

수동식 기동장치의 부근에는 소화약제의 방출을 지연시킬 수 있는 방출지연스위치(자동복귀형 스위치로서 수동식 기동장치의 타이머를 순간 정치시키는 기능의 스위치를 말한다)를 설치해야 한다.
1) 전역방출방식은 방호구역마다, 국소방출방식은 방호대상물마다 설치할 것
2) 기동장치의 조작부 : 바닥으로부터 **높이 0.8m 이상 1.5m 이하**
3) 전기를 사용하는 기동장치에는 전원표시등을 설치할 것
4) 기동장치의 방출용스위치는 **음향경보장치**와 연동하여 조작될 수 있는 것

2. 분말소화설비의 자동식 기동장치 ★★

1) 전기식 기동장치로서 **7병 이상**의 저장용기를 동시에 개방하는 설비는 **2병 이상**의 저장용기에 전자 개방밸브를 부착할 것
2) 가스압력식 기동장치 기준
   ① **밸브의 압력 : 25MPa 이상**
   ② **안전장치 : 내압시험압력의 0.8배부터 내압시험압력 이하**에서 작동
   ③ 기동용가스용기의 체적은 5 L 이상으로 하고, 해당 용기에 저장하는 질소 등의 비활성기체는 6.0 MPa 이상(21℃ 기준)의 압력으로 충전할 것. 다

만, 기동용가스용기의 체적을 1 L 이상으로 하고, 해당 용기에 저장하는 이산화탄소의 양은 0.6 kg 이상으로 하며, 충전비는 1.5 이상 1.9 이하의 기동용가스용기로 할 수 있다.

5 배관

1. 배관은 전용
2. 강관을 사용하는 경우의 배관은 아연도금에 따른 **배관용탄소강관**(KS D 3507)이나 이와 동등 이상의 강도·내식성 및 내열성을 가진 것으로 할 것. 다만, 축압식분말소화설비에 사용하는 것 중 20 ℃**에서 압력이 2.5 MPa 이상 4.2 MPa 이하**인 것은 압력배관용탄소강관(KS D 3562) 중 이음이 없는 **스케줄 40 이상**의 것 또는 이와 동등 이상의 강도를 가진 것으로서 아연도금으로 방식 처리된 것을 사용해야 한다.
3. 동관을 사용하는 경우의 배관은 고정압력 또는 최고사용압력의 **1.5배 이상**의 압력에 견딜 수 있는 것을 사용할 것

6 분사헤드

1. 전역방출방식의 분말소화설비의 분사헤드 기준 ★

1) 소화약제 저장량을 **30초 이내**에 방사할 수 있는 것으로 할 것

2. 국소방출방식의 분말소화설비의 분사헤드 기준

1) 소화약제의 방사에 따라 가연물이 비산하지 아니하는 장소에 설치할 것
2) 기준저장량의 소화약제를 **30초 이내**에 방사할 수 있는 것으로 할 것

3. 호스릴분말소화설비 설치기준 ★★★

1) 방호대상물의 각 부분으로부터 하나의 호스접결구까지의 **수평거리가 15m 이하**가 되도록 할 것
2) 소화약제 저장용기의 개방밸브는 호스릴의 설치장소에서 수동으로 개폐할 수 있는 것으로 할 것
3) 호스릴분말소화설비의 소화약제 종별 1분당 방출하는 소화약제의 양

소화약제의 종별	1분당 방출하는 소화약제의 양
제1종 분말	45kg
제2종 분말 또는 제3종 분말	27kg
제4종 분말	18kg

7 음향경보장치

1. 분말소화설비의 음향경보장치

1) 수동식 기동장치를 설치한 것은 그 기동장치의 조작과정에서, 자동식 기동장치를 설치한 것은 화재감지기와 연동하여 자동으로 경보를 발하는 것으로 할 것
2) 소화약제의 방출 개시 후 **1분 이상** 경보를 계속할 수 있는 것으로 할 것
3) 방호구역 또는 방호대상물이 있는 구획 안에 있는 자에게 유효하게 경보할 수 있는 것으로 할 것

2. 방송에 따른 경보장치를 설치기준

1) 증폭기 재생장치는 화재 시 연소의 우려가 없고, 유지관리가 쉬운 장소에 설치할 것
2) 방호구역 또는 방호대상물이 있는 구획의 각 부분으로부터 하나의 확성기까지의 **수평거리는 25 m 이하**가 되도록 할 것
3) 제어반의 복구스위치를 조작하여도 경보를 계속 발할 수 있는 것으로 할 것

제13장 출제예상문제

01 제1종 소화분말 250kg을 저장하려고 하는데 저장용기의 내용적(L)은 얼마 이상으로 하여야 하는가?

① 200L ② 250L ③ 312.5L ④ 375L

해설 저장용기의 내용적 = 250[kg] × 0.8[L/kg] = 200L

02 분말소화약제 저장용기의 경우 가압식의 것에 있어서는 최고사용압력의 몇 배 이하의 압력에서 작동하는 안전밸브를 설치하여야 하는가?

① 0.8배 ② 1.5배 ③ 1.8배 ④ 2.0배

해설 저장용기 안전밸브
① 가압식 : 최고사용압력의 1.8배 이하의 압력에서 작동
② 축압식 : 용기의 내압시험압력의 0.8배 이하의 압력에서 작동

03 분말소화설비의 가압식저장용기에 설치하는 안전밸브의 작동압력은 몇 MPa 이하인가? (단, 내압시험압력은 25.0MPa, 최고사용압력은 5.0MPa로 한다.)

① 4.1 ② 9.0 ③ 13.9 ④ 20.0

해설 분말소화설비의 안전밸브
① 가압식의 경우 최고사용압력의 1.8배 이하
② 축압식의 경우 내압시험압력의 0.8배 이하
③ 가압식이므로 5.0 × 1.8배 = 9MPa이하

04 축압식 분말소화설비 저장용기의 안정성 확보를 위하여 설치하는 안전밸브는 얼마의 압력에서 작동되어야 하는가?

① 내압시험 압력의 0.64배 이하 ② 내압시험 압력의 0.8배 이하
③ 내압시험 압력의 1.4배 이하 ④ 내압시험 압력의 1.8배 이하

해설 저장용기의 안전밸브의 작동압력
① 가압식 : 최고사용압력의 1.8배 이하
② 축압식 : 내압시험압력의 0.8배 이하

정답 1. ① 2. ③ 3. ② 4. ②

05 분말 소화약제의 가압용 가스용기는 분말소화약제의 저장용기에 접속하여 설치하며 분말 소화약제의 가압용 가스용기를 4병 설치한 경우 몇 개 이상의 용기에 전자개방밸브를 부착하여야 하는가?

① 1   ② 2   ③ 3   ④ 4

해설 가압용 가스용기를 3병 이상 설치한 경우에 있어서는 2개 이상의 용기에 전자개방밸브를 부착하여야 한다.

06 분말소화설비의 화재안전기준상 분말소화약제의 가압용 가스용기를 3병 이상 설치한 경우에 있어서는 2개 이상의 용기에 부착하여야 하는 밸브로 옳은 것은?

① 안전밸브   ② 크리닝밸브
③ 전자개방밸브   ④ 배기밸브

해설 분말소화약제의 가압용가스 용기를 3병 이상 설치한 경우에 있어서는 2개 이상의 용기에 전자개방 밸브를 부착하여야 한다.

07 분말 소화설비의 가압용 가스에 질소를 사용하는데 소화약제 25kg을 저장한다면 배관청소에 필요한 질소 가스량은?

① 500L   ② 750L
③ 1,000L   ④ 1,250L

해설 가압용 가스량 = 소화 약제량[kg] × 40[L/kg] = 25[kg] × 40[L/kg] = 1000L

08 다음 ( )안에 맞는 수치는?

> [보기]
> 분말소화설비 가압용 가스의 설치는 가압용 가스에 이산화탄소를 사용하는 것의 이산화탄소는 소화약제 1kg에 대하여 ( )g에 배관의 청소에 필요한 양을 가산한 양 이상으로 할 것

① 10   ② 20   ③ 30   ④ 40

해설 이산화탄소를 사용하는 것의 이산화탄소는 소화약제 1kg에 대하여 20g에 배관의 청소에 필요한 양을 가산한 양 이상으로 할 것

정답 5. ② 6. ③ 7. ③ 8. ②

09 체적 300m³이고 자동폐쇄장치가 없는 개구부의 면적 2.5m²인 특수가연물의 저장소에 제2종 분말소화설비를 설치하고자 할 경우 필요한 소화약제의 양은 약 몇 kg인가?(단, 전역방출방식이다)

① 108   ② 115   ③ 191   ④ 241

해설 분말소화약제의 소화약제량
약제량 W = 300m² × 0.36kg/m³ + 2.5m² × 2.7kg/m² = 114.75kg

10 다음 중 분말 소화설비 전역방출방식에 있어서 방호구역의 용적이 500m³일 때 적당한 분사헤드의 수는? (단, 제1종 분말이며, 체적 1m³에 대한 소화 약제의 양은 0.6kg이며, 분사헤드 1개의 분당 표준 방사량은 18kg이다.)

① 34개   ② 50개   ③ 60개   ④ 70개

해설 분사헤드의 수
① 저장량 = 500[m³] × 0.6[kg/m³] = 300kg
② 분사헤드 1개의 표준방사량이 1분당 18kg이므로 분말의 표준방사시간인 30초로 환산하면 30초당 9kg이다.
③ 분사헤드의 수량 = $\dfrac{300\text{kg}}{9\text{kg/개}}$ = 33.33 = 34개

11 제1종 분말(탄산수소나트륨) 전역방출방식의 분말소화설비를 한 방호구역의 체적이 500m³이고 자동폐쇄장치를 설치하지 아니한 개구부의 면적이 20m²인 경우 소화약제의 저장량은?

① 350kg 이상   ② 380kg 이상   ③ 390kg 이상   ④ 400kg 이상

해설 소화약제의 저장량
① 저장량 = 방호구역체적[m³] × K[kg/m³] + 개구부면적[m²] × 가산량[kg/m²]
② 저장량 = 500[m³] × 0.6[kg/m³] + 20[m²] × 4.5[kg/m²] = 390[kg] 이상

12 분말소화설비의 호스릴 방식에 있어서 하나의 노즐당 1분간에 방사하는 약제량으로 옳지 않은 것은?

① 제1종 분말은 45kg   ② 제2종 분말은 27kg
③ 제3종 분말은 27kg   ④ 제4종 분말은 20kg

해설 노즐당 방사량

소화약제의 종별	1분당 방사하는 소화약제의 양
제1종 분말	45kg
제2종 분말 또는 제3종 분말	27kg
제4종 분말	18kg

정답 9. ② 10. ① 11. ③ 12. ④

13 분말소화약제 저장용기에 대한 설치기준으로 옳지 않은 것은?
① 저장용기의 충전비는 0.8 이상으로 할 것
② 저장용기에는 저장용기의 내부압력이 설정압력으로 되었을 때 주밸브를 개방하는 정압작동장치를 설치할 것
③ 저장용기 및 배관에는 잔류 소화약제를 처리할 수 있는 청소장치를 설치할 것
④ 저장용기에는 축압식의 것에 있어서는 용기의 내압시험압력의 1.8배 이하의 압력에서 작동하는 안전밸브를 설치할 것

해설 저장용기에는 가압식의 것에 있어서는 최고사용압력의 1.8배 이하, 축압식의 것에 있어서는 용기의 내압시험압력의 0.8배 이하의 압력에서 작동하는 안전밸브를 설치할 것

14 분말소화설비의 화재안전기술기준에 따른 소화약제 저장용기의 설치기준으로 옳지 않은 것은?
① 제3종 분말 저장용기의 내용적은 소화약제 1kg 당 1L로 할 것
② 저장용기의 충전비는 0.8 이상으로 할 것
③ 축압식 저장용기에 내압시험압력의 1.8배 이하에서 작동하는 안전밸브를 설치할 것
④ 저장용기 및 배관에 잔류 소화약제를 처리할 수 있는 청소장치를 설치할 것

해설 저장용기에는 가압식은 최고사용압력의 1.8배 이하, 축압식은 용기의 내압시험압력의 0.8배 이하의 압력에서 작동하는 안전밸브를 설치할 것

15 방호구역이 120 m^3인 공간에 전역방출방식의 분말소화설비를 설치할 때 최소 소화약제 저장량(kg)은? (단, 소화약제는 제2종 분말이며, 개구부의 면적은 2 m^2로 자동폐쇄장치가 설치되어 있지 않음)
① 35.7　　② 48.6　　③ 56.3　　④ 61.8

해설 저장량 = 120m^3 × 0.36 kg/m^3 + 2 m^2 × 2.7 kg/m^2 = 48.6 kg

16 분말소화약제의 화재안전기술기준상 소화약제 1kg당 저장용기의 내용적(L)으로 옳은 것은?
① 제1종 분말 : 0.8　　② 제2종 분말 : 0.9
③ 제3종 분말 : 0.9　　④ 제4종 분말 : 1.0

해설 소화약제 1kg당 저장용기의 내용적(L)
① 제1종 분말 : 0.8L/kg
② 제2종, 제3종 분말 : 1.0L/kg
③ 제4종 분말 : 1.25L/kg

정답 13. ④　14. ③　15. ②　16. ①

17 다음 조건의 주차장에 전역방출방식의 분말소화설비를 설치하려고 한다. 화재안전기술기준상 필요한 소화약제의 최소 저장용기 수(병)는?

- 방호구역 체적: 450 m³
- 개구부의 면적: 10 m²(자동폐쇄장치 미설치)
- 저장용기 내용적: 68L

① 2 ② 3 ③ 4 ④ 5

해설 주차장에는 제3종 분말을 설치해야 하므로

약제량 $W = 450\text{m}^3 \times 0.36\text{kg/m}^3 + 10\text{m}^2 \times 2.7\text{kg/m}^2 = 189\text{kg}$

병당 저장량 $\dfrac{68\text{L}}{1.0\text{L/kg}} = 68\text{kg}$

병수 $\dfrac{189\text{kg}}{68\text{kg}} = 2.78 = 3$병

정답 17. ②

제14장 옥외소화전설비

1 설치대상 ★

아파트등, 위험물 저장 및 처리 시설 중 가스시설, 지하구 및 지하가 중 터널은 제외한다.
1) 지상 1층 및 2층의 바닥면적의 합계가 9천㎡ 이상인 것. 이 경우 같은 구(區) 내의 둘 이상의 특정소방대상물이 행정안전부령으로 정하는 연소(延燒) 우려가 있는 구조인 경우에는 이를 하나의 특정소방대상물로 본다.
2) 문화유산 중 「문화유산의 보존 및 활용에 관한 법률」 제23조에 따라 보물 또는 국보로 지정된 목조건축물
3) 1)에 해당하지 않는 공장 또는 창고시설로서 「화재의 예방 및 안전관리에 관한 법률 시행령」 별표 2에서 정하는 수량의 750배 이상의 특수가연물을 저장·취급하는 것

2 수원

1. 옥외소화전설비의 수원 ★★★

수원 Q = N × 7 m³ 이상
N : 옥외소화전 설치개수(2개 이상은 2개)

3 가압송수장치

1. 전동기 또는 내연기관에 따른 펌프를 이용 ★★★

1) **방수압력 및 방수량**
   ① **방수량** : 350L/min 이상
   ② **방수압력** : 0.25MPa 이상
   ③ 노즐선단에서의 방수압력이 **0.7MPa을 초과할 경우**에는 호스접결구의 인입측에 감압장치를 설치
2) **토출량 및 전양정**
   ① **토출량** Q = N × 350L/min 이상(N : 옥외소화전 수(2개 이상은 2개))

② 전양정 $H = h_1 + h_2 + h_3 + 25[m]$

h_1 : 호스 마찰손실수두(m)

h_2 : 배관의 마찰손실수두(m)

h_3 : 낙차의 환산수두(m)

2. 고가수조의 자연낙차를 이용

1) 고가수조의 자연낙차 수두(수조의 하단으로부터 최고층에 설치된 소화전 호스 접결구까지의 수직거리)

> 필요한 낙차 $H = h_1 + h_2 + 25[m]$
> h_1 : 호스의 마찰손실수두(m)
> h_2 : 배관의 마찰손실수두(m)

2) 고가수조의 구성 : 수위계·배수관·급수관·오버플로우관 및 맨홀

3. 압력수조 ★★

1) 압력수조의 압력

> 필요한 압력 $P = P_1 + P_2 + P_3 + 0.25[MPa]$
> P_1 : 호스의 마찰손실수두압(MPa)
> P_2 : 배관의 마찰손실수두압(MPa)
> P_3 : 낙차의 환산수두압(MPa)

2) 압력수조의 구성 : 수위계·급수관·배수관·급기관·맨홀·압력계·안전장치 및 자동식 공기압축기

4. 가압수조

1) 가압수조의 압력 : 방수량 및 방수압이 20분 이상
2) 가압수조 및 가압원은 방화구획 된 장소에 설치할 것

4 배관 등 ★

1. 호스접결구는 지면으로부터 높이가 **0.5m 이상 1m 이하**의 위치에 설치하고 특정소방대상물의 각 부분으로부터 하나의 호스접결구까지의 수평거리가 **40m 이하**

2. 호스는 **구경 65mm**

3. 급수배관은 전용

4. **펌프의 성능**

   1) 체절운전 시 정격토출압력의 140%를 초과하지 아니하고, 정격토출량 150%로 운전 시 정격토출압력의 65% 이상
   2) 성능시험배관 기준
      ① 펌프 **토출측 개폐밸브 이전에서 분기**하여 설치
      ② 유량측정장치를 기준으로 전단에 개폐밸브, 후단에 유량조절밸브를 설치
      ③ 유량측정장치 : 펌프의 **정격토출량의 175% 이상 측정**할 수 있는 성능

5. **릴리프밸브** ★★

   1) 설치이유 : 가압송수장치의 **체절운전 시 수온의 상승을 방지**
   2) **개방압력 : 체절압력 미만, 구경 : 20mm 이상**

5 소화전함

1. **설치위치** : 옥외소화전마다 그로부터 **5m 이내**의 장소

2. **설치수량** ★★★

옥외소화전 수량	옥외소화전함 수량
옥외소화전이 10개 이하	옥외소화전마다 5m 이내의 장소에 1 개 이상
옥외소화전이 11개 이상 30개 이하	11개 이상
옥외소화전이 31개 이상	옥외소화전 3개마다 1개 이상

3. **옥외소화전설비의 함 설치기준**

   1) 옥외소화전설비의 위치를 표시하는 **표시등은 함의 상부**에 설치
   2) 가압송수장치의 기동을 표시하는 표시등은 옥외소화전함의 상부 또는 그 직근에 설치하되 **적색등**으로 할 것

제14장 출제예상문제

01 다음 중 옥외소화전을 설치하여야 하는 특정소방대상물은?
① 1개 층의 바닥면적이 3000m²인 지상 15층의 특정소방대상물
② 1개 층의 바닥면적이 3000m²(1개의 건축물기준)인 지상 3개층의 특정소방대상물이 동일구내에 연소우려가 있는 구조로 2개 건축(2개의 특정소방대상물)
③ 1개 층의 바닥면적이 1000m²(1개의 건축물기준)인 지상 3개층의 특정소방대상물이 동일구내에 연소우려가 있는 구조로 2개 건축(2개의 특정소방대상물)
④ 1개 층의 바닥면적이 3000m²인 지상 30층의 특정소방대상물이 무창층으로 건축

해설 지상 1층 및 2층의 바닥면적의 합계가 9천 m² 이상인 것. 이 경우 같은 구(區) 내의 둘 이상의 특정소방대상물이 행정안전부령으로 정하는 연소(延燒) 우려가 있는 구조인 경우에는 이를 하나의 특정소방대상물로 본다.

02 옥외 소화전이 하나의 소방대상물을 포용하기 위하여 4개소에 설치되어 있다. 규정에 적합한 수원의 유효수량은 몇 [m³] 이상이어야 하는가?
① 14   ② 10   ③ 8   ④ 5

해설 수원 = N(최대 2개)×7m³ = 2개×7m³ = 14m³

03 어느 소방대상물에 옥외소화전이 6개가 설치되어 있다. 옥외소화전설비를 위해 필요한 펌프의 토출량(m³/min)은?
① 0.35m³/min   ② 0.7m³/min   ③ 1.05m³/min   ④ 2.1m³/min

해설 토출량 Q = N(2개 이상은 2개) × 350L/min = 2×350 = 700L/min = 0.7m³/min 이상

04 2개의 옥외소화전을 동시에 사용하여 방수시험을 할 경우 1개의 노즐 선단에서의 방수압력(MPa)과 방수량(L/min)의 기준은 각각 얼마 이상이 되어야 하는가?
① 0.17MPa, 130L/min
② 0.2MPa, 300L/min
③ 0.25MPa, 350L/min
④ 0.35MPa, 400L/min

해설 방사압력과 방수량

소화설비	방수압	방수량
옥내소화전설비	0.17MPa 이상	130L/min 이상
옥외소화전설비	0.25MPa 이상	350L/min 이상
스프링클러설비	0.1MPa 이상	80L/min 이상

정답 1. ② 2. ① 3. ② 4. ③

05 옥내 · 옥외 소화전 노즐에 사용되는 적합한 호스 결합금구의 호칭구경은 각각 몇 mm 이상으로 하여야 하는가?

① 40, 50 ② 40, 65 ③ 50, 55 ④ 50, 60

해설 호스의 호칭구경
① 옥내소화전 : 40mm 이상(호스릴옥내소화전설비의 경우에는 25mm 이상)
② 옥외소화전 : 65mm 이상

06 옥외소화전이 60개 설치되어 있을 때 소화전함 설치개수는 몇 개인가?

① 5 ② 11 ③ 20 ④ 30

해설 60개가 설치된 경우 3개마다 1개 이상을 설치하여야 하므로 60/3 = 20개를 옥외소화전으로부터 5m이내 설치하여야 한다.

07 옥외소화전설비의 화재안전기준에 의하여 옥외소화전을 11개 이상 30개 이하 설치 시 몇 개 이상의 소화전함을 분산 설치하여야 하는가?

① 5 ② 11 ③ 16 ④ 21

해설 옥외소화전이 11개 이상 30개 이하 설치된 때에는 11개 이상의 소화전함을 각각 분산하여 설치하여야 한다.

08 다음 설명의 (   )안에 알맞은 숫자는?
"옥외소화전이 10개 이하 설치된 때에는 옥외소화전마다 (   )m 이내의 장소에 1개 이상의 소화전함을 설치하여야 한다."

① 5 ② 10 ③ 15 ④ 20

해설 옥외소화전이 10개 이하 설치된 때에는 옥외소화전마다 5m 이내의 장소에 1개 이상의 소화전함을 설치하여야 한다.

09 옥외소화전설비의 소화전함 표면에 일반적으로 부착되는 것이 아닌 것은?

① 비상전원확인등 ② 펌프기동표시등
③ 위치표시등 ④ 옥외소화전 표지

해설 소화전함 표면에 부착되는 것
펌프기동표시등, 위치표시등, 옥외소화전 표지

정답 5. ② 6. ③ 7. ② 8. ① 9. ①

10 옥외소화전설비 노즐선단의 방수압력이 0.26 MPa에서 310 L/min으로 방수되었다. 350 L/min을 방수하고자 할 경우 노즐선단의 방수압력(MPa)은? (단, 계산결과 값은 소수점 넷째자리에서 반올림한다.)

① 0.200 ② 0.231 ③ 0.331 ④ 0.462

해설 방수압력 계산
① 방수량 $Q = 0.653D^2\sqrt{10P}$ 에서 Q는 $\sqrt{10P}$ 에 비례
② 310 L/min : $\sqrt{10 \times 0.26\,\text{MPa}}$ = 350 L/min : $\sqrt{10 \times P}$
③ $P = \dfrac{1}{10} \times \left(\dfrac{350 \times \sqrt{10 \times 0.26}}{310}\right)^2 = 0.331\,\text{MPa}$

11 옥외소화전설비의 화재안전기술기준에 관한 설명으로 옳지 않은 것은?

① 노즐선단에서의 방수압력은 0.25 MPa 이상이고, 방수량이 350 L/min 이상이어야 한다.
② 수원은 설치개수(옥외소화전이 2개 이상 설치된 경우에는 2개)에 7 m³를 곱한 양 이상으로 한다.
③ 옥외소화전이 10개 이하 설치된 때에는 소화전 3개마다 1개 이상의 소화전함을 설치하여야 한다.
④ 호스접결구는 특정소방대상물의 각 부분으로부터 하나의 호스접결구까지의 수평거리가 40 m 이하가 되도록 설치하고 호수구경은 65 mm의 것으로 하여야 한다.

해설 옥외소화전이 10개 이하 설치된 때에는 옥외소화전마다 5m 이내의 장소에 1개 이상의 소화전함을 설치하여야 한다.

12 옥외소화전설비의 설치에 관한 내용으로 옳은 것은?

① 호스접결구는 지면으로부터 높이가 0.8m 이상 1.5m 이하의 위치에 설치해야 한다.
② 옥외소화전이 11개 이상 30개 이하 설치된 때에는 10개 이하의 소화전함을 각각 분산하여 설치해야 한다.
③ 배관과 배관이음쇠는 배관용 스테인리스 강관(KS D 3576)의 이음을 용접으로 할 경우 텅스텐 불활성 가스 아크 용접방식에 따른다.
④ 펌프의 토출 측 배관은 공기 고임이 생기지 않는 구조로 하고 여과장치를 설치해야 한다.

해설 보기설명
① 호스접결구는 지면으로부터 높이가 0.5m 이상 1m 이하의 위치에 설치해야 한다.
② 옥외소화전이 11개 이상 30개 이하 설치된 때에는 11개 이상의 소화전함을 각각 분산 하여 설치해야 한다.
④ 펌프의 흡입 측 배관은 공기 고임이 생기지 않는 구조로 하고 여과장치를 설치해야 한다.

정답 10. ③ 11. ③ 12. ③

제15장 비상경보설비 및 단독경보형감지기

1 설치대상

1. **단독경보형 감지기**를 설치해야 하는 특정소방대상물
    이 경우 5)의 연립주택 및 다세대주택에 설치하는 단독경보형 감지기는 연동형으로 설치해야 한다.
    1) 교육연구시설 내에 있는 기숙사 또는 합숙소로서 연면적 2천 m^2 미만인 것
    2) 수련시설 내에 있는 기숙사 또는 합숙소로서 연면적 2천 m^2 미만인 것
    3) 다목7)에 해당하지 않는 수련시설(숙박시설이 있는 것만 해당한다)
    4) 연면적 400 m^2 미만의 유치원
    5) 공동주택 중 연립주택 및 다세대주택

2. **비상경보설비**를 설치해야 하는 특정소방대상물(모래·석재 등 불연재료 공장 및 창고시설, 위험물 저장 및 처리 시설 중 가스시설, 사람이 거주하지 않거나 벽이 없는 축사 등 동물 및 식물 관련 시설 및 지하구는 제외한다)
    1) 연면적 400 m^2 이상인 것은 모든 층
    2) 지하층 또는 무창층의 바닥면적이 150 m^2(공연장의 경우 100 m^2) 이상인 것은 모든 층
    3) 지하가 중 터널로서 길이가 500 m 이상인 것
    4) 50명 이상의 근로자가 작업하는 옥내 작업장

2 용어정의

용어	정의
단독경보형감지기	화재발생 상황을 단독으로 감지하여 자체에 내장된 음향장치로 경보하는 감지기
비상벨설비	화재발생 상황을 경종으로 경보하는 설비
자동식사이렌설비	화재발생 상황을 사이렌으로 경보하는 설비

3 비상벨설비 또는 자동식사이렌설비

1. 지구음향장치 ★★

1) 특정소방대상물의 층마다 설치
2) 해당 특정소방대상물의 각 부분으로부터 하나의 음향장치까지의 **수평거리가 25m 이하**

2. 음향장치

정격전압의 **80% 전압**에서 음향을 발할 수 있도록 할 것. 다만, 건전지를 주전원으로 사용하는 경우는 그러하지 아니하다.

3. 음향장치의 음량 ★

부착된 음향장치의 중심으로부터 1m 떨어진 위치에서 **90dB 이상**

4. 발신기 설치기준 ★★★

1) 조작스위치 : 바닥으로부터 **0.8m 이상 1.5m 이하**
2) 특정소방대상물의 **층마다 설치**, 당해 소방대상물의 각 부분으로부터 하나의 발신기까지의 **수평거리가 25m 이하**가 되도록 할 것. 다만, 복도 또는 별도로 구획된 실로서 보행거리가 40m 이상일 경우에는 추가로 설치
3) 발신기의 위치표시등은 **함의 상부**에 설치, 그 불빛은 부착 면으로부터 **15° 이상**의 범위 안에서 부착지점으로부터 **10m 이내**의 어느 곳에서도 쉽게 식별할 수 있는 **적색등**

5. 비상벨설비 또는 자동식사이렌설비의 상용전원

상용전원은 전기가 정상적으로 공급되는 축전지설비, 전기저장장치 또는 **교류전압의 옥내간선**, 전원까지의 배선은 **전용**

6. 축전지설비 또는 전기저장장치 설치 ★

감시상태를 60분간 지속한 후 유효하게 10분 이상 경보할 수 있는 축전지설비(수신기에 내장하는 경우를 포함한다) 또는 전기저장장치를 설치. 다만, 상용전원이 축전지설비인 경우 또는 건전지를 주전원으로 사용하는 무선식설비인 경우 그러하지 아니하다.

7. 절연저항 ★

부속회로의 전로와 대지사이 및 배선 상호간의 절연저항은 1경계구역마다 **직류 250 V의 절연저항측정기를 사용하여 측정한 절연저항이 0.1MΩ 이상**

4 단독경보형감지기 ★★★

1. **각 실**(이웃하는 실내의 바닥면적이 각각 **30 m²** 미만이고 벽체의 상부의 부분 또는 일부가 개방되어 이웃하는 실내와 공기가 상호 유통되는 경우에는 이를 1개의 실로 본다)**마다 설치**하되, 바닥면적이 **150 m²**를 초과하는 경우에는 **150 m² 마다 1개 이상** 설치할 것

$$\text{감지기의 수량} = \frac{\text{바닥면적}[m^2]}{150[m^2]} \quad \text{(소수점 이하 절상)}$$

2. **최상층의 계단실의 천장**(외기가 상통하는 계단실의 경우를 제외)에 설치할 것
3. 건전지를 주전원으로 사용하는 단독경보형감지기는 정상적인 작동상태를 유지할 수 있도록 주기적으로 건전지를 교환할 것
4. 상용전원을 주전원으로 사용하는 단독경보형감지기의 2차전지는 법 제40조에 따라 제품검사에 합격한 것을 사용할 것

제15장 출제예상문제

01 비상경보설비의 설치 대상으로 옳은 것은?
① 연면적 200m² 이상
② 연면적 300m² 이상
③ 연면적 400m² 이상
④ 연면적 450m² 이상

해설 연면적 400m² 이상은 모든 층, 지하층 또는 무창층의 바닥면적이 150m²(공연장인 경우 100m²) 이상인 것은 모든 층

02 비상경보설비를 설치하여야 할 특정소방대상물은?
① 연면적 300m²(지하가 중 터널을 제외한다)이상인 것
② 지하층 또는 무창층(공연장 제외)의 바닥면적이 100m² 이상인 것
③ 지하가 중 터널로서 길이가 500m 이상인 것
④ 30인 이상의 근로자가 작업하는 옥내작업장

해설 비상경보설비 설치 특정소방대상물
1) 연면적 400m² 이상인 것은 모든 층
2) 지하층 또는 무창층의 바닥면적이 150m²(공연장의 경우 100m²) 이상인 것은 모든 층
3) 지하가 중 터널로서 길이가 500m 이상인 것
4) 50명 이상의 근로자가 작업하는 옥내 작업장

03 화재발생 상황을 단독으로 감지하여 자체에 내장 된 음향장치로 경보하는 것은?
① 비상벨설비
② 자동식 사이렌설비
③ 단독경보형 감지기
④ 가정용 경보기

해설 단독경보형감지기 : 각실 마다 설치하여 화재발생시 단독으로 감지하여 자체에 내장된 음향장치로 경보하는 감지기

04 비상벨설비의 지구음향장치는 소방대상물의 각 부분으로부터 다른 하나의 음향장치까지 수평거리가 몇 m 이하가 되도록 설치해야 하는가?
① 15m
② 25m
③ 30m
④ 50m

해설 소방대상물의 각 부분으로부터 하나의 음향장치까지의 수평거리가 25m 이하

정답 1. ③ 2. ③ 3. ③ 4. ②

05 (㉠), (㉡)에 들어갈 수치로 알맞은 것은?

[보기]
비상경보설비의 음향장치는 정격전압의 (㉠)[%]에서 음향을 발할 수 있도록 하여야 하며, 음량은 부착된 음향장치의 중심으로부터 1[m] 떨어진 위치에서 (㉡)[dB] 이상이 되는 것으로 하여야 한다.

① ㉠ 20, ㉡ 90
② ㉠ 20, ㉡ 125
③ ㉠ 80, ㉡ 90
④ ㉠ 80, ㉡ 125

해설 비상경보설비의 음향장치
① 음향장치는 정격전압의 80%에서 음향을 발할 수 있도록 할 것
② 음향장치의 음량은 부착된 음향장치의 중심으로부터 1m 떨어진 위치에서 90dB 이상이 되는 것으로 할 것

06 비상경보설비의 설치기준으로 옳은 것은?

① 음향장치는 정격전압의 90% 이상의 전압에서 음향을 발할 수 있도록 할 것
② 음향장치의 음량은 부착된 음향장치의 중심으로부터 1m 떨어진 위치에서 80dB 이상이 되는 것으로 할 것
③ 특정소방대상물의 층마다 설치하되, 발신기의 수평거리가 15m 이하가 되도록 할 것
④ 발신기는 조작이 쉬운 장소에 설치하고, 조작스위치는 바닥으로부터 0.8m 이상 1.5m 이하의 높이에 설치할 것

해설 보기설명
① 특정소방대상물의 층마다 설치하되, 해당 소방대상물의 각 부분으로부터 하나의 음향장치까지의 수평거리가 25m 이하
② 음향장치는 정격전압의 80% 전압에서 음향을 발할 수 있도록 할 것
③ 음향장치의 음량은 부착된 음향장치의 중심으로부터 1m 떨어진 위치에서 90dB 이상이 되는 것으로 하여야 한다.

07 바닥면적이 300m^2인 거실에 단독경보형감지기를 설치하는 경우 최소 몇 개 이상을 설치하여야 하는가?

① 1개
② 2개
③ 3개
④ 4개

해설 감지기 수량 : 300m^2/150m^2 = 2개
각 실(이웃하는 실내의 바닥면적이 각각 30m^2 미만이고 벽체의 상부의 부분 또는 일부가 개방되어 이웃하는 실내와 공기가 상호 유통되는 경우에는 이를 1개의 실로 본다)마다 설치하되, 바닥면적이 150m^2를 초과하는 경우에는 150m^2 마다 1개 이상 설치할 것

정답 5. ③ 6. ④ 7. ②

08
이웃하는 실내의 바닥면적이 각각 몇 m² 미만이고 벽체의 상부의 부분 또는 일부가 개방되어 이웃하는 실내와 공기가 상호 유통되는 경우에는 이를 1개의 실로 보는가?

① 20m² 미만
② 30m² 미만
③ 50m² 미만
④ 150m² 미만

해설 각 실(이웃하는 실내의 바닥면적이 각각 30m² 미만이고 벽체의 상부의 부분 또는 일부가 개방되어 이웃하는 실내와 공기가 상호 유통되는 경우에는 이를 1개의 실로 본다)마다 설치하되, 바닥면적이 150m²를 초과하는 경우에는 150m² 마다 1개 이상 설치할 것

09
거실이 4개인 특정소방대상물에 단독경보형 감지기를 설치하려고 한다. 거실의 면적은 각각 A실 28m², B실 310m², C실 35m², D실 155m²이다. 단독경보형 감지기는 몇 개 이상 설치하여야 하는가?

① 4개
② 5개
③ 6개
④ 7개

해설 감지기의 수량
① A 실 : 28m²/150m² = 0.19 = 1개
② B 실 : 310m²/150m² = 2.06 = 3개
③ C 실 : 35m²/150m² = 0.23 = 1개
④ D 실 : 155m²/150m² = 1.03 = 2개
⑤ 전체수량 : 1개 + 3개 + 1개 + 2개 = 7개

10
단독경보형 감지기의 설치 기준으로 옳지 않는 것은?

① 각 실마다 설치할 것
② 최상층의 계단실의 천장에 설치할 것
③ 바닥면적 150m²를 초과하는 경우에는 100m²마다 1개 이상을 설치할 것
④ 건전지를 주 전원으로 사용하는 단독경보형 감지기는 정상적인 작동 상태를 유지할 수 있도록 건전지를 교환할 것

해설 각 실마다 설치하되, 바닥면적이 150m²를 초과하는 경우에는 150m²마다 1개 이상 설치할 것

11 아래와 같은 평면도에서 단독경보형감지기의 최소 설치개수는? (단, A실과 B실 사이는 벽체 상부의 전부가 개방되어 있으며, 나머지 벽체는 전부 폐쇄되어 있음)

A실 (바닥면적 20m²)	B실 (바닥면적 30m²)	C실 (바닥면적 30m²)	D실 (바닥면적 30m²)
E실 (바닥면적 160m²)			

① 3　　② 4　　③ 5　　④ 6

해설 감지기의 수량
① A~D실 : 바닥면적 150m² 이하이므로 각 실별 1개씩 4개
② E실 : 바닥면적이 150m²를 초과하므로 160m²/150m² = 1.07 ≒ 2개
③ 총수량 : 4개 + 2개 = 6개

12 비상경보설비 및 단독경보형감지기의 화재안전기술기준상 단독경보형감지기 설치 기준에 관한 내용으로 옳지 않은 것은?

① 각 실(이웃하는 실내의 바닥면적이 각각 30 m² 미만이고 벽체의 상부의 전부 또는 일부가 개방되어 이웃하는 실내와 공기가 상호 유통되는 경우에는 이를 1개의 실로 본다)마다 설치하되, 바닥면적이 150 m²를 초과하는 경우에는 150 m²마다 1개 이상 설치할 것
② 계단실은 최상층의 계단실 천장(외기가 상통하는 계단실의 경우를 포함한다)에 설치할 것
③ 건전지를 주전원으로 사용하는 단독경보형감지기는 정상적인 작동상태를 유지할 수 있도록 주기적으로 건전지를 교환할 것
④ 상용전원을 주전원으로 사용하는 단독경보형감지기의 2차전지는 「소방시설 설치 및 관리에 관한 법률」 제40조에 따라 제품검사에 합격한 것을 사용할 것

해설 계단실은 최상층의 계단실 천장(외기가 상통하는 계단실의 경우를 제외한다)에 설치할 것

정답 11. ④　12. ②

비상방송설비

1 설치대상 ★★★

위험물 저장 및 처리 시설 중 가스시설, 사람이 거주하지 않거나 벽이 없는 축사 등 동물 및 식물 관련 시설, 지하가 중 터널 및 지하구는 제외한다.
1) 연면적 3천5백 m^2 이상인 것은 모든 층
2) 층수가 11층 이상인 것은 모든 층
3) 지하층의 층수가 3층 이상인 것은 모든 층

2 면제기준

자동화재탐지설비 또는 비상경보설비와 같은 수준 이상의 음향을 발하는 장치를 부설한 방송설비를 화재안전기준에 적합하게 설치한 경우

3 용어정의

용어	정의
확성기	소리를 크게 하여 멀리까지 전달될 수 있도록 하는 장치로써 일명 스피커를 말한다.
음량조절기	가변저항을 이용하여 전류를 변화시켜 음량을 크게 하거나 작게 조절할 수 있는 장치
증폭기	전압전류의 진폭을 늘려 감도를 좋게 하고 미약한 음성전류를 커다란 음성전류로 변화시켜 소리를 크게 하는 장치
기동장치	화재감지기, 발신기 등의 상태변화를 전송하는 장치
약전류회로	전신선, 전화선 등에 사용하는 전선이나 케이블, 인터폰, 확성기의 음성 회로, 라디오·텔레비전의 시청회로 등을 포함하는 약전류가 통전되는 회로
절연저항	전류가 도체에서 절연물을 통하여 다른 충전부나 기기로 누설되는 경우 그 누설 경로의 저항
정격전압	전기기계기구, 선로 등의 정상적인 동작을 유지시키기 위해 공급해 주어야 하는 기준 전압
조작부	기기를 제어할 수 있도록 조작스위치, 지시계, 표시등 등을 집결시킨 부분

4 비상방송설비 계통도

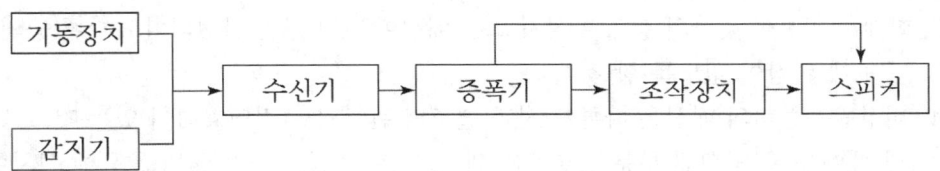

5 음향장치

1. 확성기의 음성입력 ★★★

1) 실외 : 3W 이상
2) 실내 : 1W 이상

2. 확성기는 **각층마다** 설치하되, 그 층의 각 부분으로부터 하나의 확성기까지의 수평거리가 **25m 이하**

3. 음량조정기(Attenuator, 감쇠기)의 배선 : **3선식**
[공통(COM), 업무용(HOT), 긴급용(EM) 또는 소방용]

4. 조작부의 조작스위치 : 바닥으로부터 **0.8m 이상 1.5m 이하**

5. 층수가 **11층(공동주택인 경우 16층)** 이상인 특정소방대상물 → 우선경보방식

발화 층	경보방식
2층 이상의 층	발화층 및 그 직상 4개층에 경보
1층에서 발화	발화층·그 직상 4개층 및 지하층에 경보
지하층에서 발화	발화층·그 직상층 및 기타의 지하층에 경보

6. 화재신고를 수신한 후 필요한 음량으로 화재발생 상황 및 피난에 유효한 방송이 자동으로 개시될 때까지의 **소요시간은 10초 이하**로 할 것

7. 음향장치의 구조 및 성능 ★★

(1) 정격전압의 **80%** 전압에서 음향을 발할 수 있는 것을 할 것
(2) 자동화재탐지설비의 작동과 연동하여 작동할 수 있는 것으로 할 것

6 배선 ★★★

1. 전원회로의 배선은 내화배선, 그 밖의 배선은 내화배선 또는 내열배선에 따라 설치할 것

2. 부속회로의 전로와 대지 사이 및 배선 상호간의 절연저항은 1경계구역마다 직류 250 V의 절연저항측정기를 사용하여 측정한 절연저항이 **0.1 MΩ 이상**
3. 화재로 인하여 하나의 층의 확성기 또는 배선이 단락 또는 단선되어도 다른 층의 화재통보에 지장이 없도록 할 것
4. 비상방송설비의 배선은 다른 전선과 별도의 관·덕트(절연효력이 있는 것으로 구획한 때에는 그 구획된 부분은 별개의 덕트로 본다) 몰드 또는 풀박스 등에 설치할 것. 다만, 60 V 미만의 약전류회로에 사용하는 전선으로서 각각의 전압이 같을 때는 그렇지 않다.

7 전원 ★★★

1. 비상방송설비의 상용전원 기준

1) 전원은 전기가 정상적으로 공급되는 **축전지, 전기저장장치** 또는 교류전압의 옥내 **간선**으로 하고, 전원까지의 배선은 **전용**으로 할 것
2) 개폐기에는 "비상방송설비용"이라고 표시한 표지를 할 것

2. 비상방송설비에는 그 설비에 대한 감시상태를 60분간 **지속한 후 유효하게 10분 이상 경보**할 수 있는 **축전지설비**(수신기에 내장하는 경우를 포함한다) 또는 **전기저장장치**를 설치

8 공동주택(NFPC 608)

1. 확성기 : 각 세대마다 설치
2. 확성기의 음성입력 : **2와트 이상**(실내 설치시)

9 창고시설(NFPC 609)

1. 확성기 음성입력 : **3W**(실내 설치 포함) 이상
2. 전층 경보방식 적용
3. 감시상태 **60분** 지속한 후 유효하게 **30분** 이상 경보할 수 있는 축전지설비(수신기 내장 포함) 또는 전기저장장치

제16장 출제예상문제

01 비상방송설비를 설치하여야 하는 특정소방대상물의 연면적은 얼마 이상인가?
① 1천5백m² 이상
② 2천5백m² 이상
③ 3천5백m² 이상
④ 4천5백m² 이상

해설 연면적 3천5백m² 이상인 것

02 다음 경보설비에 사용되는 용어 설명 중 틀린 것은?
① 확성기라 함은 소리를 크게 하여 멀리까지 전달하는 장치이며 스피커라고도 한다.
② 음량조절기는 가변 저항을 이용하여 음량을 조절하는 장치를 말한다.
③ 증폭기라 함은 전압전류의 주파수를 늘려 감도를 좋게 하고 소리를 크게 하는 장치를 말한다.
④ 비상벨 설비라 함은 화재 발생 상황을 경종으로 경보하는 설비를 말한다.

해설 증폭기 : 전압전류의 진폭을 늘려 감도를 좋게 하고 미약한 음성전류를 커다란 음성전류로 변화시켜 소리를 크게 하는 장치

03 비상방송설비에서 가변저항을 이용하여 전류를 변화시켜 음량을 크게 하거나 작게 조절할 수 있는 장치로 옳은 것은?
① 확성기
② 증폭기
③ 음량조절기
④ 혼합기

해설 음량조절기 :
가변저항을 이용하여 전류를 변화시켜 음량을 크게 하거나 작게 조절할 수 있는 장치를 말한다.

04 비상방송설비의 확성기 음성입력은 실내인 경우 몇 [W] 이상이어야 하는가?
① 0.3W
② 0.5W
③ 1W
④ 0.1W

해설 확성기 음성입력 : 실외 3W(실내 : 1W) 이상

정답 1. ③ 2. ③ 3. ③ 4. ③

05 다음 ( )에 알맞은 내용은?

[보기]
비상방송설비에 사용되는 확성기는 각층마다 설치하되 그 층의 각 부분으로부터 하나의 확성기까지의 ( )가 25m 이하가 되도록 하여야 하고, 해당 층의 각 부분에 유효하게 경보를 발할 수 있도록 설치할 것

① 수평거리 ② 수직거리 ③ 직통거리 ④ 보행거리

해설 확성기는 각층마다 설치하되, 그 층의 각 부분으로부터 하나의 확성기까지의 수평거리가 25m 이하

06 비상방송설비의 음량조정기를 설치하는 경우 음량조정기의 배선은?

① 1선식 ② 2선식 ③ 3선식 ④ 4선식

해설 음량조정기는 3선식 배선으로 할 것

07 비상방송설비에서 우선경보방식을 적용하여야 할 소방대상물은?(단, 공동주택은 아님)

① 3층 ② 5층 ③ 11층 ④ 16층

해설 우선경보방식 : 층수가 11층(공동주택인 경우 16층) 이상인 특정소방대상물

08 비상방송설비에서 1층에서 화재 발생 시 우선적으로 경보를 발하는 곳은?

① 발화층, 직상 4개층층
② 발화층, 지하 모든 층
③ 발화층, 직상층, 기타 지상층
④ 발화층, 직상 4개층, 지하층

해설 1층에서 발화한 때 : 발화층, 직상 4개층, 지하층

09 지하 3층, 지상 11층인 특정소방대상물에 있어서 건축물의 지하 2층에서 화재가 발생하였을 경우 비상방송설비가 우선적으로 경보를 발하도록 하여야 하는 층에 속하지 않는 것은?

① 지상 1층 ② 지하 1층
③ 지하 2층 ④ 지하 3층

해설 지하층에서 발화 : 발화층, 그 직상층, 기타의 지하층에 경보를 발하여야 하므로
경보를 해야하는 층은 지하1층, 지하2층, 지하3층

정답 5. ① 6. ③ 7. ③ 8. ④ 9. ①

10 비상방송설비의 화재안전기술기준에 의하여 연면적이 15,000m²인 특정소방대상물(지하 3층, 지상11층)의 지상1층에서 화재발생 시 경보를 발하여야 하는 층은?

① 지하1층, 지하2층, 지하3층, 지상1층, 지상2층, 지상3층, 지상4층, 지상5층
② 지하1층, 지하2층, 지하3층, 지상1층, 지상2층, 지상3층
③ 지하1층, 지하2층, 지하3층, 지상1층, 지상2층
④ 모든층

해설 우선경보방식 : 층수가 11층(공동주택인 경우 16층) 이상

발화층	경보를 하여야 하는 층
지상2층	지상2층, 지상3층, 지상4층, 지상5층, 지상6층
지상1층	지상1층, 지상2층, 지상3층, 지상4층, 지상5층, 지하1층, 지하2층, 지하3층
지하1층	지하1층, 지하2층, 지하3층, 지상1층

11 비상방송설비 중 음향장치에 대한 기준으로 옳지 않은 것은?

① 확성기의 음성입력은 3W(실내에 설치하는 것에 있어서는 1W) 이상일 것
② 확성기는 각 층마다 설치하되 그 층의 각 부분으로부터 하나의 확성기까지의 수평거리가 25m 이하가 되도록 할 것
③ 음량조정기를 설치하는 경우 음량조정기의 배선은 3선식으로 할 것
④ 화재발생 상황 및 피난에 유효한 방송이 자동으로 개시될 때까지의 소요시간은 20초 이하로 할 것

해설 소요시간은 10초 이하로 할 것

12 비상방송설비의 음향장치에 대한 기준으로 옳지 않은 것은?

① 확성기의 음성입력은 3W(실내에 설치하는 것에 있어서는 1W) 이상일 것
② 확성기는 각층마다 설치하되, 그 층의 각 부분으로부터 하나의 확성기까지의 수평거리가 25m 이하가 되도록 하고, 해당 층의 각 부분에 유효하게 경보를 발할 수 있도록 설치할 것
③ 음량조정기를 설치하는 경우 음량조정기의 배선은 2선식으로 할 것
④ 조작부의 조작스위치는 바닥으로부터 0.8m 이상 1.5m 이하의 높이에 설치할 것

해설 음량조정기를 설치하는 경우 음량조정기의 배선은 3선식으로 할 것

정답 10. ① 11. ④ 12. ③

13 비상방송설비의 배선과 관련해서 부속회로의 전로와 대지사이 및 배선 상호 간의 절연저항으로 옳은 것은?(단, 1경계구역마다 직류 250V의 절연저항측정기를 사용하여 측정)

① 0.1MΩ 이상　　　　　　　　② 0.2MΩ 이상
③ 0.3MΩ 이상　　　　　　　　④ 0.4MΩ 이상

해설　부속회로의 전로와 대지 사이 및 배선 상호간의 절연저항은 1경계구역마다 직류 250V의 절연저항 측정기를 사용하여 측정한 절연저항이 0.1MΩ 이상이 되도록 할 것

14 다음 비상방송설비의 설치 및 시공 내용 중 적법하지 않은 것은?

① 비상전원의 용량을 감시상태 60분 지속 및 유효하게 10분 이상 경보할 수 있는 축전지설비를 설치하였다.
② 비상방송용 배선과 비상콘센트 배선을 동일한 전선관 내에 삽입 시공하였다.
③ 비상방송설비의 전원 개폐기에 "비상방송설비용"이라고 표지하였다.
④ 비상방송의 전원회로를 내화배선으로 시공하였다.

해설　전원은 전기가 정상적으로 공급되는 축전지, 전기저장장치 또는 교류전압의 옥내 간선으로 하고, 전원까지의 배선은 전용으로 할 것

15 다음 중 비상방송설비의 상용전원 설치 기준으로 적합한 것은?

① 전원은 전기가 정상적으로 공급되는 축전지, 전기저장장치 또는 교류전압의 옥내간선으로 하고 전원까지의 배선은 전용으로 한다.
② 전원은 전기가 정상적으로 공급되는 축전지로서 전원까지의 배선은 겸용으로 한다.
③ 전원은 전기가 정상적으로 공급되는 교류전압의 옥내간선으로서 전원까지의 배선은 겸용으로 한다.
④ 개폐기에는 "비상용"이라고 표시한 표지를 한다.

해설　① 전원은 전기가 정상적으로 공급되는 축전지, 전기저장장치 또는 교류전압의 옥내간선으로 하고, 전원까지의 배선은 전용으로 할 것
　　　② 개폐기에는 "비상방송설비용"이라고 표시한 표지를 할 것

정답　13. ①　14. ②　15. ①

제17장 자동화재탐지설비 및 시각경보기

1 설치대상 ★★★

1. 자동화재탐지설비

1) 공동주택 중 아파트등 · 기숙사 및 숙박시설의 경우에는 모든 층
2) 층수가 6층 이상인 건축물의 경우에는 모든 층
3) 근린생활시설(목욕장은 제외한다), 의료시설(정신의료기관 및 요양병원은 제외한다), 위락시설, 장례시설 및 복합건축물로서 연면적 600 m^2 이상인 경우에는 모든 층
4) 근린생활시설 중 목욕장, 문화 및 집회시설, 종교시설, 판매시설, 운수시설, 운동시설, 업무시설, 공장, 창고시설, 위험물 저장 및 처리 시설, 항공기 및 자동차 관련 시설, 교정 및 군사시설 중 국방 · 군사시설, 방송통신시설, 발전시설, 관광 휴게시설, 지하가(터널은 제외한다)로서 연면적 1천 m^2 이상인 경우에는 모든 층
5) 교육연구시설(교육시설 내에 있는 기숙사 및 합숙소를 포함한다), 수련시설(수련시설 내에 있는 기숙사 및 합숙소를 포함하며, 숙박시설이 있는 수련시설은 제외한다), 동물 및 식물 관련 시설(기둥과 지붕만으로 구성되어 외부와 기류가 통하는 장소는 제외한다), 자원순환 관련 시설, 교정 및 군사시설(국방 · 군사시설은 제외한다) 또는 묘지 관련 시설로서 연면적 2천 m^2 이상인 경우에는 모든 층
6) 노유자 생활시설의 경우에는 모든 층
7) 6)에 해당하지 않는 노유자 시설로서 연면적 400 m^2 이상인 노유자 시설 및 숙박시설이 있는 수련시설로서 수용인원 100명 이상인 경우에는 모든 층
8) 의료시설 중 정신의료기관 또는 요양병원으로서 다음의 어느 하나에 해당하는 시설
   가) 요양병원(의료재활시설은 제외한다)
   나) 정신의료기관 또는 의료재활시설로 사용되는 바닥면적의 합계가 300 m^2 이상인 시설
   다) 정신의료기관 또는 의료재활시설로 사용되는 바닥면적의 합계가 300 m^2 미만이고, 창살(철재 · 플라스틱 또는 목재 등으로 사람의 탈출 등을 막기 위하여 설치한 것을 말하며, 화재 시 자동으로 열리는 구조로 되어 있는

창살은 제외한다)이 설치된 시설
9) 판매시설 중 전통시장
10) 지하가 중 터널로서 길이가 1천 m 이상인 것
11) 지하구
12) 3)에 해당하지 않는 근린생활시설 중 조산원 및 산후조리원
13) 4)에 해당하지 않는 공장 및 창고시설로서 「화재의 예방 및 안전관리에 관한 법률 시행령」별표 2에서 정하는 수량의 500배 이상의 특수가연물을 저장·취급하는 것
14) 4)에 해당하지 않는 발전시설 중 전기저장시설

2. **시각경보기**를 설치해야 하는 특정소방대상물은 다목에 따라 자동화재탐지설비를 설치해야 하는 특정소방대상물 중 다음의 어느 하나에 해당하는 것으로 한다.
   1) 근린생활시설, 문화 및 집회시설, 종교시설, 판매시설, 운수시설, 의료시설, 노유자 시설
   2) 운동시설, 업무시설, 숙박시설, 위락시설, 창고시설 중 물류터미널, 발전시설 및 장례시설
   3) 교육연구시설 중 도서관, 방송통신시설 중 방송국
   4) 지하가 중 지하상가

2 용어정의 ★

용어	정의
경계구역	특정소방대상물 중 화재신호를 발신하고 그 신호를 수신 및 유효하게 제어할 수 있는 구역
수신기	감지기나 발신기에서 발하는 화재신호를 직접 수신하거나 중계기를 통하여 수신하여 화재의 발생을 표시 및 경보하여 주는 장치
중계기	감지기·발신기 또는 전기적인 접점 등의 작동에 따른 신호를 받아 이를 수신기에 전송하는 장치
발신기	수동누름버턴 등의 작동으로 화재 신호를 수신기에 발신하는 장치
시각경보장치	자동화재탐지설비에서 발하는 화재신호를 시각경보기에 전달하여 청각장애인에게 점멸형태의 시각경보를 하는 것

3 경계구역

1. 경계구역 설정기준 ★★★

1) 하나의 경계구역이 2개 이상의 건축물에 미치지 아니하도록 할 것
2) 하나의 경계구역이 2개 이상의 층에 미치지 아니하도록 할 것. 다만, 500m² 이하의 범위 안에서는 **2개의 층을 하나의 경계구역**으로 할 수 있다.
3) 하나의 경계구역의 **면적은 600m² 이하**로 하고 **한변의 길이는 50m 이하**로 할 것. 다만, 해당 특정소방대상물의 주된 출입구에서 그 내부 전체가 보이는 것에 있어서는 한 변의 길이가 50m의 범위 내에서 **1,000m² 이하**로 할 수 있다.

2. 계단(직통계단외의 것에 있어서는 떨어져 있는 상하계단의 상호간의 수평거리가 5m 이하로서 서로 간에 구획되지 아니한 것에 한한다. 이하 같다)·경사로(에스컬레이터경사로 포함)·엘리베이터 승강로(권상기실이 있는 경우에는 권상기실)·린넨슈트·파이프 피트 및 덕트 기타 이와 유사한 부분에 대하여는 별도로 경계구역을 설정하되, 하나의 경계구역은 **높이 45m 이하**(계단 및 경사로에 한한다)로 하고, **지하층의 계단 및 경사로**(지하층의 층수가 1일 경우는 제외한다)는 **별도로 하나의 경계구역**으로 해야 한다.

3. 외기에 면하여 상시 개방된 부분이 있는 **차고·주차장·창고** 등에 있어서는 외기에 면하는 각 부분으로부터 **5m 미만**의 범위 안에 있는 부분은 경계구역의 면적에 산입하지 아니한다.

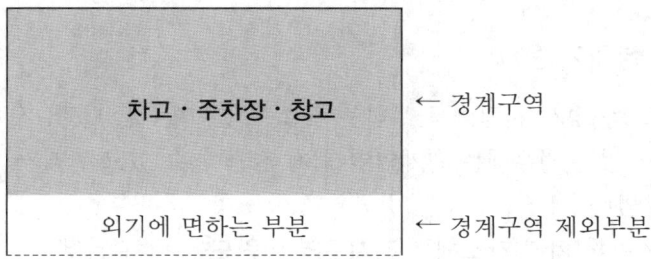

4. **스프링클러설비·물분무등소화설비** 또는 **제연설비**의 화재감지장치로서 화재감지기를 설치한 경우의 경계구역은 해당 소화설비의 방사구역 또는 제연구역과 동일하게 설정할 수 있다.

4 수신기

1. 자동화재탐지설비의 수신기 적합기준

1) 해당 특정소방대상물의 경계구역을 각각 표시할 수 있는 회선수 이상의 수신기를 설치할 것
2) 해당 특정소방대상물에 가스누설탐지설비가 설치된 경우에는 가스누설탐지설비로부터 가스누설신호를 수신하여 가스누설경보를 할 수 있는 수신기를 설치할 것(가스누설탐지설비의 수신부를 별도로 설치한 경우에는 제외한다)

2. 자동화재탐지설비의 수신기 ★★

특정소방대상물 또는 그 부분이 지하층·무창층 등으로서 환기가 잘되지 아니하거나 실내면적이 **40m² 미만**인 장소, 감지기의 부착면과 실내 바닥과의 거리가 **2.3m 이하**인 장소로서 일시적으로 발생한 열·연기 또는 먼지 등으로 인하여 감지기가 화재신호를 발신할 우려가 있는 때에는 축적기능 등이 있는 것으로 설치하여야 한다. 다만, 단서에 따른 감지기를 설치한 경우에는 그러하지 아니하다.

단서에 따른 감지기	
(1) 불꽃감지기	(2) 정온식감지선형감지기
(3) 분포형감지기	(4) 복합형감지기
(5) 광전식분리형감지기	(6) 아날로그방식의 감지기
(7) 다신호방식의 감지기	(8) 축적방식의 감지기

3. 수신기 설치기준

1) 수위실 등 상시 사람이 근무하는 장소에 설치할 것. 다만, 사람이 상시 근무하는 장소가 없는 경우에는 관계인이 쉽게 접근할 수 있고 관리가 용이한 장소에 설치할 수 있다.
2) 수신기가 설치된 장소에는 **경계구역 일람도**를 비치할 것.
3) 수신기는 감지기·중계기 또는 발신기가 작동하는 경계구역을 표시
4) 하나의 경계구역은 **하나의 표시등** 또는 **하나의 문자**로 표시되도록 할 것
5) 수신기의 조작 스위치는 바닥으로부터의 **높이가 0.8m 이상 1.5m 이하**인 장소에 설치할 것
6) 하나의 특정소방대상물에 2 이상의 수신기를 설치하는 경우에는 수신기를 상호 간 연동하여 화재발생 상황을 각 수신기마다 확인할 수 있도록 할 것

7) 화재로 인하여 하나의 층의 **지구음향장치 또는 배선이 단락**되어도 다른 층의 화재통보에 지장이 없도록 각 층 배선 상에 유효한 조치를 할 것

5 중계기

1. 수신기에서 직접 감지기회로의 도통시험을 행하지 아니하는 것에 있어서는 **수신기와 감지기 사이**에 설치할 것
2. 수신기에 따라 감시되지 아니하는 배선을 통하여 전력을 공급받는 것에 있어서는 전원입력측의 배선에 **과전류 차단기**를 설치하고 해당 전원의 정전이 즉시 수신기에 표시되는 것으로 하며, **상용전원 및 예비전원의 시험**을 할 수 있도록 할 것

6 감지기 설치기준

1. 부착높이에 따른 감지기의 종류 ★★

부착높이	감지기의 종류
4m 미만	차동식 (스포트형, 분포형) 보상식 스포트형, 정온식 (스포트형, 감지선형) 이온화식 또는 광전식 (스포트형, 분리형, 공기흡입형) 열복합형, 연기복합형 열연기복합형, 불꽃감지기
4m 이상 8m 미만	차동식 (스포트형, 분포형) 보상식 스포트형 정온식 (스포트형, 감지선형) 특종 또는 1종 이온화식 1종 또는 2종 광전식(스포트형, 분리형, 공기흡입형) 1종 또는 2종 열복합형 연기복합형 열연기복합형 불꽃감지기
8m 이상 15m 미만	**차동식 분포형** 이온화식 1종 또는 2종 광전식(스포트형, 분리형, 공기흡입형) 1종 또는 2종 연기복합형 불꽃감지기
15m 이상	이온화식 1종

부착높이	감지기의 종류
20m 미만	광전식(스포트형, 분리형, 공기흡입형) 1종 연기복합형 불꽃감지기
20m 이상	**불꽃감지기** 광전식(분리형, 공기흡입형)중 아날로그방식

2. 지하층·무창층 등으로서 환기가 잘되지 아니하거나 실내면적이 **40m² 미만**인 장소, 감지기의 부착면과 실내 바닥과의 거리가 **2.3m 이하**인 곳으로서 일시적으로 발생한 열·연기 또는 먼지 등으로 인하여 화재신호를 발신할 우려가 있는 장소에 적응성 있는 감지기의 종류

> (1) 불꽃감지기   (2) 정온식감지선형감지기
> (3) 분포형감지기   (4) 복합형감지기
> (5) 광전식분리형감지기   (6) 아날로그방식의 감지기
> (7) 다신호방식의 감지기   (8) 축적방식의 감지기

3. 연기감지기 설치장소 ★★★

1) **계단·경사로 및 에스컬레이터 경사로**
2) **복도(30m 미만의 것을 제외**한다)
3) 엘리베이터 승강로(권상기실이 있는 경우에는 권상기실)·린넨슈트·파이프 피트 및 덕트 기타 이와 유사한 장소
4) **천장 또는 반자의 높이가 15m 이상 20m 미만**의 장소
5) 다음 각 목의 어느 하나에 해당하는 특정소방대상물의 취침·숙박·입원 등 이와 유사한 용도로 사용되는 거실
   ① 공동주택·오피스텔·숙박시설·노유자시설·수련시설
   ② 교육연구시설 중 합숙소
   ③ 의료시설, 근린생활시설 중 입원실이 있는 의원·조산원
   ④ 교정 및 군사시설
   ⑤ 근린생활시설 중 고시원

4. 감지기 설치기준 ★

> **축적기능이 없는 것으로 설치하여야 하는 경우**
> ① 교차회로방식에 사용되는 감지기
> ② 급속한 연소 확대가 우려되는 장소에 사용되는 감지기
> ③ 축적기능이 있는 수신기에 연결하여 사용하는 감지기

1) 감지기(차동식분포형의 것을 제외)는 실내로의 **공기유입구로부터 1.5m 이상** 떨어진 위치에 설치할 것
2) 감지기는 천장 또는 반자의 옥내에 면하는 부분에 설치할 것
3) **보상식스포트형감지기**는 정온점이 감지기 주위의 평상시 **최고온도보다 20℃ 이상** 높은 것으로 설치할 것
4) **정온식감지기**는 **주방·보일러실** 등으로서 다량의 화기를 취급하는 장소에 설치하되, 공칭작동온도가 **최고주위온도보다 20℃ 이상** 높은 것
5) 부착 높이 및 특정소방대상물의 구분에 따른 차동식·보상식·정온식스포트형감지기의 종류 ★★★

부착높이 및 특정소방대상물의 구분		감지기의 종류(단위 : m²)						
		차동식 스포트형		보상식 스포트형		정온식 스포트형		
		1종	2종	1종	2종	특종	1종	2종
4m 미만	주요구조부를 **내화구조**로 한 특정소방대상물 또는 그 부분	90	70	90	70	70	60	20
	기타 구조의 특정소방대상물 또는 그 부분	50	40	50	40	40	30	15
4m 이상 8m 미만	주요구조부를 **내화구조**로 한 특정소방대상물 또는 그 부분	45	35	45	35	35	30	-
	기타 구조의 특정소방대상물 또는 그 부분	30	25	30	25	25	15	-

6) **스포트형감지기**는 **45° 이상** 경사되지 아니하도록 부착할 것
7) **공기관식 차동식분포형감지기 기준** ★★★

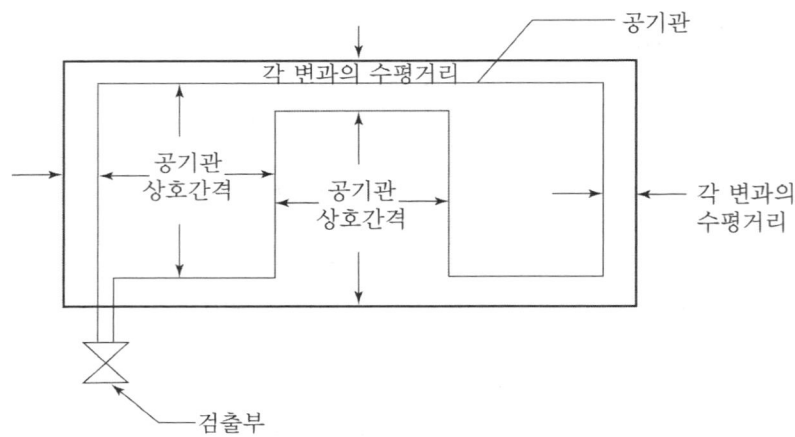

① 공기관의 노출부분은 **감지구역마다 20m 이상**
② 공기관과 감지구역의 **각 변과의 수평거리는 1.5m 이하**, 공기관 **상호간의 거리는 6m(주요구조부를 내화구조 9m) 이하**
③ 공기관은 도중에서 분기하지 아니하도록 할 것
④ 하나의 검출부분에 접속하는 **공기관의 길이는 100m 이하**
⑤ **검출부는 5° 이상** 경사되지 아니하도록 부착할 것
⑥ 검출부는 바닥으로부터 **0.8m 이상 1.5m 이하**의 위치에 설치
⑦ 공기관의 두께: 0.3mm이상, 바깥지름: 1.9mm 이상

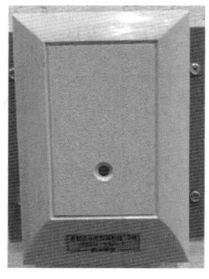  

[그림] 검출부, 시험레버(시험코크)

8) **열전대식 차동식분포형감지기 기준** ★★★
① 열전대부는 감지구역의 **바닥면적 18m²(주요구조부가 내화구조 22m²)마다 1개 이상**으로 할 것. 다만, 바닥면적이 72m²(주요구조부가 내화구조 88m²) 이하인 특정소방대상물에 있어서는 **4개 이상**
② 하나의 검출부에 접속하는 **열전대부는 20개 이하**

9) **열반도체식 차동식분포형감지기 기준** ★★★
   ① 감지부는 그 부착높이 및 특정소방대상물에 따라 다음 표에 따른 바닥면적마다 1개 이상으로 할 것. 다만, 바닥면적이 다음 표에 따른 면적의 2배 이하인 경우에는 **2개**(부착높이가 8m 미만이고, 바닥면적이 다음 표에 따른 면적 이하인 경우에는 1개) **이상**

부착높이 및 특정소방대상물의 구분		감지기의 종류	
		1종	2종
8m 미만	주요구조부가 내화구조로 된 특정소방대상물 또는 그 부분	65m²	36m²
	기타 구조의 특정소방대상물 또는 그 부분	40m²	23m²
8m 이상 15m 미만	주요구조부가 내화구조로 된 특정소방대상물 또는 그 부분	50m²	36m²
	기타 구조의 특정소방대상물 또는 그 부분	30m²	23m²

   ② 하나의 검출기에 접속하는 **감지부는 2개 이상 15개 이하**

10) **연기감지기 설치기준** ★★★
    ① 감지기의 부착높이에 따라 다음 표에 따른 바닥면적(m²)마다 1개 이상

부 착 높 이	감지기의 종류	
	1종 및 2종	3종
4m 미만	150	50
4m 이상 20m 미만	75	

    ② 감지기는 **복도 및 통로에 있어서는 보행거리 30m(3종에 있어서는 20m)마다, 계단 및 경사로에 있어서는 수직거리 15m(3종에 있어서는 10m)마다 1개 이상**
    ③ 천장 또는 반자가 낮은 실내 또는 좁은 실내에 있어서는 **출입구의 가까운 부분**에 설치할 것
    ④ 천장 또는 반자부근에 배기구가 있는 경우에는 그 부근에 설치할 것
    ⑤ 감지기는 **벽 또는 보로부터 0.6m 이상** 떨어진 곳에 설치할 것

11) **정온식감지선형감지기 기준** ★★

 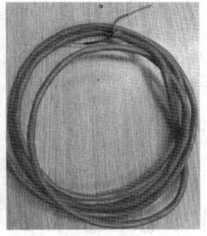

[그림] 정온식감지선형감지기

① 보조선이나 고정금구를 사용하여 감지선이 늘어지지 않도록 설치할 것
② 단자부와 마감 고정금구와의 **설치간격은 10cm 이내**
③ 감지선형 감지기의 굴곡반경은 **5cm 이상**
④ 감지기와 감지구역의 각 부분과의 수평거리가 **내화구조의 경우 1종 4.5m 이하, 2종 3m 이하**, 기타 구조의 경우 1종 3m 이하, 2종 1m 이하
⑤ 케이블트레이에 감지기를 설치하는 경우에는 케이블트레이 받침대에 마감 금구를 사용하여 설치할 것
⑥ 지하구나 창고의 천장 등에 지지물이 적당하지 않는 장소에서는 보조선을 설치하고 그 보조선에 설치할 것
⑦ 분전반 내부에 설치하는 경우 **접착제**를 이용하여 돌기를 바닥에 고정시키고 그 곳에 감지기를 설치할 것
⑧ 정온식감지선형 감지기의 표시

공칭작동온도	색상
80℃ 미만	백색
80℃ 이상 120℃ 미만	청색
120℃ 이상	적색

12) 불꽃감지기 설치기준

[그림] 불꽃감지기

① 공칭감시거리 및 공칭시야각은 형식승인 내용에 따를 것
② 감지기는 공칭감시거리와 공칭시야각을 기준으로 감시구역이 모두 포용될 수 있도록 설치할 것
③ 감지기는 화재감지를 유효하게 감지할 수 있는 **모서리 또는 벽** 등에 설치
④ 감지기를 천장에 설치하는 경우에는 감지기는 바닥을 향하여 설치할 것
⑤ 수분이 많이 발생할 우려가 있는 장소에는 **방수형**으로 설치할 것

13) 광전식분리형감지기 설치기준 ★★★
   ① 감지기의 수광면은 햇빛을 직접 받지 않도록 설치할 것
   ② 광축(송광면과 수광면의 중심을 연결한 선)은 나란한 벽으로부터 **0.6m이상** 이격하여 설치할 것
   ③ 감지기의 송광부와 수광부는 설치된 뒷벽으로부터 **1m이내** 위치에 설치할 것
   ④ 광축의 높이는 천장 등(천장의 실내에 면한 부분 또는 상층의 바닥 하부면을 말한다) 높이의 **80% 이상**일 것
   ⑤ 감지기의 광축의 길이는 공칭감시거리 범위이내일 것

5. 감지기 특례기준

1) **화학공장 · 격납고 · 제련소등 : 광전식분리형감지기 또는 불꽃감지기**
2) **전산실 또는 반도체 공장등 : 광전식공기흡입형감지기**

6. 감지기 설치제외 장소기준 ★

1) 천장 또는 반자의 높이가 **20m 이상인 장소**. 다만, 부착높이에 따라 적응성이 있는 장소는 제외한다.
2) 헛간 등 외부와 기류가 통하는 장소로서 감지기에 따라 화재발생을 유효하게 감지할 수 없는 장소
3) 부식성가스가 체류하고 있는 장소
4) 고온도 및 저온도로서 감지기의 기능이 정지되기 쉽거나 감지기의 유지관리가 어려운 장소
5) 목욕실 · 욕조나 샤워시설이 있는 화장실 · 기타 이와 유사한 장소
6) 파이프덕트 등 그 밖의 이와 비슷한 것으로서 **2개층 마다 방화구획된 것이나 수평단면적이 5m^2 이하**인 것
7) 먼지 · 가루 또는 수증기가 다량으로 체류하는 장소 또는 주방 등 평시에 연기가 발생하는 장소(연기감지기에 한한다)
8) 프레스공장 · 주조공장 등 화재발생의 위험이 적은 장소로서 감지기의 유지관리가 어려운 장소

7 음향장치 및 시각경보장치

1. 자동화재탐지설비의 음향장치 설치기준 ★★★

1) 주음향장치는 수신기의 내부 또는 그 직근에 설치할 것
2) 층수가 **11층(공동주택의 경우에는 16층) 이상**의 특정소방대상물은 다음의 기준에 따라 경보를 발할 수 있도록 할 것

발화 층	경보방식
2층 이상의 층	발화층 및 그 직상 4개층에 경보
1층에서 발화	발화층 · 그 직상 4개층 및 지하층에 경보
지하층에서 발화	발화층 · 그 직상층 및 기타의 지하층에 경보

3) 지구음향장치는 특정소방대상물의 **층마다** 설치하되, 해당 특정소방대상물의 각 부분으로부터 하나의 음향장치까지의 **수평거리가 25m 이하**

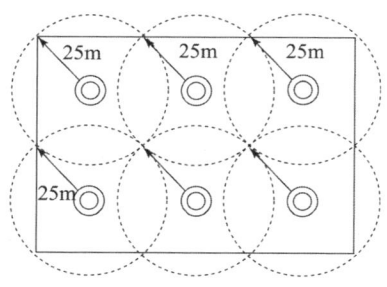

4) 음향장치의 구조 및 성능
   ① **정격전압의 80% 전압**에서 음향을 발할 수 있는 것으로 할 것. 다만, 건전지를 주전원으로 사용하는 음향장치는 그러하지 아니하다.
   ② 음량은 부착된 음향장치의 중심으로부터 **1m 떨어진 위치에서 90dB 이상**이 되는 것으로 할 것
   ③ 감지기 및 발신기의 작동과 연동하여 작동할 수 있는 것

2. 청각장애인용 시각경보장치 설치기준 ★

1) 복도·통로·청각장애인용 객실 및 공용으로 사용하는 거실(로비, 회의실, 강의실, 식당, 휴게실, 오락실, 대기실, 체력단련실, 접객실, 안내실, 전시실)에 설치하며, 각 부분으로부터 유효하게 경보를 발할 수 있는 위치에 설치할 것
2) 공연장·집회장·관람장 또는 이와 유사한 장소에 설치하는 경우에는 시선이 집중되는 무대부 부분 등에 설치할 것

3) 설치높이는 바닥으로부터 **2m 이상 2.5m 이하의 장소**에 설치할 것 다만, 천장의 높이가 **2m 이하인 경우에는 천장으로부터 0.15m 이내**의 장소에 설치하여야 한다.
4) 시각경보장치의 광원은 전용의 축전지설비 또는 전기저장장치에 의하여 점등되도록 할 것

8 발신기

1. 발신기 설치기준 ★

 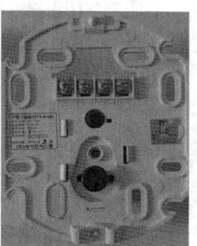

[그림] 발신기

1) 조작스위치 : 바닥으로부터 **0.8m 이상 1.5m 이하**
2) 특정소방대상물의 층마다 설치하되, 해당 특정소방대상물의 각 부분으로부터 **하나의 발신기까지의 수평거리가 25m 이하**가 되도록 할 것. 다만, 복도 또는 별도로 구획된 실로서 보행거리가 40m 이상일 경우에는 추가로 설치

2. 발신기 위치 표시등

함의 상부에 설치하되, 그 불빛은 부착 면으로부터 **15° 이상**의 범위 안에서 부착지점으로부터 **10m 이내**의 어느 곳에서도 쉽게 식별할 수 있는 **적색등**

9 전원

1. 자동화재탐지설비의 상용전원 기준

1) 전원은 전기가 정상적으로 공급되는 **축전지, 전기저장장치** 또는 교류전압의 옥내 **간선**으로 하고, 전원까지의 배선은 **전용**으로 할 것
2) 개폐기에는 "자동화재탐지설비용"이라고 표시한 표지를 할 것

2. 설비에 대한 **감시상태를 60분간 지속한 후 유효하게 10분 이상 경보할 수 있는 축전지 설비**(수신기에 내장하는 경우를 포함) 또는 **전기저장장치**를 설치하여야 한다. 다만,

상용전원이 축전지설비인 경우 또는 건전지를 주전원으로 사용하는 무선식설비인 경우에는 그러하지 아니하다.

10 배선

1. **전원회로의 배선은 내화배선**, 그 밖의 배선(감지기 상호간 또는 감지기로부터 수신기에 이르는 감지기회로의 배선을 제외한다)은 내화배선 또는 내열배선에 따라 설치할 것

2. 감지기 상호간 또는 감지기로부터 수신기에 이르는 감지기회로의 배선
   1) **아날로그식, 다신호식 감지기**나 **R형 수신기용**으로 사용되는 것은 전자파 방해를 받지 아니하는 실**드선** 등을 사용해야 하며, 광케이블의 경우에는 전자파 방해를 받지 아니하고 내열성능이 있는 경우 사용할 수 있다. 다만, 전자파 방해를 받지 않는 방식의 경우에는 그렇지 않다.
   2) 일반배선을 사용할 때는 내화배선 또는 내열배선으로 사용할 것

3. **감지기회로의 도통시험을 위한 종단저항 기준** ★
   (1) 점검 및 관리가 쉬운 장소에 설치할 것
   (2) 전용함을 설치하는 경우 그 설치 높이는 바닥으로부터 **1.5m** 이내
   (3) 감지기 회로의 **끝부분**에 설치하며, 종단감지기에 설치할 경우에는 구별이 쉽도록 해당감지기의 기판 및 감지기 외부 등에 별도의 표시를 할 것

4. **감지기 사이의 회로의 배선은 송배선식**으로 할 것

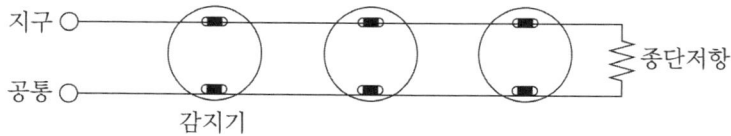

5. 감지기회로 및 부속회로의 전로와 대지 사이 및 배선 상호간의 절연저항은 **1경계구역마다 직류 250V의 절연저항측정기**를 사용하여 측정한 절연저항이 **0.1㏁ 이상**
6. **피(P)형 수신기** 및 **지피(G.P.)형 수신기**의 감지기 회로의 배선에 있어서 하나의 공통선에 접속할 수 있는 **경계구역은 7개 이하**로 할 것
7. 자동화재탐지설비의 **감지기회로의 전로저항은 50Ω 이하**, 수신기의 각 회로별 종단에 설치되는 감지기에 접속되는 배선의 전압은 **감지기 정격전압의 80% 이상**

11 공동주택, 창고시설

1. 공동주택

1) 감지기의 종류
   ① 아날로그방식의 감지기
   ② 광전식 공기흡입형 감지기

2) 세대 내 거실 : 연기감지기 설치

3) 감지기 회로 단선시 고장표시

2. 창고시설

1) 감지기의 종류
   ① 아날로그방식의 감지기
   ② 광전식 공기흡입형 감지기

2) 발화 시 전층경보

3) 비상전원
   ① 축전지설비 또는 전기저장장치
   ② 감시상태 **60분**간 지속한 후 유효하게 **30분** 이상 경보

제17장 출제예상문제

01 자동화재탐지설비의 설치대상으로 옳지 않은 것은?
① 길이가 1,000[m] 이상인 터널
② 연면적이 600[m²] 이상인 의료시설
③ 연면적이 600[m²] 이상인 관광휴게시설
④ 지하구

해설 관광 휴게시설로서 연면적 1천 m² 이상인 경우에는 모든 층

02 특정소방대상물 중 화재신호를 발신하고 그 신호를 수신 및 유효하게 제어할 수 있는 구역을 무엇이라고 하는가?
① 방호구역   ② 제어구역   ③ 경계구역   ④ 감시구역

해설 경계구역 : 특정소방대상물 중 화재신호를 발신하고 그 신호를 수신 및 유효하게 제어할 수 있는 구역을 말한다.

03 자동화재탐지설비에서 발하는 화재신호를 받아 청각장애인에게 점멸형태로 경보하는 것은?
① 청각경보장치
② 청각경보형 피난유도장치
③ 시각경보장치
④ 시각점멸형 피난유도 장치

해설 시각경보장치 : 자동화재탐지설비에서 발하는 화재신호를 시각경보기에 전달하여 청각장애인에게 점멸형태의 시각경보를 하는 것

04 다음 건축물에 자동화재탐지설비의 경계구역을 설정하려고 한다. 최소 몇 개 이상으로 나누어야 하는가?

[보기]
① 건축물 규모 : 1층 1100m², 2층 320m², 3층 170m²
② 건축물의 각 변의 길이는 50m 이하이다.

① 2개   ② 3개   ③ 4개   ④ 5개

해설 경계구역 산출
① 1층 : 1100/600 = 1.83 = 2구역
② 2층과 3층의 면적합계 : 320 + 170 = 490m²/600m² = 0.82 = 1구역
③ 경계구역의 수 : 2구역 + 1구역 = 3구역

정답 1. ③ 2. ③ 3. ③ 4. ②

05 자동화재탐지설비에서 하나의 경계구역면적과 한 변의 길이로 옳은 것은?
① 600m² 이하, 50m 이하
② 600m² 이상, 50m 이상
③ 1,000m² 이하, 80m 이하
④ 1,000m² 이상, 80m 이상

해설 하나의 경계구역의 면적은 600m² 이하, 한 변의 길이가 50m 이하일 것

06 자동화재탐지설비의 경계구역 설정기준에서 해당 특정소방대상물의 주된 출입구에서 그 내부 전체가 보이는 것에 있어서는 한 변의 길이가 50m의 범위내에서 몇 m² 이하로 할 수 있는가?
① 400 m² 이하
② 600 m² 이하
③ 1,000 m² 이하
④ 3,000 m² 이하

해설 주된 출입구에서 그 내부 전체가 보이는 것에 있어서는 한변의 길이가 50m의 범위내에서 1,000 m² 이하

07 외기에 면하여 상시 개방된 부분이 있는 ( ), ( ), ( ) 등에 있어서는 외기에 면하는 각 부분으로부터 5m 미만의 범위안에 있는 부분은 경계구역 면적에 산입하지 않는다. ( )에 들어갈 내용이 아닌 것은?
① 차고
② 주차장
③ 복도
④ 창고

해설 외기에 면하여 상시 개방된 부분이 있는 (차고), (주차장), (창고) 등에 있어서는 외기에 면하는 각 부분으로부터 5m 미만의 범위안에 있는 부분은 경계구역 면적에 산입하지 않는다.

08 ( ), ( ) 또는 ( )의 화재감지장치로서 화재감지기를 설치한 경우의 경계구역은 해당 소화설비의 방사구역 또는 제연구역과 동일하게 설정할 수 있다. ( )에 들어갈 내용이 아닌 것은?
① 이산화탄소소화설비
② 물분무등소화설비
③ 스프링클러설비
④ 제연설비

해설 (스프링클러설비), (물분무등소화설비) 또는 (제연설비)의 화재감지장치로서 화재감지기를 설치한 경우의 경계구역은 해당 소화설비의 방사구역 또는 제연구역과 동일하게 설정할 수 있다.

정답 5. ① 6. ③ 7. ③ 8. ①

09 자동화재탐지설비의 경계구역 설정 기준으로 옳은 것은?

① 하나의 경계구역이 3개 이상의 건축물에 미치지 아니할 것
② 하나의 경계구역의 면적은 600 m² 이하로 하고 한 변의 길이는 60 m 이내로 할 것
③ 500 m² 이하의 범위 안에서는 2개의 층을 하나의 경계구역으로 할 수 있다.
④ 해당 특정소방대상물의 주된 출입구에서 그 내부 전체가 보이는 것에 있어서는 한 변의 길이가 60 m의 범위 내에서 1,000 m² 이하로 할 수 있다.

해설 1) 하나의 경계구역이 2개 이상의 건축물에 미치지 아니하도록 할 것
2) **500 m² 이하의 범위 안에서는 2개의 층**을 하나의 경계구역으로 할 수 있다.
3) 하나의 경계구역의 **면적은 600 m² 이하**로 하고 **한변의 길이는 50 m 이하**로 할 것. 다만, 해당 특정소방대상물의 주된 출입구에서 그 내부 전체가 보이는 것에 있어서는 한 변의 길이가 50m의 범위 내에서 **1,000 m² 이하**로 할 수 있다.

10 외기에 면하여 상시 개방된 부분에 있는 차고·주차장·창고 등에 있어서는 외기에 면하는 각 부분으로부터 몇 [m] 미만의 범위 안에 있는 부분은 경계 구역의 면적에 산입하지 아니하는가?

① 1[m]   ② 3[m]   ③ 5[m]   ④ 10[m]

해설 외기에 면하여 상시 개방된 부분이 있는 차고, 주차장, 창고 등에 있어서는 외기에 면하는 각 부분으로부터 5m 미만의 범위 안에 있는 부분은 경계구역의 면적에 산입하지 아니한다.

11 중계기 설치기준 중 수신기에 따라 감시되지 아니하는 배선을 통하여 전력을 공급받는 것에 있어서는 전원입력측의 배선에 무슨 차단기를 설치 하는가?

① 기중차단기   ② 가스차단기
③ 과전류차단기   ④ 누전차단기

해설 수신기에 따라 감시되지 아니하는 배선을 통하여 전력을 공급받는 것에 있어서는 전원입력측의 배선에 **과전류 차단기**를 설치하고 해당 전원의 정전이 즉시 수신기에 표시되는 것으로 하며, **상용전원 및 예비전원의 시험**을 할 수 있도록 할 것

12 자동화재탐지설비의 수신기는 일시적으로 발생한 열·연기 또는 먼지 등으로 인하여 감지기가 화재신호를 발신할 우려가 있는 때에는 축적기능 등이 있는 것으로 설치하여야 하는데 그 장소의 기준에 대한 설명으로 옳지 않은 것은?

① 소방대상물 또는 그 부분이 무창층으로서 환기가 잘 되지 아니하는 장소
② 소방대상물 또는 그 부분이 지하층으로서 환기가 잘 되지 아니하는 장소
③ 실내면적이 40m² 미만인 장소
④ 감지기의 부착면과 실내바닥과의 거리가 2.5m 이하인 장소

해설 감지기의 부착면과 실내바닥과의 거리가 2.3m 이하인 장소

정답 9. ③ 10. ③ 11. ③ 12. ④

13 수신기의 설치기준으로 옳지 않은 것은?

① 수위실 등 상시 사람이 근무하는 장소에 설치할 것
② 수신기의 조작 스위치는 바닥으로부터의 높이가 0.8m 이상 1.5m 이하인 장소에 설치할 것
③ 하나의 경계구역은 하나의 표시등 및 하나의 문자로 표시되도록 할 것
④ 수신기가 설치된 장소에는 경계구역일람도를 비치할 것.

해설 하나의 경계구역은 하나의 표시등 또는 하나의 문자로 표시되도록 할 것

14 수신기에 의하여 감시되지 아니하는 배선을 통하여 전력을 공급받는 중계기는 어떤 시험을 할 수 있어야 하는가? 또한, 전원 입력측의 배선에 무엇을 설치하여야 하는가?

① 시험 : 비상전원 및 예비전원, 설치 : 배선용 차단기
② 시험 : 상용전원, 비상전원 및 예비전원, 설치 : 나이프 차단기
③ 시험 : 상용전원 및 비상전원, 설치 : 퓨즈
④ 시험 : 상용전원 및 예비전원, 설치 : 과전류 차단기

해설 전원입력측의 배선에 과전류 차단기를 설치하고 당해 전원의 정전이 즉시 수신기에 표시되는 것으로 하며, 상용전원 및 예비전원의 시험을 할 수 있도록 할 것

15 다음 중 정온식스포트형 감지기의 구조 및 작동원리에 대한 설명이 아닌 것은?

① 바이메탈의 활곡 및 반전 이용
② 금속의 온도차 이용
③ 액체의 팽창 이용
④ 가용절연물 이용

해설 정온식스포트형 감지기의 작동원리
바이메탈의 활곡 및 반전 이용, 금속의 팽창계수차 이용, 액체의 팽창이용, 가용절연물 이용

16 감지기의 부착 높이가 15m 이상 20m 미만인 경우에 설치할 수 없는 감지기로 옳은 것은?

① 광전식 분리형 1종
② 불꽃감지기
③ 차동식분포형
④ 연기복합형

해설 15m 이상 20m 미만에 부착가능한 감지기
이온화식 1종, 광전식(스포트형, 분리형, 공기흡입형) 1종, 연기복합형, 불꽃감지기

17 다음 중 복합형감지기의 종류에 속하지 않는 것은?

① 연복합형
② 열복합형
③ 열·연기복합형
④ 열·연기·불꽃·가스 복합형

해설 복합형 감지기 : 열복합형, 연복합형, 열·연기복합형, 불꽃 복합형, 연기·불꽃 복합형, 열·연기·불꽃 복합형

정답 13. ③ 14. ④ 15. ② 16. ③ 17. ④

18 정온식 감지기는 주방·보일러실 등으로서 다량의 화기를 취급하는 장소에 설치한다. 이 경우 공칭작동온도가 최고 주위온도보다 몇 [℃] 이상 높은 것으로 설치하여야 하는가?

① 5   ② 10   ③ 20   ④ 30

> **해설** 정온식감지기는 주방·보일러실 등으로서 다량의 화기를 취급하는 장소에 설치하되, 공칭작동온도가 최고주위온도보다 20℃ 이상 높은 것으로 설치할 것

19 감지기의 부착면과 실내바닥과의 거리가 2.3 m 이하인 곳으로서 일시적으로 발생한 열, 연기 등으로 인하여 화재신호를 발신할 수 있는 장소에 설치할 수 있는 감지기는?

① 정온식 스포트형 감지기
② 정온식 감지선형 감지기
③ 광전식 스포트형 감지기
④ 이온화식 감지기

> **해설** 비화재보 우려장소에 설치가능한 감지기
> ① 불꽃감지기   ② 정온식감지선형감지기
> ③ 아날로그방식의 감지기   ④ 다신호방식의 감지기
> ⑤ 광전식분리형감지기   ⑥ 축적방식의 감지기
> ⑦ 복합형감지기   ⑧ 분포형감지기

20 연기감지기의 설치장소로 옳지 않은 것은?

① 12m인 에스컬레이터 경사로
② 근린생활시설 중 입원시설이 없는 의원
③ 엘리베이터승강로·린넨슈트·파이프 피트 및 덕트 기타 이와 유사한 장소
④ 천장 또는 반자의 높이가 15m 이상 20m 미만의 장소

> **해설** 근린생활시설 중 입원시설이 있는 의원이 설치대상이다.

21 다음 소화설비 중에서 교차회로방식 적용설비가 아닌 것은?

① 이산화탄소소화설비   ② 분말소화설비
③ 할로겐화합물소화설비   ④ 습식스프링클러설비

> **해설** 교차회로방식 : 방호구역 내에 2 이상의 화재감지기 회로를 설치하고 인접한 2 이상의 화재감지기가 동시에 감지되는 때 경보를 발하는 방식
> 이산화탄소소화설비, 할로겐화합물소화설비, 분말소화설비, 청정소화약제소화설비, 준비작동식스프링클러설비, 물분무소화설비, 미분무소화설비 등

정답 18. ③　19. ②　20. ②　21. ④

22 바닥면적이 170m²인 장소에 차동식스포트형 감지기(2종)를 설치하고자 한다. 최소 설치개수는? (단, 감지기의 부착높이는 3.8m이며 주요구조부가 내화구조로 된 소방대상물이다)

① 1 ② 2 ③ 3 ④ 4

해설 감지기 수량 = 바닥면적/기준면적 = 170m²/70m² = 2.43 = 3개

23 다음 조건에서 준비작동식 스프링클러설비 설치시 감지기의 최소설치 개수는?

> [보기]
> ① 바닥면적 800m²인 공장으로 비 내화구조이다.
> ② 차동식스포트형 2종 감지기 설치
> ③ 감지기 부착높이 7.5m

① 23 ② 32 ③ 46 ④ 64

해설 감지기의 수량 산출
감지기의 부착높이가 4m 이상, 비내화구조, 차동식 스포트형 2종이므로 25m² 적용

$$= \frac{800\text{m}^2}{25\text{m}^2} = 32개 \times 2배(교차회로 방식이므로) = 64개$$

24 차동식스포트형 감지기의 설치방법 중 옳지 않은 것은?

① 감지기는 45° 경사지지 않게 설치한다.
② 부착면의 높이는 8m 미만으로 한다.
③ 공기 유입구에서 1.2m 이상 떨어진 곳에 설치한다.
④ 천장 또는 반자의 옥내에 면하는 부분에 설치한다.

해설 실내 공기유입구로부터 1.5m 이상 떨어진 위치에 설치할 것

25 공기관식 차동식분포형 감지기에서 공기관 상호간의 거리는 몇 [m] 이하가 되도록 하여야 하는가?(단, 주요 구조부를 내화구조로 한 소방대상물이다.)

① 3m ② 6m
③ 9m ④ 10m

해설 공기관 상호간의 거리는 6m(주요구조부를 내화구조로 한 소방대상물 또는 그 부분에 있어서는 9m) 이하

정답 22. ③ 23. ④ 24. ③ 25. ③

26 차동식분포형 공기관식 감지기의 설치기준으로 옳지 않은 것은?

① 공기관의 노출부분은 감지구역마다 20m 이상이 되도록 할 것
② 하나의 검출부분에 접속하는 공기관의 길이는 100m 이하로 할 것
③ 검출부는 5° 이상 경사되지 아니하도록 부착할 것
④ 검출부는 바닥으로부터 1.0m 이상 1.5m 이하의 위치에 설치할 것

해설 검출부는 바닥으로부터 0.8m 이상 1.5m 이하의 위치에 설치할 것

27 공기관식 차동식분포형 감지기의 설치기준에 대한 설명으로 옳지 않은 것은?
(단, 주요구조부는 내화구조가 아님)

① 공기관과 감지구역의 각 변과의 수평거리는 6.0m 이하가 되도록 할 것
② 공기관의 노출부분은 감지구역마다 20m 이상이 되도록 할 것
③ 하나의 검출부분에 접속하는 공기관의 길이는 100m 이하로 할 것
④ 검출부는 5° 이상 경사되지 아니하도록 부착할 것

해설 공기관과 감지구역의 각 변과의 수평거리는 1.5m 이하

28 열전대식 차동식 분포형 감지기 설치 시 바닥면적이 68m^2일 경우 몇 개를 설치하는가?
(단, 내화구조에 설치하는 경우이다)

① 1개 이상　　② 2개 이상　　③ 3개 이상　　④ 4개 이상

해설 바닥면적이 72m^2(주요구조부가 내화구조로 된 특정소방대상물에 있어서는 88m^2) 이하인 특정소방대상물에 있어서는 4개 이상으로 하여야 한다.

29 주요구조부가 내화구조로 된 바닥면적 100m^2인 소방대상물에 설치하는 열전대식 차동식 분포형감지기의 열전대부는 몇 개 이상으로 하여야 하는가?

① 3개 이상
② 4개 이상
③ 5개 이상
④ 6개 이상

해설 수량 = 100m^2/22m^2 = 4.54 = 5개
열전대부는 감지구역의 바닥면적 18m^2(주요구조부가 내화구조로 된 특정소방대상물에 있어서는 22m^2)마다 1개 이상

30 열반도체식 차동식 분포형 감지기에서 하나의 검출기에 접속하는 감지부의 수로 옳은 것은?

① 2개 이상 10개 이하
② 2개 이상 15개 이하
③ 3개 이상 15 이하
④ 4개 이상 20개 이하

해설 하나의 검출부에 접속하는 감지부의 개수 : 2개 이상 15개 이하

정답 26. ④　27. ①　28. ④　29. ③　30. ②

31 주소형이 아닌 열전대식 차동식분포형감지기는 하나의 검출부에 접속하는 열전대부를 어느 정도 설치할 수 있는가?
① 15개 이하 ② 20개 이하
③ 25개 이하 ④ 30개 이하

해설 하나의 검출부에 접속하는 열전대부는 20개 이하로 할 것.

32 차동식 분포형 감지기의 종류가 아닌 것은?
① 공기관식 ② 열전대식 ③ 열반도체식 ④ 열기전력식

해설 차동식 분포형의 감지방식
공기관식, 열전대식, 열반도체식

33 연기감지기의 일반적인 설치기준에 관한 다음 설명 중 옳은 것은?
① 감지기(1종)는 복도 및 통로에 있어서는 보행거리 20m 마다 1개 이상을 설치한다.
② 감지기(1종)는 계단 및 경사로에 있어서는 수직거리 15m 마다 1개 이상을 설치한다.
③ 감지기는 벽 또는 보로부터 1m 이상 떨어진 곳에 설치한다.
④ 천장 또는 반자가 낮은 실내 또는 좁은 실내에 있어서는 출입구에서 먼 부분에 설치한다.

해설 감지기는 복도 및 통로에 있어서는 보행거리 30m(3종에 있어서는 20m)마다, 계단 및 경사로에 있어서는 수직거리 15m(3종에 있어서는 10m)마다 1개 이상으로 할 것

34 정온식감지선형 감지기의 감지선이 늘어나지 않도록 하기 위하여 사용 하는 것은?
① 보조선, 고정금구 ② 케이블트레이 받침대
③ 접착제 ④ 단자대

해설 보조선이나 고정금구를 사용하여 감지선이 늘어지지 않도록 설치할 것

35 정온식감지선형 감지기의 설치기준으로 옳지 않은 것은?
① 단자부와 마감 고정금구와의 설치간격은 5cm 이내로 설치할 것
② 감지선형 감지기의 굴곡반경은 5cm 이상으로 할 것
③ 감지기와 감지구역의 각 부분과의 수평거리가 내화구조의 경우 1종 4.5m 이하, 2종 3m 이하로 할 것
④ 분전반 내부에 설치하는 경우 접착제를 이용하여 돌기를 바닥에 고정시키고 그 곳에 감지기를 설치할 것

해설 단자부와 마감 고정금구와의 설치간격은 10cm 이내로 설치할 것

정답 31. ② 32. ④ 33. ② 34. ① 35. ①

36 다음 중 광전식분리형감지기에 대한 설명으로 옳지 않은 것은?
   ① 감지기의 수광면은 햇빛을 직접 받지 않도록 설치할 것
   ② 광축은 나란한 벽으로부터 1.5m 이상 이격하여 설치할 것
   ③ 감지기의 송광부와 수광부는 설치된 뒷벽으로부터 1m이내 위치에 설치할 것
   ④ 광축의 높이는 천장 등 높이의 80% 이상일 것

   해설 광축(송광면과 수광면의 중심을 연결한 선)은 나란한 벽으로부터 0.6m 이상 이격하여 설치할 것

37 다음 중 감지기 종류별 설치기준에 적합한 것은?
   ① 스포트형 감지기는 45°이상 경사되지 않도록 부착한다.
   ② 공기관식 차동식 분포형 감지기의 검출부는 15° 이상 경사되지 않도록 부착한다.
   ③ 열전대식 차동식 분포형 감지기의 하나의 검출부에 접속하는 열전대부는 30개 이하로 한다.
   ④ 연기감지기는 벽 또는 보로부터 1m 이상 떨어진 곳에 설치하여야 한다.

   해설 보기설명
   ① 공기관식 차동식분포형 감지기의 검출부는 5° 이상 경사되지 않도록 할 것
   ② 하나의 검출부에 접속하는 열전대부는 20개 이하로 할 것
   ③ 연기감지기는 벽 또는 벽으로부터 0.6[m] 이상 떨어진 곳에 설치할 것

38 감지기를 설치기준 중 2개층 마다 방화구획된 것이나 수평단면적이 얼마 이하인 것은 감지기의 설치를 제외할 수 있는가?
   ① $5m^2$ 이하
   ② $10m^2$ 이하
   ③ $15m^2$ 이하
   ④ $20m^2$ 이하

   해설 파이프덕트 등 그밖에 이와 비슷한 것으로서 2개층마다 방화구획된 것이나 수평단면적이 $5m^2$ 이하는 감지기의 설치를 제외한다.

39 다음 중 자동화재탐지설비의 감지기를 설치하여야 하는 장소는?
   ① 천장 또는 반자의 높이가 20m 이상인 장소
   ② 프레스공장·주조공장 등 화재발생의 위험이 적은 장소로서 감지기의 유지관리가 어려운 장소
   ③ 실내의 용적이 $20m^3$ 미만인 샤워시설이 없는 화장실
   ④ 파이프덕트 등 그 밖의 이와 비슷한 것으로 2개층마다 방화구획된 것이나 수평단면적이 $5m^2$ 이하인 장소

   해설 설치제외 : 목욕실·욕조나 샤워시설이 있는 화장실·기타 이와 유사한 장소

정답 36. ② 37. ① 38. ① 39. ③

40 자동화재탐지설비의 음향장치는 정격전압의 몇 % 전압에서 음향을 발할 수 있어야 하는가?

① 70%   ② 80%   ③ 90%   ④ 95%

해설 정격전압의 80% 전압에서 음향을 발할 수 있어야 한다.

41 천장의 높이가 2m 이하인 경우에 청각장애인용 시각경보장치는 다음 중 어떤 위치에 설치해야 하는가?

① 천장으로부터 0.15m 이내
② 천장으로부터 0.2m 이내
③ 천장으로부터 0.25m 이내
④ 천장으로부터 0.3m 이내

해설 설치높이는 바닥으로부터 2m 이상 2.5m 이하의 장소에 설치할 것 다만, 천장의 높이가 2m 이하인 경우에는 천장으로부터 0.15m 이내의 장소에 설치하여야 한다.

42 발신기의 위치를 표시하는 표시등은 함의 상부에 설치하되, 그 불빛은 부착면으로부터 몇 ( ) 이상의 범위 안에서 부착지점으로부터 ( ) 이내의 어느 곳에서도 쉽게 식별할 수 있는 ( ) 등으로 하여야 한다. ( )안에 들어갈 내용이 순서대로 옳게 표현된 것은?

① 5°, 10m, 적색
② 5°, 10m, 녹색
③ 15°, 10m, 적색
④ 15°, 10m, 녹색

해설 발신기의 위치를 표시하는 표시등은 함의 상부에 설치하되, 그 불빛은 부착면으로부터 15°이상의 범위 안에서 부착지점으로부터 10m 이내의 어느 곳에서도 쉽게 식별할 수 있는 적색등으로 하여야 한다.

43 P형 1급 발신기에 사용하는 회선의 종류는?

① 회로선, 공통선, 소화전용선
② 회로선, 공통선, 발신기선
③ 회로선, 공통선, 발신기선, 응답선
④ 신호선, 공통선, 발신기선, 응답선

해설 발신기 회선
회로선(지구선, 표시선), 공통선, 발신기선(발신기 응답선)

44 전자파 방해를 방지하기 위하여 쉴드선을 사용하여야 하는 기기가 아닌 것은? (단, 전자파 방해를 받지 아니하는 방식의 경우는 제외)

① 아날로그식 감지기
② 다신호식 감지기
③ R형 수신기
④ 광전식공기흡입형감지기

해설 쉴드선 사용 : 아날로그식감지기, 다신호식감지기, R형 수신기

정답 40. ② 41. ① 42. ③ 43. ② 44. ④

45 다음은 감지기회로의 도통시험을 위하여 설치하는 종단저항에 대한 설명이다. 옳지 않은 것은?
① 점검 및 관리가 쉬운 장소에 설치할 것
② 전용함을 설치하는 경우 그 설치 높이는 바닥으로부터 1.2m 이내로 할 것
③ 감지기 회로의 끝부분에 설치할 것
④ 종단감지기에 설치할 경우에는 구별이 쉽도록 해당감지기의 기판 등에 별도의 표시를 할 것

해설 전용함을 설치하는 경우 설치 높이는 바닥으로부터 1.5m 이내로 할 것

46 자동화재탐지설비의 감지기회로에서 종단저항을 설치하는 주목적은?
① 도통시험을 하기 위하여
② 회로작동시험을 하기 위하여
③ 동시작동시험을 하기 위하여
④ 화재표시시험을 하기 위하여

해설 종단저항 설치목적 : 도통시험을 하기 위하여

47 자동화재 탐지설비 수신기의 절연저항시험에서 기기를 부착시키기 전에 측정하여야 하는 곳은?
① 배선 상호간
② 배선과 대지 사이
③ 대지 상호간
④ 수신기와 종단 저항간

해설 절연저항 측정
① 기기를 부착시키기 전 : 배선 상호간 측정
② 기기를 부착시킨 후 : 배선과 대지사이 측정

48 감지기회로 및 부속회로의 전로와 대지사이 및 배선 상호간의 절연저항은 직류 250V의 절연저항측정기를 사용하여 측정한 절연저항이 얼마 이상이어야 하는가?
① 0.1MΩ 이상   ② 0.2MΩ 이상   ③ 0.3MΩ 이상   ④ 0.4MΩ 이상

해설 직류 250V의 절연저항측정기를 사용하여 측정한 절연저항이 0.1MΩ 이상

49 자동화재탐지설비의 감지기회로 및 부속회로의 전로와 대지 사이 및 배선 상호간의 절연저항은 1경계구역마다 직류 몇 V의 절연저항측정기를 사용하여 측정한 절연저항이 몇 MΩ 이상이어야 하는가?
① 250V, 0.1MΩ
② 250V, 20MΩ
③ 500V, 0.1MΩ
④ 500V, 20MΩ

해설 부속회로의 전로와 대지사이 및 배선 상호간의 절연저항은 1경계구역마다 직류 250V의 절연저항측정기를 사용하여 측정한 절연저항이 0.1MΩ 이상이 되도록 할 것

정답 45. ② 46. ① 47. ① 48. ① 49. ①

50 P형 수신기 및 GP형 수신기의 감지기 회로의 배선에 있어서 하나의 공통선에 접속할 수 있는 경계구역의 수는 몇 개 이하인가?
① 5개 이하
② 6개 이하
③ 7개 이하
④ 8개 이하

해설 공통선에 접속할 수 있는 경계구역의 수는 7개 이하

51 자동화재탐지설비의 감지기회로의 전로저항은 (㉠) 이하가 되도록 하여야 하며, 수신기의 각 회로별 종단에 설치되는 감지기에 접속되는 배선의 전압은 감지기 정격전압의 (㉡) 이상이어야 한다. ( ) 안에 들어갈 내용으로 알맞은 것은?
① ㉠ 50Ω, ㉡ 60%
② ㉠ 50Ω, ㉡ 80%
③ ㉠ 40Ω, ㉡ 60%
④ ㉠ 40Ω, ㉡ 80%

해설 감지기의 전로저항과 배선전압
① 감지기의 전로저항 : 50[Ω] 이하
② 감지기 배선전압 : 정격전압의 80[%] 이상

52 공기관식 차동식 분포형 감지기의 검출기 접점 수고시험은 무엇을 시험하는 것인가?
① 접점간격
② 다이아프램 용량
③ 리크밸브의 이상유무
④ 다이아프램의 이상유무

해설 공기관식 차동식 분포형 감지기의 검출기 접점 수고시험 : 접점간격시험

53 차동식스포트형 감지기에서 리크구멍이 막혔을 때 어떤 현상이 발생 되는가?
① 작동을 안 한다.
② 조기작동상태로 된다.
③ 감지기의 작동과는 관련이 없다.
④ 온도가 올라가면 작동, 내려가면 복구된다.

해설 리크구멍
① 미세한 열의 축적으로 인한 완만한 온도 상승시(비화재시) 오동작 방지
② 리크구멍이 막히면 미세한 열에도 감지기가 동작되어 비화재보의 원인

54 연기가 다량으로 유입할 우려가 있는 장소에 적합하지 않은 감지기는?
① 불꽃감지기
② 열아날로그식감지기
③ 보상식스포트형감지기
④ 차동식스포트형감지기

해설 불꽃감지기는 화재 발생 초기에 불꽃을 감지하므로 연기에 의해서는 유효하게 화재를 감지할 수 없다.

정답 50. ③ 51. ② 52. ① 53. ② 54. ①

55 다음 감지기 중에서 불을 사용하는 설비의 불꽃이 노출되는 장소에 적응하는 감지기는 어느 것인가?

① 차동식분포형 감지기 ② 보상식스포트형 감지기
③ 정온식 감지기 ④ 불꽃감지기

해설 불을 사용하는 설비로서 불꽃이 노출되는 장소에 적응 열감지기
① 정온식 특종, 정온식 1종
② 열아날로그식

56 연기감지기를 설치할 수 없는 경우에 적용하는 설치장소별 감지기의 적응성에서 배기가스가 다량으로 체류하는 장소인 차고, 주차장 등에 적응성이 있는 감지기로 거리가 먼 것은?

① 차동식 스포트형 1종 감지기 ② 차동식 분포형 1종 감지기
③ 보상식 분포형 1종 감지기 ④ 정온식 1종 감지기

해설 배기가스가 다량으로 체류하는 장소에 적응성이 없는 열 감지기
① 정온식 특종 감지기
② 정온식 1종 감지기

57 다음 중 정온식 감지선형감지기에 대한 설명으로 옳은 것은?

① 주위온도가 일정 상승율 이상이 되는 경우에 작동하는 것으로서 일국소에서의 열효과에 의하여 작동되는 것을 말한다.
② 주위온도가 일정 상승율 이상이 되는 경우에 작동하는 것으로서 넓은 범위 내에서의 열 효과의 누적에 의하여 작동되는 것을 말한다.
③ 일국소의 주위온도가 일정한 온도 이상이 되는 경우에 작동하는 것으로서 외관이 전선으로 되어 있는 것을 말한다.
④ 일국소의 주위온도가 일정한 온도 이상이 되는 경우에 작동하는 것으로서 외관이 전선으로 되어 있지 아니한 것을 말한다.

해설 보기설명
① 주위온도가 일정 상승율 이상이 되는 경우에 작동하는 것으로서 일국소에서의 열효과에 의하여 작동되는 것을 말한다. → 차동식스포트형
② 주위온도가 일정 상승율 이상이 되는 경우에 작동하는 것으로서 넓은 범위 내에서의 열 효과의 누적에 의하여 작동되는 것을 말한다. → 차동식분포형
③ 일국소의 주위온도가 일정한 온도 이상이 되는 경우에 작동하는 것으로서 외관이 전선으로 되어 있는 것을 말한다. → 정온식감지선형
④ 일국소의 주위온도가 일정한 온도 이상이 되는 경우에 작동하는 것으로서 외관이 전선으로 되어 있지 아니한 것을 말한다. → 정온식스포트형

정답 55. ③ 56. ④ 57. ③

58 다음 중 감지기의 종별에 대한 설명으로 옳지 않은 것은?

① 차동식스포트형 감지기는 주위온도가 일정상승률 이상이 되는 경우에 작동하는 것으로서 일국소에서의 열 효과에 의하여 작동하는 것
② 차동식분포형 감지기는 주위온도가 일정상승률 이상이 되는 경우에 작동하는 것으로서 넓은 범위 내에서의 열 효과의 누적에 의하여 작동하는 것
③ 연기감지기는 주위의 공기가 일정한 농도의 연기를 포함하게 되는 경우에 작동하는 것으로서 일국소의 연기에 의하여 이온전류가 변화하여 작동하는 것
④ 정온식스포트형 감지기는 일국소의 주위온도가 일정한 온도이상이 되는 경우에 작동하는 것으로서 외관이 전선으로 되어 있는 것

[해설] 정온식 스포트형 감지기 : 일국소의 주위온도가 일정한 온도 이상이 되는 경우에 작동하는 것으로서 외관이 전선으로 되어 있지 아니한 것

59 다음 중 감지기의 종별이 옳지 않은 것은?

① 보상식스포트형 감지기는 차동식스포트형 감지기와 정온식스포트형 감지기의 성능을 겸한 것
② 보상식스포트형 감지기는 차동식스포트형 감지기 또는 정온식스포트형 감지기의 성능 중 어느 한 기능이 작동되면 작동신호를 발하는 것
③ 이온화식 감지기는 주위의 공기가 일정한 온도를 포함하게 되는 경우에 작동하는 것
④ 이온화식 감지기는 일국소의 연기에 의하여 이온전류가 변화하여 작동하는 것

[해설] 이온화식 스포트형 감지기 : 주위의 공기가 일정한 농도의 연기를 포함하게 되는 경우에 작동하는 것으로서 일국소의 연기에 의하여 이온전류가 변화하여 작동하는 것

60 1개의 감지기내에 서로 다른 종별 또는 감도 등의 기능을 갖춘 것으로서 일정시간 간격을 두고 각각 다른 2개 이상의 화재신호를 발하는 특성을 갖는 감지기는?

① 복합식 감지기　　　　　　　　② 다신호식 감지기
③ 아날로그식 감지기　　　　　　④ 디지털식 감지기

[해설] 감지기의 형식승인 및 제품검사의 기술기준
다신호식 : 1개의 감지기내에 서로 다른 종별 또는 감도 등의 기능을 갖춘 것

61 감지기의 형식에 따른 분류 중 주위 온도 또는 연기 양의 변화에 따라 각각 다른 전류치 또는 전압치 등의 출력을 발하는 것은 어느 것인가?

① 자외선식　　② 다신호식　　③ 아날로그식　　④ 적외선식

[해설] 감지기의 형식승인 및 제품검사의 기술기준
아날로그식 : 주위 온도 또는 연기 양의 변화에 따라 각각 다른 전류치 또는 전압치 등의 출력을 발하는 것

정답 58. ④　59. ③　60. ②　61. ③

62 비화재보 방지와 관련하여 감지기는 분당 몇 회의 비율로 순간적인 공급전원의 차단을 반복하는 경우에 작동되지 아니하여야 하는가?

① 2회 ② 3회 ③ 6회 ④ 12회

해설 분당 6회의 비율로 순간적인 감지기 공급전원의 차단을 반복하는 경우 작동되지 않아야 함

63 자동화재탐지설비의 감지기에서 정온식 기능을 가진 감지기의 공칭작동 온도가 80℃ 미만인 경우 표시하는 색상으로 옳은 것은?

① 백색 ② 청색 ③ 적색 ④ 황색

해설 표시 색상
① 백색 : 80℃ 미만 ② 청색 : 80℃ 이상 120℃ 미만
③ 적색 : 120℃ 이상

64 감지기 또는 발신기에서 발하는 신호를 직접 또는 중계기를 통하여 고유신호로서 수신하여 화재의 발생을 당해 소방대상물의 관계인에게 경보하여 주는 수신기는?

① P형 수신기 ② R형 수신기 ③ M형 수신기 ④ G형 수신기

해설 R형 수신기의 특징
① 선로의 수를 줄일 수 있다. ② 선로의 길이를 줄일 수 있다.
③ 이설 및 증설이 쉽다. ④ 신호의 전달이 확실하다.

65 자동화재탐지설비의 발신기를 구분하는 기준이 아닌것은?

① 설치장소 ② 방폭구조 여부 ③ 부착방법 ④ 방수성 유무

해설 발신기의 형식승인 및 제품검사의 기술기준
① 설치장소 : 옥외형과 옥내형
② 방폭구조 여부 : 방폭형 및 비방폭형
③ 방수성 유무 : 방수형 및 비방수형

66 자동화재탐지설비 및 시각경보장치의 화재안전기준상의 내용으로 옳지 않은 것은?

① 외기에 면하여 상시 개방된 부분이 있는 차고에 있어서는 외기에 면하는 각 부분으로부터 5m 미만의 범위 안에 있는 부분은 경계구역의 면적에 산입하지 아니한다.
② 4층 이상의 특정소방대상물에는 발신기와 전화 통화가 가능한 수신기를 설치할 것
③ 중계기는 수신기에서 직접 감지기회로의 도통시험을 행하지 아니하는 것에 있어서는 수신기와 감지기 사이에 설치할 것
④ 열전대식 차동식분포형감지기는 하나의 검출기에 접속하는 감지부는 2개 이상 15개 이하가 되도록 할 것

해설 열전대식 차동식분포형감지기는 하나의 검출부에 접속하는 **열전대부는 20개 이하**

정답 62. ③ 63. ① 64. ② 65. ③ 66. ④

67 자동화재탐지설비의 화재안전기술기준상 감지기의 부착높이가 8m 이상 15m 미만인 경우 설치하여야 하는 감지기가 아닌 것은?

① 불꽃감지기
② 이온화식 2종 감지기
③ 차동식 스포트형 감지기
④ 광전식 스포트형 1종 감지기

해설 8m 이상 15m 미만인 경우 설치가능한 감지기

> 차동식 분포형, 이온화식 1종 또는 2종
> 광전식(스포트형, 분리형, 공기흡입형) 1종 또는 2종
> 연기복합형, 불꽃감지기

68 자동화재탐지설비의 화재안전기술기준상 20m 이상의 높이에 설치할 수 있는 감지기는?

① 차동식 분포형 공기관식 감지기
② 광전식 스포트형 중 아날로그방식
③ 이온화식 스포트형 중 아날로그방식
④ 광전식 공기흡입형 중 아날로그방식

해설 20m 이상 설치 감지기 : 불꽃감지기, 광전식(분리형, 공기흡입형)중 아날로그방식

69 자동화재탐지설비 및 시각경보장치의 화재안전기술기준상 다음 장소에 연기감지기를 설치해야 하는 특정소방대상물로 옳지 않은 것은?

> 취침·숙박·입원 등 이와 유사한 용도로 사용되는 거실

① 공동주택 · 오피스텔 · 숙박시설 · 위락시설
② 교육연구시설 중 합숙소
③ 의료시설, 근린생활시설 중 입원실이 있는 의원·조산원
④ 교정 및 군사시설

해설 연기감지기 설치장소 중 다음의 어느 하나에 해당하는 특정소방대상물의 취침 · 숙박 · 입원 등 이와 유사한 용도로 사용되는 거실
(1) 공동주택 · 오피스텔 · 숙박시설 · 노유자시설 · 수련시설
(2) 교육연구시설 중 합숙소
(3) 의료시설, 근린생활시설 중 입원실이 있는 의원 · 조산원
(4) 교정 및 군사시설
(5) 근린생활시설 중 고시원

정답 67. ③ 68. ④ 69. ①

70 다음은 자동화재탐지설비 및 시각경보장치의 화재안전기술기준상 청각장애인용 시각경보장치의 설치기준이다. ( )에 들어갈 것으로 옳은 것은?

> 설치 높이는 바닥으로부터 (ㄱ)m 이상 (ㄴ)m 이하의 장소에 설치할 것. 다만, 천장의 높이가 (ㄱ) m 이하인 경우에는 천장으로부터 (ㄷ)m 이내의 장소에 설치해야 한다.

① ㄱ : 1.5, ㄴ : 2.0, ㄷ : 0.1
② ㄱ : 1.5, ㄴ : 2.0, ㄷ : 0.15
③ ㄱ : 2.0, ㄴ : 2.5, ㄷ : 0.1
④ ㄱ : 2.0, ㄴ : 2.5, ㄷ : 0.15

해설 설치 높이는 바닥으로부터 2 m 이상 2.5 m 이하의 장소에 설치할 것. 다만, 천장의 높이가 2 m 이하인 경우에는 천장으로부터 0.15 m 이내의 장소에 설치해야 한다.

정답 70. ④

제18장 자동화재속보설비

1 설치대상 ★★★

다만, 방재실 등 화재 수신기가 설치된 장소에 24시간 화재를 감시할 수 있는 사람이 근무하고 있는 경우에는 자동화재속보설비를 설치하지 않을 수 있다.

1) 노유자 생활시설
2) 노유자 시설로서 바닥면적이 500 m² 이상인 층이 있는 것
3) 수련시설(숙박시설이 있는 것만 해당한다)로서 바닥면적이 500 m² 이상인 층이 있는 것
4) 문화유산 중 「문화유산의 보존 및 활용에 관한 법률」 제23조에 따라 보물 또는 국보로 지정된 목조건축물
5) 근린생활시설 중 다음의 어느 하나에 해당하는 시설
   가) 의원, 치과의원 및 한의원으로서 입원실이 있는 시설
   나) 조산원 및 산후조리원
6) 의료시설 중 다음의 어느 하나에 해당하는 것
   가) 종합병원, 병원, 치과병원, 한방병원 및 요양병원(의료재활시설은 제외한다)
   나) 정신병원 및 의료재활시설로 사용되는 바닥면적의 합계가 500 m² 이상인 층이 있는 것
7) 판매시설 중 전통시장

2 용어정의

용어	정의
속보기	화재신호를 통신망을 통하여 음성 등의 방법으로 소방관서에 통보하는 장치
통신망	유선이나 무선 또는 유무선 겸용 방식을 구성하여 음성 또는 데이터 등을 전송할 수 있는 집합체
데이터 전송방식	전기·통신매체를 통해서 전송되는 신호에 의하여 어떤 지점에서 다른 수신 지점에 데이터를 보내는 방식
코드 전송방식	신호를 표본화하고 양자화하여, 코드화한 후에 펄스 혹은 주파수의 조합으로 전송하는 방식

3 설치기준

1. 자동화재속보설비 설치기준 ★★

1) 자동화재탐지설비와 연동으로 작동하여 자동적으로 화재발생 상황을 소방관서에 전달되는 것으로 할 것. 이 경우 부가적으로 특정소방대상물의 관계인에게 화재발생상황을 전달되도록 할 수 있다.
2) 조작스위치는 바닥으로부터 **0.8m 이상 1.5m 이하**의 높이에 설치
3) 속보기는 소방관서에 통신망으로 통보, 데이터 또는 코드전송방식을 부가적으로 설치할 수 있다.
4) 문화재에 설치 : 속보기에 감지기를 직접 연결하는 방식(자동화재탐지설비 1개의 경계구역에 한한다)

제18장 출제예상문제

01 다음 중 자동화재속보설비의 설치대상으로 틀린 것은?
① 노유자 시설로서 바닥면적이 500 m² 이상인 층이 있는 것
② 문화재 중 보물 또는 국보로 지정된 목조건축물
③ 수련시설(숙박시설이 있는 것만 해당한다)로서 바닥면적이 1000 m² 이상인 층이 있는 것
④ 의원, 치과의원 및 한의원으로서 입원실이 있는 시설

해설 수련시설(숙박시설이 있는 것만 해당한다)로서 바닥면적이 500 m² 이상인 층이 있는 것

02 정신병원 및 의료재활시설로 사용되는 바닥면적의 합계가 몇 m² 이상인 층이 있는 특정소방대상물에는 자동화재속보설비를 설치하여야 하는가?
① 500m² 이상
② 1000m² 이상
③ 1500m² 이상
④ 2000m² 이상

해설 정신병원 및 의료재활시설로 사용되는 바닥면적의 합계가 500 m² 이상인 층이 있는 것

03 화재신호를 통신망을 통하여 음성 등의 방법으로 소방관서에 통보하는 장치를 무엇이라 하는가?
① 감지기
② 발신기
③ 속보기
④ 주수신기

해설 속보기 : 화재신호를 통신망을 통하여 음성 등의 방법으로 소방관서에 통보하는 장치를 말한다.

04 유선이나 무선 또는 유무선 겸용 방식을 구성하여 음성 또는 데이터 등을 전송할 수 있는 집합체를 무엇이라고 하는가?
① 통신망
② 속보기
③ 중계기
④ 발신기

해설 통신망 : 유선이나 무선 또는 유무선 겸용 방식을 구성하여 음성 또는 데이터 등을 전송할 수 있는 집합체

정답 1. ③ 2. ① 3. ③ 4. ①

05 다음 중 자동화재속보설비의 조작스위치는 바닥으로부터 몇 [m] 높이에 설치하여야 하는가?

① 0.5m 이상 1.0m 이하
② 0.8m 이상 1.5m 이하
③ 1.0m 이상 1.8m 이하
④ 1.2m 이상 2.0m 이하

해설 조작스위치는 바닥으로부터 **0.8m 이상 1.5m 이하**의 높이에 설치

06 자동화재속보설비에 대한 설치기준으로 옳지 않은 것은?

① 자동화재감지기와 연동으로 작동하여 자동적으로 화재발생 상황을 소방관서에 전달되는 것으로 할 것.
② 조작스위치는 바닥으로부터 0.8m 이상 1.5m 이하의 높이에 설치할 것
③ 속보기는 소방관서에 통신망으로 통보하도록 한다.
④ 문화재에 설치하는 자동화재속보설비는 속보기에 감지기를 직접 연결하는 방식으로 하여야 한다.

해설 자동화재탐지설비와 연동으로 작동하여 자동적으로 화재발생 상황을 소방관서에 전달되는 것으로 할 것

07 자동화재속보설비의 설치기준에 관한 사항이다. ( )안의 내용으로 알맞은 것은?

[보기]
자동화재속보설비는 (㉠)와 연동하여 자동적으로 화재발생 상황을 (㉡)에 전달되는 것으로 할 것

① ㉠ 자동화재탐지설비 ㉡ 소방관서
② ㉠ 자동화재탐지설비 ㉡ 종합방재센터
③ ㉠ 비상방송설비 ㉡ 소방관서
④ ㉠ 비상경보설비 ㉡ 종합방재센터

해설 자동화재탐지설비와 연동으로 작동하여 자동적으로 화재발생 상황을 소방관서에 전달되는 것으로 할 것

08 자동화재속보설비의 속보기는 자동화재탐지설비로부터 작동신호를 수신하여 몇 초 이내에 소방관서에 자동적으로 신호를 발하여 통보하여야 하는가?

① 10초 ② 20초 ③ 30초 ④ 60초

해설 작동신호를 수신하거나 수동으로 동작시키는 경우 20초 이내에 소방관서에 자동적으로 신호를 발하여 통보하되, 3회이상 속보할 수 있어야 한다.

정답 5. ② 6. ① 7. ① 8. ②

09 자동화재속보설비에 관한 설명으로 옳지 않은 것은?

① 노유자 생활시설은 자동화재속보설비를 설치하여야 한다.
② 문화재에 설치하는 자동화재속보설비는 속보기에 감지기를 직접 연결하는 방식(자동화재탐지설비 1개의 경계구역에 한한다)으로 할 수 있다.
③ 속보기는 연동 또는 수동 작동에 의한 다이얼링 후 소방관서와 전화접속이 이루어지지 않는 경우에는 최초 다이얼링을 포함하여 3회 이상 반복적으로 접속을 위한 다이얼링이 이루어져야 한다.
④ 속보기는 음성속보방식 외에 데이터 또는 코드전송방식 등을 이용한 속보기능을 부가로 설치할 수 있다.

해설 속보기는 연동 또는 수동 작동에 의한 다이얼링 후 소방관서와 전화접속이 이루어지지 않는 경우에는 최초 다이얼링을 포함하여 **10회 이상** 반복적으로 접속을 위한 다이얼링이 이루어져야 한다.

정답 9. ③

제19장 누전경보기

1 설치대상

누전경보기는 계약전류용량이 **100암페어**를 초과하는 특정소방대상물

2 용어정의

용어	정의
수신부	변류기로부터 검출된 신호를 수신하여 누전의 발생을 해당 특정소방대상물의 관계인에게 경보하여 주는 것(차단기구를 갖는 것을 포함한다)
변류기	경계전로의 누설전류를 자동적으로 검출하여 이를 누전경보기의 수신부에 송신하는 것
경계전로	누전경보기가 누설전류를 검출하는 대상 전선로
분전반	배전반으로부터 전력을 공급받아 부하에 전력을 공급해주는 것
정격전류	전기기기의 정격출력 상태에서 흐르는 전류

3 누전경보기의 구성

영상변류기	누설전류를 검출하여 수신기에 송신
수신기	누설전류를 증폭
음향장치	누설전류가 흐를 때 경보
차단 릴레이	누설전류가 흐를 때 전원을 자동으로 차단

4 영상변류기의 종류

구분	종류
구조	옥내형, 옥외형
설치방법	관통형, 분할형
수신기와 접속	호환성형, 비호환성형

5 누전경보기의 수신기 구성도

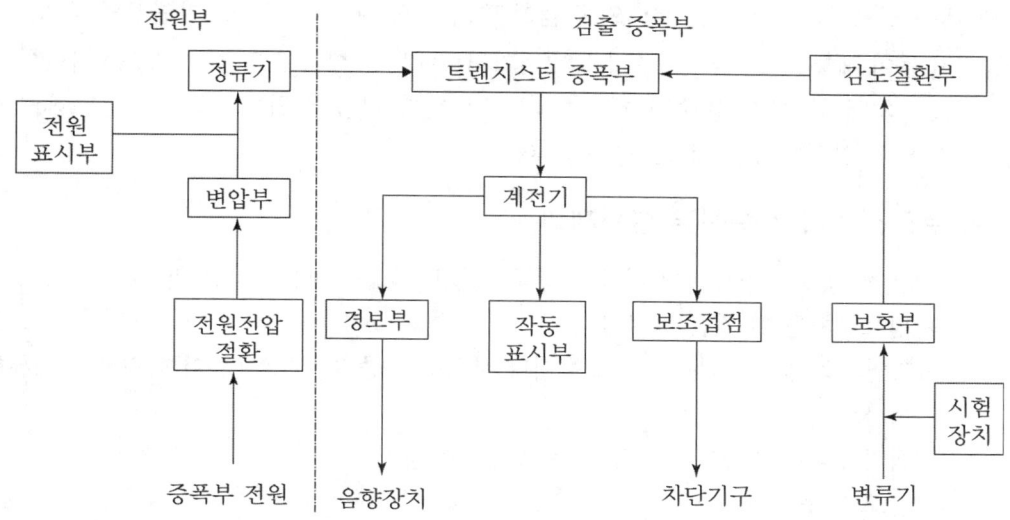

6 설치방법 등 ★★★

1. 누전경보기의 종류

다만, 정격전류가 60A를 초과하는 경계전로가 분기되어 각 분기회로의 정격전류가 60A 이하로 되는 경우 당해 분기회로마다 2급 누전경보기를 설치한 때에는 당해 경계전로에 1급 누전경보기를 설치한 것으로 본다.

경계전로의 정격전류가 60A를 초과	1급 누전경보기
경계전로의 정격전류가 60A 이하	1급 또는 2급 누전경보기

2. 변류기는 특정소방대상물의 형태, 인입선의 시설방법 등에 따라 **옥외 인입선의 제1 지점의 부하측 또는 제2종 접지선측의 점검이 쉬운 위치**에 설치

3. 변류기를 옥외의 전로에 설치하는 경우에는 **옥외형**으로 설치할 것

7 수신부

1. 누전경보기의 수신부는 **옥내의 점검에 편리한 장소**에 설치하되, 가연성의 증기·먼지 등이 체류할 우려가 있는 장소의 전기회로에는 당해 부분의 전기회로를 차단할 수 있는 **차단기구**를 가진 수신부를 설치하여야 한다. 이 경우 차단기구의 부분은 해당 장소 외의 안전한 장소에 설치해야 한다.

2. 누전경보기의 수신부 설치제외

   다만, 해당 누전경보기에 대하여 방폭·방식·방습·방온·방진 및 정전기 차폐 등의 방호조치를 한 것은 그렇지 않다.
   1) 가연성의 증기·먼지·가스 등이나 부식성의 증기·가스 등이 다량으로 체류하는 장소
   2) 화약류를 제조하거나 저장 또는 취급하는 장소
   3) 습도가 높은 장소
   4) 온도의 변화가 급격한 장소
   5) 대전류회로·고주파 발생회로 등에 따른 영향을 받을 우려가 있는 장소

8 전원 ★★

1. 전원은 분전반으로부터 전용회로로 하고, 각 극에 개폐기 및 **15A 이하의 과전류차단기(배선용 차단기에 있어서는 20A 이하**의 것으로 각 극을 개폐할 수 있는 것)를 설치할 것
2. 전원을 분기할 때는 다른 차단기에 따라 전원이 차단되지 않도록 할 것

제19장 출제예상문제

01 소방대상물에서 계약 전류용량이 몇 [A]를 초과하는 경우 누전경보기의 설치 대상이 되는가?
① 10   ② 30   ③ 50   ④ 100

해설 계약전류용량이 100암페어를 초과하는 특정소방대상물

02 누전경보기에서 누설전류를 유기한 변류기의 미소전압을 입력받아 내장된 증폭기로 증폭시켜 주는 기능을 하는 구성요소는 다음 중 어느 것인가?
① 차단릴레이   ② 수신기   ③ 음향장치   ④ 경보기

해설 누전경보기 구성별 기능

영상변류기	누설전류를 검출하여 수신기에 송신
수신기	누설전류를 증폭
음향장치	누설전류가 흐를 때 경보
차단 릴레이	누설전류가 흐를 때 전원을 자동으로 차단

03 누전경보기의 설치방법에 대한 설명으로 옳지 않은 것은?
① 경계전로의 정격전류가 60A를 초과하는 전로에 있어서는 1급을 설치한다.
② 경계전로의 정격전류가 60A이하의 전로에 있어서는 1급 또는 2급을 설치한다.
③ 정격전류가 60A를 초과하는 경계전로에서 분기되어 각 분기회로의 정격전류가 60A 이하로 되는 경우에는 각 분기회로마다 2급을 설치해도 당해 경계전로에 1급을 설치한 것으로 본다.
④ 변류기는 소방대상물의 형태, 인입선의 시설방법 등에 따라 옥외인입선의 제1지점의 부하측 또는 제1종 접지선측에 설치한다.

해설 누전경보기의 설치방법
1. 누전경보기의 종류

경계전로의 정격전류가 60A를 초과	1급 누전경보기
경계전로의 정격전류가 60A 이하	1급 또는 2급 누전경보기

2. 변류기는 특정소방대상물의 형태, 인입선의 시설방법 등에 따라 옥외 인입선의 제1지점의 부하측 또는 제2종 접지선측의 점검이 쉬운 위치에 설치
3. 변류기를 옥외의 전로에 설치하는 경우에는 옥외형으로 설치할 것

정답 1. ④ 2. ② 3. ④

04 누전경보기의 화재안전기준에서 변류기의 설치위치로 옳은 것은?

① 옥외인입선의 제1지점의 부하측에 설치
② 제1종 접지선측의 점검이 쉬운 위치에 설치
③ 옥내인입선의 제1지점의 부하측에 설치
④ 제3종 접지선측의 점검이 쉬운 위치에 설치

해설 변류기는 옥외 인입선의 제1지점의 부하측 또는 제2종 접지선측의 점검이 쉬운 위치에 설치할 것.

05 누전경보기 수신부의 설치장소로 옳은 것은?

① 옥외의 점검에 편리한 장소
② 옥내의 점검에 편리한 장소
③ 옥외의 밀폐된 장소
④ 옥내 밀폐된 장소

해설 수신부의 설치장소: 옥내의 점검에 편리한 장소에 설치

06 누전경보기의 수신부 설치 제외 장소로서 옳지 않은 것은?

① 온도의 변화가 작은 장소
② 화약류를 제조하거나 저장 또는 취급하는 장소
③ 가연성의 증기·먼지·가스 등이나 부식성의 증기·가스 등이 다량으로 체류하는 장소
④ 대전류회로·고주파 발생회로 등에 따른 영향을 받을 우려가 있는 장소

해설 누전경보기의 수신부 설치제외
① 가연성의 증기·먼지·가스 등이나 부식성의 증기·가스 등이 다량으로 체류하는 장소
② 화약류를 제조하거나 저장 또는 취급하는 장소
③ 습도가 높은 장소
④ 온도의 변화가 급격한 장소
⑤ 대전류회로·고주파 발생회로 등에 따른 영향을 받을 우려가 있는 장소

07 누전경보기의 수신부를 설치할 수 있는 장소는?

① 부식성의 증기·가스 등이 다량으로 체류하는 장소
② 화약류를 제조하거나 저장 또는 취급하는 장소
③ 온도의 변화가 급격한 장소
④ 습도가 낮은 장소

해설 습도가 낮은 장소에는 수신부를 설치할 수 있다.

정답 4. ① 5. ② 6. ① 7. ④

08 누전경보기의 전원은 분전반으로부터 전용회로로 하고, 각 극에 개폐기 및 몇 [A] 이하의 과전류차단기를 설치하여야 하는가?

① 10A 이하
② 15A 이하
③ 20A 이하
④ 25A 이하

해설 전원은 분전반으로부터 전용회로로 하고, 각 극에 개폐기 및 15A 이하의 과전류차단기(배선용 차단기에 있어서는 20A 이하의 것으로 각 극을 개폐할 수 있는 것)를 설치할 것

09 다음 중 누전경보기의 전원에 대한 설명으로 옳은 것은?

① 전원은 분전반으로부터 전용회로로 하고, 각 극에 개폐기 및 20A이하의 과전류차단기를 설치할 것
② 전원은 분전반으로부터 전용회로로 하고, 각 극에 개폐기 및 15A이하의 배선용차단기를 설치할 것
③ 전원은 분전반으로부터 전용회로로 하고, 각 극에 개폐기 및 15A이하의 과전류차단기를 설치할 것
④ 전원은 분전반으로부터 전용회로로 하고, 각 극에 개폐기 및 10A이하의 배선용차단기를 설치할 것

해설 각 극에 개폐기 및 15A 이하의 과전류차단기(배선용차단기에 있어서는 20A 이하의 것으로 각 극을 개폐할 수 있는 것)을 설치 할 것

10 누전경보기의 화재안전기준에 의한 설치기준으로 옳지 않은 것은?

① 경계전로의 정격전류가 60A를 초과하는 전로에 있어서는 1급 누전경보기를 설치할 것
② 누전경보기 수신부의 음향장치는 수위실 등 상시 사람이 근무하는 장소에 설치할 것
③ 변류기를 옥외의 전로에 설치하는 경우에는 옥외형으로 설치할 것
④ 전원은 분전반으로부터 전용회로로 하고, 각 극에 개폐기 및 60A 이하의 과전류 차단기를 설치할 것

해설 전원은 분전반으로부터 전용회로로 하고, 각 극에 개폐기 및 15A 이하의 과전류차단기(배선용 차단기에 있어서는 20A 이하의 것으로 각 극을 개폐할 수 있는 것)를 설치할 것

정답 8. ② 9. ③ 10. ④

11 누전경보기의 음향장치의 설치 위치는?

① 옥외인입선의 제1지점의 부하측의 점검이 쉬운 위치
② 수위실 등 상시 사람이 근무하는 장소
③ 옥외인입선의 제2종 접지선측의 점검이 쉬운 위치
④ 옥내의 점검에 편리한 장소

해설 음향장치는 수위실 등 상시 사람이 근무하는 장소에 설치하여야 하며, 그 음량 및 음색은 다른 기기의 소음 등과 명확히 구별할 수 있는 것으로 하여야 한다.

12 누전화재의 발생을 표시하는 누전경보기의 표시등이 켜질 때의 색상으로 옳은 것은?

① 적색
② 황색
③ 청색
④ 녹색

해설 누전화재의 발생을 표시하는 표시등(이하 "누전등"이라 한다)이 설치된 것은 등이 켜질 때 적색으로 표시되어야 하며,

13 누전경보기의 공칭 작동전류는 몇 [mA] 이하로 하여야 하는가?

① 100mA 이하
② 150mA 이하
③ 200mA 이하
④ 500mA 이하

해설 누전경보기의 공칭작동전류치는 200mA 이하

14 감도조정장치를 갖는 누전경보기에 있어서 감도조정장치의 조정범위의 최대치는 몇 [A]이어야 하는가?

① 0.2[A]　② 0.5[A]　③ 1.0[A]　④ 2.0[A]

해설 누전경보기 감도조정장치의 조정범위는 최대 1[A]

15 누전경보기의 수신부의 절연된 충전부와 차단기구의 개폐부의 절연저항을 직류 500V의 절연저항계로 측정하는 경우 몇 [MΩ]이상이어야 하는가?

① 0.5MΩ　② 5MΩ　③ 10MΩ　④ 20MΩ

해설 수신부 절연저항시험(제35조) : 수신부는 절연된 충전부와 외함간 및 차단기구의 개폐부(열린 상태에서는 같은 극의 전원단자와 부하측단자와의 사이, 닫힌 상태에서는 충전부와 손잡이 사이)의 절연저항을 DC 500V의 절연저항계로 측정하는 경우 5MΩ 이상

정답 11. ②　12. ①　13. ③　14. ③　15. ②

제20장 가스누설경보기

1 설치대상

가스시설이 설치된 경우만 해당한다)은 다음의 어느 하나에 해당하는 것으로 한다.
1) 문화 및 집회시설, 종교시설, 판매시설, 운수시설, 의료시설, 노유자 시설
2) 수련시설, 운동시설, 숙박시설, 창고시설 중 물류터미널, 장례시설

2 용어정의

용어	정의
가연성가스 경보기	보일러 등 가스연소기에서 액화석유가스(LPG), 액화천연가스(LNG) 등의 가연성가스가 새는 것을 탐지하여 관계자나 이용자에게 경보하여 주는 것을 말한다. 다만, 탐지소자 외의 방법에 의하여 가스가 새는 것을 탐지하는 것, 점검용으로 만들어진 휴대용탐지기 또는 연동기기에 의하여 경보를 발하는 것은 제외
일산화탄소 경보기	일산화탄소가 새는 것을 탐지하여 관계자나 이용자에게 경보하여 주는 것을 말한다. 다만, 탐지소자 외의 방법에 의하여 가스가 새는 것을 탐지하는 것, 점검용으로 만들어진 휴대용탐지기 또는 연동기기에 의하여 경보를 발하는 것은 제외
탐지부	가스누설경보기(이하"경보기"라 한다) 중 가스누설을 탐지하여 중계기 또는 수신부에 가스누설의 신호를 발신하는 부분 또는 가스누설을 탐지하여 수신부 등에 가스누설의 신호를 발신하는 부분
수신부	경보기 중 탐지부에서 발하여진 가스누설신호를 직접 또는 중계기를 통하여 수신하고 이를 관계자에게 음향으로서 경보하여 주는 것
분리형	탐지부와 수신부가 분리되어 있는 형태의 경보기
단독형	탐지부와 수신부가 일체로 되어있는 형태의 경보기

3 가연성가스 경보기

1. 가연성가스(액화석유가스(LPG), 액화천연가스(LNG) 등)의 종류에 적합한 경보기를 가스연소기 주변에 설치하여야 한다.

2. 분리형 경보기의 수신부 설치기준 ★★★

① 가스연소기 주위의 경보기의 상태 확인 및 유지 관리에 용이한 위치에 설치할 것
② 가스누설 경보음향의 음량과 음색이 다른 기기의 소음 등과 명확히 구별될 것
③ 가스누설 경보음향의 크기는 수신부로부터 1m 떨어진 위치에서 음압이 **70dB 이상**일 것
④ 수신부의 조작 스위치는 바닥으로부터의 **높이가 0.8m 이상 1.5m 이하**인 장소에 설치할 것
⑤ 수신부가 설치된 장소에는 관계자 등에게 신속히 연락할 수 있도록 비상연락 번호를 기재한 표를 비치할 것

3. 분리형 경보기의 탐지부 설치기준 ★★★

① 탐지부는 가스연소기의 중심으로부터 **직선거리 8m(공기보다 무거운 가스를 사용하는 경우에는 4m) 이내에 1개 이상** 설치하여야 한다.
② 탐지부는 천정으로부터 탐지부 하단까지의 거리가 **0.3m 이하**가 되도록 설치한다. 다만, **공기보다 무거운 가스를 사용**하는 경우에는 바닥면으로부터 탐지부 상단까지의 거리는 **0.3m 이하**로 한다.

4. 단독형 경보기 설치기준 ★★

① 가스연소기 주위의 경보기의 상태 확인 및 유지 관리에 용이한 위치에 설치할 것
② 가스누설 경보음향의 음량과 음색이 다른 기기의 소음 등과 명확히 구별될 것
③ 가스누설 경보음향장치는 수신부로부터 1m 떨어진 위치에서 **음압이 70dB 이상**일 것
④ 단독형 경보기는 가스연소기의 중심으로부터 직선거리 **8m(공기보다 무거운 가스를 사용하는 경우에는 4m) 이내에 1개 이상** 설치하여야 한다.
⑤ 단독형 경보기는 천장으로부터 경보기 하단까지의 거리가 **0.3m 이하**가 되도록 설치한다. 다만, 공기보다 무거운 가스를 사용하는 경우에는 바닥면으로부터 단독형 경보기 상단까지의 거리는 **0.3m 이하**로 한다.
⑥ 경보기가 설치된 장소에는 관계자 등에게 신속히 연락할 수 있도록 비상연락 번호를 기재한 표를 비치할 것

4 일산화탄소 경보기

1. 일산화탄소 경보기를 설치하는 경우(타 법령에 따라 일산화탄소 경보기를 설치하는 경우를 포함한다)에는 가스연소기 주변(타 법령에 따라 설치하는 경우에는 해당 법령에서 지정한 장소)에 설치할 수 있다.

2. **분리형 경보기의 수신부 설치기준 ★★★**

   ① 가스누설 경보음향의 음량과 음색이 다른 기기의 소음 등과 명확히 구별될 것
   ② 가스누설 경보음향의 크기는 수신부로부터 1m 떨어진 위치에서 **음압이 70dB 이상**일 것
   ③ 수신부의 조작 스위치는 바닥으로부터의 **높이가 0.8m 이상 1.5m 이하**인 장소에 설치할 것
   ④ 수신부가 설치된 장소에는 관계자 등에게 신속히 연락할 수 있도록 비상연락 번호를 기재한 표를 비치할 것

3. 분리형 경보기의 탐지부는 천정으로부터 탐지부 하단까지의 거리가 **0.3m 이하**가 되도록 설치한다.

4. **단독형 경보기 설치기준**

   ① 가스누설 경보음향의 음량과 음색이 다른 기기의 소음 등과 명확히 구별될 것
   ② 가스누설 경보음향장치는 수신부로부터 1m 떨어진 위치에서 **음압이 70dB 이상**일 것
   ③ 단독형 경보기는 천장으로부터 경보기 하단까지의 거리가 **0.3m 이하**가 되도록 설치한다.
   ④ 경보기가 설치된 장소에는 관계자 등에게 신속히 연락할 수 있도록 비상연락 번호를 기재한 표를 비치할 것

5 설치장소 ★★★

분리형 경보기의 탐지부 및 단독형 경보기는 다음 각 호의 장소 이외의 장소에 설치한다.
1. 출입구 부근 등으로서 외부의 기류가 통하는 곳
2. 환기구 등 공기가 들어오는 곳으로부터 **1.5m 이내**인 곳
3. 연소기의 폐가스에 접촉하기 쉬운 곳
4. 가구·보·설비 등에 가려져 누설가스의 유통이 원활하지 못한 곳
5. 수증기, 기름 섞인 연기 등이 직접 접촉될 우려가 있는 곳

6 전원 ★

경보기는 **건전지 또는 교류전압의 옥내간선**을 사용하여 상시 전원이 공급

제20장 출제예상문제

01 다음은 가스누설경보기의 화재안전기술기준에 따른 가연성가스 경보기 설치기준 중 분리형 경보기의 수신부 설치기준을 나타낸 것이다. 다음 중 틀린 것은?

① 가스연소기 주위의 경보기의 상태 확인 및 유지 관리에 용이한 위치에 설치할 것
② 가스누설 경보음향의 음량과 음색이 다른 기기의 소음 등과 명확히 구별될 것
③ 가스누설 경보음향의 크기는 탐지부로부터 1m 떨어진 위치에서 음압이 70dB 이상일 것
④ 수신부의 조작 스위치는 바닥으로부터의 높이가 0.8m 이상 1.5m 이하인 장소에 설치할 것

해설 가스누설 경보음향의 크기는 수신부로부터 1m 떨어진 위치에서 음압이 70dB 이상일 것

02 다음은 가연성가스 경보기 중 분리형 경보기의 탐지부 설치기준을 나타낸 것이다. ( )안에 들어갈 내용으로 옳은 것은?

> 1. 탐지부는 가스연소기의 중심으로부터 직선거리 (㉠)(공기보다 무거운 가스를 사용하는 경우에는 (㉡)) 이내에 1개 이상 설치하여야 한다.
> 2. 탐지부는 천정으로부터 탐지부 하단까지의 거리가 (㉢) 이하가 되도록 설치한다.

① ㉠ 8m, ㉡ 4m, ㉢ 0.3m
② ㉠ 4m, ㉡ 8m, ㉢ 0.3m
③ ㉠ 4m, ㉡ 4m, ㉢ 0.3m
④ ㉠ 8m, ㉡ 8m, ㉢ 0.3m

해설 분리형 경보기의 탐지부 설치기준
1. 탐지부는 가스연소기의 중심으로부터 직선거리 8m(공기보다 무거운 가스를 사용하는 경우에는 4m) 이내에 1개 이상 설치하여야 한다.
2. 탐지부는 천정으로부터 탐지부 하단까지의 거리가 0.3m 이하가 되도록 설치한다. 다만, 공기보다 무거운 가스를 사용하는 경우에는 바닥면으로부터 탐지부 상단까지의 거리는 0.3m 이하로 한다.

03 단독형 경보기는 천장으로부터 경보기 하단까지의 거리가 몇 m 이하가 되도록 설치하여야 하는가?

① 0.1m   ② 0.2m   ③ 0.3m   ④ 0.6m

해설 단독형 경보기는 천장으로부터 경보기 하단까지의 거리가 0.3m 이하가 되도록 설치한다. 다만, 공기보다 무거운 가스를 사용하는 경우에는 바닥면으로부터 단독형 경보기 상단까지의 거리는 0.3m 이하로 한다.

정답 1. ③ 2. ① 3. ③

04 일산화탄소 경보기 중 분리형 경보기의 탐지부는 천정으로부터 탐지부 하단까지의 거리가 몇 m 이하가 되도록 설치하여야 하는가?

① 0.1m   ② 0.2m   ③ 0.3m   ④ 0.6m

해설 분리형 경보기의 탐지부는 천정으로부터 탐지부 하단까지의 거리가 0.3m 이하가 되도록 설치한다.

05 분리형 경보기의 탐지부 및 단독형 경보기의 설치제외 장소로 옳지 않은 것은?

① 출입구 부근 등으로서 외부의 기류가 통하는 곳
② 환기구 등 공기가 들어오는 곳으로부터 1.2m 이내인 곳
③ 연소기의 폐가스에 접촉하기 쉬운 곳
④ 가구 · 보 · 설비 등에 가려져 누설가스의 유통이 원활하지 못한 곳

해설 환기구 등 공기가 들어오는 곳으로부터 1.5m 이내인 곳

06 가스누설경보기의 화재안전기술기준상 일산화탄소경보기 중 단독형 경보기 설치 기준으로 옳은 것을 모두 고른 것은?

> ㄱ. 단독형 경보기는 천장으로부터 경보기 하단까지의 거리가 0.5m 이하가 되도록 설치할 것
> ㄴ. 가스누설 경보음향장치는 수신부로부터 1m 떨어진 위치에서 음압이 70dB 이상일 것
> ㄷ. 가스누설 경보음향의 음량과 음색이 다른 기기의 소음 등과 명확히 구별될 것

① ㄱ, ㄴ   ② ㄱ, ㄷ
③ ㄴ, ㄷ   ④ ㄱ, ㄴ, ㄷ

해설 단독형 경보기는 천장으로부터 경보기 하단까지의 거리가 0.3m 이하가 되도록 설치할 것

정답 4. ③   5. ②   6. ③

제21장 피난기구

1 피난기구 설치대상

피난기구는 특정소방대상물의 모든 층에 화재안전기준에 적합한 것으로 설치해야 한다. 다만, 피난층, 지상 1층, 지상 2층(노유자 시설 중 피난층이 아닌 지상 1층과 피난층이 아닌 지상 2층은 제외한다), 층수가 11층 이상인 층과 위험물 저장 및 처리시설 중 가스시설, 지하가 중 터널 및 지하구의 경우에는 그렇지 않다.

2 용어정의

용어	정의
완강기	사용자의 몸무게에 따라 자동적으로 내려올 수 있는 기구 중 사용자가 교대하여 연속적으로 사용할 수 있는 것
간이완강기	사용자의 몸무게에 따라 자동적으로 내려올 수 있는 기구 중 사용자가 연속적으로 사용할 수 없는 것
공기안전매트	화재 발생 시 사람이 건축물 내에서 외부로 긴급히 뛰어내릴 때 충격을 흡수하여 안전하게 지상에 도달할 수 있도록 포지에 공기 등을 주입하는 구조로 되어 있는 것
구조대	포지 등을 사용하여 자루 형태로 만든 것으로서 화재 시 사용자가 그 내부에 들어가서 내려옴으로써 대피할 수 있는 것
승강식피난기	사용자의 몸무게에 의하여 자동으로 하강하고 내려서면 스스로 상승하여 연속적으로 사용할 수 있는 무동력 승강식 기기
하향식 피난구용 내림식사다리	하향식 피난구 해치에 격납하여 보관하고 사용 시에는 사다리 등이 소방대상물과 접촉되지 않는 내림식 사다리
피난사다리	화재 시 긴급대피를 위해 사용하는 사다리
다수인피난장비	화재 시 2인 이상의 피난자가 동시에 해당 층에서 지상 또는 피난층으로 하강하는 피난기구
미끄럼대	사용자가 미끄럼식으로 신속하게 지상 또는 피난층으로 이동할 수 있는 피난기구
피난교	인접 건축물 또는 피난층과 연결된 다리 형태의 피난기구
피난용트랩	화재 층과 직상 층을 연결하는 계단형태의 피난기구

3 피난기구의 적응 및 설치개수

1. 설치장소별 피난기구의 적응성 ★★★

층별 설치장소별	1층	2층	3층	4층 이상 10층 이하
1. 노유자시설	· 미끄럼대 · 구조대 · 피난교 · 다수인피난장비 · 승강식 피난기	· 미끄럼대 · 구조대 · 피난교 · 다수인피난장비 · 승강식 피난기	· 미끄럼대 · 구조대 · 피난교 · 다수인피난장비 · 승강식 피난기	· 구조대[1)] · 피난교 · 다수인피난장비 · 승강식 피난기
2. 의료시설·근린생활시설중 입원실이 있는 의원·접골원·조산원			· 미끄럼대 · 구조대 · 피난교 · 피난용트랩 · 다수인피난장비 · 승강식 피난기	· 구조대 · 피난교 · 피난용트랩 · 다수인피난장비 · 승강식 피난기
3. 「다중이용업소의 안전관리에 관한 특별법 시행령」제2조에 따른 다중이용업소로서 영업장의 위치가 4층 이하인 다중이용업소		· 미끄럼대 · 피난사다리 · 구조대 · 완강기 · 다수인피난장비 · 승강식 피난기	· 미끄럼대 · 피난사다리 · 구조대 · 완강기 · 다수인피난장비 · 승강식 피난기	· 미끄럼대 · 피난사다리 · 구조대 · 완강기 · 다수인피난장비 · 승강식 피난기
4. 그 밖의 것			· 미끄럼대 · 피난사다리 · 구조대 · 완강기 · 피난교 · 피난용트랩 · 간이완강기[2)] · 공기안전매트 · 다수인피난장비 · 승강식 피난기	· 피난사다리 · 구조대 · 완강기 · 피난교 · 간이완강기[2)] · 공기안전매트 · 다수인피난장비 · 승강식 피난기

[비고]
1) 구조대의 적응성은 장애인 관련 시설로서 주된 사용자 중 스스로 피난이 불가한 자가 있는 경우 2.1.2.4에 따라 추가로 설치하는 경우에 한한다.
2) 간이완강기의 적응성은 2.1.2.2에 따라 숙박시설의 3층 이상에 있는 객실에 추가로 설치하는 경우에 한한다.

2. 피난기구의 설치개수 ★★★

1) 층마다 설치

구 분	바닥면적(m²)
숙박시설, 노유자시설, 의료시설	50 m²
위락시설, 문화 및 집회시설, 운동시설, 판매시설, 복합용도의 층	800 m²
계단실형 아파트	각 세대
그 밖의 용도	1,000 m²

2) **숙박시설(휴양콘도미니엄을 제외한다)의 경우**에는 추가로 객실마다 완강기 또는 2 이상의 간이 완강기를 설치할 것.
3) 4층 이상의 층에 설치된 노유자시설 중 장애인 관련 시설로서 주된 사용자 중 스스로 피난이 불가한 자가 있는 경우에는 층마다 구조대를 1개 이상 추가로 설치할 것

3. 피난기구 설치기준 ★★★

1) **피난 또는 소화활동상 유효한 개구부(가로 0.5m 이상 세로 1m 이상**인 것을 말한다. 이 경우 개부구 하단이 바닥에서 **1.2m 이상**이면 발판 등을 설치하여야 하고, 밀폐된 창문은 쉽게 파괴할 수 있는 파괴장치를 비치하여야 한다)에 고정하여 설치하거나 필요한 때에 신속하고 유효하게 설치할 수 있는 상태에 둘 것
2) 피난기구를 설치하는 개구부는 서로 동일직선상이 아닌 위치에 있을 것.
3) **4층 이상의 층**에 피난사다리(하향식 피난구용 내림식사다리는 제외한다)를 설치하는 경우에는 **금속성 고정사다리**를 설치하고, 당해 고정사다리에는 쉽게 피난할 수 있는 구조의 노대를 설치할 것
4) 승강식피난기 및 하향식 피난구용 내림식사다리 기준
   ① 대피실의 면적은 2m²(2세대 이상일 경우에는 3m²) 이상으로 하고, 하강구(개구부)규격은 직경 **60cm** 이상일 것. 단, 외기와 개방된 장소에는 그러하지 아니한다.
   ② 대피실의 출입문 : 60분+ 방화문 또는 60분 방화문
   ③ 착지점과 하강구는 상호 **수평거리 15cm 이상**의 간격
   ④ 대피실 내 : 비상조명등 설치
   ⑤ 대피실 출입문이 개방되거나, 피난기구 작동 시 해당층 및 직하층 거실에 설치된 표시등 및 경보장치가 작동되고, 감시 제어반에서는 피난기구의 작동을 확인할 수 있어야 할 것

4 피난기구 설치의 감소 ★★

1. 피난기구의 **2분의 1을 감소**
   1) 주요구조부가 내화구조로 되어 있을 것
   2) 직통계단인 피난계단 또는 특별피난계단이 2 이상 설치되어 있을 것

2. 피난기구를 설치해야 할 소방대상물 중 주요구조부가 내화구조이고 다음의 기준에 **적합한 건널 복도가 설치되어 있는 층**에는 피난기구의 수에서 해당 건널 복도의 수의 2배의 수를 뺀 수로 한다.
   1) 내화구조 또는 철골조로 되어 있을 것
   2) 건널 복도 양단의 출입구에 자동폐쇄장치를 한 60분+ 방화문 또는 60분 방화문(방화셔터를 제외한다)이 설치되어 있을 것
   3) 피난·통행 또는 운반의 전용 용도일 것

제21장 출제예상문제

01 다음 중 피난기구의 화재안전기준에서 정의한 피난기구에 속하지 않는 것은?
① 구조대
② 공기안전매트
③ 피난사다리
④ 방열복 및 공기호흡기

해설 피난기구와 인명구조기구
① 피난기구 : 완강기·피난사다리·구조대·미끄럼대·피난교·피난용트랩·간이완강기·공기안전매트·다수인 피난장비·승강식피난기
② 인명구조기구 : 방열복 또는 방화복(안전모, 보호장갑 및 안전화를 포함)·공기호흡기 및 인공소생기

02 화재 시 2인 이상의 피난자가 동시에 해당층에서 지상 또는 피난층으로 하강하는 피난기구를 무엇이라 하는가?
① 다수인 피난장비
② 하향식 피난구용 내림식사다리
③ 구조대
④ 승강식 피난기

해설 다수인 피난장비
화재 시 2인 이상의 피난자가 동시에 해당층에서 지상 또는 피난층으로 하강하는 피난기구

03 피난기구에 대한 용어의 정의로 옳지 않은 것은?
① 구조대 : 포지 등을 사용하여 자루형태로 만든 것으로서, 화재시 사용자가 그 내부에 들어가서 내려옴으로써 대피할 수 있는 것
② 다수인피난장비 : 화재 시 2인 이상의 피난자가 동시에 해당층에서 지상 또는 피난층으로 하강하는 피난기구
③ 간이완강기 : 사용자의 몸무게에 따라 자동적으로 내려올 수 있는 기구 중 사용자가 교대하여 연속적으로 사용할 수 있는 것
④ 피난사다리 : 화재시 긴급대피를 위해 사용하는 사다리

해설 간이완강기 : 사용자의 몸무게에 따라 자동적으로 내려올 수 있는 기구 중 사용자가 연속적으로 사용할 수 없는 것을 말한다.

정답 1. ④ 2. ① 3. ③

04 노유자시설로 사용하는 3층의 바닥면적이 1,500 m²인 경우에 피난기구는 몇 개 이상 설치하여야 하는가?

① 1개　　② 2개　　③ 3개　　④ 5개

해설 노유자시설의 경우에는 층의 바닥면적 500m²마다 1개 이상을 설치하여야 하므로
1,500m²/500m² = 3개

05 숙박시설·노유자시설 및 의료시설로 사용되는 층에 있어서의 피난기구는 그 층의 바닥면적이 몇 m²마다 1개 이상을 설치하여야 하는가?

① 300　　② 500　　③ 800　　④ 1000

해설 피난기구의 수량
숙박시설·노유자시설 및 의료시설로 사용되는 층에 있어서는 그 층의 바닥면적 500m²마다 1개 이상 설치할 것

06 숙박시설의 3층에 간이완강기를 설치하고자 할 때 필요한 최소수량은 몇 개인가? (단, 3층에 객실 수는 10개이다.)

① 10개　　② 20개　　③ 30개　　④ 40개

해설 피난기구 외에 숙박시설(휴양콘도미니엄을 제외한다)의 경우에는 추가로 객실마다 완강기 또는 둘 이상의 간이완강기를 설치하여야 하므로
간이완강기의 수량 = 객실수 × 2개 = 10 × 2개 = 20개

07 다중이용업소의 3층에 설치하여야 하는 피난기구에 해당되지 않는 것은?

① 미끄럼대　　② 간이완강기
③ 피난사다리　　④ 구조대

해설 피난기구의 종류 : 미끄럼대, 피난사다리, 구조대, 완강기, 다수인 피난장비, 승강식 피난기

08 노유자 시설의 3층에 설치하여야 할 피난기구의 종류로 부적절한 것은?

① 미끄럼대　　② 다수인피난장비
③ 승강식피난기　　④ 완강기

해설 노유자시설의 3층에 설치하여야 할 피난기구
미끄럼대·구조대·피난교·다수인피난장비·승강식피난기

정답 4. ③　5. ②　6. ②　7. ②　8. ④

09 백화점의 7층에 적용되지 않는 피난기구는 다음 어느 것인가?
  ① 구조대   ② 미끄럼대
  ③ 피난교   ④ 완강기

  해설 백화점의 7층에 적용되는 피난기구(그 밖의 것) :
       피난사다리 · 구조대 · 완강기 · 피난교 · 다수인피난장비 · 승강식피난기.

10 특정소방대상물의 설치장소별 피난기구 중 의료시설, 근린생활 시설 중 입원실이 있는 의원 등의 시설에 적응성이 가장 떨어지는 피난기구는?
  ① 피난교   ② 구조대(수직 강하식)
  ③ 피난사다리(금속제)   ④ 미끄럼대

  해설 의료시설 · 근린생활시설중 입원실이 있는 의원 · 접골원 · 조산원 :
       · 미끄럼대 · 구조대 · 피난교 · 피난용트랩 · 다수인피난장비 · 승강식 피난기

11 다중이용업소로서 영업장의 위치가 4층인 경우 설치가 불가능한 피난기구는?
  ① 피난용트랩   ② 완강기   ③ 구조대   ④ 피난사다리

  해설 4층의 다중이용업소에 설치가능한 피난기구
       : 미끄럼대, 피난사다리, 구조대, 완강기, 다수인 피난장비, 승강식 피난기

12 피난기구 설치 시 피난 또는 소화활동상 유효한 개구부의 크기 기준으로 옳은 것은?
  ① 가로 0.5m 이상, 세로 1m 이상   ② 가로 및 세로가 각각 0.6m 이상
  ③ 가로 0.3m 이상, 세로 0.6m 이상   ④ 가로 0.5m 이상, 세로 0.8m 이상

  해설 가로 0.5m이상 세로 1m이상인 것, 개구부 하단이 바닥에서 1.2m이상일 때 발판 등 설치

13 피난기구의 화재안전기술기준에 대한 설치기준으로 틀린 것은?
  ① 피난기구를 설치하는 개구부는 서로 동일 직선상이 아닌 위치에 있을 것
  ② 피난기구는 소방대상물의 견고한 부분에 볼트 조임, 용접 등으로 견고하게 부착할 것
  ③ 4층 이상의 층에 설치하는 피난 사다리는 고강도 경량 폴리에틸렌 재질을 사용할 것
  ④ 완강기로프의 길이는 부착위치에서 지면 기타 피난 상 유효한 착지면까지의 길이로 할 것

  해설 4층 이상의 층에 피난사다리(하향식 피난구용 내림식사다리는 제외)를 설치하는 경우에는 금속성 고정사다리를 설치할 것

정답 09. ② 10. ③ 11. ① 12. ① 13. ③

14 몇 층 이상의 층에 피난사다리를 설치하는 경우에는 금속성 고정사다리를 설치하고, 당해 고정사다리에는 쉽게 피난할 수 있는 구조의 노대를 설치하여야 하는가?

① 2층　　　② 3층　　　③ 4층　　　④ 5층

해설 4층 이상의 층에 피난사다리를 설치하는 경우에는 금속성 고정사다리를 설치할 것

15 승강식피난기 및 하향식피난구의 내림식사다리가 설치되는 대피실의 면적은 얼마 이상이어야 하는가? (단, 2세대 이상일 경우이다.)

① $2m^2$　　　② $3m^2$　　　③ $4m^2$　　　④ $5m^2$

해설 대피실의 면적은 $2m^2$(2세대 이상일 경우에는 $3m^2$) 이상

16 승강식피난기 및 하향식피난구의 내림식사다리가 설치되는 대피실의 면적은 얼마 이상이어야 하는가?(단, 대피실은 세대마다 설치한다.)

① $2m^2$　　　② $3m^2$　　　③ $4m^2$　　　④ $5m^2$

해설 대피실의 면적은 $2m^2$(2세대 이상일 경우에는 $3m^2$) 이상

17 피난기구를 설치하지 아니할 수 있는 층에 대한 기준이다. 옳지 않은 것은?

① 복도에 2 이상의 특별피난계단 또는 피난계단이 적합하게 설치되어 있어야 할 것
② 주요구조부가 방화구조로 되어 있어야 할 것
③ 복도의 어느 부분에서도 2 이상의 방향으로 각각 다른 계단에 도달할 수 있어야 할 것
④ 실내의 면하는 부분의 마감이 불연재료·준불연재료 또는 난연재료로 되어 있고 방화구획이 구획되어 있어야 할 것

해설 주요구조부가 내화구조로 되어 있어야 할 것

18 아래의 조건을 참고하여 피난기구의 최소수량을 산출 하시오.

[조건]
① 의료시설로서 지하3층, 지상 15층 규모
② 각 층당 바닥면적은 $1,500m^2$
③ 모든 층의 주요구조부는 내화구조, 특별피난계단이 2개소 설치

① 18　　　② 22　　　③ 48　　　④ 54

정답 14. ③　15. ②　16. ①　17. ②　18. ②

해설 피난기구의 수량
① 층별 피난기구의 수량 = $\dfrac{1500\text{m}^2}{500\text{m}^2}$ = 3개
② 주요구조부가 내화구조, 직통계단인 특별피난계단이 2개소 설치되어 있으므로 피난기구의 수량을 2분의 1로 감소
③ 감소기준을 적용한 층별 피난기구의 수량 = 3개 × $\dfrac{1}{2}$ = 1.5 = 2개
④ 피난기구의 최소수량 : 지상1층 및 2층, 지상 11층 이상은 피난기구의 설치가 제외되므로 지하3층~1층, 지상3층 ~ 10층에 설치한다.
2개×11개층 = 22개

19 복합용도의 10층에 설치기준을 만족하는 건널 복도가 2개 설치되어 있다면 피난기구는 최소 몇 개를 설치하여야 하는가? (단, 10층의 바닥면적은 16,000m²이다.)
① 16개 ② 18개 ③ 20개 ④ 22개

해설 피난기구의 수량
① 복합용도인 경우 800m²마다 1개 이상을 설치하여야 하므로 층에 설치하여야 하는 피난기구의 수량 $\dfrac{16{,}000\text{m}^2}{800\text{m}^2}$ = 20개
② 감소수량 = 건널 복도의 수 × 2 = 2개 × 2 = 4개
③ 설치수량 = 20개−4개 = 16개

20 피난기구의 화재안전기술기준상 피난기구의 설치기준으로 옳은 것은?
① 층마다 설치하되, 노유자시설로 사용되는 층에 있어서는 그 층의 바닥면적 500m²마다 1개 이상 설치할 것
② 층마다 설치하되, 위락시설로 사용되는 층에 있어서는 그 층의 바닥면적 1,000m²마다 1개 이상 설치할 것
③ 층마다 설치하되, 계단실형 아파트에 있어서는 각 세대마다, 그 밖의 용도의 층에 있어서는 그 층의 바닥면적 1,200m²마다 1개 이상 설치할 것
④ 숙박시설(휴양콘도미니엄을 제외한다)의 경우에는 추가로 객실마다 완강기 또는 하나 이상의 간이완강기를 설치할 것

해설 보기설명
① 위락시설로 사용되는 층에 있어서는 그 층의 바닥면적 800 m²마다 1개 이상 설치할 것
② 계단실형 아파트에 있어서는 각 세대마다, 그 밖의 용도의 층에 있어서는 그 층의 바닥면적 1,000 m²마다 1개 이상 설치할 것
③ 숙박시설(휴양콘도미니엄을 제외한다)의 경우에는 추가로 객실마다 완강기 또는 **2개 이상**의 간이완강기를 설치할 것

정답 19. ① 20. ①

21 화재안전기술기준상 각 층의 바닥면적이 3,000m²인 판매시설에서 층마다 설치하여야 하는 피난기구의 최소개수는?

① 3   ② 4   ③ 5   ④ 6

해설 판매시설이므로 피난기구의 수량 = 3,000m²/800m² = 3.75 ≒ 4개

22 승강식피난기 및 하향식 피난구용 내림식사다리에 관한 설치기준으로 옳은 것은?
① 하강구 내측에는 기구의 연결 금속구 등이 있어야 하며 전개된 피난기구는 하강구 수직 투영면적 공간 내의 범위를 침범하지 않는 구조이어야 할 것
② 승강식피난기 및 하향식 피난구용 내림식사다리는 설치경로가 설치층에서 피난층까지 연계될 수 있는 구조로 설치할 것. 단, 건축물 규모가 지상 4층 이하로서 구조 및 설치 여건상 불가피한 경우는 그러하지 아니한다.
③ 대피실의 출입문은 60분+ 방화문 또는 60분 방화문으로 설치하고, 피난방향에서 식별할 수 있는 위치에 "대피실"표지판을 부착할 것. 단, 외기와 개방된 장소에는 그러하지 아니한다. 또한 착지점과 하강구는 상호 수평거리 15cm이상의 간격을 둘 것
④ 대피실 출입문이 개방되거나, 피난기구 작동 시 해당층 및 직상층 거실에 설치된 유도표지 및 시각장치가 작동되고, 감시 제어반에서는 피난기구의 작동을 확인할 수 있어야 할 것

해설 보기설명
① 하강구 내측에는 기구의 연결 금속구 등이 **없어야 하며** 전개된 피난기구는 하강구 수직투영면적 공간 내의 범위를 침범하지 않는 구조이어야 할 것
② 승강식피난기 및 하향식 피난구용 내림식사다리는 설치경로가 설치층에서 피난층까지 연계될 수 있는 구조로 설치할 것. 단, 건축물 규모가 **지상 5층 이하**로서 구조 및 설치 여건상 불가피한 경우는 그러하지 아니한다.
③ 대피실의 출입문은 60분+ 방화문 또는 60분 방화문으로 설치하고, 피난방향에서 식별할 수 있는 위치에 "대피실" 표지판을 부착할 것. 단, 외기와 개방된 장소에는 그러하지 아니한다. 또한 착지점과 하강구는 상호 수평거리 15cm이상의 간격을 둘 것
④ 대피실 출입문이 개방되거나, 피난기구 작동 시 해당층 및 직상층 거실에 설치된 **표시등 및 경보장치**가 작동되고, 감시 제어반에서는 피난기구의 작동을 확인할 수 있어야 할 것

정답 21. ②   22. ③

제22장 인명구조기구

1 인명구조기구의 설치대상 ★★★

1) 방열복 또는 방화복(안전모, 보호장갑 및 안전화를 포함한다), 인공소생기 및 공기호흡기를 설치해야 하는 특정소방대상물: 지하층을 포함하는 층수가 7층 이상인 것 중 관광호텔 용도로 사용하는 층
2) 방열복 또는 방화복(안전모, 보호장갑 및 안전화를 포함한다) 및 공기호흡기를 설치해야 하는 특정소방대상물: 지하층을 포함하는 층수가 5층 이상인 것 중 병원 용도로 사용하는 층
3) 공기호흡기를 설치해야 하는 특정소방대상물은 다음의 어느 하나에 해당하는 것으로 한다.
    가) 수용인원 100명 이상인 문화 및 집회시설 중 영화상영관
    나) 판매시설 중 대규모점포
    다) 운수시설 중 지하역사
    라) 지하가 중 지하상가
    마) 이산화탄소소화설비(호스릴이산화탄소소화설비는 제외한다)를 설치해야 하는 특정소방대상물

2 용어정의

방열복	고온의 복사열에 가까이 접근하여 소방활동을 수행할 수 있는 내열피복
공기호흡기	소화활동 시에 화재로 인하여 발생하는 각종 유독가스 중에서 일정시간 사용할 수 있도록 제조된 압축공기식 개인호흡장비(보조마스크를 포함한다)
인공소생기	호흡 부전 상태인 사람에게 인공호흡을 시켜 환자를 보호하거나 구급하는 기구
방화복	화재진압 등의 소방활동을 수행할 수 있는 피복
인명구조기구	화열, 화염, 유해성가스 등으로부터 인명을 보호하거나 구조하는데 사용되는 기구

3 설치기준

1. 특정소방대상물의 용도 및 장소별로 설치해야 할 인명구조기구★★

특정소방대상물	인명구조기구의 종류	설치 수량
1. 지하층을 포함하는 층수가 7층 이상인 관광호텔 및 5층 이상인 병원	방열복 또는 방화복(안전모, 보호장갑 및 안전화를 포함한다), 공기호흡기, 인공소생기	각 2개 이상 비치할 것. 다만, 병원의 경우에는 인공소생기를 설치하지 않을 수 있다.
2. 문화 및 집회시설 중 수용인원 100명 이상의 영화상영관 3. 판매시설 중 대규모 점포 4. 운수시설 중 지하역사 5. 지하가 중 지하상가	공기호흡기	층마다 2개 이상 비치할 것. 다만, 각 층마다 갖추어 두어야 할 공기호흡기 중 일부를 직원이 상주하는 인근 사무실에 갖추어 둘 수 있다.
6. 물분무등소화설비 중 이산화탄소 소화설비를 설치해야 하는 특정소방대상물	공기호흡기	이산화탄소소화설비가 설치된 장소의 출입구 외부 인근에 1개 이상 비치할 것

2. 화재 시 쉽게 반출 사용할 수 있는 장소에 비치할 것

제22장 출제예상문제

01 인명구조기구에 대한 기준으로 옳지 않은 것은?
① 화재 시 쉽게 반출 사용할 수 있는 장소에 비치할 것
② 인명구조기구가 설치된 가까운 장소의 보기 쉬운 곳에 "인명구조기구"라는 축광식 표지와 그 사용방법을 표시한 표지를 부착할 것
③ 이산화탄소소화설비가 설치된 장소의 출입구 외부 인근에는 인공소생기를 1대 이상 비치하여야 한다.
④ 지하층을 포함하는 층수가 7층 이상인 관광호텔 및 5층 이상인 병원에는 방열복 또는 방화복, 공기호흡기 및 인공소생기를 설치하여야 한다.

해설 이산화탄소소화설비가 설치된 장소의 출입구 외부 인근에는 공기호흡기를 1대 이상 비치하여야 한다.

02 5층 규모의 대규모 점포에는 공기호흡기를 몇 개 이상 비치하여야 하는가?
① 2개 이상   ② 4개 이상
③ 5개 이상   ④ 10개 이상

해설 층마다 2개 이상 비치하여야 하므로 5층×2개 = 10개

03 문화 및 집회시설 중 수용인원 100명 이상의 영화상영관에는 무엇을 층마다 몇 개 이상 비치하여야 하는가?
① 인공소생기, 1개 이상   ② 공기호흡기, 1개 이상
③ 인공소생기, 2개 이상   ④ 공기호흡기, 2개 이상

해설 문화 및 집회시설 중 수용인원 100명 이상의 영화상영관에는 층마다 공기호흡기를 2개 이상 비치할 것.

정답 1. ③   2. ④   3. ④

제23장 유도등 및 유도표지

1 유도등을 설치해야 하는 특정소방대상물

1) 피난구유도등, 통로유도등 및 유도표지는 특정소방대상물에 설치한다. 다만, 다음의 어느 하나에 해당하는 경우는 제외한다.
    가) 동물 및 식물 관련 시설 중 축사로서 가축을 직접 가두어 사육하는 부분
    나) 지하가 중 터널
2) 객석유도등은 다음의 어느 하나에 해당하는 특정소방대상물에 설치한다.
    가) 유흥주점영업시설(유흥주점영업 중 손님이 춤을 출 수 있는 무대가 설치된 카바레, 나이트클럽 또는 그 밖에 이와 비슷한 영업시설만 해당)
    나) 문화 및 집회시설
    다) 종교시설
    라) 운동시설
3) 피난유도선은 화재안전기준에서 정하는 장소에 설치한다.

2 용어정의

용어	정의
유도등	화재 시에 피난을 유도하기 위한 등으로서 정상상태에서는 상용전원에 따라 켜지고 상용전원이 정전되는 경우에는 비상전원으로 자동전환되어 켜지는 등
피난구유도등	피난구 또는 피난경로로 사용되는 출입구를 표시하여 피난을 유도하는 등
통로유도등	피난통로를 안내하기 위한 유도등으로 복도통로유도등, 거실통로유도등, 계단통로유도등
복도통로유도등	피난통로가 되는 복도에 설치하는 통로유도등으로서 피난구의 방향을 명시하는 것
거실통로유도등	거주, 집무, 작업, 집회, 오락 그 밖에 이와 유사한 목적을 위하여 계속적으로 사용하는 거실, 주차장 등 개방된 통로에 설치하는 유도등으로 피난의 방향을 명시하는 것

용어	정의
계단통로유도등	피난통로가 되는 계단이나 경사로에 설치하는 통로유도등으로 바닥면 및 디딤 바닥면을 비추는 것
객석유도등	객석의 통로, 바닥 또는 벽에 설치하는 유도등
피난유도선	햇빛이나 전등불에 따라 축광(이하 "축광방식"이라 한다)하거나 전류에 따라 빛을 발하는(이하 "광원점등방식"이라 한다) 유도체로서 어두운 상태에서 피난을 유도할 수 있도록 띠 형태로 설치되는 피난유도시설
3선식배선	평상시에는 유도등을 소등 상태로 유도등의 비상전원을 충전하고, 화재 등 비상 시 점등 신호를 받아 유도등을 자동으로 점등되도록 하는 방식의 배선

3 설치장소별 유도등 및 유도표지의 종류 ★★★

설 치 장 소	유도등 및 유도표지의 종류
1. 공연장 · 집회장(종교집회장 포함) · 관람장 · 운동시설 2. **유흥주점영업시설**(유흥주점영업중 손님이 춤을 출 수 있는 무대가 설치된 카바레, 나이트클럽 또는 그 밖에 이와 비슷한 영업시설만 해당)	• 대형피난구유도등 • 통로유도등 • 객석유도등
3. **위락시설 · 판매시설 · 운수시설** · 관광숙박업 · **의료시설 · 장례식장** · 방송통신시설 · 전시장 · **지하상가 · 지하철역사**	• 대형피난구유도등 • 통로유도등
4. 숙박시설(관광숙박업 외의 것) · 오피스텔 5. 지하층 · 무창층 또는 층수가 11층 이상인 특정소방대상물	• 중형피난구유도등 • 통로유도등
6. 근린생활시설 · 노유자시설 · 업무시설 · 발전시설 · 종교시설(집회장용도로 사용하는 부분 제외) · **교육연구시설 · 수련시설 · 공장** · 교정 및 군사시설(국방 · 군사시설 제외) · 기숙사 · 자동차정비공장 · 운전학원 및 정비학원 · **다중이용업소 · 복합건축물**	• 소형피난구유도등 • 통로유도등
7. 그 밖의 것	• 피난구유도표지 • 통로유도표지

※비고:
1. 소방서장은 특정소방대상물의 위치 · 구조 및 설비의 상황을 판단하여 대형피난구유도등을 설치하여야 할 장소에 중형피난구유도등 또는 소형피난구유도등을, 중형피난구유도등을 설치하여야 할 장소에 소형피난구유도등을 설치하게 할 수 있다.
2. **복합건축물의 경우, 주택의 세대 내에는 유도등을 설치하지 아니할 수 있다.**

4 피난구유도등 설치기준

1. 피난구유도등 설치 장소기준

1) 옥내로부터 직접 지상으로 통하는 출입구 및 그 부속실의 출입구
2) 직통계단·직통계단의 계단실 및 그 부속실의 출입구
3) 출입구에 이르는 복도 또는 통로로 통하는 출입구
4) 안전구획된 거실로 통하는 출입구

2. 피난구유도등의 설치높이

피난구의 바닥으로부터 높이 1.5m 이상으로 출입구에 인접하도록 설치

5 통로유도등 설치기준

1. 복도통로유도등

1) 복도에 설치하되 피난구유도등이 설치된 출입구의 맞은편 복도에는 입체형으로 설치하거나, 바닥에 설치할 것

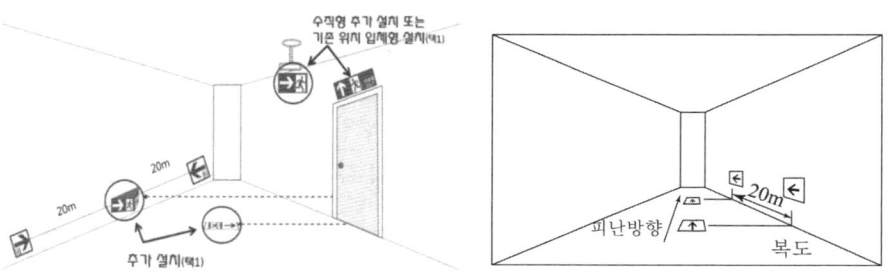

2) 구부러진 모퉁이 및 1)에 따라 설치된 통로유도등을 기점으로 보행거리 20 m 마다 설치할 것

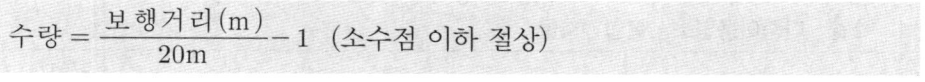

$$수량 = \frac{보행거리(m)}{20m} - 1 \quad (소수점 이하 절상)$$

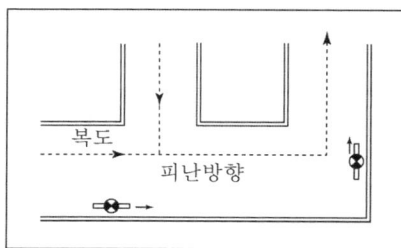
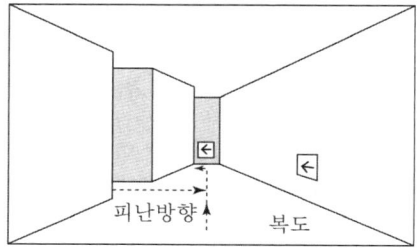

3) 바닥으로부터 높이 **1m 이하**의 위치에 설치할 것. 다만, 지하층 또는 무창층의 용도가 도매시장·소매시장·여객자동차터미널·지하역사 또는 지하상가인 경우에는 복도·통로 중앙부분의 바닥에 설치하여야 한다.

2. 거실통로유도등

1) 거실의 **통로**에 설치할 것. 다만, 거실의 통로가 벽체 등으로 구획된 경우에는 복도통로유도등을 설치하여야 한다.

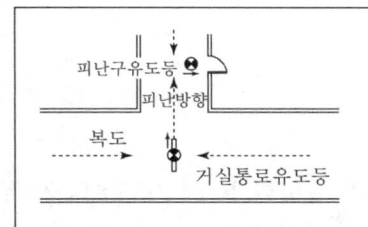
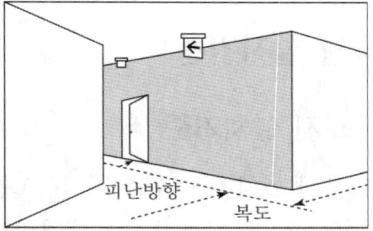

2) **구부러진 모퉁이 및 보행거리 20m 마다** 설치할 것 ★★★

$$수량 = \frac{보행거리(m)}{20m} - 1 \quad (소수점 \ 이하 \ 절상)$$

3) 바닥으로부터 **높이 1.5m 이상**의 위치에 설치. 다만, 거실통로에 기둥이 설치된 경우에는 기둥부분의 바닥으로부터 높이 1.5m 이하의 위치 ★★

3. 계단통로유도등

1) 각층의 **경사로 참** 또는 **계단참마다**(1개 층에 경사로 참 또는 계단참이 2 이상 있는 경우에는 2개의 계단참마다) 설치할 것

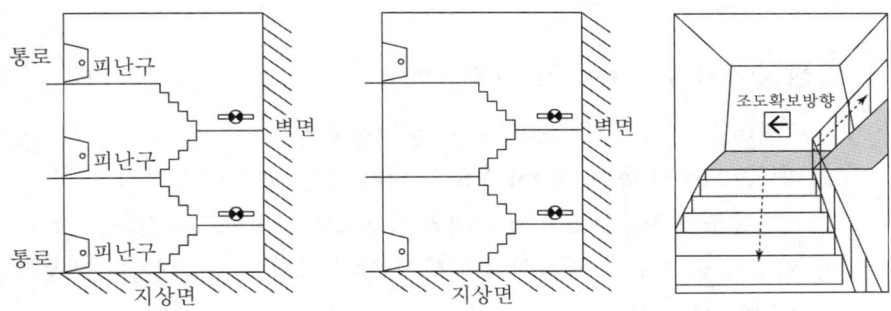

2) 바닥으로부터 높이 **1m 이하**의 위치에 설치 ★★

6 객석유도등 설치기준 ★★★

1. 객석유도등 : 객석의 **통로, 바닥** 또는 **벽**에 설치
2. 수량계산

$$설치개수 = \frac{객석의\ 통로의\ 직선부분의\ 길이(m)}{4} - 1\ (소수점\ 이하\ 절상)$$

3. 객석 내의 통로가 옥외 또는 이와 유사한 부분에 있는 경우에는 해당 통로 전체에 미칠 수 있는 개수의 유도등을 설치해야 한다.

7 유도표지 설치기준

1. 유도표지 설치기준 ★

1) 계단에 설치하는 것을 제외하고는 각 층마다 복도 및 통로의 각 부분으로부터 하나의 유도표지까지의 보행거리가 **15m 이하**가 되는 곳과 구부러진 모퉁이의 벽에 설치
2) 피난구 유도표지 : **출입구 상단**에 설치, 통로유도표지 : 바닥으로부터 높이 **1m 이하**의 위치에 설치
3) 축광방식의 유도표지는 외광 또는 조명장치에 의하여 상시 조명이 제공되거나 비상조명등에 의한 조명이 제공되도록 설치할 것

8 피난유도선 설치기준

 ← 피난유도표시부

1. 축광방식의 피난유도선 기준 ★

1) 구획된 각 실로부터 주출입구 또는 비상구까지 설치
2) 바닥으로부터 높이 **50cm 이하**의 위치 또는 바닥 면에 설치
3) 피난유도 표시부는 **50cm 이내**의 간격으로 연속되도록 설치
4) 외부의 빛 또는 조명장치에 의하여 상시 조명이 제공되거나 비상조명등에 의한 조명이 제공되도록 설치할 것

2. 광원점등방식의 피난유도선 기준 ★★

1) 구획된 각 실로부터 주출입구 또는 비상구까지 설치
2) 피난유도 표시부는 바닥으로부터 높이 **1m 이하**의 위치 또는 바닥 면에 설치
3) 피난유도 표시부는 **50cm 이내**의 간격으로 연속되도록 설치하되 실내장식물 등으로 설치가 곤란할 경우 **1m 이내**
4) 피난유도 제어부는 조작 및 관리가 용이 하도록 바닥으로부터 **0.8m 이상 1.5m 이하**의 높이에 설치

9 유도등의 전원 ★★★

1. 유도등의 전원은 **축전지, 전기저장장치 또는 교류전압의 옥내간선**으로 하고, 전원까지의 배선은 전용

2. 비상전원은 다음 각 호의 기준에 적합하게 설치

1) 축전지로 할 것
2) 유도등을 20분 이상 유효하게 작동시킬 수 있는 용량

> **60분 이상 유효하게 작동시킬 수 있는 용량**
> ① 지하층을 제외한 층수가 **11층 이상**의 층
> ② 지하층 또는 무창층으로서 용도가 도매시장·소매시장·여객자동차터미널·지하역사 또는 지하상가

3. 배선기준

1) 유도등의 인입선과 옥내배선은 직접 연결할 것
2) 유도등은 전기회로에 점멸기를 설치하지 아니하고 항상 **점등상태**를 유지할 것. 다만, 특정소방대상물 또는 그 부분에 사람이 없거나 다음 각 목의 어느 하나에 해당하는 장소로서 **3선식 배선에 따라 상시 충전되는 구조**인 경우에는 그러하지 아니하다.
   ① 외부광(光)에 따라 피난구 또는 피난방향을 쉽게 식별할 수 있는 장소
   ② 공연장, 암실(暗室) 등으로서 어두어야 할 필요가 있는 장소
   ③ 특정소방대상물의 관계인 또는 종사원이 주로 사용하는 장소
3) 3선식 배선 : 내화배선 또는 내열배선으로 사용

4. 3선식 배선에 따라 상시 충전되는 유도등의 전기회로에 점멸기를 설치하는 경우에는 점등되어야 되는 때 ★

① 자동화재탐지설비의 감지기 또는 발신기가 작동되는 때
② 비상경보설비의 발신기가 작동되는 때
③ 상용전원이 정전되거나 전원선이 단선되는 때
④ 방재업무를 통제하는 곳 또는 전기실의 배전반에서 수동으로 점등하는 때
⑤ 자동소화설비가 작동되는 때

10 유도등 및 유도표지의 제외

1. 피난구유도등 설치제외 ★★

1) 바닥 면적이 1,000m² 미만인 층으로서 옥내로부터 직접 지상으로 통하는 출입구(외부의 식별이 용이한 경우에 한한다)
2) 대각선 길이가 15 m 이내인 구획된 실의 출입구
3) 거실 각 부분으로부터 하나의 출입구에 이르는 보행거리가 20m 이하이고 비상조명등과 유도표지가 설치된 거실의 출입구
4) 출입구가 3개소 이상 있는 거실로서 그 거실 각 부분으로부터 하나의 출입구에 이르는 보행거리가 30m 이하인 경우에는 주된 출입구 2개소 외의 출입구(유도표지가 부착된 출입구) 다만, 공연장·집회장·관람장·전시장·판매시설·운수시설·숙박시설·노유자시설·의료시설·장례식장의 경우에는 그렇지 않다.

2. 통로유도등 설치제외 ★★★

1) 구부러지지 아니한 복도 또는 통로로서 길이가 30m 미만인 복도 또는 통로
2) 복도 또는 통로로서 보행거리가 20m 미만이고 그 복도 또는 통로와 연결된 출입구 또는 그 부속실의 출입구에 피난구유도등이 설치된 복도 또는 통로

3. 객석유도등을 설치제외 ★★★

1) 주간에만 사용하는 장소로서 채광이 충분한 객석
2) 거실 등의 각 부분으로부터 하나의 거실출입구에 이르는 보행거리가 20m 이하인 객석의 통로로서 그 통로에 통로유도등이 설치된 객석

11 공동주택, 창고시설

1. 공동주택

1) 소형 피난구유도등 설치(세대 내 제외가능)
2) **주차장** 사용부분 : **중형** 피난구유도등
3) 비상문 자동개폐장치가 설치된 **옥상** 출입문 : **대형** 피난구유도등

2. 창고시설

1) 피난구유도등, 거실통로유도등 : **대형**으로 설치
2) 피난유도선(연면적 **15,000 m²** 이상인 창고시설의 지하층 및 무창층)
   ① 광원점등방식, 높이 : 바닥으로부터 **1 m 이하**
   ② 각 층 직통계단 출입구로부터 건물내부 벽면으로부터 **10 m 이상**
   ③ 화재시 점등, 비상전원 **30분** 이상

제23장 출제예상문제

01 다음 중 소형피난구유도등의 설치대상이 아닌 것은?
① 복합건축물
② 다중이용업소
③ 아파트
④ 장례식장

해설 장례식장은 대형피난구유도등 설치대상이다.

02 다음 중 대형 피난구 유도등을 설치하지 않아도 되는 장소는?
① 위락시설
② 판매시설
③ 지하철역사
④ 노유자시설

해설 ① 위락시설 · 판매시설 · 운수시설 · 관광숙박시설 · 의료시설 · 장례식장 · 방송통신시설 · 전시장 · 지하상가 · 지하철역사 : 대형피난구유도등, 통로유도등
② 노유자시설 : 소형피난구유도등, 통로유도등

03 지하철역사에 설치되는 피난구유도등의 종류로 옳은 것은?
① 특형피난구유도등
② 대형피난구유도등
③ 중형피난구유도등
④ 소형피난구유도등

해설 위락시설 · 판매시설 · 운수시설 · 관광숙박업 · 의료시설 · 장례식장 · 방송통신시설 · 전시장 · 지하상가 · 지하철역사 : 대형피난유도등, 통로유도등

04 원칙적으로 집회장에 설치하지 않아도 되는 유도등은?
① 대형피난구유도등
② 피난유도선
③ 통로유도등
④ 객석유도등

해설 공연장 · 집회장(종교집회장 포함) · 관람장 · 운동시설 : 대형피난구유도등, 통로유도등, 객석유도등

05 피난구 유도등은 피난구의 바닥으로부터 높이 몇 [m] 이상의 곳에 설치하여야 하는가?
① 0.8
② 1.0
③ 1.5
④ 1.8

해설 피난구유도등의 설치높이 : 바닥으로부터 높이 1.5m 이상

정답 1. ④ 2. ④ 3. ② 4. ② 5. ③

06 피난구유도등의 설치장소로 옳지 않은 곳은?

① 옥내로부터 직접 지상으로 통하는 출입구
② 직통계단, 직통계단의 계단실 및 그 부속실의 출입구
③ 안전구획된 거실로 통하는 출입구
④ 거실 각 부분으로부터 쉽게 도달할 수 있는 출입구

해설 피난구유도등 설치장소
① 옥내로부터 직접 지상으로 통하는 출입구 및 그 부속실의 출입구
② 직통계단·직통계단의 계단실 및 그 부속실의 출입구
③ 출입구에 이르는 복도 또는 통로로 통하는 출입구
④ 안전구획된 거실로 통하는 출입구

07 통로유도등 설치기준으로 옳지 않은 것은?

① 복도통로유도등은 구부러진 모퉁이 및 보행거리 20m 마다 설치한다.
② 복도통로유도등은 지하상가에 설치하는 경우에는 복도·통로 중앙부분의 바닥에 설치한다.
③ 계단통로유도등은 바닥으로부터 높이 1.5m 이하의 위치에 설치한다.
④ 계단통로유도등은 각층의 경사로 참 또는 계단참마다 설치한다.

해설 계단통로유도등은 바닥으로부터 높이 1m 이하의 위치에 설치할 것

08 통로 유도등의 설치기준으로 옳지 않은 것은?

① 복도통로유도등은 구부러진 모퉁이 및 보행거리 20m 마다 설치할 것
② 복도통로유도등은 바닥으로부터 높이 1m 이하의 위치에 설치할 것
③ 계단통로유도등은 각 층의 경사로 참 또는 계단참마다 설치할 것
④ 계단통로유도등은 바닥으로부터 높이 1.5m 이하의 위치에 설치할 것

해설 계단통로유도등은 바닥으로부터 높이 1m 이하의 위치에 설치할 것

09 계단통로유도등은 바닥으로부터 높이 몇 m 이하에 설치하여야 하는가?

① 0.8m 이하　　　　　　　　② 1.0m 이하
③ 1.2m 이하　　　　　　　　④ 1.5m 이하

해설 계단통로유도등은 바닥으로부터 높이 1.0m 이하에 설치하여야 한다.

정답 6. ④　7. ③　8. ④　9. ②

10 거실통로유도등의 설치기준 중 거실의 통로에 기둥이 설치된 경우에는 기둥부분의 바닥으로부터 높이 얼마의 위치에 설치할 수 있는가?

① 1.5m 이상 ② 1.5m 이하
③ 1.0m 이상 ④ 1.0m 이하

해설 거실통로유도등 설치기준
① 구부러진 모퉁이 및 보행거리 20m마다 설치할 것
② 바닥으로부터 높이 1.5m 이상의 위치에 설치. 다만, 거실통로에 기둥이 설치된 경우에는 기둥부분의 바닥으로부터 높이 1.5m 이하의 위치

11 (㉠), (㉡), (㉢)에 들어갈 용어로 알맞은 것은?
"객석유도등은 객석의 (㉠), (㉡) 또는 (㉢)에 설치하여야 한다."

① ㉠ 통로, ㉡ 바닥, ㉢ 천장
② ㉠ 통로, ㉡ 바닥, ㉢ 벽
③ ㉠ 바닥, ㉡ 천장, ㉢ 벽
④ ㉠ 바닥, ㉡ 통로, ㉢ 출입구

해설 객석의 통로, 바닥 또는 벽에 설치

12 객석의 통로가 경사로로 되어 있으며, 객석의 통로 직선 부분의 36m일 때 객석유도등의 설치개수는?

① 6 ② 7 ③ 8 ④ 9

해설 설치수량 = $\dfrac{객석의\ 통로의\ 직선\ 부분의\ 길이}{4} - 1 = \dfrac{36}{4} - 1 = 8$

13 보행거리가 90m인 소방대상물이 있다. 유도표지를 설치할 경우 최소 설치개수는?

① 3 ② 4 ③ 5 ④ 6

해설 수량 : $\dfrac{90\,\mathrm{m}}{15\,\mathrm{m}} - 1 = 5$ (유도표지는 15m 마다 설치하여야 하므로)

14 통로유도표지는 바닥으로부터 높이 몇 [m] 위치에 설치하여야 하는가?

① 0.5m 이하 ② 1.0m 이하
③ 1.5m 이하 ④ 2.0m 이하

해설 통로유도표지는 바닥으로부터 높이 1.0m 이하의 위치에 설치할 것

정답 10. ② 11. ② 12. ③ 13. ③ 14. ②

15 광원점등방식의 피난유도선 기준으로 옳지 않은 것은?

① 피난유도 표시부는 바닥으로부터 높이 1m 이하의 위치 또는 바닥 면에 설치할 것
② 피난유도 표시부는 50cm 이내의 간격으로 연속되도록 설치하되 실내장식물 등으로 설치가 곤란할 경우 1m 이내로 설치할 것
③ 피난유도 제어부는 조작 및 관리가 용이하도록 바닥으로부터 0.8m 이상 1.5m 이하의 높이에 설치할 것
④ 외광 또는 조명장치에 의하여 상시 조명이 제공되거나 비상조명등에 의한 조명이 제공되도록 설치 할 것

해설 축광방식의 피난유도선 기준 : 외광 또는 조명장치에 의하여 상시 조명이 제공되거나 비상조명등에 의한 조명이 제공되도록 설치할 것

16 유도등의 비상전원을 60분 이상으로 하여야 하는 기준으로 옳지 않은 것은?

① 지하층을 포함한 11층 이상의 층
② 지하층으로서 용도가 도매시장·소매시장
③ 무창층으로서 용도가 여객자동차터미널·지하역사
④ 지하상가

해설 지하층을 제외한 층수가 11층 이상의 층

17 지하층을 제외한 층수가 11층 이상인 특정소방대상물에 유도등의 전원 중 비상전원을 축전지로 설치하였다. 몇 분 이상 작동시킬 수 있는 용량으로 하여야 하는가?

① 10분 이상
② 20분 이상
③ 30분 이상
④ 60분 이상

해설 유도등의 비상전원
① 20분 이상 유효하게 작동시킬 수 있는 용량
② 유도등을 60분 이상 유효하게 작동시킬 수 있는 용량의 경우
  (1) 지하층을 제외한 층수가 11층 이상의 층
  (2) 지하층 또는 무창층으로서 용도가 도매시장·소매시장·여객자동차터미널·지하역사 또는 지하상가

정답 15. ④ 16. ① 17. ④

18 유도등의 전기회로에 점멸기를 설치하여 평상시 소등상태로 유지할 수 있는 장소의 기준으로 옳지 않은 것은?

① 외부광에 따라 피난구 또는 피난방향을 쉽게 식별할 수 있는 장소
② 소방대상물의 관계인 또는 종사원이 주로 사용하는 장소
③ 불특정 다수인이 출입하여 이용하는 공용장소
④ 공연장, 암실 등으로서 어두워야 할 필요가 있는 장소

해설 ① 외부광(光)에 따라 피난구 또는 피난방향을 쉽게 식별할 수 있는 장소
② 공연장, 암실(暗室) 등으로서 어두워야 할 필요가 있는 장소
③ 소방대상물의 관계인 또는 종사원이 주로 사용하는 장소

19 피난구유도등의 설치를 제외할 수 있는 기준으로 옳지 않은 것은?

① 대각선 길이가 15 m 이내인 구획된 실의 출입구
② 거실 각 부분으로부터 하나의 출입구에 이르는 보행거리가 20m 이하이고 비상조명등과 유도표지가 설치된 거실의 출입구
③ 출입구가 3 이상 있는 거실로서 그 거실 각 부분으로부터 하나의 출입구에 이르는 보행거리가 30m 이하인 경우에는 주된 출입구 1개소 외의 출입구
④ 바닥면적이 1,000m² 미만인 층으로서 옥내로부터 직접 지상으로 통하는 출입구

해설 출입구가 3 이상 있는 거실로서 그 거실 각 부분으로부터 하나의 출입구에 이르는 보행거리가 30m 이하인 경우에는 주된 출입구 2개소 외의 출입구

20 다음은 객석유도등의 설치 제외기준 중 일부를 나타낸 것이다. 괄호 안에 들어갈 내용으로 옳은 것은?

[보기]
거실 등의 각 부분으로부터 하나의 거실출입구에 이르는 (　)가 (　)인 객석의 통로로서 그 통로에 통로유도등이 설치된 객석

① 수평거리, 20m
② 수평거리, 30m
③ 보행거리, 20m
④ 보행거리, 30m

해설 거실 등의 각 부분으로부터 하나의 거실출입구에 이르는 보행거리가 20m 이하인 객석의 통로로서 그 통로에 통로유도등이 설치된 객석

정답 18. ③ 19. ③ 20. ③

21 객석유도등 설치제외 장소로 옳은 것은?

① 야간에만 사용하는 장소로서 채광이 충분한 객석
② 거실 등의 각 부분으로부터 하나의 거실출입구에 이르는 보행거리가 20m 이하인 객석의 통로로서 그 통로에 통로유도등이 설치된 객석
③ 구부러지지 아니한 복도 또는 통로로서 길이가 30m 미만인 복도 또는 통로
④ 복도 또는 통로로서 보행거리가 20m 미만이고 그 복도 또는 통로와 연결된 출입구 또는 그 부속실의 출입구에 피난구유도등이 설치된 복도 또는 통로

해설 거실 등의 각 부분으로부터 하나의 거실출입구에 이르는 보행거리가 20m 이하인 객석의 통로로서 그 통로에 통로유도등이 설치된 객석

22 유도등의 일반구조에 적합하지 않은 것은?

① 수송 중 진동 또는 충격에 의하여 장해를 받지 않도록 축전지에 배선 등을 직접 납땜하여야 한다.
② 유도등에는 점멸, 음성 또는 이와 유사한 방식 등에 의한 유도장치를 설치할 수 있다.
③ 바닥에 매립하는 복도 통로유도등과 객석유도등을 제외하고 유도등에는 점검용의 자동복귀형 점멸기를 설치하여야 한다.
④ 인출선의 길이는 전선 인출부분으로부터 150mm 이상이어야 한다.

해설 축전지에 배선 등을 직접 납땜하지 아니하여야 한다.
※ 유도등의 일반구조(유도등의 형식승인 및 제품검사의 기술기준)
① 전선의 굵기 : 인출선 $0.75mm^2$ 이상, 인출선외 $0.5mm^2$ 이상
② 인출선의 길이 : 150mm 이상

23 다음 중 유도등의 예비전원은 어떠한 축전지로 설치하여야 하는가?

① 알카리계 2차축전지
② 리튬계 1차축전지
③ 리튬-이온계 2차축전지
④ 수은계 1차축전지

해설 유도등의 예비전원
① 축전지 : 알카리계 또는 리튬계 2차 축전지
② 축전기 : 콘덴서

24 피난구유도등 및 거실통로유도등은 상용전원으로 등을 켜는 경우에는 직선거리 몇 [m] 떨어진 위치에서 보통시력으로 표시면의 문자 또는 화살표 등을 쉽게 식별할 수 있어야 하는가?

① 3[m]   ② 10[m]   ③ 20[m]   ④ 30[m]

정답 21. ② 22. ① 23. ① 24. ④

해설 유도등의 식별도 시험(형식승인 및 제품검사의 기술기준)
피난구유도등 및 거실통로유도등은 상용전원으로 등을 켜는 경우에는 직선거리 30m의 위치에서, 비상전원으로 등을 켜는 경우에는 직선거리 20m의 위치에서 각기 보통시력에 의하여 표시면의 그림문자, 색채 및 화살표가 함께 표시된 경우에는 화살표가 쉽게 식별되어야 한다.

25 피난구유도등에 관한 설명으로 옳지 않은 것은?
① 피난구의 바닥으로부터 높이 1.5m 이상의 곳에 설치하여야 한다.
② 조명도는 피난구로부터 20m의 거리에서 문자 및 색채를 쉽게 식별할 수 있는 것으로 하여야 한다.
③ 직통계단의 계단실 및 그 부속실의 출입구에 설치한다.
④ 안전구획된 거실로 통하는 출입구에 설치한다.

해설 유도등의 식별도(유도등의 형식승인 및 제품검사의 기술기준)
피난구유도등 및 거실통로유도등은 상용전원으로 등을 켜는 경우에는 직선거리 30m의 위치에서, 비상전원으로 등을 켜는 경우에는 직선거리 20m의 위치에서 각기 보통시력에 의하여 표시면의 그림문자, 색채 및 화살표가 함께 표시된 경우에는 화살표가 쉽게 식별되어야 한다.

26 유도등의 고류입력측과 외함사이, 교류입력측과 충전부사이 및 절연된 충전부와 외함 사이의 각 절연저항을 측정한 값이 몇 MΩ 이상이어야 하는가?
① 20MΩ   ② 15MΩ   ③ 10MΩ   ④ 5MΩ

해설 유도등의 형식승인 및 제품검사 기준 제14조(절연저항시험)
DC 500V 절연저항계로 측정한 값이 5MΩ 이상이어야 한다.

27 유도등의 형식승인 및 제품검사의 기술기준상 식별도의 기준으로 ( )안에 들어갈 숫자는?

[보기]
피난유도등 및 거실유도등은 상용전원으로 등을 켜는(평상사용 상태로 연결, 사용전압에 의하여 점등 후 주위조도를 10 lx에서 30 lx까지의 범위내로 한다) 경우에는 직선거리 (ㄱ)m의 위치에서, 비상전원으로 등을 켜는(비상전원에 의하여 유효점등시간 동안 등을 켠 후 주위조도를 0 lx에서 1 lx까지의 범위내로 한다)경우에는 직선거리 (ㄴ)m의 위치에서 각기 보통시력(시력 1.0에서 1.2의 범위내를 말한다)으로 피난유도표지에 대한 식별이 가능하여야 한다.

① ㄱ : 10, ㄴ : 10   ② ㄱ : 15, ㄴ : 15
③ ㄱ : 20, ㄴ : 15   ④ ㄱ : 30, ㄴ : 20

정답 25. ② 26. ④ 27. ④

해설 피난유도등 및 거실유도등은 상용전원으로 등을 켜는(평상사용 상태로 연결, 사용전압에 의하여 점등 후 주위조도를 10 lx에서 30 lx까지의 범위내로 한다) 경우에는 직선거리 30m의 위치에서, 비상전원으로 등을 켜는(비상전원에 의하여 유효점등시간 동안 등을 켠 후 주위조도를 0 lx에서 1 lx까지의 범위내로 한다)경우에는 직선거리 20m의 위치에서 각기 보통시력(시력 1.0에서 1.2의 범위내를 말한다)으로 피난유도표지에 대한 식별이 가능하여야 한다.

28 유도등 및 유도표지의 화재안전기술기준상 통로유도등의 설치기준에 관한 내용으로 옳은 것을 모두 고른 것은?

[보기]
ㄱ. 복도통로유도등은 구부러진 모퉁이 및 보행거리 20 m 마다 설치할 것
ㄴ. 계단통로유도등은 바닥으로부터 높이 1 m 이하의 위치에 설치할 것
ㄷ. 거실통로유도등은 바닥으로부터 높이 1 m 이상의 위치에 설치할 것

① ㄱ, ㄴ 　② ㄱ, ㄷ 　③ ㄴ, ㄷ 　④ ㄱ, ㄴ, ㄷ

해설 거실통로유도등은 바닥으로부터 높이 1.5 m 이상의 위치에 설치할 것

29 유도등 및 유도표지의 화재안전기술기준상 설치기준에 관한 내용으로 옳은 것은?
① 피난구유도등은 피난구의 바닥으로부터 높이 1.2m 이상으로서 출입구에 인접하도록 설치할 것
② 복도통로유도등은 구부러진 모퉁이를 기점으로 보행거리 25m마다 설치할 것
③ 유도표지는 각 층마다 복도 및 통로의 각 부분으로부터 보행거리가 20m 이하가 되는 곳에 설치할 것
④ 축광방식의 피난유도선은 바닥으로부터 높이 50cm 이하의 위치 또는 바닥 면에 설치할 것

해설 보기설명
① 피난구유도등은 피난구의 바닥으로부터 높이 1.5m 이상으로서 출입구에 인접하도록 설치할 것
② 복도통로유도등은 구부러진 모퉁이를 기점으로 보행거리 20m 마다 설치할 것
③ 유도표지는 각 층마다 복도 및 통로의 각 부분으로부터 보행거리가 15m 이하가 되는 곳에 설치할 것

정답 28. ① 29. ④

제24장 비상조명등

1 설치대상

1. 비상조명등 ★★
   창고시설 중 창고 및 하역장, 위험물 저장 및 처리 시설 중 가스시설 및 사람이 거주하지 않거나 벽이 없는 축사 등 동물 및 식물 관련 시설은 제외한다)은 다음의 어느 하나에 해당하는 것으로 한다.
   1) 지하층을 포함하는 층수가 5층 이상인 건축물로서 연면적 3천 m² 이상인 경우에는 모든 층
   2) 1)에 해당하지 않는 특정소방대상물로서 그 지하층 또는 무창층의 바닥면적이 450 m² 이상인 경우에는 해당 층
   3) 지하가 중 터널로서 그 길이가 500 m 이상인 것

2. 휴대용비상조명등 ★★
   1) 숙박시설
   2) 수용인원 100명 이상의 영화상영관, 판매시설 중 대규모점포, 철도 및 도시철도시설 중 지하역사, 지하가 중 지하상가

2 비상조명등 설치기준 ★★★

1. 거실과 복도·계단 및 그 밖의 통로에 설치할 것
2. 조도는 비상조명등이 설치된 장소의 각 부분의 **바닥에서 1 lx 이상**
3. 예비전원을 내장하는 비상조명등 : **점검스위치**를 설치하고 **축전지와 예비전원 충전장치를 내장**할 것.
4. 예비전원을 내장하지 아니하는 비상조명등의 비상전원은 **자가발전설비, 축전지설비 또는 전기저장장치**(외부 전기에너지를 저장해 두었다가 필요한 때 전기공급)
5. 비상전원은 비상조명등을 **20분 이상** 유효하게 작동시킬 수 있는 용량
   다만, **60분 이상** 유효하게 작동시킬 수 있는 용량
   1) 지하층을 제외한 층수가 11층 이상의 층
   2) 지하층 또는 무창층으로서 용도가 도매시장·소매시장·여객자동차터미널·지

하역사 또는 지하상가

3 휴대용비상조명등 설치기준 ★★★

1. 다음 각목의 장소에 설치할 것
   1) **숙박시설** 또는 **다중이용업소**에는 **객실** 또는 영업장안의 **구획된 실**마다 잘 보이는 곳(외부에 설치 시 출입문 손잡이로부터 1m 이내 부분)에 1개 이상 설치
   2) **대규모점포(지하상가 및 지하 역사 제외)와 영화상영관**에는 **보행거리 50m 이내마다 3개 이상** 설치
   3) **지하상가 및 지하역사에는 보행거리 25m 이내 마다 3개 이상** 설치
2. 설치높이는 바닥으로부터 **0.8m 이상 1.5m 이하**의 높이에 설치할 것
3. 어둠속에서 위치를 확인할 수 있도록 할 것
4. 사용 시 자동으로 점등되는 구조일 것
5. 외함은 난연성능이 있을 것
6. 건전지 및 충전식 배터리의 **용량은 20분 이상** 유효하게 사용할 수 있는 것으로 할 것

4 비상조명등의 제외

1. 비상조명등 설치제외 ★

1) 거실의 각 부분으로부터 하나의 출입구에 이르는 보행거리가 **15m 이내**인 부분
2) 의원·경기장·공동주택·의료시설·학교의 거실

2. 지상 1층 또는 피난층으로서 복도·통로 또는 창문 등의 개구부를 통하여 피난이 용이한 경우 또는 숙박시설로서 복도에 비상조명등을 설치한 경우에는 휴대용비상조명등을 설치하지 아니할 수 있다.

제24장 출제예상문제

01 비상조명등의 설치대상으로 옳지 않은 것은?
① 지하층을 포함하는 층수가 5층 이상인 건축물로서 연면적 3천제곱미터 이상인 것
② 그 지하층 또는 무창층의 바닥면적이 450제곱미터 이상인 경우에는 그 지하층 또는 무창층
③ 지하가 중 터널로서 그 길이가 500미터 이상인 것
④ 수용인원 100명이상의 영화상영관

해설 수용인원 100명 이상의 영화상영관 : 휴대용비상조명등

02 비상조명등이 설치된 장소의 조도는 각 부분의 바닥에서 몇 룩스[lx] 이상이어야 하는가?
① 1 룩스   ② 1.5 룩스
③ 2 룩스   ④ 3 룩스

해설 비상조명등이 설치된 장소의 각 부분의 바닥에서 1 lux 이상

03 비상조명등의 설치기준으로 옳지 않은 것은?
① 소방대상물의 각 거실로부터 지상으로 통하는 복도·계단, 통로에 설치한다.
② 설치된 장소의 바닥에서 조도는 0.5lx 이상이 되어야 한다.
③ 예비전원 내장 시에는 점등여부를 확인할 수 있는 점검스위치를 설치한다.
④ 예비전원을 내장하지 아니한 때에는 축전지설비를 설치한다.

해설 조도는 비상조명등이 설치된 장소의 각 부분의 바닥에서 1lx 이상

04 예비전원을 내장하지 아니한 비상조명등의 비상전원에 대한 설명으로 옳지 않은 것은?
① 설치장소는 다른 장소와 개방되어 있어야 한다.
② 실내에 설치한 때에는 그 실내에 비상조명등을 설치한다.
③ 상용전원의 전력공급이 중단된 때에는 자동으로 비상전원을 공급받을 수 있도록 한다.
④ 점검에 편리하고 재해로 인한 피해를 받을 우려가 없는 곳에 설치한다.

해설 비상전원의 설치장소는 다른 장소와 방화구획 할 것.

정답 1. ④ 2. ① 3. ② 4. ①

05 예비전원을 내장하지 아니하는 비상조명등의 비상전원은 자가발전설비, 전기저장장치 또는 축전지설비를 설치하여야 한다. 그 기준으로 옳지 않은 것은?
① 점검에 편리하고 화재 및 침수 등의 재해로 인한 피해를 받을 우려가 없는 곳에 설치할 것
② 상용전원으로부터 전력의 공급이 중단된 때에는 자동으로 비상전원으로부터 전력을 공급받을 수 있도록 할 것
③ 비상전원의 설치장소는 다른 장소와 방화구획 할 것
④ 비상전원을 실내에 설치하는 때에는 그 실내에 휴대용비상조명등을 설치할 것

[해설] 비상전원을 실내에 설치하는 때에는 그 실내에 비상조명등을 설치할 것

06 비상조명등에 관한 설명이다. 옳은 것은?
① 조도는 1 룩스[lx]이고 예비전원의 축전지용량은 10분 이상 비상조명을 작동시킬 수 있어야 한다.
② 예비전원을 내장하는 비상조명등에는 축전지와 예비전원 충전장치를 내장한다.
③ 비상조명에는 점검스위치를 설치해서는 안 된다.
④ 예비전원을 내장하지 않는 비상조명기구는 사용할 수 없다.

[해설] 예비전원을 내장하는 비상조명등에는 평상시 점등여부를 확인할 수 있는 점검스위치를 설치하고 당해 조명등을 유효하게 작동시킬 수 있는 용량의 축전지와 예비전원 충전장치를 내장할 것.

07 지하상가의 보행거리가 50[m]이다. 설치하여야할 휴대용 비상조명등의 최소 설치개수는?
① 1   ② 2   ③ 5   ④ 6

[해설] 설치수량 = $\frac{50m}{25m} \times 3개 = 6개$
① 숙박시설 또는 다중이용업소에는 객실 또는 영업장안의 구획된 실마다 잘 보이는 곳(외부에 설치 시 출입문 손잡이로부터 1m 이내 부분)에 1개 이상 설치
② 대규모점포(지하상가 및 지하 역사 제외)와 영화상영관에는 보행거리 50m 이내마다 3개 이상 설치
③ 지하상가 및 지하역사에는 보행거리 25m 이내 마다 3개 이상 설치

08 휴대용비상조명등의 설치기준에 적합하지 않은 것은?
① 다중이용업소에는 구획된 실마다 잘 보이는 곳마다 설치할 것
② 사용 시 수동·자동으로 점등되는 구조일 것
③ 외함은 난연성능이 있을 것
④ 지하상가에는 보행거리 25m 이내마다 3개 이상 설치할 것

[해설] 사용 시 자동으로 점등되는 구조일 것

정답 5. ④ 6. ② 7. ④ 8. ②

09 지하역사의 경우 휴대용 비상조명등의 설치기준으로 알맞은 것은?
① 수평거리 25m 이내마다 3개 이상 설치
② 수평거리 50m 이내마다 5개 이상 설치
③ 보행거리 25m 이내마다 3개 이상 설치
④ 보행거리 50m 이내마다 5개 이상 설치

해설 지하상가 및 지하역사에는 보행거리 25m 이내마다 3개 이상 설치할 것

10 보행거리 25m 이내마다 휴대용비상조명등을 3개 이상 설치하여야 하는 곳은?
① 백화점
② 지하상가 및 지하역사
③ 영화상영관
④ 숙박시설

해설 지하상가 및 지하역사에는 보행거리 25m 이내 마다 3개 이상 설치

11 휴대용비상조명등을 설치한 경우이다. 화재안전기준에 적합하지 않는 경우는?
① 다중이용업소의 객실마다 잘 보이는 곳에 1개 이상 설치하였다.
② 백화점에 보행거리 50m 이내마다 5개씩 설치되었다.
③ 지하상가에 보행거리 25m 이내마다 4개씩 설치되었다.
④ 지하역사에 보행거리 50m 이내마다 3개씩 설치되었다.

해설 지하상가 및 지하역사에는 보행거리 25m 이내 마다 3개 이상 설치

12 휴대용비상조명등에 대한 기준으로 적합하지 않는 것은?
① 건전지를 사용하는 경우에는 방전방지조치를 할 것
② 사용시 자동으로 점등되는 구조일 것
③ 어둠속에서 위치를 확인할 수 있도록 하고 외함은 불연성능이 있을 것
④ 충전식 배터리의 용량은 20분 이상 유효하게 사용할 수 있는 것으로 할 것

해설 외함은 난연성능이 있을 것

13 비상조명등을 설치하지 아니하는 부분은 거실의 각 부분으로부터 하나의 출입구에 이르는 보행거리가 몇 m 이내인 부분인가?
① 2m   ② 5m   ③ 15m   ④ 25m

해설 거실의 각 부분으로부터 하나의 출입구에 이르는 보행거리가 15m이내인 부분은 비상조명등 설치 제외

정답 9. ③ 10. ② 11. ④ 12. ③ 13. ③

14 비상조명등 설치제외 기준으로 옳지 않은 것은?

① 거실의 각 부분으로부터 하나의 출입구에 이르는 보행거리가 15m 이내인 부분
② 의원·경기장의 거실
③ 공동주택·의료시설·학교의 거실
④ 지상1층 또는 피난층으로서 복도·통로 또는 창문 등의 개구부를 통하여 피난이 용이한 경우

해설 지상1층 또는 피난층으로서 복도·통로 또는 창문 등의 개구부를 통하여 피난이 용이한 경우 또는 숙박시설로서 복도에 비상조명등을 설치한 경우에는 휴대용비상조명등을 설치하지 아니할 수 있다.

15 비상조명등에서 비상전원으로 전환되는 때 램프가 없는 경우에는 몇 초 이내에 예비전원으로 비상전원의 공급을 차단하여야 하는가?

① 1초 ② 3초 ③ 5초 ④ 10초

해설 비상점등 회로의 보호(비상조명등의 형식승인 및 제품검사의 기술기준)
비상조명등은 비상점등을 위하여 비상전원으로 전환되는 경우 비상점등 회로로 정격전류의 1.2배 이상의 전류가 흐르거나 램프가 없는 경우에는 3초 이내에 예비전원으로부터의 비상전원 공급을 차단하여야 한다.

16 비상조명등의 자동 전환 장치는 정격전압의 몇 [%] 이하인 범위 내에서 작동하여야 하는가?

① 10[%] ② 20[%] ③ 80[%] ④ 125[%]

해설 비상조명등의 자동전환장치(형식승인 및 제품검사의 기술기준)
① 정격전압의 80% 이하인 범위 내에서 작동하여야 한다.
② 비상조명등에 정격전압의 ±10%인 전압을 가하고 자동복귀형의 점검용점멸기로 전환 작동 반복하여 10회 실시하는 시험에서 전환기능에 이상이 생기지 아니하여야 한다.

17 (㉠), (㉡) 들어갈 수치로 알맞은 것은?

[보기]
비상조명등의 유효점등시간은 (㉠)분 이상으로 하며, (㉡)분 단위로 제조사가 설정한다.

① ㉠ 10 ㉡ 10 ② ㉠ 20 ㉡ 20 ③ ㉠ 30 ㉡ 10 ④ ㉠ 30 ㉡ 20

해설 유효점등시간은 20분 이상으로 하며 20분 단위로 제조사가 설정한다.

정답 14. ④ 15. ② 16. ③ 17. ②

18 비상조명등의 화재안전기술기준상 비상조명등의 설치제외 규정 중 일부이다. ( )안에 들어갈 숫자는?

> [보기]
> 거실의 각 부분으로부터 하나의 출입구에 이르는 보행거리가 ( )m 이내인 부분

① 15   ② 20   ③ 25   ④ 30

해설 비상조명등 설치제외
① 거실의 각 부분으로부터 하나의 출입구에 이르는 보행거리가 **15m 이내**인 부분
② 의원·경기장·공동주택·의료시설·학교의 거실

19 비상조명등의 화재안전기술기준에 관한 설명으로 옳은 것은?
① 의료시설의 거실에는 비상조명등을 설치하지 아니한다.
② 휴대용비상조명등의 설치높이는 바닥으로부터 0.5m 이상 1.0m 이하의 높이에 설치하여야 한다.
③ 거실의 각 부분으로부터 하나의 출입구에 이르는 수평거리가 15m 이내인 부분에는 비상조명등을 설치하지 아니한다.
④ 지하층을 포함한 층수가 11층 이상의 층은 비상조명등을 60분 이상 유효하게 작동시킬 수 있는 용량으로 하여야 한다.

해설 보기설명
① 휴대용비상조명등의 설치높이는 바닥으로부터 0.8m 이상 1.5m 이하의 높이에 설치하여야 한다.
② 거실의 각 부분으로부터 하나의 출입구에 이르는 보행거리가 15m이내인 부분에는 비상조명등을 설치하지 아니한다.
③ 지하층을 제외한 층수가 11층 이상의 층은 비상조명등을 60분 이상 유효하게 작동시킬 수 있는 용량으로 하여야 한다.

20 휴대용비상조명등 설치기준으로 옳지 않은 것은?
① 숙박시설 또는 다중이용업소에는 객실 또는 영업장안의 구획된 실마다 잘 보이는 곳(외부에 설치시 출입문 손잡이로부터 1m 이내 부분)에 1개 이상 설치할 것
② 「유통산업발전법」에 따라 대규모점포(지하상가 및 지하역사는 제외한다)와 영화상영관에는 보행거리 50m 이내마다 2개를 설치할 것
③ 지하상가 및 지하역사에는 보행거리 25m 이내마다 3개 이상 설치할 것
④ 설치높이는 바닥으로부터 0.8m 이상 1.5m 이하의 높이에 설치할 것

해설 대규모점포(지하상가 및 지하역사는 제외한다)와 영화 상영관에는 보행거리 50m 이내마다 3개 이상을 설치할 것

정답 18. ① 19. ① 20. ②

제25장 상수도소화용수설비

1 설치대상

상수도소화용수설비를 설치하여야 하는 특정소방대상물은 다음 각 목의 어느 하나와 같다. 다만, 상수도소화용수설비를 설치하여야 하는 특정소방대상물의 대지 경계선으로부터 **180m 이내**에 지름 **75mm 이상**인 상수도용 배수관이 설치되지 않은 지역의 경우에는 화재안전기준에 따른 소화수조 또는 저수조를 설치하여야 한다.

가. 연면적 **5천㎡ 이상**인 것. 다만, 위험물 저장 및 처리 시설 중 가스시설, 지하가 중 터널 또는 지하구의 경우에는 그러하지 아니하다.
나. 가스시설로서 지상에 노출된 탱크의 저장용량의 합계가 **100톤 이상**인 것
다. 자원순환 관련 시설 중 폐기물재활용시설 및 폐기물처분시설

2 용어정의

호칭지름	일반적으로 표기하는 배관의 직경
소화전	소방관이 사용하는 설비로서, 수도배관에 접속·설치되어 소화수를 공급하는 설비
제수변(제어밸브)	배관의 도중에 설치되어 배관 내 물의 흐름을 개폐할 수 있는 밸브
수평투영면	건축물을 수평으로 투영하였을 경우의 면

3 설치기준 ★★

1. **호칭지름 75 mm 이상의 수도배관**에 호칭지름 **100 mm 이상의 소화전**을 접속할 것
2. 소화전은 소방자동차 등의 진입이 쉬운 도로변 또는 공지에 설치할 것
3. 소화전은 특정소방대상물의 수평투영면의 각 부분으로부터 **140 m 이하**가 되도록 설치할 것
4. 지상식 소화전의 호스접결구는 지면으로부터 높이가 **0.5 m 이상 1 m 이하**가 되도록 설치할 것

제25장 출제예상문제

01 상수도소화용수설비 설치 특정소방대상물로서 적합한 것은?
① 연면적 5000m² 이상인 건축물
② 가스시설로서 연면적 5000m² 이상인 것
③ 가스시설로서 지상에 노출된 탱크의 저장용량 합계가 50ton인 것
④ 지하층을 제외한 11층 이상인 건축물로 연면적 3000m²인 판매시설

해설 연면적 5천m² 이상인 것. 다만, 위험물 저장 및 처리시설 중 가스시설, 지하가 중 터널 또는 지하구의 경우에는 그러하지 아니하다.

02 상수도 소화용수설비의 소화전은 소방대상물의 수평투영면의 각 부분으로 부터 몇 m 이하가 되도록 설치하여야 하는가?
① 100m
② 120m
③ 140m
④ 150m

해설 소화전은 소방대상물의 수평투영면의 각 부분으로부터 140m 이하가 되도록 설치할 것

03 상수도 소화용수설비에서 호칭지름 몇 mm 이상의 수도배관에, 호칭지름 몇 mm 이상의 소화전을 접속해야 하는가?
① 80mm, 65mm
② 75mm, 100mm
③ 65mm, 100mm
④ 50mm, 65mm

해설 호칭지름 75mm 이상의 수도배관에 호칭지름 100mm 이상의 소화전을 접속할 것

정답 1. ① 2. ③ 3. ②

제26장 소화수조 및 저수조

1 정의

소화수조 또는 저수조	수조를 설치하고 여기에 소화에 필요한 물을 항시 채워두는 것으로서, 소화수조는 소화용수의 전용 수조를 말하고, 저수조란 소화용수와 일반 생활용수의 겸용 수조
채수구	소방차의 소방호스와 접결되는 흡입구
흡수관투입구	소방차의 흡수관이 투입될 수 있도록 소화수조 또는 저수조에 설치된 원형 또는 사각형의 투입구

2 소화수조 등 ★★★

1. 소화수조, 저수조의 채수구 또는 흡수관투입구는 **소방차가 2m 이내**의 지점까지 접근할 수 있는 위치에 설치

2. 소화수조 또는 저수조의 저수량

    저수량 = $\dfrac{\text{소방대상물 연면적}}{\text{기준면적}}$ (소수점이하의 수는 1로 본다) × 20m³ 이상

소방대상물의 구분	기준면적
1층 및 2층의 바닥면적 합계가 15,000m² 이상인 소방대상물	7,500m²
그 밖의 소방대상물	12,500m²

3. **흡수관투입구 또는 채수구 설치기준** ★★★

    1) 지하에 설치하는 **흡수관투입구**
        한 변이 0.6m 이상이거나 직경이 0.6m 이상인 것으로 하고, 소요수량이 80m³ 미만인 것은 1개 이상, **80m³ 이상**인 것은 **2개 이상**을 설치
    2) **채수구**
        ① 채수구는 다음표에 따라 소방용호스 또는 소방용흡수관에 사용하는 구경 65 mm 이상의 나사식 결합금속구를 설치할 것

소요수량	20m³ 이상 40m³ 미만	40m³ 이상 100m³ 미만	100m³ 이상
채수구의 수	1개	2개	3개

② 채수구는 지면으로부터의 높이가 **0.5m 이상 1m 이하**의 위치

4. 소화수조 설치 제외

소화용수설비를 설치하여야 할 특정소방대상물에 있어서 **유수의 양이 0.8m³/min 이상**인 유수를 사용할 수 있는 경우

❸ 가압송수장치 ★

1. 소화수조 또는 저수조가 지표면으로부터의 깊이(수조 내부바닥까지의 길이)가 **4.5m 이상**인 지하에 있는 경우 다음 표에 따라 가압송수장치를 설치. 다만, 저수량을 지표면으로부터 4.5 m 이하인 지하에서 확보할 수 있는 경우에는 소화수조 또는 저수조의 지표면으로부터의 깊이에 관계없이 가압송수장치를 설치하지 않을 수 있다.

소요수량	20m³ 이상 40m³ 미만	40m³ 이상 100m³ 미만	100m³ 이상
가압송수장치의 1분당 양수량	1,100L 이상	2,200L 이상	3,300L 이상

2. 소화수조가 옥상 또는 옥탑의 부분에 설치된 경우에는 지상에 설치된 채수구에서의 압력이 **1.5 MPa 이상**

❹ 창고시설

1. 소화수조 또는 저수조의 저수량

$$\frac{특정소방대상물의 \ 연면적(m^2)}{5{,}000(m^2)} \ (소수점 \ 이하의 \ 수는 \ 1로 \ 본다) \times 20(m^3) \ 이상$$

제26장 출제예상문제

01 소화용수설비 소화수조의 채수구는 소방펌프차가 몇 m 이내의 지점까지 접근할 수 있게 설치해야 하는가?

① 2m　　　② 3m　　　③ 4m　　　④ 5m

해설 소화수조, 저수조의 채수구 또는 흡수관투입구는 소방차가 2m 이내의 지점까지 접근할 수 있는 위치에 설치하여야 한다.

02 5층 건물의 연면적이 65,000m²인 소방대상물에 설치되어야 하는 소화수조 또는 저수조의 저수량은 최소 얼마 이상이 되도록 하여야 하는가?(단, 각 층의 바닥면적은 동일하다.)

① 180m² 이상　　　② 240m² 이상
③ 200m² 이상　　　④ 220m² 이상

해설 소화수조 또는 저수조의 저수량
① 5층의 연면적이 65,000m²이므로 층당 13,000m²이다.
② 1, 2층의 바닥면적 합계가 15000m² 이상이므로 기준면적은 7,500m²
저수량 = (65,000/7,500) = 8.67 = 9×20m³ = 180m³ 이상

03 연면적이 60,000m²이며 건축물의 높이가 51m인 소방대상물에 소화용수 설비를 설치하려고 한다. 소화용수의 양(m³)은 얼마 이상으로 하여야 하는가?

① 40m³　　　② 60m³　　　③ 80m³　　　④ 100m³

해설 소화용수의 양
저수량 = $\dfrac{60,000}{12,500}$ = 4.8(소수점 이하 절상) = 5 × 20 = 100m³ 이상

04 12층의 사무용도 건축물로 1층 및 2층의 바닥 면적이 각각 10,000m²이고 연면적이 60,000m²인 경우 소화용수의 저수량으로 몇 m³가 가장 타당한가?

① 80　　　② 100　　　③ 120　　　④ 160

해설 1, 2층 바닥면적의 합계가 20,000m²이므로 기준면적은 7500m²를 적용한다.
저수량 = 60,000m²/7,500m² = 8×20m³ = 160m³

정답 1. ①　2. ①　3. ④　4. ④

05 소화용수설비의 소요수량이 100m³ 이상일 경우에 채수구는 몇 개를 설치하여야 하는가?

① 4개　　　　② 3개　　　　③ 2개　　　　④ 1개

해설 소요수량에 따른 채수구의 수

소요수량	20m³ 이상 40m³ 미만	40m³ 이상 100m³ 미만	100m³ 이상
채수구의 수	1개	2개	3개

06 소화용수 설비에 설치하는 채수구는 지면으로부터 높이는 얼마인가?

① 0.2미터 이상 1.2미터 이하　　　② 0.5미터 이상 1.2미터 이하
③ 0.5미터 이상 1미터 이하　　　　④ 0.2미터 이상 1미터 이하

해설 채수구는 지면으로부터의 높이가 0.5m 이상 1m 이하의 위치에 설치하고 "채수구"라고 표시한 표지를 할 것

07 소화수조 및 저수조의 화재안전기술기준에서 지하에 설치하는 소화용수설비의 흡수관 투입구와 소화용수설비에 설치하는 채수구는 소화수조의 소요수량이 80m³일 때 각각 몇 개를 설치하는가?

① 흡수관투입구 → 1개 이상, 채수구 → 1개
② 흡수관투입구 → 1개 이상, 채수구 → 2개
③ 흡수관투입구 → 2개 이상, 채수구 → 2개
④ 흡수관투입구 → 2개 이상, 채수구 → 3개

해설 흡수관 투입구와 채수구
① 흡수관투입구는 소요수량이 80m³ 미만인 것은 1개 이상, 80m³ 이상인 것은 2개 이상을 설치
② 채수구

소요수량	20m³ 이상 40m³ 미만	40m³ 이상 100m³ 미만	100m³ 이상
채수구의 수	1개	2개	3개

08 소화용수설비를 설치하여야 할 특정소방대상물에 유수를 사용할 수 있는 경우에는 유수의 양이 1분당 몇 m³ 이상이면 소화수조를 설치하지 않아도 되는가?

① 0.3　　　　② 0.5　　　　③ 0.6　　　　④ 0.8

해설 소화용수설비를 설치하여야 할 특정소방대상물에 유수의 양이 0.8m³/min 이상인 경우에는 소화수조를 설치하지 아니할 수 있다.

정답 5. ②　6. ③　7. ③　8. ④

09 소화수조 또는 저수조가 지표면으로부터의 깊이가 지하 5m인 곳에 설치된 가압송수장치에서 소화용수수량이 100m³일 때 가압송수장치의 1분당 양수량은 얼마인가?
① 1,000L 이상
② 1,100L 이상
③ 2,200L 이상
④ 3,300L 이상

해설 소화용수량과 가압송수장치 분당 양수량

소요수량	20m³ 이상 40m³ 미만	40m³ 이상 100m³ 미만	100m³ 이상
가압송수장치의 1분당 양수량	1,100L 이상	2,200L 이상	3,300L 이상

10 소화수조 및 저수조의 화재안전기술기준에 관한 내용으로 옳지 않은 것은?
① 지하에 설치하는 소화용수설비의 흡수관투입구는 그 한 변이 0.6 m 이상이거나 직경이 0.6 m 이상인 것, 소요수량이 80 m³ 미만인 것은 1개 이상, 80 m³ 이상인 것은 2개 이상을 설치한다.
② 1층과 2층 바닥면적의 합계가 32,000 m²인 경우 소화수조의 저수량은 100 m³ 이상이어야 한다.
③ 소화수조 또는 저수조가 지표면으로부터의 깊이가 4.5 m 이상인 지하에 있는 경우에는 소요수량에 관계없이 가압송수장치의 분당 양수량은 1,100L 이상으로 설치한다.
④ 소화용수설비를 설치하여야 할 특정소방대상물에 있어서 유수의 양이 0.8 m³/min 이상인 유수를 사용할 수 있는 경우에는 소화수조를 설치하지 아니할 수 있다.

해설 소화수조 또는 저수조가 지표면으로부터의 깊이(수조 내부바닥까지의 길이를 말한다)가 4.5m 이상인 지하에 있는 경우에는 다음 표에 따라 가압송수장치를 설치하여야 한다.

소요수량	20m³ 이상 40m³ 미만	40m³ 이상 100m³ 미만	100m³ 이상
가압송수 장치의 1분당 양수량	1,100L 이상	2,200L 이상	3,300L 이상

11 연면적이 65,000m²인 5층 건축물에 설치되야 하는 소화수조 또는 저수조의 최소 저수량은? (단, 각 층의 바닥면적은 동일)
① 160 m³ 이상
② 180 m³ 이상
③ 200 m³ 이상
④ 220 m³ 이상

정답 9. ④ 10. ③ 11. ②

해설 소화수조 또는 저수조의 저수량

$$저수량 = \frac{소방대상물\ 연면적}{기준면적}(소수점이하의 수는 1로 본다) \times 20\text{m}^3\ 이상$$

$$= \frac{65,000\text{m}^2}{7,500\text{m}^2} \times 20\text{m}^3 = 9 \times 20\text{m}^3 = 180\text{m}^3$$

소방대상물의 구분	기준면적
1층 및 2층의 바닥면적 합계가 15,000 m² 이상인 소방대상물	7,500 m²
그 밖의 소방대상물	12,500 m²

12 소화수조 및 저수조의 화재안전기술기준상 설치기준에 관한 내용으로 옳지 않은 것은?

① 소화수조 및 저수조의 채수구 또는 흡수관투입구는 소방차가 5 m 이내의 지점까지 접근할 수 있는 위치에 설치해야 한다.
② 1층 및 2층의 바닥면적의 합계가 15,000 m² 이상인 특정소방대상물은 7,500 m²로 나누어 얻은 수(소수점이하의 수는 1로 본다)에 20 m³를 곱한 양 이상이 되도록 해야 한다.
③ 채수구의 수는 소요수량이 100 m³ 이상인 경우 3개 이상 설치해야 한다.
④ 소화수조 또는 저수조가 지표면으로부터의 깊이(수조 내부바닥까지의 길이를 말한다)가 4.5 m 이상인 지하에 있는 경우에는 가압송수장치를 설치해야 한다.

해설 소화수조 및 저수조의 채수구 또는 흡수관투입구는 소방차가 2 m 이내의 지점까지 접근할 수 있는 위치에 설치해야 한다.

정답 12. ①

제27장 제연설비

1 설치대상 ★★

1) 문화 및 집회시설, 종교시설, 운동시설 중 무대부의 바닥면적이 200 m² 이상인 경우에는 해당 무대부
2) 문화 및 집회시설 중 영화상영관으로서 수용인원 100명 이상인 경우에는 해당 영화상영관
3) 지하층이나 무창층에 설치된 근린생활시설, 판매시설, 운수시설, 숙박시설, 위락시설, 의료시설, 노유자 시설 또는 창고시설(물류터미널로 한정한다)로서 해당 용도로 사용되는 바닥면적의 합계가 1천 m² 이상인 경우 해당 부분
4) 운수시설 중 시외버스정류장, 철도 및 도시철도 시설, 공항시설 및 항만시설의 대기실 또는 휴게시설로서 지하층 또는 무창층의 바닥면적이 1천 m² 이상인 경우에는 모든 층
5) 지하가(터널은 제외한다)로서 연면적 1천 m² 이상인 것
6) 지하가 중 예상 교통량, 경사도 등 터널의 특성을 고려하여 행정안전부령으로 정하는 터널
7) 특정소방대상물(갓복도형 아파트등은 제외한다)에 부설된 특별피난계단, 비상용 승강기의 승강장 또는 피난용 승강기의 승강장

2 용어정의

용어	정의
제연구역	제연경계(제연경계가 면한 천장 또는 반자를 포함한다)에 의해 구획된 건물 내의 공간
제연경계	연기를 예상제연구역 내에 가두거나 이동을 억제하기 위한 보 또는 제연경계벽 등
제연경계벽	제연경계가 되는 가동형 또는 고정형의 벽
제연경계의 폭	제연경계가 면한 천장 또는 반자로부터 그 제연경계의 수직하단 끝부분까지의 거리

용어	정의
수직거리	제연경계의 하단 끝으로부터 그 수직한 하부 바닥면까지의 거리
예상제연구역	화재 시 연기의 제어가 요구되는 제연구역
공동예상제연구역	2개 이상의 예상제연구역을 동시에 제연하는 구역
통로배출방식	거실 내 연기를 직접 옥외로 배출하지 않고 거실에 면한 통로의 연기를 옥외로 배출하는 방식
보행중심선	통로 폭의 한 가운데 지점을 연장한 선
유입풍도	예상제연구역으로 공기를 유입하도록 하는 풍도
배출풍도	예상 제연구역의 공기를 외부로 배출하도록 하는 풍도
방화문	60분+ 방화문, 60분 방화문 또는 30분 방화문으로써 언제나 닫힌 상태를 유지하거나 화재로 인한 연기의 발생 또는 온도의 상승에 따라 자동적으로 닫히는 구조

3 제연설비

1. 제연설비의 설치장소는 다음 각 호에 따른 제연구역으로 구획 ★★★

1) **하나의 제연구역의 면적 : 1,000m² 이내**
2) 거실과 통로(복도를 포함한다. 이하 같다)는 상호 제연구획
3) 통로상의 제연구역은 **보행중심선의 길이가 60m를 초과**하지 아니할 것
4) 하나의 제연구역은 **직경 60m 원내**에 들어갈 수 있을 것
5) 하나의 제연구역은 **2개 이상 층**에 미치지 아니하도록 할 것. 다만, 층의 구분이 불분명한 부분은 그 부분을 다른 부분과 별도로 제연구획 해야 한다.

2. 제연구역의 구획 :

보 · 제연경계벽(이하 "제연경계"라 한다) 및 벽(화재 시 자동으로 구획되는 가동벽 · 방화셔터 · 방화문을 포함) ★★★

1) 재질은 내화재료, 불연재료 또는 제연경계벽으로 성능을 인정받은 것
2) 제연경계는 제연경계의 **폭이 0.6m 이상**이고, **수직거리는 2m 이내** 다만, 구조상 불가피한 경우는 **2m를 초과할 수 있다.**
3) 제연경계벽은 배연시 기류에 따라 그 하단이 쉽게 흔들리지 아니하여야 하며, 가동식의 경우에는 급속히 하강하여 인명에 위해를 주지 아니하는 구조

4 배출량 및 배출방식 ★★★

1. 거실의 바닥면적이 400m² 미만으로 구획

1) 바닥면적 1m²당 1m³/min 이상으로 하되, 예상제연구역 전체에 대한 최저 배출량은 **5,000m³/hr 이상**으로 할 것.
   배출량 = 바닥면적[m²] × 1[m³/min · m²] (최저 배출량 5,000m³/hr 이상)
2) 바닥면적이 50m² 미만인 예상제연구역을 통로배출방식으로 하는 경우

통로길이	수직거리	배출량	비 고
40m 이하	2m 이하	25,000m³/hr	벽으로 구획된 경우를 포함.
	2m 초과 2.5m 이하	30,000m³/hr	
	2.5m 초과 3m 이하	35,000m³/hr	
	3m 초과	45,000m³/hr	
40m 초과 60m 이하	2m 이하	30,000m³/hr	벽으로 구획된 경우를 포함.
	2m 초과 2.5m 이하	35,000m³/hr	
	2.5m 초과 3m 이하	40,000m³/hr	
	3m 초과	50,000m³/hr	

2. 바닥면적 400m² 이상인 거실의 예상제연구역의 배출량

1) 예상제연구역이 직경 **40m**인 원의 범위 안 : 배출량 **40,000m³/hr 이상**
   다만, 예상제연구역이 **제연경계로 구획된 경우** 수직거리에 따른 배출량

수 직 거 리	배 출 량
2m 이하	40,000m³/hr 이상
2m 초과 2.5m 이하	45,000m³/hr 이상
2.5m 초과 3m 이하	50,000m³/hr 이상
3m 초과	60,000m³/hr 이상

2) 예상제연구역이 **직경 40m**인 원의 범위를 초과 : 배출량 **45,000m³/hr 이상**
   다만, 예상제연구역이 **제연경계로 구획된 경우** 수직거리에 따른 배출량

수 직 거 리	배 출 량
2m 이하	45,000m³/hr 이상
2m 초과 2.5m 이하	50,000m³/hr 이상
2.5m 초과 3m 이하	55,000m³/hr 이상
3m 초과	65,000m³/hr 이상

3. 예상제연구역이 통로인 경우의 배출량 : 45,000 m³/hr 이상

5 배출구 ★

예상제연구역의 각 부분으로부터 하나의 배출구까지의 수평거리는 **10m 이내**

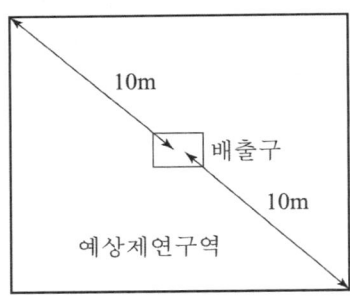

① 가로수량 = $\dfrac{\text{가로길이(m)}}{2 \times 10\text{m} \times \cos 45°}$ (소수점 이하 절상)

② 세로수량 = $\dfrac{\text{세로길이(m)}}{2 \times 10\text{m} \times \cos 45°}$ (소수점 이하 절상)

③ 전체수량 = 가로수량 × 세로수량

6 공기유입방식 및 유입구

1. 예상제연구역에 대한 공기유입

1) 유입풍도를 경유한 강제유입 또는 자연유입방식
2) 인접한 제연구역 또는 통로에 유입되는 공기가 구역으로 유입되는 방식

2. 예상제연구역에 설치되는 공기유입구 설치기준 ★★★

1) **바닥면적 400m² 미만**의 거실인 예상제연구역에 대하여서는 바닥외의 장소에 설치하고 공기유입구와 배출구간의 직선거리는 **5m 이상** 또는 구획된 실의 장변의 2분의 1 이상으로 할 것.
2) **바닥면적이 400m² 이상의 거실**인 예상제연구역에 대하여는 **바닥으로부터 1.5m 이하**의 높이에 설치하고 그 주변은 공기의 유입에 장애가 없도록 할 것

3. 예상제연구역에 공기가 유입되는 순간의 풍속은 **5m/s 이하**가 되도록 하고, 유입구의 구조는 유입공기를 상향으로 분출하지 않도록 설치해야 한다.

4. 예상제연구역에 대한 공기유입구의 크기

   공기유입구의 크기 = 배출량 1[m³/min] × 35[cm²/(m³/min)] 이상

5. 예상제연구역에 대한 공기유입량은 배출량의 배출에 지장이 없는 양으로 해야 한다.

7 배출기 및 배출풍도

1. 배출기 설치기준

1) 배출기의 배출능력은 배출량 이상이 되도록 할 것
2) 배출기와 배출 풍도의 접속부분에 사용하는 캔버스는 내열성(석면재료는 제외한다)이 있는 것으로 할 것
3) 배출기의 전동기부분과 배풍기 부분은 분리하여 설치하여야 하며, 배풍기 부분은 유효한 내열처리를 할 것

2. 배출풍도 기준 ★★★

1) 배출풍도의 크기에 따른 강판의 두께

풍도단면의 긴변 또는 직경의 크기	450mm 이하	450mm 초과 750mm 이하	750mm 초과 1,500mm 이하	1,500mm 초과 2,250mm 이하	2,250mm 초과
강판두께	0.5mm	0.6mm	0.8mm	1.0mm	1.2mm

2) 배출기의 풍속
   ① 흡입측 풍속 : 15m/s 이하
   ② 배출측 풍속 : 20m/s 이하

   풍도의 단면적 $A = \dfrac{Q}{V}$ [m²]

   (Q : 배출량[m³/s], V : 풍속(흡입측 15m/s, 배출측 20m/s))

8 유입풍도

1. 유입풍도 안의 풍속은 **20m/s 이하**
2. 옥외에 면하는 배출구 및 공기유입구는 비 또는 눈 등이 들어가지 아니하도록 하고, 배출된 연기가 공기유입구로 순환유입 되지 아니하도록 할 것

9 제연설비의 전원 및 기동

1. 비상전원 : 자가발전설비, 축전지설비 또는 전기저장장치

1) 점검에 편리하고 화재 및 침수 등의 재해로 인한 피해를 받을 우려가 없는 곳
2) 제연설비를 **유효하게 20분 이상** 작동할 수 있도록 할 것
3) 상용전원으로부터 전력의 공급이 중단된 때에는 자동으로 비상전원으로부터 전력을 공급받을 수 있도록 할 것
4) 비상전원의 설치장소는 다른 장소와 **방화구획** 할 것.
5) 비상전원을 실내에 설치하는 때에는 그 실내에 **비상조명등**을 설치할 것

2. 제연설비의 작동은 해당 제연구역에 설치된 화재감지기와 연동되어야 하며, 예상제연구역(또는 인접장소)마다 설치된 수동기동장치 및 제어반에서 수동으로 기동이 가능하도록 해야 한다.

3. 제연설비의 작동에는 다음의 사항이 포함되어야 하며, 예상제연구역(또는 인접장소)마다 설치되는 수동기동장치는 바닥으로부터 0.8 m 이상 1.5 m 이하의 높이에 문 개방 등으로 인한 위치 확인에 장애가 없고 접근이 쉬운 위치에 설치해야 한다.

① 해당 제연구역의 구획을 위한 제연경계벽 및 벽의 작동
② 해당 제연구역의 공기유입 및 연기배출 관련 댐퍼의 작동
③ 공기유입송풍기 및 배출송풍기의 작동

10 설치제외

제연설비를 설치해야 할 특정소방대상물 중 **화장실·목욕실·주차장·발코니를 설치한 숙박시설(가족호텔 및 휴양콘도미니엄에 한한다)의 객실**과 사람이 상주하지 않는 기계실·전기실·공조실·**50m² 미만**의 창고 등으로 사용되는 부분에 대하여는 배출구·공기유입구의 설치 및 배출량 산정에서 이를 제외할 수 있다.

제27장 출제예상문제

01 제연설비에 있어서 하나의 제연구역 면적은 몇 m² 이내로 구획하여야 하는가?
① 400m²   ② 600m²   ③ 800m²   ④ 1,000m²

해설 하나의 제연구역 면적 : 1,000m² 이내

02 제연설비의 설치장소를 제연구역으로 구획할 때 옳은 것은?
① 하나의 제연구역의 면적은 3,000m² 이내로 할 것
② 하나의 제연구역은 3개 이상 층에 미치도록 할 것
③ 하나의 제연구역은 직경 80m 원내에 들어갈 수 있을 것
④ 거실과 통로는 상호제연구획 할 것

해설 보기설명
① 하나의 제연구역의 면적은 1,000m²이내로 할 것.
② 하나의 제연구역은 직경 60m 원내에 들어갈 수 있을 것.
③ 하나의 제연구역은 2개 이상 층에 미치지 아니하도록 할 것.

03 제연설비에서 통로상의 제연구역은 최대 얼마까지로 할 수 있는가?
① 수평거리로 70m까지   ② 직경거리로 50m까지
③ 직선거리로 30m까지   ④ 보행중심선의 길이로 60m까지

해설 통로상의 제연구역은 보행중심선의 길이가 60m를 초과하지 아니할 것

04 제연설비가 설치된 부분의 거실 바닥면적이 400[m²] 이상이고 수직거리가 2[m] 이하일 때, 예상제연구역이 직경 40[m]인 원의 범위를 초과한다면 예상제연구역의 배출량 [m³/hr]은 얼마 이상이어야 하는가?
① 25,000   ② 30,000
③ 40,000   ④ 45,000

해설 거실의 바닥면적이 400m² 이상이고 예상제연구역이 직경 40m인 원의 범위를 초과할 경우에는 배출량이 45,000m³/hr 이상으로 할 것.

정답 1. ④ 2. ④ 3. ④ 4. ④

05 1개 층의 거실면적이 400m²이고, 복도 면적이 310m²인 소방대상물에 제연설비를 설치할 경우 제연구역은 최소 몇 개로 구획할 수 있는가?
① 1　　　　　② 2　　　　　③ 3　　　　　④ 4

해설 거실과 통로는 상호 제연 구획하여야 하므로 2개로 구획하여야 한다.
① 하나의 제연구역의 면적은 1,000m² 이내로 할 것
② 거실과 통로(복도를 포함한다)는 상호 제연 구획할 것

06 거실제연설비의 배출량 기준이다. ( )안에 맞는 것은?

[보기]
거실의 바닥면적이 400 m² 미만으로 구획된 예상제연구역에 대해서는 바닥면적 1 m²당 (①) 이상으로 하되, 예상제연구역 전체에 대한 최저 배출량은 (②) 이상으로 하여야 한다.

① ① 0.5 m³/min,　② 10000 m³/hr
② ① 1 m³/min,　② 5000 m³/hr
③ ① 1.5 m³/min,　② 15000 m³/hr
④ ① 2 m³/min,　② 5000 m³/hr

해설 거실의 바닥면적이 400 m² 미만으로 구획된 경우 배출량
바닥면적 1 m²당 1 m³/min 이상으로 하되, 예상제연구역 전체에 대한 최저배출량은 5,000 m³/hr 이상으로 할 것.

07 가로 40m, 세로 25m인 예상제연구역에 정방형으로 배출구를 설치하는 경우 배출구의 최소수량은?
① 2개　　　　　　　　　　② 4개
③ 6개　　　　　　　　　　④ 8개

해설 배출구의 수량
① 가로수량 = $\dfrac{가로길이(m)}{2 \times 10m \times \cos 45°} = \dfrac{40m}{2 \times 10m \times \cos 45°} = 2.83 = 3$
② 세로수량 = $\dfrac{세로길이(m)}{2 \times 10m \times \cos 45°} = \dfrac{25m}{2 \times 10m \times \cos 45°} = 1.77 = 2$
③ 전체수량 = 가로수량 × 세로수량 = 3개 × 2개 = 6개

정답 5. ②　6. ②　7. ③

08 제연설비의 배출구를 설치할 때 예상제연구역의 각 부분으로부터 하나의 배출구까지의 수평거리는 몇 m 이내가 되어야 하는가?

① 5m   ② 10m   ③ 15m   ④ 20m

해설 하나의 배출구까지의 수평거리는 10m 이내

09 예상제연구역 바닥면적 400m² 이상 거실의 공기 유입구의 설치기준으로 맞는 것은?(단, 제연경계에 따른 구획을 제외한다.)

① 천정에 설치하되 배출구와 10m 거리를 둔다.
② 바닥으로부터 1.5m 이하의 높이에 설치한다.
③ 천정과 바닥에 관계 없이 배출구와 5m 이상의 직선거리만 확보한다.
④ 바닥으로부터 1m 이상의 높이에 설치한다.

해설 바닥면적이 400m² 이상의 거실 : 바닥으로부터 1.5m 이하의 높이에 설치하고 그 주변 2m 이내에는 가연성 내용물이 없도록 할 것

10 예상제연구역에서 공기가 유입되는 순간의 풍속은 얼마 이하이어야 하는가?

① 5m/s   ② 10m/s
③ 15m/s   ④ 20m/s

해설 예상제연구역에 공기가 유입되는 순간의 풍속은 5m/s 이하

11 예상제연구역의 공기유입량이 시간당 30,000m³이고 유입구를 60cm×60cm의 크기로 사용할 때 공기유입구의 최소 설치수량은 몇 개인가?

① 4개   ② 5개
③ 6개   ④ 7개

해설 예상제연구역에 대한 공기유입구의 크기는 당해 예상제연구역 배출량 1m³/min에 대하여 35cm² 이상으로 하여야 한다.

① $\dfrac{30{,}000\text{m}^3}{\text{hr}} = \dfrac{30{,}000\text{m}^3}{60\text{min}} = 500\text{m}^3/\text{min}$

② 유입구의 크기 : $500\text{m}^3/\text{min} \times 35\text{cm}^2/(\text{m}^3/\text{min}) = 17{,}500\text{cm}^2$

③ 유입구의 수량 $= \dfrac{17{,}500\text{cm}^2}{3{,}600\text{cm}^2} = 4.86 = 5$개

정답 8. ② 9. ② 10. ① 11. ②

12 예상제연구역에 설치되는 공기유입구의 기준으로 옳지 않은 것은?

① 예상제연구역에 공기가 유입되는 순간의 풍속은 5 m/s 이하가 되도록 할 것
② 바닥면적이 400 m² 미만의 거실에는 바닥외의 장소에 설치하고, 공기유입구와 배출구간의 직선거리는 10 m 이상으로 할 것
③ 공기유입구의 크기는 당해 예상제연구역 배출량 1 m³/min에 대하여 35 cm² 이상으로 할 것
④ 예상제연구역에 공기가 유입되는 순간의 풍속은 5 m/s 이하가 되도록 하고, 유입구의 구조는 유입공기를 상향으로 분출하지 않도록 설치해야 한다.

해설 바닥면적이 400 m² 미만의 거실에는 바닥외의 장소에 설치하고, 공기유입구와 배출구간의 직선거리는 5 m 이상으로 할 것

13 다음은 제연설비의 공기유입방식 및 유입구에 관한 화재안전기술기준이다. 괄호 안에 들어갈 내용으로 옳은 것은?

[보기]
예상제연구역에 공기가 유입되는 순간의 풍속은 (㉠)m/s 이하가 되도록 하고, 공기유입구의 구조는 유입공기를 (㉡)으로 분출하지 않도록 하여야 한다.

	㉠	㉡
①	3	하향
②	5	하향
③	3	상향
④	5	상향

해설 예상제연구역에 공기가 유입되는 순간의 풍속은 5 m/s 이하가 되도록 하고, 유입구의 구조는 유입공기를 상향으로 분출하지 않도록 해야 한다. 다만, 유입구가 바닥에 설치되는 경우에는 상향으로 분출이 가능하며 이때의 풍속은 1 m/s 이하가 되도록 해야 한다.

14 제연설비의 배출기 및 배출 풍도에 관한 설명 중 틀린 것은?

① 배풍기 부분을 유효한 내열처리로 할 것
② 배출기와 배출풍도의 접속부분에 사용하는 캔버스는 내열성이 있는 것으로 할 것
③ 배출기의 흡입측 풍도 안의 풍속은 분당 15m 이하로 할 것
④ 배출기의 전동기 부분과 배풍기 부분은 분리하여 설치할 것

해설 배출기의 흡입측 풍도안의 풍속은 15m/s 이하로 하고 배출측 풍속은 20m/s 이하로 할 것

정답 12. ② 13. ④ 14. ③

15 배출 풍도단면의 긴 변이 700mm의 경우 강판의 두께는 얼마 이상이어야 하는가?

① 0.5mm ② 0.6mm ③ 0.8mm ④ 1.0mm

해설 강판의 두께

풍도단면의 긴변 또는 직경의 크기	450mm 이하	450mm 초과 750mm 이하	750mm 초과 1,500mm 이하	1,500mm 초과 2,250mm 이하	2,250mm 초과
강판두께	0.5mm	0.6mm	0.8mm	1.0mm	1.2mm

16 제연설비에서 배출풍도단면의 직경이 1,000mm인 경우에 배출풍도의 강판 두께기준으로 옳은 것은?

① 0.5mm 이상 ② 0.8mm 이상
③ 1.0mm 이상 ④ 1.2mm 이상

해설 강판두께

풍도단면의 긴변 또는 직경의 크기	450mm 이하	450mm 초과 750mm 이하	750mm 초과 1,500mm 이하	1,500mm 초과 2,250mm 이하	2,250mm 초과
강판두께	0.5mm	0.6mm	0.8mm	1.0mm	1.2mm

17 제연설비의 배출풍도가 400mm×200mm로 설치되어 있다. 이 풍도의 강판 두께는 몇 mm 이상으로 하는가?

① 0.5 ② 0.6 ③ 0.8 ④ 1.0

해설 풍도단면의 긴변 또는 직경의 크기 450mm 이하 : 0.5mm 이상

18 아연도금강판으로 제작된 배출풍도단면의 긴 변이 400mm와 2,500mm일 때 강판의 최소 두께는 각각 몇 mm인가?

① 0.4와 1.0 ② 0.5와 1.0
③ 0.5와 1.2 ④ 0.6와 1.2

해설 배출풍도

풍도단면의 긴변 또는 직경의 크기	450mm 이하	450mm 초과 750mm 이하	750mm 초과 1,500mm 이하	1,500mm 초과 2,250mm 이하	2,250mm 초과
강판두께	0.5mm	0.6mm	0.8mm	1.0mm	1.2mm

정답 15. ② 16. ② 17. ① 18. ③

19 다음은 제연설비의 화재안전기준이다. 옳지 않은 것은?

① 배출기의 흡입측 풍도 안의 풍속은 20 m/s 이하로 하고 배출측 풍속은 15 m/s 이하로 한다.
② 하나의 제연구역의 면적은 1,000 m² 이내로 한다.
③ 예상제연구역에 대해서는 화재 시 연기배출과 동시에 공기유입이 될 수 있게 하고 배출구역이 거실일 경우에는 통로에 동시에 공기가 유입될 수 있도록 하여야 한다.
④ 예상제연구역의 각 부분으로부터 하나의 배출구까지의 수평거리는 10 m 이내가 되도록 한다.

해설 배출기의 흡입측 풍속은 15m/s 이하, 배출측 풍속은 20m/s 이하로 할 것

20 제연설비의 배출기 및 배출풍도에 관한 설치기준으로 옳지 않은 것은?

① 풍도단면의 긴 변 또는 직경의 크기가 450mm 이하인 경우의 강판두께는 0.5mm 이하로 한다.
② 배출기와 배출풍도의 접속부분에 사용하는 캔버스는 내열성이 있는 것으로 한다.
③ 배출기의 전동기 부분과 배풍기 부분은 분리하여 설치하여야 하며, 배풍기 부분은 유효한 내열처리를 한다.
④ 배출기의 흡입측 풍도안의 풍속은 15m/s 이하로 하고, 배출측 풍속은 20m/s 이하로 한다.

해설 풍도단면의 긴 변 또는 직경의 크기가 450mm 이하인 경우의 강판두께는 0.5mm 이상으로 한다.

21 제연설비에 설치되는 다음 기기 중 화재감지기와 연동되지 않아도 되는 것은?

① 가동식의 벽
② 댐퍼
③ 제연경계벽
④ 연동제어기

해설 가동식의 벽·제연경계벽·댐퍼 및 배출기의 작동은 화재감지기와 연동

22 유입풍도안의 풍속은?

① 10m/s
② 15m/s
③ 20m/s
④ 25m/s

해설 유입풍도안의 풍속은 20m/s 이하로 할 것

정답 19. ① 20. ① 21. ④ 22. ③

23 바닥면적이 400 m² 미만이고 예상제연구역이 벽으로 구획되어 있는 배출구의 설치 위치로 옳은 것은?

① 천장 또는 반자와 바닥사이의 중간 윗부분
② 천장 또는 반자와 바닥사이의 중간 아래 부분
③ 천장, 반자 또는 이에 가까운 부분
④ 천장 또는 반자와 바닥사이의 중간 부분

해설 예상제연구역이 벽으로 구획되어 있는 경우의 배출구는 천장 또는 반자와 바닥사이의 중간 윗부분에 설치할 것

24 제연설비의 비상전원으로 설치할 수 없는 것은?

① 자가발전설비
② 비상전원수전설비
③ 축전지설비
④ 전기저장장치

해설 제연설비의 비상전원
① 자가발전설비
② 축전지설비
③ 전기저장장치

25 바닥면적이 750m²인 거실에 다음과 같이 제연설비를 설치하려 할 때, 배기팬 구동에 필요한 전동기 용량(kW)은? (단, 계산결과 값은 소수점 넷째자리에서 반올림함)

○ 예상제연구역은 직경 45m이고, 제연경계벽의 수직거리는 3.2m이다.
○ 직관덕트의 길이는 180m, 직관덕트의 손실저항은 0.2mmAq/m이며, 기타 부속류 저항의 합계는 직관덕트 손실합계의 55%로 하고, 전동기의 효율은 60%, 전달계수 K값은 1.1로 한다.

① 9.891 ② 11.683 ③ 15.322 ④ 18.109

해설 전동기 용량
① 풍량 : 바닥면적 400m² 이상, 직경 40m 초과, 수직거리 3m 초과이므로 65,000m³/h
② 전압 $P_t = 180\text{m} \times 0.2\text{mmAq/m} + 180\text{m} \times 0.2\text{mmAq/m} \times 0.55 = 55.8\text{mmAq}$
③ 전동기 용량
$$P = \frac{P_t Q}{102\eta} \times K = \frac{55.8\text{mmAq} \times 65{,}000\text{m}^3/3600\text{s}}{102 \times 0.6} \times 1.1 = 18.109\text{kW}$$

정답 23. ① 24. ② 25. ④

26 화재안전기준상 연기제어 시스템에 관한 설명으로 옳은 것은?

① 유입풍도안의 풍속은 15m/s 이하로 하여야 한다.
② 예상제연구역에 공기가 유입되는 순간의 풍속은 10m/s 이하가 되도록 한다.
③ 배출기의 흡입측 풍도안의 풍속과 배출측 풍속은 각각 20m/s 이하로 하여야 한다.
④ 예상제연구역에 대한 공기유입구의 크기는 해당 예상제연구역 배출량 1 m³/min에 대하여 35cm² 이상으로 하여야 한다.

해설 보기설명
① 유입풍도안의 풍속은 20m/s이하
② 예상제연구역에 공기가 유입되는 순간의 풍속은 5m/s이하
③ 배출기의 **흡입측** 풍도안의 풍속은 15m/s이하, 배출측 풍속은 20m/s이하

27 제연설비의 화재안전기준에 관한 설명으로 옳은 것은?

① 하나의 제연구역은 직경 40m 원내에 들어갈 수 있어야 한다.
② 제연경계의 수직거리는 2.5m 이내이어야 한다.
③ 거실과 통로(복도를 제외)는 상호 제연구획 하여야 한다.
④ 예상제연구역의 각 부분으로부터 하나의 배출구까지의 수평거리는 10m 이내가 되도록 하여야 한다.

해설 보기설명
① 하나의 제연구역은 직경 60m 원내에 들어갈 수 있어야 한다.
② 제연경계는 제연경계의 폭이 0.6m 이상이고, 수직거리는 2m 이내이어야 한다. 다만, 구조상 불가피한 경우는 2m를 초과할 수 있다.
③ 거실과 통로(복도를 포함)는 상호 제연구획 하여야 한다.

28 제연설비의 화재안전기술기준상 거실의 바닥면적이 100 m²인 예상제연구역이 다른 거실의 피난을 위한 경유거실인 경우 그 예상제연구역의 최소배출량(m³/hr)은?

① 5,000 ② 9,000 ③ 7,000 ④ 6,000

해설 배출량 : 100m² × 1 m³/min = 100 m³/min = 100 m³/min×60 min/1 hr = 6,000m³/hr
바닥면적 1 m²당 1 m³/min 이상으로 하되, 예상제연구역에 대한 최소 배출량은 5,000 m³/hr 이상으로 할 것

정답 26. ④ 27. ④ 28. ④

제28장 특별피난계단의 계단실 및 부속실 제연설비

1 설치대상

특정소방대상물(갓복도형 아파트등는 제외한다)에 부설된 특별피난계단, 비상용 승강기의 승강장 또는 피난용 승강기의 승강장

2 용어정의 ★★★

용어	정의
제연구역	제연하고자 하는 계단실, 부속실
방연풍속	옥내로부터 제연구역 내로 연기의 유입을 유효하게 방지할 수 있는 풍속
급기량	제연구역에 공급하여야 할 공기의 양
누설량	틈새를 통하여 제연구역으로부터 흘러나가는 공기량
보충량	방연풍속을 유지하기 위하여 제연구역에 보충하여야 할 공기량
플랩댐퍼	제연구역의 압력이 설정압력범위를 초과하는 경우 제연구역의 압력을 배출하여 설정압력 범위를 유지하게 하는 과압방지장치
유입공기	제연구역으로부터 옥내로 유입하는 공기로서 차압에 따라 누설하는 것과 출입문의 개방에 따라 유입하는 것 등
자동차압급기댐퍼	제연구역과 옥내 사이의 차압을 압력센서 등으로 감지하여 제연구역에 공급되는 풍량의 조절로 제연구역의 차압 유지를 자동으로 제어할 수 있는 댐퍼
자동폐쇄장치	제연구역의 출입문 등에 설치하는 것으로서 화재 시 화재감지기의 작동과 연동하여 출입문을 자동으로 닫게 하는 장치
과압방지장치	제연구역의 압력이 설정압력을 초과하는 경우 자동으로 압력을 조절하여 과압을 방지하는 장치
굴뚝효과	건물 내부와 외부 또는 두 내부 공간 상하간의 온도 차이에 의한 밀도 차이로 발생하는 건물 내부의 수직 기류
기밀상태	일정한 공간에 있는 유체가 누설되지 않는 밀폐 상태
누설틈새면적	가압 또는 감압된 공간과 인접한 사이에 공기의 흐름이 가능한 틈새의 면적
수직풍도	건축물의 층간에 수직으로 설치된 풍도
외기취입구	옥외로부터 옥내로 외기를 취입하는 개구부
제어반	각종 기기의 작동 여부 확인과 자동 또는 수동 기동 등이 가능한 장치

차압측정공	제연구역과 비 제연구역과의 압력 차를 측정하기 위해 제연구역과 비제연구역 사이의 출입문 등에 설치된 공기가 흐를 수 있는 관통형 통로

3 제연구역의 선정 ★

1. 계단실 및 그 부속실을 동시에 제연하는 것
2. 부속실만을 단독으로 제연하는 것
3. 계단실을 단독으로 제연하는 것

4 차압 등 ★★

1. 제연구역과 옥내와의 사이에 유지하여야 하는 최소 차압 : **40Pa(옥내에 스프링클러 설비가 설치된 경우에는 12.5Pa) 이상**
2. 제연설비가 가동되었을 경우 **출입문의 개방에 필요한 힘 : 110N 이하**
3. 출입문이 일시적으로 개방되는 경우 개방되지 아니하는 제연구역과 옥내와의 차압은 기준에 따른 **차압의 70% 이상이어야 한다.**
4. 계단실과 부속실을 동시에 제연 하는 경우 부속실의 기압은 계단실과 같게 하거나 계단실의 기압보다 낮게 할 경우에는 **부속실과 계단실의 압력 차이는 5Pa 이하**

5 급기량

1. **급기량** = 누설량 + 보충량

    1) 누설량 : 차압을 유지하기 위하여 제연구역에 공급하여야 할 공기량. 이 경우 제연구역에 설치된 출입문(창문 포함)의 누설량과 같다.
    2) 보충량 : 보충량은 부속실(또는 승강장)의 수가 20개 이하는 1개층 이상, 20개를 초과하는 경우에는 2개층 이상의 보충량

2. **급기량의 산출**

$$급기량 = 누설량 + 보충량 = 0.827 A_t P^{\frac{1}{N}} + \left(\frac{AV}{0.6} \times K - Q_0\right)$$

P : 차압[Pa], N : 상수(문 2.0, 창문 1.6), A : 출입문의 면적[m²]
A_t : 누설틈새면적[m²], Q_0 : 거실 유입풍량[m³/s]
K : 상수(부속실수 20 이하 K = 1, 부속실수가 20 초과 K = 2)

6 제연구역에 따른 방연풍속 ★★★

제연구역		방연풍속
계단실 및 그 부속실을 동시에 제연하는 것 또는 계단실만 단독으로 제연하는 것		0.5m/s 이상
부속실만 단독으로 제연하는 것	부속실이 면하는 옥내가 거실인 경우	0.7m/s 이상
	부속실이 면하는 옥내가 복도로서 그 구조가 방화구조(내화시간이 30분 이상인 구조를 포함한다)인 것	0.5m/s 이상

7 과압방지조치 ★

1. 과압방지장치는 제연구역의 압력을 자동으로 조절하는 성능
2. 플랩댐퍼에 사용하는 철판은 **두께 1.5mm 이상**의 열간압연연강판

8 누설틈새의 면적

1. 출입문의 틈새면적 ★★★

$$A = \frac{L}{l} \times A_d$$

A : 출입문의 틈새(m^2)
L : 출입문 틈새의 길이(m)
 다만, L의 수치가 l의 수치 이하인 경우에는 l의 수치로 할 것

출입문		l(m)	$A_d(m^2)$
외여닫이문	제연구역의 실내 쪽으로 열리도록 설치하는 경우	5.6	0.01
	제연구역의 실외 쪽으로 열리도록 설치하는 경우		0.02
쌍여닫이문		9.2	0.03
승강기의 출입문		8.0	0.06

2. 창문의 틈새면적

1) 여닫이식 창문으로서 창틀에 방수패킹이 없는 경우
  틈새면적 (m^2) = 2.55×10^{-4} × 틈새의 길이(m)
2) 여닫이식 창문으로서 창틀에 방수패킹이 있는 경우
  틈새면적 (m^2) = 3.61×10^{-5} × 틈새의 길이(m)

3) 미닫이식 창문이 설치되어 있는 경우

　　틈새면적 (m²) = 1.00×10^{-4} × 틈새의 길이(m)

9 수직풍도에 따른 배출

1. 수직풍도는 내화구조로 할 것

2. 수직풍도의 내부면은 **두께 0.5mm 이상**의 아연도금강판 또는 동등 이상의 내식성·내열성이 있는 것으로 마감되는 접합부에 대하여는 통기성이 없도록 조치할 것

3. 배출댐퍼 설치기준 ★

　　1) 배출댐퍼는 **두께 1.5mm 이상**의 강판, 비 내식성 재료의 경우에는 부식방지조치를 할 것
　　2) 평상시 닫힌 구조로 기밀상태를 유지할 것
　　3) 구동부의 작동상태와 닫혀 있을 때의 기밀상태를 수시로 점검할 수 있는 구조일 것
　　4) 화재층의 옥내에 설치된 화재감지기의 동작에 따라 당해 층의 댐퍼가 개방될 것.

4. 수직풍도의 내부단면적 기준 ★

　　1) 자연배출식의 경우 다음 식에 따라 산출하는 수치 이상으로 할 것. 다만, **수직풍도의 길이가 100m를 초과하는 경우에는 산출수치의 1.2배 이상**의 수치로 할 것

$$A_P = \frac{Q_N}{2}$$

A_P: 수직풍도의 내부단면적(m²)
Q_N: 수직풍도가 담당하는 1개층의 제연구역의 출입문(옥내와 면하는 출입문을 말한다) 1개의 면적(m²)과 방연풍속(m/s)를 곱한 값(m³/s)

　　2) 송풍기를 이용한 **기계배출식의 경우에는 풍속 15m/s 이하**로 할 것

$$A_P = \frac{Q_N}{15}$$

5. 배출용 송풍기 기준

　　1) 열기류에 노출되는 송풍기 및 그 부품들은 **250℃**의 온도에서 1시간 이상 가동상태를 유지할 것
　　2) 송풍기는 옥내의 화재감지기의 동작에 따라 연동하도록 할 것
　　3) 송풍기의 풍량은 Q_N에 여유량을 더한 양을 기준으로 할 것

10 급기구의 댐퍼설치 기준 ★

1. 급기댐퍼는 두께 **1.5mm** 이상의 강판 또는 이와 동등 이상의 강도가 있는 것으로 설치하여야 하며, 비 내식성 재료의 경우에는 부식방지조치
2. 옥내에 설치된 화재감지기에 따라 **모든 제연구역의 댐퍼가 개방**되도록 할 것

11 급기풍도

1. 수직풍도 이외의 풍도로서 금속판으로 설치하는 풍도 기준 ★★★

    1) 풍도 강판의 두께

풍도단면의 긴변 또는 직경의 크기	450mm 이하	450mm 초과 750mm 이하	750mm 초과 1,500mm 이하	1,500mm 초과 2,250mm 이하	2,250mm 초과
강판두께	0.5mm	0.6mm	0.8mm	1.0mm	1.2mm

    2) 풍도에서의 누설량은 급기량의 **10%**를 초과하지 아니할 것

12 외기취입구 ★

1) 취입구는 배기구(유입공기, 주방의 조리대의 배출공기 또는 화장실의 배출공기 등을 배출하는 배기구) 등으로부터 **수평거리 5m 이상, 수직거리 1m 이상** 낮은 위치에 설치할 것
2) 취입구를 옥상에 설치하는 경우 옥상의 외곽 면으로부터 **수평거리 5m 이상**, 외곽면의 상단으로부터 하부로 **수직거리 1m 이하의 위치**에 설치할 것
3) 취입구는 빗물과 이물질이 유입하지 아니하는 구조로 할 것

13 제어반 ★

1. 제어반에는 제어반의 기능을 **1시간 이상** 유지할 수 있는 용량의 비상용 축전지를 내장할 것

제28장 출제예상문제

01 부속실의 제연설비에서 사용하는 용어에 대한 설명 중 옳지 않은 것은?
① 방연풍속이란 옥내로부터 제연구역내로 연기의 유입을 유효하게 방지할 수 있는 풍속을 말한다.
② 자동차압과압조절형 급기댐퍼란 제연구역과 옥내 사이의 차압을 압력센서 등으로 감지하여 제연구역에 공급되는 풍량의 조절로 제연구역의 차압 유지를 자동으로 제어할 수 있는 댐퍼
③ 유입공기란 제연구역으로부터 옥내로 유입하는 공기로서 차압에 따라 누설하는 것과 출입문의 개방에 따라 유입하는 것을 말한다.
④ 보충량이란 방연풍속을 유지하기 위하여 제연구역에 보충하여야 할 공기량을 말한다.

해설 자동차압과압조절형 급기댐퍼가 아닌 **자동차압급기댐퍼** 이다.
제연구역과 옥내 사이의 차압을 압력센서 등으로 감지하여 제연구역에 공급되는 풍량의 조절로 제연구역의 차압 유지를 자동으로 제어할 수 있는 댐퍼

02 제연구역과 옥내사이에 유지하여야 하는 최소차압은 (㉠) 이상, 제연설비가 가동되었을 경우 출입문의 개방에 필요한 힘은 (㉡) 이하로 하여야 하는가?
(단, 옥내에는 스프링클러설비가 설치되지 않았다.)
① ㉠ 40Pa, ㉡ 133N
② ㉠ 40Pa, ㉡ 133N
③ ㉠ 40Pa, ㉡ 110N
④ ㉠ 12.5Pa, ㉡ 110N

해설 차압 및 출입문 개방력
① 제연구역과 옥내사이에 유지하여야 하는 최소차압은 40Pa(옥내에 스프링클러설비가 설치된 경우에는 12.5Pa) 이상
② 제연설비가 가동되었을 경우 출입문 개방에 필요한 힘은 110N 이하

03 급기 가압방식으로 실내를 가압할 때 그 실의 문 틈새를 통하여 누출되는 공기의 양에 대한 설명 중 옳은 것은?
① 문의 틈새면적에 비례한다.
② 문을 경계로 한 실내외의 기압차에 비례한다.
③ 문의 틈새면적에 반비례한다.
④ 문을 경계로 한 실내외의 기압차에 반비례한다.

해설 누설량 : 누설틈새면적에 비례, 압력차(차압)의 제곱근에 비례
$Q = 0.827 A_t P^{\frac{1}{N}}$, 여기서 A_t: 누설틈새면적, P: 차압(압력차)

정답 1. ② 2. ③ 3. ①

04 부속실의 출입문을 외여닫이문으로 하는 경우에 누설틈새의 면적 [m²]은 얼마인가? (단, 출입문 틈새의 길이는 5.6m, 출입문은 제연구역의 실외 쪽으로 열리도록 한다.)

① 0.01 ② 0.02 ③ 0.03 ④ 0.06

해설 누설틈새의 면적 $A = \dfrac{L}{l} \times A_d = \dfrac{5.6}{5.6} \times 0.02 = 0.02\,\mathrm{m}^2$

05 제연구역으로부터 공기가 누설하는 출입문의 누설 틈새면적을 식 $A = \dfrac{L}{l} \times A_d$ 로 산출할 때 각 출입문의 l과 A_d의 수치로 옳지 않은 것은?

① 외여닫이문의 경우 $l = 5.6$
  제연구역의 실내 쪽으로 열리는 경우 $A_d = 0.01$
② 외여닫이문의 경우 $l = 5.6$
  제연구역의 실외 쪽으로 열리는 경우 $A_d = 0.02$
③ 쌍여닫이문의 경우 $l = 11.2$, $A_d = 0.03$
④ 승강기 출입문의 경우 $l = 8.0$, $A_d = 0.06$

해설 l : 쌍여닫이문이 설치되어 있는 경우에는 9.2
A_d : 쌍여닫이문의 경우에는 0.03

06 유입공기의 배출방식으로 옳지 않은 것은?

① 수직풍도에 따른 배출 ② 배출구에 따른 배출
③ 플랩댐퍼에 의한 배출 ④ 제연설비에 의한 배출

해설 유입공기의 배출방식
수직풍도에 따른 배출, 배출구에 따른 배출, 제연설비에 의한 배출 방식이 있다.

07 특별피난계단의 부속실에 제연설비를 하려고 한다. 송풍기를 이용한 기계배출식 수직풍도의 최소 내부 단면적은 몇 m² 이상이어야 하는가? (단, 수직풍도가 담당하는 1개층 제연구역의 출입문 1개의 규격은 0.9m×2m, 방연풍속은 0.5m/s를 적용한다.)

① 0.04 ② 0.06 ③ 0.08 ④ 0.12

해설 수직풍도 내부단면적
$A_P = \dfrac{Q_N}{15} = \dfrac{AV}{15} = \dfrac{0.9\mathrm{m} \times 2\mathrm{m} \times 0.5\mathrm{m/s}}{15\mathrm{m/s}} = 0.06\,\mathrm{m}^2$

정답 4. ② 5. ③ 6. ③ 7. ②

08 특별피난계단의 계단실 및 부속실 제연설비의 화재안전기준상 계단실의 높이가 31m 이하로서 계단실만을 제연 하는 경우에는 하나의 계단실에 몇 개의 급기구를 설치하여야 하는가?

① 1개 ② 2개 ③ 3개 ④ 4개

해설 계단실의 높이가 31m 이하로서 계단실만을 제연하는 경우에는 하나의 계단실에 하나의 급기구만을 설치할 수 있다.

09 특별피난계단의 계단실 및 부속실에 설치하는 수동기동장치의 기준으로 옳지 않은 것은?

① 배출댐퍼 및 개폐기의 직근과 제연구역에는 전용의 수동기동장치를 설치한다.
② 수동기동장치에 의해 급기송풍기 및 유입공기의 배출용 송풍기가 작동하여야 한다.
③ 수동기동장치에 의하여 개방·고정된 제연구역과 계단실 사이 출입문의 개폐장치가 작동하여야 한다.
④ 해당층의 배출댐퍼 또는 개폐기의 개방은 옥내에 설치된 수동발신기의 조작에 따라서도 작동할 수 있도록 하여야 한다.

해설 개방·고정된 모든 출입문(제연구역과 옥내사이의 출입문에 한함)의 개폐장치의 작동

10 급기송풍기의 설치기준으로 옳지 않은 것은?

① 송풍기의 송풍능력은 송풍기가 담당하는 제연구역에 대한 급기량의 1.15배 이상으로 할 것.
② 송풍기에는 풍량조절장치를 설치하여 풍량조절을 할 수 있도록 할 것
③ 송풍기에는 풍량을 실측할 수 있는 유효한 조치를 할 것
④ 송풍기와 연결되는 캔버스는 내열성이 있는 석면재료로 할 것

해설 송풍기와 연결되는 캔버스는 내열성(석면재료를 제외한다)이 있는 것으로 할 것

11 특별피난계단의 부속실에 설치된 제연설비의 제어반 기능에 관한 기준으로 옳지 않은 것은?

① 급기용 댐퍼의 개폐에 대한 감시 및 원격조작기능
② 급기송풍기와 유입공기의 배출용 송풍기의 작동여부에 대한 감시 및 원격조작기능
③ 수동기동장치의 작동여부에 대한 감시기능
④ 비상전원의 원격조작기능

해설 비상전원의 원격조작기능은 해당 사항이 없다.

정답 8. ① 9. ③ 10. ④ 11. ④

12 특별피난계단의 계단실 및 부속실 제연설비에 대한 다음의 설명 중 틀린 것은?
  ① 제연구역과 옥내와의 사이에 유지하여야 하는 최소차압은 40Pa 이상
  ② 제연설비가 가동되었을 경우 출입문의 개방에 필요한 힘은 133N 이하
  ③ 계단실과 부속실을 동시에 제연하는 경우 부속실의 기압은 계단실과 같게 하거나 압력차이가 5Pa 이하
  ④ 계단실 및 그 부속실을 동시에 제연하는 것 또는 계단실만 제연할 때의 방연풍속은 0.5m/s 이상

  해설 제연설비가 가동되었을 경우 출입문의 개방에 필요한 힘은 110N 이하

13 다음과 같은 조건에서 평면에서 '실 Ⅰ'에 급기하여야 할 풍량은 최소 몇 m³/s인가?
(단, 계산결과 값은 소수점 넷째자리에서 반올림함)

> ○ 각 실의 출입문(d_1, d_2)은 닫혀 있고, 각 출입문의 누설틈새는 0.02 m²이며, 각 실의 출입문 이외의 누설틈새는 없다.
> ○ '실 Ⅰ'과 외기 간의 차압은 50 Pa로 한다.
> ○ 풍량산출식은 $Q = 0.827 \times A \times P^{1/2}$ 이다.(Q : 풍량, A : 누설틈새면적, P : 차압)

① 0.040
② 0.083
③ 0.117
④ 0.234

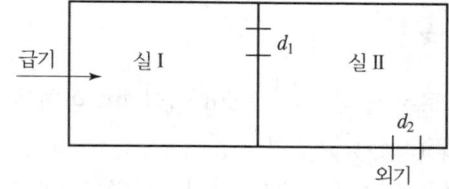

해설 풍량계산
  ① 누설틈새면적 $A = \left(\dfrac{1}{0.02^2} + \dfrac{1}{0.02^2}\right)^{-\frac{1}{2}} = 0.01414\,\text{m}^2$
  ② 풍량 $Q = 0.827 \times A \times P^{1/2} = 0.827 \times 0.01414 \times 50^{1/2} = 0.08268 = 0.083\,\text{m}^3/\text{s}$

14 특별피난계단의 계단실 및 부속실 제연설비의 화재안전기술기준상 다음 조건에 따른 출입문의 틈새면적 (m²)은?

> ○ 출입문 틈새의 길이(L): 7m
> ○ 설치된 출입문(l, A_d): 제연구역의 실내 쪽으로 열리도록 설치하는 외여닫이문
> ○ 소수점 다섯째 자리에서 반올림함

① 0.01   ② 0.0125   ③ 0.0152   ④ 0.0228

  해설 출입문 틈새면적 $A = \dfrac{L}{l} A_d = \dfrac{7\text{m}}{5.6\text{m}} \times 0.01\text{m}^2 = 0.0125\text{m}^2$

정답 12. ② 13. ② 14. ②

제29장 연결송수관설비

1 설치대상 ★

위험물 저장 및 처리 시설 중 가스시설 및 지하구는 제외한다)은 다음의 어느 하나에 해당하는 것으로 한다.
1) 층수가 5층 이상으로서 연면적 6천 m² 이상인 경우에는 모든 층
2) 1)에 해당하지 않는 특정소방대상물로서 지하층을 포함하는 층수가 7층 이상인 경우에는 모든 층
3) 1) 및 2)에 해당하지 않는 특정소방대상물로서 지하층의 층수가 3층 이상이고 지하층의 바닥면적의 합계가 1천 m² 이상인 경우에는 모든 층
4) 지하가 중 터널로서 길이가 1천 m 이상인 것

2 송수구 ★

1. 지면으로부터 높이가 **0.5m 이상 1m 이하**의 위치
2. 구경 **65mm**의 쌍구형
3. 송수구는 연결송수관의 수직배관마다 1개 이상
4. 송수구의 부근에는 자동배수밸브 및 체크밸브 설치

습식의 경우	송수구-자동배수밸브-체크밸브의 순
건식의 경우	송수구-자동배수밸브-체크밸브-자동배수밸브의 순

3 배관

1. 연결송수관설비의 배관 설치기준 ★★★

    1) 주배관의 구경 : 100mm 이상
    2) 지면으로부터의 **높이가 31m 이상**인 특정소방대상물 또는 **지상 11층 이상**인 특정소방대상물에 있어서는 **습식설비**로 할 것

2. 연결송수관설비의 배관은 **주배관의 구경이 100mm 이상**인 옥내소화전설비의 배관과 겸용 가능

4 방수구 ★

1. 연결송수관설비의 방수구는 그 특정소방대상물의 층마다 설치할 것.

> **설치제외**
> 1) 아파트의 1층 및 2층
> 2) 소방차의 접근이 가능하고 소방대원이 소방차로부터 각 부분에 쉽게 도달할 수 있는 피난층

2. 방수구는 **아파트 또는 바닥면적이 1,000m² 미만인 층**에 있어서는 **계단으로부터 5m 이내**에, 바닥면적 1,000m² 이상인 층(아파트를 제외)에 있어서는 각 계단으로부터 5m 이내에 설치하되, 그 방수구로부터 그 층의 각 부분까지의 거리가 다음 각목의 기준을 초과하는 경우에는 그 기준 이하가 되도록 방수구를 추가하여 설치할 것
   1) **지하가**(터널은 제외한다) 또는 **지하층**의 바닥면적의 합계가 **3,000m² 이상**인 것은 수평거리 **25m**
   2) 1)목에 해당하지 아니하는 것은 수평거리 50m
3. **11층 이상**의 부분에 설치하는 방수구는 **쌍구형**

> **단구형으로 설치할 수 있는 경우**
> 1) **아파트의 용도로 사용되는 층**
> 2) 스프링클러설비가 유효하게 설치되어 있고 방수구가 2개소 이상 설치된 층

4. 방수구의 호스접결구는 바닥으로부터 **높이 0.5m 이상 1m 이하**
5. 방수구는 연결송수관설비의 전용 방수구 또는 옥내소화전방수구로서 구경 **65mm**의 것

5 방수기구함 ★★

1. 방수기구함은 피난층과 가장 가까운 층을 기준으로 **3개 층마다 설치**하되, 그 층의 **방수구마다 보행거리 5m 이내**에 설치할 것
2. 방수기구함에는 **길이 15m의 호스와 방사형 관창**을 다음 각목의 기준에 따라 비치할 것
   1) 호스는 방수구에 연결하였을 때 그 방수구가 담당하는 구역의 각 부분에 유효하게 물이 뿌려질 수 있는 개수 이상을 비치할 것. 이 경우 쌍구형 방수구는 단구형 방수구의 2배 이상의 개수를 설치하여야 한다.
   2) 방사형 관창은 단구형 방수구의 경우에는 1개, 쌍구형 방수구의 경우에는 2개 이상 비치할 것

6 가압송수장치 ★★★

1. 설치대상 : 지표면에서 **최상층 방수구의 높이가 70 m 이상**의 특정소방대상물
2. 펌프의 **토출량**은 2,400 L/min(계단식 아파트의 경우에는 1,200 L/min) 이상이 되는 것으로 할 것. 다만, 해당 층에 설치된 방수구가 **3개를 초과**(방수구가 5개 이상인 경우에는 5개)하는 것에 있어서는 1개마다 800 L/min(계단식 아파트의 경우에는 400 L/min)를 가산한 양이 되는 것
3. 펌프의 양정은 최상층에 설치된 **노즐선단의 압력이 0.35 MPa 이상**의 압력이 되도록 할 것
4. **수동스위치는 2개 이상을 설치**하되, 그 중 1개는 다음 각목의 기준에 따라 송수구의 부근에 설치하여야 한다.
   1) 송수구로부터 **5 m 이내**의 보기 쉬운 장소에 바닥으로부터 **높이 0.8 m 이상 1.5 m 이하**로 설치할 것
   2) **1.5 mm 이상의 강판함에 수납**하여 설치하고 "연결송수관설비 수동스위치"라고 표시한 표지를 부착할 것. 이경우 문짝은 **불연재료**로 설치할 수 있다.
5. 수조의 유효수량은 펌프 정격토출량의 **150%로 5분 이상** 방수할 수 있는 양 이상
6. 펌프의 성능시험 시 방수되는 물로 침수피해가 발생하지 않도록 **배수설비**가 되어 있을 것

제29장 출제예상문제

01 건식 연결송수관 설비에서 설치순서로 적당한 것은?
① 송수구−자동배수밸브−체크밸브
② 송수구−체크밸브−자동배수밸브
③ 송수구−자동배수밸브−체크밸브−자동배수밸브
④ 송수구−체크밸브−자동배수밸브−체크밸브

[해설] 자동배수밸브 및 체크밸브 순서
  습식 : 송수구−자동배수밸브−체크밸브
  건식 : 송수구−자동배수밸브−체크밸브−자동배수밸브

02 연결송수관설비의 송수구에 관하여 설명한 것이다. 옳은 것은?
① 지면으로부터 높이가 0.8~1.5m 이하의 위치에 설치할 것
② 연결송수관의 수직배관마다 2개 이상을 설치할 것
③ 구경 65mm의 쌍구형으로 할 것
④ 습식의 경우에는 송수구·자동배수밸브·체크밸브·자동배수밸브의 순으로 설치할 것

[해설] 보기설명
  ① 지면으로부터 높이가 0.5m 이상 1m 이하의 위치에 설치할 것
  ② 송수구는 연결송수관의 수직배관마다 1개 이상을 설치할 것.
  ③ 자동배수밸브 및 체크밸브 순서

습식의 경우	송수구−자동배수밸브−체크밸브의 순
건식의 경우	송수구−자동배수밸브−체크밸브−자동배수밸브의 순

03 연결송수관설비의 배관 설치기준으로 옳은 것은?
① 지상 11층 이상인 특정소방대상물은 습식설비로 한다.
② 주배관의 구경은 75mm 이상으로 한다.
③ 연결송수관설비의 수직배관은 학교 또는 공장이거나 배관 주위를 1시간 이상의 내화성능이 있는 재료로 보호하는 경우에는 설치하지 않아도 된다.
④ 배관은 주배관의 구경이 75mm 이상인 옥내소화전설비의 배관과 겸용할 수 있다.

[해설] 지면으로부터의 높이가 31m 이상인 소방대상물 또는 지상 11층 이상인 특정소방대상물에 있어서는 습식설비로 할 것

정답 1. ③ 2. ③ 3. ①

04 다음 ( )안에 알맞은 수치는?

[보기]
연결송수관설비 주배관의 구경은 (㉮)mm 이상이고 연결송수관설비 방수구의 구경은 (㉯)mm이다.

① ㉮ 65, ㉯ 65
② ㉮ 100, ㉯ 65
③ ㉮ 80, ㉯ 100
④ ㉮ 100, ㉯ 40

해설 주배관 : 구경 100mm 이상, 방수구는 연결송수관설비의 전용 방수구 또는 옥내소화전 방수구로서 구경 65mm의 것으로 하여야 한다.

05 연결송수관의 주배관이 옥내소화전설비의 배관과 겸용할 수 있는 경우는 언제인가?

① 구경이 100mm 이상인 경우
② 준비작동식 스프링클러설비인 경우
③ 건물의 층고가 31m 이하인 경우
④ 가압펌프가 따로 설치되어 있는 경우

해설 연결송수관설비의 배관과 겸용
주배관은 구경 100mm 이상, 방수구로 연결되는 배관 구경은 65mm 이상

06 연결송수관설비의 배관에 대한 설명으로 틀린 것은?

① 주배관의 구경은 100mm 이상으로 할 것
② 지면으로부터 높이가 31m 이상인 소방대상물은 습식설비로 할 것
③ 주배관의 구경이 100mm 이상인 스프링클러설비 배관과 겸용할 수 있다.
④ 지상 11층 이상인 소방대상물은 건식 설비로 할 것

해설 연결송수관설비의 배관기준
① 주배관의 구경은 100mm 이상의 것으로 할 것
② 지면으로부터의 높이가 31m 이상인 특정소방대상물 또는 지상 11층 이상인 특정소방대상물에 있어서는 습식설비로 할 것

07 연결송수관설비의 방수구 설치에서 지하가 또는 지하층의 바닥면적의 합계가 3,000m² 이상일 때 이 층의 각 부분으로부터 방수구까지의 수평거리기준으로 옳은 것은?

① 25m
② 50m
③ 65m
④ 100m

해설 지하가(터널은 제외한다) 또는 지하층의 바닥면적의 합계가 3,000m² 이상인 것은 수평거리 25m

정답 4. ② 5. ① 6. ④ 7. ①

08 연결송수관설비에 관한 설명 중 옳지 않은 것은?

① 송수구는 연결송수관의 입상배관마다 1개 이상을 설치하여야 한다.
② 습식의 경우 송수구 부근에는 송수구, 자동배수밸브, 체크밸브의 순으로 설치하여야 한다.
③ 주배관의 구경은 65mm 이상으로 할 것
④ 지면으로부터의 높이가 31m 이상인 소방대상물에는 습식설비로 할 것

해설 연결송수관설비 주배관의 구경은 100mm 이상으로 할 것

09 11층 이상의 소방대상물에 설치하는 연결송수관설비의 방수구를 단구형으로 설치하여도 되는 것은?

① 스프링클러설비가 유효하게 설치되어 있고 방수구가 2개소 이상 설치된 층
② 오피스텔의 용도로 사용되는 층
③ 스프링클러 설비가 설치되어 있지 않은 층
④ 아파트의 용도 이외로 사용되는 층

해설 11층 이상의 부분에 설치하는 방수구를 단구형으로 할 수 있는 경우
　① 아파트의 용도로 사용되는 층
　② 스프링클러설비가 유효하게 설치되어 있고 방수구가 2개소 이상 설치된 층

10 연결송수관설비의 방수구를 설치하는 당해 층의 각 부분으로부터 방수구까지의 수평거리가 기준으로 옳은 것은?

① 지하가인 경우에는 25m
② 지하층의 바닥면적의 합계가 3,000m² 인 경우에는 50m
③ 지상층의 경우에는 65m
④ 피난층의 경우에는 100m

해설 추가 배치기준
　① 지하가(터널은 제외한다) 또는 지하층의 바닥면적의 합계가 3,000m² 이상인 것은 수평거리 25m
　② 기타 : 수평거리 50m

11 연결송수관설비의 방수구에 관한 사항 중 옳지 않은 것은?

① 방수구는 당해 소방대상물의 3층 이상의 층마다 설치할 것
② 아파트의 용도로 사용되는 층의 방수구는 단구형으로 설치할 수 있다.
③ 11층 이상의 부분에 설치하는 방수구는 쌍구형일 것
④ 방수구는 개폐기능을 가진 것으로 할 것

해설 연결송수관설비의 방수구는 그 특정소방대상물의 층마다 설치할 것.

정답 8. ③　9. ①　10. ①　11. ①

12 연결송수관설비의 송수관 설치에서 결합 금속구의 구경은 몇 mm인가?
① 32mm
② 40mm
③ 50mm
④ 65mm

해설 송수구 구경 : 65mm의 쌍구형으로 할 것

13 연결송수관설비의 방수기구함은 방수구가 가장 많이 설치된 층을 기준으로 하여 3개 층마다 설치하되, 그 층의 방수구마다 보행거리 몇 m 이내에 설치하는가?
① 3m 이내
② 4m 이내
③ 5m 이내
④ 6m 이내

해설 그 층의 방수구마다 보행거리 5m 이내에 설치할 것

14 연결송수관설비에 관한 설명이다. 틀린 것은?
① 아파트 용도의 11층 이상에 설치하는 방수구는 단구형으로 할 수 있다.
② 배관은 지면으로부터 높이가 31m 이상인 소방대상물에 습식설비로 설치한다.
③ 주배관의 관경은 100mm 이상의 것이어야 한다.
④ 지표면에서 최상층 방수구의 높이가 70m 이상인 소방대상물의 펌프양정은 최상층에 설치된 노즐선단의 압력이 0.25MPa 이상의 압력이 되어야 한다.

해설 펌프의 양정은 최상층에 설치된 노즐선단의 압력이 0.35MPa 이상의 압력이 되도록 할 것

15 연결송수관설비의 가압송수장치 설치에서 방수구의 수량이 가장 많이 설치된 층이 3개라면 이 때 필요한 펌프의 분당 토출량은 얼마 이상이어야 하는가?(단, 소방대상물은 지표면에서 최상층 방수구의 높이가 70m 이상인 일반건물이다.)
① 3,600L
② 3,000L
③ 2,800L
④ 2,400L

해설 펌프의 토출량은 2,400L/min(계단식 아파트의 경우에는 1,200L/min) 이상

정답 12. ④　13. ③　14. ④　15. ④

16 방수구가 각 층에 2개씩 설치된 소방대상물에 연결송수관 가압송수장치를 설치하려 한다. 가압송수장치의 설치 대상과 최상층 말단의 노즐에서 요구되는 최소 방사압력, 토출량이 적합한 것은?

① 설치대상 : 높이 60m 이상인 소방대상물, 방사압력 : 0.25MPa 이상, 토출량 : 2,200L/min 이상
② 설치대상 : 높이 70m 이상인 소방대상물, 방사압력 : 0.25MPa 이상, 토출량 : 2,200L/min 이상
③ 설치대상 : 높이 60m 이상인 소방대상물, 방사압력 : 0.35MPa 이상, 토출량 : 2,400L/min 이상
④ 설치대상 : 높이 70m 이상인 소방대상물, 방사압력 : 0.35MPa 이상, 토출량 : 2,400L/min 이상

해설 설치대상 : 높이 70m 이상인 소방대상물, 방사압력 : 0.35MPa 이상, 토출량 : 2400ℓ/min 이상

17 연결송수관설비의 배관내 사용압력이 1.2MPa 이상인 경우에 반드시 사용하여야 하는 것은?

① 배관용 탄소강관
② 배관용 스테인레스강관
③ 배관용 아크용접 탄소강강관
④ 덕타일 주철관

해설 배관내 사용압력이 1.2MPa 이상인 경우 사용
① 압력배관용 탄소강관
② 배관용 아크용접 탄소강강관

18 연결송수관설비의 설치기준으로 옳지 않은 것은?

① 건식연결송수관설비의 송수구 부근의 자동배수밸브 및 체크밸브는 송수구·체크밸브·자동배수밸브순으로 설치할 것
② 방수기구함은 피난층과 가장 가까운 층을 기준으로 3개층마다 설치하되, 그 층의 방수구마다 보행거리 5m 이내에 설치할 것
③ 지표면에서 최상층 방수구의 높이가 70m 이상의 특정소방대상물에는 연결송수관설비의 가압송수장치를 설치하여야 한다.
④ 11층 이상의 아파트의 용도로 사용되는 층에 설치하는 방수구는 단구형으로 할 수 있다.

해설 자동배수밸브 및 체크밸브 순서
① 습식 : 송수구, 자동배수밸브, 체크밸브의 순서
② 건식 : 송수구, 자동배수밸브, 체크밸브, 자동배수밸브의 순서

정답 16. ④ 17. ③ 18. ①

19 지표면에서 최상층 방수구의 높이가 70m 이상인 특정소방대상물에 설치하는 연결송수관설비의 가압송수장치에 관한 화재안전기술기준으로 옳은 것은?

① 충압펌프가 기동이 된 경우에는 자동으로 정지되지 아니하도록 하여야 한다.
② 펌프의 토출량은 계단식 아파트의 경우에는 1,200L/min 이상이 되는 것으로 하여야 한다.
③ 펌프의 양정은 최상층에 설치된 노즐선단의 압력이 0.25MPa 이상의 압력이 되도록 하여야 한다.
④ 펌프의 토출측에는 압력계를 체크밸브 이후로 펌프 토출측 플랜지에서 가까운 곳에 설치하여야 한다.

해설 펌프의 토출량은 2,400L/min(계단식 아파트의 경우에는 1,200L/min) 이상

20 연결송수관설비의 화재안전기술기준상 방수구는 특정소방대상물의 층마다 설치해야 한다. 방수구 설치를 제외할 수 있는 것으로 옳지 않은 것은?

① 아파트의 1층 및 2층
② 소방차의 접근이 가능하고 소방대원이 소방차로부터 각 부분에 쉽게 도달할 수 있는 피난층
③ 송수구가 부설된 옥내소화전을 설치한 특정소방대상물(집회장·관람장·백화점·도매시장·소매시장·판매시설·공장·창고시설 또는 지하가를 제외한다)로서 지하층을 제외한 층수가 5층 이하이고 연면적이 6,000 m² 이하인 특정소방대상물의 지상층
④ 송수구가 부설된 옥내소화전을 설치한 특정소방대상물(집회장·관람장·백화점·도매시장·소매시장·판매시설·공장·창고시설 또는 지하가를 제외한다)로서 지하층의 층수가 2 이하인 특정소방대상물의 지하층

해설 송수구가 부설된 옥내소화전을 설치한 특정소방대상물(집회장·관람장·백화점·도매시장·소매시장·판매시설·공장·창고시설 또는 지하가를 제외한다)로서 다음의 어느 하나에 해당하는 층
1) 지하층을 제외한 층수가 4층 이하이고 연면적이 6,000m² 미만인 특정소방대상물의 지상층
2) 지하층의 층수가 2 이하인 특정소방대상물의 지하층

정답 19. ② 20. ③

제30장 연결살수설비

1 설치대상

지하구는 제외한다)은 다음의 어느 하나에 해당하는 것으로 한다.
1) 판매시설, 운수시설, 창고시설 중 물류터미널로서 해당 용도로 사용되는 부분의 바닥면적의 합계가 1천 m^2 이상인 경우에는 해당 시설
2) 지하층(피난층으로 주된 출입구가 도로와 접한 경우는 제외한다)으로서 바닥면적의 합계가 150 m^2 이상인 경우에는 지하층의 모든 층. 다만, 「주택법 시행령」제46조제1항에 따른 국민주택규모 이하인 아파트등의 지하층(대피시설로 사용하는 것만 해당한다)과 교육연구시설 중 학교의 지하층의 경우에는 700 m^2 이상인 것으로 한다.
3) 가스시설 중 지상에 노출된 탱크의 용량이 30톤 이상인 탱크시설
4) 1) 및 2)의 특정소방대상물에 부속된 연결통로

2 송수구

1. 송수구 설치기준 ★★

1) 소방차가 쉽게 접근할 수 있고 노출된 장소에 설치할 것. 이 경우 가연성가스의 저장·취급시설에 설치하는 연결살수설비의 송수구는 그 방호대상물로부터 **20m 이상의 거리**를 두거나 방호대상물에 면하는 부분이 높이 **1.5m 이상 폭 2.5m 이상**의 철근콘크리트 벽으로 가려진 장소에 설치
2) 송수구는 구경 **65mm의 쌍구형**. 다만, 하나의 송수구역에 부착하는 **살수헤드의 수가 10개 이하**인 것에 있어서는 **단구형**
3) 개방형헤드를 사용하는 송수구의 호스접결구는 각 송수구역마다 설치할 것.
4) 소방관의 호스연결 등 소화작업에 용이하도록 지면으로부터 높이가 **0.5m 이상 1m 이하의 위치**

2. 자동배수밸브 및 체크밸브 설치기준 ★★★

1) **폐쇄형헤드**를 사용하는 설비의 경우에는 **송수구·자동배수밸브·체크밸브**의 순으로 설치할 것
2) **개방형헤드**를 사용하는 설비의 경우에는 **송수구·자동배수밸브**의 순으로 설치할 것
3) 자동배수밸브는 배관안의 물이 잘 빠질 수 있는 위치에 설치하되, 배수로 인하여 다른 물건 또는 장소에 피해를 주지 아니할 것

3. 개방형헤드를 사용하는 연결살수설비에 있어서 하나의 송수구역에 설치하는 살수헤드의 수는 10개 이하

3 배관

1. 연결살수설비 전용헤드 수별 급수관의 구경 ★★★

하나의 배관에 부착하는 살수헤드의 개수	1개	2개	3개	4개 또는 5개	6개 이상 10개 이하
배관의 구경(mm)	32	40	50	65	80

2. 개방형헤드를 사용하는 연결살수설비에 있어서의 수평주행배관은 헤드를 향하여 상향으로 **100분의 1 이상**의 기울기로 설치하고 주배관 중 낮은 부분에는 자동배수밸브를 설치

4 연결살수설비의 헤드

1. 연결살수설비의 헤드는 **연결살수설비 전용헤드** 또는 **스프링클러헤드로 설치**

2. 건축물에 설치하는 연결살수설비의 헤드 기준 ★★★

1) 천장 또는 반자의 실내에 면하는 부분에 설치할 것
2) 천장 또는 반자의 각 부분으로부터 하나의 살수헤드까지의 수평거리
    ① **연결살수설비 전용헤드 : 3.7m 이하**
    ② **스프링클러헤드의 경우 : 2.3m 이하**

3. 폐쇄형스프링클러헤드를 설치하는 경우 설치기준 ★

1) 그 설치장소의 평상시 최고 주위온도에 따라 다음 표에 따른 표시온도의 것으로 설치할 것. 다만, 높이가 **4m 이상**인 공장 및 창고(랙크식창고를 포함한다)에 설

치하는 스프링클러헤드는 그 설치장소의 평상시 최고 주위온도에 관계없이 표시온도 **121℃ 이상**의 것으로 할 수 있다.

설치장소의 최고 주위온도	표시온도
39℃ 미만	79℃ 미만
39℃ 이상 64℃ 미만	79℃ 이상 121℃ 미만
64℃ 이상 106℃ 미만	121℃ 이상 162℃ 미만
106℃ 이상	162℃ 이상

2) 살수가 방해되지 아니하도록 스프링클러헤드로부터 반경 **60cm 이상**의 공간을 보유할 것. 다만, 벽과 스프링클러헤드간의 공간은 **10cm 이상**
3) 스프링클러헤드와 그 부착면과의 거리는 **30cm 이하**

4. 가연성 가스의 저장·취급시설에 설치하는 연결살수설비의 헤드기준 ★

1) 연결살수설비 전용의 개방형헤드를 설치할 것
2) 가스저장탱크·가스홀더 및 가스발생기의 주위에 설치하되, 헤드상호간의 거리는 **3.7m 이하**
3) 헤드의 살수범위는 가스저장탱크·가스홀더 및 가스발생기의 몸체의 중간 윗부분의 모든 부분이 포함되도록 해야 하고 살수 된 물이 흘러내리면서 살수범위에 포함되지 않은 부분에도 모두 적셔질 수 있도록 할 것

제30장 출제예상문제

01 가연성 가스의 저장·취급시설에 설치하는 연결살수설비의 송수구는 그 방호대상물로부터 얼마 이상의 거리를 두어야 하는가?
① 10m 이상
② 15m 이상
③ 20m 이상
④ 25m 이상

해설 가연성 가스의 저장·취급시설의 연결살수설비의 송수구는 그 방호대상물로부터 20m 이상의 거리를 두거나 방호대상물에 면하는 부분이 높이 1.5m이상, 폭 2.5m이상의 철근콘크리트벽으로 가려진 장소에 설치한다.

02 연결살수설비의 송수구 설치기준에 대한 내용으로 맞는 것은?
① 폐쇄형 헤드를 사용하는 설비의 경우에는 송수구→자동배수밸브→체크밸브의 순으로 설치할 것
② 폐쇄형 헤드를 사용하는 송수구의 호스접결구는 각 송수구역마다 설치할 것
③ 개방형 헤드를 사용하는 연결살수설비에 있어서 하나의 송수구역에 설치하는 살수헤드의 수는 20개 이하가 되도록 할 것
④ 송수구의 높이가 0.5m 이하의 위치에 설치할 것

해설 보기설명
① 개방형헤드를 사용하는 경우 송수구의 호스접결구는 각 송수구역마다 설치할 것
② 개방형헤드를 사용하는 연결살수설비에 있어서 하나의 송수구역에 설치하는 살수헤드의 수는 10개 이하
③ 송수구의 높이 : 지면으로부터 높이 0.5m 이상 1m 이하

03 개방형 헤드를 사용하는 연결살수설비에서 하나의 송수구역에 설치하는 살수헤드의 수는 몇 개인가?
① 10개 이하
② 15개 이하
③ 20개 이하
④ 30개 이하

해설 개방형헤드를 사용하는 연결살수설비에 있어서 하나의 송수구역에 설치하는 살수헤드의 수는 10개 이하가 되도록 하여야 한다.

정답 1. ③ 2. ① 3. ①

04 연결살수설비 전용헤드를 사용하는 경우 배관의 구경이 50 mm 일 때 하나의 배관에 부착하는 살수헤드의 개수는 몇 개인가?

① 1   ② 2   ③ 3   ④ 4

해설 연결살수설비 전용헤드

하나의 배관에 부착 하는 살수헤드의 개수	1개	2개	3개	4개 또는 5개	6개 이상 10개 이하
배관의 구경(mm)	32	40	50	65	80

05 연결살수설비의 배관 중 하나의 배관에 부착하는 살수헤드의 수가 8개인 경우 배관의 구경은 몇 mm 이상의 것을 사용하여야 하는가?

① 65mm   ② 80mm   ③ 100mm   ④ 125mm

해설 배관구경에 따른 헤드 수

하나의 배관에 부착하는 살수헤드의 개수	1개	2개	3개	4개 또는 5개	6개 이상 10개 이하
배관의 구경(mm)	32	40	50	65	80

06 연결살수설비의 배관에 관한 설치기준으로 옳지 않은 것은?

① 폐쇄형헤드를 사용하는 경우, 시험배관은 송수구의 가장 먼 가지배관의 끝으로부터 연결하여 설치한다.
② 연결살수설비 전용헤드를 사용하는 경우 배관의 구경이 50mm일 때 하나의 배관에 부착하는 헤드의 개수는 3개이다.
③ 개방형헤드를 사용하는 수평주행배관은 헤드를 향하여 상향으로 1/500 이상의 기울기로 설치한다.
④ 가지배관의 배열은 토너먼트방식이 아니어야 한다.

해설 수평주행배관의 기울기는 1/100 이상으로 하여야 한다.

07 천장 또는 반자의 각 부분으로부터 하나의 살수헤드까지의 수평거리가 연결살수설비 전용헤드의 경우 몇 m 이하에 설치하여야 하는가?

① 1.7m 이하   ② 2.1m 이하   ③ 2.5m 이하   ④ 3.7m 이하

해설 연결살수설비 수평거리
① 연결살수설비 전용헤드 : 3.7m 이하   ② 스프링클러헤드 : 2.3m 이하

정답 4. ③ 5. ② 6. ③ 7. ④

08 연결살수설비에 스프링클러헤드를 사용하는 경우 천장 또는 반자의 각 부분으로부터 하나의 살수헤드까지의 수평거리의 최대기준은 몇 [m] 이하인가?

① 2.1m ② 2.3m ③ 3.2m ④ 3.7m

해설 연결살수설비 수평거리
① 연결살수설비 전용헤드 : 3.7m 이하
② 스프링클러헤드 : 2.3m 이하

09 연결살수설비의 화재안전기술기준에 의한 설치기준으로 옳지 않은 것은?

① 교차배관에는 가지배관과 가지배관사이마다 1개 이상의 행가를 설치하되, 가지배관 사이의 거리가 4.5m를 초과하는 경우에는 4.5m 이내마다 1개 이상 설치할 것
② 개방형헤드를 사용하는 연결살수설비의 수평주행배관은 헤드를 향하여 상향으로 100분의 1 이상의 기울기로 설치할 것
③ 천장 또는 반자의 각 부분으로부터 하나의 살수헤드까지의 수평거리가 연결살수설비 전용헤드의 경우는 2.3m 이하로 할 것
④ 습식 연결살수설비의 배관은 동결방지조치를 하거나 동결의 우려가 없는 장소에 설치할 것

해설 연결살수설비전용헤드의 경우는 3.7m 이하

10 연결살수설비를 전용헤드로 건축물의 실내에 설치할 경우 헤드간의 거리는 약 몇 m 인가? (단, 헤드의 설치는 정방형 간격이다.)

① 2.3m ② 3.5m ③ 3.7m ④ 5.2m

해설 정방형 배치이므로 헤드간의 거리
$S = 2r\cos 45° = 2 \times 3.7 \times \cos 45° = 5.23m$

11 연결살수설비를 설치하여야 하는 층고 8m의 창고에 폐쇄형스프링클러헤드를 설치하는 경우에 헤드의 표시온도(℃)로 옳은 것은?(단, 창고의 평상시 최고 주위온도는 45℃이다.)

① 79℃ 미만 ② 79℃ 이상 121℃ 미만
③ 121℃ 이상 ④ 162℃ 이상

해설 높이가 4m 이상인 공장 및 창고(랙크식창고를 포함한다)에 설치하는 스프링클러헤드는 그 설치장소의 평상시 최고 주위온도에 관계없이 표시온도 121℃ 이상의 것으로 할 수 있다.

정답 8. ② 9. ③ 10. ④ 11. ③

12 하향식 폐쇄형 스프링클러 헤드는 살수에 방해가 되지 않도록 헤드주의 반경 몇 센터미터 이상의 살수공간을 확보하여야 하는가?

① 40cm ② 45cm ③ 50cm ④ 60cm

해설 살수가 방해되지 아니하도록 스프링클러헤드로부터 반경 60cm 이상의 공간을 보유할 것. 다만, 벽과 스프링클러헤드간의 공간은 10cm 이상

13 가연성가스의 저장취급시설에 설치하는 연결살수설비의 헤드설치 기준으로 옳지 않은 것은?

① 연결살수설비 전용의 개방형헤드를 설치할 것
② 헤드 상호간의 거리는 3.7m 이하
③ 가스 저장탱크, 가스홀더 및 가스발생기 주위에 설치
④ 헤드의 살수범위는 가스 저장탱크, 가스홀더 및 가스발생기의 몸체의 아래 부분이 포함되도록 한다.

해설 헤드의 살수범위는 가스저장탱크·가스홀더 및 가스발생기의 몸체의 중간 윗부분의 모든 부분이 포함되도록 하여야 한다.

14 폐쇄형헤드를 사용하는 연결살수설비의 주 배관과 연결하여야 하는 대상으로 적절치 않은 것은?

① 옥내소화전설비의 주배관 ② 수도배관
③ 옥상에 설치된 물탱크 ④ 스프링클러설비의 주배관

해설 폐쇄형헤드를 사용하는 연결살수설비의 주배관과 연결하여야 하는 대상
① 옥내소화전설비의 주배관(옥내소화전설비가 설치된 경우에 한함)
② 수도배관(건축물내 수도배관 중 구경이 가장 큰 것)
③ 옥상에 설치된 수조(다른 설비의 수조를 포함)

15 연결살수설비의 화재안전기술기준상 연결살수설비의 헤드를 설치해야 할 곳은?

① 천장·반자중 한쪽이 불연재료로 되어있고 천장과 반자사이의 거리가 0.9m인 부분
② 고온의 노가 설치된 장소 또는 물과 격렬하게 반응하는 물품의 저장 또는 취급장소
③ 천장 및 반자가 불연재료외의 것으로 되어 있고 천장과 반자사이의 거리가 1.5m인 부분
④ 현관으로서 바닥으로부터 높이가 20m인 장소

해설 천장 및 반자가 불연재료외의 것으로 되어 있고 천장과 반자사이의 거리가 0.5m인 부분은 헤드의 설치가 제외된다.

정답 12. ④ 13. ④ 14. ④ 15. ③

16 연결살수설비에서 폐쇄형 스프링클러헤드를 설치하는 경우 화재안전기술기준으로 옳은 것은?

① 스프링클러헤드와 그 부착면과의 거리는 55cm 이하로 하여야 한다.
② 높이가 4m 이상인 공장에 설치하는 스프링클러헤드는 그 설치장소의 평상시 최고 주위온도에 관계없이 표시온도 106℃ 이상의 것으로 할 수 있다.
③ 습식 연결살수설비외의 설비에는 상향식스프링클러헤드를 설치하여야 한다.
④ 스프링클러헤드의 반사판은 그 부착면과 10분의 1 이상 경사되지 않게 설치하여야 한다.

해설 보기설명
① 스프링클러헤드와 그 부착면과의 거리는 **30cm 이하**로 하여야 한다.
② 높이가 4m 이상인 공장 및 창고(랙크식창고를 포함한다)에 설치하는 스프링클러헤드는 그 설치장소의 평상시 최고 주위온도에 관계없이 표시온도 121℃ **이상**의 것으로 할 수 있다.
③ 스프링클러헤드의 반사판은 그 부착면과 **평행**하게 설치할 것. 다만, 측벽형헤드 또는 연소할 우려가 있는 개구부에 설치하는 스프링클러헤드의 경우에는 그렇지 않다.

정답 16. ③

제31장 비상콘센트설비

1 설치대상 ★★★

위험물 저장 및 처리 시설 중 가스시설 및 지하구는 제외한다)은 다음의 어느 하나에 해당하는 것으로 한다.
1) 층수가 11층 이상인 특정소방대상물의 경우에는 11층 이상의 층
2) 지하층의 층수가 3층 이상이고 지하층의 바닥면적의 합계가 1천 m^2 이상인 것은 지하층의 모든 층
3) 지하가 중 터널로서 길이가 500m 이상인 것

2 용어정의 ★★★

용어	정의
저압	직류는 1.5kV 이하, 교류는 1kV 이하인 것
고압	직류는 1.5kV를, 교류는 1kV를 넘고 7kV 이하
특고압	7kV를 넘는 것
비상전원	상용전원으로부터 전력의 공급이 중단된 때에는 자동으로 공급되는 전원

3 전원 및 콘센트 등

1. 비상콘센트설비 전원기준 ★

1) 상용전원회로의 배선

저압수전인 경우	인입개폐기의 직후에서 분기하여 전용배선
고압수전 또는 특고압수전인 경우	전력용변압기 2차측의 주차단기 1차측 또는 2차측에서 분기하여 전용배선

2) 자가발전설비, 비상전원수전설비, 축전지설비 또는 전기저장장치 설치대상
지하층을 제외한 **층수가 7층 이상으로서 연면적이 2,000m^2 이상**이거나 **지하층의 바닥면적의 합계가 3,000m^2 이상**인 특정소방대상물

2. 비상콘센트설비의 전원회로 기준 ★★★

1) 비상콘센트설비의 전원회로는 **단상교류 220V, 그 공급용량은 1.5kVA 이상**인 것
2) 전원회로는 각층에 있어서 **2 이상**이 되도록 설치할 것. 다만, 설치해야 할 층의 비상콘센트가 1개인 때에는 하나의 회로로 할 수 있다.
3) 전원회로는 주배전반에서 **전용**회로로 할 것
4) 전원으로부터 각층의 비상콘센트에 분기되는 경우에는 **분기배선용 차단기**를 보호함 안에 설치할 것
5) 콘센트마다 **배선용 차단기**(KS C 8321)를 설치하여야 하며, 충전부가 노출되지 아니하도록 할 것
6) 비상콘센트용의 풀박스 등은 방청도장을 한 것으로서, **두께 1.6mm 이상**의 철판으로 할 것
7) 하나의 전용회로에 설치하는 비상콘센트는 **10개 이하**로 할 것. 이 경우 전선의 용량은 각 비상콘센트(비상콘센트가 3개 이상인 경우에는 3개)의 공급용량을 합한 용량 이상의 것

$$\text{전선의 용량 } I = \frac{1.5\text{kVA} \times 수량(3개이상은\ 3개)}{220\text{V}}[A]$$

3. 비상콘센트의 플러그접속기는 **접지형 2극 플러그접속기**(KS C 8305)를 사용

4. 비상콘센트의 플러그접속기의 칼받이의 접지극에는 **접지공사**

5. 비상콘센트 설치기준 ★

1) 바닥으로부터 높이 **0.8 m 이상 1.5 m 이하**의 위치에 설치
2) 비상콘센트의 배치는 바닥면적이 1,000 m² 미만인 층은 계단의 출입구(계단의 부속실을 포함하며 계단이 2 이상 있는 경우에는 그중 1개의 계단을 말한다)로부터 5미터 이내에, 바닥면적 1,000 m² 이상인 층은 각 계단의 출입구 또는 계단 부속실의 출입구(계단의 부속실을 포함하며 계단이 세 개이상 있는 층의 경우에는 그중 두 개의 계단을 말한다)로부터 5미터 이내에 설치
   ① 지하상가 또는 지하층의 바닥면적의 합계가 3,000 m² 이상인 것은 수평거리 **25m**
   ② ①목에 해당하지 아니하는 것은 수평거리 50m

6. 전원부와 외함 사이의 절연저항 및 절연내력 ★★

1) 절연저항은 전원부와 외함 사이를 **500V 절연저항계로 측정할 때 20MΩ 이상**
2) 절연내력은 전원부와 외함 사이에 **정격전압이 150V 이하인 경우 1,000V의 실효전압**을, **정격전압이 150V 이상인 경우**에는 그 정격전압에 2를 곱하여 1,000을 더한 실효전압을 가하는 시험에서 **1분 이상** 견디는 것으로 할 것

4 보호함 ★

1) 보호함에는 쉽게 개폐할 수 있는 문을 설치할 것
2) 보호함 표면에 "비상콘센트"라고 표시한 표지를 할 것
3) 보호함 상부에 **적색의 표시등**을 설치할 것. 다만, 비상콘센트의 보호함을 옥내소화전함 등과 접속하여 설치하는 경우에는 **옥내소화전함** 등의 표시등과 겸용할 수 있다.

제31장 출제예상문제

01 비상콘센트설비를 설치하여야 하는 특정소방대상물이 아닌 것은?
① 층수가 11층 이상인 특정소방대상물의 경우에는 11층 이상의 층
② 지하층의 층수가 3개층 이상이고 지하층의 바닥면적의 합계가 1천제곱 미터 이상인 것은 지하층의 모든 층
③ 지하층의 바닥면적의 합계가 3천 m² 이상인 것
④ 지하가 중 터널로서 길이가 500 m 이상인 것

해설 지하층의 바닥면적의 합계가 3천 m² 이상인 것은 무선통신보조설비 설치대상이다.

02 비상콘센트를 다음과 같은 조건으로 현장에 설치한 경우 화재안전기준과 맞지 않는 것은?
① 바닥으로부터 높이 1.45m에 움직이지 않게 고정시켜 설치된 경우
② 바닥면적이 800m²인 층의 계단 출입구에서 4m 이내 설치된 경우
③ 바닥면적의 합계가 12,000m²인 지하상가의 수평거리 30m 마다 추가 설치한 경우
④ 바닥면적의 합계가 2,500m²인 지하층의 수평거리 40m 마다 추가로 설치된 경우

해설 바닥면적의 합계가 12,000m² 인 지하상가의 경우에는 수평거리 25m 이하마다 추가로 설치하여야 한다.

03 다음 중 비상콘센트설비에서 적용하는 고압전원의 기준으로 알맞은 것은?
① 직류는 600V를, 교류는 750V를 넘고 10kV 이하일 것
② 직류는 1.5kV를, 교류는 1kV를 넘고 7kV 이하일 것
③ 직류는 1kV를, 교류는 1.5kV를 넘고 7kV 이하일 것
④ 직류는 750V를, 교류는 600V를 넘고 10kV 이하일 것

해설 고압 : 직류는 1.5kV를, 교류는 1kV를 넘고 7kV 이하

04 비상콘센트설비의 비상전원 중 자가발전설비는 비상콘센트설비를 유효하게 몇 분 이상 작동시킬 수 있는 용량이어야 하는가?
① 10분 ② 20분 ③ 40분 ④ 120분

해설 비상콘센트설비를 유효하게 20분 이상 작동시킬 수 있는 용량으로 할 것

정답 1. ③ 2. ③ 3. ② 4. ②

05 비상콘센트설비의 전원회로의 공급용량은 단상교류 몇 [V]로서 몇 [kVA] 이상인 것으로 하여야 하는가?

① 220V, 1.0kVA ② 220V, 1.5kVA
③ 380V, 1.5kVA ④ 380V, 3.0kVA

[해설] 전원회로의 공급용량 : 단상교류 220V, 1.5kVA 이상

06 하나의 전용회로에 설치하는 비상콘센트의 수는 몇 개 이하가 되도록 설치하여야 하는가?

① 3개 ② 5개 ③ 7개 ④ 10개

[해설] 하나의 전용회로에 설치하는 비상콘센트는 10개 이하로 할 것. 이 경우 전선의 용량은 각 비상콘센트(비상콘센트가 3개 이상인 경우에는 3개)의 공급용량을 합한 용량 이상의 것으로 하여야 한다.

07 다음 중 비상콘센트설비의 전원공급회로의 설치기준으로 틀린 것은?

① 전원회로는 단상 교류의 경우 220V 인 것으로 한다.
② 전원회로의 공급용량은 단상 교류의 경우 1.5kVA 이상의 것으로 한다.
③ 전원회로는 주배전반에서 전용회로로 한다.
④ 전원으로부터 각 층의 비상콘센트에 분기하는 경우 분기배선용 차단기를 보호함 밖에 설치한다.

[해설] 전원으로부터 각층의 비상콘센트에 분기되는 경우에는 분기배선용 차단기를 보호함안에 설치할 것

08 비상콘센트설비의 전원회로 설치기준으로 옳지 않은 것은?

① 하나의 전용회로에 설치하는 비상콘센트는 10개 이상으로 할 것
② 전원회로는 각 층에 있어서 2 이상이 되도록 설치할 것
③ 콘센트마다 배선용차단기를 설치하여야 하며 충전부는 노출되지 아니하도록 할 것
④ 비상콘센트용의 풀박스 등은 두께 1.6mm 이상의 방청도장을 한 철판으로 할 것

[해설] 하나의 전용회로에 설치하는 비상콘센트는 10개 이하로 할 것.

09 비상콘센트의 플러그접속기는 단상 교류 220V의 것에 있어서 어떤 것을 사용하여야 하는가?

① 2극 플러그접속기 ② 접지형 2극 플러그접속기
③ 4극 플러그접속기 ④ 접지형 4극 플러그접속기

[해설] 비상콘센트의 플러그접속기 : 접지형 2극

정답 5. ② 6. ④ 7. ④ 8. ① 9. ②

10 비상 콘센트설비의 설치기준으로 옳지 않은 것은?

① 11층 이상의 각층에 설치할 것.
② 바닥으로부터 높이 0.8[m] 이상 1.5[m] 이하의 위치에 설치할 것.
③ 당해 층의 각 부분으로부터 수평거리 40[m] 이하마다 설치할 것.
④ 단상 220[V]의 것에는 접지형 2극 플러그 접속기를 사용할 것.

해설 비상콘센트설비 추가 설치기준
① 지하상가 또는 지하층의 바닥면적의 합계가 3,000m² 이상인 것은 수평거리 25m
② 기타 : 수평거리 50m

11 비상콘센트의 배치는 바닥면적 1000 m² 미만인 층은 계단의 출입구(계단의 부속실을 포함하여 계단이 2 이상 있는 경우에는 그 중 1개의 계단을 말한다.)로부터 몇 [m] 이내에 설치하여야 하는가?

① 1 m ② 2 m ③ 3 m ④ 5 m

해설 비상콘센트의 배치는 바닥면적이 1,000m² 미만인 층은 계단의 출입구(계단의 부속실을 포함하며 계단이 2 이상 있는 경우에는 그중 1개의 계단을 말한다)로부터 5m 이내

12 비상콘센트설비의 전원부와 외함 사이의 절연저항은 몇 MΩ 이상으로 하여야 하는가?

① 0.1 ② 1 ③ 20 ④ 50

해설 전원부와 외함 사이를 500V 절연저항계로 측정할 때 20MΩ 이상일 것

13 비상콘센트의 절연저항은 전원부와 외함 사이를 몇 [V]용 절연저항계로 측정할 때 20MΩ 이상이어야 하는가?

① 100 ② 250 ③ 300 ④ 500

해설 전원부와 외함 사이의 절연저항은 전원부와 외함사이를 500V 절연저항계로 측정할 때 20MΩ 이상일 것

14 비상콘센트설비의 전원부와 외함 사이의 절연저항에 대한 기준으로 옳은 것은?

① 250[V] 절연저항계로 측정하여 5[MΩ] 이상
② 250[V] 절연저항계로 측정하여 20[MΩ] 이상
③ 500[V] 절연저항계로 측정하여 5[MΩ] 이상
④ 500[V] 절연저항계로 측정하여 20[MΩ] 이상

해설 비상콘센트의 전원부와 외함 사이를 500[V]절연저항계로 측정할 때 20[MΩ] 이상이어야 한다.

정답 10. ③ 11. ④ 12. ③ 13. ④ 14. ④

15 비상콘센트설비의 절연내력시험시 전원부와 외함 사이의 정격전압이 150V 이하인 경우 인가하는 실효전압은?
  ① 150V
  ② 300V
  ③ 500V
  ④ 1,000V

  해설 절연내력은 전원부와 외함 사이에 정격전압이 150V 이하인 경우에는 1,000V의 실효전압을 가하는 시험에서 1분 이상 견디는 것으로 할 것

16 비상콘센트의 전원 설치에 관한 설명으로 틀린 것은?
  ① 상용전원회로의 배선은 저압수전인 경우에는 인입개폐기의 직후에서 분기하여 전용배선으로 할 것
  ② 비상전원을 실내에 설치하는 때에는 그 실내에 비상조명등을 설치할 것
  ③ 비상전원의 설치장소는 다른 장소와 방화구획 할 것
  ④ 비상전원은 비상콘센트설비를 유효하게 10분 이상 작동시킬 수 있는 용량으로 설치할 것

  해설 비상콘센트설비의 비상전원 용량 : 20분 이상

17 비상콘센트설비에 설치하는 비상전원의 종류로 옳은 것은?
  ① 비상전원수전설비 또는 자가발전설비
  ② 비상전원수전설비 또는 축전지
  ③ 자가발전설비 또는 축전지
  ④ 축전지설비 또는 동력제어설비

  해설 비상콘센트설비 비상전원 : 자가발전설비, 축전지설비, 전기저장장치 또는 비상전원수전설비

18 비상콘센트설비의 상용전원회로의 배선은 고압수전 또는 특고압수전인 경우에는 어디에서 분기하여 전용배선으로 하여야 하는가?
  ① 인입개폐기의 직후
  ② 전력용변압기 2차측의 주차단기 1차측
  ③ 간선개폐기의 직후
  ④ 전력용변압기 1차측의 주차단기 2차측

  해설 상용전원회로의 배선은 저압수전인 경우에는 인입개폐기의 직후에서, 고압수전 또는 특고압수전인 경우에는 전력용변압기 2차측의 주차단기 1차측 또는 2차측에서 분기하여 전용배선으로 할 것

정답 15. ④ 16. ④ 17. ① 18. ②

19 비상콘센트설비의 화재안전기술기준에 관한 설명으로 옳지 않은 것은?

① 하나의 전용회로에 설치하는 비상콘센트는 10개 이하로 할 것
② 비상콘센트의 전원부와 외함 사이의 절연저항은 전원부와 외함 사이를 500V 절연저항계로 측정할 때 20MΩ 미만일 것
③ 비상콘센트는 바닥으로부터 0.8m 이상 1.5m 이하의 위치에 설치할 것
④ 전원회로는 각 층에 2 이상이 되도록 설치할 것. 다만, 설치하여야 할 층의 비상콘센트가 1개인 때에는 하나의 회로로 할 수 있다.

해설 절연저항은 전원부와 외함 사이를 500V 절연저항계로 측정할 때 20MΩ 이상일 것

20 비상콘센트설비의 화재안전기술기준상 전원회로의 설치기준으로 옳지 않은 것은?

① 비상콘센트설비의 전원회로는 단상교류 220V인 것으로서, 그 공급용량은 1.5kVA 이상인 것으로 할 것
② 전원회로는 각 층에 2 이상이 되도록 설치할 것(다만, 설치하여야 할 층의 비상콘센트가 1개인 때에는 하나의 회로로 할 수 있다.)
③ 비상콘센트용의 풀박스 등은 방청도장을 한 것으로서, 두께 1.6mm 이상의 철판으로 할 것
④ 하나의 전용회로에 설치하는 비상콘센트는 15개 이하로 할 것

해설 하나의 전용회로에 설치하는 비상콘센트는 10개 이하로 할 것

21 비상콘센트설비의 화재안전기술기준상 전원회로 설치기준으로 옳지 않은 것은?

① 하나의 전용회로에 설치하는 비상콘센트는 10개 이하로 할 것
② 콘센트마다 플러그접속 차단기를 설치하여야 하며, 충전부가 노출되지 아니하도록 할 것
③ 전원으로부터 각 층의 비상콘센트에 분기되는 경우에는 분기배선용 차단기를 보호함안에 설치할 것
④ 비상콘센트설비의 전원회로는 단상교류 220V인 것으로, 그 공급용량 1.5kVA 이상인 것을 할 것

해설 콘센트마다 배선용 차단기(KS C 8321)를 설치하여야 하며, 충전부가 노출되지 아니하도록 할 것

정답 19. ② 20. ④ 21. ②

22 다음은 비상콘센트설비의 화재안전기술기준상 전원의 설치기준이다. ( )에 들어갈 것으로 옳은 것은?

> 지하층을 제외한 층수가 (ㄱ)층 이상으로서 연면적이 (ㄴ) m² 이상이거나 지하층의 바닥면적의 합계가 (ㄷ)m² 이상인 특정소방대상물의 비상콘센트 설비에는 자가발전설비, 비상전원수전설비, 축전지설비 또는 전기저장장치(외부 전기에너지를 저장해 두었다가 필요한 때 전기를 공급하는 장치를 말한다)를 비상전원으로 설치할 것

① ㄱ : 5, ㄴ : 1,000, ㄷ : 2,000
② ㄱ : 5, ㄴ : 2,000, ㄷ : 3,000
③ ㄱ : 7, ㄴ : 1,000, ㄷ : 2,000
④ ㄱ : 7, ㄴ : 2,000, ㄷ : 3,000

해설 지하층을 제외한 층수가 7층 이상으로서 연면적이 2,000 m² 이상이거나 지하층의 바닥면적의 합계가 3,000 m² 이상인 특정소방대상물의 비상콘센트설비에는 자가발전설비, 비상전원수전설비, 축전지설비 또는 전기저장장치(외부 전기에너지를 저장해 두었다가 필요한 때 전기를 공급하는 장치를 말한다)를 비상전원으로 설치할 것.

정답 22. ④

제32장 무선통신보조설비

1 설치대상 ★★★

위험물 저장 및 처리시설 중 가스시설은 제외한다)은 다음의 어느 하나에 해당하는 것으로 한다.
1) 지하가(터널은 제외한다)로서 연면적 1천 m^2 이상인 것
2) 지하층의 바닥면적의 합계가 3천 m^2 이상인 것 또는 지하층의 층수가 3층 이상이고 지하층의 바닥면적의 합계가 1천 m^2 이상인 것은 지하층의 모든 층
3) 지하가 중 터널로서 길이가 500 m 이상인 것
4) 지하구 중 공동구
5) 층수가 30층 이상인 것으로서 16층 이상 부분의 모든 층

2 용어정의 ★

용어	정의
누설동축케이블	동축케이블의 외부도체에 가느다란 홈을 만들어서 전파가 외부로 새어나 갈 수 있도록 한 케이블
분배기	신호의 전송로가 분기되는 장소에 설치하는 것으로 **임피던스 매칭(Matching)과 신호 균등분배를 위해 사용**하는 장치
분파기	서로 다른 주파수의 합성된 신호를 분리하기 위해서 사용하는 장치
혼합기	두개 이상의 입력신호를 원하는 비율로 조합한 출력이 발생하도록 하는 장치
증폭기	전압·전류의 진폭을 늘려 감도 등을 개선하는 장치
무선중계기	안테나를 통하여 수신된 무전기 신호를 증폭한 후 음영지역에 재방사하여 무전기 상호 간 송수신이 가능하도록 하는 장치
옥외안테나	감시제어반 등에 설치된 무선중계기의 입력과 출력포트에 연결되어 송수신 신호를 원활하게 방사·수신하기 위해 옥외에 설치하는 장치

3 설치제외 ★

지하층으로서 특정소방대상물의 바닥부분 **2면 이상**이 지표면과 동일하거나 지표면으로부터의 **깊이가 1m 이하**인 경우에는 해당층에 한하여 설치 제외

4 누설동축케이블 등 ★★★

1. 누설동축케이블 및 동축케이블은 불연 또는 난연성의 것으로서 습기에 따라 전기의 특성이 변질되지 아니하는 것으로 하고, 노출하여 설치한 경우에는 피난 및 통행에 장애가 없도록 할 것
2. 누설동축케이블 및 동축케이블은 화재에 따라 해당 케이블의 피복이 소실된 경우에 케이블 본체가 떨어지지 아니하도록 **4m 이내**마다 금속제 또는 자기제등의 지지금구로 벽·천장·기둥 등에 견고하게 고정시킬 것. 다만, 불연재료로 구획된 반자 안에 설치하는 경우에는 그러하지 아니하다.
3. 누설동축케이블 및 안테나는 금속판 등에 따라 전파의 복사 또는 특성이 현저하게 저하되지 아니하는 위치에 설치할 것
4. 누설동축케이블 및 안테나는 고압의 전로로부터 **1.5m 이상** 떨어진 위치에 설치할 것. 다만, 해당 전로에 **정전기 차폐장치를 유효하게 설치한 경우**에는 그러하지 아니하다.
5. 누설동축케이블의 끝부분에는 **무반사 종단저항**을 견고하게 설치할 것
6. 누설동축케이블 또는 동축케이블의 **임피던스는 50Ω**으로 하고, 이에 접속하는 안테나·분배기 기타의 장치는 해당 임피던스에 적합한 것

5 분배기·분파기 및 혼합기 설치기준 ★

1. 먼지·습기 및 부식 등에 따라 기능에 이상을 가져오지 아니하도록 할 것
2. **임피던스는 50Ω**의 것으로 할 것
3. 점검에 편리하고 화재 등의 재해로 인한 피해의 우려가 없는 장소에 설치

6 증폭기 등 ★

1. 전원은 전기가 정상적으로 공급되는 **축전지, 전기저장장치** 또는 교류전압 옥내**간선**으로 하고, 전원까지의 배선은 전용으로 할 것
2. 증폭기의 전면에는 주회로의 전원이 정상인지의 여부를 표시할 수 있는 **표시등 및 전압계**를 설치할 것
3. 증폭기에는 비상전원이 부착된 것으로 하고 해당 비상전원 용량은 무선통신보조설비를 유효하게 **30분 이상 작동**시킬 수 있는 것으로 할 것
4. 증폭기 및 무선중계기를 설치하는 경우에는 적합성평가를 받은 제품으로 설치하고 임의로 변경하지 않도록 할 것
5. 디지털 방식의 무전기를 사용하는데 지장이 없도록 설치할 것

제32장 출제예상문제

01 무선통신보조설비의 설치대상으로 옳은 것은?
① 터널로서 연면적 1천제곱미터 이상인 것
② 지하층의 바닥면적의 합계가 1천제곱미터 이상인 것
③ 지하층의 층수가 3개층 이상이고 지하층의 바닥면적의 합계가 3천제곱미터 이상인 것은 지하층의 전 층
④ 층수가 30층 이상인 것으로서 16층 이상 부분의 모든 층

해설 설치대상
① 지하가(터널은 제외한다)로서 연면적 1천m^2 이상인 것
② 지하층의 바닥면적의 합계가 3천m^2 이상인 것 또는 지하층의 층수가 3층 이상이고 지하층의 바닥면적의 합계가 1천m^2 이상인 것은 지하층의 모든 층
③ 지하가 중 터널로서 길이가 500m 이상인 것
④ 공동구
⑤ 층수가 30층 이상인 것으로서 16층 이상 부분의 모든 층

02 무선통신보조설비에서 두 개 이상의 입력신호를 원하는 비율로 조합한 출력이 발생하도록 하는 장치는?
① 분배기   ② 혼합기   ③ 증폭기   ④ 분파기

해설 혼합기 : 두개 이상의 입력신호를 원하는 비율로 조합한 출력이 발생하도록 하는 장치

03 신호의 전송로가 분기되는 장소에 설치하는 것으로 임피던스 매칭과 신호의 균등분배를 위하여 사용하는 장치로 옳은 것은?
① 혼합기   ② 분파기   ③ 증폭기   ④ 분배기

해설 분배기 : 신호의 전송로가 분기되는 장소에 설치하는 것으로 임피던스 매칭(Matching)과 신호 균등분배를 위해 사용하는 장치를 말한다.

04 지하층으로서 소방대상물의 바닥부분 2면 이상이 지표면과 동일하거나 지표면으로부터의 깊이가 몇 [m] 이하인 경우에는 해당 층에 한하여 무선통신보조설비를 설치하지 않을 수 있는가?
① 0.5m   ② 1.0m   ③ 1.5m   ④ 2.0m

해설 지하층으로서 지표면으로부터의 깊이가 1m 이하인 경우의 해당 층

정답 1.④ 2.② 3.④ 4.②

05 무선통신보조설비의 누설동축케이블을 금속제 지지금구를 이용하여 벽에 고정하고자 하는 경우 몇 [m] 이내마다 고정시켜야 하는가?

① 4[m]   ② 6[m]   ③ 8[m]   ④ 10[m]

해설 케이블 본체가 떨어지지 아니하도록 4m 이내마다 금속제 또는 자기제등의 지지금구로 벽·천장·기둥 등에 견고하게 고정시킬 것.

06 무선통신보조설비의 화재안전기술기준에서 사용하는 용어의 정의에 대한 설명 중 옳은 것은?

① 분파기는 신호의 전송로가 분기되는 장소에 설치하는 것을 말한다.
② 분배기는 서로 다른 주파수의 합성된 신호를 분리하기 위해서 사용하는 장치를 말한다.
③ 누설동축케이블은 동축케이블 외부도체에 홈을 만들어서 전파가 외부로 나가도록 한 것이다.
④ 증폭기는 두 개 이상의 입력신호를 원하는 비율로 조합한 출력이 발생 되도록 하는 장치이다.

해설 보기설명
① 분파기 : 서로 다른 주파수의 합성된 신호를 분리하기 위해서 사용
② 분배기 : 신호의 전송로가 분기되는 장소에 설치하는 것으로 임피던스 매칭(Matching)과 신호 균등분배를 위해 사용하는 장치
③ 증폭기 : 신호 전송 시 신호가 약해져 수신이 불가능해지는 것을 방지하기 위해서 증폭하는 장치

07 지하가에 무선통신보조설비의 누설동축케이블을 다음과 같이 설치하였다. 옳지 않은 것은?

① 4m마다 자기제의 지지금구로 천장에 견고하게 고정하였다.
② 케이블의 끝부분에 무반사 종단저항을 설치하였다.
③ 케이블의 임피던스는 20[MΩ]으로 하였다.
④ 누설동축케이블과 고압전로와는 1.5[m] 이상의 간격을 유지하였다.

해설 누설동축케이블 또는 동축케이블의 임피던스는 50Ω으로 할 것

08 누설동축케이블 및 안테나는 고압의 전로로부터 몇 m 이상 떨어진 위치에 설치하여야 하나? (단, 전로에 정전기 차폐장치를 설치하지 아니한 경우임)

① 0.5m   ② 1.0m   ③ 1.5m   ④ 2.0m

해설 고압의 전로로부터 1.5m 이상 떨어진 위치에 설치할 것.

정답 5. ①   6. ③   7. ③   8. ③

09 무선통신보조설비에 대한 설명으로 옳지 않은 것은?

① 소화활동설비이다.
② 비상전원의 용량은 30분 이상이다.
③ 누설동축케이블의 끝부분에는 무반사 종단저항을 부착한다.
④ 누설동축케이블 또는 동축케이블의 임피던스는 100Ω의 것으로 한다.

해설 누설동축케이블 또는 동축케이블의 임피던스는 50Ω의 것으로 한다.

10 안테나를 통하여 수신된 무전기 신호를 증폭한 후 음영지역에 재방사하여 무전기 상호 간 송수신이 가능하도록 하는 장치를 무엇이라 하는가?

① 분배기
② 옥외안테나
③ 무선중계기
④ 혼합기

해설
① 분배기 : 분배기 : 신호의 전송로가 분기되는 장소에 설치하는 것으로 임피던스 매칭(Matching)과 신호 균등분배를 위해 사용하는 장치
② 옥외안테나 : 감시제어반 등에 설치된 무선중계기의 입력과 출력포트에 연결되어 송수신 신호를 원활하게 방사·수신하기 위해 옥외에 설치하는 장치
③ 혼합기 : 두 개 이상의 입력신호를 원하는 비율로 조합한 출력이 발생하도록 하는 장치

11 옥외안테나에 대한 기준으로 틀린 것은?

① 건축물, 지하가, 터널 또는 공동구의 출입구 및 출입구 인근에서 통신이 가능한 장소에 설치할 것
② 다른 용도로 사용되는 안테나로 인한 통신장애가 발생하지 않도록 설치할 것
③ 옥외안테나는 견고하게 설치하며 파손의 우려가 없는 곳에 설치하고 그 가까운 곳의 보기 쉬운 곳에 "무선통신보조설비 안테나"라는 표시와 함께 통신 가능거리를 표시한 표지를 설치할 것
④ 수신기가 설치된 장소 등 사람이 상시 근무하는 장소에는 옥외 안테나의 위치가 일부 표시된 옥외안테나 위치표시도를 비치할 것

해설 수신기가 설치된 장소 등 사람이 상시 근무하는 장소에는 옥외 안테나의 위치가 모두 표시된 옥외안테나 위치표시도를 비치할 것

12 무선통신보조설비의 증폭기의 비상전원용량은?

① 50분 이상
② 40분 이상
③ 30분 이상
④ 20분 이상

해설 증폭기 비상전원 용량 : 무선 통신보조설비를 유효하게 30분 이상 작동

정답 9. ④ 10. ③ 11. ④ 12. ③

13 다음 중 무선통신보조설비의 증폭기 설치 기준으로 옳지 않은 것은?
① 전원은 전기가 정상적으로 공급되는 축전지, 전기저장장치 또는 교류전압 옥내간선으로 하여야 한다.
② 전원까지의 배선은 전용으로 하여야 한다.
③ 증폭기의 비상전원 용량은 무선통신보조설비를 유효하게 20분 이상 작동시킬 수 있는 것으로 하여야 한다.
④ 증폭기의 전면에는 주 회로의 전원이 정상인지의 여부를 표시할 수 있는 표시등 및 전압계를 설치하여야 한다.

해설 증폭기에는 비상전원이 부착된 것으로 하고 당해 비상전원용량은 무선통신보조설비를 유효하게 30분 이상 작동시킬 수 있는 것으로 할 것

14 무선통신보조설비의 설치기준으로 옳지 않은 것은?
① 누설동축케이블의 끝부분에는 무반사 종단저항을 견고하게 설치할 것
② 분배기·분파기 및 혼합기 등의 임피던스는 100Ω의 것으로 할 것
③ 증폭기에는 비상전원이 부착된 것으로 하고 해당 비상전원 용량은 무선통신보조설비를 유효하게 30분 이상 작동시킬 수 있는 것으로 할 것
④ 누설동축케이블은 금속판 등에 따라 전파의 복사 또는 특성이 현저하게 저하되지 아니하는 위치에 설치할 것

해설 분배기·분파기 및 혼합기 등의 임피던스는 50Ω의 것으로 할 것

15 무선통신보조설비의 화재안전기준에 관한 설명으로 옳은 것은?
① 동축케이블의 임피던스는 45Ω으로 설치하여야 한다.
② 증폭기의 전면에는 주 회로의 전원이 정상인지의 여부를 표시할 수 있는 표시등 및 전류계를 설치하여야 한다.
③ 지상에 설치하는 접속단자는 보행거리 300m 이내마다 설치하고, 다른 용도로 사용되는 접속단자에는 1.5m 이상의 거리를 두어야 한다.
④ 분배기란 신호의 전송로가 분기되는 장소에 설치하는 것으로 임피던스 매칭과 신호 균등분배를 위해 사용하는 장치를 말한다.

해설 보기설명
① 동축케이블의 임피던스는 50Ω으로 설치하여야 한다.
② 증폭기의 전면에는 주 회로의 전원이 정상인지의 여부를 표시할 수 있는 표시등 및 전압계를 설치하여야 한다.

정답 13. ③ 14. ② 15. ④

③ 지상에 설치하는 접속단자는 보행거리 300m 이내마다 설치하고, 다른 용도로 사용되는 접속단자에는 5m 이상의 거리를 두어야 한다. (2021.3.25. 삭제된 기준임)

16 무선통신보조설비의 화재안전기준상 누설동축케이블 등의 설치기준으로 옳지 않은 것은?

① 누설동축케이블은 화재에 따라 해당 케이블의 피복이 소실된 경우에 케이블 본체가 떨어지지 아니하도록 4m 이내마다 금속제 또는 자기제등의 지지금구로 벽·천장·기둥 등에 견고하게 고정시킬
② 누설동축케이블의 중간부분에는 무반사 종단저항을 견고하게 설치할 것
③ 누설동축케이블 및 안테나는 금속판 등에 따라 전파의 복사 또는 특성이 현저하게 저하되지 아니하는 위치에 설치할 것
④ 누설동축케이블 및 안테나는 고압의 전로로부터 1.5m 이상 떨어진 위치에 설치할 것

해설 누설동축케이블의 끝부분에는 무반사 종단저항을 견고하게 설치할 것

17 무선통신보조설비의 화재안전기술기준상 설치기준으로 옳지 않은 것은?

① 증폭기에는 비상전원이 부착된 것으로 하고 해당 비상전원 용량은 무선통신보조설비를 유효하게 20분 이상 작동시킬 수 있는 것으로 할 것
② 수신기가 설치된 장소 등 사람이 상시 근무하는 장소에는 옥외안테나의 위치가 모두 표시된 옥외안테나 위치표시도를 비치할 것
③ 분배기·분파기 및 혼합기 등의 임피던스는 50Ω의 것으로 할 것
④ 누설동축케이블 및 동축케이블의 임피던스는 50Ω으로 하고, 이에 접속하는 안테나, 분배기 기타의 장치는 해당 임피던스에 적합한 것으로 할 것

해설 증폭기에는 비상전원이 부착된 것으로 하고 해당 비상전원 용량은 무선통신보조설비를 유효하게 30분 이상 작동시킬 수 있는 것으로 할 것

정답 16. ② 17. ①

제33장 지하구

1 소화기구 및 자동소화장치

1. 소화기구 설치기준 ★★★

① 소화기의 능력단위 : A급 화재는 개당 3단위 이상, B급 화재는 개당 5단위 이상 및 C급 화재에 적응성이 있는 것
② 소화기 한대의 총중량은 사용 및 운반의 편리성을 고려하여 **7 kg 이하**
③ 소화기는 사람이 출입할 수 있는 출입구(환기구, 작업구를 포함한다) 부근에 5개 이상 설치
④ 소화기는 바닥면으로부터 **1.5m 이하**의 높이에 설치

2. 지하구 내 발전실·변전실·송전실·변압기실·배전반실·통신기기실·전산기기실· 기타 이와 유사한 시설이 있는 장소 중 바닥면적이 **300m² 미만**인 곳에는 유효설치 방호체적 이내의 가스·분말·고체에어로졸·캐비닛형 자동소화장치를 설치하여야 한다. 다만 해당 장소에 **물분무등소화설비를 설치한 경우**에는 설치하지 않을 수 있다.

2 자동화재탐지설비

1. 감지기 설치기준 ★★★

① 먼지·습기 등의 영향을 받지 아니하고 **발화지점(1m 단위)과 온도**를 확인할 수 있는 것을 설치할 것.
② 지하구 천장의 중심부에 설치하되 감지기와 천장 중심부 하단과의 수직거리는 **30cm 이내**로 할 것.
③ 발화지점이 지하구의 실제거리와 일치하도록 수신기 등에 표시할 것.
④ 공동구 내부에 상수도용 또는 냉·난방용 설비만 존재하는 부분은 감지기를 설치하지 않을 수 있다.

2. 발신기, 지구음향장치 및 시각경보기는 설치하지 않을 수 있다.

3 유도등

사람이 출입할 수 있는 출입구(환기구, 작업구를 포함한다.)에는 해당 지하구 환경에 적합한 크기의 피난구유도등을 설치

4 연소방지설비 ★★★

1. 연소방지설비의 배관 설치기준

① 배관용 탄소강관(KS D 3507) 또는 압력배관용 탄소강관(KS D 3562)이나 이와 동등 이상의 강도·내식성 및 내열성을 가진 것
② 급수배관(송수구로부터 연소방지설비 헤드에 급수하는 배관)은 전용
③ 배관의 구경

연소방지설비전용헤드를 사용하는 경우에는 다음 표에 따른 구경 이상

하나의 배관에 부착하는 살수헤드의 개수	1개	2개	3개	4개 또는 5개	6개 이상
배관의 구경(mm)	32	40	50	65	80

④ 교차배관은 가지배관과 수평으로 설치하거나 또는 가지배관 밑에 설치, 그 구경은 최소구경이 40 mm 이상

2. 연소방지설비의 헤드

① 천장 또는 벽면에 설치
② 헤드간의 수평거리는 연소방지설비 **전용헤드의 경우에는 2m 이하**, 스프링클러 헤드의 경우에는 1.5m 이하
③ 소방대원의 출입이 가능한 환기구·작업구마다 지하구의 양쪽방향으로 살수헤드를 설정하되, 한쪽 방향의 **살수구역의 길이는 3m 이상**. 다만, 환기구 사이의 간격이 **700m를 초과할 경우에는 700m 이내마다 살수구역을 설정**하되, 지하구의 구조를 고려하여 방화벽을 설치한 경우에는 그러하지 아니하다.

3. 송수구 설치기준

① 소방차가 쉽게 접근할 수 있는 노출된 장소에 설치하되, 눈에 띄기 쉬운 보도 또는 차도에 설치할 것
② 송수구는 **구경 65 mm의 쌍구형**으로 할 것
③ 송수구로부터 **1m 이내에 살수구역 안내표지**를 설치할 것
④ 지면으로부터 **높이가 0.5m 이상 1m 이하**의 위치에 설치할 것
⑤ 송수구의 가까운 부분에 자동배수밸브(또는 직경 5 mm의 배수공)를 설치

5 방화벽 ★★★

1. 내화구조로서 홀로 설 수 있는 구조일 것
2. 방화벽의 출입문은 60분+ 방화문 또는 60분 방화문으로 설치하고, 항상 닫힌 상태를 유지하거나 자동폐쇄장치에 의하여 화재 신호를 받으면 자동으로 닫히는 구조로 해야 한다.
3. 방화벽을 관통하는 케이블·전선 등에는 국토교통부 고시(내화구조의 인정 및 관리기준)에 따라 내화충전 구조로 마감
4. 방화벽은 분기구 및 국사(局舍, central office)·변전소 등의 건축물과 지하구가 연결되는 부위(건축물로부터 **20m 이내**)에 설치

제33장 출제예상문제

01 연소방지설비의 전용헤드를 사용하는 경우 배관의 구경에 따른 헤드의 수량이 옳지 않은 것은?
① 32mm – 1개
② 40mm – 2개
③ 50mm – 3개
④ 80mm – 5개

해설 연소방지설비 전용헤드

하나의 배관에 부착하는 살수헤드의 개수	1개	2개	3개	4개 또는 5개	6개 이상
배관의 구경(mm)	32	40	50	65	80

02 연소방지설비전용헤드의 경우 방수헤드간의 수평거리는 얼마 이하로 하여야 하는가?
① 1.0m 이하 ② 1.5m 이하 ③ 2.0m 이하 ④ 3.0m 이하

해설 수평거리
① 연소방지설비 전용헤드 : 2m 이하
② 스프링클러헤드 : 1.5m 이하

03 소방대원의 출입이 가능한 환기구·작업구마다 지하구의 양쪽방향으로 살수헤드를 설정하되, 한쪽 방향의 살수구역의 길이는 (㉠) 이상. 다만, 환기구 사이의 간격이 (㉡)를 초과할 경우에는 (㉡) 이내마다 살수구역을 설정한다. ( )에 알맞은 것은?
① ㉠ 3m, ㉡ 350m
② ㉠ 3m, ㉡ 450m
③ ㉠ 3m, ㉡ 700m
④ ㉠ 3m, ㉡ 1000m

해설 소방대원의 출입이 가능한 환기구·작업구마다 지하구의 양쪽방향으로 살수헤드를 설정하되, 한쪽 방향의 살수구역의 길이는 (3m) 이상. 다만, 환기구 사이의 간격이 (700m)를 초과할 경우에는 (700m) 이내마다 살수구역을 설정한다.

04 지하구의 화재안전기준에 따른 소화기구 설치기준 중 옳지 않은 것은?
① 소화기는 바닥면으로부터 1.5m 이하의 높이에 설치할 것
② 소화기는 사람이 출입할 수 있는 출입구(환기구, 작업구를 포함한다) 부근에 5개 이상 설치할 것

정답 1. ④ 2. ③ 3. ③ 4. ④

③ 소화기 한대의 총중량은 사용 및 운반의 편리성을 고려하여 7kg 이하로 할 것
④ 소화기의 능력단위는 A급 화재는 개당 5단위 이상, B급 화재는 개당 3단위 이상 및 C급 화재에 적응성이 있는 것으로 할 것

해설 소화기의 능력단위는 A급 화재는 개당 3단위 이상, B급 화재는 개당 5단위 이상 및 C급 화재에 적응성이 있는 것으로 할 것

05 지하구의 화재안전기준에 따른 자동화재탐지설비의 감지기 설치기준으로 옳지 않은 것은?
① 먼지·습기 등의 영향을 받지 아니하고 발화지점(1m 단위)과 온도를 확인할 수 있는 것을 설치할 것.
② 지하구 천장의 중심부에 설치하되 감지기와 천장 중심부 하단과의 수직거리는 30cm 이내로 할 것.
③ 공동구 내부에 상수도용 또는 냉·난방용 설비만 존재하는 부분은 감지기를 설치할 것
④ 발화지점이 지하구의 실제거리와 일치하도록 수신기 등에 표시할 것.

해설 공동구 내부에 상수도용 또는 냉·난방용 설비만 존재하는 부분은 감지기를 설치하지 않을 수 있다.

06 연소방지설비의 설치기준, 구조 등에 관한 설명으로 틀린 것은?
① 송수구로부터 1m 이내에 살수구역 안내표지를 설치할 것
② 송수구는 구경 65mm의 쌍구형으로 설치할 것
③ 헤드간의 수평거리는 연소방지설비 전용헤드의 경우에는 1.5m 이하, 스프링클러헤드의 경우에는 2m 이하로 할 것
④ 방수헤드는 천장 또는 벽면에 설치할 것

해설 헤드간의 수평거리는 연소방지설비 전용헤드의 경우에는 2m 이하, 스프링클러헤드의 경우에는 1.5m 이하로 할 것

07 연소방지설비의 방화벽에 대한 기준으로 옳지 않은 것은?
① 내화구조로서 홀로 설 수 있는 구조일 것
② 방화벽에 출입문을 설치하는 경우에는 60분+ 방화문 또는 60분 방화문으로 설치할 것
③ 방화벽을 관통하는 케이블·전선 등에는 내열성이 있는 화재차단재로 마감할 것
④ 방화벽은 분기구 및 국사·변전소 등의 건축물과 지하구가 연결되는 부위(건축물로부터 20m 이내)에 설치할 것

정답 5. ③ 6. ③ 7. ③

해설 방화벽 설치기준
1. 내화구조로서 홀로 설 수 있는 구조일 것
2. 방화벽의 출입문은 60분+ 방화문 또는 60분 방화문으로 설치하고, 항상 닫힌 상태를 유지하거나 자동폐쇄장치에 의하여 화재 신호를 받으면 자동으로 닫히는 구조로 해야 한다.
3. 방화벽을 관통하는 케이블·전선 등에는 국토교통부 고시(내화구조의 인정 및 관리기준)에 따라 **내화충전구조로 마감**
4. 방화벽은 분기구 및 국사(局舍, central office)·변전소 등의 건축물과 지하구가 연결되는 부위(건축물로부터 **20m 이내**)에 설치

08 연소방지설비의 송수구 설치기준을 옳지 않은 것은?
① 소방차가 쉽게 접근할 수 있는 노출된 장소에 설치하되, 눈에 띄기 쉬운 보도 또는 차도에 설치할 것
② 송수구로부터 1 m 이내에 살수구역 안내표지를 설치할 것
③ 송수구는 구경 65 mm의 단구형 또는 쌍구형으로 할 것
④ 송수구로부터 주배관에 이르는 연결배관에는 개폐밸브를 설치하지 아니할 것

해설 송수구는 구경 65 mm의 쌍구형으로 할 것

09 시험성적서의 유효기간은 발급 후 몇 년이며, 연소방지재 간의 설치 간격은 몇 m를 넘지 않도록 하여야 하는가?
① 1년, 350m   ② 3년, 350m
③ 1년, 700m   ④ 3년, 700m

해설 ① 시험성적서의 유효기간은 발급 후 3년
② 연소방지재 간의 설치 간격은 350 m

10 지하구 내 발전실·변전실·송전실·변압기실·배전반실·통신기기실·전산기기실·기타 이와 유사한 시설이 있는 장소 중 바닥면적이 몇 m² 미만인 곳에는 유효설치 방호체적 이내의 가스·분말·고체에어로졸·캐비닛형 자동소화장치를 설치하여야 하는가?
① 100 m²   ② 200 m²   ③ 300 m²   ④ 400 m²

해설 지하구 내 발전실·변전실·송전실·변압기실·배전반실·통신기기실·전산기기실·기타 이와 유사한 시설이 있는 장소 중 바닥면적이 300 m² 미만인 곳에는 유효설치 방호체적 이내의 가스·분말·고체에어로졸·캐비닛형 자동소화장치를 설치하여야 한다. 다만 해당 장소에 물분무등소화설비를 설치한 경우에는 설치하지 않을 수 있다.

정답 8. ③ 9. ② 10. ③

제34장 소방시설용 비상전원수전설비

1 용어정의 ★★

용어	정의
수전설비	전력수급용 계기용변성기·주차단장치 및 그 부속기기
변전설비	전력용변압기 및 그 부속장치
배전반	전력생산시설 등으로부터 직접 전력을 공급받아 분전반에 전력을 공급해주는 것
공용배전반	소방회로 및 일반회로 겸용의 것으로서 개폐기, 과전류차단기, 계기와 그 밖의 배선용기기 및 배선을 금속제 외함에 수납한 것
전용배전반	소방회로 전용의 것으로서 개폐기, 과전류차단기, 계기와 그 밖의 배선용기기 및 배선을 금속제 외함에 수납한 것
분전반	배전반으로부터 전력을 공급받아 부하에 전력을 공급해주는 것
공용분전반	소방회로 및 일반회로 겸용의 것으로서 분기개폐기, 분기과전류차단기와 그 밖의 배선용기기 및 배선을 금속제 외함에 수납한 것
전용분전반	소방회로 전용의 것으로서 분기 개폐기, 분기과전류차단기와 그 밖의 배선용기기 및 배선을 금속제 외함에 수납한 것
비상전원수전설비	화재 시 상용전원이 공급되는 시점까지만 비상전원으로 적용이 가능한 설비로서 상용전원의 안전성과 내화성능을 향상시킨 설비
소방회로	소방부하에 전원을 공급하는 전기회로
일반회로	소방회로 이외의 전기회로
큐비클형	수전설비를 큐비클 내에 수납하여 설치하는 방식
공용큐비클식	소방회로 및 일반회로 겸용의 것으로서 수전설비, 변전설비와 그 밖의 기기 및 배선을 금속제 외함에 수납한 것
전용큐비클식	소방회로용의 것으로 수전설비, 변전설비와 그 밖의 기기 및 배선을 금속제 외함에 수납한 것
인입구배선	인입선의 연결점으로부터 특정소방대상물내에 시설하는 인입개폐기에 이르는 배선

2 인입선 및 인입구 배선의 시설

1. 인입선은 특정소방대상물에 화재가 발생할 경우에도 화재로 인한 손상을 받지 않도록 설치
2. **인입구배선은 내화배선**으로 할 것

3 특별고압 또는 고압으로 수전하는 경우 ★

1. 일반전기사업자로부터 **특별고압 또는 고압으로 수전**하는 비상전원 수전설비는 **방화구획형, 옥외개방형 또는 큐비클(Cubicle)형**으로 하여야 한다.
    1) 소방회로배선은 일반회로배선과 **불연성 벽으로 구획**할 것. 다만, 소방회로배선과 일반회로배선을 **15cm 이상** 떨어져 설치한 경우는 그러하지 아니한다.
    2) 일반회로에서 과부하, 지락사고 또는 단락사고가 발생한 경우에도 이에 영향을 받지 아니하고 계속하여 소방회로에 전원을 공급시켜 줄 수 있어야 할 것

2. **큐비클형 설치기준**
    1) **외함은 두께 2.3mm 이상**의 강판과 이와 동등 이상의 강도와 내화성능이 있는 것으로 제작하여야 하며, 개구부에는 방화문으로서 **60분+ 방화문, 60분 방화문 또는 30분 방화문**으로 설치할 것
    2) 외함에 수납하는 수전설비, 변전설비와 그 밖의 기기 및 배선은 다음의 기준에 적합하게 설치할 것
        ① 외함 또는 프레임(Frame) 등에 견고하게 고정할 것
        ② 외함의 바닥에서 **10cm(시험단자, 단자대 등의 충전부는 15cm) 이상**의 높이에 설치할 것
    3) 전선 인입구 및 인출구에는 **금속관 또는 금속제 가요전선관**을 쉽게 접속할 수 있도록 할 것

제34장 출제예상문제

01 소방시설용 비상전원수전설비에서 소방회로 전용의 것으로서 분기개폐기, 분기과전류차단기, 그 밖의 배선용기기 및 배선을 금속제 외함에 수납한 것은?
① 전용배전반 ② 전용수전반
③ 전용분전반 ④ 전용기전반

해설 전용분전반 : 소방회로 전용의 것으로서 분기 개폐기, 분기과전류차단기 그 밖의 배선용기기 및 배선을 금속제 외함에 수납한 것

02 소방시설용 비상전원수전설비에서 소방회로 및 일반회로 겸용의 것으로서 수전설비, 변전설비 그 밖의 배선을 금속제 외함에 수납한 것을 무엇이라 하는가?
① 공용분전반 ② 전용배전반
③ 공용큐비클식 ④ 전용큐비클식

해설 용어의 정의

전용큐비클식	소방회로용의 것으로 수전설비, 변전설비 그 밖의 기기 및 배선을 금속제 외함에 수납한 것
공용큐비클식	소방회로 및 일반회로 겸용의 것으로서 수전설비, 변전설비 그 밖의 기기 및 배선을 금속제 외함에 수납한 것

03 다음의 비상전원 수전설비 중 특고압 또는 고압으로 수전하는 것의 구성형태로 옳지 않은 것은?
① 배전반형 ② 큐비클형 ③ 옥외개방형 ④ 방화구획형

해설 특별고압 또는 고압으로 수전하는 비상전원 수전설비 : 방화구획형, 옥외개방형 또는 큐비클(Cubicle)형

04 일반전기사업자로부터 특별고압 또는 고압으로 수전하는 비상전원 수전설비의 경우에 있어 소방회로배선과 일반회로 배선을 몇 [cm] 이상 떨어져 설치하는 경우 불연성 벽으로 구획하지 않을 수 있는가?
① 5cm ② 10cm ③ 15cm ④ 20cm

해설 소방회로배선은 일반회로배선과 불연성벽으로 구획할 것(단, 소방회로배선과 일반회로배선을 15cm 이상 떨어져 설치한 경우는 제외한다.)

정답 1. ③ 2. ③ 3. ① 4. ③

05 비상전원수전설비 중 저압으로 수전하는 것의 종류로 옳은 것은?

① 큐비클형, 옥외개방형　　② 배전반형, 분전반형
③ 큐비클형, 배전반형　　　④ 배전반형, 옥외개방형

해설 저압으로 수전하는 비상전원설비는 전용배전반(1·2종)·전용분전반(1·2종) 또는 공용분전반(1·2종)으로 하여야 한다.

06 비상전원수전설비에서 사용하는 약호에 대한 명칭이 옳지 않은 것은?

① CB : 전력차단기　　　② PF : 전력퓨즈
③ F : 과전류차단기　　　④ Tr : 전력용변압기

해설 F : 퓨즈(저압용), S : 저압용개폐기 및 과전류차단기

정답 5. ② 6. ③

제35장 도로터널설비

1 용어정의 ★

용어	정의
연기발생률	일정한 설계화재강도의 차량에서 단위 시간당 발생하는 연기량
설계화재강도	터널 내 화재 시 소화설비 및 제연설비 등의 용량산정을 위해 적용하는 차종별 최대열방출률(MW)
종류 환기방식	터널 안의 배기가스와 연기 등을 배출하는 환기설비로서 기류를 **종방향(출입구 방향)**으로 흐르게 하여 환기하는 방식
횡류 환기방식	터널 안의 배기가스와 연기 등을 배출하는 환기방식으로서 기류를 횡방향(바닥에서 천장)으로 흐르게 하여 환기하는 방식
대배기구방식	횡류환기방식의 일종으로 배기구에 개방/폐쇄가 가능한 전동댐퍼를 설치하여 화재 시 화재지점 부근의 배기구를 개방하여 집중적으로 배연할 수 있는 제연방식
반횡류 환기방식	터널 안의 배기가스와 연기 등을 배출하는 환기방식으로서 터널에 수직배기구를 설치해서 횡방향과 종방향으로 기류를 흐르게 하여 환기하는 방식
피난연결통로	본선터널과 병설된 상대터널 또는 본선터널과 평행한 피난대피터널을 연결하는 통로
배기구	터널 안의 오염공기를 배출하거나 화재발생시 연기를 배출하기 위한 개구부

2 소화기

1. 소화기의 능력단위 ★★★

   1) A급 화재 : 3단위 이상
   2) B급 화재 : 5단위 이상, C급 화재 : 적응성이 있는 것
2. 소화기의 총중량 : 7kg 이하
3. 소화기는 주행차로의 **우측 측벽에 50m 이내의 간격으로 2개 이상**을 설치하며, 편도 2차선 이상의 양방향 터널과 4차로 이상의 일방향 터널의 경우에는 양쪽 측벽에 각각 50m 이내의 간격으로 엇갈리게 2개 이상을 설치
4. 바닥면으로부터 **1.5m 이하**의 높이

3 옥내소화전설비 ★★

1. 소화전함과 방수구는 주행차로 우측 측벽을 따라 **50m 이내**의 간격으로 설치하며, 편도 2차선 이상의 양방향 터널이나 4차로 이상의 일방향 터널의 경우에는 양쪽 측벽에 각각 **50m 이내**의 간격으로 엇갈리게 설치
2. 수원

   > 수원 Q = N(2개, 4차로 이상 터널의 경우 3개)×190L/min×40min 이상

3. **가압송수장치의 방수압력 및 방수량 ★★★**

   > 1) 방수압력 : 0.35MPa 이상
   > 2) 방수량 : 190L/min 이상

4. 방수구는 **40mm 구경의 단구형**을 옥내소화전이 설치된 벽면의 바닥면으로부터 **1.5m 이하의 높이**에 설치
5. 소화전함에는 옥내소화전 **방수구 1개, 15m 이상의 소방호스 3본 이상** 및 방수노즐을 비치
6. 옥내소화전설비의 **비상전원 : 40분 이상** 작동

4 물분무소화설비 ★★

1. 물분무 헤드는 도로면에 **1 m^2당 6 L/min 이상**의 수량을 균일하게 방수
2. 물분무설비의 **하나의 방수구역은 25 m 이상**, 3개 방수구역을 동시에 **40분 이상** 방수할 수 있는 수량을 확보
3. 물분무설비의 비상전원은 **40분 이상** 기능을 유지할 수 있도록 할 것
4. 수원 = 면적(m^2) × 6L/min·m^2 × 40분(min) 이상

5 비상경보설비 ★

1. 발신기는 주행차로 한쪽 측벽에 **50m 이내**의 간격으로 설치하며, 편도 2차선 이상의 양방향 터널이나 4차로 이상의 일방향 터널의 경우에는 양쪽의 측벽에 각각 50m 이내의 간격으로 엇갈리게 설치
2. 발신기는 바닥면으로부터 **0.8m 이상 1.5m 이하**의 높이
3. 음량장치의 음량 :
   부착된 음향장치의 중심으로부터 1m 떨어진 위치에서 **90dB 이상**

4. 시각경보기는 주행차로 한쪽 측벽에 **50m 이내의 간격**으로 비상경보설비 상부 직근에 설치하고, 전체 시각경보기는 동시에 작동될 수 있도록 할 것

6 자동화재탐지설비 ★★★

1. 터널에 설치할 수 있는 감지기의 종류

1) 차동식분포형감지기
2) 정온식감지선형감지기(아날로그식에 한한다.)
3) 중앙기술심의위원회의 심의를 거쳐 터널화재에 적응성이 있다고 인정된 감지기

2. 하나의 경계구역의 길이 : 100m 이하

$$경계구역의 \ 수 = \frac{터널의 \ 길이(m)}{100m} \ (소수점 \ 이하 \ 절상)$$

3. 감지기의 설치기준

1) 감지기의 감열부와 감열부 사이의 이격거리는 **10m 이하**로, 감지기와 터널 좌·우측 벽면과의 이격거리는 **6.5m 이하**
2) 터널 천장의 구조가 아치형의 터널에 감지기를 터널 진행방향으로 설치하고자 하는 경우에는 감열부와 감열부 사이의 이격거리를 10m 이하로 하여 아치형 천장의 중앙 최상부에 1열로 감지기를 설치하여야 하며, 감지기를 2열 이상으로 설치하고자 하는 경우에는 감열부와 감열부 사이의 이격거리는 10m 이하로 감지기 간의 이격거리는 6.5m 이하

7 비상조명등 ★

1. 상시 조명이 소등된 상태에서 비상조명등이 점등되는 경우 터널 안의 차도 및 보도의 바닥면 **조도는 10[lx] 이상**, 그 외 모든 지점의 조도는 1[lx] 이상
2. 비상조명등은 상용전원이 차단되는 경우 자동으로 비상전원으로 **60분 이상** 점등
3. 비상조명등에 내장된 예비전원이나 축전지설비는 상용전원의 공급에 의하여 상시 충전상태를 유지할 수 있도록 설치

8 제연설비

1. 제연설비의 사양 ★★★

설계화재강도 20 MW, 연기발생률은 80 m³/s

2. 제연설비 설치기준 ★★

1) 종류환기방식의 경우 제트팬의 소손을 고려하여 **예비용 제트팬**을 설치하도록 할 것
2) 화재에 노출이 우려되는 제연설비와 전원공급선 및 제트팬 사이의 전원공급장치 등은 **250℃의 온도에서 60분 이상** 운전상태를 유지

3. 제연설비의 기동

1) 화재감지기가 동작되는 경우
2) 발신기의 스위치 조작 또는 자동소화설비의 기동장치를 동작시키는 경우
3) 화재수신기 또는 감시제어반의 수동조작스위치를 동작시키는 경우

4. 제연설비의 비상전원 용량 : 60분 이상 작동

9 연결송수관설비 ★★

1. **방수압력 : 0.35MPa 이상, 방수량 : 400L/min 이상**
2. **방수구**는 50m 이내의 간격으로 옥내소화전함에 병설하거나 독립적으로 터널출입구 부근과 피난연결통로에 설치할 것
3. **방수기구함은 50m 이내의 간격**으로 옥내소화전함 안에 설치하거나 독립적으로 설치하고, 하나의 **방수기구함에는 65mm 방수노즐 1개와 15m 이상의 호스 3본**을 설치하도록 할 것

10 비상콘센트설비 ★★★

1. 비상콘센트설비의 전원회로는 **단상교류 220V, 그 공급용량은 1.5kVA 이상**
2. 전원회로는 주배전반에서 전용회로로 할 것.
3. 콘센트마다 **배선용 차단기**를 설치, 충전부가 노출되지 않도록 할 것
4. 주행차로의 우측 측벽에 **50m 이내**의 간격으로 바닥으로부터 **0.8m 이상 1.5m 이하**의 높이에 설치할 것

$$수량 = \frac{터널의\ 길이(m)}{50m}\ (소수점\ 이하\ 절상)$$

제35장 출제예상문제

01 도로터널 옥내소화전설비의 비상전원은 몇 분 이상 작동할 수 있어야 하는가?
① 10분 이상　　　　　　　　② 20분 이상
③ 30분 이상　　　　　　　　④ 40분 이상

해설 옥내소화전설비의 비상전원은 40분 이상 작동할 수 있을 것

02 도로터널에 옥내소화전설비를 설치하고자 한다. 4차로 이상의 터널인 경우에 몇 개를 동시에 40분 이상 사용할 수 있는 양 이상의 수원을 확보하여야 하는가?
① 2개　　　② 3개　　　③ 4개　　　④ 5개

해설 수원은 그 저수량이 옥내소화전의 설치 개수 2개(4차로 이상의 터널의 경우 3개)를 동시에 40분 이상 사용할 수 있는 충분한 양 이상을 확보 할 것

03 도로터널 물분무소화설비의 비상전원은 몇 분 이상 기능을 유지할 수 있어야 하는가?
① 10분 이상　　　　　　　　② 20분 이상
③ 30분 이상　　　　　　　　④ 40분 이상

해설 물분무설비의 비상전원은 40분 이상 기능을 유지할 수 있도록 할 것

04 비상경보설비의 발신기는 주행차로 한쪽 측벽에 몇 m 이내 간격으로 설치하여야 하는가?
① 15m　　　　　　　　② 25m
③ 40m　　　　　　　　④ 50m

해설 발신기는 주행차로 한쪽 측벽에 50m 이내의 간격으로 설치하며, 편도2차선 이상의 양방향 터널이나 4차로 이상의 일방향 터널의 경우에는 양쪽의 측벽에 각각 50m 이내의 간격으로 엇갈리게 설치

05 비상경보설비의 발신기는 바닥으로부터 얼마의 높이에 설치하여야 하는가?
① 0.5m 이상 1.0m 이하　　　　② 0.5m 이상 1.5m 이하
③ 0.8m 이상 1.5m 이하　　　　④ 1.0m 이상 1.5m 이하

해설 발신기는 바닥면으로부터 0.8m 이상 1.5m 이하의 높이

정답 1. ④　2. ②　3. ④　4. ④　5. ③

06 비상경보설비 발신기 음량장치의 음량은 부착된 음향장치의 중심으로부터 몇 m 떨어진 위치에서 몇 dB 이상이어야 하는가?
① 0.5m, 70dB
② 0.5m, 90dB
③ 1.0m, 70dB
④ 1.0m, 90dB

해설 음량장치의 음량 : 부착된 음향장치의 중심으로부터 1m 떨어진 위치에서 90dB 이상

07 도로터널에 설치할 수 있는 감지기로 옳은 것은?
① 차동식 스포트형 감지기
② 차동식 분포형 감지기
③ 정온식 스포트형 감지기
④ 보상식 스포트형 감지기

해설 터널에 설치할 수 있는 감지기
① 차동식분포형감지기
② 정온식감지선형감지기(아날로그식에 한한다.)

08 도로터널의 길이가 1,000m인 경우에 자동화재탐지설비의 경계구역은 최소 몇 개 이상이어야 하는가?
① 2개
② 4개
③ 10개
④ 20개

해설 경계구역의 수 $= \dfrac{\text{터널의 길이(m)}}{100\text{m}} = \dfrac{1,000\text{m}}{100\text{m}} = 10$

09 터널에 설치하는 비상조명등의 조도로 옳은 것은? (단, 터널안의 차도 및 보도의 바닥면 조도를 말한다.)
① 1[lx]
② 3[lx]
③ 5[lx]
④ 10[lx]

해설 상시 조명이 소등된 상태에서 비상조명등이 점등되는 경우 터널안의 차도 및 보도의 바닥면의 조도는 10lx 이상, 그 외 모든 지점의 조도는 1lx 이상이 될 수 있도록 설치할 것

10 도로터널 제연설비의 설계화재강도와 연기발생률로 옳은 것은?
① 설계화재강도 : 20MW, 연기발생률 : 60m³/s
② 설계화재강도 : 20MW, 연기발생률 : 80m³/s
③ 설계화재강도 : 30MW, 연기발생률 : 60m³/s
④ 설계화재강도 : 30MW, 연기발생률 : 80m³/s

해설 설계화재강도 20MW를 기준으로 하고, 이 때 연기발생률은 80m³/s로 하며, 배출량은 발생된 연기와 혼합된 공기를 충분히 배출할 수 있는 용량 이상을 확보할 것

정답 6. ④ 7. ② 8. ③ 9. ④ 10. ②

11 터널에 연결송수관설비를 설치하는 경우 방수압력과 방수량은 각각 얼마 이상이어야 하는가?

① 방수압력은 0.17MPa 이상, 방수량은 130L/min 이상
② 방수압력은 0.35MPa 이상, 방수량은 190L/min 이상
③ 방수압력은 0.35MPa 이상, 방수량은 400L/min 이상
④ 방수압력은 0.25MPa 이상, 방수량은 400L/min 이상

해설 방수압력은 0.35MPa 이상, 방수량은 400L/min 이상

12 도로터널에 설치하는 비상콘센트설비의 설치기준으로 옳지 않은 것은?

① 비상콘센트설비의 전원회로는 단상교류 220V, 3상교류 380V인 것으로서, 그 공급용량은 단상은 1.5kVA 이상, 3상은 3kVA 이상인 것으로 할 것
② 전원회로는 주배전반에서 전용회로로 할 것
③ 콘센트마다 배선용 차단기(KS C 8321)를 설치하여야 하며, 충전부가 노출되지 아니하도록 할 것
④ 주행차로의 우측 측벽에 50m 이내의 간격으로 바닥으로부터 0.8m 이상 1.5m 이하의 높이에 설치할 것

해설 비상콘센트설비의 전원회로는 단상교류 220V인 것으로서, 그 공급용량은 1.5kVA 이상인 것으로 할 것

13 길이가 1,000m인 도로터널에 비상콘센트설비는 최소 몇 개 이상 설치하여야 하는가?

① 2개　　　　　　　　　② 4개
③ 10개　　　　　　　　 ④ 20개

해설 주행차로의 우측 측벽에 50m 이내의 간격으로 바닥으로부터 0.8m 이상 1.5m 이하의 높이에 설치할 것

$$수량 = \frac{터널의\ 길이(m)}{50m} = \frac{1,000m}{50m} = 20$$

정답 11. ③　12. ①　13. ④

14 도로터널의 화재안전기준에 관한 내용으로 옳지 않은 것은?

① 소화전함과 방수구는 주행차로 우측 측벽을 따라 50m이내의 간격으로 설치하며, 편도2차선 이상의 양방향 터널이나 4차로 이상의 일방향 터널의 경우에는 양측 측벽에 각각 50m 이내의 간격으로 엇갈리게 설치할 것
② 물분무설비의 하나의 방수구역은 25m이상으로 하며, 4개 방수구역을 동시에 20분이상 방수할 수 있는 수량을 확보할 것
③ 제연설비의 설계화재강도는 20MW를 기준으로 하고, 이 때 연기발생률은 80 m^3/s로 할 것
④ 연결송수관설비의 방수압력은 0.35MPa이상, 방수량은 400L/min이상을 유지할 수 있도록 할 것

해설 도로터널설비
1) 옥내소화전함 : 소화전함과 방수구는 주행차로 우측 측벽을 따라 50m 이내의 간격으로 설치하며, 편도 2차선 이상의 양방향 터널이나 4차로 이상의 일방향 터널의 경우에는 양쪽 측벽에 각각 50m 이내의 간격으로 엇갈리게 설치
2) 물분무설비 : 물분무설비의 하나의 방수구역은 25m 이상, 3개 방수구역을 동시에 40분 이상 방수할 수 있는 수량을 확보
3) 제연설비 : 설계화재강도 20MW, 연기발생률은 80m^3/s
4) 연결송수관설비 : 방수압력 : 0.35MPa 이상, 방수량 : 400L/min 이상

정답 14. ②

제36장 고층건축물설비

1 옥내소화전설비

1. 수원 ★★★

① 30층 이상~49층 이하
: Q = N(5개 이상 설치된 경우에는 5개) × 5.2m³ 이상
② 50층 이상 : Q = N(5개 이상 설치된 경우에는 5개) × 7.8m³ 이상

2. 옥상수원

수원의 3분의 1이상을 옥상(옥내소화전설비가 설치된 건축물의 주된 옥상을 말한다)에 설치

옥상수원 설치제외
① 고가수조를 가압송수장치로 설치한 옥내소화전설비
② 수원이 건축물의 최상층에 설치된 방수구보다 높은 위치에 설치된 경우

3. 50층 이상인 건축물의 옥내소화전 주배관 중 **수직배관은 2개 이상**(주배관 성능을 갖는 동일호칭배관)으로 설치, 하나의 수직배관의 파손 등 작동 불능 시에도 다른 수직배관으로부터 소화용수가 공급되도록 구성

4. 비상전원은 자가발전설비, 축전지설비 또는 전기저장장치로서 옥내소화전설비를 40분 이상 작동할 수 있을 것. 다만, **50층 이상인 건축물의 경우에는 60분 이상** 작동

2 스프링클러설비

1. 수원 ★★★

① 30층 이상~49층 이하 : Q = N × 3.2m³ 이상
② 50층 이상 : Q = N × 4.8m³ 이상
N : 기준개수와 설치개수 중 작은 값

2. **옥상수원**

   수원의 3분의 1이상을 옥상(스프링클러설비가 설치된 건축물의 주된 옥상을 말한다. 이하 같다)에 설치

   > **옥상수원 설치제외**
   > ① 고가수조를 가압송수장치로 설치한 스프링클러설비
   > ② 수원이 건축물의 최상층에 설치된 헤드보다 높은 위치에 설치된 경우

3. 전동기 또는 내연기관을 이용한 펌프방식의 가압송수장치는 스프링클러설비 전용으로 설치하여야 하며, 주펌프와 동등 이상의 성능이 있는 별도의 펌프로서 내연기관의 기동과 연동하여 작동되거나 비상전원을 연결한 예비펌프를 추가로 설치해야 한다.

4. **급수배관은 전용**

5. **50층** 이상인 건축물의 스프링클러설비 주배관 중 수직배관은 **2개 이상**(주배관 성능을 갖는 동일호칭배관)으로 설치, 스프링클러설비 주펌프 이외에 동등 이상인 별도의 예비펌프를 설치, 하나의 수직배관이 파손 등 작동 불능 시에도 다른 수직배관으로부터 소화수가 공급되도록 구성해야 하며, 각각의 수직배관에 유수검지장치를 설치해야 한다.

6. 50층 이상인 건축물의 스프링클러 헤드에는 2개 이상의 가지배관 양방향에서 소화용수가 공급되도록 하고, 수리계산에 의한 설계

7. 스프링클러설비의 음향장치
   ① 2층 이상의 층에서 발화한 때에는 발화층 및 그 직상 4개층에 경보
   ② 1층에서 발화한 때에는 발화층·그 직상 4개층 및 지하층에 경보
   ③ 지하층에서 발화한 때에는 발화층·그 직상층 및 기타의 지하층에 경보

8. 비상전원을 설치할 경우 **자가발전설비, 축전지설비**(내연기관에 따른 펌프를 사용하는 경우에는 내연기관의 기동 및 제어용 축전지를 말한다) 또는 **전기저장장치**로서 스프링클러설비를 40분 이상 작동할 수 있을 것. 다만, 50층 이상인 건축물의 경우에는 60분 이상 작동할 수 있어야 한다.

3 비상방송설비

1. **비상방송설비의 음향장치 ★★★**
   ① 2층 이상의 층에서 발화한 때에는 발화층 및 그 직상 4개층에 경보

② 1층에서 발화한 때에는 발화층·그 직상 4개층 및 지하층에 경보
③ 지하층에서 발화한 때에는 발화층·그 직상층 및 기타의 지하층에 경보

2. 비상방송설비에는 그 설비에 대한 감시상태를 **60분간** 지속한 후 유효하게 **30분(감시상태 유지를 포함)** 이상 경보할 수 있는 **축전지**설비(수신기에 내장하는 경우를 포함한다) 또는 **전기저장장치**를 설치할 것

4 자동화재탐지설비

1. 감지기는 **아날로그방식**의 감지기로서 감지기의 작동 및 설치지점을 수신기에서 확인할 수 있는 것으로 설치하여야 한다. 다만, **공동주택의 경우**에는 감지기별로 작동 및 설치지점을 수신기에서 확인할 수 있는 **아날로그방식 외의 감지기**로 설치할 수 있다.

2. 자동화재탐지설비의 음향장치 ★

   ① **2층 이상**의 층에서 발화한 때에는 **발화층 및 그 직상 4개층**에 경보
   ② **1층**에서 발화한 때에는 **발화층·그 직상 4개층 및 지하층**에 경보
   ③ **지하층**에서 발화한 때에는 **발화층·그 직상층 및 기타의 지하층**에 경보

3. **50층** 이상인 건축물에 설치하는 통신·신호배선은 **이중배선**을 설치하도록 하고 단선(斷線) 시에도 고장표시가 되며 정상 작동할 수 있는 성능을 갖도록 설비를 하여야 한다.
   ① 수신기와 수신기 사이의 **통신배선**
   ② 수신기와 중계기 사이의 **신호배선**
   ③ 수신기와 감지기 사이의 **신호배선**

4. 자동화재탐지설비에는 그 설비에 대한 감시상태를 **60분간 지속**한 후 유효하게 **30분 이상** 경보할 수 있는 **축전지설비**(수신기에 내장하는 경우를 포함한다) 또는 **전기저장장치**를 설치해야 한다. 다만, **상용전원이 축전지설비인 경우**에는 그러하지 아니하다.

5 특별피난계단의 계단실 및 부속실 제연설비 ★★★

비상전원은 자가발전설비, 축전지설비, 전기저장장치로 하고 제연설비를 유효하게 **40분 이상** 작동할 수 있도록 할 것. 다만, **50층 이상**인 건축물의 경우에는 **60분 이상** 작동

6 연결송수관설비 ★★

1. 연결송수관설비의 배관은 전용으로 한다. 다만, **주배관의 구경이 100mm 이상인 옥내소화전설비와 겸용**할 수 있다.
2. 내연기관의 연료량은 펌프를 40분(50층 이상인 건축물의 경우에는 60분) 이상 운전할 수 있는 용량
3. 연결송수관설비의 비상전원은 **자가발전설비, 축전지설비**(내연기관에 따른 펌프를 사용하는 경우에는 내연기관의 기동 및 제어용 축전지를 말한다), 전기저장장치로서 연결송수관설비를 유효하게 40분 이상 작동할 수 있어야 할 것. 다만, **50층 이상**인 건축물의 경우에는 **60분 이상** 작동할 수 있어야 한다.

7 피난안전구역에 설치하는 소방시설 설치기준 ★★★

구 분	설치기준
1. 제연설비	피난안전구역과 비 제연구역간의 차압은 50 Pa(옥내에 스프링클러설비가 설치된 경우에는 12.5 Pa) 이상으로 해야 한다. 다만 피난안전구역의 한쪽 면 이상이 외기에 개방된 구조의 경우에는 설치하지 않을 수 있다.
2. 피난유도선	피난유도선은 다음의 기준에 따라 설치해야 한다. 가. 피난안전구역이 설치된 층의 계단실 출입구에서 피난안전구역의 주 출입구 또는 비상구까지 설치할 것 나. 계단실에 설치하는 경우 계단 및 계단참에 설치할 것 다. 피난유도 표시부의 너비는 최소 25 mm 이상으로 설치할 것 라. 광원점등방식(전류에 의하여 빛을 내는 방식)으로 설치하되, 60분 이상 유효하게 작동할 것
3. 비상조명등	피난안전구역의 비상조명등은 상시 조명이 소등된 상태에서 그 비상조명등이 점등되는 경우 각 부분의 바닥에서 조도는 10 lx 이상이 될 수 있도록 설치

4. 휴대용 비상조명등	가. 피난안전구역에는 휴대용비상조명등을 다음의 기준에 따라 설치
	  1) 초고층 건축물에 설치된 피난안전구역: 피난안전구역 위층의 재실자수의 **10분의 1 이상**
	  2) 지하연계 복합건축물에 설치된 피난안전구역: 피난안전구역이 설치된 층의 수용인원의 **10분의 1 이상**
	나. 건전지 및 충전식 건전지의 용량은 **40분 이상** 유효하게 사용할 수 있는 것으로 한다. 다만, 피난안전구역이 **50층 이상**에 설치되어 있을 경우의 용량은 **60분 이상**으로 할 것

5. 인명구조기구	가. 방열복, 인공소생기를 각 **2개 이상** 비치할 것 나. **45분 이상** 사용할 수 있는 성능의 공기호흡기(보조마스크를 포함한다)를 2개 이상 비치해야 한다. 다만, 피난안전구역이 **50층 이상**에 설치되어 있을 경우에는 동일한 성능의 예비용기를 **10개 이상** 비치할 것 다. 화재 시 쉽게 반출할 수 있는 곳에 비치할 것 라. 인명구조기구가 설치된 장소의 보기 쉬운 곳에 "인명구조기구"라는 표지판 등을 설치할 것

제 36 장 출제예상문제

01 50층 이상인 건축물의 옥내소화전 주배관 중 수직배관은 몇 개 이상을 설치하여야 하는가?
① 1개 이상
② 2개 이상
③ 3개 이상
④ 4개 이상

해설 50층 이상인 건축물의 옥내소화전 주배관 중 수직배관은 2개 이상을 설치할 것

02 50층인 특정소방대상물에 호스릴옥내소화전설비를 설치하는 경우 옥상에 저수하여야 하는 수원의 양은 얼마 이상인가? (단, 호스릴옥내소화전은 층당 10개가 설치되어 있다.)
① 4.33
② 8.67
③ 13
④ 26

해설 옥상수원의 양
① 50층 이상 : $Q = 5개 \times 7.8m^3 \times \dfrac{1}{3} = 13m^3$
② 30층 이상 49층 이하 : $Q = 5개 \times 5.2m^3 \times \dfrac{1}{3} = 8.67m^3$

03 35층인 주상복합건축물에 스프링클러설비를 설치하는 경우에 보유하여야 하는 수원의 저수량은 얼마인가? (단, 옥상수조는 제외한다.)
① $32m^3$ 이상
② $48m^3$ 이상
③ $96m^3$ 이상
④ $144m^3$ 이상

해설 수원의 양 $Q = N \times 3.2m^3 = 30 \times 3.2m^3 = 96m^3$ 이상
① 지하층을 제외한 층수가 11층 이상의 경우에는 기준개수 30개
② 수원산정 기준

층수	수원
30층 미만	Q = N(개수) × $1.6m^3$ 이상
30층 이상 49층 이하	Q = N(개수) × $3.2m^3$ 이상
50층 이상	Q = N(개수) × $4.8m^3$ 이상

※ N : 기준개수와 설치개수 중 작은 값

정답 1. ② 2. ③ 3. ③

04 50층인 고층건축물에 스프링클러설비의 비상전원으로 자가발전설비를 설치할 경우에 해당 스프링클러설비를 몇 분 이상 작동할 수 있어야 하는가?

① 20분 이상 ② 40분 이상 ③ 60분 이상 ④ 120분 이상

해설 비상전원 용량 : 층수가 30층 미만 : 20분 이상, 30층 이상 49층 이하 : 40분 이상, 50층 이상 : 60분 이상

05 다음 괄호 안에 들어갈 내용으로 알맞게 연결된 것은?

[보기]
50층 이상인 건축물의 스프링클러 헤드에는 (㉠) 이상의 가지배관 양방향에서 소화용수가 공급되도록 하고, (㉡)에 의한 설계를 하여야 한다.

① ㉠ 1개, ㉡ 규약계산
② ㉠ 1개, ㉡ 수리계산
③ ㉠ 2개, ㉡ 규약계산
④ ㉠ 2개, ㉡ 수리계산

해설 50층 이상인 건축물의 스프링클러 헤드에는 2개 이상의 가지배관 양방향에서 소화용수가 공급되도록 하고, 수리계산에 의한 설계를 하여야 한다.

06 지하 3층, 지상이 35층인 특정소방대상물의 지상 1층에서 화재가 발생한 경우 경보를 발하여야 하는 층으로 옳게 나열된 것은?

① 지상1층, 지상2층, 지하1층, 지하2층, 지하3층
② 지상1층, 지상2층, 지상3층, 지상4층, 지상5층, 지하1층
③ 지상1층, 지상2층, 지상3층, 지상4층, 지상5층, 지하1층, 지하2층, 지하3층
④ 지상1층, 지상2층, 지상3층, 지상4층, 지하1층, 지하2층, 지하3층

해설 30층 이상의 특정소방대상물 경보방식
① 2층 이상의 층에서 발화한 때에는 발화층 및 그 직상 4개 층에 경보를 발할 것
② 1층에서 발화한 때는 발화층·그 직상 4개층 및 지하층에 경보를 발할 것
③ 지하층에서 발화한 때에는 발화층·그 직상층 및 기타의 지하층에 경보를 발할 것

07 30층 이상의 특정소방대상물에 비상방송설비를 설치하는 경우에 축전지설비는 몇 분 이상 경보를 발할 수 있어야 하는가?

① 10분 이상 ② 20분 이상
③ 30분 이상 ④ 60분 이상

정답 4. ③ 5. ④ 6. ③ 7. ③

해설 비상방송설비에는 그 설비에 대한 감시상태를 60분간 지속한 후 유효하게 10분 이상, 층수가 30층 이상은 30분 이상 경보

08 1층에서 발화시 발화층, 그 직상 4개층 및 지하층에 경보를 하여야 하는 특정소방대상물은 몇 층 이상이어야 하는가?
① 10층 이상
② 16층 이상
③ 30층 이상
④ 50층 이상

해설 층수가 30층 이상의 특정소방대상물의 경보방식

발화 층	경보방식
2층 이상의 층	발화층 및 그 직상 4개층에 경보
1층에서 발화	발화층·그 직상 4개층 및 지하층에 경보
지하층에서 발화	발화층·그 직상층 및 기타의 지하층에 경보

09 다음 괄호 안에 들어갈 내용으로 알맞게 연결된 것은?

[보기]
비상방송설비에는 그 설비에 대한 감시상태를 (㉠)간 지속한 후 유효하게 (㉡) 이상 경보할 수 있는 축전지설비(수신기에 내장하는 경우를 포함한다) 또는 전기저장장치를 설치할 것

① ㉠ 60분, ㉡ 10분
② ㉠ 60분, ㉡ 20분
③ ㉠ 60분, ㉡ 30분
④ ㉠ 60분, ㉡ 40분

해설 비상방송설비 : 그 설비에 대한 감시상태를 60분간 지속한 후 유효하게 30분 이상 경보

10 고층건축물에 설치하는 자동화재탐지설비의 감지기는 무엇으로 설치하여야 하는가?
① 다신호방식의 감지기
② 아날로그방식의 감지기
③ 정온식감지선형 감지기
④ 복합형 감지기

해설 감지기는 아날로그방식의 감지기로서 감지기의 작동 및 설치지점을 수신기에서 확인할 수 있는 것으로 설치하여야 한다.

정답 8. ③ 9. ③ 10. ②

11 고층건축물의 피난안전구역에 설치하는 피난유도선의 기준으로 옳지 않은 것은?
① 피난안전구역이 설치된 층의 계단실 출입구에서 피난안전구역 주 출입구 또는 비상구까지 설치할 것
② 계단실에 설치하는 경우 계단 및 계단참에 설치할 것
③ 피난유도 표시부의 너비는 최소 15mm 이상으로 설치할 것
④ 광원점등방식(전류에 의하여 빛을 내는 방식)으로 설치하되, 60분 이상 유효하게 작동할 것

해설 피난유도 표시부의 너비는 최소 25mm 이상으로 설치할 것

12 50층 이상인 건축물에 설치하는 통신·신호배선은 이중배선을 설치하도록 하고 단선 시에도 고장표시가 되며 정상 작동할 수 있는 성능을 갖도록 설비를 하여야 한다. 이에 해당하지 않는 것은?
① 수신기와 수신기 사이의 통신배선
② 수신기와 중계기 사이의 신호배선
③ 수신기와 감지기 사이의 신호배선
④ 수신기와 수신기 사이의 신호배선

해설 50층 이상인 건축물에 설치하는 통신·신호배선
　　　① 수신기와 수신기 사이의 통신배선
　　　② 수신기와 중계기 사이의 신호배선
　　　③ 수신기와 감지기 사이의 신호배선

13 고층건축물에 설치하는 연결송수관설비의 배관을 옥내소화전설비와 겸용할 수 있는 배관의 구경은 얼마 이상인가?
① 65mm 이상　② 100mm 이상　③ 125mm 이상　④ 150mm 이상

해설 주배관의 구경이 100mm 이상인 경우 옥내소화전설비와 겸용이 가능

14 50층인 고층건축물 피난안전구역의 비상조명등은 상시 조명이 소등된 상태에서 그 비상조명등이 점등되는 경우 각 부분의 바닥에서 조도는 몇 [lx] 이상이 될 수 있도록 설치하여야 하는가?
① 1[lx]　② 2[lx]　③ 5[lx]　④ 10[lx]

해설 피난안전구역의 비상조명등은 상시 조명이 소등된 상태에서 그 비상조명등이 점등되는 경우 각 부분의 바닥에서 조도는 10lx 이상이 될 수 있도록 설치할 것

정답 11. ③　12. ④　13. ②　14. ④

15 초고층 건축물에 설치된 피난안전구역에 휴대용비상조명등을 설치하는 경우 최소 몇 개 이상을 설치하여야 하는가? (단, 피난안전구역 위층의 재실자수는 3,000명이다.)

① 100개 ② 200개 ③ 300개 ④ 400개

해설 휴대용비상조명등의 수량 = 3,000명 × $\frac{1}{10}$ = 300개

16 고층건축물의 피난안전구역에 설치하는 인명구조기구에 대한 설명으로 옳지 않은 것은?
① 방열복, 인공소생기를 각 2개 이상 비치할 것
② 45분 이상 사용할 수 있는 성능의 공기호흡기(보조마스크를 포함한다)를 3개 이상 비치하여야 한다. 다만, 피난안전구역이 50층 이상에 설치되어 있을 경우에는 동일한 성능의 예비용기를 5개 이상 비치할 것
③ 화재 시 쉽게 반출할 수 있는 곳에 비치할 것
④ 인명구조기구가 설치된 장소의 보기 쉬운 곳에 "인명구조기구"라는 표지판 등을 설치할 것

해설 45분 이상 사용할 수 있는 성능의 공기호흡기(보조마스크를 포함한다)를 2개 이상 비치하여야 한다. 다만, 피난안전구역이 50층 이상에 설치되어 있을 경우에는 동일한 성능의 예비용기를 10개 이상 비치할 것

17 옥내소화전이 지상 29층에 2개, 지상 30층에 3개 설치되어 있는 지상 40층인 건축물에서 화재안전기준상 수원의 최소용량(m³)은?(단, 옥상수원 제외)

① 7.8 ② 15.6 ③ 23.4 ④ 39.0

해설 수원의 최소용량 = $N \times 5.2 m^3 = 3 \times 5.2 m^3 = 15.6 m^3$

18 고층건축물의 화재안전기준에 따른 피난안전구역에 설치하는 소방시설 중 피난유도선의 설치기준으로 옳지 않은 것은?
① 피난안전구역이 설치된 층의 계단실 출입구에서 피난안전구역 주 출입구 또는 비상구까지 설치할 것
② 계단실에 설치하는 경우 계단 및 계단참에 설치할 것
③ 피난유도 표시부의 너비는 최소 20mm 이하로 설치할 것
④ 광원점등방식(전류에 의하여 빛을 내는 방식)으로 설치하되, 60분 이상 유효하게 작동할 것

해설 피난유도 표시부의 너비는 최소 25mm 이상으로 설치할 것

정답 15. ③ 16. ② 17. ② 18. ③

19 고층건축물의 화재안전기술기준상 피난안전구역에 설치하는 소방시설의 설치기준에 관한 내용으로 옳은 것은?

① 제연설비의 피난안전구역과 비 제연구역간의 차압은 40 Pa(스프링클러설비가 설치된 경우에는 12.5 Pa) 이상으로 해야 한다.
② 피난유도선의 피난유도 표시부 너비는 최소 25 mm 이상으로 설치할 것
③ 비상조명등은 각 부분의 바닥에서 조도는 1 lx 이상이 될 수 있도록 설치할 것
④ 인명구조기구 중 방열복, 인공소생기를 각 1개 이상 비치할 것

해설 보기설명
① 제연설비의 피난안전구역과 비 제연구역간의 차압은 50 Pa(옥내소화전설비가 설치된 경우에는 12.5 Pa) 이상으로 해야 한다.
③ 비상조명등은 각 부분의 바닥에서 조도는 10 lx 이상이 될 수 있도록 설치할 것
④ 인명구조기구 중 방열복, 인공소생기를 각 2개 이상 비치할 것

정답 19. ②

제37장 건설현장의 임시소방시설

1 정의

구분	비고
간이소화장치	건설현장에서 화재발생 시 신속한 화재 진압이 가능하도록 물을 방수하는 형태의 소화장치
비상경보장치	발신기, 경종, 표시등 및 시각경보장치가 결합된 형태의 것으로서 화재위험작업 공간 등에서 수동조작에 의해서 화재경보상황을 알려줄 수 있는 비상벨 장치
간이 피난유도선	화재발생 시 작업자의 피난을 유도할 수 있는 케이블형태의 장치
가스누설경보기	건설현장에서 발생하는 가연성가스를 탐지하여 경보하는 장치
비상조명등	화재발생 시 안전하고 원활한 피난활동을 할 수 있도록 계단실 내부에 설치되어 자동 점등되는 조명등
방화포	건설현장 내 용접·용단 등의 작업 시 발생하는 금속성 불티로부터 가연물이 점화되는 것을 방지해주는 차단막

2 소화기의 성능 및 설치기준 ★★

1. 각 층 계단실마다 계단실 출입구 부근에 **능력단위 3단위 이상인 소화기 2개 이상**을 설치하고, 영 제18조제1항에 해당하는 작업을 하는 경우 작업종료 시까지 작업지점으로부터 **5 미터 이내**의 쉽게 보이는 장소에 능력단위 **3단위 이상인 소화기 2개 이상과 대형소화기 1개 이상**을 추가 배치해야 한다.

> **[보충설명] 화재위험작업(영 제18조제1항)**
> 1. 인화성·가연성·폭발성 물질을 취급하거나 가연성 가스를 발생시키는 작업
> 2. 용접·용단(금속·유리·플라스틱 따위를 녹여서 절단하는 일을 말한다) 등 불꽃을 발생시키거나 화기(火氣)를 취급하는 작업
> 3. 전열기구, 가열전선 등 열을 발생시키는 기구를 취급하는 작업
> 4. 알루미늄, 마그네슘 등을 취급하여 폭발성 부유분진(공기 중에 떠다니는 미세한 입자를 말한다)을 발생시킬 수 있는 작업
> 5. 그 밖에 제1호부터 제4호까지와 비슷한 작업으로 소방청장이 정하여 고시하는 작업

3 간이소화장치 성능 및 설치기준 ★★★

1. 20분 이상의 소화수를 공급할 수 있는 수원을 확보해야 한다.
2. 소화수의 방수압력은 **0.1 MPa** 이상, 방수량은 **65L/min**이어야 한다.
3. 영 제18조제1항에 해당하는 작업을 하는 경우 작업종료 시까지 작업지점으로부터 25 미터 이내에 배치하여 즉시 사용이 가능하도록 해야 한다.
4. 특정소방대상물에 설치되는 다음 각 목의 소방시설을 사용승인 전이라도 완공검사를 받아 사용할 수 있게 된 경우 간이소화장치를 배치하지 않을 수 있다.
   가. 옥내소화전설비
   나. 연결송수관설비와 연결송수관설비의 방수구 인근에 대형소화기를 6개 이상 배치한 경우

4 비상경보장치의 성능 및 설치기준 ★★

1. 피난층 또는 지상으로 통하는 각 층 직통계단의 출입구마다 설치해야 한다.
2. 발신기를 누를 경우 해당 발신기와 결합된 경종이 작동해야 한다. 이 경우 다른 장소에 설치된 경종도 함께 연동하여 작동되도록 설치할 수 있다.
3. 경종의 음량은 부착된 음향장치의 중심으로부터 **1 미터** 떨어진 위치에서 **100 데시벨 이상**이 되는 것으로 설치해야 한다.
4. 발신기의 위치표시등은 함의 상부에 설치하되, 그 불빛은 부착 면으로부터 15도 이상의 범위 안에서 부착지점으로부터 10 미터 이내의 어느 곳에서도 쉽게 식별할 수 있는 적색등으로 할 것
5. 시각경보장치는 발신기함 상부에 위치하도록 설치하되 바닥으로부터 **2 미터 이상 2.5 미터 이하**의 높이에 설치하여 건설현장의 각 부분에 유효하게 경보할 수 있도록 할 것
6. "비상경보장치"라고 표시한 표지를 비상경보장치 상단에 부착해야 한다.
7. 비상경보장치를 **20분 이상** 유효하게 작동시킬 수 있는 비상전원을 확보.

5 가스누설경보기의 성능 및 설치기준 ★

1. 가연성가스를 발생시키는 작업을 하는 지하층 또는 무창층 내부(내부에 구획된 실이 있는 경우에는 구획실마다)에 가연성가스를 발생시키는 작업을 하는 부분으로부터 **수평거리 10 미터 이내**에 바닥으로부터 탐지부 상단까지의 거리가 **0.3 미터 이하**인 위치에 설치해야 한다.

6 간이피난유도선의 성능 및 설치기준 ★★★

1. 지하층이나 무창층에는 간이피난유도선을 **녹색 계열**의 광원점등방식으로 해당 층의 직통계단마다 계단의 출입구로부터 건물 내부로 **10 미터 이상**의 길이로 설치해야 한다.
2. 바닥으로부터 **1 미터 이하**의 높이에 설치하고, 피난유도선이 점멸하거나 화살표로 표시하는 등의 방법으로 작업장의 어느 위치에서도 피난유도선을 통해 출입구로의 피난방향을 알 수 있도록 해야 한다.
3. 층 내부에 구획된 실이 있는 경우에는 구획된 각 실로부터 가장 가까운 직통계단의 출입구까지 연속하여 설치해야 한다.
4. 공사 중에는 **상시 점등**되도록 하고, 간이피난유도선을 **20분 이상** 유효하게 작동시킬 수 있는 비상전원을 확보해야 한다.
5. 당해 특정소방대상물에 설치되는 피난유도선, 피난구유도등, 통로유도등 또는 비상조명등을 사용승인 전이라도 완공검사를 받아 사용할 수 있게 된 경우 간이피난유도선을 설치하지 않을 수 있다.

7 비상조명등의 성능 및 설치기준 ★★

1. 지하층이나 무창층에서 피난층 또는 지상으로 통하는 직통계단의 계단실 내부에 각 층마다 설치해야 한다.
2. 비상조명등이 설치된 장소의 조도는 각 부분의 바닥에서 1 럭스 이상이 되도록 해야 한다.
3. 비상조명등을 **20분(지하층과 지상 11층 이상의 층은 60분) 이상** 유효하게 작동시킬 수 있는 비상전원을 확보해야 한다.
4. 비상경보장치가 작동할 경우 연동하여 점등되는 구조로 설치해야 한다.

8 방화포의 성능 및 설치기준 ★★★

1. 용접·용단 작업 시 **11 미터 이내**에 가연물이 있는 경우 해당 가연물을 방화포로 보호하여야 한다. 다만, 비산방지조치를 한 경우에는 방화포를 설치하지 않을 수 있다.

9 소방안전관리자의 업무

1. 방수·도장·우레탄폼 성형 등 가연성가스 발생 작업과 용접·용단 및 불꽃이 발생하는 작업이 동시에 이루어지지 않도록 수시로 확인해야 한다.

2. 가연성가스가 발생되는 작업을 할 경우에는 사전에 가스누설경보기의 정상작동 여부를 확인하고, 작업 중 또는 작업 후 가연성가스가 체류되지 않도록 충분한 환기조치를 실시해야 한다.
3. 용접·용단 작업을 할 경우에는 성능인증 받은 방화포가 설치기준에 따라 적정하게 도포되어 있는지 확인해야 한다.
4. 위험물 등이 있는 장소에서 화기 등을 취급하는 작업이 이루어지지 않도록 확인해야 한다.

제37장 출제예상문제

01 건설현장에서 화재발생 시 신속한 화재 진압이 가능하도록 물을 방수하는 형태의 소화장치를 무엇이라 하는가?
① 자동확산소화장치
② 간이소화장치
③ 자동소화장치
④ 간이살수장치

해설 "간이소화장치"란 건설현장에서 화재발생 시 신속한 화재 진압이 가능하도록 물을 방수하는 형태의 소화장치를 말한다.

02 다음은 건설현장의 화재안전성능기준에서 규정한 간이피난유도선의 성능 및 설치기준의 일부를 나타낸 것이다. 괄호 안에 들어갈 내용으로 옳게 표현된 것은?

[보기]
1. 지하층이나 무창층에는 간이피난유도선을 (㉠) 계열의 광원점등방식으로 해당 층의 직통계단마다 계단의 출입구로부터 건물 내부로 (㉡) 이상의 길이로 설치해야 한다.
2. 바닥으로부터 (㉢) 이하의 높이에 설치하고, 피난유도선이 점멸하거나 화살표로 표시하는 등의 방법으로 작업장의 어느 위치에서도 피난유도선을 통해 출입구로의 피난방향을 알 수 있도록 해야 한다.

① ㉠ 적색, ㉡ 10m, ㉢ 1m
② ㉠ 적색, ㉡ 5m, ㉢ 1m
③ ㉠ 녹색, ㉡ 10m, ㉢ 1m
④ ㉠ 녹색, ㉡ 5m, ㉢ 1m

해설
1. 지하층이나 무창층에는 간이피난유도선을 **녹색 계열**의 광원점등방식으로 해당 층의 직통계단마다 계단의 출입구로부터 건물 내부로 **10 미터 이상**의 길이로 설치해야 한다.
2. 바닥으로부터 **1 미터 이하**의 높이에 설치하고, 피난유도선이 점멸하거나 화살표로 표시하는 등의 방법으로 작업장의 어느 위치에서도 피난유도선을 통해 출입구로의 피난방향을 알 수 있도록 해야 한다.

03 인화성·가연성·폭발성 물질을 취급하거나 가연성 가스를 발생시키는 작업을 하는 경우에는 작업종료 시까지 능력단위 몇 단위 이상의 소화기 몇 개 이상을 추가로 배치하여야 하는가?
① 3단위 이상, 1개 이상
② 3단위 이상, 2개 이상
③ 3단위 이상, 3개 이상
④ 3단위 이상, 4개 이상

해설 작업종료 시까지 작업지점으로부터 5m 이내 쉽게 보이는 장소에 능력단위 3단위이상인 소화기 2개 이상과 대형소화기 1개를 추가 배치

정답 1. ② 2. ③ 3. ②

04 건설현장의 화재안전성능기준에서 규정한 간이소화장치의 성능 및 설치기준에서 소화수의 방수압력과 방수량이 옳게 나열된 것은?

① 방수압력 : 0.1MPa 이상, 방수량 : 50L/min 이상
② 방수압력 : 0.1MPa 이상, 방수량 : 65L/min 이상
③ 방수압력 : 0.1MPa 이상, 방수량 : 80L/min 이상
④ 방수압력 : 0.1MPa 이상, 방수량 : 130L/min 이상

해설 간이소화장치 성능 및 설치기준
① 수원 : 20분 이상
② 소화수의 방수압력 : 0.1MPa 이상, 방수량 : 65L/min 이상
③ 간이소화장치 표시

05 다음은 건설현장의 임시소방시설에 설치하는 비상경보장치의 성능 및 설치기준에 대한 설명이다. 괄호 안에 들어갈 내용으로 옳은 것은?

[보기]
- 경종의 음량은 부착된 음향장치의 중심으로부터 1 미터 떨어진 위치에서 (㉠) 이상이 되는 것으로 설치해야 한다.
- 발신기의 위치표시등은 함의 상부에 설치하되, 그 불빛은 부착 면으로부터 15도 이상의 범위 안에서 부착지점으로부터 (㉡)의 어느 곳에서도 쉽게 식별할 수 있는 적색등으로 할 것

① ㉠ 90데시벨 ㉡ 10미터 이내
② ㉠ 100데시벨 ㉡ 10미터 이내
③ ㉠ 90데시벨 ㉡ 10미터 이상
④ ㉠ 100데시벨 ㉡ 10미터 이상

해설
1. 경종의 음량은 부착된 음향장치의 중심으로부터 1 미터 떨어진 위치에서 100 데시벨 이상이 되는 것으로 설치해야 한다.
2. 발신기의 위치표시등은 함의 상부에 설치하되, 그 불빛은 부착 면으로부터 15도 이상의 범위 안에서 부착지점으로부터 10 미터 이내의 어느 곳에서도 쉽게 식별할 수 있는 적색등으로 할 것

06 임시소방시설 중 간이소화장치의 설치장소에 대형소화기를 설치하면 간이소화장치의 설치를 면제할 수 있다. 이 기준을 충족하는 대형소화기의 최소수량은 몇 개인가?

① 3개 이상
② 4개 이상
③ 5개 이상
④ 6개 이상

해설 간이소화장치의 설치제외 : 대형소화기를 작업지점으로부터 25m 이내 쉽게 보이는 장소에 6개 이상을 배치

정답 4. ② 5. ② 6. ④

07 건설현장의 화재안전성능기준상 용어의 정의로 옳지 않은 것은?

① "방화포"란 건설현장 내 용접·용단 등의 작업 시 발생하는 금속성 불티로부터 가연물이 점화되는 것을 방지해주는 차단막을 말한다.
② "간이소화장치"란 건설현장에서 화재발생 시 신속한 화재 진압이 가능하도록 물을 방수하는 형태의 소화장치를 말한다.
③ "비상경보장치"란 화재위험작업 공간 등에서 자동조작에 의해서 화재경보상황을 알려줄 수 있는 설비(비상벨, 사이렌, 휴대용확성기 등)를 말한다.
④ "간이피난유도선"이란 화재발생 시 작업자의 피난을 유도할 수 있는 케이블형태의 장치를 말한다.

해설 "비상경보장치"란 발신기, 경종, 표시등 및 시각경보장치가 결합된 형태의 것으로서 화재위험작업 공간 등에서 수동조작에 의해서 화재경보상황을 알려줄 수 있는 비상벨 장치를 말한다.

08 건설현장의 화재안전성능기준에 따른 방화포를 용접·용단 작업 시 몇 미터 이내에 가연물이 있는 경우 해당 가연물을 방화포로 보호하여야 하는가?

① 5m ② 7m ③ 9m ④ 11m

해설 용접·용단 작업 시 11미터 이내에 가연물이 있는 경우 해당 가연물을 방화포로 보호하여야 한다. 다만, 「산업안전보건기준에 관한 규칙」 제241조제2항제4호에 따른 비산방지조치를 한 경우에는 방화포를 설치하지 않을 수 있다.

정답 7. ③ 8. ④

소방 전기설비 및 부대 전기설비

1 전압강하의 계산 ★★★

전기방식	전압강하	비고
단상 2선식, **직류 2선식**	$e = \dfrac{35.6LI}{1,000A}$	L : 선로길이[m] I : 부하전류[A] e : 선로의 전압강하[V] A : 전선 단면적[mm²]
3상 3선식	$e = \dfrac{30.8LI}{1,000A}$	
3상 4선식	$e = \dfrac{17.8LI}{1,000A}$	

2 발전기 용량 계산

1. 자가 발전기 용량 ★

$$GP \geq [\Sigma P + (\Sigma Pm - PL) \times a + (PL \times a \times c)] \times k$$

여기서, GP : 발전기용량(kVA)
       ΣP : 전동기 이외 부하의 입력용량 합계(kVA)

ΣPm : 전동기 부하용량 합계(kW)
PL : 전동기 부하 중 기동용량이 가장 큰 전동기 부하용량(kW),
     다만, 동시에 기동될 경우에는 이들을 더한 용량으로 한다.
a : 전동기의 kW당 입력용량 계수(a의 추천값은 고효율 1.38, 표준형 1.45)
c : 전동기의 기동계수
k : 발전기 허용전압강하 계수

3 감시전류와 작동전류 ★★★

1. 감시전류

(1) 등가 회로도

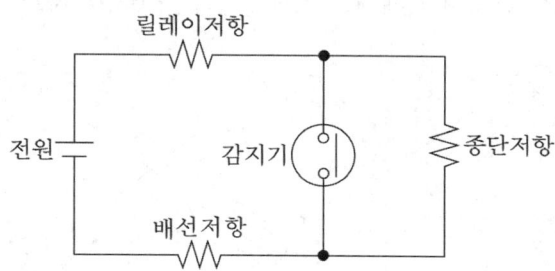

(2) 감시전류 = $\dfrac{회로전압}{배선회로저항 + 종단저항 + 릴레이저항}$

2. 작동전류

(1) 작동전류 = $\dfrac{회로전압}{배선회로저항 + 릴레이저항}$

4 등수의 계산 ★

$FUN = EAD$
F : 1등당 광속[lm], U : 조명률[%], N : 등수,
D : 감광보상률($= \dfrac{1}{M(유지율)}$)
E : 조도[lx], A : 단면적[m^2]

5 축전지 용량의 계산 ★★★

$C = \dfrac{1}{L} KI$ [Ah]

L : 보수율(경년 용량 저하율, 보통 0.8 적용)
K : 용량환산 시간계수
I : 방전전류

6 교차회로방식 ★

1. 정의

하나의 방호구역 내에 2 이상의 화재감지기회로를 설치하고 인접한 2 이상의 화재감지기가 동시에 감지되는 때에는 소화설비가 작동하여 소화약제가 방출되는 방식

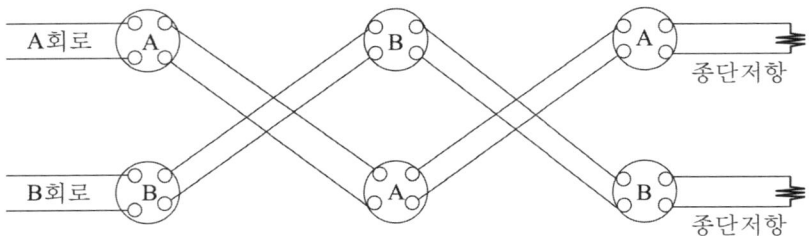

2. 적용설비

　(1) 준비작동식 스프링클러설비
　(2) 일제살수식 스프링클러설비
　(3) 이산화탄소소화설비
　(4) 할론소화설비
　(5) 분말소화설비
　(6) 할로겐화합물 및 불활성기체 소화설비
　(7) 물분무소화설비 등

7 전동기의 용량 계산

1. $P = \dfrac{9.8QHK}{\eta}$ [kW]

　Q : 토출량[m³/s], H : 전양정[m], K : 전달계수, η : 전효율

2. $P = \dfrac{0.163QHK}{\eta}$ [kW]

　Q : 토출량[m³/min], H : 전양정[m], K : 전달계수, η : 전효율

　η : 전효율(=수력효율×체적효율×기계효율)

8 설비별 비상전원의 종류

구분	자가발전설비	축전지설비	전기저장장치	비상전원 수전설비
옥내소화전설비, 화재조기진압용 스프링클러설비, 물분무소화설비, 이산화탄소소화설비, 할론소화설비, 분말소화설비, 할로겐화합물 및 불활성기체 소화설비, 고체에어로졸소화설비, 제연설비, 연결송수관설비	○	○	○	
스프링클러설비, 포소화설비, 비상콘센트설비	○	○	○	○
비상경보설비, 비상방송설비, 자동화재탐지설비, 비상조명등		○	○	
유도등		○(축전지)		

제38장 출제예상문제

01 프리액션밸브와 소화설비반이 200[m] 떨어진 곳에 각각 설치되어 있다. 소화설비반에서 전원을 공급하여 프리액션밸브를 기동시킬 경우 선로에서의 전압강하는 몇 [V]인가? (단, 프리액션밸브 구동 솔레노이드밸브의 정격전류는 1.5[A], 선로의 전선은 6[mm²]이다.)

① 0.94   ② 1.49   ③ 1.78   ④ 2.49

해설 전압강하 $e = \dfrac{35.6\,LI}{1000\,A} = \dfrac{35.6 \times 200 \times 1.5}{1000 \times 6} = 1.78$

02 제연설비의 제어반에서 100m 떨어진 거리에 설치된 제연댐퍼를 기동시, 선로의 전압강하는 몇 V인가? (단, 3상 3선식으로 전원 공급선의 굵기는 6mm²이고, 제연댐퍼의 기동전류는 1.5A이다.)

① 0.77   ② 0.92   ③ 1.12   ④ 1.89

해설 전압강하 $e = \dfrac{30.8\,LI}{1000\,A} = \dfrac{30.8 \times 100 \times 1.5}{1000 \times 6} = 0.77$

03 특정소방대상물에 아래의 조건에 따라 소방펌프를 설치할 경우 전동기의 설계용량(kW)은 약 얼마인가?

[보기]
- 전달계수(전동기 직결) : 1.1
- 전양정 : 40m
- 정격토출량 : 1,500 L/min
- 펌프 효율 : 75%

① 12.4   ② 14.4   ③ 16.4   ④ 20.4

해설 전동기의 용량 계산

$$P = \frac{9.8\,QHK}{\eta} = \frac{9.8 \times 1.5\text{m}^3/60\text{s} \times 40\text{m} \times 1.1}{0.75} = 14.37$$

※ 전동기의 용량 $P = \dfrac{9.8\,QHK}{\eta}$ [kW]

Q : 토출량 [m³/s]
H : 전양정 [m]
K : 전달계수
η : 펌프효율

정답 1. ③ 2. ① 3. ②

04 소방시설 도시기호의 명칭을 순서대로 연결한 것은?

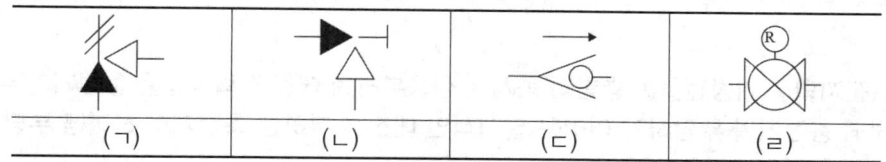

① ㉠ 릴리프밸브(일반) ㉡ 앵글밸브 ㉢ 가스체크밸브 ㉣ 감압밸브
② ㉠ 앵글밸브 ㉡ 릴리프밸브(일반) ㉢ 감압밸브 ㉣ 가스체크밸브
③ ㉠ 앵글밸브 ㉡ 릴리프밸브(일반) ㉢ 가스체크밸브 ㉣ 감압밸브
④ ㉠ 릴리프밸브(일반) ㉡ 가스체크밸브 ㉢ 앵글밸브 ㉣ 감압밸브

해설

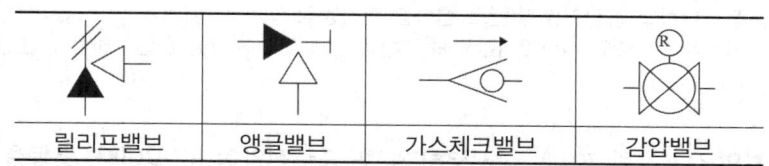

05 수신기의 전원 24[V], 배선회로의 저항 50[Ω], 종단저항 10,000[Ω], 릴레이의 저항 500 [Ω]일 때 감시전류 [mA]는?

① 2.12   ② 2.19   ③ 2.27   ④ 2.29

해설 감시전류 = $\dfrac{회로전압}{배선회로저항+종단저항+릴레이저항}$
$= \dfrac{24}{50+10,000+500} = 2.27[\text{mA}]$

06 실의 면적이 200 m², 1등당 광속이 2,500 lm인 형광등을 사용하였을 때 평균 조도 200 lx를 얻기 위한 형광등의 수량은? (단, 조명률은 0.5, 감광보상률은 1.25)

① 40   ② 100   ③ 200   ④ 250

해설 $N = \dfrac{EAD}{FU} = \dfrac{200 \times 200 \times 1.25}{2,500 \times 0.5} = 40$

07 알칼리 축전지의 경년용량 저하율(보수율)은 0.8, 용량환산 시간계수 1.45, 방전전류 10A 일 경우 축전지의 용량은?

① 16.42Ah   ② 18.13Ah
③ 20.62Ah   ④ 24.31Ah

정답 4. ① 5. ③ 6. ① 7. ②

해설 축전지의 용량 $C = \dfrac{1}{L}KI = \dfrac{1}{0.8} \times 1.45 \times 10 = 18.13[Ah]$

08 축전지의 자기방전을 보충함과 동시에 상용부하에 대한 전력공급은 충전기가 부담하도록 하되 충전기가 부담하기 어려운 일시적인 대전류 부하는 축전지로 하여금 부담하게 하는 방식은 무엇인가?

① 부동충전　　　　　　　　　② 균등충전
③ 자기충전　　　　　　　　　④ 회복충전

해설 충전방식
① 세류충전(트리클충전) : 항상 자기 방전량만 충전하는 방식
② 보통충전 : 필요시 표준 시간율로 충전하는 방식.
③ 부동충전 : 부하와 충전기를 병렬로 접속한 충전방식
④ 균등충전 : 주기적으로 10~12시간씩 충전하여 전해조의 용량을 균일화하는 충전방식

09 알칼리 축전지의 정격용량 70Ah, 상시부하 3kW, 표준전압이 100V이다. 부동충전방식의 충전기 2차 출력은?

① 3.7kVA　　　　② 3.9kVA　　　　③ 4.4kVA　　　　④ 4.7kVA

해설 충전기 2차 출력
① 충전시 2차전류 $= \dfrac{축전지\ 정격용량}{방전시간율} + \dfrac{상시부하}{표준전압} = \dfrac{70}{5} + \dfrac{3000}{100} = 44$
② 2차출력 = 표준전압 × 2차전류 = 100[V] × 44[A] = 4400[VA] = 4.4[kVA]
③ 방전시간율 : 연축전지 10h, 알칼리축전지 5h

10 연축전지와 알칼리 축전지의 전지 1개당 공칭전압으로 옳은 것은?

① 2V, 1.2V　　　　　　　　　② 1.2V, 2V
③ 5V, 10V　　　　　　　　　④ 10V, 5V

해설 연축전지 : 2V, 알칼리 축전지 : 1.2V

11 유량 2,400 L/min, 양정 100 m인 스프링클러설비 펌프를 구동시킬 전동기의 용량은 몇 kW 인가?(단, 펌프의 효율은 0.6, 전달계수는 1.1)

① 31　　　　　　② 72　　　　　　③ 144　　　　　　④ 165

해설 전동기의 용량
$$P = \dfrac{9.8QHK}{\eta} = \dfrac{9.8 \times 2.4\text{m}^3/60\text{s} \times 100\text{m} \times 1.1}{0.6} = 71.87[\text{kW}]$$

정답 8. ①　9. ③　10. ①　11. ②

12 수평 배관의 직경이 확대되면서 유속이 16 m/s에서 6 m/s로 변동될 경우 압력수두(m)는 얼마인가?(단, 중력가속도는 10m/s² 이다.)

① 4　　　　　② 8　　　　　③ 11　　　　　④ 15

해설 압력수두(동압수두)

$$H = \frac{V_1^2 - V_2^2}{2g} = \frac{16^2 - 6^2}{2 \times 10} = 11\text{m}$$

13 소방시설도시기호 중 비상분전반에 해당하는 기호는?

① △　　　② ✕(사각형 내)　　　③ ◐　　　④ S

해설 보기설명

① △ : 소화기　　② ✕ : 비상분전반
③ ◐ : 표시등　　④ S : 연기감지기

정답 12. ③　13. ②

제39장 고체에어로졸소화설비

1 정의 ★★★

용어	정의
고체에어로졸 소화설비	설계밀도 이상의 고체에어로졸을 방호구역 전체에 균일하게 방출하는 설비로서 분산(Dispersed)방식이 아닌 압축(Condensed)방식
고체에어로졸화합물	과산화물질, 가연성물질 등의 혼합물로서 화재를 소화하는 비전도성의 미세입자인 에어로졸을 만드는 고체화합물
고체에어로졸	고체에어로졸화합물의 연소과정에 의해 생성된 직경 10 μm 이하의 고체 입자와 기체 상태의 물질로 구성된 혼합물
고체에어로졸발생기	고체에어로졸화합물, 냉각장치, 작동장치, 방출구, 저장용기로 구성되어 에어로졸을 발생시키는 장치
소화밀도	방호공간내 규정된 시험조건의 화재를 소화하는데 필요한 단위체적(m^3)당 고체에어로졸화합물의 질량(g)
안전계수	설계밀도를 결정하기 위한 안전율을 말하며 1.3
설계밀도	소화설계를 위하여 필요한 것으로 소화밀도에 안전계수를 곱하여 얻어지는 값
방호체적	벽 등의 건물 구조 요소들로 구획된 방호구역의 체적에서 기둥 등 고정적인 구조물의 체적을 제외한 것
열 안전이격거리	고체에어로졸 방출 시 발생하는 온도에 영향을 받을 수 있는 모든 구조·구성요소와 고체에어로졸 발생기 사이에 안전확보를 위해 필요한 이격거리

2 일반조건

1. 고체에어로졸은 **전기 전도성이 없어야** 한다.
2. 약제 방출 후 해당 화재의 재발화 방지를 위하여 최소 **10분간** 소화밀도를 유지하여야 한다.
3. 고체에어로졸소화설비는 비상주장소에 한하여 설치

3 설치 제외

1. 니트로셀룰로오스, 화약 등의 산화성 물질
2. 리튬, 나트륨, 칼륨, 마그네슘, 티타늄, 지르코늄, 우라늄 및 플루토늄과 같은 자기반응성 금속
3. 금속 수소화물
4. 유기 과산화수소, 히드라진 등 자동 열분해를 하는 화학물질
5. 가연성 증기 또는 분진 등 폭발성 물질이 대기에 존재할 가능성이 있는 장소

4 고체에어로졸발생기 ★★★

1. 밀폐성이 보장된 방호구역 내에 설치하거나, 밀폐성능을 인정할 수 있는 별도의 조치를 취할 것
2. 천장이나 벽면 상부에 설치하되 고체에어로졸 화합물이 균일하게 방출되도록 설치할 것
3. 직사광선 및 빗물이 침투할 우려가 없는 곳에 설치할 것
4. 고체에어로졸 발생기는 다음 각 목의 열 안전이격거리를 준수하여 설치할 것
    - 가. 인체와의 최소 이격거리는 고체에어로졸 방출 시 75℃를 초과하는 온도가 인체에 영향을 미치지 아니하는 거리
    - 나. 가연물과의 최소 이격거리는 고체에어로졸 방출 시 200℃를 초과하는 온도가 가연물에 영향을 미치지 아니하는 거리
5. 하나의 방호구역에는 **동일 제품군 및 동일한 크기**의 고체에어로졸발생기를 설치할 것
6. 방호구역의 높이는 형식승인 받은 고체에어로졸발생기의 최대 설치높이 이하로 할 것

5 고체에어로졸화합물의 양 ★★★

$$m = d \times V$$

m = 필수 소화약제량(g)
d = 설계밀도(g/m^3) = 소화밀도(g/m^3) × 1.3(안전계수)
소화밀도 : 형식승인 받은 제조사의 설계 매뉴얼에 제시된 소화밀도
V : 방호체적(m^3)

6 기동 ★★★

① 화재감지기 및 수동식 기동장치의 작동과 연동하여 기계적 또는 전기적 방식으로 작동
② 고체에어로졸소화설비 기동 시에는 **1분 이내**에 고체에어로졸 설계밀도의 **95% 이상**을 방호구역에 균일하게 방출
③ 고체에어로졸소화설비의 수동식 기동장치 설치기준
  1. 제어반마다 설치할 것
  2. 방호구역의 출입구마다 설치하되 출입구 인근에 사람이 쉽게 조작할 수 있는 위치에 설치할 것
  3. 기동장치의 조작부는 바닥으로부터 **0.8m 이상 1.5m 이하**의 위치에 설치할 것
  4. 기동장치의 조작부에 보호판 등의 보호장치를 부착할 것
  5. 기동장치 인근의 보기 쉬운 곳에 "고체에어로졸소화설비 수동식 기동장치"라고 표시한 표지를 부착할 것
  6. 전기를 사용하는 기동장치에는 전원표시등을 설치할 것
  7. 방출용 스위치의 작동을 명시하는 표시등을 설치할 것
  8. **50 N 이하**의 힘으로 방출용 스위치를 기동할 수 있도록 할 것
④ **고체에어로졸의 방출을 지연시키기 위해 방출지연스위치**를 설치
  1. 수동으로 작동하는 방식으로 설치하되 방출지연스위치를 누르고 있는 동안만 지연되도록 할 것
  2. 방호구역의 출입구마다 설치하되 피난이 용이한 출입구 인근에 사람이 쉽게 조작할 수 있는 위치에 설치할 것
  3. 방출지연스위치 작동 시에는 음향경보를 발할 것
  4. 방출지연스위치 작동 중 수동식 기동장치가 작동되면 수동식 기동장치의 기능이 우선될 것

7 음향장치 ★★

1. 화재감지기가 작동하거나 수동식 기동장치가 작동할 경우 음향장치가 작동할 것
2. 음향장치는 방호구역마다 설치하되 해당 구역의 각 부분으로부터 하나의 음향장치까지의 수평거리는 **25 m 이하**가 되도록 할 것
3. 음향장치는 경종 또는 사이렌(전자식 사이렌을 포함한다)으로 하되, 주위의 소음 및 다른 용도의 경보와 구별이 가능한 음색으로 할 것. 이 경우 경종 또는 사이렌은 자동

화재탐지설비 · 비상벨설비 또는 자동식사이렌설비의 음향장치와 겸용할 수 있다.
4. 주 음향장치는 화재표시반의 내부 또는 그 직근에 설치할 것
5. 음향장치는 다음 각 목의 기준에 따른 구조 및 성능의 것으로 할 것
    가. 정격전압의 **80% 전압**에서 음향을 발할 수 있는 것으로 할 것
    나. 음량은 부착된 음향장치의 중심으로부터 **1 m 떨어진 위치에서 90 dB 이상**이 되는 것으로 할 것
6. 고체에어로졸의 방출 개시 후 **1분 이상** 경보를 계속 발할 것

8 화재감지기 ★★★

1. 고체에어로졸소화설비에는 다음 각 목의 감지기 중 하나를 설치할 것
    가. **광전식 공기흡입형 감지기**
    나. **아날로그 방식의 광전식 스포트형 감지기**
    다. 중앙소방기술심의위원회의 심의를 통해 고체에어로졸소화설비에 적응성이 있다고 인정된 감지기

9 방호구역의 자동폐쇄

1. 방호구역 내의 개구부와 통기구는 고체에어로졸이 방출되기 전에 폐쇄되도록 할 것
2. 방호구역 내의 환기장치는 고체에어로졸이 방출되기 전에 정지되도록 할 것
3. 자동폐쇄장치의 복구장치는 제어반 또는 그 직근에 설치하고, 해당 장치를 표시하는 표지를 부착할 것

제39장 출제예상문제

01 고체에어로졸소화설비의 화재안전기술기준 상 고체에어로졸이란 고체에어로졸화합물의 연소과정에 의해 생성된 직경 몇 이하의 고체 입자와 기체 상태의 물질로 구성된 혼합물을 말하는가?

① 10 ㎛ 이하
② 100 ㎛ 이하
③ 1,000 ㎛ 이하
④ 10,000 ㎛ 이하

해설 고체에어로졸화합물의 연소과정에 의해 생성된 직경 10 ㎛ 이하의 고체 입자와 기체 상태의 물질로 구성된 혼합물

02 고체에어로졸소화설비의 화재안전기술기준 상 안전계수란 설계밀도를 결정하기 위한 안전율을 말하는데 얼마를 적용하는가?

① 1.1
② 1.2
③ 1.3
④ 1.4

해설 안전계수 : 설계밀도를 결정하기 위한 안전율을 말하며 1.3

03 고체에어로졸소화설비의 화재안전기술기준 상 고체에어로졸 소화약제 방출 후 해당 화재의 재발화 방지를 위하여 최소 몇분간 소화밀도를 유지하여야 하는가?

① 1분
② 2분
③ 7분
④ 10분

해설 약제 방출 후 해당 화재의 재발화 방지를 위하여 최소 10분간 소화밀도를 유지하여야 한다.

04 고체에어로졸소화설비의 화재안전기술기준 상 고체에어로졸소화설비는 특정 물질을 포함한 화재 또는 장소에는 사용할 수 없다. 이에 해당하지 않는 것은?

① 니트로셀룰로오스, 화약 등의 산화성 물질
② 리튬, 나트륨, 칼륨, 마그네슘, 티타늄, 지르코늄, 우라늄 및 플루토늄과 같은 자기반응성 금속
③ 유기 과산화수소, 히드라진 등 자동 열분해를 하는 화학물질
④ 불연성 증기 또는 분진 등 폭발성 물질이 대기에 존재할 가능성이 있는 장소

해설 설치 제외
1. 니트로셀룰로오스, 화약 등의 산화성 물질
2. 리튬, 나트륨, 칼륨, 마그네슘, 티타늄, 지르코늄, 우라늄 및 플루토늄과 같은 자기반응성 금속

정답 1. ① 2. ③ 3. ④ 4. ④

3. 금속 수소화물
4. 유기 과산화수소, 히드라진 등 자동 열분해를 하는 화학물질
5. **가연성 증기** 또는 분진 등 폭발성 물질이 대기에 존재할 가능성이 있는 장소

05 괄호 안의 번호에 들어갈 내용으로 옳은 것은?

> 고체에어로졸발생기는 고체에어로졸 발생기는 다음 각 목의 열 안전이격거리를 준수하여 설치할 것
> 가. 인체와의 최소 이격거리는 고체에어로졸 방출 시 (㉠)℃를 초과하는 온도가 인체에 영향을 미치지 아니하는 거리
> 나. 가연물과의 최소 이격거리는 고체에어로졸 방출 시 (㉡)℃를 초과하는 온도가 가연물에 영향을 미치지 아니하는 거리

① ㉠ 75 ㉡ 200　　　　　　　② ㉠ 75 ㉡ 100
③ ㉠ 200 ㉡ 75　　　　　　　④ ㉠ 150 ㉡ 200

해설 고체에어로졸 발생기는 다음 각 목의 열 안전이격거리를 준수하여 설치할 것
가. 인체와의 최소 이격거리는 고체에어로졸 방출 시 <u>75℃</u>를 초과하는 온도가 인체에 영향을 미치지 아니하는 거리
나. 가연물과의 최소 이격거리는 고체에어로졸 방출 시 <u>200℃</u>를 초과하는 온도가 가연물에 영향을 미치지 아니하는 거리

06 다음의 조건을 이용하여 고체에어로졸화합물의 필수 소화약제량(kg)을 계산하시오.

> [조건]
> ○ 소화밀도는 200 g/m³　　　　○ 전기실로 방호체적은 300 m³

① 39　　　　② 78　　　　③ 72　　　　④ 66

해설 d = 설계밀도(g/m³) = 200(g/m³) × 1.3(안전계수) = 260g/m³
필수 소화약제량 $m = d \times V$ = 260g/m³ × 300m³ = 78,000 g = 78 kg

07 다음 괄호 안의 번호에 알맞은 것은?

> 고체에어로졸소화설비 기동 시에는 (㉠) 이내에 고체에어로졸 설계밀도의 (㉡) 이상을 방호구역에 균일하게 방출해야 한다.

① ㉠ 1분 ㉡ 95 %　　　　　　② ㉠ 1분 ㉡ 90 %
③ ㉠ 2분 ㉡ 95 %　　　　　　④ ㉠ 2분 ㉡ 90 %

정답 5. ①　6. ②　7. ①

해설 고체에어로졸소화설비 기동 시에는 **1분 이내**에 고체에어로졸 설계밀도의 **95% 이상**을 방호구역에 균일하게 방출해야 한다.

08 고체에어로졸소화설비의 수동식 기동장치에 대한 기준 중 틀린 것은?

① 방호구역의 출입구마다 설치하되 출입구 인근에 사람이 쉽게 조작할 수 있는 위치에 설치할 것
② 기동장치의 조작부는 바닥으로부터 0.8 m 이상 1.5 m 이하의 위치에 설치할 것
③ 40 N 이하의 힘으로 방출용 스위치를 기동할 수 있도록 할 것
④ 전기를 사용하는 기동장치에는 전원표시등을 설치할 것

해설 50 N 이하의 힘으로 방출용 스위치를 기동할 수 있도록 할 것

09 고체에어로졸소화설비의 화재안전기술기준 상 음향장치는 고체에어로졸의 방출 개시 후 몇 분 이상 경보를 계속 발하도록 해야 하는가?

① 1분 ② 2분 ③ 3분 ④ 4분

해설 고체에어로졸의 방출 개시 후 1분 이상 경보를 계속 발할 것

10 고체에어로졸소화설비에 설치가능한 화재감지기의 종류를 모두 고르시오.

> ㉠ 광전식 공기흡입형 감지기
> ㉡ 불꽃감지기
> ㉢ 아날로그 방식의 광전식 스포트형 감지기
> ㉣ 광전식 분리형 감지기
> ㉤ 정온식감지선형 감지기(아날로그방식)

① ㉠ ㉣ ② ㉠ ㉢ ③ ㉠ ㉡ ㉢ ④ ㉠ ㉡ ㉢ ㉤

해설 화재감지기
  가. 광전식 공기흡입형 감지기
  나. 아날로그 방식의 광전식 스포트형 감지기
  다. 중앙소방기술심의위원회의 심의를 통해 고체에어로졸소화설비에 적응성이 있다고 인정된 감지기

정답 8. ③ 9. ① 10. ②

제 5 편

소방관련법령

제1장 소방기본법·시행령 및 시행규칙
제2장 화재의 예방 및 안전관리에 관한 법률·시행령 및 시행규칙
제3장 소방시설설치 및 관리에 관한 법률·시행령 및 시행규칙
제4장 소방시설공사업법·시행령 및 시행규칙
제5장 다중이용업소의 안전관리에 관한 특별법·시행령 및 시행규칙
제6장 위험물안전관리법·시행령 및 시행규칙

제1장 소방기본법·시행령 및 시행규칙

1 목적

소방기본법	① 화재 예방, 경계하거나 진압 ② 구조, 구급활동 등을 통하여 국민의 생명, 신체 및 재산의 보호 ③ 공공의 안녕 및 질서 유지와 복리증진에 이바지

2 용어정의

소방기본법	소방대상물 ★★★	건축물, 차량, 선박(**항구에 매어둔 선박만 해당**한다), 선박 건조 구조물, 산림, 인공 구조물 또는 물건
	관계지역	소방대상물이 있는 장소 및 그 이웃 지역으로서 화재의 예방·경계·진압, 구조·구급 등의 활동에 필요한 지역
	관계인	소방대상물의 **소유자·관리자 또는 점유자**
	소방본부장 ★	특별시·광역시·특별자치시·도 또는 특별자치도(이하 "시·도"라 한다)에서 화재의 예방·경계·진압·조사 및 구조·구급 등의 업무를 담당하는 부서의 장
	소방대 ★	화재를 진압하고 화재, 재난·재해, 그 밖의 위급한 상황에서 구조·구급활동 등을 하기 위하여 구성된 조직체 : **소방공무원, 의무소방원, 의용소방대원**
	소방대장 ★★	소방본부장 또는 소방서장 등 화재, 재난·재해, 그 밖의 위급한 상황이 발생한 현장에서 소방대를 지휘하는 사람

3 벌칙정리

구분	내용
5년 이하의 징역 또는 5천만원 이하의 벌금 ★★★	1. 제16조제2항을 위반하여 다음 각 목의 어느 하나에 해당하는 행위를 한 사람 　가. 위력(威力)을 사용하여 출동한 소방대의 화재진압·인명구조 또는 구급활동을 방해하는 행위 　나. 소방대가 화재진압·인명구조 또는 구급활동을 위하여 현장에 출동하거나 현장에 출입하는 것을 고의로 방해하는 행위 　다. 출동한 소방대원에게 폭행 또는 협박을 행사하여 화재진압·인명구조 또는 구급활동을 방해하는 행위

	라. 출동한 소방대의 소방장비를 파손하거나 그 효용을 해하여 화재진압·인명구조 또는 구급활동을 방해하는 행위 2. 제21조제1항을 위반하여 **소방자동차의 출동을 방해한 사람** [제21조제1항] ① 모든 차와 사람은 소방자동차(지휘를 위한 자동차와 구조·구급차를 포함한다. 이하 같다)가 화재진압 및 구조·구급 활동을 위하여 출동을 할 때에는 이를 방해하여서는 아니 된다. 3. 제24조제1항에 따른 사람을 구출하는 일 또는 불을 끄거나 불이 번지지 아니하도록 하는 일을 방해한 사람 4. 제28조를 위반하여 정당한 사유 없이 소방용수시설 또는 비상소화장치를 사용하거나 소방용수시설 또는 비상소화장치의 효용을 해치거나 그 정당한 사용을 방해한 사람
3년 이하의 징역 또는 3천만원 이하의 벌금	소방본부장, 소방서장 또는 소방대장이 사람을 구출하거나 불이 번지는 것을 막기 위하여 필요할 때 화재가 발생하거나 불이 번질 우려가 있는 소방대상물 및 토지를 일시적으로 사용하거나 그 사용의 제한 또는 소방활동에 필요한 처분을 하고자 할 때 이에 따른 처분을 방해한 자 또는 정당한 사유 없이 그 처분에 따르지 아니한 자
300만원 이하의 벌금	제25조제2항 및 제3항에 따른 처분을 방해한 자 또는 정당한 사유 없이 그 처분에 따르지 아니한 자 [제25조제2항] 소방본부장, 소방서장 또는 소방대장은 사람을 구출하거나 불이 번지는 것을 막기 위하여 긴급하다고 인정할 때에는 제1항에 따른 소방대상물 또는 토지 외의 소방대상물과 토지에 대하여 제1항에 따른 처분을 할 수 있다. [제25조제3항] 소방본부장, 소방서장 또는 소방대장은 소방활동을 위하여 긴급하게 출동할 때에는 소방자동차의 통행과 소방활동에 방해가 되는 주차 또는 정차된 차량 및 물건 등을 제거하거나 이동시킬 수 있다.
100만원 이하의 벌금	1. 제16조의3제2항을 위반하여 정당한 사유 없이 소방대의 생활안전활동을 방해한 자 2. 제20조제1항을 위반하여 **정당한 사유 없이 소방대가 현장에 도착할 때까지 사람을 구출하는 조치 또는 불을 끄거나 불이 번지지 아니하도록 하는 조치를 하지 아니한 사람** 3. 제26조제1항에 따른 피난 명령을 위반한 사람 4. 제27조제1항을 위반하여 정당한 사유 없이 물의 사용이나 수도의 개폐장치의 사용 또는 조작을 하지 못하게 하거나 방해한 자 5. 제27조제2항에 따른 조치를 정당한 사유 없이 방해한 자
500만원 이하의 과태료	1. 제19조제1항을 위반하여 화재 또는 구조·구급이 필요한 상황을 거짓으로 알린 사람 2. 정당한 사유 없이 제20조제2항을 위반하여 화재, 재난·재해, 그 밖의 위급한 상황을 소방본부, 소방서 또는 관계 행정기관에 알리지 아니한 관계인
200만원 이하의 과태료	1. 제17조의6제5항을 위반하여 한국119청소년단 또는 이와 유사한 명칭을 사용한 자 2. 제21조제3항을 위반하여 **소방자동차의 출동에 지장을 준 자** [제21조제3항] ③ 모든 차와 사람은 소방자동차가 화재진압 및 구조·구급 활동을 위하여 제2항에 따라

	사이렌을 사용하여 출동하는 경우에는 다음 각 호의 행위를 하여서는 아니 된다. 1. 소방자동차에 진로를 양보하지 아니하는 행위 2. 소방자동차 앞에 끼어들거나 소방자동차를 가로막는 행위 3. 그 밖에 소방자동차의 출동에 지장을 주는 행위 3. 제23조제1항을 위반하여 소방활동구역을 출입한 사람 4. 제44조의3을 위반하여 한국소방안전원 또는 이와 유사한 명칭을 사용한 자
100만원 이하의 과태료	제21조의2제2항을 위반하여 전용구역에 차를 주차하거나 전용구역에의 진입을 가로막는 등의 방해행위를 한 자
20만원 이하의 과태료	① 화재로 오인할 만한 우려가 있는 불을 피우거나 연막(煙幕) 소독을 하려는 자가 신고를 하지 아니하여 소방자동차를 출동하게 한 자 ② 소방본부장 또는 소방서장이 부과·징수

4 소방기관의 설치 등

소방업무	시·도의 화재 예방·경계·진압 및 조사, 소방안전교육·홍보와 화재, 재난·재해, 그 밖의 위급한 상황에서의 구조·구급 등의 업무
시·도지사의 지휘와 감독	소방업무를 수행하는 소방본부장 또는 소방서장
소방청장	화재 예방 및 대형 재난 등 필요한 경우 시·도 소방본부장 및 소방서장을 지휘·감독

5 119종합상황실의 설치와 운영 ★★

119종합상황실을 설치·운영권자	소방청장, 소방본부장 및 소방서장
종합상황실	소방청과 특별시·광역시·특별자치시·도 또는 특별자치도(이하 "시·도"라 한다)의 소방본부 및 소방서에 각각 설치·운영
운영체제	24시간
종합상황실장의 업무	1. 화재, 재난·재해 그 밖에 구조·구급이 필요한 상황(이하 "재난상황"이라 한다)의 발생의 신고접수 2. 접수된 재난상황을 검토하여 가까운 소방서에 인력 및 장비의 동원을 요청하는 등의 사고수습 3. 하급소방기관에 대한 출동지령 또는 동급 이상의 소방기관 및 유관기관에 대한 지원요청 4. 재난상황의 전파 및 보고 5. 재난상황이 발생한 현장에 대한 지휘 및 피해현황의 파악 6. 재난상황의 수습에 필요한 정보수집 및 제공
종합상황실 실장의 보고업무	소방서의 종합상황실 → 소방본부의 종합상황실 → 소방청의 종합상황실에 각각 보고

★★★	1. 다음 각목의 1에 해당하는 화재 　가. 사망자가 5인 이상 발생하거나 사상자가 10인 이상 발생한 화재 　나. 이재민이 100인 이상 발생한 화재 　다. 재산피해액이 50억원 이상 발생한 화재 　라. 관공서·학교·정부미도정공장·문화재·지하철 또는 지하구의 화재 　마. 관광호텔, 층수가 11층 이상인 건축물, 지하상가, 시장, 백화점, 지정수량의 3천배 이상의 위험물의 제조소·저장소·취급소, 층수가 5층 이상이거나 객실이 30실 이상인 숙박시설, 층수가 5층 이상이거나 병상이 30개 이상인 종합병원·정신병원·한방병원·요양소, 연면적 1만 5천제곱미터 이상인 공장 또는 소방기본법 시행령에 따른 화재경계지구에서 발생한 화재 　바. 철도차량, 항구에 매어둔 총 톤수가 1천톤 이상인 선박, 항공기, 발전소 또는 변전소에서 발생한 화재 　사. 가스 및 화약류의 폭발에 의한 화재 　아. 다중이용업소의 화재 2. 통제단장의 현장지휘가 필요한 재난상황 3. 언론에 보도된 재난상황 4. 그 밖에 소방청장이 정하는 재난상황

6 소방박물관 등의 설립과 운영 ★★★

구분	소방박물관	소방체험관
설립운영	소방청장	시·도지사
관련규정	행정안전부령	시·도의 조례

7 소방업무에 관한 종합계획의 수립·시행 ★

시행권자	수립·시행주기
소방청장	5년마다

8 소방의 날 제정과 운영 ★

소방의 날	소방청장 또는 시·도지사
11월 9일	소방의 날 행사에 관하여 필요한 사항

9 소방장비 등에 대한 국고보조 ★

국고보조 대상사업의 범위	1. 다음 각 목의 소방활동장비와 설비의 구입 및 설치 　가. 소방자동차 　나. 소방헬리콥터 및 소방정 　다. 소방전용통신설비 및 전산설비 　라. 그 밖에 방화복 등 소방활동에 필요한 소방장비 2. 소방관서용 청사의 건축

10 소방용수시설의 설치 및 관리 ★★★

소방용수시설의 종류	소화전(消火栓) · 급수탑(給水塔) · 저수조(貯水槽)
유지관리	시·도지사 다만, 「수도법」에 따라 소화전을 설치하는 일반수도사업자는 관할 소방서장과 사전협의를 거친 후 소화전을 설치하여야 하며, 설치 사실을 관할 소방서장에게 통지하고, 그 소화전을 유지·관리
소방용수시설 설치기준	1. 공통기준(수평거리) 　1) **주거지역, 상업지역, 공업지역 : 100미터** 이하 　2) 기타 : 140미터 이하 2. 소방용수시설별 설치기준 　1) 소화전 연결금속구의 구경 : 65mm 　2) 급수탑 설치기준 　　① 급수배관의 구경 : 100mm이상 　　② 개폐밸브 : 지상에서 1.5~1.7m 이하 　3) 저수조 설치기준 　　① 지면으로부터 **낙차가 4.5m** 이하 　　② 흡수부분의 수심 : 0.5m 이상 　　③ 흡수관 투입구 : 사각형 또는 원형으로 한 변의 길이 또는 지름이 60cm 이상 　　④ 저수조에 물을 공급하는 방법 : 상수도에 연결하여 자동으로 급수되는 구조 　　⑤ 소방펌프자동차가 쉽게 접근할 수 있도록 할 것 　　⑥ 흡수에 지장이 없도록 토사 및 쓰레기 등을 제거할 수 있는 설비
비상소화장치의 구성	비상소화장치함, 소화전, 소방호스(소화전의 방수구에 연결하여 소화용수를 방수하기 위한 도관으로서 호스와 연결금속구로 구성되어 있는 소방용릴호스 또는 소방용고무내장호스를 말한다), 관창
소방용수시설 또는 비상소화장치의 사용금지	1. 정당한 사유 없이 소방용수시설 또는 비상소화장치를 사용하는 행위 2. 정당한 사유 없이 손상·파괴, 철거 또는 그 밖의 방법으로 소방용수시설 또는 비상소화장치의 효용을 해치는 행위 3. 소방용수시설 또는 비상소화장치의 정당한 사용을 방해하는 행위

비상소화장치의 설치대상 지역	1. 화재예방강화지구 2. 시·도지사가 비상소화장치의 설치가 필요하다고 인정하는 지역
소방용수시설 또는 비상소화장치의 사용금지	누구든지 다음 각 호의 어느 하나에 해당하는 행위를 하여서는 아니 된다. 1. 정당한 사유 없이 소방용수시설 또는 비상소화장치를 사용하는 행위 2. 정당한 사유 없이 손상·파괴, 철거 또는 그 밖의 방법으로 소방용수시설 또는 비상소화장치의 효용(效用)을 해치는 행위 3. 소방용수시설 또는 비상소화장치의 정당한 사용을 방해하는 행위

11 소방업무의 응원 ★★★

소방본부장이나 소방소장	소방활동을 할 때에 긴급한 경우에는 이웃한 소방본부장 또는 소방서장에게 소방업무의 응원(應援)을 요청
소방업무의 응원 요청을 받은 소방본부장 또는 소방서장	정당한 사유 없이 그 요청을 거절하여서는 아니 된다.
소방업무의 응원을 위하여 파견된 소방대원	응원을 요청한 소방본부장 또는 소방서장의 지휘에 따라야 한다.
시·도지사	소방업무의 응원을 요청하는 경우를 대비하여 출동 대상지역 및 규모와 필요한 경비의 부담 등에 관하여 필요한 사항을 행정안전부령으로 정하는 바에 따라 이웃하는 시·도지사와 협의하여 미리 규약(規約)으로 정하여야 한다.
소방업무의 상호응원협정	1. 다음 각목의 소방활동에 관한 사항 　가. 화재의 경계·진압활동 　나. 구조·구급업무의 지원 　다. 화재조사활동 2. 응원출동대상지역 및 규모 3. 다음 각 목의 소요경비의 부담에 관한 사항 　가. 출동대원의 수당·식사 및 의복의 수선 　나. 소방장비 및 기구의 정비와 연료의 보급 　다. 그 밖의 경비 4. 응원출동의 요청방법 5. 응원출동훈련 및 평가

12 소방력의 동원 ★

소방청장	1. 해당 시·도의 소방력만으로는 소방활동을 효율적으로 수행하기 어려운 화재, 재난·재해, 그 밖의 구조·구급이 필요한 상황이 발생하거나 특별히 국가적 차원에서 소방활동을 수행할 필요가 인정될 때에는 각 시·도지사에게 행정안전부령으로 정하는 바에 따라 소방력을 동원할 것을 요청 2. 시·도지사에게 동원된 소방력을 화재, 재난·재해 등이 발생한 지역에 지원·파견하여 줄 것을 요청하거나 필요한 경우 직접 소방대를 편성하여 화재진압 및 인명구조 등 소방에 필요한 활동을 하게 할 수 있다.
동원 요청을 받은 시·도지사	정당한 사유 없이 요청을 거절하여서는 아니 된다.
동원된 소방대원의 지휘	동원된 소방대원이 다른 시·도에 파견·지원되어 소방활동을 수행할 때에는 특별한 사정이 없으면 화재, 재난·재해 등이 발생한 지역을 관할하는 소방본부장 또는 소방서장의 지휘에 따라야 한다. 다만, 소방청장이 직접 소방대를 편성하여 소방활동을 하게 하는 경우에는 소방청장의 지휘
경비부담	화재, 재난·재해나 그 밖의 구조·구급이 필요한 상황이 발생한 시·도에서 부담하는 것을 원칙으로 하며, 구체적인 내용은 해당 시·도가 서로 협의
보상	동원된 민간 소방 인력이 소방활동을 수행하다가 사망하거나 부상을 입은 경우 화재, 재난·재해 또는 그 밖의 구조·구급이 필요한 상황이 발생한 시·도가 해당 시·도의 조례로 정하는 바에 따라 보상한다.

13 소방활동 ★

소방청장, 소방본부장 또는 소방서장	화재, 재난·재해, 그 밖의 위급한 상황이 발생하였을 때에는 소방대를 현장에 신속하게 출동시켜 화재진압과 인명구조·구급 등 소방에 필요한 활동(이하 이 조에서 "소방활동"이라 한다)을 하게 하여야 한다.
소방대장	소방활동구역의 설정
소방활동구역의 출입자 ★★★	1. 소방활동구역 안에 있는 소방대상물의 소유자·관리자 또는 점유자 2. 전기·가스·수도·통신·교통의 업무에 종사하는 사람으로서 원활한 소방활동을 위하여 필요한 사람 3. 의사·간호사 그 밖의 구조·구급업무에 종사하는 사람 4. 취재인력 등 보도업무에 종사하는 사람 5. 수사업무에 종사하는 사람 6. 그 밖에 소방대장이 소방활동을 위하여 출입을 허가한 사람

14 소방지원활동 ★★★

지시권자	소방청장·소방본부장 또는 소방서장
범위	소방활동 수행에 지장을 주지 아니하는 범위

소방지원활동	1. 산불에 대한 예방·진압 등 지원활동
	2. 자연재해에 따른 급수·배수 및 제설 등 지원활동
	3. 집회·공연 등 각종 행사 시 사고에 대비한 근접대기 등 지원활동
	4. 화재, 재난·재해로 인한 피해복구 지원활동
	5. 그 밖에 행정안전부령으로 정하는 활동
	  ① 군·경찰 등 유관기관에서 실시하는 훈련지원 활동
	  ② 소방시설 오작동 신고에 따른 조치활동
	  ③ 방송제작 또는 촬영 관련 지원활동

15 생활안전활동 ★★★

지시권자	소방청장·소방본부장 또는 소방서장
생활안전활동	1. 붕괴, 낙하 등이 우려되는 고드름, 나무, 위험 구조물 등의 제거활동 2. 위해동물, 벌 등의 포획 및 퇴치 활동 3. 끼임, 고립 등에 따른 위험제거 및 구출 활동 4. 단전사고 시 비상전원 또는 조명의 공급 5. 그 밖에 방치하면 급박해질 우려가 있는 위험을 예방하기 위한 활동

16 소방안전교육사 ★

시험의 시행	2년마다 1회 시행(소방청장이 횟수 증감)
공고	소방안전교육사시험의 시행일 90일 전까지 소방청의 인터넷 홈페이지 등에 공고
응시자격심사 위원 및 시험위원	① 소방 관련 학과, 교육학과 또는 응급구조학과 박사학위 취득자 ② 소방 관련 학과, 교육학과 또는 응급구조학과에서 조교수 이상으로 2년 이상 재직한 자 ③ 소방위이상의 소방공무원 ④ 소방안전교육사 자격을 취득한 자
결격사유	① 피성년후견인 ② 금고 이상의 실형을 선고받고 그 집행이 끝나거나(집행이 끝난 것으로 보는 경우를 포함) 집행이 면제된 날부터 2년이 지나지 아니한 사람 ③ 금고 이상의 형의 집행유예를 선고받고 그 유예기간 중에 있는 사람 ④ 법원의 판결 또는 다른 법률에 따라 자격이 정지되거나 상실된 사람
소방안전교육 사의 배치	소방청, 소방본부 또는 소방서 한국소방안전원 한국소방산업기술원

17 소방신호의 종류 및 방법 ★★★

소방신호의 종류 ★	1. **경계신호** : 화재예방상 필요하다고 인정되거나 화재위험 경보시 발령 2. **발화신호** : 화재가 발생한 때 발령 3. **해제신호** : 소화활동이 필요없다고 인정되는 때 발령 4. **훈련신호** : 훈련상 필요하다고 인정되는 때 발령	
소방신호의 종류별 소방신호의 방법 ★★★	**신호방법 / 종별**	**타종신호**	**싸이렌 신호**
	경계신호	1타와 연2타를 반복	5초 간격을 두고 30초씩 3회
	발화신호	난타	5초 간격을 두고 5초씩 3회
	해제신호	상당한 간격을 두고 1타씩 반복	1분간 1회
	훈련신호	연3타 반복	10초 간격을 두고 1분씩 3회

[비고]
1. 소방신호의 방법은 그 전부 또는 일부를 함께 사용할 수 있다.
2. 게시판을 철거하거나 통풍대 또는 기를 내리는 것으로 소방활동이 해제되었음을 알린다.
3. 소방대의 비상소집을 하는 경우에는 훈련신호를 사용할 수 있다.

18 화재 등의 통지 ★

화재 현장 또는 구조·구급이 필요한 사고 현장을 발견한 사람	그 현장의 상황을 소방본부, 소방서 또는 관계 행정기관에 지체 없이 알려야 한다.
다음 각 호의 어느 하나에 해당하는 지역 또는 장소에서 화재로 오인할 만한 우려가 있는 불을 피우거나 연막(煙幕) 소독을 하려는 자는 시·도의 조례로 정하는 바에 따라 관할 소방본부장 또는 소방서장에게 신고	1. 시장지역 2. 공장·창고가 밀집한 지역 3. 목조건물이 밀집한 지역 4. 위험물의 저장 및 처리시설이 밀집한 지역 5. 석유화학제품을 생산하는 공장이 있는 지역 6. 그 밖에 시·도의 조례로 정하는 지역 또는 장소

19 관계인의 소방활동 등 ★

관계인	1. 소방대상물에 화재, 재난·재해, 그 밖의 위급한 상황이 발생한 경우에는 소방대가 현장에 도착할 때까지 경보를 울리거나 대피를 유도하는 등의 방법으로 사람을 구출하는 조치 또는 불을 끄거나 불이 번지지 아니하도록 필요한 조치를 하여야 한다. 2. 소방대상물에 화재, 재난·재해, 그 밖의 위급한 상황이 발생한 경우에는 이를 소방본부, 소방서 또는 관계 행정기관에 지체 없이 알려야 한다.

20 자체소방대의 설치 · 운영 ★

자체소방대	1. 화재를 진압하거나 구조 · 구급 활동을 하기 위하여 상설 조직체(「위험물안전관리법」 제19조 및 그 밖의 다른 법령에 따라 설치된 자체소방대를 포함하며, 이하 이 조에서 "자체소방대"라 한다)를 설치 · 운영할 수 있다. 2. 자체소방대는 소방대가 현장에 도착한 경우 소방대장의 지휘 · 통제에 따라야 한다. 3. 소방청장, 소방본부장 또는 소방서장은 자체소방대의 역량 향상을 위하여 필요한 교육 · 훈련 등을 지원할 수 있다. 4. 교육 · 훈련 등의 지원에 필요한 사항은 행정안전부령

21 소방자동차의 우선통행 ★★

소방자동차	① 모든 차와 사람은 소방자동차(지휘를 위한 자동차와 구조 · 구급차를 포함한다. 이하 같다)가 화재진압 및 구조 · 구급 활동을 위하여 출동을 할 때에는 이를 방해하여서는 아니 된다.
	② 소방자동차가 화재진압 및 구조 · 구급 활동을 위하여 출동하거나 훈련을 위하여 필요할 때에는 사이렌을 사용할 수 있다.
	③ 모든 차와 사람은 소방자동차가 화재진압 및 구조 · 구급 활동을 위하여 사이렌을 사용하여 출동하는 경우에는 다음 각 호의 행위를 하여서는 아니 된다.
	  1. 소방자동차에 진로를 양보하지 아니하는 행위
	  2. 소방자동차 앞에 끼어들거나 소방자동차를 가로막는 행위
	  3. 그 밖에 소방자동차의 출동에 지장을 주는 행위
	④ 제3항의 경우를 제외하고 소방자동차의 우선 통행에 관하여는 「도로교통법」에서 정하는 바에 따른다.

22 소방자동차 전용구역 ★★

설치권자 및 설치대상	다음 각호의 어느 하나에 해당하는 공동주택의 건축주 다만, 하나의 대지에 하나의 동(棟)으로 구성되고 「도로교통법」에 따라 정차 또는 주차가 금지된 편도 2차선 이상의 도로에 직접 접하여 소방자동차가 도로에서 직접 소방활동이 가능한 공동주택은 제외 1. 아파트 중 세대수가 100세대 이상인 아파트 2. 기숙사 중 3층 이상의 기숙사

전용구역의 설치방법	1. 전용구역 노면표시 외곽선 : 빗금무늬 표시, 빗금 두께는 30cm로 하고, 50cm 간격으로 표시 2. 노면표시 도료의 색채 : 황색, 문자(P, 소방차 전용)는 백색
전용구역 방해행위의 기준	1. 전용구역에 물건 등을 쌓거나 주차하는 행위 2. 전용구역의 앞면, 뒷면 또는 양 측면에 물건 등을 쌓거나 주차하는 행위. 다만, 부설주차장의 주차구획 내에 주차하는 경우는 제외한다. 3. 전용구역 진입로에 물건 등을 쌓거나 주차하여 전용구역으로의 진입을 가로막는 행위 4. 전용구역 노면표지를 지우거나 훼손하는 행위 5. 그 밖의 방법으로 소방자동차가 전용구역에 주차하는 것을 방해하거나 전용구역으로 진입하는 것을 방해하는 행위

23 소방대의 긴급통행 ★

화재, 재난·재해, 그 밖의 위급한 상황이 발생한 현장에 신속하게 출동하기 위하여 긴급할 때에는 일반적인 통행에 쓰이지 아니하는 도로·빈터 또는 물 위로 통행할 수 있다.

24 소방활동 종사명령 ★

종사명령	① **소방본부장, 소방서장 또는 소방대장**은 화재, 재난·재해, 그 밖의 위급한 상황이 발생한 현장에서 소방활동을 위하여 필요할 때에는 그 관할구역에 사는 사람 또는 그 현장에 있는 사람으로 하여금 사람을 구출하는 일 또는 불을 끄거나 불이 번지지 아니하도록 하는 일을 하게 할 수 있다. 이 경우 소방본부장, 소방서장 또는 소방대장은 소방활동에 필요한 보호장구를 지급하는 등 안전을 위한 조치를 하여야 한다.
	② 명령에 따라 소방활동에 종사한 사람은 시·도지사로부터 소방활동의 비용을 지급받을 수 있다. 다만, **다음 각 호의 어느 하나에 해당하는 사람의 경우에는 그러하지 아니하다.**
	  1. 소방대상물에 화재, 재난·재해, 그 밖의 위급한 상황이 발생한 경우 그 관계인
	  2. 고의 또는 과실로 화재 또는 구조·구급 활동이 필요한 상황을 발생시킨 사람
	  3. 화재 또는 구조·구급 현장에서 물건을 가져간 사람

25 강제처분 등 ★

강제처분	① 강제처분 명령권자 : 소방본부장, 소방서장 또는 소방대장 ② 사람을 구출하거나 불이 번지는 것을 막기 위하여 필요할 때에는 화재가 발생하거나 불이 번질 우려가 있는 소방대상물 및 토지를 일시적으로 사용하거나 그 사용의 제한 또는 소방활동에 필요한 처분을 할 수 있다. ③ 사람을 구출하거나 불이 번지는 것을 막기 위하여 긴급하다고 인정할 때에는 제1항에 따른 소방대상물 또는 토지 외의 소방대상물과 토지에 대하여 제1항에 따른 처분을 할 수 있다. ④ 소방활동을 위하여 긴급하게 출동할 때에는 소방자동차의 통행과 소방활동에 방해가 되는 주차 또는 정차된 차량 및 물건 등을 제거하거나 이동시킬 수 있다. ⑤ 소방활동에 방해가 되는 주차 또는 정차된 차량의 제거나 이동을 위하여 관할 지방자치단체 등 관련 기관에 견인차량과 인력 등에 대한 지원을 요청할 수 있고, 요청을 받은 관련 기관의 장은 정당한 사유가 없으면 이에 협조하여야 한다.
시·도지사	견인차량과 인력 등을 지원한 자에게 시·도의 조례로 정하는 바에 따라 비용을 지급할 수 있다.

26 피난 명령 ★

피난명령	① **소방본부장, 소방서장 또는 소방대장**은 화재, 재난·재해, 그 밖의 위급한 상황이 발생하여 사람의 생명을 위험하게 할 것으로 인정할 때에는 일정한 구역을 지정하여 그 구역에 있는 사람에게 그 구역 밖으로 피난할 것을 명할 수 있다. ② 소방본부장, 소방서장 또는 소방대장은 제1항에 따른 명령을 할 때 필요하면 관할 경찰서장 또는 자치경찰단장에게 협조를 요청할 수 있다.

27 위험시설 등에 대한 긴급조치 ★

긴급조치	① 소방본부장, 소방서장 또는 소방대장은 화재 진압 등 소방활동을 위하여 필요할 때에는 소방용수 외에 댐·저수지 또는 수영장 등의 물을 사용하거나 수도(水道)의 개폐장치 등을 조작할 수 있다. ② 소방본부장, 소방서장 또는 소방대장은 화재 발생을 막거나 폭발 등으로 화재가 확대되는 것을 막기 위하여 가스·전기 또는 유류 등의 시설에 대하여 위험물질의 공급을 차단하는 등 필요한 조치를 할 수 있다.

28 한국소방안전원 ★

업무	1. 소방기술과 안전관리에 관한 교육 및 조사연구 2. 소방기술과 안전관리에 관한 각종 간행물 발간 3. 화재 예방과 안전관리의식 고취를 위한 대국민 홍보 4. 소방업무에 관하여 행정기관이 위탁하는 업무 5. 소방안전에 관한 국제 협력 6. 그 밖에 회원에 대한 기술지원등 정관으로 정하는 사항

29 손실보상 ★

보상권자	소방청장 또는 시·도지사
보상대상	1. 제16조의3제1항에 따른 조치로 인하여 손실을 입은 자 2. 제24조제1항 전단에 따른 **소방활동 종사로 인하여 사망하거나 부상을 입은 자** 3. 제25조제2항 또는 제3항에 따른 처분으로 인하여 손실을 입은 자. 다만, 같은 조 제3항에 해당하는 경우로서 **법령을 위반하여 소방자동차의 통행과 소방활동에 방해가 된 경우는 제외한다.** 4. 제27조제1항 또는 제2항에 따른 조치로 인하여 손실을 입은 자 5. 그 밖에 소방기관 또는 소방대의 적법한 소방업무 또는 소방활동으로 인하여 손실을 입은 자

30 소방대원에게 실시할 소방교육·훈련의 종류

1. 교육·훈련의 종류 및 교육·훈련을 받아야 할 대상자 ★

종류	교육·훈련을 받아야 할 대상자
가. 화재진압훈련	1) 화재진압업무를 담당하는 소방공무원 2) 의무소방원　　　　　　3) 의용소방대원
나. 인명구조훈련	1) 구조업무를 담당하는 소방공무원 2) 의무소방원　　　　　　3) 의용소방대원
다. 응급처치훈련	1) 구급업무를 담당하는 소방공무원 2) 의무소방원　　　　　　3) 의용소방대원
라. 인명대피훈련	1) 소방공무원　　　　　　2) 의무소방원 3) 의용소방대원
마. 현장지휘훈련	소방공무원 중 다음의 계급에 있는 사람 1) 지방소방정　　　　　　2) 지방소방령 3) 지방소방경　　　　　　4) 지방소방위

2. 교육·훈련 횟수 및 기간 ★★★

횟수	기간
2년마다 1회	2주 이상

제1장 출제예상문제

01 소방기본법의 목적으로 옳지 않은 것은?
① 화재를 예방·경계 또는 진압
② 국민의 생명·신체 및 재산보호
③ 사회 정의의 구현
④ 공공의 안녕, 질서 유지

해설 화재를 예방·경계하거나 진압하고 화재, 재난·재해, 그 밖의 위급한 상황에서의 구조·구급 활동 등을 통하여 국민의 생명·신체 및 재산을 보호함으로써 공공의 안녕 및 질서 유지와 복리증진에 이바지함을 목적

02 소방대상물에 해당되지 않는 것은?
① 항해 중인 선박
② 자동차 통행 터널
③ 사찰 중 문화재로 지정된 건물
④ 철재로 된 공작물

해설 소방대상물 : 건축물, 차량, 선박(항구 안에 매어둔 선박), 선박 건조 구조물, 산림 그 밖의 공작물 또는 물건

03 소방대상물의 관계인으로 옳지 않은 것은?
① 소유자
② 공사업자
③ 관리자
④ 점유자

해설 관계인 : 소유자, 관리자 또는 점유자

04 소방대라 함은 어떠한 사람으로 편성된 조직체를 말하는가?
① 소방공무원, 구급대원, 의용소방대원
② 소방공무원, 의무소방대원, 응급구조대원
③ 소방공무원, 구급대원, 응급구조대원
④ 소방공무원, 의무소방원, 의용소방대원

해설 소방대
① 소방공무원
② 의무소방원(義務消防員)
③ 의용소방대원

정답 1. ③ 2. ① 3. ② 4. ④

05 시 · 도에서 화재의 예방 · 경계 · 진압 · 조사 및 구조 · 구급 등의 업무를 담당하는 부서의 장을 무엇이라 하는가?

① 시 도지사 ② 소방본부장
③ 소방청장 ④ 소방서장

해설 소방본부장 : 특별시 · 광역시 · 도 또는 특별 자치도에서 화재의 예방 · 경계 · 진압 · 조사 및 구조 · 구급 등의 업무를 담당하는 부서의 장

06 소방본부장 또는 소방서장 등 화재. 재난 재해 그 밖의 위급한 상황이 발생한 현장에서 소방대를 지휘하는 자를 무엇이라 하는가?

① 소방청장 ② 시 · 도지사
③ 소방대장 ④ 의용소방대장

해설 소방대장 : 소방본부장 또는 소방서장 등 화재, 재난 · 재해 그 밖의 위급한 상황이 발생한 현장에서 소방대를 지휘하는 자

07 시 · 도의 소방업무를 수행하는 소방기관의 설치에 관하여 필요한 사항은 무엇으로 정하는가?

① 대통령령 ② 행정안전부령
③ 국토교통부령 ④ 시 · 도의조례

해설 시 · 도의 소방업무를 수행하는 소방기관의 설치에 관하여 필요한 사항 : 대통령령

08 화재, 재난, 재해 그 밖에 구조, 구급이 필요한 상황이 발생한 때에 신속한 소방활동을 위한 정보를 수집, 전파하기 위하여 종합상황실을 설치 운영하여야 한다. 이에 관계되지 않는 사람은?

① 소방청장 ② 시 · 도지사
③ 소방본부장 ④ 소방서장

해설 종합상황실 설치 · 운영권자 : 소방청장 · 소방본부장 및 소방서장

09 소방박물관과 소방체험관의 설립 및 운영권자로 옳은 것은?

① 소방박물관 : 소방청장, 소방체험관 : 소방청장
② 소방박물관 : 소방청장, 소방체험관 : 시도지사
③ 소방박물관 : 시도지사, 소방체험관 : 소방청장
④ 소방박물관 : 시도지사, 소방체험관 : 시도지사

정답 5. ② 6. ③ 7. ① 8. ② 9. ②

해설 소방박물관 및 소방체험관

구분	소방박물관	소방체험관
설립과 운영	소방청장	시·도지사
관련법규	행정안전부령	시·도의 조례

10 다음 ( )안의 번호에 알맞은 용어가 옳게 연결된 것은?
"(㉠)은(는) 화재, 재난·재해, 그 밖의 위급한 상황으로부터 국민의 생명·신체 및 재산을 보호하기 위하여 소방업무에 관한 종합계획을 (㉡)마다 수립·시행하여야 하고, 이에 필요한 재원을 확보하도록 노력하여야 한다."

① ㉠ 소방청장, ㉡ 3년
② ㉠ 소방청장, ㉡ 5년
③ ㉠ 시·도지사, ㉡ 3년
④ ㉠ 시·도지사, ㉡ 5년

해설 소방청장은 화재, 재난·재해, 그 밖의 위급한 상황으로부터 국민의 생명·신체 및 재산을 보호하기 위하여 소방업무에 관한 종합계획을 5년마다 수립·시행하여야 한다.

11 소방업무를 수행하는 소방본부장 또는 소방서장은 누구의 지휘와 감독을 받아야 하는가?
① 행정안전부장관
② 소방청장
③ 국무총리
④ 시·도지사

해설 소방업무를 수행하는 소방본부장 또는 소방서장은 시·도지사의 지휘와 감독을 받는다.

12 소방력의 기준에 따라 관할구역의 소방력을 확충하기 위하여 필요한 계획을 수립하여 시행하여야 하는 사람은?
① 소방청장
② 시·도지사
③ 소방본부장
④ 소방서장

해설 시·도지사는 소방력의 기준에 따라 관할구역의 소방력을 확충하기 위하여 필요한 계획을 수립하여 시행하여야 한다.

13 소방장비 등에 대한 국고보조 대상사업의 범위와 기준보조율은 다음 중 어느 것으로 정하는가?
① 대통령령
② 행정안전부령
③ 시·도의 조례
④ 소방청장

정답 10. ② 11. ④ 12. ② 13. ①

[해설] 보조 대상사업의 범위와 기준보조율은 대통령령으로 정한다.

14 소방활동에 필요한 소방용수시설을 설치하고 유지·관리하여야 하는 사람은?
① 소방본부장　　② 시·도지사
③ 소방서장　　　④ 소방청장

[해설] 시·도지사는 소방활동에 필요한 소화전(消火栓)·급수탑(給水塔)·저수조(貯水槽)(이하 "소방용수시설"이라 한다)를 설치하고 유지·관리하여야 한다.

15 다음 중 소방용수시설에 해당하지 않는 것은?
① 채수구　② 소화전　③ 급수탑　④ 저수조

[해설] 소방용수시설 : 소화전(消火栓)·급수탑(給水塔)·저수조(貯水槽)

16 해당 시·도의 소방력만으로는 소방활동을 효율적으로 수행하기 어려운 화재, 재난·재해, 그 밖의 구조·구급이 필요한 상황이 발생하거나 특별히 국가적 차원에서 소방활동을 수행할 필요가 인정될 때에는 소방력을 동원할 것을 요청할 수 있는 사람은?
① 소방본부장　　② 시·도지사
③ 소방서장　　　④ 소방청장

[해설] 소방청장은 해당 시·도의 소방력만으로는 소방활동을 효율적으로 수행하기 어려운 화재, 재난·재해, 그 밖의 구조·구급이 필요한 상황이 발생하거나 특별히 국가적 차원에서 소방활동을 수행할 필요가 인정될 때에는 각 시·도지사에게 행정안전부령으로 정하는 바에 따라 소방력을 동원할 것을 요청

17 다음은 종합상황실 실장의 보고업무 중 일부를 나타낸 것이다. 괄호안의 번호에 들어갈 내용이 옳게 연결된 것은?

> 가. 사망자가 (㉠) 이상 발생하거나 사상자가 10인 이상 발생한 화재
> 나. 이재민이 (㉡) 이상 발생한 화재
> 다. 재산피해액이 (㉢) 이상 발생한 화재

① ㉠ 5인 ㉡ 100인 ㉢ 50억원　② ㉠ 5인 ㉡ 10인 ㉢ 50억원
③ ㉠ 5인 ㉡ 100인 ㉢ 10억원　④ ㉠ 5인 ㉡ 10인 ㉢ 10억원

정답 14. ②　15. ①　16. ④　17. ①

해설 가. 사망자가 5인 이상 발생하거나 사상자가 10인 이상 발생한 화재
　　　나. 이재민이 100인 이상 발생한 화재
　　　다. 재산피해액이 50억원 이상 발생한 화재

18 다음은 종합상황실 실장의 보고업무 중 일부를 나타낸 것이다. 괄호 안의 번호에 들어갈 내용이 옳게 연결된 것은?

> 관광호텔, 층수가 (㉠) 이상인 건축물, 지하상가, 시장, 백화점, 지정수량의 (㉡) 이상의 위험물의 제조소·저장소·취급소, 층수가 5층 이상이거나 객실이 30실 이상인 숙박시설, 층수가 5층 이상이거나 병상이 30개 이상인 종합병원·정신병원·한방병원·요양소, 연면적 (㉢) 이상인 공장 또는 소방기본법 시행령에 따른 화재경계지구에서 발생한 화재

① ㉠ 11층 ㉡ 2천배 ㉢ 1만5천제곱미터
② ㉠ 15층 ㉡ 3천배 ㉢ 2만5천제곱미터
③ ㉠ 11층 ㉡ 3천배 ㉢ 1만5천제곱미터
④ ㉠ 15층 ㉡ 5천배 ㉢ 1만5천제곱미터

해설 관광호텔, 층수가 11층 이상인 건축물, 지하상가, 시장, 백화점, 지정수량의 3천배 이상의 위험물의 제조소·저장소·취급소, 층수가 5층 이상이거나 객실이 30실 이상인 숙박시설, 층수가 5층 이상이거나 병상이 30개 이상인 종합병원·정신병원·한방병원·요양소, 연면적 1만5천제곱미터 이상인 공장 또는 소방기본법 시행령에 따른 화재경계지구에서 발생한 화재

19 소방기본법령상 소방지원활동으로 명시되지 않은 것은?
① 산불에 대한 예방·진압 등 지원
② 단전사고 시 비상전원 또는 조명의 공급 지원
③ 자연재해에 따른 급수·배수 및 제설 등 지원
④ 집회·공연 등 각종 행사 시 사고에 대비한 근접대기 등 지원

해설 단전사고 시 비상전원 또는 조명의 공급 지원은 생활안전활동이다.

20 특별시·광역시·특별자치시·도 또는 특별자치도(이하 "시·도"라 한다)에서 화재의 예방·경계·진압·조사 및 구조·구급 등의 업무를 담당하는 부서의 장은?
① 소방청장　　　　　　　　　② 시·도지사
③ 소방본부장　　　　　　　　④ 소방서장

정답 18. ③ 19. ② 20. ③

해설 소방본부장 : 특별시·광역시·특별자치시·도 또는 특별자치도(이하 "시·도"라 한다)에서 화재의 예방·경계·진압·조사 및 구조·구급 등의 업무를 담당하는 부서의 장

21 소방본부장 또는 소방서장 등 화재, 재난·재해, 그 밖의 위급한 상황이 발생한 현장에서 소방대를 지휘하는 사람은?
① 행정안전부장관
② 소방대장
③ 시·도지사
④ 소방청장

해설 소방대장 : 소방본부장 또는 소방서장 등 화재, 재난·재해, 그 밖의 위급한 상황이 발생한 현장에서 소방대를 지휘하는 사람

22 소방기본법령상 생활안전활동에 해당하지 않는 것은?
① 소방시설 오작동 신고에 따른 조치활동
② 위해동물, 벌 등의 포획 및 퇴치 활동
③ 단전사고 시 비상전원 또는 조명의 공급
④ 붕괴, 낙하 등이 우려되는 고드름, 나무, 위험 구조물 등의 제거활동

해설 소방시설 오작동 신고에 따른 조치활동은 소방지원활동이다.

23 소방업무에 관한 종합계획의 수립·시행주기와 시행권자의 연결이 옳은 것은?
① 수립·시행주기 : 5년마다, 시행권자 : 소방청장
② 수립·시행주기 : 3년마다, 시행권자 : 소방청장
③ 수립·시행주기 : 5년마다, 시행권자 : 시·도지사
④ 수립·시행주기 : 3년마다, 시행권자 : 시·도지사

해설 수립·시행주기 : 5년마다, 시행권자 : 소방청장

24 화재, 재난·재해, 그 밖의 위급한 상황이 발생하였을 때에는 소방대를 현장에 신속하게 출동시켜 화재진압과 인명구조·구급 등 소방에 필요한 활동을 하게 하여야 하는 사람에 해당하지 않는 사람은?
① 시·도지사
② 소방청장
③ 소방서장
④ 소방본부장

정답 21. ② 22. ① 23. ① 24. ①

해설 소방청장, 소방본부장 또는 소방서장은 화재, 재난·재해, 그 밖의 위급한 상황이 발생하였을 때에는 소방대를 현장에 신속하게 출동시켜 화재진압과 인명구조·구급 등 소방에 필요한 활동을 하게 하여야 한다.

25 소방지원활동을 하게 할 수 있는 사람에 해당하지 않는 사람은?

① 시·도지사
② 소방청장
③ 소방서장
④ 소방본부장

해설 소방청장·소방본부장 또는 소방서장은 공공의 안녕질서 유지 또는 복리증진을 위하여 필요한 경우 소방활동 외에 소방지원활동을 하게 할 수 있다.

26 괄호 안의 번호에 들어갈 내용으로 옳은 것은?

> 소방업무의 응원을 요청하는 경우를 대비하여 출동 대상지역 및 규모와 필요한 경비의 부담 등에 관하여 필요한 사항을 (㉠)으로 정하는 바에 따라 이웃하는 (㉡)와 협의하여 미리 규약(規約)으로 정하여야 한다.

① ㉠ 대통령령, ㉡ 소방청장
② ㉠ 대통령령, ㉡ 시·도지사
③ ㉠ 행정안전부령, ㉡ 소방청장
④ ㉠ 행정안전부령, ㉡ 시·도지사

해설 소방업무의 응원을 요청하는 경우를 대비하여 출동 대상지역 및 규모와 필요한 경비의 부담 등에 관하여 필요한 사항을 (㉠ 행정안전부령)으로 정하는 바에 따라 이웃하는 (㉡ 시·도지사)와 협의하여 미리 규약(規約)으로 정하여야 한다.

27 화재, 재난·재해 그 밖의 위급한 사항이 발생한 경우 소방대가 현장에 도착할 때까지 관계인의 소방활동에 포함되지 않는 것은?

① 불을 끄거나 불이 번지지 아니하도록 필요한 조치
② 소방활동에 필요한 보호장구 지급 등 안전을 위한 조치
③ 경보를 울리는 방법으로 사람을 구출하는 조치
④ 대피를 유도하는 방법으로 사람을 구출하는 조치

해설 관계인은 소방대상물에 화재, 재난·재해, 그 밖의 위급한 상황이 발생한 경우에는 소방대가 현장에 도착할 때까지 경보를 울리거나 대피를 유도하는 등의 방법으로 사람을 구출하는 조치 또는 불을 끄거나 불이 번지지 아니하도록 필요한 조치를 하여야 한다.

정답 25. ① 26. ④ 27. ②

28 소방기본법령상 화재예방, 소방활동 또는 소방훈련을 위하여 사용되는 소방신호의 종류로 명시되지 않은 것은?

① 발화신호　　② 위기신호　　③ 해제신호　　④ 훈련신호

> **해설** 소방신호의 종류
> ① 발화신호　② 경계신호　③ 해제신호　④ 훈련신호

29 화재, 재난·재해, 그 밖의 위급한 상황이 발생한 현장에서 소방활동을 위하여 필요할 때에는 그 관할구역에 사는 사람 또는 그 현장에 있는 사람으로 하여금 사람을 구출하는 일 또는 불을 끄거나 불이 번지지 아니하도록 하는 일을 하게 할 수 있는 사람이 아닌 것은?

① 소방본부장　　　　　　② 소방청장
③ 소방서장　　　　　　　④ 소방대장

> **해설** 소방본부장, 소방서장 또는 소방대장은 화재, 재난·재해, 그 밖의 위급한 상황이 발생한 현장에서 소방활동을 위하여 필요할 때에는 그 관할구역에 사는 사람 또는 그 현장에 있는 사람으로 하여금 사람을 구출하는 일 또는 불을 끄거나 불이 번지지 아니하도록 하는 일을 하게 할 수 있다.

30 소방활동에 종사하여 시·도지사로부터 소방활동의 비용을 지급받을 수 있는 자는?

① 화재 또는 구조·구급현장에서 물건을 가져간 자
② 고의 또는 과실로 인하여 화재 또는 구조·구급활동이 필요한 상황을 발생시킨 자
③ 소방대상물에 화재, 재난·재해 그 밖의 상황이 발생한 경우 그 관계인
④ 소방대상물에 화재, 재난·재해 그 밖의 상황이 발생한 경우 구급활동을 한 자

> **해설** 소방활동의 비용을 지급 받을 수 없는 자
> ① 소방대상물에 화재, 재난·재해 그 밖의 위급한 상황이 발생한 경우 그 관계인
> ② 고의 또는 과실로 인하여 화재 또는 구조·구급활동이 필요한 상황을 발생시킨 자
> ③ 화재 또는 구조·구급현장에서 물건을 가져간 자

31 사람을 구출하거나 불이 번지는 것을 막기 위하여 필요할 때에는 화재가 발생하거나 불이 번질 우려가 있는 소방대상물 및 토지를 일시적으로 사용하거나 그 사용의 제한 또는 소방활동에 필요한 처분을 할 수 있는 사람이 아닌 것은?

① 소방본부장　　　　　　② 소방청장
③ 소방서장　　　　　　　④ 소방대장

> **해설** 소방본부장, 소방서장 또는 소방대장은 사람을 구출하거나 불이 번지는 것을 막기 위하여 필요할 때에는 화재가 발생하거나 불이 번질 우려가 있는 소방대상물 및 토지를 일시적으로 사용하거나 그 사용의 제한 또는 소방활동에 필요한 처분을 할 수 있다.

정답 28. ②　29. ②　30. ④　31. ②

32 강제처분으로 인하여 손실을 입은 자가 있는 경우 그 손실보상은 누가하는가?

① 소방본부장 ② 시·도지사 ③ 소방청장 ④ 소방서장

해설 시·도지사는 처분으로 인하여 손실을 입은 자가 있는 경우에는 그 손실을 보상하여야 한다. 다만, 법령을 위반하여 소방자동차의 통행과 소방활동에 방해가 된 경우에는 그러하지 아니하다.

33 화재, 재난·재해, 그 밖의 위급한 상황이 발생하여 사람의 생명을 위험하게 할 것으로 인정할 때에는 일정한 구역을 지정하여 그 구역에 있는 사람에게 그 구역 밖으로 피난할 것을 명할 수 있는 사람이 아닌 것은?

① 소방본부장 ② 시·도지사 ③ 소방서장 ④ 소방대장

해설 소방본부장, 소방서장 또는 소방대장은 화재, 재난·재해, 그 밖의 위급한 상황이 발생하여 사람의 생명을 위험하게 할 것으로 인정할 때에는 일정한 구역을 지정하여 그 구역에 있는 사람에게 그 구역 밖으로 피난할 것을 명할 수 있다.

34 소방기본법상 화재, 재난·재해, 그 밖의 위급한 상황이 발생하였을 때에는 소방대를 현장에 신속하게 출동시켜 화재진압과 인명구조·구급 등 소방에 필요한 소방활동을 하게 할 수 있는 사람이 아닌 것은?

① 소방본부장 ② 소방청장
③ 소방서장 ④ 시·도지사

해설 소방청장, 소방본부장 또는 소방서장 : 화재, 재난·재해, 그 밖의 위급한 상황이 발생하였을 때에는 소방대를 현장에 신속하게 출동시켜 화재진압과 인명구조·구급 등 소방에 필요한 소방활동을 하게 하여야 한다.

35 소방기본법령상 소방자동차 전용구역에 관한 설명으로 옳은 것은?

① 소방자동차 전용구역 노면표지 도료의 색채는 백색을 기본으로 하되, 문자(P, 소방차 전용)는 황색으로 표시한다.
② 세대수가 80세대인 아파트의 건축주는 소방자동차 전용구역을 설치하여야 한다.
③ 전용구역 노면표지의 외곽선은 빗금무늬로 표시하되, 빗금은 두께를 30센티미터로 하여 50센티미터 간격으로 표시한다.
④ 전용구역에 차를 주차하거나 전용구역에의 진입을 가로막는 등의 방해행위를 한 자에게는 200만원 이하의 과태료를 부과한다.

해설 보기설명
① 소방자동차 전용구역 노면표지 도료의 색체는 황색을 기본으로 하되, 문자 (P, 소방차 전용)는

정답 32. ② 33. ② 34. ④ 35. ③

백색으로 표시한다.
② 세대주가 100세대인 아파트의 건축주는 소방자동차 전용구역을 설치하여야 한다.8
③ 전용구역에 차를 주차하거나 전용구역에서의 진입을 가로막는 등의 방해행위를 한 자에게는 100만원 이하의 과태료를 부과한다.

36 정당한 사유 없이 소방용수시설 또는 비상소화장치를 사용하거나 소방용수시설 또는 비상소화장치의 효용을 해치거나 그 정당한 사용을 방해한 사람에 대한 벌칙은?

① 5년 이하의 징역 또는 5천만원 이하의 벌금
② 3년 이하의 징역 또는 3천만원 이하의 벌금
③ 1년 이하의 징역 또는 1천만원 이하의 벌금
④ 300만원 이하의 벌금

해설 5년 이하의 징역 또는 5천만원 이하의 벌금

37 사람을 구출하거나 불이 번지는 것을 막기 위하여 필요한 때에는 화재가 발생하거나 불이 번질 우려가 있는 소방대상물 및 토지를 일시적으로 사용하거나 그 사용의 제한 또는 소방활동에 따른 처분을 방해한 자에 대한 벌칙은?

① 2년 이하의 징역 또는 1,500만원 이하의 벌금
② 2년 이하의 징역 또는 3,000만원 이하의 벌금
③ 3년 이하의 징역 또는 1,500만원 이하의 벌금
④ 3년 이하의 징역 또는 3,000만원 이하의 벌금

해설 사람을 구출하거나 불이 번지는 것을 막기 위하여 필요한 때에는 화재가 발생하거나 불이 번질 우려가 있는 소방대상물 및 토지를 일시적으로 사용하거나 그 사용의 제한 또는 소방활동에 따른 처분을 방해한 자 또는 정당한 사유없이 그 처분에 따르지 아니한 자 : 3년 이하의 징역 또는 3,000만원 이하의 벌금

38 소방기본법령상 5년 이하의 징역 또는 5천만원 이하의 벌금에 처하는 사람이 아닌 것은?

① 화재진압 및 구조·구급 활동을 위하여 출동하는 소방자동차의 출동을 방해한 사람
② 정당한 사유 없이 소방용수시설을 사용하거나 소방용수시설의 효용을 해치거나 그 정당한 사용을 방해한 사람
③ 출동한 소방대원에게 폭행 또는 협박을 행사하여 화재진압·인명구조 또는 구급활동을 방해한 사람
④ 화재의 원인 및 피해상황 조사를 위한 관계 공무원의 출입 또는 조사를 정당한 사유 없이 거부·방해 또는 기피한 사람

정답 36. ① 37. ④ 38. ④

해설 화재의 원인 및 피해상황 조사를 위한 관계 공무원의 출입 또는 조사를 정당한 사유 없이 거부·방해 또는 기피한 사람 : **200만원 이하의 벌금**

39 소방기본법령상의 내용으로 ( )에 들어갈 말로 순서대로 바르게 나열한 것은?

> 소방의 역사와 안전문화를 발전시키고 국민의 안전의식을 높이기 위하여 소방청장은 (　　)을, 시·도지사는 (　　)을 설립하여 운영할 수 있다.

① 소방체험관 - 소방박물관　　② 소방체험관 - 소방과학관
③ 소방박물관 - 소방체험관　　④ 소방박물관 - 소방과학관

해설 소방박물관-소방청장, 소방체험관-시·도지사

40 소방기본법령상 소방자동차의 우선 통행 등과 소방대의 긴급통행에 관한 설명으로 옳지 않은 것은?
① 소방자동차의 우선 통행에 관해서는 소방기본법시행령에 정한 바에 따른다.
② 모든 차와 사람은 소방자동차가 화재진압을 위해 출동할 때에는 이를 방해하여서는 아니 된다.
③ 소방자동차가 훈련을 위하여 필요한 때에는 사이렌을 사용 할 수 있다.
④ 소방대는 화재현장에 신속하게 출동하기 위하여 긴급할 때에는 일반적인 통행에 쓰이지 아니하는 도로·빈터 또는 물 위로 통행할 수 있다.

해설 소방자동차의 우선 통행에 관해서는 **도로교통법**에서 정하는 바에 따른다.

41 소방기본법령상 벌칙에 관한 설명이다. ( )에 들어갈 내용으로 옳은 것은?

> 정당한 사유 없이 출동한 소방대원에게 폭행 또는 협박을 행사하여 화재진압·인명구조 또는 구급활동을 방해하는 행위를 한 사람은 (㉠)년 이하의 징역 또는 (㉡)천만원 이하의 벌금에 처한다.

① ㉠ 3, ㉡ 3　　② ㉠ 3, ㉡ 5
③ ㉠ 5, ㉡ 3　　④ ㉠ 5, ㉡ 5

해설 정당한 사유 없이 출동한 소방대원에게 폭행 또는 협박을 행사하여 화재진압·인명구조 또는 구급활동을 방해하는 행위를 한 사람은 (5)년 이하의 징역 또는 (5)천만원 이하의 벌금에 처한다.

정답 39. ③　40. ①　41. ④

42 다음 중 소방기본법 시행령에서 규정하는 국고보조대상이 아닌 것은?
① 소화설비   ② 소방전용 통신설비
③ 소방자동차   ④ 소방전용 전산설비

해설 국고보조대상사업의 범위
1. 다음 각 목의 소방활동장비와 설비의 구입 및 설치
 가. 소방자동차
 나. 소방헬리콥터 및 소방정
 다. 소방전용통신설비 및 전산설비
 라. 그 밖에 방화복 등 소방활동에 필요한 소방장비
2. 소방관서용 청사의 건축

43 소방활동구역의 출입자로서 대통령령이 정하는 자가 아닌 것은?
① 취재인력 등 보도업무에 종사하는 자
② 수사업무에 종사하는 자
③ 의사·간호사 그 밖의 구조 구급업무에 종사하는 자
④ 소방활동구역 밖에 있는 소방대상물의 소유자·관리자 또는 점유자

해설 소방활동구역의 출입자
1. **소방활동구역 안에 있는 소방대상물의 소유자·관리자 또는 점유자**
2. 전기·가스·수도·통신·교통의 업무에 종사하는 사람으로서 원활한 소방활동을 위하여 필요한 사람
3. 의사·간호사 그 밖의 구조·구급업무에 종사하는 사람
4. 취재인력 등 보도업무에 종사하는 사람
5. 수사업무에 종사하는 사람
6. 그 밖에 소방대장이 소방활동을 위하여 출입을 허가한 사람

44 다음은 소방자동차 전용구역의 설치대상을 나타낸 것이다. 괄호안의 번호에 들어갈 내용이 옳게 표현된 것은?

> 1. 아파트 중 세대수가 (㉠) 이상인 아파트
> 2. 기숙사 중 (㉡) 이상인 기숙사

① ㉠ 100세대, ㉡ 3층   ② ㉠ 100세대, ㉡ 5층
③ ㉠ 300세대, ㉡ 3층   ④ ㉠ 300세대, ㉡ 5층

해설 소방자동차 전용구역 설치대상
1. 아파트 중 세대수가 **100세대** 이상인 아파트
2. 기숙사 중 **3층** 이상인 기숙사

정답 42. ① 43. ④ 44. ①

45 소방기본법령상 소방대장이 정한 소방활동구역에 출입이 제한될 수 있는 자는? (단, 소방대장이 소방활동을 위하여 출입을 허가한 사람은 고려하지 않음)
① 소방활동구역 안에 있는 소방대상물의 소유자·관리자 또는 점유자
② 의사·간호사 그 밖의 구조·구급업무에 종사하는 사람
③ 화재보험업무에 종사하는 사람
④ 취재인력 등 보도업무에 종사하는 사람

해설 화재보험업무에 종사하는 사람은 출입 불가하다.

46 소방기본법령 상 500만원 이하의 과태료 처분을 받을 수 있는 자는?
① 화재 또는 구조·구급이 필요한 상황을 거짓으로 알린 자
② 정당한 사유 없이 소방대의 생활안전활동을 방해한 자
③ 정당한 사유 없이 소방대가 현장에 도착할 때까지 사람을 구출하는 조치를 하지 아니한 관계인
④ 소방대장의 피난 명령을 위반한 자

해설 보기설명
① 화재 또는 구조·구급이 필요한 상황을 거짓으로 알린 자 → 500만원 이하의 과태료
② 정당한 사유 없이 소방대의 생활안전활동을 방해한 자 → 100만원 이하의 벌금
③ 정당한 사유 없이 소방대가 현장에 도착할 때까지 사람을 구출하는 조치를 하지 아니한 관계인 → 100만원 이하의 벌금
④ 소방대장의 피난 명령을 위반한 자 → 100만원 이하의 벌금

47 종합상황실의 실장이 보고하여야 하는 기준에 맞지 않는 것은?
① 사망자가 3인 이상 발생하거나 사상자가 5인 이상 발생한 화재
② 이재민이 100인 이상 발생한 화재
③ 재산피해액이 50억원 이상 발생한 화재
④ 가스 및 화약류의 폭발에 의한 화재

해설 종합상황실의 실장이 보고하여야 하는 사항
① 사망자가 5인 이상 발생하거나 사상자가 10인 이상 발생한 화재
② 이재민이 100인 이상 발생한 화재
③ 재산피해액이 50억원 이상 발생한 화재
④ 가스 및 화약류의 폭발에 의한 화재

정답 45. ③　46. ①　47. ①

48 소방용수시설의 설치기준 중 주거지역에 소방용수시설을 설치하는 경우 소방대상물과의 수평거리는?
① 25m 이하
② 40m 이하
③ 100m 이하
④ 140m 이하

해설 주거지역 · 상업지역 및 공업지역에 설치하는 경우 : 소방대상물과의 수평거리를 100m 이하

49 소방용수시설의 저수조 설치기준으로 옳지 않은 것은?
① 흡수부분의 수심이 0.5m 이상일 것
② 지면으로부터의 낙차가 4.5m 이상일 것
③ 흡수관의 투입구가 사각형인 경우 한 변의 길이가 60cm 이상일 것
④ 소방펌프자동차가 쉽게 접근할 수 있도록 할 것

해설 지면으로부터의 낙차가 4.5m 이하일 것

50 소방기본법령에서 정하는 소방용수시설의 설치기준 사항으로 틀린 것은?
① 급수탑의 급수배관의 구경은 100mm 이상으로 한다.
② 급수탑의 개폐밸브는 지상에서 0.8m 이상 1.5m 이하의 위치에 설치하도록 한다.
③ 소화전은 상수도와 연결하여 지하식 또는 지상식의 구조로 한다.
④ 상업지역 및 공업지역에 설치하는 경우는 소방대상물과의 수평거리를 100m 이하가 되도록 한다.

해설 급수탑의 설치기준 : 급수배관의 구경은 100 mm 이상으로 하고, 개폐밸브는 지상에서 1.5 m 이상 1.7 m 이하의 위치에 설치하도록 할 것

51 생활안전활동에 해당하지 않는 것은?
① 소방시설 오작동 신고에 따른 조치활동
② 위해동물, 벌 등의 포획 및 퇴치 활동
③ 단전사고 시 비상전원 또는 조명의 공급
④ 끼임, 고립 등에 따른 위험제거 및 구출 활동

해설 소방시설 오작동 신고에 따른 조치활동은 소방지원활동이다.

52 화재, 재난·재해, 그 밖의 위급한 상황이 발생하였을 때에는 소방대를 현장에 신속하게 출동시켜 화재진압과 인명구조·구급 등 소방에 필요한 활동인 소방활동 지시권자가 아닌 것은?

① 소방청장　　② 시·도지사　　③ 소방본부장　　④ 소방서장

해설 소방활동 지시권자 : 소방청장, 소방본부장 및 소방서장

53 소방업무의 상호응원협정 사항이 아닌 것은?
① 소방활동에 관한 사항
② 응원출동대상지역 및 규모
③ 응원출동의 요청방법
④ 출동대원의 지휘권한

해설 소방업무의 상호응원협정
1. 다음 각목의 소방활동에 관한 사항
   가. 화재의 경계·진압활동
   나. 구조·구급업무의 지원
   다. 화재조사활동
2. 응원출동대상지역 및 규모
3. 다음 각목의 소요경비의 부담에 관한 사항
   가. 출동대원의 수당·식사 및 의복의 수선
   나. 소방장비 및 기구의 정비와 연료의 보급
   다. 그 밖의 경비
4. 응원출동의 요청방법
5. 응원출동훈련 및 평가

54 소방지원활동에 해당하지 않는 것은?
① 군·경찰 등 유관기관에서 실시하는 훈련지원 활동
② 단전사고시 비상전원 또는 조명의 공급
③ 소방시설 오작동신고에 따른 조치활동
④ 방송제작 또는 촬영관련 지원활동

해설 단전사고시 비상전원 또는 조명의 공급 : 생활안전활동에 해당된다.

55 소방대원에게 실시하는 소방교육·훈련의 실시횟수와 기간으로 옳은 것은?
① 1년마다 2회 이상 실시, 기간은 2주 이상
② 1년마다 1회 이상 실시, 기간은 1주 이상
③ 2년마다 1회 이상 실시, 기간은 2주 이상
④ 2년마다 2회 이상 실시, 기간은 1주 이상

정답 52. ②　53. ④　54. ②　55. ③

해설 소방대원의 소방교육 및 훈련
① 2년마다 1회 이상 실시하며, 기간은 2주 이상으로 한다.
② 화재진압훈련, 인명구조훈련, 응급처치훈련, 인명대피훈련, 현장지휘훈련

56 소방기본법령상 소방신호에 관한 설명으로 옳지 않은 것은?

① 화재예방, 소방활동 또는 소방훈련을 위하여 사용한다.
② 예방신호는 화재예방 상 필요하다고 인정하거나 화재위험경보 시 발령한다.
③ 발화신호의 방법은 타종신호는 난타, 사이렌신호는 5초 간격을 두고 5회씩 3회 울린다.
④ 해제 및 훈련신호도 소방신호에 해당한다.

해설 경계신호 : 화재예방 상 필요하다고 인정되거나 화재위험 경보 시 발령

57 소방신호의 방법으로 옳지 않은 것은?

① 타종에 의한 해제신호는 상당한 간격을 두고 1타씩 반복한다.
② 사이렌에 의한 경계신호는 5초 간격을 두고 30초씩 3회 울린다.
③ 타종에 의한 훈련신호는 연 3타를 반복한다.
④ 사이렌에 의한 발화신호는 5초 간격을 두고 10초씩 3회 울린다.

해설 소방신호의 종류별 소방신호의 방법

종별 \ 신호방법	타종신호	사이렌신호
경계신호	1타와 연2타를 반복	5초 간격을 두고 30초씩 3회
발화신호	난타	5초 간격을 두고 5초씩 3회
해제신호	상당한 간격을 두고 1타씩 반복	1분간 1회
훈련신호	연3타반복	10초 간격을 두고 1분씩 3회

58 다음 중 화재원인조사에 해당되지 않는 것은?

① 발화원인 조사
② 훈련상황 조사
③ 연소상황 조사
④ 피난상황 조사

해설 화재원인조사
① 발화원인 조사, 발견·통보 및 초기 소화상황 조사
② 연소상황 조사, 피난상황 조사, 소방시설 등 조사

정답 56. ② 57. ④ 58. ②

59 시·도 소방본부 및 소방서에서 운영하는 화재조사부서의 고유 업무관장 내용으로 적절하지 않은 것은?
① 화재조사의 발전과 조사요원의 능력향상 사항
② 화재조사를 위한 장비의 관리운영 사항
③ 화재조사의 실시
④ 화재피해를 감소하기 위한 예방 홍보

해설 화재조사부서의 고유 업무관장 내용은 보기 ①, ②, ③ 외 화재조사의 총괄·조정, 그 밖에 화재조사에 관한 사항이 있다.

60 화재조사에 관한 시험에 합격한 자에게 몇 년마다 전문보수교육을 실시하여야 하는가?
① 1년　　② 2년　　③ 3년　　④ 4년

해설 소방청장은 화재조사에 관한 시험에 합격한 자에게 2년마다 전문보수교육을 실시하여야 한다.

61 화재조사 전담부서의 설치·운영 등에 관련된 사항으로 옳지 않은 것은?
① 화재조사에 관한 시험에 합격한 자에게 1년마다 전문보수교육을 실시하여야 한다.
② 화재조사 전담부서에는 발굴용구, 기록용기기, 감식용기기 등을 갖추어야 한다.
③ 화재의 원인과 피해 조사를 위하여 소방청, 시·도의 소방본부와 소방서에 화재조사를 전담하는 부서를 설치·운영한다.
④ 화재조사는 관계공무원이 화재사실을 인지하는 즉시 장비를 활용하여 실시되어야 한다.

해설 화재조사 : 2년마다 전문보수교육을 실시한다.

62 다음의 보기 중에서 성격이 다른 것은?
① 화재예방·소방활동 또는 소방훈련을 위하여 사용되는 소방신호의 종류와 방법
② 119 종합상황실의 설치·운영에 필요한 사항
③ 소방장비 등에 대한 국고보조 대상사업의 범위와 기준 보조율
④ 소방박물관의 설립과 운영에 관하여 필요한 사항

해설 소방장비 등에 대한 국고보조 대상사업의 범위와 기준 보조율 : 대통령령
보기 ①, ②, ④ : 행정안전부령

정답 59. ④　60. ②　61. ①　62. ③

63 화재로 오인할 만한 우려가 있는 불을 피우거나 연막(煙幕) 소독을 하려는 자는 시·도의 조례로 정하는 바에 따라 관할 소방본부장 또는 소방서장에게 신고해야 하는데 이에 해당하는 지역이 아닌 것은?

① 공장·창고가 밀집한 지역
② 위험물의 저장 및 처리시설이 밀집한 지역
③ 고층건축물이 밀집한 지역
④ 석유화학제품을 생산하는 공장이 있는 지역

해설 고층건축물이 밀집한 지역은 신고대상 지역이 아니다.
[신고대상 지역]
1. 시장지역
2. 공장·창고가 밀집한 지역
3. 목조건물이 밀집한 지역
4. 위험물의 저장 및 처리시설이 밀집한 지역
5. 석유화학제품을 생산하는 공장이 있는 지역
6. 그 밖에 시·도의 조례로 정하는 지역 또는 장소

64 소방기본법상 자체소방대의 설치·운영에 대한 내용으로 틀린 것은?

① 자체소방대는 소방대가 현장에 도착한 경우 소방대장의 지휘·통제에 따라야 한다.
② 소방청장, 소방본부장 또는 소방서장은 자체소방대의 역량 향상을 위하여 필요한 교육·훈련 등을 지원할 수 있다.
③ 화재를 진압하거나 구조·구급 활동을 하기 위하여 상설 조직체인 자체소방대를 설치·운영할 수 있다.
④ 교육·훈련 등의 지원에 필요한 사항은 대통령령으로 정한다.

해설 교육·훈련 등의 지원에 필요한 사항은 행정안전부령으로 정한다.

정답 63. ③ 64. ④

화재의 예방 및 안전관리에 관한 법률·시행령 및 시행규칙

1 목적

화재의 예방 및 안전관리에 관한 법률 (약칭 : 화재예방법)	① 화재의 예방과 안전관리에 필요한 사항을 규정 ② 화재로부터 국민의 생명·신체 및 재산을 보호 ③ 공공의 안전과 복리 증진에 이바지함

2 용어정의

화재예방법	예방	화재의 위험으로부터 사람의 생명·신체 및 재산을 보호하기 위하여 화재 발생을 사전에 제거하거나 방지하기 위한 모든 활동
	안전관리 ★★	화재로 인한 피해를 최소화하기 위한 예방, 대비, 대응 등의 활동
	화재안전조사 ★	소방청장, 소방본부장 또는 소방서장(이하 "소방관서장"이라 한다)이 소방대상물, 관계지역 또는 관계인에 대하여 소방시설등이 소방 관계 법령에 적합하게 설치·관리되고 있는지, 소방대상물에 화재의 발생 위험이 있는지 등을 확인하기 위하여 실시하는 현장조사·문서열람·보고요구 등을 하는 활동
	화재예방안전진단 ★	화재가 발생할 경우 사회·경제적으로 피해 규모가 클 것으로 예상되는 소방대상물에 대하여 화재위험요인을 조사하고 그 위험성을 평가하여 개선대책을 수립하는 것

3 벌칙 ★★

구분	내용
3년 이하의 징역 또는 3천만원 이하의 벌금 ★★★	1. 제14조제1항 및 제2항(화재안전조사 결과에 따른 조치명령)에 따른 조치명령을 정당한 사유 없이 위반한 자 2. 제28조제1항 및 제2항(소방안전관리자 선임명령)에 따른 명령을 정당한 사유 없이 위반한 자 3. 제41조제5항(화재예방안전진단)에 따른 보수·보강 등의 조치명령을 정당한 사유 없이 위반한 자 4. 거짓이나 그 밖의 부정한 방법으로 제42조제1항(화재예방안전진단기관)에 따른 진단기관으로 지정을 받은 자

구분	내용
1년 이하의 징역 또는 1천만원 이하의 벌금 ★★★	1. 제12조제2항을 위반하여 관계인의 정당한 업무를 방해하거나, 조사업무를 수행하면서 취득한 자료나 알게 된 비밀을 다른 사람 또는 기관에게 제공 또는 누설하거나 목적 외의 용도로 사용한 자 2. 제30조제4항을 위반하여 **자격증을 다른 사람에게 빌려 주거나 빌리거나 이를 알선한 자** 3. 제41조제1항을 위반하여 **진단기관으로부터 화재예방안전진단을 받지 아니한 자**
300만원 이하의 벌금 ★★★	1. 제7조제1항에 따른 **화재안전조사를 정당한 사유 없이 거부·방해 또는 기피한 자** 2. 제17조제2항(화재의 예방조치) 각 호의 어느 하나에 따른 명령을 정당한 사유 없이 따르지 아니하거나 방해한 자 3. 제24조제1항·제3항, 제29조제1항 및 제35조제1항·제2항을 위반하여 **소방안전관리자, 총괄소방안전관리자 또는 소방안전관리보조자를 선임하지 아니한 자** 4. 제27조제3항을 위반하여 **소방시설·피난시설·방화시설 및 방화구획 등이 법령에 위반된 것을 발견하였음에도 필요한 조치를 할 것을 요구하지 아니한 소방안전관리자** 5. 제27조제4항을 위반하여 **소방안전관리자에게 불이익한 처우를 한 관계인** 6. 제41조제6항 및 제48조제3항을 위반하여 업무를 수행하면서 알게 된 비밀을 이 법에서 정한 목적 외의 용도로 사용하거나 다른 사람 또는 기관에 제공하거나 누설한 자
300만원 이하의 과태료 ★	1. 정당한 사유 없이 제17조제1항 각 호의 어느 하나에 해당하는 행위를 한 자 2. 제24조제2항을 위반하여 소방안전관리자를 겸한 자 3. 제24조제5항에 따른 소방안전관리업무를 하지 아니한 특정소방대상물의 관계인 또는 소방안전관리대상물의 소방안전관리자 4. 제27조제2항을 위반하여 소방안전관리업무의 지도·감독을 하지 아니한 자 5. 제29조제2항에 따른 건설현장 소방안전관리대상물의 소방안전관리자의 업무를 하지 아니한 소방안전관리자 6. 제36조제3항을 위반하여 **피난유도 안내정보를 제공하지 아니한 자** 7. 제37조제1항을 위반하여 **소방훈련 및 교육을 하지 아니한 자** 8. 제41조제4항을 위반하여 화재예방안전진단 결과를 제출하지 아니한 자
200만원 이하의 과태료	1. 제17조제4항에 따른 불을 사용할 때 지켜야 하는 사항 및 같은 조 제5항에 따른 특수가연물의 저장 및 취급 기준을 위반한 자 2. 제18조제4항에 따른 **소방설비등의 설치 명령을 정당한 사유 없이 따르지 아니한 자** 3. 제26조제1항을 위반하여 기간 내에 선임신고를 하지 아니하거나 소방안전관리자의 성명 등을 게시하지 아니한 자 4. 제29조제1항을 위반하여 기간 내에 선임신고를 하지 아니한 자 5. 제37조제2항을 위반하여 기간 내에 소방훈련 및 교육 결과를 제출하지 아니한 자

구분	내용
100만원 이하의 과태료	제34조제1항제2호를 위반하여 실무교육을 받지 아니한 소방안전관리자 및 소방안전관리보조자

[과태료 부과·징수] : 소방청장, 시·도지사, 소방본부장 또는 소방서장

4 화재안전조사 ★

조사권자	소방관서장(소방청장, 소방본부장 또는 소방서장)
화재안전조사 위원회의 위원	1. 과장급 직위 이상의 소방공무원 2. 소방기술사 3. 소방시설관리사 4. 소방 관련 분야의 석사학위 이상을 취득한 사람 5. 소방 관련 법인 또는 단체에서 소방 관련 업무에 5년 이상 종사한 사람 6. 소방공무원 교육기관, 「고등교육법」 제2조의 학교 또는 연구소에서 소방과 관련한 교육 또는 연구에 5년 이상 종사한 사람
조사하는 경우	다만, 개인의 주거(실제 주거용도로 사용되는 경우에 한정한다)에 대한 화재안전조사는 관계인의 승낙이 있거나 화재발생의 우려가 뚜렷하여 긴급한 필요가 있는 때에 한정한다. 1. 「소방시설 설치 및 관리에 관한 법률」 제22조에 따른 자체점검이 불성실하거나 불완전하다고 인정되는 경우 2. 화재예방강화지구 등 법령에서 화재안전조사를 하도록 규정되어 있는 경우 3. 화재예방안전진단이 불성실하거나 불완전하다고 인정되는 경우 4. 국가적 행사 등 주요 행사가 개최되는 장소 및 그 주변의 관계 지역에 대하여 소방안전관리 실태를 조사할 필요가 있는 경우 5. 화재가 자주 발생하였거나 발생할 우려가 뚜렷한 곳에 대한 조사가 필요한 경우 6. 재난예측정보, 기상예보 등을 분석한 결과 소방대상물에 화재의 발생 위험이 크다고 판단되는 경우 7. 제1호부터 제6호까지에서 규정한 경우 외에 화재, 그 밖의 긴급한 상황이 발생할 경우 인명 또는 재산 피해의 우려가 현저하다고 판단되는 경우
화재안전조사의 방법·절차	① 소방관서장은 화재안전조사를 조사의 목적에 따라 화재안전조사의 항목 전체에 대하여 종합적으로 실시하거나 특정 항목에 한정하여 실시할 수 있다. ② 소방관서장은 화재안전조사를 실시하려는 경우 사전에 관계인에게 조사대상, 조사기간 및 조사사유 등을 우편, 전화, 전자메일 또는 문자전송 등을 통하여 통지하고 이를 대통령령으로 정하는 바에 따라 인터넷 홈페이지나 전산시스템 등을 통하여 공개하여야 한다. 다만, 다음 각 호의 어느 하나에 해당하는 경우에는 그러하지 아니하다. 1. 화재가 발생할 우려가 뚜렷하여 긴급하게 조사할 필요가 있는 경우 2. 제1호 외에 화재안전조사의 실시를 사전에 통지하거나 공개하면 조사목적을 달성할 수 없다고 인정되는 경우

	③ 화재안전조사는 **관계인의 승낙 없이 소방대상물의 공개시간 또는 근무시간 이외에는 할 수 없다.** 다만, 제2항제1호에 해당하는 경우에는 그러하지 아니하다. ④ 제2항에 따른 통지를 받은 관계인은 천재지변이나 그 밖에 대통령령으로 정하는 사유로 화재안전조사를 받기 곤란한 경우에는 화재안전조사를 통지한 소방관서장에게 대통령령으로 정하는 바에 따라 화재안전조사를 연기하여 줄 것을 신청할 수 있다. 이 경우 소방관서장은 연기신청 승인 여부를 결정하고 그 결과를 조사 시작 전까지 관계인에게 알려 주어야 한다.
조치명령	① **소방관서장**은 화재안전조사 결과에 따른 소방대상물의 위치·구조·설비 또는 관리의 상황이 화재예방을 위하여 보완될 필요가 있거나 화재가 발생하면 인명 또는 재산의 피해가 클 것으로 예상되는 때에는 행정안전부령으로 정하는 바에 따라 관계인에게 그 소방대상물의 개수(改修)·이전·제거, 사용의 금지 또는 제한, 사용폐쇄, 공사의 정지 또는 중지, 그 밖에 필요한 조치를 명할 수 있다. ② **소방관서장**은 화재안전조사 결과 소방대상물이 법령을 위반하여 건축 또는 설비되었거나 소방시설등, 피난시설·방화구획, 방화시설 등이 법령에 적합하게 설치 또는 관리되고 있지 아니한 경우에는 관계인에게 제1항에 따른 조치를 명하거나 관계 행정기관의 장에게 필요한 조치를 하여 줄 것을 요청할 수 있다.
화재안전조사의 연기	1. 「재난 및 안전관리 기본법」 제3조제1호에 해당하는 재난이 발생한 경우 2. 관계인의 질병, 사고, 장기출장의 경우 3. 권한 있는 기관에 자체점검기록부, 교육·훈련일지 등 화재안전조사에 필요한 장부·서류 등이 압수되거나 영치(領置)되어 있는 경우 4. 소방대상물의 증축·용도변경 또는 대수선 등의 공사로 화재안전조사를 실시하기 어려운 경우
화재안전조사의 연기신청	**화재안전조사 3일 전**까지 화재안전조사를 받기 곤란함을 증명할 수 있는 서류를 첨부하여 소방청장, 소방본부장 또는 소방서장(이하 "소방관서장"이라 한다)에게 제출

5 화재안전조사단 편성·운영 ★

편성·운영	① 소방관서장은 화재안전조사를 효율적으로 수행하기 위하여 대통령령으로 정하는 바에 따라 소방청에는 중앙화재안전조사단을, 소방본부 및 소방서에는 지방화재안전조사단을 편성하여 운영할 수 있다. ② 소방관서장은 제1항에 따른 중앙화재안전조사단 및 지방화재안전조사단의 업무 수행을 위하여 필요한 경우에는 관계 기관의 장에게 그 소속 공무원 또는 직원의 파견을 요청할 수 있다. 이 경우 공무원 또는 직원의 파견 요청을 받은 관계 기관의 장은 특별한 사유가 없으면 이에 협조하여야 한다.

6 화재안전조사 결과 공개 ★

공개내용	1. 소방대상물의 위치, 연면적, 용도 등 현황 2. 소방시설등의 설치 및 관리 현황 3. 피난시설, 방화구획 및 방화시설의 설치 및 관리 현황 4. 그 밖에 대통령령으로 정하는 사항

7 화재의 예방조치 ★

예방조치	누구든지 화재예방강화지구 및 이에 준하는 대통령령으로 정하는 장소에서는 다음 각 호의 어느 하나에 해당하는 행위를 하여서는 아니 된다. 다만, 행정안전부령으로 정하는 바에 따라 안전조치를 한 경우에는 그러하지 아니한다. 1. 모닥불, 흡연 등 화기의 취급 2. 풍등 등 소형열기구 날리기 3. 용접·용단 등 불꽃을 발생시키는 행위 4. 그 밖에 대통령령으로 정하는 화재 발생 위험이 있는 행위

8 옮긴 물건 등의 보관기관 및 보관기간 경과 후 처리 ★★

옮긴 물건등을 보관하는 경우 그날부터 해당 소방관서의 홈페이지에 그 사실을 공고하는 기간	14일
옮긴물건등의 보관기간	공고기간 종료일 다음 날부터 7일
보관기간이 종료된 때	보관하고 있는 옮긴 물건을 매각

9 소방훈련·교육 결과 제출의 대상 ★★

제출대상	1. 특급 소방안전관리대상물 2. 1급 소방안전관리대상물
소방훈련·교육	관계인이 **연 1회 이상** 실시
소방훈련과 교육을 실시했을 때 보관기한	소방훈련 및 교육을 실시한 날부터 **2년간 보관**
소방훈련 및 교육 실시 결과의 제출	소방훈련 및 교육을 실시한 날부터 **30일 이내**, 소방본부장 또는 소방서장에게 제출

10 소방안전교육 대상자

대상자	1. 소화기 또는 비상경보설비가 설치된 공장·창고 등의 특정소방대상물 2. 그 밖에 관할 소방본부장 또는 소방서장이 화재에 대한 취약성이 높다고 인정하는 특정소방대상물
통보기한	소방안전교육을 실시하려는 경우에는 교육일 10일 전까지

11 불시 소방훈련·교육의 대상 ★★

대상	1. 의료시설 2. 교육연구시설 3. 노유자 시설 4. 그 밖에 화재 발생 시 불특정 다수의 인명피해가 예상되어 소방본부장 또는 소방서장이 소방훈련·교육이 필요하다고 인정하는 특정소방대상물
불시 소방훈련 및 교육 사전통지	소방본부장 또는 소방서장, 불시 소방훈련·교육 실시 10일 전까지

12 보일러 등의 설비 또는 기구 등의 위치·구조 및 관리와 화재예방을 위하여 불을 사용할 때 지켜야 하는 사항 ★★★

종류	내용

보일러	가. 가연성 벽·바닥 또는 천장과 접촉하는 증기기관 또는 연통의 부분은 규조토 등 **난연성 또는 불연성 단열재**로 덮어씌워야 한다.
	나. 경유·등유 등 액체연료를 사용할 때에는 다음 사항을 지켜야 한다.
	  1) 연료탱크는 보일러 본체로부터 수평거리 **1미터 이상**의 간격을 두어 설치할 것
	  2) 연료탱크에는 화재 등 긴급상황이 발생하는 경우 연료를 차단할 수 있는 개폐밸브를 연료탱크로부터 **0.5미터 이내**에 설치할 것
	  3) 연료탱크 또는 보일러 등에 연료를 공급하는 배관에는 **여과장치**를 설치할 것
	  4) 사용이 허용된 연료 외의 것을 사용하지 않을 것
	  5) 연료탱크가 넘어지지 않도록 받침대를 설치하고, 연료탱크 및 연료탱크 받침대는 불연재료로 할 것
	다. 기체연료를 사용할 때에는 다음 사항을 지켜야 한다.
	  1) 보일러를 설치하는 장소에는 환기구를 설치하는 등 가연성 가스가 머무르지 않도록 할 것
	  2) 연료를 공급하는 배관은 금속관으로 할 것
	  3) 화재 등 긴급 시 연료를 차단할 수 있는 개폐밸브를 연료용기 등으로부터 **0.5미터 이내**에 설치할 것
	  4) 보일러가 설치된 장소에는 **가스누설경보기**를 설치할 것

	라. 화목(火木) 등 고체연료를 사용할 때에는 다음 사항을 지켜야 한다. 　　1) 고체연료는 보일러 본체와 수평거리 **2미터 이상** 간격을 두어 보관하거나 불연재료로 된 별도의 구획된 공간에 보관할 것 　　2) 연통은 천장으로부터 **0.6미터** 떨어지고, 연통의 배출구는 건물 밖으로 **0.6미터 이상** 나오도록 설치할 것 　　3) 연통의 배출구는 보일러 본체보다 **2미터 이상** 높게 설치할 것 　　4) 연통이 관통하는 벽면, 지붕 등은 불연재료로 처리할 것 　　5) 연통재질은 불연재료로 사용하고 연결부에 청소구를 설치할 것 마. 보일러 본체와 벽·천장 사이의 거리는 **0.6미터 이상**이어야 한다. 바. 보일러를 실내에 설치하는 경우에는 콘크리트바닥 또는 금속 외의 불연재료로 된 바닥 위에 설치해야 한다.
난로	가. 연통은 천장으로부터 **0.6미터 이상** 떨어지고, 연통의 배출구는 건물 밖으로 **0.6미터 이상** 나오게 설치해야 한다. 나. 가연성 벽·바닥 또는 천장과 접촉하는 연통의 부분은 규조토 등 난연성 또는 불연성의 단열재로 덮어씌워야 한다. 다. 이동식난로는 다음의 장소에서 사용해서는 안 된다. 다만, 난로가 쓰러지지 않도록 받침대를 두어 고정시키거나 쓰러지는 경우 즉시 소화되고 연료의 누출을 차단할 수 있는 장치가 부착된 경우에는 그렇지 않다. 　　1) 다중이용업소 　　2) 학원 　　3) 독서실 　　4) 숙박업, 목욕장업 및 세탁업의 영업장 　　5) 의원·치과의원·한의원, 조산원 및 병원·치과병원·한방병원·요양병원·정신병원·종합병원 　　6) 식품접객업의 영업장　　　7) 영화상영관 　　8) 공연장　　　　　　　　　9) 박물관 및 미술관 　　10) 상점가　　　　　　　　 11) 가설건축물 　　12) 역·터미널
건조설비	1. 건조설비와 벽·천장 사이의 거리는 **0.5미터 이상** 되도록 하여야 한다. 2. 건조물품이 열원과 직접 접촉하지 않도록 하여야 한다. 3. 실내에 설치하는 경우에 벽·천장 및 바닥은 **불연재료**로 하여야 한다.
수소가스를 넣는 기구	1. 연통 그 밖의 화기를 사용하는 시설의 부근에서 띄우거나 머물게 하여서는 아니된다. 2. 건축물의 지붕에서 띄워서는 아니된다. 다만, 지붕이 불연재료로 된 평지붕으로서 그 넓이가 기구 지름의 2배 이상인 경우에는 그러지 아니하다. 3. 다음 각목의 장소에서 운반하거나 취급하여서는 아니된다. 　가. 공연장 : 극장·영화관·연예장·음악당·서커스장 그 밖의 이와 비슷한 것 　나. 집회장 : 회의장·공회장·예식장 그 밖의 이와 비슷한 것 　다. 관람장 : 운동경기관람장(운동시설에 해당하는 것을 제외한다)·경마장·자동차경주장 그 밖의 이와 비슷한 것 　라. 전시장 : 박물관·미술관·과학관·기념관·산업전시장·박람회장 그 밖의 이와 비슷한 것

	4. 수소가스를 넣거나 빼는 때에는 다음 각목의 사항을 지켜야 한다. 　가. 통풍이 잘 되는 옥외의 장소에서 할 것 　나. 조작자 외의 사람이 접근하지 아니하도록 할 것 　다. 전기시설이 부착된 경우에는 전원을 차단하고 할 것 　라. 마찰 또는 충격을 주는 행위를 하지 말 것 　마. 수소가스를 넣을 때에는 기구 안에 수소가스 또는 공기를 제거한 후 감압기를 사용할 것 5. 수소가스는 용량의 **90퍼센트 이상**을 유지하여야 한다. 6. 띄우거나 머물게 하는 때에는 감시인을 두어야 한다. 다만, 건축물 옥상에서 띄우거나 머물게 하는 경우에는 그러하지 아니하다. 7. 띄우는 각도는 지표면에 대하여 **45도 이하**로 유지하고 바람이 **초속 7미터 이상** 부는 때에는 띄워서는 아니된다.
불꽃을 사용하는 용접·용단기구	용접 또는 용단 작업장에서는 다음 각 호의 사항을 지켜야 한다. 다만, 「산업안전보건법」 제38조의 적용을 받는 사업장의 경우에는 적용하지 않는다. 1. 용접 또는 용단 작업자로부터 반경 **5m 이내**에 소화기를 갖추어 둘 것 2. 용접 또는 용단 작업장 주변 반경 **10m 이내**에는 가연물을 쌓아두거나 놓아두지 말 것. 다만, 가연물의 제거가 곤란하여 방지포 등으로 방호조치를 한 경우는 제외한다.
전기시설	1. 전류가 통하는 전선에는 과전류차단기를 설치하여야 한다. 2. 전선 및 접속기구는 내열성이 있는 것으로 하여야 한다.
노·화덕설비	가. 실내에 설치하는 경우에는 흙바닥 또는 금속 외의 불연재료로 된 바닥에 설치하여야 한다. 나. 노 또는 화덕을 설치하는 장소의 벽·천장은 불연재료로 된 것이어야 한다. 다. 노 또는 화덕의 주위에는 녹는 물질이 확산되지 아니하도록 높이 0.1미터 이상의 턱을 설치하여야 한다. 라. 시간당 열량이 30만킬로칼로리 이상인 노를 설치하는 경우에는 다음 각목의 사항을 지켜야 한다. 　1) 주요구조부는 **불연재료** 이상으로 할 것 　2) 창문과 출입구는 60분+ 방화문 또는 60분 방화문으로 설치할 것 　3) 노 주위에는 **1미터 이상** 공간을 확보할 것
음식조리를 위하여 설치하는 설비	식품접객업 중 일반음식점 주방에서 조리를 위하여 불을 사용하는 설비를 설치하는 경우에는 다음 각 목의 사항을 지켜야 한다. 가. 주방설비에 부속된 배출덕트(공기 배출통로)는 **0.5밀리미터 이상**의 아연도금강판 또는 이와 동등 이상의 내식성 불연재료로 설치할 것 나. 주방시설에는 동물 또는 식물의 기름을 제거할 수 있는 필터 등을 설치할 것 다. 열을 발생하는 조리기구는 반자 또는 선반으로부터 **0.6미터 이상** 떨어지게 할 것 라. 열을 발생하는 조리기구로부터 **0.15미터 이내**의 거리에 있는 가연성 주요구조부는 석면판 또는 단열성이 있는 **불연재료**로 덮어 씌울 것
비고	1. "보일러"란 사업장 또는 영업장 등에서 사용하는 것을 말하며, 주택에서 사용하는 가정용 보일러는 제외한다. 2. "건조설비"란 산업용 건조설비를 말하며, 주택에서 사용하는 건조설비는 제외한다.

3. "노・화덕설비"란 제조업・가공업에서 사용되는 것을 말하며, 주택에서 조리용도로 사용되는 화덕은 제외한다.
4. 보일러, 난로, 건조설비, 불꽃을 사용하는 용접・용단기구 및 노・화덕설비가 설치된 장소에는 소화기 1개 이상을 갖추어 두어야 한다.

13 특수가연물(特殊可燃物)의 저장 및 취급 기준 ★★★

	품명		수량
특수가연물	면화류		200킬로그램 이상
	나무껍질 및 대팻밥		400킬로그램 이상
	넝마 및 종이부스러기		1,000킬로그램 이상
	사류(絲類)		1,000킬로그램 이상
	볏짚류		1,000킬로그램 이상
	가연성고체류		3,000킬로그램 이상
	석탄・목탄류		10,000킬로그램 이상
	가연성액체류		2세제곱미터 이상
	목재가공품 및 나무부스러기		10세제곱미터 이상
	합성수지류	발포시킨 것	20세제곱미터 이상
		그 밖의 것	3,000킬로그램 이상

[비고] "가연성 고체류"란 고체로서 다음 각 목에 해당하는 것을 말한다.
가. 인화점이 섭씨 40도 이상 100도 미만인 것
나. 인화점이 섭씨 100도 이상 200도 미만이고, 연소열량이 1그램당 8킬로칼로리 이상인 것
다. 인화점이 섭씨 200도 이상이고 연소열량이 1그램당 8킬로칼로리 이상인 것으로서 녹는점(융점)이 100도 미만인 것
라. 1기압과 섭씨 20도 초과 40도 이하에서 액상인 것으로서 인화점이 섭씨 70도 이상 섭씨 200도 미만이거나 나목 또는 다목에 해당하는 것

특수가연물의 저장 및 취급기준

1. 특수가연물의 저장・취급 기준
   특수가연물은 다음 각 목의 기준에 따라 쌓아 저장해야 한다. 다만, **석탄・목탄류를 발전용(發電用)으로 저장하는 경우는 제외**한다.
   가. 품명별로 구분하여 쌓을 것
   나. 다음의 기준에 맞게 쌓을 것

구분	살수설비를 설치하거나 방사능력 범위에 해당 특수가연물이 포함되도록 대형수동식소화기를 설치하는 경우	그 밖의 경우
높이	15미터 이하	10미터 이하
쌓는 부분의 바닥면적	200제곱미터(석탄・목탄류의 경우에는 300제곱미터) 이하	50제곱미터(석탄・목탄류의 경우에는 200제곱미터) 이하

다. 실외에 쌓아 저장하는 경우 쌓는 부분이 대지경계선, 도로 및 인접 건축물과 최소 **6미터 이상** 간격을 둘 것. 다만, 쌓는 높이보다 **0.9미터 이상** 높은 **내화구조 벽체**를 설치한 경우는 그렇지 않다.

라. 실내에 쌓아 저장하는 경우 주요구조부는 **내화구조이면서 불연재료**여야 하고, 다른 종류의 특수가연물과 같은 공간에 보관하지 않을 것. 다만, 내화구조의 벽으로 분리하는 경우는 그렇지 않다.

마. 쌓는 부분 바닥면적의 사이는 **실내의 경우 1.2미터 또는 쌓는 높이의 1/2 중 큰 값 이상**으로 간격을 두어야 하며, **실외의 경우 3미터 또는 쌓는 높이 중 큰 값 이상**으로 간격을 둘 것

2. 특수가연물 표지

가. 특수가연물을 저장 또는 취급하는 장소에는 **품명, 최대저장수량, 단위부피당 질량 또는 단위체적당 질량, 관리책임자 성명·직책, 연락처 및 화기취급의 금지표시**가 포함된 특수가연물 표지를 설치해야 한다.

나. 특수가연물 표지의 규격은 다음과 같다.

특수가연물	
화기엄금	
품 명	합성수지류
최대저장수량 (배수)	000톤(00배)
단위부피당 질량 (단위체적당 질량)	000 kg/m³
관리책임자 (직 책)	홍길동 팀장
연락처	02-000-0000

1) 특수가연물 표지는 **한 변의 길이가 0.3미터 이상, 다른 한 변의 길이가 0.6미터 이상**인 직사각형으로 할 것
2) 특수가연물 표지의 **바탕은 흰색으로, 문자는 검은색**으로 할 것. 다만, "화기엄금" 표시 부분은 제외한다.
3) 특수가연물 표지 중 **화기엄금 표시 부분의 바탕은 붉은색으로, 문자는 백색**으로 할 것

다. 특수가연물 표지는 특수가연물을 저장하거나 취급하는 장소 중 보기 쉬운 곳에 설치해야 한다.

14 피난유도 안내정보의 제공

정보제공 방법	1. 연 2회 피난안내 교육을 실시하는 방법 2. 분기별 1회 이상 피난안내방송을 실시하는 방법 3. 피난안내도를 층마다 보기 쉬운 위치에 게시하는 방법 4. 엘리베이터, 출입구 등 시청이 용이한 장소에 피난안내영상을 제공하는 방법

15 화재예방강화지구 ★★★

지정권자	시·도지사
지정대상	1. 시장지역 2. 공장·창고가 밀집한 지역 3. 목조건물이 밀집한 지역 4. 노후·불량건축물이 밀집한 지역 5. 위험물의 저장 및 처리 시설이 밀집한 지역 6. 석유화학제품을 생산하는 공장이 있는 지역 7. 「산업입지 및 개발에 관한 법률」 제2조제8호에 따른 산업단지 8. 소방시설·소방용수시설 또는 소방출동로가 없는 지역 9. 그 밖에 제1호부터 제8호까지에 준하는 지역으로서 소방관서장이 화재예방강화지구로 지정할 필요가 있다고 인정하는 지역
소방청장은 해당 시·도지사에게 해당 지역의 화재예방강화지구 지정을 요청	시·도지사가 화재예방강화지구로 지정할 필요가 있는 지역을 화재예방강화지구로 지정하지 아니하는 경우
화재예방강화지구의 관리	1. 소방관서장은 화재예방강화지구 안의 소방대상물의 위치·구조 및 설비 등에 대한 **화재안전조사를 연 1회 이상** 실시하여야 한다. 2. 소방관서장은 화재예방강화지구 안의 관계인에 대하여 소방상 필요한 **훈련 및 교육을 연 1회 이상** 실시할 수 있다. 3. **소방관서장**은 소방상 필요한 훈련 및 교육을 실시하고자 하는 때에는 화재예방강화지구 안의 관계인에게 훈련 또는 교육 **10일 전**까지 그 사실을 통보하여야 한다.

16 화재 위험경보

위험경보	소방관서장은 「기상법」에 따른 기상현상 및 기상영향에 대한 예보·특보에 따라 화재의 발생 위험이 높다고 분석·판단되는 경우에는 행정안전부령으로 정하는 바에 따라 화재에 관한 위험경보를 발령하고 그에 따른 필요한 조치를 할 수 있다.

17 화재안전영향평가

소방청장	화재발생 원인 및 연소과정을 조사·분석하는 등의 과정에서 법령이나 정책의 개선이 필요하다고 인정되는 경우 그 법령이나 정책에 대한 화재 위험성의 유발요인 및 완화 방안에 대한 평가(이하 "화재안전영향평가"라 한다)를 실시할 수 있다.
화재안전영향 평가심의회	위원장 1명을 포함한 12명 이내의 위원으로 구성

18 특급 소방안전관리대상물 ★★★

특급 소방안전관리 대상물	1) 50층 이상(지하층은 제외)이거나 지상으로부터 높이가 200미터 이상인 아파트 2) 30층 이상(지하층을 포함한다)이거나 지상으로부터 높이가 120미터 이상인 특정소방대상물(아파트는 제외) 3) 연면적이 10만제곱미터 이상인 특정소방대상물(아파트는 제외)
특급 소방안전관리자 자격	다음의 어느 하나에 해당하는 사람으로서 특급 소방안전관리자 자격증을 발급받은 사람 1) 소방기술사 또는 소방시설관리사의 자격이 있는 사람 2) **소방설비기사의 자격을 취득한 후 5년 이상** 1급 소방안전관리대상물의 소방안전관리자로 근무한 실무경력(법 제24조제3항에 따라 소방안전관리자로 선임되어 근무한 경력은 제외한다. 이하 이 표에서 같다)이 있는 사람 3) **소방설비산업기사의 자격을 취득한 후 7년 이상** 1급 소방안전관리대상물의 소방안전관리자로 근무한 실무경력이 있는 사람 4) **소방공무원으로 20년 이상** 근무한 경력이 있는 사람 5) 소방청장이 실시하는 특급 소방안전관리대상물의 소방안전관리에 관한 시험에 합격한 사람
선임인원	1명 이상

19 1급 소방안전관리대상물 ★★★

1급 소방안전관리 대상물	1) 30층 이상(지하층은 제외한다)이거나 지상으로부터 높이가 120미터 이상인 아파트 2) **연면적 1만5천제곱미터 이상**인 특정소방대상물(아파트 및 연립주택은 제외한다) 3) 2)에 해당하지 않는 특정소방대상물로서 **지상층의 층수가 11층 이상**인 특정소방대상물(아파트는 제외한다) 4) **가연성 가스를 1천톤 이상** 저장·취급하는 시설
1급 소방안전관리자 선임자격	다음의 어느 하나에 해당하는 사람으로서 1급 소방안전관리자 자격증을 발급받은 사람 또는 제1호에 따른 특급 소방안전관리대상물의 소방안전관리자 자격증을 발급받은 사람 1) **소방설비기사 또는 소방설비산업기사**의 자격이 있는 사람 2) **소방공무원으로 7년 이상** 근무한 경력이 있는 사람 3) 소방청장이 실시하는 1급 소방안전관리대상물의 소방안전관리에 관한 시험에 합격한 사람
선임인원	1명 이상

[비고]
1. 동·식물원, 철강 등 불연성 물품을 저장·취급하는 창고, 위험물 저장 및 처리 시설 중 제조소등과 지하구는 특급 소방안전관리대상물 및 1급 소방안전관리대상물에서 제외한다.

20 2급 소방안전관리대상물 ★★

2급 소방안전관리 대상물	다음의 어느 하나에 해당하는 것(제1호에 따른 특급 소방안전관리대상물 및 제2호에 따른 1급 소방안전관리대상물은 제외한다) 1) **옥내소화전설비, 스프링클러설비 또는 물분무등소화설비**[화재안전기준에 따라 **호스릴(hose reel) 방식의 물분무등소화설비**만을 설치할 수 있는 특정소방대상물은 제외한다]를 설치해야 하는 특정소방대상물 2) 가스 제조설비를 갖추고 도시가스사업의 허가를 받아야 하는 시설 또는 가연성 가스를 100톤 이상 1천톤 미만 저장·취급하는 시설 3) 지하구 4) 공동주택(옥내소화전설비 또는 스프링클러설비가 설치된 공동주택으로 한정한다) 5) 보물 또는 국보로 지정된 목조건축물
2급 소방안전관리자 선임자격	다음의 어느 하나에 해당하는 사람으로서 2급 소방안전관리자 자격증을 발급받은 사람, 특급 소방안전관리대상물 또는 1급 소방안전관리대상물의 소방안전관리자 자격증을 발급받은 사람 1) **위험물기능장·위험물산업기사 또는 위험물기능사 자격**이 있는 사람 2) **소방공무원으로 3년 이상** 근무한 경력이 있는 사람 3) 소방청장이 실시하는 2급 소방안전관리대상물의 소방안전관리에 관한 시험에 합격한 사람 4) 「기업활동 규제완화에 관한 특별조치법」 제29조, 제30조 및 제32조에 따라 소방안전관리자로 선임된 사람(소방안전관리자로 선임된 기간으로 한정한다)
선임인원	1명 이상

21 3급 소방안전관리대상물 ★

3급 소방안전관리 대상물	다음의 어느 하나에 해당하는 것(특급 소방안전관리대상물, 1급 소방안전관리대상물 및 2급 소방안전관리대상물은 제외한다) 1) **간이스프링클러설비**(주택전용 간이스프링클러설비는 제외한다)를 설치해야 하는 특정소방대상물 2) **자동화재탐지설비**를 설치해야 하는 특정소방대상물
3급 소방안전관리자 선임자격	다음의 어느 하나에 해당하는 사람으로서 3급 소방안전관리자 자격증을 발급받은 사람 또는 특급 소방안전관리대상물, 1급 소방안전관리대상물 또는 2급 소방안전관리대상물의 소방안전관리자 자격증을 발급받은 사람 1) 소방공무원으로 1년 이상 근무한 경력이 있는 사람 2) 소방청장이 실시하는 3급 소방안전관리대상물의 소방안전관리에 관한 시험에 합격한 사람 3) 「기업활동 규제완화에 관한 특별조치법」 제29조, 제30조 및 제32조에 따라 소방안전관리자로 선임된 사람(소방안전관리자로 선임된 기간으로 한정한다)
선임인원	1명 이상

22 소방안전관리보조자를 두어야 하는 특정소방대상물 ★★★

대상	최소 선임기준
아파트(300세대 이상인 아파트만 해당)	1명. 다만, 초과되는 300세대마다 1명 이상을 추가로 선임
연면적이 1만5천제곱미터 이상인 특정소방대상물(아파트 및 연립주택은 제외)	1명. 다만, 초과되는 연면적 1만5천제곱미터(특정소방대상물의 방재실에 자위소방대가 24시간 상시 근무하고 소방자동차 중 소방펌프차, 소방물탱크차, 소방화학차 또는 무인방수차를 운용하는 경우에는 3만제곱미터로 한다)마다 1명 이상을 추가로 선임해야 한다.
1) 공동주택 중 기숙사 2) 의료시설 3) 노유자시설 4) 수련시설 5) 숙박시설(숙박시설로 사용되는 바닥면적의 합계가 1천500제곱미터 미만이고 관계인이 24시간 상시 근무하고 있는 숙박시설은 제외)	1명. 다만, 해당 특정소방대상물이 소재하는 지역을 관할하는 소방서장이 야간이나 휴일에 해당 특정소방대상물이 이용되지 않는다는 것을 확인한 경우에는 소방안전관리보조자를 선임하지 않을 수 있다.

23 소방안전관리보조자의 자격

자격	가. 특급 소방안전관리대상물, 1급 소방안전관리대상물, 2급 소방안전관리대상물 또는 3급 소방안전관리대상물의 소방안전관리자 자격이 있는 사람 나. 국가기술자격의 직무분야 중 **건축, 기계제작, 기계장비설비ㆍ설치, 화공, 위험물, 전기, 전자 및 안전관리에 해당하는 국가기술자격이 있는 사람** 다. 「공공기관의 소방안전관리에 관한 규정」 제5조제1항제2호나목에 따른 강습교육을 수료한 사람 라. 법 제34조제1항제1호에 따른 강습교육 중 이 영 제33조제1호부터 제4호까지에 해당하는 사람을 대상으로 하는 강습교육을 수료한 사람 마. 소방안전관리대상물에서 **소방안전 관련 업무에 2년 이상** 근무한 경력이 있는 사람

24 자위소방대

자위소방대의 기능	1. 화재 발생 시 비상연락, 초기소화 및 피난유도 2. 화재 발생 시 인명ㆍ재산피해 최소화를 위한 조치
편성된 근무자에 대한 소방교육 실시	소방안전관리대상물의 소방안전관리자는 **연 1회 이상** 자위소방대를 소집하여 그 편성 상태 및 초기대응체계를 점검하고, 편성된 근무자에 대한 소방교육을 실시

자위소방대의 조직	1. 대장은 자위소방대를 총괄 지휘한다. 2. 부대장은 대장을 보좌하고 대장이 부득이한 사유로 임무를 수행할 수 없는 때에는 그 임무를 대행한다. 3. **비상연락팀**은 화재사실의 전파 및 신고 업무를 수행한다. 4. **초기소화팀**은 화재 발생 시 초기화재 진압 활동을 수행한다. 5. **피난유도팀**은 재실자(在室者) 및 장애인, 노인, 임산부, 영유아 및 어린이 등 이동이 어려운 사람(이하 "피난약자"라 한다)을 안전한 장소로 대피시키는 업무를 수행한다. 6. **응급구조팀**은 인명을 구조하고, 부상자에 대한 응급조치를 수행한다. 7. **방호안전팀**은 화재확산방지 및 위험시설의 비상정지 등 방호안전 업무를 수행한다.

25 특정소방대상물의 소방안전관리 ★★★

소방안전관리대상물의 관계인이 소방안전관리자 또는 소방안전관리보조자를 선임한 경우	14일 이내에 소방본부장이나 소방서장에게 신고
소방안전관리대상물의 소방안전관리업무 수행에 관한 기록	월 1회 이상 작성·관리
기록보관 기한	업무수행에 관한 기록을 작성한 날부터 **2년간 보관**
특정소방대상물의 관계인은 소방안전관리자를 다음 각 호의 어느 하나에 해당하는 날부터 30일 이내에 선임	1. 신축·증축·개축·재축·대수선 또는 용도변경으로 해당 특정소방대상물의 소방안전관리자를 신규로 선임하여야 하는 경우 : 해당 특정소방대상물의 완공일(건축물의 경우에는 건축물을 사용할 수 있게 된 날을 말한다.) 2. 증축 또는 용도변경으로 인하여 특정소방대상물이 소방안전관리대상물로 된 경우 : 증축공사의 완공일 또는 용도변경 사실을 건축물관리대장에 기재한 날 3. 특정소방대상물을 양수하거나 경매, 환가, 압류재산의 매각 그 밖에 이에 준하는 절차에 의하여 관계인의 권리를 취득한 경우 : 해당 권리를 취득한 날 또는 관할 소방서장으로부터 소방안전관리자 선임 안내를 받은 날. 다만, 새로 권리를 취득한 관계인이 종전의 특정소방대상물의 관계인이 선임신고한 소방안전관리자를 해임하지 아니하는 경우를 제외한다. 4. 법 제21조에 따른 특정소방대상물의 경우 : 소방본부장 또는 소방서장이 공동 소방안전관리 대상으로 지정한 날 5. 소방안전관리자를 해임한 경우 : 소방안전관리자를 해임한 날 6. 소방안전관리업무를 대행하는 자를 감독하는 자를 소방안전관리자로 선임한 경우로서 그 업무대행 계약이 해지 또는 종료된 경우: 소방안전관리업무 대행이 끝난 날

26 특정소방대상물(소방안전관리대상물은 제외한다)의 관계인과 소방안전관리대상물의 소방안전관리자의 업무 ★★★

특정소방대상물의 관계인의 업무	소방안전관리대상물의 소방안전관리자의 업무
1. 제36조에 따른 피난계획에 관한 사항과 대통령령으로 정하는 사항이 포함된 소방계획서의 작성 및 시행 2. 자위소방대(自衛消防隊) 및 초기대응체계의 구성, 운영 및 교육 3. 「소방시설 설치 및 관리에 관한 법률」 제16조에 따른 피난시설, 방화구획 및 방화시설의 관리 4. 소방시설이나 그 밖의 소방 관련 시설의 관리 5. 제37조에 따른 소방훈련 및 교육 6. 화기(火氣) 취급의 감독 7. 행정안전부령으로 정하는 바에 따른 소방안전관리에 관한 업무수행에 관한 기록·유지(제3호·제4호 및 제6호의 업무를 말한다) 8. 화재발생 시 초기대응 9. 그 밖에 소방안전관리에 필요한 업무	1. 피난계획에 관한 사항과 대통령령으로 정하는 사항이 포함된 소방계획서의 작성 및 시행 2. 자위소방대(自衛消防隊) 및 초기대응체계의 구성, 운영 및 교육 3. 소방훈련 및 교육 4. 행정안전부령으로 정하는 바에 따른 소방안전관리에 관한 업무수행에 관한 기록·유지(제3호·제4호 및 제6호의 업무를 말한다)

27 소방안전관리 업무의 대행 대상 및 업무 ★★

대행 대상물	1. 지상층의 층수가 11층 이상인 1급 소방안전관리대상물(연면적 1만5천제곱미터 이상인 특정소방대상물과 아파트는 제외한다) 2. 2급 소방안전관리대상물 3. 3급 소방안전관리대상물
대행 업무	1. 피난시설, 방화구획 및 방화시설의 관리 2. 소방시설이나 그 밖의 소방 관련 시설의 관리

28 건설현장 소방안전관리 ★

선임기간	건설현장 소방안전관리대상물을 신축·증축·개축·재축·이전·용도변경 또는 대수선 하는 경우에는 소방시설공사 착공 신고일부터 건축물 사용승인일까지 선임
선임신고	**공사시공자**는 같은 항에 따라 소방안전관리자를 선임한 경우에는 선임한 날부터 **14일 이내**에 소방본부장 또는 소방서장에게 신고
건설현장 소방안전관리대상물	1. 신축·증축·개축·재축·이전·용도변경 또는 대수선을 하려는 부분의 연면적의 합계가 1만5천제곱미터 이상인 것

	2. 신축·증축·개축·재축·이전·용도변경 또는 대수선을 하려는 부분의 연면적이 5천제곱미터 이상인 것으로서 다음 각 목의 어느 하나에 해당하는 것 가. 지하층의 층수가 2개 층 이상인 것 나. 지상층의 층수가 11층 이상인 것 다. 냉동창고, 냉장창고 또는 냉동·냉장창고
건설현장 소방안전 관리대상물의 소방안전관리자의 업무	1. 건설현장의 소방계획서의 작성 2. 임시소방시설의 설치 및 관리에 대한 감독 3. 공사진행 단계별 피난안전구역, 피난로 등의 확보와 관리 4. 건설현장의 작업자에 대한 소방안전 교육 및 훈련 5. 초기대응체계의 구성·운영 및 교육 6. 화기취급의 감독, 화재위험작업의 허가 및 관리 7. 그 밖에 건설현장의 소방안전관리와 관련하여 소방청장이 고시하는 업무

29 소방안전관리대상물의 소방계획서에 포함되어야 하는 사항 ★

1. 소방안전관리대상물의 위치·구조·연면적·용도 및 수용인원 등 일반 현황
2. 소방안전관리대상물에 설치한 소방시설, 방화시설, 전기시설, 가스시설 및 위험물시설의 현황
3. 화재 예방을 위한 자체점검계획 및 대응대책
4. 소방시설·피난시설 및 방화시설의 점검·정비계획
5. 피난층 및 피난시설의 위치와 피난경로의 설정, 화재안전취약자의 피난계획 등을 포함한 피난계획
6. 방화구획, 제연구획(除煙區劃), 건축물의 내부 마감재료 및 방염대상물품의 사용 현황과 그 밖의 방화구조 및 설비의 유지·관리계획
7. 법 제35조제1항에 따른 관리의 권원이 분리된 특정소방대상물의 소방안전관리에 관한 사항
8. 소방훈련·교육에 관한 계획
9. 법 제37조를 적용받는 소방안전관리대상물의 근무자 및 거주자의 자위소방대 조직과 대원의 임무(화재안전취약자의 피난 보조 임무를 포함한다)에 관한 사항
10. 화기 취급 작업에 대한 사전 안전조치 및 감독 등 공사 중 소방안전관리에 관한 사항
11. 소화에 관한 사항과 연소 방지에 관한 사항
12. 위험물의 저장·취급에 관한 사항(「위험물안전관리법」 제17조에 따라 **예방규정을 정하는 제조소등은 제외**한다)
13. 소방안전관리에 대한 업무수행에 관한 기록 및 유지에 관한 사항
14. 화재발생 시 화재경보, 초기소화 및 피난유도 등 초기대응에 관한 사항

30 소방안전관리업무 전담 대상물

전담 대상물	1. 특급 소방안전관리대상물 2. 1급 소방안전관리대상물
소방훈련 및 교육 결과제출	소방훈련 및 교육을 한 날부터 30일 이내 소방본부장 또는 소방서장에게 제출

31 소방안전관리자 자격의 정지 및 취소 ★

1. 자격의 정지 및 취소

취소	1. 거짓이나 그 밖의 부정한 방법으로 소방안전관리자 자격증을 발급받은 경우 2. 소방안전관리자 자격증을 다른 사람에게 빌려준 경우
1년 이하의 기간을 정하여 그 자격을 정지	1. 소방안전관리업무를 게을리한 경우 2. 실무교육을 받지 아니한 경우 3. 이 법 또는 이 법에 따른 명령을 위반한 경우

2. 개별기준

위반사항	근거법령	행정처분기준		
		1차 위반	2차 위반	3차 이상 위반
가. 거짓이나 그 밖의 부정한 방법으로 소방안전관리자 자격증을 발급받은 경우	법 제31조 제1항제1호	자격취소		
나. 법 제24조제5항에 따른 **소방안전관리업무를 게을리한 경우**	법 제31조 제1항제2호	경고 (시정명령)	자격정지 (3개월)	자격정지 (6개월)
다. 법 제30조제4항을 위반하여 소방안전관리자 자격증을 다른 사람에게 빌려준 경우	법 제31조 제1항제3호	자격취소		
라. 제34조에 따른 **실무교육을 받지 않는 경우**	법 제31조 제1항제4호	경고 (시정명령)	자격정지 (3개월)	자격정지 (6개월)

32 관리의 권원이 분리된 특정소방대상물의 소방안전관리 ★★★

대상	1. 복합건축물(지하층을 제외한 층수가 11층 이상 또는 연면적 3만제곱미터 이상인 건축물) 2. 지하가(지하의 인공구조물 안에 설치된 상점 및 사무실, 그 밖에 이와 비슷한 시설이 연속하여 지하도에 접하여 설치된 것과 그 지하도를 합한 것을 말한다) 3. 그 밖에 대통령령으로 정하는 특정소방대상물 [판매시설 중 도매시장, 소매시장 및 전통시장]

관리의 권원별 소방안전관리자 선임 및 조정 기준	① 관리의 권원이 분리되어 있는 특정소방대상물의 관계인은 소유권, 관리권 및 점유권에 따라 각각 소방안전관리자를 선임해야 한다. 다만, 둘 이상의 소유권, 관리권 또는 점유권이 동일인에게 귀속된 경우에는 하나의 관리 권원으로 보아 소방안전관리자를 선임할 수 있다.
	② 제①항에도 불구하고 다음 각 호의 어느 하나에 해당하는 경우에는 해당 호에서 정하는 바에 따라 소방안전관리자를 선임할 수 있다.
	  1. 법령 또는 계약 등에 따라 공동으로 관리하는 경우: 하나의 관리 권원으로 보아 소방안전관리자 1명 선임
	  2. 화재 수신기 또는 소화펌프(가압송수장치를 포함한다. 이하 이 항에서 같다)가 별도로 설치되어 있는 경우: 설치된 화재 수신기 또는 소화펌프가 화재를 감지·소화 또는 경보할 수 있는 부분을 각각 하나의 관리 권원으로 보아 각각 소방안전관리자 선임
	  3. 하나의 화재 수신기 및 소화펌프가 설치된 경우: 하나의 관리 권원으로 보아 소방안전관리자 1명 선임

33 소방안전 특별관리시설물의 안전관리 ★

1. 공항시설
2. 철도시설
3. 도시철도시설
4. 항만시설
5. 지정문화재인 시설(시설이 아닌 지정문화재를 보호하거나 소장하고 있는 시설을 포함한다)
6. 산업기술단지
7. 산업단지
8. 초고층 건축물 및 지하연계 복합건축물
9. 영화상영관 중 수용인원 1천명 이상인 영화상영관
10. 전력용 및 통신용 지하구
11. 석유비축시설
12. 천연가스 인수기지 및 공급망

13. 전통시장으로서 대통령령으로 정하는 전통시장(점포가 500개 이상인 전통시장)
14. 그 밖에 대통령령으로 정하는 시설물

> 1. 발전사업자가 가동 중인 발전소
> 2. 물류창고로서 연면적 10만제곱미터 이상인 것
> 3. 가스공급시설

34 화재예방안전진단

진단범위	1. 화재위험요인의 조사에 관한 사항 2. 소방계획 및 피난계획 수립에 관한 사항 3. 소방시설등의 유지·관리에 관한 사항 4. 비상대응조직 및 교육훈련에 관한 사항 5. 화재 위험성 평가에 관한 사항 6. 그 밖에 화재예방진단을 위하여 대통령령으로 정하는 사항 　① 화재 등의 재난 발생 후 재발방지 대책의 수립 및 그 이행에 관한 사항 　② 지진 등 외부 환경 위험요인 등에 대한 예방·대비·대응에 관한 사항 　③ 화재예방안전진단 결과 보수·보강 등 개선요구 사항 등에 대한 이행 여부
화재예방 안전진단의 대상	1. 공항시설 중 여객터미널의 **연면적이 1천제곱미터 이상인** 공항시설 2. 철도시설 중 역 시설의 **연면적이 5천제곱미터 이상인** 철도시설 3. 도시철도시설 중 역사 및 역 시설의 **연면적이 5천제곱미터 이상인** 도시철도시설 4. 항만시설 중 여객이용시설 및 지원시설의 **연면적이 5천제곱미터 이상인** 항만시설 5. 전력용 및 통신용 지하구 중 「국토의 계획 및 이용에 관한 법률」제2조제9호에 따른 공동구 6. 천연가스 인수기지 및 공급망 중 「소방시설 설치 및 관리에 관한 법률 시행령」별표 2 제17호나목에 따른 가스시설 7. 발전소 중 **연면적이 5천제곱미터 이상인** 발전소 8. 가스공급시설 중 가연성 가스 탱크의 **저장용량의 합계가 100톤 이상이거나 저장용량이 30톤 이상인** 가연성 가스 탱크가 있는 가스공급시설
화재예방 안전진단의 실시 절차	① 최초 화재예방안전진단 : 사용승인 또는 완공검사를 받은 날부터 5년이 경과한 날이 속하는 해 ② 화재예방안전진단을 받은 소방안전 특별관리시설물의 관계인은 안전등급에 따라 정기적으로 화재예방안전진단을 실시 1. 안전등급이 **우수**인 경우: 안전등급을 통보받은 날부터 **6년**이 경과한 날이 속하는 해 2. 안전등급이 **양호·보통**인 경우: 안전등급을 통보받은 날부터 **5년**이 경과한 날이 속하는 해 3. 안전등급이 **미흡·불량**인 경우: 안전등급을 통보받은 날부터 **4년**이 경과한 날이 속하는 해

화재예방안전진단 기관의 취소	1. 거짓이나 그 밖의 부정한 방법으로 지정을 받은 경우 2. 업무정지기간에 화재예방안전진단 업무를 한 경우
6개월 이내 업무의 일부 또는 전부를 정지	1. 화재예방안전진단 결과를 소방본부장 또는 소방서장, 관계인에게 제출하지 아니한 경우 2. 지정기준에 미달하게 된 경우

35 화재예방안전진단 결과에 따른 안전등급 기준

안전등급	화재예방안전진단 대상물의 상태
우수(A)	화재예방안전진단 실시 결과 문제점이 발견되지 않은 상태
양호(B)	화재예방안전진단 실시 결과 문제점이 일부 발견되었으나 대상물의 화재안전에는 이상이 없으며 대상물 일부에 대해 법 제41조제5항에 따른 보수·보강 등의 조치명령(이하 이 표에서 "조치명령"이라 한다)이 필요한 상태
보통(C)	화재예방안전진단 실시 결과 문제점이 다수 발견되었으나 대상물의 전반적인 화재안전에는 이상이 없으며 대상물에 대한 다수의 조치명령이 필요한 상태
미흡(D)	화재예방안전진단 실시 결과 광범위한 문제점이 발견되어 대상물의 화재안전을 위해 조치명령의 즉각적인 이행이 필요하고 대상물의 사용 제한을 권고할 필요가 있는 상태
불량(E)	화재예방안전진단 실시 결과 중대한 문제점이 발견되어 대상물의 화재안전을 위해 조치명령의 즉각적인 이행이 필요하고 대상물의 사용 중단을 권고할 필요가 있는 상태

36 청문

청문권자	소방청장 또는 시·도지사
청문내용	1. 소방안전관리자의 자격 취소 2. 진단기관의 지정 취소

제2장 출제예상문제

01 화재의 예방 및 안전관리에 관한 법률의 목적으로 옳지 않은 것은?
① 공공의 안전
② 국민의 생명·신체 및 재산보호
③ 복리증진
④ 국민 경제에 이바지

해설 화재예방법의 목적
① 공공의 안전과 복리증진에 이바지
② 화재로부터 국민의 생명·신체 및 재산을 보호

02 화재로 인한 피해를 최소화하기 위한 예방, 대비, 대응 등의 활동을 무엇이라 하는가?
① 안전관리
② 예방관리
③ 설비관리
④ 재난관리

해설 안전관리 : 화재로 인한 피해를 최소화하기 위한 예방, 대비, 대응 등의 활동

03 소방청장, 소방본부장 또는 소방서장(이하 "소방관서장"이라 한다)이 소방대상물, 관계지역 또는 관계인에 대하여 소방시설등이 소방 관계 법령에 적합하게 설치·관리되고 있는지, 소방대상물에 화재의 발생 위험이 있는지 등을 확인하기 위하여 실시하는 현장조사·문서열람·보고요구 등을 하는 활동을 무엇이라 하는가?
① 화재위험조사
② 소방검사
③ 소방특별조사
④ 화재안전조사

해설 화재안전조사 : 소방청장, 소방본부장 또는 소방서장(이하 "소방관서장"이라 한다)이 소방대상물, 관계지역 또는 관계인에 대하여 소방시설등이 소방 관계 법령에 적합하게 설치·관리되고 있는지, 소방대상물에 화재의 발생 위험이 있는지 등을 확인하기 위하여 실시하는 현장조사·문서열람·보고요구 등을 하는 활동

04 화재가 발생할 경우 사회·경제적으로 피해 규모가 클 것으로 예상되는 소방대상물에 대하여 화재위험요인을 조사하고 그 위험성을 평가하여 개선대책을 수립하는 것을 무엇이라 하는가?
① 화재위험안전진단
② 소방시설안전진단
③ 화재위험성평가
④ 화재예방안전진단

해설 화재예방안전진단 : 화재가 발생할 경우 사회·경제적으로 피해 규모가 클 것으로 예상되는 소방대상물에 대하여 화재위험요인을 조사하고 그 위험성을 평가하여 개선대책을 수립하는 것

정답 1. ④ 2. ① 3. ④ 4. ④

05 화재안전조사 결과에 따른 조치명령에 따른 조치명령을 정당한 사유 없이 위반한 자에 대한 벌칙은?

① 5년 이하의 징역 또는 5천만원 이하의 벌금
② 300만원 이하의 벌금
③ 3년 이하의 징역 또는 3천만원 이하의 벌금
④ 1년 이하의 징역 또는 1천만원 이하의 벌금

> **해설** 3년 이하의 징역 또는 3천만원 이하의 벌금 : 화재안전조사 결과에 따른 조치명령에 따른 조치명령을 정당한 사유 없이 위반한 자

06 화재안전조사 위원회의 위원이 될수 없는 사람은?

① 과장급 직위 이상의 소방공무원
② 소방 관련 분야의 석사학위 이상을 취득한 사람
③ 소방 관련 법인 또는 단체에서 소방 관련 업무에 3년 이상 종사한 사람
④ 소방시설관리사

> **해설** 소방 관련 법인 또는 단체에서 소방 관련 업무에 5년 이상 종사한 사람

07 다음 중 벌칙이 다른 하나는?

① 소방안전관리자 선임명령에 따른 명령을 정당한 사유 없이 위반한 자
② 화재안전조사 결과에 따른 조치명령에 따른 조치명령을 정당한 사유 없이 위반한 자
③ 화재안전조사를 정당한 사유 없이 거부·방해 또는 기피한 자
④ 화재예방안전진단)에 따른 보수·보강 등의 조치명령을 정당한 사유 없이 위반한 자

> **해설** 화재안전조사를 정당한 사유 없이 거부·방해 또는 기피한 자 → 300만원 이하의 벌금

08 화재안전조사의 연기신청시 화재안전조사 며칠 전까지 화재안전조사를 받기 곤란함을 증명할 수 있는 서류를 첨부하여 소방청장, 소방본부장 또는 소방서장(이하 "소방관서장"이라 한다)에게 제출해야 하는가?

① 3일　　　　② 5일　　　　③ 7일　　　　④ 9일

> **해설** 화재안전조사의 연기신청 : 화재안전조사 3일 전까지 소방관서장에게 제출

정답 5. ③　6. ③　7. ③　8. ①

09 화재예방 및 안전관리에 관한 법률상 옮긴 물건등을 보관하는 경우 그날부터 해당 소방관서의 홈페이지에 그 사실을 공고하는 기간은 며칠인가?

① 5일 ② 7일 ③ 10일 ④ 14일

해설 옮긴 물건등을 보관하는 경우 그날부터 해당 소방관서의 홈페이지에 그 사실을 공고하는 기간 : 14일

10 화재예방 및 안전관리에 관한 법률상 옮긴물건등의 보관기간은 공고기간 종료일 다음 날부터 며칠인가?

① 3일 ② 7일 ③ 10일 ④ 15일

해설 옮긴물건등의 보관기간 : 공고기간 종료일 다음 날부터 7일

11 화재예방 및 안전관리에 관한 법령상 소방훈련·교육 결과 제출의 대상인 소방안전관리대상물로 옳은 것은?

① 1급, 2급
② 특급, 1급
③ 2급, 3급
④ 특급, 1급, 2급

해설 제출대상
　1. 특급 소방안전관리대상물
　2. 1급 소방안전관리대상물

12 화재예방 및 안전관리에 관한 법령상 소방훈련과 교육을 실시한 날부터 몇 년간 보관해야 하는가?

① 1년
② 2년
③ 3년
④ 4년

해설 소방훈련 및 교육을 실시한 날부터 2년간 보관

13 화재예방 및 안전관리에 관한 법령상 소방훈련 및 교육을 실시한 날부터 며칠 이내, 소방본부장 또는 소방서장에게 제출해야 하는가?

① 5일
② 10일
③ 15일
④ 30일

해설 소방훈련 및 교육을 실시한 날부터 30일 이내, 소방본부장 또는 소방서장에게 제출

정답 9. ④ 10. ② 11. ② 12. ② 13. ④

14 화재예방 및 안전관리에 관한 법령상 불시 소방훈련·교육의 대상이 아닌 것은?

① 의료시설
② 교육연구시설
③ 문화 및 집회시설
④ 노유자시설

해설 불시 소방훈련·교육의 대상
  1. 의료시설
  2. 교육연구시설
  3. 노유자 시설
  4. 그 밖에 화재 발생 시 불특정 다수의 인명피해가 예상되어 소방본부장 또는 소방서장이 소방훈련·교육이 필요하다고 인정하는 특정소방대상물

15 보일러 등의 설비 또는 기구 등의 위치·구조 및 관리와 화재예방을 위하여 불을 사용할 때 지켜야 하는 사항 중 경유·등유 등 액체연료를 사용할 때에 대한 기준으로 틀린 것은?

① 연료탱크는 보일러 본체로부터 수평거리 1미터 이상의 간격을 두어 설치할 것
② 연료탱크에는 화재 등 긴급상황이 발생하는 경우 연료를 차단할 수 있는 개폐밸브를 연료탱크로부터 0.5미터 이내에 설치할 것
③ 연료탱크 또는 보일러 등에 연료를 공급하는 배관에는 여과장치를 설치할 것
④ 연료탱크가 넘어지지 않도록 받침대를 설치하고, 연료탱크 및 연료탱크 받침대는 내화재료로 할 것

해설 연료탱크가 넘어지지 않도록 받침대를 설치하고, 연료탱크 및 연료탱크 받침대는 불연재료로 할 것

16 보일러 등의 설비 또는 기구 등의 위치·구조 및 관리와 화재예방을 위하여 불을 사용할 때 지켜야 하는 사항 중 기체연료를 사용할 때에 대한 사항 중 틀린 것은?

① 보일러를 설치하는 장소에는 환기구를 설치하는 등 가연성 가스가 머무르지 않도록 할 것
② 연료를 공급하는 배관은 금속관으로 할 것
③ 화재 등 긴급 시 연료를 차단할 수 있는 개폐밸브를 연료용기 등으로부터 0.6미터 이내에 설치할 것
④ 보일러가 설치된 장소에는 가스누설경보기를 설치할 것

해설 화재 등 긴급 시 연료를 차단할 수 있는 개폐밸브를 연료용기 등으로부터 0.5미터 이내에 설치할 것

정답 14. ③ 15. ④ 16. ③

17 화목(火木) 등 고체연료를 사용할 때 지켜야 하는 사항 중 틀린 것은?
① 고체연료는 보일러 본체와 수평거리 1미터 이상 간격을 두어 보관하거나 불연재료로 된 별도의 구획된 공간에 보관할 것
② 연통은 천장으로부터 0.6미터 떨어지고, 연통의 배출구는 건물 밖으로 0.6미터 이상 나오도록 설치할 것
③ 연통의 배출구는 보일러 본체보다 2미터 이상 높게 설치할 것
④ 연통이 관통하는 벽면, 지붕 등은 불연재료로 처리할 것

해설 고체연료는 보일러 본체와 수평거리 2미터 이상 간격을 두어 보관하거나 불연재료로 된 별도의 구획된 공간에 보관할 것

18 다음은 건조설비를 사용시 지켜야 하는 사항을 나타낸 것이다. 괄호 안의 번호에 알맞은 내용은?

> 1. 건조설비와 벽·천장 사이의 거리는 (㉠) 이상 되도록 하여야 한다.
> 2. 건조물품이 열원과 직접 접촉하지 않도록 하여야 한다.
> 3. 실내에 설치하는 경우에 벽·천장 및 바닥은 (㉡)로 하여야 한다.

① ㉠ 0.5미터, ㉡ 내화재료 　② ㉠ 0.5미터, ㉡ 불연재료
③ ㉠ 0.6미터, ㉡ 내화재료 　④ ㉠ 0.6미터, ㉡ 불연재료

해설 건조설비
1. 건조설비와 벽·천장 사이의 거리는 0.5미터 이상 되도록 하여야 한다.
2. 건조물품이 열원과 직접 접촉하지 않도록 하여야 한다.
3. 실내에 설치하는 경우에 벽·천장 및 바닥은 불연재료로 하여야 한다.

19 다음은 수소가스를 넣는 기구 사용시 지켜야 하는 사항을 나타낸 것이다. 괄호 안의 번호에 들어갈 내용으로 옳은 것은?

> 1. 수소가스는 용량의 (㉠) 이상을 유지하여야 한다.
> 2. 띄우는 각도는 지표면에 대하여 45도 이하로 유지하고 바람이 초속 (㉡) 이상 부는 때에는 띄워서는 아니된다.

① ㉠ 90퍼센트, ㉡ 7미터 　② ㉠ 90퍼센트, ㉡ 5미터
③ ㉠ 80퍼센트, ㉡ 7미터 　④ ㉠ 80퍼센트, ㉡ 5미터

정답 17. ① 18. ② 19. ①

해설 1. 수소가스는 용량의 (㉠ 90퍼센트) 이상을 유지하여야 한다.
   2. 띄우는 각도는 지표면에 대하여 45도 이하로 유지하고 바람이 초속 (㉡ 7미터) 이상 부는 때에는 띄워서는 아니된다.

20 음식조리를 위하여 설치하는 설비 사용시 지켜야 하는 사항 중 틀린 것은?

① 주방설비에 부속된 배출덕트(공기 배출통로)는 0.5밀리미터 이상의 아연도금강판 또는 이와 동등 이상의 내식성 불연재료로 설치할 것
② 주방시설에는 동물 또는 식물의 기름을 제거할 수 있는 필터 등을 설치할 것
③ 열을 발생하는 조리기구는 반자 또는 선반으로부터 0.6미터 이상 떨어지게 할 것
④ 열을 발생하는 조리기구로부터 0.2미터 이내의 거리에 있는 가연성 주요구조부는 석면판 또는 단열성이 있는 내화재료로 덮어 씌울 것

해설 열을 발생하는 조리기구로부터 0.15미터 이내의 거리에 있는 가연성 주요구조부는 석면판 또는 단열성이 있는 불연재료로 덮어 씌울 것

21 특수가연물(特殊可燃物)의 저장 및 취급 기준에서 품명과 지정수량의 연결이 옳지 않은 것은?

① 면화류-200킬로그램 이상
② 나무껍질 및 대팻밥-400킬로그램 이상
③ 가연성액체류-2세제곱미터 이상
④ 합성수지류 중 발포시킨 것-3000킬로그램 이상

해설 합성수지류 중 발포시킨 것-20세제곱미터 이상

22 특수가연물(特殊可燃物)의 저장 및 취급 기준 중 옳지 않은 것은?

① 실외에 쌓아 저장하는 경우 쌓는 부분이 대지경계선, 도로 및 인접 건축물과 최소 6미터 이상 간격을 둘 것.
② 쌓는 부분 바닥면적의 사이는 실내의 경우 1.2미터 또는 쌓는 높이의 1/2 중 큰 값 이상으로 간격을 두어야 하며, 실외의 경우 3미터 또는 쌓는 높이 중 큰 값 이상으로 간격을 둘 것
③ 살수설비를 설치하거나 방사능력 범위에 해당 특수가연물이 포함되도록 대형수동식소화기를 설치하는 경우 높이는 10미터 이하
④ 석탄·목탄류를 발전용(發電用)으로 저장하는 경우는 품명별로 구분하여 쌓지 않아도 된다.

정답 20. ④ 21. ④ 22. ③

해설 살수설비를 설치하거나 방사능력 범위에 해당 특수가연물이 포함되도록 대형수동식소화기를 설치하는 경우 높이는 15미터 이하

23 화재예방강화지구에 대한 설명으로 옳지 않은 것은?
① 화재예방강화지구의 지정권자는 소방청장이다.
② 시·도지사가 화재예방강화지구로 지정할 필요가 있는 지역을 화재예방강화지구로 지정하지 아니하는 경우 소방청장은 해당 시·도지사에게 해당 지역의 화재예방강화지구 지정을 요청할 수 있다.
③ 노후·불량건축물이 밀집한 지역은 화재예방강화지구로 지정한다.
④ 소방관서장은 화재예방강화지구 안의 소방대상물의 위치·구조 및 설비 등에 대한 화재안전조사를 연 1회 이상 실시하여야 한다.

해설 화재예방강화지구의 지정권자는 시·도지사이다.

24 화재예방강화지구 지정대상으로 옳지 않은 것은?
① 소방시설·소방용수시설 또는 소방출동로가 없는 지역
② 고층건축물이 밀집한 지역
③ 노후·불량건축물이 밀집한 지역은 화재예방강화지구로 지정한다.
④ 위험물의 저장 및 처리 시설이 밀집한 지역

해설 고층건축물이 밀집한 지역은 화재예방강화지구의 지정대상이 아니다.

25 다음은 화재예방강화지구 관리에 대한 내용이다. 괄호 안의 번호에 들어갈 내용으로 옳은 것은?

> 1. 소방관서장은 화재예방강화지구 안의 소방대상물의 위치·구조 및 설비 등에 대한 화재안전조사를 (㉠) 이상 실시하여야 한다.
> 2. 소방관서장은 화재예방강화지구 안의 관계인에 대하여 소방상 필요한 훈련 및 교육을 (㉡) 이상 실시할 수 있다.
> 3. 소방관서장은 소방상 필요한 훈련 및 교육을 실시하고자 하는 때에는 화재예방강화지구 안의 관계인에게 훈련 또는 교육 (㉢) 전까지 그 사실을 통보하여야 한다.

① ㉠ 연 1회, ㉡ 연 1회, ㉢ 10일
② ㉠ 연 2회, ㉡ 연 1회, ㉢ 10일
③ ㉠ 연 2회, ㉡ 연 2회, ㉢ 10일
④ ㉠ 연 1회, ㉡ 연 2회, ㉢ 10일

정답 23. ① 24. ② 25. ①

해설 화재안전조사를 (㉠ 연 1회) 이상 실시, 소방상 필요한 훈련 및 교육을 (㉡ 연 1회) 이상 실시, 화재예방강화지구 안의 관계인에게 훈련 또는 교육 (㉢ 10일) 전까지 그 사실을 통보

26 화재발생 원인 및 연소과정을 조사·분석하는 등의 과정에서 법령이나 정책의 개선이 필요하다고 인정되는 경우 그 법령이나 정책에 대한 화재 위험성의 유발요인 및 완화 방안에 대한 평가(이하 "화재안전영향평가"라 한다)를 실시할 수 있는 사람은?
① 소방청장　　② 소방본부장　　③ 소방서장　　④ 시·도지사

해설 화재안전영향평가 실시 : 소방청장

27 특급 소방안전관리대상물에 해당하지 않는 것은?
① 50층 이상(지하층은 제외)이거나 지상으로부터 높이가 200미터 이상인 아파트
② 30층 이상(지하층을 포함한다)이거나 지상으로부터 높이가 120미터 이상인 특정소방대상물(아파트는 제외)
③ 연면적이 10만제곱미터 이상인 특정소방대상물(아파트는 제외)
④ 가연성 가스를 1천톤 이상 저장·취급하는 시설

해설 가연성 가스를 1천톤 이상 저장·취급하는 시설→1급 소방안전관리대상물

28 1급 소방안전관리대상물에 대한 기준으로 옳지 않은 것은?
① 30층 이상(지하층은 포함한다)이거나 지상으로부터 높이가 120미터 이상인 아파트
② 연면적 1만5천제곱미터 이상인 특정소방대상물(아파트 및 연립주택은 제외한다)
③ 지상층의 층수가 11층 이상인 특정소방대상물(아파트는 제외한다)
④ 가연성 가스를 1천톤 이상 저장·취급하는 시설

해설 30층 이상(지하층은 제외한다)이거나 지상으로부터 높이가 120미터 이상인 아파트

29 2급 소방안전관리대상물에 대한 기준으로 옳지 않은 것은?
① 공동주택(옥내소화전설비 또는 스프링클러설비가 설치된 공동주택으로 한정)
② 보물 또는 국보로 지정된 목조건축물
③ 지하구
④ 옥내소화전설비, 스프링클러설비 또는 물분무등소화설비[화재안전기준에 따라 호스릴(hose reel) 방식의 물분무등소화설비만을 설치할 수 있는 특정소방대상물은 포함한다]를 설치해야 하는 특정소방대상물

정답 26. ① 27. ④ 28. ① 29. ④

해설 화재안전기준에 따라 호스릴(hose reel) 방식의 물분무등소화설비만을 설치할 수 있는 특정소방대상물은 제외

30 3급 소방안전관리대상물에 해당하는 설비는?
① 자동화재탐지설비 ② 옥내소화전설비
③ 스프링클러설비 ④ 물분무등소화설비

해설 3급 소방안전관리대상물
1) 간이스프링클러설비(주택전용 간이스프링클러설비는 제외한다)를 설치해야 하는 특정소방대상물
2) 자동화재탐지설비를 설치해야 하는 특정소방대상물

31 세대수가 750세대인 아파트의 소방안전관리보조자는 최소 몇 명을 두어야 하는가?
① 2명 ② 3명 ③ 4명 ④ 5명

해설 아파트의 소방안전관리보조자 수
$\dfrac{세대수}{300} = \dfrac{750}{300} = 2.5$, 소수점 이하 절삭이므로 2명

32 소방안전관리대상물의 소방안전관리자의 업무에 속하지 않는 것은?
① 피난계획에 관한 사항과 대통령령으로 정하는 사항이 포함된 소방계획서의 작성
② 자위소방대(自衛消防隊) 및 초기대응체계의 구성·운영·교육
③ 소방훈련 및 교육
④ 화기(火氣) 취급의 감독

해설 화기(火氣) 취급의 감독 → 관계인의 업무이다.
소방안전관리대상물의 소방안전관리자의 업무
① 피난계획에 관한 사항과 대통령령으로 정하는 사항이 포함된 소방계획서의 작성
② 자위소방대(自衛消防隊) 및 초기대응체계의 구성·운영·교육
③ 소방훈련 및 교육
④ 소방안전관리에 관한 업무수행에 관한 기록·유지

33 특정소방대상물의 관계인의 업무에 속하지 않는 것은?
① 화기(火氣) 취급의 감독
② 피난시설, 방화구획 및 방화시설의 유지·관리
③ 자체소방대 및 초기대응체계의 구성·운영·교육
④ 소방시설이나 그 밖의 소방 관련 시설의 유지·관리

정답 30. ① 31. ① 32. ④ 33. ③

해설 자위소방대(自衛消防隊) 및 초기대응체계의 구성·운영·교육

34 소방안전관리 업무의 대행 업무로 옳은 것은?

> ㉠ 피난시설, 방화구획 및 방화시설의 관리
> ㉡ 소방시설이나 그 밖의 소방 관련 시설의 관리
> ㉢ 자위소방대(自衛消防隊) 및 초기대응체계의 구성, 운영 및 교육
> ㉣ 소방훈련 및 교육

① ㉠　　　　　　　　　　　② ㉠, ㉡
③ ㉠, ㉡, ㉢　　　　　　　④ ㉠, ㉡, ㉢, ㉣

해설 소방안전관리 대행 업무
　　㉠ 피난시설, 방화구획 및 방화시설의 관리
　　㉡ 소방시설이나 그 밖의 소방 관련 시설의 관리

35 건설현장의 공사시공자는 소방안전관리자를 선임한 경우에는 선임한 날부터 며칠이내에 소방본부장 또는 소방서장에게 신고해야 하는가?

① 3일　　　② 7일　　　③ 14일　　　④ 30일

해설 공사시공자는 소방안전관리자를 선임한 경우에는 선임한 날부터 14일 이내에 소방본부장 또는 소방서장에게 신고

36 다음은 건설현장 소방안전관리대상물을 나타낸 것이다. 괄호 안의 번호에 들어갈 내용으로 옳은 것은?

> 1. 신축·증축·개축·재축·이전·용도변경 또는 대수선을 하려는 부분의 연면적의 합계가 (㉠) 이상인 것
> 2. 신축·증축·개축·재축·이전·용도변경 또는 대수선을 하려는 부분의 연면적이 (㉡) 이상인 것으로서 다음 각 목의 어느 하나에 해당하는 것
>   가. 지하층의 층수가 (㉢) 이상인 것
>   나. 지상층의 층수가 (㉣) 이상인 것
>   다. 냉동창고, 냉장창고 또는 냉동·냉장창고

정답 34. ② 35. ③ 36. ①

① ㉠ 1만5천제곱미터, ㉡ 5천제곱미터, ㉢ 2개 층, ㉣ 11층
② ㉠ 1만5천제곱미터, ㉡ 5천제곱미터, ㉢ 3개 층, ㉣ 10층
③ ㉠ 1만5천제곱미터, ㉡ 5천제곱미터, ㉢ 3개 층, ㉣ 11층
④ ㉠ 3만5천제곱미터, ㉡ 5천제곱미터, ㉢ 2개 층, ㉣ 10층

해설 건설현장 소방안전관리대상물
1. 신축·증축·개축·재축·이전·용도변경 또는 대수선을 하려는 부분의 연면적의 합계가 (㉠ 1만5천제곱미터) 이상인 것
2. 신축·증축·개축·재축·이전·용도변경 또는 대수선을 하려는 부분의 연면적이 (㉡ 5천제곱미터) 이상인 것으로서 다음 각 목의 어느 하나에 해당하는 것
   가. 지하층의 층수가 (㉢ 2개 층) 이상인 것
   나. 지상층의 층수가 (㉣ 11층) 이상인 것
   다. 냉동창고, 냉장창고 또는 냉동·냉장창고

37 관리의 권원이 분리된 특정소방대상물의 소방안전관리대상으로 옳지 않은 것은?
① 복합건축물(지하층을 포함한 층수가 11층 이상 또는 연면적 3만제곱미터 이상인 건축물)
② 지하가(지하의 인공구조물 안에 설치된 상점 및 사무실, 그 밖에 이와 비슷한 시설이 연속하여 지하도에 접하여 설치된 것과 그 지하도를 합한 것을 말한다)
③ 판매시설 중 도매시장, 소매시장
④ 전통시장

해설 복합건축물(지하층을 제외한 층수가 11층 이상 또는 연면적 3만제곱미터 이상인 건축물)

38 화재의 예방 및 안전관리에 관한 법령상 소방서장이 소방안전관리대상물 중 불특정 다수인이 이용하는 특정소방대상물의 근무자등에게 불시에 소방훈련과 교육을 실시할 수 있는 대상이 아닌 것은? (단, 소방본부장 또는 소방서장이 소방훈련·교육이 필요하다고 인정하는 특정소방대상물은 고려하지 않음)
① 위락시설
② 의료시설
③ 교육연구시설
④ 노유자 시설

해설 불시 소방훈련·교육의 대상
1. 의료시설
2. 교육연구시설
3. 노유자 시설
4. 그 밖에 화재 발생 시 불특정 다수의 인명피해가 예상되어 소방본부장 또는 소방서장이 소방훈련·교육이 필요하다고 인정하는 특정소방대상물

정답 37. ① 38. ①

39 화재의 예방 및 안전관리에 관한 법령상 화재안전조사 통지를 받은 관계인은 소방관서장에게 화재안전조사 연기를 신청할 수 있다. 연기신청 사유에 해당하는 것을 모두 고른 것은?

> ㉠ 관계인이 운영하는 사업에 부도 또는 도산 등 중대한 위기가 발생하여 화재 안전조사를 받을 수 없는 경우
> ㉡ 권한 있는 기관에 화재안전조사에 필요한 장부·서류 등이 압수되거나 영치(領置)되어 있는 경우
> ㉢ 소방대상물의 증축·용도변경 또는 대수선 등의 공사로 화재안전조사를 실시하기 어려운 경우

① ㉠
② ㉡
③ ㉡, ㉢
④ ㉠, ㉡, ㉢

해설 화재안전조사의 연기
1. 「재난 및 안전관리 기본법」 제3조제1호에 해당하는 재난이 발생한 경우
2. 관계인의 질병, 사고, 장기출장의 경우
3. 권한 있는 기관에 자체점검기록부, 교육·훈련일지 등 화재안전조사에 필요한 장부·서류 등이 압수되거나 영치(領置)되어 있는 경우
4. 소방대상물의 증축·용도변경 또는 대수선 등의 공사로 화재안전조사를 실시하기 어려운 경우

정답 39. ③

제3장 소방시설 설치 및 관리에 관한 법률·시행령 및 시행규칙

1 목적

소방시설 설치 및 관리에 관한 법률 (약칭 : 소방시설법)	① 특정소방대상물 등에 설치하여야 하는 소방시설등의 설치·관리와 소방용품 성능관리에 필요한 사항을 규정 ② 국민의 생명·신체 및 재산을 보호 ③ 공공의 안전과 복리 증진에 이바지함

2 용어정의

소방시설법	소방시설	소화설비, 경보설비, 피난구조설비, 소화용수설비, 소화활동설비, 그 밖에 소화활동설비로서 대통령령으로 정하는 것
	소방시설등	소방시설과 비상구(非常口), 그 밖에 소방 관련 시설로서 대통령령으로 정하는 것 〈소방시설과 비상구(非常口), 방화문 및 방화셔터〉
	특정소방대상물	건축물 등의 **규모·용도 및 수용인원** 등을 고려하여 소방시설을 설치하여야 하는 소방대상물로서 대통령령으로 정하는 것
	화재안전성능	**화재를 예방하고 화재발생 시 피해를 최소화하기 위하여 소방대상물의 재료, 공간 및 설비 등에 요구되는 안전성능**
	성능위주설계	건축물 등의 재료, 공간, 이용자, 화재 특성 등을 종합적으로 고려하여 공학적 방법으로 화재 위험성을 평가하고 그 결과에 따라 화재안전성능이 확보될 수 있도록 특정소방대상물을 설계하는 것
	화재안전기준	소방시설 설치 및 관리를 위한 다음 각 목의 기준을 말한다. 가. 성능기준: 화재안전 확보를 위하여 재료, 공간 및 설비 등에 요구되는 안전성능으로서 소방청장이 고시로 정하는 기준 나. 기술기준: 가목에 따른 성능기준을 충족하는 상세한 규격, 특정한 수치 및 시험방법 등에 관한 기준으로서 행정안전부령으로 정하는 절차에 따라 소방청장의 승인을 받은 기준
	소방용품	소방시설등을 구성하거나 소방용으로 사용되는 제품 또는 기기로서 대통령령으로 정하는 것
	무창층(無窓層)	지상층 중 다음 각 목의 요건을 모두 갖춘 개구부(건축물에서 채광·환기·통풍 또는 출입 등을 위하여 만든 창·출입구, 그 밖에 이와 비슷한 것을 말한다)의 면적의 합계가 해당 층의 바닥면적의 30분의 1 이하가 되는 층을 말한다.

	가. 크기는 지름 50센티미터 이상의 원이 내접(內接)할 수 있는 크기일 것 나. 해당 층의 바닥면으로부터 개구부 밑부분까지의 높이가 1.2미터 이내일 것 다. 도로 또는 차량이 진입할 수 있는 빈터를 향할 것 라. 화재 시 건축물로부터 쉽게 피난할 수 있도록 창살이나 그 밖의 장애물이 설치되지 아니할 것 마. 내부 또는 외부에서 쉽게 부수거나 열 수 있을 것
피난층	곧바로 지상으로 갈 수 있는 출입구가 있는 층

3 벌칙

구분	내용
10년 이하의 징역 또는 1억원 이하의 벌금 ★★★	특정소방대상물의 관계인이 소방시설을 유지·관리할 때 소방시설의 기능과 성능에 지장을 줄 수 있는 폐쇄(잠금을 포함)·차단 등의 행위를 하여 사망에 이르게 한 때
7년 이하의 징역 또는 7천만원 이하의 벌금 ★★★	특정소방대상물의 관계인이 소방시설을 유지·관리할 때 소방시설의 기능과 성능에 지장을 줄 수 있는 폐쇄(잠금을 포함)·차단 등의 행위를 하여 사람을 상해에 이르게 한 때
5년 이하의 징역 또는 5천만원 이하의 벌금 ★★★	특정소방대상물의 관계인이 소방시설을 유지·관리할 때 소방시설의 기능과 성능에 지장을 줄 수 있는 폐쇄(잠금을 포함)·차단 등의 행위를 한 때
3년 이하의 징역 또는 3천만원 이하의 벌금 ★★	1. 제12조제2항, 제15조제3항, 제16조제2항, 제20조제2항, 제23조제6항, 제37조제7항 또는 제45조제2항에 따른 명령을 정당한 사유 없이 위반한 자 2. 제29조제1항을 위반하여 관리업의 등록을 하지 아니하고 영업을 한 자 3. 제37조제1항, 제2항 및 제10항을 위반하여 **소방용품의 형식승인을 받지 아니하고 소방용품을 제조하거나 수입한 자 또는 거짓이나 그 밖의 부정한 방법으로 형식승인을 받은 자** 4. 제37조제3항을 위반하여 제품검사를 받지 아니한 자 또는 거짓이나 그 밖의 부정한 방법으로 제품검사를 받은 자 5. 제37조제6항을 **위반하여 소방용품을 판매·진열하거나 소방시설공사에 사용한 자** 6. 제40조제1항 및 제2항을 위반하여 거짓이나 그 밖의 부정한 방법으로 성능인증 또는 제품검사를 받은 자 7. 제40조제5항을 위반하여 제품검사를 받지 아니하거나 합격표시를 하지 아니한 소방용품을 판매·진열하거나 소방시설공사에 사용한 자 8. 제45조제3항을 위반하여 구매자에게 명령을 받은 사실을 알리지 아니하거나 필요한 조치를 하지 아니한 자 9. 거짓이나 그 밖의 부정한 방법으로 제46조제1항에 따른 전문기관으로 지정을 받은 자

4 건축허가등의 동의 ★★★

※ 건축허가등 : 건축물 등의 신축·증축·개축·재축(再築)·이전·용도변경 또는 대수선(大修繕)의 허가·협의 및 사용승인

건축허가 등의 동의요구	소방본부장 또는 소방서장

건축허가등의 동의 신청시 첨부서류	1. 건축허가신청서, 건축허가서 또는 건축·대수선·용도변경신고서 등 건축허가등을 확인할 수 있는 서류의 사본.
	2. 다음 각 목의 설계도서. 다만, 가목 및 나목2)·4)의 설계도서는 소방시설공사 착공신고 대상에 해당되는 경우에만 제출한다.
	   가. 건축물 설계도서 1) 건축물 개요 및 배치도 2) 주단면도 및 입면도(立面圖: 물체를 정면에서 본 대로 그린 그림을 말한다. 이하 같다) 3) 층별 평면도(용도별 기준층 평면도를 포함한다. 이하 같다) 4) 방화구획도(창호도를 포함한다) 5) 실내·실외 마감재료표 6) 소방자동차 진입 동선도 및 부서 공간 위치도(조경계획을 포함한다)
	   나. 소방시설 설계도서 1) 소방시설(기계·전기 분야의 시설을 말한다)의 계통도(시설별 계산서를 포함한다) 2) 소방시설별 층별 평면도 3) 실내장식물 방염대상물품 설치 계획(건축물의 마감재료는 제외한다) 4) 소방시설의 내진설계 계통도 및 기준층 평면도(내진 시방서 및 계산서 등 세부 내용이 포함된 상세 설계도면은 제외한다)
	3. 소방시설 설치계획표
	4. 임시소방시설 설치계획서(설치시기·위치·종류·방법 등 임시소방시설의 설치와 관련된 세부 사항을 포함한다)
	5. 소방시설설계업등록증과 소방시설을 설계한 기술인력의 기술자격증 사본
	6. 소방시설설계 계약서 사본

건축허가등의 동의여부 회신기한	5일(특급소방안전관리대상물의 경우에는 10일) 이내
동의 요구서 및 첨부서류의 보완 기한	4일 이내
건축허가등의 취소시 통보기한	7일 이내

건축허가등의 동의대상물의 범위	1. 연면적이 400제곱미터 이상인 건축물이나 시설. 다만, 다음 각 목의 어느 하나에 해당하는 건축물이나 시설은 해당 목에서 정한 기준 이상인 건축물이나 시설로 한다.
	   가. 학교시설: 100제곱미터
	   나. 노유자(老幼者) 시설 및 수련시설: 200제곱미터
	   다. 정신의료기관(입원실이 없는 정신건강의학과 의원은 제외하며, 이하 "정신의료기관"이라 한다): 300제곱미터
	   라. 장애인 의료재활시설(이하 "의료재활시설"이라 한다): 300제곱미터
	2. 지하층 또는 무창층이 있는 건축물로서 바닥면적이 150제곱미터(공연장의 경우에는 100제곱미터) 이상인 층이 있는 것

	3. 차고·주차장 또는 주차 용도로 사용되는 시설로서 다음 각 목의 어느 하나에 해당하는 것 　가. 차고·주차장으로 사용되는 바닥면적이 200제곱미터 이상인 층이 있는 건축물이나 주차시설 　나. 승강기 등 기계장치에 의한 주차시설로서 자동차 20대 이상을 주차할 수 있는 시설 4. 층수가 6층 이상인 건축물 5. 항공기 격납고, 관망탑, 항공관제탑, 방송용 송수신탑 6. 의원(입원실이 있는 것으로 한정한다)·조산원·산후조리원, 위험물 저장 및 처리 시설, 발전시설 중 풍력발전소·전기저장시설, 지하구(地下溝) 7. 제1호나목에 해당하지 않는 노유자 시설 중 다음 각 목의 어느 하나에 해당하는 시설. 다만, 가목2) 및 나목부터 바목까지의 시설 중 「단독주택 또는 공동주택에 설치되는 시설은 제외한다. 　가. 노인 관련 시설 중 다음의 어느 하나에 해당하는 시설 1)「노인복지법」제31조제1호에 따른 노인주거복지시설, 같은 조 제2호에 따른 노인의료복지시설 및 같은 조 제4호에 따른 재가노인복지시설 2)「노인복지법」제31조제7호에 따른 학대피해노인 전용쉼터 　나. 아동복지시설(아동상담소, 아동전용시설 및 지역아동센터는 제외한다) 　다. 장애인 거주시설 　라. 정신질환자 관련 시설(공동생활가정을 제외한 재활훈련시설과 종합시설 중 24시간 주거를 제공하지 않는 시설은 제외한다) 　마. 노숙인 관련 시설 중 노숙인자활시설, 노숙인재활시설 및 노숙인요양시설 　바. 결핵환자나 한센인이 24시간 생활하는 노유자 시설 8. 요양병원. 다만, 의료재활시설은 제외한다. 9. 공장 또는 창고시설로서 「화재의 예방 및 안전관리에 관한 법률 시행령」 별표 2에서 정하는 수량의 750배 이상의 특수가연물을 저장·취급하는 것 10. 가스시설로서 지상에 노출된 탱크의 저장용량의 합계가 100톤 이상인 것
건축허가등의 동의대상에서 제외	1. 소화기구, 자동소화장치, 누전경보기, 단독경보형감지기, 가스누설경보기 및 피난구조설비(비상조명등은 제외한다)가 화재안전기준에 적합한 경우 해당 특정소방대상물 2. 건축물의 증축 또는 용도변경으로 인하여 해당 특정소방대상물에 추가로 소방시설이 설치되지 않는 경우 해당 특정소방대상물 3. 소방시설공사의 착공신고 대상에 해당하지 않는 경우 해당 특정소방대상물

5 내진설계를 적용하는 소방설비 ★★★

옥내소화전설비, 스프링클러설비, 물분무등소화설비

6 성능위주설계 ★★★

성능위주설계	특정소방대상물(신축하는 것만 해당한다)에 소방시설을 설치하려는 자는 그 용도, 위치, 구조, 수용 인원, 가연물(可燃物)의 종류 및 양 등을 고려하여 설계

성능위주설계를 해야 하는 특정소방대상물의 범위	1. **연면적 20만제곱미터 이상**인 특정소방대상물. 다만, 아파트등(이하 "아파트등"이라 한다)은 제외한다.
	2. **50층 이상(지하층은 제외한다)**이거나 **지상으로부터 높이가 200미터 이상**인 아파트등
	3. **30층 이상(지하층을 포함한다)**이거나 **지상으로부터 높이가 120미터 이상**인 특정소방대상물(아파트등은 제외한다)
	4. **연면적 3만제곱미터 이상**인 특정소방대상물로서 다음 각 목의 어느 하나에 해당하는 특정소방대상물
	  가. 철도 및 도시철도 시설
	  나. 공항시설
	5. **창고시설 중 연면적 10만제곱미터 이상**인 것 또는 **지하층의 층수가 2개 층 이상이고 지하층의 바닥면적의 합계가 3만제곱미터 이상**인 것
	6. 하나의 건축물에 **영화상영관이 10개 이상**인 특정소방대상물
	7. 지하연계 복합건축물에 해당하는 특정소방대상물
	8. 터널 중 **수저(水底)터널** 또는 **길이가 5천미터 이상**인 것

7 주택용소방시설(주택에 설치하는 소방시설)

설치대상	1. 단독주택 2. 공동주택(아파트 및 기숙사는 제외한다)
소방시설	소화기, 단독경보형감지기
시·도의 조례	주택용소방시설의 설치기준 및 자율적인 안전관리 등에 관한 사항

8 소방시설기준 적용의 특례

1. 강화된 기준 적용대상 ★★★

강화된 기준 적용대상	1. 다음 각 목의 소방시설 중 대통령령 또는 화재안전기준으로 정하는 것
	  가. 소화기구
	  나. 비상경보설비
	  다. 자동화재탐지설비
	  라. 자동화재속보설비
	  마. 피난구조설비
	2. 다음 각 목의 특정소방대상물에 설치하는 소방시설 중 대통령령 또는 화재안전기준으로 정하는 것
	  가. 공동구

	나. 전력 및 통신사업용 지하구 다. 노유자(老幼者) 시설 라. 의료시설	
	공동구	소화기, 자동소화장치, 자동화재탐지설비, 통합감시시설, 유도등 및 연소방지설비
	전력 및 통신사업용 지하구	소화기, 자동소화장치, 자동화재탐지설비, 통합감시시설, 유도등 및 연소방지설비
	노유자시설	간이스프링클러설비, 자동화재탐지설비 및 단독경보형감지기
	의료시설	스프링클러설비, 간이스프링클러설비, 자동화재탐지설비 및 자동화재속보설비

2. 증축 또는 용도변경 시의 소방시설기준 적용의 특례★★

1) 특정소방대상물이 증축되는 경우에는 기존 부분을 포함한 특정소방대상물의 전체에 대하여 증축 당시의 소방시설의 설치에 관한 대통령령 또는 화재안전기준을 적용

다만, 기존 부분에 대해서는 증축 당시의 소방시설의 설치에 관한 대통령령 또는 화재안전기준을 적용하지 않는다.	1. 기존 부분과 증축 부분이 내화구조(耐火構造)로 된 바닥과 벽으로 구획된 경우 2. 기존 부분과 증축 부분이 자동방화셔터 또는 60분+ 방화문으로 구획되어 있는 경우 3. 자동차 생산공장 등 화재 위험이 낮은 특정소방대상물 내부에 연면적 33제곱미터 이하의 직원 휴게실을 증축하는 경우 4. 자동차 생산공장 등 화재 위험이 낮은 특정소방대상물에 캐노피(기둥으로 받치거나 매달아 놓은 덮개를 말하며, 3면 이상에 벽이 없는 구조의 것을 말한다)를 설치하는 경우

2) 특정소방대상물이 용도변경되는 경우에는 용도변경되는 부분에 대해서만 용도변경 당시의 소방시설의 설치에 관한 대통령령 또는 화재안전기준을 적용

다만, 특정소방대상물 전체에 대하여 용도변경 전에 해당 특정소방대상물에 적용되던 소방시설의 설치에 관한 대통령령 또는 화재안전기준을 적용	1. 특정소방대상물의 구조·설비가 화재연소 확대 요인이 적어지거나 피난 또는 화재진압활동이 쉬워지도록 변경되는 경우 2. 용도변경으로 인하여 천장·바닥·벽 등에 고정되어 있는 가연성 물질의 양이 줄어드는 경우

9 특정소방대상물의 소방시설 설치의 면제기준 ★

설치가 면제되는 소방시설	설치가 면제되는 기준
1. 자동소화장치	자동소화장치(주거용 주방자동소화장치 및 상업용 주방자동소화장치는 제외한다)를 설치해야 하는 특정소방대상물에 **물분무등소화설비**를 화재안전기준에 적합하게 설치한 경우
2. 옥내소화전설비	소방본부장 또는 소방서장이 옥내소화전설비의 설치가 곤란하다고 인정하는 경우로서 **호스릴 방식의 미분무소화설비 또는 옥외소화전설비**를 화재안전기준에 적합하게 설치한 경우
3. 스프링클러설비	가. 스프링클러설비를 설치해야 하는 특정소방대상물(발전시설 중 전기저장시설은 제외한다)에 적응성 있는 **자동소화장치 또는 물분무등소화설비**를 화재안전기준에 적합하게 설치한 경우 나. 스프링클러설비를 설치해야 하는 전기저장시설에 소화설비를 소방청장이 정하여 고시하는 방법에 따라 설치한 경우
4. 간이스프링클러 설비	간이스프링클러설비를 설치해야 하는 특정소방대상물에 **스프링클러설비, 물분무소화설비 또는 미분무소화설비**를 화재안전기준에 적합하게 설치한 경우
5. 물분무등소화설비	물분무등소화설비를 설치해야 하는 차고·주차장에 **스프링클러설비**를 화재안전기준에 적합하게 설치한 경우
6. 옥외소화전설비	옥외소화전설비를 설치해야 하는 문화유산인 목조건축물에 **상수도소화용수설비**를 화재안전기준에서 정하는 방수압력·방수량·옥외소화전함 및 호스의 기준에 적합하게 설치한 경우
7. 비상경보설비	비상경보설비를 설치해야 할 특정소방대상물에 **단독경보형 감지기**를 2개 이상의 **단독경보형 감지기와 연동**하여 설치한 경우
8. 비상경보설비 또는 단독경보형 감지기	비상경보설비 또는 단독경보형 감지기를 설치해야 하는 특정소방대상물에 **자동화재탐지설비 또는 화재알림설비**를 화재안전기준에 적합하게 설치한 경우
9. 자동화재탐지설비	**자동화재탐지설비의 기능(감지·수신·경보기능을 말한다)과 성능을 가진 화재알림설비, 스프링클러설비 또는 물분무등소화설비**를 화재안전기준에 적합하게 설치한 경우
10. 화재알림설비	화재알림설비를 설치해야 하는 특정소방대상물에 **자동화재탐지설비**를 화재안전기준에 적합하게 설치한 경우
11. 비상방송설비	비상방송설비를 설치해야 하는 특정소방대상물에 **자동화재탐지설비 또는 비상경보설비와 같은 수준 이상의 음향을 발하는 장치를 부설한 방송설비**를 화재안전기준에 적합하게 설치한 경우
12. 자동화재속보설비	자동화재속보설비를 설치해야 하는 특정소방대상물에 **화재알림설비**를 화재안전기준에 적합하게 설치한 경우
13. 누전경보기	누전경보기를 설치해야 하는 특정소방대상물 또는 그 부분에 **아크경보기**(옥내배전선로의 단선이나 선로 손상 등으로 인하여 발생하는 아크를 감지하고 경보하는 장치를 말한다) 또는 전기 관련 법령에 따른 지락차단장치를 설치한 경우
14. 피난구조설비	피난구조설비를 설치해야 하는 특정소방대상물에 그 위치·구조 또는 설비의 상황에 따라 피난상 지장이 없다고 인정되는 경우

설치가 면제되는 소방시설	설치가 면제되는 기준
15. 비상조명등	비상조명등을 설치해야 하는 특정소방대상물에 **피난구유도등 또는 통로유도등**을 화재안전기준에 적합하게 설치한 경우
16. 상수도소화용수설비	가. 상수도소화용수설비를 설치해야 하는 특정소방대상물의 각 부분으로부터 **수평거리 140m 이내에 공공의 소방을 위한 소화전**이 화재안전기준에 적합하게 설치되어 있는 경우 나. 소방본부장 또는 소방서장이 상수도소화용수설비의 설치가 곤란하다고 인정하는 경우로서 화재안전기준에 적합한 **소화수조 또는 저수조**가 설치되어 있거나 이를 설치하는 경우
17. 제연설비	가. 제연설비를 설치해야 하는 특정소방대상물에 다음의 어느 하나에 해당하는 설비를 설치한 경우 　1) **공기조화설비**를 화재안전기준의 제연설비기준에 적합하게 설치하고 공기조화설비가 화재 시 제연설비기능으로 자동전환되는 구조로 설치되어 있는 경우 　2) 직접 외부 공기와 통하는 배출구의 면적의 합계가 해당 제연구역[제연경계(제연설비의 일부인 천장을 포함한다)에 의하여 구획된 건축물 내의 공간을 말한다] 바닥면적의 100분의 1 이상이고, 배출구부터 각 부분까지의 수평거리가 30m 이내이며, 공기유입구가 화재안전기준에 적합하게(외부 공기를 직접 자연 유입할 경우에 유입구의 크기는 배출구의 크기 이상이어야 한다) 설치되어 있는 경우 나. 제연설비를 설치해야 하는 특정소방대상물 중 **노대(露臺)와 연결된 특별피난계단, 노대가 설치된 비상용 승강기의 승강장 또는 배연설비가 설치된 피난용 승강기의 승강장**
18. 연결송수관설비	연결송수관설비를 설치해야 하는 소방대상물에 **옥외에 연결송수구 및 옥내에 방수구가 부설된 옥내소화전설비, 스프링클러설비, 간이스프링클러설비 또는 연결살수설비**를 화재안전기준에 적합하게 설치한 경우에는 그 설비의 유효범위에서 설치가 면제된다. 다만, 지표면에서 최상층 방수구의 높이가 70m 이상인 경우에는 설치해야 한다.
19. 연결살수설비	가. 연결살수설비를 설치해야 하는 특정소방대상물에 **송수구를 부설한 스프링클러설비, 간이스프링클러설비, 물분무소화설비 또는 미분무소화설비**를 화재안전기준에 적합하게 설치한 경우에는 그 설비의 유효범위에서 설치가 면제된다. 나. 가스 관계 법령에 따라 설치되는 물분무장치 등에 소방대가 사용할 수 있는 **연결송수구가 설치되거나 물분무장치 등에 6시간 이상 공급할 수 있는 수원(水源)**이 확보된 경우에는 설치가 면제된다.
20. 무선통신보조설비	무선통신보조설비를 설치해야 하는 특정소방대상물에 **이동통신 구내 중계기 선로설비 또는 무선이동중계기** 등을 화재안전기준의 무선통신보조설비기준에 적합하게 설치한 경우에는 설치가 면제된다.
21. 연소방지설비	연소방지설비를 설치해야 하는 특정소방대상물에 **스프링클러설비, 물분무소화설비 또는 미분무소화설비**를 화재안전기준에 적합하게 설치한 경우에는 그 설비의 유효범위에서 설치가 면제된다.

10 특정소방대상물의 공사 현장에 설치하는 임시소방시설의 유지·관리 ★★★

시공자	임시소방시설의 설치 및 유지·관리
화재위험작업	1. 인화성·가연성·폭발성 물질을 취급하거나 가연성 가스를 발생시키는 작업 2. 용접·용단(금속·유리·플라스틱 따위를 녹여서 절단하는 일을 말한다) 등 불꽃을 발생시키거나 화기(火氣)를 취급하는 작업 3. 전열기구, 가열전선 등 열을 발생시키는 기구를 취급하는 작업 4. 알루미늄, 마그네슘 등을 취급하여 폭발성 부유분진(공기 중에 떠다니는 미세한 입자를 말한다)을 발생시킬 수 있는 작업
임시소방시설의 종류 [별표8]	가. **소화기** 나. **간이소화장치**: 물을 방사(放射)하여 화재를 진화할 수 있는 장치로서 소방청장이 정하는 성능을 갖추고 있을 것 다. **비상경보장치**: 화재가 발생한 경우 주변에 있는 작업자에게 화재사실을 알릴 수 있는 장치로서 소방청장이 정하는 성능을 갖추고 있을 것 라. **가스누설경보기**: 가연성 가스가 누설되거나 발생된 경우 이를 탐지하여 경보하는 장치로서 법 제37조에 따른 형식승인 및 제품검사를 받은 것 〈시행 2023.7.1.〉 마. **간이피난유도선**: 화재가 발생한 경우 피난구 방향을 안내할 수 있는 장치로서 소방청장이 정하는 성능을 갖추고 있을 것 바. **비상조명등**: 화재가 발생한 경우 안전하고 원활한 피난활동을 할 수 있도록 자동 점등되는 조명장치로서 소방청장이 정하는 성능을 갖추고 있을 것 〈시행 2023.7.1.〉 사. **방화포**: 용접·용단 등의 작업 시 발생하는 불티로부터 가연물이 점화되는 것을 방지해주는 천 또는 불연성 물품으로서 소방청장이 정하는 성능을 갖추고 있을 것 〈시행 2023.7.1.〉

임시소방시설을 설치하여야 하는 공사의 종류와 규모
[별표8]
	가. **소화기**: 소방본부장 또는 소방서장의 동의를 받아야 하는 특정소방대상물의 신축·증축·개축·재축·이전·용도변경 또는 대수선 등을 위한 공사 중 화재위험작업현장에 설치한다.
	나. **간이소화장치**: 다음의 어느 하나에 해당하는 공사의 화재위험작업현장에 설치한다.
	  1) **연면적 3천 m² 이상**
	  2) **지하층, 무창층 또는 4층 이상의 층**. 이 경우 해당 층의 바닥면적이 600 m² 이상인 경우만 해당한다.
	다. **비상경보장치**: 다음의 어느 하나에 해당하는 공사의 화재위험작업현장에 설치한다.
	  1) **연면적 400 m² 이상**
	  2) **지하층 또는 무창층**. 이 경우 해당 층의 바닥면적이 150 m² 이상인 경우만 해당한다.
	라. **가스누설경보기**: 바닥면적이 150 m² 이상인 지하층 또는 무창층의 화재위험작업현장에 설치한다. 〈시행 2023.7.1.〉
	마. **간이피난유도선**: 바닥면적이 150 m² 이상인 지하층 또는 무창층의 화재위험작업현장에 설치한다.

	바. 비상조명등: 바닥면적이 150 m² 이상인 지하층 또는 무창층의 화재위험작업현장에 설치한다.〈시행 2023.7.1.〉 사. 방화포: 용접·용단 작업이 진행되는 화재위험작업현장에 설치한다.〈시행 2023.7.1.〉
임시소방시설과 기능 및 성능이 유사한 소방시설로서 임시소방시설을 설치한 것으로 보는 소방시설[별표8]	가. 간이소화장치를 설치한 것으로 보는 소방시설: 소방청장이 정하여 고시하는 기준에 맞는 소화기(연결송수관설비의 방수구 인근에 설치한 경우로 한정한다) 또는 옥내소화전설비 나. 비상경보장치를 설치한 것으로 보는 소방시설: **비상방송설비 또는 자동화재탐지설비** 다. 간이피난유도선을 설치한 것으로 보는 소방시설: **피난유도선, 피난구유도등, 통로유도등 또는 비상조명등**

11 소방용품의 내용연수 ★★★

소방용품	분말형태의 소화약제를 사용하는 소화기
소방용품의 내용연수	10년
소방용품의 성능확인 검사	소방용품의 내용연한이 도래한 날의 다음 달부터 1년 이내
성능확인 검사에 합격한 소방용품	3년 동안 사용 후 교체

12 소방기술심의위원회 ★★★

중앙소방기술
심의위원회
(중앙위원회)
심의사항
	1. 화재안전기준에 관한 사항
	2. 소방시설의 구조 및 원리 등에서 공법이 특수한 설계 및 시공에 관한 사항
	3. 소방시설의 설계 및 공사감리의 방법에 관한 사항
	4. **소방시설공사의 하자를 판단하는 기준에 관한 사항**
	5. 신기술·신공법 등 검토·평가에 고도의 기술이 필요한 경우로서 중앙위원회에 심의를 요청한 사항
	6. 그 밖에 소방기술 등에 관하여 대통령령으로 정하는 사항
	  가. 연면적 **10만제곱미터 이상**의 특정소방대상물에 설치된 소방시설의 설계·시공·감리의 하자 유무에 관한 사항
	  나. 새로운 소방시설과 소방용품 등의 도입 여부에 관한 사항
	  다. 그 밖에 소방기술과 관련하여 소방청장이 심의에 부치는 사항

지방소방기술
심의위원회
(지방위원회)
심의사항
	1. **소방시설에 하자가 있는지의 판단에 관한 사항**
	2. 그 밖에 소방기술 등에 관하여 **대통령령**으로 정하는 사항
	  가. **연면적 10만제곱미터 미만**의 특정소방대상물에 설치된 소방시설의 설계·시공·감리의 하자 유무에 관한 사항
	  나. 소방본부장 또는 소방서장이 화재안전기준 또는 위험물 제조소등의 시설기준의 적용에 관하여 기술검토를 요청하는 사항
	  다. 그 밖에 소방기술과 관련하여 시·도지사가 심의에 부치는 사항

13 소방대상물의 방염 ★★

방염성능기준 이상의 실내장식물 등을 설치해야 하는 특정소방대상물	1. 근린생활시설 중 의원, 조산원, 산후조리원, 체력단련장, 공연장 및 종교집회장 2. 건축물의 옥내에 있는 시설로서 다음 각 목의 시설 　가. 문화 및 집회시설 　나. 종교시설 　다. 운동시설(수영장은 제외한다) 3. 의료시설 4. 교육연구시설 중 합숙소 5. 노유자 시설 6. 숙박이 가능한 수련시설 7. 숙박시설 8. 방송통신시설 중 방송국 및 촬영소 9. 다중이용업소 10. 제1호부터 제9호까지의 시설에 해당하지 않는 것으로서 **층수가 11층 이상**인 것(아파트는 제외한다)
방염대상물품	1. 제조 또는 가공 공정에서 방염처리를 한 다음 각 목의 물품 　가. 창문에 설치하는 커튼류(블라인드를 포함한다) 　나. 카펫 　다. **벽지류(두께가 2밀리미터 미만인 종이벽지는 제외한다)** 　라. 전시용 합판·목재 또는 섬유판, 무대용 합판·목재 또는 섬유판(합판·목재류의 경우 불가피하게 설치 현장에서 방염처리한 것을 포함한다) 　마. 암막·무대막(영화상영관에 설치하는 스크린과 가상체험 체육시설업에 설치하는 스크린을 포함한다) 　바. 섬유류 또는 합성수지류 등을 원료로 하여 제작된 소파·의자(단란주점영업, 유흥주점영업 및 노래연습장업의 영업장에 설치하는 것으로 한정한다) 2. 건축물 내부의 천장이나 벽에 부착하거나 설치하는 다음 각 목의 것. 다만, 가구류(옷장, 찬장, 식탁, 식탁용 의자, 사무용 책상, 사무용 의자, 계산대, 그 밖에 이와 비슷한 것을 말한다. 이하 이 조에서 같다)와 너비 10센티미터 이하인 반자돌림대 등과 내부 마감재료는 제외한다. 　가. **종이류(두께 2밀리미터 이상**인 것을 말한다)·합성수지류 또는 섬유류를 주원료로 한 물품 　나. 합판이나 목재 　다. 공간을 구획하기 위하여 설치하는 간이 칸막이(접이식 등 이동 가능한 벽체나 천장 또는 반자가 실내에 접하는 부분까지 구획하지 않는 벽체를 말한다) 　라. 흡음(吸音)을 위하여 설치하는 흡음재(흡음용 커튼을 포함한다) 　마. 방음(防音)을 위하여 설치하는 방음재(방음용 커튼을 포함한다)

방염성능기준	1. 버너의 불꽃을 제거한 때부터 불꽃을 올리며 연소하는 상태가 그칠 때까지 시간은 **20초 이내**일 것 2. 버너의 불꽃을 제거한 때부터 불꽃을 올리지 않고 연소하는 상태가 그칠 때까지 시간은 **30초 이내**일 것 3. 탄화(炭化)한 **면적은 50제곱센티미터 이내, 탄화한 길이는 20센티미터 이내**일 것 4. 불꽃에 의하여 완전히 녹을 때까지 불꽃의 접촉 횟수는 **3회 이상**일 것 5. 소방청장이 정하여 고시한 방법으로 발연량(發煙量)을 측정하는 경우 최대연기밀도는 **400 이하**일 것
시·도지사가 실시하는 방염성능검사	1. 전시용 합판·목재 또는 무대용 합판·목재 중 설치 현장에서 방염처리를 하는 합판·목재류 2. 방염대상물품 중 설치 현장에서 방염처리를 하는 합판·목재류

14 소방시설등의 자체점검 ★★★

1. 자체점검의 구분

자체점검의 구분	작동점검	소방시설등을 인위적으로 조작하여 소방시설이 정상적으로 작동하는지를 소방청장이 정하여 고시하는 소방시설등 작동점검표에 따라 점검하는 것
	종합점검	소방시설등의 작동점검을 포함하여 소방시설등의 설비별 주요 구성 부품의 구조기준이 화재안전기준과 「건축법」 등 관련 법령에서 정하는 기준에 적합한 지 여부를 소방청장이 정하여 고시하는 소방시설등 종합점검표에 따라 점검하는 것 1) 최초점검: 소방시설이 새로 설치되는 경우 「건축법」 제22조에 따라 건축물을 사용할 수 있게 된 날부터 **60일 이내** 점검하는 것을 말한다. 2) 그 밖의 종합점검: 최초점검을 제외한 종합점검을 말한다.

2. 작동점검의 실시

작동점검 대상	영 제5조에 따른 특정소방대상물을 대상으로 한다. 다만, **다음의 어느 하나에 해당하는 특정소방대상물은 제외**한다. 1) 특정소방대상물 중 「화재의 예방 및 안전관리에 관한 법률」 제24조제1항에 해당하지 않는 특정소방대상물(소방안전관리자를 선임하지 않는 대상을 말한다) 2) 제조소등 3) 특급소방안전관리대상물

작동점검의 기술인력	1) 영 별표 4 제1호마목의 간이스프링클러설비(주택전용 간이스프링클러설비는 제외한다) 또는 같은 표 제2호다목의 자동화재탐지설비가 설치된 특정소방대상물 　가) 관계인 　나) 관리업에 등록된 기술인력 중 소방시설관리사 　다)「소방시설공사업법 시행규칙」별표 4의2에 따른 특급점검자 　라) 소방안전관리자로 선임된 소방시설관리사 및 소방기술사 2) 1)에 해당하지 않는 특정소방대상물 　가) 관리업에 등록된 소방시설관리사 　나) 소방안전관리자로 선임된 소방시설관리사 및 소방기술사
작동점검의 점검 횟수	연 1회 이상 실시
작동점검의 점검 시기	1) 종합점검 대상은 종합점검을 받은 달부터 **6개월이 되는 달**에 실시한다. 2) 1)에 해당하지 않는 특정소방대상물은 특정소방대상물의 **사용승인일**(건축물의 경우에는 건축물관리대장 또는 건물 등기사항증명서에 기재되어 있는 날, 시설물의 경우에는「시설물의 안전 및 유지관리에 관한 특별법」제55조제1항에 따른 시설물통합정보관리체계에 저장·관리되고 있는 날을 말하며, 건축물관리대장, 건물 등기사항증명서 및 시설물통합정보관리체계를 통해 확인되지 않는 경우에는 소방시설완공검사증명서에 기재된 날을 말한다)**이 속하는 달의 말일까지 실시**한다. 다만, 건축물관리대장 또는 건물 등기사항증명서 등에 기입된 날이 서로 다른 경우에는 건축물관리대장에 기재되어 있는 날을 기준으로 점검한다.

3. 종합점검의 실시

종합점검의 대상	1) 법 제22조제1항제1호에 해당하는 특정소방대상물 2) **스프링클러설비가 설치된 특정소방대상물** 3) 물분무등소화설비[호스릴(Hose Reel) 방식의 물분무등소화설비만을 설치한 경우는 제외]가 설치된 연면적 **5,000 m² 이상**인 특정소방대상물(제조소등은 제외) 4) 영화상영관, 비디오물감상실업, 복합영상물제공업, 노래연습장업, 산후조리업, 고시원업, 안마시술소의 영업장이 설치된 특정소방대상물로 연면적이 **2,000 m² 이상** 5) 제연설비가 설치된 터널 6) 공공기관 중 연면적(터널·지하구의 경우 그 길이와 평균 폭을 곱하여 계산된 값을 말한다)이 **1,000 m² 이상**인 것으로서 **옥내소화전설비** 또는 **자동화재탐지설비**가 설치된 것. 다만,「소방기본법」제2조제5호에 따른 **소방대가 근무하는 공공기관은 제외**한다.

종합점검의 기술인력	1) 관리업에 등록된 소방시설관리사 2) 소방안전관리자로 선임된 소방시설관리사 및 소방기술사
종합점검의 점검 횟수	1) 연 1회 이상(특급 소방안전관리대상물은 반기에 1회 이상) 실시한다. 2) 1)에도 불구하고 소방본부장 또는 소방서장은 소방청장이 소방안전관리가 우수하다고 인정한 특정소방대상물에 대해서는 3년의 범위에서 소방청장이 고시하거나 정한 기간 동안 종합점검을 면제할 수 있다. 다만, 면제기간 중 화재가 발생한 경우는 제외한다.
종합점검의 점검 시기	1) 가목1)에 해당하는 특정소방대상물은 「건축법」 제22조에 따라 건축물을 사용할 수 있게 된 날부터 **60일 이내** 실시한다. 2) 1)을 제외한 특정소방대상물은 건축물의 **사용승인일이 속하는 달에 실시**한다. 다만, 학교의 경우에는 해당 건축물의 사용승인일이 1월에서 6월 사이에 있는 경우에는 6월 30일까지 실시할 수 있다. 3) 건축물 사용승인일 이후 가목3)에 따라 종합점검 대상에 해당하게 된 경우에는 그 다음 해부터 실시한다. 4) 하나의 대지경계선 안에 2개 이상의 자체점검 대상 건축물 등이 있는 경우에는 그 건축물 중 사용승인일이 가장 **빠른** 연도의 건축물의 사용승인일을 기준으로 점검할 수 있다.

4. 공공기관의 외관점검

공공기관의 장은 공공기관에 설치된 소방시설등의 유지·관리상태를 맨눈 또는 신체 감각을 이용하여 점검하는 **외관점검을 월 1회 이상 실시**(작동점검 또는 종합점검을 실시한 달에는 실시하지 않을 수 있다)하고, 그 **점검 결과를 2년간 자체 보관**해야 한다. 이 경우 외관점검의 점검자는 해당 특정소방대상물의 **관계인, 소방안전관리자 또는 관리업자**(소방시설관리사를 포함하여 등록된 기술인력을 말한다)로 해야 한다.

5. 공동주택(아파트등으로 한정한다) 세대별 점검방법

점검방법	가. 관리자(관리소장, 입주자대표회의 및 소방안전관리자를 포함한다. 이하 같다) 및 입주민(세대 거주자를 말한다)은 **2년 이내 모든 세대에 대하여 점검**을 해야 한다. 나. 가목에도 불구하고 아날로그감지기 등 특수감지기가 설치되어 있는 경우에는 수신기에서 원격 점검할 수 있으며, 점검할 때마다 모든 세대를 점검해야 한다. 다만, 자동화재탐지설비의 선로 단선이 확인되는 때에는 단선이 난 세대 또는 그 경계구역에 대하여 현장점검을 해야 한다. 다. 관리자는 수신기에서 원격 점검이 불가능한 경우 **매년 작동점검만 실시하는 공동주택은 1회 점검 시 마다 전체 세대수의 50퍼센트 이상, 종합점검을 실시하는 공동주택은 1회 점검 시 마다 전체 세대수의 30퍼센트 이상 점검**하도록 자체점검 계획을 수립·시행해야 한다.

라. 관리자 또는 해당 공동주택을 점검하는 관리업자는 입주민이 세대 내에 설치된 소방시설등을 스스로 점검할 수 있도록 소방청 또는 사단법인 한국소방시설관리협회의 홈페이지에 게시되어 있는 공동주택 세대별 점검 동영상을 입주민이 시청할 수 있도록 안내하고, 점검서식(소방시설 외관점검표를 말한다)을 사전에 배부해야 한다.
마. 입주민은 점검서식에 따라 스스로 점검하거나 관리자 또는 관리업자로 하여금 대신 점검하게 할 수 있다. 입주민이 스스로 점검한 경우에는 그 점검 결과를 관리자에게 제출하고 관리자는 그 결과를 관리업자에게 알려주어야 한다.
바. 관리자는 관리업자로 하여금 세대별 점검을 하고자 하는 경우에는 사전에 점검 일정을 입주민에게 사전에 공지하고 세대별 점검 일자를 파악하여 관리업자에게 알려주어야 한다. 관리업자는 사전 파악된 일정에 따라 세대별 점검을 한 후 관리자에게 점검 현황을 제출해야 한다.
사. 관리자는 관리업자가 점검하기로 한 세대에 대하여 입주민의 사정으로 점검을 하지 못한 경우 입주민이 스스로 점검할 수 있도록 다시 안내해야 한다. 이 경우 입주민이 관리업자로 하여금 다시 점검받기를 원하는 경우 관리업자로 하여금 추가로 점검하게 할 수 있다.
아. 관리자는 세대별 점검현황(입주민 부재 등 불가피한 사유로 점검을 하지 못한 세대 현황을 포함한다)을 작성하여 자체점검이 끝난 날부터 **2년간** 자체 보관해야 한다.

6. 소방시설등의 자체점검 시 점검인력의 배치기준〈시행 2024.12.1.〉

점검인력 1단위	1. 관리업자가 점검하는 경우에는 소방시설관리사 또는 특급점검자 1명과 보조 기술인력 2명을 점검인력 1단위로 하되, 점검인력 1단위에 2명(같은 건축물을 점검할 때는 4명) 이내의 보조 기술인력을 추가할 수 있다. 2. 소방안전관리자로 선임된 소방시설관리사 및 소방기술사가 점검하는 경우에는 **소방시설관리사 또는 소방기술사 중 1명과 보조 기술인력 2명을 점검인력 1단위**로 하되, 점검인력 1단위에 2명 이내의 보조 기술인력을 추가할 수 있다. 다만, 보조 기술인력은 해당 특정소방대상물의 관계인 또는 소방안전관리보조자로 할 수 있다. 3. **관계인 또는 소방안전관리자가 점검하는 경우에는 관계인 또는 소방안전관리자 1명과 보조 기술인력 2명을 점검인력 1단위**로 하되, 보조 기술인력은 해당 특정소방대상물의 관리자, 점유자 또는 소방안전관리보조자로 할 수 있다.

	구분	주된 기술인력	보조 기술인력
관리업자가 점검하는 경우 특정소방대상물의 규모 등에 따른 점검인력의 배치기준	가. 50층 이상 또는 성능위주 설계를 한 특정소방대상물	소방시설관리사 경력 5년 이상 1명 이상	고급점검자 이상 1명 이상 및 중급점검자 이상 1명 이상
	나. 특급 소방안전관리대상물(가목의 특정소방대상물은 제외한다)	소방시설관리사 경력 3년 이상 1명 이상	고급점검자 이상 1명 이상 및 초급점검자 이상 1명 이상
	다. 1급 또는 2급 소방안전관리대상물	소방시설관리사 1명 이상	중급점검자 이상 1명 이상 및 초급점검자 이상 1명 이상
	라. 3급 소방안전관리대상물	소방시설관리사 1명 이상	초급점검자 이상의 기술인력 2명 이상

[비고] 1. 라목에는 주된 기술인력으로 특급점검자를 배치할 수 있다.
2. 보조 기술인력의 등급구분(특급점검자, 고급점검자, 중급점검자, 초급점검자)은 「소방시설공사업법 시행규칙」 별표 4의2에서 정하는 기준에 따른다.

점검한도 면적	점검인력 1단위가 하루 동안 점검할 수 있는 특정소방대상물의 연면적(이하 "점검한도 면적"이라 한다)은 다음 각 목과 같다. 가. 종합점검 : 8,000 m^2 나. 작동점검 : 10,000 m^2
추가 면적	점검인력 1단위에 보조 기술인력을 1명씩 추가할 때마다 **종합점검**의 경우에는 **2,000 m^2**, **작동점검**의 경우에는 **2,500 m^2**씩을 점검한도 면적에 더한다. 다만, 하루에 2개 이상의 특정소방대상물을 배치할 경우 1일 점검한도면적은 특정소방대상물별로 투입된 점검인력에 따른 점검 한도면적의 평균값으로 적용하여 계산한다.
점검인력의 배치	점검인력은 하루에 5개의 특정소방대상물에 한하여 배치할 수 있다. 다만 2개 이상의 특정소방대상물을 2일 이상 연속하여 점검하는 경우에는 배치기한을 초과해서는 안 된다.
점검면적	관리업자등이 하루 동안 점검한 면적은 실제 점검면적(지하구는 그 길이에 폭의 길이 1.8 m를 곱하여 계산된 값을 말하며, 터널은 3차로 이하인 경우에는 그 길이에 폭의 길이 3.5 m를 곱하고, 4차로 이상인 경우에는 그 길이에 폭의 길이 7 m를 곱한 값을 말한다. 다만, 한쪽 측벽에 소방시설이 설치된 4차로 이상인 터널의 경우에는 그 길이와 폭의 길이 3.5 m를 곱한 값을 말한다. 이하 같다)에 다음의 각 목의 기준을 적용하여 계산한 면적(이하 "점검면적"이라 한다)으로 하되, 점검면적은 점검한도 면적을 초과해서는 안 된다.

	가. 실제 점검면적에 다음의 가감계수를 곱한다.
	<table><tr><th>구분</th><th>대상용도</th><th>가감계수</th></tr><tr><td>1류</td><td>문화 및 집회시설, 종교시설, 판매시설, 의료시설, 노유자시설, 수련시설, 숙박시설, 위락시설, 창고시설, 교정시설, 발전시설, 지하가, 복합건축물</td><td>1.1</td></tr><tr><td>2류</td><td>공동주택, 근린생활시설, 운수시설, 교육연구시설, 운동시설, 업무시설, 방송통신시설, 공장, 항공기 및 자동차 관련 시설, 군사시설, 관광휴게시설, 장례시설, 지하구</td><td>1.0</td></tr><tr><td>3류</td><td>위험물 저장 및 처리시설, 문화재, 동물 및 식물 관련 시설, 자원순환 관련 시설, 묘지 관련 시설</td><td>0.9</td></tr></table>
	나. 점검한 특정소방대상물이 다음의 어느 하나에 해당할 때에는 다음에 따라 계산된 값을 가목에 따라 계산된 값에서 뺀다. 　1) 스프링클러설비가 설치되지 않은 경우: 가목에 따라 계산된 값에 **0.1**을 곱한 값 　2) 물분무등소화설비(호스릴 방식의 물분무등소화설비는 제외한다)가 설치되지 않은 경우: 가목에 따라 계산된 값에 **0.1**을 곱한 값 　3) 제연설비가 설치되지 않은 경우: 가목에 따라 계산된 값에 **0.1**을 곱한 값 다. 2개 이상의 특정소방대상물을 하루에 점검하는 경우에는 특정소방대상물 상호간의 좌표 최단거리 **5 km**마다 점검 한도면적에 **0.02**를 곱한 값을 점검 한도면적에서 뺀다.
아파트등의 점검	아파트등(공용시설, 부대시설 또는 복리시설은 포함하고, 아파트등이 포함된 복합건축물의 아파트등 외의 부분은 제외한다. 이하 이 표에서 같다)를 점검할 때에는 다음 각 목의 기준에 따른다. 가. 점검인력 1단위가 하루 동안 점검할 수 있는 아파트등의 세대수(이하 "**점검한도 세대수**"라 한다)는 종합점검 및 작동점검에 관계없이 **250**세대로 한다. 나. 점검인력 1단위에 보조 기술인력을 1명씩 추가할 때마다 **60**세대씩을 점검한도 세대수에 더한다. 다. 관리업자등이 하루 동안 점검한 세대수는 실제 점검 세대수에 다음의 기준을 적용하여 계산한 세대수(이하 "점검세대수"라 한다)로 하되, 점검세대수는 점검한도 세대수를 초과해서는 안 된다. 　1) 점검한 아파트등이 다음의 어느 하나에 해당할 때에는 다음에 따라 계산된 값을 실제 점검 세대수에서 뺀다. 　　가) 스프링클러설비가 설치되지 않은 경우: 실제 점검 세대수에 0.1을 곱한 값 　　나) 물분무등소화설비(호스릴 방식의 물분무등소화설비는 제외한다)가 설치되지 않은 경우: 실제 점검 세대수에 0.1을 곱한 값

	다) 제연설비가 설치되지 않은 경우: 실제 점검 세대수에 0.1을 곱한 값 2) 2개 이상의 아파트를 하루에 점검하는 경우에는 아파트 상호간의 좌표 최단거리 5 km마다 점검 한도세대수에 0.02를 곱한 값을 점검한도 세대수에서 뺀다.
기타	1. 아파트등과 아파트등 외 용도의 건축물을 하루에 점검할 때에는 **종합점검**의 경우 계산된 값에 **32**, **작동점검**의 경우 계산된 값에 **40**을 곱한 값을 점검대상 연면적으로 보고 적용한다. 2. 종합점검과 작동점검을 하루에 점검하는 경우에는 작동점검의 점검대상 연면적 또는 점검대상 세대수에 **0.8**을 곱한 값을 종합점검 점검대상 연면적 또는 점검대상 세대수로 본다. 3. 계산된 값은 소수점 이하 둘째 자리에서 반올림한다.

7. 자체점검 결과의 조치

해당 특정소방대상물의 **소방시설등이 신설된 경우**: 건축물을 사용할 수 있게 된 날부터 **60일 이내** 관계인에게 제출

자체점검 결과의 조치	① 관리업자 또는 소방안전관리자로 선임된 소방시설관리사 및 소방기술사(이하 "관리업자등")는 점검이 끝난 날부터 **10일 이내**에 관계인에게 제출
	② 자체점검 실시결과 보고서를 제출받거나 스스로 자체점검을 실시한 관계인은 자체점검이 끝난 날부터 **15일 이내** 소방본부장 또는 소방서장에게 제출, 첨부서류
	  1. 점검인력 배치확인서(관리업자가 점검한 경우만 해당한다)
	  2. 소방시설등의 자체점검 결과 이행계획서
	③ 관계인은 소방시설등 자체점검 실시결과 보고서(소방시설등점검표를 포함한다)를 점검이 끝난 날부터 **2년간 자체 보관**
	④ 소방시설등의 자체점검 결과 이행계획서를 보고받은 소방본부장 또는 소방서장은 다음 각 호의 구분에 따라 이행계획의 완료 기간을 정하여 관계인에게 통보해야 한다. 다만, 소방시설등에 대한 수리·교체·정비의 규모 또는 절차가 복잡하여 다음 각 호의 기간 내에 이행을 완료하기가 어려운 경우에는 그 기간을 달리 정할 수 있다.
	  1. **소방시설등을 구성하고 있는 기계·기구를 수리하거나 정비하는 경우: 보고일부터 10일 이내**
	  2. 소방시설등의 전부 또는 일부를 철거하고 새로 교체하는 경우: 보고일부터 20일 이내
	⑤ 완료기간 내에 이행계획을 완료한 관계인은 이행을 완료한 날부터 **10일 이내**에 소방시설등의 자체점검 결과 이행완료 보고서(전자문서로 된 보고서를 포함한다)에 다음 각 호의 서류(전자문서를 포함한다)를 첨부하여 소방본부장 또는 소방서장에게 보고해야 한다.
	  1. 이행계획 건별 전·후 사진 증명자료
	  2. 소방시설공사 계약서

소방시설등의 자체점검의 면제 또는 연기	1. 「재난 및 안전관리 기본법」 제3조제1호에 해당하는 재난이 발생한 경우 2. 경매 등의 사유로 소유권이 변동 중이거나 변동된 경우 3. 관계인의 질병, 사고, 장기출장의 경우 4. 그 밖에 관계인이 운영하는 사업에 부도 또는 도산 등 중대한 위기가 발생하여 자체점검을 실시하기 곤란한 경우
자체점검의 면제 또는 연기신청	자체점검의 면제 또는 연기를 신청하려는 특정소방대상물의 관계인은 자체점검의 실시 만료일 **3일 전**까지 소방본부장 또는 소방서장에게 제출
중대위반사항	1. 소화펌프(가압송수장치를 포함한다. 이하 같다), 동력·감시 제어반 또는 소방시설용 전원(비상전원을 포함한다)의 고장으로 소방시설이 작동되지 않는 경우 2. 화재 수신기의 고장으로 화재경보음이 자동으로 울리지 않거나 화재 수신기와 연동된 소방시설의 작동이 불가능한 경우 3. 소화배관 등이 폐쇄·차단되어 소화수(消火水) 또는 소화약제가 자동 방출되지 않는 경우 4. 방화문 또는 자동방화셔터가 훼손되거나 철거되어 본래의 기능을 못하는 경우
자체점검 결과의 게시	소방본부장 또는 소방서장에게 자체점검 결과 보고를 마친 관계인은 보고한 날부터 **10일 이내**에 소방시설등 자체점검기록표를 작성하여 특정소방대상물의 출입자가 쉽게 볼 수 있는 장소에 **30일 이상** 게시해야 한다. **소방시설등 자체점검기록표** • 대상물명 : • 주　　소 : • 점검구분 :　　　[ ] 작동점검　　　[ ] 종합점검 • 점 검 자 : • 점검기간 :　　　년　월　일 ~ 년　월　일 • 불량사항 :　[ ] 소화설비　[ ] 경보설비　[ ] 피난구조설비 　　　　　　[ ] 소화용수설비　[ ] 소화활동설비　[ ] 기타설비　[ ] 없음 • 정비기간 :　　　년　월　일 ~ 년　월　일 　　　　　　　　　　　　　　　　　　　　　년　월　일 「소방시설 설치 및 관리에 관한 법률」 제24조제1항 및 같은 법 시행규칙 제25조에 따라 소방시설등 자체점검결과를 게시합니다.
자체점검 결과의 공개	① 소방본부장 또는 소방서장은 자체점검 결과를 공개하는 경우 **30일 이상** 전산시스템 또는 인터넷 홈페이지 등을 통해 공개해야 한다. ② 소방본부장 또는 소방서장은 제1항에 따라 자체점검 결과를 공개하려는 경우 공개 기간, 공개 내용 및 공개 방법을 해당 특정소방대상물의 관계인에게 미리 알려야 한다. ③ 특정소방대상물의 관계인은 제2항에 따라 공개 내용 등을 통보받은 날부터 **10일 이내**에 관할 소방본부장 또는 소방서장에게 이의신청을 할 수 있다. ④ 소방본부장 또는 소방서장은 제3항에 따라 이의신청을 받은 날부터 **10일 이내**에 심사·결정하여 그 결과를 지체 없이 신청인에게 알려야 한다.

15 소방시설별 점검장비[별표3] ★★

소방시설	장비	규격
모든 소방시설	방수압력측정계, 절연저항계(절연저항측정기), 전류전압측정계	
소화기구	저울	
옥내소화전설비 옥외소화전설비	소화전밸브압력계	
스프링클러설비, 포소화설비	헤드결합렌치 (볼트, 너트, 나사 등을 죄거나 푸는 공구)	
이산화탄소소화설비 분말소화설비, 할론소화설비 할로겐화합물 및 불활성기체 소화설비	**검량계, 기동관누설시험기**, 그 밖에 소화약제의 저장량을 측정할 수 있는 점검기구	
자동화재탐지설비 시각경보기	열감지기시험기, 연(煙)감지기시험기, 공기주 입시험기, 감지기시험기연결막대, 음량계	
누전경보기	누전계	누전전류 측정용
무선통신보조설비	무선기	통화시험용
제연설비	**풍속풍압계, 폐쇄력측정기, 차압계(압력차 측정기)**	
통로유도등 비상조명등	조도계(밝기 측정기)	최소눈금이 0.1 럭스 이하인 것

[비고]
1. 신축·증축·개축·재축·이전·용도변경 또는 대수선 등으로 소방시설이 새로 설치된 경우에는 해당 특정
소방대상물의 소방시설 전체에 대하여 실시한다.
2. 작동점검 및 종합점검(최초점검은 제외한다)은 건축물 사용승인 후 그 다음 해부터 실시한다.
3. 특정소방대상물이 증축·용도변경 또는 대수선 등으로 사용승인일이 달라지는 경우 사용승인일이 빠른 날을
기준으로 자체점검을 실시한다.

16 소방시설관리사 ★★

시험응시자격	1. 소방기술사·위험물기능장·건축사·건축기계설비기술사·건축전기설비기 술사 또는 공조냉동기계기술사 2. **소방설비기사 자격 + 2년 이상** 소방실무경력 3. 소방설비산업기사 자격 + 3년 이상 소방실무경력 4. 이공계 분야를 전공한 사람으로서 다음 각 목의 어느 하나에 해당하는 사람 　가. 이공계 분야의 박사학위를 취득한 사람 　나. 이공계 분야의 석사학위를 취득한 후 2년 이상 소방실무경력이 있는 사람 　다. 이공계 분야의 학사학위를 취득한 후 3년 이상 소방실무경력이 있는 사람

	5. 소방안전공학(소방방재공학, 안전공학을 포함한다) 분야를 전공한 후 다음 각 목의 어느 하나에 해당하는 사람 　가. 해당 분야의 석사학위 이상을 취득한 사람 　나. 2년 이상 소방실무경력이 있는 사람 6. 위험물산업기사 또는 위험물기능사 자격 + 3년 이상 소방실무경력 7. **소방공무원 + 5년 이상** 근무한 경력 8. 소방안전 관련 학과의 학사학위를 취득 + 3년 이상 소방실무경력 9. 산업안전기사 자격을 취득 + 3년 이상 소방실무경력 10. 다음 각 목의 어느 하나에 해당하는 사람 　가. 특급소방안전관리자 + 2년 이상 　나. 1급 소방안전관리자 + 3년 이상 　다. 2급 소방안전관리자 + 5년 이상 　라. 3급 소방안전관리자 + 7년 이상 　마. 10년 이상 소방실무경력이 있는 사람
시험위원	1. 소방 관련 분야의 박사학위를 가진 사람 2. 대학에서 소방안전 관련 학과 조교수 이상으로 2년 이상 재직한 사람 3. 소방위 또는 지방소방위 이상의 소방공무원 4. 소방시설관리사 5. 소방기술사
시험의 시행	관리사시험은 1년마다 1회 시행하는 것을 원칙
시험의 공고	90일 전
결격사유	1. 피성년후견인 2. 이 법,「소방기본법」,「화재의 예방 및 안전관리에 관한 법률」,「소방시설공사업법」 또는「위험물안전관리법」을 위반하여 금고 이상의 실형을 선고받고 그 집행이 끝나거나(집행이 끝난 것으로 보는 경우를 포함한다) 집행이 면제된 날부터 2년이 지나지 아니한 사람 3. 이 법,「소방기본법」,「화재의 예방 및 안전관리에 관한 법률」,「소방시설공사업법」 또는「위험물안전관리법」을 위반하여 금고 이상의 형의 집행유예를 선고받고 그 유예기간 중에 있는 사람 4. 자격이 취소(이 조 제1호에 해당하여 자격이 취소된 경우는 제외한다)된 날부터 2년이 지나지 아니한 사람
자격의 취소	1. 거짓이나 그 밖의 부정한 방법으로 시험에 합격한 경우 2. 소방시설관리사증을 다른 사람에게 빌려준 경우 3. 동시에 둘 이상의 업체에 취업한 경우 4. 결격사유에 해당하게 된 경우
자격의 정지	1. 대행인력의 배치기준·자격·방법 등 준수사항을 지키지 아니한 경우 2. 점검을 하지 아니하거나 거짓으로 한 경우 3. 성실하게 자체점검 업무를 수행하지 아니한 경우

17 소방시설관리업 ★★★

관리업의 등록, 등록사항의 변경신고	시·도지사
등록사항의 변경신고 사항	1. 명칭·상호 또는 영업소소재지 2. 대표자 3. 기술인력
등록사항의 변경신고시 첨부서류	1. 명칭·상호 또는 영업소소재지를 변경하는 경우 : 소방시설관리업등록증 및 등록수첩 2. 대표자를 변경하는 경우 : 소방시설관리업등록증 및 등록수첩 3. 기술인력을 변경하는 경우 　가. 소방시설관리업등록수첩 　나. 변경된 기술인력의 기술자격증(자격수첩) 　다. 기술인력연명부
등록사항의 변경 신고기한	변경일로부터 30일 이내
관리업의 등록기준	1. 주된 기술인력: 소방시설관리사 1명 이상 2. 보조 기술인력: 다음의 어느 하나에 해당하는 사람 2명 이상 ※ 나~라는 소방기술 인정 자격수첩을 발급받은 사람 　가. 소방설비기사 또는 소방설비산업기사 　나. 소방공무원으로 3년 이상 근무한 사람 　다. 소방 관련 학과의 학사학위를 취득한 사람 　라. 소방기술과 관련된 자격·경력 및 학력이 있는 사람
등록의 결격사유	1. 피성년후견인 2. 이 법, 「소방기본법」, 「화재의 예방 및 안전관리에 관한 법률」, 「소방시설공사업법」 또는 「위험물안전관리법」을 위반하여 금고 이상의 실형을 선고받고 그 집행이 끝나거나(집행이 끝난 것으로 보는 경우를 포함한다) 집행이 면제된 날부터 2년이 지나지 아니한 사람 3. 이 법, 「소방기본법」, 「화재의 예방 및 안전관리에 관한 법률」, 「소방시설공사업법」 또는 「위험물안전관리법」을 위반하여 금고 이상의 형의 집행유예를 선고받고 그 유예기간 중에 있는 사람 4. 관리업의 등록이 취소(제1호에 해당하여 등록이 취소된 경우는 제외한다)된 날부터 2년이 지나지 아니한 자 5. 임원 중에 제1호부터 제4호까지의 어느 하나에 해당하는 사람이 있는 법인
관리업자의 지위승계	1. 관리업자가 사망한 경우 그 상속인 2. 관리업자가 그 영업을 양도한 경우 그 양수인 3. 법인인 관리업자가 합병한 경우 합병 후 존속하는 법인이나 합병으로 설립되는 법인
지위승계 신고기한	30일 이내

관계인에게 지체없이 통보하여야 하는 경우	1. 관리업자의 지위를 승계한 경우 2. 관리업의 등록취소 또는 영업정지처분을 받은 경우 3. 휴업 또는 폐업을 한 경우
등록의 취소	1. 거짓이나 그 밖의 부정한 방법으로 등록을 한 경우 2. 각 호의 어느 하나에 해당하게 된 경우. 다만, 법인으로서 결격사유에 해당하게 된 날부터 2개월 이내에 그 임원을 결격사유가 없는 임원으로 바꾸어 선임한 경우는 제외한다. 3. 위반하여 등록증 또는 등록수첩을 빌려준 경우
영업정지	1. 점검을 하지 아니하거나 거짓으로 한 경우 2. 등록기준에 미달하게 된 경우 3. 점검능력 평가를 받지 아니하고 자체점검을 한 경우

18 소방용품 ★★

소화설비를 구성하는 제품 또는 기기	가. **소화기구**(소화약제 외의 것을 이용한 간이소화용구는 제외한다) 나. 자동소화장치 다. 소화설비를 구성하는 소화전, **관창**(菅槍), **소방호스**, 스프링클러헤드, 기동용 수압개폐장치, 유수제어밸브 및 가스관선택밸브
경보설비를 구성하는 제품 또는 기기	가. 누전경보기 및 가스누설경보기 나. 경보설비를 구성하는 발신기, 수신기, 중계기, **감지기** 및 음향장치(경종만 해당한다)
피난구조설비를 구성하는 제품 또는 기기	가. 피난사다리, 구조대, 완강기(지지대를 포함한다) 및 간이완강기(지지대를 포함한다) 나. 공기호흡기(충전기를 포함한다) 다. 피난구유도등, 통로유도등, 객석유도등 및 예비 전원이 내장된 비상조명등
소화용으로 사용하는 제품 또는 기기	가. 소화약제 나. **방염제**(방염액·방염도료 및 방염성물질을 말한다)

19 소방용품의 형식승인 등 ★

소방용품을 판매하거나 판매 목적으로 진열하거나 소방시설공사에 사용 불가한 경우	1. 형식승인을 받지 아니한 것 2. 형상등을 임의로 변경한 것 3. 제품검사를 받지 아니하거나 합격표시를 하지 아니한 것
형식승인의 취소	1. 거짓이나 그 밖의 부정한 방법으로 형식승인을 받은 경우 2. 거짓이나 그 밖의 부정한 방법으로 제품검사를 받은 경우 3. 변경승인을 받지 아니하거나 거짓이나 그 밖의 부정한 방법으로 변경승인을 받은 경우

성능인증의 취소	1. 거짓이나 그 밖의 부정한 방법으로 성능인증을 받은 경우 2. 거짓이나 그 밖의 부정한 방법으로 제품검사를 받은 경우 3. 변경인증을 받지 아니하고 해당 소방용품에 대하여 형상 등의 일부를 변경하거나 거짓이나 그 밖의 부정한 방법으로 변경인증을 받은 경우

20 청문 ★★★

실시권자	소방청장 또는 시·도지사
실시사유	1. 관리사 자격의 취소 및 정지 2. 관리업의 등록취소 및 영업정지 3. 소방용품의 형식승인 취소 및 제품검사 중지 4. 성능인증의 취소 5. 우수품질인증의 취소 6. 전문기관의 지정취소 및 업무정지

21 권한의 위임·위탁 ★

한국소방산업기술원	1. 방염성능검사 중 대통령령으로 정하는 검사 2. 소방용품의 형식승인 3. 형식승인의 변경승인 4. 형식승인의 취소 5. 성능인증 및 성능인증의 취소 6. 성능인증의 변경인증 7. 우수품질인증 및 그 취소

22 소방시설 ★

소방설비 (물 또는 그 밖의 소화약제를 사용하여 소화하는 기계·기구 또는 설비)	소화기구	1) 소화기 2) 간이소화용구: 에어로졸식 소화용구, 투척용 소화용구, 소공간용소화용구 및 소화약제 외의 것을 이용한 간이소화용구 3) 자동확산소화기
	자동 소화장치	1) 주거용 주방자동소화장치 2) 상업용 주방자동소화장치 3) 캐비닛형 자동소화장치 4) 가스자동소화장치 5) 분말자동소화장치 6) 고체에어로졸자동소화장치
	옥내소화전설비(호스릴옥내소화전설비를 포함한다)	
	스프링클러 설비등	1) 스프링클러설비 2) 간이스프링클러설비(캐비닛형 간이스프링클러설비를 포함한다) 3) 화재조기진압용 스프링클러설비

	물분무등 소화설비	1) 물 분무 소화설비 2) 미분무소화설비 3) 포소화설비 4) 이산화탄소소화설비 5) 할론소화설비 6) 할로겐화합물 및 불활성기체(다른 원소와 화학 반응을 일으키기 어려운 기체를 말한다. 이하 같다) 소화설비 7) 분말소화설비 8) 강화액소화설비 9) 고체에어로졸소화설비
	옥외소화전설비	
경보설비 (화재발생 사실을 통보하는 기계·기구 또는 설비)	단독경보형 감지기	
	비상경보설비	1) 비상벨설비 2) 자동식사이렌설비
	자동화재탐지설비	
	시각경보기	
	화재알림설비(2023.12.1. 시행)	
	비상방송설비	
	자동화재속보설비	
	통합감시시설	
	누전경보기	
	가스누설경보기	
피난구조설비 (화재가 발생할 경우 피난하기 위하여 사용하는 기구 또는 설비)	피난기구	1) 피난사다리 2) 구조대 3) 완강기 4) 간이완강기 5) 그 밖에 화재안전기준으로 정하는 것
	인명구조기구	1) 방열복, 방화복(안전모, 보호장갑 및 안전화를 포함) 2) 공기호흡기 3) 인공소생기
	유도등	1) 피난유도선 2) 피난구유도등 3) 통로유도등 4) 객석유도등 5) 유도표지
	비상조명등 및 휴대용비상조명등	
소화용수설비 (화재를 진압하는 데 필요한 물을 공급하거나 저장하는 설비)	상수도소화용수설비	
	소화수조·저수조, 그 밖의 소화용수설비	

소화활동설비 (화재를 진압하거나 인명구조활동을 위하여 사용하는 설비)	가. 제연설비 나. 연결송수관설비 다. 연결살수설비 라. 비상콘센트설비 마. 무선통신보조설비 바. 연소방지설비

23 특정소방대상물

1. 공동주택

가. **아파트등** : 주택으로 쓰이는 층수가 5층 이상인 주택
나. **연립주택**: 주택으로 쓰는 1개 동의 바닥면적(2개 이상의 동을 지하주차장으로 연결하는 경우에는 각각의 동으로 본다) 합계가 660 m²를 초과하고, 층수가 4개 층 이하인 주택 〈2024.12.1. 시행〉
다. **다세대주택**: 주택으로 쓰는 1개 동의 바닥면적(2개 이상의 동을 지하주차장으로 연결하는 경우에는 각각의 동으로 본다) 합계가 660 m² 이하이고, 층수가 4개 층 이하인 주택 〈2024.12.1. 시행〉
라. **기숙사** : 학교 또는 공장 등의 학생 또는 종업원 등을 위하여 쓰는 것으로서 1개 동의 공동취사 시설 이용 세대 수가 전체의 50퍼센트 이상인 것

2. 근린생활시설 ★★★

대상	바닥면적의 합계
슈퍼마켓과 일용품(식품, 잡화, 의류, 완구, 서적, 건축자재, 의약품, 의료기기 등) 등의 소매점으로서 같은 건축물	1천 m² 미만
휴게음식점, 제과점, 일반음식점, 기원(棋院), 노래연습장 및 단란주점(바닥면적의 합계가 150 m² 미만인 것만 해당)	-
이용원, 미용원, 목욕장 및 세탁소	-
의원, 치과의원, 한의원, 침술원, 접골원(接骨院), 조산원(산후조리원을 포함) 및 안마원(안마시술소를 포함)	-
탁구장, 테니스장, 체육도장, 체력단련장, 에어로빅장, 볼링장, 당구장, 실내낚시터, 골프연습장, 물놀이형 시설	500 m² 미만
공연장(극장, 영화상영관, 연예장, 음악당, 서커스장, 비디오물감상실업의 시설, 비디오물소극장업의 시설) 또는 **종교집회장**[교회, 성당, 사찰, 기도원, 수도원, 수녀원, 제실(祭室), 사당]	**300 m² 미만**
금융업소, 사무소, 부동산중개사무소, 결혼상담소 등 소개업소, 출판사, 서점	500 m² 미만
제조업소, 수리점	500 m² 미만

청소년게임제공업 및 일반게임제공업의 시설, 인터넷컴퓨터게임시설제공업의 시설 및 복합유통게임제공업의 시설	500 m² 미만
사진관, 표구점, 학원(바닥면적의 합계가 500 m² 미만인 것만 해당, 자동차학원 및 무도학원은 제외), 독서실, 고시원(다중이용업 중 고시원업의 시설로서 독립된 주거의 형태를 갖추지 않은 것으로서 같은 건축물에 해당 용도로 쓰는 바닥면적의 합계가 500 m² 미만인 것), 장의사, 동물병원, 총포판매사	-
의약품 판매소, 의료기기 판매소 및 자동차영업소	1천 m² 미만

3. 의료시설 ★★

가. 병원: 종합병원, 병원, 치과병원, 한방병원, 요양병원
나. 격리병원: 전염병원, 마약진료소, 그 밖에 이와 비슷한 것
다. 정신의료기관
라. **장애인 의료재활시설**

4. 문화 및 집회시설 ★★

가. 공연장으로서 근린생활시설에 해당하지 않는 것
나. 집회장: 예식장, 공회당, 회의장, 마권(馬券) 장외 발매소, 마권 전화투표소, 그 밖에 이와 비슷한 것으로서 근린생활시설에 해당하지 않는 것
다. 관람장: 경마장, 경륜장, 경정장, 자동차 경기장, 그 밖에 이와 비슷한 것과 체육관 및 운동장으로서 관람석의 바닥면적의 합계가 1천 m² 이상인 것
라. 전시장: 박물관, 미술관, 과학관, 문화관, 체험관, 기념관, 산업전시장, 박람회장, 견본주택, 그 밖에 이와 비슷한 것
마. 동·식물원: 동물원, 식물원, 수족관, 그 밖에 이와 비슷한 것

5. 운수시설 ★

가. 여객자동차터미널
나. 철도 및 도시철도 시설[정비창(整備廠) 등 관련 시설을 포함한다]
다. 공항시설(항공관제탑을 포함한다)
라. 항만시설 및 종합여객시설

6. 교육연구시설

가. 학교
   1) 초등학교, 중학교, 고등학교, 특수학교 : 교사, 체육관, 급식시설, 합숙소
      ※ **병설유치원은 노유자시설에 해당**한다.
   2) 대학, 대학교 : 교사 및 합숙소
나. 교육원(연수원)
다. 직업훈련소
라. 학원(근린생활시설에 해당하는 것과 자동차운전학원·정비학원 및 무도학원은 제외)
마. 연구소(연구소에 준하는 시험소와 계량계측소를 포함)
바. 도서관

7. 노유자 시설 ★★★

가. 노인 관련 시설: 노인주거복지시설, 노인의료복지시설, 노인여가복지시설, 주·야간보호서비스나 단기보호서비스를 제공하는 재가노인복지시설(장기요양기관을 포함한다), 노인보호전문기관, 노인일자리지원기관, 학대피해노인 전용쉼터
나. 아동 관련 시설: 아동복지시설, 어린이집, 유치원에 따른 학교의 교사 중 병설유치원으로 사용되는 부분을 포함)
다. 장애인 관련 시설: 장애인 거주시설, 장애인 지역사회재활시설(장애인 심부름센터, 한국수어통역센터, 점자도서 및 녹음서 출판시설 등 장애인이 직접 그 시설 자체를 이용하는 것을 주된 목적으로 하지 않는 시설은 제외한다), 장애인 직업재활시설
라. 정신질환자 관련 시설: 정신재활시설(생산품판매시설은 제외한다), 정신요양시설
마. 노숙인 관련 시설: 노숙인복지시설(노숙인일시보호시설, 노숙인자활시설, 노숙인재활시설, 노숙인요양시설 및 쪽방상담소만 해당한다), 노숙인종합지원센터
바. 사회복지시설 중 결핵환자 또는 한센인 요양시설 등 다른 용도로 분류되지 않는 것

8. 수련시설 ★

가. 생활권 수련시설: 청소년수련관, 청소년문화의집, 청소년특화시설
나. 자연권 수련시설: 청소년수련원, 청소년야영장
다. **유스호스텔**

9. 업무시설 ★★★

가. 공공업무시설: 국가 또는 지방자치단체의 청사와 외국공관의 건축물
나. 일반업무시설: 금융업소, 사무소, 신문사, **오피스텔**
다. 주민자치센터(동사무소), 경찰서, 지구대, 파출소, 소방서, 119안전센터, 우체국, 보건소, 공공도서관, 국민건강보험공단
라. 마을회관, 마을공동작업소, 마을공동구판장
마. 변전소, 양수장, 정수장, 대피소, 공중화장실

10. 위락시설 ★★★

가. 단란주점으로서 근린생활시설에 해당하지 않는 것
나. 유흥주점, 그 밖에 이와 비슷한 것
다. 유원시설업(遊園施設業)의 시설, 그 밖에 이와 비슷한 시설(근린생활시설에 해당하는 것은 제외)
라. **무도장 및 무도학원**
마. 카지노영업소

11. 창고시설(위험물 저장 및 처리 시설 또는 그 부속용도에 해당하는 것은 제외)

가. 창고(물품저장시설로서 냉장·냉동 창고를 포함한다)
나. 하역장
다. 물류터미널
라. 집배송시설

12. 항공기 및 자동차 관련 시설(건설기계 관련 시설을 포함) ★

가. 항공기격납고
나. 차고, 주차용 건축물, 철골 조립식 주차시설(바닥면이 조립식이 아닌 것을 포함한다) 및 기계장치에 의한 주차시설
다. 세차장
라. 폐차장
마. 자동차 검사장
바. 자동차 매매장
사. 자동차 정비공장
아. **운전학원·정비학원**
자. 다음의 건축물을 제외한 건축물의 내부(필로티와 건축물 지하를 포함)에 설치된 주차장
    1) 단독주택
    2) 공동주택 중 50세대 미만인 연립주택 또는 50세대 미만인 다세대주택
차. 차고 및 주기장(駐機場)

13. 자원순환 관련 시설

가. 하수 등 처리시설
나. 고물상
다. 폐기물재활용시설
라. 폐기물처분시설
마. 폐기물감량화시설

14. 관광 휴게시설

가. 야외음악당	나. 야외극장	다. 어린이회관	라. 관망탑
마. 휴게소	바. 공원·유원지 또는 관광지에 부수되는 건축물		

15. 지하가와 지하구 ★★

지하가	가. 지하상가 나. 터널: 차량(궤도차량용은 제외한다) 등의 통행을 목적으로 지하, 해저 또는 산을 뚫어서 만든 것
지하구	가. 전력·통신용의 전선이나 가스·냉난방용의 배관 또는 이와 비슷한 것을 집합 수용하기 위하여 설치한 지하 인공구조물로서 사람이 점검 또는 보수를 하기 위하여 출입이 가능한 것 중 다음의 어느 하나에 해당하는 것 1) 전력 또는 통신사업용 지하 인공구조물로서 전력구(케이블 접속부가 없는 경우는 제외) 또는 통신구 방식으로 설치된 것 2) 1)외의 지하 인공구조물로서 **폭이 1.8 m 이상**이고 **높이가 2 m 이상**이며 **길이가 50 m 이상** 나. 공동구

16. 비고

1. 내화구조로 된 하나의 특정소방대상물이 개구부 및 연소 확대 우려가 없는 내화구조의 바닥과 벽으로 구획되어 있는 경우에는 그 구획된 부분을 각각 별개의 특정소방대상물로 본다. 다만, 제9조에 따라 성능위주설계를 해야 하는 범위를 정할 때에는 하나의 특정소방대상물로 본다.
2. 둘 이상의 특정소방대상물이 다음 각 목의 어느 하나에 해당되는 구조의 복도 또는 통로(이하 이 표에서 "연결통로"라 한다)로 연결된 경우에는 이를 하나의 특정소방대상물로 본다.
    가. 내화구조로 된 연결통로가 다음의 어느 하나에 해당되는 경우
      1) **벽이 없는 구조로서 그 길이가 6m 이하인 경우**
      2) 벽이 있는 구조로서 그 길이가 10m 이하인 경우. 다만, 벽 높이가 바닥에서 천장까지의 높이의 2분의 1 이상인 경우에는 벽이 있는 구조로 보고, 벽 높이가 바닥에서 천장까지의 높이의 2분의 1 미만인 경우에는 벽이 없는 구조로 본다.
    나. 내화구조가 아닌 연결통로로 연결된 경우
    다. 컨베이어로 연결되거나 플랜트설비의 배관 등으로 연결되어 있는 경우
    라. 지하보도, 지하상가, 지하가로 연결된 경우
    마. 자동방화셔터 또는 60분+방화문이 설치되지 않은 피트(전기설비 또는 배관설

비 등이 설치되는 공간을 말한다)로 연결된 경우
3. 제2호에도 불구하고 연결통로 또는 지하구와 특정소방대상물의 양쪽에 다음 각 목의 어느 하나에 해당하는 시설이 적합하게 설치된 경우에는 각각 별개의 특정소방대상물로 본다.
    가. 화재 시 경보설비 또는 자동소화설비의 작동과 연동하여 자동으로 닫히는 자동방화셔터 또는 60분+ 방화문이 설치된 경우
    나. 화재 시 자동으로 방수되는 방식의 드렌처설비 또는 개방형 스프링클러헤드가 설치된 경우
4. 특정소방대상물의 지하층이 지하가와 연결되어 있는 경우 해당 지하층의 부분을 지하가로 본다. 다만, 다음 지하가와 연결되는 지하층에 지하층 또는 지하가에 설치된 자동방화셔터 또는 60분+ 방화문이 화재 시 경보설비 또는 자동소화설비의 작동과 연동하여 자동으로 닫히는 구조이거나 그 윗부분에 드렌처설비가 설치된 경우에는 지하가로 보지 않는다.

24 수용인원의 산정방법 ★★★

숙박시설이 있는 특정소방대상물	침대가 있는 숙박시설	종사자 수 + 침대 수(2인용 침대는 2개로 산정)
	침대가 없는 숙박시설	종사자 수 + $\dfrac{\text{바닥면적의 합계}(m^2)}{3m^2}$
기타	강의실·교무실·상담실·실습실·휴게실 용도	$\dfrac{\text{바닥면적의 합계}(m^2)}{1.9m^2}$
	강당, 문화 및 집회시설, 운동시설, 종교시설	① $\dfrac{\text{바닥면적의 합계}(m^2)}{4.6m^2}$ ② 관람석이 있는 경우 : 고정식 의자 수 또는 긴의자의 정면너비 ÷ 0.45m
	그 밖의 특정소방대상물	$\dfrac{\text{바닥면적의 합계}(m^2)}{3m^2}$
비고	바닥면적 산정시 제외 : **복도, 계단 및 화장실**의 바닥면적 계산결과 소수점 이하 반올림	

25 연소 우려가 있는 건축물의 구조 ★★

연소 우려가 있는 건축물의 구조	1. 건축물대장의 건축물 현황도에 표시된 대지경계선 안에 둘 이상의 건축물이 있는 경우 2. 각각의 건축물이 다른 건축물의 외벽으로부터 수평거리가 1층의 경우에는 6미터 이하, 2층 이상의 층의 경우에는 10미터 이하인 경우 3. 개구부(영 제2조제1호에 따른 개구부를 말한다)가 다른 건축물을 향하여 설치되어 있는 경우

26 특정소방대상물의 관계인이 특정소방대상물의 규모·용도 및 수용인원 등을 고려하여 갖추어야 하는 소방시설의 종류

1. 소화설비

1) 소화기구 및 자동소화장치

소화기구	1) 연면적 33m² 이상, 다만, 노유자 시설의 경우에는 투척용 소화용구 등을 화재안전기준에 따라 산정된 소화기 수량의 2분의 1 이상으로 설치할 수 있다. 2) 1)에 해당하지 않는 시설로서 가스시설, 발전시설 중 전기저장시설 및 국가유산 3) 터널 4) 지하구	
자동소화장치 (이 경우 후드 및 덕트가 설치되어 있는 주방에만 설치할 수 있다.)	주거용 주방자동소화장치	아파트등 및 오피스텔의 모든 층
	상업용 주방자동소화장치 〈시행 2023.12.1.〉	가) 판매시설 중 대규모점포에 입점해 있는 일반음식점 나) 집단급식소
	캐비닛형 자동소화장치, 가스자동소화장치, 분말자동소화장치 또는 고체에어로졸자동소화장치	화재안전기준에서 정하는 장소

2) 옥내소화전설비

1) 연면적	3천m² 이상	
1) 지하층·무창층(축사는 제외한다) 또는 층수가 4층 이상인 것	바닥면적이 600m² 이상인 층	모든층
2) 지하가중 터널로서 다음에 해당하는 터널	가) 길이가 1천m 이상 나) 예상교통량, 경사도 등 터널의 특성을 고려하여 행정안전부령으로 정하는 터널	
3) 1)에 해당하지 않는 근린생활시설, 판매시설, 운수시설, 의료시설, 노유자시설, 업무시설, 숙박시설, 위락시설, 공장, 창고시설, 항공기 및 자동차 관련 시설, 교정 및 군사시설 중 국방·군사시설, 방송통신시설, 발전시설, 장례식장 또는 복합건축물	연면적 1천5백m² 이상	모든층
3) 지하층·무창층 또는 층수가 4층 이상인 층	바닥면적이 300m² 이상인 층	모든층
4) 건축물의 옥상에 설치된 차고 또는 주차장으로서 차고 또는 주차의 용도로 사용되는 부분의 면적	200m² 이상	
5) 공장 또는 창고시설	지정수량의 750배 이상의 특수가연물을 저장·취급	

3) 스프링클러설비 ★★★

문화 및 집회시설(동·식물원은 제외), 종교시설(주요구조부가 목조인 것은 제외), 운동시설(물놀이형 시설은 제외) 가) **수용인원이 100명 이상**인 것 나) 영화상영관의 용도로 쓰이는 층의 바닥면적이 지하층 또는 무창층인 경우에는 500 m² 이상, 그 밖의 층의 경우에는 1천 m² 이상인 것 다) 무대부가 지하층·무창층 또는 4층 이상의 층에 있는 경우에는 무대부의 면적이 300m² 이상인 것 라) 무대부가 다) 외의 층에 있는 경우에는 무대부의 면적이 500 m² 이상인 것		모든층
판매시설, 운수시설 및 창고시설(물류터미널에 한정한다)	바닥면적의 합계가 5천 m² 이상이거나 수용인원이 500명 이상	모든층
층수가 6층 이상		모든층
바닥면적의 합계가 600 m² 이상 가) 의료시설 중 정신의료기관 나) 의료시설 중 종합병원, 병원, 치과병원, 한방병원 및 요양병원 다) 노유자 시설 라) 숙박이 가능한 수련시설 마) 근린생활시설 중 조산원 및 산후조리원		모든층
창고시설(물류터미널은 제외한다)	바닥면적 합계가 5천 m² 이상	모든층
지하층·무창층(축사는 제외한다) 또는 층수가 4층 이상인 층	바닥면적이 1천 m² 이상인 층	
지하가(터널은 제외한다)	**연면적 1천 m² 이상**	
기숙사(교육연구시설·수련시설 내에 있는 학생 수용을 위한 것을 말한다) 또는 복합건축물	연면적 5천 m² 이상	모든층
특정소방대상물에 부속된 보일러실 또는 연결통로 등, 발전시설 중 전기저장시설		

4) 간이스프링클러설비

근린생활시설 중 다음의 어느 하나에 해당하는 것	근린생활시설로 사용하는 부분의 바닥면적 합계가 1천 m² 이상 모든 층	
	의원, 치과의원 및 한의원으로서 입원실이 있는 시설	
	조산원 및 산후조리원으로서 연면적이 600 m² 미만인 시설	
교육연구시설 내에 합숙소	연면적 100 m² 이상인 경우에는 모든 층	
공동주택 중 연립주택 및 다세대주택(연립주택 및 다세대주택에 설치하는 간이스프링클러설비는 화재안전기준에 따른 주택전용 간이스프링클러설비를 설치한다)		
숙박시설	바닥면적의 합계가 300 m² 이상 600 m² 미만	
복합건축물	연면적 1천 m² 이상	모든층

의료시설 중 다음의 어느 하나에 해당하는 시설	가) 종합병원, 병원, 치과병원, 한방병원 및 요양병원(의료재활시설은 제외한다)으로 사용되는 바닥면적의 합계가 600 m² 미만인 시설 나) 정신의료기관 또는 의료재활시설로 사용되는 바닥면적의 합계가 300 m² 이상 600 m² 미만인 시설 다) 정신의료기관 또는 의료재활시설로 사용되는 바닥면적의 합계가 300 m² 미만이고, 창살(철재·플라스틱 또는 목재 등으로 사람의 탈출 등을 막기 위하여 설치한 것을 말하며, 화재 시 자동으로 열리는 구조로 되어 있는 창살은 제외한다)이 설치된 시설
노유자 시설	가) 노유자 생활시설 나) 가)에 해당하지 않는 노유자 시설로 해당 시설로 사용하는 바닥면적의 합계가 300 m² 이상 600 m² 미만인 시설 다) 가)에 해당하지 않는 노유자 시설로 해당 시설로 사용하는 바닥면적의 합계가 300 m² 미만이고, 창살(철재·플라스틱 또는 목재 등으로 사람의 탈출 등을 막기 위하여 설치한 것을 말하며, 화재 시 자동으로 열리는 구조로 되어 있는 창살은 제외한다)이 설치된 시설

5) 물분무등 소화설비 ★★★

항공기 및 자동차 관련 시설 중 **항공기격납고**	
차고, 주차용 건축물 또는 철골 조립식 주차시설	연면적 **800m² 이상**
건축물의 내부에 설치된 차고·주차장으로서 차고 또는 주차의 용도로 사용되는 면적이 200 m² 이상인 경우 해당 부분(50세대 미만 연립주택 및 다세대주택은 제외한다)	
기계식 주차장치를 이용하여 **20대 이상**의 차량을 주차할 수 있는 시설	
전기실·발전실·변전실·축전지실·통신기기실 또는 전산실	바닥면적이 **300 m² 이상**
소화수를 수집·처리하는 설비가 설치되어 있지 않은 중·저준위방사성폐기물의 저장시설	이산화탄소소화설비, 할론소화설비 또는 할로겐화합물 및 불활성기체 소화설비
지하가 중 예상 교통량, 경사도 등 터널의 특성을 고려하여 행정안전부령으로 정하는 터널	물분무소화설비
국가유산 중 「문화유산의 보존 및 활용에 관한 법률」에 따른 지정문화유산(문화유산자료를 제외한다) 또는 「자연유산의 보존 및 활용에 관한 법률」에 따른 천연기념물등(자연유산자료를 제외한다)으로서 소방청장이 국가유산청장과 협의하여 정하는 것	

2. 경보설비

1) 단독경보형 감지기 ★★★

교육연구시설 내에 있는 기숙사 또는 합숙소	연면적 2천m² 미만
수련시설 내에 있는 기숙사 또는 합숙소	연면적 2천m² 미만
수련시설(숙박시설이 있는 것만 해당)	
유치원	연면적 400m² 미만
공동주택 중 연립주택 및 다세대주택 → 연동형으로 설치	

2) 비상경보설비 ★★★

연면적	400m² 이상인 것은 모든 층
지하층 또는 무창층의 바닥면적	150m²(공연장의 경우 100m²) 이상인 것은 모든층
지하가 중 **터널**	길이가 **500m 이상**
50명 이상의 근로자가 작업하는 옥내 작업장	

3) 자동화재탐지설비 ★★★

공동주택 중 아파트등·기숙사 및 숙박시설의 경우	모든 층	
층수가 6층 이상인 건축물		
근린생활시설(목욕장은 제외), **의료시설**(정신의료기관 또는 요양병원은 제외), **위락시설, 장례시설 및 복합건축물**	**연면적 600 m² 이상**	
공동주택, **목욕장**, 문화 및 집회시설, 종교시설, 판매시설, 운수시설, **운동시설**, 업무시설, 공장, 창고시설, 위험물 저장 및 처리 시설, 항공기 및 자동차 관련 시설, 국방·군사시설, 방송통신시설, 발전시설, 관광 휴게시설, **지하가**(터널은 제외)	연면적 1천 m² 이상	모든 층
교육연구시설(교육시설 내에 있는 기숙사 및 합숙소를 포함), 수련시설(숙박시설이 있는 수련시설은 제외), 동물 및 식물 관련 시설(기둥과 지붕만으로 구성되어 외부와 기류가 통하는 장소는 제외한다), 자원순환 관련 시설, **교정 및 군사시설**(국방·군사시설은 제외) 또는 묘지 관련 시설	연면적 2천 m² 이상	
노유자 생활시설		
지하구, 근린생활시설 중 조산원 및 산후조리원, 발전시설 중 전기저장시설		
지하가 중 **터널**	길이가 **1천 m 이상**	
판매시설 중 전통시장		
노유자시설	연면적 400 m² 이상	모든 층
숙박시설이 있는 수련시설	수용인원 100명 이상	

공장 및 창고시설	지정수량의 **500배 이상**의 특수가연물을 저장·취급

의료시설 중 정신의료기관 또는 요양병원
가) 요양병원(의료재활시설은 제외)
나) 정신의료기관 또는 의료재활시설로 사용되는 바닥면적의 합계가 300 m² 이상인 시설
다) 정신의료기관 또는 의료재활시설로 사용되는 바닥면적의 합계가 300 m² 미만이고, 창살이 설치된 시설

4) 시각경보기

1) 근린생활시설, 문화 및 집회시설, 종교시설, 판매시설, 운수시설, 의료시설, 노유자 시설
2) 운동시설, 업무시설, 숙박시설, 위락시설, 창고시설 중 물류터미널, 발전시설 및 장례시설
3) 교육연구시설 중 도서관, 방송통신시설 중 방송국
4) 지하가 중 지하상가

5) 화재알림설비〈2023.12.1. 시행〉

판매시설 중 전통시장

6) 비상방송설비 ★★

연면적	3천5백 m² 이상	모든 층
층수	11층 이상	
지하층의 층수	3층 이상	

7) 자동화재속보설비 ★★

다만, 방재실 등 화재 수신기가 설치된 장소에 24시간 화재를 감시할 수 있는 사람이 근무하고 있는 경우에는 자동화재속보설비를 설치하지 않을 수 있다.

노유자 생활시설	
노유자시설	바닥면적이 **500 m² 이상**인 층
수련시설(숙박시설이 있는 건축물만 해당한다)	바닥면적이 500 m² 이상인 층
보물 또는 국보로 지정된 목조건축물	
근린생활시설 중 다음의 어느 하나에 해당하는 시설 가) 의원, 치과의원 및 한의원으로서 입원실이 있는 시설 나) 조산원 및 산후조리원	

의료시설 중 다음의 어느 하나에 해당하는 것 가) 종합병원, 병원, 치과병원, 한방병원 및 요양병원(의료재활시설은 제외한다) 나) 정신병원 및 의료재활시설로 사용되는 바닥면적의 합계가 500 m² 이상인 층이 있는 것	
판매시설 중 전통시장	

8) 누전경보기, 가스누설경보기(가스시설이 설치된 경우만 해당) 및 통합감시시설

가스누설경보기	수련시설, 운동시설, 숙박시설, 창고시설 중 물류터미널, 장례시설
	문화 및 집회시설, 종교시설, 판매시설, 운수시설, 의료시설, 노유자 시설
통합감시시설	지하구
누전경보기	계약전류용량(같은 건축물에 계약 종류가 다른 전기가 공급되는 경우에는 그중 최대계약전류용량을 말한다)이 100암페어를 초과하는 특정소방대상물

3. 피난구조설비

1) 피난기구

특정소방대상물의 모든 층에 화재안전기준에 적합한 것으로 설치해야 한다.	다만, 피난층, 지상 1층, 지상 2층(노유자 시설 중 피난층이 아닌 지상 1층과 피난층이 아닌 지상 2층은 제외한다), 층수가 11층 이상인 층과 위험물 저장 및 처리시설 중 가스시설, 지하가 중 터널 및 지하구의 경우에는 그렇지 않다.

2) 인명구조기구 ★★★

방열복 또는 방화복(안전모, 보호장갑 및 안전화를 포함), 인공소생기 및 공기호흡기	지하층을 포함 층수가 7층 이상인 것 중 관광호텔 용도로 사용하는 층
방열복 또는 방화복(안전모, 보호장갑 및 안전화를 포함) 및 공기호흡기	지하층을 포함 층수가 5층 이상인 것 중 병원 용도로 사용하는 층
공기호흡기	가) 수용인원 100명 이상인 문화 및 집회시설 중 영화상영관 나) 판매시설 중 대규모점포 다) 운수시설 중 지하역사 라) 지하가 중 지하상가 마) 이산화탄소소화설비(호스릴이산화탄소소화설비는 제외한다) 설치 특정소방대상물

3) 유도등

피난구유도등, 통로유도등 및 유도표지	특정소방대상물에 설치한다. 다만, 다음의 어느 하나에 해당하는 경우는 제외한다. 가) 동물 및 식물 관련 시설 중 축사로서 가축을 직접 가두어 사육하는 부분 나) 지하가 중 터널
객석유도등	가) 유흥주점영업시설(유흥주점영업 중 손님이 춤을 출 수 있는 무대가 설치된 카바레, 나이트클럽 또는 그 밖에 이와 비슷한 영업시설만 해당한다) 나) 문화 및 집회시설 다) 종교시설 라) 운동시설
피난유도선	화재안전기준에서 정하는 장소

4) 비상조명등

지하층을 포함하는 층수가 5층 이상인 건축물	연면적 3천 m² 이상인 경우에는 모든 층
지하층 또는 무창층의 바닥면적이 450 m² 이상	해당 층
지하가 중 터널	길이가 500 m 이상

5) 휴대용비상조명등 ★★

숙박시설
수용인원 **100명 이상**의 영화상영관, 판매시설 중 대규모점포, 철도 및 도시철도 시설 중 지하역사, 지하가 중 지하상가

4. 소화용수설비

1) 상수도소화용수설비

다만, 상수도소화용수설비를 설치해야 하는 특정소방대상물의 대지 경계선으로부터 180 m 이내에 지름 75 mm 이상인 상수도용 배수관이 설치되지 않은 지역의 경우에는 화재안전기준에 따른 소화수조 또는 저수조를 설치해야 한다.

연면적 5천 m² 이상. 다만, 위험물 저장 및 처리 시설 중 가스시설, 지하가 중 터널 또는 지하구의 경우에는 제외한다.
가스시설로서 지상에 노출된 탱크의 저장용량의 합계가 100톤 이상
자원순환 관련 시설 중 폐기물재활용시설 및 폐기물처분시설

5. 소화활동설비

1) 제연설비 ★

문화 및 집회시설, 종교시설, 운동시설	무대부의 바닥면적이 200m² 이상인 경우에는 해당 무대부
영화상영관	**수용인원 100명 이상인 경우에는 해당 영화상영관**
지하층이나 무창층에 설치된 근린생활시설, 판매시설, 운수시설, 숙박시설, 위락시설, 의료시설, 노유자시설 또는 창고시설(물류터미널로 한정)	바닥면적의 합계가 1천 m² 이상인 경우 해당 부분
운수시설 중 시외버스정류장, 철도 및 도시철도 시설, 공항시설 및 항만시설의 대기실 또는 휴게시설	지하층 또는 무창층의 바닥면적이 1천 m² 이상인 경우에는 모든 층
지하가(터널은 제외)	**연면적 1천 m² 이상**
지하가 중 예상 교통량, 경사도 등 터널의 특성을 고려하여 행정안전부령으로 정하는 터널	
특정소방대상물(갓복도형 아파트등은 제외)에 부설된 특별피난계단, 비상용 승강기의 승강장 또는 피난용 승강기의 승강장	

2) 연결송수관설비

층수가 5층 이상	연면적 6천 m² 이상인 경우에는 모든 층
지하층을 포함하는 층수가 7층 이상인 경우	모든 층
지하층의 층수가 3층 이상이고 지하층의 바닥면적의 합계	1천 m² 이상인 경우에는 모든 층
지하가 중 터널	길이가 1천 m 이상

3) 연결살수설비

판매시설, 운수시설, 창고시설 중 물류터미널	바닥면적의 합계가 1천 m² 이상인 경우에는 해당 시설
지하층(피난층으로 주된 출입구가 도로와 접한 경우는 제외)	바닥면적의 합계가 150 m² 이상인 경우에는 지하층의 모든 층
국민주택규모 이하인 아파트등의 지하층(대피시설로 사용하는 것만 해당)과 교육연구시설 중 **학교의 지하층**	바닥면적의 합계가 **700 m² 이상인 것은** 지하층의 모든 층
가스시설 중 지상에 노출된 탱크의 용량	30톤 이상인 탱크시설
특정소방대상물에 부속된 연결통로	

4) 비상콘센트설비 ★★★

층수가 11층 이상인 특정소방대상물	11층 이상의 층
지하층의 층수가 3층 이상이고 지하층의 바닥면적의 합계가 1천 m² 이상	지하층의 모든 층
지하가 중 터널	길이가 500m 이상

5) 무선통신보조설비 ★★★

지하가(터널은 제외한다)	연면적 1천 m² 이상	
지하층의 바닥면적의 합계	3천 m² 이상	지하 모든층
지하층의 층수가 3층 이상이고 지하층의 바닥면적의 합계	1천 m² 이상	
층수가 30층 이상	16층 이상 부분의 모든 층	
지하가 중 터널	길이가 500 m 이상	
지하구 중 공동구		

27 소방시설을 설치하지 않을 수 있는 특정소방대상물 및 소방시설의 범위 ★★★

구분	특정소방대상물	소방시설
1. 화재 위험도가 낮은 특정소방대상물	석재, 불연성금속, 불연성 건축재료 등의 가공공장·기계조립공장 또는 불연성 물품을 저장하는 창고	옥외소화전 및 연결살수설비
2. 화재안전기준을 적용하기 어려운 특정소방대상물	펄프공장의 작업장, 음료수 공장의 세정 또는 충전을 하는 작업장, 그 밖에 이와 비슷한 용도로 사용하는 것	스프링클러설비, 상수도소화용수설비 및 연결살수설비
	정수장, 수영장, 목욕장, 농예·축산·어류양식용 시설, 그 밖에 이와 비슷한 용도로 사용되는 것	자동화재탐지설비, 상수도소화용수설비 및 연결살수설비
3. 화재안전기준을 달리 적용해야 하는 특수한 용도 또는 구조를 가진 특정소방대상물	원자력발전소, 중·저준위방사성폐기물의 저장시설	연결송수관설비 및 연결살수설비
4. 「위험물 안전관리법」 제19조에 따른 자체소방대가 설치된 특정소방대상물	자체소방대가 설치된 위험물 제조소 등에 부속된 사무실	옥내소화전설비, 소화용수설비, 연결살수설비 및 연결송수관설비

제3장 출제예상문제

01 무창층이라 함은 지상층 중 개구부 면적의 합계가 그 층의 바닥면적의 얼마 이하가 되는 층을 말하는가?
① 10분의 1
② 20분의 1
③ 30분의 1
④ 40분의 1

해설 무창층 : 지상층 중 다음 각 목의 요건을 모두 갖춘 개구부의 면적의 합계가 해당 층의 바닥면적의 30분의 1 이하가 되는 층을 말한다.
1. 크기는 지름 50센티미터 이상의 원이 내접(內接)할 수 있는 크기일 것
2. 해당 층의 바닥면으로부터 개구부 밑 부분까지의 높이가 1.2미터 이내일 것
3. 도로 또는 차량이 진입할 수 있는 빈터를 향할 것
4. 화재 시 건축물로부터 쉽게 피난할 수 있도록 창살이나 그 밖의 장애물이 설치되지 아니할 것
5. 내부 또는 외부에서 쉽게 부수거나 열 수 있을 것

02 피난층에 대한 정의로 옳은 것은?
① 지상으로 통하는 직통계단에 있는 층
② 지상 1층
③ 곧바로 지상으로 갈 수 있는 출입구가 있는 층
④ 비상계단으로 연결되는 층

해설 피난층 : 곧바로 지상으로 갈 수 있는 출입구가 있는 층을 말한다.

03 다음 소화설비 중 자동소화장치에 해당하지 않는 것은?
① 캐비닛형 자동소화장치
② 고체에어로졸자동소화장치
③ 분말자동소화장치
④ 자동확산소화장치

해설 자동소화장치
1. 주거용 주방자동소화장치
2. 상업용 주방자동소화장치
3. 캐비닛형 자동소화장치
4. 가스자동소화장치
5. 분말자동소화장치
6. 고체에어로졸자동소화장치

정답 1. ③ 2. ③ 3. ④

04 다음 중 경보설비에 해당하지 않는 것은?
① 자동화재탐지설비 ② 통합감시시설
③ 가스누설경보기 ④ 무선통신보조설비

해설 무선통신보조설비는 소화활동설비이다.

05 소화활동설비에 해당하지 않는 것은?
① 자동화재속보설비 ② 무선통신보조설비
③ 제연설비 ④ 연소방지설비

해설 자동화재속보설비는 경보설비에 속한다.

06 소방시설의 종류 중 경보설비가 아닌 것은?
① 누전경보기 ② 자동화재속보설비
③ 연결살수설비 ④ 비상방송설비

해설 연결살수설비는 소화활동설비이다.

07 아파트 등이라 함은 주택으로 쓰이는 층수가 몇 층 이상인 것을 말하는가?
① 4층 ② 5층 ③ 10층 ④ 16층

해설 아파트 등 : 주택으로 쓰이는 층수가 5층 이상인 주택

08 특정소방대상물로서 의료시설에 해당되지 않은 것은?
① 요양병원 ② 마약진료소
③ 장애인 의료재활시설 ④ 노인의료복지시설

해설 노인의료복지시설은 노유자시설이다.

09 다음 중 의료시설에 해당하지 않는 것은?
① 요양병원 ② 전염병원
③ 정신의료기관 ④ 정신요양시설

해설 정신요양시설 : 노유자시설 중 정신질환자 관련 시설에 해당한다.

정답 4. ④ 5. ① 6. ③ 7. ② 8. ④ 9. ④

10 소방시설 설치 및 관리에 관한 법령상 특정소방대상물 중 근린생활시설에 해당하는 것은?

① 바닥면적이 300 m²인 사무소
② 바닥면적이 500 m²인 서커스장
③ 바닥면적이 1,000 m²인 금융업소
④ 바닥면적이 1,000 m²인 고시원

해설 보기설명
① 바닥면적이 500 m² 미만인 사무소
② 공연장(극장, 영화상영관, 연예장, 음악당, 서커스장, 비디오물감상실업의 시설, 비디오물소극장업의 시설) 또는 종교집회장으로서 같은 건축물에 해당 용도로 쓰는 바닥면적의 합계가 300 m² 미만인 것
③ 금융업소, 사무소, 부동산중개사무소, 결혼상담소 등 소개업소, 출판사, 서점, 그 밖에 이와 비슷한 것으로서 같은 건축물에 해당 용도로 쓰는 바닥면적의 합계가 500 m² 미만
④ 고시원(다중이용업 중 고시원업의 시설로서 독립된 주거의 형태를 갖추지 않은 것으로서 같은 건축물에 해당 용도로 쓰는 바닥면적의 합계가 1천 m² 미만인 것

11 다음 중 항공기 및 자동차 관련 시설에 해당하지 않는 것은?

① 자동차 정비공장
② 세차장
③ 운전학원·정비학원
④ 여객자동차터미널

해설 운수시설
1. **여객자동차터미널**
2. 철도 및 도시철도 시설
3. 공항시설(항공관제탑을 포함)
4. 항만시설 및 종합여객시설

12 지하구의 정의 중 다음 ( )안의 번호에 들어갈 용어로 옳은 것은?

(1) 전력 또는 통신사업용 지하 인공구조물로서 전력구(케이블 접속부가 없는 경우는 제외) 또는 통신구 방식으로 설치된 것
(2) (1)외의 지하 인공구조물로서 폭이 (㉠)이고 높이가 (㉡)이며 길이가 (㉢)

① ㉠ 2.0m 이상, ㉡ 1.8m 이상, ㉢ 50m 이상
② ㉠ 1.8m 이상, ㉡ 2m 이상, ㉢ 500m 이상
③ ㉠ 2.0m 이상, ㉡ 1.8m 이상, ㉢ 500m 이상
④ ㉠ 1.8m 이상, ㉡ 2m 이상, ㉢ 50m 이상

해설 지하구
가. 전력·통신용의 전선이나 가스·냉난방용의 배관 또는 이와 비슷한 것을 집합 수용하기 위하여 설치한 지하 인공구조물로서 사람이 점검 또는 보수를 하기 위하여 출입이 가능한 것 중 다음의 어느 하나에 해당하는 것
  1) 전력 또는 통신사업용 지하 인공구조물로서 전력구(케이블 접속부가 없는 경우는 제외) 또는 통신구 방식으로 설치된 것

2) 1)외의 지하 인공구조물로서 **폭이 1.8 m 이상**이고 **높이가 2 m 이상**이며 **길이가 50 m 이상**
나. 공동구

13 다음 ( )안에 들어갈 내용으로 옳은 것은?

> "둘 이상의 특정소방대상물이 내화구조로 된 연결통로가 벽이 없는 구조로서 그 길이가 (㉠) 이하인 경우, 벽이 있는 구조로서 그 길이가 (㉡) 이하인 경우에는 하나의 소방대상물로 본다."

① ㉠ : 3m 이하, ㉡ : 5m 이하 ② ㉠ : 5m 이하, ㉡ : 3m 이하
③ ㉠ : 6m 이하, ㉡ : 10m 이하 ④ ㉠ : 10m 이하, ㉡ : 6m 이하

해설 내화구조로 된 연결통로가 다음의 어느 하나에 해당되는 경우
 1. 벽이 없는 구조로서 그 길이가 6 m 이하인 경우
 2. 벽이 있는 구조로서 그 길이가 10 m 이하인 경우

14 소방시설 설치 및 관리에 관한 법령상 복도 또는 통로로 연결된 둘 이상의 특정소방대상물을 하나의 소방대상물로 보지 않는 경우는?

① 내화구조로 된 연결통로가 벽이 없는 구조로서 길이가 10 m인 경우
② 내화구조가 아닌 연결통로로 연결된 경우
③ 지하보도, 지하상가, 지하가로 연결된 경우
④ 지하구로 연결된 경우

해설 하나의 소방대상물로 보는 경우
 1. 내화구조로 된 연결통로가 다음의 어느 하나에 해당되는 경우
  ① 벽이 없는 구조로서 그 길이가 6m 이하인 경우
  ② 벽이 있는 구조로서 그 길이가 10m 이하인 경우
 2. 내화구조가 아닌 연결통로로 연결된 경우
 3. 컨베이어로 연결되거나 플랜트설비의 배관 등으로 연결되어 있는 경우
 4. 지하보도, 지하상가, 지하가로 연결된 경우
 5. 방화셔터 또는 갑종 방화문이 설치되지 않은 피트로 연결된 경우
 6. 지하구로 연결된 경우

15 소방시설 설치 및 관리에 관한 법률상 내진설계를 적용하는 소방설비에 해당하지 않는 것은?

① 옥내소화전설비 ② 제연설비
③ 스프링클러설비 ④ 물분무등소화설비

정답 13. ③ 14. ① 15. ②

해설 내진설계를 적용하는 소방설비
옥내소화전설비, 스프링클러설비, 물분무등소화설비

16 건축허가등을 할 때 미리 누구의 동의를 받아야 하는가?
① 소방청장   ② 시·도지사
③ 행정안전부장관   ④ 소방서장

해설 건축허가 등을 할 때 미리 소방본부장 또는 소방서장의 동의를 받아야 한다.

17 건축허가등의 동의 대상물의 범위에 대한 기준으로 옳지 않은 것은?
① 연면적이 400 m² 이상   ② 위험물 저장 및 처리시설
③ 항공기격납고   ④ 연면적 200 m² 이상의 요양병원

해설 정신의료기관(입원실이 없는 정신건강의학과 의원 제외): 300 m² 이상, 요양병원은 면적무관

18 다음의 건축물 중에서 건축허가 등을 함에 있어 미리 소방본부장이나 소방서장의 동의를 받아야 하는 범위에 속하는 것은?
① 바닥면적 100 m²으로 주차장 층이 있는 시설
② 연면적 100 m²으로 수련시설이 있는 건축물
③ 바닥면적 100 m²으로 무창층의 공연장이 있는 건축물
④ 연면적 100 m²의 노유자시설이 있는 건축물

해설 건축허가 등의 동의 대상물의 범위
1. 연면적이 400 m² 이상인 건축물. 다만, 다음 각 목의 어느 하나에 해당하는 시설은 해당 목에서 정한 기준 이상인 건축물로 한다.
   가. 학교시설 : 100 m²
   나. 노유자시설(老幼者施設) 및 수련시설 : 200 m²
   다. 정신의료기관(입원실이 없는 정신건강의학과 의원 제외): 300 m²
   라. 장애인 의료재활시설 : 300 m²
2. 차고·주차장 또는 주차용도로 사용되는 시설로서 다음 각 목의 어느 하나에 해당하는 것
   가. 차고·주차장으로 사용되는 층 중 바닥면적이 200 m² 이상인 층이 있는 시설
   나. 승강기 등 기계장치에 의한 주차시설로서 자동차 20대 이상을 주차할 수 있는 시설
3. 항공기격납고, 관망탑, 항공관제탑, 방송용 송수신탑
4. 지하층 또는 무창층이 있는 건축물로서 바닥면적이 150 m²(공연장의 경우에는 100 m²) 이상인 층이 있는 것
5. 층수가 6층이상인 건축물
6. 위험물 저장 및 처리시설, 지하구
7. 요양병원

정답 16. ④ 17. ④ 18. ③

19 다음 중 건축허가 등의 동의대상에서 제외되는 경우가 아닌 것은?

① 특정소방대상물에 설치되는 소화기구가 화재안전기준에 적합한 경우 그 특정 소방대상물
② 특정소방대상물에 설치되는 피난기구가 화재안전기준에 적합한 경우 그 특정 소방대상물
③ 특정소방대상물에 설치되는 간이스프링클러설비가 화재안전기준에 적합한 경우 그 특정소방대상물
④ 특정소방대상물에 설치되는 유도등 또는 유도표지가 화재안전기준에 적합한 경우 그 특정소방대상물

> **해설** 건축허가 등의 동의대상에서 제외 : 소화기구, 누전경보기, 피난기구, 방열복·공기호흡기 및 인공소생기, 유도등 또는 유도표지가 화재안전기준에 적합한 경우

20 강의실의 수용인원 산정방법에 대한 설명으로 옳은 것은?

① 강의실의 의자 수
② 바닥면적의 합계를 1.9 m²로 나누어 얻은 수
③ 바닥면적의 합계를 3.0 m²로 나누어 얻은 수
④ 바닥면적의 합계를 4.6 m²로 나누어 얻은 수

> **해설** 강의실·교무실·상담실·실습실·휴게실 용도로 쓰이는 특정소방대상물 : 당해 용도로 사용하는 바닥면적의 합계를 1.9 m²로 나누어 얻은 수

21 강의실로 사용하는 바닥면적의 합계가 570 m²인 경우 수용인원은?

① 100명   ② 190명
③ 300명   ④ 380명

> **해설** 바닥면적의 합계(m²)/1.9 m² = 570 m²/1.9 m² = 300명

22 종사자 수 10명, 온돌방의 바닥면적 합계가 600 m²인 경우 수용인원은?

① 200명   ② 210명
③ 300명   ④ 310명

> **해설** 침대가 없는 숙박시설의 경우 수용인원
> 1. 해당 특정소방대상물의 종사자 수에 숙박시설 바닥면적의 합계를 3m²로 나누어 얻은 수를 합한 수
> 2. 10명 + 600m²/3m² = 210명

정답 19. ③ 20. ② 21. ③ 22. ②

23 다음 특정소방대상물 중 주방용 자동소화장치를 설치하여야 하는 것은?
① 30층 이상 오피스텔
② 지하가 중 터널로서 길이가 1,000m 이상인 터널
③ 지정문화재 및 가스시설
④ 항공기 격납고

해설 아파트 등 및 30층 이상 오피스텔의 모든 층

24 옥내소화전설비를 설치하여야 하는 특정소방대상물에 해당하지 않는 것은?
① 연면적 3천m^2 이상(지하가 중 터널은 제외한다)이거나 지하층·무창층 또는 층수가 4층 이상인 것 중 바닥면적이 600m^2 이상인 층이 있는 것은 모든 층
② 건축물의 옥상에 설치된 차고 또는 주차장으로서 차고 또는 주차의 용도로 사용되는 부분의 면적이 200m^2 이상인 것
③ 지하가 중 터널로서 길이가 1천m 이상인 터널
④ 근린생활시설, 판매시설, 운수시설, 의료시설, 노유자시설, 업무시설로서 연면적 1천5백m^2 이상이거나 지하층·무창층 또는 층수가 5층 이상인 층 중 바닥면적이 300m^2 이상인 층이 있는 것은 모든 층

해설 근린생활시설, 판매시설, 운수시설, 의료시설, 노유자시설, 업무시설, 숙박시설, 위락시설, 공장, 창고시설, 항공기 및 자동차 관련 시설, 교정 및 군사시설 중 국방·군사시설, 방송통신시설, 발전시설, 장례식장 또는 복합건축물로서 연면적 1천5백m^2 이상이거나 지하층·무창층 또는 층수가 4층 이상인 층 중 바닥면적이 300m^2 이상인 층이 있는 것은 모든 층

25 문화 및 집회시설(동·식물원은 제외한다), 종교시설(주요구조부가 목조인 것은 제외한다), 운동시설(물놀이형 시설은 제외한다)로서 모든 층에 스프링클러설비를 설치하지 않아도 되는 것은?
① 수용인원이 100명 이상인 것
② 영화상영관의 용도로 쓰이는 층의 바닥면적이 지하층 또는 무창층인 경우에는 500 m^2 이상, 그 밖의 층의 경우에는 1천 m^2 이상인 것
③ 무대부가 지하층·무창층 또는 4층 이상의 층에 있는 경우에는 무대부의 면적이 500 m^2 이상인 것
④ 무대부의 면적이 500 m^2 이상인 것

해설 문화 및 집회시설(동·식물원은 제외한다), 종교시설(주요구조부가 목조인 것은 제외한다), 운동시설(물놀이형 시설 및 바닥이 불연재료이고 관람석이 없는 운동시설은 제외한다)로서 다음의 어느 하나에 해당하는 경우에는 모든 층

정답 23. ① 24. ④ 25. ③

가) 수용인원이 100명 이상인 것
나) 영화상영관의 용도로 쓰이는 층의 바닥면적이 지하층 또는 무창층인 경우에는 500 m² 이상, 그 밖의 층의 경우에는 1천 m² 이상인 것
다) 무대부가 지하층·무창층 또는 4층 이상의 층에 있는 경우에는 무대부의 면적이 300 m² 이상인 것
라) 무대부가 다) 외의 층에 있는 경우에는 무대부의 면적이 500 m² 이상인 것

26 층수가 몇 층 이상인 특정소방대상물의 경우에 모든 층에 스프링클러설비를 설치하여야 하는가?

① 15층   ② 11층   ③ 8층   ④ 6층

해설 층수가 6층 이상인 특정소방대상물의 경우에는 모든 층.

27 근린생활시설로 사용하는 바닥면적 합계가 얼마 이상인 것은 모든 층에 간이스프링클러설비를 설치하여야 하는가?

① 300m²   ② 500m²   ③ 600m²   ④ 1,000m²

해설 근린생활시설로 사용하는 부분의 바닥면적 합계가 1천 m² 이상인 것은 모든 층

28 간이스프링클러설비를 설치하여야 할 특정소방대상물에 해당하는 것은?

① 근린생활시설로서 사용하는 바닥면적 합계가 500 m² 이상인 것은 모든 층
② 근린생활시설로서 사용하는 바닥면적 합계가 1천 m² 이상인 것은 모든 층
③ 교육연구시설 내에 있는 합숙소로서 연면적 150 m² 이상인 것
④ 교육연구시설 내에 있는 합숙소로서 연면적 100 m² 미만인 것

해설 ① 근린생활시설로 사용하는 부분의 바닥면적 합계가 1천m² 이상인 것은 모든 층
② 교육연구시설 내에 합숙소로서 연면적 100m² 이상인 것

29 물분무등소화설비를 설치하여야 하는 특정소방대상물이 아닌 것은?

① 항공기 및 자동차 관련 시설 중 항공기격납고
② 차고, 주차용 건축물 또는 철골 조립식 주차시설로서 연면적 600m² 이상인 것
③ 건축물 내부에 설치된 차고 또는 주차장으로서 차고 또는 주차의 용도로 사용되는 부분의 바닥면적의 합계가 200m² 이상인 것
④ 특정소방대상물에 설치된 전기실·발전실·변전실·축전지실·통신기기실 또는 전산실, 그 밖에 이와 비슷한 것으로서 바닥면적이 300m² 이상인 것

정답 26. ④   27. ④   28. ②   29. ②

해설 차고, 주차용 건축물 또는 철골 조립식 주차시설. 이 경우 연면적 800 m² 이상인 것만 해당

30 지상 1층 및 2층의 바닥면적의 합계가 얼마 이상인 경우에 옥외소화전설비를 설치하는가?
① 3,000 m²
② 6,000 m²
③ 9,000 m²
④ 12,000 m²

해설 지상 1층 및 2층의 바닥면적의 합계가 9천 m² 이상인 것. 이 경우 같은 구(區)내의 둘 이상의 특정소방대상물이 행정안전부령으로 정하는 연소(延燒)우려가 있는 구조인 경우에는 이를 하나의 특정소방대상물로 본다.

31 비상방송설비를 설치하여야 할 특정 소방대상물은?
① 지하층을 포함한 층수가 10층 이상인 것
② 연면적 3,500 m² 이상인 것
③ 지하층의 층수가 2개 층 이상인 것
④ 사람이 거주하지 않거나 벽이 없는 축사 등 동물 및 식물 관련시설인 것

해설 비상방송설비 설치대상
 1) 연면적 3천5백 m² 이상인 것은 모든 층
 2) 층수가 11층 이상인 것은 모든 층
 3) 지하층의 층수가 3층 이상인 것은 모든 층

32 자동화재탐지설비를 설치하여야 할 특정소방대상물이 아닌 것은?
① 목욕장, 정신의료기관 또는 요양병원, 숙박시설, 위락시설, 장례식장 및 복합건축물로서 연면적 600 m² 이상인 것
② 근린생활시설 중 목욕장, 문화 및 집회시설, 종교시설, 판매시설, 운수시설, 운동시설, 업무시설, 공장, 창고시설, 위험물 저장 및 처리 시설, 항공기 및 자동차 관련 시설, 교정 및 군사시설 중 국방·군사시설, 방송통신시설, 발전시설, 관광 휴게시설, 지하가(터널은 제외한다)로서 연면적 1천 m² 이상인 경우에는 모든 층
③ 지하가 중 터널로서 길이가 1천 m 이상인 것
④ 정신의료기관 또는 의료재활시설로 사용되는 바닥면적의 합계가 300 m² 이상인 시설

해설 근린생활시설(목욕장은 제외한다), 의료시설(정신의료기관 및 요양병원은 제외한다), 위락시설, 장례시설 및 복합건축물로서 연면적 600 m² 이상인 경우에는 모든 층

정답 30. ③ 31. ② 32. ①

33 자동화재속보설비를 설치해야 하는 특정소방대상물로 틀린 것은?(다만, 방재실 등 화재수신기가 설치된 장소에 24시간 화재를 감시할 수 있는 사람이 근무하고 있는 경우는 제외)

① 노유자 생활시설
② 노유자 시설로서 바닥면적이 1500 m² 이상인 층이 있는 것
③ 수련시설(숙박시설이 있는 것만 해당한다)로서 바닥면적이 500 m² 이상인 층이 있는 것
④ 판매시설 중 전통시장

해설 노유자 시설로서 바닥면적이 500 m² 이상인 층이 있는 것

34 교육연구시설 내에 있는 기숙사 또는 합숙소로서 연면적이 얼마인 경우에 단독경보형감지기를 설치하여야 하는가?

① 1,000 m² 미만
② 1,000 m² 이상
③ 2,000 m² 미만
④ 2,000 m² 이상

해설 단독경보형감지기 설치대상
1) 교육연구시설 내에 있는 기숙사 또는 합숙소로서 연면적 2천 m² 미만인 것
2) 수련시설 내에 있는 기숙사 또는 합숙소로서 연면적 2천 m² 미만인 것
3) 다목7)에 해당하지 않는 수련시설(숙박시설이 있는 것만 해당한다)
4) 연면적 400 m² 미만의 유치원
5) 공동주택 중 연립주택 및 다세대주택

35 비상경보설비를 설치해야 하는 특정소방대상물이 아닌 것은?

① 연면적 400 m² 이상인 것은 모든 층
② 50명 이상의 근로자가 작업하는 옥내 작업장
③ 지하가 중 터널로서 길이가 1000 m 이상인 것
④ 지하층 또는 무창층의 바닥면적이 150 m²(공연장의 경우 100 m²) 이상인 것은 모든 층

해설 지하가 중 터널로서 길이가 500 m 이상인 것

36 다음 ( )안에 들어갈 내용으로 알맞은 것은?

"방열복 또는 방화복(안전모, 보호장갑 및 안전화를 포함한다), 인공소생기 및 공기호흡기를 설치해야 하는 특정소방대상물: 지하층을 포함하는 층수가 (㉠) 이상인 것 중 (㉡) 용도로 사용하는 층 "

정답 33. ② 34. ③ 35. ③ 36. ③

① ㉠ 7, ㉡ 병원 ② ㉠ 5, ㉡ 병원
③ ㉠ 7, ㉡ 관광호텔 ④ ㉠ 5, ㉡ 관광호텔

해설 인명구조기구
1) 방열복 또는 방화복(안전모, 보호장갑 및 안전화를 포함한다), 인공소생기 및 공기호흡기를 설치해야 하는 특정소방대상물: 지하층을 포함하는 층수가 7층 이상인 것 중 관광호텔 용도로 사용하는 층
2) 방열복 또는 방화복(안전모, 보호장갑 및 안전화를 포함한다) 및 공기호흡기를 설치해야 하는 특정소방대상물: 지하층을 포함하는 층수가 5층 이상인 것 중 병원 용도로 사용하는 층

37 비상조명등을 설치하여야 할 특정소방대상물로 옳은 것은?
① 지하층을 포함하는 층수가 5층 이상, 연면적 3,000㎡ 이상
② 지하층을 포함하는 층수가 5층 이상, 연면적 5,000㎡ 이상
③ 지하층을 제외하는 층수가 5층 이상, 연면적 3,000㎡ 이상
④ 지하층을 제외하는 층수가 5층 이상, 연면적 5,000㎡ 이상

해설 비상조명등 설치대상
1) 지하층을 포함하는 층수가 5층 이상인 건축물로서 연면적 3천㎡ 이상인 경우에는 모든 층
2) 1)에 해당하지 않는 특정소방대상물로서 그 지하층 또는 무창층의 바닥면적이 450㎡ 이상인 경우에는 해당 층
3) 지하가 중 터널로서 그 길이가 500m 이상인 것

38 휴대용비상조명등의 설치대상 중 괄호 안에 들어갈 내용으로 옳은 것은?
"수용인원 (　) 이상의 영화상영관, 판매시설 중 대규모점포, 철도 및 도시철도 시설 중 지하역사, 지하가 중 지하상가"

① 50명 ② 100명 ③ 200명 ④ 300명

해설 휴대용비상조명등 설치대상
1) 숙박시설
2) 수용인원 100명 이상의 영화상영관, 판매시설 중 대규모점포, 철도 및 도시철도 시설 중 지하역사, 지하가 중 지하상가

39 가스시설로서 지상에 노출된 탱크의 저장용량의 합계가 몇 톤 이상인 경우에 상수도소화용수설비를 설치하여야 하는가?

① 30톤 ② 50톤 ③ 100톤 ④ 200톤

정답 37. ① 38. ② 39. ③

해설 상수도소화용수설비 설치대상
1. 연면적 5천m² 이상인 것. 다만, 위험물 저장 및 처리 시설 중 가스시설, 지하가 중 터널 또는 지하구의 경우에는 그러하지 아니하다.
2. 가스시설로서 지상에 노출된 탱크의 저장용량의 합계가 100톤 이상인 것
3. 자원순환 관련 시설 중 폐기물재활용시설 및 폐기물처분시설

40 소화활동설비에서 제연설비를 설치하여야 하는 특정소방대상물의 기준으로 틀린 것은?
① 문화 및 집회시설로서 무대부의 바닥면적이 200m² 이상인 것
② 지하층에 설치된 근린생활시설로서 바닥면적의 합계가 1천m² 이상인 것
③ 지하가(터널을 제외)로서 연면적이 1,000m² 이상인 것
④ 문화 및 집회시설 중 영화상영관으로서 수용인원 150명 이상인 것

해설
1. 문화 및 집회시설, 종교시설, 운동시설로서 무대부의 바닥면적이 200m² 이상인 경우에는 해당 무대부
2. 문화 및 집회시설 중 영화상영관으로서 수용인원 100명 이상인 경우에는 해당 영화상영관

41 연결송수관설비를 설치하여야 하는 특정소방대상물이 아닌 것은?
① 지하층을 포함한 층수가 5층 이상으로서 연면적 6천m² 이상인 것
② 지하층을 포함하는 층수가 7층 이상인 것
③ 지하층의 층수가 3층 이상이고 지하층의 바닥면적의 합계가 1천m² 이상인 것
④ 지하가 중 터널로서 길이가 1천m 이상인 것

해설 연결송수관설비의 설치대상
1. 층수가 5층 이상으로서 연면적 6천m² 이상인 경우에는 모든 층
2. 지하층을 포함하는 층수가 7층 이상인 경우에는 모든 층
3. 지하층의 층수가 3층 이상이고 지하층의 바닥면적의 합계가 1천m² 이상인 경우에는 모든 층
4. 지하가 중 터널로서 길이가 1천m 이상인 것

42 판매시설, 운수시설, 창고시설 중 물류터미널로서 해당 용도로 사용되는 부분의 바닥면적의 합계가 얼마 이상인 특정소방대상물에는 연결살수설비를 설치하여야 하는가?
① 500m²   ② 1,000m²   ③ 1,500m²   ④ 2,000m²

해설
1. 판매시설, 운수시설, 창고시설 중 물류터미널로서 해당 용도로 사용되는 부분의 바닥면적의 합계가 1천m² 이상인 것

43 지하가 중 터널로서 길이가 몇 m 이상인 경우에는 비상콘센트설비를 설치하여야 하는가?
① 100m   ② 500m   ③ 1,000m   ④ 3,000m

정답 40. ④ 41. ① 42. ② 43. ②

[해설] 비상콘센트설비 설치대상
1. 층수가 11층 이상인 특정소방대상물의 경우에는 11층 이상의 층
2. 지하층의 층수가 3층 이상이고 지하층의 바닥면적의 합계가 1천m² 이상인 것은 지하층의 모든 층
3. 지하가 중 터널로서 길이가 500m 이상인 것

44 층수가 30층인 특정소방대상물에 무선통신보조설비를 설치하는 경우 몇 층 이상 부분의 모든 층에 설치하여야 하는가?
① 11층 이상
② 13층 이상
③ 16층 이상
④ 20층 이상

[해설] 층수가 30층 이상인 것으로서 16층 이상 부분의 모든 층

45 다음 중 무선통신보조설비를 반드시 설치하여야 하는 특정소방대상물로 볼 수 없는 것은?
① 지하층의 층수가 3개층으로 지하층의 바닥면적의 합계가 1,000 m²인 경우
② 층수가 30층 이상인 것으로서 15층 이상 부분의 모든 층
③ 지하가 중 터널로서 길이가 1,000 m인 경우
④ 지하가(터널은 제외한다.)의 연면적이 1,000 m²인 경우

[해설] 층수가 30층 이상인 것으로서 16층 이상 부분의 모든 층

46 주택에 설치하는 소방시설은?
① 소화기, 간이스프링클러설비
② 소화기, 비상경보설비
③ 소화기, 자동화재탐지설비
④ 소화기, 단독경보형감지기

[해설] 주택용소방시설 : 소화기, 단독경보형감지기

47 성능위주설계를 하여야 하는 특정소방대상물의 범위로 옳지 않은 것은?
① 터널 중 수저(水底)터널 또는 길이가 5천미터 이상인 것
② 연면적이 3만 m² 이상인 철도 및 도시철도 시설, 공항시설
③ 하나의 건축물에 영화상영관이 10개 이상인 특정소방대상물
④ 연면적 20만 m² 이상인 아파트등

정답 44. ③ 45. ② 46. ④ 47. ④

해설 성능위주설계를 하여야 하는 특정소방대상물의 범위
1. 연면적 20만제곱미터 이상인 특정소방대상물. 다만, 아파트등(이하 "아파트등"이라 한다)은 제외한다.
2. 50층 이상(지하층은 제외한다)이거나 지상으로부터 높이가 200미터 이상인 아파트등
3. 30층 이상(지하층을 포함한다)이거나 지상으로부터 높이가 120미터 이상인 특정소방대상물(아파트등은 제외한다)
4. 연면적 3만제곱미터 이상인 특정소방대상물로서 다음 각 목의 어느 하나에 해당하는 특정소방대상물
   가. 철도 및 도시철도 시설
   나. 공항시설
5. 창고시설 중 연면적 10만제곱미터 이상인 것 또는 지하층의 층수가 2개 층 이상이고 지하층의 바닥면적의 합계가 3만제곱미터 이상인 것
6. 하나의 건축물에 영화상영관이 10개 이상인 특정소방대상물
7. 지하연계 복합건축물에 해당하는 특정소방대상물
8. 터널 중 수저(水底)터널 또는 길이가 5천미터 이상인 것

48 다음 중 임시소방시설의 종류에 해당하지 않는 것은?

① 방화포
② 간이소화장치
③ 비상경보장치
④ 누전경보기

해설 임시소방설의 종류
: 소화기, 간이소화장치, 비상경보장치, 가스누설경보기, 간이피난유도선, 비상조명등, 방화포

49 간이소화장치는 연면적 몇 m2 이상의 공사 작업현장에 설치하여야 하는가?

① 1,000
② 2,000
③ 3,000
④ 5,000

해설 간이소화장치 : 다음의 어느 하나에 해당하는 공사의 작업현장에 설치한다.
1. 연면적 3천 m^2 이상
2. 지하층, 무창층 또는 4층 이상의 층. 이 경우 해당층의 바닥면적이 600 m^2 이상인 경우만 해당

50 비상경보장치는 해당 층의 바닥면적이 얼마 이상인 지하층 또는 무창층에 설치하여야 하는가?

① 150m^2 이상
② 300m^2 이상
③ 400m^2 이상
④ 600m^2 이상

해설 비상경보장치: 다음의 어느 하나에 해당하는 공사의 작업현장에 설치한다.
1. 연면적 400 m^2 이상
2. 지하층 또는 무창층. 이 경우 해당층의 바닥면적이 150 m^2 이상

정답 48. ④ 49. ③ 50. ①

51 간이소화장치를 설치하는 것으로 보는 소방시설은 다음 중 어느 것인가?
① 옥내소화전설비
② 비상방송설비
③ 자동화재탐지설비
④ 스프링클러설비

해설 임시소방시설과 기능 및 성능이 유사한 소방시설로서 임시소방시설을 설치한 것으로 보는 소방시설
1. 간이소화장치를 설치한 것으로 보는 소방시설: 소방청장이 정하여 고시하는 기준에 맞는 소화기(연결송수관설비의 방수구 인근에 설치한 경우로 한정한다) 또는 옥내소화전설비
2. 비상경보장치를 설치한 것으로 보는 소방시설: 비상방송설비 또는 자동화재탐지설비
3. 간이피난유도선을 설치한 것으로 보는 소방시설: 피난유도선, 피난구유도등, 통로유도등 또는 비상조명등

52 의료시설에 강화된 소방시설기준을 적용해야 하는 설비가 아닌 것은?
① 피난설비
② 자동화재속보설비
③ 자동화재탐지설비
④ 스프링클러설비

해설 강화된 소방시설기준의 적용대상
1. 노유자(老幼者)시설 : 간이스프링클러설비, 자동화재탐지설비 및 단독경보형감지기
2. 의료시설 : 스프링클러설비, 간이스프링클러설비, 자동화재탐지설비 및 자동화재속보설비

53 전력 및 통신사업용 지하구에 강화된 기준을 적용해야 하는 소방시설이 아닌 것은?
① 연소방지설비
② 스프링클러설비
③ 통합감시시설
④ 자동화재탐지설비

해설 전력 및 통신사업용 지하구, 공동구
: 소화기, 자동소화장치, 자동화재탐지설비, 통합감시시설, 유도등 및 연소방지설비

54 상수도소화용수설비를 설치하여야 하는 특정소방대상물의 각 부분으로 부터 수평거리 몇 m 이내에 공공의 소방을 위한 소화전이 화재안전기준에 적합하게 설치되어 있는 경우에는 설치가 면제 되는가?
① 100m
② 120m
③ 140m
④ 180m

해설 특정소방대상물의 각 부분으로부터 수평거리 140m 이내에 공공의 소방을 위한 소화전이 화재안전기준에 적합하게 설치되어 있는 경우에는 설치가 면제된다.

정답 51. ①　52. ①　53. ②　54. ③

55 소방본부장 또는 소방서장이 옥내소화전설비의 설치가 곤란하다고 인정하는 경우로서 호스릴방식의 무슨 소화설비를 화재안전기준에 적합하게 설치한 경우에는 그 설비의 유효범위에서 설치가 면제되는가?

① 물분무소화설비 ② 미분무소화설비
③ 옥내소화전설비 ④ 포소화전설비

해설 소방본부장 또는 소방서장이 옥내소화전설비의 설치가 곤란하다고 인정하는 경우로서 호스릴 방식의 미분무소화설비 또는 옥외소화전설비를 화재안전기준에 적합하게 설치한 경우

56 다음 ( )에 들어갈 용어가 순서대로 잘 나열된 것은?

> "직접 외부 공기와 통하는 배출구의 면적의 합계가 해당 제연구역 바닥면적의 ( ) 이상이고, 배출구부터 각 부분까지의 수평거리가 ( ) 이내이며, 공기유입구가 화재안전기준에 적합하게 설치되어 있는 경우에는 제연설비의 설치가 면제된다."

① 100분의 1, 10m   ② 100분의 1, 30m
③ 10분의 1, 10m   ④ 10분의 1, 30m

해설 직접 외부 공기와 통하는 배출구의 면적의 합계가 해당 제연구역[제연경계(제연설비의 일부인 천장을 포함한다)에 의하여 구획된 건축물 내의 공간을 말한다] 바닥면적의 100분의 1 이상이고, 배출구부터 각 부분까지의 수평거리가 30m 이내이며, 공기유입구가 화재안전기준에 적합하게(외부 공기를 직접 자연 유입할 경우에 유입구의 크기는 배출구의 크기 이상이어야 한다) 설치되어 있는 경우

57 옥외소화전설비를 설치하여야 하는 보물 또는 국보로 지정된 목조문화재에 어떤 설비를 옥외소화전설비의 화재안전기준에서 정하는 방수압력·방수량·옥외소화전함 및 호스의 기준에 적합하게 설치한 경우에는 설치가 면제 되는가?

① 상수도소화용수설비
② 연결송수관설비
③ 옥내소화전설비
④ 연결살수설비

해설 옥외소화전설비를 설치하여야 하는 보물 또는 국보로 지정된 목조문화재에 상수도소화용수설비를 옥외소화전설비의 화재안전기준에서 정하는 방수압력·방수량·옥외소화전함 및 호스의 기준에 적합하게 설치한 경우에는 설치가 면제된다.

정답 55. ② 56. ② 57. ①

58 기존 부분에 대해서는 증축 당시의 소방시설의 설치에 관한 대통령령 또는 화재안전기준을 적용하지 않는 기준으로 옳지 않은 것은?

① 기존 부분과 증축 부분이 내화구조(耐火構造)로 된 바닥과 벽으로 구획된 경우
② 기존 부분과 증축 부분이 자동방화셔터를 제외한 60분+ 방화문으로 구획되어 있는 경우
③ 자동차 생산공장 등 화재 위험이 낮은 특정소방대상물 내부에 연면적 33m2 이하의 직원 휴게실을 증축하는 경우
④ 자동차 생산공장 등 화재 위험이 낮은 특정소방대상물에 캐노피(기둥으로 받치거나 매달아 놓은 덮개를 말하며, 3면 이상에 벽이 없는 구조의 것)를 설치하는 경우

해설 기존 부분에 대해서는 증축 당시의 소방시설의 설치에 관한 대통령령 또는 화재안전기준을 적용하지 않는 경우
1. 기존 부분과 증축 부분이 내화구조(耐火構造)로 된 바닥과 벽으로 구획된 경우
2. 기존 부분과 증축 부분이 자동방화셔터 또는 60분+ 방화문으로 구획되어 있는 경우
3. 자동차 생산공장 등 화재 위험이 낮은 특정소방대상물 내부에 연면적 33 m^2 이하의 직원 휴게실을 증축하는 경우
4. 자동차 생산공장 등 화재 위험이 낮은 특정소방대상물에 캐노피(기둥으로 받치거나 매달아 놓은 덮개를 말하며, 3면 이상에 벽이 없는 구조의 것)를 설치하는 경우

59 화재안전기준을 적용하기 어려운 정수장, 수영장, 목욕장, 농예·축산·어류양식용 시설 등에 설치하지 않을 수 있는 소방시설이 아닌 것은?

① 자동화재탐지설비　　　　② 연결살수설비
③ 상수도소화용수설비　　　④ 스프링클러설비

해설 정수장, 수영장, 목욕장, 농예·축산·어류양식용 시설의 소방시설 설치 제외 : 자동화재탐지설비, 상수도소화용수설비 및 연결살수설비

60 원자력발전소, 중·저준위방사성폐기물의 저장시설과 같이 화재안전기준을 달리 적용해야 하는 특수한 용도 또는 구조를 가진 특정소방대상물에 제외 가능한 소방시설의 종류로 옳은 것은?

① 스프링클러설비 및 연결살수설비
② 자동화재탐지설비 및 옥내소화전설비
③ 연결송수관설비 및 연결살수설비
④ 옥외소화전 및 연결살수설비

해설 화재안전기준을 달리 적용해야 하는 특수한 용도 또는 구조를 가진 특정소방대상물
: 연결송수관설비 및 연결살수설비

정답 58. ②　59. ④　60. ③

61 방염성능기준 이상의 실내장식물 등을 설치하여야 하는 특정소방대상물에 해당되지 않는 것은?

① 근린생활시설 중 체력단련장　　② 숙박시설
③ 층수가 11층 이상인 아파트　　　④ 의료시설

해설 층수가 11층 이상인 것(아파트는 제외한다)

62 방염성능기준에 대한 설명으로 옳지 않은 것은?

① 버너의 불꽃을 제거한 때부터 불꽃을 올리며 연소하는 상태가 그칠 때까지 시간은 20초 이내일 것
② 버너의 불꽃을 제거한 때부터 불꽃을 올리지 아니하고 연소하는 상태가 그칠 때까지 시간은 30초 이내일 것
③ 탄화(炭化)한 면적은 50 cm² 이내, 탄화한 길이는 30 cm 이내일 것
④ 불꽃에 의하여 완전히 녹을 때까지 불꽃의 접촉 횟수는 3회 이상일 것

해설 탄화(炭火)한 면적은 50 cm² 이내, 탄화한 길이는 20 cm 이내일 것

63 다음 중 방염대상물품에 해당되지 않는 것은?

① 창문에 설치하는 커튼류(블라인드를 포함한다)
② 벽지류(두께가 2밀리미터 미만인 종이벽지는 제외한다)
③ 암막·무대막(영화상영관에 설치하는 스크린과 가상체험 체육시설업에 설치하는 스크린을 제외한다)
④ 섬유류 또는 합성수지류 등을 원료로 하여 제작된 소파·의자(단란주점영업, 유흥주점영업 및 노래연습장업의 영업장에 설치하는 것으로 한정한다)

해설 암막·무대막(영화상영관에 설치하는 스크린과 가상체험 체육시설업에 설치하는 스크린을 포함한다)

64 중앙소방기술심의위원회(중앙위원회) 심의사항이 아닌 것은?

① 화재안전기준에 관한 사항
② 소방시설의 구조 및 원리 등에서 공법이 특수한 설계 및 시공에 관한 사항
③ 새로운 소방시설과 소방용품 등의 도입 여부에 관한 사항
④ 소방시설에 하자가 있는지의 판단에 관한 사항

해설 소방시설에 하자가 있는지의 판단에 관한 사항→지방소방기술심의위원회(지방위원회) 심의사항

정답　61. ③　62. ③　63. ③　64. ④

65
"연소방지설비를 설치해야 하는 특정소방대상물에 (   ), (   ), (   )를 화재안전기준에 적합하게 설치한 경우에는 그 설비의 유효범위에서 설치가 면제된다." (   )에 들어갈 설비가 아닌 것은?

① 스프링클러설비
② 물분무소화설비
③ 미분무소화설비
④ 옥내소화전설비

해설 연소방지설비 설치제외
연소방지설비를 설치해야 하는 특정소방대상물에 스프링클러설비, 물분무소화설비 또는 미분무소화설비를 화재안전기준에 적합하게 설치한 경우에는 그 설비의 유효범위에서 설치가 면제된다.

66
최초점검이란 소방시설이 새로 설치되는 경우「건축법」제22조에 따라 건축물을 사용할 수 있게 된 날부터 며칠 이내 점검하는 것을 말하는가?

① 30일
② 120일
③ 90일
④ 60일

해설 최초점검
최초점검이란 소방시설이 새로 설치되는 경우「건축법」제22조에 따라 건축물을 사용할 수 있게 된 날부터 60일 이내 점검하는 것

67
작동점검에 대한 내용으로 옳지 않은 것은?

① 종합점검 대상은 종합점검을 받은 달부터 6개월이 되는 달에 실시한다.
② 주택전용 간이스프링클러설비는 관계인이 점검할 수 있다.
③ 제조소등, 특급소방안전관리대상물은 작동점검 대상이 아니다.
④ 작동점검은 연 1회 이상 실시한다.

해설 간이스프링클러설비(**주택전용 간이스프링클러설비는 제외**한다) 또는 같은 표 제2호다목의 자동화재탐지설비가 설치된 특정소방대상물
가) **관계인**
나) 관리업에 등록된 기술인력 중 소방시설관리사
다) 「소방시설공사업법 시행규칙」별표 4의2에 따른 특급점검자
라) 소방안전관리자로 선임된 소방시설관리사 및 소방기술사

정답 65. ④ 66. ④ 67. ②

68 종합점검의 대상으로 틀린 것은?

① 스프링클러설비가 설치된 특정소방대상물
② 호스릴(Hose Reel) 방식의 물분무등소화설비가 설치된 연면적 5,000 m² 이상인 특정소방대상물(제조소등은 제외)
③ 제연설비가 설치된 터널
④ 공공기관 중 연면적(터널·지하구의 경우 그 길이와 평균 폭을 곱하여 계산된 값을 말한다)이 1,000 m² 이상인 것으로서 옥내소화전설비 또는 자동화재탐지설비가 설치된 것

해설 물분무등소화설비[호스릴(Hose Reel) 방식의 물분무등소화설비만을 설치한 경우는 제외]가 설치된 연면적 5,000 m² 이상인 특정소방대상물(제조소등은 제외)

69 괄호 안의 번호에 들어갈 내용으로 옳은 것은?

> 공공기관의 장은 공공기관에 설치된 소방시설등의 유지·관리상태를 맨눈 또는 신체감각을 이용하여 점검하는 외관점검을 (㉠) 이상 실시(작동점검 또는 종합점검을 실시한 달에는 실시하지 않을 수 있다)하고, 그 점검 결과를 (㉡) 자체 보관해야 한다. 이 경우 외관점검의 점검자는 해당 특정소방대상물의 관계인, 소방안전관리자 또는 관리업자(소방시설관리사를 포함하여 등록된 기술인력을 말한다)로 해야 한다.

① ㉠ 월 1회, ㉡ 1년간
② ㉠ 월 1회, ㉡ 3년간
③ ㉠ 월 1회, ㉡ 2년간
④ ㉠ 월 1회, ㉡ 4년간

해설 공공기관의 장은 공공기관에 설치된 소방시설등의 유지·관리상태를 맨눈 또는 신체감각을 이용하여 점검하는 외관점검을 (㉠ **월 1회**) 이상 실시(작동점검 또는 종합점검을 실시한 달에는 실시하지 않을 수 있다)하고, 그 점검 결과를 (㉡ **2년간**) 자체 보관해야 한다. 이 경우 외관점검의 점검자는 해당 특정소방대상물의 관계인, 소방안전관리자 또는 관리업자(소방시설관리사를 포함하여 등록된 기술인력을 말한다)로 해야 한다.

70 공동주택(아파트 등에 한정) 세대별 점검방법 중 관리자(관리소장, 입주자대표회의 및 소방안전관리자를 포함한다. 이하 같다) 및 입주민(세대 거주자를 말한다)은 몇 년 이내 모든 세대에 대하여 점검을 해야 하는가?

① 4년
② 3년
③ 2년
④ 1년

해설 관리자(관리소장, 입주자대표회의 및 소방안전관리자를 포함한다. 이하 같다) 및 입주민(세대 거주자를 말한다)은 **2년 이내** 모든 세대에 대하여 점검을 해야 한다

정답 68. ② 69. ③ 70. ③

71
"아파트등 세대별 점검방법 중 관리자는 수신기에서 원격 점검이 불가능한 경우 매년 작동점검만 실시하는 공동주택은 1회 점검 시 마다 전체 세대수의 (㉠) 이상, 종합점검을 실시하는 공동주택은 1회 점검 시 마다 전체 세대수의 (㉡) 이상 점검하도록 자체점검 계획을 수립·시행해야 한다." ( )안에 들어갈 내용을 옳은 것은?

① ㉠ 50퍼센트, ㉡ 50퍼센트
② ㉠ 60퍼센트, ㉡ 40퍼센트
③ ㉠ 50퍼센트, ㉡ 30퍼센트
④ ㉠ 30퍼센트, ㉡ 50퍼센트

해설 관리자는 수신기에서 원격 점검이 불가능한 경우 매년 작동점검만 실시하는 공동주택은 1회 점검 시 마다 전체 세대수의 50퍼센트 이상, 종합점검을 실시하는 공동주택은 1회 점검 시 마다 전체 세대수의 30퍼센트 이상 점검하도록 자체점검 계획을 수립·시행해야 한다.

72
자체점검 결과의 조치사항 중 해당 특정소방대상물의 소방시설등이 신설된 경우: 건축물을 사용할 수 있게 된 날부터 며칠이내 관계인에게 제출해야 하는가?

① 10일
② 15일
③ 20일
④ 60일

해설 해당 특정소방대상물의 소방시설등이 신설된 경우: 건축물을 사용할 수 있게 된 날부터 60일이내 관계인에게 제출

73
괄호 안의 번호에 들어갈 내용으로 옳은 것은?

> ① 관리업자 또는 소방안전관리자로 선임된 소방시설관리사 및 소방기술사(이하 "관리업자등")는 점검이 끝난 날부터 (㉠)에 관계인에게 제출
> ② 자체점검 실시결과 보고서를 제출받거나 스스로 자체점검을 실시한 관계인은 자체점검이 끝난 날부터 (㉡) 소방본부장 또는 소방서장에게 제출

① ㉠ 5일 이내, ㉡ 10일 이내
② ㉠ 15일 이내, ㉡ 10일 이내
③ ㉠ 10일 이내, ㉡ 15일 이내
④ ㉠ 10일 이내, ㉡ 20일 이내

해설 ① 관리업자 또는 소방안전관리자로 선임된 소방시설관리사 및 소방기술사(이하 "관리업자등")는 점검이 끝난 날부터 10일 이내에 관계인에게 제출
② 자체점검 실시결과 보고서를 제출받거나 스스로 자체점검을 실시한 관계인은 자체점검이 끝난 날부터 15일 이내 소방본부장 또는 소방서장에게 제출

정답 71. ③ 72. ④ 73. ③

74 괄호 안의 번호에 들어갈 내용으로 옳은 것은?

> 소방시설등의 자체점검 결과 이행계획서를 보고받은 소방본부장 또는 소방서장은 다음 각 호의 구분에 따라 이행계획의 완료 기간을 정하여 관계인에게 통보해야 한다.
> 다만, 소방시설등에 대한 수리·교체·정비의 규모 또는 절차가 복잡하여 다음 각 호의 기간 내에 이행을 완료하기가 어려운 경우에는 그 기간을 달리 정할 수 있다.
> 1. 소방시설등을 구성하고 있는 기계·기구를 수리하거나 정비하는 경우: 보고일부터 (㉠) 이내
> 2. 소방시설등의 전부 또는 일부를 철거하고 새로 교체하는 경우: 보고일부터 (㉡) 이내

① ㉠ 20일, ㉡ 10일　　② ㉠ 10일, ㉡ 20일
③ ㉠ 20일, ㉡ 30일　　④ ㉠ 30일, ㉡ 20일

해설 소방시설등의 자체점검 결과 이행계획서를 보고받은 소방본부장 또는 소방서장은 다음 각 호의 구분에 따라 이행계획의 완료 기간을 정하여 관계인에게 통보해야 한다. 다만, 소방시설등에 대한 수리·교체·정비의 규모 또는 절차가 복잡하여 다음 각 호의 기간 내에 이행을 완료하기가 어려운 경우에는 그 기간을 달리 정할 수 있다.
1. 소방시설등을 구성하고 있는 기계·기구를 수리하거나 정비하는 경우: 보고일부터 10일 이내
2. 소방시설등의 전부 또는 일부를 철거하고 새로 교체하는 경우: 보고일부터 20일 이내

75 소방시설등의 자체점검의 면제 또는 연기사유에 해당하는 것은?

> ㉠ 「재난 및 안전관리 기본법」 제3조제1호에 해당하는 재난이 발생한 경우
> ㉡ 경매 등의 사유로 소유권이 변동 중이거나 변동된 경우
> ㉢ 관계인의 질병, 사고, 장기출장의 경우
> ㉣ 그 밖에 관계인이 운영하는 사업에 부도 또는 도산 등 중대한 위기가 발생하여 자체점검을 실시하기 곤란한 경우

① ㉠, ㉢, ㉣　　② ㉡, ㉢, ㉣
③ ㉠, ㉡, ㉢　　④ ㉠, ㉡, ㉢, ㉣

해설 소방시설등의 자체점검의 면제 또는 연기
1. 「재난 및 안전관리 기본법」 제3조제1호에 해당하는 재난이 발생한 경우
2. 경매 등의 사유로 소유권이 변동 중이거나 변동된 경우
3. 관계인의 질병, 사고, 장기출장의 경우
4. 그 밖에 관계인이 운영하는 사업에 부도 또는 도산 등 중대한 위기가 발생하여 자체점검을 실시하기 곤란한 경우

정답 74. ②　75. ④

76 소방본부장 또는 소방서장은 건축허가 등의 동의요구서류를 접수한 날부터 며칠 이내에 건축허가 등의 동의여부를 회신하여야 하는가?(단, 허가 신청 한 건축물은 특급소방안전관리대상물이다.)

① 5일　　　　② 10일　　　　③ 14일　　　　④ 30일

해설　건축허가 등의 동의여부 회신
　　　1. 5일 이내 : 일반시설
　　　2. 10일 이내 : 특급소방안전관리대상물

77 소방본부장 또는 소방서장은 동의 요구서 및 첨부서류의 보완이 필요한 경우에는 며칠 이내의 기간을 정하여 보완을 요구할 수 있는가?

① 2일　　　　② 3일　　　　③ 4일　　　　④ 7일

해설　소방본부장 또는 소방서장은 동의 요구서 및 첨부서류의 보완이 필요한 경우에는 4일 이내의 기간을 정하여 보완을 요구할 수 있다.

78 건축허가 등을 취소하였을 때에는 취소한 날부터 며칠 이내에 건축물 등의 시공지 또는 소재지를 관할하는 소방본부장 또는 소방서장에게 그 사실을 통보하여야 하는가?

① 2일　　　　② 3일　　　　③ 7일　　　　④ 10일

해설　건축허가 등을 취소하였을 때에는 취소한 날부터 7일 이내에 건축물 등의 시공지 또는 소재지를 관할하는 소방본부장 또는 소방서장에게 그 사실을 통보하여야 한다.

79 소방시설등의 자체점검 시 관리업자가 점검하는 경우에 점검인력 1단위라 함은?

① 소방시설관리사 또는 특급점검자 1명과 보조 기술인력 1명
② 소방시설관리사 또는 특급점검자 1명과 보조 기술인력 2명
③ 소방시설관리사 또는 특급점검자 1명과 보조 기술인력 3명
④ 소방시설관리사 또는 특급점검자 1명과 보조 기술인력 4명

해설　점검인력 1단위 중 관리업자가 점검하는 경우에는 소방시설관리사 또는 특급점검자 1명과 영 보조 기술인력 2명을 점검인력 1단위로 하되, 점검인력 1단위에 2명(같은 건축물을 점검할 때는 4명) 이내의 보조 기술인력을 추가할 수 있다.

정답　76. ②　77. ②　78. ③　79. ②

80 소방시설등의 자체점검 시 점검인력 1단위가 점검할 수 있는 점검한도 면적이 옳게 나열된 것은?

① 종합점검 : 10,000 m², 작동점검 : 12,000 m²
② 종합점검 : 12,000 m², 작동점검 : 10,000 m²
③ 종합점검 : 8,000 m², 작동점검 : 10,000 m²
④ 종합점검 : 10,000 m², 작동점검 : 8,000 m²

해설 점검인력 1단위가 1일 동안 점검할 수 있는 기준

구분	면적	추가기준 (보조 1명당)	세대 수	추가기준 (보조 1명당)
종합점검	8,000m²	2,000m²	250세대	60세대
작동점검	10,000m²	2,500m²	250세대	60세대

81 다음은 성능위주설계를 해야 하는 특정소방대상물의 범위의 일부를 나타낸 것이다. 괄호 안의 번호에 알맞은 것은?

> 창고시설 중 연면적 (㉠) 이상인 것 또는 지하층의 층수가 (㉡) 이상이고 지하층의 바닥면적의 합계가 (㉢) 이상인 것

① ㉠ 10만제곱미터, ㉡ 3개 층, ㉢ 3만제곱미터
② ㉠ 10만제곱미터, ㉡ 2개 층, ㉢ 3만제곱미터
③ ㉠ 20만제곱미터, ㉡ 2개 층, ㉢ 3만제곱미터
④ ㉠ 10만제곱미터, ㉡ 3개 층, ㉢ 5만제곱미터

해설 성능위주설계를 해야 하는 특정소방대상물의 범위
1. 연면적 20만제곱미터 이상인 특정소방대상물. 다만, 아파트등(이하 "아파트등"이라 한다)은 제외한다.
2. 50층 이상(지하층은 제외한다)이거나 지상으로부터 높이가 200미터 이상인 아파트등
3. 30층 이상(지하층을 포함한다)이거나 지상으로부터 높이가 120미터 이상인 특정소방대상물(아파트등은 제외한다)
4. 연면적 3만제곱미터 이상인 특정소방대상물로서 다음 각 목의 어느 하나에 해당하는 특정소방대상물
   가. 철도 및 도시철도 시설
   나. 공항시설
5. 창고시설 중 연면적 10만제곱미터 이상인 것 또는 지하층의 층수가 2개 층 이상이고 지하층의 바닥면적의 합계가 3만제곱미터 이상인 것
6. 하나의 건축물에 영화상영관이 10개 이상인 특정소방대상물
7. 지하연계 복합건축물에 해당하는 특정소방대상물
8. 터널 중 수저(水底)터널 또는 길이가 5천미터 이상인 것

정답 80. ③ 81. ②

82 다음 괄호 안의 번호에 들어갈 내용으로 옳은 것은?

"아파트와 아파트 외 용도의 건축물을 하루에 점검할 때에는 종합점검의 경우 계산된 값에 (㉠), 작동점검의 경우 계산된 값에 (㉡)을 곱한 값을 점검대상 연면적으로 본다."

① ㉠ 34.3, ㉡ 33.3
② ㉠ 32, ㉡ 40
③ ㉠ 33.3, ㉡ 34.3
④ ㉠ 40, ㉡ 32

해설 아파트등과 아파트등 외 용도의 건축물을 하루에 점검할 때에는 종합점검의 경우 계산된 값에 32, 작동점검의 경우 계산된 값에 40을 곱한 값을 점검대상 연면적으로 본다.

83 소방시설관리업자는 점검을 실시한 경우 점검이 끝난 날부터 며칠이내에 점검인력 배치 상황을 포함한 점검실적을 평가기관에 통보하여야 하는가?

① 3일 이내
② 5일 이내
③ 7일 이내
④ 10일 이내

해설 소방시설관리업자는 점검을 실시한 경우 점검이 끝난 날부터 10일 이내에 점검인력 배치 상황을 포함한 소방시설 등에 대한 자체점검실적(외관점검은 제외한다)을 평가기관에 통보하여야 한다.

84 관계인은 소방시설등 자체점검 실시결과 보고서(소방시설등점검표를 포함한다)를 점검이 끝난 날부터 몇 년간 자체 보관하는가?

① 1년 ② 2년 ③ 3년 ④ 4년

해설 관계인은 소방시설등 자체점검 실시결과 보고서(소방시설등점검표를 포함한다)를 점검이 끝난 날부터 2년간 자체 보관

85 자체점검의 면제 또는 연기를 신청하려는 특정소방대상물의 관계인은 자체점검의 실시 만료일 몇일 전까지 소방본부장 또는 소방서장에게 제출해야 하는가?

① 1일 전
② 2일 전
③ 4일 전
④ 3일 전

해설 자체점검의 면제 또는 연기를 신청하려는 특정소방대상물의 관계인은 자체점검의 실시 만료일 3일 전까지 소방본부장 또는 소방서장에게 제출

정답 82. ② 83. ④ 84. ② 85. ④

86 중대위반사항에 해당하지 않는 것은?

① 소화펌프(가압송수장치를 포함), 동력·감시 제어반 또는 소방시설용 전원(비상전원을 제외한다)의 고장으로 소방시설이 작동되지 않는 경우
② 화재 수신기의 고장으로 화재경보음이 자동으로 울리지 않거나 화재 수신기와 연동된 소방시설의 작동이 불가능한 경우
③ 소화배관 등이 폐쇄·차단되어 소화수(消火水) 또는 소화약제가 자동 방출되지 않는 경우
④ 방화문 또는 자동방화셔터가 훼손되거나 철거되어 본래의 기능을 못하는 경우

해설 소화펌프(가압송수장치를 포함한다. 이하 같다), 동력·감시 제어반 또는 소방시설용 전원(비상전원을 포함한다)의 고장으로 소방시설이 작동되지 않는 경우

87 괄호 안의 번호에 들어갈 내용으로 옳은 것은?

> "소방본부장 또는 소방서장에게 자체점검 결과 보고를 마친 관계인은 보고한 날부터 (㉠) 이내에 소방시설등 자체점검기록표를 작성하여 특정소방대상물의 출입자가 쉽게 볼 수 있는 장소에 (㉡) 이상 게시해야 한다."

① ㉠ 10일, ㉡ 30일
② ㉠ 10일, ㉡ 20일
③ ㉠ 15일, ㉡ 30일
④ ㉠ 20일, ㉡ 20일

해설 소방본부장 또는 소방서장에게 자체점검 결과 보고를 마친 관계인은 보고한 날부터 10일 이내에 소방시설등 자체점검기록표를 작성하여 특정소방대상물의 출입자가 쉽게 볼 수 있는 장소에 30일 이상 게시해야 한다.

88 소방본부장 또는 소방서장은 자체점검 결과를 공개하는 경우 며칠 이상 전산시스템 또는 인터넷 홈페이지 등을 통해 공개해야 하는가?

① 10일　　② 15일　　③ 20일　　④ 30일

해설 소방본부장 또는 소방서장은 자체점검 결과를 공개하는 경우 30일 이상 전산시스템 또는 인터넷 홈페이지 등을 통해 공개해야 한다.

89 소방시설별 점검장비 중 제연설비를 점검시 필요한 장비가 아닌 것은?

① 차압계(압력차측정기)
② 풍속풍압계
③ 기동관누설시험기
④ 폐쇄력측정기

해설 제연설비 점검장비 : 풍속풍압계, 폐쇄력측정기, 차압계(압력차 측정기)

정답 86. ①　87. ①　88. ④　89. ③

90 소방시설 설치 및 관리에 관한 법령상 소방시설등의 자체점검에 관한 설명으로 옳지 않은 것은?

① 종합점검 중 최초점검이란 소방시설이 새로 설치되는 경우 「건축법」 제22조에 따라 건축물을 사용할 수 있게 된 날부터 90일 이내 점검하는 것을 말한다.
② 제연설비가 설치된 터널은 종합정밀점검 대상이다.
③ 특급 소방안전관리대상물의 종합정밀점검은 반기에 1회 이상 실시한다.
④ 종합점검 대상인 특정소방대상물의 작동점검은 종합점검을 받은 달부터 6개월이 되는 달에 실시한다.

해설 종합점검 중 최초점검: 법 제22조제1항제1호에 따라 소방시설이 새로 설치되는 경우 「건축법」 제22조에 따라 건축물을 사용할 수 있게 된 날부터 60일 이내 점검하는 것을 말한다.

91 소방시설 설치 및 관리에 관한 법령상 소방시설별 점검장비기준에서 조도계의 최소눈금은 몇 럭스 이하인가?

① 0.01 럭스 이하
② 10 럭스 이하
③ 0.1 럭스 이하
④ 1 럭스 이하

해설 조도계(밝기 측정기) : 최소 눈금이 0.1럭스 이하인 것

92 소방시설관리업 등록의 취소 사유인 것은?

① 점검능력 평가를 받지 아니하고 자체점검을 한 경우
② 거짓이나 그 밖의 부정한 방법으로 등록을 한 경우
③ 등록기준에 미달하게 된 경우
④ 점검을 하지 아니하거나 거짓으로 한 경우

해설 거짓이나 그 밖의 부정한 방법으로 등록을 한 경우 : 취소사유

93 화재안전기준을 적용하기 어려운 특정소방대상물인 정수장, 수영장, 목욕장, 농예·축산·어류양식용 시설, 그 밖에 이와 비슷한 용도로 사용되는 것에 제외 가능한 소방시설이 아닌 것은?

① 자동화재탐지설비
② 연결살수설비
③ 상수도소화용수설비
④ 연결송수관설비

해설 정수장, 수영장, 목욕장, 농예·축산·어류양식용 시설, 그 밖에 이와 비슷한 용도로 사용되는 것에 제외 소방시설 : 자동화재탐지설비, 상수도소화용수설비, 연결살수설비

정답 90. ① 91. ③ 92. ② 93. ④

제4장 소방시설공사업법·시행령 및 시행규칙

1 목적

소방시설공사업법	① 소방시설공사 및 소방기술의 관리에 필요한 사항을 규정 ② 소방시설업을 건전하게 발전시키고 소방기술을 진흥시켜 화재로부터 공공의 안전을 확보 ③ 국민경제에 이바지

2 용어정의

소방시설공사업법	소방시설업	소방시설설계업	소방시설공사에 기본이 되는 공사계획, 설계도면, 설계 설명서, 기술계산서 및 이와 관련된 서류를 작성하는 영업
		소방시설공사업	설계도서에 따라 소방시설을 신설, 증설, 개설, 이전 및 정비하는 영업
		소방공사감리업	소방시설공사에 관한 발주자의 권한을 대행하여 소방시설공사가 설계도서와 관계 법령에 따라 적법하게 시공되는지를 확인하고, 품질·시공 관리에 대한 기술지도를 하는 영업
		방염처리업	방염대상물품에 대하여 방염처리하는 영업 ① 섬유류 방염업 ② 합성수지류 방염업 ③ 합판·목재류 방염업
	소방시설업자		소방시설업을 경영하기 위하여 소방시설업을 등록한 자
	감리원		소방공사감리업자에 소속된 소방기술자로서 해당 소방시설공사를 감리하는 사람
	발주자		소방시설의 설계, 시공, 감리 및 방염을 소방시설업자에게 도급하는 자

3 벌칙

구분	내용
3년 이하의 징역 또는 3천만원 이하의 벌금 ★★★	① 제4조제1항을 위반하여 소방시설업 등록을 하지 아니하고 영업을 한 자 ② 제21조의5를 위반하여 부정한 청탁을 받고 재물 또는 재산상의 이익을 취득하거나 부정한 청탁을 하면서 재물 또는 재산상의 이익을 제공한 자
1년 이하의 징역 또는 1천만원 이하의 벌금 ★	① 제9조제1항을 위반하여 **영업정지처분을 받고 그 영업정지 기간에 영업을 한 자** ② 제11조나 제12조제1항을 위반하여 설계나 시공을 한 자

구분	내용
	③ 제16조제1항을 위반하여 감리를 하거나 거짓으로 감리한 자 ④ 제17조제1항을 위반하여 공사감리자를 지정하지 아니한 자 ⑤ 제20조에 따른 공사감리 결과의 통보 또는 공사감리 결과보고서의 제출을 거짓으로 한 자 ⑥ 제21조제1항을 위반하여 해당 소방시설업자가 아닌 자에게 소방시설공사 등을 도급한 자 ⑦ 제22조제1항 본문을 위반하여 도급받은 소방시설의 설계, 시공, 감리를 하도급한 자 ⑧ 제22조제2항을 위반하여 하도급받은 소방시설공사를 다시 하도급한 자
300만원 이하의 벌금	① 제8조제1항을 위반하여 다른 자에게 자기의 성명이나 상호를 사용하여 소방시설공사등을 수급 또는 시공하게 하거나 소방시설업의 등록증이나 등록수첩을 빌려준 자 ② 소방시설공사 현장에 감리원을 배치하지 아니한 자 ③ 감리업자의 보완 요구에 따르지 아니한 자 ④ 공사감리 계약을 해지하거나 대가 지급을 거부하거나 지연시키거나 불이익을 준 자 ⑤ 자격수첩 또는 경력수첩을 빌려 준 사람 ⑥ **동시에 둘 이상의 업체에 취업한 사람** ⑦ 관계공무원(시·도지사, 소방본부장, 소방서장)이 관계인의 정당한 업무를 방해하거나 업무상 알게 된 비밀을 누설한 사람
100만원 이하의 벌금	정당한 사유 없이 관계 공무원의 출입 또는 검사·조사를 거부·방해 또는 기피한 자
200만원 이하의 과태료	① 관계인에게 지위승계, 행정처분 또는 휴업·폐업의 사실을 거짓으로 알린 자 ② 소방기술자를 공사 현장에 배치하지 아니한 자 ③ 완공검사를 받지 아니한 자 ④ 3일 이내에 하자를 보수하지 아니하거나 하자보수계획을 관계인에게 거짓으로 알린 자 ⑤ 방염성능기준 미만으로 방염을 한 자 ⑥ 도급계약 체결 시 의무를 이행하지 아니한 자(하도급 계약의 경우에는 하도급 받은 소방시설업자는 제외한다) ⑦ 하도급 등의 통지를 하지 아니한 자
과태료 부과징수	**시·도지사, 소방본부장 또는 소방서장**

4 소방시설업 ★★★

시·도지사	1. 소방시설업의 등록 2. 등록사항의 변경신고 3. 휴업·폐업 등의 신고 4. 소방시설업자의 지위승계신고 5. 영업정지처분을 갈음하여 **2억원 이하의 과징금** 부과
등록의 결격사유	1. 피성년후견인 2. 이 법, 「소방기본법」, 「화재의 예방 및 안전관리에 관한 법률」, 「소방시설 설치 및 관리에 관한 법률」 또는 「위험물안전관리법」에 따른 금고 이상의 실형을 선고받고 그 집행이 끝나거나(집행이 끝난 것으로 보는 경우를 포함한다) 면제된 날부터 2년이 지나지 아니한 사람 3. 이 법, 「소방기본법」, 「화재의 예방 및 안전관리에 관한 법률」, 「소방시설 설치 및 관리에 관한 법률」 또는 「위험물안전관리법」에 따른 금고 이상의 형의 집행유예를 선고받고 그 유예기간 중에 있는 사람 4. 등록하려는 소방시설업 등록이 취소(제1호에 해당하여 등록이 취소된 경우는 제외한다)된 날부터 2년이 지나지 아니한 자 5. 법인의 대표자가 제1호부터 제4호까지의 규정에 해당하는 경우 그 법인 6. 법인의 임원이 제3호부터 제4호까지의 규정에 해당하는 경우 그 법인
등록사항의 변경	

	변경신고 사항	1. 상호(명칭) 또는 영업소 소재지 2. 대표자 3. 기술인력
등록사항의 변경	변경신고 기한	변경일부터 30일 이내

	첨부서류	1. **상호(명칭) 또는 영업소 소재지가 변경**된 경우: 소방시설업 등록증 및 등록수첩
		2. **대표자가 변경**된 경우: 다음 각 목의 서류
		  가. 소방시설업 등록증 및 등록수첩
		  나. 변경된 대표자의 성명, 주민등록번호 및 주소지 등의 인적사항이 적힌 서류
		3. **기술인력이 변경**된 경우: 다음 각 목의 서류
		  가. 소방시설업 등록수첩
		  나. 기술인력 증빙서류

등록취소	1. 거짓이나 그 밖의 부정한 방법으로 등록한 경우 2. 등록 결격사유에 해당하게 된 경우 3. 영업정지 기간 중에 소방시설공사등을 한 경우
지위승계	1. 소방시설업자가 사망한 경우 그 상속인 2. 소방시설업자가 그 영업을 양도한 경우 그 양수인 3. 법인인 소방시설업자가 다른 법인과 합병한 경우 합병 후 존속하는 법인이나 합병으로 설립되는 법인
등록신청 서류의 보완 기한	10일 이내

30일 이내	1. 소방시설업의 휴업·폐업 등의 신고 2. 지위승계 신고 3. 등록사항의 변경신고	
과징금처분	영업정지가 그 이용자에게 불편을 주거나 그 밖에 공익을 해칠 우려가 있을 때에는 영업정지처분을 갈음하여 **2억원 이하**의 과징금을 부과할 수 있다.	
소방기술용역의 대가 산정 기준 산정방식	소방시설설계의 대가	통신부문에 적용하는 공사비 요율에 따른 방식
	소방공사감리의 대가	실비정액 가산방식

5 소방시설업의 업종별 등록기준 및 영업범위

1. 소방시설설계업 ★★★

업종별	항목	기술인력	영업범위
전문 소방시설 설계업		가. 주된 기술인력: **소방기술사 1명** 이상 나. 보조기술인력: **1명 이상**	모든 특정소방대상물에 설치되는 소방시설의 설계
일반 소방 시설 설계업	기계 분야	가. 주된 기술인력: 소방기술사 또는 기계분야 소방설비기사 1명 이상 나. 보조기술인력: **1명 이상**	가. 아파트에 설치되는 기계분야 소방시설(**제연설비는 제외**한다)의 설계 나. **연면적 3만제곱미터(공장의 경우에는 1만제곱미터) 미만**의 특정소방대상물(제연설비가 설치되는 특정소방대상물은 제외한다)에 설치되는 기계분야 소방시설의 설계 다. 위험물제조소등에 설치되는 기계분야 소방시설의 설계
	전기 분야	가. 주된 기술인력: 소방기술사 또는 전기분야 소방설비기사 1명 이상 나. 보조기술인력: **1명 이상**	가. 아파트에 설치되는 전기분야 소방시설의 설계 나. **연면적 3만제곱미터(공장의 경우에는 1만제곱미터) 미만**의 특정소방대상물에 설치되는 전기분야 소방시설의 설계 다. 위험물제조소등에 설치되는 전기분야 소방시설의 설계

2. 소방시설공사업 ★★★

업종별 항목		기술인력	자본금 (자산평가액)	영업범위
전문 소방시설 공사업		가. 주된 기술인력: 소방기술사 또는 기계분야와 전기분야의 소방설비기사 각 1명(기계분야 및 전기분야의 자격을 함께 취득한 사람 1명) 이상 나. 보조기술인력: **2명 이상**	가. **법인: 1억원 이상** 나. **개인: 자산평가액 1억원 이상**	특정소방대상물에 설치되는 기계분야 및 전기분야 소방시설의 공사·개설·이전 및 정비
일반 소방시설 공사업	기계 분야	가. 주된 기술인력: 소방기술사 또는 기계분야 소방설비기사 1명 이상 나. 보조기술인력: **1명 이상**	가. **법인: 1억원 이상** 나. **개인: 자산평가액 1억원 이상**	가. **연면적 1만제곱미터 미만**의 특정소방대상물에 설치되는 기계분야 소방시설의 공사·개설·이전 및 정비 나. 위험물제조소등에 설치되는 기계분야 소방시설의 공사·개설·이전 및 정비
	전기 분야	가. 주된 기술인력 : 소방기술사 또는 전기분야 소방설비 기사 1명 이상 나. 보조기술인력: 1명 이상	가. **법인: 1억원 이상** 나. **개인: 자산평가액 1억원 이상**	가. **연면적 1만제곱미터 미만**의 특정소방대상물에 설치되는 전기분야 소방시설의 공사·개설·이전·정비 나. 위험물제조소등에 설치되는 전기분야 소방시설의 공사·개설·이전·정비

3. 소방공사감리업 ★

업종별 \ 항목		기술인력	영업범위
전문 소방공사 감리업		가. 소방기술사 1명 이상 나. 기계분야 및 전기분야의 특급 감리원 각 1명(기계분야 및 전기분야의 자격을 함께 가지고 있는 사람이 있는 경우에는 그에 해당하는 사람 1명) 이상 다. 기계분야 및 전기분야의 고급 감리원 이상의 감리원 각 1명 이상 라. 기계분야 및 전기분야의 중급 감리원 이상의 감리원 각 1명 이상 마. 기계분야 및 전기분야의 초급 감리원 이상의 감리원 각 1명 이상	모든 특정소방대상물에 설치되는 소방시설공사 감리
일반 소방 공사 감리업	기계 분야	가. 기계분야 특급 감리원 1명 이상 나. 기계분야 고급 감리원 또는 중급 감리원 이상의 감리원 1명 이상 다. 기계분야 초급 감리원 이상의 감리원 1명 이상	가. **연면적 3만제곱미터(공장의 경우에는 1만제곱미터) 미만**의 특정소방대상물(제연설비가 설치되는 특정소방대상물은 제외한다)에 설치되는 기계분야 소방시설의 감리 나. 아파트에 설치되는 기계분야 소방시설(제연설비는 제외한다)의 감리 다. 위험물제조소등에 설치되는 기계분야 소방시설의 감리
	전기 분야	가. 전기분야 특급 감리원 1명 이상 나. 전기분야 고급 감리원 또는 중급 감리원 이상의 감리원 1명 이상 다. 전기분야 초급 감리원 이상의 감리원 1명 이상	가. **연면적 3만제곱미터(공장의 경우에는 1만제곱미터) 미만**의 특정소방대상물에 설치되는 전기분야 소방시설의 감리 나. 아파트에 설치되는 전기분야 소방시설의 감리 다. 위험물제조소등에 설치되는 전기분야 소방시설의 감리

6 시공

1. 소방기술자 배치기준 ★★★

소방기술자의 배치기준	소방시설공사 현장의 기준
특급기술자인 소방기술자 (기계분야 및 전기분야)	가. **연면적 20만제곱미터 이상**인 특정소방대상물의 공사 현장 나. **지하층을 포함한 층수가 40층 이상**인 특정소방대상물의 공사 현장
고급기술자 이상의 소방기술자 (기계분야 및 전기분야)	가. **연면적 3만제곱미터 이상 20만제곱미터 미만**인 특정소방대상물(아파트는 제외한다)의 공사 현장 나. **지하층을 포함한 층수가 16층 이상 40층 미만**인 특정소방대상물의 공사 현장
중급기술자 이상의 소방기술자 (기계분야 및 전기분야)	가. **물분무등소화설비**(호스릴 방식의 소화설비는 제외한다) 또는 **제연설비**가 설치되는 특정소방대상물의 공사 현장 나. **연면적 5천제곱미터 이상 3만제곱미터 미만**인 특정소방대상물(아파트는 제외한다)의 공사 현장 다. **연면적 1만제곱미터 이상 20만제곱미터 미만**인 아파트의 공사 현장
초급기술자 이상의 소방기술자 (기계분야 및 전기분야)	가. **연면적 1천제곱미터 이상 5천제곱미터 미만**인 특정소방대상물(아파트는 제외한다)의 공사 현장 나. **연면적 1천제곱미터 이상 1만제곱미터 미만**인 아파트의 공사 현장 다. 지하구(地下溝)의 공사 현장
자격수첩을 발급받은 소방기술자	**연면적 1천제곱미터 미만**인 특정소방대상물의 공사 현장

2. 시공 ★★★

소방본부장 또는 소방서장	1. 착공신고 2. 완공검사
착공신고의 변경신고 사항	1. 시공자 2. 설치되는 소방시설의 종류 3. 책임시공 및 기술관리 소방기술자
착공신고 대상 중 3호(소방시설공사업법 시행령 제4조)	특정소방대상물에 설치된 소방시설등을 구성하는 다음 각 목의 어느 하나에 해당하는 것의 전부 또는 일부를 개설(改設), 이전(移轉) 또는 정비(整備)하는 공사. 다만, 고장 또는 파손 등으로 인하여 작동시킬 수 없는 소방시설을 긴급히 교체하거나 보수하여야 하는 경우에는 신고하지 않을 수 있다. **가. 수신반(受信盤)** **나. 소화펌프** **다. 동력(감시)제어반**
착공신고시 첨부서류	1. 공사업자의 소방시설업 등록증 사본 1부 및 등록수첩 사본 1부 2. 해당 소방시설공사의 책임시공 및 기술관리를 하는 기술인력의 기술등급을 증명하는 서류 사본 1부 3. 소방시설공사계약서 사본 1부

	4. 설계도서 1부
	5. 소방시설공사를 하도급하는 경우 다음 각 목의 서류
	   가. 소방시설공사등의 하도급통지서 사본 1부
	   나. 하도급대금 지급에 관한 다음의 어느 하나에 해당하는 서류
	      1) 공사대금 지급을 보증한 경우에는 하도급대금 지급보증서 사본 1부
	      2) 보증이 필요하지 않거나 보증이 적합하지 않다고 인정되는 경우에는 이를 증빙하는 서류 사본 1부

하자보수 불이행 통보	관계인은 공사업자가 다음 각 호의 어느 하나에 해당하는 경우에는 소방본부장이나 소방서장에게 그 사실을 통보 1. 제3항에 따른 기간에 하자보수를 이행하지 아니한 경우 2. 제3항에 따른 기간에 하자보수계획을 서면으로 알리지 아니한 경우 3. 하자보수계획이 불합리하다고 인정되는 경우
하자보수 대상 소방시설과 하자보수 보증기간	**2년** 피난기구, 유도등, 유도표지, 비상경보설비, 비상조명등, 비상방송설비 및 무선통신보조설비 **3년** 자동소화장치, 옥내소화전설비, 스프링클러설비, 간이스프링클러설비, 물분무등소화설비, 옥외소화전설비, 자동화재탐지설비, 상수도소화용수설비 및 소화활동설비(무선통신보조설비는 제외)
하자보수 통보기한	3일

3. 소방시설공사 착공신고 대상

1. 특정소방대상물(「위험물 안전관리법」에 따른 제조소등은 제외한다.)에 다음 각 목의 어느 하나에 해당하는 설비를 신설하는 공사
   가. 옥내소화전설비(호스릴옥내소화전설비를 포함), 옥외소화전설비, 스프링클러설비·간이스프링클러설비(캐비닛형 간이스프링클러설비를 포함) 및 화재조기진압용 스프링클러설비(이하 "스프링클러설비등"), 물분무소화설비·포소화설비·이산화탄소소화설비·할론소화설비·할로겐화합물 및 불활성기체 소화설비·미분무소화설비·강화액소화설비 및 분말소화설비(이하 "물분무등소화설비"), 연결송수관설비, 연결살수설비, 제연설비(소방용 외의 용도와 겸용되는 제연설비를 기계가스설비공사업자가 공사하는 경우는 제외), 소화용수설비(소화용수설비를 기계가스설비공사업자 또는 상·하수도설비공사업자가 공사하는 경우는 제외) 또는 연소방지설비
   나. 자동화재탐지설비, 비상경보설비, 비상방송설비(소방용 외의 용도와 겸용되는 비상방송설비를 정보통신공사업자가 공사하는 경우는 제외), 비상콘센트설비(비상콘센트설비를 전기공사업자가 공사하는 경우는 제외) 또는 무선통신보조설비(소방용 외의 용도와 겸용되는 무선통신보조설비를 정보통신공사업자가 공사하는 경우는 제외)
2. 특정소방대상물에 다음 각 목의 어느 하나에 해당하는 설비 또는 구역 등을 증설하는 공사
   가. 옥내·옥외소화전설비
   나. 스프링클러설비·간이스프링클러설비 또는 물분무등소화설비의 방호구역, 자동화재탐지설비의 경계구역, 제연설비의 제연구역(소방용 외의 용도와 겸용되는 제연설비를 「기계가스설비공사업자가 공사하는 경우는 제외), 연결살수설비의 살수구역, 연결송수관설

비의 송수구역, 비상콘센트설비의 전용회로, 연소방지설비의 살수구역
3. 특정소방대상물에 설치된 소방시설등을 구성하는 다음 각 목의 어느 하나에 해당하는 것의 전부 또는 일부를 개설(改設), 이전(移轉) 또는 정비(整備)하는 공사. 다만, 고장 또는 파손 등으로 인하여 작동시킬 수 없는 소방시설을 긴급히 교체하거나 보수하여야 하는 경우에는 신고하지 않을 수 있다.
   가. 수신반(受信盤)
   나. 소화펌프
   다. 동력(감시)제어반

4. 완공검사를 위한 현장확인 대상 ★★★

1. 문화 및 집회시설, 종교시설, 판매시설, 노유자(老幼者)시설, 수련시설, 운동시설, 숙박시설, 창고시설, 지하상가 및 「다중이용업소의 안전관리에 관한 특별법」에 따른 다중이용업소
2. 다음 각 목의 어느 하나에 해당하는 설비가 설치되는 특정소방대상물
   가. 스프링클러설비등
   나. 물분무등소화설비(호스릴 방식의 소화설비는 제외한다)
3. 연면적 1만제곱미터 이상이거나 11층 이상인 특정소방대상물(아파트는 제외한다)
4. 가연성가스를 제조·저장 또는 취급하는 시설 중 지상에 노출된 가연성가스탱크의 저장용량 합계가 1천톤 이상인 시설

5. 시공능력의 평가방법

1. 시공능력평가액 = 실적평가액 + 자본금평가액 + 기술력평가액 + 경력평가액 ± 신인도평가액 실적평가액 = 연평균공사실적액
2. 자본금평가액 = (실질자본금 × 실질자본금의 평점 + 소방청장이 지정한 금융회사 또는 소방산업공제조합에 출자·예치·담보한 금액) × 70/100
3. 기술력평가액 = 전년도 공사업계의 기술자1인당 평균생산액 × 보유기술인력 가중치합계 × 30/100 + 전년도 기술개발투자액
4. 경력평가액 = 실적평가액 × 공사업 경영기간 평점 × 20/100
5. 신인도평가액 = (실적평가액 + 자본금평가액 + 기술력평가액 + 경력평가액) × 신인도 반영비율 합계

7 감리

1. 감리의 업무 ★★

1. 소방시설등의 설치계획표의 적법성 검토
2. 소방시설등 설계도서의 적합성(적법성과 기술상의 합리성을 말한다. 이하 같다) 검토
3. 소방시설등 설계 변경 사항의 적합성 검토
4. 「소방시설 설치 및 관리에 관한 법률」 제2조제1항제7호의 소방용품의 위치·규격 및 사용 자재의 적합성 검토
5. 공사업자가 한 소방시설등의 시공이 설계도서와 화재안전기준에 맞는지에 대한 지도·감독
6. 완공된 소방시설등의 성능시험
7. 공사업자가 작성한 시공 상세 도면의 적합성 검토
8. 피난시설 및 방화시설의 적법성 검토
9. 실내장식물의 불연화(不燃化)와 방염 물품의 적법성 검토

2. 공사감리자 지정대상 ★

1. 옥내소화전설비를 신설·개설 또는 증설할 때
2. 스프링클러설비등(캐비닛형 간이스프링클러설비는 제외한다)을 신설·개설하거나 방호·방수 구역을 증설할 때
3. 물분무등소화설비(호스릴 방식의 소화설비는 제외한다)를 신설·개설하거나 방호·방수 구역을 증설할 때
4. 옥외소화전설비를 신설·개설 또는 증설할 때
5. 자동화재탐지설비를 신설 또는 개설할 때
5의2. 비상방송설비를 신설 또는 개설할 때
6. 통합감시시설을 신설 또는 개설할 때
6의2. 비상조명등을 신설 또는 개설할 때
7. 소화용수설비를 신설 또는 개설할 때
8. 다음 각 목에 따른 소화활동설비에 대하여 각 목에 따른 시공을 할 때
   가. 제연설비를 신설·개설하거나 제연구역을 증설할 때
   나. 연결송수관설비를 신설 또는 개설할 때
   다. 연결살수설비를 신설·개설하거나 송수구역을 증설할 때
   라. 비상콘센트설비를 신설·개설하거나 전용회로를 증설할 때
   마. 무선통신보조설비를 신설 또는 개설할 때
   바. 연소방지설비를 신설·개설하거나 살수구역을 증설할 때

3. 소방감리자의 지정신고 등 ★★

지정신고시 첨부서류	1. 소방공사감리업 등록증 사본 1부 및 등록수첩 사본 1부 2. 해당 소방시설공사를 감리하는 소속 감리원의 감리원 등급을 증명하는 서류(전자문서를 포함한다) 각 1부 3. 소방공사감리계획서 1부 4. 소방시설설계 계약서 사본(건축허가등의 동의요구서에 소방시설설계 계약서가 첨부되지 않았거나 첨부된 서류 중 소방시설설계 계약서가 변경된 경우에만 첨부한다) 1부 및 소방공사감리 계약서 사본 1부
공사감리자의 변경신고 기한	변경일부터 30일 이내
공사감리자의 지정신고 또는 변경신고시 처리기한	2일 이내
공사감리 결과의 통보 기한	공사가 완료된 날부터 7일 이내
감리결과의 통보시 첨부서류	1. 소방청장이 정하여 고시하는 소방시설 성능시험조사표 1부 2. 착공신고 후 변경된 소방시설설계도면(변경사항이 있는 경우에만 첨부하되, 법 제11조에 따른 설계업자가 설계한 도면만 해당된다) 1부 3. 소방공사 감리일지(소방본부장 또는 소방서장에게 보고하는 경우에만 첨부한다) 1부 4. 특정소방대상물의 사용승인 신청서 등 사용승인 신청을 증빙할 수 있는 서류 1부
감리결과의 통보	특정소방대상물의 관계인, 소방시설공사의 도급인, 공사를 감리한 건축사에게 서면으로 알리고, 소방본부장 또는 소방서장에게 공사감리 결과보고서를 제출

4. 소방공사 감리의 종류, 방법 및 대상 ★★

종류	대상	방법
상주 공사감리	1. **연면적 3만제곱미터 이상의 특정소방대상물(아파트는 제외)에 대한 소방시설의 공사** 2. **지하층을 포함한 층수가 16층 이상으로서 500세대 이상인 아파트**에 대한 소방시설의 공사	1. 감리원은 공사 현장에 상주하여 업무를 수행하고 감리일지에 기록해야 한다. 2. 감리원이 부득이한 사유로 **1일 이상** 현장을 이탈하는 경우에는 감리일지 등에 기록하여 발주청 또는 발주자의 확인을 받아야 한다.
일반 공사감리	상주 공사감리에 해당하지 않는 소방시설의 공사	1. 감리원은 공사 현장에 배치되어 업무를 수행한다. 2. 감리원은 **주 1회 이상** 공사 현장에 배치되어 업무를 수행하고 감리일지에 기록해야 한다.

	3. 감리업자는 감리원이 부득이한 사유로 **14일 이내**의 범위에서 업무를 수행할 수 없는 경우에는 업무대행자를 지정하여 그 업무를 수행하게 해야 한다. 4. 업무대행자는 **주 2회 이상** 공사 현장에 배치되어 업무를 수행하며, 그 업무수행 내용을 감리원에게 통보하고 감리일지에 기록해야 한다.

5. 소방공사 감리원의 배치기준 ★★

감리원의 배치기준		소방시설공사 현장의 기준
책임감리원	보조감리원	
1. 특급감리원 중 소방기술사	초급감리원 이상의 소방공사 감리원 (기계분야 및 전기분야)	가. 연면적 20만제곱미터 이상인 특정소방대상물의 공사 현장 나. 지하층을 포함한 층수가 40층 이상인 특정소방대상물의 공사 현장
2. 특급감리원 이상의 소방공사 감리원 (기계분야 및 전기분야)	초급감리원 이상의 소방공사 감리원 (기계분야 및 전기분야)	가. 연면적 3만제곱미터 이상 20만제곱미터 미만인 특정소방대상물(아파트는 제외한다)의 공사현장 나. 지하층을 포함한 층수가 16층 이상 40층 미만인 특정소방대상물의 공사 현장
3. **고급감리원** 이상의 소방공사 감리원 (기계분야 및 전기분야)	초급감리원 이상의 소방공사 감리원 (기계분야 및 전기분야)	가. **물분무등소화설비**(호스릴 방식의 소화설비는 제외한다) 또는 **제연설비**가 설치되는 특정소방대상물의 공사 현장 나. **연면적 3만제곱미터 이상 20만제곱미터 미만**인 아파트의 공사 현장
4. **중급감리원** 이상의 소방공사 감리원 (기계분야 및 전기분야)		**연면적 5천제곱미터 이상 3만제곱미터 미만**인 특정소방대상물의 공사 현장
5. 초급감리원 이상의 소방공사 감리원 (기계분야 및 전기분야)		가. 연면적 5천제곱미터 미만인 특정소방대상물의 공사 현장 나. 지하구의 공사 현장

6. 감리원의 세부 배치기준

상주 공사감리 대상	가. 기계분야의 감리원 자격을 취득한 사람과 전기분야의 감리원 자격을 취득한 사람 각 1명 이상을 감리원으로 배치할 것. 다만, 기계분야 및 전기분야의 감리원 자격을 함께 취득한 사람이 있는 경우에는 그에 해당하는 사람 1명 이상을 배치할 수 있다. 나. 소방시설용 배관(전선관을 포함한다. 이하 같다)을 설치하거나 매립하는 때부터 소방시설 완공검사증명서를 발급받을 때까지 소방공사감리현장에 감리원을 배치할 것

일반 공사감리 대상인 경우	가. 기계분야의 감리원 자격을 취득한 사람과 전기분야의 감리원 자격을 취득한 사람 각 1명 이상을 감리원으로 배치할 것. 다만, 기계분야 및 전기분야의 감리원 자격을 함께 취득한 사람이 있는 경우에는 그에 해당하는 사람 1명 이상을 배치할 수 있다. 나. 감리원은 주 1회 이상 소방공사감리현장에 배치되어 감리할 것 다. 1명의 감리원이 담당하는 소방공사감리현장은 5개 이하(자동화재탐지설비 또는 옥내소화전설비 중 어느 하나만 설치하는 2개의 소방공사감리현장이 최단 차량주행거리로 30킬로미터 이내에 있는 경우에는 1개의 소방공사감리현장으로 본다)로서 감리현장 연면적의 총 합계가 10만제곱미터 이하일 것. 다만, 일반 공사감리 대상인 아파트의 경우에는 연면적의 합계에 관계없이 1명의 감리원이 5개 이내의 공사현장을 감리할 수 있다.

8 도급

공사의 도급	특정소방대상물의 관계인 또는 발주자는 해당 소방시설업자에게 도급 소방시설공사는 다른 업종의 공사와 분리하여 도급하여야 한다. 다만, 공사의 성질상 또는 기술관리상 분리하여 도급하는 것이 곤란한 경우로서 대통령령으로 정하는 경우에는 다른 업종의 공사와 분리하지 아니하고 도급할 수 있다.
임금에 대한 압류의 금지	공사업자가 도급받은 소방시설공사의 도급금액 중 그 공사(하도급한 공사를 포함한다)의 근로자에게 지급하여야 할 임금에 해당하는 금액은 압류할 수 없다.
하도급의 제한	도급을 받은 자는 소방시설의 설계, 시공, 감리를 제3자에게 하도급할 수 없다. 다만, 시공의 경우에는 대통령령으로 정하는 바에 따라 도급받은 소방시설공사의 일부를 다른 공사업자에게 하도급할 수 있다. 하수급인은 하도급받은 소방시설공사를 제3자에게 다시 하도급할 수 없다.
도급계약의 해지	1. 소방시설업이 등록취소되거나 영업정지된 경우 2. 소방시설업을 휴업하거나 폐업한 경우 3. 정당한 사유 없이 30일 이상 소방시설공사를 계속하지 아니하는 경우 4. 제22조의2제2항에 따른 요구에 정당한 사유 없이 따르지 아니하는 경우
공사업자의 감리 제한	1. 공사업자와 감리업자가 같은 자인 경우 2. 기업집단의 관계인 경우 3. 법인과 그 법인의 임직원의 관계인 경우 4. 친족관계인 경우

9 소방기술자의 의무 ★

1. 소방기술자는 다른 사람에게 자격증[소방기술 경력 등을 인정받은 사람의 경우에는 소방기술인정 자격수첩(이하 "자격수첩"이라 한다)과 소방기술자 경력수첩(이하 "경력수첩"이라 한다)을 말한다]을 빌려 주어서는 아니 된다.
2. 소방기술자는 동시에 둘 이상의 업체에 취업하여서는 아니 된다. 다만, 제1항에 따른 소방기술자 업무에 영향을 미치지 아니하는 범위에서 근무시간 외에 소방시설업이 아닌 다른 업종에 종사하는 경우는 제외한다.

10 소방기술자의 실무교육 ★★

교육횟수	2년마다 1회 이상
교육 통보	교육 10일 전

11 소방시설업자 협회의 업무

1. 소방시설업의 기술발전과 소방기술의 진흥을 위한 조사·연구·분석 및 평가
2. 소방산업의 발전 및 소방기술의 향상을 위한 지원
3. 소방시설업의 기술발전과 관련된 국제교류·활동 및 행사의 유치
4. 이 법에 따른 위탁 업무의 수행

12 청문

소방시설업 등록취소처분이나 영업정지처분 또는 소방기술 인정 자격취소처분

제4장 출제예상문제

01 소방시설공사업법의 용어정의 중 틀린 것은?
① 소방시설설계업 : 소방시설공사에 기본이 되는 공사계획, 설계도면, 설계 설명서, 기술계산서 및 이와 관련된 서류를 작성하는 영업
② 소방시설공사업 : 설계도서에 따라 소방시설을 신설, 증설, 개설, 이전, 안전관리 및 정비하는 영업
③ 소방시설업자 : 소방시설업을 경영하기 위하여 소방시설업을 등록한 자
④ 감리원 : 소방공사감리업자에 소속된 소방기술자로서 해당 소방시설공사를 감리하는 사람

해설 소방시설공사업 : 설계도서에 따라 소방시설을 신설, 증설, 개설, 이전 및 정비하는 영업

02 다음 중 소방시설업의 종류에 해당하지 않는 것은?
① 소방시설공사업　　② 소방시설설계업
③ 소방시설관리업　　④ 소방시설감리업

해설 소방시설업의 종류
① 소방시설설계업　② 소방시설공사업
③ 소방공사감리업　④ 방염처리업

03 소방시설공사의 착공신고는 누구에게 하는가?
① 소방서장　　② 시·도지사
③ 행정안전부장관　　④ 시장

해설 소방본부장 또는 소방서장 : 착공신고, 완공검사

04 소방시설업의 영업정지가 그 이용자에게 불편을 주거나 그 밖에 공익을 해칠 우려가 있을 때에는 영업정지처분을 갈음하여 얼마 이하의 과징금을 부과할 수 있는가?
① 1억원 이하　　② 2억원 이하
③ 5천만원 이하　　④ 3천만원 이하

해설 영업정지가 그 이용자에게 불편을 주거나 그 밖에 공익을 해칠 우려가 있을 때에는 영업정지처분을 갈음하여 2억원 이하의 과징금을 부과할 수 있다.

정답 1. ②　2. ③　3. ①　4. ②

05 특정소방대상물에 설치된 소방시설등을 구성하는 것의 전부 또는 일부를 개설(改設), 이전(移轉) 또는 정비(整備)하는 공사는 착공신고를 하여야 하나, 고장 또는 파손 등으로 인하여 작동시킬 수 없는 소방시설을 긴급히 교체하거나 보수하여야 하는 경우에는 신고하지 않을 수 있는데 이에 해당하는 소방시설이 아닌 것은?

① 유수검지장치 ② 소화펌프
③ 수신반(受信盤) ④ 동력(감시)제어반

해설 특정소방대상물에 설치된 소방시설등을 구성하는 다음 각 목의 어느 하나에 해당하는 것의 전부 또는 일부를 개설(改設), 이전(移轉) 또는 정비(整備)하는 공사. 다만, 고장 또는 파손 등으로 인하여 작동시킬 수 없는 소방시설을 긴급히 교체하거나 보수하여야 하는 경우에는 신고하지 않을 수 있다.
가. 수신반(受信盤) 나. 소화펌프
다. 동력(감시)제어반

06 소방시설공사업자가 소방시설공사를 하고자 할 때, 다음 중 옳은 것은?

① 건축허가와 동의만 받으면 된다.
② 시공 후 완공검사만 받으면 된다.
③ 소방시설 착공신고를 하여야 한다.
④ 건축허가만 받으면 된다.

해설 착공신고 : 공사업자는 대통령령으로 정하는 소방시설공사를 하려면 행정안전부령으로 정하는 바에 따라 그 공사의 내용, 시공 장소, 그 밖에 필요한 사항을 소방본부장이나 소방서장에게 신고하여야 한다.

07 소방시설공사가 완공되고 나면 누구에게 완공검사를 받아야 하는가?

① 소방시설 설계업자 ② 건축사사무소
③ 소방본부장 또는 소방서장 ④ 시·도지사

해설 공사업자는 소방시설공사의 완공검사 또는 부분완공검사를 받으려면 소방시설공사 완공검사신청서 또는 소방시설 부분완공 검사신청서를 소방본부장 또는 소방서장에게 제출하여야 한다.

08 소방시설의 하자가 발생한 경우 통보를 받은 날로부터 며칠 이내에 이를 보수하여야하는가?

① 3일 ② 5일 ③ 7일 ④ 14일

해설 관계인은 기간에 소방시설의 하자가 발생하였을 때에는 공사업자에게 그 사실을 알려야 하며, 통보를 받은 공사업자는 3일 이내에 하자를 보수하거나 보수 일정을 기록한 하자보수계획을 관계인에게 서면으로 알려야 한다.

정답 5. ① 6. ③ 7. ③ 8. ①

09 소방공사를 감리할 때 감리업자의 업무로 옳지 않은 것은?
① 피난·방화시설의 적법성 검토
② 실내장식물의 불연화 및 방염물품의 적법성 검토
③ 당해 공사업 기술 인력의 적법성 검토
④ 소방시설 등 설계변경 사항의 적합성 검토

해설 소방공사감리업자의 업무
① 소방시설등의 설치계획표의 적법성 검토
② 소방시설등 설계도서의 적합성(적법성과 기술상의 합리성) 검토
③ 소방시설등 설계 변경 사항의 적합성 검토
④ 소방용품의 위치·규격 및 사용자재의 적합성 검토
⑤ 공사업자가 한 소방시설등의 시공이 설계도서와 화재안전기준에 맞는지에 대한 지도·감독
⑥ 완공된 소방시설등의 성능시험
⑦ 공사업자가 작성한 시공 상세 도면의 적합성 검토
⑧ 피난시설 및 방화시설의 적법성 검토
⑨ 실내장식물의 불연화(不燃化)와 방염 물품의 적법성 검토

10 특정소방대상물의 관계인 또는 발주자가 도급계약을 해지할 수 있는 경우가 아닌 것은?
① 소방시설업이 등록취소 되거나 영업 정지된 경우
② 정당한 사유 없이 60일 이상 소방시설공사를 계속하지 아니하는 경우
③ 소방시설업을 휴업하거나 폐업한 경우
④ 요구에 정당한 사유 없이 따르지 아니하는 경우

해설 도급계약의 해지
① 소방시설업이 등록취소 되거나 영업 정지된 경우
② 소방시설업을 휴업하거나 폐업한 경우
③ 정당한 사유 없이 30일 이상 소방시설공사를 계속하지 아니하는 경우
④ 요구에 정당한 사유 없이 따르지 아니하는 경우

11 발주자가 도급계약을 해지할 수 있는 경우에 해당되지 않는 것은?
① 소방시설업의 휴업
② 소방시설업의 폐업
③ 소방시설업의 등록취소
④ 하도급의 통지를 받은 경우

해설 도급계약의 해지
① 소방시설업이 등록취소 되거나 영업 정지된 경우
② 소방시설업을 휴업하거나 폐업한 경우
③ 정당한 사유 없이 30일 이상 소방시설공사를 계속하지 아니하는 경우
④ 요구에 정당한 사유 없이 따르지 아니하는 경우

정답 9. ③ 10. ② 11. ④

12 소방시설공사업자의 시공능력을 평가할 수 있는 사람은?
① 소방청장   ② 시·도지사
③ 소방본부장   ④ 소방서장

해설 소방청장은 관계인 또는 발주자가 적절한 공사업자를 선정할 수 있도록 하기 위하여 공사업자의 신청이 있으면 그 공사업자의 소방시설공사 실적, 자본금 등에 따라 시공능력을 평가하여 공시할 수 있다.

13 관계인 또는 발주자가 적절한 공사업자를 선정할 수 있도록 하기 위하여 공사업자의 신청이 있으면 그 공사업자의 소방시설 공사실적, 자본금 등에 따라 시공능력을 평가하여 공시할 수 있는 사람은?
① 시·도지사   ② 소방본부장
③ 소방청장   ④ 소방서장

해설 소방청장은 관계인 또는 발주자가 적절한 공사업자를 선정할 수 있도록 하기 위하여 공사업자의 신청이 있으면 그 공사업자의 소방시설 공사실적, 자본금 등에 따라 시공능력을 평가하여 공시할 수 있다.

14 소방시설업 등록을 하지 아니하고 영업한 사람에 대한 벌칙으로 옳은 것은?
① 1년 이하의 징역   ② 2년 이하의 징역
③ 3년 이하의 징역   ④ 4년 이하의 징역

해설 소방시설업을 등록하지 아니하고 영업한 사람은 3년 이하의 징역 또는 3천만원 이하의 벌금에 처한다.

15 하자보수 대상 소방시설과 하자보수 보증기간의 연결이 옳지 않은 것은?
① 무선통신보조설비-3년
② 옥내소화전설비-3년
③ 비상경보설비-2년
④ 비상방송설비-2년

해설 하자보수 대상 소방시설과 하자보수 보증기간
2년 : 피난기구, 유도등, 유도표지, 비상경보설비, 비상조명등, 비상방송설비 및 무선통신보조설비
3년 : 자동소화장치, 옥내소화전설비, 스프링클러설비, 간이스프링클러설비, 물분무등소화설비, 옥외소화전설비, 자동화재탐지설비, 상수도소화용수설비 및 소화활동설비(무선통신보조설비는 제외)

정답 12. ① 13. ③ 14. ③ 15. ①

16 완공검사를 위한 현장확인 대상 특정소방대상물이 아닌 것은?
① 문화 및 집회시설
② 근린생활시설
③ 노유자(老幼者)시설
④ 다중이용업소

해설 완공검사를 위한 현장확인 대상
문화 및 집회시설, 종교시설, 판매시설, 노유자(老幼者)시설, 수련시설, 운동시설, 숙박시설, 창고시설, 지하상가 및 「다중이용업소의 안전관리에 관한 특별법」에 따른 다중이용업소

17 완공검사를 위한 현장확인 대상 중 괄호 안의 번호에 알맞은 답은?

- 연면적 (㉠) 이상이거나 (㉡) 이상인 특정소방대상물(아파트는 제외한다)
- 가연성가스를 제조·저장 또는 취급하는 시설 중 지상에 노출된 가연성가스탱크의 저장용량 합계가 (㉢) 이상인 시설

① ㉠ 1만제곱미터, ㉡ 15층, ㉢ 1천톤
② ㉠ 1만제곱미터, ㉡ 11층, ㉢ 1천톤
③ ㉠ 3만제곱미터, ㉡ 11층, ㉢ 1천톤
④ ㉠ 3만제곱미터, ㉡ 15층, ㉢ 1천톤

해설 1. 연면적 1만제곱미터 이상이거나 11층 이상인 특정소방대상물(아파트는 제외한다)
2. 가연성가스를 제조·저장 또는 취급하는 시설 중 지상에 노출된 가연성가스탱크의 저장용량 합계가 1천톤 이상인 시설

18 다음 중 소방시설공사업법상 감리의 업무로 옳지 않은 것은?
① 소방시설등의 설치계획표의 적법성 검토
② 소방용품의 위치·규격 및 사용 자재의 적합성 검토
③ 완공된 소방시설등의 성능시험
④ 설계업자가 한 소방시설등의 시공이 설계도서와 화재안전기준에 맞는지에 대한 지도·감독

해설 감리의 업무
1. 소방시설등의 설치계획표의 적법성 검토
2. 소방시설등 설계도서의 적합성(적법성과 기술상의 합리성을 말한다. 이하 같다) 검토
3. 소방시설등 설계 변경 사항의 적합성 검토
4. 소방용품의 위치·규격 및 사용 자재의 적합성 검토
5. 공사업자가 한 소방시설등의 시공이 설계도서와 화재안전기준에 맞는지에 대한 지도·감독
6. 완공된 소방시설등의 성능시험
7. 공사업자가 작성한 시공 상세 도면의 적합성 검토
8. 피난시설 및 방화시설의 적법성 검토
9. 실내장식물의 불연화(不燃化)와 방염 물품의 적법성 검토

정답 16. ② 17. ② 18. ④

19 소방시설공사업법령상 용어의 정의에 관한 내용으로 옳지 않은 것은?

① "소방시설설계업"이란 소방시설공사에 기본이 되는 공사계획, 설계도면, 설계 설명서, 기술계산서 및 이와 관련된 서류를 작성하는 영업을 말한다.
② "소방시설업자"란 소방시설업을 경영하기 위하여 소방시설업을 등록한 자를 말한다.
③ "발주자"란 소방시설의 설계, 시공, 감리 및 방염을 소방시설업자에게 도급하는 자를 말한다. 다만, 수급인으로서 도급받은 공사를 하도급하는 자는 제외한다.
④ "감리원"이란 소방시설공사업자에 소속된 소방기술자로서 해당 소방시설공사를 감리하는 사람을 말한다.

해설 "감리원"이란 소방공사감리업자에 소속된 소방기술자로서 해당 소방시설공사를 감리하는 사람을 말한다.

20 소방시설공사업 법령상 소방본부장이나 소방서장이 완공검사를 위해 현장확인을 할 수 있는 특정소방대상물로 옳지 않은 것은?

① 스프링클러설비가 설치되는 특정소방대상물
② 가연성가스를 제조·저장 또는 취급하는 시설 중 지상에 노출된 가연성가스탱크의 저장용량 합계가 1백톤 이상인 시설
③ 연면적 1만제곱미터 이상이거나 11층 이상인 특정소방대상물(아파트는 제외)
④ 「다중이용업소의 안전관리에 관한 특별법」에 따른 다중이용업소

해설 가연성가스를 제조·저장 또는 취급하는 시설 중 지상에 노출된 가연성가스탱크의 저장용량 합계가 **1천톤 이상**인 시설

21 소방시설공사업법령상 일반 공사감리 대상 감리원의 세부 배치 기준이다. ( )에 들어갈 내용은?

> 1명의 감리원이 담당하는 소방공사감리현장은 (㉠)개 이하(자동화재탐지설비 또는 옥내소화전설비 중 어느 하나만 설치하는 2개의 소방공사감리현장이 최단 차량주행거리로 (㉡)킬로미터 이내에 있는 경우에는 1개의 소방공사감리현장으로 본다)로서 감리현장 연면적의 총 합계가 (㉢)만제곱미터 이하일 것. 다만, 일반 공사감리 대상인 아파트의 경우에는 연면적의 합계에 관계없이 1명의 감리원이 (㉣)개 이내의 공사현장을 감리할 수 있다.

① ㉠ 3, ㉡ 30, ㉢ 20, ㉣ 5
② ㉠ 3, ㉡ 50, ㉢ 20, ㉣ 3
③ ㉠ 5, ㉡ 30, ㉢ 10, ㉣ 5
④ ㉠ 5, ㉡ 50, ㉢ 10, ㉣ 5

정답 19. ④ 20. ② 21. ③

해설 일반 공사감리 대상 감리원의 세부 배치 기준
1명의 감리원이 담당하는 소방공사감리현장은 (5)개 이하(자동화재탐지설비 또는 옥내소화전설비 중 어느 하나만 설치하는 2개의 소방공사감리현장이 최단 차량주행거리로 (30)킬로미터 이내에 있는 경우에는 1개의 소방공사감리현장 으로 본다)로서 감리현장 연면적의 총 합계가 (10)만제곱미터 이하일 것. 다만, 일반 공사감리 대상인 아파트의 경우에는 연면적의 합계에 관계없이 1명의 감리원이 (5)개 이내의 공사현장을 감리할 수 있다.

22 소방시설공사업에 대한 설명 중 옳지 않은 것은?

① 일반소방시설공사업 중 기계분야의 영업범위는 연면적 3만제곱미터 미만의 특정소방대상물에 설치되는 기계분야 소방시설의 공사·개설·이전 및 정비이다.
② 전문소방시설공사업의 주된 기술인력: 소방기술사 또는 기계분야와 전기분야의 소방설비기사 각 1명(기계분야 및 전기분야의 자격을 함께 취득한 사람 1명) 이상이 필요하다.
③ 전문 소방시설공사업의 경우 법인의 자본금은 1억원 이상이다.
④ 전문 소방시설공사업의 보조기술인력은 2명 이상이다.

해설 일반소방시설공사업 중 기계분야의 영업범위는 **연면적 1만제곱미터 미만의 특정소방대상물에 설치되는 기계분야 소방시설의 공사·개설·이전 및 정비**

23 소방시설공사업법령상 착공신고를 한 공사업자가 변경신고를 하여야 하는 경우에 해당하지 않는 것은?

① 시공자가 변경된 경우
② 소방시설공사 기간이 변경된 경우
③ 설치되는 소방시설의 종류가 변경된 경우
④ 책임시공 및 기술관리 소방기술자가 변경된 경우

해설 착공신고를 한 공사업자가 변경신고를 하여야 하는 사항
1. 시공자
2. 설치되는 소방시설의 종류
3. 책임시공 및 기술관리 소방기술자

24 일반적으로 일반 소방시설설계업의 기계분야의 영업범위는 연면적 몇 m^2 미만의 특정소방대상물에 대한 소방시설의 설계인가?

① 10,000   ② 20,000   ③ 30,000   ④ 50,000

해설 연면적 3만제곱미터(공장의 경우에는 1만제곱미터) 미만의 특정소방대상물(제연설비가 설치되는 특정소방대상물은 제외한다)에 설치되는 기계분야 소방시설의 설계

정답 22. ① 23. ③ 24. ③

25 특정소방대상물이 공장인 경우 일반 소방시설설계업의 영업범위는 연면적 몇 제곱미터 미만인 경우인가?
① 5,000
② 10,000
③ 20,000
④ 30,000

해설 연면적 3만제곱미터(공장의 경우에는 1만제곱미터) 미만의 특정소방대상물(제연설비가 설치되는 특정소방대상물은 제외한다)에 설치되는 기계분야 소방시설의 설계

26 전문 소방시설설계업의 등록기준에서 기술인력은 주된 기술인력으로 소방기술사 1인 이상, 보조기술인력 몇 인 이상이 있어야 하는가?
① 1인
② 2인
③ 3인
④ 4인

해설 전문 소방시설설계업
① 주된 기술인력 : 소방기술사 1인 이상
② 보조 기술인력 : 1인 이상

27 전문소방시설공사업의 자본금은 법인의 경우 얼마 이상인가?
① 5천만원 이상
② 1억원 이상
③ 2억원 이상
④ 3억원 이상

해설 전문소방시설공사업

구분	자본금
전문소방시설공사업	법인 : 1억원 이상, 개인 : 1억원 이상
일반소방시설공사업	법인 : 1억원 이상, 개인 : 1억원 이상

28 다음 중 방염처리업의 종류가 아닌 것은?
① 섬유류 방염업
② 벽지류 방염업
③ 합성수지류 방염업
④ 합판·목재류 방염업

해설 방염처리업의 종류
① 섬유류 방염업
② 합판·목재류 방염업
③ 합성수지류 방염업

정답 25. ② 26. ① 27. ② 28. ②

29 다음 중 고급기술자를 배치하여야 하는 현장은?

① 연면적 3만제곱미터 이상 20만제곱미터 미만인 특정소방대상물(아파트는 제외한다)의 공사 현장
② 연면적 1만제곱미터 이상인 아파트의 공사 현장
③ 연면적 1천제곱미터 이상 5천제곱미터 미만인 특정소방대상물이나 지하구의 공사 현장
④ 연면적 1천제곱미터 미만인 특정소방대상물의 공사 현장

해설 고급기술자의 배치현장
1. 연면적 3만제곱미터 이상 20만제곱미터 미만인 특정소방대상물(아파트는 제외한다)의 공사 현장
2. 지하층을 포함한 층수가 16층 이상 40층 미만인 특정소방대상물의 공사 현장

30 완공검사를 위한 현장 확인 대상 특정소방대상물의 범위로 옳지 않은 것은?

① 문화 및 집회시설, 종교시설, 판매시설, 노유자(老幼者)시설, 수련시설, 운동시설, 숙박시설, 창고시설, 지하상가 및 다중이용업소
② 물분무등소화설비(호스릴 방식의 소화설비 포함)가 설치되는 특정소방대상물
③ 연면적 1만제곱미터 이상이거나 11층 이상인 특정소방대상물(아파트는 제외한다)
④ 가연성가스를 제조·저장 또는 취급하는 시설 중 지상에 노출된 가연성가스탱크의 저장용량 합계가 1천톤 이상인 시설

해설 완공검사를 위한 현장확인 대상 특정소방대상물의 범위)
1. 문화 및 집회시설, 종교시설, 판매시설, 노유자(老幼者)시설, 수련시설, 운동시설, 숙박시설, 창고시설, 지하상가 및 다중이용업소
2. 다음 각 목의 어느 하나에 해당하는 설비가 설치되는 특정소방대상물
   가. 스프링클러설비등
   나. 물분무등소화설비(호스릴 방식의 소화설비는 제외)
3. 연면적 1만제곱미터 이상이거나 11층 이상인 특정소방대상물(아파트는 제외한다)
4. 가연성가스를 제조·저장 또는 취급하는 시설 중 지상에 노출된 가연성가스탱크의 저장용량 합계가 1천톤 이상인 시설

31 다음 중 소방시설공사의 하자보수 보증기간이 다른 것은?

① 비상방송설비　　　② 무선통신보조설비
③ 자동화재탐지설비　④ 비상경보설비

해설 하자보수 보증기간

2년	피난기구, 유도등, 유도표지, 비상경보설비, 비상조명등, 비상방송설비 및 무선통신보조설비
3년	자동소화장치, 옥내소화전설비, 스프링클러설비, 간이스프링클러설비, 물분무등소화설비, 옥외소화전설비, 자동화재탐지설비, 상수도소화용수설비 및 소화활동설비(무선통신보조설비는 제외한다)

정답 29. ① 30. ② 31. ③

32 소방시설공사업자는 소방시설공사 결과 소방시설에 하자가 있는 경우 하자보수를 하여야 한다. 다음 중 하자보수를 하여야 하는 소방시설과 소방시설별 하자보수보증기간이 잘못 나열된 것은?

① 유도등 : 2년
② 자동화재탐지설비 : 3년
③ 스프링클러설비 : 3년
④ 무선통신보조설비 : 3년

해설 무선통신보조설비 : 2년

33 완공검사를 위한 현장확인 대상 특정소방대상물의 범위가 아닌 것은?

① 문화 및 집회시설
② 판매시설
③ 노유자시설
④ 운수시설

해설 문화 및 집회시설, 종교시설, 판매시설, 노유자(老幼者)시설, 수련시설, **운동시설**, 숙박시설, 창고시설, 지하상가 및 다중이용업소

34 소방시설공사의 공사감리자 지정대상이 아닌 것은?

① 옥내소화전설비를 신설·개설 또는 증설할 때
② 자동화재탐지설비를 신설 또는 개설할 때
③ 비상경보설비를 신설 또는 개설할 때
④ 비상콘센트설비를 신설·개설하거나 전용회로를 증설할 때

해설 비상경보설비는 공사감리자 지정대상이 아니다.
① 비상방송설비를 신설 또는 개설할 때
② 비상조명등을 신설 또는 개설할 때
③ 스프링클러설비등(캐비닛형 간이스프링클러설비는 제외한다)을 신설·개설하거나 방호·방수 구역을 증설할 때
④ 소화용수설비를 신설 또는 개설할 때

35 공사감리자 지정 대상 특정소방대상물의 연면적은 몇 제곱미터 이상인가?

① 1,000 m²
② 2,000 m²
③ 3,000 m²
④ 4,000 m²

해설 연면적 1천 m² 이상의 특정소방대상물

정답 32. ④ 33. ④ 34. ③ 35. ①

36 소방시설공사업법령상 소방시설 공사에 관한 설명으로 옳지 않은 것은?

① 하나의 건축물에 영화상영관이 10개 이상인 신축 특정소방대상물은 성능위주설계를 하여야 한다.
② 공사업자가 구조변경·용도 변경되는 특정소방대상물에 연소방지설비의 살수구역을 증설하는 공사를 할 경우 소방서장에게 착공신고를 하여야 한다.
③ 하자보수 대상 소방시설 중 자동소화장치의 하자보수 보증기간은 3년이다.
④ 연면적이 1,000 m² 이상인 특정소방대상물에 비상경보설비를 설치하는 경우에는 공사감리자를 지정해야 한다.

해설 비상경보설비를 설치하는 특정소방대상물은 공사감리자 지정에서 제외한다.

37 완공검사를 위한 현장확인 대상 특정소방대상물의 범위 중 가연성가스를 제조·저장 또는 취급하는 시설 중 지상에 노출된 가연성가스탱크의 저장용량 합계가 몇 톤 이상인 시설에 적용하는가?

① 100톤　　② 200톤　　③ 500톤　　④ 1천톤

해설 가연성가스를 제조·저장 또는 취급하는 시설 중 지상에 노출된 가연성가스탱크의 저장용량 합계가 1천톤 이상

38 소방시설공사업법령상 하자보수 보증기간이 다른 소방시설은?

① 피난기구　　　　　　　② 옥외소화전설비
③ 무선통신보조설비　　　④ 유도등

해설 하자보수 보증기간
① 2년 : 피난기구, 유도등, 유도표지, 비상경보설비, 비상조명등, 비상방송설비, 무선통신보조설비
② 3년 : 자동소화장치, 옥내소화전설비, 스프링클러설비, 간이스프링클러설비, 물분무등소화설비, 옥외소화전설비, 자동화재탐지설비, 상수도소화용수설비 및 소화활동설비(무선통신보조설비는 제외한다)

39 소방기술용역의 대가기준 산정방식이 옳게 설명된 것은?

① 소방공사감리의 대가 : 실비정액 가산방식
　소방시설설계의 대가 : 통신부문에 적용하는 공사비 요율에 따른 방식
② 소방공사감리의 대가 : 통신부문에 적용하는 공사비 요율에 따른 방식
　소방시설설계의 대가 : 실비정액 가산방식
③ 소방공사감리의 대가 : 통신부문에 적용하는 공사비 요율에 따른 방식
　소방시설설계의 대가 : 통신부문에 적용하는 공사비 요율에 따른 방식

정답　36. ④　37. ④　38. ②　39. ①

④ 소방공사감리의 대가 : 실비정액 가산방식
　소방시설설계의 대가 : 실비정액 가산방식

해설 소방기술용역 대가기준 산정방식
　① 소방시설설계의 대가 : 통신부문에 적용하는 공사비 요율에 따른 방식
　② 소방공사감리의 대가 : 실비정액 가산방식

40 소방시설공사업자의 시공능력 평가방법에 있어서 경력평가액 산출 공식으로 옳은 것은?
① 실적평가액×공사업 경영기간 평점×20/100
② 실적평가액×공사업 경영기간 평점×30/100
③ 실적평가액×공사업 경영기간 평점×40/100
④ 실적평가액×공사업 경영기간 평점×70/100

해설 경력평가액 = 실적평가액×공사업 영위기간 평점× $\dfrac{20}{100}$

41 소방시설공사업자의 시공능력 평가방법에 있어서 자본금평가액 산출 공식으로 옳은 것은?
① 자본금평가액 = (실질자본금 × 실질자본금의 평점 + 소방청장이 지정한 금융 회사 또는 소방산업 공제조합에 출자·예치·담보한 금액) × 70/100
② 자본금평가액 = (실질자본금 × 실질자본금의 평점 + 소방청장이 지정한 금융 회사 또는 소방산업 공제조합에 출자·예치·담보한 금액) × 50/100
③ 자본금평가액 = (실질자본금 × 실질자본금의 평점 + 소방청장이 지정한 금융 회사 또는 소방산업 공제조합에 출자·예치·담보한 금액) × 40/100
④ 자본금평가액 = (실질자본금 × 실질자본금의 평점 + 소방청장이 지정한 금융 회사 또는 소방산업 공제조합에 출자·예치·담보한 금액) × 20/100

해설 자본금평가액 = (실질자본금 × 실질자본금의 평점 + 소방청장이 지정한 금융회사 또는 소방산업 공제조합에 출자·예치·담보한 금액) × 70/100

42 소방시설공사업법상 중급기술자 이상의 소방기술자(기계분야 및 전기분야)를 배치해야 하는 현장이 아닌 것은?
① 지하층을 포함한 층수가 16층 이상 40층 미만인 특정소방대상물의 공사 현장
② 물분무등소화설비(호스릴 방식의 소화설비는 제외한다) 또는 제연설비가 설치되는 특정소방대상물의 공사 현장
③ 연면적 5천제곱미터 이상 3만제곱미터 미만인 특정소방대상물(아파트는 제외한다)의 공사 현장
④ 연면적 1만제곱미터 이상 20만제곱미터 미만인 아파트의 공사 현장

정답 40. ①　41. ①　42. ①

해설 지하층을 포함한 층수가 16층 이상 40층 미만인 특정소방대상물의 공사 현장 : 고급기술자 이상의 소방기술자(기계분야 및 전기분야)

43 자격수첩을 다른 자에게 빌려준 경우 1차 행정처분 기준은?
① 자격정지 1년
② 자격정지 2년
③ 자격정지 3년
④ 자격취소

해설 자격수첩을 다른 자에게 빌려준 경우 : 자격취소

44 소방기술자는 실무교육을 어떻게 받아야 하는가?
① 1년마다 1회 이상
② 1년마다 2회 이상
③ 2년마다 1회 이상
④ 2년마다 2회 이상

해설 소방기술자는 실무교육을 2년마다 1회 이상 받아야 한다.

45 소방시설공사업법령상 소방시설업에 대한 행정처분기준 중 2차 위반 시 등록취소 사항에 해당하는 것은? (단, 가중 또는 감경 사유는 고려하지 않음)
① 거짓이나 그 밖의 부정한 방법으로 등록한 경우
② 다른 자에게 등록증 또는 등록수첩을 빌려준 경우
③ 영업정지 기간 중에 설계·시공 또는 감리를 한 경우
④ 정당한 사유 없이 하수급인의 변경요구를 따르지 아니한 경우

해설 다른 자에게 등록증 또는 등록수첩을 빌려준 경우 1차 : 영업정지 6개월, 2차 : 취소

정답 43. ④ 44. ③ 45. ②

제5장 다중이용업소의 안전관리에 관한 특별법·시행령 및 시행규칙

1 목적

다중이용업소법	① 화재 등 재난이나 그 밖의 위급한 상황으로부터 국민의 생명·신체 및 재산을 보호하기 위하여 다중이용업소의 안전시설등의 설치·유지 및 안전관리와 화재위험평가, 다중이용업주의 화재배상책임보험에 필요한 사항을 정함으로써 ② 공공의 안전과 복리 증진에 이바지함

2 용어정의

다중이용업	불특정 다수인이 이용하는 영업 중 화재 등 재난 발생 시 생명·신체·재산상의 피해가 발생할 우려가 높은 것으로서 대통령령으로 정하는 영업
안전시설등	**소방시설, 비상구, 영업장 내부 피난통로, 그 밖의 안전시설**로서 대통령령으로 정하는 것
실내장식물	건축물 내부의 천장 또는 벽에 설치하는 것으로서 대통령령으로 정하는 것
화재위험평가	다중이용업소가 밀집한 지역 또는 건축물에 대하여 화재 발생 가능성과 화재로 인한 불특정 다수인의 생명·신체·재산상의 피해 및 주변에 미치는 영향을 예측·분석하고 이에 대한 대책을 마련하는 것
밀폐구조의 영업장	지상층에 있는 다중이용업소의 영업장 중 채광·환기·통풍 및 피난 등이 용이하지 못한 구조로 되어 있으면서 대통령령으로 정하는 기준에 해당하는 영업장
영업장의 내부구획	다중이용업소의 영업장 내부를 이용객들이 사용할 수 있도록 벽 또는 칸막이 등을 사용하여 구획된 실(室)을 만드는 것
피난유도선 (避難誘導線)	햇빛이나 전등불로 축광(蓄光)하여 빛을 내거나 전류에 의하여 빛을 내는 유도체로서 화재 발생 시 등 어두운 상태에서 피난을 유도할 수 있는 시설을 말한다.
비상구	주된 출입구와 주된 출입구 외에 화재 발생 시 등 비상시 영업장의 내부로부터 지상·옥상 또는 그 밖의 안전한 곳으로 피난할 수 있도록 직통계단·피난계단·옥외피난계단 또는 발코니에 연결된 출입구
구획된 실(室)	영업장 내부에 이용객 등이 사용할 수 있는 공간을 벽이나 칸막이 등으로 구획한 공간을 말한다. 다만, 영업장 내부를 벽이나 칸막이 등으로 구획한

	공간이 없는 경우에는 영업장 내부 전체 공간을 하나의 구획된 실(室)로 본다.
영상음향차단장치	영상 모니터에 화상(畵像) 및 음반 재생장치가 설치되어 있어 영화, 음악 등을 감상할 수 있는 시설이나 화상 재생장치 또는 음반 재생장치 중 한 가지 기능만 있는 시설을 차단하는 장치

3 벌칙

구분	내용
1년 이하의 징역 또는 1천만원 이하의 벌금	1. 평가대행자로 등록하지 아니하고 화재위험평가 업무를 대행한 자 2. 다른 사람에게 정보를 제공하거나 부당한 목적으로 이용한 자

300만원 이하의 과태료	1. 소방안전교육을 받지 아니하거나 종업원이 소방안전교육을 받도록 하지 아니한 다중이용업주
	2. 안전시설등을 기준에 따라 설치·유지하지 아니한 자
	2의2. 설치신고를 하지 아니하고 안전시설등을 설치하거나 영업장 내부구조를 변경한 자 또는 안전시설등의 공사를 마친 후 신고를 하지 아니한 자
	2의3. 비상구에 추락 등의 방지를 위한 장치를 기준에 따라 갖추지 아니한 자
	3. 실내장식물을 기준에 따라 설치·유지하지 아니한 자
	3의2. 영업장의 내부구획을 기준에 따라 설치·유지하지 아니한 자
	4. 피난시설, 방화구획 또는 방화시설에 대하여 폐쇄·훼손·변경 등의 행위를 한 자
	5. 피난안내도를 갖추어 두지 아니하거나 피난안내에 관한 영상물을 상영하지 아니한 자
	6. 다음 각 목의 어느 하나에 해당하는 자
	   가. 안전시설등을 점검(위탁하여 실시하는 경우를 포함한다)하지 아니한 자
	   나. 정기점검결과서를 작성하지 아니하거나 거짓으로 작성한 자
	   다. 정기점검결과서를 보관하지 아니한 자
	6의2. 화재배상책임보험에 가입하지 아니한 다중이용업주
	6의3. 위반하여 통지를 하지 아니한 보험회사
	6의4. 위반하여 다중이용업주와의 화재배상책임보험 계약 체결을 거부하거나 임의로 계약을 해제 또는 해지한 보험회사
	7. 소방안전관리업무를 하지 아니한 자
	8. 보고 또는 즉시보고를 하지 아니하거나 거짓으로 한 자

4 다중이용업의 범위

다중이용업	다만, 영업을 옥외 시설 또는 옥외 장소에서 하는 경우 그 영업은 제외
	1. 식품접객업 중 다음 각 목의 어느 하나에 해당하는 것
	   가. **휴게음식점영업 · 제과점영업 또는 일반음식점영업**으로서 영업장으로 사용하는 바닥면적(「건축법 시행령」 제119조제1항제3호에 따라 산정한 면적을 말한다. 이하 같다)의 합계가 **100제곱미터**(영업장이 지하층에 설치된 경우에는 그 영업장의 바닥면적 합계가 **66제곱미터**) 이상인 것. 다만, 영업장(내부계단으로 연결된 복층구조의 영업장을 제외한다)이 다음의 어느 하나에 해당하는 층에 설치되고 그 영업장의 주된 출입구가 건축물 외부의 지면과 직접 연결되는 곳에서 하는 영업을 제외한다.
	     1) **지상 1층**
	     2) **지상과 직접 접하는 층**
	   나. **단란주점영업과 유흥주점영업**
	1의2. 공유주방 운영업 중 휴게음식점영업 · 제과점영업 또는 일반음식점영업에 사용되는 공유주방을 운영하는 영업으로서 영업장 바닥면적의 합계가 100제곱미터(영업장이 지하층에 설치된 경우에는 그 바닥면적 합계가 66제곱미터) 이상인 것. 다만, 영업장(내부계단으로 연결된 복층구조의 영업장은 제외한다)이 다음 각 목의 어느 하나에 해당하는 층에 설치되고 그 영업장의 주된 출입구가 건축물 외부의 지면과 직접 연결되는 곳에서 하는 영업은 제외한다.
	   가. 지상 1층
	   나. 지상과 직접 접하는 층
	2. **영화상영관 · 비디오물감상실업 · 비디오물소극장업 및 복합영상물제공업**
	3. **학원**으로서 다음 각 목의 어느 하나에 해당하는 것
	   가. 수용인원이 **300명 이상**인 것
	   나. 수용인원 100명 이상 300명 미만으로서 다음의 어느 하나에 해당하는 것. 다만, 학원으로 사용하는 부분과 다른 용도로 사용하는 부분(학원의 운영권자를 달리하는 학원과 학원을 포함한다)이 「건축법 시행령」 제46조에 따른 방화구획으로 나누어진 경우는 제외한다.
	     (1) 하나의 건축물에 학원과 기숙사가 함께 있는 학원
	     (2) 하나의 건축물에 학원이 둘 이상 있는 경우로서 학원의 수용인원이 300명 이상인 학원
	     (3) 하나의 건축물에 제1호, 제2호, 제4호부터 제7호까지, 제7호의2부터 제7호의5까지 및 제8호의 다중이용업 중 어느 하나 이상의 다중이용업과 학원이 함께 있는 경우
	4. **목욕장업**으로서 다음 각 목에 해당하는 것
	   가. 하나의 영업장에서 목욕장업 중 맥반석 · 황토 · 옥 등을 직접 또는 간접 가열하여 발생하는 열기나 원적외선 등을 이용하여 땀을 배출하게 할 수 있는 시설 및 설비를 갖춘 것으로서 수용인원(물로 목욕을 할 수 있는 시설부분의 수용인원은 제외한다)이 100명 이상인 것

	나. 「공중위생관리법」 제2조제1항제3호나목의 시설 및 설비를 갖춘 목욕장업
	5. **게임제공업·인터넷컴퓨터게임시설제공업 및 복합유통게임제공업**. 다만, 게임제공업 및 인터넷컴퓨터게임시설제공업의 경우에는 영업장(내부계단으로 연결된 복층구조의 영업장은 제외한다)이 다음 각 목의 어느 하나에 해당하는 층에 설치되고 그 영업장의 주된 출입구가 건축물 외부의 지면과 직접 연결된 구조에 해당하는 경우는 제외한다.
	   가. 지상 1층
	   나. 지상과 직접 접하는 층
	6. **노래연습장업**
	7. **산후조리업**
	7의2. **고시원업**[구획된 실(室) 안에 학습자가 공부할 수 있는 시설을 갖추고 숙박 또는 숙식을 제공하는 형태의 영업]
	7의3. **권총사격장**(실내사격장에 한정하며, 같은 조 제1항에 따른 종합사격장에 설치된 경우를 포함한다)
	7의4. **가상체험 체육시설업**(실내에 1개 이상의 별도의 구획된 실을 만들어 골프 종목의 운동이 가능한 시설을 경영하는 영업으로 한정한다)
	7의5. **안마시술소**
	8. 화재안전등급이 제11조제1항(**디(D)등급 또는 이(E)등급**)에 해당하거나 화재발생시 인명피해가 발생할 우려가 높은 불특정다수인이 출입하는 영업으로서 **행정안전부령으로 정하는 영업**. 이 경우 소방청장은 관계 중앙행정기관의 장과 미리 협의하여야 한다.

**행정안전부령으로
정하는 영업**
	1. 전화방업·화상대화방업 : 구획된 실(室) 안에 전화기·텔레비전·모니터 또는 카메라 등 상대방과 대화할 수 있는 시설을 갖춘 형태의 영업
	2. 수면방업 : 구획된 실(室) 안에 침대·간이침대 그 밖에 휴식을 취할 수 있는 시설을 갖춘 형태의 영업
	3. 콜라텍업 : 손님이 춤을 추는 시설 등을 갖춘 형태의 영업으로서 주류판매가 허용되지 아니하는 영업
	4. 방탈출카페업 : 제한된 시간 내에 방을 탈출하는 놀이 형태의 영업
	5. 키즈카페업 : 다음 각 목의 영업
	   가. 기타유원시설업으로서 실내공간에서 어린이에게 놀이를 제공하는 영업
	   나. 실내에 어린이놀이시설을 갖춘 영업
	   다. 휴게음식점영업으로서 실내공간에서 어린이에게 놀이를 제공하고 부수적으로 음식류를 판매·제공하는 영업
	6. 만화카페업 : 만화책 등 다수의 도서를 갖춘 다음 각 목의 영업. 다만, 도서를 대여·판매만 하는 영업인 경우와 영업장으로 사용하는 바닥면적의 합계가 50제곱미터 미만인 경우는 제외한다.
	   가. 휴게음식점영업
	   나. 도서의 열람, 휴식공간 등을 제공할 목적으로 실내에 다수의 구획된 실(室)을 만들거나 입체 형태의 구조물을 설치한 영업

5 안전관리기본계획의 수립 · 시행 ★★

안전관리기본계획(이하 "기본계획"이라 한다)을 수립 · 시행	소방청장, 5년마다
기본계획에 포함되어야 하는 사항	1. 다중이용업소의 안전관리에 관한 기본 방향 2. 다중이용업소의 자율적인 안전관리 촉진에 관한 사항 3. 다중이용업소의 화재안전에 관한 정보체계의 구축 및 관리 4. 다중이용업소의 안전 관련 법령 정비 등 제도 개선에 관한 사항 5. 다중이용업소의 적정한 유지 · 관리에 필요한 교육과 기술 연구 · 개발 5의2. 다중이용업소의 화재배상책임보험에 관한 기본 방향 5의3. 다중이용업소의 화재배상책임보험 가입관리전산망(이하 "책임보험전산망"이라 한다)의 구축 · 운영 5의4. 다중이용업소의 화재배상책임보험제도의 정비 및 개선에 관한 사항 6. 다중이용업소의 화재위험평가의 연구 · 개발에 관한 사항 7. 그 밖에 다중이용업소의 안전관리에 관하여 대통령령으로 정하는 사항

안전관리기본계획 수립지침에 포함되어야 하는 내용	1. 화재 등 재난 발생 경감대책
	   가. 화재피해 원인조사 및 분석
	   나. 안전관리정보의 전달 · 관리체계 구축
	   다. 화재 등 재난 발생에 대비한 교육 · 훈련과 예방에 관한 홍보
	2. 화재 등 재난 발생을 줄이기 위한 중 · 장기 대책
	   가. 다중이용업소 안전시설 등의 관리 및 유지계획
	   나. 소관법령 및 관련기준의 정비

6 관련 행정기관의 통보사항

허가관청	허가등을 한 날부터 14일 이내에 행정안전부령으로 정하는 바에 따라 다중이용업소의 소재지를 관할하는 소방본부장 또는 소방서장에게 다음 각 호의 사항을 통보 1. 다중이용업주의 성명 및 주소 2. 다중이용업소의 상호 및 주소 3. 다중이용업의 업종 및 영업장 면적
허가관청은 다중이용업주가 다음 각 호의 어느 하나에 해당하는 행위를 하였을 때에는 그 신고를 수리(受理)한 날부터 30일 이내에 소방본부장 또는 소방서장에게 통보	1. 휴업 · 폐업 또는 휴업 후 영업의 재개(再開) 2. 영업 내용의 변경 3. 다중이용업주의 변경 또는 다중이용업주 주소의 변경 4. 다중이용업소 상호 또는 주소의 변경

허가관청의 확인 사항	다중이용업주의 변경신고 또는 다중이용업주의 지위승계 신고를 수리하기 전에 다중이용업을 하려는 자가 다음 각 호의 사항을 이행하였는지를 확인 1. 제8조에 따른 소방안전교육 이수 2. 제13조의2에 따른 화재배상책임보험 가입
14일 이내	허가관청은 허가등을 한 날부터 관할 소방본부장 또는 소방서장에게 통보
30일 이내	허가관청은 휴·폐업과 휴업 후 영업재개신고를 수리한 때에는 소방본부장 또는 소방서장에게 통보 허가관청은 변경사항의 신고를 수리한 때에는 수리한 날부터 그 변경내용을 관할 소방본부장 또는 소방서장에게 통보

7 다중이용업소의 안전관리기준

간이스프링클러설비를 설치해야 하는 영업장	가) 지하층에 설치된 영업장 나) 숙박을 제공하는 형태의 다중이용업소의 영업장 중 다음에 해당하는 영업장. 다만, 지상 1층에 있거나 지상과 직접 맞닿아 있는 층(영업장의 주된 출입구가 건축물 외부의 지면과 직접 연결된 경우를 포함한다)에 설치된 영업장은 제외한다. 　(1) 산후조리업의 영업장 　(2) 고시원업의 영업장 다) 밀폐구조의 영업장 라) 권총사격장의 영업장
다중이용업을 하려는 자(다중이용업을 하고 있는 자를 포함한다)는 다음 각 호의 어느 하나에 해당하는 경우에는 안전시설등을 설치하기 전에 미리 소방본부장이나 소방서장에게 신고	1. 안전시설등을 설치하려는 경우 2. 영업장 내부구조를 변경하려는 경우로서 다음 각 목의 어느 하나에 해당하는 경우 　가. 영업장 면적의 증가 　나. 영업장의 구획된 실의 증가 　다. 내부통로 구조의 변경 3. 안전시설등의 공사를 마친 경우
소방본부장이나 소방서장	공사완료의 신고를 받았을 때에는 안전시설등이 행정안전부령으로 정하는 기준에 맞게 설치되었다고 인정하는 경우에는 행정안전부령으로 정하는 바에 따라 안전시설등 완비증명서를 발급하여야 하며, 그 기준에 맞지 아니한 경우에는 시정될 때까지 안전시설등 완비증명서를 발급하여서는 아니 된다.

8 다중이용업소에 설치·유지하여야 하는 안전시설등

1. 소방시설

가. 소화설비
1) 소화기 또는 자동확산소화기
2) 간이스프링클러설비(캐비닛형 간이스프링클러설비를 포함한다). 다만, 다음의 영업장에만 설치한다.
    가) 지하층에 설치된 영업장
    나) 법 제9조제1항제1호에 따른 숙박을 제공하는 형태의 다중이용업소의 영업장 중 다음에 해당하는 영업장. 다만, 지상 1층에 있거나 지상과 직접 맞닿아 있는 층(영업장의 주된 출입구가 건축물 외부의 지면과 직접 연결된 경우를 포함한다)에 설치된 영업장은 제외한다.
        (1) 제2조제7호에 따른 산후조리업의 영업장
        (2) 제2조제7호의2에 따른 고시원업(이하 이 표에서 "고시원업"이라 한다)의 영업장
    다) 법 제9조제1항제2호에 따른 밀폐구조의 영업장
    라) 제2조제7호의3에 따른 권총사격장의 영업장

나. 경보설비
1) 비상벨설비 또는 자동화재탐지설비. 다만, 노래반주기 등 영상음향장치를 사용하는 영업장에는 자동화재탐지설비를 설치하여야 한다.
2) 가스누설경보기. 다만, 가스시설을 사용하는 주방이나 난방시설이 있는 영업장에만 설치한다.

다. 피난설비
1) 피난기구
    가) 미끄럼대
    나) 피난사다리
    다) 구조대
    라) 완강기
    마) 다수인 피난장비
    바) 승강식 피난기
2) 피난유도선. 다만, 영업장 내부 피난통로 또는 복도가 있는 영업장에만 설치한다.
3) 유도등, 유도표지 또는 비상조명등
4) 휴대용 비상조명등

2. 비상구

다만, 다음 각 목의 어느 하나에 해당하는 영업장에는 비상구를 설치하지 않을 수 있다.

가. 주된 출입구 외에 해당 영업장 내부에서 피난층 또는 지상으로 통하는 직통계단이 주된 출입구 중심선으로부터 수평거리로 영업장의 긴 변 길이의 **2분의 1 이상** 떨어진 위치에 별도로 설치된 경우

나. 피난층에 설치된 영업장[영업장으로 사용하는 바닥면적이 **33제곱미터 이하**인 경우로서 영업장 내부에 구획된 실(室)이 없고, 영업장 전체가 개방된 구조의 영업장을 말한다]으로서 그 영업장의 각 부분으로부터 출입구까지의 수평거리가 10미터 이하인 경우

3. 영업장 내부 피난통로

다만, 구획된 실(室)이 있는 영업장에만 설치한다.

4. 그 밖의 안전시설

가. 영상음향차단장치. 다만, 노래반주기 등 영상음향장치를 사용하는 영업장에만 설치한다.
나. 누전차단기
다. 창문. 다만, 고시원업의 영업장에만 설치한다.

9 다중이용업소의 비상구 추락방지★★

설치대상	영업장의 위치가 4층 이하(지하층인 경우는 제외한다)인 경우 그 영업장에 설치하는 비상구
설치기준	1) 피난 시에 유효한 발코니(활하중 5kN/m², 가로 75센티미터 이상, 세로 150센티미터 이상, 면적 1.12제곱미터 이상, 난간의 높이 100센티미터 이상인 것을 말한다. 이하 이 목에서 같다) 또는 부속실(**불연재료로 바닥에서 천장까지 구획된 실로서 가로 75센티미터 이상, 세로 150센티미터 이상, 면적 1.12제곱미터 이상**인 것을 말한다. 이하 이 목에서 같다)을 설치하고, 그 장소에 적합한 피난기구를 설치할 것 2) 부속실을 설치하는 경우 부속실 입구의 문과 건물 외부로 나가는 문의 규격은 가목2)에 따른 비상구등의 규격으로 할 것.

	3) 추락 등의 방지를 위하여 다음 사항을 갖추도록 할 것 가) 발코니 및 부속실 입구의 문을 개방하면 경보음이 울리도록 경보음 발생 장치를 설치하고, 추락위험을 알리는 표지를 문(부속실의 경우 외부로 나가는 문도 포함한다)에 부착할 것 나) 부속실에서 건물 외부로 나가는 문 안쪽에는 기둥·바닥·벽 등의 견고한 부분에 탈착이 가능한 **쇠사슬 또는 안전로프** 등을 바닥에서부터 **120센티미터 이상**의 높이에 가로로 설치할 것. 다만, 120센티미터 이상의 난간이 설치된 경우에는 쇠사슬 또는 안전로프 등을 설치하지 않을 수 있다.

🔟 안전시설등의 설치·유지 기준

안전시설등 종류	설치·유지 기준
1. 소방시설	
가. 소화설비	
1) 소화기 또는 자동확산소화기	영업장 안의 구획된 실마다 설치할 것
2) 간이스프링클러설비	화재안전기준에 따라 설치할 것. 다만, 영업장의 구획된 실마다 간이스프링클러헤드 또는 스프링클러헤드가 설치된 경우에는 그 설비의 유효범위 부분에는 간이스프링클러설비를 설치하지 않을 수 있다.
나. 비상벨설비 또는 자동화재탐지설비	가) 영업장의 구획된 실마다 비상벨설비 또는 자동화재탐지설비 중 하나 이상을 화재안전기준에 따라 설치할 것 나) 자동화재탐지설비를 설치하는 경우에는 감지기와 지구음향장치는 영업장의 구획된 실마다 설치할 것. 다만, 영업장의 구획된 실에 비상방송설비의 음향장치가 설치된 경우 해당 실에는 지구음향장치를 설치하지 않을 수 있다. 다) 영상음향차단장치가 설치된 영업장에 자동화재탐지설비의 수신기를 별도로 설치할 것
다. 피난설비	
1) 피난기구	2층 이상 4층 이하에 위치하는 영업장의 발코니 또는 부속실과 연결되는 비상구 피난기구를 화재안전기준에 따라 설치할 것
2) 피난유도선	가) 영업장 내부 피난통로 또는 복도에 「소방시설 설치 및 관리에 관한 법률」 제12조제1항에 따라 소방청장이 정하여 고시하는 유도등 및 유도표지의 화재안전기준에 따라 설치할 것 나) 전류에 의하여 빛을 내는 방식으로 할 것
3) 유도등, 유도표지 또는 비상조명등	영업장의 구획된 실마다 유도등, 유도표지 또는 비상조명등 중 하나 이상을 화재안전기준에 따라 설치할 것
4) 휴대용 비상조명등	영업장안의 구획된 실마다 휴대용 비상조명등을 화재안전기준에 따라 설치할 것

안전시설등 종류	설치·유지 기준
2. 주된 출입구 및 비상구(이하 이 표에서 "비상구등"이라 한다)	가. 공통 기준 1) 설치 위치: 비상구는 영업장(2개 이상의 층이 있는 경우에는 각각의 층별 영업장을 말한다. 이하 이 표에서 같다) 주된 출입구의 반대방향에 설치하되, 주된 출입구 중심선으로부터의 수평거리가 영업장의 가장 긴 대각선 길이, 가로 또는 세로 길이 중 가장 긴 길이의 2분의 1 이상 떨어진 위치에 설치할 것. 다만, 건물구조로 인하여 주된 출입구의 반대방향에 설치할 수 없는 경우에는 주된 출입구 중심선으로부터의 수평거리가 영업장의 가장 긴 대각선 길이, 가로 또는 세로 길이 중 가장 긴 길이의 2분의 1 이상 떨어진 위치에 설치할 수 있다. 2) 비상구등 규격: 가로 75센티미터 이상, 세로 150센티미터 이상(문틀을 제외한 가로길이 및 세로길이를 말한다)으로 할 것 3) 구조 　가) 비상구등은 구획된 실 또는 천장으로 통하는 구조가 아닌 것으로 할 것. 다만, 영업장 바닥에서 천장까지 불연재료(不燃材料)로 구획된 부속실(전실), 「모자보건법」 제2조제10호에 따른 산후조리원에 설치하는 방풍실 또는 「녹색건축물 조성 지원법」에 따라 설계된 방풍구조는 그렇지 않다. 　나) 비상구등은 다른 영업장 또는 다른 용도의 시설(주차장은 제외한다)을 경유하는 구조가 아닌 것이어야 할 것. 4) 문 　가) 문이 열리는 방향: 피난방향으로 열리는 구조로 할 것 　나) 문의 재질: 주요 구조부(영업장의 벽, 천장 및 바닥을 말한다. 이하 이 표에서 같다)가 내화구조(耐火構造)인 경우 비상구등의 문은 방화문(防火門)으로 설치할 것. 다만, 다음의 어느 하나에 해당하는 경우에는 불연재료로 설치할 수 있다. 　　(1) 주요 구조부가 내화구조가 아닌 경우 　　(2) 건물의 구조상 비상구등의 문이 지표면과 접하는 경우로서 화재의 연소 확대 우려가 없는 경우 　　(3) 비상구등의 문이 「건축법 시행령」 제35조에 따른 피난계단 또는 특별피난계단의 설치 기준에 따라 설치해야 하는 문이 아니거나 같은 영 제46조에 따라 설치되는 방화구획이 아닌 곳에 위치한 경우 　다) 주된 출입구의 문이 나)(3)에 해당하고, 다음의 기준을 모두 충족하는 경우에는 주된 출입구의 문을 자동문[미서기(슬라이딩)문을 말한다]으로 설치할 수 있다. 　　(1) 화재감지기와 연동하여 개방되는 구조 　　(2) 정전 시 자동으로 개방되는 구조 　　(3) 정전 시 수동으로 개방되는 구조

안전시설등 종류	설치 · 유지 기준
	나. 복층구조(複層構造) 영업장(각각 다른 2개 이상의 층을 내부계단 또는 통로가 설치되어 하나의 층의 내부에서 다른 층으로 출입할 수 있도록 되어 있는 구조의 영업장을 말한다)의 기준 　1) 각 층마다 영업장 외부의 계단 등으로 피난할 수 있는 비상구를 설치할 것 　2) 비상구등의 문이 열리는 방향은 실내에서 외부로 열리는 구조로 할 것 　3) 비상구등의 문의 재질은 가목4)나)의 기준을 따를 것 　4) 영업장의 위치 및 구조가 다음의 어느 하나에 해당하는 경우에는 1)에도 불구하고 그 영업장으로 사용하는 어느 하나의 층에 비상구를 설치할 것 　　가) 건축물 주요 구조부를 훼손하는 경우 　　나) 옹벽 또는 외벽이 유리로 설치된 경우 등 다. 영업장의 위치가 4층 이하(지하층인 경우는 제외한다)인 경우의 기준 　1) 피난 시에 유효한 발코니[활하중 5킬로뉴턴/제곱미터(5kN/m^2) 이상, 가로 75센티미터 이상, 세로 150센티미터 이상, 면적 1.12제곱미터 이상, 난간의 높이 100센티미터 이상인 것을 말한다. 이하 이 목에서 같다] 또는 부속실(불연재료로 바닥에서 천장까지 구획된 실로서 가로 75센티미터 이상, 세로 150센티미터 이상, 면적 1.12제곱미터 이상인 것을 말한다. 이하 이 목에서 같다)을 설치하고, 그 장소에 적합한 피난기구를 설치할 것 　2) 부속실을 설치하는 경우 부속실 입구의 문과 건물 외부로 나가는 문의 규격은 가목2)에 따른 비상구등의 규격으로 할 것. 다만, 120센티미터 이상의 난간이 있는 경우에는 발판 등을 설치하고 건축물 외부로 나가는 문의 규격과 재질을 가로 75센티미터 이상, 세로 100센티미터 이상의 창호로 설치할 수 있다. 　3) 추락 등의 방지를 위하여 다음 사항을 갖추도록 할 것 　　가) 발코니 및 부속실 입구의 문을 개방하면 경보음이 울리도록 경보음 발생 장치를 설치하고, 추락위험을 알리는 표지를 문(부속실의 경우 외부로 나가는 문도 포함한다)에 부착할 것 　　나) 부속실에서 건물 외부로 나가는 문 안쪽에는 기둥·바닥·벽 등의 견고한 부분에 탈착이 가능한 쇠사슬 또는 안전로프 등을 바닥에서부터 120센티미터 이상의 높이에 가로로 설치할 것. 다만, 120센티미터 이상의 난간이 설치된 경우에는 쇠사슬 또는 안전로프 등을 설치하지 않을 수 있다.

안전시설등 종류	설치 · 유지 기준
3. 영업장 내부 피난통로	가. 내부 피난통로의 폭은 120센티미터 이상으로 할 것. 다만, 양 옆에 구획된 실이 있는 영업장으로서 구획된 실의 출입문 열리는 방향이 피난통로 방향인 경우에는 150센티미터 이상으로 설치하여야 한다. 나. 구획된 실부터 주된 출입구 또는 비상구까지의 내부 피난통로의 구조는 세 번 이상 구부러지는 형태로 설치하지 말 것
4. 창문	가. 영업장 층별로 가로 50센티미터 이상, 세로 50센티미터 이상 열리는 창문을 1개 이상 설치할 것 나. 영업장 내부 피난통로 또는 복도에 바깥 공기와 접하는 부분에 설치할 것(구획된 실에 설치하는 것을 제외한다)
5. 영상음향차단장치	가. 화재 시 자동화재탐지설비의 감지기에 의하여 자동으로 음향 및 영상이 정지될 수 있는 구조로 설치하되, 수동(하나의 스위치로 전체의 음향 및 영상장치를 제어할 수 있는 구조를 말한다)으로도 조작할 수 있도록 설치할 것 나. 영상음향차단장치의 수동차단스위치를 설치하는 경우에는 관계인이 일정하게 거주하거나 일정하게 근무하는 장소에 설치할 것. 이 경우 수동차단스위치와 가장 가까운 곳에 "영상음향차단스위치"라는 표지를 부착하여야 한다. 다. 전기로 인한 화재발생 위험을 예방하기 위하여 부하용량에 알맞은 누전차단기(과전류차단기를 포함한다)를 설치할 것 라. 영상음향차단장치의 작동으로 실내 등의 전원이 차단되지 않는 구조로 설치할 것
6. 보일러실과 영업장 사이의 방화구획	보일러실과 영업장 사이의 출입문은 방화문으로 설치하고, 개구부(開口部)에는 방화댐퍼(화재 시 연기 등을 차단하는 장치)를 설치할 것

11 다중이용업의 실내장식물

불연재료(不燃材料) 또는 준불연재료로 설치	다중이용업소에 설치하거나 교체하는 실내장식물(반자돌림대 등의 너비가 10센티미터 이하인 것은 제외한다)
합판 또는 목재로 실내장식물을 설치하는 경우	그 면적이 영업장 천장과 벽을 합한 면적의 10분의 3(스프링클러설비 또는 간이스프링클러설비가 설치된 경우에는 10분의 5) 이하인 부분은 방염성능기준 이상의 것으로 설치할 수 있다.
실내장식물 (시행령 제3조)	다만, 가구류(옷장, 찬장, 식탁, 식탁용 의자, 사무용 책상, 사무용 의자 및 계산대, 그 밖에 이와 비슷한 것을 말한다)와 너비 10센티미터 이하인 반자돌림대 등과 내부마감재료는 제외 1. 종이류(두께 2밀리미터 이상인 것을 말한다) · 합성수지류 또는 섬유류를 주원료로 한 물품 2. 합판이나 목재

	3. 공간을 구획하기 위하여 설치하는 간이 칸막이(접이식 등 이동 가능한 벽체나 천장 또는 반자가 실내에 접하는 부분까지 구획하지 아니하는 벽체를 말한다) 4. 흡음(吸音)이나 방음(防音)을 위하여 설치하는 흡음재(흡음용 커튼을 포함한다) 또는 방음재(방음용 커튼을 포함한다)

12 영업장의 내부구획

불연재료로 천장(반자속)까지 구획해야 하는 영업장	1. 단란주점 및 유흥주점 영업 2. 노래연습장업
내부구획 기준	배관 및 전선관 등이 영업장 또는 천장(반자속)의 내부구획된 부분을 관통하여 틈이 생긴 때에는 다음 각 호의 어느 하나에 해당하는 재료를 사용하여 그 틈을 메워야 한다. 1. 한국산업표준에서 내화충전성능을 인정한 구조로 된 것 2. 한국건설기술연구원의 장이 국토교통부장관이 정하여 고시하는 기준에 따라 내화충전성능을 인정한 구조로 된 것

13 소방안전교육

교육 대상자	1. 다중이용업을 운영하는 자(이하 "다중이용업주"라 한다) 2. 다중이용업주 외에 해당 영업장(다중이용업주가 둘 이상의 영업장을 운영하는 경우에는 각각의 영업장을 말한다)을 관리하는 종업원 1명 이상 또는 국민연금 가입의무대상자인 종업원 1명 이상 3. 다중이용업을 하려는 자
교과과정	1. 화재안전과 관련된 법령 및 제도 2. 다중이용업소에서 화재가 발생한 경우 초기대응 및 대피요령 3. 소방시설 및 방화시설(防火施設)의 유지·관리 및 사용방법 4. 심폐소생술 등 응급처치 요령
소방안전교육에 필요한 교육인력 및 시설·장비기준	1. 교육인력 　가. 인원 : 강사 4인 및 교무요원 2인 이상 　나. 강사의 자격요건 　　(1) 강사 　　　(가) 소방 관련학의 석사학위 이상을 가진 자 　　　(나) 전문대학 또는 이와 동등 이상의 교육기관에서 소방안전 관련 학과 전임강사 이상으로 재직한 자 　　　(다) 소방기술사, 위험물기능장, 소방시설관리사, 소방안전교육사자격을 소지한 자

(라) 소방설비기사 및 위험물산업기사 자격을 소지한 자로서 소방 관련 기관(단체)에서 2년 이상 강의경력이 있는 자
(마) 소방설비산업기사 및 위험물기능사 자격을 소지한 자로서 소방 관련 기관(단체)에서 5년 이상 강의경력이 있는 자
(바) 대학 또는 이와 동등 이상의 교육기관에서 소방안전 관련 학과를 졸업하고 소방 관련 기관(단체)에서 5년 이상 강의경력이 있는 자
(사) 소방 관련 기관(단체)에서 10년 이상 실무경력이 있는 자로서 5년 이상 강의경력이 있는 자
(아) 소방위 또는 지방소방위 이상의 소방공무원 또는 소방설비기사 자격을 소지한 소방장 또는 지방소방장 이상의 소방공무원
(자) 간호사 또는 응급구조사 자격을 소지한 소방공무원(응급처치 교육에 한한다)
(2) 외래 초빙강사 : 강사의 자격요건에 해당하는 자일 것

2. 교육시설 및 교육용기자재
 가. 사무실 : 바닥면적이 60제곱미터 이상일 것
 나. 강의실 : 바닥면적이 100제곱미터 이상이고, 의자·탁자 및 교육용 비품을 갖출 것
 다. 실습실·체험실 : 바닥면적이 100제곱미터 이상
 라. 교육용기자재

기자재명	규격	수량 (단위: 개)
빔 프로젝터(beam projector)(스크린 포함)		1
소화기(단면절개: 斷面切開)	3종	각 1
경보설비시스템		1
간이스프링클러 계통도		1
자동화재탐지설비 세트		1
소화설비 계통도 세트		1
소화기 시뮬레이터 세트		1
응급교육기자재 세트		1
심폐소생술(CPR) 실습용 마네킹		1

14 다중이용업주의 안전시설등에 대한 정기점검 등

1년간 보관	다중이용업주는 다중이용업소의 안전관리를 위하여 정기적으로 안전시설등을 점검하고 그 점검결과서를 작성

15 다중이용업소에 대한 화재위험평가 ★★★

평가대상	1. 2천제곱미터 지역 안에 다중이용업소가 50개 이상 밀집하여 있는 경우 2. 5층 이상인 건축물로서 다중이용업소가 10개 이상 있는 경우 3. 하나의 건축물에 다중이용업소로 사용하는 영업장 바닥면적의 합계가 1천제곱미터 이상인 경우
평가대행자 등록 결격사유	1. 피성년후견인 2. 심신상실자, 알코올 중독자 등 대통령령으로 정하는 정신적 제약이 있는 자 3. 등록이 취소(이 항 제1호에 해당하여 등록이 취소된 경우는 제외한다)된 후 2년이 지나지 아니한 자 4. 이 법, 「소방기본법」, 「소방시설공사업법」, 「화재의 예방 및 안전관리에 관한 법률」, 「소방시설 설치 및 관리에 관한 법률」, 「위험물 안전관리법」을 위반하여 징역 이상의 실형을 선고받고 그 형의 집행이 끝나거나 집행을 받지 아니하기로 확정된 후 2년이 지나지 아니한 사람 5. 임원 중 제1호부터 제4호까지의 어느 하나에 해당하는 사람이 있는 법인
평가대행자의 등록취소	1. 등록 결격사유의 어느 하나에 해당하는 경우 2. 거짓이나 그 밖의 부정한 방법으로 등록한 경우 3. 최근 1년 이내에 2회의 업무정지처분을 받고 다시 업무정지처분 사유에 해당하는 행위를 한 경우 4. 다른 사람에게 등록증이나 명의를 대여한 경우
화재안전등급	<table><tr><th>등급</th><th>평가점수</th></tr><tr><td>A</td><td>80 이상</td></tr><tr><td>B</td><td>60 이상 79 이하</td></tr><tr><td>C</td><td>40 이상 59 이하</td></tr><tr><td>D</td><td>20 이상 39 이하</td></tr><tr><td>E</td><td>20 미만</td></tr></table>1. "평가점수"란 다중이용업소에 대하여 화재예방, 화재감지·경보, 피난, 소화설비, 건축방재 등의 항목별로 소방청장이 정하여 고시하는 기준을 갖추었는지에 대하여 평가한 점수를 말한다.
2년	화재위험평가서의 보존기간

16 화재안전조사 결과 공개

공개 지시권자	소방청장, 소방본부장 또는 소방서장
공개사항	1. 다중이용업소의 상호 및 주소 2. 안전시설등 설치 및 유지·관리 현황 3. 피난시설, 방화구획 및 방화시설 설치 및 유지·관리 현황 4. 그 밖에 대통령령으로 정하는 사항

17 이행강제금

부과·징수권자	소방청장, 소방본부장 또는 소방서장
이행강제금	1천만원 이하의 이행강제금

18 안전관리우수업소

| 요건 | 1. 공표일 기준으로 최근 3년 동안 「소방시설 설치 및 관리에 관한 법률」 제16조제1항 각 호의 위반행위가 없을 것
2. 공표일 기준으로 최근 3년 동안 소방·건축·전기 및 가스 관련 법령 위반 사실이 없을 것
3. 공표일 기준으로 최근 3년 동안 화재 발생 사실이 없을 것
4. 자체계획을 수립하여 종업원의 소방교육 또는 소방훈련을 정기적으로 실시하고 공표일 기준으로 최근 3년 동안 그 기록을 보관 |

제5장 출제예상문제

01 다중이용업소의 안전관리에 관한 특별법의 목적으로 옳지 않은 것은?
① 화재 등 재난이나 그 밖의 위급한 상황으로부터 국민의 생명·신체 및 재산을 보호
② 다중이용업소의 안전시설등의 설치·유지 및 안전관리와 화재위험평가
③ 국민경제에 이바지
④ 공공의 안전과 복리 증진에 이바지

해설 화재 등 재난이나 그 밖의 위급한 상황으로부터 국민의 생명·신체 및 재산을 보호하기 위하여 다중이용업소의 안전시설등의 설치·유지 및 안전관리와 화재위험평가, 다중이용업주의 화재배상책임보험에 필요한 사항을 정함으로써 공공의 안전과 복리 증진에 이바지함을 목적

02 실내장식물이라 함은 건축물 내부의 천장 또는 벽에 설치하는 것으로 무엇으로 정하는 것을 말하는가?
① 대통령령
② 행정안전부령
③ 시·도의 조례
④ 국토교통부령

해설 실내장식물이란 건축물 내부의 천장 또는 벽에 설치하는 것으로 대통령령으로 정한 것을 말한다.

03 소방시설, 비상구, 영업장 내부 피난통로, 그 밖의 안전시설로서 대통령령으로 정하는 것을 무엇이라 하는가?
① 안전시설 등
② 소방시설 등
③ 비상구시설 등
④ 방화시설 등

해설 안전시설 등 : 소방시설, 비상구, 영업장 내부 피난통로, 그 밖의 안전시설로서 대통령령으로 정하는 것

04 지상층에 있는 다중이용업소의 영업장 중 채광·환기·통풍 및 피난 등이 용이하지 못한 구조로 되어 있으면서 대통령령으로 정하는 기준에 해당하는 영업장을 무엇이라 하는가?
① 밀폐구조의 영업장
② 무창층의 영업장
③ 비밀폐구조의 영업장
④ 완전구획된 영업장

해설 지상층에 있는 다중이용업소의 영업장 중 채광·환기·통풍 및 피난 등이 용이하지 못한 구조로 되어 있으면서 대통령령으로 정하는 기준에 해당하는 영업장 – 밀폐구조의 영업장

정답 1. ③ 2. ① 3. ① 4. ①

05 소방청장은 몇 년마다 다중이용업소의 안전관리기본계획을 수립·시행하여야 하는가?

① 1년　　② 2년　　③ 3년　　④ 5년

해설 소방청장은 5년마다 다중이용업소의 안전관리기본계획을 수립·시행하여야 한다.

06 다른 법률에 따라 다중이용업의 허가 등을 하는 행정기관(이하 "허가관청"이라 한다)은 허가 등을 한 날부터 며칠 이내에 행정안전부령으로 정하는 바에 따라 다중이용업소의 소재지를 관할하는 소방본부장 또는 소방서장에게 통보하여야 하는가?

① 7일　　② 14일　　③ 20일　　④ 30일

해설 다른 법률에 따라 다중이용업의 허가 등을 하는 행정기관(이하 "허가관청"이라 한다)은 허가 등을 한 날부터 14일 이내에 행정안전부령으로 정하는 바에 따라 다중이용업소의 소재지를 관할하는 소방본부장 또는 소방서장에게 다음 각 호의 사항을 통보하여야 한다.
1. 다중이용업주의 성명 및 주소
2. 다중이용업소의 상호 및 주소
3. 다중이용업의 업종 및 영업장 면적

07 다른 법률에 따라 다중이용업의 허가 등을 하는 행정기관(이하 "허가관청"이라 한다)은 허가 등을 한 날부터 14일 이내에 행정안전부령으로 정하는 바에 따라 다중이용업소의 소재지를 관할하는 소방본부장 또는 소방서장에게 통보하여야 하는 사항이 아닌 것은?

① 다중이용업주의 성명 및 주소
② 다중이용업소의 상호 및 주소
③ 다중이용업의 업종 및 영업장 면적
④ 다중이용업소의 영업내용

해설 다른 법률에 따라 다중이용업의 허가 등을 하는 행정기관(이하 "허가관청"이라 한다)은 허가 등을 한 날부터 14일 이내에 행정안전부령으로 정하는 바에 따라 다중이용업소의 소재지를 관할하는 소방본부장 또는 소방서장에게 다음 각 호의 사항을 통보하여야 한다.
1. 다중이용업주의 성명 및 주소
2. 다중이용업소의 상호 및 주소
3. 다중이용업의 업종 및 영업장 면적

08 다중이용업주가 영업내용을 변경한 때에는 며칠 이내에 소방본부장 또는 소방서장에게 통보하여야 하는가?

① 3일　　② 7일　　③ 14일　　④ 30일

해설 허가관청은 다중이용업주가 다음 각 호의 어느 하나에 해당하는 행위를 하였을 때에는 그 신고를 수리(受理)한 날부터 30일 이내에 소방본부장 또는 소방서장에게 통보
1. 휴업·폐업 또는 휴업 후 영업의 재개(再開)
2. 영업 내용의 변경

정답 5. ④　6. ②　7. ④　8. ④

3. 다중이용업주의 변경 또는 다중이용업주 주소의 변경
4. 다중이용업소 상호 또는 주소의 변경

09 다중이용업주와 종업원은 소방청장, 소방본부장 또는 소방서장이 실시하는 소방안전교육을 몇 년에 몇 회 이상 받아야 하는가?
① 1년에 1회 이상
② 1년에 2회 이상
③ 2년에 1회 이상
④ 2년에 2회 이상

해설 다중이용업주와 종업원은 소방청장, 소방본부장 또는 소방서장이 실시하는 소방안전교육을 2년에 1회 이상 받아야 한다.

10 대통령령으로 정하는 숙박을 제공하는 형태의 다중이용업소 영업장에는 소방시설 중 무엇을 소방청장으로 정하는 기준에 따라 설치하여야 하는가?
① 자동화재속보설비
② 자동화재탐지설비
③ 간이스프링클러설비
④ 피난유도선

해설 간이스프링클러설비를 설치하여야 하는 영업장
1. 숙박을 제공하는 형태의 다중이용업소의 영업장
2. 밀폐구조의 영업장

11 다중이용업소의 안전관리에 관한 특별법 상 안전시설 등이 행정안전부령으로 정하는 기준에 맞게 설치 또는 유지되어 있지 아니한 경우에는 그 다중이용업주에게 안전시설 등의 보완 등 필요한 조치를 명할 수 있는 사람은?
① 소방청장
② 시·도지사
③ 소방본부장
④ 행정안전부장관

해설 소방본부장이나 소방서장은 안전시설 등이 행정안전부령으로 정하는 기준에 맞게 설치 또는 유지되어 있지 아니한 경우에는 그 다중이용업주에게 안전시설 등의 보완 등 필요한 조치를 명할 수 있다.

12 다중이용업을 하려는 사람은 안전시설등을 설치하기 전에 미리 소방본부장이나 소방서장에게 행정안전부령으로 정하는 안전시설등의 설계도서를 첨부하여 신고하여야 한다. 이에 해당하지 않는 것은?
① 안전시설등을 설치하려는 경우
② 다중이용업의 영업장 실내장식물을 변경하고자 하는 경우
③ 영업장 내부구조를 변경하려는 경우
④ 안전시설등의 공사를 마친 경우

정답 9. ③ 10. ③ 11. ③ 12. ②

해설
1. 안전시설등을 설치하려는 경우
2. 영업장 내부구조를 변경하려는 경우로서 다음 어느 하나에 해당하는 경우
    ① 영업장 면적의 증가
    ② 영업장의 구획된 실의 증가
    ③ 내부통로 구조의 변경
3. 안전시설등의 공사를 마친 경우

13 소방본부장이나 소방서장은 공사완료의 신고를 받았을 때에는 안전시설 등이 행정안전부령으로 정하는 기준에 맞게 설치되었다고 인정하는 경우에는 무엇을 발급하여야 하는가?
① 소방공사감리결과보고서
② 안전시설 성능시험성적서
③ 안전시설 등 완비증명서
④ 소방공사 완비증명서

해설 소방본부장이나 소방서장은 공사완료의 신고를 받았을 때에는 안전시설 등이 기준에 맞게 설치되었다고 인정하는 경우에는 안전시설 등 완비증명서를 발급하여야 하며, 그 기준에 맞지 아니한 경우에는 시정될 때까지 안전시설 등 완비증명서를 발급하여서는 아니 된다.

14 다중이용업소에 설치하거나 교체하는 실내장식물(반자돌림대 등의 너비가 10센티미터 이하인 것은 제외한다)은 어떤 재료로 설치하여야 하는가?
① 내화재료
② 난연재료
③ 불연재료
④ 방화재료

해설 다중이용업소에 설치하거나 교체하는 실내장식물(반자돌림대 등의 너비가 10센티미터 이하인 것은 제외한다)은 불연재료(不燃材料) 또는 준불연재료로 설치하여야 한다.

15 다중이용업소에 설치하거나 교체하는 실내장식물은 불연재료 또는 준불연재료로 설치하여야 한다. 그럼에도 불구하고 합판 또는 목재로 실내 장식물을 설치하는 경우로서 그 면적이 영업장 천장과 벽을 합한 면적의 얼마이하인 부분은 방염성능기준 이상의 것으로 설치할 수 있는가?(단, 간이스프링클러설비가 설치 된 경우이다.)
① 10분의 2
② 10분의 3
③ 10분의 4
④ 10분의 5

해설 합판 또는 목재로 실내장식물을 설치하는 경우로서 그 면적이 영업장 천장과 벽을 합한 면적의 10분의 3(스프링클러설비 또는 간이스프링클러설비가 설치된 경우에는 10분의 5) 이하인 부분은 방염성능기준 이상의 것으로 설치할 수 있다.

정답 13. ③ 14. ③ 15. ④

16 다중이용업소의 영업장 내부를 구획하고자 할 때에는 불연재료로 구획하여야 한다. 이 경우 천장(반자 속)까지 구획하여야 하는 영업장이 아닌 것은?
① 단란주점
② 유흥주점 영업
③ 노래연습장업
④ 산후조리원 영업

해설 다중이용업소의 영업장 내부를 구획하고자 할 때에는 불연재료로 구획하여야 한다. 이 경우 다음 각 호의 어느 하나에 해당하는 다중이용업소의 영업장은 천장(반자 속)까지 구획하여야 한다.
1. 단란주점 및 유흥주점 영업
2. 노래연습장업

17 다중이용업주는 해당 영업장에 설치된 시설 등을 유지하고 관리하여야 한다. 이에 해당하는 것이 아닌 것은?
① 피난시설
② 방화구획과 방화벽
③ 내부 마감재료
④ 소방시설

해설 다중이용업주는 해당 영업장에 설치된 피난시설, 방화구획과 방화벽, 내부 마감재료 등(이하 "방화시설"이라 한다)을 유지하고 관리하여야 한다.

18 다중이용업주는 다중이용업소의 안전관리를 위하여 정기적으로 안전시설 등을 점검하고 그 점검결과서는 몇 년간 보관하여야 하는가?
① 1년
② 2년
③ 3년
④ 5년

해설 다중이용업주는 다중이용업소의 안전관리를 위하여 정기적으로 안전시설등을 점검하고 그 점검결과서를 1년간 보관하여야 한다.

19 다중이용업소의 화재위험평가 대상이 아닌 것은?
① 2,000제곱미터 지역 안에 다중이용업소가 50개 이상 밀집된 경우
② 5층 이상인 건축물로서 다중이용업소가 10개 이상
③ 하나의 건축물에 다중이용업소로 사용하는 영업장 바닥면적의 합계가 1,000제곱미터 이상
④ 하나의 건축물에 영화상영관이 10개 이상

해설 화재위험평가 대상
1. 2천제곱미터 지역 안에 다중이용업소가 50개 이상 밀집하여 있는 경우
2. 5층 이상인 건축물로서 다중이용업소가 10개 이상 있는 경우
3. 하나의 건축물에 다중이용업소로 사용하는 영업장 바닥면적의 합계가 1천제곱미터 이상인 경우

정답 16. ④ 17. ④ 18. ① 19. ④

20 화재위험평가의 결과 그 위험유발지수가 대통령령으로 정하는 기준 미만인 다중이용업소에 대하여는 안전시설 등의 일부를 설치하지 아니하게 할 수 있는 사람이 아닌 것은?

① 소방청장   ② 시·도지사   ③ 소방본부장   ④ 소방서장

> **해설** 소방청장, 소방본부장 또는 소방서장은 화재위험평가의 결과 그 위험유발지수가 대통령령으로 정하는 기준 미만인 다중이용업소에 대하여는 안전시설 등의 일부를 설치하지 아니하게 할 수 있다.

21 화재위험평가대행자의 등록취소 사유가 아닌 것은?

① 거짓이나 그 밖의 부정한 방법으로 등록한 경우
② 최근 1년 이내에 2회의 업무정지처분을 받고 다시 업무정지처분 사유에 해당하는 행위를 한 경우
③ 등록 후 2년 이내에 화재위험평가 대행 업무를 시작하지 아니하거나 계속하여 2년 이상 화재위험평가 대행 실적이 없는 경우
④ 다른 사람에게 등록증이나 명의를 대여한 경우

> **해설** 등록의 취소 사유
> 1. 거짓이나 그 밖의 부정한 방법으로 등록한 경우
> 2. 최근 1년 이내에 2회의 업무정지처분을 받고 다시 업무정지처분 사유에 해당하는 행위를 한 경우
> 3. 다른 사람에게 등록증이나 명의를 대여한 경우

22 화재위험평가 대행자로 등록하지 아니하고 화재위험평가 업무를 대행한 자에 대한 벌칙은?

① 1년이하의 징역 또는 1천만원 이하의 벌금
② 1년이하의 징역 또는 2천만원 이하의 벌금
③ 3년이하의 징역 또는 1천만원 이하의 벌금
④ 3년이하의 징역 또는 1천5백만원 이하의 벌금

> **해설** 1년 이하의 징역 또는 1천만원 이하의 벌금
> 1. 평가대행자로 등록하지 아니하고 화재위험평가 업무를 대행한 자
> 2. 다른 사람에게 정보를 제공하거나 부당한 목적으로 이용한 자

23 다중이용업소의 안전관리에 관한 특별법에서 정한 규정을 위반하여 다른 사람에게 정보를 제공하거나 부당한 목적으로 이용한 사람의 벌칙으로 옳은 것은?

① 1년 이하의 징역 또는 1천만원 이하의 벌금
② 1년 이하의 징역 또는 1천5백만원 이하의 벌금
③ 3년 이하의 징역 또는 1천만원 이하의 벌금
④ 3년 이하의 징역 또는 1천5백만원 이하의 벌금

정답 20. ②　21. ③　22. ①　23. ①

해설 1년 이하의 징역 또는 1천만원 이하의 벌금
1. 평가대행자로 등록하지 아니하고 화재위험평가 업무를 대행한 자
2. 다른 사람에게 정보를 제공하거나 부당한 목적으로 이용한 자

24 다중이용업소의 안전관리에 관한 법률에서 정한 과태료 부과 기준 중 300만원 이하의 과태료에 해당하지 않는 위반사항은 어느 것인가?
① 소방안전교육을 받지 아니하거나 종업원이 소방안전교육을 받도록 하지 아니한 다중이용업주
② 피난안내도를 갖추어 두지 아니하거나 피난안내에 관한 영상물을 상영하지 아니한 자
③ 수신반(受信盤)의 전원을 차단한 상태로 방치한 경우
④ 화재배상책임보험에 가입하지 아니한 다중이용업주

해설 수신반의 전원을 차단한 상태로 방치한 경우 : 100만원의 과태료

25 다음 중 다중이용업주가 안전시설 등을 기준에 따라 설치·유지하지 않은 경우 100만원의 과태료를 부과할 수 있는 경우에 해당하지 않는 것은?
① 소화펌프를 고장상태로 방치한 경우
② 안전시설 등을 설치하지 않은 경우
③ 감시제어반을 고장상태로 방치하거나 전원을 차단한 경우
④ 수신반의 전원을 차단한 상태로 방치한 경우

해설 100만원의 과태료
① 소화펌프를 고장상태로 방치한 경우
② 수신반(受信盤)의 전원을 차단한 상태로 방치한 경우
③ 동력(감시)제어반을 고장상태로 방치하거나 전원을 차단한 경우
④ 소방시설용 비상전원을 차단한 경우
⑤ 소화배관의 밸브를 잠금상태로 두어 소방시설이 작동할 때 소화수가 나오지 아니하거나 소화약제(消火藥劑)가 방출되지 아니한 상태로 방치한 경우

26 다중이용업소의 안전관리에 관한 법률에서 정한 이행강제금 부과·징수권자가 아닌 것은?
① 시·도지사   ② 소방청장
③ 소방서장   ④ 소방본부장

해설 소방청장, 소방본부장 또는 소방서장은 1천만원 이하의 이행강제금을 부과한다.

정답 24. ③ 25. ② 26. ①

27 소방청장, 소방본부장 또는 소방서장은 최초의 조치 명령을 한 날을 기준으로 매년 몇 회의 범위에서 그 조치 명령이 이행될 때까지 반복하여 이행강제금을 부과·징수할 수 있는가?

① 1회
② 2회
③ 3회
④ 4회

해설 소방청장, 소방본부장 또는 소방서장은 최초의 조치 명령을 한 날을 기준으로 매년 2회의 범위에서 그 조치 명령이 이행될 때까지 반복하여 이행강제금을 부과·징수할 수 있다.

28 소방청장·소방본부장 또는 소방서장은 조치명령을 받은 후 그 정한 기간 이내에 그 명령을 이행하지 아니하는 자에게는 얼마 이하의 이행강제금을 부과할 수 있는가?

① 100만원 이하
② 200만원 이하
③ 500만원 이하
④ 1,000만원 이하

해설 소방청장·소방본부장 또는 소방서장은 조치명령을 받은 후 그 정한 기간이내에 그 명령을 이행하지 아니하는 자에게는 1,000만원 이하의 이행강제금을 부과할 수 있다.

29 다중이용업소의 안전관리에 관한 특별법 시행령에서 규정한 안전시설 등을 설치하지 아니한 경우에 부과할 수 있는 이행강제금은 얼마인가?

① 200만원
② 400만원
③ 600만원
④ 1,000만원

해설 안전시설 등에 대하여 보완 등 필요한 조치명령을 위반 시 이행강제금
　① 200만원 : 안전시설 등의 작동·기능에 지장을 주지 아니하는 경미한 사항
　② 600만원 : 안전시설 등을 고장상태로 방치한 경우
　③ 1,000만원 : 안전시설 등을 설치하지 아니한 경우

30 다중이용업소의 비상구에 추락등의 방지를 위한 장치를 기준에 따라 갖추지 아니한 자에 대한 벌칙은?

① 300만원 이하의 과태료
② 200만원 이하의 과태료
③ 100만원 이하의 과태료
④ 50만원 이하의 과태료

해설 다중이용업소의 비상구에 추락등의 방지를 위한 장치를 기준에 따라 갖추지 아니한 자 : 300만원 이하의 과태료

정답 27. ②　28. ④　29. ④　30. ①

31 다중이용업소의 안전관리에 관한 특별법령상 내용으로 ( )에 들어갈 말은?

> 소방청장은 다중이용업소의 화재 등 재난이나 그 밖의 위급한 상황으로 인한 인적·물적 피해의 감소, 안전기준의 개발, 자율적인 안전관리능력의 향상, 화재배상책임보험제도의 정착 등을 위하여 ( )마다 다중이용업소의 안전관리기본계획을 수립·시행하여야 한다.

① 1년　　② 3년　　③ 5년　　④ 7년

해설 소방청장은 다중이용업소의 화재 등 재난이나 그 밖의 위급한 상황으로 인한 인적·물적 피해의 감소, 안전기준의 개발, 자율적인 안전관리능력의 향상, 화재배상책임보험제도의 정착 등을 위하여 (5년)마다 다중이용업소의 안전관리기본계획을 수립·시행하여야 한다.

32 다중이용업소의 안전관리에 관한 특별법상 다중이용업소의 안전관리기본계획의 수립권자는?

① 행정안전부장관　　② 소방청장
③ 시·도지사　　④ 소방본부장

해설 **소방청장**은 다중이용업소의 화재 등 재난이나 그 밖의 위급한 상황으로 인한 인적·물적 피해의 감소, 안전기준의 개발, 자율적인 안전관리능력의 향상, 화재배상책임보험제도의 정착 등을 위하여 5년마다 다중이용업소의 안전관리기본계획을 수립·시행하여야 한다.

33 다중이용업주의 안전시설등에 대한 정기점검에 관한 설명으로 옳은 것은?

① 다중이용업주는 다중이용업소의 안전관리를 위하여 정기적으로 안전시설등을 점검하고 그 점검결과서를 1년간 보관하여야 한다.
② 자체점검을 한 경우 이외에는 매년 1회 이상 점검해야 한다.
③ 다중이용업주는 정기점검을 직접 수행할 수 없다.
④ 다중이용업소의 종업원인 경우에는 국가기술자격법에 따라 소방기술사의 자격을 보유하였더라도 안전점검자의 자격은 없다.

해설 보기설명
① 점검주기 : 매 분기별 **1회 이상** 점검. 다만, 자체점검을 실시한 경우에는 자체점검을 실시한 그 분기에는 점검을 실시하지 아니할 수 있다.
② 안전점검자의 자격
　(1) 해당 영업장의 **다중이용업주** 또는 다중이용업소가 위치한 특정소방대상물의 소방안전관리자(소방안전관리자가 선임된 경우에 한한다)
　(2) 해당 업소의 종업원 중 소방안전관리자 자격을 취득한 자, 소방기술사·소방설비기사 또는 소방설비산업기사 **자격을 취득한 자**
　(3) **소방시설관리업자**

정답 31. ③　32. ②　33. ①

34 식품접객업 중 휴게음식점영업의 영업장이 지하층에 설치된 경우 영업장 바닥면적의 합계가 얼마 이상인 것을 다중이용업소라 하는가?

① 50 m²   ② 66 m²   ③ 100 m²   ④ 150 m²

해설 식품접객업 중 다음 각 목의 어느 하나에 해당하는 것
① 휴게음식점영업, 제과점영업 또는 일반음식점영업으로서 영업장으로 사용하는 바닥면적의 합계가 100제곱미터(영업장이 지하층에 설치된 경우에는 그 영업장의 바닥면적의 합계가 66제곱미터) 이상인 것
② 단란주점영업과 유흥주점영업

35 다음 중 다중이용업소에 해당하지 않는 것은?
① 휴게음식점영업으로서 영업장으로 사용하는 바닥면적의 합계가 100제곱미터 이상인 경우
② 일반음식점영업으로서 영업장이 지상1층에 설치되고 바닥면적이 100제곱미터 이상이며 영업장의 주된 출입구가 건축물 외부의 지면과 직접 연결되는 경우
③ 지하층에 설치된 제과점영업으로서 영업장으로 사용하는 바닥면적의 합계가 66제곱미터 이상인 경우
④ 하나의 건축물에 학원과 기숙사가 함께 있는 학원으로 수용인원이 100명인 경우

해설 영업장(내부계단으로 연결된 복층구조의 영업장을 제외한다)이 다음의 어느 하나에 해당하는 층에 설치되고 그 영업장의 주된 출입구가 건축물 외부의 지면과 직접 연결되는 곳에서 하는 영업을 제외한다.
① 지상 1층
② 지상과 직접 접하는 층

36 다음 안전시설 중 소화설비에 해당하지 않는 것은?
① 소화기   ② 옥내소화전설비
③ 캐비닛형 간이스프링클러설비   ④ 자동확산소화기

해설 소화설비
1. 소화기 또는 자동확산소화기
2. 간이스프링클러설비(캐비닛형 간이스프링클러설비를 포함한다)

37 다중이용업소에 설치하여야 하는 피난기구의 종류에 해당하지 않는 것은?
① 미끄럼대   ② 간이완강기
③ 구조대   ④ 피난사다리

정답 34. ②   35. ②   36. ②   37. ②

해설 다중이용업소의 소방시설 중 피난설비
1) 피난기구 : 미끄럼대, 피난사다리, 구조대, 완강기, 다수인피난장비, 승강식 피난기
2) 피난유도선
3) 유도등, 유도표지 또는 비상조명등

38 다음 중 다중이용업소의 안전관리에 관한 특별법에서 규정한 다중이용업소에 설치하는 실내장식물로 옳지 않은 것은?
① 합판이나 목재
② 흡음재 또는 방음재
③ 가구류
④ 합성수지류를 주원료로 한 물품

해설 실내장식물 제외
가구류(옷장, 찬장, 식탁, 식탁용 의자, 사무용 책상, 사무용 의자 및 계산대, 그 밖에 이와 비슷한 것을 말한다)와 너비 10센티미터 이하인 반자돌림대 등과 내부마감재료는 제외한다.

39 소방청장은 다중이용업소의 안전관리기본계획을 관계 중앙행정기관의 장과 협의를 거쳐 몇 년마다 수립해야 하는가?
① 1년
② 2년
③ 3년
④ 5년

해설 소방청장은 다중이용업소의 안전관리기본계획을 관계 중앙행정기관의 장과 협의를 거쳐 5년마다 수립해야 한다.

40 소방청장은 다중이용업소에 대한 매년 연도별 안전관리계획을 전년도 며칠 전 까지 수립하여야 하는가?
① 10월 31일
② 11월 31일
③ 12월 31일
④ 1월 31일

해설 소방청장은 매년 연도별 안전관리계획을 전년도 12월 31일까지 수립하여야 하며, 관계 중앙행정기관의 장과 시·도지사 및 소방본부장에게 통보하여야 한다.

41 다중이용업소의 안전관리기본계획에 대한 다음의 설명 중 틀린 것은?
① 소방청장은 다중이용업소의 안전관리기본계획을 관계 중앙행정기관의 장과 협의를 거쳐 5년마다 수립해야 한다.
② 소방청장은 매년 연도별 안전관리계획을 전년도 12월 31일까지 수립해야 한다.
③ 소방서장은 연도별 계획에 따라 안전관리집행계획을 수립해야 하며, 수립된 집행 계획

정답 38. ③ 39. ④ 40. ③ 41. ③

과 전년도 추진실적을 매년 1월 31일까지 소방본부장에게 제출해야 한다.
④ 안전관리집행계획의 수립 시기는 해당 연도 전년 12월 31일까지로 한다.

> 해설 소방본부장은 연도별 계획에 따라 안전관리집행계획을 수립해야 하며, 수립된 집행계획과 전년도 추진실적을 매년 1월 31일까지 소방청장에게 제출해야 한다.

42 다중이용업소의 영업장에 설치·유지하여야 하는 안전시설 등에 관한 설명으로 옳지 않은 것은?

① 지하층에 설치된 영업장에는 간이스프링클러설비를 설치하여야 한다.
② 노래반주기 등 영상음향장치를 사용하는 영업장에는 비상벨설비를 설치하여야 한다.
③ 가스시설을 사용하는 주방이나 난방시설이 있는 영업장에는 가스누설경보기를 설치하여야 한다.
④ 단란주점영업과 유흥주점영업의 영업장에는 피난유도선을 설치하여야 한다.

> 해설 비상벨설비 또는 자동화재탐지설비. 다만, 노래반주기 등 영상음향장치를 사용하는 영업장에는 자동화재탐지설비를 설치하여야 한다.

43 다중이용업소에 설치·유지하여야 하는 안전시설등의 기준 중 그 밖의 안전시설에 해당하지 않는 것은?

① 영상음향차단장치   ② 누전차단기
③ 방화문   ④ 창문

> 해설 그 밖의 안전시설
> ① 영상음향차단장치. 다만, 노래반주기등 영상음향차단장치를 사용하는 영업장에만 설치한다.
> ② 누전차단기
> ③ 창문. 다만, 고시원의 영업장에만 설치한다.

44 다중이용업소의 피난층에 설치된 영업장(영업장으로 사용하는 바닥면적이 33제곱미터 이하인 경우로서 영업장 내부에 구획된 실이 없는 영업장 전체가 개방된 구조의 영업장에 한함)으로서 그 영업장의 각 부분으로부터 출입구까지의 수평거리가 몇 미터 이하의 경우에는 비상구 설치를 제외할 수 있는가?

① 3미터 이하   ② 5미터 이하
③ 10미터 이하   ④ 20미터 이하

> 해설 피난층에 설치된 영업장[영업장으로 사용하는 바닥면적이 33제곱미터 이하인 경우로서 영업장 내부에 구획된 실(室)이 없고, 영업장 전체가 개방된 구조의 영업장을 말한다]으로서 그 영업장의 각 부분으로부터 출입구까지의 수평거리가 10미터 이하인 경우

정답 42. ② 43. ③ 44. ③

45 다음 ( )안에 알맞은 것은?

> "주된 출입구 외에 해당 영업장 내부에서 피난층 또는 지상으로 통하는 직통계단이 주된 출입구 중심선으로부터 수평거리로 영업장의 긴 변 길이의 ( ) 이상 떨어진 위치에 별도로 설치된 경우 비상구를 설치하지 않을 수 있다."

① 2분의 1
② 3분의 1
③ 4분의 1
④ 5분의 1

해설 주된 출입구 외에 해당 영업장 내부에서 피난층 또는 지상으로 통하는 직통계단이 주된 출입구 중심선으로부터 수평거리로 영업장의 긴변 길이의 **2분의 1이상** 떨어진 위치에 별도로 설치된 경우 비상구를 설치하지 않을 수 있다.

46 다중이용업주가 가입하여야 하는 화재배상책임보험은 사망의 경우 피해자 1명당 얼마의 범위에서 피해자에게 발생한 손해액을 지급하여야 하는가?

① 2천만원
② 5천만원
③ 1억5천만원
④ 2억원

해설 ① 사망의 경우: 피해자 1명당 1억5천만원의 범위에서 피해자에게 발생한 손해액을 지급할 것. 다만, 그 손해액이 2천만원 미만인 경우에는 2천만원으로 한다.
② 재산상 손해의 경우: 사고 1건당 10억원의 범위에서 피해자에게 발생한 손해액을 지급할 것

47 다중이용업소의 안전관리에 관한 특별법령상 피난안내도에 대한 기준으로 옳은 것은?

① 피난안내도의 크기는 A4(210 mm × 297 mm) 이상의 크기로 할 것
② 피난안내도의 동선은 주 출입구에서 피난층까지로 할 것
③ 피난안내도에 사용하는 언어는 한글 및 2개 이상의 외국어를 사용하여 작성할 것
④ 피난안내도는 소화기, 옥내소화전 등 소방시설의 위치 및 사용방법을 포함할 것

해설 ① 크기: B4(257 mm×364 mm) 이상의 크기로 할 것. 다만, 각 층별 영업장의 면적 또는 영업장이 위치한 층의 바닥면적이 각각 400 m² 이상인 경우에는 A3(297 mm×420 mm) 이상의 크기로 하여야 한다.
② 피난안내도의 동선은 구획된 실 등에서 비상구 및 출입구까지의 피난 동선
③ 피난안내도 및 피난안내 영상물에 사용하는 언어: 피난안내도 및 피난안내영상물은 한글 및 1개 이상의 외국어를 사용하여 작성하여야 한다.

48 다중이용업소의 안전관리에 관한 특별법령상 안전관리기본계획에 대한 내용으로 옳지 않은 것은?

① 안전관리기본계획에는 다중이용업소의 화재배상책임보험 가입관리전산망의 구축·운영이 포함되어야 한다.
② 소방청장은 매년 연도별 안전관리계획을 전년도 10월 31일까지 수립해야 한다.
③ 소방청장은 안전관리기본계획을 수립하면 국무총리에게 보고하고 관계 중앙행정기관의 장과 시·도지사에게 통보한 후 이를 공고해야 한다.
④ 소방청장은 안전관리기본계획을 수립한 경우에는 이를 관보에 공고한다.

해설 소방청장은 다중이용업소의 화재 등 재난이나 그 밖의 위급한 상황으로 인한 인적·물적 피해의 감소, 안전기준의 개발, 자율적인 안전관리능력의 향상, 화재배상책임보험제도의 정착 등을 위하여 5년마다 다중이용업소의 안전관리기본계획(이하 "기본계획"이라 한다)을 수립·시행하여야 한다.

49 다중이용업소의 화재배상책임보험에 관한 설명으로 옳지 않은 것은?

① 사망의 경우 피해자 1명당 1억5천만원의 범위에서 피해자에게 발생한 손해액을 지급한다.
② 척추체 분쇄성 골절 부상의 경우 1천만원 범위에서 피해자에서 발생한 손해액을 지급한다.
③ 안전시설 등을 설치하려는 경우 다중이용업주는 화재배상책임보험에 가입한 후 그 증명서를 소방본부장 또는 소방서장에게 제출하여야 한다.
④ 보험회사는 화재배상책임보험에 가입하여야 할 자와 계약을 체결한 경우 그 사실을 보험회사의 전산시스템에 입력한 날부터 5일 이내에 소방서장에게 알려야 한다.

해설 척추체 분쇄성 골절의 경우 보험금액은 3천만원 한도

50 다중이용업소의 화재위험평가 등에 관한 설명으로 옳지 않은 것은?

① 5층 이상인 건축물로서 다중이용업소가 10개 이상인 경우 화재위험평가를 할 수 있다.
② 위험유발지수의 산정기준, 방법 등은 소방청장이 고시한다.
③ 소방서장은 화재안전등급이 C 등급인 경우 조치를 명할 수 있다.
④ 화재위험평가 대행자가 화재위험평가서를 허위로 작성한 경우 1차 행정처분기준은 업무정지 6월이다.

해설 소방서장은 화재안전등급이 디(D) 등급 또는 이(E) 등급인 경우 조치를 명할 수 있다.

정답 48. ② 49. ② 50. ③

51 화재안전등급에서 A등급이란?

① 평가점수 20 미만
② 평가점수 20 이상 39 이하
③ 평가점수 60 이상 79 이하
④ 평가점수 80 이상

해설 화재안전등급

등급	평가점수
A	80 이상
B	60 이상 79 이하
C	40 이상 59 이하
D	20 이상 39 이하
E	20 미만

52 다중이용업소의 화재위험평가 대행자가 변경등록을 하여야 하는 경우에 해당하지 않는 것은?

① 기술인력의 보유현황
② 평가대행자의 명칭이나 상호
③ 대표자
④ 평가대행자의 장비

해설 평가대행자가 변경등록을 하여야 하는 경우
 ① 대표자
 ② 사무소의 소재지
 ③ 평가대행자의 명칭이나 상호
 ④ 기술인력의 보유현황

53 다중이용업소의 안전관리에 관한 특별법령상 안전시설등의 설치·유지 기준으로 옳지 않은 것은?(단, 소방청장의 고시는 고려하지 않음)

① 영업장 층별로 가로 50센티미터 이상, 세로 50센티미터 이상 열리는 창문을 1개 이상 설치할 것
② 영업장 내부 피난통로 또는 복도에 바깥 공기와 접하는 부분에 창문을 설치할 것(구획된 실에 설치하는 것은 제외)
③ 보일러실과 영업장 사이의 출입문은 방화문으로 설치하고, 개구부에는 방화댐퍼(화재 시 연기 등을 차단하는 장치)를 설치할 것
④ 구획된 실부터 주된 출입구 또는 비상구까지의 내부 피난통로의 구조는 네 번 이상 구부러지는 형태로 설치하지 말 것

정답 51. ④ 52. ④ 53. ④

해설 보기설명
구획된 실부터 주된 출입구 또는 비상구까지의 내부 피난통로의 구조는 세 번 이상 구부러지는 형태로 설치하지 말 것

54 다중이용업소의 화재위험평가에 대한 다음의 설명 중 옳지 않은 것은?

① 소방청장, 소방본부장 또는 소방서장은 화재위험평가의 결과 그 위험 유발지수가 A등급인 다중이용업소에 대하여는 안전시설등의 일부를 설치하지 아니하게 할 수 있다.
② 화재위험유발지수가 B 등급이라 함은 평가점수가 60 이상 79 이하, 위험수준은 20 이상 39 이하를 말한다.
③ 화재위험평가 대행자는 화재 모의시험이 가능한 컴퓨터 1대 이상, 화재모의 시험을 위한 프로그램을 갖추어야 한다.
④ 화재위험평가 대행자는 대표자가 변경되는 경우 변경되는 날부터 30일 이내에 행정안전부령으로 정하는 바에 따라 시·도지사에게 변경등록을 하여야 한다.

해설 평가대행자는 변경사유가 발생하면 변경사유가 발생한 날부터 30일 이내에 행정안전부령으로 정하는 서류를 첨부하여 행정안전부령으로 정하는 바에 따라 소방청장에게 변경등록을 해야 한다.

55 안전관리우수업소의 요건에 해당하는 것은?

① 공표일 기준으로 최근 2년 동안 소방시설 설치유지 및 안전관리에 관한 법률에서 규정한 위반행위가 없을 것
② 공표일 기준으로 최근 3년 동안 화재 발생 사실이 없을 것
③ 자체계획을 수립하여 종업원의 소방교육 또는 소방훈련을 정기적으로 실시하고 공표일 기준으로 최근 2년 동안 그 기록을 보관하고 있을 것
④ 공표일 기준으로 최근 3년 동안 소방·기계·전기 및 가스 관련 법령 위반 사실이 없을 것

해설 안전관리우수업소의 요건
1. 공표일 기준으로 최근 3년 동안 위반행위가 없을 것
2. 공표일 기준으로 최근 3년 동안 소방·건축·전기 및 가스 관련 법령 위반 사실이 없을 것
3. 공표일 기준으로 최근 3년 동안 화재 발생 사실이 없을 것
4. 자체계획을 수립하여 종업원의 소방교육 또는 소방훈련을 정기적으로 실시하고 공표일 기준으로 최근 3년 동안 그 기록을 보관하고 있을 것

56 소방본부장 또는 소방서장은 안전관리우수업소 표지를 발급한 날부터 2년이 되는 날 이후 며칠 이내에 정기심사를 실시하여 요건에 적합한 경우에는 안전관리우수업소표지를 갱신해 주어야 하는가?

① 10일　　　② 20일　　　③ 30일　　　④ 40일

정답 54. ④　55. ②　56. ③

해설 소방본부장 또는 소방서장은 안전관리우수업소 표지를 발급한 날부터 2년이 되는 날 이후 30일 이내에 정기심사를 실시하여 요건에 적합한 경우에는 안전관리우수업소표지를 갱신해 주어야 한다.

57 안전관리우수업소 인정 예정공고의 내용에 이의가 있는 사람은 안전관리우수업소 인정 예정공고일부터 며칠 이내에 소방본부장이나 소방서장에게 전자 우편이나 서면으로 이의신청을 하여야 하는가?

① 5일 ② 10일 ③ 15일 ④ 20일

해설 안전관리우수업소 인정 예정공고의 내용에 이의가 있는 사람 : 예정공고일로부터 20일 이내에 이의신청

58 다중이용업소의 안전관리에 관한 특별법령상 안전관리우수업소에 대한 내용으로 옳은 것은?

① 안전관리우수업소 표지의 규격은 가로 450밀리미터 × 세로 300밀리미터이다.
② 안전관리우수업소 인정 예정공고의 내용에 이의가 있는 사람은 인정 예정공고일부터 30일 이내에 소방본부장이나 소방서장에게 전자우편이나 서면으로 이의신청을 할 수 있다.
③ 안전관리우수업소의 요건은 공표일 기준으로 최근 2년 동안 소방·건축·전기 및 가스 관련 법령 위반 사실이 없어야 한다.
④ 소방본부장이나 소방서장은 안전관리우수업소에 대하여 소방안전교육 및 화재위험 평가를 면제할 수 있다.

해설 보기설명
② 안전관리우수업소 인정 예정공고의 내용에 이의가 있는 사람은 인정 예정공고일부터 20일 이내에 소방본부장이나 소방서장에게 전자우편이나 서면으로 이의신청을 할 수 있다.
③ 안전관리우수업소의 요건은 공표일 기준으로 최근 3년 동안 소방·건축·전기 및 가스 관련 법령 위반 사실이 없어야 한다.
④ 소방본부장이나 소방서장은 안전관리우수업소에 대하여 소방안전교육 및 화재안전조사를 면제할 수 있다.

59 다중이용업소의 안전관리에 관한 특별법령상 다중이용업주의 화재배상책임보험가입 등에 관한 설명으로 옳지 않은 것은?

① 다중이용업주는 다중이용업주의 성명을 변경한 경우에는 화재배상책임보험에 가입한 후 그 증명서를 소방본부장 또는 소방서장에게 제출하여야 한다.
② 보험회사는 화재배상책임보험의 보험금 청구를 받은 때에는 청구 받은 날로부터 14일 이내에 피해자에게 보험금을 지급하여야 한다.

정답 57. ④ 58. ① 59. ②

③ 다중이용업주가 화재배상책임보험 청약 당시 보험회사가 요청한 안전시설등의 유지·관리에 관한 사항 등을 거짓으로 알리는 경우 보험회사는 계약을 거절할 수 있다.
④ 소방서장은 다중이용업주가 화재배상책임보험에 가입하지 아니하였을 때에는 허가관청에 다중이용업주에 대한 영업의 정지 등 필요한 조치를 취할 것을 요청할 수 있다.

해설 보험회사는 화재배상책임보험의 보험금 청구를 받은 때에는 **지체 없이** 지급할 보험금을 결정하고 보험금 결정 후 **14일 이내**에 피해자에게 보험금을 지급하여야 한다.

60 다중이용업소의 안전관리에 관한 특별법령상 소방본부장이 관할지역 다중이용업소의 안전관리를 위하여 수립하는 안전관리집행계획에 포함되는 사항이 아닌 것은?
① 다중이용업소 밀집 지역의 소방시설 설치, 유지·관리와 개선계획
② 다중이용업소의 화재안전에 관한 정보체계의 구축
③ 다중이용업주와 종업원에 대한 소방안전교육·훈련계획
④ 다중이용업주와 종업원에 대한 자체지도 계획

해설 다중이용업소의 화재안전에 관한 정보체계의 구축은 안전관리기본계획에 포함되어야 하는 사항임.

61 다중이용업소의 안전관리에 관한 특별법령상 이행강제금을 부과하는 경우는?
① 다중이용업소의 사용금지 또는 제한 명령을 위반한 경우
② 소방안전교육을 받지 않거나 종업원이 소방안전교육을 받도록 하지 않은 경우
③ 정기점검결과서를 보관하지 않은 경우
④ 화재배상책임보험에 가입하지 않은 경우

해설 다중이용업소의 **사용금지 또는 제한 명령을 위반**한 경우 600만원의 이행강제금을 부과한다.

62 다중이용업의 허가 등을 하는 행정기관이 관할 소방본부장 또는 소방서장에게 통보하여야 하는 내용으로 옳지 않은 것은?
① 영업주의 성명·주소
② 다중이용업소의 상호·소재지
③ 다중이용업의 종류·영업의 내용
④ 영업장면적·허가 등 일자

해설 허가관청이 관할 소방본부장 또는 소방서장에게 통보하여야 하는 사항
   1. 영업주의 성명·주소
   2. 다중이용업소의 상호·소재지
   3. 다중이용업의 종류·영업장 면적
   4. 허가 등 일자

정답 60. ② 61. ① 62. ③

63 다중이용업의 허가 등을 하는 행정기관(이하 "허가관청"이라 한다)은 허가 등을 한 날부터 며칠 이내에 관할 소방본부장 또는 소방서장에게 통보하여야 하는가?

① 7일 ② 10일 ③ 14일 ④ 20일

해설 다중이용업의 허가 등을 하는 행정기관(이하 "허가관청"이라 한다)은 허가 등을 한 날부터 14일 이내에 다음 각 호의 사항을 관할 소방본부장 또는 소방서장에게 통보하여야 한다.

64 허가관청은 휴·폐업과 휴업 후 영업재개신고를 수리한 때에는 며칠 이내에 소방본부장 또는 소방서장에게 통보하여야 하는가?

① 7일 ② 10일 ③ 14일 ④ 30일

해설 허가관청은 휴·폐업과 휴업 후 영업재개신고를 수리한 때에는 30일 이내에 소방본부장 또는 소방서장에게 통보하여야 한다.

65 허가관청은 변경사항의 신고를 수리한 때에는 며칠 이내에 소방본부장 또는 소방서장에게 통보하여야 하는가?

① 7일 ② 10일 ③ 14일 ④ 30일

해설 허가관청은 변경사항의 신고를 수리한 때에는 수리한 날부터 30일 이내에 그 변경내용을 관할 소방본부장 또는 소방서장에게 통보하여야 한다.

66 소방청장·소방본부장 또는 소방서장은 소방 안전교육을 실시하려는 때에는 교육일시 및 장소 등 소방안전교육에 필요한 사항을 교육일 며칠 전까지 소방청·소방본부 또는 소방서의 홈페이지에 게재하여야 하는가?

① 5일 ② 10일
③ 14일 ④ 30일

해설 소방청장·소방본부장 또는 소방서장은 소방안전교육을 실시하려는 때에는 교육 일시 및 장소 등 소방안전교육에 필요한 사항을 교육일 30일 전까지 소방청·소방본부 또는 소방서의 홈페이지에 게재하여야 한다.

67 소방청장·소방본부장 또는 소방서장은 소방안전교육을 실시하려는 때에는 교육일시 및 장소 등 소방안전교육에 필요한 사항을 안전시설 등의 설치신고 또는 영업장 내부구조 변경신고를 하는 교육대상자인 경우에는 언제 알려야 하는가?

① 교육일 5일 전 ② 교육일 10일 전
③ 교육일 30일 전 ④ 신고 접수 시

정답 63. ③ 64. ④ 65. ④ 66. ④ 67. ④

[해설] 소방청장·소방본부장 또는 소방서장은 소방안전교육을 실시하려는 때에는 교육 일시 및 장소 등 소방안전교육에 필요한 사항을 교육일 30일 전까지 소방청·소방본부 또는 소방서의 홈페이지에 게재하고, 구분에 따라 교육대상자에게 알려야 한다.
1. 안전시설 등의 설치신고 또는 영업장 내부구조 변경신고를 하는 자 : 신고접수 시
2. 제1호 외의 교육대상자 : 교육일 10일 전

68 소방안전교육의 교과과정에 해당하지 않는 것은?
① 화재안전과 관련된 법령 및 제도
② 다중이용업소에서 화재가 발생한 경우 초기대응 및 대피요령
③ 소화기 및 옥내소화전설비의 사용방법
④ 심폐소생술 등 응급처치 요령

[해설] 소방안전교육의 교과과정
1. 화재안전과 관련된 법령 및 제도
2. 다중이용업소에서 화재가 발생한 경우 초기대응 및 대피요령
3. 소방시설 및 방화시설(防火施設)의 유지·관리 및 사용방법
4. 심폐소생술 등 응급처치 요령

69 다중이용업에 설치하는 비상구의 크기는 가로, 세로 각각 몇 센티미터 이상으로 하여야 하는가?
① 가로 70센티미터 이상, 세로 100센티미터 이상
② 가로 75센티미터 이상, 세로 150센티미터 이상
③ 가로 100센티미터 이상, 세로 70센티미터 이상
④ 가로 150센티미터 이상, 세로 75센티미터 이상

[해설] 비상구등의 규격: 가로 75센티미터 이상, 세로 150센티미터 이상(문틀을 제외한 가로길이 및 세로길이를 말한다)으로 할 것

70 영업장안의 구획된 실이 5개인 경우에 비상벨설비는 최소 몇 개를 설치하여야 하는가? (단, 영업장의 면적은 가로 30m, 세로 25m 이다.)
① 2개　　② 3개　　③ 4개　　④ 5개

[해설] 구획된 실마다 설치하여야 하므로 5개
비상벨설비 또는 자동화재탐지설비 설치기준
1. 영업장의 구획된 실마다 비상벨설비 또는 자동화재탐지설비 중 하나 이상을 화재안전기준에 따라 설치할 것
2. 자동화재탐지설비를 설치하는 경우에는 감지기와 지구음향장치는 영업장의 구획된 실마다 설치할 것. 다만, 영업장의 구획된 실에 비상방송설비의 음향장치가 설치된 경우 해당 실에는 지구음

정답 68. ③　69. ②　70. ④

향장치를 설치하지 않을 수 있다.
3. 영상음향차단장치가 설치된 영업장에 자동화재탐지설비의 수신기를 별도로 설치할 것

71 영업장 내부 피난통로의 폭은 양 옆에 구획된 실이 있는 영업장으로서 구획된 실의 출입문 열리는 방향이 피난통로 방향인 경우에는 몇 센티미터 이상으로 설치하여야 하는가?

① 90센티미터 이상
② 120센티미터 이상
③ 150센티미터 이상
④ 180센티미터 이상

해설 영업장 내부 피난통로 설치기준
1. 내부 피난통로의 폭은 120센티미터 이상으로 할 것. 다만, 양 옆에 구획된 실이 있는 영업장으로서 구획된 실의 출입문 열리는 방향이 피난통로 방향인 경우에는 150센티미터 이상으로 설치하여야 한다.
2. 구획된 실부터 주된 출입구 또는 비상구까지의 내부 피난통로의 구조는 세 번 이상 구부러지는 형태로 설치하지 말 것

72 영업장의 위치가 지하층을 제외하고 몇 층 이하인 경우에 피난 시에 유효한 발코니 또는 부속실을 설치하고, 그 장소에 적합한 피난기구를 설치하여야 하는가?

① 2층 이하
② 3층 이하
③ 4층 이하
④ 5층 이하

해설 영업장의 위치가 4층(지하층은 제외) 이하인 경우의 기준 : 피난 시에 유효한 발코니(가로 75센티미터 이상, 세로 150센티미터 이상, 면적 1.12제곱미터 이상, 난간의 높이 100센티미터 이상인 것을 말한다. 이하 이 목에서 같다) 또는 부속실(불연재료로 바닥에서 천장까지 구획된 실로서 가로 75센티미터 이상, 세로 150센티미터 이상, 면적 1.12제곱미터 이상인 것을 말한다. 이하 이 목에서 같다)을 설치하고, 그 장소에 적합한 피난기구를 설치할 것

73 비상구등의 문이 열리는 방향은 피난방향으로 열리는 구조로 해야 하나 주된 출입구의 문이 피난계단 또는 특별피난계단의 설치 기준에 따라 설치해야 하는 문이 아니거나 방화구획이 아닌 곳에 위치한 주된 출입구가 일정 기준을 충족하는 경우에는 자동문[미서기(슬라이딩)문을 말한다]으로 설치할 수 있다. 이에 해당하지 않는 것은?

① 화재감지기와 연동하여 개방되는 구조
② 스프링클러설비와 연동하여 개방되는 구조
③ 정전 시 자동으로 개방되는 구조
④ 정전 시 수동으로 개방되는 구조

해설 주된 출입구의 문이 피난계단 또는 특별피난계단의 설치 기준에 따라 설치해야 하는 문이 아니거나 같은 영 제46조에 따라 설치되는 방화구획이 아닌 곳에 위치하고, 다음의 기준을 모두 충족하는 경우에는 주된 출입구의 문을 자동문[미서기(슬라이딩)문을 말한다]으로 설치할 수 있다.
(1) 화재감지기와 연동하여 개방되는 구조
(2) 정전 시 자동으로 개방되는 구조
(3) 정전 시 수동으로 개방되는 구조

74 고시원업의 영업장에 설치하는 창문은 영업장 층별로 가로, 세로 각각 몇 센티미터 이상으로 하여야 하는가?

① 가로 50센티미터 이상, 세로 50센티미터 이상
② 가로 50센티미터 이상, 세로 100센티미터 이상
③ 가로 100센티미터 이상, 세로 50센티미터 이상
④ 가로 75센티미터 이상, 세로 150센티미터 이상

해설 창문 설치기준
1. 영업장 층별로 가로 50센티미터 이상, 세로 50센티미터 이상 열리는 창문을 1개 이상 설치할 것
2. 영업장 내부 피난통로 또는 복도에 바깥 공기와 접하는 부분에 설치할 것(구획된 실에 설치하는 것을 제외한다)

75 영상음향차단장치의 설치기준 중 옳지 않은 것은?

① 화재 시 자동화재속보설비의 감지기에 의하여 자동으로 음향 및 영상이 정지될 수 있는 구조로 설치하되, 수동(하나의 스위치로 전체의 음향 및 영상장치를 제어할 수 있는 구조를 말한다)으로도 조작할 수 있도록 설치할 것
② 영상음향차단장치의 수동차단스위치를 설치하는 경우에는 관계인이 일정하게 거주하거나 일정하게 근무하는 장소에 설치할 것. 이 경우 수동차단스위치와 가장 가까운 곳에 "영상음향차단스위치"라는 표지를 부착하여야 한다.
③ 전기로 인한 화재발생 위험을 예방하기 위하여 부하용량에 알맞은 누전차단기(과전류차단기를 포함한다)를 설치할 것
④ 영상음향차단장치의 작동으로 실내 등의 전원이 차단되지 않는 구조로 설치할 것

해설 영상음향차단장치 설치기준
1. 화재 시 자동화재탐지설비의 감지기에 의하여 자동으로 음향 및 영상이 정지될 수 있는 구조로 설치하되, 수동(하나의 스위치로 전체의 음향 및 영상장치를 제어할 수 있는 구조를 말한다)으로도 조작할 수 있도록 설치할 것
2. 영상음향차단장치의 수동차단스위치를 설치하는 경우에는 관계인이 일정하게 거주하거나 일정하게 근무하는 장소에 설치할 것. 이 경우 수동차단스위치와 가장 가까운 곳에 "영상음향차단스위치"라는 표지를 부착하여야 한다.

정답 74. ① 75. ①

3. 전기로 인한 화재발생 위험을 예방하기 위하여 부하용량에 알맞은 누전차단기(과전류차단기를 포함한다)를 설치할 것
4. 영상음향차단장치의 작동으로 실내 등의 전원이 차단되지 않는 구조로 설치할 것

76 영업장으로 사용하는 바닥면적의 합계가 몇 제곱미터 이하인 경우에는 피난안내도를 비치하지 않을 수 있는가?
① 33제곱미터
② 66제곱미터
③ 100제곱미터
④ 150제곱미터

해설 피난안내도 비치 대상 : 다중이용업의 영업장. 다만, 다음 각 목의 어느 하나에 해당하는 경우에는 비치하지 않을 수 있다.
1. 영업장으로 사용하는 바닥면적의 합계가 33제곱미터 이하인 경우
2. 영업장내 구획된 실이 없고, 영업장 어느 부분에서도 출입구 및 비상구를 확인할 수 있는 경우

77 소방본부장 또는 소방서장은 안전시설등 완비증명서 재발급 신청을 받은 경우 며칠 이내에 재발급을 하여야 하는가?
① 3일
② 5일
③ 7일
④ 10일

해설 안전시설 등 완비증명서 재발급 : 신청을 받을 날부터 3일 이내

78 다음 중 피난안내도 및 피난안내 영상물에 포함되어야 하는 내용으로 옳지 않은 것은?
① 화재 시 대피할 수 있는 비상구의 위치
② 소화기, 옥내소화전 등 소방시설의 위치 및 사용방법
③ 구획된 실 등에서 비상구 및 출입구까지의 피난동선
④ 화재발생시 초기대응요령

해설 피난안내도 및 피난안내 영상물에 포함되어야 할 내용
① 화재 시 대피할 수 있는 비상구 위치
② 구획된 실(室) 등에서 비상구 및 출입구까지의 피난동선
③ 소화기, 옥내소화전 등 소방시설의 위치 및 사용방법
④ 피난 및 대처방법

79 피난안내도는 각 층별 영업장의 면적 또는 영업장이 위치한 층의 바닥면적이 각각 몇 m^2 이상인 경우에는 A3 이상의 크기로 하여야 하는가?
① 100 m^2
② 200 m^2
③ 300 m^2
④ 400 m^2

정답 76. ① 77. ① 78. ④ 79. ④

해설 크기 : B4(257mm×364mm) 이상의 크기로 할 것. 다만, 각 층별 영업장의 면적 또는 영 업장이 위치한 층의 바닥면적이 각각 400m² 이상인 경우에는 A3(297mm×420mm) 이상의 크기로 하여야 한다.

80 다중이용업소의 영업장에 설치된 안전시설 등의 안전점검 점검주기는?
① 분기별 1회 이상　　　　　② 분기별 2회 이상
③ 월 1회 이상　　　　　　　④ 년 1회 이상

해설 점검주기 : 매 분기별 1회 이상 점검. 다만, 자체점검을 실시한 경우에는 자체점검을 실시한 그 분기에는 점검을 실시하지 아니할 수 있다.

81 소방청장은 화재위험평가대행자의 등록신청이 기준에 적합하다고 인정되는 경우에는 등록신청을 받은 날부터 며칠이내에 화재위험평가대행자등록증을 발급하여야 하는가?
① 5일　　　② 10일　　　③ 15일　　　④ 30일

해설 1. 화재위험평가대행자의 등록증 발급 : 30일 이내
　　 2. 화재위험평가대행자등록증 재발급 : 3일 이내

82 다중이용업소의 안전관리에 관한 특별법령상 소방안전교육에 필요한 교육인력 및 시설·장비기준에 관한 설명으로 옳은 것은?
① 소방 관련 기관에서 5년의 실무경력이 있는 자로서 3년의 강의경력이 있는 자는 강사의 자격요건을 충족한다.
② 소방위 이상의 소방공무원은 강사의 자격요건을 충족한다.
③ 바닥면적이 50제곱미터인 사무실은 교육시설 기준을 충족한다.
④ 바닥면적이 80제곱미터인 실습실·체험실은 교육시설 기준을 충족한다.

해설 보기설명
① 소방 관련 기관에서 **10년 이상** 실무경력이 있는 자로서 5년 이상의 강의경력이 있는 자는 강사의 자격요건을 충족한다.
③ 바닥면적이 **60제곱미터 이상**인 사무실은 교육시설 기준을 충족한다.
④ 바닥면적이 **100제곱미터 이상**인 실습실·체험실은 교육시설 기준을 충족한다.

83 소방본부장 또는 소방서장은 안전관리우수업소 표지를 발급한 날부터 2년이 되는 날 이후 며칠 이내에 정기심사를 실시하여 요건에 적합한 경우에는 안전관리우수업소표지를 갱신해 주어야 하는가?
① 10일　　　② 15일　　　③ 20일　　　④ 30일

정답 80. ①　81. ④　82. ②　83. ④

해설 소방본부장 또는 소방서장은 안전관리우수업소 표지를 발급한 날부터 2년이 되는 날 이후 30일 이내에 정기심사를 실시하여 요건에 적합한 경우에는 안전관리우수업소표지를 갱신해 주어야 한다.

84 다중이용업소의 안전관리에 관한 특별법령상 양 옆에 구획된 실이 있는 영업장으로서 구획된 실의 출입문 열리는 방향이 피난통로 방향인 경우 다중이용업주 및 다중이용업을 하려는 자가 설치·유지하여야 하는 영업장 내부 피난통로의 폭은?

① 75센티미터 이상
② 100센티미터 이상
③ 120센티미터 이상
④ 150센티미터 이상

해설 내부 피난통로의 폭은 120센티미터 이상으로 할 것. 다만, 양 옆에 구획된 실이 있는 영업장으로서 구획된 실의 출입문 열리는 방향이 피난통로 방향인 경우에는 150센티미터 이상으로 설치하여야 한다.

정답 84. ④

제6장 위험물안전관리법·시행령 및 시행규칙

1 목적

위험물안전관리법	① 위험물의 저장·취급 및 운반과 이에 따른 안전관리에 관한 사항을 규정 ② 위험물로 인한 위해를 방지하여 공공의 안전을 확보

2 용어정의

	구분	내용
위험물안전관리법	위험물 ★★	인화성 또는 발화성 등의 성질을 가지는 것으로서 대통령령이 정하는 물품
	지정수량 ★★	위험물의 종류별로 위험성을 고려하여 대통령령이 정하는 수량으로서 제조소등의 설치허가 등에 있어서 최저의 기준이 되는 수량
	제조소등	제조소·저장소 및 취급소
	제조소	위험물을 제조할 목적으로 지정수량 이상의 위험물을 취급하기 위하여 허가를 받은 장소
	저장소	지정수량 이상의 위험물을 저장하기 위한 대통령령이 정하는 장소로서 허가를 받은 장소
	취급소	지정수량 이상의 위험물을 제조외의 목적으로 취급하기 위한 대통령령이 정하는 장소로서 허가를 받은 장소를 말한다.
	적용제외 ★★★	항공기·선박·철도 및 궤도에 의한 위험물의 저장·취급 및 운반

3 벌칙

구분	내용
1년 이상 10년 이하의 징역 ★★★	○ 제조소등 또는 제6조제1항에 따른 허가를 받지 않고 지정수량 이상의 위험물을 저장 또는 취급하는 장소에서 위험물을 유출·방출 또는 확산시켜 사람의 생명·신체 또는 재산에 대하여 위험을 발생시킨 자

구분	내용
무기 또는 3년 이상의 징역 ★★★	○ 제조소등 또는 제6조제1항에 따른 허가를 받지 않고 지정수량 이상의 위험물을 저장 또는 취급하는 장소에서 위험물을 유출·방출 또는 확산시키는 죄를 범하여 **사람을 상해(傷害)에 이르게 한 때**
무기 또는 5년 이상의 징역 ★★★	○ 제조소등 또는 제6조제1항에 따른 허가를 받지 않고 지정수량 이상의 위험물을 저장 또는 취급하는 장소에서 위험물을 유출·방출 또는 확산시키는 죄를 범하여 **사람을 사망에 이르게 한 때**
7년 이하의 금고 또는 7천만원 이하의 벌금 ★★★	업무상 과실로 제조소등 또는 제6조제1항에 따른 허가를 받지 않고 지정수량 이상의 위험물을 저장 또는 취급하는 장소에서 위험물을 유출·방출 또는 확산시키는 죄를 범한 자〈2023.7.4. 시행〉
10년 이하의 징역 또는 금고나 1억원 이하의 벌금 ★★★	○ 업무상 과실로 제조소등 또는 제6조제1항에 따른 허가를 받지 않고 지정수량 이상의 위험물을 저장 또는 취급하는 장소에서 위험물을 유출·방출 또는 확산시키는 죄를 범하여 사람을 사상(死傷)에 이르게 한 자
5년 이하의 징역 또는 1억원 이하의 벌금★★	제조소등의 설치허가를 받지 아니하고 제조소등을 설치한 자
3년 이하의 징역 또는 3천만원 이하의 벌금	저장소 또는 제조소등이 아닌 장소에서 지정수량 이상의 위험물을 저장 또는 취급한 자
1년 이하의 징역 또는 1천만원 이하의 벌금	○ 탱크시험자로 등록하지 아니하고 탱크시험자의 업무를 한 자 ○ 제조소등에 대한 긴급 사용정지·제한명령을 위반한 자
1천500만원 이하의 벌금	○ 위험물의 저장 또는 취급에 관한 중요기준에 따르지 아니한 자 ○ 변경허가를 받지 아니하고 제조소등을 변경한 자 ○ 제조소등의 완공검사를 받지 아니하고 위험물을 저장·취급한 자 ○ 제조소등의 사용정지명령을 위반한 자
1천만원 이하의 벌금	○ 위험물의 취급에 관한 안전관리와 감독을 하지 아니한 자 ○ 안전관리자 또는 그 대리자가 참여하지 아니한 상태에서 위험물을 취급한 자 ○ **위험물의 운반에 관한 중요기준에 따르지 아니한 자** ○ **규정을 위반한 위험물운송자(운송책임자 및 이동탱크저장소 운전자)**
500만원 이하의 과태료	○ 제5조제2항제1호의 규정에 따른 승인을 받지 아니한 자 ○ 제5조제3항제2호의 규정에 따른 위험물의 저장 또는 취급에 관한 세부기준을 위반한 자

구분	내용
	○ 제6조제2항의 규정에 따른 품명 등의 변경신고를 기간 이내에 하지 아니하거나 허위로 한 자 ○ 제10조제3항의 규정에 따른 지위승계신고를 기간 이내에 하지 아니하거나 허위로 한 자 ○ 제11조의 규정에 따른 제조소등의 폐지신고 또는 제15조제3항의 규정에 따른 안전관리자의 선임신고를 기간 이내에 하지 아니하거나 허위로 한 자 ○ 제11조의2제2항을 위반하여 사용 중지신고 또는 재개신고를 기간 이내에 하지 아니하거나 거짓으로 한 자 ○ 제16조제3항의 규정을 위반하여 등록사항의 변경신고를 기간 이내에 하지 아니하거나 허위로 한 자 ○ 제17조제3항을 위반하여 예방규정을 준수하지 아니한 자 ○ 제18조제1항의 규정을 위반하여 점검결과를 기록·보존하지 아니한 자 ○ 제18조제2항을 위반하여 기간 이내에 점검결과를 제출하지 아니한 자 ○ 제20조제1항제2호의 규정에 따른 위험물의 운반에 관한 세부기준을 위반한 자 ○ 제21조제3항의 규정을 위반하여 위험물의 운송에 관한 기준을 따르지 아니한 자 ○ 제19조의2제1항을 위반하여 흡연을 하는 자

4 위험물안전관리법 개론 ★★★

적용제외 대상	**항공기·선박·철도 및 궤도**에 의한 위험물의 저장·취급 및 운반
지정수량 미만인 위험물의 저장·취급	**시·도의 조례**
임시로 저장 또는 취급하는 장소에서의 저장 또는 취급의 기준과 임시로 저장 또는 취급하는 장소의 위치·구조 및 설비의 기준 1. **관할소방서장**의 승인을 받아 지정수량 이상의 위험물을 **90일 이내**의 기간 동안 임시로 저장 또는 취급하는 경우 2. 군부대가 지정수량 이상의 위험물을 군사목적으로 임시로 저장 또는 취급하는 경우	**시·도의 조례**
제조소등을 설치하고자 하는 자	**시·도지사의 허가**
제조소등의 위치·구조 또는 설비의 변경없이 해당 제조소등에서 저장하거나 취급하는 위험물의 품명·수량 또는 **지정수량의 배수를 변경**하고자 하는 자	변경하고자 하는 날의 1일 전까지 **시·도지사**에게 신고

허가를 받지 아니하고 해당 제조소등을 설치하거나 그 위치·구조 또는 설비를 변경할 수 있으며, 신고를 하지 아니하고 위험물의 품명·수량 또는 지정수량의 배수를 변경할 수 있는 경우	1. **주택의 난방시설**(공동주택의 중앙난방시설을 제외한다)을 위한 저장소 또는 취급소 2. **농예용·축산용 또는 수산용**으로 필요한 난방시설 또는 건조시설을 위한 지정수량 **20배 이하**의 저장소
군용위험물시설의 설치 및 변경에 대한 특례	군사목적 또는 군부대시설을 위한 제조소등을 설치하거나 그 위치·구조 또는 설비를 변경하고자 하는 군부대의 장은 관할 **시·도지사**와 협의 군부대의 장이 제조소등의 소재지를 관할하는 시·도지사와 협의한 경우에는 규정에 따른 허가를 받은 것으로 본다.
제조소등 설치자의 지위승계	1. 승계한 날부터 **30일 이내** 2. 시·도지사에게 신고
제조소등의 폐지	1. **폐지한 날부터 14일 이내** 2. 시·도지사에게 신고
제조소등의 관계인은 제조소등의 사용을 중지하거나 중지한 제조소등의 사용을 재개하려는 경우	해당 제조소등의 사용을 중지하려는 날 또는 재개하려는 날의 **14일 전**까지 행정안전부령으로 정하는 바에 따라 제조소등의 사용 중지 또는 재개를 시·도지사에게 신고
과징금처분	1. **2억원 이하**의 과징금 부과 2. 과징금 부과 : 시·도지사
안전관리자를 선임한 제조소등의 관계인	안전관리자를 해임하거나 안전관리자가 퇴직한 때에는 해임하거나 퇴직한 날부터 **30일 이내**에 다시 안전관리자를 선임
제조소등의 관계인	안전관리자를 선임한 경우에는 선임한 날부터 **14일 이내**에 행정안전부령으로 정하는 바에 따라 소방본부장 또는 소방서장에게 신고
안전관리자가 여행·질병 그 밖의 사유로 인하여 일시적으로 직무를 수행할 수 없거나 안전관리자의 해임 또는 퇴직과 동시에 다른 안전관리자를 선임하지 못하는 경우	위험물의 취급에 관한 자격취득자 또는 위험물안전에 관한 기본지식과 경험이 있는 자로서 행정안전부령이 정하는 자를 대리자(代理者)로 지정하여 그 직무를 대행하게 하여야 한다. 이 경우 대리자가 안전관리자의 직무를 대행하는 기간은 **30일**을 초과할 수 없다.
안전관리자의 대리자	1. 안전교육을 받은 자 2. 제조소등의 위험물 안전관리업무에 있어서 안전관리자를 지휘·감독하는 직위에 있는 자
1. 제조소등의 위치·구조 및 설비의 수리·개조 또는 이전 명령권자 2. 위험물 누출 등의 사고 조사 3. 탱크시험자에 대한 명령	시·도지사, 소방본부장 또는 소방서장

4. 무허가장소의 위험물에 대한 조치명령 5. 제조소 등에 대한 긴급 사용정지명령 6. 저장·취급기준 준수명령	
정기점검을 한 제조소등의 관계인	점검한 날로부터 **30일 이내** 점검결과를 시·도지사에게 제출
제조소등의 설치 및 변경의 허가	시·도지사

5 위험물의 저장 및 취급의 제한 ★★★

① 지정수량 이상의 위험물을 저장소가 아닌 장소에서 저장하거나 제조소등이 아닌 장소에서 취급하여서는 아니된다.
② 다음 각 호의 어느 하나에 해당하는 경우에는 제조소등이 아닌 장소에서 지정수량 이상의 위험물을 취급할 수 있다. 이 경우 임시로 저장 또는 취급하는 장소에서의 저장 또는 취급의 기준과 임시로 저장 또는 취급하는 장소의 위치·구조 및 설비의 기준은 **시·도의 조례**로 정한다.
  1. 시·도의 조례가 정하는 바에 따라 관할소방서장의 승인을 받아 지정수량 이상의 위험물을 **90일 이내의 기간동안 임시로 저장 또는 취급**하는 경우
  2. 군부대가 지정수량 이상의 위험물을 군사목적으로 임시로 저장 또는 취급하는 경우
③ 둘 이상의 위험물을 같은 장소에서 저장 또는 취급하는 경우에 있어서 해당 장소에서 저장 또는 취급하는 각 위험물의 수량을 그 위험물의 지정수량으로 각각 나누어 얻은 수의 **합계가 1 이상**인 경우 해당 위험물은 지정수량 이상의 위험물로 본다.

6 제조소등의 종류 및 규모에 따라 선임하여야 하는 안전관리자의 자격 ★

제조소등의 종류 및 규모			안전관리자의 자격
제조소	1. 제4류 위험물만을 취급하는 것으로서 지정수량 5배 이하의 것		위험물기능장, 위험물산업기사, 위험물기능사, 안전관리자 교육이수자 또는 소방공무원 경력자
	2. 제1호에 해당하지 아니하는 것		위험물기능장, 위험물산업기사 또는 2년 이상의 실무경력이 있는 위험물기능사
저장소	1. 옥내저장소	제4류 위험물만을 저장하는 것으로서 지정수량 5배 이하의 것	위험물기능장, 위험물산업기사, 위험물기능사, 안전관리자 교육이수자 또는 소방공무원 경력자
		제4류 위험물 중 알코올류·제2석유류·제3석유류·제4석유류·동식물유류만을 저장하는 것으로서 지정수량 40배 이하의 것	

제조소등의 종류 및 규모			안전관리자의 자격
저장소	2. 옥외탱크저장소	제4류 위험물만 저장하는 것으로서 지정수량 5배 이하의 것	
		제4류 위험물 중 제2석유류·제3석유류·제4석유류·동식물유류만을 저장하는 것으로서 지정수량 40배 이하의 것	
	3. 옥내탱크저장소	제4류 위험물만을 저장하는 것으로서 지정수량 5배 이하의 것	
		제4류 위험물 중 제2석유류·제3석유류·제4석유류·동식물유류만을 저장하는 것	
	4. 지하탱크저장소	제4류 위험물만을 저장하는 것으로서 지정수량 40배 이하의 것	
		제4류 위험물 중 제1석유류·알코올류·제2석유류·제3석유류·제4석유류·동식물유류만을 저장하는 것으로서 지정수량 250배 이하의 것	
	5. 간이탱크저장소로서 제4류 위험물만을 저장하는 것		
	6. 옥외저장소 중 제4류 위험물만을 저장하는 것으로서 지정수량의 40배 이하의 것		
	7. 보일러, 버너 그 밖에 이와 유사한 장치에 공급하기 위한 위험물을 저장하는 탱크저장소		
	8. 선박주유취급소, 철도주유취급소 또는 항공기주유취급소의 고정주유설비에 공급하기 위한 위험물을 저장하는 탱크저장소로서 지정수량의 250배(제1석유류의 경우에는 지정수량의 100배)이하의 것		
	9. 제1호 내지 제8호에 해당하지 아니하는 저장소		위험물기능장, 위험물산업기사 또는 2년 이상의 실무경력이 있는 위험물기능사
취급소	1. 주유취급소		위험물기능장, 위험물산업기사, 위험물기능사, 안전관리자교육이수자 또는 소방공무원경력자
	2. 판매취급소	제4류 위험물만을 취급하는 것으로서 지정수량 5배 이하의 것	
		제4류 위험물 중 제1석유류·알코올류·제2석유류·제3석유류·제4석유류·동식물유류만을 취급하는 것	
	3. 제4류 위험물 중 제1류 석유류·알코올류·제2석유류·제3석유류·제4석유류·동식물유류만을 지정수량 50배 이하로 취급하는 일반취급소(제1석유류·알코올류의 취급량이 지정수량의 10배 이하인 경우에 한한다)로서 다음 각목의 어느 하나에 해당하는 것		

제조소등의 종류 및 규모		안전관리자의 자격
취급소	가. 보일러, 버너 그 밖에 이와 유사한 장치에 의하여 위험물을 소비하는 것 나. 위험물을 용기 또는 차량에 고정된 탱크에 주입하는 것	
	4. 제4류 위험물만을 취급하는 일반취급소로서 지정수량 10배 이하의 것	
	5. 제4류 위험물 중 제2석유류·제3석유류·제4석유류·동식물유류만을 취급하는 일반취급소로서 지정수량 20배 이하의 것	
	6. 「농어촌 전기공급사업 촉진법」에 따라 설치된 자가발전시설에 사용되는 위험물을 취급하는 일반취급소	
	7. 제1호 내지 제6호에 해당하지 아니하는 취급소	위험물기능장, 위험물산업기사 또는 2년 이상의 실무경력이 있는 위험물기능사

7 탱크시험자(위험물탱크안전성능시험자) ★

탱크시험자의 등록	1. 구비사항 : **기술능력·시설 및 장비** 2. 등록 : 시·도지사	
	첨부서류	1. 기술능력자 연명부 및 기술자격증 2. 안전성능시험장비의 명세서 3. 보유장비 및 시험방법에 대한 기술검토를 기술원으로부터 받은 경우에는 그에 대한 자료 4. 방사성 동위원소 이동사용허가증 또는 방사선 발생장치 이동사용허가증의 사본 1부 5. 사무실의 확보를 증명할 수 있는 서류
등록사항의 변경신고	첨부서류	1. 영업소 소재지의 변경 : 사무소의 사용을 증명하는 서류와 위험물탱크안전성능시험자등록증 2. 기술능력의 변경 : 변경하는 기술인력의 자격증과 위험물탱크안전성능시험자등록증 3. 대표자의 변경 : 위험물탱크안전성능시험자 등록증 4. 상호 또는 명칭의 변경 : 위험물탱크안전성능시험자 등록증
	기한	30일 이내
탱크시험자로 등록하거나 탱크시험자의 업무에 종사할 수 없는 사람	1. 피성년후견인 2. 이 법, 「소방기본법」, 「화재의 예방 및 안전관리에 관한 법률」, 「소방시설 설치 및 관리에 관한 법률」 또는 「소방시설공사업법」에 따른 금고 이상의 실형의 선고를 받고 그 집행이 종료(집행이 종료된 것으로 보는 경우를 포함한다)되거나 집행이 면제된 날부터 2년이 지나지 아니한 자 3. 이 법, 「소방기본법」, 「화재의 예방 및 안전관리에 관한 법률」, 「소방시설 설치 및 관리에 관한 법률」 또는 「소방시설공사업법」에 따른 금고 이상의 형의 집행유예 선고를 받고 그 유예기간 중에 있는 자	

	4. 탱크시험자의 등록이 취소(제1호에 해당하여 자격이 취소된 경우는 제외한다)된 날부터 2년이 지나지 아니한 자 5. 법인으로서 그 대표자가 제1호 내지 제4호의 1에 해당하는 경우
탱크시험자에 대한 명령	시·도지사, 소방본부장 또는 소방서장

탱크안전성능검사의 대상이 되는 탱크 등	1. **기초·지반검사** : 옥외탱크저장소의 액체위험물탱크 중 그 용량이 **100만리터 이상**인 탱크
	2. **충수(充水)·수압검사** : 액체위험물을 저장 또는 취급하는 탱크. 다만, 다음 각 목의 어느 하나에 해당하는 탱크는 제외한다.
	  가. 제조소 또는 일반취급소에 설치된 탱크로서 용량이 지정수량 미만인 것
	  나. 특정설비에 관한 검사에 합격한 탱크
	  다. 안전인증을 받은 탱크
	3. **용접부검사** : 제1호에 따른 탱크. 다만, 탱크의 저부에 관계된 변경공사(탱크의 옆판과 관련되는 공사를 포함하는 것을 제외한다)시에 행하여진 법 제18조제3항에 따른 정기검사에 의하여 용접부에 관한 사항이 행정안전부령으로 정하는 기준에 적합하다고 인정된 탱크를 제외한다.
	4. **암반탱크검사** : 액체위험물을 저장 또는 취급하는 암반내의 공간을 이용한 탱크

탱크안전성능검사의 신청시기	1. 기초·지반검사 : 위험물탱크의 기초 및 지반에 관한 공사의 개시 전 2. 충수·수압검사 : 위험물을 저장 또는 취급하는 탱크에 배관 그 밖의 부속설비를 부착하기 전 3. 용접부검사 : 탱크본체에 관한 공사의 개시 전 4. 암반탱크검사 : 암반탱크의 본체에 관한 공사의 개시 전

8 관계인이 예방규정을 정하여야 하는 제조소등 ★★★

1. 지정수량의 **10배 이상**의 위험물을 취급하는 **제조소**
2. 지정수량의 **100배 이상**의 위험물을 저장하는 **옥외저장소**
3. 지정수량의 **150배 이상**의 위험물을 저장하는 **옥내저장소**
4. 지정수량의 **200배 이상**의 위험물을 저장하는 **옥외탱크저장소**
5. 암반탱크저장소
6. 이송취급소
7. 지정수량의 **10배 이상**의 위험물을 취급하는 **일반취급소**. 다만, 제4류 위험물(특수인화물을 제외한다)만을 지정수량의 50배 이하로 취급하는 일반취급소(제1석유류·알코올류의 취급량이 지정수량의 10배 이하인 경우에 한한다)로서 다음 각목의 어느 하나에 해당하는 것을 제외한다.
  가. 보일러·버너 또는 이와 비슷한 것으로서 위험물을 소비하는 장치로 이루어진 일반취급소
  나. 위험물을 용기에 옮겨 담거나 차량에 고정된 탱크에 주입하는 일반취급소

9 정기점검 및 정기검사

정기점검의 대상인 제조소등	1. 제15조(관계인이 예방규정을 정하여야 하는 제조소등) 각호의 1에 해당하는 제조소등 2. 지하탱크저장소 3. 이동탱크저장소 4. 위험물을 취급하는 탱크로서 지하에 매설된 탱크가 있는 제조소·주유취급소 또는 일반취급소
정기점검의 횟수	연 1회 이상
정기점검 실시자	안전관리자 또는 위험물운송자(이동탱크저장소의 경우에 한한다) 안전관리대행기관(특정·준특정옥외탱크저장소의 정기점검은 제외한다) 또는 탱크시험자에게 정기점검을 의뢰하여 실시
정기점검의 기록 보존	1. 옥외저장탱크의 구조안전점검에 관한 기록 : 25년(특정·준특정옥외저장탱크에 안전조치를 한 후 구조안전점검시기 연장신청을 하여 해당 안전조치가 적정한 것으로 인정받은 경우에는 30년) 2. 제1호에 해당하지 아니하는 정기점검의 기록 : 3년
특정·준특정옥외탱크저장소(저장 또는 취급 위험물 최대수량 50만리터 이상)은 정기점검외 구조안전점검을 1회이상 실시	1. 특정·준특정옥외탱크저장소의 설치허가에 따른 완공검사합격확인증을 발급받은 날부터 12년 2. 최근의 정밀정기검사를 받은 날부터 11년 3. 특정·준특정옥외저장탱크에 안전조치를 한 후 구조안전점검시기 연장신청을 하여 해당 안전조치가 적정한 것으로 인정받은 경우에는 최근의 정밀정기검사를 받은 날부터 13년

정기검사	1. 정밀정기검사 : 다음 각 목의 어느 하나에 해당하는 기간 내에 1회
	   가. 특정·준특정옥외탱크저장소의 설치허가에 따른 완공검사합격확인증을 발급받은 날부터 12년
	   나. 최근의 정밀정기검사를 받은 날부터 11년
	2. 중간정기검사 : 다음 각 목의 어느 하나에 해당하는 기간 내에 1회
	   가. 특정·준특정옥외탱크저장소의 설치허가에 따른 완공검사합격확인증을 발급받은 날부터 4년
	   나. 최근의 정밀정기검사 또는 중간정기검사를 받은 날부터 4년

10 자체소방대

1. 설치대상 및 설치제외 대상 ★★★

자체소방대를 설치하여야 하는 사업소	1. 제4류 위험물을 취급하는 제조소 또는 일반취급소. 다만, 보일러로 위험물을 소비하는 일반취급소 등 행정안전부령으로 정하는 일반취급소는 제외한다. 2. 제4류 위험물을 저장하는 옥외탱크저장소
자체소방대를 설치하여야 하는 위험물의 수량	1. 제조소 또는 일반취급소에서 취급하는 제4류 위험물의 최대수량의 합이 지정수량의 3천배 이상 2. 옥외탱크저장소에 저장하는 제4류 위험물의 최대수량이 지정수량의 50만배 이상
자체소방대의 설치 제외대상인 일반취급소	1. 보일러, 버너 그 밖에 이와 유사한 장치로 위험물을 소비하는 일반취급소 2. 이동저장탱크 그 밖에 이와 유사한 것에 위험물을 주입하는 일반취급소 3. 용기에 위험물을 옮겨 담는 일반취급소 4. 유압장치, 윤활유순환장치 그 밖에 이와 유사한 장치로 위험물을 취급하는 일반취급소 5. 「광산보안법」의 적용을 받는 일반취급소

2. 자체소방대에 두는 화학소방자동차 및 인원 ★★★

사업소의 구분	화학소방자동차	자체소방대원의 수
1. 제조소 또는 일반취급소에서 취급하는 제4류 위험물의 최대수량의 합이 지정수량의 **3천배 이상 12만배 미만**인 사업소	1대	5인
2. 제조소 또는 일반취급소에서 취급하는 제4류 위험물의 최대수량의 합이 지정수량의 **12만배 이상 24만배 미만**인 사업소	2대	10인
3. 제조소 또는 일반취급소에서 취급하는 제4류 위험물의 최대수량의 합이 지정수량의 **24만배 이상 48만배 미만**인 사업소	3대	15인
4. 제조소 또는 일반취급소에서 취급하는 제4류 위험물의 최대수량의 합이 지정수량의 **48만배 이상**인 사업소	4대	20인
5. 옥외탱크저장소에 저장하는 **제4류 위험물**의 최대수량이 지정수량의 **50만배 이상**인 사업소	2대	10인

3. 화학소방자동차에 갖추어야 하는 소화능력 및 설비의 기준 ★

화학소방자동차의 구분	소화능력 및 설비의 기준
포수용액 방사차	포수용액의 방사능력이 **매분 2,000L 이상**일 것
	소화약액탱크 및 소화약액혼합장치를 비치할 것
	10만L 이상의 포수용액을 방사할 수 있는 양의 소화약제를 비치할 것
분말 방사차	분말의 방사능력이 **매초 35kg 이상**일 것
	분말탱크 및 가압용가스설비를 비치할 것
	1,400kg 이상의 분말을 비치할 것
할로젠화합물 방사차	할로젠화합물의 방사능력이 **매초 40kg 이상**일 것
	할로젠화합물탱크 및 가압용가스설비를 비치할 것
	1,000kg 이상의 할로젠화합물을 비치할 것
이산화탄소 방사차	이산화탄소의 방사능력이 **매초 40kg 이상**일 것
	이산화탄소 저장용기를 비치할 것
	3,000kg 이상의 이산화탄소를 비치할 것
제독차	가성소다 및 규조토를 각각 **50kg 이상** 비치할 것

11 위험물의 운반

위험물운반자	1. 「국가기술자격법」에 따른 위험물 분야의 자격을 취득할 것 2. 안전교육을 수료할 것

12 위험물의 운송 ★★

위험물운송자 (운송책임자 및 이동탱크 저장소운전자)	1. 「국가기술자격법」에 따른 위험물 분야의 자격을 취득할 것 2. 안전교육을 수료할 것
운송책임자의 자격	1. 해당 위험물의 취급에 관한 국가기술자격을 취득하고 관련 업무에 1년 이상 종사한 경력이 있는 자 2. 위험물의 운송에 관한 안전교육을 수료하고 관련 업무에 2년 이상 종사한 경력이 있는 자
운송책임자의 감독·지원을 받아 운송하여야 하는 위험물	1. 알킬알루미늄 2. 알킬리튬 3. 제1호 또는 제2호의 물질을 함유하는 위험물

13 1인의 안전관리자를 중복하여 선임할 수 있는 경우

1. 보일러·버너 또는 이와 비슷한 것으로서 위험물을 소비하는 장치로 이루어진 7개 이하의 일반취급소와 그 일반취급소에 공급하기 위한 위험물을 저장하는 저장소[일반취급소 및 저장소가 모두 동일구내(같은 건물 안 또는 같은 울 안을 말한다. 이하 같다)에 있는 경우에 한한다. 이하 제2호에서 같다]를 동일인이 설치한 경우
2. 위험물을 차량에 고정된 탱크 또는 운반용기에 옮겨 담기 위한 5개 이하의 일반취급소[일반취급소간의 보행거리가 300미터 이내인 경우에 한한다]와 그 일반취급소에 공급하기 위한 위험물을 저장하는 저장소를 동일인이 설치한 경우
3. 동일구내에 있거나 상호 100미터 이내의 보행거리에 있는 저장소로서 저장소의 규모, 저장하는 위험물의 종류 등을 고려하여 **행정안전부령이 정하는 저장소를 동일인이 설치한 경우**

   > **행정안전부령이 정하는 저장소 ★★★**
   > 1. 10개 이하의 옥내저장소
   > 2. 30개 이하의 옥외탱크저장소
   > 3. 옥내탱크저장소
   > 4. 지하탱크저장소
   > 5. 간이탱크저장소
   > 6. 10개 이하의 옥외저장소
   > 7. 10개 이하의 암반탱크저장소

4. 다음 각목의 기준에 모두 적합한 5개 이하의 제조소등을 동일인이 설치한 경우
   가. 각 제조소등이 동일구내에 위치하거나 상호 100미터 이내의 보행거리에 있을 것
   나. 각 제조소등에서 저장 또는 취급하는 위험물의 최대수량이 지정수량의 3천배 미만일 것. 다만, 저장소의 경우에는 그러하지 아니하다.
5. 그 밖에 제1호 또는 제2호의 규정에 의한 제조소등과 비슷한 것으로서 행정안전부령이 정하는 제조소등을 동일인이 설치한 경우

14 명령 ★

시·도지사, 소방본부장 또는 소방서장	1. 탱크시험자에 대한 명령 2. 무허가장소의 위험물에 대한 조치명령 3. 제조소등에 대한 긴급 사용정지명령 등 4. 저장·취급기준 준수명령 등
제조소등의 관계인	응급조치·통보 및 조치명령

15 안전교육대상자 ★★

대상자	1. 안전관리자로 선임된 자 2. 탱크시험자의 기술인력으로 종사하는 자 3. 위험물운반자로 종사하는 자 4. 위험물운송자로 종사하는 자

16 청문 ★

청문실시	시·도지사, 소방본부장 또는 소방서장
청문사유	1. 제조소등 설치허가의 취소 2. 탱크시험자의 등록취소

17 위험물 및 지정수량

1. 제1류 ★★★

위험물			지정수량
유별	성질	품명	
제1류	산화성 고체	1. 아염소산염류	50킬로그램
		2. 염소산염류	50킬로그램
		3. 과염소산염류	50킬로그램
		4. 무기과산화물	50킬로그램
		5. 브로민산염류(브롬산염류)	300킬로그램
		6. 질산염류	300킬로그램
		7. 아이오딘산염류(요오드산염류)	300킬로그램
		8. 과망가니즈산염류(과망간산염류)	1,000킬로그램
		9. 다이크로뮴산염류(중크롬산염류)	1,000킬로그램
		10. 그 밖에 행정안전부령으로 정하는 것 ① **과아이오딘산염류(과요오드산염류)** ② **과아이오딘산(과요오드산)** ③ **크로뮴(크롬), 납** 또는 **아이오딘(요오드)의 산화물** ④ 아질산염류 ⑤ 차아염소산염류 ⑥ **염소화아이소사이아누르산(염소화이소시아눌산)** ⑦ 퍼옥소이황산염류 ⑧ 퍼옥소붕산염류	50킬로그램, 300킬로그램 또는 1,000킬로그램

2. 제2류 ★★

유별	성질	위험물 품명	지정수량
제2류	가연성 고체	1. 황화인(황화린)	100킬로그램
		2. 적린	100킬로그램
		3. 황(유황)	100킬로그램
		4. 철분	500킬로그램
		5. 금속분	500킬로그램
		6. 마그네슘	500킬로그램
		7. 그 밖에 행정안전부령으로 정하는 것 8. 제1호 내지 제7호의 1에 해당하는 어느 하나 이상을 함유한 것	100킬로그램 또는 500킬로그램
		9. 인화성고체	1,000킬로그램

3. 제3류 ★★

유별	성질	위험물 품명	지정수량
제3류	자연발화성 물질 및 금수성 물질	1. 칼륨	10킬로그램
		2. 나트륨	10킬로그램
		3. 알킬알루미늄	10킬로그램
		4. 알킬리튬	10킬로그램
		5. 황린	20킬로그램
		6. 알칼리금속(칼륨 및 나트륨을 제외한다) 및 알칼리토금속	50킬로그램
		7. 유기금속화합물(알킬알루미늄 및 알킬리튬을 제외한다)	50킬로그램
		8. 금속의 수소화물	300킬로그램
		9. 금속의 인화물	300킬로그램
		10. 칼슘 또는 알루미늄의 탄화물	300킬로그램
		11. 그 밖에 행정안전부령으로 정하는 것 ① 염소화규소화합물	10킬로그램, 20킬로그램, 50킬로그램 또는 300킬로그램

4. 제4류 ★★

유별	성질	위험물 품명		지정수량
제4류	인화성 액체	1. 특수인화물		50리터
		2. 제1석유류	**비수용성액체**	**200리터**
			수용성액체	400리터
		3. 알코올류		400리터
		4. 제2석유류	**비수용성액체**	**1,000리터**
			수용성액체	2,000리터
		5. 제3석유류	비수용성액체	2,000리터
			수용성액체	4,000리터
		6. 제4석유류		6,000리터
		7. 동식물유류		10,000리터

5. 제5류 ★

유별	성질	위험물 품명	지정수량
제5류	자기 반응성 물질	1. 유기과산화물	제1종 : 10킬로그램 제2종 : 100킬로그램
		2. 질산에스터류(**질산에스테르류**)	
		3. 나이트로화합물(니트로화합물)	
		4. 나이트로소화합물(니트로소화합물)	
		5. 아조화합물	
		6. 다이아조화합물(디아조화합물)	
		7. 하이드라진 유도체(히드라진 유도체)	
		8. 하이드록실아민(히드록실아민)	
		9. 하이드록실아민염류(히드록실아민염류)	
		10. 그 밖에 행정안전부령으로 정하는 것 ① **금속의 아지화합물** ② **질산구아니딘**	

6. 제6류 ★★★

위험물			지정수량
유별	성질	품명	
제6류	산화성 액체	1. 과염소산	300킬로그램
		2. 과산화수소	300킬로그램
		3. 질산	300킬로그램
		4. 그 밖에 행정안전부령으로 정하는 것 ① 할로젠간 화합물(할로겐간화합물)	300킬로그램

7. 용어 정의 ★★

구분	정의
산화성고체	고체[액체(1기압 및 섭씨 20도에서 액상인 것 또는 섭씨 20도 초과 섭씨 40도 이하에서 액상인 것을 말한다. 이하 같다)또는 기체(1기압 및 섭씨 20도에서 기상인 것을 말한다)외의 것을 말한다. 이하 같다]로서 산화력의 잠재적인 위험성 또는 충격에 대한 민감성을 판단하기 위하여 소방청장이 정하여 고시(이하 "고시"라 한다)하는 시험에서 고시로 정하는 성질과 상태를 나타내는 것
가연성고체	고체로서 화염에 의한 발화의 위험성 또는 인화의 위험성을 판단하기 위하여 고시로 정하는 시험에서 고시로 정하는 성질과 상태를 나타내는 것
황	**순도가 60중량퍼센트 이상**
철분	철의 분말로서 53마이크로미터의 표준체를 통과하는 것이 50중량퍼센트 미만인 것은 제외
금속분	알칼리금속·알칼리토류금속·철 및 마그네슘외의 금속의 분말을 말하고, 구리분·니켈분 및 150마이크로미터의 체를 통과하는 것이 50중량퍼센트 미만인 것은 제외
마그네슘	다음 각목의 1에 해당하는 것은 제외한다. 가. 2밀리미터의 체를 통과하지 아니하는 덩어리 상태의 것 나. 지름 2밀리미터 이상의 막대 모양의 것
인화성고체	고형알코올 그 밖에 1기압에서 인화점이 섭씨 40도 미만인 고체
자연발화성 물질 및 금수성물질	고체 또는 액체로서 공기 중에서 발화의 위험성이 있거나 물과 접촉하여 발화하거나 가연성가스를 발생하는 위험성이 있는 것
인화성액체	액체(제3석유류, 제4석유류 및 동식물유류의 경우 1기압과 섭씨 20도에서 액체인 것만 해당한다)로서 인화의 위험성이 있는 것
특수인화물	**이황화탄소, 다이에틸에터(디에틸에테르)** 그 밖에 1기압에서 발화점이 섭씨 100도 이하인 것 또는 인화점이 섭씨 영하 20도 이하이고 비점이 섭씨 40도 이하
제1석유류	**아세톤, 휘발유** 그 밖에 1기압에서 인화점이 섭씨 21도 미만

구분	정의
알코올류	1분자를 구성하는 탄소원자의 수가 1개부터 3개까지인 포화1가 알코올(변성알코올을 포함) 가. 1분자를 구성하는 탄소원자의 수가 1개 내지 3개의 포화1가 알코올의 함유량이 60중량퍼센트 미만인 수용액 나. 가연성액체량이 60중량퍼센트 미만이고 인화점 및 연소점(태그개방식인화점측정기에 의한 연소점을 말한다. 이하 같다)이 에틸알코올 60중량퍼센트 수용액의 인화점 및 연소점을 초과하는 것
제2석유류	**등유, 경유** 그 밖에 1기압에서 인화점이 섭씨 21도 이상 70도 미만. 다만, 도료류 그 밖의 물품에 있어서 가연성 액체량이 40중량퍼센트 이하이면서 인화점이 섭씨 40도 이상인 동시에 연소점이 섭씨 60도 이상인 것은 제외한다.
제3석유류	**중유, 크레오소트유** 그 밖에 1기압에서 인화점이 섭씨 70도 이상 섭씨 200도 미만. 다만, 도료류 그 밖의 물품은 가연성 액체량이 40중량퍼센트 이하인 것은 제외한다.
제4석유류	기어유, 실린더유 그 밖에 1기압에서 인화점이 섭씨 200도 이상 섭씨 250도 미만. 다만 도료류 그 밖의 물품은 가연성 액체량이 40중량퍼센트 이하인 것은 제외한다.
동식물유류	동물의 지육 등 또는 식물의 종자나 과육으로부터 추출한 것으로서 1기압에서 인화점이 섭씨 250도 미만
자기반응성 물질	고체 또는 액체로서 폭발의 위험성 또는 가열분해의 격렬함을 판단하기 위하여 고시로 정하는 시험에서 고시로 정하는 성질과 상태를 나타내는 것
산화성액체	액체로서 산화력의 잠재적인 위험성을 판단하기 위하여 고시로 정하는 시험에서 고시로 정하는 성질과 상태를 나타내는 것
과산화수소	농도가 **36중량퍼센트 이상**
질산	비중이 **1.49 이상**

18 완공검사의 신청 시기

대상	신청시기
지하탱크가 있는 제조소등의 경우	해당 지하탱크를 매설하기 전
이동탱크저장소의 경우	이동저장탱크를 완공하고 상치장소를 확보한 후
이송취급소의 경우	이송배관 공사의 전체 또는 일부를 완료한 후. 다만, 지하·하천 등에 매설하는 이송배관의 공사의 경우에는 이송배관을 매설하기 전
전체 공사가 완료된 후에는 완공검사를 실시하기 곤란한 경우	다음 각목에서 정하는 시기 가. 위험물설비 또는 배관의 설치가 완료되어 기밀시험 또는 내압시험을 실시하는 시기 나. 배관을 지하에 설치하는 경우에는 시·도지사, 소방서

대상	신청시기
	장 또는 기술원이 지정하는 부분을 매몰하기 직전다. 기술원이 지정하는 부분의 비파괴시험을 실시하는 시기
기타 제조소등의 경우	제조소등의 공사를 완료한 후

⑲ 탱크 용적의 산정기준 ★★

탱크용량	탱크의 내용적에서 공간용적을 뺀 용적
탱크의 내용적 및 공간용적 계산	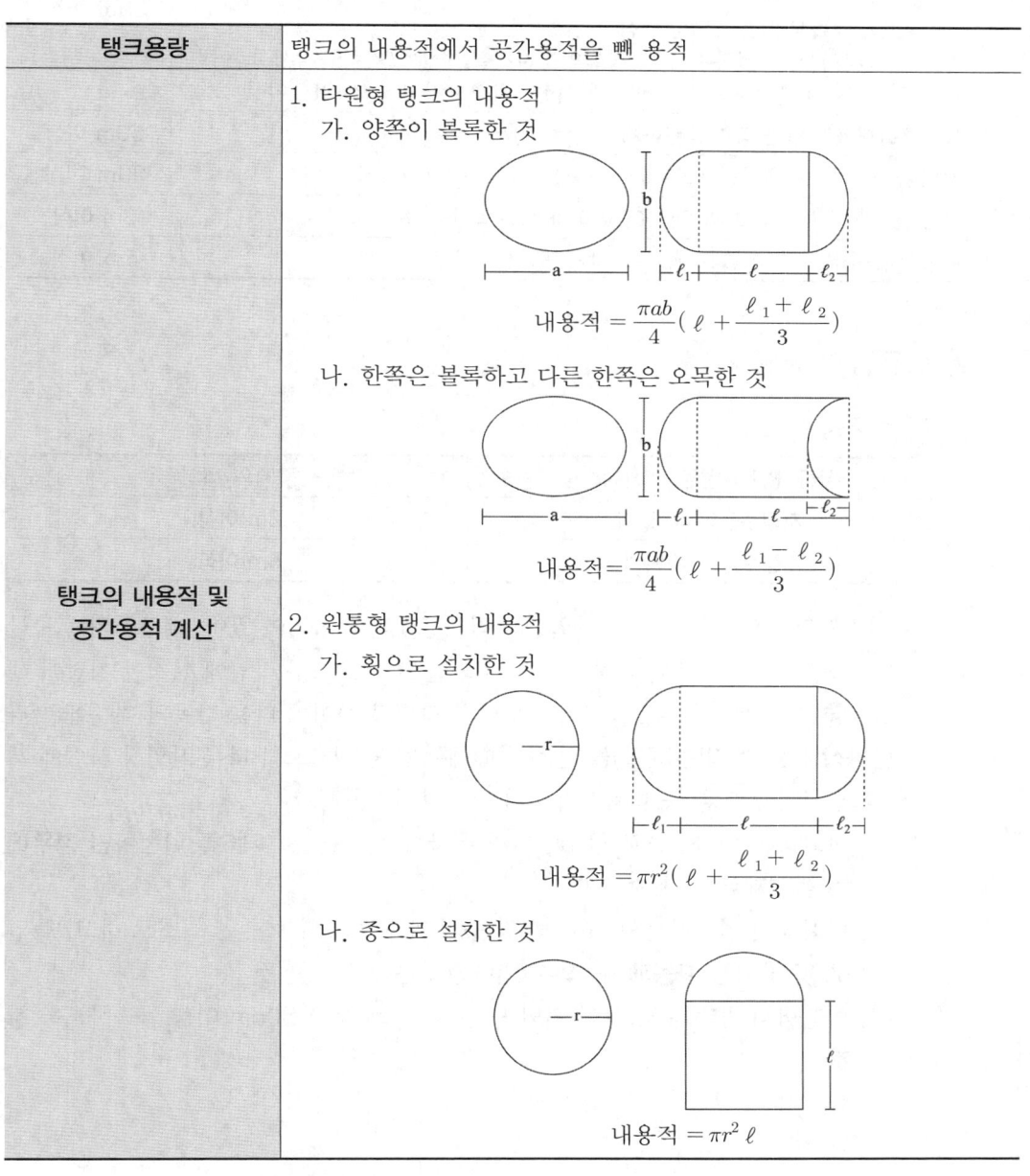

1. 타원형 탱크의 내용적
   가. 양쪽이 볼록한 것

   내용적 $= \dfrac{\pi ab}{4}\left(\ell + \dfrac{\ell_1 + \ell_2}{3}\right)$

   나. 한쪽은 볼록하고 다른 한쪽은 오목한 것

   내용적 $= \dfrac{\pi ab}{4}\left(\ell + \dfrac{\ell_1 - \ell_2}{3}\right)$

2. 원통형 탱크의 내용적
   가. 횡으로 설치한 것

   내용적 $= \pi r^2\left(\ell + \dfrac{\ell_1 + \ell_2}{3}\right)$

   나. 종으로 설치한 것

   내용적 $= \pi r^2 \ell$

20 제조소의 위치·구조 및 설비의 기준

1. 안전거리 ★★★

주거용	10m 이상
학교·병원·극장 그 밖에 다수인을 수용하는 시설 1) 학교 2) 병원급 의료기관 3) **공연장, 영화상영관 : 3백명 이상** 4) 아동복지시설, 노인복지시설, 장애인복지시설, 한부모가족복지시설, 어린이집, 성매매피해자등을 위한 지원시설, 정신보건시설 : 20명 이상	30m 이상
유형문화재와 기념물 중 지정문화재	50m 이상
고압가스, 액화석유가스 또는 도시가스를 저장 또는 취급하는 시설	20m 이상
사용전압이 7,000V 초과 35,000V 이하 특고압가공전선	**3m 이상**
사용전압이 35,000V를 초과 특고압가공전선	5m 이상

2. 보유공지 ★★★

(1) 보유공지

취급하는 위험물의 최대수량	공지의 너비
지정수량의 10배 이하	3m 이상
지정수량의 10배 초과	5m 이상

(2) 제조소의 작업공정이 다른 작업장의 작업공정과 연속되어 있어, 제조소의 건축물 그 밖의 공작물의 주위에 공지를 두게 되면 그 제조소의 작업에 현저한 지장이 생길 우려가 있는 경우 해당 제조소와 다른 작업장 사이에 다음 각목의 기준에 따라 **방화상 유효한 격벽(隔壁)을 설치한 때**에는 해당 제조소와 다른 작업장 사이에 제1호의 규정에 의한 공지를 보유하지 아니할 수 있다.

    가. 방화벽은 내화구조로 할 것, 다만 취급하는 위험물이 **제6류 위험물인 경우에는 불연재료**로 할 수 있다.

    나. 방화벽에 설치하는 출입구 및 창 등의 개구부는 가능한 한 **최소**로 하고, 출입구 및 창에는 **자동폐쇄식의 60분+방화문**을 설치할 것

    다. 방화벽의 양단 및 상단이 외벽 또는 지붕으로부터 **50cm 이상** 돌출하도록 할 것

3. 표지 및 게시판 ★★★

위험물 제조소	1. 표지 : 한변의 길이가 0.3m 이상, 다른 한변의 길이가 0.6m 이상 2. 표지의 바탕 : 백색, 문자 : 흑색		
게시판	1. 한변의 길이가 0.3m 이상, 다른 한변의 길이가 0.6m 이상 2. 게시판 기재사항 : 위험물의 유별·품명 및 저장최대수량 또는 취급최대수량, 지정수량의 배수 및 안전관리자의 성명 또는 직명 3. **게시판의 바탕은 백색으로, 문자는 흑색**		
주의사항	물기엄금	1. 제1류 위험물 중 알칼리금속의 과산화물 또는 제3류 위험물 중 금수성물질 2. **청색바탕에 백색문자**	
	화기주의	제2류 위험물(인화성고체를 제외)	
	화기엄금	1. 제2류 위험물 중 인화성고체, 제3류 위험물 중 자연발화성물질, 제4류 위험물 또는 제5류 위험물 2. **적색바탕에 백색문자**	

4. 채광·조명 및 환기설비 ★★

(1) 채광설비

불연재료로 하고, 연소의 우려가 없는 장소에 설치하되 **채광면적을 최소**

(2) 조명설비

① 가연성가스 등이 체류할 우려가 있는 장소의 조명등은 방폭등(防爆燈)으로 할 것

② 전선은 내화·내열전선으로 할 것

③ 점멸스위치는 출입구 바깥부분에 설치할 것. 다만, 스위치의 스파크로 인한 화재·폭발의 우려가 없을 경우에는 그러하지 아니하다.

(3) 환기설비

① 환기는 자연배기방식

② 급기구 : 실의 **바닥면적 150m² 마다 1개 이상, 급기구의 크기는 800cm² 이상**
바닥면적이 150m² 미만인 경우에는 다음의 크기

바닥면적	급기구의 면적
60 m² 미만	150 cm² 이상
60 m² 이상 90 m² 미만	300 cm² 이상
90 m² 이상 120 m² 미만	450 cm² 이상
120 m² 이상 150 m² 미만	600 cm² 이상

③ 급기구 : **낮은 곳**에 설치, 가는 눈의 구리망 등으로 인화방지망을 설치
④ 환기구 : 지붕위 또는 지상 **2m 이상**의 높이에 회전식 고정벤티레이터 또는 루프팬 방식(roof fan: 지붕에 설치하는 배기장치)으로 설치

5. 배출설비 ★★★

가연성의 증기 또는 미분이 체류할 우려가 있는 건축물에는 그 증기 또는 미분을 옥외의 높은 곳으로 배출

(1) 배출설비 : **국소방식으로 할 것.**
   다만, 전역방식으로 할 수 있는 경우
   가. 위험물취급설비가 배관이음 등으로만 된 경우
   나. 건축물의 구조·작업장소의 분포 등의 조건에 의하여 전역방식이 유효한 경우

(2) 배출설비는 배풍기(오염된 공기를 뽑아내는 통풍기)·배출 덕트(공기 배출통로)·후드 등을 이용하여 강제적으로 배출하는 것

(3) **배출능력**
   1시간당 배출장소 용적의 20배 이상, 전역방식의 경우 : 바닥면적 1 m²당 18 m³ 이상

(4) 배출설비의 급기구 및 배출구 기준
   가. **급기구는 높은 곳**에 설치하고, 가는 눈의 구리망 등으로 인화방지망을 설치할 것
   나. 배출구는 **지상 2m 이상**으로서 연소의 우려가 없는 장소에 설치하고, 배출 덕트가 관통하는 벽부분의 바로 가까이에 화재시 자동으로 폐쇄되는 방화댐퍼(화재 시 연기 등을 차단하는 장치)를 설치할 것

(5) 배풍기는 강제배기방식으로 하고, 옥내 덕트의 내압이 대기압 이상이 되지 아니하는 위치에 설치하여야 한다.

6. 옥외설비의 바닥

옥외에서 액체위험물을 취급하는 설비의 바닥은 다음 각호의 기준에 의하여야 한다.
1) 바닥의 둘레에 높이 **0.15m 이상**의 턱을 설치하는 등 위험물이 외부로 흘러나가지 아니하도록 하여야 한다.
2) 바닥은 콘크리트 등 위험물이 스며들지 아니하는 재료로 하고, 제1호의 턱이 있는 쪽이 낮게 경사지게 하여야 한다.
3) 바닥의 최저부에 **집유설비**를 하여야 한다.

4) 위험물(온도 20℃의 물 100g에 용해되는 양이 1g 미만인 것에 한한다)을 취급하는 설비에 있어서는 해당 위험물이 직접 배수구에 흘러들어가지 아니하도록 집유설비에 **유분리장치**를 설치하여야 한다.

7. 기타설비

가열건조설비	위험물을 가열 또는 건조하는 설비는 직접 불을 사용하지 아니하는 구조로 하여야 한다. 다만, 해당 설비가 방화상 안전한 장소에 설치되어 있거나 화재를 방지할 수 있는 부대설비를 한 때에는 그러하지 아니하다.
압력계 및 안전장치 ★★★	위험물을 가압하는 설비 또는 그 취급하는 위험물의 압력이 상승할 우려가 있는 설비에는 압력계 및 다음 각목의 1에 해당하는 안전장치를 설치하여야 한다. 다만, 라목의 파괴판은 위험물의 성질에 따라 안전밸브의 작동이 곤란한 가압설비에 한한다. 가. 자동적으로 압력의 상승을 정지시키는 장치 나. 감압측에 안전밸브를 부착한 감압밸브 다. 안전밸브를 겸하는 경보장치 라. 파괴판
정전기 제거설비 ★★★	가. 접지에 의한 방법 나. 공기 중의 상대습도를 70% 이상으로 하는 방법 다. 공기를 이온화하는 방법
피뢰설비 ★★★	**지정수량의 10배 이상의 위험물을 취급하는 제조소**(제6류 위험물을 취급하는 위험물제조소를 제외한다)에는 피뢰침을 설치하여야 한다. 다만, 제조소의 주위의 상황에 따라 안전상 지장이 없는 경우에는 피뢰침을 설치하지 아니할 수 있다.

8. 위험물 취급탱크 방유제

방유제의 용량 : 해당 탱크용량의 50% 이상, 2 이상의 취급탱크 주위에 하나의 방유제를 설치하는 경우 그 **방유제의 용량은 해당 탱크 중 용량이 최대인 것×50% + 나머지 탱크용량 합계×10% 이상**

9. 배관

(1) 배관의 재질은 강관 그 밖에 이와 유사한 금속성으로 하여야 한다. 다만, 다음 각 목의 기준에 적합한 경우에는 그러하지 아니하다.
　가. 배관의 재질은 한국산업규격의 **유리섬유강화플라스틱 · 고밀도폴리에틸렌 또는 폴리우레탄**으로 할 것
　나. 배관의 구조는 **내관 및 외관의 이중**으로 하고, 내관과 외관의 사이에는 틈새 공간을 두어 누설여부를 외부에서 쉽게 확인할 수 있도록 할 것. 다만, 배관

의 재질이 취급하는 위험물에 의해 쉽게 열화될 우려가 없는 경우에는 그러하지 아니하다.

(2) 다음 각 호의 구분에 따른 압력으로 내압시험(불연성의 액체 또는 기체를 이용하여 실시하는 시험을 포함한다)을 실시하여 누설 그 밖의 이상이 없는 것으로 하여야 한다.
  가. 액체를 이용하는 경우에는 최대상용압력의 1.5배 이상
  나. 기체를 이용하는 경우에는 최대상용압력의 1.1배 이상

21 옥외탱크저장소의 위치·구조 및 설비의 기준

1. 보유공지

저장 또는 취급하는 위험물의 최대수량	공지의 너비
지정수량의 500배 이하	3m 이상
지정수량의 500배 초과 1,000배 이하	5m 이상
지정수량의 1,000배 초과 2,000배 이하	9m 이상
지정수량의 2,000배 초과 3,000배 이하	12m 이상
지정수량의 3,000배 초과 4,000배 이하	15m 이상
지정수량의 4,000배 초과	해당 탱크의 수평단면의 최대지름(횡형인 경우에는 긴 변)과 높이 중 큰 것과 같은 거리 이상. 다만, 30m 초과의 경우에는 30m 이상으로 할 수 있고, 15m 미만의 경우에는 15m 이상으로 하여야 한다.

2. 방유제 ★★★

대상	인화성액체위험물(이황화탄소를 제외)의 **옥외탱크저장소의 탱크 주위**
용량	1. 설치된 탱크가 하나인 때에는 그 **탱크 용량의 110% 이상** 2. 2기 이상인 때에는 그 탱크 중 용량이 최대인 것의 용량의 110% 이상
방유제 구조	**높이 0.5m 이상 3m 이하, 두께 0.2m 이상, 지하매설깊이 1m 이상**
방유제내의 면적	**8만 m² 이하**
방유제내의 설치하는 옥외저장탱크의 수	10(방유제내에 설치하는 모든 옥외저장탱크의 용량이 20만 L 이하이고, 해당 옥외저장탱크에 저장 또는 취급하는 위험물의 인화점이 70℃ 이상 200℃ 미만인 경우에는 20) 이하
방유제 외면의 2분의 1 이상	자동차 등이 통행할 수 있는 3m 이상의 노면폭을 확보한 구내도로(옥외저장탱크가 있는 부지내의 도로를 말한다. 이하 같다)에 직접 접하도록 할 것. 다만, 방유제내에 설치하는 옥외저장탱크의 용량합계가 20만 L 이하인 경우에는 소화활동에 지장이 없다고 인정되는 3m 이상의 노면폭을 확보한 도로 또는 공지에 접하는 것으로 할 수 있다.

옥외저장탱크의 지름에 따라 그 탱크의 옆판으로부터 다음에 정하는 거리를 유지	다만, 인화점이 200℃ 이상인 위험물을 저장 또는 취급하는 것에 있어서는 그러하지 아니하다. 1) 지름이 15m 미만인 경우에는 탱크 높이의 3분의 1 이상 2) 지름이 15m 이상인 경우에는 탱크 높이의 2분의 1 이상
해당 탱크마다 간막이 둑 설치	용량이 1,000만 L 이상인 옥외저장탱크의 주위에 설치하는 방유제 1) 간막이 둑의 높이는 0.3m(방유제내에 설치되는 옥외저장탱크의 용량의 합계가 2억 L를 넘는 방유제에 있어서는 1m)이상으로 하되, 방유제의 높이보다 0.2m 이상 낮게 할 것 2) 간막이 둑은 흙 또는 철근콘크리트로 할 것 3) 간막이 둑의 용량은 간막이 둑안에 설치된 탱크의 용량의 10% 이상일 것
높이가 1m를 넘는 방유제 및 간막이 둑의 안팎	방유제내에 출입하기 위한 계단 또는 경사로를 약 50m마다 설치할 것

22 소화설비, 경보설비 및 피난설비의 기준

1. 소화난이도등급 I 의 제조소등에 설치하여야 하는 소화설비

제조소등의 구분		소화설비
제조소 및 일반취급소		옥내소화전설비, 옥외소화전설비, 스프링클러설비 또는 물분무등소화설비(화재발생시 연기가 충만할 우려가 있는 장소에는 스프링클러설비 또는 이동식 외의 물분무등소화설비에 한한다)
주유취급소		스프링클러설비(건축물에 한정한다), 소형수동식소화기등(능력단위의 수치가 건축물 그 밖의 공작물 및 위험물의 소요단위의 수치에 이르도록 설치할 것)
옥내저장소	처마높이가 6m 이상인 단층건물 또는 다른 용도의 부분이 있는 건축물에 설치한 옥내저장소	스프링클러설비 또는 이동식 외의 물분무등소화설비
	그 밖의 것	옥외소화전설비, 스프링클러설비, 이동식 외의 물분무등소화설비 또는 이동식 포소화설비(포소화전을 옥외에 설치하는 것)
	황만을 저장 취급하는 것	물분무소화설비

제조소등의 구분			소화설비
옥외 탱크 저장소	지중탱크 또는 해상탱크 외의 것	인화점 70℃ 이상의 제4류 위험물만을 저장취급하는 것	물분무소화설비 또는 고정식 포소화설비
		그 밖의 것	고정식 포소화설비(포소화설비가 적응성이 없는 경우에는 분말소화설비)
	지중탱크		고정식 포소화설비, 이동식 이외의 불활성가스소화설비 또는 이동식 이외이 할로젠화합물소화설비
	해상탱크		고정식 포소화설비, 물분무소화설비, 이동식이외의 불활성가스소화설비 또는 이동식 이외의 할로젠화합물소화설비
옥내 탱크 저장소	황만을 저장취급하는 것		물분무소화설비
	인화점 70℃ 이상의 제4류 위험물만을 저장취급하는 것		물분무소화설비, 고정식 포소화설비, 이동식 이외의 불활성가스소화설비, 이동식 이외의 할로젠화합물소화설비 또는 이동식 이외의 분말소화설비
	그 밖의 것		고정식 포소화설비, 이동식 이외의 불활성가스소화설비, 이동식 이외의 할로젠화합물소화설비 또는 이동식 이외의 분말소화설비
옥외저장소 및 이송취급소			옥내소화전설비, 옥외소화전설비, 스프링클러설비 또는 물분무등소화설비(화재발생시 연기가 충만할 우려가 있는 장소에는 스프링클러설비 또는 이동식 이외의 물분무등소화설비에 한한다)
암반 탱크 저장소	황만을 저장취급하는 것		물분무소화설비
	인화점 70℃ 이상의 제4류 위험물만을 저장취급하는 것		물분무소화설비 또는 고정식 포소화설비
	그 밖의 것		고정식 포소화설비(포소화설비가 적응성이 없는 경우에는 분말소화설비)

2. 소화난이도 등급Ⅲ의 제조소등에 설치하여야 하는 소화설비

제조소등의 구분	소화설비	설치기준	
지하탱크저장소	소형 수동식소화기등	능력단위의 수치가 3 이상	2개 이상

3. 소화설비의 설치기준 ★★★

전기설비	면적 100㎡마다 소형수동식소화기를 1개 이상
소요단위	소화설비의 설치대상이 되는 건축물 그 밖의 공작물의 규모 또는 위험물의 양의 기준단위
능력단위	소화설비의 소화능력의 기준단위

소요단위 계산	제조소 또는 취급소	외벽이 내화구조 : 연면적/100㎡
		외벽이 비내화구조 : 연면적/50㎡
	저장소	1. 외벽이 내화구조 : 연면적/150㎡
		2. 외벽이 비내화구조 : 연면적/75㎡
	위험물	지정수량/10배

예제 1. 면적이 600 ㎡인 제조소에 전기설비를 설치하는 경우 소형수동식소화기의 최소 수량은?

① 3개 ② 4개
③ 6개 ④ 12개

해설 소형수동식소화기의 수량
1. 산출기준 : 제조소등에 전기설비(전기배선, 조명기구 등은 제외한다)가 설치된 경우에는 당해 장소의 면적 100㎡ 마다 소형수동식소화기를 1개 이상 설치할 것
2. 수량 : 600㎡/100㎡ = 6개

정답 ③

예제 2. 면적이 1,000 ㎡인 제조소의 외벽이 내화구조인 경우 소요단위는?

① 5단위 ② 10단위
③ 15단위 ④ 20단위

해설 소요단위의 산출
1. 산출기준 : 제조소 또는 취급소의 건축물
   ① 외벽이 내화구조인 것 : 연면적 100㎡를 1소요단위
   ② 외벽이 내화구조가 아닌 것 : 연면적 50㎡를 1소요단위
2. 소요단위 : 1,000㎡/100㎡ = 10단위

정답 ②

예제 3. 면적이 1,500 ㎡인 저장소의 외벽이 내화구조인 경우 소요단위는?

① 5단위 ② 10단위
③ 15단위 ④ 20단위

해설 소요단위의 산출
1. 산출기준 : 저장소의 건축물
   ① 외벽이 내화구조인 것 : 연면적 150㎡를 1소요단위
   ② 외벽이 내화구조가 아닌 것 : 연면적 75㎡를 1소요단위
2. 소요단위 : 1,500㎡/150㎡ = 10단위

정답 ②

예제 4. 지정수량이 1,000배인 위험물의 소요단위를 산출하면?

① 10단위　　　　　　　　② 20단위
③ 50단위　　　　　　　　④ 100단위

해설 소요단위의 산출
1. 산출기준 : 지정수량의 10배를 1소요단위
2. 소요단위 : 1,000배/10 = 100단위

 ④

(1) 옥내소화전설비의 설치기준 ★★★

① 제조소등의 건축물의 층마다 당해 층의 각 부분에서 하나의 호스접속구까지의 수평거리가 **25m 이하**가 되도록 설치할 것.
② 수원의 수량 : 가장 많이 설치된 층의 옥내소화전 **설치개수(5개 이상인 경우는 5개)에 7.8m³를 곱한 양** 이상
③ 각 노즐선단의 **방수압력 : 350kPa 이상, 방수량 : 1분당 260L 이상**

예제 5. 옥내소화전이 6개 설치된 경우 수원의 양은 얼마 이상이어야 하는가?

① $13m^3$　　　　　　　　② $26m^3$
③ $36.2m^3$　　　　　　　④ $39m^3$

해설 수원 산출
1. 산출기준 : 가장 많이 설치된 층의 옥내소화전 설치개수(5개 이상인 경우는 5개)에 7.8m³를 곱한 양 이상
2. 수원 : 5개×7.8m³ = 39m³

 ④

(2) 옥외소화전설비의 설치기준 ★★

① 옥외소화전은 방호대상물의 각 부분(건축물의 경우에는 당해 건축물의 1층 및 2층의 부분에 한한다)에서 하나의 호스접속구까지의 **수평거리가 40m 이하**가 되도록 설치할 것. 이 경우 그 설치개수가 **1개일 때는 2개**로 하여야 한다.
② 수원의 수량 : 옥외소화전의 **설치개수(설치개수가 4개 이상인 경우는 4개)에 13.5 m³를 곱한 양** 이상이 되도록 설치할 것
③ 각 노즐선단의 **방수압력 : 350kPa 이상, 방수량 : 1분당 450L 이상**

예제 6. 옥외소화전이 5개 설치된 경우 수원의 양은 얼마 이상이어야 하는가?

① $7m^3$
② $14m^3$
③ $67.5m^3$
④ $54m^3$

해설 수원 산출
1. 산출기준 :
   ① 옥외소화전은 방호대상물의 각 부분(건축물의 경우에는 당해 건축물의 1층 및 2층의 부분에 한한다)에서 하나의 호스접속구까지의 수평거리가 40m 이하가 되도록 설치할 것. 이 경우 그 설치개수가 1개일 때는 2개로 하여야 한다.
   ② 수원의 수량 : 옥외소화전의 설치개수(설치개수가 4개 이상인 경우는 4개)에 $13.5m^3$를 곱한 양 이상이 되도록 설치할 것
2. 수원 : 4개 × $13.5m^3$ = $54m^3$(주의 : 설치개수가 4개 이상인 경우에는 4개로 하여야 한다)

정답 ④

(3) 스프링클러설비의 설치기준 ★★★

① 방호대상물의 각 부분에서 하나의 스프링클러헤드까지의 **수평거리가 1.7m** (살수밀도의 기준을 충족하는 경우에는 2.6m) 이하
② 개방형 스프링클러헤드를 이용한 스프링클러설비의 **방사구역**(하나의 일제개방밸브에 의하여 동시에 방사되는 구역)은 $150m^2$ 이상(방호대상물의 바닥면적이 $150m^2$ 미만인 경우에는 당해 바닥면적)으로 할 것
③ 수원의 수량

폐쇄형 스프링클러헤드	30(헤드의 설치개수가 30 미만인 방호대상물인 경우에는 당해 설치개수) × $2.4m^3$를 곱한 양 이상
개방형 스프링클러헤드	가장 많이 설치된 방사구역의 스프링클러헤드 **설치개수 × $2.4m^3$**를 곱한 양 이상

④ 각 선단의 방사압력 : 100kPa(살수밀도의 기준을 충족하는 경우 50kPa) 이상, 방수량 : 1분당 80L(살수밀도의 기준을 충족하는 경우 56L) 이상

예제 7. 스프링클러설비 설치기준에서 개방형 스프링클러헤드를 이용한 스프링클러설비의 방사구역은 몇 m^2 이상으로 하여야 하는가?

① $100m^2$
② $150m^2$
③ $200m^2$
④ $250m^2$

해설 개방형 스프링클러헤드를 이용한 스프링클러설비의 방사구역(하나의 일제개방밸브에 의하여 동시에 방사되는 구역)은 $150\ m^2$ 이상(방호대상물의 바닥면적이 $150\ m^2$ 미만인 경우에는 당해 바닥면적)으로 할 것

정답 ②

예제 8. 폐쇄형스프링클러헤드의 설치수량이 50개인 경우 수원의 최소 수량(m^3)은?

① 48m^3 ② 72m^3
③ 80m^3 ④ 120m^3

해설 수원의 수량
1. 산출기준 : 30(헤드의 설치개수가 30 미만인 방호대상물인 경우에는 당해 설치개수)×2.4m^3를 곱한 양 이상
2. 수원 : 30개 × 2.4m^3 = 72m^3

 ②

(4) 물분무소화설비의 설치기준 ★★
① 물분무소화설비의 방사구역 : **150m^2 이상**(방호대상물의 표면적이 150m^2 미만인 경우에는 당해 표면적)으로 할 것
② 수원의 수량 : 방사구역의 표면적(m^2)×20L/min×30min 이상
③ 각 선단의 **방사압력이 350kPa 이상**

예제 9. 다음 설비별 방수량의 연결이 옳지 않은 것은?

① 옥내소화전설비-260L/분 ② 옥외소화전설비-350L/분
③ 스프링클러설비-80L/분 ④ 물분무소화설비-20L/분

해설 설비별 방수압력 및 방수량
① 옥내소화전설비 : 방수압력 350kPa, 방수량 260L/분
② 옥외소화전설비 : 방수압력 350kPa, 방수량 450L/분
③ 스프링클러설비 : 방수압력 100kPa, 방수량 80L/분
④ 물분무소화설비 : 방수압력 350kPa, 방수량 20L/분

 ②

4. 기타 소화설비의 능력단위 ★★

소화설비	용량	능력단위
소화전용(轉用)물통	8 L	0.3
수조(소화전용물통 3개 포함)	80 L	1.5
수조(소화전용물통 6개 포함)	190 L	2.5
마른 모래(삽 1개 포함)	50 L	0.5
팽창질석 또는 팽창진주암(삽 1개 포함)	160 L	1.0

5. 피난설비

1) 주유취급소 중 건축물의 2층 이상의 부분을 점포·휴게음식점 또는 전시장의 용도로 사용하는 것에 있어서는 해당 건축물의 2층 이상으로부터 주유취급소의 부지 밖으로 통하는 출입구와 해당 출입구로 통하는 통로·계단 및 출입구에 유도등을 설치하여야 한다.
2) 옥내주유취급소에 있어서는 해당 사무소 등의 출입구 및 피난구와 해당 피난구로 통하는 **통로·계단 및 출입구**에 유도등을 설치하여야 한다.
3) 유도등에는 비상전원을 설치하여야 한다.

6. 제조소등별로 설치하여야 하는 경보설비의 종류 ★★

제조소등의 구분	제조소등의 규모, 저장 또는 취급하는 위험물의 종류 및 최대수량 등	경보설비
1. 제조소 및 일반취급소	・**연면적 500㎡ 이상**인 것 ・옥내에서 지정수량의 100배 이상을 취급하는 것	자동화재탐지설비
2. 옥내저장소	・지정수량의 100배 이상을 저장 또는 취급하는 것 ・저장창고의 연면적이 150㎡를 초과하는 것 ・처마높이가 6m 이상인 단층건물의 것	
3. 옥내탱크저장소	단층 건물 외의 건축물에 설치된 옥내탱크저장소로서 소화난이도등급Ⅰ에 해당하는 것	
4. 주유취급소	옥내주유취급소	
5. 옥외탱크저장소	특수인화물, 제1석유류 및 알코올류를 저장 또는 취급하는 탱크의 용량이 1,000만리터 이상인 것	・자동화재탐지설비 ・자동화재속보설비
6. 자동화재탐지설비 설치 대상에 해당하지 아니하는 제조소등	지정수량의 10배 이상을 저장 또는 취급하는 것	**자동화재 탐지설비**, **비상경보설비**, **확성장치** 또는 **비상방송설비** 중 1종 이상

23 위험물의 운반에 관한 기준

1. 적재방법 ★

적재방법	1. **고체위험물** : 운반용기 내용적의 **95% 이하**의 수납률 2. **액체위험물** : 운반용기 내용적의 **98% 이하**의 수납률, 55도의 온도에서 누설되지 아니하도록 충분한 공간용적 3. **알킬알루미늄**등 : 운반용기의 내용적의 **90% 이하**의 수납률로 수납하되, 50℃의 온도에서 5% 이상의 공간용적

2. 수납하는 위험물에 따른 주의사항 ★★

제1류 위험물	알칼리금속의 과산화물	화기·충격주의, 물기엄금 및 가연물접촉주의
	그 밖	화기·충격주의 및 가연물접촉주의
제2류 위험물	철분·금속분·마그네슘	화기주의 및 물기엄금
	인화성고체	화기엄금
	그 밖	화기주의
제3류 위험물	자연발화성물질	화기엄금 및 공기접촉엄금
	금수성물질	물기엄금
제4류 위험물	화기엄금	
제5류 위험물	화기엄금, 충격주의	
제6류 위험물	가연물접촉주의	

3. 유별을 달리하는 위험물의 혼재기준 ★★

위험물의 구분	제1류	제2류	제3류	제4류	제5류	제6류
제1류		×	×	×	×	○
제2류	×		×	○	○	×
제3류	×	×		○	×	×
제4류	×	○	○		○	×
제5류	×	○	×	○		×
제6류	○	×	×	×	×	

[비고]
1. "×"표시는 혼재할 수 없음을 표시한다.
2. "○"표시는 혼재할 수 있음을 표시한다.
3. 이 표는 지정수량의 1/10 이하의 위험물에 대하여는 적용하지 않는다.

제6장 출제예상문제

01 인화성 또는 발화성 등의 성질을 가지는 것으로서 대통령령이 정하는 물품을 무엇이라 하는가?
① 발화성 물질
② 인화성 물질
③ 위험물
④ 가연성 물질

해설 위험물 : 인화성 또는 발화성 등의 성질을 가지는 것으로서 대통령령이 정하는 물품

02 위험물의 제조소 등이라 함은?
① 제조만을 목적으로 하는 위험물의 제조소
② 제조소, 저장소 및 취급소
③ 위험물의 저장시설을 갖춘 제조소
④ 제조 및 저장시설을 갖춘 판매취급소

해설 제조소 등 : 제조소, 저장소 및 취급소를 말한다.

03 위험물의 저장, 운반 및 취급에 대하여 위험물안전관리법의 적용을 받는 것은 어느 것인가?
① 항공기
② 철도
③ 선박
④ 차량

해설 위험물의 저장, 운반 및 취급에 대한 적용 제외 : 항공기, 선박, 철도, 궤도

04 지정수량 미만인 위험물의 취급기준 및 시설기준은?
① 시·도의 조례로 정한다.
② 방화안전관리규정에 포함시킨다.
③ 소방청장이 고시한다.
④ 위험물제조소 등의 내규로 정한다.

해설 지정수량 미만인 위험물의 저장 또는 취급에 관한 기술상의 기준 : 시·도의 조례로 정한다.

정답 1. ③ 2. ② 3. ④ 4. ①

05 위험물의 임시저장 취급기준을 정하고 있는 것은?

① 대통령령
② 행정안전부령
③ 소방청장고시
④ 시·도의 조례

해설 위험물의 임시저장 취급기준 : 시·도의 조례

06 위험물의 임시저장 기간으로 옳은 것은?

① 60일 이내
② 70일 이내
③ 80일 이내
④ 90일 이내

해설 위험물
① 위험물의 임시저장기간 : 90일 이내
② 지정수량 미만의 위험물을 저장·취급 시 : 시·도의 조례

07 둘 이상의 위험물을 같은 장소에서 저장 또는 취급하는 경우에 있어서 당해 장소에서 저장 또는 취급하는 각 위험물의 수량을 그 위험물의 지정수량으로 각각 나누어 얻은수의 합계가 얼마 이상인 경우 당해 위험물은 지정수량 이상의 위험물로 보는가?

① 0.5
② 1
③ 2
④ 3

해설 둘 이상의 위험물을 같은 장소에서 저장 또는 취급하는 경우에 있어서 당해 장소에서 저장 또는 취급하는 각 위험물의 수량을 그 위험물의 지정수량으로 각각 나누어 얻은 수의 합계가 1 이상인 경우 당해 위험물은 지정수량 이상의 위험물로 본다.

08 제조소 등에서 저장하거나 취급하는 위험물의 품명, 수량 또는 지정수량의 배수를 변경하고자 하는 자는 변경하고자 하는 날의 며칠 전까지 행정안전부령이 정하는 바에 따라 시·도지사에게 신고하여야 하는가?

① 1일전
② 3일전
③ 7일전
④ 14일전

해설 제조소등의 위치·구조 또는 설비의 변경 없이 당해 제조소등에서 저장 하거나 취급하는 위험물의 품명·수량 또는 지정수량의 배수를 변경하고자 하는 자는 변경하고자 하는 날의 1일 전까지 행정안전부령이 정하는 바에 따라 시·도지사에게 신고하여야 한다.

정답 5. ④ 6. ④ 7. ② 8. ①

09 위험물 관련 신고 및 선임에 관한 사항으로 옳지 않은 것은?
① 제조소의 위치·구조 변경 없이 위험물의 품명 변경 시는 변경하고자 하는 날의 14일 이전까지 신고하여야 한다.
② 제조소 설치자의 지위를 승계한자는 승계한 날로부터 30일 이내에 신고하여야 한다.
③ 위험물안전관리자를 선임한 경우는 선임한 날부터 14일 이내에 신고하여야 한다.
④ 위험물안전관리자가 퇴직한 경우는 퇴직일로부터 30일 이내에 선임하여야 한다.

> **해설** 제조소등의 위치·구조 또는 설비의 변경 없이 당해 제조소등에서 저장하거나 취급하는 위험물의 품명·수량 또는 지정수량의 배수를 변경하고자하는 자는 변경하고자 하는 날의 1일 전까지 행정안전부령이 정하는 바에 따라 시·도지사에게 신고하여야 한다.

10 농예용·축산용 또는 수산용으로 필요한 난방시설 또는 건조시설을 위한 지정수량 몇 배 이하의 저장소는 허가를 받지 아니하고 당해 제조소 등을 설치하거나 그 위치·구조 또는 설비를 변경할 수 있으며, 신고를 하지 아니하고 위험물의 품명·수량 또는 지정수량의 배수를 변경할 수 있는가?
① 10배 이하
② 20배 이하
③ 30배 이하
④ 40배 이하

> **해설** 다음 각호의 1에 해당하는 제조소등의 경우에는 허가를 받지 아니하고 당해 제조소 등을 설치하거나 그 위치·구조 또는 설비를 변경할 수 있으며, 신고를 하지 아니하고 위험물의 품명·수량 또는 지정수량의 배수를 변경할 수 있다.
> 1. 주택의 난방시설(공동주택의 중앙난방시설을 제외한다)을 위한 저장소 또는 취급소
> 2. 농예용·축산용 또는 수산용으로 필요한 난방시설 또는 건조시설을 위한 지정수량 20배 이하의 저장소

11 군사목적 또는 군부대시설을 위한 제조소 등을 설치하거나 그 위치·구조 또는 설비를 변경하고자 하는 군부대의 장은 대통령령이 정하는 바에 따라 미리 제조소등의 소재지를 관할하는 누구와 협의하여야 하는가?
① 소방청장
② 시·도지사
③ 소방본부장
④ 소방서장

> **해설** 군사목적 또는 군부대시설을 위한 제조소등을 설치하거나 그 위치·구조 또는 설비를 변경하고자 하는 군부대의 장은 대통령령이 정하는 바에 따라 미리 제조소등의 소재지를 관할하는 시·도지사와 협의하여야 한다.

정답 9. ① 10. ② 11. ②

12 군부대의 장은 제조소등에 대하여는 탱크안전성능검사와 완공검사를 자체적으로 실시할 수 있다. 이 경우 완공검사를 자체적으로 실시한 군부대의 장은 지체 없이 누구에게 통보하여야 하는가?
① 소방청장
② 시·도지사
③ 소방본부장
④ 소방서장

해설 군부대의 장은 제조소등에 대하여는 탱크안전성능검사와 완공검사를 자체적으로 실시할 수 있다. 이 경우 완공검사를 자체적으로 실시한 군부대의 장은 지체 없이 행정안전부령이 정하는 사항을 시·도지사에게 통보하여야 한다.

13 탱크안전 성능검사는 누구에게 받아야 하는가?
① 소방서장
② 시·도지사
③ 소방청장
④ 한국소방산업기술원장

해설 탱크안전성능검사
① 실시권자 : 시·도지사
② 탱크안전성능검사의 내용 : 대통령령
③ 탱크안전성능검사의 실시 등에 관한 사항 : 행정안전부령

14 다음 ( )에 알맞은 내용을 바르게 나타낸 것은?

"위험물 제조소 등의 설치자의 지위를 승계한 자는 (⑴)이 정하는 바에 따라 승계한 날로부터 (⑵)이내에 (⑶)에게 신고하여야 한다."

① ⑴ 대통령령 ⑵ 14일 ⑶ 시·도지사
② ⑴ 대통령령 ⑵ 30일 ⑶ 소방본부장·소방서장
③ ⑴ 행정안전부령 ⑵ 14일 ⑶ 소방본부장·소방서장
④ ⑴ 행정안전부령 ⑵ 30일 ⑶ 시·도지사

해설 제조소등의 설치자의 지위를 승계한 자는 행정안전부령이 정하는 바에 따라 승계한 날부터 30일 이내에 시·도지사에게 그 사실을 신고

15 위험물 제조소 등의 관계인은 제조소 등의 용도를 폐지한 때에는 제조소등의 용도를 폐지한 날부터 며칠 이내에 시·도지사에게 신고하여야 하는가?
① 7일
② 10일
③ 14일
④ 30일

해설 제조소등의 관계인은 당해 제조소등의 용도를 폐지(장래에 대하여 위험물시설로서의 기능을 완전히 상실시키는 것을 말한다)한 때에는 행정안전부령이 정하는 바에 따라 제조소등의 용도를 폐지한 날부터 14일 이내에 시·도지사에게 신고하여야 한다.

정답 12. ② 13. ② 14. ④ 15. ③

16 제조소 등의 사용정지 처분에 갈음하여 부과하는 과징금으로 옳은 것은?
① 1,000만원 이하　　　　　　② 3,000만원 이하
③ 5,000만원 이하　　　　　　④ 2억원 이하

해설　시·도지사는 제조소등에 대한 사용의 정지가 그 이용자에게 심한 불편을 주거나 그 밖에 공익을 해칠 우려가 있는 때에는 사용정지처분에 갈음하여 2억원 이하의 과징금을 부과할 수 있다.

17 위험물안전관리법상 과징금 처분에서 위험물 제조소 등에 대한 사용의 정지가 공익을 해칠 우려가 있을 때, 사용정지처분에 갈음하여 얼마의 과징금을 부과할 수 있는가?
① 5천만원 이하　　　　　　② 1억원 이하
③ 2억원 이하　　　　　　　④ 3억원 이하

해설　과징금
① 위험물안전관리법 : 2억원 이하
② 소방시설공사업법, 화재예방, 소방시설설치유지 및 안전관리에 관한 법률 : 3,000만원 이하

18 위험물시설의 유지·관리의 상황이 기술기준에 부적합하다고 인정하는 때에는 그 기술기준에 적합하도록 제조소등의 위치·구조 및 설비의 수리·개조 또는 이전을 명할 수 있는 사람이 아닌 것은?
① 시·도지사　　　　　　② 소방본부장
③ 소방청장　　　　　　　④ 소방서장

해설　시·도지사, 소방본부장 또는 소방서장은 유지·관리의 상황이 기술기준에 부적합하다고 인정하는 때에는 그 기술기준에 적합하도록 제조소등의 위치·구조 및 설비의 수리·개조 또는 이전을 명할 수 있다.

19 위험물안전관리자를 선임한 제조소 등의 관계인은 그 안전관리자를 해임하거나 안전관리자가 퇴직한 때에는 해임하거나 퇴직한 날부터 며칠 이내에 다시 안전관리자를 선임하여야 하는가?
① 10일　　　　　　② 14일
③ 20일　　　　　　④ 30일

해설　안전관리자를 선임한 제조소등의 관계인은 그 안전관리자를 해임하거나 안전관리자가 퇴직한 때에는 해임하거나 퇴직한 날부터 30일 이내에 다시 안전관리자를 선임하여야 한다.

정답　16. ④　17. ③　18. ③　19. ④

20 제조소 등의 관계인은 안전관리자를 선임한 경우에는 선임한 날부터 며칠 이내에 행정안전부령으로 정하는 바에 따라 소방본부장 또는 소방서장에게 신고하여야 하는가?

① 10일　　② 14일　　③ 20일　　④ 30일

해설 제조소 등의 관계인은 안전관리자를 선임한 경우에는 선임한 날부터 14일 이내에 행정안전부령으로 정하는 바에 따라 소방본부장 또는 소방서장에게 신고하여야 한다.

21 안전관리자를 선임한 제조소등의 관계인은 안전관리자가 여행·질병 그 밖의 사유로 인하여 일시적으로 직무를 수행할 수 없거나 안전관리자의 해임 또는 퇴직과 동시에 다른 안전관리자를 선임하지 못하는 경우에는 국가기술자격법에 따른 위험물의 취급에 관한 자격취득자 또는 위험물안전에 관한 기본지식과 경험이 있는 자로서 행정안전부령이 정하는 자를 대리자(代理者)로 지정하여 그 직무를 대행하게 하여야 한다. 이 경우 대리자가 안전관리자의 직무를 대행하는 기간은 최대 며칠인가?

① 10일　　② 14일　　③ 20일　　④ 30일

해설 안전관리자를 선임한 제조소등의 관계인은 안전관리자가 여행·질병 그 밖의 사유로 인하여 일시적으로 직무를 수행할 수 없거나 안전관리자의 해임 또는 퇴직과 동시에 다른 안전관리자를 선임하지 못하는 경우에는 국가기술자격법에 따른 위험물의 취급에 관한 자격취득자 또는 위험물안전에 관한 기본지식과 경험이 있는 자로서 행정안전부령이 정하는 자를 대리자(代理者)로 지정하여 그 직무를 대행하게 하여야 한다. 이 경우 대리자가 안전관리자의 직무를 대행하는 기간은 30일을 초과할 수 없다.

22 다음 중 위험물탱크 안전성능시험자로 등록하기 위하여 갖추어야 할 사항에 포함되지 않는 것은?

① 시설　　② 장비
③ 자본금　　④ 기술능력

해설 탱크시험자가 되고자 하는 자는 대통령령이 정하는 기술능력·시설 및 장비를 갖추어 시·도지사에게 등록하여야 한다.

23 탱크시험자가 등록한 사항 가운데 행정안전부령이 정하는 중요사항을 변경한 경우에는 그 날부터 며칠 이내에 시·도지사에게 변경신고를 하여야 하는가?

① 10일　　② 14일
③ 20일　　④ 30일

해설 탱크시험자가 등록한 사항 가운데 행정안전부령이 정하는 중요사항을 변경한 경우에는 그 날부터 30일 이내에 시·도지사에게 변경신고를 하여야 한다.

정답 20. ②　21. ④　22. ③　23. ④

24 탱크시험자의 등록 취소 사유가 아닌 것은?

① 허위 그 밖의 부정한 방법으로 등록을 한 경우
② 등록의 결격사유에 해당하게 된 경우
③ 등록증을 다른 자에게 빌려준 경우
④ 탱크안전성능시험 또는 점검을 허위로 하거나 이 법에 의한 기준에 맞지 아니하게 탱크안전성능시험 또는 점검을 실시하는 경우 등 탱크시험자로서 적합하지 아니하다고 인정하는 경우

해설 등록취소와 업무정지

등록취소	1. 허위 그 밖의 부정한 방법으로 등록을 한 경우 2. 등록의 결격사유에 해당하게 된 경우 3. 등록증을 다른 자에게 빌려준 경우
6월 이내 업무정지	1. 제2항의 규정에 따른 등록기준에 미달하게 된 경우 2. 탱크안전성능시험 또는 점검을 허위로 하거나 이 법에 의한 기준에 맞지 아니하게 탱크안전성능시험 또는 점검을 실시하는 경우 등 탱크시험자로서 적합하지 아니하다고 인정하는 경우

25 위험물의 저장 또는 취급에 따른 화재의 예방 또는 진압대책을 위하여 필요한 때에는 위험물을 저장 또는 취급하고 있다고 인정되는 장소의 관계인에 대하여 필요한 보고 또는 자료제출을 명할 수 없는 사람은?

① 시·도지사　　　　　　　　② 소방서장
③ 행정안전부장관　　　　　　④ 소방본부장

해설 시·도지사, 소방본부장 또는 소방서장은 위험물의 저장 또는 취급에 따른 화재의 예방 또는 진압대책을 위하여 필요한 때에는 위험물을 저장 또는 취급하고 있다고 인정되는 장소의 관계인에 대하여 필요한 보고 또는 자료제출을 명할 수 있다.

26 위험물에 의한 재해를 방지하기 위하여 허가를 받지 아니하고 지정수량 이상의 위험물을 저장 또는 취급하는 자에 대하여 그 위험물 및 시설의 제거 등 필요한 조치를 명할 수 있는 사람에 해당하지 않은 것은?

① 시·도지사　　　　　　　　② 소방본부장
③ 소방청장　　　　　　　　　④ 소방서장

해설 시·도지사, 소방본부장 또는 소방서장은 위험물에 의한 재해를 방지하기 위하여 허가를 받지 아니하고 지정수량 이상의 위험물을 저장 또는 취급하는 자에 대하여 그 위험물 및 시설의 제거 등 필요한 조치를 명할 수 있다.

정답 24. ④　25. ③　26. ③

27 탱크시험자의 등록취소 처분을 하고자 하는 경우에 청문을 실시할 수 없는 사람은?

① 시·도지사
② 소방서장
③ 소방청장
④ 소방본부장

해설 시·도지사, 소방본부장 또는 소방서장은 다음 각 호의 1에 해당하는 처분을 하고자 하는 경우에는 청문을 실시하여야 한다.
1. 제12조의 규정에 따른 제조소등 설치허가의 취소
2. 제16조제5항의 규정에 따른 탱크시험자의 등록취소

28 제조소 등에서 위험물을 유출·방출 또는 확산시켜 사람의 생명·신체 또는 재산에 대하여 위험을 발생시킨 사람에 대한 벌칙은?

① 1년 이상 10년 이하의 징역
② 무기 또는 3년 이상의 징역
③ 무기 또는 5년 이상의 징역
④ 3년 이상 10년 이하의 징역

해설 벌칙
① 제조소등에서 위험물을 유출·방출 또는 확산시켜 사람의 생명·신체 또는 재산에 대하여 위험을 발생시킨 자는 1년 이상 10년 이하의 징역에 처한다.
② 제①항의 규정에 따른 죄를 범하여 사람을 상해(傷害)에 이르게 한 때에는 무기 또는 3년 이상의 징역에 처하며, 사망에 이르게 한 때에는 무기 또는 5년이상의 징역에 처한다.

29 업무상 과실로 제조소등에서 위험물을 유출·방출 또는 확산시켜 사람의 생명·신체 또는 재산에 대하여 위험을 발생시킨 자에 대한 벌칙은?

① 7년 이하의 금고 또는 7천만원 이하의 벌금
② 무기 또는 3년 이상의 징역 또는 5천만원 이하의 벌금
③ 무기 또는 5년 이상의 징역
④ 3년 이상 10년 이하의 징역

해설 벌칙
① 업무상 과실로 제조소등에서 위험물을 유출·방출 또는 확산시켜 사람의 생명·신체 또는 재산에 대하여 위험을 발생시킨 자는 7년 이하의 금고 또는 7천만원 이하의 벌금에 처한다.
② 제①항의 죄를 범하여 사람을 사상(死傷)에 이르게 한 자는 10년 이하의 징역 또는 금고나 1억원 이하의 벌금에 처한다.

정답 27. ③ 28. ① 29. ①

30 제조소등의 설치허가를 받지 아니하고 제조소등을 설치한 자에 대한 벌칙은?
① 7년 이하의 금고 또는 7천만원 이하의 벌금
② 5년 이하의 징역 또는 1억원 이하의 벌금
③ 3년 이하의 징역 또는 3천만원 이하의 벌금
④ 1년 이하의 징역 또는 1천만원 이하의 벌금

해설 5년 이하의 징역 또는 1억원 이하의 벌금
제조소등의 설치허가를 받지 아니하고 제조소등을 설치한 자

31 위험물의 저장 또는 취급에 관한 중요기준에 따르지 아니한 자에 대한 벌칙은?
① 1천만원 이하의 벌금   ② 1천500만원 이하의 벌금
③ 300만원 이하의 벌금   ④ 200만원 이하의 벌금

해설 위험물의 저장 또는 취급에 관한 중요기준에 따르지 아니한 자 : 1천500만원 이하의 벌금

32 위험물안전관리법령상 소방청장이 한국소방안전원에 위탁한 교육에 해당하지 않는 것은?
① 안전관리자로 선임된 자에 대한 안전교육
② 탱크시험자의 기술인력으로 종사하는 자에 대한 안전교육
③ 위험물운송자로 종사하는 자에 대한 안전교육
④ 소방청장이 실시하는 안전관리자교육을 이수한 자를 위한 안전교육

해설 탱크시험자의 기술인력으로 종사하는 자에 대한 안전교육 : 한국소방안전원에 위탁하는 업무

33 위험물안전관리법에 관한 설명으로 옳은 것은?
① 위험물이라는 함은 인화성 또는 발화성 등의 성질을 가지는 것으로 행정안전부령으로 정하는 물품을 말한다.
② 지정수량이라 함은 위험물의 종류별로 위험성을 고려하여 행정안전부령으로 정하는 수량을 말한다.
③ 지정수량 미만인 위험물의 저장 또는 취급에 관한 기술상의 기준은 안전행정부령으로 정한다.
④ 위험물안전관리법은 철도 및 궤도에 의한 위험물의 저장·취급 및 운반에 있어서는 이를 적용하지 아니한다.

해설 보기설명
① 위험물이라는 함은 인화성 또는 발화성 등의 성질을 가지는 것으로 대통령령으로 정하는 물품
② 지정수량이라 함은 위험물의 종류별로 위험성을 고려하여 대통령령으로 정하는 수량
③ 지정수량 미만인 위험물의 저장 또는 취급에 관한 기술상의 기준은 시·도의 조례로 정한다.

정답 30. ② 31. ② 32. ② 33. ④

34
다음은 위험물안전관리법상 위험물시설의 설치 및 변경에 관한 내용이다. ( )안에 들어갈 내용으로 옳은 것은?

> 제조소등의 위치·구조 또는 설비의 변경 없이 당해 제조소등에서 저장하거나 취급하는 위험물의 품명·수량 또는 지정수량의 배수를 변경하고자 하는 자는 변경하고자 하는 날의 ( )일 전까지 행정안전부령이 정하는 바에 따라 시·도지사에게 신고하여야 한다.

① 1 ② 5 ③ 7 ④ 10

해설 제조소등의 위치·구조 또는 설비의 변경없이 당해 제조소등에서 저장하거나 취급하는 위험물의 품명·수량 또는 지정수량의 배수를 변경하고자 하는 자는 변경하고자 하는 날의 **1일** 전까지 행정안전부령이 정하는 바에 따라 시·도지사에게 신고하여야 한다.

35
제1류 위험물의 품명과 지정수량의 연결이 옳지 않은 것은?

① 염소산염류–50킬로그램
② 무기과산화물–50킬로그램
③ 질산염류–50킬로그램
④ 과망간산염류–1,000킬로그램

해설 질산염류–300킬로그램

36
제2류 위험물의 품명과 지정수량의 연결이 옳지 않은 것은?

① 황화린–100킬로그램
② 유황–100킬로그램
③ 금속분–100킬로그램
④ 마그네슘–500킬로그램

해설 금속분–500킬로그램

37
제3류 위험물의 품명과 지정수량의 연결이 옳지 않은 것은?

① 칼륨–10킬로그램
② 알킬알루미늄–10킬로그램
③ 황린–20킬로그램
④ 금속의 수소화물–100킬로그램

해설 금속의 수소화물–300킬로그램

38
제4류 위험물의 품명과 지정수량의 연결이 옳지 않은 것은?

① 특수인화물–200리터
② 제1석유류(수용성)–400리터
③ 알코올류–400리터
④ 제2석유류(비수용성)–1,000리터

해설 특수인화물–50리터

39 다음 제5류 위험물 중에서 지정수량이 가장 작은 것은?

① 유기과산화물　　　　　② 니트로화합물
③ 히드록실아민　　　　　④ 아조화합물

[해설] 보기설명
① 유기과산화물-10킬로그램　　② 니트로화합물-200킬로그램
③ 히드록실아민-100킬로그램　　④ 아조화합물-200킬로그램

40 다음 중 제6류 위험물에 해당하지 않는 것은?

① 과염소산　　　　　　　② 과산화수소
③ 무기과산화물　　　　　④ 질산

[해설] 무기과산화물은 제1류 위험물이다.

제6류	산화성액체	1. 과염소산	300킬로그램
		2. 과산화수소	300킬로그램
		3. 질산	300킬로그램

41 위험물안전관리법령에서 정하는 위험물질에 대한 설명으로 옳은 것은?

① 철분이라 함은 철의 분말로서 53[μm]의 표준체를 통과하는 것이 60중량퍼센트 미만인 것은 제외한다.
② 인화성고체라 함은 고형알코올 그 밖에 1기압에서 인화점이 21℃ 미만인 고체를 말한다.
③ 유황은 순도가 60중량퍼센트 이상인 것을 말한다.
④ 과산화수소는 그 농도가 36중량퍼센트 이하인 것에 한한다.

[해설] 보기설명
① 철분 : 철의 분말로서 53마이크로미터의 표준체를 통과하는 것이 50중량퍼센트 미만인것은 제외
② 인화성고체 : 고형알코올 그 밖에 1기압에서 인화점이 섭씨 40도 미만인 고체
③ 과산화수소 : 농도가 36중량퍼센트 이상인 것

42 위험물안전관리법령상 산화성고체에 해당하는 것은?

① 유기과산화물　　　　　② 질산에스테르류
③ 중크롬산염류　　　　　④ 히드록실아민염류

[해설] 보기설명
① 유기과산화물 : 자기반응성 물질(제5류 위험물)
② 질산에스테르류 : 자기반응성 물질(제5류 위험물)
③ 중크롬산염류 : 산화성고체(제1류 위험물)
④ 히드록실아민염류 : 자기반응성 물질(제5류 위험물)

정답 39. ①　40. ③　41. ③　42. ③

43 판매취급소란 위험물을 용기에 담아 판매하기 위하여 지정수량의 몇 배 이하의 위험물을 취급하는 장소를 말하는가?

① 10배 이하
② 20배 이하
③ 30배 이하
④ 40배 이하

해설 판매취급소 : 점포에서 위험물을 용기에 담아 판매하기 위하여 지정수량의 40배 이하의 위험물을 취급하는 장소

44 탱크안전성능검사를 받아야 하는 옥외탱크저장소의 액체위험물탱크 중 그 용량이 얼마 이상이면 기초·지반검사를 받아야 하는가?

① 100만 리터 이상
② 200만 리터 이상
③ 300만 리터 이상
④ 400만 리터 이상

해설 기초·지반검사 : 옥외탱크저장소의 액체위험물탱크 중 그 용량이 100만리터 이상인 탱크

45 탱크안전성능검사를 받아야 하는 위험물탱크 중 충수·수압검사를 실시하여야 하는 것은?

① 액체위험물을 저장 또는 취급하는 탱크
② 제조소 또는 일반취급소에 설치된 탱크로서 용량이 지정수량 미만인 것
③ 특정설비에 관한 검사에 합격한 탱크
④ 성능검사에 합격한 탱크

해설 충수(充水)·수압검사 : 액체위험물을 저장 또는 취급하는 탱크. 다만, 다음 각목의 1에 해당하는 탱크를 제외한다.
1. 제조소 또는 일반취급소에 설치된 탱크로서 용량이 지정수량 미만인 것
2. 특정설비에 관한 검사에 합격한 탱크
3. 성능검사에 합격한 탱크

46 관계인이 예방규정을 정하여야 하는 옥외저장소는 지정수량의 몇 배 이상의 위험물을 저장하는 것을 말하는가?

① 10배　② 100배　③ 150배　④ 200배

해설 관계인이 예방규정을 정하여야 하는 제조소 등
1. 지정수량의 10배 이상의 위험물을 취급하는 제조소
2. 지정수량의 100배 이상의 위험물을 저장하는 옥외저장소
3. 지정수량의 150배 이상의 위험물을 저장하는 옥내저장소
4. 지정수량의 200배 이상의 위험물을 저장하는 옥외탱크저장소
5. 암반탱크저장소

정답 43. ④　44. ①　45. ①　46. ②

6. 이송취급소
　　7. 지정수량의 10배 이상의 위험물을 취급하는 일반취급소

47 지정수량의 몇 배 이상의 위험물을 취급하는 제조소에는 화재예방을 위한 예방규정을 정하여야 한다. 지정수량으로 옳은 것은?

① 10배　　② 100배　　③ 150배　　④ 200배

해설　관계인이 예방규정을 정하여야 하는 제조소 등
　　1. 지정수량의 10배 이상의 위험물을 취급하는 제조소
　　2. 지정수량의 100배 이상의 위험물을 저장하는 옥외저장소
　　3. 지정수량의 150배 이상의 위험물을 저장하는 옥내저장소
　　4. 지정수량의 200배 이상의 위험물을 저장하는 옥외탱크저장소
　　5. 암반탱크저장소
　　6. 이송취급소
　　7. 지정수량의 10배 이상의 위험물을 취급하는 일반취급소

48 관계인이 예방규정을 정하여야 하는 제조소등의 기준으로 올바른 것은?
① 지정수량의 20배 이상의 위험물을 취급하는 제조소
② 지정수량의 150배 이상의 위험물을 저장하는 옥내저장소
③ 지정수량의 200배 이상의 위험물을 저장하는 옥외저장소
④ 지정수량의 250배 이상의 위험물을 저장하는 옥외탱크저장소

해설　관계인이 예방규정을 정하여야 하는 제조소 등
　　1. 지정수량의 10배 이상의 위험물을 취급하는 제조소
　　2. 지정수량의 100배 이상의 위험물을 저장하는 옥외저장소
　　3. 지정수량의 150배 이상의 위험물을 저장하는 옥내저장소
　　4. 지정수량의 200배 이상의 위험물을 저장하는 옥외탱크저장소
　　5. 암반탱크저장소
　　6. 이송취급소
　　7. 지정수량의 10배 이상의 위험물을 취급하는 일반취급소

49 정기점검의 대상인 제조소 등에 관한 기준으로 옳지 않은 것은?
① 지정수량의 10배 이상의 위험물을 취급하는 일반취급소
② 액체위험물을 저장 또는 취급하는 200만 리터 이상의 옥외탱크저장소
③ 지하탱크저장소
④ 위험물을 취급하는 탱크로서 지하에 매설된 탱크가 있는 제조소·주유취급소 또는 일반취급소

정답　47. ①　48. ②　49. ②

해설 옥외탱크저장소는 특례기준에 의거하여 액체위험물을 저장 또는 취급하는 100만리터 이상이 정기점검의 대상이 된다.

50 위험물 안전관리법령에서 정하는 자체소방대에 관한 원칙적인 사항으로 옳지 않은 것은?
① 대상이 되는 관계인은 대통령령의 규정에 의하여 화학소방자동차 및 자체 소방대원을 두어야 한다.
② 저장·취급하는 양이 지정수량의 3만배 이상의 위험물에 한한다.
③ 제4류 위험물을 취급하는 제조소 또는 일반취급소에 대하여 적용한다.
④ 자체소방대를 두지 아니한 허가 받은 관계인에 대한 벌칙은 1년 이하의 징역 또는 1천만원 이하의 벌금이다.

해설 자체소방대를 설치하여야 하는 사업소
1. 제4류 위험물을 취급하는 제조소 또는 일반취급소: 제조소 또는 일반취급소에서 취급하는 제4류 위험물의 최대수량의 합이 **지정수량의 3천배 이상**
2. 제4류 위험물을 저장하는 옥외탱크저장소: 옥외탱크저장소에 저장하는 제4류 위험물의 최대수량이 지정수량의 50만배 이상

51 다량의 위험물을 저장·취급하는 제조소 등으로서 대통령령이 정하는 제조소등이 있는 동일한 사업소에서 대통령령이 정하는 수량 이상의 위험물을 저장 또는 취급하는 경우 당해 사업소의 관계인은 대통령령이 정하는 바에 따라 당해 사업소에 자체소방대를 설치하여야 한다. 여기서 "대통령령이 정하는 수량"이라 함은 지정수량의 몇 배를 말하는가?
① 1,000배 ② 2,000배
③ 3,000배 ④ 5,000배

해설 제조소 또는 일반취급소에서 취급하는 제4류 위험물의 최대수량의 합이 지정수량의 3천배 이상은 자체소방대를 설치해야 한다.

52 위험물안전관리법령에 의하여 자체소방대를 두는 제조소로서 제4류 위험물의 최대수량의 합이 지정수량 12만배 이상 24만배 미만인 경우 보유하여야 할 화학소방자동차와 자체 소방대원의 기준으로 옳은 것은?
① 2대, 10인 ② 3대, 10인
③ 3대, 15인 ④ 4대, 20인

정답 50. ② 51. ③ 52. ①

해설 자체소방대에 두는 화학소방자동차 및 인원

자체소방대에 두는 화학소방자동차 및 인원		
사업소의 구분	화학소방 자동차	자체소방 대원의 수
제조소 또는 일반취급소에서 취급하는 제4류 위험물의 최대수량의 합이 지정수량의 12만배 이상 24만배 미만인 사업소	2대	10인

53 위험물안전관리법에 의하여 자체소방대를 두는 제조소로서 제4류 위험물의 최대수량의 합이 지정수량 24만배 이상 48만배 미만인 경우 보유하여야 할 화학소방자동차와 자체소방대원의 기준으로 옳은 것은?

① 2대, 10인
② 3대, 10인
③ 3대, 15인
④ 4대, 20인

해설 자체소방대에 두는 화학소방자동차 및 인원

자체소방대에 두는 화학소방자동차 및 인원		
사업소의 구분	화학소방 자동차	자체소방 대원의 수
제조소 또는 일반취급소에서 취급하는 제4류 위험물의 최대수량의 합이 지정수량의 24만배 이상 48만배 미만인 사업소	3대	15인

54 위험물 운송책임자의 감독 및 지원을 받아 운송하여야 하는 위험물로 옳은 것은?

① 아세트알데히드
② 알킬알루미늄
③ 히드록실아민
④ 산화프로필렌

해설 위험물 운송책임자의 감독·지원을 받아 운송하여야 하는 위험물
① 알킬알루미늄
② 알킬리튬

55 안전교육대상자에 해당하지 않는 사람은?

① 안전관리자로 선임된 자
② 위험물탱크 시공자
③ 위험물운송자로 종사하는 자
④ 탱크시험자의 기술인력으로 종사하는 자

정답 53. ③ 54. ② 55. ②

해설 안전교육대상자
  1. 안전관리자로 선임된 자
  2. 탱크시험자의 기술인력으로 종사하는 자
  3. 위험물운송자로 종사하는 자

56 위험물안전관리법령상 동일구내에 있거나 상호 100미터 이내의 거리에 있는 다수의 저장소로서 동일인이 설치한 경우 1인의 안전관리자를 중복하여 선임할 수 없는 것은?

① 10개의 옥내저장소
② 30개의 옥외저장소
③ 10개의 암반탱크저장소
④ 30개의 옥외탱크저장소

해설 보기설명
① 10개 이하의 옥내저장소
② 10개 이하의 옥외저장소
③ 10개 이하의 암반탱크저장소
④ 30개 이하의 옥외탱크저장소

57 위험물안전관리법령상 정기점검의 대상인 제조소등에 해당하지 않는 것은?

① 지하탱크저장소
② 이동탱크저장소
③ 간이탱크저장소
④ 암반탱크저장소

해설 정기점검의 대상인 제조소등
① **지하탱크저장소**
② **이동탱크저장소**
③ 위험물을 취급하는 탱크로서 지하에 매설된 탱크가 있는 제조소·주유취급소 또는 일반취급소
④ 관계인이 예방규정을 정하여야 하는 제조소등(제조소, 옥외저장소, 옥내저장소, 옥외탱크저장소, **암반탱크저장소**, 이송취급소 등)

58 위험물안전관리법령상 관계인이 예방규정을 정하야야 하는 제조소등이 아닌 것은?

① 지정수량의 100배의 위험물을 저장하는 옥외저장소
② 지정수량의 10배의 위험물을 취급하는 제조소
③ 지정수량의 100배의 위험물을 저장하는 옥외탱크저장소
④ 지정수량의 150배의 위험물을 저장하는 옥내저장소

해설 (관계인이 예방규정을 정하여야 하는 제조소등)
  1. 지정수량의 10배 이상의 위험물을 취급하는 제조소
  2. 지정수량의 100배 이상의 위험물을 저장하는 옥외저장소
  3. 지정수량의 150배 이상의 위험물을 저장하는 옥내저장소
  4. 지정수량의 200배 이상의 위험물을 저장하는 옥외탱크저장소

정답 56. ② 57. ③ 58. ③

5. 암반탱크저장소
6. 이송취급소
7. 지정수량의 10배 이상의 위험물을 취급하는 일반취급소

59 위험물안전관리법령상 위험물의 안전관리와 관련된 업무를 수행하는 자로서 안전교육대상자로 명시된 자를 모두 고른 것은?

| ㉠ 안전관리자로 선임된 자 | ㉡ 탱크시험자의 기술인력으로 종사하는 자 |
| ㉢ 위험물운송자로 종사하는 자 | ㉣ 제조소등을 시공한 자 |

① ㉠
② ㉠, ㉡
③ ㉠, ㉡, ㉢
④ ㉠, ㉡, ㉢, ㉣

해설 안전관리자·탱크시험자·위험물운송자 등 위험물의 안전관리와 관련된 업무를 수행하는 자로서 대통령령이 정하는 자는 해당 업무에 관한 능력의 습득 또는 향상을 위하여 소방청장이 실시하는 교육을 받아야 한다.

60 위험물안전관리법령상 제조소에서 취급하는 제4류 위험물의 최대수량의 합이 지정수량의 12만배 이상 24만배 미만인 사업소의 경우 자체소방대에 두는 화학소방자동차 대수와 자체소방대원 수로 옳은 것은?(단, 다른 사업소등과 상호응원협정은 없음)

① 1대 - 5인
② 2대 - 10인
③ 3대 - 15인
④ 4대 - 20인

해설 자체소방대에 두는 화학소방자동차 및 인원

사업소의 구분	화학소방자동차	자체소방대원의 수
1. 제조소 또는 일반취급소에서 취급하는 제4류 위험물의 최대수량의 합이 지정수량의 3천배 이상 12만배 미만인 사업소	1대	5인
2. 제조소 또는 일반취급소에서 취급하는 제4류 위험물의 최대수량의 합이 지정수량의 12만배 이상 24만배 미만인 사업소	2대	10인
3. 제조소 또는 일반취급소에서 취급하는 제4류 위험물의 최대수량의 합이 지정수량의 24만배 이상 48만배 미만인 사업소	3대	15인
4. 제조소 또는 일반취급소에서 취급하는 제4류 위험물의 최대수량의 합이 지정수량의 48만배 이상인 사업소	4대	20인
5. 옥외탱크저장소에 저장하는 제4류 위험물의 최대수량이 지정수량의 50만배 이상인 사업소	2대	10인

정답 59. ③ 60. ②

61 위험물안전관리법 시행규칙에서 규정한 도로에 해당되지 않는 것은?

① 도로법에 의한 도로
② 항만법에 의한 항만시설 중 임항교통시설에 해당하는 도로
③ 사도법에 의한 사도
④ 일반교통에 이용되는 너비 1m 이상의 도로로서 자동차의 통행이 가능한 것

해설 일반교통에 이용되는 너비 2m 이상의 도로로서 자동차의 통행이 가능한 것

62 염소화규소화합물은 제 몇 류 위험물인가?

① 제1류
② 제3류
③ 제5류
④ 제6류

해설 위험물 품명의 지정

제1류	제3류	제5류	제6류
1. 과아이오딘산염류 2. 과아이오딘산 3. 크로뮴, 납 또는 아이오딘의 산화물 4. 아질산염류 5. 차아염소산염류 6. 염소화아이소사이아누르산 7. 퍼옥소이황산염류 8. 퍼옥소붕산염류	염소화규소화합물	1. 금속의 아지화합물 2. 질산구아니딘	할로젠간화합물

63 위험물을 저장 또는 취급하는 탱크의 용량을 산정하는 경우 옳은 것은?

① 탱크의 용량 = 탱크의 내용적 + 탱크의 공간용적
② 탱크의 용량 = 탱크의 내용적 − 탱크의 공간용적
③ 탱크의 용량 = 탱크의 내용적 ÷ 탱크의 공간용적
④ 탱크의 용량 = 탱크의 내용적 × 탱크의 공간용적

해설 위험물 탱크의 용량
① 위험물을 저장 또는 취급하는 탱크의 용량 = 당해 탱크의 내용적 − 공간용적
② 차량에 고정된 탱크(이동저장탱크)의 용량 = 최대적재량 이하

정답 61. ④ 62. ② 63. ②

64 아래 탱크의 내용적을 구하는 식으로 옳은 것은?

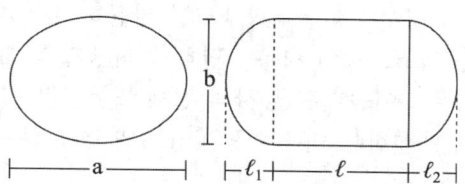

① $\dfrac{\pi ab}{4}\left(\ell + \dfrac{\ell_1 + \ell_2}{3}\right)$ ② $\dfrac{\pi ab}{4}\left(\ell + \dfrac{\ell_1 - \ell_2}{3}\right)$

③ $\pi r^2 \left(\ell + \dfrac{\ell_1 + \ell_2}{3}\right)$ ④ $\pi r^2 \ell$

해설 타원형 탱크의 내용적 계산
① 양쪽이 볼록한 것

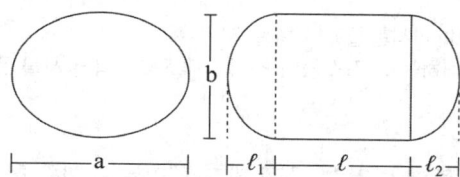

내용적 = $\dfrac{\pi ab}{4}\left(\ell + \dfrac{\ell_1 + \ell_2}{3}\right)$

② 한쪽은 볼록하고 다른 한쪽은 오목한 것

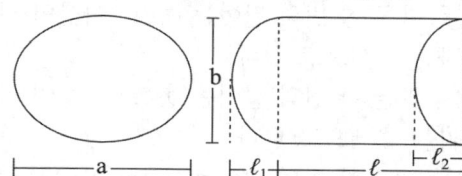

내용적 = $\dfrac{\pi ab}{4}\left(\ell + \dfrac{\ell_1 - \ell_2}{3}\right)$

65 제4류 위험물 제조소의 경우 사용전압이 22kV인 특고압 가공전선이 지나갈 때 제조소의 외벽과 가공전선 사이의 수평거리(안전거리)는 몇 [m] 이상 이어야 하는가?

① 2m   ② 3m   ③ 5m   ④ 10m

해설 사용전압에 따른 안전거리
① 사용전압이 7,000V 초과 35,000V 이하의 특고압가공전선 : 3m 이상
② 사용전압이 35,000V를 초과하는 특고압가공전선 : 5m 이상

정답 64. ① 65. ②

66 제조소 등의 완공검사 신청시기로 옳지 않은 것은?

① 이동탱크저장소의 경우 : 이동저장탱크를 완공하고 상치장소를 확보한 후
② 지하탱크가 있는 제조소등의 경우 : 당해 지하탱크를 매설한 후
③ 이송취급소의 경우 : 이송배관 공사의 전체 또는 일부를 완료한 후
④ 지하·하천 등에 매설하는 이송배관의 공사의 경우에는 이송배관을 매설하기 전

해설 완공검사의 신청시기
1. 지하탱크가 있는 제조소등의 경우 : 당해 지하탱크를 매설하기 전
2. 이동탱크저장소의 경우 : 이동저장탱크를 완공하고 상치장소를 확보한 후
3. 이송취급소의 경우 : 이송배관 공사의 전체 또는 일부를 완료한 후. 다만, 지하·하천 등에 매설하는 이송배관의 공사의 경우에는 이송배관을 매설하기 전
4. 전체 공사가 완료된 후에는 완공검사를 실시하기 곤란한 경우 : 다음 각목에서 정하는 시기
   가. 위험물설비 또는 배관의 설치가 완료되어 기밀시험 또는 내압시험을 실시하는 시기
   나. 배관을 지하에 설치하는 경우에는 시·도지사, 소방서장 또는 기술원이 지정하는 부분을 매몰하기 직전
   다. 기술원이 지정하는 부분의 비파괴시험을 실시하는 시기
5. 제1호 내지 제4호에 해당하지 아니하는 제조소등의 경우 : 제조소등의 공사를 완료한 후

67 위험물 제조소에는 보기 쉬운 곳에 기준에 따라 "위험물제조소"라는 표시를 한 표지를 설치하여야 하는데 다음 중 표지의 기준으로 적합한 것은?

① 표지의 한 변의 길이는 0.3m 이상, 다른 한 변의 길이는 0.6m 이상인 직사각형으로 하되 표지의 바탕은 백색으로 문자는 흑색으로 한다.
② 표지의 한 변의 길이는 0.2m 이상, 다른 한 변의 길이는 0.4m 이상인 직사각형으로 하되 표지의 바탕은 백색으로 문자는 흑색으로 한다.
③ 표지의 한 변의 길이는 0.2m 이상, 다른 한 변의 길이는 0.4m 이상인 직사각형으로 하되 표지의 바탕은 흑색으로 문자는 백색으로 한다.
④ 표지의 한 변의 길이는 0.3m 이상, 다른 한 변의 길이는 0.6m 이상인 직사각형으로 하되 표지의 바탕은 흑색으로 문자는 백색으로 한다.

해설 위험물 제조소 표지판
① 표지는 한 변의 길이가 0.3m 이상, 다른 한 변의 길이가 0.6m 이상인 직사각형으로 할 것
② 표지의 바탕은 백색으로, 문자는 흑색으로 할 것

정답 66. ② 67. ①

68 위험물 제조소의 게시판 기재사항으로 옳지 않은 것은?

① 위험물의 유별·품명
② 저장최대수량 또는 취급최대수량, 지정수량의 배수
③ 위험물의 위험등급
④ 안전관리자의 성명 또는 직명

해설 게시판 기재사항
① 위험물의 유별·품명
② 저장최대수량 또는 취급최대수량, 지정수량의 배수
③ 안전관리자의 성명 또는 직명

69 위험물안전관리법령상 제조소의 위치·구조 및 설비의 기준에 따르면 가연성 증기가 체류할 우려가 있는 건축물은 배출장소의 용적이 500 m³일 때 시간당 배출능력(국소방식)을 얼마 이상인 것으로 하여야 하는가?

① 5,000 m³
② 10,000 m³
③ 20,000 m³
④ 40,000 m³

해설 배출능력은 1시간당 배출장소 용적의 20배 이상인 것으로 하여야 한다. 다만, 전역방식의 경우에는 바닥면적 1 m² 당 18 m³ 이상으로 할 수 있다.
배출능력 = 500m³ × 20배 = 10,000m³ 이상

70 제4류 위험물을 저장하는 위험물제조소의 주의사항을 표시한 게시판의 내용으로 적합한 것은?

① 화기엄금
② 물기엄금
③ 화기주의
④ 물기주의

해설 위험물제조소의 주의사항

유별	구분	주의사항
제1류 위험물	알칼리금속의 과산화물	화기·충격주의, 물기엄금 및 가연물접촉주의
	그 밖의 것	화기·충격주의 및 가연물접촉주의
제2류 위험물	철분·금속분·마그네슘	화기주의 및 물기엄금
	인화성고체	화기엄금
	그 밖의 것	화기주의
제3류 위험물	자연발화성 물질	화기엄금 및 공기접촉엄금
	금수성 물질	물기엄금
제4류 위험물		화기엄금
제5류 위험물		화기엄금 및 충격주의
제6류 위험물		가연물접촉주의

정답 68. ③ 69. ② 70. ①

71 정전기의 제거방법으로 옳지 않은 것은?

① 접지에 의한 방법
② 공기 중의 상대습도를 70% 이상으로 하는 방법
③ 공기를 이온화하는 방법
④ 도체를 부도체화 하는 방법

해설 정전기 제거방법
1. 접지에 의한 방법
2. 공기 중의 상대습도를 70% 이상으로 하는 방법
3. 공기를 이온화하는 방법

72 피뢰설비는 지정수량의 몇 배 이상의 위험물을 취급하는 제조소에 설치하는가?

① 10배 이상
② 20배 이상
③ 30배 이상
④ 40배 이상

해설 피뢰설비의 설치대상 : 지정수량의 10배 이상의 위험물을 취급하는 제조소

73 피뢰설비를 제외할 수 있는 위험물은?(단, 위험물제조소임)

① 제2류 위험물
② 제3류 위험물
③ 제5류 위험물
④ 제6류 위험물

해설 피뢰설비의 설치제외
① 제6류 위험물을 취급하는 위험물제조소
② 제조소의 주위의 상황에 따라 안전상 지장이 없는 경우

74 옥내저장소의 저장창고 기준에서 저장창고는 지면에서 처마까지의 높이가 몇 m 미만인 단층건물로 하여야 하는가?

① 3m 미만
② 5m 미만
③ 6m 미만
④ 10m 미만

해설 옥내저장소의 저장창고 기준
1. 저장창고는 위험물의 저장을 전용으로 하는 독립된 건축물이어야 한다.
2. 저장창고는 지면에서 처마까지의 높이가 6m 미만인 단층건물로 하고 그 바닥을 지반면보다 높게 하여야 한다.

정답 71. ④ 72. ① 73. ④ 74. ③

75 옥내저장소에서 저장하는 위험물의 최대수량이 지정수량의 200배인 경우 보유공지는?
(단, 내화구조가 아님)
① 2m 이상
② 5m 이상
③ 10m 이상
④ 15m 이상

해설 보유공지 기준

저장 또는 취급하는 위험물의 최대수량	공지의 너비	
	벽·기둥 및 바닥이 내화구조로 된 건축물	그 밖의 건축물
지정수량의 5배 이하		0.5m 이상
지정수량의 5배 초과 10배 이하	1m 이상	1.5m 이상
지정수량의 10배 초과 20배 이하	2m 이상	3m 이상
지정수량의 20배 초과 50배 이하	3m 이상	5m 이상
지정수량의 50배 초과 200배 이하	5m 이상	10m 이상
지정수량의 200배 초과	10m 이상	15m 이상

76 옥외탱크저장소에서 저장 또는 취급하는 위험물의 최대수량이 지정수량의 3,000배인 경우 보유하여야 하는 공지의 너비로 옳은 것은?
① 5m 이상
② 9m 이상
③ 12m 이상
④ 15m 이상

해설 옥외탱크저장소의 보유공지 기준

저장 또는 취급하는 위험물의 최대수량	공지의 너비
지정수량의 500배 이하	3m 이상
지정수량의 500배 초과 1,000배 이하	5m 이상
지정수량의 1,000배 초과 2,000배 이하	9m 이상
지정수량의 2,000배 초과 3,000배 이하	12m 이상
지정수량의 3,000배 초과 4,000배 이하	15m 이상

77 옥외탱크저장소에서 방유제안에 설치된 탱크가 2기 이상인 때에는 그 탱크 중 용량이 최대인 것의 용량의 몇 % 이상의 방유제 용량을 확보하여야 하는가?
① 100% 이상
② 110% 이상
③ 120% 이상
④ 150% 이상

해설 방유제의 용량
① 방유제안에 설치된 탱크가 하나인 때에는 그 탱크 용량의 110% 이상
② 2기 이상인 때에는 그 탱크 중 용량이 최대인 것의 용량의 110% 이상

정답 75. ③ 76. ③ 77. ②

78 옥외탱크저장소에서 방유제의 높이, 두께, 지하 매설깊이가 옳게 나열된 것은?

① 높이 0.5m 이상 3m 이하, 두께 0.1m 이상, 지하 매설깊이 0.5m 이상
② 높이 0.5m 이상 3m 이하, 두께 0.2m 이상, 지하 매설깊이 1.0m 이상
③ 높이 0.5m 이상 3m 이하, 두께 0.3m 이상, 지하 매설깊이 1.5m 이상
④ 높이 0.5m 이상 3m 이하, 두께 0.4m 이상, 지하 매설깊이 2.0m 이상

해설 방유제는 높이 0.5m 이상 3m 이하, 두께 0.2m 이상, 지하 매설깊이 1m 이상

79 옥외탱크저장소에서 방유제 내의 면적은 얼마 이하로 하여야 하는가?

① 5만m² 이하　② 8만m² 이하　③ 10만m² 이하　④ 15만m² 이하

해설 방유제 내의 면적 : 8만m² 이하로 할 것

80 옥외탱크저장소에서 방유제 내에 설치하는 모든 옥외저장탱크의 용량이 얼마 이하이고, 당해 옥외저장탱크에 저장 또는 취급하는 위험물의 인화점이 얼마인 경우에는 20기 이하로 할 수가 있는가?

① 10만L 이하, 21℃ 이상 70℃ 미만
② 20만L 이하, 21℃ 이상 70℃ 미만
③ 10만L 이하, 70℃ 이상 200℃ 미만
④ 20만L 이하, 70℃ 이상 200℃ 미만

해설 방유제 내의 설치하는 옥외저장탱크의 수
① 10기 이하
② 방유제 내에 설치하는 모든 옥외저장탱크의 용량이 20만L 이하이고, 당해 옥외저장탱크에 저장 또는 취급하는 위험물의 인화점이 70℃ 이상 200℃ 미만인 경우에는 20기 이하

81 옥외탱크저장소에서 방유제와 탱크 측판과의 거리는?(단, 탱크의 지름은 15m이고, 탱크의 높이는 12m임)

① 4m 이상　② 5m 이상　③ 6m 이상　④ 7.5m 이상

해설 이격거리
1. 산출기준

탱크의 지름	방유제와 탱크측판과의 거리
15m 미만	탱크 높이의 1/3 이상
15m 이상	탱크 높이의 1/2 이상

2. 탱크의 직경이 15m이므로 탱크 높이의 1/2 이상을 유지하여야 한다.

이격거리 : $12m \times \dfrac{1}{2} = 6m$ 이상

정답 78. ②　79. ②　80. ④　81. ③

82 용량이 얼마 이상인 옥외저장탱크의 주위에 설치하는 방유제에는 당해 탱크마다 간막이 둑을 설치하여야 하는가?

① 100만L 이상
② 500L 이상
③ 1,000만L 이상
④ 2,000만L 이상

해설 간막이 둑
용량이 1,000만L 이상인 옥외저장탱크의 주위에 설치하는 방유제에는 다음의 규정에 따라 당해 탱크마다 간막이 둑을 설치할 것
① 간막이 둑의 높이는 0.3m(방유제내에 설치되는 옥외저장탱크의 용량의 합계가 2억L를 넘는 방유제에 있어서는 1m) 이상으로 하되, 방유제의 높이보다 0.2m 이상 낮게 할 것
② 간막이둑은 흙 또는 철근콘크리트로 할 것
③ 간막이둑의 용량은 간막이 둑 안에 설치된 탱크 용량의 10% 이상일 것

83 간이저장탱크의 두께는 몇 mm 이상의 강판으로 하고 얼마의 압력으로 몇 분간 수압시험을 실시하여 새거나 변형되지 아니하여야 하는가?

① 두께 3.2mm 이상, 70kPa의 압력으로 10분간
② 두께 2.6mm 이상, 70kPa의 압력으로 10분간
③ 두께 2.6mm 이상, 100kPa의 압력으로 10분간
④ 두께 3.2mm 이상, 100kPa의 압력으로 10분간

해설 간이저장탱크는 두께 3.2mm 이상의 강판으로 흠이 없도록 제작하여야 하며, 70kPa의 압력으로 10분간의 수압시험을 실시하여 새거나 변형되지 아니하여야 한다.

84 간이저장탱크의 통기관은 옥외에 설치하되, 그 선단의 높이는 지상 몇 m 이상으로 하여야 하는가?

① 1.0m 이상
② 1.5m 이상
③ 3.0m 이상
④ 4.0m 이상

해설 간이저장탱크 통기관(밸브 없는 통기관)
1. 통기관의 지름은 25mm 이상으로 할 것
2. 통기관은 옥외에 설치하되, 그 선단의 높이는 지상 1.5m 이상으로 할 것
3. 통기관의 선단은 수평면에 대하여 아래로 45°이상 구부려 빗물 등이 침투 하지 아니하도록 할 것

정답 82. ③ 83. ① 84. ②

85 옥외저장소에 저장하는 위험물의 최대수량이 지정수량의 200배인 경우 보유공지의 너비는 얼마 이상이어야 하는가?

① 5m 이상
② 9m 이상
③ 12m 이상
④ 15m 이상

해설 보유공지 기준

저장 또는 취급하는 위험물의 최대수량	공지의 너비
지정수량의 10배 이하	3m 이상
지정수량의 10배 초과 20배 이하	5m 이상
지정수량의 20배 초과 50배 이하	9m 이상
지정수량의 50배 초과 200배 이하	12m 이상
지정수량의 200배 초과	15m 이상

86 제조소의 소화난이도 I 등급이라 함은 연면적 몇 m^2 이상, 지정수량 몇 배 이상을 말하는가?

① 연면적 1,000 m^2 이상, 지정수량 100배 이상
② 연면적 1,000 m^2 이상, 지정수량 150배 이상
③ 연면적 150 m^2 이상, 지정수량 100배 이상
④ 연면적 150 m^2 이상, 지정수량 150배 이상

해설 제조소 및 일반취급소의 소화난이도 등급 I 기준
① 연면적 1,000m^2 이상
② 지정수량 100배 이상
③ 6m이상의 높이에 위험물 취급설비가 있다.

87 옥외탱크저장소에서 소화난이도 I 등급 기준에 해당하지 않는 것은?

① 액표면적 40 m^2 이상
② 탱크 옆판 높이 6 m 이상
③ 지중탱크 또는 해상탱크로 지정수량 150배 이상
④ 고체위험물을 저장하는 것으로서 지정수량의 100배 이상

해설 옥외탱크저장소에서 소화난이도 I 등급 기준
① 액표면적 40 m^2 이상
② 탱크 옆판 높이 6 m 이상
③ 지중탱크 또는 해상탱크로 지정수량 100배 이상
④ 고체위험물을 저장하는 것으로서 지정수량의 100배 이상

정답 85. ③ 86. ① 87. ③

88 일반취급소의 소화난이도 Ⅱ 등급이라 함은 연면적 몇 m² 이상, 지정수량 몇 배 이상을 말하는가?

① 연면적 1,000 m² 이상, 지정수량 100배 이상
② 연면적 1,000 m² 이상, 지정수량 10배 이상
③ 연면적 600 m² 이상, 지정수량 10배 이상
④ 연면적 600 m² 이상, 지정수량 100배 이상

해설 제조소 및 일반취급소의 소화난이도 등급 Ⅰ 기준
① 연면적 600 m² 이상
② 지정수량 10배 이상

89 면적이 600 m²인 제조소에 전기설비를 설치하는 경우 소형수동식소화기의 최소 수량은?

① 3개 ② 4개 ③ 6개 ④ 12개

해설 소형수동식소화기의 수량
1. 산출기준 : 제조소등에 전기설비(전기배선, 조명기구 등은 제외한다)가 설치된 경우에는 당해 장소의 면적 100m²마다 소형수동식소화기를 1개 이상 설치할 것
2. 수량 : 600m²/100m² = 6개

90 면적이 1,000 m²인 제조소의 외벽이 내화구조인 경우 소요단위는?

① 5단위 ② 10단위 ③ 15단위 ④ 20단위

해설 소요단위의 산출
1. 산출기준 : 제조소 또는 취급소의 건축물
① 외벽이 내화구조인 것 : 연면적 100m²를 1소요단위
② 외벽이 내화구조가 아닌 것 : 연면적 50m²를 1소요단위
2. 소요단위 : 1,000m²/100m² = 10단위

91 면적이 1,500 m²인 저장소의 외벽이 내화구조인 경우 소요단위는?

① 5단위 ② 10단위 ③ 15단위 ④ 20단위

해설 소요단위의 산출
1. 산출기준 : 저장소의 건축물
① 외벽이 내화구조인 것 : 연면적 150m²를 1소요단위
② 외벽이 내화구조가 아닌 것 : 연면적 75m²를 1소요단위
2. 소요단위 : 1,500m²/150m² = 10단위

정답 88. ③ 89. ③ 90. ② 91. ②

92 지정수량이 1,000배인 위험물의 소요단위를 산출하면?

① 10단위 ② 20단위 ③ 50단위 ④ 100단위

해설 소요단위의 산출
1. 산출기준 : 지정수량의 10배를 1소요단위
2. 소요단위 : 1,000배/10 = 100단위

93 옥내소화전이 6개 설치된 경우 수원의 양은 얼마 이상이어야 하는가?

① $13m^3$ ② $26m^3$ ③ $36.2m^3$ ④ $39m^3$

해설 수원 산출
1. 산출기준 : 가장 많이 설치된 층의 옥내소화전 설치개수(5개 이상인 경우는 5개)에 $7.8m^3$를 곱한 양 이상
2. 수원 : 5개 × $7.8m^3$ = $39m^3$

94 옥외소화전이 2개 설치된 경우 수원의 양은 얼마 이상이어야 하는가?

① $7m^3$ ② $13.5m^3$ ③ $14m^3$ ④ $27m^3$

해설 수원 산출
1. 산출기준 :
  ① 옥외소화전은 방호대상물의 각 부분(건축물의 경우에는 당해 건축물의 1층 및 2층의 부분에 한한다)에서 하나의 호스접속구까지의 수평거리가 40m 이하가 되도록 설치할 것. 이 경우 그 설치개수가 1개일 때는 2개로 하여야 한다.
  ② 수원의 수량 : 옥외소화전의 설치개수(설치개수가 4개 이상인 경우는 4개)에 $13.5m^3$를 곱한 양 이상이 되도록 설치할 것
2. 수원 : 2개 × $13.5m^3$ = $27m^3$

95 스프링클러설비 설치기준에서 개방형 스프링클러헤드를 이용한 스프링클러설비의 방사구역은 몇 m^2 이상으로 하여야 하는가?

① $100m^2$ ② $150m^2$ ③ $200m^2$ ④ $250m^2$

해설 개방형 스프링클러헤드를 이용한 스프링클러설비의 방사구역(하나의 일제개방밸브에 의하여 동시에 방사되는 구역)은 $150m^2$ 이상(방호대상물의 바닥면적이 $150m^2$ 미만인 경우에는 당해 바닥면적)으로 할 것

정답 92. ④ 93. ④ 94. ④ 95. ②

96 폐쇄형스프링클러헤드의 설치수량이 50개인 경우 수원의 최소 수량(m^3)은?
① $48m^3$ ② $72m^3$
③ $80m^3$ ④ $120m^3$

해설 수원의 수량
1. 산출기준 : 30(헤드의 설치개수가 30 미만인 방호대상물인 경우에는 당해 설치개수) × $2.4m^3$를 곱한 양 이상
2. 수원 : 30개 × $2.4m^3$ = $72m^3$

97 물분무소화설비의 방사구역은 얼마 이상으로 하여야 하는가?
① $100m^2$ ② $150m^2$
③ $200m^2$ ④ $250m^2$

해설 물분무소화설비의 방사구역 : $150m^2$ 이상(방호대상물의 표면적이 $150m^2$ 미만인 경우에는 당해 표면적)으로 할 것

98 다음 설비별 방수량의 연결이 옳지 않은 것은?
① 옥내소화전설비 – 130L/분 ② 옥외소화전설비 – 450L/분
③ 스프링클러설비 – 80L/분 ④ 물분무소화설비 – 20L/분

해설 설비별 방수압력 및 방수량
① 옥내소화전설비 : 방수압력 350kPa, 방수량 260L/분
② 옥외소화전설비 : 방수압력 350kPa, 방수량 450L/분
③ 스프링클러설비 : 방수압력 100kPa, 방수량 80L/분
④ 물분무소화설비 : 방수압력 350kPa, 방수량 20L/분

99 이동식 불활성가스소화설비의 호스접속구는 모든 방호대상물에 대하여 당해 방호 대상물의 각 부분으로부터 하나의 호스접속구까지의 수평거리가 몇 m 이하가 되도록 설치하여야 하는가?
① 15m ② 20m
③ 25m ④ 40m

해설 이동식 불활성가스소화설비의 호스접속구는 모든 방호대상물에 대하여 당해 방호 대상물의 각 부분으로부터 하나의 호스접속구까지의 수평거리가 15m 이하가 되도록 설치할 것

정답 96. ② 97. ② 98. ① 99. ①

100 방호대상물의 각 부분으로부터 하나의 대형수동식소화기까지의 보행거리가 몇 m 이하가 되도록 설치하여야 하는가?

① 15m ② 20m
③ 25m ④ 30m

해설 방호대상물의 각 부분으로부터 하나의 대형수동식소화기까지의 보행거리가 30m 이하가 되도록 설치할 것. 다만, 옥내소화전설비, 옥외소화전설비, 스프링클러설비 또는 물분무등소화설비와 함께 설치하는 경우에는 그러하지 아니하다.

101 지정수량의 몇 배 이상의 위험물을 저장 또는 취급하는 제조소등(이동탱크저장소를 제외)에는 화재발생시 이를 알릴 수 있는 경보설비를 설치하여야 하는가?

① 10배 ② 20배
③ 30배 ④ 40배

해설 지정수량의 10배 이상의 위험물을 저장 또는 취급하는 제조소등(이동탱크저장소를 제외)에는 화재발생시 이를 알릴 수 있는 경보설비를 설치하여야 한다.

102 자동화재탐지설비를 설치하여야 하는 제조소는 연면적 몇 m² 이상이어야 하는가?

① 150m² ② 300m²
③ 500m² ④ 600m²

해설 자동화재탐지설비를 설치하여야 하는 제조소 및 일반취급소
① 연면적 500m² 이상인 것
② 옥내에서 지정수량의 100배 이상을 취급하는 것
③ 일반취급소로 사용되는 부분 외의 부분이 있는 건축물에 설치된 일반취급소

103 자동화재탐지설비를 설치하여야 하는 제조소의 연면적은 얼마 이상이어야 하는가?

① 150m² ② 300m²
③ 500m² ④ 600m²

해설 자동화재탐지설비를 설치하여야 하는 제조소 및 일반취급소
① 연면적 500m² 이상인 것
② 옥내에서 지정수량의 100배 이상을 취급하는 것
③ 일반취급소로 사용되는 부분 외의 부분이 있는 건축물에 설치된 일반취급소

정답 100. ④ 101. ① 102. ③ 103. ③

104 1인의 안전관리자를 중복하여 선임할 수 있는 저장소 등에 대한 설명으로 틀린 것은?

① 10개 이하의 옥내저장소
② 10개 이하의 옥외탱크저장소
③ 10개 이하의 옥외저장소
④ 10개 이하의 암반탱크저장소

해설 1인의 안전관리자를 중복하여 선임할 수 있는 저장소 등
1. 10개 이하의 옥내저장소
2. 30개 이하의 옥외탱크저장소
3. 옥내탱크저장소
4. 지하탱크저장소
5. 간이탱크저장소
6. 10개 이하의 옥외저장소
7. 10개 이하의 암반탱크저장소

105 특정·준특정 옥외탱크 저장소에 구조안전점검은 제조소 등의 설치허가에 따른 완공검사 필증을 교부받은 날부터 몇 년 이내에 하여야 하는가?

① 10년　　　　　　　　　　② 11년
③ 12년　　　　　　　　　　④ 13년

해설 특정·준특정 옥외 탱크 저장소의 구조안전점검
① 제조소등의 설치허가에 따른 완공검사필증을 교부받은 날부터 12년
② 최근의 정기검사를 받은 날부터 11년
③ 특정·준특정 옥외저장탱크에 안전조치를 한 후 구조안전점검시기 연장신청을 하여 당해 안전조치가 적정한 것으로 인정받은 경우에는 최근의 정기검사를 받은 날부터 13년

106 정기검사를 받아야 하는 특정·준특정 옥외탱크저장소의 관계인은 최근의 정기검사를 받은 날부터 몇 년 이내에 정기검사를 받아야 하는가?

① 10년　　　　　　　　　　② 11년
③ 12년　　　　　　　　　　④ 13년

해설 정기검사를 받아야 하는 특정·준특정 옥외탱크저장소의 관계인은 다음 각 호에 규정한 기간 이내에 정기검사를 받아야 한다.
1. 특정·준특정 옥외탱크저장소의 설치허가에 따른 완공검사필증을 발급받은 날부터 12년
2. 최근의 정기검사를 받은 날부터 11년

정답　104. ②　105. ③　106. ②

107 자체소방대를 설치하여야 하는 일반취급소로 옳은 것은?

① 이동저장탱크에 위험물을 주입하는 일반취급소
② 용기에 위험물을 옮겨 담는 일반취급소
③ 위험물을 이용하여 제품을 생산 또는 가공하는 일반취급소
④ 보일러, 버너로 위험물을 소비하는 일반취급소

해설 자체소방대 설치제외 일반취급소
① 보일러, 버너 그 밖에 이와 유사한 장치로 위험물을 소비하는 일반취급소
② 이동저장탱크 그 밖에 이와 유사한 것에 위험물을 주입하는 일반취급소
③ 용기에 위험물을 옮겨 담는 일반취급소, 광산보안법의 적용을 받는 일반취급소
④ 유압장치, 윤활유순환장치 등 유사한 장치로 위험물을 취급하는 일반취급소

108 위험물안전관리법령에 의하여 자체소방대에 배치하여야 하는 화학소방자동차의 구분에 속하지 않는 것은?

① 제독차
② 포수용액 방사차
③ 고가 사다리차
④ 할로겐화합물 방사차

해설 화학소방자동차의 구분 : 포수용액 방사차, 분말방사차, 할로겐화합물 방사차, 이산화탄소 방사차, 제독차

109 포수용액을 방사하는 화학소방자동차의 대수는 화학소방자동차의 대수의 얼마 이상으로 하여야 하는가?

① 3분의 1 ② 3분의 2 ③ 2분의 1 ④ 5분의 1

해설 포수용액을 방사하는 화학소방자동차의 대수는 화학소방자동차의 대수의 3분의 2 이상으로 하여야 한다.

110 위험물안전관리법령상 과징금처분에 관한 조문이다. ( )에 들어갈 내용은?

> (㉠)은(는) 위험물안전관리법 제12조 각 호의 어느 하나에 해당하는 경우로서 제조소등에 대한 사용의 정지가 그 이용자에게 심한 불편을 주거나 그 밖에 공익을 해칠 우려가 있는 때에는 사용정지처분에 갈음하여 (㉡)이하의 과징금 을 부과할 수 있다.

① ㉠ 소방청장, ㉡ 1억원
② ㉠ 소방청장, ㉡ 2억원
③ ㉠ 시·도지사, ㉡ 1억원
④ ㉠ 시·도지사, ㉡ 2억원

해설 시·도지사는 제12조 각 호의 어느 하나에 해당하는 경우로서 제조소등에 대한 사용의 정지가 그 이용자에게 심한 불편을 주거나 그 밖에 공익을 해칠 우려가 있는 때에는 사용정지처분에 갈음하여 2억원 이하의 과징금을 부과할 수 있다.

정답 107. ③ 108. ③ 109. ② 110. ④

제 6 편

필기 기출문제

제25회 소방시설관리사
제24회 소방시설관리사
제23회 소방시설관리사
제22회 소방시설관리사
제21회 소방시설관리사

제25회 소방시설관리사

시행일 2025. 5. 3(토)
합격자 3,9735명

제 1과목 소방안전관리론 및 화재역학

01 피난시설 계획에 관한 설명으로 옳지 않은 것은?

① 피난복도의 폭은 피난인원이 빠른 시간 내에 계단 등의 안전한 피난처로 갈 수 있도록 하는 크기로 하여야 한다.
② 피난복도의 천장은 통로에 연기가 차는 것을 막기 위하여 가능한 낮게 하고 천장에는 가연재를 사용한다.
③ 피난복도에는 자동판매기, 휴지통 등 피난에 방해가 되는 시설물을 설치하지 않아야 한다.
④ 일정규모 이상의 계단실에는 유입되는 연기를 배출할 수 있는 제연설비를 하여야 한다.

해설 피난복도의 천장은 통로에 연기가 차는 것을 막기 위하여 가능한 높게 해야 하며, 천장에는 불연재를 사용해야 한다.

02 화재로 인한 피해 정도에 관한 분류이다. ( )에 들어갈 내용으로 옳은 것은?

구분	설명
(ㄱ)	건물의 70% 이상(입체면적에 대한 비율을 말한다. 이하 같다)이 소실 되었거나 또는 그 미만이라도 잔존부분을 보수하여도 재사용이 불가능한 화재
(ㄴ)	건물의 30% 이상 70% 미만이 소실된 화재

① ㄱ : 전소화재, ㄴ : 반소화재
② ㄱ : 전소화재, ㄴ : 부분소화재
③ ㄱ : 반소화재, ㄴ : 전소화재
④ ㄱ : 반소화재, ㄴ : 부분소화재

해설

구분	설명
(전소)	건물의 70% 이상(입체면적에 대한 비율을 말한다. 이하 같다)이 소실 되었거나 또는 그 미만이라도 잔존부분을 보수하여도 재사용이 불가능한 화재
(반소)	건물의 30% 이상 70% 미만이 소실된 화재

03 연소에 관한 설명이다. ( )에 들어갈 내용으로 옳은 것은?

구분	설명
(ㄱ)	화염의 안정범위가 넓고 역화 위험이 없는 연소
(ㄴ)	고체 가연물이 연소에 필요한 분자 내에 산소를 가지고 있어 열분해에 의해 가스생성물과 함께 산소를 발생하며 공기중의 산소가 부족해도 연소가 진행되는 것

① ㄱ : 예혼합연소, ㄴ : 증발연소
② ㄱ : 예혼합연소, ㄴ : 자기연소
③ ㄱ : 확산연소, ㄴ : 증발연소
④ ㄱ : 확산연소, ㄴ : 자기연소

정답 1. ② 2. ① 3. ④

구분	설명
(확산연소)	화염의 안정범위가 넓고 역화 위험이 없는 연소
(자기연소)	고체 가연물이 연소에 필요한 분자 내에 산소를 가지고 있어 열분해에 의해 가스 생성물과 함께 산소를 발생하며 공기중의 산소가 부족해도 연소가 진행되는 것

04 소화설비의 종류 중 물분무등소화설비에 해당하지 않는 것은?
① 포소화설비
② 할로겐화합물 및 불활성기체소화설비
③ 스프링클러설비
④ 미분무소화설비

해설: 스프링클러설비는 소화설비에 해당한다.
물분무등소화설비의 종류 : 물분무소화설비, 미분무소화설비, 포소화설비, 이산화탄소소화설비, 분말소화설비, 할론소화설비, 할로겐화합물 및 불활성기체 소화설비, 고체에어로졸소화설비, 강화액소화설비

05 물리적 소화에 해당하는 것을 모두 고른 것은?

| ㄱ. 제거소화 | ㄴ. 질식소화 |
| ㄷ. 부촉매소화 | ㄹ. 냉각소화 |

① ㄷ
② ㄱ, ㄴ
③ ㄷ, ㄹ
④ ㄱ, ㄴ, ㄹ

물리적소화	화학적소화
질식소화 냉각소화 제거소화	부촉매(억제)소화

06 화재가 진행됨에 따라 실내 천장 부근에 있던 열분해 가연성 기체들이 착화되어, 천장에 화염덩어리가 굴러다니는 현상은?
① 플래시오버(flash over)
② 보일오버(boil over)
③ 롤오버 (roll over)
④ 슬롭오버 (slop over)

해설: 롤오버 (roll over) : 롤오버 현상은 화재 성장기에서 발생한 뜨거운 가연성의 가스가 천장 부근에 머물러 있다가 공기압의 차이로 미연소된 방향으로 빠르게 화염이 구르듯이 이동하는 현상을 말한다.

07 화재 피난 시 인간의 본능에 관한 설명으로 옳은 것은?
① 귀소본능은 혼란 시 판단력 저하로 최초로 달리는 앞사람을 따르는 본능이다.
② 추종본능은 오른손잡이는 오른발을 축으로 좌측으로 행동하는 본능이다.
③ 지광본능은 어두운 곳에서 밝은 불빛을 따라 행동하는 본능이다.
④ 좌회본능은 무의식 중에 평상시 사용한 길, 원래 온 길을 가려고 하는 본능이다.

해설: 보기설명
① 추종본능은 혼란 시 판단력 저하로 최초로 달리는 앞사람을 따르는 본능이다.
② 좌회본능은 오른손잡이는 오른발을 축으로 좌측으로 행동하는 본능이다.
④ 귀소본능은 무의식 중에 평상시 사용한 길, 원래 온 길을 가려고 하는 본능이다.

08 가연성 물질의 화재 위험성에 관한 설명으로 옳지 않은 것은?

① 연소범위가 넓을수록 위험하다.
② 연소열이 클수록 위험하다.
③ 인화점이 높을수록 위험하다.
④ 증발열, 비열이 작을수록 위험하다.

해설) 인화점이 낮을수록 위험하다.

09 화재의 분류에 관한 설명으로 옳은 것을 모두 고른 것은?

> ㄱ. A급화재의 가연물은 목재나 종이 등이다.
> ㄴ. B급화재의 가연물은 인화성액체 등이다.
> ㄷ. C급화재의 주요 가연물은 마그네슘이다.
> ㄹ. D급화재는 주방화재로 주로 조리과정에서 발생한다.

① ㄱ, ㄴ
② ㄱ, ㄹ
③ ㄴ, ㄷ
④ ㄷ, ㄹ

해설) 보기설명
  ㄷ. D급화재의 주요 가연물은 마그네슘이다.
  ㄹ. K급화재는 주방화재로 주로 조리과정에서 발생한다.

10 목조건축물의 화재 특성에 관한 설명으로 옳은 것은?

① 저온장기형의 특성을 갖는다.
② 목조건축물의 화재는 무염착화, 발염착화의 순으로 진행한다.
③ 종방향보다 횡방향의 화재성장이 빠르다.
④ 습도가 높을수록 연소확대가 빠르다.

해설) 보기설명
  ① 고온단기형의 특성을 갖는다.
  ③ 횡방향보다 종방향의 화재성장이 빠르다.
  ④ 습도가 낮을수록 연소확대가 빠르다.

11 폭굉에 관한 설명으로 옳은 것은?

① 충격파가 있다.
② 전파 속도는 음속보다 느리다.
③ 폭연으로 전이될 수 있다.
④ 연소형태는 정상연소와 같은 연소열이 전달에너지이다.

해설) 폭연과 폭굉의 비교

구분	폭연(Deflagration)	폭굉(Detonation)
발생속도	① 음속 미만(아음속) ② 0.1~10m/s	① 음속 이상(초음속) ② 1,000~3,500m/s
온도상승	열전달(전도, 대류, 복사)	충격파
폭발압력	초기압력의 10배 이하, 정압	10배 이상(충격파 발생), 동압
화재파급효과	크다	작다
충격파급효과	없다.	발생
굉음, 파괴 작용	없다.	발생
화염면	화염면의 전파가 분자량 또는 난류확산에 영향	화염면에서 온도, 압력, 밀도가 불연속

12 분진폭발에 관한 설명으로 옳지 않은 것은? (단, 금속분은 제외한다.)

① 가연성 분진의 수분이 적을수록 발생 가능성이 높다.
② 환원반응으로 생성하는 가연성 기체의 반응이 크다.
③ 난류는 화염의 전파속도를 증가시켜 폭발 위력이 커진다.
④ 분체 중에 휘발성이 크고, 발화온도가 낮을수록 폭발이 잘 발생한다.

정답 8. ③ 9. ① 10. ② 11. ① 12. ②

해설 분진폭발은 산화 반응으로 발생하는 열과 가스의 반응이 크다.

13 건축물의 방화계획 시 공간적 대응 방법에 해당하지 않는 것은?

① 화재의 성상에 대항하여 저항하는 성능을 갖도록 계획한다.
② 출하 또는 연소의 확대 등을 감소시키고자 하는 예방적 조치로 계획한다.
③ 화재로부터 피난층으로 원활하게 피난할 수 있는 안전한 공간을 갖도록 계획한다.
④ 화재공간에서 발생한 화재의 감지, 소화 등 관련 소방시설을 계획한다.

해설 화재공간에서 발생한 화재의 감지, 소화 등 관련 소방시설을 계획한다. → 설비적 대응

14 건축법령상 요양병원, 정신병원의 피난층 외의 층에 설치하여야 하는 피난시설을 모두 고른 것은?

```
ㄱ. 각 층마다 별도로 방화구획된 대피공간
ㄴ. 거실에 접하여 설치된 노대등
ㄷ. 계단을 이용하지 아니하고 건물 외부의 지상으로 통하는 경사로
ㄹ. 발코니와 인접 세대와의 경계벽이 파괴하기 쉬운 경량구조
```

① ㄱ, ㄴ, ㄷ   ② ㄱ, ㄴ, ㄹ
③ ㄱ, ㄷ, ㄹ   ④ ㄴ, ㄷ, ㄹ

해설 요양병원, 정신병원, 노인요양시설, 장애인 거주시설 및 장애인 의료재활시설의 피난층 외의 층에 설치하는 시설
1. 각 층마다 별도로 방화구획된 대피공간
2. 거실에 접하여 설치된 노대등
3. 계단을 이용하지 아니하고 건물 외부의 지상으로 통하는 경사로 또는 인접 건축물로 피난할 수 있도록 설치하는 연결복도 또는 연결통로

15 건축물의 피난, 방화구조 등의 기준에 관한 규칙상 교육연구시설 중 학교에 설치하는 회전문의 설치기준으로 옳은 것은?

① 계단이나 에스컬레이터로부터 2미터 미만의 거리를 둘 것
② 회전문과 문틀 사이는 5센티미터 미만으로 할 것
③ 회전문의 중심축에서 회전문과 문틀 사이의 간격을 포함한 회전문날개 끝부분까지의 길이는 140센티미터 이상이 되도록 할 것
④ 회전문의 회전속도는 분당회전수가 10회 이상으로 할 것

해설 회전문의 설치기준
1. 계단이나 에스컬레이터로부터 **2미터 이상**의 거리를 둘 것
2. 회전문과 문틀사이 및 바닥사이는 다음 각 목에서 정하는 간격을 확보하고 틈 사이를 고무와 고무펠트의 조합체 등을 사용하여 신체나 물건 등에 손상이 없도록 할 것
   가. **회전문과 문틀 사이는 5센티미터 이상**
   나. 회전문과 바닥 사이는 3센티미터 이하
3. 출입에 지장이 없도록 일정한 방향으로 회전하는 구조로 할 것
4. 회전문의 중심축에서 회전문과 문틀 사이의 간격을 포함한 회전문날개 끝부분까지의 길이는 140센티미터 이상이 되도록 할 것
5. 회전문의 회전속도는 분당회전수가 **8회를 넘지 아니하도록** 할 것
6. 자동회전문은 충격이 가하여지거나 사용자가 위험한 위치에 있는 경우에는 전자감지장치 등을 사용하여 정지하는 구조로 할 것

정답 13. ④ 14. ① 15. ③

16 건축물의 피난·방화구조 등의 기준에 관한 규칙상 피난안전구역의 설치기준으로 옳은 것은?

① 피난안전구역의 높이는 1.8미터 이상일 것
② 피난안전구역으로 통하는 계단은 일반계단의 구조로 할 것
③ 피난안전구역에는 식수공급을 위한 급수전을 1개소 이상 설치하고 예비전원에 의한 조명설비를 설치할 것
④ 비상용 승강기는 피난안전구역에 승하차 할 수 없는 구조로 설치할 것

해설 보기설명
① 피난안전구역의 높이는 2.1미터 이상일 것
② 건축물의 내부에서 피난안전구역으로 통하는 계단은 특별피난계단의 구조로 설치할 것
④ 비상용 승강기는 피난안전구역에서 승하차 할 수 있는 구조로 설치할 것

17 화재 발생 시 건축물 내의 중성대에 관한 설명으로 옳지 않은 것은?

① 건축물 실내 상부 압력은 높아지고 하부 압력은 낮아져 압력차가 발생하는데 실내의 중간지점에 실내와 실외의 압력이 같아지는 면을 중성대라고 한다.
② 공기의 밀도가 감소되면 부력이 생겨 공기가 하강하게 되고 무거워진 실내의 기체는 압력이 높은 실외로 빠져 나간다.
③ 중성대 위쪽은 실외의 압력보다 높아서 기체가 외부로 유출된다.
④ 중성대 아래쪽은 실외의 압력보다 낮아서 외부의 공기가 들어오게 된다.

해설 공기의 밀도가 감소되면 부력이 증가하여 공기가 상승하게 되고 압력 차이에 의해 공기가 이동하게 된다.

18 가연물의 연소 시 필요한 공기량·산소량에 관한 설명으로 옳지 않은 것은?

① 이론공기량은 가연물이 완전연소하기 위해서 이론으로 계산해서 산출한 공기량이다.
② 실제공기량은 가연물이 실제로 연소하기 위해서 사용되는 공기량으로 이론공기량보다 크다.
③ 과잉공기량은 실제공기량을 이론공기량으로 나누어 산출한 값이다.
④ 이론산소량은 가연물이 연소하기 위해서 필요한 최소의 산소량이다.

해설 과잉공기량은 실제공기량에서 이론공기량을 뺀 값 $(A - A_o)$
- 이론공기량 (A_o) : 연료가 완전 연소하는 데 필요한 최소한의 공기량
- 실제공기량 (A) : 실제로 연소에 공급된 공기량
- 공기비 $(m = \frac{A}{A_o})$: 실제공기량을 이론공기량으로 나눈 값

19 연기농도를 측정하는 중량농도법의 단위로 옳은 것은?

① mg/m^3　　② m^{-1}
③ 개/m^3　　④ %/m^2

해설 연기의 농도 표시방법
① 중량농도법 : 체적 당 연기입자의 중량 (mg/m^3)
② 입자농도법 : 체적 당 연기입자의 개수 (개/cm^3)
③ 감광계수법(투과율법) : 연기가 있을 때 투과되는 빛의 세기와 연기가 없을 때 투과되는 빛의 세기의 비로서 연기 속을 투과한 빛의 양으로 표현할 수 있다.(m^{-1})

정답 16. ③　17. ②　18. ③　19. ①

20 표준상태 조건하에서 CH₄ 70 vol%, C₂H₆ 20 vol%, C₃H₈ 10 vol%인 혼합가스의 공기 중 폭발하한계는 약 몇 vol%인가?
(단, 르샤틀리에(Le Chatelier)식을 적용하고, 공기 중 각 가스의 폭발범위는 CH₄ : 5.0 ~ 15.0 vol%, C₂H₆ : 3.0 ~ 12.5 vol%, C₃H₈ : 2.1 ~ 9.5 vol%이다. 계산값은 소수점 이하 셋째자리에서 반올림한다.)

① 3.93
② 10.14
③ 11.33
④ 13.66

해설 폭발하한계

$$LFL = \frac{100}{\frac{70}{5} + \frac{20}{3} + \frac{10}{2.1}} = 3.93$$

21 단면적이 1 m²인 단열재를 통하여 5 kcal/min의 열이 이동하고 있다. 단열재의 두께는 3 cm이고, 열전도계수는 0.3 kcal/m·℃·h 일때 단열재 양면 사이의 온도차 (℃)는 얼마인가? (단, 제시된 조건 외는 무시한다.)

① 15
② 30
③ 50
④ 270

해설 $q = \frac{k}{l} A \triangle T$

$$5\,\text{kcal/min} = \frac{0.3\,\text{kcal/m}\cdot\text{℃}\cdot 60\,\text{min}}{0.03\,\text{m}} \times 1\,\text{m}^2 \times \triangle T$$

온도차 $\triangle T = 30\,\text{℃}$

22 표준상태 조건하에서 가연성 가스의 최소산소농도(Minimum Oxygen Concentration) 순서로 옳은 것은?

| ㄱ. CH₄ | ㄴ. C₂H₆ | ㄷ. C₄H₁₀ |

① ㄱ < ㄴ < ㄷ
② ㄱ < ㄷ < ㄴ
③ ㄷ < ㄱ < ㄴ
④ ㄷ < ㄴ < ㄱ

해설
ㄱ. 메테인(CH₄) : 약 10%
완전연소반응식 :
$CH_4 + 2O_2 \rightarrow CO_2 + 2H_2O$
최소산소농도 $MOC = LFL \times O_2$
$= 5\% \times 2\,\text{mol} = 10\%$

ㄴ. 에테인(C₂H₆) : 약 10.5%
완전연소반응식 :
$C_2H_6 + 3.5O_2 \rightarrow 2CO_2 + 3H_2O$
최소산소농도 $MOC = LFL \times O_2$
$= 3\% \times 3.5\,\text{mol}$
$= 10.5\%$

ㄷ. 뷰테인(C₄H₁₀) : 약 11.7%
완전연소반응식 :
$C_4H_{10} + 6.5O_2 \rightarrow 4CO_2 + 5H_2O$
최소산소농도 $MOC = LFL \times O_2$
$= 1.8\% \times 6.5\,\text{mol}$
$= 11.7\%$

23 건축물에서 발생하는 연돌효과(stack effect)에 영향을 미치는 요인을 모두 고른 것은?

| ㄱ. 화재실의 온도 |
| ㄴ. 건축물 내·외의 온도차 |
| ㄷ. 건축물의 높이 |

① ㄱ, ㄴ
② ㄱ, ㄷ
③ ㄴ, ㄷ
④ ㄱ, ㄴ, ㄷ

[해설] 연돌효과(stack effect)
개념 : 건축물 내・외부의 온도차에 의한 압력차가 발생하여 기류가 이동하는 현상
영향요소 :
① 건축물 높이
② 외벽의 기밀성
③ 화재실의 온도, 건축물 내·외부 온도차의 함수
④ 건축물 층간 공기누설

24 화재성장속도 분류에서 약 1MW의 열량에 도달하는 시간이 75초에 해당하는 것은?

① Slow 화재
② Medium 화재
③ Fast 화재
④ Ultra Fast 화재

[해설] 화재성장속도의 분류

화재성장속도	Ultra fast	Fast	Medium	Slow
시간	75	150	300	600

25 화재실 내부 화염의 온도는 800 ℃이며 화염으로부터 벽체에 전달되는 대류열 유속은 3,200 W/m²일 때 외부 벽체의 온도(℃)는 얼마인가? (단, 대류열전달 계수는 4 W/m²·℃, 제시된 조건 외는 무시한다.)

① 0　　　② 4
③ 8　　　④ 20

[해설] $q = hA \triangle T$
$3200\,W/m^2 = 4\,W/m^2 \cdot ℃ \times (800 - T_o)$
$T_o = 0℃$

제2과목
소방수리학・약제화학 및 소방전기

26 이상기체의 상태방정식(equation of state)에 관한 설명으로 옳은 것을 모두 고른 것은?

> ㄱ. Avogadro의 법칙: 일정한 온도와 압력에서 같은 부피 속에 들어있는 기체 분자의 수는 동일하다.
> ㄴ. Boyle의 법칙: 일정한 온도에서 기체의 부피는 압력에 반비례한다.
> ㄷ. Charles의 법칙: 일정한 압력에서 기체의 부피는 절대온도에 비례한다.

① ㄱ　　　② ㄱ, ㄴ
③ ㄴ, ㄷ　　④ ㄱ, ㄴ, ㄷ

[해설] 모두 옳은 설명입니다.
ㄱ. 아보가드로(Avogadro)의 법칙: 일정한 온도와 압력에서 같은 부피 속에 들어있는 기체 분자의 수는 동일하다.
ㄴ. 보일(Boyle)의 법칙: 일정한 온도에서 기체의 부피는 압력에 반비례한다.
ㄷ. 샤를(Charles)의 법칙: 일정한 압력에서 기체의 부피는 절대온도에 비례한다.

27 엔트로피(entropy)에 관한 설명으로 옳지 않은 것은?

① 가역반응이면 증가하고 비가역반응이면 불변이다.
② 물질계가 흡수하는 열량과 절대온도의 비로 정의한다.
③ 무질서 또는 에너지의 분산 정도를 나타내는 상태함수이다.
④ 자연계의 상태변화는 엔트로피가 증가되는 방향으로 일어난다.

정답　24. ④　25. ①　26. ④　27. ①

해설) 엔트로피 (entropy)
- 무질서도 또는 불확실성의 척도
- 물질계가 흡수하는 열량과 절대온도의 비로 정의
- 자연계의 모든 과정은 엔트로피가 증가하는 방향으로 진행하려는 경향
- 고립계에서 **가역 과정**이라면 엔트로피는 **불변**, 비가역 과정이라면 엔트로피는 항상 증가

28 뉴턴 유체가 평평한 바닥 위 y만큼 이격된 지점에서 유속 $u(y) = 5y - y^2$(m/s)로 흐른다. 바닥 전단응력이 0.01 Pa 일 때 점성계수(10^{-3} Pa·s)는?

① 1 ② 2
③ 3 ④ 4

해설) 바닥에서의 전단율
$$\frac{du}{dy} = \frac{d}{dy}(5y - y^2) = 5 - 2y \rightarrow 5$$
(바닥이므로 $y=0$)

바닥에서의 전단응력 $\tau = \mu \times \frac{du}{dy}$,

점성계수 $\mu = \frac{\tau}{\frac{du}{dy}} = \frac{0.01}{5} = 0.002$
$= 2 \times 10^{-3}$ Pa·s

29 흐름이 없는 유체에 작용하는 압력의 등방성에 관한 설명으로 옳은 것은?

① 유체의 압력은 유체와 접촉하는 경사면에 수평으로만 작용한다.
② 자유수면을 갖는 경우 수면 아래 압력은 밀도에 반비례한다.
③ 동일한 높이의 개방된 용기에 수은을 가득 채우면 용기형상에 따라 바닥에서 압력이 달라진다.
④ 자유수면을 갖는 경우 수면 아래 유체의 한 점에 작용하는 압력은 수심이 깊어짐에 따라 증가한다.

해설) 보기설명
① 유체의 압력은 유체와 접촉하는 면에 항상 **수직 방향**으로 작용
② 자유수면을 갖는 경우 수면 아래 압력은 밀도에 **비례** (압력 $P = \rho g h$, ρ : 밀도, g : 중력가속도, h : 정지유체 내 임의의 깊이)
③ 동일한 높이의 개방된 용기에 수은을 가득 채우면 용기 형상에 관계없이 바닥에서의 압력은 동일하다.
④ 자유수면을 갖는 경우 수면 아래 유체의 한 점에 작용하는 압력은 수심이 깊어짐에 따라 증가한다.(압력 $P = \rho g h$, ρ : 밀도, g : 중력가속도, h : 정지유체 내 임의의 깊이)

30 원형관로에 설치한 피토관에 수은이 든 U자형 관을 연결하여 전압과 정압을 측정하였다. 액면차가 500 mm가 발생하였다면 피토관 위치에서 관로 내 물의 유속(m/s)은 약 얼마인가? (단, 수은의 밀도는 13,600 kg/m³, 중력가속도는 9.81 m/s², 물의 단위중량은 9.81 kN/m³ 이며 모든 손실은 무시한다.)

① 1.112 ② 3.132
③ 11.118 ④ 31.321

해설) 수은의 비중량
$\gamma_1 = \rho g = 13,600$ kg/m³ $\times 9.81$ m/s²
$= 133,416$ kg/m²·s²
$= 133,416$ N/m³
$= 133.416$ kN/m³

물의 비중량 $\gamma_2 = 9.81$ kN/m³

유속 $V = \sqrt{2g \times \frac{(\gamma_1 - \gamma_2)R}{\gamma_2}}$
$= \sqrt{2 \times 9.81 \times \frac{(133.416 - 9.81) \times 0.5\text{m}}{9.81}}$
$= 11.118$ m/s

정답) 28. ② 29. ④ 30. ③

31 직경 10 cm의 원형관로에 유체가 유량 0.5 L/s로 흐를 때, 에너지선의 경사 (10^{-4} m/m)는 약 얼마인가? (단, 동점성 계수는 1.0×10^{-5} m²/s, 중력가속도는 9.81 m/s² 이다.)

① 2.08
② 3.26
③ 20.8
④ 32.6

해설 유속 $V = \dfrac{Q}{A} = \dfrac{4Q}{\pi D^2}$

$= \dfrac{4 \times 0.5 \times 10^{-3} \text{m}^3/\text{s}}{\pi \times (0.01\text{m})^2} = 0.064 \text{ m/s}$

속도수두 $h = \dfrac{V^2}{2g} = \dfrac{0.064^2}{2 \times 9.81} = 2.08 \times 10^{-4}$

(압력수두 및 위치수두는 문제의 조건상 산출이 불가능하므로 속도수두만 계산함)

32 유체 흐름의 종류에 관한 설명으로 옳은 것을 모두 고른 것은? (단, R_e는 레이놀즈 수, Fr은 프루드 수, U는 유속, t는 시간, x는 흐름방향 길이이다.)

| ㄱ. 난류 : $R_e < 200$ |
| ㄴ. 상류 : $Fr > 1$ |
| ㄷ. 정상류 : $\dfrac{\partial U}{\partial t} = 0$ |
| ㄹ. 부등류 : $\dfrac{\partial U}{\partial t} \neq 0$ |

① ㄱ, ㄴ
② ㄴ, ㄷ
③ ㄷ, ㄹ
④ ㄴ, ㄷ, ㄹ

해설 ㄱ. 원형관 내부 레이놀즈 수 :
층류($R_e < 2100$), 난류($R_e > 4000$)
ㄴ. 프루드 수 : 개수로 흐름에서 유체의 관성력과 중력의 상대적 중요성을 나타내는 무차원 수
(상류 : $Fr < 1$,
사류(Supercritical Flow) : $Fr > 1$)

ㄷ. 정상류 : 유체가 흐르는 임의의 한 지점에서 유체의 속도, 압력, 밀도, 온도 등 모든 물리량들이 시간이 지나도 항상 일정한 값을 유지하는 흐름($\dfrac{\partial U}{\partial t} = 0$)

ㄹ. 부등류 : 흐름의 특성(예: 수심, 유속, 단면적, 압력 등)이 흐름 방향(공간)에 따라 변하는 흐름 ($\dfrac{\partial U}{\partial t} \neq 0$)

33 펌프의 비속도는? (단, N은 회전수, Q는 유량, H는 양정, w는 임펠라의 각속도이다.)

① $\dfrac{w \times \sqrt{Q}}{H^{3/4}}$
② $\dfrac{w \times \sqrt{Q}}{H^{3/2}}$
③ $\dfrac{N \times \sqrt{Q}}{H^{3/4}}$
④ $\dfrac{N \times \sqrt{Q}}{H^{3/2}}$

해설 비속도 $N_s = \dfrac{N \times \sqrt{Q}}{H^{3/4}}$

(N은 회전수[rpm], Q는 유량[m³/min], H는 양정[m])

34 서징(surging)의 방지대책으로 옳지 않은 것은?

① 유량조절 밸브를 흡입측에 최대한 가까이 설치·조절한다.
② 펌프의 $H - Q$ 곡선이 우하향 구배특성을 갖는 펌프를 사용한다.
③ 배관 내 수조 또는 기체 상태인 부분이 존재하지 않도록 한다.
④ 바이패스관을 사용하여 운전점이 펌프의 $H - Q$ 곡선에서 우하향 구배특성 범위 내에 있도록 한다.

해설 유량 조절 밸브를 흡입측에 설치하여 유량을 조절하면 펌프의 흡입 압력이 낮아져서 캐비테이션

정답 31. ① 32. ③ 33. ③ 34. ①

(cavitation) 발생 가능성을 높이고, 펌프의 성능 저하 및 손상을 유발할 수 있다. 따라서, 서징을 방지하고 시스템의 안정적인 운전을 위해서는 토출측에 밸브를 설치하고, 이를 통해 유량을 조절해야 한다.

35 금속화재(D급)에 관한 설명으로 옳지 않은 것은?

① D급 소화약제는 염화나트륨, 흑연, 구리 등을 주성분으로 하는 분말 또는 과립형태의 혼합물이다.
② K급 소화약제는 가연성 금속화재에 적응성이 좋다.
③ 리튬 및 나트륨에 수계소화약제를 사용하면 폭발성이 강한 수소를 발생시킨다.
④ 염화나트륨 주제에 고분자물질의 혼합물 소화약제인 Met-L-X는 나트륨 및 칼륨 화재에 적응성이 있다.

해설, K급 소화약제는 주방에서 동식물유를 취급하는 조리기구에서 일어나는 화재에 적응성이 있는 소화약제이다.

36 0 ℃의 얼음 1g을 100 ℃의 수증기로 만드는 데 필요한 열량(cal)은 약 얼마인가? (단, 물의 융융열은 80 cal/g, 증발잠열은 539 cal/g이다.)

① 539 ② 619
③ 719 ④ 800

해설, 0 ℃의 얼음 1g을 100 ℃의 수증기로 만드는 데 필요한 열량
Q = 융해잠열 + 감열 + 증발잠열
= 1g × 80 cal/g + 1g × 1 cal/g·℃ × (100-0)℃ + 1g × 539 cal/g
= 719 cal

37 K급 소화약제에 관한 설명으로 옳지 않은 것은?

① 식용유화재 시 비누화반응으로 산소를 차단하며, 재발화를 방지한다.
② A급, B급, C급 화재에도 적응성이 좋다.
③ 일반적인 ABC분말소화기보다 냉각효과가 뛰어나다.
④ 소화약제의 주성분은 탄산칼륨(K_2CO_3) 또는 초산칼륨(CH_3COOK) 등이 있다.

해설, K급 소화약제는 주방에서 동식물유를 취급하는 조리기구에서 일어나는 주방화재(K급)에 적응성이 있는 소화약제이다.

38 1기압 0 ℃에서 44.8 m³의 이산화탄소가스가 모두 액화되었을 때 질량(kg)은 약 얼마인가? (단, 이산화탄소의 분자량은 44이다.)

① 12 ② 22
③ 44 ④ 88

해설, 질량 $W = \dfrac{PVM}{RT} = \dfrac{1 \times 44.8 \times 44}{0.082 \times (273+0)}$
= 88.06 kg

39 FK-5-1-12의 특성에 관한 설명으로 옳지 않은 것은?

① 플루오르화수소(HF)의 발생량은 화염의 크기, 소화농도, 화재진압시간에 비례한다.
② 소화약제는 1분 이내에 95% 이상 해당하는 약제량이 방출되도록 하여야 한다.
③ 오존층 파괴 등 환경오염에 미치는 영향이 적다.
④ 플루오르, 탄소, 산소로 구성되어 있으며, 물보다 빨리 기화되어 연쇄반응 차단 및 냉각소화를 한다.

정답 35. ② 36. ③ 37. ② 38. ④ 39. ②

해설 FK-5-1-12(도데카플루오로-2-메틸펜탄-3-원)
- 화학식 : $CF_3CF_2C(O)CF(CF_3)_2$
- 할로겐화합물 소화약제로서 소화약제는 10초 이내에 95% 이상 해당하는 약제량이 방출되도록 해야 한다.

40 제1인산암모늄의 열분해 생성물 중 주된 소화효과가 탈수·탄화작용을 하는 것은?
① H_3PO_4
② $H_4P_2O_7$
③ HPO_3
④ P_2O_5

해설 제1인산암모늄($NH_4H_2PO_4$)의 열분해 생성물
- 오르토인산(H_3PO_4) : 탈수·탄화작용
- 피로인산($H_4P_2O_7$)
- 메타인산(HPO_3) : 방진작용, 재연소를 방지

41 이산화탄소(CO_2) 소화약제에 관한 설명으로 옳지 않은 것은?
① 불연성 가스로서 무색·무취이며, 공기에 대한 비중은 약 1.5 이다.
② 약제 방출시 인체에 관한 동상·질식의 우려가 있다.
③ 금속분화재에 사용 시 질식·냉각소화의 효과가 있다.
④ 전기 절연성이 우수하여 전기화재에 적응성이 있다.

해설 이산화탄소는 특정 금속과 반응하여 가연성 가스나 폭발을 유발할 수 있으므로 금속화재에 적용해서는 안 된다.

42 축압식 분말소화기의 축압가스 종류가 아닌 것은?
① 질소
② 헬륨
③ 일산화탄소
④ 이산화탄소

해설 일산화탄소는 무색, 무취, 무미의 맹독성 가스, 가연성 가스이므로 축압가스로 사용할 수 없다.

43 서로 다른 금속으로 이루어진 폐회로에 온도를 일정하게 유지하면서 직류 전류를 흘릴 경우 열의 발생 또는 흡수가 일어나는 현상은?
① 제백 효과(Seebeck effect)
② 톰슨 효과(Thomson effect)
③ 핀치 효과(Pinch effect)
④ 펠티에 효과(Peltier effect)

해설
- 제백 효과(Seebeck effect) : 서로 다른 두 종류의 도체 또는 반도체를 접합하여 폐회로를 만든 후, 두 접합부 사이에 온도 차이를 주면 회로에 전압(열기전력)이 발생하고 전류가 흐르는 현상
- 펠티에 효과(Peltier effect) : 서로 다른 금속으로 이루어진 폐회로에 온도를 일정하게 유지하면서 직류 전류를 흘릴 경우 열의 발생 또는 흡수가 일어나는 현상
- 톰슨 효과(Thomson effect) : 동일한 도체 내에 온도의 기울기가 존재하고 전류가 흐를 때, 줄열 외에 추가적인 열의 발생 또는 흡수가 일어나는 현상

44 $C_1 = 2\,\mu F$, $C_2 = 3\,\mu F$, $C_3 = 5\,\mu F$인 3개의 콘덴서를 직렬 접속하고 양단에 800V의 전압을 인가할 때, C_2에 걸리는 전압(V) 약 얼마인가?
① 154
② 258
③ 387
④ 425

해설 전압 $V = \dfrac{Q}{C}$에서 C에 반비례하므로
$$V_1 : V_2 : V_3 = \dfrac{1}{2} : \dfrac{1}{3} : \dfrac{1}{5} = 7.5 : 5 : 3$$
C_2에 걸리는 전압 : $V_2 = \dfrac{5}{7.5 + 5 + 3} \times 800 = 258.06\,V$

정답 40. ① 41. ③ 42. ③ 43. ④ 44. ②

45 교류 전압 $v = V_m \sin wt$의 실효값은?
(단, V_m은 최대값이다.)

① $\dfrac{V_m}{\sqrt{2}}$ ② $\dfrac{2V_m}{\pi}$

③ $\dfrac{V_m}{2}$ ④ $\dfrac{V_m}{\pi}$

해설 실효값 : $\dfrac{V_m}{\sqrt{2}}$, 평균값 : $\dfrac{2V_m}{\pi}$

46 부하의 피상전력이 10 kVA 이고, 무효전력이 6 kVar일 때 유효전력(kW)은?

① 4 ② 6
③ 8 ④ 10

해설 유효전력 $P = \sqrt{P_a^2 - P_r^2} = \sqrt{10^2 - 6^2} = 8\,\text{kW}$

47 변압기 3상 결선에 관한 설명으로 옳은 것을 모두 고른 것은?

> ㄱ. △-△ 결선은 지락사고 검출이 용이하지 않다.
> ㄴ. Y-Y 결선은 고전압 결선에 적합하다.
> ㄷ. △-Y 결선은 주로 발전소에서 전압을 높여 전력전송을 위해 사용된다.
> ㄹ. Y-△ 결선은 변압기 1대 고장 시 전력공급이 불가능하다.

① ㄱ, ㄴ ② ㄱ, ㄷ
③ ㄷ, ㄹ ④ ㄱ, ㄴ, ㄷ, ㄹ

해설 ㄱ. △-△ 결선은 중성점을 접지하지 않으므로 지락사고 검출이 용이하지 않다.
ㄴ. Y-Y 결선은 고전압 결선에 적합하다.
ㄷ. △-Y 결선(승압용)은 주로 발전소에서 전압을 높여 전력전송을 위해 사용된다.
ㄹ. Y-△ 결선은 변압기 1대 고장 시 전력공급이 불가능하다.

48 비정현파 전압(V)
$$v = 50\sqrt{2}\sin wt + 30\sqrt{2}\sin 3wt + 10\sqrt{2}\sin 5wt$$
의 실효값(V)은 약 얼마인가?

① 57 ② 59
③ 62 ④ 65

해설 비정현파의 실효값
$V = \sqrt{50^2 + 30^2 + 10^2} = 10\sqrt{35} = 59.16\,\text{V}$

49 수신기에서 거리 L(m) 떨어진 직류 2선식 감지기회로의 전선(동선) 단면적이 A (mm²)이다. 전류가 I(A)로 흐를 때 전압강하(V)를 구하는 식은?

① $\dfrac{35.6LI}{1000 \times A}$

② $\dfrac{30.8LI}{1000 \times A}$

③ $\dfrac{17.8LI}{1000 \times A}$

④ $\dfrac{8.9LI}{1000 \times A}$

해설 전압강하 계산식

구분	계산식
직류 2선식 단상 2선식	$\dfrac{35.6LI}{1000 \times A}$
3상 3선식	$\dfrac{30.8LI}{1000 \times A}$
3상 4선식	$\dfrac{17.8LI}{1000 \times A}$

정답 45. ① 46. ③ 47. ④ 48. ② 49. ①

50 그림과 같은 제어량과 조작량을 특징으로 하는 제어방식은?

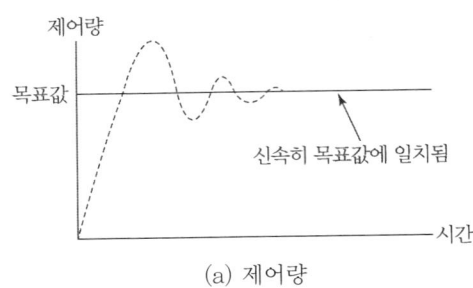
(a) 제어량

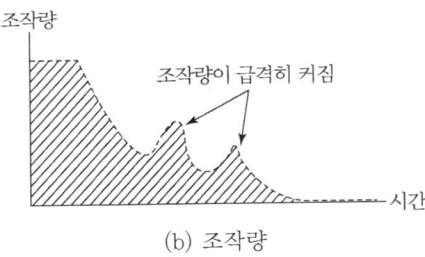
(b) 조작량

① P 제어 ② I 제어
③ PI 제어 ④ PID 제어

해설 비례적분미분(PID) 제어 시스템의 특성을 잘 나타내는 예시로서, (a) 그래프는 PID 제어의 목표값 추종 성능(오버슈트, 진동, 수렴)을, (b) 그래프는 그 목표값 추종을 위해 제어기가 시스템에 가하는 조작량의 동적인 변화를 보여준다.

제3과목 소방관련법령

51 소방기본법령상 소방대의 생활안전활동에 해당하지 않는 것은?

① 붕괴, 낙하 등이 우려되는 고드름, 나무, 위험 구조물 등의 제거활동
② 산불에 대한 예방·진압 등 지원활동
③ 위해동물, 벌 등의 포획 및 퇴치 활동
④ 단전사고 시 비상전원 또는 조명의 공급

해설 산불에 대한 예방·진압 등 지원활동은 소방지원활동이다.
[소방지원활동]
1. 산불에 대한 예방·진압 등 지원활동
2. 자연재해에 따른 급수·배수 및 제설 등 지원활동
3. 집회·공연 등 각종 행사 시 사고에 대비한 근접대기 등 지원활동
4. 화재, 재난·재해로 인한 피해복구 지원활동

52 소방기본법령상 소방기술민원센터의 설치·운영에 관한 설명으로 옳은 것은?

① 소방청장 및 소방본부장은 소방기술민원센터를 소방청 및 시·도에 각각 설치·운영 할 수 있다.
② 소방기술민원센터는 센터장을 포함하여 50명 이내로 구성한다.
③ 소방청장 또는 소방본부장은 소방기술민원센터의 업무수행을 위하여 필요하다고 인정하는 경우에는 관계 기관의 장에게 소속 공무원 또는 직원의 파견을 요청할 수 있다.

정답 50. ④ 51. ② 52. ③

④ 소방기술민원센터의 설치·운영에 필요한 사항은 소방청에 설치하는 경우에는 소방청장이 정하고, 소방본부에 설치하는 경우에는 해당 특별시·광역시·특별자치시·도 또는 특별자치도의 소방본부장이 정한다.

해설 보기설명
① 소방청장 또는 소방본부장은 소방기술민원센터를 **소방청 또는 소방본부**에 각각 설치·운영한다.
② 소방기술민원센터는 센터장을 포함하여 **18명 이내**로 구성한다.
④ 소방기술민원센터의 설치·운영에 필요한 사항은 소방청에 설치하는 경우에는 소방청장이 정하고, 소방본부에 설치하는 경우에는 해당 특별시·광역시·특별자치시·도 또는 특별자치도(이하 "시·도"라 한다)의 **규칙**으로 정한다.

53 소방기본법령상 국고보조의 대상이 되는 소방활동장비 및 설비의 규격으로 옳은 것은?
① 무선통신기기 중 디지털전화교환기인 경우, 국내 10회선 이상, 내선 100회선 이상
② 무선통신기기 중 키폰장치인 경우, 국내 10회선 이상, 내선 100회선 이상
③ 유선통신장비 중 초단파무선기기로 고정용인 경우, 공중전력 60와트 이상
④ 펌프차 중 소형인 경우, 120마력 이상 170마력 미만

해설 보기설명
① 유선통신장비 중 디지털전화교환기인 경우, 국내 100회선 이상, 내선 1000회선 이상
② 유선통신장비 중 키폰장치인 경우, 국내 100회선 이상, 내선 200회선 이상
③ 무선통신기기 중 극초단파무선기기로 고정용인 경우, 공중전력 50와트 이하

54 소방기본법령상 소방본부 종합상황실의 실장이 소방청의 종합상황실에 보고해야 하는 상황이 아닌 것은? (단, 다른 조건은 고려하지 않음)
① 이재민이 100인 이상 발생한 화재
② 가스 및 화약류의 폭발에 의한 화재
③ 재산피해액이 20억원 이상 발생한 화재
④ 「긴급구조대응활동 및 현장지휘에 관한 규칙」에 의한 통제단장의 현장지휘가 필요한 재난상황

해설 재산피해액이 **50억원** 이상 발생한 화재

55 화재의 예방 및 안전관리에 관한 법령상 특수가연물 중 가연성 고체류에 해당하지 않는 것은? (단, 고체만 해당됨)
① 인화점이 섭씨 40도 미만인 것
② 인화점이 섭씨 40도 이상 100도 미만인 것
③ 인화점이 섭씨 100도 이상 200도 미만이고, 연소열량이 1그램당 8킬로칼로리 이상인 것
④ 인화점이 섭씨 200도 이상이고 연소열량이 1그램당 8킬로칼로리 이상인 것으로서 녹는점(융점)이 100도 미만인 것

해설 가연성 고체류
가. 인화점이 **섭씨 40도 이상 100도 미만**인 것
나. 인화점이 섭씨 100도 이상 200도 미만이고, 연소열량이 1그램당 8킬로칼로리 이상인 것
다. 인화점이 섭씨 200도 이상이고 연소열량이 1그램당 8킬로칼로리 이상인 것으로서 녹는점(융점)이 100도 미만인 것
라. 1기압과 섭씨 20도 초과 40도 이하에서 액상인 것으로서 인화점이 섭씨 70도 이상 섭씨 200도 미만이거나 나목 또는 다목에 해당하는 것

정답 53. ④ 54. ③ 55. ①

56 화재의 예방 및 안전관리에 관한 법령상 용어의 정의로 옳은 것은?

① "예방"이란 화재의 위험으로부터 사람의 생명·신체 및 재산을 보호하기 위하여 화재 발생을 사전에 제거하거나 방지하기 위한 모든 활동을 말한다.
② "안전관리"란 화재가 발생할 경우 사회·경제적으로 피해 규모가 클 것으로 예상되는 소방대상물에 대하여 화재위험요인을 조사하고 그 위험성을 평가하여 개선대책을 수립하는 것을 말한다.
③ "화재예방안전진단"이란 화재로 인한 피해를 최소화하기 위한 예방, 대비, 대응 등의 활동을 말한다.
④ "화재예방강화지구"란 소방청장이 화재발생 우려가 크거나 화재가 발생할 경우 피해가 클 것으로 예상되는 지역에 대하여 화재의 예방 및 안전관리를 강화하기 위해 지정·관리하는 지역을 말한다.

해설 보기설명
② "안전관리"란 화재로 인한 피해를 최소화하기 위한 예방, 대비, 대응 등의 활동을 말한다.
③ "화재예방안전진단"이란 화재가 발생할 경우 사회·경제적으로 피해 규모가 클 것으로 예상되는 소방대상물에 대하여 화재위험요인을 조사하고 그 위험성을 평가하여 개선대책을 수립하는 것을 말한다.
④ "화재예방강화지구"란 특별시장·광역시장·특별자치시장·도지사 또는 특별자치도지사(이하 "시·도지사"라 한다)가 화재발생 우려가 크거나 화재가 발생할 경우 피해가 클 것으로 예상되는 지역에 대하여 화재의 예방 및 안전관리를 강화하기 위해 지정·관리하는 지역을 말한다.

57 화재의 예방 및 안전관리에 관한 법령상 화재예방강화지구로 지정하여 관리할 수 있는 지역을 모두 고른 것은? (단, 다른 조건은 고려하지 않음)

ㄱ. 시장지역
ㄴ. 공장·창고가 밀집한 지역
ㄷ. 노후·불량건축물이 밀집한 지역
ㄹ. 소방시설·소방용수시설 또는 소방출동로가 없는 지역

① ㄱ, ㄴ ② ㄷ, ㄹ
③ ㄴ, ㄷ, ㄹ ④ ㄱ, ㄴ, ㄷ, ㄹ

해설 화재예방강화지구로 지정하여 관리
1. 시장지역
2. 공장·창고가 밀집한 지역
3. 목조건물이 밀집한 지역
4. 노후·불량건축물이 밀집한 지역
5. 위험물의 저장 및 처리 시설이 밀집한 지역
6. 석유화학제품을 생산하는 공장이 있는 지역
7. 산업단지
8. 소방시설·소방용수시설 또는 소방출동로가 없는 지역
9. 물류단지
10. 소방관서장이 화재예방강화지구로 지정할 필요가 있다고 인정하는 지역

58 화재의 예방 및 안전관리에 관한 법령상 화재안전조사에 관한 설명으로 옳지 않은 것은?

① 중앙화재안전조사단은 단장을 제외하여 60명 이상의 단원으로 성별을 고려하여 구성한다.
② 지방화재안전조사단은 단장을 포함하여 50명 이내의 단원으로 성별을 고려하여 구성한다.

정답 56. ① 57. ④ 58. ①

③ 화재안전조사위원회는 위원장 1명을 포함하여 7명 이내의 위원으로 성별을 고려하여 구성한다.
④ 화재안전조사위원회 위촉위원의 임기는 2년으로 하며, 한 차례만 연임할 수 있다.

해설 중앙화재안전조사단 및 지방화재안전조사단은 각각 단장을 포함하여 **50명 이내**의 단원으로 성별을 고려하여 구성한다.

59 소방시설공사업법령상 소방시설업자의 지위승계에 관한 조문의 일부이다. ( )에 들어갈 내용으로 옳은 것은?

> 다음 각 호의 어느 하나에 해당하는 자가 종전의 소방시설업자의 지위를 승계 하려는 경우에는 그 상속일, 양수일 또는 합병일부터 (ㄱ)일 이내에 행정안전부령으로 정하는 바에 따라 그 사실을 (ㄴ)에게 신고하여야 한다.
> 1. 소방시설업자가 사망한 경우 그 상속인
> 2. 소방시설업자가 그 영업을 양도한 경우 그 (ㄷ)

① ㄱ : 15, ㄴ : 시 · 도지사, ㄷ : 양도인
② ㄱ : 15, ㄴ : 소방본부장, ㄷ : 양도인
③ ㄱ : 30, ㄴ : 시 · 도지사, ㄷ : 양수인
④ ㄱ : 30, ㄴ : 소방본부장, ㄷ : 양수인

해설 소방시설업자의 지위승계
다음 각 호의 어느 하나에 해당하는 자가 종전의 소방시설업자의 지위를 승계하려는 경우에는 그 상속일, 양수일 또는 합병일부터 **30일** 이내에 행정안전부령으로 정하는 바에 따라 그 사실을 **시 · 도지사**에게 신고하여야 한다.
1. 소방시설업자가 사망한 경우 그 상속인
2. 소방시설업자가 그 영업을 양도한 경우 그 **양수인**
3. 법인인 소방시설업자가 다른 법인과 합병한 경우 합병 후 존속하는 법인이나 합병으로 설립되는 법인

60 소방시설공사업법령상 벌칙에 관한 내용으로 옳은 것을 모두 고른 것은?

> ㄱ. 공사감리 결과의 통보 또는 공사감리 결과보고서의 제출을 거짓으로 한 자는 1천만원 이하의 벌금에 처한다.
> ㄴ. 정당한 사유 없이 관계 공무원의 출입 또는 검사·조사를 거부·방해 또는 기피한 자는 300만원 이하의 벌금에 처한다.
> ㄷ. 소방기술자를 공사 현장에 배치하지 아니한 자는 200만원 이하의 과태료를 부과한다.

① ㄱ, ㄴ ② ㄱ, ㄷ
③ ㄴ, ㄷ ④ ㄱ, ㄴ, ㄷ

해설 정당한 사유 없이 관계 공무원의 출입 또는 검사·조사를 거부·방해 또는 기피한 자는 **100만원 이하**의 벌금에 처한다.

61 소방시설공사업법령상 소방시설업에 해당하지 않는 것은?
① 방염처리업
② 소방시설관리업
③ 소방시설설계업
④ 소방공사감리업

해설 소방시설업
가. 소방시설설계업: 소방시설공사에 기본이 되는 공사계획, 설계도면, 설계 설명서, 기술계산서 및 이와 관련된 서류(이하 "설계도서"라 한다)를 작성(이하 "설계"라 한다)하는 영업
나. 소방시설공사업: 설계도서에 따라 소방시설을 신설, 증설, 개설, 이전 및 정비(이하 "시공"이라 한다)하는 영업
다. 소방공사감리업: 소방시설공사에 관한 발주자의 권한을 대행하여 소방시설공사가 설계도서와 관계 법령에 따라 적법하게 시공되는지를 확인하고, 품질·시공 관리에 대한 기술

정답 59. ③ 60. ② 61. ②

지도를 하는(이하 "감리"라 한다) 영업
라. 방염처리업: 「소방시설 설치 및 관리에 관한 법률」 제20조제1항에 따른 방염대상물품에 대하여 방염처리(이하 "방염"이라 한다)하는 영업

62 소방시설 설치 및 관리에 관한 법령상 특정소방대상물의 관계인이 특정소방대상물에 설치·관리해야 하는 소방시설의 종류 중 소화설비에 관한 조문의 일부이다. ( )에 들어갈 내용으로 옳은 것은?

> 가. 화재안전기준에 따라 소화기구를 설치하여야 하는 특정소방대상물은 다음의 어느 하나에 해당하는 것으로 한다.
> 1) 연면적 (ㄱ) m^2 이상인 것. 다만, (ㄴ)의 경우에는 투척용 소화용구 등을 화재안전기준에 따라 산정된 소화기 수량의 2분의 1 이상으로 설치할 수 있다.

① ㄱ : 20, ㄴ : 숙박시설
② ㄱ : 20, ㄴ : 노유자시설
③ ㄱ : 33, ㄴ : 숙박시설
④ ㄱ : 33, ㄴ : 노유자시설

해설 가. 화재안전기준에 따라 소화기구를 설치하여야 하는 특정소방대상물은 다음의 어느 하나에 해당하는 것으로 한다.
1) 연면적 (33) m^2 이상인 것. 다만, (노유자시설)의 경우에는 투척용 소화용구 등을 화재안전기준에 따라 산정된 소화기 수량의 2분의 1 이상으로 설치할 수 있다.

63 소방시설 설치 및 관리에 관한 법령상 무창층(無窓層)에 관한 조문의 일부이다. ( )에 들어갈 내용으로 옳은 것은?

> "무창층"(無窓層)이란 지상층 중 다음 각 목의 요건을 모두 갖춘 개구부(건축물에서 채광·환기·통풍 또는 출입 등을 위하여 만든 창·출입구, 그 밖에 이와 비슷한 것을 말한다. 이하 같다)의 면적의 합계가 해당 층의 바닥면적(「건축법 시행령」 제119조제1항제3호에 따라 산정된 면적을 말한다. 이하 같다)의 (ㄱ) 이하가 되는 층을 말한다.
> 가. 크기는 지름 (ㄴ) 센티미터 이상의 원이 통과할 수 있을 것
> 나. 해당 층의 바닥면으로부터 개구부 밑부분까지의 높이가 (ㄷ) 미터 이내일 것

① ㄱ : 30분의 1, ㄴ : 50, ㄷ : 1.2
② ㄱ : 30분의 1, ㄴ : 100, ㄷ : 1.2
③ ㄱ : 50분의 1, ㄴ : 50, ㄷ : 1.5
④ ㄱ : 50분의 1, ㄴ : 100, ㄷ : 1.5

해설 "무창층"(無窓層)이란 지상층 중 다음 각 목의 요건을 모두 갖춘 개구부(건축물에서 채광·환기·통풍 또는 출입 등을 위하여 만든 창·출입구, 그 밖에 이와 비슷한 것을 말한다. 이하 같다)의 면적의 합계가 해당 층의 바닥면적의 **30분의 1 이하**가 되는 층을 말한다.
가. 크기는 지름 **50센티미터** 이상의 원이 통과할 수 있을 것
나. 해당 층의 바닥면으로부터 개구부 밑부분까지의 높이가 **1.2미터 이내**일 것
다. 도로 또는 차량이 진입할 수 있는 빈터를 향할 것
라. 화재 시 건축물로부터 쉽게 피난할 수 있도록 창살이나 그 밖의 장애물이 설치되지 않을 것
마. 내부 또는 외부에서 쉽게 부수거나 열 수 있을 것

정답 62. ④ 63. ①

64 소방시설 설치 및 관리에 관한 법령상 방염대상물품의 방염성능기준으로 옳은 것을 모두 고른 것은?

> ㄱ. 탄화(炭化)한 면적은 50제곱센티미터 이내, 탄화한 길이는 30센티미터 이내일 것
> ㄴ. 버너의 불꽃을 제거한 때부터 불꽃을 올리며 연소하는 상태가 그칠 때까지 시간은 30초 이내일 것
> ㄷ. 소방청장이 정하여 고시한 방법으로 발연량(發煙量)을 측정하는 경우 최대 연기밀도는 400 이하일 것

① ㄷ
② ㄱ, ㄴ
③ ㄴ, ㄷ
④ ㄱ, ㄴ, ㄷ

해설 방염성능기준
1. 버너의 불꽃을 제거한 때부터 불꽃을 올리며 연소하는 상태가 그칠 때까지 시간은 **20초 이내**일 것
2. 버너의 불꽃을 제거한 때부터 불꽃을 올리지 않고 연소하는 상태가 그칠 때까지 시간은 **30초 이내**일 것
3. 탄화(炭化)한 면적은 **50제곱센티미터** 이내, 탄화한 길이는 **20센티미터** 이내일 것
4. 불꽃에 의하여 완전히 녹을 때까지 불꽃의 접촉횟수는 **3회** 이상일 것
5. 소방청장이 정하여 고시한 방법으로 발연량(發煙量)을 측정하는 경우 최대연기밀도는 **400** 이하일 것

65 소방시설 설치 및 관리에 관한 법령상 건축허가등을 할 때 미리 소방본부장 또는 소방서장의 동의를 받아야 하는 건축물 등의 범위에 해당하는 것은? (단, 다른 조건은 고려하지 않음)

① 연면적이 200제곱미터 이상인 의료재활시설
② 가스시설로서 지하저장탱크의 저장용량의 합계가 50톤 이상인 것
③ 차고·주차장으로 사용되는 바닥면적이 200제곱미터 이상인 층이 있는 건축물이나 주차시설
④ 지하층 또는 무창층이 있는 건축물로서 연면적이 100제곱미터(공연장의 경우에는 50제곱미터) 이상인 층이 있는 것

해설 보기설명
① 연면적이 300제곱미터 이상인 의료재활시설
② 가스시설로서 지상에 노출된 탱크의 저장용량의 합계가 100톤 이상인 것
④ 지하층 또는 무창층이 있는 건축물로서 연면적이 150제곱미터(공연장의 경우에는 100제곱미터) 이상인 층이 있는 것

66 소방시설 설치 및 관리에 관한 법령상 소방용품의 형식승인 등에 관한 조문의 일부이다. ( )에 들어갈 내용으로 옳은 것은?

> • 대통령령으로 정하는 소방용품을 제조하거나 수입하려는 자는 소방청장의 (ㄱ)을 받아야 한다. 다만, 연구개발 목적으로 제조하거나 수입하는 소방용품은 그러하지 아니하다.
> • 「소방시설 설치 및 관리에 관한 법률」 제37조 제1항에 따른 (ㄱ)을 받으려는 자는 (ㄴ)으로 정하는 기준에 따라 (ㄱ)을 위한 시험시설을 갖추고 소방청장의 심사를 받아야 한다.

① ㄱ : 형식승인, ㄴ : 총리령
② ㄱ : 형식승인, ㄴ : 행정안전부령
③ ㄱ : 성능인증, ㄴ : 총리령
④ ㄱ : 성능인증, ㄴ : 행정안전부령

정답 64. ① 65. ③ 66. ②

해설
① 대통령령으로 정하는 소방용품을 제조하거나 수입하려는 자는 소방청장의 **형식승인**을 받아야 한다. 다만, 연구개발 목적으로 제조하거나 수입하는 소방용품은 그러하지 아니하다.
② **형식승인**을 받으려는 자는 **행정안전부령**으로 정하는 기준에 따라 형식승인을 위한 시험시설을 갖추고 소방청장의 심사를 받아야 한다. 다만, 소방용품을 수입하는 자가 판매를 목적으로 하지 아니하고 자신의 건축물에 직접 설치하거나 사용하려는 경우 등 행정안전부령으로 정하는 경우에는 시험시설을 갖추지 아니할 수 있다.

해설 수수료

옥내 저장소	지정수량의 10배 이하인 것	2만원
	지정수량의 10배 초과 50배 이하인 것	2만5천원
	지정수량의 50배 초과 100배 이하인 것	4만원
	지정수량의 100배 초과 200배 이하인 것	5만원
	지정수량의 200배를 초과하는 것	6만5천원

67 소방시설 설치 및 관리에 관한 법령상 소방시설 중 소화활동설비에 해당하는 것은?
① 방열복
② 비상벨설비
③ 통합감시시설
④ 연결송수관설비

해설 보기설명
① 방열복 – 인명구조기구
② 비상벨설비 – 경보설비
③ 통합감시시설 – 경보설비
④ 연결송수관설비 – 소화활동설비

68 위험물안전관리법령상 옥내저장소 설치허가 수수료의 연결로 옳은 것은?
① 지정수량의 10배 이하인 것 – 1만원
② 지정수량의 50배 초과 100배 이하인 것 – 4만원
③ 지정수량의 100배 초과 200배 이하인 것 – 6만원
④ 지정수량의 200배 초과하는 것 – 9만원

69 위험물안전관리법령상 제조소의 위치·구조 및 설비의 기준 중 피뢰설비 설치를 제외할 수 있는 위험물은? (단, 제조소의 주위의 상황에 따라 안전상 지장이 있고, 지정수량 10배 이상의 위험물을 취급하는 제조소임)
① 아염소산염류
② 과염소산
③ 황린
④ 하이드록실아민

해설 피뢰설비
지정수량의 10배 이상의 위험물을 취급하는 제조소(**제6류 위험물을 취급하는 위험물제조소를 제외**한다)에는 피뢰침을 설치하여야 한다. 다만, 제조소의 주위의 상황에 따라 안전상 지장이 없는 경우에는 피뢰침을 설치하지 아니할 수 있다.
과염소산 : 제6류 위험물

70 위험물안전관리법령상 용어의 정의에 따른 도로에 해당하지 않는 것은?
①「도로법」에 따른 도로
②「항만법」에 따른 항만시설 중 임항교통시설에 해당하는 도로
③「사도법」에 의한 사도
④ 그 밖에 일반교통에 이용되지 않는 너비 2미터 이상의 도로로서 자동차의 통행이 가능한 것

정답 67. ④ 68. ② 69. ② 70. ④

해설 위험물안전관리법 시행규칙
"도로"란 다음 각 목의 어느 하나에 해당하는 것
가. 도로
나. 항만시설 중 임항교통시설에 해당하는 도로
다. 사도
라. 그 밖에 일반교통에 이용되는 너비 2미터 이상의 도로로서 자동차의 통행이 가능한 것

71 위험물안전관리법령상 옥내탱크저장소의 변경허가를 받아야 하는 경우를 모두 고른 것은?

> ㄱ. 옥내저장탱크의 탱크본체를 절개하여 보수하는 경우
> ㄴ. 불활성기체의 봉입장치를 신설하는 경우
> ㄷ. 자동화재탐지설비를 신설 또는 철거하는 경우

① ㄷ ② ㄱ, ㄴ
③ ㄴ, ㄷ ④ ㄱ, ㄴ, ㄷ

해설 옥내탱크저장소의 변경허가를 받아야 하는 경우
가. 옥내저장탱크의 위치를 이전하는 경우
나. 주입구의 위치를 이전하거나 신설하는 경우
다. 300 m(지상에 설치하지 아니하는 배관의 경우에는 30 m)를 초과하는 위험물배관을 신설·교체·철거 또는 보수(배관을 절개하는 경우에 한한다)하는 경우
라. 옥내저장탱크를 신설·교체 또는 철거하는 경우
마. **옥내저장탱크를 보수(탱크본체를 절개하는 경우에 한한다)하는 경우**
바. 옥내저장탱크의 노즐 또는 맨홀을 신설하는 경우(노즐 또는 맨홀의 지름이 250 mm를 초과하는 경우에 한한다)
사. 건축물의 벽·기둥·바닥·보 또는 지붕을 증설 또는 철거하는 경우
아. 배출설비를 신설하는 경우
자. 누설범위를 국한하기 위한 설비·냉각장치·보냉장치·온도의 상승에 의한 위험한 반응을 방지하기 위한 설비 또는 철 이온 등의 혼입에 의한 위험한 반응을 방지하기 위한 설비를 신설하는 경우
차. **불활성기체의 봉입장치를 신설하는 경우**
카. 물분무등소화설비를 신설·교체(배관·밸브·압력계·소화전본체·소화약제탱크·포헤드·포방출구 등의 교체는 제외한다) 또는 철거하는 경우
타. **자동화재탐지설비를 신설 또는 철거하는 경우**

72 다중이용업소의 안전관리에 관한 특별법령상 안전시설등에 대한 정기점검 등에 관한 조문의 일부이다. ( )에 들어갈 내용으로 옳은 것은? (단, 다른 조건은 고려하지 않음)

> • 다중이용업주는 다중이용업소의 안전관리를 위하여 정기적으로 안전시설등을 점검하고 그 점검결과서를 작성하여 (ㄱ)년간 보관하여야 한다.
> • 점검주기: 매 (ㄴ)별 (ㄷ)회 이상 점검

① ㄱ : 1, ㄴ : 분기, ㄷ : 1
② ㄱ : 1, ㄴ : 반기, ㄷ : 2
③ ㄱ : 2, ㄴ : 분기, ㄷ : 1
④ ㄱ : 2, ㄴ : 반기, ㄷ : 2

해설 ① 다중이용업주는 다중이용업소의 안전관리를 위하여 정기적으로 안전시설등을 점검하고 그 점검결과서를 작성하여 **1년간** 보관하여야 한다.
② 점검주기 : 매 **분기별 1회** 이상 점검

73 다중이용업소의 안전관리에 관한 특별법령상 안전시설등에서 소방시설 중 피난설비에 해당하는 것은?

① 휴대용비상조명등
② 창문
③ 영업장 내부 피난통로
④ 비상구

해설) 피난설비
1) 피난기구
 가) 미끄럼대 나) 피난사다리
 다) 구조대 라) 완강기
 마) 다수인 피난장비 바) 승강식 피난기
2) 피난유도선
3) 유도등, 유도표지 또는 비상조명등
4) 휴대용비상조명등

74 다중이용업소의 안전관리에 관한 특별법령상 조치명령 미이행업소를 공개할 때 포함해야 할 사항이 아닌 것은?

① 미이행업소의 주소
② 소방서장이 조치한 내용
③ 미이행의 횟수
④ 미이행업소 대표자 성명

해설) 조치명령 미이행업소 공개사항
1. 미이행업소명
2. 미이행업소의 주소
3. 소방청장·소방본부장 또는 소방서장이 조치한 내용
4. 미이행의 횟수

75 다중이용업소의 안전관리에 관한 특별법령상 평가대행자에 대한 1차 행정처분기준이 등록취소에 해당하는 위반사항은? (단, 가중과 감경은 고려하지 않음)

① 화재위험평가서를 허위로 작성하거나 고의 또는 중대한 과실로 평가서를 부실하게 작성한 경우
② 도급받은 화재위험평가 업무를 하도급한 경우
③ 업무정지처분기간 중 신규계약에 의하여 화재위험평가대행업무를 한 경우
④ 1개월 이상 시험장비가 없는 경우

해설) 보기설명
① 화재위험평가서를 허위로 작성하거나 고의 또는 중대한 과실로 평가서를 부실하게 작성한 경우 : 1차 업무정지 6월, 2차 등록취소
② 도급받은 화재위험평가 업무를 하도급한 경우 : 1차 업무정지 6월, 2차 등록취소
③ 업무정지처분기간 중 신규계약에 의하여 화재위험평가대행업무를 한 경우 : 1차 등록취소
④ 1개월 이상 시험장비가 없는 경우 : 1차 업무정지 6월, 2차 등록취소

제4과목
위험물의 성질·상태 및 시설기준

76 제1류 위험물의 공통성질에 관한 설명으로 옳은 것은?

① 산화성 고체이다.
② 물에 접촉하면 발열한다.
③ 무색 또는 백색의 화합물이다.
④ 가열 분해에 의하여 수소를 발생시킨다.

해설) 보기설명
② 제1류 위험물 중 무기과산화물류는 물과 접촉 시 다량의 열과 산소를 발생
③ 대부분 무색 결정 또는 백색 분말 형태(일부 색상을 갖는 위험물도 존재)
④ 가열, 충격, 마찰에 의한 분해 및 산소 발생

77 에틸알코올이 완전 연소한 경우의 화학반응식이다. 다음 (ㄱ)~(ㄹ)에 들어갈 숫자는?

$$(ㄱ)C_2H_5OH + (ㄴ)O_2 \rightarrow (ㄷ)CO_2 + (ㄹ)H_2O$$

정답 74. ④ 75. ③ 76. ① 77. ②

① ㄱ : 1, ㄴ : 1, ㄷ : 2, ㄹ : 5
② ㄱ : 1, ㄴ : 3, ㄷ : 2, ㄹ : 3
③ ㄱ : 2, ㄴ : 3, ㄷ : 4, ㄹ : 5
④ ㄱ : 2, ㄴ : 7, ㄷ : 4, ㄹ : 5

해설 에틸알코올(에탄올)의 완전 연소 반응식
$C_2H_5OH + 3O_2 \rightarrow 2CO_2 + 3H_2O$

78 탄소가 다음 반응과 같이 진행하여 완전 연소될 경우 생성되는 열량(kJ)은?

| 1 단계 : $C + \frac{1}{2}O_2 \rightarrow CO + 111\,kJ$ |
| 2 단계 : $CO + \frac{1}{2}O_2 \rightarrow CO_2 + 283\,kJ$ |

① 172 ② 283
③ 394 ④ 566

해설 탄소가 완전 연소될 경우 열량은 탄소 1몰당 약 393.5 kJ 또는 탄소 1 g당 약 8.1 kcal 이다.
표의 수치를 활용하면 생성되는 열량 :
111 + 283 = 394 kJ

79 제5류 위험물 중 나이트로화합물이 아닌 것은?

① 테트릴
② 피크린산
③ 트라이나이트로톨루엔
④ 나이트로글리세린

해설 나이트로글리세린은 질산에스터류에 해당한다.

| 나이트로화합물 | 트라이나이트로톨루엔(TNT)
트라이나이트로페놀(TNP)
  = 피크린산
다이나이트로톨루엔(DNT)
다이나이트로나프탈렌(DNN)
테트릴 |

| 질산에스터류 | 질산메틸, 질산에틸
나이트로글리콜
나이트로글리세린
나이트로셀룰로오스 |

80 칼륨과 나트륨에 관한 비교설명으로 옳지 않은 것은?

① 비중은 나트륨이 크다.
② 융점은 칼륨이 낮다.
③ 비점은 칼륨이 낮다.
④ 모두 이온화 경향이 작은 가연성 금속이다.

해설 칼륨과 나트륨은 모두 이온화 경향이 매우 큰 가연성 금속이다.

81 물질 A와 B의 특성이 다음과 같을 때 공기중에서 인화 또는 발화가 가능한 조건은?
(단, 물질 A는 물 또는 물질 B와 혼합하여도 화학반응 등이 일어나지 않는 것으로 한다.)

물질	성질	인화성	발화점	연소범위
A	비수용성	13 ℃	443 ℃	7.6~43 vol%
B	수용성	11 ℃	413 ℃	4.3~19 vol%

① A 증기 3 L와 공기 100 L를 혼합하여 전기점화를 한다.
② A 를 직접적인 점화원 없이 200 ℃까지 가열한다.
③ 443 ℃인 공간에 B 를 소량 떨어뜨린다.
④ A 와 B 를 혼합한 것을 300 ℃로 가열한 유리 용기에 넣는다.

정답 78. ③ 79. ④ 80. ④ 81. ③

해설
- 보기 ①은 연소범위 미달

  (증기농도 : $\dfrac{3}{3+100} \times 100 = 2.91 \text{ vol\%}$)로 전기점화를 하더라도 발화 불가능.
- 보기 ②는 발화점 미달로 발화 불가능.
- 보기 ③은 물질 B의 발화점(413 ℃)보다 높은 온도가 제공되어 점화원 없이도 스스로 발화
- 보기 ④는 인화점은 넘으나 발화점은 미달하여 "발화"는 불가능, "인화"는 점화원이 존재하면 가능

82 19 ℃의 기름 100 g에 4200 J의 열량을 가했을 경우 기름의 온도(℃)는?(단, 기름의 비열은 2.1 J/g·℃ 이다.)

① 20 ② 35
③ 39 ④ 45

해설 기름의 온도

$t_2 = \dfrac{Q}{mc} + t_1 = \dfrac{4200 \text{ J}}{100 \text{ g} \times 2.1 \text{ J/g·℃}} + 19℃$

$\quad = 39℃$

[열량 $Q = mc(t_2 - t_1)$,

m : 질량, c : 비열, $t_2 - t_1$: 온도차]

83 철, 구리와 반응하여 폭발성의 금속염을 형성하는 것은?

① 트라이나이트로페놀
② 과산화벤조일
③ 나이트로글리세린
④ 나이트로셀룰로오스

해설 트라이나이트로페놀(피크린산) : 구리나 철과 같은 금속과 반응하여 매우 민감하고 불안정한 폭발성 금속염을 형성

84 질산암모늄 1 ton을 고온으로 가열하여 질소, 수증기, 산소로 완전 분해되었다. 이때 생성되는 (ㄱ) 질소와 (ㄴ) 산소의 질량(kg)은 약 얼마인가?

① ㄱ : 175, ㄴ : 100
② ㄱ : 350, ㄴ : 200
③ ㄱ : 425, ㄴ : 250
④ ㄱ : 525, ㄴ : 300

해설
- 질산암모늄 열분해 반응식 :

  $2NH_4NO_3 \rightarrow 2N_2 + 4H_2O + O_2$
- 질산암모늄(NH_4NO_3)의 분자량 :

  $(14 \times 2) + (1 \times 4) + (16 \times 3) = 28 + 4 + 48$
  $= 80 \text{ kg/kmol}$
- 질소의 분자량 : $14 \times 2 = 28 \text{ kg/kmol}$
- 산소의 분자량 : $16 \times 2 = 32 \text{ kg/kmol}$
- 질소의 질량

2×80 kg/kmol	2×28 kg/kmol
1000 kg	x

$x = \dfrac{2 \times 28 \times 1000}{2 \times 80} = 350 \text{kg}$

- 산소의 질량

2×80 kg/kmol	32 kg/kmol
1000 kg	x

$x = \dfrac{32 \times 1000}{2 \times 80} = 200 \text{kg}$

85 제3류 위험물의 성상에 관한 설명으로 옳은 것을 모두 고른 것은?

> ㄱ. 황린은 자연발화성물질 및 금수성물질이다.
> ㄴ. 나트륨은 은백색의 광택이 나는 연한 경금속이다.
> ㄷ. 인화칼슘은 물과 반응하여 공기보다 무거운 포스핀을 생성한다.
> ㄹ. 트라이에틸알루미늄은 물과 반응하여 에테인(ethane)을 생성한다.

정답 82. ③ 83. ① 84. ② 85. ④

① ㄱ　　　　　② ㄱ, ㄷ
③ ㄴ, ㄹ　　　④ ㄴ, ㄷ, ㄹ

해설 황린은 자연발화성 물질이다.

86 제4류 위험물에 관한 설명으로 옳지 않은 것은?

① n-부틸알코올(nomal butyl alcohol)은 제2석유류에 속하는 인화성액체이다.
② 아크롤레인(acrolein)은 제1석유류에 속하며 증기비중이 1보다 크고 독성이 강하다.
③ 글리세린(glycerine)은 나이트로글리세린의 원료이며 $KMnO_4$와 혼촉발화한다.
④ 콜로디온(collodion)은 제조 시 사용한 용제가 모두 증발하면 제3류 위험물과 같은 위험성이 나타난다.

해설 콜로디온은 제조 시 사용한 용제가 모두 증발하면 **제5류 위험물(자기반응성 물질)**인 나이트로셀룰로스와 같은 폭발 위험성이 나타난다.

87 위험물안전관리법령상 위험물의 지정수량과 위험등급에 관한 내용이다. 다음 ( )에 알맞은 것은?

품명	지정수량(kg)	위험등급
질산염류	300	(ㄱ)
마그네슘	(ㄴ)	Ⅲ
알킬리튬	(ㄷ)	Ⅰ

① ㄱ : Ⅰ, ㄴ : 100, ㄷ : 50
② ㄱ : Ⅱ, ㄴ : 300, ㄷ : 20
③ ㄱ : Ⅱ, ㄴ : 500, ㄷ : 10
④ ㄱ : Ⅲ, ㄴ : 1000, ㄷ : 20

해설

품명	지정수량(kg)	위험등급
질산염류	300	(Ⅱ)
마그네슘	(500)	Ⅲ
알킬리튬	(10)	Ⅰ

88 위험물안전관리법령상 제조소에서 저장 또는 취급하는 위험물별 게시판에 표시해야 하는 주의사항으로 옳은 것은?

① 톨루엔 – 화기엄금
② 질산에틸 – 화기주의
③ 철분 – 물기엄금
④ 인화성고체 – 화기주의

해설 보기설명
① 톨루엔 - 제4류 위험물 – 화기엄금
② 질산에틸 - 제5류 위험물 – **화기엄금, 충격주의**
③ 철분 - 제2류 위험물 – **물기엄금, 화기주의**
④ 인화성고체 - 제2류 위험물 – **화기엄금**

89 위험물안전관리법령상 제조소의 "위험물의 성질에 따른 제조소의 특례" 기준이다. 다음 ( )에 알맞은 것은?

• (ㄱ)을 취급하는 설비에는 불활성기체를 봉입하는 장치를 갖출 것
• (ㄴ)을/를 취급하는 설비는 은·수은·동·마그네슘 또는 이들을 성분으로 하는 합금으로 만들지 아니할 것

① ㄱ : 알킬리튬, ㄴ : 아세트알데하이드
② ㄱ : 알킬리튬, ㄴ : 하이드록실아민
③ ㄱ : 산화프로필렌, ㄴ : 아세트알데하이드
④ ㄱ : 산화프로필렌, ㄴ : 하이드록실아민

정답 86. ④　87. ③　88. ①　89. ①

해설
- (알킬리튬)을 취급하는 설비에는 불활성기체를 봉입하는 장치를 갖출 것
- (아세트알데하이드)을/를 취급하는 설비는 은·수은·동·마그네슘 또는 이들을 성분으로 하는 합금으로 만들지 아니할 것

90 위험물안전관리법령상 질산메틸의 운반 시 혼재가 가능한 위험물은?(단, 운반하는 위험물은 모두 지정수량이다.)
① 질산
② 마그네슘
③ 수소화나트륨
④ 과산화나트륨

해설 질산메틸(제5류 위험물)과 마그네슘(제2류 위험물)은 혼재가 가능하다.

91 위험물안전관리법령상 주유취급소의 고정주유설비의 기준이다. 다음 ( )에 알맞은 것은?

펌프기기는 주유관 끝부분에서의 최대배출량이 제1석유류의 경우에는 분당 (ㄱ)L 이하, 경유의 경우에는 분당 (ㄴ)L 이하, 등유의 경우에는 분당 (ㄷ)L 이하인 것으로 할 것

① ㄱ : 30, ㄴ : 120, ㄷ : 50
② ㄱ : 50, ㄴ : 180, ㄷ : 80
③ ㄱ : 80, ㄴ : 100, ㄷ : 250
④ ㄱ : 100, ㄴ : 300, ㄷ : 120

해설 펌프기기는 주유관 끝부분에서의 최대배출량이 제1석유류의 경우에는 분당 (50)L 이하, 경유의 경우에는 분당 (180)L 이하, 등유의 경우에는 분당 (80)L 이하인 것으로 할 것

92 위험물안전관리법령상 위험물을 취급하는 건축물에 설치하는 채광·조명 및 환기 설비에 관한 설명으로 옳지 않은 것은?
① 환기설비의 급기구는 낮은 곳에 설치한다.
② 채광설비는 채광면적이 최대가 되도록 한다.
③ 바닥면적이 100 m²인 경우 환기설비의 급기구의 면적은 450 cm²로 할 수 있다.
④ 스위치의 스파크로 인해 화재·폭발의 우려가 있는 경우에는 조명설비의 점멸스위치를 출입구 바깥부분에 설치한다.

해설 채광설비는 불연재료로 하고, 연소의 우려가 없는 장소에 설치하되 채광면적을 최소로 할 것

93 위험물안전관리법령상 위험물 제조소의 바닥면적이 100 m²이고 배출설비를 전역방식으로 하는 경우 배출설비의 최소 배출능력(m³/시간)은?
① 100
② 450
③ 1,000
④ 1,800

해설 배출능력은 1시간당 배출장소 용적의 20배 이상인 것. 다만, 전역방식의 경우에는 바닥면적 1 m²당 18 m³ 이상
최소 배출능력 : 100 m² × 18 m³/m²·시간
= 1,800 m³/시간

94 위험물안전관리법령상 이동탱크저장소에 저장할 수 있는 제4류 위험물 중 접지도선을 설치해야 하는 위험물은?
① 특수인화물
② 동식물유류
③ 알코올류
④ 제3석유류

해설 제4류 위험물중 특수인화물, 제1석유류 또는 제2석유류의 이동탱크저장소에는 접지도선을 설치

정답 90. ② 91. ② 92. ② 93. ④ 94. ①

95 위험물안전관리 법령상 휘발유를 옥외탱크저장소에 저장할 경우 옥외탱크저장소의 위치·구조 및 설비의 기준에서 방유제의 설치에 관한 설명으로 옳지 않은 것은?

① 방유제의 높이는 0.5 m 이상 3 m 이하로 한다.
② 방유제내의 면적은 8만 m^2 이하로 한다.
③ 방유제에는 그 내부에 고인 물을 외부로 배출하기 위한 배수구를 설치하고 이를 개폐하는 밸브 등을 방유제의 내부에 설치한다.
④ 높이가 1 m를 넘는 방유제 및 간막이 둑의 안팎에는 방유제내에 출입하기 위한 계단 또는 경사로를 약 50 m마다 설치한다.

해설 방유제에는 그 내부에 고인 물을 외부로 배출하기 위한 배수구를 설치하고 이를 개폐하는 밸브 등을 방유제의 **외부**에 설치할 것

96 위험물안전관리법령상 암반탱크저장소의 위치·구조 및 설비 기준으로 옳은 것을 모두 고른 것은?

> ㄱ. 암반탱크는 암반투수계수가 10^{-5} m/s 이하인 천연암반내에 설치할 것
> ㄴ. 암반탱크는 저장할 위험물의 증기압을 억제할 수 있는 지하수면하에 설치할 것
> ㄷ. 암반탱크내로 유입되는 지하수의 양은 암반내의 지하수 충전량보다 적을 것
> ㄹ. 암반탱크에 가해지는 지하수압은 저장소의 최대운영압보다 작게 유지할 것

① ㄱ, ㄴ
② ㄴ, ㄹ
③ ㄷ, ㄹ
④ ㄱ, ㄴ, ㄷ

해설 암반탱크에 가해지는 지하수압은 저장소의 최대운영압보다 **항상 크게** 유지할 것

97 위험물안전관리법령상 소화설비의 설치기준에서 외벽이 내화구조가 아닌 연면적 450 m^2인 저장소의 소요단위는?

① 3
② 5
③ 6
④ 9

해설 저장소의 소요단위
저장소의 건축물은 외벽이 내화구조인 것은 연면적 150 m^2를 1소요단위로 하고, 외벽이 내화구조가 아닌 것은 연면적 75 m^2를 1소요 단위로 할 것
소요단위 : 450 m^2 / 75 m^2 = 6단위

98 위험물안전관리법령상 위험물의 저장 및 취급 기준에 관한 설명으로 옳지 않은 것은?

① 수상구조물에 설치하는 고정주유설비를 이용하여 주유작업을 할 때에는 6 m 이내에 다른 선박의 정박 또는 계류를 금지한다.
② 철도 또는 궤도에 의하여 운행하는 차량에 주유하는 때에는 콘크리트 등으로 포장된 부분에서 주유한다.
③ 이동저장탱크에 알킬알루미늄등을 저장하는 경우에는 20 kPa 이하의 압력으로 불활성의 기체를 봉입하여 둔다.
④ 옥내저장소에서는 용기에 수납하여 저장하는 위험물의 온도가 55 ℃를 넘지 아니하도록 필요한 조치를 강구하여야 한다.

해설 수상구조물에 설치하는 고정주유설비를 이용하여 주유작업을 할 때에는 **5 m 이내**에 다른 선박의 정박 또는 계류를 금지할 것

정답 95. ③ 96. ④ 97. ③ 98. ①

99 위험물안전관리법령상 제1종 판매취급소의 위치·구조 및 설비의 기준에서 위험물을 배합하는 실에 관한 설명으로 옳은 것은?

① 바닥면적은 5 m² 이상 15 m² 이하로 할 것
② 내부에 체류한 가연성의 증기 또는 가연성의 미분을 지붕 위로 방출하는 설비를 할 것
③ 출입구 문턱의 높이는 바닥면으로부터 0.1 cm 이상으로 할 것
④ 출입구에는 수시로 열 수 있는 자동폐쇄식의 30분 방화문을 설치할 것

해설 보기설명
① 바닥면적은 6 m² 이상 15 m² 이하로 할 것
② 내부에 체류한 가연성의 증기 또는 가연성의 미분을 지붕 위로 방출하는 설비를 할 것
③ 출입구 문턱의 높이는 바닥면으로부터 0.1 m 이상으로 할 것
④ 출입구에는 수시로 열 수 있는 자동폐쇄식의 60분+방화문 또는 60분방화문을 설치할 것

100 위험물안전관리법령상 이송취급소의 위치·구조 및 설비 기준에 따라 외경이 130 mm인 배관의 최소 두께 (mm)는?

① 4.6 ② 4.7
③ 4.8 ④ 4.9

해설 배관의 두께

배관의 외경(단위 mm)	배관의 두께(단위 mm)
114.3 미만	4.5
114.3 이상 139.8 미만	4.9
139.8 이상 165.2 미만	5.1
165.2 이상 216.3 미만	5.5
216.3 이상 355.6 미만	6.4
356.6 이상 508.0 미만	7.9
508.0 이상	9.5

제5과목 소방시설의 구조원리

101 소화기구 및 자동소화장치의 화재안전기술기준상 간이소화용구의 능력단위로 옳은 것은?

① 마른 모래로 삽을 상비한 80 L 이상의 것으로 1포의 능력단위는 1 단위이다.
② 마른 모래로 삽을 상비 한 50 L 이상의 것으로 1포의 능력 단위는 0.5 단위이다.
③ 팽창질석 또는 팽창진주암으로 삽을 상비한 80 L 이상의 것으로 1포의 능력단위는 1 단위이다.
④ 팽창질석 또는 팽창진주암으로 삽을 상비한 50 L 이상의 것으로 1포의 능력단위는 0.5 단위이 다.

해설

간이소화용구		능력단위
마른모래	삽을 상비한 50 L 이상의 것 1포	0.5단위
팽창질석 또는 팽창진주암	삽을 상비한 80 L 이상의 것 1포	

102 포소화설비의 화재안전성능기준상 펌프와 발포기의 중간에 설치된 벤추리관의 벤추리작용과 펌프 가압수의 포 소화약제 저장탱크에 대한 압력에 따라 포 소화약제를 흡입·혼합하는 방식은?

① 프레셔 프로포셔너방식
② 펌프 프로포셔너방식
③ 라인 프로포셔너방식
④ 프레셔사이드 프로포셔너방식

정답 99. ② 100. ④ 101. ② 102. ①

해설
- "펌프 프로포셔너방식"이란 펌프의 토출관과 흡입관 사이의 배관도중에 설치한 흡입기에 펌프에서 토출된 물의 일부를 보내고, 농도 조정밸브에서 조정된 포 소화약제의 필요량을 포 소화약제 저장탱크에서 펌프 흡입측으로 보내어 이를 혼합하는 방식을 말한다.
- "프레셔 프로포셔너방식"이란 펌프와 발포기의 중간에 설치된 벤추리관의 벤추리작용과 펌프 가압수의 포 소화약제 저장탱크에 대한 압력에 따라 포 소화약제를 흡입·혼합하는 방식을 말한다.
- "라인 프로포셔너방식"이란 펌프와 발포기의 중간에 설치된 벤추리관의 벤추리작용에 따라 포 소화약제를 흡입·혼합하는 방식을 말한다.
- "프레셔사이드 프로포셔너방식"이란 펌프의 토출관에 압입기를 설치하여 포 소화약제 압입용 펌프로 포 소화약제를 압입시켜 혼합하는 방식을 말한다.

103 스프링클러설비의 화재안전성능기준상 다음 조건에 따른 특정소방대상물에 스프링클러헤드를 설치하려고 할 때, 헤드의 최소개수는?

- 특정소방대상물은 비 내화구조의 직사각형 구조이다.
- 가로의 길이는 31 m, 세로의 길이는 20 m 이다.
- 헤드는 정방형으로 배치한다.

① 35개 ② 70개
③ 77개 ④ 117개

해설 가로의 수량 : $\dfrac{31\,\text{m}}{2 \times 2.1\,\text{m} \times \cos 45} = 10.44 = 11$

세로의 수량 : $\dfrac{20\,\text{m}}{2 \times 2.1\,\text{m} \times \cos 45} = 6.73 = 7$

전체수량 : $11 \times 7 = 77$개

104 화재안전기술기준상 지상 12층인 백화점에 스프링클러소화설비를 설치하고자 할 때 다음 조건에 따른 전동기 출력(kW)은 약 얼마인가?

- 각 층의 스프링클러헤드 수 : 500 개
- 흡입측 연성계 : 380 mmHg
- 토출측 실양정 : 50 m
- 관마찰 손실 : 10 m
- 펌프효율 : 60 %
- 전달계수 : 1.1
- 스프링클러소화설비 화재안전기술기준의 최소치를 적용

① 17.5 ② 36.9
③ 43.5 ④ 53.9

해설 전양정
$$H = 380\,\text{mmHg} + 50\,\text{m} + 10\,\text{m} + 0.1\,\text{MPa}$$
$$= 380\,\text{mmHg} \times \dfrac{10.332\,\text{m}}{760\,\text{mmHg}} + 50\,\text{m} + 10\,\text{m} + 10\,\text{m}$$
$$= 75.17\,\text{m}$$

토출량 $Q = 30 \times 80\,\text{L/min}$
$$= 2400\,\text{L/min} = 2.4\,\text{m}^3/\text{min}$$

전동기 출력 $P = \dfrac{0.163 KQH}{\eta}$
$$= \dfrac{0.163 \times 1.1 \times 2.4 \times 75.17}{0.6}$$
$$= 53.91$$

105 화재안전기술기준상 48층인 건축물에서, 옥내소화전의 설치 개수는 층당 6개일 때 옥내소화전설비의 수원의 최소 저수량(m³)은? (단, 옥상수조는 제외한다.)

① 5.2 ② 10.4
③ 26 ④ 39

해설 수원 $Q = N(5\text{개 이상은 } 5\text{개}) \times 5.2\,\text{m}^3$
$$= 5 \times 5.2\,\text{m}^3 = 26\,\text{m}^3$$

정답 103. ③ 104. ④ 105. ③

106 스프링클러설비의 화재안전기술기준상 폐쇄형스프링클러헤드는 그 설치장소의 평상시 최고 주위온도에 따라 다음 표에 따른 표시온도의 것으로 설치해야 한다. ( )에 들어갈 것으로 옳은 것은? (단, 높이가 3.5 m인 공장이다.)

설치장소의 최고 주위온도	표시온도
(ㄱ) ℃ 미만	79 ℃ 미만
(ㄱ) ℃ 이상 (ㄴ) ℃ 미만	79 ℃ 이상 121 ℃ 미만
(ㄴ) ℃ 이상 (ㄷ) ℃ 미만	121 ℃ 이상 162 ℃ 미만
(ㄷ) ℃ 이상	162 ℃ 이상

① ㄱ : 39, ㄴ : 64, ㄷ : 96
② ㄱ : 39, ㄴ : 64, ㄷ : 106
③ ㄱ : 49, ㄴ : 74, ㄷ : 96
④ ㄱ : 49, ㄴ : 74, ㄷ : 106

해설

설치장소의 최고 주위온도	표시온도
(39) ℃ 미만	79 ℃ 미만
(39) ℃ 이상 (64) ℃ 미만	79 ℃ 이상 121 ℃ 미만
(64) ℃ 이상 (106) ℃ 미만	121 ℃ 이상 162 ℃ 미만
(106) ℃ 이상	162 ℃ 이상

107 옥내소화전설비의 화재안전성능기준상 송수구에 관한 내용으로 옳지 않은 것은?
① 송수구는 송수 및 그 밖의 소화작업에 지장을 주지 않도록 설치할 것
② 송수구로부터 주배관에 이르는 연결배관에는 개폐밸브를 설치하지 않을 것
③ 지면으로부터 높이가 0.5 미터 이상 1 미터 이하의 위치에 설치할 것
④ 구경 50 밀리미터의 쌍구형 또는 단구형으로 할 것

해설 구경 65 밀리미터의 쌍구형 또는 단구형으로 할 것

108 풋(FOOT)밸브의 기능으로 옳은 것을 모두 고른 것은?

ㄱ. 역류방지기능
ㄴ. 충격흡수기능
ㄷ. 여과기능
ㄹ. 유량조절기능

① ㄱ, ㄴ   ② ㄱ, ㄷ
③ ㄴ, ㄹ   ④ ㄷ, ㄹ

해설 풋(FOOT)밸브의 기능 : 역류방지기능, 여과기능

109 다음은 물분무소화설비의 화재안전기술기준상 수원의 저수량 기준의 일부이다. ( )에 들어갈 것으로 옳은 것은?

차고 또는 주차장은 그 바닥면적(최대 방수구역의 바닥면적을 기준으로 하며, 50 m² 이하인 경우에는 50 m²) 1 m²에 대하여 ( ) L/min로 20분간 방수할 수 있는 양 이상으로 할 것

① 10
② 20
③ 40
④ 60

해설 차고 또는 주차장은 그 바닥면적(최대 방수구역의 바닥면적을 기준으로 하며, 50 m² 이하인 경우에는 50 m²) 1 m²에 대하여 (20) L/min로 20분간 방수할 수 있는 양 이상으로 할 것

정답 106. ② 107. ④ 108. ② 109. ②

110 고층건축물의 화재안전기술기준상 50층 이상인 건축물의 연결송수관설비 내연기관의 최소 연료량은?

① 펌프를 20분 이상 운전할 수 있는 용량
② 펌프를 40분 이상 운전할 수 있는 용량
③ 펌프를 60분 이상 운전할 수 있는 용량
④ 펌프를 120분 이상 운전할 수 있는 용량

해설 내연기관의 연료량은 펌프를 40분(50층 이상인 건축물의 경우에는 60분) 이상 운전할 수 있는 용량일 것

111 자동화재탐지설비 및 시각경보장치의 화재안전기술기준상 부착높이 15 m 이상 20 m 미만에 설치할 수 있는 감지기의 종류를 모두 고른 것은?

ㄱ. 불꽃감지기
ㄴ. 광전식(스포트형, 분리형, 공기흡입형) 1종
ㄷ. 연기복합형
ㄹ. 이온화식 1종

① ㄱ
② ㄴ, ㄹ
③ ㄴ, ㄷ, ㄹ
④ ㄱ, ㄴ, ㄷ, ㄹ

해설

부착높이 15 m 이상 20 m 미만	이온화식 1종 광전식(스포트형, 분리형, 공기흡입형) 1종 연기복합형 불꽃감지기

112 할로겐화합물 및 불활성기체소화설비의 화재안전기술기준상 소화약제의 종류 및 화학식이 옳은 것은?

① HFC-236fa : $CF_3CH_2CF_3$
② HFC-227ea : $CHClFCF_3$
③ HCFC-124 : CF_3CHFCF_3
④ HCFC-23 : C_4F_{10}

해설 보기설명
② HFC-227ea : CF_3CHFCF_3
③ HCFC-124 : $CHClFCF_3$
④ HCFC-23 : CHF_3

113 화재안전기술기준상 「축광표지의 성능인증 및 제품검사의 기술기준」에 적합한 축광식 표지를 설치하지 않아도 되는 것은?

① 피난기구의 위치를 표시하는 표지
② 소화기 및 투척용소화용구의 표지
③ 연결송수관설비의 방수기구함 표지
④ 비상콘센트 보호함 표면의 비상콘센트 표지

해설 보기설명
① 피난기구를 설치한 장소에는 가까운 곳의 보기 쉬운 곳에 피난기구의 위치를 표시하는 발광식 또는 축광식표지와 그 사용방법을 표시한 표지(외국어 및 그림 병기)를 부착하되, 축광식표지는 소방청장이 정하여 고시한 「축광표지의 성능인증 및 제품검사의 기술기준」에 적합할 것.
② 소화기 및 투척용소화용구의 표지는 「축광표지의 성능인증 및 제품검사의 기술기준」에 적합한 축광식표지로 설치할 것.
③ 방수기구함에는 "방수기구함"이라고 표시한 축광식 표지를 할 것. 이 경우 축광식 표지는 소방청장이 고시한 「축광표지의 성능인증 및 제품검사의 기술기준」에 적합한 것으로 설치해야 한다.

정답 110. ③ 111. ④ 112. ① 113. ④

114 도로터널의 화재안전기술기준상 제연설비의 기준으로 옳지 않은 것은?
① 비상전원은 제연설비를 유효하게 60분 이상 작동할 수 있도록 해야 한다.
② 횡류환기방식의 경우 제트팬의 소손을 고려하여 예비용 제트팬을 설치하도록 할 것
③ 화재에 노출이 우려되는 제연설비와 전원공급선 및 제트팬 사이의 전원공급장치 등은 250 ℃의 온도에서 60분 이상 운전상태를 유지할 수 있도록 할 것
④ 대배기구의 개폐용 전동모터는 정전 등 전원이 차단되는 경우에도 조작상태를 유지할 수 있도록 할 것

해설 **종류환기방식**의 경우 제트팬의 소손을 고려하여 예비용 제트팬을 설치하도록 할 것

115 소방시설의 내진설계기준상 가스계 및 분말 소화설비의 내진 설치 기준에 관한 설명으로 옳지 않은 것은?
① 제어반등은 건물의 구조부재인 비내력벽, 바닥 또는 기둥에 고정하여야 한다.
② 제어반등의 하중이 450 N 이하이고 내력벽 또는 기둥에 설치하는 경우 직경 8 mm 이상의 고정용 볼트 4개 이상으로 고정할 수 있다.
③ 저장용기는 지진하중에 의해 전도가 발생하지 않도록 설치할 것
④ 기동장치 및 비상전원은 지진으로 인한 오동작이 발생하지 않도록 설치하여야 한다.

해설 건축물의 구조부재인 **내력벽**·바닥 또는 기둥 등에 고정하여야 하며, 바닥에 설치하는 경우 지진하중에 의해 전도가 발생하지 않도록 설치하여야 한다.

116 미분무소화설비의 화재안전기술기준상 다음 조건에 해당하는 수원의 최소량(m^3)은?

- 설계유량 : 50 L/min
- 안전율 : 1.2
- 방호구역(방수구역)내 헤드의 개수 : 30개
- 설계방수시간: 1 시간
- 배관의 총 체적 : 0.08 m^3
- 기타 조건은 무시한다.

① 10.808
② 108.08
③ 1,080.8
④ 10,808

해설 수원 $Q = N \times D \times T \times S + V$
$= 30 \times 0.05 \, m^3/min \times 60 \, min \times 1.2 + 0.08 \, m^3$
$= 108.08 \, m^3$
N : 방호구역(방수구역)내 헤드의 개수
D : 설계유량(m^3/min)
T : 설계방수시간(min)
S : 안전율(1.2 이상)
V : 배관의 총체적(m^3)

117 소화수조 및 저수조의 화재안전기술기준상 지상 5층 건축물의 연면적이 40,000 m^2인 소방대상물에 설치되어야 하는 저수조의 최소 저수량(m^3)은? (단, 각 층의 바닥면적은 동일하다.)
① 60　　② 80
③ 120　　④ 160

해설 각 층별 바닥면적 : $\dfrac{40,000 \, m^2}{5층} = 8,000 \, m^2$
1, 2층 바닥면적의 합계가 15,000 m^2 이상이므로
저수조의 최소 저수량 : $\dfrac{40,000 m^2}{7,500 m^2} = 5.33 = 6$
$6 \times 20 \, m^3 = 120 \, m^3$

정답 114. ②　115. ①　116. ②　117. ③

118 제연설비의 화재안전기술기준상 제연설비가 설치된 부분의 거실 바닥면적이 400 m² 이상이고 수직거리가 2.5 m 초과 3 m 이하일 때 예상제연구역의 배출량(m³/h)은? (단, 예상제연구역이 제연경계로 구획되고 직경 40 m인 원의 범위를 초과할 경우에 해당한다.)

① 40,000 이상
② 45,000 이상
③ 50,000 이상
④ 55,000 이상

해설

수직거리	배출량
2 m 이하	45,000 m³/h
2 m 초과 2.5 m 이하	50,000 m³/h
2.5 m 초과 3 m 이하	55,000 m³/h
3 m 초과	65,000 m³/h

119 소방시설설치 및 관리에 관한 법령에서 정하는 자동화재속보설비의 설치대상으로 옳지 않은 것은? (단, 방재실 등 화재 수신기가 설치된 장소에 24시간 화재를 감시할 수 있는 사람이 근무하지 않는다.)

① 숙박시설이 없는 수련시설로서 바닥면적 500 m² 이상인 층이 있는 것
② 근린생활시설 중 의원, 치과의원 및 한의원으로서 입원실이 있는 시설
③ 노유자 생활시설
④ 의료시설 중 정신병원 및 의료재활시설로 사용되는 바닥면적 합계가 500 m² 이상인 층이 있는 것

해설 자동화재속보설비를 설치해야 하는 특정소방대상물

1) 노유자 생활시설
2) 노유자 시설로서 바닥면적이 500 m² 이상인 층이 있는 것
3) 수련시설(숙박시설이 있는 것만 해당한다)로서 바닥면적이 500 m² 이상인 층이 있는 것
4) 문화유산 중 「문화유산의 보존 및 활용에 관한 법률」 제23조에 따라 보물 또는 국보로 지정된 목조건축물
5) 근린생활시설 중 다음의 어느 하나에 해당하는 시설
   가) 의원, 치과의원 및 한의원으로서 입원실이 있는 시설
   나) 조산원 및 산후조리원
6) 의료시설 중 다음의 어느 하나에 해당하는 것
   가) 종합병원, 병원, 치과병원, 한방병원 및 요양병원(의료재활시설은 제외한다)
   나) 정신병원 및 의료재활시설로 사용되는 바닥면적의 합계가 500 m² 이상인 층이 있는 것
7) 판매시설 중 전통시장

120 피난기구의 화재안전성능기준상 승강식 피난기 및 하향식 피난구용 내림식사다리의 설치기준이 아닌 것은?

① 대피실 내에는 "대피실" 표지판을 부착할 것
② 착지점과 하강구는 상호 수평거리 15센티미터 이상의 간격을 둘 것
③ 승강식 피난기 및 하향식 피난구용 내림식사다리는 설치경로가 설치층에서 피난층까지 연계될 수 있는 구조로 설치할 것
④ 하강구 내측에는 기구의 연결 금속구 등이 없어야 하며 전개된 피난기구는 하강구 수평투영면적 공간 내의 범위를 침범하지 않는 구조이어야 할 것

해설 대피실 내에는 비상조명등을 설치할 것

121 옥내소화전설비의 화재안전성능기준상 감시제어반의 전용실의 설치기준이 아닌 것은?

① 다른 부분과 방화구획을 할 것
② 피난층 또는 지하 1층에 설치할 것
③ 비상조명등 및 비상콘센트를 설치할 것
④ 바닥면적은 감시제어반의 설치에 필요한 면적 외에 화재 시 소방대원이 그 감시제어반의 조작에 필요한 최소면적 이상으로 할 것

해설 비상조명등 및 급·배기설비를 설치할 것

122 P형 수신기와 감지기사이의 회로에서 다음 조건에 맞는 감지기의 종단 저항(kΩ)과 감지기 동작 시 흐르는 전류(mA) 값은?

- 배선저항 : 150 Ω
- 릴레이 저항 : 600 Ω
- 상시감시전류 : 2 mA
- 회로의 전압 : 24 V

① 종단저항 : 11.25, 동작전류 : 2
② 종단저항 : 11.25, 동작전류 : 32
③ 종단저항 : 12, 동작전류 : 3
④ 종단저항 : 12, 동작전류 : 16

해설 종단저항 $= \dfrac{24}{2 \times 10^{-3}} - 150 - 600$
$= 11,250\,\Omega = 11.25\,k\Omega$
동작전류 $= \dfrac{24}{150+600} \times 10^3 = 32\,mA$

123 다음은 누전경보기의 화재안전기술기준상 누전경보기 설치기준에 관한 설명이다. ( )에 들어갈 것으로 옳은 것은?

경계전로의 정격전류가 ( )를 초과하는 전로에 있어서는 1급 누전경보기를, ( ) 이하의 전로에 있어서는 1급 또는 2급 누전경보기를 설치할 것. 다만, 정격전류가 ( )를 초과하는 경계전로가 분기되어 각 분기회로의 정격전류가 ( ) 이하로 되는 경우 당해 분기회로마다 2급 누전경보기를 설치한 때에는 당해 경계전로에 1급 누전경보기를 설치한 것으로 본다.

① 30 A
② 40 A
③ 50 A
④ 60 A

해설 경계전로의 정격전류가 (60 A)를 초과하는 전로에 있어서는 1급 누전경보기를, (60 A) 이하의 전로에 있어서는 1급 또는 2급 누전경보기를 설치할 것. 다만, 정격전류가 (60 A)를 초과하는 경계전로가 분기되어 각 분기회로의 정격전류가 (60 A) 이하로 되는 경우 당해 분기회로마다 2급 누전경보기를 설치한 때에는 당해 경계전로에 1급 누전경보기를 설치한 것으로 본다.

정답 121. ③ 122. ② 123. ④

124 자동화재속보설비의 화재안전기술기준상 용어의 정의로 옳은 것을 모두 고른 것은?

> ㄱ. "속보기"란 유선이나 무선 또는 유무선 겸용 방식을 구성하여 음성 또는 데이터 등을 전송할 수 있는 집합체를 말한다.
> ㄴ. "통신망"이란 화재신호를 통신망을 통하여 음성 등의 방법으로 소방관서에 통보하는 장치를 말한다.
> ㄷ. "데이터전송방식" 이란 전기·통신매체를 통해서 전송되는 신호에 의하여 어떤 지점에서 다른 수신 지점에 데이터를 보내는 방식을 말한다.
> ㄹ. "코드전송방식" 이란 신호를 표본화하고 양자화하여, 코드화한 후에 펄스 혹은 주파수의 조합으로 전송하는 방식을 말한다.

① ㄱ, ㄹ
② ㄴ, ㄷ
③ ㄷ, ㄹ
④ ㄱ, ㄴ, ㄷ, ㄹ

해설 "속보기"란 화재신호를 통신망을 통하여 음성 등의 방법으로 소방관서에 통보하는 장치를 말한다. "통신망"이란 유선이나 무선 또는 유무선 겸용 방식을 구성하여 음성 또는 데이터 등을 전송할 수 있는 집합체를 말한다.

125 비상방송설비의 화재안전기술기준상 음향장치의 설치기준에 관한 설명으로 옳지 않은 것은?

① 확성기의 음성입력은 3 W(실내에 설치하는 것에 있어서는 1 W) 이상일 것
② 확성기는 각 층마다 설치하되, 그 층의 각 부분으로부터 하나의 확성기까지의 수평거리가 25 m 이하가 되도록 하고, 해당 층의 각 부분에 유효하게 경보를 발할 수 있도록 설치할 것
③ 조작부의 조작스위치는 바닥으로부터 0.8 m 이상 1.5 m 이하의 높이에 설치할 것
④ 음량조정기를 설치하는 경우 음량조정기의 배선은 2선식으로 할 것

해설 음량조정기를 설치하는 경우 음량조정기의 배선은 **3선식**으로 할 것

정답 124. ③ 125. ④

제24회 소방시설관리사

시행일 2024. 5. 11(토)
합격자 2,085명

제1과목 소방안전관리론 및 화재역학

01 고체 가연물의 연소방식이 아닌 것은?
① 표면연소 ② 예혼합연소
③ 분해연소 ④ 자기연소

해설 연소물질에 따른 연소의 분류

연소물질	연소의 분류
고체	표면연소, 분해연소, 증발연소, 자기연소
액체	증발연소, 분해연소
기체	예혼합연소, 확산연소

2 면적이 0.12 m²인 합판이 완전 연소 시 열방출량(kW)은? (단, 평균질량 감소율은 1,800 g/m²·min, 연소열은 25 kJ/g, 연소효율은 50%로 가정한다.)
① 45   ② 270
③ 450   ④ 2,700

해설 열방출율
$Q = mA\triangle H_c \eta$
$= 1800 \text{g/m}^2 \cdot 60\text{s} \times 0.12\text{m}^2 \times 25\text{kJ/g} \times 0.5$
$= 45 \text{kJ/s} = 45 \text{kW}$
여기서, m : 질량 감소유속(연소속도),
A : 면적
$\triangle H_c$: 기화열
η : 연소효율

3 내화건축물의 구획실내에서 가연물의 연소 시, 최성기의 지배적 열전달로 옳은 것은?
① 확산   ② 전도
③ 대류   ④ 복사

해설 대류 : 내화건축물의 구획실내에서 가연물의 연소 시 성장기의 지배적 열전달 형태
복사 : 내화건축물의 구획실내에서 가연물의 연소 시, 최성기의 지배적 열전달 형태

4 최소발화에너지(MIE)에 영향을 주는 요소에 관한 내용으로 옳은 것은? (단, 일반적인 경향성으로 예외는 적용하지 않는다.)
① 온도가 낮을수록 MIE는 감소한다.
② 압력이 상승하면 MIE는 증가한다.
③ 산소농도가 증가할수록 MIE는 감소한다.
④ MIE는 화학양론적 조성 부근에서 가장 크다.

해설 보기설명
① 온도가 높을수록 MIE는 감소한다.
② 압력이 상승하면 MIE는 감소한다.
④ MIE는 화학양론적 조성 부근에서 가장 작다.

5 표준상태에서, 5몰(mol)의 프로페인가스(C_3H_8)가 완전연소를 하는데 발생하는 이산화탄소(CO_2)의 부피 (m³)는?
① 0.336   ② 0.560
③ 336   ④ 560

정답 1. ② 2. ① 3. ④ 4. ③ 5. ①

해설 프로페인가스의 완전연소반응식 :
$C_3H_8 + 5O_2 \rightarrow 3CO_2 + 4H_2O$
44 kg ↔ 3×44 kg
5몰 ↔ x몰

$x몰 = \dfrac{3 \times 44\text{kg} \times 5몰}{44\text{kg}} = 15몰$,

기체 1몰의 체적은 22.4 L 이므로
이산화탄소의 부피 :
15 몰 × 22.4 L/몰 = 336 L = 0.336 m³

6 물질을 연소시키는 열에너지원의 종류와 발생되는 열원의 연결이 옳은 것을 모두 고른 것은?

> ㄱ. 전기적 에너지 - 유도열, 아크열
> ㄴ. 기계적 에너지 - 마찰열, 압축열
> ㄷ. 화학적 에너지 - 연소열, 자연발열

① ㄱ
② ㄱ, ㄴ
③ ㄴ, ㄷ
④ ㄱ, ㄴ, ㄷ

해설 열 에너지원

기계적	마찰열, 마찰스파크, 압축열
전기적	저항가열 : 백열전구의 발열 유도가열 : 도체 주위 자장(자계)에 의해 발생 유전가열 : 누설전류에 의해 발생 아크가열, 정전기가열 등
화학적	연소열 : 가연물이 산화되는 과정에서 발생 분해열 : 가연물이 열 분해될 때 발생 용해열 : 농황산을 물에 넣었을 때 열이 발생 중합열 : 시안화수소나 산화에틸렌 등이 중합반응 시 발생 자연발열 : 외부 점화원의 공급 없이 축적된 열에 의해 발열

7 두께 3cm인 내열판의 한 쪽 면의 온도는 400℃, 다른 쪽 면의 온도는 40℃일 때, 이 판을 통해 일어나는 열유속(W/m²)은?
(단, 내열판의 열전도도는 0.1W/m·℃)

① 1.2
② 12
③ 120
④ 1,200

해설 열유속(전도 열전달률)

$q = \dfrac{\lambda}{l} A \triangle T$

$= \dfrac{0.1\text{W/m} \cdot ℃}{0.03\text{m}} \times (400-40)℃$

$= 1,200 \text{ W/m}^2$

8 연소생성물과 주요 특성의 연결로 옳지 않은 것은?

① CO - 헤모글로빈과 결합해 산소운반기능 약화
② H_2S - 계란 썩은 냄새
③ $COCl_2$ - 맹독성 가스로 허용농도는 0.1 ppm
④ HCN - 맹독성 가스로 0.3 ppm의 농도에서 즉사

해설 시안화수소(HCN)
① 허용농도 10ppm
② 맹독성 가스로 0.3%의 농도에서 즉사

9 다음에서 설명하는 것은?

> 건축물 내부와 외부의 온도차·공기 밀도차로 인하여 발생하며, 일반적으로 저층보다 고층건축물에서 더 큰 효과를 나타낸다.

① 플래시오버
② 백드래프트
③ 굴뚝효과
④ 롤오버

정답 6. ④ 7. ④ 8. ④ 9. ③

해설 연돌효과(굴뚝효과)
1) 개념 : 건축물 내·외부의 온도차에 의한 압력차가 발생하여 기류가 이동하는 현상
2) 영향요소
  ① 건축물 높이
  ② 외벽의 기밀성
  ③ 건축물 내·외부 온도차의 함수
  ④ 건축물 층간 공기누설

10 건축물의 피난·방화구조 등의 기준에 관한 규칙상 방화구획의 설치 기준 중 ( )에 들어갈 내용으로 옳은 것은?

> ○ 10층 이하의 층은 바닥면적 (ㄱ)제곱미터(스프링클러 기타 이와 유사한 자동식 소화설비를 설치한 경우가 아님)이내마다 구획할 것
> ○ 11층 이상의 층은 바닥면적 (ㄴ)제곱미터(스프링클러 기타 이와 유사한 자동식 소화설비를 설치한 경우가 아님)이내마다 구획할 것(다만, 벽 및 반자의 실내에 접하는 부분의 마감을 불연재료로 한 경우가 아님)

① ㄱ : 500, ㄴ : 200
② ㄱ : 500, ㄴ : 300
③ ㄱ : 1,000, ㄴ : 200
④ ㄱ : 1,000, ㄴ : 300

해설 방화구획 적합기준
(1) 10층 이하의 층
바닥면적 1천제곱미터(스프링클러 기타 이와 유사한 자동식 소화설비를 설치한 경우에는 바닥면적 3천제곱미터) 이내마다 구획
(2) 매 층마다 구획할 것. 다만, 지하 1층에서 지상으로 직접 연결하는 경사로 부위는 제외
(3) 11층 이상의 층
바닥면적 200제곱미터(스프링클러 기타 이와 유사한 자동식 소화설비를 설치한 경우에는 600제곱미터) 이내마다 구획할 것. 다만, 벽 및 반자의 실내에 접하는 부분의 마감을 불연재료로 한 경우에는 바닥면적 500제곱미터(스프링클러 기타 이와 유사한 자동식 소화설비를 설치한 경우에는 1천500제곱미터) 이내마다 구획

11 건축물의 피난·방화구조 등의 기준에 관한 규칙상 내화구조로 옳지 않은 것은?

① 벽의 경우에는 철골철근콘크리트조로서 두께가 10센티미터 이상인 것
② 기둥의 경우에는 철근콘크리트조로서 그 작은 지름이 15센티미터 이상인 것(다만, 고강도 콘크리트를 사용하는 경우가 아님)
③ 바닥의 경우에는 철재의 양면을 두께 5센티미터 이상의 철망모르타르 또는 콘크리트로 덮은 것
④ 지붕의 경우에는 철골철근콘크리트조

해설 기둥의 내화구조 기준
작은 지름이 25 cm 이상인 것으로 다음 각목의 1에 해당하는 것. 다만, 고강도 콘크리트(설계기준강도가 50 MPa 이상인 콘크리트를 말한다. 이하 이 조에서 같다)를 사용하는 경우에는 국토교통부장관이 정하여 고시하는 고강도 콘크리트 내화성능 관리기준에 적합하여야 한다.
① 철근콘크리트조 또는 철골철근콘크리트조
② 철골을 두께 6센티미터(경량골재를 사용하는 경우에는 5센티미터)이상의 철망모르타르 또는 두께 7센티미터 이상의 콘크리트블록·벽돌 또는 석재로 덮은 것
③ 철골을 두께 5센티미터 이상의 콘크리트로 덮은 것

정답 10. ③ 11. ②

12 건축물의 피난·방화구조 등의 기준에 관한 규칙 및 건축법령상 소방관의 진입창의 기준으로 옳은 것은?

① 3층 이상 11층 이하인 층에 각각 1개소 이상 설치할 것. 이 경우 소방관이 진입할 수 있는 창의 가운데에서 벽면 끝까지의 수평거리가 50미터 이상인 경우에는 50미터이내마다 소방관이 진입할 수 있는 창을 추가로 설치해야 한다.
② 창문의 가운데에 지름 30센티미터 이상의 삼각형을 야간에도 알아볼 수 있도록 빛 반사등으로 붉은색으로 표시할 것
③ 창문의 한쪽 모서리에 타격지점을 지름 3센티미터 이상의 원형으로 표시할 것
④ 창문의 크기는 폭 75센티미터 이상, 높이 1.1미터 이상으로 하고, 실내 바닥면으로부터의 아랫부분까지의 높이는 80센티미터 이내로 할 것

해설 소방관 진입창 기준
1. **2층 이상 11층 이하**인 층에 각각 1개소 이상 설치할 것. 이 경우 소방관이 진입할 수 있는 창의 가운데에서 벽면 끝까지의 수평거리가 **40미터 이상**인 경우에는 **40미터 이내**마다 소방관이 진입할 수 있는 창을 추가로 설치해야 한다.
2. 소방차 진입로 또는 소방차 진입이 가능한 공터에 면할 것
3. 창문의 가운데에 지름 **20센티미터 이상**의 역삼각형을 야간에도 알아볼 수 있도록 빛 반사 등으로 붉은색으로 표시할 것
4. 창문의 한쪽 모서리에 타격지점을 지름 3센티미터 이상의 원형으로 표시할 것
5. 창문 유리의 크기는 **폭 90센티미터 이상, 높이 1미터 이상**으로 하고, 실내 바닥면으로부터 창의 아랫부분까지의 높이는 80센티미터[난간이 설치된 노대등에 불가피하게 소방관 진입창을 설치하는 경우에는 120센티미터] 이내로 할 것

13 내화건축물과 비교한 목조건축물의 화재특성에 관한 설명으로 옳은 것은?

① 공기의 유입이 불충분하여 발염연소가 억제된다.
② 건축물의 구조와 특성상 열이 외부로 방출되는 것보다 축적되는 것이 많다.
③ 화재 시 연기 등 연소생성물이 계단이나 복도 등을 따라 상층부로 이동하는 경향이 있다.
④ 화염의 분출면적이 크고 복사열이 커서 접근하기 어렵다.

해설 목조건축물은 화염의 분출면적이 크고 복사열이 커서 접근하기 어렵다. 최성기 온도는 1,100~1,300℃ 이며, 고온단기형 화재 양상을 보인다.

14 건축물의 피난·방화구조 등의 기준에 관한 규칙상 지하층의 비상탈출구의 기준으로 옳은 것은? (단, 주택의 경우에는 해당되지 않음)

① 비상탈출구의 유효너비는 0.6미터 이상으로 하고, 유효높이는 1.2미터 이상으로 할 것
② 비상탈출구는 출입구로부터 2미터 이상 떨어진 곳에 설치할 것
③ 지하층의 바닥으로부터 비상탈출구의 아랫부분까지의 높이가 1.1미터 이상이 되는 경우에는 벽체에 발판의 너비가 26센티미터 이상인 사다리를 설치할 것
④ 피난층 또는 지상으로 통하는 복도나 직통계단까지 이르는 피난통로의 유효너비는 0.75미터 이상으로 하고, 피난통로의 실내에 접하는 부분의 마감과 그 바탕은 불연재료로 할 것

정답 12. ③ 13. ④ 14. ④

해설 보기설명
① 비상탈출구의 유효너비는 0.75미터 이상으로 하고, 유효높이는 1.5미터 이상으로 할 것
② 비상탈출구는 출입구로부터 3미터 이상 떨어진 곳에 설치할 것
③ 지하층의 바닥으로부터 비상탈출구의 아랫부분까지의 높이가 1.2미터 이상이 되는 경우에는 벽체에 발판의 너비가 20센티미터 이상인 사다리를 설치할 것

15 건축물의 피난·방화구조 등의 기준에 관한 규칙상 피난안전구역의 구조 및 설비기준으로 옳지 않은 것은? (단, 초고층건축물과 준초고층건축물에 한함)

① 피난안전구역의 내부마감재료는 불연재료로 설치할 것
② 건축물의 내부에서 피난안전구역으로 통하는 계단은 피난계단의 구조로 설치할 것
③ 비상용 승강기는 피난안전구역에서 승하차 할 수 있는 구조로 설치할 것
④ 피난안전구역의 높이는 2.1미터 이상일 것

해설 건축물의 내부에서 피난안전구역으로 통하는 계단은 **특별피난계단**의 구조로 설치할 것

16 건축물의 피난·방화구조 등의 기준에 관한 규칙상 건축물에 설치하는 계단의 기준 중 ( )에 들어갈 내용으로 옳은 것은? (단, 연면적 200제곱미터를 초과하는 건축물임)

초등학교의 계단인 경우에는 계단 및 계단참의 유효너비는 (ㄱ)센티미터 이상, 단높이는 (ㄴ)센티미터 이하, 단너비는 (ㄷ)센티미터 이상으로 할 것

① ㄱ : 120, ㄴ : 16, ㄷ : 26
② ㄱ : 120, ㄴ : 18, ㄷ : 30
③ ㄱ : 150, ㄴ : 16, ㄷ : 26
④ ㄱ : 150, ㄴ : 18, ㄷ : 30

해설 1. 초등학교의 계단인 경우에는 계단 및 계단참의 유효너비는 150센티미터 이상, 단높이는 16센티미터 이하, 단너비는 26센티미터 이상으로 할 것
2. 중·고등학교의 계단인 경우에는 계단 및 계단참의 유효너비는 150센티미터 이상, 단높이는 18센티미터 이하, 단너비는 26센티미터 이상으로 할 것

17 메테인(methane)의 완전연소반응식이 다음과 같을 때, 메테인의 발열량(kcal)은?

$$CH_4 + 2O_2 \rightarrow CO_2 + 2H_2O + Q \text{ kcal}$$

다만, 표준상태에서 메테인, 이산화탄소, 물의 생성열은 각각 17.9 kcal, 94.1 kcal, 57.8 kcal 이다.

① 187.7 ② 191.8
③ 201.4 ④ 229.3

해설 발열량 : 단위 중량당의 물질이 완전연소하는데 필요한 열량
발열량
$Q = 94.1 \text{ kcal} + 2 \times 57.8 \text{ kcal} - 17.9 \text{ kcal}$
$= 191.8 \text{ kcal}$

18 제1인산암모늄의 열분해 생성물 중 부촉매 소화작용에 해당하는 것은?

① NH_3 ② HPO_3
③ H_3PO_4 ④ NH_4^+

정답 15. ② 16. ③ 17. ② 18. ④

해설 제3종 분말(제1인산암모늄)의 소화효과
① 방진작용 : 메타인산(HPO$_3$)이 가연물의 표면에 점착되어 산소를 차단, 가연물의 잔진상태(숯불형태)의 잔진연소까지 저지하는 역할
② 탈수작용 : 오르토(ortho)인산(H$_3$PO$_4$)이 연소물의 섬유소를 난연성의 탄소와 물로 분해시키는 탈수·탄화 작용
③ 부촉매 작용 : NH$_4^+$ 이온의 부촉매에 의한 연쇄반응 억제
④ 질식효과 : 불연성 기체(CO$_2$, H$_2$O)로 가연물 표면을 덮어 산소공급 차단
⑤ 냉각효과 : 열분해 반응에 따른 흡열반응($-Q$ kcal)

19 화재 시 발생하는 일산화탄소(CO)에 관한 설명으로 옳지 않은 것은?

① 일산화탄소의 농도는 분해 생성물의 양에 반비례한다.
② 공기가 부족할 때 또는 환기량이 적을수록 증가한다.
③ 셀룰로오스계 가연물 연소 시 또는 화재하중이 클수록 증가한다.
④ OH 라디칼은 일산화탄소의 산화에 결정적인 요소이다.

해설 일산화탄소는 가연물이 불완전연소시에 발생하며, 일산화탄소의 농도는 분해 생성물의 양에 비례

20 가연성액화가스 저장탱크 주변 화재로 BLEVE 발생 시 Fire Ball 형성에 영향을 미치는 요인이 아닌 것은?

① 높은 연소열
② 넓은 폭발범위
③ 높은 증기밀도
④ 연소 상한계에 가까운 조성

해설 BLEVE 발생 시 Fire Ball 형성에 영향을 미치는 요인
① 높은 연소열
② 넓은 폭발범위
③ 연소 상한계에 가까운 조성

21 연소범위(폭발범위)에 관한 설명으로 옳지 않은 것은?

① 불활성 가스를 첨가할수록 연소범위는 좁아진다.
② 온도가 높아질수록 폭발범위는 넓어진다.
③ 혼합기를 이루는 공기의 산소농도가 높을수록 연소범위는 좁아진다.
④ 가연물의 양과 유동상태 및 방출속도 등에 따라 영향을 받는다.

해설 혼합기를 이루는 공기의 산소농도가 높을수록 연소범위는 넓어진다.

22 연소 시 산소공급원의 역할에 관한 설명으로 옳은 것은?

① 염소(Cl$_2$)는 조연성 가스로서 산소공급원의 역할을 할 수 있다.
② 일산화탄소(CO)는 불연성 가스로서 산소공급원의 역할을 할 수 없다.
③ 이산화질소(NO$_2$)는 가연성 가스로서 산소공급원의 역할을 할 수 있다.
④ 수소(H$_2$)는 인화성 가스로서 산소공급원의 역할을 할 수 있다.

해설 ① 일산화탄소(CO) : 가연성 가스
② 이산화질소(NO$_2$) : 적갈색의 자극성 냄새가 나는 유독성 기체, 지연성(조연성) 가스
③ 수소(H$_2$) : 가연성 가스

정답 19. ① 20. ③ 21. ③ 22. ①

23 분말소화약제인 탄산수소나트륨 84g이 1기압(atm), 270℃에서 분해되었다. 이 때, 분해 생성된 이산화탄소의 부피(L)는 약 얼마인가?

① 11.1 ② 22.3
③ 28.6 ④ 44.6

해설 ① 탄산수소나트륨의 1차 열분해반응식(270℃)
: $2NaHCO_3 \rightarrow Na_2CO_3 + CO_2 + H_2O$

② 이산화탄소의 질량 x 계산
$2NaHCO_3 \rightarrow Na_2CO_3 + CO_2 + H_2O$

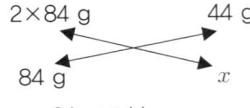

$x = \dfrac{84\,g \times 44\,g}{2 \times 84\,g} = 22\,g$

③ 이산화탄소의 부피(L)
$V = \dfrac{WRT}{PM}$
$= \dfrac{22g \times 0.082 atm \cdot L/mol \cdot K \times (273+270)K}{1atm \times 44g/mol}$
$= 22.26\,L$

※ 2차 열분해반응식(850℃) :
: $2NaHCO_3 \rightarrow Na_2O + 2CO_2 + H_2O$

24 가시거리의 한계치를 연기의 농도로 환산한 감광계수(m^{-1})와 가시거리(m)에 관한 설명으로 옳은 것은?

① 감광계수 0.1은 연기감지기가 작동할 정도이다.
② 감광계수 0.3은 가시거리 2이다.
③ 감광계수 1은 어두침침한 것을 느끼는 정도이다.
④ 감광계수로 표시한 연기의 농도와 가시거리는 비례관계를 갖는다.

해설

감광계수	가시거리	상황
0.1	20~30	연기감지기의 작동농도 건물 내 미숙지자의 피난 한계농도
0.3	5	건물 내 숙지자의 피난한계농도
0.5	3	어두침침함을 느낄 정도의 농도
1	1~2	거의 앞이 보이지 않을 정도의 농도
10	0.2~0.5	화재 최성기 때의 연기농도
30	-	출화실에서 연기가 분출할 때의 연기농도

25 분말소화기의 특성에 관한 설명으로 옳지 않은 것은?

① 분말소화약제의 분해 반응 시 발열반응을 한다.
② 축압식소화기는 소화분말을 채운 용기에 이산화탄소 또는 질소가스로 축압시킨다.
③ 인산암모늄 소화기의 열분해 생성물은 메타인산, 암모니아, 물이다.
④ 제3종 분말소화기는 A급, B급, C급 화재에 모두 적응성이 있다.

해설 분말소화약제의 분해 반응 시 흡열반응을 한다.

제2과목
소방수리학·약제화학 및 소방전기

26 지름 100 mm인 관내의 물이 평균유속 5 m/s로 흐를 때, 유량(m^3/s)은 약 얼마인가?

① 0.039 ② 0.39
③ 3.9 ④ 39

정답 23. ② 24. ① 25. ① 26. ①

해설 유량

$$Q = AV = \frac{\pi}{4} \times D^2 \times V$$
$$= \frac{\pi}{4} \times (0.1\,\text{m})^2 \times 5\,\text{m/s} = 0.0392\,\text{m}^3/\text{s}$$

27 유체의 점성에 관한 설명으로 옳지 않은 것은?

① 동점성계수의 MLT차원은 L^2T^{-1} 이다.
② 동점성계수는 점성계수와 유체의 밀도로 나타낼 수 있다.
③ 점성계수와 동점성계수의 단위는 같다.
④ 점성은 유체에 전단응력이 작용할 때 변형에 저항하는 정도를 나타내는 유체의 성질로 정의된다.

해설 점성계수의 단위 : poise(푸아즈), [g/cm·s]
동점성계수의 단위 : stokes(스토크스), [cm²/s]

28 Darcy-Weisbach 공식에서 마찰손실수두에 관한 설명으로 옳은 것은?

① 관의 직경에 반비례한다.
② 관의 길이에 반비례한다.
③ 마찰손실계수에 반비례한다.
④ 유속의 제곱에 반비례한다.

해설 마찰손실수두는 관의 길이(l)에 비례, 관의 직경(D)에 반비례, 유속(V)의 제곱에 비례, 마찰손실계수(관 마찰계수 f)에 비례한다.

마찰손실수두 $H = f \dfrac{l}{D} \times \dfrac{V^2}{2g}$

29 다음 그림에서 유량이 Q인 물이 방출되고 있다. 이 때, 방출유량을 4배 높이기 위한 수위로 옳은 것은? (단, 방출구의 직경 변화는 없고, 점성 등의 영향은 무시한다.)

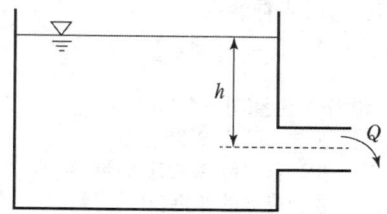

① 2h   ② 4h
③ 8h   ④ 16h

해설 유량 $Q = CAV = CA\sqrt{2gh}$ 에서
유량은 $\sqrt{h}$ 에 비례
$Q : \sqrt{h} = 4Q : \sqrt{h'}$
$Q^2 : h = (4Q)^2 : h'$
$h' = \dfrac{16Q^2}{Q^2} \times h = 16h$

30 모세관 현상에서 대기압 P_a를 고려하여 액체의 상승높이를 구하는 공식으로 옳은 것은? (단, 표면장력 σ, 접촉각 θ, 단위체적당 비중량 γ, 모세관 직경 d이다.)

① $\dfrac{4\sigma\cos\theta}{\gamma d} - \dfrac{P_a}{\gamma}$ ② $\dfrac{4\sigma\cos\theta}{\gamma d} - P_a$

③ $\dfrac{4\sigma\cos\theta}{\gamma d} - \dfrac{4P_a}{d}$ ④ $\dfrac{4\sigma\cos\theta}{\gamma d} - \dfrac{4P_a}{\gamma}$

해설 대기압을 고려한 액체의 상승높이

$\dfrac{4\sigma\cos\theta}{\gamma d} - \dfrac{P_a}{\gamma}$

(여기서, σ : 표면장력
γ : 단위체적당 비중량
d : 모세관 직경
θ : 접촉각
P_a : 대기압)

정답 27. ③ 28. ① 29. ④ 30. ①

31 관수로 흐름의 손실 중 미소손실이 아닌 것은?

① 관 마찰손실
② 급확대손실
③ 점차확대손실
④ 밸브에 의한 손실

해설 부차적 손실(미소손실)
① 관 부속품에 의한 손실
② 관의 급격한 축소에 의한 손실
   (돌연축소관의 손실)
③ 관의 급격한 확대에 의한 손실
   (돌연확대관의 손실)

32 펌프의 상사법칙으로 옳은 것을 모두 고른 것은? (단, 펌프의 비속도는 동일하다.)

> ㄱ. 유량은 회전수 비에 비례한다.
> ㄴ. 전양정은 회전수 비의 제곱에 비례한다.
> ㄷ. 펌프의 축동력은 회전수 비의 4승에 비례한다.

① ㄱ
② ㄷ
③ ㄱ, ㄴ
④ ㄴ, ㄷ

해설 상사법칙

구 분	관 계 식	
유 량	$\dfrac{Q_2}{Q_1}=\left(\dfrac{N_2}{N_1}\right)^1 \times \left(\dfrac{D_2}{D_1}\right)^3$	Q_1, Q_2 : 유량[m³/min]
양 정	$\dfrac{H_2}{H_1}=\left(\dfrac{N_2}{N_1}\right)^2 \times \left(\dfrac{D_2}{D_1}\right)^2$	H_1, H_2 : 양정[m] N_1, N_2 : 회전수[rpm] D_1, D_2 : 임펠러의 직경[m]
축동력	$\dfrac{P_2}{P_1}=\left(\dfrac{N_2}{N_1}\right)^3 \times \left(\dfrac{D_2}{D_1}\right)^5$	P_1, P_2 : 축동력[kW]

유량은 회전수 비에 비례한다.
전양정은 회전수 비의 제곱에 비례한다.
펌프의 축동력은 회전수 비의 3승에 비례한다.

33 직경 0.5m의 수평관에 1 m³/s의 유량과 2.2 kgf/cm²의 압력으로 송수하기 위한 펌프의 소요동력(kW)은 약 얼마인가? (단, 펌프 효율은 85%이며, 관내 마찰손실은 무시한다.)

① 15.2
② 253.6
③ 268.9
④ 283.6

해설 유속 $V = \dfrac{4Q}{\pi D^2} = \dfrac{4 \times 1 \text{ m}^3/\text{s}}{\pi \times (0.5 \text{ m})^2} = 5.09 \text{ m/s}$

속도수두 $h = \dfrac{V^2}{2g} = \dfrac{(5.09 \text{ m/s})^2}{2 \times 9.8 \text{ m/s}^2} = 1.32 \text{ m}$

전양정 $H = 2.2 \text{ kgf/cm}^2 + 1.32 \text{ m} = 23.32 \text{ m}$
$(1 \text{ kgf/cm}^2 ≒ 10 \text{ m})$

소요동력 $P = \dfrac{9.8QH}{\eta}$
$= \dfrac{9.8 \times 1 \text{ m}^3/\text{s} \times 23.32 \text{ m}}{0.85}$
$= 268.87 \text{ kW}$

34 직경 40 mm 호스로 200 L/min의 물이 분출되고 있다. 이 호스의 직경을 20 mm로 줄이면 분출 속도(m/s)는 약 얼마나 증가하는가?

① 1.95
② 4.95
③ 7.95
④ 12.95

해설 직경 40mm 일 때
유속 $V_1 = \dfrac{4Q}{\pi D_1^2} = \dfrac{4 \times 0.2 \text{ m}^3/60 \text{ s}}{\pi \times (0.04 \text{ m})^2}$
$= 2.65 \text{ m/s}$

직경 20mm 일 때
유속 $V_2 = \dfrac{4Q}{\pi D_2^2} = \dfrac{4 \times 0.2 \text{ m}^3/60 \text{ s}}{\pi \times (0.02 \text{ m})^2}$
$= 10.61 \text{ m/s}$

속도의 증가분 : $10.61 - 2.65 = 7.96 \text{ m/s}$

정답 31. ① 32. ③ 33. ③ 34. ③

35 소화원리 중 화학적 소화방법에 해당하는 것은?

① 질식소화 ② 냉각소화
③ 희석소화 ④ 억제소화

해설 물리적 소화와 화학적 소화

구분	연소의 4요소	소화효과	물리적/화학적 소화
①	가연물	제거효과	
②	산소공급원	질식효과	물리적 소화
③	점화원	냉각효과	
④	연쇄반응	부촉매효과	화학적 소화

36 소화약제와 주된 소화방법의 연결이 옳은 것은?

① 합성계면활성제포 – 냉각소화
② CHF_2CF_3 – 냉각소화
③ $NH_4H_2PO_4$ – 억제소화
④ CF_3Br – 억제소화

해설 ① 합성계면활성제포 – 질식소화
② CHF_2CF_3 – 억제소화
③ $NH_4H_2PO_4$ – 부촉매(억제) 소화방법도 있으나 주된 소화방법은 질식소화

37 방호대상물이 서고이며 체적이 80 m³인 방호구역에 전역방출방식의 이산화탄소소화설비를 설치하고자 한다. 이산화탄소소화설비의 화재안전성능기준(NFPC 106)에 의해 산정한 최소 약제량(kg)은?

- 방호구역 내 모든 물체는 가연성이다.
- 방호구역의 개구부 총면적은 2 m²이다.
- 개구부에는 자동개폐장치가 설치되어 있다.
- 설계농도(%)는 고려하지 않는다.

① 130 ② 140
③ 150 ④ 160

해설 최소 약제량
$$W = VK_1 + AK_2$$
$$= 80\,m^3 \times 2.0\,kg/m^3 + 0$$
$$= 160\,kg$$
자동개폐장치(자동폐쇄장치)가 설치되어 있으므로 개구부 가산량은 0이다.

38 소화약제로 사용된 4℃의 물이 모두 200℃ 과열수증기로 변화하였다면, 물은 약 몇 배 팽창하였는가? (단, 화재실은 대기압상태로 화재발생 전·후 압력의 변화는 없으며, 과열수증기는 이상기체로 가정한다. 4℃에서의 물의 밀도 = 1 g/cm³, H 및 O의 원자량은 각각 1과 16 이다.)

① 1,700 ② 1,928
③ 2,156 ④ 2,383

해설 $\dfrac{V_1}{T_1} = \dfrac{V_2}{T_2}$

$$\dfrac{V_1}{(273+4)} = \dfrac{V_2}{(273+200)}$$

$$V_2 = \dfrac{(273+200)V_1}{(273+4)} = 1.7076\,V_1$$

과열수증기의 부피 : $1.7076 \times 22.4\,L$
$= 38.25024\,L$

물(H_2O)의 부피 : 분자량이 18g 이므로 물의 부피는
$\dfrac{18\,g}{1\,g/cm^3} = 18\,cm^3 = 18\,mL$

팽창비 : $\dfrac{38.2504\,L}{18\,mL} = \dfrac{38.2504 \times 10^3\,mL}{18\,mL}$
$= 2,125.01$ 배

39 제3종 분말소화약제의 소화효과는 다음과 같다. 제3종 분말소화약제가 다른 분말소화약제와 달리 일반(A급) 화재에도 적용이 가능한 이유로 옳은 것을 모두 고른 것은?

> ㄱ. 열분해 시 흡열반응에 의한 냉각효과
> ㄴ. 열분해 시 발생되는 불연성가스에 의한 질식효과
> ㄷ. 메타인산의 방진효과
> ㄹ. Ortho인산에 의한 섬유소의 탈수·탄화 작용
> ㅁ. 분말 운무에 의한 열방사의 차단효과
> ㅂ. 열분해 시 유리된 NH_4^+에 의한 부촉매 효과

① ㄱ, ㄴ
② ㄷ, ㄹ
③ ㄹ, ㅁ, ㅂ
④ ㄱ, ㄴ, ㄷ, ㄹ, ㅁ, ㅂ

해설 일반화재에 적용이 가능한 이유
1. 메타인산(HPO_3)의 방진효과
2. Ortho인산(H_3PO_4)에 의한 섬유소의 탈수·탄화 작용

40 화재현장에서 15 ℃의 물이 100 ℃의 수증기로 모두 바뀌었다고 가정할 때, 소화약제로 사용된 물의 냉각효과에 관한 설명으로 옳지 않은 것은?

① 물 1kg 당 흡수한 현열은 약 355.3 kJ이다.
② 물 1kg 당 흡수한 용융잠열은 약 80 kcal이다.
③ 물 1kg 당 흡수한 증발잠열은 약 2,253 kJ이다.
④ 물 1kg 당 흡수한 총열은 약 624 kcal이다.

해설
① 물 1kg 당 흡수한 현열은 약 355.3 kJ이다.
  현열(감열) : 1 kg × 1 kcal/kg·℃ × (100−15)℃
  = 85kcal × 4.186 kJ/kcal
  = 355.81 kJ
② 물 1kg 당 흡수한 융해잠열은 약 80 kcal이다.
③ 물 1kg 당 흡수한 증발잠열은 약 2,253 kJ이다.
  증발잠열 : 539 kcal × 4.186 kJ/kcal
  = 2,256.25 kJ
④ 물 1kg 당 흡수한 총열은 약 624 kcal이다.
  총열량 : 감열 + 잠열
  = 1 kg × 1 kcal/kg·℃ × (100−15)℃
  + 539 kcal
  = 624 kcal

41 충전비가 1.6인 고압식 이산화탄소소화설비에 필요한 약제량이 230 kg일 때, 68 L 표준용기는 몇 개가 필요한가?

① 4   ② 5
③ 6   ④ 7

해설 충전비 : 소화약제 저장용기의 내부 용적과 소화약제의 중량과의 비(용적/중량)
용적 = 충전비 × 중량
 = 1.6 kg/L × 230 kg = 368 L
표준용기 수 : 368 L / 68 L = 5.4 = 6개

42 할로겐화합물소화약제 중 오존파괴지수(ODP)가 0인 소화약제가 아닌 것은?

① HCFC-124
② HFC-23
③ FC-3-1-10
④ FK-5-1-12

해설 HCFC-124의 오존파괴지수(ODP) : 0.022, 지구온난화지수(GWP) : 470

정답 39. ② 40. ② 41. ③ 42. ①

43 콘덴서의 직렬 및 병렬 접속에 관한 설명으로 옳지 않은 것은?
① 직렬 접속 시 정전용량이 큰 콘덴서에 전압이 많이 걸린다.
② 직렬 접속 시 합성 정전용량은 감소한다.
③ 병렬 접속 시 총 전하량은 각 콘덴서의 전하량의 합과 같다.
④ 병렬 접속 시 합성 정전용량은 각 콘덴서의 정전용량의 합과 같다.

해설 직렬 접속 시 정전용량이 작은 콘덴서에 전압이 많이 걸린다.
전압 $V = \dfrac{Q}{C}$의 관계에서 정전용량(C)이 작을수록 전압이 커진다.

44 동종 금속 도선의 두 점간에 온도차를 주고 고온쪽에서 저온쪽으로 전류를 흘리면, 줄열 이외에 도선 속에서 열이 발생하거나 흡수가 일어나는 현상은?
① 제벡 효과   ② 톰슨 효과
③ 펠티에 효과   ④ 핀치 효과

해설
① 톰슨효과
   동종 금속 도선의 두 점간에 온도차를 주고 고온쪽에서 저온쪽으로 전류를 흘리면, 줄열 이외에 도선 속에서 열이 발생하거나 흡수가 일어나는 현상
② 제어백(seebeck) 효과
   두 종류의 금속에 온도의 차이를 주면 열기전력이 발생하여 전류가 흐르는 현상
③ 펠티에(peltier) 효과
   두 종류 금속에 전류의 차를 주면 열의 흡수 또는 발생이 나타나는 현상

45 자기력선의 성질에 관한 설명으로 옳지 않은 것은?
① 자기력선은 서로 교차하지 않는다.
② 자계의 방향은 자기력선 위의 한 점에서의 접선 방향이다.
③ 자기력선의 밀도는 자계의 세기와 같다.
④ 자기력선은 자석 내부에서는 S극에서 나와 N극으로 들어간다.

해설
① 자기력선의 방향은 N극에서 나와 S극으로 들어간다.
② 자기력선은 도중에 끊어지거나 서로 교차하지 않는다.
③ 자기력선이 조밀할수록 자계강도가 크다.
④ 자기력선의 밀도는 자계의 세기와 같다.

46 자기장 내에 존재하는 도체에 전류를 흘릴 때 도체가 받는 전자력의 방향을 결정하는 법칙은?
① 렌츠의 법칙
② 플레밍의 왼손 법칙
③ 플레밍의 오른손 법칙
④ 암페어의 오른나사 법칙

해설 법칙정리
① 암페어의 오른나사 법칙 : 전류에 의한 자계의 방향
② 플레밍의 오른손법칙 : 발전기의 기본원리 (운동에 따른 기전력의 방향)
③ 플레밍의 왼손법칙 : 전동기의 기본원리
④ 패러데이의 법칙 : 자속변화에 따른 기전력의 크기
⑤ 비오-사바르의 법칙 : 전류에 의한 자계의 크기
⑥ 렌츠의 법칙 : 자속변화에 따른 기전력의 방향 (유도전류의 방향)

정답 43. ① 44. ② 45. ④ 46. ②

47 한국전기설비규정(KEC)에 따른 전선의 식별에서 상과 색상이 옳은 것을 모두 고른 것은?

| ㄱ. L1 : 검은색 | ㄴ. L2 : 갈색 |
| ㄷ. L3 : 회색 | ㄹ. N : 파란색 |

① ㄹ
② ㄴ, ㄷ
③ ㄷ, ㄹ
④ ㄱ, ㄴ, ㄷ, ㄹ

해설 한국전기설비규정(KEC)에 따른 전선의 식별

L1	L2	L3	N	PE
갈색	검은색	회색	파란색	녹색-노란색

48 다음 회로에서 공진시의 임피던스 값은?

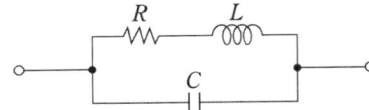

① $R - \dfrac{1}{\sqrt{LC}}$
② $R + \dfrac{1}{\sqrt{LC}}$
③ $\dfrac{RC}{L}$
④ $\dfrac{L}{RC}$

해설 합성어드미턴스
$$Y = Y_1 + Y_2$$
$$= \dfrac{1}{R+jwL} + \dfrac{1}{1/jwC}$$
$$= \dfrac{1}{R+jwL} + jwC$$
$$= \dfrac{(R-jwL)}{(R+jwL)(R-jwL)} + jwC$$
$$= \dfrac{(R-jwL)}{R^2+(wL)^2} + jwC$$
$$= \dfrac{R}{R^2+(wL)^2} + \dfrac{-jwL}{R^2+(wL)^2} + jwC$$
$$= \dfrac{R}{R^2+(wL)^2} + jw(C - \dfrac{L}{R^2+(wL)^2})$$

공진시 허수부가 0 이므로

합성어드미턴스 $Y = \dfrac{R}{R^2+(wL)^2}$
$$= \dfrac{R}{L/C} = \dfrac{CR}{L}$$

(여기서, $R^2+(wL)^2 = \dfrac{L}{C}$)

합성임피던스 $Z = \dfrac{1}{Y} = \dfrac{1}{CR/L} = \dfrac{L}{CR}$

49 다음 회로에서 단자 C, D간의 전압을 40V 라고 하면, 단자 A, B간의 전압(V)은?

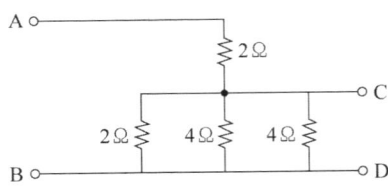

① 60
② 120
③ 180
④ 240

해설 단자 C, D간의 합성저항
$$R_{cd} = \dfrac{1}{1/2 + 1/4 + 1/4} = 1\,\Omega$$

등가회로 작성

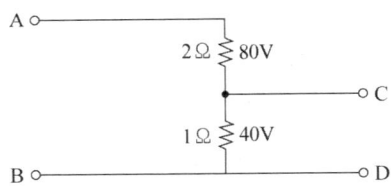

단자 A, C 간의 전압 $V_{AC} = \dfrac{2}{1} \times 40 = 80\text{ V}$

(전압은 저항에 비례하므로 비례식을 이용,
$40\text{ V} : 1\,\Omega = V_{AC} : 2\,\Omega$)

단자 A, B 간의 전압 : $80\text{ V} + 40\text{ V} = 120\text{ V}$

정답 47. ③ 48. ④ 49. ②

50 유도전동기 기동 시 각 상당 임피던스가 동일한 고정자 권선의 접속을 △결선에서 Y결선으로 변환할 때의 선전류 비($\frac{I_Y}{I_\triangle}$)는?

① $\frac{1}{\sqrt{3}}$ ② $\frac{1}{3}$
③ $\sqrt{3}$ ④ 3

해설 선전류의 비
$$\frac{I_Y}{I_\triangle} = \frac{V/\sqrt{3}Z}{\sqrt{3}\frac{V}{Z}} = \left(\frac{1}{\sqrt{3}}\right)^2 = \frac{1}{3}$$

제3과목 소방관련법령

51 소방기본법령상 소방기술 및 소방산업의 국제경쟁력과 국제적 통용성을 높이기 위하여 소방청장이 추진하는 사업으로 명시되지 않은 것은?

① 소방기술 및 소방산업의 국제 협력을 위한 조사·연구
② 소방기술과 안전관리에 관한 교육 및 조사·연구
③ 소방기술 및 소방산업의 국외시장 개척
④ 소방기술 및 소방산업에 관한 국제 전시회, 국제 학술회의 개최 등 국제 교류

해설 소방기술과 안전관리에 관한 교육 및 조사·연구는 한국소방안전원의 업무이다.
〈소방기술 및 소방산업의 국제화사업〉
1. 소방기술 및 소방산업의 국제 협력을 위한 조사·연구
2. 소방기술 및 소방산업에 관한 국제 전시회, 국제 학술회의 개최 등 국제 교류
3. 소방기술 및 소방산업의 국외시장 개척
4. 그 밖에 소방기술 및 소방산업의 국제경쟁력과 국제적 통용성을 높이기 위하여 필요하다고 인정하는 사업

52 소방기본법령상 소방대의 소방지원활동에 해당하지 않는 것은?

① 산불에 대한 예방·진압 등 지원활동
② 자연재해에 따른 급수·배수 및 제설 등 지원활동
③ 집회·공연 등 각종 행사 시 사고에 대비한 근접대기 등 지원활동
④ 끼임, 고립 등에 따른 위험제거 및 구출 활동

해설 끼임, 고립 등에 따른 위험제거 및 구출 활동은 생활안전활동에 해당된다.

소방지원활동	생활안전활동
1. 산불에 대한 예방·진압 등 지원활동	1. 붕괴, 낙하 등이 우려되는 고드름, 나무, 위험 구조물 등의 제거활동
2. 자연재해에 따른 급수·배수 및 제설 등 지원활동	2. 위해동물, 벌 등의 포획 및 퇴치 활동
3. 집회·공연 등 각종 행사 시 사고에 대비한 근접대기 등 지원활동	3. 끼임, 고립 등에 따른 위험제거 및 구출 활동
4. 화재, 재난·재해로 인한 피해복구 지원활동	4. 단전사고 시 비상전원 또는 조명의 공급
5. 그 밖에 행정안전부령으로 정하는 활동	5. 그 밖에 방치하면 급박해질 우려가 있는 위험을 예방하기 위한 활동

53 소방시설공사업법령상 벌칙에 관한 내용으로 옳은 것은?

① 공사감리 결과보고서의 제출을 거짓으로 한 자는 3천만원 이하의 벌금에 처한다.
② 소방시설공사를 다른 업종의 공사와 분리하여 도급하지 아니한 자는 1천만원 이하의 벌금에 처한다.

③ 소방기술자를 공사 현장에 배치하지 아니한 자에게는 200만원 이하의 과태료를 부과한다.
④ 공사대금의 지급보증을 정당한 사유 없이 이행하지 아니한 자에게는 300만원 이하의 과태료를 부과한다.

해설 보기설명
① 공사감리 결과보고서의 제출을 거짓으로 한 자는 1년 이하의 징역 또는 1천만원 이하의 벌금에 처한다.
② 소방시설공사를 다른 업종의 공사와 분리하여 도급하지 아니한 자는 300만원 이하의 벌금에 처한다.
③ 소방기술자를 공사 현장에 배치하지 아니한 자에게는 200만원 이하의 과태료를 부과한다.
④ 공사대금의 지급보증을 정당한 사유 없이 이행하지 아니한 자에게는 200만원 이하의 과태료를 부과한다.

54 소방시설공사업법령상 소방시설공사 분리 도급의 예외로 명시되지 않은 것은?(단, 다른 조건은 고려하지 않음)
① 연소방지설비의 살수구역을 증설하는 공사인 경우
② 연면적이 1천제곱미터 이하인 특정소방대상물에 비상경보설비를 설치하는 공사인 경우
③ 국방 및 국가안보 등과 관련하여 기밀을 유지해야 하는 공사인 경우
④ 재난 및 안전관리 기본법에 따른 재난의 발생으로 긴급하게 착공해야 하는 공사인 경우

해설 소방시설공사 분리 도급의 예외
1. 「재난 및 안전관리 기본법」 제3조제1호에 따른 재난의 발생으로 긴급하게 착공해야 하는 공사인 경우
2. 국방 및 국가안보 등과 관련하여 기밀을 유지해야 하는 공사인 경우
3. 제4조(소방시설공사의 착공신고 대상) 각 호에 따른 소방시설공사에 해당하지 않는 공사인 경우
4. 연면적이 1천제곱미터 이하인 특정소방대상물에 비상경보설비를 설치하는 공사인 경우

55 소방시설공사업법령상 2차 위반 시 100만원의 과태료를 부과하는 경우를 모두 고른 것은? (단, 가중 또는 감경 사유는 고려하지 않음)

ㄱ. 방염처리업자가 방염성능기준 미만으로 방염을 한 경우
ㄴ. 감리업자가 소방시설공사의 감리를 위하여 소속 감리원을 소방시설공사 현장에 배치 후 소방본부장이나 소방서장에게 배치통보를 하지 않은 경우
ㄷ. 소방시설공사등의 도급을 받은 자가 해당 공사를 하도급할 때 미리 관계인과 발주자에게 하도급 등의 통지를 하지 않은 경우

① ㄱ, ㄴ   ② ㄱ, ㄷ
③ ㄴ, ㄷ   ④ ㄱ, ㄴ, ㄷ

해설 ㄱ. 방염처리업자가 방염성능기준 미만으로 방염을 한 경우 : 200만원 이하의 과태료
ㄴ. 감리업자가 소방시설공사의 감리를 위하여 소속 감리원을 소방시설공사 현장에 배치 후 소방본부장이나 소방서장에게 배치통보를 하지 않은 경우 : 100만원의 과태료
ㄷ. 소방시설공사등의 도급을 받은 자가 해당 공사를 하도급할 때 미리 관계인과 발주자에게 하도급 등의 통지를 하지 않은 경우 : 100만원의 과태료

정답 54. ① 55. ③

56 소방시설공사업법령상 소방시설업의 업종별 등록기준 중 기계 및 전기분야 소방설비기사 자격을 함께 취득한 사람을 주된 기술인력으로 볼 수 있는 경우는?

① 전문 소방시설설계업과 화재위험평가 대행업을 함께 하는 경우
② 일반 소방시설설계업과 전문 소방시설공사업을 함께 하는 경우
③ 전문 소방시설설계업과 전문 소방시설공사업을 함께 하는 경우
④ 전문 소방시설설계업과 일반 소방시설공사업을 함께하는 경우

해설 일반 소방시설설계업과 전문 소방시설공사업을 함께 하는 경우 : 기계 및 전기분야 소방설비기사 자격을 함께 취득한 사람을 주된 기술인력으로 할 수 있다.

57 소방시설 설치 및 관리에 관한 법령상 중앙소방기술심의위원회의 심의 사항을 모두 고른 것은?

```
ㄱ. 화재안전기준에 관한 사항
ㄴ. 소방시설의 설계 및 공사감리의 방법에 관한 사항
ㄷ. 소방시설공사의 하자를 판단하는 기준에 관한 사항
```

① ㄱ, ㄴ ② ㄱ, ㄷ
③ ㄴ, ㄷ ④ ㄱ, ㄴ, ㄷ

해설 ① 중앙소방기술심의위원회
  1. 화재안전기준에 관한 사항
  2. 소방시설의 구조 및 원리 등에서 공법이 특수한 설계 및 시공에 관한 사항
  3. 소방시설의 설계 및 공사감리의 방법에 관한 사항
  4. 소방시설공사의 하자를 판단하는 기준에 관한 사항
  5. 신기술·신공법 등 검토·평가에 고도의 기술이 필요한 경우로서 중앙위원회에 심의를 요청한 사항
  6. 그 밖에 소방기술 등에 관하여 대통령령으로 정하는 사항

  1. 연면적 10만제곱미터 이상의 특정소방대상물에 설치된 소방시설의 설계·시공·감리의 하자 유무에 관한 사항
  2. 새로운 소방시설과 소방용품 등의 도입 여부에 관한 사항
  3. 그 밖에 소방기술과 관련하여 소방청장이 소방기술심의위원회의 심의에 부치는 사항

② 지방소방기술심의위원회
  1. 소방시설에 하자가 있는지의 판단에 관한 사항
  2. 그 밖에 소방기술 등에 관하여 대통령령으로 정하는 사항

58 소방시설 설치 및 관리에 관한 법령상 특정소방대상물 중 근린생활시설에 해당하는 것은?

① 같은 건축물에 해당 용도로 쓰는 바닥면적의 합계가 800 m^2인 슈퍼마켓
② 같은 건축물에 해당 용도로 쓰는 바닥면적의 합계가 600 m^2인 테니스장
③ 같은 건축물에 해당 용도로 쓰는 바닥면적의 합계가 500 m^2인 공연장
④ 같은 건축물에 해당 용도로 쓰는 바닥면적의 합계가 700 m^2인 금융업소

해설 보기설명
① 같은 건축물에 해당 용도로 쓰는 바닥면적의 합계가 800 m^2인 슈퍼마켓→슈퍼마켓과 일용품(식품, 잡화, 의류, 완구, 서적, 건축자재, 의약품, 의료기기 등) 등의 소매점으로서 같은 건축물에 해당 용도로 쓰는 바닥면적의 합계가 1천 m^2 미만인 것은 근린생활시설이다.

정답 56. ② 57. ④ 58. ①

② 같은 건축물에 해당 용도로 쓰는 바닥면적의 합계가 600 m²인 테니스장 → 탁구장, 테니스장, 체육도장, 체력단련장, 에어로빅장, 볼링장, 당구장, 실내낚시터, 골프연습장, 물놀이형 시설, 그 밖에 이와 비슷한 것으로서 같은 건축물에 해당 용도로 쓰는 바닥면적의 합계가 500 m² 이상인 것은 운동시설이다.
③ 같은 건축물에 해당 용도로 쓰는 바닥면적의 합계가 500 m²인 공연장 → 공연장(극장, 영화상영관, 연예장, 음악당, 서커스장, 비디오물감상실업의 시설, 비디오물소극장업의 시설, 그 밖에 이와 비슷한 것을 말한다. 이하 같다) 또는 종교집회장[교회, 성당, 사찰, 기도원, 수도원, 수녀원, 제실(祭室), 사당, 그 밖에 이와 비슷한 것을 말한다. 이하 같다]으로서 같은 건축물에 해당 용도로 쓰는 바닥면적의 합계가 300 m² 이상인 것은 문화 및 집회시설이다.
④ 같은 건축물에 해당 용도로 쓰는 바닥면적의 합계가 700 m²인 금융업소 → 금융업소, 사무소, 부동산중개사무소, 결혼상담소 등 소개업소, 출판사, 서점, 그 밖에 이와 비슷한 것으로서 같은 건축물에 해당 용도로 쓰는 바닥면적의 합계가 500 m² 이상인 것은 업무시설이다.

59 소방시설 설치 및 관리에 관한 법령상 소방청장 및 시·도지사가 처분 전에 청문을 하여야 하는 경우가 아닌 것은?
① 소방시설관리사 자격의 취소 및 정지
② 방염성능검사 결과의 취소 및 검사 중지
③ 우수품질인증의 취소
④ 전문기관의 지정취소 및 업무정지

해설, 청문을 해야 하는 경우
1. 관리사 자격의 취소 및 정지
2. 관리업의 등록취소 및 영업정지
3. 소방용품의 형식승인 취소 및 제품검사 중지
4. 성능인증의 취소
5. 우수품질인증의 취소
6. 전문기관의 지정취소 및 업무정지

60 소방시설 설치 및 관리에 관한 법령상 소방시설등의 자체점검에 관한 설명으로 옳지 않은 것은?
① 해당 특정소방대상물의 소방시설등이 신설된 경우, 관계인은 「건축법」에 따라 건축물을 사용할 수 있게 된 날부터 30일 이내에 최초점검을 실시해야 한다.
② 스프링클러가 설치된 특정소방대상물이나 제연설비가 설치된 터널은 종합점검 대상이다.
③ 자체점검의 면제를 신청하려는 관계인은 자체점검의 실시 만료일 3일 전까지 자체점검면제신청서를 소방본부장 또는 소방서장에게 제출해야 한다.
④ 관리업자가 자체점검을 실시한 경우 그 점검이 끝난 날부터 10일 이내에 소방시설등점검표를 첨부하여 소방시설등 자체점검 실시결과 보고서를 관계인에게 제출해야 한다.

해설, 해당 특정소방대상물의 소방시설등이 신설된 경우, 관계인은 「건축법」에 따라 건축물을 사용할 수 있게 된 날부터 60일 이내에 최초점검을 실시해야 한다.

61 소방시설 설치 및 관리에 관한 법령상 성능위주설계를 해야 하는 특정소방대상물(신축하는 것만 해당)로 옳지 않은 것은?
① 연면적 3만제곱미터 이상인 철도 및 도시철도 시설
② 길이가 5천미터 이상인 터널
③ 30층 이상 (지하층을 포함) 이거나 지상으로부터 높이가 120미터 이상인 아파트등
④ 연면적 10만제곱미터 이상인 창고시설

해설 성능위주설계를 해야 하는 특정소방대상물의 범위
1. 연면적 20만제곱미터 이상인 특정소방대상물. 다만, 아파트등(이하 "아파트등"이라 한다)은 제외한다.
2. 50층 이상(지하층은 제외한다)이거나 지상으로부터 높이가 200미터 이상인 아파트등
3. 30층 이상(지하층을 포함한다)이거나 지상으로부터 높이가 120미터 이상인 특정소방대상물(아파트등은 제외한다)
4. 연면적 3만제곱미터 이상인 특정소방대상물로서 다음 각 목의 어느 하나에 해당하는 특정소방대상물
   가. 철도 및 도시철도 시설
   나. 공항시설
5. 창고시설 중 연면적 10만제곱미터 이상인 것 또는 지하층의 층수가 2개 층 이상이고 지하층의 바닥면적의 합계가 3만제곱미터 이상인 것
6. 하나의 건축물에 영화상영관이 10개 이상인 특정소방대상물
7. 지하연계 복합건축물에 해당하는 특정소방대상물
8. 터널 중 수저(水底)터널 또는 길이가 5천미터 이상인 것

62 소방시설 설치 및 관리에 관한 법령상 300만원 이하의 과태료가 부과되는 자는?
① 소방시설관리사증을 다른 사람에게 빌려 준 자
② 방염성능검사에 합격하지 아니한 물품에 합격표시를 한 자
③ 형식승인을 받은 후 해당 소방용품에 대하여 형상 등의 일부를 변경하면서 변경승인을 받지 아니한 자
④ 자체점검을 실시한 후 그 점검결과를 거짓으로 보고한 자

해설 ① 소방시설관리사증을 다른 사람에게 빌려준 자 : 1년 이하의 징역 또는 1천만원 이하의 벌금
② 방염성능검사에 합격하지 아니한 물품에 합격표시를 한 자 : 300만원 이하의 벌금

③ 형식승인을 받은 후 해당 소방용품에 대하여 형상 등의 일부를 변경하면서 변경승인을 받지 아니한 자 : 1년 이하의 징역 또는 1천만원 이하의 벌금

63 화재의 예방 및 안전관리에 관한 법령상 보일러 등의 설비 또는 기구 등의 위치·구조 등에 관한 설명으로 옳지 않은 것은?
① 화목 등 고체 연료를 사용할 때에는 연통의 배출구는 사업장용 보일러 본체보다 1미터이상 높게 설치해야 한다.
② 주방설비에 부속된 배출덕트는 0.5밀리미터 이상의 아연도금강판 또는 이와 같거나 그 이상의 내식성 불연재료로 설치해야 한다.
③ 사업장용 보일러 본체와 벽·천장 사이의 거리는 0.6미터 이상이어야 한다.
④ 난로의 연통은 천장으로부터 0.6미터 이상 떨어지고, 연통의 배출구는 건물 밖으로 0.6미터 이상 나오게 설치해야 한다.

해설 화목(火木) 등 고체 연료를 사용할 때에는 연통의 배출구는 보일러 본체보다 2미터 이상 높게 설치할 것

64 화재의 예방 및 안전관리에 관한 법령상 300만원 이하의 벌금에 처해지는 자는?
① 화재예방안전진단 결과를 제출하지 아니한 진단기관
② 실무교육을 받지 아니한 소방안전관리자 또는 소방안전관리보조자
③ 소방안전관리자를 선임하지 아니한 소방안전관리대상물의 관계인
④ 근무자 또는 거주자에게 피난유도 안내정보를 정기적으로 제공하지 않은 소방안전관리대상물의 관계인

정답 62. ④ 63. ① 64. ③

해설 보기설명
① 화재예방안전진단 결과를 제출하지 아니한 진단기관 : 300만원 이하의 과태료
② 실무교육을 받지 아니한 소방안전관리자 또는 소방안전관리보조자 : 100만원 이하의 과태료
③ 소방안전관리자를 선임하지 아니한 소방안전관리대상물의 관계인 : 300만원 이하의 벌금
④ 근무자 또는 거주자에게 피난유도 안내정보를 정기적으로 제공하지 않은 소방안전관리대상물의 관계인 : 300만원 이하의 과태료

65 화재의 예방 및 안전관리에 관한 법령상 소방안전관리자에 관한 설명으로 옳은 것은?

① 신축된 소방안전관리대상물의 관계인은 해당 소방안전관리대상물의 사용승인일부터 20일 이내에 신규 소방안전관리자를 선임해야 한다.
② 소방안전관리자 선임 연기 신청서를 제출받은 소방본부장 또는 소방서장은 7일 이내에 소방안전관리자 선임 기간을 정하여 2급 또는 3급 소방안전관리대상물의 관계인에게 통보해야 한다.
③ 소방안전관리자는 소방안전관리자로 선임된 날부터 3개월 이내에 실무교육을 받아야 하며, 그 이후에는 2년마다 1회 이상 실무교육을 받아야 한다.
④ 건설현장 소방안전관리대상물의 공사시공자는 소방안전관리자를 선임한 날부터 14일 이내에 소방본부장 또는 소방서장에게 선임 신고를 해야 한다.

해설 보기설명
① 신축된 소방안전관리대상물의 관계인은 해당 소방안전관리대상물의 사용승인일부터 **30일** 이내에 신규 소방안전관리자를 선임해야 한다.
② 소방안전관리자 선임 연기 신청서를 제출받은 소방본부장 또는 소방서장은 **3일** 이내에 소방안전관리자 선임 기간을 정하여 2급 또는 3급 소방안전관리대상물의 관계인에게 통보해야 한다.
③ 소방안전관리자는 소방안전관리자로 선임된 날부터 **6개월** 이내에 실무교육을 받아야 하며, 그 이후에는 2년마다 1회 이상 실무교육을 받아야 한다.
④ 건설현장 소방안전관리대상물의 공사시공자는 소방안전관리자를 선임한 날부터 **14일** 이내에 소방본부장 또는 소방서장에게 선임 신고를 해야 한다.

66 화재의 예방 및 안전관리에 관한 법령상 특수가연물에 관한 설명으로 옳지 않은 것은?

① 10,000킬로그램 이상의 석탄·목탄류는 특수가연물에 해당한다.
② 특수가연물인 가연성 고체류 또는 가연성 액체류를 저장하는 장소에는 특수가연물 표지에 품명과 인화점을 표시하여야 한다.
③ 살수설비를 설치한 경우 특수가연물(발전용 석탄·목탄류 제외)은 15미터 이하의 높이로 쌓아야 한다.
④ 특수가연물(발전용 석탄·목탄류 제외)을 실외에 쌓는 경우, 쌓는 부분 바닥 면적의 사이는 3미터 또는 쌓는 높이 중 큰 값 이상으로 간격을 두어야 한다.

해설 특수가연물을 저장 또는 취급하는 장소에는 품명, 최대저장수량, 단위부피당 질량 또는 단위체적당 질량, 관리책임자 성명·직책, 연락처 및 화기취급의 금지표시가 포함된 특수가연물 표지를 설치해야 한다.

정답 65. ④ 66. ②

67 위험물안전관리법령상 탱크안전성능시험자가 30일 이내에 시·도지사에게 변경신고를 해야 하는 경우가 아닌 것은?
① 영업소 소재지의 변경
② 보유장비의 변경
③ 대표자의 변경
④ 상호 또는 명칭의 변경

해설 변경사항의 신고
1. 영업소 소재지의 변경 : 사무소의 사용을 증명하는 서류와 위험물탱크안전성능시험자등록증
2. 기술능력의 변경 : 변경하는 기술인력의 자격증과 위험물탱크안전성능시험자등록증
3. 대표자의 변경 : 위험물탱크안전성능시험자등록증
4. 상호 또는 명칭의 변경 : 위험물탱크안전성능시험자등록증

68 위험물안전관리법령상 옥외저장소에 관한 설명으로 옳지 않은 것은?
① 옥외저장소를 설치하는 경우, 그 설치장소를 관할하는 시·도지사의 허가를 받아야 한다.
② 옥외저장소에는 제2류 위험물 및 제5류 위험물을 저장할 수 있다.
③ 옥외저장소에 선반을 설치하는 경우 선반의 높이는 6 m를 초과하지 않아야 한다.
④ 알코올류를 저장하는 옥외저장소에는 살수설비 등을 설치하여야 한다.

해설 옥외저장소에 저장할 수 있는 위험물
① 제2류 위험물 중 황 또는 인화성 고체 (인화점 0℃ 이상)
② 제4류 위험물 중 제1석유류(인화점 0℃ 이상)·알코올류·제2석유류·제3석유류·제4석유류·동식물류
③ 제6류 위험물

69 위험물안전관리법령상 과태료 처분에 해당하지 않는 경우는?
① 관할소방서장의 승인을 받지 아니하고 지정수량 이상의 위험물을 90일 동안 임시로 저장한 경우
② 제조소등 설치자의 지위를 승계한 날부터 30일 이내에 시·도지사에게 그 사실을 신고하지 아니한 경우
③ 제조소등의 관계인이 안전관리자를 해임한 날부터 30일 이내에 다시 안전관리자를 선임하지 아니한 경우
④ 제조소등의 정기점검을 한 날부터 30일 이내에 점검결과를 시·도지사에게 제출하지 아니한 경우

해설 보기설명
① 관할소방서장의 승인을 받지 아니하고 지정수량 이상의 위험물을 90일 동안 임시로 저장한 경우 : 500만원 이하의 과태료
② 제조소등의 관계인이 안전관리자를 해임한 날부터 30일 이내에 다시 안전관리자를 선임하지 아니한 경우 : 1천500만원 이하의 벌금
③ 제조소등의 관계인이 안전관리자를 해임한 날부터 30일 이내에 다시 안전관리자를 선임하지 아니한 경우 : 500만원 이하의 과태료
④ 제조소등의 정기점검을 한 날부터 30일 이내에 점검결과를 시·도지사에게 제출하지 아니한 경우 : 500만원 이하의 과태료

70 위험물안전관리법령상 이동탱크저장소의 위치구조 및 설비의 기준 중 이동저장탱크의 구조에 관한 조문의 일부이다. ( )에 들어갈 숫자로 옳은 것은?

압력탱크(최대상용압력이 (ㄱ) kPa 이상인 탱크를 말한다) 외의 탱크는 70 kPa의 압력으로, 압력탱크는 최대상용압력의 (ㄴ)배의 압력으로 각각 (ㄷ) 분간의 수압시험을 실시하여 새거나 변형되지 아니할 것

정답 67. ② 68. ② 69. ③ 70. ④

① ㄱ : 20, ㄴ : 1.1, ㄷ : 5
② ㄱ : 20, ㄴ : 1.5, ㄷ : 5
③ ㄱ : 46.7, ㄴ : 1.1, ㄷ : 10
④ ㄱ : 46.7, ㄴ : 1.5, ㄷ : 10

해설 압력탱크(최대상용압력이 46.7 kPa 이상인 탱크를 말한다) 외의 탱크는 70 kPa의 압력으로, 압력탱크는 최대상용압력의 1.5배의 압력으로 각각 10분간의 수압시험을 실시하여 새거나 변형되지 아니할 것. 이 경우 수압시험은 용접부에 대한 비파괴시험과 기밀시험으로 대신할 수 있다.

71 위험물안전관리법령상 위험물시설의 안전관리자에 관한 설명으로 옳지 않은 것은?

① 제조소등에 있어서 위험물취급자격자가 아닌 자는 안전관리자 또는 그 대리자가 참여한 상태에서 위험물을 취급하여야 한다.
② 시·도지사, 소방본부장 또는 소방서장은 안전관리자가 안전교육을 받지 아니한 때에는 그 교육을 받을 때까지 그 자격으로 행하는 행위를 제한할 수 있다.
③ 안전관리자가 되려는 사람은 16시간의 강습교육을 받아야 한다.
④ 지정수량 5배 이하의 제4류 위험물만을 취급하는 제조소에서는 소방공무원경력 3년인 자를 안전관리자로 선임할 수 있다.

해설 안전관리자가 되려는 사람은 24시간의 강습교육을 받아야 한다.

교육과정	교육대상자	교육시간	교육시기	교육기관
강습 교육	안전관리자가 되려는 사람	24시간	최초 선임되기 전	안전원
	위험물운반자가 되려는 사람	8시간	최초 종사하기 전	안전원
	위험물운송자가 되려는 사람	16시간	최초 종사하기 전	안전원

72 다중이용업소의 안전관리에 관한 특별법령상 피난설비 중 비상구 설치 예외에 관한 조문의 일부이다. ( )에 들어갈 내용으로 옳은 것은?

○ 주된 출입구 외에 해당 영업장 내부에서 피난층 또는 지상으로 통하는 직통계단이 주된 출입구 중심선으로부터 수평거리로 영업장의 긴 변 길이의 (ㄱ) 이상 떨어진 위치에 별도로 설치된 경우
○ 피난층에 설치된 영업장〔영업장으로 사용하는 바닥면적이 (ㄴ)제곱미터 이하인 경우로서 영업장 내부에 구획된 실(室)이 없고, 영업장 전체가 개방된 구조의 영업장을 말한다〕으로서 그 영업장의 각 부분으로부터 출입구까지의 수평거리가 (ㄷ) 미터 이하인 경우

① ㄱ : 2분의 1, ㄴ : 33, ㄷ : 10
② ㄱ : 2분의 1, ㄴ : 66, ㄷ : 20
③ ㄱ : 3분의 2, ㄴ : 33, ㄷ : 10
④ ㄱ : 3분의 2, ㄴ : 66, ㄷ : 20

해설 ○ 주된 출입구 외에 해당 영업장 내부에서 피난층 또는 지상으로 통하는 직통계단이 주된 출입구 중심선으로부터 수평거리로 영업장의 긴 변 길이의 (2분의 1) 이상 떨어진 위치에 별도로 설치된 경우
○ 피난층에 설치된 영업장〔영업장으로 사용하는 바닥면적이 (33)제곱미터 이하인 경우로서 영업장 내부에 구획된 실(室)이 없고, 영업장 전체가 개방된 구조의 영업장을 말한다〕으로서 그 영업장의 각 부분으로부터 출입구까지의 수평거리가 (10)미터 이하인 경우

정답 71. ③ 72. ①

73 다중이용업소의 안전관리에 관한 특별법령상 안전관리기본계획(이하 '기본계획'이라 함)에 관한 설명으로 옳지 않은 것은?

① 소방청장은 기본계획을 관계 중앙행정기관의 장과 협의를 거쳐 5년마다 수립해야 한다.
② 기본계획 수립지침에는 화재 등 재난 발생 경감대책이 포함되어야 한다.
③ 소방청장은 기본계획을 수립하면 행정안전부장관에게 보고하여야 한다.
④ 소방청장은 매년 연도별 안전관리계획을 전년도 12월 31일까지 수립하여야 한다.

해설 소방청장은 수립된 기본계획 및 연도별계획을 관계 중앙행정기관의 장과 특별시장·광역시장·특별자치시장·도지사 또는 특별자치도지사(이하 "시·도지사"라 한다)에게 통보하여야 한다.

74 다중이용업소의 안전관리에 관한 특별법령상 1천만원의 이행강제금을 부과하는 경우를 모두 고른 것은? (단, 가중 또는 감경 사유는 고려하지 않음)

> ㄱ. 실내장식물에 대한 교체 또는 제거 등 필요한 조치명령을 위반한 경우
> ㄴ. 영업장의 내부구획에 대한 보완 등 필요한 조치명령을 위반한 경우
> ㄷ. 다중이용업소의 사용금지 또는 제한 명령을 위반한 경우

① ㄱ, ㄴ ② ㄱ, ㄷ
③ ㄴ, ㄷ ④ ㄱ, ㄴ, ㄷ

해설 다중이용업소의 사용금지 또는 제한 명령을 위반한 경우 : 600만원의 이행강제금을 부과

75 다중이용업소의 안전관리에 관한 특별법령상 다중이용업소에 대한 화재위험평가 대상에 관한 조문의 일부이다. ( )에 들어갈 내용으로 옳은 것은?

> ○ (ㄱ)제곱미터 지역 안에 다중이용업소가 50개 이상 밀집하여 있는 경우
> ○ 5층 이상인 건축물로서 다중이용업소가 (ㄴ)개 이상 있는 경우
> ○ 하나의 건축물에 다중이용업소로 사용하는 영업장 바닥면적의 합계가 (ㄷ)제곱미터 이상인 경우

① ㄱ : 1천, ㄴ : 10, ㄷ : 2천
② ㄱ : 1천, ㄴ : 40, ㄷ : 2천
③ ㄱ : 2천, ㄴ : 10, ㄷ : 1천
④ ㄱ : 2천, ㄴ : 40, ㄷ : 1천

해설
○ (2천)제곱미터 지역 안에 다중이용업소가 50개 이상 밀집하여 있는 경우
○ 5층 이상인 건축물로서 다중이용업소가 (10)개 이상 있는 경우
○ 하나의 건축물에 다중이용업소로 사용하는 영업장 바닥면적의 합계가 (1천) 제곱미터 이상인 경우

정답 73. ③ 74. ① 75. ③

제4과목 위험물의 성질·상태 및 시설기준

76 제1류 위험물 중 질산칼륨에 관한 설명으로 옳지 않은 것은?
① 물, 글리세린, 에탄올, 에테르에 잘 녹는다.
② 무색 또는 백색 결정이거나 분말이다.
③ 강산화제이며 가열하면 분해하여 산소를 방출한다.
④ 흑색화약, 불꽃류, 금속열처리제, 산화제 등으로 사용된다.

해설 질산칼륨은 물, 글리세린에는 잘 녹고, 알코올에는 잘 안 녹는다.

77 제1류 위험물 중 아염소산나트륨에 관한 설명으로 옳지 않은 것은?
① 섬유, 펄프의 표백, 살균제, 염색의 산화제, 발염제로 사용된다.
② 가열, 충격, 마찰에 의해 폭발적으로 분해한다.
③ 산을 가할 경우는 ClO_2 가스가 발생한다.
④ 무색 결정성 분말로 조해성이 있고, 비극성 유류에 잘 녹는다.

해설 아염소산나트륨은 무색결정, 물에 잘 녹는다.

78 제2류 위험물 중 황에 관한 설명으로 옳지 않은 것은?
① 물에 불용이고, 알코올에 난용이다.
② 공기 중에서 연소하기 쉽다.
③ 미세한 분말상태로 공기 중에 부유하면 분진폭발을 일으킨다.
④ 전기의 도체로 마찰에 의해 정전기가 발생할 우려가 있다.

해설 황(S)은 전기 부도체로 백금, 금을 제외한 모든 금속과 결합

79 제2류 위험물 중 주석분에 관한 설명으로 옳은 것은?
① 뜨겁고 진한 염산과 반응하여 수소가 발생된다.
② 염기와 서서히 반응하여 산소가 발생된다.
③ 미세한 조각이 대량으로 쌓여 있더라도 자연발화 위험이 없다.
④ 공기나 물속에서 녹이 슬기 쉽다.

해설 주석(Sn)
은백색의 금속으로, 주로 납땜, 합금, 코팅 등에 사용. 부식에 강하다.
진한 염산과 반응하여 염화 주석($SnCl_2$)과 수소 기체를 생성
$Sn + 2HCl \rightarrow SnCl_2 + H_2$

80 제3류 위험물 중 리튬에 관한 설명으로 옳은 것은?
① 건조한 실온의 공기에서 반응하며, 100℃ 이상으로 가열하면 휘백색 불꽃을 내며 연소한다.
② 주기율표상 알칼리토금속에 해당한다.
③ 상온에서 수소와 반응하여 수소화합물을 만든다.
④ 습기가 존재하는 상태에서는 은색으로 변한다.

해설 ① 연소할 때 불꽃은 붉은색
② 주기율표상 알칼리금속에 해당한다.
③ 고온에서 반응하여 수소화 리튬(LiH)을 형성
($2Li + H_2 \rightarrow 2LiH$)

정답 76. ① 77. ④ 78. ④ 79. ① 80. ③

④ 습기 또는 물과의 반응 :
2Li + 2H₂O → 2LiOH + H₂
⑤ 은백색의 금속, 공기 중에 노출시 산화되면 어두운 회색

81 제3류 위험물 중 알킬알루미늄에 관한 설명으로 옳은 것은?
① 물, 산과 반응하지 않는다.
② 탄소 수가 $C_1 \sim C_4$까지 공기 중에 노출되면 자연발화한다.
③ 저장탱크에 희석안정제로 핵산, 벤젠, 톨루엔, 알코올 등을 넣어둔다.
④ 무색의 투명한 액체 또는 고체로 독성이 없다.

해설 ① 상온에서 무색의 액체 또는 고체로 존재, 독성이 있다.
② 탄소 수가 $C_1 \sim C_4$까지 공기 중에 노출되면 자연발화한다.
③ 공기와 접촉시 자연발화, 물과 반응하면 폭발적으로 반응하여 인화성 가스 생성
④ 희석안정제로 핵산, 벤젠, 톨루엔, 펜탄 등이 사용
⑤ 알코올과 반응하여 인화성 가스 생성

82 탄화칼슘 10 kg이 물과 반응하여 발생시키는 아세틸렌 부피 (m³)는 약 얼마인가?
(단, 원자량 Ca 40, C 12, 반응 시 온도와 압력은 30℃, 1기압으로 가정한다.)
① 3.15 ② 3.50
③ 3.88 ④ 4.23

해설 탄화칼슘과 물과의 반응식
CaC₂ + 2H₂O → Ca(OH)₂ + C₂H₂

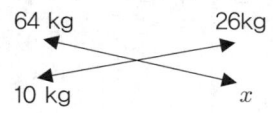

$$x = \frac{26 \times 10}{64} = 4.0625 \text{kg}$$

아세틸렌의 부피
$$V = \frac{WRT}{PM}$$
$$= \frac{4.0625 \text{ kg} \times 0.082 \text{atm} \cdot \text{m}^3/\text{kmol} \cdot \text{K} \times (273+30) \text{K}}{1 \text{atm} \times 26 \text{kg/kmol}}$$
$$= 3.88 \text{ m}^3$$

83 제4류 위험물 중 다이에틸에터(diethyl ether)에 관한 설명으로 옳지 않은 것을 모두 고른 것은?

| ㄱ. 무색 투명한 액체로서 휘발성이 매우 높고 마취성을 가진다.
| ㄴ. 강환원제와 접촉 시 발열·발화한다.
| ㄷ. 물에 잘 녹는 물질로 유지 등을 잘 녹이는 용제이다.
| ㄹ. 건조·여과·이송 중에 정전기 발생·축적이 용이하다.

① ㄱ, ㄹ ② ㄴ, ㄷ
③ ㄱ, ㄴ, ㄹ ④ ㄱ, ㄴ, ㄷ, ㄹ

해설 ① 무색 투명한 액체로서 휘발성이 매우 높고 마취성을 가진다.
② 강산화제와 혼합 시 대단히 위험하다.
③ 알코올에는 잘 용해되며 물에는 약간 용해한다.
④ 건조·여과·이송 중에 정전기 발생·축적이 용이하다.

84 4 mol의 나이트로글리세린[C₃H₅(ONO₂)₃]이 폭발할 때 생성되는 질소의 양(g)은?
(단, 원자량 C 12, H 1, O 16, N 14이다.)
① 32 ② 168
③ 180 ④ 528

해설 나이트로글리세린의 분해반응식 :
$4C_3H_5(ONO_2)_3 \rightarrow 12CO_2 + 10H_2O + 6N_2 + O_2$
나이트로글리세린의 분자량 :
$12 \times 3 + 1 \times 5 + (14+16 \times 3) \times 3 = 227$ g
4 mol의 나이트로글리세린이 폭발할 때 6 mol의 질소가 발생하므로
질소의 양 : $6 \times 14 \times 2 = 168$g

85 제5류 위험물 중 유기과산화물에 포함되는 물질은?

① 벤조일퍼옥사이드 − $(C_6H_5CO)_2O_2$
② 질산에틸 − $C_2H_5ONO_2$
③ 나이트로글라이콜 − $C_2H_4(ONO_2)_2$
④ 트라이나이트로페놀 − $C_6H_2(NO_2)_3OH$

해설 ○ 유기과산화물 : 과산화벤조일(벤조일퍼옥사이드), 아세틸퍼옥사이드, 과산화초산
○ 질산에스테르류 : 질산메틸, 질산에틸, 니트로글리세린, 니트로글리콜, 니트로셀룰로오스
○ 니트로화합물 : 트리니트로페놀(TNP, 피크린산), 트리니트로톨루엔(TNT), 디니트로톨루엔(DNT)

86 제6류 위험물인 질산의 용도로 옳지 않은 것은?

① 의약
② 비료
③ 표백제
④ 셀룰로이드 제조

해설 ○ 질산(HNO_3)의 용도 : 비료 제조, 폭발물 제조, 셀룰로이드 제조, 염료 제조, 의약품 등
○ 과산화수소(H_2O_2)의 용도 : 표백제, 살균제, 산화제, 추진제, 곰팡이 제거 등의 식물관리 등

87 제6류 위험물에 관한 설명으로 옳지 않은 것은?

① 과염소산은 무색의 유동성 액체이다.
② 과산화수소의 농도가 36 wt% 미만인 것은 위험물에 해당되지 않는다.
③ 질산의 비중이 1.49 미만인 것은 위험물에 해당되지 않는다.
④ 산소를 많이 포함하여 다른 가연물의 연소를 도우며, 가연성이다.

해설 산소공급원의 역할. 자체적으로는 불연성이다.
과산화수소의 농도가 36 wt% 이상인 것은 위험물에 해당된다.
질산의 비중이 1.49 이상인 것은 위험물에 해당된다.

88 위험물안전관리법령상 제조소에서 저장 또는 취급하는 위험물의 주의사항을 표시한 게시판으로 옳은 것은?

① 트라이에틸알루미늄 − 물기주의 − 백색바탕에 청색문자
② 과산화나트륨 _ 물기엄금 − 청색바탕에 백색문자
③ 질산메틸 − 화기주의 − 적색바탕에 백색문자
④ 적린 − 화기엄금 − 백색바탕에 적색문자

해설 ① 트라이에틸알루미늄(제3류위험물)
  − 물기엄금 − 청색바탕에 백색문자
② 과산화나트륨(제1류위험물) − 물기엄금
  − 청색바탕에 백색문자
③ 질산메틸(제5류위험물) − 화기엄금
  − 적색바탕에 백색문자
④ 적린(제2류위험물) − 화기주의
  − 적색바탕에 백색문자

정답 85. ① 86. ③ 87. ④ 88. ②

89 위험물안전관리법령상 제조소의 위치·구조 및 설비의 기준 중 위험물을 취급하는 건축물에 설치하는 환기설비의 기준으로 옳은 것은?

① 환기는 강제배기방식으로 할 것
② 환기구는 지붕위 또는 지상 1.8 m 이상의 높이에 설치할 것
③ 급기구는 높은 곳에 설치하고 가는 눈의 구리망 등으로 인화방지망을 설치할 것
④ 급기구가 설치된 실의 바닥면적이 115 m²인 경우 급기구의 면적은 450 cm² 이상으로 할 것

해설
① 환기는 자연배기방식으로 할 것
② 환기구는 지붕위 또는 지상 2 m 이상의 높이에 회전식 고정벤티레이터 또는 루프팬 방식으로 설치할 것
③ 급기구는 낮은 곳에 설치하고 가는 눈의 구리망 등으로 인화방지망을 설치할 것
④ 급기구가 설치된 실의 바닥면적이 115 m²인 경우 급기구의 면적은 450 cm² 이상으로 할 것

바닥면적	급기구의 면적
60 m² 미만	150 cm² 이상
60 m² 이상 90 m² 미만	300 cm² 이상
90 m² 이상 120 m² 미만	450 cm² 이상
120 m² 이상 150 m² 미만	600 cm² 이상

90 위험물안전관리법령상 제조소의 위치·구조 및 설비의 기준 중 위험물을 취급하는 건축물에 설치하는 채광 및 조명설비의 기준으로 옳은 것은? (단, 예외규정은 고려하지 않는다.)

① 채광설비는 난연재료로 할 것
② 연소의 우려가 없는 장소에 설치하되 채광면적을 최대로 할 것
③ 조명설비의 전선은 내화·내열전선으로 할 것
④ 조명설비의 점멸스위치는 출입구 내부에 설치할 것

해설 채광설비는 불연재료로 하고, 연소의 우려가 없는 장소에 설치하되 채광면적을 최소로 할 것. 조명설비의 전선은 내화·내열전선으로 할 것. 조명설비의 점멸스위치는 출입구 바깥부분에 설치할 것.

91 위험물안전관리법령상 제조소의 위치·구조 및 설비의 기준 중 위험물을 취급하는 건축물 그 밖의 시설 주위에 3 m 이상 너비의 공지를 보유해야 하는 경우를 모두 고른 것은?

ㄱ. 아염소산나트륨 500 kg
ㄴ. 철분 5,000 kg
ㄷ. 부틸리튬 100 kg
ㄹ. 메틸알코올 5,000 L

① ㄱ
② ㄴ, ㄷ
③ ㄱ, ㄴ, ㄷ
④ ㄴ, ㄷ, ㄹ

해설 지정수량의 10배 이하 : 3m 이상
지정수량의 10배 초과 : 5m 이상
ㄱ. 아염소산나트륨 500 kg :
   500 kg / 50 kg = 10배
ㄴ. 철분 5,000 kg :
   5,000 kg / 500 kg = 10배
ㄷ. 부틸리튬 100 kg / 10 kg = 10배
ㄹ. 메틸알코올 5,000 L :
   5,000 L / 400 L = 12.5배

정답 89. ④ 90. ③ 91. ③

92 위험물안전관리법령상 위험물제조소의 옥외에 있는 위험물취급탱크 3기가 다음과 같이 하나의 방유제 내에 있을 때, 방유제의 최소 용량(m^3)은?

> 등유 30,000 L
> 크레오소트유 20,000 L
> 기어유 5,000 L

① 17　　② 17.5
③ 18　　④ 18.5

해설 방유제의 최소 용량 :
30,000 L × 0.5 + (20,000 L + 5,000 L) × 0.1
= 17,500 L = 17.5 m^3

93 위험물안전관리법령상 제조소의 위치·구조 및 설비의 기준 중 피뢰침(「산업표준화법」에 따른 한국산업표준 중 피뢰설비 표준에 적합한 것)을 설치하여야 하는 제조소는? (단, 제조소의 주위의 상황에 따라 안전상 피뢰침을 설치해야 하는 상황이다.)

① 염소산칼륨 300 kg을 취급하는 제조소
② 수소화칼슘 1,500 kg을 취급하는 제조소
③ 과염소산 3,000 kg을 취급하는 제조소
④ 이황화탄소 500 L를 취급하는 제조소

해설 피뢰설비 설치대상 : 지정수량의 10배 이상의 위험물을 취급하는 제조소
피뢰설비 설치제외 : 제6류 위험물을 취급하는 위험물제조소는 제외
 ① 염소산칼륨 300 kg을 취급하는 제조소
  : 300 kg / 50 kg = 6배
 ② 수소화칼슘 1,500 kg을 취급하는 제조소
  : 1,500 kg / 300 kg = 5배
 ③ 과염소산 3,000 kg을 취급하는 제조소
  : 3,000 kg / 300 kg = 10배
 ④ 이황화탄소 500 L를 취급하는 제조소
  : 500 L / 50 L = 10배

94 위험물안전관리법령상 지하저장탱크 용량이 40,000 L인 경우 탱크의 최대지름(mm)은?

① 1,625　　② 2,450
③ 3,200　　④ 3,657

해설 지하저장탱크 탱크의 최대지름

탱크용량 (단위 L)	탱크의 최대지름 (단위 mm)	강철판의 최소두께 (단위 mm)
1,000 이하	1,067	3.20
1,000 초과 2,000 이하	1,219	3.20
2,000 초과 4,000 이하	1,625	3.20
4,000 초과 15,000 이하	2,450	4.24
15,000 초과 45,000 이하	3,200	6.10
45,000 초과 75,000 이하	3,657	7.67
75,000 초과 189,000 이하	3,657	9.27
189,000 초과	–	10.00

95 위험물안전관리법령상 1인의 안전관리자를 중복하여 선임할 수 있는 경우, 행정안전부령이 정하는 저장소의 기준으로 옳은 것은? (단, 동일구내에 있거나 상호 100m 이내의 거리에 있는 저장소로서 저장소의 규모, 저장하는 위험물의 종류 등을 고려하여 동일인이 설치한 경우이다.)

① 10개 이하의 암반탱크저장소
② 35개 이하의 옥외탱크저장소
③ 30개 이하의 옥내저장소
④ 30개 이하의 옥외저장소

해설 1인의 안전관리자를 중복하여 선임할 수 있는 저장소 등
1. 10개 이하의 옥내저장소
2. 30개 이하의 옥외탱크저장소
3. 옥내탱크저장소
4. 지하탱크저장소
5. 간이탱크저장소

정답 92. ②　93. ④　94. ③　95. ①

6. 10개 이하의 옥외저장소
7. 10개 이하의 암반탱크저장소

96 위험물안전관리법령상 이동탱크저장소의 위치·구조 및 설비의 기준에 관한 설명으로 옳은 것을 모두 고른 것은?

> ㄱ. 안전장치는 상용압력이 20 kPa 이하인 탱크에 있어서는 20 kPa 이상 24 kPa 이하의 압력에서, 상용압력이 20 kPa를 초과하는 탱크에 있어서는 상용압력의 1.1배 이하의 압력에서 작동하는 것으로 할 것
> ㄴ. 옥내에 있는 상치장소는 벽·바닥·보·서까래 및 지붕이 내화구조 또는 난연재료로 된 건축물의 1층에 설치하여야 한다.
> ㄷ. 이동탱크저장소에 주입설비를 설치하는 경우에는 주입설비의 길이는 60 m 이내로 하고, 분당 배출량은 200 L 이하로 할 것
> ㄹ. 이동저장탱크는 그 내부에 4,000L 이하마다 1.6mm 이상의 강철판 또는 이와 동등 이상의 강도·내열성 및 내식성이 있는 금속성의 것으로 칸막이를 설치하여야 한다.

① ㄱ
② ㄱ, ㄴ
③ ㄱ, ㄴ, ㄷ
④ ㄴ, ㄷ, ㄹ

ㄴ. 옥내에 있는 상치장소는 벽·바닥·보·서까래 및 지붕이 내화구조 또는 불연재료로 된 건축물의 1층에 설치하여야 한다.
ㄷ. 이동탱크저장소에 주입설비를 설치하는 경우에는 주입설비의 길이는 50 m 이내로 하고, 분당 배출량은 200 L 이하로 할 것
ㄹ. 이동저장탱크는 그 내부에 4,000 L 이하마다 3.2 mm 이상의 강철판 또는 이와 동등 이상의 강도·내열성 및 내식성이 있는 금속성의 것으로 칸막이를 설치하여야 한다.

97 위험물안전관리법령상 옥내저장소에 벤젠 20 L 용기 200개와 포름산 200 L 용기 20개를 저장하고 있다면, 이 저장소에는 지정수량 몇 배를 저장하고 있는가? (단, 용기에 가득 차 있다고 가정한다.)

① 12
② 21
③ 22
④ 26

지정수량의 배수 :
$$\frac{20\,L \times 200\,개}{200\,L} + \frac{200\,L \times 20\,개}{2,000\,L} = 22\,배$$

98 위험물안전관리법령상 판매취급소의 위치·구조 및 설비의 기준으로 옳지 않은 것은?

① 제1종 판매취급소는 건축물의 1층에 설치할 것
② 제1종 판매취급소의 위험물을 배합하는 실의 바닥면적은 5 m^2 이상 15 m^2 이하로 할 것
③ 제2종 판매취급소의 용도로 사용하는 부분은 벽·기둥·바닥 및 보를 내화구조로 할 것
④ 제2종 판매취급소의 용도로 사용하는 부분에 상층이 있는 경우에 있어서는 상층의 바닥을 내화구조로 하는 동시에 상층으로의 연소를 방지하기 위한 조치를 강구할 것

제1종 판매취급소의 위험물을 배합하는 실의 바닥면적은 6 m^2 이상 15 m^2 이하로 할 것

정답 96. ① 97. ③ 98. ②

99 위험물안전관리법령상 소화설비 기준 중 소화난이도등급 I의 제조소 및 일반취급소에 설치하여야 하는 소화설비로 옳은 것을 모두 고른 것은?

> ㄱ. 옥내소화전설비
> ㄴ. 옥외소화전설비
> ㄷ. 스프링클러설비

① ㄱ
② ㄱ, ㄴ
③ ㄴ, ㄷ
④ ㄱ, ㄴ, ㄷ

해설 소화난이도등급 I의 제조소 및 일반취급소에 설치하여야 하는 소화설비 : 옥내소화전설비, 옥외소화전설비, 스프링클러설비 또는 물분무등소화설비

100 다음은 위험물안전관리법령상 옮겨 담는 일반취급소의 특례기준이다. ( )에 알맞은 숫자로 옳은 것은? (단, 당해 일반취급소에 인접하여 연소의 우려가 있는 건축물은 없다.)

> 일반취급소의 주위에는 높이 ( )m 이상의 내화구조 또는 불연재료로 된 담 또는 벽을 설치하여야 한다.

① 1
② 2
③ 3
④ 4

해설 일반취급소의 주위에는 높이 (2) m 이상의 내화구조 또는 불연재료로 된 담 또는 벽을 설치하여야 한다.

제5과목 소방시설의 구조원리

101 옥내소화전설비의 화재안전기술기준상 물올림장치의 설치기준 중 일부이다. ( )에 들어갈 것으로 옳은 것은?

> 수조의 유효수량은 (ㄱ) L 이상으로 하되, 구경 (ㄴ) mm 이상의 급수배관에 따라 해당 수조에 물이 계속 보급되도록 할 것

① ㄱ : 100, ㄴ : 15
② ㄱ : 100, ㄴ : 20
③ ㄱ : 200, ㄴ : 15
④ ㄱ : 200, ㄴ : 20

해설 수조의 유효수량은 (100) L 이상으로 하되, 구경 (15) mm 이상의 급수배관에 따라 해당 수조에 물이 계속 보급되도록 할 것

102 옥외소화전설비의 화재안전기술기준에 따라 옥외소화전 3개가 다음 조건과 같이 설치된 경우, 펌프의 축동력(kW)은 약 얼마인가?

> ○ 실양정 30 m
> ○ 배관 및 배관부속품의 마찰손실수두는 실양정의 30 %
> ○ 호스길이는 40 m
>   (호스길이 100 m당 마찰손실수두는 4 m)
> ○ 펌프의 효율 75 %, 전달계수 1.1
> ○ 주어진 조건 이외의 다른 조건은 고려하지 않고, 계산결과 값은 소수점 둘째자리에서 반올림한다.

정답 99. ④ 100. ② 101. ① 102. ②

① 7.5　　　② 10.0
③ 11.0　　④ 13.0

해설 전양정
$H = h1 + h2 + h3 + 25\text{m}$
$= 30\text{ m} + 30\text{ m} \times 0.3 + 40\text{ m} \times \dfrac{4\text{ m}}{100\text{ m}} + 25\text{ m}$
$= 65.6\text{ m}$

토출량 $Q = 2 \times 350\text{ L/min} = 700\text{ L/min}$

축동력 $P = \dfrac{0.163QH}{\eta}$
$= \dfrac{0.163 \times 0.7\text{ m}^3/\text{min} \times 65.6\text{ m}}{0.75}$
$= 9.98\text{ kW}$

(축동력이므로 전달계수를 적용해서는 안된다.)

103 옥내소화전설비의 화재안전기술기준상 옥상수조를 설치하지 않아도 되는 기준으로 옳은 것은?
① 압력수조를 가압송수장치로 설치한 경우
② 수원이 건축물의 최하층에 설치된 방수구보다 높은 위치에 설치된 경우
③ 건축물의 높이가 지표면으로부터 10 m를 초과하는 경우
④ 고가수조를 가압송수장치로 설치한 경우

해설 옥상수조 설치제외
(1) 지하층만 있는 건축물
(2) **고가수조를 가압송수장치로 설치한 경우**
(3) **수원이 건축물의 최상층에 설치된 방수구보다 높은 위치에 설치된 경우**
(4) 건축물의 높이가 지표면으로부터 **10 m 이하인 경우**
(5) 주펌프와 동등 이상의 성능이 있는 별도의 펌프로서 내연기관의 기동과 연동하여 작동되거나 비상전원을 연결하여 설치한 경우
(6) 학교 · 공장 · 창고시설(옥상수조를 설치한 대상은 제외한다)로서 동결의 우려가 있는 장소에 있어서는 기동스위치에 보호판을 부착하여 옥내소화전함 내에 설치하는 경우
(7) 가압수조를 가압송수장치로 설치한 경우

104 내화구조이고 물품 보관용 랙이 설치되지 않은 가로 50 m, 세로 30 m인 창고에 라지드롭형 스프링클러헤드를 정방형으로 배치하는 경우 필요한 헤드의 최소 설치개수는? (단, 특수가연물을 저장 또는 취급하지 않음)
① 84개　　② 160개
③ 187개　　④ 273개

해설 가로수량 : $\dfrac{50\text{ m}}{2 \times 2.3\text{ m} \times \cos 45°} = 15.37 = 16$개

세로수량 : $\dfrac{30\text{ m}}{2 \times 2.3\text{ m} \times \cos 45°} = 9.22 = 10$개

105 물분무소화설비의 화재안전기술기준상 고압의 전기기기가 있는 장소는 전기의 절연을 위하여 전기기기와 물분무헤드 사이에 거리를 두어야 한다. 전기기기의 전압(kV)에 따라 이격한 거리(cm)로 옳은 것은?
① 66 kV − 60 cm
② 120 kV − 130 cm
③ 150 kV − 160 cm
④ 200 kV − 190 cm

해설 전기기기와 물분무헤드 사이의 거리

전압(kV)	거리(cm)
66 이하	70 이상
66 초과 77 이하	80 이상
77 초과 110 이하	110 이상
110 초과 154 이하	150 이상
154 초과 181 이하	180 이상
181 초과 220 이하	210 이상
220 초과 275 이하	260 이상

정답 103. ④　104. ②　105. ③

106 포소화설비의 화재안전기술기준상 용어의 정의로 옳지 않은 것은?

① "비확관형 분기배관"이란 배관의 측면에 분기호칭내경 이상의 구멍을 뚫고 배관이음쇠를 용접 이음한 배관을 말한다.
② "포소화전설비"란 포소화전방수구·호스 및 이동식포노즐을 사용하는 설비를 말한다.
③ "주펌프"란 구동장치의 회전 또는 왕복운동으로 소화용수를 가압하여 그 압력으로 급수하는 주된 펌프를 말한다.
④ "프레셔 프로포셔너방식"이란 펌프의 토출관에 압입기를 설치하여 포 소화약제 압입용펌프로 포 소화약제를 압입시켜 혼합하는 방식을 말한다.

해설) ① "프레셔 프로포셔너방식"이란 펌프와 발포기의 중간에 설치된 벤추리관의 벤추리작용과 펌프 가압수의 포 소화약제 저장탱크에 대한 압력에 따라 포 소화약제를 흡입·혼합하는 방식을 말한다
② "프레셔사이드 프로포셔너방식"이란 펌프의 토출관에 압입기를 설치하여 포 소화약제 압입용펌프로 포 소화약제를 압입시켜 혼합하는 방식을 말한다.

107 포소화설비의 화재안전성능기준상 특수가연물을 저장·취급하는 특정소방대상물 중 바닥면적이 200 m²인 부분에 포헤드방식으로 포소화설비를 설치하는 경우 1분당 최소 방사량(L)은? (단, 포소화약제의 종류는 합성계면활성제포로 함)

① 740
② 1,300
③ 1,600
④ 1,700

해설) 1분당 최소 방사량 : 200 m² × 6.5 L/min·m²
= 1,300 L/min

특정소방대상물 및 포소화약제의 종류에 따른 포헤드의 방사량(L/min·m²)

특정소방대상물	포소화약제의 종류	바닥면적 1 m²당 방사량
차고·주차장 및 항공기격납고	단백포 소화약제	6.5 L 이상
	합성계면활성제 포 소화약제	8.0 L 이상
	수성막포 소화약제	3.7 L 이상
특수가연물을 저장·취급하는 특정소방대상물	단백포 소화약제	6.5 L 이상
	합성계면활성제 포 소화약제	6.5 L 이상
	수성막포 소화약제	6.5 L 이상

108 피난기구의 화재안전기술기준상 설치장소별 피난기구 적응성에서 지상 4층 노유자시설에 적응성이 있는 피난기구를 모두 고른 것은?

ㄱ. 미끄럼대
ㄴ. 구조대
ㄷ. 완강기
ㄹ. 피난교
ㅁ. 피난사다리
ㅂ. 승강식 피난기

① ㄱ, ㄷ, ㄹ
② ㄱ, ㄷ, ㅁ
③ ㄴ, ㄹ, ㅂ
④ ㄴ, ㅁ, ㅂ

해설) 노유자시설(4층 이상 10층 이하) : 구조대, 피난교, 다수인피난장비, 승강식 피난기

정답 106. ④ 107. ② 108. ③

109 창고시설의 화재안전기술기준상 피난유도선의 설치기준이다. ( )에 들어갈 것으로 옳은 것은?

> ○ 피난유도선은 연면적 (ㄱ)m² 이상인 창고시설의 지하층 및 무창층에 다음의 기준에 따라 설치해야 한다.
> ○ 각 층 직통계단 출입구로부터 건물 내부 벽면으로 (ㄴ) m 이상 설치할 것
> ○ 화재 시 점등되며 비상전원 (ㄷ) 분 이상을 확보할 것

① ㄱ : 10,000, ㄴ : 10, ㄷ : 20
② ㄱ : 10,000, ㄴ : 20, ㄷ : 20
③ ㄱ : 15,000, ㄴ : 10, ㄷ : 30
④ ㄱ : 15,000, ㄴ : 20, ㄷ : 30

해설 창고시설의 피난유도선 설치기준
피난유도선은 **연면적 15,000 m² 이상**인 창고시설의 지하층 및 무창층에 다음의 기준에 따라 설치해야 한다.
① 광원점등방식으로 바닥으로부터 1 m 이하의 높이에 설치할 것
② 각 층 직통계단 출입구로부터 건물 내부 벽면으로 **10 m 이상** 설치할 것
③ 화재 시 점등되며 비상전원 **30분 이상**을 확보할 것
④ 피난유도선은 소방청장이 정하여 고시하는 「피난유도선 성능인증 및 제품검사의 기술기준」에 적합한 것으로 설치할 것

110 자동화재탐지설비 및 시각경보장치의 화재안전성능기준상 다음 조건에 따른 계단에 설치하여야 하는 연기감지기(ㄱ)의 수와 경계구역(ㄴ)의 수는?

> ○ 지하 2층에서 지상 25층 및 옥상층까지의 계단은 2개소이며, 계단 상호간 수평거리 20 m
> ○ 층고 : 지하층 4m, 지상층 3m, 옥상층 3m
> ○ 광전식(스포트형) 2종 감지기 설치

① ㄱ : 8개, ㄴ : 4개
② ㄱ : 8개, ㄴ : 6개
③ ㄱ : 14개, ㄴ : 4개
④ ㄱ : 14개, ㄴ : 6개

해설 1. 연기감지기의 수량
지하층 : (2개층×4m)/15m = 0.53 = 1개,
계단이 2개소이므로 2개
지상층 : (25개층×3m+3m)/15m = 5.2 = 6개,
계단이 2개소이므로 12개
수량합계 : 2개+12개 = 14개
2. 경계구역의 수
지하층 : (2개층×4m)/45m = 0.18 = 1개,
계단이 2개소이므로 2개
지상층 : (25개층×3m+3m)/45m=1.73=2개,
계단이 2개소이므로 4개
수량합계 : 2개+4개 = 6개

111 화재안전기술기준상 비상방송설비의 음향장치 설치기준으로 옳지 않은 것은?

① 아파트등의 경우 실내에 설치하는 확성기 음성입력은 1 W 이상일 것
② 음량조정기를 설치하는 경우 음량조정기의 배선은 3선식으로 할 것
③ 조작부의 조작스위치는 바닥으로부터 0.8 m 이상 1.5 m 이하의 높이에 설치할 것
④ 창고시설에서 발화한 때에는 전 층에 경보를 발해야 한다.

해설 아파트등의 경우 실내에 설치하는 확성기 음성입력은 2 W 이상일 것
창고시설의 경우 확성기의 음성입력은 3 W(실내에 설치하는 것을 포함) 이상

정답 109. ③ 110. ④ 111. ①

112 비상조명등의 화재안전기술기준상 휴대용비상조명등의 설치기준으로 옳지 않은 것은?

① 사용시 자동으로 점등되는 구조일 것
② 건전지 및 충전식 배터리의 용량은 20분 이상 유효하게 사용할 수 있는 것으로 할 것
③ 외함은 난연성능이 있을 것
④ 지하상가 및 지하역사에는 수평거리 50 m 이내마다 3개 이상 설치

해설) 지하상가 및 지하역사에는 수평거리 25 m 이내마다 3개 이상 설치

113 자동화재탐지설비 및 시각경보장치의 화재안전기술기준에 관한 설명으로 옳지 않은 것은?

① 광전식분리형감지기의 광축(송광면과 수광면의 중심을 연결한 선)은 나란한 벽으로부터 0.5 m 이상 이격하여 설치할 것
② 청각장애인용 시각경보장치의 설치 높이는 천장의 높이가 2 m 이하인 경우에는 천장으로부터 0.15 m 이내의 장소에 설치해야 한다.
③ 수신기는 화재로 인하여 하나의 층의 지구음향장치 또는 배선이 단락되어도 다른 층의 화재통보에 지장이 없도록 각 층 배선 상에 유효한 조치를 할 것
④ 외기에 면하여 상시 개방된 부분이 있는 차고·주차장·창고 등에 있어서는 외기에 면하는 각 부분으로부터 5 m 미만의 범위 안에 있는 부분은 경계구역의 면적에 산입하지 않는다.

해설) 광전식분리형감지기의 광축(송광면과 수광면의 중심을 연결한 선)은 나란한 벽으로부터 0.6 m 이상 이격하여 설치할 것

114 소방펌프의 설계 시 유량 0.8 m³/min, 양정 70 m 였으나 시운전 시 양정이 60 m, 회전수는 2,000 rpm으로 측정되었다. 양정이 70 m 가 되려면 회전수는 최소 몇 rpm 으로 조정해야 하는가? (단, 계산결과 값은 소수점 첫째 자리에서 반올림함)

① 1,852　　② 2,105
③ 2,160　　④ 2,333

해설) 상사법칙 적용
$$\frac{H_2}{H_1} = \left(\frac{N_2}{N_1}\right)^2, \quad \frac{70\ m}{60\ m} = \left(\frac{N_2}{2000\ rpm}\right)^2$$
$N_2 = 2,160.25\ rpm$

115 자동화재탐지설비 및 시각경보장치의 화재안전기술기준상 배선의 기준으로 옳은 것은?

① P형 수신기 및 G.P형 수신기의 감지기 회로의 배선에 있어서 하나의 공통선에 접속할 수 있는 경계구역은 6개 이하로 할 것
② 감지기회로 및 부속회로의 전로와 대지 사이 및 배선 상호간의 절연저항은 1경계구역마다 직류 250V의 절연저항측정기를 사용하여 측정한 절연저항이 0.1 MΩ 이상이 되도록 할 것
③ 감지기회로의 전로저항은 30 Ω 이하가 되도록 할 것
④ 감지기회로의 도통시험을 위한 종단저항의 전용함을 설치하는 경우 그 설치 높이는 바닥으로부터 2.0 m 이내로 할 것

해설) 보기설명
① P형 수신기 및 G.P형 수신기의 감지기 회로의 배선에 있어서 하나의 공통선에 접속할 수 있는 경계구역은 **7개 이하**로 할 것

정답 112. ④　113. ①　114. ③　115. ②

② 감지기회로 및 부속회로의 전로와 대지 사이 및 배선 상호간의 절연저항은 1경계구역마다 직류 250V의 절연저항측정기를 사용하여 측정한 절연저항이 0.1 MΩ 이상이 되도록 할 것
③ 감지기회로의 전로저항은 50 Ω 이하가 되도록 할 것
④ 감지기회로의 도통시험을 위한 종단저항의 전용함을 설치하는 경우 그 설치 높이는 바닥으로부터 1.5 m 이내로 할 것

116 건설현장의 화재안전기술기준에 관한 설명으로 옳지 않은 것은?

① 용접·용단 작업 시 11 m 이내에 가연물이 있는 경우 해당 가연물을 방화포로 보호할 것
② 비상경보장치는 피난층 또는 지상으로 통하는 각 층 직통계단의 출입구마다 설치할 것
③ 비상조명등이 설치된 장소의 조도는 각 부분의 바닥에서 1 lx 이상이 되도록 할 것
④ 가스누설경보기는 지하층에 가연성가스를 발생시키는 작업을 하는 부분으로부터 수평거리 15 m 이내에 바닥으로부터 탐지부 상단까지의 거리가 0.3 m 이하인 위치에 설치할 것

해설 가연성가스를 발생시키는 작업을 하는 지하층 또는 무창층 내부(내부에 구획된 실이 있는 경우에는 구획실마다)에 가연성가스를 발생시키는 작업을 하는 부분으로부터 수평거리 10 m 이내에 바닥으로부터 탐지부 상단까지의 거리가 0.3 m 이하인 위치에 설치할 것

117 이산화탄소소화설비의 화재안전성능기준 및 화재안전기술기준에 관한 설명으로 옳은 것은?

① "전역방출방식"이란 소화약제 공급장치에 배관 및 분사헤드 등을 고정 설치하여 직접화점에 소화약제를 방출하는 방식을 말한다.
② "설계농도"란 규정된 실험 조건의 화재를 소화하는데 필요한 소화약제의 농도를 말한다.
③ 저장용기의 충전비는 고압식은 1.1 이상 1.4 이하로 한다.
④ 소화약제 저장용기는 온도가 40 ℃ 이하이고, 온도변화가 작은 곳에 설치하여야 한다.

해설 보기설명
① "국소방출방식"이란 소화약제 공급장치에 배관 및 분사헤드 등을 고정 설치하여 직접화점에 소화약제를 방출하는 방식을 말한다.
② "소화농도"란 규정된 실험 조건의 화재를 소화하는데 필요한 소화약제의 농도를 말한다.
③ 저장용기의 충전비는 고압식은 1.5 이상 1.9 이하로 한다.

118 할로겐화합물 및 불활성기체소화설비의 화재안전기술기준상 사람이 상주하고 있는 곳에서 할로겐화합물 및 불활성기체소화약제의 최대허용 설계농도(%)가 옳은 것을 모두 고른 것은?

ㄱ. FC-3-1-10 : 40 %
ㄴ. HFC-125 : 10.5 %
ㄷ. HFC-227ea : 10.5 %
ㄹ. IG-100 : 43 %
ㅁ. IG-55 : 30 %

① ㄴ, ㄷ
② ㄹ, ㅁ
③ ㄱ, ㄴ, ㅁ
④ ㄱ, ㄷ, ㄹ

정답 116. ④ 117. ④ 118. ④

해설
ㄱ. FC-3-1-10 : 40 %
ㄴ. HFC-125 : **11.5 %**
ㄷ. HFC-227ea : 10.5 %
ㄹ. IG-100 : 43 %
ㅁ. IG-55 : **43 %**

119 분말소화설비의 화재안전성능기준상 방호구역에 분말소화설비를 전역방출방식으로 설치하고자 한다. 방호구역의 조건이 다음과 같을 때 제3종 분말소화약제의 최소저장량(kg)은?

> ○ 방호구역의 체적은 200 m³
> ○ 방호구역의 개구부 면적은 4 m²
> ○ 자동폐쇄장치는 설치하지 않음

① 55.2 ② 82.8
③ 130.8 ④ 138.0

해설 최소저장량
$$W = 200\text{m}^3 \times 0.36\text{kg/m}^3 + 4\text{m}^2 \times 2.7\text{kg/m}^2 = 82.8\text{kg}$$

120 제연설비의 화재안전기술기준상 제연구역에 관한 기준이 아닌 것은?
① 하나의 제연구역의 면적은 1,000 m² 이내로 할 것
② 통로상의 제연구역은 보행중심선의 길이가 60 m를 초과하지 않을 것
③ 하나의 제연구역은 직경 50 m 원내에 들어갈 수 있을 것
④ 거실과 통로(복도를 포함한다)는 각각 제연구획 할 것

해설 하나의 제연구역은 직경 **60 m** 원내에 들어갈 수 있을 것

121 연결송수관설비의 화재안전성능기준상 송수구와 방수구의 설치 기준이다. ( )에 들어갈 것으로 옳은 것은?

> ○ 연결송수관설비의 송수구는 지면으로부터 높이가 (ㄱ)미터 이상 (ㄴ)미터 이하의 위치에 설치할 것
> ○ 연결송수관설비의 송수구는 구경 (ㄷ)밀리미터의 쌍구형으로 할 것
> ○ 연결송수관설비의 (ㄹ)층 이상의 부분에 설치하는 방수구는 쌍구형으로 할 것

① ㄱ : 0.5, ㄴ : 1, ㄷ : 65, ㄹ : 11
② ㄱ : 0.5, ㄴ : 1, ㄷ : 80, ㄹ : 15
③ ㄱ : 0.8, ㄴ : 1.5, ㄷ : 65, ㄹ : 11
④ ㄱ : 0.8, ㄴ : 1.5, ㄷ : 80, ㄹ : 15

해설
○ 연결송수관설비의 송수구는 지면으로부터 높이가 (0.5)미터 이상 (1.0)미터 이하의 위치에 설치할 것
○ 연결송수관설비의 송수구는 구경 (65)밀리미터의 쌍구형으로 할 것
○ 연결송수관설비의 (11)층 이상의 부분에 설치하는 방수구는 쌍구형으로 할 것

122 소화기구 및 자동소화장치의 화재안전기술기준상 다음 조건에 따른 창고시설에 설치해야 하는 소형소화기의 최소 설치개수는?

> ○ 소형소화기 1개의 능력단위는 3 단위이다.
> ○ 창고시설의 바닥면적은 가로 80 m × 세로 75 m 이다.
> ○ 주요구조부가 내화구조이고, 벽 및 반자의 실내에 면하는 부분이 난연재료로 되어 있다.
> ○ 주어진 조건 이외의 다른 조건은 고려하지 않는다.

정답 119. ② 120. ③ 121. ① 122. ②

① 5개　　② 10개
③ 20개　　④ 34개

해설 능력단위: $\frac{80\,m \times 75\,m}{100\,m^2 \times 2} = 30$ 단위

소화기수량: 30단위/3단위 = 10개

123 연결살수설비의 화재안전기술기준상 송수구를 단구형으로 설치할 수 있는 경우 하나의 송수구역에 부착하는 살수헤드의 수는 몇 개 이하인가?

① 10개　　② 15개
③ 20개　　④ 25개

해설 개방형헤드를 사용하는 연결살수설비에 있어서 하나의 송수구역에 설치하는 살수헤드의 수는 10개 이하가 되도록 해야 한다.

124 비상콘센트설비의 화재안전성능기준상 전원 및 콘센트에 관한 기준이 아닌 것은?

① 절연저항은 전원부와 외함 사이를 500볼트 절연저항계로 측정할 때 20 메가옴 이상일 것
② 비상전원의 설치장소는 다른 장소와 방화구획 할 것
③ 비상전원은 비상콘센트설비를 유효하게 30분 이상 작동시킬 수 있는 용량으로 할 것
④ 비상콘센트용의 풀박스 등은 방청도장을 한 것으로서, 두께 1.6밀리미터 이상의 철판으로 할 것

해설 비상전원은 비상콘센트설비를 유효하게 **20분** 이상 작동시킬 수 있는 용량으로 할 것

125 무선통신보조설비의 화재안전성능기준 및 화재안전기술기준에 관한 설명으로 옳지 않은 것은?

① 누설동축케이블 및 안테나는 고압의 전로로부터 1.0 m 이상 떨어진 위치에 설치하여야 한다.
② 지하층으로서 특정소방대상물의 바닥부분 2면 이상이 지표면과 동일한 경우에는 해당층에 한해 무선통신보조설비를 설치하지 아니할 수 있다.
③ 분배기의 임피던스는 50 옴의 것으로 할 것
④ 증폭기에는 비상전원이 부착된 것으로 하고 해당 비상전원 용량은 무선통신보조설비를 유효하게 30분 이상 작동시킬 수 있는 것으로 할 것

해설 누설동축케이블 및 안테나는 고압의 전로로부터 **1.5 m 이상** 떨어진 위치에 설치할 것. 다만, 해당 전로에 정전기 차폐장치를 유효하게 설치한 경우에는 그렇지 않다.

정답 123. ①　124. ③　125. ①

제23회 소방시설관리사

시행일 2023. 5. 20(토)
합격자 2,435명

제1과목 소방안전관리론 및 화재역학

01 Methane 20 vol%, Butane 30 vol%, Propane 50 vol%인 혼합기체의 공기 중 폭발하한계는 약 몇 vol%인가?(단, 공기 중 각 가스의 폭발하한계는 Methane 5.0 vol%, Butane 1.8 vol%, Propane 2.1 vol%임)

① 1.86　　② 2.25
③ 2.86　　④ 3.29

해설 폭발하한계

$$LFL = \frac{100}{\frac{V_1}{L_1}+\frac{V_2}{L_2}+\frac{V_3}{L_3}} = \frac{100}{\frac{20}{5}+\frac{30}{1.8}+\frac{50}{2.1}}$$
$$= 2.248 = 2.25\%$$

02 다음에서 설명하고 있는 현상은?

> 밀폐된 유류저장탱크가 가열로 인해 유류의 비등과 압력상승으로 폭발하는 현상으로 점화원에 의해 분출된 유증기가 착화되어 저장탱크 위쪽에 공 모양의 화구를 형성하기도 한다.

① Boil Over
② Slop Over
③ UVCE(Unconfined Vapor Cloud Explosion)
④ BLEVE(Boiling Liquid Expanding Vapor Explosion)

해설
① Boil Over : 보일오버
유류 저장탱크의 화재 시 유면에서 발생한 열이 서서히 탱크 아래쪽으로 전파하여 탱크 하부의 물이 급격히 증발함으로써 상층의 유류를 밀어 올려 거대한 화염을 불러일으키며 다량의 기름을 탱크 밖으로 불이 붙은 채로 방출하는 현상을 말한다.

② Slop Over : 슬롭오버
중질유 저장탱크의 화재 시 화재진압을 위하여 물 또는 포(foam) 등을 주입하면 화재 면에서 수분의 급격한 증발로 인하여 유면을 밀어 올려 불이 붙은 채 비산하여 분출하는 현상.

③ UVCE(Unconfined Vapor Cloud Explosion) : 개방계 증기운폭발
가연성가스 또는 가연성의 증기가 공기와 혼합해서 가연성 혼합기체를 형성하고 발화원에 의하여 발생하는 폭발

④ BLEVE(Boiling Liquid Expanding Vapor Explosion) : 비등액체팽창 증기폭발
밀폐된 유류저장탱크가 가열로 인해 유류의 비등과 압력상승으로 폭발하는 현상으로 점화원에 의해 분출된 유증기가 착화되어 저장탱크 위쪽에 공 모양의 화구를 형성하기도 한다.

03 다음 (　)에 들어갈 내용으로 옳은 것은?

> 가. GWP = $\dfrac{\text{비교물질 1kg이 기여하는 지구온난화 정도}}{(\;\bigcirc\;)\text{1kg이 기여하는 지구온난화 정도}}$
>
> 나. ODP = $\dfrac{\text{비교물질 1kg이 파괴하는 오존량}}{(\;\bigcirc\;)\text{1kg이 파괴하는 오존량}}$

① ⊙ CO,　　ⓒ CFC-11
② ⊙ CFC-12,　　ⓒ CO
③ ⊙ CO_2,　　ⓒ CFC-11
④ ⊙ CFC-12,　　ⓒ CO_2

정답 1. ②　2. ④　3. ③

해설

$$GWP = \frac{비교물질\ 1kg이\ 기여하는\ 지구온난화\ 정도}{(CO_2)\ 1kg이\ 기여하는\ 지구온난화\ 정도}$$

$$ODP = \frac{비교물질\ 1kg이\ 파괴하는\ 오존량}{(CFC-11)\ 1kg이\ 파괴하는\ 오존량}$$

04 연소점, 인화점 및 발화점에 관한 내용으로 옳지 않은 것은?

① 연소점, 인화점, 발화점 순으로 온도가 높다.
② 인화점은 외부에너지(점화원)에 의해 발화하기 시작되는 최저온도를 말한다.
③ 발화점은 점화원 없이 스스로 발화할 수 있는 최저온도를 말한다.
④ 연소점은 외부에너지(점화원)를 제거해도 연소가 지속되는 최저온도를 말한다.

해설 발화점, 연소점 및 인화점과의 관계
① 인화점 < 연소점 < 발화점
② 연소점 : 일반적으로 인화점보다 5~10℃ 높은 온도

05 가연성기체의 폭발한계범위에서 위험도가 가장 높은 것은?

① 수소　　　　② 에틸렌
③ 아세틸렌　　④ 에테인

해설

구분	연소범위	위험도
① 수소	4~75%	$H = \frac{75-4}{4} = 17.75$
② 에틸렌	3.1~32%	$H = \frac{32-3.1}{3.1} = 9.32$
③ 아세틸렌	2.5~81%	$H = \frac{81-2.5}{2.5} = 31.4$
④ 에테인(에탄)	3~12.5%	$H = \frac{12.5-3}{3} = 3.17$

06 아레니우스(Arrhenius)의 반응속도식에 관한 설명으로 옳지 않은 것은?

① 온도가 높을수록 반응속도는 증가한다.
② 압력이 높을수록 반응속도는 감소한다.
③ 활성화에너지가 클수록 반응속도는 감소한다.
④ 분자의 충돌 횟수가 많을수록 반응속도는 증가한다.

해설 반응속도 $V = C \cdot e^{-\frac{E}{RT}}$
C : 빈도계수,　E : 활성화에너지[J/mol],
R : 기체상수[atm·L/mol·K],　T : 절대온도[K]
온도가 높을수록 활성화에너지가 작을수록 반응속도는 빨라진다.
압력이 상승하면 분자 내 유효 **충돌횟수가 증가**하여 반응속도는 증가한다.

07 폭발의 분류에서 기상폭발이 아닌 것은?

① 가스폭발　　② 분해폭발
③ 수증기폭발　④ 분진폭발

해설 원인물질의 상태에 의한 분류
① 기상폭발 : 가스폭발, 분무폭발, 분진폭발, 산화폭발, 분해폭발
② 응상폭발 : 수증기폭발, 증기폭발, 고상 간 전이에 의한 폭발, 전선폭발

08 소실정도에 따른 화재분류에 관한 설명이다. ( )에 들어갈 내용으로 옳은 것은?

( )란 건물의 30% 이상 70% 미만이 소실된 것이다.

① 즉소　　② 전소
③ 부분소　④ 반소

해설 소손정도에 의한 화재의 분류

① 전소(全燒) : 전체 중 70% 이상 소손된 것
② 반소(半燒) : 전체 중 30% 이상, 70% 미만이 소손된 것
③ 부분(部分)소 : 전체의 10% 이상 30% 미만이 소손된 것
④ 극소(極小) : 전체의 10% 미만이 소손된 것

09 폭발의 종류와 해당 폭발이 일어날 수 있는 물질의 연결이 옳은 것은?
① 산화폭발 - 가연성가스
② 분진폭발 - 시안화수소
③ 중합폭발 - 아세틸렌
④ 분해폭발 - 염화비닐

해설 ① 산화폭발 - 가연성가스
② 분진폭발 - 밀가루, 분진, 먼지, 전분, 금속분 등
③ 중합폭발 - 시안화수소, 염화비닐
④ 분해폭발 - 산화에틸렌, 아세틸렌 등

10 건축물의 피난·방화구조 등의 기준에 관한 규칙상 피난안전구역의 면적 산정기준에서 문화·집회 용도에서 고정좌석을 사용하지 않는 공간의 재실자 밀도 기준으로 옳은 것은?
① 0.28　　② 0.45
③ 2.80　　④ 9.30

해설 피난안전구역 설치 대상 건축물의 용도에 따른 사용 형태별 재실자 밀도

용도	사용 형태별	재실자 밀도
문화·집회	고정좌석을 사용하지 않는 공간	0.45
	고정좌석이 아닌 의자를 사용하는 공간	1.29
	벤치형 좌석을 사용하는 공간	-
	고정좌석을 사용하는 공간	-
	무대	1.40
	게임제공업 등의 공간	1.02

11 가로 10m, 세로 5m, 높이 10m인 실내공간에 저장되어 있는 발열량 10,500kcal/kg인 가연물 1,000kg과 발열량 7,500kcal/kg인 가연물 2,000kg이 완전연소 하였을 때 화재하중(kg/m²)은 약 얼마인가? (단, 목재의 단위 발열량은 4,500kcal/kg 임)
① 56.67　　② 70.35
③ 113.33　　④ 120.56

해설
$$q = \frac{\sum Q_t}{4,500A}$$
$$= \frac{10,500\text{kcal/kg} \times 1,000\text{kg} + 7,500\text{kcal/kg} \times 2,000\text{kg}}{4,500 \times 10\text{m} \times 5\text{m}}$$
$$= 113.33 \text{kg/m}^2$$

12 내화건축물과 비교한 목조건축물의 화재 특성에 관한 설명으로 옳은 것을 모두 고른 것은?

> ㄱ. 최성기에 도달하는 시간이 빠르다.
> ㄴ. 저온장기형의 특성을 갖는다.
> ㄷ. 화염의 분출면적이 크고, 복사열이 커서 접근하기 어렵다.
> ㄹ. 횡방향보다 종방향의 화재성장이 빠르다.

① ㄴ, ㄷ　　② ㄷ, ㄹ
③ ㄱ, ㄴ, ㄹ　　④ ㄱ, ㄷ, ㄹ

해설 1) 저온장기형의 특성을 갖는 것은 내화건축물이다.
2) 목조건축물은 고온단기형의 특성을 갖는다.

13 건축물의 피난·방화구조 등의 기준에 관한 규칙상 벽의 내화구조에 관한 내용으로 옳지 않은 것은?

① 철근콘크리트조 또는 철골철근콘크리트조로서 두께가 10센티미터 이상인 것
② 철재로 보강된 콘크리트블록조·벽돌조 또는 석조로서 철재에 덮은 콘크리트블록등의 두께가 5센티미터 이상인 것
③ 벽돌조로서 두께가 15센티미터 이상인 것
④ 고온·고압의 증기로 양생된 경량기포 콘크리트패널 또는 경량기포 콘크리트블록조로서 두께가 10센티미터 이상인 것

해설 벽의 경우 내화구조
가. 철근콘크리트조 또는 철골철근콘크리트조로서 두께가 10센티미터 이상인 것
나. 골구를 철골조로 하고 그 양면을 두께 4센티미터 이상의 철망모르타르(그 바름바탕을 불연재료로 한 것으로 한정한다. 이하 이 조에서 같다) 또는 두께 5센티미터 이상의 콘크리트블록·벽돌 또는 석재로 덮은 것
다. 철재로 보강된 콘크리트블록조·벽돌조 또는 석조로서 철재에 덮은 콘크리트블록등의 두께가 5센티미터 이상인 것
라. 벽돌조로서 두께가 **19센티미터 이상인** 것
마. 고온·고압의 증기로 양생된 경량기포 콘크리트패널 또는 경량기포 콘크리트블록조로서 두께가 10센티미터 이상인 것

14 건축물의 피난·방화구조 등의 기준에 관한 규칙상 피난안전구역 설치기준에 관한 설명으로 옳은 것은?
① 피난안전구역의 내부마감재료는 난연재료로 설치할 것
② 비상용 승강기는 피난안전구역에서 승하차 할 수 있는 구조로 설치할 것
③ 건축물의 내부에서 피난안전구역으로 통하는 계단은 특별피난계단의 구조로 설치할 것
④ 피난안전구역의 높이는 2.1미터 이상일 것

해설 보기설명
① 피난안전구역의 내부마감재료는 **불연재료로** 설치할 것
③ 건축물의 내부에서 피난안전구역으로 통하는 계단은 **특별피난계단**의 구조로 설치할 것
④ 피난안전구역의 높이는 **2.1미터 이상일** 것

15 초고층 및 지하연계 복합건축물 재난관리에 관한 특별법 시행령상 피난안전구역 면적산정 기준에 관한 설명으로 ( )에 들어갈 내용으로 옳은 것은?

> 지하층이 하나의 용도로 사용되는 경우
> 피난안전구역 면적 = (수용인원×0.1)×( )m²

① 0.28 ② 0.50
③ 0.70 ④ 1.80

해설 지하층이 하나의 용도로 사용되는 경우
피난안전구역 면적 = (수용인원 × 0.1) × (0.28) m²

16 다음에서 설명하는 화재 시 인간의 피난행동 특성으로 옳은 것은?

> 피난 시 인간은 평소에 사용하는 문·통로를 사용하거나, 자신이 왔던 길로 되돌아가려는 본능이 있다.

① 귀소본능 ② 지광본능
③ 추정본능 ④ 회피본능

해설 피난계획 시 고려해야 할 인간의 본능
1) **추종본능** : 피난 시에는 군중이 한 사람의 리더를 추종하려는 경향

정답 14. ② 15. ① 16. ①

2) **귀소본능** : 피난 시 늘 사용하는 경로에 의해 탈출을 도모
3) **퇴피본능** : 화재발생장소에서 벗어나려는 경향
4) **좌회본능** : 막다른 길에서 오른손잡이인 경우 왼쪽으로 가려는 경향
5) **지광본능** : 주위가 어두워지면 밝은 곳으로 피난하려는 경향

17 건축물의 피난·방화구조 등의 기준에 관한 규칙상 건축물의 바깥쪽에 설치하는 피난계단의 구조에 관한 설명으로 옳은 것을 모두 고른 것은?

> ㄱ. 계단은 그 계단으로 통하는 출입구외의 창문 등(망이 들어 있는 유리의 붙박이창으로서 그 면적이 각각 1제곱미터 이하인 것을 제외한다)으로부터 1.5미터 이상의 거리를 두고 설치할 것
> ㄴ. 계단은 불연구조로 하고 지상까지 직접 연결되도록 할 것
> ㄷ. 계단의 유효너비는 0.9미터 이상으로 할 것
> ㄹ. 건축물의 내부에서 계단으로 통하는 출입구에는 60+방화문 또는 60분방화 문을 설치할 것

① ㄱ, ㄴ ② ㄱ, ㄹ
③ ㄴ, ㄷ ④ ㄷ, ㄹ

해설 건축물의 바깥쪽에 설치하는 피난계단의 구조
가. 계단은 그 계단으로 통하는 출입구외의 창문등(망이 들어 있는 유리의 붙박이창으로서 그 면적이 각각 1제곱미터 이하인 것을 제외한다)으로부터 **2미터 이상**의 거리를 두고 설치할 것
나. 건축물의 내부에서 계단으로 통하는 출입구에는 60+방화문 또는 60분방화문을 설치할 것
다. 계단의 유효너비는 0.9미터 이상으로 할 것
라. 계단은 **내화구조**로 하고 지상까지 직접 연결되도록 할 것

18 화재실 내부에 발생한 난류화염에 벽체가 노출되었다. 화염으로부터 벽체에 전달 되는 대류 열유속(W/m²)은 얼마인가? (단, 대류열전달계수는 7W/m²·℃, 난류 화염의 온도는 900℃, 벽체의 온도는 30℃, 벽체면적은 2m²임)

① 6,090 ② 6,510
③ 12,180 ④ 13,020

해설 대류 열유속
$q = h \times \triangle T = 7\,\text{W/m}^2 \cdot ℃ \times (900-30)℃$
$= 6,090\,\text{W/m}^2$

19 고체가연물의 한 쪽 면이 가열되고 있는 조건에서 점화시간에 관한 설명으로 옳지 않은 것은?

① 얇은 가연물이 두꺼운 가연물보다 빨리 점화된다.
② 밀도가 높을수록 점화하기까지의 시간이 짧아진다.
③ 가연물의 발화점이 낮을수록 점화하기까지의 시간이 짧아진다.
④ 비열이 클수록 점화하기까지의 시간이 길어진다.

해설 고체연료의 발화시간
① 얇은 재료(두께 2mm 미만) :
$t = \rho c \ell [\dfrac{T_{ig} - T_\infty}{q}]$
② 두꺼운 재료(두께 2mm 이상) :
$t = C(k\rho c)[\dfrac{T_{ig} - T_\infty}{q}]^2$
C : 상수(열손실이 없는 경우 $\dfrac{\pi}{4}$)
ρc : 열용량, ℓ : 두께, T_{ig} : 발화온도,
T_∞ : 기상의 온도, q : 열방출 속도(열유속)
③ 열용량(ρc)이 작을수록, 열관성($k\rho c$)이 작을수록, 밀도(ρ)가 낮을수록, 열유속이 클수록 발화시간은 짧아진다.

정답 17. ④ 18. ① 19. ②

20 화재성장속도 분류에서 약 1MW의 열량에 도달하는 시간이 300초에 해당하는 것은?

① Slow 화재
② Medium 화재
③ Fast 화재
④ Ultrafast 화재

해설

화재성장속도	Ultra fast	Fast	Medium	Slow
시간	75	150	300	600

21 연소생성물 중 발생하는 연소가스에 관한 설명으로 옳지 않은 것은?

① 시안화수소는 울, 실크, 나일론과 같이 질소를 함유하는 물질 등이 연소할 때 발생한다.
② 일산화탄소는 가연물이 불완전 연소할 때 발생하는 것으로 독성가스이며 연소가 가능한 물질이다.
③ 이산화탄소는 흡입하면 호흡이 촉진되어 화재에 의해 발생하는 독성가스나 수증기를 흡입하는 양이 늘어난다.
④ 황화수소는 폴리염화비닐(PVC)이 화재로 인해 분해됐을 때 다량 발생하며, 금속에 대한 강한 부식성이 있다.

해설

염화수소 (HCl)	① 허용농도 5ppm ② 금속에 대한 부식성 ③ 기도와 눈에 자극, 무색의 자극성	폴리염화비닐 (PVC), 수지류, 절연재료
염소 (Cl_2)	① 허용농도 1ppm ② 1000ppm에서 약간 호흡 시 사망 ③ 황록색, 부식성이 강한 산성 기체	-
시안화수소 (HCN)	① 허용농도 10ppm ② 맹독성 가스로 0.3%의 농도에서 즉사	질소 함유물질
황화수소 (H_2S)	① 허용농도 10ppm ② 달걀 썩은 냄새, 신경계통에 영향	황 함유물질

22 열방출속도가 2MW로 연소 중인 화재를 진압하는데 필요한 최소 방수량(g/s)은 약 얼마인가? (단, 물의 온도는 20℃, 기화온도는 100℃, 기화열은 2,260J/g이며, 물의 냉각효과가 열방출속도보다 크면 소화됨)

① 715.16   ② 746.83
③ 770.89   ④ 884.96

해설 열량 $Q = mC\Delta T + m\gamma$

$2MW = 2 \times 10^6 \, J/s$

$= m \times \dfrac{1}{0.2389} \, J/g \cdot ℃ \times (100-20)℃$

$+ m \times 2,260 \, J/g$

최소 방수량 $m = 770.75 \, (g/s)$

※ 물의 비열 1 cal/g·℃ = $\dfrac{1}{0.2389}$ J/g·℃

23 면적이 $1 \, m^2$의 목재표면에서 연소가 일어날 때 에너지 방출율 $\dot{Q}$는 얼마인가? (단, 목재의 최대 질량연소유속 $\dot{m}''$은 720 g/m^2·min, 기화열 L은 4kJ/g, 유효 연소열 ΔH_c는 14kJ/g 임)

① 120 kW   ② 168 kW
③ 7.20 MW ④ 10.08 MW

해설 에너지 방출율

$\dot{Q} = \dot{m}'' A \Delta H_c$

$= 720 \, g/m^2 \cdot 60s \times 1m^2 \times 14 \, kJ/g$

$= 168 \, kJ/s = 168 \, kW$

정답 20. ② 21. ④ 22. ③ 23. ②

24 제연설비의 예상제연구역에 관한 배출량의 기준으로 옳지 않은 것은? (단, 거실의 수직 거리 2m 이하의 공간임)

① 바닥면적이 400 m² 미만으로 구획된 예상제연구역에서 바닥면적 1 m² 당 1 m³/min 이상으로 하되, 예상제연구역에 대한 최소 배출량은 1,000 m³/h 이상으로 할 것
② 바닥면적이 400 m² 이상인 거실의 예상제연구역에서 예상제연구역이 직경 40 m인 원의 범위 안에 있을 경우 배출량은 40,000 m³/h 이상으로 할 것
③ 바닥면적이 400 m² 이상인 거실의 예상제연구역에서 예상제연구역이 직경 40 m인 원의 범위를 초과할 경우 배출량은 45,000 m³/h 이상으로 할 것
④ 예상제연구역이 통로인 경우의 배출량은 45,000 m³/h 이상으로 할 것

해설 바닥면적이 400 m² 미만으로 구획된 예상제연구역에서 바닥면적 1 m² 당 1 m³/min 이상으로 하되, 예상제연구역에 대한 최소 배출량은 **5,000 m³/h 이상으로 할 것**

25 구획실 화재 시 화재실의 중성대에 관한 설명으로 옳은 것은?

① 중성대는 화재실 내부의 실온이 낮아질수록 낮아지고, 실온이 높아질수록 높아진다.
② 화재실의 중성대 상부 압력은 실외압력보다 낮고 하부의 압력은 실외압력보다 높다.
③ 중성대에서 연기의 흐름이 가장 활발하다.
④ 화재실의 상부에 큰 개구부가 있다면 중성대는 높아진다.

해설
1) 건축물 내부의 압력(실내정압)과 외부의 압력(실외정압)이 일치하는 수직적인 위치를 중성대라 한다.
2) 개구부의 위치에 따른 중성대의 위치
① 개구부가 균일한 경우 : 중앙에 위치
② 큰 개구부가 건축물 상부에 있는 경우 : 상부에 위치
③ 큰 개구부가 건축물 하부에 있는 경우 : 하부에 위치

제 2 과목
소방수리학·약제화학 및 소방전기

26 다음 중 유체에 해당하는 것을 모두 고른 것은?

| ㄱ. 고체 | ㄴ. 액체 | ㄷ. 기체 |

① ㄴ ② ㄱ, ㄷ
③ ㄴ, ㄷ ④ ㄱ, ㄴ, ㄷ

해설 유체(Fluid) : 외부의 작은 힘(전단응력)에도 쉽게 변형되면서 움직이는 액체나 기체 상태

27 어떤 액체의 동점성계수가 0.002 m²/s, 비중이 1.1일 때 이 액체의 점성계수(N·s/m²)는 얼마인가? (단, 중력가속도는 9.8m/s², 물의 단위중량은 9.8kN/m³ 이다.)

① 2.2 ② 6.8
③ 10.1 ④ 15.7

해설 액체의 비중
$$s = \frac{\rho}{\rho_w}, \quad \rho = s \times \rho_w = 1.1 \times 1000 \, kg/m^3$$
점성계수
$$\mu = \rho \times \nu = 1.1 \times 1000 \, kg/m^3 \times 0.002 \, m^2/s$$

정답 24. ① 25. ④ 26. ③ 27. ①

$= 2.2 \text{kg/m} \cdot \text{s} = 2.2 \text{N} \cdot \text{s/m}^2$
(여기서, $\text{N} = \text{kg} \times \text{m/s}^2$, $\text{kg} = \text{N} \times \text{s}^2/\text{m}$,
$\text{kg/m} \cdot \text{s} = \text{N} \cdot \text{s/m}^2$)

28 관수로 흐름에서 미소손실에 해당하지 않는 것은?

① 단면 급확대손실
② 단면 급축소손실
③ 밸브손실
④ 마찰손실

해설 부차적손실(미소손실, Minor loss)
① 관 부속품에 의한 손실
② 관의 급격한 축소에 의한 손실(돌연축소관의 손실)
③ 관의 급격한 확대에 의한 손실(돌연확대관의 손실)

29 이상유체 흐름에서 베르누이 방정식의 전수두(total head)를 구성하는 수두가 아닌 것은?

① 위치수두
② 마찰손실수두
③ 압력수두
④ 속도수두

해설 이상유체에서의 베르누이 방정식 전수두
$$H = \frac{P_1}{\gamma_1} + \frac{V_1^2}{2g} + Z_1 = \frac{P_2}{\gamma_2} + \frac{V_2^2}{2g} + Z_2$$
(압력수두+속도수두+위치수두)
V_1, V_2 : 유속[m/s]
P_1, P_2 : 압력[Pa] 또는 [N/m²]
Z_1, Z_2 : 위치수두[m]
γ_1, γ_2 : 비중량[N/m³]

30 내경이 0.5m인 주철관에서 물이 400m를 흐르는 동안 발생한 손실수두가 10m이다. 이때 유량(m³/s)은 약 얼마인가? (단, Manning의 평균유속공식을 사용하며, 주철관의 조도계수는 0.015, π는 3.14이다.)

① 0.517
② 2.696
③ 4.529
④ 6.315

해설 경심 $R = \frac{A}{P} = \frac{D}{4} = \frac{0.5\text{m}}{4} = 0.125\text{m}$

동수경사(에너지 경사) $I = \frac{10\text{m}}{400\text{m}} = 0.025$

조도계수 $n = 0.015$

Manning의 평균유속
$v = \frac{1}{n} \times R^{\frac{2}{3}} \times I^{\frac{1}{2}} = \frac{1}{0.015} \times 0.125^{\frac{2}{3}} \times 0.025^{\frac{1}{2}}$
$= 2.6352 \text{m/s}$

유량 $Q = AV = \frac{3.14}{4} \times (0.5\text{m})^2 \times 2.6352 \text{m/s}$
$= 0.517 \text{m}^3/\text{s}$

31 내경이 각각 30cm와 20cm인 관이 서로 연결되어 있다. 내경 30cm관에서의 유속이 1.5m/s일 때 20cm관에서의 유속(m/s)은 얼마인가? (단, 정상류 흐름이며, π는 3.14이다.)

① 0.951
② 3.375
③ 5.691
④ 8.284

해설 유량 $Q = A_1 V_1 = A_2 V_2$
$V_2 = \frac{A_1}{A_2} V_1 = \left(\frac{D_1}{D_2}\right)^2 \times V_1 = \left(\frac{0.3}{0.2}\right)^2 \times 1.5$
$= 3.375 \text{m/s}$

정답 28. ④ 29. ② 30. ① 31. ②

32 다음에서 설명하는 것은?

> 펌프의 내부에서 유속이 급변하거나 와류 발생, 유로 장애 등에 의하여 유체의 압력이 저하되어 포화수증기압에 가까워지면, 물 속에 용존되어 있는 기체가 액체 중에서 분리되어 기포로 되며 더욱이 포화수증기압 이하로 되면 물이 기화 되어 흐름 중에 공동이 생기는 현상이다.

① 모세관 현상
② 사이폰
③ 도수현상(hydraulic jump)
④ 캐비테이션

해설 공동현상(Cavitation, 캐비테이션)
펌프의 흡입측 배관에서 발생하는 현상으로 유수 중에서 그 수온의 증기압력보다 낮은 부분이 생겼을 때 물이 증발하거나 물속에 녹아 있는 공기가 석출하여 기포가 다수 생성되는 현상

33 Darcy-Weisbach의 마찰손실공식에 관한 설명 중 옳지 않은 것은?

① 마찰손실수두는 관경에 반비례한다.
② 마찰손실수두는 마찰손실계수에 비례한다.
③ 마찰손실수두는 관의 길이에 비례한다.
④ 마찰손실수두는 유속의 제곱에 반비례한다.

해설 $H = \dfrac{f \ell V^2}{2gD}$

H : 마찰손실수두[m],
f : 관 마찰계수(층류 : $f = \dfrac{64}{R_e}$)
ℓ : 직관길이[m]
D : 배관직경[m]
V : 유속[m/s]
g : 중력가속도 = 9.8[m/s²]

마찰손실수두는 관의 길이에 비례, 관의 직경에 반비례, **유속의 제곱에 비례**, 마찰손실계수(관 마찰계수)에 비례한다.

34 레이놀즈(Reynolds) 수로 알 수 있는 유체의 흐름은?

① 층류, 난류, 천이류
② 사류, 상류, 한계류
③ 층류, 난류, 한계류
④ 사류, 상류, 천이류

해설 레이놀즈수(Re)에 의한 분류
1) 층류 : Re ≤ 2,100
2) 전이(임계 또는 천이)영역 : 2,100 < Re < 4,000
3) 난류 : Re ≥ 4,000

35 소화약제에 관한 설명으로 옳은 것을 모두 고른 것은?

> ㄱ. 아르곤은 불활성기체소화약제이다.
> ㄴ. 알콜형포소화약제는 아세톤 화재에 적응성이 있다.
> ㄷ. 할로겐화합물소화약제인 HFC-125의 화학식은 CHF_2CF_3 이다.
> ㄹ. 주방화재에는 냉각과 질식효과가 우수한 소화약제가 적응성이 있다.

① ㄱ, ㄴ
② ㄷ, ㄹ
③ ㄱ, ㄴ, ㄷ
④ ㄱ, ㄴ, ㄷ, ㄹ

해설
ㄱ. 불활성기체소화약제의 구성성분 : 질소, 아르곤, 이산화탄소
ㄴ. 알콜형포소화약제 : 아세톤은 수용성이므로 화재에 적응성이 있다.
ㄷ. 할로겐화합물소화약제인 HFC-125의 화학식은 CHF_2CF_3 이다.
ㄹ. 주방화재에는 냉각과 질식효과가 우수한 소화약제소화약제가 적응성이 있다.

정답 32. ④ 33. ④ 34. ① 35. ④

36 할로겐화합물 및 불활성기체 소화설비의 화재안전성능기준상 할로겐화합물 및 불활성기체소화약제의 저장용기에 관한 내용이다. ( )에 들어갈 내용으로 옳은 것은?

> 저장용기의 약제량 손실이 (㉠)퍼센트를 초과하거나 압력손실이 (㉡)퍼센트를 초과할 경우에는 재충전하거나 저장용기를 교체할 것. 다만, 불활성기체 소화약제 저장용기의 경우에는 압력손실이 (㉢)퍼센트를 초과할 경우 재충전하거나 저장용기를 교체해야 한다.

① ㉠ 5, ㉡ 5, ㉢ 5
② ㉠ 5, ㉡ 10, ㉢ 5
③ ㉠ 10, ㉡ 10, ㉢ 15
④ ㉠ 10, ㉡ 15, ㉢ 10

해설 저장용기의 약제량 손실이 (5)퍼센트를 초과하거나 압력손실이 (10)퍼센트를 초과할 경우에는 재충전하거나 저장용기를 교체할 것. 다만, 불활성기체 소화약제 저장용기의 경우에는 압력손실이 (5)퍼센트를 초과할 경우 재충전하거나 저장용기를 교체해야 한다.

37 이산화탄소소화설비의 화재안전기술기준상 이산화탄소소화약제 소요량의 방출기준에 관한 내용이다. ( )에 들어갈 내용으로 옳은 것은?

> 전역방출방식에 있어서 종이, 목재, 석탄, 섬유류, 합성수지류 등 심부화재 방호대상물의 경우에는 (㉠)분, 이 경우 설계농도가 2분 이내에 (㉡)%에 도달하여야 한다.

① ㉠ 5, ㉡ 30
② ㉠ 5, ㉡ 50
③ ㉠ 7, ㉡ 30
④ ㉠ 7, ㉡ 50

해설 전역방출방식에 있어서 종이, 목재, 석탄, 섬유류, 합성수지류 등 심부화재 방호대상물의 경우에는 (7)분, 이 경우 설계농도가 2분 이내에 (30)%에 도달하여야 한다.

38 소화약제원액 12L를 사용하여 3%의 수성막포소화약제 수용액을 만들었다. 이 수용액을 모두 사용하여 총 부피가 4m³일 때 포의 팽창비는 얼마인가?

① 5
② 8
③ 10
④ 14

해설 발포전 포수용액의 체적 :

$$\frac{12L}{0.03} = 400L = 0.4\,m^3$$

팽창비 :

$$\frac{\text{발포 후 팽창된 포의 체적}}{\text{발포 전 포수용액의 체적}} = \frac{4m^3}{0.4m^3} = 10\text{배}$$

39 소화약제의 형식승인 및 제품검사의 기술기준상 포소화약제에 관한 내용으로 옳지 않은 것은?(단, 측정값은 기술기준의 시험방법에 따라 측정하며, 오차범위는 고려하지 않는다.)

① 유동점은 사용 하한온도보다 2.5℃ 이하이어야 한다.
② 수성막포소화약제의 수소이온농도의 범위는 6.0 이상 8.5 이하이어야 한다.
③ 알콜형포소화약제의 비중의 범위는 0.90 이상 1.20 이하이어야 한다.
④ 고발포용포소화약제는 거품의 팽창율은 500배 이상이어야 하며, 발포전 포수용액 용량의 25%인 포수용액이 거품으로부터 환원되는데 필요한 시간이 1분 이하이어야 한다.

정답 36. ② 37. ③ 38. ③ 39. ④

해설 고발포용 포소화약제 : 거품의 팽창율은 **500배 이상**이어야 하며, 발포전 포수용액 용량의 25 %인 포수용액이 거품으로부터 환원되는데 필요한 시간이 **3분 이상**이어야 한다.

40 할론소화약제의 특징에 관한 설명으로 옳은 것은?

① 할론 1211의 화학식은 CF_3ClBr 이다.
② 할론 2402는 에테인(ethane)의 유도체이다.
③ 오존파괴지수는 할론 1211이 할론 1301보다 크다.
④ 할론 1301은 상온과 상압에서 액체이며, 주된 소화효과는 억제소화이다.

해설 보기설명
① 할론 1211의 화학식은 CF_2ClBr 이다.
② 할론 2402는 에테인(ethane)의 유도체이다. 화학식은 $C_2F_4Br_2$
③ 오존파괴지수 : 할론 1301 > 할론 2402 > 할론 1211
④ 할론 1301은 상온과 상압에서 **기체**이며, 주된 소화효과는 억제소화이다.

41 소화약제인 물에 관한 설명으로 옳지 않은 것은?(단, 물의 비열은 1 cal/g · ℃이다.)

① 물의 용융잠열은 약 79.7 cal/g이다.
② 물은 극성분자로 분자 간에는 수소결합을 한다.
③ 1 기압에서 20 ℃의 물 1 g을 100 ℃의 수증기로 만들기 위해서는 약 619.6 cal가 필요하다.
④ 물의 임계온도는 약 374 ℃로 임계온도 이상에서는 압력을 조금만 가해도 쉽게 액화된다.

해설 물의 임계온도는 약 274 ℃로 임계온도 이상에서는 높은 압력을 가해도 액화되지 않는다.

42 분말소화약제에 관한 설명으로 옳은 것은?

① 제1종 분말의 주성분은 $KHCO_3$ 이다.
② 차고 또는 주차장에 설치하는 분말소화설비의 소화약제는 제3종 분말을 사용한다.
③ 칼륨의 중탄산염이 주성분인 소화약제는 황색, 인산염이 주성분인 소화약제는 담홍색으로 각각 착색하여야 한다.
④ 분말상태의 소화약제는 굳거나 덩어리지거나 변질 등 그 밖의 이상이 생기지 아니하여야 하며 페네트로메타(penetrometer) 시험기로 시험한 경우 10 mm 이하 침투되어야 한다.

해설 보기설명
① 제1종 분말의 주성분은 $NaHCO_3$ 이다.
② 차고 또는 주차장에 설치하는 분말소화설비의 소화약제는 제3종 분말($NH_4H_2PO_4$)을 사용한다.
③ 칼륨의 중탄산염이 주성분인 소화약제는 **담회색**으로 인산염 등이 주성분인 소화약제는 **담홍색(또는 황색)**으로 각각 착색하여야 하며 이를 혼합하지 아니하여야 한다.
④ 분말상태의 소화약제는 굳거나 덩어리지거나 변질 등 그 밖의 이상이 생기지 아니하여야 하며 페네트로메타(Penetrometer)시험기로 시험한 경우 **15 mm 이상** 침투되어야 한다.

43 다음 회로에서 전류 1(A)는 얼마인가?

① 3
② 4
③ 5
④ 6

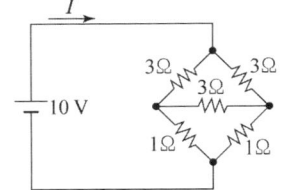

정답 40. ② 41. ④ 42. ② 43. ③

해설) 휘스톤 브리지 평형조건을 만족하므로
합성저항 $R_t = \dfrac{(3+1)\times(3+1)}{(3+1)+(3+1)} = 2\,\Omega$
전류 $I = \dfrac{V}{R_t} = \dfrac{10}{2} = 5\,A$

44 완전 도체에 관한 설명으로 옳지 않은 것은?
① 전하는 도체 내부에 균일하게 분포한다.
② 도체 내부의 전기장의 세기는 0이다.
③ 도체 표면은 등전위면이고 도체 내부의 전위는 표면 전위와 같다.
④ 도체 표면에서 전기장의 방향은 도체 표면에 항상 수직이다.

해설) 완전도체에서 전하는 도체 내부에 존재하지 않는다. 따라서, 도체 내부의 전계(전기장)의 세기도 0이다.

45 인덕터의 자기 인덕턴스(self inductance)에 관한 설명으로 옳지 않은 것은?
① 코일 안에 삽입된 절연물의 투자율에 비례한다.
② 동일한 인덕턴스를 갖는 인덕터 2개를 직렬 연결하면 합성 인덕턴스는 2배가 된다.
③ 코일이 전하를 축적할 수 있는 능력의 정도를 나타내는 비례상수이다.
④ 인덕터에 흐르는 전류가 일정하다면 인덕터에 저장된 에너지는 인덕턴스에 비례한다.

해설) 콘덴서가 전하를 축적할 수 있는 능력의 정도를 나타내는 비례상수는 정전용량(capacitance)이다.

46 진공 중에서 2m 떨어져 평행하게 놓여 있는 무한히 긴 두 도체에 같은 방향으로 직류 전류가 각각 1A 흐르고 있다. 이때 단위 길이당 작용하는 힘의 방향과 크기 (N/m)는? (단, μ_0는 진공에서의 투자율이다.)

① 인력, $\dfrac{\mu_0}{4\pi}$ ② 척력, $\dfrac{\mu_0}{4\pi}$
③ 인력, $\dfrac{\mu_0}{2\pi}$ ④ 척력, $\dfrac{\mu_0}{2\pi}$

해설) 단위길이당 작용하는 힘
$F = \dfrac{\mu_0 I_1 I_2}{2\pi r} = \dfrac{\mu_0 \times 1A \times 1A}{2\pi \times 2m} = \dfrac{\mu_0}{4\pi}\,[N/m]$
(여기에서, 진공 중의 투자율 $\mu_0 = 4\pi \times 10^{-7}$)
같은 방향의 전류 : 흡인력(인력),
다른 방향의 전류 : 반발력(척력)

47 다음 회로의 부하 R_L에서 소비되는 평균 전력이 최대가 될 때 $R_L(\Omega)$은 얼마인가? (단, $Z_s = 4 + j3\,[\Omega]$ 이다.)

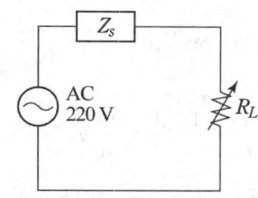

① 3 ② 4
③ 5 ④ 6

해설) $R_L = \overline{Z_s} = \overline{4+j3} = 4 - j3 = \sqrt{4^2+3^2} = 5\,\Omega$
최대전력 $P_m = \dfrac{V^2}{4R_L} = \dfrac{220^2}{4\times 5}$
$= 2420\,W$

48 다음 회로에서 충분한 시간이 지난 다음 $t=0$ 에서 스위치가 열린다면 $t \geq 0$ 에서 출력전압 $v_0(t)$(V)는?

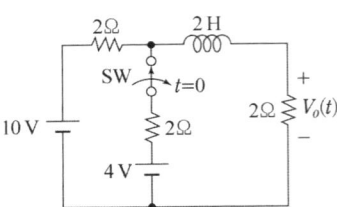

① $v_0(t) = 10 - \dfrac{2}{3}e^{-2t}$

② $v_0(t) = 10 - \dfrac{2}{3}e^{-t}$

③ $v_0(t) = 5 - \dfrac{1}{3}e^{-2t}$

④ $v_0(t) = 5 - \dfrac{1}{3}e^{-t}$

해설 전류 $i(t) = K_2 + K_1 e^{-\frac{1}{\tau}t}$

$K_2 = i(\infty) = \dfrac{10}{2+2} = 2.5\,\text{A}$

$t = 0$일 때 전압 $V = \dfrac{\dfrac{10}{2} + \dfrac{4}{2}}{\dfrac{1}{2} + \dfrac{1}{2} + \dfrac{1}{2}} = \dfrac{14}{3}\,\text{V}$

$i(0) = \dfrac{V}{R} = \dfrac{14/3}{2} = \dfrac{14}{6}\,\text{A}$

$i(0) = K_2 + K_1, \ \dfrac{14}{6} = 2.5 + K_1$

$K_1 = \dfrac{14}{6} - 2.5 = \dfrac{14-15}{6} = -\dfrac{1}{6}\,\text{A}$

시정수 $\tau = \dfrac{L}{R} = \dfrac{2}{2+2} = \dfrac{1}{2}$

$i(t) = 2.5 + \left(-\dfrac{1}{6}\right)e^{-\frac{1}{1/2}t} = 2.5 - \dfrac{1}{6}e^{-2t}$

전압 $v_0(t) = i(t) \times 2 = \left(2.5 - \dfrac{1}{6}e^{-2t}\right) \times 2$

$= 5 - \dfrac{1}{3}e^{-2t}$

49 다음 회로와 같은 T형 회로의 어드미턴스 파라미터(S) 중 옳지 않은 것은?

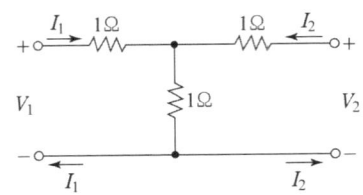

① $Y_{11} = \dfrac{2}{3}$ ② $Y_{12} = \dfrac{1}{3}$

③ $Y_{21} = -\dfrac{1}{3}$ ④ $Y_{22} = \dfrac{2}{3}$

해설 $Y_{11} = \dfrac{I_1}{V_1}\bigg|_{V_2=0} = \dfrac{I_1}{I_1 Z} = \dfrac{I_1}{I_1\left(1 + \dfrac{1 \times 1}{1+1}\right)} = \dfrac{2}{3}$

$Y_{12} = \dfrac{I_1}{V_2}\bigg|_{V_1=0} = \dfrac{-I_2}{V_2} = \dfrac{-\left(\dfrac{V_2}{3/2} \times \dfrac{1}{2}\right)}{V_2} = -\dfrac{1}{3}$

(합성임피던스 $Z = 1 + \dfrac{1 \times 1}{1+1} = \dfrac{3}{2}$)

$Y_{21} = \dfrac{I_2}{V_1}\bigg|_{V_2=0} = \dfrac{-I_1}{V_1} = \dfrac{-\left(\dfrac{V_1}{3/2} \times \dfrac{1}{2}\right)}{V_1} = -\dfrac{1}{3}$

(합성임피던스 $Z = 1 + \dfrac{1 \times 1}{1+1} = \dfrac{3}{2}$)

$Y_{22} = \dfrac{I_2}{V_2}\bigg|_{V_1=0} = \dfrac{I_2}{I_2 Z} = \dfrac{I_2}{I_2\left(1 + \dfrac{1 \times 1}{1+1}\right)} = \dfrac{2}{3}$

50 이상적인 연산 증폭기(ideal operational amplifier)가 포함된 다음 회로에서 출력전압 V_o(V)는 얼마인가?

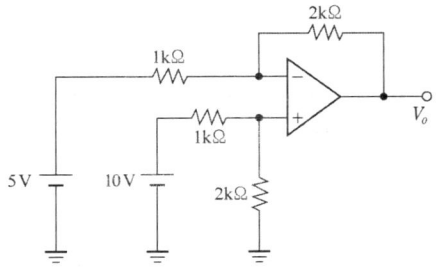

정답 48. ③ 49. ② 50. ③

① 2.5　　② 5.0
③ 10.0　　④ 15.0

해설 차동증폭기 :
두 입력의 차를 증폭하는 회로 $\frac{R_2}{R_1} = \frac{R_4}{R_3}$ 인 경우 출력전압

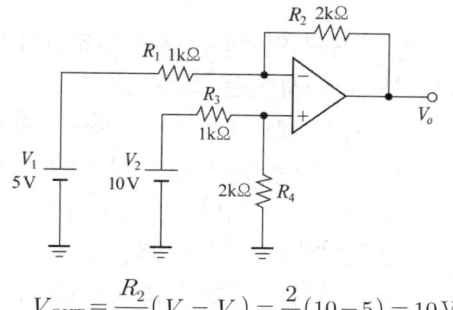

$$V_{OUT} = \frac{R_2}{R_1}(V_2 - V_1) = \frac{2}{1}(10-5) = 10\,V$$

제3과목 소방관련법령

51 소방기본법령상 소방기술민원센터의 설치·운영에 관한 내용으로 옳지 않은 것은?

① 소방청장 또는 소방본부장은 소방시설, 소방공사 및 위험물 안전관리 등과 관련된 법령 해석 등의 민원을 종합적으로 접수하여 처리할 수 있는 소방기술민원센터를 설치·운영할 수 있다.
② 소방기술민원센터는 센터장을 포함하여 30명 이내로 구성한다.
③ 소방기술민원센터의 설치·운영 등에 필요한 사항은 대통령령으로 정한다.
④ 소방기술민원과 관련된 현장 확인 및 처리는 소방기술민원센터의 업무에 해당한다.

해설 소방기술민원센터는 센터장을 포함하여 18명 이내로 구성한다.

52 소방기본법령상 소방대장이 정한 소방활동구역에 출입이 제한될 수 있는 자는? (단, 소방대장이 소방활동을 위하여 출입을 허가한 사람은 고려하지 않음)

① 소방활동구역 안에 있는 소방대상물의 소유자·관리자 또는 점유자
② 의사·간호사 그 밖의 구조·구급업무에 종사하는 사람
③ 화재보험업무에 종사하는 사람
④ 취재인력 등 보도업무에 종사하는 사람

해설 화재보험업무에 종사하는 사람은 출입 불가하다.
[소방활동구역 출입이 가능한 사람]
1. 소방활동구역 안에 있는 소방대상물의 소유자·관리자 또는 점유자
2. 전기·가스·수도·통신·교통의 업무에 종사하는 사람으로서 원활한 소방활동을 위하여 필요한 사람
3. 의사·간호사 그 밖의 구조·구급업무에 종사하는 사람
4. 취재인력 등 보도업무에 종사하는 사람
5. 수사업무에 종사하는 사람
6. 그 밖에 소방대장이 소방활동을 위하여 출입을 허가한 사람

53 소방기본법령상 소방용수시설의 설치 및 관리 등에 관한 내용으로 옳은 것은?

① 소방본부장 또는 소방서장은 소방활동에 필요한 소방용수시설을 설치하고 유지·관리하여야 한다.
② 소방본부장 또는 소방서장은 소방자동차의 진입이 곤란한 지역 등 화재발생 시에 초기 대응이 필요한 지역으로서 대통령

정답 51. ② 52. ③ 53. ④

령으로 정하는 지역에 비상소화장치를 설치하고 유지·관리할 수 있다.
③ 소방본부장 또는 소방서장은 원활한 소방활동을 위하여 소방용수시설에 대한 조사를 연 1회 실시하여야 한다.
④ 비상소화장치는 비상소화장치함, 소화전, 소방호스, 관창을 포함하여 구성하여야 한다.

해설 보기설명
① 시·도지사는 소방활동에 필요한 소화전(消火栓)·급수탑(給水塔)·저수조(貯水槽)(이하 "소방용수시설"이라 한다)를 설치하고 유지·관리하여야 한다.
② 시·도지사는 소방자동차의 진입이 곤란한 지역 등 화재발생 시에 초기 대응이 필요한 지역으로서 대통령령으로 정하는 지역에 소방호스 또는 호스 릴 등을 소방용수시설에 연결하여 화재를 진압하는 시설이나 장치(이하 "비상소화장치"라 한다)를 설치하고 유지·관리할 수 있다.

54 소방기본법령 상 500만원 이하의 과태료 처분을 받을 수 있는 자는?

① 화재 또는 구조·구급이 필요한 상황을 거짓으로 알린 자
② 정당한 사유 없이 소방대의 생활안전활동을 방해한 자
③ 정당한 사유 없이 소방대가 현장에 도착할 때까지 사람을 구출하는 조치를 하지 아니한 관계인
④ 소방대장의 피난 명령을 위반한 자

해설 보기설명
① 화재 또는 구조·구급이 필요한 상황을 거짓으로 알린 자 → 500만원 이하의 과태료
② 정당한 사유 없이 소방대의 생활안전활동을 방해한 자 → 100만원 이하의 벌금
③ 정당한 사유 없이 소방대가 현장에 도착할 때까지 사람을 구출하는 조치를 하지 아니한 관계인 → 100만원 이하의 벌금
④ 소방대장의 피난 명령을 위반한 자 → 100만원 이하의 벌금

55 소방시설공사업법령상 용어의 정의에 관한 내용으로 옳지 않은 것은?

① "소방시설설계업"이란 소방시설공사에 기본이 되는 공사계획, 설계도면, 설계설명서, 기술계산서 및 이와 관련된 서류를 작성하는 영업을 말한다.
② "소방시설업자"란 소방시설업을 경영하기 위하여 소방시설업을 등록한 자를 말한다.
③ "발주자"란 소방시설의 설계, 시공, 감리 및 방염을 소방시설업자에게 도급하는 자를 말한다. 다만, 수급인으로서 도급받은 공사를 하도급하는 자는 제외한다.
④ "감리원"이란 소방시설공사업자에 소속된 소방기술자로서 해당 소방시설공사를 감리 하는 사람을 말한다.

해설 "감리원"이란 **소방공사감리업자**에 소속된 소방기술자로서 해당 소방시설공사를 감리하는 사람을 말한다.

56 소방시설공사업 법령상 소방본부장이나 소방서장이 완공검사를 위해 현장확인을 할 수 있는 특정소방대상물로 옳지 않은 것은?

① 스프링클러설비가 설치되는 특정소방대상물
② 가연성가스를 제조·저장 또는 취급하는 시설 중 지상에 노출된 가연성가스탱크의 저장 용량 합계가 1백톤 이상인 시설

정답 54. ① 55. ④ 56. ②

③ 연면적 1만제곱미터 이상이거나 11층 이상인 특정소방대상물(아파트는 제외)
④ 「다중이용업소의 안전관리에 관한 특별법」에 따른 다중이용업소

해설 완공검사를 위한 현장확인 대상 특정소방대상물의 범위
1. 문화 및 집회시설, 종교시설, 판매시설, 노유자(老幼者)시설, 수련시설, 운동시설, 숙박시설, 창고시설, 지하상가 및 「다중이용업소의 안전관리에 관한 특별법」에 따른 다중이용업소
2. 다음 각 목의 어느 하나에 해당하는 설비가 설치되는 특정소방대상물
   가. 스프링클러설비등
   나. 물분무등소화설비(호스릴방식의 소화설비는 제외한다)
3. 연면적 1만제곱미터 이상이거나 11층 이상인 특정소방대상물(아파트는 제외한다)
4. 가연성가스를 제조·저장 또는 취급하는 시설 중 지상에 노출된 가연성가스탱크의 저장용량 합계가 **1천톤 이상인 시설**

57 소방시설공사업법령상 일반 공사감리 대상 감리원의 세부 배치 기준이다. ( )에 들어갈 내용은?

> 1명의 감리원이 담당하는 소방공사감리현장은 (㉠)개 이하(자동화재탐지설비 또는 옥내소화전설비 중 어느 하나만 설치하는 2개의 소방공사감리현장이 최단 차량주행거리로 (㉡) 킬로미터 이내에 있는 경우에는 1개의 소방공사감리현장 으로 본다) 로서 감리현장 연면적의 총 합계가 (㉢)만 제곱미터 이하일 것. 다만, 일반 공사감리 대상인 아파트의 경우에는 연면적의 합계에 관계없이 1명의 감리원이 (㉣)개 이내의 공사현장을 감리할 수 있다.

① ㉠ 3, ㉡ 30, ㉢ 20, ㉣ 5
② ㉠ 3, ㉡ 50, ㉢ 20, ㉣ 3
③ ㉠ 5, ㉡ 30, ㉢ 10, ㉣ 5
④ ㉠ 5, ㉡ 50, ㉢ 10, ㉣ 5

해설 일반 공사감리 대상 감리원의 세부 배치 기준
1명의 감리원이 담당하는 소방공사감리현장은 (5)개 이하(자동화재탐지설비 또는 옥내소화전설비 중 어느 하나만 설치하는 2개의 소방공사감리현장이 최단 차량주행거리로 (30)킬로미터 이내에 있는 경우에는 1개의 소방공사감리현장 으로 본다)로서 감리현장 연면적의 총 합계가 (10)만 제곱미터 이하일 것. 다만, 일반 공사감리 대상인 아파트의 경우에는 연면적의 합계에 관계없이 1명의 감리원이 (5)개 이내의 공사현장을 감리할 수 있다.

58 화재의 예방 및 안전관리에 관한 법령상 시·도지사가 화재예방강화지구로 지정하여 관리할 수 있는 지역이 아닌 것은? (단, 소방관서장이 화재예방강화지구로 지정할 필요가 있다고 인정하는 지역은 고려하지 않음)

① 시장지역
② 상업지역
③ 석유화학제품을 생산하는 공장이 있는 지역
④ 노후·불량건축물이 밀집한 지역

해설 화재예방강화지구의 지정 등
1. **시장지역**
2. **공장·창고가 밀집한 지역**
3. 목조건물이 밀집한 지역
4. **노후·불량건축물이 밀집한 지역**
5. 위험물의 저장 및 처리 시설이 밀집한 지역
6. **석유화학제품을 생산하는 공장이 있는 지역**
7. 「산업입지 및 개발에 관한 법률」 제2조제8호에 따른 산업단지
8. 소방시설·소방용수시설 또는 소방출동로가 없는 지역

정답 57. ③ 58. ②

9. 그 밖에 제1호부터 제8호까지에 준하는 지역으로서 소방관서장이 화재예방강화지구로 지정할 필요가 있다고 인정하는 지역

해설 위촉위원의 임기는 2년으로 하며 **한 차례만 연임**할 수 있다.

59 화재의 예방 및 안전관리에 관한 법령상 소방서장이 소방안전관리대상물 중 불특정 다수인이 이용하는 특정소방대상물의 근무자 등에게 불시에 소방훈련과 교육을 실시 할 수 있는 대상이 아닌 것은? (단, 소방본부장 또는 소방서장이 소방훈련·교육이 필요하다고 인정하는 특정소방대상물은 고려하지 않음)
① 위락시설　　　② 의료시설
③ 교육연구시설　④ 노유자 시설

해설 불시 소방훈련·교육의 대상
1. 의료시설
2. 교육연구시설
3. 노유자 시설
4. 그 밖에 화재 발생 시 불특정 다수의 인명피해가 예상되어 소방본부장 또는 소방서장이 소방훈련·교육이 필요하다고 인정하는 특정소방대상물

60 화재의 예방 및 안전관리에 관한 법령상 화재안전영향평가심의회 구성·운영사항으로 옳지 않은 것은?
① 소방청장은 화재안전과 관련된 분야의 학식과 경험이 풍부한 전문가로서 소방기술사를 위원으로 위촉할 수 있다.
② 위촉위원의 임기는 2년으로 하며 두 차례 연임할 수 있다.
③ 위원장이 부득이한 사유로 직무를 수행할 수 없을 때에는 위원장이 지명한 위원이 그 직무를 대행한다.
④ 위원장 1명을 포함한 12명 이내의 위원으로 구성한다.

61 화재의 예방 및 안전관리에 관한 법령상 화재안전조사 통지를 받은 관계인은 소방관서장에게 화재안전조사 연기를 신청할 수 있다. 연기신청 사유에 해당하는 것을 모두 고른 것은?

> ㄱ. 관계인이 운영하는 사업에 부도 또는 도산 등 중대한 위기가 발생하여 화재 안전조사를 받을 수 없는 경우
> ㄴ. 권한 있는 기관에 화재안전조사에 필요한 장부·서류 등이 압수되거나 영치(領置)되어 있는 경우
> ㄷ. 소방대상물의 증축·용도변경 또는 대수선 등의 공사로 화재안전조사를 실시하기 어려운 경우

① ㄱ　　　　　　② ㄴ
③ ㄴ, ㄷ　　　　④ ㄱ, ㄴ, ㄷ

해설 화재안전조사의 연기
1. 「재난 및 안전관리 기본법」 제3조제1호에 해당하는 재난이 발생한 경우
2. 관계인의 질병, 사고, 장기출장의 경우
3. **권한 있는 기관에 자체점검기록부, 교육·훈련일지 등 화재안전조사에 필요한 장부·서류 등이 압수되거나 영치(領置)되어 있는 경우**
4. **소방대상물의 증축·용도변경 또는 대수선 등의 공사로 화재안전조사를 실시하기 어려운 경우**

62 소방시설 설치 및 관리에 관한 법령상 특정소방대상물의 노유자 시설에 해당하지 않는 것은?

정답 59. ① 60. ② 61. ③ 62. ①

① 장애인 의료재활시설
② 정신요양시설
③ 학교의 병설유치원
④ 정신재활시설(생산품판매시설은 제외)

해설 장애인 의료재활시설은 의료시설이다.

63 소방시설 설치 및 관리에 관한 법령상 내진설계를 하여야 하는 소방시설이 아닌 것은?
① 옥내소화전설비
② 강화액소화설비
③ 연결송수관설비
④ 포 소화설비

해설 내진설계 적용대상 : 옥내소화전설비, 스프링클러설비 및 물분무등소화설비

64 소방시설 설치 및 관리에 관한 법령상 지하가 중 길이가 750m인 터널에 설치해야 하는 소방시설은?
① 옥외소화전설비
③ 무선통신보조설비
② 자동화재탐지설비
④ 연결살수설비

해설 터널에 설치하는 소방시설의 종류

길이 무관	500m 이상	1000m 이상	지하가 중 예상 교통량, 경사도 등 터널의 특성을 고려하여 행정안전부령으로 정하는 터널
소화기	비상경보설비 비상콘센트설비 비상조명등 **무선통신보조설비**	옥내소화전설비 자동화재탐지설비 연결송수관설비	옥내소화전설비 물분무소화설비 제연설비

65 소방시설 설치 및 관리에 관한 법령상 자동소화장치 종류가 아닌 것은?
① 가스자동소화장치
② 액체에어로졸자동소화장치
③ 주거용 주방자동소화장치
④ 분말자동소화장치

해설 자동소화장치의 종류
1) 주거용 주방자동소화장치
2) 상업용 주방자동소화장치
3) 캐비닛형 자동소화장치
4) 가스자동소화장치
5) 분말자동소화장치
6) 고체에어로졸자동소화장치

66 소방시설 설치 및 관리에 관한 법령상 특정소방대상물에 설치해야 하는 소방시설 가운데 기능과 성능이 유사한 소방시설의 설치를 유효범위에서 면제할 수 있는 경우를 모두 고른 것은?

> ㄱ. 상업용 주방자동소화장치를 설치해야 하는 특정소방대상물에 물분무등소화설비를 화재안전기준에 적합하게 설치한 경우
> ㄴ. 누전경보기를 설치해야 하는 특정소방대상물에 아크경보기 또는 누전차단장치를 설치한 경우
> ㄷ. 비상조명등을 설치해야 하는 특정소방대상물에 피난구유도등 또는 객석유도등을 화재안전기준에 적합하게 설치한 경우
> ㄹ. 연소방지설비를 설치해야 하는 특정소방대상물에 미분무소화설비를 화재안전기준에 적합하게 설치한 경우

① ㄹ
② ㄱ, ㄴ
③ ㄴ, ㄷ
④ ㄴ, ㄷ, ㄹ

정답 63. ③ 64. ③ 65. ② 66. ①

해설 보기설명
ㄱ. 자동소화장치(주거용 주방자동소화장치 및 상업용 주방자동소화장치는 제외한다)를 설치해야 하는 특정소방대상물에 물분무등소화설비를 화재안전기준에 적합하게 설치한 경우에는 그 설비의 유효범위(해당 소방시설이 화재를 감지·소화 또는 경보할 수 있는 부분을 말한다. 이하 같다)에서 설치가 면제된다.
ㄴ. 누전경보기를 설치해야 하는 특정소방대상물 또는 그 부분에 **아크경보기**(옥내 배전선로의 단선이나 선로 손상 등으로 인하여 발생하는 아크를 감지하고 경보하는 장치를 말한다) 또는 전기 관련 법령에 따른 **지락차단장치**를 설치한 경우에는 그 설비의 유효범위에서 설치가 면제된다.
ㄷ. 비상조명등을 설치해야 하는 특정소방대상물에 **피난구유도등 또는 통로유도등**을 화재안전기준에 적합하게 설치한 경우에는 그 유도등의 유효범위에서 설치가 면제된다.
ㄹ. 연소방지설비를 설치해야 하는 특정소방대상물에 **스프링클러설비, 물분무소화설비 또는 미분무소화설비**를 화재안전기준에 적합하게 설치한 경우에는 그 설비의 유효범위에서 설치가 면제된다.

67 소방시설 설치 및 관리에 관한 법령상 관계 공무원이 출입·검사 업무를 수행하면서 알게 된 비밀을 다른 사람에게 누설할 경우에 벌칙은?
① 100만원 이하 벌금
② 300만원 이하 벌금
③ 500만원 이하 벌금
④ 1년 이하의 징역 또는 1천만원 이하의 벌금

해설 관계 공무원이 출입·검사 업무를 수행하면서 알게 된 비밀을 다른 사람에게 누설할 경우에 벌칙 : 1년 이하의 징역 또는 1천만원 이하의 벌금

68 위험물안전관리법령상 과징금처분에 관한 조문이다. ( )에 들어갈 내용은?

(㉠)은(는) 위험물안전관리법 제12조 각 호의 어느 하나에 해당하는 경우로서 제조소등에 대한 사용의 정지가 그 이용자에게 심한 불편을 주거나 그 밖에 공익을 해칠 우려가 있는 때에는 사용정지처분에 갈음하여 (㉡)이하의 과징금을 부과할 수 있다.

① ㉠ 소방청장, ㉡ 1억원
② ㉠ 소방청장, ㉡ 2억원
③ ㉠ 시·도지사, ㉡ 1억원
④ ㉠ 시·도지사, ㉡ 2억원

해설 **시·도지사**는 제12조 각 호의 어느 하나에 해당하는 경우로서 제조소등에 대한 사용의 정지가 그 이용자에게 심한 불편을 주거나 그 밖에 공익을 해칠 우려가 있는 때에는 사용정지처분에 갈음하여 **2억원 이하**의 과징금을 부과할 수 있다.

69 위험물안전관리법령상 제3류 위험물의 지정수량 기준으로 옳은 것은?
① 알킬리튬 – 20킬로그램
② 황린 – 50킬로그램
③ 금속의 수소화물 – 300킬로그램
④ 칼슘 또는 알루미늄의 탄화물 – 500킬로그램

해설 ① 알킬리튬 – 10킬로그램
② 황린 – 20킬로그램
③ 금속의 수소화물 – 300킬로그램
④ 칼슘 또는 알루미늄의 탄화물 – 300킬로그램

정답 67. ④ 68. ④ 69. ③

70 위험물안전관리법령상 소화난이도등급 I에 해당하는 제조소등이 아닌 것은?

① 옥내탱크저장소로 액표면적이 30 m² 이상인 것(제6류 위험물을 저장하는 것 및 고인화점 위험물만을 100 ℃ 미만의 온도에서 저장하는 것은 제외)
② 암반탱크저장소로 고체위험물만을 저장하는 것으로서 지정수량의 100배 이상인 것
③ 옥내저장소로 처마높이가 6 m 이상인 단층건물의 것
④ 이송취급소

해설 옥내탱크저장소로 액표면적이 **40m²** 이상인 것(제6류 위험물을 저장하는 것 및 고인화점 위험물만을 100 ℃ 미만의 온도에서 저장하는 것은 제외)

71 위험물안전관리 법령상 인화성액체위험물(이황화탄소 제외) 옥외탱크저장소의 방유제에 관한 사항이다. ( )에 들어갈 내용은?

> 방유제는 높이 (㉠)m 이상 (㉡)m 이하, 두께 (㉢)m 이상, 지하매설깊이 1m 이상으로 할 것. 다만, 방유제와 옥외저장탱크 사이의 지반면 아래에 불침윤성(不浸潤性 : 수분 흡수를 막는 성질)구조물을 설치하는 경우에는 지하매설깊이를 해당 불침윤성 구조물까지로 할 수 있다.

① ㉠ 0.3, ㉡ 2, ㉢ 0.1
② ㉠ 0.3, ㉡ 2, ㉢ 0.2
③ ㉠ 0.5, ㉡ 3, ㉢ 0.1
④ ㉠ 0.5, ㉡ 3, ㉢ 0.2

해설 방유제는 높이 (0.5)m 이상 (3)m 이하, 두께 (0.2)m 이상, 지하매설깊이 1 m 이상으로 할 것. 다만, 방유제와 옥외저장탱크 사이의 지반면 아래에 불침윤성(不浸潤性 : 수분 흡수를 막는 성질)구조물을 설치하는 경우에는 지하매설깊이를 해당 불침윤성 구조물까지로 할 수 있다.

72 다중이용업소의 안전관리에 관한 특별법령상 피난안내도에 대한 기준으로 옳은 것은?

① 피난안내도의 크기는 A4(210 mm×297 mm) 이상의 크기로 할 것
② 피난안내도의 동선은 주 출입구에서 피난층까지로 할 것
③ 피난안내도에 사용하는 언어는 한글 및 2개 이상의 외국어를 사용하여 작성할 것
④ 피난안내도는 소화기, 옥내소화전 등 소방시설의 위치 및 사용방법을 포함할 것

해설 ① 크기: B4(257mm×364mm) 이상의 크기로 할 것. 다만, 각 층별 영업장의 면적 또는 영업장이 위치한 층의 바닥면적이 각각 400m² 이상인 경우에는 A3(297mm×420mm) 이상의 크기로 하여야 한다.
② 피난안내도의 동선은 **구획된 실 등에서 비상구 및 출입구까지의 피난 동선**
③ 피난안내도 및 피난안내 영상물에 사용하는 언어: 피난안내도 및 피난안내영상물은 **한글 및 1개 이상의 외국어를 사용하여** 작성하여야 한다.

73 다중이용업소의 안전관리에 관한 특별법령상 안전관리기본계획에 대한 내용으로 옳지 않은 것은?

① 안전관리기본계획에는 다중이용업소의 화재배상책임보험 가입관리전산망의 구축·운영이 포함되어야 한다.

② 소방청장은 매년 연도별 안전관리계획을 전년도 10월 31일까지 수립해야 한다.
③ 소방청장은 안전관리기본계획을 수립하면 국무총리에게 보고하고 관계 중앙행정기관의 장과 시·도지사에게 통보한 후 이를 공고해야 한다.
④ 소방청장은 안전관리기본계획을 수립한 경우에는 이를 관보에 공고한다.

해설 소방청장은 다중이용업소의 화재 등 재난이나 그 밖의 위급한 상황으로 인한 인적·물적 피해의 감소, 안전기준의 개발, 자율적인 안전관리능력의 향상, 화재배상책임보험제도의 정착 등을 위하여 **5년마다** 다중이용업소의 안전관리기본계획(이하 "기본계획"이라 한다)을 수립·시행하여야 한다.

74 다중이용업소의 안전관리에 관한 특별법령상 안전관리우수업소에 대한 내용으로 옳은 것은?

① 안전관리우수업소 표지의 규격은 가로 450밀리미터×세로 300밀리미터이다.
② 안전관리우수업소 인정 예정공고의 내용에 이의가 있는 사람은 인정 예정공고일부터 30일 이내에 소방본부장이나 소방서장에게 전자우편이나 서면으로 이의신청을 할 수 있다.
③ 안전관리우수업소의 요건은 공표일 기준으로 최근 2년 동안 소방·건축·전기 및 가스 관련 법령 위반 사실이 없어야 한다.
④ 소방본부장이나 소방서장은 안전관리우수업소에 대하여 소방안전교육 및 화재위험 평가를 면제할 수 있다.

해설 보기설명
② 안전관리우수업소 인정 예정공고의 내용에 이의가 있는 사람은 인정 예정공고일부터 **20일 이내**에 소방본부장이나 소방서장에게 전자우편이나 서면으로 이의신청을 할 수 있다.
③ 안전관리우수업소의 요건은 공표일 기준으로 최근 **3년 동안** 소방·건축·전기 및 가스 관련 법령 위반 사실이 없어야 한다.
④ 소방본부장이나 소방서장은 안전관리우수업소에 대하여 **소방안전교육 및 화재안전조사를** 면제할 수 있다.

75 다중이용업소의 안전관리에 관한 특별법령상 안전시설등의 설치·유지 기준으로 옳지 않은 것은? (단, 소방청장의 고시는 고려하지 않음)

① 영업장 층별로 가로 50센티미터 이상, 세로 50센티미터 이상 열리는 창문을 1개 이상 설치할 것
② 영업장 내부 피난통로 또는 복도에 바깥 공기와 접하는 부분에 창문을 설치할 것 (구획된 실에 설치하는 것은 제외)
③ 보일러실과 영업장 사이의 출입문은 방화문으로 설치하고, 개구부에는 방화댐퍼(화재 시 연기 등을 차단하는 장치)를 설치할 것
④ 구획된 실부터 주된 출입구 또는 비상구까지의 내부 피난통로의 구조는 네 번 이상 구부러지는 형태로 설치하지 말 것

해설 보기설명
구획된 실부터 주된 출입구 또는 비상구까지의 내부 피난통로의 구조는 **세 번 이상** 구부러지는 형태로 설치하지 말 것

정답 74. ① 75. ④

제4과목 위험물의 성상 및 시설기준

76 제1류 위험물인 산화성 고체에 관한 설명으로 옳은 것은?

① 가연성 유기화합물과 혼합 시 연소 위험성이 증가한다.
② 무기과산화물 관련 대형화재인 경우 질식소화는 효과가 없으며 다량의 물을 사용하여 소화하는 것이 좋다.
③ 제6류 위험물인 산화성 액체와 혼합하면 대부분 산화성이 감소한다.
④ 물에 녹는 것이 많으며 수용액 상태에서는 산화성이 없어지고 환원제로 작용한다.

해설 보기설명
② 무기과산화물 관련 대형화재인 경우 물과 접촉 시 발열, 산소를 발생하므로 건조사, 팽창질석 등으로 질식소화
③ 제6류 위험물인 산화성 액체와 혼합하면 대부분 산화성이 증가한다.
④ 물에 녹는 것이 많으며 수용액 상태에서도 산화성이 없어지지 않는다.

77 다음 위험물들의 지정수량을 모두 합한 값(kg)은?

황린(P_4), 유황(S), 알루미늄분(Al), 칼륨(K)

① 310 ② 450
③ 520 ④ 630

해설 황린(P_4) : 제3류 위험물로서 20kg,
유황(S) : 제2류 위험물로서 100kg,
알루미늄분(Al) : 제2류 위험물로서 500kg,
칼륨(K) : 제3류 위험물로서 10kg 이므로

합계를 구하면
20kg + 100kg + 500kg + 10kg = 63kg

78 제2류 위험물인 Mg에 관한 설명으로 옳지 않은 것은?

① 상온에서는 비교적 안정하지만 뜨거운 물이나 과열 수증기와 접촉하면 격렬하게 H_2를 발생한다.
② 황산과 반응하여 H_2를 발생한다.
③ Mg분말 화재 발생 시 이산화탄소 소화약제를 사용한다.
④ Br_2와 반응하여 금속 할로겐 화합물을 만든다.

해설 마그네슘 화재 시 이산화탄소를 방사하면 연소가 지속되므로 위험하다.
반응식 : $2Mg + CO_2 \rightarrow 2MgO + C$
(마그네슘 + 이산화탄소 → 산화마그네슘 + 탄소)

79 황린(P_4)과 황화린(P_2S_5)에 관한 설명으로 옳지 않은 것은?

① 황린은 공기 중에서 연소 시 유해가스인 백색의 P_2O_5가 발생되나 황화린은 연소 시 P_2O_5가 발생되지 않는다.
② 황린은 황화린보다 지정수량이 더 적다.
③ 황린은 수산화칼륨 용액과 반응하여 유해한 PH_3를 발생한다.
④ 황화린은 물과 접촉 시 유해성, 가연성의 H_2S를 발생시키므로 화재소화 시 CO_2 등을 이용한 질식소화를 한다.

해설 황린(P_4) 및 오황화린(P_2S_5) 모두 공기 중에서 연소 시 유해가스인 백색의 P_2O_5(오산화인)이 발생한다.
1) 황린의 연소반응식 :
 P_4(황린) + $5O_2 \rightarrow 2P_2O_5$(오산화인)

정답 76. ① 77. ④ 78. ③ 79. ①

2) 오황화린의 연소반응식 :
2P$_2$S$_5$(오황화린) + 15O$_2$
→ 2P$_2$O$_5$(오산화인) + 10SO$_2$(아황산가스)

80 물과 반응하여 수소를 발생시킬 수 있는 물질은?
① K$_2$O$_2$
② Li
③ 적린(P)
④ AlP

해설 리튬은 물과 반응하여 수소가스를 발생한다.
2Li(리튬) + 2H$_2$O → 2LiOH + H$_2$(수소)

81 C$_6$H$_6$ 2몰을 공기 중에서 완전히 연소시킬 때 발생되는 이산화탄소의 양(g)은? (단, C의 원자량은 12, O의 원자량은 16, H의 원자량은 1로 한다.)
① 66
② 132
③ 264
④ 528

해설 완전연소반응식 :
2C$_6$H$_6$ + 15O$_2$ → 12CO$_2$ + 6H$_2$O
C$_6$H$_6$(벤젠) 2몰을 완전 연소시 이산화탄소는 12몰이 필요하므로 분자량을 계산하면
12 × (12 + 16 × 2) = 528g

82 제4류 위험물의 지정수량 크기를 작은 것부터 큰 것까지의 순서로 옳은 것은?
① 경유 < 아세트산 < 이소프로필알코올 < 에틸렌글리콜
② 이소프로필알코올 < 경유 < 아세트산 < 에틸렌글리콜
③ 이소프로필알코올 < 에틸렌글리콜 < 경유 < 아세트산
④ 경유 < 이소프로필알코올 < 에틸렌글리콜 < 아세트산

해설 지정수량이 작은 것부터 큰 순서 :
이소프로필알코올 < 경유 < 아세트산 < 에틸렌글리콜

구분	이소프로필알코올	경유	아세트산	에틸렌글리콜
지정수량	400L	1000L	2000L	4000L

83 제4류 위험물에 관한 설명으로 옳지 않은 것은?
① 벤젠 증기는 공기보다 무거워서 낮은 곳에 체류하므로, 점화원에 의해 불이 일시에 번질 위험이 있다.
② 휘발유는 전기가 잘 통하므로 인화되기 쉽다.
③ 시안화수소 기체는 공기보다 약간 가벼우며 맹독성 물질이다.
④ 이황화탄소를 물을 채운 수조탱크 중에 저장하면 가연성 증기의 발생이 억제되어 안전하다.

해설 휘발유는 비전도성으로 정전기 발생이 용이하다.

84 제6류 위험물인 과염소산의 성질로 옳지 않은 것은?
① 무색, 무취의 조연성 무기화합물이다.
② 철, 아연과 격렬히 반응하여 산화물을 만든다.
③ 물과 접촉하면 발열하며 고체수화물을 만든다.
④ 염소산 중 아염소산 보다 약한 산이다.

해설 염소산 중 아염소산 보다 **강한 산**이다.
가열 시 폭발하고 유독성 가스인 염화수소(HCl)를 발생

정답 80. ② 81. ④ 82. ② 83. ② 84. ④

85 과산화칼륨과 아세트산이 반응하여 발생하는 제6류 위험물의 분해 시 생성되는 물질로 옳은 것은?

① KOH, O_2 ② H_2, CO_2
③ C_2H_2, CO_2 ④ H_2O, O_2

해설 과산화칼륨과 아세트산의 반응식 :
$K_2O_2 + 2CH_3COOH \rightarrow 2CH_3COOk + H_2O_2$
과산화수소(H_2O_2)의 분해반응식 :
$H_2O_2 \rightarrow 2H_2O + O_2$

86 제5류 위험물인 니트로글리세린에 관한 설명으로 옳지 않은 것은?

① 동결하면 체적이 수축한다.
② 다이너마이트의 원료로 사용된다.
③ 충격에 둔감하기 때문에 액체 상태로 운반한다.
④ 질산과 황산의 혼산 중에 글리세린을 반응시켜 제조한다.

해설 가열, 마찰, 충격에 대단히 민감하므로 취급 시 주의(고체가 훨씬 위험)

87 위험물안전관리법령상 제6류 위험물은?

① H_3PO_4 ② HCl
③ $HClO_4$ ④ H_2SO_4

해설 ① H_3PO_4 : 오르토 인산
② HCl : 염화수소
③ $HClO_4$: 과염소산(제6류 위험물)
④ H_2SO_4 : 황산

88 위험물안전관리법령상 액체위험물을 취급하는 옥외설비의 바닥에 관한 기준으로 옳지 않은 것은?

① 바닥의 둘레에 높이 0.15m 이상의 턱을 설치한다.
② 바닥은 턱이 있는 쪽이 높게 경사지게 한다.
③ 바닥의 최저부에 집유설비를 한다.
④ 바닥은 콘크리트 등 위험물이 스며들지 않는 재료로 한다.

해설 바닥은 콘크리트 등 위험물이 스며들지 아니하는 재료로 하고, 턱이 있는 쪽이 **낮게 경사지게** 하여야 한다.

89 위험물안전관리법령상 위험물을 취급하는 건축물에 설치하는 환기설비의 설치기준으로 옳은 것을 모두 고른 것은? (단, 배출설비는 설치되어 있지 않다.)

ㄱ. 환기는 강제배기방식으로 한다.
ㄴ. 급기구는 높은 곳에 설치한다.
ㄷ. 급기구는 가는 눈의 구리망 등으로 인화방지망을 설치한다.
ㄹ. 급기구가 설치된 실의 바닥면적이 80m² 인 경우 급기구의 면적은 300cm² 이상으로 한다.

① ㄱ, ㄷ ② ㄴ, ㄹ
③ ㄷ, ㄹ ④ ㄴ, ㄷ, ㄹ

해설 보기설명
ㄱ. 환기는 자연배기방식으로 할 것
ㄴ. 급기구는 낮은 곳에 설치할 것
ㄷ. 급기구는 가는 눈의 구리망 등으로 인화방지망을 설치한다.
ㄹ. 급기구가 설치된 실의 바닥면적이 80m² 인 경우 급기구의 면적은 300cm² 이상으로 한다.

정답 85. ④ 86. ③ 87. ③ 88. ② 89. ③

바닥면적	급기구의 면적
60m² 미만	150cm² 이상
60m² 이상 90m² 미만	300cm² 이상
90m² 이상 120m² 미만	450cm² 이상
120m² 이상 150m² 미만	600cm² 이상

90 제5류 위험물 중 니트로화합물에 속하는 것은?

① 피크린산 ② 니트로셀룰로오스
③ 니트로글리콜 ④ 황산히드라진

해설
- 니트로화합물의 종류 :
  트리니트로톨루엔(TNT), 트리니트로페놀(TNP), 피크린산, 디니트로톨루엔(DNT), 디니트로나프탈렌(DNN)
- 질산에스테르류 : 니트로셀룰로오스, 니트로글리세린, 질산에틸, 질산메틸, 니트로글리콜

91 위험물안전관리법령상 위험물을 취급하는 건축물의 지붕(작업공정상 제조기계시설등이 2층 이상에 연결되어 설치된 경우에는 최상층의 지붕을 말한다)을 내화구조로 할 수 있는 건축물로 옳은 것은?

① 제4석유류를 취급하는 건축물
② 질산염류를 취급하는 건축물
③ 알킬알루미늄을 취급하는 건축물
④ 히드록실아민을 취급하는 건축물

해설 지붕을 내화구조로 할 수 있는 건축물
제2류 위험물(분상의 것과 인화성고체를 제외한다), 제4류 위험물 중 제4석유류·동식물유류 또는 제6류 위험물을 취급하는 건축물인 경우
[보기설명]
② 질산염류를 취급하는 건축물 → 제1류 위험물
③ 알킬알루미늄을 취급하는 건축물
   → 제3류 위험물
④ 히드록실아민을 취급하는 건축물
   → 제5류 위험물

92 위험물안전관리법령상 위험물제조소에 설치한 소화설비의 용량과 능력단위의 연결로 옳지 않은 것은?

① 마른 모래(삽 1개 포함) : 50L − 0.5
② 팽창진주암(삽 1개 포함) : 160L − 1.0
③ 소화전용물통 : 8L − 0.3
④ 수조(소화전용물통 3개 포함) : 80 L − 2.5

해설 수조(소화전용물통 3개 포함) : 80 L − 1.5 이다.

소화설비	용량	능력단위
소화전용(專用)물통	8 L	0.3
수조(소화전용물통 3개 포함)	80 L	1.5
수조(소화전용물통 6개 포함)	190 L	2.5
마른 모래(삽 1개 포함)	50 L	0.5
팽창질석 또는 팽창진주암(삽 1개 포함)	160 L	1.0

93 위험물안전관리법령상 제3석유류를 취급하는 설비가 집중되어 있는 위험물 취급장소의 살수기준면적이 300[m²]인 경우 스프링클러설비가 소화 적응성이 있기 위한 최소 방사량(L/분)으로 옳은 것은?(단, 위험물의 취급을 주된 작업으로 한다.)

① 2,940 ② 3,540
③ 4,650 ④ 4,890

해설

살수기준면적 (m²)	방사밀도(L/m²·분)		비고
	인화점 38℃ 미만	인화점 38℃ 이상	
279 미만	16.3 이상	12.2 이상	살수기준면적은 내화구조의 벽 및 바닥으로 구획된 하나의 실의 바닥면적을 말하고, 하나의 실의 바닥면적이 465m² 이상인 경우의 살수기준면적은 465m²로 한다. 다만, 위험물의 취급을 주된 작업내용으로 하지 아니하고 소량의 위험물을 취급하는 설비 또는 부분이 넓게 분산되어 있는 경우에
279 이상 372 미만	15.5 이상	11.8 이상	
372 이상 465 미만	13.9 이상	9.8 이상	
465 이상	12.2 이상	8.1 이상	

정답 90. ① 91. ① 92. ④ 93. ②

살수기준면적 (m²)	방사밀도(L/m²·분)		비고
	인화점 38℃ 미만	인화점 38℃ 이상	
			는 방사밀도는 8.2ℓ/m²분 이상, 살수기준 면적은 279m² 이상으로 할 수 있다.

제3석유류는 표에서 인화점 38℃ 이상에 해당하므로 방사밀도는 11.8 (L/m²·분)이다.
최소 방사량 : 300 m² × 11.8 L/m²·분
            = 3,540 L/분

94 위험물 제조소등의 옥외에서 액체위험물을 취급하는 설비의 집유설비에 유분리장치를 설치하지 않아도 되는 위험물을 모두 고른 것은?

```
ㄱ. 아세톤
ㄴ. 아세트산
ㄷ. 아세트알데히드
```

① ㄱ
② ㄴ
③ ㄴ, ㄷ
④ ㄱ, ㄴ, ㄷ

해설 아세톤, 아세트산, 아세트알데히드는 모두 수용성이므로 해당사항이 없다.
위험물(온도 20℃의 물 100g에 용해되는 양이 1g 미만인 것에 한한다)을 취급하는 설비에 있어서는 당해 위험물이 직접 배수구에 흘러들어가지 아니하도록 집유설비에 유분리장치를 설치하여야 한다.

95 제조소등에서 저장·취급하는 위험물 유별 주의사항을 표시한 게시판으로 옳게 연결된 것은?

① 제4류, 제5류 - 화기엄금 - 적색바탕, 백색문자
② 제2류 - 화기주의 - 적색바탕, 황색문자
③ 제3류 - 물기주의 - 청색바탕, 백색문자
④ 제1류, 제6류 - 물기엄금 - 백색바탕, 적색문자

해설 게시판 주의사항
1) 물기엄금
   ① 제1류 위험물 중 알칼리금속의 과산화물과 이를 함유한 것
   ② 제3류 위험물 중 금수성 물질
   ③ 표시색상 : 청색바탕에 백색문자
2) 화기주의
   ① 제2류 위험물(인화성고체는 제외)
   ② 표시색상 : 적색바탕에 백색문자
3) 화기엄금
   ① 제2류 위험물 중 인화성고체
   ② 제3류 위험물 중 자연발화성 물질
   ③ 제4류 위험물
   ④ 제5류 위험물
   ⑤ 표시색상 : 적색바탕에 백색문자

96 이동탱크저장소 시설기준으로 옳지 않은 것은?

① 옥내에 있는 상치장소는 지붕이 내화구조 또는 불연재료로 된 건축물의 1층에 설치하여야 한다.
② 이동저장탱크는 그 내부에 4,000L 이하마다 3.2mm 이상의 강철판으로 칸막이를 설치하여야 한다.
③ 제4류 위험물 중 알코올류, 제1석유류 또는 제2석유류의 이동탱크저장소에는 접지도선을 설치하여야 한다.
④ 이동저장탱크에 설치하는 안전장치는 상용압력이 20kPa를 초과하는 탱크에 있어서는 상용압력의 1.1배 이하의 압력에서 작동하도록 하여야 한다.

해설 제4류 위험물중 특수인화물, 제1석유류 또는 제2석유류의 이동탱크저장소에는 접지도선을 설치하여야 한다.

정답 94. ④ 95. ① 96. ③

97 알킬리튬을 취급하는 옥외탱크저장소 설치기준에 관한 설명으로 옳지 않은 것은?

① 옥외저장탱크의 주위에는 누설범위를 국한하기 위한 설비를 설치하여야 한다.
② 옥외저장탱크에는 냉각장치 또는 수증기 봉입장치를 설치하여야 한다.
③ 옥외저장탱크에는 헬륨, 네온 등 불활성 기체를 봉입하는 장치를 설치하여야 한다.
④ 누설된 알킬리튬을 안전한 장소에 설치된 조에 이끌어 들일 수 있는 설비를 설치하여야 한다.

해설 옥외저장탱크에는 **냉각장치 또는 보냉장치**, 그리고 연소성 혼합기체의 생성에 의한 폭발을 방지하기 위한 **불활성의 기체를 봉입하는 장치를 설치할 것**

98 경유 1,000kL를 하나의 옥외저장탱크에 저장할 때, 지정수량의 배수와 보유공지의 너비로 옳은 것은?

① 100배, 3m 이상
② 1,000배, 5m 이상
③ 1,500배, 9m 이상
④ 2,000배, 12m 이상

해설 경유 지정수량의 배수 :
1,000kL / 1,000L = 1,000kL / 1kL = 1,000배
표에서 공지의 너비는 5m 이상

저장 또는 취급하는 위험물의 최대수량	공지의 너비
지정수량의 500배 이하	3m 이상
지정수량의 500배 초과 1,000배 이하	5m 이상
지정수량의 1,000배 초과 2,000배 이하	9m 이상
지정수량의 2,000배 초과 3,000배 이하	12m 이상
지정수량의 3,000배 초과 4,000배 이하	15m 이상
지정수량의 4,000배 초과	당해 탱크의 수평단면의 최대지름(가로형인 경우에는 긴 변)과 높이 중 큰 것과 같은 거리 이상. 다만, 30m 초과의 경우에는 30m 이상으로 할 수 있고, 15m 미만의 경우에는 15m 이상으로 하여야 한다.

99 주유취급소의 고정주유설비 주위에 주유를 받으려는 자동차 등이 출입할 수 있도록 보유하여야 하는 주유공지의 너비와 길이 기준으로 옳은 것은?

① 너비 10m 이상, 길이 4m 이상
③ 너비 15m 이상, 길이 4m 이상
② 너비 10m 이상, 길이 6m 이상
④ 너비 15m 이상, 길이 6m 이상

해설 주유취급소의 고정주유설비의 주위에는 주유를 받으려는 자동차 등이 출입할 수 있도록 **너비 15m 이상, 길이 6m 이상**의 콘크리트 등으로 포장한 주유공지를 보유해야 한다.

100 위험물안전관리법령상 위험물을 취급하는 건축물에 설치하는 배출설비의 설치기준으로 옳지 않은 것은?

① 배풍기는 강제배기방식으로 한다.
② 배출능력은 1시간당 배출장소 용적의 20배 이상인 것으로 한다.
③ 배출구는 지상 2m 이상으로서 연소의 우려가 없는 장소에 설치한다.
④ 위험물취급설비가 배관이음 등으로만 된 경우에는 국소방식으로만 해야 한다.

정답 97. ② 98. ② 99. ④ 100. ④

해설 배출설비를 전역방식으로 할 수 있는 경우
① 위험물취급설비가 배관이음 등으로만 된 경우
② 건축물의 구조·작업장소의 분포 등의 조건에 의하여 전역방식이 유효한 경우

제5과목 소방시설의 구조원리

101 소화기구 및 자동소화장치의 화재안전기술 기준상 다음 조건에 따른 소화기의 최소 설치개수는?

- 특정소방대상물 : 문화재(주요구조부는 비내화구조임)
- 바닥면적 : 1,000 m²
- 소화기 1개의 능력단위 : A급 5단위

① 4개 ② 5개
③ 6개 ④ 7개

해설 문화재의 경우 해당 용도의 바닥면적 50m² 마다 능력단위 1단위 이상

능력단위 산출 : $\dfrac{1000\,m^2}{50\,m^2}$ = 20단위

소화기 수량 : 20단위/5단위 = 4개

102 옥내소화전설비의 화재안전기술기준상 펌프를 이용하는 가압송수장치의 설치기준에 관한 내용으로 옳지 않은 것은?

① 펌프는 전용으로 할 것(다만, 다른 소화설비와 겸용하는 경우 각각의 소화설비의 성능에 지장이 없을 때에는 그렇지 않음)

② 동결방지조치를 하거나 동결의 우려가 없는 장소에 설치할 것
③ 펌프의 토출 측에는 압력계를 체크밸브 이후에 설치하고, 흡입 측에는 연성계 또는 진공계를 설치할 것
④ 펌프축은 스테인리스 등 부식에 강한 재질을 사용할 것

해설 펌프의 토출 측에는 압력계를 **체크밸브 이전에** 펌프 토출 측 플랜지에서 가까운 곳에 설치할 것, 흡입 측에는 연성계 또는 진공계를 설치할 것. 다만, 수원의 수위가 펌프의 위치보다 높거나 수직회전축펌프의 경우에는 연성계 또는 진공계를 설치하지 않을 수 있다.

103 옥내소화전설비의 화재안전기술기준상 배관 내 사용압력이 1.2MPa 이상일 경우에 사용할 수 있는 배관으로 옳은 것은?

① 배관용 아크용접 탄소강 강관(KS D 3583)
② 배관용 스테인리스 강관(KS D 3576)
③ 덕타일 주철관(KS D 4311)
④ 일반배관용 스테인리스 강관(KS D 3595)

해설

배관 내 사용압력이 1.2 MPa 미만일 경우	배관 내 사용압력이 1.2 MPa 이상일 경우
(1) 배관용 탄소 강관(KS D 3507)	(1) 압력 배관용 탄소 강관 (KS D 3562)
(2) 이음매 없는 구리 및 구리합금관(KS D 5301). 다만, 습식의 배관에 한한다.	(2) 배관용 아크용접 탄소강 강관(KS D 3583)
(3) 배관용 스테인리스 강관(KS D 3576) 또는 일반배관용 스테인리스 강관(KS D 3595)	
(4) 덕타일 주철관(KS D 4311)	

정답 101. ① 102. ③ 103. ①

104 10층 건물에 옥내소화전이 각 층에 3개씩 설치되었다. 펌프의 성능시험에서 정격 토출압력이 0.8 MPa일 때 ( )에 들어갈 것으로 옳은 것은?

구분	유량 (L/min)	펌프토출압력 (MPa)
체절운전 시	(ㄱ)	(ㄴ)
정격토출량의 150% 운전 시	(ㄷ)	(ㄹ)

① ㄱ : 0,   ㄴ : 1.2 미만
② ㄱ : 0,   ㄴ : 1.2 이상
③ ㄷ : 390, ㄹ : 0.52 미만
④ ㄷ : 390, ㄹ : 0.52 이상

해설) 정격 토출량 : 2개×130=260L/min

구분	유량 (L/min)	펌프토출압력 (MPa)
체절운전 시	(0)	(0.8 MPa×1.4 = 1.2 이하)
정격토출량의 150% 운전 시	(260 L/min×1.5 = 3900 L/min)	(0.8 MPa×0.65 = 0.52 이상)

105 옥외소화전설비의 설치에 관한 내용으로 옳은 것은?

① 호스접결구는 지면으로부터 높이가 0.8m 이상 1.5m 이하의 위치에 설치해야 한다.
② 옥외소화전이 11개 이상 30개 이하 설치된 때에는 10개 이하의 소화전함을 각각 분산 하여 설치해야 한다.
③ 배관과 배관이음쇠는 배관용 스테인리스 강관(KS D 3576)의 이음을 용접으로 할 경우 텅스텐 불활성 가스 아크 용접방식에 따른다.
④ 펌프의 토출 측 배관은 공기 고임이 생기지 않는 구조로 하고 여과장치를 설치해야 한다.

해설) 보기설명
① 호스접결구는 지면으로부터 높이가 0.5m 이상 1m 이하의 위치에 설치해야 한다.
② 옥외소화전이 11개 이상 30개 이하 설치된 때에는 11개 이상의 소화전함을 각각 분산 하여 설치해야 한다.
④ 펌프의 흡입 측 배관은 공기 고임이 생기지 않는 구조로 하고 여과장치를 설치해야 한다.

106 스프링클러설비의 화재안전기술기준상 스프링클러헤드 수별 급수관의 구경을 산정하려고 한다. 다음 조건에 맞는 급수관의 최소 구경으로 옳은 것은?

- 반자 아래의 헤드와 반자속의 헤드를 동일 급수관의 가지관상에 병설하는 경우
- 폐쇄형스프링클러헤드 수 : 7개
- 수리계산방식은 고려하지 않음

① 32 mm   ② 40 mm
③ 50 mm   ④ 65 mm

해설) 표 2.5.3.3 스프링클러헤드 수별 급수관의 구경
(단위: mm)

급수관의 구경 구분	25	32	40	50	65	80	90	100	125	150
가	2	3	5	10	30	60	80	100	160	161 이상
나	2	4	7	15	30	60	65	100	160	161 이상
다	1	2	5	8	15	27	40	55	90	91 이상

[비고]
1. 폐쇄형스프링클러헤드를 사용하는 설비의 경우로서 1개 층에 하나의 급수배관(또는 밸브 등)이 담당하는 구역의 최대면적은 3,000 m²를 초과하지 않을 것
2. 폐쇄형스프링클러헤드를 설치하는 경우에는 "가"란의 헤드수에 따를 것. 다만 100개 이상의 헤드를 담당하는 급수배관(또는 밸브)의 구경을 100 mm로 할 경우에는

정답 104. ④ 105. ③ 106. ②

수리계산을 통하여 2.5.3.3의 단서에서 규정한 배관의 유속에 적합하도록 할 것
3. 폐쇄형스프링클러헤드를 설치하고 반자 아래의 헤드와 반자속의 헤드를 동일 급수관의 가지관상에 병설하는 경우에는 "나"란의 헤드수에 따를 것
4. 2.7.3.1의 경우로서 폐쇄형스프링클러헤드를 설치하는 설비의 배관구경은 "다"란에 따를 것
5. 개방형스프링클러헤드를 설치하는 경우 하나의 방수 구역이 담당하는 헤드의 개수가 30개 이하일 때는 "다"란의 헤드수에 의하고, 30개를 초과할 때는 수리계산 방법에 따를 것

107 물분무소화설비의 화재안전기술기준상 물분무헤드의 설치제외 장소로 옳지 않은 것은?

① 물에 심하게 반응하는 물질 또는 물과 반응하여 위험한 물질을 생성하는 물질을 저장 또는 취급하는 장소
② 고온의 물질 및 증류범위가 넓어 끓어 넘치는 위험이 있는 물질을 저장 또는 취급하는 장소
③ 운전시에 표면의 온도가 260℃ 이상으로 되는 등 직접 분무를 하는 경우 그 부분에 손상을 입힐 우려가 있는 기계장치 등이 있는 장소
④ 통신기기실 · 전자기기실 · 기타 이와 유사한 장소

해설 통신기기실 · 전자기기실 · 기타 이와 유사한 장소 : 스프링클러헤드 설치제외 장소이다.

108 포소화설비의 화재안전기술기준상 차고에 전역방출방식의 고발포용 고정포방출구를 설치하려고 한다. 팽창비가 500인 경우 관포체적 1 m³에 대하여 1분당 최소 포수용액 방출량은?

① 0.16 L   ② 0.18 L
③ 0.29 L   ④ 0.31 L

해설 표 2.9.4.1.2 소방대상물 및 포의 팽창비에 따른 고정포방출구의 방출량[m³/min]

소방대상물	포의 팽창비	1 m³에 대한 분당 포수용액 방출량
항공기격납고	팽창비 80 이상 250 미만의 것	2.00 L
	팽창비 250 이상 500 미만의 것	0.50 L
	팽창비 500 이상 1,000 미만의 것	0.29 L
차고 또는 주차장	팽창비 80 이상 250 미만의 것	1.11 L
	팽창비 250 이상 500미만의 것	0.28 L
	팽창비 500 이상 1,000 미만의 것	0.16 L
특수가연물을 저장 또는 취급하는 소방대상물	팽창비 80 이상 250 미만의 것	1.25 L
	팽창비 250 이상 500 미만의 것	0.31 L
	팽창비 500 이상 1,000 미만의 것	0.18 L

109 할로겐화합물 및 불활성기체소화설비의 화재안전기술기준상 음향경보장치의 설치기준으로 옳은 것은?

① 수동식 기동장치 및 자동식 기동장치를 설치한 것은 화재감지기와 연동하여 자동으로 경보를 발하는 것으로 할 것
② 방호구역 또는 방호대상물이 있는 구획 외부에 있는 자에게 유효하게 경보할 수 있는 것으로 할 것
③ 방호구역 또는 방호대상물이 있는 구획의 각 부분으로부터 하나의 확성기까지의 수평거리는 25m 이하가 되도록 할 것
④ 제어반의 복구스위치를 조작할 경우 경보를 정지할 수 있는 것으로 할 것

해설 보기설명
① 수동식 기동장치를 설치한 것은 그 기동장치의 조작과정에서, 자동식 기동장치를 설치한 것은 화재감지기와 연동하여 자동으로 경보를 발하는 것으로 할 것

정답 107. ④ 108. ① 109. ③

② 방호구역 또는 방호대상물이 있는 **구획 안에 있는 자**에게 유효하게 경보할 수 있는 것으로 할 것
④ 제어반의 복구스위치를 **조작하여도 경보를 계속 발할 수 있는** 것으로 할 것

110 이산화탄소소화설비의 화재안전성능기준에 관한 내용으로 옳은 것은?

① 설계농도란 규정된 실험 조건의 화재를 소화하는데 필요한 소화약제의 농도(형식승인 대상의 소화약제는 형식승인된 소화농도)를 말한다.
② 방호구역에는 소화약제 방출 시 과압으로 인한 구조물 등의 손상을 방지하기 위하여 급기구를 설치해야 한다.
③ 분사헤드는 사람이 상시 근무하거나 다수인이 출입·통행하는 곳과 자기연소성물질 또는 활성금속물질 등을 저장하는 장소에는 설치해서는 안 된다.
④ 지하층, 무창층 및 밀폐된 거실 등에 방출된 소화약제를 배출하기 위한 자동폐쇄장치를 갖추어야 한다.

해설 보기설명
① 설계농도란 방호대상물 또는 방호구역의 소화약제 저장량을 산출하기 위한 농도로서 소화농도에 안전율을 고려하여 설정한 농도를 말한다.
② 이산화탄소소화설비의가 설치된 방호구역에는 소화약제가 방출 시 과압으로 인한 구조물 등의 손상을 방지하기 위하여 **과압배출구**를 설치해야 한다.
④ 지하층, 무창층 및 밀폐된 거실 등에 이산화탄소소화설비를 설치한 경우에는 방출된 소화약제를 배출하기 위한 **배출설비**를 갖추어야 한다.

111 다음 조건의 전기실에 불활성기체소화설비를 설치하려고 한다. 화재안전기술기준상 필요한 화재감지기의 최소 설치개수는?

- 주요구조부 : 내화구조
- 전기실 바닥면적 : 500m²
- 감지기 부착높이 : 4.5m
- 적용 감지기 : 차동식 스포트형(2종)

① 8개   ② 15개
③ 24개 ④ 30개

해설 1회로당 감지기의 최소수량 :
$$\frac{500\,m^2}{35\,m^2} = 14.29 = 15개$$
교차회로 방식을 적용해야 하므로
15개×2회로 = 30개

112 다음 조건의 주차장에 전역방출방식의 분말소화설비를 설치하려고 한다. 화재안전기술기준상 필요한 소화약제의 최소 저장용기 수(병)는?

- 방호구역 체적: 450m³
- 개구부의 면적: 10m²(자동폐쇄장치 미설치)
- 저장용기 내용적: 68L

① 2   ② 3
③ 4   ④ 5

해설 주차장에는 제3종 분말을 설치해야 하므로
약제량 $W = 450m^3 \times 0.36kg/m^3$
$\qquad\qquad + 10m^2 \times 2.7kg/m^2 = 189kg$

병당 저장량 $\frac{68L}{1.0L/kg} = 68kg$

병수 $\frac{189kg}{68kg} = 2.78 = 3병$

정답 110. ③   111. ④   112. ②

113 다음 조건의 방호구역에 할로겐화합물소화설비를 설치하려고 한다. 화재안전기술기준상 필요한 소화약제의 최소 저장용기 수(병)는?

- 방호구역 체적: 650m³
- 소화약제: HFC-227ea
- 선 형 상 수: $K_1 = 0.1269$, $K_2 = 0.0005$
- 방호구역 최소예상온도: 25℃
- 설계농도 : 최대허용 설계농도 적용
- 저장용기 : 68L 내용적에 50kg 저장

① 9　　② 11
③ 13　　④ 40

해설 비체적
$S = K_1 + K_2 t = 0.1269 + 0.0005 \times 25 = 0.1394$
설계농도 $C = 10.5\%$
$W = \dfrac{V}{S} \times \dfrac{C}{100-C} = \dfrac{650}{0.1394} \times \dfrac{10.5}{100-10.5}$
$\quad = 547.0371 = 547.04\text{kg}$
최소 저장용기 수 $\dfrac{547.04\text{kg}}{50\text{kg}} = 10.94 = 11$병

114 자동화재탐지설비 및 시각경보장치의 화재안전기술기준상 다음 장소에 연기감지기를 설치해야 하는 특정소방대상물로 옳지 않은 것은?

취침 · 숙박 · 입원 등 이와 유사한 용도로 사용되는 거실

① 공동주택 · 오피스텔 · 숙박시설 · 위락시설
② 교육연구시설 중 합숙소
③ 의료시설, 근린생활시설 중 입원실이 있는 의원 · 조산원
④ 교정 및 군사시설

해설 연기감지기 설치장소 중 다음의 어느 하나에 해당하는 특정소방대상물의 취침 · 숙박 · 입원 등 이와 유사한 용도로 사용되는 거실
(1) 공동주택 · 오피스텔 · 숙박시설 · 노유자시설 · 수련시설
(2) 교육연구시설 중 합숙소
(3) 의료시설, 근린생활시설 중 입원실이 있는 의원 · 조산원
(4) 교정 및 군사시설
(5) 근린생활시설 중 고시원

115 다음은 자동화재탐지설비 및 시각경보장치의 화재안전기술기준상 청각장애인용 시각경보장치의 설치기준이다. ( )에 들어갈 것으로 옳은 것은?

설치 높이는 바닥으로부터 (ㄱ)m 이상 (ㄴ)m 이하의 장소에 설치할 것. 다만, 천장의 높이가 (ㄱ)m 이하인 경우에는 천장으로부터 (ㄷ)m 이내의 장소에 설치해야 한다.

① ㄱ : 1.5, ㄴ : 2.0, ㄷ : 0.1
② ㄱ : 1.5, ㄴ : 2.0, ㄷ : 0.15
③ ㄱ : 2.0, ㄴ : 2.5, ㄷ : 0.1
④ ㄱ : 2.0, ㄴ : 2.5, ㄷ : 0.15

해설 설치 높이는 바닥으로부터 2 m 이상 2.5 m 이하의 장소에 설치할 것. 다만, 천장의 높이가 2 m 이하인 경우에는 천장으로부터 0.15 m 이내의 장소에 설치해야 한다.

116 특별피난계단의 계단실 및 부속실 제연설비의 화재안전기술기준상 다음 조건에 따른 출입문의 틈새면적 (m²)은?

정답 113. ② 114. ① 115. ④ 116. ②

- 출입문 틈새의 길이(L) : 7m
- 설치된 출입문(l, Ad) : 제연구역의 실내 쪽으로 열리도록 설치하는 외여닫이문
- 소수점 다섯째 자리에서 반올림함

① 0.01 ② 0.0125
③ 0.0152 ④ 0.0228

해설 출입문 틈새면적

$$A = \frac{L}{l} A_d = \frac{7m}{5.6m} \times 0.01 m^2 = 0.0125 m^2$$

117 유도등 및 유도표지의 화재안전기술기준상 설치기준에 관한 내용으로 옳은 것은?

① 피난구유도등은 피난구의 바닥으로부터 높이 1.2m 이상으로서 출입구에 인접하도록 설치할 것
② 복도통로유도등은 구부러진 모퉁이를 기점으로 보행거리 25m마다 설치할 것
③ 유도표지는 각 층마다 복도 및 통로의 각 부분으로부터 보행거리가 20m 이하가 되는 곳에 설치할 것
④ 축광방식의 피난유도선은 바닥으로부터 높이 50cm 이하의 위치 또는 바닥 면에 설치 할 것

해설 보기설명
① 피난구유도등은 피난구의 바닥으로부터 높이 **1.5m 이상**으로서 출입구에 인접하도록 설치할 것
② 복도통로유도등은 구부러진 모퉁이를 기점으로 **보행거리 20m 마다** 설치할 것
③ 유도표지는 각 층마다 복도 및 통로의 각 부분으로부터 **보행거리가 15m 이하**가 되는 곳에 설치할 것

118 비상경보설비 및 단독경보형감지기의 화재안전기술기준상 단독경보형감지기 설치 기준에 관한 내용으로 옳지 않은 것은?

① 각 실(이웃하는 실내의 바닥면적이 각각 30m² 미만이고 벽체의 상부의 전부 또는 일부가 개방되어 이웃하는 실내와 공기가 상호 유통되는 경우에는 이를 1개의 실로 본다)마다 설치하되, 바닥면적이 150m²를 초과하는 경우에는 150m²마다 1개 이상 설치할 것
② 계단실은 최상층의 계단실 천장(외기가 상통하는 계단실의 경우를 포함한다)에 설치 할 것
③ 건전지를 주전원으로 사용하는 단독경보형감지기는 정상적인 작동상태를 유지할 수 있도록 주기적으로 건전지를 교환할 것
④ 상용전원을 주전원으로 사용하는 단독경보형감지기의 2차전지는 「소방시설 설치 및 관리에 관한 법률」 제40조에 따라 제품검사에 합격한 것을 사용할 것

해설 계단실은 최상층의 계단실 천장(외기가 **상통하는 계단실의 경우를 제외**한다)에 설치할 것

119 연결송수관설비의 화재안전기술기준상 방수구는 특정소방대상물의 층마다 설치해야 한다. 방수구 설치를 제외할 수 있는 것으로 옳지 않은 것은?

① 아파트의 1층 및 2층
② 소방차의 접근이 가능하고 소방대원이 소방차로부터 각 부분에 쉽게 도달할 수 있는 피난층

③ 송수구가 부설된 옥내소화전을 설치한 특정소방대상물(집회장·관람장·백화점·도매 시장·소매시장·판매시설·공장·창고시설 또는 지하가를 제외한다) 로서 지하층을 제외한 층수가 5층 이하이고 연면적이 6,000 m² 이하인 특정소방대상물의 지상층

④ 송수구가 부설된 옥내소화전을 설치한 특정소방대상물(집회장·관람장·백화점·도매 시장·소매시장·판매시설·공장·창고시설 또는 지하가를 제외한다)로서 지하층의 층수가 2 이하인 특정소방대상물의 지하층

해설 송수구가 부설된 옥내소화전을 설치한 특정소방대상물(집회장·관람장·백화점·도매시장·소매시장·판매시설·공장·창고시설 또는 지하가를 제외한다)로서 다음의 어느 하나에 해당하는 층
1) 지하층을 제외한 **층수가 4층 이하**이고 연면적이 6,000 m² 미만인 특정소방대상물의 지상층
2) 지하층의 층수가 2 이하인 특정소방대상물의 지하층

120 고층건축물의 화재안전기술기준상 피난안전구역에 설치하는 소방시설의 설치기준에 관한 내용으로 옳은 것은?

① 제연설비의 피난안전구역과 비 제연구역 간의 차압은 40Pa(스프링클러설비가 설치된 경우에는 12.5 Pa)이상으로 해야 한다.
② 피난유도선의 피난유도 표시부 너비는 최소 25mm 이상으로 설치할 것
③ 비상조명등은 각 부분의 바닥에서 조도는 1 lx 이상이 될 수 있도록 설치할 것
④ 인명구조기구 중 방열복, 인공소생기를 각 1개 이상 비치할 것

해설 보기설명
① 제연설비의 피난안전구역과 비 제연구역간의 차압은 50 Pa(옥내소화전설비가 설치된 경우에는 12.5 Pa) 이상으로 해야 한다.
③ 비상조명등은 각 부분의 바닥에서 조도는 **10 lx** 이상이 될 수 있도록 설치할 것
④ 인명구조기구 중 방열복, 인공소생기를 각 **2개** 이상 비치할 것

121 소화수조 및 저수조의 화재안전기술기준상 설치기준에 관한 내용으로 옳지 않은 것은?

① 소화수조 및 저수조의 채수구 또는 흡수관투입구는 소방차가 5m 이내의 지점까지 접근할 수 있는 위치에 설치해야 한다.
② 1층 및 2층의 바닥면적의 합계가 15,000 m² 이상인 특정소방대상물은 7,500 m² 로 나누어 얻은 수(소수점이하의 수는 1로 본다)에 20 m³를 곱한 양 이상이 되도록 해야 한다.
③ 채수구의 수는 소요수량이 100 m³ 이상인 경우 3개 이상 설치해야 한다.
④ 소화수조 또는 저수조가 지표면으로부터의 깊이(수조 내부바닥까지의 길이를 말한다)가 4.5m 이상인 지하에 있는 경우에는 가압송수장치를 설치해야 한다.

해설 소화수조 및 저수조의 채수구 또는 흡수관투입구는 소방차가 2 m 이내의 지점까지 접근할 수 있는 위치에 설치해야 한다.

122 화재안전기술기준에서 정하는 방화구획 등의 설치기준에 관한 내용으로 옳지 않은 것은?

① 지하구 방화벽의 출입문은 「건축법 시행령」 제64조에 따른 방화문으로서 60분+ 방화문 또는 60분 방화문으로 설치할 것
② 소방시설용 비상전원수전설비를 고압으로 수전하는 경우 방화구획 하지 않을 수 있다.
③ 전기저장장치 설치장소의 벽체, 바닥 및 천장은 「건축물의 피난·방화구조 등의 기준에 관한 규칙」에 따라 건축물의 다른 부분과 방화구획 해야 한다. 다만, 배터리실 외의 장소와 옥외형 전기저장장치 설비는 방화구획 하지 않을 수 있다.
④ 제연설비 비상전원의 설치장소는 다른 장소와 방화구획할 것

해설 특별고압 또는 고압으로 수전하는 경우 전용의 방화구획 내에 설치할 것

123 가스누설경보기의 화재안전기술기준상 일산화탄소경보기 중 단독형 경보기 설치 기준으로 옳은 것을 모두 고른 것은?

| ㄱ. 단독형 경보기는 천장으로부터 경보기 하단까지의 거리가 0.5m 이하가 되도록 설치할 것
| ㄴ. 가스누설 경보음향장치는 수신부로부터 1m 떨어진 위치에서 음압이 70dB 이상일 것
| ㄷ. 가스누설 경보음향의 음량과 음색이 다른 기기의 소음 등과 명확히 구별될 것

① ㄱ, ㄴ ② ㄱ, ㄷ
③ ㄴ, ㄷ ④ ㄱ, ㄴ, ㄷ

해설 단독형 경보기는 천장으로부터 경보기 하단까지의 거리가 0.3 m 이하가 되도록 설치할 것

124 무선통신보조설비의 화재안전기술기준상 설치기준으로 옳지 않은 것은?

① 증폭기에는 비상전원이 부착된 것으로 하고 해당 비상전원 용량은 무선통신보조설비를 유효하게 20분 이상 작동시킬 수 있는 것으로 할 것
② 수신기가 설치된 장소 등 사람이 상시 근무하는 장소에는 옥외안테나의 위치가 모두 표시된 옥외안테나 위치표시도를 비치할 것
③ 분배기·분파기 및 혼합기 등의 임피던스는 50Ω의 것으로 할 것
④ 누설동축케이블 및 동축케이블의 임피던스는 50Ω으로 하고, 이에 접속하는 안테나, 분배기 기타의 장치는 해당 임피던스에 적합한 것으로 할 것

해설 증폭기에는 비상전원이 부착된 것으로 하고 해당 비상전원 용량은 무선통신보조설비를 유효하게 30분 이상 작동시킬 수 있는 것으로 할 것

정답 122. ② 123. ③ 124. ①

125 다음은 비상콘센트설비의 화재안전기술기준상 전원의 설치기준이다. ( )에 들어 갈 것으로 옳은 것은?

> 지하층을 제외한 층수가 (ㄱ)층 이상으로서 연면적이 (ㄴ) m^2 이상이거나 지하층의 바닥면적의 합계가 (ㄷ) m^2 이상인 특정소방대상물의 비상콘센트 설비에는 자가발전설비, 비상전원수전설비, 축전지설비 또는 전기저장장치(외부 전기에너지를 저장해 두었다가 필요한 때 전기를 공급하는 장치를 말한다)를 비상전원으로 설치할 것

① ㄱ : 5, ㄴ : 1,000, ㄷ : 2,000
② ㄱ : 5, ㄴ : 2,000, ㄷ : 3,000
③ ㄱ : 7, ㄴ : 1,000, ㄷ : 2,000
④ ㄱ : 7, ㄴ : 2,000, ㄷ : 3,000

해설 지하층을 제외한 층수가 **7층 이상**으로서 **연면적이 2,000 m^2 이상**이거나 지하층의 바닥면적의 합계가 **3,000 m^2 이상**인 특정소방대상물의 비상콘센트설비에는 자가발전설비, 비상전원수전설비, 축전지설비 또는 전기저장장치(외부 전기에너지를 저장해 두었다가 필요한 때 전기를 공급하는 장치를 말한다)를 비상전원으로 설치할 것.

정답 125. ④

제22회 소방시설관리사

시행일 2022. 5. 21(토)
합격자 2,164명

제1과목 소방안전관리론 및 화재역학

01 가연물이 점화원과 접촉했을 때 연소가 시작되는 최저온도는?

① 발화점   ② 연소점
③ 인화점   ④ 산화점

해설 ① 발화점: 점화원이 없어도 연소가 시작되는 최저온도
② 연소점: 외부 점화원을 제거하여도 연쇄반응을 지속시킬 수 있는 온도
③ 인화점: 점화원이 있을 때 연소가 시작되는 최저온도

02 표준상태에서 5 mol의 부탄가스(C_4H_{10})가 완전연소를 하는데 요구되는 산소(O_2)의 부피(m^3)는?

① 0.728   ② 0.828
③ 728   ④ 828

해설 완전연소반응식 :
$C_4H_{10} + 6.5O_2 \rightarrow 4CO_2 + 5H_2O$
1mol　6.5mol
5mol　$x$mol
$x = \dfrac{5 \times 6.5}{1} = 32.5\,\text{mol}$
산소의 부피 : 32.5mol × 22.4 L/mol
　　　　　　 = 728 L = 0.728 m^3

03 화재 시 물질의 비열과 증발잠열을 활용하여 소화하는 방법은?

① 냉각소화
② 제거소화
③ 질식소화
④ 억제소화

해설 ① 냉각소화 : 비열과 증발잠열 이용
② 제거소화 : 가연물 제거
③ 질식소화 : 산소농도를 15% 이하로 제어
④ 억제소화 : 연쇄반응 차단

04 연소속도보다 가스 분출속도가 클 때, 주위에 공기유동이 심하여 불꽃이 노즐에서 떨어진 후 꺼지는 현상은?

① 백파이어(Back fire)
② 링파이어(Ring fire)
③ 블로우오프(Blow off)
④ 롤오버(Roll over)

해설 ① 백파이어(Back fire) : 연소속도 > 가스분출속도, 역화라고도 한다.
② 링파이어(Ring fire) : 윤화, 유류저장탱크에서 화재발생 시 유류표면에 포소화약제를 방사하면 탱크 상부 유류면의 중앙부분은 화염이 제거되나 탱크의 벽면은 열전도에 의하여 화염이 지속되는 현상
③ 블로우오프(Blow off) : 연소속도 < 가스분출속도(가스의 방출속도가 빨라지거나 공기의 유동이 너무 강하여 불꽃이 노즐에서 정착하지 못하고 꺼져 버리는 현상)

정답 1. ③　2. ①　3. ①　4. ③

05 다음에서 설명하는 화재현상은?

> 위험물저장탱크 내에 저장된 양이 내용적 1/2 이하로 충전된 경우 화재로 인하여 증기압력이 상승하고 저장탱크 내의 유류를 외부로 분출하면서 탱크가 파열되는 현상이다.

① 보일오버(Boil over)
② 슬롭오버(Slop over)
③ 프로스오버(Froth over)
④ 오일오버(Oil over)

해설 ① 보일오버(Boil over): 열류층이 탱크하부의 물을 가열, 부피가 팽창하여 끓어넘치는 현상
② 슬롭오버(Slop over): 중질유화재에 포 또는 물을 방사 시 증발하여 화염을 분출하는 현상

06 분진폭발에 관한 설명으로 옳은 것을 모두 고른 것은?

> ㄱ. 화학적 폭발로 가연성 고체의 미분이 티끌이 되어 공기 중에 부유하고 있을때 어떤 착화원의 에너지를 받으면 폭발하는 현상이다.
> ㄴ. 입자표면에 열에너지가 주어져서 표면의 온도가 상승한다.
> ㄷ. 폭발의 입자가 비산하므로 이것에 접촉되는 가연물은 국부적으로 심한 탄화를 일으킨다.
> ㄹ. 분진의 입자와 밀도가 작을수록 표면적이 커져서 폭발이 잘 일어난다.

① ㄱ
② ㄱ, ㄴ
③ ㄱ, ㄴ, ㄷ
④ ㄱ, ㄴ, ㄷ, ㄹ

해설 모두 맞는 설명입니다.

07 화재의 분류에 관한 설명으로 옳은 것을 모두 고른 것은?

> ㄱ. A급화재의 표시색상은 백색이다.
> ㄴ. B급화재의 원인물질은 인화성 액체 등 기름 성분이다.
> ㄷ. C급화재는 전기화재를 말한다.
> ㄹ. K급화재는 금속화재를 말한다.

① ㄱ, ㄷ
② ㄴ, ㄹ
③ ㄱ, ㄴ, ㄷ
④ ㄱ, ㄴ, ㄷ, ㄹ

해설 K급화재는 주방화재를 말한다.

08 폭연과 폭굉에 관한 설명으로 옳지 않은 것은?

① 폭연의 충격파 전파 속도는 음속보다 느리다.
② 폭굉은 파면에서 온도, 압력, 밀도가 연속적으로 나타난다.
③ 폭연은 폭굉으로 전이될 수 있다.
④ 폭굉의 폭발반응은 충격파에너지에 의한 화학반응에 의해 전파되어 가는 현상이다.

해설 폭굉은 파면에서 온도, 압력, 밀도가 불연속적으로 나타난다.

구분	폭연(Deflagration)	폭굉(Detonation)
발생속도	① 음속 미만(아음속) ② 0.1~10m/s	① 음속 이상(초음속) ② 1,000~3,500m/s
온도상승	열전달(전도, 대류, 복사)	충격파
폭발압력	초기압력의 10배 이하, 정압	10배 이상(충격파 발생), 동압
화재파급효과	크다	작다
충격파효과	없다.	발생
굉음, 파괴 작용	없다.	발생

정답 5. ④ 6. ④ 7. ③ 8. ②

구분	폭연(Deflagration)	폭굉(Detonation)
화염면(파면)	화염면의 전파가 분자량 또는 난류확산에 영향	화염면에서 온도, 압력, 밀도가 불연속

③ 상층·하층간 피난구의 수평거리는 15센티미터 이상 떨어져 있을 것
④ 사다리는 바로 아래층의 바닥면으로부터 50센티미터 이하까지 내려오는 길이로 할 것

해설 피난구의 유효 개구부 규격은 직경 60센티미터 이상일 것

09 플래시오버(Flash over)와 백드래프트(Back draft)에 관한 설명으로 옳지 않은 것은?
① 플래시오버는 층 전체가 순식간에 화염에 휩싸이면서 모든 공간을 통하여 입체적으로 확대되는 현상이다.
② 백드래프트는 밀폐된 공간에서 화재가 발생하여 산소농도 저하로 불꽃을 내지 못하고 가연물질의 열분해에 의해 발생된 가연성 가스가 축적되면서 갑자기 유입된 신선한 공기로 급격히 연소가 활발해진다.
③ 플래시오버의 방지대책으로 가연물의 양을 제한하는 방법이 있다.
④ 백드래프트가 발생하는 주요 원인은 복사열이다.

해설 백드래프트가 발생하는 주요 원인은 산소공급이다. 플래시오버는 복사열이 주요 원인이다.

10 건축물의 피난·방화구조 등의 기준에 관한 규칙상 발코니의 바닥에 국토교통부령으로 정하는 하향식 피난구의 설치기준으로 옳지 않은 것은?
① 피난구의 덮개는 품질시험을 실시한 결과 비차열 1시간 이상의 내화성능을 가져야 할 것
② 피난구의 유효 개구부 규격은 직경 50센티미터 이상일 것

11 건축물의 피난·방화구조 등의 기준에 관한 규칙상 내화구조로 옳지 않은 것은?
① 외벽 중 비내력벽인 경우에는 철근콘크리트조로서 두께가 7센티미터 이상인 것
② 기둥의 경우에는 그 작은 지름이 20센티미터 이상인 것으로서 철근콘크리트조인 것(고강도 콘크리트를 사용하는 경우가 아님)
③ 바닥의 경우에는 철근콘크리트조로서 두께가 10센티미터 이상인 것
④ 보의 경우에는 철근콘크리트조인 것(고강도 콘크리트를 사용하는 경우가 아님)

해설 기둥의 경우에는 그 작은 지름이 25센티미터 이상인 것으로서 철근콘크리트조인 것

12 건축물의 피난·방화구조 등의 기준에 관한 규칙 및 건축법령상 피난 및 방화구조 등에 관한 내용으로 옳은 것은?
① 시멘트모르타르 위에 타일을 붙인 것으로서 그 두께의 합계가 2센티미터 이상인 것은 방화구조이다.
② 초고층 건축물에는 피난층 또는 지상으로 통하는 직통계단과 직접 연결되는 피난안전구역을 지상층으로부터 최대 30개 층마다 1개소 이상 설치하여야 한다.

정답 9. ④ 10. ② 11. ② 12. ②

③ 소방관 진입창의 기준은 창문의 가운데에 지름 20센티미터 이상의 사각형을 야간에도 알아볼 수 있도록 빛 반사 등으로 붉은색으로 표시할 것

④ 지하층의 비상탈출구는 지하층의 바닥으로부터 비상탈출구의 아랫부분까지의 높이가 1.2미터 이상이 되는 경우에는 벽체에 발판의 너비가 15센티미터 이상인 사다리를 설치할 것

해설 보기설명
① 시멘트모르타르 위에 타일을 붙인 것으로서 그 두께의 합계가 **2.5센티미터 이상**인 것은 방화구조이다.
③ 소방관 진입창의 기준은 창문의 가운데에 지름 20센티미터 이상의 **역삼각형**을 야간에도 알아볼 수 있도록 빛 반사 등으로 붉은 색으로 표시할 것.
④ 지하층의 비상탈출구는 지하층의 바닥으로부터 비상탈출구의 아랫부분까지의 높이가 1.2미터 이상이 되는 경우에는 벽체에 발판의 너비가 **20센티미터 이상**인 사다리를 설치할 것.

13 건축물의 피난·방화구조 등의 기준에 관한 규칙상 특별피난계단의 구조에 관한 설명으로 옳지 않은 것은?

① 계단실의 노대 또는 부속실에 접하는 창문 등(출입구를 제외한다)은 망이 들어 있는 유리의 붙박이창으로서 그 면적을 각각 2제곱미터 이하로 할 것
② 노대 및 부속실에는 계단실외의 건축물의 내부와 접하는 창문 등(출입구를 제외한다)을 설치하지 아니할 것
③ 출입구의 유효너비는 0.9미터 이상으로 하고 피난의 방향으로 열 수 있을 것
④ 계단은 내화구조로 하되, 피난층 또는 지상까지 직접 연결되도록 할 것

해설 계단실의 노대 또는 부속실에 접하는 창문 등은 망이 들어 있는 유리의 붙박이창으로서 그 면적을 각각 **1제곱미터 이하**로 할 것

14 건축법령상 대지 안의 피난 및 소화에 필요한 통로 설치에 관하여 ( )에 들어갈 내용으로 옳은 것은?

> 바닥면적의 합계가 (ㄱ)제곱미터 이상인 문화 및 집회시설, 종교시설, 의료시설, 위락시설 또는 장례시설은 유효 너비 (ㄴ)미터 이상의 통로를 확보하여야 한다.

① ㄱ : 300, ㄴ : 2 ② ㄱ : 300, ㄴ : 3
③ ㄱ : 500, ㄴ : 2 ④ ㄱ : 500, ㄴ : 3

해설 바닥면적의 합계가 **500제곱미터 이상**인 문화 및 집회시설, 종교시설, 의료시설, 위락시설 또는 장례시설 : 유효 너비 **3미터 이상**

15 다음에서 설명하는 건축물의 화재 시 인간의 피난행동 특성은?

> 화재 초기에는 주변 상황의 확인을 위하여 서로 모이지만 화세의 급격한 확대로 각자의 공포감이 증가되며 발화지점의 반대방향으로 이동, 즉 반사적으로 위험으로부터 멀리하려는 본능이다.

① 귀소 본능   ② 추종 본능
③ 퇴피 본능   ④ 지광 본능

해설 피난계획 시 고려해야 할 인간의 본능
1) 추종본능 : 피난 시에는 군중이 한 사람의 리더를 추종하려는 경향
2) 귀소본능 : 피난 시 늘 사용하는 경로에 의해 탈출을 도모

정답 13. ① 14. ④ 15. ③

3) 퇴피본능 : 화재발생장소에서 벗어나려는 경향
4) 좌회본능 : 막다른 길에서 오른손잡이인 경우 왼쪽으로 가려는 경향
5) 지광본능 : 주위가 어두워지면 밝은 곳으로 피난하려는 경향

16 화재 시 인간의 피난행동 특성을 고려하여 혼란을 최소화하는 건축물 피난계획의 일반적인 원칙에 관한 설명으로 옳지 않은 것은?

① 피난경로 중 한 방향이 화재 등의 재난으로 사용할 수 없을 경우에 다른 방향이 사용되도록 고려하는 페일 세이프(fail safe) 원칙이 필요하다.
② 피난설비는 이동식 기구와 이동식 장치 (피난기구) 등이 원칙이며, 고정시설은 탈출에 늦은 소수 사람에 대한 극히 예외적인 보조 수단으로 고려한다.
③ 피난경로에 따라 일정 구역을 한정하여 피난 존으로 설정하고, 최종 안전한 피난장소 쪽으로 진행됨에 따라 각 존의 안전성을 높인다.
④ 피난로에는 정전 시에도 피난방향을 명백히 확인 할 수 있는 표시를 한다.

해설 피난설비는 **고정시설이 원칙**이며, 이동식 기구와 이동식 장치(피난기구) 등은 탈출에 늦은 소수 사람에 대한 극히 예외적인 보조 수단으로 고려한다.

17 공간(가로 10 m, 세로 30 m, 높이 5 m)에 목재 1,000 kg과 가연성 A물질 2,000 kg이 적재되어 있는 경우 완전연소 하였을 때 화재하중은 약 몇 kg/m²인가? (단, 목재의 단위 발열량은 4,500 kcal/kg, 가연성 A물질의 단위 발열량은 3,000 kJ/kg이다.)

① 0.88   ② 2.60
③ 4.40   ④ 6.32

해설 화재하중

$$q = \frac{\Sigma Q_t}{4,500A}$$

$$= \frac{2000\text{kg} \times 3000\text{kJ/kg} \times 0.2389\text{kcal/kJ} + 1000\text{kg} \times 4,500\text{kcal/kg}}{4,500 \times 10\text{m} \times 30\text{m}}$$

$$= 4.39\text{kg/m}^2$$

18 목조건축물과 비교한 내화건축물의 화재 특성에 관한 설명으로 옳은 것은?

① 화염의 분출면적이 크고, 복사열이 커서 접근하기 어렵다.
② 횡방향보다 종방향의 화재성장이 빠르다.
③ 최성기에 도달하는 시간이 빠르다.
④ 저온장기형의 특성을 갖는다.

해설 목조건축물의 화재 특성
① 화염의 분출면적이 크고, 복사열이 커서 접근하기 어렵다.
② 횡방향보다 종방향의 화재성장이 빠르다.
③ 최성기에 도달하는 시간이 빠르다.

19 고체 가연물의 연소방식으로 옳지 않은 것은?

① 분무연소   ② 분해연소
③ 작열연소   ④ 증발연소

해설 분무연소는 액체 가연물의 연소방식
고체 가연물의 연소방식 4가지 : 자기연소, 분해연소, 작열연소(표면연소), 증발연소

20 연소속도를 결정하는 인자로 옳지 않은 것은?

① 비중량   ② 산소농도
③ 촉매   ④ 온도

정답 16. ② 17. ③ 18. ④ 19. ① 20. ①

해설 연소속도를 결정하는 인자 : 산소농도, 촉매, 온도, 압력, 난류확산, 억제제 첨가, 혼합물의 조성

21 열전달 방법 중 복사에 관한 설명으로 옳지 않은 것은?
① 물질에서 방사되는 에너지가 전자기적인 파동에 의해 전달되는 현상이다.
② 진공상태에서는 손실이 없으며, 공기 중에서도 거의 손실이 없다.
③ 복사열은 절대온도 제곱에 비례하고, 열전달 면적에 반비례한다.
④ 스테판-볼츠만 법칙이 적용된다.

해설 복사열은 절대온도 4제곱에 비례하고, 열전달 면적에 비례한다.
복사열 $q = \sigma A T^4$
(σ : 스테판-볼츠만 상수, A : 열전달 면적, T : 절대온도)

22 구획실에서 10 m 직경의 크기를 갖는 화재가 발생하였다. 화재 방출열량이 200 MW일 때 화재중심에서 수평방향으로 25 m 떨어진 한 지점으로 전달되는 복사열량(kW/m²)은? (단, 거리 감소에 의한 복사에너지는 30%가 전달되는 것으로 하고, $\pi ≒ 3.14$로 하고, 소수점 이하 셋째자리에서 반올림한다.)
① 3.82　　② 7.64
③ 25.48　　④ 50.96

해설 $q = \dfrac{X_r Q}{4\pi r^2} = \dfrac{0.3 \times 200 \times 10^3 \text{kW}}{4 \times 3.14 \times 25^2} = 7.64 \text{kW/m}^2$
X_r : 복사에너지 분율
r : 화재중심과 목표물과의 거리[m]
Q : 화재의 크기[kW]

23 다음에서 설명하는 연소생성물은?

화재 시 발생하는 연소가스로서 자체는 유독성 가스는 아니나 호흡률을 증대시켜 화재 현장에 공존하는 다른 유독가스의 흡입량 증가로 인명피해를 유발한다.

① CO　　② CO_2
③ H_2S　　④ CH_2CHCHO

해설

보기설명	주요특징	물질
④ 아크로레인 (CH_2CHCHO)	① 허용농도 0.1ppm ② 맹독성 가스로 인체에 치명적	석유제품, 유지류 (기름성분)
③ 황화수소 (H_2S)	① 허용농도 10ppm ② 달걀 썩은 냄새, 신경계통에 영향	황 함유물질
① 일산화탄소 (CO)	① 허용농도 50ppm ② 무색, 무미, 무취의 환원성 기체 ③ 헤모글로빈과 결합하여 산소운반 기능 저하 ④ 염소와 반응하여 포스겐 생성	탄소성분 함유물질

24 연기 제어방법 중 희석에 관한 설명으로 옳은 것은?
① 희석에 의한 연기제어는 연기를 외부로만 내보내는 것이다.
② 스모크샤프트를 설치하여 제어하는 방법이다.
③ 출입문이나 벽을 이용하여 장소 간 압력차를 이용한 방법이다.
④ 신선한 다량의 공기를 유입하여 연기생성물을 위험수준 이하로 유지한다.

해설 신선한 다량의 공기를 유입하여 연기생성물을 위험수준 이하로 유지한다. → 희석
연기의 제어방식 : 차단, 배출(배기), 희석

정답 21. ③　22. ②　23. ②　24. ④

25 화재 시 고층빌딩에서 연기가 이동하는 주요 요소로 옳지 않은 것은?

① 역화현상
② 온도상승에 의한 공기의 팽창
③ 굴뚝효과
④ 건물 내 기류에 의한 강제이동

해설) 역화(Back Fire, Flash Back) 현상 : 연료의 분출 속도가 연소속도보다 낮을 경우 발생한다.

④ 기체상수 R은 특정한 이상기체에 대하여 정해져 있으며, 이상기체에서의 음속은 압력의 함수이다.

해설) 기체상수 R은 특정한 이상기체에 대하여 정해져 있으며, 이상기체에서의 음속은 온도만의 함수이다. 이상기체의 온도가 높은 경우의 음속이 온도가 낮은 경우의 음속보다 빠르다.
음속 $V_{air} = 20.05\sqrt{T}$
(상온 20℃ 기준, T : 절대온도)

제 2 과목
소방수리학·약제화학 및 소방전기

26 유체의 점성계수가 0.8 poise 이고 비중이 1.1일 때 동점성계수(ν)는 약 몇 stokes인가?

① 0.088
② 0.727
③ 0.880
④ 7.270

해설) 동점성계수
$$\nu = \frac{\mu}{\rho} = \frac{0.8\text{g/cm}\cdot\text{s}}{1.1 \times 1\text{g/cm}^3} = 0.727\text{cm}^2/\text{s}$$

27 지상의 유체에 관한 설명으로 옳지 않은 것은?

① 유체는 공간상으로 넓게 떨어져 있는 원자들로 구성되어 있으나 물질의 원자적 본질을 무시하고 구멍이 없는 연속체로 볼 수 있다.
② 주어진 온도에서 순수 물질이 상변화를 하는 압력을 포화 압력이라 한다.
③ 중력장 내에서 시스템의 고도에 따른 결과로 시스템이 보유하는 에너지를 위치에너지라 한다.

28 베르누이 방정식의 가정조건으로 옳지 않은 것은?

① 동일한 유선을 따르는 흐름이다.
② 압축성 유체의 흐름이다.
③ 정상상태의 흐름이다.
④ 마찰이 없는 흐름이다.

해설) 베르누이 방정식의 가정조건
① 동일한 유선을 따르는 흐름이다.
② **비압축성** 유체의 흐름이다.
③ 정상상태의 흐름이다.
④ 마찰이 없는 흐름이다.

29 가로 8 m, 세로 8 m, 높이 3 m인 실내의 절대압력이 100 kPa, 온도가 25℃ 이다. 실내 공기의 질량은 약 몇 kg 인가? (단, 공기의 기체상수 R=0.287 kPa·m³/kg·K 이다.)

① 1.17
② 224.49
③ 348.43
④ 2,675.96

해설) 공기 질량
$$G = \frac{PV}{RT} = \frac{100 \times 8 \times 8 \times 3}{0.287 \times (273+25)} = 224.49$$

정답 25. ① 26. ② 27. ④ 28. ② 29. ②

30 수평면과 상방향으로 45° 경사를 갖는 지름 250 mm 인 원관에서 유출하는 물의 평균 유출속도가 9.8 m/s 이다. 원관의 출구로부터 물의 최대 수직상승 높이는 약 몇 m인가?
① 0.25 ② 0.49
③ 2.45 ④ 4.90

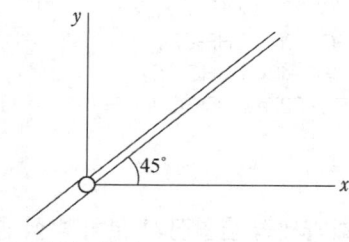

수직상승 높이
$y = \frac{1}{2g}v^2\sin^2\theta = \frac{1}{2 \times 9.8} \times 9.8^2 \times (\sin 45°)^2$
$= 2.45\,m$

31 내경이 250 mm인 원관을 통해 비압축성 유체가 흐르고 있다. 체적 유량이 40 L/s일 때, 레이놀즈수(Re)는 약 얼마인가? (단, 동점성계수는 $0.120 \times 10^{-3}\,m^2/s$ 이다.)
① 1,698 ② 2,084
③ 3,396 ④ 4,168

해설 레이놀즈수
$R_e = \frac{DV}{\nu} = \frac{0.25 \times \dfrac{4 \times 0.04\,m}{\pi \times (0.25\,m)^2}}{0.120 \times 10^{-3}\,m^2/s} = 1697.65$

32 유체가 원관을 층류로 흐를 때 발생하는 마찰손실계수에 관한 설명으로 옳은 것은?
① 레이놀즈수의 함수이다.
② 레이놀즈수와 상대조도의 함수이다.
③ 마하수와 코시수의 함수이다.
④ 상대조도와 오일러수의 함수이다.

해설 층류 흐름시 마찰손실계수
$f = \dfrac{64}{R_e}$ (R_e : 레이놀즈수)

33 물이 내경 200 mm 인 직선 원관에 평균유속 3 m/s 로 80 m를 유하할 때 손실수두는 약 몇 m인가? (단, 관 마찰계수 $f = 0.042$ 이다)
① 1.54 ② 2.57
③ 5.14 ④ 7.71

해설 손실수두
$\triangle H = \dfrac{flV^2}{2gD} = \dfrac{0.042 \times 80\,m \times (3\,m/s)^2}{2 \times 9.8\,m/s^2 \times 0.2\,m}$
$= 7.71\,m$

34 회전펌프의 장단점으로 옳지 않은 것은?
① 소용량, 고양정, 고점도 액체의 수송이 가능하다.
② 송출량의 맥동이 없고 구조가 간단하다.
③ 흡입양정이 적다.
④ 행정의 조절로 토출량을 조절할 수 있다.

해설 압력이 달라져도 토출량은 불변.
회전펌프는 용적형 펌프의 한 종류로서, 양수량 변동이 적고 고압을 얻기가 쉽다.

35 화재 종류에 따른 소화약제의 적응성에 관한 내용으로 옳지 않은 것은?
① A 급 화재의 경우 수성막포를 사용하여 질식 효과로 소화할 수 있다.
② B 급 화재의 경우 물을 사용하여 부촉매 효과로 소화할 수 있다.
③ C 급 화재의 경우 ABC 급 분말을 사용하여 부촉매 효과로 소화할 수 있다.

정답 30. ③ 31. ① 32. ① 33. ④ 34. ④ 35. ②

④ K급 화재의 경우 강화액을 사용하여 냉각 효과로 소화할 수 있다.

해설 B급 화재(유류화재)의 경우 물을 사용하여 유화작용, 희석작용으로 소화할 수 있다.

36 이산화탄소 소화약제의 저장용기 설치 기준으로 옳지 않은 것은?
① 저장용기의 충전비는 고압식은 1.5이상 1.9이하로 할 것.
② 저장용기의 충전비는 저압식은 1.1이상 1.4이하로 할 것.
③ 저압식 저장용기에는 액면계 및 압력계와 1.9 MPa 이상 1.5 MPa 이하의 압력에서 작동하는 압력경보장치를 설치할 것.
④ 저장용기는 고압식은 25 MPa 이상, 저압식은 3.5 MPa 이상의 내압시험압력에 합격한 것으로 할 것.

해설 저압식 저장용기에는 액면계 및 압력계와 **1.9 MPa 이상 2.1 MPa 이하**의 압력에서 작동하는 압력경보장치를 설치할 것.

37 가연물질이 부탄(Butane)인 경우 이산화탄소의 최소소화농도(vol %)와 최소설계농도(vol %)를 순서대로 옳게 나열한 것은?
① 24, 34　② 28, 34
③ 34, 41　④ 38, 41

해설 최소소화농도 : 28%
최소설계농도 : 소화농도×1.2 = 28×1.2
　　　　　　　　　　　　　= 33.6 → 34%

38 할로겐화합물 및 불활성기체 소화약제의 종류 중 계열로 옳지 않은 것은?
① CHF_3
② CHF_2CF_3
③ $CHClCF_3$
④ CF_3CHFCF_3

해설 ① HFC-23 : CHF_3
② HFC-125 : CHF_2CF_3
③ HCFC-124 : $CHClCF_3$
④ HFC-227ea : CF_3CHFCF_3

39 포 소화약제의 혼합장치 설치 방식 중 펌프와 발포기의 중간에 설치된 벤추리관의 벤추리작용에 따라 포 소화약제를 흡입·혼합하는 방식으로 옳은 것은?
① 라인 프로포셔너방식
② 펌프 프로포셔너방식
③ 압축공기포 믹싱챔버방식
④ 프레셔사이드 프로포셔너방식

해설 ② 펌프 프로포셔너방식 : 흡입기, 농도조정밸브
③ 압축공기포 믹싱챔버방식 : 물·포소화약제 및 공기를 믹싱챔버로 강제주입
④ 프레셔사이드 프로포셔너방식 : 압입기, 압입용 펌프

40 표준 상태에서 0℃의 얼음 1 g 이 0℃ 물로 변화하는데 필요한 용융열(cal/g)은 약 얼마인가?
① 23.4　② 24.9
③ 30.1　④ 79.7

해설 융해잠열 : 80 cal/g
증발(기화)잠열 : 539 cal/g

정답 36. ③　37. ②　38. ③　39. ①　40. ??

41 할로겐화합물 및 불활성기체 소화약제의 최대허용설계농도로 옳지 않은 것은?

① HCFC-124 : 1.0%
② HFC-236fa : 12.5%
③ IG-100 : 30%
④ HFC-23 : 30%

해설 IG-100 : 43%

42 분말소화약제의 저장용기 설치 기준으로 옳은 것은?

① 저장용기에는 가압식은 최고사용압력의 2.5배 이하, 축압식은 용기의 내압시험압력의 0.8배 이하의 압력에서 작동하는 안전밸브를 설치할 것.
② 제1종 분말 소화약제 1 kg 당 저장용기의 내용적은 0.8 L로 하고 저장용기의 충전비는 0.8이상으로 할 것.
③ 제2종 분말 소화약제 1 kg 당 저장용기의 내용적은 1.25 L로 하고 저장용기의 충전비는 0.8이상으로 할 것.
④ 제3종 분말 소화약제 1 kg 당 저장용기의 내용적은 1 L로 하고 저장용기의 충전비는 1.1이상으로 할 것.

해설 보기설명
① 저장용기에는 가압식은 최고사용압력의 **1.8배 이하**, 축압식은 용기의 내압시험압력의 0.8배 이하의 압력에서 작동하는 안전밸브를 설치할 것
③ 제2종 분말 소화약제 1kg 당 저장용기의 내용적은 **1.0 L**로 하고 저장용기의 충전비는 0.8 이상으로 할 것.
④ 제3종 분말 소화약제 1kg 당 저장용기의 내용적은 **1.0 L**로 하고 저장용기의 충전비는 0.8 이상으로 할 것.

43 그림과 같은 전압파형의 평균값(V)은 얼마인가?

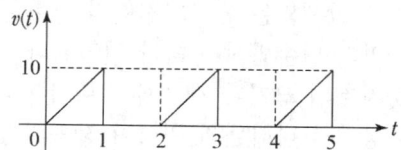

① 2.5
② 3.5
③ 4.0
④ 5.0

해설 평균값
$$V_a = \frac{1}{T}\int_0^T v\,dt = \frac{1}{2}\int_0^1 10t\,dt = \frac{10}{2}\left[\frac{1}{2}t^2\right]_0^1$$
$$= \frac{10}{2}\times\frac{1}{2}[1^2-0^2] = \frac{10}{4} = 2.5$$

44 전자장 해석을 위한 미분연산에 관한 설명 중 옳지 않은 것은?

① 벡터계의 미분계산에는 미분연산자 ∇ (델)을 사용한다.
② $\nabla \cdot V$는 스칼라 함수 V의 변화율(경도)을 의미한다.
③ 벡터 E 의 발산은 단위 체적에서 발산하는 선속수를 의미하며, $\nabla^2 \cdot E$로 표시한다.
④ $\nabla \cdot \nabla$을 라플라시안이라 부른다.

해설 미분연산자 $\nabla = \frac{\partial}{\partial x}i + \frac{\partial}{\partial y}j + \frac{\partial}{\partial z}k$

벡터의 기울기
$\nabla \cdot V = \text{grad}\,V = \frac{\partial V}{\partial x}i + \frac{\partial V}{\partial y}j + \frac{\partial V}{\partial z}k$

벡터 E의 발산은 단위체적에서 발산하는 선속수를 의미하며, $\nabla \cdot \vec{E}$로 표시한다.
$\text{div}\vec{E} = \nabla \cdot \vec{E} = \frac{\partial E_x}{\partial x} + \frac{\partial E_y}{\partial y} + \frac{\partial E_z}{\partial z}$

정답 41. ③ 42. ② 43. ① 44. ③

45 자계에 관한 설명으로 옳지 않은 것은?

① 도체의 운동에 의한 전자유도현상에 의해 발생되는 유도기전력의 방향은 플레밍의 왼손법칙에 따라 결정된다.
② 자계의 크기나 자성체 내부의 자기적인 상태를 나타내기 위하여 자속의 방향에 수직인 단위 면적을 통과하는 자속의 수를 자속밀도라 한다.
③ 자석 사이에 작용하는 힘을 양적으로 취급하는데 전계에서와 같이 쿨롱의 법칙을 이용한다.
④ 암페어의 주회법칙은 전류에 의한 자계의 세기를 구하는데 사용한다.

해설 도체의 운동에 의한 전자유도현상에 의해 발생되는 유도기전력의 방향은 렌츠의 법칙에 따라 결정된다.

46 소방시설도시기호 중 비상분전반에 해당하는 기호는?

① △ ② ⋈
③ ◐ ④ [S]

해설 ① △ : 소화기
② ⋈ : 비상분전반
③ ◐ : 표시등
④ [S] : 연기감지기

47 2대의 단상변압기로 3상 전력을 얻는 V결선 방식의 이용률은 약 몇 %인가?

① 22.9 ② 33.3
③ 57.7 ④ 86.6

해설
1) 이용률 : $\dfrac{\sqrt{3}P}{2P} = \dfrac{\sqrt{3}}{2} = 0.866$
2) 고장전에 비해 출력비 :
$\dfrac{P_V}{P_\triangle} = \dfrac{\sqrt{3}P}{3P} = \dfrac{1}{\sqrt{3}} = 0.577$

48 그림과 같은 RLC 직렬회로에서 $v(t)$의 실효값이 220 V일 때, 회로에 흐르는 실효전류(A)는 얼마인가?

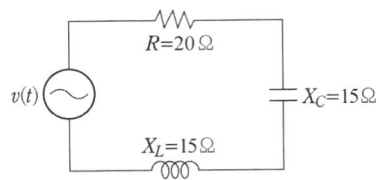

① 4.4 ② 6.3
③ 7.3 ④ 11.0

해설 합성임피던스
$Z = R + j(X_L - X_C)$
$= 20 + j(15 - 15) = 20 \, \Omega$
전류 $I = \dfrac{V}{Z} = \dfrac{220}{20} = 11 \, \text{A}$

49 그림과 같은 T형 회로의 임피던스 파라미터 중 옳지 않은 것은?

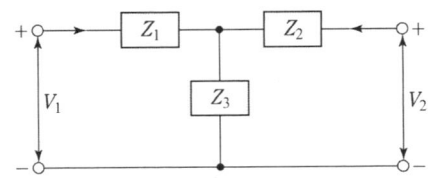

① $Z_{11} = Z_1 + Z_2$
② $Z_{12} = Z_1$
③ $Z_{21} = Z_3$
④ $Z_{22} = Z_2 + Z_3$

정답 45. ① 46. ② 47. ④ 48. ④ 49. ①

[해설]

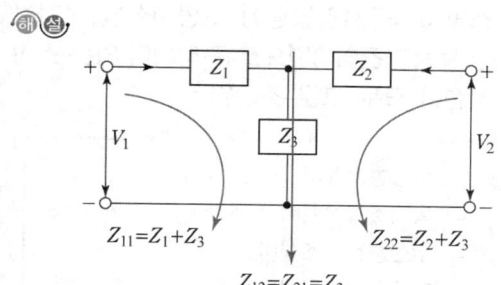

50 그림과 같은 피드백제어계 블록선도의 전달함수는?

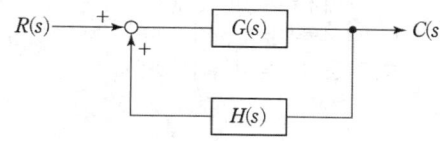

① $\dfrac{G(s)}{1+G(s)H(s)}$ ② $\dfrac{H(s)}{1+G(s)H(s)}$

③ $\dfrac{G(s)}{1-G(s)H(s)}$ ④ $\dfrac{H(s)}{1-G(s)H(s)}$

[해설] 전달함수 :

$$\dfrac{\text{전향경로의 합계}}{1-\text{루프이득의 합계}} = \dfrac{G(s)}{1-[+G(s)H(s)]}$$
$$= \dfrac{G(s)}{1-G(s)H(s)}$$

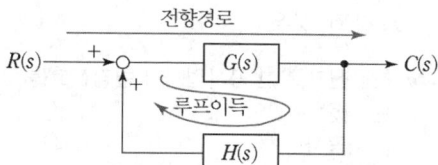

제3과목
소방관련법령

51 소방기본법령상 소방자동차 전용구역에 관한 설명으로 옳은 것은?

① 소방자동차 전용구역 노면표지 도료의 색채는 백색을 기본으로 하되, 문자(P, 소방차 전용)는 황색으로 표시한다.
② 세대수가 80세대인 아파트의 건축주는 소방자동차 전용구역을 설치하여야 한다.
③ 전용구역 노면표지의 외곽선은 빗금무늬로 표시하되, 빗금은 두께를 30센티미터로 하여 50센티미터 간격으로 표시한다.
④ 전용구역에 차를 주차하거나 전용구역에의 진입을 가로막는 등의 방해행위를 한 자에게는 200만원 이하의 과태료를 부과한다.

[해설] 보기설명
① 소방자동차 전용구역 노면표지 도료의 색체는 **황색**을 기본으로 하되, 문자 (P, 소방차 전용)는 **백색**으로 표시한다.
② 세대주가 **100세대**인 아파트의 건축주는 소방자동차 전용구역을 설치하혀야 한다.8
③ 전용구역에 차를 주차하거나 전용구역에서의 진입을 가로막는 등의 방해행위를 한 장게는 **100만원 이하**의 과태료를 부과한다.

52 소방기본법령상 소방지원활동으로 명시되지 않은 것은?

① 산불에 대한 예방·진압 등 지원
② 단전사고 시 비상전원 또는 조명의 공급 지원
③ 자연재해에 따른 급수·배수 및 제설 등 지원

④ 집회·공연 등 각종 행사 시 사고에 대비한 근접대기 등 지원

해설 단전사고 시 비상전원 또는 조명의 공급 지원 → 생활지원 활동

53 소방기본법령상 벌칙에 관한 설명이다. ( )에 들어갈 내용으로 옳은 것은?

> 정당한 사유 없이 출동한 소방대원에게 폭행 또는 협박을 행사하여 화재진압·인명구조 또는 구급활동을 방해하는 행위를 한 사람은 (ㄱ)년 이하의 징역 또는 (ㄴ)천만원 이하의 벌금에 처한다.

① ㄱ : 3, ㄴ : 3
② ㄱ : 3, ㄴ : 5
③ ㄱ : 5, ㄴ : 3
④ ㄱ : 5, ㄴ : 5

해설 정당한 사유 없이 출동한 소방대원에게 폭행 또는 협박을 행사하여 화재진압·인명구조 또는 구급활동을 방해하는 행위를 한 사람은 (5)년 이하의 징역 또는 (5)천만원 이하의 벌금에 처한다.

54 소방기본법령상 화재예방, 소방활동 또는 소방훈련을 위하여 사용되는 소방신호의 종류로 명시되지 않은 것은?

① 발화신호   ② 위기신호
③ 해제신호   ④ 훈련신호

해설 소방신호의 종류
① 발화신호
② 경계신호
③ 해제신호
④ 훈련신호

55 소방시설공사업법령상 소방시설별 하자보수 보증기간이 3년으로 규정되어 있는 소방시설을 모두 고른 것은?

> ㄱ. 비상방송설비
> ㄴ. 옥내소화전설비
> ㄷ. 무선통신보조설비
> ㄹ. 자동화재탐지설비

① ㄱ, ㄴ   ② ㄱ, ㄷ
③ ㄴ, ㄹ   ④ ㄷ, ㄹ

해설 ㄱ. 비상방송설비 : 2년
ㄴ. 옥내소화전설비 : 3년
ㄷ. 무선통신보조설비 : 2년
ㄹ. 자동화재탐지설비 : 3년

56 소방시설공사업법령상 착공신고를 한 공사업자가 변경신고를 하여야 하는 경우에 해당하지 않는 것은?

① 시공자가 변경된 경우
② 소방시설공사 기간이 변경된 경우
③ 설치되는 소방시설의 종류가 변경된 경우
④ 책임시공 및 기술관리 소방기술자가 변경된 경우

해설 착공신고를 한 공사업자가 변경신고를 하여야 하는 사항
1. 시공자
2. 설치되는 소방시설의 종류
3. 책임시공 및 기술관리 소방기술자

정답 53. ④ 54. ② 55. ③ 56. ②

57 소방시설공사업법령상 도급과 관련된 내용으로 옳은 것은?

① 공사업자가 도급받은 소방시설공사의 도급금액 중 그 공사(하도급한 공사를 포함한다)의 근로자에게 지급하여야 할 임금에 해당하는 금액은 그 반액(半額)까지 압류할 수 있다.

② 하수급인은 하도급받은 소방시설공사를 제3자에게 다시 하도급할 수 없다. 다만 시공의 경우에는 대통령령으로 정하는 바에 따라 하도급받은 소방시설공사의 일부를 다른 공사업자에게 하도급할 수 있다.

③ 공사금액이 10억원 이상인 소방시설공사의 발주자는 하수급인의 시공 및 수행능력, 하도급계약의 적정성 등을 심사하기 위하여 하도급계약심사위원회를 두어야 한다.

④ 특정소방대상물의 관계인 또는 발주자는 해당 도급계약의 수급인이 정당한 사유 없이 30일 이상 소방시설공사를 계속하지 아니하는 경우 도급계약을 해지할 수 있다.

해설
① 공사업자가 도급받은 소방시설공사의 도급금액 중 그 공사의 근로자에게 지급하여야 할 임금에 해당하는 금액은 **압류할 수 없다**.
② 하수급인은 하도급받은 소방시설공사를 제3자에게 다시 하도급할 수 없다.
③ 공사금액이 **대통령령으로 정하는 비율에 따른 금액에 미달하는 경우** 소방시설공사의 발주자는 하수급인의 시공 및 수행능력, 하도급계약의 적정성 등을 심사하기 위하여 하도급계약심사위원회를 두어야 한다.

58 화재예방, 소방시설 설치·유지 및 안전관리에 관한 법령상 소방시설등의 자체점검에 관한 설명이다. ( )에 들어갈 내용으로 옳은 것은?

- 작동기능점검을 실시해야 하는 종합정밀점검 대상물의 작동기능점검은 연1회 이상 실시해야 하며, 종합정밀점검을 받은 달부터 (ㄱ)개월이 되는 달에 실시한다.
- 법 제20조제2항 전단에 따른 소방안전관리대상물의 관계인 및 「공공기관의 소방안전관리에 관한 규정」 제5조에 따라 소방안전관리자를 선임해야 하는 공공기관의 장은 점검을 실시한 경우 (ㄴ)일 이내에 자체점검 실시결과 보고서를 소방본부장 또는 소방서장에게 제출해야 하며, 그 점검결과를 (ㄷ)년간 자체 보관해야 한다.

① ㄱ: 3, ㄴ: 14, ㄷ: 1
② ㄱ: 6, ㄴ: 7, ㄷ: 1
③ ㄱ: 6, ㄴ: 7, ㄷ: 2
④ ㄱ: 6, ㄴ: 14, ㄷ: 2

해설
- 작동기능점검을 실시해야 하는 종합정밀점검 대상물의 작동기능점검은 연1회 이상 실시해야 하며, 종합정밀점검을 받은 달부터 (6)개월이 되는 달에 실시한다.
- 법 제20조제2항 전단에 따른 소방안전관리대상물의 관계인 및 「공공기관의 소방안전관리에 관한 규정」 제5조에 따라 소방안전관리자를 선임해야 하는 공공기관의 장은 점검을 실시한 경우 (7)일 이내에 자체점검 실시결과 보고서를 소방본부장 또는 소방서장에게 제출해야 하며, 그 점검결과를 (2)년간 자체 보관해야 한다.

정답 57. ④ 58. ③

59 화재예방, 소방시설 설치·유지 및 안전관리에 관한 법령상 임시소방시설에 해당하는 것은?

① 간이완강기 ② 공기호흡기
③ 간이피난유도선 ④ 비상콘센트설비

해설 임시소방시설의 종류
소화기, 간이소화장치, 비상경보장치, 가스누설경보기, 간이피난유도선, 비상조명등, 방화포

60 화재예방, 소방시설 설치·유지 및 안전관리에 관한 법령상 특정소방대상물 중 업무시설이 아닌 것은?

① 마을회관 ② 우체국
③ 보건소 ④ 소년분류심사원

해설 소년분류심사원 → 교정 및 군사시설

61 화재예방, 소방시설 설치·유지 및 안전관리에 관한 법령상 건축허가등의 동의 대상물에 해당하는 것은?

① 수련시설로서 연면적이 200제곱미터인 건축물
② 「정신건강증진 및 정신질환자 복지서비스 지원에 관한 법률」에 따른 정신의료기관으로서 연면적이 200제곱미터인 건축물
③ 「장애인복지법」에 따른 장애인 의료재활시설로서 연면적이 200제곱미터인 건축물
④ 승강기 등 기계장치에 의한 주차시설로서 자동차 10대 이하를 주차할 수 있는 시설

해설 보기설명
② 「정신건강증진 및 정신질환자 복지서비스 지원에 관한 법률」에 따른 정신의료기관으로서 연면적입 300제곱미터인 건축물
③ 「장애인복지법」에 따른 장애인 의료재활시설로서 연면적이 300제곱미터인 건축물
④ 승강기 등 기계장치에 의한 주거시설로서 자동차 20대 이상을 주차할 수 있는 지설

62 화재예방, 소방시설 설치·유지 및 안전관리에 관한 법령상 특정소방대상물의 관계인이 간이스프링클러 설비를 설치하여야 하는 대상이 아닌 것은?

① 입원실이 없는 의원으로서 연면적 600 m^2 미만인 시설
② 조산원으로서 연면적 600 m^2 미만인 시설
③ 교육연구시설 내에 합숙소로서 연면적 100 m^2 이상인 것
④ 숙박시설 중 생활형 숙박시설로서 해당 용도로 사용되는 바닥면적의 합계가 600 m^2 이상인 것

해설 입원실이 있는 의원으로서 연면적 600 m^2 미만인 시설

63 화재예방, 소방시설 설치·유지 및 안전관리에 관한 법령상 소방기술심의위원회에 관한 설명으로 옳은 것은?

① 중앙위원회는 성별을 고려하여 위원장을 포함한 21명 이내의 위원으로 구성한다.
② 중앙위원회 위원 중 위촉위원의 임기는 3년으로 한다.
③ 지방위원회의 위원 중 위촉위원의 임기는 2년으로 하되, 연임할 수 없다.
④ 지방위원회는 위원장을 포함하여 5명 이상 9명 이하의 위원으로 구성한다.

정답 59. ③ 60. ④ 61. ① 62. ① 63. ④

해설 보기설명
① 중앙위원회는 성별을 고려하여 위원장을 포함한 60명 이내의 위원으로 구성한다.
② 중앙위원회 위원중 위촉위원의 임기는 2년으로 한다.
③ 지방위원회의 위원 중 위촉위원의 임기는 2년으로 하되, **한 차례만 연임 가능**

64 화재예방, 소방시설 설치·유지 및 안전관리에 관한 법령상 소방안전관리보조자를 두어야 하는 특정소방대상물에 해당하지 않는 것은? (단, 야간과 휴일에 이용되고 있으며 연면적이 1만5천제곱미터 미만임을 전제함)

① 치료감호시설　　② 수련시설
③ 의료시설　　　　④ 노유자시설

해설 치료감호시설 → 연면적이 1만 5천제곱미터 이상

65 화재예방, 소방시설 설치·유지 및 안전관리에 관한 법령상 소방안전 특별관리기본계획의 수립·시행에 관한 설명이다. ( )에 들어갈 내용으로 옳은 것은?

> 소방청장은 소방안전 특별관리기본계획을 (ㄱ)년마다 수립·시행하여야 하고, 계획 시행 전년도 (ㄴ)까지 수립하여 시·도에 통보한다.

① ㄱ: 3, ㄴ: 10월 31일
② ㄱ: 3, ㄴ: 12월 31일
③ ㄱ: 5, ㄴ: 10월 31일
④ ㄱ: 5, ㄴ: 12월 31일

해설 소방청장은 소방안전 특별관리기본계획을 (5)년마다 수립·시행하여야 하고, 계획 시행 전년도 (10월 31일)까지 수립하여 시·도에 통보한다.

66 화재예방, 소방시설 설치·유지 및 안전관리에 관한 법령상 1차 위반행위를 한 경우 소방청장이 소방시설관리사의 자격을 취소하여야 하는 사항은?

① 동시에 둘 이상의 업체에 취업한 경우
② 성실하게 자체점검 업무를 수행하지 아니한 경우
③ 소방안전관리 업무를 하지 아니한 경우
④ 소방안전관리 업무를 거짓으로 한 경우

해설

자격 취소	자격 정지
1. 거짓이나 그 밖의 부정한 방법으로 시험에 합격한 경우	2. 「화재의 예방 및 안전관리에 관한 법률」 제25조제2항에 따른 대행인력의 배치 기준·자격·방법 등 준수사항을 지키지 아니한 경우
4. 제25조제7항을 위반하여 소방시설관리사증을 다른 사람에게 빌려준 경우	
5. 제25조제8항을 위반하여 동시에 둘 이상의 업체에 취업한 경우	3. 제22조에 따른 점검을 하지 아니하거나 거짓으로 한 경우
7. 제27조 각 호의 어느 하나에 따른 결격사유에 해당하게 된 경우	6. 제25조제9항을 위반하여 성실하게 자체점검 업무를 수행하지 아니한 경우

67 화재예방, 소방시설 설치·유지 및 안전관리에 관한 법령상 수수료 또는 교육비 반환에 관한 설명이다. ( )에 들어갈 내용으로 옳은 것은?

> • 시험시행일 또는 교육실시일 (ㄱ)일 전까지 접수를 취소하는 경우: 납입한수수료 또는 교육비의 전부
> • 시험시행일 또는 교육실시일 (ㄴ)일 전까지 접수를 취소하는 경우: 납입한수수료 또는 교육비의 100분의 50

① ㄱ: 14, ㄴ: 7　　② ㄱ: 20, ㄴ: 10
③ ㄱ: 30, ㄴ: 15　④ ㄱ: 40, ㄴ: 20

정답 64. ①　65. ③　66. ①　67. ②

해설
- 시험시행일 또는 교육실시일 (20)일 전까지 접수를 취소하는 경우: 납입한수수료 또는 교육비의 전부
- 시험시행일 또는 교육실시일 (10)일 전까지 접수를 취소하는 경우: 납입한수수료 또는 교육비의 100분의 50

68 화재예방, 소방시설 설치·유지 및 안전관리에 관한 법령상 벌칙에 관한 설명으로 옳지 않은 것은?

① 관리업의 등록을 하지 아니하고 영업을 한 자는 3년 이하의 징역 또는 3천만원 이하의 벌금에 처한다.
② 합격표시를 하지 아니한 소방용품을 판매·진열하거나 소방시설공사에 사용한 자는 3년 이하의 징역 또는 3천만원 이하의 벌금에 처한다.
③ 관리업의 등록증이나 등록수첩을 다른 자에게 빌려준 자는 1년 이하의 징역 또는 1천만원 이하의 벌금에 처한다.
④ 소방특별조사를 정당한 사유없이 거부·방해 또는 기피한 자는 500만원 이하의 벌금에 처한다.

해설 소방특별조사를 정당한 사유 없이 거부·방해 또는 기피한 자는 **300만원 이하의 벌금**에 처한다.
※ 소방특별조사가 화재안전조사로 명칭이 변경됨.

69 위험물안전관리법령상 위험물의 성질과 품명이 바르게 연결된 것은?

① 산화성고체 – 과염소산염류
② 자연발화성물질 및 금수성물질 – 특수인화물
③ 인화성액체 – 아조화합물
④ 자기반응성물질 – 과산화수소

해설 보기설명
① 산화성 고체 (1류) – 과염소산염류(1류)
② 자연발화성물질 및 금수성물질 (3류) – 특수인화물 (4류)
③ 인화성액체 (4류) – 아조화합물 (5류)
④ 자기반응성물질 (5류) – 과산화수소 (6류)

70 위험물안전관리법령상 동일구내에 있거나 상호 100미터 이내의 거리에 있는 다수의 저장소로서 동일인이 설치한 경우 1인의 안전관리자를 중복하여 선임할 수 없는 것은?

① 10개의 옥내저장소
② 30개의 옥외저장소
③ 10개의 암반탱크저장소
④ 30개의 옥외탱크저장소

해설 보기설명
① 10개 이하의 옥내저장소
② **10개 이하의 옥외저장소**
③ 10개 이하의 암반탱크저장소
④ 30개 이하의 옥외탱크저장소

71 위험물안전관리법령상 제조소등에서 위험물을 유출·방출 또는 확산시켜 사람의 생명·신체 또는 재산에 대하여 위험을 발생시킨 자에게 적용되는 벌칙은?

① 1년 이상 10년 이하의 징역
② 7년 이하의 금고 또는 7천만원 이하의 벌금
③ 5년 이하의 금고 또는 1억원 이하의 벌금
④ 10년 이하의 금고 또는 1억원 이하의 벌금

해설 ① 제조소등 또는 제6조제1항에 따른 허가를 받지 않고 지정수량 이상의 위험물을 저장 또는 취급하는 장소에서 위험물을 유출·방출 또는 확산시켜 사람의 생명·신체 또는 재산에 대하여

정답 68. ④ 69. ① 70. ② 71. ①

위험을 발생시킨 자는 1년 이상 10년 이하의 징역

② 제①항의 규정에 따른 죄를 범하여 사람을 상해(傷害)에 이르게 한 때에는 무기 또는 3년 이상의 징역에 처하며, 사망에 이르게 한 때에는 무기 또는 5년 이상의 징역

③ 업무상 과실로 제33조제1항의 죄를 범한 자는 7년 이하의 금고 또는 7천만원 이하의 벌금

④ 제③항의 죄를 범하여 사람을 사상(死傷)에 이르게 한 자는 10년 이하의 징역 또는 금고나 1억원 이하의 벌금

72 다중이용업소의 안전관리에 관한 특별법령상 소방청장, 소방본부장 또는 소방서장이 화재를 예방하고 화재로 인한 생명·신체·재산상의 피해를 방지하기 위하여 필요하다고 인정하는 경우 화재위험평가를 할 수 있는 지역 또는 건축물은?

① 3천제곱미터 지역 안에 다중이용업소 40개가 밀집하여 있는 경우
② 10층인 건축물로서 다중이용업소 5개가 있는 경우
③ 하나의 건축물에 다중이용업소로 사용하는 영업장 바닥면적의 합계가 1천제곱미터인 경우
④ 4층인 건축물로서 다중이용업소로 사용하는 영업장 바닥면적의 합계가 5백제곱미터인 경우

해설 다중이용업소의 화재위험평가 대상
① **2천제곱미터** 지역 안에 다중이용업소 **50개가** 밀집하여 있는 경우
② **5층 이상인** 건축물로서 다중이용업소 **10개 이상이** 있는 경우
③ **5층인 건축물**로서 하나의 건축물에 다중이용업소로 사용하는 영업장 바닥면적의 합계가 **1천제곱미터 이상인 경우**

73 다중이용업소의 안전관리에 관한 특별법령상 소방청장이 작성하는 다중이용업소의 안전관리기본계획 수립지침에 포함시켜야 하는 내용 중 화재 등 재난 발생을 줄이기 위한 중·장기 대책으로 명시된 사항은?

① 화재피해 원인조사 및 분석
② 안전관리정보의 전달·관리체계 구축
③ 다중이용업소 안전시설 등의 관리 및 유지계획
④ 화재 등 재난 발생에 대비한 교육·훈련과 예방에 관한 홍보

해설 안전관리기본계획 수립지침

화재 등 재난 발생 경감대책	화재 등 재난 발생을 줄이기 위한 중·장기 대책
가. 화재피해 원인조사 및 분석 나. 안전관리정보의 전달·관리체계 구축 다. 화재 등 재난 발생에 대비한 교육·훈련과 예방에 관한 홍보	가. 다중이용업소 안전시설 등의 관리 및 유지계획 나. 소관법령 및 관련기준의 정비

74 다중이용업소의 안전관리에 관한 특별법령상 양 옆에 구획된 실이 있는 영업장으로서 구획된 실의 출입문 열리는 방향이 피난통로 방향인 경우 다중이용업주 및 다중이용업을 하려는 자가 설치·유지하여야 하는 영업장 내부 피난통로의 폭은?

① 75센티미터 이상
② 100센티미터 이상
③ 120센티미터 이상
④ 150센티미터 이상

해설 내부 피난통로의 폭은 120센티미터 이상으로 할 것. 다만, 양 옆에 구획된 실이 있는 영업장으로서 구획된 실의 출입문 열리는 방향이 피난통로 방향인 경우에는 150센티미터 이상으로 설치하여야 한다.

정답 72. ③ 73. ③ 74. ④

75 다중이용업소의 안전관리에 관한 특별법령상 소방안전교육에 필요한 교육인력 및 시설·장비기준에 관한 설명으로 옳은 것은?

① 소방 관련 기관에서 5년의 실무경력이 있는 자로서 3년의 강의경력이 있는 자는 강사의 자격요건을 충족한다.
② 소방위 이상의 소방공무원은 강사의 자격요건을 충족한다.
③ 바닥면적이 50제곱미터인 사무실은 교육시설 기준을 충족한다.
④ 바닥면적이 80제곱미터인 실습실·체험실은 교육시설 기준을 충족한다.

해설 보기설명
① 소방 관련 기관에서 **10년 이상** 실무경력이 있는 자로서 **5년 이상**의 강의경력이 있는 자는 강사의 자격요건을 충족한다.
③ 바닥면적이 **60제곱미터 이상**인 사무실은 교육시설 기준을 충족한다.
④ 바닥면적이 **100제곱미터 이상**인 실습실·체험실은 교육시설 기준을 충족한다.

제4과목
위험물의 성상 및 시설기준

76 제4류 위험물 중 제2 석유류에 해당하는 것은?

① 중유   ② 아세톤
③ 경유   ④ 이황화탄소

해설 보기설명
① 중유 : 3석유류
② 아세톤 : 1석유류
④ 이황화탄소 : 특수인화물

77 다음 제4류 위험물의 인화점이 높은 것부터 낮은 순서대로 옳게 나열한 것은?

| ㄱ. 이황화탄소 | ㄴ. 이소프렌 |
| ㄷ. 메틸에틸케톤 | ㄹ. 아세톤 |

① ㄱ－ㄴ－ㄷ－ㄹ
② ㄱ－ㄴ－ㄹ－ㄷ
③ ㄷ－ㄱ－ㄴ－ㄹ
④ ㄷ－ㄹ－ㄱ－ㄴ

해설 메틸에틸케톤-아세톤-이황화탄소-이소프렌
ㄱ. 이황화탄소 : −30℃
ㄴ. 이소프렌 : −54℃
ㄷ. 메틸에틸케톤 : −1℃
ㄹ. 아세톤 : −18℃

78 히드록실아민의 성상에 관한 설명으로 옳지 않은 것은?

① 물, 메탄올에 녹는다.
② 금속과 접촉하면 가연성의 C_2H_2 가스가 발생한다.
③ 암모니아에서 수소가 수산기로 치환되어 생성된 무색의 침상결정 물질이다.
④ 습기와 이산화탄소가 존재하면 분해, 가열되면서 폭발할 수 있다.

해설 히드록실아민(NH_2OH)
1) 제5류 위험물, 지정수량 100 kg, 산과 작용하여 히드록실암모늄염을 생성
2) 조해성(deliquescent)이 강한 불안정한 물질로 실온에서도 습기와 이산화탄소가 존재하면 서서히 분해, 가열되면서 격렬하게 폭발한다.

정답 75. ② 76. ③ 77. ④ 78. ②

79 공기 중에서 에틸알코올 46 g을 완전연소 시키기 위해서 필요한 공기량(g)은 약 얼마인가? (단, 공기 중에 산소는 21 vol %, 질소는 79 vol % 이다.)

① 206　　　　② 275
③ 344　　　　④ 412

해설 완전연소반응식
$$C_2H_5OH + 3O_2 \rightarrow 2CO_2 + 3H_2O$$
　　　　46g　　3×32g
　　　　46g　　　x

$$x = \frac{3 \times 32 \times 46}{46} = 96\,g$$

공기량 : $\frac{96}{0.21} = 457.14\,g$

80 48 g의 수소화나트륨이 물과 완전 반응하였을 때 이론적으로 발생 가능한 수소질량(g)은 약 얼마인가? (단, 수소화나트륨 1몰의 분자량은 24 g 이다.)

① 1　　　　② 2
③ 3　　　　④ 4

해설 반응식 $NaH + H_2O \rightarrow NaOH + H_2$
　　　　　　24g　　　　　　　2g
　　　　　　48g　　　　　　　x

$$x = \frac{48 \times 2}{24} = 4\,g$$

81 위험물안전관리법령상 제6류 위험물의 성상에 관한 설명으로 옳은 것을 모두 고른 것은?

　ㄱ. 무기화합물이다.
　ㄴ. 유독성 증기가 발생하기 쉽다.
　ㄷ. 유기물과 혼합하면 착화할 염려가 있다.

① ㄱ, ㄴ　　　　② ㄱ, ㄷ
③ ㄴ, ㄷ　　　　④ ㄱ, ㄴ, ㄷ

해설 제6류 위험물은 산화성액체로서 무기화합물이다.

82 메틸알코올과 에틸알코올의 성상에 관한 설명으로 옳지 않은 것은?

① 포화1가 알코올이다.
② 연소하한계는 메틸알코올이 에틸알코올보다 낮다.
③ 인화점은 상온(20℃) 보다 낮고, 비점은 100℃ 미만이다.
④ 연소 시 불꽃이 잘 보이지 않으므로 화상의 위험이 있다.

해설 연소하한계는 메틸알코올이 에틸알코올보다 높다.
　1) 메틸알코올: 인화점 -11℃,
　　　　　　　　연소하한계 - 7.3 ~ 36%
　2) 에틸알코올: 인화점 -13℃,
　　　　　　　　연소하한계 - 4.3 ~ 19%

83 질산암모늄 8 kg이 급격한 가열, 충격으로 완전 분해 폭발되어 질소, 수증기, 산소로 분해되었다. 이 때 생성되는 질소의 양(kg)은? (단, 질소 원자량은 14, 수소 원자량은 1, 산소 원자량은 16 이다.)

① 1.4　　　　② 2.8
③ 4.2　　　　④ 5.6

해설 질산암모늄 $NH_4NO_3 \rightarrow N_2 + 2H_2O + O_2$
　　　　　　　　80kg　　　28kg
　　　　　　　　8kg　　　　x

$$x = \frac{28 \times 8}{80} = 2.8\,g$$

정답 79. ④　80. ④　81. ④　82. ②　83. ②

84 위험물안전관리법령상 위험물별 위험등급 – 품명 – 지정수량의 연결로 옳지 않은 것은?

① I 등급 – 알킬리튬 – 10 kg
② II 등급 – 황화린 – 100 kg
③ II 등급 – 알칼리토금속 – 50 kg
④ III 등급 – 다이에틸에터 – 50 kg

해설 I 등급 - 다이에틸에터 - 50L

85 위험물안전관리법령상 제조소에 설치하는 배출설비의 배출능력 기준은? (단, 배출설비는 국소방식이다.)

① 1시간당 배출장소 용적의 10배 이상
② 1시간당 배출장소 용적의 15배 이상
③ 1시간당 배출장소 용적의 20배 이상
④ 1시간당 배출장소 용적의 25배 이상

해설 배출능력
- 국소방식 : 1시간당 배출장소 용적의 20배 이상
- 전역방식 : 1시간당 바닥면적 1m²당 18m³ 이상

86 위험물안전관리법령상 제조소등에 설치하는 옥외소화전 설비에 관한 기준이다.( )에 들어갈 내용으로 옳은 것은?

> 옥외소화전설비는 모든 옥외소화전(설치개수가 4개 이상인 경우는 4개의 옥외소화전)을 동시에 사용할 경우에 각 노즐끝부분의 방수압력이 (ㄱ) kPa 이상이고, 방수량이 1분당 (ㄴ) L 이상의 성능이 되도록 할 것

① ㄱ: 100, ㄴ: 80
② ㄱ: 100, ㄴ: 260
③ ㄱ: 170, ㄴ: 350
④ ㄱ: 350, ㄴ: 450

해설 옥외소화전설비는 모든 옥외소화전(설치개수가 4개 이상인 경우는 4개의 옥외소화전)을 동시에 사용할 경우에 각 노즐끝부분의 방수압력이 (350) kPa 이상이고, 방수량이 1분당 (450) L 이상의 성능이 되도록 할 것

87 위험물안전관리법령상 제5류 위험물을 취급하는 위험물제조소에 설치하여야 하는 게시판의 주의사항으로 옳은 것은?

① 화기엄금   ② 화기주의
③ 물기엄금   ④ 물기주의

해설 게시판 주의사항
1) 제1류 위험물 중 알칼리금속의 과산화물과 이를 함유한 것 또는 제3류 위험물 중 금수성물질에 있어서는 "물기엄금"
2) 제2류 위험물(인화성고체를 제외한다)에 있어서는 "화기주의"
3) 제2류 위험물 중 인화성고체, 제3류 위험물 중 자연발화성물질, 제4류 위험물 또는 **제5류 위험물에 있어서는 "화기엄금"**

88 위험물안전관리법령상 소화설비, 경보설비 및 피난설비의 기준에서 용량 190 L인 수조(소화전용물통 6개 포함)의 능력단위는?

① 1.0   ② 1.5
③ 2.5   ④ 3.0

해설 기타 소화설비의 능력단위

소화설비	용량	능력단위
소화전용(專用)물통	8 L	0.3
수조(소화전용물통 3개 포함)	80 L	1.5
수조(소화전용물통 6개 포함)	190 L	2.5
마른 모래(삽 1개 포함)	50 L	0.5
팽창질석 또는 팽창진주암 (삽 1개 포함)	160 L	1.0

정답 84. ④ 85. ③ 86. ④ 87. ① 88. ③

89 위험물안전관리법령상 제조소의 위치·구조 및 설비의 환기설비 기준에서 급기구가 설치된 실의 바닥면적이 60 m²일 경우 급기구의 면적기준은?

① 150 cm² 이상　② 300 cm² 이상
③ 450 cm² 이상　④ 600 cm² 이상

바닥면적	급기구의 면적
60 m² 미만	150 cm² 이상
60 m² 이상 90 m² 미만	300 cm² 이상
90 m² 이상 120 m² 미만	450 cm² 이상
120 m² 이상 150 m² 미만	600 cm² 이상

90 위험물안전관리법령상 히드록실아민등을 취급하는 제조소의 특례에서 제조소주위에 설치하는 담 또는 토제(土堤)의 설치기준으로 옳지 않은 것은?

① 담은 두께 10 cm 이상의 철근콘크리트조·철골철근콘크리트조로 할 것
② 담은 두께 20 cm 이상의 보강콘크리트블록조로 할 것
③ 담 또는 토제는 당해 제조소의 외벽 또는 이에 상당하는 공작물의 외측으로부터 2 m이상 떨어진 장소에 설치할 것
④ 토제의 경사면의 경사도는 60도 미만으로 할 것

해설) 담은 두께 15cm 이상의 철근콘크리트조·철골철근콘크리트조로 할 것

91 위험물안전관리법령상 소화설비, 경보설비 및 피난설비의 기준에서 연면적이 300 m²인 위험물제조소의 소요단위는? (단, 제조소의 건축물 외벽은 내화구조가 아니다.)

① 3　② 4
③ 5　④ 6

해설) 소요단위
제조소, 취급소의 경우 : 내화구조인 경우 100 m²
(비내화구조인 경우 50 m²)

소요단위 : $\dfrac{300\,m^2}{50\,m^2}=6$단위

92 위험물안전관리법령상 제조소의 위치·구조 및 설비의 기준에서 위험물을 취급하는 건축물의 지붕(작업공정상 제조기계시설 등이 2층 이상에 연결되어 설치된 경우에는 최상층의 지붕을 말한다)을 내화구조로 할 수 있는 건축물을 모두 고른 것은?

ㄱ. 제6류 위험물을 취급하는 건축물
ㄴ. 제4류 위험물 중 제4석유류·동식물유류를 취급하는 건축물
ㄷ. 외부화재에 60분 이상 견딜 수 있는 밀폐형 구조의 건축물

① ㄱ, ㄴ　② ㄱ, ㄷ
③ ㄴ, ㄷ　④ ㄱ, ㄴ, ㄷ

해설) 외부화재에 90분 이상 견딜 수 있는 밀폐형 구조의 건축물

93 위험물안전관리법령상 소화설비, 경보설비 및 피난설비의 기준에서 소화난이도등급 Ⅰ의 주유취급소 중 건축물에 한정하여 설치하는 소화설비는?

① 옥내소화전설비
② 옥외소화전설비
③ 스프링클러설비
④ 연결송수관설비

정답 89. ② 90. ① 91. ④ 92. ① 93. ③

해설 소화난이도등급 Ⅰ의 제조소등에 설치하여야 하는 소화설비
스프링클러설비(건축물에 한정한다), 소형수동식 소화기등(능력단위의 수치가 건축물 그 밖의 공작물 및 위험물의 소요단위의 수치에 이르도록 설치할 것)

94 위험물안전관리법령상 제4류 위험물중 이동탱크저장소에 저장하는 경우 접지도선을 설치하여야 하는 것으로 명시되어 있지 않은 것은?
① 특수인화물 ② 제1석유류
③ 제2석유류 ④ 제3석유류

해설 접지도선
제4류 위험물중 특수인화물, 제1석유류 또는 제2석유류의 이동탱크저장소

95 위험물안전관리법령상 이동탱크저장소의 이동저장탱크에 설치하는 안전장치 및 방파판의 기준으로 옳지 않은 것은?
① 하나의 구획부분에 2개 이상의 방파판을 이동탱크저장소의 진행방향과 수직으로 설치하되, 각 방파판은 그 높이 및 칸막이로부터의 거리를 같게 할 것
② 방파판은 두께 1.6 mm 이상의 강철판 또는 이와 동등 이상의 강도·내열성 및 내식성이 있는 금속성의 것으로 할 것
③ 상용압력이 20 kPa 이하인 탱크에 있어서는 20 kPa 이상 24 kPa 이하의 압력에서 안전장치가 작동하는 것으로 할 것
④ 상용압력이 20 kPa를 초과하는 탱크에 있어서는 상용압력의 1.1배 이하의 압력에서 안전장치가 작동하는 것으로 할 것

해설 하나의 구획부분에 2개 이상의 방파판을 이동탱크저장소의 진행방향과 **평행**으로 설치하되, 각 방파판은 그 높이 및 칸막이로부터의 거리를 다르게 할 것

96 위험물안전관리법령상 주유취급소의 위치·구조 및 설비의 기준에서 이동저장탱크에 주입하기 위한 고정급유설비의 펌프기기가 분당 배출량이 200 L 이상인 경우, 주유설비에 관계된 모든 배관의 안지름(mm) 기준은?
① 32 mm 이상 ② 40 mm 이상
③ 50 mm 이상 ④ 65 mm 이상

해설 펌프기기는 주유관 끝부분에서의 최대배출량이 제1석유류의 경우에는 분당 50 L 이하, 경유의 경우에는 분당 180 L 이하, 등유의 경우에는 분당 80 L 이하인 것으로 할 것. 다만, 이동저장탱크에 주입하기 위한 고정급유설비의 펌프기기는 최대배출량이 분당 300 L 이하인 것으로 할 수 있으며, 분당 배출량이 200 L 이상인 것의 경우에는 주유설비에 관계된 모든 배관의 **안지름을 40 mm 이상**으로 하여야 한다.

97 위험물안전관리법령상 옥내탱크저장소 중 탱크전용실을 단층건물 외의 건축물에 설치하는 경우 탱크전용실을 건축물의 1층 또는 지하층에 설치하여야 하는 것은?
① 질산의 탱크전용실
② 중유의 탱크전용실
③ 실린더유의 탱크전용실
④ 클레오소트유의 탱크전용실

해설 옥내저장탱크는 탱크전용실에 설치할 것. 이 경우 제2류 위험물 중 황화린·적린 및 덩어리 유황, 제3류 위험물 중 황린, **제6류 위험물 중 질산의 탱크전용실**은 건축물의 1층 또는 지하층에 설치하여야 한다.

정답 94. ④ 95. ① 96. ② 97. ①

98 위험물안전관리법령상 인화성액체위험물(이황화탄소를 제외한다)의 옥외탱크저장소의 탱크 주위에 설치하여야 하는 방유제에 관한 내용이다. 아래 조건에서 방유제내에 설치할 수 있는 옥외저장탱크의 최대 수는?

> 방유제내에 설치하는 모든 옥외저장탱크의 용량이 20만 L이하이고, 당해 옥외저장탱크에 저장 또는 취급하는 위험물의 인화점이 70℃ 이상 200℃ 미만인 경우

① 10
② 15
③ 20
④ 25

해설 방유제내의 설치하는 옥외저장탱크의 수는 10(방유제내에 설치하는 모든 옥외저장탱크의 용량이 20만 L 이하이고, 당해 옥외저장탱크에 저장 또는 취급하는 위험물의 인화점이 70℃ 이상 200℃ 미만인 경우에는 20) 이하로 할 것.

99 위험물안전관리법령상 간이탱크저장소의 간이저장탱크에 설치하여야 하는 '밸브없는 통기관'의 설비기준으로 옳지 않은 것은?

① 통기관의 지름은 25 mm 이상으로 할 것
② 통기관은 옥외에 설치하되, 그 끝부분의 높이는 지상 1.5 m 이상으로 할 것
③ 인화점 80 ℃ 이상의 위험물만을 해당 위험물의 인화점 미만의 온도로 저장 또는 취급하는 탱크에 설치하는 통기관에는 인화방지장치를 할 것
④ 통기관의 끝부분은 수평면에 대하여 아래로 45°이상 구부려 빗물 등이 침투하지 아니하도록 할 것

해설 가는 눈의 구리망 등으로 인화방지장치를 할 것. 다만, 인화점 70℃ 이상의 위험물만을 해당 위험물의 인화점 미만의 온도로 저장 또는 취급하는 탱크에 설치하는 통기관에 있어서는 그러하지 아니하다.

100 위험물안전관리법령상 위험물의 성질에 따른 옥내저장소의 특례에서 지정과산화물을 저장 또는 취급하는 옥내저장소에 대해 강화되는 저장창고의 기준으로 옳지 않은 것은?

① 저장창고는 200 m² 이내마다 격벽으로 완전하게 구획할 것
② 저장창고의 격벽은 두께 30 cm 이상의 철근콘크리트조 또는 철골철근콘크리트조로하거나 두께 40 cm 이상의 보강콘크리트블록조로 할 것
③ 저장창고의 외벽은 두께 20 cm 이상의 철근콘크리트조나 철골철근콘크리트조 또는 두께 30 cm 이상의 보강콘크리트블록조로 할 것
④ 저장창고의 창은 바닥면으로부터 2 m 이상의 높이에 둘 것

해설 저장창고는 **150 m²** 이내마다 격벽으로 완전하게 구획할 것. 이 경우 당해 격벽은 두께 30 cm 이상의 철근콘크리트조 또는 철골철근콘크리트조로 하거나 두께 40 cm 이상의 보강콘크리트블록조로 하고, 당해 저장창고의 양측의 외벽으로부터 1 m 이상, 상부의 지붕으로부터 50 cm 이상 돌출하게 하여야 한다.

정답 98. ③ 99. ③ 100. ①

제5과목 소방시설의 구조원리

101 화재안전기준상 설치 높이 기준이 다른 것은?

① 포소화설비의 송수구
② 옥내소화전설비의 방수구
③ 연결송수관설비의 송수구
④ 소화용수설비의 채수구

해설
① 포소화설비의 송수구 : 지면으로부터 높이가 0.5 m 이상 1 m 이하
② 옥내소화전설비의 방수구 : 바닥으로부터의 높이가 1.5 m 이하
③ 연결송수관설비의 송수구 : 지면으로부터 높이가 0.5 m 이상 1 m 이하
④ 소화용수설비의 채수구 : 지면으로부터 높이가 0.5 m 이상 1 m 이하

102 옥내소화전설비의 화재안전기준상 배관에 관한 내용으로 옳지 않은 것은?

① 펌프의 흡입 측 배관은 공기 고임이 생기지 아니하는 구조로 하고 여과장치를 설치하여야 한다.
② 연결송수관설비의 배관과 겸용할 경우의 주배관은 구경 100 mm 이상, 방수구로 연결되는 배관의 구경은 65 mm 이상인 것으로 하여야 한다.
③ 펌프의 흡입 측 배관은 수조가 펌프보다 낮게 설치된 경우에는 충압펌프를 제외한 각 펌프마다 수조로부터 별도로 설치하여야 한다.
④ 펌프의 토출 측 주배관의 구경은 유속이 4 m/s 이하가 될 수 있는 크기 이상으로 하여야 한다.

해설 펌프의 흡입 측 배관은 수조가 펌프보다 낮게 설치된 경우에는 각 펌프(충압펌프를 포함한다)마다 수조로부터 별도로 설치할 것

103 자동화재탐지설비 및 시각경보장치의 화재안전기준상 연기감지기 설치 기준으로 옳은 것을 모두 고른 것은?

> ㄱ. 천장 또는 반자가 낮은 실내에 있어서는 출입구의 가까운 부분에 설치할 것
> ㄴ. 천장 또는 반자 부근에 배기구가 있는 경우에는 그 부근에 설치할 것
> ㄷ. 감지기는 벽 또는 보로부터 0.6 m 이상 떨어진 곳에 설치할 것

① ㄱ, ㄴ
② ㄱ, ㄷ
③ ㄴ, ㄷ
④ ㄱ, ㄴ, ㄷ

해설 모두 맞는 설명입니다.

104 자동화재탐지설비 및 시각경보장치의 화재안전기준상 설치장소별 감지기 적응성에서 연기감지기를 설치할 수 있는 경우, 연기가 멀리 이동해서 감지기에 도달하는 계단, 경사로와 같은 장소에 적응성이 있는 감지기 종류로 묶인 것은?

① 이온화식스포트형, 광전식분리형
② 이온아날로그식스포트형, 광전아날로그식분리형
③ 광전아날로그식분리형, 광전식분리형
④ 이온아날로그식스포트형, 이온화식스포트형

해설 연기가 멀리 이동해서 감지기에 도달하는 계단, 경사로와 같은 장소에 적응성이 있는 감지기 종류 : 광전식스포트형, 광전아날로그식스포트형, 광전식분리형, 광전아날로그식분리형

정답 101. ② 102. ③ 103. ④ 104. ③

105 포소화설비의 화재안전기준상 주차장에 설치하는 호스릴포소화설비 또는 포소화전설비 기준으로 옳지 않은 것은? (단, 주차장은 지상 1층으로서 지붕이 없다.)

① 호스릴함 또는 호스함은 바닥으로부터 높이 1.5 m 이하의 위치에 설치하고 그 표면에는 "포호스릴함(또는 포소화전함)"이라고 표시한 표지와 적색의 위치표시등을 설치할 것
② 호스릴포방수구 또는 포소화전방수구가 5개 이상 설치된 경우에는 5개를 동시에 사용할 경우 포노즐 선단의 포수용액 방사압력이 0.25 MPa 이상일 것
③ 호스릴 또는 호스를 호스릴포방수구 또는 포소화전방수구로 분리하여 비치하는 때에는 그로부터 3 m 이내의 거리에 호스릴함 또는 호스함을 설치할 것
④ 방호대상물의 각 부분으로부터 하나의 호스릴포방수구까지의 수평거리는 15 m 이하(포소화전방수구의 경우에는 25 m 이하)가 되도록 하고 호스릴 또는 호스의 길이는 방호대상물의 각 부분에 포가 유효하게 뿌려질 수 있도록 할 것

🔹해설 특정소방대상물의 어느 층에 있어서도 그 층에 설치된 호스릴포방수구 또는 포소화전방수구(호스릴포방수구 또는 포소화전방수구가 5개 이상 설치된 경우에는 5개)를 동시에 사용할 경우 각 이동식 포노즐 선단의 포수용액 방사압력이 **0.35 MPa 이상**이고 300 L/min 이상(1개 층의 바닥면적이 200 m² 이하인 경우에는 230 L/min 이상)의 포수용액을 수평거리 15 m 이상으로 방사할 수 있도록 할 것

106 옥내소화전설비의 화재안전기준상 펌프의 정격토출량이 650 L/min일 때 성능시험배관의 유량측정장치 용량은 몇 L/min 이상으로 하여야 하는가?

① 650.5　　② 910.5
③ 975.5　　④ 1,137.5

🔹해설 유량측정장치는 펌프의 정격토출량의 175 % 이상까지 측정할 수 있는 성능이 있을 것
650 L/min × 1.75 = 1,137.5 L/min

107 다음의 특정소방대상물에서 소화기구의 능력단위를 산출한 값은? (단, 각 건축물의 주요구조부는 비내화구조이고, 바닥면적은 550 m² 이다.)

| ㄱ. 관광휴게시설 | ㄴ. 의료시설 |
| ㄷ. 위락시설 | ㄹ. 근린생활시설 |

① ㄱ: 3, ㄴ: 11, ㄷ: 19, ㄹ: 6
② ㄱ: 3, ㄴ: 19, ㄷ: 11, ㄹ: 6
③ ㄱ: 6, ㄴ: 11, ㄷ: 19, ㄹ: 3
④ ㄱ: 6, ㄴ: 11, ㄷ: 19, ㄹ: 6

🔹해설 능력단위 산출

ㄱ. 관광휴게시설 : $\dfrac{550\text{m}^2}{100\text{m}^2} = 5.5 = 6$단위

ㄴ. 의료시설 : $\dfrac{550\text{m}^2}{50\text{m}^2} = 11$단위

ㄷ. 위락시설 : $\dfrac{550\text{m}^2}{30\text{m}^2} = 18.33 = 19$단위

ㄹ. 근린생활시설 : $\dfrac{550\text{m}^2}{100\text{m}^2} = 5.5 = 6$단위

정답 105. ②　106. ④　107. ④

108 전양정 150 m, 토출량 20 m³/min, 회전수 1,800 rpm인 펌프가 있다. 이때 편흡입 2단 펌프와 양흡입 1단 펌프의 비속도는 약 얼마인가?

① 315.9, 132.8　② 315.9, 143.6
③ 354.1, 132.8　④ 354.1, 143.6

해설 편흡입 2단 펌프 비속도

$$N_s = \frac{1800 \times 20^{\frac{1}{2}}}{(150/2)^{\frac{3}{4}}} = 315.86$$

양흡입 1단 펌프 비속도

$$N_s = \frac{1800 \times (20/2)^{\frac{1}{2}}}{(150)^{\frac{3}{4}}} = 132.8$$

109 공기관식 차동식분포형 감지기의 화재작동시험을 했을 경우 작동시간이 규정(기준)시간보다 늦은 경우가 아닌 것은?

① 리크저항값이 규정치보다 작다.
② 접점수고값이 규정치보다 낮다.
③ 주입한 공기량에 비해 공기관 길이가 길다.
④ 공기관에 작은 구멍이 있다.

해설 접점수고값이 규정치보다 높다.

110 할로겐화합물 및 불활성기체소화설비의 화재안전기준상 관의 두께(t) 산출 계산식 중 최대허용응력(SE) 값은?

- 배관재질 인장강도 : 380,000 kPa
- 배관재질 항복점 : 220,000 kPa
- 배관이음효율 : 0.85

① 96,900 kPa　② 102,750 kPa
③ 124,667 kPa　④ 149,600 kPa

해설 배관재질 인강강도의 1/4 값 :
　380,000 kPa × 1/4 = 96,900 kPa
배관재질 항복점의 2/3 값 :
　220,000 kPa × 2/3 = 146,666.67 kPa
최대허용응력 :
　95,000 × 0.85 × 1.2 = 96,900 kPa
(배관재질 인장강도의 1/4 값과 항복점의 2/3 값 중 작은 값 × 배관이음효율 × 1.2)

111 자동화재탐지설비의 수신기 시험방법이 아닌 것은?

① 예비전원시험
② 유통시험
③ 화재표시작동시험
④ 회로도통시험

해설 유통시험 : 차동식 분포형 공기관식 감지기 시험법

112 소방시설의 내진설계 기준상 흔들림방지 버팀대의 설치기준으로 옳지 않은 것은?

① 흔들림 방지 버팀대가 부착된 건축 구조부재는 소화배관에 의해 추가된 지진하중을 견딜 수 있어야 한다.
② 흔들림 방지 버팀대의 세장비(L/r)는 300을 초과하지 않아야 한다.
③ 2방향 흔들림 방지 버팀대는 횡방향 및 종방향 흔들림 방지 버팀대의 역할을 동시에 할 수 있어야 한다.
④ 흔들림 방지 버팀대는 내력을 충분히 발휘할 수 있도록 견고하게 설치하여야 한다.

해설 4방향 흔들림 방지 버팀대는 횡방향 및 종방향 흔들림 방지 버팀대의 역할을 동시에 할 수 있어야 한다.

정답 108. ①　109. ②　110. ①　111. ②　112. ③

113 스프링클러설비의 화재안전기준상 폐쇄형 스프링클러헤드를 사용하는 경우 수원의 저수량 산정 시 스프링클러헤드 기준개수가 가장 많은 장소는? (단, 층이나 세대에 설치된 헤드 개수는 기준개수보다 많다.)

① 지하역사
② 지하층을 제외한 층수가 10층인 의료시설로 헤드의 부착 높이가 8 m 이상인 것
③ 지하층을 제외한 층수가 35층인 아파트
④ 지하층을 제외한 층수가 10층인 판매시설이 설치되지 않은 복합건축물

해설
① 지하역사 → 30개
② 지하층을 제외한 층수가 10층인 의료시설로 헤드의 부착높이가 8m 이상인 것 → 20개
③ 지하층을 제외한 층수가 35층인 아파트 → 10개
④ 지하층을 제외한 층수가 10층인 판매시설이 설치되지 않은 복합건축물 → 20개

114 화재예방, 소방시설 설치·유지 및 안전관리에 관한 법령상 물분무등소화설비를 설치하여야 하는 특정소방대상물은? (단, 위험물 저장 및 처리 시설 중 가스시설 또는 지하구는 제외한다.)

① 항공기 및 자동차 관련 시설 중 자동차 정비공장
② 연면적 600 m² 이상인 차고, 주차용 건축물 또는 철골 조립식 주차시설
③ 건축물 내부에 설치된 차고 또는 주차장으로서 차고 또는 주차의 용도로 사용되는 부분의 바닥면적이 200 m² 이상인 층
④ 기계장치에 의한 주차시설을 이용하여 10대 이상의 차량을 주차할 수 있는 것

해설 보기설명
① 항공기 및 자동차 관련 시설 중 항공기격납고
② 연면적 800 m² 이상인 차고, 주차용 건축물 또는 철골 조립식 주차시설
④ 기계장치에 의한 주차시설을 이용하여 20대 이상의 차량을 주차할 수 있는 것

115 다음은 스프링클러설비의 화재안전기준상 전동기 또는 내연기관에 따른 펌프를 이용하는 가압송수장치 설치기준이다. ( )에 들어갈 소방시설의 명칭을 소방시설 도시기호로 옳게 나타낸 것은?

> 펌프의 토출측에는 (ㄱ)를 체크밸브 이전에 펌프토출측 플랜지에서 가까운 곳에 설치하고, 흡입측에는 (ㄴ) 또는 진공계를 설치할 것. 다만, 수원의 수위가 펌프의 위치보다 높거나 수직회전축 펌프의 경우에는 (ㄴ) 또는 진공계를 설치하지 않을 수 있다.

① ㄱ : 유량계, ㄴ : 진공계
② ㄱ : 압력계, ㄴ : 진공계
③ ㄱ : 압력계, ㄴ : 유량계
④ ㄱ : 압력계, ㄴ : 유량계

해설 펌프의 토출측에는 (압력계)를 체크밸브 이전에 펌프토출측 플랜지에서 가까운 곳에 설치하고, 흡입측에는 (연성계) 또는 진공계를 설치할 것. 다만, 수원의 수위가 펌프의 위치보다 높거나 수직회전축 펌프의 경우에는 (연성계) 또는 진공계를 설치하지 않을 수 있다.

Ⓜ : 유량계, Ⓟ : 압력계, Ⓥ : 진공계

정답 113. ① 114. ③ 115. ②

116 다음 조건의 차고(연면적 800 m²)에 분말소화설비를 설치하려고 한다. 분말소화설비의 화재안전기준상 필요한 분말소화약제의 최소 저장량(kg)은?

- 약제방출방식: 전역방출방식
- 방호구역 체적: 250m³
- 개구부 면적: 가로(2 m) × 세로(3 m)
- 개구부에는 자동폐쇄장치를 설치한다.

① 60 ② 70
③ 80 ④ 90

해설) 차고, 주차장에는 제3종분말을 설치하므로
최소 저장량 $W = 250\,\text{m}^3 \times 0.36\,\text{kg/m}^3 = 90\,\text{kg}$

117 할론소화설비의 화재안전기준상 자동식 기동장치에 관한 기준으로 옳은 것은?

① 기계식 기동장치로서 7병 이상의 저장용기를 동시에 개방하는 설비는 2병 이상의 저장용기에 전자개방밸브를 부착할 것
② 가스압력식 기동장치의 기동용가스용기에는 내압시험압력 0.6배부터 내압시험압력 이하에서 작동하는 안전장치를 설치할 것
③ 가스압력식 기동장치에서 기동용가스용기의 용적은 1L 이상으로 하고, 해당 용기에 저장하는 이산화탄소의 양은 0.6kg 이상으로 하며, 충전비는 1.5 이상으로 할 것
④ 가스압력식 기동장치의 기동용가스용기 및 해당 용기에 사용하는 밸브는 20 MPa 이상의 압력에 견딜 수 있는 것으로 할 것

해설) 보기설명
① **전기식** 기동장치로서 7병 이상의 저장용기를 동시에 개방하는 설비는 2병 이상의 저장 용기에 전자개방밸브를 부착할 것
② 가스압력식 기동장치의 기동용가스용기에는 내압시험압력 **0.8배** 부터 내압시험압력 이하에서 작동하는 안전장치를 설치할 것
④ 가스압력식 기동장치의 기동용가스용기 및 해당 용기에 사용하는 밸브는 **25MPa** 이상의 압력에 견딜 수 있는 것으로 할 것

118 연결송수관설비의 화재안전기준에 관한 내용으로 옳지 않은 것은?

① 방수기구함은 피난층과 가장 가까운 층을 기준으로 3개층마다 설치하되, 그 층의 방수구마다 수평거리 5 m 이내에 설치할 것
② 송수구는 구경 65 mm의 쌍구형으로 할 것
③ 충압펌프를 제외한 가압송수장치는 부식 등으로 인한 펌프의 고착을 방지할 수 있도록 펌프축은 스테인리스 등 부식에 강한 재질을 사용할 것
④ 습식의 경우 송수구 부근에는 송수구·자동배수밸브·체크밸브의 순으로 설치할 것

해설) 방수기구함은 피난층과 가장 가까운 층을 기준으로 3개층마다 설치하되, 그 층의 방수구마다 **보행거리 5m** 이내에 설치할 것

119 지하 2층, 지상 30층, 연면적 80,000 m²인 특정소방대상물의 지상 2층에서 화재가 발생하였을 경우 비상방송설비의 음향장치가 경보되는 층이 아닌 것은?

① 지상 1층 ② 지상 2층
③ 지상 3층 ④ 지상 4층

정답 116. ④ 117. ③ 118. ① 119. ①

해설 고층건축물(30층 이상)이므로 우선경보방식을 적용
지상 2층에서 화재시 발화층 및 그 직상 4개층에 경보를 해야 하므로
경보층 : 지상 2층, 지상 3층, 지상 4층, 지상 5층, 지상 6층

120 피난기구의 화재안전기준상 승강식 피난기 및 하향식 피난구용 내림식 사다리 설치기준으로 옳지 않은 것은?

① 대피실 내에는 비상조명등을 설치할 것
② 대피실에는 층의 위치표시와 피난기구 사용설명서 및 주의사항 표지판을 부착할 것
③ 사용 시 기울거나 흔들리지 않도록 설치할 것
④ 대피실 출입문이 개방되거나, 피난기구 작동 시 해당층 및 직상층 거실에 설치된 표시등 및 경보장치가 작동되고, 감시 제어반에서는 피난기구의 작동을 확인할 수 있어야 할 것

해설 대피실 출입문이 개방되거나, 피난기구 작동 시 해당층 및 **직하층** 거실에 설치된 표시등 및 경보장치가 작동되고, 감시 제어반에서는 피난기구의 작동을 확인할 수 있어야 할 것

121 다음은 유도등 및 유도표지의 화재안전기준상 통로유도등의 설치기준에 관한내용이다. ( )에 들어갈 것으로 옳은 것은?

• 복도통로유도등은 구부러진 모퉁이 및 설치된 통로유도등을 기점으로 보행거리 (ㄱ) m 마다 설치할 것
• 계단통로유도등은 바닥으로부터 높이 (ㄴ) m 이하의 위치에 설치할 것

① ㄱ: 15, ㄴ: 1   ② ㄱ: 15, ㄴ: 1.5
③ ㄱ: 20, ㄴ: 1   ④ ㄱ: 20, ㄴ: 1.5

해설
• 복도통로유도등은 구부러진 모퉁이 및 설치된 통로유도등을 기점으로 보행거리 (20) m 마다 설치할 것
• 계단통로유도등은 바닥으로부터 높이 (1) m 이하의 위치에 설치할 것

122 다음 조건의 거실에 제연설비를 설치할 때 배기팬 구동에 필요한 전동기 용량(kW)은 약 얼마인가?

• 바닥면적 800 m²인 거실로서 예상제연구역은 직경 50 m, 제연경계벽의 수직거리는 2.4 m 임
• 배연 Duct 길이는 200 m, Duct 저항은 1 m당 0.2 mmAq 임
• 배출구 저항은 10 mmAq, 배기그릴 저항은 5 mmAq, 관부속품 저항은 Duct 저항의 55 % 임
• 효율은 60 %, 전달계수는 1.1 임
• 예상제연구역의 배출량 기준

예상제연구역	제연경계 수직거리	배출량
직경 40 m인 원의 범위를 초과하는 경우	2 m 이하	45,000 m³/hr 이상
	2 m 초과 2.5 m 이하	50,000 m³/hr 이상
	2.5 m 초과 3 m 이하	55,000 m³/hr 이상
	3 m 초과	65,000 m³/hr 이상

① 15.2   ② 19.2
③ 23.2   ④ 27.2

해설 전압
$P_t = 200m × 0.2\ mmAq/m + 10\ mmAq$
$\quad + 5mmAq + 200m × 0.2mmAq/m × 0.55$
$\quad = 77mmAq$

전동기 용량 $P = \dfrac{P_t Q}{102\eta} K$

$= \dfrac{77 × 50,000 m^3/3,600s}{102 × 0.6} × 1.1$

$= 19.22 kW$

정답 120. ④   121. ③   122. ②

123 비상콘센트설비의 화재안전기준상 비상콘센트설비의 전원부와 외함 사이의 정격전압이 다음과 같을 때 절연내력 시험전압(V)은?

정격전압(V)	절연 내력 시험전압(V)
100	(ㄱ)
250	(ㄴ)

① ㄱ: 250, ㄴ: 750
② ㄱ: 500, ㄴ: 1,000
③ ㄱ: 750, ㄴ: 1,250
④ ㄱ: 1,000, ㄴ: 1,500

해설

정격전압(V)	절연 내력 시험전압(V)
100	(1,000)
250	(1,000 + 250V × 2배 = 1,500)

※ 정격전압이 150V 이하 :
1,000V, 1분 이상 견딜 것.
※ 정격전압이 150V 이상 :
정격전압 × 2배 + 1,000V, 1분 이상 견딜 것.

124 무선통신보조설비의 화재안전기준에 관한 내용으로 옳지 않은 것은?

① 누설동축케이블 또는 동축케이블과 이에 접속하는 안테나가 설치된 층은 계단실, 승강기, 별도 구획된 실을 제외한 모든 부분에서 유효하게 통신이 가능할 것
② 증폭기에는 비상전원이 부착된 것으로 하고 해당 비상전원 용량은 무선통신보조설비를 유효하게 30분 이상 작동시킬 수 있는 것으로 할 것
③ 누설동축케이블의 끝부분에는 무반사 종단저항을 견고하게 설치할 것
④ 분배기·분파기 및 혼합기 등의 임피던스는 50 Ω의 것으로 할 것

해설 누설동축케이블 또는 동축케이블과 이에 접속하는 안테나가 설치된 층은 계단실, 승강기, 별도 구획된 실을 **포함한** 모든 부분에서 유효하게 통신이 가능할 것

125 누전경보기의 화재안전기준상 누전경보기의 설치방법 등에 관한 내용으로 옳지 않은 것은?

① 경계전로의 정격전류가 60 A를 초과하는 전로에 있어서는 1급 누전경보기를 설치할 것
② 경계전로의 정격전류가 60 A 이하의 전로에 있어서는 1급 또는 2급 누전경보기를 설치할 것
③ 정격전류가 60 A를 초과하는 경계전로가 분기되어 각 분기회로의 정격전류가 60 A 이하로 되는 경우 당해 분기회로마다 2급 누전경보기를 설치한 때에는 당해 경계전로에 1급 누전경보기를 설치한 것으로 본다.
④ 변류기는 특정소방대상물의 형태, 인입선의 시설방법 등에 따라 옥외 인입선의 제1지점의 부하측 또는 제1종 접지선측의 점검이 쉬운 위치에 설치할 것

해설 변류기는 특정소방대상물의 형태, 인입선의 시설방법 등에 따라 옥외 인입선의 제1지점의 부하측 또는 **제2종 접지선측**의 점검이 쉬운 위치에 설치할 것

정답 123. ④ 124. ① 125. ④

제21회 소방시설관리사

시행일 2021. 5. 8(토)
합격자 3,375명

제1과목 소방안전관리론 및 화재역학

01 최소발화에너지(MIE)에 영향을 주는 요소에 관한 내용으로 옳지 않은 것은?

① MIE는 온도가 상승하면 작아진다.
② MIE는 압력이 상승하면 작아진다.
③ MIE는 화학양론적 조성 부근에서 가장 크다.
④ MIE는 연소속도가 빠를수록 작아진다.

해설 최소발화에너지(MIE)
가연물이 화학반응할 때 에너지를 최소로 하여 발화하는 것으로 **화학양론적 조성 부근에서 가장 작다.**

02 화재를 일으키는 열원과 그 종류의 연결로 옳지 않은 것은?

① 화학적열원 – 발효열, 유전발열, 압축열
② 기계적열원 – 압축열, 마찰열, 마찰스파크
③ 전기적열원 – 유전발열, 저항발열, 유도발열
④ 화학적열원 – 분해열, 중합열, 흡착열

해설 열 에너지원

기계적	마찰열, 마찰스파크, 압축열
원자력	원자핵 중성자 입자를 충돌시킬 때 발생하는 열
전기적	저항가열 : 백열전구의 발열 **유도가열 : 도체 주위 자장(자계)에 의해 발생** 유전가열 : 누설전류에 의해 발생 아크가열, 정전기가열, 낙뢰에 의한 열
화학적	연소열 : 가연물이 산화되는 과정에서 발생 분해열 : 가연물이 열 분해될 때 발생 **용해열 : 농황산을 물에 넣었을 때 열이 발생** 중합열 : 시안화수소나 산화에틸렌 등이 중합반응 시 발생 자연발열 : 외부 점화원의 공급 없이 축적된 열에 의해 발열

03 분말소화약제의 종별에 따른 주성분 및 화재적응성을 나열한 것으로 옳지 않은 것은?

① 제1종 – 중탄산나트륨 – B, C급
② 제2종 – 중탄산칼륨 – B, C급
③ 제3종 – 제1인산암모늄 – A, B, C급
④ 제4종 – 인산 + 요소 – A, B, C급

해설

종별	주성분	화학식	착색	적응화재
제1종	탄산수소나트륨 (중탄산나트륨)	$NaHCO_3$	백색	BC급
제2종	탄산수소칼륨 (중탄산칼륨)	$KHCO_3$	담자색	BC급
제3종	인산염 (제일인산암모늄)	$NH_4H_2PO_4$	담홍색	ABC급
제4종	**탄산수소칼륨+요소**	$KHCO_3+(NH_2)_2CO$	회색	BC급

04 화재의 소화방법과 소화효과의 연결로 옳지 않은 것은?

① 물리적소화 – 질식소화 – 산소 차단
② 화학적소화 – 질식소화 – 점화에너지 차단
③ 물리적소화 – 제거소화 – 가연물차단
④ 화학적소화 – 억제소화 – 연쇄반응 차단

정답 1. ③ 2. ① 3. ④ 4. ②

해설

구분	연소의 4요소	소화효과	물리적/화학적 소화
①	가연물	제거효과	물리적 소화
②	산소공급원	질식효과	물리적 소화
③	점화원	냉각효과	
④	연쇄반응	부촉매효과 (억제효과)	화학적 소화

05 폭발의 종류와 형식 중 응상폭발이 아닌 것은?

① 가스폭발
② 전선폭발
③ 수증기폭발
④ 액화가스의 증기폭발

해설 원인물질의 상태에 의한 분류
① **기상폭발 : 가스폭발**, 분무폭발, 분진폭발, 산화폭발, 분해폭발
② 응상폭발 : 수증기폭발, 증기폭발, 고상 간 전이에 의한 폭발, 전선폭발

06 소화기구 및 자동소화장치의 화재안전기준상 주방에서 동·식물유를 취급하는 조리기구에서 일어나는 화재를 나타내는 등급으로 옳은 것은?

① A급 화재 ② B급 화재
③ C급 화재 ④ K급 화재

해설

구분	명칭	가연물의 종류	표시
A급화재	일반화재	종이, 목재, 섬유류 등의 일반 가연물	백색
B급화재	유류화재	유류(가연성 액체 포함)	황색
C급화재	전기화재	통전중인 전기설비	청색
D급화재	금속화재	칼륨, 나트륨 등의 가연성금속	무색
E급화재	가스화재	가연성가스	황색
K급화재	주방화재	동·식물유를 취급하는 조리기구에서 일어나는 화재	–

07 화재 시 열적 손상에 관한 설명으로 옳지 않은 것은?

① 1도 화상은 홍반성 화상 등의 변화가 피구의 표층에 나타나는 것으로 환부가 빨갛게 되며 가벼운 통증을 수반하는 단계이다.
② 대류열과 복사열은 열적 손상으로 인한 화상을 일으킬 수 있다.
③ 마취성, 자극성, 독성 및 부식성 연소생성물은 열적 손상만을 일으킨다.
④ 3도 화상은 생체 내의 조직이나 세포가 국부적으로 죽는 괴사가 진행되는 단계이다.

해설 마취성, 자극성, 독성 및 부식성 연소생성물은 시각적 영향, 심리적 영향 및 생리적 영향과 열적 손상을 일으킨다.

08 폭굉이 발생할 수 있는 조건 하에서 유도거리(DID)가 짧아지는 조건으로 옳지 않은 것은?

① 압력이 높아진다.
② 점화에너지가 작아진다.
③ 관경이 가늘어진다.
④ 정상연소 속도가 빨라진다.

해설 폭굉 유도거리(DID)가 짧아지는 요인
① 압력이 높을수록

정답 5. ① 6. ④ 7. ③ 8. ②

② 점화에너지가 클수록
③ 연소속도가 빠를수록
④ 관경이 작을수록, 관 벽이 거칠수록(이물질이 들어 있는 경우 포함)

09 연소 메커니즘에서 확산연소와 예혼합연소에 관한 설명으로 옳지 않은 것은?

① 확산연소는 열방출속도가 높고, 예혼합연소는 열방출속도가 낮다.
② 예혼합연소에서 화염면의 압력이 전파되면 충격파를 형성한다.
③ 예혼합연소에는 분젠버너 연소, 가정용 가스기기연소, 가스폭발 등이 있다.
④ 확산연소에는 성냥연소, 양초연소, 액면연소 등이 있다.

해설 확산연소는 열방출속도가 낮고, 예혼합연소는 열방출속도가 높다.

10 건축물의 피난·방화구조 등의 기준에 관한 규칙상 건축물에 설치하는 특별피난 계단 구조에 관한 기준으로 옳지 않은 것은?

① 부속실에는 예비전원에 의한 조명설비를 할 것
② 계단은 내화구조로 하고 피난층 또는 지상까지 직접 연결되도록 할 것
③ 계단실 실내에 접하는 부분의 마감은 불연재료로 할 것
④ 계단실은 창문 등을 제외하고는 내화구조의 벽으로 구획할 것

해설 특별피난계단의 구조

가. 건축물의 내부와 계단실은 노대를 통하여 연결하거나 외부를 향하여 열 수 있는 면적 1제곱미터 이상인 창문(바닥으로부터 1미터 이상의 높이에 설치한 것에 한한다) 또는 배연설비가 있는 면적 3제곱미터 이상인 부속실을 통하여 연결할 것
나. 계단실·노대 및 부속실(비상용승강기의 승강장을 겸용하는 부속실을 포함한다)은 창문등을 제외하고는 내화구조의 벽으로 각각 구획할 것
다. 계단실 및 부속실의 실내에 접하는 부분(바닥 및 반자 등 실내에 면한 모든 부분을 말한다)의 마감(마감을 위한 바탕을 포함한다)은 불연재료로 할 것
라. 계단실에는 예비전원에 의한 조명설비를 할 것
마. 계단실·노대 또는 부속실에 설치하는 건축물의 바깥쪽에 접하는 창문등(망이 들어 있는 유리의 붙박이창으로서 그 면적이 각각 1제곱미터이하인 것을 제외한다)은 계단실·노대 또는 부속실외의 당해 건축물의 다른 부분에 설치하는 창문등으로부터 2미터 이상의 거리를 두고 설치할 것
바. 계단실에는 노대 또는 부속실에 접하는 부분 외에는 건축물의 내부와 접하는 창문등을 설치하지 아니할 것
사. 계단실의 노대 또는 부속실에 접하는 창문등(출입구를 제외한다)은 망이 들어 있는 유리의 붙박이창으로서 그 면적을 각각 1제곱미터 이하로 할 것
아. 노대 및 부속실에는 계단실외의 건축물의 내부와 접하는 창문등(출입구를 제외한다)을 설치하지 아니할 것
자. 건축물의 내부에서 노대 또는 부속실로 통하는 출입구에는 60+방화문 또는 60분방화문을 설치하고, 노대 또는 부속실로부터 계단실로 통하는 출입구에는 60+방화문, 60분방화문 또는 영 제64조제1항제3호의 30분 방화문을 설치할 것. 이 경우 방화문은 언제나 닫힌 상태를 유지하거나 화재로 인한 연기 또는 불꽃을 감지하여 자동적으로 닫히는 구조로 해야 하고, 연기 또는 불꽃으로 감지하여 자동적으로 닫히는 구조로 할 수 없는 경우에는 온도를 감지하여 자동적으로 닫히는 구조로 할 수 있다.
차. 계단은 내화구조로 하되, 피난층 또는 지상까지 직접 연결되도록 할 것
카. 출입구의 유효너비는 0.9미터 이상으로 하고 피난의 방향으로 열 수 있을 것

정답 9. ① 10. ①

11 건축법령상 아파트 48층의 거실 각 부분에서 가장 가까운 직통계단까지 최소 설치기준으로 옳은 것은? (단, 주요구조부가 내화구조이며, 아파트 전체 층수는 50층이다.)

① 직통거리 30m 이하
② 보행거리 40m 이하
③ 직통거리 50m 이하
④ 보행거리 30m 이하

해설 건축법시행령 제34조
건축물의 피난층(직접 지상으로 통하는 출입구가 있는 층 및 피난안전구역) 외의 층에서는 피난층 또는 지상으로 통하는 직통계단(경사로를 포함)을 거실의 각 부분으로부터 계단(거실로부터 가장 가까운 거리에 있는 1개소의 계단을 말한다)에 이르는 보행거리가 30미터 이하가 되도록 설치. 다만, 건축물(지하층에 설치하는 것으로서 바닥면적의 합계가 300제곱미터 이상인 공연장·집회장·관람장 및 전시장은 제외한다)의 주요구조부가 내화구조 또는 불연재료로 된 건축물은 그 보행거리가 50미터(**층수가 16층 이상인 공동주택의 경우 16층 이상인 층에 대해서는 40미터**) 이하가 되도록 설치, 자동화 생산시설에 스프링클러 등 자동식 소화설비를 설치한 공장으로서 국토교통부령으로 정하는 공장인 경우에는 그 보행거리가 75미터(무인화 공장인 경우에는 100미터) 이하가 되도록 설치

12 건축물의 피난·방화구조 등의 기준에 관한 규칙상 건축물의 주요구조부 중 계단의 내화구조 기준으로 옳지 않은 것은?

① 철근콘크리트조
② 철재로 보강된 망입유리
③ 콘크리트블록조
④ 철재로 보강된 벽돌조

해설 계단의 내화구조
가. 철근콘크리트조 또는 철골철근콘크리트조
나. 무근콘크리트조·콘크리트블록조·벽돌조 또는 석조
다. 철재로 보강된 콘크리트블록조·벽돌조 또는 석조
라. 철골조

13 다음에서 설명하는 화재 시 인간의 피난행동 특성으로 옳은 것은?

> 연기와 정전 등으로 가시거리가 짧아져 시야가 흐려지거나 밀폐공간에서 공포 분위기가 조성될 때 개구부 등의 불빛을 따라 행동하는 본능

① 귀소본능
② 지광본능
③ 추종본능
④ 좌회본능

해설 피난계획 시 고려해야 할 인간의 본능
1) 추종본능 : 피난 시에는 군중이 한 사람의 리더를 추종하려는 경향
2) 귀소본능 : 피난 시 늘 사용하는 경로에 의해 탈출을 도모
3) 퇴피본능 : 화재발생장소에서 벗어나려는 경향
4) 좌회본능 : 막다른 길에서 오른손잡이인 경우 왼쪽으로 가려는 경향
5) 지광본능 : 주위가 어두워지면 밝은 곳으로 피난하려는 경향

14 구획실 화재 시 발생하는 연기의 유해성 및 제연에 관한 설명으로 옳지 않은 것은?

① 화재 시 발생하는 연기 및 독성 가스는 공급되는 공기량에 따라 농도가 변화한다.
② 화재실의 제연은 거주자의 피난경로와 소방대원의 진압경로를 확보하는 것이 주목적이다.
③ 화재실의 제연은 화재실의 플래시오버(flashover)성장을 억제하는 효과가 있다.

정답 11. ② 12. ② 13. ② 14. ④

④ 화재 최성기에는 공기를 유입시키는 기계제연이 효과적이다.

해설 화재 최성기에 공기를 유입시키면 화재가 더 확대되어 피해가 커지게 되므로 공기를 유입하면 안 된다.

15 건축물 종합방재계획 중 평면계획 수립 시 유의사항으로 옳지 않은 것은?

① 화재를 작은 범위로 한정하기 위한 유효한 피난구획으로 조닝(Zoning)화 할 필요가 있다.
② 계단은 보행거리를 기준으로 공동 배치하고, 계단으로 통하는 복도 등 피난로는 단순하게 설계하여야 한다.
③ 소방활동상 필요한 층과 층을 연결하는 수직 피난로는 피난이 용이한 개방구조로 상호연결 되도록 하여야 한다.
④ 지하가와 호텔, 차고 및 극장과 백화점 등은 용도별 구획 및 별도 경로의 피난로를 설치한다.

해설 소방활동상 필요한 층과 층을 연결하는 수직 피난로는 피난이 용이한 구조로 상호연결 되도록 하여야 한다. → 단면계획 수립 시 유의사항이다.

16 내화건축물과 비교한 목조건축물의 화재 특성으로 옳지 않은 것은?

① 화재 최고온도가 낮다.
② 최성기에 도달하는 시간이 빠르다.
③ 연소 지속시간이 짧다.
④ 플래시오버(flashover)에 도달하는 시간이 빠르다.

해설 목조건축물의 화재 특성
① 화재 최고온도가 높다.(1,100~1,300℃)
② 최성기에 도달하는 시간이 빠르다.
③ 연소 지속시간이 짧다.(고온 단기형 화재특성)
④ 플래시오버(flashover)에 도달하는 시간이 빠르다.

17 다음 ( )에 들어갈 내용으로 옳은 것은?

> 내화건축물의 구획실에서 화재가 발생할 경우, 성장기 단계에서는 (ㄱ)가, 최성기 단계에서는 (ㄴ)가 지배적인 열전달 기전이다.

① ㄱ: 대류, ㄴ: 복사
② ㄱ: 대류, ㄴ: 전도
③ ㄱ: 복사, ㄴ: 복사
④ ㄱ: 전도, ㄴ: 대류

해설 내화건축물의 구획실에서 화재가 발생할 경우, 성장기 단계에서는 (대류)가, 최성기 단계에서는 (복사)가 지배적인 열전달 기전이다.

18 물체 표면의 절대온도가 100K에서 300K로 증가하는 경우 물체 표면에서 복사되는 에너지는 몇 배 증가하는가? (단, 다른 모든 조건은 동일하다.)

① 3배
② 16배
③ 27배
④ 81배

해설 복사에너지 $W \alpha T^4 = \left(\dfrac{300K}{100K}\right)^4 = 81$배
복사에너지는 절대온도의 4승에 비례한다.

19 유효연소율이 50kJ/g, 질량연소유속(mass burning flux)이 100g/m²·s인 액체 연료가 누적되어 직경 2m의 풀 전면에 화재가 발생한 경우 열방출속도(HRR)는?
(단, π ≈ 3.14로 한다.)

정답 15. ③ 16. ① 17. ① 18. ④ 19. ④

① 10,000 kW
② 11,500 kW
③ 13,020 kW
④ 15,700 kW

해설 열방출속도
$$Q = mA \triangle H_c$$
$$= 100\,g/m^2 \cdot s \times \frac{3.14}{4} \times (2m)^2 \times 50\,kJ/g$$
$$= 15,700\,kW$$

20 프로판가스 연소반응식이 다음과 같을 때 프로판가스 1g이 완전연소하면 발생하는 열량(kcal)은? (단, 소수점 셋째 자리에서 반올림한다.)

$$C_3H_8 + 5O_2 \rightarrow 3CO_2 + 4H_2O + 530.6\,kcal$$

① 1.21   ② 10.05
③ 12.06 ④ 24.50

해설 프로판 1몰(mol) 44g 이 연소시 열량이 530.6 kcal 이므로 비례식을 적용하면
44 g : 530.6 kcal = 1 g : x
$$x = \frac{530.6 \times 1}{44} = 12.06\,kcal$$

21 건축물 구획실 화재 시 화재실의 중성대에 관한 설명으로 옳지 않은 것은?
① 중성대는 화재실 내부의 실온이 높아질수록 낮아지고, 실온이 낮아질수록 높아진다.
② 화재실의 중성대 상부 압력은 실외압력보다 높고 하부의 압력은 실외압력보다 낮다.
③ 화재실 상부에 큰 개구부가 있다면 중성대는 올라간다.
④ 중성대의 위치는 건축물의 높이와 건축물 내·외부의 온도차가 결정의 주요요인이다.

해설 (1) 건축물 내부의 압력(실내정압)과 외부의 압력(실외정압)이 일치하는 수직적인 위치를 중성대라 한다.
(2) 개구부의 위치에 따른 중성대의 위치
① 개구부가 균일한 경우 : 중앙에 위치
② 큰 개구부가 건축물 상부에 있는 경우 : 상부에 위치
③ 큰 개구부가 건축물 하부에 있는 경우 : 하부에 위치

22 다음 연소가스의 허용농도(TLV-TWA)를 낮은 것에서 높은 순서로 옳게 나열한 것은?

ㄱ. 일산화탄소
ㄴ. 이산화탄소
ㄷ. 포스겐
ㄹ. 염화수소

① ㄱ - ㄹ - ㄴ - ㄷ
② ㄷ - ㄱ - ㄹ - ㄴ
③ ㄷ - ㄹ - ㄱ - ㄴ
④ ㄹ - ㄷ - ㄴ - ㄱ

해설 허용농도
ㄱ. 일산화탄소 : 50 ppm
ㄴ. 이산화탄소 : 1,000 ppm
ㄷ. 포스겐 : 0.1 ppm
ㄹ. 염화수소 : 5 ppm

정답 20. ③   21. ④   22. ③

23 화재 시 발생한 부력을 주로 이용하는 제연방식을 모두 고른 것은?

> ㄱ. 스모크타워제연방식
> ㄴ. 자연제연방식
> ㄷ. 급배기 기계제연방식

① ㄱ ② ㄱ, ㄴ
③ ㄴ, ㄷ ④ ㄱ, ㄴ, ㄷ

해설 부력을 주로 이용하는 제연방식 : 스모크타워제연방식, 자연제연방식

24 고층건축물에서의 연돌효과(stack effect)에 관한 설명으로 옳지 않은 것은?
① 건축물 내부의 온도가 외부의 온도보다 높은 경우 연돌효과가 발생한다.
② 건축물 외부 공기의 온도보다 내부의 공기 온도가 높아질수록 연돌효과가 커진다.
③ 건축물 내부의 온도와 외부의 온도가 같을 경우 연돌효과가 발생하지 않는다.
④ 건축물의 높이가 낮아질수록 연돌효과는 증가한다.

해설 연돌효과 : 건축물 내·외부의 온도차에 의한 압력차가 발생하여 기류가 이동하는 현상
① 건축물 내부의 온도가 외부의 온도보다 높은 경우 연돌효과가 발생한다.
② 건축물 외부 공기의 온도보다 내부의 공기 온도가 높아질수록 연돌효과가 커진다.
③ 건축물 내부의 온도와 외부의 온도가 같을 경우 연돌효과가 발생하지 않는다.
④ 건축물의 높이가 **높아질수록** 연돌효과는 증가한다.

25 질량연소유속(mass burning flux)이 20 $g/m^2 \cdot s$인 연료에 화재가 발생하면서 생성된 일산화탄소의 수율이 0.004g/g인 경우 일산화탄소의 생성속도는? (단, 연소면적은 $2m^2$ 이다.)

① 0.04g/s ② 0.08g/s
③ 0.16g/s ④ 0.22g/s

해설 생성속도 = 질량연소유속 × 연소면적 × 수율
= 20 $g/m^2 \cdot s$ × 2 m^2 × 0.004 g/g
= 0.16 g/s

제 2 과목
소방수리학·약제화학 및 소방전기

26 점성계수 및 동점성계수에 관한 설명으로 옳지 않은 것은?
① 액체의 경우 온도상승에 따라 점성계수 값이 감소한다.
② 기체의 경우 온도상승에 따라 점성계수 값이 증가한다.
③ 동점성계수는 점성계수를 유속으로 나눈 값이다.
④ 점성계수는 유체의 전단응력과 속도경사 사이의 비례상수이다.

해설 ① 동점성계수는 점성계수(μ)를 밀도(ρ)로 나눈 값이다.
② 동점성계수 $\nu = \dfrac{\mu}{\rho}$, 유체의 유동성을 판단하는 지표이다.

정답 23. ② 24. ④ 25. ③ 26. ③

27 소방장비의 공기 중 무게가 2kg이고 수중에서의 무게가 0.5kg일 때, 이 장비의 비중은 약 얼마인가?

① 1.33　　② 2.45
③ 3.25　　④ 4.00

해설 부력 $F_B = \gamma V$
　　　　　= 공기중 무게 − 수중 무게
　　　　　= 2kg − 0.5kg = 1.5kg
(무게의 단위는 kgf이나 문제에서 kg으로 하였으므로 kg으로 해석한다.)

부피 $V = \dfrac{F_B}{\gamma} = \dfrac{1.5\,\text{kg}}{1,000\,\text{kg/m}^3} = 0.0015\,\text{m}^3$

비중 $= \dfrac{\gamma}{\gamma_w} = \dfrac{2\,\text{kg}/0.0015\,\text{m}^3}{1000\,\text{kg/m}^3} = 1.33$

(비중량의 단위는 kgf/m³이나 문제에서 무게를 kg으로 하였으므로 비중량을 kg/m³으로 한다.)

28 수면 표고차가 10m인 두 저수지 사이에 설치된 500m 길이의 원형관으로 1.0m³/s의 물을 송수할 때, 관의 지름(mm)은 약 얼마인가? (단, π는 3.14이고, 매닝 조도계수는 0.013이며, 마찰 이외의 손실은 무시한다.)

① 105　　② 258
③ 484　　④ 633

해설 매닝(Manning)의 유속공식

유속 $V = \dfrac{1}{n} \times R^{\frac{2}{3}} \times I^{\frac{1}{2}}$ [m/s]

여기에서, n : 매닝 조도계수,
R : 경심[m] $\left(= \dfrac{A(\text{유수단면적})}{P(\text{윤변})}\right)$,
　윤변 : 물이 닿는 길이)
I : 동수경사(=표고차/배관길이)

원형관의 경심 $R = \dfrac{A}{P} = \dfrac{\frac{\pi D^2}{4}}{\pi D} = \dfrac{D}{4}$

동수경사 $I = \dfrac{10\,\text{m}}{500\,\text{m}} = 0.02$

$\dfrac{4Q}{\pi D^2} = \dfrac{1}{n} \times R^{\frac{2}{3}} \times I^{\frac{1}{2}}$,

$\dfrac{4 \times 1}{3.14 \times D^2} = \dfrac{1}{0.013} \times \left(\dfrac{D}{4}\right)^{\frac{2}{3}} \times 0.02^{\frac{1}{2}}$

관의 지름 $D = 0.632739\,\text{m} = 632.74\,\text{mm}$

29 지름 2 mm인 유리판에 0.25 cm³/s의 물이 흐를 때, 마찰손실계수는 약 얼마인가? (단, π는 3.14이고, 동점성계수는 1.12×10⁻² cm²/s 이다.)

① 0.02　　② 0.13
③ 0.45　　④ 0.66

해설 ① 유속의 계산

$V = \dfrac{4Q}{\pi D^2} = \dfrac{4 \times 0.25\,\text{cm}^3/\text{s}}{3.14 \times (0.2\,\text{cm})^2} = 7.96\,\text{cm/s}$

② 레이놀즈 수 계산

$R_e = \dfrac{DV}{\nu} = \dfrac{0.2\,\text{cm} \times 7.96\,\text{cm/s}}{1.12 \times 10^{-2}\,\text{cm}^2/\text{s}} = 142.14$

③ 마찰손실계수 $f = \dfrac{64}{R_e} = \dfrac{64}{142.14} = 0.45$

30 지름 10cm인 원형관로를 통하여 0.2m³/s의 물이 수조에 유입된다. 이 경우 단면 급확대로 인한 손실수두(m)인 약 얼마인가? (단, π는 3.14이고, 중력가속도는 981cm/s² 이다.)

① 22.20　　② 33.09
③ 45.98　　④ 54.25

해설 ① 유속

$V = \dfrac{4Q}{\pi D^2} = \dfrac{4 \times 0.2\,\text{m}^3/\text{s}}{3.14 \times (0.1\,\text{m})^2} = 25.48\,\text{m/s}$

② 손실수두

$H = \dfrac{V^2}{2g} = \dfrac{(25.48\,\text{m/s})^2}{2 \times 9.81\,\text{m/s}^2} = 33.09\,\text{m}$

정답 27. ①　28. ④　29. ③　30. ②

31 물이 원형관 내에서 층류 상태로 흐르고 있다. 관 지름이 3배로 커질 때 수두손실은 처음의 몇 배로 변화하는가? (단, 관 지름 증가에 따른 유속 변화 이외의 모든 물리량은 변하지 않는다.)

① $\dfrac{1}{81}$ ② $\dfrac{1}{9}$
③ 9   ④ 81

해설 하겐-포와젤(Hagen-poiseuille) 법칙
$H = \dfrac{128\mu l Q}{\gamma \pi D^4}$ 에서 직경(D)의 4승에 반비례하므로 수두손실 $H \alpha \dfrac{1}{D^4} = \dfrac{1}{3^4} = \dfrac{1}{81}$

32 베르누이 방정식을 물이 흐르는 관로에 적용할 때 제한조건으로 옳지 않은 것은?

① 비정상류 흐름
② 비압축성 유체
③ 비점성 유체
④ 유선을 따르는 흐름

해설 베르누이 방정식 조건
① 유선을 따르는 흐름이다.
② 정상상태의 유동(정상류 흐름)이다.
③ 마찰이 없는 비점성 유체이다.
④ 비압축성 유체이다.

33 주요 물리량과 그 차원이 옳게 짝지어진 것은?

① 표면장력 : $[FL^{-2}]$
② 점성계수 : $[L^2 T^{-1}]$
③ 단위중량 : $[FL^{-4} T^2]$
④ 에너지 : $[FL]$

해설 보기설명
중력단위 차원 [F(중량) L(길이) T(시간)]

① 표면장력 : 절대단위 [N/m], 중력단위 [kgf/m], $[FL^{-1}]$
② 점성계수 : 절대단위 [kg/m·s], 중력단위 [kgf·s/m²], $[FL^{-2}T]$
③ 단위중량 : 중력단위 [kgf], [F]
④ 에너지 : 중력단위 [kgf·m], [FL]

34 원형 유리관 내에 모세관 현상으로 물이 상승할 때, 그 상승(높이)에 관한 설명으로 옳은 것은?

① 유리관의 지름에 반비례한다.
② 물의 밀도에 비례한다.
③ 중력가속도에 비례한다.
④ 물의 표면장력에 반비례한다.

해설 ① 상승높이 $h = \dfrac{4\sigma \cos\theta}{\gamma d}$ [m]
② 상승높이는 직경(d) 및 비중량(r)에 반비례, 표면장력(σ)에 비례
③ 비중량(r = 밀도 × 중력가속도)이므로 밀도 및 중력가속도에 반비례한다.

35 금속화재에 관한 설명으로 옳지 않은 것은?

① 가연성금속에 의한 화재이다.
② 금속이 괴상이 아닌 고운 분말이나 가는 선의 형태로 존재하면 화재의 위험성은 더 커진다.
③ 금속화재를 일으키는 Na, K 등은 물과 만나면 수소가스를 발생시키는 금수성 물질이다.
④ 소화 시 강화액 소화약제를 사용한다.

해설 금속화재 소화시 금속화재용 소화약제, 마른모래 등을 사용한다.

정답 31. ① 32. ① 33. ④ 34. ① 35. ④

36 고발포 포소화약제의 발포배율과 환원시간에 관한 설명으로 옳지 않은 것은?
① 발포배율이 커지면 환원시간은 짧아진다.
② 환원시간이 짧을수록 양호한 포소화약제이다.
③ 포의 막이 두꺼울수록 환원시간은 길어진다.
④ 발포배율이 작은 포는 포의 직경이 작아서 포의 막은 두껍다.

해설 환원시간이란 발포상태에서 포가 파괴되어 원래의 포 수용액으로 환원되는 시간으로 환원시간이 길수록 양호한 포소화약제이다.

37 이산화탄소소화설비의 화재안전기준상 배관 등에 관한 내용으로 옳은 것은?
① 전역방출방식에 있어서 가연성액체 또는 가연성가스등 표면화재 방호대상물의 경우에는 1분 내에 방사될 수 있는 것으로 하여야 한다.
② 전역방출방식에 있어서 종이, 목재, 석탄, 섬유류, 합성수지류 등 심부화재 방호대상물의 경우에는 10분 내에 방사될 수 있는 것으로 하여야 한다.
③ 국소방출 방식의 경우에는 1분 내에 방사될 수 있는 것으로 하여야 한다.
④ 전역방출방식에 있어서 심부화재 방호대상물의 경우에는 설계농도가 3분 이내에 40%에 도달하여야 한다.

해설 보기설명
② 전역방출방식에 있어서 종이, 목재, 석탄, 섬유류, 합성수지류 등 심부화재 방호대상물의 경우에는 7분 내에 방사될 수 있는 것으로 하여야 한다.
③ 국소방출 방식의 경우에는 30초 내에 방사될 수 있는 것으로 하여야 한다.
④ 전역방출방식에 있어서 심부화재 방호대상물의 경우에는 설계농도가 2분 이내에 30%에 도달하여야 한다.

38 불활성기체 소화약제 IG-541에 포함되어 있지 않은 성분은?
① Ar
② CO_2
③ He
④ N_2

해설 IG-541 구성성분
N_2 : 52%, Ar : 40%, CO_2 : 8%

39 강화액 소화약제에 관한 설명으로 옳은 것은?
① 알카리 금속염류 등을 주성분으로 하는 수용액이다.
② 소화약제의 용액은 약산성이다.
③ 화염과 접촉 시 열분해에 의하여 질소가 발생하여 질식소화 한다.
④ 전기화재 시 무상방사 하는 경우라도 소화약제로 사용할 수 없다.

해설 강화액 소화약제
① 알칼리 금속염류 등을 주성분(탄산칼륨, 인산암모늄, 황산암모늄 등)으로 하는 수용액
② 사용가능한 주위온도 : -20~40℃
③ 일반(A급)화재 : 봉상주수
④ 일반(A급)화재, 유류(B급)화재, 전기(C급)화재 : 무상주수

정답 36. ② 37. ① 38. ③ 39. ①

40 이산화탄소 소화약제 600kg을 내용적 68L의 이산화탄소 저장용기에 충전할 때 필요한 저장용기의 최소 개수는? (단, 충전비는 1.6L/kg으로 한다.)

① 9   ② 11
③ 13   ④ 15

해설 병당 충전량 : $\dfrac{68L}{1.6L/kg} = 42.5kg$

저장용기의 최소 개수 : $\dfrac{600kg}{42.5kg} = 14.12 = 15$병

41 공기 중 산소가 21vol%, 질소가 79vol%일 때, 메탄가스 1몰이 완전연소 되었다. 이 때 반응 생성물에서 질소기체가 차지하는 부피비(%)는 약 얼마인가? (단, 생성물은 모두 기체로 가정한다.)

① 44.8   ② 56.0
③ 71.5   ④ 75.2

해설 ① 메탄(CH_4)의 완전 연소반응식 :
$CH_4 + 2O_2 \rightarrow CO_2 + 2H_2O$

② 공기의 몰수 : $\dfrac{2}{0.21} = 9.52$

③ 질소기체 부피비(몰수비) :
$\dfrac{9.52 \times 0.79}{9.52 \times 0.79 + 1 + 2} \times 100 = 71.49\%$

42 다음 〈가〉와 같은 무접점 회로가 있다. 이 회로의 PB_1, PB_2, PB_3에 대한 타임차트가 〈나〉와 같을 때, 출력값 R_1, R_2에 대한 타임차트로 옳은 것은?

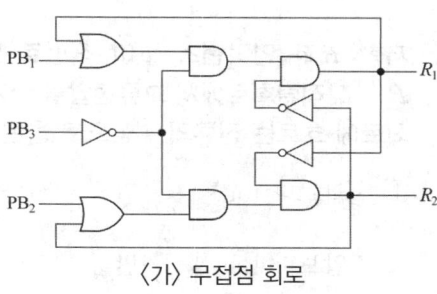

〈가〉 무접점 회로

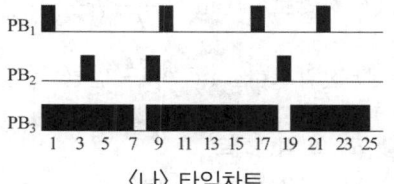

〈나〉 타임차트

①

②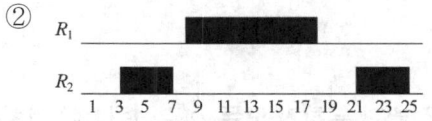

③

④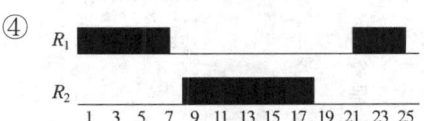

해설 논리식(출력식)
$R_1 = (PB_1 + R_1) \cdot \overline{PB_3} \cdot \overline{R_2}$
$R_2 = (PB_2 + R_2) \cdot \overline{PB_3} \cdot \overline{R_1}$

정답 40. ④ 41. ③ 42. ④

인터록 회로로서 R_1이 여자되면 R_2가 여자될 수 없으며 R_2가 여자되면 R_1이 여자될 수 없는 회로이다. PB_1을 ON하면 R_1이 여자, PB_2를 ON하면 R_2가 여자된다.

43 저항 R과 인덕턴스 L이 직렬로 연결된 $R-L$ 직렬회로에서 교류전압을 인가할 때 회로에 흐르는 전류의 위상으로 옳은 것은?

① 전압보다 $\tan^{-1}\dfrac{R}{wL}$ 만큼 앞선다.
② 전압보다 $\tan^{-1}\dfrac{R}{wL}$ 만큼 뒤진다.
③ 전압보다 $\tan^{-1}\dfrac{wL}{R}$ 만큼 앞선다.
④ 전압보다 $\tan^{-1}\dfrac{wL}{R}$ 만큼 뒤진다.

해설 $R-L$ 직렬회로
임피던스 $Z = R + jwL$
전류 $I = \dfrac{V\angle 0}{Z\angle\theta} = \dfrac{V}{Z}\angle -\theta$,
전류는 전압보다 θ만큼 위상이 뒤진다.
위상 $\theta = \tan^{-1}\dfrac{wL}{R}$

44 전원과 부하가 모두 △결선된 3상 평형회로가 있다. 전원 전압 400V, 부하 임피던스 $12+j16$ Ω인 경우 선전류(A)는?

① 10
② $10\sqrt{3}$
③ 20
④ $20\sqrt{3}$

해설 선전류
$I_l = \sqrt{3}\dfrac{V}{Z} = \sqrt{3}\times\dfrac{400}{\sqrt{12^2+16^2}} = 20\sqrt{3}$ A

45 다음과 같은 비정현파 전압, 전류에 관한 평균전력(W)은?

$v = 100\sin(wt+30°) - 30\sin(3wt+60°)$
$\quad + 10\sin(5wt+30°)(V)$
$i = 30\sin(wt-30°) + 20\sin(3wt-30°)$
$\quad + 5\cos(5wt-60°)(A)$

① 750
② 775
③ 1225
④ 1825

해설 $\cos(5wt-60°) = \sin(5wt-60°+90°)$
$\qquad\qquad\quad = \sin(5wt+30°)$
평균전력 $P = \sum \dfrac{1}{2}V_m I_m \cos\theta$
(V_m : 전압의 최댓값, I_m : 전류의 최댓값,
θ : 전압과 전류의 위상차)
평균전력 $P = \dfrac{1}{2}(100\times 30\times \cos 60°$
$\qquad\qquad -30\times 20\times \cos 90°$
$\qquad\qquad +10\times 5\times \cos 0°)$
$\qquad = 775$ W

46 전기력선의 성질에 관한 설명으로 옳지 않은 것은?

① 전기력선의 밀도는 전계의 세기와 같다.
② 두 개의 전기력선은 교차하지 않는다.
③ 전기력선의 방향은 전계의 방향과 일치하지 않는다.
④ 전기력선은 등전위면과 직교한다.

해설 전기력선의 방향은 그 점에서의 전계의 방향과 같다.

정답 43. ④ 44. ④ 45. ② 46. ③

47 이중 금속을 접합하여 폐회로를 만든 후 두 접합점의 온도를 다르게 하여 열전류를 얻는 열전현상으로 옳은 것은?

① 펠티에 효과(Peltier effect)
② 제벡 효과(Seebeck effect)
③ 톰슨 효과(Thomson effect)
④ 핀치 효과(Pinch effect)

해설
① 제벡 효과(Seebeck effect) : 이중 금속을 접합하여 폐회로를 만든 후 두 접합점의 온도를 다르게 하여 열전류를 얻는 열전현상
② 펠티에 효과(Peltier effect) : 2종류의 금속에 전류의 차이를 주면 열의 흡수 또는 발생이 나타나는 현상

48 상호인덕턴스가 150mH인 회로가 있다. 1차 코일에 흐르는 전류가 0.5초 동안 5A에서 20A로 변화할 때, 2차 유도기전력(V)은?

① 3   ② 4.5
③ 6   ④ 7.5

해설 유도기전력

$$e = -M\frac{di}{dt} = -150 \times 10^{-3} \times \frac{(20-5)}{0.5} = 4.5\,\text{V}$$

49 전동기 기동에 관한 설명으로 옳지 않은 것은?

① 농형 유도전동기의 Y-△ 기동 시 기동전류는 △결선하여 기동한 경우의 1/3이 된다.
② 권선형 유도전동기 기동 시 기동전류를 제한하기 위하여 기동보상기법이 주로 사용된다.
③ 분상 기동형 단상 유도전동기는 병렬로 연결되어 있는 주권선과 보조권선에 의해 회전자계를 만들어 기동한다.
④ 콘덴서 기동형 단상 유도전동기는 기동권선에 직렬로 콘덴서를 연결하여 주권선과 기동권선 사이에 위상차를 만들어 기동한다.

해설 권선형 유도전동기 기동 시 기동전류를 제한하기 위하여 2차 저항기동이 주로 사용된다.

50 전력용반도체 소자에 관한 설명으로 옳지 않은 것은?

① SCR(Silicon Controlled Rectifier)은 소호기능이 없으며, 전류는 양극(A)과 음극(K) 전압의 극성이 바뀌면 차단된다.
② TRIAC(Triode AC Switch)은 SCR 2개를 역방향으로 병렬연결한 형태로 양방향제어가 가능하다.
③ GTO(Gate Turn Off Thyristor)는 도통시점과 소호시점을 임의로 제어할 수 있는 양방향성 소자이다.
④ IGBT(Insulated Gate Bipolar Transistor)는 고속스위칭이 가능하며 대전류 출력특성이 있다.

해설 GTO(Gate Turn Off Thyristor)는 도통시점과 소호시점을 임의로 제어할 수 있는 단방향성 3단자 소자로 자기 소호기능을 갖는다.

정답 47. ② 48. ② 49. ② 50. ③

제3과목 소방관련법령

51 소방기본법령상 소방업무의 응원에 관한 설명으로 옳은 것은?

① 소방청장은 소방활동을 할 때에 필요한 경우에는 시·도지사에게 소방업무의 응원을 요청해야 한다.
② 소방업무의 응원을 위하여 파견된 소방대원은 응원을 요청한 소방본부장 또는 소방서장의 지휘에 따라야 한다.
③ 소방업무의 응원 요청을 받은 소방서장은 정당한 사유가 있어도 그 요청을 거절할 수 없다.
④ 소방서장은 소방업무의 응원을 요청하는 경우를 대비하여 출동 대상지역 및 규모와 필요한 경비의 부담 등에 관하여 필요한 사항을 대통령령으로 정하는 바에 따라 이웃하는 소방서장과 협의하여 미리 규약으로 정하여야 한다.

해설 보기설명
① 소방본부장이나 소방서장은 소방활동을 할 때에 긴급한 경우에는 이웃한 소방본부장 또는 소방서장에게 소방업무의 응원(應援)을 요청할 수 있다.
③ 소방업무의 응원 요청을 받은 소방본부장 또는 소방서장은 정당한 사유 없이 그 요청을 거절하여서는 아니 된다.
④ 시·도지사는 제1항에 따라 소방업무의 응원을 요청하는 경우를 대비하여 출동 대상지역 및 규모와 필요한 경비의 부담 등에 관하여 필요한 사항을 행정안전부령으로 정하는 바에 따라 이웃하는 시·도지사와 협의하여 미리 규약(規約)으로 정하여야 한다.

52 소방기본법령상 소방용수시설 중 저수조의 설치기준으로 옳지 않은 것은?

① 소방펌프자동차가 쉽게 접근할 수 있도록 할 것
② 흡수에 지장이 없도록 토사 및 쓰레기 등을 제거할 수 있는 설비를 갖출 것
③ 흡수부분의 수심이 0.5미터 이상일 것
④ 지면으로부터의 낙차가 5.5미터 이하일 것

해설 저수조의 설치기준
1) 지면으로부터의 낙차가 **4.5미터 이하**일 것
2) 흡수부분의 수심이 **0.5미터 이상**일 것
3) 소방펌프자동차가 쉽게 접근할 수 있도록 할 것
4) 흡수에 지장이 없도록 토사 및 쓰레기 등을 제거할 수 있는 설비를 갖출 것
5) 흡수관의 투입구가 사각형의 경우에는 한 변의 길이가 **60센티미터 이상**, 원형의 경우에는 지름이 **60센티미터 이상**일 것
6) 저수조에 물을 공급하는 방법은 상수도에 연결하여 자동으로 급수되는 구조일 것

53 소방기본법령상 특수가연물에 해당하지 않는 것은?

① 볏짚류 500킬로그램
② 면화류 200킬로그램
③ 사류(絲類) 1,000킬로그램
④ 넝마 및 종이부스러기 1,000킬로그램

해설 특수가연물

품명	수량
면화류	200킬로그램 이상
나무껍질 및 대팻밥	400킬로그램 이상
넝마 및 종이부스러기	1,000킬로그램 이상
사류(絲類)	1,000킬로그램 이상
볏짚류	**1,000킬로그램 이상**
가연성고체류	3,000킬로그램 이상

정답 51. ② 52. ④ 53. ①

품명		수량
석탄·목탄류		10,000킬로그램 이상
가연성액체류		2세제곱미터 이상
목재가공품 및 나무부스러기		10세제곱미터 이상
합성수지류	발포시킨 것	20세제곱미터 이상
	그 밖의 것	3,000킬로그램 이상

54 소방기본법령상 벌칙 기준에 관한 설명으로 옳지 않은 것은?

① 화재조사를 수행하면서 알게 된 비밀을 다른 사람에게 누설한 화재조사 관계 공무원은 500만원 이하의 벌금에 처한다.
② 위력을 사용하여 출동한 소방대의 화재진압·인명구조 또는 구급활동을 방해하는 행위를 한 사람은 5년 이하의 징역 또는 5천만원 이하의 벌금에 처한다.
③ 화재경계지구 안의 소방대상물에 대한 소방특별조사를 거부·방해 또는 기피한 자는 100만원 이하의 벌금에 처한다.
④ 피난 명령을 위반한 사람은 100만원 이하의 벌금에 처한다.

해설 화재조사를 수행하면서 알게 된 비밀을 다른 사람에게 누설한 화재조사 관계 공무원은 **300만원 이하의 벌금**에 처한다.

55 소방시설공사업법령상 소방기술자의 자격취소 또는 소방시설업의 등록취소에 관한 설명으로 옳지 않은 것은?

① 소방시설업자가 거짓이나 그 밖의 부정한 방법으로 등록한 경우 시·도지사는 그 등록을 취소해야 한다.
② 소방기술 인정 자격수첩을 발급받은 자가 그 자격수첩을 다른 사람에게 빌려준 경우 소방청장은 그 자격을 취소해야 한다.
③ 소방시설업자가 다른 자에게 등록수첩을 빌려준 경우 소방청장은 그 등록을 취소해야 한다.
④ 소방시설업자가 등록 결격사유에 해당하게 된 경우 시·도지사는 그 등록을 취소해야 한다.

해설 시·도지사는 소방시설업자가 다른 자에게 자기의 성명이나 상호를 사용하여 소방시설공사등을 수급 또는 시공하게 하거나 소방시설업의 **등록증 또는 등록수첩을 빌려준 경우** 6개월 이내의 기간을 정하여 시정이나 그 영업의 정지를 명할 수 있다.

56 소방시설공사업법령상 소방기술자의 배치기준이다. ( )에 들어갈 내용으로 옳게 나열한 것은?

소방기술자의 배치기준	소방시설공사 현장의 기준
가. 행정안전부령으로 정하는 특급기술자인 소방기술자(기계분야 및 전기분야)	1) 연면적 (ㄱ)제곱미터 이상인 특정 소방대상물의 공사 현장 2) 지하층을 (ㄴ)한 층수가 (ㄷ)층 이상인 특정소방대상물의 공사 현장

① ㄱ: 10만, ㄴ: 포함, ㄷ: 20
② ㄱ: 10만, ㄴ: 제외, ㄷ: 30
③ ㄱ: 20만, ㄴ: 포함, ㄷ: 40
④ ㄱ: 20만, ㄴ: 제외, ㄷ: 50

해설

소방기술자의 배치기준	소방시설공사 현장의 기준
가. 행정안전부령으로 정하는 특급기술자인 소방기술자(기계분야 및 전기분야)	1) 연면적 (20만)제곱미터 이상인 특정 소방대상물의 공사 현장 2) 지하층을 (포함)한 층수가 (40)층 이상인 특정소방대상물의 공사 현장

정답 54. ① 55. ③ 56. ③

57 소방시설공사업법령상 하도급계약심사위원회의 구성으로 옳은 것은?

① 위원장 1명과 부위원장 1명을 제외하여 21명 이내의 위원으로 구성한다.
② 위원장 1명과 부위원장 2명을 포함하여 5~9명 이내의 위원으로 구성한다.
③ 위원장 1명과 부위원장 1명을 제외하여 9명 이내의 위원으로 구성한다.
④ 위원장 1명과 부위원장 1명을 포함하여 10명 이내의 위원으로 구성한다.

해설 하도급계약심사위원회는 위원장 1명과 부위원장 1명을 포함하여 10명 이내의 위원으로 구성한다.

58 화재예방, 소방시설 설치·유지 및 안전관리에 관한 법령상 작동기능점검의 기록표(ㄱ)와 종합정밀점검의 기록표(ㄴ)의 메인컬러를 옳게 나열한 것은?

① ㄱ : 노랑 PANTONE 116C, ㄴ : 빨강 PANTONE 032C
② ㄱ : 빨강 PANTONE 032C, ㄴ : 노랑 PANTONE 116C
③ ㄱ : 연두 PANTONE 376C, ㄴ : 파랑 PANTONE 279C
④ ㄱ : 파랑 PANTONE 279C, ㄴ : 연두 PANTONE 376C

해설 점검기록표 메인컬러
   1) 종합정밀점검: 파랑 PANTONE 279C
   2) 작동기능점검: 연두 PANTONE 376C

59 화재예방, 소방시설 설치·유지 및 안전관리에 관한 법령상 화재안전정책기본계획(이하 "기본계획"이라 함) 등의 수립 및 시행에 관한 설명으로 옳지 않은 것은?

① 국가는 화재안전 기반 확충을 위하여 화재안전정책에 관한 기본계획을 5년마다 수립·시행하여야 한다.
② 기본계획은 대통령령으로 정하는 바에 따라 소방청장이 관계 중앙행정기관의 장과 협의하여 수립한다.
③ 기본계획에는 화재안전분야 국제경쟁력 향상에 관한 사항이 포함되어야 한다.
④ 소방청장은 기본계획을 시행하기 위하여 2년마다 시행계획을 수립·시행하여야 한다.

해설 소방청장은 기본계획을 시행하기 위하여 **매년** 시행계획을 수립·시행하여야 한다.

60 화재예방, 소방시설 설치·유지 및 안전관리에 관한 법령상 화재안전기준 또는 대통령령이 변경되어 그 기준이 강화되는 경우 기존의 특정소방대상물의 소방시설에 대하여 강화된 기준을 적용하는 소방시설로 옳지 않은 것은?

① 소화기구
② 노유자시설에 설치하는 비상콘센트설비
③ 의료시설에 설치하는 자동화재탐지설비
④ 「국토의 계획 및 이용에 관한 법률」에 따른 공동구에 설치하여야 하는 소방시설

해설 제11조(소방시설기준 적용의 특례)
   1. 다음 소방시설 중 대통령령으로 정하는 것
      가. 소화기구
      나. 비상경보설비
      다. 자동화재속보설비
      라. 피난구조설비
   2. 다음 각 목의 지하구에 설치하여야 하는 소방시설
      가. 공동구
      나. 전력 또는 통신사업용 지하구

정답 57. ④ 58. ③ 59. ④ 60. ②

3. 노유자(老幼者)시설, 의료시설에 설치하여야 하는 소방시설 중 대통령령으로 정하는 것
   가. **노유자(老幼者)시설에 설치하는 간이스프링클러설비, 자동화재탐지설비 및 단독경보형 감지기**
   나. 의료시설에 설치하는 스프링클러설비, 간이스프링클러설비, 자동화재탐지설비 및 자동화재속보설비

61 화재예방, 소방시설 설치·유지 및 안전관리에 관한 법령상 소방안전관리대상물의 관계인이 피난시설의 위치, 피난경로 또는 대피요령이 포함된 피난유도 안내정보를 근무자 또는 거주자에게 정기적으로 제공하는 방법으로 옳지 않은 것은?

① 연 2회 피난안내 교육을 실시하는 방법
② 연 1회 피난안내방송을 실시하는 방법
③ 피난안내도를 층마다 보기 쉬운 위치에 게시하는 방법
④ 엘리베이터, 출입구 등 시청이 용이한 지역에 피난안내영상을 제공하는 방법

해설 제14조의5(피난유도 안내정보의 제공)
1. 연 2회 피난안내 교육을 실시하는 방법
2. **분기별 1회 이상 피난안내방송을 실시하는 방법**
3. 피난안내도를 층마다 보기 쉬운 위치에 게시하는 방법
4. 엘리베이터, 출입구 등 시청이 용이한 지역에 피난안내영상을 제공하는 방법

62 화재예방, 소방시설 설치·유지 및 안전관리에 관한 법령상 소방안전관리대상물의 소방계획서에 포함되어야 하는 사항이 아닌 것은?

① 국가화재안전정책의 여건 변화에 관한 사항
② 소방시설·피난시설 및 방화시설의 점검·정비계획
③ 화재 예방을 위한 자체점검계획 및 진압대책
④ 화기 취급 작업에 대한 사전 안전조치 및 감독 등 공사 중 소방안전관리에 관한 사항

해설 국가화재안전정책의 여건 변화에 관한 사항은 관계없는 내용이다.
시행령 제24조(소방안전관리대상물의 소방계획서 작성 등)
1. 소방안전관리대상물의 위치·구조·연면적·용도 및 수용인원 등 일반 현황
2. 소방안전관리대상물에 설치한 소방시설·방화시설(防火施設), 전기시설·가스시설 및 위험물시설의 현황
3. 화재 예방을 위한 자체점검계획 및 진압대책
4. 소방시설·피난시설 및 방화시설의 점검·정비계획
5. 피난층 및 피난시설의 위치와 피난경로의 설정, 장애인 및 노약자의 피난계획 등을 포함한 피난계획
6. 방화구획, 제연구획, 건축물의 내부 마감재료(불연재료·준불연재료 또는 난연재료로 사용된 것을 말한다) 및 방염물품의 사용현황과 그 밖의 방화구조 및 설비의 유지·관리계획
7. 소방훈련 및 교육에 관한 계획
8. 특정소방대상물의 근무자 및 거주자의 자위소방대 조직과 대원의 임무(장애인 및 노약자의 피난 보조 임무를 포함한다)에 관한 사항
9. 화기 취급 작업에 대한 사전 안전조치 및 감독 등 공사 중 소방안전관리에 관한 사항
10. 공동 및 분임 소방안전관리에 관한 사항
11. 소화와 연소 방지에 관한 사항
12. 위험물의 저장·취급에 관한 사항(예방규정을 정하는 제조소등은 제외한다)

정답 61. ② 62. ①

63 화재예방, 소방시설 설치·유지 및 안전관리에 관한 법령상 옥외소화전설비에 관한 내용이다. ( )에 들어갈 내용으로 옳게 나열한 것은?

> 사. 옥외소화전설비를 설치하여야 하는 특정소방대상물(아파트등, 위험물 저장 및 처리 시설 중 가스시설, 지하구 또는 지하가 중 터널은 제외한다)은 다음의 어느 하나와 같다.
> 1) 지상 1층 및 2층의 바닥면적의 합계가 (ㄱ)m² 이상인 것. 이 경우 같은 구(區) 내의 둘 이상의 특정소방대상물이 행정안전부령으로 정하는 (ㄴ)인 경우에는 이를 하나의 특정소방대상물로 본다.
> 2) 「문화재보호법」 제23조에 따라 보물 또는 국보로 지정된 목조건축물
> 3) 1)에 해당하지 않는 공장 또는 창고시설로서 「소방기본법 시행령」 별표 2에서 지정하는 수량의 (ㄷ)배 이상의 특수가연물을 저장·취급하는 것

① ㄱ : 6천, ㄴ : 연소 우려가 있는 개구부, ㄷ : 650
② ㄱ : 7천, ㄴ : 연소 우려가 있는 구조, ㄷ : 650
③ ㄱ : 8천, ㄴ : 연소 우려가 있는 개구부, ㄷ : 750
④ ㄱ : 9천, ㄴ : 연소 우려가 있는 구조, ㄷ : 750

해설 옥외소화전설비를 설치하여야 하는 특정소방대상물(아파트등, 위험물 저장 및 처리 시설 중 가스시설, 지하구 또는 지하가 중 터널은 제외한다)은 다음의 어느 하나와 같다.
1) 지상 1층 및 2층의 바닥면적의 합계가 (9천) m² 이상인 것. 이 경우 같은 구(區) 내의 둘 이상의 특정소방대상물이 행정안전부령으로 정하는 (연소 우려가 있는 구조)인 경우에는 이를 하나의 특정소방대상물로 본다.
2) 「문화재보호법」 제23조에 따라 보물 또는 국보로 지정된 목조건축물
3) 1)에 해당하지 않는 공장 또는 창고시설로서 「소방기본법 시행령」 별표 2에서 지정하는 수량의 (750)배 이상의 특수가연물을 저장·취급하는 것

64 화재예방, 소방시설 설치·유지 및 안전관리에 관한 법령상 소방안전 특별관리기본계획 및 시행계획의 수립·시행에 관한 설명으로 옳지 않은 것은?

① 소방청장은 소방안전 특별관리 기본계획을 5년마다 수립·시행하여야 한다.
② 소방청장은 소방안전 특별관리 기본계획을 계획 시행 전년도 12월 31일까지 수립하여 행정안전부에 통보한다.
③ 시·도지사는 소방안전 특별관리 기본계획을 시행하기 위하여 매년 소방안전 특별관리시행계획을 계획 시행 전년도 12월 31일까지 수립하여야 한다.
④ 시·도지사는 소방안전 특별관리 시행계획의 시행 결과를 계획 시행 다음 연도 1월 31일까지 소방청장에게 통보하여야 한다.

해설 소방청장은 소방안전 특별관리기본계획을 5년마다 수립·시행하여야 하고, 계획 시행 전년도 10월 31일까지 수립하여 시·도에 통보한다.

정답 63. ④ 64. ②

65 화재예방, 소방시설 설치·유지 및 안전관리에 관한 법령상 방염성능기준 이상의 실내장식물 등을 설치하여야 하는 특정소방대상물에 해당하지 않는 것은? (단, 11층 미만인 특정소방대상물임)

① 교육연구시설 중 합숙소
② 건축물의 옥내에 있는 수영장
③ 근린생활시설 중 종교집회장
④ 방송통신시설 중 촬영소

해설 제19조(방염성능기준 이상의 실내장식물 등을 설치하여야 하는 특정소방대상물)
1. 근린생활시설 중 의원, 조산원, 산후조리원, 체력단련장, 공연장 및 종교집회장
2. 건축물의 옥내에 있는 시설로서 다음 각 목의 시설
   가. 문화 및 집회시설
   나. 종교시설
   다. **운동시설(수영장은 제외한다)**
3. 의료시설
4. 교육연구시설 중 합숙소
5. 노유자시설
6. 숙박이 가능한 수련시설
7. 숙박시설
8. 방송통신시설 중 방송국 및 촬영소
9. 다중이용업소
10. 층수가 11층 이상인 것(아파트는 제외한다)

66 화재예방, 소방시설 설치·유지 및 안전관리에 관한 법령상 건축물의 신축·증축 및 개축 등으로 소방용품을 변경 또는 신규 비치하여야 하는 경우 우수품질인증 소방용품을 우선 구매·사용하도록 노력하여야 하는 기관 및 단체를 모두 고른 것은?

ㄱ. 지방자치단체
ㄴ. 「공공기관의 운영에 관한 법률」에 따른 공공기관
ㄷ. 「지방자치단체 출자·출연 기관의 운영에 관한 법률」에 따른 출자·출연기관

① ㄱ, ㄴ
② ㄱ, ㄷ
③ ㄴ, ㄷ
④ ㄱ, ㄴ, ㄷ

해설 제40조의2(우수품질인증 소방용품에 대한 지원 등)
1. 중앙행정기관
2. 지방자치단체
3. 「공공기관의 운영에 관한 법률」제4조에 따른 공공기관
4. 그 밖에 대통령령으로 정하는 기관
   ① 「지방공기업법」제49조에 따라 설립된 지방공사 및 같은 법 제76조에 따라 설립된 지방공단
   ② 「지방자치단체 출자·출연 기관의 운영에 관한 법률」제2조에 따른 출자·출연기관

67 화재예방, 소방시설 설치·유지 및 안전관리에 관한 법령상 특급 소방안전관리대상물의 소방안전관리에 관한 강습교육 과정별 교육시간 운영 편성기준 등 특급 소방안전관리자에 관한 강습교육시간으로 옳은 것은?

① 이론: 16시간, 실무: 64시간
② 이론: 24시간, 실무: 56시간
③ 이론: 32시간, 실무: 48시간
④ 이론: 40시간, 실무: 40시간

해설

구 분	이론 (30%)	실무(70%)	
		일반 (30%)	실습 및 평가 (40%)
특급 소방안전관리자	24시간	24시간	32시간
1급 및 공공기관 소방안전관리자	12시간	12시간	16시간
2급 소방안전관리자	9시간	10시간	13시간
3급 소방안전관리자	7시간	7시간	10시간

정답 65. ② 66. ④ 67. ②

68 위험물안전관리법령상 지정수량 이상의 위험물을 저장하기 위한 저장소의 구분에 포함되지 않는 것은?

① 옥내저장소　② 옥외저장소
③ 지하저장소　④ 이동탱크저장소

해설
- 저장소 : 옥내저장소, 옥외탱크저장소, 옥내탱크저장소, 지하탱크저장소, 간이탱크저장소, 이동탱크저장소, 옥외저장소, 암반탱크저장소
- 취급소 : 일반취급소, 주유취급소, 판매취급소, 이송취급소

69 위험물안전관리법령상 제조소등에 대한 정기점검 및 정기검사에 관한 설명으로 옳지 않은 것은?

① 이동탱크저장소는 정기점검의 대상이다.
② 액체위험물을 저장 또는 취급하는 50만리터 이상의 옥외탱크저장소는 정기검사의 대상이다.
③ 소방본부장 또는 소방서장은 당해 제조소등에 대하여 연 1회 이상 정기점검을 실시하여야 한다.
④ 정기점검의 내용·방법 등에 관한 기술상의 기준과 그 밖의 점검에 관하여 필요한 사항은 소방청장이 정하여 고시한다.

해설 제조소등의 관계인은 당해 제조소등에 대하여 연 1회 이상 정기점검을 실시하여야 한다.

70 위험물안전관리법령상 탱크안전성능검사에 해당하지 않는 것은?

① 기초·지반검사
② 충수·수압검사
③ 밀폐·재질검사
④ 암반탱크검사

해설 탱크안전성능검사 : 기초·지반검사, 충수(充水)·수압검사, 용접부검사, 암반탱크검사

71 위험물안전관리법령상 위험물의 안전관리와 관련된 업무를 수행하는 자가 받아야 하는 안전교육에 관한 설명으로 옳은 것은?

① 안전교육대상자는 시·도지사가 실시하는 교육을 받아야 한다.
② 모든 제조소등의 관계인은 안전교육대상자이다.
③ 시·도지사는 안전교육을 강습교육과 실무교육으로 구분하여 실시한다.
④ 시·도지사, 소방본부장 또는 소방서장은 안전교육대상자가 교육을 받지 아니한 때에는 그 교육대상자가 교육을 받을 때까지 위험물안전관리법의 규정에 따라 그 자격으로 행하는 행위를 제한할 수 있다.

해설 보기설명
① 안전교육대상자는 **소방청장이** 실시하는 교육을 받아야 한다.
② 안전교육대상자
　1. 안전관리자로 선임된 자
　2. 탱크시험자의 기술인력으로 종사하는 자
　3. 위험물운반자로 종사하는 자
　4. 위험물운송자로 종사하는 자
③ **소방청장은** 안전교육을 강습교육과 실무교육으로 구분하여 실시한다.

정답 68. ③　69. ③　70. ③　71. ④

72 다중이용업소의 안전관리에 관한 특별법령상 '밀폐구조의 영업장'에 대한 용어의 정의이다. ( )에 들어갈 내용으로 옳게 나열한 것은?

> (ㄱ)에 있는 다중이용업소의 영업장 중 채광·환기·통풍 및 (ㄴ) 등이 용이하지 못한 구조로 되어 있으면서 대통령령으로 정하는 기준에 해당하는 영업장을 말한다.

① ㄱ : 지하층, ㄴ : 피난
② ㄱ : 지하층, ㄴ : 소화활동
③ ㄱ : 지상층, ㄴ : 피난
④ ㄱ : 지상층, ㄴ : 소화활동

🔑 해설 밀폐구조의 영업장

> (지상층)에 있는 다중이용업소의 영업장 중 채광·환기·통풍 및 (피난) 등이 용이하지 못한 구조로 되어 있으면서 대통령령으로 정하는 기준에 해당하는 영업장을 말한다.

73 다중이용업소의 안전관리에 관한 특별법령상 다른 법률에 따라 다중이용업의 허가·인가·등록·신고수리를 하는 행정기관이 허가등을 한 날부터 14일 이내에 관할 소방본부장 또는 소방서장에게 통보하여야 하는 사항을 모두 고른 것은?

> ㄱ. 다중이용업의 종류·영업장 면적
> ㄴ. 허가등 일자
> ㄷ. 화재배상책임보험 가입여부

① ㄱ, ㄴ   ② ㄱ, ㄷ
③ ㄴ, ㄷ   ④ ㄱ, ㄴ, ㄷ

🔑 해설 다중이용업소법 시행규칙 제4조(관련 행정기관의 허가등의 통보)
1. 영업주의 성명·주소
2. 다중이용업소의 상호·소재지
3. 다중이용업의 종류·영업장 면적
4. 허가등 일자

74 다중이용업소의 안전관리에 관한 특별법령상 이행강제금의 부과권자가 아닌 자는?

① 소방청장   ② 소방본부장
③ 소방서장   ④ 시·군·구청장

🔑 해설 이행강제금의 부과권자 : 소방청장, 소방본부장 또는 소방서장

75 다중이용업소의 안전관리에 관한 특별법령상 안전시설등의 구분(소방시설, 비상구, 영업장 내부피난통로, 그 밖의 안전시설) 중 '그 밖의 안전시설'에 해당하지 않는 것은?

① 휴대용비상조명등
② 영상음향차단장치
③ 누전차단기
④ 창문

🔑 해설 안전시설등의 구분

1. 소방시설 가. 소화설비 　1) 소화기 또는 자동확산소화기 　2) 간이스프링클러설비(캐비닛형 간이스프링클러설비를 포함한다) 나. 경보설비 　1) 비상벨설비 또는 자동화재탐지설비 　2) 가스누설경보기 다. 피난설비 　1) 피난기구 　　가) 미끄럼대 나) 피난사다리	3. 영업장 내부 피난통로

정답 72. ③ 73. ① 74. ④ 75. ①

다) 구조대 라) 완강기 마) 다수인 피난장비 바) 승강식 피난기 2) 피난유도선 3) 유도등, 유도표지 또는 비상조 명등 4) 휴대용비상조명등	
2. 비상구	4. 그 밖의 안전시설 가. 영상음향차단장치 나. 누전차단기 다. 창문

④ 니트로셀룰로오스는 물이나 알코올에 습윤하면 운반 시 위험성이 낮아진다.

해설) 적린
① 붉은인, 자인, 홍린이라고도 하며 황린에 비해 안정하다.
② 암적색의 분말로 조해성이 있고, 독성이 없다.
③ 착화온도는 260℃이나 공기 중에서 자연발화 하지 않는다.

제4과목
위험물의 성상 및 시설기준

76 위험물안전관리법령상 제1류 위험물에 해당하는 것은?

① 과요오드산
② 질산구아니딘
③ 염소화규소화합물
④ 할로겐간화합물

해설) ① 과요오드산 : 제1류위험물
② 질산구아니딘 : 제5류위험물
③ 염소화규소화합물 : 제3류위험물
④ 할로겐간화합물 : 제6류위험물

77 위험물에 관한 설명으로 옳지 않은 것은?

① 중크롬산암모늄은 융점 이상으로 가열하면 분해되어 Cr_2O_3가 생성된다.
② 적린은 독성이 강한 자연발화성물질로 황린의 동소체이다.
③ 수소화나트륨이 물과 반응하면 수산화나트륨이 생성된다.

78 인화알루미늄이 물과 반응할 때 생성되는 가스는?

① P_2O_5 ② C_2H_6
③ PH_3 ④ H_3PO_4

해설) 1) 인화알루미늄과 물과의 반응식
반응식 : $AlP + 3H_2O \rightarrow Al(OH)_3 + PH_3$
(인화알루미늄 + 물 → 수산화알루미늄 + 인화수소)
2) 물과 반응하여 포스핀(인화수소, PH_3)을 생성한다.

79 위험물의 지정수량과 위험등급에 관한 내용이다. ( )에 들어갈 내용으로 옳은 것은?

품 명	지정수량(kg)	위험등급
무기과산화물	(ㄱ)	I
인화성고체	(ㄴ)	III
아조화합물	200	(ㄷ)

① ㄱ : 50,   ㄴ : 1,000, ㄷ : I
② ㄱ : 50,   ㄴ : 1,000, ㄷ : II
③ ㄱ : 100, ㄴ : 500,   ㄷ : II
④ ㄱ : 100, ㄴ : 500,   ㄷ : III

해설)

품명	구분	지정수량(kg)	위험등급
무기과산화물	제1류위험물	(50)	I
인화성고체	제2류위험물	(1,000)	III
아조화합물	제5류위험물	200	(II)

정답 76. ① 77. ② 78. ③ 79. ②

80 위험물안전관리법령상 위험물의 성질에 따른 제조소의 특례 중 취급하는 설비에 철이온 등의 혼입에 의한 위험한 반응을 방지하기 위한 조치를 강구해야 하는 물질은?

① 산화프로필렌
② 히드록실아민
③ 메틸리튬
④ 히드라진

해설 히드록실아민등을 취급하는 설비에는 철이온 등의 혼입에 의한 위험한 반응을 방지하기 위한 조치를 강구할 것

81 위험물안전관리법령상 위험물을 운반용기에 수납하는 기준이다. ( )에 들어갈 내용으로 옳은 것은?

> 자연발화성물질중 알킬알루미늄등은 운반용기의 내용적의 (ㄱ)% 이하의 수납율로 수납하되, 50℃의 온도에서 (ㄴ)% 이상의 공간용적을 유지하도록 할 것

① ㄱ : 80, ㄴ : 10
② ㄱ : 85, ㄴ : 10
③ ㄱ : 90, ㄴ : 5
④ ㄱ : 95, ㄴ : 5

해설 ① 고체위험물은 운반용기 내용적의 95% 이하의 수납율로 수납할 것.
② 액체위험물은 운반용기 내용적의 98% 이하의 수납율로 수납하되, 55도의 온도에서 누설되지 아니하도록 충분한 공간용적을 유지하도록 할 것.
③ 알킬알루미늄 등은 운반용기의 내용적의 90% 이하의 수납율로 수납하되, 50℃의 온도에서 5% 이상의 공간용적을 유지할 것.

82 위험물안전관리법령상 위험물을 운반하기 위하여 적재하는 경우, 차광성이 있는 피복으로 가리지 않아도 되는 것은?

① 염소산나트륨
② 아세트알데히드
③ 황린
④ 마그네슘

해설 1. 염소산나트륨 : 제1류위험물, 아세트알데히드 : 특수인화물, 황린 : 제3류 위험물 중 자연발화성물질, 마그네슘 : 제2류위험물
2. 적재하는 위험물의 성질에 따라 일광의 직사 또는 빗물의 침투를 방지하기 위하여 유효하게 피복하는 등 다음 기준에 따른 조치를 하여야 한다.
  (1) 제1류 위험물, 제3류 위험물 중 자연발화성 물질, 제4류 위험물 중 특수인화물, 제5류 위험물 또는 제6류 위험물 : 차광성이 있는 피복으로 가린다.
  (2) 제1류 위험물 중 알칼리금속의 과산화물 또는 이를 함유한 것, 제2류 위험물 중 철분·금속분·마그네슘 또는 이 중 어느 하나 이상을 함유한 것 또는 제3류 위험물 중 금수성 물질: 방수성이 있는 피복으로 덮는다.

83 위험물의 분류 및 표지에 관한 기준상 GHS의 물리적 위험성과 그림문자의 연결로 옳지 않은 것은?

① 자연발화성 액체

② 둔감화된 폭발성물질

정답 80. ② 81. ③ 82. ④ 83. ②

③ 금속부식성 물질

④ 산화성 액체

해설 폭발하는 폭탄(Exploding bomb)
- 폭발성 물질
- 자기반응성 물질 및 혼합물
- 유기과산화물

84 칼륨 39g이 물과 완전 반응하였을 때 이론적으로 발생할 수 있는 수소의 질량(g)은 약 얼마인가? (단, 칼륨 1몰의 원자량은 39g/mol이다.)

① 1 ② 2
③ 3 ④ 4

해설 칼륨과 물의 반응식
$2K + 2H_2O \rightarrow 2KOH + H_2$에서 비례식을 적용하면
2 mol × 39 g/mol : 1 mol × 2 g/mol
39g : x
$x = \dfrac{1\,mol \times 2\,g/mol \times 39\,g}{2\,mol \times 39\,g/mol} = 1\,g$

85 다음 제4류 위험물을 인화점이 높은 것부터 낮은 순서대로 옳게 나열한 것은?

ㄱ. 톨루엔
ㄴ. 아세트알데히드
ㄷ. 초산
ㄹ. 글리세린
ㅁ. 벤젠

① ㄱ-ㄷ-ㄴ-ㄹ-ㅁ
② ㄴ-ㅁ-ㄱ-ㄷ-ㄹ
③ ㄹ-ㄷ-ㄱ-ㅁ-ㄴ
④ ㄹ-ㄷ-ㅁ-ㄱ-ㄴ

해설 ㄱ. 톨루엔 : 4.5℃
ㄴ. 아세트알데히드 : -38℃
ㄷ. 초산(아세트산, 빙초산) : 39℃
ㄹ. 글리세린 : 160℃
ㅁ. 벤젠 : -11℃

86 메틸알코올 32g을 공기 중에서 완전연소 시키기 위하여 필요한 공기량(g)은 약 얼마인가? (단, 공기 중에 산소는 20vol.%, 질소는 80vol.%이다.)

① 54   ② 108
③ 216 ④ 432

해설 메틸알코올의 완전연소 반응식
$CH_3OH + 1.5O_2 \rightarrow CO_2 + 2H_2O$

공기의 몰수 : $\dfrac{1.5}{0.2} = 7.5\,mol$

공기 1mol의 평균분자량 :
$32 \times 0.2 + 28 \times 0.8 = 28.8\,g/mol$
공기량 : $28.8\,g/mol \times 7.5\,mol = 216\,g$

정답 84. ① 85. ③ 86. ③

87 제4류 위험물인 시안화수소에 관한 설명으로 옳지 않은 것은?

① 특이한 냄새가 난다.
② 맹독성 물질이다.
③ 염료, 농약, 의약 등에 사용된다.
④ 증기비중이 1보다 크다.

해설 시안화수소(HCN)
① 제4류 인화성액체의 제1석유류 수용성액체
② 증기비중 0.69, 인화점 −17℃, 발화점 538℃, 아몬드 냄새
③ 사용용도 : 산업 화학물질, 아크릴로니트릴, 아크릴산염류, 시안화물 염류, 염료, 킬레이트, 쥐약, 살충제, 금속 광택제, 전기도금 용액, 야금, 사진가공, 나일론, 화학 중간체

88 27℃, 0.5atm(50,662Pa)에서 과산화수소 1몰은 약 몇 g인가?

① 8.5   ② 17.0
③ 34.0   ④ 68.0

해설 과산화수소(H_2O_2)의 몰질량(분자량)
: $1 \times 2 + 16 \times 2 = 34 g/mol$

89 위험물안전관리법령상 옥내저장소의 위치·구조 및 설비의 기준에 따라 위험물 저장창고의 바닥을 물이 스며 나오거나 스며들지 아니하는 구조로 하여야 하는 위험물이 아닌 것은?

① 과산화나트륨   ② 철분
③ 칼륨   ④ 니트로글리세린

해설 ① 니트로글리세린은 제5류위험물 중 질산에스테르류에 속하므로 해당사항이 없다.
② 제1류 위험물 중 **알칼리금속의 과산화물** 또는 이를 함유하는 것, 제2류 위험물 중 **철분·금속분·마그네슘** 또는 이중 어느 하나 이상을 함유하는 것, 제3류 위험물 중 **금수성물질** 또는 제4류 위험물의 저장창고의 바닥은 물이 스며 나오거나 스며들지 아니하는 구조로 하여야 한다.
③ 과산화나트륨은 알칼리금속의 과산화물, 칼륨은 금수성물질이다.

90 위험물안전관리법령상 주유취급소에 캐노피를 설치하는 경우 주유취급소의 위치·구조 및 설비의 기준에 해당하지 않는 것은?

① 배관이 캐노피 내부를 통과할 경우에는 1개 이상의 점검구를 설치할 것
② 캐노피의 면적은 주유를 취급하는 곳의 바닥면적의 1/3 이하로 할 것
③ 캐노피 외부의 점검이 곤란한 장소에 배관을 설치하는 경우에는 용접이음으로 할 것
④ 캐노피 외부의 배관이 일광열의 영향을 받을 우려가 있는 경우에는 단열재로 피복할 것

해설 주유취급소에 캐노피를 설치하는 경우 기준
가. 배관이 캐노피 내부를 통과할 경우에는 1개 이상의 점검구를 설치할 것
나. 캐노피 외부의 점검이 곤란한 장소에 배관을 설치하는 경우에는 용접이음으로 할 것
다. 캐노피 외부의 배관이 일광열의 영향을 받을 우려가 있는 경우에는 단열재로 피복할 것

91 위험물안전관리법령상 옥외저장소에 지정수량 이상을 저장할 수 있는 위험물을 모두 고른 것은? (단, 옥외에 있는 탱크에 위험물을 저장하는 장소는 제외한다.)

| ㄱ. 과산화수소 | ㄴ. 메틸알코올 |
| ㄷ. 황린 | ㄹ. 올리브유 |

정답 87. ④ 88. ③ 89. ④ 90. ② 91. ③

① ㄱ, ㄷ   ② ㄴ, ㄹ
③ ㄱ, ㄴ, ㄹ   ④ ㄱ, ㄷ, ㄹ

해설 옥외저장소에 저장할 수 있는 위험물
① 과산화수소 또는 과염소산
② 인화성고체, 제1석유류 또는 **알코올류 → 메틸알코올**
③ 덩어리 상태의 유황
④ 고인화점 위험물 → 올리브유(동식물유류, 인화점 225℃)

92 제5류 위험물의 성질에 관한 설명으로 옳지 않은 것은?

① 강산화제, 강산류와 혼합한 것은 발화를 촉진시키고 위험성도 증가한다.
② 디아조화합물은 위험등급 I로 고농도인 경우 충격에 민감하여 연소 시 순간적으로 폭발한다.
③ 니트로화합물은 화기, 가열, 충격 등에 민감하여 폭발위험이 있다.
④ 외부의 산소공급이 없어도 자기연소하므로 연소속도가 빠르다.

해설 디아조화합물은 위험등급 Ⅱ로 지정수량은 200 kg 이다.

93 물과 반응하여 수소가스가 발생하는 것은?
① 톨루엔
② 적린
③ 루비듐
④ 트리니트로페놀

해설 루비듐
① 은백색의 알칼리금속
② 물과의 반응식 :
$2Rb + 2H_2O \rightarrow 2RbOH + H_2$(수소)

94 위험물안전관리법령상 제조소에 설치하는 배출설비에 관한 설명으로 옳지 않은 것은?

① 배출능력은 1시간당 배출장소 용적의 10배 이상인 것으로 하여야 한다. 다만, 전역방식의 경우에는 바닥면적 1 m^2당 18 m^3 이상으로 할 수 있다.
② 위험물취급설비가 배관이음 등으로만 된 경우에는 전역방식으로 할 수 있다.
③ 배출구는 지상 2m 이상으로서 연소의 우려가 없는 장소에 설치하여야 한다.
④ 배풍기·배출 덕트(duct)·후드 등을 이용하여 강제적으로 배출하는 것으로 해야 한다.

해설 배출능력
① 국소방식 : 1시간당 배출장소 용적의 20배 이상
② 전역방식 : 바닥면적 1 m^2당 18 m^3 이상

95 위험물안전관리법령상 소화설비, 경보설비 및 피난설비의 기준에서 제조소등에 전기설비가 설치된 경우 당해 장소의 면적이 400 m^2일 때, 소형수동식소화기를 최소 몇 개 이상 설치해야 하는가? (단, 전기배선, 조명기구 등은 제외한다.)

① 1   ② 2
③ 3   ④ 4

해설 ① 제조소등에 전기설비(전기배선, 조명기구 등은 제외한다)가 설치된 경우에는 당해 장소의 면적 100 m^2마다 소형 수동식소화기를 1개 이상 설치할 것
② 소화기 수량 : $\dfrac{400\,m^2}{100\,m^2} = 4$개

96 위험물안전관리법령상 제조소의 안전거리 기준에 관한 설명으로 옳지 않은 것은? (단, 제6류 위험물을 취급하는 제조소를 제외한다.)

① 「초·중등교육법」제2조 및 「고등교육법」제2조에 정하는 학교는 수용인원에 관계없이 30m 이상 이격하여야 한다.
② 「아동복지법」에 따른 아동복지시설에 20명 이상의 인원을 수용하는 경우는 30m 이상 이격하여야 한다.
③ 「공연법」에 의한 공연장이 300명 이상의 인원을 수용하는 경우는 30m 이상 이격하여야 한다.
④ 「노인복지법」에 의한 노인복지시설에 20명 이상의 인원을 수용하는 경우는 20m 이상 이격하여야 한다.

해설 학교·병원·극장 그 밖에 다수인을 수용하는 시설로서 다음의 1에 해당하는 것에 있어서는 30m 이상
① 학교
② 병원급 의료기관
③ 공연장, 영화상영관 및 그 밖에 이와 유사한 시설로서 3백명 이상의 인원을 수용할 수 있는 것
④ 아동복지시설, 노인복지시설, 장애인복지시설, 한부모가족복지시설, 어린이집, 성매매피해자등을 위한 지원시설, 정신보건시설, 보호시설 및 그 밖에 이와 유사한 시설로서 20명 이상의 인원을 수용할 수 있는 것

97 위험물안전관리법령상 제조소의 환기설비 시설기준에 관한 설명으로 옳지 않은 것은?

① 바닥면적이 120 m²인 경우, 급기구의 면적은 300 cm² 이상으로 하여야 한다.
② 환기구는 지붕위 또는 지상 2m 이상의 높이에 회전식 고정벤티레이터 또는 루푸팬 방식으로 설치할 것
③ 급기구는 해당 급기구가 설치된 실의 바닥면적 150 m²마다 1개 이상으로 하여야 한다.
④ 급기구는 낮은 곳에 설치하고 가는 눈의 구리망 등으로 인화방지망을 설치하여야 한다.

해설 급기구는 당해 급기구가 설치된 실의 바닥면적 150 m²마다 1개 이상으로 하되, 급기구의 크기는 800 cm² 이상으로 할 것. 바닥면적이 150 m² 미만인 경우에는 다음의 크기로 하여야 한다.

바닥면적	급기구의 면적
60 m² 미만	150 cm² 이상
60 m² 이상 90 m² 미만	300 cm² 이상
90 m² 이상 120 m² 미만	450 cm² 이상
120 m² 이상 150 m² 미만	600 cm² 이상

98 위험물안전관리법령상 제1종 판매취급소의 위치·구조 및 설비의 기준으로 옳지 않은 것은?

① 판매취급소는 건축물의 1층에 설치할 것
② 판매취급소의 용도로 사용하는 부분의 창 및 출입구에는 갑종방화문 또는 을종방화문을 설치할 것
③ 판매취급소로 사용되는 부분과 다른 부분과의 격벽은 내화구조로 할 것
④ 판매취급소의 용도로 사용하는 건축물의 부분은 보를 불연재료로 하고, 천장을 설치하는 경우에는 천장을 난연재료로 할 것

해설 제1종 판매취급소의 용도로 사용하는 건축물의 부분은 보를 불연재료로 하고, 천장을 설치하는 경우에는 천장을 **불연재료**로 할 것

정답 96. ④ 97. ① 98. ④

99 위험물안전관리법령상 위험물제조소에서 위험물을 가압하는 설비 또는 그 취급하는 위험물의 압력이 상승할 우려가 있는 설비에 설치하는 안전장치가 아닌 것은?

① 대기밸브부착 통기관
② 자동적으로 압력의 상승을 정지시키는 장치
③ 안전밸브를 병용하는 경보장치
④ 감압측에 안전밸브를 부착한 감압밸브

해설 안전장치
1) 자동적으로 압력의 상승을 정지시키는 장치
2) 감압측에 안전밸브를 부착한 감압밸브
3) 안전밸브를 병용하는 경보장치
4) 파괴판(위험물의 성질에 따라 안전밸브 작동이 곤란한 가압설비에 한함)

100 위험물안전관리법령상 제1류 위험물을 저장하는 옥내저장소의 저장창고는 지면에서 처마까지의 높이를 몇 m 미만인 단층건물로 하는가?

① 6
② 8
③ 10
④ 12

해설 저장창고는 지면에서 처마까지의 높이가 6m 미만인 단층건물로 하고 그 바닥을 지반면보다 높게 하여야 한다.

제5과목
소방시설의 구조원리

101 제연설비의 화재안전기준상 제연설비에 관한 기준으로 옳은 것은?

① 하나의 제연구역의 면적은 1,500m² 이내로 할 것
② 하나의 제연구역은 직경 100m 원내에 들어갈 수 있을 것
③ 하나의 제연구역은 2개 이상 층에 미치지 아니하도록 할 것. 다만, 층의 구분이 불분명한 부분은 그 부분을 다른 부분과 별도로 제연구획 하여야 한다.
④ 통로상의 제연구역은 수평거리가 100m를 초과하지 아니할 것

해설 보기설명
① 하나의 제연구역의 면적은 1,000m² 이내로 할 것
② 하나의 제연구역은 직경 60m 원내에 들어갈 수 있을 것
④ 통로상의 제연구역은 수평거리가 60m를 초과하지 아니할 것

102 분말소화설비의 화재안전기준상 가압용가스용기에 관한 기준으로 옳지 않은 것은?

① 분말소화약제의 가스용기는 분말소화약제의 저장용기에 접속하여 설치하여야 한다.
② 가압용가스에 질소를 사용하는 것의 질소가스는 소화약제 1kg마다 10리터 이상으로 할 것
③ 분말소화약제의 가압용가스 용기를 3병 이상 설치한 경우에는 2개 이상의 용기에 전자개방밸브를 부착하여야 한다.

정답 99. ① 100. ① 101. ③ 102. ②

④ 가압용가스에 이산화탄소를 사용하는 것의 이산화탄소는 소화약제 1kg에 대하여 20g에 배관의 청소에 필요한 양을 가산한 양 이상으로 할 것

해설: 가압용가스에 질소가스를 사용하는 것의 질소가스는 소화약제 **1kg마다 40L**(35℃에서 1기압의 압력상태로 환산한 것) 이상, 이산화탄소를 사용하는 것의 이산화탄소는 소화약제 1kg에 대하여 20g에 배관의 청소에 필요한 양을 가산한 양 이상으로 할 것

103 할로겐화합물 및 불활성기체소화설비의 화재안전기준에서 정하고 있는 할로겐화합물 및 불활성기체소화약제 최대허용설계농도 중 다음에서 최대허용설계농도(%)가 가장 낮은 소화약제는?

① IG-55
② HFC-23
③ HFC-125
④ FK-5-1-12

해설:
① IG-55 : 43%
② HFC-23 : 30%
③ HFC-125 : 11.5%
④ FK-5-1-12 : 10%

104 지하구의 화재안전기준상 방화벽의 설치기준으로 옳지 않은 것은?

① 내화구조로서 홀로 설 수 있는 구조일 것
② 방화벽의 출입문은 을종방화문으로 설치할 것
③ 방화벽은 분기구 및 국사·변전소 등의 건축물과 지하구가 연결되는 부위(건축물로부터 20m 이내)에 설치할 것
④ 방화벽을 관통하는 케이블·전선 등에는 국토교통부 고시(내화구조의 인정 및 관리기준)에 따라 내화충전 구조로 마감할 것

해설: 방화벽의 출입문은 **갑종방화문**으로 설치할 것

105 연결송수관설비의 화재안전기준상 배관에 관한 설치기준의 일부이다. ( )에 들어갈 것으로 옳은 것은?

- 주배관의 구경은 (ㄱ) mm 이상의 것으로 할 것
- 지면으로부터의 높이가 31m 이상인 특정소방대상물 또는 지상 (ㄴ)층 이상인 특정소방대상물에 있어서는 습식설비로 할 것

① ㄱ : 100, ㄴ : 9
② ㄱ : 100, ㄴ : 11
③ ㄱ : 150, ㄴ : 9
④ ㄱ : 150, ㄴ : 11

해설:
- 주배관의 구경은 (100) mm 이상의 것으로 할 것
- 지면으로부터의 높이가 31m 이상인 특정소방대상물 또는 지상 (11)층 이상인 특정소방대상물에 있어서는 습식설비로 할 것

106 연결살수설비의 화재안전기준상 송수구의 설치높이로 옳은 것은?

① 지면으로부터 높이가 0.5m 이상 1m 이하의 위치에 설치할 것
② 지면으로부터 높이가 0.8m 이상 1.5m 이하의 위치에 설치할 것
③ 지면으로부터 높이가 1m 이상 1.5m 이하의 위치에 설치할 것
④ 지면으로부터 높이가 1.5m 이상 2m 이하의 위치에 설치할 것

정답 103. ④ 104. ② 105. ② 106. ①

해설 송수구의 설치높이
지면으로부터 높이가 0.5m 이상 1m 이하의 위치에 설치할 것

107 무선통신보조설비의 화재안전기준상 누설동축케이블 설치기준으로 옳지 않은 것은?

① 누설동축케이블과 이에 접속하는 안테나 또는 동축케이블과 이에 접속하는 안테나로 구성할 것
② 누설동축케이블의 끝부분에는 무반사 종단저항을 견고하게 설치할 것
③ 해당 전로에 정전기 차폐장치를 유효하게 설치한 경우에도 누설동축케이블 및 안테나는 고압의 전로로부터 1m 이상 떨어진 위치에 설치할 것
④ 누설동축케이블 및 동축케이블은 불연 또는 난연성의 것으로서 습기에 따라 전기의 특성이 변질되지 아니하는 것으로 하고, 노출하여 설치한 경우에는 피난 및 통행에 장애가 없도록 할 것

해설 누설동축케이블 및 안테나는 고압의 전로로부터 1.5 m 이상 떨어진 위치에 설치할 것. 다만, 해당 전로에 정전기 차폐장치를 유효하게 설치한 경우에는 그러하지 아니하다.

108 미분무소화설비의 화재안전기준에 관한 내용으로 옳지 않은 것은?

① 중압미분무소화설비란 사용압력이 0.5 MPa를 초과하고 5.5MPa 이하인 미분무소화설비를 말한다.
② 사용되는 필터 또는 스트레이너의 메쉬는 헤드 오리피스 지름의 80% 이하가 되어야 한다.
③ 설비에 사용되는 구성요소는 STS 304 이상의 재료를 사용하여야 한다.
④ 가압송수장치가 기동되는 경우에는 자동으로 정지되지 아니하도록 하여야 한다.

해설 ① 저압 미분무 소화설비 : 최고사용압력이 1.2 MPa 이하인 미분무소화설비
② 중압 미분무 소화설비 : 사용압력이 1.2 MPa을 초과하고 3.5 MPa 이하인 미분무소화설비
③ 고압 미분무 소화설비 : 최저사용압력이 3.5 MPa을 초과하는 미분무소화설비

109 포소화설비의 화재안전기준에서 정하고 있는 가압송수장치의 포워터스프링클러헤드 표준방사량으로 옳은 것은?

① 50 L/min 이상　② 65 L/min 이상
③ 70 L/min 이상　④ 75 L/min 이상

해설 가압송수장치의 표준방사량

구분	표준방사량
포워터스프링클러헤드	75L/min 이상
포헤드·고정포방출구 또는 이동식포노즐·압축공기포헤드	각 포헤드·고정포방출구 또는 이동식포노즐의 설계압력에 따라 방출되는 소화약제의 양

110 소화기구 및 자동소화장치의 화재안전기준상 다음 조건에 따른 의료시설에 설치해야 하는 소형소화기의 최소 설치개수는?

- 소형소화기 1개의 능력단위는 3단위이다.
- 의료시설은 15층에만 있으며, 바닥면적은 가로 40m × 세로 40m이다.
- 주요구조부가 내화구조이고, 벽 및 반자의 실내에 면하는 부분이 난연재료로 되어 있다.

① 4개　② 6개
③ 9개　④ 11개

해설 능력단위 : $\dfrac{40\text{m} \times 40\text{m}}{50\text{m}^2 \times 2\text{배}} = 16$

소화기의 수량 : $\dfrac{16\text{단위}}{3\text{단위}/\text{개}} = 5.33 = 6\text{개}$

111 옥내소화전설비에서 옥내소화전 2개 설치 시 최소유량은 260L/min이다. 펌프성능시험에서 다음 ( )에 들어갈 것으로 옳은 것은?

구 분	펌프 토출량	펌프 토출압
체절운전 시	(ㄱ)L/min	1.4MPa
정격토출량 100% 운전 시	260L/min	1MPa
정격토출량 150% 운전 시	390L min	(ㄴ)MPa 이상

① ㄱ : 0, ㄴ : 0.65
② ㄱ : 0, ㄴ : 1.5
③ ㄱ : 130, ㄴ : 0.65
④ ㄱ : 130, ㄴ : 1.5

해설

구 분	펌프 토출량	펌프 토출압
체절운전 시	(0) L/min	1.4 MPa
정격토출량 100% 운전 시	260 L/min	1 MPa
정격토출량 150% 운전 시	390 L/min	(0.65)MPa 이상

112 옥외소화전 5개가 설치된 특정소방대상물이 있다. 펌프방식을 사용하여 소화수를 공급할 때, 펌프의 전동기 최소용량(kW)은 약 얼마인가?

- 실양정 20m, 호스길이 25m(호스의 마찰손실수두는 호스길이 100m당 4m)
- 배관 및 배관부속품 마찰손실수두 10m, 펌프 효율 50%
- 전달계수(K) 1.1, 관창에서의 방수압 29mAq
- 주어진 조건 이외의 다른 조건은 고려하지 않고, 계산결과 값은 소수점 셋째 자리에서 반올림함

① 1.51 ② 12.43
③ 15.10 ④ 20.51

해설 토출량
$Q = 2 \times 350\,\text{L/min} = 700\,\text{L/min}$
$= 0.7\,\text{m}^3/\text{min}$

전양정
$H = \dfrac{4\text{m}}{100\text{m}} \times 25\text{m} + 10\text{m} + 20\text{m} + 29\text{m}$
$= 60\,\text{m}$

전동기 최소용량
$P = \dfrac{0.163 QHK}{\eta} = \dfrac{0.163 \times 0.7 \times 60 \times 1.1}{0.5}$
$= 15.06\,\text{kW}$

113 스프링클러설비의 화재안전기준상 헤드에 관한 기준으로 옳은 것은?

① 살수가 방해되지 아니하도록 벽과 스프링클러헤드간의 공간은 10cm 이상으로 한다.
② 스프링클러헤드와 그 부착면과의 거리는 60cm 이하로 한다.
③ 상부에 설치된 헤드의 방출수에 따라 감열부에 영향을 받을 우려가 있는 헤드에는 방출수를 차단할 수 있는 유효한 반사판을 설치한다.
④ 측벽형을 설치하는 경우 긴 변의 한쪽 벽에 일렬로 설치하고 4m 이내마다 설치한다.

정답 111. ① 112. ③ 113. ①

해설 보기설명
② 스프링클러헤드와 그 부착면과의 거리는 **30 cm 이하**로 한다.
③ 상부에 설치된 헤드의 방출수에 따라 감열부에 영향을 받을 우려가 있는 헤드에는 방출수를 차단할 수 있는 유효한 **차폐판**을 설치한다.
④ 측벽형스프링클러헤드를 설치하는 경우 긴 변의 한쪽 벽에 일렬로 설치(폭이 4.5m 이상 9m 이하인 실에 있어서는 긴변의 양쪽에 각각 일렬로 설치하되 마주보는 스프링클러헤드가 나란히꼴이 되도록 설치)하고 **3.6m 이내마다** 설치할 것

114 옥내소화전설비의 화재안전기준에 관한 내용으로 옳은 것은?

① 물올림장치란 옥내소화전설비의 관창에서 압력변동을 검지하여 자동적으로 펌프를 기동시키는 것으로서 압력챔버 또는 기동용압력스위치 등을 말한다.
② 펌프의 토출 측에는 진공계를 체크밸브 이전에 펌프토출측 플랜지에서 가까운 곳에 설치한다.
③ 가압송수장치의 기동을 표시하는 표시등은 옥내소화전함의 내부에 설치하되 황색등으로 한다.
④ 옥내소화전설비의 수원은 그 저수량이 옥내소화전의 설치개수가 가장 많은 층의 설치 개수(2개 이상 설치된 경우에는 2개)에 2.6 m³를 곱한 양 이상이 되도록 하여야 한다.

해설 보기설명
① **기동용수압개폐장치**란 옥내소화전설비의 관창에서 압력변동을 검지하여 자동적으로 펌프를 기동시키는 것으로서 압력챔버 또는 기동용압력스위치 등을 말한다.
② 펌프의 토출 측에는 **압력계**를 체크밸브 이전에 펌프토출 측 플랜지에서 가까운 곳에 설치한다.

③ 가압송수장치의 기동을 표시하는 표시등은 옥내소화전함의 **상부**에 설치하되 **적색등**으로 한다.

115 건축물의 높이가 3.5m인 특수가연물을 저장 또는 취급하는 랙크식 창고에 스프링클러설비를 설치하고자 한다. 바닥면적 가로 40m × 세로 66m라고 한다면, 스프링클러헤드를 정방형으로 배치할 경우, 헤드의 최소 설치개수는?

① 322개
② 433개
③ 476개
④ 512개

해설 가로수량 : $\dfrac{40\,m}{2 \times 1.7m \times \cos 45°} = 16.64 = 17$

세로수량 : $\dfrac{66\,m}{2 \times 1.7m \times \cos 45°} = 27.45 = 28$

최소 설치개수 : $17 \times 28 = 476$개

116 옥내소화전설비의 화재안전기준상 가압송수장치의 내연기관에 관한 내용으로 옳지 않은 것은?

① 내연기관의 기동은 소화전함의 위치에서 원격조작이 가능하고, 기동을 명시하는 적색등을 설치할 것
② 제어반에 따라 내연기관의 자동기동 및 수동기동이 가능하고, 상시 충전되어 있는 축전지설비를 갖출 것
③ 내연기관의 연료량은 펌프를 20분(층수가 30층 이상 49층 이하는 40분, 50층 이상은 60분) 이상 운전할 수 있는 용량일 것
④ 내연기관의 충압펌프는 정격부하운전 시험 및 수온의 상승을 방지하기 위하여 순환배관을 설치할 것

정답 114. ④ 115. ③ 116. ④

해설 가압송수장치(전동기 또는 내연기관에 따른 펌프를 이용하는 가압송수장치)에는 체절운전 시 수온의 상승을 방지하기 위한 순환배관을 설치할 것. 다만, **충압펌프의 경우에는 그러하지 아니하다**.

설치장소별 구분 층별	1. 노유자시설
지하층	피난용 트랩
1층	미끄럼대 · 구조대 · 피난교 · 다수인피난장비 · 승강식피난기
2층	미끄럼대 · 구조대 · 피난교 · 다수인피난장비 · 승강식피난기
3층	미끄럼대 · 구조대 · 피난교 · 다수인피난장비 · **승강식피난기**
4층 이상 10층 이하	피난교 · 다수인피난장비 · 승강식피난기

117 다음 조건에서 준비작동식 유수검지장치를 설치할 경우 광전식 스포트형 2종 연기감지기의 최소 설치개수는?

- 감지기 부착높이 7.5m이며, 교차회로방식 적용
- 주요구조부가 내화구조인 공장으로 바닥면적 1,900m²

① 26개　　② 28개
③ 52개　　④ 56개

해설 $\dfrac{1{,}900\text{m}^2}{75\text{m}^2} = 25.33 = 26$개

교차회로 방식을 적용하므로 26개×2회로=52개

118 피난기구의 화재안전기준의 설치장소별 피난기구 적응성에서 노유자시설의 층별 적응성이 있는 피난기구의 연결이 옳은 것은?

① 지하 1층 – 피난교
② 지상 2층 – 완강기
③ 지상 3층 – 승강식 피난기
④ 지상 4층 – 미끄럼대

해설 특정소방대상물의 설치장소별 피난기구의 적응성(제4조제1항 관련)

119 화재예방, 소방시설 설치 · 유지 및 안전관리에 관한 법령상 시각경보기를 설치하여야 하는 특정소방대상물이 아닌 것은?

① 숙박시설로서 연면적이 700m²인 특정소방대상물
② 문화 및 집회시설로서 연면적이 900m²인 특정소방대상물
③ 노유자시설로서 연면적이 800m²인 특정소방대상물
④ 업무시설로서 연면적이 1,200m²인 특정소방대상물

해설 1. 자동화재탐지설비 설치대상
　1) 문화 및 집회시설은 연면적 1천m² 이상
　2) 숙박시설은 연면적 600m² 이상
　3) 노유자시설은 연면적 400m² 이상
　4) 업무시설은 연면적 1,000m² 이상
2. 시각경보기를 설치하여야 하는 특정소방대상물은 자동화재탐지설비를 설치하여야 하는 특정소방대상물 중 다음의 어느 하나에 해당하는 것과 같다.
　1) 근린생활시설, 문화 및 집회시설, 종교시설, 판매시설, 운수시설, 운동시설, 위락시설, 창고시설 중 물류터미널
　2) 의료시설, 노유자시설, 업무시설, 숙박시설, 발전시설 및 장례시설
　3) 교육연구시설 중 도서관, 방송통신시설 중 방송국
　4) 지하가 중 지하상가

정답　117. ③　118. ③　119. ②

120 소방시설의 내진설계 기준에 관한 내용으로 옳지 않은 것은?

① 상쇄배관(offset)이란 영향구역 내의 직선배관이 방향전환 한 후 다시 같은 방향으로 연속될 경우, 중간에 방향전환 된 짧은 배관은 단부로 보지 않고 상쇄하여 직선으로 볼 수 있는 것을 말하며, 짧은 배관의 합산길이는 3.7m 이하여야 한다.
② 하나의 수평직선배관은 최소 2개의 횡방향 흔들림 방지 버팀대와 1개의 종방향 흔들림 방지 버팀대를 설치하여야 한다.
③ 수평직선배관 횡방향 흔들림 방지 버팀대의 간격은 중심선을 기준으로 최대간격이 12m를 초과하지 않아야 한다.
④ 수평직선배관 종방향 흔들림 방지 버팀대의 설계하중은 영향구역내의 수평주행배관, 교차배관, 가지배관의 하중을 포함하여 산정한다.

해설) 소방시설의 내진 설계기준 제10조(수평직선배관 흔들림 방지 버팀대)제2항제2호
2. 종방향 흔들림 방지 버팀대의 설계하중은 설치된 위치의 좌우 12m를 포함한 24m 이내의 배관에 작용하는 수평지진하중으로 영향구역내의 수평주행배관, 교차배관 하중을 포함하여 산정하며, **가지배관의 하중은 제외**한다.

121 자동화재탐지설비 및 시각경보장치의 화재안전기준상 감지기에 관한 내용으로 옳은 것은?

① 공기관식 차동식분포형감지기 공기관의 노출부분은 감지구역마다 10m 이상이 되도록 한다.
② 감지기는 실내로의 공기유입구로부터 0.6m 이상 떨어진 위치에 설치한다.
③ 광전식분리형감지기의 광축은 나란한 벽으로부터 0.5m 이상 이격하여 설치한다.
④ 파이프덕트 등 그 밖의 이와 비슷한 것으로서 2개층마다 방화구획된 것이나 수평단면적이 5m² 이하인 것은 감지기를 설치하지 아니한다.

해설) 보기설명
① 공기관식 차동식분포형감지기 공기관의 노출부분은 감지구역마다 20m 이상이 되도록 한다.
② 감지기는 실내로의 공기유입구로부터 1.5m 이상 떨어진 위치에 설치한다.
③ 광전식분리형감지기의 광축은 나란한 벽으로부터 0.6m 이상 이격하여 설치한다.

122 지하구의 화재안전기준상 자동화재탐지설비에 관한 설치기준의 일부이다. ( )에 들어갈 것으로 옳은 것은?

> 지하구 천장의 중심부에 설치하되 감지기와 천장 중심부 하단과의 수직거리는 ( )cm 이내로 할 것. 다만, 형식승인 내용에 설치방법이 규정되어 있거나, 중앙기술심의위원회의 심의를 거쳐 제조사 시방서에 따른 설치방법이 지하구 화재에 적합하다고 인정되는 경우에는 형식승인 내용 또는 심의결과에 의한 제조사 시방서에 따라 설치할 수 있다.

① 30 ② 45
③ 60 ④ 80

해설) 지하구의 화재안전기준 제5조(자동화재탐지설비)
① 감지기는 다음 각 호에 따라 설치하여야 한다.
1. 「자동화재탐지설비 및 시각경보장치의 화재안전기준(NFSC 203)」 제7조제1항 각 호의 감지기 중 먼지·습기 등의 영향을 받지 아니하고

정답 120. ④ 121. ④ 122. ①

발화지점(1m 단위)과 온도를 확인할 수 있는 것을 설치할 것.
2. 지하구 천장의 중심부에 설치하되 감지기와 천장 중심부 하단과의 수직거리는 **30cm 이내로** 할 것. 다만, 형식승인 내용에 설치방법이 규정되어 있거나, 중앙기술심의위원회의 심의를 거쳐 제조사 시방서에 따른 설치방법이 지하구 화재에 적합하다고 인정되는 경우에는 형식승인 내용 또는 심의결과에 의한 제조사 시방서에 따라 설치할 수 있다.

123 유도등 및 유도표지의 화재안전기준상 다음 조건에 따른 객석유도등의 최소 설치 개수는?

> - 공연장 객석의 좌, 우 양 측면에 직선부분의 길이가 22m인 통로가 각 1개씩 2개소 설치되어 있다.
> - 공연장 객석의 후면에 직선부분의 길이가 18m인 통로가 1개소 설치되어 있다.
> - 상기 이외의 통로는 객석유도등 설치 대상에 포함하지 않는 것으로 한다.

① 9개　　　　② 11개
③ 14개　　　 ④ 17개

해설 객석유도등의 수량
① 공연장 객석의 좌, 우 양측면 수량 :
$= \dfrac{22m}{4} - 1 = 4.5 = 5개 \times 2개소 = 10개$
② 공연장 객석의 후면 수량 :
$= \dfrac{18m}{4} - 1 = 3.5 = 4개$
③ 수량합계 : 10개 + 4개 = 14개

124 자동화재탐지설비 및 시각경보장치의 화재안전기준상 경계구역의 설정기준으로 옳지 않은 것은?

① 하나의 경계구역의 면적은 600 m² 이하로 하고 한변의 길이는 50m 이하로 할 것
② 외기에 면하여 상시 개방된 부분이 있는 차고 · 주차장 · 창고 등에 있어서는 외기에 면하는 각 부분으로부터 5m 미만의 범위 안에 있는 부분은 경계구역의 면적에 산입하지 아니한다.
③ 하나의 경계구역이 2개 이상의 건축물에 미치지 아니하도록 할 것
④ 하나의 경계구역이 2개 이상의 층에 미치지 아니하도록 할 것. 다만, 600 m² 이하의 범위 안에서는 2개의 층을 하나의 경계구역으로 할 수 있다.

해설 하나의 경계구역이 2개 이상의 층에 미치지 아니하도록 할 것. 다만, **500m² 이하**의 범위 안에서는 2개의 층을 하나의 경계구역으로 할 수 있다.

125 비상방송설비의 화재안전기준상 음향장치의 설치기준으로 옳은 것은?

① 증폭기 및 조작부는 수위실 등 상시 사람이 근무하는 장소로서 점검이 편리하고 방화상 유효한 곳에 설치할 것
② 기동장치에 따른 화재신고를 수신한 후 필요한 음량으로 화재발생 상황 및 피난에 유효한 방송이 자동으로 개시될 때까지의 소요시간은 30초 이하로 할 것
③ 층수가 3층 이상으로서 연면적이 2,000 m²를 초과하는 특정소방대상물 지상 1층에서 발화한 때에는 발화층 · 그 직상층 및 지하층에 정보를 발할 것

정답 123. ③　124. ④　125. ①

④ 확성기의 음성입력은 1W(실외에 설치하는 것에 있어서는 2W) 이상일 것

해설 보기설명
② 기동장치에 따른 화재신고를 수신한 후 필요한 음량으로 화재발생 상황 및 피난에 유효한 방송이 자동으로 개시될 때까지의 소요시간은 **10초 이하**로 할 것
③ 층수가 **5층 이상**으로서 연면적이 **3,000m²**를 초과하는 특정소방대상물 지상 1층에서 발화한 때에는 발화층·그 직상층 및 지하층에 정보를 발할 것
④ 확성기의 음성입력은 **1W(실외에 설치하는 것에 있어서는 3W) 이상**일 것

Non-Stop High-Pass
소방시설관리사 제1차

발　　행	/ 2025년 8월 11일	판 권 소 유

저　　자 / 김상현
펴 낸 이 / 정창희
펴 낸 곳 / 동일출판사
주　　소 / 서울시 강서구 곰달래로31길7 (2층)
전　　화 / (02) 2608-8250
팩　　스 / (02) 2608-8265
등록번호 / 제109-90-92166호

ISBN 978-89-381-1709-0 13530
값 / 55,000원

이 책은 저작권법에 의해 저작권이 보호됩니다. 동일출판사 발행인의 승인자료 없이 무단 전재하거나 복제하는 행위는 저작권법 제136조에 의해 5년 이하의 징역 또는 5,000만원 이하의 벌금에 처하거나 이를 병과(倂科)할 수 있습니다.